DIE GASTURBINE

IHRE THEORIE, KONSTRUKTION UND ANWENDUNG
FÜR STATIONÄRE ANLAGEN, SCHIFFS-, LOKOMOTIV-
KRAFTFAHRZEUG- UND FLUGZEUGANTRIEB

VON

DIPL.-ING. J. KRUSCHIK

OBERINGENIEUR DER RICH. KLINGER AKTIENGESELLSCHAFT, GUMPOLDSKIRCHEN BEI WIEN

ZWEITE, VOLLKOMMEN NEUBEARBEITETE
UND ERWEITERTE AUFLAGE

UNTER MITARBEIT VON

DIPL.-ING. E. HÜTTNER

SIMMERING-GRAZ-PAUKER AKTIENGESELLSCHAFT, WIEN

MIT 663 ABBILDUNGEN IM TEXT UND AUF TAFELN
97 TABELLEN UND 9 RECHENTAFELN

SPRINGER-VERLAG WIEN GMBH
1960

ISBN 978-3-7091-8065-5 ISBN 978-3-7091-8064-8 (eBook)
DOI 10.1007/978-3-7091-8064-8

URSPRÜNGLICH ERSCHIENEN BEI SPRINGER-VERLAG IN VIENNA 1960

SOFTCOVER REPRINT OF THE HARDCOVER 2ND EDITION 1960

Vorwort zur ersten Auflage

Die Gasturbine — dieser Name hat sich für die mit Verbrennungsgas oder Heißluft beaufschlagte Turbine eingebürgert — ist schon lange der Traum der Erfinder. Sie sollte die betrieblichen Vorzüge einer Maschine ohne hin- und hergehende Massen mit den betrieblichen und wirtschaftlichen Vorzügen der Maschine mit innerer Verbrennung vereinen, jedoch konnten anfänglich die großen Erwartungen, die man in sie setzte, nicht erfüllt werden, da weder die für die hohen Temperaturen geeigneten Werkstoffe noch auch Verdichter oder Turbinen mit den erforderlichen Wirkungsgraden vorhanden waren.

Erst in den letzten Jahren konnte durch die Fortschritte auf dem Gebiete hochwarmfester Werkstoffe sowie durch die auf die Strömungsmaschine angewandte aerodynamische Forschung die Entwicklung der Gasturbine beträchtlich vorwärtsgetrieben werden.

Besonders die Anwendung der Gasturbine zum Vortrieb von Flugzeugen hat kriegsbedingt zu einer ungeheuer raschen Entwicklung derselben sowie der zu ihrem Bau erforderlichen Werkstoffe geführt. Diese Forschungsergebnisse haben ihrerseits wieder den Bau von Gasturbinen für Kraftwerke, Schiffsantriebe, Lokomotiven und zahlreiche andere Zwecke befruchtet. Dadurch ist, von der breiten Masse unbemerkt, heute die Gasturbine zu einer Kraftmaschine geworden, die der Dampfturbine oder dem Kolbenmotor bereits ernstlich Konkurrenz macht.

Obwohl der Wirkungsgrad von ganz einfachen Anlagen bedeutend kleiner ist und damit der Brennstoffverbrauch größer, sind durch die Verwendung von billigem Heizöl und durch geringen Schmierölverbrauch die Gesamtkosten von Brennstoff und Schmiermitteln oft geringer als bei Diesel- oder Ottomotoren.

Verbesserte Arbeitsprozesse — Zwischenkühlung bei der Verdichtung, Zwischenerhitzung bei der Entspannung — führten zu besseren Wirkungsgraden; heute erreicht die Gasturbine bereits die Wirkungsgrade von Höchstdruckdampfanlagen und in absehbarer Zeit wird durch Steigerung der Temperatur auch der Dieselmotorwirkungsgrad erreicht und überboten sein.

Durch diese rasche Entwicklung in den letzten Jahren, die zum Teil geheim vor sich ging, sind sich heute noch viele im unklaren über die Funktion, über den Aufbau und die Thermodynamik der modernen Gasturbine. Außerdem ist im deutschen Schrifttum kaum ein neueres zusammenfassendes Werk über dieses Fachgebiet vorhanden.

Möge daher dieses Buch sowohl dem Studierenden als auch dem in der Praxis Stehenden einen Einblick in das Wesen und die Funktion dieser neuesten Kraftmaschine geben, sein Interesse wecken und ihm helfen, sich selbst mit den Problemen der Gasturbine zu beschäftigen. Mancher wird dadurch der Weiterentwicklung dieser Maschine wertvolle Dienste erweisen.

Am Schlusse möchte ich noch den Firmen und Einzelpersonen danken, die mich bei der Vorbereitung dieses Buches unterstützt haben:

Brown Boveri & Cie., AG., Schweiz; Escher Wyss Aktiengesellschaft, Schweiz; Gebr. Sulzer, Aktiengesellschaft, Schweiz; Maschinenfabrik Oerlikon, Schweiz; Rolls-Royce Ltd., England; C. A. Parsons & Comp., Ltd., England; The Mond Nickel Comp., Ltd., England; The De Havilland Engine Comp., Ltd., England; Armstrong Siddeley Motors Ltd., England; Joseph Lucas Ltd., England; Rotax Limited, England; Metropolitan Vickers Electrical Co., Ltd., England; D. Napier & Sons, Ltd., England; Bristol Aero Engines Ltd., England; The British Thomson-Houston Export Co., Ltd., England; William Jessops & Sons, Ltd.,

England; The Iron and Steel Institute, England; The Temple Press Ltd., England; G. GEOFFREY SMITH, technischer Direktor von „Flight" und Autor des Buches „Gas Turbines and Jet Propulsion for Aircraft", England; J. I. YELLOTT, Director of Research, Bitumenous Coal Research Inc., Locomotive Development Committee, USA; The General Electric Company, USA; Allis Chalmers Manufacturing Comp., USA; Elliott Company, USA; Westinghouse Electric International Company, USA.

Wien, im November 1951 **J. Kruschik**

Vorwort zur zweiten Auflage

Die Entwicklung der Gasturbine hat innerhalb der letzten Dekade bemerkenswerte Fortschritte gemacht. Projekte und Ideen, die vor 10 bis 15 Jahren noch in weiter Ferne zu liegen schienen, sind inzwischen Wirklichkeit geworden. Die Gasturbine ist aus unserer heutigen Technik nicht mehr wegzudenken.

Dies, sowie der gute Anklang, den die erste Auflage dieses Buches fand, haben sowohl den Autor als auch den Verlag ermutigt, die zweite Auflage in wesentlich erweiterter Form herauszubringen. Um eine übersichtliche Unterbringung des sehr angewachsenen Bild- und Tabellenmaterials zu ermöglichen, hat der Verlag für die neue Auflage auch ein größeres Format gewählt.

Neu aufgenommen wurden die Abschnitte über Thermodynamik der Strahlturbine, Thermodynamik des Freikolbengaserzeugers mit Turbine, seinen Aufbau und die verschiedenen Ausführungsformen, die gesamte Turbomaschinentheorie (Axial- und Radialverdichter und -turbinen), Berechnung und Konstruktion von Wärmeaustauschern, Festigkeitsberechnung, die Gasturbine im Zusammenhang mit Atomreaktoren und die kombinierten Gas-Dampf-Prozesse.

Alle übrigen, aus der ersten Auflage übernommenen Abschnitte wurden zur Gänze überarbeitet und wesentlich erweitert.

Herr Dipl.-Ing. E. HÜTTNER hat vor allem die neuen Abschnitte über Turbomaschinen und Festigkeit bearbeitet; ich bin ihm für seine Mitarbeit zu besonderem Dank verpflichtet.

Weiters möchte ich den schon im Vorwort zur ersten Auflage genannten Firmen und Einzelpersonen, die mich auch bei der Vorbereitung der zweiten Auflage wieder in wertvoller Weise unterstützt haben, danken; darüber hinaus besonders

Herrn Professor Dr. Ing. K. BAMMERT für die Erlaubnis zum Abdruck seiner Arbeit über die Entwicklung des kohlenstaubgefeuerten Lufterhitzers und Herrn Dipl.-Ing. FRANZ PAUKER für den Beitrag zum Abschnitt Gas-Dampf-Prozesse;

ferner den Firmen: Simmering-Graz-Pauker Aktiengesellschaft, Österreich; Gebr. Böhler & Co., AG., Österreich; Rover Gas Turbines Ltd., England; Ruston & Hornsby Ltd., England; Standard Motor Comp., Ltd., England; Shell Petroleum Comp., England; Dowty Fuel Systems, Ltd., England; W. H. Allen Sons & Comp., Ltd., England; The English Electric Comp., Ltd., England; The Austin Motor Comp., Ltd., England; Blackburn and General Aircraft Ltd., England; SEP-SEME-SIGMA, Frankreich; SNECMA, Frankreich; Turboméca S. A., Frankreich; Fiat, Italien; Svenska Turbinfabriks-Aktiebolaget Ljungström, Schweden; AiResearch Manufacturing Division, USA; Solar Aircraft Comp., USA; Boeing Airplane Comp., USA; General Motors Corporation, USA; Ford Motor Company, USA; Pratt & Whitney Aircraft Co., USA; Curtis-Wright Corporation, USA; Chrysler Corporation, USA; Allison Divison, General Motors Corporation, USA; Lycoming Division, Avco Manufacturing Corp., USA.

Dem Springer-Verlag in Wien danke ich für die vorzügliche und sorgfältige Ausstattung des Buches. Die Rechentafeln befinden sich wieder am Ende des Buches, wurden jedoch diesmal, um dem Leser ihre Benützung zu erleichtern, lose in einer Tasche auf dem rückwärtigen Einbanddeckel untergebracht.

Wien, im Januar 1960 **J. Kruschik**

Inhaltsverzeichnis

Anhang

Rechentafeln

(in der Tasche)

Anmerkung zum verwendeten Maßsystem

Da die Umstellung auf das internationale Einheitensystem[1] in den Fachbüchern und Tabellenwerken nur schrittweise vor sich geht, wurden auch in der vorliegenden zweiten Auflage die Einheiten des technischen Maßsystems beibehalten; zwischen Kraftkilogramm kg* (auch Kilopond kp genannt) und Massekilogramm kg wird nicht unterschieden[2]. Die wichtigsten Umrechnungen zwischen technischen und internationalen Einheiten sind die folgenden:

	Technisches Einheiten-system	Internationales Einheitensystem (MKSA-System)
Länge	1 m	= 1 m
Masse	$1\,\frac{\text{kg* sek}^2}{\text{m}}$	= 9,81 kg
Zeit	1 sek	= 1 sek
Kraft	1 kg*	= 9,81 N (Newton)
Druck	1 at	= 0,981 bar
Leistung	1 PS	= 0,736 kW
Energie	1 kcal	= 4,187 kJ (Kilo-Joule)
Spezifische Energie	1 kcal/kg	= 4,187 kJ/kg
Spezifisches Gewicht	1 kg*/m^3	= 9,81 N/m^3
Spezifische Masse[3]	1 kg/m^3	= 1 kg/m^3
Dichte	$1\,\frac{\text{kg* sek}^2}{\text{m}^4}$	= 9,81 kg/m^3

[1] Système International d'Unités, empfohlen von der International Organisation for Standardization (ISO).

[2] Lediglich in Abschnitt XVI wurde in Übereinstimmung mit der Triebwerksliteratur [412, 414, 415, 422, 423] der Schub in kp angegeben.

[3] Kämmerer, C.: Über die Anwendung des kp- und kg-Begriffes. Österr. Ing. Z. 2, 189 (1959).

I. Entwicklungsgeschichte der Gasturbine

Die Einführung der Gasturbine als Kraftmaschine ist die Realisierung eines lange gehegten Traumes der Ingenieure. Kaum eine andere Maschine dürfte mehr Erfindertätigkeit auf sich gezogen haben, Tausende von Patenten legen davon Zeugnis ab.

Schon sehr früh hat man sich mit diesen Problemen befaßt, wie aus der Patentliteratur hervorgeht. Das erste Patent über eine Gasturbine wurde 1791 an einen JOHN BARBER in England erteilt [*1, 2, 3, 12*][1]. Er verwendete bereits das heute allgemein angewandte Gleichdruckverfahren[2]. Bei dieser Turbine, Abb. 1, wird in einem Gaserzeuger aus Kohle, Holz, Öl oder anderen brennbaren Stoffen durch Erhitzen von außen her Gas erzeugt. Dieses Gas wird über einen Aufnehmer in die Brennkammer geleitet, wobei es von einem Kolbenkompressor verdichtet wird. Durch einen zweiten Kolbenkompressor wird Luft verdichtet und ebenfalls in die Brennkammer eingeführt. Das Gemisch strömt aus einer Düse aus und kann dort in geeigneter Weise entzündet werden, so daß ein kontinuierlicher Feuerstrom aus der Düse austritt. Zur Düsenkühlung wird Wasser in die Brennkammer gepumpt, das zugleich mit dem Brenngas aus der Düse austritt. Der Gasstrom beaufschlagt ein Turbinenrad. Über ein Untersetzungsgetriebe werden die Kompressoren angetrieben.

Abgesehen von einigen weniger bekannten Turbinenpatenten, wie z. B. das Patent von JOHN DUMBELL, England, 1808, von BRESSON in Paris, 1837, das aber bereits alle Teile einer modernen Gleichdruckturbine enthielt, und W. F. FERNIHOUGS Patent über eine kombinierte Gas-Dampf-Turbine, 1850 [*1*], war die erste wirklich gebaute Gleichdruck-Gasturbine unseres Wissens die von STOLZE, Abb. 2, deren Konzeption schon im Jahre 1872 erfolgt sein soll, während in den Jahren 1900 und 1904 damit Versuche gemacht wurden. Die Turbogruppe ist deshalb besonders interessant, weil als Gasturbine eine vielstufige Reaktionsturbine und als Gebläse ein vielstufiges Axialgebläse, wohl das erste seiner Art, zur Anwendung kamen. Außerdem war ein Wärmeaustauscher hinter der Turbine angeordnet. Daß dieser Ausführung trotz der genialen Konstruktion kein Erfolg beschieden war, ist bei dem damaligen Stand der Technik und der beschränkten Kenntnis der Aerodynamik nicht verwunderlich [*1, 2, 12*].

Erwähnenswert ist noch, daß bereits in PARSONS' Dampfturbinenpatent (1884) auch die Gasturbine vorkommt. Es wird vorgeschlagen, die Turbine durch Antrieb in um-

---

[1] Ziffern in eckigen Klammern verweisen auf das Literaturverzeichnis, S. 854 ff.

[2] Die bisher fast allgemein gebrauchte Bezeichnung *Gleichdruck-Gasturbine* für eine Turbine, die mit einer Verbrennung betrieben wird, welche stetig unter Druck vor sich geht, wobei die Gasturbine mit dem Verbrennungsraum dauernd in Verbindung steht, ist eigentlich falsch. Der Ausdruck *Gleichdruckturbine* wurde gewählt im Gegensatz zur *Gleichraum-* oder *Explosionsturbine,* bei der die Verbrennung in einer geschlossenen Kammer unter erheblicher Drucksteigerung explosionsartig vor sich geht. Es bleibt jedoch bei der sogenannten *Gleichdruckturbine* weder der Druck im Verbrennungsraum noch derjenige vor der Turbine im Betriebe gleich, wie beispielsweise derjenige eines Kessels; der Druck ist vielmehr abhängig von der Belastung und wechselt mit dieser. Es wäre deshalb richtiger, eine solche Turbine *Gasturbine mit stetiger Verbrennung* oder kurz *Verbrennungsturbine* zu nennen, im Gegensatz zur Explosionsturbine. Da heute aber noch häufiger der Ausdruck *Gleichdruckturbine* verwendet wird, sei er in diesem Buche beibehalten bzw. es wird, da ja heute nur mehr Turbinen mit stetiger Verbrennung gebaut werden, einfach der Ausdruck *Gasturbine* im weiteren Verlaufe gebraucht.

gekehrter Drehrichtung als Kompressor laufen zu lassen, die komprimierte Luft in eine Brennkammer zu leiten, dort Brennstoff einzuspritzen und zu verbrennen und die Brenngase nachher durch eine Turbine zu schicken. Abgesehen von Schaufelformen und Winkeln war der Kompressor ähnlich den heutigen Axialkompressoren. Im Patent wird auch vorgeschlagen, zur Kühlung der Turbinenschaufeln Wasser oder andere geeignete Medien zu verwenden.

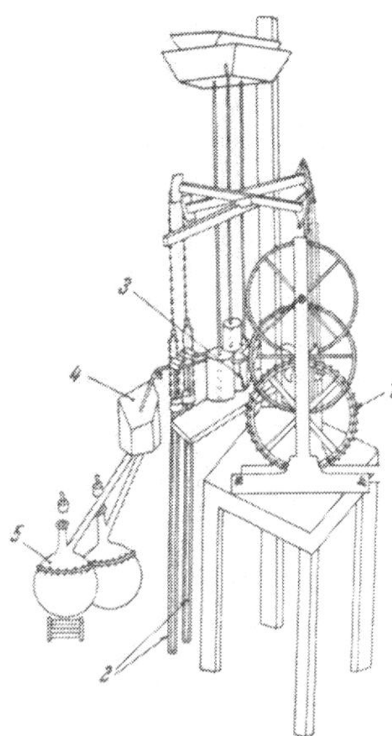

Abb. 1. Erste Gasmaschine von JOHN BARBER. Englische Patentzeichnung vom Jahre 1791

1 Turbine
2 Gas- und Luftkompressor
3 Brennkammer
4 Mischbehälter
5 Gaserzeuger

1900 vollendete Dr. SANDFORD A. MOSS, heute allgemein bekannt durch die Entwicklung der Abgasturbolader der General Electric Comp., seine Diplomarbeit über Gasturbinen an der Universität in Kalifornien, die das Resultat eingehender, 1895 begonnener Studien darstellte. Die ersten Versuche an einer Gasturbine in den USA machte MOSS 1902 an der Cornell Universität. Obwohl bei dieser Anordnung der Kompressor mehr Leistung brauchte. als die Turbine abgab (der Kompressor wurde von einer separaten Dampfturbine angetrieben), konnte er doch wertvolle Resultate sammeln und schrieb auf Grund dieser Ergebnisse eine Doktorarbeit. 1903 begann er bei der General Electric Comp. in Schenectady seine Entwicklungsarbeit an Gasturbinen. Heute ist der General Electric Turbolader wohl bekannt, und die Gasturbinen dieser Firma haben in Industrie und Luftfahrt große Bedeutung erlangt.

In diesem Zusammenhang müssen die Arbeiten von A. BÜCHI gebührend erwähnt werden, dessen Entwicklungen auf dem Gebiet der Turboaufladung richtunggebend wurden.

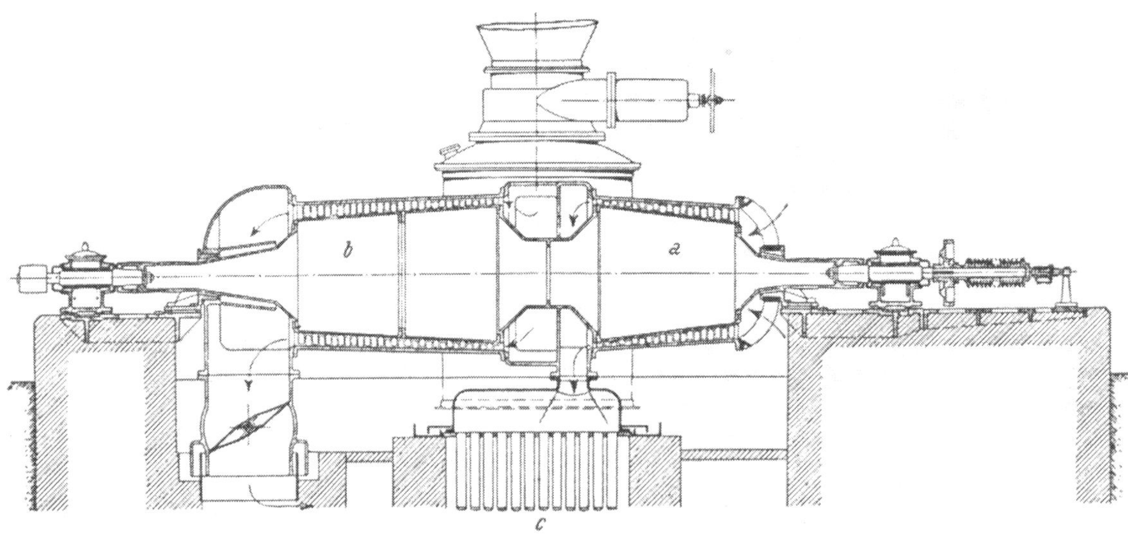

Abb. 2. Heißluftturbine von STOLZE
a Vielstufiges Axialgebläse, *b* vielstufige Reaktionsturbine, *c* Luftvorwärmer

Der erste ernstliche Versuch wurde 1903 von ARMENGAUD und CHARLES LEMALE gemacht [*4*]. Zwischen 1903 und 1906 erprobte die Société Anonyme des Turbomoteurs, Paris, einige Versuchsturbinen. Nach Vorversuchen wurde eine große Turbine gebaut. Sie arbeitete mit unveränderlichem Verbrennungsdruck und benützte Erdöl als Brennstoff, welches, durch eine Düse zerstäubt, an einem glühenden Platindraht gezündet wurde. Die Brennkammer besaß nach dem an CHARLES LEMALE erteilten DRP Nr. 173447 folgende Einrichtung: Erdöl trat unter Druck ein, wurde durch feine Löcher zerstäubt, mit dem getrennt eingeführten Luftstrom vermischt und an einem Platindraht gezündet. Später dürfte die strahlende Hitze der Karborundumauskleidung das Erdöl wohl schon in der Zuführung verdampft und dann gezündet haben. Kühlwasser wurde in einer Schlange vorgewärmt und ursprünglich in das Brenngemisch eingespritzt. An der ausgeführten Turbine wurden die Gase nach der Entflammung in einem 5 m langen Kühlrohr durch Wassereinführung in dessen Mitte abgekühlt. Es mußte soviel Wasser einge-

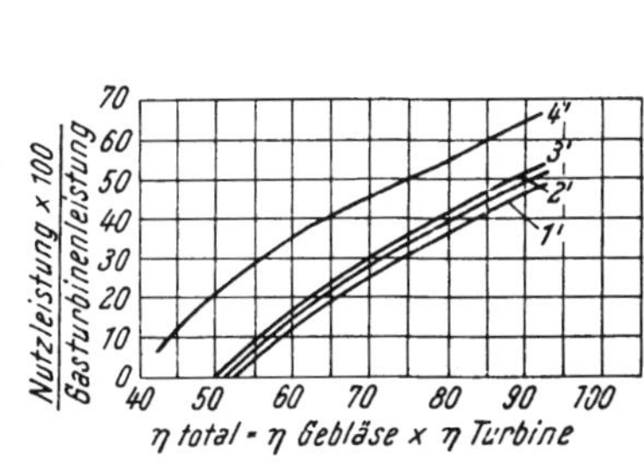

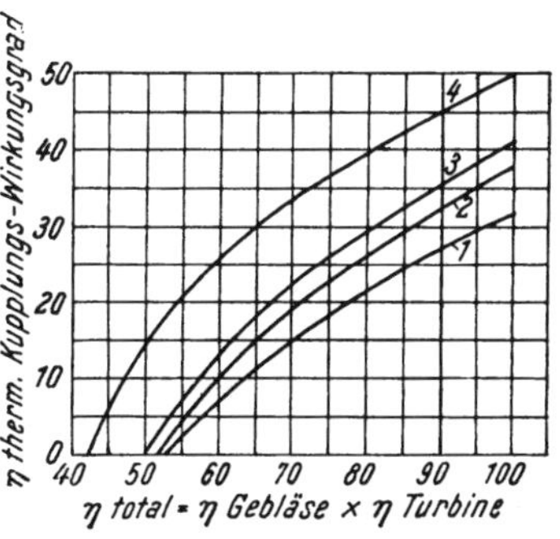

Abb. 3. Nutzleistung und thermischer Wirkungsgrad an der Gasturbinenkupplung für verschiedene Produkte der Gesamtwirkungsgrade von Gebläse und Turbine und verschiedene Temperaturen vor der Turbine ohne Rekuperation der Abgase

$$\frac{\text{Nutzleistung} \times 100}{\text{Gasturbinenleistung}} \qquad \text{Thermischer Kupplungswirkungsgrad} = \frac{\text{Wärmeäquivalent der Nettoleistung an der Kupplung}}{\text{zugeführte Brennstoffwärme}}$$

Kurve *1'*...	$t_3 = 550°$ C,	$p_2/p_1 = 4{,}2$	Kurve *1*...	$t_3 = 550°$ C,	$p_2/p_1 = 4{,}2$
Kurve *2'*...	$t_3 = 650°$ C,	$p_2/p_1 = 6{,}0$	Kurve *2*...	$t_3 = 650°$ C	$p_2/p_1 = 6{,}0$
Kurve *3'*...	$t_3 = 800°$ C,	$p_2/p_1 = 7{,}2$	Kurve *3*...	$t_3 = 800°$ C	$p_2/p_1 = 7{,}2$
Kurve *4'*...	$t_3 = 1200°$ C,	$p_2/p_1 = 12{,}0$	Kurve *4*...	$t_3 = 1200°$ C	$p_2/p_1 = 12{,}0$

führt werden, daß die Temperatur im Zwischenleitrad des Curtisrades unter 450 bis 470° C sank, da sonst Schaufelanfressungen vorkamen, während das Laufrad infolge seiner eigenen Ventilation höhere Temperaturen aushielt.

Die Turbine bestand aus einem Curtisrad von 950 mm Durchmesser mit 33 Düsen von 10 mm engstem Durchmesser, welches mit 4250 U/min einen dreigehäusigen Rateau-Verdichter von 400 PS antreibt. Durch 25 in Serie geschaltete Zentrifugalräder wurde die Luft auf 4 atü verdichtet.

Es ist wohl mehr als ein interessanter Zufall, daß auch dieser erste gebaute Zentrifugalkompressor, ein Fabrikat der Firma Brown Boveri, für den Betrieb einer Gasturbine diente. Die Temperatur vor den Düsen wurde mit 560° C gemessen. Die Turbine war gerade in der Lage, die eigene Kompressorleistung zu erzeugen. Eine Nutzleistung war somit nicht vorhanden, der Wirkungsgrad gleich Null. Die Société Anonyme des Turbomoteurs fand trotzdem ein Anwendungsgebiet für die mit dieser Ausführung erworbenen Erfahrungen, indem sie bei Torpedos, die bisher nur mit komprimierter Luft betrieben wurden, eine Petroleumeinspritzung vornahm und durch dessen Verbrennung eine wesentliche Mehrleistung erzielte. Die Bedingungen waren dabei denkbar günstige, da Wasser als kühlendes Medium beim Torpedo in genügender Menge stets vorhanden ist.

Warum dieser Erstlingsturbine kein Erfolg beschieden sein konnte, geht am besten aus Abb. 3 hervor, welche den thermodynamischen Wirkungsgrad des Gasturbinenprozesses einer Anlage ohne Wärmeaustausch zwischen Abgasen und komprimierter Luft, Abb. 4, als Funktion des Produktes aus Turbinen- und Gebläse-Wirkungsgrad für verschiedene Temperaturen am Eintritt in die Turbine zeigt. Man kann daraus ersehen, daß selbst bei einem Totalwirkungsgrad der Gebläsegruppe von 53% entsprechend einem Turbinenwirkungsgrad von 78% und einem solchen des Gebläses von 68%, wie sie damals kaum erreichbar waren, der Wirkungsgrad des Gasturbinenprozesses bei 550° C Gastemperatur vor der Turbine gleich Null ist und selbst bei einer Temperatur von 800° C 5% nicht überschritten hätte.

Der Grund dieses kläglichen Resultates ist die große Menge von Druckluft, die man braucht, um die Verbrennungstemperatur von etwa 1800 bis 2000° C durch Mischung auf die für die Gasturbinenbeschaufelung zulässige Temperatur herunterzusetzen.

Um diese für den damaligen Stand der Technik unüberwindliche Schwierigkeit zu umgehen, wandte sich Holzwarth im Jahre 1909 der Explosions- oder Gleichraumturbine zu. Hier wird der Brennstoff (zur Anwendung kam Gas, Petroleum oder Steinkohlenteeröl, während Versuche mit Kohlenstaub mißlangen) in einen mit Druckluft gefüllten allseitig geschlossenen Verbrennungsraum eingebracht und das Gemisch entzündet, wobei der Druck auf ein Mehrfaches (das etwa $4^1/_2$fache) ansteigt. Die Verbrennungskammern, Düsen, Rad und Schaufeln sind hier wassergekühlt, so daß aus zwei Gründen die Kompressorleistung ein Bruchteil derjenigen der Gleichdruck- oder Verbrennungsturbine wird, und sich ein schlechter Wirkungsgrad des Kompressors nicht mehr so verheerend auswirkt. Die Gründe sind folgende:

1. Für die Verbrennung ist nur ein kleiner Luftüberschuß notwendig, da die heißen Teile mit Wasser gekühlt werden.

2. Diese Luftmenge ist nur auf etwa ein Viertel des Enddruckes zu verdichten.

Diese Vorteile werden allerdings durch den Nachteil einer komplizierteren und teureren Anlage erkauft. Erstens sind für die Brennkammer eine Anzahl von gesteuerten Ventilen notwendig, zweitens muß zwecks Nutzbarmachung der durch das Kühlwasser abgeführten Verlustwärme dasselbe zum Verdampfen gebracht und der Dampf in einer Turbine verwendet werden, die zum Antrieb des Kompressors dient.

Damit diese Turbine die Kompressorleistung aufbringen kann, muß sie mit Kondensation arbeiten, so daß auch ein Kondensator mit allen seinen Hilfsmaschinen sowie eine Kühlwasserbeschaffung notwendig wird. Die erste Turbine dieser Art wurde in den Jahren 1906 bis 1908 nach Angaben von Holzwarth bei Körting in Hannover gebaut. Auf Grund der an dieser Versuchsturbine gewonnenen Ergebnisse wurde in den Jahren 1909 bis 1913 im Auftrage von Holzwarth eine weitere Gasturbine von nominal 1000 PS von Brown Boveri konstruiert, gebaut und ausprobiert, welche jedoch nur etwa 200 PS Nutzleistung ergab. Weitere Holzwarth-Gasturbinen wurden dann in den Jahren 1914 bis 1927 von Thyssen gebaut, von denen jedoch nur eine 1920 an die Preußischen Staatsbahnen für ein Kraftwerk geliefert wurde. Das war 1923 die einzige Gasturbine in praktischer Verwendung [*4*].

Im Jahre 1928 nahm Brown Boveri erneut den Bau einer Holzwarth-Gasturbine auf und schlug für diese einen Prozeß vor, den man einen Zweikammer-Zweitakt-Prozeß nennen könnte. Diese Turbine wurde in den Thyssen-Stahlwerken aufgestellt und arbeitete mit Hochofengas von 1933 an. Die guten Resultate, die mit dieser Maschine erzielt wurden, führten zu einem Auftrag auf eine 5000-PS-Turbine, die bei BBC in Mannheim 1939 im Bau war.

In den Anfängen der Gasturbinenentwicklung lag neben dem Nichtvorhandensein von temperaturfesten Baustoffen der Hauptgrund für die schlechten Wirkungsgrade, wie schon erwähnt, im niederen Wirkungsgrad von den Verdichtern. Man bemühte sich daher, auch die Verdichtung durch das nach erfolgter Arbeitsabgabe zu veranlassende Einströmen der sich ausdehnenden Verbrennungsgase in eine mit frischer Ladung gefüllte, benachbarte Verpuffungskammer zu bewerkstelligen. Dies suchte die Turbine der *Westinghouse Electric and Manufacturing Comp.* nach einem DRP von 1912 und die Turbine von BISCHOF vom Jahre 1913 zu erreichen [*4*]. Die Turbine von BAETZ [*4*] besorgt die Selbstverdichtung in stetigem Fluß unter Zuhilfenahme des Laufrades selbst. Mit einer Versuchsausführung sollen 22% Wirkungsgrad erreicht worden sein.

Interessant sind auch die Vorschläge von NERNST, das Turbinenlaufrad als einstufigen Verdichter auszubilden und mit reiner Rückdruckwirkung arbeiten zu lassen [*4*]. Auch die Verdichtung durch bewegte Wassersäulen wurde vorgeschlagen. Verdichtung durch

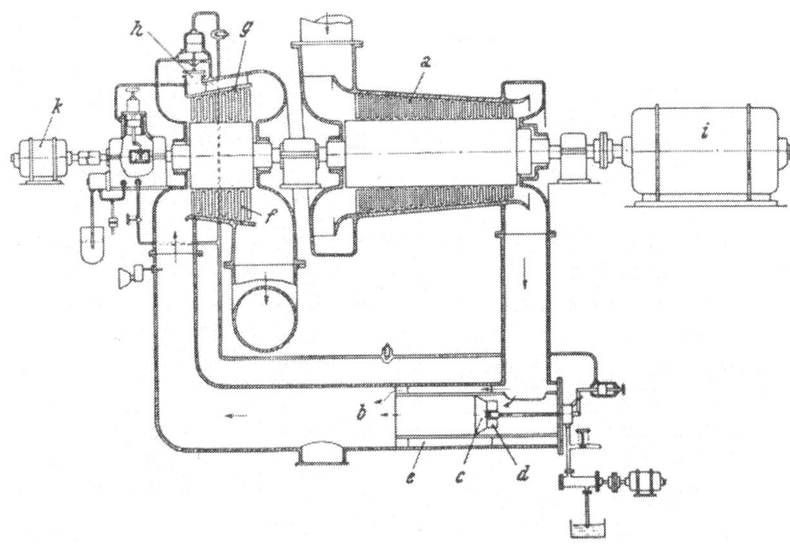

Abb. 4. Schema der einfachsten Form einer Verbrennungsturbinenanlage (BBC-4000-kW-Anlage in Neuchâtel)

a Axialgebläse
b Brennkammer
c Brennstoffdüse
d Drallkörper
e Kühlluftmantel
f Gasturbinenschaufeln
g Gasturbine
h Sicherheitsventil
i Generator
k Anwurfmotor

den Beharrungswiderstand der brennenden Gasmasse erstrebte die 1908 von KARAVODINE in Paris erbaute Gasturbine [*4*]. Erwähnt sei auch noch die Turbine von STAUBER (1918) mit hydraulischer Kraftübertragung durch eine pendelnde Flüssigkeitssäule. Alle diese Konstruktionen konnten aber keine Bedeutung erlangen.

Aus den zahlreichen Vorschlägen der anfänglichen Entwicklung hatten sich zwei Prozesse in den Vordergrund geschoben, der Verpuffungs- und der Gleichdruckprozeß, doch hat sich heute als einziger der Gleichdruckprozeß durchgesetzt, obwohl der Wirkungsgrad des verlustlosen Arbeitsverfahrens der Verpuffungsturbine (Verbrennung bei konstantem Volumen) bei gleicher Vorverdichtung und gleicher Höchsttemperatur durch den steileren Verlauf der Isochore gegenüber der Isobare dem der Gleichdruckturbine überlegen ist [*48*]. Da das Verhältnis des adiabaten Wärmegefälles in der Turbine zu dem im Verdichter bei der Verpuffungsturbine bedeutend größer ist, ist sie unter Voraussetzung ähnlicher Turbinenwirkungsgrade von der Höhe des Verdichterwirkungsgrades weniger abhängig als die Gleichdruckturbine. Die praktischen Gasturbinenversuche hatten daher zu einem Zeitpunkt, in welchem es Radial- oder Axialverdichter mit ausreichendem Wirkungsgrad noch nicht gab, zunächst bei der Verpuffungsturbine Erfolg.

Die periodisch arbeitenden Verpuffungskammern bieten eine Reihe schwieriger technischer Probleme. Bei einigen besonders gefährdeten Bauteilen muß von der Wasserkühlung ausreichend Gebrauch gemacht werden, wodurch die Verpuffungskammern eine Quelle beträchtlicher Wärmeverluste bilden. Da auch der Wirkungsgrad einer periodisch beaufschlagten Turbine schlechter ist als der einer gleichmäßig beaufschlagten, bleiben die wirklich erreichbaren Wirkungsgrade weit hinter denen des verlustlosen Verfahrens zurück. Nachdem aber später Verdichter mit genügendem Wirkungsgrad sowie entsprechend temperaturfeste Baustoffe zur Verfügung standen, hat sich endgültig der Gleichdruckprozeß durchgesetzt.

Neben diesem Verfahren gewinnt auch die Gasturbine mit Kolbentreibgaserzeuger, und zwar vor allem mit Freikolbengaserzeuger, immer mehr an Bedeutung.

Wenn man von weniger wichtigen Versuchen und Patenten des 19. Jahrhunderts absieht, dann wäre als erster Professor Junkers zu nennen, der seit 1911 mit Freikolbenkompressoren arbeitete. Seit 1922 ist aber vor allem der Name M. Pescara mit der Entwicklung dieses Gasturbinenverfahrens verknüpft.

Es sollen also im folgenden nur die Gleichdruckgasturbine mit ihren mannigfachen Varianten, ausgehend von der einfachsten Form, und die Gasturbine mit Freikolbengaserzeuger behandelt werden.

Die Gleichdruckgasturbine bedient sich als Arbeitsmittel der atmosphärischen Luft bzw. des aus Verbrennung eines Luft-Brennstoff-Gemisches entstandenen Verbrennungsgases und besteht grundsätzlich aus Verdichter, Brennkammer und Turbine, Abb. 4. Der Wirkungsgrad der Anlage hängt stark von der Temperatur des Arbeitsstoffes bei Eintritt in die Turbine und vom Wirkungsgrad der Turbine und des Verdichters ab, Abb. 3. Die höchste Temperatur im Kreisprozeß der Gasturbine ist aus Festigkeitsgründen viel niedriger als im Verbrennungsmotor, da bei jener immer dieselben Bauteile von Gas mit der hohen Temperatur beaufschlagt werden, während bei diesem die Temperaturspitze nur kurze Zeit auftritt und die Bauteile daher nur eine weit unter dem Höchstwert liegende Mitteltemperatur annehmen. Je nachdem, ob man bei der Verdichtung oder Ausdehnung des Arbeitsgases isotherme oder adiabate Zustandsänderungen anstrebt, ob und an welcher Stelle des Prozesses Wärmeaustausch stattfindet und anderes, sind zahlreiche Abwandlungen des Gleichdruck-Gasturbinenverfahrens möglich.

Bei der Gasturbine mit Freikolbentreibgaserzeuger werden die Vorteile des Verbrennungsmotors, nämlich nur kurze Zeit auftretende Temperaturspitze und dadurch bedeutend höhere Verbrennungstemperaturen, mit den Vorteilen der Gasturbine verbunden.

Der mechanisch ausgeglichen laufende Freikolbenmotor wird so hoch aufgeladen, daß die Motorleistung gerade zum Antrieb des Verdichters ausreicht. Die hochgespannten Auspuffgase werden einer Turbine zugeführt, die allein die Nutzleistung abgibt.

Die Treibgastemperatur bei diesem Verfahren beträgt nur etwa 450 bis 500° C, wodurch bei der Turbine keine Schwierigkeiten entstehen. Trotzdem ist der Wirkungsgrad dieses Verfahrens etwa gleich dem des Dieselmotors.

II. Arbeitsverfahren

A. Der Gleichdruck-Gasturbinenprozeß

Der Gleichdruck-Gasturbinenprozeß wird heute in drei grundsätzlichen Verfahren entwickelt:

1. Der offene Gleichdruckprozeß.
2. Der geschlossene Gleichdruckprozeß.
3. Der halbgeschlossene Gleichdruckprozeß.

1. Der offene Gleichdruckprozeß

a) Der einfache, offene Gleichdruckprozeß. Eine Anlage nach dem offenen Gleichdruckverfahren in ihrer einfachsten Form besteht aus Verdichter, Brennkammer und Turbine, Abb. 4. Der Verdichter saugt Frischluft aus der Umgebung an und verdichtet sie. Nach dem Verdichtungsvorgang wird in der Brennkammer Brennstoff eingespritzt und unter gleichbleibendem Druck verbrannt. Die entstandenen Verbrennungsgase geben in der Turbine ihre Energie ab und strömen nachher ins Freie. Die Turbine treibt den Kompressor, und die noch verbleibende Restleistung wird als Nutzleistung an der Kupplung abgegeben. Der Wirkungsgrad dieser einfachsten Anlage ist sehr stark von der Eintrittstemperatur der Verbrennungsgase in die Turbine und vom Wirkungsgrad von Verdichter und Turbine abhängig, Abb. 3 und 5. Mit den durch die gegenwärtig verfügbaren Werkstoffe erreichbaren Temperaturen liegt der Wirkungsgrad solcher Anlagen bei ungefähr 16 bis 22%. Während eine Verbesserung des Wirkungsgrades der Turbine um 6% eine 20%ige Steigerung des Gesamtwirkungsgrades zur Folge hat, ist eine Erhöhung des Kompressorwirkungsgrades von 10% nötig, um denselben Effekt zu erzielen. Es ist also der Turbinenwirkungsgrad von größerem Einfluß als der Verdichterwirkungsgrad. Der Gesamtwirkungsgrad einer solchen einfachen Anlage ist außerdem sehr stark vom Verdichtungsverhältnis abhängig, wobei es für jede Eintrittstemperatur der Verbrennungsgase sowie für jede Größe des Wirkungsgrades des Verdichters und der Turbine ein optimales Druckverhältnis gibt. Außerdem wird dieses noch vom Druckverlust in der Brennkammer beeinflußt. Bei Verdichtungsverhältnissen, die höher liegen als das optimale, wird in den letzten Kompressorstufen die Luft so heiß, daß eine relativ große Arbeit zu ihrer Verdichtung aufgewendet werden muß, umgekehrt ist die Temperatur in den letzten Turbinenstufen so nieder, daß nur wenig Arbeit abgegeben wird. Daher fällt ab dem optimalen Druckverhältnis mit steigender Verdichtung der Wirkungsgrad wieder bis Null ab [*5, 6, 16, 18, 29, 30, 31*].

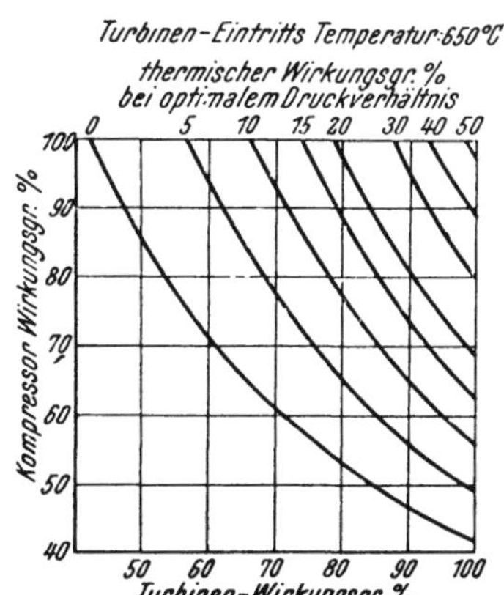

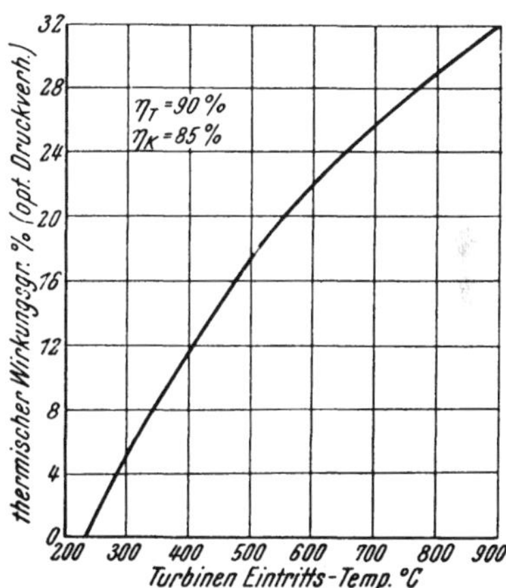

Abb. 5. Einfluß von Kompressor- und Turbinenwirkungsgrad sowie der Eintrittstemperatur auf den thermischen Wirkungsgrad einer einfachen Anlage ohne Wärmerückgewinn. Eintrittstemperatur der Luft: 15° C. Druckverlust: 7 %

Mit Einführung von temperaturbeständigeren Werkstoffen sowie verbesserten Kühlungsmethoden wird aber auch diese einfachste Anlage mehr an Bedeutung gewinnen, wie aus Abb. 3 und 5 zu ersehen ist. Bei den gegenwärtig erreichbaren Wirkungsgraden wird diese Ausführung allerdings nur dort Verwendung finden, wo entweder geringes Gewicht oder geringe Kosten wichtiger sind als guter Brennstoffverbrauch, so z. B. in der Luftfahrt, wobei dort aber noch andere Umstände mitspielen und ein gänzlich anderes Bild ergeben, wie später in Abschnitt XVI noch gezeigt wird, oder für sehr schnelle kleine Boote der Marine, wo geringes Gewicht und geringer Platzbedarf gefordert wird, oder für Spitzendeckungs- oder Reservemaschinen in Kraftwerken, wo es auf

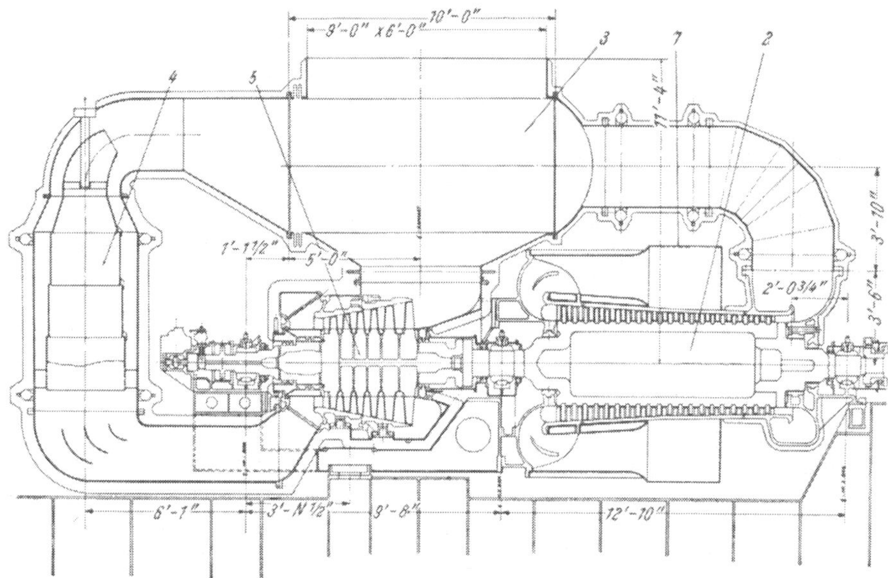

Abb. 6. 7500-kW-Gasturbine mit Wärmeaustauscher der Fa. Allis Chalmers, USA
1 Ansaugluftfilter, *2* Kompressor, *3* Wärmeaustauscher, *4* Brennkammer, *5* Turbine

Luftzustand vor Filter: 26,6° C, 0,965 ata
Luftdurchsatz: 78 kg/sek
Luftzustand am Kompressoreintritt: 26,6° C, 0,955 ata
Luftzustand nach Kompressor: 230° C, 4,77 ata
Luftzustand nach Wärmeaustauscher: 328° C, 4,69 ata
Gaszustand vor Turbine: 704,4° C, 4,55 ata
Gaszustand nach Turbine: 426,6° C, 0,993 ata
Gaszustand nach Wärmeaustauscher: 330° C, 0,965 ata
Rückgewinnungsgrad des Wärmeaustauschers: $\eta_R = 0,5$

Wirkungsgrad der Anlage bei 7500 kW $\eta = 22,2\,\%$
bei 5625 kW $\eta = 19,2\,\%$
bei 3750 kW $\eta = 15,2\,\%$

geringen Platzbedarf, schnelle Betriebsbereitschaft und geringe Anschaffungs- und Wartungskosten ankommt, oder wo billige Brennstoffe zur Verfügung stehen. Ein weiteres großes Anwendungsfeld hat diese einfache Anlage in Verbindung mit einem Dampfkessel zur Erzeugung von Heizdampf oder Leistung aus der Abgaswärme oder zur Verbesserung von Prozeßabläufen.

b) Möglichkeiten der Wirkungsgradsteigerung. Es gibt nun verschiedene Möglichkeiten, den Wirkungsgrad dieses einfachen offenen Gleichdruckprozesses zu steigern. Der größte Gewinn kann durch einen Wärmeaustauscher erreicht werden, mit dessen Hilfe es möglich ist, die in den Abgasen vorhandene Wärme auf die verdichtete Luft vor Eintritt in die Brennkammer zu übertragen. Das prinzipielle Schaltschema einer solchen Anlage zeigt Abb. 6. Darüber hinaus kann der Wirkungsgrad der einfachsten Anlage durch Verdichtung in einzelnen Stufen mit Zwischenkühlung und Entspannung in einzelnen Stufen mit Zwischenerhitzung verbessert werden, wobei auch hier wieder ein nachgeschalteter Wärmeaustauscher den Wirkungsgrad beträchtlich erhöht. Das

Schaltbild einer zweistufigen Anlage mit Zwischenkühlung und Zwischenerhitzung zeigt Abb. 7. Diese Anlage wurde von BBC für das Kraftwerk Filaret in Rumänien für den

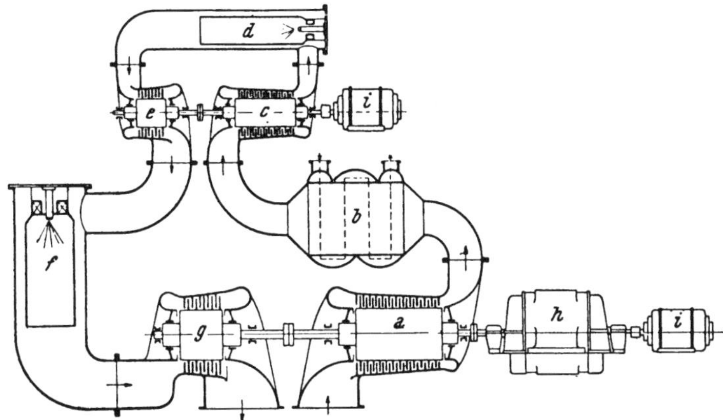

Abb. 7. Schema einer zweistufigen BBC-Gasturbinenanlage von 10000 kW ohne Wärmeaustauscher

a ND-Kompressor
b Zwischenkühler
c HD-Kompressor
d HD-Brennkammer
e HD-Turbine
f ND-Brennkammer
g ND-Turbine
h Generator
i Anwurfmotoren

Betrieb mit Erdgas gebaut und leistet 10000 kW. Der Wirkungsgrad dieser Anlage ist ungefähr 24%. Dies ist, da die Gruppe keinen nachgeschalteten Wärmeaustauscher hat, als hoch zu bezeichnen.

Die Anordnung nach Abb. 7 ergibt eine große Klemmenleistung bei verhältnismäßig niedrigen Installationskosten. Derartige Gruppen können heute bis zu Einheitsleistungen von 25000 kW bei 3000 U/min gebaut werden.

Eine 10000 kW Anlage mit dreistufiger Verdichtung mit Zwischenkühlung, zweistufiger Expansion mit Zwischenerhitzung und Wärmeaustauscher zeigt Abb. 8. Sie wurde von BBC für die Zentrale Santa Rosa, Lima, Peru gebaut. Als Brennstoff dient leichtes

Tabelle 1

Abhängigkeit des Kupplungswirkungsgrades einer Gasturbinenanlage mit zweimal Zwischenkühlung und einmal Zwischenerhitzung nach Abb. 8 von den Wirkungsgraden von Turbine und Verdichter und von der Turbineneintrittstemperatur

	Turbineneintrittstemperatur 600° C Zwischenerhitzung auf 550° C				Turbineneintrittstemperatur 700° C Zwischenerhitzung auf 650° C			
	η_t %				η_t %			
η_k %	75	80	85	90	75	80	85	90
74	10	14,6	18,2	21,2	17,7	21,8	25,2	28,4
76	12	16,5	20,3	23,4	19,2	23,4	27	30,1
78	14	18,4	22,3	25,4	21	25,2	28,8	31,7
80	16	20,3	24,2	27,2	22,8	26,9	30,6	33,4
82	17,9	22,2	26	29	24,6	28,5	32,2	35
84	19,7	23,8	27,6	30,8	26,2	30,1	33,8	36,4
86	21,5	25,6	29,4	32,6	28	31,7	35,3	37,9
88	23,4	27,4	31	34,2	29,6	33,2	36,7	39,4
90	25,2	29,3	32,7	35,7	31,1	34,9	37,8	40,6

Temperatur der angesaugten Luft .... 20° C
Kühlwassertemperatur .... 30° C
Einfache Zwischenerhitzung
Zweifache Zwischenkühlung
Wärmerückgewinnungsgrad 75 %
Druckverhältnis 12

Heizöl. Der Wirkungsgrad betrug bei einer Gaseinlaßtemperatur von 600° C 25% und das gesamte Druckverhältnis 8,88. Die Gaseintrittstemperaturen beider Tur-

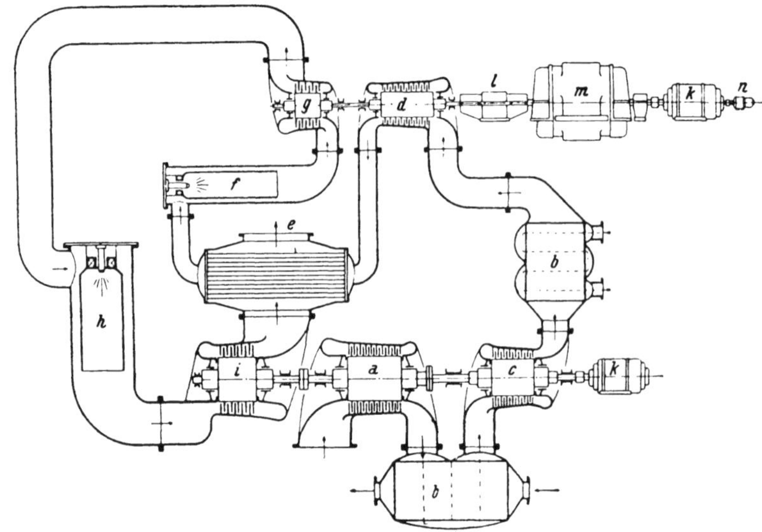

Abb. 8. Schaltschema einer 10000-kW-Anlage von BBC mit zweimaliger Zwischenkühlung, einmaliger Zwischenerhitzung und Wärmerückgewinn

a ND-Kompressor
b Zwischenkühler
c MD-Kompressor
d HD-Kompressor
e Wärmeaustauscher
f HD-Brennkammer
g HD-Turbine ($n = 4750$ U/min)
h ND-Brennkammer
i ND-Turbine
k Anwurfmotoren
l Getriebe
m Generator ($n = 3600$ U/min)
n Erreger

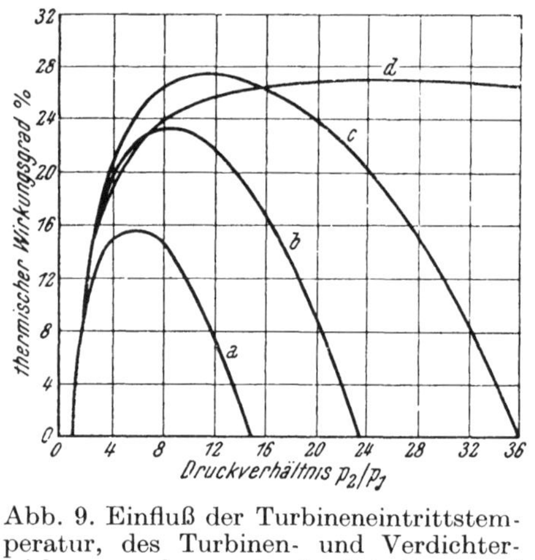

Abb. 9. Einfluß der Turbineneintrittstemperatur, des Turbinen- und Verdichterwirkungsgrades sowie der Schaltung auf den thermischen Wirkungsgrad einer Anlage ohne Wärmeaustauscher

a Turbineneintrittstemperatur 650° C, $\eta_t = 85$ %, $\eta_k = 80$ %, einstufige Anlage
b Turbineneintrittstemperatur 650° C, $\eta_t = 90$ %, $\eta_k = 85$ %, einstufige Anlage
c Turbineneintrittstemperatur 760° C, $\eta_t = 90$ %, $\eta_k = 85$ %, einstufige Anlage
d Turbineneintrittstemperatur 650° C, $\eta_t = 90$ %, $\eta_k = 85$ %, zweistufige Anlage

binengruppen sind gleich. Durch die Verwendung leichten Heizöls als Brennstoff kommt die Anlage im Betrieb billiger als eine gleichwertige Dieselanlage.

Selbstverständlich ist auch bei mehrstufigen Anlagen der Wirkungsgrad stark temperaturabhängig und ebenso natürlich auch von den Einzelmaschinenwirkungsgraden beeinflußt. Das optimale Druckverhältnis liegt jedoch höher als bei einfachen Schaltungen und die Wirkungsgradkurve zeigt einen wesentlich flacheren Verlauf. Tab. 1 zeigt den Gesamtwirkungsgrad in Abhängigkeit von den Maschinenwirkungsgraden bei einer Anlage ähnlich der in Abb. 8 gezeigten. Man sieht, daß einer Verbesserung des Verdichterwirkungsgrades von 85 auf 90 % eine Erhöhung des Gesamtwirkungsgrades von 28,5 auf 32,7 %, einer gleichen Steigerung des Turbinenwirkungsgrades eine Verbesserung von 28,5 auf 31,7 % entsprechen würde. Dies gilt für eine Eintrittstemperatur von 600° C. Bei 700° C würden die Erhöhungen des Gesamtwirkungsgrades von 34,4 auf 37,8 bzw. 37,1 % sein. Man ersieht daraus, daß bei der mehrstufigen Anlage mit Wärmerückgewinn im Gegensatz zur einfachen ohne Wärmerückgewinn der Verdichterwirkungsgrad von größerem Einfluß ist als der Turbinenwirkungsgrad, daß aber mit steigender Temperatur dieser

Unterschied kleiner wird. Man erkennt außerdem, daß mit steigender Anfangstemperatur der Einfluß der Einzelwirkungsgrade abnimmt. Aber auch schon bei der einfachen Anlage mit Wärmerückgewinn hat der Verdichterwirkungsgrad großen Einfluß, weil nicht nur bei gleichem Kompressionsverhältnis die vom Verdichter aufgenommene Leistung kleiner wird, sondern auch die Temperatur der verdichteten Luft sinkt und dadurch die Gase hinter der Turbine weiter abgekühlt werden können, wodurch sich die in den Abgasen verlorengehende Wärme verkleinert [*29, 30, 31, 32, 35, 49, 50, 51*].

Den Einfluß der Eintrittstemperatur bzw. der Maschinenwirkungsgrade und der Durchführung des Prozesses in ein- oder mehrstufiger Bauweise auf den Verlauf des Gesamtwirkungsgrades und auf die Höhe des optimalen Verdichtungsverhältnisses zeigt Abb. 9.

c) Ein- und Mehrwellenbauweise. Aus den bisher gezeigten Schaltschemen ist ersichtlich, daß manche Anlagen in Einwellenbauweise, Abb. 4 und 6, und manche in Mehrwellenbauweise ausgeführt werden, Abb. 7 und 8. Mehrstufige Anlagen wird man immer in Mehrwellenausführung bauen — obwohl natürlich prinzipiell auch alle Maschinen auf einer Welle sitzen können —, und zwar aus regeltechnischen Gründen zur Erzielung guter Teillastwirkungsgrade. Welche Anordnung vorteilhaft ist und wie der Teillastwirkungsgrad dadurch beeinflußt wird, soll später in Abschnitt IX gezeigt werden. Es ist aber auch möglich, eine einfache Anlage in Mehrwellenbauweise zu verwirklichen, wie aus Abb. 10 ersichtlich ist. Diese Anlage ist eine ganz einfache einstufige Schaltung mit Wärmeaustauscher, bei der die Turbine in einen Hochdruck- und einen Niederdruckteil aufgespalten ist. Der Hochdruckteil ist so bemessen, daß seine Leistung gerade zum Antrieb des Kompressors ausreicht, während die getrenntlaufende Niederdruckturbine

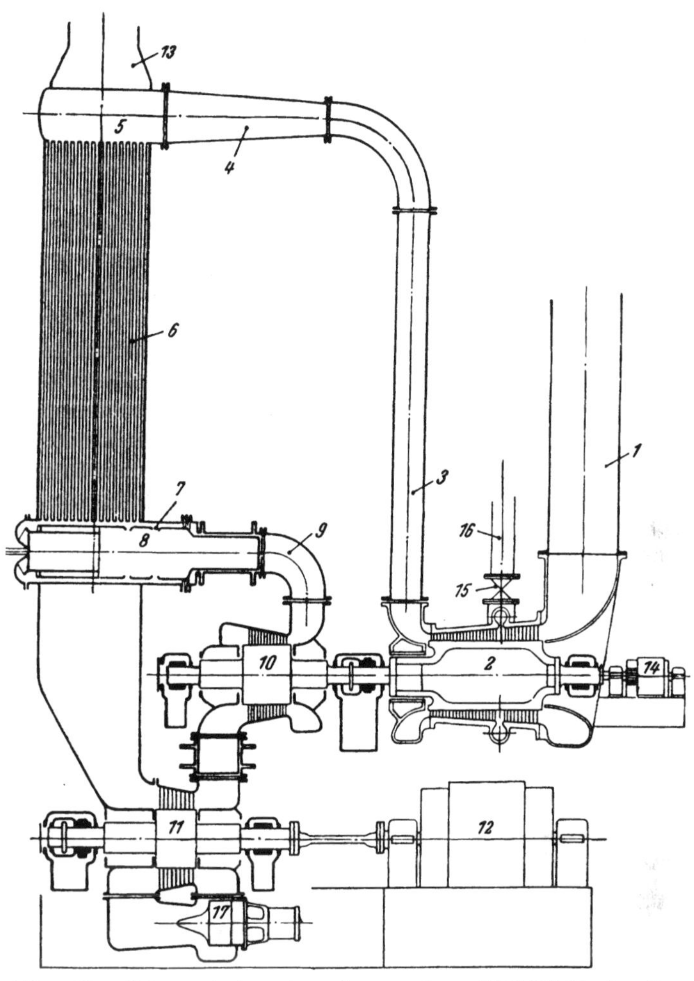

Abb. 10. Schematische Anordnung der 1200-PS-Marine-Gasturbinenanlage von BTH[1] für den Tanker „Auris“

1 Ansaugleitung
2 Kompressor ($n = 5750$ U/min)
3 Druckluftleitung
4 Diffusor
5 Einlaßtrommel des Wärmeaustauschers
6 Wärmeaustauscher
7 Auslaßtrommeln
8 Brennkammern
9 Zuleitung zur Hochdruckturbine
10 Hochdruckturbine ($n = 5750$ U/min)
11 Niederdruckturbine ($n = 3000$ U/min)
12 Generator
13 Auslaßleitung
14 Anlaßmotor
15 Abblaseventil
16 Abblaseleitung
17 Überströmventil

[1] British Thomson-Houston Co., Ltd., Rugby, England.

die Nutzleistung abgibt. Hier hat die Mehrwellenanordnung vor allem den Zweck, die Leistungs- und Drehmomentcharakteristik einer für sich allein laufenden Turbine auszunützen. Eine vollbeaufschlagte Turbine, die getrennt läuft, zeigt einen parabolischen Verlauf der Leistung über dem Drehzahlbereich von Null über Maximum bis Null und eine Drehmomentlinie, die bei der Drehzahl Null ihr Maximum hat und bei der maximalen Drehzahl Null wird. Diese Charakteristik ist besonders für Fahrzeug- oder Schiffsantriebe von Bedeutung. Außerdem kann das alleinlaufende Gaserzeugeraggregat wesentlich schneller beschleunigt werden. Die Anlage der Abb. 10 wurde von der British Thomson Houston Co. für Schiffsantriebszwecke entworfen.

Ebenso ist es auch möglich, eine zweistufige Anlage mit Zwischenkühlung und Zwischenerhitzung in Dreiwellenanordnung zu bauen, wie aus Abb. 11, *4 D* bis *4 F*, hervorgeht. Bei diesen Dreiwellenschaltungen ist zugleich ein Vorteil bei Teillast sowie ein Vorteil durch die gute Charakteristik der getrenntlaufenden Nutzleistungsturbine gegeben. Gutes Beschleunigungsvermögen des Gaserzeugersatzes ist ebenfalls gewährleistet. Welchen Einfluß die Anordnung der Nutzleistungsturbine auf das Teillastverhalten hat, wird noch später eingehend erörtert werden [*310*].

Die bisher gezeigten Schaltungen sind mehr oder weniger Standardschaltungen gewesen. Es gibt aber noch eine außerordentlich große Zahl von Möglichkeiten, die alle wieder bestimmte Vorteile bieten bzw. bei gewissen Vorbedingungen, die zu erfüllen sind, angewendet werden, wobei natürlich noch in den meisten Fällen der Wirkungsgradverlauf bei Teillasten von größter Wichtigkeit ist, ein Faktor, der stark von der Schaltung abhängt. Über das Verhalten der einzelnen Anordnungen am Auslegungspunkt wurden schon von Soderberg eingehende Studien angestellt [*339*]. In Abb. 11 ist eine Auswahl von Schaltungen, hauptsächlich mit getrennter Nutzleistungsturbine, wie sie etwa für Schiffe oder Fahrzeuge bei direktem Antrieb, aber auch bei Kraftanlagen angewendet werden, dargestellt. Für jede Schaltung ist noch der Kreisprozeßverlauf im T, s-Diagramm am linken Rand angegeben. Bei allen gezeigten Anlagen ist ein Wärmeaustauscher vorgesehen, aber selbstverständlich kann jede auch ohne diesen gebaut werden, wenn man den kleineren Wirkungsgrad in Kauf nehmen kann. Man wird für einen solchen Fall bei mehrstufigen Anlagen auf die Niederdruckturbine ein möglichst großes Gefälle legen, um deren Abgastemperatur und damit die Kreisprozeßverluste klein zu halten.

Alle bisher gezeigten Verbundanordnungen, also Schaltungen, bei denen die Verdichtung und Expansion stufenweise erfolgt, sind in der sogenannten Parallelverbundanordnung ausgeführt, das heißt der Hochdruckkompressor wird von der Hochdruckturbine und der Niederdruckkompressor von der Niederdruckturbine angetrieben. Es gibt jedoch auch sogenannte Kreuzverbundschaltungen, bei denen der Niederdruckkompressor von der Hochdruckturbine und der Hochdruckkompressor von der Niederdruckturbine angetrieben wird. Diese Schaltungsart führt jedoch bei Turboverdichtern, besonders aber bei axialen Maschinen, im Teillastbereich bald zum Pumpen des Kompressors. Es müssen daher bei einer solchen Zusammenschaltung Verdichter nach der Verdrängerbauart, etwa Lysholm-Schraubenkolbenverdichter (s. S. 197), die über dem ganzen Drehzahlbereich stabil sind, verwendet werden.

In der Abb. 11 sind nur Kreisprozesse gezeigt, bei denen Zwischenerhitzung im Verein mit Zwischenkühlung angewendet wird. Selbstverständlich kann auch Zwischenerhitzung allein ausgeführt werden, wenn kein Kühlwasser zur Verfügung steht (Luftkühlung ist allerdings auch denkbar, führt aber wegen des schlechten Wärmeüberganges von Gas zu Gas zu sehr großen Kühlern und könnte höchstens bei ganz kleinen Anlagen gebaut werden). Bei Zwischenerhitzung allein empfiehlt es sich in den meisten Fällen, einen Wärmeaustauscher vorzusehen, da die Abgase nach der Niederdruckturbine noch sehr heiß sind und dadurch große Verluste entstehen würden.

Alle gezeigten Schaltungen können natürlich auch ohne getrennte Nutzleistungsturbine ausgeführt werden, wenn es der Verwendungszweck erlaubt bzw. notwendig macht. Bei Einwellenanordnung wird aber besonders bei Kraftwerken, wo konstante

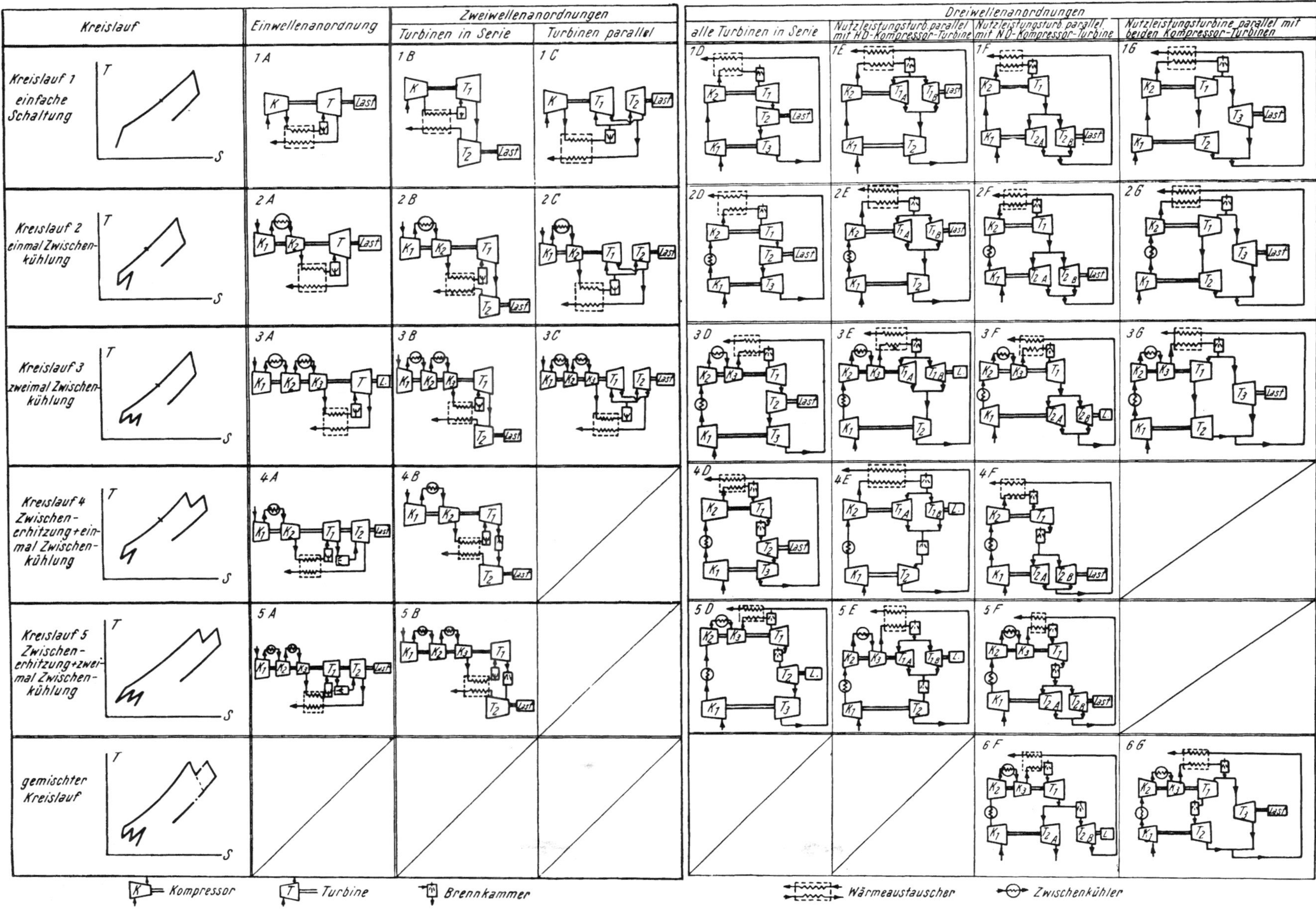

Abb. 11. Zusammenstellung verschiedener Schaltungen in Ein-, Zwei- und Dreiwellenanordnung, wobei die Mehrwellenanordnungen alle mit getrennter Nutzleistungsturbine, etwa für Schiffs- oder Fahrzeugantrieb, gezeichnet sind

Drehzahl bei allen Lasten erforderlich ist, der Teillastwirkungsgrad schlecht, da in einem solchen Fall die Temperatur herabgesetzt werden muß. Ist aber ein Betrieb mit variabler Drehzahl möglich (z. B. elektrische Kraftübertragung bei Lokomotiven), dann ergibt auch die Einwellenanordnung gute Teillastwirkungsgrade, da die Temperatur hoch gehalten werden kann. Bei Verbundanordnungen für Kraftwerke wird man keine getrennte Nutzleistungsturbine vorsehen, da es mit einer solchen schwieriger ist, einen Betrieb mit konstanter Drehzahl durchzuführen. Man wird vielmehr die Kraft mit konstanter Drehzahl von der Hochdruckwelle abnehmen, Abbildung 8, um mit der Niederdruckwelle mit veränderlicher Drehzahl regeln zu können, womit ebenfalls wieder die Temperaturen bei Teillast und damit der Wirkungsgrad hoch bleiben. Bisweilen findet man aber auch eine Kraftabnahme von der Niederdruckwelle, Abbildung 7, aber nur dann, wenn es sich um eine Spitzendeckungsanlage handelt, bei der es nicht auf gute Teillasten, sondern auf schnelle Anpassung an große Lastwechsel ankommt. Man läßt daher bei solchen nur zeitweise laufenden Maschinen auch den Wärmeaustauscher weg, um Anlagekosten zu sparen. Bei mehrstufiger Verdichtung sieht man aus den Abbildungen, daß man einmal den Niederdruckkompressor und den Mitteldruckkompressor von der Niederdruckturbine, Abb. 8, bisweilen aber auch den Niederdruckkompressor von der Niederdruckturbine und den Mittel- und Hochdruckkompressor von der Hochdruckturbine antreiben läßt. Es hängt dies immer wieder mit der gesamten Auslegung der Anlage, mit den Charakteristiken der einzelnen Maschinen und mit dem gewünschten Verhalten im Teillastbereich zusammen und wird im betreffenden Abschnitt noch eingehend erörtert werden.

Selbst eine Anlage mit Zwischenerhitzung allein oder auch ganz ohne Zwischenkühlung oder Zwischenerhitzung kann auf die verschiedenste Art geschaltet werden. Die einfachste Möglichkeit ergibt die Einwellenanordnung. Aber auch die Verbundschaltungen mit Kraftabnahme entweder an der Hochdruck- oder an der Niederdruckwelle oder von einer getrenntlaufenden Nutzleistungsturbine, die ihrerseits wieder mit den Kompressorturbinen in Serie oder parallel geschaltet sein kann, sind möglich, s. Abb. 11, *1 D* bis *1 G*, wobei Zwischenkühlung und Zwischenerhitzung nicht unbedingt vorgesehen sein muß. Das beste Teillastverhalten wird man jedenfalls immer mit einer Verbundanordnung erreichen.

Man sieht also, daß man eine Unmenge von Möglichkeiten bei der Auslegung einer Anlage hat und in jedem einzelnen Falle genau prüfen muß, welche Schaltung für den speziellen Anwendungszweck am günstigsten ist.

In diesem Zusammenhang ist es noch interessant, den Einfluß des Wärmeaustauschers auf den Wirkungsgrad näher zu beleuchten, Tab. 2. In dieser Tabelle ist für eine Temperatur von 650° C vor der Turbine die erzielbare Wirkungsgradsteigerung mit einem Wärmeaustauscher von verschiedenem Rückgewinnungsgrad gezeigt[1]. Man sieht, daß der Wirkungsgrad rasch zunimmt, aber auch das Volumen des Wärmeaustauschers, wodurch für normale Rohrwärmeaustauscher ein Wärmerückgewinnungsgrad von 80 % wohl die äußerste Grenze darstellt. Das optimale Druckverhältnis nimmt mit steigendem Wärmerückgewinnungsgrad ab, wodurch allerdings die Maschinen bei gleichbleibender Leistung etwas größer werden, da die spezifische Leistung (Leistung in PS pro kg durchgesetzter Luftmenge in der Sekunde) mit sinkendem Druckverhältnis abnimmt.

Man sieht auch aus der Tabelle, daß ein Regenerativwärmeaustauscher, der bis heute jedoch versuchsmäßig nur in kleinen Abmessungen verwirklicht werden konnte, außerordentlich günstig wird und zu hohen Wirkungsgraden führt. Der Aufbau eines solchen Wärmeaustauschers ist ähnlich dem eines Ljungström-Luvos im Dampfkesselbau. Die hohen Temperatur- und Druckunterschiede führen allerdings zu erheblichen Schwierigkeiten. Man erwartet aber in der nächsten Zukunft eine erfolgreiche Lösung dieses Problems auch bei größeren Einheiten. Dadurch wird man in der Lage sein, schon mit ganz

---

[1] Unter Rückgewinnungsgrad versteht man die Wärmemenge in Prozent, die von der theoretisch, entsprechend der Temperaturdifferenz zwischen Turbinenaustritt und Kompressoraustritt, zur Verfügung stehenden Wärmemenge für die Erwärmung der Luft nach dem Verdichter ausgenützt wird.

Tabelle 2

Zusammenhang zwischen Wirkungsgrad, Rückgewinnungsgrad des Wärmeaustauschers und Wärmeaustauschergröße bei einer Anlage nach Abb. 6

Wärmeaustauscherbauart	Rohrwärmeaustauscher				Regenerativ-wärme-austauscher
Leckverlust	keiner				3 %
Rückgewinnungsgrad	40 %	60 %	80 %	90 %	95 %
Relatives Volumen des Wärmeaustauschers	1	3	13	38	5
Kreisprozeßdruckverhältnis	5,5	4,75	4	3,5	3
Prozentuelle Steigerung des Wirkungsgrades	6	17	37	54	55

einfachen Anlagen bei 650° C Wirkungsgrade von 32 % und mit mehrstufigen Anlagen bei der gleichen Temperatur von 38 bis 40 % zu erreichen, ohne daß die Anlage einen großen Umfang bekommt, da Wärmeaustauscher dieser Art so klein sind, daß sie praktisch in die Abgasleitung eingebaut werden können.

Tabelle 3

Vergleich verschiedener Prozesse, bezogen auf gleiche Leistungsabgabe und gleiche Eintrittstemperatur von 650° C

	Einfacher Kreislauf ohne Wärme-rückgewinn	Einfacher Kreislauf mit Wärme-rückgewinn	Kreislauf mit Zwischen-kühlung und Wärme-rückgewinn	Kreislauf mit Zwischen-erhitzung und Wärme-rückgewinn	Kreislauf mit Zwischen-kühlung, Zwischen-erhitzung und Wärme-rückgewinn
Im Brennstoff zugeführte Leistung[1]	4,95	3,75	3,43	3,55	3,11
Turbinenleistung[1]	3,95	2,95	2,80	2,88	2,55
Kompressorantriebsleistung[1]	2,95	1,95	1,80	1,88	1,55
Nutzleistung	1	1	1	1	1
Thermischer Wirkungsgrad %	20,2	26,6	29,2	28,1	32,2
Gastemperaturen °C:					
Turbine, Eintritt	650	650	650	650	650
Zwischenbrennkammer, Austritt	—	—	—	650	650
Turbine, Austritt	302	421	374	494	463
Wärmeaustauscher, Austritt	—	235	177	294	271
Lufttemperaturen °C:					
Kompressor, Eintritt	21	21	21	21	21
Zwischenkühler, Austritt	—	—	21	—	21
Kompressor, Austritt	254	171	110	227	207
Brennkammer, Eintritt	254	360	302	426	399
Drücke kg/cm² absolut:					
Kompressor, Eintritt	1	1	1	1	1
Kompressor, Austritt	6	3,51	5	5	7
Turbine, Eintritt	6	3,42	4,88	4,88	6,84
Turbine, Austritt	1	1,027	1,027	1,027	1,027

[1] Angaben sind relativ, bezogen auf eine Nutzleistung von 1.

Die Werte basieren auf folgenden Annahmen:

Turbinenwirkungsgrad 85 % — Eintrittstemperatur der Luft 21° C

Kompressorwirkungsgrad 84 % — Druckverlust im Wärmeaustauscher 5 %

Brennkammerwirkungsgrad 100 %

Die drei Methoden zur Steigerung des Wirkungsgrades einer einfachen Gasturbinenanlage, nämlich

1. Wärmerückgewinn,
2. stufenweise Verdichtung mit Zwischenkühlung,
3. stufenweise Expansion mit Zwischenerhitzung,

und ihre Auswirkung auf den Wirkungsgrad und die Betriebsverhältnisse der Anlage unter Annahme einer gleichen Anfangstemperatur von 650° C und gleicher Leistungsabgabe zeigt Tab. 3. Diese Angaben stammen aus Berechnungen von F. K. FISCHER und C. A. MEYER [7]. Die Resultate zeigen einen bestechenden Anstieg des Wirkungsgrades von 20,2 % bei der einfachen Anlage auf 32,2 % bei der Anlage mit Zwischenkühlung, Zwischenerhitzung und Wärmerückgewinn. Der daraus resultierende Rückgang der im Brennstoff zuzuführenden Energie von 4,95 auf 3,11 ist bemerkenswert. Interessant ist der Rückgang der vom Kompressor aufgenommenen sowie der von der Turbine abgegebenen Leistung bei Einführung von Wärmerückgewinn und stufenweiser Verdichtung und Expansion. Dadurch fallen die Maschinen kleiner und leichter aus, doch wird dieser Gewichtsgewinn teilweise durch den Zwischenkühler, die Zwischenerhitzungsbrennkammer und den Wärmeaustauscher wettgemacht. Während man bei einer einfachen Anlage ohne Wärmeaustauscher nach Abb. 4 mit einem Gewicht von 20 bis 27 kg/kW mit elektrischer Ausrüstung, jedoch ohne Fundament, rechnen muß, kommt eine zweistufige Anlage nach Abb. 7 auf 18 bis 23 kg/kW inklusive Hilfsmaschinen und elektrischer Ausrüstung, während eine mehrstufige Anlage mit Wärmerückgewinn nach Abb. 8 etwa 32 kg/kW wiegt. Wesentlich ist jedoch die Verkleinerung der Turbinen und damit eine bedeutend leichtere Beherrschung der Wärmedehnungen. Diese Angaben gelten für Gasturbinen, die nach dem Vorbild der Dampfturbine, also schwer und massiv gebaut sind. Bei Anwendung der Leichtbauweise sinken diese Werte aber beträchtlich.

d) Vergleich zwischen Gasturbine, Dampfturbine und Kolbenmotor. Hervorstechende Vorteile der Gasturbine. Die einfache Anlage nach dem offenen Gleichdrucksystem, die nur aus Kompressor und Turbine mit zwischengeschalteter Brennkammer besteht, wobei noch ein Wärmeaustauscher nachgeschaltet werden kann, hat als einzige umlaufende Teile nur den Kompressor- und den Turbinenläufer. Es verursachen also nur maximal vier

Tabelle 4

Vergleich verschiedener Antriebsarten für ein 10000-t-Frachtschiff von 6200 WPS und mit einer Geschwindigkeit von 16 Knoten

Antriebsart	Baujahr	Dampf kg/cm² abs/° C	Drehzahl Maschinen Propeller U/min	Kessel t	Gewichte Hauptmasch. t	Total t	Einheitsgewicht kg/WPS	Brennstoffverbrauch kg/WPSh
Zylinderkessel, Turbinen	1927	16/320	2200/110	430	160	590	95	0,4
La-Mont, Turbinen	1938	36/450	7000/130	140	97	237	38,2	0,31
Diesel, doppelwkd., Zweitakt, kompressorlos	1938	—	105	—	530	530	85,5[1]	0,177
Gasturbinen	—	—	6500/110	—	90	90	14,5	0,29

Die Verbrennungsturbine ergibt die kleinsten Maschinengewichte.

Lagerstellen Reibungsverluste. Eine solche Gasturbine hat daher einen mechanischen Wirkungsgrad von 96 bis 98 % gegenüber 80 bis 90 % einer Kolbenmaschine. Durch die völlige Abwesenheit von hin- und hergehenden Massen und durch das stetige Einwirken der Verbrennungsgase auf die Turbinenschaufeln entsteht eine vollkommen gleichförmige

[1] Moderne Dieselmaschinen der jüngsten Zeit haben allerdings bereits 25 bis 50 kg/WPS erreicht.

Drehmomentenabgabe und ein vollkommen ausgeglichener Lauf. Die bei den Verbrennungsmotoren so gefürchteten Torsionsschwingungen fehlen hier zur Gänze.

Das Gewicht einer modernen Gasturbinenanlage ist kleiner als das einer Dampfturbinenanlage, da kein Dampfkessel gebraucht wird und die Drücke wesentlich niedriger liegen. Das Gewicht pro PS einer Gasturbine ist auch kleiner als das einer Kolbenmaschine, da diese wesentlich höhere Drücke aushalten muß. Anläßlich des Baues der ersten Gasturbinenlokomotive hat BBC einen interessanten Vergleich zwischen dieser und einer gleichfalls 2200 PS leistenden dieselelektrischen Lokomotive gemacht. Das Ergebnis dieser Untersuchung war, daß das Gewicht der Gasturbinenlokomotive nur etwa 80 % der letzteren beträgt. Auch bei Schiffsantriebsanlagen ist die Gasturbine wesentlich leichter als die Dampfturbinen- oder Dieselmaschinenanlage. Tab. 4 zeigt eine diesbezügliche Untersuchung von BBC für eine 6200-PS-Schiffsanlage. Die Gasturbinen für Flugzeuge weisen hier noch bedeutend bessere Leistungsgewichte auf. Während Kolbenflugmotoren etwa 0,5 kg/PS wiegen, beträgt das Gewicht von Propellerturbinen nur etwa 0,18 bis 0,30 kg/PS, während Strahlturbinen auf etwa 0,15 bis 0,40 kg/kp kommen oder bei einer Fluggeschwindigkeit von 1000 km/h in Bodennähe auf etwa 0,05 bis 0,08 kg/PS. Durch die Möglichkeit, bei der vollständig ausgeglichenen Turbomaschine sehr hohe Drehzahlen anzuwenden, werden diese hervorstechenden gewichtlichen Vorteile gegenüber dem Kolbenmotor erreicht, da eine Maschine mit höher werdender Drehzahl kleiner und leichter wird.

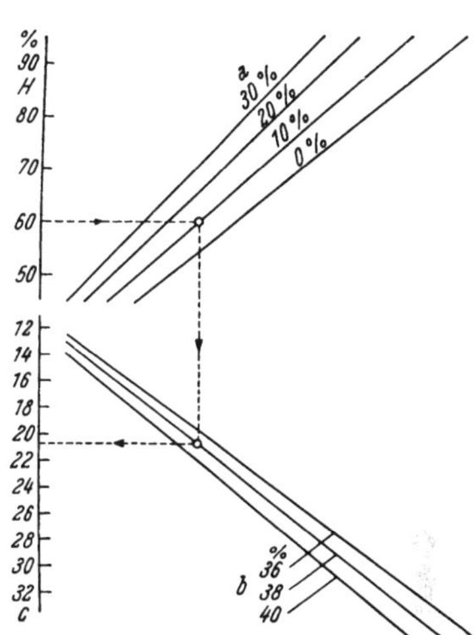

Abb. 12. Nomogramm zum Vergleich der Wirtschaftlichkeit von Dieselmotor und Gasturbine

H Heizölpreis in Prozent des Gasölpreises
a Schmierölkosten des Dieselmotors in Prozent der Brennölkosten
b Thermischer Wirkungsgrad des Dieselmotors
c Wirtschaftlich gleichwertiger thermischer Wirkungsgrad der Gasturbine

Auch der Platzbedarf sowie die Anlagekosten einer Gasturbine sind kleiner als die von Dampf- oder Dieselanlagen. Ein großer Vorteil ist auch der Fortfall jeglicher Regelorgane an der Turbine, da die Leistungsabgabe einer Gasturbinenanlage lediglich mit der Brennstoffzufuhr reguliert wird. Ein weiterer wesentlicher Vorteil gegenüber der Dampfturbinenanlage ist durch den Fortfall des Kondensators und den sich dadurch ergebenden Wegfall des Kühlwassers gegeben. Allerdings braucht eine Gasturbinenanlage mit stufenweiser Kompression und Zwischenkühlung auch Kühlwasser, jedoch ist deren Bedarf viel kleiner als der einer Dampfanlage (etwa ein Sechstel bis ein Viertel). Außerdem wird mit steigender Eintrittstemperatur der Gase dieses Verhältnis immer besser [*8*].

Obwohl die Gasturbine heute noch einen kleineren Wirkungsgrad als ein Diesel- oder Ottomotor hat, sind ihre Betriebskosten doch durch die Möglichkeit, billiges Heizöl zu verwenden, verhältnismäßig gering bzw. werden die des Dieselmotors erreicht, da der Schmierölverbrauch der Turbine nur sehr klein ist. So kommt z. B. nach Abb. 12 bei einem Heizölpreis von 60 % des Dieselölpreises und Schmierölkosten des Dieselmotors von 10 % der Brennölkosten ein thermischer Verbrennungsturbinenwirkungsgrad von 21 % dem Wirkungsgrad eines Dieselmotors von 38 % gleich. Die Schmierölkosten der Gasturbine betragen etwa 0,25 % der Brennstoffkosten, während die des Dieselmotors zwischen 10 % und 20 % der Brennstoffkosten liegen.

Dieses Nomogramm stimmt allerdings auch nur bedingt, denn der Dieselmotor kann heute ebenfalls schon Bunker-C-Öl verbrennen, wenn man die erhöhte Abnützung in Kauf nimmt. Trotzdem dürfte aber die Gasturbine den Vorteil haben, wenn man die Gesamtkosten betrachtet.

Der komplizierten Schmierungsanlage des Verbrennungsmotors steht die höchst einfache Schmierung der wenigen Lager einer Gasturbine gegenüber. Durch die wenigen bewegten Teile sind auch die Wartungskosten einer Gasturbinenanlage sehr gering.

Gegenüber der Dieselmaschine oder dem Ottomotor ist der Auspuff der Gasturbine durch den großen Luftüberschuß praktisch rauch- und auch ziemlich geruchfrei. Die Dämpfung der Ansaug- und Auspuffgeräusche ist allerdings ein schwieriges Problem.

Des weiteren dürfen die zum Teil schon recht erfolgreichen Versuche, Kohle und andere feste Brennstoffe in der Gasturbine zu verbrennen, nicht unerwähnt bleiben, ebenso wie die Anwendung derselben in Atomkraftwerken. Alle diese Versuche können das Bild weiter zugunsten der Gasturbine verschieben.

Ein Nachteil der Gasturbine ist ihr Unvermögen, von selbst anzulaufen. Es muß daher die Maschine durch einen Hilfsmotor auf eine hinreichend hohe Drehzahl gebracht werden, damit der Kompressor genügend Luft liefert, um die Turbine zu betreiben. Die erforderliche Leistung des Anlaßmotors beträgt etwa 3 bis 5 % der Nutzleistung der Anlage. Dafür ist die Gasturbine sehr rasch betriebsbereit.

Die Anlaufzeit hängt allerdings sehr stark von der Bauweise ab. Bei schwerer Bauart dürfte die Anlaufzeit kaum unter 8 bis 10 Minuten kommen, vielfach aber wesentlich länger sein, bei leichter Bauweise werden allgemein 0,5 bis maximal 3 Minuten erreicht.

Ebenso muß beim Abstellen der Maschine bei schwerer Bauweise der Rotor während der Abkühlzeit langsam gedreht werden, um eine Durchbiegung infolge ungleichmäßiger Wärmeverteilung zu vermeiden.

Bei leichter Bauweise wird dies in den allermeisten Fällen vermieden werden können.

e) Gestehungs- und Betriebskosten von Gasturbinenanlagen. Sonstige wichtige Daten. Es ist heute noch sehr schwierig, verbindliche Ziffern anzugeben, da die Entwicklung noch zu sehr in Fluß ist. Es müssen daher die im folgenden aus verschiedenen Quellen genannten Zahlen mit etwas Vorsicht gebraucht werden.

Die Gestehungskosten einfacher offener Gasturbinen komplett mit Generator ohne Fundament liegen nach Angaben Schweizer Firmen um ö. S. 1800,— bis 2100,—/kW. Mehrwellige Anlagen mit Wärmeaustausch bis zu ö. S. 3000,—/kW.

Amerikanische Marineanlagen sind in der Literatur mit folgenden Preisen pro PS ohne Getriebe angegeben:

5000-PS-Anlage, einfach mit veränderlicher Drehzahl	US-$ 70,—
5000-PS-Anlage mit Wärmeaustausch und veränderlicher Drehzahl	US-$ 90,—
7000-PS-Anlage mit Wärmeaustausch und Zwischenkühlung	US-$ 110,—
1700-PS-Anlage mit Wärmeaustausch und konstanter Drehzahl	US-$ 77,—
5000-PS-Dampfanlage mit Turbine und Kessel	US-$ 85,—
5000-PS-Dieselanlage	US-$ 110,—

Amerikanische Landanlagen sind mit folgenden Ziffern angegeben:

3000-kW-Einheit	ö. S. 3400,— bis 4250,—/kW
5000-kW-Einheit	ö. S. 6200,—/kW

Deutsche Angaben für Anlagen von 800 bis 15000 kW liegen zwischen ö. S. 1200,— und 6000,—/kW.

Englische Kleinturbinen kosten rund ö. S. 1100,—/PS, größere Maschinen je nach Größe und Ausführung zwischen ö. S. 2000,— und 7000,—/kW.

Der Raumbedarf von Gasturbinen schwankt natürlich je nach Ausführung. Er liegt beim Kraftwerk Beznau (Beschreibung s. S. 577) bei 700 m³/MW. Die Kraftwerksleistung ist 40 MW. Ein Steinkohlendampfkraftwerk von 200 MW hat einen Raumbedarf von 900 m³/MW.

Preise pro kg sind von amerikanischen Anlagen bekannt. Es kosten nach diesen Quellen

die Gasturbine	ö. S. 195,—/kg
die Dampfturbine	ö. S. 52,—/kg
der Dieselmotor	ö. S. 32,50/kg

Als Betriebskosten sind folgende Daten aus der Literatur bekannt:

USA: General Electric, Belle Isle Power Station, 3500 kW. Einfache Anlage, Betrieb mit Erdgas, $\eta = 17{,}1\,\%$ Betriebszeit heute etwa 50000 Stunden. Betriebskosten ö. S. —,78/kWh.

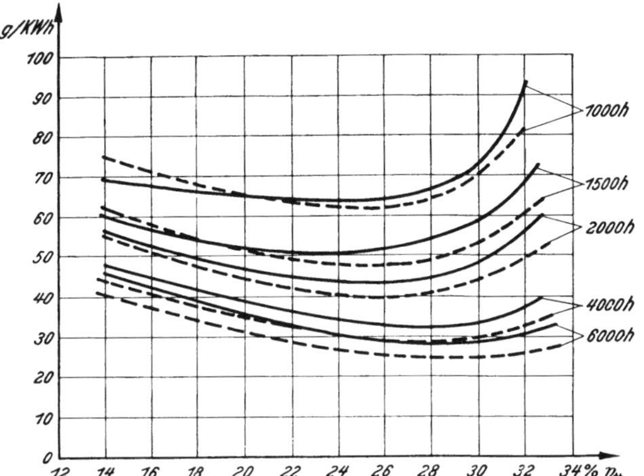

Abb. 13. Stromerzeugungskosten bei Gasturbinen- und Dampfkraftanlagen in Abhängigkeit vom thermischen Wirkungsgrad und von der jährlichen Benützungsdauer (6 % Zinsen)

—— Gasturbinenanlage für Öl ö.S. 68,80/10⁶ kcal
--- Dampfkraftanlage für Kohle ö.S. 58,50/10⁶ kcal

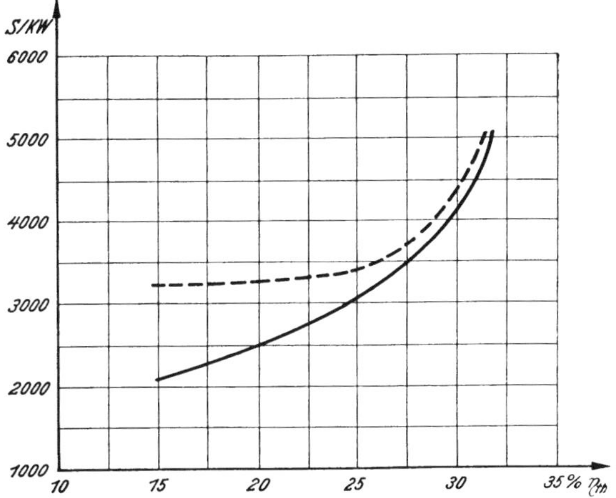

Abb. 14. Spezifische Anlagekosten bei Gasturbinen- und Dampfkraftanlagen in Abhängigkeit vom thermischen Wirkungsgrad

—— Gasturbinenanlage
---- Dampfkraftanlage

Schweiz: BBC-Anlage in Beznau, Betrieb mit Heizöl (Bunker C, 0,025 % Asche, davon 11 % V_2O_5). Laufzeit bis jetzt etwa 30000 Stunden. Unterhaltskosten samt Schaufelreinigung und Überholungen ö. S. —,006/kWh.

Zum Vergleich seien Ziffern von Dampfkraftwerken und Großdieselanlagen genannt:

Dampfanlage ö. S. —,012/kWh

Großdieselanlage ö. S. —,06 bis —,09/kWh

In diesem Zusammenhang mögen noch Angaben aus amerikanischen Quellen über Stromerzeugungskosten, Anlagekosten und Jahreskosten von Dampf- und Gasturbinenanlagen gezeigt werden, Abb. 13, 14, 15. Bei den Gasturbinen handelt es sich um Einheiten von 5000 bis 6000 kW mit Eintrittstemperaturen von 650 bis 750° C und Wirkungsgraden von 18 bis 30 %. In Abb. 13 sind die Stromerzeugungskosten von Gasturbinen- und Dampfkraftanlagen in Abhängigkeit von Wirkungsgrad und Benützungsdauer aufgetragen. Hierbei wurde eine Frachtentfernung des Brennstoffes von 200 km angenommen und Wärmepreise von ö. S. 68,80/10⁶ kcal für Öl und ö. S. 58,50/10⁶ kcal für Kohle eingesetzt. Abb. 14 zeigt die spezifischen Anlagekosten für Gasturbinen und Dampfkraftanlagen und Abb. 15 die Jahreskosten und ihre Zusammensetzung aus Brennstoffkosten, Löhnen und Instandhaltung, Abschreibung und Zinsen. Bei den Gasturbinenanlagen wurden Einheiten mit einem thermischen Wirkungsgrad von 18 und 35% zum Vergleich mit einer Dampfkraftanlage für 29% herangezogen.

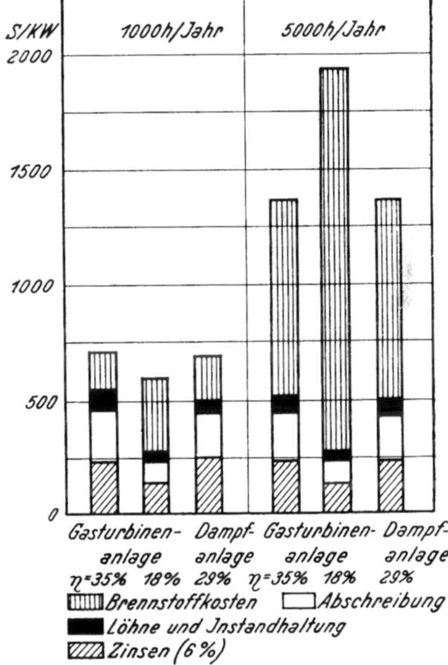

Abb. 15. Jahreskosten von Gasturbinen- und Dampfkraftanlagen in Abhängigkeit von Benützungsdauer und Wirkungsgrad

Interessant ist auch ein Vergleich der Maschinenfabrik Oerlikon über die Kosten pro kWh bei Wasserkraft- und bei Gasturbinenanlagen. Hierbei ist auch die Gasturbine mit Abgasausnützung zur Dampferzeugung mit herangezogen, die in Zukunft immer mehr an Bedeutung gewinnen wird. Aus Abb. 16 ersieht man, daß bei einem Brennstoffpreis von sfr. 150.—/t selbständige Gasturbinenanlagen der hydraulischen Energie im kWh-Preis ungefähr ebenbürtig werden. Sobald aber Kombinationen mit Wärmeverwertung möglich sind, wird der kWh-Preis kleiner als der von Wasserkraftanlagen.

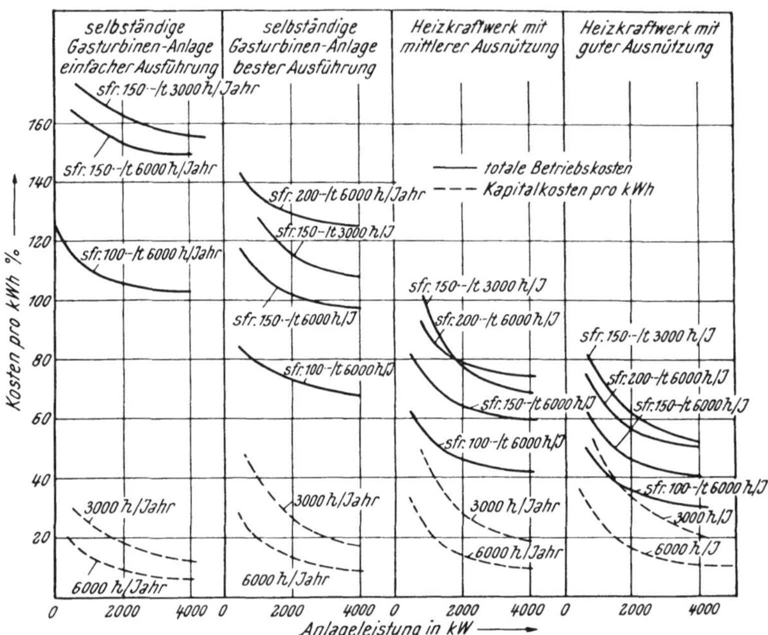

Abb. 16. Kostenvergleich für Gasturbinenanlagen
Mit 100 % wurde der Preis pro kWh angenommen, der von der Industrie für Wasserkraftenergie bezahlt werden muß

f) Kurzbezeichnung der einzelnen Varianten des offenen Gleichdruckverfahrens. Um Kreisprozesse verschiedener Art auf eine einfache Weise ausdrücken zu können, wird in der Literatur bisweilen eine von Alf Lysholm, Professor an der Technischen Hochschule Stockholm, vorgeschlagene Methode angewendet [*1*]. Jeder Kreisprozeß kann durch drei Zahlen ausgedrückt werden, z. B. 2—1—0,75. Die erste Zahl gibt die Anzahl der Verbrennungskammern und damit zugleich die Anzahl der Expansionsstufen. Die zweite Zahl zeigt die Anzahl der Zwischenkühler an, die gleich ist der Anzahl der Verdichtungsstufen minus eins. Die dritte Zahl ist der Wärmerückgewinnungsfaktor η_R und zeigt an, wieviel Prozent der theoretisch aus der Temperaturdifferenz Turbinenaustrittstemperatur — Kompressoraustrittstemperatur überführbaren Wärme ausgenützt sind. Die Kurzbezeichnung der Anlage nach Abb. 8 bei 75 % Wärmerückgewinn wäre z. B. 2—2—0,75. Die Anlage der Abb. 4 hingegen hätte die Bezeichnung 1—0—0,0.

2. Der geschlossene Kreisprozeß

Dieses von J. Ackeret und C. Keller bei Escher Wyss entwickelte Verfahren ist im Schema, Abb. 17, gezeigt. Nach den Erfindern wird diese Anlage auch A-K-Anlage genannt. Bei ihr wird die verdichtete Luft nach Durchgang durch den Wärmeaustauscher im Lufterhitzer, der im Aufbau einem Zwangsdurchlaufkessel ähnlich ist, indirekt erhitzt und nach Arbeitsleistung in der Turbine und Restwärmeabgabe im Wärmeaustauscher über einen Vorkühler wieder dem Verdichter zugeführt, so daß die gleiche Luftmenge im ständigen Kreislauf umläuft.

Die Vorteile dieser Anlage sind:

1. die durch keinerlei Verbrennungsprodukte verunreinigte Kreislaufluft und
2. die Möglichkeit, den Kreislauf mit verschiedenem Druckniveau laufen zu lassen.

Durch die reine Kreislaufluft tritt keine Verschmutzung der Turbinenschaufeln, Lufterhitzer und Wärmeaustauscher auf, so daß diese immer rein bleiben und keine Wirkungsgradverschlechterung entsteht. Da der Kreislauf unter einem höheren Druck steht, kann bei gleicher Maschinenabmessung wie beim offenen Prozeß ein größeres Luftgewicht umgewälzt werden, und da dieses proportional der Dichte und die Leistung wieder proportional dem Luftdurchsatzgewicht ist, steigt die Leistung proportional mit der Dichte des Arbeitsmittels bzw. proportional der Höhe des Druckpegels der Anlage. Außerdem verschiebt sich bei Änderung des Druckpegels nicht der Betriebspunkt der Maschinen, da das Produkt $G \cdot v$, Durchsatzgewicht mal spezifisches Volumen, gleichbleibt. Der geschlossene Kreisprozeß weist daher bei allen Lastverhältnissen einen hohen Wirkungsgrad auf [*286, 290*].

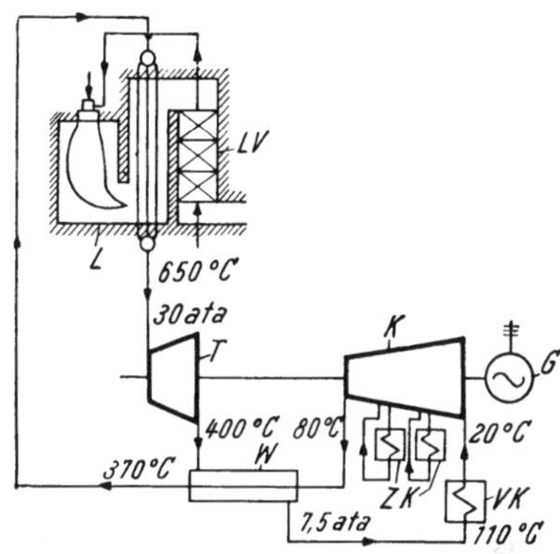

Abb. 17. Schema des geschlossenen Kreislaufes nach Escher Wyss

L Lufterhitzer
LV Verbrennungsluftvorwärmer
T Turbine
K Kompressor
ZK Zwischenkühler
VK Vorkühler
W Wärmeaustauscher
G Generator

Durch das höher gelegte Druckniveau sind mit dem geschlossenen Prozeß auch größere Nutzleistungen zu verwirklichen als mit dem offenen. Die Grenzleistung des offenen Prozesses dürfte heute bei etwa 30000 kW bei Mehrwellenanordnung liegen, während beim geschlossenen Prozeß 100000 kW möglich erscheinen, ohne daß die Zentrifugalkräfte in den Turbinenschaufeln der letzten Stufen ein zulässiges Maß überschreiten. Die verschiedenen Verfahren des offenen Kreisprozesses können auch beim geschlossenen Kreislauf angewendet werden, doch haben alle heute bekannten Anlagen dieser Art stufenweise Kompression und Expansion oder zumindest stufenweise Kompression und Wärmeaustausch. Gewichtlich ist der geschlossene Prozeß durch die kleineren Maschinenabmessungen gegenüber dem offenen Verfahren im Vorteil, jedoch wird dieser Gewinn durch den Lufterhitzer und den Vorkühler wettgemacht. Die Anlagekosten beim geschlossenen Verfahren liegen höher als beim offenen, und auch der Platzbedarf ist größer, auch wieder infolge des zusätzlichen Lufterhitzers und des zusätzlichen Vorkühlers.

Der Vollastwirkungsgrad ist ungefähr gleich wie beim offenen Verfahren bei der gleichen Schaltung, Temperatur und demselben Druckverhältnis. Die Teillastwirkungsgrade des geschlossenen Verfahrens liegen höher.

Kühlwasser ist auch bei der einfachsten Anlage infolge des Vorkühlers immer nötig, es sei denn, daß Luftkühlung angewendet wird, was aber zu wesentlich größeren Vorkühlern führen würde. Der Gesamtkühlwasserbedarf liegt daher höher als bei der gleichartigen offenen Anlage, jedoch noch immer niederer als beim Dampfprozeß (etwa ein Drittel bis die Hälfte) [*8*].

Für die Regelung ist ein Aufladekompressor vorgesehen und eine Behälteranlage für hoch- und niedergespannte Luft. Beim Übergehen auf kleine Last wird Luft aus dem Kreislauf in den Niederdruckbehälter abgelassen. Der Kompressor drückt diese in den Hochdruckbehälter, von wo Luft bei Übergang zu größerer Last entnommen wird. Bei oftmaligem Lastwechsel fallen diese Verluste schon ins Gewicht. Auch die Behälter müssen entsprechend groß gewählt werden. Bei Anlagen mit oft wechselnder Last entsteht hierdurch ein Nachteil.

Die Ausnützung der Atomenergie rückt neuerdings besonders den geschlossenen Gasturbinenprozeß stark in den Vordergrund, da er im Zusammenhang mit gasgekühlten Reaktoren einen idealen Kreislauf darstellt.

3. Der halbgeschlossene Kreisprozeß

Heute existieren zwei Schaltungen nach dem halbgeschlossenen Verfahren: 1. Das Verfahren der Gebrüder Sulzer AG., Winterthur, Schweiz. 2. Das Verfahren der Westinghouse Electric and Manufacturing Comp., USA.

a) Das Verfahren der Gebrüder Sulzer AG. Das Schaltbild dieses Verfahrens ist in Abb. 18 dargestellt. Die Maschinen *1* bis *7* bilden einen geschlossenen Kreislauf. Der Verdichter *9* drückt zusätzlich Luft in das System, und zwar gerade soviel, als die Turbine *10*, die die Leistung abgibt, verbraucht. Die Luft des Vorverdichters *9* wird dem geschlossenen System an dem Punkt zugeführt, wo die Luft mit 4,2 kg/cm² den Wärmeaustauscher verläßt. Beide Anteile werden im Kühler *7* gekühlt, im Kompressor *1* auf 8,5 kg/cm² verdichtet, im Zwischenkühler *2* nochmals gekühlt und im Verdichter *3* auf 17 kg/cm² gebracht. Nach Durchlaufen der Rohre des Wärmeaustauschers *4*, wo sie von der Auspuffluft der Turbine des geschlossenen Kreislaufes erhitzt wird, wird die Luft in zwei Teile geteilt. Ein der Luftmenge des Verdichters *9* entsprechender Teil gelangt in die Brennkammer *8*, wo der Brennstoff verbrannt wird. Die Verbrennungsgase werden in den Rohren des Wärmeaustauschers *5* auf etwa 650°C abgekühlt und schließlich in der Arbeitsturbine *10* entspannt. Der zweite Teil strömt um die Rohre des mit der Brennkammer *8* kombinierten Wärmeaustauschers *5*, wird dabei auf 650° C erwärmt und gelangt durch die Turbine *6*, welche die Verdichter antreibt, und den Wärmeaustauscher *4* wieder zum Ausgangspunkt des geschlossenen Kreislaufes zurück.

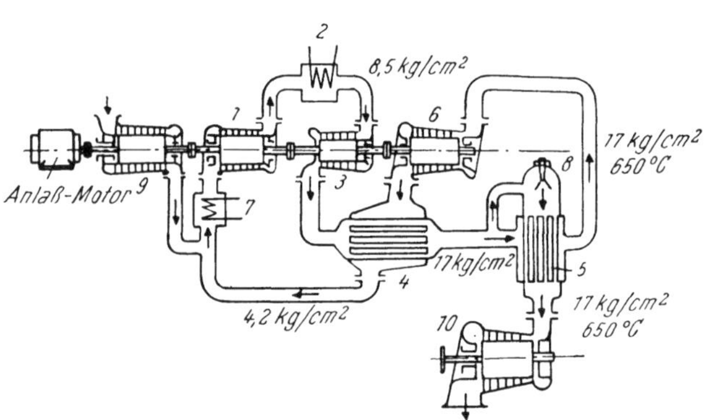

Abb. 18. Schema des halbgeschlossenen Gasturbinenverfahrens von Sulzer

Der Wirkungsgrad dieses Verfahrens im Vergleich zur Dampfanlage geht aus Abb. 19 hervor. Er ist ähnlich dem einer offenen Gasturbinenanlage der gleichen Schaltung, nämlich 1—2—η_R.

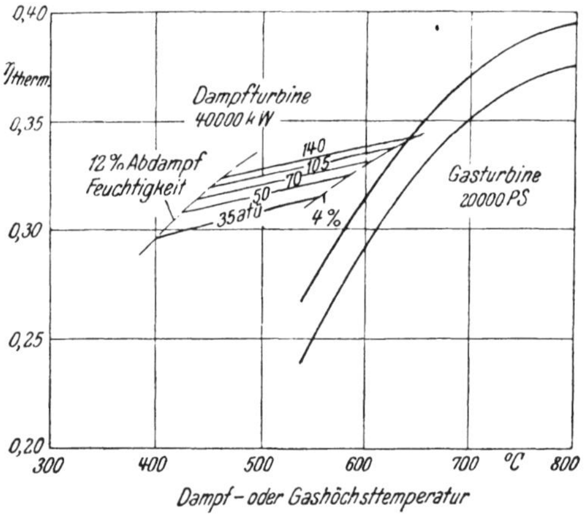

Abb. 19. Wirkungsgradvergleich von Dampfanlage und Gasturbinenanlage (nach Sulzer)

b) Das Verfahren der Westinghouse Electric and Manufacturing Comp. Um den baulich und wärmetechnisch unangenehmen Lufterhitzer zu sparen, wurde von der Firma Westinghouse der halboffene Kreislauf, Abb. 20, vorgeschlagen, bei dem die Wärme wie beim offenen Verfahren durch Einspritzung von Brennstoff in einer Brennkammer zugeführt wird, die Verbrennungsgase nach der Turbine jedoch in einem Vorkühler auf Kompressoreintrittstemperatur heruntergekühlt werden und neuerlich durch den Verdichter gehen. Es ist also ein geschlossener Prozeß, bei dem die Wärme direkt zugeführt wird. Diesem geschlossenen Prozeß ist eine Aufladegruppe vorgesetzt, durch die Frischluft vor der Brennkammer eingeführt wird. Den Antrieb des Verdichters der Aufladegruppe besorgt eine Turbine, deren Verbrennungsgase nach der Hauptturbine abgezweigt werden. Die Aufladegruppe dient außerdem zur Einstellung des Druckniveaus und damit zur Regelung.

Dieser Prozeß verbindet daher ebenso wie der von der Firma Sulzer die Vorteile des offenen und des geschlossenen Verfahrens. Durch das höher gelegte Druckniveau sind die großen Grenzleistungen des geschlossenen Prozesses möglich sowie dessen gutes Teillastverhalten. Durch die Aufladegruppe werden Regelverluste durch Abblasen und wieder Aufpumpen

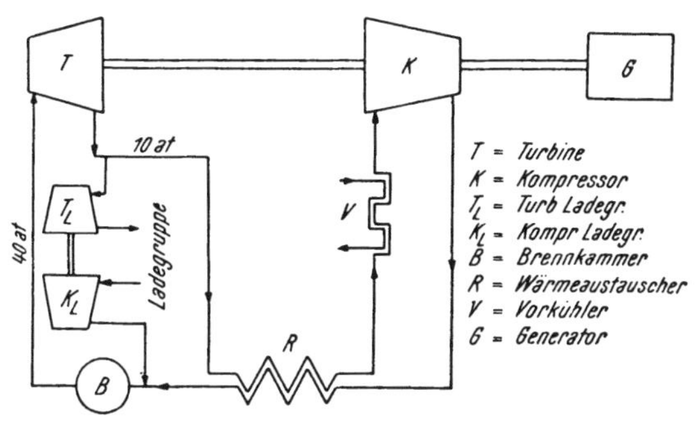

Abb. 20. Schema des halbgeschlossenen Kreislaufes nach Westinghouse

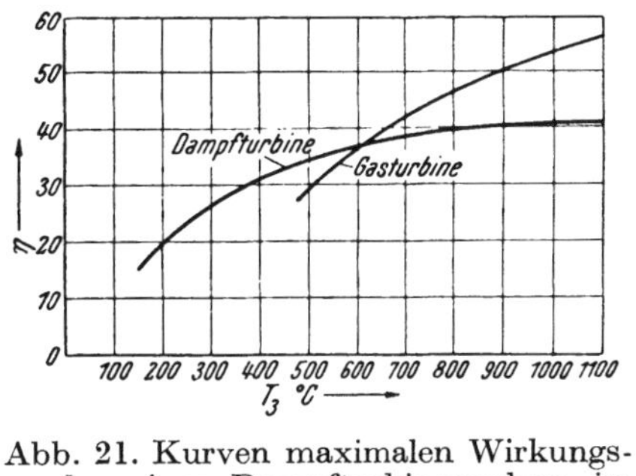

Abb. 21. Kurven maximalen Wirkungsgrades einer Dampfturbinenanlage im Vergleich zu einer Gasturbinenanlage (nach Westinghouse)

vermieden und eine direkte Wärmezufuhr in der Brennkammer ermöglicht. (Auch der Prozeß von Sulzer vermeidet Regelverluste.)

Der Wirkungsgrad kommt dem offenen Verfahren ungefähr gleich. Abb. 21 zeigt eine von Westinghouse veröffentlichte Vergleichskurve. Man kann aus dieser Kurve ersehen, welch bedeutende Vorteile die Gasturbine gegenüber einer Dampfanlage bei Übergang zu höheren Temperaturen hat.

Ein Nachteil dieser Schaltung von Westinghouse ist, daß nicht reine Luft, sondern Verbrennungsgase umgewälzt werden und dadurch nicht nur die Turbine, sondern auch Kompressor und Kühler Verunreinigungen ausgesetzt sind.

Der Kühlwasserbedarf einer solchen Anlage liegt zwischen den beim offenen und geschlossenen Verfahren erreichbaren Werten. Dieses Verfahren ist nur versuchsweise erprobt worden.

B. Die Gasturbine mit Freikolbengaserzeuger

Es hat nicht an Versuchen gefehlt, den leistungsausgeglichenen Hochtemperatur-Hochdruck-Gaserzeugerteil einer Gasturbinenanlage durch andere, meistens auf dem Prinzip der Gasschwingungen aufgebaute Aggregate zu ersetzen.

Die einzige bis jetzt wirklich erfolgreiche Lösung stellt jedoch der Freikolbengaserzeuger dar. Besonders die Erfolge der Firmen SEP-SEME-SIGMA[1] mit der Konstruktion und Fertigung des Pescara-Gaserzeugers in Frankreich haben eine Reihe anderer Firmen in USA, Großbritannien und Deutschland zum Teil auf Grund von Lizenzen bewogen, seine Entwicklung in verstärktem Umfang weiterzutreiben. Die Idee ist an sich schon alt. Wie bereits eingangs erwähnt, hat schon Junkers den Gedanken der von einem Freikolbengaserzeuger gespeisten Gasturbine aufgegriffen und dies hat ihn in der ersten Entwicklungsstufe zur Schaffung seines berühmten Drucklufterzeugers geführt.

1. Wirkungsweise

Die Wirkungsweise eines solchen Freikolbengaserzeugers geht aus Abb. 22 hervor. Da kein Triebwerk vorhanden ist, muß die Kolbenarbeit für jeden Hub ausgeglichen sein. Dies gelingt bei der Wahl entsprechender Abmessungen für den Motorzylinder und den Verdichterzylinder sowie durch Anordnung einer Totstufe. Durch Verändern des Druckes in der Totstufe kann die Verdichtung und damit der Kompressionsenddruck

[1] Siehe Fußnoten S. 203.

im Motor beeinflußt werden. Die verschiedenen Möglichkeiten der Anordnung von Verdichter und Totstufe zeigt Abb. 23. Diese Abbildung gibt unter a im Prinzip die SEME-Bauart (Pescara) wieder.

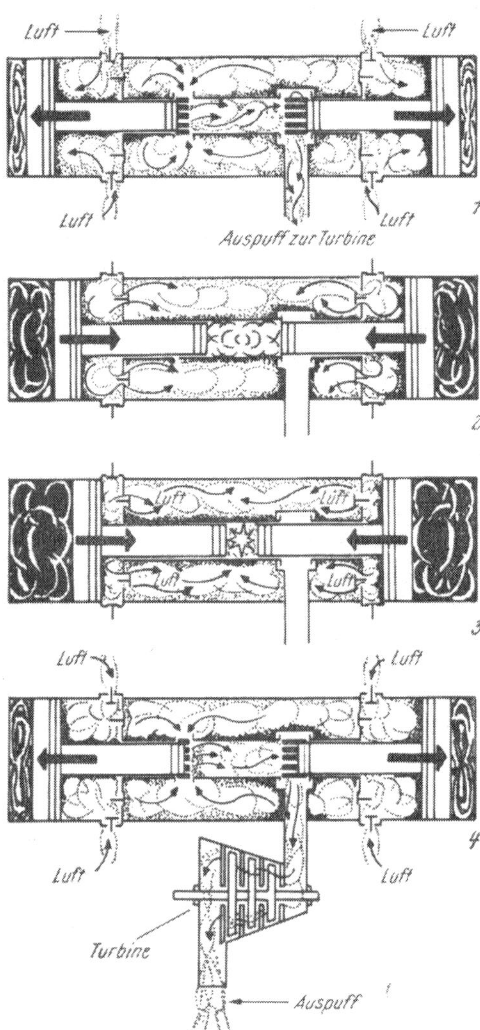

Abb. 22. Arbeitsschema eines Freikolbengaserzeugers mit Einwärtsverdichtung

1 Kolben am äußeren Totpunkt. Ansaugen von Frischluft beendet, Ansaug- und Auspuffschlitz des Dieselzylinders offen
2 Kolben wandern unter dem Luftdruck der Totstufe nach einwärts. Die Frischluft wird in die Luftkammer rund um den Dieselzylinder gedrückt. Im Dieselzylinder erfolgt Verdichtung
3 Innerer Totpunkt. Zündung im Dieselzylinder. Beendigung des Einblasens von Frischluft in die Luftkammer
4 Auswärtshub. Expansion im Dieselzylinder und hernach frische Füllung mit komprimierter Luft aus der Luftkammer und Ausstoßen der Auspuffgase. Ansaugen von Frischluft im Kompressorzylinder

Die Luft wird über Einlaßventile in die Verdichterzylinder *A* gesaugt, wenn sich die Kolben, getrieben durch den Verbrennungsdruck im Brennraum *C*, nach auswärts bewegen. Nun wird zunächst der Auslaß freigegeben und die Verbrennungsgase strömen zur Turbine ab. Bei weiterer Auswärtsbewegung werden die Spülschlitze frei und Luft aus dem Aufnehmer *B* spült den Dieselzylinder. Während dieses Spülprozesses erreicht der Druck in den Totstufenzylindern *D* sein Maximum. Die Bewegung kehrt um und beim Einwärtshub wird die Frischluftmenge in *A* verdichtet und strömt in den Aufnehmer *B*. Ist der innere Totpunkt der Kolben erreicht, wird in *C* Brennstoff eingespritzt. Der nächste Hub beginnt.

Das Anfahren geschieht durch Bewegen der Kolben in die äußere Totlage und Einblasen von Preßluft in die Totstufenzylinder. Die Kontrolle des Brennraumdruckes wird in einfacher Weise durch eine Automatik erreicht, die Luft aus den Totstufenzylindern in den Aufnehmer und umgekehrt überströmen läßt und so den Kolbenhub ändert. Das wechselweise Überströmen der Luft ist möglich, weil der Spüldruck bei gegebener Last im wesentlichen konstant ist, während der Druck in den Totstufenzylindern um den Spüldruck als Mittelwert rhythmisch steigt oder fällt.

Die Bauart mit Einwärtsverdichtung hat den Nachteil, daß der volumetrische Wirkungsgrad des Verdichters fällt, wenn die Last vergrößert wird, und zwar deshalb, weil der axiale Abstand zwischen Kompressorkolben und Zylinderkopf des Verdichterzylinders sich vergrößert. Bis zu einem Gasdruck von 3 bis 4 ata kann dieser Effekt zu einem gewissen Grad ausgeglichen werden, aber bei höheren Drucken wird eine Zusatzeinrichtung notwendig. Eine Möglichkeit ist z. B. bewegliche Zylinderköpfe für die Verdichter vorzusehen, Abb. 23b, was ein reichliches Verdichterspiel beim Anfahren und ein kleineres bei Vollast ergeben würde.

Die einfachste Anordnung mit Auswärtsverdichtung zeigt Abb. 23c. Wenn sich die Kolben unter dem Verbrennungsdruck nach außen bewegen, verdichten sie die Luft in den Verdichterzylindern *A* und schieben sie über Rückschlagventile in die Leitung *B*, von wo aus die Luft den Zweitaktdieselzylinder spült. Die restliche in den Verdichtungsräumen verdichtete Luft muß genügend Expansionsenergie besitzen, um die Kolben in ihre innere Lage zurückzutreiben und so die im Brennraum C eingeschlossene Luft zu verdichten. Ein unerwünschtes Ergebnis der Verwendung der Verdichterzylinder als Totstufe ist, daß der volumetrische Wirkungsgrad des Verdichters sinkt, was zur Steigerung der Maschinengröße für einen gegebenen Durchsatz führt. Auch haften der beschriebenen Bau-

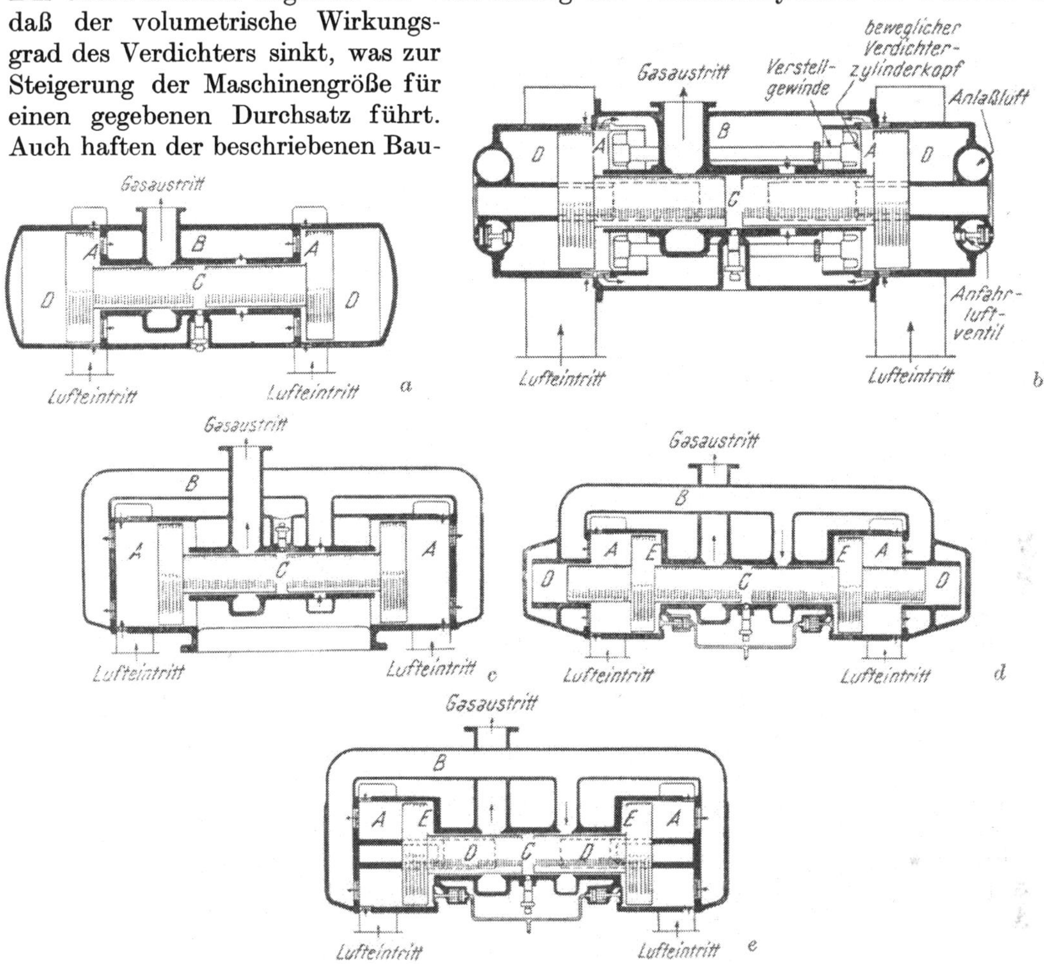

Abb. 23. Die verschiedenen Bauformen der Freikolbengaserzeuger

a, *b* Mit Einwärtsverdichtung

c, *d*, *e* Mit Auswärtsverdichtung

art Anlaßschwierigkeiten an. Wichtiger als diese beiden Punkte und tatsächlich entscheidend für die praktische Ausführbarkeit dieses Systems ist das Problem der Kontrolle der Höchstdrucke im Brennraum über einen größeren Lastbereich. Bei Auslegungslast würde z. B. die Hublänge und der Totstufendruck so gewählt werden, daß sich ein geeigneter Druck im Brennraum C einstellt. Wird nun die Last durch Zurücknahme der Brennstoffeinspritzmenge gesenkt, verkürzt sich der Auswärtshub der Kolben und es würde mehr Expansionsenergie in den Verdichterzylindern zur Verfügung stehen. Diese würde die Kolben mit großer Kraft zusammentreiben und im Dieselzylinder einen zu hohen Druck entstehen lassen.

Diese Nachteile können durch Anordnung von eigenen Totstufenzylindern vermieden werden. Eine solche Bauart zeigt Abb. 23d mit den Totstufenzylindern D. In der Bauart Type D von BLH[1] wird die Baulänge durch Einbau der Totstufenzylinder D innerhalb der Verdichter und Dieselzylinder, wie es Abb. 23e zeigt, gekürzt. Die Räume E werden zum Anfahren verwendet. Gaserzeuger dieser Bauarten werden unter atmosphärischen Aufladebe-

[1] Baldwin-Lima-Hamilton Co., Hamilton, Ohio, USA.

dingungen angefahren, d. h., der Druck in D wird so eingestellt, daß genügend Energie zur Verdichtungsentzündung in C zur Verfügung steht. Wird mehr Brennstoff eingespritzt, baut sich der Spüldruck auf. Bleibt nun der innere Totpunkt der Kolben ungeändert, so würde der Druck im Brennraum proportional zum Spüldruck steigen, d. h. er würde bei 6 ata etwa 225 ata erreichen. Drucke in dieser Größenordnung sind sowohl wegen der Beanspruchung der Zylinderwand als auch der Kolbenringe unzulässig, und so muß das Brennraumvolumen durch Änderung des Druckes in den Totstufenzylindern vergrößert werden. Ein anderes Betriebsmerkmal der Type ist die Beziehung zwischen Last und Kolbenhub. Liefert z. B. der Gaserzeuger zu einer Turbine mit konstanter Öffnung, so wirkt sich jede Verringerung der Brennstoffzufuhr in einer Verkürzung des Kolbenhubes und einem entsprechenden Abfall des volumetrischen Wirkungsgrades aus. Die Maschine erreicht automatisch einen Gleichgewichtszustand, wobei die Energie, die der Verdichtungsprozeß verbraucht, unter Hinzufügung der Reibungsverluste gleich ist der Energie des Kraftzylinders. Betriebssichere Brennraumdrucke müssen natürlich durch Kontrolle des Totstufendruckes gewährleistet sein.

Die Variante Abb. 23a weist eine ganze Reihe von Vorteilen auf. Man erhält hohe rücktreibende Kräfte, die eine hohe Hubzahl der Kolben, niedrigen Druck in der Totstufe und eine kurze Bauweise bedingen. Um die Kolben in der Symmetrielage zu halten, ist die Anbringung eines Gleichlaufgestänges notwendig, das aber nur Sekundärkräfte, die durch ungleiche Kolbenreibung und ungleiche Gasverluste usw. entstehen können, zu übertragen hat. Zunächst erscheint es vorteilhafter, die Verdichtung während des Auswärtshubes zu bewerkstelligen, einmal wegen der direkten Energieübertragung und dann auch wegen der besseren Reguliermöglichkeit, da bei Änderung der Hublänge der viel wirksamere Ausstoßhub und nicht der Ansaughub geändert wird. Erst ein genaueres Studium zeigt, daß Freikolbengaserzeuger mit Kompression während des Rückhubes wesentlich einfacher gebaut werden können und sich ein viel günstigeres Leistungsgewicht erzielen läßt. Der Unterschied in der geförderten Gasmenge bei extrem kurzen und langen Hüben ist zwar geringer als bei Maschinen mit Kompression während des Auswärtshubes, doch läßt sich dieser Nachteil, wie später ausgeführt wird, weitgehend beheben. Die Tatsache, daß früher unternommene Entwicklungsarbeiten bedeutender Firmen an Freikolbentreibgaserzeugern mit Kompression im Auswärtsgang inzwischen wieder eingestellt wurden, dürfte unter anderem damit zusammenhängen [*126*, *128*].

2. Wirkungsgrad

Die Wirkungsgrade derartiger Gaserzeuger sind größer als 40 %, und es wird erwartet, daß im Zuge ihrer Weiterentwicklung noch höhere Wirkungsgrade, vor allem infolge Anwendung größerer Ladedrücke, verwirklicht werden können. Diese hohen Wirkungsgrade können dadurch erklärt werden, daß die wertvolle chemische Energie des Brennstoffes nicht erst bei der niedrigen Turbinentemperatur als Heizwärme zugeführt wird, sondern sie wird zunächst bei den hohen im Motor zulässigen Temperaturen zur Arbeitsleistung herangezogen und erst dann als Abwärme der Turbine zugeführt. Es ist hier eine Analogie mit einem Dampfheizwerk gegeben, das nicht mit Frischdampf, sondern mit schon zur Arbeitsleistung herangezogenem Abdampf heizt. Es gelingt auf diese Weise, die Nutzleistung an der Gasturbinenwelle mit einer dem Wirkungsgrad des Dieselmotors entsprechenden Brennstoffausnützung zu gewinnen.

Ein kurzer Vergleich soll dies veranschaulichen, Abb. 24. Umgebungsluft von 1 ata und 25° C werde auf 5 ata verdichtet. Wird dabei mit einem auf die Adiabate bezogenen Kompressorwirkungsgrad von 85 % gerechnet, so führt dies auf eine Endtemperatur der verdichteten Luft von 230° C. Diese Luft soll nun auf 500° C (bzw. 700° C) erhitzt werden und einer Turbine zuströmen, die sie mit einem adiabatischen Wirkungsgrad von ebenfalls 85 % wieder auf Atmosphärendruck entspannt. Die effektive Arbeitsaufnahme des Kompressors beträgt dann 49,2 kcal/kg, die effektive Arbeitsabgabe der Turbine 58,2 kcal/kg (bzw. 73,3 kcal/kg).

Im Falle des reinen Gasturbinenprozesses hätte die Verdichtung in einem Turbokompressor zu erfolgen, dessen Leistungsbedarf von der Turbine geliefert werden müßte, so daß als Nutzleistung nur die Differenz, also 9,0 kcal/kg (bzw. 24,1 kcal/kg), verbliebe. Dabei müßten für die Aufheizung der Luft von 230° C auf 500° C (bzw. 700° C) in der Brenn-

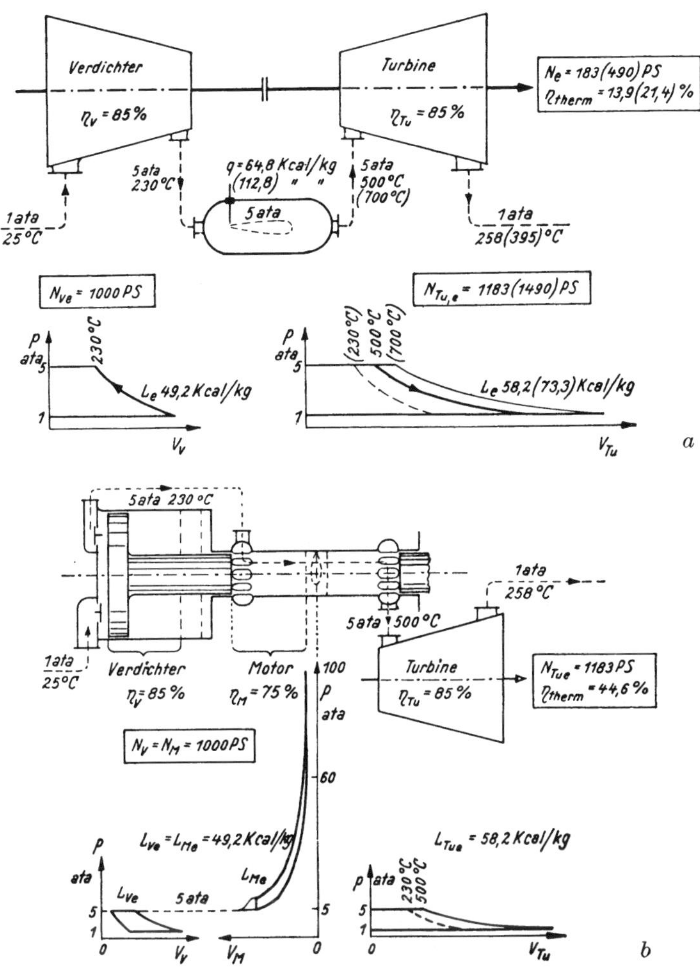

Abb. 24. Vergleich zwischen Gasturbine und Freikolbengaserzeuger mit Turbine

kammer 64,8 kcal/kg (bzw. 112 kcal/kg) zugeführt werden. Damit wäre der thermische Wirkungsgrad der Anlage 13,9 % (bzw. 21,4 %).

Beim Freikolbengaserzeuger erfolgt die Verdichtung der Luft in einem Kolbenkompressor, der für diesen überschlägigen Vergleich ebenfalls mit einem Wirkungsgrad von 85 % arbeiten möge. Hier steht nun aber die volle Turbinenleistung von 58,2 kcal/kg als Nutzleistung zur Verfügung, da die Kompressorleistung aus dem Dieselprozeß gewonnen wird, dem die Luft zwischen Kompressoraustritt und Turbineneintritt unterworfen wird. Zu diesem Zweck möge die Luft von 5 ata und 230° C im Motorzylinder auf etwa 60 ata verdichtet und ihr dann soviel Brennstoffwärme plötzlich zugeführt werden, daß das entstehende Arbeitsdiagramm ausreicht, um die effektive Kompressorleistung — noch unter Einrechnung eines Übertragungswirkungsgrades von 75 % — zu decken. Die Durchrechnung zeigt, daß die Abgase der Turbine gerade mit 500° C zuströmen, wobei die im Motorzylinder zuzuführende Wärme 130,4 kcal/kg beträgt. Damit erreicht der thermische Wirkungsgrad in diesem Rechenbeispiel den hohen Wert von 44,6 %. Man ersieht daraus, daß eine gegebene Turbinengröße mit einem Freikolbengaserzeuger bei mäßigen Temperaturen ein Vielfaches an Nutzleistung bei mehrfach besserem Gesamtwirkungsgrad ergibt, was bei einem normalen Gasturbinenprozeß selbst bei sehr hohen Temperaturen nicht der Fall ist.

3. Vorteile dieser Anordnung

Diese Gaserzeuger arbeiten vibrationsfrei, wodurch einer der Vorteile der Gasturbine erhalten bleibt. Außerdem ist die mechanische Unabhängigkeit der leistungsabgebenden Turbine vom Freikolbengaserzeuger in gleicher Weise wie vom Turbo-Gaserzeuger, und damit ihr ausgezeichnetes Momentenverhalten, gewahrt. Dieses kann durch Einschaltung einer Brennkammer zwischen Gaserzeuger und Turbine (Zwischenerhitzung) noch wesentlich verbessert werden. Damit ist es auch möglich, durch Änderung der Turbineneintrittstemperatur gewisse Mängel, die bei der Zusammenschaltung von Gaserzeuger und Gasturbine infolge der Schluckfähigkeit der letzteren bei sehr kleinen Lasten auftreten, auszugleichen, ohne daß z. B. ein verstellbarer Leitapparat bei der Turbine notwendig wird.

Eine Verkleinerung des Gaserzeugers ist durch zusätzliche Aufladung in gleicher Weise wie beim Dieselmotor möglich, wobei der Luftverdichter von der Gasturbine oder einem Teil derselben angetrieben werden kann. Zwischenkühlung ist bei dieser Schaltung anwendbar. Es besteht jedoch noch keine einheitliche Meinung, wie weit die Aufladung des Gaserzeugers mit Rücksicht vor allem auf die Grenzen, die durch die Kolbenringe gegeben sind, getrieben werden kann.

Freikolbengaserzeuger sind auch bereits erfolgreich mit Rückstandsölen gelaufen. Ihre Anwendung zum Antrieb des französischen Dampfers „Cantenac“ ermöglicht einen interessanten Vergleich mit der schweren Gasturbinenanlage des englischen Tankers „Auris“, Abb. 10, Tab. 5. Auffallend ist der wesentliche Unterschied im Brennstoffverbrauch der beiden Schiffe. Ebenso deutlich zeigt Tab. 6 den Unterschied zwischen einer einfachen offenen Gasturbine und einem Freikolbenverdichter mit Gasturbine.

Tabelle 5. *Vergleich zwischen den Gasturbinenanlagen der Schiffe „Auris“ und „Cantenac“*

	Auris	Cantenac
Gasturbinenanlage	Einfache, offene Gasturbine mit Luftvorwärmer und geteilter Turbine	2 Freikolbengaserzeuger 2 Turbinen
Herstellerfirma	BTH	SIGMA
Land	Großbritannien	Frankreich
Leistung	1200 PS	1200 PS
Brennstoff	Rückstandsöl	Rückstandsöl
Viskosität bei 38° C (100° F)	989 bis 1510 sek Redwood Nr. 1	900 bis 950 sek Redwood Nr. 1
Höchsttemperatur	627° C (vor Verdichter antreibender Turbine)	etwa 1800° C (im Dieselteil des Gaserzeugers)
Drehzahl bzw. Hubzahl des Gaserzeugers	5750 U/min	613/min
Eintrittstemperatur der leistungsabgebenden Turbine	469° C	508° C
Druck vor der Turbine	1,7 kg/cm²	3,0 kg/cm²
Drehzahl der Turbine	3000 U/min	9000 U/min
Drehzahl des Propellers	120 U/min	220 U/min
Übersetzungsverhältnis	25	41
Übertragung	elektrisch	mechanisch
Gasdurchsatz	11,5 kg/sek	3,6 kg/sek
Spezifischer Brennstoffverbrauch an der Kupplung	286 g/PSh	177 g/PSh
Gewicht, bezogen auf obige Leistung	45 kg/PS	40 kg/PS (ohne Getriebe)

Tabelle 6

Vergleich einer Frischgasturbinenanlage (1—0—0,0) mit einer Freikolben-Gasturbinenanlage
(Werte bezogen auf einen Luftdurchsatz von 1 kg/sek)

		Gasturbinen-anlage	Freikolben-Turboanlage
Gastemperatur vor der Turbine	° C	650	430
Druck vor der Turbine	ata	4	4
Zur Verdichtung der Luft aufzuwenden	kcal/kg	39,6	39,6
Innere Verluste des Gaserzeugers	kcal/kg	—	10,5
Im Dieselzylinder aufzuwenden	kcal/kg	—	50,1
Im Brennstoff zugeführt	kcal/kg	120,6	129,6
Gefälle der Turbine	kcal/kg	63,3	48,0
Für Verdichter aufzuwenden	kcal/kg	39,6	—
Nutzbares Restgefälle	kcal/kg	23,7	48,0
Wirkungsgrad	%	19,7	37,0

Selbstverständlich muß besonders im Falle von Schiffsanlagen der Unterschied in den Erhaltungs- und Wartungskosten mit in Betracht gezogen werden. Soweit dies derzeit schon beurteilt werden kann, dürften diese Kosten bei der Gasturbine mit Freikolbengaserzeuger etwa zwischen denen eines Dieselmotors und denen einer Gasturbinenanlage liegen. Es wird außerdem angenommen, daß die Kosten einer Gasturbine mit Freikolbengaserzeuger etwa ö. S. 2300,—/PS, also etwa das gleiche wie die einer Gasturbinenanlage betragen werden. Es ist möglich, eine größere Zahl von Gaserzeugern auf eine Gasturbine zu schalten, wodurch eine Serienherstellung der ersteren unabhängig von der Leistungsgröße der letzteren und damit eine Kostensenkung denkbar ist.

Eine von einer Gasturbine mit Freikolbengaserzeuger angetriebene Lokomotive der Firma Renault hat bereits eine gesamte Fahrstrecke von über 70000 km mit scheinbar gutem Erfolg zurückgelegt. Dies wirkte ermutigend auf jene Bestrebungen, die darauf abzielen, diese Art von Gasturbinen auch für Kraftfahrzeuge einzuführen. General Motors kam 1956 mit dem Versuchswagen XP-500 heraus, der einen sehr interessanten Doppelfreikolbengaserzeuger mit Turbine als Antriebaggregat besitzt. Auch von Ford, Chrysler und Renault sind bereits Versuche in dieser Richtung bekannt geworden.

III. Die Thermodynamik der Gasturbine

1. Idealprozesse

Stellt man sich die Aufgabe, aus einer vorhandenen Wärmequelle hoher Temperatur T_3 bei einer gegebenen tieferen Umgebungstemperatur T_1 die höchstmögliche mechanische Arbeit zu gewinnen, so zeigt der *Carnot-Kreislauf* den Weg, Abb. 25a. Er besteht aus zwei Isothermen $\overline{1\,2}$ und $\overline{3\,4}$ mit Zu- und Abfuhr der Wärmemenge Q_{zu} und Q_{ab} und zwei Adiabaten, Verdichtung $\overline{2\,3}$ und Entspannung $\overline{4\,1}$. Sein theoretischer Wirkungsgrad

$$\eta_{theor} = (T_3 - T_1)/T_3 = 1 - T_1/T_3 \tag{1}$$

hängt nur von den Temperaturen ab. Die Umgebungstemperatur T_1 kann man zu rund 300° K annehmen, die Höchsttemperatur T_3 hängt davon ab, ob der Kreislauf wie bei den Motoren und Verpuffungsturbinen periodisch erfolgt oder gleichförmig wie bei den Dampfturbinen und den Gleichdruckgasturbinen. Da hier nur Kreisläufe mit gleichförmig verlaufenden Zustandsänderungen berücksichtigt werden sollen, muß die Temperatur T_3 so niedrig gewählt werden, daß die Baustoffe noch mit genügender Betriebssicherheit die Beanspruchungen durch Druck, Fliehkraft usw. ertragen.

Als möglicher Höchstwert mag für diesen Fall vorläufig 1000° K gesetzt werden.

Dann ergibt sich $\eta_{theor} = 70\,\%$. Es folgt also, daß ein sehr guter Wirkungsgrad mit Temperaturen erreicht werden könnte, wie sie etwa im Ofenbau üblich sind, sofern es nur möglich ist, die Abweichungen des wirklichen vom Carnot-Kreislauf genügend klein zu halten.

Nun ist an eine tatsächliche Durchführung des Carnot-Kreislaufes kaum zu denken, denn man hätte durch adiabatische Verdichtung eine Temperaturerhöhung von 300 auf 1000° K zu schaffen. Das bedingt bei zweiatomigen Gasen eine Verdichtung auf den 67,5fachen Druck. Da überdies noch eine isothermische Verdichtung beispielsweise auf den vierfachen Druck vorgenommen werden müßte, so ergibt sich ein Gesamtdruckverhältnis von 270. Es ist klar, daß ein Turboverdichter von solchem Druckverhältnis und den großen Endtemperaturen sehr bedeutende bauliche Schwierigkeiten machen müßte.

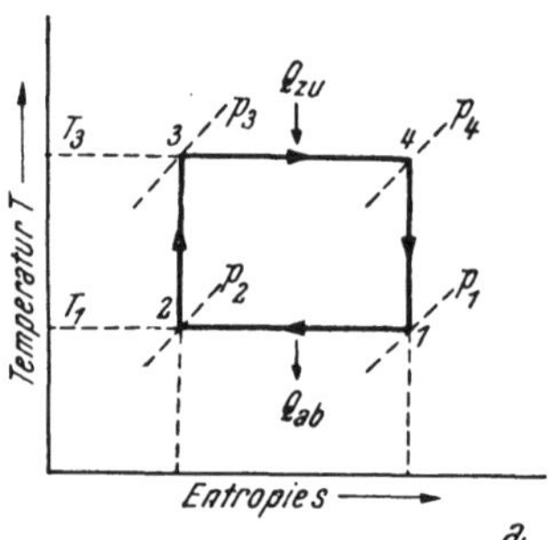

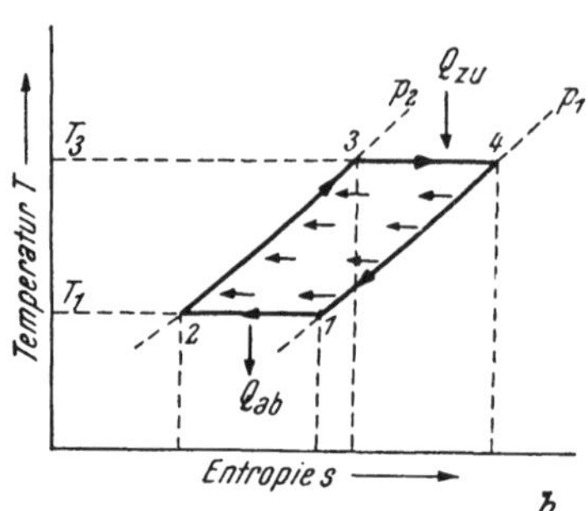

Abb. 25. *a* Carnot-Kreislauf. $\overline{34}$ Isothermische Zufuhr der Wärmemenge Q_{zu}; $\overline{41}$ adiabatische Entspannung; $\overline{12}$ isothermische Abfuhr der Wärmemenge Q_{ab}; $\overline{23}$ adiabatische Verdichtung *b* Doppelisothermen-Kreislauf mit Wärmeaustausch $\overline{41}$ und $\overline{23}$; $\overline{34}$ isothermische Wärmezufuhr (isothermische Entspannung); $\overline{12}$ isothermische Wärmeabfuhr (isothermische Verdichtung)

Der Dampfturbinenkreislauf hat sich in langer Entwicklung dem Carnot-Kreislauf genähert. Die Wärme wird hauptsächlich während der isothermischen Verdampfung dem Arbeitsmittel hinzugefügt und während der isothermischen Kondensation abgeführt. Ferner gelingt es durch Speisewasservorwärmung mit Anzapf- oder Abdampf einen Ausgleich für die nicht adiabatische Erwärmung des Wassers im Kessel zu schaffen, so daß keine Wirkungsgradeinbuße entsteht. Leider sind nun die Dampfdrücke des Wassers bei hohen Temperaturen so hoch, daß die obere Temperatur T_3 des Carnot-Kreislaufes ziemlich niedrig gehalten werden muß. Es ist bekannt, daß die Überhitzung hier nur wenig helfen kann und daß der Wirkungsgrad nur durch Mehrstoffmaschinen (Quecksilber, Diphenyloxyd usw.) verbessert wird [*9*, *10*, *11*].

Der Dampfkreislauf, der den großen Vorteil der maschinenlosen Verdichtung besitzt, hat seine natürlichen Grenzen weitgehend erreicht. Bei Gasen, insbesondere bei Luft, besteht ein solches Hindernis nicht. Hohe Temperaturen sind erreichbar, ohne daß hohe Drücke damit verbunden sein müssen. Man darf also den Baustoff auf Temperatur stark beanspruchen, ohne daß er unweigerlich auch auf Druck stark beansprucht sein muß. Allerdings muß der Kreislauf vom Carnotschen verschieden sein. Man kann zwar bei gegebenem Druckverhältnis p_2/p_1 dem Anfangsdruck p_1 ohne Beeinträchtigung des Wirkungsgrades so niedrige Werte geben, daß der Enddruck p_2 immer noch erträglich ist (dazu ist ein geschlossener Kreislauf nötig), allein dann sinkt der Durchsatz der Maschine so tief, daß die ganze Einrichtung im Verhältnis zur Leistung viel zu groß wird.

Bemerkenswerterweise gibt es bei der Gasturbine einen dem Carnotschen gänzlich gleichwertigen Kreislauf, der mit mäßigen Druckverhältnissen und mit mäßigen Absolutdrücken arbeitet. Dazu ist ein Wärmeaustauschprozeß einzuschalten, der nahe verwandt ist mit der oben erwähnten Carnotisierung durch Dampfspeisewasservorwärmung. Abb. 25 b zeigt das Entropiebild dieses Vorganges.

Die isothermische Verdichtung verläuft längs der Strecke $\overline{1\,2}$, die Wärmezufuhr bei gleichbleibendem Druck längs $\overline{2\,3}$, und zwar in einem Wärmeaustauscher, so daß die von 4 bis 1 abgegebene Wärmemenge im günstigsten Falle gerade ausreicht, um das gleiche Luftgewicht von 2 bis 3 um gleich viele Grade zu erwärmen. Die Wärme aus dem Brennstoff soll dann von 3 bis 4 bei gleichbleibender Temperatur T_3 in die Maschine übergeführt werden. Da sich isothermische Verdichtungs- bzw. Entspannungsleistungen bei gleichem Druckverhältnis wie die absoluten Temperaturen verhalten, sind die zu- bzw. abgeführten Wärmemengen T_3 bzw. T_1 verhältnisgleich und somit ist der Wirkungsgrad gleich dem Carnotschen Wert, Gl. (1).

Die isothermische Wärmezufuhr ist in dieser gleichförmigen Weise natürlich nicht zu verwirklichen. Sie wird, wie die Verdichtung, in einzelnen Stufengruppen durchgeführt. Die Zahl der Stufengruppen muß auf eins bis zwei beschränkt werden, damit der bauliche Aufwand nicht zu groß wird. Durch diese Beschränkung in den Stufengruppen muß in jeder eine beträchtliche adiabatische Druckveränderung stattfinden. Außerdem muß, da der Wärmeaustausch im Wärmeaustauscher wegen des erforderlichen Temperaturgefälles nicht bis zur vollen Temperatur T_3 vor der ersten Turbinenstufe führt, schon vor dieser Wärme zugeführt werden. Dadurch ergibt sich die Notwendigkeit, sorgfältig zu prüfen, welche Abweichungen im Wirkungsgrad zu erwarten sind, insbesondere welche Rolle die einzelnen Verluste spielen.

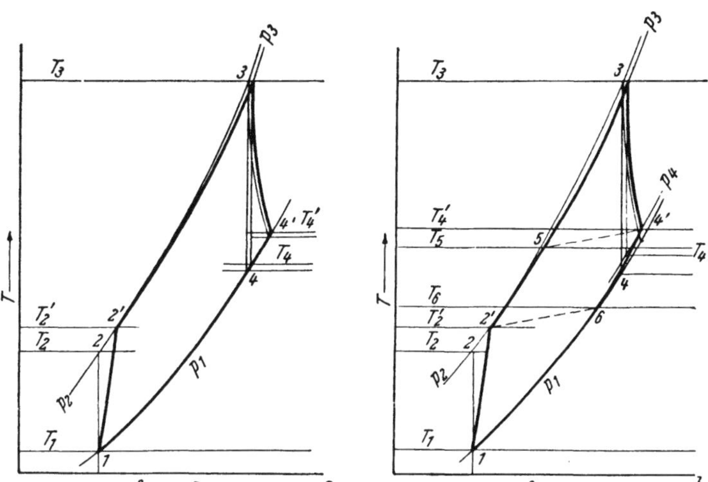

Abb. 26. Kreisprozeß 1—0—η_R im T_1,s-Diagramm

a Ohne Wärmerückgewinn

b Mit Wärmerückgewinn

$\eta_R \cdot Q_R = \eta_R \cdot c_p\,(T_4' - T_2') = c_p\,(T_5 - T_2')$

Dieser Prozeß kann auch dann nicht verwirklicht werden, wenn die Maschine einfach sein soll und kleines Bauvolumen und Gewicht haben muß. In diesem Falle muß dann auf stufenweise Expansion und Kompression verzichtet werden und bei ganz einfachen Anlagen auch auf den Wärmeaustauscher.

2. Einfacher offener Prozeß ohne Wärmerückgewinn und ohne Druckverluste (1—0—0,0)

Ein solcher Prozeß (Kreislauf der einfachen offenen Gleichdruckgasturbine ohne Wärmerückgewinn, Abb. 4) setzt sich aus zwei Adiabaten und zwei Isobaren zusammen, Abb. 26a. Der Wirkungsgrad des vollkommenen Verfahrens

$$\eta_{theor} = \frac{Q_{\overline{23}} - Q_{\overline{41}}}{Q_{\overline{23}}} = 1 - T_1/T_2 \tag{2}$$

ist nach dieser Formel vom Temperaturverhältnis allein abhängig bzw. mit

$$\frac{T_1}{T_2} = \frac{T_4}{T_3} = \frac{p_1}{p_2}^{\frac{\varkappa-1}{\varkappa}} = \frac{1}{\Pi^m} \tag{3}$$

$$\frac{p_2}{p_1} = \Pi \qquad \frac{\varkappa - 1}{\varkappa} = m$$

nur vom Druckverhältnis. Da aber die Temperatur T_3 mit Rücksicht auf die Dauerstandfestigkeit der Bauteile, insbesondere der Turbinenschaufeln, begrenzt ist, ergibt sich auch eine Abhängigkeit des Wirkungsgrades von der zugeführten Wärmemenge. Der Bestwert des Wirkungsgrades wird unter dieser Voraussetzung dann erreicht, wenn die Temperatur T_2 möglichst nahe an T_3 liegt, also die Wärmemenge $Q_{\overline{23}}$ möglichst klein wird. Diese Folgerung gilt aber nicht für den thermischen Wirkungsgrad, da dann das Verhältnis Verdichtungs- zu Entspannungsarbeit zu ungünstig werden würde [*137*].

Der thermische Wirkungsgrad ergibt sich für einen Kreisprozeß nach Abb. 26a zu[1]

$$\eta_{th} = \frac{\frac{L_{\overline{34}}}{J} \cdot \eta_t - \frac{L_{\overline{12}}}{J} \cdot \frac{1}{\eta_k}}{Q_{\overline{23}}} = \frac{(i_3 - i_4)\,\eta_t - (i_2 - i_1)/\eta_k}{i_3 - i_2'} . \tag{4}$$

Um den Einfluß der Verdichtung, das heißt des Druckverhältnisses p_2/p_1 und der Temperatur zu übersehen, sei unter Annahme von idealem Gas die Gl. (4) aufgelöst in

$$\eta_{th} = \frac{c_p\,(T_3 - T_4)\,\eta_t - c_p\,(T_2 - T_1)/\eta_k}{c_p\,(T_3 - T_2')} . \tag{4a}$$

Im Nenner der Gl. (4a) steht nicht die durch adiabatische Verdichtung vom Zustand 1 auf 2 gewonnene Temperatur T_2, sondern die wirkliche Temperatur T_2', die für den Fall daß die Verluste im Verdichter sich vollständig als Temperaturerhöhung des Gases bemerkbar machen, aus

$$T_2' - T_1 = (T_2 - T_1)/\eta_k$$

berechnet werden kann. Mit Gl. (3) ergibt sich

$$\eta_{th} = \frac{T_3\,\eta_t \left(1 - \frac{1}{\Pi^m}\right) - \frac{T_1}{\eta_k}\,(\Pi^m - 1)}{T_3 - T_1 - \frac{T_1}{\eta_k}\,(\Pi^m - 1)} . \tag{5}$$

Bei Festlegen der obersten und untersten Temperaturgrenze T_3 bzw. T_1 und der Faktoren η_t und η_k wird der Wirkungsgrad η_{th} nur eine Funktion des Druckverhältnisses p_2/p_1. Die Kurve $\eta_{th} = f\,(p_2/p_1)$ hat ein Maximum, während der Wirkungsgrad des verlustlosen Verfahrens η_{theor} (2) mit dem Druckverhältnis stetig wächst. Das günstigste Druckverhältnis $(p_2/p_1)_{opt}$ ist von der Höchsttemperatur T_3 sowie von η_t und η_k abhängig. Der Wirkungsgrad η_k des Verdichters tritt in Gl. (5) sowohl im Zähler als auch im Nenner auf, das heißt die gegenüber der adiabatischen Verdichtung stärkere Lufterwärmung kommt der Wärmezufuhr in der Brennkammer zugute. Es überwiegt aber natürlich der Einfluß von η_k im Zähler, so daß eine Verbesserung des Verdichterwirkungsgrades eine Verbesserung des Gesamtwirkungsgrades zur Folge hat.

Es hat aber nicht nur die Wirkungsgradkurve bei einem bestimmten Druckverhältnis ein Maximum, sondern auch die Nutzleistung, wobei aber das optimale Druckverhältnis für den Wirkungsgrad ein anderes ist als das für die Leistung, und zwar ist das optimale Druckverhältnis für die Leistung als Folge der steigenden Verluste bei Expansion und Kompression kleiner als das für den Wirkungsgrad.

Um $(p_2/p_1)_{opt}$ für die Leistung zu bestimmen, wird die Gl. (5) benützt. Im Zähler dieser Gleichung steht die Formel für die Leistung

$$\frac{L}{J} = c_p \left[T_3\,\eta_t \left(1 - \frac{1}{\Pi^m}\right) - \frac{T_1}{\eta_k}\,(\Pi^m - 1) \right] \quad \text{[kcal/kg/sek]}.$$

Setzt man für $\frac{T_3}{T_1} = \theta$, für $\eta_k\,\eta_t = \eta_g$ und für $\Pi^m = \varphi$, so lautet die Gleichung für die Leistung nach entsprechender Umformung

$$\frac{L}{J} = c_p\,\frac{T_1}{\eta_k} \left[\theta \eta_g \left(1 - \frac{1}{\varphi}\right) - (\varphi - 1) \right] . \tag{6}$$

---

[1] L Arbeit in mkg, bezogen auf 1 kg des arbeitenden Stoffes $\left[\frac{\text{mkg}}{\text{kg}}\right]$;

I mechanisches Wärmeäquivalent $= 427 \left[\frac{\text{mkg}}{\text{sek kcal}}\right]$.

Für maximale Leistung läßt sich durch Ableiten und Nullsetzen von Gl. (6) φ_{op} berechnen (θ, T_1 und η_k, η_g bei Rechenoperationen konstant)

$$\varphi_{opt} = \sqrt{\theta \eta_g} \tag{7}$$

oder für φ eingesetzt

$$\underset{1-0-0,0}{\Pi_{opt\,N}} = (\theta \eta_g)^{\frac{1}{2m}} . \tag{8}$$

Zur Berechnung des optimalen Druckverhältnisses für den Wirkungsgrad wird Gl. (5) genommen.

Durch Einsetzen und Umformen erhält man

$$\eta_{th} = \frac{\left(\frac{\theta \eta_g}{\varphi} - 1\right)(\varphi - 1)}{\eta_k (\theta - 1) - (\varphi - 1)} \tag{9}$$

$$\frac{\partial \eta_{th}}{\partial \varphi} = \frac{\text{Nenner}\left(\frac{\theta \eta_g}{\varphi^2} - 1\right) + \text{Zähler}}{\text{Nenner}^2} = 0 .$$

Zähler und Nenner eingesetzt ergibt die quadratische Gleichung

$$\varphi^2 - \varphi \frac{2\,\theta \eta_g}{\theta \eta_g - \eta_k (\theta - 1)} + \frac{\theta \eta_g [\eta_k (\theta - 1) + 1]}{\theta \eta_g - \eta_k (\theta - 1)} = 0$$

oder mit $\frac{\theta \eta_g}{\theta \eta_g - \eta_k (\theta - 1)} = a \qquad \eta_k (\theta - 1) + 1 = b$

$$\varphi^2 - 2a\,\varphi + ab = 0$$

$$\varphi = a \pm \sqrt{a^2 - ab}$$

wobei die Lösung mit — vor der Wurzel das Maximum und die Lösung mit + das Minimum ergibt

$$\varphi_{max} = a - \sqrt{a^2 - ab}$$

oder eingesetzt und vereinfacht

$$\varphi_{max} = \frac{\theta \eta_g - \sqrt{\theta \eta_g \eta_k (\theta - 1)\,[1 + \eta_k (\theta - 1) - \theta \eta_g]}}{\theta \eta_g - \eta_k (\theta - 1)}$$

$$\underset{1-0-0,0}{\Pi_{opt\,\eta th}} = \left[\frac{\theta \eta_g - \sqrt{\theta \eta_g \eta_k (\theta - 1)\,[1 + \eta_k (\theta - 1) - \theta \eta_g]}}{\theta \eta_g - \eta_k (\theta - 1)}\right]^{\frac{1}{m}} . \tag{10}$$

3. Einfacher offener Prozeß ohne Wärmerückgewinn mit Druckverlust (1—0—0,0)

Durch den Druckverlust in der Brennkammer liegt der Turbineneintrittsdruck p_3 tiefer als der Kompressoraustrittsdruck p_2.

Ist Δp_B der Druckverlust in der Brennkammer, so ist der Turbineneintrittsdruck $p_3 = p_2 - \Delta p_B = p_2 - (1 - \varepsilon_B)$, wenn für $\frac{\Delta p_B}{p_2} = \varepsilon_B$ eingesetzt wird. ε_B ist der prozentuale Druckverlust in der Brennkammer, bezogen auf den Kompressoraustrittsdruck.

Mit Druckverlust in der Brennkammer lautet die Gl. (5)

$$\eta_{th} = \frac{T_3 \eta_t \left[1 - \frac{1}{\Pi^m}\left(\frac{1}{1 - \varepsilon_B}\right)^m\right] - \frac{T_1}{\eta_k}(\Pi^m - 1)}{T_3 - T_1 - \frac{T_1}{\eta_k}(\Pi^m - 1)} \tag{11}$$

und die Gleichung für die Leistung wird wieder

$$\frac{L}{J} = c_p \left\{ T_3 \eta_t \left[1 - \frac{1}{\Pi^m} \left(\frac{1}{1 - \varepsilon_B} \right)^m \right] - \frac{T_1}{\eta_k} (\Pi^m - 1) \right\}$$

setzt man für $\Pi^m = \varphi$ und $\left(\frac{1}{1 - \varepsilon_B} \right)^m = \zeta$, so wird unter Verwendung von θ und η_g

$$\frac{L}{J} = c_p \frac{T_1}{\eta_k} \left[\theta\, \eta_g \left(1 - \frac{1}{\varphi} \zeta \right) - (\varphi - 1) \right] \tag{12}$$

und

$$\eta_{th} = \frac{\theta\, \eta_g \left(1 - \frac{1}{\varphi} \zeta \right) - (\varphi - 1)}{\eta_k (\theta - 1) - (\varphi - 1)} . \tag{13}$$

Durch Ableiten und Nullsetzen erhält man wieder die Formeln für das optimale Druckverhältnis von Leistung und Wirkungsgrad[1]

$$\underset{1-0-0,0}{V} [\Pi_{opt\, N}] = (\theta \eta_g)^{\frac{1}{2m}} \cdot \frac{1}{\sqrt{1 - \varepsilon_B}} . \tag{14}$$

Es kommt also bei Berücksichtigung des Druckverlustes in der Brennkammer ein Druckverlustfaktor $\frac{1}{\sqrt{1 - \varepsilon_B}}$ zum früher ermittelten Wert für das optimale Druckverhältnis hinzu

$$\underset{V\,1-0-0,0}{[\Pi_{opt\, \eta_{th}}]} = \left[\frac{\theta \eta_g \zeta - \sqrt{\theta^2\, \eta_g^2\, \zeta\, (\zeta - 1) + \theta\, \eta_g\, \eta_k\, \zeta\, (\theta - 1)\, [1 + \eta_k (\theta - 1) - \theta\, \eta_g]}}{\theta\, \eta_g - \eta_k (\theta - 1)} \right]^{\frac{1}{m}} . \tag{15}$$

Da ζ immer nahezu 1 sein wird, ersieht man, daß das optimale Druckverhältnis für den Wirkungsgrad nur unwesentlich durch Berücksichtigung der Druckverluste verändert wird. Das gleiche gilt auch für das optimale Druckverhältnis für die Leistung.

4. Einfacher offener Prozeß mit Wärmerückgewinn ohne Druckverluste ($1-0-\eta_R$)

Infolge der sich aus dem vorstehenden ergebenden Begrenzung der Verdichtung bleibt bei einem Verfahren nach Abb. 26a die Temperatur T_4 des Verbrennungsgases hinter der Turbine höher als die Temperatur T_2 der Luft vor Eintritt in die Brennkammer. Der Wirkungsgrad kann daher durch Wärmeübertragung von den Abgasen auf die verdichtete Luft verbessert werden, Abb. 26b. Die Berechnung des Wirkungsgrades nach diesem Verfahren erfolgt am besten in der Weise, daß Temperaturen und Arbeiten gegenüber dem ursprünglichen Verfahren unverändert bleiben und die von außen zuzuführende Wärmemenge um den Betrag der vom Abgas auf die Frischluft übertragenen Wärmemenge vermindert wird.

$$\eta_{th} = \frac{\frac{L_{\overline{34}}}{J} \eta_t - \frac{L_{\overline{12}}}{J} \cdot \frac{1}{\eta_k}}{Q_{\overline{23}} - \eta_R\, Q_R} . \tag{16}$$

Die aus den Abgasen der Turbine rückgewinnbare Wärme Q_R beträgt unter Berücksichtigung polytropischer Verdichtung bzw. Entspannung

$$Q_R = c_p (T_4' - T_2')$$

und die wirklich zurückgewonnene Wärme

$$\eta_R \cdot Q_R = \eta_R\, c_p (T_4' - T_2') = c_p \cdot \eta_R \left[T_3 - T_3\, \eta_t \left(1 - \frac{1}{\varphi} \right) - \frac{T_1}{\eta_k} (\varphi - 1) - T_1 \right].$$

Unter Einbeziehung von θ und η_g lautet die Gleichung für den Wirkungsgrad eines einfachen Prozesses mit Wärmerückgewinn ohne Berücksichtigung von Druckverlusten

[1] V zeigt an, daß Verluste berücksichtigt wurden.

$$\eta_{th} = \frac{\left(\frac{\theta\eta_g}{\varphi} - 1\right)(\varphi - 1)}{\theta\eta_g\eta_R\left(1 - \frac{1}{\varphi}\right) + (1 - \eta_R)\left[\eta_k(\theta - 1) - (\varphi - 1)\right]}. \tag{17}$$

Das Druckverhältnis für maximale Leistung ergibt sich wieder durch Ableiten und Nullsetzen des Zählers und ist gleich dem des Prozesses ohne Wärmerückgewinn und ohne Verluste, also gleich dem Wert in Gl. (8). Die Gleichung für das optimale Druckverhältnis von η_{th} lautet hingegen jetzt

$$\underset{1-0-\eta_R}{\Pi_{opt\,\eta_{th}}} =$$

$$= \left[\frac{\theta\eta_g(1-2\eta_R) - \sqrt{\theta\eta_g\eta_k(\theta-1)(1-\eta_R)\left[(1-2\eta_R)+\eta_k(\theta-1)(1-\eta_R)-\theta\eta_g(1-2\eta_R)\right]}}{\theta\eta_g(1-2\eta_R) - \eta_k(\theta-1)(1-\eta_R)}\right]^{\frac{1}{m}}. \tag{18}$$

5. Kreisprozeß mit Wärmerückgewinn und mit Druckverlusten $(1-0-\eta_R)$

Beim Kreisprozeß mit Wärmerückgewinn entsteht nicht nur in der Brennkammer, sondern auch im Wärmeaustauscher ein Druckverlust, und zwar sowohl luft- als auch gasseitig. Der Turbineneintrittsdruck ist daher

$$p_3 = p_2 - (\Delta p_B + \Delta p_{RL})$$

der Turbinenaustrittsdruck

$$p_4 = p_1 + \Delta p_{RG}$$

wobei Δp_{RL} den luftseitigen und Δp_{RG} den gasseitigen Wärmeaustauscherdruckverlust darstellt. Setzt man

$$\frac{\Delta p_B}{p_2} = \varepsilon_B, \qquad \frac{\Delta p_{RL}}{p_2} = \varepsilon_{RL}, \qquad \frac{\Delta p_{RG}}{p_1} = \varepsilon_{RG},$$

dann wird

$$p_4 = p_1(1 + \varepsilon_{RG})$$

und

$$p_3 = p_2\left[1 - (\varepsilon_B + \varepsilon_{RL})\right].$$

Die Gleichung für den Wirkungsgrad des verlustbehafteten Kreisprozesses mit Wärmerückgewinn lautet

$$\eta_{th} = \frac{\theta\eta_g\left(1 - \frac{1}{\varphi}\xi\right) - (\varphi - 1)}{\theta\eta_g\eta_R\left(1 - \frac{1}{\varphi}\xi\right) + (1 - \eta_R)\left[\eta_k(\theta - 1) - (\varphi - 1)\right]} \tag{19}$$

wenn man

$$\left(\frac{p_2}{p_1}\right)^{\frac{\varkappa-1}{\varkappa}} = \varphi, \quad \left[\frac{1+\varepsilon_{RG}}{1-(\varepsilon_B+\varepsilon_{RL})}\right]^{\frac{\varkappa-1}{\varkappa}} = \xi, \quad \frac{T_3}{T_1} = \theta \text{ und } \eta_t\eta_k = \eta_g$$

setzt.

Die Gleichung für die Leistung lautet

$$\frac{L}{J} = c_p\frac{T_1}{\eta_k}\left[\theta\eta_g\left(1 - \frac{1}{\varphi}\xi\right) - (\varphi - 1)\right]. \tag{20}$$

Durch Ableiten und Nullsetzen erhält man in der bekannten Weise

$$\underset{1-0-\eta_R}{V}[\Pi_{opt\,N}] = (\theta\eta_g)^{\frac{1}{2m}}\sqrt{\frac{1+\varepsilon_{RG}}{1-(\varepsilon_B+\varepsilon_{RL})}}. \tag{21}$$

Das Resultat ist also auch hier wieder die Gleichung für das optimale Druckverhältnis für die Leistung des nicht verlustbehafteten Kreisprozesses, multipliziert mit dem Druckverlustfaktor $\sqrt{\frac{1+\varepsilon_{RG}}{1-(\varepsilon_B+\varepsilon_{RL})}}$.

Ebenso ergibt sich durch Ableiten und Nullsetzen der Gl. (19) die Formel für das optimale Druckverhältnis für den Wirkungsgrad

$$[\Pi_{opt\;\eta_{th}}] =$$

$$V\,1-0-\eta_R$$

$$= \left[\frac{\theta\eta_g\xi(1-2\eta_R)-\sqrt{\theta^2\eta_g^2(1-2\eta_R)^2\xi(\xi-1)+\theta\eta_g\eta_k\xi(\theta-1)(1-\eta_R)[(1-2\eta_R)+\eta_k(\theta-1)(1-\eta_R)-\theta\eta_g(1-2\eta_R)]}}{\theta\eta_g(1-2\eta_R)-\eta_k(\theta-1)(1-\eta_R)}\right]^{\frac{1}{m}}. \quad (22)$$

Durch den Wärmerückgewinn wächst der Wirkungsgrad bedeutend, wie auch aus Tab. 2 hervorgeht, außerdem wandert der Punkt des optimalen Druckverhältnisses für den Wirkungsgrad in das Gebiet der kleineren Drücke, während die spezifische Leistung nahezu gleichbleibt der Leistung des Prozesses ohne Wärmerückgewinn. Wichtig ist, die Druckverluste insbesondere auf der Gasseite klein zu halten. Speziell bei niederen Turbineneintrittstemperaturen wirken sich hohe Druckverluste stark aus, während mit höher werdender Eintrittstemperatur ihr Einfluß abnimmt, Abb. 27. Den Einfluß von Wärmerückgewinn, Eintrittstemperatur und Maschinenwirkungsgraden auf Leistung und Gesamtwirkungsgrad ersieht man sehr gut aus den Abb. 3, 5, 9 und Tab. 2 [29].

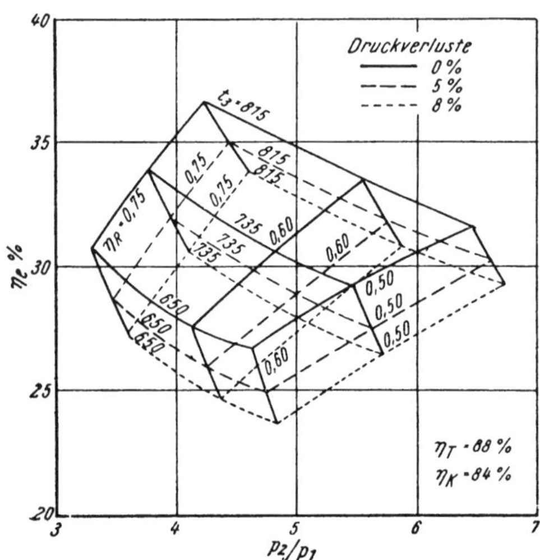

Abb. 27. Einfluß des Druckverlustes auf den effektiven Wirkungsgrad in Abhängigkeit von η_R, t_3 und p_2/p_1

Um den Kreisprozeß weiter zu verbessern, kann nun stufenweise Verdichtung oder Expansion mit und ohne Wärmeaustausch oder beides zusammen und Wärmeaustausch angewendet und so eine Annäherung an den Doppelisothermenkreislauf erzielt werden. Zunächst soll einmal der Kreisprozeß mit zweistufiger Expansion mit Zwischenerhitzung, Abb. 28a, b, betrachtet werden, und zwar einmal ohne und dann mit Wärmerückgewinn.

6. Prozeß mit zweistufiger Expansion mit Zwischenerhitzung ohne Wärmerückgewinn (2—0—0,0)

Folgende Voraussetzungen dienen als Annahme:

1. Zwischenerhitzung auf die Anfangstemperatur T_3.
2. Bestreitung der Kompressorleistung durch die Hochdruckturbine, während die Niederdruckturbine als selbständig laufende Nutzleistungsturbine wirkt, wodurch sich für Antriebe mit stark wechselnder Drehzahl gute Verhältnisse ergeben.

Druckverluste sollen bei den komplizierteren Prozessen unberücksichtigt bleiben, da ihr Einfluß auf das optimale Druckverhältnis nicht groß ist.

Man erhält unter Einhaltung der Beziehungen der Abb. 28a (die Zeichnung gilt für Druckverluste)

$$\frac{c_p\,T_1}{\eta_k}(\varphi-1) = c_p\,T_3\,\eta_t\left(1-\frac{1}{\varphi_1}\right) \quad (23)$$

wobei φ wieder $\left(\frac{p_2}{p_1}\right)^{\frac{\varkappa-1}{\varkappa}} = \Pi^m$

$$\varphi_1 = \left(\frac{p_2}{p_3'}\right)^m$$

mit $\frac{T_3}{T_1} = \theta$ und $\eta_k\,\eta_t = \eta_g$ ergibt sich

$\varphi_1 = \frac{1}{1 - \frac{\varphi - 1}{\theta \eta_g}}$ und eingesetzt

$$p_3' = p_2 \left[1 - \frac{\varphi - 1}{\theta \eta_g}\right]^{\frac{1}{m}}. \tag{24}$$

Die Gleichung für die Nutzleistung lautet

$$\frac{L}{J} = c_p\, T_3\, \eta_t \left(1 - \frac{1}{\varphi_2}\right) = c_p \frac{T_1}{\eta_k}\, \theta\, \eta_g \left(1 - \frac{1}{\varphi_2}\right)$$

wobei $\varphi_2 = \left(\frac{p_3'}{p_1}\right)^m$.

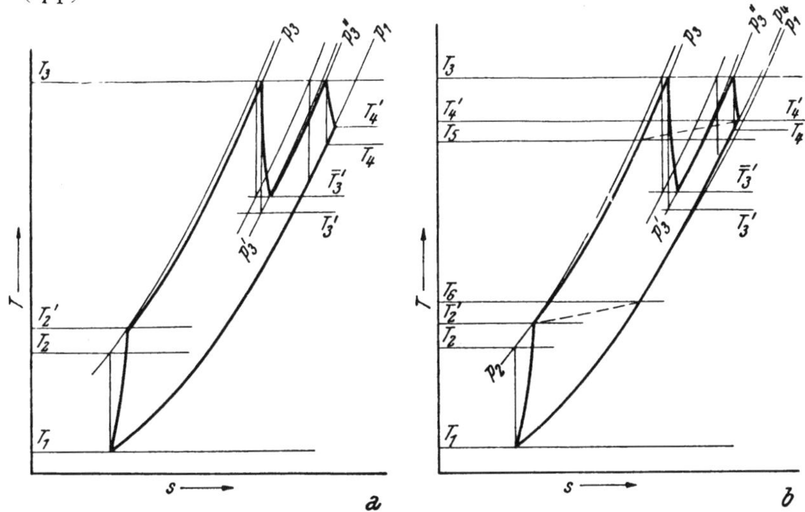

Abb. 28. Kreisprozeß 2—0—η_R im T,s-Diagramm. Schaltung: HDT—K, NDT—GEN

a Ohne Wärmeaustausch
b Mit Wärmeaustausch

Mit p_3' aus Gl. (24) erhält man

$$\varphi_2 = \varphi\left(1 - \frac{\varphi - 1}{\theta\, \eta_g}\right)$$

$$\frac{1}{\varphi_2} = \frac{1}{\varphi} \cdot \frac{\theta\, \eta_g}{\theta\, \eta_g - \varphi + 1}$$

damit wird

$$\frac{L}{J} = c_p \frac{T_1}{\eta_k}\, \theta\, \eta_g \left(1 - \frac{1}{\varphi} \cdot \frac{\theta \eta_g}{\theta\, \eta_g - \varphi + 1}\right) \quad [\text{kcal/kg/sek}]. \tag{25}$$

Durch Ableitung nach φ erhält man das optimale Druckverhältnis für die Leistung

$$\underset{2-0-0,0}{[\Pi_{opt\,N}]} = \left[\frac{1}{2}(\theta\, \eta_g + 1)\right]^{\frac{1}{m}}. \tag{26}$$

Es zeigt sich, daß bei Verlustberücksichtigung das gleiche Resultat herauskommt. Die Gleichung für die Leistung lautet für diesen Fall

$$\frac{L}{J} = c_p \frac{T_1}{\eta_k}\, \theta\, \eta_g \left(1 - \frac{1}{\varphi}\, \zeta_1\, \zeta_2 \frac{\theta \eta_g}{\theta\, \eta_g - \varphi + 1}\right) \quad [\text{kcal/kg/sek}]. \tag{27}$$

$$\zeta_1 = \left(\frac{1}{1 - \varepsilon_{B1}}\right)^m \zeta_2 = \left(\frac{1}{1 - \varepsilon_{B2}}\right)^m.$$

Den Wirkungsgrad erhält man wieder durch Division von Leistung und zugeführter Wärmemenge

$$\eta_{th} = \frac{T_3 \eta_t \left(1 - \frac{1}{\varphi} \cdot \frac{\theta \eta_g}{\theta \eta_g - \varphi + 1}\right)}{(T_3 - T_2') + (T_3 - \bar{T}_3')}$$

mit

$$T_3 - \bar{T}_3' = (T_3 - T_3')\,\eta_t = T_3\left(1 - \frac{T_3'}{T_3}\right)\eta_t = T_3 \eta_t \left(1 - \frac{1}{\varphi_1}\right) = \frac{T_1}{\eta_k}(\varphi - 1)$$

und

$$T_3 - T_2' = T_3 - T_1 - \frac{T_1}{\eta_k}(\varphi - 1)$$

wird

$$\eta_{th} = \frac{T_3 \eta_t \left[1 - \frac{\theta \eta_g}{\varphi(\theta \eta_g - \varphi + 1)}\right]}{T_3 - T_1}$$

und mit

$$\frac{T_3}{T_1} = \theta \quad \text{und} \quad \eta_t \eta_k = \eta_g$$

$$\eta_{th} = \frac{\theta \eta_g \left[1 - \frac{\theta \eta_g}{\varphi(\theta \eta_g - \varphi + 1)}\right]}{\eta_k(\theta - 1)}. \tag{28}$$

Durch Ableitung nach φ findet man wieder das optimale Druckverhältnis für den Wirkungsgrad

$$\underset{2-0-0{,}0}{[\Pi_{opt\ \eta th}]} = \left[\frac{1}{2}(\theta \eta_g + 1)\right]^{\frac{1}{m}}. \tag{29}$$

Bei Verlustberücksichtigung lautet diese Gleichung genau so.

Gl. (28) für Verluste ergibt sich zu

$$\eta_{th} = \frac{\theta \eta_g \left[1 - \frac{\xi_1 \xi_2 \theta \eta_g}{\varphi(\theta \eta_g - \varphi + 1)}\right]}{\eta_k(\theta - 1)}. \tag{30}$$

Das optimale Druckverhältnis für den Wirkungsgrad bleibt aber gleich Gl. (29).

7. Prozeß mit zweistufiger Expansion mit Zwischenerhitzung und Wärmerückgewinn ($2-0-\eta_R$)

Mit denselben Voraussetzungen wie vorher wird unter Beachtung der Beziehungen der Abb. 28 b (ist auch mit Berücksichtigung von Druckverlusten gezeichnet)

$$\eta_{th} = \frac{T_3 \eta_t \left[1 - \frac{\theta \eta_g}{\varphi(\theta \eta_g - \varphi + 1)}\right]}{T_3 - T_1 - \eta_R Q_R}.$$

Die Gleichung für die Leistung und für das optimale Druckverhältnis für die Leistung bleibt gleich wie vorher.

Unter Berücksichtigung von Druckverlusten ergäbe sich die Gleichung für die Leistung mit

$$\frac{L}{J} = c_p \frac{T_1}{\eta_k} \theta \eta_g \left[1 - \frac{\xi_1 \xi_2 \theta \eta_g}{\varphi(\theta \eta_g - \varphi + 1)}\right] \quad [\text{kcal/kg/sek}] \tag{31}$$

$$\xi_1 = \left[\frac{1}{1 - (\varepsilon_{B1} + \varepsilon_{RL})}\right] \qquad \xi_2 = \left(\frac{1 + \varepsilon_{RG}}{1 - \varepsilon_{B2}}\right)$$

doch hat dies keinen Einfluß auf das optimale Druckverhältnis für die Leistung.

$$\eta_R Q_R = c_p \eta_R (T_4' - T_2')$$

$$(T_3 - T_4)\,\eta_t = T_3 - T_4' = T_3\left(1 - \frac{T_4}{T_3}\right)\eta_t = T_3 \eta_t \left(1 - \frac{1}{\varphi_2}\right)$$

$$T_4' = T_3 - T_3 \eta_t \left[1 - \frac{\theta \eta_g}{\varphi(\theta \eta_g - \varphi + 1)}\right]$$

$$T_2' = \frac{T_1}{\eta_k}(\varphi - 1) + T_1.$$

Damit wird

$$\eta_{th} = \frac{T_3 \eta_t \left[1 - \frac{\theta \eta_g}{\varphi (\theta \eta_g - \varphi + 1)}\right]}{(T_3 - T_1)(1 - \eta_R) + T_3 \eta_t \eta_R \left[1 - \frac{\theta \eta_g}{\varphi (\theta \eta_g - \varphi + 1)}\right] + \frac{T_1 \eta_R}{\eta_k} (\varphi - 1)}.$$

und mit $\frac{T_3}{T_1} = \theta$ und $\eta_k \eta_t = \eta_g$

$$\eta_{th} = \frac{\theta \eta_g \left[1 - \frac{\theta \eta_g}{\varphi (\theta \eta_g - \varphi + 1)}\right]}{\eta_k (\theta - 1)(1 - \eta_R) + \theta \eta_g \eta_R \left[1 - \frac{\theta \eta_g}{\varphi (\theta \eta_g - \varphi + 1)}\right] + \eta_R (\varphi - 1)}. \quad (32)$$

Durch Ableitung nach φ könnte man wieder das optimale Druckverhältnis für den Wirkungsgrad erhalten, doch werden diese Gleichungen schon sehr unübersichtlich und man löst sie daher besser graphisch. In Abb. 29 ist für die Turbineneintrittstemperaturen von 650, 750 und 850° C das optimale Druckverhältnis für verschiedene Wärmerückgewinnungsgrade aufgetragen. T_1 wurde dabei mit 293° K, η_k mit 0,85 und η_t mit 0,9 angenommen.

Mit Druckverlusten würde die Gleichung für den Wirkungsgrad folgendermaßen aussehen:

$$\eta_{th} = \frac{\theta \eta_g \left[1 - \frac{\xi_1 \xi_2 \theta \eta_g}{\varphi (\theta \eta_g - \varphi + 1)}\right]}{\eta_k (\theta - 1)(1 - \eta_R) + \theta \eta_g \eta_R \left[1 - \frac{\xi_1 \xi_2 \theta \eta_g}{\varphi (\theta \eta_g - \varphi + 1)}\right] + \eta_R (\varphi - 1)}. \quad (33)$$

Die für diesen Prozeß aufgestellten Gleichungen für Leistung und Wirkungsgrad ergeben nicht das Maximum, das man mit Zwischenerhitzung erreichen kann. Eine solche Zweiwellenanordnung hat nur den Vorteil, daß die Nutzleistungsturbine getrennt läuft. Für besten Wirkungsgrad muß man aber das Gefälle für die Turbinen so aufteilen, daß ohne Wärmerückgewinn die Niederdruckturbine ein großes Gefälle hat, damit die Abgasverluste klein werden, mit Wärmerückgewinn jedoch ein kleineres Gefälle, damit mehr Wärme auf die verdichtete Luft übertragen werden kann. Für die beste Leistung hingegen müssen beide Turbinen gleiches Gefälle haben. Der vorhin durchgerechnete Prozeß wird daher nur mit hohem Wärmerückgewinn günstig werden, da das Gefälle auf der Niederdruckturbine sehr viel kleiner ist als das auf der Hochdruckturbine.

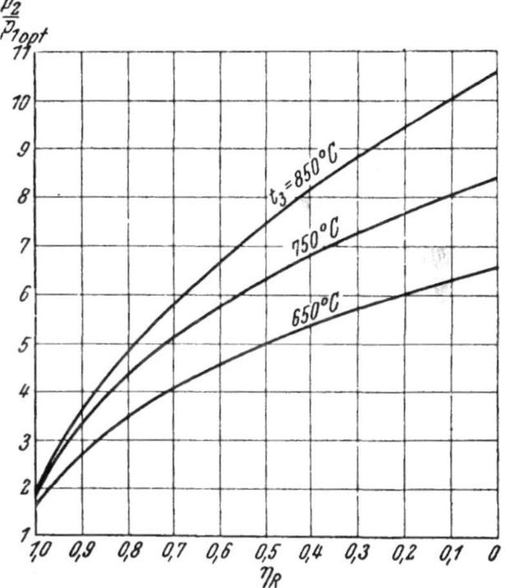

Abb. 29. Optimales Druckverhältnis $\Pi_{opt\,\eta_{th}}$ für Kreisprozeß (2—0—η_R) nach Gl. (32) bei verschiedenen Temperaturen t_3

$\theta = 3{,}15$ .... $t_3 = 650°$ C
$\theta = 3{,}5$ .... $t_3 = 750°$ C
$\theta = 3{,}84$ .... $t_3 = 850°$ C

Die Forderung nach bestem Wirkungsgrad kann man entweder mit einer Einwellenanordnung (Abb. 11, *4A*, aber ohne Zwischenkühlung) erreichen, jedoch nur am Auslegungspunkt, während bei Teillasten diese Schaltung für die meisten Verwendungszwecke schlecht ist, oder durch eine Verbundbauweise in Zweiwellen- oder Dreiwellenanordnung (also mit oder ohne getrenntlaufende Nutzleistungsturbine), etwa nach Abb. 11, *4D* bis *4F*, aber ohne Zwischenkühlung, wobei bei einer Zweiwellenanordnung die Kraft entweder an der Hochdruckwelle oder an der Niederdruckwelle abgenommen werden kann. Für beste Aufteilung, also zur Erreichung besten Wirkungsgrades, zumindest am Auslegungspunkt, wird man die Kraft von der Niederdruckwelle bzw. von einer in Serie oder parallel zur Niederdruckturbine geschalteten getrennten Nutzleistungsturbine abnehmen. Bei einer solchen Verbundschaltung wird die Verdichtung auf zwei unabhängig laufende Kompressoren aufgeteilt, was sich günstig auf deren Verhalten bei Teillasten auswirkt und außerdem die Anwendung höherer Verdichtungsverhältnisse erlaubt. Durch die freie Wahl der Aufteilung der Expansion kann man für guten Wirkungsgrad auslegen.

Es soll daher im folgenden das beste Teilungsverhältnis für die Expansion bei Zwischenerhitzung berechnet werden, wobei eine Schaltung *4D*, *4F* bzw. Kraftabnahme von der Niederdruckwelle zugrunde gelegt wird.

8. Die günstigste Aufteilung der Expansion bei Zwischenerhitzungsprozessen

Druckverluste werden vernachlässigt. Die Eintrittstemperaturen in beide Stufen sind gleich angenommen, ebenso die Turbinenwirkungsgrade.

$$(p_2/p_3')^{\frac{\varkappa-1}{\varkappa}} = \varphi_1 \quad \varphi_1 = \mu\,\varphi$$

$$(p_3'/p_1)^{\frac{\varkappa-1}{\varkappa}} = \varphi_2 \quad \varphi_2 = \frac{1}{\mu}$$

es ist also $p_2/p_3' = p_2/p_1 \cdot \mu^{3,5}$ ($\varkappa = 1,4$).

Damit wird die Turbinenleistung

$$\frac{L_t}{J} = c_p\,T_3\,\eta_t\left(1-\frac{1}{\varphi_1}\right) + c_p\,T_3\,\eta_t\left(1-\frac{1}{\varphi_2}\right) = c_p\,T_3\,\eta_t\left(2-\frac{1}{\mu\varphi}-\mu\right)$$

und die Nutzleistung mit $\frac{T_3}{T_1} = \theta$ und $\eta_k\,\eta_t = \eta_g$

$$\frac{L}{J} = c_p\,\frac{T_1}{\eta_k}\left[\theta\,\eta_g\left(2-\frac{1}{\mu\varphi}-\mu\right)-(\varphi-1)\right]\left[\text{kcal/kg/sek}\right]. \tag{34}$$

Leitet man nach μ ab, dann erhält man

$$\mu = \sqrt{\frac{1}{\varphi}} \tag{35}$$

das heißt, beide Gefälle müssen für optimale Leistungsausbeute gleich sein.

Setzt man die Gl. (35) in (34) ein, dann erhält man

$$\frac{L}{J} = c_p\,\frac{T_1}{\eta_k}\left[2\;\theta\eta_g\left(1-\frac{1}{\sqrt{\varphi}}\right)-(\varphi-1)\right]$$

und durch Ableitung nach φ das optimale Druckverhältnis für die Leistung

$$\underset{2-0-0,0}{[\Pi_{opt\,N}]} = \sqrt[3]{(\theta\,\eta_g)^{\frac{2}{m}}}\,. \tag{36}$$

Den Wirkungsgrad findet man wieder durch Division von Leistung und zugeführter Wärmemenge

$$\eta_{th} = \frac{\theta\,\eta_g\left(2-\frac{1}{\mu\varphi}-\mu\right)-(\varphi-1)}{\eta_k\,(\theta-1)-(\varphi-1)+\theta\eta_g\left(1-\frac{1}{\mu\varphi}\right)}\,. \tag{37}$$

Durch Ableitung nach μ könnte wieder das optimale Teilungsverhältnis für den Wirkungsgrad erhalten werden und durch Einsetzen dieses μ-Wertes in die Gl. (37) und Ableiten nach φ das optimale Druckverhältnis für den Wirkungsgrad beim optimalen Teilungsverhältnis. Es wurde jedoch die graphische Methode vorgezogen, Abb. 30a.

Für die graphische Lösung wurde ein T_3 von 923, 1023 und 1123° K sowie ein η_k von 0,85 und ein η_t von 0,9 angenommen. T_1 wurde 293° K gesetzt. Dies entspricht $\theta = 3,15$, 3,5 und 3,84. In der Abbildung ist für jedes Druckverhältnis sofort das μ_{opt} sowie auch das φ_{opt} beim zugehörigen μ_{opt} für jeden Temperaturbereich leicht ersichtlich. Das Druckverhältnis für die Hochdruckstufe ergibt sich mit $p_2/p_3' = p_2/p_1 \cdot \mu^{3,5}$. Man sieht auch, daß sich das μ_{opt} für ein bestimmtes Druckverhältnis nur unwesentlich mit der Temperatur ändert. Die Kurven gelten natürlich nur für die angenommenen Wirkungsgrade und ohne Druckverluste, doch kann man sie ruhig als Richtwerte nehmen, da eine Änderung des μ in kleinen Grenzen den Wirkungsgrad nur unwesentlich beeinflußt. In Wirklichkeit wird man das Teilungsverhältnis aber so legen, daß man bei guter Leistungsausbeute einen guten Wirkungsgrad erreicht. Man wird also eine Kompromißlösung anstreben [*49*, *50*].

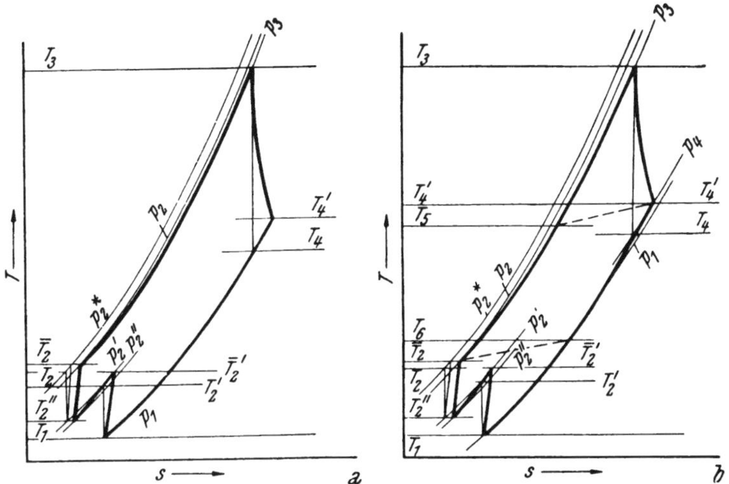

Abb. 32. Kreisprozeß 1—1—η_R im T,s-Diagramm

a Ohne Wärmerückgewinn
b Mit Wärmerückgewinn

$\eta_R \cdot Q_R = \eta_R \cdot c_p (T_4' - \overline{T}_2) = c_p (T_5 - \overline{T}_2)$

Für Wärmerückgewinn bleibt die Nutzleistung gleich (keine Druckverluste), während die zuzuführende Wärmemenge sich um den Betrag $\eta_R Q_R$ verringert. Damit lautet die Gleichung für den Wirkungsgrad

$$\eta_{th} = \frac{\theta\eta_g\left(2 - \frac{1}{\mu\varphi} - \mu\right) - (\varphi - 1)}{[\eta_k(\theta - 1) - (\varphi - 1)]\,(1 - \eta_R) + \theta\eta_g\left(1 - \frac{1}{\mu\varphi}\right) + \theta\eta_g\,\eta_R\,(1 - \mu)}. \tag{38}$$

In Abb. 30b ist diese Gleichung ebenfalls graphisch gelöst. Die Annahmen sind die gleichen wie vorher.

Tab. 3 zeigt den Wirkungsgradgewinn, den stufenweise Expansion bringt, sehr deutlich. Im Gegensatz dazu soll nun der Prozeß mit stufenweiser Verdichtung betrachtet werden.

9. Prozeß mit stufenweiser Verdichtung mit Zwischenkühlung ohne Wärmerückgewinn (1—1—0,0)

Nach Abb. 32a errechnet sich die Kompressorleistung unter Annahme gleicher Eintrittstemperatur in beide Stufen und gleicher Wirkungsgrade ohne Berücksichtigung der Druckverluste im Zwischenkühler mit

$$\varphi_1 = \left(\frac{p_2'}{p_1}\right)^{\frac{\varkappa-1}{\varkappa}} = \frac{T_2'}{T_1} = \mu\varphi$$

$$\varphi_2 = \left(\frac{p_2}{p_2''}\right)^{\frac{\varkappa-1}{\varkappa}} = \frac{T_2}{T_2''} = \frac{1}{\mu}$$

wobei $p_2'' = p_2'$ und $T_2'' = T_1$

$$\frac{L_k}{J} = c_p \left[\frac{T_1}{\eta_k} (\mu\varphi - 1) + \frac{T_1}{\eta_k} \left(\frac{1}{\mu} - 1 \right) \right] = \frac{c_p T_1}{\eta_k} \left(\mu\varphi + \frac{1}{\mu} - 2 \right).$$

Für die Nutzleistung erhält man daher mit $\frac{T_3}{T_1} = \theta$ und $\eta_k \eta_t = \eta_g$

$$\frac{L}{J} = c_p \frac{T_1}{\eta_k} \left[\theta\eta_g \left(1 - \frac{1}{\varphi} \right) - \left(\mu\varphi + \frac{1}{\mu} - 2 \right) \right] \text{ [kcal/kg/sek]}. \tag{39}$$

Durch Ableitung nach μ ergibt sich das optimale Teilungsverhältnis für die Leistung

$$\mu_{opt\,N} = \sqrt{\frac{1}{\varphi}}. \tag{40}$$

Für beste Leistungsausbeute muß also die Verdichtung gleichmäßig auf die einzelnen Stufen aufgeteilt werden.

Unter Voraussetzung ungleicher Eintrittstemperaturen in beide Stufen lautet Gl. (40)

$$\mu_{opt\,N} = \sqrt{\frac{T_2''}{T_1\varphi}}. \tag{41}$$

Bei ungleichen Eintrittstemperaturen muß man also die Druckverhältnisse in den einzelnen Stufen so auslegen, daß die Endtemperaturen gleich sind. Dies gilt allerdings nur für beste Leistungsausbeute. Für besten Wirkungsgrad ohne Wärmerückgewinn wird man die Verdichtungsverhältnisse so annehmen, daß die Austrittstemperatur aus der zweiten Stufe höher liegt, um die Wärmezufuhr im Prozeß nicht zu groß werden zu lassen, während mit Wärmerückgewinn die Austrittstemperatur aus der zweiten Stufe niedriger gewählt werden muß, um möglichst viel Wärme aus den Abgasen übertragen zu können [*51*].

Ein Druckverlust im Zwischenkühler hat keinen Einfluß auf das Teilungsverhältnis, er erniedrigt nur den Enddruck bei gleichem Leistungsaufwand bzw. erhöht den Leistungsaufwand zur Erreichung des geforderten Enddruckes.

Mit $p_2'' = p_2' \; (1 - \varepsilon_{ZW})$, wobei $\frac{\Delta p_{ZW}}{p_2} = \varepsilon_{ZW}$ den prozentualen Druckverlust im Zwischenkühler darstellt, bekommt man, da aus Gl. (40)

$$\varphi_1 = \varphi_2 \frac{T_2''}{T_1}$$

$$\frac{p_2'}{p_1} = \frac{p_2}{p_2' \, (1 - \varepsilon_{ZW})} \left(\frac{T_2''}{T_1} \right)^{\frac{\varkappa}{\varkappa - 1}}$$

bzw.

$$p_2' = \sqrt{\frac{p_1 \, p_2}{(1 - \varepsilon_{ZW})} \left(\frac{T_2''}{T_1} \right)^{\frac{\varkappa}{\varkappa - 1}}}, \tag{42}$$

das Druckverhältnis am Ende der ersten Stufe für kleinste Verdichtungsleistung, wenn man p_1, p_2, T_1, T_2'' und ε_{ZW} als gegeben erachtet.

Um das günstigste Teilungsverhältnis für den Wirkungsgrad zu ermitteln, muß die Gleichung für diesen aufgestellt werden. Man erhält sie wieder, indem man Nutzleistung durch zugeführte Wärmemenge dividiert.

$$\eta_{th} = \frac{T_3 \eta_t \left(1 - \frac{1}{\varphi} \right) - \frac{T_1}{\eta_k} \left(\mu\varphi + \frac{1}{\mu} - 2 \right)}{T_3 - \bar{T}_2}$$

$$\bar{T}_2 - T_1 = (T_2 - T_1) \frac{1}{\eta_k} = \frac{T_1}{\eta_k} \left(\frac{T_2}{T_1} - 1 \right) = \frac{T_1}{\eta_k} \left(\frac{1}{\mu} - 1 \right)$$

$$\bar{T}_2 = \frac{T_1}{\eta_k} \left(\frac{1}{\mu} - 1 \right) + T_1$$

mit $\frac{T_3}{T_1} = \theta$ und $\eta_k \eta_t = \eta_g$ wird

$$\eta_{th} = \frac{\theta\eta_g\left(1-\frac{1}{\varphi}\right)-\left(\mu\varphi+\frac{1}{\mu}-2\right)}{\eta_k(\theta-1)-\left(\frac{1}{\mu}-1\right)} \tag{43}$$

wobei auch hier wieder die anfängliche Annahme gilt: gleiche Temperatur am Eintritt beider Stufen, gleicher Wirkungsgrad beider Stufen und keine Druckverluste. Das μ_{opt} und $\left(\frac{p_2}{p_1}\right)_{opt}$ ist in Abb. 30c graphisch gelöst. Die Annahmen für Temperaturen, Einzelmaschinenwirkungsgrade usw. sind die gleichen wie bei Zwischenerhitzung. Auch bei Zwischenkühlung verschiebt sich das μ_{opt} nur wenig mit der Temperatur.

Setzt man μ_{opt} für $\frac{L}{J}$ Gl. (40) in die Gl. (39) ein, dann erhält man

$$\frac{L}{J} = c_p\frac{T_1}{\eta_k}\left[\theta\eta_g\left(1-\frac{1}{\varphi}\right)-2\left(\sqrt{\varphi}-1\right)\right] \quad [\text{kcal/kg/sek}]. \tag{44}$$

Damit wird das optimale Druckverhältnis für die Leistung

$$\underset{1-1-0{,}0}{[\Pi_{opt\,N}]} = \sqrt[3]{(\theta\,\eta_g)^{\frac{2}{m}}}\,. \tag{45}$$

Man könnte nun noch ungleichmäßige Eintrittstemperaturen, Druckverluste im Zwischenkühler und in der Brennkammer berücksichtigen, doch führt dies dann schon zu komplizierten Gleichungen. Im vorliegenden Fall würde das optimale Druckverhältnis für die Leistung folgende Form haben:

$$V\underset{1-1-0{,}0}{[\Pi_{opt\,N}]} = \sqrt[3]{\frac{(\theta\,\eta_t)^{\frac{2}{m}}(1-\varepsilon_{ZW})}{(1-\varepsilon_B)^2}\cdot\left(\frac{T_1}{T_2''}\right)^{\frac{1}{m}}}\,. \tag{45a}$$

Auch bei diesem Prozeß wird man ein Teilungsverhältnis wählen, das bei guter Leistungsausbeute einen hohen Wirkungsgrad ergibt.

10. Prozeß mit stufenweiser Verdichtung mit Zwischenkühlung und Wärmerückgewinn (1—1—η_R)

Nach Abb. 32 b ergibt sich ohne Druckverluste die Leistung, das optimale Teilungsverhältnis und das optimale Druckverhältnis für die Leistung gleich wie beim Prozeß ohne Wärmerückgewinn.

Mit Druckverlusten jedoch hätte das optimale Druckverhältnis für die Leistung die Form

$$V\underset{1-1-\eta_R}{[\Pi_{opt\,N}]} = \sqrt[3]{\frac{(\theta\,\eta_g)^{\frac{2}{m}}(1-\varepsilon_{ZW})\,(1+\varepsilon_{RG})^2}{[1-(\varepsilon_B+\varepsilon_{RL})]^2}\cdot\left(\frac{T_1}{T_2''}\right)^{\frac{1}{m}}}\,. \tag{46}$$

Die Gleichung für den Wirkungsgrad lautet (ohne Berücksichtigung von Druckverlusten)

$$\eta_{th} = \frac{T_3\eta_t\left(1-\frac{1}{\varphi}\right)-\frac{T_1}{\eta_k}\left(\mu\varphi+\frac{1}{\mu}-2\right)}{T_3-T_1-\frac{T_1}{\eta_k}\left(\frac{1}{\mu}-1\right)-\eta_R Q_R}$$

$$\eta_R Q_R = c_p\,\eta_R\,(T_4'-\overline{T}_2)$$

$$T_3-T_4' = (T_3-T_4)\,\eta_t = T_3\left(1-\frac{T_4}{T_3}\right)\eta_t = T_3\eta_t\left(1-\frac{1}{\varphi}\right)$$

$$T_4' = T_3 - T_3\,\eta_t\left(1 - \frac{1}{\varphi}\right)$$

$$\bar{T}_2 = \frac{T_1}{\eta_k}\left(\frac{1}{\mu} - 1\right) + T_1;\ \text{mit}\ \frac{T_3}{T_1} = \theta\ \text{und}\ \eta_k\,\eta_t = \eta_g$$

ergibt sich

$$\eta_{th} = \frac{\theta\eta_g\left(1 - \frac{1}{\varphi}\right) - \left(\mu\varphi + \frac{1}{\mu} - 2\right)}{\eta_k\,(\theta - 1)\,(1 - \eta_R) - \left(\frac{1}{\mu} - 1\right)(1 - \eta_R) + \theta\eta_g\,\eta_R\left(1 - \frac{1}{\varphi}\right)}\,. \tag{47}$$

Das μ_{opt} und $\left(\frac{p_2}{p_1}\right)_{opt}$ für den Wirkungsgrad ist in Abb. 30 d wieder mit den anfänglichen Annahmen graphisch gelöst.

Man könnte nun noch den Prozeß mit zweimaliger Zwischenkühlung betrachten, doch soll darauf im Rahmen dieses Buches verzichtet werden. Man kommt im gegebenen Falle bei Durchrechnung mehrerer Varianten mittels des Entropiediagrammes, wie noch später beschrieben wird, sehr rasch zum Ziele. Auch spielt bei den verschiedenen Schaltungen das Verhalten bei Teillast eine große Rolle, und man muß bei der Auslegung der einzelnen Verdichtungs- und Expansionsstufen darauf achten, daß die Arbeitslinie der Turbine im Kompressorkennfeld auf keinen Fall zu nahe der Pumpgrenze liegt. Dieser Punkt zwingt zum Teil zu ganz entgegengesetzten Maßnahmen, als man bei alleiniger Betrachtung des Verhaltens am Auslegungspunkt erwarten würde. Auf diese Verhältnisse wird noch näher eingegangen werden.

Am Schlusse sei noch der Prozeß mit zweistufiger Verdichtung mit Zwischenkühlung und zweistufiger Expansion mit Zwischenerhitzung einer kurzen Betrachtung unterzogen.

11. Prozeß mit zweistufiger Verdichtung mit Zwischenkühlung und zweistufiger Expansion mit Zwischenerhitzung ohne und mit Wärmerückgewinn (2—1—0,0 und 2—1—η_R)

Hier gibt es nun schon die verschiedensten Kombinationsmöglichkeiten. Man wird aber für gutes Teillastverhalten den Niederdrucksatz so anordnen, daß er unabhängig laufen kann. Daher schaltet man für Stromerzeugungsanlagen folgendermaßen:

HDK—HDT—GEN
NDK—NDT

Mit einer solchen Schaltung bleibt allerdings die Temperatur nach der Niederdruckturbine hoch und man wählt besser einen Wärmeaustauschprozeß. Ohne Wärmeaustauscher wird die Schaltung *4D* oder *4F*, Abb. 11, besser sein, die man für Fahrzeugantriebe mit direkter Kraftübertragung (Schiffe, Lokomotiven usw.) auf alle Fälle wählen muß. Kommt es für eine Spitzendeckungsanlage weniger auf gutes Teillastverhalten an, dann wird man den Generator an die Niederdruckwelle hängen, Abb. 7, und damit ohne Wärmeaustauscher Wirkungsgrade erreichen [*49*, *50*].

Zum Vergleich mit dem Prozeß mit Wärmerückgewinn soll die erstgenannte Schaltung betrachtet werden, Abb. 33a. Druckverluste werden zur Vereinfachung vernachlässigt. Die aufgenommenen Leistungen der Verdichter sind

$$\frac{L_k}{J} = \frac{L_{NDK}}{J} + \frac{L_{HDK}}{J} = c_p\left[\frac{T_1}{\eta_k}(\mu\varphi - 1) + \frac{T_1}{\eta_k}\left(\frac{1}{\mu} - 1\right)\right]$$

$$\frac{T_1}{\eta_k}(\mu\varphi - 1) = T_3\,\eta_t\left(1 - \frac{1}{\varphi_2}\right)$$

$$\varphi_2 = \left(\frac{p_3''}{p_4}\right)^{\frac{\varkappa - 1}{\varkappa}} \qquad \varphi_1 = \left(\frac{p_3}{p_3'}\right)^{\frac{\varkappa - 1}{\varkappa}}$$

$p_3 = p_2$, $p_3' = p_3''$, $p_4 = p_1$ da keine Druckverluste

$$\frac{L}{J} = \frac{L_{HDT}}{J} - \frac{L_{HDK}}{J} = c_p \left[T_3 \, \eta_t \left(1 - \frac{1}{\varphi_1}\right) - \frac{T_1}{\eta_k} \left(\frac{1}{\mu} - 1\right)\right]$$

$$\varphi_2 = \frac{T_3 \, \eta_t}{T_3 \, \eta_t - \frac{T_1}{\eta_k} (\mu\varphi - 1)} = \left(\frac{p_3'}{p_1}\right)^{\frac{\varkappa - 1}{\varkappa}}$$

$$p_3' = \frac{p_1 \, (T_3 \, \eta_t)^{\frac{\varkappa}{\varkappa - 1}}}{\left[T_3 \eta_t - \frac{T_1}{\eta_k} (\mu\varphi - 1)\right]^{\frac{\varkappa}{\varkappa - 1}}}$$

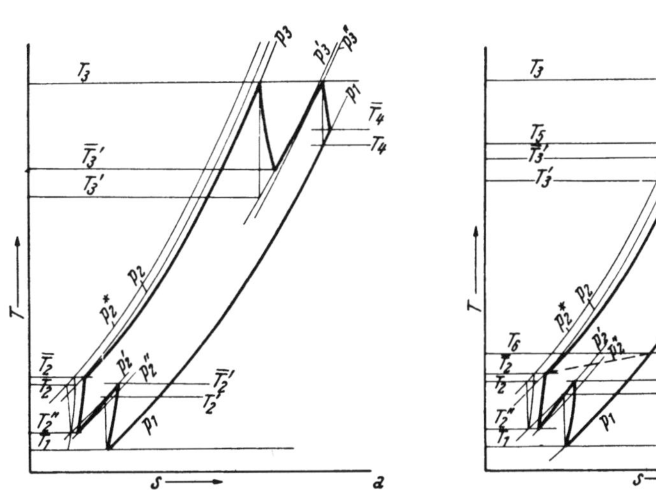

Abb. 33. Kreisprozeß 2—1—η_R im T,s-Diagramm. Schaltung: NDK—NDT, HDK—HDT—GEN
a Ohne Wärmerückgewinn
b Mit Wärmerückgewinn

$$\eta_R \cdot Q_R = \eta_R \cdot c_p \, (\overline{T}_4 - \overline{T}_2) = c_p \, (T_5 - \overline{T}_2)$$

$$\varphi_1 = \left(\frac{p_2}{p_3'}\right)^{\frac{\varkappa - 1}{\varkappa}} = \left\{ \frac{p_2 \left[T_3 \, \eta_t - \frac{T_1}{\eta_k} (\mu\varphi - 1)\right]^{\frac{\varkappa}{\varkappa - 1}}}{p_1 \, (T_3 \, \eta_t)^{\frac{\varkappa}{\varkappa - 1}}} \right\}^{\frac{\varkappa - 1}{\varkappa}} =$$

$$= \varphi \left[1 - \frac{T_1}{T_3 \, \eta_k \, \eta_t} (\mu\varphi - 1)\right] = \varphi \left(\frac{\theta\eta_g - \mu\varphi + 1}{\theta\eta_g}\right) \tag{48}$$

$$\frac{L}{J} = c_p \frac{T_1}{\eta_k} \left\{ \theta \, \eta_g \left[1 - \frac{\theta\eta_g}{\varphi \, (\theta\eta_g - \mu\varphi + 1)}\right] - \left(\frac{1}{\mu} - 1\right)\right\} \text{ [kcal/kg/sek].} \tag{49}$$

Differenziert man nach μ, dann erhält man

$$\mu_{opt\,N} = \frac{\theta\eta_g + 1}{\theta\eta_g + \varphi} \tag{50}$$

das optimale Teilungsverhältnis für die Leistung.

Der Wirkungsgrad wird wieder aus Nutzleistung, dividiert durch zugeführte Wärmemenge, gefunden.

$$\eta_{th} = \frac{T_3 \eta_t \left[1 - \frac{\theta\eta_g}{\varphi \, (\theta\eta_g - \mu\varphi + 1)}\right] - \frac{T_1}{\eta_k} \left(\frac{1}{\mu} - 1\right)}{T_3 - \overline{T}_2 + T_3 - \overline{T}_3'}$$

$$\overline{T}_2 - T_1 = (T_2 - T_1) \frac{1}{\eta_k} = \frac{T_1}{\eta_k} \left(\frac{1}{\mu} - 1\right)$$

$$\overline{T}_2 = T_1 + \frac{T_1}{\eta_k}\left(\frac{1}{\mu} - 1\right)$$

$$T_3 - \overline{T}_3{}' = \eta_t (T_3 - T_3{}') = T_3 \eta_t \left(1 - \frac{1}{\varphi_1}\right) = T_3 \eta_t \left[1 - \frac{\theta\eta_g}{\varphi(\theta\eta_g - \mu\varphi + 1)}\right]$$

$$\eta_{th} = \frac{1}{1 + \dfrac{\eta_k(\theta - 1)}{\theta\eta_g\left[1 - \dfrac{\theta\eta_g}{\varphi(\theta\eta_g - \mu\varphi + 1)}\right] - \left(\dfrac{1}{\mu} - 1\right)}}. \tag{51}$$

Die Gl. (51) ist in Abb. 31a wieder graphisch gelöst.

Bei Wärmerückgewinn muß man von der zugeführten Wärmemenge wieder $\eta_R\, Q_R$ abziehen. Die Leistung und deren optimales Teilungsverhältnis bleiben unberührt.

$$\eta_{th} = \frac{T_3\eta_t\left[1 - \dfrac{\theta\eta_g}{\varphi(\theta\eta_g - \mu\varphi + 1)}\right] - \dfrac{T_1}{\eta_k}\left(\dfrac{1}{\mu} - 1\right)}{T_3\eta_t\left[1 - \dfrac{\theta\eta_g}{\varphi(\theta\eta_g - \mu\varphi + 1)}\right] - \dfrac{T_1}{\eta_k}\left(\dfrac{1}{\mu} - 1\right) + T_3 - T_1 - \eta_R Q_R}$$

$$\eta_R Q_R = c_p\, \eta_R (\overline{T}_4 - \overline{T}_2)$$

$$T_3 - \overline{T}_4 = (T_3 - T_4)\,\eta_t = T_3\eta_t\left(1 - \frac{1}{\varphi_2}\right) = \frac{T_1}{\eta_k}(\mu\varphi - 1)$$

$$\overline{T}_4 = T_3 - \frac{T_1}{\eta_k}(\mu\varphi - 1)$$

$$c_p\,\eta_R(\overline{T}_4 - \overline{T}_2) = c_p\,\eta_R\left[T_3 - \frac{T_1}{\eta_k}(\mu\varphi - 1) - T_1 - \frac{T_1}{\eta_k}\left(\frac{1}{\mu} - 1\right)\right]$$
$$= c_p\left[(T_3 - T_1)\,\eta_R - \frac{T_1\,\eta_R}{\eta_k}\left(\mu\varphi + \frac{1}{\mu} - 2\right)\right]$$

$$\eta_{th} = \frac{1}{1 + \dfrac{\eta_k(\theta - 1)(1 - \eta_R) + \eta_R\left(\mu\varphi + \dfrac{1}{\mu} - 2\right)}{\theta\eta_g\left[1 - \dfrac{\theta\eta_g}{\varphi(\theta\eta_g - \mu\varphi + 1)}\right] - \left(\dfrac{1}{\mu} - 1\right)}}. \tag{52}$$

Abb. 31b zeigt die graphische Lösung.

Betrachtet man die Schaltung *4D* bzw. *4F*, Abb. 11 mit und ohne Wärmerückgewinn, dann ergibt sich

$$\frac{T_1}{\eta_k}\left(\frac{1}{\mu} - 1\right) = T_3\eta_t\left(1 - \frac{1}{\varphi_1}\right)$$

$$\varphi_1 = \frac{T_3\eta_t}{T_3\eta_t - \dfrac{T_1}{\eta_k}\left(\dfrac{1}{\mu} - 1\right)} = \left(\frac{p_2}{p_3{}'}\right)^{\frac{\varkappa - 1}{\varkappa}} \tag{53}$$

$$\varphi_2 = \left(\frac{p_3{}'}{p_1}\right)^{\frac{\varkappa - 1}{\varkappa}} = \varphi\,\frac{T_3\eta_t - \dfrac{T_1}{\eta_k}\left(\dfrac{1}{\mu} - 1\right)}{T_3\eta_t} = \varphi\,\frac{\theta\eta_g - \dfrac{1}{\mu} + 1}{\theta\eta_g} \tag{54}$$

$$\frac{L}{J} = c_p\left[T_3\eta_t\left(1 - \frac{1}{\varphi_2}\right) - \frac{T_1}{\eta_k}(\mu\varphi - 1)\right] \text{ und eingesetzt}$$

$$\frac{L}{J} = c_p\frac{T_1}{\eta_k}\left\{\theta\eta_g\left[1 - \frac{\theta\eta_g}{\varphi\left(\theta\eta_g - \dfrac{1}{\mu} + 1\right)}\right] - (\mu\varphi - 1)\right\} \text{ [kcal/kg/sek].} \tag{55}$$

Die Gleichung für den Wirkungsgrad ohne Wärmerückgewinn lautet

$$\eta_{th} = \frac{L}{JQ_{zu}} = \frac{T_3\eta_t\left[1 - \dfrac{\theta\eta_g}{\varphi\left(\theta\eta_g - \dfrac{1}{\mu} + 1\right)}\right] - \dfrac{T_1}{\eta_k}(\mu\varphi - 1)}{T_3 - \overline{T}_2 + T_3 - \overline{T}_3{}'}$$

$$T_3 - \overline{T}_2 = T_3 - T_1 - \frac{T_1}{\eta_k}\left(\frac{1}{\mu} - 1\right)$$

$$T_3 - \overline{T}_3{}' = \frac{T_1}{\eta_k}\left(\frac{1}{\mu} - 1\right)$$

daher mit θ und η_g

$$\eta_{th} = \frac{\theta\eta_g\left[1 - \dfrac{\theta\eta_t}{\varphi\left(\theta\,\eta_t - \dfrac{1}{\mu} + 1\right)}\right] - (\mu\varphi - 1)}{\eta_k(\theta - 1)}. \tag{56}$$

Damit ergibt sich das gleiche μ_{opt} für $\frac{L}{J}$ und η_{th}

$$\mu_{opt\,N,\,\eta_{th}} = \frac{\varphi + \theta\eta_g}{\varphi(\theta\eta_g + 1)} \tag{57}$$

μ_{opt} eingesetzt ergibt

$$\frac{L}{J} = c_p\frac{T_1}{\eta_k}\left\{\theta\,\eta_g\left[1 - \frac{\theta\,\eta_t}{\varphi\left(\theta\,\eta_g - \dfrac{\varphi(\theta\,\eta_g + 1)}{\varphi + \theta\,\eta_g} + 1\right)}\right] - \left(\frac{\varphi + \theta\,\eta_g}{\theta\,\eta_g + 1} - 1\right)\right\} \text{[kcal/kg/sek]}. \tag{58}$$

$$\eta_{th} = \frac{\theta\,\eta_g\left[1 - \dfrac{\theta\eta_g}{\varphi\left(\theta\,\eta_g - \dfrac{\varphi(\theta\,\eta_g + 1)}{\varphi + \theta\,\eta_g} + 1\right)}\right] - \dfrac{\varphi + \theta\,\eta_g}{\theta\,\eta_g + 1} - 1}{\eta_k\,(\theta - 1)}. \tag{59}$$

Abb. 31c zeigt die graphische Lösung.

Mit Wärmerückgewinn bleibt die Nutzleistung gleich, von der zugeführten Wärmemenge muß man $\eta_R Q_R$ abziehen.

$$\eta_R Q_R = c_p\,\eta_R(\overline{T}_4 - \overline{T}_2)$$

$$T_3 - \overline{T}_4 = \eta_t(T_3 - T_4) = T_3\,\eta_t\left(1 - \frac{1}{\varphi_2}\right) = T_3\,\eta_t\left[1 - \frac{\theta\,\eta_g}{\varphi\left(\theta\,\eta_g - \dfrac{1}{\mu} + 1\right)}\right]$$

$$\overline{T}_2 = T_1 + \frac{T_1}{\eta_k}\left(\frac{1}{\mu} - 1\right)$$

$$\overline{T}_4 - \overline{T}_2 = T_3 - T_3\,\eta_t\left[1 - \frac{\theta\,\eta_g}{\varphi\left(\theta\,\eta_g - \dfrac{1}{\mu} + 1\right)}\right] - T_1 - \frac{T_1}{\eta_k}\left(\frac{1}{\mu} - 1\right)$$

mit θ und η_g wird

$$\eta_{th} = \frac{\theta\eta_g\left[1 - \dfrac{\theta\,\eta_g}{\varphi\left(\theta\,\eta_g - \dfrac{1}{\mu} + 1\right)}\right] - (\mu\varphi - 1)}{\eta_k(\theta - 1)(1 - \eta_R) + \theta\eta_g\,\eta_R\left[1 - \dfrac{\theta\,\eta_g}{\varphi\left(\theta\,\eta_g - \dfrac{1}{\mu} + 1\right)}\right] + \eta_R\left(\dfrac{1}{\mu} - 1\right)}. \tag{60}$$

Abb. 31d zeigt die graphische Lösung.

Bei Vergleich der Abb. 31a, b und 31c, d fällt der wesentlich bessere Wirkungsgrad der Schaltung in Abb. 31c, d besonders ohne oder mit kleinem Wärmerückgewinn auf. Bei der ersteren Schaltung ergibt sich infolge des Generatorantriebes von der Hochdruckwelle ein zu großes Gefälle auf derselben und daher große Verluste hinter der Niederdruckstufe infolge der zu hohen Abgastemperatur. Erst bei hohem Wärmerückgewinn tritt eine Annäherung der beiden Prozesse ein. Man wird also ohne Wärmerückgewinn bei der ersteren Schaltung die Kraft besser an der Niederdruckwelle abnehmen, wodurch sie rein theoretisch einer Schaltung *4D* oder *4F*, Abb. 11, gleichkommt. Allerdings leidet dadurch der Wirkungsgrad bei Teillasten, so daß eine solche Schaltung nur für Spitzendeckungsanlagen in Frage kommt. Günstiger wird sich hier die Schaltung mit getrennter Nutzleistungsturbine verhalten, jedoch ist ein Betrieb mit konstanter Drehzahl mit einer getrennt laufenden Nutzleistungsturbine nur sehr schwer zu erzielen. Für Fahrzeugmaschinen mit direkter Kraftübertragung ist sie jedoch ideal.

Man könnte nun noch weitergehen und die Gleichungen für den Prozeß mit zweimaliger Zwischenkühlung und einmaliger Zwischenerhitzung entwickeln, doch werden diese schon sehr unübersichtlich. Man ermittelt solche Prozesse daher besser mit dem i,s-Diagramm, mit dem ja normalerweise immer gearbeitet wird. Außerdem ist noch die genaue Kenntnis des Verdichterkennfeldes und die Lage der Turbinenarbeitslinie in demselben notwendig, um zu sehen, wie sich die betreffende Schaltung im Teillastgebiet verhält.

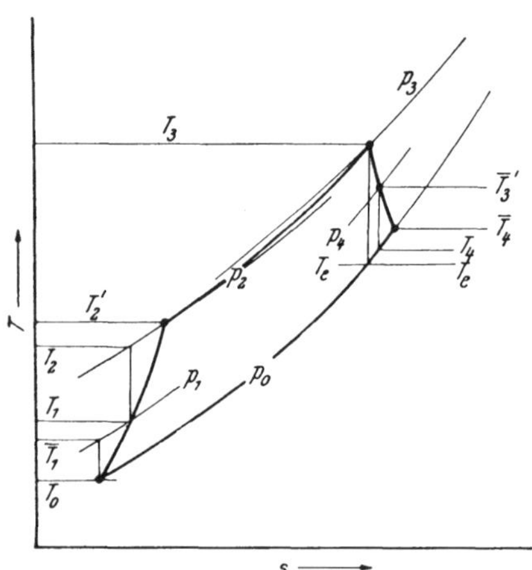

Abb. 34. Kreisprozeß der Strahlturbine im T,s-Diagramm

Für die thermodynamische Berechnung wurde der Druckverlust in der Brennkammer vernachlässigt, daher $p_3 = p_2$

12. Prozeß der Strahlturbine

Der Kreisprozeß der Strahlturbine ist ähnlich dem der einfachen Gasturbine mit zwei Ausnahmen: Der Kompressoreintrittsdruck ist nicht gleich dem Umgebungsdruck, weil eine Stauaufladung erfolgt, und die Energie wird in Form des Düsenstrahles und nicht in Form von Wellenleistung frei. Die Kreisprozeßrechnung erfolgt jedoch ähnlich. Abb. 34 stellt das T,s-Diagramm der Strahlturbine dar. Aus ihm sind alle Bezeichnungen zu ersehen. Als neue Wirkungsgrade kommen η_{Stau} und η_{Exp} hinzu [*29*].

η_{Stau} ist der adiabatische Wirkungsgrad der Umwandlung der Energie der mit Fluggeschwindigkeit einströmenden Luft in totalen Druck am Kompressor.

η_{Exp} ist der adiabatische Wirkungsgrad der Expansion, also das Verhältnis des wirklichen Temperaturgefälles in der Turbine plus dem Temperaturäquivalent der Düsenaustrittsgeschwindigkeit zum isentropischen Temperaturgefälle zwischen Turbineneintrittsdruck und Umgebungsdruck.

v = Fluggeschwindigkeit

v_D = Düsenaustrittsgeschwindigkeit

Verluste werden nicht berücksichtigt.

Die bekannte Formel für den Schub lautet

$$S = \frac{G}{g}(v_D - v)\ [\text{kp}]\,. \tag{61}$$

Der spezifische Schub beträgt

$$\bar{S} = \frac{1}{g}(v_D - v)\ [\text{kp/kg}]\,. \tag{62}$$

Temperatursteigerung durch Stau

$$\Delta T_{Stau} = \frac{v^2}{2gJc_p} = T_1 - T_0 \tag{63}$$

$$\bar{T}_1 - T_0 = \eta_{Stau} \cdot \Delta T_{Stau} \tag{63a}$$

$$\frac{\bar{T}_1}{T_0} = \frac{T_0 + \eta_{Stau} \cdot \Delta T_{Stau}}{T_0} = \left(\frac{p_1}{p_0}\right)^m = \Pi^m_{Stau}\,.$$

Damit wird das Druckverhältnis durch Stau

$$\frac{p_1}{p_0} = \Pi_{Stau} = \left(\frac{T_0 + \eta_{Stau} \cdot \Delta T_{Stau}}{T_0}\right)^{\frac{1}{m}}\,. \tag{64}$$

Die Kompressoreintrittstemperatur beträgt

$$T_1 = T_0 + \Delta T_{Stau} \tag{65}$$

$$T_2 - T_1 = \eta_k \Delta T_k$$

$$\frac{T_2}{T_1} = \left(\frac{p_2}{p_1}\right)^m = \frac{T_1 + \eta_k \Delta T_k}{T_1}.$$

Damit wird das Druckverhältnis am Kompressor

$$\frac{p_2}{p_1} = \Pi_k = \left(\frac{T_1 + \eta_k \Delta T_k}{T_1}\right)^{\frac{1}{m}}. \tag{66}$$

Kompressorleistung

$$\frac{L}{J} = c_p \cdot \Delta T_k \left[\text{kcal/kg/sek}\right]. \tag{67}$$

Gesamtdruckverhältnis für Expansion ($p_3 = p_2$)

$$\frac{p_3}{p_0} = \Pi_{tot} = \Pi_{Stau} \cdot \Pi_k = \Pi_{Stau}\left(\frac{T_1 + \eta_k \Delta T_k}{T_1}\right)^{\frac{1}{m}}. \tag{68}$$

Gesamttemperaturverhältnis durch Expansion

$$\frac{T_3}{T_e} = \Pi^m_{Stau}\left(\frac{T_1 + \eta_k \Delta T_k}{T_1}\right). \tag{69}$$

Gesamte isentropische Temperaturdifferenz für Expansion

$$T_3 - T_e = T_3 - \frac{T_1 T_3}{\Pi^m_{Stau}\,(T_1 + \eta_k \Delta T_k)}. \tag{70}$$

Wirkliche Temperaturdifferenz für Expansion

$$T_3 - \overline{T}_4 = \eta_{Exp} T_3 \left[1 - \frac{T_1}{\Pi^m_{Stau}\,(T_1 + \eta_k \Delta T_k)}\right]. \tag{71}$$

Temperaturdifferenz in der Düse

$$\Delta T_D = \eta_{Exp} T_3 \left[\frac{T_1\,(\Pi^m_{Stau} - 1) + \eta_k\, \Pi^m_{Stau} \Delta T_k}{\Pi^m_{Stau}\,(T_1 + \eta_k \Delta T_k)}\right] - \Delta T_k. \tag{72}$$

Geschwindigkeit in der Düse

$$v_D = \sqrt{2 g J c_p \Delta T_D} \tag{73}$$

und damit der spezifische Schub

$$\overline{S} = \sqrt{\frac{2 J c_p \Delta T_D}{g}} - \frac{v}{g}\ [\text{kp/kg}]. \tag{74}$$

Folgende Beziehung kann zwischen T_1 und T_0 gefunden werden

$$T_1 = T_0 + \Delta T_{Stau} = T_0\left(1 + \frac{\overline{T}_1 - T_0}{\eta_{Stau} T_0}\right) = T_0\left[1 + \frac{1}{\eta_{Stau}}\left(\frac{\overline{T}_1}{T_0} - 1\right)\right] =$$

$$= T_0\left[1 + \frac{1}{\eta_{Stau}}\,(\Pi^m_{Stau} - 1)\right] \tag{75}$$

weiters findet man

$$\Delta T_k = \frac{T_1}{\eta_k}\,(\Pi^m_k - 1)$$

$$\left(\frac{\Delta T_k \cdot \eta_k}{T_1} + 1\right)^{\frac{1}{m}} = \Pi_k. \tag{76}$$

Damit ist eine Beziehung zwischen Π_k und ΔT_k gegeben. Bei Strahlturbinen wird besser mit ΔT_k gerechnet, weil dadurch verschiedene Vortriebsgeschwindigkeiten, Temperatureinflüsse usw. besser überblickt werden können.

Der spezifische Brennstoffverbrauch errechnet sich aus

$$b = \frac{3600 \cdot G_B}{S} = \frac{3600 \cdot G_B}{\bar{S} \cdot G} \tag{77}$$

$$G_B \cdot H_u = G \cdot c_p (T_3 - T_2')$$

$$b = \frac{3600 \cdot c_p (T_3 - T_2')}{\bar{S} \cdot H_u}$$

$$T_3 - T_2' = T_3 - (T_1 + \Delta T_k)$$

$$b = \frac{3600 \cdot c_p [T_3 - (T_1 + \Delta T_k)]}{\bar{S} \cdot H_u} \; [\text{kg/h/kp}] \,. \tag{78}$$

Die Wärmezufuhr beträgt also

$$c_p \, [T_3 - (T_1 + \Delta T_k)] \,. \tag{79}$$

Der Wirkungsgrad einer Strahlturbine kann auf zwei verschiedene Arten ausgedrückt werden. Man kann die Maschine als Einrichtung betrachten, die zusätzliche kinetische Energie an die durchströmende Luft abgibt, alternativ aber auch als Motor, der Arbeit für den Antrieb des Flugzeuges leistet.

Nach der ersten Annahme ergibt sich der Wirkungsgrad als das Verhältnis der kinetischen Energie, die der Luft auf ihrem Durchgang durch die Maschine erteilt wird, zur zugeführten Wärmeenergie. Man kann diesen Wirkungsgrad als inneren Wirkungsgrad bezeichnen

$$\eta_i = \frac{c_p (\Delta T_D - \Delta T_{Stau})}{c_p (T_3 - \Delta T_k - T_1)}$$

$$= \frac{\dfrac{\Delta T_D}{T_1} - \dfrac{\Delta T_{Stau}}{T_1}}{\dfrac{T_3}{T_1} - \dfrac{\Delta T_k}{T_1} - 1} \,. \tag{80}$$

Die zweite Form stellt das Verhältnis der Vortriebsleistung zur im Brennstoff zugeführten Leistung dar und wird als Gesamtwirkungsgrad bezeichnet

$$\eta_{ges} = \frac{v \left[\sqrt{\dfrac{2 J c_p \Delta T_D}{g}} - \dfrac{v}{g} \right]}{J c_p (T_3 - \Delta T_k - T_1)}$$

$$= \frac{\dfrac{v}{\sqrt{T_1}} \left[\sqrt{\dfrac{2 J c_p \Delta T_D}{g \, T_1}} - \dfrac{v}{g \sqrt{T_1}} \right]}{J c_p \left(\dfrac{T_3}{T_1} - \dfrac{\Delta T_k}{T_1} - 1 \right)} \,. \tag{81}$$

Die Differenz zwischen diesen beiden Formeln ergibt sich durch die nicht vollständige Ausnützung der erzeugten kinetischen Energie für den Vortrieb. Das Verhältnis von η_i / η_{ges} ist unter dem Namen Vortriebswirkungsgrad η_v bekannt

$$\eta_v = \frac{v \left[\sqrt{\dfrac{2 J c_p \Delta T_D}{g}} - \dfrac{v}{g} \right]}{J c_p (\Delta T_D - \Delta T_{Stau})}$$

mit $\Delta T_D = \dfrac{v_D^2}{2 g J c_p}$ und $\Delta T_{Stau} = \dfrac{v^2}{2 g J c_p}$ ergibt sich

$$\eta_v = \frac{v\left[\sqrt{\frac{2\,J\,c_p\,v_D^2}{2\,g^2\,J\,c_p}} - \frac{v}{g}\right]}{J\,c_p\left(\frac{v_D^2}{2\,g\,J\,c_p} - \frac{v^2}{2\,g\,J\,c_p}\right)} =$$

$$= \frac{v\left(\frac{v_D}{g} - \frac{v}{g}\right)}{\frac{v_D^2}{2\,g} - \frac{v^2}{2\,g}} =$$

$$= \frac{2\,v}{v + v_D} = \frac{2}{1 + \frac{v_D}{v}}\,. \tag{82}$$

Man ersieht daraus, daß hohe Vortriebswirkungsgrade erst bei hohen Fluggeschwindigkeiten erreicht werden können. Sind Fluggeschwindigkeiten und Düsenaustrittsgeschwindigkeit gleich, dann ist der Vortriebswirkungsgrad 100 %. Es muß natürlich in Wirklichkeit immer ein Überschuß an Düsenaustrittsgeschwindigkeit vorhanden sein, damit Schub erzeugt wird. Die Durchsatzmenge für einen bestimmten Schub ist umgekehrt proportional dieser Geschwindigkeitsdifferenz. Die Luftschraube mit hohem η_V hat daher größeren Durchsatz als eine Strahlturbine mit normal relativ niederem η_V.

13. Die optimale Eintrittstemperatur bei der Strahlturbine

Die Strahlturbine unterscheidet sich von anderen Wärmekraftmaschinen dadurch, daß eine bestimmte maximale Eintrittstemperatur bei konstanten anderen Faktoren einen optimalen Gesamtwirkungsgrad (oder minimalen spezifischen Verbrauch) ergibt. Der Zusammenhang zwischen η_{ges} und spezifischem Verbrauch ist in Abb. 35 dargestellt. Er wird aus Gl. (78) und (81) gewonnen.

$$\eta_{ges} = \frac{v \cdot \bar{S}}{J \cdot c_p\,(T_3 - \Delta\,T_k - T_1)}$$

$$c_p\,(T_3 - \Delta\,T_k - T_1) = \frac{b \cdot S \cdot H_u}{3600}$$

$$\eta_{ges} = \frac{v \cdot 3600}{J \cdot b \cdot H_u}\,. \tag{83}$$

Wird v in km/h ausgedrückt und $H_u = 10.300$ kcal/kg angenommen, dann wird

$$\eta_{ges} = \frac{0{,}02272\,v}{b}\,. \tag{84}$$

Die Erscheinung, daß eine bestimmte Temperatur einen optimalen Gesamtwirkungsgrad ergibt, rührt daher, daß steigende Eintrittstemperatur zwar den thermischen Wirkungsgrad der kinetischen Energieerzeugung (inneren Wirkungsgrad) hebt, gleichzeitig aber den Vortriebswirkungsgrad durch steigende Düsenaustrittsgeschwindigkeit senkt. Beginnt man bei kleinen Eintrittstemperaturen, dann überwiegt vorerst die Steigerung des inneren Wirkungsgrades, aber ab einer gewissen Temperatur fällt η_V rascher als η_i steigt, so daß eine bestimmte optimale Eintrittstemperatur bei sonst konstanten anderen Faktoren existiert.

Aus der Gleichung für η_{ges} läßt sich diese optimale Temperatur finden

$$\eta_{ges} = \frac{\frac{v}{\sqrt{T_1}}\left[\sqrt{\frac{2\,J\,c_p\,\Delta T_D}{g\,T_1}} - \frac{v}{g\,\sqrt{T_1}}\right]}{J\,c_p\left(\theta - \frac{\Delta T_k}{T_1} - 1\right)}\,, \quad \frac{T_3}{T_1} = \theta\,,$$

wobei

$$\Delta T_D = \eta_{Exp} \cdot T_3 \left[\frac{\left(1 - \frac{1}{\Pi^m_{Stau}}\right) + \eta_k \frac{\Delta T_k}{T_1}}{1 + \eta_k \frac{\Delta T_k}{T_1}} \right] - \Delta T_k .$$

Setzt man

$$\eta_{Exp} \left[\frac{\left(1 - \frac{1}{\Pi^m_{Stau}}\right) + \eta_k \frac{\Delta T_k}{T_1}}{1 + \eta_k \frac{\Delta T_k}{T_1}} \right] = C , \tag{85}$$

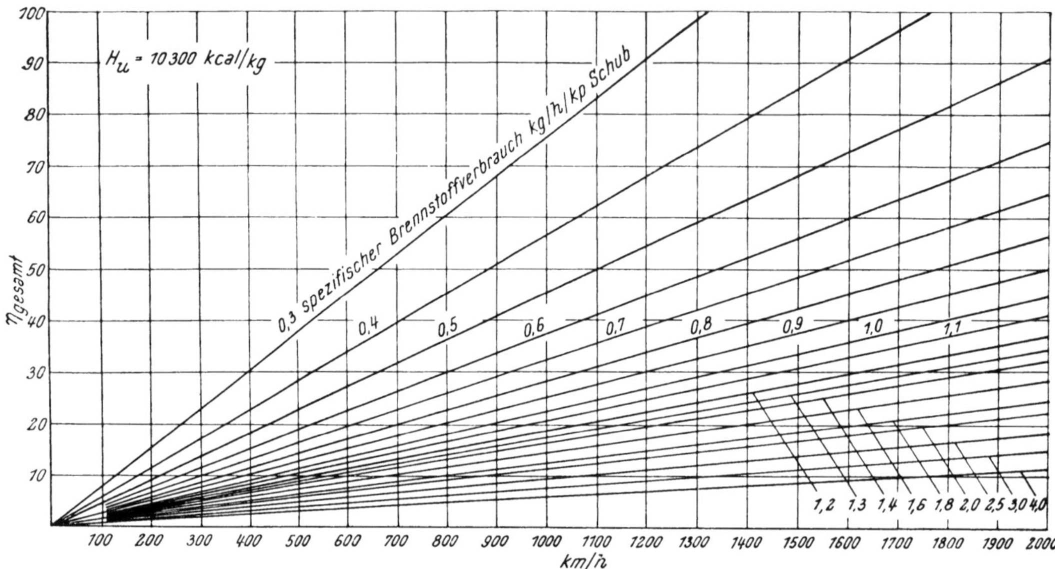

Abb. 35. Zusammenhang zwischen Fluggeschwindigkeit, Gesamtwirkungsgrad und spezifischem Brennstoffverbrauch bei Strahlturbinen

dann ergibt sich

$$\eta_{ges} = \frac{v}{J c_p \sqrt{T_1}} \left[\frac{\sqrt{\frac{2 J c_p}{g}\left(C \cdot \theta - \frac{\Delta T_k}{T_1}\right)} - \frac{v}{g \sqrt{T_1}}}{\theta - \frac{\Delta T_k}{T_1} - 1} \right] \tag{86}$$

und

$$\frac{\partial \eta_{ges}}{\partial \theta} = \frac{v}{J c_p \sqrt{T_1}} \cdot \frac{\frac{\left(\theta - \frac{\Delta T_k}{T_1} - 1\right) \frac{1}{2} \cdot \frac{2 J c_p C}{g}}{\sqrt{\frac{2 J c_p}{g}\left(C \cdot \theta - \frac{\Delta T_k}{T_1}\right)}} - \left[\sqrt{\frac{2 J c_p}{g}\left(C \cdot \theta - \frac{\Delta T_k}{T_1}\right)} - \frac{v}{g \sqrt{T_1}}\right]}{\left(\theta - \frac{\Delta T_k}{T_1} - 1\right)^2}$$

für $\eta_{ges_{max}}$

$$\frac{\partial \eta_{ges}}{\partial \theta} = 0$$

oder

$$\left(\theta - \frac{\Delta T_k}{T_1} - 1\right) \frac{J c_p C}{g} - \frac{2 J c_p}{g}\left(C \cdot \theta - \frac{\Delta T_k}{T_1}\right) + \frac{v}{g \sqrt{T_1}} \sqrt{\frac{2 J c_p}{g}\left(C \cdot \theta - \frac{\Delta T_k}{T_1}\right)} = 0 , \tag{87}$$

da

$$\frac{J c_p C}{g}\left(\theta - \frac{\Delta T_k}{T_1} - 1\right) = \frac{1}{2} \cdot \frac{2 J c_p}{g}\left(C \cdot \theta - \frac{\Delta T_k}{T_1}\right) + \frac{1}{2} \cdot \frac{2 J c_p}{g} (1 - C) \frac{\Delta T_k}{T_1} - \frac{1}{2} \cdot \frac{2 J c_p}{g} \cdot C \tag{88}$$

Setzt man

$$\frac{2 J c_p}{g}\left(C \cdot \theta - \frac{\Delta T_k}{T_1}\right) = x^2 , \tag{89}$$

dann findet man mittels der Gl. (88) und (89), eingesetzt in (87)

$$\frac{1}{2} x^2 + \frac{1}{2} \frac{2 J c_p}{g} (1 - C) \frac{\Delta T_k}{T_1} - \frac{1}{2} \frac{2 J c_p}{g} C - x^2 + \frac{v}{g \sqrt{T_1}} x = 0$$

oder

$$x^2 - \frac{2 v}{g \sqrt{T_1}} x + \frac{2 J c_p}{g} \left[C - (1 - C) \frac{\Delta T_k}{T_1}\right] = 0$$

$$x = \frac{v}{g \sqrt{T_1}} \pm \sqrt{\left(\frac{v}{g \sqrt{T_1}}\right)^2 - \frac{2 J c_p}{g} \left[C - (1 - C) \frac{\Delta T_k}{T_1}\right]} \tag{90}$$

und aus Gl. (89)

$$\theta = \frac{\frac{g}{2 J c_p} x^2 + \frac{\Delta T_k}{T_1}}{C} . \tag{91}$$

Mit fixen Werten für η_{Stau}, η_k und η_{Exp}, v, T_0 und ΔT_k können die Gl. (85), (90), (91) leicht gelöst werden. Abb. 36 zeigt die Lösung mit $\eta_{Stau} = 0{,}9$ und η_k und $\eta_{Exp} = 0{,}85$. Man sieht, daß θ mit $\Delta T_k / T_1$ steigt, bei gegebenen Werten von $v/\sqrt{T_1}$. Will man also zur Erreichung eines hohen Schubes T_3 erhöhen, dann muß gleichzeitig auch ΔT_k erhöht werden. Beachtet muß noch werden, daß das Ansteigen von θ mit $v/\sqrt{T_1}$ bei einem be-

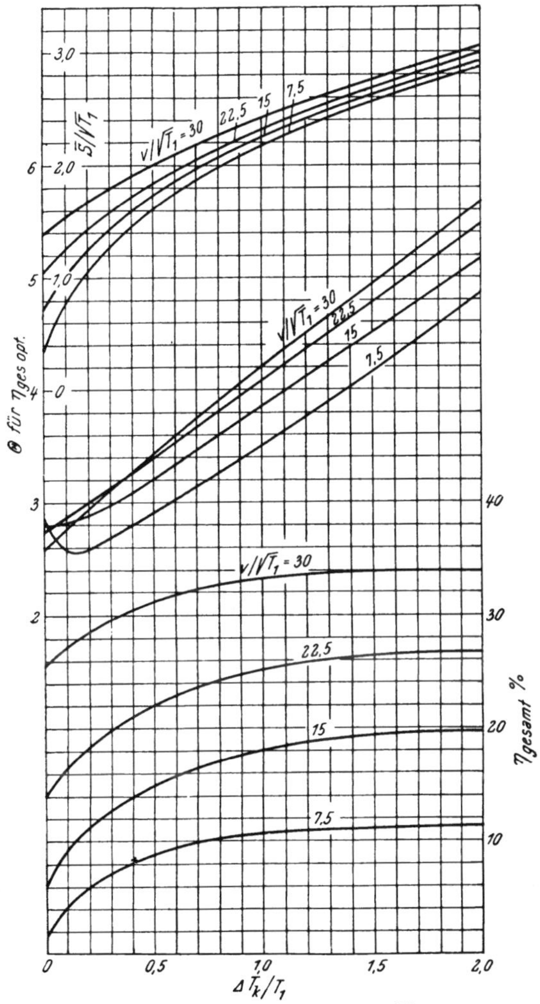

Abb. 36. θ für $\eta_{ges\ opt}$, η_{ges} bei θ_{opt} und $\bar{S}$ bei Werten von θ, die $\eta_{ges\ opt}$ ergeben

$\eta_{Stau} = 90\,\%$ $\eta_k = 85\,\%$
$\eta_{Exp} = 85\,\%$ $v = \mathrm{m/sek}$

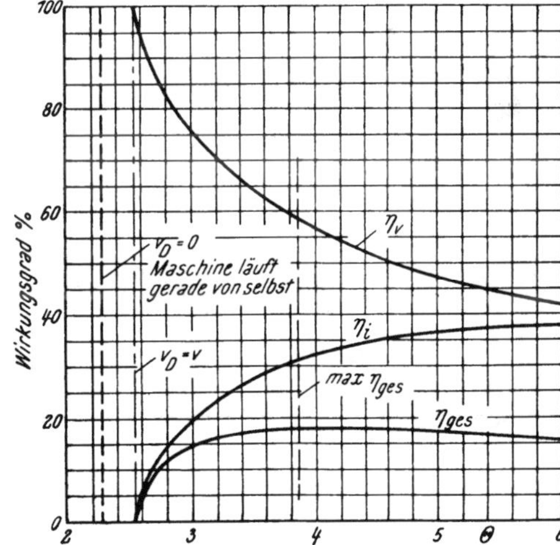

Abb. 37. Veränderung der Wirkungsgrade einer Strahlturbine mit θ

$\eta_{Stau} = 90\,\%$ $\Delta T_k / T_1 = 1{,}0$
$\eta_k = 85\,\%$ $v/\sqrt{T_1} = 15$
$\eta_{Exp} = 85\,\%$

stimmten $\frac{\Delta T_k}{T_1}$ nicht direkt die optimale Eintrittstemperatur bei bestimmten Werten von T_0 und ΔT_k anzeigt, da T_1 mit v steigt, so daß $\frac{\Delta T_k}{T_1}$ reduziert wird und T_3 stärker als θ anwächst. Die Werte von η_{ges} bei θ_{opt} sind ebenfalls in Abb. 36 dargestellt. Die Fluggeschwindigkeit hat einen wesentlichen Einfluß auf η_{ges}. Weiters sind die Werte für den spezifischen Schub bei θ_{opt} gezeigt. Der Schub ist mit $\bar{S}/\sqrt{T_1}$ angegeben. Die Schubsteigerung mit wachsendem $\frac{\Delta T_k}{T_1}$ kommt hauptsächlich infolge des Anstieges von T_3.

Den Einfluß einer Abweichung von der optimalen Eintrittstemperatur (angegeben als θ) bei konstanten übrigen Bedingungen $\left(v/\sqrt{T_1} = 15, \frac{\Delta T_k}{T_1} = 1\right)$ zeigt Abb. 37 und 38. Abb. 37 gibt die Verschiebung von η_{ges}, η_i und η_v mit θ bei sonst konstanten Bedingungen wieder. Abb. 38 zeigt den Anstieg des spezifischen Schubes mit der Temperatur. In beiden Abbildungen sind negative Werte von Wirkungsgrad und Schub unter einem Wert von $\theta \simeq 2{,}55$ zu sehen. Das heißt, daß das Triebwerk zwar noch läuft, der Schub aber in diesem Fall bereits ein Widerstand ist.

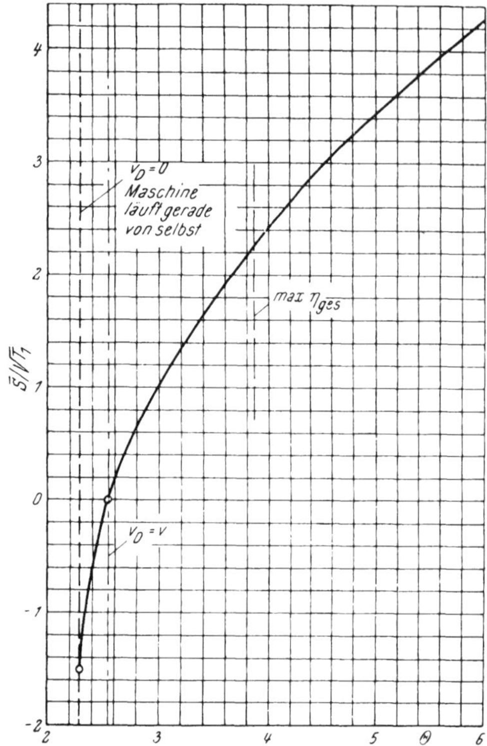

Abb. 38. Veränderung des Schubes einer Strahlturbine mit θ

$\eta_{Stau} = 90\%$ $\quad \Delta T_k/T_1 = 1{,}0$
$\eta_k = 85\%$ $\quad v/\sqrt{T_1} = 15$
$\eta_{Exp} = 85\%$

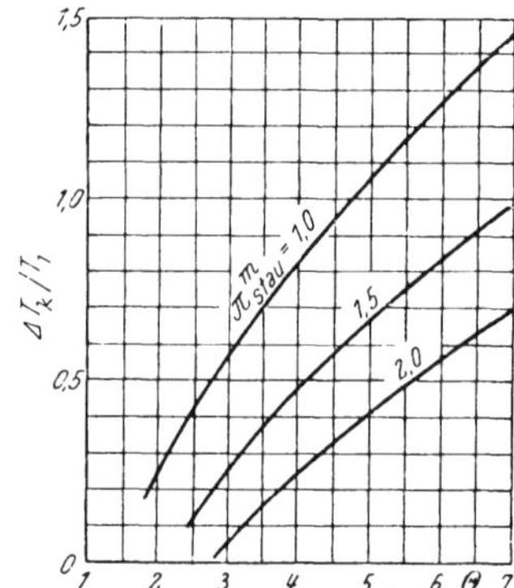

Abb. 39. $\Delta T_k/T_1$ für maximalen spezifischen Schub einer Strahlturbine

$\eta_k = 85\%$ $\quad \eta_{Exp} = 85\%$

14. Die optimale Temperaturdifferenz im Kompressor der Strahlturbine

Für jedes bestimmte θ und konstante Werte von Π_{Stau}, v, η_{Stau}, η_k und η_{Exp}, gibt es bestimmte Werte von ΔT_k, die maximalen Schub bzw. maximalen Gesamtwirkungsgrad ergeben. Diese beiden Werte sind verschieden aus demselben Grund, wie beim normalen Kreislauf $\Pi_{opt\,\eta}$ und $\Pi_{opt\,N}$ verschieden sind.

$\Delta T_k/T_1$ für maximalen Schub wird auf folgende Weise gewonnen:

$$\frac{\bar{S}}{\sqrt{T_1}} = \sqrt{\frac{2\,J\,c_p\,\Delta T_D}{g\,T_1}} - \frac{v}{g\sqrt{T_1}} \tag{92}$$

$$\frac{\bar{S}}{\sqrt{T_1}} = \sqrt{\frac{2\,J\,c_p}{g}\left[\eta_{Exp}\,\theta\,\frac{\left(1 - \frac{1}{\Pi^m_{Stau}}\right) + \eta_k\,\frac{\Delta T_k}{T_1}}{1 + \eta_k\,\frac{\Delta T_k}{T_1}} - \frac{\Delta T_k}{T_1}\right]} - \frac{v}{g\sqrt{T_1}}$$

Für optimalen spezifischen Schub muß

$$\frac{\partial \dfrac{\bar{S}}{\sqrt{T_1}}}{\partial \dfrac{\Delta T_k}{T_1}} = 0$$

das heißt

$$\eta_{Exp}\,\theta \left\{ \frac{\left(1 + \eta_k \dfrac{\Delta T_k}{T_1}\right)\eta_k - \left[\left(1 - \dfrac{1}{\Pi_{Stau}^m}\right) + \eta_k \dfrac{\Delta T_k}{T_1}\right]\eta_k}{\left(1 + \eta_k \dfrac{\Delta T_k}{T_1}\right)^2} \right\} - 1 = 0$$

$$\left(\frac{\Delta T_k}{T_1}\right)^2 + \frac{2}{\eta_k}\cdot\frac{\Delta T_k}{T_1} + \left[\left(\frac{1}{\eta_k}\right)^2 - \frac{\eta_{Exp}}{\Pi_{Stau}^m\,\eta_k}\cdot\theta\right] = 0$$

oder

$$\frac{\Delta T_k}{T_1} = \sqrt{\frac{\eta_{Exp}}{\eta_k\cdot\Pi_{Stau}^m}\cdot\theta} - \frac{1}{\eta_k} \qquad (93)$$

(wobei + vor der Wurzel das Maximum ergibt).

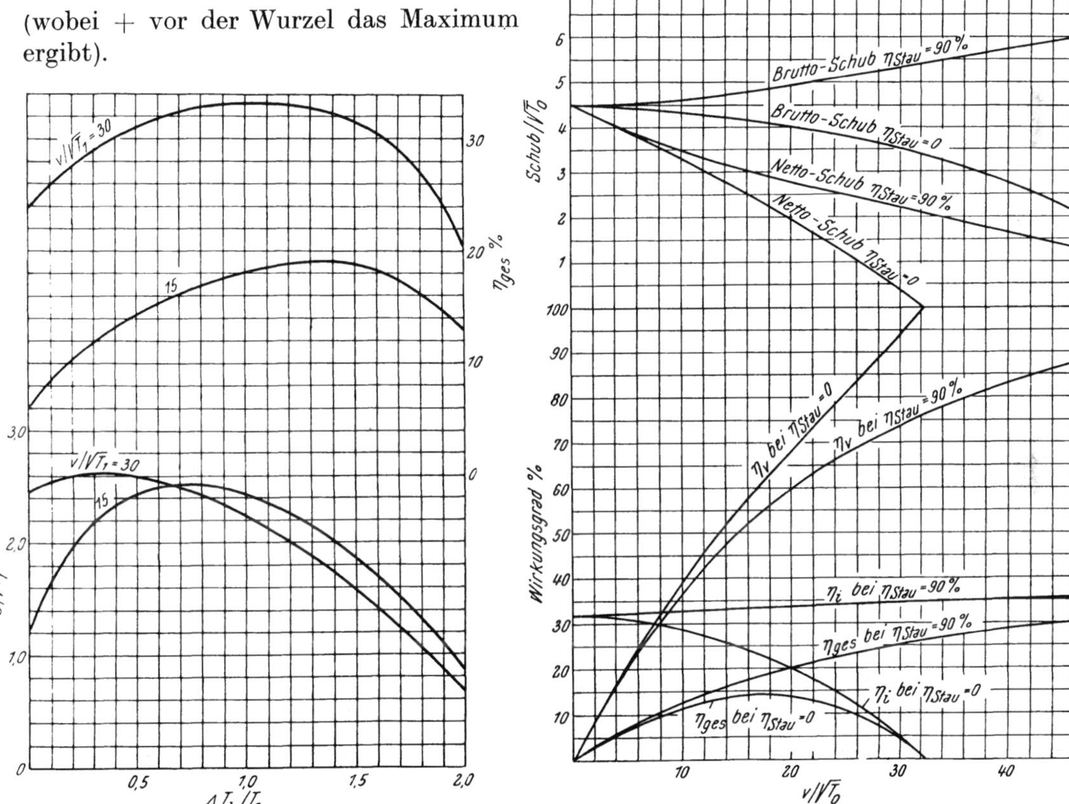

Abb. 40. Abhängigkeit von η_{ges} und $\bar{S}$ von $\Delta T_k/T_1$

$\eta_{Stau} = 90\%$ $\eta_{Exp} = 85\%$
$\eta_k = 85\%$ $\theta = 4$

Abb. 41. Abhängigkeit von Schub und Wirkungsgrad von der Geschwindigkeit

$\eta_k = 85\%$ $T_3/T_0 = 5$
$\eta_{Exp} = 85\%$ $\Delta T_k/T_0 = 1$

Einige typische Werte aus Gl. (93) sind in Abb. 39 gezeigt.

Der Ausdruck für $\dfrac{\Delta T_k}{T_1}$ für $\eta_{ges_{max}}$ ergibt eine sehr unübersichtliche Differentiation. Es wird daher auf eine Ableitung verzichtet. Der Wert von $\dfrac{\Delta T_k}{T_1}$ für *opt* η_{ges} ist immer wesentlich höher als der Wert für *opt* $\bar{S}$. Abb. 40 zeigt $\bar{S}/\sqrt{T_1}$ und η_{ges} in Abhängigkeit von $\frac{\Delta T_k}{T_1}$ für $v/\sqrt{T_1}=15$ und 30.

Man sieht aus diesen Kurven, daß eine Steigerung der Fluggeschwindigkeit *opt* ΔT_k sowohl für Schub als auch Wirkungsgrad herabsetzt. Damit wird bei sehr hohen Fluggeschwindigkeiten das Staustrahltriebwerk ohne Kompressor und Turbine in den Vordergrund rücken.

Schließlich soll noch die Abb. 41 den Einfluß der verschiedenen Variablen auf das Verhalten einer Strahlturbine zeigen. Das Diagramm läßt erkennen, wie der spezifische Schub (brutto und netto)[1], η_V, η_i und η_{ges} mit der Fluggeschwindigkeit bei bestimmten Werten von T_0, T_3 und ΔT_k variieren. Der Geschwindigkeits-Parameter ist in diesem Fall mit $v/\sqrt{T_0}$ anstatt $v/\sqrt{T_1}$ angegeben, um direkt den Einfluß der Fluggeschwindigkeit anzuzeigen. Die Werte T_3/T_0 und $\frac{\Delta T_k}{T_0}$ sind mit 5 bzw. 1 angenommen, was in großen Höhen rund $T_3=1100^\circ$ K und $\Delta T_k=220^\circ$ K bedeutet. η_{Stau}, η_k und η_{Exp} sind wieder wie früher angenommen.

Der spezifische Schub fällt beinahe linear mit steigender Geschwindigkeit. Der wirkliche Schub fällt natürlich nicht so rasch, er steigt im Gegenteil durch den steigenden Durchsatz bei hohen Geschwindigkeiten wieder an. Alle drei Wirkungsgrade nehmen mit steigender Fluggeschwindigkeit zu. Den Hauptanteil an η_{ges} hat allerdings η_V. Um noch den Einfluß von η_{Stau} zu zeigen, sind in der Abbildung auch die Werte für $\eta_{Stau}=0$ eingetragen. Damit fällt der Bruttoschub anstatt anzusteigen, und der Nettoschub geht auf Null zurück, in diesem Fall schon bei $v/\sqrt{T_0}=32{,}5$.

Der Vortriebswirkungsgrad ist bei $\eta_{Stau}=0$ höher infolge der kleineren Düsenaustrittsgeschwindigkeit. Er erreicht 100% bei der Geschwindigkeit, bei der der Nettoschub Null wird. Der innere Wirkungsgrad fällt rasch mit steigender Geschwindigkeit, und der Gesamtwirkungsgrad erreicht sein Optimum bei $v/\sqrt{T_0}=18$, um dann wieder zu fallen.

Der Wirkungsgrad der Stauaufladung ist daher bei der Strahlturbine von größtem Einfluß.

15. Der Prozeß des Freikolbengaserzeugers mit Turbine

a) Allgemeine Betrachtungen. Es wird hier eine vereinfachte Kreisprozeßdarstellung nach einer Arbeit von A. L. LONDON [*140, 141, 136*] wiedergegeben, die eine hinreichend genaue Darstellung der Verhältnisse gestattet.

Dabei wird nicht nur der einfache Kreisprozeß, sondern auch der mit Aufladung und Zwischenkühlung sowie der mit Zwischenerhitzung gezeigt.

Gute Teillastwirkungsgrade bei diesem Verfahren verlangen eine Turbine mit flachem Teillastwirkungsgradverlauf. Der Kreisprozeß mit Zwischenerhitzung zeigt hier besonders gutes Verhalten, dürfte aber eine Turbine mit verstellbaren Eintrittsleitschaufeln verlangen. Grundsätzlich stellt ein Freikolbengaserzeuger mit Turbine das Äquivalent zu einer Gasturbine mit getrennter Nutzleistungsturbine dar.

Die Diagramme der drei betrachteten Prozesse sind in Abb. 42 wiedergegeben. Abb. 42a zeigt den einfachen Kreislauf. Folgende Punkte müssen beachtet werden:

1. Die Leistung der Dieselmaschine wird zur Gänze vom Kompressor verbraucht

$$\left(\frac{L}{J}\right)_{Di}=\left(\frac{L}{J}\right)_k. \tag{94}$$

[1] Schub netto s. Gl. (74)

$$S_{netto}=\bar{S}=\sqrt{\frac{2Jc_p\Delta T_D}{g}}-\frac{v}{g}\quad [\mathrm{kp/kg}]$$

Schub brutto

$$S_{brutto}=\sqrt{\frac{2J\,c_p\Delta T_D}{g}}\quad [\mathrm{kp/kg}].$$

2. Die Nutzleistung wird nur von der Turbine abgegeben

$$\left(\frac{L}{J}\right)_{NL} = \left(\frac{L}{J}\right)_t . \tag{95}$$

Der aufgeladene zwischengekühlte Prozeß ist in Abb. 42b gezeigt. Er führt zu einer Verkleinerung der Kolbenmaschine, hat aber Nachteile, die noch später besprochen werden. Die Merkmale dieser Schaltung sind:

1. Die Leistung der Dieselmaschine wird zur Gänze vom Kolbenkompressor verbraucht wie beim einfachen Prozeß.

2. Die Nutzleistung ist kleiner, da die Turbine den Aufladekompressor treiben muß

$$\left(\frac{L}{J}\right)_{NL} = \left(\frac{L}{J}\right)_t - \left(\frac{L}{J}\right)_{Ak} . \tag{96}$$

Der Prozeß mit Zwischenerhitzung, Abb. 42c, bringt bei einer nur geringen Verschlechterung des Verbrauches eine sehr große Leistungszunahme. So wird z. B. bei einer Verschlechterung des Verbrauches um 10% bei einem Kompressordruckverhältnis von 6 eine Mehrleistung von 40% erzielt.

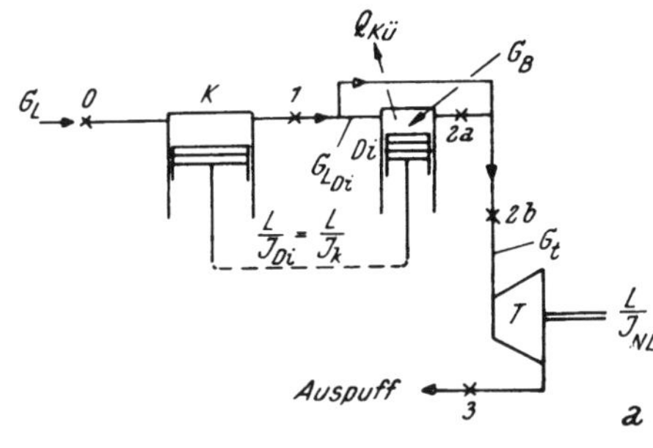

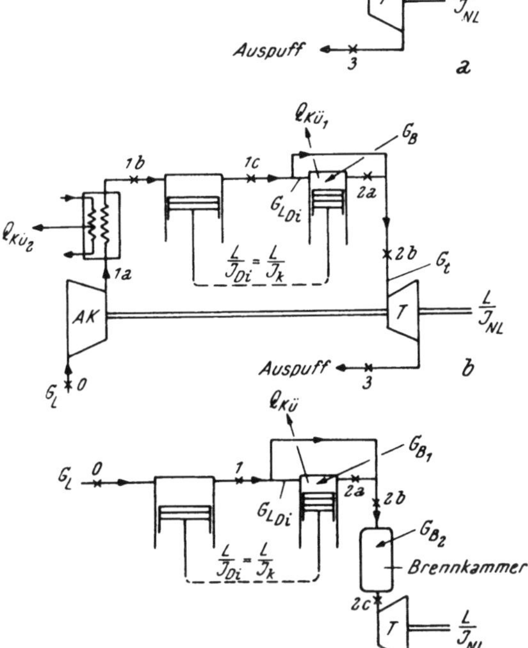

Abb. 42. Die Prozesse mit Freikolbengaserzeuger
a Einfacher Kreisprozeß
b Prozeß mit Aufladung und Zwischenkühlung
c Prozeß mit Zwischenerhitzung

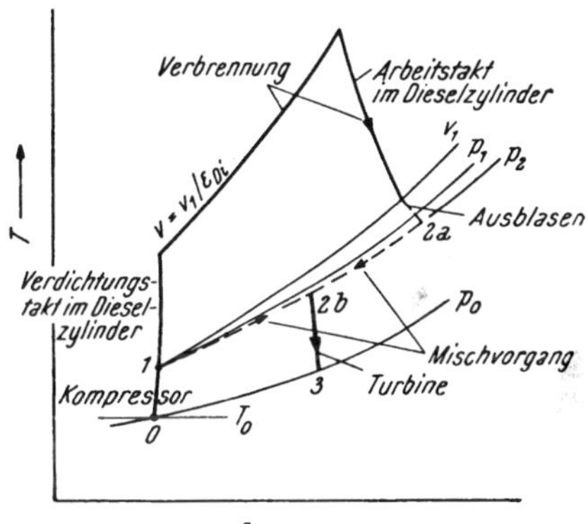

Abb. 43. Der einfache Prozeß des Freikolbengaserzeugers mit Turbine im T,s-Diagramm

Die Merkmale dieser Schaltung sind:

1. Die Leistung der Dieselmaschine wird wieder zur Gänze vom Kompressor aufgebraucht wie beim einfachen Prozeß.

2. Die Nutzleistung wird allein von der Turbine geliefert wie beim einfachen Prozeß.

3. Die Brennstoffmenge setzt sich zusammen aus der Brennstoffmenge für den Dieselmotor und der Brennstoffmenge für die Zwischenerhitzungsbrennkammer.

$$G_B = G_{B_1} + G_{B_2} . \tag{97}$$

b) Der einfache Kreisprozeß. Abb. 42a zeigt das System und Abb. 43 das T, s-Diagramm des idealisierten Prozesses. $\overline{0\,1}$ ist der adiabatische Kompressionsvorgang vom Umgebungszustand $p_0\, T_0$ auf $p_1\, T_1$. Das Kompressordruckverhältnis $\frac{p_1}{p_0} = \Pi_k$ und der Wirkungsgrad η_k. Druckverluste in den Kompressorventilen sind in η_k eingeschlossen.

$\overline{1\,2\text{a}}$ stellt den Dieselprozeß dar. Auf die adiabatische Verdichtung während des Verdichtungshubes folgt eine annähernd bei gleichem Volumen stattfindende Verbrennung mit Nachverbrennung während des Arbeitshubes. Nach Öffnen der Auspuffschlitze erfolgt das Ausblasen auf den Zustand 2a vor der Turbine. Für die Kreisprozeßrechnung erscheint es unnötig, den Dieselprozeß näher zu beleuchten. Statt dessen wird der Prozeß durch den thermischen Wirkungsgrad $\eta_{th_{Di}}$, einen Druckverlustfaktor $\frac{\Delta p}{p_1} = \varepsilon_{Di}$, der die Verluste in den Ein- und Auslaßschlitzen widerspiegelt, und einen Kühlwärmeverlustfaktor $q = \frac{Q_{Kü}}{G_B \cdot H_u}$ charakterisiert. Man muß beachten, daß nur die Luftmenge hier betrachtet wird, die am Verbrennungsprozeß teilnimmt. Die Überschußluftmenge $(G_B - G_{L_{Di}})$ umgeht den Dieselzylinder, wie in Abb. 42 angedeutet, bzw. dient als Spülluft und zur inneren Zylinderkühlung.

$\overline{2\text{a}\,2\text{b}}$ ist ein adiabatischer Mischprozeß bei konstantem Druck zwischen der Überschußluft vom Kompressor $(G_L - G_{L_{Di}})$ und den Auspuffgasen des Dieselzylinders $(G_{L_{Di}} + G_B)$.

$\overline{2\text{b}\,3}$ ist die Expansion in der Turbine von $p_{2b}\, T_{2b}$ auf p_0 mit einem adiabatischen Turbinenwirkungsgrad η_t.

Um die Kolbenreibung im Diesel- und Kompressorzylinder zu berücksichtigen, wird ein mechanischer Wirkungsgrad η_m eingeführt.

Es wird ideales Gas angenommen, doch wird mit einem mittleren c_p für den Freikolbengaserzeuger und einem mittleren c_{p_t} für die Turbine gerechnet. Analog wird $\varkappa - 1/\varkappa = m$ für den Treibgaserzeuger und m_t für die Turbine.

Die Kompressorleistung in kcal/h ergibt sich zu

$$\left(\frac{L}{J}\right)_k = G_L \frac{c_p T_o}{\eta_k} (\Pi_k^m - 1) = G_L \frac{c_p T_o}{\eta_k} (\varphi_k - 1) . \tag{98}$$

Die Dieselleistung in kcal/h erhält man mit

$$\left(\frac{L}{J}\right)_{Di} = G_B \cdot H_u \cdot \eta_{th_{Di}} \cdot \eta_m = G_{L_{Di}} \cdot \frac{G_B}{G_{L_{Di}}} \cdot H_u \cdot \eta_{th_{Di}} \cdot \eta_m . \tag{99}$$

Der thermische Wirkungsgrad kann als Funktion des volumetrischen Verdichtungsverhältnisses des Dieselzylinders ausgedrückt werden

$$\eta_{th_{Di}} = 1 - \frac{1}{\varepsilon^n} . \tag{100}$$

$n = 0{,}23$ kann als guter Näherungswert für Dieselmaschinen mit $G_{L_{Di}} / G_B$ größer als 25 : 1 genommen werden. Der Wert n ist aus Versuchsergebnissen gewonnen, wodurch hinreichend genaue Werte für $\eta_{th_{Di}}$ erreicht werden.

Das Verhältnis $G_L/G_{L_{Di}}$ erhält man durch Gleichsetzen der Gl. (98) und (99)

$$\frac{G_L}{G_{L_{Di}}} = \frac{\frac{G_B}{G_{L_{Di}}} \cdot H_u \cdot \eta_{th_{Di}} \cdot \eta_m \cdot \eta_k}{c_p \cdot T_o (\varphi_k - 1)} . \tag{101}$$

Aus der Gleichheit der zu- und abgeführten Wärmemenge pro Stunde erhält man die Gleichung

$$G_L \cdot i_o + G_B (H_u + i_B) = (G_L + G_B)\, i_{2b} + Q_{Kü} .$$

Nimmt man an, daß der Brennstoff mit T_o zugeführt wird, dann ist ein günstiges

Enthalpiedatum für H_u und h_{2b} mit $i_0 = 0$ gefunden. Setzt man noch $q = \frac{Q_{Kü}}{G_B \cdot H_u}$, dann erhält man

$$\frac{G_L}{G_{L_{Di}}} = \frac{\frac{G_B}{G_{L_{Di}}} \cdot H_u (1-q) - \frac{G_B}{G_{L_{Di}}} \cdot i_{2b}}{i_{2b}} . \tag{102}$$

Durch Gleichsetzen von Gl. (101) und (102) erhält man die Enthalpie am Turbineneintritt

$$i_{2b} = \frac{(1-q)}{\frac{1}{H_u} + \frac{\eta_{th_{Di}} \cdot \eta_m \cdot \eta_k}{c_p \cdot T_0 (\varphi_k - 1)}} . \tag{103}$$

Der erste Ausdruck im Nenner ist etwa 1 bis 3% der Größe des zweiten Ausdruckes. Infolgedessen kann ausgesagt werden, daß die Enthalpie am Turbineneintritt und damit die Temperatur T_{2b} unabhängig von H_u ist. Sie ist ebenso vom Luft-Brennstoffverhältnis unabhängig. Sie ist in erster Linie eine Funktion vom Druckverhältnis und Kühlverlust bei festgesetzten Wirkungsgraden. Nach Berechnung der Enthalpie aus Gl. (103) kann diese vom eben eingeführten T_0-Datum auf jedes andere umgerechnet werden, um unter Verwendung z. B. der Gas- und Lufttafeln [28] T_{2b} zu berechnen.

Die Nutzleistung, ausgedrückt durch die Turbinenleistung, in kcal/h erhält man mit

$$\left(\frac{L}{J}\right)_{NL} = \left(\frac{L}{J}\right)_t = G_t \cdot \eta_t \cdot c_{p_t} \cdot T_{2b} \left[1 - \frac{1}{[\Pi_k (1-\varepsilon_{Di})]^{m_t}}\right] =$$
$$= G_t \cdot \eta_t \cdot c_{p_t} \cdot T_{2b} \left(1 - \frac{1}{\varphi_t} \cdot \zeta\right) . \tag{104}$$

Das Verhältnis der Durchsatzmenge von Kompressor und Turbine beträgt

$$\frac{G_t}{G_L} = 1 + \frac{G_B}{G_{L_{Di}}} \Big/ \frac{G_L}{G_{L_{Di}}} . \tag{105}$$

Der spezifische Luftverbrauch l in kg/PSh ergibt sich dann aus Gl. (104) mittels Division durch G_L und Verwandlung in PSh (1 kcal/h = 5,7/3600 PS)

$$l = \frac{632 \Big/ \left(1 + \frac{G_B}{G_{L_{Di}}} \Big/ \frac{G_L}{G_{L_{Di}}}\right)}{\eta_t \cdot c_{p_t} \cdot T_{2b} \left(1 - \frac{1}{\varphi_t} \zeta\right)} . \tag{106}$$

Da man die Brennstoffmenge durch

$$G_B = \left(\frac{G_B}{G_{L_{Di}}} \Big/ \frac{G_L}{G_{L_{Di}}}\right) G_L \tag{107}$$

ausdrücken kann, ergibt sich der spezifische Brennstoffverbrauch b in g/PSh $= l \cdot 1000 \cdot \frac{G_B}{G_L}$ aus Gl. (106) zu

$$b = \frac{632 \Big/ \left(\frac{G_L}{G_{L_{Di}}} \Big/ \frac{G_B}{G_{L_{Di}}} + 1\right)}{\eta_t \cdot c_{p_t} \cdot T_{2b} \left(1 - \frac{1}{\varphi_t} \zeta\right)} . \tag{108}$$

Durch Einführung einiger Vereinfachungen kann man folgende Formel für den spezifischen Brennstoffverbrauch herausarbeiten

$$b \cong \frac{632}{H_u} \cdot \frac{\Pi^m - 1}{1 - \frac{1}{[\Pi_k (1-\varepsilon_{Di})]^{m_t}}} \cdot \frac{1}{\eta_t \left[\eta_{th_{Di}} \cdot \eta_m \cdot \eta_k + (1-2)(\Pi_k{}^m - 1)\right]} . \tag{109}$$

Die sich daraus ergebende Vereinfachung erlaubt eine Berechnung von b direkt aus dem Druckverhältnis und aus festliegenden Wirkungsgraden. Die Vereinfachungen waren: konstante spezifische Wärme über dem ganzen Temperaturbereich und Vernachlässigung des Brennstoffgewichtes, so daß $G_t/G_B \sim G_L/G_B$. Diese einfachere Formel wird später nur für die Erklärung verschiedener Zusammenhänge verwendet.

Zur Ermittlung des Zylinderinhaltes für Kompressor und Diesel und für Verbrennungsprobleme braucht man noch die Temperatur und die Wichte der Ladeluft. Die Temperatur ergibt sich aus Gl. (98) zu

$$\frac{T_1}{T_0} = 1 + \frac{\Pi_k^m - 1}{\eta_k} \tag{110}$$

und die Wichte

$$\frac{\gamma_1}{\gamma_0} = \Pi_k \Big/ \frac{T_1}{T_0}. \tag{111}$$

Die Gleichung für den mittleren indizierten Druck wird durch Ausdrücken der Dieselleistung durch den mittleren Druck und η_m und Gleichsetzen mit der Kompressorleistung in Übereinstimmung mit Gl. (94) gewonnen.

$$p_m = \frac{\gamma_0 \cdot c_p \cdot T_0}{\eta_m \cdot \eta_k} \cdot \frac{\gamma_1}{\gamma_0} \cdot \frac{G_L}{G_{L_{Di}}} (\varphi_k - 1).$$

Setzt man nun $p_0/R = \gamma_0 T_0$ und $\frac{\varkappa}{\varkappa - 1} = \frac{c_p}{R}$, dann erhält man

$$\frac{p_m}{p_0} = \frac{1}{\eta_m \cdot \eta_k} \cdot \frac{\varkappa}{\varkappa - 1} \cdot \frac{\gamma_1}{\gamma_0} \cdot \frac{G_L}{G_{L_{Di}}} \cdot (\varphi_k - 1). \tag{112}$$

Der mittlere Druck wird zur Abschätzung des Verbrennungsprozesses gebraucht. Nachdem aber arme Gemische im Freikolbenverdichter verwendet werden und keine Lager vorhanden sind, muß man bei der Übernahme von Ziffern normaler Dieselmaschinen vorsichtig sein, da beim Freikolbengaserzeuger die Verhältnisse günstiger liegen.

Bei der Abschätzung des Kreisprozesses wird nun folgendermaßen vorgegangen:

1. Annahme bestimmter Werte für η_k, η_t, q, $G_B/G_{L_{Di}}$, H_u, ε_{Di} und ε.
2. Berechnung von $\eta_{th_{Di}}$ aus Gl. (100).
3. Annahme geeigneter Mittelwerte für c_p und m bzw. c_{p_t} und m_t unter Beachtung, daß die Gleichung

$$\frac{\varkappa - 1}{\varkappa} = m = \frac{R}{c_p} \text{ oder}$$

$$\varkappa = 1 \Big/ \left(1 - \frac{R}{c_p}\right)$$

erfüllt sein muß.

4. Berechnung von $G_L/G_{L_{Di}}$ als Funktion von Π_k aus Gl. (101).
5. Berechnung von i_{2b} aus Gl. (103) und von T_{2b} aus Gas- und Lufttafeln [28].
6. Bestimmung von l aus Gl. (106).
7. Bestimmung von b aus Gl. (108).
8. Berechnung des Spülluftverhältnisses aus Gl. (110) und (111).

Aus der Betrachtung der Gl. (101), (103), (106) und (108) können einige interessante Schlüsse gezogen werden:

1. Aus Gl. (101) ersieht man, daß $G_L/G_{L_{Di}}$ direkt proportional dem Brennstoff-Luftverhältnis $G_B/G_{L_{Di}}$ und dem Wirkungsgradprodukt $(\eta_{th_{Di}}\, \eta_k\, \eta_m)$ ist.

2. Die Enthalpie der Turbineneintrittsgase ist laut Gl. (103) direkt proportional $1 - q$ und umgekehrt proportional dem Wirkungsgradprodukt. Mehr Kühlung bedeutet also tiefere Turbineneintrittstemperatur, kleinere Wirkungsgrade höhere. Es wurde schon betont, daß die Eintrittstemperatur unabhängig vom Luft-Brennstoffverhältnis und von H_u ist. Für bestimmte Wirkungsgrade und Wärmeabfuhr durch Kühlung hängt sie nur von Π_k ab.

3. Aus der Näherungsgleichung (109) erkennt man, daß für ein bestimmtes Druckverhältnis und H_u

$$b \text{ prop } \frac{1}{\eta_t} \cdot \frac{1}{(\eta_{th_{Di}} \cdot \eta_k \cdot \eta_m + K)}, \qquad (113)$$

wobei die beiden Werte in der Klammer von ungefähr der gleichen Größenordnung sind. Daraus folgt, daß eine Verminderung des Wirkungsgradproduktes um 1% etwa 0,5% Verschlechterung des spezifischen Brennstoffverbrauches bringt, während dieselbe Verminderung des Turbinenwirkungsgrades auch den spezifischen Brennstoffverbrauch um 1% herabsetzt. Für den Wirkungsgrad des Systems ist es von größter Bedeutung, alle drei Wirkungsgrade ($\eta_{th_{Di}}$ η_k η_m) zu verbessern, da sie in Produktform vorkommen.

4. Da $l = b \cdot G_L/G_B = b\, G_L/G_{L_{Di}} \cdot G_{L_{Di}}/G_B$ und da, wie schon gesagt, $G_L/G_{L_{Di}}$ direkt proportional dem Wirkungsgradprodukt ist [Gl. (101)], folgt aus Gl. (113)

$$l \text{ prop } \frac{1}{\eta_t} \frac{1}{\left(1 + \frac{K}{(\eta_{th_{Di}} \cdot \eta_k \cdot \eta_m)}\right)} \qquad (114)$$

d. h., daß Verluste innerhalb des Treibgaserzeugers erstaunlicherweise eine Verbesserung von l hervorrufen, natürlich aber auf Kosten einer Verschlechterung des spezifischen Brennstoffverbrauches.

Es wurde für die Druckverhältnisse von 2 bis 12 mit folgenden Werten eine Kreisprozeßanalyse durchgeführt:

$H_u = 10174$ kcal/kg
$p_0 = 1$ ata
$T_0 = 21°$ C
$\eta_k = 80\%$
$\eta_m = 90\%$
$\eta_{th_{Di}} = 41{,}1\%$ ($\varepsilon = 10:1$, $n = 0{,}23$)
$G_L/G_{L_{Di}} = 30:1$
$q = 0{,}20$
$\varepsilon_{Di} = 10\%$
$\eta_t = 80\%$
$c_{p_k} = 0{,}243$ $\varkappa = 1{,}393$
$c_{p_t} = 0{,}255$ $\varkappa = 1{,}366$

Abb. 44 und 45 zeigen die Resultate. Die von ausgeführten Maschinen eingetragenen Werte lassen eine gute Übereinstimmung erkennen. Der Brennstoffverbrauch ab $\Pi_k = 4$ ist gleich dem einer Dieselmaschine. Die Turbineneintrittstemperatur liegt sehr niedrig. Der spezifische Luftverbrauch ist etwa doppelt so groß wie beim Diesel, aber nur etwa halb so groß wie der einer zwischengekühlten normalen Gasturbine. Genügend Spülluft steht bei Druckverhältnissen unter 10 zur Verfügung, so daß eine ausreichende Kühlung gegeben ist. Bei Druckverhältnissen über 5 steigt die Temperatur der Spülluft über 230° C und die Wichte auf über die 3fache der Umgebungsluft, wodurch das Problem der Zylinderschmierung erschwert wird.

Die Kurven $\frac{\gamma_1}{\gamma_0}$ und $G_L/G_{L_{Di}}$ können zur Abschätzung der Hubvolumina von Kompressor- und Dieselzylinder herangezogen werden. Für $\Pi_k = 6$ und einen volumetrischen Kompressorwirkungsgrad von 70% ergibt sich z. B.

$$\frac{V_k}{\text{effektiv } V_{Di}} = \frac{\gamma_1}{\gamma_0} \cdot \frac{G_L}{G_{L_{Di}}} \cdot \frac{1}{0{,}7} = \frac{3{,}29 \cdot 2{,}13}{0{,}70} = 10\,.$$

Nimmt man nun an, daß der effektive Hub des Diesels infolge der Spül- und Auspuffschlitze nur 75% des totalen Hubes des Kompressors beträgt, dann ergeben sich die relativen Bohrungsdurchmesser von Diesel- und Kompressorzylinder mit

$$\sqrt{10 \times 0{,}75} = 2{,}74\,.$$

Das sind natürlich nur Schätzwerte, die man aus so einer thermodynamischen Kreisprozeßrechnung gewinnen kann. Für genauere Analysen muß Punkt für Punkt eine dynamische und thermodynamische Berechnung durchgeführt werden, um die Hubzahl/min und alle anderen Daten exakt festlegen zu können.

Tab. 7 zeigt die genauen Werte der Kreisprozeßrechnung. Man erkennt, daß z. B. bei $\Pi_k = 6$ ein p_m von 23,5 kg/cm² bei $G_{L_{Di}}/G_B = 30$ herauskommt. Gl. (102) und (112) zeigen, daß p_m umgekehrt proportional $G_{L_{Di}}/G_B$ ist. Das heißt also bei $G_{L_{Di}}/G_B = 40$ würde p_m auf 17,6 kg/cm² absinken. Interessant ist, daß dies keinen Einfluß auf den Wirkungsgrad hat, sondern nur eine Verminderung der Brennraumbelastung bringt. Allerdings wird der Dieselzylinder im Vergleich zum Kompressorzylinder größer, doch hat dies keinen Einfluß auf die Gesamtabmessungen, da diese durch den Kompressorzylinder bestimmt werden.

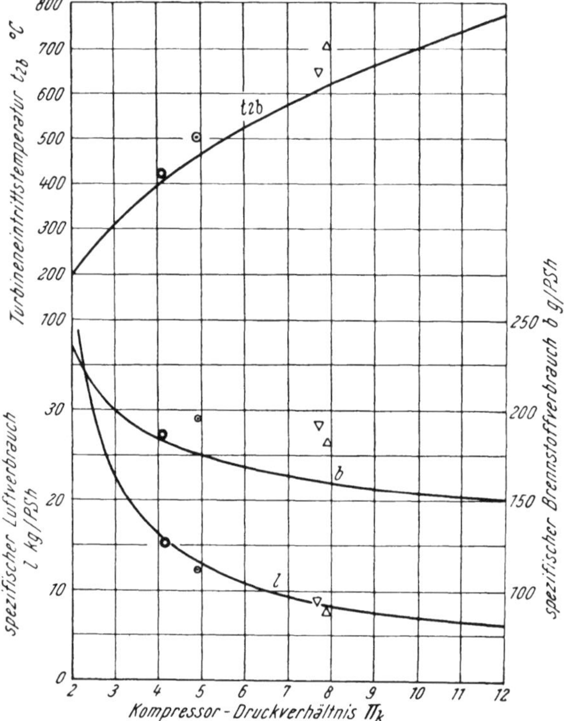

Abb. 44. Einfacher Kreislauf nach Abb. 42a. Punkte ausgeführter Maschinen sind eingetragen

- ○ GS 34 SEME-SIGMA, 1948
- ○ GS 34 Kraftstation Cherbourg
- ▽ Baldwin Lima Hamilton, Modell B
- △ Baldwin Lima Hamilton, Modell A

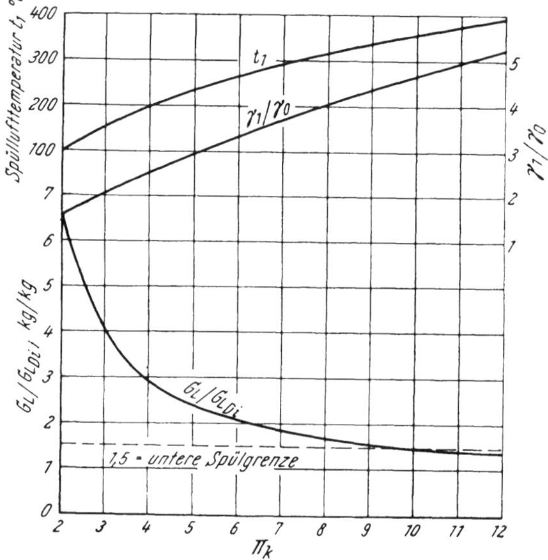

Abb. 45. Einfacher Kreislauf nach Abb. 42a. Spüllufttemperatur, Wichteverhältnis und Spülluftverhältnis in Abhängigkeit vom Kompressordruckverhältnis

Alle diese Ergebnisse wurden unter Zugrundelegung der angenommenen Rechenwerte erhalten. Es ist nun von Interesse, noch den Einfluß von $G_L/G_{L_{Di}}$, ε, η_k und η_m, ε_{Di} und q zu studieren.

Tabelle 7. *Einfacher Prozeß nach Abb. 42a*

Kompressor-Druckverhältnis Π_k	2	4	6	8	10	12
Spezifischer Brennstoffverbrauch b g/PSh	237	184	168	160	154,5	151
Spezifischer Luftverbrauch l kg/PSh	46	16,15	10,8	8,4	7,1	6,26
Turbineneintrittstemperatur t_{2b} °C	193	391	522	620	701	771
Verhältnis der Luftmengen im Kompressor- und Dieselzylinder $G_L/G_{L_{Di}}$	6,48	2,93	2,13	1,76	1,53	1,38
Wichteverhältnis Spülluft zu Umgebungsluft γ_1/γ_0	1,575	2,50	3,29	4,01	4,67	5,28
Temperatur der Spülluft °C	100	198	263	315	353	392
Mittlerer Druck p_m kg/cm²	11,25	17,9	23,5	28,6	33,3	37,7

Tabelle 8. *Prozeß mit Aufladung und Zwischenkühlung nach Abb. 42b*

a) $\Pi_i = \sqrt{\Pi_k}$

Kompressor-Druckverhältnis gesamt Π_k	2	4	6	8	10	12
Spezifischer Brennstoffverbrauch b g/PSh	758	390	332	304	290	281
Spezifischer Luftverbrauch l kg/PSh	312	76	48,5	37,7	31,8	28
Turbineneintrittstemperatur t_{2b} °C	103	193	248	288	321	348
Verhältnis der Luftmengen im Kompressor- und Dieselzylinder $G_L/G_{L_{Di}}$	13,7	6,49	4,89	4,12	3,66	3,35
Wichteverhältnis Spülluft zu Umgebungsluft γ_{1c}/γ_0	1,77	3,15	4,44	5,60	6,76	7,88
Spüllufttemperatur °C	59	100	124	147	162	170
Wichteverhältnis der Luft am Kolbenkompressoreintritt zur Umgebungsluft γ_{1b}/γ_0	1,414	2,0	2,45	2,83	3,16	3,46
Verhältnis der Kolbenkompressorhubvolumina des aufgeladenen zum einfachen Prozeß	4,94	2,34	1,833	1,587	1,420	1,396
Verhältnis der Dieselzylinderhubvolumina des aufgeladenen zum einfachen Prozeß	2,86	1,69	1,44	1,39	1,30	1,24

b) $\Pi_i = 1{,}7$ konstant

Kompressor-Druckverhältnis gesamt Π_k	2,89	4	6	8	10	12
Spezifischer Brennstoffverbrauch b g/PSh	449	256	199	179	169	167
Spezifischer Luftverbrauch l kg/PSh	112,5	38,2	18,7	13,2	10,55	9,15
Turbineneintrittstemperatur t_{2b} °C	166	259	380	472	549	595
Verhältnis der Luftmengen im Kompressor- und Dieselzylinder $G_L/G_{L_{Di}}$	8,34	4,95	3,15	2,46	2,08	1,83
Wichteverhältnis Spülluft zu Umgebungsluft γ_{1c}/γ_0	2,31	2,87	3,76	4,56	5,31	6,01
Spüllufttemperatur °C	95	138	196	243	282	315
Wichteverhältnis der Luft am Kolbenkompressoreintritt zur Umgebungsluft γ_{1b}/γ_0	1,632	1,632	1,632	1,632	1,632	1,632
Verhältnis der Kolbenkompressorhubvolumina des aufgeladenen zum einfachen Prozeß	1,50	1,45	1,07	0,965	0,915	0,90
Verhältnis der Dieselzylinderhubvolumina des aufgeladenen zum einfachen Prozeß	1,31	1,22	1,03	0,989	0,969	0,970

Tabelle 9. *Prozeß mit Zwischenerhitzung nach Abb. 42c*

Kompressor-Druckverhältnis Π_k	2	4	6	8	10	12
Spezifischer Brennstoffverbrauch b g/PSh	420	224	184	168	158	151
Spezifischer Luftverbrauch l kg/PSh	18,9	9,5	7,55	6,7	6,2	5,85
Turbineneintrittstemperatur t_{2c} °C	838	838	838	838	838	838
Verhältnis der Luftmengen im Kompressor- und Dieselzylinder $G_L/G_{L_{Di}}$	6,48	2,93	2,13	1,76	1,53	1,38
Wichteverhältnis Spülluft zu Umgebungsluft γ_1/γ_0	1,575	2,50	3,29	4,01	4.67	5,28
Temperatur der Spülluft °C	100	198	263	315	353	392
Leistungssteigerung im Verhältnis zum einfachen Prozeß %	141	68,5	41,3	25,0	12,4	7,0

Aus Gl. (101) ersieht man, daß $G_L/G_{L_{Di}}$ direkt proportional $G_B/G_{L_{Di}}$ ist. Das heißt ein Arbeiten mit armen Gemischen ist nur bei kleinen Druckverhältnissen möglich, da die untere Spülgrenze bei $G_L/G_{L_{Di}} > 1{,}5$ erreicht ist, Abb. 46. Setzt man also die Brennraumbelastung durch eine Senkung von p_m herab, was durch größeren Luftüberschuß (Vergrößerung von $G_{L_{Di}}/G_B$) möglich ist, dann sinkt das Druckverhältnis auch ab. Keiner der anderen Werte, außer $G_L/G_{L_{Di}}$, wird dabei beeinträchtigt.

Um den Einfluß des Verdichtungsverhältnisses ε zu studieren, wurde $\eta_{th_{Di}}$ für $\varepsilon = 6$ und 15 zusätzlich gerechnet.

ε	6	10	15
$\eta_{th_{Di}}$	0,337	0,411	0,463
Relativer Wert zu $\varepsilon = 10$	0,82	1,00	1,13

Abb. 47 zeigt die prozentuale Veränderung von b, l, $G_L/G_{L_{Di}}$ und T_{2b} mit ε, wobei η_k und η_m mit 0,8 und 0,9 konstant bleiben. Während sich der spezifische Brennstoffverbrauch nur verhältnismäßig wenig ändert, steigt mit sinkendem ε die Turbineneintrittstemperatur stark an.

Abb. 48 zeigt den Einfluß des Druckverlustes in den Ein- und Auslaßschlitzen der Maschine. Es wird $\varepsilon_{Di} = 20\%$ und 0% im Vergleich zu den angesetzten 10% gezeigt. Druckverluste in den Kompressorventilen sind bereits im η_k enthalten. Von ε_{Di} wird nur der spezifische Brennstoffverbrauch und der spezifische Luftverbrauch beeinflußt. T_{2b} und $G_L/G_{L_{Di}}$ wird davon nicht berührt. Der Einfluß von ε_{Di} ist besonders bei kleinen Druckverhältnissen, d. h. also im Teillastbereich, groß.

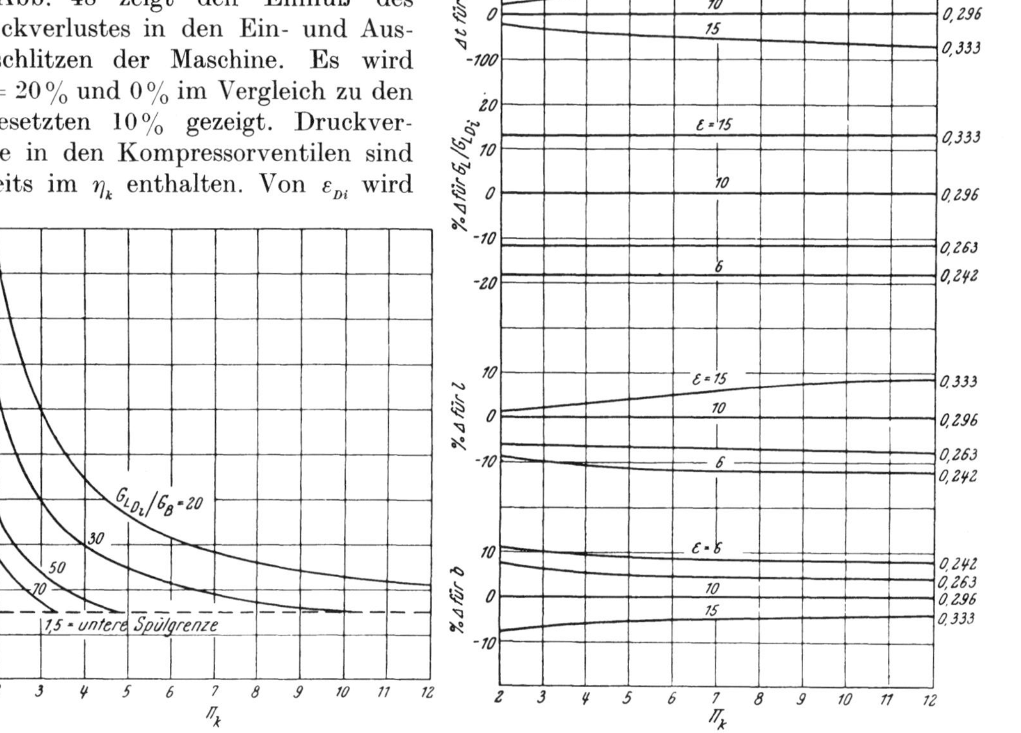

Abb. 46. Einfluß von $G_{L_{Di}}/G_B$

Abb. 47. Einfluß des Verdichtungsverhältnisses ε und des Wirkungsgradproduktes auf spezifischen Brennstoffverbrauch, spezifischen Luftverbrauch, $G_L/G_{L_{Di}}$ und Turbineneintrittstemperatur

Der Kühlwärmeverlustfaktor q hat, wie Abb. 49 zeigt, einen bedeutenden Einfluß auf b, l und T_{2b}. Man kann daraus auch schon Rückschlüsse auf den Einfluß der Zwischenkühlung ziehen.

c) Der aufgeladene, zwischengekühlte Prozeß. Der Prozeß in Abb. 42b bringt bei guter Auslegung eine Verkleinerung der Kompressorabmessungen des Freikolbengaserzeugers. Die Kreisprozeßrechnung ist ähnlich der beim einfachen Kreislauf, der Hauptunterschied wurde in Gl. (96) dargestellt.

Die Annahmen sind die gleichen wie beim einfachen Kreislauf mit folgenden Ausnahmen: Der Wirkungsgrad des Laders ist 80%, Zwischenkühlung ohne Druckverlust auf $T_{1b} = 21°$ C. Für den Lader wurde als Druckverhältnis $\Pi_l = \sqrt{\Pi_k}$ und $\Pi_l = 1{,}7$

konstant angenommen. Die Resultate gibt Tab. 8 und Abb. 50 wieder. Zum Vergleich sind die Werte für den einfachen Kreislauf ebenfalls angegeben. Man sieht, daß mit steigendem Laderdruckverhältnis der spezifische Brennstoffverbrauch und der spezifische Luftverbrauch stark ansteigen, während die Turbineneintrittstemperatur stark fällt. Dieses Resultat war bereits aus dem Einfluß von q nach Abb. 49 zu erwarten.

Die Verkleinerung des Kolbenkompressors tritt bei kleinen Druckverhältnissen auch tatsächlich ein, wie Tab. 8 zeigt. Die relativen Kompressorabmessungen gehen aus dem Verhältnis

$$\frac{l \Big/ \frac{\gamma_{1b}}{\gamma_0} \text{ (aufgel. Prozeß)}}{l \text{ (einf. Prozeß)}} \qquad (115)$$

hervor.

Ein weiterer Vorteil ist die niedrigere Turbineneintrittstemperatur und die kühlere Spülluft.

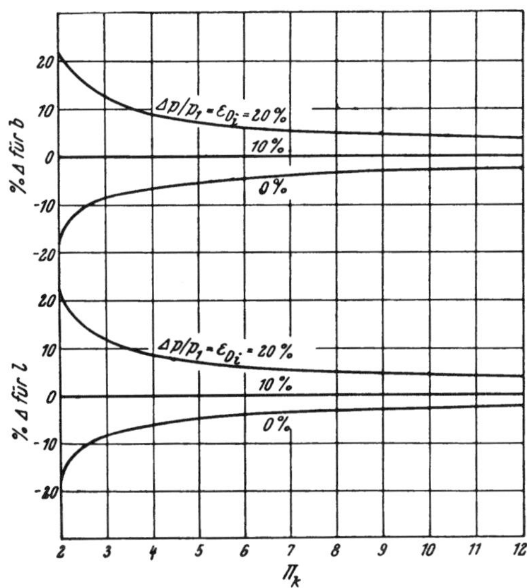

Abb. 48. Einfluß des Druckverlustes in den Steuerschlitzen

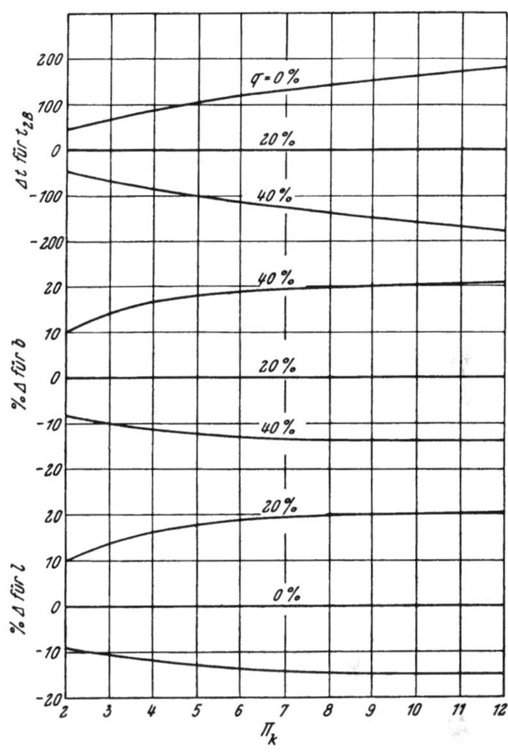

Abb. 49. Einfluß der durch Kühlung abgeführten Wärme (Kühlwärmeverlustfaktor q) auf spezifischen Brennstoffverbrauch, spezifischen Luftverbrauch und Turbineneintrittstemperatur

Der Grund des schlechteren Wirkungsgrades bei hoher Aufladung ist darin zu suchen, daß durch die Wegnahme eines Teiles der Verdichtungsarbeit vom Kompressorzylinder des Freikolbengaserzeugers ein Leistungsausgleich in der Kolbenmaschine nur dadurch gefunden wird, daß eine größere Luftmenge verdichtet wird, d. h. also, daß $G_L/G_{L_{Di}}$ vergrößert wird. Dies hat eine größere Verdünnung der Dieselauspuffgase zur Folge, was wieder die Irreversibilität des Mischprozesses vergrößert. Damit steht eine geringere Expansionsarbeit pro kg Durchsatz an der Turbine zur Verfügung, deren Leistung noch durch den Lader zusätzlich verringert wird. Dem steht entgegen der größere Durchsatz pro kg Brennstoff, doch wird trotzdem der spezifische Brennstoffverbrauch schlechter.

d) Der Prozeß mit Zwischenerhitzung. Dieser Prozeß, Abb. 42c, bringt durch den zusätzlichen Aufwand einer Brennkammer vergrößerte Leistung, braucht aber eine Turbine, die höhere Temperaturen aushält, die aber auch ein viel stärker veränderliches Schluckvermögen, also am besten verstellbare Eintrittsleitschaufeln, aufweisen muß.

Die Kreisprozeßrechnung ist bis Punkt 2b, Abb. 42, gleich der des einfachen Prozesses. Bei der Berechnung muß die Zusatzbrennstoffmenge G_{B_2} zur Erhitzung der Treibgase auf eine bestimmte Temperatur T_{2c} mit in Betracht gezogen werden.

Die Annahmen sind wieder die gleichen wie beim einfachen Prozeß. Es kommt lediglich noch hinzu, daß die Zwischenerhitzung auf $T_{2c} = 838°$ C konstant erfolgt, daß η_B (Brennkammerwirkungsgrad) mit 100% angenommen ist und daß diese Brennkammer keinen Druckverlust hat. Dieser letzte Effekt könnte in ε_{Di} eingeschlossen werden.

Die Resultate sind in Tab. 9 und Abb. 51 enthalten. Bei einem Druckverhältnis größer als 6 ist der spezifische Verbrauch bereits sehr nahe dem des einfachen Prozesses. Der spezifische Luftverbrauch ist beträchtlich besser und dadurch die Leistungsverbesserung, ausgedrückt durch $l_{einf.\,Prozeß}/l_{Zwischenerh.\,Prozeß}$, erheblich, s. Tab. 9.

Die Nachteile dieses Kreislaufes sind die hohen Turbineneintrittstemperaturen und die Notwendigkeit eines verstellbaren Leitapparates in der Turbine.

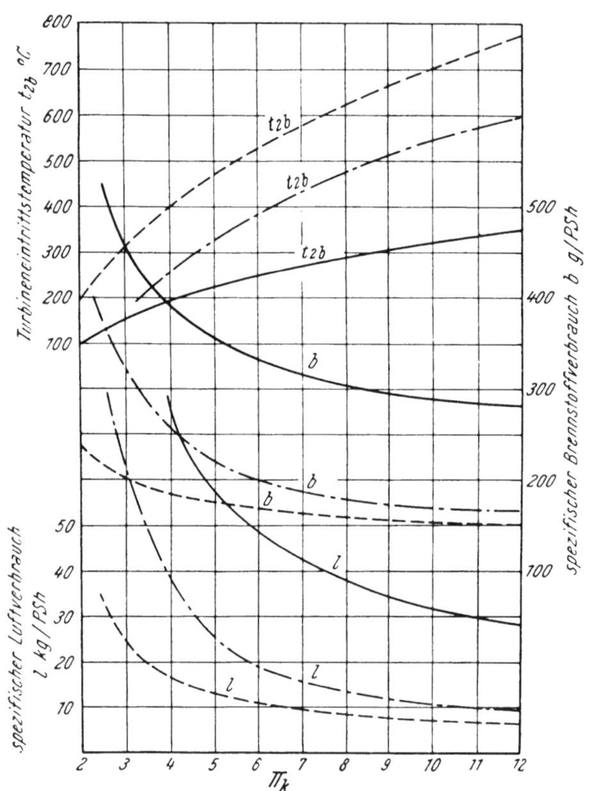

Abb. 50. Der aufgeladene und zwischengekühlte Prozeß

——— $\Pi_t = \sqrt{\Pi_k}$
—·—·— $\Pi_t = 1.7$ konst.
– – – – Einfacher Prozeß

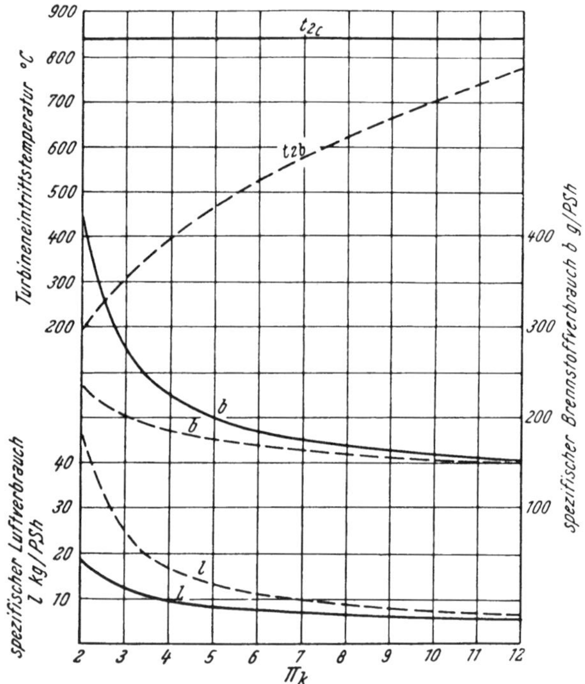

Abb. 51. Der Prozeß mit Zwischenerhitzung

——— Prozeß mit Zwischenerhitzung
– – – – Einfacher Prozeß

e) Das Teillastverhalten. Am Schluß sei noch kurz das Teillastverhalten gestreift. Für die Berechnung der b-Kurven in Abb. 52 gelten folgende Annahmen: $\Pi_k = 6$ für einfachen Kreislauf bei Vollast. Turbine mit feststehendem Eintrittsleitapparat mit folgendem η_t-Verlauf

% Last	100	75	50	25	0
η_t %	80	79	75	67	0

Der einfache Kreislauf ergibt etwas schlechtere Resultate als der Dieselmotor. Die Turbinenwerte sind etwas pessimistisch, auf der anderen Seite bleibt aber q und das Wirkungsgradprodukt nicht wie angenommen konstant.

Beim Prozeß mit Zwischenerhitzung wurde η_t konstant angenommen. Mit der Bedingung $\Pi_k = 6$ konstant für eine Turbine mit verstellbarem Leitapparat zusätzlich zu η_t konstant resultiert ein sehr guter Teillastverbrauch.

Würde man beim einfachen Prozeß ebenfalls mit einer solchen Turbine arbeiten, dann könnte Π_k bis zum Erreichen der unteren Spülgrenze konstant bleiben, wodurch auch hier ein weitaus besseres Teillastverhalten erreicht werden könnte, falls nicht η_t zu rasch absinkt.

16. Spezifische Wärme und Enthalpie der Luft

Die vorausgegangenen theoretischen Betrachtungen gelten nur für ideales Gas, setzen also eine konstante spezifische Wärme voraus. In Wirklichkeit ändert sich diese aber mit der Temperatur, da Luft bzw. Verbrennungsgas mit hohem Luftüberschuß λ als umlaufendes Medium dient. Außerdem geht durch die Turbine infolge der eingespritzten Brennstoffmenge ein größeres Gasgewicht als durch den Kompressor, was ebenfalls in den vorliegenden Gleichungen unberücksichtigt blieb. Es wäre also das veränderliche c_p für Luft und Verbrennungsgase mit hohem Luftüberschuß sowie die Brennstoffmenge zu berücksichtigen. Man müßte daher die vorher entwickelten Gleichungen für den Wirkungsgrad und die spezifische Leistung der verschiedenen Kreisprozeßvarianten entsprechend berichtigen, um den tatsächlichen Verhältnissen nahezukommen.

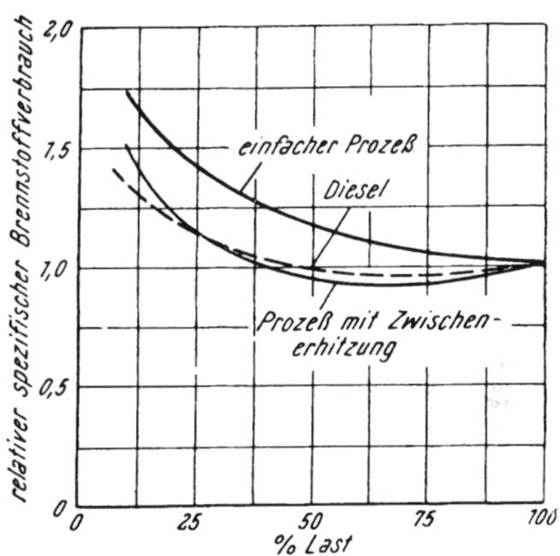

Abb. 52. Teillastverhalten. Einfacher Kreislauf mit Turbine mit feststehenden Eintrittsleitschaufeln. Kreislauf mit Zwischenerhitzung mit Turbine mit verstellbarem Eintrittsleitapparat

Dazu ist es erforderlich, das c_p in Abhängigkeit von T zu kennen. Mit Hilfe dieser Werte kann man sich dann ein mittleres c_p für den Verdichtungsvorgang für Luft und ein mittleres c_p für den Expansionsvorgang für Rauchgas ermitteln und damit die vorher entwickelten Gleichungen verbessern.

Spektrographische Daten der wahren spezifischen Wärme der Luft von H. L. Johnston wurden von Benser, Wilcox und Voit ausgewertet. Sie fanden eine Gleichung für den Verlauf der spezifischen Wärme, so daß man diese leicht für jede Temperatur rechnen kann. Diese Werte sind verschieden von den von Justi, Spiers, Hütte, Schmidt, Keenan und Kaye gegebenen Ziffern und stellen die letzten Daten dar, die in den Vereinigten Staaten von NACA[1] herausgegeben wurden.

Diese empirische Kurve besteht aus zwei Parabeln:

1. c_p von 200 bis 633° K (—73 bis 360° C)

$$c_p = 0{,}2445 - 3{,}9708 \times 10^{-5}\, T + 8{,}9359 \times 10^{-8}\, T^2$$

2. c_p von 633 bis 3056° K (360 bis 2783° C)

$$c_p = 0{,}2413 + 1{,}088 \times 10^{-3} \sqrt{1{,}8\, T - 976}$$

Mit Hilfe dieser Gleichungen wurde der Wärmeinhalt von Luft zwischen 0 und t °C gerechnet ($i = c_p t$) und in Rechentafel 5 im Anhang dargestellt.

Um den Einfluß des Druckes zu berücksichtigen, wurde eine Spalte Δi_{10} beigegeben, die die Zunahme von i pro 10 kg/cm² angibt. Wie man sieht, ist der Einfluß des Druckes außerordentlich klein.

Damit läßt sich z. B. das mittlere c_p von Luft zwischen 0° C, 1 ata und 200° C, 4 ata leicht berechnen:

$$i_{0/200} = 48{,}5 + \frac{\frac{1}{2}(1+4)}{10} \cdot 0{,}485 = 48{,}6 \quad \text{und} \quad c_{p\,0/200} = \frac{48{,}6}{200} = 0{,}243\,.$$

[1] National Advisory Committee for Aeronautics, Washington, D.C., USA.

Dieser Wert stellt schon das mittlere c_p bei Kompressionsvorgängen dar und kann bei den Kreisprozeßrechnungen verwendet werden.

Um nun auch noch das mittlere $\varkappa$ zu bekommen, ist die Kenntnis von c_v notwendig. Nach den neuesten Forschungen ist $c_p - c_v =$ konst. über dem ganzen Temperaturbereich $= 0{,}0686$.

Damit ergibt sich für das obige Beispiel

$$c_v = 0{,}243 - 0{,}0686 = 0{,}1744 \text{ und}$$

$$\varkappa = \frac{0{,}243}{0{,}1744} = 1{,}393$$

das mittlere $\varkappa$ für Verdichtung.

Für die Ermittlung der Temperatursteigerung bei der Verbrennung ist die Kenntnis des Wärmeinhaltes von H_2O, CO_2 und O_2 erforderlich. Diese sind daher in den Spalten 3, 4, 5 der Rechentafel 5 angegeben. Bei Wasser ist schon von 0° C weg die Verdampfungswärme enthalten, es wurde also gasförmiger Zustand schon ab 0° C angenommen [5].

17. Die Verbrennungsgase, ihre Zusammensetzung, ihre Enthalpie und ihre mittlere spezifische Wärme

Die zur Anwendung kommenden Brennstoffe sind Kohlenwasserstoffe, so daß man entweder das H/C-Verhältnis als bestimmenden Faktor annehmen kann oder einen bestimmten Brennstoff herausgreift, der dann als Vertreter dieser Kohlenwasserstoffe näher betrachtet wird. Dieser letztere Weg soll vorerst gegangen werden.

Wenn man Petroleum bzw. Paraffin als Brennstoff annimmt und als speziellen Vertreter dieser Kohlenwasserstoffe Dodekan $C_{12}H_{26}$, dann lautet die Verbrennungsgleichung

$$2\,C_{12}H_{26} + 37\,O_2 = 24\,CO_2 + 26\,H_2O \tag{116}$$

oder mit Atomgewichten

$$340 + 1184 = 1056 + 468$$
$$(C = 12,\ H = 1,\ O = 16)$$

bzw. reduziert

$$1 + 3{,}48 = 3{,}10 + 1{,}38$$

d. h. jedes kg Brennstoff braucht 3,48 kg O_2 für vollkommene Verbrennung und ergibt 3,10 kg CO_2 und 1,38 kg H_2O.

Das Gasdurchsatzgewicht G_G in kg/sek besteht aus dem Luftdurchsatzgewicht G_L kg/sek und der Brennstoffmenge G_B in kg/sek.

Damit lautet die Verbrennungsgleichung

$$G_B \text{ kg Brennstoff} + 3{,}48\ G_B \text{ kg } O_2 = 3{,}10\ G_B \text{ kg } CO_2 + 1{,}38\ G_B \text{ kg } H_2O$$

oder G_G kg Auspuffgas besteht aus

$$G_G = G_L + G_B = G_L \text{ kg Luft} + 3{,}10\ G_B \text{ kg } CO_2 + 1{,}38\ G_B \text{ kg } H_2O - 3{,}48\ G_B \text{ kg } O_2$$

oder 1 kg Auspuffgas besteht aus

$$\frac{G_L \text{ kg Luft} + 3{,}10\,G_B \text{ kg } CO_2 + 1{,}38\,G_B \text{ kg } H_2O - 3{,}48\,G_B \text{ kg } O_2}{G_G}$$

bzw. durch Hinzufügen und Wegnehmen von G_B kg Luft und Division durch G_B erhält man

$$1 \text{ kg Auspuffgas} = 1 \text{ kg Luft} + \frac{3{,}10 \text{ kg } CO_2 + 1{,}38 \text{ kg } H_2O - (3{,}48 \text{ kg } O_2 + 1 \text{ kg Luft})}{\dfrac{G_L}{G_B} + 1}. \tag{117}$$

Man beachte, daß der Zähler in Gl. (117) 0 ist. Davon kann die Gleichung für die spezifische Wärme von Auspuffgas geschrieben werden

$$c_{p\,Gas} = c_{p\,Luft} + \frac{q}{\frac{G_L}{G_B} + 1}, \tag{118}$$

wobei $q = 3{,}10\ c_p\ CO_2 + 1{,}38\ c_p\ H_2O - (3{,}48\ c_p\ O_2 + c_{p\,Luft})$.

Da $\frac{G_L}{G_B}$ sehr groß ist (etwa rund 80), kann man leicht ersehen, daß das c_p von Auspuffgas sehr ähnlich dem von Luft sein wird.

Da die mittlere spezifische Wärme leichter von Enthalpie erhalten wird, ist es günstiger, die Gl. (118) mit t zu multiplizieren, um die Gleichung für die Enthalpie der Verbrennungsgase zu erhalten

$$i_{Gas} = i_{Luft} + \frac{Q}{\frac{G_L}{G_B} + 1} \tag{119}$$

wobei $Q = qt + 750$. Die Werte für Q sind in Spalte 7 der Rechentafel 5 gegeben. Die Enthalpie i von 0° C bis t° C ist für die Brennstoff-Luft-Verhältnisse von 0,01, 0,014, 0,018, 0,022, 0,026, 0,030 in der Spalte 8 bis 13 angegeben, wobei bei einem Luftdurchsatz von 1 kg/sek diese Werte direkt das Brennstoffgewicht angeben.

Die Enthalpiewerte von Luft und Verbrennungsgas von verschiedenem Brennstoff-Luft-Verhältnis werden aus der Tabelle am besten in ein Diagramm eingetragen, um das Interpolieren von Zwischenwerten zu ersparen.

Als Beispiel sei das mittlere c_p von Verbrennungsgas mit einem $G_B/G_L = 0{,}016$ über dem Temperaturbereich von 500 bis 800° C bei einem mittleren Druck von 2,5 ata bestimmt.

$i_{800} = 223{,}5$ kcal/kg (der Einfluß des Druckes ist vernachlässigt) aus Rechentafel 5

$i_{500} = 140{,}5$ kcal/kg (der Einfluß des Druckes ist vernachlässigt) aus Rechentafel 5

$\Delta i_{500/800} = 83$ kcal/kg

$$c_{p\,500/800} = \frac{\Delta i}{\Delta t} = \frac{83}{300} = 0{,}276\,.$$

Dieser Wert kann für sämtliche Expansionsvorgänge in den Kreisprozeßgleichungen genommen werden. Ebenso wird man diesen Wert für die zugeführte Wärme verwenden.

$c_p - c_v =$ konst. über dem ganzen Temperaturbereich $= 0{,}0686$ gleich wie bei Luft, daher

$$c_p - c_v = 0{,}0686\,.$$

Das vorhergehende Beispiel ergibt daher weiter

$$c_v = 0{,}276 - 0{,}0686 = 0{,}2074 \left[\frac{\text{kcal}}{\text{kg° C}}\right]$$

und

$$\varkappa = \frac{0.276}{0{,}2074} = 1{,}33\,.$$

Auch dieser Mittelwert kann für die Expansionsvorgänge in den Kreisprozeßrechnungen genommen werden.

Die $\varkappa$- und c_p-Werte von Luft und Verbrennungsgas werden auch in der Folge für T,s-Diagramme angewendet werden.

18. Temperatursteigerung bei der Verbrennung

Die grundlegende Gleichung lautet:

$$(G_L + G_B)\ i_2 = G_L \cdot i_1 + G_B \cdot H \tag{120}$$

G_L = Luftdurchsatz in kg/sek

G_B = Brennstoffmenge in kg/sek

i_2 = Enthalpie der Gase nach der Verbrennung bei der Temperatur T_2, kcal/kg

i_1 = Enthalpie der Luft vor der Verbrennung bei der Temperatur T_1, kcal/kg

H = Heizwert des Brennstoffes, kcal/kg.

Da i_2 auch die Verdampfungswärme des bei der Verbrennung entstandenen Wassers enthält, muß der obere Heizwert genommen werden. Würde die Verdampfungswärme nicht mit eingerechnet, dann könnte der untere Heizwert eingesetzt werden.

In der Praxis nimmt man aber den unteren Heizwert, da die Verdampfungswärme der Verbrennungsgase nicht nutzbar gemacht werden kann und es wenig bringt, wenn man sie auf der Einnahmen- und Ausgabenseite der Wärmebilanz einsetzt.

Es wird daher H_u im Verein mit der Rechentafel 5 verwendet, indem ohne zu großen Fehler anstatt i_1 für Luft mit T_1, das i_1 für Gas mit T_1 genommen wird. Dies ist zulässig, da der hauptsächliche Unterschied der Enthalpie von Luft und Verbrennungsgas bei T_1 und bei den gebräuchlichen G_B/G_L-Verhältnissen durch die Verdampfungswärme entsteht.

Gl. (120) kann auch geschrieben werden:

$$i_2 = \frac{i_1}{(1 + G_B/G_L)} + \frac{H}{(G_L/G_B + 1)},$$

so daß man entweder

$$\text{a) } i_{2\,Gas} = \frac{i_{1\,Luft}}{(1 + G_B/G_L)} + \frac{H_0}{(G_L/G_B + 1)}$$

oder

$$\text{b) } i_{2\,Gas} = \frac{i_{1\,Gas}}{(1 + G_B/G_L)} + \frac{H_u}{(G_L/G_B + 1)}$$

bekommt.

G_B/G_L kann vernachlässigt werden, so daß die Gleichung auch lautet:

$$\text{c) } i_{2\,Gas} = i_{1\,Gas} + \frac{H_u}{(G_L/G_B + 1)}. \tag{121}$$

Der Unterschied zwischen den drei Gleichungen sei an einem Beispiel gezeigt:

H_o = 11070 kcal/kg

H_u = 10320 kcal/kg

$G_B/G_L = 0{,}014$ $(G_L/G_B = 71{,}4)$

$t_1 = 300°$ C $(T_1 = 573°$ K)

1. Methode $i_{1\,Luft} = 73{,}5$ bei $t_1 = 300°$ C

$$i_2 = \frac{73{,}5}{1{,}014} + \frac{11070}{72{,}4} = 225{,}4$$

$t_2 = 817°$ C für $G_B/G_L = 0{,}014$

$t_2 - t_1 = 517°$ C

2. Methode $i_{1\,Gas} = 86{,}0$ für $G_B/G_L = 0{,}014$

$$i_2 = \frac{86{,}0}{1{,}014} + \frac{10320}{72{,}4} = 227{,}3$$

$t_2 = 822°$ C für $G_B/G_L = 0{,}014$

$t_2 - t_1 = 522°$ C

3. Methode $i_{1\,Gas} = 86{,}0$ wie vorher

$i_2 = 86{,}0 + 142{,}5 = 228{,}5$

$t_2 = 825°$ C für $G_B/G_L = 0{,}014$

$t_2 - t_1 = 525°$ C.

Die dritte Methode, auf Gl. (121) fußend, gibt eine um 1,5% höhere Temperatursteigerung als die erste Methode und wurde bei der Errechnung der Brennstoffkurven, Rechentafel 6a, b im Anhang, verwendet. In diesen Kurven kommen die drei Variablen G_B/G_L, T_1 und $T_2 - T_1$ vor. Ein H_u von 10300 kcal/kg ist zugrunde gelegt. Die Kurven gehen über ein G_B/G_L-Verhältnis von 0,04 bis 0,034. Bei $G_L = 1$ kg/sek gibt das G_B/G_L-Verhältnis direkt das G_B in kg/sek. Die Temperatursteigerung, die das Diagramm angibt, ist theoretisch. Praktisch wird sie infolge der Brennkammerverluste kleiner sein. Diese Brennkammerverluste werden durch den Brennkammerwirkungsgrad η_B ausgedrückt

$$\eta_B = \frac{\text{wirkl. Temp.-Steigerung}}{\text{theor. Temp.-Steigerung}},$$

der von vielen Faktoren abhängt, im Mittel aber mit 0,97 bis 0,98 angenommen werden kann.

19. Heizwert der Brennstoffe und Korrektur der Brennstoffkurven für andere Heizwerte

Die beiden grundlegenden Elemente aller Brennstoffe sind Kohlenstoff und Wasserstoff, in gasförmigen Brennstoffen ist auch noch Kohlenmonoxyd enthalten. Die Paraffinserie der Brennstoffe besteht aus Kohlenwasserstoffen der Zusammensetzung $C_n H_{2n+2}$ und beginnt mit CH_4, Methan.

Paraffin oder Petroleum (Kerosene) ist einer dieser Brennstoffe. Nach Spiers ist der C- und H-Gehalt dieses Brennstoffes: $C = 0{,}863$ und $H = 0{,}136$.

Der H/C-Gehalt der ganzen Rohölprodukte schwankt nur wenig, und zwar von Flugbenzin (0,815 C, 0,149 H) bis schwerem Heizöl (0,861 C, 0,118 H), wobei das letztere noch eine größere Menge Schwefel enthält. Daher zeigen auch die Heizwerte dieser Brennstoffe wenig Unterschied. Normalerweise wird Petroleum bzw. leichtes Öl als Brennstoff genommen, und für diesen Brennstoff sind die Brennstoffkurven bestimmt. Ein Korrekturfaktor kann dann für andere Heizwerte eingeführt werden.

Spiers gibt die Heizwerte H_u der verschiedenen Brennstoffe folgendermaßen an:

10420 kcal/kg	Benzin
10420 kcal/kg	Flugpetroleum
10460 kcal/kg	Brennöl
10310 kcal/kg	Gasöl
10050 kcal/kg	leichtes Heizöl
9880 kcal/kg	schweres Heizöl.

Da die Brennstoffkurven nach oben und unten vom angenommenen Heizwert ausgedehnt werden können, wird man zweckmäßigerweise einen mittleren Heizwert wählen. Mit 10300 kcal/kg und einem 5%igen Bereich nach oben und unten beträgt der Heizwertgeltungsbereich 9800 bis 10800 kcal/kg.

Wie eine Korrektur der Temperatursteigerung bzw. des G_B/G_L-Verhältnisses bei einem anderen Heizwert als 10300 vorgenommen wird, soll im folgenden gezeigt werden.

Gl. (121) kann auch geschrieben werden

$$i_2 - i_1 = \frac{H_u}{G_L/G_B + 1},$$

für ein gegebenes G_B/G_L ist daher

$$i_2 - i_1 \text{ prop. } H_u.$$

$i_2 - i_1$ kann durch $c_p\,(T_2 - T_1)$ ersetzt werden, wobei c_p die mittlere spezifische Wärme zwischen T_2 und T_1 darstellt. Da c_p sich bei einer geringen Temperaturänderung nur wenig ändert, kann man auch schreiben: $T_2 - T_1$ prop. H_u. Für ein gegebenes G_B/G_L

ergeben die Brennstoffkurven ein $(T_2-T_1)_a$ für den unteren Heizwert von 10300 kcal/kg (H_a). Für jeden anderen Heizwert H_b beträgt daher die korrigierte Temperatursteigerung

$$(T_2-T_1)_b=(T_2-T_1)_a\times\frac{H_b}{H_a}. \tag{122}$$

Es ergibt also bei $G_B/G_L=0{,}014$, $t_1=300^\circ$ C ($T_1=573^\circ$ K) und $H_u=9800$ kcal/kg nach der Annäherungsmethode

$$T_2-T_1=525\times\frac{9800}{10300}=499^\circ\text{ C}$$

nach der genauen Methode

$$\frac{H}{G_L/G_B+1}=\frac{9800}{72{,}4}=135$$

$t_1=300^\circ$ C, $i_1=86$
$i_2=86+135=221$ und
$t_2=800$
$t_2-t_1=800-300=500^\circ$ C,

also eine vernachlässigbare Differenz von 1° C. Das heißt also, daß der Geltungsbereich der Kurven auch über 5% vom Mittelwert des Heizwertes hinausgehen kann.

Weiters ergibt sich für eine gegebene Enthalpiedifferenz i_2-i_1 (Temperaturdifferenz T_2-T_1) aus Gl. (120)

G_L/G_B+1 prop. H oder
G_B/G_L prop. $1/H$.

Für eine gegebene theoretische Temperatursteigerung ergeben die Kurven ein $(G_B/G_L)_a$ für den unteren Heizwert von 10300 kcal/kg (H_a). Für jeden anderen Heizwert H_b erhält man daher das korrigierte $(G_B/G_L)_b$ mit

$$(G_B/G_L)_b=(G_B/G_L)_a\times H_a/H_b. \tag{123}$$

Um mit möglichst großer Annäherung an die Wirklichkeit auf rasche Weise verschiedene Kreisprozeßvarianten durchrechnen zu können, wäre es angenehm, Diagramme zu haben, die ohne viel Rechenarbeit die Resultate direkt abzulesen gestatten. Es soll daher der Gedankengang, der zur Aufstellung solcher Tafeln führt, im folgenden beschrieben werden. Die auf diese Weise ermittelten Tafeln gestatten es, auf einfache Weise, fast ohne Rechenaufwand, jede mögliche Schaltung auf ihre Kennwerte hin zu untersuchen.

20. Kennwerte

Sechs Kennwerte braucht man immer wieder beim Vergleich verschiedener Arbeitsverfahren:

1. η_e . . . . %, der effektive Wirkungsgrad.
2. N_e . . . . PS/kg/sek, die spezifische Leistung in PS pro kg Luftdurchsatz in der Sekunde.
3. l . . . . kg/PSh, der spezifische Luftverbrauch in kg pro PS und Stunde.
4. α . . . . das Leistungsverhältnis. α gibt das Verhältnis der Nutzleistung zur gesamten Turbinenleistung an. $\alpha=0{,}4$ heißt, daß von je 1000 PS Turbinenleistung 400 PS an der Kupplung verfügbar sind, die restlichen 600 PS zur Verdichtung und zur Deckung der Verluste aufgewendet werden.
5. WV . . . . kcal/PSh, der spezifische Wärmeverbrauch in kcal pro PS und Stunde.
6. b . . . . g/PSh, der spezifische Brennstoffverbrauch in Gramm pro PS und Stunde.

IV. Rechentafeln[1]

1. Das Temperatur-Enthalpie-Entropie-Diagramm für Luft

Für genaue Maschinendurchrechnungen verwendet man allgemein das i, T, s-Diagramm oder Temperatur-Enthalpie-Entropie-Diagramm für Luft [*20*]. In diesem Diagramm ist auf der Abszisse die Entropie und auf der Ordinate die Enthalpie als lineare Skala aufgetragen. Zusätzlich ist noch auf der Ordinate die Temperatur, allerdings nicht linear, eingetragen. Die Isobaren und Isochoren bilden Kurven mit gleichem Abstand in der Abszissenrichtung, wobei die Isochoren steiler wie die Isobaren verlaufen. Die Abstände der Kurven entsprechen einem logarithmischen Maßstab. Bei den großen Luftüberschüssen macht man keinen großen Fehler, wenn man auch die Turbine mit den Luftwerten rechnet. Für genaue Ermittlungen sind aber Korrekturwerte für Rauchgas angegeben [*20*] bzw. spezielle Tafeln für solche Zwecke ausgearbeitet worden [*21*]. Auch Korrekturwerte für den verschiedenen Feuchtigkeitsgehalt der Luft müssen angewendet werden, wenn man wirklich genaue Resultate braucht [*22*, *28*].

Man kann sich aber für einfache Kreisprozeßrechnungen auch mit den auf S. 67 und 69 aufgestellten Mittelwerten von c_p und $\varkappa$ für Kompression und Expansion

a) für Kompression: T von 200 bis 600° K

$$c_p = 0{,}243;\quad \varkappa = 1{,}393,$$

b) für Expansion: T von 600 bis 1200° K

$$c_p = 0{,}276;\quad \varkappa = 1{,}33$$

sehr gute T, s-Diagramme, Rechentafel 7a und b, selbst anfertigen. Der früher festgesetzte gültige Temperaturbereich wurde etwas erweitert, doch fällt die Mehrzahl der Prozesse in den gültigen Temperaturbereich.

Diese angenäherten Diagramme gestatten eine Ermittlung der Temperaturdifferenz bei Kompression und Expansion und mittels der mittleren spezifischen Wärme eine Berechnung der Enthalpiedifferenz und damit des Wirkungsgrades und der anderen Kennwerte. Die Brennstoffkurven, Rechentafel 6a, b dienen dabei zur Ermittlung der erforderlichen Brennstoffmenge.

Die Entropieskala wurde so gelegt, daß der Wert 0,1 kcal/kg° C für Kompression bei 1 ata 288° K und für Expansion bei 1 ata und 700° K liegt.

Die Isobaren werden folgendermaßen erhalten: Bezeichnet man mit p_0, T_0 und s_0 den Zustand am vorher erwähnten Ausgangspunkt und mit p, T und s den Zustand an einem beliebigen Punkt, dann genügt die Gleichung

$$T/T_0 = e^{\frac{s-s_0}{c_p}}$$

für die Isobare, und

$$T/T_0 = (p/p_0)^{\frac{\varkappa-1}{\varkappa}}$$

für die Isentrope (Ordinate).

Für c_p wird 0,243 für Kompression und 0,276 für Expansion gesetzt bzw. für $\frac{\varkappa-1}{\varkappa}$ 0,282 für Kompression und 0,248 für Expansion. Mit diesen Gleichungen wurden die Diagramme (Rechentafel 7a und b) ermittelt.

In diesen Diagrammen sind nun zwar die Adiabaten senkrechte Gerade, die Polytropen aber wieder Kurven, die nur mittels genauer Rechnung bestimmt werden können. Auf jeden Fall ist es bei einer Abschätzung eines bestimmten Kreisprozesses auf seinen Wirkungsgrad bei verschiedenen Druckverhältnissen unzulässig, mit einem konstanten Ver-

[1] Die Rechentafeln 1 bis 9 befinden sich am Ende des Buches.

dichtungs- und Expansionswirkungsgrad zu rechnen. Konstant bleibt vielmehr nur der Stufenwirkungsgrad, der Gesamtwirkungsgrad aber ändert sich, und zwar entsteht durch die in Wärme umgesetzten Reibungsverluste (Luftreibung) bei Verdichtung ein Verlust, bei Expansion durch die zusätzliche Erwärmung ein Gewinn. Es ist allerdings mit steigendem Druckverhältnis die Wirkungsgradzunahme in der Turbine kleiner als die Abnahme des Wirkungsgrades im Kompressor, so daß das Produkt $\eta_k \cdot \eta_t$ mit steigendem Verdichtungsverhältnis trotz des konstanten Stufenwirkungsgrades langsam abnimmt.

Es kann also der Kompressor- und Turbinenwirkungsgrad folgendermaßen definiert werden

$$\eta_k = \frac{\Delta t_{ad}}{\Delta t_{wirkl.}}.$$

$$\eta_t = \frac{\Delta t_{wirkl.}}{\Delta t_{ad}}.$$

Diese Gleichungen können auch geschrieben werden

$$\eta_k = \frac{1 - \left(\frac{p_2}{p_1}\right)^{\frac{\varkappa - 1}{\varkappa}}}{1 - \left(\frac{p_2}{p_1}\right)^{\frac{n_k - 1}{n_k}}}$$

$$\eta_t = \frac{1 - \left(\frac{p_1}{p_2}\right)^{\frac{n_t - 1}{n_t}}}{1 - \left(\frac{p_1}{p_2}\right)^{\frac{\varkappa - 1}{\varkappa}}}$$

n_k und n_t sind die Polytropenexponenten in $pv^{n_k} =$ konst. und $pv^{n_t} =$ konst. für Kompression und Expansion.

Bezeichnet man nun den Ausgangswert für den Wirkungsgrad als Stufenwirkungsgrad η_{St}, dann erhält man aus der Beziehung für den Kompressor

$$\eta_{St} = \frac{1 - 1/\varkappa}{1 - 1/n_k} \quad \text{bzw.} \quad \frac{n_k - 1}{n_k} = \frac{1}{\eta_{St}}\left(\frac{\varkappa - 1}{\varkappa}\right)$$

und für die Turbine

$$\eta_{St} = \frac{1 - 1/n_t}{1 - 1/\varkappa} \quad \text{bzw.} \quad \frac{n_t - 1}{n_t} = \eta_{St}\left(\frac{\varkappa - 1}{\varkappa}\right)$$

den Wirkungsgrad für den Kompressor

$$\eta_k = \frac{1 - \left(\frac{p_2}{p_1}\right)^{\frac{\varkappa - 1}{\varkappa}}}{1 - \left(\frac{p_2}{p_1}\right)^{\frac{1}{\eta_{St}} \frac{\varkappa - 1}{\varkappa}}} = \frac{1 - \varphi}{1 - \varphi^{\frac{1}{\eta_{St}}}} \qquad (124)$$

und für die Turbine

$$\eta_t = \frac{1 - \left(\frac{p_1}{p_2}\right)^{\eta_{St} \frac{\varkappa - 1}{\varkappa}}}{1 - \left(\frac{p_1}{p_2}\right)^{\frac{\varkappa - 1}{\varkappa}}} = \frac{1 - \left(\frac{1}{\varphi}\right)^{\eta_{St}}}{1 - \frac{1}{\varphi}} \qquad (125)$$

wobei wieder

$$\varphi = \frac{T_2}{T_1} = \left(\frac{p_2}{p_1}\right)^{\frac{\varkappa - 1}{\varkappa}}.$$

Die Gl. (124) und (125) geben den Zusammenhang zwischen dem adiabatischen und polytropischen bzw. Stufenwirkungsgrad. Diese Abhängigkeit von η_{St} und η_{ad} ist in Abb. 53

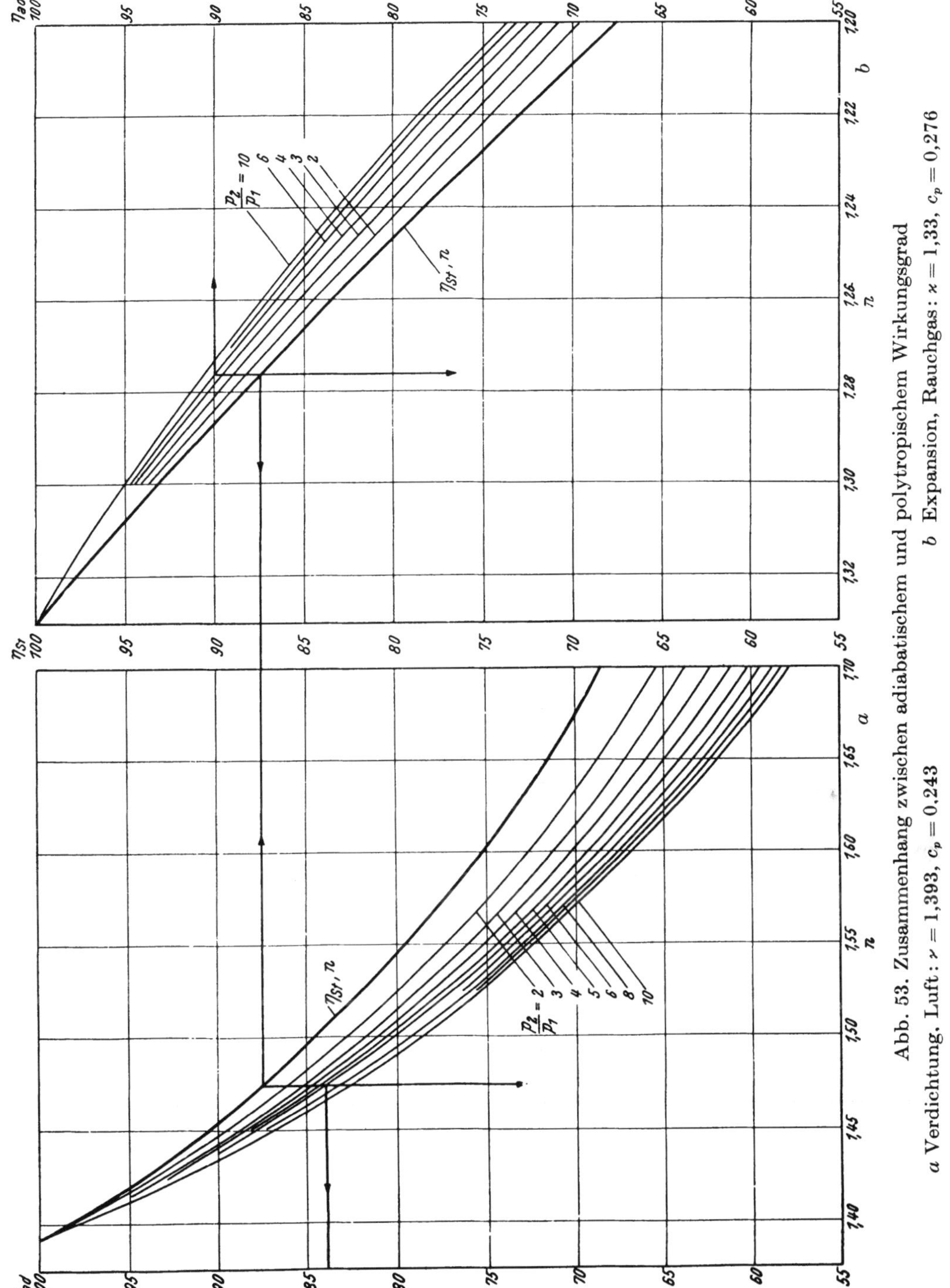

Abb. 53. Zusammenhang zwischen adiabatischem und polytropischem Wirkungsgrad

a Verdichtung, Luft: $\varkappa = 1{,}393$, $c_p = 0{,}243$ *b* Expansion, Rauchgas: $\varkappa = 1{,}33$, $c_p = 0{,}276$

für Verdichtung ($\varkappa = 1{,}393$) und Expansion ($\varkappa = 1{,}33$) dargestellt, wobei gleichzeitig auch die jeweilige Größe von n abgelesen werden kann.

Um nun diese polytropischen Kurven nicht für den Verdichtungs- bzw. Expansionsvorgang rechnen zu müssen, sind dem T,s-Diagramm für Verdichtung und Expansion,

Rechentafel 7a und b, die polytropischen Kurven für verschiedene Stufenwirkungsgrade beigegeben. Diese Kurven folgen der Gl. pv^n = konst. Die Variable n kann, wie schon vorher gezeigt, durch den Stufenwirkungsgrad ausgedrückt werden [16].

$$\eta_{St} = \frac{1 - 1/\varkappa}{1 - 1/n} \text{ für Verdichtung } \varkappa = 1{,}393$$

$$\eta_{St} = \frac{1 - 1/n}{1 - 1/\varkappa} \text{ für Expansion } \varkappa = 1{,}33.$$

Die Entropieveränderung entlang einer Polytrope erhält man aus

$$ds = \frac{c_p\, d\, T}{T} - \frac{v\, d\, p}{J\, T} = \frac{c_p\, d\, T}{T} - \frac{(c_p - c_v)\, d\, p}{p}$$

oder

$$s_2 - s_1 = c_p \ln \frac{T_2}{T_1} - (c_p - c_v) \ln \frac{p_2}{p_1}.$$

Da für Kompression

$$\frac{p_2}{p_1} = \left(\frac{T_2}{T_1}\right)^{\frac{n}{n-1}} = \left(\frac{T_2}{T_1}\right)^{\eta_{St_k} \frac{\varkappa}{\varkappa - 1}}$$

erhält man

$$s_2 - s_1 = c_p \left(1 - \eta_{St_k}\right) \ln \frac{T_2}{T_1} \text{ für Kompression} \tag{126}$$

und für Expansion mit

$$\frac{p_2}{p_1} = \left(\frac{T_2}{T_1}\right)^{\frac{\varkappa}{\eta_{St_t}(\varkappa - 1)}}$$

$$s_2 - s_1 = \left(\frac{1}{\eta_{St_t}} - 1\right) c_p \ln \frac{T_1}{T_2} \text{ für Expansion.} \tag{127}$$

Damit kann für Kompression und Expansion eine Schar von Kurven über einen bestimmten Bereich von η_{St} gezeichnet werden.

Die Diagramme werden mit Hilfe von Transparentpapier benützt.

Zum Beispiel:

1. Temperatur vor Turbine .... 965° K

(Gemeint ist die totale Temperatur (Stautemperatur) bestehend aus der Temperatur der strömenden Gassäule + dem Temperaturäquivalent der Geschwindigkeit; es ist die totale Temperatur, die bei Versuchen gemessen wird[1].)

Druck vor Turbine .... 4 ata

(Druck der strömenden Gassäule, gemessen mit Pitotrohr.)

Temperaturdifferenz in der Turbine .... 152° C

Wirkungsgrad (polytropischer Wirkungsgrad unter Einbeziehung der Geschwindigkeitshöhen) .... 82 %

Gesucht der Enddruck.

Man lege ein Blatt Transparent auf die Expansionspolytropen und ziehe die Temperaturlinien 965 und 813 = 965—152 und dazwischen die Kurve $\eta_{St} = 82\,\%$. Dieses Blatt wird auf das T,s-Diagramm für Expansion (Rechentafel 7b) gelegt, so daß die Linie $T = 965°$ K sich deckt, und solange verschoben, bis der Anfangspunkt auf der Isobare 4 ata

[1] Bezeichnet man mit T' die totale Temperatur und mit T die Temperatur der strömenden Gassäule, dann ist $T' - T = \frac{w^2}{2gJ\, c_p}$ das Temperaturäquivalent der Geschwindigkeit oder $c_p\,(T' - T) = i' - i = \frac{w^2}{2gJ}$, wobei i' die totale Enthalpie und i die Enthalpie des strömenden Gases darstellt.

Umgekehrt ist $w = \sqrt{2gJ\,(i' - i)}$.

zu liegen kommt; am Endpunkt kann der Enddruck abgelesen werden. Lösung: Enddruck = 1,72 ata.

2. Temperatur vor Kompressor .... 288° K
Druck vor Kompressor .... 1 ata
Temperatur nach Kompressor .... 485° K
Druck nach Kompressor .... 4,2 ata
Gesucht der polytropische Wirkungsgrad.

Man geht in diesem Falle folgendermaßen vor: Man lege ein Blatt Transparent auf das T, s-Diagramm für Kompression und zeichne die beiden Druck- und Temperaturlinien am Anfang und Ende der Verdichtung. Sodann wird das Blatt auf die Kompressionspolytropen gelegt, so daß sich die Temperaturlinien decken, und so lange horizontal verschoben, bis durch Anfangs- und Endpunkt eine Polytrope geht. Lösung: $\eta_{St} = 80\,\%$.

Diese Methode gestattet ein rasches Arbeiten und liefert an Hand dieser Diagramme gute Näherungsresultate. Sie stammt von W. R. Thomson, Power Jets, London [*5*].

Um diese Vorgänge noch mehr zu vereinfachen, soll im folgenden, nach einem Vorschlag von BBC, eine Beziehung abgeleitet werden, mit deren Hilfe man auf einfache Weise den Endpunkt einer polytropischen Zustandskurve bestimmen kann. Man erhält damit den Zustandsverlauf genügend genau, und zwar auf eine so rasche Weise, daß sich eine allgemeine Anwendung der Methode empfiehlt[1].

2. Definition der Polytrope

Zunächst soll erklärt werden, wie im vorliegenden Fall die Begriffe Polytrope und polytropischer Wirkungsgrad gebraucht werden, da der polytropische Zustandsverlauf in der Literatur nicht immer gleich definiert wird.

Der *polytropische Wirkungsgrad* $\eta_{t_{pol}}$ bzw. $\eta_{k_{pol}}$ ist der *adiabatische Stufenwirkungsgrad einer wärmeisolierten Expansions- oder Kompressionsmaschinenstufe mit unendlich kleinem Druckverhältnis*. Es wäre also für Expansion

$$\eta_{t_{pol}} = \frac{-J\,di}{-v\,dp}$$

und für die Kompression

$$\eta_{k_{pol}} = \frac{v\,dp}{J\,di}\,.$$

Praktisch unterscheidet sich der polytropische Wirkungsgrad nur unwesentlich vom Wirkungsgrad η_{St} einer wirklichen Stufe mit endlichem, aber kleinem Druckverhältnis, so daß man in der Praxis ruhig mit η_{St} rechnen kann.

Unter einer Polytrope versteht man nun eine Zustandsänderung, bei der das Verhältnis von di zu $\frac{v\,dp}{J}$ konstant bleibt, also

$$\frac{J\,di}{v\,dp} = \eta_{t_{pol}} = \frac{1}{\eta_{k_{pol}}} = \text{konst.} \tag{128}$$

Der Zustandsverlauf in einer vielstufigen, wärmeisolierten Turbormaschine wird also definitionsgemäß dann polytropisch sein, wenn alle ihre Stufen mit gleichem Wirkungsgrad arbeiten.

Diese hier verwendete Definition deckt sich mit der von Stodola [*4*] gegebenen, dagegen nicht mit der von Schüle, der das Verhältnis von dq zu dT konstant setzt. Der Unterschied zwischen den beiden Definitionen fällt vor allem bei allgemeinen Dämpfen auf, wo nach der Definition von Schüle außer der Adiabate noch die Isotherme eine Polytrope ist, während nach Stodola Adiabaten, Isobaren (Kompressor mit $\eta = 0$) und Drosselkurven (Turbine mit $\eta = 0$) polytropischen Charakter haben.

[1] BBC-Mitteilungen August-September 1941.

3. Die Entropiezunahme der Polytrope

Nach den Hauptsätzen der Thermodynamik ist

$$d\,q = d\,i - \frac{v\,d\,p}{J}$$

und

$$d\,s = \frac{d\,i}{T} - \frac{v\,d\,p}{J\,T}. \tag{129}$$

Führt man die Beziehung für $d\,i$ nach Gl. (128) ein, so wird

$$d\,s = \frac{1}{T} \cdot \eta_{t_{pol}} \cdot \frac{v\,d\,p}{J} - \frac{v\,d\,p}{J\,T} = -(1 - \eta_{t_{pol}}) \frac{v\,d\,p}{J\,T}. \tag{130}$$

Diese Beziehung sagt nichts anderes aus, als daß die Entropiezunahme ds gleich der durch T dividierten Verlustarbeit $-(1-\eta_{t_{pol}})\frac{v\,d\,p}{J}$ ist.

Aus Gl. (129) ersieht man ferner, daß für $i =$ konstant

$$-\frac{v\,d\,p}{J\,T} = \left(\frac{\partial s}{\partial p}\right)_i \cdot d\,p, \tag{131}$$

so daß Gl. (130) auch geschrieben werden kann

$$d\,s = -(1 - \eta_{t_{pol}}) \cdot \frac{v\,d\,p}{J\,T} = (1 - \eta_{t_{pol}}) \cdot \left(\frac{\partial s}{\partial p}\right)_i d\,p. \tag{130a}$$

Da bis hierher nur die Hauptsätze verwendet wurden, gibt diese Beziehung einen allgemeingültigen Zusammenhang zwischen der Entropiezunahme und dem polytropischen Wirkungsgrad. Sie gilt also sowohl für Gase wie für Dämpfe.

4. Die Polytrope für Gase

Für ideale Gase ist nun die Größe $\frac{v}{T}$ und damit auch $\left(\frac{\partial s}{\partial p}\right)_i$ nur vom Druck abhängig, so daß zwischen einem Anfangsdruck p_1 und einem Enddruck p_2 sofort integriert werden kann:

$$\Delta s = (1 - \eta_{t_{pol}}) \cdot \frac{R}{J} \ln \frac{p_1}{p_2} = (1 - \eta_{t_{pol}}) \cdot (\Delta s)_i \text{ für Expansion} \tag{132a}$$

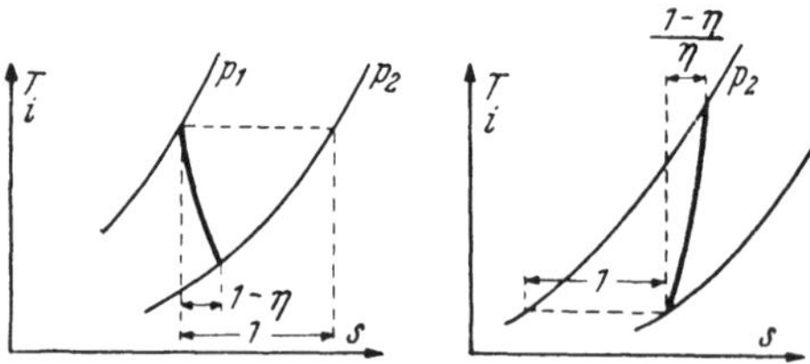

Abb. 54. Zusammenhang zwischen dem polytropischen Wirkungsgrad und der wirklichen Entropiezunahme im Verhältnis zur Entropiedifferenz längs einer i-konst. Linie

Links: Expansionspolytrope im i,T,s-Diagramm für Gase

Rechts: Kompressionspolytrope im i,T,s-Diagramm für Gase

$$\Delta s = \frac{1 - \eta_{k_{pol}}}{\eta_{k_{pol}}} \cdot \frac{R}{J} \ln \frac{p_1}{p_2} = -\frac{1 - \eta_{k_{pol}}}{\eta_{k_{pol}}} \cdot (\Delta s)_i$$

für Kompression. (132b)

Hierin ist $(\Delta s)_i = \frac{R}{J} \ln \frac{p_1}{p_2}$, nämlich die Entropiedifferenz der Isobaren p_1 und p_2 bei gleichem Wärmeinhalt. Es sei betont, daß diese Beziehung für Gase streng richtig ist, das heißt, es sind keinerlei Annahmen über die Temperaturabhängigkeit der spezifischen Wärme gemacht worden.

In Abb. 54 ist dargestellt, wie sich im T,s-Diagramm der Endpunkt einer Polytrope auf irgendeiner Isobare konstruieren läßt, oder wie sich umgekehrt der polytropische Wirkungsgrad aus den Messungen an einer Turbomaschine berechnen läßt.

5. Polytropen-Entropie-Diagramm für Gase

Für Gase ist es möglich, ein Entropie-Nomogramm zu entwerfen, in welchem alle Polytropen (Isobaren und Isothermen also eingeschlossen) geradlinig werden und das deshalb Polytropen-Entropie-Diagramm genannt sei.

In Abb. 55 ist ein Ausschnitt einer solchen (auf das Mol bezogenen) Tafel aufgezeichnet. Auf der Abszisse ist die Entropie aufgetragen, auf der Ordinate die Größe $\frac{R}{J}\ln\frac{p}{p_0}+s$. Dieser Ausdruck ist aber nichts anderes als die Entropie s_p längs der Isobare p_0, also $\int\limits_{T_0}^{T} c_p\frac{dT}{T}$. Berechnet man den Neigungswinkel α zwischen der Adiabate und einer Expansionspolytrope an irgendeiner Stelle, so wird

$$\operatorname{tg}\alpha=\frac{ds}{-d\left(\frac{R}{J}\ln\frac{p}{p_0}+s\right)}=\frac{ds}{-\frac{R\,dp}{J\,p}-ds}=\frac{1}{-\frac{R}{J\,p}\cdot\frac{dp}{ds}-1}=\frac{1}{-\frac{v}{J\,T}\cdot\frac{dp}{ds}-1}$$

und mit Gl. (130)

$$\operatorname{tg}\alpha=\frac{1}{\frac{1}{1-\eta_{t_{pol}}}-1}=\frac{1-\eta_{t_{pol}}}{\eta_{t_{pol}}} \tag{133a}$$

und für die Kompression analog

$$\operatorname{tg}\beta=1-\eta_{k_{pol}}. \tag{133b}$$

Für $\eta_{t_{pol}}$ bzw. $\eta_{k_{pol}}=$ konstant wird also auch α bzw. β konstant. Damit ist bewiesen, daß die Polytropen in dem vorgeschlagenen Diagramm tatsächlich gerade sind.

Für Drosselung ist $\eta_{t_{pol}}=0$, also $\alpha=90°$, das heißt $i=$konst. Linien und Isothermen verlaufen parallel zur Abszissenachse. Ihre Kotierung hängt von den individuellen Eigenschaften der einzelnen Gase ab. Auf den beiden Seiten des eigentlichen Diagrammes können für jedes Gas Temperatur- und Wärmeinhaltskurven aufgetragen werden. Wird das Diagramm nur für ein bestimmtes Gas gebraucht, so können die Isothermen oder die $i=$konst. Linien direkt in das Diagramm eingezeichnet werden.

Das Netz der Isobaren ist für alle Gase ein und dasselbe. Es ist rein logarithmisch so daß Zwischendrücke bei geeignetem Maßstab mit der Rechenschieberskala abgegriffen werden können.

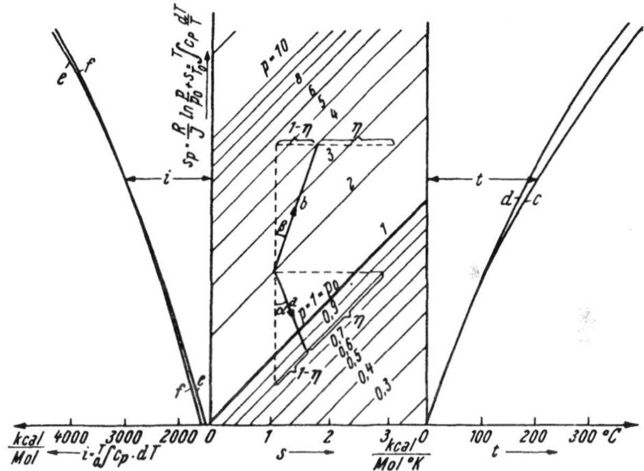

Abb. 55. Polytropen-Entropie-Diagramm für Gase

i Wärmeinhalt (Enthalpie)
t Temperatur in ° C
s Entropie

Kurven:

a Expansionspolytrope
b Kompressionspolytrope
c Temperaturkurve für Luft
d Temperaturkurve für Gasölrauchgas
e Wärmeinhaltskurve für Luft
f Wärmeinhaltskurve für Gasölrauchgas

Die Polytropen-Entropietafel für Gase entsteht aus dem gewöhnlichen i, T, s-Diagramm, indem man die Temperaturskala so verzerrt, daß die Isobaren geradlinig werden. Dabei werden auch die anderen Polytropen zu Geraden

Vergleicht man die hier vorgeschlagene Entropietafel mit dem i, T, s-Diagramm für Gase, so ergibt sich etwa folgendes: in der i, T, s-Tafel werden die Adiabaten, Isobaren und Polytropen im allgemeinen krummlinig. Während zwar das Netz der Isobaren und — im Gegensatz zur Polytropentafel — auch das der Isochoren für alle Gase gebraucht werden kann, ergeben sich individuelle gekrümmte Adiabaten. Nur für ein einziges Gas, z. B. für Luft, kann man prinzipiell einen geradlinigen Verlauf der Adiabaten vorschreiben. In der Polytropentafel sind dagegen alle Adiabaten, Isobaren und Polytropen geradlinig und für alle Gase gleich.

Man könnte also sagen, daß sich die Polytropentafel für alle stationär verlaufenden Prozesse besser eignet, weil bei diesen die Zustandsänderungen längs Polytropen (im Spezialfall längs Adiabaten, Isobaren und Drosselkurven) erfolgen. Wo dagegen Zustandsänderungen längs Isochoren häufig vorkommen, wie bei Verpuffungsvorgängen, arbeitet man vielleicht etwas rascher mit der i,T,s-Tafel. Unter Umständen könnte man die Polytropentafel allerdings auch durch Isochoren und u-Kurven vervollständigen, meistens jedoch wird es genügen, v aus $\frac{RT}{p}$ und u aus $i - \frac{RT}{J}$ zu berechnen.

Was die Ablesegenauigkeit der Zustandsgrößen betrifft, so sinkt diese bei der i,T,s-Tafel bekanntlich sehr stark für niedrige Temperaturen. Das ist ein Nachteil, der bei der Polytropentafel wegen ihres logarithmischen Charakters vermieden wird.

In Abb. 55 ist ein Beispiel für die Konstruktion einer Expansions- und einer Kompressionspolytrope eingezeichnet. Interessant ist, daß die Kompressionspolytropen auf einer Isotherme eine lineare Wirkungsgradskala herausschneiden, die Expansionspolytropen tun dasselbe auf einer Isobare. Mit anderen Worten: verarbeitet ein Kompressor, ausgehend von einem bestimmten Anfangszustand, bei variablem Wirkungsgrad eine stets gleiche mechanische Energiemenge, so ist die Entropiezunahme genau proportional $1 - \eta_{k_{pol}}$, sie wird ein Maximum mit $\eta_{k_{pol}} = 0$ für die Ausgangsisobare und Null für die Adiabate. Für die Turbine lautet das etwas anders: arbeitet man — ebenfalls ausgehend von einem festen Anfangspunkt — auf einen bestimmten Gegendruck, so ist die Entropiezunahme wiederum proportional $1 - \eta_{t_{pol}}$, sie wird ein Maximum für die reine Drosselung und Null für die Adiabate.

Es ist klar, daß es im Grunde genommen genügen würde, nur i und t in Funktion von $\frac{R}{J} \ln \frac{p}{p_0} + s \left(= \int\limits_{T_0}^{T} c_p \frac{dT}{T} \right)$ aufzutragen. Auf das Aufzeichnen des rein logarithmischen Isobarennetzes könnte man — allerdings auf Kosten der Übersichtlichkeit — verzichten, da man das Rechnen in demselben auch ohne weiteres mit dem Rechenschieber beherrscht. Eine Kompression von einem Drucke p_1 und einer Temperatur t_1 auf einen Druck p_2 würde dann z. B. folgendes Vorgehen verlangen:

Mit t_1 sucht man auf der t-Kurve $\frac{R}{J} \ln \frac{p_1}{p_0} + s_1$. Zu diesem Wert muß man

$$\frac{R}{J} \ln \frac{p_2}{p_1} + \Delta s = \frac{R}{J} \ln \frac{p_2}{p_1} + \frac{1 - \eta_{k_{pol}}}{\eta_{k_{pol}}} \frac{R}{J} \ln \frac{p_2}{p_1} = \frac{1}{\eta_{k_{pol}}} \frac{R}{J} \ln \frac{p_2}{p_1} = \frac{R}{J} \ln \left(\frac{p_2}{p_1} \right)^{\frac{1}{\eta_{k_{pol}}}}$$

addieren und findet damit $\frac{R}{J} \cdot \ln \frac{p_2}{p_0} + s_2$, zu welchem Wert man das zugehörige t_2 ablesen kann.

6. Polytropen bei idealen Gasen mit konstanter spezifischer Wärme

Würde man eine Polytropentafel für ein Gas mit konstantem c_p aufzeichnen, so wäre die absolute Temperaturskala rein logarithmisch, da

$$\frac{R}{J} \ln \frac{p}{p_0} + s = \int\limits_{T_0}^{T} c_p \frac{dT}{T} = c_p \ln \frac{T}{T_0}.$$

Konstruiert man in einer solchen Tafel z. B. eine Kompressions-Polytrope zwischen den Drucken p_1 und p_2, so kann man ohne weiteres eine hübsche Beziehung zwischen der Ausgangstemperatur T_1, der wirklichen Endtemperatur T_2' und der adiabatischen Endtemperatur T_2 ersehen. Es muß sein:

$$\frac{c_p \cdot \ln \frac{T_2'}{T_1}}{c_p \ln \frac{T_2}{T_1}} = \frac{1}{\eta_{k_{pol}}} \quad \text{oder} \quad \frac{T_2'}{T_1} = \left(\frac{T_2}{p_1}\right)^{\frac{1}{\eta_{k_{pol}}}}. \tag{134a}$$

Für Expansion findet man analog

$$\frac{T_4'}{T_3} = \left(\frac{T_4}{T_3}\right)^{\eta_{t_{pol}}}. \tag{134b}$$

Diese Beziehungen können auch aus den anfangs abgeleiteten Gleichungen gefunden werden, Gl. (124, 125). Setzt man T_2' für die wirkliche Kompressorendtemperatur und T_2 für die adiabatische Endtemperatur, dann ergibt sich

$$T_2' - T_1 = (T_2 - T_1)\,\frac{1}{\eta_k}.$$

Führt man η_k nach Gl. (124) ein, so erhält man

$$\frac{T_2'}{T_1} = \left(\frac{T_2}{T_1}\right)^{\frac{1}{\eta_{St}}}.$$

Umgekehrt ergibt sich für die Turbine mit T_3 als Anfangstemperatur, T_4' als wirklicher und T_4 als adiabatischer Endtemperatur

$$T_3 - T_4' = (T_3 - T_4)\,\eta_t.$$

Mit η_t aus Gl. (125) wird weiters

$$\frac{T_4'}{T_3} = \left(\frac{T_4}{T_3}\right)^{\eta_{St}}.$$

Diese Beziehungen können für gewisse Rechnungen sehr geeignet sein. Sie erlauben z. B. Kreisprozesse zu Vergleichszwecken nur mit den Temperaturen durchzurechnen, wobei nicht einmal eine Annahme über den Adiabaten-Exponenten $\varkappa$ gemacht werden muß. Die Drücke tauchen in der Rechnung gar nicht auf, statt ihrer braucht man adiabatische Temperaturverhältnisse, die natürlich jederzeit durch Wahl eines $\varkappa$ in Druckverhältnisse umgerechnet werden können.

Im vorstehenden wurde eine Beziehung für den polytropischen Zustandsverlauf in vielstufigen, wärmeisolierten Turbomaschinen abgeleitet, mit welcher der totale Entropiezuwachs Δs bestimmt werden kann. Dadurch läßt sich der Zustandsverlauf sowohl für Gase wie für Dämpfe rascher und einfacher als bisher in ein Entropie-Diagramm einzeichnen. Bezeichnet man nämlich die mittlere Entropie-Differenz (längs $i =$ konst. Linien) zwischen der Anfangs- und Endisobare mit $\overline{(\Delta s)_i}$, so ist Δs ein nur vom polytropischen Wirkungsgrad (ungefähr Stufenwirkungsgrad) $\eta_{t_{pol}}$ bzw. $\eta_{k_{pol}}$ abhängiger Prozentsatz von $\overline{(\Delta s)_i}$, nämlich

$$\Delta s = (1 - \eta_{t_{pol}}) \cdot \overline{(\Delta s)_i} \text{ für Expansion}$$

$$\text{und } \Delta s = \frac{1 - \eta_{k_{pol}}}{\eta_{k_{pol}}} \cdot \overline{(\Delta s)_i} \text{ für Kompression.}$$

Ferner wurde ein Entropie-Nomogramm für Gase (Polytropen-Entropie-Diagramm) vorgeschlagen, das gegenüber dem i, T, s-Diagramm wesentliche Vorteile aufweist. Insbesondere erscheint z. B. der Zustandsverlauf in Turbomaschinen mit konstantem Stufenwirkungsgrad als Gerade, die unabhängig von den individuellen Eigenschaften des Gases gezeichnet werden kann.

7. Rechentafeln

Es wurde daher dem Buche für Kreisprozeßrechnungen nach dieser Methode eine Polytropen-Tafel für Luft beigegeben, Rechentafel 1, die auf den Werten nach Keenan und Kaye [*21*] basiert. Mit ihr ist es ein leichtes, einen Kreisprozeß mit großer Genauigkeit durchzurechnen.

Außerdem steht in Rechentafel 2 noch ein Diagramm zur Verfügung, das die Temperatur und Enthalpie des bei der vollkommenen Verbrennung von 1 kg Brennstoff entstandenen CO_2+H_2O minus dem der Luft entnommenen O_2 für die Mischungsverhältnisse H/C = 0,15 (Dieselöl und Heizöl) und H/C = 0,18 (Petroleum und Benzin) enthält, so daß hiermit im Gegensatz zu Rechentafel 6a, b das H/C-Verhältnis der bestimmende Faktor ist. Dieses i $(CO_2+H_2O-O_2)$ sei im folgenden kurz i_{λ^*} genannt. Unter λ^* ist das bei der stöchiometrischen Verbrennung von 1 kg Brennstoff entstandene CO_2+ $+H_2O$ abzüglich des der Luft entnommenen O_2 zu verstehen. Man erhält damit für ein bestimmtes H/C-Verhältnis auf folgende Weise die nötige Brennstoffmenge:

Verbrennungsendtemperatur	$T_2 = 1000°$ K
Lufteintrittstemperatur	$T_1 = 600°$ K
Unterer Heizwert	$H_u = 10300$ kcal/kg bei 20° C (293° K)
Brennstofftemperatur	$T_B = 323°$ K.

Brennstoff: Heizöl H/C = 0,15, $c_p = 0{,}5$.

Der theoretische Brennstoffverbrauch errechnet sich mittels folgender Formel

$$G_{B_{th}} = \frac{\Delta i_{Luft}}{H_u + c_p\,(323-293) - \Delta i_{\lambda^*}}\ \text{kg/sek.}$$

Da sich H_u auf eine bestimmte Temperatur bezieht (meist 20° C), der Brennstoff aber oft wärmer zur Brennkammer kommt, muß diese Wärmemenge bei genauen Rechnungen zu H_u zugezählt werden. Hingegen ist Δi_{λ^*} zwischen 20° C und Verbrennungsendtemperatur abzuziehen.

i_{Luft} bei 1000° K = 185 kcal/kg (aus Rechentafel 5 interpoliert für 727° C)
i_{Luft} bei 600° K = 80 kcal/kg (aus Rechentafel 5 interpoliert für 327° C)
i_{λ^*} bei 1000° K = 511 kcal/kg (aus Rechentafel 2 für H/C = 0,15)
i_{λ^*} bei 293° K = 97 kcal/kg (aus Rechentafel 2 für H/C = 0,15)

$$G_{B_{th}} = \frac{105}{10300 + 15 - 414} = 0{,}0106$$

$$G_B = G_{B_{th}}/\eta_B = 0{,}0106/0{,}98 = 0{,}01082\,.$$

Zwischenwerte von H/C werden interpoliert.

Nach Rechentafel 6a, b würde für das gleiche Beispiel umgerechnet auf den Heizwert 10315 ein $G_{B_{th}}$ von 0,01055 herauskommen. Man sieht also, daß beide Methoden gut übereinstimmen. Die Methode nach Rechentafel 6a, b ist allerdings nur eine Näherungsmethode, während die zweite Methode für alle genauen Rechnungen angewendet werden muß.

Die Polytropen-Tafel für Luft, Rechentafel 1, gestattet, wie schon erwähnt, ein sehr genaues Arbeiten. Ihr Geltungsbereich ist allerdings auf trockene Luft beschränkt, In Wirklichkeit enthält die Luft aber immer Wasserdampf, und außerdem gehen durch die Turbine und den Wärmeaustauscher Rauchgase, die durch Verbrennung eines bestimmten Brennstoffes mit bekanntem H/C-Verhältnis in dieser wasserdampfhaltigen Luft entstanden sind. Es wurden deshalb in Rechentafel 8 und 9 Korrekturwerte für Temperatur und Enthalpie für verschiedene Feuchtigkeitsgehalte der Luft und für verschiedene Brennstoffe und Brennstoffmengen angegeben [*28*]. Der Gebrauch aller dieser Tafeln wird noch an einem Beispiel näher erläutert werden. Für weitere Literatur siehe auch [*23*, *24*, *25*, *26*, *27*].

8. Verdichterberechnungsdiagramm für Flugzeugtriebwerke

Um für Flugzeuge einen Verdichter für die verschiedenen Anfangszustände und Höhen rasch überschlägig auslegen zu können, ist noch das Verdichterberechnungsdiagramm, Rechentafel 3a, beigegeben, das allerdings für ein konstantes c_p ausgelegt ist. In diesem Diagramm ist die Abhängigkeit des Verdichterdruckes, der Verdichterendtemperatur und der Antriebsleistung von der adiabatischen Förderhöhe des Verdichters, von der Betriebshöhe, vom Wirkungsgrad und von der Temperatur der angesaugten Luft wiedergegeben. Seine Ermittlung gründet sich auf folgende Rechnungsgänge: Aus der Beziehung für die adiabatische Förderhöhe des Verdichters

$$H_{ad_k} = \frac{\varkappa}{\varkappa - 1} R \cdot T_1 \left[\left(\frac{p_2}{p_1} \right)^{\frac{\varkappa - 1}{\varkappa}} - 1 \right] \tag{135}$$

und den für die internationale Normalatmosphäre (Normaltag: $p = 1{,}033$ kg/cm², $t = 15°$C, $\gamma = 1{,}23$ kg/m³) gültigen Zusammenhängen

$$p_{1-T} = p_{1-0} \left(1 - \frac{6{,}5\, H}{288} \right)^{5{,}26} \tag{136}$$

für die Troposphäre ($H \leqq 11$ km) bzw.

$$p_{1-S} = p_{1-11} \cdot 10^{-\frac{H-11}{14{,}6}} \tag{137}$$

für die Stratosphäre ($H \geqq 11$ km) wird mit $\varkappa = 1{,}4$ für die Troposphäre

$$H_{ad_k} = 102{,}5\,(288 - 6{,}5\,H)\,[0{,}99\, p_2^{0{,}286}\,(1 - 0{,}0226\,H)^{-1{,}504} - 1] \tag{138}$$

und für die Stratosphäre

$$H_{ad_k} = 22\,200 \left[1{,}525\, p_2^{0{,}286} \cdot 10^{\frac{H-11}{51}} - 1 \right]. \tag{139}$$

Diese Werte sind in der Rechentafel 3a auf dem mittleren Teil über der INA-Höhe aufgetragen. Der Berechnung nach den Gl. (138) und (139) entsprechend gelten die in diesem Teil der Tafel angegebenen Zusammenhänge für INA-Temperaturen. Dieser Umstand ist bei Benutzung des Diagramms unbedingt zu beachten. Da es in vielen praktischen Fällen aber erforderlich ist, die Zusammenhänge auch bei anderen Atmosphärentemperaturen als denen der Normalatmosphäre bestimmen zu können, ist auf dem linken Teil des Diagramms die Abhängigkeit der Förderhöhe von der Verdichteransaugetemperatur T_1 aufgetragen. Diese ist nach Gl. (135) eine lineare. Jeder der vom Anfangspunkt des Diagramms T_{1-0} ausgehenden Strahlen stellt einen bestimmten Wert des Druckverhältnisses am Verdichter dar. Außerdem ist in diesem Teil die Endtemperatur und die Antriebsleistung als Funktionen der Ansaugetemperatur und des Druckverhältnisses aufgetragen. Der rechte Teil des Diagrammes gibt die Umrechnung auf einen bestimmten Wirkungsgrad. Mit Hilfe dieser Rechentafeln ist es möglich, für jeden Anfangszustand vor dem Verdichter sofort die Werte nach dem Verdichter sowie dessen Antriebsleistung abzulesen. Besonders nützlich ist diese Tafel für die Berechnung von Flugzeugtriebwerken sowie zur Zurückrechnung von Versuchswerten auf Normalverhältnisse usw. Für verschiedene Flugzustände ist es wichtig, noch den Einfluß des Flugstaues zu erfassen, da bei den heute erreichbaren hohen Fluggeschwindigkeiten dieser eine bedeutende Rolle spielt. Außerdem ist mit der Stauausnutzung auch eine Temperaturerhöhung verbunden, die sich auf den Endzustand nach dem Verdichter auswirkt. Der Zusammenhang zwischen Fluggeschwindigkeit v (m/sek) und den durch den Flugstau hervorgerufenen Zustandsänderungen vor dem Verdichter wird durch folgende Beziehung wiedergegeben.

Die durch den Stau erzeugte adiabatische Förderhöhe ist

$$H_{ad_{Stau}} = \frac{v_2}{2g} \cdot \eta_{ad_{Stau}}. \tag{140}$$

$\eta_{ad_{Stau}}$ ist der Wirkungsgrad mit dem die kinetische Energie des Flugwindes in Druck umgesetzt wird. Die Druckerhöhung vor dem Verdichter durch die Stauausnützung ist vom spezifischen Gewicht der Luft und damit von der Höhe abhängig. Sie beträgt

$$\Delta p_{Stau} = H_{ad_{Stau}} \cdot \gamma_H \; [\mathrm{kg/m^2}] \tag{141}$$

wobei

$$\gamma_H = 1{,}225 \left(1 - \frac{6{,}5\,H}{288}\right)^{4{,}255}. \tag{142}$$

Die durch den Stau hervorgerufene Temperaturerhöhung am Verdichtereintritt ist mit $\varkappa = 1{,}4$

$$\Delta t_{Stau} = \frac{H_{ad_{Stau}}}{\eta_{ad_{Stau}} \cdot 102{,}5} = \frac{v^2}{2012} \; ^\circ\mathrm{C}. \tag{143}$$

Diese Werte sind im Flugstaudiagramm, Rechentafel 3b, dargestellt.

Zur Erläuterung der Anwendung des Verdichterberechnungsdiagramms seien einige Beispiele angeführt, Rechentafel 4a, b, c, d.

a) Reduktion des Verdichterenddruckes auf INA-Verhältnisse.

Bei einem Meßflug sei in einer Höhe H_z bei einer Atmosphärentemperatur T_{1-z} der Druck p_{2-z} gemessen (Punkt 1). Hierfür findet man auf der Temperaturlinie T_{1-H} für die Betriebshöhe H_z das Druckverhältnis $(p_2/p_1)_z$ (Punkt 2). Diesem Druckverhältnis entspricht bei der Temperatur T_{1-z} die adiabatische Förderhöhe H_{ad_k} des Verdichters (Punkt 3). Seine Förderhöhe behält der Verdichter bei Ansaugtemperaturänderungen bei. (Auf Grund von Versuchsergebnissen ist festgestellt worden, daß bei konstanter Verdichterdrehzahl die adiabatische Förderhöhe über dem gesamten Höhenbereich erhalten bleibt, d. h. es erwies sich die adiabatische Förderhöhe des Verdichters als unabhängig vom Druck- und Temperaturniveau der angesaugten Luft. Indessen wurden auch andere Beobachtungen gemacht. Während die Unabhängigkeit der Förderhöhe vom Druckniveau bei konstanter Ansaugtemperatur sich aus Energiegleichungen und Ähnlichkeitsbetrachtungen zwangsläufig ergibt, bewirkt eine Änderung des Temperaturniveaus nicht nur eine Verlagerung der Machschen Zahlen der Verdichterdurchströmung, sondern auch eine Verschiebung des Volumenverhältnisses am Laufrad und damit eine Geschwindigkeitsänderung bei der Durchströmung des Leitrades [*111, 112, 113, 114*]. Auf diese Umstände haben Werner van der Nüll und H. Pfau hingewiesen. Letzterer hat durch Versuche über den Temperatureinfluß auf Förderhöhe und Wirkungsgrad festgestellt, daß Konstanz der Förderhöhe tatsächlich nicht mit Notwendigkeit auftreten muß. Es ergab sich vielmehr bei manchen Verdichterausführungen ein deutlicher Einfluß der Lufttemperatur auf Förderhöhe und Wirkungsgrad. So hat in einem Falle die Ansaugtemperatursenkung von $+15^\circ$ C auf -30° C eine Verminderung der Förderhöhe um 9% bewirkt. In anderen Fällen war der Einfluß geringer oder gar nicht vorhanden. Wesentlichen Anteil an diesen Erscheinungen hat das Leitrad, und es kommt auf dessen Auslegung an, ob eine Temperaturabhängigkeit der Förderhöhe auftritt oder nicht. Für Rechnungen mit der Rechentafel 4 ist es jedoch ohne weiteres zulässig, die Förderhöhe bei Änderung der Ansaugtemperatur als konstant anzunehmen.) Somit findet man für den Wert H_{ad_k} in der Betriebshöhe H_z den zur INA-Temperatur gehörenden Verdichterenddruck p_{2-INA} (Punkt 4).

b) Ermittlung des Verdichterenddruckes, der Endtemperatur und der Leistung für einen Verdichter mit bekannter adiabatischer Förderhöhe und bekanntem Wirkungsgrad bei verschiedener Ansaugtemperatur.

Für den bekannten Wert H_{ad_k} (Punkt 1) liest man bei INA-Verhältnissen den Verdichterenddruck p_{2-INA} für die Betriebshöhe H_z unmittelbar aus dem Diagramm ab (Punkt 2). Das Druckverhältnis unter INA-Bedingungen ist ebenfalls auf der INA-Temperaturlinie T_{1-H} unmittelbar abzulesen: $(p_2/p_1)_{INA}$ (Punkt 3). Bei Sommertemperaturen T_{1-H-S} wird das Druckverhältnis $(p_2/p_1)_S$ (Punkt 4). Dieses Druckverhältnis würde bei dem INA-Temperaturwert T_{1-H} einer Förderhöhe H_{ad-S} (Punkt 5) entsprechen. Man findet für diese in H_z—km den Enddruck p_{2-S} (Punkt 6); in entsprechender Weise erhält man für die Wintertemperatur T_{1-H-W} über die Punkte 7 und 8 den Enddruck p_{2-W} (Punkt 9). Gleichzeitig findet man über die η-Linie die Austrittstemperatur (Punkt 10, 11, 12) und die Antriebsleistung (Punkt 13).

c) Ermittlung des Enddruckes, der Endtemperatur und der Antriebsleistung für einen zweistufigen Verdichter mit Zwischenkühlung.

Die erste Verdichterstufe mit der adiabatischen Förderhöhe H_{ad_k-I} liefert in der Höhe $H_1 = 0$ km bei INA-Verhältnissen (Punkt 1) ein Stufendruckverhältnis $(p_2/p_1)_I$ (Punkt 2). Der Druck nach dieser Stufe entspricht dem in Punkt 3 abzulesenden Druckwert. Mit dem bekannten Druckabfall p_{ZW} im Zwischenkühler ergibt sich der Druck hinter dem Kühler (Punkt 4). Der Luftkühler sei imstande, die verdichtete Luft auf die Temperatur T_{ZW} zu kühlen (Punkt 6). Über diesem Punkt baut sich die adiabatische Förderhöhe H_{ad_k-II} der zweiten Verdichterstufe auf. Sie liefert ein Gesamtdruckverhältnis entsprechend Punkt 7. Dieses Druckverhältnis $(p_2/p_1)_{II}$ entspricht für die INA-Temperatur T_{1-H_1} in diesem Falle einer gesamten adiabatischen Förderhöhe gemäß Punkt 8 und ergibt den Enddruck p_{2-II} in H_1-km Höhe gemäß Punkt 9. Über die η-Linie findet man die Austrittstemperatur T_2 (Punkt 7′) und die Antriebsleistung (Punkt 7″).

Für den Entwurf des Verdichters muß der beschriebene Vorgang, ausgehend von dem vorgesehenen Enddruck p_{2-II} in der Höhe H_1 (Punkt 9) rückwärts verfolgt werden.

d) Einfluß des Flugstaues auf den Verdichterenddruck.

Der nutzbare Flugstau $H_{ad_{Stau}}$ liefert bei INA-Temperatur T_{1-H_1} in der Höhe H. (Punkt 1) ein Druckverhältnis gemäß Punkt 2. Mit der durch den Stau bedingten Temperatursteigerung t_{Stau} ergibt sich eine Ansaugtemperatur vor dem Verdichter entsprechend Punkt 3 (s. dazu Rechentafel 3b). Die Förderhöhe des Verdichters H_{ad_k} bringt ein Druckverhältnis gemäß Punkt 4 zustande. In der vorher beschriebenen Weise findet man über Punkt 5 den Enddruck $p_{2_{Stau}}$ bei Stauausnutzung (Punkt 6).

9. Beispiel zur Handhabung der Rechentafeln

Als Beispiel sei ein einstufiger Kreisprozeß mit Wärmerückgewinn auf seine Kennwerte untersucht:

t_1	$= 20°$ C	Anfangstemperatur
t_3	$= 650°$ C	Turbineneintrittstemperatur
p_1	$= 1$ ata	Anfangsdruck vor Verdichter
p_2	$= 6$ ata	Druck nach Verdichter
ε_B	$= 1{,}5\%$	Brennkammerdruckverlust
ε_{RL}	$= 2\ \%$	Wärmeaustauscherdruckverlust, luftseitig
ε_{RG}	$= 3{,}5\%$	Wärmeaustauscherdruckverlust, gasseitig
η_R	$= 0{,}6$	Rückgewinnungsgrad des Wärmeaustauschers
η_{St}	$= 87\ \%$	Stufenwirkungsgrad der Turbomaschinen
η_B	$= 98\ \%$	Brennkammerwirkungsgrad
η_m	$= 98\ \%$	Mechanischer Wirkungsgrad von Turbine und Kompressor

Brennstoff: Heizöl $H_u = 10\,300$ Kcal/kg bei 20° C.
$H/C = 0{,}15$
Brennstoffeintrittstemperatur: 20° C.

1. Methode. Verwendung der T,s-Diagramme mit den Mittelwerten von $\varkappa$ und c_p.

a) *Verdichtung*

$T_1 = 293°$ K (20° C)
$p_1 = 1$ ata
$p_2 = 6$ ata
$\eta_{St} = 87\%$

gibt $T_2 = 525°$ K (252° C) mit Rechentafel 7a

$T_2 - T_1 = 232°$ C

$\Delta i = c_p \cdot \Delta T = 0{,}243 \cdot 232 = 56{,}4$ kcal/kg

$\Delta i / \eta_m = 56{,}4/0{,}98 = 57{,}55$ kcal/kg

Kompressorleistung = 327,65 PS/kg/sek.

b) Expansion

$T_3 = 923°$ K (650° C)

$p_3 = p_2 \cdot 0{,}965 = 5{,}79$ ata

$p_4 = p_1 \cdot 1{,}035 = 1{,}035$ ata

$\eta_{St} = 87\,\%$

gibt $T_4 = 637°$ K (364° C) mit Rechentafel 7b

$T_3 - T_4 = 286°$ C

$\Delta i = c_p \cdot \Delta T = 0{,}276 \cdot 286 = 79$ kcal/kg

$\Delta i \cdot \eta_m = 79 \cdot 0{,}98 = 77{,}42$

Turbinenleistung = 440,8 PS/kg/sek.

Der Wärmeaustauscher arbeitet zwischen den Temperaturen 637° K und 525° K. Er könnte also theoretisch $c_{pG} \cdot \Delta T$ kcal/kg übertragen. In Wirklichkeit überträgt er aber $c_{pG} \cdot \Delta T \cdot 0{,}6$ kcal/kg und erhitzt damit die Luft.

Es muß also sein $c_{pG} \cdot \Delta T_G \cdot 0{,}6 = c_{pL} \cdot \Delta T_L$

oder $\Delta T_L = c_{pG}/c_{pL}\ \Delta T_G \cdot 0{,}6$

nimmt man vorerst $c_{pG} = c_{pL}$, dann ist

$$\Delta T_L = 0{,}6\ \Delta T_G = 0{,}6 \cdot 112 = 67{,}2°\ \text{C}.$$

Damit ergibt sich in der Brennkammer eine Temperaturdifferenz von

$$T_2 - T_1 = 923 - (525 + 67{,}2) = 330{,}8°\ \text{C}$$

und mit der Rechentafel 6a bei einem T_1 von 592,2° K ein

G_B/G_L von 0,00860, bzw. mit $G_L = 1$ kg/sek ein

G_B von 0,00860 kg/sek. Dieser Wert ist jedoch nur theoretisch.

G_B wirklich $= 0{,}00860/0{,}98 = 0{,}00878$ kg/sek.

Damit wird $G_G = 1{,}00878$ kg/sek und die Turbinenleistung

$N_t = 444{,}67$ PS/kg/sek.

Dadurch ergäbe sich im Wärmeaustauscher ein Wärmerückgewinn von $Q_R = G_G \cdot c_{pG} \cdot \Delta T_G \cdot 0{,}6 = 1{,}00878 \cdot 0{,}276 \cdot 112 \cdot 0{,}6 = 18{,}7$ kcal/kg Luft in der Sekunde bzw. ein ΔT von $18{,}7/0{,}276 = 67{,}8°$ C

und damit eine Brennkammereintrittstemperatur von $525 + 67{,}8 = 592{,}8°$ K und eine Temperatursteigerung von 330,2° C in der Brennkammer. Das ändert aber den Brennstoffverbrauch kaum, so daß

$G_B = 0{,}00878$ kg/sek bleibt.

Damit erhält man

$N_e = 444{,}67 - 327{,}65 = 117$ PS/kg/sek

$$\eta_e = \frac{N_e \cdot 75}{427 \cdot G_B \cdot H_u} = \frac{117 \cdot 75}{427 \cdot 0{,}00878 \cdot 10300} = 22{,}7\,\%$$

$l = 3600/N_e = 30{,}8$ kg/PSh

$$WV = \frac{G_B \cdot H_u \cdot 3600}{N_e} = \frac{0{,}00878 \cdot 10300 \cdot 3600}{117} = 2780\ \text{kcal/PSh}$$

$$b = \frac{G_B \cdot 3600}{N_e} = 270\ \text{g/PSh}$$

$\alpha = N_e/N_t = 0{,}264.$

Würde man dieses Beispiel mit der Rechentafel 5 anstatt mit der mittleren spezifischen Wärme rechnen, dann bekäme man falsche Resultate. Ermittelt man also einen Kreisprozeß mittels der T, s-Tafeln 7a und b, die auf einem Mittelwert der spezifischen Wärme aufgebaut sind, dann darf man den Wärmeinhalt jeweils nur mit dem entsprechenden Mittelwert errechnen und nicht mit Tafel 5. In dem speziellen Fall käme mit Rechentafel 5 folgendes Resultat heraus:

$$N_e = 102 \text{ PS/kg/sek}$$
$$\eta_e = 19{,}8\,\%$$
$$l = 35{,}3 \text{ kg/PSh}$$
$$WV = 3190 \text{ kcal/PSh}$$
$$b = 310 \text{ g/PSh}$$
$$\alpha = 0{,}237.$$

Diese Werte sind sehr verschieden von den mit der mittleren spezifischen Wärme ermittelten.

2. Methode. Zum Vergleich soll nun das gleiche Beispiel an Hand der Polytropentafel, Rechentafel 1, die genaue Resultate liefert, nochmals durchgerechnet werden. Eine Luftfeuchtigkeit von 0,02 kg/kg wird angenommen, doch vorerst zum Vergleich mit trockener Luft gerechnet.

a) *Kompressor*. Werte für trockene Luft:

$$\left.\begin{array}{l} i_1 = 70 \text{ kcal/kg} \\ i_2 = 126 \text{ kcal/kg} \end{array}\right\} \eta_{si} = 87\,\%$$
$$\Delta i_k = 56 \text{ kcal} \qquad \Delta T_k = 232^\circ \text{ C}$$
$$N_k = i_k/0{,}98 \cdot 427/75 = 325 \text{ PS/kg/sek.}$$

b) *Turbine*. Werte für trockene Luft:

$$i_3 = 229 \text{ kcal/kg}$$
$$p_3 = 5{,}79 \text{ ata}$$
$$p_4 = 1{,}035 \text{ ata}$$
$$\eta_{si} = 87\,\%$$
$$t_4 = 348^\circ \text{ C}$$
$$i_4 = 150 \text{ kcal/kg}$$
$$\Delta i_t = 79 \text{ kcal/kg}$$
$$N_t = \Delta i_t \cdot 0{,}98 \cdot 427/75 = 440 \text{ PS/kg/sek.}$$

Für die Korrektur des Δi_t und ΔT_t für Verbrennungsgase eines Brennstoffes H/C = 0,15 ist eine Kenntnis des G_B notwendig. Dies wird vorläufig auf folgende Weise annähernd gefunden

$$G_B = \frac{\Delta i_B}{(H_u - \Delta\lambda^*)\cdot\eta_B} = \frac{88{,}6}{(10300 - 362)\,0{,}98} = 0{,}0091 \text{ kg/sek}$$

wobei $\Delta\lambda^* = 459 - 97 = 362\,\frac{\text{kcal}}{\text{kg}}$ aus Rechentafel 2 (650°C bzw. 20°C).

Im Wärmeaustauscher wird umgesetzt

$$Q_R = (i_4 - i_2)\;0{,}6 = (150 - 126)\cdot 0{,}6 = 14{,}4 \text{ kcal/kg}$$
$$\Delta i_B = 229 - (126 + 14{,}4) = 88{,}6 \text{ kcal/kg}$$
$$\Delta T_{tG} = \Delta T_{tL}\;(1 - K_{EBT}) = 302\;(1 - 0{,}01075) = 299^\circ \text{ C.}$$

K_{EBT} wird aus Rechentafel 9 durch Interpolieren für 923° K und $G_B/G_L = 0{,}0091$ bei einem Druckverhältnis von 5,6 gefunden.

$$\Delta i_{tG} = \Delta i_{tL}\,(1 + K_{EBi}) = 79\;(1 + 0{,}0024) = 79{,}2 \text{ kcal/kg.}$$

K_{EBi} wird ebenfalls wieder durch Interpolieren gefunden. Damit wird die Turbinenleistung

$$N_t = \Delta i_{tG} \cdot 1{,}0091 \cdot 0{,}98 \cdot 427/75 = 446 \text{ PS.}$$

Für den Wärmeaustauscher findet man

$$\eta_R = \frac{i_{6_L} - i_{2_L}}{(i_{5_G} - i_{2_G})\, G_G} = 0{,}6$$

$$\begin{aligned} i_{2_L} &= 126 \\ i_{4_L} &= 150 \\ i_{4_L} - i_{2_L} &= \Delta i_L = 24 \\ \Delta i_G &= \Delta i_L \cdot (1 + K_{WBi}) = 24 \cdot 1{,}011 = 24{,}264. \end{aligned}$$

Damit wird $i_{6_L} = 140{,}7$

$$\begin{aligned} \Delta i_{BL} &= 229 - 140{,}7 = 88{,}3 \\ G_B &= 0{,}009075 \text{ kg/sek} \\ N_t &= 446 \text{ PS/kg/sek} \\ N_e &= 121 \text{ PS/kg/sek} \\ \eta_e &= 22{,}7\,\% \\ l &= 29{,}8 \text{ kg/PSh} \\ WV &= 2780 \text{ kcal/PSh} \\ b &= 270 \text{ g/PSh} \\ \alpha &= 0{,}271. \end{aligned}$$

Diese Resultate zeigen, daß man mit dem T,s-Diagramm 7a und b am genauesten mit der mittleren spezifischen Wärme hinkommt. Obwohl diese T,s-Diagramme mit Mittelwerten aufgestellt sind, also nur Näherungswerte geben, stimmen sie doch ziemlich gut mit dem genauen Verfahren überein.

Zum Abschluß soll nun das vorstehende Beispiel noch für Luftfeuchtigkeit korrigiert werden.

a) *Kompressor*

$$\begin{aligned} \Delta T_{kG} &= \Delta T_{kL}\ (1 - K_{KWT}) = 232 \cdot 0{,}994 = 230{,}6° \text{ C} \\ \Delta i_{kG} &= \Delta i_{kL}\ (1 + K_{KWi}) = 56 \cdot 1{,}0106 = 56{,}6 \text{ kcal/kg} \\ N_k &= \Delta i_{kG}/0{,}98 \cdot 427/75 = 329 \text{ PS/kg/sek.} \end{aligned}$$

b) *Turbine*

$$\begin{aligned} \Delta i_{tG} &= \Delta i_{tL}\ (1 + K_{EWi}) \cdot (1 + K_{EBi}) = 79 \cdot 1{,}0068 \cdot 1{,}0024 = 79{,}73 \text{ kcal/kg} \\ \Delta T_{tG} &= \Delta T_{tL}\ (1 - K_{EWT}) \cdot (1 - K_{EBT}) = 302 \cdot 0{,}9974 \cdot 0{,}98825 = 297° \text{ C} \\ N_t &= 79{,}7 \cdot 0{,}98 \cdot 1{,}009 \cdot 427/75 = 449 \text{ PS/kg/sek.} \end{aligned}$$

c) *Wärmeaustausch*

$$\eta_R = \frac{i_6 - i_2}{(i_4 - i_2) \cdot G_G} = 0{,}6$$

$$\begin{aligned} i_2 &= i_1 + \Delta i_{kG} = 70 + 56{,}6 = 126{,}6 \\ i_4 &= i_3 + \Delta i_{tG} = 229 - 79{,}7 = 149{,}3 \\ i_6 &= 0{,}6 \cdot (149{,}3 - 126{,}6) \cdot 1{,}0091 + 126{,}6 = 140{,}33 \\ G_B &= \Delta i_{BG}/9938 \cdot 0{,}98 = 88{,}67/9938 \cdot 0{,}98 = 0{,}0091 \\ N_e &= 120 \text{ PS/kg/sek} \\ \eta_e &= 22{,}5\,\% \\ l &= 30 \text{ kg/PSh} \\ WV &= 2810 \text{ kcal/PSh} \\ b &= 273 \text{ g/PSh} \\ \alpha &= 0{,}267. \end{aligned}$$

Bei mehrstufigen Prozessen ist zu beachten, daß das Gefälle der Turbine des freilaufenden Kompressoraggregates folgendermaßen gefunden wird: Die Leistung des Kompressors des unabhängig laufenden Satzes ergibt sich aus dem Diagramm. Diese

Leistung muß nun durch den mechanischen Wirkungsgrad dividiert werden, damit hat man dann das $\Delta i_t \cdot \eta_m$ von der Turbine. Man muß also $\Delta i_k/\eta_m$ nochmals durch η_m und außerdem durch das Gasgewicht G_G, das durch die Turbine geht und das gleich ist dem Luftgewicht plus dem Brennstoffgewicht, dividieren, dann ergibt sich Δi_t für 1 kg/sek und damit der Gefälleendpunkt im Diagramm. Dieses Δi_t gilt allerdings nur für trockene Luft. Korrigiert man für Gas, dann muß sein:

$$N_k = N_t$$

$$\frac{427\,\Delta i_{kL}\,(1 + K_{KWi})}{75\,\eta_{m_k}} = G_G \cdot \Delta i_{tL}\,(1 + K_{EWi}) \cdot (1 + K_{EBi}) \cdot \eta_{m_t} \cdot \frac{427}{75}$$

$$\frac{\Delta i_{kL}\,(1 + K_{KWi})}{G_G \cdot \eta_{m_k} \cdot \eta_{m_t} \cdot (1 + K_{EWi}) \cdot (1 + K_{EBi})} = \Delta i_{tL}\,.$$

Damit hat man das Δi_t pro kg Luft in der Sekunde und kann den Gefälleendpunkt im Diagramm ablesen.

V. Der Verdichter

A. Allgemeines

Von den vielen Verdichterbauarten haben sich nur wenige für Gasturbinenanlagen als geeignet erwiesen. Die Gasturbine braucht Verdichter, die große Volumina mit der größtmöglichen Wirtschaftlichkeit auf verhältnismäßig kleine Drücke bringen. Gasturbinenverdichter sollen Maschinen mit hoher Drehzahl sein, die einen kontinuierlichen Strom ölfreier Luft liefern. Diesen Anforderungen genügen am besten die Turboverdichter, und zwar der Radialverdichter für kleinere und der Axialverdichter für mittlere und große Fördermengen. Die Verdrängungsverdichter (Schraubenkolben- und Freikolbenverdichter) haben dagegen bisher nur geringere Verbreitung erlangt.

1. Theoretische Grundlagen

a) Hauptgleichungen. Zur Betrachtung der Wirkungsweise der Turboverdichter sei vom Impulssatz ausgegangen. Er besagt, daß in einem bestimmten begrenzten Gebiet, z. B. einem Verdichterlaufrad, Gleichgewicht besteht zwischen den ein- und austretenden Impulsen und den äußeren Kräften, die auf seine Begrenzung — hier das mit Schaufeln versehene Laufrad — wirken. Der Impuls, das Produkt *Masse mal Geschwindigkeit* ist ein Vektor und als solcher der Größe und Richtung nach bestimmt. Er kann wie eine Kraft in Komponenten zerlegt werden. Analog dem durch eine Kraft und ihren Hebelarm gebildeten Drehmoment kann aus Impuls und Hebelarm ein Impulsmoment gebildet werden. Vom Impulssatz ausgehend, stellte Euler die Impulsmomentengleichung auf. Sie besagt, daß zur Bewegung eines Laufrades ein Drehmoment gleich der Differenz der aus- und eintretenden Impulsmomente erforderlich ist.

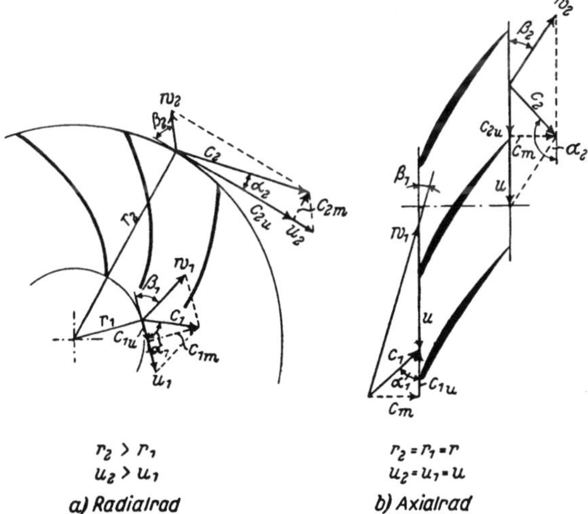

Abb. 56. Beschaufelung und Geschwindigkeitsdreiecke von Radial- und Axialrädern

Unter Hinweis auf das bestehende Fachschrifttum [*52, 53, 56, 109*] seien nun in zusammenfassender Darstellung die Hauptgleichungen der Turboverdichter für die radiale und axiale Bauart einander gegenübergestellt. Hierdurch ist das unterschiedliche Verhalten besser zu erkennen.

In Abb. 56 ist links der Schaufelkanal eines Radialrades und rechts die Abwicklung eines Zylinderschnittes durch das Schaufelgitter eines Axialrades dargestellt. In der Abbildung sind auch die aus Umfangsgeschwindigkeit u, Absolutgeschwindigkeit c und Relativgeschwindigkeit w gebildeten Geschwindigkeitsdreiecke für Ein- und Austritt eingetragen. Die Umfangskomponente der Absolutgeschwindigkeit ist wie üblich mit c_u, die Komponente normal zur Richtung der Umfangsgeschwindigkeit mit c_m bezeichnet. Das Gewicht des sekundlich durchströmenden Mediums ist $G = m \cdot g$.

Beim *Radialrad* ist nun die gesamte durch das Rad strömende Masse

$$m = \frac{G}{g} = \frac{\gamma}{g} \cdot c_m \cdot 2 r \pi \cdot b\,,$$

wobei r ein beliebiger Radius zwischen r_1 und r_2 (Ein- und Austritt) und b die zugehörige Kanalbreite ist.

Mit der Umfangskomponente c_u kann nun das Impulsmoment angegeben werden, und zwar für den Eintritt $I_1 = m \cdot c_{1u} \cdot r_1$ und den Austritt $I_2 = m \cdot c_{2u} \cdot r_2$.

Nach der Eulerschen Impulsmomentengleichung ist dann das Drehmoment des Rades gleich der Differenz der Impulsmomente

$$M_d = I_2 - I_1 = m \cdot (c_{2u} \cdot r_2 - c_{1u} \cdot r_1) \quad [\mathrm{mkg}]\,.$$

Die übertragene Leistung ist dann

$$N = M_d \cdot \omega = m\ (u_2\, c_{2u} - u_1\, c_{1u}) \quad [\mathrm{mkg/sek}] \tag{144}$$

wobei die Winkelgeschwindigkeit $\omega = \frac{u_1}{r_1} = \frac{u_2}{r_2}$ und die übertragene Arbeit in mkg/kg oder auch Förderhöhe in m

$$H = \frac{N}{G} = \frac{1}{g}\,(u_2\, c_{2u} - u_1\, c_{1u}) \quad [\mathrm{mkg/kg}]$$

bzw. nach Umformung mit $u \cdot c_u = u \cdot c \cdot \cos\alpha = \frac{1}{2}\,(c^2 + u^2 - w^2)$

$$H_{radial} = \frac{c_2^2 - c_1^2}{2g} + \frac{u_2^2 - u_1^2}{2g} + \frac{w_1^2 - w_2^2}{2g}\,. \tag{145a}$$

Beim *Axialrad* strömt durch den Zylinderschnitt vom Radius r mit der Stärke dr das Massenteilchen dm. Die gesamte durchströmende Masse ergibt sich aus der Integration zwischen Innen- und Außenradius. Unter der bei ungestörter Zuströmung und kurzer Einlaufstrecke zulässigen Annahme von $c_m =$ konst. über den Radius ist

$$m = \frac{\gamma}{g}\, c_m\, 2\pi \int_{r_i}^{r_a} r\, dr = \frac{\gamma}{g}\, c_m\, \pi\, (r_a^2 - r_i^2)\,.$$

Das Differential des Impulsmomenten-Anstieges ΔI zwischen Ein- und Austritt des Zylinderschnittes vom Radius r ist

$$d\,(\Delta I) = (c_{2u} - c_{1u})\, r\, dm\,.$$

Für die Integration muß nun die c_u-Verteilung über den Radius bekannt sein. Nach einer gebräuchlichen Art der Auslegung sei eine drehungsfreie Strömung (konstanter Drall) mit einer Verteilung $r \cdot c_u =$ konst. angenommen. Damit ergibt sich als Drehmoment des Axialrades

$$M_d = (c_{2u} - c_{1u})\, r \int_{r_i}^{r_a} d\,m = m\, r\, (c_{2u} - c_{1u}) \quad [\mathrm{mkg}]$$

Die übertragene Leistung ist dann

$$N = M_d \cdot \omega = m \cdot u\,(c_{2u} - c_{1u}) \quad [\text{mkg/sek}]$$

wobei die Winkelgeschwindigkeit $\omega = \frac{u}{r}$ und die übertragene Arbeit in mkg/kg oder auch Förderhöhe in m

$$H = \frac{N}{G} = \frac{1}{g}\,u\,(c_{2u} - c_{1u})$$

bzw. nach Umformung mit $u\,c_u = u \cdot c \cdot \cos\alpha = \frac{1}{2}\,(c^2 + u^2 - w^2)$

$$H_{axial} = \frac{c_2^2 - c_1^2}{2g} + \frac{w_1^2 - w_2^2}{2g}. \tag{145b}$$

Zur Erörterung der Gl. (145a) und (145b) sei an die Druckgleichung von Bernoulli erinnert. Sie besagt, daß längs einer Stromlinie die Summe von kinetischer (Strömungs-) und potentieller (Druck-) Energie gleichbleibt. Erhöht sich die Geschwindigkeit, sinkt der statische Druck, fällt die Geschwindigkeit, steigt er an. Das Glied $\frac{c_2^2 - c_1^2}{2g}$ gibt nun die Zunahme der kinetischen Energie im Laufrad durch Erhöhung der Absolutgeschwindigkeit an. Diese kann in einem nachgeschalteten Austrittsleitrad oder Diffusor in potentielle Energie umgewandelt werden. Der Betrag $\frac{w_1^2 - w_2^2}{2g}$ gibt die statische Druckerhöhung im Laufrad an, die durch die Verzögerung der Relativgeschwindigkeit von w_1 auf w_2 eintritt.

Weiters zeigt eine Gegenüberstellung der Gl. (145a) und (145b), daß beim Radialrad die Förderhöhe um das Glied $\frac{u_2^2 - u_1^2}{2g}$ größer ist. Dieser Betrag bedeutet die Zunahme des statischen Druckes im Laufrad wegen der Einwirkung der Zentrifugalkraft auf das Medium im Laufradkanal und fällt beim Axialrad wegen $u_1 = u_2$ weg. Beim Radialrad bildet er den wesentlichsten Teil der Gesamtdruckerhöhung. Er ist unabhängig von den übrigen Geschwindigkeiten und bleibt bei konstanter Drehzahl gleich, unabhängig davon, ob die Durchströmgeschwindigkeit (und damit die Fördermenge) zu- oder abnimmt. Aus diesem Grund muß das Radialrad eine flachere Kennlinie und einen größeren Druckkennwert als das Axialrad haben. Hierauf wird später noch eingegangen.

b) Endliche Schaufelzahl. Beim Verdichter ist man heute ebenso wie bei der Turbine noch meistens darauf angewiesen, die Berechnung in Anlehnung an die schaufelkongruente Strömung, also unter der Annahme unendlicher Schaufelzahl, durchzuführen, weil es andere, für den Ingenieur brauchbare Verfahren gleicher Zuverlässigkeit noch nicht gibt. Während man aber bei der Turbine die Ergebnisse häufig ohne wesentliche Korrektur benutzen kann, ist dies beim Verdichter unzulässig. Man würde nämlich einen viel zu kleinen Wert für H bekommen und mit dem danach gebauten Verdichter die verlangte Förderhöhe nicht erreichen. Der erhebliche Unterschied kann nur von dem endlichen gegenseitigen Abstand der Schaufeln herrühren, der zur Folge hat, daß keine Gleichheit des Strömungszustandes längs eines Parallelkreises vorhanden ist und die Relativströmung nicht die ganze durch die Schaufelwinkel vorgeschriebene Richtungsänderung mitmacht. Bei der Turbine liegt grundsätzlich der gleiche Vorgang vor. Er wirkt sich dort, wie später gezeigt wird, aber weit weniger oder gar nicht aus.

Die Stromlinien inmitten der Strömung zwischen zwei benachbarten Schaufeln sind, wie Pfleiderer *[52]* anschaulich zeigt, nicht schaufelkongruent. Vielmehr verbreitern sich die Stromröhren auf der konkaven Vorderseite der Schaufel und verengen sich auf der konvexen Rückseite, so daß also die Geschwindigkeiten im Kanal auf der Vorderseite zunächst ab-, auf der Rückseite zunehmen und etwa in Schaufelmitte an der Vorderseite ein Überdruck, auf der Rückseite ein Unterdruck herrscht. Der Druckunterschied bedingt die Schaufelkraft, also die Schaufelarbeit. Das tangentiale Zu- und Abströmen hat zur Folge, daß der Druckunterschied auf beiden Schaufelseiten nach den Schaufelspitzen hin verschwindet, also dort die Stromröhren beiderseits gleich breit sind. Längs einer Schaufelteilung sind die Geschwindigkeiten nicht gleichmäßig verteilt, wie bei der schaufelkongruenten Strömung, sondern auf der Rückseite der Schaufel größer als auf deren Vorderseite.

Diejenigen Stromlinien, welche mit der Schaufelkontur zusammenlaufen, werden kurz vor und hinter dem Kanal nach der Schaufelrückseite abgebogen, offenbar infolge der saugenden Wirkung des dort vorhandenen Unterdruckes und der abdrängenden Wirkung des auf der Vorderseite herrschenden Überdruckes. Die Folge ist eine Ablenkung der Stromfäden um die Winkel $\beta_0—\beta_1$ am Eintritt, $\beta_2—\beta_3$ am Austritt (s. S. 93). Am Eintritt ist also der Schaufelwinkel verkleinert und am Austritt vergrößert. Beide Winkeländerungen laufen darauf hinaus, daß die vom Gitter der Strömung aufgezwungene Richtungsänderung $\beta_3—\beta_0$ kleiner ist als die Änderung $\beta_2—\beta_1$ der Schaufelwinkel.

Die Endlichkeit der Schaufelzahl hat also die Folge, daß die Schaufelwinkel am Ein- und Austritt im Sinne einer Vergrößerung der ablenkenden Wirkung, also im Sinne einer Leistungssteigerung gegenüber den unendlich dicht stehenden Schaufeln übertrieben werden müssen. Wird diese Winkelübertreibung nicht verwirklicht, so äußert sich die Endlichkeit der Schaufelzahl in einer Minderleistung gegenüber der Rechnung nach der eindimensionalen Stromfadentheorie.

Die infolge der Zähigkeit des Mediums auf der konvexen Schaufelrückseite auftretenden Toträume bewirken ebenso wie die endliche Dicke des Schaufelendes eine Verengung des Querschnittes, also ein Anwachsen der Austrittsgeschwindigkeit w_2 kurz vor dem Austritt und damit ihrer Meridiankomponente $w_{2m} = w_2 \cdot \sin\beta_2 = c_{2m}$ in gleicher Weise wie ihrer Umfangskomponente w_{2u} gegenüber den bei Strömung ohne Totraum errechneten Werten. Ohne Totraum gilt die Meridiankomponente c_{3m}. Dieser Wert c_{3m} muß sich aber aus Kontinuitätsgründen hinter dem Gitter einstellen, weil dort die Toträume verschwunden sind. Die Umfangskomponente c_{2u} und also auch w_{2u} wird dagegen durch das Aufhören dieser verengenden Einflüsse nach dem Impulssatz nicht verändert. Deshalb muß der Abströmwinkel sich gegenüber dem Schaufelwinkel um $\Delta\beta$ verkleinern. Diese Richtungsänderung bedeutet offenbar beim Verdichtergitter eine Verkleinerung der Ablenkungswirkung, also eine Vergrößerung der Minderleistung gegenüber dem Betrag, wie ihn die dünne Schaufel in der idealen Flüssigkeit herbeiführt. Der Turbinenkanal hat aber entgegengesetzte Krümmung. Dort bedeutet die Winkeländerung $\Delta\beta$ eine Vergrößerung der Ablenkungswirkung im Sinne der Schaufelkrümmung, also eine Mehrleistung.

Es ist also die Tatsache zu verzeichnen, daß die auf der Rückseite der Schaufel auftretende Totraumbildung in der beschleunigten Gitterströmung (Turbine) wie eine Übertreibung der Schaufelwinkel wirkt, während sie in der verzögerten Gitterströmung (Verdichter) die wirksame Winkeländerung verkleinert. Bei Turbinen hebt sie erfahrungsgemäß die Minderleistung der Potentialströmung auf, während sie bei den Verdichtern die Minderleistung verstärkt. Dadurch wird verständlich, warum der Turbinenbau die Folgen der endlichen Schaufelzahl nur bei verhältnismäßig weiter Schaufelteilung oder weitgehender Einschränkung der Toträume durch sehr sorgfältige Ausbildung der Schaufelprofile zu beachten brauchte. Der Verdichterbau mußte sie von Anfang an berücksichtigen, wenn er keine Fehlkonstruktion liefern wollte.

Die Minderleistung infolge Auseinanderstellung der Schaufeln wirkt sich an der Austrittskante dahin aus, daß das Geschwindigkeitsdreieck $A_2B_2C_2$, das für die schaufelkongruente Strömung gilt, übergeht in $A_2'B_2C_2$, Abb. 57a. Dabei liegen die Dreieckspitzen A_2 und A_2' aus Kontinuitätsgründen auf einer Parallelen zu u_2, weil der Förderstrom und damit auch die Meridiankomponente c_{2m} gleich bleiben. Die Minderleistung kommt darin zum Ausdruck, daß die Umfangskomponente um

$$\overline{A_2A_2'} = c_{2u} — c_{2u}'$$

abgenommen hat, bzw. der Schaufelwinkel β_2 um $\beta_2—\beta_2'$ übertrieben ist.

Es ist nun noch zu berücksichtigen, daß diese Strömung durch die endliche Dicke der Schaufeln eingeengt wird. Ist $t_2 = \pi . D_2/z$ die Schaufelteilung, d.h. die Bogenlänge zwischen zwei aufeinanderfolgenden Schaufelspitzen, und σ_2 die in der Umfangsrichtung gemessene Schaufeldicke, Abb. 57b, also

$$\sigma_2 = \frac{s_2}{\sin \beta_2}$$

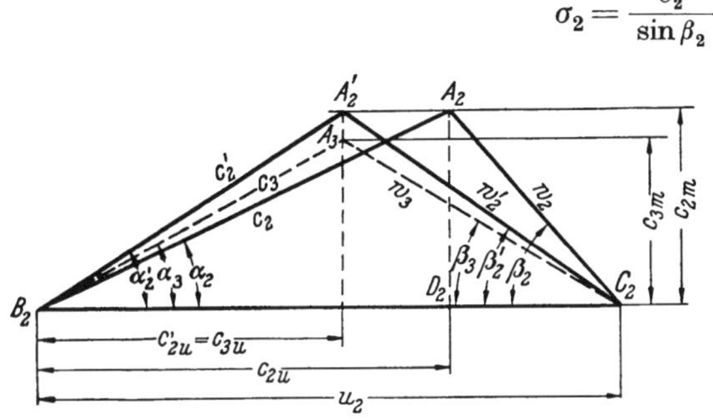

Abb. 57a. Geschwindigkeitsdreiecke für die Austrittskante bei endlicher und unendlicher Schaufelzahl.

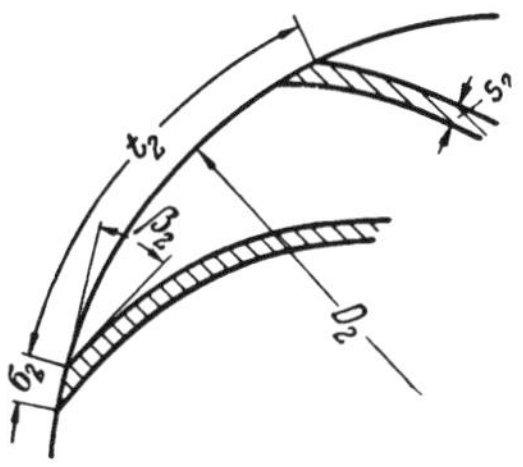

Abb. 57b. Schaufelform an der Austrittskante

wo s_2 die Wandstärke der Schaufel ist, so muß sich die Meridiankomponente c_{2m} außerhalb des Rades verkleinern auf

$$c_{3m} = c_{2m} \frac{t_2 - \sigma_2}{t_2} .$$

Die Umfangskomponente c_{2u}' ändert sich durch das Aufhören der Verengung nicht, so daß $c_{2u}' = c_{3u}$, denn nach Gl. (144) würde eine Änderung von c_u ein Drehmoment verlangen, zu dessen Auftreten an den Schaufelspitzen die Möglichkeit fehlt. Für die Strömung außerhalb des Rades ist also das Dreieck $A_3B_2C_2$ maßgebend, dessen Spitze A_3 senkrecht unter A_2' liegt. Der Übergang beider Strömungszustände verlangt eine gewisse Wegstrecke, die aber im Geschwindigkeitsplan nicht sichtbar ist.

Die gleiche Betrachtung läßt sich für die Eintrittskante anstellen. Nehmen wir einen beliebigen Strömungswinkel $\alpha_0 \neq 90°$ an, und gilt außerhalb des Schaufelkanals das Dreieck $A_0B_1C_1$, Abb. 57c, so geht dieses Dreieck infolge der Schaufelverengung über auf $A_1'B_1C_1$, weil dessen Höhe beträgt

$$c_{1m} = c_{0m} \frac{t_1}{t_1 - \sigma_1}$$

dabei ist mit der Schaufelzahl z sinngemäß $t_1 = \pi . D_1/z$ und $\sigma_1 = \frac{s_1}{\sin \beta_1}$, Abb. 57d.

Die Auseinanderstellung der Schaufeln bedingt, daß die Dreieckspitze A_1' auf der

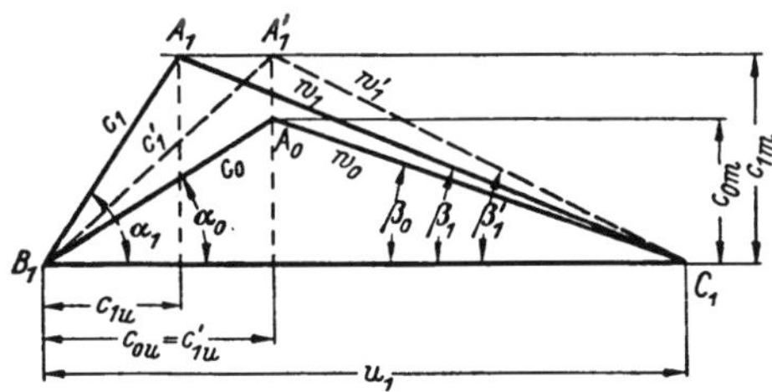

Abb. 57c. Geschwindigkeitsdreiecke für die Eintrittskante bei endlicher und unendlicher Schaufelzahl

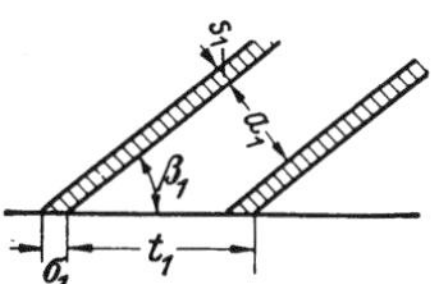

Abb. 57d. Schaufelform an der Eintrittskante

Parallelen zu u_1 nach A_1 wandert, also der Schaufelwinkel sich von β_1' auf β_1 verkleinert, wie dies nach den früheren Überlegungen verlangt werden muß.

c) Thermodynamik. Der oben besprochenen Stufenförderhöhe entspricht bei der Eintragung im i,s- bzw. T,s-Diagramm (s. S. 81) ein Temperaturanstieg $\Delta T_{st} = T_2' - T_1$ in der Stufe von

$$427 \cdot c_p \cdot \Delta T_{St} = \frac{1}{g} \cdot (u_2 c_{2u} - u_1 c_{1u}) \,. \tag{146}$$

Zum Vergleich wird nun als „ideale“ Verdichtung meist die Zustandsänderung nach einer Adiabate herangezogen. Hierbei beträgt die aufzuwendende Verdichtungsarbeit L_{ad} in mkg/kg bzw. adiabatische Förderhöhe H_{ad} in *m* s. S. 83, Gl. (135)

$$L_{ad} = H_{ad} = \frac{\varkappa}{\varkappa - 1} R \cdot T_1 \left[\left(\frac{p_2}{p_1} \right)^{\frac{\varkappa - 1}{\varkappa}} - 1 \right].$$

Bei den im Verdichter auftretenden Verlusten ist zu unterscheiden zwischen den sogenannten *inneren* und den *äußeren* Verlusten. Zur ersten Gruppe, Verluste, die ihre Wärme an die durchströmende Luft abgeben, gehören alle Strömungsverluste in der Beschaufelung und die Spaltverluste der einzelnen Stufen. Diese Verluste werden durch den inneren adiabatischen Wirkungsgrad $\eta_{k_{ad}}$ oder kurz η_k (s. S. 74) erfaßt.

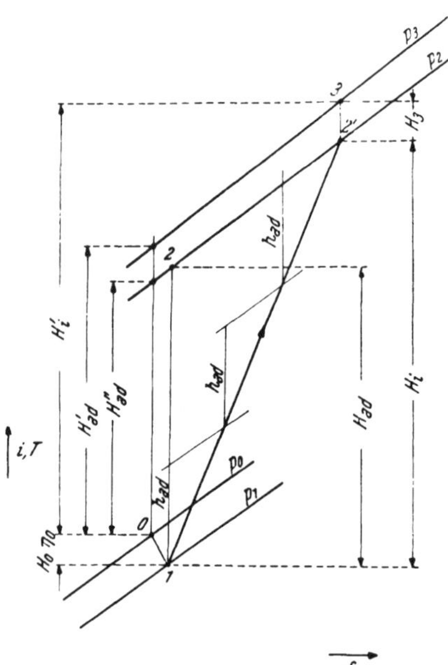

Abb. 58. Mehrstufige Verdichtung im *i*, *s*-Diagramm

Zur zweiten Gruppe, Verluste, deren Wärmeäquivalent nicht an das geförderte Medium abgegeben wird, zählen die Undichtheitsmengen an den Labyrinthdichtungen der Wellen und Ausgleichskolben. Auch die Lagerreibung, die durch den mechanischen Wirkungsgrad η_m ausgedrückt wird, gehört zu dieser Gruppe.

Der Gesamtwirkungsgrad des Verdichters η_e als das Verhältnis von adiabatischer Förderleistung zu zugeführter Leistung an der Kupplung ist somit

$$\eta_e = \eta_k \cdot \eta_m \,. \tag{147}$$

Die Fördermenge am Verdichteraustritt ist um die vorhin erwähnten Labyrinthundichtheitsmengen zu vermindern. Für die wärmetechnische Berechnung selbst ist nur der innere adiabatische Wirkungsgrad $\eta_{k_{ad}}$ maßgebend.

Die Definition des *Wirkungsgrades* bedarf jedoch noch eines Hinweises. Für das thermodynamische Verhalten der Luft ist nur der statische Druck maßgebend, für die aufgenommenen Energien hingegen muß die Erhöhung der Gesamtenergie berücksichtigt werden. Diese Verhältnisse sind aus Abb. 58 ersichtlich. Im Einlauf entsteht eine Geschwindigkeit $c_0 = \sqrt{2g\,H_0\,\eta_0}$ aus dem Gefälle $H_0 \cdot \eta_0$, wobei η_0 der Wirkungsgrad des Einlaufes ist. Hinter dem Verdichter herrscht die Geschwindigkeit c_3, welcher eine Geschwindigkeitshöhe H_3 entspricht.

Der adiabatische Wirkungsgrad der statischen Druckerhöhung von p_1 auf p_2 ist demnach

$$\eta_{k_{ad}} = \frac{H_{ad}}{H_i} = \frac{\left(\frac{p_2}{p_1} \right)^{\frac{\varkappa - 1}{\varkappa}} - 1}{\frac{T_2'}{T_1} - 1} \tag{148}$$

jener der Gesamtdruckerhöhung von p_0 auf p_3 hingegen

$$\eta_{k_{ad}}' = \frac{H_{ad}'}{H_i'}$$

und jener der effektiven Druckerhöhung über den Außendruck von p_0 auf p_2

$$\eta_{k_{ad}}'' = \frac{H_{au}''}{H_i'}$$

H_i' stellt die tatsächlich benötigte Verdichtungsarbeit dar, während für H_i gilt:

$$H_i = H_i' + \frac{c_0^2 - c_3^2}{2g}.$$

Alle drei Wirkungsgrade sind voneinander verschieden, und ihre Unterscheidung ist besonders bei einstufigen Verdichtern wichtig. Bei mehrstufigen Verdichtern haben die Geschwindigkeitshöhen nur geringere Bedeutung. Angenähert gilt dann

$$H_i' \doteq H_i \text{ und } H_{ad}' \doteq H_{ad}.$$

Bei der generellen Angabe von Wirkungsgraden bei Axialverdichtern hat es sich allgemein eingebürgert, den auf die Gesamtdruckerhöhung bezogenen Wert $\eta'_{k_{ad}}$ zu wählen.

Für die Behandlung bestimmter Fragen empfiehlt sich die Verwendung des polytropischen Wirkungsgrades $\eta_{k_{pol}}$. Die Güte der strömungsmäßigen Ausbildung eines Verdichters wird nämlich durch den adiabatischen Wirkungsgrad der einzelnen Stufen η_{St}, also angenähert durch den polytropischen Wirkungsgrad gekennzeichnet (s. S. 77).

Für einen mehrstufigen Verdichter und bei Annahme $\eta'_{k_{ad}} = \eta_{k_{ad}} = \frac{H_{ad}}{H_i}$ wird wegen des Divergierens der Drucklinien im T,s-Diagramm, Abb. 58

$$\Sigma h_{ad} > H_{ad}.$$

Der adiabatische Stufenwirkungsgrad ist

$$\eta_{St} = \frac{\sum\limits_1^n h_{ad}}{H_i}$$

und der polytropische Wirkungsgrad

$$\eta_{k_{pol}} = \frac{\sum\limits_1^\infty h_{ad}}{H_i} = \frac{\varkappa - 1}{\varkappa} \cdot \frac{\ln \frac{p_2}{p_1}}{\ln \frac{T_2'}{T_1}}. \tag{149}$$

Es folgt also unmittelbar

$$\eta_{St} > \eta_{k_{ad}}$$

und

$$\eta_{k_{pol}} \doteq \eta_{St}.$$

Wie Abb. 59a zeigt, wird der adiabatische Wirkungsgrad eines Verdichters trotz gleichen Stufenwirkungsgrades um so niedriger, je größer das Verdichtungsverhältnis ist. Dieser für die Auslegung eines Verdichters wichtige Zusammenhang zwischen η_{St} bzw. $\eta_{k_{pol}}$ und $\eta_{k_{ad}}$ wurde bereits in Abschn. IV, S. 74, Gl. (124) und S. 75, Abb. 53, erläutert. Hiermit im Zusammenhang steht die Erscheinung des *Erhitzungsverlustes* von Verdichtern, dem Gegenstück zum *Wärmerückgewinn* der Turbinen [*53*].

Der Erhitzungsverlustfaktor für unendlich viele Stufen f_∞ kann aus Abb. 59b in Abhängigkeit von Druckverhältnis und Stufenwirkungsgrad entnommen werden. Er wird definiert durch

$$1 + f_\infty = \frac{\eta_{k\,pol}}{\eta_{k_{ad}}}. \tag{150}$$

Hat jedoch der Verdichter nur z Stufen, so wird der Erhitzungsverlustfaktor f

$$f = f_\infty \left(1 - \frac{1}{z}\right) \tag{151}$$

und der adiabatische Verdichterwirkungsgrad

$$\eta_{k_{ad}} = \frac{\eta_{St}}{1 + f}. \tag{152}$$

Ist nun z. B. der Stufenwirkungsgrad $\eta_{St} = 0{,}85$ eines Verdichters mit $z = 6$ Stufen und einem Druckverhältnis $\frac{p_2}{p_1} = 4{,}2$ bekannt, so wird aus Abb. 59b $f_\infty = 0{,}04$ und nach Gl. (151) $f = 0{,}04\left(1 - \frac{1}{6}\right) = 0{,}033$ und hiermit der Verdichterwirkungsgrad nach Gl. (152)

$$\eta_{k_{ad}} = \frac{0{,}85}{1{,}033} = 0{,}823\,.$$

Für unendlich viele Stufen ist $\eta_{k_{ad}}$ aus Abb. 59a für $\frac{p_2}{p_1} = 4{,}2$ und $\eta_{k_{pol}} = 0{,}85$ zu entnehmen, und zwar $\eta_{k_{ad}} = 0{,}818$ oder auch nach Gl. (150) $\frac{0{,}85}{1 + 0{,}04} = 0{,}818$ zu bestimmen.

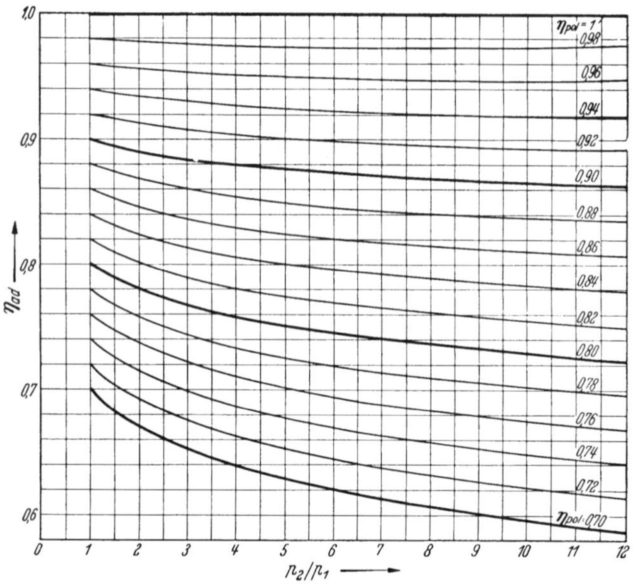

Abb. 59a. Zusammenhang zwischen adiabatischem und polytropischem Wirkungsgrad in Abhängigkeit vom Druckverhältnis

$$\eta_{k_{ad}} = \frac{1 - \left(\frac{p_2}{p_1}\right)^{\frac{\varkappa-1}{\varkappa}}}{1 - \left(\frac{p_2}{p_1}\right)^{\frac{1}{\eta_{k_{pol}}} \cdot \frac{\varkappa-1}{\varkappa}}}, \text{ wobei } \varkappa = 1{,}4$$

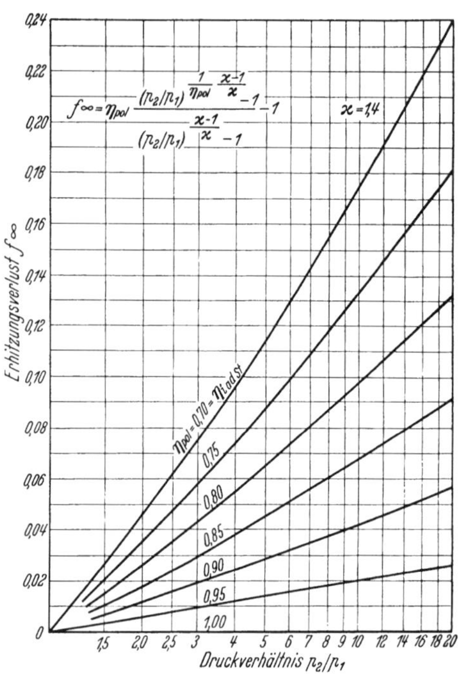

Abb. 59b. Erhitzungsverlustfaktor f_∞ in Abhängigkeit vom Druckverhältnis p_2/p_1 für einen Adiabatenexponenten $\varkappa = 1{,}4$

$f = f_\infty \left(1 - \frac{1}{z}\right)$; z . . . . . Stufenzahl

$$\eta_{k_{ad}} = \frac{\eta_{St}}{1 + f}$$

Bei Kreisprozeßrechnungen wird im allgemeinen eine Abschätzung nach Abb. 59a genügen. Soll jedoch bei einer Verdichterberechnung der Einfluß der Stufenzahl genau erfaßt werden, ist der Erhitzungsverlustfaktor f nach Gl. (151) zu berücksichtigen.

Vorausgesetzt ist hierbei natürlich, daß Stufenwirkungsgrade und Stufenförderhöhen aller Stufen annähernd gleich sind. In besonderen Fällen, wo Förderhöhe und Wirkungsgrad sich von Stufe zu Stufe stark ändern, wird es notwendig, den Endzustand schrittweise durch Aneinanderreihung der einzelnen Stufen zu bestimmen.

Im gekühlten Verdichter, der in radialer Bauart praktische Bedeutung hat, ist der verlustlose Prozeß nicht die bisher berücksichtigte Adiabate, aber auch nicht die Isotherme (weil die Kühlung nie vollkommen sein kann), sondern ein zwischen beiden verlaufender Prozeß. Würde dieser zugrunde gelegt, so würde die Güte der Kühlung im Wirkungsgrad nicht aufscheinen. Deshalb ist es üblich, auch bei der gekühlten Maschine feste Vergleichsprozesse zu wählen. Es kann wie bisher die Adiabate herangezogen werden, wobei die als Vergleichsarbeit dienende Förderhöhe H_{ad} um die durch die Kühlwirkung erzielte Ersparnis zu groß ist und deshalb auch der errechnete adiabatische Wirkungsgrad $\eta_{k_{ad}}$ reichlich groß erscheint.

Meist wird jedoch die Isotherme zugrunde gelegt, wobei die aufzuwendende Verdichtungsarbeit L_{is} in mkg/kg bzw. isotherme Förderhöhe H_{is} in m aus

$$L_{is} = H_{is} = p_1 v_1 \ln \frac{p_2}{p_1} = R T_1 \ln \frac{p_2}{p_1} \tag{153}$$

bestimmt wird. Diese isothermische Förderhöhe ist dann um den durch die Unvollkommenheit der Kühlung bedingten Mehrverbrauch des reibungsfreien Prozesses zu klein. Der erhaltene isothermische Wirkungsgrad $\eta_{k_{is}}$ ist ferner um so kleiner als der adiabatische, je höher die Verdichtung getrieben wird.

2. Ähnlichkeitsbedingungen und Kenngrößen

a) Ähnlichkeitsgesetze. Zwei Strömungssysteme sind ähnlich, wenn sie geometrisch ähnlich sind und die Geschwindigkeiten an entsprechenden Punkten gleiche Richtung aufweisen und sich nur durch einen konstanten Faktor unterscheiden.

Für zwei ähnliche Strömungssysteme, in denen nur Trägheitskräfte wirksam sind, gilt das Newtonsche Ähnlichkeitsgesetz, d. h.

$$\frac{\varrho_2 w_2^2 L_2^2}{\varrho_1 w_1^2 L_1^2} = \text{konst.}$$

Hierbei bedeuten ϱ_1, ϱ_2 entsprechende Dichten, w_1, w_2 entsprechende Geschwindigkeiten und L_1, L_2 entsprechende Längenabmessungen der beiden Systeme.

Bei allen wirklichen Strömungsvorgängen spielt neben den reinen Trägheitskräften auch die durch die Zähigkeit bedingte Reibung eine wesentliche Rolle. Dabei ist es in vielen Fällen nicht nur die unmittelbare Auswirkung dieser Reibung, sondern es kann unter dem Einfluß der Zähigkeitskräfte eine weitgehende Änderung des gesamten Strömungsbildes gegenüber der reibungsfreien Strömung auftreten. Für die durch den Zähigkeitseinfluß hervorgerufenen Kräfte gilt als Verhältnis an zwei geometrisch ähnlichen Körpern die Beziehung

$$\frac{w_2 \cdot L_2 \cdot \eta_2}{w_1 \cdot L_1 \cdot \eta_1} = \text{konst.}$$

wobei η_1, η_2 die entsprechenden dynamischen Zähigkeiten $\left[\frac{\text{kg sek}}{\text{m}^2}\right]$ bedeuten.

Soll nun gleichzeitig auch Ähnlichkeit der Trägheitskräfte nach dem Newtonschen Gesetz bestehen, dann müssen die Konstanten übereinstimmen, d. h.

$$\frac{\varrho_2 \cdot w_2^2 \cdot L_2^2}{\varrho_1 \cdot w_1^2 \cdot L_1^2} = \frac{w_2 \cdot L_2 \cdot \eta_2}{w_1 \cdot L_1 \cdot \eta_1}$$

oder weiter

$$\frac{\varrho_2}{\eta_2} \cdot w_2 \cdot L_2 = \frac{\varrho_1}{\eta_1} \cdot w_1 \cdot L_1 = \text{konst.}$$

Diese Konstante, die das Verhältnis der Trägheitskräfte zu den Zähigkeitskräften im Strömungsmedium angibt, wird als *Reynoldssche Zahl*

$$Re = \frac{w L}{\nu} \tag{154}$$

bezeichnet. Hierbei ist für $\frac{\eta}{\varrho} = \nu$ die kinematische Zähigkeit $\left[\frac{\text{m}^2}{\text{sek}}\right]$ eingesetzt. Die Länge L ist eine das Strömungssystem kennzeichnende Länge, z. B. bei der Rohrströmung der Durchmesser, bei Strömung um ein Schaufelprofil die Profilsehne usw. Die kinematische Zähigkeit kann in Abhängigkeit von Druck und Temperatur aus Abb. 60 entnommen werden.

Ist die Druckerhöhung in einem Verdichter nicht sehr klein gegenüber dem Absolutdruck $\left(\frac{p_2}{p_1} > 1{,}05\right)$, so ist die Dichte an verschiedenen Stellen des Verdichters nicht mehr konstant. Um für zwei Maschinen eine vollkommene Ähnlichkeit der Strömung zu erhalten, muß deshalb auch das Verhältnis der Dichten an entsprechenden Punkten der beiden ähnlichen Systeme dasselbe sein. Für eine vollkommene Ähnlichkeit unter Vernachlässigung der Zähigkeit kann deshalb bei gegebenen Längenverhältnissen die Geschwindigkeit nicht mehr frei gewählt werden, wenn gleiche Stoffkonstanten vorausgesetzt sind. Es gibt nun eine von der Kompressibilität des Mediums abhängende charakteristische Geschwindigkeit, nämlich die Schallgeschwindigkeit

$$w_s = \sqrt{\frac{dp}{d\varrho}} = \sqrt{g \cdot \varkappa \cdot R \cdot T} \tag{155}$$

bzw. für Luft

$$w_s \doteq 20{,}1\sqrt{T}\ ,$$

Damit Ähnlichkeit auch hinsichtlich der Kompressibilität besteht, muß deshalb auch das Verhältnis der Geschwindigkeit an einer beliebigen Stelle zur Schallgeschwindigkeit in beiden Fällen gleich sein. Dieses Verhältnis der Geschwindigkeit zur Schallgeschwindigkeit wird als *Machzahl* bezeichnet.

$$Ma = \frac{w}{w_s}\ . \tag{156}$$

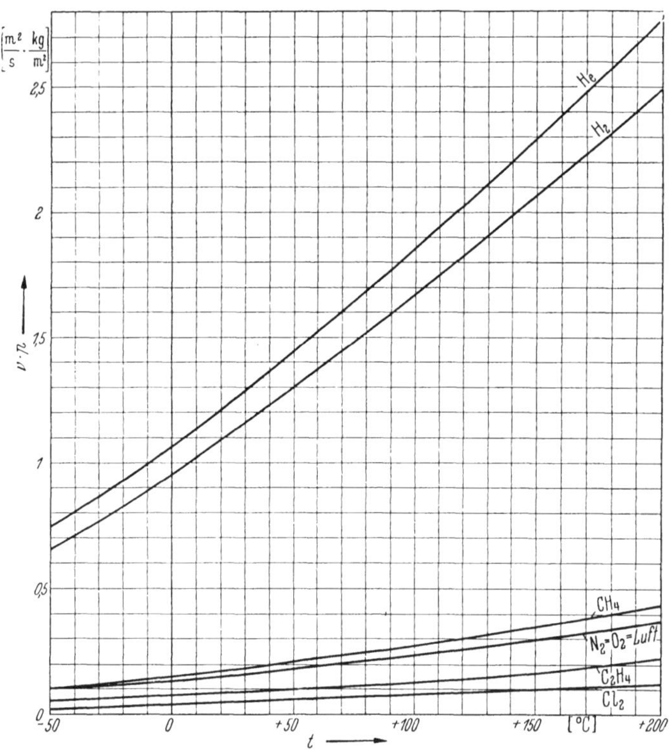

Abb. 60. $(\nu . p)$ in Abhängigkeit von der Temperatur für Luft und einige andere Gase

$\nu \left[\frac{\mathrm{m}^2}{\mathrm{sek}}\right]$; $10^{-4}\,\frac{\mathrm{m}^2}{\mathrm{sek}} = 1\,\mathrm{St} = 100\,\mathrm{cSt}$

Die Erfahrung zeigt, daß der Machzahleinfluß im Bereich kleiner Machzahlen nur geringfügig, dagegen im Bereich hoher Machzahlen erheblich wird. Im allgemeinen ist er bei Axialverdichtern üblicher Ausführung bei Druckverhältnissen bis etwa 1,1 und bei Radialverdichtern bei Druckverhältnissen bis etwa 1,5 unbedeutend.

Wird neben der Gleichheit der Machzahl auch Gleichheit der Reynoldsschen Zahl verlangt, so sind bei gleichen Stoffkonstanten auch die Längenabmessungen eindeutig vorgegeben. Modellversuche mit verändertem Maßstab sind deshalb nur möglich, wenn man die Stoffkonstanten verändert, z. B. indem die Versuche mit verkleinerten Abmessungen in einem anderen Medium oder unter verändertem Druck durchgeführt werden.

Bei gut durchgebildeten Strömungsmaschinen zeigt der Versuch, daß oberhalb einer gewissen Reynoldsschen Zahl ihr Einfluß nur mehr gering ist. Eine weitere Erhöhung der Reynoldsschen Zahl hat dann eine weitere nur mehr kleine Zunahme der Wirkungsgrade zufolge. Aus diesem Grund genügt bei Modellversuchen das Einhalten einer gewissen Reynoldsschen Zahl, wogegen gleiche Machzahl bei Modell- und Großausführung für größere Verdichtungsverhältnisse erforderlich ist.

b) Kennwerte. Wird ein Verdichter mit geänderter Drehzahl betrieben, so ergibt sich im inkompressiblen Bereich, daß das Ansaugvolumen proportional der Drehzahl und die Förderhöhe proportional dem Quadrat der Drehzahl ist. Im Strömungsmaschinenbau ist es üblich, diese Zusammenhänge durch dimensionsfreie Kenngrößen darzustellen [*57*, *58*]. So haben sich zur Kennzeichnung des Betriebsverhaltens besonders der Durchflußkennwert

$$\varphi = \frac{4 \cdot V}{\pi \cdot D^2 \cdot u} \tag{157}$$

und der Druckkennwert

$$\psi = \frac{2g\,H_{ad}}{u^2} \tag{158}$$

eingeführt. Hierbei bedeuten

D Laufradaußendurchmesser in m,
u Umfangsgeschwindigkeit in m/sek,
V Durchfluß in m³/sek,
H_{ad} adiabatische Förderhöhe in m.

Damit ist durch eine einmal rechnerisch oder experimentell ermittelte Abhängigkeit von φ und ψ der Zusammenhang der wirklichen Betriebswerte nicht nur für ein und dasselbe Rad bei verschiedenen Drehzahlen, sondern auch für verschieden große, aber geometrisch ähnliche Läufer bestimmt. In der englischen Literatur wird zur Kennzeichnung der Stufendruckerhöhung oft der Temperaturanstiegskoeffizient $g\dfrac{427 \cdot c_p \cdot \Delta T_{St}}{\frac{1}{2}u^2}$ verwendet. Er geht nach Multiplikation mit dem Stufenwirkungsgrad in den Druckkennwert über:

$$g\frac{427 \cdot c_p \cdot \Delta T_{St}}{\frac{1}{2}u^2} \cdot \eta_{St} = \frac{\Delta P_{St}}{\frac{1}{2}\frac{\gamma}{g}u^2} = \psi\,. \tag{158a}$$

Auch der bei Turbinen sehr gebräuchliche Schnellaufkennwert $\frac{u}{c}$ läßt sich ebenfalls leicht durch ψ ausdrücken:

$$\frac{u}{c} = \frac{u}{\sqrt{2g\,H_{ad}}} = \frac{1}{\sqrt{\psi}}\,. \tag{158b}$$

Sind nun z. B. für Entwurfsarbeiten Förderhöhe und Durchsatz vorgeschrieben, Durchmesser und Drehzahl der Maschine aber noch zu bestimmen, so bedient man sich mit Vorteil der Kennwerte für Drehzahl und Durchmesser.

Als Drehzahlkennwert wird der Ausdruck

$$\sigma = \frac{2\sqrt{\pi}}{60}(2g\,H_{ad})^{-\frac{3}{4}} \cdot V^{\frac{1}{2}} \cdot n = 0{,}00633 \cdot n \cdot \frac{\sqrt{V}}{H_{ad}^{\frac{3}{4}}} \tag{159}$$

und als Durchmesserkennwert

$$\delta = \frac{\sqrt{\pi}}{2}(2gH_{ad})^{\frac{1}{4}} \cdot V^{-\frac{1}{2}} \cdot D = 1{,}865 \cdot D \cdot \frac{H_{ad}^{\frac{1}{4}}}{\sqrt{V}} \tag{160}$$

bezeichnet. Es gelten die gleichen Bezeichnungen wie für Gl. (157) und (158). Die Laufraddrehzahl n in U/min kommt hinzu.

Als reduzierte Werte für die Drehzahl sind auch noch die nicht dimensionsfreien spezifischen Drehzahlen $n_s = \dfrac{n \cdot N^{\frac{1}{2}}}{H_{ad}^{\frac{5}{4}}}$ im Wasserturbinenbau und $n_q = \dfrac{n\,V^{\frac{1}{2}}}{H_{ad}^{\frac{3}{4}}}$ im Ventilatorbau verbreitet. Hierin bedeutet neben den oben genannten Größen N die Wellenleistung in PS.

Die spezifische Drehzahl n_s kann nach Einsetzen für $N = \frac{\gamma \cdot H \cdot V}{75}$ und mit $\gamma = 1000$ kg/m³ für Wasser in σ umgerechnet werden. Es ist dann

$$\frac{n_s}{576} = \sigma \text{ und weil } n_s = 3.65\, n_q$$

auch

$$\frac{n_q}{157{,}8} = \sigma\,.$$

In Abb. 61 sind nun Druckkennwerte ψ und Durchflußkennwerte φ für eine größere Zahl von einstufigen Axial-, Diagonal- und Radialverdichtern zusammengestellt. Man erkennt, daß jeder Bauart ein mehr oder weniger großer Bereich zukommt, wie es der verschiedenen Aufgabenstellung entspricht. Durch einen Übergang auf die Mehrstufigkeit und durch die Anordnung doppelflutiger Maschinen lassen sich die Arbeitsbereiche erheblich ausdehnen (s. auch S. 107).

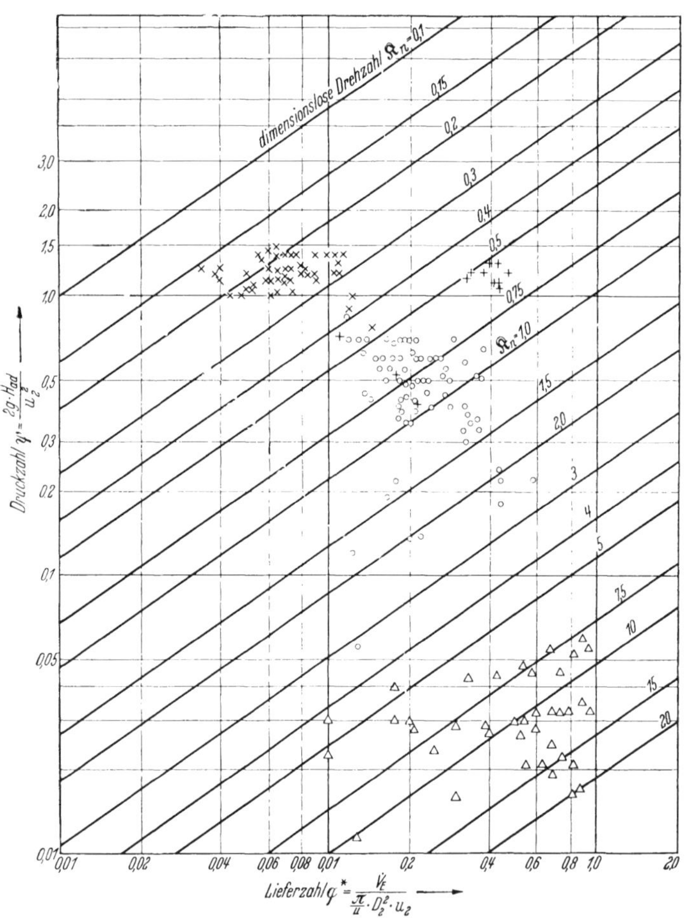

Abb. 61. Druckkennwerte ψ, Durchflußkennwerte φ und Drehzahlkennwerte σ für verschiedene einstufige Strömungsarbeitsmaschinen nach ECKERT [53]

○ Axialverdichter
+ Diagonalverdichter
× Radialverdichter
△ Luftschrauben

Abb. 62 zeigt nun zur Veranschaulichung ein doppeltlogarithmisches σ, δ-Schaubild [58] für einstufige Axial- und Radialgebläse. Im oberen Teil ($\sigma > 0{,}4$) wurden die Wirkungsgradkurven als Schichtendiagramm eingetragen. Bei dieser Darstellung sind die Linien konstanter Druckkennwerte Gerade unter 45° Neigung. Sind Förderhöhe und Durchsatz gegeben, so besteht nach Gl. (159) und (160) ein unveränderliches Verhältnis zwischen Durchmesser und Drehzahl einerseits und ihren dimensionslosen Werten andererseits. Ordinate und Abszisse können für diesen Fall in wirkliche Werte umgerechnet werden. Man ist so auf einfache Weise in der Lage, zu einer gegebenen Drehzahl den Durchmesser für besten Wirkungsgrad zu ermitteln. Umgekehrt kann ein Schichtendiagramm aber auch angeben, ob und wie weit durch Nebenbedingungen (Festigkeit Fertigung u. a.) notwendige Abweichungen vom Optimum noch zulässig sind.

Für Radialgebläse fallen die möglichen Betriebspunkte ($\sigma <$ rund 0,6) wesentlich näher zusammen, so daß die Wirkungsgradlinien nicht angegeben werden können. Bei den Axialmaschinen ($\sigma >$ rund 0,6) fällt die gute Übereinstimmung der Lage der Arbeitspunkte mit dem Gebiet besten Wirkungsgrades auf. Von hier gehen die Arbeitspunkte stetig in das zwischen den Linien $\psi = 0{,}8$ und $\psi = 1{,}5$ liegende Gebiet der Radialmaschinen über. Das in der Mitte befindliche Gebiet (rund $0{,}35 < \sigma <$ rund 0,7) entspricht den räumlich gekrümmten Schaufeln (Diagonalläufer). Diese Räder eignen sich aus Festigkeitsgründen auch für sehr hohe Umfangsgeschwindigkeiten (s. S. 160). Rasch laufende Radialgebläse haben aus Festigkeitsgründen meist radiale Schaufeln und werden darüber hinaus für möglichst hohe ψ-Werte entwickelt. Für $\sigma < 0{,}1$ werden die Schaufelkanäle so niedrig, daß nur mehr selten Räder für dieses Gebiet konstruiert werden.

Dies geht auch aus Abb. 63 hervor. Hier wurden von vielen ausgeführten Maschinen für den Betriebspunkt besten Wirkungsgrades die Durchmesserkennwerte berechnet [*60*] und in Abhängigkeit von σ aufgetragen. Die ausgezogene Kurve läßt sich verhältnismäßig zwanglos durch diese Werte legen und zeigt deutlich die starke Abnahme von δ bei größeren Werten von σ.

In Abb. 64 ist nun der Drehzahlkennwert δ als Parameter im σ, ψ-Koordinatensystem dargestellt. Eine entsprechende Auftragung mit $\sigma, \frac{u}{c}$-Koordinaten zeigt Abb. 65. Mit den beiden Größen σ und δ können aus den Diagrammen Abb. 63 und Abb. 64 für Verdichter Richtwerte für den Druckkennwert ψ und aus Abb. 63 und Abb. 65 für Turbinen Richtwerte für $\frac{u}{c}$ bestimmt werden.

Es sei noch erwähnt, daß in den Diagrammen die Streuungen naturgemäß groß werden, wenn σ groß ist. Dennoch sind diese Größen als Richtwerte für Angebotsentwürfe zu benutzen.

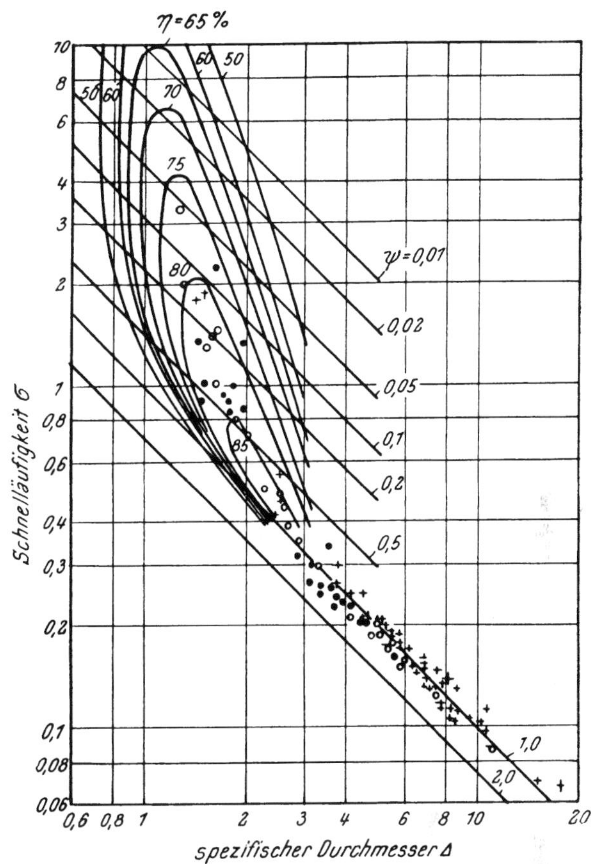

Abb. 62. σ-δ-Schaubild für einstufige Axial- und Radialgebläse nach CORDIER [*58*]
○ Lüfter (p_2/p_1 < etwa 1,1)
● Gebläse (p_2/p_1 > etwa 1,1)
Eingetragene + gelten für Pumpen

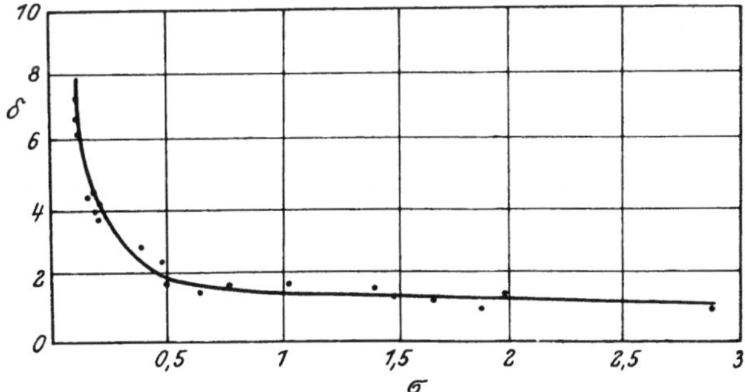

Abb. 63. Durchmesserkennwert δ in Abhängigkeit vom Drehzahlkennwert σ

3. Kennlinien und Kennfelder

Für die Beurteilung einer Verdichterbauart ist es auch wichtig, den Verlauf der Kennlinien zu betrachten. Wie schon früher erwähnt, muß das Radialrad eine flachere Kennlinie haben, weil unabhängig von der Durchflußmenge der in der Gesamtdruckerzeugung des Radialverdichters durch die Zentrifugalkraft hervorgerufene Anteil an statischer Druckerhöhung seine Größe beibehält.

In Abb. 66 ist nun dieser grundsätzliche Unterschied des Kennlinienverlaufes der einzelnen Verdichterbauarten dargestellt [*59a*]. Die Linien konstanter Drosselung a, b, c, d geben in ihren Schnittpunkten mit diesen Kennlinien die jeweils möglichen Betriebsverhältnisse an. Der Radialverdichter hat eine flache Kennlinie mit breitem Arbeitsbereich, d. h. auch bei konstanter Drehzahl kann ein kleinerer Durchsatz gut eingeregelt werden. Die steil verlaufende Kennlinie des Axialverdichters läßt erkennen, daß für die Einhaltung geänderter Betriebsverhältnisse im wesentlichen nur eine Drehzahländerung in Frage kommt (s. S. 415).

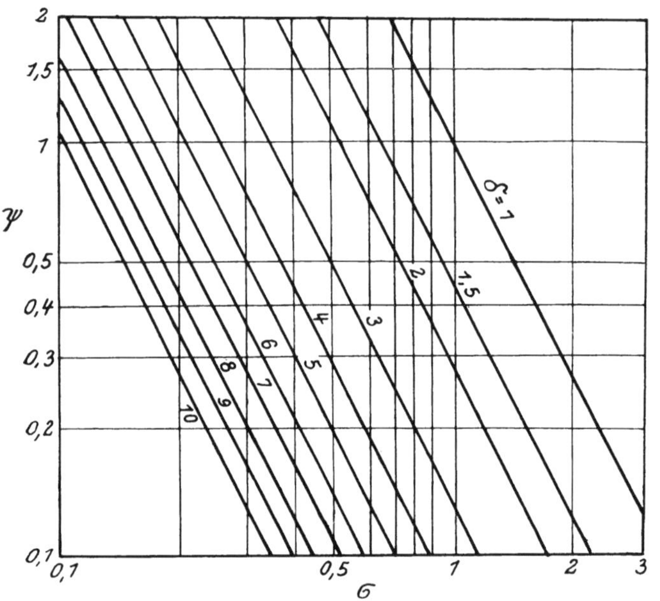

Abb. 64. Durchmesserkennwert δ in Abhängigkeit von σ und ψ

$$\delta = \frac{1}{\sigma\sqrt{\psi}}$$

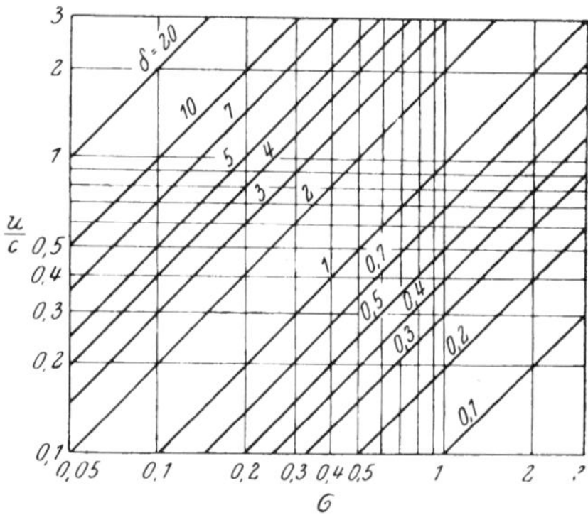

Abb. 65. Durchmesserkennwert δ in Abhängigkeit von σ und $\frac{u}{c}$

$$\delta = \frac{\frac{u}{c}}{\sigma}$$

Die gestrichelte Kennlinie des Überschallverdichters deutet die mögliche zukünftige Entwicklung an. Wird nämlich bei Erhöhung der Zuströmungsgeschwindigkeit die Schallgeschwindigkeit des Mediums überschritten, so kann das Medium plötzlich in einem „Verdichtungsstoß" seinen Druck und seine Temperatur erhöhen und mit entsprechend verkleinertem Volumen auf eine Strömung mit Unterschallgeschwindigkeit übergehen. Dieser Verdichtungsvorgang ist mit einem Stoßverlust und einer Entropievermehrung verbunden. Bei mäßigen Überschallgeschwindigkeiten ist dieser Verlust aber außerordentlich gering. Es müßte also möglich sein, einen solchen Verdichtungsstoß in einem mit Überschallgeschwindigkeit angeströmten Axialrad mit gutem Wirkungsgrad zur Druckerhöhung auszunutzen. In einigen Forschungsinstituten angestellte Modellversuche haben diese Annahme bestätigt. Wegen der hohen Strömungsgeschwindigkeiten würde ein solcher Verdichter sehr kleine Abmessungen erhalten. Der Überschallgeschwindigkeit im Flügelrad entspricht ein überkritisches Druckverhältnis, ähnlich wie bei der Laval-Düse. Daraus folgt, daß bei dieser Bauart bei festgelegtem freiem Durchgangsquerschnitt stets ein unverändertes Volumen durch das Rad strömt, das sich aus der zur Eintrittstemperatur des Mediums gehörenden Schallgeschwindigkeit und dem engsten Durchflußquerschnitt ergibt. Die hinter diesem Querschnitt bei Überschallgeschwindigkeit verlaufenden Strömungsvorgänge ergeben wohl eine mehr oder weniger hohe Überschallströmung und einen entsprechend hohen Verdichtungsstoß, das Durchflußvolumen bleibt dabei aber unverändert. Die Kennlinie des Überschallverdichters ergibt also eine Senkrechte, wenn man die Förderhöhe über dem Ansaugevolumen aufträgt. Der bei der Verdichtung zu erwartende größte Druckanstieg hängt von der Höhe der Überschallströmung ab, deren kinetische Energie ausreichen muß, die erforderliche Stärke des Verdichtungsstoßes zur Überwindung des Gegendruckes aufzubringen. Diese Grenze dürfte aber ziemlich hoch liegen und könnte daher beim Betrieb eines solchen Verdichters eine erhebliche Druckreserve ergeben.

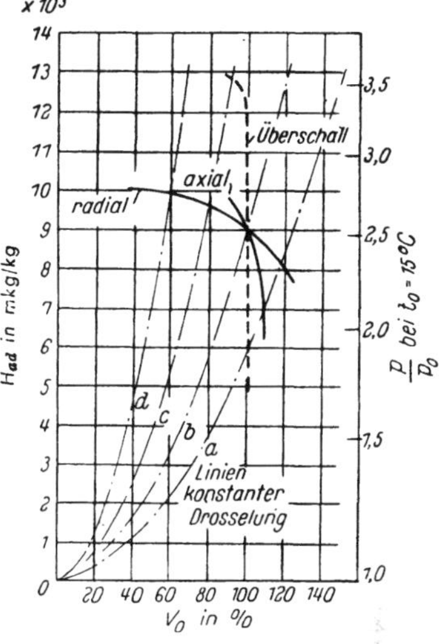

Abb. 66. Verlauf der Druck-Volumenkennlinie bei Radial- und Axialverdichtern

Die Verdichter der im offenen und halbgeschlossenen Kreislauf arbeitenden Anlagen unterliegen den Schwankungen der Außenlufttemperatur, die ihre Leistung beeinflussen.

Das Fördervolumen

$$V_1 = F_1 \cdot c_{1m} \quad [\mathrm{m^3/sek}]$$

bleibt bei gleicher Drehzahl des Verdichters unverändert. Bei gleichem Außendruck p_1 wird das Durchsatzgewicht

$$G = \frac{konst.}{T_1} \quad [\mathrm{kg/sek}].$$

Auch das Druckverhältnis und der Verdichtungsenddruck ändern sich mit der Außenlufttemperatur.

Da die Förderhöhe

$$H_{ad} = \int \frac{d\,P}{\gamma} = \Sigma \psi \frac{u^2}{2\,g} = \frac{\varkappa}{\varkappa - 1} R\, T_1 \left[\left(\frac{p_2}{p_1} \right)^{\frac{\varkappa - 1}{\varkappa}} - 1 \right]$$

bei gleicher Drehzahl unverändert bleibt, besteht ein eindeutiger Zusammenhang zwischen dem Druckverhältnis p_2/p_1 und T_1. Die Abb. 67a und b veranschaulichen den merkbaren Abfall von Druckverhältnis und Luftdurchsatzmenge bei einer Erhöhung der Außenlufttemperatur [*142*].

Mit steigender Ansaugetemperatur verschieben sich also die Kennlinien der Verdichter, wie Abb. 68 zeigt, zu kleineren Drücken hin. Die Ansaugemenge

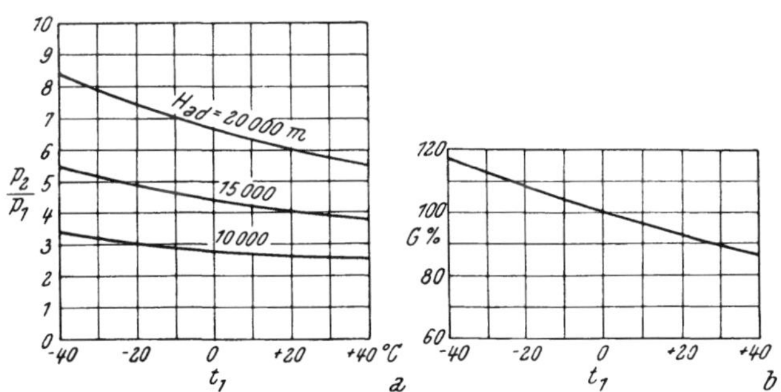

Abb. 67. *a* Abhängigkeit des Verdichtungsdruckverhältnisses von der Luftansaugetemperatur
b Abhängigkeit des Luftdurchsatzgewichtes von der Luftansaugetemperatur

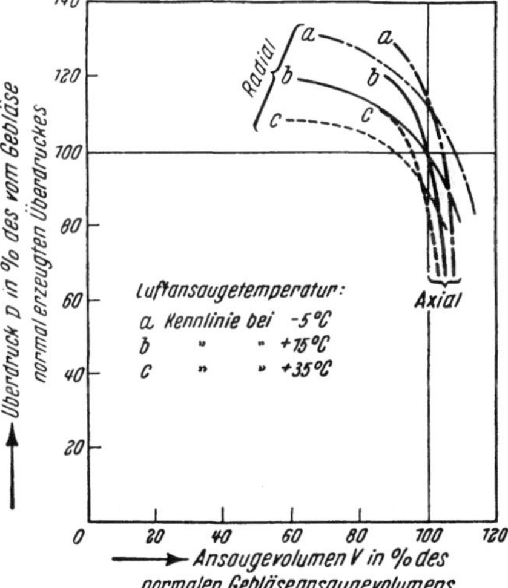

Abb. 68. Kennlinien eines Axialgebläses und eines Radialgebläses bei gleichbleibender Drehzahl, aber veränderlicher Luftansaugetemperatur

des Axialgebläses geht dabei bei gleichem Druck mit steigender Lufteintrittstemperatur weniger zurück als die des Radialgebläses mit flacherer Kennlinie.

Bei einem Vergleich der Verdichterbauarten ist auch der Wirkungsgrad von Bedeutung. Im allgemeinen ist der adiabatische Wirkungsgrad des Axialgebläses, wie auch aus Abb. 69 entnommen werden kann, um etwa 5 bis 8 Punkte besser [*59b*] als der des Radialgebläses.

Dies ist auf die komplizierten Luftwege der mehrstufigen Radialverdichter zurückzuführen. In neuerer Zeit ist es jedoch durch die Anwendung von Geradstutzendiffusoren (s. S. 194) gelungen, den Wirkungsgrad des Radialverdichters an den des Axialverdichters heranzubringen.

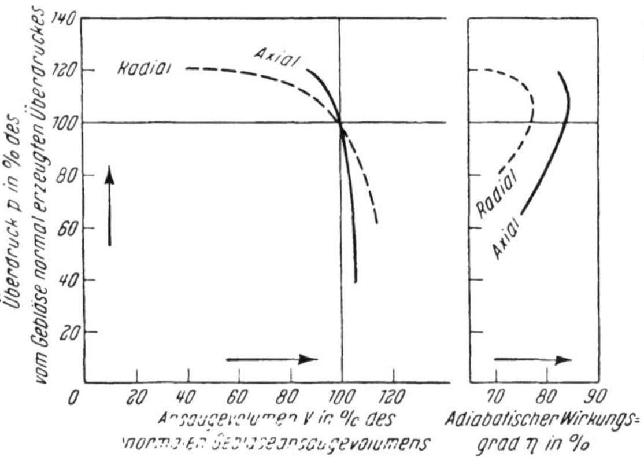

Abb. 69. Kennlinie eines Axialgebläses und eines Radialgebläses und Wirkungsgrad in Abhängigkeit vom Überdruck bei gleichbleibender Drehzahl

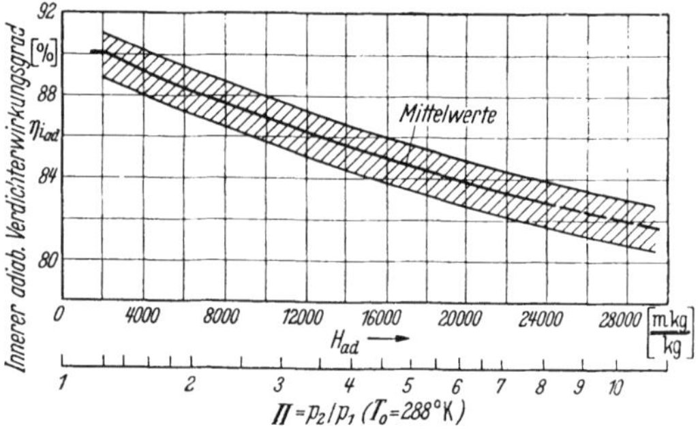

Abb. 70. Adiabatische Wirkungsgrade von Axialverdichtern in Abhängigkeit von der Förderhöhe H_{ad} bzw. vom Druckverhältnis p_2/p_1

Anhaltspunkte für heute mit Axialverdichtern erreichbare adiabatische Wirkungsgrade in Abhängigkeit von der Förderhöhe liefert Abb. 70. Die eingezeichnete Linie gibt Mittelwerte nach [*53*] an, während die Kurve des adiabatischen Wirkungsgrades für einen konstanten Stufenwirkungsgrad von $\eta_{st} = 0{,}87$ (s. S. 409) bis $p_2/p_1 < 8$ unterhalb liegt.

Bei der Angabe von Wirkungsgraden für Radialverdichter ist zwischen ungekühlten und gekühlten Maschinen zu unterscheiden. In Abb. 71 sind adiabatische Wirkungsgrade von ungekühlten Radialverdichtern insbesondere für Flugtriebwerke eingetragen. Beim Vergleich der Kurven kann man deutlich die in den Jahren 1939 bis 1945 erfolgte Weiter-

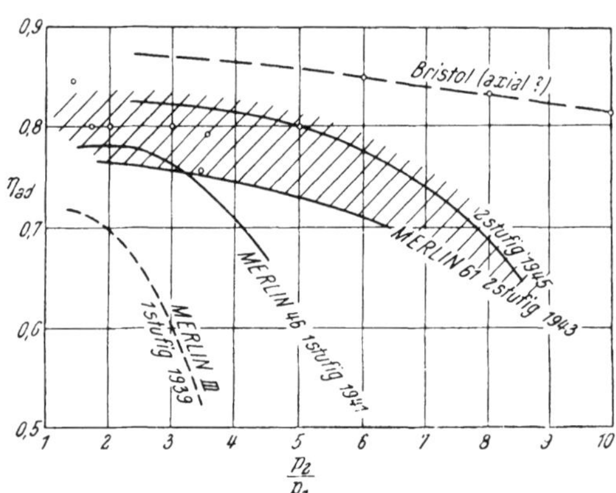

Abb. 71. Adiabatische Wirkungsgrade von Radialverdichtern für Flugtriebwerke in Abhängigkeit von der Förderhöhe

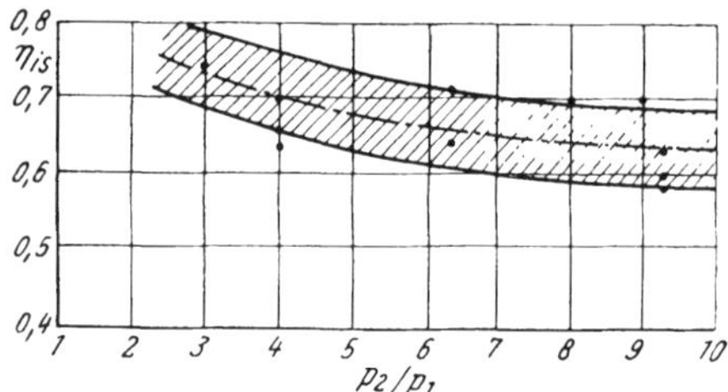

Abb. 72. Isothermische Wirkungsgrade von gekühlten Radialverdichtern in Abhängigkeit von der Förderhöhe (Kühlwassertemperatur 15° C)

entwicklung erkennen. Auch ein moderner axialer Triebwerksverdichter (Bristol) ist strichliert eingetragen. Bei den gekühlten Radialverdichtern ist ein Vergleich ohne genaue Kenntnis der Kühlwassereintrittstemperatur, des Einflusses der unvollkommenen Rückkühlung, der Kühlerzahl usw. schwieriger. Die in Abb. 72 zusammengestellten isothermischen Wirkungsgrade von gekühlten Radialverdichtern können als Richtwerte gelten.

Um nun das Zusammenarbeiten mit der Turbine richtig beurteilen zu können, werden die Verdichterkennlinien zu Kennfeldern zusammengefaßt. In Abb. 73 sind zum Vergleich die Kennfelder eines Axial-, Radial- und Schraubenkolbenverdichters gegenübergestellt. Abb. 73a zeigt das Kennfeld eines Axialverdichters für ein Druckverhältnis von 4,0 und einen adiabatischen Wirkungsgrad von 84 % im Auslegungspunkt. Für den

Betrieb mit Turbine sind die Arbeitslinien für konstante Drehzahl $n/\sqrt{T_1}$ und für veränderliche Drehzahl eingetragen (s. S. 421). Ebenso sind die Linien gleichen Temperaturanstieges im Verdichter $\Delta T_k/T_1$ eingezeichnet, wobei T_1 die Lufteintrittstemperatur und ΔT_k den Temperaturanstieg im Verdichter bedeutet.

In Abb. 73b ist das Kennfeld eines Radialverdichters für ein Auslegungsdruckverhältnis von 4,25 und einen adiabatischen Wirkungsgrad von 75 % eingetragen. Man erkennt deutlich, daß die Lage der Arbeitslinie für veränderliche Drehzahl, verglichen mit Abb. 73a, beträchtlich von der Pumpgrenze weggerückt ist.

Abb. 73c zeigt schließlich das Kennfeld eines Lysholm-Schraubenverdichters der Elliott-Schiffsgasturbinenanlage (s. auch S. 677). Das Druckverhältnis im Auslegungspunkt ist 2,55 der adiabatische Wirkungsgrad 83 %. Die Verdrängerbauart hat im Gegensatz zu den beiden anderen Typen, bei denen der Druck eine Funktion der Drehzahl und die Fördermenge bei jeder Drehzahl beschränkt ist, ein der Drehzahl proportionales Durchsatzvolumen. Sie kann bei jeder Drehzahl jeden Druck bis zum Auslegungsdruck liefern. Die flache Neigung der Längsachse der strichliert eingetragenen Muschelkurven für gleichen adiabatischen Wirkungsgrad zeigt, wie gering sich der Wirkungsgrad mit der Fördermenge ändert. Im Gegensatz zum Axial- und Radialverdichter gibt es keine instabilen Betriebszustände, keine Pumpgrenze.

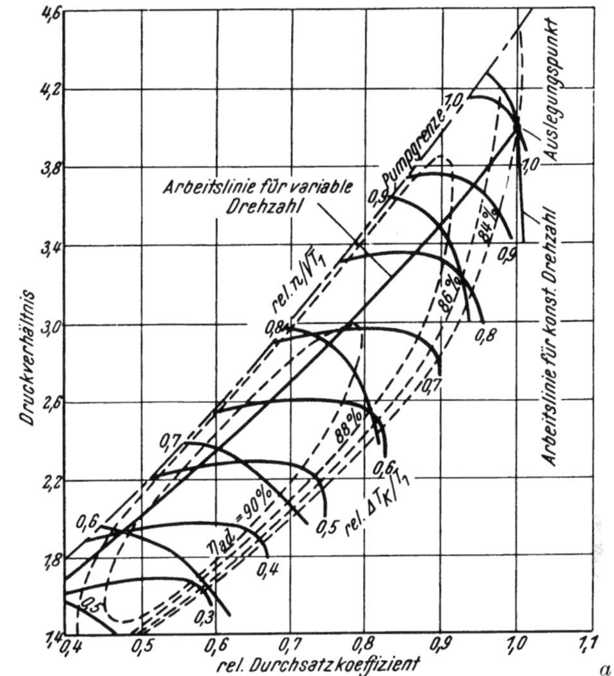

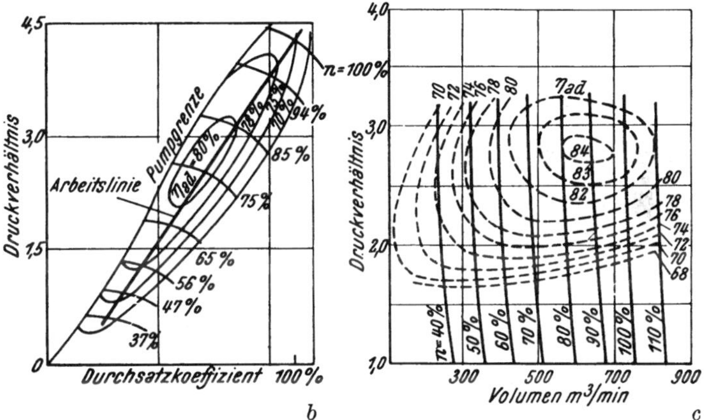

Abb. 73. *a* Axialverdichterkennfeld mit Verlauf der Arbeitslinien für konstante und veränderliche Drehzahl. $p_2/p_1 = 4{,}0$, $\eta_{ad} = 84\ \%$
b Radialverdichterkennfeld mit Verlauf der Arbeitslinie für veränderliche Drehzahl. $p_2/p_1 = 4{,}25$, $\eta_{ad} = 75\ \%$
c Schraubenverdichterkennfeld (Doppelgehäusiger Niederdruckverdichter der Elliott-Schiffsanlage). $p_2/p_1 = 2{,}55$, $\eta_{ad} = 83\ \%$, $V_1 = 355$ m³/min ($2 \times 355 = 710$), s. Tab. 15

4. Auswahl der Bauart

Im Strömungsmaschinenbau liegt stets die Aufgabe vor, für gegebene oder berechenbare Angaben von Förderhöhe und Durchsatz die geeignete Maschine auszuwählen und zu bemessen. Ein Entschluß zur Verwirklichung dieser oder jener Bauart wird Vorüberlegungen verlangen. Wie aus den bisherigen Ausführungen über den Drehzahlkennwert σ folgt, ist mit der adiabatischen Förderhöhe und dem Ansaugevolumen sowohl beim Axial- wie beim Radialverdichter ein gewisser Drehzahlbereich festgelegt, innerhalb dessen man bleiben muß, wenn eine Maschine mit günstigem Wirkungsgrad verwirklicht werden soll. Durch Erhöhung der Stufenzahl besteht zwar die Möglichkeit, die Antriebsdrehzahl zu senken, durch doppelflutige Bauweise die Verdichterdrehzahl zu steigern. Aus Gründen des Bauaufwandes und damit des Verdichterpreises ist jedoch auch eine Steigerung der Stufenzahl und ebenso die Doppelflutigkeit nur innerhalb gewisser Grenzen technisch vertretbar.

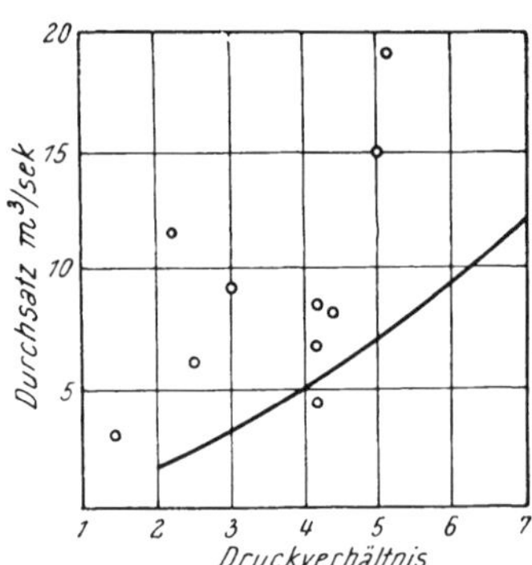

Abb. 74. Untere Grenze des Durchsatzes von Axialverdichtern für Industriegasturbinen in Abhängigkeit vom Druckverhältnis

Als Verdichter für Gasturbinenanlagen hat sich heute vor allem der Axialverdichter durchgesetzt. Er eignet sich besonders für mittlere und größere Fördermengen. Sind nun z. B. für eine projektierte Gasturbinenanlage Druckverhältnis und Durchsatz aus der Kreisprozeßrechnung (s. S. 85) gegeben, so kann an Hand von Abb. 74 leicht abgeschätzt werden, ob ein Axialverdichter für die vorgesehene An-

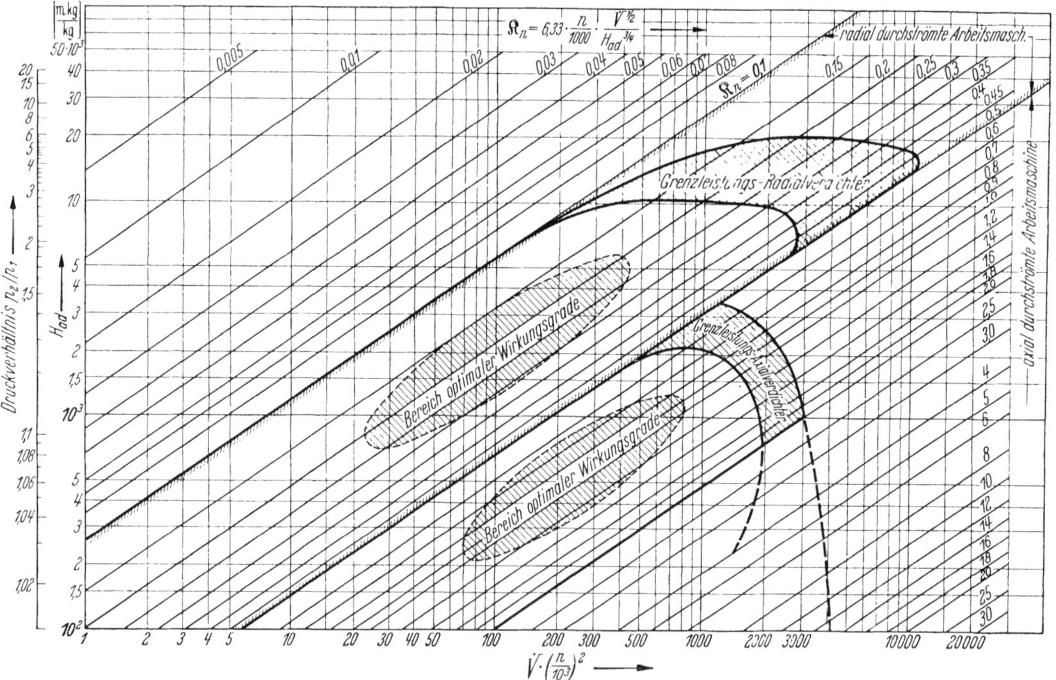

Abb. 75. Arbeitsbereiche des einstufigen Axial- und Radialverdichters nach Eckert [53] ($\mathfrak{K}_n = \sigma$)
Gebiete über den abgegrenzten Flächen: mehrstufige Bauweise
Gebiete rechts von den abgegrenzten Flächen: doppelflutige Bauweise

lage noch zweckmäßig ist. Für Durchsätze, die unterhalb der angegebenen Kurve liegen, ist es günstiger, einen Radialverdichter vorzusehen.

Eine genauere Abgrenzung ist möglich, wenn man die früher besprochenen Kennwerte verwendet. So kann aus Abb. 75 für einstufige Verdichter zu einer gegebenen Förderhöhe H_{ad}, einem gegebenen Eintrittsvolumen V_1 und einer gewählten Drehzahl n der Drehzahlkennwert σ und damit die Bauart ermittelt werden. Die Bereiche optimalen

Wirkungsgrades sind ebenfalls eingetragen, so daß die gewählte Drehzahl auch entsprechend korrigiert werden kann. Die Gebiete über den abgegrenzten Flächen in Abb. 75 zeigen den Bereich der mehrstufigen Bauweise, die Gebiete rechts von den abgegrenzten Flächen den Bereich der doppelflutigen Bauweise an.

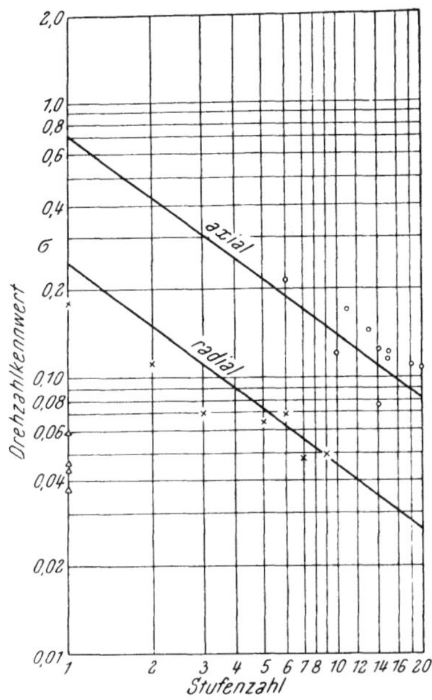

Abb. 76. Mittelwerte des Drehzahlkennwertes σ für ein- und mehrstufige Verdichter der einflutigen Bauweise

○ Ausgeführte Axialverdichter
× Ausgeführte Radialverdichter
△ Ausgeführte Schraubenverdichter

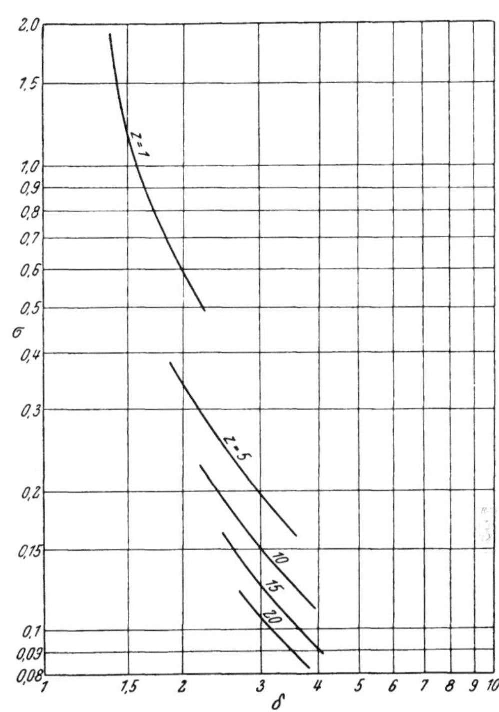

Abb. 77. σ-δ-Diagramm für ein- und mehrstufige Axialverdichter

Bei mehrstufiger Bauweise gilt, wenn der Einfachheit wegen angenommen wird, daß die adiabatische Förderhöhe in allen z Stufen dieselbe ist,

$$H = z \cdot h_{ad_{St}} \text{ und auch } \psi = z \cdot \psi_{St}.$$

Das Durchsatzvolumen bleibt $V = V_{St}$ und damit $\varphi = \varphi_{St}$. Drückt man nun den Drehzahlkennwert σ nach Gl. (159) durch Gl. (157) und (158) aus, so wird

$$\sigma = \frac{\varphi^{\frac{1}{2}}}{\psi^{\frac{3}{4}}} = \frac{\varphi_{St}^{\frac{1}{2}}}{(z\,\psi_{St})^{\frac{3}{4}}} = \frac{\sigma_{St}}{z^{\frac{3}{4}}} \tag{161}$$

d. h. mit steigender Stufenzahl sinkt der Drehzahlkennwert.

Für doppelflutige Bauweise wird das Durchsatzvolumen

$$V = 2 \cdot V_{St} \text{ und somit } \varphi = 2 \cdot \varphi_{St}.$$

Mit gleichbleibendem Druckkennwert $\psi = \psi_{St}$ wird weiter

$$\sigma = \frac{(2\,\varphi_{St})^{\frac{1}{2}}}{\psi_{St}^{\frac{3}{4}}} = \sqrt{2} \cdot \sigma_{St} \tag{162}$$

d. h. bei doppelflutiger Bauweise steigt der Drehzahlkennwert.

Abb. 76 zeigt nun den Drehzahlkennwert σ in Abhängigkeit von der Stufenzahl z

des Verdichters. Die eingezeichneten mittleren Arbeitslinien für Axial- und Radialverdichter vermitteln einen recht guten und schnellen Überblick, welche Bauart für vorgegebene Daten zweckmäßigerweise zu wählen ist. Man sieht aus Abb. 76 weiterhin, daß die beiden Verdichterarten sich gegenseitig recht gut ergänzen. Der σ-Bereich ist praktisch lückenlos überdeckt. Einstufige Schraubenverdichter sind in Abb. 76 ebenfalls eingetragen. Der mittlere Drehzahlkennwert beträgt für diese etwa $\sigma = 0{,}05$.

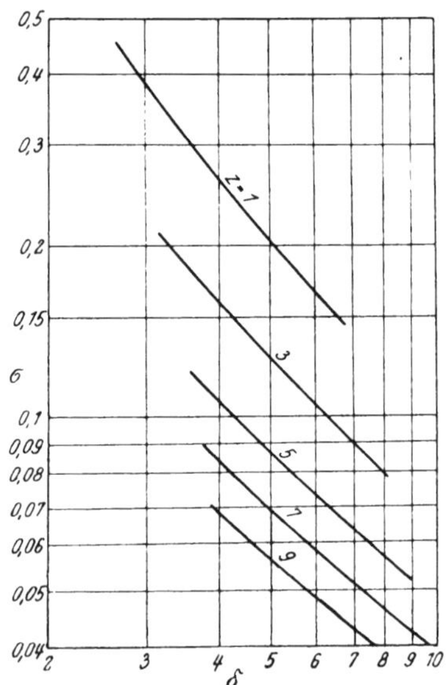

Abb. 78. σ-δ-Diagramm für ein- und mehrstufige Radialverdichter

Soll nun z. B. für Anbotszwecke auch noch die Baugröße des Verdichters abgeschätzt werden, so sind hierzu die Abb. 77 für Axialverdichter und Abb. 78 für Radialverdichter vorteilhaft zu verwenden. Sie gestatten den Durchmesser des Verdichters näherungsweise zu bestimmen, wenn Förderhöhe, Durchsatz und Drehzahl gegeben sind. Da die einzelnen Stufen einer mehrstufigen Maschine im allgemeinen nicht gleich sind, können die Diagramme natürlich nur bedingt Gültigkeit haben. Für eine erste Abschätzung, wie sie ja hier vorgenommen werden soll, wird aber der eingeschlagene Weg, eine mittlere Stufe zugrunde zu legen und mit dieser die notwendige Stufenzahl, Förderhöhe usw. zu berechnen, meist genügen.

B. Der Axialverdichter

1. Einleitung

Es ist auffallend, daß Dampfturbinen und Radialverdichter eine jahrzehntelange Entwicklung hinter sich hatten, bevor sich der Axialverdichter durchsetzen konnte. Dabei ist der Gedanke, Luft in einer Reihe axial durchströmter Schaufelreihen zu verdichten, beinahe so alt wie die vielstufige Axialturbine, liegt doch der Unterschied zwischen diesen Maschinen nur in der Strömungs- und Energieflußrichtung. Schon um die Jahrhundertwende baute Parsons vielstufige Axialverdichter. Er konnte jedoch nur mäßige Wirkungsgrade erzielen.

Die anfänglichen Schwierigkeiten, die der Axialverdichter bereitete, sind hauptsächlich auf die Verschiedenheit der Strömung in Turbine und Verdichter zurückzuführen. In der Turbine wird das durchströmende Medium in den Schaufelkanälen beschleunigt, während beim Verdichter eine verzögerte Strömung herrscht. Nun kann eine Strömung über einen weiten Bereich wirkungsvoll beschleunigt werden, eine Verzögerung jedoch ist mit gutem Wirkungsgrad nur in engen Grenzen durchführbar. Es muß deshalb eine Verdichterbeschaufelung viel sorgfältiger ausgelegt werden. Abb. 79 zeigt, daß die Beschleunigung in der Turbinenbeschaufelung viel größer ist als die Verzögerung im Verdichter, d. h. die Kanalverengung in der Turbine ist größer als die Erweiterung im Verdichter. Auch Wölbung und Umlenkwinkel müssen bei der Verdichterschaufel gegenüber der Turbinenschaufel verkleinert werden. Dadurch nähert sich die Verdichterschaufel einem Tragflügelprofil, und es muß bei der Auslegung eines Verdichters die Tragflügeltheorie zur Anwendung kommen. Bei der Turbine genügt meist die bewährte Stromfadenrechnung.

Läßt man ein Tragflügelprofil von Luft umströmen, so bildet sich zwischen der strömenden Masse und der Schaufeloberfläche eine dünne Grenzschicht abgebremster Luft, die von der Strömung durch Reibung mitgeschleppt wird. Dreht man diesen Flügel zunehmend schräg zur Strömungsrichtung, so daß er den Strom ablenkt, so kommt ein Augenblick, wo sich der Luftstrom mehr oder weniger plötzlich von der Wand ablöst.

Damit vermindert sich die Ablenkkraft und erhöht sich der Widerstand. Die Ablösung hat in der Grenzschicht ihren Ursprung. Wenn in Richtung der Strömung längs der Wand der statische Druck steigt — das ist der Fall in einer verzögerten Strömung —, so wird das Mitreißen der Grenzschicht behindert, da der Druckanstieg die Luft zurückdrängen möchte. So kann es zu einer Stauung der Luft kommen, wodurch die Strömung abgedrängt wird.

Bei zu großer Anstellung erfolgt also ein Ablösen der Strömung. Die Luft wird an den Ablösestellen nicht mehr verdichtet. Dieser Ausfall überlastet andere Stellen der Beschaufelung und der Verdichter hängt ab, er ,,pumpt". Bei der Turbine hingegen verursachen Ablösungen nur größere oder kleinere Wirkungsgradeinbußen.

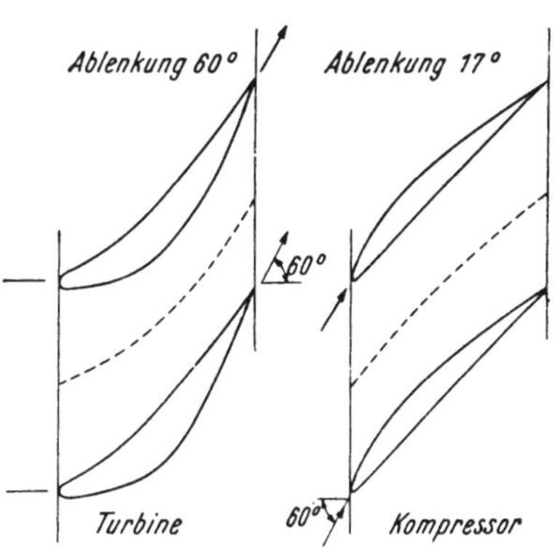

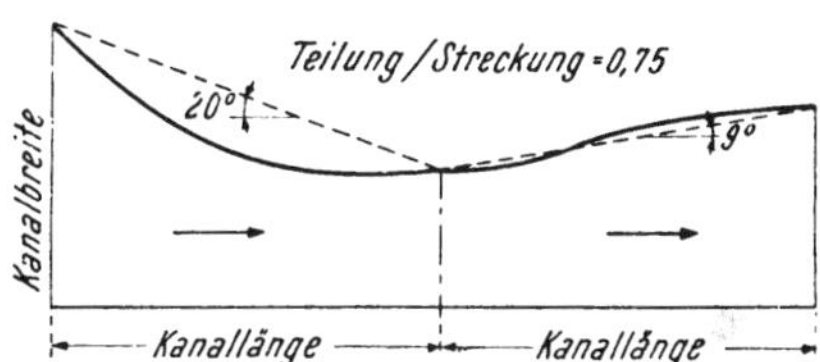

Abb. 79. Vergleich zwischen Turbinen- und Verdichterbeschaufelung

Wie oben erwähnt, stehen nun die einzelnen Schaufeln des Axialverdichtergitters so weit voneinander entfernt, daß die Strömung nicht mehr als durch Kanalwände geführt betrachtet werden kann. Die Ablenkungen der Strömung ergeben sich dann aus den Zirkulationen um die einzelnen Schaufeln. Es ist daher die Aufgabe gestellt, die Wirkungsweise derartiger Schaufeln nicht nur für sich allein, sondern vor allem im Gitterverband zu untersuchen. Weiter sind jene Beziehungen und Einflüsse zu finden, welche die gewünschte Ablenkung mit möglichst geringen Verlusten erzeugen. In der Literatur wurden diese Fragen bereits eingehend behandelt [*52, 53, 54, 55, 56, 64, 88, 94, 97*] und es soll im folgenden ein Abriß gegeben werden.

2. Das Einzelprofil

a) Auftrieb und Widerstand. Wird ein Tragflügel von einem idealen zähigkeitsfreien Medium umströmt, Abb. 80, so erfährt er eine Auftriebskraft A senkrecht zur Strömungsrichtung von der Größe

$$A = \frac{\gamma}{g} \cdot w_\infty \cdot b \cdot \Gamma \tag{163}$$

wobei w_∞ die Zuströmgeschwindigkeit,
b die Spannweite des Flügels
und Γ die Zirkulation bedeutet.

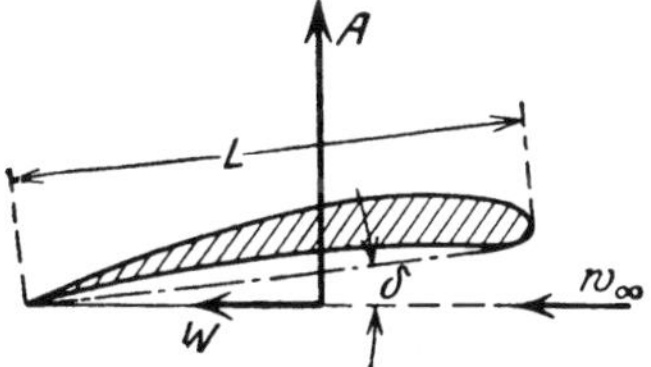

Abb. 80. Einzeltragflügel mit Auftriebs- und Widerstandskraft

Mathematisch formuliert ist Γ das Linienintegral der Geschwindigkeit längs einer in sich geschlossenen Umrandung des Profils:

$$\Gamma = \oint w_s \cdot ds.$$

Physikalisch ist sie ein Maß für die Geschwindigkeitsunterschiede an der Ober- und Unterseite des Profiles und die dadurch bedingten Druckunterschiede an beiden Seiten. Für die rein rechnerisch erfaßbaren Strömungsverhältnisse um sogenannte *Joukowski-Profile*, die durch konforme Abbildung eines Kreises mit zugehörigem Strömungsbild entstehen, ergibt sich für die Zirkulation

$$\Gamma = w_\infty \cdot \pi \cdot L \cdot k \cdot \sin \delta \tag{164}$$

Hierbei ist L die Sehnenlänge des Profiles,
k eine profileigene Konstante
und δ der Anstellwinkel des Profiles.

Wird nun Gl. (164) in Gl. (163) eingesetzt, so folgt

$$A = \frac{\gamma}{g} \cdot \frac{w_\infty^2}{2} \cdot 2\pi \cdot k \cdot F \cdot \sin\delta$$

mit der Flügelfläche $F = b \cdot L$.

Weiters wird der Auftriebsbeiwert c_a des Profiles definiert durch

$$c_a = \frac{A}{\frac{\gamma}{g} \cdot \frac{w_\infty^2}{2} \cdot F} = 2\pi k \sin\delta = \frac{2\Gamma}{w_\infty \cdot L}. \tag{165}$$

Wie die Tragflügeltheorie [*54*, *105*] zeigt, ist mit dem Auftrieb ein induzierter Widerstand (oder Randwiderstand) W_i verbunden. Er entsteht infolge der durch die Druckunterschiede an der Ober- und Unterseite des Flügels bedingten Umströmung der Flügelenden. Sein theoretisch berechneter Wert

$$W_i = \frac{A}{\pi \cdot b^2 \cdot \frac{\gamma}{g} \cdot \frac{w_\infty^2}{2}} \tag{166}$$

gilt mit guter Annäherung für die meisten praktischen Fälle. Der dimensionslose Beiwert c_{wi} des induzierten Widerstandes ist durch

$$c_{wi} = \frac{c_a^2}{\pi} \cdot \frac{F}{b^2} = \frac{c_a^2}{\pi} \cdot \frac{L}{b} \tag{167}$$

gegeben. Außerdem ändert sich die Anströmrichtung des Profiles um den Winkel

$$\Delta\delta = \frac{c_a}{\pi} \cdot \frac{L}{b}. \tag{168}$$

Für den Fall unendlich langer Flügel $b = \infty$ wird das Seitenverhältnis $\frac{L}{b} = 0$ und damit auch $c_{wi} = 0$ und $\Delta\delta = 0$. Dieser Effekt ist auch bei Flügeln endlicher Spannweite gegeben, wenn das Umströmen der Flügelenden durch Seitenwände verhindert wird. Dies trifft bei der Beschaufelung des Axialverdichters zu.

In zähen Medien, z. B. Luft, tritt noch der Profilwiderstand auf, der durch das Abbremsen der Luft in der Grenzschicht verursacht wird. Er ist vom Seitenverhältnis praktisch unabhängig, hingegen stark abhängig von der Profilform und hat die Größe:

$$W_p = c_{wp} \cdot \frac{\gamma}{g} \cdot \frac{w_\infty^2}{2} \cdot F. \tag{169}$$

Hierbei bedeutet c_{wp} den Profilwiderstandsbeiwert.

Insgesamt wird nun

$$c_w = c_{wi} + c_{wp}$$

bzw. für $\frac{L}{b} = 0$

$$c_w = c_{wp}.$$

Die Zähigkeit des Mediums bewirkt aber auch eine Verminderung des theoretischen Auftriebes, in dem die Konstante k der Gl. (164) verringert wird. k wird praktisch etwa 0,85 bis 0,90.

Eine weitere wichtige Kennzahl des Profiles ist der Gleitwinkel ε bzw. die Gleitzahl $\operatorname{tg}\varepsilon$:

$$\operatorname{tg}\varepsilon \doteq \varepsilon = \frac{W}{A} = \frac{c_w}{c_a}. \tag{170}$$

Da die Joukowski-Profile praktisch keine Bedeutung haben und eine theoretische Vorausberechnung unter Einschluß der Zähigkeit nicht einfach ist, ist man meist auf Windkanalmessungen der zur Verwendung kommenden praktisch brauchbaren Profile angewiesen. Die Ergebnisse derartiger Untersuchungen wurden in Profilbüchern [*100*, *101*] zusammengefaßt. Sie beziehen sich auf die Zusammenhänge zwischen c_a, c_w und δ. Bei der Verwendung solcher Meßwerte ist zu bedenken, daß meist Tragflügel mit einem Seitenverhältnis $\frac{1}{5}$ untersucht werden. Für $\frac{L}{b} = \frac{1}{\infty}$ ergeben sich damit folgende Korrekturen:

$$\left. \begin{aligned} c_{w\frac{L}{b}=0} &= c_{w\frac{L}{b}} - \frac{c_a^2}{15{,}7} \\ \delta_{\frac{L}{b}=0} &= \delta_{\frac{L}{b}} - c_a \cdot 3{,}65 \end{aligned} \right\} \qquad (171)$$

Außerdem wird aus praktischen Gründen als Bezugslinie für δ nicht die Richtung gewählt, in der $c_a = 0$ ist, sondern für $\delta = 0$ gilt die Richtung der Profilsehne.

Die Eigenschaften eines Flügels werden in der Schaufelpolare zum Ausdruck gebracht. Diese stellt die Abhängigkeit der Auftriebs- und Widerstandsbeiwerte vom Anstellwinkel dar. Abb. 81 zeigt z. B. Versuchsergebnisse aus der Göttinger Aerodynamischen Versuchsanstalt, die für die Verwendung bei Leitrad- oder Laufradschaufeln von Strömungsmaschinen umgerechnet sind. Für eine ebene, eine gewölbte Platte und ein Tragflügelprofil sind die Schaufelpolare aufgetragen. Die auf die Flügelsehne bezogenen Anstellwinkel sind als Parameter an den Kurven angeschrieben. Aus Abb. 81 ergibt sich für Platten und Tragflügel ein rasches Ansteigen des Widerstandes, bei größeren positiven oder negativen Anstellwinkeln. Das Tragflügelprofil hat die höchsten Auftriebsbeiwerte. Im rechten Teil von Abb. 81 sind für einen Anstellwinkel von 5° die Kräfteverhältnisse Auftrieb zu Widerstand $\frac{A}{W}$ angegeben. Bei weiter vergrößertem Anstellwinkel steigt der Widerstand, wie die Abbildung zeigt, stark an. Daraus läßt sich schließen, daß in diesen Bereichen die Strömung nicht mehr anliegt, und ein Abreißen der Flügelströmung eingetreten ist.

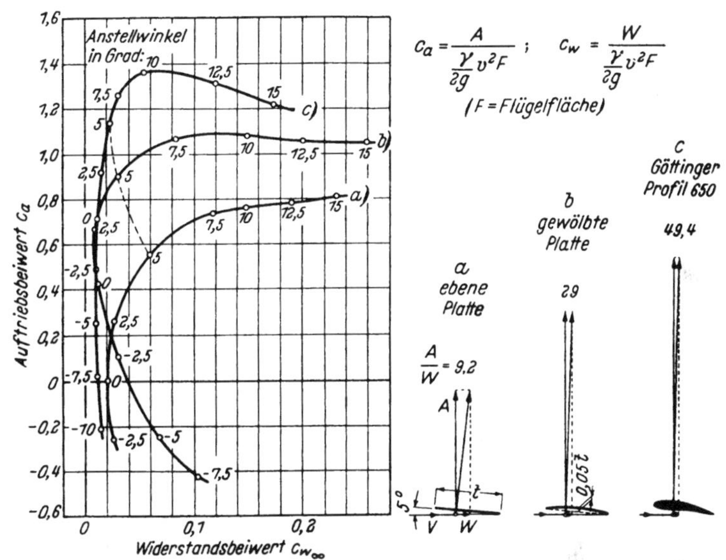

Abb. 81. Auftrieb und Widerstand von Platten a, b und einem Tragflügelprofil c (Messungen bei einer Reynoldszahl $Re = \frac{w \cdot L}{\nu} = 420\,000$)

Zum Vergleich sei nun auch kurz das $\frac{A}{W}$-Verhältnis eines Profiles im Gitterverband betrachtet. Abb. 82 zeigt die Schaufelpolaren eines Einzelprofiles, eines Profiles im Gitterverband eines niedrig belasteten Gebläses, d. h. in einem Gitter mit großem Teilungsverhältnis $\frac{t}{L}$, und jene in einem hochbelasteten Axialverdichter mit kleinen $\frac{t}{L}$-Werten. Man erkennt deutlich, daß die Eigenschaften weit geteilter, niedrig belasteter Gitter noch ähnlich denen des Einzelprofiles sind, hingegen die Polare der Verdichterbeschaufelung ganz beträchtlich abweicht.

Die maximal erreichbaren c_a-Werte sind beim hochbelasteten Verdichtergitter erheblich niedriger als beim Einzelprofil. Umgekehrt liegen sie in Turbinengittern höher als jene des Einzelprofiles. Dies ist darauf zurückzuführen, daß im Verdichtergitter jener Wert für c_a maßgebend wird, welcher die Druckerhöhung im Gitter bewirkt und nicht jener, der den Luftkräften auf die Schaufeln entspricht. Diese beiden Werte sind dann voneinander verschieden, wenn die Grenzschichten an den Kanalwänden eine merkliche Verengung des geometrischen Strömungsquerschnittes bewirken. Dieser Fall tritt gerade bei verzögerter Strömung sehr leicht ein. Dann muß die mittlere Strompartie der Luft zwischen je zwei Profilen eine viel höhere Geschwindigkeit erhalten, als es dem Kontinuitätsgesetz im Mittel entspricht. Diese Erscheinung vermindert den statischen Druck und damit die Druckerhöhung des Gitters. Bei Grenzschichtablösung verstärken sich nicht nur diese Verhältnisse beträchtlich, sondern es treten dann auch Querströmungen auf, welche zu einem völligen Zusammenbruch der geordneten Strömung führen können.

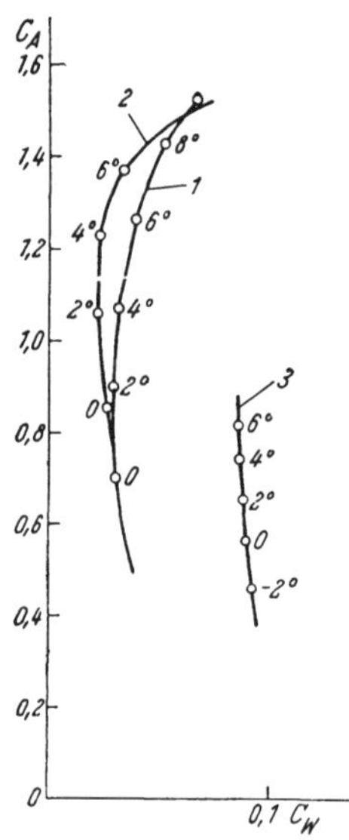

Abb. 82. Schaufelpolaren (nach BBC)

1 Einzelprofil
2 Profil im niedrig belasteten einstufigen Gebläse (t/L groß)
3 Profil in einer hochbelasteten Axialverdichterstufe (t/L klein)

Der Unterschied in der überhaupt erreichbaren Höhe des Auftriebsbeiwertes beim Einzelprofil und beim Gitter ist also hauptsächlich eine Folge der Zähigkeit bzw. der Wandeinflüsse, die um so stärker auftreten, je größer der geforderte Druckanstieg werden soll.

Aus diesen Betrachtungen folgt, daß die qualitativen Ergebnisse der Forschung und Untersuchung am einzelnen Tragflügel von um so geringerem Wert für den Entwurf von Axialverdichtern werden, je engere Schaufelteilungen verwendet und je höhere Auftriebsbeiwerte gefordert werden sollen. Es darf aber nicht verkannt werden, daß das Einzelprofil trotzdem von grundlegender Bedeutung ist, denn nur hochwertige Einzelprofile können — aber müssen noch nicht — ein gutes Verhalten im Gitterverband bewirken.

Eine sehr wichtige Frage ist auch die der Übertragbarkeit von Meßergebnissen auf andere Profilabmessungen, Strömungsgeschwindigkeiten und Luftzustände, d. h. die Frage nach dem Einfluß der Reynoldsschen Zahl Re. Bei $Re \geqq 400000$ ist in dem Gebiet günstiger Gleitzahlen — wo die Tangente aus dem Ordinatenursprung an die Polare möglichst steil ist — kein Einfluß bemerkbar. Mit abnehmenden Werten von Re steigt der Widerstandsbeiwert c_w etwas an. Für die Schaufeln bei Axialverdichtern geht man aus diesen Gründen nicht unter $Re = 100000$.

Ein weiterer Einfluß auf das Verhalten von Profilen besteht in dem Auftreten von Kompressibilitätseinflüssen bei hohen Anströmgeschwindigkeiten. Dieser Einfluß wird durch die Machzahl Ma beschrieben. Die Vergrößerung des Widerstandes wird durch örtliche Übergeschwindigkeiten an der Profiloberseite bedingt, die bei Erreichen der Schallgeschwindigkeit zu Verdichtungswellen und Ablöseerscheinungen führen. Ein dickes Profil muß daher empfindlicher sein. Bei einem dünnen Profil $\left(\frac{d}{L} = 8\%\right)$ zeigt sich z. B. eine merkliche Verschlechterung bei $Ma \geqq 0{,}8$, während ein dickes Profil $\left(\frac{d}{L} = 20\%\right)$ schon bei $Ma = 0{,}65$ starke Widerstandserhöhung und Auftriebsverminderung erleidet. Für schlanke Profile — wie sie in Axialverdichtern ausschließlich verwendet werden — ergibt sich hieraus eine ungefähre Grenze von $Ma \doteq 0{,}75$ bis $0{,}80$, welche nicht überschritten werden soll. Da die Schallgeschwindigkeit nach Gl. (155) eine Funktion der absoluten Temperatur ist, kann die Zuströmgeschwindigkeit bei höherer Lufttemperatur ebenfalls größer werden, ohne daß die Machzahl wächst.

b) Schaufelgrundprofile. Die Auswahl eines Verdichterschaufelprofiles hängt in erster Linie von seinen aerodynamischen Eigenschaften, wie hoher Druckanstieg, niedrige

Strömungsverluste und stabile Strömungsverhältnisse über einen großen Anstellwinkelbereich, ab. Um einen hohen Druckanstieg zu erreichen, ohne daß die Verluste übermäßig steigen, muß das Profil über einen weiten Machzahlbereich ein hohes Auftrieb/Widerstand-Verhältnis haben. Eine hohe kritische Machzahl verringert auch die Tendenz zu Ablösungen im Hochgeschwindigkeitsbereich. Es ist möglich, einen beträchtlichen Druckanstieg unter stabilen Strömungsbedingungen zu erzielen, vorausgesetzt, daß vor dem Abreißen ein hoher Auftriebsbeiwert erreicht wird.

Abb. 83a zeigt z. B. ein Verdichtergrundprofil der NACA[1]-Vierziffernserie. Die Ziffernfolge bezeichnet bestimmte geometrische Eigenschaften des Profiles. Bei einem gut geeigneten Profil mit der Bezeichnung NACA 5409 geben z. B. die ersten beiden Ziffern die Wölbung des Profiles an, Abb. 83b. Die erste Ziffer bedeutet die größte

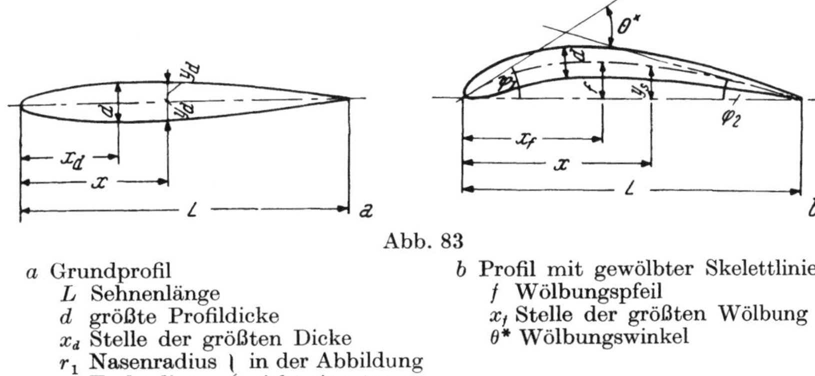

Abb. 83

a Grundprofil
L Sehnenlänge
d größte Profildicke
x_d Stelle der größten Dicke
r_1 Nasenradius } in der Abbildung
r_2 Endradius } nicht eingetragen

b Profil mit gewölbter Skelettlinie
f Wölbungspfeil
x_f Stelle der größten Wölbung
θ^* Wölbungswinkel

Wölbung f in Prozent der Sehnenlänge L (hier $f = 5\%$ von L) und die zweite Ziffer die Lage x_f des Punktes der größten Wölbung in Zehnteln von L (hier $x_f = 0{,}4\,L$). Die letzten zwei Ziffern zeigen, daß die größte Dicke d des Profiles 9% der Sehnenlänge L beträgt.

Ein Profil mit der Bezeichnung NACA 0010 bedeutet dann ein gerades oder Grundprofil mit einer größten Dicke $d = 10\%$ von L. In Tab. 10 ist in der dritten Spalte die Dickenverteilung eines solchen Profiles angegeben. Für $\frac{d}{L} \neq 10\%$ sind die y-Werte im Verhältnis $\frac{\frac{d}{L}}{\left(\frac{d}{L}\right)_{0,10}}$ zu multiplizieren. Eine verjüngte Verdichterschaufel könnte z. B. mit den Grundprofilen NACA 0012 am Fußkreis, NACA 0009 am mittleren Schaufelkreis und NACA 0006 am Spitzenkreis entworfen werden.

In Tab. 10 ist auch das von Howell [*91*] empfohlene Verdichtergrundprofil C 4 eingetragen. Ebenso ein Profil nach Eckert [*53*] und die Laminarprofile NACA 16—006 und NACA 65—010 mit großer Dickenrücklage $\frac{x_d}{L} = 40\%$ bis 50%. Die Dickenrücklage bringt den Vorteil, daß die Grenzschicht über einen möglichst langen Teil des Profiles laminar bleibt und also der Profilwiderstand sich wesentlich verringert. Die Laminarprofile bieten daher insbesondere als Hochgeschwindigkeitsprofile Vorteile.

Eine Verdichterschaufel ist geometrisch festgelegt durch

die größte Dicke $\frac{d}{L}$

die Dickenverteilung $y_d \cdot (x)$, d. h. Wahl des Grundprofiles,

die größte Wölbung $\frac{f}{L}$

und die Form der Skelettlinie $y_s \cdot (x)$, d. h. Lage der größten Wölbung $\frac{x_f}{L}$, Wölbungswinkel θ^*, Tangentenwinkel φ_1, φ_2.

[1] Siehe Fußnote S. 67.

Tabelle 10. *Grundprofile für Axialverdichter*
(Die Maße sind in Prozenten angegeben, Bezeichnungen nach Abb. 83a)

	Howell C 4 [*91*]	Eckert [*53*, S. 238]	NACA 0010 [*143*]	NACA 16-006 [*52*, S. 258]	NACA 65-010 [*143*]
$\frac{x}{L}$	$\frac{y_d}{L}$	$\frac{y_d}{L}$	$\frac{y_d}{L}$	$\frac{y_d}{L}$	$\frac{y_d}{L}$
0	0	0	0	0	0
1,25	1,65	1,62	1,58	0,646	1,124
2,5	2,27	2,26	2,18	0,903	1,571
5,0	3,08	3,08	2,96	1,255	2,222
7,5	3,62	3,57	3,50	1,516	2,709
10	4,02	4,06	3,90	1,729	3,111
15	4,55	4,59	4,46	2,067	3,746
20	4,83	4,87	4,78	2,332	4,218
30	5,00	4,97	5,00	2,709	4,824
40	4,89	4,68	4,84	2,927	5,057
50	4,57	4,09	4,41	3,000	4,870
60	4,05	3,36	3,80	2,917	4,151
70	3,37	2,53	3,06	2,635	3,038
80	2,54	1,68	2,18	2,099	1,847
90	1,60	0,86	1,20	1,259	0,749
95	1,06	0,48	0,67	0,070	0,354
100	0	0	0,10	0,060	0,150
$\frac{d}{L}$	10	10	10	6	10
$\frac{x_d}{L}$	30	25	30	50	40
Nasenradius	$0{,}12\,d$	—	$\frac{1{,}1 d^2}{L}$	$0{,}00176\,L$	$0{,}00666\,L$
Endradius	$0{,}06\,d$	—	—	—	—

Die Skelettlinie kann z. B. ein Kreisbogen sein. Dann gilt mit den Bezeichnungen der Abb. 84

$$\theta^* = \varphi_1 + \varphi_2 = 2\,\varphi_1 = 2\,\varphi_2$$

$$\operatorname{tg}\left(\frac{\varphi_1}{2}\right) = \operatorname{tg}\left(\frac{\varphi_2}{2}\right) = 2\,\frac{f}{L} \text{ weil } x_f = \frac{L}{2}\,.$$

In vielen Fällen wird die Skelettlinie auch aus zwei Parabelbogen zusammengesetzt, die an der Stelle der größten Wölbung eine gemeinsame Tangente haben. Die Lage des Punktes der größten Wölbung wird gewöhnlich innerhalb des Bereiches $0{,}40 < \frac{x_f}{L} < 0{,}50$ gewählt.

Um nun ein bestimmtes Schaufelprofil zu konstruieren, wird zuerst die Profilsehne L in gewünschter Länge markiert. Die Pfeilhöhe f der Wölbung wird an der Stelle x_f von der Eintrittskante normal zur Sehne aufgetragen und legt den Punkt der größten Wölbung fest. Die von dieser Stelle ausgehenden Parabelbogen können punktweise aus den folgenden Gleichungen [*143*] ermittelt werden, Abb. 85a.

$$y_s = \frac{f}{x_f^2}\,x\,(2\,x_f - x) \text{ für } 0 \leqq x \leqq x_f \tag{172a}$$

und

$$y_s = \frac{f}{(L - x_f)^2}\,(L - x)\,(L + x - 2\,x_f) \text{ für } x_f \leqq x \leqq L\,. \tag{172b}$$

Für ein NACA-54-Profil ($f = 0{,}05\,L$, $x_f = 0{,}4\,L$) werden obige Gleichungen vereinfacht zu

$$y_s = 0{,}312\ (0{,}8\,x - x^2) \text{ für } 0 \leqq x \leqq 0{,}4\,L \tag{173a}$$

$$y_s = 0{,}139\ (0{,}2 + 0{,}8\,x - x^2) \text{ für } 0{,}4\,L \leqq x \leqq L\,. \tag{173b}$$

Die Konstanten 0,312 und 0,139 sind direkt proportional zu f.

Auf der so gewonnenen Skelettlinie werden Stellen von 0 bis 1,00 markiert und die zum Beispiel aus Tab. 10 entnommenen Konturabstände y_d an den betreffenden Stellen auf Normalen zur Skelettlinie abgetragen. Nasenradius und Endradius können ebenfalls aus Tab. 10 entnommen werden.

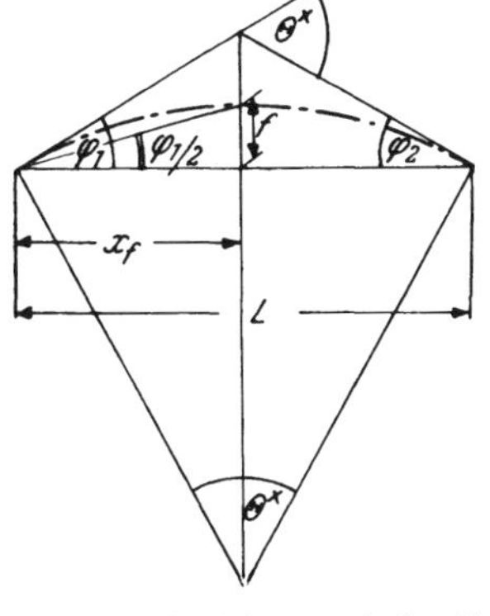

Abb. 84. Kreisbogenskelettlinie
$\theta^* = \varphi_1 + \varphi_2 = 2\,\varphi_1 = 2\,\varphi_2$
$\operatorname{tg}\left(\frac{\varphi_1}{2}\right) = \operatorname{tg}\left(\frac{\varphi_2}{2}\right) = 2 \cdot \frac{f}{L}$

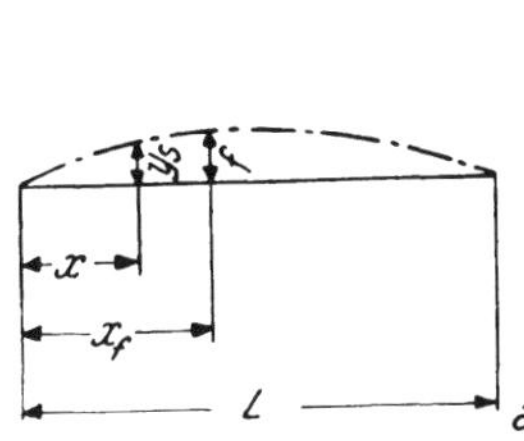

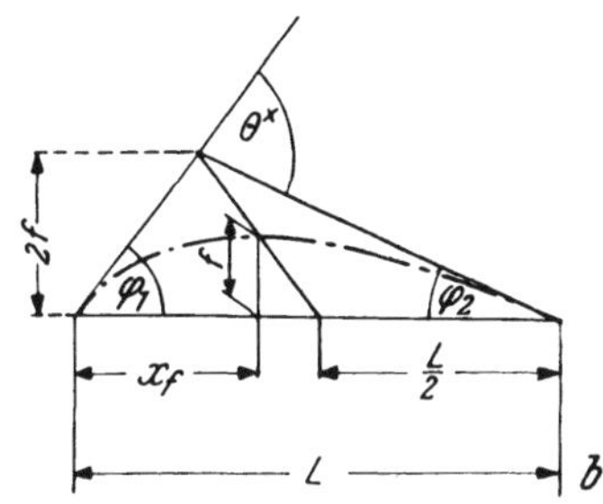

Abb. 85. Parabelbogenskelettlinie
a Nach NACA
b Nach HOWELL $\theta^* = \varphi_1 + \varphi_2$

HOWELL [*91*] zieht zur Konstruktion der parabolischen Skelettlinie die Tangentenwinkel in den Endpunkten heran, Abb. 85b, und gibt folgende Beziehungen an:

$$\operatorname{tg}\varphi_1 = \frac{4\,f}{4\,x_f - L} \tag{174a}$$

$$\operatorname{tg}\varphi_2 = \frac{4\,f}{3\,L - 4\,x_f} \tag{174b}$$

$$\frac{f}{L} = \frac{1}{4\operatorname{tg}\theta^*}\left(\sqrt{1 + (4\operatorname{tg}\theta^*)^2\left[\frac{x_f}{L} - \left(\frac{x_f}{L}\right)^2 - \frac{3}{16}\right]} - 1\right). \tag{175}$$

Bei Wölbungsrücklagen x_f, die von 50% nur wenig verschieden sind, kann bei geringer Krümmung der Skelettlinie auch mit Näherungsformeln gerechnet werden, und zwar

$$\varphi_1 = \frac{\theta^*}{2}\left[1 + 2\left(1 - 2\,\frac{x_f}{L}\right)\right] \tag{176a}$$

$$\varphi_2 = \frac{\theta^*}{2}\left[1 - 2\left(1 - 2\,\frac{x_f}{L}\right)\right] \tag{176b}$$

$$\theta^* = \frac{180^\circ}{\pi} \cdot 8 \cdot \frac{f}{L}\,. \tag{177}$$

3. Das ebene Schaufelgitter

a) Gittergeometrie. Das Hauptproblem der Untersuchungen an ebenen Gittern ist die Auffindung des Zusammenhanges zwischen den geometrischen und aerodynamischen Parametern des Gitters.

Die wichtigsten geometrischen Parameter, Abb. 86, sind:

Das Schaufelprofil mit

Dicke $\frac{d}{L}$
Dickenverteilung $y_d\ (x)$
Wölbung $\frac{f}{L}$
Skelettlinie $y_s\ (x)$

und die Gittergeometrie gegeben durch:

$$\text{Teilungsverhältnis } \frac{t}{L}$$

$$\text{Staffelungswinkel } \beta_s.$$

Die ersten vier Parameter, welche das Schaufelprofil bestimmen, sind vom Einzeltragflügel her bekannt. Die beiden Parameter der Gittergeometrie kommen durch die Anordnung der Schaufeln im Gitter neu hinzu.

Strömungsrichtung und Schaufelwinkel werden, wie Abb. 86 zeigt, unter Bezug auf die Gitterfront gemessen, während HOWELL und der NACA-Kreis alle Winkel von der Normalen zur Gitterfront aus festlegen. Die mit Sternchen versehenen Zeichen beziehen sich auf die Schaufelwinkel, die ohne Sternchen auf die Luftwinkel. Die Staffelung der Schaufeln ist durch den Staffelungswinkel β_s zwischen Profilsehne und Gitterfront festgelegt. Der Schaufelwölbungswinkel θ^*, ein Maß für die größte Wölbung, ist gleich $\beta_2^*-\beta_1^*$.

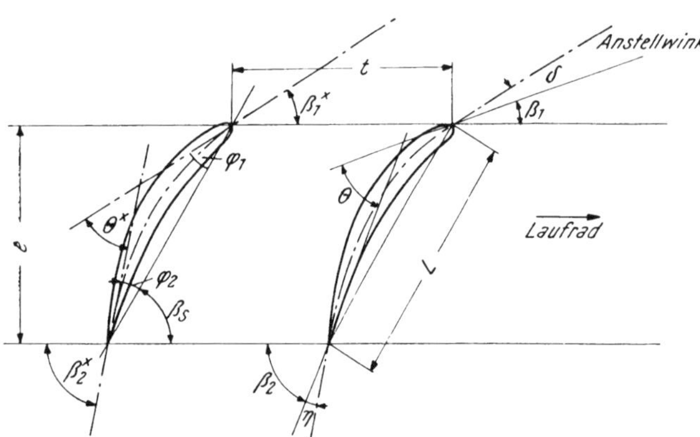

Abb. 86. Bezeichnungen am Verdichterschaufelgitter

t Teilung e Schaufelbreite
L Profilsehne δ Anstellwinkel
β_s Staffelungswinkel η Ablenkwinkel

Die Neigungen der Tangenten an die Skelettlinie an der Eintritts- und Austrittskante sind durch Differentiation der Gl. (172a) und (172b) und Einsetzen von $x=0$ bzw. $x=L$ festgelegt. Es können natürlich auch die Gl. (174a) und (174b) direkt verwendet werden. Dann ist der Schaufelwölbungswinkel

$$\theta^* = \varphi_1 + \varphi_2$$

und weiter

$$\beta_s - \beta_1^* = \varphi_1 .$$

Abb. 87 zeigt die Änderung von θ^* und $\beta_s-\beta_1^*$ mit dem Wölbungspfeil f für ein gebräuchliches Verhältnis von $\frac{x_f}{L}=0{,}40$. Die Wahl von $\frac{x_f}{L}$ hängt von der Art des Schaufelgitters ab. Im Hinblick auf den Schaufelwölbungswinkel bedeutet z. B. für eine Wölbung $\frac{f}{L}=0{,}10$ eine Vergrößerung der Wölbungsrücklage $\frac{x_f}{L}$ von 0,40 auf 0,50 eine Absenkung von θ^* um 1,5°.

Der Lufteintrittswinkel β_1 fällt gewöhnlich nicht mit dem Schaufeleintrittswinkel β_1^* zusammen. Die Differenz $\beta_1^*-\beta_1=\delta$ der Anstellwinkel.

Die Luft verläßt das Schaufelgitter nicht mit dem theoretischen Schaufelaustrittswinkel β_2^*, sondern mit dem etwas kleineren Luftaustrittswinkel β_2. Die Differenz $\beta_2^*-\beta_2=\eta$ der Ablenkwinkel. Weiters ergibt sich der Luftumlenkwinkel aus der Differenz von Luftaustritts- und Lufteintrittswinkel $\theta=\beta_2-\beta_1$.

Der mittlere Luftwinkel β_∞, ein nützlicher Betriebskennwert, Abb. 88, ist definiert durch $\operatorname{cotg}\beta_\infty=\frac{1}{2}(\operatorname{cotg}\beta_1+\operatorname{cotg}\beta_2)$.

Sind die Axialkomponenten der Luftgeschwindigkeit am Ein- und Austritt gleich, d. h. $w_{1m}=w_{2m}$, dann gilt

$$w_{\infty u}=\frac{1}{2}(w_{1u}+w_{2u}) .$$

Den oben angeführten geometrischen Gitterparametern stehen die aerodynamischen Parameter des Gitters gegenüber. Diese sind:

Zu- und Abströmgeschwindigkeit w_1, w_2
Zu- und Abströmwinkel β_1, β_2
Umlenkwinkel θ
Druckumsetzung im Gitter $\Delta p = p_2 - p_1$
Druckverteilung an der Gitterschaufel $p \cdot (x)$
Resultierende Schaufelkraft R, mit den Komponenten Umfangskraft U und Schubkraft S
Energieverlust im Gitter (Gesamtdruckverlust) Δv.

Für den Einzelflügel konnte der Zusammenhang zwischen den geometrischen und aerodynamischen Parametern durch die flugtechnische Aerodynamik weitgehend aufgeklärt werden. Für das Schaufelgitter ist das Problem wegen der größeren Anzahl der Parameter ungleich schwieriger zu lösen. Auch erscheint eine weitgehende Erforschung der Gitterströmung allein durch systematische experimentelle Untersuchungen wegen des Umfangs der Versuche und wegen besonderer experimenteller Schwierigkeiten aussichtslos. Ein wirklicher Fortschritt [*95*] kann deshalb nur durch die Heranziehung von theoretischen Untersuchungen erzielt werden, die allerdings einer sorgfältigen Kontrolle durch den Versuch bedürfen.

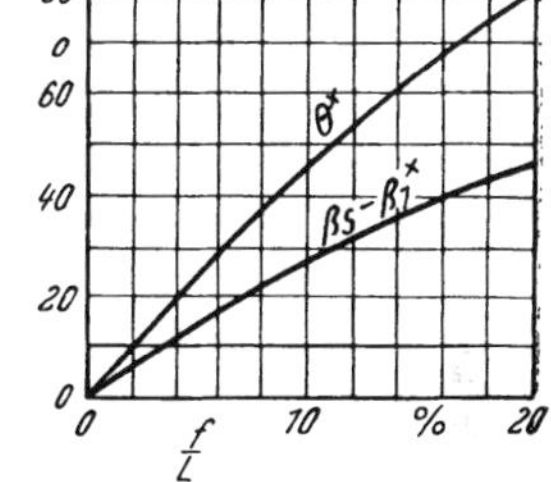

Abb. 87. Beziehungen an Verdichterschaufeln mit parabolischer Wölbung $x_f/L = 0{,}40$

b) Theoretische Untersuchungen. Die Profile werden im Gitterverband so angeordnet, daß sich eine Erweiterung der Strömungsquerschnitte ergibt (Verdichtergitter). Da das Einzelprofil infolge seiner Zirkulation die Luftströmung in seiner Umgebung verändert, ist es klar, daß sich Tragflügel im Gitterverband gegenseitig beeinflussen. Es gibt nun verschiedene Möglichkeiten, diese Einflüsse rechnerisch zu erfassen. Entweder bestimmt man das neue Verhalten eines unveränderten Profiles im Gitter (Methode der Gittereinflußbeiwerte) oder man ändert das Einzelprofil so ab, daß es im Gitter möglichst wieder seine alten Eigenschaften zurückerhält (Methode der Winkelübertreibung).

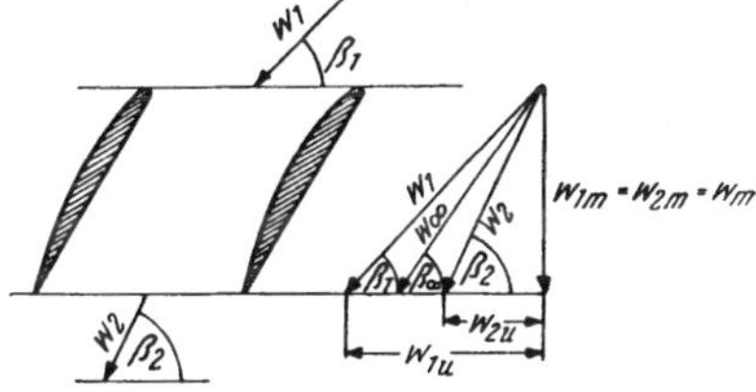

Abb. 88. Mittlerer Luftwinkel β_∞ des Schaufelgitters

$$\cot g\ \beta_1 = \frac{w_{1u}}{w_{1m}}\ ;\quad \cot g\ \beta_2 = \frac{w_{2u}}{w_{2m}}$$

$$w_m\ (\cot g\ \beta_1 - \cot g\ \beta_2) = w_{1u} - w_{2u}$$

Bezüglich der ersten Methode wurden zahlreiche theoretische Arbeiten durchgeführt [*54, 62, 63*]. Der zweite Weg wurde von Betz [*96*] ausgearbeitet. Die Schaufeln des Gitters (mit einer fehlenden Schaufel) werden durch Wirbel gleich großer Zirkulation ersetzt. Betz gibt nun das Strömungsfeld der Zirkulationen an der Stelle des fehlenden Wirbels durch charakteristische Größen graphisch wieder.

Beide z. B. in [*53, 97*] ausführlich erläuterte Verfahren beziehen sich natürlich auf Potentialströmung, d. h. reibungsfreies Medium. Sie liefern nur Aussagen über den Auftrieb, der Widerstand ist bei ihnen Null. Für die praktische Bewertung eines Gitters sind jedoch gerade die Strömungsverluste entscheidend, weil sie den Wirkungsgrad der Strömungsmaschine bestimmen.

Schlichting [*64, 65*] hat erstmalig die Reibung durch grenzschicht-theoretische Betrachtungen berücksichtigt. Für die Berechnung der Grenzschicht braucht man bekanntlich die potentialtheoretische Druckverteilung. Leider erwiesen sich die vorhandenen Verfahren für die Berechnung dieser Druckverteilung zum Zwecke der systematischen Gitteruntersuchungen als ungeeignet. Sie sind nämlich entweder zu zeitraubend oder gestatten nicht, die geometrischen Parameter einzeln zu ändern.

Die beiden wichtigsten Grundaufgaben der Gittertheorie [95] der reibungslosen Strömung sind die sogenannte 1. und 2. Hauptaufgabe. Bei der 1. Hauptaufgabe ist

gegeben: Zu- und Abströmrichtung, also das Geschwindigkeitsdreieck;

gesucht: Gitter- und Schaufelgeometrie sowie die Druckverteilung und daraus die resultierende Schaufelkraft.

Bei der 2. Hauptaufgabe ist

gegeben: Gitter- und Schaufelgeometrie;

gesucht: Schaufelkraft, Druckverteilung und Abströmrichtung, alles in Abhängigkeit von der Zuströmrichtung.

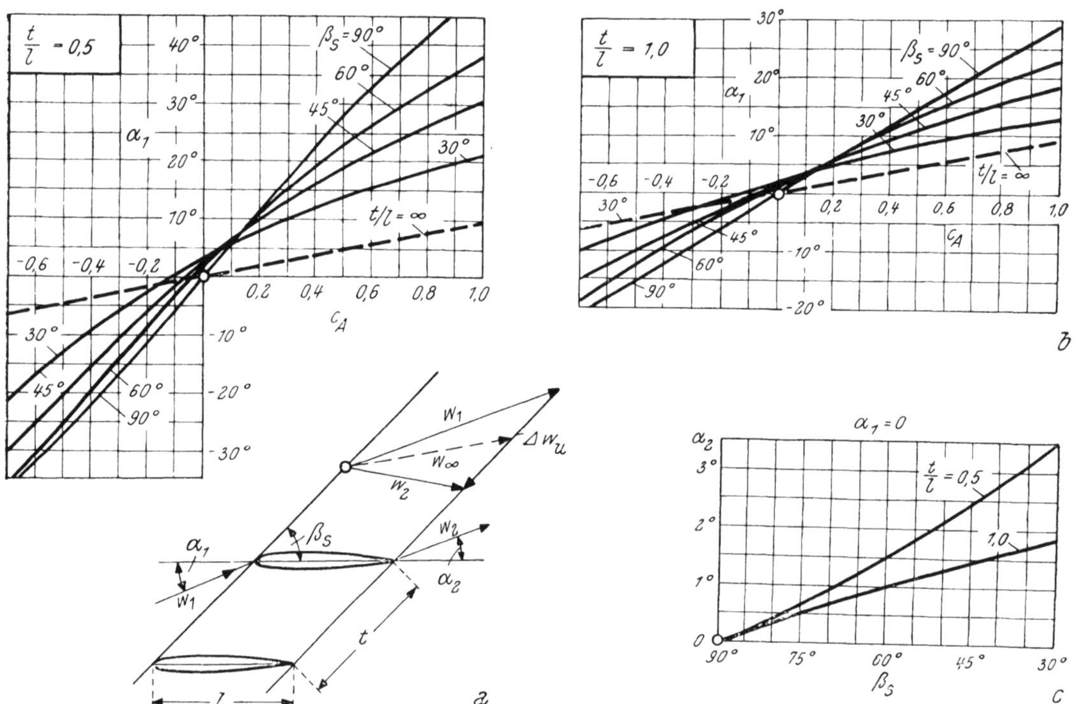

Abb. 89. Auftriebsbeiwert c_a, Anstellwinkel $\alpha_1 = \delta$ und Ablenkwinkel $\alpha_2 = \eta$ von Schaufelgittern in Abhängigkeit vom Teilungsverhältnis t/L und vom Staffelungswinkel β_s; Schaufelprofil NACA 0010

Die 1. Hauptaufgabe ist also für die Konstruktion einer Maschine besten Wirkungsgrades wesentlich. Zur Beurteilung des Betriebsverhaltens des Gitters bei veränderter Belastung leistet dann die 2. Hauptaufgabe gute Dienste.

Schlichting und seinen Mitarbeitern ist es nun gelungen, für diese beiden wichtigen Hauptaufgaben bequeme Lösungen zu finden, und zwar auf Grund der Singularitätenmethode, welche die Schaufel durch Quell-, Senken- und Wirbelbelegungen ersetzt, wie es schon früher von Schilhansl [66] und Ackeret [67] vorgeschlagen wurde. Die Lösung der ersten Hauptaufgabe wurde von Scholz [94] und die der zweiten Hauptaufgabe von Schlichting [68] angegeben. Mit Hilfe eines umfangreichen Kataloges von universell tabulierten Funktionen konnte der Rechenaufwand gegenüber dem bisherigen sehr erheblich reduziert werden. Damit ist eine systematische theoretische Durchforschung des Gitterproblems jetzt in den Bereich der praktischen Möglichkeit gerückt.

Ein erstes Ergebnis solcher systematischer Rechnungen zeigt Abb. 89. Hier ist für eine Serie von Gittern mit dem Schaufelprofil NACA 0010 der Auftriebsbeiwert c_a in Abhängigkeit vom Anstellwinkel δ angegeben. Es bedeuten unter Bezug auf Gl. (165):

$$c_a = \frac{A}{\frac{1}{2}\frac{\gamma}{g} w_\infty^2 L} = 2\frac{t}{L} \cdot \frac{\Delta w_u}{w_\infty} \tag{178}$$

mit A Auftrieb normal zu w_∞ und Δw_u die vom Gitter erzeugte Zusatzgeschwindigkeit in Umfangsrichtung.

Die Teilungen sind $\frac{t}{L} = 0{,}5$ und 1,0, und die Staffelungswinkel $\beta_s = 90°$, 60°, 45°, 30°. Zum Vergleich ist in jedem Diagramm die Kurve für den Einzelflügel $\frac{t}{L} = \infty$ eingetragen. Man erkennt auch hier, wie bereits früher erwähnt, daß für die Schaufel im Gitterverband der Auftriebsanstieg $\frac{d c_a}{d \delta}$ nur einen Bruchteil desjenigen des Einzelflügels beträgt.

Besonders bemerkenswert ist in Abb. 89 die Tatsache, daß mit Ausnahme des ungestaffelten Gitters, $\beta_s = 90°$, die Kurven c_a über δ nicht durch den Nullpunkt gehen. Dies bedeutet, daß bei sehnenparalleler Zuströmung, $\delta = 0$, der Auftriebsbeiwert von Null verschieden ist. Ein gestaffeltes Gitter aus symmetrischen Profilen endlicher Dicke ergibt also bei sehnenparalleler Zuströmung eine Ablenkung der Strömung, und zwar immer zur Gitterfront hin. In Abb. 89c ist der Ablenkungswinkel η bei sehnenparalleler Zuströmung in Abhängigkeit vom Staffelungswinkel β_s und Teilungsverhältnis $\frac{t}{L}$ dargestellt.

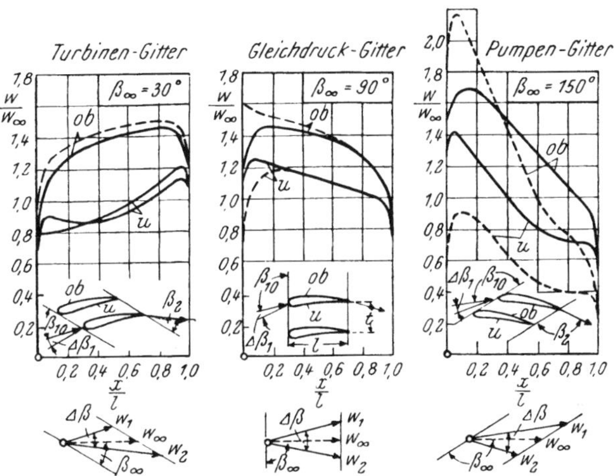

Abb. 90. Potentialtheoretische Geschwindigkeitsverteilungen eines Turbinengitters, eines Gleichdruckgitters und eines Verdichtergitters $t/L = 0{,}5$

——— Stoßfreier Eintritt $\beta_1 = \beta_1^*$, $\theta = 25°$
– – – – Nicht stoßfrei $\beta_1 = \beta_1^* + \delta = \beta_1^* + 10°$, $\theta = 35°$

Durch diese Tatsache kann schon in der reibungslosen Strömung ein Effekt erklärt werden, der in der Literatur der Strömungsmaschinen [*52*] als Minderleistung bekannt ist. Man versteht hierunter den auf S. 92 besprochenen Tatbestand, daß man zur Erzielung einer bestimmten Strömungsumlenkung beim Verdichtergitter eine starke *Winkelübertreibung* der Schaufeln ausführen muß, während diese beim Turbinengitter nicht erforderlich ist.

Eine andere empirisch seit langem bekannte Tatsache ist die verschiedene Empfindlichkeit des Turbinen- und Verdichtergitters gegenüber Änderungen der Zuströmrichtung. Dies läßt sich nach Abb. 90 gut erklären [*95*]. Hier ist für ein Turbinengitter, ein Gleichdruckgitter und ein Verdichtergitter mit gleichem Umlenkungswinkel $\theta = 25°$ die Geschwindigkeitsverteilung längs der Schaufelkontur dargestellt. Jedes Bild gibt die Geschwindigkeitsverteilung für zwei Zuströmwinkel, und zwar für den stoßfreien Eintritt $\beta_1 = \beta_1^*$ („Auslegungszustand") und einen zweiten um $\delta = 10°$ größeren Zuströmwinkel, der einer erhöhten Schaufelbelastung entspricht, an. Beim Turbinen- und Gleichdruckgitter ändert sich die Geschwindigkeitsverteilung mit der Zuströmrichtung nur ganz geringfügig, beim Verdichtergitter dagegen sehr stark im ungünstigen Sinne. Hieraus folgt, daß Turbinen- und Gleichdruckgitter gegen Änderung der Belastung unempfindlich, dagegen das Verdichtergitter sehr empfindlich ist. Dies stimmt mit der Erfahrung gut überein.

Der Hauptzweck der theoretischen Untersuchungen ist die Auswahl von günstigsten Gittern in bezug auf möglichst geringe Strömungsverluste. Das hierbei einzuschlagende Rechenverfahren basiert auf der Anwendung der Grenzschichttheorie auf das Schaufelgitter. Es wurde ein umfangreiches Programm in Angriff genommen und zum Teil erledigt [*69 70*,]. Zuerst wurden nur ungestaffelte Gitter untersucht, also bezüglich der

Gittergeometrie nur die Teilung geändert. Als Schaufelprofile wurden durchwegs NACA-Profile verwendet, die nach Dicke und Wölbung geändert wurden.

Ein Diagramm über berechnete Verlustbeiwerte zeigt Abb. 91. Einer der wichtigsten aerodynamischen Beiwerte eines Gitters ist die vom Gitter erzeugte Zusatzgeschwindigkeit in Umfangsrichtung Δw_u. Erwünscht sind Gitter, die bei möglichst großer Umlenkung

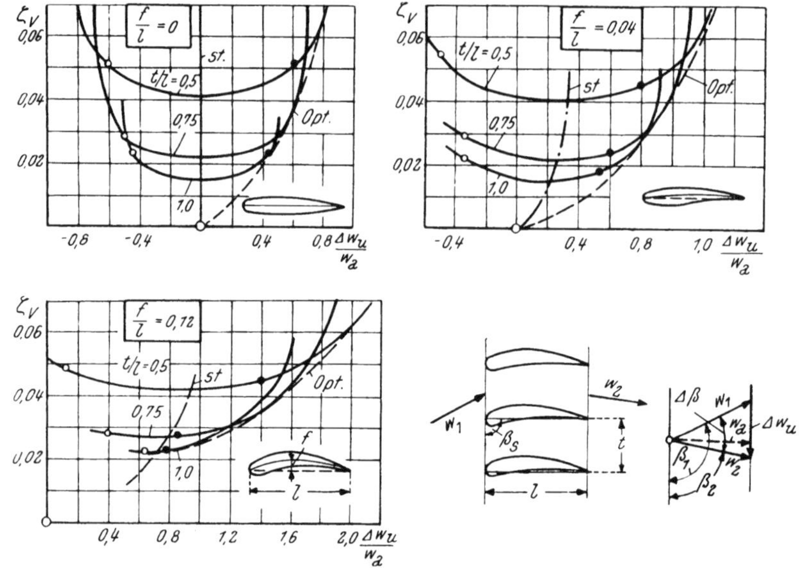

Abb. 91. Theoretische Verlustbeiwerte $\zeta_{v_{th}}$ von ungestaffelten ebenen Schaufelgittern mit NACA-Profilen verschiedener Wölbung f/L nach SPEIDEL [69]

$\beta_s = 90°$, $d/L = 0{,}15$

●○ Ablösungsbeginn auf Ober- bzw. Unterseite der Schaufel
st Stoßfreier Eintritt

möglichst geringe Verluste haben. In Abb. 91 ist der auf die theoretische Austrittsgeschwindigkeit $w_{2_{th}}$ bezogene dimensionslose Verlustbeiwert

$$\zeta_{v_{th}} = \frac{\Delta v}{\frac{1}{2}\frac{\gamma}{g} w_{2_{th}}^2}$$

über der dimensionslosen Größe $\frac{\Delta w_u}{w_m}$ aufgetragen, die im wesentlichen den Umlenkwinkel θ darstellt. Es ist mit vollturbulenter Reibungsschicht gerechnet worden, bei einer Reynoldsschen Zahl $\frac{w_m \cdot L}{\nu} = 10^6$. Jedes der drei Teilbilder gilt für eine feste Wölbung und enthält Kurven für drei verschiedene Teilungen $\frac{t}{L} = 0{,}5,\ 0{,}75,\ 1{,}0$. Bei geringer Umlenkung hat die weiteste Teilung immer die geringsten Verluste, weil bei schwacher Schaufelbelastung der Verlust im wesentlichen der Schaufelzahl proportional ist. Bei größeren Umlenkungen wird jedoch im allgemeinen eine engere Teilung günstiger. Dies rührt daher, daß bei großer Umlenkung und weiter Teilung die Auftriebsbelastung der einzelnen Schaufel zu groß wird. Bei zu großer Belastung löst sich die Strömung ab, womit die Verluste schlagartig ansteigen.

Die als *Optimum* eingetragene strichlierte Kurve ist die Einhüllende der drei $\frac{t}{L}$ Kurven; sie gibt zu einer vorgegebenen Umlenkung den geringsten Verlustbeiwert an und diejenige Teilung $\frac{t}{L}$, mit welcher dieser erreicht werden kann. Die mit ○ bzw. ● bezeichneten Punkte zeigen den Beginn der Ablösung der Strömung auf der Unterseite bzw. Oberseite der Schaufel. Zwischen ○ und ● liegt also der Bereich, wo auf beiden Schaufelseiten die Strömung anliegt. Besonders interessant ist, daß die Optimalzustände (Einhüllende) durchwegs rechts von ● liegen, also dort, wo auf der Oberseite die Strömung schon etwas abgelöst ist. Dieses Verhalten, das mit der Erfahrung in gutem Einklang zu stehen scheint, ist völlig verschieden von dem, was man vom Einzelflügel gewohnt

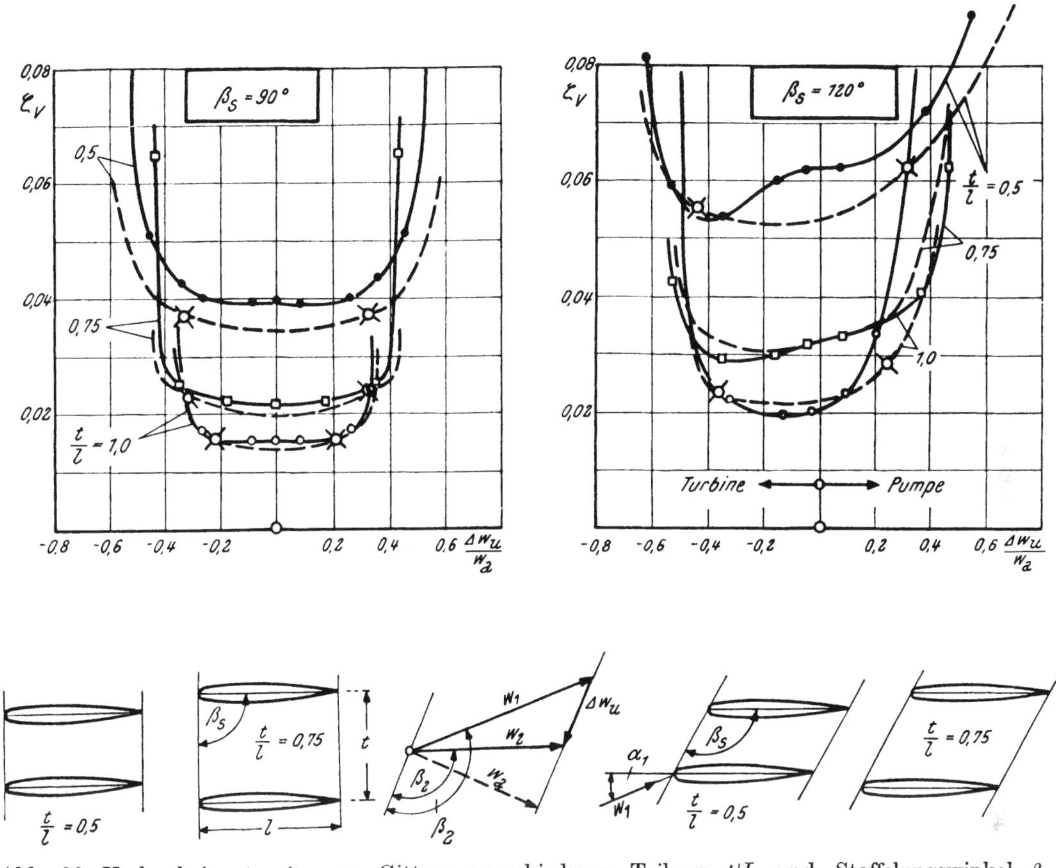

Abb. 92. Verlustbeiwerte ζ_v von Gittern verschiedener Teilung t/L und Staffelungswinkel β_s

——— Messung N. Scholz

------- Theorie L. Speidel

¤ Ablösungspunkt bei $x/L = 0{,}95$

Schaufelprofil NACA 0010, $Re = \frac{w_2 \cdot L}{\nu} = 500000$

ist. Während man beim Einzelflügel mit der Erhöhung des Auftriebsbeiwertes, besonders im Bereich der teilweise abgerissenen Strömung, immer ein starkes Anwachsen des Widerstandes erhält, kann beim Gitter bei konstanter Umlenkung die mit einer Vergrößerung der Teilung verbundene Steigerung der Auftriebsbelastung unter Umständen doch eine Verringerung der Verluste ergeben. Die Erhöhung des Widerstandes der einzelnen Schaufel wird nämlich durch die Verringerung der Schaufelzahl mehr als ausgeglichen.

c) Experimentelle Untersuchungen. Experimentelle Untersuchungen von ebenen Gittern [*71, 72, 73, 74, 106, 107*] bieten besondere Schwierigkeiten, die mit der Verwirklichung des ebenen Problems und mit den Meßmethoden zusammenhängen, worauf aber hier nur hingewiesen werden kann. Weiters besteht eine grundsätzliche Schwierigkeit in dem außerordentlich großen Umfang, den solche Untersuchungen annehmen, wenn man aus ihnen eine klare Einsicht in den Einfluß der einzelnen Gitterparameter erhalten will.

Experimentelle Untersuchungen an ebenen Gittern sollten deshalb außer zur Vermessung von Sonderfällen für die Praxis (z. B. Rauhigkeitsfragen oder spezielle Schaufelprofile) in erster Linie zur Stützung von systematischen theoretischen Untersuchungen dienen.

In Abb. 92 sind z. B. für das Profil NACA 0010 einige Ergebnisse über Verlustbeiwerte dargestellt, die im Gitterkanal der Technischen Hochschule Braunschweig [*95*] gemessen wurden. Der auf den Staudruck der Durchsatzgeschwindigkeit $\frac{1}{2}\frac{\gamma}{g}w_m^2$ bezogene Verlustbeiwert

$$\zeta_v = \frac{\Delta v}{\frac{1}{2}\frac{\gamma}{g}w_m^2}$$

ist über der Umlenkung $\frac{\Delta w_u}{w_m}$ für drei Teilungen $\frac{t}{L} = 1{,}0$, $0{,}75$ und $0{,}5$ aufgetragen. Im Fall der ungestaffelten Gitter, $\beta_s = 90°$, sind sämtliche Gitter Verdichtergitter; bei

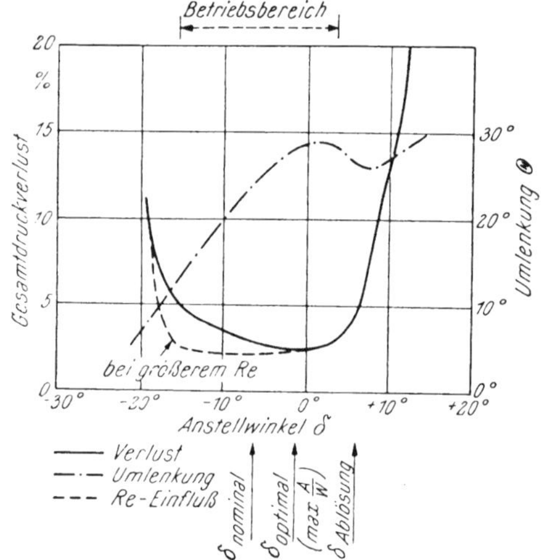

Abb. 93. Verhalten von Niedriggeschwindigkeitsgittern bei verschiedenen Anstellwinkeln δ

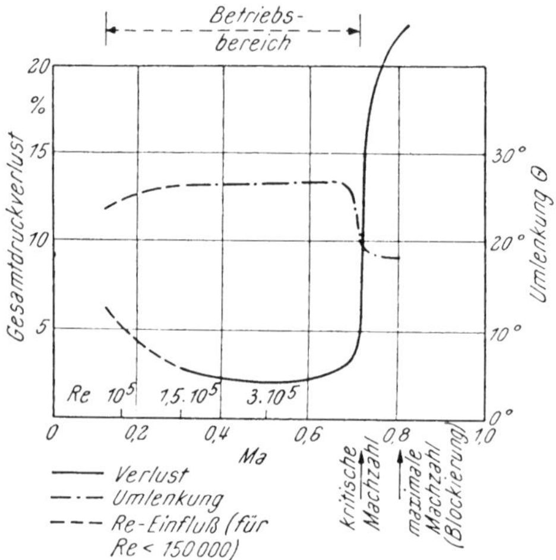

Abb. 94. Verhalten von Hochgeschwindigkeitsgittern bei verschiedenen Machzahlen *Ma*

den gestaffelten Gittern $\beta_s = 120°$ sind die negativen Δw_u Turbinen- und die positiven Δw_u Verdichtergitter. Für die theoretischen Rechnungen wurde eine vollturbulente Reibungsschicht angenommen und bei den Messungen wurde diese durch Stolperdrähte nahe der Vorderkante erzwungen. Die theoretisch ermittelten Verlustbeiwerte sind in recht guter Übereinstimmung mit den Messungen, vor allem auch insofern, als das steile Anwachsen des Verlustbeiwertes bei großen Umlenkungen, das auf die Ablösung zurückzuführen ist, durch die Theorie gut wiedergegeben wird.

Während in Deutschland und in den Vereinigten Staaten die notwendigen Berechnungsunterlagen für Schaufelgitter zuerst durch Anpassung der Einzeltragflügelwerte (Göttingen, NACA) gewonnen wurden, ging man in England [*75, 76, 77, 98*] bereits frühzeitig auf kombinierte theoretische und experimentelle Untersuchungen über. So zeigt z. B. Abb. 93 das Verhalten eines Schaufelgitters bei niedrigen Strömungsgeschwindigkeiten nach britischen Messungen [*144*]. Der Gesamtdruckverlust des Gitters und der Luftumlenkwinkel wurden über dem Anstellwinkel aufgetragen. Bei sehr großen oder sehr kleinen Anstellwinkeln werden die örtlichen Druckgradienten zu groß. Ablösung der Strömung und Anstieg der Verluste folgen. Ebenso wie der Anstellwinkel innerhalb des Betriebsbereiches in Grenzen gehalten werden muß, ist auch die Lufteintrittsgeschwindigkeit nach unten und oben zu begrenzen. Zu niedrige Eintrittsgeschwindigkeiten rufen Reynoldszahl- oder Viskositätseinflüsse hervor und damit einen Wirkungsgradabfall. Zu hohe Geschwindigkeiten, d. h. örtliches Erreichen der Schallgeschwindigkeit, verursachen Verdichtungswellen und erneute Ablösung, Abb. 94.

Für Entwurfzwecke wird gewöhnlich die „Nominal"-Anstellung verwendet, d. h. jener Anstellwinkel, bei dem die Umlenkung 80% ihres Maximalwertes beträgt. Zur Kennzeichnung des Schaufelgitters ist jedoch der Anstellwinkel für größtes Auftrieb/Widerstand-Verhältnis, die optimale Anstellung, Abb. 93, besser geeignet.

Wird ein Gitter mit optimalem Anstellwinkel angeströmt, so fällt der vordere Staupunkt praktisch mit der Schaufeleintrittskante zusammen. Nun werde z. B. die Teilung des Gitters geändert. Bei geänderter Teilung kann dann die Anströmrichtung so gewählt werden, daß der vordere Staupunkt an der gleichen Stelle der Schaufel bleibt. Dann zeigt sich, daß die neue Anströmungsrichtung jene für größtes $\frac{A}{W}$-Verhältnis bei der neuen Teilung ist. Ähnliche Überlegungen lassen sich — innerhalb Grenzen — für die Änderung der Staffelung anstellen.

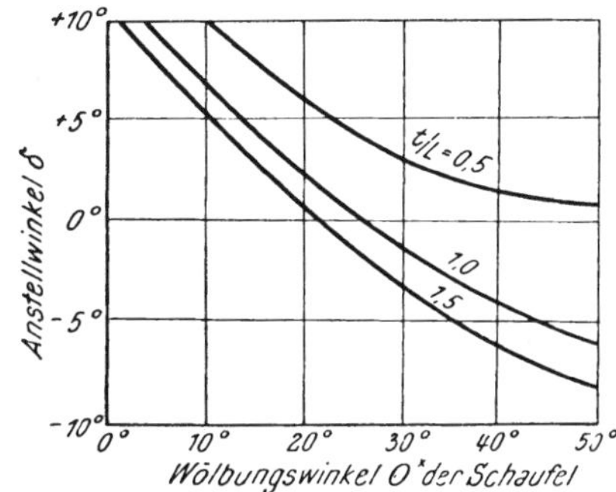

Abb. 95. Näherungswerte des optimalen Anstellwinkels für übliche Tragflügelprofile mit Kreisbogenskelettlinie, Schaufelaustrittswinkel $\beta_2^* = 50$ bis $90°$

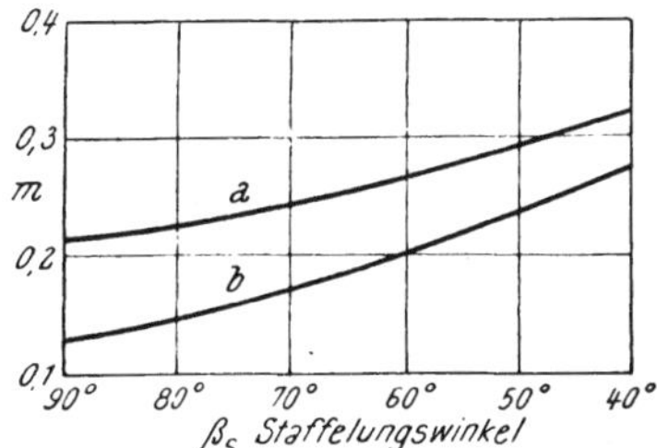

Abb. 96. Beiwert für die Berechnung des Austrittsablenkwinkels
a für Kreisbogenskelettlinien, b für Parabelbogenskelettlinien mit $x_f/L = 0{,}40$

Da sich bei optimalen Bedingungen die Strömung eng an die eines idealen Mediums annähert, muß nur die optimale Anstellung für irgendeine Schaufel in einem Gitter bekannt sein, damit der optimale Anstellwinkel für jedes andere Gitter abgeschätzt werden kann. Die exakte Lösung für diese Abschätzung ist leider für den praktischen Gebrauch zu unhandlich, so daß Näherungslösungen herangezogen werden müssen, die sich auf empirisch ermittelte Faktoren stützen. Zum näheren Studium dieser Methoden wird auf das Fachschrifttum [*76, 77, 90, 91, 93*] verwiesen. Gleichwohl ist es interessant, festzuhalten, daß die optimale Anstellung für ein übliches Schaufelprofil, grob genommen, unabhängig vom Austrittswinkel ist. Aus Abb. 95 kann der optimale Anstellwinkel in Abhängigkeit von der Wölbung entnommen werden.

Ist die optimale Anstellung bekannt, so ist es nur mehr notwendig, die Ablenkung zu bestimmen, um die Strömungswinkel vollständig mit den Schaufelwinkeln in Beziehung zu bringen. Die experimentell ermittelten Werte des Ablenkungswinkels stimmen fast völlig mit jenen Rechenwerten überein, die man für eine ideale Strömung unter Anwendung der Joukowskischen Hypothese des Staupunktes an der Austrittskante erhält. Die Ergebnisse werden durch die folgende Regel [*77, 98*] gut erfaßt:

$$\eta = \beta_2^* - \beta_2 = m \cdot \theta^* \cdot \sqrt{\frac{t}{L}}\,. \tag{179}$$

Hierbei ist m eine Funktion der Staffelung und der Lage der größten Wölbung. Diese Funktion ist in Abb. 96 für Profile mit Kreisbogenskelettlinien (Kurve a) und Profile mit Parabelbogenskelettlinien mit einer Wölbungsrücklage $\frac{x_f}{L} = 0{,}40$ (Kurve b) angegeben.

d) Bestimmung der Entwurfsumlenkung. Betrachten wir nun eine Serie von Schaufelgittern, die alle das gleiche Teilungsverhältnis $\frac{t}{L}$ und den gleichen Luftaustrittswinkel

β_2 haben. Dann kann die Umlenkung und das Auftrieb/Widerstand-Verhältnis für optimale Bedingungen, wie Abb. 97 zeigt, über dem Schaufelwölbungswinkel θ^* aufgetragen werden.

Man sieht, daß, wenn die Wölbung vergrößert wird, die Umlenkung und das $\frac{A}{W}$-Verhältnis zuerst stetig ansteigen. Bei einem bestimmten Wölbungswinkel erreicht das $\frac{A}{W}$-Verhältnis sein Maximum und fällt dann rasch ab, d. h. es tritt bei allen Wölbungen größer als diese für alle Anstellwinkel Strömungsablösung auf. Die durch den schraffierten Bereich angedeutete Streuung der Ergebnisse ist auf Herstellungsungenauigkeiten der Schaufelform, Reynoldszahleinflüsse u. a. zurückzuführen. Der Berechner wird natürlich eine möglichst große Umlenkung, verbunden mit hohem $\frac{A}{W}$-Verhältnis oder Wirkungsgrad, anstreben, so daß es wesentlich ist, einige Sorgfalt auf die Abschätzung der besten Entwurfswerte zu verwenden.

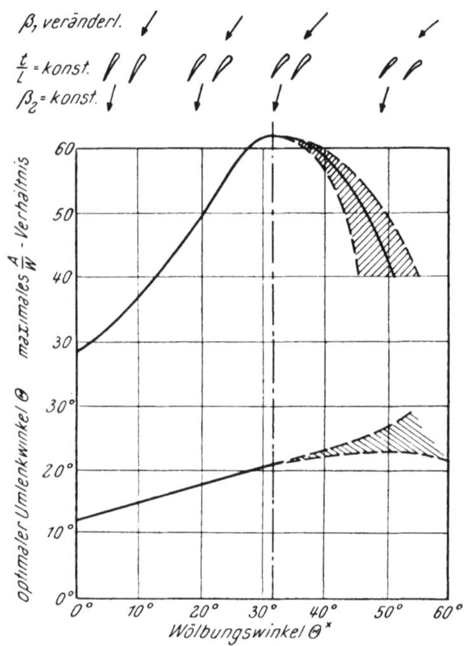

Abb. 97. Einfluß der Wölbung θ^* auf das A/W-Verhältnis und auf den optimalen Umlenkwinkel θ für Luftaustrittswinkel $\beta_2 = 70°$ und $t/L = 1{,}0$

–·–·–·– Optimaler Entwurfswert für maximales A/W-Verhältnis

Wenn eine Strömung durch ein Verdichterschaufelgitter erfolgt, entsteht ein statischer Druckanstieg. Wegen der verschiedenen Fliehkraftfelder nimmt die Verteilung des statischen Druckes über den Schaufelumfang den in Abb. 98 dargestellten Verlauf an. Der statische Druckanstieg an der Austrittskante hängt von der Ausbildung des Gitters ab (linkes Bild). Bezieht man jedoch die Druckverteilung auf den Austrittszustand, wie es das rechte Bild zeigt, so kann man diese Veränderliche eliminieren. Die Ablösung

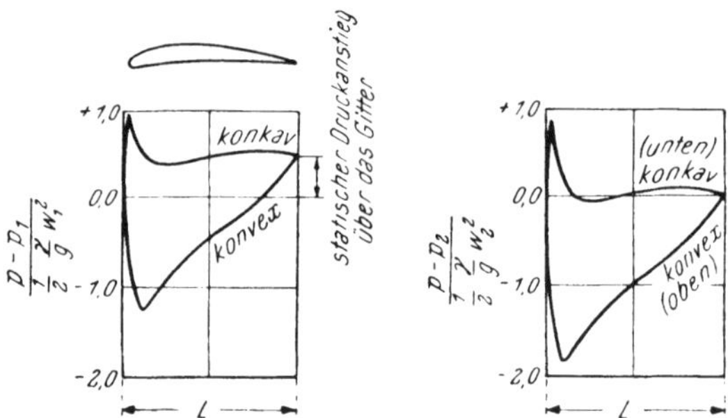

Abb. 98. Druckverteilung um Schaufeln in Verdichtergittern

wird vom Verlauf der Druckverteilung auf der konvexen Seite beeinflußt, und zwar besonders durch den Abfall nahe der Austrittskante. Daraus folgt, daß es eine Druckverteilung gibt, welche die besten Ergebnisse liefert. Alle besten Gitter haben diese Verteilung. Weiters haben Versuche gezeigt, daß die Druckverteilung auf der konkaven Seite für alle Gitter mehr oder weniger die gleiche ist. Es werden also alle besten Entwürfe, bezogen auf den Austrittszustand, genau die gleiche Druckverteilung haben, und der Auftriebsbeiwert, bezogen auf die Austrittsbedingungen, oder die Belastungsziffer ψ_a [*145*] bleibt konstant, d. h.

$$\psi_a = c_a \left(\frac{w_\infty}{w_2}\right)^2 = \text{konst.} \tag{180}$$

und wenn nach Gl. (178) für

$$c_a = 2\,\frac{t}{L}\,(\operatorname{cotg}\beta_1 - \operatorname{cotg}\beta_2)\sin\beta_\infty$$

und für $\left(\frac{w_\infty}{w_2}\right)^2 = \frac{\sin^2\beta_2}{\sin^2\beta_\infty}$ bei $w_{\infty_m} = w_{2_m}$, Abb. 88, eingesetzt wird, folgt

$$\psi_a = 2\,\frac{t}{L}\,(\operatorname{cotg}\beta_1 - \operatorname{cotg}\beta_2)\,\frac{\sin^2\beta_2}{\sin\beta_\infty} = \text{konst.} \tag{181}$$

Zu dieser vereinfachten Überlegung sind jedoch noch Abänderungen notwendig, und zwar hauptsächlich wegen der Blockierwirkung von eng gestellten Schaufeln endlicher Dicke. Abb. 99 zeigt deutlich, daß die Geschwindigkeiten bei wirklichen Schaufeln gegenüber Schaufeln mit der Dicke Null im Verhältnis

$$\frac{\frac{t}{L}}{\frac{t}{L} - \frac{d}{L\sin\beta_\infty}}$$

ansteigen.

Hierbei bedeutet d die mittlere effektive Dicke eines Profiles.

Es wird also der Druck proportional zum Quadrat des obigen Verhältnisses reduziert, oder aber die Belastungsziffer, wenn die Druckverteilung ihren optimalen Verlauf beibehalten soll. Nach Quadrieren des obigen Ausdruckes und Einbau in Gl. (181) erhalten wir, wenn das Glied $\left(\frac{d}{L\sin\beta_\infty}\right)^2$ vernachlässigt wird:

$$2\,\frac{t}{L}\,(\operatorname{cotg}\beta_1 - \operatorname{cotg}\beta_2)\,\frac{\sin^2\beta_2}{\sin\beta_\infty}\cdot\frac{\frac{t}{L}}{\frac{t}{L} - 2\,\frac{d}{L\sin\beta_\infty}} = \text{konst.} \tag{182}$$

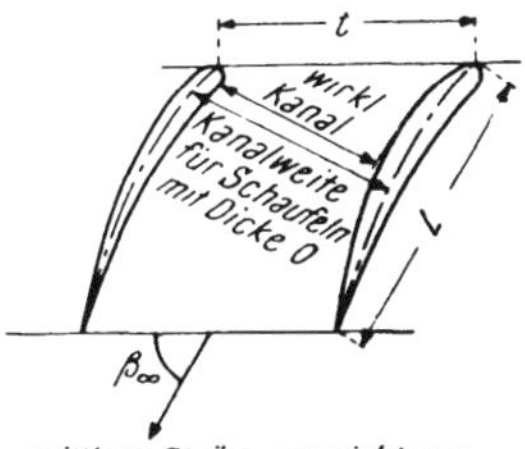

Abb. 99. Versperr-Effekt im Verdichtergitter

$$\frac{w_{\text{mit wirklichen Schaufeln}}}{w_{\text{mit Schaufeln der Dicke 0}}} = \frac{t\sin\beta_\infty}{t\sin\beta_\infty - d} = \frac{\frac{t}{L}}{\frac{t}{L} - \frac{d}{L\sin\beta_\infty}}$$

Die Konstante ist der Wert für Blockierung Null. Ihr Wert für den bestmöglichen Entwurf ist unbekannt, kann jedoch für die praktisch gebräuchlichen Schaufelformen gleich 1,35 angenommen werden. Außerdem kann für Schaufeln mit einer Dicke von 10%

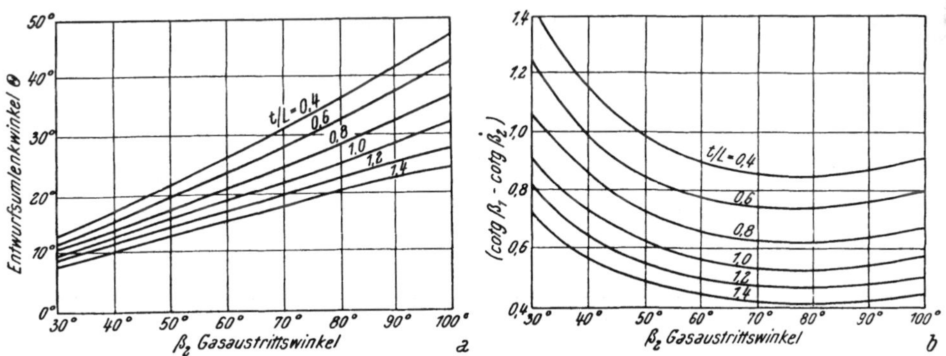

Abb. 100. *a* Luftumlenkwinkel θ für Optimalentwurf in Abhängigkeit von β_2 und t/L
b Optimale Entwurfswerte ($\operatorname{cotg}\beta_1 - \operatorname{cotg}\beta_2$) in Abhängigkeit von β_2 und t/L

der Ausdruck $\frac{d}{L\sin\beta_\infty} = \frac{1}{12}$ gesetzt werden. Nach Einsetzen dieser Werte in Gl. (182) erhält man:

$$\frac{t}{L}\cdot(\operatorname{cotg}\beta_1 - \operatorname{cotg}\beta_2)\,\frac{\sin^2\beta_2}{\sin\beta_\infty}\cdot\frac{6\,\frac{t}{L}}{6\,\frac{t}{L} - 1} = 0{,}675\,. \tag{183}$$

Unter Verwendung dieser Gleichung wurden die Umlenkwinkel für verschiedene Austrittswinkel und $\frac{t}{L}$ Verhältnisse in Abb. 100a aufgetragen. Wahlweise ist ($\cotg \beta_1 - \cotg \beta_2$) über den gleichen Veränderlichen aus Abb. 100b ersichtlich. Diese Entwurfswerte sind in Gl. (191) einzusetzen, wenn die Stufendruckerhöhung mit möglichst hohem Wirkungsgrad erreicht werden soll. Ein Überschreiten dieser Werte bedeutet eine starke Wirkungsgradeinbuße und vorzeitiges Pumpen. Die fehlende Kenntnis dieser zulässigen Schaufelbelastungen ließ die frühen Versuche, einen Axialverdichter zu bauen, scheitern.

e) Machzahleinfluß. Die Entwurfswerte für Schaufelgitter sind natürlich einer Machzahlbegrenzung unterworfen. Die Machzahl, oberhalb der die Verluste stark anzusteigen beginnen, wird kritische Machzahl Ma_{kr}, Abb. 94, genannt. Sie entspricht etwa dem Erreichen der örtlichen Schallgeschwindigkeit an der Schaufeloberfläche. Näherungsweise Abschätzungen (bis $Ma \leqq 0{,}8$) können aus der Druckverteilung für inkompressible Strömung unter Anwendung der PRANDTL-GLAUERTschen Regel [*52*] vorgenommen werden. Damit die Profile in kompressiblen Medien angenähert dieselben Eigenschaften haben wie in inkompressiblen, ist das Teilungsverhältnis und die Staffelung im Verhältnis $\sqrt{1 - Ma}$ zu verkleinern.

Gewöhnlich werden jedoch die Werte empirisch aus Gitterversuchen bestimmt, Abb. 102. Für höchsten Wirkungsgrad sollte jeder Schaufelschnitt unterhalb seiner kritischen Machzahl arbeiten. Diese Regel wird gewöhnlich bei Industriemaschinen befolgt. Bei Flugtriebwerken jedoch wird, um Gewicht zu sparen, gewöhnlich Wirkungsgrad geopfert. Es werden daher besonders an den Schaufelenden oft Machzahlen zugelassen, welche die kritische Höhe überschreiten. Meist wird dann dem Entwurf eine Machzahl an den Schaufelspitzen zugrunde gelegt, welche durch Erfahrungswerte an einem ähnlichen Triebwerk hinreichend gestützt ist. Es scheint im übrigen, daß die aus Gitterversuchen bestimmte kritische Machzahl nicht ohne weiters auf rotierende Schaufeln übertragen werden kann.

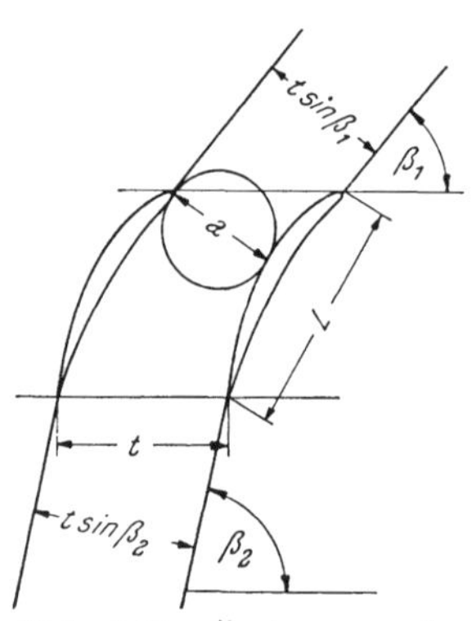

Abb. 101. Änderung des Kanalquerschnittes
a Kehlweite

Die maximal mögliche Machzahl Ma_{max} ist erreicht, wenn die mittlere Geschwindigkeit im engsten Querschnitt F_{min} des Gitters die Schallgeschwindigkeit w_s ist. Das Gitter ist dann „verstopft", d. h. die Verluste sind so groß, daß im Gitter kein Druckanstieg mehr erfolgt. Die maximale Machzahl kann aus der Gittergeometrie bestimmt werden. Abb. 101 zeigt deutlich den Eintrittsquerschnitt $F_1 = t \cdot \sin \beta_1 \cdot b$, den engsten Querschnitt $F_{min} = a \cdot b$ und den Austrittsquerschnitt $F_2 = t \cdot \sin \beta_2 \cdot b$ des Schaufelkanals. Obwohl die Schaufelhöhe b der Verdichterschaufel von der Eintrittskante zur Austrittskante hin abnimmt, kann sie für die Strecke Eintritt—engster Querschnitt als konstant gelten. Es wird dann $\frac{F_{min}}{F_1} = \frac{a}{t \cdot \sin \beta_1}$. Das Verhältnis $\frac{a}{t}$ ist für ein bestimmtes Grundprofil abhängig von der Wölbungsrücklage x_f, dem Wölbungswinkel θ^* und dem Staffelungswinkel β_s. Die engste Kanalweite a wird gewöhnlich graphisch durch Auftragen der Profile mit der gewünschten Teilung t und Staffelung β_s bestimmt.

Liegt die Eintrittsgeschwindigkeit w_1 im Unterschallbereich, dann kann im engsten Querschnitt nur dann Schallgeschwindigkeit auftreten, wenn die Strömung zwischen Eintritt und engstem Querschnitt beschleunigt wird. Dies ist der Fall für $t \cdot \sin \beta_1 > a$, d. h. bei kleinen oder auch negativen Anstellwinkeln δ. Das „Verstopfen" bedeutet also für Verdichter mit hohen Durchsatzgeschwindigkeiten die untere Begrenzung für den Anstellwinkel (s. auch S. 148). Für größere Anstellwinkel wird $t \cdot \sin \beta_1 < a$ und die örtliche Schallgeschwindigkeit an der engsten Stelle nicht erreicht.

Mit Hilfe der Kontinuitätsgleichung und der Strömungsenergiegleichung läßt sich eine theoretische Beziehung zwischen Strömungsquerschnitt und Machzahl aufstellen.

Es ist

$$\frac{w_1 \cdot F_1}{v_1} = \frac{w_2 \cdot F_2}{v_2} \text{ und } \frac{w_1^2}{2\,g\,427} + i_1 = \frac{w_2^2}{2\,g\,427} + i_2$$

und weiter unter Verwendung von Gl. (155)

$$w_1 = Ma_1 \cdot w_s = Ma_1 \sqrt{g \cdot \varkappa \cdot R \cdot T_1} \text{ bzw. } w_2 = Ma_2 \sqrt{g \cdot \varkappa \cdot R \cdot T_2}\,.$$

Soll nun die Stelle 2 der engste Querschnitt F_{min} sein, wo die Schallgeschwindigkeit erreicht ist, dann wird $Ma_2 = 1$. Nach Einsetzen von w_1 und w_2 in die Kontinuitäts- und Strömungsenergiegleichung folgt weiter:

$$\frac{F_{min}}{F_1} = Ma_1 \left(\frac{\varkappa + 1}{2 + Ma_1^2\,(\varkappa - 1)}\right)^{\frac{\varkappa + 1}{2\,(\varkappa - 1)}}. \tag{184}$$

Die Eintrittsmachzahl Ma_1 ist hierbei die maximale Machzahl Ma_{max}, die im engsten Querschnitt die Schallgeschwindigkeit hervorruft. Für Luft von niedriger Temperatur mit $\varkappa = 1{,}4$ vereinfacht sich Gl. (184) zu

$$\frac{F_{min}}{F_1} = Ma_1 \left(\frac{6}{5 + Ma_1^2}\right)^3. \tag{185}$$

Die maximale Machzahl hängt in erster Linie vom Flächenverhältnis $\frac{F_{min}}{F_1} = \frac{a}{t \sin \beta_1}$ des Gitters ab. In Abb. 102 sind die aus Versuchsergebnissen ermittelte Abhängigkeit und zum Vergleich auch der theoretische Verlauf nach Gl. (185) eingetragen. Die theoretischen Maximalwerte können in Wirklichkeit nicht erreicht werden, weil der zur Verfügung stehende Querschnitt F_{min} durch Grenzschichtbildung kleiner wird, als dem Gitterentwurf entspricht. Der Verlauf der kritischen Machzahl nach Versuchen von ECKERT [53] und HOWELL [91] ist in Abb. 102 ebenfalls eingetragen.

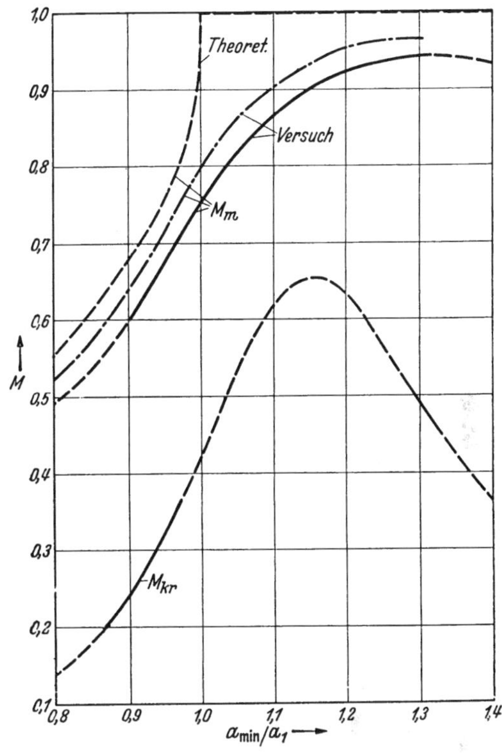

Abb. 102. Kritische und maximale Machzahl in Abhängigkeit vom Querschnittsverhältnis a_{min}/a_1 für Verdichtergitter mit folgenden Daten:

$\theta = 40°$, $t/L = 1{,}0$, $d/L = 7\,\%$ und $10{,}5\,\%$, $\beta_1 = 40°$; Grundprofil nach HOWELL

Die Änderungen von a_{min}/a_1 wurden durch Änderung des Staffelungswinkels erzielt

Bei hochbelasteten Axialverdichtern wird besonders in der ersten Stufe die kritische Machzahl, wie oben erwähnt, oft überschritten. Zeigt der vorliegende Schaufelentwurf, daß $Ma > Ma_{kr}$ ist, dann sind Umlenkung und Wirkungsgrad entsprechend zu korrigieren. Diese Korrekturfaktoren k_θ für die Umlenkung und k_η für den Wirkungsgrad sind in Abb. 103a und Abb. 103b über $\frac{Ma - Ma_{kr}}{Ma_{max} - Ma_{kr}}$ aufgetragen. $Ma = \frac{w_1}{w_s}$ ist hierbei die sich aus dem Geschwindigkeitsdreieck und dem Luftzustand ergebende Eintrittsmachzahl. Ma_{kr} und Ma_{max} werden entsprechend dem Schaufelentwurf aus Abb. 102 entnommen. Als Grenze für Entwürfe kann $\frac{Ma - Ma_{kr}}{Ma_{max} - Ma_{kr}} \leqq 0{,}5$ gelten, da sonst der Wirkungsgrad zu stark absinkt.

f) Überschallschaufelgitter. Die Verzögerung von Überschallströmungen ist immer mit der Ausbildung von Verdichtungsstößen verbunden. Die Stoßfront kann hierbei senkrecht (gerader oder senkrechter Stoß) oder schräg (schiefer Stoß) zur Strömungsrichtung verlaufen. Sie bildet eine Unstetigkeitsstelle, in der sich Druck,

Geschwindigkeit und die (statische) Temperatur praktisch sprunghaft ändern. Aufgabe einer Überschallbeschaufelung ist es, in einer relativ zum Schaufelgitter mit Überschallgeschwindigkeit eintretenden Strömung einen oder mehrere Verdichtungsstöße hervorzurufen und sie möglichst in ihrer Lage zu fixieren, weiterhin die Strömung hinter den Stoßfronten zu führen und die bei starken Stößen, also größeren Drucksprüngen, meistens auftretende Strömungsablösung und Wirbelbildung zu verhindern. Die Stoßverdichtung ist auch unter Annahme reibungsfreier Strömung verlustbehaftet, wobei die Größe dieser Verluste von der Stärke des Stoßes, d. h. von der Größe des im Stoß erzielten Drucksprunges abhängig ist.

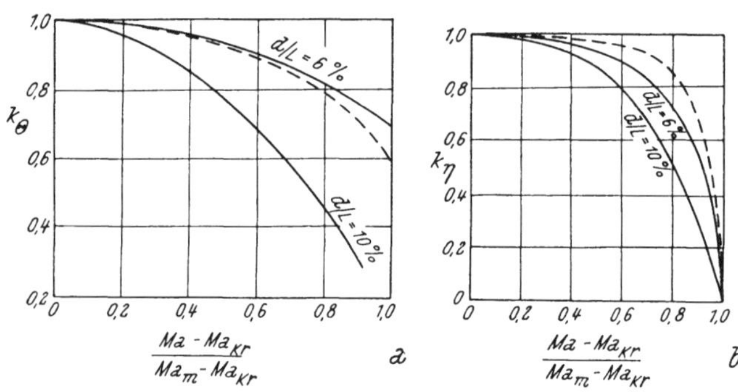

Abb. 103. Korrekturen zur Erfassung des Machzahleinflusses
——— Nach ECKERT [53]
– – – – Nach HOWELL [91]
a Einfluß der Machzahl auf die Strömungsumlenkung
b Einfluß der Machzahl auf den Wirkungsgrad

In Gittern mit relativ weiter Teilung, Abb. 104, kommen im allgemeinen nur schwache schiefe Verdichtungsstöße zur Anwendung, die nur mit geringen Verlusten behaftet sind, aber auch nur entsprechend kleine Druckerhöhungen ergeben. Hierbei bleibt der Überschallcharakter der Strömung erhalten, und die Eintrittsgeschwindigkeit wird lediglich auf eine Geschwindigkeit kleinerer Machzahl verzögert. Das Strömungsfeld in einem solchen Gitter kann bei Vernachlässigung von Reibung und Grenzschichten näherungsweise mittels des Chrakteristikenverfahrens [*79*] konstruiert werden. Durch entsprechende Anordnung und Formgebung der Gitterprofile ist es möglich, das Austreten

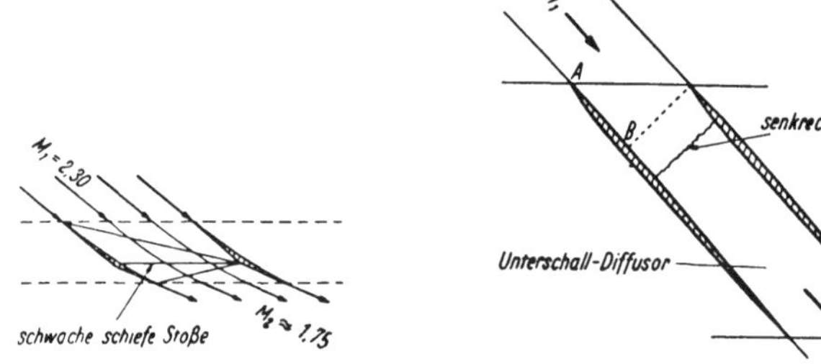

Abb. 104. Überschallschaufelgitter ohne Wellenwiderstand

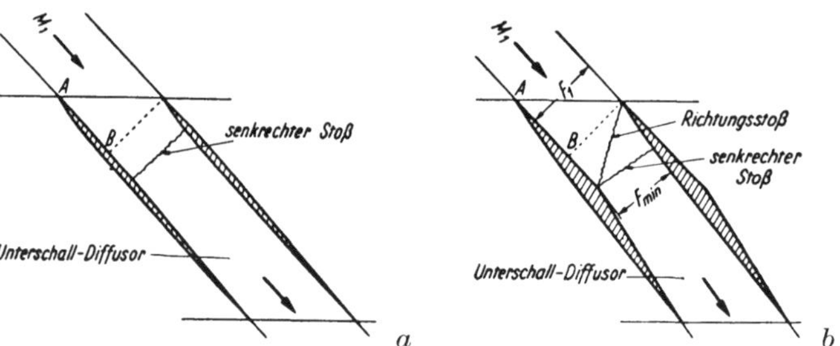

Abb. 105. *a* Überschallgitter mit senkrechtem Verdichtungsstoß (geeignet für Machzahlen $Ma_1 \leqq 1{,}50$)
b Überschallgitter mit einer Eintrittsstoß-Kombination nach [*83*] (für größere Machzahlen Ma_1)

von Verdichtungsstößen (und Expansionswellen) in die Strömung außerhalb des Gitters zu verhindern und — im Gegensatz zum einzelstehenden Überschall-Tragflügelprofil — den sogenannten Wellenwiderstand zu vermeiden [*80*].

Große Druckerhöhungen lassen sich nur bei Verzögerung bis auf Unterschallgeschwindigkeit erzielen. Bis zu Anströmgeschwindigkeiten entsprechend Machzahlen $Ma_1 \leqq 1{,}50$ ist es ausreichend, einen einfachen senkrechten Verdichtungsstoß vorzusehen, Abb. 105a. Bei höheren Machzahlen nimmt aber der Stoßverlust im senkrechten Stoß schnell zu, und die Anwendung von Stoßkombinationen aus einem oder mehreren (schwachen) schiefen und einem geraden Verdichtungsstoß wird zweckmäßig, Abb. 105b. In beiden Fällen sind relativ kleine Schaufelteilungen notwendig, so daß die Berechnung der Gitter nach der Kanaltheorie unter Berücksichtigung der Erfahrungen und Erkenntnisse an Überschalldiffusoren erfolgen kann [*81, 82, 83*].

Der Übergang von der Überschall- zur Unterschallströmung soll hiernach immer durch einen senkrechten Verdichtungsstoß erfolgen. Vorgeschaltete schiefe Stöße haben die Aufgabe, die Machzahl und damit die Stoßstärke des senkrechten Stoßes zu verringern. Von dieser und der Vermeidung gegebenenfalls nachfolgender Ablösungsverluste hängt der Wirkungsgrad eines Überschalldiffusors oder -Gitters ab. Die örtliche Lage des senkrechten Stoßes wird durch den Gegendruck hinter dem Gitter bestimmt. Mit zunehmender Drosselung wandert der senkrechte Stoß stromaufwärts, um schließlich den engsten Querschnitt F_{min} des Schaufelkanals zu erreichen. Bei dieser Stellung des senkrechten Verdichtungsstoßes ergeben sich die kleinste Stoßstärke und die geringsten Stoßverluste.

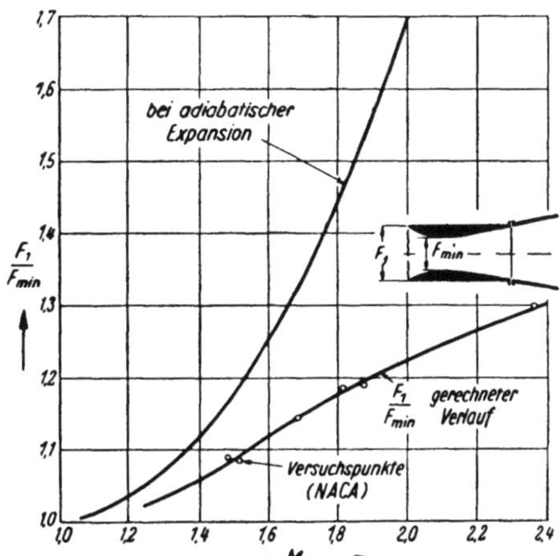

Abb. 106. Maximales Querschnittsverhältnis F_1/F_{min} bei einem senkrechten Verdichtungsstoß an der Eintrittskante

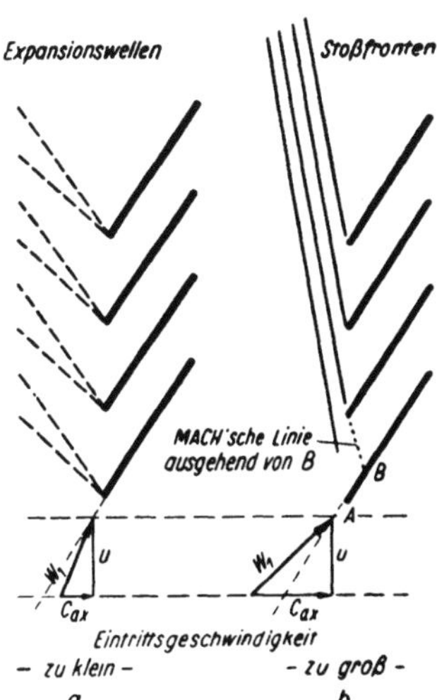

Abb. 107. Schematische Darstellung der Regelung des Luftdurchsatzes durch den Eintrittsbereich [*83*]

a Eintrittsgeschwindigkeit zu klein
b Eintrittsgeschwindigkeit zu groß

Bei einer weiteren Erhöhung des Gegendruckes springt der senkrechte Stoß unter Auslöschung gegebenenfalls vorgeschalteter schiefer Stöße bis zur Profileintrittskante vor. Hierbei ergibt sich das in einem vorgegebenen Gitter maximal erreichbare Druckverhältnis. Wird die Drosselung über diesen Punkt hinaus erhöht, so bildet sich vor den Gitterprofilen eine abgelöste Stoßfront aus, die neben hohen Verlusten auch zu einer Verkleinerung der Durchflußmenge führt. Der Strömungszustand ist hierbei nicht mehr stationär, sondern meistens von Pulsationen, ähnlich dem „Pumpen" bei Unterschallkompressoren, begleitet.

Die maximale Schaufeldicke der Gitterprofile wird durch das zulässige Verhältnis des Eintrittsquerschnittes F_1 zum engsten Kanalquerschnitt F_{min} bestimmt. Dieser läßt sich unter der Voraussetzung eines senkrechten Verdichtungsstoßes im Eintrittsquerschnitt und unter Berücksichtigung der Stoßverluste berechnen, Abb. 106. Hiernach wird die anwendbare Profildicke mit zunehmender Machzahl größer. Kleinere Profildicken ergeben aber einen größeren stabilen Arbeitsbereich, d. h. der Verdichtungsstoß legt sich bereits unterhalb der Auslegungsmachzahl an und erleichtert so das Anfahren (bzw. begünstigt das Teillastverhalten) des Überschallverdichters.

Eine besondere Bedeutung kommt dem in den Abb. 105a und b mit A-B bezeichneten Eintrittsbereich auf der Schaufelsaugseite zu. Er bestimmt die Größe der Axialgeschwindigkeit, zumindest solange diese im Unterschallbereich verbleibt, und damit denLuftdurchsatz [*84*]. Zum Beweis hierfür sei der Fall betrachtet, daß für ein Überschall-Streckenprofilgitter die Axialkomponente der Eintrittsgeschwindigkeit w_1 zu klein ist, Abb. 107a. Hierbei entstehen an den Profilnasen Expansionswellen, die sich in den Einlauf hinein fortsetzen. Jede dieser Wellen bedingt aber eine Beschleunigung der Anströmgeschwindigkeit, d. h. bei gegebener Umfangsgeschwindigkeit u eine Vergrößerung der Axialgeschwindigkeit, bis die Anströmgeschwindigkeit w_1 in Richtung des Eintrittsbereiches verläuft und hierdurch das ganze Wellensystem ausgelöscht wird. Auf gleiche Weise wird auch eine zu große Axialkomponente, Abb. 107b, korrigiert, nur daß hierbei an die Stelle der Expansionswellen Verdichtungsstöße treten. Diese Aussagen gelten allerdings nur solange, als infolge sehr weiter Teilung der Punkt B nicht hinter die Hinterkante der Nachbarschaufel fällt. Entsprechend den vorstehenden Überlegungen wird man bei Überschallgittern zumindest den Eintrittsbereich geradlinig ausführen, wenngleich ein gekrümmter Eintrittsbereich nicht grundsätzlich ausgeschlossen ist. Dieser bedingt aber durch in den Einlauf austretende Verdichtungsstöße und Expansionswellen einen zusätzlichen Wellenwiderstand und eine gewisse Unsicherheit in der Vorausbestimmung des Luftdurchsatzes.

Für den Sonderfall eines Überschallverdichters mit nur einem aus Streckenprofilen bestehenden Laufradgitter lassen sich die vorstehenden qualitativen Überlegungen auch mathematisch exakt formulieren und bestätigen [*85*].

4. Die Verdichterstufe

a) Stufendruckerhöhung. Eine Verdichterstufe besteht aus einem Laufradgitter, welches die Strömung in der Umfangsrichtung ablenkt, und einem Leitradgitter, das diese Ablenkung wieder rückführt, damit derselbe Vorgang sich in der nächsten Stufe wiederholen kann. Die an die Strömung abgegebene Energie wird teilweise im Laufrad, teilweise im Leitrad in statischen Druck verwandelt. Im Prinzip ist es gleich, ob in der Stufe zuerst das Leitrad und dann das Laufrad angeordnet wird oder umgekehrt. Abb. 108 zeigt z. B. die Anordnung Laufrad-Leitrad mit den entsprechenden Geschwindigkeitsdreiecken.

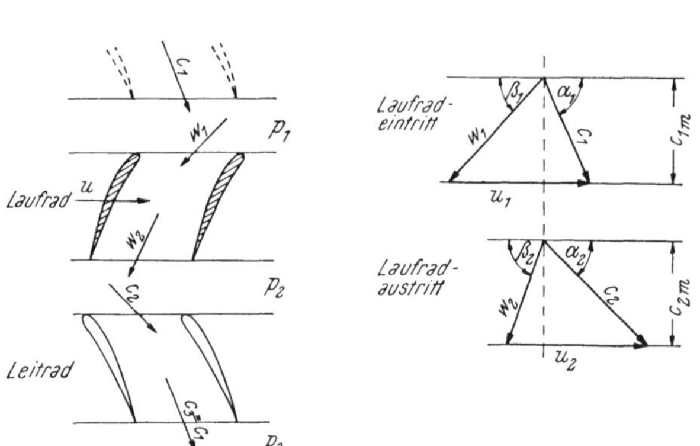

Abb. 108. Schaufelschnitt einer Axialverdichterstufe der Anordnung Laufrad-Leitrad mit Geschwindigkeitsdreiecken und Bezeichnungen

Für verlustlose Strömung gilt nach Abb. 108 gemäß der Gleichung von BERNOULLI (s. auch S. 91) für das Laufrad

$$p_2 - p_1 = \frac{\gamma}{2g}(w_1^2 - w_2^2)$$

und für das Leitrad

$$p_3 - p_2 = \frac{\gamma}{2g}(c_2^2 - c_1^2)\,.$$

Die gesamte Drucksteigerung der Stufe wird somit:

$$p_3 - p_1 = \frac{\gamma}{2g}(c_2^2 - c_1^2 + w_1^2 - w_2^2)\,. \qquad (186)$$

Unter Einführung der Umfangskomponenten der Absolut- und Relativgeschwindigkeiten wird

$$p_3 - p_1 = \frac{\gamma}{2g}\left[(c_{2u} + c_{1u})(c_{2u} - c_{1u}) + (w_{1u} + w_{2u})(w_{1u} - w_{2u})\right].$$

Ferner gilt

$$\Delta w_u = w_{1u} - w_{2u} = c_{2u} - c_{1u} = \Delta c_u$$

$$w_{1u} + c_{1u} = c_{2u} + w_{2u} = u$$

und somit wird die Stufendruckerhöhung

$$p_3 - p_1 = \frac{\gamma}{g} u \Delta c_u \tag{187}$$

oder die Förderhöhe der Stufe

$$H = \frac{u}{g} \Delta c_u . \tag{188}$$

Unter Verwendung von Gl. (146) und mit

$$c_{2u} = c_m \cdot \operatorname{cotg} \alpha_2$$

und

$c_{1u} = c_m \cdot \operatorname{cotg} \alpha_1$ aus den Geschwindigkeitsdreiecken kann auch geschrieben werden

$$g \cdot 427 \cdot c_p \cdot \Delta T_{St} = u \cdot c_m (\operatorname{cotg} \alpha_2 - \operatorname{cotg} \alpha_1) . \tag{189}$$

Liest man weiters aus den Geschwindigkeitsdreiecken

$$\operatorname{cotg} \alpha_1 + \operatorname{cotg} \beta_1 = \frac{u_1}{c_{1m}} = \frac{u}{c_m}$$

und $\operatorname{cotg} \alpha_2 + \operatorname{cotg} \beta_2 = \frac{u_2}{c_{2m}} = \frac{u}{c_m}$ ab, dann lautet Gl. (189)

$$g \cdot 427 \cdot c_p \cdot \Delta T_{St} = u \cdot c_m (\operatorname{cotg} \beta_1 - \operatorname{cotg} \beta_2) . \tag{190}$$

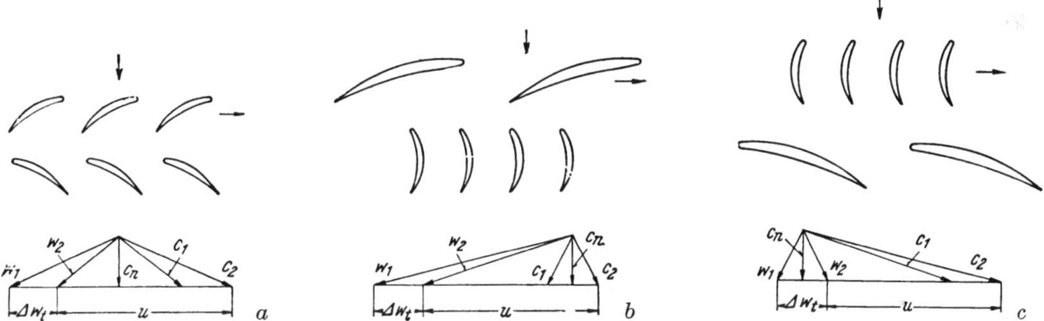

Abb. 109. Verdichterbeschaufelungen der Anordnung Laufrad-Leitrad und zugehörige Geschwindigkeitsdreiecke ($c_n = c_m$, $\Delta w_t = \Delta w_u$)

a Reaktionsgrad $\mathfrak{r} = 0{,}5$
b Reaktionsgrad $\mathfrak{r} = 1{,}0$
c Reaktionsgrad $\mathfrak{r} = 0$

Diese Beziehung muß für den praktischen Gebrauch durch Einfügen des Abminderungsfaktors Ω (s. S. 141) ergänzt werden zu

$$g \cdot 427 \cdot c_p \cdot \Delta T_{St} = \Omega \cdot u \cdot c_m (\operatorname{cotg} \beta_1 - \operatorname{cotg} \beta_2) . \tag{191}$$

Bei gegebener Umfangsgeschwindigkeit u und Ablenkung in jedem Gitter Δc_u bleibt die Förderhöhe der Stufe für jede Anordnung und Form der Geschwindigkeitsdreiecke gleich. Die Druckerhöhung je Gitter (Laufrad, Leitrad) kann dabei verschieden sein, denn $(w_1^2 - w_2^2)$ kann von $(c_2^2 - c_1^2)$ stark abweichen. Der Reaktionsgrad $\mathfrak{r}$ bezeichnet nun das Verhältnis der Druckerhöhung im Laufrad zu jener der Stufe. Nach Abb. 108 wird er

$$\mathfrak{r} = \frac{p_2 - p_1}{p_3 - p_1} .$$

Nach der Größe des Reaktionsgrades können wir nach Abb. 109 wichtige Bauarten der Stufe unterscheiden, und zwar für $\mathfrak{r} = 0$, 0,5 und 1. Es werden auch Axialgebläse, meist einstufige, mit einem Reaktionsgrad $\mathfrak{r} > 1$ gebaut, bei denen der Druck im Laufrad um mehr als das Stufengefälle zunimmt und im Leitrad wieder etwas abnimmt. Die Anordnungen sind bezüglich der Stufenförderhöhe gleichwertig, im Hinblick auf die Profilbelastung bzw. die Abmessungen der Schaufeln sowie der erreichbaren Wirkungsgrade jedoch sehr verschieden, wie später (s. S. 137 und 143) gezeigt wird.

Da die Schaufeln radial nach außen verlaufen, haben sie über ihre Höhe veränderliche Teilungen. Es sei nun im folgenden nur die Strömung auf einem koaxialen Zylinder vom Radius r und von der Dicke dr betrachtet.

Bei verlustloser Strömung wirkt auf ein Schaufelelement von der Höhe dr nach dem Impulssatz eine Tangentialkraft

$$dT = \frac{\gamma}{g} \cdot c_m \cdot t \cdot dr\,(w_{1u} - w_{2u}) \tag{192}$$

d. h. die sekundliche Luftmasse pro Schaufel $\frac{\gamma}{g}\, t\, dr\, c_m$ erfährt eine Ablenkung von w_{1u} auf w_{2u}. Für die Normalkraft gilt

$$dN = (p_2 - p_1)\, t\, dr = \frac{\gamma}{2g}\,(w_1^2 - w_2^2)\, t\, dr$$

oder

$$dN = \frac{\gamma}{g} \cdot \frac{w_{1u} + w_{2u}}{2}\,(w_{1u} - w_{2u})\, t\, dr\,. \tag{193}$$

Das Verhältnis von Normalkraft zu Tangentialkraft wird damit

$$\frac{dN}{dT} = \frac{w_{1u} + w_{2u}}{2} \cdot \frac{1}{c_m} = \operatorname{cotg} \beta_\infty\,. \tag{194}$$

Dies bedeutet, daß die Auftriebskraft dA des Profiles senkrecht auf w_∞ steht. Für dA gilt

$$dA = \sqrt{dN^2 + dT^2} = \frac{\gamma}{g}\, w_\infty\,(w_{1u} - w_{2u})\, t\, dr\,.$$

Nun ist aber das Linienintegral der Geschwindigkeit längs der Umrandung der Laufschaufel

$$\oint w_s\, ds = \Gamma = (w_{1u} - w_{2u})\, t = \Delta c_u \cdot t \tag{195}$$

und damit wird

$$dA = \frac{\gamma}{g} \cdot w_\infty \cdot \Gamma \cdot dr\,. \tag{196}$$

Diese Beziehung ist identisch mit Gl. (163). Der vektorielle Mittelwert der Ein- und Austrittsgeschwindigkeit w_∞ ist also maßgebend für das Verhalten des Gitterflügels.

Für die Berechnung der Laufschaufeln ist immer die Förderhöhe H der Stufe zugrunde zu legen. Da die Leitschaufeln nur eine Energieumwandlung innerhalb der Luft (für $\mathfrak{r} \neq 1$) bzw. eine reine Richtungsänderung der Geschwindigkeit von c_2 auf c_1 (bei $\mathfrak{r} = 1$) bewirken, muß das Energieäquivalent der Stufenförderhöhe allein durch die Laufschaufeln aufgebracht werden. Aus Gl. (188) und (195) folgt

$$H = \frac{u}{g} \cdot \frac{\Gamma}{t} \tag{197}$$

und mit der Beziehung nach Gl. (165) $\Gamma = \frac{c_a}{2} \cdot w_\infty \cdot L$ sowie $t = \frac{2 r \pi}{z}$, wobei z die Schaufelzahl bedeutet, erhält man

$$H = \frac{u}{g} \cdot \frac{c_a}{2} \cdot L \cdot \frac{w_\infty \cdot z}{2 r \pi}\,. \tag{198}$$

Führen wir die sekundliche Drehzahl $n = \frac{\omega}{2\pi}$ des Laufrades ein, so wird:

$$c_a \cdot L = \frac{2 g H}{w_\infty \cdot z \cdot n}\,. \tag{199}$$

Soll die Stufe über die ganze Schaufelhöhe die gleiche Förderhöhe liefern, so gilt für die Bemessung der Profillänge L die Beziehung

$$w_\infty \cdot c_a \cdot L = \text{konst.} \tag{200}$$

Für konstante Axialgeschwindigkeit c_m variiert w_∞ über der Schaufelhöhe (s. S. 141). Es muß daher entweder die Profillänge L oder der Auftriebsbeiwert des Profiles c_a längs der Schaufelhöhe entsprechend verändert werden.

Aus den Geschwindigkeitsdreiecken der Abb. 109 geht hervor, daß bei gegebener Axialgeschwindigkeit c_m, gegebener Drehzahl und gegebener Stufenförderhöhe H die Geschwindigkeit w_∞ je nach dem Reaktionsgrad $\mathfrak{r}$ sehr verschieden sein kann. Bei einer bestimmten Profillänge L muß demnach der Auftriebsbeiwert c_a um so höher sein, je geringer w_∞ ist, d. h. die Belastung des Profiles wird dann stärker. Soll jedoch c_a nicht steigen, dann muß L vergrößert werden, was eine Verkleinerung des Teilungsverhältnisses $\frac{t}{L}$ bedeutet.

Betrachten wir jetzt eine Anordnung etwa nach Abb. 109 c ($\mathfrak{r} = 0$) mit gleichen Teilungsverhältnissen für Lauf- und Leitschaufeln. Für die Laufschaufeln ist c_a groß, da w_∞ denkbar klein — nämlich gleich c_m — ist, und für die Leitschaufeln viel kleiner, da c_∞ sehr groß ist. Die beiden Schaufelarten müssen also entweder verschiedenes Auftriebsverhalten oder verschiedene Teilungen und Dimensionen haben. In der Praxis wird man sowohl die c_a-Werte der Laufschaufeln höher ansetzen als auch die Teilung verkleinern. Beides ist unangenehm, weil Wirkungsgrad und Stufenförderhöhe vermindert werden, da die Leitschaufeln nicht voll ausgenützt werden. Für die Bauart Abb. 109a ($\mathfrak{r} = 0.5$) ist dagegen $c_\infty = w_\infty$. Somit können beide Gitter gleichartig gebaut werden und sind gleichmäßig belastet.

Der Zusammenhang zwischen dem Auftriebsbeiwert c_a und der Ablenkung Δc_u der Strömung folgt aus

$$\Gamma = \Delta c_u \cdot t = \frac{c_a}{2} \cdot w_\infty \cdot L$$

zu

$$c_a = \frac{2 \Delta c_u}{w_\infty} \cdot \frac{t}{L} \,. \tag{201}$$

Für die Leitschaufeln wird analog die Geschwindigkeit c_∞ maßgebend. Die Ablenkung Δc_u entspricht nach Gl. (188) der gesamten Förderhöhe der Stufe. Sie ist für Laufrad und Leitrad die gleiche. Daraus folgt, daß für die Leitradschaufeln die gleichen Formeln gelten wie für die Laufschaufeln, wenn man statt der Relativgeschwindigkeiten die Absolutgeschwindigkeiten einsetzt.

b) Stufenkennwerte. Um die verschiedenen Beschaufelungsarten unmittelbar vergleichen zu können, ist es zweckmäßig, dimensionslose Kennzahlen einzuführen (s. S. 99). Ein Maß für die Stufenförderhöhe ist der bereits aus Gl. (158) bekannte Druckkennwert

$$\psi = \frac{2 g H_{ad}}{u^2} \,.$$

Der Zusammenhang zwischen ψ und c_a folgt aus Gl. (188) in Verbindung mit Gl. (201) zu

$$\psi = c_a \frac{w_\infty}{u \frac{t}{L}} \,. \tag{202}$$

Mit einem üblichen Wert $\frac{t}{L} = 0{,}9$ und mit $\frac{w_\infty}{u} = 1$ wird

$$\psi \doteq 1{,}1\, c_a \,. \tag{203}$$

Abb. 110 zeigt den Druckkennwert ψ für eine typische Verdichterstufe [*144*] in Abhängigkeit vom Durchflußkennwert $\varphi = \frac{c_m}{u}$. Auch Temperaturanstiegskoeffizient und Stufenwirkungsgrad, die mit ψ nach Gl. (158a) im Zusammenhang stehen, sind eingetragen. Die Abhängigkeit des Temperaturanstiegskoeffizienten von φ geht nach Umformen der Gl. (191) mit $\operatorname{cotg} \beta_1 = \frac{u}{c_m} - \operatorname{cotg} \alpha_1$ aus der Beziehung

$$\frac{2g\,427\,c_p\,\Delta T_{St}}{u^2} = 2\Omega - 2\Omega \frac{c_m}{u} (\operatorname{cotg} \alpha_1 + \operatorname{cotg} \beta_2) \tag{204}$$

hervor. Der Zusammenhang ist praktisch linear, da die Austrittswinkel eines Schaufelrades meist konstant sind. Die Austrittswinkel sind so ein wichtiger Parameter zur Bestimmung der Form der Kennlinie. Je kleiner die Austrittswinkel sind, um so steiler wird die Neigung der Kennlinie. Ein Abweichen von der Linearität tritt nahe dem Ablösungspunkt auf, wo ein Abreißen der Strömung erfolgt. Eine Herabsetzung des Durchsatzes unter diesen Wert bewirkt Pumpen.

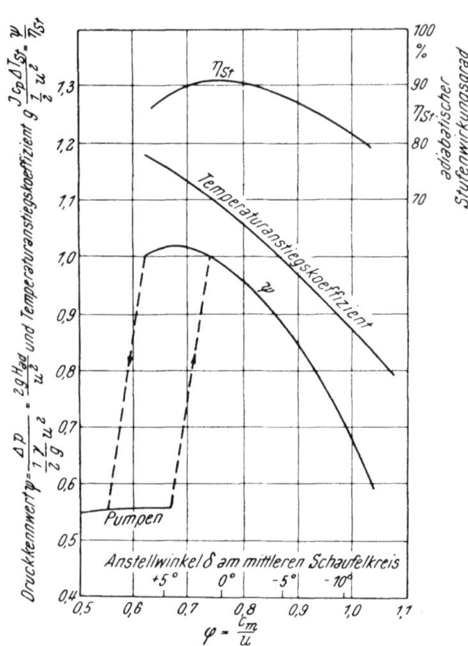

Abb. 110. Dimensionsfreie Stufenkennwerte

Das Nabenverhältnis

$$\nu = \frac{D_i}{D_a} = \frac{r_i}{r_a} \tag{205}$$

wird in praktischen Ausführungen um so größer gemacht, je höher ψ gewählt wird. Nun ist $\frac{t}{L}$ am mittleren Schaufelkreis durch die Belastung (entspricht dem ψ-Wert) festgelegt. Es kann daher r_i nicht mehr beliebig klein werden, da sonst $\frac{t}{L}$ am Schaufelfuß unzulässig klein wird. Für diese Verhältnisse folgt mit konstanter Profillänge

$$\frac{\left(\frac{t}{L}\right)_i}{\left(\frac{t}{L}\right)_m} = \frac{2\nu}{1+\nu} \,.$$

Wird für $\frac{t}{L}$ die Beziehung nach Gl. (202) eingesetzt, so wird

$$\nu = \frac{\left(\frac{t}{L}\right)_i \psi}{2\,c_a \frac{w_\infty}{u} - \left(\frac{t}{L}\right)_i \psi} \tag{206}$$

und für $\left(\frac{t}{L}\right)_i = 0{,}9$, $\frac{w_\infty}{u} = 1{,}0$ und $c_a = 0{,}7$ als unterste Grenze

$$\nu_{min} \doteq \frac{0{,}9\,\psi}{1{,}4 - 0{,}9\,\psi} \,. \tag{207}$$

Die oberste Grenze von ν folgt aus der Überlegung, daß der Schaufelkanal nicht zu niedrig werden darf, da dann die schon erwähnten Grenzschichteinflüsse auftreten, welche die Verdichtung wieder zunichte machen. Aus der Erfahrung wählt man daher als oberen Grenzwert

$$\nu_{max} \doteq 0{,}80 \div 0{,}85.$$

Zum Vergleich von Verdichterstufen wird weiters auch der Drehzahlkennwert nach Gl. (159) verwendet. Er steht mit den oben genannten Kennwerten in folgendem Zusammenhang:

$$\sigma = \sqrt{\frac{\varphi}{\psi^{3/2}} (1 - \nu^2)} \,. \tag{208}$$

Als empfehlenswerte Grenzen der angeführten Kennwerte für vielstufige Verdichter können gelten:

Durchflußkennwert $\varphi \geqq 0{,}45\sqrt{\psi}$

Druckkennwert an der Nabe $\psi_i < 1{,}0$

Druckkennwert am Mittelschnitt $\psi_m < 0{,}7$

Nabenverhältnis $0{,}5 < \nu < 0{,}85$

Teilungsverhältnis $\frac{t}{L} = (0{,}5 \div)\ 0{,}9$ bis $1{,}0\ (\div 1{,}5)$

Drehzahlkennwert $\sigma \geqq 0{,}67\sqrt{\frac{1-\nu^2}{\psi}}$ oder $\frac{0{,}4}{\psi} < \sigma < \frac{0{,}8}{\sqrt{\psi}} \cdot \sqrt[4]{\frac{\varphi^2}{\psi}}$

Reynoldssche Zahl $Re \gg 100{,}000$

Machzahl $Ma < 0{,}8$

Abb. 111 zeigt nach ECKERT [53] Optimalwerte für den Stufenwirkungsgrad η_{st}, das Nabenverhältnis ν, den Druck- ψ und Durchsatzkennwert φ in Abhängigkeit vom Drehzahlkennwert σ. Diese Optimalkurven gelten für Maschinen mit der Auslegungsart $r \cdot c_u =$ konst. ohne Vordrall. Sie können aber auch in erster Näherung für Maschinen mit positivem Vordrall (Mitdrall) und für die Auslegungsart mit Reaktionsgrad $\mathfrak{r} = 0{,}5$ auf allen Schnitten benutzt werden. Für Maschinen, die mit negativem Vordrall (Gegendrall) ausgelegt sind, haben die Kurven jedoch keine Gültigkeit.

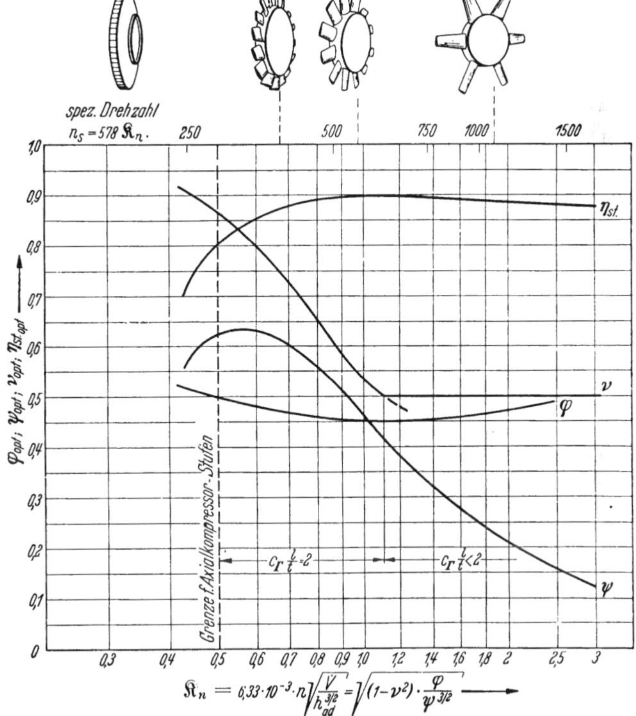

Abb. 111. Optimalwerte einer Normalstufe (Auslegungsart: konstanter Drall ohne Vordrall) nach ECKERT [53]; gilt auch angenähert für konstanten Drall mit positivem Vordrall und Auslegungsart $\mathfrak{r} = 0{,}5$ auf allen Schnitten ($\mathfrak{R}_n = \sigma$)

Bei der Auslegung mehrstufiger Verdichter werden sich die Optimalwerte entsprechend Abb. 111 nicht immer in allen Stufen verwirklichen lassen. In diesem Falle kann der Einfluß auf den Stufenwirkungsgrad bei notwendigen Abweichungen von den Optimalwerten mit Hilfe des Diagramms, Abb. 112, abgeschätzt werden.

c) Wirkungsgrad und Auftrieb/Widerstand-Verhältnis. Bei den bisherigen Überlegungen war reibungsfreie Strömung vorausgesetzt. Es entstanden keine Verluste. Nun soll das Verhalten einer Verdichterstufe unter Berücksichtigung der Reibung behandelt werden.

Der Druckanstieg im Laufrad wird dann

$$\Delta p = p_2 - p_1 = \frac{\gamma}{2g}(w_1^2 - w_2^2) - \Delta v \tag{209}$$

und für $c_{1m} = c_{2m} = c_m$

$$\Delta p = \frac{\gamma}{2g} c_m^2 (\operatorname{cotg}^2 \beta_1 - \operatorname{cotg}^2 \beta_2) - \Delta v \tag{210}$$

wobei Δv den mittleren Gesamtdruckverlust des Laufrades bedeutet.

In verlustbehafteter Strömung sind Tangentialkraft T nach Gl. (192) und Normalkraft N nach Gl. (193) nicht mehr die Komponenten der Auftriebskraft A, sondern der aus Auftriebskraft A und Widerstand W zusammengesetzten Resultierenden R, Abb. 113.

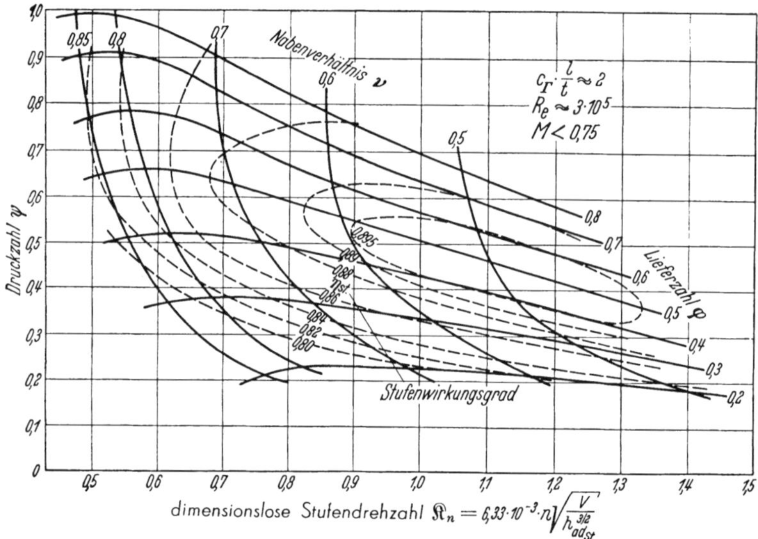

Abb. 112. Auslegungsdiagramm für mehrstufige Axialverdichter (nicht gültig für Wirbelflußmaschinen mit negativem Vordrall) nach Eckert [53] ($\mathfrak{R}_n = \sigma$)

$c_a \cdot L/t = 2$, $Re = 300\,000$, $Ma < 0{,}75$

Die Widerstandskraft hat entsprechend Gl. (169) die Größe

$$W = c_w \frac{\gamma}{2g} w_\infty^2 \cdot L \cdot b\,.$$

Nach Abb. 113 gilt

$$W = T \cdot \cos\beta_\infty - N \cdot \sin\beta_\infty$$

oder auch weiter

$$W = \frac{\gamma}{g} \cdot c_m \cdot t \cdot b\,(w_{1u} - w_{2u}) \cos\beta_\infty - (p_2 - p_1) \cdot t \cdot b \cdot \sin\beta_\infty. \tag{211}$$

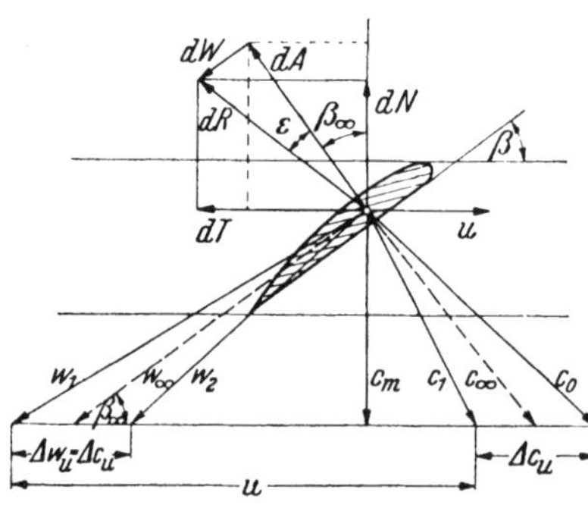

Abb. 113. Aerodynamische Verhältnisse an der Laufschaufel unter Berücksichtigung der Luftzähigkeit

Aus den Gleichungen für den Widerstand folgt nach Umformen mit $c_m \cdot \cos\beta_\infty = \frac{1}{2}(w_{1u} + w_{2u})$ $\sin\beta_\infty$ und $c_m = w_1 \sin\beta_1 = w_\infty \sin\beta_\infty$ oder $w_\infty = w_1 \frac{\sin\beta_1}{\sin\beta_\infty}$ der Widerstandsbeiwert zu

$$c_w = \frac{t}{L} \cdot \frac{\Delta v}{\frac{\gamma}{2g} w_1^2} \cdot \frac{\sin^3\beta_\infty}{\sin^2\beta_1}\,. \tag{212}$$

Für den Auftrieb kann nach Gl. (165) geschrieben werden

$$A = c_a \cdot \frac{\gamma}{2g} w_\infty^2 \cdot L \cdot b$$

und, da nach Abb. 113

$$A = T \cdot \sin\beta_\infty + N \cos\beta_\infty \text{ ist,}$$

folgt weiter

$$A = \frac{\gamma}{g} c_m \cdot t \cdot b\,(w_{1u} - w_{2u}) \sin\beta_\infty + (p_2 - p_1) \cdot t \cdot b \cos\beta_\infty\,. \tag{213}$$

Mit Hilfe ähnlicher Umformungen wie oben ergibt sich als Gleichung für den Auftriebsbeiwert:

$$c_a = 2\frac{t}{L}(\operatorname{cotg}\beta_1 - \operatorname{cotg}\beta_2)\sin\beta_\infty - c_w \operatorname{cotg}\beta_\infty . \qquad (214)$$

Der zweite Abschnitt der Gl. (214) ist gewöhnlich klein und wird des öfteren vernachlässigt. Es entsteht dann für c_a die bereits früher bei der Bestimmung der Entwurfsumlenkung (s. S. 124) benützte Beziehung

$$c_a = 2\frac{t}{L}(\operatorname{cotg}\beta_1 - \operatorname{cotg}\beta_2)\sin\beta_\infty . \qquad (215)$$

Nun kann der Wirkungsgrad eines Schaufelrades η_u als das Verhältnis von wirklichem Druckanstieg $\Delta p = \Delta p_{th} - \Delta v$ zu theoretischem Druckanstieg Δp_{th} geschrieben werden:

$$\eta_u = \frac{\Delta p_{th} - \Delta v}{\Delta p_{th}} = 1 - \frac{\dfrac{\Delta v}{\dfrac{\gamma}{2g}w_1^2}}{\dfrac{\Delta p_{th}}{\dfrac{\gamma}{2g}w_1^2}} = 1 - \frac{\dfrac{c_w}{\dfrac{t}{L}} \cdot \dfrac{\sin^2\beta_1}{\sin^3\beta_\infty}}{1 - \dfrac{\sin^2\beta_1}{\sin^2\beta_2}} . \qquad (216)$$

Unter Verwendung von Gl. (215) gelingt es, diese Beziehung umzuformen in

$$\eta_u = 1 - \frac{2}{\dfrac{A}{W}\sin 2\beta_\infty} . \qquad (217)$$

Der Stufenwirkungsgrad ist dann unter Einführung des Reaktionsgrades $\mathfrak{r}$ gegeben durch

$$\eta_{St} = \mathfrak{r}\,\eta_{u\,Lauf} + (1-\mathfrak{r})\,\eta_{u\,Leit} \qquad (218)$$

und somit über Gl. (217) durch das $\frac{A}{W}$-Verhältnis ausgedrückt. Dieses Verhältnis kann in Gitterversuchen bestimmt werden.

In Abb. 114 ist der Stufenwirkungsgrad in Abhängigkeit von φ aufgetragen [97]. Der Druckkennwert beträgt $\psi = 0{,}8$. Außerdem wurde $\operatorname{tg}\varepsilon \doteq \varepsilon = \frac{W}{A} = 0{,}025$ angenommen.

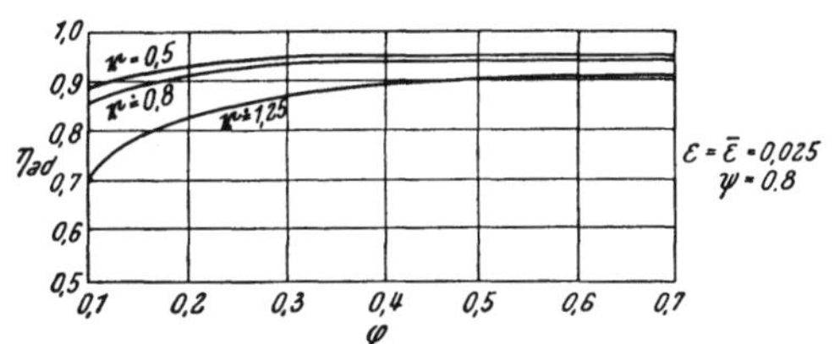

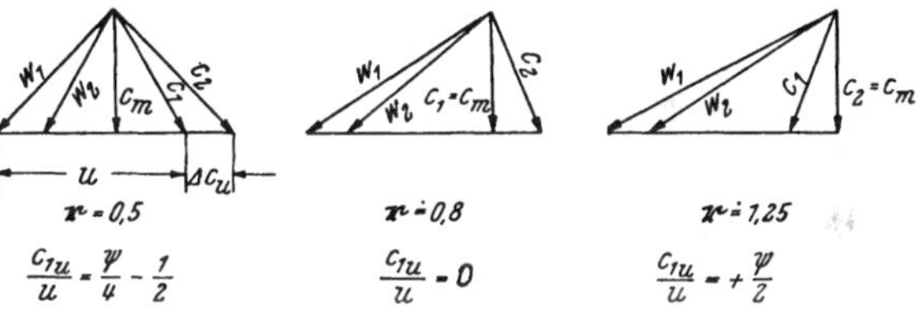

Abb. 114. Adiabatischer Wirkungsgrad der Einzelstufe für verschiedene Reaktionsgrade und zugehörige Geschwindigkeitsdreiecke

Man erkennt aus dem Diagramm, daß der Drall der Luft nach dem Leitrad einen deutlichen Einfluß auf den Wirkungsgrad ausübt. Diese Größe ist auch für den Reaktionsgrad der Stufe maßgebend. Wir finden somit, daß die besten Stufenwirkungsgrade für $\mathfrak{r} = 0{,}5$ erreicht werden.

Die zu den jeweiligen Kurven gehörigen Geschwindigkeitsdreiecke sind ebenfalls in Abb. 114 eingezeichnet und veranschaulichen (s. auch Abb. 109) den Einfluß der gewählten Stufenbauart auf die erreichbaren optimalen Wirkungsgrade. Für höhere φ-Werte ist jedoch der Wirkungsgrad für einen großen Bereich der Reaktionsgrade $0 < \mathfrak{r} < 1{,}0$ nur mehr wenig verschieden. Für andere ψ-Werte und andere Gleitzahlen ergeben sich bezüglich ihres Verlaufes gleichartige Wirkungsgradkurven für verschiedene Durchflußkennwerte. Je kleiner dabei ψ wird, desto kleiner wird jener φ-Wert, bei dem das stärkere Absinken von η_{St} einsetzt. Als ungefähre Grenze ergibt sich allgemein $\left(\frac{\varphi^2}{\psi}\right)_{min} = 0{,}2$. Für die Werte der Abb. 114 ($\psi = 0{,}8$) bedeutet dies zum Beispiel $\frac{\varphi^2}{0{,}8} = 0{,}2$ oder $\varphi = 0{,}4$.

5. Räumliche Strömung

a) Ideale räumliche Strömung. In den bisherigen Abschnitten wurden lediglich die Strömungsvorgänge in einem ebenen Schaufelgitter bzw. auf einem koaxialen Zylinderschnitt durch eine Axialstufe betrachtet. Nun sollen auch die Strömungsverhältnisse in radialer Richtung, also die Verteilung der Geschwindigkeiten und Drücke über die Schaufelhöhe untersucht werden. Vorausgesetzt sei hierfür wieder, daß die Strömung reibungsfrei und inkompressibel sei und daß die Gasteilchen sich auf koaxialen Zylinderflächen bewegen, also keine radialen Geschwindigkeitskomponenten auftreten.

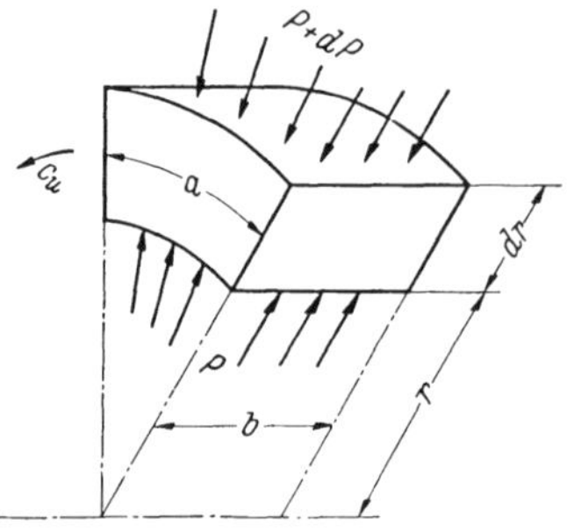

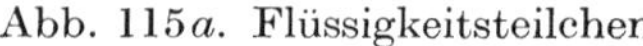

Abb. 115a. Flüssigkeitsteilchen

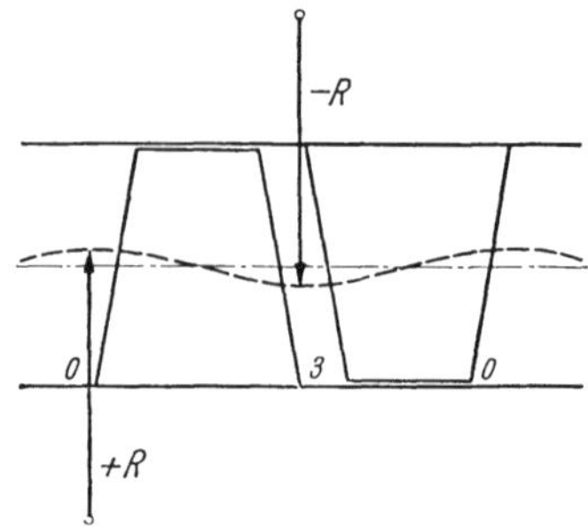

Abb. 115b. Strömungsverlauf mit gekrümmter Meridianstromlinie

Im Axialverdichter wird dem Fördermedium durch die Schaufeln der Lauf- und Leiträder eine Bewegung in Umfangsrichtung erteilt. Die absolute Strömungsgeschwindigkeit c zerfällt somit in eine axial gerichtete Meridiankomponente c_m und in eine Umfangskomponente c_u. Der Bewegungsanteil in axialer Richtung erfolgt in der Normalstufe beschleunigungs- und daher auch kräftefrei. Auf ein Massenteilchen dm, das sich auf einer Kreisbahn mit dem Radius r und der Umfangsgeschwindigkeit c_u bewegt, wirkt eine Zentrifugalkraft

$$Z_u = dm \cdot \frac{c_u^2}{r}.$$

Mit den Bezeichnungen in Abb. 115a erhält man für das betrachtete Massenteilchen

$$dm = \frac{\gamma}{g} \cdot b \cdot a \cdot dr$$

und die Zentrifugalkraft wird

$$Z_u = \frac{\gamma}{g} \cdot b \cdot a \cdot dr \frac{c_u^2}{r}. \tag{219}$$

Dieser nach außen wirkenden Kraft wird durch die an den Zylinderflächen angreifenden Druckkräfte das Gleichgewicht gehalten. Die Größe ihrer Resultierenden ist

$$P = (p + dp)\, b \cdot a - p \cdot b \cdot a = dp \cdot b \cdot a = Z_u. \tag{220}$$

Durch Gleichsetzen von Gl. (219) und (220) erhält man die Gleichgewichtsbedingung

$$\frac{dp}{dr} = \frac{\gamma}{g} \cdot \frac{c_u^2}{r}. \tag{221}$$

Hierbei ist dp/dr der Gradient des statischen Druckes über dem Verdichterradius. Mit Hilfe der Bernoullischen Gleichung läßt sich nun der statische Druck durch den Gesamtdruck ersetzen:

$$p_{ges} = p_{stat} + \frac{\gamma}{2g} c^2 = p_{stat} + \frac{\gamma}{2g} \cdot (c_m^2 + c_u^2)$$

und somit

$$\frac{dp}{dr} = \frac{d}{dr}\left[p_{ges} - \frac{\gamma}{2g}(c_m^2 + c_u^2)\right] = \frac{dp_{ges}}{dr} - \frac{\gamma}{g} c_m \frac{dc_m}{dr} - \frac{\gamma}{g} c_u \frac{dc_u}{dr}. \tag{222}$$

Durch Einsetzen der Gl. (222) in Gl. (221) ergibt sich nun die Differentialgleichung der Strömung für radiales Gleichgewicht

$$\frac{dp_{ges}}{dr} = \frac{\gamma}{g} c_m \frac{dc_m}{dr} + \frac{\gamma}{g} c_u \frac{dc_u}{dr} + \frac{\gamma}{g} \cdot \frac{c_u^2}{r}$$

$$\frac{g}{\gamma} \cdot \frac{dp_{ges}}{dr} = c_m \frac{dc_m}{dr} + c_u \left(\frac{c_u}{r} + \frac{dc_u}{dr} \right). \tag{223}$$

Gl. (223) gilt unter der Einschränkung, daß keine radialen Geschwindigkeitskomponenten auftreten. Wenn aber die Meridianprojektion der Stromlinie eines Flüssigkeitsteilchens gekrümmt ist, so bewirkt die zusätzliche Fliehkraft

$$Z_m = dm \cdot \frac{c_m^2}{R}$$

eine weitere Drucksteigerung nach außen, Abb. 115b. Der Krümmungsradius R wird positiv eingesetzt, wenn der Druck von der Nabe nach außen steigt. Will man den Einfluß von Z_m mit berücksichtigen, so ist in Gl. (220) die gesamte Zentrifugalkraft Z einzusetzen:

$$Z = Z_u + Z_m = dp \cdot a \cdot b\,.$$

Damit geht Gl. (221) über in

$$\frac{dp_{stat}}{\gamma} = \frac{1}{g} \left(\frac{c_u^2}{r} + \frac{c_m^2}{R} \right) dr \tag{224}$$

Aus Gl. (222) und (224) ergibt sich:

$$\frac{g}{\gamma} \cdot \frac{dp_{ges}}{dr} = \frac{c_m^2}{R} + c_m \frac{dc_m}{dr} + \frac{c_u^2}{r} + c_u \frac{dc_u}{dr}\,. \tag{225}$$

Gl. (225) gibt den Zusammenhang zwischen dem Energieinhalt und der Geschwindigkeitsverteilung über dem Verdichterhalbmesser an. Gl. (225) geht mit $R = \infty$ in Gl. (223) über.

Der Unterschied im Energieinhalt zwischen einem beliebigen Halbmesser r und dem inneren Halbmesser r_i (an der Nabe) erhält man aus Gl. (225) durch das Integral zwischen diesen Grenzen:

$$\frac{p_{ges}}{\gamma} - \frac{p_{ges_i}}{\gamma} = \frac{1}{g} \left(\int\limits_{c_{u_i}}^{c_u} c_u\, dc_u + \int\limits_{r_i}^{r} \frac{c_u^2}{r} dr + \int\limits_{c_{m_i}}^{c_m} c_m\, dc_m + \int\limits_{r_i}^{r} \frac{c_m^2}{R} dr \right) =$$

$$= \frac{c_u^2 - c_{u_i}^2}{2g} + \frac{1}{g} \int\limits_{r_i}^{r} \frac{c_u^2}{r} dr + \frac{c_m^2 - c_{m_i}^2}{2g} + \frac{1}{g} \int\limits_{r_i}^{r} \frac{c_m^2}{R} dr\,.$$

Wir können uns mit diesem Thema hier leider nicht näher befassen und es sei auf die Literatur verwiesen [*53, 86*]. Jedenfalls erkennt man aus Gl. (225), daß die Axialgeschwindigkeit c_m über den Radius nicht konstant sein wird. Eine Ausnahme bildet die drehungsfreie Strömung (konstanter Drall), bei der über die Schaufelhöhe

$$r \cdot c_u = \text{konst. und } p_{ges} = \text{konst.} \tag{226}$$

und damit auch $c_m = \text{konst.}$ ist.

Es werden sich also die Strömungswinkel in einer Strömung mit radialem Gleichgewicht von jenen in einer Strömung mit konstanter Axialgeschwindigkeit über die Schaufelhöhe unterscheiden. Allerdings haben Versuche gezeigt, daß mit den gewöhnlich angewendeten Schaufelverwindungen die Fehler zufolge Annahme einer konstanten Axialgeschwindigkeit auch bei einer Auslegung nach dem radialen Gleichgewicht annehmbar klein sind. Da keine Annahme die wirkliche Strömung genau wiedergibt, wird meist die der konstanten Axialgeschwindigkeit angewendet. Eine Ausnahme bildet z. B. die Eintrittsstufe eines Verdichters mit einem sehr kleinen Nabenverhältnis r_i/r_a. Hier ist eine Auslegung nach dem radialen Gleichgewicht wichtig. Der Geltungsbereich in axialer Richtung muß hierbei beachtet werden. Es werden auch Entwürfe, die eine besondere Verteilung der Axialgeschwindigkeit vorschreiben, ausgeführt.

Die Verwindung der Schaufeln kann also hauptsächlich nach den folgenden Auslegungsarten erfolgen:

1. Wirbelfluß-Strömung (konstanter Drall), $r \cdot c_u = \text{konst.}$, $c_m = \text{konst.}$

2. Die Leitschaufeln werden nicht verwunden, also zylindrisch ausgeführt. Die Verwindung der Laufschaufeln ist dementsprechend zu bestimmen.

3. Die Eintrittsströmung des Rades wird passend gewählt, also die c_m- und c_u-Verteilung so vorgeschrieben, daß Verwindung und Machzahl günstig sind. Dabei kommt es nicht darauf an, ob diese Strömung eine Potentialströmung ist oder nicht.

4. Der Reaktionsgrad (welcher bei gleichbleibendem Drall radial einwärts stark abnimmt) wird über die ganze Schaufelhöhe konstant gehalten. Hiernach wird besonders mit $\mathfrak{r} = 0{,}5$ häufig verfahren.

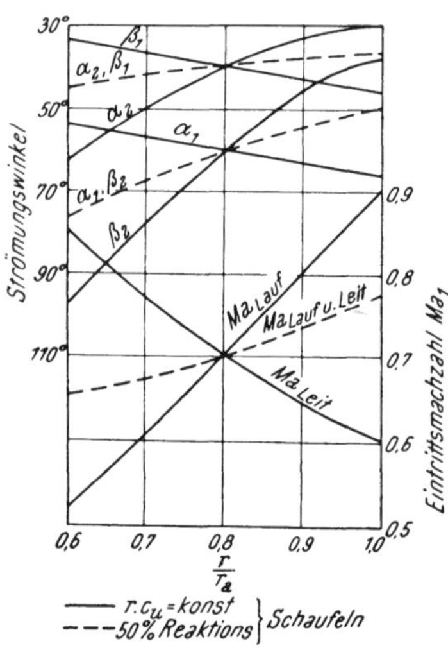

Abb. 116. Machzahl- und Strömungswinkeländerung über die Schaufelhöhe nach Howell [*91*]. (Bei — Kurve β_1 und α_2 vertauschen)

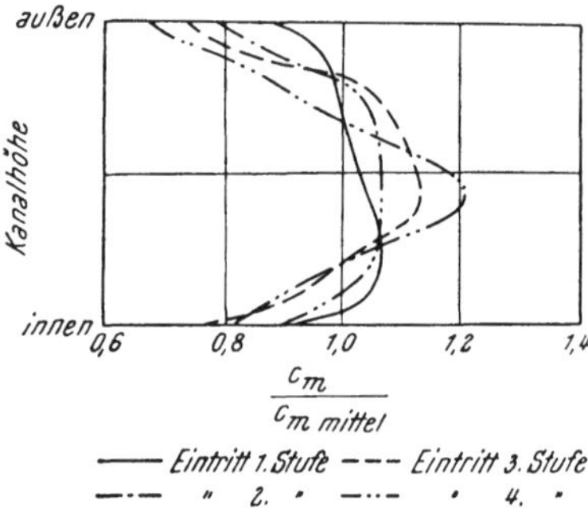

Abb. 117. Ausbildung des Axialgeschwindigkeitsprofils in aufeinanderfolgenden Stufen eines Axialverdichters

Eine eingehende kritische Untersuchung dieser Strömungsformen führten Pfleiderer [*52*] und Traupel [*56*] durch.

Die Auslegungsart konstanter Drall wurde bereits frühzeitig für viele Verdichterentwürfe angewendet. Die Schaufeln für diese Strömungsform sind stark verwunden und die Machzahlen insbesondere an den Laufschaufelspitzen hoch. Abb. 116 zeigt die Verteilung der Strömungswinkel und Eintrittsmachzahlen für diese Strömung über die Schaufelhöhe.

Zum Vergleich sind in Abb. 116 auch die entsprechenden Kurven für eine mit $\mathfrak{r} = 0{,}5$ auf allen Schnitten ausgelegte Beschaufelung eingetragen. Bei dieser Auslegungsart ist die Änderung der Strömungswinkel und Machzahlen beträchtlich geringer. Allgemein wird eine Beschaufelung mit konstantem Drall für niedrigere und eine Beschaufelung mit konstantem Reaktionsgrad für hohe Drehzahlen besser geeignet sein. Die wirklichen Werte hängen natürlich von den Entwurfsgrenzen, wie zulässige Schaufelanstellung, Machzahl, Schaufelfestigkeit usw. ab.

Die meisten Entwürfe für Luftfahrtverdichter beruhen auf Kompromissen zwischen den oben angeführten Strömungsformen. Die Machzahländerung liegt für alle diese etwa in der Mitte zwischen den Auslegungsarten konstanter Drall und konstanter Reaktionsgrad.

Bei Verdichtern für industrielle Anwendungen sind maximaler Wirkungsgrad und niedrige Herstellungskosten die Hauptgesichtspunkte. Bei den niedrigen Strömungsgeschwindigkeiten kann eine Schaufelverwindung für konstanten Drall gut angewendet werden.

Gleichfalls vorgezogen wird eine Bauart mit unverwundenen (zylindrischen) Leitschaufeln. Diese Auslegungsart ist der drehungsfreien Strömung nahe verwandt und ergibt auch etwas einfachere Laufschaufelformen.

b) Wirkliche Strömung. Abgesehen vielleicht für die erste Stufe stimmt die wirkliche Strömung in einem Verdichter nicht mit den vereinfachten früher besprochenen Strömungsformen überein. Nahezu alle Abweichungen können der von Stufe zu Stufe vor sich gehenden Änderung des axialen Geschwindigkeitsprofiles angelastet werden. Dies ist eine Folge der verzögerten Strömung. Die Grenzschicht baut sich rasch auf bis nahezu die ganze Strömung „Grenzschicht" ist. Die Ausbildung des Axialgeschwindigkeitsprofils in aufeinanderfolgenden Stufen zeigt Abb. 117. Die Überlegungen wie radiales Gleichgewicht u. a. werden stark überdeckt von diesen Einflüssen. Die Erfassung aller Faktoren ist praktisch unmöglich.

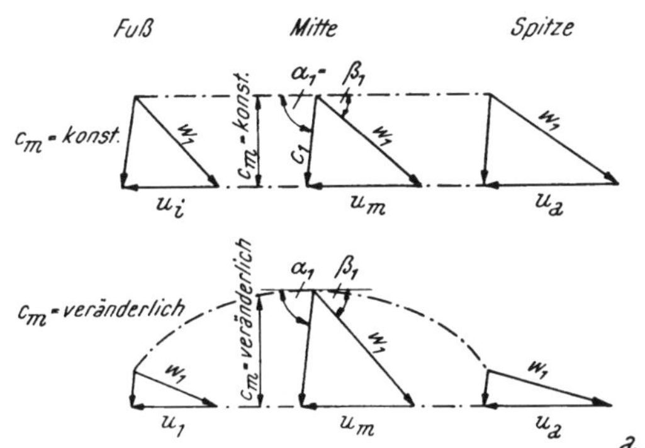

Abb. 118*a*. Geschwindigkeitsdreiecke bei konstanter und bei veränderlicher Axialgeschwindigkeitsverteilung über die Schaufelhöhe

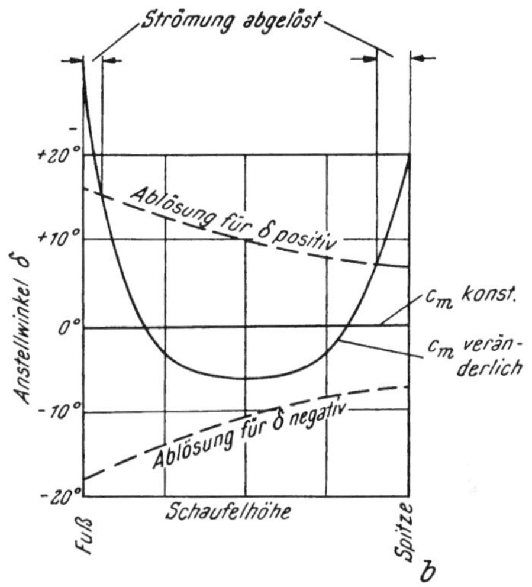

Abb. 118*b*. Einfluß der Axialgeschwindigkeitsverteilung auf die Schaufelbetriebsbedingungen

Halten wir nun fest, daß Theorie und Entwurf des Axialverdichters auf der Annahme einer einfachen idealen Stufe aufgebaut war. Hierbei war die durch die Dichte des Mediums, Durchsatz und Kreisringfläche bestimmte Axialgeschwindigkeit als konstant über die Schaufelhöhe angenommen. Weiterhin war die Drucksteigerung der Stufe auf die Schaufelprofile und Geschwindigkeitsdreiecke am mittleren Schaufelkreis mit dieser mittleren Axialgeschwindigkeit bezogen. Diese Vorgangsweise kann sich nicht auf die physikalische Natur der Strömung stützen. Trotzdem liefert sie gute Ergebnisse, wenn bestimmte empirische Faktoren verwendet werden, welche die wirklichen und idealen Verhältnisse in Einklang bringen. Einige dieser Faktoren werden im folgenden besprochen.

In Abb. 118a oben sind nun unter der Annahme konstanter Axialgeschwindigkeit die Geschwindigkeitsdreiecke am Schaufelfuß Mitte und Spitze für eine übliche Verdichterstufe mit einem Staffelungswinkel $\beta_s = 68°$ aufgezeichnet. Darunter sind zum Vergleich jene Geschwindigkeitsdreiecke aufgetragen, die sich für eine ungleichmäßige Axialgeschwindigkeitsverteilung ergeben. Man erkennt, daß der Mittelschnitt der Schaufel wegen der kleineren Anstellung weniger leisten wird, während Schaufelfuß und -spitze mit vergrößerter Anstellung arbeiten und mehr als die Entwurfswerte ergeben sollten. Leider ist, wie die Versuchsdaten der Abb. 118b zeigen, der Anstieg der Anstellung am Fuß und Spitze gewöhnlich so groß, daß an diesen äußersten Schnitten örtliche Ablösung auftritt. Der Verlust im Mittelschnitt wird also nicht voll wettgemacht, und die gesamte Leistung über die Schaufelhöhe ist geringer als für eine ideale Stufe. Es gilt daher nach Gl. (191) für die wirkliche Stufe

$$g \cdot 427 \cdot c_p \cdot \Delta T_{St} = \Omega\, u \cdot c_m\, (\cot \beta_1 - \cot \beta_2)$$

wobei Ω der Abminderungsfaktor ist. Dieser kann aus Abb. 119 in Abhängigkeit vom

Nabenverhältnis entnommen werden. Die Änderung dieses Faktors von Stufe zu Stufe ist noch nicht genau erfaßt. In der ersten Stufe, wo das Geschwindigkeitsprofil noch gut mit dem angenommenen übereinstimmt, ist er nahezu 1,0. In den folgenden Stufen sinkt er dann mehr oder weniger rasch ab.

Neben der Verminderung der Leistung des Schaufelrades bewirkt die ungleichmäßige Axialgeschwindigkeitsverteilung auch einen Anstieg der örtlichen Druckgradienten. Sekundärströmungen, wie sie in Abb. 120 schematisch angedeutet sind, entstehen und überlagern sich der Hauptströmung. Die resultierende Strömung ist im wesentlichen ein Doppelwirbel, der in jedem Schaufelkanal entsteht. Weiters treten bestimmte Interferenzeffekte zwischen benachbarten Kanälen auf. Außerdem entsteht ein Wandreibungsverlust und ein Spaltverlust an den Schaufelspitzen. Das Überströmen an den Schaufelspitzen kann durch Bandagen verhindert werden. Es bleiben jedoch auch dann Axialundichtheitsströme bestehen.

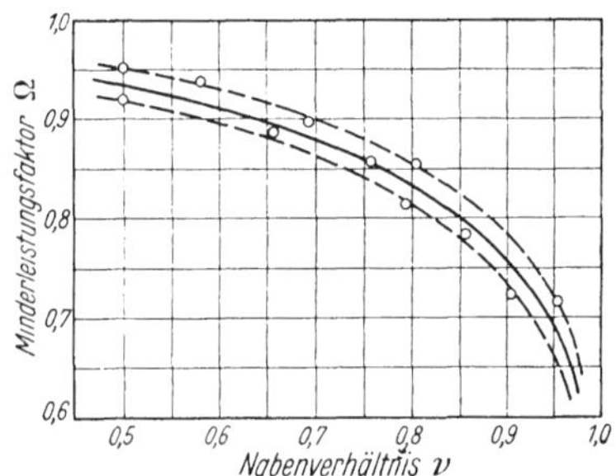

Abb. 119. Abminderungsfaktor für Axialstufen in Abhängigkeit vom Nabenverhältnis [53]

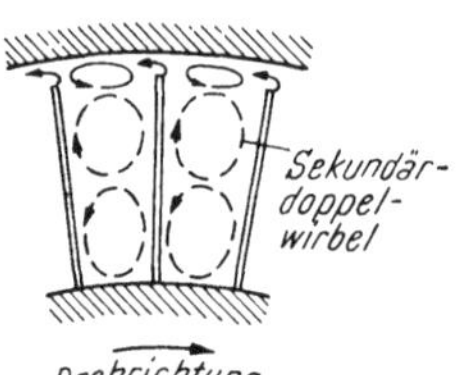

Abb. 120. Schematische Darstellung der Sekundärströmungen in einem Schaufelrad

Der gesamte Energieverlust in einer Stufe kann daher folgendermaßen zusammengesetzt werden:

$$c_{w_{ges}} = c_{w_p} + c_{w_r} + c_{w_w}. \quad (227)$$

Hierbei bedeuten

$c_{w\,ge}$ Widerstandsbeiwert des Gesamtverlustes,
$c_{w\,ps}$ Widerstandsbeiwert der reinen Profilverluste,
$c_{w\,r}$ Widerstandsbeiwert der Randverluste (Sekundärverluste),
$c_{w\,w}$ Widerstandsbeiwert der Wandreibungsverluste.

Im Auslegungspunkt besten Wirkungsgrades setzt sich der Gesamtverlust aus den oben angeführten Summanden etwa im Verhältnis 40 %:40 %:20 % zusammen.

Für übliche Entwürfe gibt HOWELL [*91*] für den Randwiderstandsbeiwert die Beziehung

$$c_{w_r} = k \cdot c_a \quad (228)$$

an. Der Faktor k hängt von der Reynoldsschen Zahl ab und bewegt sich in den Grenzen

$$0{,}0185 < k < 0{,}0155$$

für

$$100{,}000 < Re < 400{,}000.$$

Für den Wandreibungswiderstandsbeiwert gilt

$$c_{w_w} = 0{,}02\,\frac{t}{b} \quad (229)$$

wobei b die Schaufelhöhe bedeutet.

Somit kann der Gesamtverlust im Auslegungspunkt berechnet werden. Allerdings muß der Entwurfsingenieur seine eigene Erfahrung dann zu Rate ziehen, wenn es gilt, den Stufenwirkungsgrad für Entwürfe mit hohen Machzahlen, vereinfachte Schaufelformen usw. zu ermitteln.

Bei modernen Flugtriebwerkverdichtern mit ihren kleinen Nabenverhältnissen von 0,5 oder noch kleiner am Eintritt in die erste Stufe ist die oben besprochene einfache Abschätzung des Gesamtverlustes nicht mehr ohne weiters anwendbar. Dies ist zum Teil in der auftretenden Diagonalströmung und den stark verschiedenen Schaufelschnitten an Nabe und Spitze begründet. Man geht dann meist so vor, daß zur Unterstützung der stationären Gitterversuche Einzelstufen gebaut und durchgemessen werden. Die Ausdeutung der Meßergebnisse und ihre Übertragung auf vielstufige Verdichter stecken noch in den Anfängen.

6. Schaufelentwürfe

a) Einfluß des Reaktionsgrades. Durch die Wahl des Reaktionsgrades kann der Schaufelentwurf weitgehend beeinflußt werden. Die Form der Geschwindigkeitsdreiecke und damit der Beschaufelung ist, wie Abb. 121 zeigt, größtenteils von diesem Parameter abhängig. In Abb. 121 sind die Geschwindigkeitsdreiecke für einen Reaktionsgrad $\mathfrak{r} = 0{,}5$ (Lauf- und Leitrad gleich) und jene für $\mathfrak{r} = 1{,}0$ (Gleichdruckleitrad) eingetragen. Die erste Bauart wird hauptsächlich in England und zum Teil auch in Amerika vorgezogen, während auf dem europäischen Festland die zweite Bauart vorherrscht. Einen Überblick über die verwendeten Schaufelformen gibt Abb. 122.

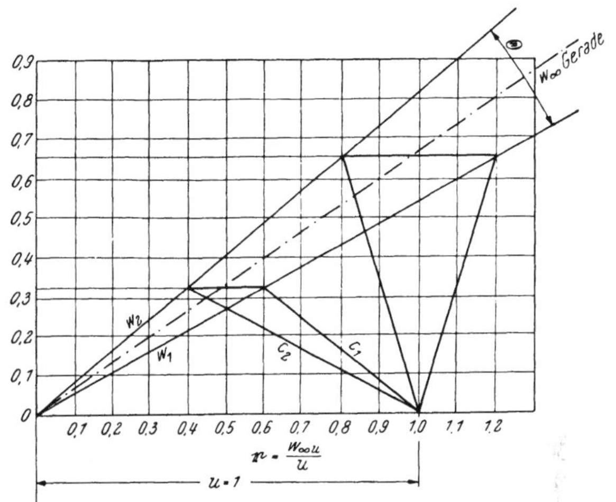

Abb. 121. Theoretische Geschwindigkeitsdreiecke für Beschaufelung $\mathfrak{r} = 0{,}5$ und $\mathfrak{r} = 1{,}0$ für $\beta_\infty = 34°$ und Umlenkwinkel $\theta = 11°$. $\psi = \frac{2\,\Delta c_u}{u} = 0{,}4$ bzw. $0{,}8$

Die Ordinate zeigt den Durchsatzkennwert $\varphi = \frac{c_m}{u}$

Theoretisch ist der Druckkennwert ψ für den Entwurf mit Reaktionsgrad $\mathfrak{r} = 1{,}0$ etwa um 50 % größer als für $\mathfrak{r} = 0{,}5$. Es wiegen aber bei dieser Art der Beschaufelung die Machzahlbegrenzungen schwerer, so daß die wirklich erreichbaren Stufendruckerhöhungen nur etwa 60 % der mit $\mathfrak{r} = 0{,}5$ Beschaufelung erzielbaren betragen. Ein Verdichter mit $\mathfrak{r} = 1{,}0$ baut infolgedessen beträchtlich größer als der $\mathfrak{r} = 0{,}5$ Entwurf und wird daher in der Hauptsache für Industrieanlagen verwendet. In Deutschland wurde diese Entwurfsart während des Krieges auch für Flugtriebswerkverdichter verwendet, Abb. 137, und zwar hauptsächlich aus Gründen der einfachen Konstruktion und Verwendung nicht strategi-

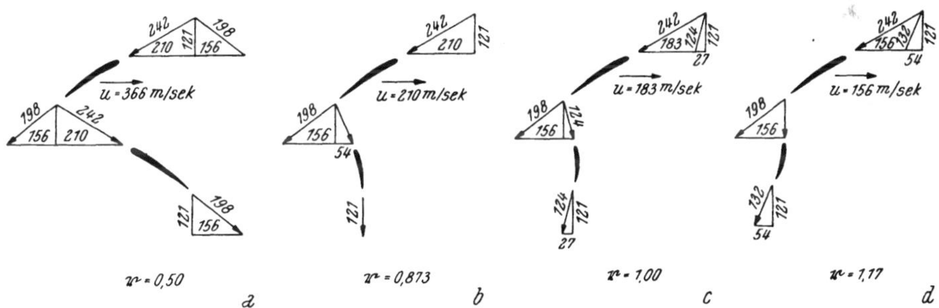

Abb. 122. Vergleich der Schaufelformen für

a $\mathfrak{r} = 0{,}5$ (Mitdrall, $c_1 = 198$ m/sek)
b $\mathfrak{r} = 0{,}873$ (Axialeintritt, $c_1 = 121$ m/sek)
c $\mathfrak{r} = 1{,}0$ (Gegendrall, $c_1 = 124$ m/sek)
d $\mathfrak{r} = 1{,}17$ (Gegendrall, $c_1 = 132$ m/sek)

scher Werkstoffe. Im allgemeinen ist der Wirkungsgrad der $\mathfrak{r} = 1{,}0$ Bauart geringer als jener der $\mathfrak{r} = 0{,}5$ Entwürfe, Abb. 114. Eine Gegenüberstellung der Stufenwirkungsgrade nach Howell [*91*] zeigt auch Abb. 123. Für einen Temperaturanstieg in der Stufe $\Delta T_{st} = 16{,}5°$ ist der Stufenwirkungsgrad bei Reaktion $\mathfrak{r} = 1{,}0$ nur 81 % gegenüber 88 % bei $\mathfrak{r} = 0{,}5$.

Eine Bauart mit einem Reaktionsgrad $\mathfrak{r} = 0$ (Gleichdrucklaufrad) wird industriell nicht verwendet. Es ist wohl möglich, mit einem sorgfältig entworfenen Läufer einen sehr hohen Wirkungsgrad zu erzielen, aber die große Schwierigkeit besteht in der Umwandlung der

Geschwindigkeitsenergie in Druck, sofern nicht zwei Leiträder hinter dem Laufrad angeordnet werden. Wird nur ein Leitrad vorgesehen, so ist der Verdichter der $\mathfrak{r} = 1{,}0$ Bauart aerodynamisch gleichwertig.

b) Reaktionsgrad $\mathfrak{r} = 0{,}5$. Die Beschaufelung mit einem Reaktionsgrad $\mathfrak{r} = 0{,}5$ soll nun durch Besprechung der Staffelungs- und Austrittswinkel noch näher untersucht werden. Abb. 124 zeigt $\mathfrak{r} = 0{,}5$ Beschaufelungen mit großem, mittlerem und kleinem Staffelungswinkel β_s. Die Gitterkennwerte sind ebenfalls eingetragen. Aus Gl. (217) und (218) geht hervor, daß für einen Reaktionsgrad $\mathfrak{r} = 0{,}5$ der Stufenwirkungsgrad

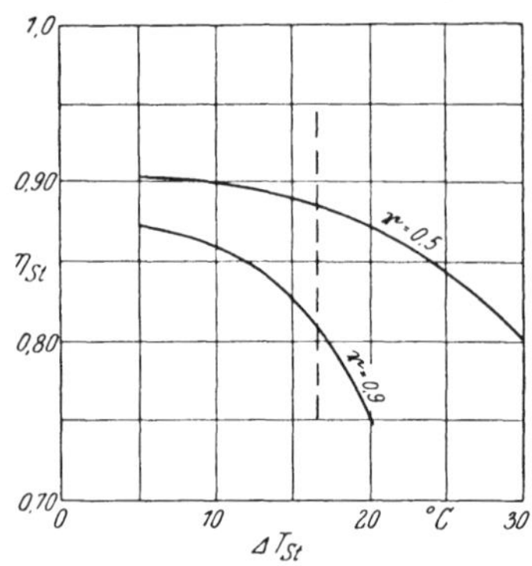

Abb. 123. Abhängigkeit des Stufenwirkungsgrades η_{St} von der Stufentemperaturerhöhung ΔT_{St} bei $\mathfrak{r} = 0{,}5$ und $\mathfrak{r} = 0{,}9$

---- $\Delta T_{St} = 16{,}5°$ entsprechend JUMO 004 Verdichter (etwa $\mathfrak{r} = 0{,}9$)

Aus Gl. (190) $g \cdot 427 \cdot c_p \cdot \Delta T_{St} = u \cdot c_m$ (cotg β_1 — — cotg β_2) wird $\Delta T_{St} = 21°$ bzw. aus Gl. (191) für $\Omega = 0{,}86$ $\Delta T_{St} = 18°$

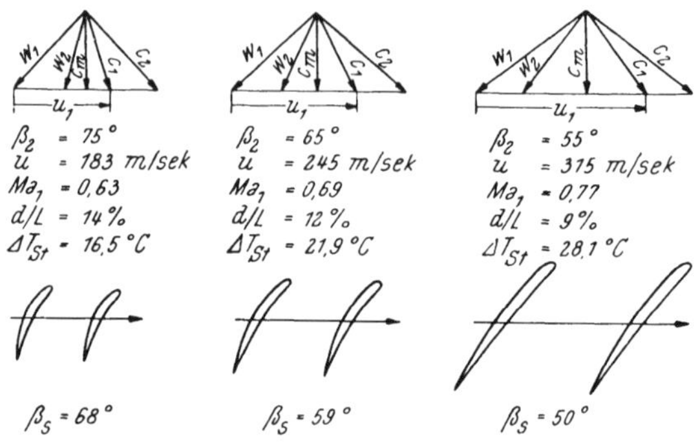

$$\eta_{St} = \eta_u = 1 - \frac{2}{\frac{A}{W} \sin 2\beta_\infty}$$

$\beta_2 = 75°$, $u = 183$ m/sek, $Ma_1 = 0{,}63$, $d/L = 14\%$, $\Delta T_{St} = 16{,}5$ °C, $\beta_s = 68°$

$\beta_2 = 65°$, $u = 245$ m/sek, $Ma_1 = 0{,}69$, $d/L = 12\%$, $\Delta T_{St} = 21{,}9$ °C, $\beta_s = 59°$

$\beta_2 = 55°$, $u = 315$ m/sek, $Ma_1 = 0{,}77$, $d/L = 9\%$, $\Delta T_{St} = 28{,}1$ °C, $\beta_s = 50°$

Abb. 124. Vergleich von $\mathfrak{r} = 0{,}5$ Beschaufelungen mit großem, mittlerem und kleinem Staffelungswinkel

wird. Daraus könnte für konstantes $\frac{A}{W}$ auf ein Optimum bei $\beta_\infty = 45°$ geschlossen werden. Tatsächlich liegt der Bestwert etwas tiefer, weil $\frac{A}{W}$ kein Festwert ist, sondern von β_∞ abhängt. Dies ist einerseits dadurch bedingt, daß mit β_∞ auch das Teilungsverhältnis $\frac{t}{L}$ und damit (bei Verwendung des gleichen Profils) der Widerstand wechselt. Sodann wird im allgemeinen auch das Profil in dem Sinne sich ändern, daß die Wölbung $\frac{f}{L}$ gleichsinnig mit β_∞ wächst, und dies hat eine gleichsinnige Änderung von $\frac{A}{W}$ zur Folge.

Abb. 125 zeigt nun den Einfluß des Austrittswinkels (oder der Staffelung) auf die hauptsächlichen Merkmale eines Verdichterentwurfes. In England wurden zuerst Beschaufelungen mit großem Staffelungswinkel verwendet, und zwar hauptsächlich aus Gründen der Trommelkonstruktion des Läufers. Dadurch waren die Schaufelumfangsgeschwindigkeiten begrenzt. Moderne Flugtriebswerkverdichter werden mit Austrittswinkeln $\beta_2 = 60°$ bis $65°$ am mittleren Durchmesser ausgelegt. Diese Werte liegen über dem Wert für maximalen Wirkungsgrad ($\beta_2 \doteq 55°$), weil das Gewicht niedrig gehalten und gleichzeitig hohe Durchsätze pro Einheit der Triebwerkstirnfläche erreicht werden sollen. Für Industrieverdichter wählt man kleinere Austrittswinkel, weil dann die Strömungsgeschwindigkeiten kleiner sind und die Austritts- und Rohrleitungsverluste sinken.

In der amerikanischen Praxis wurden früher Entwürfe mit kleineren Staffelungswinkeln angewandt. Dies ergab sich aus der Entwurfsmethode, welche sich auf Einzeltragflügelwerte stützte, d. h. es lagen Werte für schwach gewölbte Schaufeln vor. Die neueren Entwürfe sind mit größeren Staffelungswinkeln ausgelegt.

c) Reaktionsgrad $\mathfrak{r}$ größer als 0,5. Stufenentwürfe mit ungleichmäßiger Gefälleaufteilung werden meist für eine Strömung mit konstantem Drall ausgelegt. Der Reaktionsgrad ändert sich also über die Schaufelhöhe. Verdichter, die auf diesen Entwürfen basieren, eignen sich besonders für Industrie- und Marineanlagen, wo guter Wirkungsgrad und hohe Betriebssicherheit (lange Lebensdauer) wichtiger sind als niedriges Gewicht und kleine Stirnfläche.

Eine Betrachtung von Abb. 122 b, c, d zeigt, daß für Stufen mit hoher Reaktion niedrige Schaufelumfangsgeschwindigkeiten und kleine oder überhaupt keine Druckanstiege im Leitrad charakteristisch sind. Der letztere Punkt ist bei der Verdichterkonstruktion besonders wichtig, weil zylindrische Leitschaufeln verwendet werden können und verwickelte Dichtungsanordnungen an den Leiträdern ohne wesentliche Wirkungsgradeinbuße entfallen können. Die Leckmenge zwischen Leitschaufeln und Läufer bewirkt allerdings eine Störung der Strömung an den Laufschaufelfüßen. Dadurch kann der Verdichterwirkungsgrad etwas absinken.

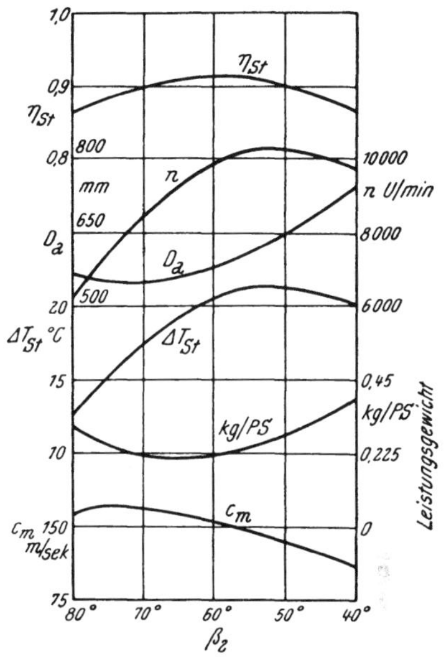

Abb. 125. Einfluß des Austrittswinkels auf die Hauptabmessungen und Betriebsdaten eines $\mathfrak{r} = 0{,}5$ Verdichters. Nabenverhältnis 0,6, Durchsatz 23 kg/sek nach HOWELL [*91*]

In der Beschaufelung mit axialem Eintritt nach Abb. 122b wird im Leitrad ein Druckanstieg von etwas mehr als 10 % der Stufendruckerhöhung erzielt. Verdichter dieser Bauart, Abb. 134, besitzen Axialgeschwindigkeiten bis etwa 120 m/sek und Schaufelumfangsgeschwindigkeiten bis 230 m/sek. Diese relativ niedrigen Axialgeschwindigkeiten und Schaufelgeschwindigkeiten bedeuten niedrigere Austrittsverluste, gutes $\frac{b}{L}$-Verhältnis der Schaufeln und mäßige Drehzahlen. Auch der direkte Antrieb durch Gasturbinen ist gut ausführbar.

Das Vorleitrad kann aber auch so angeordnet werden, daß ein Gegendrall entsteht, Abb. 122d. In diesem Fall ist das Leitrad axial angeströmt. Um hohe Relativgeschwindigkeiten mit entsprechenden Machzahleinflüssen zu verhüten, ist die Schaufelumfangsgeschwindigkeit notwendigerweise auf niedere Werte beschränkt. Schaufelgeschwindigkeiten von 150 m/sek und Axialgeschwindigkeiten bis herab zu etwa 65 m/sek sind üblich. Aus den niedrigen c_m- und u-Werten ergeben sich große Abmessungen und niedrige Drehzahlen. Diese Bauart ist also für Luftfahrtverdichter ganz ungeeignet. Für Kreisläufe mit kleinen Volumina wurde sie jedoch ausgeführt. So war die Escher-Wyss-Versuchs-Anlage mit geschlossenem Prozeß [*287*] wegen der besonderen Eintrittsbedingungen, wie hoher Druck und kleines spezifisches Volumen, mit dieser Verdichterbauart ausgerüstet. Die große Stufenzahl, s. Abb. 126, dieser Bauart ist allerdings fertigungstechnisch von Nachteil (s. auch S. 530).

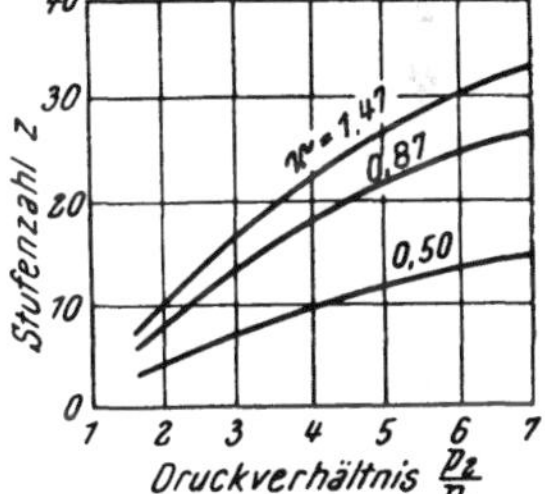

Abb. 126. Notwendige Verdichterstufenzahlen in Abhängigkeit von Druckverhältnis und Reaktionsgrad ($\mathfrak{r} = 1{,}47$ soll richtig $\mathfrak{r} = 1{,}17$ bedeuten)

Die Eigenschaften einer Stufe nach Abb. 122c mit einem Reaktionsgrad $\mathfrak{r} = 1{,}0$ liegen im großen und ganzen zwischen den eben besprochenen Bauarten mit Axialeintritt und Gegendrall.

7. Die Stufe bei Teillast

Bisher wurden die Gesetzmäßigkeiten behandelt, welche die Berechnung der Abmessungen der Beschaufelung für den Auslegungspunkt gestatten. Es ist nun zu untersuchen, wie sich diese Beschaufelung bei veränderten Betriebsbedingungen, z. B. anderer Drehzahl, anderer Durchsatz verhält. Eine derartige Teillastberechnung [*97*] führt auf außergewöhnliche grundsätzliche Schwierigkeiten, die näher beleuchtet werden mögen.

Außer der Kenntnis aller Dimensionen und Winkel der Beschaufelung ist auch die Zuströmgeschwindigkeit c_{ein} der Luft in das erste Gitter bestimmt. Ist nun die Fördermenge beispielsweise auf das z-fache gestiegen, so muß die neue Druckerhöhung Δp^* für dieses vergrößerte Volumen berechnet werden. Die neue Zirkulation ist

$$\Gamma^* = \frac{c_a^*}{2} \cdot w_{\infty i}^* \cdot L$$

wobei der * die Bezugnahme auf den neuen Betriebspunkt bedeutet. Der Zusammenhang zwischen der Ablenkung der Strömung (hier z. B. für die Anordnung Laufrad—Leitrad) und dem Auftriebsbeiwert ist

$$c_a^* = \frac{2 \cdot \Delta w_u^*}{w_{\infty i}^*} \cdot z \,. \tag{230}$$

Nimmt man versuchsweise eine Ablenkung Δw_u^* am Durchmesser D_x der Schaufel an, so muß nach Abb. 127 der Endpunkt der Geschwindigkeit w_2 (da w_1 aus der bekannten Zuströmgeschwindigkeit c_{ein} bestimmt ist) auf der durch den Punkt x gehenden Senkrechten liegen. Nun berechnet man für verschiedene w_2 (in Abb. 127 strichliert gezeichnet) die Werte $w_{\infty i}^*$. Hieraus folgt der Anstellwinkel der Schaufel gegenüber der neuen Strömung und damit der erzielte Auftriebsbeiwert c_a^*. Jene Geschwindigkeit w_2 ist die richtige, die $w_{\infty i}^*$ und c_a^* so liefert, daß Gl. (230) erfüllt wird.

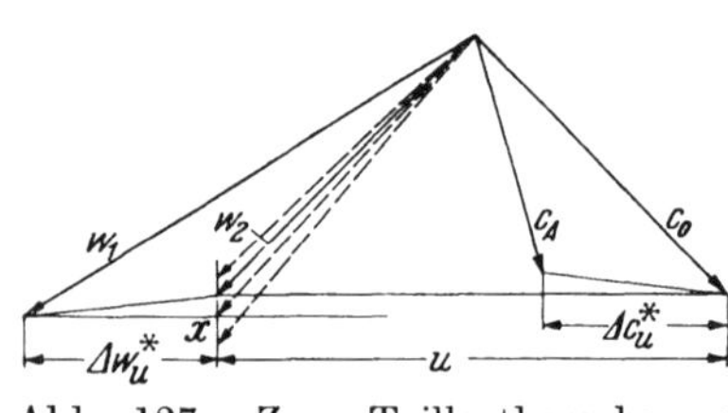

Abb. 127. Zur Teillastberechnung der Schaufel

Das gleiche Verfahren mit der Annahme $\Delta w_u^* = \Delta c_u^*$ für das Leitrad ergibt schließlich die Austrittsgeschwindigkeit c_{aus}, und mit dem jetzt berechenbaren Wirkungsgrad sind auch der statische Druck, die Temperatur und das spezifische Volumen der Luft für den Schaufelschnitt gefunden. Auf gleiche Weise geht man für andere Schaufelschnitte vor und erhält so den Verlauf von Luftzustand und c_{aus} über die Schaufelhöhe. Nun muß die Kontinuität im Querschnitt nach der Stufe erfüllt werden, also

$$\int_{r_i}^{r_a} \frac{c_{aus\,m}}{v} \cdot 2\pi r \cdot dr = G^* \tag{231}$$

gelten. Hierbei sind

$c_{aus\,m}$ die Axialkomponente von c_{aus},
v das örtliche spezifische Volumen,
G^* das geförderte Luftgewicht.

Ist diese Bedingung nicht erfüllt, so muß das Verfahren mit einem neuen Wert für Δw_u^* wiederholt werden, so lange, bis Gl. (230) örtlich und Gl. (231) insgesamt erfüllt sind. Noch verwickelter werden die rechnerischen Verhältnisse, wenn man nicht nur wie bisher Stufeneintritt und Stufenaustritt berücksichtigt, sondern die Kontinuität auch zwischen Laufrad und Leitrad kontrolliert (d. h. $\Delta w_u^* \neq \Delta c_u^*$).

Jedenfalls kann man — je nach dem Rechenaufwand — mit mehr oder weniger großer Genauigkeit sowohl die c_{aus}-Werte als auch den Luftzustand nach der Stufe ermitteln. Nun sind aber Austrittsgeschwindigkeit und Druck nicht voneinander unabhängig. Beide hängen bei störungsfreiem Gleichgewicht der Strömung entsprechend der Geschwindigkeitsverteilung in einem Potentialwirbel zusammen

$$r \cdot c_{aus\,u} = \text{konst.}$$

Dieses Gesetz fordert eine bestimmte Druckverteilung über den Radius, d. h. über die Schaufelhöhe. Für die Auslegungsberechnung der Beschaufelung kann dies verhältnismäßig einfach durch Wahl eines entsprechenden Verlaufes von H (s. S. 139) erfüllt werden. Je mehr aber die Betriebsverhältnisse vom Auslegungspunkt abweichen, um so stärkere radiale Störströmungen entstehen. Dadurch werden die Anströmverhältnisse der nachfolgenden Gitter immer stärker beeinflußt. Eine rein rechnerische Behandlung verliert dann bald ihren praktischen Sinn. Sie kann jedoch qualitative Aufschlüsse zur Auffindung von Ablösestellen (in welchem Gitter, in welcher Stufe, ob an der Spitze oder am Fuß der Schaufel usw.) geben.

Eine Mittelwertsbildung hinter jedem Gitter bzw. hinter jeder Stufe — mit der man weiter rechnen könnte — hat keinen Sinn, denn ausschlaggebend für das Verhalten des Verdichters sind wegen der großen Strömungsempfindlichkeit der einzelnen Schaufelprofile gerade die örtlichen Verhältnisse.

Es ist daher zweckmäßig, durch relative Darstellung von gemessenen Kennlinien von Axialstufen das Verfahren zu vereinfachen. Zur näheren Erläuterung sei auf die Literatur [*92*] und auf Abschn. IX, S. 414 verwiesen.

8. Abstimmung der Stufen

Die Auslegung eines Axialverdichters erfordert die Aneinanderreihung einer Anzahl von Stufen mit bekanntem Verhalten in der Weise, daß die einzelnen Stufenkennlinien über einen genügend weiten Arbeitsbereich der Maschine zusammenpassen. Es ist nicht schwierig, dies für den Auslegungspunkt zu erreichen, da die Schaufelwinkel so gewählt werden können, daß beim Auslegungsdruckverhältnis Durchsatzmenge und Drehzahl sowie der Anstellwinkel der verschiedenen Stufen im Bereich kleiner Verluste liegen.

Im Augenblick aber, wo die Betriebsbedingungen vom Auslegungspunkt abweichen, ändern sich die Anstellwinkel mehrerer oder aller Stufen. Wird z. B. die Durchsatzmenge bei konstanter Drehzahl geändert, etwa durch eine getrennt laufende Nutzleistungsturbine, dann verschiebt sich bei einer Vergrößerung des Durchsatzes der Betriebspunkt an einen Punkt der Kennlinie, entsprechend der größeren Durchsatzmenge bei kleinerem Druckverhältnis. Die Geschwindigkeitsdreiecke in den Niederdruckstufen ändern sich infolge der hohen Axialgeschwindigkeit so, daß der Anstellwinkel verkleinert wird. Diese Stufen arbeiten daher mit hohen Verlusten. Am Hochdruckende des Verdichters wird die Dichte kleiner sein im Vergleich zum Auslegungspunkt, für den die Schaufeln zugeschnitten sind. Die Axialgeschwindigkeit steigt sowohl dadurch als auch durch den vergrößerten Durchsatz an. Diese Schaufeln werden daher bei äußerst kleinen Anstellwinkeln arbeiten, und ihre Verluste werden noch größer sein als die der Niederdruckschaufeln. Wird die Durchsatzmenge verkleinert, z. B. auf die Auslegungsmenge, dann wachsen die Anstellwinkel im Verdichter bis zur ursprünglichen Größe an, und die Schaufelverluste werden ein Minimum. Eine weitere Senkung der Durchsatzmenge verursacht ein Ansteigen der Anstellwinkel, und zwar in ausgedehnterem Maße am Hochdruckende. Dies kann solange fortgesetzt werden, bis eine Schaufelreihe, wahrscheinlich die letzte Hochdruckstufe, einen so großen Anstellwinkel erreicht, daß die Strömung abreißt. Es ist möglich, daß an diesem Punkt die Strömung im ganzen Kompressor zusammenbricht und er zu pumpen beginnt. Wahrscheinlich tritt dieser Zustand jedoch erst dann ein, wenn die Strömung in mehreren Stufen abreißt.

Die Verhältnisse bei anderen Drehzahlen sind dagegen, wie Abb. 128 schematisch zeigt, wieder ganz verschieden. Bei halber Drehzahl z. B. und großer Durchsatzmenge werden die Geschwindigkeitsdreiecke der Niederdruckstufen ähnlich denen des Auslegungspunktes sein, und der Anstellwinkel wird im Bereich kleiner Verluste liegen. Der Wirkungsgrad dieser Stufen wird daher hoch sein. Am Hochdruckende wird jedoch die geringe Dichte zu hoher Axialgeschwindigkeit führen, wodurch der Anstellwinkel sehr klein wird und die Verluste hoch. Wird die Durchsatzmenge bis zur Pumpgrenze, Abb. 129, reduziert, dann werden die Anstellwinkel aller Stufen steigen, und am Niederdruckende wird allmählich der Punkt erreicht werden, wo die Strömung abreißt. Damit bricht die Strömung im Verdichter zusammen und er pumpt.

Man ersieht daraus, daß bei niederen Drehzahlen Pumpen durch Abreißen der Strömung in den Niederdruckstufen eintritt und bei hohen Drehzahlen durch Ausfall der Hochdruckstufen. Infolge der Änderung der Dichte vom Niederdruck- zum Hochdruckende des Kompressors, eine Veränderung, die sowohl durch die Durchsatzmenge als auch die Drehzahl beeinflußt wird, müssen die Hochdruckstufen über einen viel größeren Bereich des Anstellwinkels arbeiten als die Niederdruckstufen. Es ist daher sehr wichtig, in den Hochdruckstufen Schaufelprofile zu verwenden, die den größtmöglichen Bereich der Anstellwinkel mit niederen Verlusten geben. Am Niederdruckende ist der erforderliche Anstellwinkelbereich kleiner, und die Schaufeln können für gutes Arbeiten bei hohen Machzahlen ausgelegt werden.

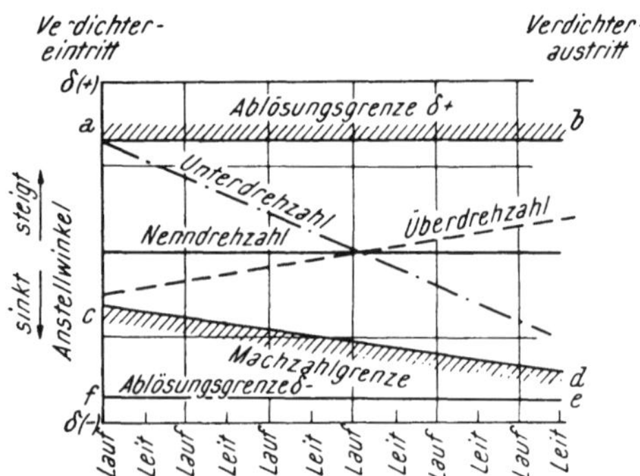

Abb. 128. Schematische Änderung der Anstellwinkel in den hochbelasteten Verdichterstufen bei verschiedenen Drehzahlen. Die Stellen *a*, *b*, *c*, *d*, *e*, *f* entsprechen den Linien in Abb. 129

Bei Drehzahlen, die höher als die Nenndrehzahl liegen, wird Pumpen durch Abreißen der Strömung an den Hochdruckstufen auftreten. Bei genügend hoher Drehzahl könnte am anderen Ende der Kennlinie ein Punkt erreicht werden, wo die Hochdruck- und Niederdruckstufen einen negativen Anstellwinkel haben und damit hohe Verluste.

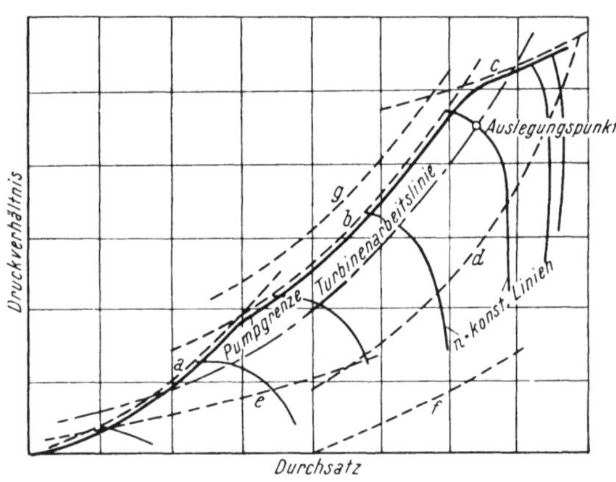

Abb. 129. Kennlinien eines vielstufigen Axialverdichters

a Ablösung in der ersten Stufe durch zu großen positiven Anstellwinkel
b Ablösung in der letzten Stufe durch zu großen positiven Anstellwinkel
c Ablösung in der ersten Stufe als Folge von Verdichtungsstößen durch zu großen negativen Anstellwinkel
d Ablösung in der letzten Stufe als Folge von Verdichtungsstößen durch zu großen negativen Anstellwinkel
e Ablösung in der letzten Stufe durch zu großen negativen Anstellwinkel
f Ablösung in der ersten Stufe durch zu großen negativen Anstellwinkel
g Ablösung in der letzten Stufe durch zu großen positiven Anstellwinkel (zweidimensionale Strömung)

In Grenzleistungsverdichtern, die über der Auslegungsdrehzahl arbeiten, ist jedoch die Machzahl eher von Einfluß als der Anstellwinkel. In allen Kompressoren nimmt am Auslegungspunkt die Machzahl vom Niederdruck zum Hochdruckende durch die Zunahme der Temperatur ab. Bei anderen Bedingungen als am Auslegungspunkt können aber auch am Hochdruckende hohe Machzahlen auftreten. Wenn die Machzahl erhöht wird, entsteht zuerst ein höherer Schaufelverlust infolge von Kompressibilitätserscheinungen in der Nähe der Profilnase. Dieses Abreißen der Strömung infolge von Verdichtungsstößen tritt, wenn der Anstellwinkel sowohl in positivem als auch negativem Sinn groß ist, schon bei kleinerer Geschwindigkeit auf. Die Folge davon ist, daß bei höheren Drehzahlen als der Auslegungsdrehzahl die Niederdruckstufen infolge Abreißens der Strömung durch Verdichtungsstöße ausfallen, Abb. 129, Linie *c*, bevor noch an den Hochdruckstufen das normale Abreißen der Strömung, Linie *b*, auftritt. Bei diesem Punkt beginnt sich die Pumpgrenze zu verflachen. Ab dieser Stelle der Kennlinie bestimmt also das Abreißen der Strömung infolge Verdichtungsstößen in den ersten Stufen, Linie *c*, die Pumpgrenze.

Betrachtet man die Turbinenarbeitslinie im Verdichterkennfeld, dann sieht man, daß sie bei niederen Drehzahlen die Pumpgrenze in der Gegend von Linie a schneidet, wo die Strömung in den Niederdruckstufen abreißt. Während des Anlaßvorganges muß daher die Maschine auf eine Drehzahl gebracht werden, die höher liegt als die am Schnittpunkt, damit nicht Pumpen durch Abreißen der Strömung am Niederdruckende auftritt. Während der Beschleunigungsperiode kann infolge der höheren Temperatur ebenfalls leicht die Pumpgrenze erreicht werden. Bei höheren Drehzahlen als der maximalen kann ebenfalls wieder Pumpen eintreten, da sich infolge von Verdichtungsstößen die Pumpgrenze verflacht, Linie c, und die Arbeitslinie der Turbine schneidet. Dieser Bereich ist besonders bei Flugzeugturbinen gefährlich, bei welchen infolge der niederen Temperatur in großen Höhen die äquivalente Drehzahl in weitem Maße die Auslegungsdrehzahl übersteigen kann. Dazu kommt noch, daß bei diesen Maschinen, um Gewicht und Bauvolumen zu sparen, hohe Machzahlen von Haus aus angewendet werden.

Für gutes Arbeiten bei hohen Machzahlen ist es notwendig, den Beginn von Kompressibilitätserscheinungen hintanzuhalten, oder mit anderen Worten, eine hohe kritische Machzahl zu erreichen. Das ist möglich, wenn man für Anstellwinkel Null oder nahezu Null auslegt, wenn man kleine Radien an der Profilnase vorsieht, wenn man kleine $\frac{d}{L}$-Verhältnisse (s. S. 113) und eine große Dickenrücklage ($x_d = 0{,}5\,L$) wählt. Diese letzte Maßnahme, die für gleichmäßige Druckverteilung über das Profil notwendig ist, verengt allerdings den Kanal zwischen zwei Schaufeln und verursacht eine schon früher einsetzende Drosselung. Man kann daher entsprechend den Erfordernissen eine Beschaufelung mit bestem Wirkungsgrad bei mittleren Machzahlen und einem schlechten bei sehr hohen Machzahlen wählen, oder eine solche, die erst bei den höchsten Machzahlen ihren besten Wirkungsgrad erreicht.

Die letzten Stufen können ebenfalls ein Abreißen der Strömung infolge Verdichtungsstoß durch negativen Anstellwinkel, Linie d, bei hohen Durchsatzgeschwindigkeiten und hohen Drehzahlen verursachen. Diese Linie setzt im Schnittpunkt mit Linie c eine obere Grenze für ein wirkungsvolles Arbeiten der Beschaufelung. Eine absolute untere Grenze für den Betrieb des Verdichters ist durch den Schnittpunkt der Linien a für Abreißen der Strömung an den Niederdruckstufen durch zu großen positiven Anstellwinkel und e Ablösen der Strömung an den Hochdruckstufen durch zu großen negativen Anstellwinkel gegeben.

In Abb. 129 ist noch eine weitere Linie g eingezeichnet. Diese Linie hängt mit der Axialgeschwindigkeitsverteilung entlang der Schaufelhöhe zusammen. Wenn die Luft durch den Verdichter strömt, verdickt sich die Grenzschicht am Gehäuse und am Rotor, wobei die Zunahme der Dicke vom Druckgradienten abhängt. Als Folge davon wird am Hochdruckende die Axialgeschwindigkeit stark entlang der Schaufellänge variieren, und zwar wird sie am mittleren Radius größer und am Fuß und an der Spitze kleiner sein als die mittlere Geschwindigkeit, s. Abb. 117. Öfters wird bei der Auslegung diese ungleiche Geschwindigkeitsverteilung nicht berücksichtigt, so daß am mittleren Radius der Anstellwinkel kleiner, am Fuß und an der Spitze größer ist als der Auslegungsanstellwinkel. Als Folge davon wird am Fuß und an der Spitze die Strömung schon abreißen, Abb. 118b, während am mittleren Radius die Schaufel noch im Gebiet kleiner Verluste arbeitet. Bei Abwesenheit dieser dreidimensionalen Verluste könnte man noch bis zu kleineren Durchsätzen gut arbeiten, und die Pumpgrenze würde nach links rücken, wie die Linie g für zweidimensionale Strömung in Abb. 129 zeigt.

Zum Vergleich mit den besprochenen, in Abb. 129 eingetragenen Kennlinien zeigt nun Abb. 130 das Kennfeld des 13stufigen Verdichters der Ruston & Hornsby-TA-Gasturbinenanlage (s. auch S. 610). Er ist für einen Durchsatz von 10 kg/sek bei einem Druckverhältnis von 4,05 ausgelegt. Der adiabatische Wirkungsgrad im Auslegungspunkt beträgt etwa 90%.

Aus dem oben Gesagten geht hervor, daß nur bei einer Drehzahl und einer zugehörigen

Durchsatzmenge alle Stufen zusammenpassen und hoher Wirkungsgrad erreicht wird. Je mehr die Arbeitsbedingungen vom Auslegungspunkt abweichen, um so größer wird die Differenz zwischen wirklichem und Auslegungsanstellwinkel sein. Die größte Abweichung wird bei niederen Drehzahlen auftreten, und das zulässige Maß wird vom verlustarmen Bereich des Anstellwinkels der betreffenden Beschaufelung abhängen und davon, wie weit ab vom Auslegungspunkt der Verdichter arbeitet. Der verlustarme Bereich des Anstellwinkels kann zwar durch geeignete Schaufelformen vergrößert werden, aber auch die größte Erweiterung wird wenig Einfluß auf die Verdichterkennlinie haben. Je mehr die Auslegungsverhältnisse von denen bei niederer Drehzahl verschieden sind, also je höher das Druckverhältnis ist, um so schlechter wird der Verdichter bei kleinen Drehzahlen sein. Die Folge davon ist ein sehr niederer Wirkungsgrad bei kleinen Drehzahlen und eine nahe der Pumpgrenze liegende Arbeitslinie der Turbine.

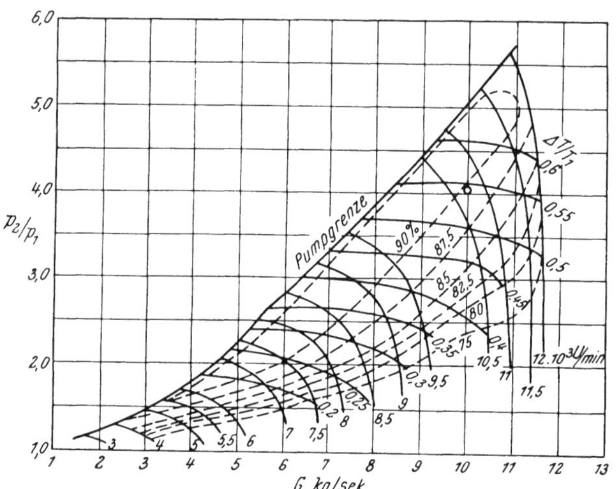

Abb. 130. Kennfeld eines 13-stufigen Axialverdichters von Ruston & Hornsby, Auslegungspunkt: $p_2/p_1 = 4{,}05$, $G = 10$ kg/sek, adiabatischer Wirkungsgrad etwa 90 %

Es gibt daher ein bestimmtes Druckverhältnis (etwa 8), das bei einem einfachen Axialverdichter nicht überschritten werden darf, wenn man nicht eine Kennlinie erhalten will, die einen Betrieb bei kleinen Drehzahlen unmöglich macht.

Die Folgen eines zu hohen Druckverhältnisses sind Schwierigkeiten beim Starten und Beschleunigen infolge des niederen Verdichterwirkungsgrades bei niederen Drehzahlen, hervorgerufen durch das Abreißen der Strömung in den Niederdruckstufen. Da die Arbeitslinie der Turbine außerhalb der Pumpgrenze verläuft, muß abgeblasen werden (an einem mittleren Punkt des Verdichters), um überhaupt starten zu können. Durch das Abblasen wird der Anstellwinkel in den Niederdruckstufen verkleinert und in den Hochdruckstufen vergrößert, sowie der Durchflußwiderstand durch die Turbine verkleinert. Aber auch durch diese Maßnahme kommt man über eine gewisse Grenze nicht hinaus. Der einzige Weg ist dann nur, die Maschine auf höhere Startdrehzahl zu bringen, doch die Beschleunigung wird schwierig, da die Arbeitslinie zu nahe an der Pumpgrenze verläuft.

Für solche Verdichtungsverhältnisse muß man daher die Druckerhöhung auf zwei mechanisch unabhängige Verdichter aufteilen, von denen jeder durch seine eigene Turbine angetrieben wird. In einem solchen Verbundtriebwerk (s. S. 813) wird der Niederdruckverdichter von der Niederdruckturbine und der Hochdruckverdichter von der Hochdruckturbine angetrieben, wobei die beiden Verdichter hintereinander sitzen und die Niederdruckwelle durch die hohle Hochdruckwelle geht (diese Anordnung wird bei Flugtriebwerken nach dem Verbundsystem angewendet; bei Landanlagen werden zwei getrennte Sätze, wie z. B. Abb. 7 zeigt, angeordnet). Am Auslegungspunkt wird der Hochdruckverdichter mit der Hochdruckturbine in Übereinstimmung gebracht und der Niederdruckverdichter mit der Niederdruckturbine. Die Hochdruck- und Niederdruckstufen werden so ausgelegt, daß sie mit verlustarmen Anstellwinkeln arbeiten. Da bei zwei Turbinen in Serie, wenn das Gesamtgefälle unter das des Auslegungspunktes herabgesetzt wird, die Hochdruckturbine einen größeren Gefälleanteil verarbeitet als die Niederdruckturbine, wird der Hochdruckverdichter bei Teillast mit höherer Drehzahl, der Niederdruckverdichter mit niedrigerer Drehzahl laufen, wenn beide am Auslegungspunkt gleiche Drehzahl hatten. Es wird daher bei einem Verbundverdichter bei kleiner Last die Niederdruckbeschaufelung mit kleinerer, die Hochdruckbeschaufelung mit größerer Umfangsgeschwindigkeit laufen als bei einem einwelligen Verdichter.

Da nun der Anstellwinkel eine Funktion des Verhältnisses Axialgeschwindigkeit der Luft zu Umfangsgeschwindigkeit der Beschaufelung $\frac{c_m}{u}$ ist, Abb. 110, folgt, daß beim Verbundverdichter die Niederdruckbeschaufelung mit verringertem Anstellwinkel und die Hochdruckbeschaufelung mit vergrößertem Anstellwinkel läuft, verglichen mit den Größen für den einfachen Verdichter. Daher wird der Anstellwinkel der Hochdruck- und der Niederdruckbeschaufelung ins Gebiet der kleinen Verluste gedrückt, der Verdichterwirkungsgrad und das Druckverhältnis wird steigen, die Pumpgrenze ins Gebiet kleinerer Durchsatzmengen rücken, so daß der Schnittpunkt von Turbinenarbeitslinie und Pumpgrenze erst bei kleineren Durchsatzmengen liegt als beim einfachen Verdichter. Dadurch werden der Startvorgang und das Beschleunigen erleichtert und höhere Druckverhältnisse möglich.

Mit der Verbundanordnung sind Druckverhältnisse von 12 und mehr bei guter Regelbarkeit möglich. Später werden fortgesetzte Forschungen noch höhere Druckverhältnisse sicher erreichen lassen.

Inzwischen konnten auch mit einwelligen Verdichtern mittels einer Verstellung der Leitschaufeln der ersten Stufen (s. S. 835) hohe Druckverhältnisse erreicht werden.

9. Konstruktion

Bei der Konstruktion von Axialverdichtern kann man, grob gesprochen, zwischen „schwerer“ und „leichter“ Bauart unterscheiden. Die schwere Bauart, z. B. Abb. 131, ist bei Industriemaschinen zu finden und leitet sich von der herkömmlichen Turbo-

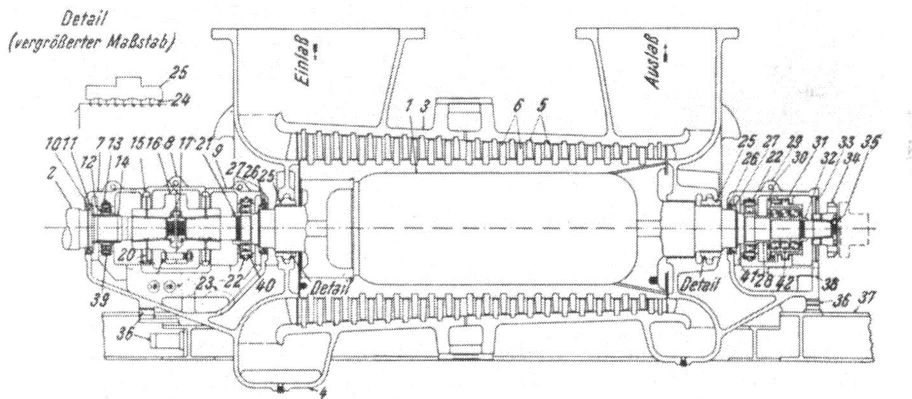

Abb. 131. Allis Chalmers (Lizenz BBC)-Axialkompressor in Trommelbauweise
$z = 20$ Stufen, $V = 22$ m³/sek, $\eta_{k_{ad}} = 0{,}85$ bei Vollast, $n = 5180$ U/min, $p_2/p_1 = 4{,}0$, $\mathfrak{r} = 0{,}5$, $D_i =$ konst.

maschinenkonstruktion ab. Der leichten Bauart, z. B. Abb. 137, liegen hingegen die Erfahrungen des Flugtriebwerkbaues, d. h. das Streben nach geringem Bauteilgewicht, zugrunde. In bestehenden Axialverdichtern schwanken die Stufenzahlen von 6 bis 20, doch ist man heute infolge der besseren aerodynamischen Kenntnisse bestrebt, die Stufenzahl für ein Gehäuse mit etwa 16 zu begrenzen.

Abb. 131 stellt einen Kompressor mit einer Fördermenge von 22 m³/sek für ein Gasturbinenaggregat einer Houdry-Crack-Anlage zur Benzingewinnung dar. Er wurde von der amerikanischen Firma Allis Chalmers nach BBC-Lizenz gebaut. Der Läufer besteht aus der die Laufschaufeln *6* tragenden Trommel *1* mit einem angeschmiedeten

Schaft und einem eingeschrumpften Wellenstummel. Heute wendet BBC aus Fertigungs- und Festigkeitsgründen die Scheiben-Trommel-Bauart, wie sie Abb. 495 zeigt, an.

Das Gehäuse aus Gußeisen ist horizontal geteilt. Ein- und Auslaßstutzen sind im Gehäuseoberteil *3* angeordnet. Der Gehäuseunterteil *4* stützt sich über die angegossenen Lagergehäuse *23* und *38* auf den Grundrahmen *37* ab. Die Leitschaufeln *5* werden direkt in das Gehäuse eingesetzt. Interessant hierzu ist der Vergleich mit der Anordnung eines Leitschaufelträgers nach Abb. 133a. Die Gehäusestopfbüchsen *25* sind in bekannter Weise als Labyrinthdichtungen mit in die Welle eingestemmten Blechlamellen *24* ausgebildet. Die starre Kupplung *16* überträgt das Drehmoment der Gasturbinenwelle *2* auf den Verdichter. Die Überschußleistung der Anlage wird über die Kupplung *34* und ein Getriebe auf den Generator übertragen.

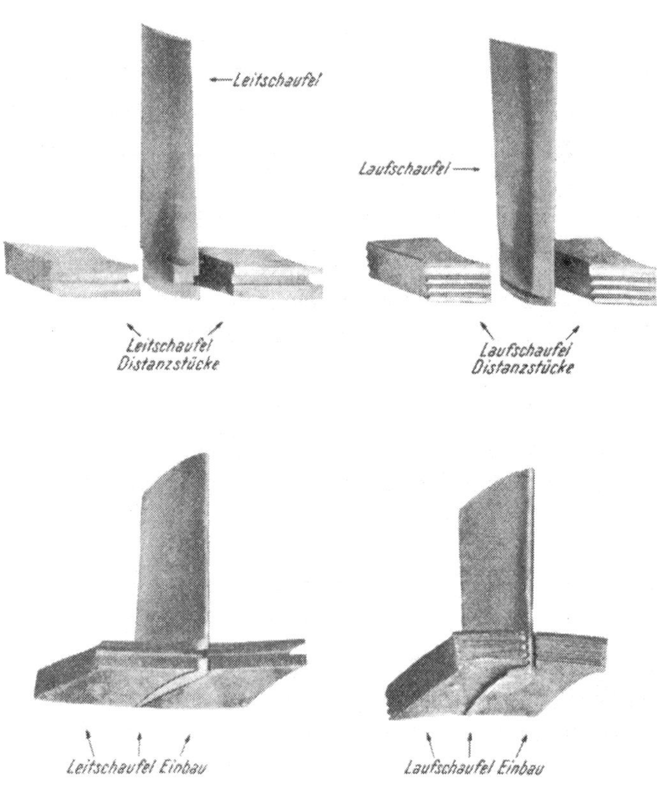

Abb. 132. BBC-Axialverdichterbeschaufelung

Der Läufer dreht sich in Rollenlagern *40, 41*. Den Axialschub nimmt ein Dreifachkugellager *42* auf. Heute kommen bei Industrieanlagen durchwegs Gleitlager zur Verwendung, weil sie eine höhere Lebensdauer besitzen. Als Drucklager dienen Klotz (Michell)-Lager. Lediglich bei Flugtriebwerken werden ausschließlich Wälzlager angewendet, und zwar wegen ihres geringen Platzbedarfes, geringerer Schmierölmengen und der Unempfindlichkeit gegenüber durch verschiedene Fluglagen verursachten Ölstromunterbrechungen.

Den Einbau der Beschaufelung zeigt Abb. 132. Die Schaufeln bestehen aus 5 %igem Nickelstahl und sind zur genauen Einhaltung der Profilform gefräst und geschliffen. Die Leitschaufeln werden durch Distanzstücke und einen eingelegten Ring gehalten. Ihr Profilquerschnitt nimmt gegen den Schaufelfuß hin zu, um eine Formgebung für hohen Wirkungsgrad zu erzielen. Die Laufschaufeln besitzen am Fuß eine Nase, durch welche sie zwischen den in die Läufernuten eingeschobenen Distanzstücken gehalten werden.

Die Grundzüge des Sulzer-Axialverdichters gehen aus dem Längsschnitt Abb. 133a hervor. Der eingesetzte Leitschaufelträger ermöglicht eine genaue und gleichbleibende Zentrierung des Rotors im Stator und damit eine Herabsetzung der Radialspiele auf ein Minimum. Weiters erhält das Gehäuse dadurch auf seiner ganzen Länge einen größeren und gleichmäßigeren Durchmesser, was seine Steifheit beträchtlich erhöht. Auf den Preis übt der Leitschaufelträger keinen nennenswerten Einfluß aus, da er auch für Maschinen verschiedener Fördermenge die Verwendung der gleichen Gehäusetypen und Gußmodelle gestattet. Diese Maschinen unterscheiden sich nur durch die Schaufellänge und den Durchmesser des Leitschaufelträgers. Die Gehäuse können in mehreren Standardmodellen genormt werden, was eine rationelle Fertigung ermöglicht. Auch wenn neue

Betriebsbedingungen den Umbau einer Maschine als wünschenswert erscheinen lassen, erweist sich die getrennte Anordnung von Leitschaufelträger, saugseitigem Ringkanal und Austrittsdiffusor, Abb. 133b, als vorteilhaft.

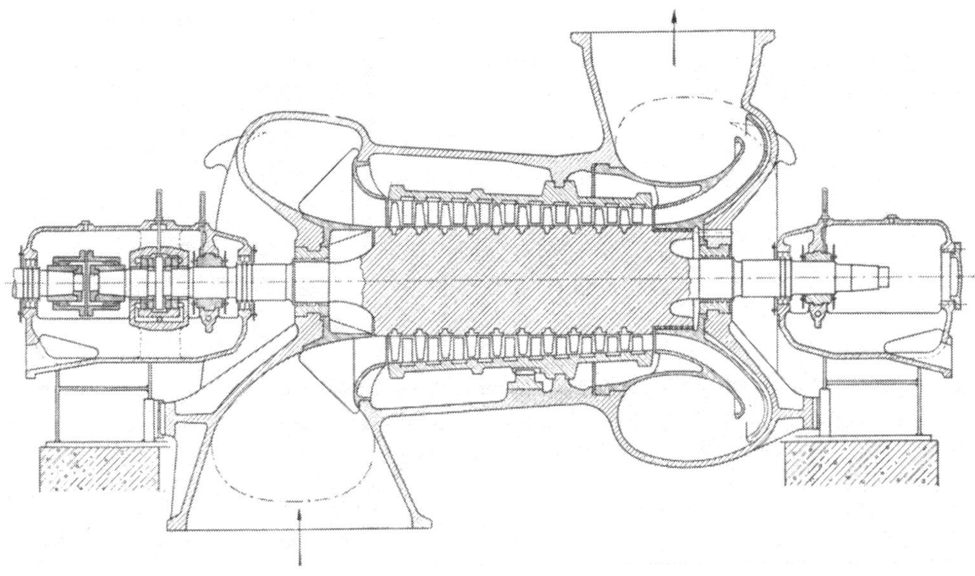

Abb. 133*a*. Zehnstufiger Axialverdichter Bauart Gebrüder Sulzer, Winterthur. D_i = konstant

Dem Diffusor mißt Sulzer große Bedeutung bei. Durch sorgfältige Profilierung und Gestaltung des Ringkanals gelingt es, ungefähr 70% der Geschwindigkeitsenergie wieder in Druck umzusetzen. Dies ist ein für einen ringförmigen Diffusor mit gebogenem Profil sehr guter Wert.

Die Beschaufelung des Sulzer-Verdichters arbeitet mit einem Reaktionsgrad $\mathfrak{r} = 0{,}8$ und konstanter Zirkulation ($r \cdot c_u$ = konst.) über die Schaufelhöhe. Die Leitschaufeln, die keiner Zentrifugalkraft unterworfen sind und sich daher nicht selbst reinigen, liefern also nur einen kleinen Teil der Druckerhöhung. Dies wirkt sich auf die Verschmutzungsempfindlichkeit des Verdichters günstig aus. Abb. 134 zeigt die kräftige und gedrungene Gestalt der Laufschaufeln, die ihnen ihre Schwingungsfestigkeit und ihre Widerstandsfähigkeit gegen Verschleiß und Verschmutzung verleiht. Die Schaufeln bestehen aus 13%igem Chromstahl. Nach Angaben von Sulzer werden heute bei Machzahlen bis zu 0,85 Stufenwirkungsgrade von 92 bis 93% erreicht.

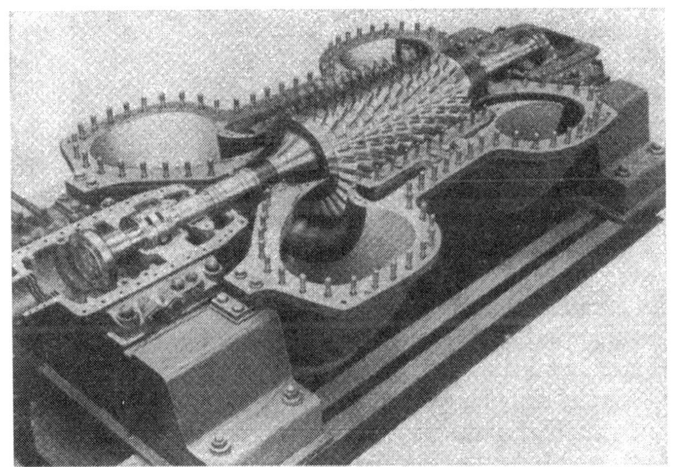

Abb. 133*b*. Gehäuse des in Abb. 133a gezeigten Axialverdichters

Um den Einfluß des kräftigen Profiles bzw. größeren Trägheitsmomentes auf die Schwingungsfestigkeit aufzuzeigen, sei kurz auf die Ursache dieser Schwingungen hingewiesen. Jede Schaufel hinterläßt im abströmenden Medium eine leichte Störung, welche auf die vorbeidrehenden Laufschaufeln der nachfolgenden Stufe einwirkt. Die so verursachten Impulse wiederholen sich mit hoher Frequenz, welche gleich dem Produkt von Drehzahl mal Schaufelzahl des betreffenden Kranzes ist, und können gefährliche Schwingungen erregen, sobald diese Frequenz mit einer der Schaufel-Eigenfrequenzen zusammenfällt oder ihr benachbart ist. Nun ist bekannt, daß dünne und schlanke

Abb. 133c. Kompletter Läufer des in Abb. 133a gezeigten Axialverdichters

Schaufeln zahlreiche Schwingungsformen besitzen — handle es sich nun um Biege- oder Torsionsschwingungen erster, zweiter oder höherer Ordnung —, die Anlaß zu Resonanzen geben können und die sich praktisch nicht vorausberechnen lassen. Bei der Sulzer-Beschaufelung liegen die Verhältnisse günstiger. Einerseits haben die kräftigen Profile wesentlich höhere Eigenschwingungszahlen, während gleichzeitig — infolge größerer Umfangsteilung und damit reduzierter Schaufelzahl — die Frequenzen der erregenden Impulse tiefer liegen. So fallen einzig die zum voraus genau berechen- oder meßbaren Grundschwingungen erster Ordnung in den Betriebsbereich, und es ist nur noch dafür zu sorgen, daß sie genügend weit entfernt von den Erregerfrequenzen liegen, um jede Resonanzgefahr auszuschließen.

Abb. 134. Laufschaufelung eines Sulzer-Verdichters. $\mathfrak{r} = 0{,}8$

Eines der wichtigsten Fertigungsprobleme beim Bau von Axialverdichtern und ebenso bei Gasturbinen ist die wirtschaftliche Herstellung der Schaufeln. Meist ist das Schaufelblatt nicht so ohne weiteres als einfache Kombination von ebenen, zylindrischen oder konischen Flächen gegeben. Neben der erforderlichen hohen Genauigkeit des Profiles ist es außerdem notwendig, daß die Schaufelwinkel exakt auf die Fußbefestigung bezogen sind.

Heute sind hauptsächlich folgende fünf Fertigungsmethoden gebräuchlich:

Spanabhebende Bearbeitung aus dem Vollen,
Spanabhebende Bearbeitung von vorgeschmiedeten Rohlingen,
Genauschmieden im Gesenk,
Schaufelherstellung aus gewalzten oder gezogenen Profilen,
Präzisionsguß.

Von den oben genannten Methoden ist das Bearbeiten aus dem Vollen die älteste und heute noch die am meisten gebräuchliche. Die hervorstechendsten Vorteile sind die Genauigkeit und die ziemlich große Unabhängigkeit in der Werkstoffwahl, da technologische Sondererfordernisse, wie z. B. gute Schmiedbarkeit oder Gießbarkeit, nicht berücksichtigt werden müssen. Von Nachteil ist die Vielzahl der erforderlichen Werkzeuge und Vorrichtungen und die große zu zerspannende Materialmenge. Auch verteuern die vielen notwendigen Arbeitsgänge das Verfahren.

Die zweite Methode soll dem gegenüber Zeit und Material sparen. Auch vermeidet dieses Verfahren die meisten Schwierigkeiten des Genauschmiedens, weil durch das Schmieden entstandene Oberflächenrisse wegbearbeitet werden. Die Wahl zwischen der ersten und der zweiten Methode hängt größtenteils von den örtlichen Verhältnissen der Werkstätte ab. In jenen Fällen, wo eine gut eingerichtete mechanische Fertigung und Werkzeugmacherei vorhanden war, konnte eine leichte wirtschaftliche Überlegenheit der ersten Methode festgestellt werden.

Die Schaufelherstellung aus Gesenkschmiedestücken ist eine schwierige Angelegenheit, da das Blatt im Gesenk bis auf das Entfernen des Grates fertig sein soll. Mit dieser Methode werden Lohn- und Werkzeugkosten für eine gegebene Stückzahl gesenkt, da nur der Schaufelfuß mechanisch bearbeitet werden muß.

Die Herstellung von Verdichterschaufeln aus einer Aluminium-Kupfer-Magnesium-Legierung in völlig spanloser Formung zeigt Abb. 135. Das Verfahren ging von einem Stangenabschnitt obigen Materials von 50 g Gewicht aus (während man 200 g Gewicht benötigte, wenn man vom Warmpreßteil ausging, das auf Fertigmaß kopiergefräst wurde). Zunächst wurde der Rohteil durch Fließpressen hergestellt, dann der Fuß angestaucht, das Blatt breitgewalzt, verwunden, vorgepreßt und fertig geschlagen [*159*]. Die verlangte Genauigkeit am Fuß wurde durch eine einfache spangebende Bearbeitung erreicht, während am Blatt eine Genauigkeit von 0,03 bis 0,08 mm durch völlig spanlose Verformung erzielt wurde.

Abb. 135. Arbeitsfolgen für spanlose Herstellung einer Verdichterschaufel

Das Gesenkschmieden war zuerst zur Herstellung von Aluminiumschaufeln für Flugtriebwerke sehr gebräuchlich. Leider schränken die Zeitfestigkeits- und Dehnungswerte der gegenwärtigen Aluminiumlegierungen ihre Verwendung ein. So werden die Aluminiumschaufeln z. B. auf dem Luftfahrtsektor, wo ihr geringes Gewicht ein Hauptvorteil wäre, teilweise durch Aluminiumbronze- oder Stahlschaufeln verdrängt. Auch die letztgenannten Werkstoffe wurden schon im Gesenk genau geschmiedet, obwohl beträchtliche Schwierigkeiten zu überwinden waren, um das zu rasche Auskühlen der dünnen Austrittskanten zu verhindern. Obwohl das Genauschmieden auf den ersten Blick sehr vielversprechend erscheint, hat es den großen Nachteil, daß nur eine beschränkte Schaufelzahl innerhalb der vorgeschriebenen Genauigkeit hergestellt werden kann. Sodann muß das Gesenk wieder nachgeschnitten werden. Weiters besteht die Gefahr von Schmiedeeinschlüssen, so daß eine sehr sorgfältige Schaufelkontrolle vorzunehmen ist. Das Genauschmieden wurde und wird hauptsächlich in den Vereinigten Staaten in großem Maßstab angewendet, da dort die hohen Lohnkosten einen Anreiz zur Entwicklung dieses Verfahrens boten.

Die Schaufelherstellung aus gezogenem oder gewalztem Material wurde aus dem Dampfturbinenbau übernommen. Bis vor kurzem galt die Ansicht, daß unverwundene gezogene Schaufeln die Betriebsdaten des Verdichters ungünstig beeinflussen. Durch neuere Erkenntnisse der Strömungslehre hat dieser Einwand an Bedeutung verloren. Profile aus rostfreiem Stahl und Nichteisenmetallen werden heute mit der gewünschten Genauigkeit kalt gezogen. Nach dem Abschneiden auf die gewünschte Länge können z. B. bei Leitschaufeln die Schaufelblätter in geeignete Fußstücke eingegossen oder aber durch Distanzstücke, Abb. 132, gehalten werden. In bezug auf Einfachheit und Billigkeit der Herstellung haben gezogene Verdichterschaufeln viel für sich.

Sollen Schaufeln im Präzisionsgußverfahren hergestellt werden, so ist darauf zu achten, daß am Schaufelblatt, Eintrittskante und Austrittskante keine mechanische Nacharbeit mehr notwendig ist. Lediglich die Fußbearbeitung und das Schleifen auf die Endlänge des Blattes ist erforderlich. Die Methode bietet in bezug auf die Schaufelform (verwundene Schaufel) keine Beschränkung. Auch können z. B. Leitschaufelgruppen abgegossen werden, wenn die Frage der Einformung werkstattseitig gelöst ist. Neben diesen wichtigen Vorteilen ist die Kontrolle der Gußschaufeln ein schwieriges Problem. So müssen unter Umständen von jeder Schaufel eine oder mehrere Röntgenaufnahmen gemacht werden. Dies ist eine teure und langwierige Angelegenheit, mit der Gefahr, daß ein Fehler übersehen werden könnte. Aus diesem Grund wurde das Präzisionsgußverfahren bisher in erster Linie bei Leitschaufeln angewendet, weil hier die Spannungen viel niedriger als in den Laufschaufeln sind.

Die Spannungsverteilung im Verdichterläufer bedingt bei Überschreiten einer Umfangsgeschwindigkeit von etwa 180 m/sek den Übergang von der Trommel- zur Scheibenkonstruktion der „leichten" Bauart. Abb. 136 zeigt z. B. einen achtstufigen englischen

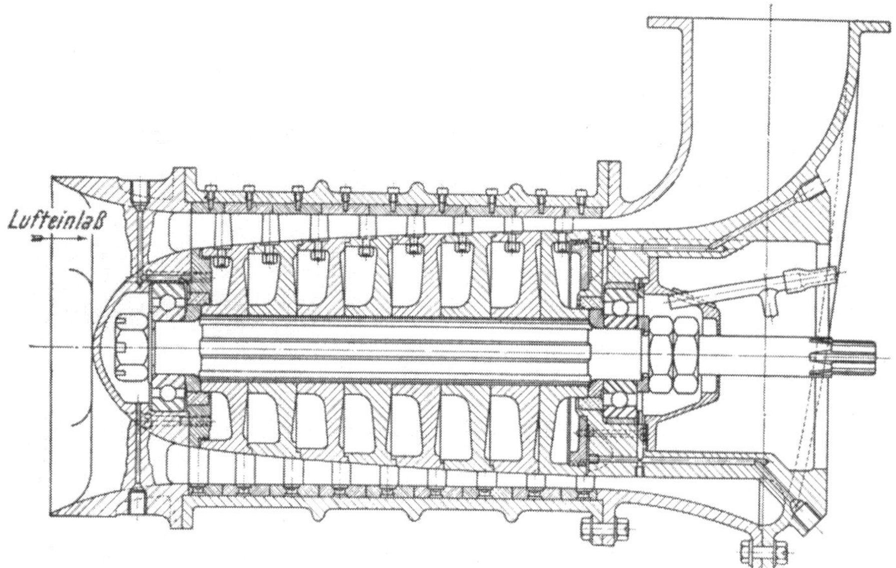

Abb. 136. Achtstufiger britischer Versuchskompressor des NGTE in Scheibenbauweise. D_a = konstant

Versuchskompressor des NGTE[1] in Scheibenbauweise und Abb. 137 den Verdichter des deutschen Flugtriebwerkes Junkers JUMO TL 109-004, der eine kombinierte Scheiben- und Trommelbauweise aufweist. Die Leitschaufeln sind in den äußeren und inneren Blechringen eingeschweißt (s. auch S. 775). Dieser Verdichter ebenso wie der des BMW-Triebwerkes arbeitet mit 90% Reaktion. Dies hat den fertigungstechnischen Vorteil, daß die Abdichtung der Leitschaufelkränze infolge der nur kleinen Druckdifferenz zwischen Ein- und Austritt sehr einfach ist. Man muß daher nicht besondere Zwischenlabyrinthe vorsehen, sondern kann mit verhältnismäßig groben Toleranzen das Auslangen finden. Die Laufschaufeln des Junkersverdichters sitzen in Schwalbenschwanznuten, Abb. 138b, und werden durch Gewindestifte gesichert. BMW befestigte die Schaufeln in einer am Umfang des Radkranzes eingedrehten Rille mittels Hohlnieten, deren Hohlräume zur Aufnahme von Stiften zum Massenausgleich dienten. Auch der Laval-Fuß fand z. B. bei den Westinghouse-Triebwerken und bei der Propellerturbine Napier Naiad Verwendung.

In vielen Verdichterkonstruktionen mit Scheibenbauweise werden die Laufschaufeln auch zwischen den Umfängen gegenüberliegender Scheiben gehalten, Abb. 575 und 509. Dies ist eine einfache Methode der Anordnung. Bei Verdichtern mit Vollrotoren oder Trommelläufern, Abb. 515a und 584, werden die Laufschaufeln im Gegensatz dazu in Umfangsnuten des Läufers eingeschoben. Es muß dann eine Einfüllöffnung vorgesehen werden, die mit einem Schlußstück verschlossen wird.

[1] National Gas Turbine Establishment, England.

Die Scheiben werden entweder durch einen zentralen Dehnungsbolzen zusammengespannt, Abb. 137, 509, oder auch durch mehrere weiter außen liegende, Abb. 523. Ist die Länge des Dehnbolzens durch die Konstruktion begrenzt, so muß ein Verbundbolzen, der die unterschiedlichen Wärmedehnungen des Rotors aufnimmt, angeordnet werden. In der Konstruktion nach Abb. 575 ist dies durch drei Glieder

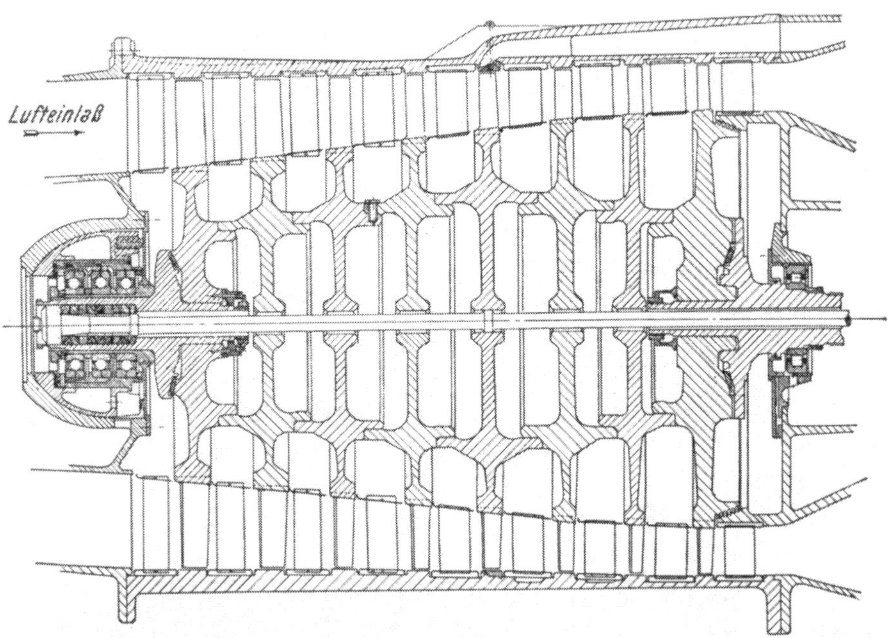

Abb. 137. Verdichter des deutschen Flugtriebwerkes JUMO TL 109—004 in kombinierter Scheiben- und Trommelkonstruktion. $n = 8700$ U/min, $p_2/p_1 = 3{,}0$, $z = 8$ Stufen, $\tau = 0{,}9$, $D_a =$ konstant

(einen Bolzen und zwei konzentrische Rohre) erreicht.

Eine interessante Konstruktion stellt der Verdichter des SNECMA[1]-Flugtriebwerkes „Atar" 101 dar. Abb. 139a zeigt den Läufer im Schnitt, Abb. 139b die Laufschaufeln *a* mit Hammerkopffuß und Abb. 139c die Leitschaufeln mit Schwalbenschwanzfuß. Das aus Leichtmetall (A U4N oder Magnesium-Zirkonium-Legierung ZRE 1) gegossene Verdichtergehäuse besteht aus zwei Halbschalen, die durch einen parallel zur Längsachse laufenden Flansch zusammengehalten werden. Die 7 Leichtmetallscheiben *b* des Rotors, die aus der Aluminiumlegierung RR 58 (s. S. 486) bestehen, werden miteinander verschrumpft. Die beiden ersten und die beiden letzten Scheiben sind jeweils mit dem vorderen und hinteren Lagerzapfen (aus Stahl) verbunden. Die Laufschaufeln haben Hammerkopffüße und sind in die Nuten des Rotors eingesetzt. Zwischenstücke bestimmen den Abstand zwischen den Schaufeln. Das letzte Zwischenstück dient als Riegel. Der Stirnlagerzapfen *c* nimmt das vordere Kugellager *d* auf und hat eine Innen-

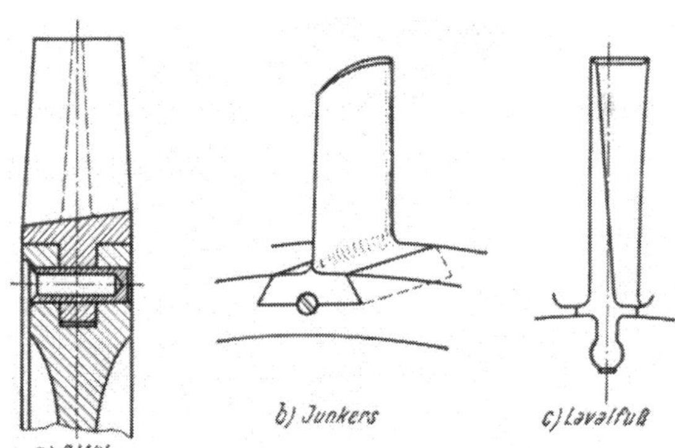

Abb. 138. Verschiedene Arten der Schaufelbefestigungen bei Verdichtern

[1] Société Nationale d'Etude et de Construction de Moteurs d'Aviation, 150, Boulevard Haussmann, Paris VIII, Frankreich.

verzahnung für die vorderen Abtriebe. Der hintere Lagerzapfen f, der das zweite Rollenlager e aufnimmt, enthält das Kugelgelenk zur Kupplung des Rotors mit der Turbine. Die Lauf- und Leitschaufeln bestehen ebenfalls aus RR 58. Für die Herstellung werden

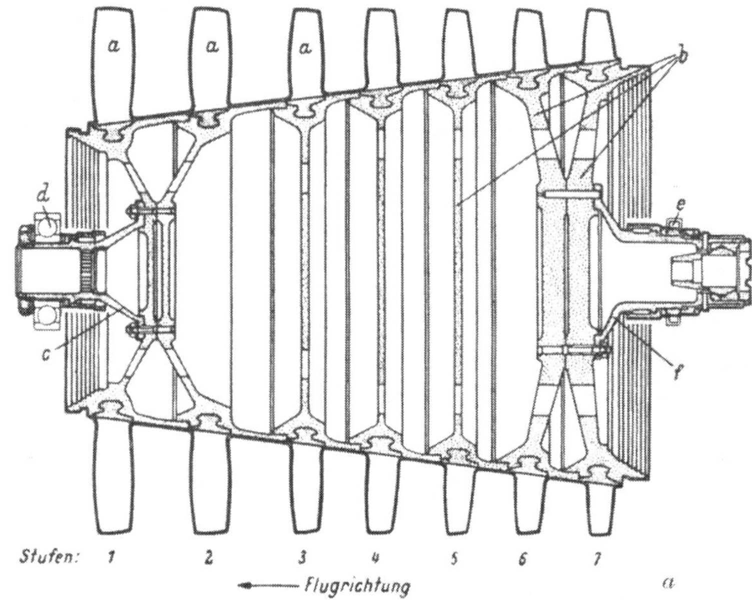

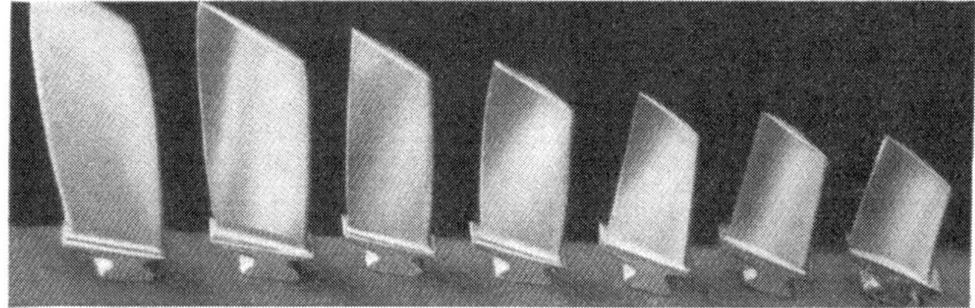

Abb. 139. Verdichter des SNECMA-Flugtriebwerkes „Atar 101“

a Verdichterläufer
b Laufschaufeln mit Hammerkopffuß
c Leitschaufeln mit Schwalbenschwanzfuß

drei Profilgruppen verwendet, innerhalb derer sich die Schaufeln nur durch Blattlänge und Anstellwinkel unterscheiden.

Ein vollständiger Verdichter enthält rund 800 Schaufeln. Diese Schaufeln müssen mit großer Genauigkeit hergestellt werden, da schon geringfügige Abweichungen von den Sollmaßen das Betriebsverhalten stark beeinflussen können. Die meisten Teile des Verdichters werden nach Kopierverfahren hergestellt, sei es auf Kopierdrehbänken, sei es auf Kopierfräsmaschinen.

Zur Verkürzung der Baulänge infolge Wegfall des axialen Austrittsdiffusors wird auch des öfteren die letzte Stufe als Radialstufe ausgebildet. Abb. 140 zeigt den Verdichterläufer der Bristol-Propellerturbine Theseus mit 9 $A+1$ R-Stufen (s. S. 791). Er ist in Trommelbauweise ausgebildet. Die Laufschaufeln besitzen Tannenbaumfüße und werden in axialen Nuten gehalten. Der Tannenbaumfuß ist in bezug auf die Spannungsverteilung sehr günstig, jedoch teuer in der Herstellung.

Abb. 140. Kompressorläufer der Propellerturbine Bristol „Theseus" mit neun Axialstufen und einer Radialstufe. $G=13{,}6$ kg/sek, $n=8200$ U/min, $p_2/p_1=4{,}4$

Für das Bristol-Triebwerk Proteus (s. S. 794) wurde der Verdichter ebenfalls mit einer Radialstufe ausgestattet. Abb. 141 zeigt den Längsschnitt des Läufers. Er besitzt 12 Axialstufen und 1 Radialstufe. Statt der Trommelbauweise des „Theseus"-Verdichters wurde hier die kombinierte Scheiben-Trommelkonstruktion vorgezogen. Auch bei Industrieanlagen hat die Bauart Axialstufen + 1 Radialstufe Eingang gefunden, wie Abb. 515a zeigt (s. S. 615).

Zur Verbesserung der Regulierfähigkeit des Axialverdichters wurden auch bereits Konstruktionen mit verdrehbaren Leitschaufeln versucht. Das amerikanische Triebwerk CJ 805, Abb. 657a, die Zivilausführung des Militärtriebwerkes J 79 (s. S. 835) besitzt einen 17stufigen Verdichter, dessen 6 erste

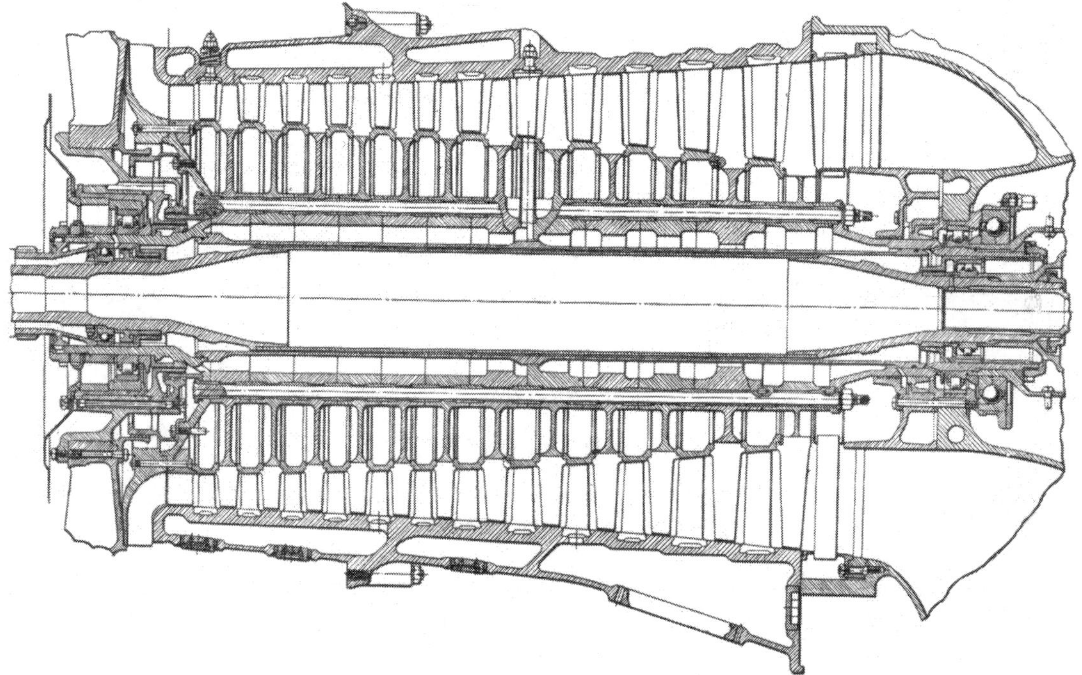

Abb. 141. Verdichterläufer des Propellertriebwerkes Bristol „Protheus". 12 Axialstufen und 1 Radialstufe, $G=20$ kg/sek, $n=10000$ U/min, $p_2/p_1=7{,}2$, $\mathfrak{r}=0{,}5$, $D_m=$ konstant, $D_m/b=3{,}7$ (Eintritt), $D_m/b=10{,}6$ (Austritt)

Stufen mit verstellbaren Leitschaufeln ausgerüstet sind. Auch bei Überschallflugtriebwerken werden mindestens die beiden ersten Stufen mit verstellbaren Leiträdern ausgerüstet (s. S. 398).

Die Laufschaufelverstellung wurde bei Axialverdichtern ebenfalls schon angewendet. So hat Brown Boveri ein dreistufiges Versuchsgebläse mit drehbaren Laufschaufeln gebaut, das in befriedigender Weise arbeitet. Das Gebläse fördert normal 3 m³/sek auf einen Druck von 1600 mm Wassersäule und dreht mit 7800 U/min. Der Schaufelwinkel kann während des Betriebes von 0 bis 45° verstellt werden. Escher Wyss hat in ähnlicher Weise ein Hochofengebläse axialer Bauart für 3000 U/min und 7000 PS Antriebsleistung mit verstellbaren Laufschaufeln ausgerüstet [*78*].

Ein Mittelding zwischen Axial- und Radialstufe stellt die Diagonalstufe dar. Sie wurde bei dem Kompressor des Flugtriebwerkes HeS 011 von Heinkel-Hirth, Abb. 142, als erste Stufe angeordnet. Daran schließen drei Axialstufen an. Interessant ist auch ein vor dem Kompressor sitzender Vorsatzläufer.

Eine Möglichkeit, mit sehr hohen Läuferdrehzahlen zu arbeiten und damit hohe Druckverhältnisse pro Stufe ohne Überschreitung der Schallgeschwindigkeit und damit Störung der Strömung durch Druckwellen zu erzielen, ist durch die von De Laval an-

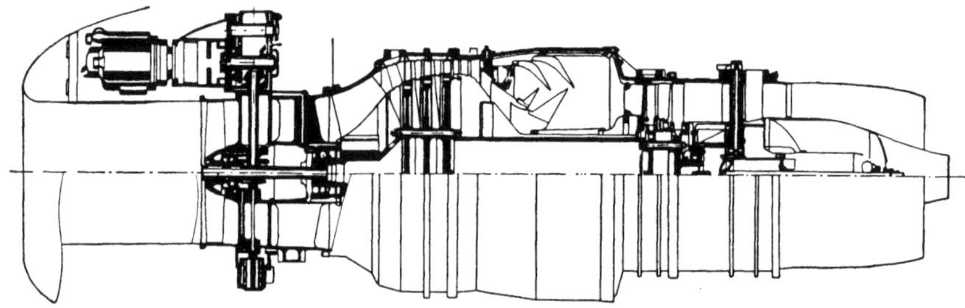

Abb. 142. Heinkel-Hirth-Flugtriebwerk HeS 011 (Schub 1300 kp). Verdichter mit axialem Vorsatzläufer, Diagonalstufe und drei Axialstufen mit 3 nachgeschalteten Austrittsleiträdern. $n = 20\,000$ U/min, Triebwerksgewicht 950 kg

gewendete Birmann-Beschaufelung gegeben [*174*], die auch eine Art Diagonalverdichter ergibt. Durch die rückwärts gekrümmte Schaufel ist die Möglichkeit gegeben, trotz einer über der Schallgeschwindigkeit liegenden Umfangsgeschwindigkeit des Läufers am Schaufelaustritt die Geschwindigkeit der verdichteten Luft an dieser Stelle im Unterschallgebiet zu halten. Außerdem ist diese Form des Laufrades festigkeitstechnisch sehr günstig, weil trotz der Rückwärtskrümmung die Schaufel in allen Querschnitten radial steht, was bei einem reinen Radialrad mit rückwärts gekrümmten Schaufeln nicht zu erreichen ist.

10. Rechnungsgang

Die stark unterschiedlichen Anforderungen an den Verdichter und die verschiedenen von den Konstrukteuren angewandten Berechnungsverfahren und Näherungsmethoden tragen dazu bei, daß ein einheitliches systematisches Berechnungsschema fehlt. Es ist daher die Ausarbeitung einer Anzahl von Entwürfen derzeit noch immer das beste Mittel zur Abklärung der Einflüsse der vielen Veränderlichen, die bei der Entwicklung einer zufriedenstellenden Maschine zu berücksichtigen sind. Wenn auch die vollständige nummerische Durchrechnung eines Axialverdichters [*53, 75*] den Rahmen dieses Abschnittes übersteigt, so sollen doch einige Hauptpunkte kurz betrachtet werden.

Während die Wahl des Schaufelgrundprofiles, der Lage der größten Wölbung und der Strömungsverteilung über die Schaufelhöhe ($\mathfrak{r}$ = konst., $r \cdot c_u$ = konst., s. S. 140) durch Ergebnisse von Gitter- und Verdichterversuchen beeinflußt wird, ist der Verdichterdurchsatz eine Funktion der Leistung und der Betriebscharakteristiken der Gasturbinenanlage. Die Verdichterdrehzahl wiederum hängt hauptsächlich von der vorgesehenen Verwendung ab, d. h. die höheren Drehzahlen werden bei Flugtriebwerkverdichtern, wo geringes Gewicht und kleine Stirnfläche wesentlich sind, angewendet.

Die obere Grenze der Drehzahl ist einerseits durch die Machzahleinflüsse (s. S. 126) und andererseits durch die zulässigen Scheiben- und Schaufelbeanspruchungen (s. S. 488) gegeben. Zur Verhütung von Machzahlschwierigkeiten wird auch oft die Relativgeschwindigkeit am Schaufeleintritt durch einen Vordrall der Luft herabgesetzt.

Kritisch ist der Entwurf der ersten Stufe, weil sich ein allfälliger Fehler auf die folgenden Stufen auswirkt. Fällt jedoch der Entwurf der ersten Stufe zufriedenstellend aus, kann bei der Auslegung Stufe um Stufe angereiht werden. Da die Lufttemperatur infolge der Verdichtung von Stufe zu Stufe ansteigt, sinken die Machzahlen. Deshalb sind die Folgestufen gegenüber „Verstopfen" weniger empfindlich und haben auch meist bessere Wirkungsgrade. Die Wahl des Durchflußkennwertes $\varphi = \frac{c_m}{u}$ bei festgelegter Umfangsgeschwindigkeit u bestimmt die Axialgeschwindigkeit c_m am Eintritt und damit den Strömungsquerschnitt.

Bei der Wahl der φ-Werte, die gewöhnlich um 0,5 liegen, s. Abb. 112, ist eine gewisse Freizügigkeit gestattet. Ein hoher Wert von φ ist für die 1. Stufe dann erwünscht, wenn kleine Stirnquerschnitte erforderlich sind. Für die folgenden Stufen wird φ dann gleichmäßig reduziert. Dadurch sinkt die Axialgeschwindigkeit, der Austrittsverlust und die Luftgeschwindigkeit am Eintritt zur Brennkammer (z. B. auf 80 m/sek).

Die Prüfung der Gl. (215) $c_a = 2\frac{t}{L}(\cot \beta_1 - \cot \beta_2) \sin \beta_\infty$ zeigt, daß für ein gewähltes Geschwindigkeitsdreieck c_a proportional $\frac{t}{L}$ ist. Die Profilsehne L ist durch den gewählten Wert der Reynoldsschen Zahl festgelegt. Ein hoher Auftriebsbeiwert c_a bedeutet eine relativ kleine Zahl von stark gewölbten Schaufeln, die zum Ablösen neigen. Auch bedeutet für eine festgelegte Schaufelzahl ein Anstieg des Auftriebsbeiwertes eine Änderung des Geschwindigkeitsdreieckes und einen Anstieg der Stufenförderhöhe bzw. des Druckkennwertes ψ. Dies ist, um Stufen zu sparen, erwünscht. Es sollten daher die Schaufeln für einen möglichst hohen Auftriebsbeiwert entworfen werden. Begrenzt wird dieses Bestreben durch Abreißen der Strömung bei Betrieb mit größtem Durchsatz.

Auch der Teillastbetrieb bei niederen Drehzahlen verdient Aufmerksamkeit. Die niedrige Axialgeschwindigkeit ruft in den Folgestufen Ablösung hervor. Deshalb ist für den Anfahrvorgang ein effektiver Druckanstieg in der ersten Stufe wesentlich. Die Ablösetendenz wird durch kleine c_a-Werte, d. h. Schaufeln mit geringer Wölbung verringert. Allerdings bedeutet eine geringe Wölbung oder ein kleiner Wert von θ^* einen kleinen Staffelungswinkel β_s und damit ein ungünstiges $\frac{a}{t}$-Verhältnis. Infolgedessen ist wiederum bei höheren Betriebsdrehzahlen die erste Stufe dem „Verstopfen" oder dem Machzahleinfluß ausgesetzt. Die Wahl von c_a für die erste Stufe ist daher ein Kompromiß zwischen den beiden Erfordernissen günstiger Normalbetrieb und Anfahren bei niedriger Drehzahl. Der Entwurfsingenieur wird daher z. B. c_a für die erste Stufe mit etwa 0,55 bis 0,60 und für die letzte Stufe mit 0,80 bis 0,90 festlegen.

Da die Kreisringströmungsfläche äquivalent ist dem Produkt aus dem mittleren Durchmesser und der Schaufelhöhe der Stufe $F = D_m \cdot \pi \cdot b$, folgt, daß ein großer Durchmesser kurze Schaufeln mit hohen Spitzenumfangsgeschwindigkeiten und hohen Spitzenmachzahlen bedingt. Kurze Schaufeln verschärfen den Einfluß des Radialspaltes. Da nach Gl. (229) der Wandreibungswiderstandsbeiwert $c_{w_w} = 0{,}02 \cdot \frac{t}{b}$ ist, bedeutet eine Verkleinerung der Schaufelhöhe b einen Anstieg dieses Verlustfaktors.

Viele ausgeführte Versuche haben gezeigt, daß der Wirkungsgrad der Axialverdichterstufe rasch absinkt, wenn das Nabenverhältnis $\nu = \frac{D_i}{D_a}$ über 0,85 ansteigt. Ist der Durchsatz genügend groß, so daß relativ lange Schaufeln erforderlich sind, können auch noch Nabenverhältnisse von 0,9 mit annehmbaren Stufenwirkungsgraden zugelassen werden. Ansteigende Schaufelhöhen gegen den Verdichtereintritt, d. h. eine stetige Kanalform wird erreicht durch eine progressive Absenkung des Durchsatzkennwertes φ vom Verdichtereintritt zum -austritt (z. B. von $\varphi = 0{,}5$ auf $\varphi = 0{,}3$ entsprechend einer Abnahme von c_m von 120 auf 80 m/sek). Ein kleiner mittlerer Durchmesser vermindert wohl obige Schwierigkeiten, aber es besteht dann die Gefahr, daß für die Schaufelbefestigung zu wenig Platz bleibt. Ein kleiner Nabendurchmesser D_i der ersten Stufe ist dann günstig, wenn der Verdichter ein hohes Gesamtdruckverhältnis hat, damit nämlich auch in der letzten Stufe noch ein günstiges Nabenverhältnis eingehalten werden kann. Bei kleinen Werten von t beschränkt die Schwierigkeit in der Schaufelbefestigung in vielen Fällen den Kleinstwert des Nabenverhältnisses auf 0,5.

Die Verringerung des Strömungsquerschnittes vom Verdichtereintritt zum -austritt wird durch abnehmende Schaufelhöhen, und zwar bei konstantem Außen-, Mittel- oder Fußdurchmesser, Abb. 143, bewirkt. Konstante Scheibendurchmesser vereinfachen die Verdichterkonstruktion, Abb. 143c, etwas. Bei konstantem Fußdurchmesser nimmt der mittlere Durchmesser D_m in der Strömungsrichtung ab, bei konstantem Außendurchmesser, Abb. 143a, hingegen zu. Ein kleinerer Mitteldurchmesser D_m bedeutet eine Vergrößerung der Schaufelhöhe und damit eine Verringerung der Randverluste, aber gleichzeitig auch eine Verkleinerung der Stufenarbeit für konstantes Δc_u, da die Förderhöhe dem Produkt $\Delta c_u \cdot u$ proportional ist. Der Verdichterströmungsquerschnitt F ist zwischen den Schaufelrädern durch die Kontinuitätsgleichung $G = \frac{F \cdot c_m}{v}$ [kg/sek] bestimmt. Das spezifische Volumen $v = \frac{R \cdot T}{p}$ [m³/kg] basiert dabei auf der absoluten Temperatur und dem statischen Druck an der entsprechenden Stelle.

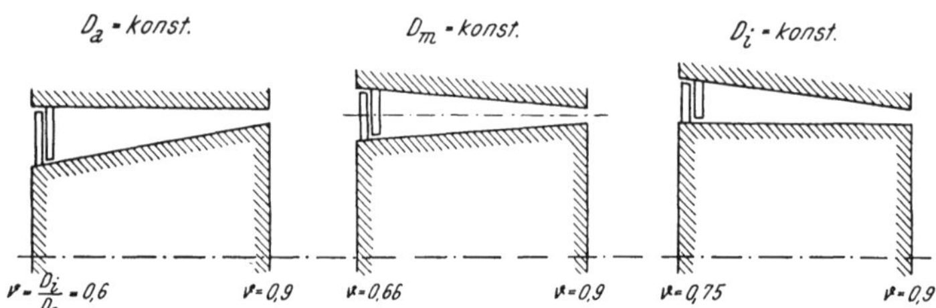

Abb. 143. Kanalformen von Axialverdichtern
Nabenverhältnis am Austritt = 0,9; Eintrittsquerschnitt: Austrittsquerschnitt = 3,4:1

Zur Verhütung von Schaufelschwingungen vermeidet man in der Praxis Konstruktionen, bei welchen die Schaufelzahlen in zwei benachbarten Rädern durch einen gemeinsamen Divisor teilbar sind. Würden z. B. die Schaufelzahlen zweier benachbarter Räder 60 und 52 betragen (beide durch 4 teilbar), so ist es nicht schwer, die Schaufelzahl des zweiten Rades auf 53 oder 51 zu ändern.

Machzahl und k_η-Abschätzungen werden gewöhnlich am Außen-, Mittel- und Fußkreisschaufelschnitt vorgenommen. Für den $r \cdot c_u =$ konst. Entwurf treten die höchsten Eintrittsmachzahlen an Laufradaußenschnitt und Leitradnabe auf, Abb. 116. Außerdem führt ein kleiner Wert von t an der Laufradnabe auch oft zu Machzahlschwierigkeiten, und zwar wegen des ungünstigen $\frac{F_{min}}{F_1}$-Verhältnisses, was niedrige kritische Machzahlen Ma_{kr} bedeutet (s. S. 127). Für den Entwurf mit 50% Reaktion, wo die radiale Änderung der Relativgeschwindigkeit mäßig ist, treten die Machzahlschwierigkeiten außer bei extremen Läuferdrehzahlen weniger in Erscheinung.

Am Verdichtereintritt kann ein Vorleitrad dazu verwendet werden, die Luft passend in das erste Laufrad zu richten. Das Leitrad der letzten Stufe wird meist für axialen Austritt konstruiert. Sollte der Umlenkwinkel für ein Schaufelrad zu groß werden, können zwei Leitkränze hintereinander geschaltet werden. Der am Verdichteraustritt angeordnete Diffusor setzt die Luftgeschwindigkeit vor Eintritt in die Brennkammer weiter herab.

Als kurze Zusammenfassung der Entwurfsrichtlinien für Axialverdichter sei nun der Rechnungsgang in folgenden Schritten angegeben:

1. Aus der Kreisprozeßrechnung Abschn. IV, S. 85 sind gegeben:

p_1 Verdichtereintrittsdruck ata
t_1 Verdichtereintrittstemperatur °C ($T_1 = t_1 + 273°$ K)
p_2/p_1 Verdichterdruckverhältnis
$h_{ad\,k}$ adiabatische Förderhöhe kcal/kg ($H_{ad\,k} = h_{ad\,k} \cdot 427$ mkg/kg)
η_{St} Stufenwirkungsgrad
$\eta_{k_{ad}}$ adiabatischer Verdichterwirkungsgrad
Zusammenhang $\eta_{k_{ad}} - \eta_{St}$ für Stufenzahl $z = \infty$ nach Abb. 59a
Zusammenhang $\eta_{k_{ad}} - \eta_{St}$ für Stufenzahl $z = n$ nach Abb. 59b
p_2 Verdichteraustrittsdruck ata
t_2 Verdichteraustrittstemperatur °C ($T_2 = t_2 + 273°$ K)
G Durchsatz kg/sek ($V_1 = G \cdot v_1$ m³/sek).

2. Wahl von
n Verdichterdrehzahl U/min unter Beachtung von Drehzahlkennwert σ nach Gl. (159) und Abb. 76
z Stufenzahl nach Abb. 76
Schaufelgrundprofil (Tab. 10, S. 114) mit Skelettlinie, Dickenrücklage, Wölbungsrücklage
Reaktionsgrad und Art der Strömungsform ($r \cdot c_u =$ konst. oder $\mathfrak{r} =$ konst.).

3. Wahl des Verlaufes zwischen Verdichtereintritt und -austritt von

$$\varphi = \frac{c_m}{u}$$

$$\psi = \frac{2g\,H_{ad\,St}}{u^2} = \eta_{St}\frac{2\Delta c_u}{u} = \eta_{St}\frac{g \cdot 427 \cdot c_p \cdot \Delta T_{St}}{\frac{1}{2}u^2}$$

$$c_a = 2\frac{t}{L}(\operatorname{cotg}\beta_1 - \operatorname{cotg}\beta_2)\sin\beta_\infty .$$

4. Bestimmung des mittleren Durchmessers D_m der ersten Stufe und der Schaufelhöhe b an der Eintrittskante aus:

$$F = \frac{G \cdot v_1}{c_m} = D_m \cdot \pi \cdot b, \text{ wobei } v_1 = \frac{R \cdot T_1}{p_1}$$

$$\text{und } c_m = \varphi \cdot u = \varphi \cdot \frac{D_m}{2} \cdot \frac{n \cdot \pi}{30}$$

$$D_m \cdot \pi \cdot b = \frac{G \cdot v_1}{\varphi \cdot D_m \cdot \pi \cdot \frac{n}{60}}$$

$$D_m^2 \cdot b = \frac{G \cdot v_1}{\varphi \cdot \pi^2 \cdot \frac{n}{60}} .$$

Der Zusammenhang zwischen D_m und b wird unter Beachtung des Nabenverhältnisses ν abgeschätzt.

$$\nu = \frac{r_i}{r_a} = \frac{D_i}{D_a} = \frac{D_m - b}{D_m + b} = 0{,}5 \text{ bis } 0{,}85 \text{ bis } (0{,}9),$$

z. B. 1. Stufe $\nu = 0{,}5$
letzte Stufe $\nu = 0{,}85$.

Die Durchmesser der letzten Stufe werden in gleicher Weise unter Verwendung von v_2 und φ am Verdichteraustritt bestimmt.

5. Bestimmung der Umfangskomponente der Luft am Eintritt zur ersten Stufe aus ψ am mittleren Schaufelkreis (s. S. 143). Konstruktion der Geschwindigkeitsdreiecke an der Nabe, am mittleren Schaufelkreis und am Spitzenkreis und Bestimmung von β_1, β_2 und $\theta = \beta_2 - \beta_1$.

6. Bestimmung von $\frac{t}{L}$ auf allen Schnitten.

7. Bestimmung der Schaufelsehne L am mittleren Schaufelkreis der ersten Stufe für eine gewählte Reynoldssche Zahl. Ein Wert von $Re = 350000$ bis 400000 sichert den Betrieb auch bei niedrigen Geschwindigkeiten. Unterhalb $Re = 100000$ fällt der Wirkungsgrad stark ab.

8. Bestimmung von t am mittleren Laufschaufelkreis, der Laufschaufelzahl und damit der Sehnenlänge auf allen Schnitten.

9. Entwurf aller Schaufelschnitte entlang der Schaufelhöhe. Zur Herabsetzung der Zugbeanspruchung am Fuß kann die Schaufel verjüngt ausgeführt werden (s. S. 489).

10. Prüfung aller Schaufelschnitte auf Machzahleinfluß durch Bestimmung von k_η (s. S. 128).

11. Bestimmung des Radwirkungsgrades, des Strömungszustandes am Radaustritt (bezogen auf den mittleren Durchmesser) und der Schaufelaustrittskantenhöhe.

12. Wiederholung der Schritte 4. bis 11. für die folgenden Schaufelräder. Der Zusammenhang zwischen D_m und b ist nun durch die Wahl eines konstanten Nabendurchmessers D_i oder konstanten Außendurchmessers D_a näher festgelegt, Abb. 143. Die Umfangskomponente am Radeintritt ergibt sich aus der Strömung am Austritt des vorhergehenden Rades.

13. Bestimmung des Verdichtergesamtwirkungsgrades als Verhältnis des adiabatischen zum wirklichen Enthalpieanstiegs zwischen den gegebenen Druckgrenzen und Vergleich mit $\eta_{k_{aa}}$ nach Schritt 1.

C. Der Radialverdichter

1. Einleitung

Der Radialverdichter gehört wie der Axialkompressor zu jenen Strömungsmaschinen, die den Druck durch Kräfte erzeugen, die von umlaufenden Schaufeln auf das Fördermedium ausgeübt werden. Bezüglich der Drehzahlkennwerte grenzt das Gebiet des Radialkompressors unmittelbar an das des Axialverdichters und liegt zwischen $\sigma = 0{,}1$ bis $0{,}5$. Mit der Radialmaschine lassen sich also im Vergleich zum Axialkompressor größere Stufendruckverhältnisse bei kleinerem Durchflußvolumen erreichen.

Die Erfassung der Strömungsverhältnisse in einem Radialverdichter ist nicht einfach. Erstens hat die wirkliche Strömungsverteilung — besonders im Laufrad — nur wenig mit einer theoretisch berechenbaren Potentialströmung gemeinsam, und zweitens können stationäre Versuche die durch die Fliehkraftwirkung hervorgerufene Druckverteilung nicht wiedergeben. Außerdem macht es die Vielzahl der Anwendungsgebiete schwierig, allgemein gültige Daten aufzustellen.

Die Bauformen der Radialverdichter [*52, 53, 109, 144*] für Gasturbinenanlagen leiten sich entweder von der Entwicklung der Flugmotorenlader (DVL) und Flugtriebwerke (Whittle) oder von den mehrstufigen Industrie-Radialverdichtern ab. Bei der ersten Gruppe ist der Verdichter, um Platz und Gewicht zu sparen, im Druckverhältnis nahe an die aerodynamischen Grenzen gerückt. Bei Verdichtern für Industrie-Gasturbinenanlagen kann die aerodynamische Belastung hingegen niedriger sein, wie es z. B. bei Laufrädern mit rückwärts gekrümmten Schaufeln der Fall ist.

2. Strömungsvorgang und Förderhöhe

Beim Radialkompressor wird ein Teil des Druckes durch Zentrifugalwirkung erzeugt. Die Luftteilchen gelangen vom radial innenliegenden Eintritt ins Laufrad nach dem äußeren Rand desselben und werden auf eine höhere Umfangsgeschwindigkeit gebracht. Dadurch erfolgt eine Drucksteigerung, die beim Axialkompressor wegfällt, so daß mit dem Radialkompressor ein höherer Stufendruck erreicht werden kann (s. S. 91).

Am äußeren Radumfang angelangt, verläßt die Luft das Rad in von der Tangente nur wenig abweichender Richtung; sie besitzt dabei noch eine große Geschwindigkeit. Es ist

Aufgabe des um das Rad angeordneten feststehenden Teiles, diese Geschwindigkeit möglichst verlustlos aufzufangen und in Druck umzuwandeln.

Während im allgemeinen der Strömungswinkel β_1 der Relativgeschwindigkeit am Eintritt in das Laufrad durch die Anströmverhältnisse festgelegt ist (für optimale Verhältnisse ist $\beta_1 \doteq 30°$) kann der Austrittswinkel β_2 frei gewählt werden. Im folgenden soll der Einfluß des Austrittswinkels β_2 auf die Strömungsverhältnisse im Laufrad untersucht werden.

Zur Vereinfachung dieser Betrachtungen wird eine unendliche Schaufelzahl für das Laufrad vorausgesetzt. Hieraus folgt, daß die Schaufelkonturen mit der Form der Stromfäden identisch sind und die Strömung vor Eintritt in das Laufrad bzw. nach Austritt aus dem Laufrad über dem Umfang gleichmäßig ist. Diese Voraussetzung entspricht der von EULER begründeten Stromfadentheorie. Da weiterhin der Reibungseinfluß unberück-

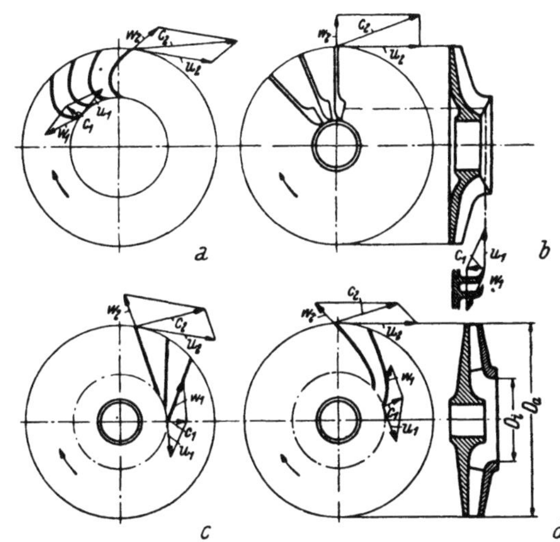

Abb. 144. Verschiedene Schaufelformen von Radialrädern

a Vorwärts gekrümmte Schaufeln
b Radial endende Schaufeln
c Geradlinige, rückwärts gerichtete Schaufeln
d Rückwärts gekrümmte Schaufeln

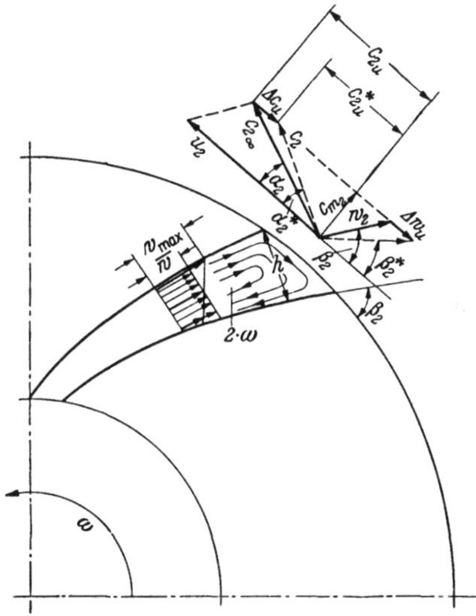

Abb. 145. Austrittsdreieck einer Radialschaufel mit Berücksichtigung der Minderleistung (Zeiger * bezieht sich auf die Strömung bei endlicher Schaufelzahl; im Text bedeutet $c_{2u} = c_{2u\infty}$ bzw. $c_{2u}^* = c_{2u}$)

sichtigt bleiben soll, bezeichnet man die auf diese Weise berechneten Förderhöhen als theoretische Förderhöhen bei unendlicher Schaufelzahl $H_{th\infty}$.

Die vielgestaltigen Schaufelformen der Radialverdichter lassen sich nach dem Austrittswinkel β_2 in drei Hauptgruppen unterteilen, und zwar in

rückwärts gekrümmte Schaufeln $\beta_2 < 90°$ nach Abb. 144 d
radial endigende Schaufeln $\beta_2 = 90°$ nach Abb. 144 b
vorwärts gekrümmte Schaufeln $\beta_2 > 90°$ nach Abb. 144 a.

Setzt man voraus, daß das Strömungsmittel dem Laufrad ohne Vordrall zuströmt, also $c_{1u} = 0$, Abb. 144, was in vielen praktischen Fällen zutrifft, dann folgt aus der Förderhöhengleichung (S. 90)

$$H = \frac{1}{g}(u_2 \cdot c_{2u} - u_1 \cdot c_{1u}) \tag{232}$$

die theoretische Förderhöhe bei unendlicher Schaufelzahl zu:

$$H_{th\infty} = \frac{u_2 \cdot c_{2u\infty}}{g}. \tag{233}$$

Als Folge der endlichen Schaufelzahl weicht die wirkliche Abströmrichtung im Mittel von der Richtung der Schaufelenden ab. Die Geschwindigkeitsdreiecke bilden sich also nicht so aus, wie die Stromfadentheorie voraussetzt. Die Umfangskomponente der Absolutgeschwindigkeit c_{2_u} wird bei endlicher Schaufelzahl kleiner als bei Annahme unendlicher Schaufelzahl $c_{2_{u\infty}}$, also eines vollkommen geführten Luftstromes, Abb. 145. Der tatsächliche Strömungswinkel β_2 wird kleiner als der Schaufelwinkel β_{2_∞}. Man bezeichnet nun das Verhältnis der Förderhöhe bei endlicher Schaufelzahl H_{th} (ohne Reibung) zur Förderhöhe bei unendlicher Schaufelzahl $H_{th\infty}$ als Minderleistungsfaktor

$$\mu = \frac{H_{th}}{H_{th\infty}}. \tag{234}$$

Näherungsverfahren zur Berechnung des Minderleistungsfaktors wurden von zahlreichen Forschern angegeben [*52, 53, 61*]. Nach STODOLA [*4*] ist der Minderleistungsfaktor bestimmt aus

$$\mu = 1 - \frac{\pi}{z} \cdot \sin \beta_2, \tag{235}$$

wobei z die Schaufelzahl
und β_2 den Schaufelaustrittswinkel bedeutet.

Während STODOLA nur den Relativwirbel betrachtet, berücksichtigt B. ECK [*61*] bei der Berechnung der Minderleistung außerdem noch den Einfluß der Zentrifugalkräfte quer zur Relativ-Strömungsrichtung und findet damit eine genauere Gleichung für die Minderleistung

$$\mu = \frac{1}{1 + \dfrac{\pi}{2z\left(1 - \dfrac{r_1}{r_2}\right)} \sin \beta_2}. \tag{236}$$

Der Minderleistungsfaktor μ nach Gl. (236) ist in Abb. 146 dargestellt.

Zum Vergleich der Schaufelformen sei nun der theoretische Druckkennwert

$$\psi_\infty = \frac{2g\, H_{th\infty}}{u_2^2} \tag{237}$$

eingeführt. Nach Einsetzen von Gl. (233) folgt

$$\psi_\infty = \frac{2c_{2u\infty}}{u_2}. \tag{238}$$

Weiters sei der Reaktionsgrad bei der theoretischen Strömung bei unendlicher Schaufelzahl

$$\mathfrak{r}_\infty = \frac{H_{stat\infty}}{H_{th\infty}}. \tag{239}$$

Die statische Druckenergie des Laufrades ist hierbei

$$H_{stat\infty} = \frac{u_2^2 - u_1^2}{2g} + \frac{w_1^2 - w_2^2}{2g}. \tag{240}$$

Setzt man Gl. (233) und (240) in Gl. (239) ein, so wird der Reaktionsgrad unter der Bedingung $c_{2_m} = c_{1_m} = c_m$ nach Umformung

$$\mathfrak{r}_\infty = 1 - \frac{c_{2u\infty}}{2u_2}$$

und mit Gl. (238)

$$\mathfrak{r}_\infty = 1 - \frac{\psi_\infty}{4}. \tag{241}$$

Bei jeweils gleicher Umfangsgeschwindigkeit u_2, Abb. 144, werden also mit Zunahme des Schaufelwinkels β_2 die theoretischen Druckzahlen ψ_∞ und damit die Gesamtförderhöhen $H_{th\infty}$ größer. In der gleichen Weise nimmt jedoch der Reaktionsgrad ab, Tab. 11.

Tabelle 11. *Druckkennwert und Reaktionsgrad in Abhängigkeit von der Schaufelform*

Schaufel	β_2	$c_{2u\infty}$	ψ_∞	$\mathfrak{r}_\infty$
rückwärts gekrümmt	$< 90°$	$< u_2$	$< 2,0$	$> 0,5$
radial endend	$= 90°$	$= u_2$	$= 2,0$	$= 0,5$
vorwärts gekrümmt	$> 90°$	$> u_2$	$> 2,0$	$< 0,5$

Vorwärts gekrümmte Laufschaufeln ($\beta_2 > 90°$) ergeben zwar große Druckzahlen ψ_∞, haben aber mit zunehmendem Schaufelwinkel β_2 eine Abnahme des Reaktionsgrades $\mathfrak{r}_\infty$, also eine Abnahme des statischen Förderhöhenanteils im Laufrad zur Folge. Im Grenzfall ist $\psi_\infty = 4$, $\mathfrak{r}_\infty = 0$, die statische Druckerhöhung im Laufrad also ebenfalls Null. In diesem

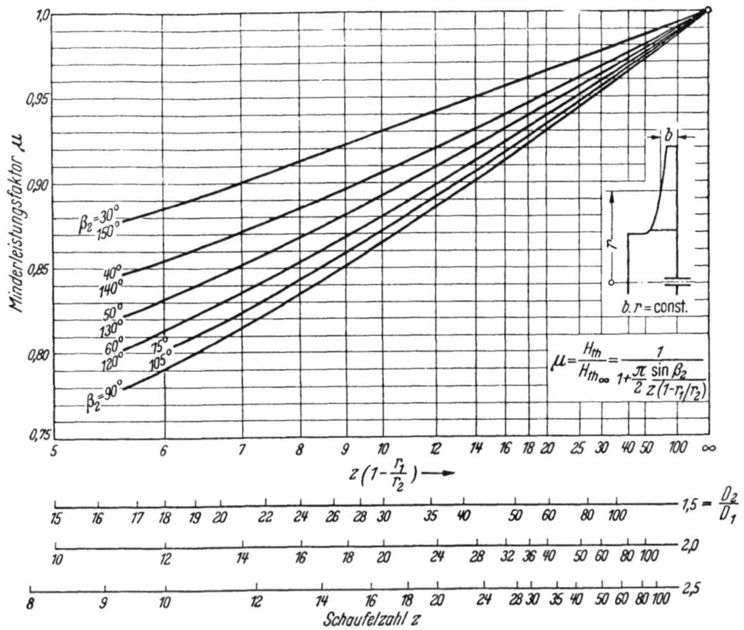

Abb. 146. Minderleistungsfaktor für einen Radbreitenverlauf, nach Eck [*61*]. $b.r = \text{konstant}$

Grenzfall wird also die gesamte, dem Laufrad zugeführte Antriebsleistung bei verlustloser Strömung in kinetische Energie verwandelt. Die Umsetzung in Druckenergie, z. B. in einem nachfolgenden Diffusor, ist aber bei den hierbei herrschenden großen Austrittsgeschwindigkeiten c_2, Abb. 144, schwierig und verlustbehaftet. Vorwärts gekrümmte Laufschaufeln finden deshalb nur mehr dort Verwendung, wo große Luftmengen bei kleinen statischen Drücken gewünscht werden (Kühlung, Lüftung).

Die radial endigende Schaufel ($\beta_2 = 90°$) ergibt bei einem Reaktionsgrad $\mathfrak{r}_\infty = 0,5$ bei jeweils gleichbleibender Umfangsgeschwindigkeit u_2 für die in Abb. 144 gezeigten Schaufelformen die größte statische Förderhöhe $H_{stat\infty} = \frac{u_2^2}{2g}$, was die größtmögliche Verzögerung der Relativgeschwindigkeit im Laufrad voraussetzt. Die radial endigende Schaufel ist festigkeitsmäßig jeder anderen Schaufelform überlegen, weshalb hiermit Umfangsgeschwindigkeiten bis über 450 m/sek ausgeführt sind. Deshalb wird diese Schaufelform überall dort angewandt, wo bei größten Förderhöhen kleinste Bauabmessungen und geringe Gewichte verlangt werden (Flugmotorenlader, Verdichter für Strahltriebwerke usw). Bei der radial endigenden Schaufel ist die Verzögerung der Relativgeschwindigkeiten praktisch festgelegt. Da derartig starke Verzögerungen stets verlustbehaftet sind, lassen sich mit dieser Schaufelform optimale Wirkungsgrade nicht verwirklichen.

Rückwärts gekrümmte Schaufeln sind wegen des besseren Wirkungsgrades und vor allem wegen der günstigeren Kennlinienform für ortsfeste Radialkompressoren bevorzugt.

Zum Erreichen der Bestwirkungsgrade wird man also, neben einer günstigen Kanalform, keine oder nur eine geringe Verzögerung der Relativgeschwindigkeit im Laufrad anstreben. Im Grenzfall wird $w_1 = w_2$ und man erhält unter Berücksichtigung der endlichen Schaufelzahl, was überschlägig durch den Minderleistungsfaktor $\mu = 0{,}875$ ausgedrückt sein soll, als optimalen Schaufelaustrittswinkel

$$\sin\beta_2 = \frac{\sin\beta_1}{\mu} = \frac{\sin 30^\circ}{0{,}875} = 0{,}57 \text{ und } \beta_{2_{opt}} \doteq 35^\circ\,.$$

Wie die Praxis zeigt, kann eine Verzögerung der Relativgeschwindigkeit von 10 bis 20 % erreicht werden, ohne daß Ablösungen im Schaufelkanal zu befürchten sind. In diesem Falle beträgt der optimale Schaufelaustrittswinkel mit $w_2 = 0{,}8\ w_1$

$$\sin\beta_2 = \frac{c_m}{w_2} = \frac{c_m}{0{,}8\, w_1}\cdot\frac{1}{\mu} = \frac{1{,}25}{0{,}875}\sin\beta_1\,,$$

also wird bei $\beta_1 \doteq 30^\circ$ der Austrittswinkel $\beta_{2_{opt}} \doteq 45^\circ$. In der Tat zeigen Versuche von KLUGE [*109*] ein Wirkungsgradoptimum bei Schaufelaustrittswinkeln $\beta_2 = 35^\circ$ bis 50°.

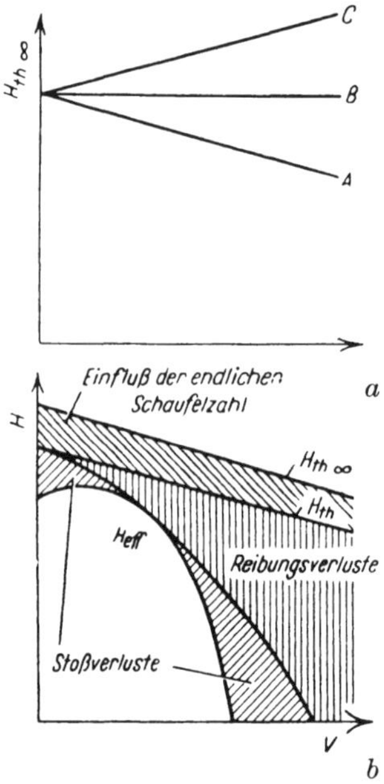

Mit kleiner werdenden Schaufelaustrittswinkeln β_2 sinkt die theoretische Druckzahl ψ_∞, also die Gesamtförderhöhe. Für den Grenzfall $\psi_\infty = 0$ erhält man als Schaufelwinkel der „wirkungslosen Schaufel"

$$\operatorname{tg}\beta_{2_{min}} = \frac{c_{2m}}{u_2 - c_{2u}} = \frac{c_{2m}}{u_2} \text{ da für } \psi_\infty = 0 \text{ nach Gl. (238) } c_{2u\,\infty} = 0$$

und weiter für $c_{2_m} = c_{1_m}$ und $u_2 = u_1 \cdot \frac{D_2}{D_1}$

$$\operatorname{tg}\beta_{2_{min}} = \frac{c_{1m}}{u_1\frac{D_2}{D_1}} = \frac{D_1}{D_2}\operatorname{tg}\beta_1\,.$$

Abb. 147. Theoretische und wirkliche Radialverdichterkennlinien

a $H_{th\infty}$ für Schaufelformen, nach Abb. 144 *a*, *b* und *d*
b $H_{th\infty}$, H_{th} und H_{eff} für rückwärts gekrümmte Schaufeln

Der untere Grenzwert des Schaufelaustrittswinkels β_2 hängt also, außer von dem durch die Eintrittsverhältnisse weitgehend festliegenden Schaufelwinkel β_1, nur vom Radienverhältnis $\frac{r_1}{r_2}$, also von der radialen Schaufelerstreckung ab. Der Kleinstwert für den Schaufelwinkel β_2 wächst mit zunehmendem Radienverhältnis und geht bei $\frac{r_1}{r_2} \to 1$ in den Grenzwert $\beta_{2_{min}} \to \beta_1$ über. Aus diesem Grunde sind Radialgebläse mit großem Radienverhältnis (z. B. Sirocco-Räder) stets mit vorwärts gekrümmten Schaufeln ausgerüstet.

Die Bedingung gleicher Relativgeschwindigkeit am Ein- und Austritt aus dem Laufrad $w_1 = w_2$, kann auch bei der vorwärts gekrümmten Schaufel erzielt werden. In diesem Falle ist $\sin\beta_2 = \sin(180^\circ - \beta_1)/\mu$. Wegen der größeren Gesamtförderhöhe der vorwärts gekrümmten Schaufel ist aber die kinetische Austrittsenergie wesentlich größer als bei der rückwärts gekrümmten Laufschaufel. Bei der Umwandlung dieser Energie $(c_2^2 - c_1^2)/2g$ in Druckenergie ist die aerodynamische Belastung des nachfolgenden Diffusors (Leitapparat, Spirale) bei der vorwärts gekrümmten Schaufel wesentlich größer und verlustreicher als bei der Laufradform mit rückwärts gekrümmten Schaufeln.

Bei der radial endenden Schaufel *B* nach Abb. 147a mit Geschwindigkeitsdreieck nach Abb. 144b bleibt für vergrößerte Durchsatzmenge c_{2_u} unverändert und damit $H_{th\infty}$ mit steigendem Durchsatz gleich. Die rückwärts gekrümmte Schaufel A gibt eine abfallende, die vorwärts gekrümmte Schaufel C eine ansteigende Kennlinie. In allen drei Fällen ist die errechnete theoretische Kennlinie eine Gerade, Abb. 147a.

Gegenüber den theoretischen Kennlinien, die für unendliche und endliche Schaufelzahl des Radialrades A in Abb. 147b wiedergegeben sind, ergeben sich in der wirklichen Strömung Reibungs- und Stoßverluste. Die Reibungsverluste nehmen mit dem Quadrat der Durchströmmenge zu. Die Stoßverluste treten bei abweichender Liefermenge gegenüber dem Entwurfspunkt durch Änderung der Anströmrichtung an den Schaufeln des Lauf- und Leitrades auf. Die so erhaltene Kennlinie zeigt einen parabelförmigen Verlauf von H_{eff}, der hinreichend mit den tatsächlichen Verhältnissen übereinstimmt.

3. Entwurfsbetrachtungen

a) Eintrittsleitvorrichtung. Aufgabe der Eintrittsleitvorrichtung ist es, die Luft entsprechend den Entwurfserfordernissen mit dem geringsten Verlust in das Laufrad zu lenken. Dies ist dann nicht einfach, wenn der Platz beschränkt ist oder wenn z. B. bei mehrstufigen Radialverdichtern die Luft von einer zur nächsten Stufe umgelenkt werden muß. Soll die Luft am Eintritt einen Drall erhalten, ist es notwendig, feststehende Eintrittsleiträder in der gewünschten Form vorzusehen.

Abb. 148 zeigt einige Beispiele für Zulaufformen. Bei der Vorleitvorrichtung eines Whittle-Triebwerkes nach Abb. 148d liegen die den Vordrall erzeugenden Leitschaufeln bereits im radialen Einlaufkanal. Im nachfolgenden Einlaufkrümmer sind zur Vermeidung von Ablösungen drei ringförmige Führungsbleche vorgesehen.

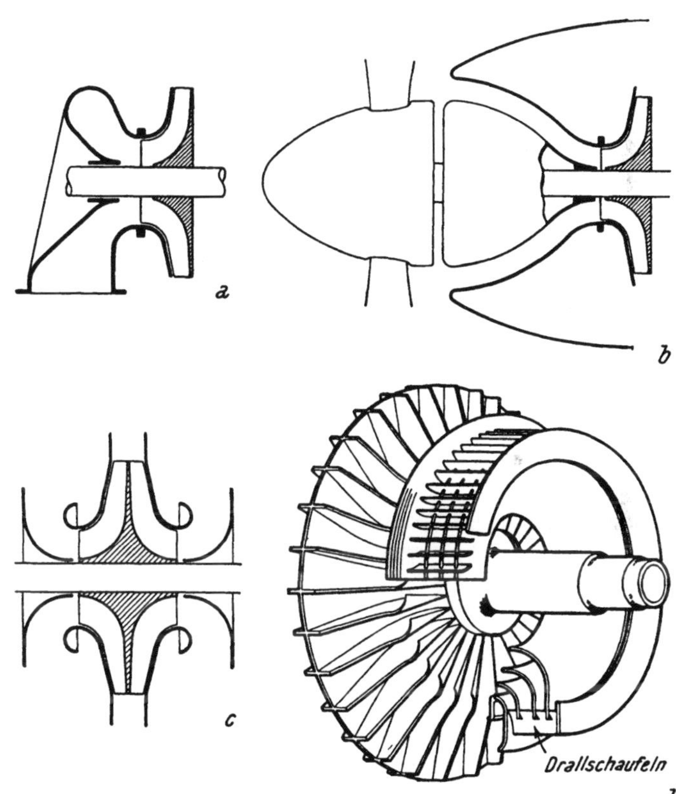

Abb. 148. Zulaufformen für Radialverdichter

a Einlauftasche
b Einlaufkanal eines PTL-Triebwerkes
c Einlaufkanal für ein doppelflutiges Laufrad
d Vorleitvorrichtung eines Whittle-Triebwerkes

In der Eintrittsleitvorrichtung tritt ein Druckhöhenverlust

$$\Delta h_0 = \zeta_0 \cdot \frac{c_0^2}{2g} \qquad (242)$$

auf. Der Widerstandsbeiwert ζ_0 hängt von der Krümmerform und der Oberflächenbeschaffenheit des Einlaufkanales ab und bewegt sich etwa in den Grenzen 0,1 bis 0,5. Bei komplizierten Eintrittsleitvorrichtungen wird ζ_0 meist durch Versuche bestimmt.

In ähnlicher Weise wie beim Axialverdichter kann auch beim Radialverdichter der Luft am Laufradeintritt ein Drall erteilt werden.

Bei drallfreiem Eintritt ist $c_{1u} = 0$ und $H_{th} = \frac{u_2 c_{2u}}{g}$. Erhält nun der Gasstrom am Eintritt einen Drall in Umfangsrichtung, d.h. $\alpha_1 < 90°$, also einen Mitdrall, dann ist c_{1u} positiv und bei gleichen Austrittsverhältnissen $u_2 \cdot c_{2_u}$ wird $H_{th\,\alpha_1 < 90°} < H_{th\,\alpha_1 = 90°}$ während bei Gegendrall c_{1_u} negativ, Abb. 149, und damit $H_{th\,\alpha_1 > 90°} > H_{th\,\alpha_1 = 90°}$ bei $u_1 =$ konst. und $b_1 =$ konst. wird. Wie Abb. 149 zeigt, wird aber auch die Gasmenge $V = f\,(c_m)$ im gleichen Sinne wie die Förderhöhe geändert. Es ist deshalb naheliegend, unter Zuhilfenahme von verstellbaren Eintrittsleitschaufeln eine wirksame Regelung der Radialverdichter vorzunehmen (Drallregelung), was insbesondere auch beim Anlaßvorgang von Gasturbinen von Wichtigkeit sein kann. Wie Abb. 149 zeigt, ändert sich mit dem Eintrittsdrall auch die Relativgeschwindigkeit w_1 im Laufrad, weshalb z. B. bei großen Machzahlen am Eintritt ein Mitdrall vorteilhaft sein kann. In jedem Falle wird bei Mitdrall w_1 kleiner als ohne Vordrall, weshalb auch die Kanalreibungsverluste nach Gl. (244) $\Delta h_2 = \zeta_2 \frac{w_1^2}{2g}$ hierbei kleiner werden. Radialverdichter mit geringem Mitdrall haben tatsächlich etwas bessere Wirkungsgrade als Verdichter bei sonst gleichen Verhältnissen, aber senkrechtem Eintritt, d. h. $\alpha_1 = 90°$.

b) Laufrad. Am Radeinlauf muß die Strömung von der axialen in die radiale Richtung umgelenkt werden, wobei es aus baulichen Gründen meist nicht möglich ist, genügend große Abrundungen am Radeintritt vorzusehen. Dadurch besteht die Gefahr einer Strömungsablösung. Dies hat neben den damit verbundenen zusätzlichen Wirbelverlusten vor allem eine ungünstige Beaufschlagung, eventuell sogar Teilbeaufschlagung des Laufrades zur Folge. Um diese sehr nachteiligen Einflüsse einer zu scharfen Strömungsumlenkung zu vermeiden, strebt man eine geringe Beschleunigung des Fördergutes am Laufradeintritt an.

Die durch die Umlenkung entstehenden Verluste haben die Größe

$$\Delta h_1 = \zeta_1 \frac{c_1^2}{2g}\,. \tag{243}$$

Weitere Verluste entstehen als Folge der Kanalreibung beim Durchströmen des Laufrades. Da die relative Eintrittsgeschwindigkeit w_1 die größte Geschwindigkeit ist, die im Laufrad auftritt, wird der Reibungsverlust im Laufrad durch die Größe von w_1 maßgeblich beeinflußt. Der Laufradreibungsverlust soll deshalb in der Form

$$\Delta h_2 = \zeta_2 \frac{w_1^2}{2g} \tag{244}$$

ausgedrückt werden. Dieser Ansatz berücksichtigt zwar nicht den Einfluß der Kanalform, ermöglicht jedoch für Überschlagsrechnungen eine einfache Darstellungsweise. Die Laufradverluste betragen somit

$$\Delta h_r = \zeta_1 \frac{c_1^2}{2g} + \zeta_2 \frac{w_1^2}{2g}\,. \tag{245}$$

Dabei sind ζ_1 und ζ_2 Verlustzahlen, deren Größe aus Versuchsauswertungen zu ermitteln sind. Auf Grund ausgeführter Verdichter kann man mit folgenden Werten rechnen:

$\zeta_1 = 0{,}1$ bis $0{,}15$

$\zeta_2 = 0{,}2$ bis $0{,}25$, was gute Oberflächenbeschaffenheit der durchströmten Laufradkanäle voraussetzt.

Bei drallfreiem Eintritt in die Stufe ist

$$c_1 = c_{1_m} \text{ und } w_1^2 = c_{1_m}^2 + u_1^2$$

also

$$2g \cdot \Delta h_r = c_{1_m}^2 (\zeta_1 + \zeta_2) + u_1^2 \zeta_2\,. \tag{246}$$

Die absolute Eintrittsgeschwindigkeit in das Laufrad (drallfreier Zulauf) $c_1 = c_{1_m}$ beträgt aus Kontinuitätsgründen

$$c_{1_m} = \frac{V_1}{D_1 \pi b_1}\,.$$

Setzt man für die Eintrittsbreite b_1, Abb. 150, die Näherungsgleichung

$$b_1 \doteq \frac{D_1}{5},$$

dann ist

$$c_{1m} = \frac{V_1}{\frac{D_1^2 \pi}{5}} = \frac{1{,}25\, V_1}{\frac{D_1^2 \pi}{4}}$$

und

$$\frac{c_{1m}}{u_2} = \frac{1{,}25\, V_1}{\frac{D_1^2 \pi}{4} u_2} = \frac{1{,}25}{\left(\frac{D_1}{D_2}\right)^2} \cdot \frac{V_1}{\frac{D_2^2 \pi}{4} u_2} = \frac{1{,}25}{\left(\frac{D_1}{D_2}\right)^2} \cdot \varphi, \tag{247}$$

wobei φ der Durchsatzkennwert ist.

Bei der Drehung des Laufrades im Gehäuse wird die zwischen Radscheibe und Gehäusewand befindliche Luft in Drehung versetzt, was den Radreibungsverlust zur Folge hat. Die Reibungsleistung N_r in PS ist gegeben durch [*53*]

$$N_r = \frac{M_d\, \omega}{75} = 1{,}8 \cdot 10^{-4} \frac{\gamma}{g} u_2^3 D_2^2 Re^{-\frac{1}{5}}. \tag{248}$$

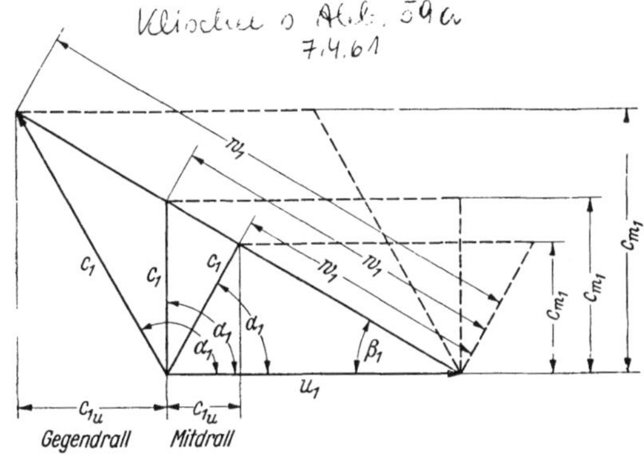

Abb. 149. Geschwindigkeitsdreiecke am Laufradeintritt bei Gegen- und Mitdrall

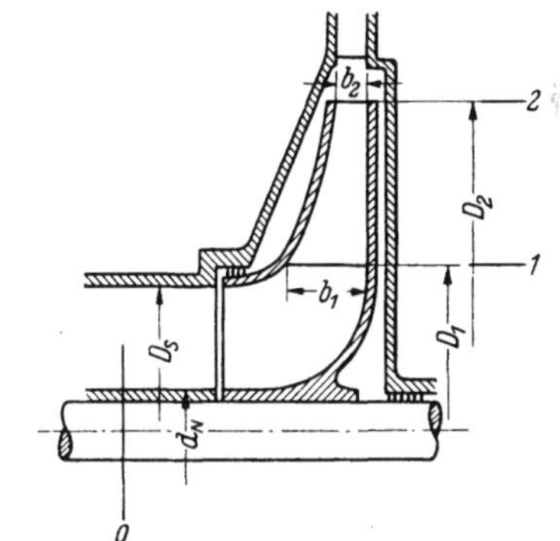

Abb. 150. Bezeichnungen an einem Radialverdichterrad

Da die Reibungsleistung mit der 0,8. Potenz der Dichte wächst, sind in Gl. (248) für γ und die kinematische Zähigkeit ν in Re die Werte am jeweiligen Radaustritt zu nehmen. Wie bei der Rohrströmung erhöht die Rauhigkeit die Reibungsleistung. Da aber entsprechend Gl. (248) N_r mit der 5. Potenz des Raddurchmessers zunimmt, genügt es stets, nur die äußeren Teile ($\geq 0{,}7 \cdot D_2$) der Scheibe zu bearbeiten.

Während eine genaue Ermittlung der Reibungsleistung im Einzelfall nach Gl. (248) zu erfolgen hat, soll im folgenden eine Mittelwertsbildung für die Reibungsleistung vorgenommen werden. Schreibt man Gl. (248) in der Form

$$N_r = k \cdot \gamma \cdot u_2^3 \cdot D_2^2 \tag{249}$$

und setzt für die Konstante $k = (1{,}1 \text{ bis } 1{,}2) \cdot 10^{-6}$, was Stodola durch Messungen an glatten Scheiben ermittelte, dann entspricht diese Annahme einer Reynoldsschen Zahl in Gl. (248) von $Re = 750\,000$ bis $1\,150\,000$, was praktisch mittleren Verhältnissen gleichkommt.

Die konstruktiv und herstellungsmäßig einfachste Schaufelform ist die Kreisbogenschaufel [*52, 53*], die am Ein- und Austrittsdurchmesser die vorgeschriebenen Schaufelwinkel β_1 und β_2 aufweist, Abb. 151. Durch Anwendung des Kosinussatzes auf die Dreiecke OPB und OPA erhält man als Halbmesser der Kreisbogenschaufel

$$\varrho = \frac{1}{2} \cdot \frac{r_2^2 - r_1^2}{r_2 \cos\beta_2 - r_1 \cos\beta_1}.$$

Der geometrische Ort für alle Mittelpunkte der Kreisbogenschaufeln eines Laufrades befindet sich auf einem Halbmesser

$$\varrho^* = \sqrt{r_1^2 + \varrho^2 - 2 r_1 \cdot \varrho \cdot \cos\beta_1}\ .$$

Zur Berechnung der Schaufellänge l bildet man mit den Bezeichnungen der Abb. 151

$$\frac{\sin\varphi}{\sin\psi} = \frac{\sin\varphi}{\sin[180° - (\beta_1 + \beta_2 + \varphi)]} = \frac{r_1}{r_2}$$

$$\operatorname{cotg}\varphi = \frac{r_2 - r_1 \cos(\beta_1 + \beta_2)}{r_1 \sin(\beta_1 + \beta_2)}\ .$$

Bezeichnet man den Zentriwinkel der Kreisbogenschaufel mit ϑ, dann ist

$$\operatorname{tg}\frac{\vartheta}{2} = \operatorname{tg}[90° - (\beta_2 + \varphi)] = \operatorname{cotg}(\beta_2 + \varphi)$$

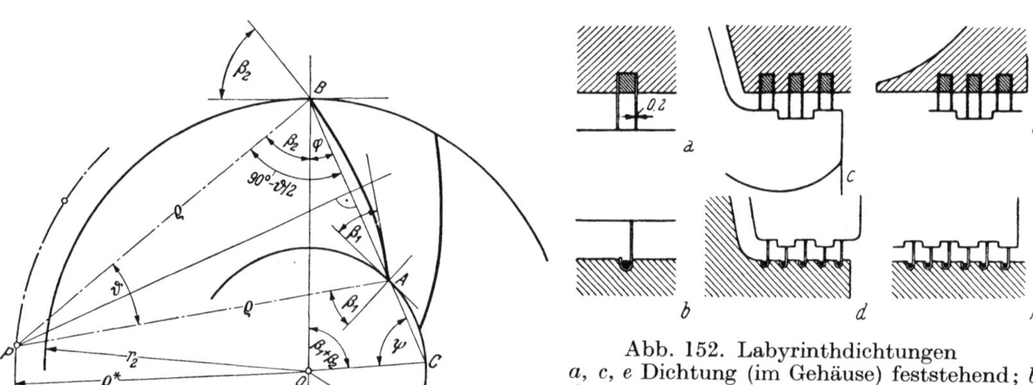

Abb. 151. Konstruktion der Kreisbogenschaufel

Abb. 152. Labyrinthdichtungen
a, c, e Dichtung (im Gehäuse) feststehend; *b, d, f* Dichtung (im Rotor) umlaufend; *c, d* Raddichtung; *e, f* Wellen-, End- und Ausgleichskolbendichtung. Beim Ausgleichskolben und bei der Enddichtung ist die Zahl der Dichtungsspitzen größer als gezeichnet

und nach einigen Umformungen erhält man

$$\operatorname{tg}\frac{\vartheta}{2} = \frac{r_2 \cos\beta_2 - r_1 \cos\beta_1}{r_2 \sin\beta_2 + r_1 \sin\beta_1}\ .$$

Damit folgt für die Sehnenlänge der Kreisbogenschaufel

$$\overline{BA} = s = 2 \cdot \varrho \cdot \sin\frac{\vartheta}{2}\ .$$

Die Länge der Kreisbogenschaufel ist dann

$$l = \varrho \cdot \vartheta \cdot \frac{\pi}{180}$$

mit ϑ im Gradmaß.

Am Austritt des Laufrades einer Verdichterstufe herrscht gegenüber dem Saugstutzen Überdruck. Um eine unerwünschte Gasströmung zwischen Druck- und Saugraum nach Möglichkeit zu verhindern, werden vorwiegend am inneren Laufradumfang Dichtungen vorgesehen. Die Abdichtung erfolgt bei Gasgebläsen durch Asbest-, Kohlering- und Flüssigkeitsdichtungen, bei Verdichtern meistens durch Labyrinthdichtungen, Abb. 152, die aus einer Anzahl von Dichtungsspitzen mit möglichst kleinem Spiel zwischen dem stillstehenden Gehäuse und dem Rotor bestehen. Erfahrungsgemäß sind zur Kleinhaltung der Spaltverluste viele schmale Kammern wirksamer als wenige breite Kammern.

Die Spaltweite s macht man möglichst klein, weil dadurch der Spaltquerschnitt $F = D \cdot \pi \cdot s$ herabgesetzt wird. Als Kleinstwert gilt bei unterkritisch laufenden, also starren Wellen

$$s_{min} = 0{,}6 \frac{D}{1000} + 0{,}1 \text{ mm}, \tag{250}$$

bei überkritisch laufenden, also nachgiebigen Wellen der doppelte Betrag, was ohne Bedenken geschehen kann, weil dann der Dichtungsdurchmesser D verkleinert ist.

Besondere Sorgfalt verlangt die äußere Abdichtung am Ausgleichskolben, der dem Ausgleich des Axialschubes dient, da hier das Druckgefälle zwischen dem Druckraum der letzten Stufe eines Radialverdichters und dem Außendruck am größten ist.

Für Luft kann das Spaltundichtheitsgewicht G_u eines Labyrinthes [*53*, *109*] bei unterkritischem Druckverhältnis, d. h.

$$p_1 > p_2 \cdot 0{,}87 \sqrt{\frac{1}{0{,}68 + z}}$$

aus

$$G_u = F \sqrt{\frac{g\,(p_2^2 - p_1^2)}{p_2\, v_2\, z}} \quad [\text{kg/sek}] \tag{251}$$

berechnet werden. Hierbei bedeutet z die Zahl der Labyrinthkammern. Bei überkritischem Druckverhältnis

$$p_1 < p_2 \cdot 0{,}87 \sqrt{\frac{1}{0{,}68 + z}}$$

gilt:

$$G_u = F \sqrt{\frac{p_2}{v_2} \cdot \frac{g}{0{,}68 + z}} \quad [\text{kg/sek}]. \tag{252}$$

c) Austrittsleitvorrichtung. Während das Laufrad zur Umwandlung der mechanischen Arbeit in potentielle und kinetische Energie dient, ist es Aufgabe der Leitvorrichtung, die aus dem Laufrad austretende Geschwindigkeit in möglichst verlustarmer Weise in statischen Druck umzuwandeln. Diese Verzögerung der absoluten Austrittsgeschwindigkeit aus dem Laufrad kann in einem schaufellosen Diffusor (glatter Leitring), in einem beschaufelten Diffusor (Leitrad), in einem Spiraldiffusor (Spiralgehäuse) oder in einer Kombination dieser drei der Verzögerung dienenden Einrichtungen erfolgen. Ist die aus den verschiedenen Leitvorrichtungen austretende Luftgeschwindigkeit immer noch größer als an der Verbraucherstelle erwünscht, dann kann in einer an die Leitvorrichtung angeschlossenen konischen Erweiterung (Diffusor) eine weitere Verzögerung erfolgen, Abb. 153.

Der *schaufellose Ringraum* (Leitring) hat üblicherweise flache Wände, die eine Fortsetzung der Seitenwände des Laufrades darstellen. Zur Vermeidung eines Kantenstoßes soll die Breite des glatten Leitringes am Eintritt

$$b_3 = b_2 + (1 \div 2 \text{ mm}) \tag{253}$$

betragen. Die Diffusorwände können parallel oder unter einem Erweiterungswinkel angeordnet sein, wodurch aber nur die Meridiankomponente c_m entsprechend der Kontinuitätsgleichung beeinflußt wird in der Form

$$c_m = c_{3m} \frac{r_2 \cdot b_2}{r \cdot b}, \tag{254}$$

wobei c_{3_m} die Meridiangeschwindigkeit nach Verlassen des Laufrades ist. Die Umfangskomponente der Absolutgeschwindigkeit würde sich bei reibungsfreier Strömung entsprechend dem Drallsatz ändern, also

$$r \cdot c_u = r_3 \cdot c_{3_u} = \text{konst.} \tag{255}$$

Da für die Umsetzung der aus dem Laufrad austretenden Geschwindigkeit in Druckenergie die Umfangskomponente c_u viel ausschlaggebender als die Meridiankomponente

c_m ist, hängt die Wirksamkeit des schaufellosen Diffusors ausschließlich von seinem Radienverhältnis r/r_3 und in vernachlässigbarer Weise vom Breitenverhältnis b/b_3 ab.

Die Erfahrung zeigt, daß der parallelwandige Leitring einen besseren Wirkungsgrad besitzt als der sich nach außen verbreiternde. Dies ist selbst dann der Fall, wenn am äußeren Ende des Leitringes ein plötzlicher Übergang zum Spiralgehäuse nötig sein sollte. Sogar eine leichte Verengung des Leitringes nach außen hat Vorteile gebracht.

Mit kleiner werdendem Strömungswinkel, also mit zunehmender Weglänge, werden die Reibungsverluste im schaufellosen Diffusor größer. Aus diesem Grund wird der glatte Leitring nur bei Winkeln $\alpha_2 > 20°$ und meist nur in Verbindung mit einem beschaufelten Diffusor oder einer Spirale verwendet.

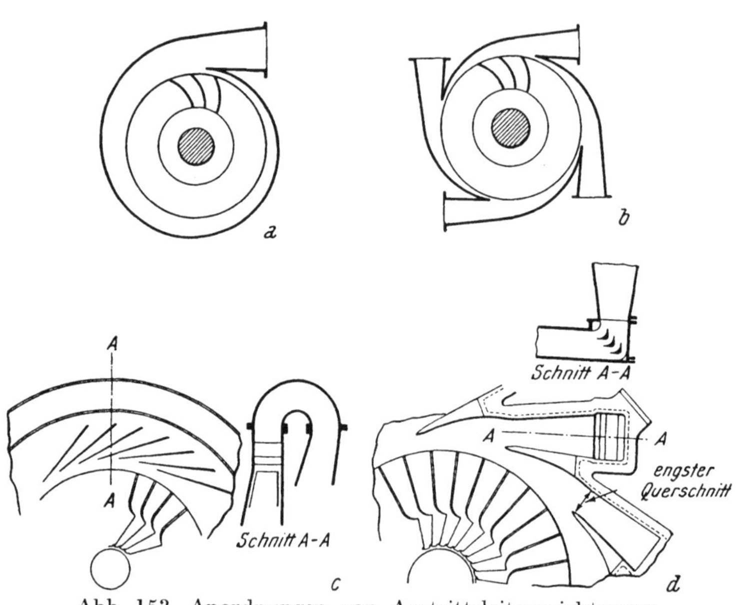

Abb. 153. Anordnungen von Austrittsleitvorrichtungen
a Spiralgehäuse
b Vierstutzenspirale
c Leitrad mit Rückführschaufel
d Vielstutzendiffusor

Die Erfahrung zeigt ferner, daß die radiale Länge des Leitringes einen optimalen Wert besitzt, bei dessen Überschreitung der Druck wieder abnimmt. Es hat also keinen Zweck, den radialen Leitring über ein gewisses Maß zu verlängern. Die Grenzlänge liegt um so tiefer, je kleiner α_2 ist.

Im beschaufelten Diffusor (Leitapparat) werden mit Hilfe der Leitschaufeln Kräfte auf das Strömungsmedium ausgeübt, die eine größere Verzögerung der Umfangskomponenten c_u ermöglichen, als dies durch die alleinige Zunahme des Halbmessers auf Grund des Drallsatzes (schaufelloser Diffusor) der Fall ist.

Beschaufelte Diffusoren werden für Strömungswinkel $\alpha_2 < 20°$, d. h. besonders für radial endigende oder vorwärts gekrümmte Laufschaufeln verwendet. Zwischen Laufradaußendurchmesser D_2 und Leitradeintrittsdurchmesser D_5, Abb. 154, ist üblicherweise ein glatter Leitring angeordnet. Der Leitradeintrittsdurchmesser beträgt

$$D_5 = D_2\left(1 + \frac{1}{x}\right), \tag{256}$$

wobei erfahrungsgemäß bei stationären Verdichtern

$$\frac{1}{x} = \frac{1}{5} \text{ bis } \frac{1}{7}$$

und bei nichtstationären Verdichteranlagen

$$\frac{1}{x} = \frac{1}{8} \text{ bis } \frac{1}{14}$$

gesetzt werden kann.

Die Schaufelbreite b soll längs des Leitrades konstant sein und entspricht der Breite des schaufellosen Diffusorteiles, also

$$b_6 = b_5 = b_4 = b_3 = b_2 + (1 \div 2 \text{ mm}).$$

Der Strömungswinkel am Leitradeintritt beträgt unter Berücksichtigung der Reibungsverluste im glatten Leitring

$$\operatorname{tg} \alpha_5 = \operatorname{tg} \alpha_4 \doteq \operatorname{tg} \alpha_3 + \frac{\lambda}{4 b_3} (r_5 - r_3), \tag{257}$$

wobei λ den Reibungsbeiwert bedeutet.

Die Meridiangeschwindigkeit am Leitradeintritt ist

$$c_{5m} = \frac{V_5}{2 \pi r_5 \cdot b_5}$$

und die Umfangskomponente

$$c_{5u} = \frac{c_{5m}}{\operatorname{tg} \alpha_5}.$$

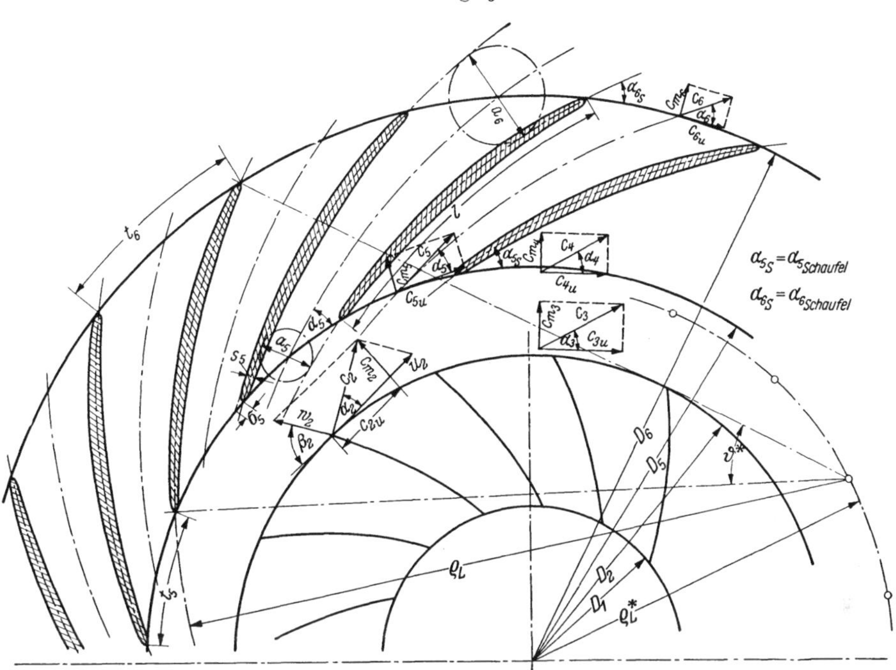

Abb. 154. Geschwindigkeitsdreiecke am Ein- und Austritt des Leitrades [53]

Für die weitere Gestaltung des Leitapparates, also die Festlegung des Erweiterungsverhältnisses, des Öffnungswinkels und damit der Leitschaufelzahl können die an Diffusoren ermittelten Erfahrungen zugrunde gelegt werden.

Bezeichnet man den gesamten Öffnungswinkel des gleichwertigen Vergleichsdiffusors mit 2ϑ, die lichte Eintrittsweite in den Diffusor mit a_5, die entsprechende Austrittsweite mit a_6, Abb. 154 und die Diffusorschaufellänge mit l, dann ist

$$\operatorname{tg} \vartheta = \frac{a_6 - a_5}{2 l}. \tag{258}$$

Dabei ist

$$a_5 = \frac{2\pi}{z_L} \cdot r_5 \cdot \sin \alpha_5,$$

wobei z_L die Anzahl der Leitschaufeln bedeutet. Das Öffnungsverhältnis des Diffusors für $b_6 = b_5$ ist

$$\frac{a_6}{a_5} = \frac{r_6 \sin \alpha_6}{r_5 \sin \alpha_5}$$

und kann 2,5 bis 4 bei optimalen Öffnungswinkeln betragen, ohne daß wesentliche Wirkungsgradverluste befürchtet werden müssen.

Günstigste Öffnungswinkel der Diffusoren sind $2\vartheta = 7^\circ \div 10^\circ$. Bei größeren Öffnungswinkeln fällt der Wirkungsgrad als Folge der damit verbundenen Ablösungsverluste, während mit kleiner werdendem Öffnungswinkel die Diffusorlänge bzw. die Schaufelzahl z_L größer, also die Reibungsverluste höher werden. Außerdem ist die Rauhigkeit des Diffusors von Einfluß, und zwar nimmt der zulässige Öffnungswinkel bei rauhen Kanälen (gegossene Leitschaufeln) ab, weshalb man bevorzugt Leitschaufeln aus glattem Stahlblech benutzen sollte.

Abb. 155 zeigt die Abhängigkeit der Leitschaufelzahl z_L vom Durchmesserverhältnis D_6/D_5 für verschiedene Strömungseintrittswinkel α_5 [53]. Dem Diagramm liegt ein Öffnungswinkel $2\vartheta = 10^\circ$ und ein Öffnungsverhältnis $\frac{a_6}{a_5} = 3$ zugrunde.

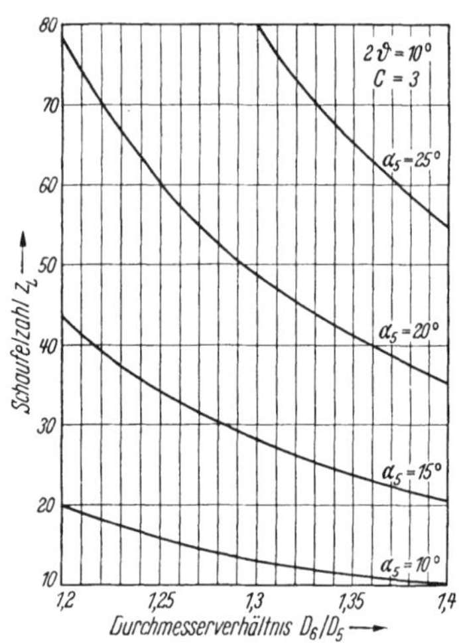

Abb. 155. Abhängigkeit der Leitschaufelzahl z_L vom Durchmesserverhältnis D_6/D_5 bei verschiedenen Strömungswinkeln α_5

Öffnungswinkel $2\ \vartheta = 10^\circ$; Öffnungsverhältnis $a_6/a_5 = 3$

Übliche Durchmesserverhältnisse D_6/D_5 sind bei nichtstationären Verdichtern 1,25 bis 1,35 und bei stationären Anlagen bis 1,4.

Die Verluste im Leitapparat können, wenn beispielsweise das Leitrad ohne Zwischenschalten eines glatten Leitringes direkt an das Laufrad anschließt, in der Form

$$\Delta h_3 = \zeta_3 \frac{c_3^2 - c_4^2}{2 g_l} \tag{259}$$

angegeben werden.

Hierbei bedeutet c_3 die Geschwindigkeit am Eintritt und c_4 die Geschwindigkeit am Austritt des Leitrades. Für den Verlustbeiwert kann $\zeta_3 = 0{,}25$ gesetzt werden.

Ist $c_4 = c_1 = c_{1m}$ und $c_3^2 \doteq c_2^2 = c_{2m}^2 + c_{2u}^2$ und weiter $c_{1m} \doteq c_{2m} = c_m$, dann erhält man aus Gl. (259)

$$2g\,\Delta h_3 = \zeta_3 (c_m^2 + c_{2u}^2 - c_m^2) = \zeta_3\, c_{2u}^2. \tag{260}$$

Bei mehrstufigen Radialverdichtern muß das Fördergut nach Verlassen des schaufellosen bzw. beschaufelten Diffusors in einem Rückführkanal der nächstfolgenden Stufe zugeführt werden, Abb. 172. Die Rückführschaufel ist also gleichzeitig Eintrittsleitschaufel der nächstfolgenden Stufe und muß am Ende den gewünschten Eintrittsverhältnissen des nachfolgenden Laufrades, d. h. dem Strömungswinkel α_1 angepaßt werden. Zwischen Leit- und Rückführschaufel ordnet man üblicherweise einen schaufellosen Ringraum an, so daß der Rückführkanal erst nach der Umlenkung anfängt. Beginnt die Rückführschaufel bereits in der Umlenkung oder sind Leit- und Rückführschaufeln zusammenhängend, dann müssen die Schaufeln räumlich verwunden werden, was wegen der teureren Herstellung nur noch vereinzelt verwirklicht wird.

Zur Führung der Strömung am Umfang eines Laufrades oder Leitringes oder Leitrades ist das *Spiralgehäuse* geeignet, Abb. 156, das dann also den ganzen Umfang umschließt. Für die Strömung gilt in jedem Punkt des Spiralgehäuses der Drallsatz

$$c_u \cdot r = \text{konst.}$$

Die Berechnung der Spirale erfolgt zunächst unter Vernachlässigung der Reibung. Betrachtet man den Schnitt in einer unter einem beliebigen Winkel φ, Abb. 156, zum Anfangspunkt A der Spirale gelegten Meridianebene und in diesem den Flächenstreifen $df = b \cdot dr$, der einer sehr kleinen Änderung dr des Halbmessers r entspricht, dann ist die Luftgeschwindigkeit senkrecht zum Querschnitt $c_u = k/r$ und somit die durchfließende Menge

$$dV_\varphi = df \cdot c_u = \frac{b \cdot dr \cdot k}{r}. \tag{261}$$

Ist r' der Halbmesser, auf dem der Anfangspunkt A der Spirale liegt, so tritt durch den betrachteten Querschnitt an der Stelle φ zwischen dem Halbmesser r' und der äußeren Begrenzung mit dem Halbmesser R die Luftmenge

$$V_\varphi = \int\limits_{r=r'}^{r=R} d\,V_\varphi = k \int\limits_{r=r'}^{r=R} \frac{b \cdot dr}{r}. \tag{262}$$

Diese Menge stimmt überein mit der Luftmenge, die auf einem dem Zentriwinkel φ entsprechenden Bogen des Radumfanges aus dem Rad tritt. Also ist

$$V_\varphi = \frac{\varphi^\circ}{360^\circ} \cdot V_2, \tag{263}$$

wenn V_2 die aus dem Laufrad austretende Menge ist. Durch Gleichsetzen der beiden Ausdrücke (262) und (263) erhält man den Zusammenhang zwischen φ und R, also die Form der Spirale

$$\varphi^\circ = \frac{360^\circ \cdot k}{V_2} \int\limits_{r=r'}^{r=R} \frac{b \cdot dr}{r}. \tag{264}$$

Das Integral $\frac{b \cdot dr}{r}$ wird üblicherweise graphisch ausgewertet. Für die aus herstellerischen Gründen gerne gewählte Rohrspirale, die wegen ihrer kreisförmigen Querschnittsform auch der mathematischen Behandlung leichter zugänglich ist, gilt, wenn man voraussetzt, daß am Laufradaustritt überall gleiche Geschwindigkeits- und Druckverhältnisse herrschen, was allerdings nicht genau zutrifft:

$$\left(\frac{b}{2}\right)^2 + (r - a)^2 = \varrho^2 \text{ aus Abb. 156}$$

und damit wird

$$\varphi^\circ = \frac{2 \cdot 360 \cdot k \cdot \pi}{V_2} \left(a - \sqrt{a^2 - \varrho^2}\right). \tag{265}$$

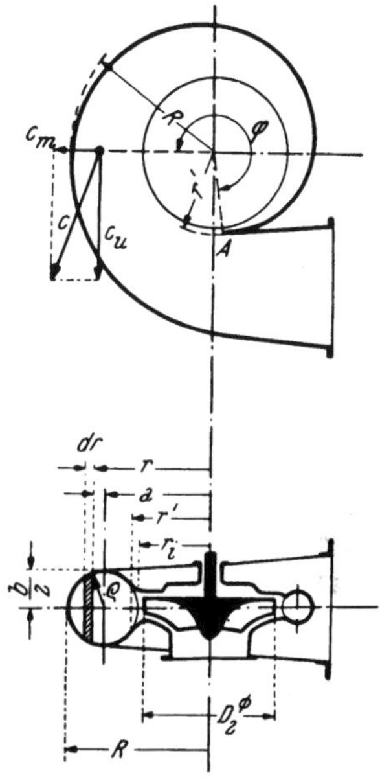

Abb. 156. Spiralgehäuse mit kreisförmigem Querschnitt

$$\varrho^2 = (r - a)^2 + \left(\frac{b}{2}\right)^2$$

Nimmt man φ an, dann läßt sich der Halbmesser der Spirale in einem beliebigen Schnitt aus Gl. (264) errechnen, und man erhält bei Vernachlässigung der Zungenkorrektur [*52*], d. h. für $r' = r_i$

$$\varrho = \frac{\varphi^\circ}{C} + \sqrt{2 r_i \cdot \frac{\varphi^\circ}{C}}, \tag{266}$$

wobei

$$C = \frac{720 \cdot \pi \cdot k}{V_2} \text{ ist.}$$

Der Einfluß der Reibung kann durch größere Bemessung der Spirale berücksichtigt werden. Vielfach wird auch vorgeschlagen, den Reibungseinfluß dadurch zu berücksichtigen, daß eine vergrößerte Durchflußmenge V_2' in den Gl. (264) und (265) eingesetzt wird. Üblicherweise wählt man zur Berücksichtigung der Reibung als rechnerische Durchflußmenge für die Spirale

$$V_2' \doteq (1{,}1 \div 1{,}3) \cdot V_2. \tag{267}$$

Zur Berechnung von Spiralgehäusen mit beliebiger Querschnittsform wird auf die Literatur [*52, 53, 109*] verwiesen.

d) Wirkungsgrad. Die auf ein gefördertes Gasgewicht von G kg/sek bezogene innere Leistung ist

$$N_i = \frac{G + G_u}{75} \cdot H_i + N_r \text{ [PS]}. \tag{268}$$

Legt man die Adiabate als idealen Vergleichsvorgang zugrunde, dann ist

$$H_i = H_{ad} + \Delta h_1 + \Delta h_2 + \Delta h_3 = H_{th} - \Delta h_4\,,$$

wobei Δh_1, Δh_2 und Δh_3 die Teilverluste auf dem Strömungsweg nach Gl. (243), (244) und (259) und $\Delta h_4 = \frac{75\,N_r}{G}$ den Förderhöhenverlust infolge der Radreibung darstellen.

Entsprechend den Verlusten kann man nun folgende Wirkungsgrade unterscheiden: Der hydraulische oder Strömungswirkungsgrad ist das Verhältnis der tatsächlich erreichten Förderhöhe zur theoretischen Förderhöhe im Laufrad

$$\eta_h = \frac{H_{ad}}{H_i} = \frac{H_{ad}}{H_{ad} + \Delta h_1 + \Delta h_2 + \Delta h_3}\,. \tag{269}$$

Der volumetrische Wirkungsgrad ist das Verhältnis des tatsächlich geförderten Gewichtes zum Ansauggewicht

$$\eta_{vol} = \frac{G}{G + G_u}\,. \tag{270}$$

Der Radreibungswirkungsgrad berücksichtigt die Verluste als Folge der Reibung an der rotierenden Laufradscheibe

$$\eta_r = \frac{N_i - N_r}{N_i}\,. \tag{271}$$

Der innere, adiabatische Wirkungsgrad ist das Verhältnis der adiabatischen Leistung $G \cdot H_{ad}$ zur gesamten auf das Gas übertragenen Leistung N_i

$$\eta_{k_{ad}} = \frac{G \cdot H_{ad}}{N_i} = \frac{G \cdot H_{ad}}{(G + G_u)\,(H_{ad} + \Delta h_1 + \Delta h_2 + \Delta h_3) + 75\,N_r} \tag{272}$$

und mit den Gl. (269), (270) und (271)

$$\eta_{k_{ad}} = \eta_h \cdot \eta_{vol} \cdot \eta_r\,. \tag{273}$$

Der Gesamtwirkungsgrad, bezogen auf die Verdichterkupplung, der auch die mechanischen Verluste in den Lagern berücksichtigt, ist nach Gl. (147)

$$\eta_e = \eta_{i\,ad} \cdot \eta_m\,.$$

4. Hauptabmessungen

Mit Hilfe der vorhergehenden Überlegungen ist es nun möglich, die Hauptabmessungen eines Radialverdichters zu bestimmen [*53*].

Das Durchmesserverhältnis des Laufrades D_1/D_2 läßt sich unter Verwendung von Gl. (246) und (247) in der Form darstellen

$$\frac{2g\,\Delta h_r}{u_2^2} = \frac{1{,}25^2}{\left(\frac{D_1}{D_2}\right)^4}\,\varphi^2\,(\zeta_1 + \zeta_2) + \left(\frac{D_1}{D_2}\right)^2 \zeta_2\,.$$

Durch Differenzieren des Laufrad-Verlustdruckkennwertes $\Delta\psi_r = \frac{2g\,\Delta h_r}{u_2^2}$ findet man den optimalen Wert für D_1/D_2 aus der Bedingung

$$\frac{d\,(\Delta\psi_r)}{d\left(\frac{D_1}{D_2}\right)} = -\,4\,\frac{1{,}56}{\left(\frac{D_1}{D_2}\right)^5}\,(\zeta_1 + \zeta_2)\,\varphi^2 + 2\left(\frac{D_1}{D_2}\right)\zeta_2 = 0\,.$$

Dies ergibt

$$\left(\frac{D_1}{D_2}\right)_{opt} = \sqrt[6]{\frac{6{,}24\,\varphi^2\,(\zeta_1 + \zeta_2)}{2\,\zeta_2}}\,. \tag{274}$$

Setzt man für die Verlustbeiwerte $\zeta_1 = 0{,}1$ und $\zeta_2 = 0{,}2$ ein, dann wird

$$\left(\frac{D_1}{D_2}\right)_{opt} = 1{,}294\sqrt[3]{\varphi} \doteq 1{,}30\sqrt[3]{\varphi}\,, \tag{275}$$

d. h. das optimale Durchmesserverhältnis ist nur eine Funktion des Durchsatzkennwertes, Abb. 157.

Für den Laufradeintrittswinkel β_1 gilt für drallfreien Eintritt (d. h. $c_{1_u} = 0$)

$$\operatorname{tg}\beta_1 = \frac{c_1}{u_1} = \frac{c_{1m}}{u_2} \cdot \frac{u_2}{u_1} = \frac{1{,}25}{\left(\frac{D_1}{D_2}\right)^3} \cdot \varphi\,.$$

Mit Gl. (274) ist dann

$$\operatorname{tg}\beta_1 = 1{,}25\sqrt{\frac{2\zeta_2}{6{,}24\,(\zeta_1+\zeta_2)}} \tag{276}$$

oder mit Gl. (275)

$$\operatorname{tg}\beta_1 = 0{,}578 \text{ also } \beta_1 = 30°\,.$$

Der optimale Eintrittswinkel ist also vom Durchmesserverhältnis und vom Durchsatzkennwert unabhängig.

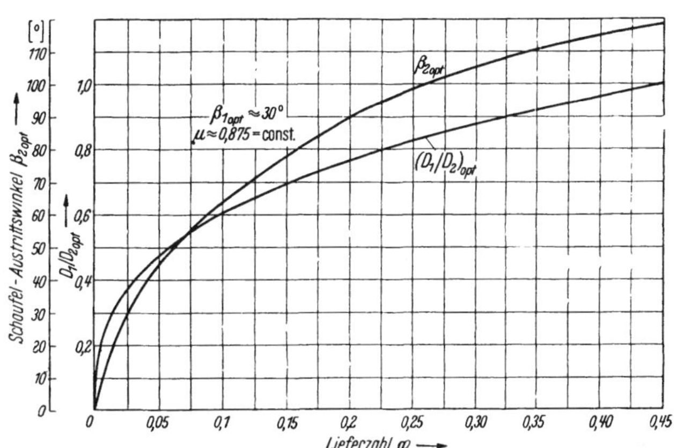

Abb. 157. Optimales Durchmesserverhältnis und optimaler Laufschaufelaustrittswinkel in Abhängigkeit vom Durchsatzkennwert φ [53]

Der Austrittswinkel β_2 ist gegeben durch

$$\operatorname{tg}\beta_2 = \frac{c_{2m}}{u_2 - c_{2u}} \text{ und mit Gl. (238) } \operatorname{tg}\beta_2 = \frac{c_{2m}}{u_2 - u_2\frac{\psi_\infty}{2}}\,.$$

Nun ist aber $\frac{c_m}{u_2} = \frac{D_1}{D_2}\operatorname{tg}\beta_1$ und weiter unter Verwendung der Gl. (274) und (276)

$$\left(\frac{c_m}{u_2}\right)_{opt} = 0{,}855\left(\frac{\zeta_2}{\zeta_1+\zeta_2}\right)^{\frac{1}{3}} \cdot \varphi^{\frac{1}{3}}\,. \tag{277}$$

Damit erhält man den einem bestimmten theoretischen Druckkennwert $\psi_{th} = \mu\,\psi_\infty$ zugeordneten Austrittswinkel

$$\operatorname{tg}\beta_2 = \frac{0{,}855\left(\frac{\zeta_2}{\zeta_1+\zeta_2}\right)^{\frac{1}{3}} \cdot \varphi^{\frac{1}{3}}}{1 - \frac{1}{2\mu}\psi_{th}} \tag{278}$$

bzw. nach Einsetzen für $\zeta_1 = 0{,}1$ und $\zeta_2 = 0{,}2$

$$\operatorname{tg}\beta_2 = \frac{0{,}75\sqrt[3]{\varphi}}{1 - \frac{1}{2\mu}\psi_{th}}\,. \tag{279}$$

Mit diesen Beziehungen kann man nun ein Auslegungsdiagramm, Abb. 158, für Radialverdichter entwerfen [53]. Als Ordinate ist der Druckkennwert $\psi = \frac{2g\,H_{ad}}{u_2^2}$ und als Abszisse der Durchsatzkennwert φ gewählt. Durch Hinzufügen des Drehzahlkennwertes $\sigma = \frac{\varphi^{\frac{1}{2}}}{\psi^{\frac{3}{4}}}$ lassen sich aus Abb. 158 die optimalen Abmessungen für vorgegebenes Druckverhältnis $\frac{p_2}{p_1}$ bzw. Förderhöhe H_{ad}, Durchsatzmenge V und Drehzahl n abschätzen.

Die Machzahl der relativen Eintrittsgeschwindigkeit ist

$$Ma = \frac{w_1}{w_s} = \frac{c_m}{u_2} \cdot \frac{u_2}{w_s} \cdot \frac{1}{\sin \beta_1}$$

und mit Gl. (275)

$$Ma \doteq 1{,}5 \sqrt[3]{\varphi} \cdot \frac{u_2}{w_s} \doteq 1{,}15 \frac{D_1}{D_2} \cdot \frac{u_2}{w_s}. \tag{280}$$

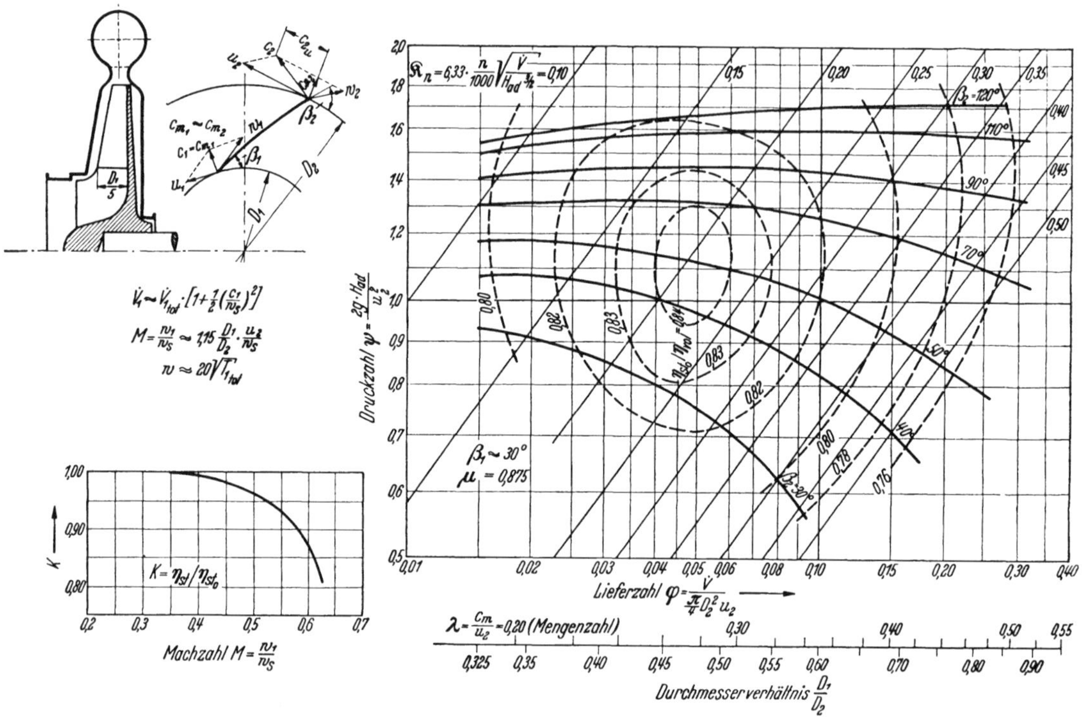

Abb. 158. Auslegungsdiagramm für Radialverdichter nach ECKERT [53]. Druckkennwert ψ, Schaufelaustrittswinkel β_2, Durchmesserverhältnis D_1/D_2, Mengenzahl λ in Abhängigkeit vom Durchsatzkennwert φ bzw. des Drehzahlkennwertes $\sigma = \mathfrak{R}_n$ für Optimalbedingungen. Korrekturfaktor K in Abhängigkeit von der Machzahl

Wie beim Axialverdichter hat die Machzahl der Eintrittsgeschwindigkeit einen nicht zu vernachlässigenden Einfluß auf den Wirkungsgrad des Radialverdichters. Dieser Einfluß kann mit Hilfe des Hilfsdiagrammes in Abb. 158 durch den Korrekturfaktor K, der Versuchsauswertungen entspricht, berücksichtigt werden.

Zur Vermeidung von Ablösungsverlusten im Laufradeintritt strebt man an dieser Stelle eine geringe Beschleunigung des Fördergutes an. Mit den Bezeichnungen der Abb. 150 soll also sein

$$\frac{\pi}{4} (D_s^2 - d_n^2) > \pi \cdot D_1 \cdot b_1 . \tag{281}$$

Bezeichnet man das Durchmesserverhältnis $D_s/D_1 = k_D$, das Nabenverhältnis $d_n/D_s = \nu$ und wählt eine Verengung von 5%, dann ist

$$\frac{\pi}{4} k_D^2 D_1^2 (1 - \nu^2) = 1{,}05 \cdot \pi \cdot D_1 \cdot b_1$$

$$b_1 = \frac{k_D^2 D_1 (1 - \nu^2)}{4{,}2} \tag{282}$$

dabei ist $k_D^2 \doteq 0{,}93$ bis $0{,}97$ und $\nu = 0$ bis etwa $0{,}5$. Damit wird

$$b_1 \doteq \frac{D_1}{4{,}4} \text{ bis } \frac{D_1}{5{,}9}, \text{ also im Mittel } b_1 \doteq \frac{D_1}{5}. \tag{283}$$

Wie bereits in Gl. (235) und (236) gezeigt, hat die Schaufelzahl großen Einfluß auf das Verhältnis der in einer Stufe tatsächlich erreichbaren Förderhöhe H_{th} zur theoretischen Förderhöhe bei unendlich vielen Schaufeln $H_{th\infty}$. Nun ist mit zunehmender Schaufelzahl zwar die Abweichung der tatsächlichen Strömung im Laufrad von den durch die Schaufeln vorgeschriebenen Strombahnen geringer als bei kleiner Schaufelzahl, aber mit wachsender Schaufelzahl vergrößern sich auch die Reibungsverluste in den Kanälen, was als Folge der damit verbundenen Wirkungsgradverschlechterung eine wirksame Zunahme der Stufenförderhöhe verhindert.

Bei zu kleiner Schaufelzahl erhöht sich der Schaufeldruck und damit die Geschwindigkeitsdifferenz zwischen den beiden Schaufelseiten, was Strömungsablösungen und Ablösungsverluste zur Folge hat.

Da die Berechnung der optimalen Schaufelzahl für eine Normalstufe noch nicht möglich ist, könnte man den Schaufelkanal als Diffusor betrachten und versuchen, die Schaufelzahl unter Zuhilfenahme der Erkenntnisse der Strömungsforschung aus dem zulässigen Öffnungswinkel des gleichwertigen, ebenen Diffusors abzuschätzen. Hierbei ergeben sich aber für eine Relativströmung ohne Verzögerung, also für $\beta_2 \to \beta_1$ Schaufelzahlen $z \to 0$. Deshalb erscheint es zweckmäßiger, die Schaufelzahl aus dem Teilungsverhältnis des äquivalenten „geraden Gitters" abzuschätzen [*53*]. Das Teilungsverhältnis des äquivalenten geraden Gitters berechnet sich hierbei zu

$$\frac{t}{L} = \frac{2\pi \sin \beta^*}{z \ln \left(\frac{r_2}{r_1}\right)},$$

wobei näherungsweise $\beta^* = \frac{\beta_1 + \beta_2}{2}$ gesetzt werden kann.

Während man nun bei Axialkompressoren aus Wirkungsgradgründen Teilungsverhältnisse $t/L < 0{,}5$ vermeidet, können beim Laufrad im Radialkompressor wegen der allgemein höheren Schaufelbelastung Teilungsverhältnisse

$$\frac{t}{L} = 0{,}35 \text{ bis } 0{,}45$$

ausgeführt werden. Hiermit erhält man eine Bestimmungsgleichung für die Schaufelzahl

$$z = \frac{2\pi \sin \frac{\beta_1 + \beta_2}{2}}{(0{,}35 \div 0{,}45) \ln \frac{D_2}{D_1}}. \tag{284}$$

Aus Gl. (284) geht hervor, daß die Schaufelzahl z mit zunehmendem Durchmesserverhältnis D_2/D_1 kleiner wird, weil die Kanallänge größer wird. Dagegen nimmt die erforderliche Schaufelzahl mit größer werdendem Schaufelwinkel β_2 zu.

Nach Gl. (284) sind die größten Schaufelzahlen bei vorwärts gekrümmten Schaufeln ($\beta_2 > 90°$) und bei kleinen Durchmesserverhältnissen D_2/D_1 zu erwarten, wie dies in Wirklichkeit bei den Trommelläufern der Fall ist.

Bei stark erweiterten Kanälen, wenn der Eintrittswinkel β_1 klein und der Austrittswinkel β_2 groß ist, muß unter Umständen eine kleine Schaufelzahl mit Rücksicht auf die Querschnittsverengung am Schaufelanfang gewählt werden, wobei dann am Außendurchmesser D_2 keine ausreichende Führung mehr gewährleistet ist. In diesen Fällen verwendet man Zwischenschaufeln mit einer mehr oder weniger großen radialen Erstreckung.

5. Kennfeld und Pumpgrenze

Wie schon früher erwähnt (s. S. 109), sind die Bedingungen zur Energieübertragung auf die Grenzschicht in der verzögerten Strömung ungünstig. Die Grenzschicht wird daher eine starke Tendenz zur Verdickung und zu örtlichen Rückströmungen zeigen. Dieser Prozeß kann bis zur vollständigen Strömungsablösung führen. Es tritt zuerst eine Wirkungsgradeinbuße, aber noch keine Instabilität auf. Eine weitere Verringerung des Durchsatzes bewirkt jedoch eine vollständige Umkehr der Strömung. Dadurch baut sich der Druckgradient wieder auf, so daß die Strömungsrichtung wiederhergestellt wird und erneut umkehrt. Diese Pulsationserscheinung, das ,,Pumpen'', setzt sich, wenn keine Abhilfe erfolgt, mit konstanter Frequenz fort, solange der Verdichter jenseits der Kleinstfördermenge in Betrieb bleibt. Förderhöhe und Wirkungsgrad sinken stark ab, aber wichtiger ist, daß das Pumpen für die Maschine gefährlich werden und bei hohen Strömungsgeschwindigkeiten sogar zur Zerstörung führen kann. Bei Radialverdichtern ist meist das Diffusorsystem die Ursache des Pumpbeginnes, weil sich dort eine Strömungsablösung viel leichter ausbilden kann als im Laufrad.

Die gebräuchlichste Verdichterkennlinie ist die Abhängigkeit Druckverhältnis—Durchsatz bei konstanter Drehzahl. Betriebsbereich und Verlauf dieser Kurve hängen von einer Reihe von Faktoren ab. Vorerst sei angenommen, daß die Form des Diffusorsystems allein die Kennlinie beeinflußt, wenn der Durchsatz geändert wird. Wenn die Förderhöhe des Laufrades bei verändertem Durchsatz konstant ist (radial endende Schaufeln bei Minderleistungsfaktor $\mu = 1{,}0$), dann hängt die Änderung des Lieferdruckes nur von einer Wirkungsgradänderung des Verdichters ab. Der Einfachheit halber sei weiter angenommen, daß der Wirkungsgrad des Laufrades unverändert bleibt, d. h. die Wirkungsgradänderung nur durch das Leitrad bestimmt wird. Am Auslegungspunkt des Verdichters (Normaldurchsatz) werden die Leitradschaufeln stoßfrei angeströmt. Bei kleinerem Durchsatz verringert sich (unter der Annahme $c_{2u} = \text{konst.}$) nur die Radialgeschwindigkeit c_{2m}, und dies hat eine Ablenkung der Strömung zur Folge. Die Stromlinien divergieren gegen den engsten Querschnitt des Leitraddiffusors, so daß sich zuerst der Diffusorwirkungsgrad und damit die Austrittspressung etwas erhöht. Wird der Durchsatz noch weiter verringert, dann tritt Ablösung mit vergrößerten Verlusten und schließlich Pumpen auf.

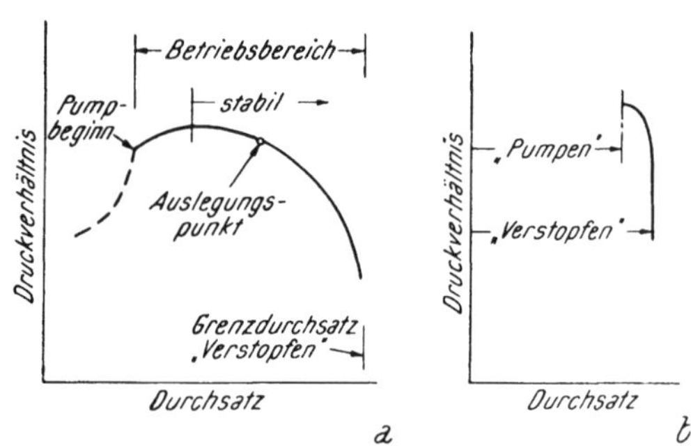

Abb. 159. Kennlinien von Radialrädern bei konstanter Drehzahl
a Niedrige Geschwindigkeit
b Hohe Geschwindigkeit

Steigt der Durchsatz über den Auslegungsdurchsatz, dann wird c_{2m} größer und der Diffusor steiler angeströmt. Die Stromlinien konvergieren zum engsten Querschnitt, d. h. es stellt sich dort ein niedrigerer Druck ein. Die Strömungsgeschwindigkeiten im Diffusorsystem steigen an, so daß sich die Verluste vor und nach der engsten Stelle vergrößern. Steigt der Durchsatz weiter, dann wird infolge örtlicher Ablösungen der engste Kanalquerschnitt schließlich blockiert und so ein weiterer Durchsatzanstieg verhindert. Der Betrieb zwischen Auslegungspunkt und größtem Durchsatz (,,Verstopfen'') ist stabil und man erhält den in Abb. 159a gezeigten Verlauf der Kennlinie.

Sind die Machzahlen am Diffusoreintritt hoch, dann hat die Kennlinie eine andere Form. In diesem Falle wird jede Verringerung des Durchsatzes sehr rasch Pumpen hervorrufen, und jede Durchsatzvergrößerung wird bald zum Auftreten der Schallgeschwindigkeit führen, was einen steilen Abbruch des Durchsatzanstieges ergibt, Abb. 159b. Dieser Kennlinienverlauf tritt z. B. bei einstufigen Radialverdichtern mit Druckverhältnissen über 4 bei den höchsten Betriebsdrehzahlen auf. Es ist dann der Betriebsbereich zwischen ,,Pumpen'' und ,,Verstopfen'' klein. Der Kennlinienverlauf nach Abb. 159b nähert sich der Kennlinie einer Axialverdichterstufe, bei der das Pumpen meist an oder knapp vor dem Punkt, wo das Druckverhältnis sein Maximum erreicht, auftritt. Eine Prüfung der Kennlinie links von der Pumpgrenze ist nur bei sehr kleinen Druckverhältnissen möglich, wo die Pulsationen nicht so heftig sind. Man kann dann, wie es die strichlierte Linie in Abb. 159a zeigt, einen plötzlichen Abfall des gemessenen mittleren Druckes feststellen.

Bisher wurde angenommen, daß die Förderhöhe des Laufrades bei Änderung des Durchsatzes konstant bleibt (radial endende Schaufel). Besitzt jedoch das Laufrad rückwärts gekrümmte Schaufeln, dann steigt mit sinkendem Durchsatz die theoretische Förderhöhe, Abb. 147a. Dies bedeutet, daß das Diffusorsystem, wenn der Durchsatz verkleinert wird, Luft mit vergrößerter Energie aufnimmt. Die Pumpgrenze rückt nach links, und die Pressung steigt bis zum Pumpbeginn stetig an, d. h. der stabile Betriebsbereich des Verdichters wird stark verbreitert.

Vordrall hat den gleichen Einfluß wie rückwärts gekrümmte Schaufeln. Die Förderhöhe steigt mit sinkendem Durchsatz, doch ist die Auswirkung geringer. Das kleinere, mit rückwärts gekrümmten Schaufeln erreichbare, Stufendruckverhältnis führt zur Verwendung der Mehrstufenbauart. Bei guter Abstimmung der Stufen kann der weite Betriebsbereich beibehalten werden. Dieses Merkmal ist jedoch für Gasturbinenverdichter nicht so wesentlich wie bei Industrieverdichtern zur Luftversorgung, weil bei Gasturbinen für stationäre Anwendungen die Betriebslinie festgelegt ist und sogar bei Luftfahrtanwendungen nicht sehr mit der Änderung der Fluggeschwindigkeit schwankt. In diesen Fällen ist es wichtiger, einen hohen Wirkungsgrad als einen weiten Betriebsbereich zu erreichen.

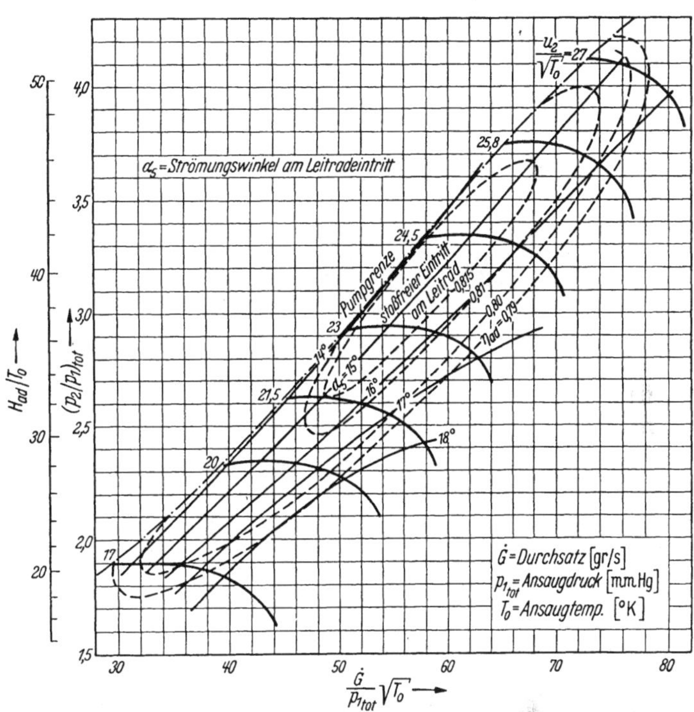

Abb. 160 *a*. Kennfeld eines Grenzleistungsradialverdichters der Turboméca S.A. mit Linien gleicher Strömungswinkel α_5 am Leitradeintritt. u_2 Umfangsgeschwindigkeit,

Auslegungsdrehzahl $\frac{u_2}{\sqrt{T_0}} = 24{,}5$

Infolge des Einflusses der endlichen Schaufelzahl haben auch die Laufräder mit Radialschaufeln eine leicht ansteigende Kennlinie, weil mit kleinerem Durchsatz der Minderleistungsfaktor μ etwas absinkt, so daß die Strömungsrichtung mit dem Leitradeintrittswinkel weiter gut übereinstimmt. Die einzelnen Druck-Volumenkennlinien bei den verschiedenen Drehzahlen werden gewöhnlich zu einem Kennfeld zusammengefaßt. Die Verbindungslinie der einzelnen Punkte des Pumpbeginnes ergibt die Pumpgrenze.

Abb. 160a zeigt das gemessene Kennfeld eines Grenzleistungsradialverdichters der Firma Turboméca S. A., Bordes[1], nach Abb. 160b. Für jeden Kennfeldpunkt wurde der Strömungswinkel am Leitradeintritt berechnet und das Ergebnis in Abb. 160a mit eingetragen. Wie man sieht, läuft die Linie $\alpha_5 = 15°$ bei allen Drehzahlen durch das Wirkungsgradoptimum, was als Bestätigung für stoßfreien Eintritt am Leitrad angesehen werden kann.

Ein weiter Betriebsbereich kann mit Radialrädern dann erreicht werden, wenn das

[1] S.A. des Usines Turboméca, Bordes, Basses-Pyrénées, Frankreich.

für eine gegebene Umfassungsgeschwindigkeit u_2 maximale Druckverhältnis nicht erreicht werden muß. In diesem Fall wird die Schaufelzahl verringert. Auch ein Vordrall kann vorgesehen werden. Weiters gelingt es auch mit Diffusorkonstruktionen, die allerdings mehr Raum benötigen, den Betriebsbereich zu vergrößern.

Abb. 160 *b*. Bauteile des Grenzleistungsradialverdichters

Diese Probleme sind in einer Arbeit von Speer [*121*] behandelt, der bei der Firma AiResearch einige interessante Berechnungen und Versuche zum Entwurf eines zweistufigen Gasturbinenverdichters, der möglichst leicht und kompakt sein sollte, anstellte. Nach Vergleichen von Laufrädern mit Schaufelwinkeln von $\beta_2' = 90°$ und $\beta_2' = 35°$, Abb. 161, entschloß man sich, rückwärts gekrümmte Schaufeln mit $\beta_2' = 30°$ zu verwenden. Um die Verringerung der Förderhöhe teilweise auszugleichen, wurde die Radialgeschwindigkeit c_{2_m} verkleinert, Abb. 162c, und die relative Austrittsgeschwindigkeit w_2 gleich jener des Laufrades mit radial endigenden Schaufeln belassen, Abb. 162a. Auf diese Weise konnte statt einer Förderhöhe von nur 58%, Abb. 162b, eine solche von 84% der theoretischen Förderhöhe des Radialrades erreicht werden.

Weiters gibt Speer eine Gleichung für den Wirkungsgrad des Verdichters in Abhängigkeit von Reaktionsgrad $\mathfrak{r}$, Laufradwirkungsgrad η_R und Diffusorwirkungsgrad η_D in folgender Weise an. Der Reaktionsgrad $\mathfrak{r}$ des Laufrades einer Verdichterstufe ist

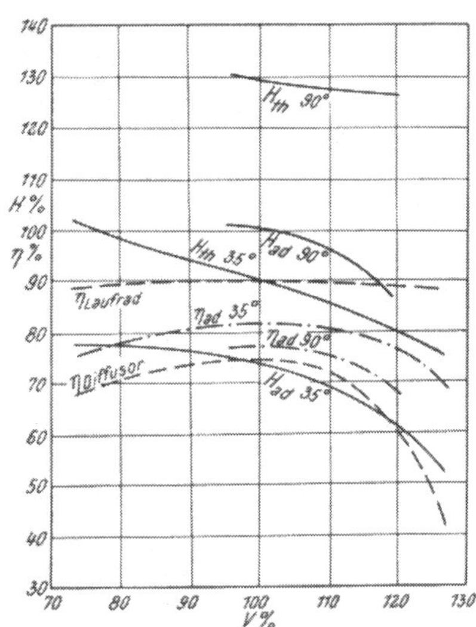

Abb. 161. Vergleich der Förderhöhen und Wirkungsgrade für Verdichter mit radial endenden ($\beta'_2 = 90°$) und rückwärts gekrümmten ($\beta'_2 = 35°$) Laufradschaufeln

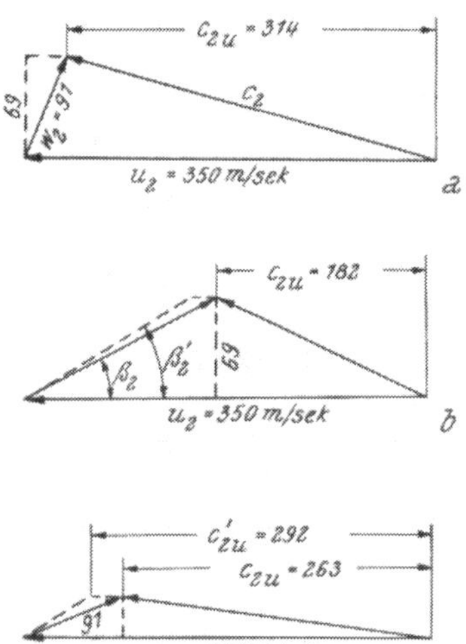

Abb. 162. Geschwindigkeitsdreiecke am Laufradaustritt für konstanten Minderleistungsfaktor $\mu = 0{,}9$

a Radial endende Schaufel
b Rückwärts gekrümmte Schaufel
c Rückwärts gekrümmte Schaufel mit vergrößerter Förderhöhe

$$\mathfrak{r} = \frac{H_{stat}}{H_{th}},$$

wobei die theoretische statische Förderhöhe durch

$$H_{stat} = \frac{u_2^2 - w_2^2}{2g}$$

und die theoretische Gesamtförderhöhe durch

$$H_{th} = \frac{u_2 c_{2u}}{g}$$

gegeben ist.

Durch Umformen mit Hilfe der geometrischen Beziehungen der Geschwindigkeitsdreiecke folgt für den Reaktionsgrad weiter

$$\mathfrak{r} = \frac{1 - \frac{w_2^2}{u_2^2}}{2 - \frac{2 w_2 \cos\beta_2}{u_2}} \,. \tag{285}$$

Werden also u_2 und w_2 konstant gehalten, Abb. 162a, c, dann steigt der Reaktionsgrad $\mathfrak{r}$ mit kleiner werdendem Strömungsaustrittswinkel β_2. Für den adiabatischen Stufenwirkungsgrad kann nun ähnlich Gl. (218), S. 137 geschrieben werden

$$\eta_{St} = \mathfrak{r} - (1 - \eta_R) + \eta_D\,(1 - \mathfrak{r})\,. \tag{286}$$

Es sei nun ein Laufradwirkungsgrad η_R von 90% und ein Diffusorwirkungsgrad η_D von 75% für beide Schaufelformen angenommen. Für die Schaufel nach Abb. 162a folgt nach Einsetzen der entsprechenden Werte in Gl. (285) ein Reaktionsgrad von $\mathfrak{r} = 0{,}519$ und für die rückwärts gekrümmte Schaufel nach Abb. 162c $\mathfrak{r} = 0{,}616$. Dies ergibt für den Wirkungsgrad der radial endenden Schaufel

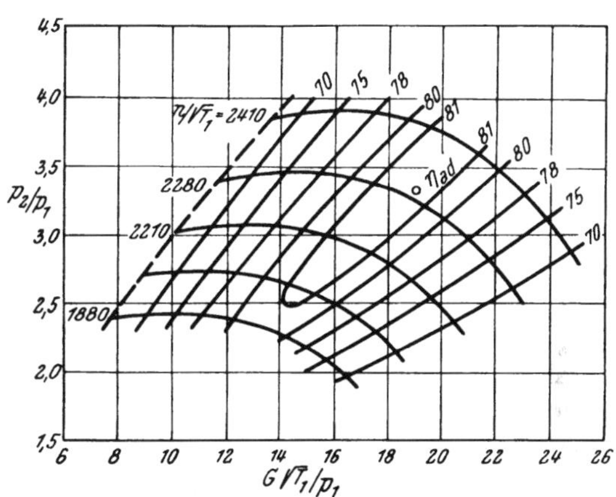

Abb. 163. Kennfeld des zweistufigen AiResearch-Radialverdichters GTC 85; Auslegungspunkt $p_2/p_1 = 3{,}36$, $\frac{n}{\sqrt{T_1}} = 2290$, $\frac{G \cdot \sqrt{T_1}}{p_1} = 19$, n in U/min, T_1 in °K, p_1 in ata, G in kg/sec

$$\eta_{St} = 0{,}519 - 0{,}10 + 0{,}75\;(1 - 0{,}519) = 0{,}779$$

und für das Laufrad mit rückwärts gekrümmten Schaufeln

$$\eta_{St} = 0{,}616 - 0{,}10 + 0{,}75\;(1 - 0{,}616) = 0{,}804\,.$$

Der Wirkungsgrad konnte also um 2,5 Punkte verbessert werden.

Abb. 163 zeigt das Kennfeld des zweistufigen Radialverdichters, Abb. 179b, der nach den oben besprochenen Gesichtspunkten gebaut wurde.

6. Zusammenarbeiten der Stufen

Bei mehrstufigen Verdichtern ist es wichtig, daß die Stufen sorgfältig aufeinander abgestimmt werden. Die Durchsatzmengen müssen so gewählt werden, daß alle Stufen stabil und mit ausreichendem Wirkungsgrad innerhalb des gewünschten Betriebsbereiches arbeiten. Sind, bevor ein mehrstufiger Verdichter entworfen wird, die Kennwerte der Einzelstufe aus Berechnung oder Messung bekannt, dann läßt sich das Gesamtkennfeld aufbauen.

In Verdichterkennfeldern werden zur Stufenabstimmung oder zur Berechnung des Teillastverhaltens Luftdurchsatz und Drehzahl meist in der Form $\frac{G\sqrt{T}}{p}$ und $\frac{n}{\sqrt{T}}$ aufgetragen (s. S. 421), wobei p und T, die Bezugswerte für Druck und Temperatur, geeignet gewählt werden.

An Hand von Tab. 12 und Abb. 164 sei nun beispielsweise eine Berechnungsmethode zur Bestimmung des Gesamtkennfeldes eines zweistufigen Verdichters gezeigt, wenn die Kennlinien der beiden Einzelstufen bekannt sind [*144*].

Tabelle 12. *Aufbau des Gesamtkennfeldes eines zweistufigen Verdichters* $\varkappa = 1{,}4$ *(s. Abb. 164)*

		ohne Zwischenkühlung					mit Zwischenkühlung		
		1. Stufe		2. Stufe		Gesamt	2. Stufe		Gesamt
		Eintritt	Austritt	Eintritt	Austritt		Eintritt	Austritt	
T	°K	288	411,1	411,1	530,7	288	299	424,6	288
p	ata	1,033	2,89	2,89	5,94	5,94	2,89	8,1	8,1
n	U/min	10000		10000		10000	10000		10000
G	kg/sek	45,4		45,4		45,4	45,4		45,4
$n/\sqrt{T}$		589	493	493	434	589	578	485	589
$\frac{G \cdot \sqrt{T}}{p}$		745	319	319	176	745	272	116	745
$\Delta T/T$		0,428	0,299	0,288	0,225	0,838	0,42	0,296	0,863
ΔT		123,1		118,4		251,5	125,6		248,7
p_2/p_1		2,8		2,05		5,74	2,8		7,84
η_{ad}	%	80,0		79,2		77,2	81,4		[1]

[1] $\eta_{is} = 68{,}6\%$.

Das gleiche Prinzip kann auch für mehrere Stufen angewendet werden. Die Hochdruckstufe soll das gleiche Betriebsverhalten, jedoch den halben Durchsatz der Niederdruckstufe haben, Abb. 164 oben. Die lineare Verkleinerung im Verhältnis $\frac{1}{\sqrt{2}}$ soll ohne Einfluß auf den Wirkungsgrad sein.

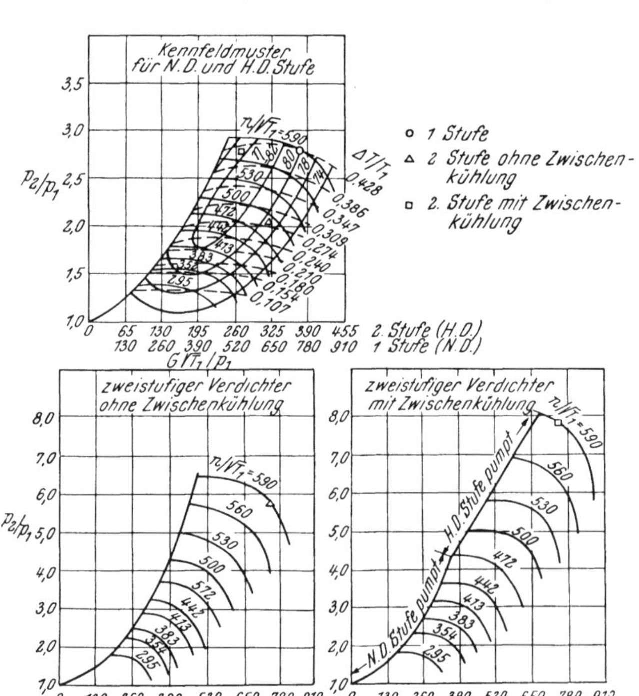

Abb. 164. Abstimmung der Stufen (s. Tab. 12)

Der Auslegungspunkt der Niederdruckstufe liegt bei einem Durchsatz von $G = 45{,}4$ kg/sek und einer Drehzahl $n = 10000$ U/min. Der entsprechende Betriebspunkt der Hochdruckstufe folgt aus Tab. 12. Durch Herausgreifen einer genügenden Zahl von Einzelpunkten wird das Gesamtkennfeld festgelegt. Die Kennlinien in Abb. 164 unten wurden auf diese Weise bestimmt. Die für das Beispiel verwendeten Stufenkennfelder geben sowohl mit als auch ohne Zwischenkühlung eine gute Abstimmung. Es sei jedoch festgehalten, daß der Einfachheit halber in den Rohrleitungen oder im Zwischenkühler keine Druckverluste angenommen wurden. Druckverluste würden sowohl den Betriebsbereich als auch den Wirkungsgrad des zweistufigen Verdichters verkleinern. Um eine gute Abstimmung zu erreichen, müßten die relativen Strömungsmengen der beiden Stufen geändert werden.

Für den Fall ohne Zwischenkühlung sind die Austrittsbedingungen der ersten Stufe gleich den Eintrittsbedingungen der zweiten. Es ist also gegenüber der punktweisen Abschätzung nach Tab. 12 eine große Vereinfachung möglich, wenn die Charakteristiken der ersten Stufe auf der Basis sowohl der Austritts- als auch der Eintrittsbedingungen aufgetragen werden. Im Fall mit Zwischenkühlung würde diese Methode im Hinblick auf den Zwischenkühlerbetrieb bei veränderlichen Luftdurchsätzen einige vereinfachende Annahmen erforderlich machen. Abb. 164 zeigt den Vorteil der Zwischenkühlung ebenso wie ihren Einfluß auf die Stufenabstimmung.

7. Konstruktion

a) Laufrad. Der Läufer eines Gebläses oder Verdichters besteht im wesentlichen aus einer Welle und aus einer Reihe von Laufrädern, deren Zahl sich richtet nach:

1. der gewünschten Förderhöhe einer zu verdichtenden Gasart,
2. den für die Laufräder gewählten Umfangsgeschwindigkeiten,
3. der konstruktiven Ausbildung der Laufräder und deren Schaufeln.

Aus Gründen der Herstellungskosten werden die Laufräder von stationären Gebläsen und Verdichtern gewöhnlich nicht aus einem Stück gefertigt, sondern aus der Laufradscheibe, der Deckscheibe und den Schaufeln zusammengebaut [*122*]. Abb. 165 zeigt gebräuchliche Ausführungsformen von Laufrädern für niedrige und hohe Umfangsgeschwindigkeiten. Für das hochbeanspruchte Laufrad nach Abb. 166 sind für eine äußere Umfangsgeschwindigkeit $u_2 = 300$ m/sek die auftretenden Radial- und Tangentialspannungen σ_r und σ_t der Laufradscheibe und der Deckscheibe seitlich im Bild dargestellt. Von den in Abb. 144 dargestellten verschiedenen Schaufelformen werden überwiegend die gerade Rückwärtsschaufel *c* und die rückwärts gekrümmte Schaufel *d* angewendet. Die radial gerichtete Schaufel, Abb. 144b und 165b, mit dem Laufrad aus einem Stück gefertigt, hat große Bedeutung für nicht stationäre Gebläse (Lader für Fahrzeug- und

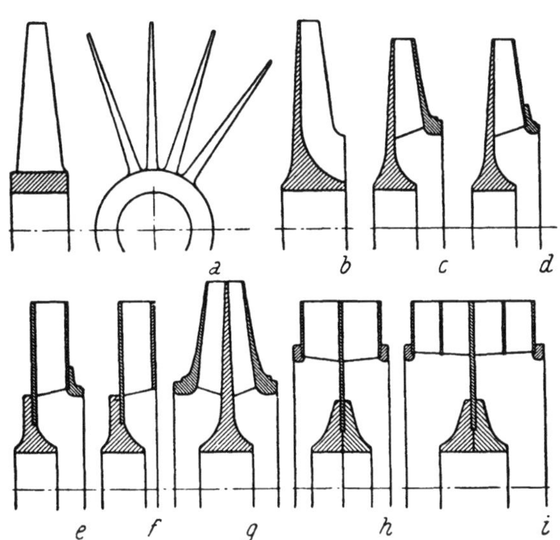

Abb. 165. Ausführungsformen von Laufrädern

a Beiderseits offenes Rad
b Halboffenes Rad
c Geschlossenes einflutiges Rad für hohe Umfangsgeschwindigkeit
d Geschlossenes einflutiges Rad für mittlere Umfangsgeschwindigkeit
e Geschlossenes einflutiges Rad für niedrige Umfangsgeschwindigkeit
f Geschlossenes einflutiges Rad für niedrige Umfangsgeschwindigkeit
g Doppelflutiges Rad für hohe Umfangsgeschwindigkeit
h Doppelflutiges Rad für niedrige Umfangsgeschwindigkeit
i Doppelflutiges Rad für niedrige Umfangsgeschwindigkeit

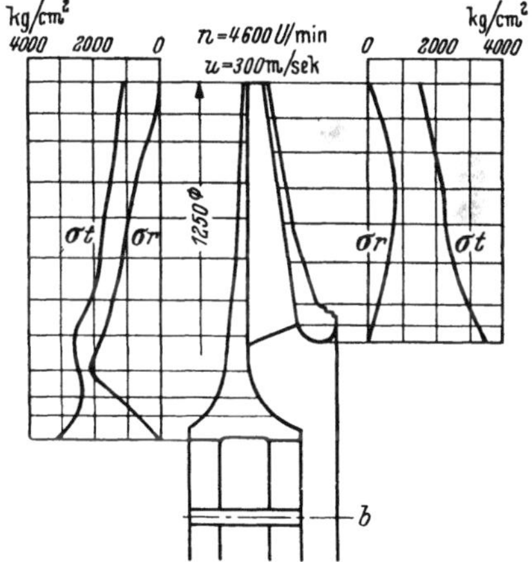

Abb. 166. Radial- und Tangentialspannungen eines hochbeanspruchten Laufrades der Bauart Abb. 165*c*

Flugmotoren), wo es auf die Beherrschung besonders hoher Umfangsgeschwindigkeiten bis über 450 m/sek ankommt, Abb. 167.

Die bevorzugte kraftschlüssige Verbindung der Elemente der Laufräder, Abb. 165 ist die Nietverbindung. Abb. 168 gibt einige Ausführungsbeispiele von Nietverbindungen wieder: *a* für Massivschaufeln mit angefrästen Nietzapfen; *b* mit durchgehenden Nieten; *c* für Blechschaufel in U-Profil; *d* für Blechschaufel in Z-Profil.

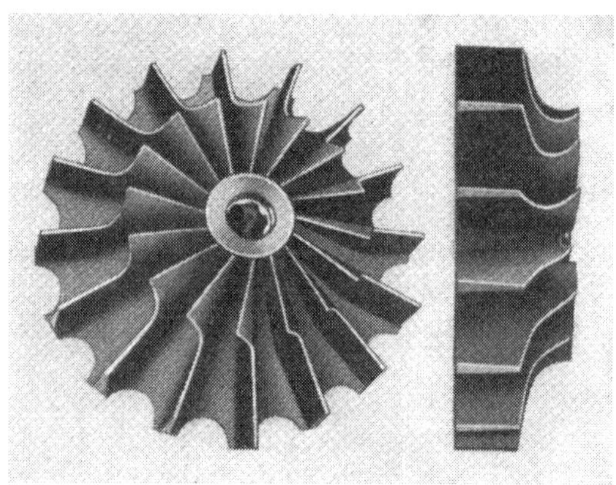

Abb. 167. Radialrad aus Dural

Die Ausführung *d* ist in Deutschland, Großbritannien, USA und anderen Ländern

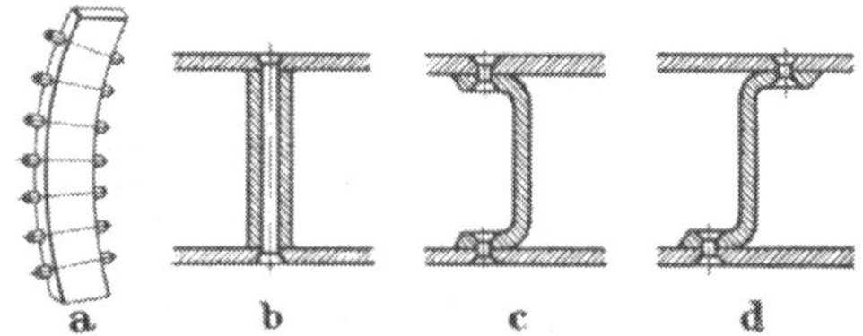

Abb. 168*a*. Nietverbindungen von Laufschaufeln
a Massivschaufel mit angefrästen Zapfen
b Massivschaufel mit durchgehendem Niet
c Blechschaufel in U-Profil
d Blechschaufel in Z-Profil

am verbreitetsten. Die Massivschaufel mit angefrästen Nietzapfen *a* ist in Deutschland und in der Schweiz vertreten. In England findet man auch die Anwendung der Massivschaufel aus Leichtmetall in Verbindung mit durchgehenden Stahlnieten sowie geschweißte Verbindungen aus Stahlrädern und Stahlschaufeln (Bauform ähnlich Abb. 165b), jedoch

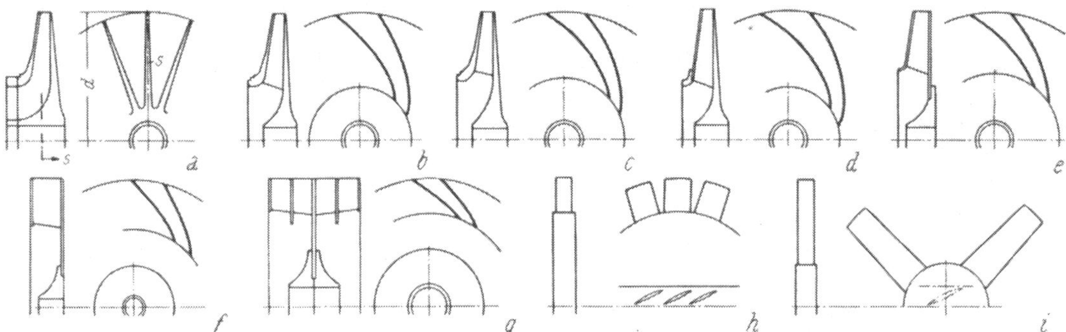

Abb. 168*b*. Laufradformen der in Tab. 13 eingetragenen Gebläse

unter Verwendung einer zusätzlichen Deckscheibe. Die radialen Schaufeln werden dabei zunächst an die Radscheibe angeschweißt und anschließend die Deckscheibe im inneren und äußeren Teil des Schaufelkanals an die Schaufeln.

Geeignete Materialien für Laufradscheiben, Deckscheiben und Schaufeln sind hochwertige Stähle (Cr-Ni-Stahl u. a.) hoher Festigkeit, Streckgrenze und Dehnung. Bisweilen werden auch Leichtmetalle angewandt, jedoch haben sich hochvergütete Leichtmetalllegierungen nicht bewährt, da sie unter Temperatureinflüssen ihre Festigkeitseigenschaften ändern. In Tab. 13 sind einige technische Daten und die spezifischen Drehzahlen ausgeführter einstufiger Gebläse wiedergegeben. Die entsprechenden Laufradformen zeigt Abb. 168b.

Tabelle 13. *Technische Daten und spezifische Drehzahlen ausgeführter einstufiger Gebläse*

Laufradausführung		a	b	c	d	e	f	g	h[1]	i[1]
Ansaugvolumen . . . . . . V_S	m³/sek	1,4	1,25	10	1,25	5,83	12,5	23,65	10	4
Ansaugdruck . . . . p_S	ata	1,0	1,0	1,0	1,0	1,0	1,0	1,0	1,0	1,0
Enddruck . . . . p_D	ata	2,33	2,1	1,65	1,525	1,12	1,045	1,095	1,05	1,003
Spezifisches Gewicht des Gases im Ansaugezustand . . . . γ_S	kg/m³	1,165	1,165	1,188	1,2	1,2	1,2	1,2	1,2	1,2
Adiabatische Verdichtung . . . . h_{ad}	mkg/kg	8000	7090	4700	3125	1000	375	790	417	25
Drehzahl des Laufrades n	U/min	19800	19900	6000	13080	2980	1500	2980	4000	3000
Durchmesser des Laufrades . . . . D	m	0,36	0,36	0,95	0,40	0,95	1,25	0,97	0,60	0,60
Drehzahlkennwert . . . . σ		0,176	0,183	0,212	0,223	0,256	0,395	0,616	0,82	3,4
Spezifische Drehzahl . . n_q		27,75	28,9	33,53	35,1	40,4	62,4	97,3	137,3	536
Zahl der Schaufeln . . . z		18	18	20	16	20	24	28	20	4

[1] Axialgebläse.

b) Welle und Gehäuse. Die Laufräder werden auf der Welle mit Schrumpf- oder Preßsitz befestigt (meist unter Zwischenschaltung von Distanzbuchsen) und durch Federn, Schraubverbindungen und dergleichen gegen Lockerwerden im Betrieb gesichert.

Bei der Bemessung der Wellen muß die Lage der kritischen Biegungsschwingungsdrehzahlen berechnet werden. Die Wellen ein- und mehrstufiger Maschinen geringer Stufenzahl werden gewöhnlich so bemessen, daß ihre Betriebsdrehzahl unter der niedrigsten kritischen Drehzahl liegt (unterkritischer Lauf), während vielstufige Maschinen heute fast ausschließlich mit Rotoren ausgerüstet sind, die im Betrieb zwischen der ersten und der zweiten kritischen Drehzahl laufen (überkritischer Lauf). Der Grund hierfür ist, daß kleine Einlaufdurchmesser der Laufräder angestrebt werden und die Welle daher möglichst dünn auszuführen ist. Abb. 169 zeigt die Wellenabmessungen von zwei ausgeführten Turboverdichtern. Die Betriebsdrehzahlen n, die kritischen Drehzahlen n_k, die Läufergewichte G, die Lagerstützweiten und die Wellendurchmesser sind eingetragen.

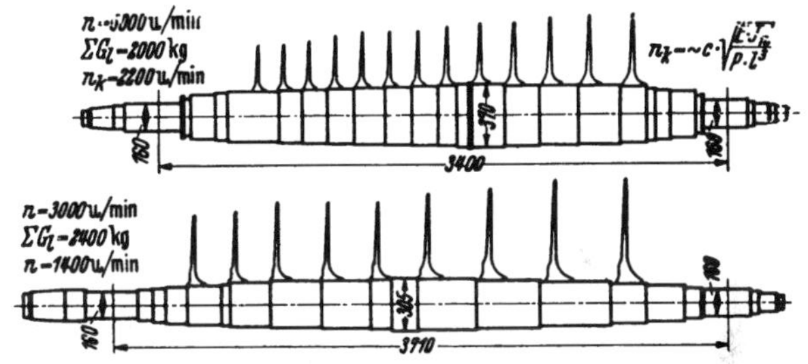

Abb. 169. Wellen von vielstufigen Kreiselverdichtern

Die Lagerung besteht aus den Traglagern und dem Spurlager, welches die Aufgabe hat, die Lage des Läufers relativ zum Gehäuse zu sichern und etwaige Längsschübe des Läufers aufzunehmen, s. Abb. 170.

Um die Axialschübe, welche von den unterschiedlichen auf die einzelnen Laufräder wirkenden axialen Kräften herrühren, innerhalb des Läufers auszugleichen, verwendet man Ausgleichskolben, die wie die Laufräder auf der Welle befestigt sind. Sie werden so bemessen, daß der gesamte Axialschub des Läufers im Betrieb vollständig oder teilweise ausgeglichen werden kann.

Um den Läufer einbauen zu können, muß das Gehäuse horizontal geteilt sein, Abb. 171a. Saubere Dichtungsfläche der Teilfuge und kräftiger Flansch sind selbstverständliche Voraussetzungen. Aus Herstellungs- und Bearbeitungsgründen werden meist auch noch eine oder mehrere vertikale Unterteilungen des Gehäuses an Saug- oder Druckseite oder an beiden Seiten vorgenommen, Abb. 171b.

Trennung und Abdichtung der Stufen erfordern außerdem Zwischenwände im Gehäuseinnern. Abb. 172 zeigt eine gebräuchliche Ausführung einer solchen Zwischenwand, die wie das Gehäuse horizontal geteilt ist und deren Hälften in die entsprechenden Gehäusehälften eingesetzt werden.

c) Ausgeführte Bauarten. Bei den Flugtriebwerken der Whittle-Bauart[1] kommt ein einstufiger Radialverdichter mit doppelflutigem Laufrad zur Anwendung, der von einer

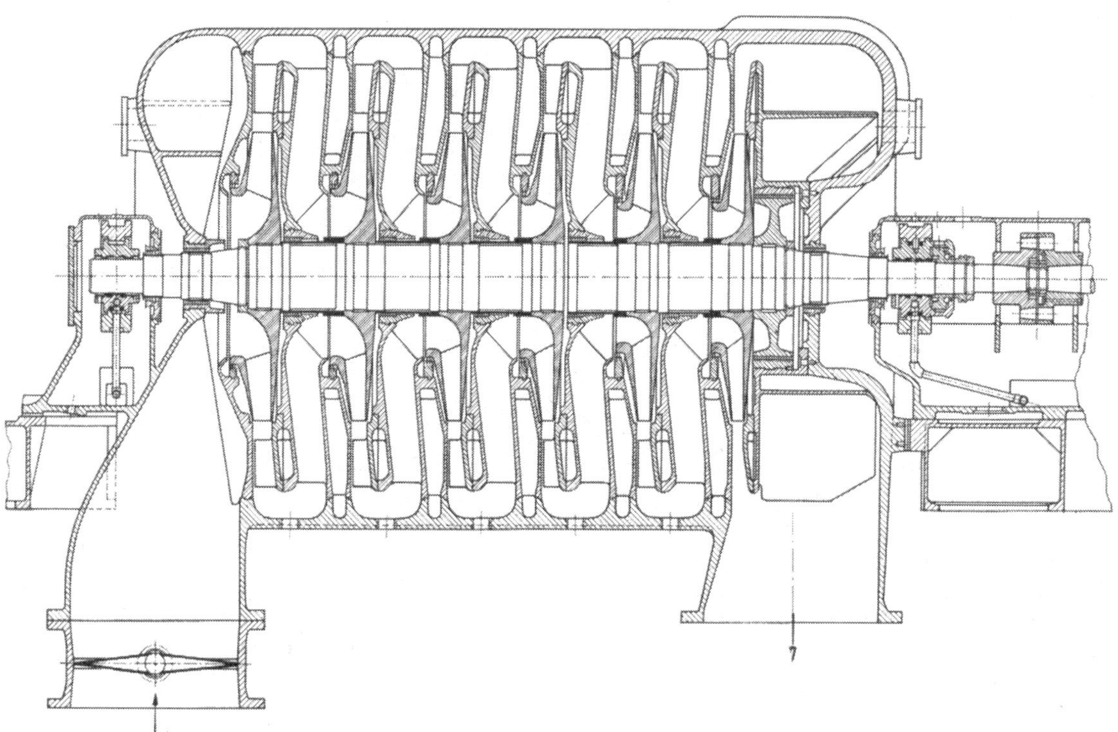

Abb. 170. Sechsstufiger Radialverdichter Bauart Gutehoffnungshütte, Oberhausen

einstufigen Turbine angetrieben wird, Abb. 173. Dieses Bild zeigt einen Schnitt durch das Turbinen-Düsen-Triebwerk Rolls-Royce *Nene*. Hinter dem Laderrad sitzt ein Gebläserad für die Kühlung. Wegen der besseren Eintrittsverhältnisse, besonders unter Flugbedingungen, bevorzugt die englische Firma De Havilland den einseitigen Radiallader bei ihren Turbinen-Düsen-Triebwerken, Abb. 174. Interessant ist die Ausbildung des Tannenbaumfußes zur Befestigung der Turbinenschaufel. Aus Tab. 14 sind die Hauptdaten eines doppelflutigen Kompressors des Whittle-Triebwerkes W 2 ersichtlich.

Tabelle 14. *Hauptdaten des einstufigen doppelflutigen Radialkompressors des Whittle-Triebwerkes W 2*

Maximale Drehzahl	n	U/min	16750
Laufradaußendurchmesser	D_2	mm	525
Laufradeintrittsdurchmesser, außen	D_1	mm	300
Laufradeintrittsdurchmesser, innen	d_N	mm	140
Laufradbreite, außen	$2 \cdot b_2$	mm	44
Durchmesser am Diffusor, außen	D_6	mm	610
Zahl der Laufschaufeln	z		29
Umfangsgeschwindigkeit, Laufrad, außen	u_2	m/sek	461
Umfangsgeschwindigkeit, Laufradeintritt, außen	u_1	m/sek	263
Umfangsgeschwindigkeit, Laufradeintritt, innen	u_N	m/sek	122,5

[1] Air Commodore FRANK WHITTLE, der bereits 1930 sein erstes Patent für ein Turbinen-Düsen-Triebwerk einreichte, entwickelte die ersten englischen Gasturbinen-Flugtriebwerke.

Ein solcher einstufiger Kompressor kann heute ein Verdichtungsverhältnis von 4.5 bei 77 bis 80% Wirkungsgrad geben. Ein zweistufiger Kompressor mit kleineren Umfangsgeschwindigkeiten erreicht ein Druckverhältnis von 6 bis 7 mit 76% Wirkungsgrad. Der General Electric Comp. ist es sogar gelungen, ein Verdichtungsverhältnis von 6 mit etwa 70% Wirkungsgrad in einer Stufe zu erreichen.

Bei diesen mit sehr hoher Umfangsgeschwindigkeit und hohem Luftdurchsatz arbeitenden Verdichtern spielt die an den verschiedenen Stellen erreichte Machzahl eine große Rolle. Die heikelsten Punkte sind der Laufradeintritt, der Laufradkanal und der Diffusoreintritt und -austritt. Sorgfältige Untersuchungen der Strömung im Laufrad und im Diffusor führten zu einer beachtlichen Wirkungsgradsteigerung [*117*, *123*]. Man fand, daß unter gewissen Flugbedingungen im Laufradkanal stellenweise die Schallgeschwindigkeit überschritten wurde und dadurch Ablösung der Strömung mit entsprechenden Verlusten entstand, die durch Eintrittsleitschaufeln zur Erzeugung eines positiven Eintrittsdralles

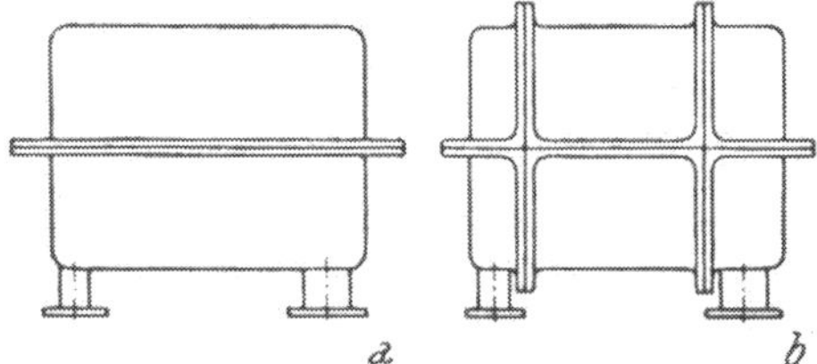

Abb. 171. Gehäuse von Verdichtern
a Gehäuse längsgeteilt
b Gehäuse längs- und quergeteilt

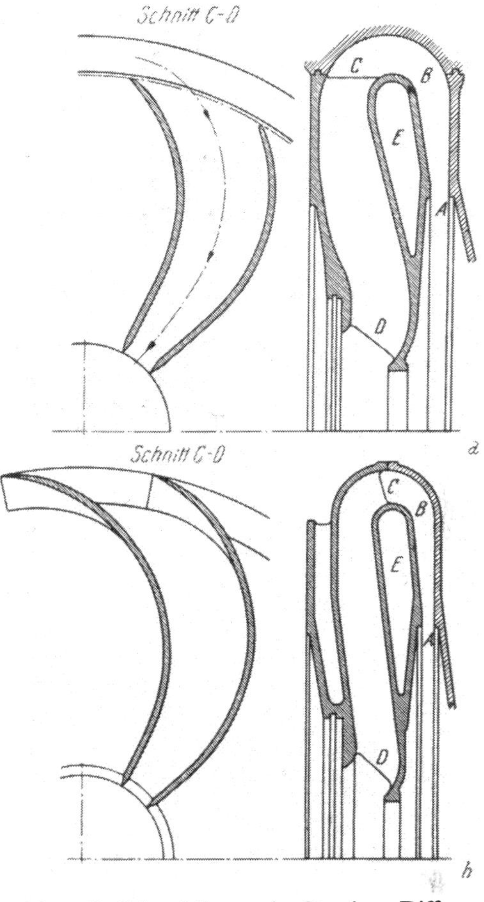

Abb. 172. Schaufelloser ringförmiger Diffusor einer Verdichterzwischenstufe, Ausführung *a* und *b*

heruntergesetzt werden konnten. Ebenso war es auch durch strömungstechnische Verbesserungen des Diffusors möglich, Ablösungen weitgehendst zu vermeiden und damit den Wirkungsgrad des Verdichters unter allen Betriebsverhältnissen hoch zu halten.

Ein besonderes Problem waren die Schwingungen im Laufrad, die anfänglich zu Brüchen und Totalschäden führten. Doch auch hier brachte systematische Forschungsarbeit Abhilfe und vor allem eine Kenntnis der Ursachen, die zum Teil in den Diffusorschaufeln lagen, welche bei gewissen Drehzahlen im Laufrad Resonanz hervorriefen [*282*]. Den besten Wirkungsgrad weisen geschlossene Laufräder auf, wie sie z. B. in der Bristol Radialstufe verwendet sind, Abb. 140. Sie führen jedoch zu großen Herstellungsschwierigkeiten. Auch der deutsche DVL-Lader hatte die gleiche Bauweise [*111*, *112*].

Radialverdichter für Landanlagen arbeiten mit nicht so hohen Druckverhältnissen und damit Durchströmgeschwindigkeiten wie Kompressoren für Flugzeugtriebwerke, doch spielen auch bei diesen die Verluste noch eine ausschlaggebende Rolle.

Systematische Versuche der Maschinenfabrik Oerlikon führten zu einer Bauart, bei welcher das Gehäuse durch Aufteilen der am Umfang des Rades angeordneten Spirale in vier Sektoren *B* und Anschließen je eines geraden Diffusors *D* an jeden Sektor verbessert wird, Abb. 175. Dadurch ist der Weg, den die Luft bis zum Orte vollendeter

Druckerzeugung (Austrittsquerschnitt des Diffusors) zurücklegen muß, bedeutend kürzer als bei einer einzigen Spirale, die mittlere Umlenkung der Stromfäden beträgt nur 45°

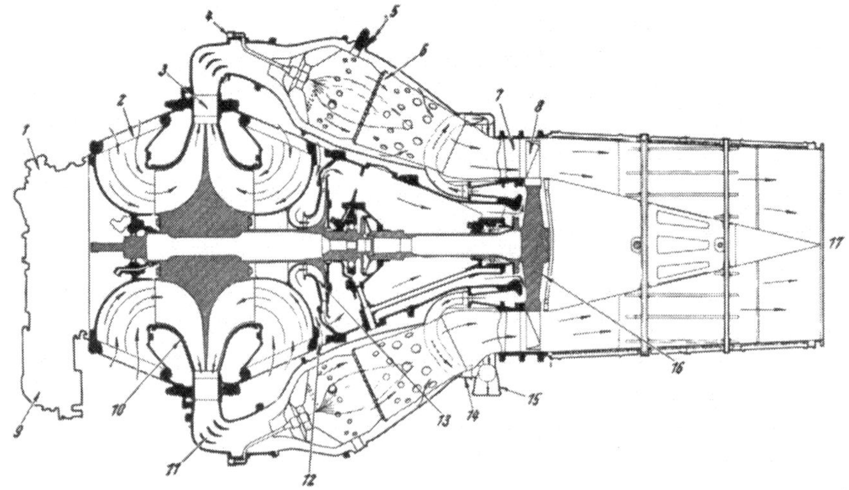

Abb. 173. Rolls-Royce „Nene“ Flugtriebwerk mit doppelflutigem Verdichterrad

1 Hilfsgerätegetriebe
2 Lufteinlaß
3 Diffusor
4 Brennstoffzuleitung
5 Zündbrenner
6 Brennkammer
7 Eintrittsleitschaufeln
8 Turbinenlaufschaufeln
9 Ölsumpf
10 Kompressor
11 Umlenkschaufeln
12 Kühllufteinlaß
13 Kühlluft-Gebläse-Laufrad
14 Kühlluftableitung
15 Kühlluftauslaß
16 Turbinenscheibe
17 Schubdüse

Stelle	Druck	Temperatur	Geschwindigkeit
nach Verdichterlaufrad	4,3 kg/cm²	260° C	442 m/sek
Brennkammer (Brennzone)	4,07 kg/cm²	2000° C	122 m/sek
vor Leitrad	4,1 kg/cm²	820° C	161 m/sek
vor Laufrad	2,6 kg/cm²	700° C	554 m/sek
nach Laufrad	1,8 kg/cm²	610° C	370 m/sek
Schubdüse Eintritt	1,1 kg/cm²	560° C	274 m/sek
Schubdüse Austritt	1,0 kg/cm²	530° C	533 m/sek

statt 180°, und schließlich ist die Verteilung der Geschwindigkeitsenergie am Austritt aus der Spirale bei der Mehrspiralenausführung bedeutend homogener als bei der Einspiralenausführung. Als Maß für diese Geschwindigkeitsverteilung ist die Energiedifferenz,

Abb. 174. Rotor des De Havilland-Triebwerkes „Goblin“. Turbine mit Tannenbaumfußbefestigung

Abb. 176, Kurve *a*, zwischen dem äußersten und dem innersten Stromfaden am Eintritt in den Diffusor aufgetragen, und zwar in Abhängigkeit von der Anzahl der Teilspiralen. Man sieht, daß bei vier Teilspiralen die Energiedifferenz, welche für eine gute Umwandlung der Geschwindigkeit in Druck schädlich ist, etwa die Hälfte derjenigen des Falles mit einer einzigen Spirale ausmacht, d. h. also, daß am Eintritt der Diffusoren eine bedeutend homogenere Geschwindigkeitsverteilung vorhanden ist. Die mittlere Geschwindigkeit im Eintrittsquerschnitt des Diffusors, Abb. 176, Kurve *b*, liegt bei vier Spiralen beträchtlich höher als bei einer einzigen Spirale. Mit der Anordnung von vier Teilspiralen wird somit ein größerer Teil der Geschwindigkeitsenergie in den geraden Diffusoren umgewandelt, als bei nur einer einzigen Spirale.

Um diese Überlegenheit durch praktische Versuche zu beweisen, hat die Maschinenfabrik Oerlikon längere Versuchsreihen durchgeführt. Als Ausgangspunkt diente ein normales einstufiges Radialgebläse mit Spiralgehäuse. In der Folge der Entwicklung

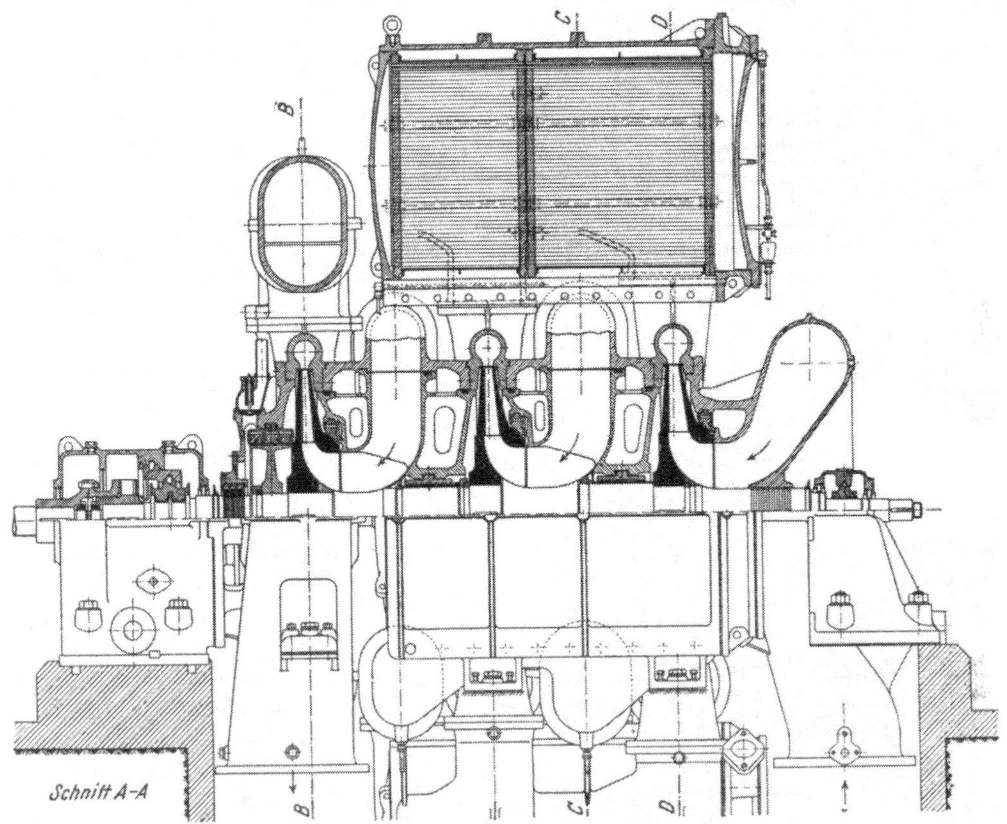

Abb. 175*a*. Oerlikon-Radialverdichter, Schaufelplan

ging man auf zwei und hernach auf vier Teilspiralen über. Die Meßergebnisse, Abb. 177, zeigen, daß mit dem gleichen Rad der Wirkungsgrad von 76 auf 88% verbessert werden kann, und bestätigen hiermit die Richtigkeit der Überlegungen.

Damit war eindeutig erwiesen, daß der feststehende Teil des Radialkompressors und nicht der rotierende der Sitz der hauptsächlichsten Verluste ist. Mit Hilfe dieser Erkenntnisse gelang es der Maschinenfabrik Oerlikon, einen dreistufigen Verdichter zu bauen, dessen adiabatische Stufenwirkungsgrade sich mit denjenigen eines Axialkompressors gleicher Gesamtdruckhöhe vergleichen lassen, und der zudem noch den Vorteil bietet, die Wasserkühler unmittelbar nach jeder Stufe anordnen zu können. Beispielsweise wurden an der ersten Stufe des Versuchskompressors folgende Zustände gemessen: Eintritt: 0,990 ata, 20,2° C; Austritt: 1,618 ata, 70,1° C; Druckverhältnis 1,63. Aus diesen Zahlen errechnet sich der adiabatische Wirkungsgrad zu 87,7%.

Kompressoren verschiedener Bauart müssen bei gleichem Druckverhältnis miteinander verglichen werden. Zweckmäßigerweise wählt man als charakteristische Güte-

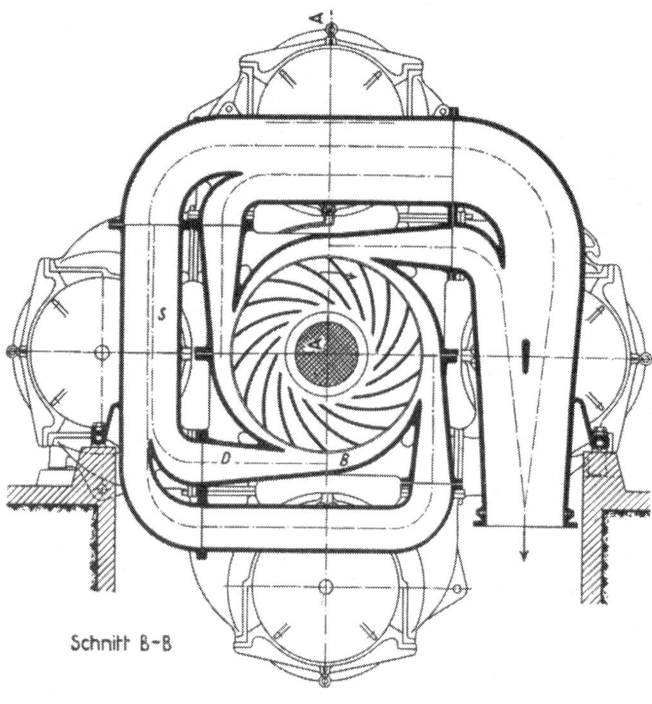

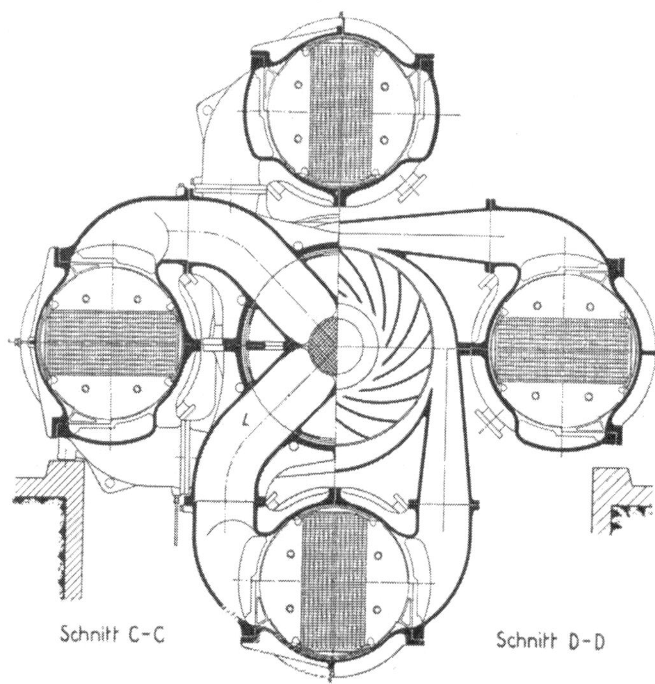

Abb. 175*b*. Oerlikon-Radialverdichter, Schnitte

B Teilspirale *S* Sammelleitung
D Diffusor *L* Leitung

zahl den polytropischen Wirkungsgrad nach Gl. (149), der für die Verdichterstufe mit den oben angeführten Zahlen 88,2% beträgt.

Für den ganzen Kompressor mit dem Druckverhältnis 3,8 ergäbe sich auf Grund dieser Stufenwirkungsgrade ein innerer adiabatischer Wirkungsgrad von fast 86% und ein Gesamtwirkungsgrad von 84%, wobei in diesem Wert auch die mechanischen Verluste eingeschlossen sind. Infolge der Kühlung wird aber der Wirkungsgrad in üblicher Weise nicht auf die Adiabate, sondern auf die Isotherme bezogen. Der isothermische Wirkungsgrad des Oerlikon-Kompressors ist aus Abb. 178 ersichtlich. Bei der Nenndrehzahl von 4500 U/min und der optimalen Fördermenge von 680 m³/min liegt er bei etwas über 74%; bei kleineren Drehzahlen steigt er bis gegen 80%.

Diese isothermischen Wirkungsgrade sind nicht etwa nur auf die dreistufige Versuchsausführung beschränkt, sondern lassen sich, wie eingehende Studien gezeigt haben, bis zu Drücken verwirklichen, die ein Mehrfaches des Druckes des Versuchskompressors betragen.

Die konstruktive Durchbildung des Kompressors geht aus Abb. 175a hervor. Sie zeigt einen Längsschnitt des Gehäuses mit den drei Laufrädern, deren rückwärts gekrümmte Schaufeln mit zahlreichen Nieten an den Trag- und Deckscheiben befestigt sind. Ebenfalls gut ersichtlich sind die Dichtungsringe an Welle und Scheiben sowie die zur Abdichtung verwendeten, im Gehäuse gelagerten Kohleringe. Der Reaktionsgrad ist verhältnismäßig hoch, nämlich rund 65%. Würde man die Schaufeln radial stellen, so könnte das Stufendruckverhältnis noch bedeutend über den Wert von 1,6 gehoben werden. Die Luft verläßt die Räder mit einer Absolutgeschwindigkeit von annähernd 200 m/sek und tritt mit dieser in die vier Sektorenräume des Gehäuses ein. Die kurzen, strömungstechnisch vorteilhaften Verbindungen zwischen Laufradaustritt und den Diffusoren bieten die besten Voraussetzungen für eine verlustarme Umwandlung der kinetischen in Druckenergie. Am Austritt aus den vier Diffusoren herrscht nur noch eine geringe Luftgeschwindigkeit, so daß bei den Mischungs- und Umlenkvorgängen in der Sammelleitung weniger als 1% des Stufendruckes verlorengeht. Die Sammelleitung S der letzten Stufe führt in die Druckleitung der Anlage, die die Luft zum Wärmeaustauscher hinunterleitet, Abb. 175b, Schnitt B—B. In den Zwischenstufen führt jeder Diffusor direkt in einen Wasserkühler und von da durch die Leitung L in den Saugraum der folgenden Stufe. Schnitt C—C, D—D zeigt die Verbindung der ersten mit der zweiten Stufe. Zwischen der zweiten und dritten Stufe würde sich ein entsprechendes Bild ergeben. Jeder der vier am Umfang angeordneten Kühler ist in der Längsrichtung in einen einzigen, alle Stufen umfassenden Apparat zusammengefaßt. Selbstverständlich läßt sich die Stufenzahl und damit der Druck über drei hinaus vermehren, wobei die Kühler unter Beibehaltung der konstruktiven Anordnung lediglich verlängert werden müssen.

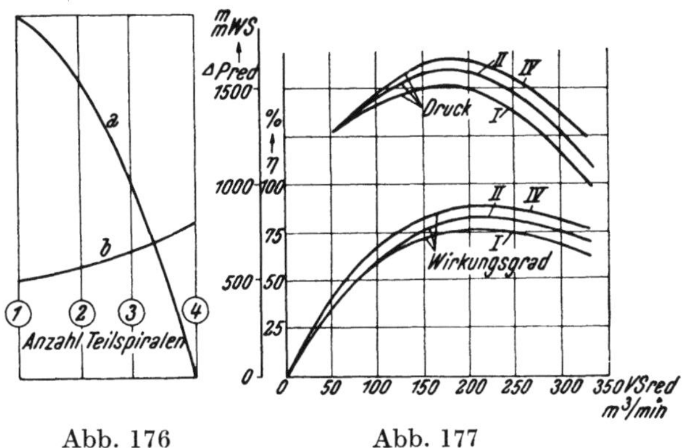

Abb. 176 Abb. 177

Abb. 176. Einfluß der Zahl der Teilspiralen auf die Druck- und Geschwindigkeitsverhältnisse

a Differenz der Drücke zwischen Innen- und Außenseite einer Teilspirale
b Mittlere Geschwindigkeit am Diffusoreintritt

Abb. 177. Einfluß der Zahl der Teilspiralen auf Druck- und Wirkungsgradverlauf in Abhängigkeit von der Fördermenge

I Gebläse mit einer Spirale
II Gebläse mit zwei Teilspiralen
IV Gebläse mit vier Teilspiralen

Die getroffene Anordnung bietet verschiedene Vorteile: Maschine und Kühler bilden eine Einheit; durch Wegfall der Verbindungsleitungen verringern sich die Strömungsverluste; da nach jeder Stufe eine Kühlung vorgesehen werden kann, läßt sich näherungsweise isothermische Kompression verwirklichen, was sowohl die Gasturbinenleistung, bezogen auf 1 kg stündlich umgewälzten Luftgewichtes, erhöht, als auch den Kompressorwirkungsgrad verbessert. Beides ist namentlich bei großen Leistungen von Vorteil. Umgekehrt ermöglicht der Radialverdichter infolge der großen hydraulischen Durchmesser seiner Strömungswege den Bau von Gasturbinen kleinster Leistungen, Abb. 179, die in Abschnitt XII, S. 661 näher

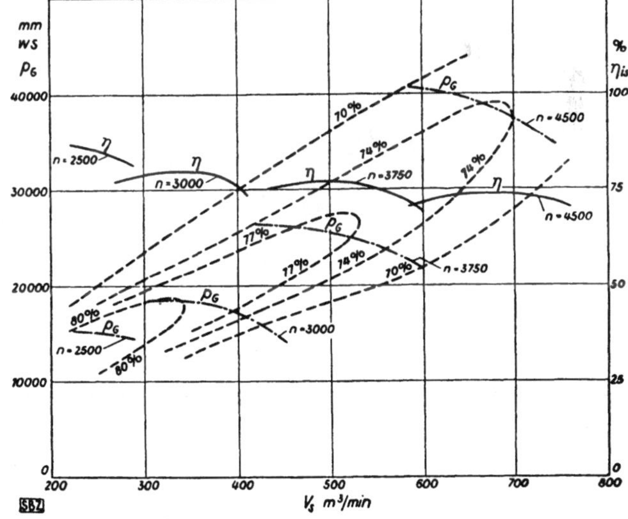

Abb. 178. Kennfeld des dreistufigen Oerlikon-Radialverdichters (Auslegungspunkt $V_s = 680$ m³/min, $p_2/p_1 = 3{,}8$, $n = 4500$ U/min)

beschrieben sind. Schließlich verläuft, wie schon früher erwähnt, die Druck- und Wirkungsgradcharakteristik der radialen Bauart bedeutend flacher als das bei Axialkompressoren in der Regel der Fall ist.

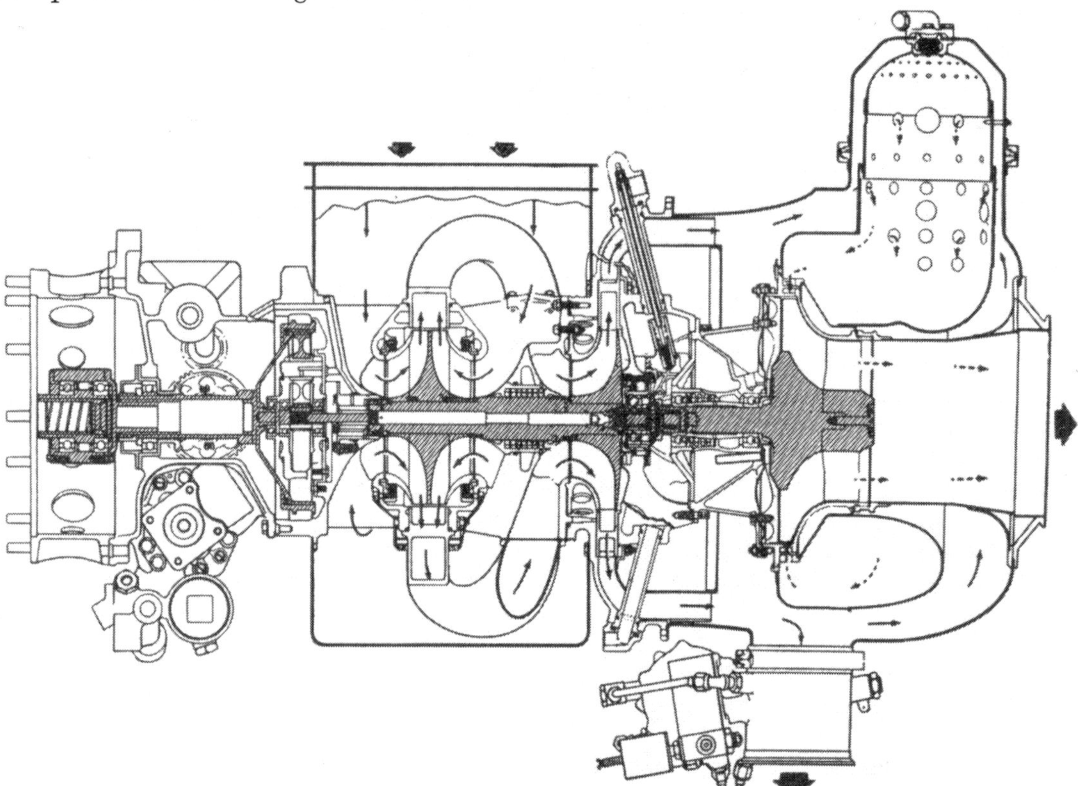

Abb. 179*a*. Schnittbild der AiResearch-Radialgasturbine Type GTCP

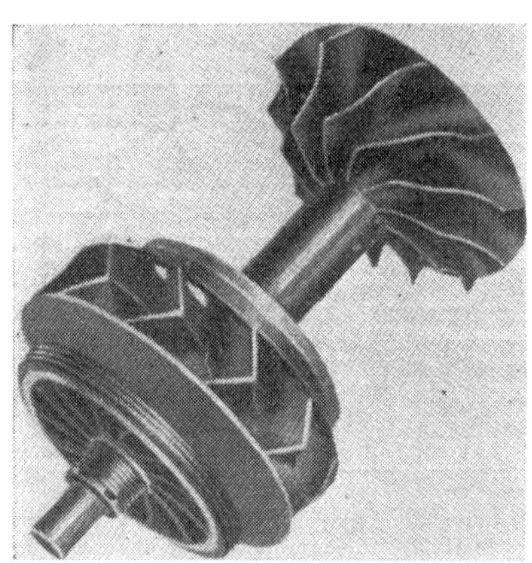

Abb. 179*b*. Verdichterläufer zu Abb. 179*a*

Diese Entwicklung zeigt, daß auch der Radialverdichter mit sehr hohem Wirkungsgrad gebaut werden kann, und es ist sehr leicht möglich, daß in Zukunft seine Anwendung wegen seiner Unempfindlichkeit mehr in den Vordergrund tritt. Wie Versuche mit Axialkompressoren in staubhaltiger Luft zeigten, fällt durch die infolge des Staubansatzes an den Schaufeln gestörte Strömung, der Wirkungsgrad rasch ab. Erst eine Reinigung derselben bringt ihn wieder auf seine ursprüngliche Höhe. Der Axialverdichter ist also sehr empfindlich, und der geringste Niederschlag auf den Schaufeln drückt sofort auf den Wirkungsgrad, wogegen der Radialverdichter in dieser Hinsicht wesentlich unempfindlicher ist.

Diese Wirkungsgradverschlechterung infolge Staubansatzes an den Schaufeln bereitet großes Kopfzerbrechen. Normalerweise ist die Größe dieser Staubpartikelchen 1 μ, in Industriezentren jedoch bis zu 10 μ. Staubkörnchen über 5 μ können durch industrielle Filter beseitigt werden, die kleineren Staubteilchen aber nur mittels elektrostatischer Filter. Während Elektrofilter für stationäre Anlagen ohne weiteres denkbar sind, kommen sie wegen ihrer Größe für Schiffe oder Lokomotiven nicht in Frage. Man hat zwar auch schon mit Erfolg Waschprozesse versucht, doch eine endgültige Lösung mittels eines geeigneten und größenmäßig tragbaren Luftfilters ist noch ausständig.

D. Verdrängungsverdichter

1. Einleitung

Bei modernen Gasturbinenanlagen werden fast ausschließlich Axial- oder Radialverdichter verwendet, welche die Verdichtung mit Hilfe von stetig durchströmten Schaufelrädern erreichen. In einigen Fällen gelangen jedoch auch Verdrängungsverdichter, d. h. entweder Kolbenverdichter oder solche nach Art des Roots-Gebläses zur Verwendung.

Der Wirkungsgrad der Kreiselverdichter sinkt ab, wenn ihre Baugröße verringert wird. Aus diesem Grund kann der Verdrängungsverdichter bei kleinen Gasturbinenanlagen, wo ein hoher Wirkungsgrad gewünscht wird, wertvoll werden, weil er seinen Wirkungsgrad auch bei kleinen Abmessungen beibehält. Auch bleiben Verdrängungsverdichter über den gesamten Bereich stabil, Abb. 73c, und vermeiden so die durch die Pumpgrenze verursachten Schwierigkeiten der Axial- und Radialverdichter. Als Ausführungsformen der Verdrängungsverdichter bestehen vor allem zwei Bauarten:

1. Der Lysholm-Schraubenverdichter als Alternativlösung für den Kreiselverdichter einer Gasturbinenanlage.

2. Der Freikolbengaserzeuger, der komprimiertes Heißgas für eine Nutzleistungsgasturbine liefert.

2. Lysholm-Schraubenverdichter

Der von ALF LYSHOLM[1] konstruierte und entwickelte Schraubenverdichter ist im wesentlichen eine Schraubenpumpe, Abb. 180 [*125*]. Das Bild zeigt den Hochdruckkompressor der Elliott Marine-Gasturbinen-Versuchsanlage. Die Entwicklung des Lysholm-Verdichters wurde 1934 in Schweden begonnen. Anfänglich war dieser Kompressor

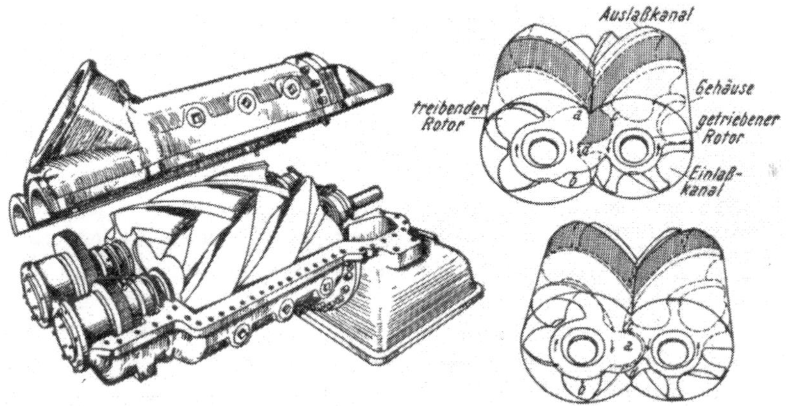

Abb. 180. Lysholm-Verdichter. *Links*: Hochdruckverdichter der Elliott-Marine-Versuchsanlage $N = 2500$ PS, *rechts*: Funktionsschema. Die schraffierten Flächen zeigen das angesaugte Luftvolumen an. Bei weiterer Drehung der Rotoren verkleinert sich dieses Volumen

zur Aufladung von Dieselmotoren gedacht, hat aber durch die amerikanische Firma Elliott Comp. wegen seines stabilen Verhaltens, für deren Gasturbinenversuchsanlage Verwendung gefunden (s. S. 678). Der Niederdruckverdichterteil dieser Gasturbinenanlage besitzt 2 parallel geschaltete Schraubenkolbenverdichter mit einem Ansaugvolumen von je 5,9 m^3/sek und einem Druckverhältnis von 2,5. Der Hochdruckverdichter ist eingehäusig und ebenfalls für ein Druckverhältnis von 2,5 gebaut.

Der Lysholm-Verdichter, Abb. 180, kann im Gegensatz zum Roots-Gebläse die Luft verdichten, bevor sie durch den Auslaßkanal entweicht. Die schraubenförmigen Flügel kämmen miteinander ohne sich zu berühren, da sie durch ein Zahnräderpaar immer in der

[1] Ehem. Chefkonstrukteur der S.T.A.L. (Svenska Turbinfabriks Aktiebolaget Ljungström, Finspong, Schweden), derzeit Professor der Technischen Hochschule, Stockholm.

richtigen Stellung zueinander gehalten werden. Der Einlaßkanal ist rechts unten im Bild, der Auslaßkanal oben links im abgehobenen Gehäuseoberteil. In den schematischen Skizzen sind die beiden Rotoren noch einmal herausgezeichnet, um die Wirkungsweise näher zu zeigen. Wenn die Läufer im unteren Teil des Gehäuses außer Eingriff kommen, überstreichen die Zahnlücken den Einlaßkanal und Luft dringt ein. Bei weiterer Drehung bewegen sich die Zähne gegen die Schließkante des Einlaßschlitzes, und die Luftvolumina zwischen den Zähnen werden abgeschlossen. Die obere Skizze zeigt an den zwei schraffierten Stellen die von den beiden Rotoren eingeschlossenen Luftvolumina, wobei der Zahn *a* gerade in der Lücke zwischen *c* und *d* einzugreifen beginnt. Eine weitere Drehung mit vollem Eingriff von *a* zeigt die untere Skizze. Die Vermengung der beiden Luftmassen und die fortschreitende Volumsverkleinerung bei weiterer Drehung der beiden Läufer ist klar ersichtlich. In der gezeigten Stellung sind die schraffierten Luftteile gerade vor dem Auslaßschlitz angelangt. Nach einer weiteren kurzen Drehung beginnt der Auslaßvorgang und die ganze Luftmenge wird gegen den höheren Druck durch den weiteren Eingriff der Zähne ausgeschoben.

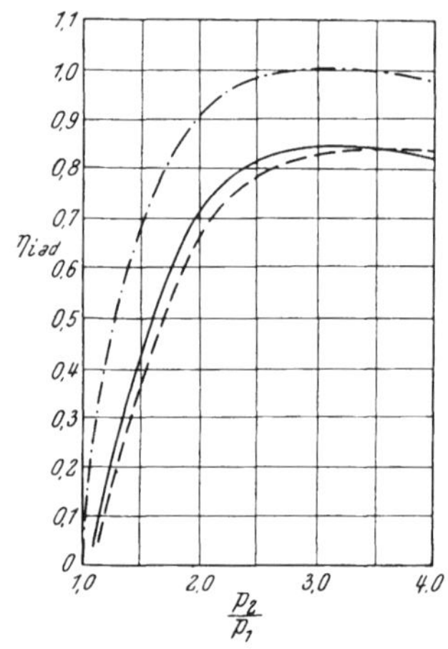

Abb. 181. Einfluß des Druckverhältnisses auf den adiabatischen Wirkungsgrad
–·–·–· η_{iad} des idealen Verdichters ($\eta_{iad} = 1{,}0$ drehzahlunabhängig für $p_2/p_1 = 3{,}0$)
– – – – / ——— η_{iad} des wirklichen Verdichters in Abhängigkeit von der Drehzahl
——— kleinere Drehzahl
–·–·– größere Drehzahl

Durch entsprechende Anordnung der Auslaßsteuerkanten gelingt es, das im jeweiligen Fall gewünschte Verdichtungsverhältnis in die Maschine einzubauen. Bei diesem „eingebauten" (Konstruktions-) Druckverhältnis tritt das Gas bei konstantem Druck aus dem Läuferpaar in die Druckleitung über. Bei jedem anderen Druckverhältnis tritt entweder Rückexpansion oder Rückströmen auf. So tritt bei Leerlauf (Verdichterbetrieb bei Gegendruck Null) eine vollständige Rückexpansion ein, so daß die Leerlaufantriebsleistung je nach der Bauform der Maschine 20 bis 50 % der Nennleistung am Auslegungspunkt beträgt. Da die Verluste zufolge Rückexpansion nach Überkompression kleiner als jene zufolge Rückströmen sind, so ergibt sich für den verlustlosen Verdichter mit $\eta_{iad} = 1{,}0$ am Auslegungspunkt ein η_{iad}-Verlauf nach der in Abb. 181 strichpunktiert eingetragenen Kurve [*144*]. Selbstverständlich ist der adiabatische Wirkungsgrad des idealen Verdichters unabhängig von der Drehzahl, und sein volumetrischer Wirkungsgrad bleibt unabhängig von Drehzahl und Druckverhältnis 100 %. In der Praxis hat jeder Lysholm-Verdichter neben anderen Verlusten auch einen volumetrischen Wirkungsgrad kleiner als 1,0, und seine Eigenschaften sind von der Drehzahl abhängig.

Am Verdichtereintritt tritt bei hohen Drehzahlen infolge der hohen Axialgeschwindigkeit der einströmenden Luft ein gewisser Staueffekt auf. Dadurch kann der bei Versuchen gemessene volumetrische Wirkungsgrad den Wert 1,0 überschreiten (s. Tab. 15). Bezogen auf die Dichte der Umgebungsluft muß er natürlich immer kleiner als 1,0 sein.

Beim Einströmen in das Läuferpaar treten auch Strömungsverluste durch Reibung und Drosselung auf. Diese Verluste steigen mit der Drehzahl an. Die Luftspalte zwischen Profilzahnspitze und Gehäusebohrung, an den Stirnseiten zwischen den Drehkolben und dem Gehäuse, sowie auch zwischen den Läufern selbst, verursachen Leckverluste. Diese sind zwar drehzahlunabhängig, doch werden sie mit steigendem Durchsatz, d. h. steigender Drehzahl, relativ kleiner. Weitere Verluste sind der Auslaßverlust, der Ventilationsverlust und die Lagerreibung.

Zufolge des Einflusses der Drehzahl auf die verschiedenen Verluste gibt es eine optimale Umfangsgeschwindigkeit für den besten adiabatischen Wirkungsgrad. Dieses Optimum ändert sich mit dem Druckverhältnis, und zwar zwischen 1,3 und 3,5 etwa von

45 auf 105 m/sek. Abb. 181 zeigt, daß für einen gegebenen Verdichter die Änderung der Umfangsgeschwindigkeit auf das optimale Druckverhältnis einen ausgeprägten Einfluß hat. Der Einfluß auf den maximalen Wirkungsgrad ist gering. Daraus folgt, daß der Fehler bei Wahl einer größeren als der optimalen Umfangsgeschwindigkeit klein ist, wenn nur das „eingebaute" Druckverhältnis richtig gewählt wurde. Es kann daher die wirkliche Umfangsgeschwindigkeit um 25 % größer als jene für optimalen Wirkungsgrad bei dem gegebenen Druckverhältnis gewählt werden. Dadurch werden die Abmessungen der Maschine kleiner.

Abb. 182a zeigt das Läuferpaar eines GHH[1]-Lysholm-Schraubenverdichters und Abb. 182b das Kennfeld. Der Hauptläufer hat vier Zähne, der Nebenläufer sechs, dazu passende Zahnlücken. Beide Läufer haben gleichen Außendurchmesser. Die Profilform hat im Lauf der Entwicklung einige Veränderungen erfahren und ist beim heutigen Schraubenverdichter in der Hauptsache aus Kreisbogen zusammengesetzt. Die Gleichlaufzahnräder

Abb. 182*a*. Haupt- und Nebenläufer eines Schraubenverdichters. Bauart GHH[1]

a Hauptläufer
b Nebenläufer

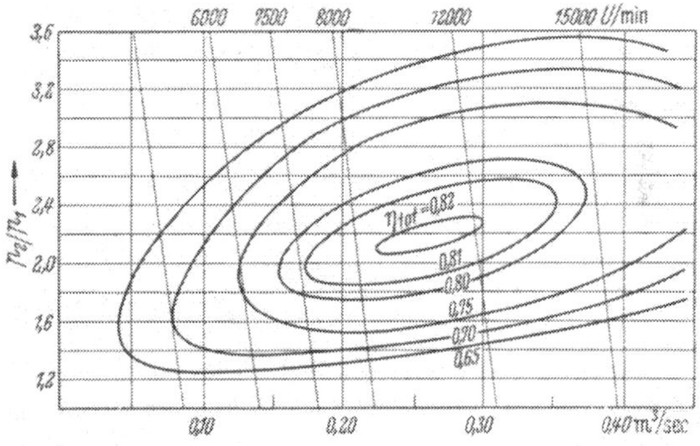

Abb. 182*b*. Kennlinien eines einstufigen Schraubenverdichters

übertragen gewöhnlich nur 2 bis 3% der Antriebsleistung, da die Hauptkraft aerodynamisch übertragen wird. Die Stufendruckverhältnisse betragen normal etwa 2,5 bis 3,5, die Fördermengen 0,06 bis 4,2 m³/sek.

Neben der Wahl der Umfangsgeschwindigkeit hat auch das Länge-Durchmesser-Verhältnis großen Einfluß auf die Auslegung des Verdichters. Dieses Verhältnis wird gegenwärtig zwischen 1 und 1,5 ausgeführt. Ein anderes Merkmal der Rotorgeometrie ist der Winkel, um den sich ein Zahn von einem Rotorende zum anderen dreht. Dieser „Drehungswinkel" beträgt theoretisch 270° C und wird in der Praxis mit etwa 300° bei optimalen adiabatischen Wirkungsgraden ausgeführt.

Axial- und Radialspalte von 0,1 % des Rotordurchmessers haben sich als gut erwiesen. Dadurch, daß die Ein- und Auslaßkanäle an diagonal gegenüberliegenden Stellen des Gehäuses angeordnet sind, ist es notwendig, die daraus resultierende ungünstige Temperaturverteilung durch ein wassergekühltes Gehäuse und ölgekühlte Läufer auszugleichen, um die Spalte auf einem Minimum zu halten. Mit dem Kompressor der Elliot Comp. erzielte Versuchsergebnisse sind aus Tab. 15 ersichtlich.

Auch Versuche mit Naßverdichtung wurden durchgeführt, d. h. es wurde fein zerstäubtes Wasser in die angesaugte Luft eingeblasen, wodurch die Temperatursteigerung während des Kompressionsvorganges niedrig gehalten werden konnte und außerdem durch den Wasserfilm gute Spaltdichtung gegeben war. Ein Nachteil dieser Drehkolbenverdichter ist der Lärm der Rotoren, der wegen seiner niedrigen Frequenz schwer zu dämpfen ist.

[1] Gutehoffnungshütte Sterkrade Aktiengesellschaft.

Tabelle 15
Versuchsergebnisse eines Lysholm-Kompressors (Druckverhältnis 2,55, Ansaugvolumen 5,9 m^3/sek)

Druckverhältnis	Volumetrischer Wirkungsgrad			Adiabatischer Wirkungsgrad		
	1200 U/min	2500 U/min	3300 U/min	1200 U/min	2500 U/min	3300 U/min
1,2	92 %	99,5%	102 % *	43 %	31,5%	28 %
1,4	88 %	99 %	101 % *	63,5%	54 %	49 %
1,6	86 %	98 %	100 %	70 %	67 %	63 %
1,8	85 %	97 %	100 %	72,5%	75 %	71 %
2,0	84 %	96,5%	99 %	72,5%	80,5%	78 %
2,2	83 %	96 %	98,5%	72,5%	83 %	82,5%
2,4	81,5%	95,5%	98,2%	72,5%	83,5%	84 %
2,6	—	95 %	98 %	—	83,5%	84 %
2,8	—	94 %	97,5%	—	82 %	82 %

* Der volumetrische Wirkungsgrad von über 100% bei hohen Drehzahlen ist das Resultat eines gewissen Staueffekts infolge der hohen Axialgeschwindigkeit der einströmenden Luft.

Ein anderer Nachteil ist die relativ niedrige Drehzahl (Drehzahlkennwert $\sigma \doteq 0{,}05$), die nur in Ausnahmefällen eine direkte Kupplung von Verdichter und Gasturbine gestatten dürfte, z. B. bei mehrstufigen Kleinanlagen für hohe Drücke. Als Verdichter zur Anfladung des Kreislaufdruckes bei geschlossenen Anlagen kommen gegebenenfalls Schraubenverdichter in Frage (s. S. 536). Auch die Umkehrung des Schraubenverdichters, der Schraubenmotor könnte eventuell bei kleinen Gasturbinenanlagen als Anwurfmotor für Preßluftbetrieb Verwendung finden.

3. Freikolbengaserzeuger

a) Arbeitsweise. Im wesentlichen besteht eine Freikolbenmaschine aus einem Zweitakt-Diesel mit gegenläufigen Kolben, deren Arbeit direkt auf die angebauten Verdichterkolben übertragen wird (s. S. 24). Der Fortfall kraftübertragender Gestänge bringt nicht nur bauliche Vereinfachungen, sondern auch die Möglichkeit, den Hub und damit die Kolbenendlagen den jeweiligen Betriebsbedingungen anzupassen. Dadurch bleibt trotz Erhöhung des Ladedruckes auf mehrere Atmosphären bei Vollast der Verdichtungsenddruck in zulässigen Grenzen. Auch läßt sich der Höchstdruck wesentlich steigern, ohne daß die Lager unzulässig belastet werden, so daß ein besonders guter thermischer Wirkungsgrad erreicht werden kann (s. S. 26).

Selbstverständlich muß die Arbeit zwischen Motor und Verdichter ausgeglichen sein. Zum Unterschied von einer Kurbelmaschine muß aber der Ausgleich für jeden Ein- und Auswärtshub getrennt erfüllt werden. Diese Bedingung ist für eine Belastungsstufe durch richtige Wahl der Abmessungen leicht zu erreichen. Soll sich aber auch bei geändertem Ladedruck oder aber bei verschiedenen Förderhüben die Motorverdichtung nur wenig ändern, muß noch eine Rückwurfstufe vorgesehen werden, deren Luftinhalt durch die Kolbenbewegung abwechselnd verdichtet und ausgedehnt wird.

Von den verschiedenen Anordnungsmöglichkeiten, Abb. 23, ist jene am vorteilhaftesten, bei welcher der Verdichterkolben auf seiner Innenseite als einfach wirkender Verdichter arbeitet und die gesamte Außenfläche als Rückwurfstufe wirkt. Bei dieser Anordnung wird die Maschine besonders kurz, und die Rückwurfstufe braucht infolge der großen Kolbenfläche nur geringen Druck. Vor allem aber speichert sich bei dieser Anordnung die gesamte Motorleistung zunächst in der Rückwurfstufe, wodurch große rücktreibende Kräfte erreicht werden, was die Einwärtsbeschleunigung der Kolben und damit die Hubzahl erhöht.

Abb. 183 zeigt die Arbeitsdiagramme der rechten Hälfte einer derartigen Maschine. Die Kolbenkräfte können unter Berücksichtigung der Kolbenreibung zusammengesetzt werden. Es ist dann keine Schwierigkeit, den Kraftverlauf und das dynamische Bewegungsspiel der Kolben zu verfolgen [*126*].

Natürlich müssen sich die beiden gegenläufigen Kolben abhängig voneinander bewegen. Das hierzu notwendige Hilfsgestänge hat aber keine Kräfte zu übertragen, sondern außer seinen eigenen Beschleunigungskräften nur Störkräfte aufzunehmen, die durch verschiedene Dichtheit der Ventile und Kolben, verschiedene Kolbenreibung usw. entstehen. Als Gleichlaufgestänge, Abb. 184, können einfache Schwinghebel dienen oder gegenläufige, mit dem Kolben verbundene Zahnstangen, die in einem Zahnritzel kämmen, wie beim Freikolbenverdichter von Junkers. Ein Parallelogramm-Hebelsystem macht die Pescara-Gaserzeuger besonders kurz.

Da die Kolben zwischen freien Endlagen spielen, die sich mit dem Betriebszustand ändern, ist die Größe und die Lage der Kolbenwege wichtig. Sie lassen sich leicht mit einem einfachen Registriergerät aufzeichnen. Durch eine entsprechende Regelung folgt die Maschine elastisch den jeweils geforderten Betriebsbedingungen.

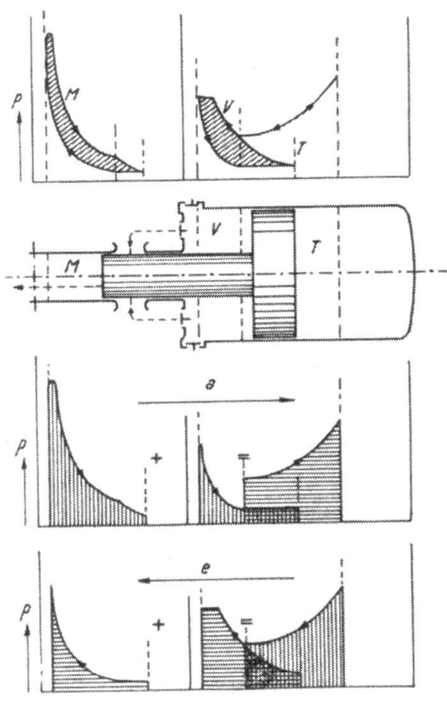

Abb. 183. Arbeitsdiagramm eines Freikolbengaserzeugers

M Motor *P* Kolbenkraft
V Verdichter *e* Einwärtshub
T Rückwurfstufe *a* Auswärtshub

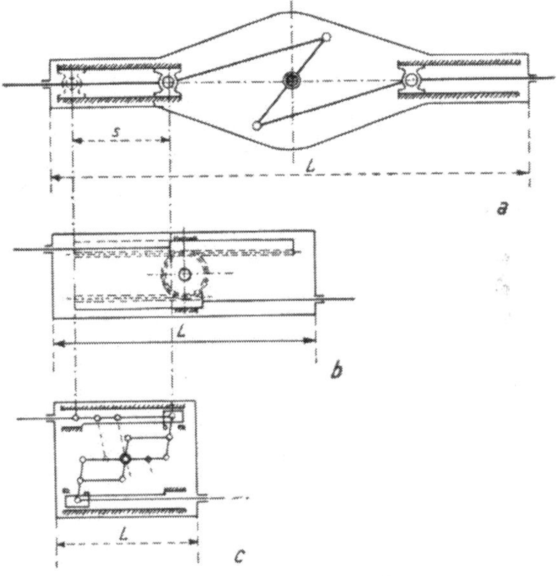

Abb. 184. Gleichlaufgestänge

a Kurbeltrieb
b Zahnstange und Ritzel
c Nürnberger Schere
s Hub, *L* Baulänge

Für den Antrieb der Einspritzpumpe sind besondere Vorkehrungen notwendig, da eingespritzt werden muß, während sich die Kolben fast nicht bewegen. Rein mechanisch kann daher die Kolbenbewegung nicht auf den Kolben der Einspritzpumpe übertragen werden. Der Brennstoff wird daher während des Hubes der Arbeitskolben von der Pumpe zugemessen und unter Druck gespeichert und im Einspritzzeitpunkt wird nur die Auslösung der Einspritzung eingeleitet, wozu schon ganz kleine Bewegungen genügen. Der Brennstoff wird unmittelbar in den scheibenförmigen Brennraum durch sechs gleichmäßig am Umfang verteilte Düsen eingespritzt. Meist werden außerdem noch durch zwei dieser Düsen rund 5% der Brennstoffmenge in zwei Vorkammern eingespritzt. Aus diesen Vorkammern ausströmende Gase sollen eine zusätzliche Durchwirbelung im Hauptbrennraum hervorrufen und so den Brennstoff der unmittelbar einspritzenden Düsen verteilen. Mehr als die Hälfte des Brennstoffes ist unmittelbar eingespritzt, wenn knapp vor dem Totpunkt die Vorkammereinspritzung beginnt. Auf diese Weise wird bei Gasölbetrieb bis zur Höchstlast eine einwandfreie Verbrennung mit unsichtbarem Auspuff erreicht.

Angelassen wird der Freikolbengaserzeuger mit Druckluft, die auf die beiden Rückwurfstufen in Außenlage wirkt und die Kolben in ihre innere Totlage treibt. So wird die erste Verdichtung und Einspritzung erzielt. Das Anlassen sowie die ganze übrige Bedienung erfolgt mittels eines Handrades, das in verschiedene Stellungen (Anlassen, Abstellen, die Kolben in die äußere Totpunktstellung bringen usw.) gebracht werden kann.

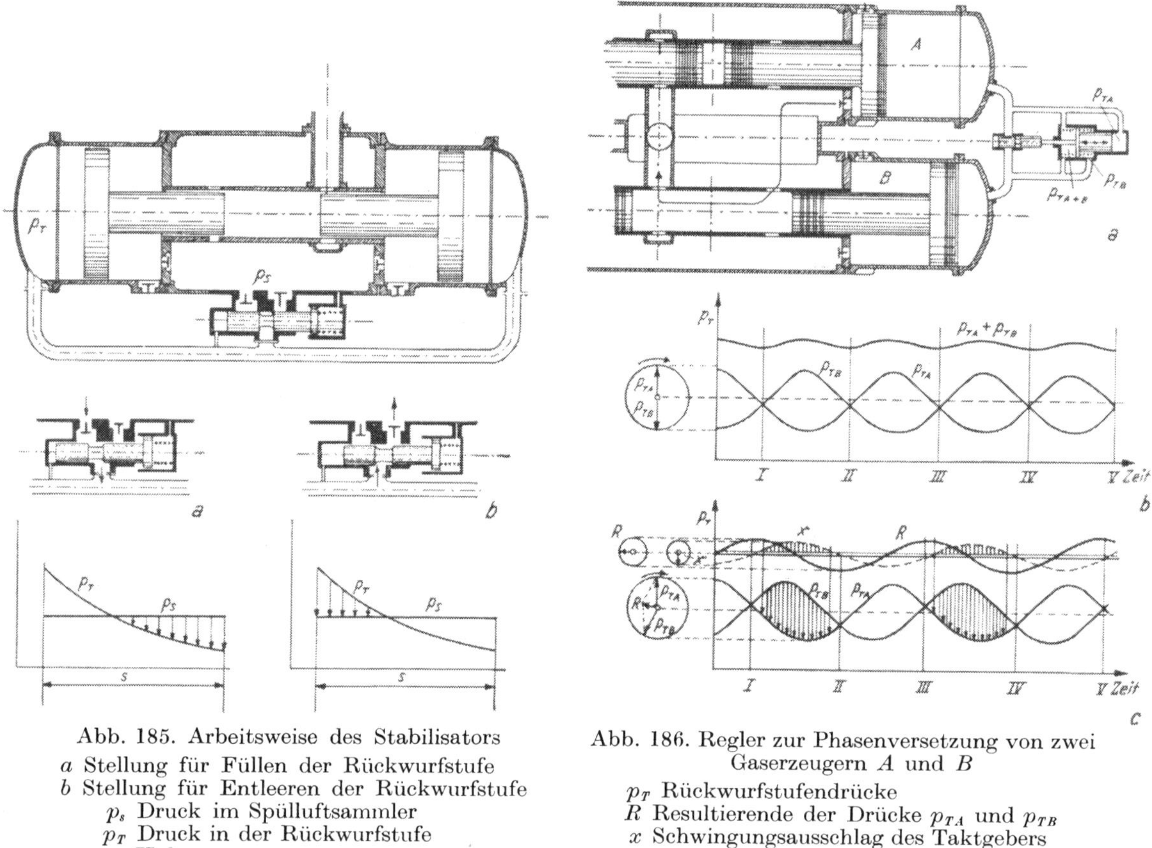

Abb. 185. Arbeitsweise des Stabilisators
a Stellung für Füllen der Rückwurfstufe
b Stellung für Entleeren der Rückwurfstufe
p_s Druck im Spülluftsammler
p_T Druck in der Rückwurfstufe
s Hub

Abb. 186. Regler zur Phasenversetzung von zwei Gaserzeugern *A* und *B*
p_T Rückwurfstufendrücke
R Resultierende der Drücke p_{TA} und p_{TB}
x Schwingungsausschlag des Taktgebers

Wesentlich für den Betrieb ist noch die Regelung des Rückwurfstufendruckes entsprechend dem Betriebsdruck, die selbsttätig sein muß und von dem „Stabilisator" durchgeführt wird. Seine Arbeitsweise ist aus Abb. 185 zu ersehen. Der Stabilisator ordnet dem Druck der Spülluft, welcher der Turbinenbelastung entspricht, einen mittleren Druck in der Rückwurfstufe zu. Da der Druck in der Rückwurfstufe bei jedem Arbeitshub schwankt, der Spüldruck aber praktisch unverändert bleibt, ist es möglich, daß während eines Teiles jedes Hubes Luft aus dem Spülluftbehälter in die Rückwurfstufe überströmt und während der anderen Zeit Luft aus der Rückwurfstufe in den Spülluftbehälter abgeblasen wird. Es braucht also nur durch den Regler der Durchtritt für das Gas in der entsprechenden Richtung freigegeben werden, damit sich der richtige Druck in der Rückwurfstufe einstellt. Durch Verstellen der Federspannung des Stabilisators kann der Totstufenenddruck und damit die Motorverdichtung beliebig verändert werden.

Um vor der Turbine einen unveränderlichen Gasdruck zu erhalten, wird hinter dem Gaserzeuger ein Ausgleichsbehälter angeordnet. Zwei oder mehrere Gaserzeuger können jedoch auch phasenversetzt zueinander arbeiten. Dies wird durch einen kleinen Steuerapparat erreicht, der nach Abb. 186 an eine Verbindungsleitung zwischen den Rückwurfstufen angeschlossen wird. Mit dieser Anordnung wird erreicht, daß zwei Freikolbenmaschinen mit gleicher Hubzahl und der verlangten Phasenverschiebung laufen. Dieser geregelte Lauf stellt sich praktisch unmittelbar nach Einschalten dieses Taktgebers ein.

Zwei solcherart phasenversetzt laufende Gaserzeuger können ohne Zwischenschaltung eines Speichervolumens und ohne irgendwelche Abschlußorgane zusammenarbeiten.

Für das Zusammenarbeiten der Gaserzeuger mit einer Turbine sind die Druck- und Temperaturverhältnisse günstig. Die Gastemperatur liegt mit rund 450° C wesentlich unter den normalen Eintrittstemperaturen von Gasturbinenanlagen. Auch der Druckbereich liegt mit 4 bis 1 ata günstig. Dazu kommt die Regelung der Belastung nicht durch Drosseln oder Teilbeaufschlagung wie bei Dampfturbinen, sondern durch Senken des Lieferdruckes und Anpassen der Liefermenge des Gaserzeugers an das Schluckvermögen der Turbine. Wie Abb. 187 zeigt, wird ein Regelbereich, bezogen auf die Klemmenleistung von 110 %, bis auf etwa 17 % der Vollast durch den Drehzahlregler der Turbine erreicht. Nur bei Leistungen, die darunter liegen, müßte bei einem Gaserzeuger ein Teil des Gases abgeblasen werden.

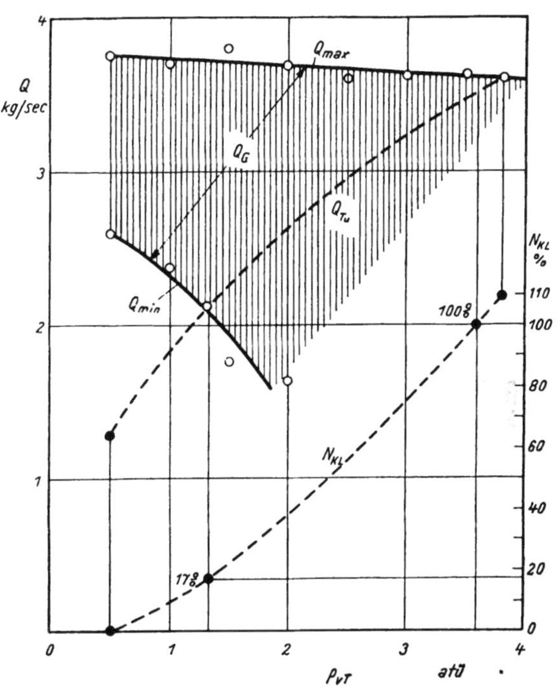

Abb. 187. Anpassen der Liefermenge eines Gaserzeugers mit Luftrückführung an die Schlucklinie der Turbine

p_{vT} Betriebsdruck vor der Turbine
Q Gasmenge
Q_G Liefermengenbereich des Gaserzeugers
Q_{Tu} Schluckvermögen der Turbine
N_{Kl} Klemmenleistung der Anlage in Prozent

b) Ausgeführte Bauarten. Bei den heute gebauten Einheiten kann allgemein ein Trend zur Bauart mit Einwärtsverdichtung festgestellt werden. Der bekannteste Gaserzeuger ist das GS-34-Modell von SEP[1]-SEME[2]-SIGMA[3]. Abmessungen und Betriebsdaten sind in Tab. 16 enthalten [*132*], den konstruktiven Aufbau zeigt Abb. 188a, b. Als tragendes Mittelstück dient ein Stahlgußgehäuse, das im Durchmesser dem beidseitig freitragend angeschlossenen Verdichterzylinder entspricht. Ein gewölbter Trommelboden *3* schließt den Gaserzeuger mit einem Rückwurfstufenvolumen ab. Im Gehäuse *1* liegt zentrisch der vom Kühlwasser umspülte Dieselzylinder *4*. Der verbleibende Ringraum *5* wird nur zu einem geringen Teil von dem öldicht abgeschlossenen Gestängekasten beansprucht und dient als Sammler für die von den Verdichtern gelieferte Spül- bzw. Ladeluft. Da die Verdichterzylinder innen liegen, wird die Luft aus dem Verdichter durch die in seinem Deckel gelegenen Druckventile *7* unmittelbar in den Spülluftaufnehmer *5* gefördert.

Das Gewicht der bewegten Kolben wird von den Gleitflächen der Diesel- und Verdichterzylinder getragen. Ein die ganze Maschine durchziehendes Führungsrohr *8*, das achsparallel über den Zylindern verläuft, stellt zugleich eine offene Verbindungs- und Ausgleichsleitung zwischen den beiden Rückwurfstufen her und sichert die Kolbensätze gegen Verdrehen. Durch diese Leitung strömt auch vom Anlaßventil *12* aus die Anlaßluft in die Rückwurfstufen.

Die Kolbenkühlung kann bei dieser Bauart einfach angeordnet werden, so daß für die Zu- und Abfuhr des Kühlöles nur eine einzige gemeinsame Stopfbüchse *11* erforderlich

[1] Société d'Etudes et de Participations, Genf, Schweiz.
[2] Société d'Etudes Mécaniques et Energétiques, Paris, Frankreich.
[3] Société Industrielle Générale de Mécanique Appliquée, Lyon-Venissieux, Frankreich.

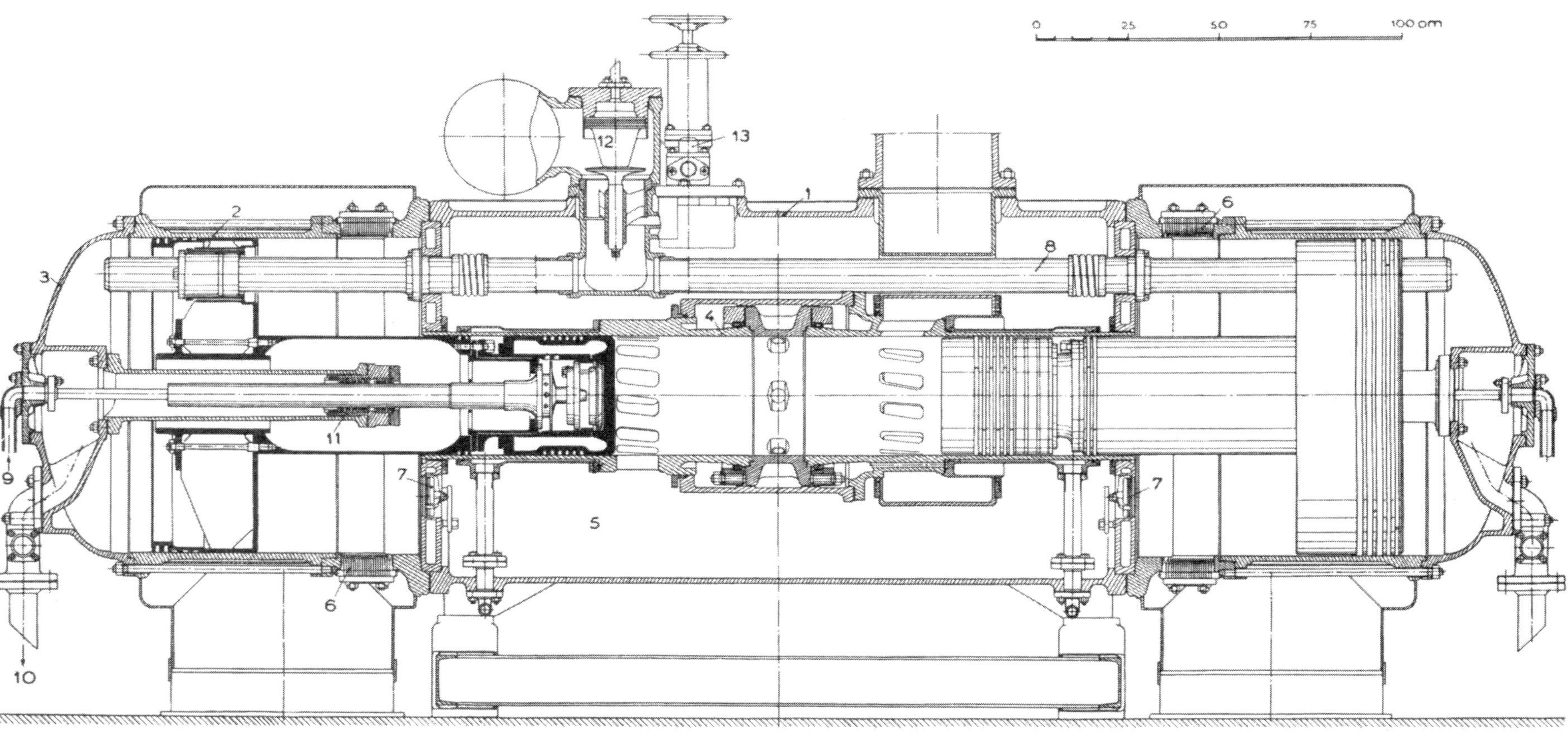

Abb. 188 *a*. Freikolbengaserzeuger GS-34, Längsschnitt

1 Gehäuse
2 Kompressorzylinder
3 Zylinderdeckel der Rückwurfstufe
4 Motorzylinder
5 Spülluftaufnehmer
6 Saugventile
7 Druckventile
8 Führungsrohr
9 Kühlöleintritt
10 Kühlölaustritt
11 Stopfbüchse
12 Anlaßventil
13 Stabilisator

ist. Der Luftraum der Totstufe reicht dabei bis tief in den Dieselkolben herein. Das Synchronisiergestänge ist beim SEME-SIGMA-Gaserzeuger, wie aus Abb. 188 c ersichtlich, als Parallelogramm-Hebelsystem ausgebildet.

Der Muntz[1]-CS-75-Freikolbengaserzeuger, den Abb. 189 im Längsschnitt zeigt, ist dem eben beschriebenen Gaserzeuger im Aufbau sehr ähnlich. Er arbeitet ebenfalls mit Einwärtsverdichtung und hat eine kleinere Leistung (s. Tab. 16), jedoch ebenfalls einen hohen Wirkungsgrad von 0,42. Das Gleichlaufgestänge besteht hier aus gegenläufig von den Kolben bewegten Zahnstangen und einem gemeinsamen Zahnradritzel. Das Mittelstück und die Verdichterkolben sind als Schweißkonstruktion ausgeführt und die Ausgleichs- und Anfahrleitung außen auf den Zylindern verlegt. Der Kolbenboden des Dieselkolbens wird durch einen Ölstrahl gekühlt. Auch der Wassermantel der Diesel- und Verdichterzylinder ist in Abb. 189 gut zu erkennen. Gemessene Betriebsdaten des Muntz-US-75-Gaserzeugers, des Vorläufers der Type CS-75, wie Durchsatz, Drucke, Gastemperatur, Hubzahl und spezifischer Brennstoffverbrauch, sind in Abhängigkeit von der Belastung in Abb. 190 a, b, c aufgetragen.

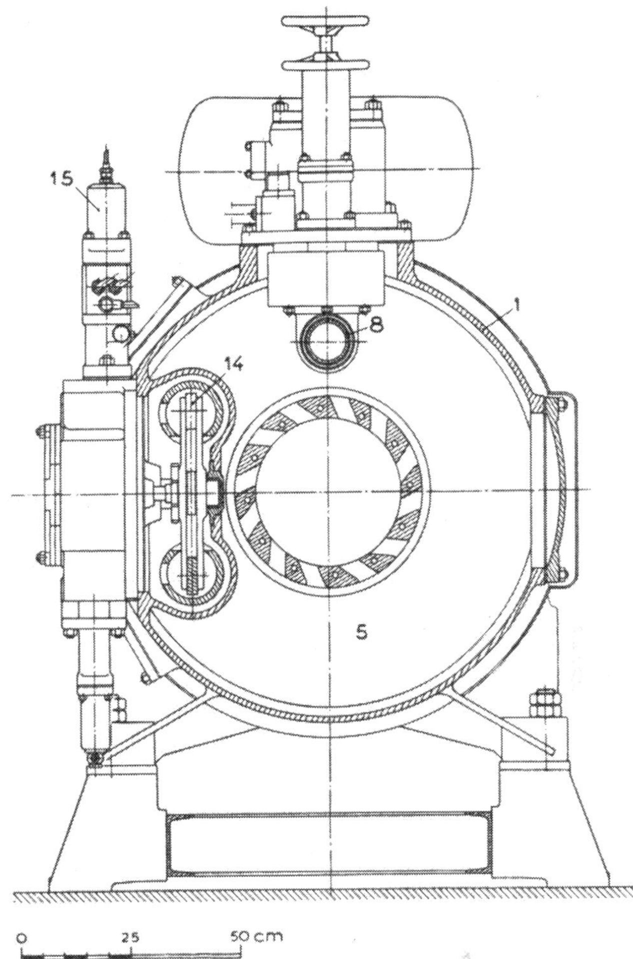

Abb. 188 *b*. Freikolbengaserzeuger GS-34, Kreuzriß

1 Gehäuse
5 Spülluftaufnehmer
8 Führungsrohr
14 Gleichlaufgestänge
15 Brennstoffpumpe

In den Vereinigten Staaten strebte die BLH Co.[2] nach hoher spezifischer Leistung und wandte sich deshalb zuerst der Auswärtsverdichtungsbauart mit schwierigen Betriebsbedingungen zu. Das Modell A kam auf dem Prüfstand auf ungefähr 1900 Betriebsstunden, wurde dann aber infolge konstruktiver Mängel nicht weiterentwickelt. So hatte sich u. a. der geschweißte Wassermantel nicht bewährt.

Abb. 188 *c*. Freikolbengaserzeuger GS-34, ausgebaute Kolben

[1] Alan Muntz Ltd., North Hyde Lane, Heston Airport, Middlesex, England.
[2] Siehe Fußnote S. 25.

Eine Schnittzeichnung des verbesserten Modells B zeigt Abb. 191. Die Daten sind ebenfalls in Tab. 16 enthalten. Der Gesamtaufbau und insbesondere die Anordnung der Kolbenbodenkühlung, Abb. 191, ist bei der Auswärtsverdichtungsbauart verwickelter als bei

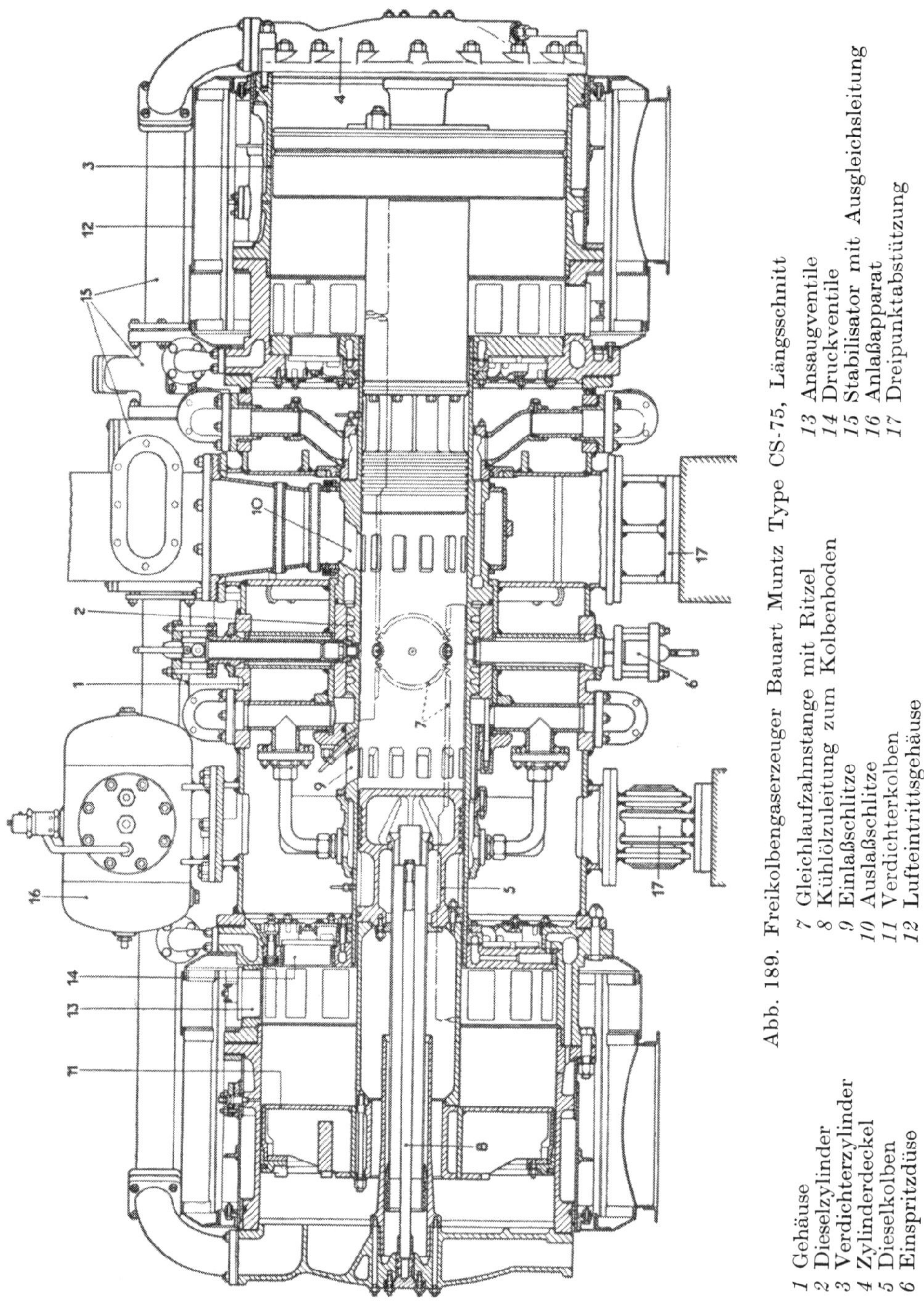

Abb. 189. Freikolbengaserzeuger Bauart Muntz Type CS-75, Längsschnitt

1 Gehäuse
2 Dieselzylinder
3 Verdichterzylinder
4 Zylinderdeckel
5 Dieselkolben
6 Einspritzdüse
7 Gleichlaufzahnstange mit Ritzel
8 Kühlölzuleitung zum Kolbenboden
9 Einlaßschlitze
10 Auslaßschlitze
11 Verdichterkolben
12 Lufteintrittsgehäuse
13 Ansaugventile
14 Druckventile
15 Stabilisator mit Ausgleichsleitung
16 Anlaßapparat
17 Dreipunktabstützung

der Pescara-Bauart. Zur Synchronisierung werden wieder Zahnstange und Ritzel verwendet. Zwei Maschinen dieser Bauart sind in einer Kraftzentrale in Annapolis in Betrieb und speisen gemeinsam eine Gasturbine. Abb. 192 zeigt an dieser Anlage gemessene Wirkungsgrade.

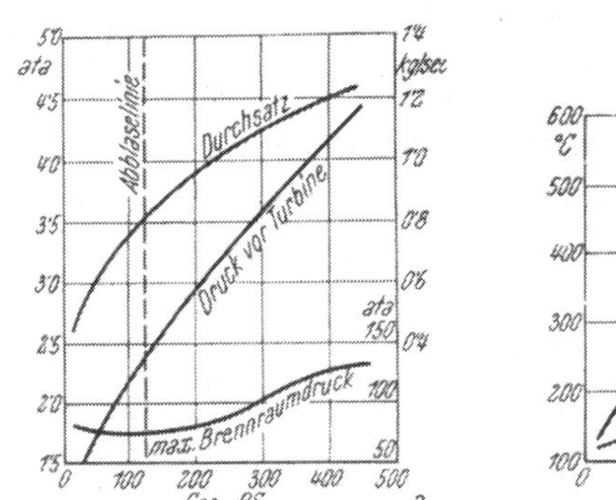

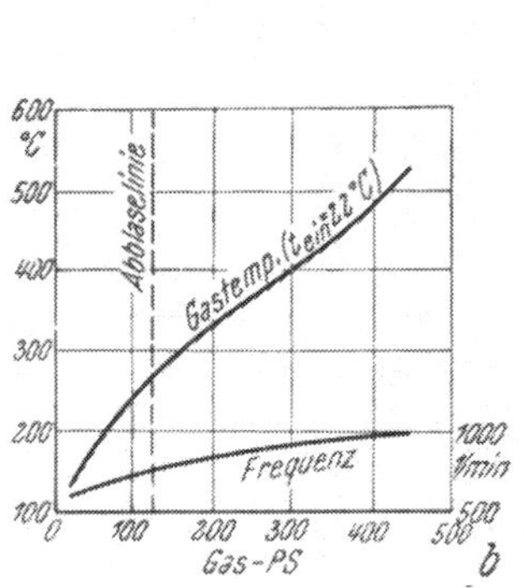

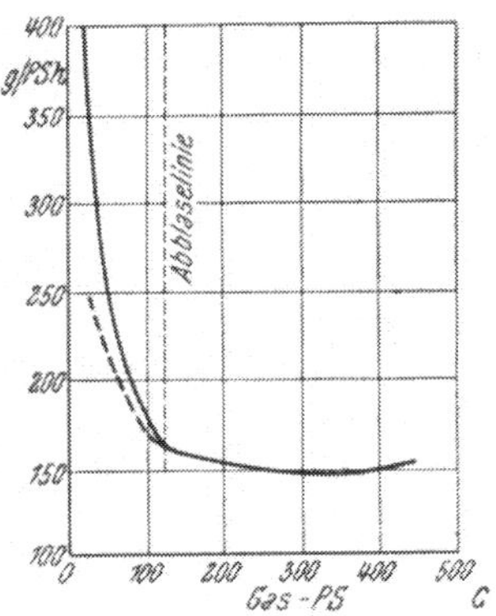

Abb. 190. Meßdaten des Freikolbengaserzeugers Bauart Muntz Type US-75

a Durchsatz und Drücke
b Gasaustrittstemperatur und Hubzahl
c Spezifischer Brennstoffverbrauch, ---- Verbrauch ohne Abblasen

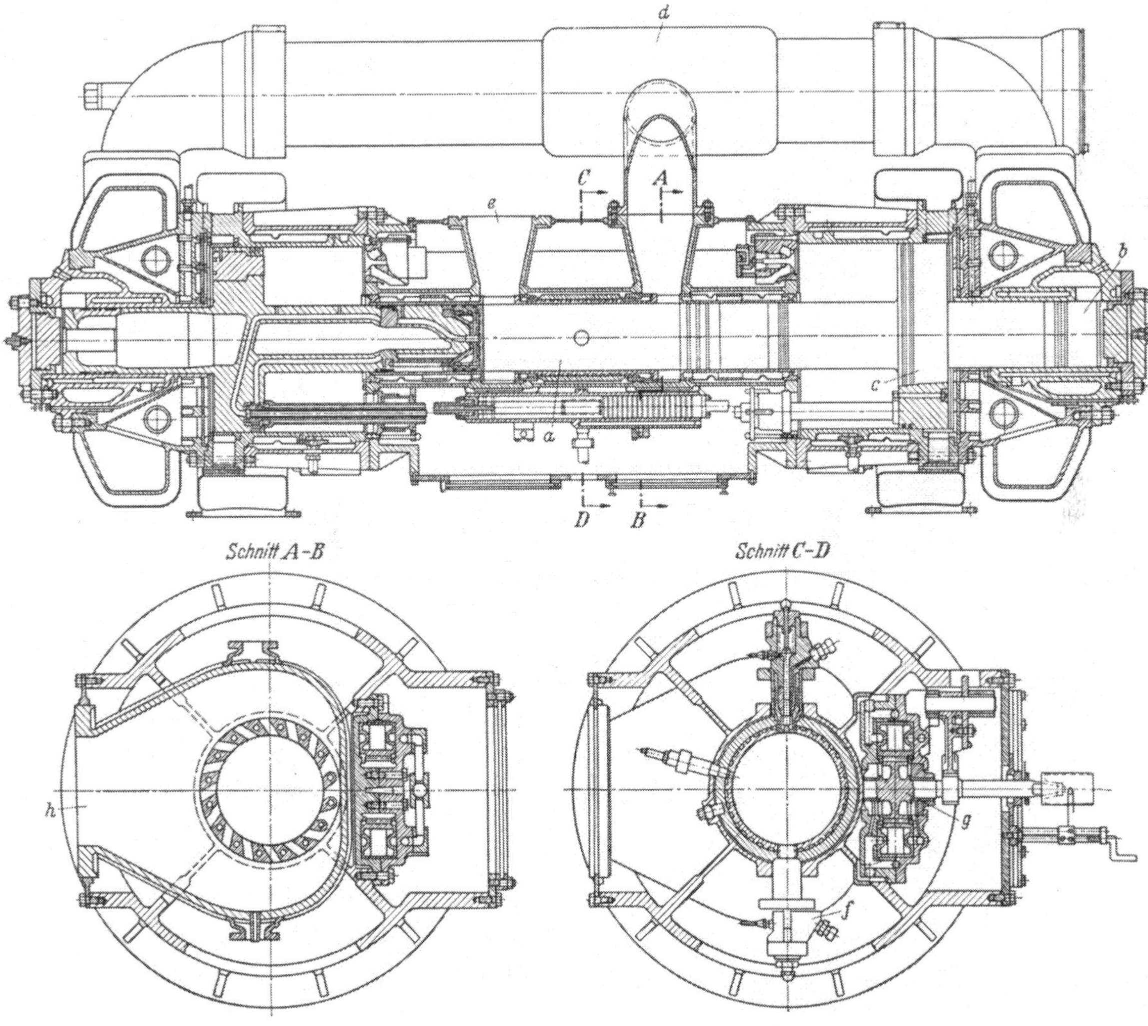

Abb. 191. Freikolbengaserzeuger Bauart Baldwin-Lima-Hamilton (BLH) Type B

a Dieselzylinder
b Rückwurfzylinder
c Verdichter
d Luftsammelleitung
e Gasaustritt
f Einspritzdüse
g Gleichlaufritzel
h Lufteintritt

Tabelle 16. *Freikolbengaserzeuger*

Hersteller		SEP-SEME-SIGMA (Frankreich)			Alan Muntz (England)		Baldwin-Lima-Hamilton (USA)			Ford (USA)	Cooper-Bessemer (USA)	Charkow (UdSSR)
Type	—	GS-34	[1]	GMR 4-4[2]	US-75[3]	CS-75	B	DL[3]	FP 165	519[4]	R	
Bauart	—	Abb. 23a	Abb. 23a	Abb. 23a Zwilling	Abb. 23a	Abb. 23a	Abb. 23d	Abb. 23b	Abb. 23b	Abb. 23a	Abb. 23d	Abb. 23a
Dieselzylinder	mm	340	120	100	190	190	210	204		95	356	340
Verdichterzylinder	mm	900	350	280	527	527	585	560		280	940	900
Hub	mm	450		127	254	266	280	275		120	470	450
Hubzahl	1/min	595	1870	2400 max.	1100	1000	1035	1000		2400 max.	555	
Mittlere Kolbengeschwindigkeit	m/sek	9		10,2	9,3	8	9,7	9,2		9,6	8,7	
Gasdruck	ata	4	4		4,5	4,2	7,4		4,35	4,2	6,1	4,2
Gastemperatur	°C	430	570	~480	500	465	700			520	538	450
Gasgewicht	kg/sek	3,7	0,38		1,2	1,2	1,6				4,0	3,9
Adiabatische Gasleistung	PS	1250		250	450	425	900	700	200	150	1770	
Adiabat. Wirkungsgrad des Gaserzeugers	—	0,42		0,31	0,42	0,42	0,40				0,45	
Wirkungsgrad bez. auf Turbinenkupplung	—	0,34		0,21		0,37	0,32				0,37	
Länge	mm	4150	1200	1000						970		
Breite	mm	1100		860								
Höhe	mm	1700		460								
Gewicht	kg	8000	250			2000						8000

[1] Gebaut für französischen Schwerlastwagen.
[2] Gebaut für General-Motors-Versuchswagen XP-500.
[3] Versuchsmaschine.
[4] Eingebaut in Ford-Versuchstraktor „Typhoon".

In letzter Zeit haben BLH auch die Bauart mit Einwärtsverdichtung studiert und das Modell DL (s. Tab. 16) mit Einwärtsverdichtung und verstellbaren Verdichterzylinderköpfen nach Abb. 23b ausgestattet. Hierbei kann nun das kleine Axialspiel (etwa 1 % des Kolbenhubes) des Verdichters über den ganzen Lastbereich ohne Beeinflussung des Verdichtungsverhältnisses des Dieselzylinders eingehalten werden. Die Maschine arbeitet daher, was Lebensdauer, thermischen Wirkungsgrad und spezifische Leistung betrifft, unter optimalen Bedingungen. Auch ist bei dieser Bauart der Turbineneintrittsdruck nach oben und unten nicht so begrenzt wie bei der Einwärtsverdichtungsbauart mit festen Verdichterzylinderköpfen.

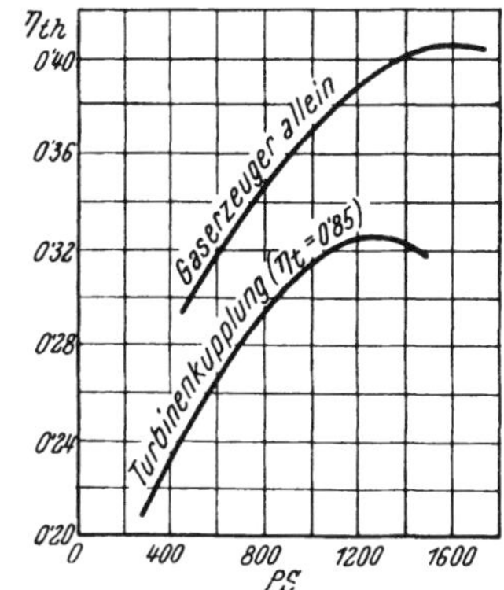

Abb. 192. Gemessene thermische Wirkungsgrade der Anlage Annapolis, bestehend aus zwei BLH-Gaserzeugern, Type B, und einer Gasturbine

Auch die Cooper-Bessemer Co.[1] befaßt sich in den Vereinigten Staaten mit dem Bau von Freikolbengaserzeugern. Das Modell R wurde für stationäre Industrieanlagen, d. h. insbesondere für Erdgaspumpstationen und zur Stromerzeugung entwickelt. Die Maschine arbeitet mit Auswärtsverdichtung und besitzt die in Tab. 16 enthaltenen Daten. Sie hat ebenfalls gekühlte Verdichterzylinder.

In jüngster Zeit werden auch in Rußland Freikolbengaserzeuger entwickelt, die im Aufbau, wie Tab. 16 zeigt, etwa dem französischen Modell GS 34 entsprechen.

c) Einzelheiten des SIGMA-Gaserzeugers GS 34. Der Freikolbengaserzeuger GS-34 hat sich heute bereits weitgehend durchgesetzt und wird von Lizenznehmern[2] in Europa und Übersee gebaut. Nach einer Arbeit von R. Huber [*127*] seien nun einige Einzelheiten dieser Maschine besprochen.

Gleichlaufgestänge. Neben den unsymmetrischen Reibungskräften muß bei der Anordnung und Bemessung der Übertragsvorrichtung doch vor allem die Größe der Massenkräfte, wie sie sich kinematisch aus der sehr hohen Beschleunigung der Kolben ergeben, berücksichtigt werden. Die Kolbenbeschleunigung beträgt im inneren Totpunkt ungefähr 2500 m/sek², im äußeren 800 m/sek². Ein möglichst vorteilhaftes Gestänge soll also in der inneren Totpunktlage eine möglichst geringe Trägheitsmasse besitzen, während diese Masse im äußeren Totpunkt bei gleicher Lagerbelastung dreimal höher sein darf. Schon wegen der hohen Beschleunigung würde sich ein aus Zahnrad und Zahnstange bestehendes Gleichlaufgetriebe sehr schlecht eignen, da die gesamte Masse des Zahnkranzes der vollen Beschleunigung unterworfen wäre, und auch die Massen der Zahnstangen höchst unerwünschte zusätzliche Trägheitskräfte ergeben würden.

Das beim Gaserzeuger GS-34 angewendete Gleichlaufgestänge erfüllt die oben erwähnten Bedingungen sehr weitgehend. Es ist in Abb. 193 in der inneren und äußeren Totpunktlage sowie in der Hubmittellage dargestellt. Die auf die Gleitbahnachse reduzierte Masse beträgt im inneren Totpunkt nur 0,23 kgs²/m und im äußeren Totpunkt 0,5 kgs²/m. Die reinen Trägheitskräfte, die am Gelenk angreifen, erreichen somit nur 560 kg im inneren und 400 kg im äußeren Totpunkt. Trotz dieser geringen Kräfte betragen die an den Kompressorkolben angreifenden Massenkräfte des Gestänges wegen der zusätzlichen Massen der Gleichlaufstangen beinahe 10 t. Dies zeigt, wie wichtig es ist, die vom Gelenksystem herrührenden Kräfte möglichst niedrig zu halten.

Die von den Gelenken aufzunehmenden Trägheitskräfte erreichen ihre Höchstwerte in den beiden Hubendlagen, während sie in den Zwischenlagen viel kleiner sind. Andererseits dürften die zu übertragenden Reibungskräfte in der Nähe der Hubendlagen wesentlich

[1] Cooper-Bessemer Co., Mount Vernon, Ohio, USA.

[2] Motorenfabrik Darmstadt Ges. m. b. H., Darmstadt, Bundesrepublik Deutschland; National Free Piston Power Ltd., England; Smiths Dock Co., Ltd., Middlesbrough, England; General Motors Co., Detroit, Mich., USA.

geringer sein als im Bereich hoher Kolbengeschwindigkeit in Hubmitte. Es ergibt sich somit ein Ausgleich der Lagerbelastung zwischen den Kräften, die von der Beschleunigung und denen, die von der Reibung herrühren.

Ein weiterer Vorteil des verwendeten Gleichlaufgestänges besteht darin, daß die seitlichen Drücke, die vom Gleitschuh auf die Gleitbahnen übertragen werden, nur gering sind. Diese Seitendrücke, die für die drei Stellungen in Abb. 193 angegeben sind, rühren nur von den Massenkräften her, während die von einem Kolben auf den anderen zu übertragenden Ausgleichskräfte überhaupt keine seitlichen Reaktionen ausüben. Verglichen mit dem Kurbelgetriebe eines Dieselmotors ist das Gleichlaufgestänge eines Freikolbengaserzeugers gleicher Leistung wesentlich leichter. Das gesamte Hebelsystem des GS-34 wiegt nur 15 kg.

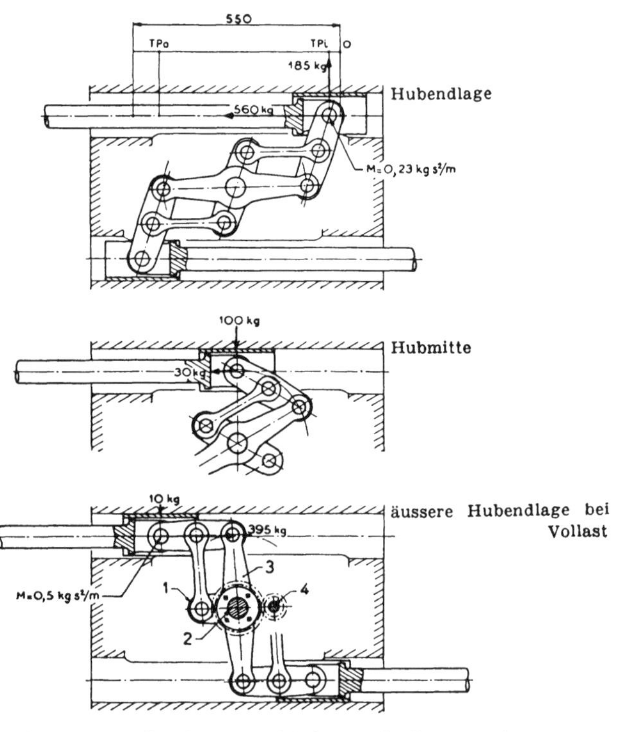

Abb. 193. Kräfte bei verschiedenen Stellungen des Gleichlaufgestänges. Der kurze Schwinghebel *1* ist auf Welle *2* fest aufgesetzt; der lange Schwinghebel *3* wirkt über ein Zahnradgetriebe auf die Welle *4*

Von allen bekannten Gleichlaufgestängen läßt sich das beim GS-34 verwendete Gestänge weitaus am kürzesten bauen, Abb. 184, was ermöglicht, das Getriebe zwischen Maschinenmitte und Kompressor einzubauen, wodurch der zentrale Teil des Gehäuses für eine regelmäßige Verteilung der Einspritzdüsen über den Umfang der Verbrennungskammer frei wird.

Vom Gleichlaufgestänge wird auch die Bewegung abgenommen für den Antrieb der Brennstoffpumpe, des Ölers, des Druckentnahmeschiebers zwischen Rückwurfstufe und Stabilisator sowie für die Anzeigevorrichtung der Hubendlagen. Dazu ist der kürzere Schwinghebel *1*, Abb. 193, der vor allem in Bewegung ist, wenn die Kolben dem inneren Totpunkt nahe sind, mit der Welle *2* verkeilt. Diese trägt den Exzenter des Brennstoffpumpenantriebes sowie den Zeiger für die innere Totpunktlage. Der lange Hebel *3* treibt über eine Zahnradübersetzung die Welle *4* an. Er steht praktisch still, wenn die Kolben im inneren Totpunkt sind, und bewegt sich während der äußeren Hälfte des Kolbenhubes. Von der Welle *4* werden Öler- und Steuerschieber betätigt. Am äußeren Wellenende ist der Zeiger für die äußere Hubendlage befestigt.

Stabilisator. Der Stabilisator hat die Aufgabe, den Druck in der Rückwurfstufe den jeweiligen Betriebsbedingungen des Gaserzeugers anzupassen. Diese sind durch den Betriebsdruck bzw. den Druck vor der Turbine, die Hublänge und die Motorkompression bestimmt. Auch bei unveränderlichem Betriebsdruck und festgelegter äußerer Hubendlage kann durch Verändern der Rückwurfenergie und damit der Motorkompression die geförderte Gasmenge in beträchtlichem Maße verändert werden, denn bei Erhöhen der Motorkompression verlängert sich einerseits der Ausstoßhub im Verdichter und gleichzeitig erhöht sich die Hubzahl. Diese Überlegung zeigt, daß der Stabilisator nicht nur für das Erhalten des inneren Gleichgewichtes sorgt, sondern auch die Regelung der Leistung beeinflußt.

Der Stabilisator besteht in seiner heutigen Form aus einem zylindrischen Schieber *5*, der zwei Plattenventile *6* und *7* trägt, Abb. 194. Dieser Schieber ist zwischen dem Spülluftbehälter *2* und der Rückwurfstufe (über das Rohr *3*) eingeschaltet; er schließt in seiner Mittellage diese Verbindung ab. Der Schieber wird von einem Stufenkolben *1* gesteuert, dessen obere Fläche dem Spülluftdruck ausgesetzt ist und auf dessen untere Fläche über die Leitung *4* der Druck der Rückwurfstufe wirkt. Dazu kommt von oben die von außen einstellbare Kraft einer Feder. Sobald das Gleichgewicht der beiden Drücke gestört wird, verläßt der Schieber die Mittellage und öffnet die Verbindung zwischen Spülluftbehälter und Rückwurfstufe, und zwar so, daß bei Leistungsanstieg, da Spülluft- und

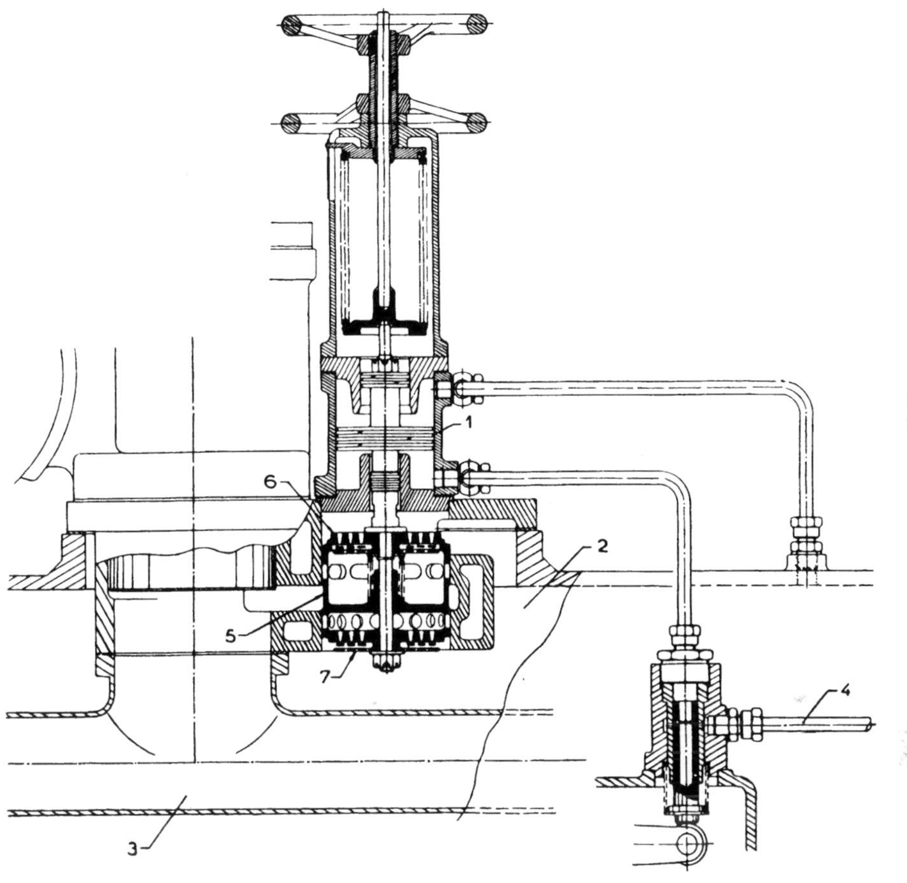

Abb. 194. Stabilisator

1 Steuerkolben
2 Spülluftbehälter
3 Verbindungsleitung zwischen den beiden Rückwurfzylindern
4 Leitung zur Entnahme des Steuerdruckes aus den Rückwurfzylindern
5 Steuerschieber mit Aufladeventil *6* und Ablaßventil *7*

Betriebsdruck steigen, Spülluft aus dem Motorgehäuse in die Rückwurfstufe strömen kann, oder umgekehrt bei Leistungsverminderung Luft aus der Rückwurfstufe in den Spülluftbehälter entweicht. Die Abmessungen des Steuerkolbens *1* werden dabei so gewählt, daß bei Erhöhen des Betriebsdruckes die Rückwurfenergie stärker ansteigt, als für den Rückhub bei gleichbleibender Motorkompression notwendig wäre. Es ergibt sich also mit steigendem Betriebsdruck auch ein Ansteigen der Motorkompression.

Bei früheren Ausführungen wurde als Steuerdruck des Stabilisators der zeitliche Mitteldruck in der Rückwurfstufe gewählt, Abb. 185. Man erhielt damit eine nur mit dem Betriebsdruck veränderliche, praktisch aber von der Hublänge unabhängige Motorkompression. Um die Förderleistung des Generators aber dem Schluckvermögen der Turbine besser anpassen zu können, ist es vorteilhaft, die Motorkompression auch in Abhängigkeit von der Hublänge stark zu verändern, damit bei gegebenem Betriebsdruck der Unterschied in der Fördermenge zwischen extremen Hublängen möglichst groß ist. Diese Veränderung der Motorkompression bei Hubänderung wird erreicht, wenn als Steuerdruck der Rückwurfstufe nicht der zeitliche Mitteldruck, sondern der einer bestimmten Kolbenstellung entsprechende momentane Druck in der Rückwurfstufe gewählt wird. Entsprechend dieser Steuerung bleibt nicht der Mitteldruck, sondern die in der Rückwurfstufe eingeschlossene Luftmenge konstant; es ergibt sich deshalb bei Verlängern des Hubes ein weit stärkeres Ansteigen der Rückwurfenergie als bei gleichbleibendem Mitteldruck.

Je steiler der Druckanstieg in der Rückwurfstufe ist, um so mehr ändert sich bei Verschieben der äußeren Hubendlage die Höhe der Motorkompression. Um also eine möglichst stark mit der Hublänge zunehmende Motorkompression zu erreichen, wäre es wünschenswert, das Volumen der Rückwurfstufe sehr klein zu halten. Konstruktiv sind aber einer solchen Verkleinerung Grenzen gesetzt. Um trotzdem eine möglichst starke Zunahme der Motorkompression bei Hubverlängerung zu erreichen, kann die Wirkung des Stabilisators auf folgende Art noch verbessert werden. Ein kalibrierter Luftablaß auf dem Steuerschieber öffnet sich, wenn die Kolben auf ihrem Auswärtshub die minimale äußere Totpunktlage erreichen, und bleibt um so länger geöffnet, je weiter die Kolben diese minimale Hubendlage überfahren. Die durch diese Öffnung entweichende Luftmenge und der dadurch entstehende Druckabfall im Steuerzylinder ist also um so größer, je länger der Kolbenhub ist. Damit trotz dieser Luftentnahme das Gleichgewicht der Kräfte auf den Steuerkolben des Stabilisators wiederhergestellt wird, muß das Druckniveau in der Rückwurfstufe entsprechend ansteigen, und zwar um einen Betrag, der dem Druckabfall infolge der Luftentnahme entspricht. Durch diese Zunahme der Rückwurfenergie wird die gesuchte Erhöhung der Motorkompression erreicht. Abb. 195 zeigt den auf diese Art sich ergebenden Kompressionsenddruck p_c im Motorzylinder in Funktion der äußeren Hubendlage und des Betriebsdruckes p_M. Dort ist auch die Kurve eingezeichnet, welche bei gegebener Abmessung der Turbine die Hublänge dem Betriebsdruck zuordnet. Dabei entspricht Punkt A der Vollast. Punkt B ist der Betriebspunkt, in welchem die Turbine gerade noch die minimal geförderte Gasmenge zu schlucken vermag, und Punkt C entspricht dem Leerlauf, bei dem ein Teil der geförderten Gasmenge in die Atmosphäre entweicht.

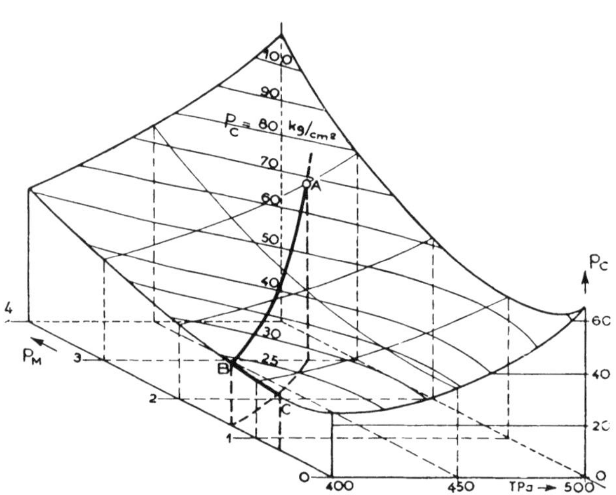

Abb. 195. Motorkompression p_c in Abhängigkeit von Betriebsdruck p_M und Hublänge

Brennstoffeinspritzung. Auf früher gebauten Gaserzeugern waren zwei oder drei Brennstoffpumpen und sechs Einspritzdüsen vorgesehen, wovon die eine dieser Pumpen den Brennstoff über zwei Vorkammern einspritzte. Die Verteilung der Einspritzung auf vier direkte und zwei Vorkammerdüsen ist beibehalten worden, aber an Stelle der zwei oder drei Pumpen fördert nun eine einzige Pumpe den gesamten Brennstoff. Die Verteilung des Brennstoffes auf die verschiedenen Düsen wird durch den Düsenquerschnitt geregelt. So ist, da die Brennstoffmenge der Vorkammer nur 10 % beträgt, der Querschnitt der beiden Vorkammerdüsen auch nur 10 % des gesamten Querschnittes aller Düsen. Das zeitliche Versetzen zwischen direkter und Vorkammereinspritzung erreicht man durch Verlängern der Einspritzleitung zu den Vorkammern, und zwar wird zu diesem Zweck in die Leitung der Vorkammer ein sogenannter „Déphaseur" eingeschaltet. Dieser besteht aus einem Stahlzylinder mit aufgefrästen und mit einem Schrumpfring wieder verdeckten Gewindegängen. Die Brennstoffleitung wird an beiden Enden dieses Apparates angeschlossen; eine Verlängerung der Einspritzleitung um mehrere Meter kann in dieser Weise auf kleinem Raum untergebracht werden. Die beste Verbrennung ergibt sich, wenn die Vorkammereinspritzung gegen das Ende der direkten Einspritzung erfolgt.

Der Betrieb mit einer einzigen Brennstoffpumpe hat den Vorteil einer mengenmäßig und zeitlich absolut sicheren Verteilung auf die verschiedenen Düsen, was bei zwei oder mehr Pumpen nur durch genaues Einstellen der Regulierung und des Pumpenantriebes hatte erreicht werden können. Die Brennstoffpumpe fördert während des Einwärtshubes der Kolben den Brennstoff in einen druckluftbelasteten Akkumulator, der direkt über der Pumpe angeordnet ist. Gegen Ende des Hubes stößt der Pumpenstempel ein Ventil auf, womit die Verbindung zwischen dem Akkumulator und den Einspritzleitungen freigegeben und so die Einspritzung ausgelöst wird. Die Brennstoffpumpe hat sich im Betrieb auch mit Schweröl gut bewährt. Trotz der gegenüber der früheren Anordnung mit zwei oder drei Pumpen größeren Einspritzmenge konnte dieselbe Pumpengröße mit 22 mm Stempeldurchmesser beibehalten werden.

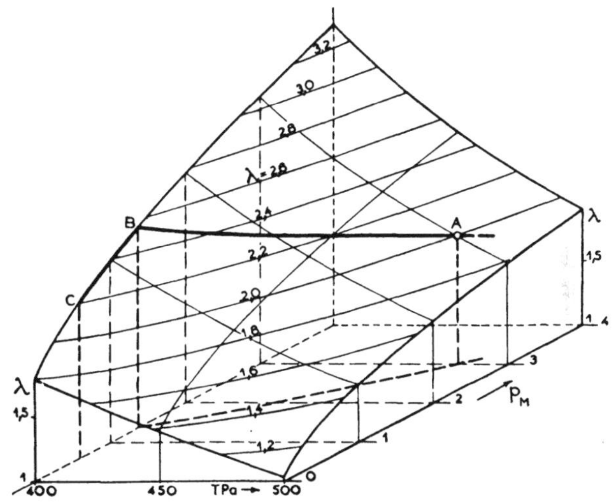

Abb. 196. Luftverhältniszahl λ in Abhängigkeit von Betriebsdruck p_M und Hublänge

Motor. Die Entwicklung der Verbrennungskammer eines auf mehrere Atmosphären aufgeladenen Zweitakt-Dieselmotors stellte die weitaus schwierigste Aufgabe dieser Entwicklungsarbeit dar, denn ein so hoher Grad der Aufladung ist bis jetzt noch in keinem Zweitakt-Dieselmotor industriell verwirklicht worden. Es ist fraglich, ob diese Aufgabe überhaupt hätte gelöst werden können, würden nicht zwei Eigenschaften der Freikolbenmaschinen ihre Verwirklichung vereinfachen.

Erstens wird die thermische Belastung der Verbrennungskammer durch die große Beschleunigung der Kolben im inneren Totpunkt abgeschwächt, weil die Kolben nur sehr kurze Zeit den hohen Verbrennungsdrücken und -temperaturen ausgesetzt sind. Zweitens kann ein verhältnismäßig hoher Luftüberschuß gewählt werden, indem der Durchmesser des Motorzylinders größer als absolut notwendig ausgeführt werden kann; denn nicht dieser, sondern der des Kompressors bestimmt die Außenmaße des Gaserzeugers. Abb. 196 zeigt beispielsweise die Zusammenhänge zwischen den drei Größen: Luftverhältniszahl λ (d. h. das Verhältnis der effektiven zur theoretischen Verbrennungsluftmenge), Hublänge und Betriebsdruck p_M. Das Diagramm zeigt, daß λ nur bei sehr niederem Betriebsdruck, z. B. beim Anlassen, relativ kleine Werte annimmt.

Dies bedeutet aber eine zusätzliche Sicherheit gegen zu lange Hübe während der Anlaßperiode, während welcher es natürlich bedeutend schwieriger ist, die Brennstoffförderung mit gleicher Präzision zu beherrschen wie im normalen Lauf. Abb. 196 läßt auch erkennen, daß die maximale Leistung nicht durch den λ-Wert, sondern durch andere Faktoren begrenzt ist.

Trotz der hohen Beschleunigung der Kolben und dem großen Überschuß an Verbrennungsluft ist die thermische Belastung hoch. Es war aber möglich, durch konstruktive

Maßnahmen im Aufbau der Kolben und des Zylinders die Kolbenringe und die von ihnen bestrichenen Laufflächen vor dem Wärmefluß weitgehend zu schützen und auf diese Weise die Abnützung dieser Teile zu verringern. So wurden z. B. während eines Vollast-Dauerlaufes von 4300 Stunden folgende mittlere Abnützungen der Kolbenringe und der Zylinderbüchsen pro 1000 Stunden gemessen:

Abgasseite:		Spülseite:	
Ring 1	0,31 mm	Ring 1	0,28 mm
Ring 2 bis 6 (Mittelwert)	0,09 mm	Ring 2 bis 6 (Mittelwert)	0,05 mm
Zylinder	0,2 mm	Zylinder	0,14 mm

Bei diesem Versuch wurde ein schweres Heizöl verbrannt, dessen Zusammensetzung etwa den Werten Tab. 27, S. 314, letzte Spalte, entsprach. Seither sind durch verschiedene Verbesserungen noch günstigere Werte erzielt worden. So zeigte ein Vollast-Dauerlauf von mehr als 400 Stunden eine Abnützung pro 1000 Stunden von nur 0,22 mm für den ersten Ring auf der Abgasseite und 0,14 mm für denjenigen auf der Spülseite, während die Abnützung der Zylinderbüchse während dieses Versuches nicht meßbar war.

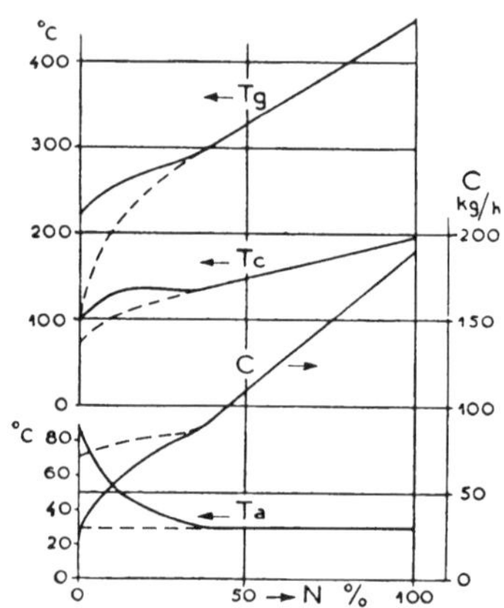

Abb. 197. Temperaturen und stündlicher Brennstoffverbrauch in Abhängigkeit der Leistung bei Betrieb nach dem Propellergesetz

——— mit Luftrückführung
------- ohne Luftrückführung
N Leistung
T_g Gastemperatur in °C
T_c Spüllufttemperatur in °C
T_a Temperatur der Luft im Ansaugstutzen des Kompressors in °C
C Brennstoffverbrauch in kg/h

Kompressor. Die Betriebsbedingungen des Kompressorteiles eines Gaserzeugers gehen weit über das hinaus, was bei Kolbenverdichtern dieser Größe üblich ist. Die hohe mittlere Kolbengeschwindigkeit von 9 m/sek bedingt große Ventilquerschnitte und eine möglichst verlustfreie Luftführung. Zwar werden die Druckverluste der Ausstoßventile infolge der sich daraus ergebenden Temperaturerhöhung der Gase zum Teil in der Turbine wieder zurückgewonnen, die Verluste der Einlaßventile hingegen vermindern den Wirkungsgrad entsprechend ihrem vollen Betrag. Um diese Verluste möglichst zu verkleinern, wurden im Verlauf der Entwicklung die Plattenventile auf der Saugseite durch Lamellenventile ersetzt, deren direktere Luftführung und geringere Masse eine Verminderung der Saugverluste auf etwa 50 % des ursprünglichen Wertes ermöglichen. Auf der Druckseite sind die Plattenventile beibehalten worden. Um aber ein Verschmutzen dieser Ventile zu vermeiden, wird nunmehr der Druckventilträger mit Wasser gekühlt, Abb. 188a.

Luftrückführung bei Leerlauf. Im Leerlauf oder bei schwacher Teillast fördert der Gaserzeuger mehr Gas, als die Turbine zu schlucken vermag, und der Überschuß an Treibgas muß abgeblasen werden. Bei größeren, aus mehreren Gaserzeugern bestehenden Anlagen läßt sich zwar ein solches Abblasen durch Stillsetzen eines oder mehrerer Gaserzeuger vermeiden, aber bei Anlagen mit nur zwei Gaserzeugern ist dies nicht möglich, was besonders beim Fahrzeugantrieb wegen des oft längere Zeit dauernden Leerlaufes nachteilig ist.

Der verhältnismäßig hohe Leerlaufverbrauch läßt sich durch das Verfahren der Luftrückführung verringern. Darnach wird nicht Gas, sondern Spülluft abgeblasen, und die entspannte Luft wird in die Ansaugstutzen zurückgeleitet. Dadurch ergibt sich ein Erwärmen der Ansaugluft, was zur Folge hat, daß auch die Spülluft heißer wird. Infolge der erhöhten Temperatur der Spül- und Ladeluft ist es möglich, die Motorkompression sehr stark zu senken, in gewissen Fällen bis auf 10 atü, und die Förderleistung nimmt infolge der damit absinkenden Hubzahl sowie des kürzeren Ausstoßhubes stark ab.

Die wesentlichen Betriebscharakteristiken ohne und mit Rückführung sind in Abb. 197

dargestellt. Man ersieht daraus, daß der Leerlaufverbrauch (bei Betriebspunkt 0) von 70 kg/h auf 22 kg/h gesenkt werden kann.

Diese wesentliche Verringerung kann bei Anlagen mit veränderlicher Drehzahl der Turbine, z. B. bei Fahrzeugantrieb, voll ausgenützt werden, während bei elektrischen Zentralen, wo auch im Leerlauf die Drehzahl auf ihrem vollen Wert gehalten werden muß, der Betriebsdruck nie unter 0,6 bis 0,7 atü absinken kann. Der Vorteil der Luftrückführung ist in diesem Falle weniger groß.

Das Steuerorgan für die Luftrückführung ist an die Leistungsregulierung angeschlossen. Sie besteht aus einem Ventil, das sich bei Leistungsverminderung selbsttätig öffnet, sobald die Grenze des Schluckvermögens der Turbine erreicht wird. Unterhalb dieser Grenze übernimmt das Rückströmventil die Leistungsregelung in der gleichen Art wie das Abblasventil bei Anlagen ohne Rückströmorgan. Dieses Verfahren hat zudem den Vorteil, daß sich bei längerem Leerlauf die Turbine weniger abkühlt, so daß man schneller wieder auf Vollast gehen kann.

Regelung: Die Regeleinrichtung bei Turbinen einer Drehrichtung (Elektroaggregate, Schiffsanlagen mit Verstellpropeller) zeigt Abb. 198. Sie umfaßt:

A den Fliehkraftregler an der Turbine mit einem Druckmodulator für das Steueröl und einem Drehzahlverstellmotor,

B das Abblasventil mit seinem Steuerorgan,

C das Steuerorgan an der Brennstoffpumpe des Gaserzeugers.

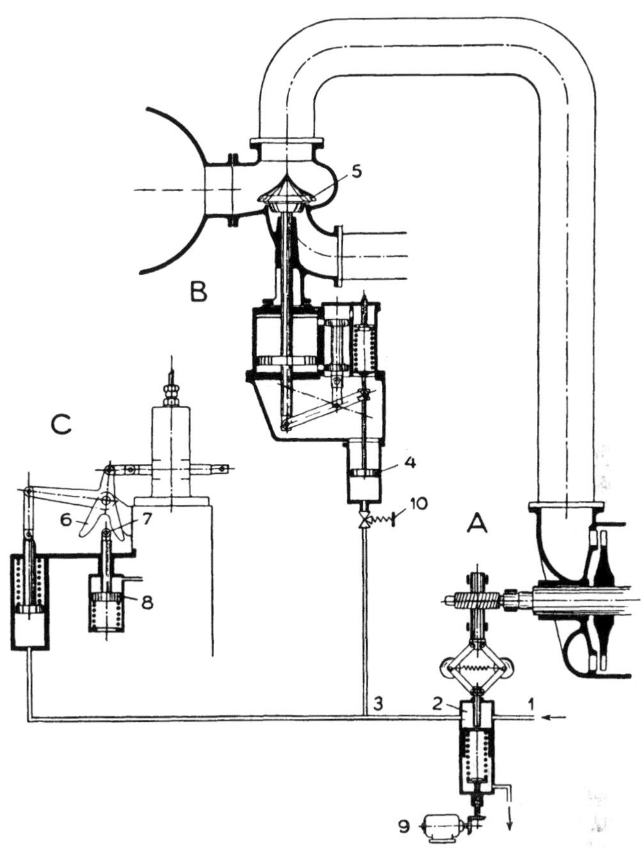

Abb. 198. Regelung bei Turbinen mit einer Drehrichtung
A Fliehkraftregler
B Abblasventil
C Steuerorgan an der Brennstoffpumpe
1 Eintritt des Steueröls mit konstantem Druck
2 Druckmodulator für das Steueröl
3 Steueröl
4 Steuerkolben des Abblasventils
5 Abblasventil
6 Kulisse zur Begrenzung der Brennstoffmenge
7 Begrenzungsrolle zur Kulisse
8 Betätigungskolben für die Begrenzungsrolle. Die Bewegung wird vom Speicherdruck im Luftsammler und damit vom Betriebsdruck gesteuert
9 Drehzahlverstellmotor
10 Handregelventil

Nun interessiert noch sehr, wie die Steuerung des Abblasventils zwischen Viertellast und Leerlauf vor sich geht. Abb. 198 zeigt die Regelorgane schematisch in einer Stellung, die etwa der Halblast entsprechen mag. Der Ventilkegel *5* des Abblasventils *B* ist noch ganz geschlossen, und die gesamte Treibgasmenge strömt vom Gassammler zur Gasturbine ab. Wird nun die Turbine etwas entlastet, so tritt eine leichte Drehzahlsteigerung ein. Die Fliehgewichte des Drehzahlreglers *A* bewegen sich nach außen und heben den Ventilschaft des Steuerölmodulators *2* etwas an. Der Modulator senkt den Druck des durch die Leitung *1* mit konstantem Druck zufließenden Steueröls ab. Der Steueröldruck in der Leitung *3* geht zurück. Der Steuerkolben des Steuerorgans *C* der Brennstoffpumpe wird von seiner Druckfeder um ein gewisses Stück nach unten gedrückt. Über den Winkelhebel wird der Zufluß zur Brennstoffpumpe um einen Teilbetrag vermindert. Die Fördermenge des Gaserzeugers geht zurück, und die Beaufschlagung der Turbine läßt nach. Ein neuer Beharrungszustand stellt sich ein.

Geht nun die Belastung der Turbine weiter zurück, so wiederholt sich der Regelvorgang. Der Steueröldruck in der Leitung *3* sinkt weiter ab. Dadurch geht der Steuerkolben für die Brennstoffmenge weiter nach unten. Aber sein Hub ist dadurch begrenzt, daß die Kulisse *6* an die Anschlagrolle *7* anstößt. Eine Mindestbrennstoffmenge bleibt dem Gaserzeuger also auch bei weiterem Absinken der Turbinenbelastung erhalten. Etwa bei Viertellast der Turbine ist der Steueröldruck so weit abgesunken, daß die Druckfeder im Steuerorgan des Abblasventils den Steuerkolben *4* um ein kleines Stück nach unten zu drücken vermag. Um ein entsprechendes Stück hebt nun der ölhydraulisch arbeitende Kraftverstärker des Abblasventils den Ventilkegel *5* an. Eine kleine Gasmenge strömt durch die Abblasleitung ins Freie ab. Bei weiterem Absinken der Last schiebt sich der Ventilkegel *5* weiter nach oben, das heißt, er öffnet den Treibgasen den Weg ins Freie mehr und mehr und schließt den Weg zur Turbine nach und nach ab. Je nach der Belastung der Turbine ist von Viertellast bis Leerlauf jede Zwischenstellung möglich.

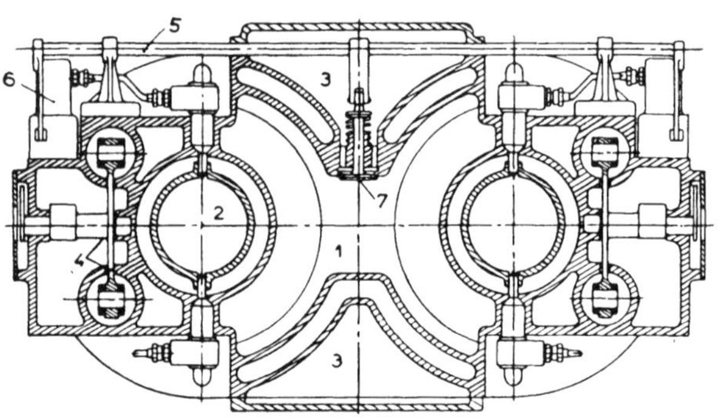

Abb. 199. Querschnitt des Zwillingsgaserzeugers für den Versuchswagen XP-500

1 Spülluftaufnehmer
2 Motorzylinder
3 Ansaugraum
4 Gleichlaufgestänge
5 Regulierstange
6 Brennstoffpumpe
7 Luftrückführventil

d) Zwillingsanordnung. Im Auftrag zweier bedeutender Automobilfabriken entwickelte die SEME für den Personenauto- bzw. Lastwagenantrieb zwei Freikolbengaserzeuger von 150 und 250 PS, die sich gegenwärtig im Versuchsstadium befinden. Der 250-PS-Generator ist eine Zwillingsmaschine mit zwei Zylindern von 100 mm Bohrung, (s. Tab. 16), die in einem gemeinsamen, als Spülluftaufnehmer dienenden Gehäuse eingebaut sind. Die Bewegung des einen Kolbenpaares ist durch eine pneumatische Vorrichtung um 180° gegenüber dem des anderen Gaserzeugers versetzt, Abb. 186. Durch die Zwillingsanordnung wird ein etwas besserer Wirkungsgrad erreicht, indem gewisse Verluste, die vom Speichern der Spülluft herrühren, vermieden werden können. Während der Ausstoßperiode der Kompressoren des einen Gaserzeugers stehen die Spül- und Auslaßschlitze des anderen offen, so daß die Luft ungehindert durchströmen kann. Bei dieser Anordnung ist auch der Gasdurchsatz regelmäßiger, so daß Druckausgleichbehälter zwischen Gaserzeuger und Turbine nicht mehr notwendig sind. Abb. 199 zeigt den Zwillingsgaserzeuger im Schnitt. Bei Vollast steigt die Hubzahl der beiden Gaserzeuger auf 2400 pro Minute.

Der Freikolbengaserzeuger ist im Vorderteil eines besonders für diese Anwendung erstellten Versuchswagens eingebaut. Er liefert über eine im Chassisrahmen verlegte Leitung die Druckgase in die neben der Hinterachse angeordnete Turbine (s. S. 750).

Ein Freikolbengaserzeuger dieser Leistung wird natürlich auch neben seiner Verwendung als Autoantrieb z. B. auf Baumaschinen aller Art wegen der vorzüglichen Drehmomentencharakteristik der Turbine ein weites Anwendungsgebiet finden, besonders da Freikolbengaserzeuger, wie Versuche gezeigt haben, der Brennstoffqualität gegenüber weitgehend unempfindlich sind.

VI. Die Turbine

A. Einleitung

Die Gasturbine unterscheidet sich von der üblichen, in zahlreichen Ausführungen erprobten Dampfturbine im wesentlichen nur in zweifacher Hinsicht:

Die strömungstechnische Auslegung und Gestaltung ist günstiger.

Die Turbineneintrittstemperaturen liegen beträchtlich höher und werden stets so hoch getrieben, wie es die Forderungen nach Betriebssicherheit und Lebensdauer zulassen.

Das geringe Druckverhältnis und daher auch sehr geringe Verhältnis der Volumina am Austritt und Eintritt von etwa 3 bis 4:1 — im Dampfturbinenbau sind hierfür Werte von 10 bis 100:1 und mehr geläufig — und die großen Durchflußmengen erlauben eine strömungstechnisch hervorragende Auslegung der Turbine. Sie wird in der Regel als mehrstufige Überdruckturbine mit nahezu gleichmäßiger Verteilung des Gefälles auf Leit- und Laufschaufeln gebaut. Man verspricht sich von dieser Bauart höhere Wirkungsgrade und kommt wegen des mäßigen Gesamtgefälles meist mit wenigen Stufen (4 bis 8) aus.

Da die Turbine mit der Brennkammer eine Einheit bildet, entfallen die Organe der Drossel- oder Düsenregulierung der Dampfturbine.

1. Turbinenentwurf

a) Entwurfsüberlegungen. Der Endentwurf einer Industriegasturbine soll der bestmögliche Kompromiß der Erfordernisse: hohe Wirtschaftlichkeit, zuverlässige mechanische Konstruktion und einfache Fertigung sein.

Dieser beste Turbinenentwurf kommt durch Berechnung und Untersuchung einer Anzahl von Vorentwürfen zustande, die es gestatten, die möglichen Lösungen im Detail zu studieren.

Zur Durchführung eines solchen umfangreichen Programmes ist die Einfachheit des Rechnungsganges wesentlich, auch um den Preis eines Abweichens von der Theorie. Die grundlegende theoretische Formulierung wird durch Einbau von Erfahrungsbeiwerten ergänzt und so die Bestimmung des Schaufelkanals mit genügender Genauigkeit auf einfache Weise ermöglicht. Aus der Entwurfspraxis heraus werden diese Verfahren laufend verbessert.

Die Nutzleistung einer Gasturbinenanlage ist die Differenz von Turbinenleistung und Verdichterantriebsleistung. Das Verhältnis Gesamtleistung zu Nutzleistung liegt gewöhnlich bei 2 bis 3:1. Bei einer konstanten Verdichterleistung bedeutet also ein Anstieg des Turbinenwirkungsgrades um 1 % einen Gewinn von 2 bis 3 % an Nutzleistung. Diese Tatsache allein zeigt schon die Wichtigkeit der Verbesserung der Einzelwirkungsgrade.

Zuverlässigkeit im Betrieb und Lebensdauer einer Gasturbinenanlage sind zum Großteil abhängig vom Entwurf der Turbine, denn in diesem Bauelement treten hohe Temperaturen und hohe Spannungen auf. Bei Flugtriebwerkturbinen nimmt man zur Erzielung einer großen Leistung bei geringem Triebwerksgewicht Turbineneintrittstemperaturen bis 830° C in Kauf und setzt die Beanspruchung auf Kosten der Lebensdauer hinauf. Für Industrieturbinen jedoch sind Betriebssicherheit und lange Lebensdauer von primärer Wichtigkeit. Diese Erfordernisse bedingen mäßige Temperaturen (650° bis 720° C) und Spannungen. Darunter darf allerdings die Wirtschaftlichkeit der Anlage nicht leiden, und so ist es notwendig, die niedrigeren Turbineneintrittstemperaturen durch Verbesserung der Wirkungsgrade der Einzelmaschinen auszugleichen. Baugröße und Gesamtgewicht der Anlage können dabei steigen.

Folgende Faktoren üben auf die Wahl der Konstruktion für eine bestimmte Gasturbine einen maßgeblichen Einfluß aus:
Wirkungsgradniveau,
Lebensdauer,
Maximallast,
Teillastverhalten.

Jeder dieser Faktoren beeinflußt den Entwurf im Hinblick auf Drehzahl, Stufenzahl, Abmessungen, Temperaturbereich und Materialbeanspruchung. Hinzu kommen noch wirtschaftliche Überlegungen. Diese Entwurfsüberlegungen können in folgenden Punkten zusammengefaßt werden:

1. Die an den Wirkungsgrad gestellten Anforderungen ergeben meist eine vielstufige Konstruktion, denn dadurch werden mäßige Gasgeschwindigkeiten und Umlenkwinkel und damit hohe Stufenwirkungsgrade ermöglicht. Der Turbinenwirkungsgrad liegt dabei höher als bei einstufigen Turbinen der Flugtriebwerke.

2. Die für große Leistungen notwendigen großen Durchsatzmengen erfordern große Strömungsquerschnitte, d. h. kleine Verhältnisse mittlerer Schaufelkreisdurchmesser zu Schaufelhöhe D_m/b. Dadurch wird es notwendig, dreidimensionale Strömungserscheinungen beim Entwurf zu berücksichtigen. Auch der Festigkeitsentwurf der Beschaufelung und des Läufers wird schwieriger.

3. Die Drehzahl soll möglichst hoch gewählt werden, damit die Maschine kleiner wird. Die Herstellung von Läufern großer Abmessungen aus hochwarmfesten Werkstoffen bietet nämlich Schwierigkeiten. Zusätzlich steigen die Fertigungsprobleme in der Werkstätte stark mit der Bauteilgröße, da die meisten Hochtemperaturwerkstoffe schwer zu bearbeiten sind. Eine Industriegasturbine, die nach den obigen Überlegungen entworfen wurde, zeigt z. B. Abb. 6.

b) Turbinenwirkungsgrad. Der innere adiabatische Wirkungsgrad einer Turbine ist eine Funktion von drei Grundveränderlichen [*4*], von denen zwei im großen Ausmaß durch den Entwurfsingenieur beeinflußt werden können.

$$\eta_{t_{ad}} = \eta_{St} \cdot r_z - \frac{h_{aus}}{h_{ad_t}} \tag{287}$$

wobei $\eta_{t_{ad}}$ den adiabatischen Wirkungsgrad der Turbine,
η_{St} den mittleren Stufenwirkungsgrad,
r_z den Rückerwärmungsfaktor für z-Stufen,
$\frac{h_{aus}}{h_{ad_t}}$ den Auslaßverlust bedeuten.

Die Auftragung obiger Größen für eine zweistufige Turbine im i, s-Diagramm zeigt Abb. 200.

Der in Gl. (287) eingesetzte Stufenwirkungsgrad η_{St} schließt die Verluste zufolge Gasreibung und Spaltüberströmen ein. Er hängt in erster Linie von den Betriebsbedingungen und dem Aufbau der Beschaufelung ab und kann, wie später gezeigt wird, beim Entwurf innerhalb weiter Grenzen festgelegt werden.

Der Rückerwärmungsfaktor berücksichtigt die Tatsache, daß bei der Strömung des Gases durch die Beschaufelung die Reibungs- und Spaltverluste eine leichte Temperaturerhöhung bewirken. Dadurch wird die Energie jedes folgenden Stufenelementes um einen kleinen Betrag vermehrt. Dies hat einen augenfälligen Einfluß auf den Wirkungsgrad der Gesamtexpansion, der etwas größer als der Stufenwirkungsgrad wird (s. S. 74). Der Rückerwärmungsfaktor für unendlich viele Stufen ist

$$r_\infty = \frac{1}{\eta_{St}} \left[\frac{1 - \left(\frac{p_4}{p_3}\right)^{\eta_{St} \frac{\varkappa - 1}{\varkappa}}}{1 - \left(\frac{p_4}{p_3}\right)^{\frac{\varkappa - 1}{\varkappa}}} \right]. \tag{288}$$

Hierbei bedeuten

r_∞ Rückerwärmungsfaktor für unendliche Stufenzahl,

p_3 Turbineneintrittsdruck,

p_4 Turbinenaustrittsdruck.

Abb. 201 zeigt den Rückerwärmungsfaktor r_∞ nach Gl. (288) für $\varkappa = 1{,}35$. Für z-Stufen wird der Rückerwärmungsfaktor durch

$$r_z = 1 + (r_\infty - 1) \cdot \frac{z-1}{z} \tag{289}$$

bestimmt.

Die Größe des Rückerwärmungsfaktors hängt vom gewählten Turbinendruckverhältnis und dem erreichbaren Stufenwirkungsgrad ab.

Der Austrittsverlust schließlich ist proportional der in der Austrittsgeschwindigkeit enthaltenen Energie. Bei Strahltriebwerkturbinen stellt diese Energie keinen reinen Verlust dar, da ein großer Teil als Schub rückgewonnen wird. Bei Industrieturbinen jedoch ist die kinetische Restenergie für die Weiterverwendung im allgemeinen verloren.

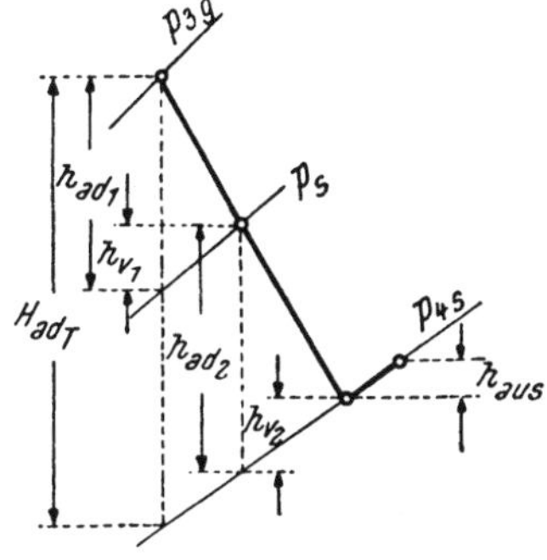

Abb. 200. Zustandsverlauf einer zweistufigen Turbine im i, s-Diagramm

p_{3g}	Turbineneintrittsdruck (gesamt)
p_s	Eintrittsdruck 2. Stufe (statisch)
p_{4s}	Turbinenaustrittsdruck (statisch)
h_{v1}, h_{v2}	Stufenverluste
h_{aus}	Austrittsverlust
h_{ad_T}	Turbinengefälle
h_{ad1}, h_{ad2}	Adiabatische Stufengefälle

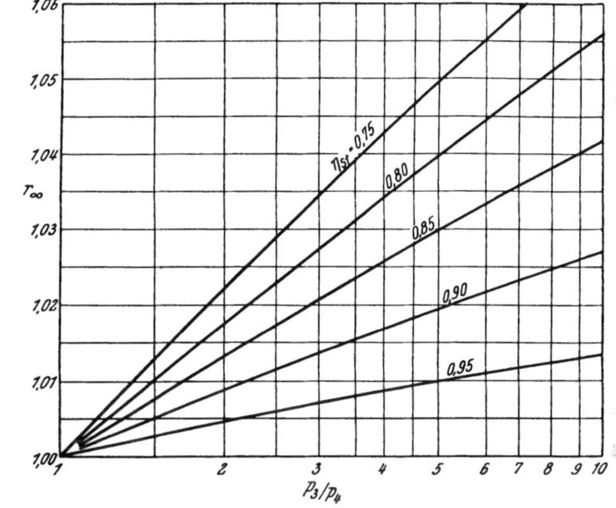

Abb. 201. Rückerwärmungsfaktor r_∞ für unendlich viele Stufen für $\varkappa = 1{,}35$

Es muß daher die Austrittsgeschwindigkeit aus der letzten Stufe möglichst klein gehalten werden. Dies erfordert große Austrittsquerschnitte. Auch die Anordnung von Austrittsdiffusoren kann notwendig werden.

c) Stufenauslegung. Die Beurteilung einer Turbinenstufe kann mit Hilfe von Kenngrößen erfolgen. Versuche haben gezeigt, daß für das Verhalten der Stufe hauptsächlich die folgenden beiden Gruppen von Faktoren [*149*] kennzeichnend sind.

1. Primärfaktoren:

   Geschwindigkeitsverhältnis $\frac{u}{c_0}$,

   Reaktionsgrad der Stufe $\mathfrak{r}$,

   Ausbildung der Abdichtungen;

2. Sekundärfaktoren:

   Druckverhältnis,

   Zusatzverluste,

   Reynoldszahleinflüsse,

   Eigenschaften des Strömungsmediums.

Das Geschwindigkeitsverhältnis, der wichtigste Kennwert, s. auch Gl. (158b),

$$\frac{u}{c_o} = \sqrt{\frac{h_u}{h_{ad}}}, \tag{290}$$

wobei $h_u = \frac{u^2}{2g \cdot 427}$ Äquivalent der Schaufelenergie der Stufe kcal/kg

$h_{ad} = \frac{c_o^2}{2g \cdot 427}$ adiabatisches Stufengefälle kcal/kg bedeutet, ist ein Maß für die Belastung der Stufe und bestimmt den Wirkungsgrad. Konstrukteure von Überdruckturbinen [*160*] verwenden statt h_{ad} oft das adiabatische Gefälle eines Radkranzes. Zwischen $\frac{u}{c_o}$ und der Parsonschen Kennzahl $PK = \frac{\Sigma u_m^2}{h_{ad_t}}$ besteht für $z \cdot h_{ad} \doteq h_{ad_t}$ der Zusammenhang

$$PK \doteq 2g \cdot 427 \cdot \left(\frac{u}{c_o}\right)^2.$$

Abb. 202 zeigt nach Versuchen aufgetragene Wirkungsgradkurven für Gleichdruck- und Überdruckschaufeln. Dabei ist festzuhalten, daß die Kurven allein den Schaufelwirkungsgrad (Profilwirkungsgrad) angeben. Die Stufenwirkungsgrade liegen gewöhnlich wegen der Spalteinflüsse etwas niedriger.

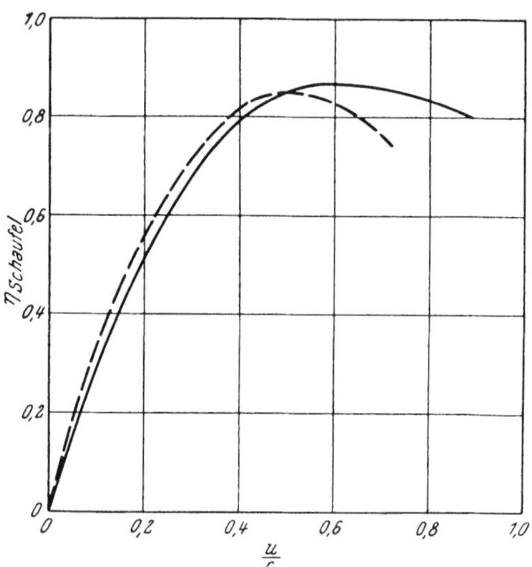

Abb. 202. Schaufelwirkungsgrad in Abhängigkeit vom Geschwindigkeitsverhältnis

– – – Gleichdruck
——— Überdruck

Für ein gewünschtes Geschwindigkeitsverhältnis kann die Stufenzahl eines bestimmten Turbinenentwurfes aus folgender Beziehung ermittelt werden:

$$z = r_z \cdot \left(\frac{h_{ad_t}}{h_{u_m}}\right) \cdot \left(\frac{u}{c_0}\right)^2. \tag{291}$$

Hierbei bedeuten

z Zahl der Stufen,

h_{ad_t} adiabatisches Gefälle der Turbine, kcal/kg,

h_{u_m} mittleres Äquivalent der Schaufelenergie der Stufe, kcal/kg.

Wie aus Abb. 202 ersichtlich ist, sind für gute Wirkungsgrade hohe Geschwindigkeitsverhältnisse notwendig. Gl. (291) wieder zeigt, daß die Stufenzahl stark ansteigt, wenn $\frac{u}{c_0}$ ansteigt. Es muß daher bei jedem Neuentwurf ein in dieser Hinsicht günstiger Ausgleich gesucht werden.

Der zweite wichtige Faktor, der die Wirtschaftlichkeit der Stufe beeinflußt, ist der Reaktionsgrad. Er ist festgelegt als das Verhältnis des adiabatischen Gefälles des Laufrades zum adiabatischen Gefälle der Stufe, Abb. 203.

Vom Wirkungsgradstandpunkt ist eine Stufenreaktion von $\mathfrak{r} = 0{,}5$ vorzuziehen. Dies entspricht der normalen Überdruckbeschaufelung. Ist das adiabatische Gefälle der Turbine groß, dann kann jedoch die Stufenzahl zu groß werden. Es muß dann die Zahl der Stufen durch Verkleinern des Geschwindigkeitsverhältnisses verringert werden. Der Reaktionsgrad der Stufe wird kleiner, und der Entwurf nähert sich der Gleichdruckbeschaufelung.

Eine optimale Konstruktion wird für Industriegasturbinen dann erreicht, wenn alle Stufen den gleichen Fußkreisdurchmesser haben, Abb. 6, und das Gefälle gleichmäßig auf die Stufen aufgeteilt ist. Diese Bauart hat verschiedene Fertigungsvorteile. So können die Scheiben gleiche oder ähnliche Form haben. Vom Standpunkt des Schaufelentwurfes ist es ein Gewinn, wenn alle Stufen das gleiche Schaufelprofil besitzen. Bei verwundenen Schaufeln ist bei gleichem Fußprofil in der ersten Stufe infolge der kurzen Schaufellänge der mittlere Reaktionsgrad niedriger als in der letzten. Das erste Leitrad verarbeitet also ein größeres Gefälle, die Laufradeintrittstemperatur der ersten Stufe sinkt. Aber die Gase, die mit hoher Geschwindigkeit aus dem Leitrad austreten, werden an den Wänden und den umströmten Bauteilen abgebremst bis auf die absolute Geschwindigkeit der betroffenen Oberfläche. Es findet also in der Grenzschicht ein Drosselungsvorgang statt, bei dem die kinetische Energie, die der Relativgeschwindigkeit zwischen Strömung und Oberfläche entspricht, in Wärme übergeht und die Wandtemperatur erhöht. Zahlreiche Messungen haben ergeben, daß diese Temperaturerhöhung

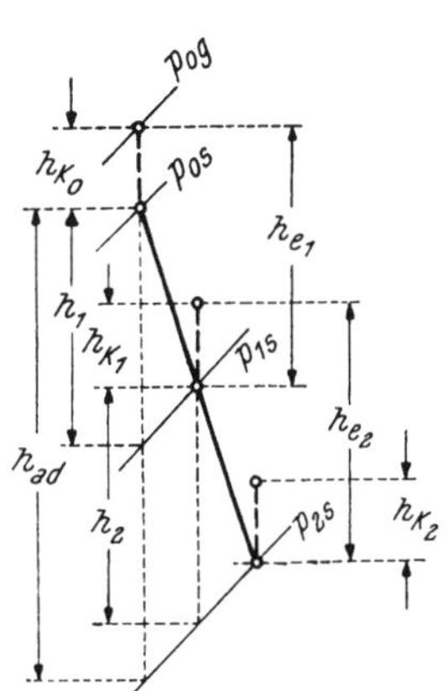

Abb. 203. Zustandsverlauf einer Turbinenstufe im i, s-Diagramm

h_{k_0} Kinetische Energie am Stufeneintritt
h_{ad} Adiabatisches Stufengefälle
h_1 Adiabatisches Leitradgefälle
h_{e1} Effektive kinetische Energie am Leitradaustritt
h_{k1} Kinetische Energie am Laufradeintritt (relativ zum Laufrad)
h_2 Adiabatisches Laufradgefälle
h_{e2} Effektive kinetische Energie am Laufradaustritt (relativ zum Laufrad)
h_{k2} Kinetische Energie am Stufenaustritt

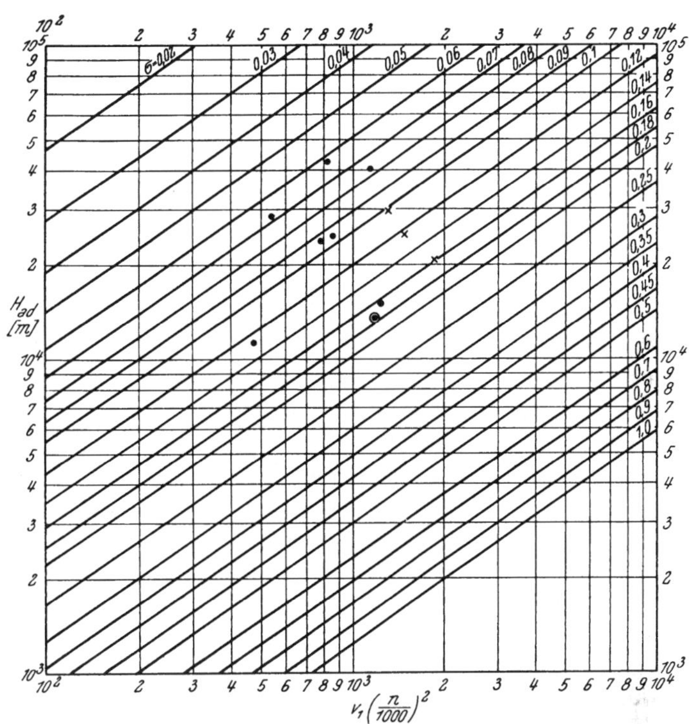

Abb. 204a. Netz der Drehzahlkennwerte σ für ausgeführte einstufige Radialturbinen und ein- bis dreistufige Axialturbinen

× Radialturbinen
• Axialturbinen
◉ Versuchsturbine nach Abb. 229

etwa 85 bis 90% des Wertes beträgt, der einer verlustlosen Umsetzung von Geschwindigkeitsenergie in Wärme entspricht. Die Laufschaufeln der Turbine, überhaupt alle vom Gasstrahl getroffenen Teile, sind also tatsächlich einer Temperatur ausgesetzt, die der jeweiligen Relativgeschwindigkeit w entsprechend wesentlich höher liegt als die Temperatur des Gases t_G. Vielmehr beträgt die wirksame Schaufeltemperatur

$$t_s = t_G + 0{,}87 \frac{w^2}{c_p\, 2g\, 427}\,. \tag{292}$$

Sie ist also nur wenig niedriger als die Gastemperatur vor dem Leitrad. Es ist dies die gleiche Erscheinung, welche die genaue Bestimmung der Temperaturen in einem mit hoher Geschwindigkeit strömenden Mittel erschwert.

Auch die Ausbildung der Schaufelspalte spielt zur Erzielung eines guten Stufenwirkungsgrades eine bedeutende Rolle. Es werden sowohl Schaufeln mit als auch ohne Deckband verwendet. Die Auswahl hängt von den Spannungen und den Schaufellängen ab. Bei Schaufeln, die mit hohen Umfangsgeschwindigkeiten laufen, erhöhen Deckbänder die Zugbeanspruchung am Schaufelfuß beträchtlich. Ist die Schaufel lang, dann wird der Spalteinfluß im Verhältnis klein und es können sichere Schaufelspiele eingehalten werden. Eine deckbandlose Beschaufelung ist in diesem Fall vorzuziehen, Abb. 244c. Für kurze Schaufeln mit hohen Biegebeanspruchungen ist sowohl die Beherrschung der Undichtheit als auch der Biegespannung besser, wenn Deckbänder vorgesehen werden.

Auch das Druckverhältnis beeinflußt als Sekundärfaktor den Wirkungsgrad, da die Machzahleinflüsse vom Stufendruckverhältnis abhängen. So können Verdichtungsstoßverluste und Strahlablenkung auftreten, wenn beim Entwurf hohe Druckverhältnisse vorgesehen werden. Meist ist das Druckverhältnis einer Stufe jedoch klein und die Machzahl, bezogen auf die mittlere Relativgeschwindigkeit in der Schaufel, überschreitet selten 0,65. Dieser Wert bereitet bei einer beschleunigten Strömung keine Schwierigkeiten.

Die Verluste infolge Scheibenreibung sind bei Axialgasturbinen vernachlässigbar klein. Bei Radialturbinen müssen sie allerdings berücksichtigt werden.

Der Einfluß der Zähigkeitskräfte innerhalb der Turbinenstufe wird durch die Reynoldssche Zahl erfaßt. Dieser Reynoldszahleinfluß hat nur bei Kleinturbinen Bedeutung. Bei großen Industrieturbinen kann er vernachlässigt werden.

Auch der Einfluß der Eigenschaften des Strömungsmediums kann durch Änderung im Verhältnis der spezifischen Wärmen für das Gas berücksichtigt werden. Meist wird jedoch trotz der Anwesenheit eines kleinen Prozentsatzes von Verbrennungsgas mit den Werten für reine Luft gerechnet.

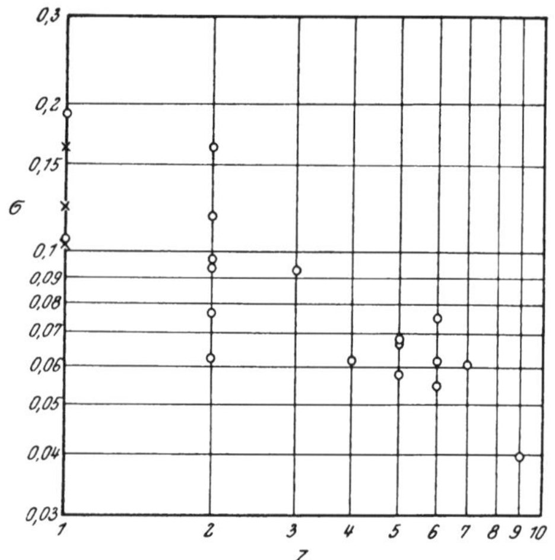

Abb. 204*b*. Zusammenhang von Drehzahlkennwert und Stufenzahl bei Axial- und Radialturbinen

○ Axialturbinen
× Radialturbinen

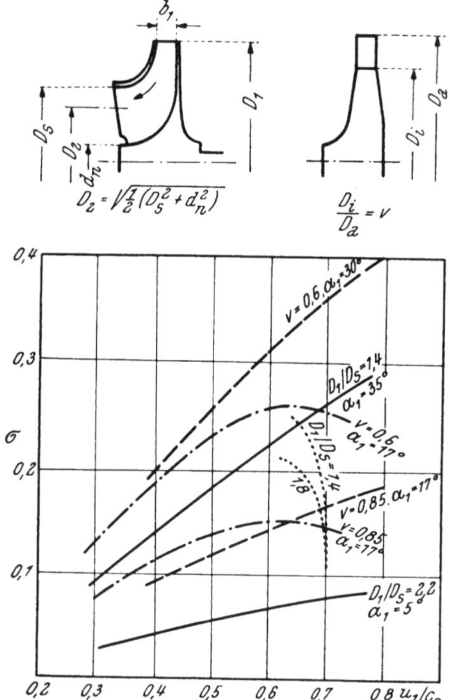

Abb. 204*c*. Drehzahlkennwert σ in Abhängigkeit von $\frac{u_1}{c_0}$ für Axial- und Radialturbinen

– – – Axial $r = 0{,}5$
–·–·– Axial $r = 0$
——— Radial $r = 0{,}5$
········ Radial $\beta_1 = 90°$

2. Axiale und radiale Bauart

Während die mehrstufigen Großgasturbinen ausschließlich axiale Bauart haben, kann bei einstufigen Maschinen mit kleinen Durchsätzen auch die Radialturbine in Frage kommen. Die Radialturbinen gleichen in ihrer Ausführungsform den Radialverdichtern, doch ist infolge der beschleunigten Strömung ein etwas besserer Wirkungsgrad zu erwarten. Dieser Annahme steht allerdings die Tatsache entgegen, daß die Strömung zur Radachse gerichtet ist, und eine Stromrichtung nach innen mit dem Übergang auf kleinere Raddurchmesser an und für sich einer Turbine nicht entspricht.

Zur Bestimmung der Bauart kann in ähnlicher Weise wie bei den Verdichtern der Drehzahlkennwert σ Gl. (159) herangezogen werden. In Abb. 204a sind in einem σ-Netz ausgeführte ein- bis dreistufige Axialturbinen und einstufige Radialturbinen eingetragen. Man erkennt, daß zum Unterschied von den Verdichtern eine Trennung der Bauarten nicht so einfach ist. Auch Abb. 204b, die im Aufbau der Abb. 76 entspricht, zeigt naturgemäß starke Streuungen.

Van der Nüll [*169*, *172*] gibt den Drehzahlkennwert für Radialturbinen mit $\sigma = 0{,}055$ bis $0{,}27$ an. Abb. 204c zeigt den Drehzahlkennwert in Abhängigkeit von $\frac{u_1}{c_0}$ für einstufige Axial- und Radialturbinen. Der Bereich der Radialturbine liegt zwischen den glatt ausgezogenen Linien $D_1/D_s = 1{,}4$ bis $2{,}2$, $\alpha_1 = 35°$ bis $5°$. Axialturbinen mit einem Reaktionsgrad $\mathfrak{r} = 0{,}5$ können zwischen den strichlierten Linien $\nu = D_i/D_a = 0{,}6$ bis $0{,}85$, $\alpha_1 = 30°$ bis $17°$ ausgeführt werden. Gleichdruckaxialturbinen liegen zwischen den strichpunktierten Linien $\nu = 0{,}6$ bis $0{,}85$, $\alpha_1 = 17°$. Die Auswahl der Bauart wird natürlich auch von Überlegungen betreffend die Festigkeit, Wärmespannungen und Fertigung der Laufräder beeinflußt.

B. Axialturbinen

1. Allgemeines

Die Berechnung von Schaufelgittern mit schwachgekrümmten, weitgestellten Schaufeln ($t/L > 1{,}2$) erfolgt mit Hilfe der Tragflügeltheorie. Demgegenüber haben die Schaufeln bei Turbinen einen verhältnismäßig großen mittleren Neigungswinkel zum Umfang und sind stark gekrümmt, so daß eine gute Stromführung, also ausgesprochene Schaufelkanäle nötig sind. Es wird daher die Auseinanderstellung der Schaufeln in der Regel nicht berücksichtigt, sondern nur die endliche Dicke der Schaufelenden.

Die Schaufelberechnung wird mit Hilfe der Stromfadentheorie (schaufelkongruente Strömung) und den Geschwindigkeitsdreiecken durchgeführt.

Man verwendet ferner zylindrische Schaufeln für Lauf- und Leitrad bis zu einer radialen Schaufellänge $b = D_m/6$ und legt bei der Ausbildung ihrer Profile lediglich die Verhältnisse am mittleren Schaufelkreisdurchmesser D_m zugrunde. Wird das Schaufelblatt länger, dann vergrößert sich die radiale Änderung der Umfangsteilung der Schaufeln. Dies kann dazu führen, daß die Teilung am Kopfkreis zu groß wird, so daß die Führung der Strömung und damit der Wirkungsgrad leidet. Am Fußkreis kann die Teilung so klein werden, daß Schwierigkeiten bei der Schaufelbefestigung entstehen. Es muß dann auf die Schaufelverwindung (s. S. 232) übergegangen werden.

2. Schaufelkanal und Stufengefälle

Mit den Bezeichnungen der Abb. 203 gilt für das adiabatische Stufengefälle $h_{ad} = \frac{c_0^2}{2g}$, für das adiabatische Leitradgefälle $h_1 = (1 - \mathfrak{r})\frac{c_0^2}{2g}$ und für das adiabatische Laufradgefälle $h_2 = \mathfrak{r}\frac{c_0^2}{2g}$. Die effektive kinetische Energie am Radaustritt beträgt dann für das Leitrad

$$h_{e1} = \varphi_{e1}^2 \left(h_1 + K_\delta \varphi_{K1}^2 h_{K0}\right) \tag{293}$$

oder

$$\frac{c_1^2}{2g} = \varphi_{e1}^2 \left[(1 - \mathfrak{r})\frac{c_0^2}{2g} + K_\delta \varphi_{K1}^2 \frac{c_{2vor}}{2g}\right] \tag{293a}$$

und für das Laufrad

$$h_{e\,2} = \varphi_{e\,2}^{\,2}\,(h_2 + K_\delta \cdot \varphi_{K\,2}^{\,2}\, h_{K\,1}) \tag{294}$$

oder

$$\frac{w_2^{\,2}}{2g} = \varphi_{e\,2}^{\,2}\left(\mathfrak{r}\,\frac{c_0^{\,2}}{2g} + K_\delta \cdot \varphi_{K\,2}^{\,2}\,\frac{w_1^{\,2}}{2g}\right). \tag{294a}$$

Hierbei bedeuten

$\varphi_{e\,1}^{\,2}$, $\varphi_{e\,2}^{\,2}$ Geschwindigkeitsbeiwerte zur Berücksichtigung der Schaufelkanalverluste, K_δ Stoßbeiwert zur Berücksichtigung der Eintrittsstoßverluste, $\varphi_{K1}^{\,2}$, $\varphi_{K2}^{\,2}$ Geschwindigkeitsbeiwerte zur Berücksichtigung der Übergangsverluste.

Die Bezeichnungen der Geschwindigkeitsdreiecke und des Schaufelkanals zeigt Abb. 205. Bei Überdruckbeschaufelung mit einem Reaktionsgrad $\mathfrak{r} = 0{,}5$ wird gewöhnlich

$\varphi_{e\,1}^{\,2} = \varphi_{e\,2}^{\,2} = \varphi_{K\,1}^{\,2} = \varphi_{K\,2}^{\,2} = \varphi_e^{\,2}$

gesetzt [*149*].

Der Geschwindigkeitsbeiwert $\varphi_e^{\,2}$ hängt vom Teilungsverhältnis t/L und Umlenkwinkel θ^* der Schaufeln ab. Angaben darüber macht Abb. 206a.

Weicht die wirkliche Anströmrichtung von der Konstruktionsanströmrichtung des Profiles um den Stoßwinkel δ ab, so muß der Eintrittsstoßverlust mit Hilfe des Stoßbeiwertes K_δ berücksichtigt werden. Der Stoßbeiwert ist aus Abb. 206b in Abhängigkeit vom Stoßwinkel δ und Radius r der Profilnase zu entnehmen. Man erkennt, daß eine große Eintrittsabrundung den Stoßverlust verringert, Abb. 210d, und daß Rückenstoß (δ negativ) gefährlicher ist. Für $\delta \pm 10°$ kann der Stoßverlust praktisch vernachlässigt werden.

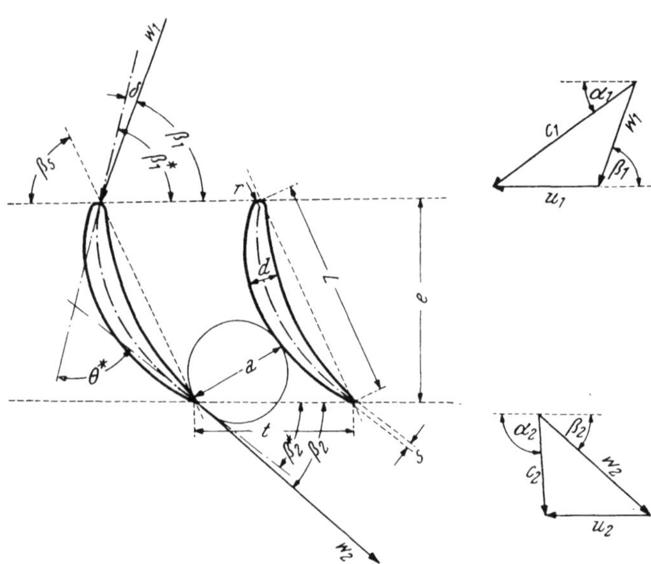

Abb. 205. Bezeichnungen am Turbinenschaufelgitter

Schaufelprofil:
- d Maximale Schaufeldicke
- r Nasenradius ($0{,}02\ L < r < 0{,}10\ L$)
- L Profilsehne
- s Stärke der Austrittskante ($0{,}01\,L < s < 0{,}08\,a$)

Anordnung:
- e Axiale Schaufelbreite
- a Kanalweite (Austritt)
- t Schaufelteilung
- β_1^* Schaufeleintrittswinkel
- β_s Staffelungswinkel
- β_2^* Schaufelaustrittswinkel
- $\theta^* = 180° - (\beta_1^* + \beta_2^*)$ Schaufelumlenkwinkel
- $\frac{a}{t}$ Öffnungsverhältnis

Gasströmung:
- β_1 Gaseintrittswinkel
- $\delta = \beta_1^* - \beta_1$ Anstellwinkel (Stoßwinkel)
- β_2 Gasaustrittswinkel
- $\eta = \beta_2 - \beta_2^*$ Ablenkwinkel
- w_1 Eintrittsgeschwindigkeit
- w_2 Austrittsgeschwindigkeit

Der Zuströmwinkel der Leitschaufel ergibt sich aus dem Austrittswinkel α_{vor} der vorausgegangenen Stufe. Der Austrittswinkel der Leitschaufel α_1 ist durch die Wahl von $c_{1_m} = (0{,}24 - 0{,}35)\,c_0$ bestimmt [*52*]. Er errechnet sich hierbei bei Gleichdruck im Mittel zu 17 °, bei Überdruck um so größer, je höher der Reaktionsgrad ist.

Der Eintrittswinkel β_1 der Laufschaufel ergibt sich aus dem Eintrittsdreieck. Der Austrittswinkel β_2 wird berechnet, indem die Schaufellänge b_2 in Einklang mit dem bereits bekannten b_1 vorgeschrieben und die Kontinuitätsbedingung benützt wird.

$$V_2 = G \cdot v_2 = D_{2_m} \cdot \pi \cdot b_2 \cdot w_2 \cdot \sin\beta_2 \cdot \frac{t - \sigma}{t}. \tag{295}$$

Darin wird v_2 aus dem $i{,}s$-Diagramm, Abb. 203, entsprechend dem Zustand am Laufradaustritt entnommen und w_2 aus Gl. (294a) berechnet. D_{2_m} ist der mittlere Schaufeldurchmesser an der Laufradaustrittskante. Das Verengungsverhältnis $\frac{t-\sigma}{t}$ erreicht je nach der Schaufelkonstruktion Werte von 0,90 bis 0,93, d. h.

$$\sigma = \frac{s}{\sin\beta} = (0,1 \div 0,075)\,t\,.$$

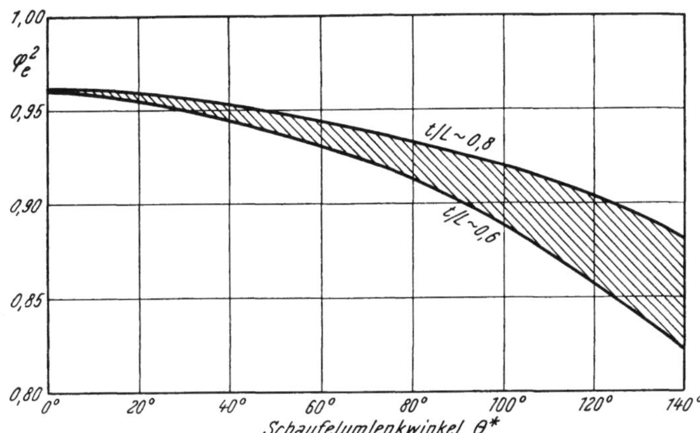

Abb. 206a. Abhängigkeit des Geschwindigkeitsbeiwertes φ_e^2 vom Umlenkwinkel Θ^*

Ein wichtiger Parameter für den Gasaustrittswinkel β_2 und damit bei gegebener Schaufelhöhe für das Schluckvermögen der Beschaufelung ist das Öffnungsverhältnis $\frac{a}{t}$ d. h. $\frac{\text{Kanalweite}}{\text{Schaufelteilung}}$.

Abb. 207a zeigt diesen Zusammenhang [*147*]. Bis etwa $\frac{a}{t} = 0,5$ ist der Gasaustrittswinkel eng durch $\sin\beta_2^* = \frac{a}{t}$ gegeben. Darüber hinaus macht sich wegen der weniger

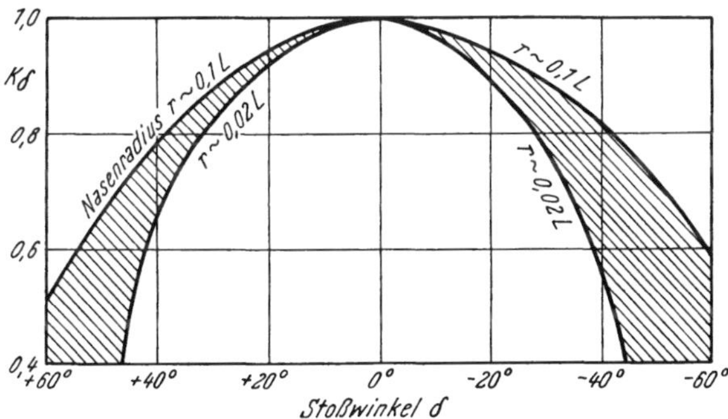

Abb. 206b. Abhängigkeit des Stoßbeiwertes K_δ vom Stoßwinkel δ

genauen Führung in den mehr offenen Schaufeln die Ablenkung $\beta_2 - \beta_2^*$ bemerkbar und erreicht z. B. für $\frac{a}{t} = 0,7$ bereits fast 6°.

Der Gasaustrittswinkel ist im wesentlichen vom Eintrittsstoßwinkel unabhängig, doch wird er von unterkritischen Reynoldsschen Zahlen und niedrigen Machzahlen beeinflußt. Abb. 207b zeigt die Abweichung des Gasaustrittswinkels von $\sin\beta_2^* = \frac{a}{t}$ bei Änderung der Austrittsmachzahl [*147*]. Der berechnete Austrittswinkel stimmt genau bei $Ma = 1,0$, aber bei niedrigeren Machzahlen wird besonders bei großem Austrittswinkel die Abweichung wichtig. Ein Anstieg des Ablenkwinkels $(\beta_2 - \beta_2^*)$, d. h. ein

Drehen der Strömung gegen die axiale Richtung bedeutet, da die spezifische Schaufelarbeit einer Stufe $h = \frac{u_1 c_{1u} - u_2 c_{2u}}{427 g}$ kcal/kg beträgt, einen Leistungsverlust.

Bei Verdichterschaufeln, insbesondere Tragflügelprofilen war es möglich, eine Beziehung zwischen dem Teilungsverhältnis t/L und den Strömungswinkeln aufzustellen (s. S. 125). Dies gelang bei den vielfältigen Formen der Turbinenschaufeln mit zum Teil sehr großen Umlenkwinkeln bisher nicht. Es wurden jedoch genügend Daten, die eine Interpolation zwischen bekannten optimalen Anordnungen erlauben, gesammelt und mit Hilfe eines aerodynamischen Belastungskoeffizienten erklärt [*145*].

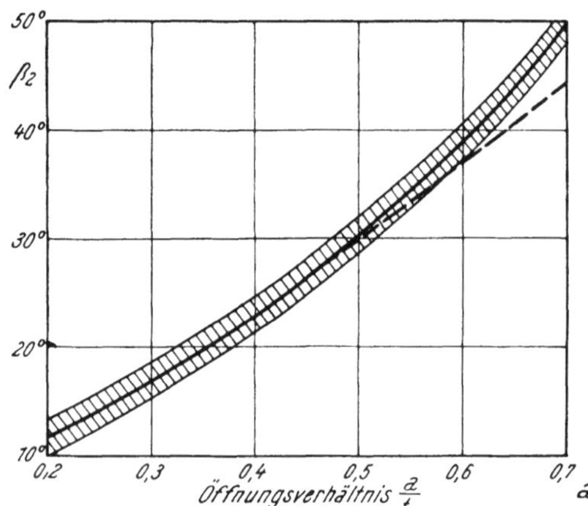

Abb. 207 *a*. Abhängigkeit des Gasaustrittswinkels β_2 vom Öffnungsverhältnis a/t

/ / / / Bereich für Normalprofile

——— Mittelwert

- - - - $\sin \beta_2{}^* = a/t$

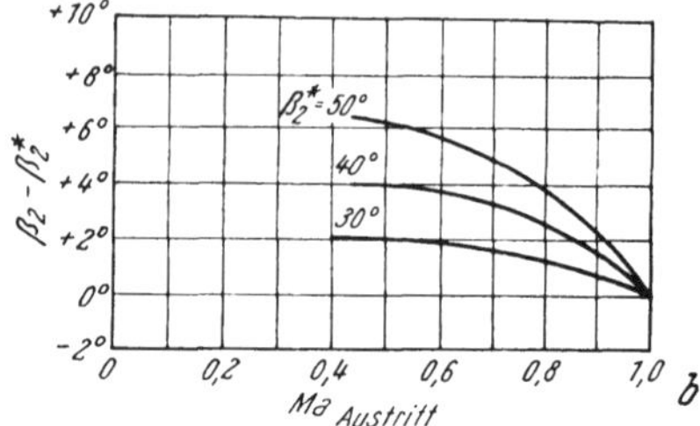

Abb. 207 *b*. Ablenkung $\beta_2 - \beta_2{}^*$ in Abhängigkeit von der Machzahl. Grundprofil T6, $Re > 150\,000$ $t/L = 0{,}55 \div 0{,}63$, $d/L = 0{,}15 \div 0{,}30$

3. Strömungsverlauf und Schaufelkonstruktion

a) Berechnung. Im Gasturbinenbau finden häufig mehrstufige Axialturbinen mit einem Reaktionsgrad $\mathfrak{r} = 0{,}5$ Anwendung. Die Beschaufelung solcher Maschinen wird bei kurzen Schaufeln allgemein nur für den mittleren Schaufeldurchmesser berechnet. Die Verschiedenheit der Strömungsverhältnisse innen und außen kann nach PETERMANN [*162*] rechnerisch erfaßt und bei der Schaufelkonstruktion berücksichtigt werden.

Man geht hierbei vom Zylinderschnitt der Beschaufelung einer Axialmaschine mit 50% Reaktion aus, Abb. 208. Diese Beschaufelung könnte sowohl von einer Turbine als auch von einem Verdichter stammen. Nur die Durchflußrichtung (d. h. die Richtung der Strömung) und die Umlaufrichtung des Laufrades wären dabei verschieden. In Abb. 208 sind die für die Turbine gültigen Richtungen ausgezogen und die für den Verdichter gültigen Richtungen gestrichelt. Außerdem sind im Lauf- und Leitrad mit den Ziffern 0 bis 6 einige wichtige Stellen und die Winkel so bezeichnet, wie es PFLEIDERER [*52*] ausgeführt hat. Diese Ziffern werden als Fußziffern zum Hinweis benutzt, auf welche Stelle sich der so bezeichnete Wert bezieht.

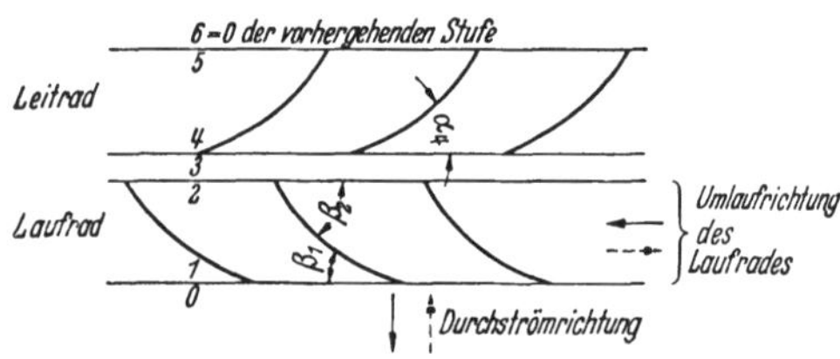

Abb. 208. Abwicklung des Zylinderschnittes durch die Beschaufelung einer axialen Strömungsmaschine mit 50% Reaktion

—▶ Turbine

--▶ Verdichter

Während bei Axialverdichtern auch radial kurze Schaufeln verwunden ausgeführt werden, sind bei Gasturbinen bis zu einem Radienverhältnis $\frac{r_i}{r_a} \geqq 0{,}75$ die Leit- und Laufschaufeln nicht verwunden. Leit- und Laufschaufeln erhalten dann das gleiche Profil, das man außerdem über eine Reihe von Stufen beibehält.

Bei nicht verwundener Schaufel und gleichem Schaufelprofil im Leit- und Laufrad ist der Schaufelaustrittswinkel des Leitrades α_4 gleich dem des Laufrades β_1. Diese Winkel bleiben über dem Radius r konstant. Die Strömungswinkel α_3 nach dem Leitrad und β_0 nach dem Laufrad werden hier gleich den Schaufelwinkeln α_4 und β_1 angenommen, da bei Beschleunigungsgittern die Minderleistung oft gleich Null ist.

Durch die Schaufelkonstruktion ist also gegeben

$$\alpha_4(r) = \alpha_3(r) = \beta_1(r) = \beta_0(r) = \text{konst.} \tag{296}$$

Außerdem muß das durch die Schaufeln strömende Medium an allen Schaufelschnitten einer Stufe etwa die gleiche Arbeit ΔH_{th} an die Schaufeln übertragen[1]. Es ist also

$$\Delta H_{th}(r) = \text{konst.} = \frac{u\,\Delta c_u}{g}. \tag{297}$$

Unter Einhaltung von Gl. (296) und (297) ist nun zu klären, wie sich der Reaktionsgrad $\mathfrak{r}$, die Meridiangeschwindigkeit c_m und der gesamte Energieinhalt der Strömung über dem Radius ändern. Die Änderung der Meridiangeschwindigkeit c_m und des Energieinhaltes wäre sowohl für die Stelle 3 vor dem Laufrad als auch für die Stelle 0 nach dem Laufrad anzugeben.

Zur Lösung dieser Aufgabe wird die später noch nachzuprüfende Annahme gemacht, daß der Reaktionsgrad $\mathfrak{r} = 0{,}5$ über dem Radius konstant bleibt. Dann ist

$$c_{0u} = 0{,}5 \cdot u - \frac{\Delta c_u}{2}; \quad c_{3u} = 0{,}5 \cdot u + \frac{\Delta c_u}{2}.$$

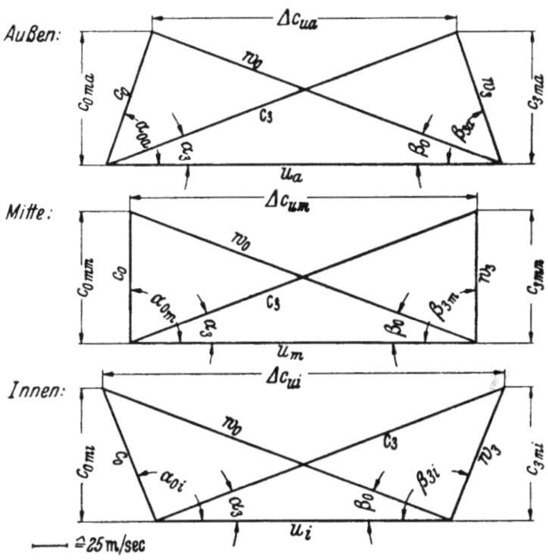

Abb. 209. Geschwindigkeitspläne einer Axialturbinenstufe

In Abb. 209 wurden unter Einhaltung obiger Gleichungen die Geschwindigkeitspläne für den inneren Radius r_i, den mittleren Radius $r_m = \frac{r_a + r_i}{2}$ und den äußeren Radius r_a aufgezeichnet. Dabei wurden das Radienverhältnis $r_i/r_a = 0{,}75$, der Winkel $\alpha_3 = \beta_0 = 20°$ und der Winkel $\alpha_6 = \alpha_0$ bzw. $= \beta_3$ in der Mitte zu $\alpha_{0m} = \beta_{3m} = 90°$ gewählt. Die Meridiangeschwindigkeit an einem beliebigen Radius r wird mit c_m, außen mit c_{ma}, in der Mitte mit c_{mm} und innen mit c_{mi} bezeichnet.

Es ist in der Mitte

$$\operatorname{tg} \alpha_3 = \frac{c_{mm}}{\Delta c_{um}},$$

wobei Δc_{um} den Wert von Δc_u in der Mitte angibt.

An einem beliebigen Radius ist, Abb. 209

$$\operatorname{tg} \alpha_3 = \frac{c_m}{\Delta c_u + \frac{u - \Delta c_u}{2}}.$$

Da α_3 über dem Radius konstant bleibt, ist

$$\frac{c_{mm}}{\Delta c_{um}} = \frac{c_m}{\Delta c_u + \frac{u - \Delta c_u}{2}}.$$

Nach kurzer Umformung erhält man daraus

$$c_m = \frac{1}{2} \cdot \left(\frac{r_m}{r} + \frac{r}{r_m}\right) \cdot c_{mm}. \tag{298}$$

[1] Bei Turbinen ist ΔH_{th} um die „Schaufelverluste“ kleiner als das adiabatische Stufengefälle ΔH.

Gl. (298) dient zur Errechnung von c_m an einem beliebigen Radius, wenn $\mathfrak{r}(r) = 0{,}5$, $\alpha_3(r) = \beta_0(r) =$ konst. und $\alpha_{0_m} = \beta_{3_m} = 90°$ sind. Für das hier gewählte Radienverhältnis $\frac{r_i}{r_a} = 0{,}75$ errechnet sich $c_{m_a} = 1{,}009 \cdot c_{m_m}$ und $c_{m_i} = 1{,}012 \cdot c_{m_m}$. Die so berechnete Änderung von c_m über dem Radius ist so klein, daß man sie vernachlässigen kann. Es ist also mit guter Annäherung

$$c_m(r) \approx \text{konst.}$$

Somit kann auch die Meridiangeschwindigkeit am mittleren Radius r_m angenähert errechnet werden:

$$c_{mm} \approx \frac{V}{(r_a^2 - r_i^2)\,\pi}\,.$$

Hierbei gibt V den durch die betrachtete Turbinenstufe fließenden Volumenstrom an.

Nun ist zu prüfen, ob die in Abb. 209 angegebenen Geschwindigkeiten (d. h. auch die Annahme $\mathfrak{r}(r) = 0{,}5$) mit Rücksicht auf die Gleichgewichtsbedingungen erfüllt werden können und welche besonderen Bedingungen sich dabei für die Strömung ergeben.

Die Gleichgewichtsbedingung, die in dem Spalt zwischen Leitrad und Laufrad (Stelle 3) und in dem Spalt zwischen Laufrad und Leitrad der nächsten Stufe (Stelle 0) erfüllt sein muß, lautet nach Gl. (225):

$$g\,\frac{dh_{ges}}{dr} = \frac{c_m^2}{R} + c_m\,\frac{dc_m}{dr} + \frac{c_u^2}{r} + c_u\,\frac{dc_u}{dr}\,.$$

Es bezeichnet h_{ges} den gesamten Energieinhalt (gesamte Druckhöhe) der Strömung und R den Krümmungsradius der Meridianprojektion der Stromlinie eines Flüssigkeitsteilchens.

Bei den bisher bekannten Berechnungen von Axialturbinen wurde meist von den Annahmen ausgegangen, daß in den Spalten der Energieinhalt über dem Radius konstant ist und daß die Strömung achsparallel, d. h. $R = \infty$ ist. Man kann leicht zeigen, daß diese Annahmen hier nicht gemacht werden dürfen. Mit $dh_{ges}/dr = 0$ und $R = \infty$ ergibt Gl. (225):

$$0 = c_m\,\frac{dc_m}{dr} + \frac{c_u^2}{r} + c_u\,\frac{dc_u}{dr} = \frac{c_u^2}{r} + c\,\frac{dc}{dr}\,.$$

Nach kurzer Umformung [*161*] erhält man daraus für die Stelle 3 (Spalt vor Laufrad):

$$c_{3_u} \cdot r^{\cos^2 \alpha_3} = \text{konst.} \tag{299}$$

Aus Abb. 209 ist zu erkennen, daß c_{3_u} außen, in der Mitte und innen etwa gleich groß ist. Gl. (299) wird hier also nicht erfüllt. Eine oder beide der oben gemachten Annahmen $dh_{ges}/dr = 0$ und $R = \infty$ waren also falsch.

Unter der Annahme reibungsfreier Strömung, inkompressiblen Mediums und zylindrischer Begrenzungswände außen und innen kann man, um ein richtiges Bild zu erhalten, auf Grund der oben angeführten Voraussetzungen $c_m(r) \approx$ konst. und $\mathfrak{r}(r) = 0{,}5$ nun aus Gl. (225) einige wichtige Beziehungen herleiten, wie es in [*162*] näher ausgeführt wurde. Dort wurde festgestellt, daß der Energieinhalt der Strömung über dem Radius nicht konstant bleibt. In den Spalten zwischen den einzelnen Schaufelreihen hat die Strömung außen einen größeren Energieinhalt als innen. Der Unterschied des Energieinhaltes der durchströmenden Gasteilchen zwischen außen und innen in dem Spalt an der Stelle 0 oder an der Stelle 3 ist nach [*162*]

$$h_{ges\,a} - h_{ges\,i} = \frac{(r_i \cdot \omega)^2}{4g} \cdot \left[\left(\frac{r_a}{r_i}\right)^2 - 1\right]. \tag{300}$$

Man erkennt, daß der Unterschied im Energieinhalt nur von dem Radienverhältnis und der Umfangsgeschwindigkeit abhängt. Bei einer Turbine tritt das Medium auf der Druckseite in die mehrstufige Beschaufelung ein, an der Stelle also, an der die Schaufeln kurz und die Umfangsgeschwindigkeit klein sind. Gl. (300) ergibt somit für die Eintrittsstufe nur einen kleinen Energieunterschied, der sich von selbst ohne wesentliche Verluste einstellen wird. Hier ist also die Turbine dem Verdichter gegenüber im Vorteil. Beim Verdichter strömt das Medium auf der Saugseite ein, wo die Schaufellänge groß und somit der Energieunterschied groß ist. Deshalb kann es bei Verdichtern zweckmäßig sein, durch Vorschalten einer Zubringerstufe der Strömung die ungleichmäßige Energieverteilung aufzuzwingen. Bei der Turbine hat die aus der letzten Stufe (lange Schaufeln, große Umfangsgeschwindigkeit) austretende Strömung einen erheblichen Energieunterschied zwischen außen und innen.

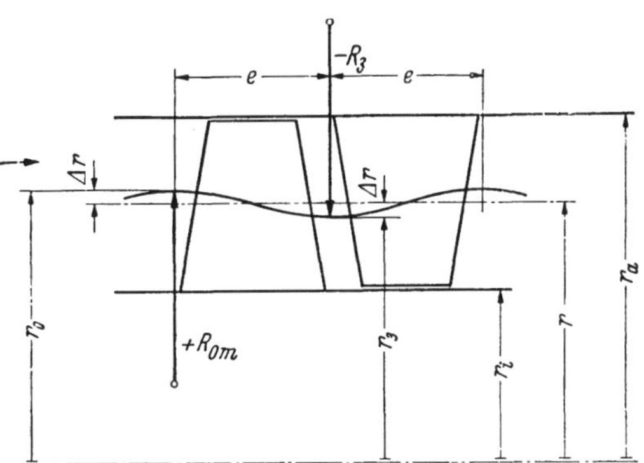

Abb. 210 *a*. Meridianschnitt (Axialschnitt) durch die mittlere Flußfläche einer Axialstufe mit $\text{r} = 0{,}5$ und $c_m\ (r) \doteq$ konst.
$|R_{om}| = |R_{3m}| = |R_m|$

Wie in [*162*] näher begründet, verläuft der Meridianschnitt durch die Flußflächen nicht achsparallel, sondern in Form einer Schwingungslinie, die etwa einen sinusförmigen Verlauf hat, Abb. 210a. Die Amplitude dieser Schwingungslinie ist für die mittlere Meridianstromlinie am größten. Sie nimmt von der Mitte aus nach außen und innen hin ab. Wenn man nun einige in [*162*] näher beschriebene, die Rechnung stark vereinfachende Annahmen macht, so z. B. den Verlauf von $\frac{c_m^2}{|R|}$ nach Abb. 210b, kann die Amplitude Δr der Meridianstromlinie eines auf der Mittelbahn strömenden Gasteilchens, Abb. 210a, errechnet werden:

$$\Delta r = \frac{g\,\Delta H_{th} \cdot \ln \frac{r_a}{r_i}}{c_{mm}^2 \left(\frac{16}{r_a - r_i} + \frac{\pi^2 (r_a - r_i)}{e^2}\right)}. \tag{301}$$

Hierbei ist die axiale Baulänge einer Schaufelreihe (Summe aus axialer Schaufellänge und einer Spaltweite) mit e bezeichnet. e ist für Leit- und Laufrad meist gleich groß. Die axiale Baulänge einer Stufe ist dann $2e$.

Man erhält Δr in m, wenn $\Delta H_{th}, r_a, r_i, e$ in m, c_{mm} in m/sek und g in m/sek² eingesetzt werden.

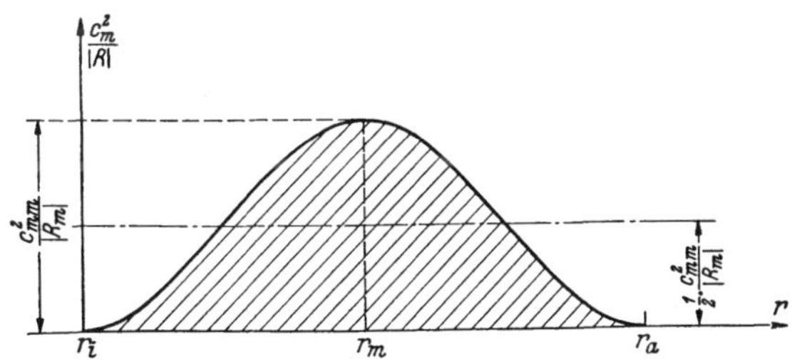

Abb. 210 *b*. Angenommener Verlauf der Funktion $\frac{c_m^2}{|R|} = f(r)$

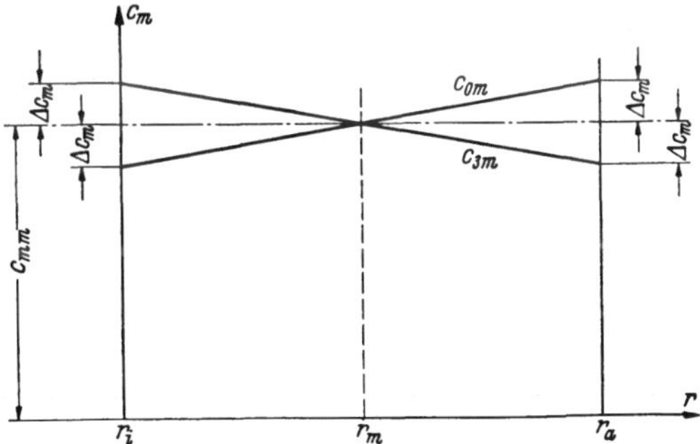

Abb. 210 *c*. Geradlinig angenommener Verlauf der Meridiangeschwindigkeit c_m über dem Radius r

Den absoluten Betrag des Krümmungsradius der mittleren Meridianstromlinie in den Scheitelpunkten, Abb. 210a, erhält man aus [*161*] zu:

$$|R_m| = \frac{e^2}{\pi^2 \cdot \Delta r} = \frac{c_{mm}^2 \left(\frac{16 e^2}{\pi^2 (r_a - r_i)} + r_a - r_i\right)}{g \cdot \Delta H_{th} \cdot \ln \frac{r_a}{r_i}}. \tag{302}$$

Wenn die mittlere Meridianstromlinie die Form einer Schwingungslinie hat, so ist die in Abb. 209 gemachte Annahme $c_{3_{ma}} = c_{0_{ma}}$ und $c_{3_{mi}} = c_{0_{mi}}$ nicht ganz zutreffend. Vielmehr muß entsprechend der Kontinuitätsgleichung im Laufrad (d. h. zwischen den Stellen 3 und 0) c_{ma} vergrößert und c_{mi} verkleinert werden. Es ist also $c_{3_{ma}} < c_{0_{ma}}$ und $c_{3_{mi}} > c_{0_{mi}}$. Die Änderung der Meridiangeschwindigkeit über dem Radius wird geradlinig angenommen, Abb. 210c, was in Wirklichkeit zwar nicht genau zutrifft, die Rechnung aber vereinfacht. Durch den Geschwindigkeitsunterschied Δc_m sind die Abweichungen der Meridiangeschwindigkeit außen und innen an den Stellen 3 und 0 gegenüber der mittleren Meridiangeschwindigkeit c_{mm}, Abb. 210c, bestimmt. Δc_m kann dann errechnet werden

$$\Delta c_m = \frac{4 \Delta r}{r_a - r_i} c_{mm} = \frac{4 g \Delta H_{th} \ln \frac{r_a}{r_i}}{c_{mm} \left(16 + \frac{\pi^2 (r_a - r_i)^2}{e^2}\right)} . \tag{303}$$

b) Beispiele. Das erste Zahlenbeispiel behandelt eine Turbinenstufe mit dem Reaktionsgrad $\mathfrak{r} = 0{,}5$. Die Schaufeln sind nicht verwunden, da $r_i/r_a \geqq 0{,}75$ bzw. $\frac{D_m}{b} \geqq 7$[1]. Leit- und Laufschaufeln haben das gleiche Profil. Der Rechnungsgang für die Turbinenbeschaufelung ist für den mittleren Stromfaden in üblicher Weise durchgeführt, wobei auch die Schaufellängen festgelegt wurden. Durch diesen schon vorliegenden Rechnungsgang sind folgende Werte gegeben:

$n = 3000$ U/min; $r_a = 0{,}925$ m; $r_i = 0{,}694$ m; $e = 0{,}03$ m; der Geschwindigkeitsplan für den mittleren Radius, Abb. 209, mit $c_{mm} = 92{,}5$ m/sek; $\alpha_3 = \beta_0 = 20°$; $\Delta H_{th} = 15{,}4$ kcal/kg $= 6570$ mkg/kg.

Aus Gl. (303) kann der Geschwindigkeitsunterschied Δc_m errechnet werden:

$$\Delta c_m = 1{,}29 \text{ m/sek} .$$

Die Änderung der Meridiangeschwindigkeit liegt also in der Größenordnung von nur 1% und kann ebenso wie die in Gl. (298) zum Ausdruck gebrachte Geschwindigkeitsänderung wegen Kleinheit vernachlässigt werden.

Mittels Gl. (301) wird die Amplitude $\Delta r = 0{,}0008 = 0{,}8$ mm errechnet. Da die Schaufellänge $r_a - r_i = 231$ mm beträgt, kann der Konstrukteur auch Δr unberücksichtigt lassen.

Der Unterschied im Energieinhalt zwischen außen und innen wird nach Gl. (300) errechnet zu

$$h_{ges\,a} - h_{ges\,i} = 940 \text{ mkg/kg} = 2{,}2 \text{ kcal/kg} .$$

Dies ist ein beachtlich hoher Wert.

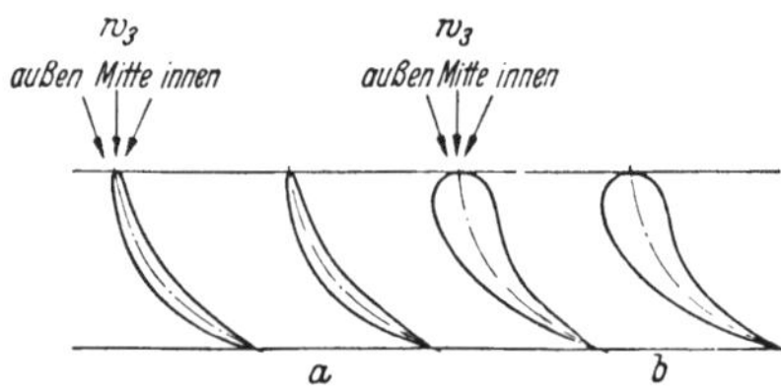

Abb. 210*d*. Turbinenbeschaufelung
a Kleine Abrundung der Eintrittskante
b Große Abrundung der Eintrittskante

In Abb. 209 sind unter Beachtung von Gl. (297) die Geschwindigkeitspläne dieses ersten Zahlenbeispiels für außen und innen aufgezeichnet. Aus den Geschwindigkeitsplänen wurden die Anströmrichtungen für die Schaufeln entnommen und in den Schaufelplan, Abb. 210d, eingetragen. Will man, wie bei der Aufgabenstellung dieses Zahlenbeispieles festgelegt, nichtverwundene Schaufeln verwenden, so ist zur Vermeidung von Eintrittsstoßverlusten eine gute Eintrittsabrundung notwendig (s. S. 225). Bei der Schaufelform *a*, Abb. 210d, werden die Stoßverluste größer sein als bei der Schaufelform *b*.

Im zweiten Zahlenbeispiel soll eine der letzten Stufen einer Turbine behandelt werden. Wegen der großen Schaufellänge werden die Laufschaufeln verjüngt und verwunden,

---

[1] $$\frac{D_m}{b} = \frac{\frac{D_a + D_i}{2}}{\frac{D_a - D_i}{2}} = \frac{1 + \frac{r_i}{r_a}}{1 - \frac{r_i}{r_a}} = \frac{1 + \nu}{1 - \nu} .$$

die Leitschaufeln aber weiter ohne Verwindung ausgeführt. Im schon vorliegenden Rechnungsgang ist der Geschwindigkeitsplan für den mittleren Radius festgelegt und somit gegeben. Das Radienverhältnis ist $r_i/r_a = 0{,}604\ \text{m}/1{,}114\ \text{m} = 0{,}54$. Die axiale Baulänge der Laufschaufelreihe ist $e = 0{,}07$ m. Die radiale Laufschaufellänge an der Eintrittskante $b_3 = r_a - r_i = 0{,}510$ m vergrößert sich bis zur Austrittskante auf $b_0 = 0{,}555$ m. Diese Vergrößerung der radialen Schaufellänge kommt bei der späteren Aufzeichnung der Geschwindigkeitsdreiecke nicht zum Ausdruck, da diese für Zylinderschnitte an den Radien r_i (innen), $r_m = \frac{r_a + r_i}{2}$ (in der Mitte) und r_a (außen) gelten. Das bei der Bestimmung des gegebenen Geschwindigkeitsplanes am mittleren Radius zugrunde gelegte adiabatische Stufengefälle $\varDelta H = 21{,}5$ kcal/kg zuzüglich einer Zulaufenergie aus der vorhergehenden Stufe von 1,3 kcal/kg soll über dem Radius konstant bleiben.

Die Aufgabe lautet: Festlegung der Laufschaufelprofile innen und außen.

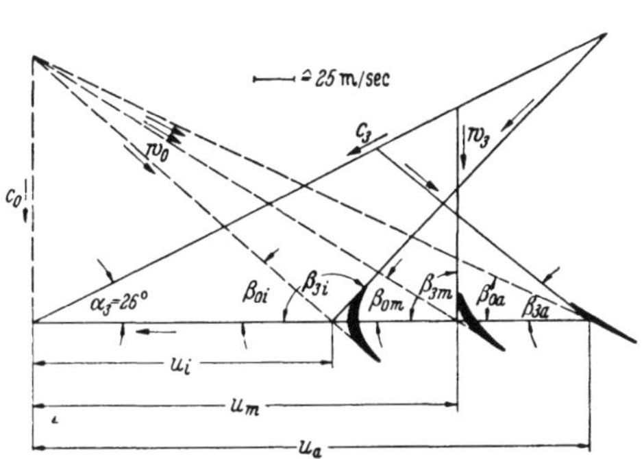

Abb. 211. Geschwindigkeitsplan zu Zahlenbeispiel A [*162*]

—— Eintrittsdreiecke
– – – Austrittsdreiecke

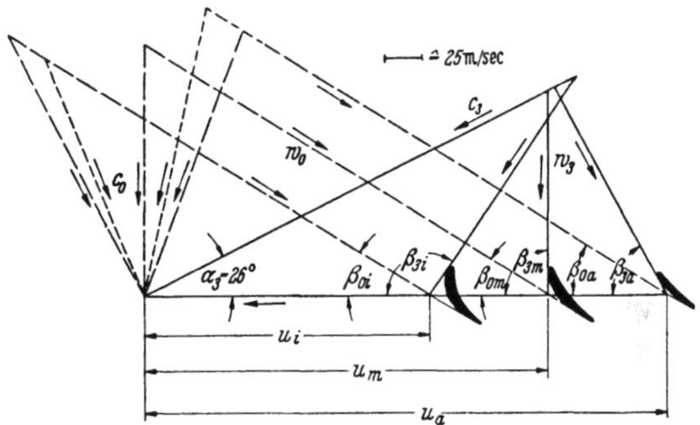

Abb. 212. Geschwindigkeitsplan zu Zahlenbeispiel B [*162*]

—— Eintrittsdreiecke
– – – Austrittsdreiecke mit $H\ (r) =$ konst.
- - - - - Änderung der Austrittsdreiecke für $h_{ges_0}\ (r) =$ konst.

Zunächst soll diese Aufgabe in der bisher in der Literatur (z. B. 4, 52] angegebenen Weise gelöst und dieser erste Rechnungsgang des zweiten Zahlenbeispiels mit A bezeichnet werden.

A. Bei diesem bekannten Rechnungsverfahren z. B. der letzten Stufen von Dampfturbinen wird stets von der Annahme ausgegangen, daß der Energieinhalt im Spalt vor der Stufe innen und außen den gleichen Wert hat, d. h., daß $h_{ges}\ (r) =$ konst. ist [*161*]. Der Reaktionsgrad ändert sich dann über dem Radius. Er ist innen klein ($\mathfrak{r} = 0{,}10$), in der Mitte 0,53 und außen groß ($\mathfrak{r} = 0{,}71$). Das Ergebnis der Rechnung zeigen die Geschwindigkeitspläne mit eingezeichneten Laufschaufelprofilen, Abb. 211. Man sieht, daß die Laufschaufel recht stark verwunden ist.

B. Die Aufgabe des zweiten Beispiels soll nun in einem anderen Rechnungsgang gelöst werden, wobei von der Annahme ausgegangen wird, daß sich unmittelbar vor der betrachteten Stufe Reaktionsstufen befinden, die entsprechend dem ersten Beispiel ausgeführt sind. Dann hat die Zuströmung vor dem Leitrad einen ungleichen Energieinhalt über dem Radius entsprechend Gl. (300), und es ist möglich, die Beschaufelung so auszulegen, daß der Reaktionsgrad und der Laufschaufelaustrittswinkel $\beta_1 = \beta_0$ über dem Radius konstant bleiben. Die Rechnung wird vereinfacht, wenn man in allen Schaufelschnitten den gleichen Schaufelwirkungsgrad $\eta_h = \varDelta H_{th}/\varDelta H$ annimmt. Mit $\varDelta H\ (r) =$ konst. wird dann auch die an den Laufschaufeln übertragene Arbeit $\varDelta H_{th}\ (r) =$ konst., wobei $\varDelta H_{th} = (c_{3u} - c_{0u}) \cdot \frac{u}{g}$ mkg/kg, s. Gl. (297), ist. Die mittels der Gl. (298) und (303) errechneten Änderungen von c_m sind auch hier recht klein. Das Ergebnis der Rechnung ist aus Abb. 212 zu ersehen, wobei die zunächst erhaltenen Austrittsgeschwindigkeitsdreiecke lang gestrichelt eingezeichnet sind.

Die Laufschaufeln sind jetzt nur noch an der Eintrittskante verwunden, und zwar erheblich weniger als die nach A errechnete Schaufel. Die Herstellung der nach B errechneten Schaufel ist somit erheblich einfacher.

Durch die stärkere Krümmung im unteren Teil ist die Schaufel A gegen Schwingungen unempfindlicher als Schaufel B. Die Gefahr, in der Gasströmung Schallgeschwindigkeit zu erreichen, ist bei Schaufel A wegen der sehr großen Geschwindigkeit c_3 (innen) erheblich größer als bei Schaufel B.

Auf die Verschiedenheit der Schaufelformen A und B wurde schon früher von Bammert [*151*] hingewiesen.

c) Konstruktion. Zur Konstruktion der Schaufel werden zuerst wie vorhin angegeben die Geschwindigkeitsdreiecke festgelegt. Das Öffnungsverhältnis beträgt am mittleren Durchmesser, je nach Schaufelhöhe, Reaktionsgrad und Wirkungsgrad, $\frac{a}{t} = 0{,}20$ bis 0,50. Bei verwundenen Schaufeln mit ihren großen Umlenkwinkeln am Schaufelfuß wird je nach Beanspruchung und Fußausbildung das Verhältnis $\frac{\text{Teilung}}{\text{axiale Schaufelbreite}}$ $\frac{t}{e} = 0{,}45$ bis 0,60 gewählt. Am Schaufelkopf ist das Profil gewöhnlich ein leicht gewölbter Tragflügel mit $\frac{d}{L} = 0{,}08$ bis 0,12. Fuß- und Kopfprofil werden dann so übereinandergelegt, daß ihre Schwerpunkte zusammenfallen, Abb. 213a, und die Austrittswinkel $\beta_2{}^*$ stimmen. Die Schnittpunkte der Schaufelhohlseite *5* (*15*) und des Schaufelrückens *2* (*12*) werden festgelegt. Das Mittelprofil wird dann so interpoliert, daß die Schaufel von vier Flächen mit geraden Erzeugenden begrenzt wird, Abb. 213a. Eine solche Konstruktion vereinfacht die Herstellung von geschmiedeten und gegossenen Schaufeln und ist bei Bearbeitung aus dem Vollen wesentlich.

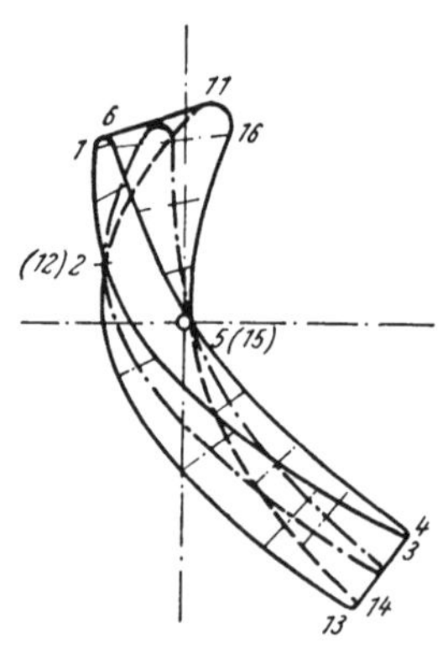

Abb. 213*a*. Schaufelentwurf
Kopfprofil 1—2—3—4—5—6
Fußprofil 11—12—13—14—15—16
Schaufelflächen A: 1—2—12—11
B: 3—2—12—13
C: 4—5—15—14
D: 6—5—15—16

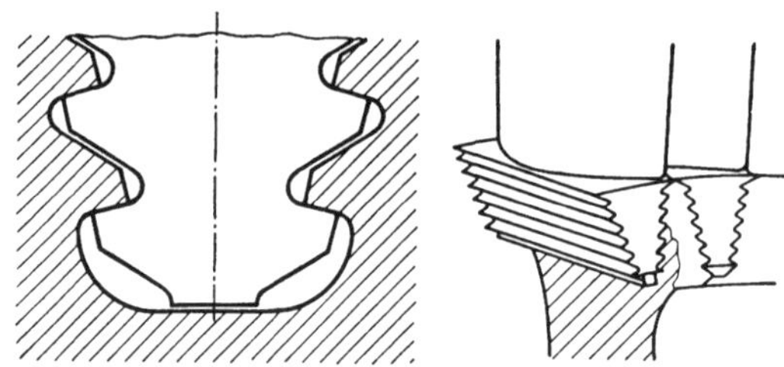

Abb. 213*b*. Tannenbaumfuß-Schaufelbefestigung

Eine 100% exakte Übereinstimmung von Geschwindigkeitsdreieck und Profil ist in der Praxis meist nicht möglich. Abweichungen bis zu 3° vom geometrischen Austrittswinkel $\beta_2{}^*$ und bis zu 10° vom Eintrittswinkel $\beta_1{}^*$ sind noch zulässig. Die Fertigungsgenauigkeit der Winkel beträgt bei gefrästen Schaufeln $\pm\left(\frac{1}{4}\text{ bis }\frac{1}{2}\right)^\circ$ bei gegossenen Schaufeln $\pm\left(\frac{1}{2}\text{ bis }1\right)^\circ$. Mit der Strömungsrechnung muß die Festigkeitsrechnung der meist verjüngt ausgeführten Schaufeln Hand in Hand gehen (s. S. 489). Als Fußbefestigung hat sich bei Gasturbinenschaufeln wegen der hohen Temperaturen und Wärmespannungen hauptsächlich der Tannenbaumfuß, Abb. 213b, durchgesetzt [*152*].

4. Wirkungsgradabschätzung

Nach der Auswahl der Beschaufelung tritt oft die Frage auf, für die gewählte Konstruktion den Wirkungsgrad der Turbine abzuschätzen. Hierbei leistet ein von Ainley [*158*] angegebenes Näherungsverfahren gute Dienste.

Es ist aufgebaut auf Messungen an Schaufelgittern und ausgeführten Turbinen. Dabei wurden zur Vereinfachung folgende Annahmen getroffen:

1. Die Kompressibilität des Gases ist vernachlässigbar (kleine Machzahl).

2. Die Auslegung der Stufe wird auf die Profile am mittleren Schaufelkreis bezogen (d. h. kein Einfluß des Nabenverhältnisses).

3. „Stoßfreier" Eintritt (d. h. die tatsächliche Anströmrichtung fällt mit der geometrischen Anströmrichtung des Profiles zusammen) und

4. das Verhältnis Schaufelteilung/Profilsehne $\frac{t}{L}$ ist so gewählt, daß der Auftriebsbeiwert bezogen auf die Austrittsgeschwindigkeit V_2 den Wert $C_{LV2}=0{,}7$ hat.

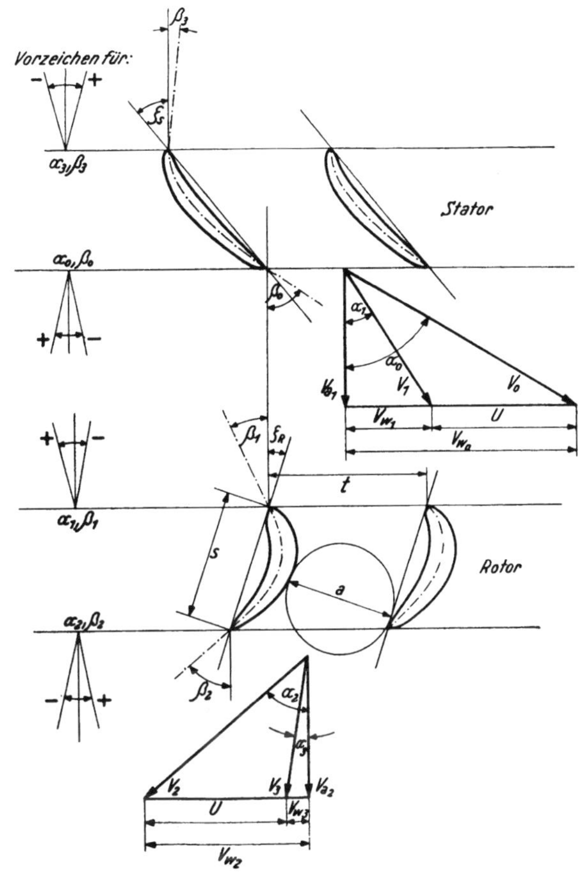

Abb. 214. Bezeichnungen nach AINLEY [*158*]

Es entspricht (vgl. Abb. 205) $s = L$, $V_{a1} = c_{1m}$, $V_1 = w_1$, $V_0 = c_1$, $V_{a2} = c_{2m}$, $V_2 = w_2$, $V_3 = c_2$

AINLEY verwendet zum Vergleich der Turbinenstufen den Koeffizienten $\frac{2g \cdot 427 \cdot c_p \Delta T}{u^2}$ (s. S. 99).

Dieser ergibt sich, wenn zur Erleichterung des Überganges auf die Originalarbeit die im englischen Sprachgebiet gebräuchlichen Bezeichnungen nach Abb. 214 beibehalten werden, aus

$$g \cdot 427 \cdot c_p \Delta T = u\,(V_{a2}\,\mathrm{tg}\,\alpha_3 - V_{a1}\,\mathrm{tg}\,\alpha_0)$$

und

$$V_{a2}\,\mathrm{tg}\,\alpha_3 = u - V_{a2}\,\mathrm{tg}\,\alpha_2$$

zu

$$\frac{2g \cdot 427 \cdot c_p \Delta T}{u^2} = 2 - 2\frac{V_{a1}}{u}\,(\mathrm{tg}\,\alpha_0 + \lambda\,\mathrm{tg}\,\alpha_2)\,,$$

wobei

$$\lambda = \frac{V_{a2}}{V_{a1}} = \frac{c_{2m}}{c_{1m}}.$$

Für $\lambda = 1$ und mit Berücksichtigung von

$$V_{a1} \operatorname{tg} \alpha_0 = u - V_{a1} \operatorname{tg} \alpha_1$$

folgt weiter

$$\frac{2g \cdot 427 \cdot c_p \Delta T}{u^2} = 2 - 2 \frac{\operatorname{tg} \alpha_0 + \operatorname{tg} \alpha_2}{\operatorname{tg} \alpha_0 + \operatorname{tg} \alpha_1}. \tag{304}$$

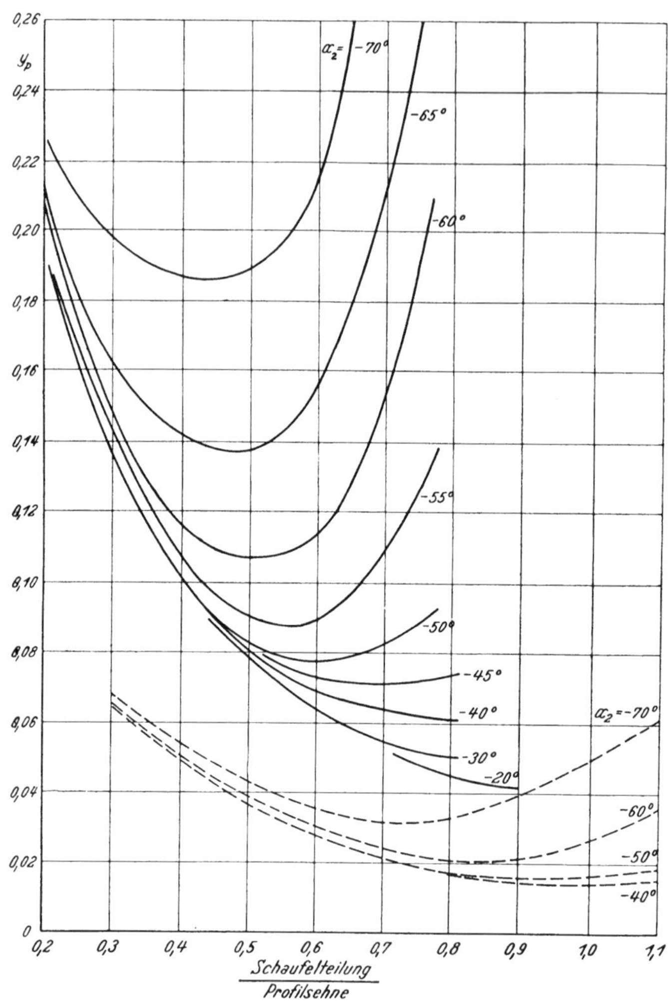

Abb. 215. Profilverlustkoeffizient Y_p bei stoßfreiem Eintritt (d. h. $\alpha_1 = \beta_1$) in Abhängigkeit vom Verhältnis t/L für verschiedene Gasaustrittswinkel α_2

——— Gleichdruckschaufeln ($\beta_1 = - \alpha_2$)
– – – Leitschaufeln ($\beta_3 = 0$)

Druckverluste in den Schaufelrädern. a) Profilverluste bei stoßfreiem Eintritt. Der Profilverlustbeiwert wird definiert als

$$Y_p = \frac{\text{Profilverlust}}{P_{gesamt\ Austritt} - P_{statisch\ Austritt}}$$

und ist in Abb. 215 über $\frac{t}{L}$ für Leitschaufeln $Y_{p\,(\beta_3=0)}$ und Gleichdruckschaufeln $Y_{p\,(\beta_1=-\alpha_2)}$ in Abhängigkeit vom Gasaustrittswinkel α_2 aufgetragen.

Für ein beliebiges Schaufelprofil wird zuerst β_1/α_2, α_2 und t/L aus dem Geschwindigkeitsdreieck festgestellt.

Dann ist für $\beta_1/\alpha_2 < 0$

$$Y_p = Y_{p\,(\beta_3=0)} + (\beta_1/\alpha_2)^2\,[Y_{p\,(\beta_1=-\alpha_2)} - Y_{p\,(\beta_3=0)}]$$

und für $\beta_1/\alpha_2 \geqq 0$

$$Y_p = Y_{p\,(\beta_3=0)}\,.$$

Es ist festzuhalten, daß die Kurvenscharen in Abb. 215 durch Interpolation und Extrapolation von zahlreichen Meßreihen entstanden.

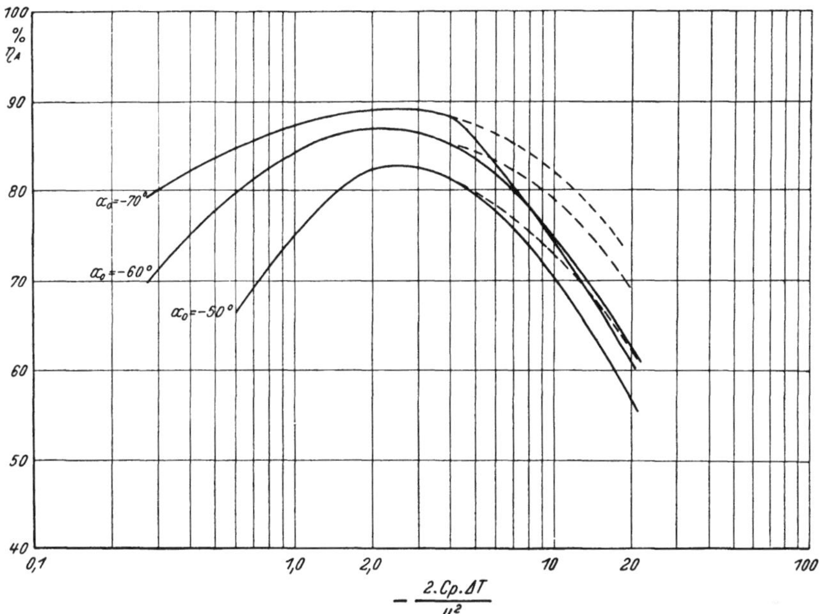

Abb. 216*a*. Stufenwirkungsgrade η_A von Gleichdruckturbinen ($\beta_1 = -\alpha_2$) in Abhängigkeit von $\dfrac{-2g\;427 c_p\,\Delta T}{u^2} = \left(\dfrac{c_0}{u}\right)^2$ für verschiedene α_0

– – – Einstufig

——— Mehrstufig

Die Y_p Werte für kleine t/L sind unter der Annahme, daß der Verlust bei Schaufelberührung ∞ wird, grob geschätzt.

b) Randverlust (Sekundärverlust)

$$Y_r = \frac{\text{Randverlust}}{P_{gesamt\ Austritt} - P_{statisch\ Austritt}} = 0{,}4\,[1 - (\beta_1/\alpha_2)]\,C_{L\,v2}^{\,2} \qquad (305)$$

für $\beta_1/\alpha_2 < 0$

und für $\beta_1/\alpha_2 \geqq 0$

$$Y_r = 0{,}04\,C_{L\,v2}^{\,2}\,.$$

Y_r beinhaltet die Verluste zufolge dreidimensionaler Strömung (s. S. 142) und den Spaltverlust. Obwohl Versuche ergaben, daß bei Vergrößerung des Spaltes um 1 % der Schaufelhöhe der Wirkungsgrad um 2 bis 2,5 % abfällt, sind diese Einflüsse noch ziemlich ungeklärt.

Gl. (305) stimmt mit der Wirklichkeit gut überein, wenn der Spalt etwa 1,5 bis 2 % der Schaufelhöhe beträgt und gilt auch noch für Überdruckschaufeln mit etwas größerem Spalt.

c) Wandreibungsverlust

$$Y_w = \frac{\text{Wandreibungsverlust}}{P_{gesamt\ Austritt} - P_{statisch\ Austritt}} = \frac{0{,}02}{b/L}.$$

Für Leitschaufeln mit hoher Reaktion kann besonders bei kleinem Verhältnis $\frac{b}{L} = \frac{\text{Schaufelhöhe}}{\text{Profilsehne}}$ der Verlust halbiert werden, weil obige Gleichung für hohen Reibungskoeffizient gilt.

d) Gesamtverlust entsprechend Gl. (227)

$$Y_t = \frac{\text{Gesamtverlust}}{P_{gesamt\ Austritt} - P_{statisch\ Austritt}} = Y_p + Y_r + Y_w.$$

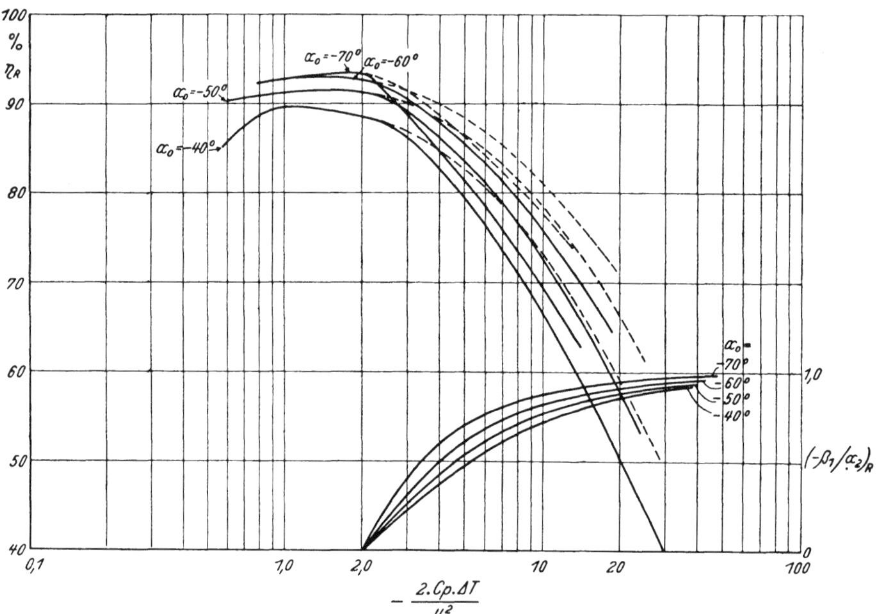

Abb. 216 *b*. Stufenwirkungsgrade η_R von – – – einstufigen und ——— mehrstufigen Überdruckturbinen mit 50 % Reaktion ($\alpha_2 = \alpha_0$) sowie Kenngröße $\left(-\frac{\beta_1}{\alpha_2}\right)_R$ in Abhängigkeit von $\frac{-2\,g\,427\,c_p\,\Delta\,T}{u^2} = \left(\frac{c_0}{u}\right)^2$ für verschiedene α_0.

Werden die Verluste, wie oben gezeigt, geschätzt, so ergibt sich für den isentropischen Stufenwirkungsgrad

$$\eta = \frac{1}{1 - \frac{1}{2}\frac{V_{a1}}{u}\left[\frac{Y_{ts}/\cos^2\alpha_0 + \lambda^2\, Y_{tr}/\cos^2\alpha_2}{u/V_{a1} - (\operatorname{tg}\alpha_0 + \lambda\operatorname{tg}\alpha_2)}\right]} \tag{306}$$

wobei Y_{ts} = Gesamtverlustkoeffizient im Leitrad

Y_{tr} = Gesamtverlustkoeffizient im Laufrad bedeutet.

Nun sei außer den oben erwähnten vier Punkten noch $b/L = 2{,}0$ für jedes Rad und $V_{a1} = V_{a2}$ (d. h. $\lambda = 1$) angenommen.

Dann kann aus Gl. (306) η für einen großen Bereich von Gleichdruckturbinen ($\alpha_1 = = \beta_1 = -\alpha_2$) und Turbinen mit 50 % Reaktion ($\alpha_2 = \alpha_0$) bestimmt werden.

Abb. 216a und 216b zeigen η in Abhängigkeit vom Temperaturgefällekoeffizient $\frac{2g \cdot 427 \cdot c_p\,\Delta\,T}{u^2}$ bei verschiedenen Winkeln α_0 für ein- und mehrstufige Turbinen.

Wirkungsgradabschätzung. Bei Turbinen mit einem Reaktionsgrad zwischen $r = 0$ und 0,5 geht man wie folgt vor:

Zuerst sind aus der Konstruktion der gewählten Turbine zu ermitteln:

a) Auslegungswert von $\frac{2g \cdot 427 \cdot c_p \Delta T}{u^2} \equiv \left(\frac{c_0}{u}\right)^2$ als Mittelwert für die Stufe.

b) Wert für β_1/α_2 am mittleren Schaufelkreis (oder Wert α_1/α_2 am mittleren Schaufelkreis, wenn die Schaufelwinkel noch unbekannt sind).

c) α_0 am mittleren Schaufelkreis.

d) Auftriebsbeiwert C_{LV2} des Laufrades am mittleren Schaufelkreis.

Dann ergibt sich aus Abb. 216a für $\frac{2g \cdot 427 \cdot c_p \Delta T}{u^2}$ und α_0 ein Wert η_A und aus Abb. 216b für gleiches $\frac{2g \cdot 427 \cdot c_p \Delta T}{u^2}$ und α_0 ein Wert η_R und $(\beta_1/\alpha_2)_R$.

Nun gilt für den Stufenwirkungsgrad in erster Näherung:

$$\eta = \eta_R - \left[\frac{(\beta_1/\alpha_2)_R - (\beta_1/\alpha_2)}{1 + (\beta_2/\alpha_2)_R}\right]^2 (\eta_R - \eta_A)\,. \tag{307}$$

Diese Näherung beruht auf der Annahme, daß sich bei Wirkungsgradinterpolationen zwischen 50 % Überdruck- und Gleichdruckturbinenstufen bei gegebenem $\frac{2g \cdot 427 \cdot c_p \Delta T}{u^2}$ der Wirkungsgrad, wie Versuchsauswertungen zeigten, parabolisch mit β_1/α_2 ändert.

Ist der Auftriebsbeiwert $C_{LV2} > 0{,}7$, dann ist der aus Gl. (307) berechnete Wirkungsgrad zu korrigieren nach

$$\eta = 1 - [1 - \eta_{(307)}]\left[0{,}875 + 0{,}125\left(\frac{C_{LV2}}{0{,}7}\right)^2\right]. \tag{308}$$

Auch diese Korrektur ist bei Wirkungsgradabschätzungen von Turbinen mit verschiedenem Teilungsverhältnis $\frac{t}{L}$ empirisch gefunden worden.

Bei Mehrstufenturbinen müssen für $\frac{2g \cdot 427 \cdot c_p \Delta T}{u^2}$, β_1/α_2, α_0 und C_{LV2} Mittelwerte gewählt werden. Der sich ergebende Stufenwirkungsgrad stellt dann den Turbinenwirkungsgrad dar. Diese Annahme verringert Fehler zufolge zu günstiger Schätzungen, besonders wenn Gesamtdruckgefälle und Stufenzahl groß sind. Die Gl. (307) und (308) gelten für Stufen mit einer mittleren Reynoldszahl $Re = 200\,000$, mittlerem Verhältnis $\frac{b}{L} = 2{,}0$ und mittlerer Schaufelsehne $L > 20$ mm.

Tabelle 17
Reynoldszahlkorrektur

Re	K
$4 \cdot 10^4$	2,2
$5 \cdot 10^4$	1,9
$6 \cdot 10^4$	1,7
$7 \cdot 10^4$	1,5
$8 \cdot 10^4$	1,32
$9 \cdot 10^4$	1,2
$1 \cdot 10^5$	1,1
$2 \cdot 10^5$	1,0
$3 \cdot 10^5$	0,96
$4 \cdot 10^5$	0,94
$5 \cdot 10^5$	0,92
$6 \cdot 10^5$	0,90
$7 \cdot 10^5$	0,88
$8 \cdot 10^5$	0,87
$9 \cdot 10^5$	0,86
$1 \cdot 10^6$	0,85

Tabelle 18
b/L-Korrektur

b/L	Korrektur
1	−1 %
1,5	−0,5 %
2	0
2,5	+0,3 %
3	+0,5 %
3,5	+0,7 %
4	+0,8 %
4,5	+0,85 %
5	+0,9 %
6	+1 %
7	+1 %

Bei starken Abweichungen von diesen Werten muß der abgeschätzte Wirkungsgrad noch zusätzlich korrigiert werden.

Tab. 17 gibt die Korrektur für die Reynoldssche Zahl, wobei $K = \frac{1-\eta}{1-\eta_{Re=200\,000}}$ bedeutet und Tab. 18 die Korrektur für das Verhältnis b/L an.

Die Korrektur für Schaufelsehnen $L < 20$ mm ist weniger von Bedeutung.

Anwendungsbeispiel. Es sei nun z. B. der Wirkungsgrad einer einstufigen Turbine abzuschätzen: Gegeben sei aus den Geschwindigkeitdreiecken s. Abb. 214:

Leitrad: Schaufeleintrittswinkel $\beta_3 = 8°$,

Gasaustrittswinkel $\alpha_0 = -63{,}8°$,

Laufrad: Schaufeleintrittswinkel $\beta_1 = 16°$,

Gasaustrittswinkel $\alpha_2 = -58{,}4°$,

Teilungsverhältnis $\frac{t}{L} = 0{,}64$,

Verhältnis $\frac{b}{L} = 1{,}71$,

$V_{a1} = V_{a2}$, d. h. $\lambda = 1{,}0$.

Für stoßfreie Anströmung des Laufrades ist $\alpha_1 = \beta_1 = 16°$.

Der Auftriebsbeiwert bezogen auf V_2 ist, s. auch Gl. (181):

$$C_{L\,V_2} = 2\,\frac{t}{L}\,(\operatorname{tg}\alpha_1 - \operatorname{tg}\alpha_2)\cdot\frac{\cos^2\alpha_2}{\cos\alpha_m},$$

wobei $\operatorname{tg}\alpha_m = \frac{1}{2}(\operatorname{tg}\alpha_1 + \operatorname{tg}\alpha_2)$ ist.

Obige Werte eingesetzt ergeben den Auftriebsbeiwert

$$C_{L\,V_2} = 0{,}812.$$

Nach Gl. (304) ist nun

$$\frac{2g\cdot 427\cdot c_p\,\Delta T}{u^2} = 2 - 2\cdot\left(\frac{\operatorname{tg}\alpha_0 + \operatorname{tg}\alpha_2}{\operatorname{tg}\alpha_0 + \operatorname{tg}\alpha_1}\right) = -2{,}19.$$

Mit dem Wert

$$\frac{\beta_1}{\alpha_2} = \frac{16}{-58{,}4} = -0{,}274$$

kann weiters aus Abb. 216a für

$$\frac{2g\cdot 427\cdot c_p\,\Delta T}{u^2} = -2{,}19$$

und

$$\alpha_0 = -63{,}8°$$

ein Wirkungsgrad

$$\eta_A = 87{,}5\,\%$$

und aus Abb. 216b bei

$$\frac{2g\cdot 427\cdot c_p\,\Delta T}{u^2} = -2{,}19$$

und

$$\alpha_0 = -63{,}8°$$

ein Wirkungsgrad

$$\eta_R = 92{,}5\,\%$$

und ein Wert

$(\beta_1/\alpha_2)_R = -0{,}09$ entnommen werden.

Dann folgt aus Gl. (307) die erste Annäherung des Turbinenstufenwirkungsgrades:

$$\eta = 92{,}5 - \left[\frac{-0{,}09-(-0{,}274)}{1-0{,}09}\right]^2 (92{,}5-87{,}5) = 92{,}3\,\%.$$

Da der Auftriebsbeiwert des Laufrades $C_{L\,V2}$ größer als 0,7 ist, muß eine zweite Korrektur nach Gl. (308) erfolgen:

$$\eta = 1 - (1 - 0{,}923)\left[0{,}875 + 0{,}125\left(\frac{0{,}812}{0{,}7}\right)^2\right] = 91{,}95\,\%\,.$$

Zum Schluß ist noch eine Korrektur betreffend b/L nach Tab. 18 vorzunehmen:

$$\frac{b}{L} = 1{,}71 \text{ ergibt Korrektur} - 0{,}25\,\%,$$

$$\eta = 91{,}95 - 0{,}25 = 91{,}7\,\% \text{ für eine Reynoldszahl } Re = 200\,000\,.$$

Zusammenfassung. 1. Das Verfahren von Ainley eignet sich zur Abschätzung des Wirkungsgrades für jede gebräuchliche Axialturbinenart. Die Wirkungsgrade wurden in Übereinstimmung mit Messungen von Druckverlustkoeffizienten in Turbinenschaufeln, die aus Gitterversuchen und einigen Versuchsturbinenmessungen stammen, abgeschätzt.

2. Die vorausberechneten Wirkungsgrade von Turbinen mit hoher Reaktion stehen in guter Übereinstimmung mit verfügbaren Versuchsergebnissen.

Fehler wurden bei Turbinen mit niedriger Reaktion festgestellt. Diese Fehler scheinen in erster Annäherung vom Stufenmittelwert des Koeffizienten $\frac{2g \cdot 427 \cdot c_p \Delta T}{u^2}$ abzuhängen.

3. Die Untersuchungen zeigen deutlich den Einfluß des Leitradaustrittswinkels und des Beiwertes $\frac{2g \cdot 427 \cdot c_p \Delta T}{u^2}$ auf den Turbinenwirkungsgrad.

Die höchsten kalkulierten Wirkungsgrade treten bei 50 % Reaktionsturbinen mit großen Austrittswinkeln α_0 und $\frac{2g \cdot 427 \cdot c_p \Delta T}{u^2}$ Werten von —2,0 bis —2,5 auf $\left(\frac{u}{c_0} = 0{,}71 \text{ bis } 0{,}66\right)$.

4. Die Verwendung einer relativ großen Turbine mit hoher Reaktion und $\frac{2g \cdot 427 \cdot c_p \Delta T}{u^2}$ Werten von —2,0 bis —2,5 ergibt eine bessere Anlage als eine Turbine von minimaler Größe und Gewicht mit größerem $\frac{2g \cdot 427 \cdot c_p \Delta T}{u^2}$ Wert. Dies gilt besonders für Industrie- und Marineanlagen.

5. Kennfelder

Während Dampfturbinen hauptsächlich mit größeren Stufenzahlen gebaut werden, haben Gasturbinen meist nur wenige Stufen, insbesondere wenn es sich um Flugzeugtriebwerke handelt. Dadurch kommt es häufig vor, daß in einem der Beschaufelungskränze der Turbine die Schallgeschwindigkeit erreicht oder überschritten wird. Das Verhalten solcher Gasturbinen bei Änderungen des Laufzustandes unterscheidet sich daher von dem der Dampfturbinen. Bei diesen begnügt man sich für die Abschätzung der Durchsatzgewichte meist mit dem Dampfkegel, der zur Voraussetzung hat, daß die Stufenzahl hoch ist und daß in keiner Schaufelreihe die Schallgeschwindigkeit überschritten wird. Für die Wirkungsgrade verwendet man gewöhnlich die parabolischen oder parabelähnlichen Kurven des Wirkungsgrades in Abhängigkeit vom Schnellaufkennwert u/c_0. Für Gasturbinen sind aber für Wirkungsgrade und Durchsätze bei den unterschiedlichsten Laufzuständen der Turbinenteile genauere Angaben notwendig, als man durch die Näherungsmethoden des Dampfturbinenbaues erhalten kann. Deshalb ging man mit Fortschreiten der Gasturbinen-Entwicklung zur Aufstellung von Kennfeldern über, wie es für die Verdichter schon längere Zeit üblich war. Im folgenden sollen nach einer Arbeit von Hausenblas [*163*] einige Einzelheiten und Zusammenhänge dieser Kennfelder besprochen werden.

a) Ähnlichkeitskenngrößen im Turbinenkennfeld. Von den verschiedenen Größen, die den Arbeitszustand einer Turbine kennzeichnen, interessieren vor allem:

a) das Turbinengefälle H_{ad} bzw. das Verhältnis der Drücke am Ein- und Austritt der Turbine p_2/p_1, wobei als Druck p_1 am Turbineneintritt immer der Gesamtdruck und als Druck p_2 am Austritt den jeweiligen Verhältnissen entsprechend der statische oder der Gesamtdruck verwendet wird,

b) die Drehzahl n der Turbine,

c) das Durchsatzgewicht G je Zeiteinheit,

d) die von der Turbine abgegebene Leistung N_e bzw. der Wirkungsgrad η_e.

Die Ähnlichkeitsgesetze gestatten nun, die verschiedenen Kenngrößen auf eine geringe Zahl dimensionsloser Werte zurückzuführen. Am bekanntesten ist im Dampfturbinenbau der Schnellaufkennwert $\frac{u}{c_0}$. Wie sich weiter unten zeigen wird, ist diese Kenngröße nicht sehr praktisch; sie wird besser durch den Leistungskennwert ψ_e ersetzt.

Für die Turbinenkennfelder haben sich die folgenden ähnlichkeitsgerechten Kenngrößen (s. S. 99) als besonders geeignet erwiesen:

Kenngröße für	Bezeichnung der Kenngröße
Durchsatz	Durchsatzkennwert s. Gl. (157) $\varphi = c_{1m}/u$
Wellenleistung	Leistungskennwert $\psi_e = 2g\,H_e/u^2$
Gefälle	Druckverhältnis $= p_2/p_1$ oder effektiver Wirkungsgrad $\eta_e = H_e/H_{ad}$
Drehzahl	Umfangs-Machzahl $Ma_u = u/a_1$

c_{1m} Meridiangeschwindigkeit[1] im Ringquerschnitt kurz vor dem ersten Leitschaufelkranz (Bezugsquerschnitt),

g Erdbeschleunigung,

H_e $= N_e/G =$ effektives Gefälle,

a_1 Schallgeschwindigkeit am Turbineneintritt[2],

ν_1 kinematische Zähigkeit am Turbineneintritt[2];

Index 1 kennzeichnet den Turbineneintritt, Index 2 den Turbinenaustritt.

Um den Arbeitszustand einer Turbine eindeutig festzulegen, müssen zwei der genannten Ähnlichkeitskenngrößen gegeben sein. Die übrigen Werte sind dann abhängige Größen. Genau genommen müßte man noch eine Reynoldssche Zahl festlegen, doch wird dies heute meist noch nicht getan. Der Einfluß der Reynoldsschen Zahl wird also vorerst nur teilweise berücksichtigt. (Ein Teil des Reynoldszahleinflusses ist z. B. in Turbinenkennfeldern, die mit konstantem Gesamtzustand am Turbineneintritt aufgenommen werden, schon dadurch enthalten, daß sich bei Änderung von p_2/p_1 auch die Reynoldssche Zahl der einzelnen Beschaufelungskränze ändert. Für die Erfassung des restlichen Anteils ist $a_1 D/\nu_1$ die geeignete Ähnlichkeitskennziffer.)

Selbstverständlich kann man an Stelle der obengenannten dimensionslosen Kenngrößen auch dimensionsbehaftete verwenden, die nur die wesentlichen Veränderlichen enthalten. So kann z. B. (s. S. 421) statt Ma_u auch $\frac{n}{\sqrt{T_1}}$ verwendet werden[3].

b) Die Turbine bei inkompressiblem Strömungsmittel. Besonders einfach ist das Verhalten einer einstufigen Turbine bei inkompressiblem Strömungsmittel (kleine Machzahlen) zu übersehen, Abb. 217. Um die folgende Betrachtung zu vereinfachen, sei hier ferner angenommen, daß die Meridiankomponenten der Geschwindigkeiten vor und hinter dem

[1] Es ist vorteilhaft, statt der mit der wahren Dichte im Bezugsquerschnitt gerechneten jene gedachte Meridiangeschwindigkeit zu nehmen, die sich mit der Dichte des Gesamtzustandes am Turbineneintritt ergibt.

[2] Auch hier ist es günstig, die Schallgeschwindigkeit und die Zähigkeit für den Gesamtzustand zu verwenden.

[3] $T_1 =$ Gesamttemperatur am Eintritt des Turbinenteiles. Der Ausdruck „Gesamttemperatur" steht zur Unterscheidung von der „statischen Temperatur", entsprechend den Bezeichnungen „Gesamtdruck" und „statischer Druck".

Laufrad und die entsprechenden Umfangsgeschwindigkeiten (Indizes I und II) jeweils einander gleich sind. Ändert sich nun z. B. die Drehzahl und damit die Umfangsgeschwindigkeit der Turbine, so bleiben die Austrittsrichtungen des Mediums aus den Leitschaufeln α_I und aus den Laufschaufeln β_{II} erhalten, während sich die Zuströmrichtungen zu den Schaufelkränzen ändern. Das Verhalten der Turbine bei Abweichungen vom normalen Betriebszustand wird also durch die Schaufelaustrittswinkel auf Grund der Geschwindigkeitsdreiecke wie folgt festgelegt, Abb. 217:

$$\frac{\psi_0}{2} = \varphi\,(\cot \alpha_I + \cot \beta_{II}) - 1\,. \tag{309}$$

Wenn man $H_0 = u\,\Sigma c_u/g$ entsprechend dem Vorgehen von TRAUPEL [*105*] als Basisgefälle bezeichnet, so erweist sich der Basisleistungskennwert $\psi_0 = 2g\,H_0/u^2 = 2\,\Sigma c_u/u$ als besonders geeignete Kenngröße für die Leistung der Turbine, da er wie φ und im Gegensatz zu $\frac{u}{c_0}$ mit den Geschwindigkeitsdreiecken in direktem Zusammenhang steht, Abb. 217. Durch die mechanischen Verluste der Turbine wird das nicht wesentlich geändert, weshalb in der Tabelle der entsprechende „effektive" Leistungskennwert $\psi_e = \eta_{mech} \cdot \psi_0$ als Kenngröße für die Wellenleistung angegeben wurde. Dabei stellt Σc_u einen Mittelwert über die Schaufelhöhe dar, der die Rand- und Spaltverluste bereits berücksichtigt. Eine Abspaltung dieser Verluste wäre nach dem heutigen Stand der Kenntnisse etwas willkürlich.

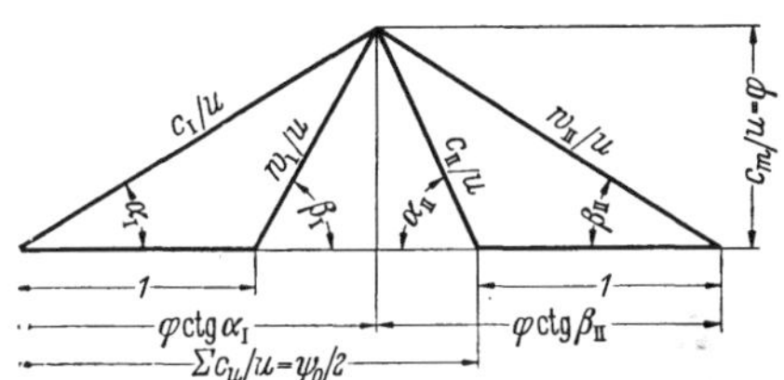

Abb. 217. Geschwindigkeitsdreiecke einer Turbinenstufe (sämtliche Geschwindigkeiten durch Division mit u dimensionslos gemacht)

Gl. (309) stellt die Kennlinie der einstufigen Turbine bei inkompressiblem Strömungsmittel dar, Abb. 218. Sie ist eine Gerade mit dem Anstieg $(\cot \alpha_I + \cot \beta_{II})$. Die ψ_0-Achse wird im Punkt -2 geschnitten. Bei Benutzung von $\frac{u}{c_0}$ an Stelle von ψ_0 bliebe diese einfache Gestalt der Kennlinie verborgen[1]. Der genannte geradlinige Zusammenhang hat zur Voraussetzung, daß die Abströmwinkel α_I und β_{II} bei Änderungen des Betriebszustandes der Turbine ungeändert bleiben. Wenn Austrittsablenkungen auftreten, ergibt sich übrigens auch noch ein geradliniger Zusammenhang von ψ_0 und φ, sofern die Ablenkungen den Gesetzmäßigkeiten der Potentialströmung durch Gitter folgen [*54*, *55*]; der Anstieg dieser geraden Kennlinie ist dann allerdings etwas anders. Folgen die genannten Winkel weder der Annahme ihrer Unveränderlichkeit noch jener der Potentialströmung durch Gitter, so zeigt die Kennlinie geringe Abweichungen vom geradlinigen Verlauf. Man kann also aus solchen Abweichungen von der geraden Kennlinie auf Winkeländerungen rückschließen.

Eine entsprechende Kennlinie erhält man auch für den Basisleistungskennwert einer Verdichterstufe. Hierbei wird lediglich der Leistungskennwert mit umgekehrtem Vorzeichen verwendet, da man nunmehr eine Drucksteigerung als positiv bezeichnet, während bei der Turbine der Druckabfall das positive Zeichen erhält. Der übliche Arbeitsbereich einer Verdichterstufe wird in Abb. 218 durch das Stück unterhalb der Abszissenachse dargestellt. Eine Turbinenstufe kann in diesem Bereich als Verdichter arbeiten (s. S. 269), wenn die Beschaufelungen so ausgebildet sind, daß sie in diesem Bereich noch genügend verlustarm wirken.

Der Einfluß plötzlicher Winkeländerungen ist bei Verdichterstufen nach Überschreitung der Pumpgrenze besonders deutlich. Bei Luftturbinenversuchen im inkompressiblen Bereich hat sich die Auftragung der Versuchswerte für die Größe $\left(\frac{\psi_0}{2} + 1\right)\varphi$ als sehr wertvoll erwiesen. Aus dieser Auftragung kann sofort die Konstanz oder eine Änderung von

[1] Zwischen den beiden Kenngrößen besteht nach Gl. (158b) der Zusammenhang $\psi_0 = \psi_e/\eta_{mech} = \eta_e/\eta_{mech}\,(u/c_0)^2 = \eta_0/(u/c_0)^2$, wobei η_0 der Basiswirkungsgrad ist.

$\operatorname{ctg} \alpha_I + \operatorname{ctg} \beta_{II}$ und somit der Austrittswinkel erkannt werden. Meßfehler treten in dieser Auftragung besonders deutlich zutage.

Zunächst ist nicht festgelegt, ob eine Änderung von φ durch Änderung des Durchsatzes oder der Drehzahl hervorgerufen wird. Es hat sich jedoch als vorteilhaft erwiesen, die ψ_0-φ-Kennlinien jeweils für konstante Umfangs-Machzahl Ma_u aufzutragen. Für unveränderliche Austrittswinkel der Strömung aus den Beschaufelungen fallen diese Kennlinien allerdings für alle Umfangs-Machzahlen zusammen. Dies ändert sich jedoch beim Auftreten von Winkelabweichungen und nach Übergang in den kompressiblen Bereich. Es sei daher festgelegt, daß die genannten Kennlinien immer für konstantes Ma_u aufgetragen sein sollen. Um sie auch im kompressiblen Bereich unterscheidbar zu machen, hat es sich als zweckmäßig erwiesen, als Abszisse im Turbinenkennfeld nicht φ direkt, sondern $\varphi \cdot Ma_u^2$ zu nehmen. Diese Darstellungsart ergibt außerdem eine einfache Möglichkeit, die Mischkennfelder von Gasturbinen zu berechnen.

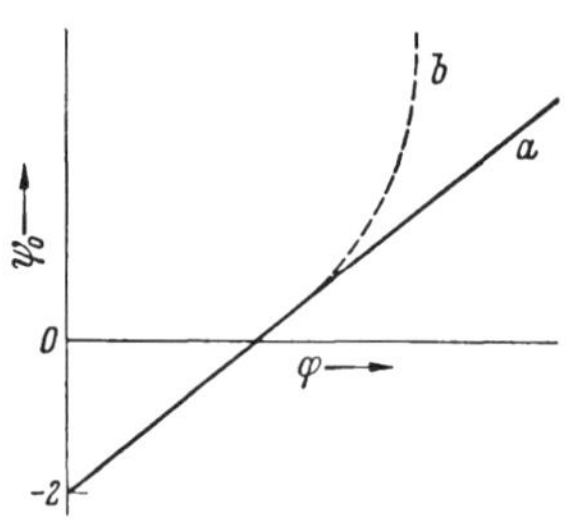

Abb. 218. Kennlinie einer Turbinenstufe
a Inkompressibles Medium
b Kompressibles Medium

Besitzt die Turbine mehrere Stufen, so addieren sich die Leistungen der einzelnen Stufen und damit auch deren Leistungskennwerte. Die Kennlinien werden hierdurch steiler.

c) Die Turbine bei kompressiblem Strömungsmittel. Ist das Mittel, das durch die Turbine strömt, kompressibel, so wird die Dichte desselben fortschreitend immer geringer. Das auf den Eintrittszustand bezogene φ wächst dadurch nicht mehr linear mit ψ_0, sondern mit zunehmendem Gefälle immer schwächer an, Abb. 218. Ist schließlich in einem der Beschaufelungskränze der kritische Zustand erreicht, so ändert sich φ überhaupt nicht mehr, d. h. die ψ_0-Kennlinie geht in eine Vertikale über. In welchem Kranz zuerst der kritische Zustand erreicht wird, hängt von der Verteilung der Gefälle auf die einzelnen Beschaufelungskränze, also von der Auslegung der Turbine ab.

Zur Vereinfachung nehmen wir an, daß die Austrittskanten von verschwindender Dicke und eben sind, Abb. 205. Da Turbinenbeschaufelungen bei normaler Ausbildung ihren engsten Querschnitt am Austritt besitzen (a in Abb. 205), erreicht in dem kritisch gewordenen Beschaufelungskranz die Strömungsgeschwindigkeit an dieser Stelle die dem dortigen Zustand entsprechende Schallgeschwindigkeit. Für eine weitere Beschleunigung auf höhere Geschwindigkeiten benötigt das Strömungsmittel eine Erweiterung des Querschnitts (s. Laval-Düse). Dies wird dadurch erreicht, daß das Strömungsmittel gegenüber der Richtung der Schaufelaustrittskanten um einen Winkel η zur axialen Richtung hin abgelenkt wird. Die Umfangskomponente w_u der Austrittsgeschwindigkeit w aus der Beschaufelung, die für die Umfangsleistung der Turbine maßgebend ist, nimmt dadurch bei Steigerung des Gefälles schwächer zu als vorher. Der Anstieg von ψ_0 bei Steigerung des Turbinengefälles wird also schwächer, um schließlich vollkommen aufzuhören, wenn w_u einen maximalen Wert erreicht hat. Das Turbinenkennfeld besitzt also in der vorgeschlagenen Darstellungsform nach oben hin eine scharf bestimmte Grenze; höhere Leistungskennwerte können nicht erreicht werden (Leistungsgrenze).

Es besteht die Möglichkeit, daß vor Erreichung der Leistungsgrenze für den zuerst kritisch gewordenen Beschaufelungskranz ein anderer, weiter stromab liegender Beschaufelungskranz kritisch wird. Da sich der Strömungszustand vor letzterem Kranz dann nicht mehr ändern kann, hören auch die oben beschriebenen Änderungen der Strömung im Austrittsquerschnitt des zuerst kritisch gewordenen Kranzes auf. Das Spiel wiederholt sich jedoch jetzt an dem neuerdings kritisch gewordenen Kranz, solange nicht etwa ein dritter, noch weiter stromab gelegener Kranz kritisch wird. Die Leistungsgrenze kann je nach Turbinenauslegung durch einen Leitschaufel- oder einen Laufschaufelkranz bestimmt sein.

d) Beispiele von Turbinenkennfeldern. Abb. 219 zeigt ein von GOLDSTEIN [*165*] gemessenes Kennfeld einer zweistufigen Turbine in der hier empfohlenen Darstellungsweise. Um zu vergleichbaren Bildern zu kommen, wurde jede der dargestellten Größen durch ihren Wert für den Normalpunkt (N.P.) dividiert. Diese relativen Größen für $\varphi \cdot Ma_u^2$, ψ_e, η, Ma_u usw. sind in Abb. 219 angegeben. Das Abbiegen der drei untersten Wirkungsgradkurven nach den kleinen Werten von Ma_u hin dürfte nicht reell sein, sondern auf Meßungenauigkeiten beruhen, indem die zu messenden Größen in diesem Teil des Kennfeldes sehr klein werden.

Abb. 220 zeigt ein von AINLEY, PETERSEN und JEFFS [*156*] veröffentlichtes Kennfeld einer vierstufigen Überdruckturbine. Diese Turbine wurde nur bei geringen Gefällen unter-

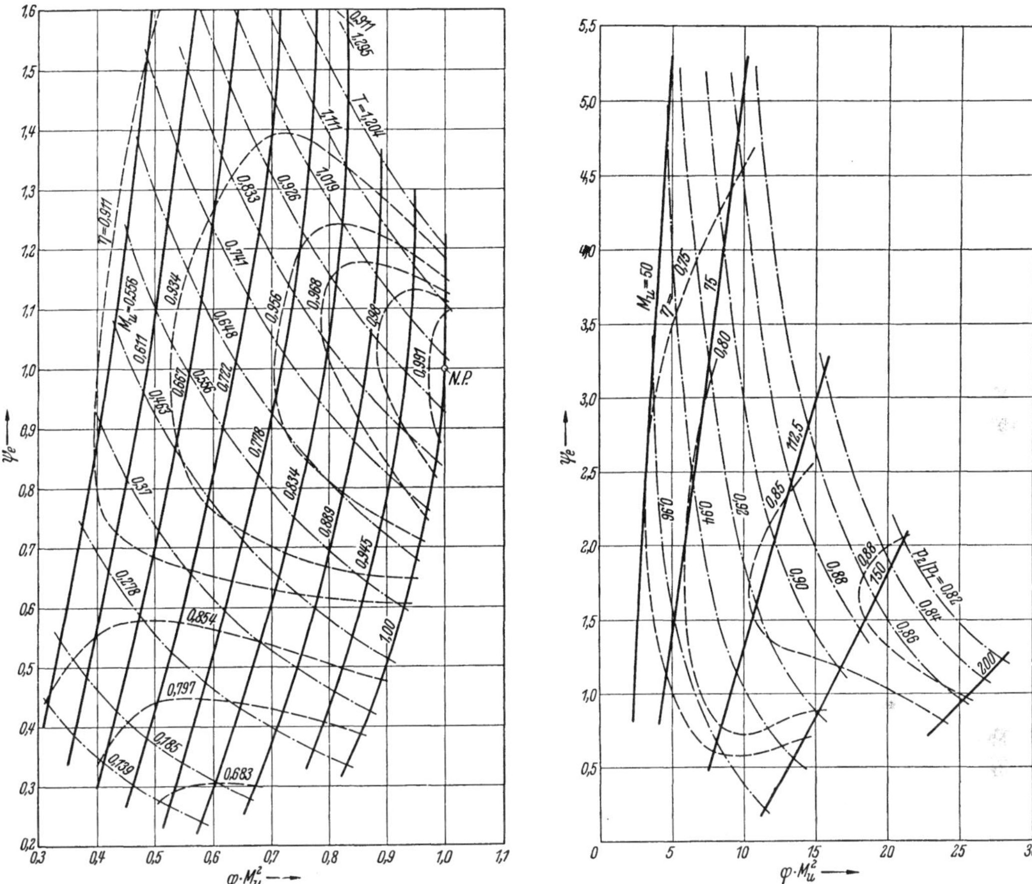

Abb. 219. Kennfeld einer zweistufigen Turbine; T von der Turbine abgegebenes Drehmoment

Abb. 220. Kennfeld einer vierstufigen Überdruckturbine

sucht; der Normalpunkt (Arbeitspunkt besten Turbinen-Wirkungsgrades) liegt zweifellos bei höheren Gefällen. Eine dimensionslose Darstellung wie in Abb. 219 war daher nicht möglich. Für Ma_u und $\varphi \cdot Ma_u^2$ konnten nicht die wahren Zahlenwerte angeschrieben werden, sondern mit gewissen dimensionsbehafteten Zahlenfaktoren multiplizierte Größen. Die hohen Zahlenwerte von Ma_u und $\varphi \cdot Ma_u^2$ erklären sich durch die hohen Zahlenwerte dieser dimensionsbehafteten Multiplikatoren. Auch hier erscheint der Verlauf der Wirkungsgradkurven in der linken unteren Ecke zweifelhaft. Da dieses Kennfeld im fast inkompressiblen Bereich aufgenommen wurde, sind die Linien für Ma_u praktisch geradlinig. Der Verlauf der hier mit eingetragenen Linien für die an die Turbine angelegten Druckverhältnisse erklärt sich daraus, daß bei konstantem ψ_e mit zunehmendem Ma_u die zu $\psi_e \cdot Ma_u^2$ proportionalen effektiven Gefälle parabolisch zunehmen.

Zum Vergleich ist in Abb. 221 ein gerechnetes Kennfeld einer zweistufigen Turbine gezeigt. Die Darstellung entspricht der von Abb. 219. Nach rechts oben ist das Kennfeld durch die strichpunktiert gezeichnete Leistungslinie begrenzt.

Sowohl die versuchsmäßige Aufnahme als auch die rechnerische Bestimmung von Turbinenkennfeldern erfordert einen erheblichen Aufwand. Für viele Berechnungen des Teillastverhaltens von Gasturbinen wird man sich daher mit angenäherten Kennfeldern begnügen. Für die Durchsätze von Turbinen sind ziemlich genaue Angaben möglich. Abb. 222 zeigt die von MALLINSON und LEWIS (s. S. 423) angegebenen Werte für Turbinen mit verschiedenen Stufenzahlen. Die mit „∞" gekennzeichnete Kurve gilt für vielstufige Turbinen. Sie ist eine Ellipse. Der bereits erwähnte Kegel der Dampfgewichte, wie er im Dampfturbinenbau verwendet wird, benützt diese Kurve als Abhängigkeit des Durchsatzes vom Druckverhältnis p_2/p_1. Die Kurve a zeigt zum Vergleich das bekannte Verhalten eines Schaufelkranzes mit konvergenten Kanälen bei verlustloser (isentroper) eindimensionaler Strömung. Da bereits die einstufige Turbine aus zwei Schaufelkränzen besteht, wird die Kurve a nicht erreicht oder gar überschritten. Kurve b stellt die Durchsätze der zweistufigen Turbine von Abb. 219 dar.

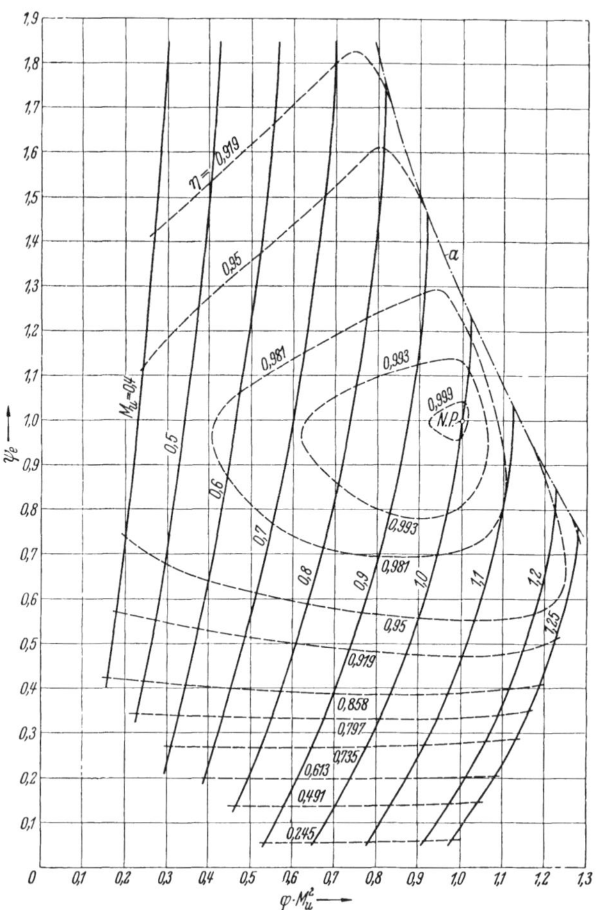

Abb. 221. Gerechnetes Kennfeld einer zweistufigen Turbine; a Leistungsgrenze

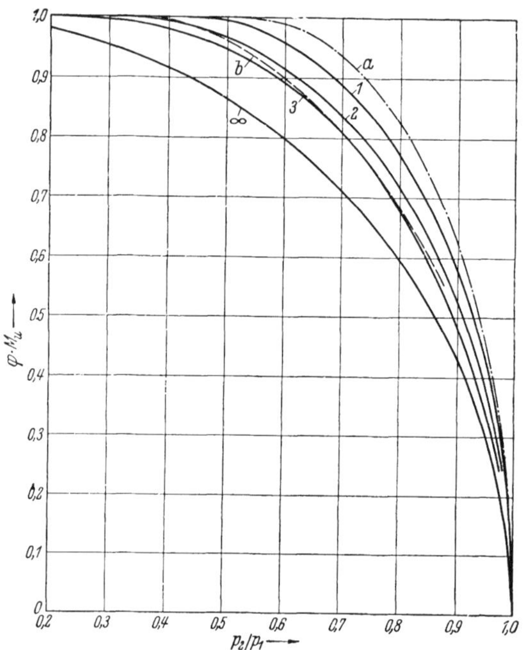

Abb. 222. Schluckfähigkeit von Turbinen mit verschiedenen Stufenzahlen (Näherungswerte)

a Isentrope Strömung durch einen konvergenten Kanal (Düse)

b Durchsätze der zweistufigen Turbine von Abb. 219

1, 2, 3 Ein-, zwei- und dreistufige Turbine

∞ Vielstufige Turbine

Im Gegensatz zu den Durchsätzen können für die Veränderungen der Wirkungsgrade im Turbinenkennfeld keine derartig übersichtlichen Angaben gemacht werden. Für die Veränderungen des Wirkungsgrades mit dem Leistungskennwert ψ_e geben die bekannten parabolischen bzw. parabelähnlichen Kurven über dem Schnellaufkennwert u/c_0 einen Anhalt. Wie man aus den Abb. 219 bis 221 entnehmen kann, hängen aber die Wirkungsgrade auch noch vom Turbinendruckverhältnis p_2/p_1 ab. Solange in keinem Beschaufelungskranz der kritische Zustand erreicht wird, ist der Anstieg des Wirkungsgrades mit steigendem Gefälle im wesentlichen durch die gleichzeitig steigenden Reynoldsschen Zahlen in den einzelnen Beschaufelungen bedingt. Es ist daher möglich, diesen

Wirkungsgradanstieg durch Näherungsformeln zu erfassen, die den Aufwertungsformeln des Wasserturbinenbaues entsprechen [*164*]. Der aufzuwertende Turbinenwirkungsgrad darf im Gegensatz zum Dampfturbinenbau nicht den Auslaßverlust einschließen.

Auf noch größere Schwierigkeiten stößt man bei dem Versuch, allgemein gültig anzugeben, wann das Wirkungsgradoptimum mit steigendem Gefälle erreicht wird und wie der Wirkungsgrad dahinter abfällt. Diese Verhältnisse werden nämlich davon beeinflußt, wie das Gefälle auf die einzelnen Stufen der Turbine und innerhalb jeder Stufe auf Leit- und Laufrad verteilt ist. In diesem Zusammenhang ist bemerkenswert, daß längs der Leistungsgrenze das an die Turbine angelegte Druckverhältnis keineswegs konstant ist.

e) Das Mischkennfeld einer Gasturbinenanlage. Die Mehrzahl der Gasturbinen enthält einen Maschinensatz, der zur Erzeugung heißer Druckgase dient. Dieser Maschinensatz, bestehend aus Verdichter, Brennkammer und jener Turbine, die den Verdichter antreibt (Verdichterturbine), stellt also einen Gaserzeuger dar. Die von ihm gelieferten unter Druck stehenden Heißgase können auf verschiedene Weise ausgenützt werden. Bei stationären Gasturbinenanlagen und Gasturbinen für Landfahrzeuge (Kraftwagen, Lokomotiven) werden die Heißgase in einem weiteren Turbinenteil (Nutzleistungsturbine) entspannt, dessen Wellenleistung die Nutzleistung der gesamten Gasturbine darstellt. Bei den Turbine-Luftstrahl-Triebwerken (TL-Triebwerken) für den Flugzeugantrieb werden die Heißgase in der Schubdüse entspannt, wodurch der den Vortrieb erzeugende Gasstrahl entsteht.

Im folgenden soll kurz die Aufstellung des Mischkennfeldes des Gaserzeugers gestreift werden. Die Nachschaltung einer Nutzleistungsturbine oder Schubdüse ist leicht zu übersehen, sobald das genannte Mischkennfeld vorliegt, und wird daher nicht näher behandelt.

Das Zusammenarbeiten von Verdichter- und Turbinenteil wird durch die folgenden drei Bedingungen gesteuert:

a) Die Durchsatzgewichte G von Verdichter und Turbine sind bei Vernachlässigung der vom Verdichter abgezapften Kühlluftmengen, des zugesetzten Kraftstoffgewichtes usw. gleich.

b) Die effektiven Leistungen N_e der Turbine und des Verdichters sind bei Vernachlässigung der Antriebsleistungen der Hilfsgeräte gleich. Wegen Bedingung a) bedeutet dies auch Gleichheit der effektiven Förderhöhe H_{eV} des Verdichters und des effektiven Gefälles H_{eT} der Turbine.

c) Verdichter- und Turbinenwelle sind miteinander direkt gekuppelt und haben daher dieselbe Drehzahl n.

Bei Verwendung ähnlichkeitsgetreuer Kenngrößen erhalten diese drei Bedingungen folgende Form, wobei Index V den Verdichterteil, Index T den Turbinenteil kennzeichnet[1]:

$$\frac{p_1}{p_3}\varphi_V = \frac{F_T}{F_V}\cdot\frac{T_1}{T_3}\varphi_T \tag{310}$$

$$\psi_{eV} = \left(\frac{D_T}{D_V}\right)^2 \psi_{eT} \tag{311}$$

$$Ma_{uV} = \frac{D_T}{D_V}\sqrt{\frac{T_3}{T_1}}\, Ma_{uT}. \tag{312}$$

Gl. (310) wird noch zwecks Unterdrückung des Gliedes $\frac{T_1}{T_3}$ durch Kombination mit Gl. (312) in die Form:

$$\frac{p_1}{p_3}\varphi_V\, Ma_{uV}^2 = \frac{F_T}{F_V}\left(\frac{D_T}{D_V}\right)^2 \varphi_T\, Ma_{uT}^2 \tag{313}$$

gebracht. Die Bezugsquerschnitte F_T und F_V sind die axialen Durchtrittsflächen, mit denen die Bezugs-Meridiangeschwindigkeiten c_m für die Durchsätze der Teilturbomaschi-

[1] Zur Erleichterung des Überganges auf die Originalarbeit [*163*] wurden statt der Indizes k und t für Kompressor und Turbine die Bezeichnungen V und T genommen.

nen berechnet werden; als Teilturbomaschinen sind der Verdichterteil und der Turbinenteil der Gasturbinenanlage bezeichnet. (D Bezugsdurchmesser für die Umfangsgeschwindigkeiten der Teilturbomaschinen, T Gesamttemperatur, p Gesamtdruck. Index *1* Eintritt Verdichter, Index *3* Eintritt Turbine.)

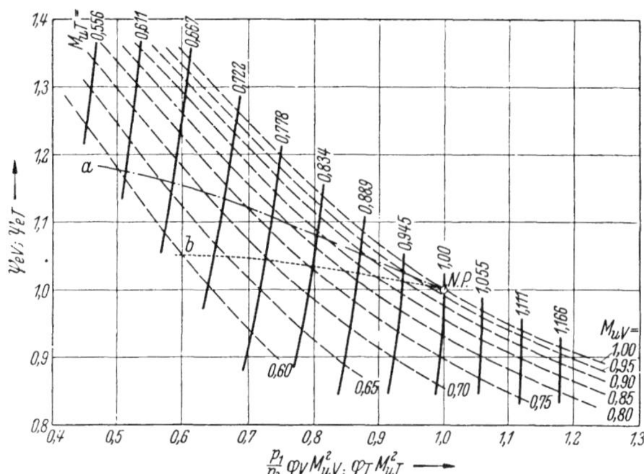

Abb. 223. Beispiel der Berechnung des Mischkennfeldes eines Gasturbinenaggregates durch Überlagern von Verdichter- und Turbinenkennfeld

a Beispiel einer Kurve konstanten Temperaturverhältnisses T_3/T_1

b Beispiel einer Arbeitslinie bei nachgeschalteter Nutzleistungsturbine

Um die drei Bedingungen Gl. (311), (312) und (313) zu erfüllen, zeichnet man für den Verdichter entsprechend Abb. 223 ψ_{eV} über $(p_1/p_3) \cdot \varphi_V \cdot Ma_{uV}^2$ mit Ma_{uV} als Parameter auf. In dasselbe Schaubild trägt man für die zugehörige Turbine $(D_T/D_V)^2\ \psi_{eT}$ über $\left(\frac{F_T}{F_V}\right) \cdot \left(\frac{D_T}{D_V}\right)^2 \varphi_T\, Ma_{uT}^2$ mit $\left(\frac{D_T}{D_V}\right) \cdot Ma_{uT}$ als Parameter ein, wobei dieselben Abszissen- und Ordinatenmaßstäbe wie für den Verdichter zu verwenden sind; dividiert man — wie in Abb. 223 geschehen — alle Werte für Verdichter und Turbine jeweils durch die entsprechenden Werte des Normalpunktes, so verschwinden die durch D_T/D_V und F_T/F_V bedingten Faktoren. Bei der Berechnung von p_1/p_3 wird in geeigneter Weise der Brennkammerdruckverlust berücksichtigt, der im wesentlichen durch die Wirbelbildung am Flammenhalter und nur in geringem Maße durch die Geschwindigkeitserhöhung infolge der Erwärmung in der Brennkammer bedingt ist. Es genügt daher, die Verlusthöhe der Brennkammer proportional dem Quadrat des Fördervolumens am Verdichteraustritt anzusetzen. Jedem Punkt in Abb. 223 entspricht nun ein möglicher Arbeitszustand des Gaserzeugers. Das Temperaturverhältnis T_3/T_1, bei dem in diesem Punkt gefahren werden muß, erhält man mit Gl. (312) aus den Parameterwerten der durch diesen Punkt gehenden Kurven des Verdichters und der Turbine. Alle weiteren Rechnungen gehen in bekannter Weise vor sich. Die hierzu notwendigen Kennwerte von Verdichter und Turbine entnimmt man entsprechenden Kurvennetzen, die in dem Verdichter- bzw. Turbinenkennfeld zusätzlich eingezeichnet wurden. Kurve *a* ist ein Beispiel für die Linien konstanten Temperaturverhältnisses T_3/T_1, wie man sie unter Benutzung von Gl. (312) in die übereinander gezeichneten Kennfelder von Verdichter- und Turbinenteil eintragen kann. Sie zeigt die bekannte Tatsache, daß mit sinkender Drehzahl des Gaserzeugers konstantes T_3/T_1 zu immer höheren Leistungsziffern des Verdichters und damit immer näher an dessen Pumpgrenze führt

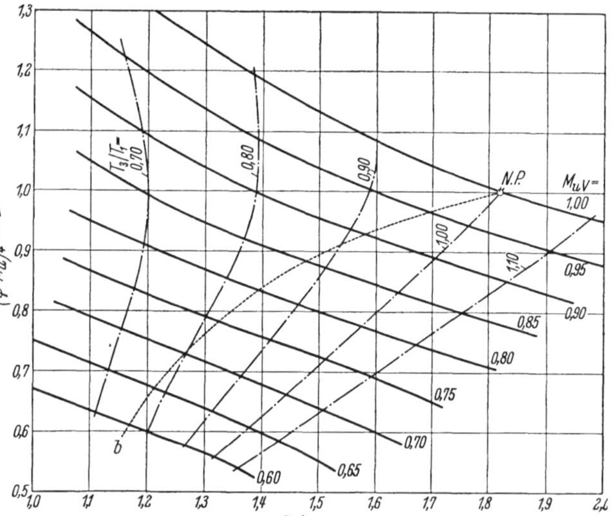

Abb. 224. Kennfeld des Verdichter-Turbinensatzes von Abb. 223

b wie in Abb. 223, Index 4 kennzeichnet Austritt Turbine

(s. S. 427). Zum Vergleich zeigt Kurve b eine Arbeitslinie, wie man sie durch Nachschaltung einer Nutzleistungsturbine erhält. Da sich das Schluckvermögen der Nutzleistungsturbine mit ihrer Drehzahl nur wenig ändert, kann in diesem Fall der Gaserzeuger nur auf dieser Linie b bzw. in deren unmittelbarer Umgebung arbeiten. Der Vergleich der Kurven a und b zeigt, daß bei Nachschaltung einer Nutzleistungsturbine, wie bekannt, mit sinkender Drehzahl des Gaserzeugers das Temperaturverhältnis T_3/T_1, also die Temperatur T_3 am Eintritt des Turbinenteiles sinkt.

In Abb. 224 ist das Kennfeld des Gaserzeugers, wie es sich aus Abb. 223 ergeben hat, nochmals dargestellt. Die Linie b entspricht jener von Abb. 223.

Schaltet man dem Gaserzeuger eine Schubdüse nach (TL-Triebwerk), so ergeben sich im Gaserzeuger-Kennfeld, Abb. 224, verschiedene Arbeitslinien, abhängig von der Fluggeschwindigkeit (bzw. der Flug-Machzahl) und der Schubdüsenöffnung. Diese Vielfalt wird in der Praxis wieder dadurch eingeschränkt, daß man durch den Regler des Strahltriebwerkes eine bestimmte Gesetzmäßigkeit für die Veränderungen der Schubdüsen-Austrittsöffnung vorgibt (s. S. 400).

6. Schaufelkühlung

a) Allgemeines. Der Erhöhung der Frischgastemperaturen ist durch die vorhandenen Turbinenbaustoffe eine Grenze gesetzt. Man kann den Turbinenlaufschaufeln zur Zeit Betriebstemperaturen von etwa 675° C bei Maschinen mit großer Lebensdauer (etwa 100000 h) bzw. etwa 825° C bei Maschinen mit kleiner Lebensdauer (etwa 1000 h) zumuten. Um mit den vorhandenen Werkstoffen die Frischgastemperaturen zu steigern, kühlt man die vom Treibgas berührten Teile der Turbinen. Theoretisch kann man sowohl Luftkühlung als auch Flüssigkeitskühlung anwenden, wobei die Flüssigkeitskühlung die wirkungsvollere wäre.

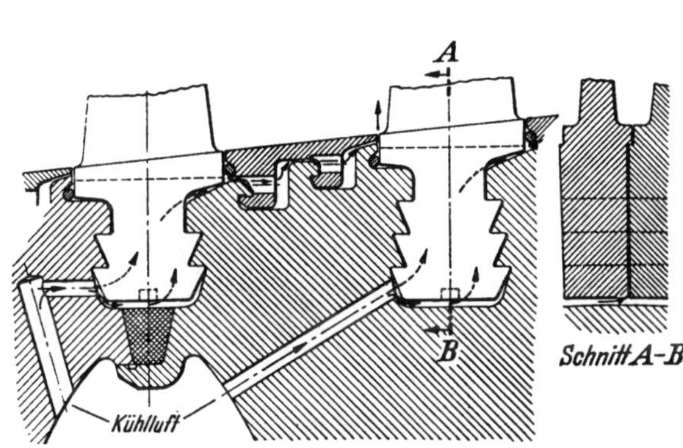

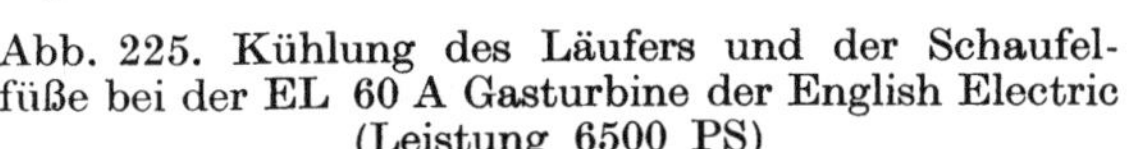

Abb. 225. Kühlung des Läufers und der Schaufelfüße bei der EL 60 A Gasturbine der English Electric (Leistung 6500 PS)

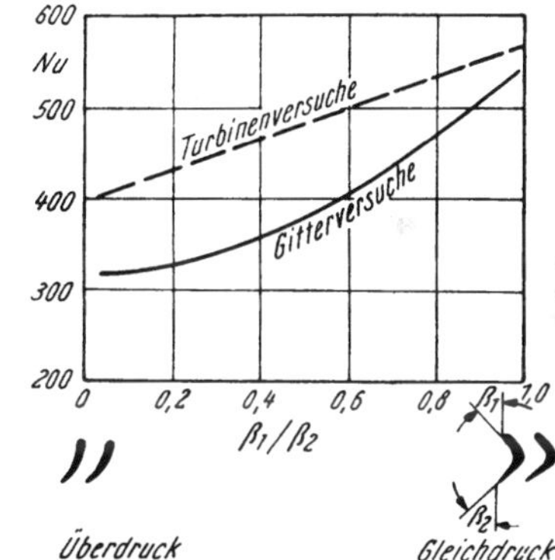

Abb. 226. Wärmeübergang an Turbinenschaufeln (Nusselt-Zahl Gl. (333) in Abhängigkeit von der Schaufelform)

Praktisch ist jedoch eine Flüssigkeitskühlung sehr viel schwieriger zu verwirklichen als die Luftkühlung, bei der man einfach einen Teil der vom Kompressor verdichteten Luft abzweigt und über oder durch die kühlenden Teile leitet. Die praktische Ausführung einer solchen Kühlung ist in Abb. 225 gezeigt, die einen Ausschnitt aus dem Trommelläufer einer Schiffsgasturbine darstellt (s. S. 693). Die Oberfläche des Läufers ist durch Deckringe aus hochwarmfestem Werkstoff vor der Berührung mit dem Arbeitsgas geschützt. Die Deckringe und die hochbeanspruchten Schaufelfüße werden durch Luft gekühlt, welche vom Kompressor in die Hohlräume des Rotors und von dort durch besondere Kanäle an die zu kühlenden Teile herangeführt wird. Neben den Schaufelfüßen wird die Kühlluft in den Schaufelkanal eingeblasen, wo sie sich mit dem Treibgas vermischt. Mit einer Kühlluftmenge von 2 % des gesamten Luftdurchsatzes wurde bei dieser Ausführung eine Ermäßigung der Temperatur des Läufers auf 250° C unter Gastemperatur erreicht. Man hätte den Rotor, der aus einzelnen Scheiben austenitischen Stahles zusammengeschweißt wurde, auch aus ferritischem Stahl herstellen können.

Der Wärmeübergang vom Gas zur Schaufel ist besonders gut an der Nase, wo die Grenzschicht dünn und laminar ist, fällt auf der Schaufeloberseite zunächst und steigt am Umschlagpunkt von laminarer zu turbulenter Strömung stark an. Schaufeln mit verschiedenem Profil zeigten etwa gleichen Wärmeübergang, wenn die Umschlagspunkte ähnlich verteilt waren. Daraus erklärt sich, Abb. 226, daß Gleichdruck-Profile mit ihrer stärkeren Neigung zu turbulenter Strömung gegenüber Überdruck-Profilen höhere Wärmeübergangszahlen aufweisen.

Man unterscheidet drei Kühlverfahren:

1. *Luftkühlung*. Bei Entnahme hinter dem Verdichter von etwa $1^1/_2$ bis 2 % des Luftdurchsatzes je Turbinenstufe ist es bei verhältnismäßiger Einfachheit möglich, 300° C Temperaturunterschied zwischen Gas und Schaufel aufrechtzuerhalten. Den theoretischen Gewinn an Wirkungsgrad infolge höherer Gastemperatur kann man, da die Kühlluftentnahme einen Verlust bedeutet, nur zu etwa 80 % erreichen.

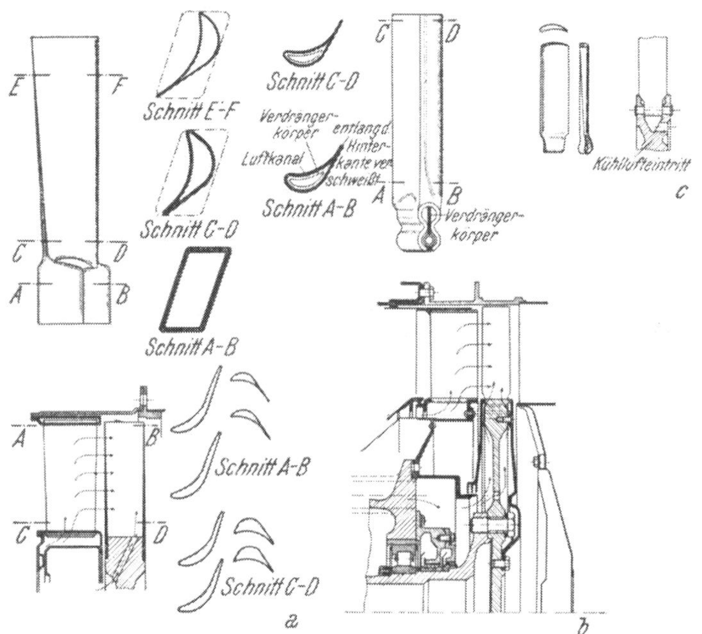

Abb. 227. Hohlschaufelformen bei den deutschen Düsentriebwerken

a Junkers-Hohlschaufel mit Kastenfuß, Kühlluftführung in der Turbine
b BMW-Hohlschaufel; Kühlluftführung in der Turbine
c Heinkel-Hirth-Hohlschaufel

2. *Flüssigkeits-Luftkühlung*. Die Kühlflüssigkeit (Wasser, Natrium, eutektische Mischung von Natrium und Kalium u. a.) wird im geschlossenen Kreislauf ihrerseits in oder außerhalb der Turbine durch Luft gekühlt. Nachteile: großer Aufwand für Düsen-Kühler, Pumpe, Rohrleitungen, schwierige Wellenabdichtung. Wasser kann wegen seiner niedrigen kritischen Temperatur (374° C) bei Kühlung von Flugturbinen nur für Machzahlen bis 1,5 verwendet werden.

3. *Flüssigkeitskühlung*. Bei Flugturbinen wird z. B. eine Kühlflüssigkeit durch in der Hinterkante der Leitschaufel liegende Düsen auf die rotierenden Laufschaufeln versprüht. (Nachteile: geringe Kühlwirkung auf die Laufschaufeln, Herabsetzung der Gastemperatur, das Gewicht der Kühlflüssigkeit kann bis zu 20 % vom Brennstoffgewicht betragen.) Auch bei Industrieturbinen wurde bereits Flüssigkeitskühlung angewendet (s. S. 256).

b) Luftkühlung. Während man heute infolge der zur Verfügung stehenden hochhitzebeständigen Materialien meist mit einem über den Schaufelfuß geleiteten Kühlluftstrom auskommt, Abb. 225, 517, mußte man in Deutschland während des Zweiten Weltkrieges zur gekühlten Hohlschaufel greifen, da nur wenig hitzebeständige Werkstoffe zur Verfügung standen. Bei der Hohlschaufel wird die Kühlluft durch das Schaufelinnere geblasen. Diese Schaufelform hat den Vorteil kleinen Gewichtes und damit niederer Fliehkraftbeanspruchungen des Radkranzes. Sie hat allerdings den Nachteil dicker Austrittskanten und damit höherer Verluste. Versuche bei Parsons[1] zeigten, daß eine

[1] C. A. Parsons and Co., Ltd., Newcastle-upon-Tyne, England.

Verdickung der Hinterkante von $\frac{s}{L} = 2\,\%$ auf $4\,\%$, Abb. 205, an einer Standard 640 B Beschaufelung den Verlust $\frac{h_v}{h_{ad}}$ (s. S. 219) um $3\,\%$ heraufsetzte [*307*]. Dazu kommt noch, daß, um die geeignete Kühlwirkung zu erreichen, entsprechend den gewählten Gastemperaturen bis zu $4\,\%$ der komprimierten Luft für Kühlungszwecke verwendet werden müssen und dadurch die Wirkungsgradeinbuße trotz Expansion der Kühlluft in der Turbine beträchtlich wird. Darüber hinaus besteht noch die Schwierigkeit, hochhitzebeständige Materialien in den engen Toleranzen zu verarbeiten, zumal solche Hohlschaufeln dünnwandig sein müssen. Auch kleine Wandstärken- bzw. Querschnittsänderungen können möglicherweise schon unter dem Einfluß der Beanspruchungen durch Fliehkraft und Gasstrom gefährlich werden. Gleichmäßige Kühlung ist sehr wichtig, um Wärmespannungen zu vermeiden [*167*]. Es muß daher größte Sorgfalt bei Auslegung und Herstellung einer Turbine mit gekühlten Hohlschaufeln angewendet werden. In Deutschland hatte man auf diesem Gebiet bereits außerordentliche Fortschritte erzielt. Die immer höher steigenden spezifischen Leistungen der modernen Flugtriebwerke führen zu sehr hohen Eintrittstemperaturen, so daß man sich heute neuerlich wieder mit dem Problem der Hohlschaufel befaßt. Die modernsten Flugtriebwerke weisen bereits gekühlte Hohlschaufeln auf (s. S. 817, 824).

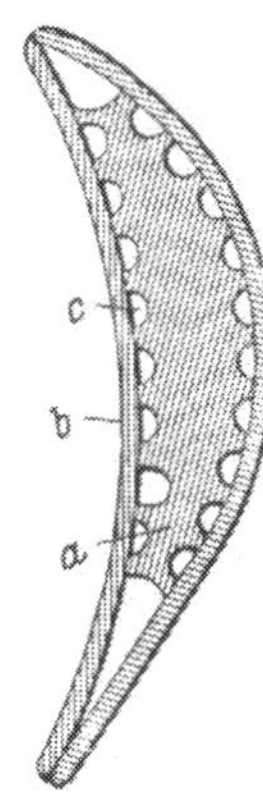

Abb. 228*a*. FAMETRADA-Schaufelprofil für Schwitzkühlung

a Kernstück aus Messing
b Porosint-Hüllbleche, 1,3 mm stark
c Kühlluftkanäle

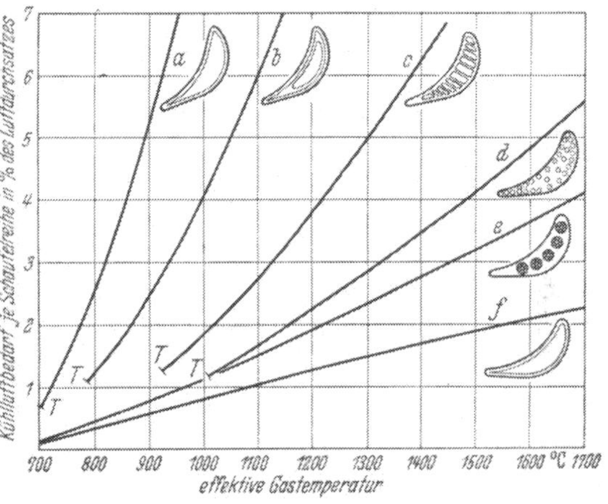

Abb. 228*b*. Berechneter Kühlluftbedarf für eine Schaufelreihe in % des gesamten Luftdurchsatzes bei verschiedenen Arten der Schaufelkühlung. Eintrittstemperatur der Kühlluft 50° C, Kühlung der Schaufeln auf 650° C

T Umschlagspunkte von Laminar- in turbulente Strömung ($Re = 2500$)
a bis *e* Konvektive Kühlung mit verschiedenen Kanalquerschnitten
f Schwitzkühlung

Abb. 227 zeigt die verschiedenen in Deutschland angewendeten Hohlschaufelformen. Abb. 227a stellt die Junkers-Schaufel mit Kastenfuß dar, die auch bei den BMW-Versuchsturboladern eingebaut wurde. Die Schaufel ist aus einem dickwandigen Rohr hergestellt. Das Rohr wird zuerst gestreckt, so daß die Wandstärke vom Fuß weg ständig abnimmt, und sodann zur endgültigen Form gepreßt. Der Kastenfuß wird auf entsprechende am Radkranz ausgefräste Klötze in einem Spezialverfahren aufgelötet und durch Stifte gesichert. Die Kühlluft wird zwischen Turbinenscheibe und einer Deckscheibe zum Kranz geleitet und gelangt durch Bohrungen in die Schaufeln. Bei den BMW-Turboladern befestigte man die Schaufeln zwischen Doppelscheiben, deren zueinandergekehrte Kranzflächen Rillen eingedreht bekamen. In diese griffen die im Kastenfuß ausgearbeiteten Gegenrillen ein. Das Laufrad wurde mit Bolzen zusammengespannt. Zwischen den Scheiben angebrachte radiale Blechschaufeln förderten die durch die hohle Welle angesaugte Kühlluft zum Kranz. Auch mit angeschweißten Schaufeln dieser Art wurden Versuche gemacht. Abb. 227b zeigt die Hohlschaufel des BMW-Turbinendüsentriebwerkes sowie einen Schnitt durch die Turbine mit der Kühlluftführung. Die aus Blech gepreßte Schaufel ist an der Hinterkante verschweißt. In ihrem Inneren befindet sich ein Verdrängerkörper, der den Kühlluftstrom zwingt, mit hoher Geschwindigkeit an der Wand entlang zu streichen. Die Fußform entspricht ungefähr der Laval-Befestigung. Ein im Fuß eingeschweißter Stahlstift diente zu dessen Verstärkung und zur Halterung des Verdrängerkörpers. Zwei Zylinderstifte in der Einschnürung zwischen den beiden Fußausbauchungen und zwei Keile von dreieckigem Querschnitt beiderseits an der oberen Ausbauchung fixierten die Schaufel in der entsprechenden Kranzausnehmung. Abb. 227c stellt die Hohlschaufel des Heinkel-Hirth-HeS-011-Triebwerkes dar. Die Form wird aus einem tiefgezogenen Topf aus austenitischem Stahl durch Pressen gewonnen. Das geschlossene Ende bildet den Fuß. Er wird zur Aufnahme des Ankerbolzens und der Kühlluftöffnungen entsprechend ausgeschnitten. Der Lage nach werden die montierten Schaufeln durch entsprechende Zwischenstücke gehalten, wobei diese aber der Schaufel eine gewisse Bewegungsfreiheit lassen, so daß sie sich im Betrieb in die Richtung der Resultierenden aus Fliehkraft und Gaskraft einstellt und so völlig von Biegekräften entlastet wird. Die Leitschaufeln aller deutschen Triebwerke waren ebenfalls aus Blech gefertigt und luftgekühlt. Die Kühlluft trat an der Hinterkante aus.

Abb. 229. Gesamtansicht der einstufigen Versuchsturbine für 1000 bis 12000° C mit Luftkühlung (General Electric Co. Ltd. und NGTE)

1 Flammrohr der Brennkammer
2 Laufschaufel-Kühllufteintritt
3 Kühllufteintritt
4 Kühlluftaustritt von Scheibe und Schaufelfüßen
5 Kühllufteintritt für Leit- und Laufschaufeln
6 Sperrluft für Austrittsseite
7 Dichtungsöl für Austrittsseite

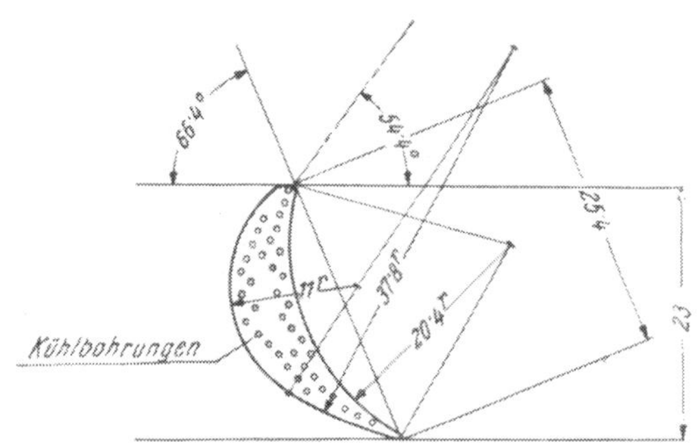

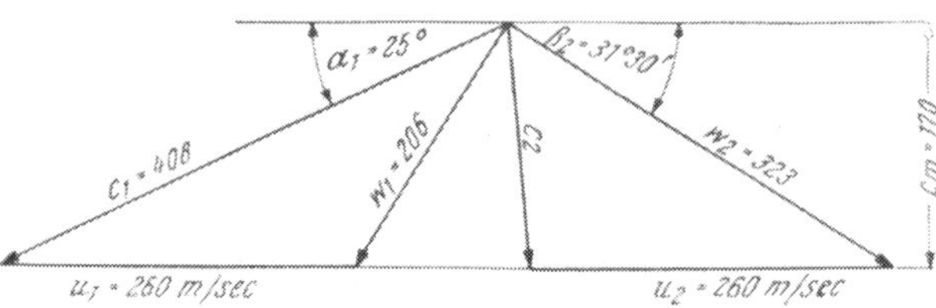

Abb. 230. Laufschaufelform und Geschwindigkeitsdreiecke am mittleren Schaufelkreis D_m = 553 mm, D_m/b = 9,7, b/L = 2,25, t/L = 0,69, Reaktionsgrad r = 0,3, Düsenwinkel α_0 = 22° 30'

Eine andere Art der Luftkühlung, die sogenannte Schwitzkühlung, nutzt die Porosität gesinterter Werkstoffe aus. In Abb. 228a ist das Profil einer von PAMETRADA[1] entwickelten Laufschaufel mit Schwitzkühlung wiedergegeben. Der Kern des Schaufelprofils (aus Messing) hat eine Anzahl Längsnuten am Umfang, die als Kühlluftkanäle dienen. Er wird umhüllt von einem Blech aus porösem Sintermetall, welches der Schaufel das notwendige Außenprofil verleiht. Im Gegensatz zu der in Abb. 230 gezeigten Schaufel

[1] Parsons and Marine Engineering Turbine Research and Development Association, Wallsend on Tyne, England.

dienen die Kühlluftkanäle nicht zur konvektiven Kühlung; sie sind vielmehr am Kopf der Schaufel verschlossen, und die Luft schwitzt durch die Poren des Sintermetalls an der ganzen Schaufeloberfläche aus. Diese Schaufeln sollen sich in der Erprobung befinden. Abb. 228b zeigt den Kühlluftbedarf für eine Anzahl konvektiv mit verschiedenen Kühlkanälen gekühlter Schaufelprofile und eines Schaufelprofils mit Schwitzkühlung. Es zeigt sich deutlich eine Überlegenheit der Schwitzkühlung, bei der offenbar die ganze Schaufeloberfläche mit einem dünnen Kühlluftfilm gleichmäßig überzogen wird, so daß die heißen Treibgase mit dem Schaufelkörper nicht in Berührung kommen.

Nun wird eine Versuchsturbine, Abb. 229, besprochen, die von GE[1] in Zusammenarbeit mit NGTE[2] gebaut wurde, um speziell die Luftkühlung eingehender zu untersuchen.

Betriebsdaten:

Die einstufige Versuchsturbine arbeitete mit folgenden Daten:

Gaseintrittsdruck	3 ata
Maximale Gaseintrittstemperatur	1200° C
Drehzahl	9000 U/min
Gasdurchsatz	10,2 kg/sek
Druckverhältnis	1,38 : 1
Temperaturgefälle in der Turbine	80° C
Maximale Leistung	1400 PS
Läuferaußendurchmesser	610 mm
Schaufelhöhe	57 mm
Laufschaufelsehne	25,4 mm
Laufschaufeloberfläche pro cm Schaufelhöhe	2,5 cm²/cm
Leitschaufelsehne	57 mm
Leitschaufeloberfläche pro cm Schaufelhöhe	4,75 cm²/cm
Zahl der Laufschaufeln	99
Zahl der Leitschaufeln	45

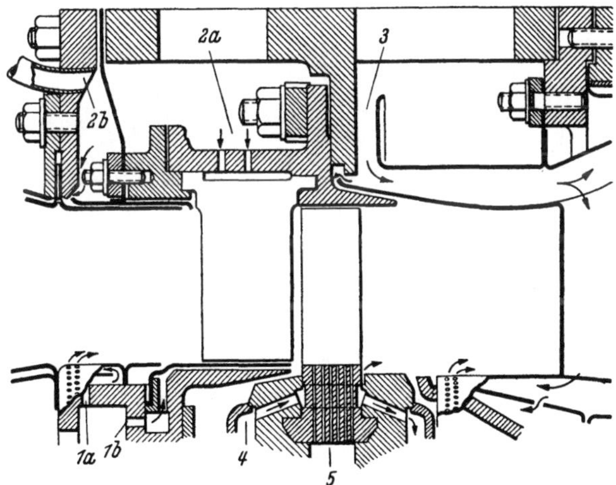

Abb. 231*a*. Kühlsystem der einstufigen luftgekühlten Versuchsturbine
1a bis *5* unabhängige Kühlkreisläufe

Die Profilform der Laufschaufel und die Geschwindigkeitsdreiecke am mittleren Schaufelkreis zeigt Abb. 230.

Kühlung. Die Schaufeln werden mit Luft folgendermaßen gekühlt. Einmal wird die Kühlluft mit Hilfe von feinen Bohrungen durch die ganze Schaufel hindurchgeleitet,

[1] General Electric Co., Ltd., Schenectady, New York, USA.
[2] Siehe Fußnote S. 156.

wobei sie Wärme aufnimmt und die Schaufel durch Oberflächenkühlung kühlt. Gleichzeitig wird auch der Fuß der Schaufel vom Läufer her gekühlt, wobei die aufgenommene Wärme durch die Wärmeleitfähigkeit der Schaufel zum Schaufelfuß abgeführt wird. Die Kühlluft wird an folgenden Stellen zugeführt, Abb. 231a:

1. a) Zur inneren Wand des Gaseintrittsstutzens.
   b) Zur Leitschaufelbandage.
2. a) Zu den Leitschaufeln.
   b) Zur äußeren Wand des Gaseintrittsstutzens.
3. Zum Abgasstutzen.
4. Zur Laufradscheibenkühlung.
5. Zu den Laufschaufeln.

Ein sechster Kühlluftstrom versorgt das Kühlsystem der Lager und die Sperrstopfbüchse.

Die Kühlluftmengen wurden unter der Annahme ermittelt, daß die höchste Temperatur aller gering beanspruchten Teile (Schaufelkopf) 900° C und die der festigkeitsmäßig hoch belasteten Teile (Schaufelfuß) nur 600° C betragen sollte. Hierbei ergab sich für eine Kühllufteintrittstemperatur von etwa 200° C rechnerisch ein Luftverbrauch für die Kühlung von 4% der gesamten Luftmenge der Gasturbine, wovon 2% auf die Laufschaufeln und 2% auf die Leitschaufeln entfallen. Nun wurde der Einfluß von Zahl und Größe der Kühlbohrungen auf die Wärmeübergangszahl untersucht. Aus Tab. 19 sind die Werte für die Laufschaufel ersichtlich.

Tabelle 19. *Kühldetails einer Laufschaufel der Versuchsturbine*

Durchmesser der Kühlbohrungen	mm	0,5	0,75	1,0
Anzahl der Kühlbohrungen	—	50	33	25
Eintrittsgeschwindigkeit der Kühlluft	m/sek	91,4	61	45,7
Wärmeübergangszahl von Kühlluft an Schaufelwand	kcal/m² h° C	103	69	51,4

Wobei: Kühllufteintrittstemperatur 200° C
Kühllufteintrittsdruck 3 ata
Kühlfläche pro cm Schaufelhöhe 7,9 cm²/cm
Reynoldszahl bezogen auf den Kühlkanaleintritt $Re = 4000$
Durch die Schaufel strömendes Kühlluftgewicht 2,07 g/sek
Wärmeübergangszahl von Heißgas an Schaufelwand 565 kcal/m² h° C
Vom Gas berührte Schaufeloberfläche pro cm Schaufelhöhe 6,36 cm²/cm.

Das erstrebte Ziel, eine Temperatur von 900° C an der Schaufelspitze und von 600° C am Schaufelfuß einzuhalten, wurde mit 33 Kühlbohrungen von 0,75 mm Durchmesser erreicht. Die Leitschaufel wurde mit 40 Bohrungen von 1 mm Durchmesser ausgeführt. Die Kühllufteintrittsgeschwindigkeit betrug etwa 61 m/sek.

Schaufelherstellung. Es ergab sich nun die Frage der Anfertigung einer großen Zahl sehr kleiner Bohrungen, die auf mechanischem Weg, insbesondere am schlanken Austrittsende der Schaufel, kaum herzustellen sind. Nach verschiedenen Vorversuchen einigte man sich auf ein Sinterverfahren. Hierbei werden die Bohrungen durch Einlegen von Kerndrähten, die später ausdampfen, hergestellt. Als Schaufelwerkstoff wurde Vitallium, eine Legierung aus 64% Kobalt, 30% Chrom und 6% Wolfram, gewählt. Folgende Arbeitsgänge sind zu unterscheiden:

1. Vorbereiten des Legierungspulvers in absoluter Reinheit und einwandfreier Korngröße.

2. Pressen des Pulvers in geeigneten Formen und Einlegen der Kerndrähte (maximaler Preßdruck 5400 kg/cm²).

3. Wärmebehandlung der Form zur Entfernung der Kerndrähte.

4. Sintern in reduzierender Atmosphäre bei 1325° C während 8 Stunden. Hierbei tritt ein lineares Schrumpfen von etwa 10% ein.

5. Mechanische Bearbeitung auf Fertigmaß.

Als Drahtmaterial hat sich Cadmium (Schmelzpunkt 320°, Verdampfungspunkt 767°) gut bewährt. Einige Schwierigkeiten bereitete jedoch das Einlegen der Drähte und das unbeabsichtigte Verschieben in der Form während des Pressens. So war eine Lageverschiebung der Drähte und damit der Kühlbohrungen von $\pm$ 0,2 mm nicht zu vermeiden.

Versuchsanordnung. Die Luft wird von einem durch einen Elektromotor angetriebenen Radialkompressor auf maximal 3 ata verdichtet. Während die Kühlluft in einzelne getrennt meß- und regelbare Ströme, Abb. 231a, unterteilt wird, strömt die Verbrennungsluft über ein Verteilerstück zu den acht ringförmig um die Turbinenachse gruppierten Brennkammern, Abb. 229, und dann durch die Turbine. Die Brennkammern (Außendurchmesser 190 mm, Brennrohrlänge 750 mm) können über einen Bereich von 600 bis 1200° C und 1 bis 3 ata stabil gefahren werden. Durch den erforderlichen relativ dicken Kühlluftfilm am Mantel ergab sich jedoch eine schlechte Temperaturverteilung am Turbineneintritt. So überschritten die Spitzentemperaturen die mittlere Temperatur um etwa 20%.

Abb. 231*b*. Ansicht der Teile des Läufers der Versuchsturbine für Luftkühlung vor dem Zusammenbau

Die Temperaturmessungen an den Schaufeln wurden mit Hilfe von Thermoelementen, Abb. 231b, durchgeführt, die in erweiterten Kühlbohrungen untergebracht waren.

Kühlcharakteristiken der Laufschaufel. Die für ein Kühlstromverhältnis von 0,02 gemessene Temperaturverteilung der Laufschaufel entlang der Erzeugenden zeigt Abb. 232. Hierbei wird die Schaufel stoßfrei ($\delta = 0°$) angeströmt. Die Reynoldssche Zahl bezogen auf die Schaufelsehne $L = 25{,}4$ mm, die Austrittsgeschwindigkeit w_2 und die kinematische Zähigkeit ν bei Gasaustrittstemperatur ist $Re_g = 100000$. $\frac{x}{L}$ bedeutet die Sehnenlage $\left(\text{z. B. } \frac{x}{L} = 0 \ldots \text{ Schaufeleintrittskante}\right)$ und $\frac{y}{b}$ die Höhenlage des Meßpunktes (Schaufelhöhe $b = 57$ mm). Die Temperatur ist als Verhältnis $\frac{T_b - T_k}{\overline{T}_g - T_k}$ aufgetragen. Hier bezeichnet $\overline{T}_g$ die mittlere Gastemperatur im Ringraum, T_k die Eintrittstemperatur der Kühlluft und T_b die Schaufeltemperatur. An der Schaufelaustrittskante konnte kein Meßpunkt angeordnet werden, so daß die Temperaturverteilung aus Analogien an Gitterversuchen geschätzt wurde. Verändert man nun für konstantes Kühlstromverhältnis $G_K/G_T = 0{,}02$ die Reynoldssche Zahl der Gasströmung Re_g, so ergibt sich das in Abb. 233

dargestellte Bild. Zum Vergleich sind auch die Ergebnisse der Gitterversuche eingetragen. Der Unterschied zwischen Turbinen- und Gitterversuchen ist in erster Linie auf die stärkere Turbulenz der Grenzschicht beim Turbinenversuch zurückzuführen. Dies zeigt deutlich Abb. 234a, wo die gemessenen Werte (schraffierte Bereiche) drei berechneten Verläufen der Nusseltzahlen $Nu = \frac{\alpha \cdot L}{\lambda}$ gegenübergestellt sind. Zweifellos spielen bei den Messungen an der Turbine auch die Sekundärströmungen eine Rolle, während die Gitterversuche als zweidimensional gelten können.

Durch eine Änderung der Anströmrichtung über einen Bereich von $-10°$ bis $+8°$ $\left(0{,}43 < \frac{u}{c_0} < 0{,}62\right)$ werden die Schaufeltemperaturen nicht wesentlich beeinflußt. Bei Anströmrichtungen, die um mehr als $-10°$ auslenken, beginnen sie leicht anzusteigen.

Wärmespannungen. Wenn die Kühlcharakteristiken der Laufschaufeln über einen großen Bereich der Betriebsbedingungen untersucht sind, wird es für einen stetigen Betriebszustand möglich, die Wämespannungen zufolge der Ungleichmäßigkeit der Kühlung zu ermitteln. Die auf Grund der Temperaturverteilung errechneten Wärmespannungen zeigt Abb. 234b. Diese Wärmespannungen sind in der Nähe der heißen Ein- und Austrittskanten Druck- und im kühleren Mittelteil der Schaufel Zugspannungen. Die hohen Druckspannungen bewirken eine örtliche Verformung und damit eine teilweise Verringerung der Wärmespannung. Hierdurch wird natürlich auch die Zugspannung im Mittelteil vermindert.

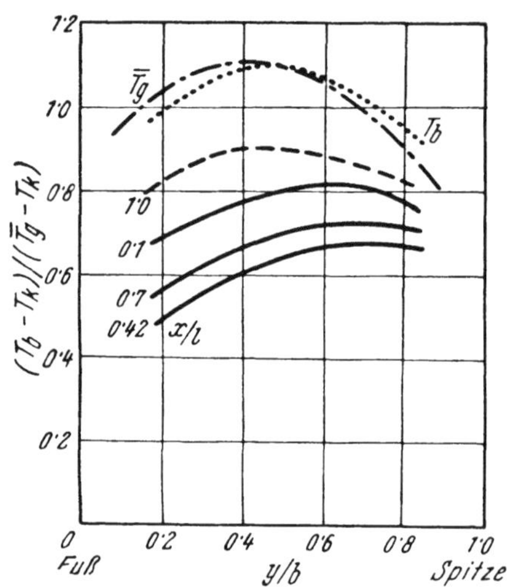

Abb. 232. Änderung der Laufschaufeltemperatur entlang der Erzeugenden

–·–·– Gastemperatur $\overline{T}_g$
······· Schaufeltemperatur T_b ohne Kühlung
– – – Angenäherte Schaufeltemperatur an der Austrittskante

$Re_g = 100\,000$, $\delta = 0°$, $\frac{\overline{T}_g}{T_k} = 2{,}5$, $\frac{G_{kühl}}{G_{Turbine}} = 0{,}02$

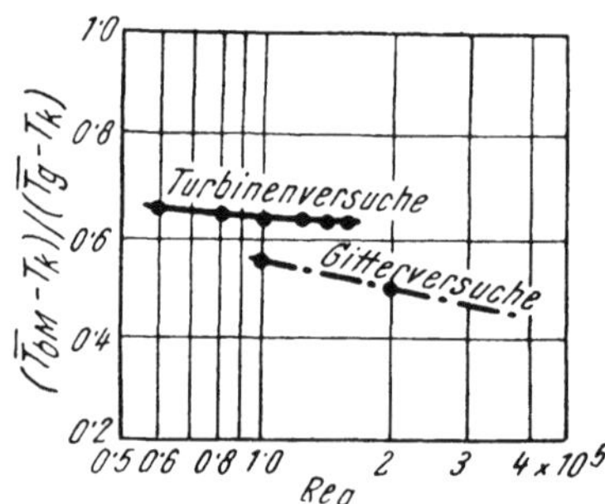

Abb. 233. Änderung der mittleren Laufschaufeltemperatur mit der Reynoldszahl der Gasströmung

$\overline{T}_{bm}$ = Durchschnittstemperatur der Schaufel (ohne Fuß)

$\delta = 0°$, $\frac{\overline{T}_g}{T_k} = 2{,}5$, $\frac{G_{kühl}}{G_{Turbine}} = 0{,}02$

Durch Überlagern der Fliehkraft- und Biegespannungen entsteht in der Nähe der Ein- und Austrittskanten ein Kriechbereich, bis die zusammengesetzten Spannungen an dieser Stelle den Wert 0 erreichen. Nun setzt langsam ein allgemeines Kriechen über den ganzen Schaufelschnitt ein. Es ist von Interesse, daß als Ergebnis der Wärmespannungen die Hauptbeanspruchung in den kältesten Teil der Schaufel verlagert wird. Der schwächste Punkt der Schaufel (in bezug auf verlängertes Kriechen) ist der Mittelteil bei einer Höhenlage $\frac{y}{b} = 0{,}4$. Die Sinterschaufeln aus Vitallium hatten für $n = 9000$ U/min, $\overline{T}_g = 1100°$ C, $T_k = 200°$ C und ein Kühlstromverhältnis von 0,02 eine Lebensdauer von 500 bis 1000^h. Eine ungekühlte Schaufel aus dem gleichen Material hätte bei gleicher Lebensdauer nur 830° C vertragen. Die Gefahr von Schaufelschwingungen dürfte wegen des kräftigen Schaufelblattes und der verstärkten Austrittskante geringer sein als bei ungekühlten Schaufeln.

Schaufelschäden können jedoch durch „Thermoschocks" (z. B. plötzliches Abschalten der Brennkammern) entstehen, da die hierbei an der Schaufelaustrittskante entstehenden Wärmespannungen in der Größenordnung der Bruchfestigkeit des Materials liegen.

Kühlluftdruckverlust. Bei einer gekühlten Turbine sind die Druckverluste wesentlich, weil die Kühlluft beim Kreisprozeßdruckverhältnis gefördert werden soll. Im vorliegenden Fall konnte dies bei voller Drehzahl von 9000 U/min, $\frac{\overline{T_g}}{T_k} = 2{,}5$ und $Re_g = 100\,000$ für ein Kühlstromverhältnis von 0,022 im Leitrad und 0,018 im Laufrad erreicht werden. Es zeigte sich, daß die Radialspalte nur einen geringen Einfluß auf den Druckverlust haben, vorausgesetzt, daß sie an den Laufschaufeln nicht kleiner als 0,5 mm bzw. 0,75 mm an den Leitschaufeln waren.

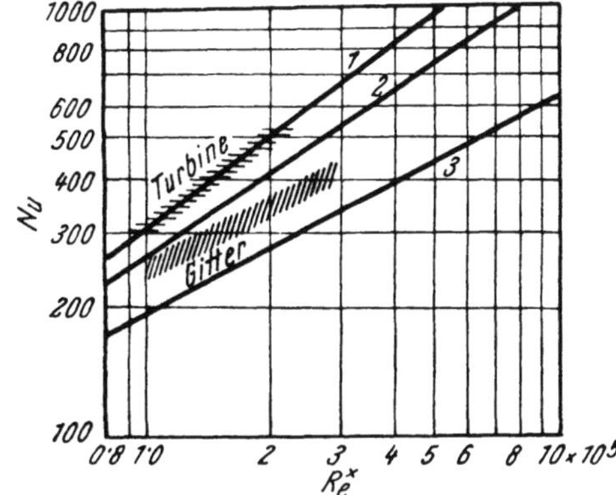

Abb. 234*a*. Vergleich von Turbinen- und Gitterversuchs-Wärmeübergangszahlen mit berechneten Werten

1 Berechnet für einen Übergang von laminar auf turbulent bei $x/L = 0{,}5$ auf der konvexen und $x/L = 0{,}1$ auf der konkaven Seite
2 Übergang bei $x/L = 0{,}5$ auf der konvexen Seite allein
3 Berechnet für reine Laminarströmung
Re^* Reynoldszahl bezogen auf Schaufelsehne L, w_2 und ν bei der Mitteltemperatur zwischen Schaufel- und Gastemperatur

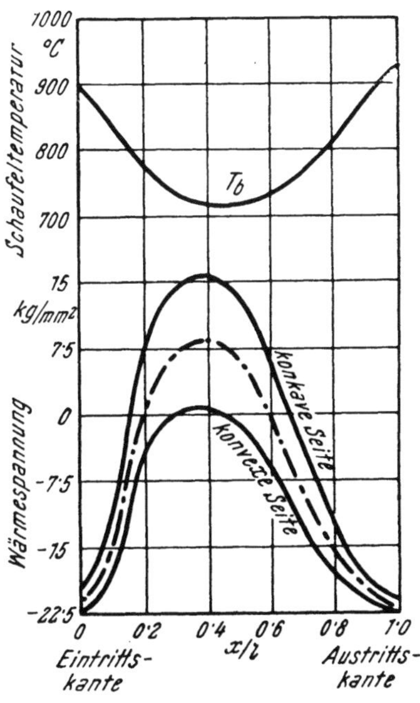

Abb. 234*b*. Berechnete Wärmespannungen der Laufschaufel

—·—·—· Mittlere Spannung
Elastizitätsmodul $E = 1{,}4 \,.\, 10^6$ kg/cm²
Wärmedehnzahl $\varepsilon = 18 \,.\, 10^{-6}$ m/m° C
$\overline{T_g} = 1000°$ C $Re_g = 100\,000$
$T_k = 200°$ C $\delta = 0°$
$\frac{G_{kühl}}{G_{Turbine}} = 0{,}02$

Einfluß der Kühlung auf den Stufenwirkungsgrad. Es war vorauszusehen, daß der aerodynamische Wirkungsgrad der gekühlten Stufe etwas geringer als der der ungekühlten Stufe sein würde, und zwar zufolge Mischungsverlusten, Strömungsinterferenz und anderen Einflüssen. Bei einem Gesamtkühlstromverhältnis von 0,03 ergab sich aus den Versuchen eine Abnahme des aerodynamischen Stufenwirkungsgrades um 1 bis 2%. Hierbei war die Hauptursache der Verschlechterung der Kühlstrom *1b*, Abb. 231, d. h. die Wirbelbildung am Laufschaufelfuß. Die Kühlströme *2a* und *5* (Schaufelbohrungen) hatten nur geringen Einfluß. Der optimale Stufenwirkungsgrad der Turbine ohne Kühlung betrug bei $Re = 160\,000$ etwa 79%. Dieser niedrige Wert ist in erster Linie auf den großen Radialspalt (besonders beim Leitrad) zurückzuführen. Am Leitrad wäre z. B. durch Bandagen noch eine Verbesserung um etwa 5% möglich gewesen. Auch die Schaufelprofile selbst waren nicht auf höchsten Wirkungsgrad gezüchtet, weil das Hauptaugenmerk auf die Kühlmöglichkeit gerichtet war.

c) Flüssigkeitskühlung. Während des Krieges wurden in Deutschland auch mit wassergekühlten Schaufeln von E. SCHMIDT [*154*] erfolgversprechende Versuche gemacht. Der Läufer wurde als Hohlkörper gebaut, in dem das Kühlwasser unter dem Einfluß der Fliehkraft einen Ring bildete. Die Schaufeln wurden mit dem Läufer aus einem Stück gefräst oder auf ihm durch Schweißen befestigt. Von dem Kühlwasserring gingen mehrere Kanäle von 2 bis 5 mm als Sacklöcher in jede Schaufel hinein, die sich mit Wasser füllten. Der erzeugte Dampf konnte in einer Dampfturbine nutzbar gemacht werden. Diese Untersuchungen werden gegenwärtig von SSW[1] [*155*] weitergeführt.

Nach Vorschlägen von M. LEDINEGG wurden bei der Versuchsturbine der SGP[2] die mit getrennten Kühlsystemen versehenen Schaufelregister einzeln ausbaubar angeordnet. So war bei Havarie nur ein Teil der Beschaufelung gefährdet.

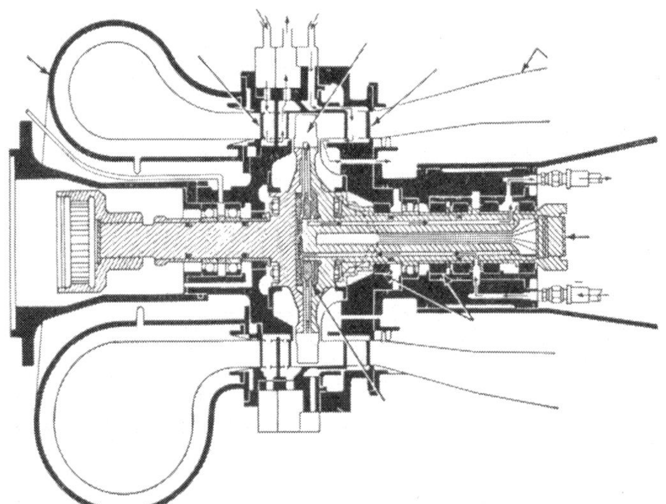

Abb. 235*a*. Längsschnitt der luft- und flüssigkeitsgekühlten Versuchsturbine (Solar-Aircraft Co.)

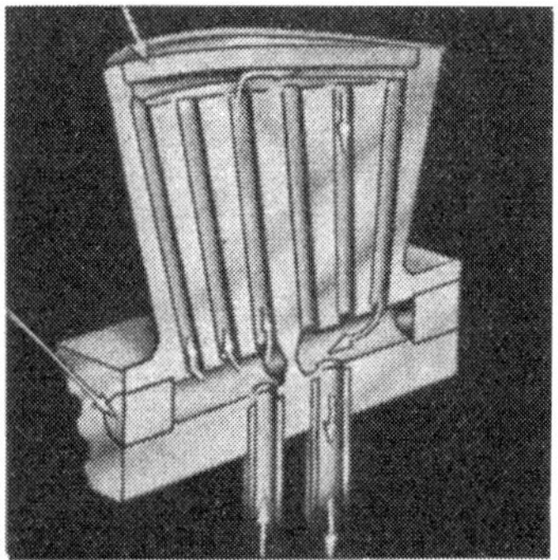

Abb. 235*b*. Gegossene Laufschaufel

Auch in den Vereinigten Staaten befaßt sich die Firma Solar[3] mit dem Studium flüssigkeitsgekühlter Schaufeln. Zur Kühlung selbst wurde auf Grund schon früher gemachter Erfahrungen mit natürlichem Kühlmittelumlauf, die nicht sehr befriedigend ausgefallen waren, ein Zwangsumlaufsystem gewählt.

Die Versuche wurden an einer einstufigen Versuchsturbine ausgeführt, Abb. 235a. Das Laufrad war aus zwei Einzelscheiben zusammengesetzt, da dies für den Einbau des Kühlsystems nötig war. Die Kühlmittelzufuhr und -abfuhr erfolgt auf der kälteren Abgasseite unter Verwendung entsprechender Stopfbüchsen durch die Welle. Die in das Rad axial eingeschobenen gegossenen Laufschaufeln, Abb. 235b, sind mit den für ausreichende Kühlung nötigen Bohrungen versehen, deren Durchmesser etwa 1,6 mm beträgt. Wegen Korrosions- und Erosionsgefahr wurden die Schaufeln mit verschiedenen Schutzschichten, z. B. aus Nickel, Silikon, Aluminium und Chrom, überzogen. Die Leitschaufeln, Abb. 235c, hingegen sind luftgekühlt. Sie bestehen aus 0,65 mm Stahlblech. An ihrer Innenseite befinden sich aus Wellblech gebildete Kühlkanäle, durch die die Luft streicht. Durch den im Schaufelinneren noch verbleibenden Hohlraum sind Versteifungen gezogen, die ebenfalls gekühlt werden. Die Einlaßseite des Gehäuses ist in der bekannten doppelwandigen Bauweise ausgeführt, bei der das Innenblech und die Isolationsschichte nur der Tempera-

[1] Siemens-Schuckert-Werke AG., Mühlheim, Deutschland.
[2] Simmering-Graz-Pauker Aktiengesellschaft, Wien, Österreich.
[3] Solar Aircraft Co., San Diego, Calif., USA.

turabdämmung dienen, während das äußere kalt bleibende Gehäuse nur mehr die Druckbeanspruchung aufzunehmen hat.

Mit der geschilderten Versuchsturbine wurden ausgedehnte Versuche unternommen, bei denen insbesondere auch die Wirkung verschiedenartiger Kühlmittel studiert wurde. Um eine Vergleichsbasis zu erhalten, wurden alle Versuche unter folgenden Versuchsbedingungen durchgeführt:

Luftdurchsatz: 3 kg/sek; Druckverhältnis: 4,87 : 1; Drehzahl: 20000 U/min; Eintrittstemperatur in die Turbine: rund 950° C.

Im Betrieb selbst ergaben sich Schwierigkeiten durch Undichtheiten im Kühlsystem und durch gelegentliches Lockerwerden der hart eingelöteten Schaufelkappen. Auch mußte das ursprünglich für die Leitschaufelkühlung verwendete Niederdruckluftsystem durch Anschluß an das Hochdrucksystem des Turbinenluftverdichters ersetzt werden.

Die Ergebnisse dieser Versuche sind aus Abb. 235d ersichtlich. Wie diese zeigt, ist die Wasserkühlung der Beaufschlagung mit anderen Kühlmitteln weit überlegen. Allerdings muß, aus Gründen der Kesselsteinbildung und der damit verbundenen Verschlechterung des Wärmeüberganges, entsprechend aufbereitetes Wasser bzw. Kondensat verwendet werden.

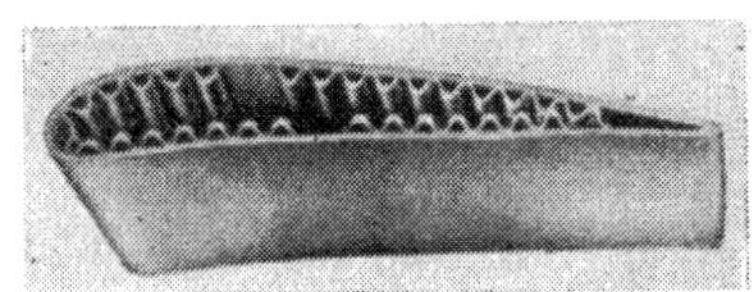

Abb. 235*c*. Leitschaufel aus Stahlblech mit Kühlkanälen aus Wellblech

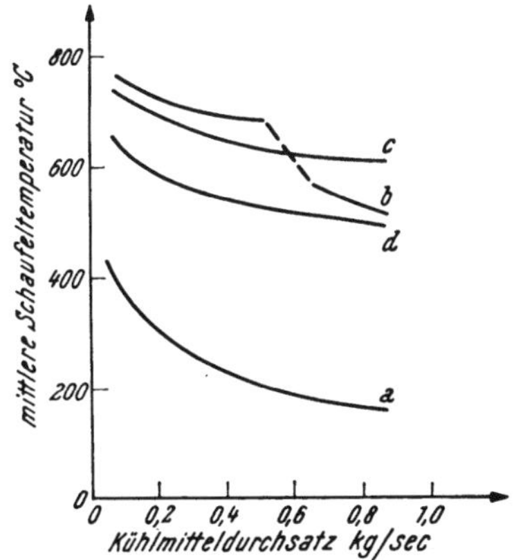

Abb. 235*d*. Vergleich der mittleren Schaufeltemperaturen in Abhängigkeit vom Kühlmitteldurchsatz für verschiedene Kühlmittel

a Wasser *b* Dowtherm A
c Flüssiges Silikon *d* Äthylenglykol

Es zeigt sich ferner, daß bei einer Turbineneintrittstemperatur von 950° C bei Wasserkühlung die mittleren Schaufeltemperaturen unter 400° C liegen und sich mit zunehmendem Wasserdurchsatz asymptotisch einem Wert von etwa 150° C nähern, so daß als Schaufelmaterial ohne weiteres ferritische Stahlsorten verwendet werden können. In jüngster Zeit hat Solar auch eine dreistufige flüssigkeitsgekühlte Turbine gebaut.

7. Konstruktion

Während die Kleingasturbinen erst in jüngster Zeit eine rasche Entwicklung nehmen, reifte die Großgasturbine aus dem schon vorher bekannten klassischen Turbomaschinenbau heran. Diese klassische „schwere" Bauart, die vor allem von BBC[1] vertreten wird, ist die Antithese der „flugtriebwerkartigen" leichten Bauart, wie sie bei gewissen angelsächsischen Firmen zu finden ist. Während diese Verdichter, Brennkammer (Ringbrennkammer oder mehrere Einzelbrennkammern) und Turbine zu einer baulichen Einheit vereinigt, wird bei der „klassischen" schweren Bauart jedes Element für sich gestaltet. Das hat den Vorteil, daß die Erfahrungen aus dem sonstigen Turbomaschinenbau leichter auf die Gasturbine übertragen werden können. Außerdem besteht dann eine gewisse Freiheit in der Anordnung der einzelnen Elemente, so daß beim Übergang zu komplizierteren Prozeßführungen die Konstruktionsprobleme nicht von Grund auf neu gelöst werden müssen.

[1] Brown Boveri & Cie., Baden, Schweiz.

Mit dieser Auffassung hängt die Wahl der Höchsttemperatur sehr eng zusammen. Während bei der „flugtriebwerkartigen" Konzeption von vornherein die Beherrschung von Temperaturen von 750° bis 850° C angestrebt wurde, haben sich die Vertreter der schweren Bauart zu Anfang mit den für die Begriffe vieler Gasturbinenfachleute extrem niedrigen Temperaturen von 550° bis 600° C begnügt, gingen dann bis etwa 650° C und stoßen in neuester Zeit in einzelnen Pionieranlagen bis 750° C vor. Die Überlegung war dabei, daß die Turbinenschaufelung vor allem strömungstechnisch hochwertig sein sollte, das heißt man gab dem isentropen Wirkungsgrad der Schaufelung den Vorrang vor der Temperatur. So wurde die klassische Überdruckbeschaufelung gewählt, und auch der konstruktive Aufbau des Rotors wurde aus dem Dampfturbinenbau übernommen, Abb. 242.

a) Kleinturbinen. Kleinaggregate sind zumeist einwellige Maschinen einfachster Bauart. Sie stehen heute in der Leistungsklasse von 40 bis 500 PS als Stromerzeuger, transportable Feuerlöschpumpen, Preßlufterzeuger, Bodenhilfsgeräte auf Flugplätzen zur Erzeugung von Strom und Warmluft für die Flugzeuge und für viele andere Zwecke zur Verfügung.

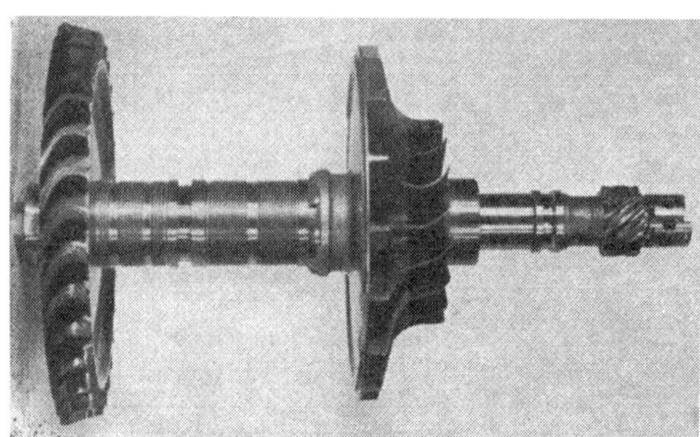

Abb. 236. Läufer der Roverturbine

Als Kompressor wird durchwegs der Radialverdichter angewandt, und als Turbine kommt zum größten Teil die Axialturbine zur Anwendung. Mit kleiner werdenden Leistungen (unterhalb 300 PS) ist auch die Radialturbine im Vordringen, da sie bei kleinen spezifischen Drehzahlen besser geeignet ist, Abb. 204.

Axialturbinen werden meist einstufig, in manchen Fällen auch zwei- und dreistufig ausgeführt. Den Läufer der Rover[1]-Kleinturbine 1 S/60 mit 60 PS zeigt Abb. 236. Er ist mit den Schaufeln aus einem Stück gefräst. Aufbau und Konstruktion der Maschine sind in Abschnitt XII, S. 665, näher beschrieben.

Andere Möglichkeiten der Schaufelbefestigung verfolgt die Firma Boeing[2] in den Vereinigten Staaten. So werden die Schaufeln mit der Scheibe mit gutem Erfolg verschweißt, Abb. 237a. Ebenso wird das Gießen eines Schaufelkranzes und Verschweißen desselben mit der Scheibe versucht. Abb. 237b zeigt ein Versuchslaufrad von Boeing in Verbundguß von Präzisionsgußschaufeln mit einer gegossenen Scheibe. Für größere Räder kommt die Tannenbaumfuß-Schaufelverbindung in Anwendung, Abb. 237c, die aber unter einer gewissen Größe des Laufrades zu hohe Spannungen im Kranz ergibt, wodurch dann auf Schweißen, Fräsen aus dem vollen, Gießen, Sintern usw. übergegangen werden muß.

b) Turbinen leichter Bauart. Als Vertreter der leichten Bauart sei zuerst an Hand der Abb. 238 der Aufbau einer Turbine für ein Propellerflugtriebwerk erklärt. Die Abbildung zeigt einen Schnitt durch die zweistufige Turbine der Armstrong Siddeley Mamba Propellerturbine, eine in konstruktiver und kühltechnischer Hinsicht interessante Maschine (s. S. 786).

Die Turbine treibt den Kompressor direkt und über ein Untersetzungsgetriebe die Luftschraube. Die Schaufeln aus Nimonic 80 sind mittels Tannenbaumfuß in schrägen Schlitzen in den Scheiben aus Jessops-G-18-B-Stahl befestigt, wobei die Schräge der

[1] Rover Gas Turbines Ltd., Meteor Works, Solihull, Warwickshire, England.
[2] Boeing Airplane Comp., Seattle, Washington, USA.

Schlitze so gewählt ist, daß der Schaufelfuß im rechten Winkel zu den Gaskräften steht. Eine Hirth-Kupplung von 216 mm Durchmesser dient zur Zentrierung der Scheiben und zur Übertragung des Drehmomentes. Die erste Scheibe sitzt mittels eines angeflanschten Wellenstummels in der Hauptwelle. Die zweite Scheibe ist an der ersten mittels der erwähnten Hirth-Verzahnung zentriert, und der ganze Läufer wird durch einen langen durchgehenden Ankerbolzen zusammengespannt und in der Hauptwelle festgezogen. Das Drehmoment des Läufers wird vom Wellenstummel mittels einer Kerbverzahnung auf die Hauptwelle übertragen. Die Eintrittsleitschaufeln sind im Turbineneintrittsgehäuse befestigt, an welches der äußere einteilige Mantel angeflanscht ist, in dem das Zwischenleitrad mittels eines zwischengelegten Ringes vom rückwärtigen Flansch her festgeklemmt wird.

Die Labyrinthe bestehen aus Blechstreifen aus rostfreiem F.-D.-P.-Stahl, welche in Rillen eingewalzt und mit Weicheisendraht verstemmt werden. Die Blechstärke beträgt 0,13 mm und das Spiel zwischen Welle und Labyrinth 0,1 bis 0,2 mm. Der Spaltverlust liegt in der Größenordnung von 0,25% der Luftmenge. Das Turbinenhauptlager ist ein luftgekühltes Rollenlager. Um ungeachtet der ungleichen Wärmedehnungen Turbineneintrittsgehäuse und Lagergehäuse immer zentrisch zu halten, wurde eine Dreigelenksverbindung, wie sie schematisch Abb. 238 zeigt, angewendet. Durch diese Gelenke bleiben die Gehäuse trotz ihrer verschiedenen Ausdehnung immer in konzentrischer Lage zueinander, lediglich eine minimale Verdrehung erfolgt bei Dehnung. Diese Konstruktion wurde von Kruschik schon während des Krieges in einem Turbinenversuchstriebwerk erstmalig mit Erfolg verwendet.

a

b

c

Abb. 237. Laufräder der Boeing-Turbine 502

a Laufrad mit eingeschweißten Schaufeln
b Versuchslaufrad, Verbundguß von Laufschaufeln (im Präzisionsgußverfahren gegossen) und einer Scheibe
c Versuchslaufrad, Schaufeln mit Tannenbaumfuß in Scheibe eingesetzt und mit Stift gesichert

Zur Kühlung der Turbine sind vier verschiedene Kühlluftwege vorgesehen:

A. *Kühlluft zur Rückseite der zweiten Scheibe*: Dieser Luftstrom ist die Undichtheitsluft aus dem Kompressorlabyrinth. Sie fließt in das Hauptwellengehäuse und gelangt durch Löcher in den hohlen Ankerbolzen und von dort zur Scheibenrückseite.

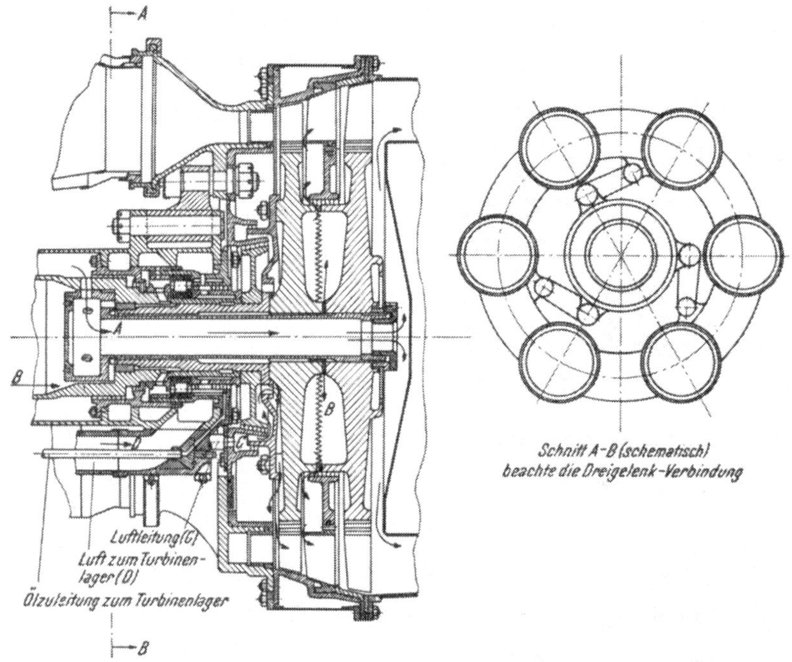

Abb. 238. Schnitt durch die Turbine des Propeller-Turbinentriebwerkes Armstrong Siddeley „Mamba“, $t_3 = 880°$ C

B. *Kühlluft zwischen den Scheiben.* Diese wird aus der siebenten Kompressorstufe abgezapft und gelangt durch die Kompressortrommel und die hohle Hauptwelle zum Ankerbolzen, den sie umströmt. Sodann gelangt sie zwischen die Scheiben und durch die

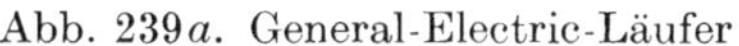
Abb. 239*a*. General-Electric-Läufer

Abb. 239*b*. General-Electric-Laufschaufel

Hirth-Kupplung ins Zwischenlabyrinth, um dieses gegen Gasdurchgang zu dichten. Nach dem Zwischenlabyrinth expandiert dieser Luftstrom mit den Verbrennungsgasen durch die Turbine.

C. *Kühlluft für die Vorderseite der ersten Scheibe*: Dieser Luftstrom wird aus dem Mittelgehäuse (zwischen Kompressor und Brennkammer) abgezapft und mittels einer Rohrleitung zum Wellenstummelflansch geleitet. Er strömt um diesen herum und entlang der Scheibe nach außen in den Gasstrom. Dieser Kühlluftstrom versorgt auch noch das Turbinenlabyrinth mit Sperrluft und verhindert das Austreten heißer Gase zum Lager.

D. *Lagerkühlluft*: Diese wird aus der fünften Kompressorstufe entnommen und mittels einer Rohrleitung von außen direkt zum Gehäuse des Turbinenlagers geleitet. In dieser Luftleitung läuft auch die Ölleitung zum Lager. Eine Tecalemit-Zumeßpumpe liefert etwa 0,3 l/h Öl in das Lager. Die Luft wird in Ringkammern rund um das Lager und das Öl durch Bohrungen im Gehäuse zu diesem geführt. Zwei Kolbenringöldichtungen sind vor dem Lager angeordnet. Das Luft-Öl-Gemisch wird durch die Schubdüse ausgestoßen.

Diese intensive Kühlung ist notwendig, da die Gastemperatur etwa 880° C am Turbineneintritt und etwa 600° C am Turbinenaustritt beträgt.

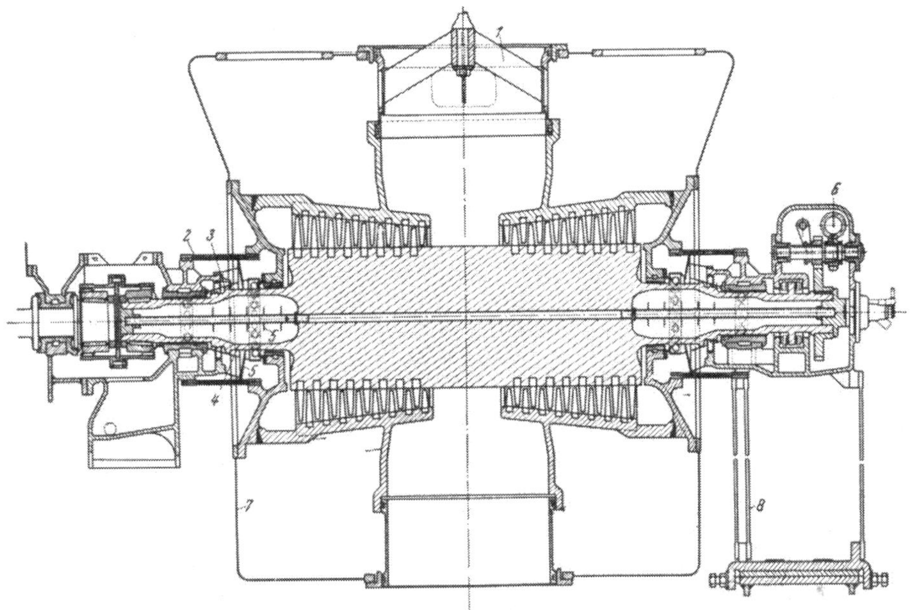

Abb. 240. Doppelflutige Niederdruckturbine von PAMETRADA mit Überdruckbeschaufelung

1 Überströmventil
2 Axialführungsspalte
3 Stützplatte
4 Rotor mit hohlen Schäften
5 Strahlungsschilder
6 Durchdrehgetriebe
7 Außengehäuse
8 Federnde Stützplatte

Eine moderne Konstruktion besitzt die General-Electric-5000-kW-Turbine, die in Abschnitt XII, S. 618, im Detail beschrieben ist. Abb. 239a zeigt den Läufer und Abb. 239b die Laufschaufel der ersten Stufe der Turbine. Zu beachten ist die Versteifung der Schaufeln der zweiten Stufe gegen Schwingungen und das links auf dem Läufer angeordnete Kühlrad.

Im Betrieb sehr gut bewährt hat sich die Turbine Mark TA von R&H[1] (s. S. 608). Sie wurde bereits etwa 80mal verkauft.

Auch auf die Turbine EM 27 P der English Electric Co. (s. S. 615) sei hingewiesen. Das Aggregat zeichnet sich durch eine besonders kompakte Bauweise aus.

Konstruktionen mit interessanten Bautendenzen sind die Turbinen für Schiffsantriebe von PAMETRADA[2], Abb. 240. Vor allem wurde, um Wärmeverzug zu vermeiden, auf symmetrische Ausbildung der Gehäuse Wert gelegt und oben und unten je ein Gaseintrittsstutzen vorgesehen. Die Lagergehäuse müssen bei allen Betriebszuständen in der richtigen Lage bleiben und so am Gehäuse befestigt sein, daß möglichst wenig Wärme auf sie über-

[1] Ruston & Hornsby Ltd., Lincoln, England.

[2] Siehe Fußnote S. 250.

tragen werden kann. Die Zuleitungsrohre bilden je ein Doppelknie, das Dehnungen durch Verdrehung kompensiert. Vom Anschlußflansch am Außengehäuse führt eine verschiebbare Hülse zum Innengehäuse. Damit werden Verspannungen durch Wärmedehnungen

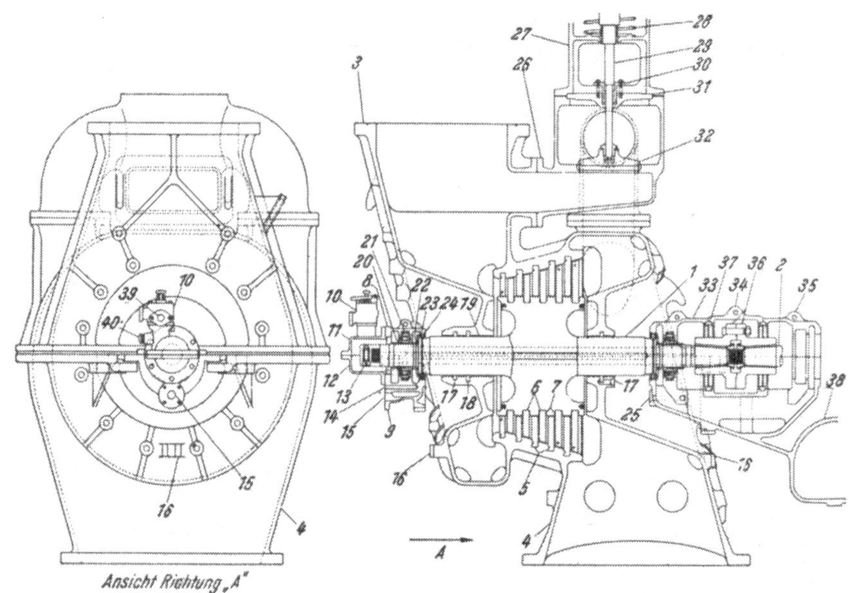

Abb. 241. Allis-Chalmers-Turbine (Lizenz BBC) für eine Houdry-Krackanlage
$t_3 = 590°$ C, $p_3/p_4 = 4{,}0$, $n = 5180$ U/min, $G = 26$ kg/sek

vollständig ausgeschaltet. Die Endplatten des Turbinengehäuses sind an Stege des Leitschaufelträgers, zwischen denen die Abgase hindurchströmen, angeschweißt. Die Lager werden durch ein Paar seitliche und ein Paar in der lotrechten Ebene liegende Platten *2* mit dem Gehäuse verbunden, wodurch einerseits ein Wärmedamm entsteht und andererseits keine Verspannungen auftreten können.

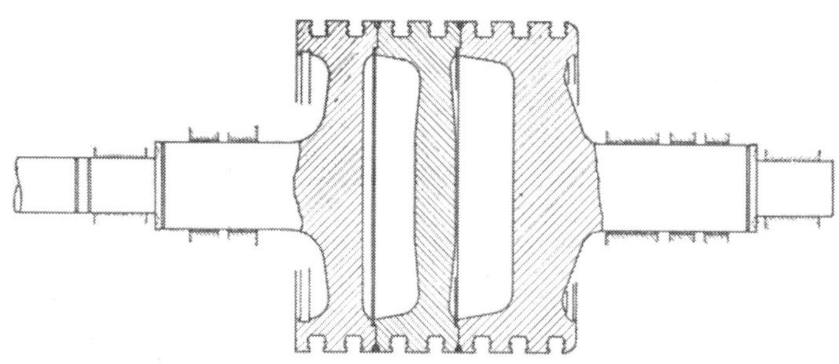

Abb. 242. Geschweißter Turbinenläufer von BBC

Der aus einem Stück geschmiedete Rotor ist an den Schäften *4* ausgenommen, damit nur ein sehr kleiner Querschnitt für den Wärmefluß übrigbleibt. Trotzdem liegt das Widerstandsmoment genügend hoch, um den nötigen Abstand zwischen kritischer und Betriebsdrehzahl zu halten. Darüber hinaus sind Wärmeschutzschilder *5* angebracht, um Wärmeabstrahlungen auf die Lager zu vermeiden.

Die Doppelflutigkeit war notwendig, um die Schaufellängen in zulässigen Grenzen zu halten. Außerdem wird dadurch die unangenehme Stopfbüchse am heißen Hochdruckende vermieden. Die Abgase umgeben die ganze Maschine, wodurch erstens eine gleichmäßige Temperaturverteilung und zweitens weniger Strahlungsverluste entstehen. Auch wird die Isolierung der Maschine dadurch einfacher, weil diese nur für die Abgastemperatur angelegt werden muß. Auch die Anordnung eines Umgehungsventils *1* ist bei dieser Bauweise einfach.

Horizontale Dehnungen werden mittels einer axialen Beweglichkeit des rechten Lagergehäuses aufgenommen, das sich auf zwei Platten *8* zur Gewichtsaufnahme direkt unter dem Lager und auf eine Platte rechts davon stützt, wodurch ein Parallelogramm entsteht und das Lagergehäuse immer waagrecht bleibt.

Das Turbinengehäuse und der Rotor haben gleiche Ausdehnungskoeffizienten, ebenso die Beschaufelung. Es wurde darauf geachtet, die Wärmekapazität von Gehäuse und Rotor so abzustimmen, daß beim Anfahren das Gehäuse viel rascher auf Temperatur kommt, wodurch in dieser kritischen Periode die Schaufelspiele größer werden.

c) Turbinen schwerer Bauart. Die Vertreter der klassischen Bauart schlugen einen vorsichtigen Weg ein, der nie allzuweit wegführte aus dem durch die Erfahrung bereits gesicherten Bereich. Dies hat wesentlich zum Erfolg beigetragen.

Abb. 241 zeigt eine Turbine mit einem aus Chromnickelstahl geschmiedeten Läufer *1*. Diese Turbine von Allis Chalmers[1] dient zum Antrieb des in Abb. 131 dargestellten Kompressors. Die Leit- und Laufschaufeln dieser Überdruckturbine sind in gleicher Weise wie die Schaufeln des Kompressors befestigt, Abb. 132. Bei den neueren Aus-

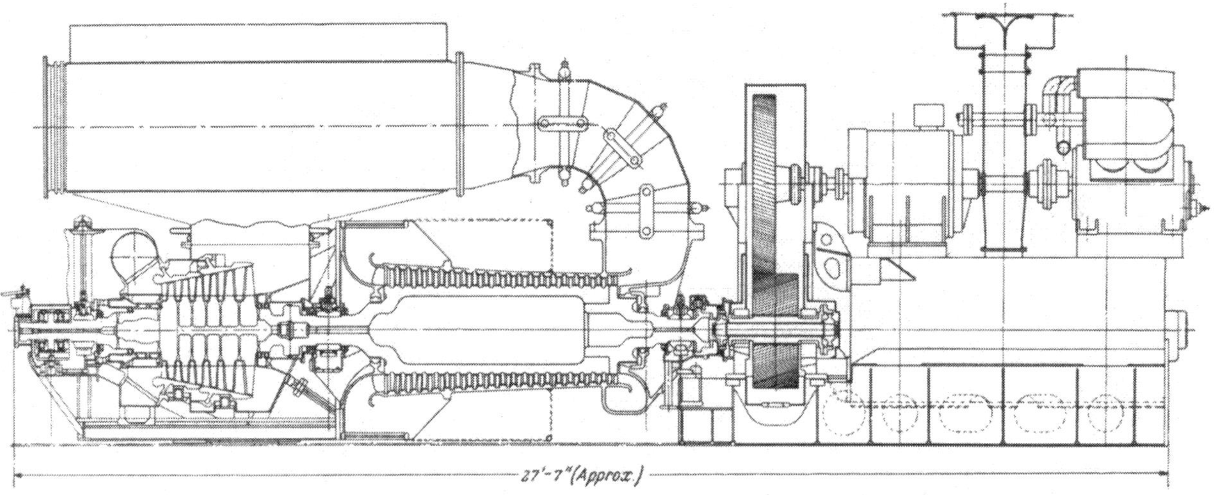

Abb. 243*a*. Allis-Chalmers-Lokomotivturbine von 4120 PS für Kohlefeuerung
$t_3 = 704°$ C, $p_3/p_4 = 4{,}8$, $n = 5700$ U/min, $D_m/b = 3{,}4$ (Austritt)

führungen kommt auch der Tannenbaumfuß zur Verwendung. Die verjüngten und verwundenen Laufschaufeln *6* sind aus Chrom-Nickelstahl (Cr 19 %, Ni 9 %, Wo, Mo, Ti, Nb) gefräst und werden durch Distanzstücke, die in den Rillen *7* des Läufers sitzen, gehalten. Die Leitschaufeln *5* sind aus Stangenmaterial (Ni 15 %) gefertigt. Die Eintrittskanten sind luftgehärtet, um sie gegen Erosion zu schützen. Die Schaufeln sind in ihren Rillen durch einen Ring gehalten, der in die vorgesehene Nut in Schaufel und Distanzstück eingreift.

Das waagrecht geteilte Gehäuse ist aus Molybdänstahl gegossen. Eintrittsstutzen *3* und Auslaß *4* liegen beide in der lotrechten Ebene und sind mit der entsprechenden Gehäusehälfte in einem Stück gegossen. Eine Umgehungsleitung *26* verbindet über das Ventil *32* Ein- und Auslaß. Das Ventil wird durch den Regler *10* betätigt, der seinen Impuls bei Überdrehzahl durch den federbelasteten Schnellschlußbolzen *13* erhält. Labyrinthe *19* verhindern Gasverluste an den Wellenaustritten. In die Ringräume *17* wird Sperrluft aus dem Kompressor eingeleitet um ein Ausströmen heißer Gase hintanzuhalten.

Aus gewissen Betriebsbedingungen der Ölraffinerieanlagen sind Rollenlager *21* verwendet. Bei Industrieturbinen kommen jedoch gewöhnlich Gleitlager zur Anwendung. Eine Kupplung *36* verbindet die Turbinenwelle *1* mit der Kompressorwelle *2*.

[1] Allis Chalmers Manufacturing Comp., Milwaukee 1, Wisconsin, USA.

Eine von BBC angewendete Läuferkonstruktion zeigt Abb. 242. Dieser Rotor besteht aus zwei mit den Wellenenden aus einem Stück geschmiedeten Endscheiben und einer bohrungslosen, die Form gleicher Festigkeit wahrenden Mittelscheibe, die mit den Nachbarscheiben längs der Umfänge verschweißt wird. Diese Methode bietet außer den Vorteilen der ungebohrten Scheibe gleicher Festigkeit an sich bauliche Vorzüge durch den Wegfall der bei durchgehender Welle unvermeidlichen Schrumpfungen, Keile und Keilnuten, die bei den hohen Temperaturen besonders unerwünscht sind. Der Läufer besteht aus gut durchschmiedbaren Teilen, und der weite Abstand der Schweißstellen von der Drehachse führt zu geringen Beanspruchungen der Schweißnähte durch Biegungen und Schwingungen des Läufers. Dieses Verfahren hat sich in zahlreichen Turbinen von BBC, Abb. 495, S. 587, als zuverlässig erwiesen.

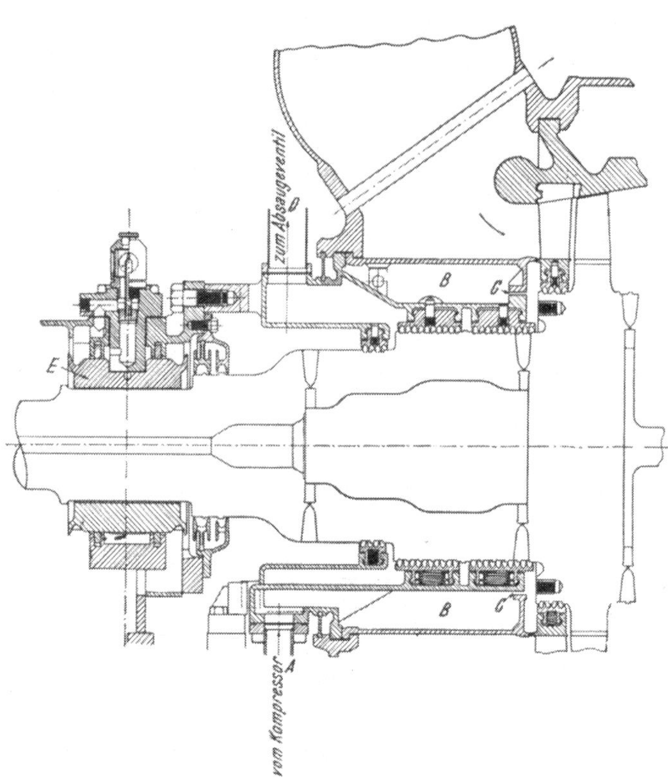

Abb. 243 *b*. Allis-Chalmers-Hochdrucklabyrinth

Abb. 243a bringt einen Schnitt durch das Allis-Chalmers-Lokomotivaggregat von 4120 PS (s. S. 405) für das Locomotive Development Committee Bitumenous Coal Research Inc.

Die sechsstufige Überdruckturbine gibt 12240 PS an der Kupplung ab und läuft mit 5700 U/min bei 704° C Eintrittstemperatur und einem Druckverhältnis von 4,8:1 bei 21° C Lufteintrittstemperatur vor dem Kompressor. Der Läufer besteht aus sechs gleichen geschmiedeten Scheiben, die bearbeitet und zusammengeschweißt werden und so den schaufeltragenden Teil des Läufers bilden. Wellenstummeln sind an jeder Seite angeschweißt und nehmen die Lagerung und Kupplung auf.

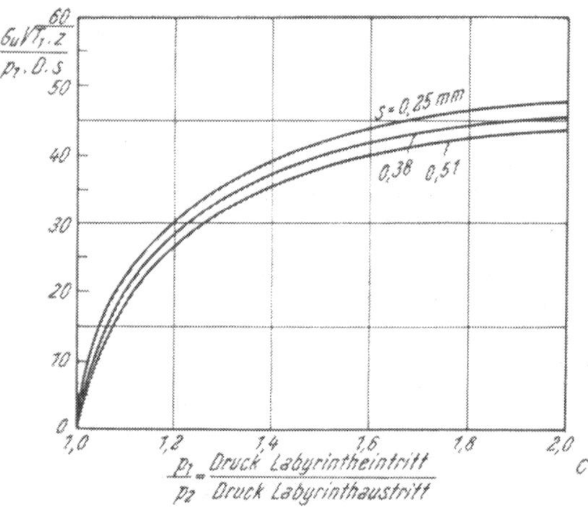

Abb. 243 *c*. Labyrinthdaten

Das Material der Scheiben und Wellenstummel ist Allegheny-Ludlum-Stahl S 590 mit der Zusammensetzung C 0,45%, Cr 20%, Ni 20 %, Co 20 %, Mo 4 %, W 4 %, Nb 4 %. Dieser austenitische Werkstoff zeigt gute Festigkeitseigenschaften bei Temperaturen von 700° C bis 800° C. Er ist allerdings sehr teuer wegen seines hohen Wolfram- und Kobaltgehaltes. Wenn mehr Betriebserfahrungen mit der Maschine vorliegen, wird billigeres ferritisches Material zur Verwendung kommen. Vielversprechende Versuche liegen bereits vor.

Die Schaufeln sind mit Tannenbaumfuß in axialen Rillen aufgenommen. Das äußere Gehäuse ist aus 19-9-DL-Blech gefertigt, die beiden kegelstumpfförmigen Zylinderringe

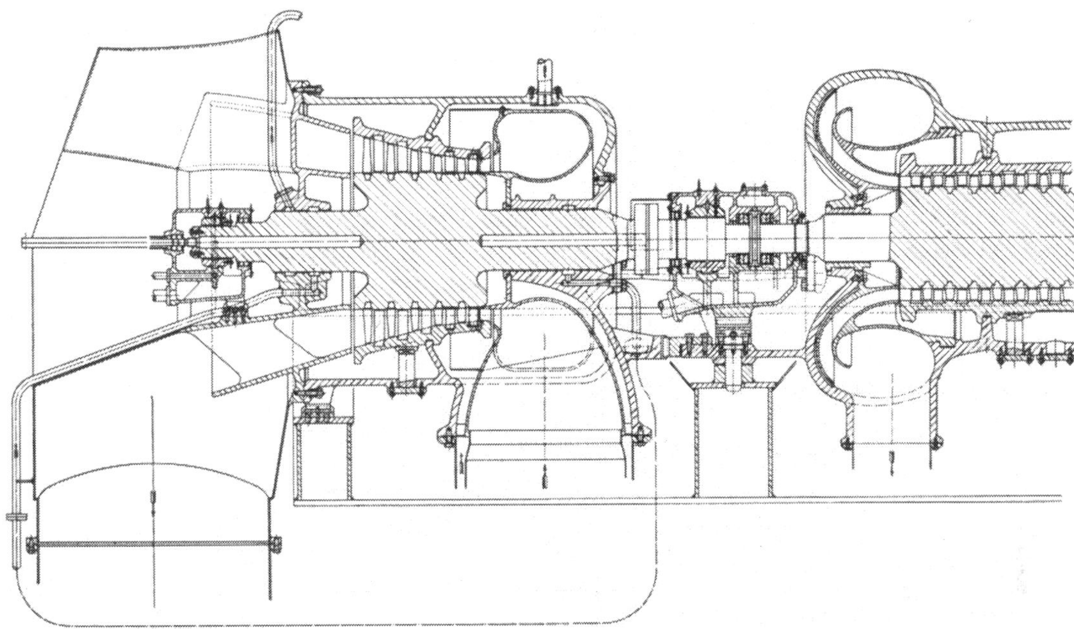

Abb. 244*a*. Gasturbine Bauart Sulzer

aus S-588-Stahl sind horizontal geteilt und tragen die Leitschaufeln in entsprechenden Rillen. Die Leitschaufelträger werden mittels radialer Bolzen gehalten, damit Wärmedehnungen ohne Veränderung der konzentrischen Lage von Gehäuse und Welle aufgenommen werden können.

Die Schaufeln der ersten vier Stufen sind im Präzisionsgußverfahren hergestellt, die der

Abb. 244*b*. Beschaufelung

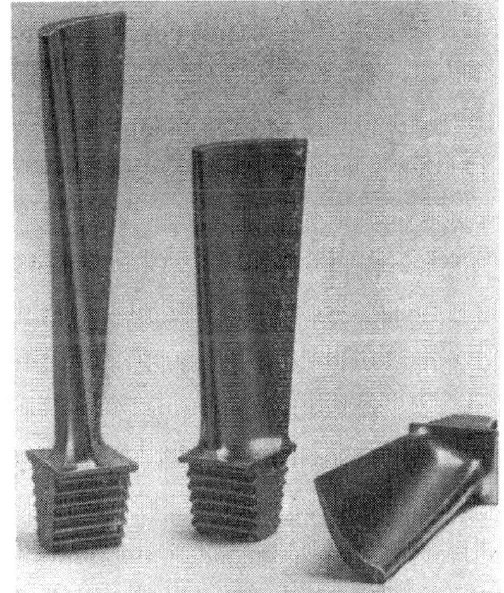

Abb. 244*c*. Einzelschaufeln

letzten beiden geschmiedet. Der verwendete Werkstoff ist S-590-Stahl. Die Umfangsgeschwindigkeiten der ersten und letzten Schaufelreihe, an der Schaufelspitze gemessen, betragen 206 und 273 m/sek. Alle Schaufeln sind verjüngt, verwunden und genügend steif, so daß Bindedrähte nicht nötig sind. Deckbänder sind keine vorgesehen. Die Schaufelspitzen sind zugeschärft, um die Gefahren bei einem Anstreifen zu vermindern.

Ein wichtiges Bauelement der Turbine bilden die Labyrinthstopfbüchsen, Abb. 243b, von deren Konstruktion die Größe der Gasverluste stark abhängt. Allgemein werden Labyrinthe mit Blechlamellen angewendet, die mit der Welle einen engen Spalt bilden. Durch die Vielzahl solcher Lamellen ergibt sich ein nur sehr kleiner Labyrinthverlust. Da aus dem Gasturbinenlabyrinth heiße Gase austreten, ist die Gefahr einer Wellenüberhitzung sehr groß, und man leitet daher Druckluft aus dem Kompressor in die Stopfbüchse, die infolge des geringen Überdruckes ins Innere der Turbine eindringt und so die Welle kühlt und zugleich ein Ausströmen von Verbrennungsgasen verhindert. Das Labyrinth hat drei Aufgaben zu erfüllen: 1. Ein Austreten der heißen Gase zwischen feststehenden und bewegten Teilen am Hochdruckende zu verhindern, 2. die Turbinenwelle an dieser Stelle zu kühlen, 3. die Lagertemperatur niedrig zu halten.

Es wird also Luft vom Kompressoraustritt, die einen höheren Druck als die in die Turbine eintretenden Gase wegen der Druckverluste im Wärmeaustauscher und in der

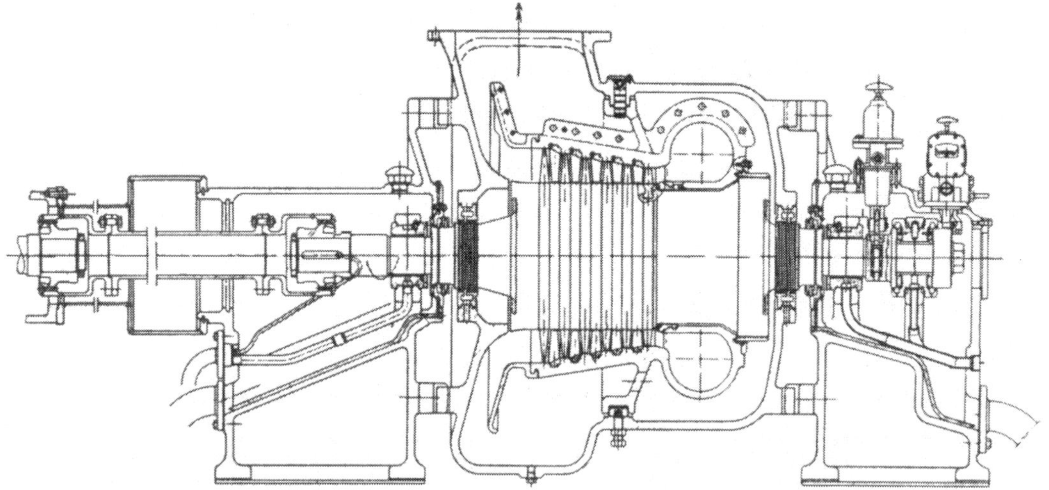

Abb. 245. Gasturbine der HTF für eine Freikolben-Turboanlage. Turbinenleistung 1900 PS $t_3 = 440°$ C, $p_3 = 3{,}9$ ata, $n = 8000$ U/min, $G = 7{,}9$ kg/sek

Brennkammer hat, bei A in einem Ringraum B eingeführt. Von dort tritt sie durch den Ringspalt C und ein Teil davon strömt durch das erste Leitradlabyrinth und gelangt vor der ersten Laufschaufelreihe in den Gasstrom. Dieser Luftstrom kühlt den Läufer im heißesten Turbinenteil und erhöht seine Lebensdauer. Der andere Teil der Kühlluft strömt durch das Labyrinth entlang der Welle nach außen und wird bei D von einem Ventilator abgesaugt.

Diese Anordnung ergibt einen Strom kühler Luft entlang der Turbinenwelle von der Öldichtung bis zum Kranz des ersten Laufrades und vermeidet, wie oben verlangt, den Austritt heißer Gase in das Lokomotivinnere, ruft eine Kühlung der am meisten wärmebeanspruchten Teile des Läufers zur Erhöhung seiner Lebensdauer hervor und verhindert hohe Wellentemperatur beim Lager E.

Das Niederdrucklabyrinth hat ähnlichen Aufbau. Es wird jedoch nur eine zur Vermeidung des Austrittes heißer Abgase gegen das Lager ausreichende Luftmenge eingeblasen.

Versuche mit Luft an einer Labyrinthstopfbüchse nach Abb. 243b lieferten das in Abb. 243c eingetragene Ergebnis [*149*]. Man erkennt, daß bei gegebenem Eintrittsdruck und Temperatur die Undichtheitsmenge G_u, wie auch Gl. (251) und (252) zeigt, nur durch Einhalten kleiner Spalte s bei möglichst kleinem Labyrinthdurchmesser D und Anordnung einer großen Zackenzahl z verringert werden kann.

Bei der baulichen Gestaltung der gichtgasgefeuerten Turbinen für die „Usines Métallurgiques du Hainaut“ in Couillet (Belgien) hat die Firma Sulzer ihre früheren Erfahrungen verwertet, s. Abb. 244a. Vor allem ist auf die Verwendung austenitischen Werkstoffes für die Turbinenrotoren verzichtet worden. Diese bestehen vielmehr aus ferritischem 13 %-Cr-Sonderstahl und sind einteilig geschmiedet. Um trotzdem eine Gaseintrittstemperatur von 680° C beherrschen zu können, mußte zur Rotorkühlung gegriffen werden, die folgendermaßen verwirklicht ist: Die Leitschaufeln tragen Deckbänder, während der Rotor mit Labyrinthstreifen versehen ist, so daß zwischen Rotor und Deckband eine Labyrinthdichtung entsteht. Die Schaufeln der ersten beiden Leiträder sind längsdurchbohrt. Durch diese Bohrungen wird Kühlluft in die Labyrinthdichtungen eingeleitet, und zwar in solcher Menge, daß aus den Dichtungen sowohl stromaufwärts als auch stromabwärts Kühlluft austritt. Die austretende Kühlluft überstreicht anschließend unmittelbar die Laufschaufelfüße. So wird eine Berührung zwischen Rotor und Heißgas bis nach der zweiten Stufe restlos unterbunden. Da außerdem die beiden ersten Stufen mit vermindertem Reaktionsgrad, also höherem Gefälle arbeiten, bleibt die in der dritten Stufe auftretende höchste Rotortemperatur mit etwa 200° C unter der Spitzentemperatur des Gases. Nur die Schaufeln der beiden ersten Stufen, Abb. 244b, bestehen aus Nimonic 80 *A*. Bei dieser Art der Luftkühlung des Rotors ist es gegeben, auch das Gehäuse in bekannter Weise so vor der Höchsttemperatur zu schützen, daß man einen gasführenden inneren Einsatz vorsieht und durch den Zwischenraum zwischen diesem und dem Gehäuse die Kühlluft strömen läßt, wobei gleichzeitig für die Kühlung des eingesetzten Leitschaufelträgers gesorgt werden kann. Damit sind auch die heiklen Probleme der Innenisolation umgangen.

Nun sei eine Gasturbine der HTF[1] besprochen, die von zwei Freikolbengaserzeugern der Type GS-34 gespeist wird.

Die Turbine, deren grundsätzlichen Aufbau Abb. 245 zeigt, ist als sechststufige Überdruckturbine gebaut. Die Betriebsdrehzahl liegt im unterkritischen Gebiet. Da keine außergewöhnlich hohen Gastemperaturen auftreten, werden keine besonderen Maßnahmen für Schaufel- oder Läuferkühlung benötigt, und es ist dementsprechend eine große Betriebssicherheit gegeben. Die aus dem Dampfturbinenbau bekannte wärmeelastische Aufhängung des Leitschaufelträgers im Turbinengehäuse und seine Zentrierung mittels Radialbolzen wurde auch hier wieder angewandt. Laufschaufeln und Leitschaufeln sind mit Hammerkopf- bzw. Schwalbenschwanzfuß ausgeführt. Der eingebaute Trommelläufer ist mit dem Ausgleichskolben aus einem Stück geschmiedet. Zur Regelung dient ein Fliehkraftregler, der ölhydraulisch die Brennstoffzufuhr zu den Treibgaserzeugern beeinflußt und außerdem im Schwachlastgebiet zusätzlich ein Bypassventil für teilweises Abblasen von Treibgas steuern kann.

C. Radialturbinen

1. Einleitung

Die Radialgasturbinen entsprechen in der hier beschriebenen Ausführungsform fast vollkommen den Radialverdichtern (s. S. 165). So war auch die erste von Balje *[173]* durchgerechnete Versuchsturbine ein Radialrad eines DVL[2]-Laders, das in umgekehrtem Sinn, d. h. von außen nach innen, durchströmt wurde. Die Berechnungsgrundlagen stützen sich ebenfalls auf die bereits bei den Radialverdichtern angegebenen Gleichungen. Neben dieser Art von Radialgasturbinen wurde von Martinuzzi *[170]* eine Radialturbine vorgeschlagen, bei der mehrere Stufen, ähnlich wie bei der Ljungströmturbine, auf einer Laufradscheibe sitzen.

a) Bezeichnungen und Kennwerte. Zur Besprechung der Zusammenhänge zeigt Abb. 246a die Laufradbezeichnungen und Abb. 246b die Geschwindigkeitsdreiecke der Turbine. Das theoretische spezifische Arbeitsvermögen des Laufrades wird nach Gl. (237) durch den theoretischen Druckkennwert

$$\psi_{th} = \frac{2g H_{th}}{u_1^2}$$

[1] Hamburger Turbinenfabrik G.m.b.H., Nürnberg/Hamburg, vorm. Brückner & Kanis, Dresden.

[2] Deutsche Versuchsanstalt für Luftfahrt e.V., bis 1945 Berlin-Adlershof, ab 1946 Essen/Ruhr, Flugplatz.

dimensionslos wiedergegeben. Die folgenden Größen, Abb. 246b, sind auf den Wert von ψ_{th} bzw. H_{th} von bestimmendem Einfluß:

1. Die Eintrittsrichtung der Absolutströmung in das Laufrad α_1 durch $\operatorname{cotg}\alpha_1 = \frac{c_{1u}}{c_{1m}}$.

2. Der Austrittswinkel der Relativströmung aus dem Laufrad β_2 durch $\operatorname{cotg}\beta_2 = \frac{w_{2u}}{c_{2m}} = \frac{u_2 + c_{2u}}{c_{2m}}$.

3. Der Durchsatzkennwert $\varphi = \frac{c_{2m}}{u_1}$.

4. Die Beschleunigung bzw. Verzögerung der Meridianströmung im Laufrad ausgedrückt durch

$$k = \frac{c_{1m}}{c_{2m}}. \tag{314}$$

5. Das wirksame Durchmesserverhältnis des Radialrades

$$\varepsilon_w = \frac{D}{d_w} = \frac{u_1}{u_2}. \tag{315}$$

In Gl. (315) stellt d_w denjenigen Austrittsdurchmesser des Laufrades dar, Abb. 246a, auf dem der mittlere Stromfaden endet.

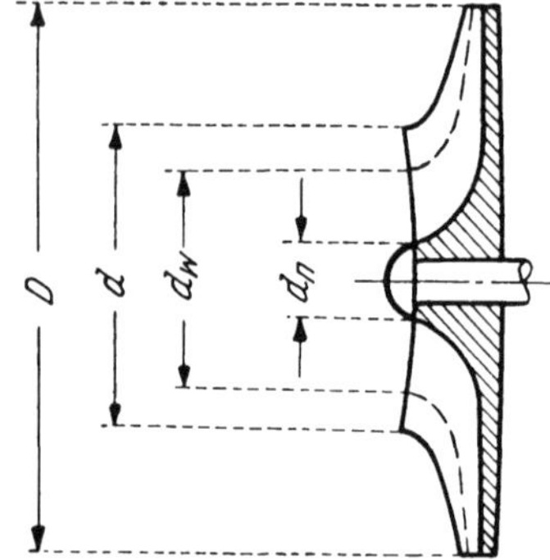

Abb. 246*a*. Laufradbezeichnungen der Radialturbine

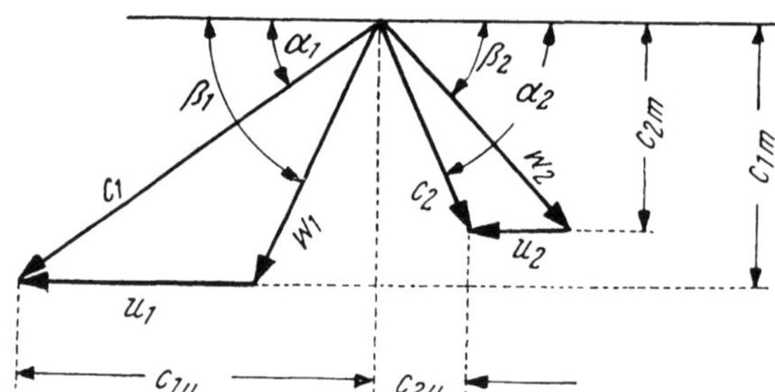

Abb. 246*b*. Geschwindigkeitsdreiecke der Radialturbine

Setzt man φ, k und ε_w in die mit Turbinenvorzeichen versehene Gl. (144), d. h. umgeformt in

$$H_{th} = \frac{1}{g}\left(u_1 \cdot c_{1m} \cdot \operatorname{cotg}\alpha_1 + u_2 \cdot c_{2m} \cdot \operatorname{cotg}\beta_2 - u_2^2\right) \quad \text{ein,}$$

so folgt

$$\psi_{th} = 2\left(k \operatorname{cotg}\alpha_1 + \frac{\operatorname{cotg}\beta_2}{\varepsilon_w}\right)\varphi - \frac{2}{\varepsilon_w^2}. \tag{316}$$

Hierin erkennt man für $k = \text{konst.}$, da ε_w, α_1 und β_2 bei einer ausgeführten Maschine gegeben sind, die Gleichung einer Geraden, deren Neigung gegenüber der Abszisse φ durch die Größe der Strömungswinkel bestimmt ist und deren Schnittpunkt mit der Ordinate ψ_{th} bei $-\frac{2}{\varepsilon_w^2}$ liegt. Dies bedeutet ein lineares Ansteigen des theoretischen spezifischen Arbeitsvermögens mit dem Durchsatz. Der bei negativen ψ_{th}-Werten gelegene Schnittpunkt mit der Ordinate gibt zu erkennen, daß die Maschine bei geringen Durchsatzkennwerten keine Leistung mehr abgeben kann, sondern im Gegenteil aufnehmen muß, also bereits als Verdichter arbeitet.

Ferner läßt sich der Gl. (316) entnehmen, daß bei dem Radialrad mit nach innen gerichteter Strömung das theoretische Arbeitsvermögen nur bis zu einem bestimmten Durchsatzkennwert, nämlich

$$\varphi = \frac{\frac{1}{\varepsilon_w^2} - 1}{\left(\frac{1}{\varepsilon_w} - 1\right)\operatorname{cotg}\beta_2}$$

größer ist als bei einem rein axial durchströmten Rad ($\varepsilon_w = 1$), das mit gleichen Kennwerten, d. h. gleicher Stromumlenkung und gleicher Beschleunigung bzw. Verzögerung der Laufradströmung k arbeitet, also nur bis zu diesem Liefergrad dem Radialrad eine gewisse Überlegenheit zugebilligt werden kann.

Aufschlußreich ist in dieser Hinsicht, der Vergleich der Turbinenwirkung eines Rades mit der Verdichterwirkung desselben Rades, Abb. 247. Wird das Laufrad am Außendurchmesser mittels der Leitschaufeln mit einem Drall beaufschlagt, so gibt es, von einem bestimmten Durchsatz beginnend, Arbeit ab, Linie a. Bei Antrieb des Rades wird dagegen ein nach außen gerichteter Durchfluß entstehen und infolge der dann axialen Beaufschlagung und der (bei Annahme unendlicher Schaufelzahl) rein radial gerichteten relativen Austrittsrichtung ($\beta_2 = 90°$ gegenüber vorher $\beta_2 < 90°$) das theoretische Arbeitsvermögen eine äquidistante Funktion des Durchsatzkennwertes sein, Linie b in Abb. 247. Die von der Durchflußrichtung abhängige Beeinflussung des theoretischen Arbeitsvermögens durch die Fliehkraft kommt besonders deutlich

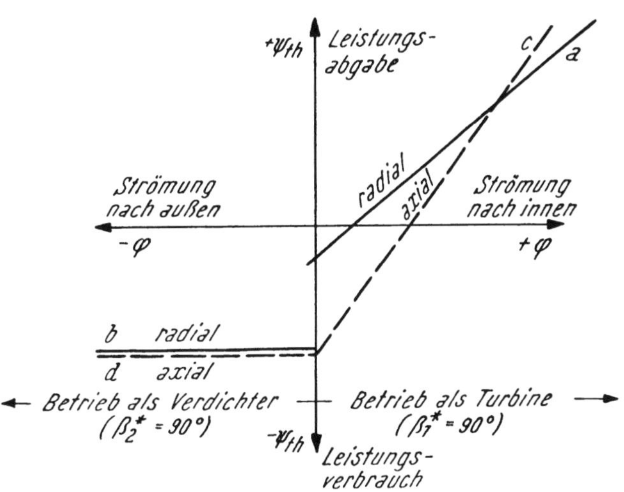

Abb. 247. Turbinen- und Verdichterdiagramm eines Radial- und Axialrades (Schaufelwinkel 90°)

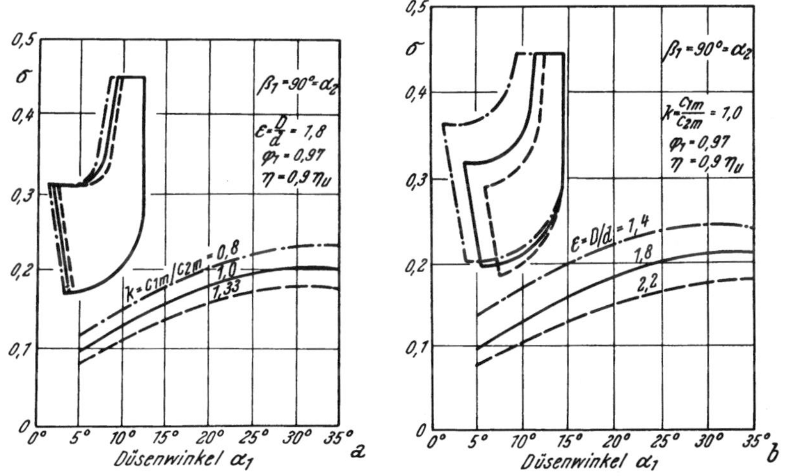

Abb. 248. a Drehzahlkennwert σ für Radialturbinen in Abhängigkeit vom Düsenwinkel α_1 und $k = c_{1m}/c_{2m}$
b Drehzahlkennwert σ für Radialturbinen in Abhängigkeit vom Düsenwinkel α_1 und Durchmesserverhältnis $\varepsilon = D/d$

in der Unstetigkeitsstelle beim Durchsatzkennwert 0 zum Ausdruck, die bei einem Rad ohne ausgeprägten Fliehkrafteinfluß, dem Axialrad, nicht auftritt, wie die Linien c und d zeigen.

Den Einfluß der Laufradform auf den Drehzahlkennwert σ zeigen die Abb. 248a und 248b. In Abb. 248a ist das geometrische Durchmesserverhältnis $\varepsilon = \frac{D}{d}$ konstant gehalten und $k = \frac{c_{1m}}{c_{2m}}$ sowie der Düsenwinkel α_1 verändert. Abb. 248b gilt für konstantes

$k=1{,}0$ und veränderliches Durchmesserverhältnis $\frac{D}{d}$ und Düsenwinkel α_1. α_1 liegt meist zwischen 10° und 30°, so daß sich ein günstigster Drehzahlkennwert von etwa $\sigma=0{,}17$ ergibt. Bei der Aufstellung der beiden Diagramme [*172*] wurde der Düsenbeiwert mit $\varphi_1=0{,}97$ und der Wirkungsgrad mit $\eta=0{,}9\,\eta_u$ angenommen.

b) Minderleistung. Wie bei den Radialverdichtern (s. S. 166) stimmen auch bei den Radialturbinen die Strömungswinkel nicht in allen Fällen mit den durch die Konstruktion vorgegebenen Schaufelwinkeln überein. Es wird daher auch hier eine Korrektur mit Hilfe des Minderleistungsfaktors erforderlich und der Unterschied zwischen dem Schaufelwinkel $\beta_2{}^*$ und der Richtung der relativen Austrittsgeschwindigkeit β_2 mit dem Ansatz

$$m=\frac{c_{2u\,th}}{c_{2u}} \tag{317}$$

erfaßt. Mit dem Minderleistungsfaktor μ nach Gl. (234) besteht der Zusammenhang $m=\frac{1}{\mu}$. Auch bei den Radialturbinen hängt die Minderleistung unter normalen Betriebsbedingungen hauptsächlich von Schaufelzahl und Durchmesserverhältnis des Laufrades ab, wie Abb. 249 zeigt (s. auch Abb. 146, S. 167).

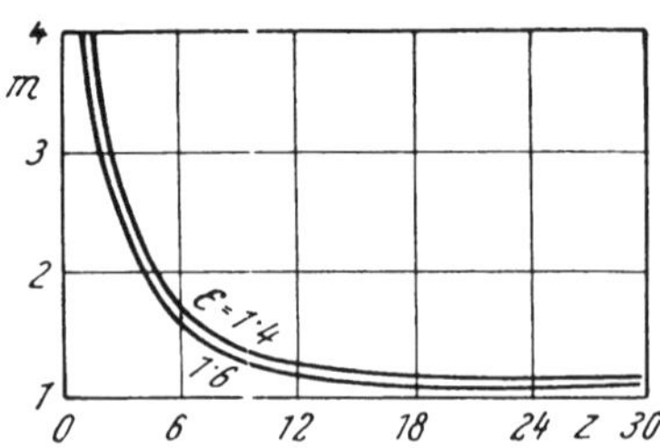

Abb. 249. Minderleistungsfaktor m für $\beta=90°$ in Abhängigkeit von Schaufelzahl z und Durchmesserverhältnis $\varepsilon=D/d$ (vgl. Abb. 146)

Unter Einsetzen des Minderleistungsfaktors nach Gl. (317) in Gl. (316) erhält das theoretische Arbeitsvermögen die Form

$$\psi_{th}=2\left(k\,\mathrm{cotg}\,\alpha_1+\frac{\mathrm{cotg}\,\beta_2{}^*}{m\cdot\varepsilon_w}\right)\varphi-\frac{2}{m\cdot\varepsilon_w{}^2}\,. \tag{318}$$

2. Verluste

Zur Erzielung eines bestimmten Arbeitsvermögens ist außer H_{th} noch ein Gefälle zur Überwindung der Verluste aufzuwenden, das ebenfalls durch den entsprechenden Druckkennwert ausgedrückt werden kann. Analog den Radialverdichtern werden dabei folgende Einzelverluste unterschieden.

a) Düsenverlust. Bei der üblichen Turbinenberechnung wird der Düsenverlust in der Form berücksichtigt, daß die Geschwindigkeit im Düsenkanal c_1 um den Düsenbeiwert φ_1 kleiner angenommen wird, als dem in der Düse verarbeiteten Gefälle entspricht, d. h. $c_1=\varphi_1\cdot c_0$ wobei $c_0=\sqrt{2g\,H_{ad\,Düse}}$. Balje [*171*] stellt hingegen das Verlustgefälle der Düse $h_{v\,Düse}$ durch den Druckverlustbeiwert der Düse $\psi_{Düse}=\frac{2g\,h_{v\,Düse}}{u_1{}^2}$ dar. Er gibt für ψ_D eine Bestimmungsgleichung an, die in Abb. 250a in Abhängigkeit von φ und Ma^* für einen Schaufeleintrittswinkel $\beta_1{}^*=90°$ aufgetragen ist. Der Düsenkanal ist hierbei quadratisch angenommen. Das Verhältnis Überlappungslänge der Düsenschaufeln l zu Düsenbreite b_D beträgt $\frac{l}{b_D}=1{,}5$. Der Innendurchmesser des Düsenkastens $D'=1{,}02\,D$ und das Verhältnis Strömungskanaldurchmesser D^* zu Düsenbreite b_D ist $\frac{D^*}{b_D}=3{,}0$.

Das Verhältnis Düsenbreite b_D zu Laufradeintrittsbreite b_1 ist kleiner als 1,0. Dies ist erklärlich, da der aus der Düse austretende Strahl im freien Raum zwischen Leitrad und Laufrad mit einem Divergenzwinkel von etwa 7° expandiert. Es muß daher die Düsenbreite um diesen Betrag kleiner sein, wenn die gesamte Energie des Strahles im Laufrad voll wirksam sein soll. Abb. 250b zeigt die Abhängigkeit des Breitenverhältnisses $\frac{b_D}{b_1}$ von Durchflußkennwert und Machzahl.

b) Laufradverlust. Im Gegensatz zur Düsenströmung kann die Laufradströmung beschleunigt, verzögert oder gleichförmig erfolgen. Der Verlust wird daher zweckmäßig auf einen Geschwindigkeitsmittelwert bezogen, wobei ein Verlustbeiwert ζ_L den Prozentsatz der verwirbelten Geschwindigkeitsenergie angibt (s. auch S. 170). Mit dem Ansatz

$$h_{v\,Laufrad} = \frac{1}{2g}\left(\frac{c_{1m}+c_{2m}}{2}\right)^2 \cdot \zeta_L$$

erhält man dann

$$\psi_L = \frac{2g\,h_{v\,Laufrad}}{u_1^2} = \frac{\varphi^{1,75}\,(1+k)^2}{4} \cdot \zeta_L\,.$$

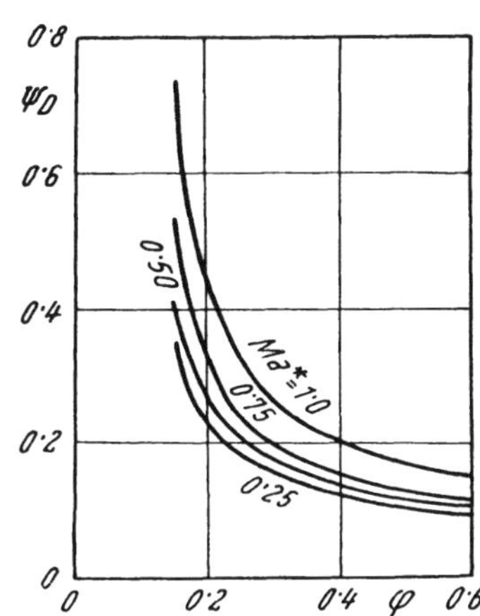

Abb. 250a. Düsenverlustbeiwert in Abhängigkeit von φ und $Ma^* = \frac{u_1}{w_s}$, berechnet für $Re^* = \frac{u_1 D}{\nu_1} = 2\cdot 10^6$, $\varepsilon = 1,6$, $\frac{D^*}{b_D'} = 3$, $\frac{l}{b_D} = 1,5$, $\frac{D'}{D} = 1,02$, $k = 1,0$, $\beta^*_1 = 90°$

In Abb. 251a ist ζ_L in Abhängigkeit von φ und $\beta_1{}^*$ für ein Laufrad mit $z = 18$ Schaufeln,

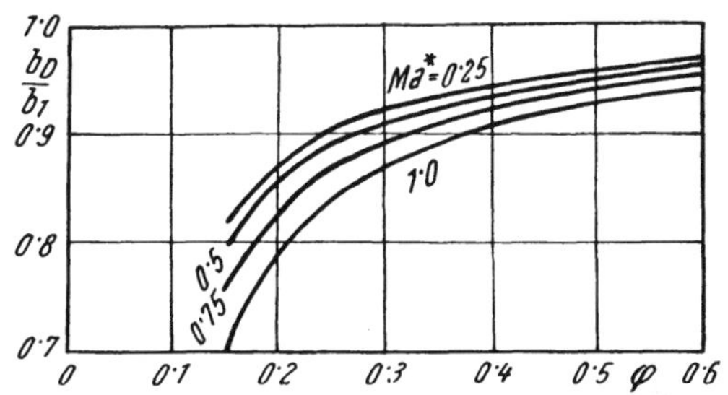

Abb. 250b. Verhältnis von Laufradbreite und Düsenbreite in Abhängigkeit von φ und Ma^*, berechnet für $D'/D = 1,02$ und $\beta^*_1 = 90°$

$\varepsilon = 1,6$ und $\alpha_2 = 90°$ dargestellt [*171*]. Der Laufradaustrittswinkel ist hierbei durch $\operatorname{tg}\beta_2{}^* = \varphi\cdot\varepsilon_w$ festgelegt, was kleinste Austrittsverluste sicherstellt.

Für die festigkeitsmäßig günstigsten Laufräder mit $\beta_1{}^* = 90°$ zeigt Abb. 251b die Verhältnisse. Zum Vergleich sind auch Werte für Verdichter strichliert eingetragen. Die Differenz zwischen den Verdichter- und Turbinenwerten entsteht aus der Tatsache, daß in einem Verdichterlaufrad die Umlenkung im Vorsatzläufer mit einer Verzögerung

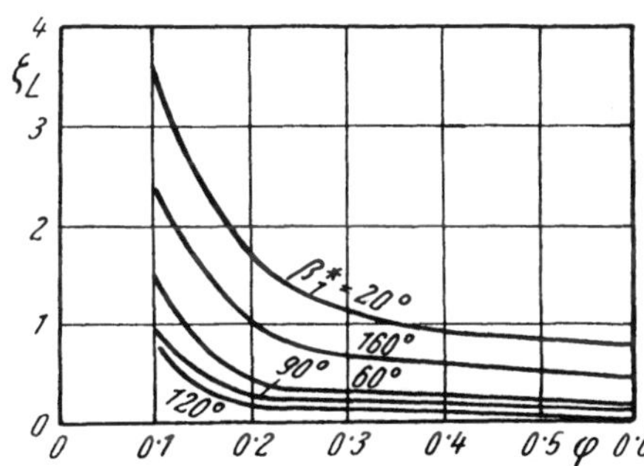

Abb. 251a. Laufradverlustbeiwert für Radialturbinen, berechnet für $Re^* = 2\cdot 10^6$, $Ma^* = 0$, $\varepsilon = 1,6$, $k = 1,0$, $z = 18$ und $\alpha_2 = 90°$

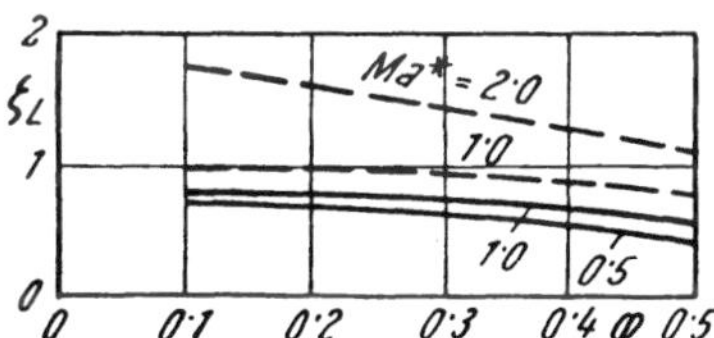

Abb. 251b. Laufradverlustbeiwert, berechnet für $Re^* = 2\cdot 10^6$, $k = 1,0$, $z = 18$, $\beta^*_1 = 90°$

——— Turbine
– – – Verdichter

der Strömung verbunden ist, was größere Verluste ergibt als die Umlenkverluste der beschleunigten Strömung am Turbinenaustritt.

c) Austrittsverlust. Die Austrittsgeschwindigkeit c_2 aus dem Laufrad ist ebenfalls zu den Verlusten zu rechnen, sobald es sich um die Betrachtung der gesamten Turbine handelt. Der Gesamtenergieinhalt wird bei Gasen durch den Gesamtdruck und die Gesamttemperatur (Kesselzustände) angegeben. Allgemein ist aber der Unterschied der statischen Drücke als Maßstab des aufgewandten Gefälles gebräuchlich, welche Zustandsgrößen sich von den Gesamtzuständen bekanntlich um die Geschwindigkeitsanteile unterscheiden. Für den Austrittsverlust ist jeweils die volle Geschwindigkeitshöhe der absoluten Austrittsgeschwindigkeit einzusetzen, so daß

$$\psi_A = \varphi^2 + \left(\varphi \cdot \frac{\operatorname{cotg} \beta_2{}^*}{m} - \frac{1}{m \cdot \varepsilon_w}\right)^2$$

gilt. Man erkennt aus obiger Gleichung, daß die Auslaßverluste dann ein Minimum werden, wenn der Klammerausdruck verschwindet, so daß der Austrittswinkel zweckmäßig nach der Beziehung $\operatorname{cotg} \beta_2 = \frac{1}{\varphi \cdot \varepsilon_w}$, d. h. senkrechter Austritt $\alpha_2 = 90°$, Abb. 246 b, gestaltet wird.

d) Stoßverlust. Der Stoßverlust tritt bei nicht in Schaufeleintrittsrichtung erfolgendem Anströmen des Laufrades auf und beeinflußt das Betriebsverhalten erheblich. Bei der Berechnung einer Turbine wird als Schaufeleintrittswinkel des Laufrades $\beta_1{}^*$ die Richtung der Relativgeschwindigkeit w_1 gewählt, d. h.

$$\operatorname{cotg} \beta_1{}^* = \operatorname{cotg} \alpha_1 - \frac{1}{k \cdot \varphi}.$$

Gelingt es nun aus irgend einem Grunde nicht, diese Relativrichtung zu erzeugen, sondern beispielsweise nur den Winkel β_1', so muß jedes Teilchen um einen Betrag zusätzlich beschleunigt (bzw. verzögert) werden, um ins Laufrad zu gelangen. Dafür ist ein entsprechendes Verlustgefälle $h_{v\,Stoß}$ aufzubringen.

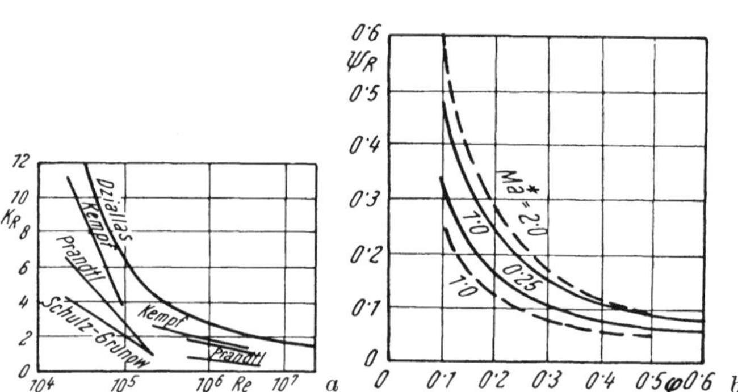

Abb. 252. *a* Scheibenreibungsbeiwert K_R nach verschiedenen Autoren

b Druckverlustkennwert der Radreibung ψ_R, berechnet für $Re^* = 2 \cdot 10^6$, $\varepsilon = 1{,}6$, $\beta^*_1 = 90°$

——— Turbine
– – – Verdichter

In Wirklichkeit ist bei den üblichen Turbinenschaufelgittern infolge der weiten Teilung die Stromrichtung nicht immer eindeutig vorgeschrieben, so daß nicht immer der volle Betrag der Stoßkomponente, sondern nur ein geringerer, durch den Stoßbeiwert χ gekennzeichneter Teil als Verlust einzusetzen ist [*61*]. Mit Berücksichtigung der Machzahlkorrektur lautet dann die Gleichung für den Stoßverlust

$$\psi_S = \frac{\chi}{1 - Ma} (k \cdot \varphi \cdot \operatorname{cotg} \alpha_1 - 1)^2.$$

e) Radreibungsverlust. Die Reibungsleistung in PS ist nach Gl. (249), S. 171, gegeben durch

$$N_R = u_1{}^3 \cdot D^2 \cdot \gamma_m \cdot K_R \cdot 10^{-6}.$$

Der Beiwert K_R war oftmals Gegenstand eingehender Untersuchungen [*4*, *55*], die jedoch vorwiegend bei geringen Drehzahlen durchgeführt wurden. Abb. 252a zeigt Angaben verschiedener Autoren über K_R in Abhängigkeit von *Re*. Für den turbulenten Bereich gibt Prandtl

$$K_{R\,Prandtl} = 28{,}55 \cdot Re^{-\frac{1}{5}}$$

an. Versuche an Radialverdichtern zeigten jedoch vermutlich wegen Rückströmungen vom Außenrand der Scheibe zur Laufradachse größere Reibungsverluste. So kann näherungsweise für geschlossene Laufräder $K_R = 3 K_{RPr}$, für halbgeschlossene Laufräder $K_R = 4 K_{RPr}$ und für offene Laufräder $K_R = 5 \cdot K_{RPr}$ gesetzt werden.

Auf diesen Zusammenhängen aufbauend entwickelt BALJE [171] Gleichungen für den Druckverlustkennwert der Radreibung $\psi_R = \frac{2g \cdot h_{v\,Radreibung}}{u_1^2}$, die in Abb. 252b für Verdichter und Turbinen mit halboffenem Laufrad eingetragen sind. Auch der

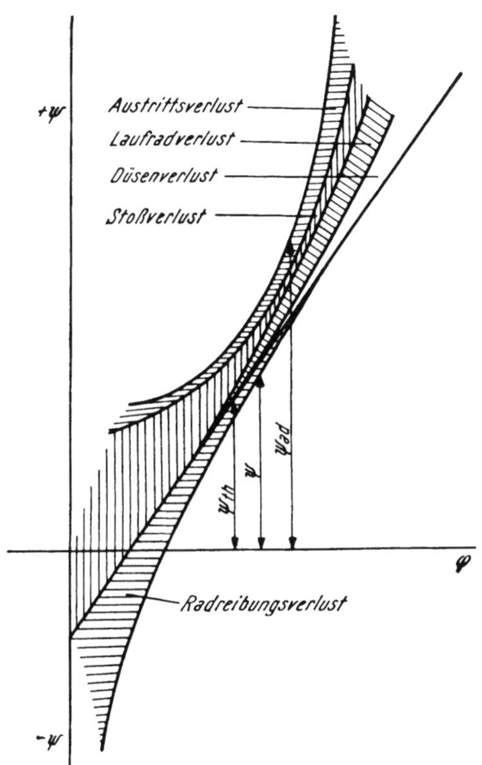

Abb. 253a. Darstellung der Turbinencharakteristik

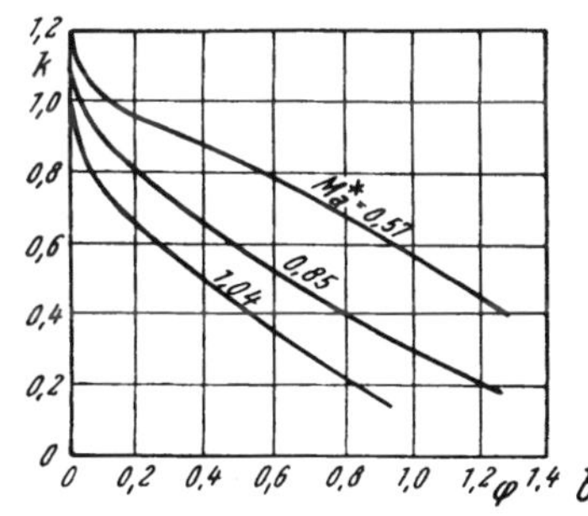

Abb. 253b. Faktor k als Funktion des Durchsatzkennwertes φ, berechnet für $\alpha_1 = 18°$, $\beta^*_1 = 90°$, $m = 1{,}25$, $F_2/F_1 = 1{,}18$

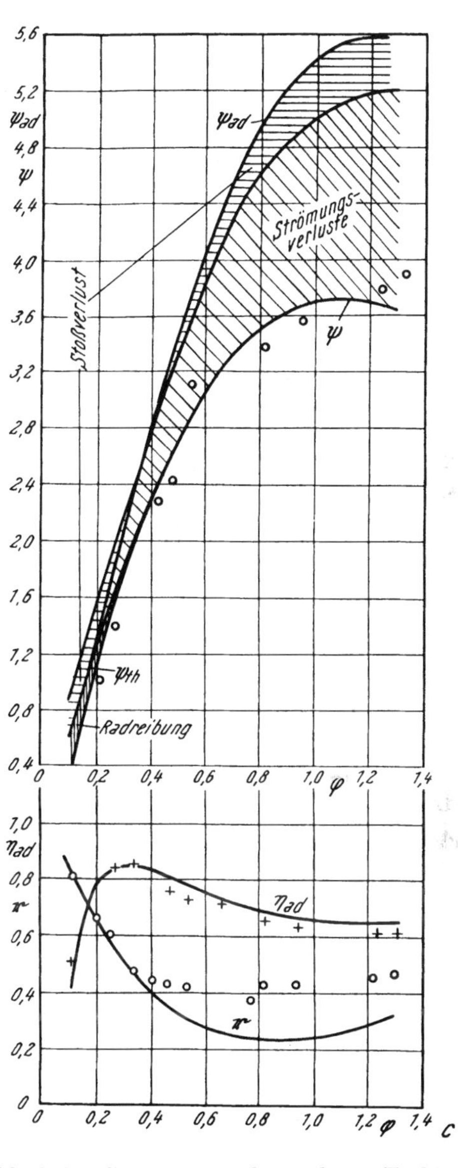

Abb. 253c. Gemessene und gerechnete Turbinencharakteristik, $n = 12\,000$ U/min, $Ma = 0{,}57$, $F_2/F_1 = 1{,}16$, Laufrad normal [175]

Abstand zwischen Gehäuse und Laufrad hat, wie die Originalarbeit näher zeigt, einen Einfluß auf die Radreibung.

f) Wirkungsgrad. Der adiabatische Druckkennwert der Turbine kann nun als Summe des theoretischen Arbeitsvermögens Gl. (318) und der oben besprochenen Einzelverluste dargestellt werden durch

$$\psi_{ad} = \psi_{th} + \psi_D + \psi_L + \psi_A + \psi_S \,. \tag{319}$$

Für den adiabatischen Wirkungsgrad gilt

$$\eta_{ad} = \frac{H}{H_{ad}} = \frac{\psi}{\psi_{ad}} = \frac{\psi_{th} - \psi_R}{\psi_{ad}} = 1 - \frac{\psi_R + \psi_D + \psi_L + \psi_A + \psi_S}{\psi_{th} + \psi_D + \psi_L + \psi_A + \psi_S}. \tag{320}$$

Nach den bisherigen Ausführungen ist nun die Darstellung einer Turbinencharakteristik möglich, die für die Auslegung und das Betriebsverhalten anschauliche Beziehungen vermittelt. Hierzu werden die Druckkennwerte ψ als Funktion des Durchsatzkennwertes φ aufgetragen, Abb. 253a. Der sich dabei ergebende Verlauf von ψ_{th} wurde bereits besprochen (S. 268). Alle Strömungsverluste stellen in dieser Auftragungsart bekanntlich Parabeln dar, deren Scheitelpunkte für die Durchflußverluste bei dem Durchsatzkennwert 0 liegen und deren Steilheit durch die Größe der Verlustbeiwerte gegeben ist. Eine Ausnahme macht der Austrittsverlust, dessen Tendenz sich durch die Addition zweier Parabeln ergibt, von denen eine ihren Scheitelpunkt wiederum bei dem Durchsatzkennwert 0, die andere diesen im Punkt axialen Austrittes hat. Der Scheitelpunkt der Stoßparabel schließlich liegt bei dem Durchsatzkennwert stoßfreien Eintrittes. Der Radreibungsverlust zeigt hyperbelartigen Verlauf. Die durch Addition bzw. Subtraktion erhaltenen Randkurven ψ_{ad} und ψ geben damit ein Bild der aufgewandten und erhaltenen Arbeit als Funktion des Durchsatzkennwertes oder, was dasselbe bedeutet, als Funktion des durchgesetzten Volumens bei konstanter Drehzahl. Der Wirkungsgrad wird dabei gemäß Gl. (320) durch das Verhältnis der jeweiligen Ordinaten gekennzeichnet.

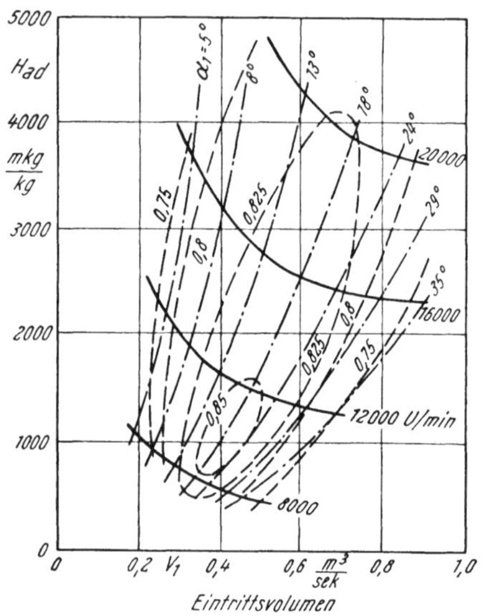

Abb. 254. Kennfeld einer Radialturbine mit verstellbaren Leitschaufeln

Für die Auslegung einer Turbine interessiert in erster Linie der Punkt besten Wirkungsgrades. Der Wirkungsgrad wird dort ein Maximum sein, wo die Summe der Verluste den geringsten Teil des Gesamtgefälles ausmacht. Um diesen Punkt zu erhalten, ist also in Gl. (320) der Quotient zu differenzieren und Null zu setzen. Die Durchführung liefert jedoch nach Einsetzen der Ausgangsgleichungen der Verhältniswerte eine Gleichung vierter Ordnung, deren Lösung in geschlossener Form nicht einfach möglich ist und daher graphisch erfolgen muß.

3. Kennlinien

Das Betriebsverhalten einer Turbine kann durch die in Abb. 253a gezeigte Darstellungsart nach Berücksichtigung des Einflusses des Beschleunigungsfaktors k wiedergegeben werden. Nach Gl. (314) ist k ein Maß für die Beschleunigung bzw. Verzögerung der Meridiankomponente. Bei Voraussetzung voller Kanalfüllung gilt dann

$$k = \frac{F_2}{F_1} \cdot \frac{\gamma_2}{\gamma_1}. \tag{321}$$

Das Flächenverhältnis in Gl. (321) ist durch die geometrischen Abmessungen des Laufrades gegeben und das Verhältnis der spezifischen Gewichte aus dem Laufradgefälle der Turbine bzw. den Faktoren $\mathfrak{r} \cdot \psi_{ad}$ und $\mathfrak{r} \cdot \psi$. Für den Reaktionsgrad $\mathfrak{r}$ gilt

$$\mathfrak{r} = \frac{H_{ad} - H_{Düse} - \frac{c_2^2}{2g}}{H_{ad}} = 1 - \frac{\left(\frac{b_1}{b_D}\right)^2 \varphi^2 \, k \sin \alpha_1^{-2} - \psi_D}{\psi_{ad}}. \tag{322}$$

Abb. 253b zeigt als Beispiel den Faktor k als Funktion von Durchsatzkennwert und Machzahl. Man erkennt, daß k mit steigendem Durchsatz beträchtlich absinkt. Infolgedessen ist das theoretische Arbeitsvermögen nicht mehr eine lineare Funktion des Durchsatzes (S. 269), sondern nähert sich einer Form, wie sie Abb. 253c zeigt. Dieses Diagramm gibt gemessene Kennlinien einer Radialturbine an [*171*]. Auch Wirkungsgrad und Reaktionsgrad wurden eingetragen.

Ein Vorteil der Radialturbine gegenüber der Axialturbine ist die Möglichkeit, auf einfache Weise verstellbare Eintrittsleitschaufeln anzuordnen. Ein Eintrittswinkelbereich von 5° bis 40° kann ohne Schwierigkeiten bestrichen werden. Abb. 254 zeigt das Kennfeld einer Radialturbine mit Verstelleitschaufeln [*175*]. Man erkennt, daß die Turbine in einem verhältnismäßig großen Bereich hohe Wirkungsgrade aufweist. Das Feld der Bestwerte liegt bei geringem Durchsatz und kleinen Gefällen, d. h. die Turbine vermag nur relativ geringe Leistungen aufzubringen.

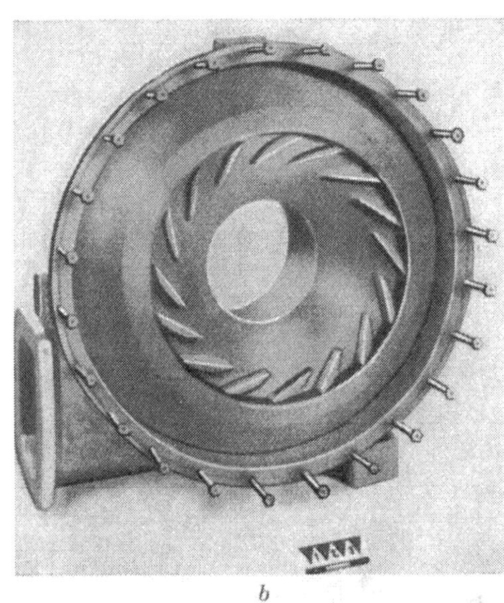

a *b*

Abb. 255. *a* Radialturbinenlaufrad, *b* Radialturbinengehäuse

Bei der Bestimmung des Teillastverhaltens muß auch die Veränderung der Verluste berücksichtigt werden. Der Druckkennwert des Düsenverlustes bei Teillast beträgt

$$\psi_D = \psi_{D_0} \frac{\varphi^{1,75} \cdot k^{1,75} \cdot \sqrt[4]{Re_0{}^*}}{\varphi_0{}^{1,75} \cdot k_0{}^{1,75} \cdot \sqrt[4]{Re^*}}, \tag{323}$$

wobei der Index 0 die Werte am Auslegungspunkt kennzeichnet. Für den Laufradverlust gilt in ähnlicher Weise

$$\psi_L = \psi_{L_0} \frac{\varphi^{1,75} (1+k)^2 \cdot \sqrt[4]{Re_0{}^*}}{\varphi_0{}^{1,75} (1+k_0)^2 \sqrt[4]{Re^*}}. \tag{324}$$

Die Größe des Stoßverlustes, der am Auslegungspunkt 0 ist, wird wie besprochen durch den Stoßbeiwert χ erfaßt.

4. Konstruktion

Das Laufrad einer Radialturbine kann als geschmiedeter, geschweißter, tiefgezogener, gegossener oder gepreßter Konstruktionsteil gebaut werden, Abb. 255a. Die Herstellung wird dadurch im Vergleich zu einer Axialturbine gleicher Leistungsgröße billiger. Die Radialturbine ist außerdem gegen Verschmutzen weniger empfindlich. Einströmgehäuse und Leitapparat, Abb. 255b, haben ähnliche Anordnung wie bei Radialverdichtern. Auch die Leitschaufelverstellung wird, wie z. B. bei der Centrax-Turbine (s. S. 419), bereits öfters angewendet.

Eine bestechend einfache, kleine Radialgasturbine ist die Maschine der Budworth Ltd., Abb. 324. Die Eintrittstemperatur beträgt 850° C, die Drehzahl 48000 U/min. Radialkompressor- und Radialturbinenlaufrad sitzen Rücken an Rücken auf einer Kragwelle. Das Kompressorlaufrad mit 14 Schaufeln ist aus Hiduminium RR 58-Aluminiumlegierung geschmiedet und liefert ein Druckverhältnis von 2,8. Das zwölfschaufelige Turbinenlaufrad ist aus einem Nimonic-80-A-Schmiedestück gefräst (s. auch S. 660).

Das amerikanische Gegenstück hierzu ist die Solar-T-45-Turbine, Abb. 547. Wieder sitzen beide Laufräder fliegend auf einer gemeinsamen Welle. Der Kompressorwirkungsgrad beträgt 74,5%, der Turbinenwirkungsgrad 78% und der Brennkammerwirkungsgrad 95%. Das Druckverhältnis ist 2,44. Ursprünglich war die Turbine für 46,8 PS bei 616° C Gastemperatur und 27° C Lufteintrittstemperatur bei einem Durchsatz von 1,06 kg/sek ausgelegt. Der spezifische Brennstoffverbrauch betrug dabei 1000 g/PSh. Bei 690° C ergeben sich 57 PS bei 950 g/PSh. Die letzte Ausführung gibt bei 705° C und 40300 U/min 74 PS ab (S. 662). Das aus einem Schmiedestück gefräste Laufrad dieser Turbine nach 500 Betriebsstunden zeigt Abb. 256a.

Abb. 256*a*. Laufrad der Solar Mars 40/75 PS-Turbine nach 500 Betriebsstunden (vgl. auch Abb. 547, S. 659), $t_3 = 616/705°$ C, $\sigma = 0{,}15$, $z = 14$

Große Erfahrungen auf dem Gebiet der kleinen Radialturbinen besitzt auch die Firma AiResearch[1] Mfg. Comp. Diese Maschinen werden in Abschn. XII, S. 664, näher besprochen.

Auch die auf S. 667 beschriebene 200 PS-Gasturbine von Allen, Sons & Comp. Ltd. ist zu erwähnen. Die Maschine weist einen Rotor aus einem Stück auf, dessen eine Seite als Radalverdichter und dessen andere Seite als Radialturbine ausgebildet ist, Abb. 556. Die Radialturbine erreicht einen Wirkungsgrad von 86%. Durch Verwendung einer Scheibe für Verdichter und Turbine ist die Kühlung so gut, daß ein ferritischer Stahl (Vickers Rex 448) verwendet werden konnte. Die auf den Verdichter übertragene Wärme drückt dessen Wirkungsgrad um 1%.

Als weiteres Beispiel für eine Radialgasturbine zeigt Abb. 256b die von der Standard Motor Co. für eine Konstruktionslebensdauer von 5000 Vollaststunden entwickelte Gasturbine [*176*]. Die einstufigen Räder sind Rücken an Rücken montiert und fliegend angeordnet. Welle und Lagerstellen wurden so ausgelegt, daß die kritische Drehzahl bei etwa 4000 U/min, also genügend unterhalb der Zünddrehzahl, liegt. Bei den Laufrädern der Probeserie wurden die Schaufelkanäle aus Vollscheiben gefräst und die Einlaßkanten der Schaufeln nachher von Hand aus über Formen angebogen, um eine gute Führung der Strömung zu gewährleisten. Der aus der Legierung RR 58 hergestellte Verdichterläufer wird auf die Welle aufgeschrumpft und liegt satt an der Innenseite des Flansches an. Die Turbinenscheibe zentriert sich in der Außenseite des Flansches und wird durch sechs Paßschrauben in ihrer Lage gehalten. Die Bolzen dienen gleichzeitig auch zur Übertragung des Drehmomentes.

[1] AiResearch Manufacturing Company, 9851—9951 Sepulveda Boulevard, Los Angeles, Calif., USA.

Die Turbinenscheiben der Probeserie waren aus Nimonic 90 angefertigt. Für die laufende Serie wird jedoch das billigere ferritische Material Firth Derihon 535 verwendet. Man hofft auch, die Laufräder durch Schmieden vorbearbeiten zu können. Bohrungen in der Nabe des Verdichterrades führen Druckluft von der Laufradrückseite zur Labyrinthstopfbüchse an der Laufradinnenseite. Die beiden Laufräder sind durch eine Blechscheibe getrennt, die einen kleinen Spalt zum Durchströmen eines begrenzten Kühlluftstromes

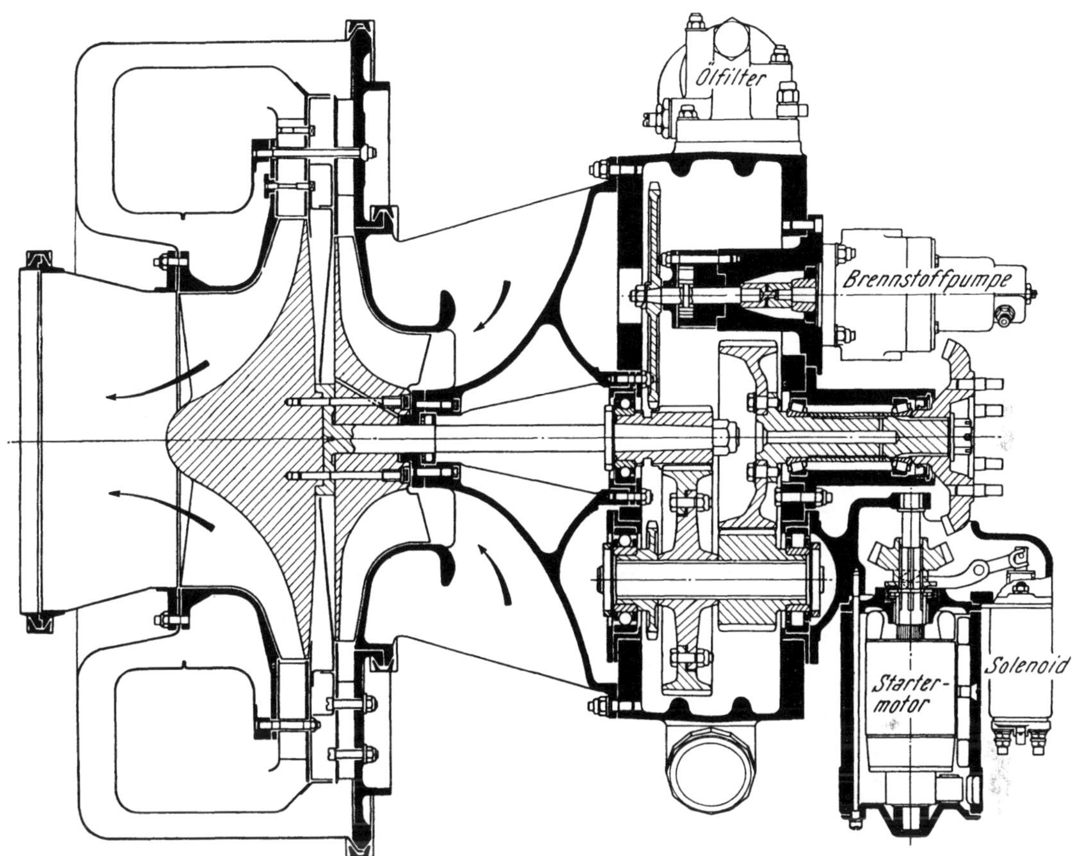

Abb. 256*b*. Schnittbild der 250-PS-Gasturbine der Standard Motor Co., $t_3 = 777°$ C, $G = 2{,}36$ kg/sek, $p_2/p_1 = 3{,}0$, $n = 24000$ U/min

freigibt. Diese Kühlluft mischt sich dann am Außenrand des Turbinenlaufrades wieder mit dem Hauptstrom.

Die Welle läuft in zwei Wälzlagern, und zwar einem kleinen Rollenlager und einem größeren Hochschulterlager, das auch den Längsschub des Läufers und des Untersetzungsgetriebes aufnimmt. Das Rollenlager besitzt keinen gesonderten Innenring. Die Rollen laufen unmittelbar auf dem Schaft. Das Hochschulterlager ist in einem Gehäuse gehalten, das mit dem Hauptrahmen der Maschine verschraubt ist. Der Innenring wird durch eine Hülse gebildet, die gleichzeitig das Getrieberitzel enthält. Dadurch wird der Ausbau der Welle vereinfacht. Zur Einstellung des Axialspieles zwischen Läufer und Turbinengehäuse werden Beilagen zwischen Kugellagergehäuse und Zentralgehäuse eingelegt.

VII. Der Wärmeaustauscher

Auf den großen Einfluß des Wärmeaustauschers auf den Wirkungsgrad einer Anlage wurde schon in den vorhergehenden Kapiteln hingewiesen, wobei gerade beim Wärmeaustauscher für Gasturbinen die Aufgabe schwierig ist, weil auf beiden Seiten Luft von verhältnismäßig geringem Temperaturunterschied fließt und dadurch ein hoher Wärmedurchgang nur schwer erzielbar ist. Dazu kommt noch der große Einfluß des Druckverlustes auf den Wirkungsgrad, Luftverbrauch und die spezifische Leistung, Abb. 27, 403, 404, 405, 406, 441.

1. Zusammenhang zwischen Wärmerückgewinnungsgrad und Wärmeaustauscherfläche beim Rohrwärmeaustauscher

Um den Zusammenhang zwischen Wärmerückgewinnungsgrad und Wärmeaustauscherfläche ersehen zu können, ist es notwendig, näher auf die herrschenden thermischen Verhältnisse einzugehen.

Ist k die Wärmedurchgangszahl in kcal/m²h °C, F die Wärmeaustauscherfläche in m², Δt die Temperaturdifferenz zwischen Gaseintritt und Luftaustritt und G_L das Luft-

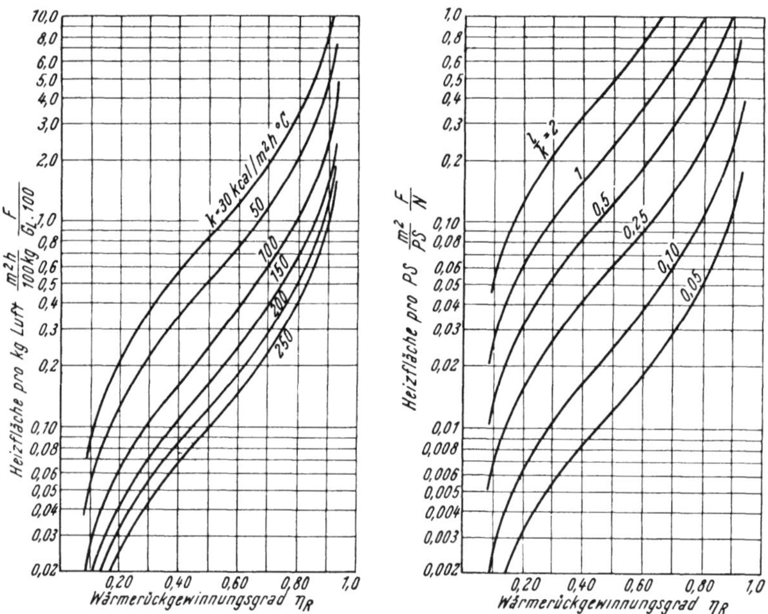

Abb. 257. Wärmeaustauscherfläche in m² pro 100 kg/h Luftdurchsatz (links) und pro PS Anlagenleistung (rechts)

durchsatzgewicht in kg/h, dann kann folgende Gleichung geschrieben werden, Abb. 26

$$k \cdot F \cdot \Delta t = (i_5 - i_2') \cdot G_L . \tag{325}$$

In einem Gegenstromwärmeaustauscher, in dem die Durchflußmengen und spezifischen Wärmen bei beiden Medien ungefähr gleich sind, ist

$$\Delta t \cong T_4' - T_5 \cong T_6 - T_2'$$

und da $c_p \cdot (T_6 - T_2') = i_6 - i_2' = (1 - \eta_R)(i_4' - i_2')$ und $i_5 - i_2' = \eta_R (i_4' - i_2')$ ist, ergibt sich durch Einsetzen in Gl. (325)

$$\frac{F}{G_L} = c_p \frac{\eta_R}{1 - \eta_R} \cdot \frac{1}{k} \; [\mathrm{m^2\,h/kg}] \tag{326}$$

die Wärmeaustauscherfläche in m² pro kg Luftmenge in der Stunde als Funktion der Wärmedurchgangszahl und des Wärmerückgewinnungsgrades, wenn man annimmt, daß c_p konstant ist, was man in erster Annäherung machen kann, wobei $c_p = 0{,}25$ kcal/kg °C einen guten Mittelwert darstellt. Da es in den meisten Fällen besser ist, die Wärmeaustauscherfläche pro PS bei verschiedenem Wärmerückgewinnungsgrad zu wissen, kann die Gl. (326) durch Umformen mit

$$G_L = N \cdot l \text{ [kg/h]}$$

auch in folgender Form geschrieben werden

$$\frac{F}{N} = c_p \frac{\eta_R}{1-\eta_R} \cdot \frac{l}{k} \text{ [m}^2\text{/PS]}. \tag{327}$$

N ist die Leistung der Anlage in PS und l der spezifische Luftverbrauch in kg/PSh. Die Gl. (326) und (327) sind in Abb. 257 wiedergegeben, und zwar einerseits die Wärmeaustauscherfläche in m² pro 100 kg/h Luftdurchsatzgewicht und andererseits die Fläche in m² pro PS-Leistung in Abhängigkeit von der Wärmedurchgangszahl k bzw. vom Verhältnis l/k und vom Wärmerückgewinnungsgrad η_R.

Normale Rohrwärmeaustauscher erreichen k-Werte bis etwa 50 kcal/m²h °C, während durch Verbesserung der Wärmeaustauscherflächen, z. B. mittels Rippen, sowie durch strömungsrichtige Durchbildung und einer damit verbundenen Geschwindigkeitserhöhung ohne größeren Druckverlust oder durch sonst geeignete Maßnahmen noch wesentlich höhere Werte möglich erscheinen. Geschlossene Anlagen mit erhöhtem Druck auf der Luft- und Gasseite kommen auf Wärmedurchgangszahlen von 150 bis 250 kcal/m²h °C.

2. Zusammenhang von Größe und Wirtschaftlichkeit

Da bei hohem Wärmerückgewinnungsgrad die notwendige Wärmeaustauscherfläche stark ansteigt, Abb. 257, muß sorgfältig abgewogen werden, bis zu welcher Größe ein Wärmeaustauscher bei einer bestimmten Anlage noch wirtschaftlich ist.

Es soll daher diese Frage an Hand von Berechnungen der Firma Brown Boveri für eine einfache und eine zweistufige Anlage näher untersucht werden. Zu diesem Zwecke wurde in Abb. 258a (Kurve *1*) für eine einfache Anlage der thermische Wirkungsgrad in Abhängigkeit der Wärmeaustauscherfläche pro Kilowatt Leistung aufgetragen. Nach dieser Kurve wird bei einer Wärmeaustauscherfläche von 1,2 m²/kW ein thermischer Wirkungsgrad von etwa 27% erreicht. Da ein solcher Wärmeaustauscher in einem Temperaturgebiet zwischen 160° und 380° C arbeitet und als Arbeitsmittel praktisch nur Luft von kleinem Druck verwendet wird, kann man ihn aus handelsüblichen geschweißten Rohren herstellen, die vor dem Kriege etwa sfr. 5,— pro Quadratmeter gekostet haben. Der Preis dieses Wärmeaustauschers ist deshalb nicht etwa mit dem Preis eines Lufterhitzers einer Heißluftanlage zu vergleichen. Ja, man darf ihn nicht einmal mit demjenigen eines Kondensators vergleichen, weil letzterer teure Messingrohre erfordert. Bei Übergang zu höheren Eintrittstemperaturen wird man allerdings auch beim Wärmeaustauscher zumindest im heißesten Teil zu besseren Werkstoffen übergehen müssen.

Auch die Ummantelung ist bei diesen Wärmeaustauschern für offene Verbrennungsturbinenanlagen viel billiger als die der oben erwähnten Vergleichsobjekte, weil der Mantel nicht druckfest zu sein braucht und keinen hohen Temperaturen unterworfen ist, sofern man die Abgase um die Rohre und die Luft durch die Rohre schickt. Bei höheren Gastemperaturen wird man aber auch hier zu etwas besseren Werkstoffen übergehen müssen. Es gibt jedoch auch Bauweisen, bei denen die Gase durch die Rohre (wegen der besseren Reinigung) und die Luft um die Rohre geleitet werden. Bei einer solchen Anordnung ist der Mantel höheren Drücken ausgesetzt, und es empfiehlt sich eine zylindrische Außenform. Normal jedoch geht die Luft in den Rohren und die Gase um die Rohre, entweder im Gegen- oder Kreuzstrom, wobei bei einer genügenden Zahl von Umlenkungen der Kreuzstrom beinahe dem Gegenstrom gleichkommt.

Nach den Erfahrungen von BBC beträgt der Vorkriegspreis eines solchen Wärmeaustauschers etwa sfr. 30,— bis 40,— pro Quadratmeter. Nimmt man sfr. 40,— pro

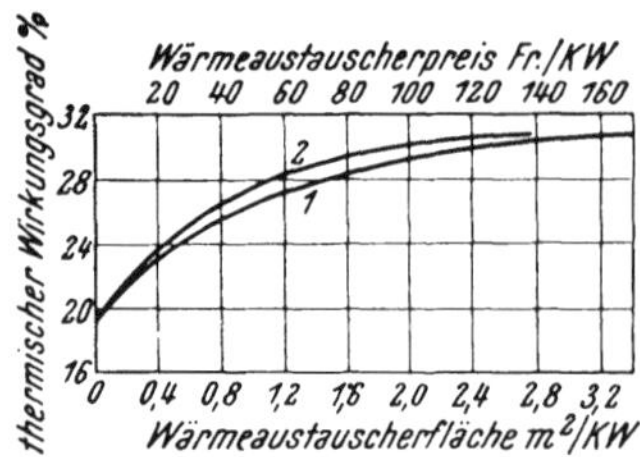

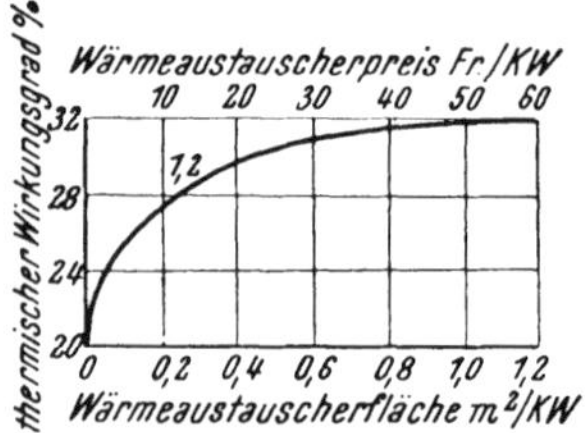

Thermischer Wirkungsgrad von einstufigen bzw. zweistufigen Verbrennungsturbinenanlagen in Abhängigkeit von der Wärmeaustauscherfläche (*1*) und vom Wärmeaustauscherpreis (*2*) pro kW-Leistung

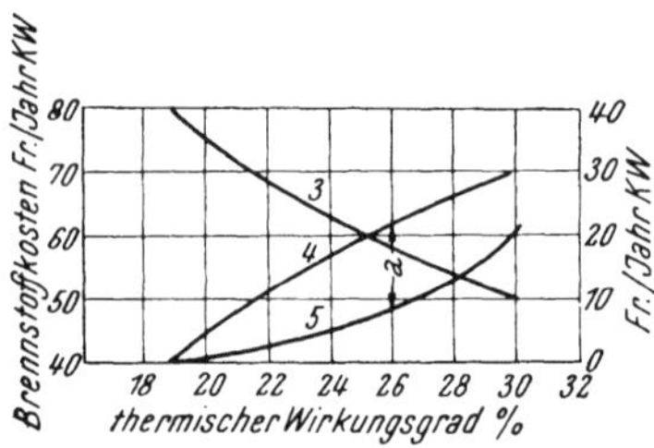

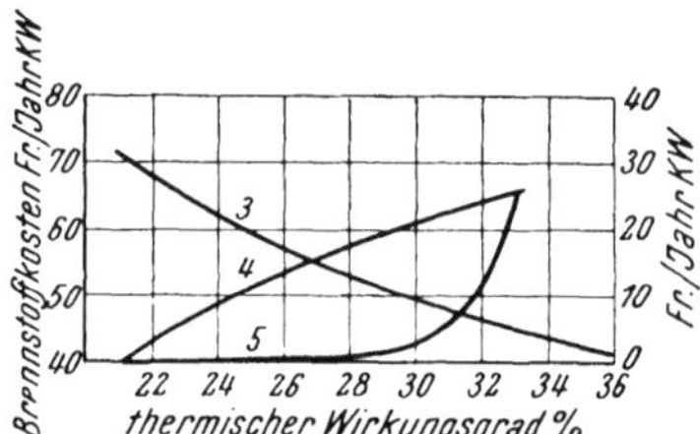

Brennstoffkosten (*3*), Brennstoffersparnis gegenüber einer Anlage ohne Wärmeaustauscher (*4*) und Wärmeaustauscherunkosten (*5*) pro Jahr und kW in Abhängigkeit vom thermischen Wirkungsgrad

Differenz a = Ersparnis durch den Wärmeaustauscher. Die jährlichen Kosten für Verzinsung, Amortisation und Unterhalt des Wärmeaustauschers wurden mit 20 % des Einkaufspreises eingesetzt

Jährliche Betriebsstundenzahl = 6000
Brennstoff = Heizöl
Brennstoffpreis = sfr. 29,—

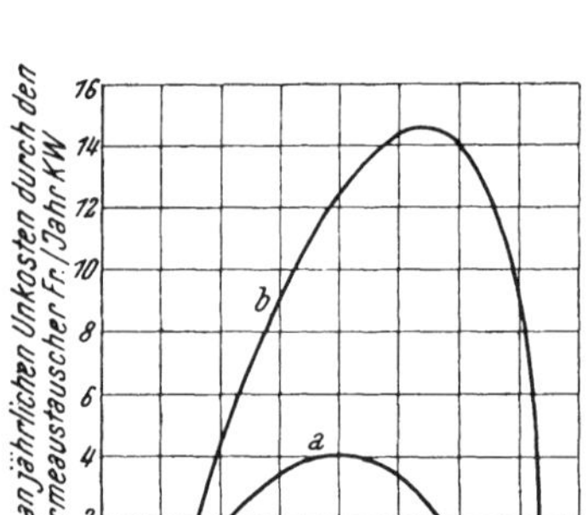

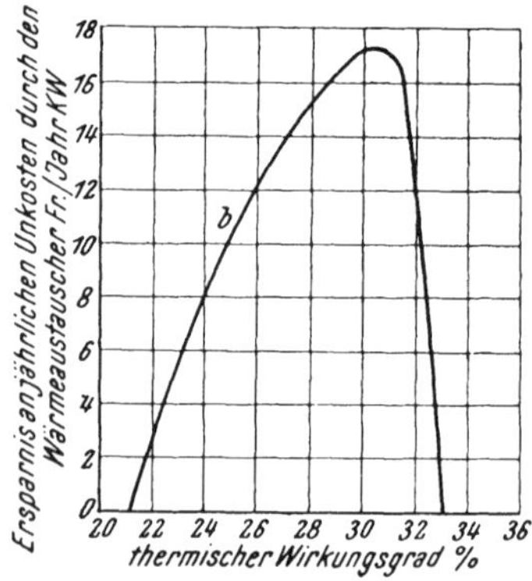

Ersparnis an jährlichen Unkosten durch den Wärmeaustauscher, der notwendig ist, um die auf der Abszisse angegebenen Wirkungsgrade zu erreichen. Kurve a bei 3000 Betriebsstunden pro Jahr, b bei 6000 Betriebsstunden pro Jahr. Brennstoff = Heizöl. Brennstoffpreis = sfr. 29,—

Abb. 258. Ersparnisse durch den Wärmeaustauscher

a bei einer einstufigen Verbrennungsturbinenanlage (links)
b bei einer zweistufigen Verbrennungsturbinenanlage (rechts)

Quadratmeter an, so erhält man die in Abb. 258a (Kurve *2*) aufgetragenen Wärmeaustauscherpreise pro Kilowattleistung. Bei einem thermischen Wirkungsgrad von ungefähr 27 % beträgt der Wärmeaustauscherpreis nach dieser Kurve ungefähr sfr. 40,— pro Kilowatt. Dieser Wärmeaustauscherpreis ist nur dann wirtschaftlich tragbar, wenn die Wärmeaustauscherunkosten geringer sind als die mit ihm erreichte Brennstoffersparnis. Als Brennstoff kann billiges Heizöl verwendet werden. Versuche haben gezeigt, daß ein Aschengehalt bis etwa 0,1% ohne weiteres zulässig ist. Dieses Heizöl kostete vor dem Kriege in vielen Ländern nur sfr. 29,— pro Tonne.

Nimmt man nun für eine derartige Anlage 6000 Betriebsstunden im Jahr an, so erhält man unter der Annahme eines Brennölpreises von sfr. 29,— pro Tonne die in Abb. 258a (Kurve *3*) angegebenen Brennstoffkosten pro Jahr und Kilowatt, in Abhängigkeit vom thermischen Wirkungsgrad. Die Kurve *4* dieser Abbildung zeigt die jährliche Brennstoffersparnis pro Kilowatt gegenüber einer Anlage ohne Wärmeaustauscher und die Kurve *5* die jährlichen Unkosten des Wärmeaustauschers, bestehend aus Amortisation, Verzinsung und Unterhalt. Hierbei wurden diese Unkosten zu 20% des Gestehungspreises eingesetzt, was einer Amortisationszeit für den Wärmeaustauscher von etwa siebeneinhalb Jahren entspricht.

Die Differenz der Kurve *4* (Brennstoffersparnis) und Kurve *5* (Wärmeaustauscherunkosten) ergibt die totale jährliche Ersparnis *a* an Unkosten bei Verwendung eines Wärmeaustauschers gegenüber einer Anlage ohne diesem. In Abb. 258a unten ist diese Differenz in Abhängigkeit vom thermischen Wirkungsgrad aufgetragen. Man sieht hieraus, daß die größte Ersparnis an Unkosten bei 6000 Betriebsstunden pro Jahr (Kurve b) bei einem thermischen Wirkungsgrad von etwa 27% erhalten wird. Erst bei einem thermischen Wirkungsgrad von ungefähr 30,7% werden die jährlichen Unkosten des Wärmeaustauschers größer als die Brennstoffersparnis. Dies gilt nur für eine Amortisationszeit von etwa siebeneinhalb Jahren und einem Brennstoffpreis von sfr. 29,— pro Tonne. Nimmt man z. B. einen Heizölpreis von sfr. 70,— pro Tonne an, so erhält man bei 6000 Betriebsstunden im Jahr die optimale Ersparnis bei einem thermischen Wirkungsgrad von 29%. Erwähnenswert ist hierbei, daß bei einem Heizölpreis von sfr. 70,— pro Tonne der Optimalwert durch Veränderung der Betriebsstundenzahl nur wenig verschoben wird.

Für eine bestimmte Anlage wird man selbstverständlich eine solche Wirtschaftlichkeitsrechnung mit der gewünschten Amortisationszeit sowie der in diesem Falle zu erwartenden Betriebsstundenzahl und den wirklichen Brennstoffkosten machen.

Es ist ein großer Vorteil der Verbrennungsturbine gegenüber den anderen Kraftmaschinen, daß der Gestehungspreis in so hohem Maße vom thermischen Wirkungsgrad abhängt. Man kann also für jede Anlage je nach der Zahl der jährlichen Betriebsstunden einerseits und den Brennstoffkosten andererseits die Gasturbinenanlage so wählen, daß die Gesamtausgaben für den Kapitaldienst und die Betriebskosten ein Minimum werden. Weder ein Verbrennungsmotor noch eine Dampfzentrale kann wesentlich billiger gebaut werden, wenn man einen schlechteren Wirkungsgrad zulassen darf.

In Tab. 20 sind Preis und Gewicht einer Verbrennungsturbinenanlage in Abhängigkeit vom thermischen Wirkungsgrad eingetragen und die entsprechenden Werte einer Dampfzentrale zum Vergleich angegeben. Man sieht hieraus, daß die Verbrennungsturbine immer billiger ist als die gleichwertige Dampfanlage und daß ihr Gewicht bis zu einem thermischen Wirkungsgrad von 26% kleiner ist als das des Vergleichsobjektes.

Die einstufige Verbrennungsturbine kann somit heute wirtschaftlich für thermische Wirkungsgrade bis 28% gebaut werden, die zweistufige, wie im folgenden gezeigt wird, bis zu solchen von 31%.

Bei einer zweistufigen Anlage nach Abb. 8 ist die Abhängigkeit der Wärmeaustauscherfläche und des Wärmeaustauscherpreises vom Wirkungsgrad in Abb. 258b, Kurve *1*, *2*, gezeigt. Um einen thermischen Wirkungsgrad von 30% zu erreichen, genügt bereits eine Wärmeaustauscheroberfläche von 0,4 m^2 pro Kilowatt, die nur etwa sfr. 20,— pro Kilowatt kostet.

Die Kurve *3* zeigt die Brennstoffkosten bei einer jährlichen Betriebsstundenzahl von 6000 in Abhängigkeit vom thermischen Wirkungsgrad. Kurve *4* dieser Abbildung stellt die jährliche Brennstoffersparnis in Abhängigkeit vom thermischen Wirkungsgrad

Tabelle 20

Preis- und Gewichtsvergleich zwischen Verbrennungsturbinen- und Dampfturbinenzentralen für Leistungen von 1000 bis 6000 kW

Thermischer Wirkungsgrad %	Gewicht in % des Gewichtes der Gasturbinenanlage ohne Wärmeaustauscher		Preis in % des Preises der Gasturbinenanlage ohne Wärmeaustauscher	
	Gasturbinenanlage	Dampfturbinenanlage	Gasturbinenanlage	Dampfturbinenanlage
19	100	—	100	—
20	109	—	104	—
22	121	159	113	136
24	138	160	122	138
26	162	162	132	143
28	195	172	146	155
30	—	—	172	182

und Kurve *5* die Kosten für Verzinsung, Amortisation und Unterhalt des Wärmeaustauschers bei einer Amortisationszeit von etwa siebeneinhalb Jahren dar. Die totale Ersparnis an jährlichen Unkosten durch den Wärmeaustauscher zeigt die Kurve *b*. Die größte Ersparnis wird bei einem thermischen Wirkungsgrad von ungefähr 30% erreicht.

3. Die rechnerische Auslegung eines Gegenstrom-Wärmeaustauschers

Es wird hier ein Verfahren nach E. SCHMIDT gezeigt, das für Gegenstrom-Wärmeaustauscher-Berechnungen sehr praktisch ist [*178*].

a) Die Daten eines Wärmeaustauschers und verschiedene Vereinfachungen. Es wird ein Gegenstrom-Wärmeaustauscher angenommen, wobei der Einfluß der Anlaufstrecke am Einlauf in die Rohre vernachlässigt wird. Der Wärmeaustauscher besteht aus n parallelen Rohren von der Länge l. Die Temperaturverhältnisse sind in Abb. 259 wiedergegeben. Aus dem Diagramm ist ersichtlich, daß ein Medium (Luft) um $T_5 - T_2' = \varepsilon_2 (T_4' - T_2')$ aufgeheizt wird, während das zweite Medium (Gas) um $T_4' - T_6 = \varepsilon_1 (T_4' - T_2')$ abgekühlt wird. Δt ist die mittlere Temperaturdifferenz.

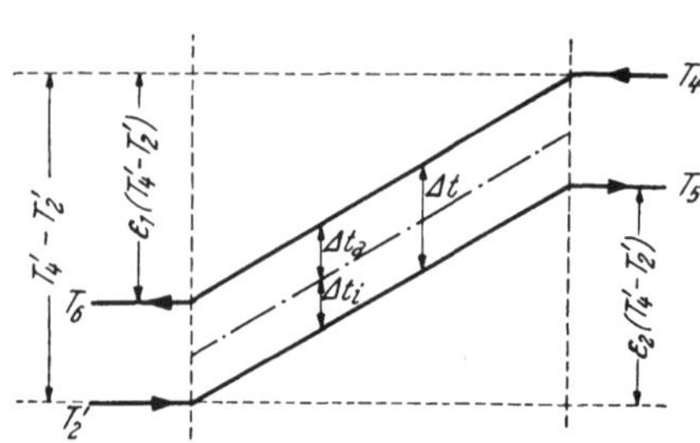

Abb. 259. Temperaturverhältnisse im Wärmeaustauscher

Nimmt man nun an, daß $G \cdot c_p$ auf beiden Seiten gleich ist, was genau stimmt, wenn Δt sehr klein ist und die Medien und Durchflußmengen auf beiden Seiten gleich sind, dann wird $\varepsilon_1 = \varepsilon_2$ und $T_5 - T_2' = T_4' - T_6 = \Delta\vartheta$. Diese Annahme stimmt nahezu bei Wärmeaustauschern für Gasturbinen mit Luft auf der einen und Abgas mit hohem Luftüberschuß auf der anderen Seite. Die strichlierte Linie gibt den Temperaturverlauf der Rohre selbst. Damit setzt sich Δt aus Δt_i und Δt_a zusammen, der Gleichung folgend

$$\Delta t = \Delta t_i + \Delta t_a, \tag{328}$$

wobei i sich auf das Rohrinnere und a auf den Raum zwischen den Rohren bezieht. Wesentlich ist der Faktor $\Delta\vartheta/\Delta t$ bzw. die Teilfaktoren $\Delta\vartheta/\Delta t_i$ und $\Delta\vartheta/\Delta t_a$.

Um den Zusammenhang zwischen $\Delta\vartheta/\Delta t$ und η_R zu finden, kann folgender Ansatz gemacht werden

$$\eta_R = (T_5 - T_2')/(T_4' - T_2') = \frac{\Delta\vartheta}{\Delta\vartheta + \Delta t}$$

oder

$$\frac{\Delta\vartheta}{\Delta t}=\frac{\eta_R}{1-\eta_R}\,. \tag{329}$$

Die Rohre sind durch ihren inneren und äußeren Durchmesser d_i und d_a festgehalten. Für den Raum zwischen den Rohren wird der hydraulische Durchmesser d_h eingeführt. Er lautet bei einer Anordnung der Rohrmitten in einem Netzwerk aus gleichseitigen Dreiecken mit den Abständen $m\cdot d_a$

$$d_h=d_a\left(\frac{2\sqrt{3}}{\pi}\,\mathrm{m}^2-1\right) \tag{330a}$$

und bei einem quadratischen Netzwerk mit der Seitenlänge $m\cdot d_a$

$$d_h=d_a\left(\frac{4}{\pi}\,\mathrm{m}^2-1\right). \tag{330b}$$

b) Wärmeübergang und Druckverlust. Aus den Beziehungen zwischen Wärmeübergang und Druckverlust leitet E. SCHMIDT folgende wichtige Formeln ab (auf die genaue Ableitung wird hier verzichtet, und es sei daher auf das Schrifttum verwiesen [*178*]).

$$f=G\sqrt{\frac{1}{\xi\cdot g\cdot\gamma\cdot\Delta p}\cdot\frac{\Delta\vartheta}{\Delta t}} \tag{331}$$

$$w=\sqrt{\xi\cdot g\cdot\frac{\Delta p}{\gamma}\cdot\frac{\Delta t}{\Delta\vartheta}}\,. \tag{332}$$

f ist der freie Gasquerschnitt und ξ stellt das Verhältnis des wirklichen zum theoretisch möglichen Wärmeübergang dar. Für Rohrbündel liegt ξ zwischen 0,90 und 0,95.

Die Gl. (331) und (332) sind für die Auslegung eines Wärmeaustauschers sehr angenehm, da sie bei bekanntem Durchsatz G, Wichte γ, Druckverlust Δp, $\Delta\vartheta/\Delta t$ und ξ sofort f, den freien Gasquerschnitt, und w, die Gasgeschwindigkeit, ergeben.

Beide Gleichungen sind sowohl für die Strömung im Rohr als auch für die Strömung im Raum zwischen den Rohren anwendbar. Die Größen $f, w, \xi, \gamma, \Delta p$ und Δt müssen dann durch die Indizes i und a gekennzeichnet werden.

c) Die Berechnung des Wärmeüberganges. Es ist bekannt, daß mit kleiner werdendem Rohrdurchmesser der Wärmeaustauscher an Gewicht und Volumen abnimmt. Man wird daher immer eine große Zahl von Rohren kleinen Durchmessers wählen. Der Rohrdurchmesser selbst ist vom Standpunkt der Herstellkosten und Herstellschwierigkeiten und mit Rücksicht auf die Betriebssicherheit festzulegen. Der Durchmesser ist also nach praktischen Gesichtspunkten zu wählen und die notwendige Rohrlänge l für diesen gegebenen Durchmesser zu rechnen.

Die Wärmeübergangszahl α kann durch die dimensionslose Nusseltsche Zahl

$$Nu=\frac{\alpha\cdot d}{\lambda} \tag{333}$$

ausgedrückt werden.

Der Widerstand bei turbulenter Strömung im Rohr ist durch die Formel von BLASIUS gegeben

$$\zeta=\frac{\Delta p\cdot 2g}{w^2\cdot\gamma}\cdot\frac{d}{l}=\frac{0{,}3164}{\sqrt[4]{Re}}\,. \tag{334}$$

Sie gilt bis $Re=100\,000$.

Basierend auf dieser Formel wurde von PRANDTL folgende, später von HOFMANN ergänzte Gleichung entwickelt

$$Nu=\frac{0{,}0396\,(Re)^{3/4}\cdot(Pr)}{1+1{,}5\,(Re)^{-\frac{1}{8}}\cdot(Pr)^{-\frac{1}{6}}\cdot(Pr-1)} \tag{335}$$

$$\text{mit } Re=\frac{w\cdot d}{\nu}=\frac{w\cdot d\cdot\gamma}{g\cdot\mu}\text{ und } Pr=\frac{\nu}{a}=\frac{\nu\cdot\gamma\cdot c_p}{\lambda}$$

$a=\lambda/c_p\cdot\gamma=$ Temperaturleitzahl.

Für das Rohrinnere wird d_i genommen und für den Raum zwischen den Rohren d_h. Für *Re*-Zahlen von 3000 bis 60000, ein Bereich, in dem Wärmeaustauscher liegen, und für Luft mit $Pr = 0{,}71$ liegt der Nenner von Gl. (335) zwischen 0,83 und 0,89. Der Mittelwert ist also 0,86. Man kann daher die Gl. (335) auch vereinfacht schreiben

$$Nu = C \cdot (Re)^{3/4} \cdot (Pr) \tag{335a}$$

wobei $C = 0{,}046$ für den oben angegebenen *Re*-Bereich genommen werden kann. Tab. 21 gibt C als Funktion von Pr und Re nach Gl. (335) wieder.

Unter Verwendung der Ausdrücke Re und Pr kann man statt Gl. (335a) auch schreiben

$$\frac{\alpha}{w \cdot \gamma \cdot c_p} = \frac{C}{\sqrt[4]{Re}} \tag{336}$$

wobei $\frac{\alpha}{w \cdot \gamma \cdot c_p}$ eine andere dimensionslose Wärmeübergangszahl ist, die Stantonsche Kenngröße.

Setzt man die von der Oberfläche von n Rohren $F = n \cdot \pi \cdot d \cdot l$ ausgestrahlte Wärmemenge $Q = \alpha \cdot F \cdot \Delta t$ und die vom Gas beim Durchgang durch den freien Gasquerschnitt $f = n \cdot d^2 \cdot \pi/4$ aufgenommene Wärme $Q = G \cdot c_p \cdot \Delta\vartheta = w \cdot \gamma \cdot c_p \cdot f \cdot \Delta\vartheta$ gleich, dann ergibt sich

$$\frac{\Delta\vartheta}{\Delta t} = \frac{\alpha}{w \cdot \gamma \cdot c_p} \cdot \frac{F}{f} = \frac{\alpha}{w \cdot \gamma \cdot c_p} \cdot \frac{4l}{d} \tag{337}$$

d. h. also, die dimensionslose Wärmeübergangszahl $\frac{\alpha}{w \cdot \gamma \cdot c_p}$ differiert nur durch den Multiplikationsfaktor $\frac{F}{f} = \frac{4l}{d}$ vom Verhältnis $\frac{\Delta\vartheta}{\Delta t}$, oder ist gleich diesem für ein Rohr mit der Länge $l = d/4$.

Aus Gl. (336) und (337) erhält man

$$\frac{l}{d} = \frac{1}{4C} \cdot \sqrt[4]{Re} \cdot \frac{\Delta\vartheta}{\Delta t}\,. \tag{338}$$

Ersetzt man w in Re durch Gl. (332) und benützt $C = 0{,}046$, dann ergibt sich

$$\frac{l}{d} = 5{,}44 \left(\frac{\Delta\vartheta}{\Delta t}\right)^{\frac{7}{8}} \left(\frac{\xi \cdot \gamma \cdot d^2}{g \cdot \mu^2} \cdot \Delta p\right)^{\frac{1}{8}}. \tag{338a}$$

Diese Gleichung ist sowohl für das Rohrinnere

$$\frac{l}{d_i} = 5{,}44 \left(\frac{\Delta\vartheta}{\Delta t_i}\right)^{\frac{7}{8}} \left(\frac{\xi_i \cdot \gamma_i \cdot d_i^2}{g \cdot \mu_i^2} \cdot \Delta p_i\right)^{\frac{1}{8}} \tag{338b}$$

als auch für den Raum zwischen den Rohren anwendbar

$$\frac{l}{d_h} = 5{,}44 \left(\frac{\Delta\vartheta}{\Delta t_a}\right)^{\frac{7}{8}} \left(\frac{\xi_a \cdot \gamma_a \cdot d_a^2}{g \cdot \mu_a^2} \cdot \Delta p_a\right)^{\frac{1}{8}}. \tag{338c}$$

Gl. (338b) und (338c) hängen insofern zusammen, als sie gleiche Länge l ergeben müssen. Durch Gleichsetzen der beiden Ausdrücke für l erhält man daher

$$\left(\frac{\Delta t_a}{\Delta t_i}\right)^7 = \frac{\xi_a}{\xi_i} \cdot \frac{\gamma_a}{\gamma_i} \cdot \left(\frac{\mu_i}{\mu_a}\right)^2 \cdot \frac{\Delta p_a}{\Delta p_i} \cdot \left(\frac{d_h}{d_i}\right)^{10}. \tag{339}$$

Der innere Durchmesser ist durch praktische Erwägungen gegeben. Die Rohrzahl wird aus dem freien Gasquerschnitt f Gl. (331) gewonnen

$$n = \frac{4 \cdot f_i}{\pi \cdot d_i^2}\,.$$

Der äußere Durchmesser d_a wird durch die Festigkeit und Konstruktion bestimmt und kann als festliegend angesehen werden. Der hydraulische Durchmesser des Raumes zwischen den Rohren ergibt sich zu

$$d_h = \frac{4 \times \text{Querschnittsfläche}}{\text{benetzter Umfang}} = \frac{4 \cdot f_a}{n \cdot \pi \cdot d_a}$$

daraus wird mit Gl. (331)

$$\frac{d_h}{d_i} = \frac{f_a}{f_i} \cdot \frac{d_i}{d_a} = \frac{d_i}{d_a} \sqrt{\frac{\xi_i}{\xi_a} \cdot \frac{\gamma_i}{\gamma_a} \cdot \frac{\Delta p_i}{\Delta p_a} \cdot \frac{\Delta t_i}{\Delta t_a}}$$

somit wird Gl. (339)

$$\frac{\Delta t_a}{\Delta t_i} = \left(\frac{\xi_i}{\xi_a}\right)^{\frac{1}{3}} \left(\frac{\mu_i}{\mu_a}\right)^{\frac{1}{6}} \left(\frac{\gamma_i}{\gamma_a}\right)^{\frac{2}{3}} \left(\frac{d_i}{d_a}\right)^{\frac{5}{6}} \cdot \left(\frac{\gamma_a \Delta p_i}{\gamma_i \Delta p_a}\right)^{\frac{1}{3}} \tag{340}$$

oder

$$\frac{\Delta t_a}{\Delta t_i} = \frac{\Delta t}{\Delta t_i} - 1 = B \cdot z^{\frac{1}{3}}, \tag{340a}$$

wenn man für die Größe

$$B = \left(\frac{\xi_i}{\xi_a}\right)^{\frac{1}{3}} \left(\frac{\mu_i}{\mu_a}\right)^{\frac{1}{6}} \left(\frac{\gamma_i}{\gamma_a}\right)^{\frac{2}{3}} \left(\frac{d_i}{d_a}\right)^{\frac{5}{6}} \tag{341}$$

und das Verhältnis

$$z = \frac{\Delta p_i}{\gamma_i} \Big/ \frac{\Delta p_a}{\gamma_a} \tag{342}$$

setzt.

Gl. (340) zeigt das Verhältnis der Temperaturdifferenz an beiden Seiten zum Verhältnis der Druck- bzw. Energieverluste. In Gl. (331) und (332) für beide Seiten angewendet, kann nur eines dieser Verhältnisse frei gewählt werden.

d) Der Wärmeaustauscher mit kleinstem Gewicht bzw. kleinstem Bauvolumen. Das Gewicht der Rohre erhält man aus der Gleichung für das Werkstoffvolumen

$$V_M = l \cdot f_i \left[\left(\frac{d_a}{d_i}\right)^2 - 1\right] \tag{343}$$

das Bauvolumen aus der Gleichung

$$V = l \left[f_i \left(\frac{d_a}{d_i}\right)^2 + f_a\right]. \tag{344}$$

Führt man f_i und f_a von Gl. (331) und l von Gl. (338b) ein, dann erhält man

$$\frac{V_M}{G} = \frac{5{,}44\, d_i \left[\left(\frac{d_a}{d_i}\right)^2 - 1\right] \left(\frac{\Delta\vartheta}{\Delta t}\right)^{\frac{11}{8}}}{g^{\frac{5}{8}} \cdot \xi_i^{\frac{3}{8}} \cdot \mu_i^{\frac{1}{4}} \, \gamma_i^{\frac{3}{4}}} \cdot \frac{\left(\frac{\Delta t}{\Delta t_i}\right)^{\frac{11}{8}}}{\left(\frac{\Delta p_i}{\gamma_i}\right)^{\frac{3}{8}}} \tag{345}$$

und

$$\frac{V}{G} = \frac{5{,}44\, d_i^{\frac{5}{4}} \left(\frac{d_a}{d_i}\right)^2 \left(\frac{\Delta\vartheta}{\Delta t}\right)^{\frac{11}{8}}}{g^{\frac{5}{8}} \, \xi_i^{\frac{3}{8}} \, \mu_i^{\frac{1}{4}} \, \gamma_i^{\frac{3}{4}}} \left[1 + \left(\frac{d_i}{d_a}\right)^2 \sqrt{\frac{\xi_i \gamma_i \Delta p_i \Delta t_i}{\xi_a \gamma_a \Delta p_a \Delta t_a}}\right] \cdot \frac{\left(\frac{\Delta t}{\Delta t_i}\right)^{\frac{11}{8}}}{\left(\frac{\Delta p_i}{\gamma_i}\right)^{\frac{3}{8}}}. \tag{346}$$

In diesen Gleichungen können die Gaseigenschaften sowie $\Delta\vartheta/\Delta t$ als bekannt vorausgesetzt werden. Es bleiben also nur Δt_i, Δt_a, Δp_i und Δp_a variabel.

Δp_i und Δp_a können jedoch aus dem Kreisprozeß heraus als bekannt angenommen werden, und man kann daher aus Gl. (340) $\Delta t_i/\Delta t_a$ ermitteln. Dadurch, daß Δt bekannt ist, sind auch Δt_i und Δt_a der Größe nach bekannt.

Die Druckverluste führen zu einem Energieverlust für die Strömung im Rohr, der durch den Verdichter aufgebracht werden muß und der für 1 kg den Austauscher durchströmendes Gas lautet

$$E = \frac{\Delta p_i}{\gamma_i} + \frac{\Delta p_a}{\gamma_a}, \tag{347}$$

wobei E als bekannt vorausgesetzt werden kann.

Das Verhältnis $\frac{\Delta p_i}{\gamma_i} \Big/ \frac{\Delta p_a}{\gamma_a} = z$ muß nun so ausgelegt werden, daß entweder das Werkstoffvolumen Gl. (345) oder das Bauvolumen Gl. (346) ein Minimum wird. Kombiniert man die letzten beiden Gleichungen mit Gl. (340a), (345) und (346) und benützt die Ausdrücke für B und z, dann erhält man für das Werkstoffvolumen

$$\frac{V_M}{G} = \frac{5{,}44\, d_i^{\frac{5}{4}} \left(\frac{\Delta\vartheta}{\Delta t}\right)^{\frac{11}{8}}}{g^{\frac{5}{8}}\, \xi_i^{\frac{3}{8}}\, \mu_i^{\frac{1}{4}}\, \gamma^{\frac{3}{4}}\, E^{\frac{3}{8}}} \left[\left(\frac{d_a}{d_i}\right)^2 - 1\right] \left(1 + B z^{\frac{1}{3}}\right)^{\frac{11}{8}} \left(1 + \frac{1}{z}\right)^{\frac{3}{8}} \tag{348}$$

und für das Bauvolumen

$$\frac{V}{G} = \frac{5{,}44\, d_i^{\frac{5}{4}} \left(\frac{\Delta\vartheta}{\Delta t}\right)^{\frac{11}{8}}}{g^{\frac{5}{8}}\, \xi_i^{\frac{3}{8}}\, \mu_i^{\frac{1}{4}}\, \gamma^{\frac{3}{4}}\, E^{\frac{3}{8}}} \left(\frac{d_a}{d_i}\right)^2 \left(1 + B \cdot z^{\frac{1}{3}}\right)^{\frac{11}{8}} \left(1 + \frac{1}{z}\right)^{\frac{3}{8}} \left[1 + \left(\frac{d_i}{d_a}\right)^{\frac{3}{4}} \left(\frac{\mu_a}{\mu_i}\right)^{\frac{1}{4}} B z^{\frac{1}{3}}\right]. \tag{349}$$

Diese Gleichungen haben die Form

$$\frac{V_M}{G} = A \left[\left(\frac{d_a}{d_i}\right)^2 - 1\right] \cdot f(B, z) \tag{348a}$$

und

$$\frac{V}{G} = A \left(\frac{d_a}{d_i}\right)^2 \cdot f(B, z) \left(1 + c B z^{\frac{1}{3}}\right) = A \left(\frac{d_a}{d_i}\right)^2 \cdot \Phi(B, c, z), \tag{349a}$$

wenn man für

$$A = \frac{5{,}44 \cdot d_i^{\frac{5}{4}} \left(\frac{\Delta\vartheta}{\Delta t}\right)^{\frac{11}{8}}}{g^{\frac{5}{8}}\, \xi_i^{\frac{3}{8}}\, \mu_i^{\frac{1}{4}}\, \gamma_i^{\frac{3}{4}}\, E^{\frac{3}{8}}} \tag{350}$$

$$c = \left(\frac{d_i}{d_a}\right)^{\frac{3}{4}} \left(\frac{\mu_a}{\mu_i}\right)^{\frac{1}{4}} \tag{350a}$$

$$f(B, z) = \left(1 + B z^{\frac{1}{3}}\right)^{\frac{11}{8}} \left(1 + \frac{1}{z}\right)^{\frac{3}{8}} \tag{350b}$$

$$\Phi(B, c, z) = \left(1 + B z^{\frac{1}{3}}\right)^{\frac{11}{8}} \left(1 + \frac{1}{z}\right)^{\frac{3}{8}} \left(1 + c B z^{\frac{1}{3}}\right) \tag{350c}$$

setzt.

Der Ausdruck A zeigt, daß das Werkstoffvolumen und das Bauvolumen mit der 5/4-Potenz des Rohrdurchmessers und mit der 11/8-Potenz von $\Delta\vartheta/\Delta t$ ansteigen, aber umgekehrt proportional zur 3/8-Potenz des Energieverlustes. Der Einfluß der Verteilung der Verluste wird durch die Funktionen

$$f(B, z) \text{ und } \Phi(B, c, z)$$

mit den Parametern B und c ausgedrückt.

Gl. (341) zeigt, daß B nur dann stark von 1 abweicht, wenn die spezifischen Gewichte und damit die Drücke stark verschieden sind. Der Parameter c wird immer nahe 1 sein, wenn die Viskositäten der Gase nicht allzu stark differieren.

Die Gl. (348) und (349) sind für die Auslegung von Gegenstrom-Wärmeaustauschern von fundamentaler Bedeutung. Die Funktion $f(B, z)$ wird in Abb. 260 durch volle Linien dargestellt. Alle Kurven haben ein Minimum für einen bestimmten Wert von z, welcher mit steigendem B abnimmt. Das heißt also, daß mit steigendem Verhältnis der Drücke auf Gas- und Luftseite der größere Anteil des Energieverlustes auf die Niederdruckseite zu legen ist, um das kleinste Wärmeaustauschergewicht zu erhalten.

Tabelle 21. *Werte von C in Abhängigkeit von Re und Pr*

$Pr =$	0,7	0,8	0,9	1,0	1,1	1,2	0,714
$Re =$							
2 000	0,0486	0,04505	0,0421	0,0396	0,03745	0,0356	0,04805
3 000	0,04805	0,0447	0,04195	0,0396	0,03755	0,03575	0,04755
4 000	0,0477	0,0445	0,04185	0,0396	0,0376	0,0359	0,0472
5 000	0,0474	0,04435	0,0418	0,0396	0,03765	0,0360	0,04695
6 000	0,0472	0,04425	0,04175	0,0396	0,0377	0,03605	0,04675
8 000	0,0469	0,04405	0,04165	0,0396	0,0378	0,03617	0,0465
10 000	0,04665	0,04393	0,0416	0,0396	0,03783	0,03625	0,04625
20 000	0,04595	0,04355	0,04143	0,0396	0,03795	0,0365	0,0456
30 000	0,0456	0,04333	0,04133	0,0396	0,03805	0,03665	0,04525
40 000	0,04535	0,0432	0,04127	0,0396	0,0381	0,03675	0,04503
50 000	0,0452	0,04306	0,04122	0,0396	0,03813	0,03683	0,04485
60 000	0,04505	0,04297	0,04118	0,0396	0,03817	0,0369	0,04475
80 000	0,0448	0,04285	0,04112	0,0396	0,0382	0,03695	0,0445
100 000	0,04465	0,04275	0,04108	0,0396	0,03825	0,03705	0,04435

Tabelle 22. *Werte der Funktion $z\,B^{\frac{3}{2}}$ und von B für verschiedene Werte von z*

z	B	$zB^{\frac{3}{2}}$	z	B	$zB^{\frac{3}{2}}$
0,0001	96,8	0,0951	0,18	4,005	1,442
0,0002	76,85	0,1348	0,20	3,664	1,404
0,0005	56,50	0,2125	0,25	3,008	1,300
0,001	44,77	0,299	0,3	2,537	1,209
0,002	35,32	0,420	0,4	1,909	1,056
0,005	25,60	0,648	0,5	1,512	0,930
0,008	21,56	0,800	0,6	1,241	0,830
0,01	19,80	0,881	0,7	1,045	0,749
0,015	16,86	1,038	0,8	0,8977	0,680
0,02	14,94	1,156	0,9	0,7833	0,624
0,025	13,53	1,240	1,0	0,6923	0,576
0,03	12,43	1,317	1,1	0,6184	0,535
0,04	10,79	1,416	1,2	0,5574	0,499
0,05	9,581	1,480	1,3	0,5059	0,468
0,06	8,642	1,524	1,4	0,4623	0,439
0,07	7,884	1,548	1,5	0,4250	0,4160
0,08	7,253	1,560	2,0	0,2976	0,3244
0,09	6,717	1,566	3,0	0,1784	0,2262
0,10	6,255	1,563	4,0	0,1235	0,1736
0,12	5,496	1,547	5,0	0,0923	0,1400
0,14	4,896	1,519	8,0	0,0500	0,0894
0,16	4,409	1,480	10,0	0,0373	0,0700

Tabelle 23. *Werte von B und z der Gl. (352) für c = 1*

B	z	B	z	B	z
0	0,0	2	0,0645	7,5	0,001713
0,5	0,598	3	0,0237	10	0,000725
1	0,239	4	0,01071	15	0,000216
1,5	0,120	5	0,00565	20	0,0000911

Die Lage des Minimums wird durch die Differentiation von $f(B, z)$ — oder einfacher $\ln f(B, z)$ — und Nullsetzen erhalten. Damit wird die Gleichung

$$z^{\frac{4}{3}} + \frac{2}{11} z^{\frac{1}{3}} = \frac{9}{11} B \tag{351}$$

erhalten, die das Verhältnis der Energieverluste in Abhängigkeit von B ergibt. In Tab. 22 und Abb. 261 ist diese Funktion für $0{,}5 < B < 20$ gezeigt.

Die Berechnungsmethode für einen Wärmeaustauscher von kleinstem Gewicht für ein gegebenes $\Delta\vartheta$ für Rauchgas und Luft, ein gegebenes Δt und ein gegebenes E ist wie

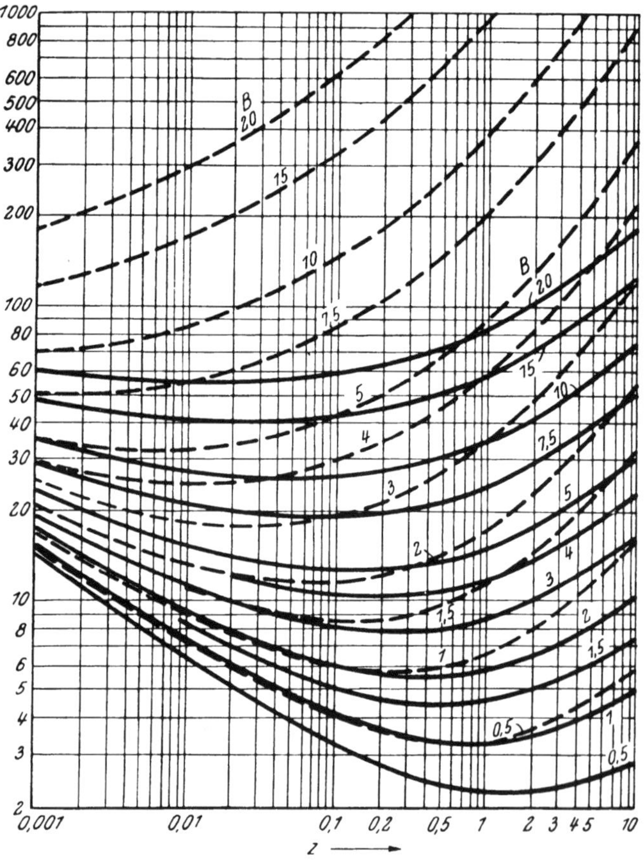

Abb. 260. Werte der Funktionen $f(B, z)$ und $\Phi(B, c, z)$, durch ausgezogene und strichlierte Kurven dargestellt

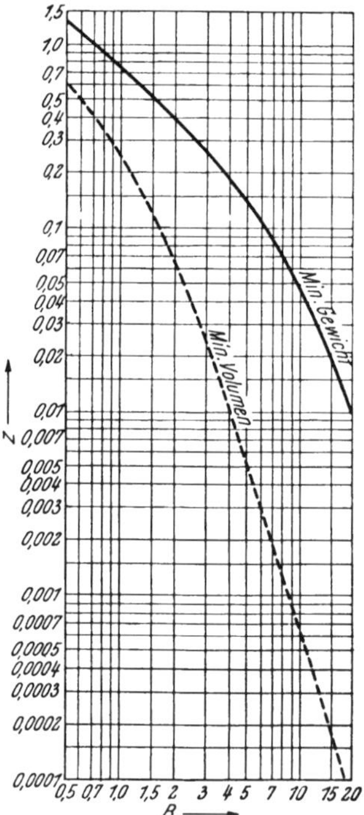

Abb. 261. Verhältnis der Energieverluste auf beiden Seiten der Wärme übertragenden Fläche im Verhältnis zur dimensionslosen Zahl B für Gegenstromwärmeaustauscher mit kleinstem Gewicht und kleinstem Volumen

folgt: B wird aus Gl. (341) gerechnet, wobei die Werte der beiden Gase als arithmetische oder logarithmische Mittelwerte der Ein- und Austrittsverhältnisse eingesetzt werden. Die Durchmesser d_i und d_a werden entsprechend den vorliegenden Verhältnissen so klein wie möglich gewählt. ξ_i und ξ_a werden zwischen 0,9 und 0,95 angenommen. Genauere Versuchswerte liegen nicht vor. Mit diesem Wert B erhält man aus Tab. 22 oder Abb. 260 z. Gl. (347) ergibt nun Δp_i und Δp_a und Gl. (328) zusammen mit Gl. (340) erlaubt die Berechnung von Δt_i und Δt_a. Damit sind genügend Werte bekannt, um mit Hilfe der Gl. (331), (332) und (338b) die Querschnittsfläche, Länge und Strömungsgeschwindigkeit zu berechnen.

Das Bauvolumen hängt nach Gl. (346) von gegebenen Werten und dem Verhältnis der Verluste z ab, ausgedrückt durch die Funktion

$$\Phi(B,c,z) = f(B,z)\left(1 + c\,B\,z^{\frac{1}{3}}\right).$$

In Abb. 260 wird diese Funktion für verschiedene Werte von B und $c = 1$ durch strichlierte Kurven dargestellt. Wieder ergeben diese Kurven Minima bei bestimmten Werten von z.

Die Lage dieser Minima wird aus der Differentiation und Nullsetzung der Funktion $\Phi\ (B,\ c,\ z)$ erhalten

$$B\,c\left(19\,z^{\frac{5}{3}} + 10\,z^{\frac{2}{3}}\right) + (11 + 8c)\,z^{\frac{4}{3}} + (2 - c)\,z^{\frac{1}{3}} = \frac{9}{B}, \tag{352}$$

die als eine quadratische Gleichung von B gelöst werden kann, wenn man mit gegebenen Werten von z beginnt. Tab. 23 und Abb. 261 zeigen das Resultat. In Abb. 261 ist die Kurve für $c = 1$ strichliert eingetragen. Damit kann, wie schon für kleinstes Gewicht erklärt, der Wärmeaustauscher mit kleinstem Bauvolumen berechnet werden.

In der Praxis wird man den Wärmeaustauscher so auslegen, daß er irgendwo zwischen diesen beiden Extremwerten liegt. Welchem Extrem man sich nähert, wird nach den Gegebenheiten abzuschätzen sein.

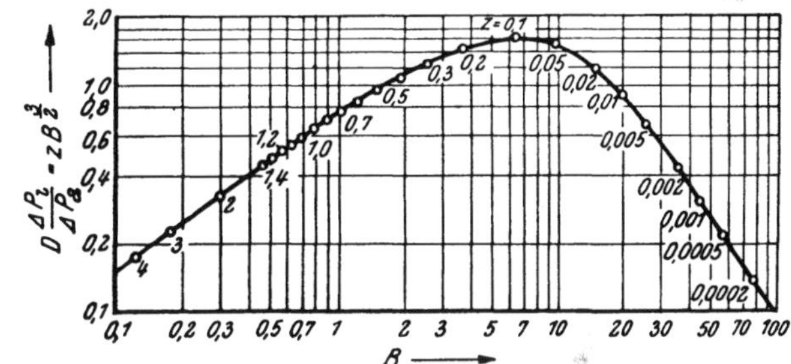

Abb. 262. Verhältnis der Druckverluste auf beiden Seiten der wärmeübertragenden Fläche zur dimensionslosen Zahl B

Man kann das Problem auch so lösen, daß man statt der Energieverluste die Druckverluste einsetzt. Das Verhältnis der Druck- und Energieverluste ist nach Gl. (342)

$$\frac{\Delta p_i}{\Delta p_a} = z\,\frac{\gamma_i}{\gamma_a}.$$

Ersetzt man γ_i/γ_a durch den dimensionslosen Faktor B nach Gl. (341), dann erhält man

$$D\,\frac{\Delta p_i}{\Delta p_a} = z \cdot B^{\frac{3}{2}} \tag{353}$$

wobei der Faktor $D = \left(\frac{\xi_i}{\xi_a}\right)^{\frac{1}{2}} \left(\frac{\mu_i}{\mu_a}\right)^{\frac{1}{4}} \left(\frac{d_i}{d_a}\right)^{\frac{5}{4}}$ ein bekannter Wert und kleiner als 1 ist.

Für den Austauscher mit minimalem Gewicht hängt z von B ab [Gl. (351) und Abb. 261]. Mit ihrer Hilfe kann man $\frac{\Delta p_i}{\Delta p_a}$ für diesen Wärmeaustauscher berechnen. Tab. 22 und Abb. 262 zeigen $z\,B^{\frac{3}{2}}$ als Funktion von B und z. In Abb. 262 stellen die Zahlen an den Punkten der Kurve das Verhältnis der Energieverluste z dar. Für $0{,}5 < B < 20$ bleibt das Verhältnis der Druckverluste zwischen 0,5 und 1,6, zuerst ansteigend, dann wieder auf etwa auf 0,9 fallend, während das Verhältnis der Energieverluste in diesem Bereich stetig von 1,3 auf 0,01 fällt.

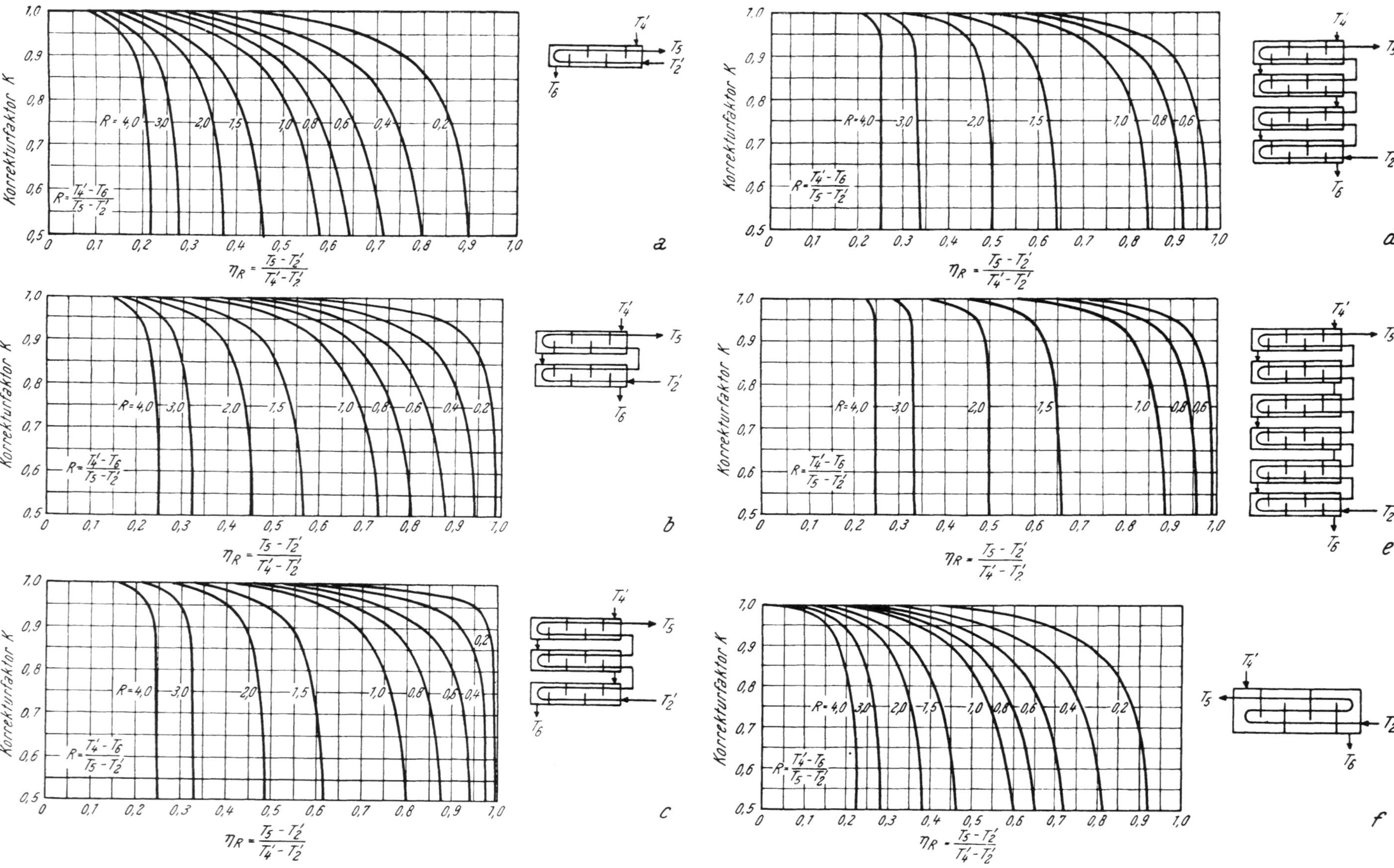

Abb. 263. Korrekturfaktor K für Mehrfachstrom-Wärmeaustauscher

a 1 Gehäusedurchgang, 2-, 4- oder vielfache Rohrdurchgänge; *b* 2 Gehäusedurchgänge, 4-, 8- oder vielfache Rohrdurchgänge; *c* 3 Gehäusedurchgänge, 6-, 12- oder vielfache Rohrdurchgänge; *d* 4 Gehäusedurchgänge, 8-, 16- oder vielfache Rohrdurchgänge; *e* 6 Gehäusedurchgänge, 12-, 24- oder vielfache Rohrdurchgänge; *f* 1 Gehäusedurchgang, 3-, 6- oder vielfache Rohrdurchgänge. Die Mehrzahl der Rohrdurchgänge im Gegenstrom

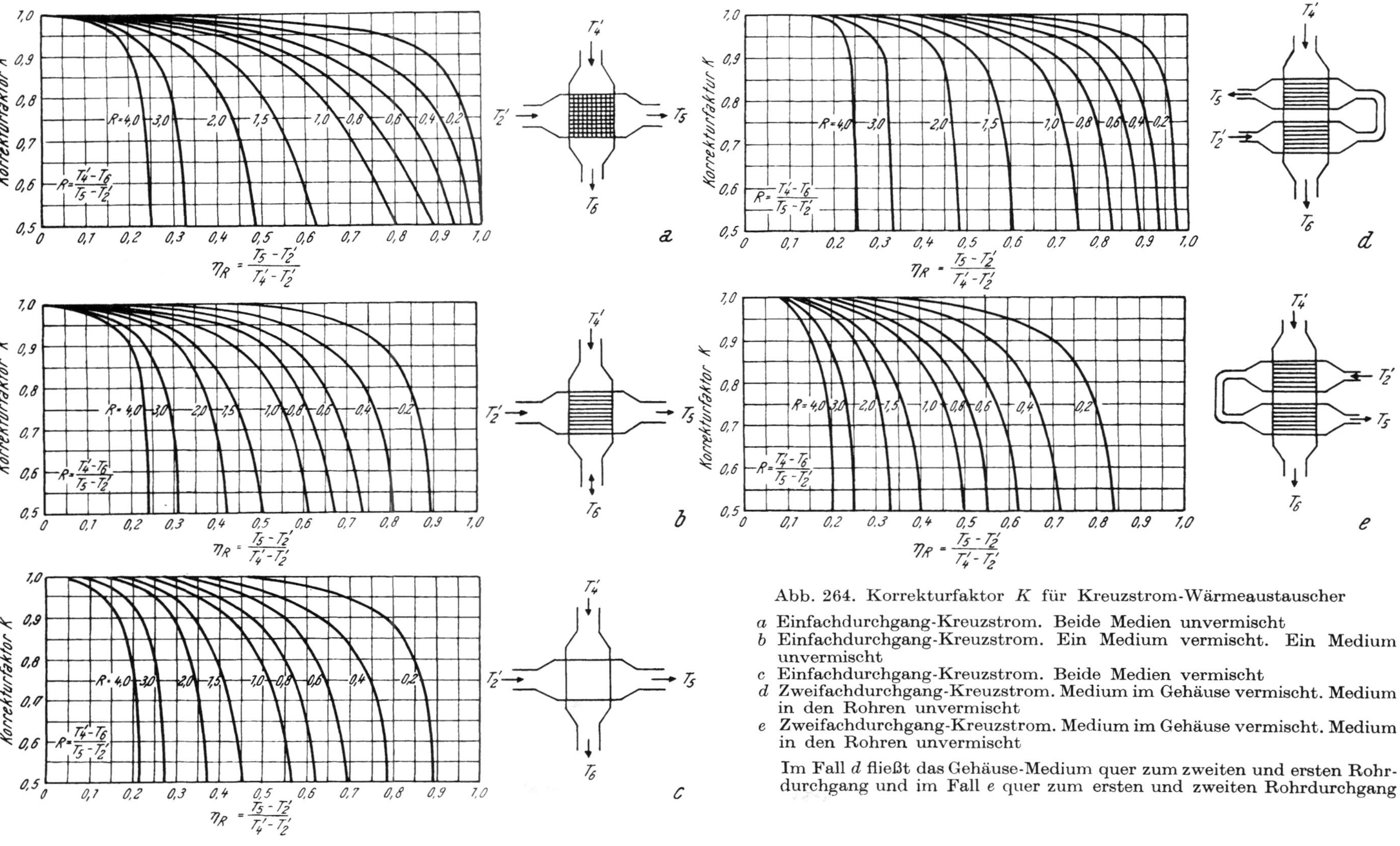

Abb. 264. Korrekturfaktor K für Kreuzstrom-Wärmeaustauscher

a Einfachdurchgang-Kreuzstrom. Beide Medien unvermischt
b Einfachdurchgang-Kreuzstrom. Ein Medium vermischt. Ein Medium unvermischt
c Einfachdurchgang-Kreuzstrom. Beide Medien vermischt
d Zweifachdurchgang-Kreuzstrom. Medium im Gehäuse vermischt. Medium in den Rohren unvermischt
e Zweifachdurchgang-Kreuzstrom. Medium im Gehäuse vermischt. Medium in den Rohren unvermischt

Im Fall *d* fließt das Gehäuse-Medium quer zum zweiten und ersten Rohrdurchgang und im Fall *e* quer zum ersten und zweiten Rohrdurchgang

Bei allen diesen Berechnungen sind Eintrittsverluste in die Rohre vernachlässigt und ist ausgebildete Rohrströmung angenommen. Dies trifft zu, da die Rohrlänge normalerweise größer als $50d$ ist. Weiters sind Mittelwerte der Gase angenommen. In Wirklichkeit verändern sich diese Werte mit der Temperatur entlang des Rohres. Ist diese Änderung groß, dann ist es vorteilhaft, den Wärmeaustauscher in mehrere Teile aufzuteilen und jeden für sich zu berechnen.

4. Die mittlere Temperaturdifferenz bei den verschiedenen Wärmeaustauscher-Bauarten

Bezeichnet man mit F_a die entsprechende Bezugsoberfläche für den Wärmeaustausch, also bei Rohren die Außenoberfläche, und mit k die mittlere Wärmedurchgangszahl, bezogen auf F_a, und mit Δt_m die mittlere Temperaturdifferenz, dann läßt sich die Grundgleichung für die Wärmeübertragung wie folgt anschreiben

$$Q = k \cdot F_a \cdot \Delta t_m . \tag{354}$$

Die logarithmische mittlere Temperaturdifferenz für Gegenstrom erhält man zu

$$\Delta t_{m_{Gegenstrom}} = \frac{(T_4' - T_5) - (T_6 - T_2')}{2{,}3 \lg \dfrac{T_4' - T_5}{T_6 - T_2'}} \tag{355}$$

und für Gleichstrom

$$\Delta t_{m_{Gleichstrom}} = \frac{(T_4' - T_2') - (T_6 - T_5)}{2{,}3 \lg \dfrac{T_4' - T_2'}{T_6 - T_5}} . \tag{356}$$

In den meisten industriellen Anwendungsfällen sind reine Gegenstrom-Wärmeaustauscher nicht so ökonomisch wie Mehrfachstrom-, Gegenstrom- und Kreuzstromaustauscher mit ein und mehr Umlenkungen zur Annäherung an den Gegenstrom.

Um nun die verschiedenen Bauarten miteinander vergleichen zu können, wurde in einer Arbeit von Bowman, Mueller und Nagle [*179*] der Ansatz gemacht

$$\Delta t_m = K \cdot \Delta t_{m_{Gegenstrom}} . \tag{357}$$

Für die verschiedenen Bauarten wurden graphisch die Korrekturfaktoren festgehalten. Die Abb. 263a, b, c, d, e und f behandeln die Wärmeaustauscher mit Luft in den Rohren und Rauchgas außen, wobei in den Abschlußköpfen mit den Rohrböden Umlenkungen vorgesehen sind, so daß die Luft mehrfach durch die Rohre vor- und zurückströmt. Auch für die Rauchgase können Umlenkbleche vorgesehen werden. Folgende Annahmen wurden dabei gemacht:

k ....konstant,
c_p ....konstant,
Wärmeverluste vernachlässigbar klein,
gleiche Wärmeübertragungsfläche bei jedem Durchgang,
gleichmäßige Temperaturverteilung der Rauchgase in jeder Sektion.

Ebenso zeigen die Abb. 264, a, b, c, d, e die Korrekturfaktoren für Kreuzstrom.

Es würde im Rahmen dieses Buches zu weit führen, auf die nähere Theorie einzugehen, und es wird daher auf das einschlägige Schrifttum verwiesen [*179, 180*].

Im Kreuzstrom-Wärmeaustauscher fließen beide Medien im rechten Winkel zueinander. Die Temperatur kann sowohl senkrecht zur Strömungsrichtung als auch parallel dazu variieren. Die endgültige Austrittstemperatur wird daher durch vollständige Vermischung aller Teilströme erreicht. Die Vermischung kann im Wärmeaustauscher stattfinden, und vollständig vermischt hat das Medium nur einen Temperaturgradienten in Strömungsrichtung. Δt_m hängt daher davon ab, ob eines oder beide Medien vollständig vermischt sind oder nicht. Bei praktischen Ausführungen sind unvermischte Medien wirklichkeitsnäher als vollständig vermischte.

Rohrwärmeaustauscher mit vielen gasseitigen Umlenkungen sind keine Kreuzstromaustauscher, da, obwohl die Rauchgase quer zu den Rohren strömen, die Temperaturänderung für jeden Querstrom klein ist und der Temperaturgradient parallel zu den Rohren verläuft.

Umgekehrt wird ein Kreuzstromaustauscher mit vielen Umlenkungen nahe an den Gegenstromaustauscher herankommen.

Folgende Beispiele sollen die Änderung von Δt_m mit der Wärmeaustauschertype zeigen.

Beispiel 1

$$t_4' = 300^\circ \text{ C}, \; t_6 = 200^\circ \text{ C}, \; t_2' = 100^\circ \text{ C}, \; t_5 = 200^\circ \text{ C}, \; R = 1, \; \eta_R = 0{,}5 .$$

Austauscherbauart	K	Δt_m
Gegenstrom	1,0	100,0
6—12 Mehrfachdurchgang, Abb. 263*e*	1,0	100,0
Zweifach-Gegenstrom-Kreuzstrom, ein Medium vermischt, Abb. 264*d*	0,97	97,0
2—4 Mehrfachdurchgang, Abb. 263*b*	0,958	95,8
Kreuzstrom, beide Medien unvermischt, Abb. 264*a*	0,91	91,0
1—3 Mehrfachdurchgang, Abb. 263*f*	0,84	84,0
Kreuzstrom, ein Medium vermischt, Abb. 264*b*	0,835	83,5
1—2 Mehrfachdurchgang, Abb. 263*a*	0,804	80,4
1—4 Mehrfachdurchgang, gerechnet nach [*179*]	0,798	79,8
Kreuzstrom, beide Medien vermischt, Abb. 264*c*	0,79	79,0
Zweifach-Gleichstrom-Kreuzstrom, ein Medium vermischt, Abb. 264*e*	0,50	50,0
Gleichstrom	0	0

Beispiel 2

$$t_4' = 300 \text{ °C}, \; t_6 = 200 \text{ °C}, \; t_2' = 160 \text{ °C}, \; t_5 = 260 \text{ °C}, \; R = 1, \; \eta_R = 0{,}714 .$$

Austauscherbauart	K	Δt_m
Gegenstrom	1,0	40,0
6—12 Mehrfachdurchgang, Abb. 263*e*	0,97	38,8
Zweifach-Gegenstrom-Kreuzstrom, ein Medium vermischt, Abb. 264*d*	0,745	29,8
Kreuzstrom, beide Medien unvermischt, Abb. 264*a*	0,682	27,3
2—4 Mehrfachdurchgang, Abb. 263*b*	0,645	25,8
1—3 Mehrfachdurchgang, Abb. 263*f*	unmöglich	
Kreuzstrom, ein Medium vermischt, Abb. 264*b*	unmöglich	
1—2 Mehrfachdurchgang, Abb. 263*a*	unmöglich	
Kreuzstrom, beide Medien vermischt, Abb. 264*c*	unmöglich	
1—4 Mehrfachdurchgang	unmöglich	
Zweifach-Gleichstrom-Kreuzstrom, ein Medium vermischt, Abb. 264*e*	unmöglich	
Gleichstrom	unmöglich	

Bei Anwendung der Korrekturfaktoren sollte man immer trachten, daß diese über 0,8 liegen. Das heißt also, man muß die Anordnung so treffen, daß dieser Bereich erreicht wird. Durch die idealisierten Annahmen kann infolge des steilen Verlaufes bei Kurven unter 0,8 ein sehr großer Fehler entstehen.

Man kann natürlich statt der mittleren logarithmischen Temperaturdifferenz ohne großen Fehler auch die arithmetische mittlere Temperaturdifferenz nehmen

$$\Delta t_{m_{\text{Gegenstrom}}} = \frac{1}{2}(T_4' - T_5) + \frac{1}{2}(T_6 - T_2') \tag{356a}$$

$$\Delta t_m = K \cdot \Delta t_{m_{\text{Gegenstrom}}} . \tag{357a}$$

5. Berechnung von Wärmeaustauschern für Längs- und Querstrom, die thermisch und wirtschaftlich für eine Gasturbine günstig sind

a) Wärmeübergang und Reibung. Zur Ermittlung der Energie E, die notwendig ist, um die sekundliche Wärmemenge Q bei einer mittleren Temperaturdifferenz Δt zu übertragen, machen wir folgenden Ansatz [*177*].

An die Oberfläche F wird die Wärmemenge übertragen

$$Q = \alpha \cdot \Delta t \cdot F \tag{358}$$

und dem Gas wird die Wärme entzogen

$$Q = G \cdot c_p \cdot \Delta \vartheta, \tag{359}$$

daraus ergibt sich

$$\frac{\Delta \vartheta}{\Delta t} = \frac{\alpha \cdot F}{G \cdot c_p} = \frac{\eta_R}{1 - \eta_R} \tag{360}$$

(unter Δt ist Δt_i oder Δt_a gemeint).

Zunächst wird für Längsströmung im Rohr der Ausdruck für den Energieverlust aufgestellt. Das Resultat läßt sich später einfach auf das quer angeströmte Rohrbündel übertragen. Der Druckabfall im Rohr ergibt sich aus Gl. (334) zu

$$\Delta p = \zeta \cdot \frac{l}{d} \cdot \frac{w^2}{2g} \cdot \gamma \,. \tag{361}$$

Mit dem freien Gasquerschnitt f erhält man mit $G = w \cdot \gamma \cdot f$ und $\frac{l}{d} = \frac{F}{4f}$ aus Gl. (360)

$$\frac{\Delta p}{\Delta \vartheta / \Delta t} = \zeta \cdot \frac{w^3 \cdot \gamma^2 c_p}{8 \cdot g \cdot \alpha} \,. \tag{362}$$

Das Verhältnis des Druckverlustes zur übertragenen Wärmemenge hängt also stark von der Geschwindigkeit ab, mit der die Wärmeaustauscherflächen bespült werden. Faßt man die Größen zusammen, die von der Geschwindigkeit abhängen, und führt Re und Nu ein, dann erhält man folgende Beziehung zwischen Wärmeübergang und Druckverlust

$$\frac{\Delta p}{\Delta \vartheta / \Delta t} = \frac{\mu^3 g^2 c_p}{8 \gamma \lambda d^2} \cdot \zeta \cdot \frac{Re^3}{Nu}$$

setzt man

$$\zeta \cdot \frac{Re^3}{Nu} = Z \tag{363}$$

dann erhält man die gesuchte Beziehung zwischen Wärmeübergang und Energieverlust für die Strömung im Rohr, bezogen auf 1 kg den Austauscher durchströmendes Gas

$$\frac{E}{\Delta \vartheta / \Delta t} = \frac{\mu^3 g^2 c_p}{8 \cdot \gamma^2 \lambda d^2} \cdot Z \,. \tag{364}$$

Bezeichnet man mit ζ den Verlustkoeffizienten pro Rohrreihe, dann läßt sich für das quer angeströmte Rohrbündel eine ähnliche Beziehung entwickeln. Bei z_l Rohrreihen in Strömungsrichtung wird der Druckabfall

$$\Delta p = \zeta \cdot z_l \cdot \frac{w^2}{2g} \cdot \gamma \tag{361a}$$

w ist hier die Geschwindigkeit an der engsten Stelle des Rohrbündels. Ist $s \cdot d$ die Teilung quer zur Strömung und z_q die Rohrzahl quer zur Strömung, dann läßt sich mit $F = \pi \cdot d \cdot l \cdot z_q \cdot z_l$, $f = d\,(s - 1)\, z_q \cdot l$, $G = w \cdot \gamma \cdot f$ und Gl. (361a) und (360) die Gleichung aufstellen

$$\frac{\Delta p}{\Delta \vartheta / \Delta t} = \frac{w^3 \gamma^2 \cdot c_p}{8 \cdot g \cdot \alpha} \cdot (s - 1) \cdot \frac{4}{\pi} \cdot \zeta \,. \tag{362a}$$

Re und Nu eingeführt gibt

$$\frac{\Delta p}{\Delta \vartheta / \Delta t} = \frac{\mu^3 \cdot g^2 \cdot c_p}{8 \cdot \gamma \cdot \lambda \cdot d^2} \cdot (s - 1) \cdot \frac{4}{\pi} \cdot \zeta \cdot \frac{Re^3}{Nu}$$

setzt man

$$(s - 1) \cdot \frac{4}{\pi} \cdot \zeta \cdot \frac{Re^3}{Nu} = Z_q \tag{363a}$$

dann erhält man für Querstrom analog zur Gl. (364)

$$\frac{E}{\Delta\vartheta/\Delta t} = \frac{\mu^3 \cdot g^2 \cdot c_p}{8 \cdot \gamma^2 \cdot \lambda \cdot d^2} \cdot Z_q \tag{364a}$$

die Beziehung zwischen Energieverlust und Wärmeübergang bei Querstrom.

Da das erste Glied der rechten Seite der Gl. (364) und (364a) nur Stoffwerte und den Rohrdurchmesser enthält, sind Wärmeaustauscher mit gegebenem Rohrdurchmesser durch die Funktion Z charakterisiert. ζ ist eine Funktion von Re. Nu ist eine Funktion von Re und Pr, wenn man vom Einfluß der Anlaufstrecke absieht, was bei größeren Reihenzahlen querbeaufschlagter oder größeren Rohrlängen längsbeaufschlagter Austau-

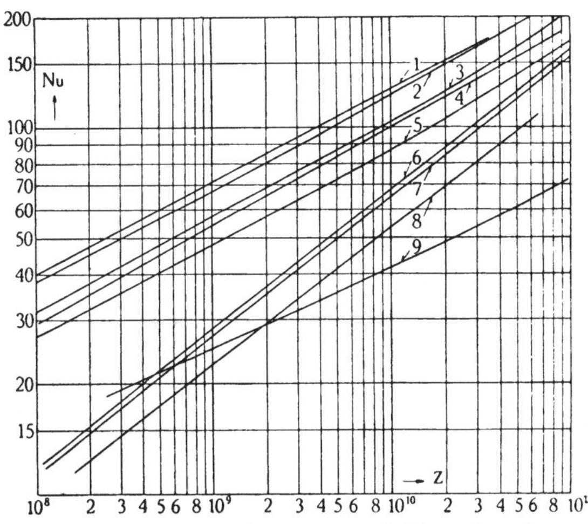

Abb. 265. Wärmeübergang und Energieverlust

1 Querstrom, versetzte Rohre, Teilung 1,25 × 1,25
2 Querstrom, fluchtende Rohre, Teilung 1,25 × 1,25
3 Querstrom, fluchtende Rohre, Teilung 1,5 × 1,5
4 Querstrom, fluchtende Rohre, Teilung 2 × 2
5 Querstrom, fluchtende Rohre, Teilung 3 × 3
6 Längsstrom im Rohr
7 Längsstrom zwischen den Rohren, Teilung 1,5 × 1,5
8 Längsstrom zwischen den Rohren, Teilung 2 × 2
9 Querangeströmtes Einzelrohr

Die Teilung ist in Vielfachen des Rohrdurchmessers angegeben

Das Diagramm zeigt für einige Rohranordnungen den Zusammenhang zwischen der Wärmeübergangszahl Nu und der Kennzahl Z für den Energieverlust. Für eine gegebene Rohranordnung ist jedem Wert der Wärmeübergangszahl ein Wert Z zugeordnet, mit dem aus Gl. (364) oder (364a) der Energieverlust der Austauscherfläche gefunden werden kann

scher zulässig ist. Da die Prandtlsche Zahl nur von den Stoffwerten abhängt und Austauscher verglichen werden sollen, die mit dem gleichen Stoff im gleichen Temperaturgebiet arbeiten, bleibt Nu nur von Re abhängig. Das erlaubt Nu in Funktion von Z aufzutragen. Das Nu-Z-Diagramm gibt eindeutig Bescheid über die Güte einer Wärmeaustauscherfläche. Rohrbündel verschiedener Teilung haben verschiedene Kurven im Nu-Z-Diagramm. Je höher eine Kurve liegt, um so mehr kann die Austauscherfläche bei gegebenem Energieaufwand belastet werden, oder um so kleiner wird bei gegebener Fläche und Belastung der Energieaufwand. In Abb. 265 sind für Gase die Kurven einiger häufig verwendeter Rohranordnungen eingetragen [*177*]. Es zeigt sich, daß erst für sehr hohe Wärmeübergangszahlen Längsströmung günstiger wird als Querströmung.

Die in Abb. 265 im logarithmischen Maßstab aufgetragenen Werte von Z ergeben wenig gekrümmte Linien. Es ist deshalb möglich, sie mit genügender Genauigkeit stückweise als Gerade anzusehen und dafür folgenden Ansatz zu machen

$$\log Z = C + m \log Nu$$

bzw.

$$Z = C \cdot Nu^m, \tag{365}$$

wobei B und m Konstante sind, die sich aus der Lage des betreffenden Kurvenstückes ergeben.

Für dieses betreffende Kurvenstück läßt sich dann Gl. (364) unter Berücksichtigung von Gl. (360) umformen und als Verlustleistung L aufschreiben

$$L = \frac{\mu^3 \cdot g^2}{8 \cdot \gamma^2 \cdot d^3} \cdot F \cdot C \cdot Nu^{m+1}. \tag{366}$$

b) Bedingung für den günstigsten Wärmeaustauscher. Die Güte eines Wärmeaustauschers kann erst dann beurteilt werden, wenn bekannt ist, welche Wärmemenge der mechanischen Energie entspricht, die als Verdichtungsarbeit zugeführt werden muß, um den Widerstand des Wärmeaustauschers zu überwinden. Der Austauscher einer Gasturbine bildet einen Teil der Anlage, und daher bestimmt der Gesamtwirkungsgrad, der von der Anlage einschließlich Wärmeaustauscher erreicht wird, oder als erreichbar angesehen werden kann, das Verhältnis der zur Überwindung des Widerstandes aufzuwendenden Energie (ausgedrückt in kcal) zum Wärmeaufwand, der zur Erzeugung dieser Energie erforderlich ist. Bezeichnet daher η den Wirkungsgrad der Anlage, mit dem die Brennstoffwärme in mechanische Arbeit umgesetzt wird, so lautet die Bilanz des Wärmeaustauschers

$$\text{Nutzwärme} = Q - \frac{L}{J \cdot \eta}.$$

Die Nutzwärme ist also die übertragene Wärme abzüglich der verlorenen mechanischen Arbeit, ausgedrückt in kcal.

Der günstigste Austauscher ist ein solcher mit gegebener Heizfläche aus Rohren von gegebenem Durchmesser, bei dem die Nutzwärme ein Maximum ist. Es muß also sein

$$\eta\, dQ - \frac{dL}{J} = 0. \tag{367}$$

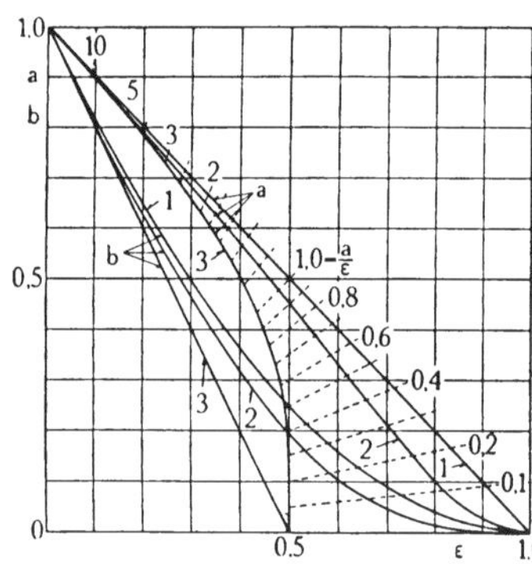

Abb. 266. Kennzahlen a und b der Gln. (368) und (369) für $\varepsilon_1 = \varepsilon_2$ bei Gegenstrom, Kreuzstrom und Gleichstrom

1 Gegenstrom
2 Kreuzstrom
3 Gleichstrom

Gesucht sind die Ausdrücke für dQ und dL in Funktion von Nu.

Aus Abb. 259 ist

$$T_4' - T_6 = \varepsilon_1 (T_4' - T_2')$$

und

$$T_5 - T_2' = \varepsilon_2 (T'_4 - T_2').$$

Die mittlere Temperaturdifferenz sei

$$\Delta t_m = a \cdot (T_4' - T_2')$$

a ist nur von ε_1 und ε_2 abhängig und ist in Abb. 266 für Gegenstrom, Kreuzstrom und Gleichstrom bei $\varepsilon_1 = \varepsilon_2$ aufgetragen.

Die übertragene Wärmemenge wird damit also

$$Q = a \cdot k \cdot F (T_4' - T_2'). \tag{368}$$

Bei Änderung des Wärmeüberganges wird, da $k \cdot F$ als eine Größe betrachtet werden soll,

$$dQ = \left(a + kF \frac{da}{dkF}\right) \cdot dkF \cdot (T_4' - T_2');$$

setzt man

$$dQ = b \cdot dkF (T_4' - T_2') \tag{369}$$

dann ist b nur von ε_1 und ε_2 abhängig. Aus Gl. (368) und (369) kann unter Berücksichtigung, daß

$$Q = \varepsilon \cdot G \cdot c_p (T_4' - T_2')$$

leicht gefunden werden

$$b = \frac{a}{1 - \frac{\varepsilon}{a} \cdot \frac{d\,a}{d\,\varepsilon}}, \tag{370}$$

wobei es gleichgültig ist, ob ε_1 oder ε_2 eingesetzt wird. Kurven für b sind ebenfalls in Abb. 266 zu finden.

Bei Wärmeübertragung in metallenen Wärmeaustauschern kann geschrieben werden

$$\frac{1}{k \cdot F} = \frac{1}{\alpha_G \cdot F_G} + \frac{1}{\alpha_L \cdot F_L}. \tag{371}$$

Differenziert und an Stelle von $d\,\alpha_G$ und $d\,\alpha_L$ Nu eingeführt, gibt

$$d\,k\,F = \left(\frac{k\,F}{\alpha_G \cdot F_G}\right)^2 \cdot F_G \cdot \frac{\lambda_G}{d_G} \cdot d\,Nu_G + \left(\frac{k\,F}{\alpha_L\,F_L}\right)^2 \cdot F_L \cdot \frac{\lambda_L}{d_L} \cdot d\,Nu_L. \tag{372}$$

Die Verlustenergie setzt sich aus den Teilverlusten des Gases und der Luft zusammen. Unter Benützung von Gl. (366) erhält man

$$F \cdot \frac{\mu^3 \cdot g^2 \cdot C}{8 \cdot \gamma^2 \cdot d^3} = P \tag{373}$$

und damit für die Verlustleistung

$$L = P_G \cdot Nu_G^{m_G + 1} + P_L \cdot Nu_L^{m_L + 1}.$$

Die Änderung des Verlustes bei Änderung der Geschwindigkeit wird

$$d\,L = P_G\,(m_G + 1)\,Nu_G^{m_G}\,d\,Nu_G + P_L\,(m_L + 1)\,Nu_L^{m_L}\,d\,Nu_L. \tag{374}$$

Gl. (292) gibt die Änderung der Wärmemenge bei Änderung der spezifischen Flächenleistung $k \cdot F$ Gl. (369) und (374), in Gl. (367) eingesetzt unter Benützung von Gl. (372) gibt

$$J \cdot \eta \cdot b \cdot (T_4' - T_2') \left[\left(\frac{k\,F}{\alpha_G \cdot F_G}\right)^2 \cdot F_G \cdot \frac{\lambda_G}{d_G} \cdot d\,Nu_G + \left(\frac{k\,F}{\alpha_L\,F_L}\right)^2 \cdot F_L \cdot \frac{\lambda_L}{d_L} \cdot d\,Nu_L\right] -$$
$$- P_G\,(m_G + 1)\,Nu_G^{m_G} \cdot d\,Nu_G - P_L\,(m_L + 1)\,Nu_L^{m_L} \cdot d\,Nu_L = 0. \tag{375}$$

Die Beiwerte von $d\,Nu_G$ und $d\,Nu_L$ müssen einzeln $= 0$ sein. Es folgen daraus zwei neue Gleichungen

$$J\,\eta\,b\,(T_4' - T_2') \left[\left(\frac{k\,F}{\alpha_G \cdot F_G}\right)^2 \cdot F_G \cdot \frac{\lambda_G}{d_G}\right] = P_G\,(m_G + 1) \cdot Nu_G^{m_G} \tag{376a}$$

$$J\,\eta\,b\,(T_4' - T_2') \left[\left(\frac{k\,F}{\alpha_L\,F_L}\right)^2 \cdot F_L\,\frac{\lambda_L}{d_L}\right] = P_L\,(m_L + 1) \cdot Nu_L^{m_L}. \tag{376b}$$

Gl. (376b) dividiert durch Gl. (376a), für P_G und P_L die Werte der Gl. (373) eingesetzt und α_G und α_L durch Nu ersetzt, führt zu

$$\frac{Nu_L^{m_L + 2}}{Nu_G^{m_G + 2}} = \frac{(m_G + 1) \cdot C_G \cdot F_G^2 \cdot \mu_G^3 \cdot \gamma_L^2 \cdot \lambda_G \cdot d_L^4}{(m_L + 1) \cdot C_L \cdot F_L^2 \cdot \mu_L^3 \cdot \gamma_G^2 \cdot \lambda_L \cdot d_G^4}. \tag{377}$$

Diese Gleichung bestimmt das Verhältnis der beiden Geschwindigkeiten im günstigsten Wärmeaustauscher. Über die absolute Größe derselben sagt sie nichts aus. Austauscher mit dieser Geschwindigkeitsverteilung haben bei gegebener Fläche und Wärmemenge den kleinsten Reibungsverlust.

Aus Gl. (376a) und Gl. (376b) werden die Wurzeln gezogen und die Gleichungen addiert. Weil $\frac{k\,F}{\alpha_G\,F_G} + \frac{k\,F}{\alpha_L\,F_L} = 1$ ist, lautet die zweite Bedingungsgleichung für den günstigsten Austauscher

$$\sqrt{J \cdot \eta \cdot b\,(T_4' - T_2')} = \sqrt{R_G \cdot Nu_G^{m_G}} + \sqrt{R_L \cdot Nu_L^{m_L}}. \tag{378}$$

Der Faktor R_G und R_L enthält nur Konstante

$$R = (m + 1) \cdot \frac{C \cdot \mu^3 \cdot g^2}{8 \cdot \gamma^2 \cdot d^2 \cdot \lambda}.$$

Durch die beiden Gl. (377) und (378) ist der günstigste Wärmeaustauscher vollständig bestimmt. Die resultierende transzendente Gleichung muß durch Probieren gelöst werden. Mit den Wärmeübergangszahlen Nu_G und Nu_L ist die Heizfläche gefunden, und da Nu in Funktion von Re gegeben ist, sind auch die Geschwindigkeiten w_G und w_L bekannt. Die Abmessungen des Wärmeaustauschers liegen damit fest.

c) Wirtschaftlich richtige Bemessung des Wärmeaustauschers. Unter Punkt a wurde die Funktion Z zur Beurteilung von Rohranordnungen in Wärmeaustauschern gezeigt. In Punkt b wurden die Bedingungen gegeben, die Heizfläche und Querschnitte beim günstigsten Austauscher zu berechnen gestatten. Der Austauscher soll aber wie jeder Apparat auch wirtschaftlich richtig bemessen werden, d. h. die Austauscherfläche ist so zu wählen, daß die Summe der Kapitalkosten und Betriebskosten ein Minimum wird.

P bezeichnet die Anlagekosten, n Zinsen und Amortisation, dann sind die Kapitalkosten

$$K_1 = n \cdot P$$

und wenn L den Energieaufwand bezeichnet, η den Wirkungsgrad, h die jährliche Betriebszeit und p den Preis für die Kilowattstunde, dann betragen die Energiekosten

$$K_2 = L \cdot h \cdot \frac{1}{\eta} \cdot p$$

und die Jahreskosten

$$K_1 + K_2 = n P + h \frac{1}{\eta} p L ,$$

diese sollen ein Minimum werden, also muß sein

$$n\, d P + h \frac{1}{\eta} p\, d L = 0 . \tag{379}$$

Die Anlagekosten werden ungefähr proportional der Austauscherfläche ansteigen, also in erster Annäherung bei gegebenem Rohrdurchmesser umgekehrt proportional der Wärmeübergangszahl, also

$$F = Nu^{-1} \text{ auch } P \sim Nu^{-1} .$$

Die Verlustenergie war nach Gl. (366) proportional

$$F \cdot Nu^{m+1}, \text{ mit } F \text{ eingesetzt} = Nu^{-1}$$

$$L = C\, Nu^{m} \text{ oder } P \sim L^{-\frac{1}{m}}$$

differenziert und durch P dividiert

$$\frac{d P}{P} + \frac{1}{m} \frac{d L}{L} = 0 . \tag{380}$$

Gl. (379) dividiert durch Gl. (380)

$$n P + h \frac{1}{\eta} p\, m L = 0 , \tag{381}$$

d. h. die Jahreskosten werden ein Minimum, wenn die Kapitalkosten das m-fache der Energiekosten betragen. Im Gebiet, das praktisch für Austauscher in Betracht kommt, d. h. etwa zwischen $Nu = 40$ bis 120, ergibt das Kurvenstück, das man innerhalb dieser Grenzen als vollkommene Gerade annehmen kann, z. B. für Kurve *3*, Abb. 265 (Austauscher mit Querstrom und einer Rohrteilung von $1{,}5 \times 1{,}5$) einen Exponenten $m = 3{,}84$ und eine Konstante $B = 166$, für Kurve *7* (Austauscher mit Längsstrom und einer Rohrteilung von $1{,}5 d$) einen Exponenten $m = 2{,}67$ und eine Konstante $B = 99500$. Es soll danach also für die Kapitalkosten eines solchen Austauschers bei Querstrom ungefähr das Vierfache, bei Längsstrom ungefähr das Dreifache der Energiekosten aufgewendet werden.

Der Ausgangspunkt für die Untersuchung des Austauschers war die feste Annahme für Rohrdurchmesser und Rohrteilung. Für diese Festlegung und für die Wahl zwischen versetzter oder fluchtender Rohranordnung sind Rücksichten auf Verschmutzung und Reinigung maßgebend. Wie weit man an den gemachten Annahmen und den Ergebnissen der Rechnung der günstigsten Austauscher dann wird festhalten können, hängt von den baulichen Verhältnissen ab. Jedenfalls ergibt die obige Aufstellung einen Anhaltspunkt, in welcher Richtung und in welchem Ausmaß Änderungen zweckmäßig erscheinen.

6. Konstruktionsdaten und Beispiele rekuperativer Wärmeaustauscher

a) Nützliche Diagramme und Daten für die Auslegung von Wärmeaustauschern. Für Luftströmung im Rohr zeigt Abb. 267 für eine mittlere Temperatur von 38° C Werte von α für verschiedene Rohrdurchmesser und Geschwindigkeiten.

Ähnliche Kurven für Wasser sind in Abb. 268 zu sehen. Für jeden Anstieg der mittleren Temperatur um 55° C müssen die Werte von α in Abb. 267 um 2 % erhöht werden. Für einen Anstieg der mittleren Wassertemperatur um 5,5° C müssen die α-Werte in Abb. 268 um 5 % erhöht werden.

Die Luftwerte können auch für Abgas einer Gasturbine ohne allzu großen Fehler genommen werden. Ebenso spielt der Druck nur eine geringe Rolle.

Wasserstoff ergibt sehr hohe α-Werte, etwa 4mal so hoch wie bei Luft unter gleichen Verhältnissen. Methan gibt Werte 2mal so hoch wie Luft bei Raumtemperatur, ansteigend auf $3^1/_2$mal bei 1000° C. Überhitzter Dampf gibt $1^1/_2$- bis 2fache Werte zwischen 150 und 1000° C.

Die beiden Diagramme gelten natürlich nur für die ausgebildete Rohrströmung, also für Rohre mit einer Länge von mehr als 20 d und $Re > 2000$. Für besten Wirkungsgrad pro Flächeneinheit wird man mit $Re > 10000$ arbeiten.

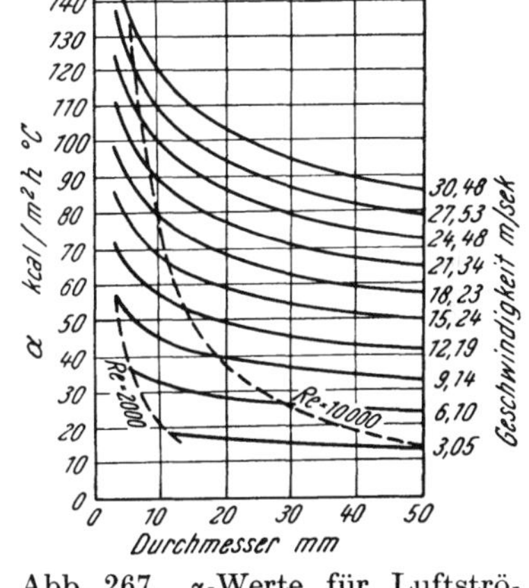

Abb. 267. α-Werte für Luftströmung im Rohr bei verschiedenen Geschwindigkeiten und Rohrdurchmessern. Mittlere Temperatur 38° C

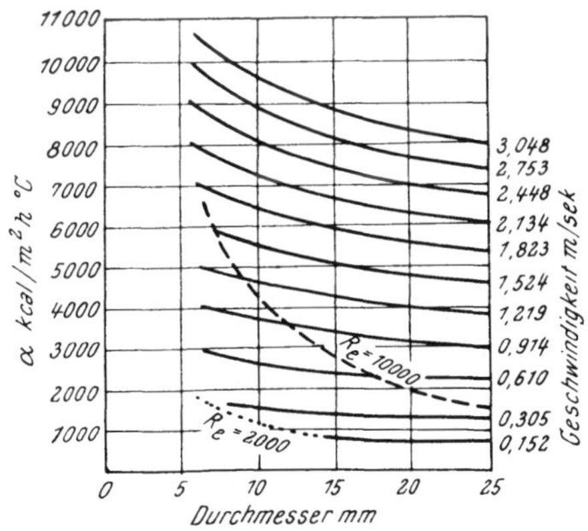

Abb. 268. α-Werte für Wasserströmung im Rohr bei verschiedenen Geschwindigkeiten und Rohrdurchmessern. Mittlere Wassertemperatur 15,5° C

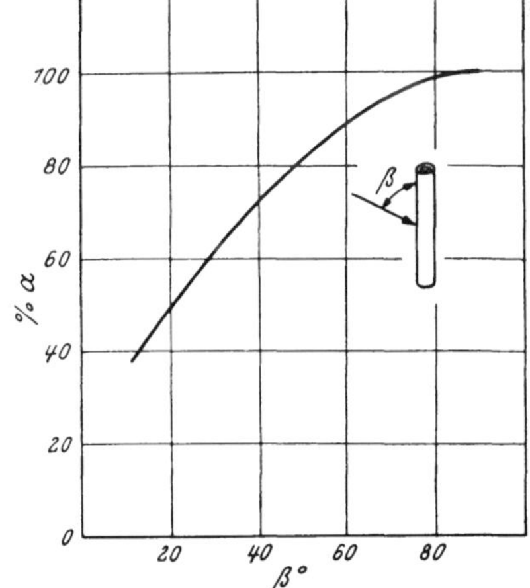

Abb. 269. Variation von α mit dem Anströmwinkel. Kreuzstrom = 100 %

Abb. 269 zeigt bei Querstrom den Einfluß der Anströmrichtung. Diese Kurve gilt genau für versetzte Rohranordnung mit einem Mittelabstand der Rohre von $2d$.

Abb. 270 zeigt die mittlere spezifische Heizfläche, die mit $1/k$ variiert, wobei die mittlere

Heizfläche mit $\frac{k \cdot F}{G_L \cdot c_p}$ definiert erscheint. Die spezifische Heizfläche ist für Gleichstrom, Kreuzstrom und Gegenstrom gegeben, wobei angenommen wurde, daß auf beiden Seiten der gleiche Durchsatz ist, was bei Gasturbinen ungefähr zutrifft, und c_p konstant bleibt. Es wird somit $T_4' - T_6 = T_5 - T_2'$, während η_R durch die Gleichung $\eta_R = \frac{T_5 - T_2'}{T_4' - T_2'}$ definiert erscheint

Gleichstrom ist für $\eta_R > 0{,}5$ nicht geeignet. Gegenstrom ist immer am besten. Er kann durch geeignete Kreuzstrombauarten ersetzt werden.

Abb. 271 zeigt ähnliche Kurven für Zwischenkühler mit Wasser als Kühlmittel. Die Annahme lautet hier $\overline{T_2'} - T_2'' = 5\,(T_{w_a} - T_{w_e})$. Man ersieht daraus, daß in diesem

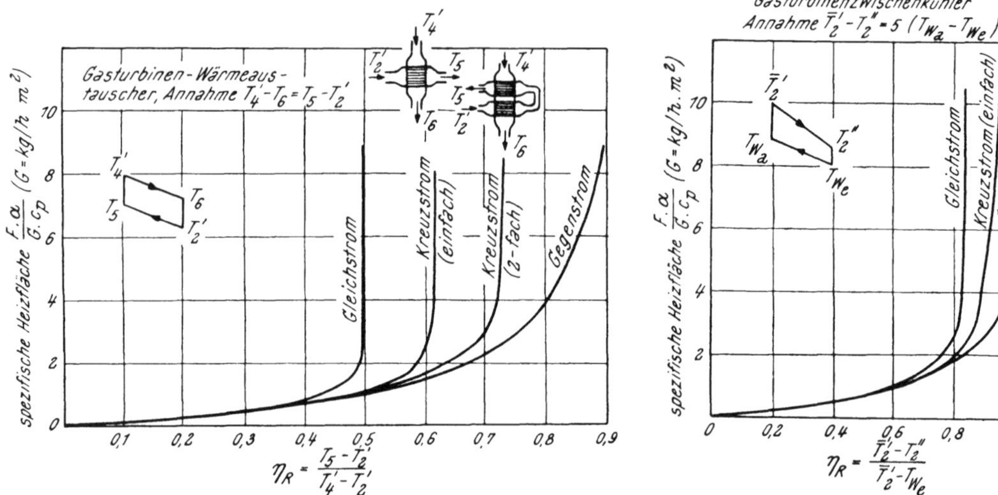

Abb. 270. Änderung der spezifischen Heizfläche verschiedener Wärmeaustauscher mit dem Rückgewinnungsgrad

Abb. 271. Änderung der spezifischen Heizfläche von Zwischenkühlern mit dem Rückgewinnungsgrad

Fall die Anordnung eine bedeutend kleinere Rolle spielt. Man kann $\eta_R = 1$ mit Gegenstrom, 0,95 mit Kreuzstrom und 0,82 mit Gleichstrom erreichen. Die Wassergeschwindigkeit wählt man zweckmäßig mit etwa 2,5 m/sek, da bei höheren Geschwindigkeiten kein besonderer Gewinn mehr erreicht werden kann.

Tabelle 24. *Rohrdurchmesser und Teilungen verschiedener Wärmeaustauscher für Gasturbinen*

Hersteller	Rohr Außendurchmesser × Wand	Teilung	Gas im Rohr oder außen	Anwendung
	mm	mm		
W. H. Allen & Sons Co., Ltd.	7,94 × 0,51	11,1 × 12,7 △	außen	Schiffahrt
B.T.H. Co., Ltd.	25,4 × 2,03	41,3 × 44,5 △	außen	Marine
John Brown & Co., Ltd.	6,35 × 0,79	9,27 △	außen	Kraftstation
English Electric Co., Ltd.	9,53 × 0,71	13,74 △	außen	Schiffahrt
G. E. C. (Amerika)	25,4 × 2,24	31,75 △	innen	Kraftstation
M. V. Co., Ltd.	25,4 × 1,63	31,75 △	innen	Kraftstation
C. A. Parsons & Co., Ltd.	19,05 × 1,22	22,2 △	innen	Kraftstation
Rolls Royce, Ltd.	6,35 × 0,25	9,5 □	außen	Schiffahrt
Ruston & Hornsby, Ltd.	7,94 × 0,81	12,7 △	außen	Kraftstation
Gebr. Sulzer, Winterthur	44,5 × 2,5	81 × 58,5 △	innen	Kraftstation

Tabelle 25. *Rohranordnung ausgeführter Zwischenkühler*

Durchbildung	John Brown & Co., Ltd.	Serck Radiators, Ltd.		Rolls Royce, Ltd.
Kühlertype	Doppeldurchgang Kreuzstrom	Radialstrom	Radialstrom	Ringförmig Kreuzstrom
Ausbildung	Rippenrohr	Rippenrohr	Rippenrohr	glattes Rohr
Rohrinnendurchmesser	10,1 mm	11,3 mm	11,3 mm	5,2 mm
Außendurchmesser der Rippen	29,2 mm	28 mm	28 mm	—
Teilung	33,0 mm	31,8 mm	31,8 mm	8,0 mm
Arbeitsdruck	29,95 atü	4,54 atü	8,23 atü	4,85 atü

Je nach Anlage kann man zwischen kleinen Rohren und damit kurzen Austauschern mit kleinem Bauvolumen oder zwischen großen Rohren und damit voluminösen Austauschern wählen. Außerdem kann die Luft im Rohr und das Gas außerhalb fließen oder umgekehrt. Luft im Rohr bedeutet leichtere Gehäuse, während die umgekehrte Anordnung vielleicht bessere Reinigung ergibt, wobei aber auch außen von Gas umspülte Rohre mittels der bekannten Rußbläser gut gereinigt werden können. Tab. 24 gibt einen kleinen Überblick über Rohrdimensionen und Teilungen ausgeführter Wärmeaustauscher.

Wie sehr der Rohrdurchmesser und die Teilung die Fläche pro m³ Austauschervolumen beeinflußt, zeigt Abb. 272. Das Teilung-Durchmesser-Verhältnis wird durch den zulässigen gasseitigen Druckverlust bestimmt und dieser sollte möglichst klein sein. Auch hier muß der beste Austauscher sorgfältig abgewogen werden.

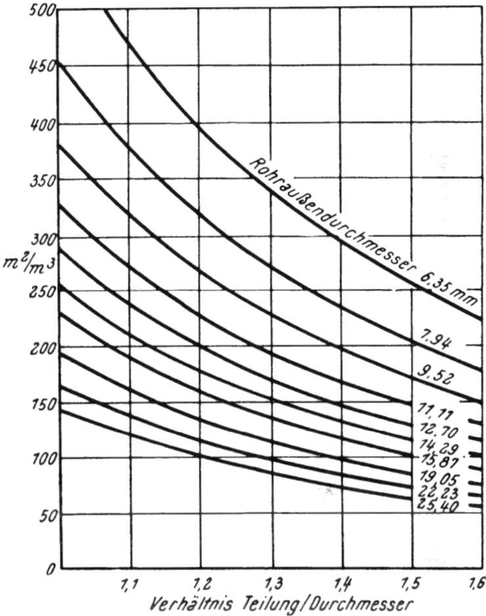

Abb. 272. Das Verhältnis von Fläche und Volumen in Abhängigkeit von Rohraußendurchmesser und Teilung bei Wärmeaustauschern mit glatten Rohren

Die Wärmeaustauscher werden in der großen Mehrzahl zylindrisch ausgebildet. Dadurch können sie auch ziemlichen Drücken standhalten. Strömt die Luft durch die Rohre, dann werden auch quadratische und rechteckige Gehäuse ausgeführt. Bei hohen Drücken wird die Verbindung zwischen Rohr und Rohrboden ein heikles Problem. Besonders muß dabei auf die Wärmedehnungen Bedacht genommen werden. Werden Ablenkbleche eingebaut, dann muß sorgfältig auf gleichmäßige Geschwindigkeitsverteilung geachtet werden, um die Daten der mit einer mittleren Geschwindigkeit durchgeführten Berechnung auch in Wirklichkeit zu erreichen [*181*, *182*, *183*, *184*, *185*].

Plattenaustauscher sind besonders konstruktiv ein Problem. Es kommt dabei hauptsächlich auf die geschickte Anordnung und Ausbildung der einzelnen Platten an, um größte Steifheit zu erreichen.

Zwischenkühler werden immer so ausgeführt, daß das Wasser in den Rohren und die Luft außerhalb fließt. Vielfach werden Rippenrohre angewendet. Die Rohrwandtemperatur ist nicht viel höher als die mittlere Wassertemperatur. Der luftseitige Druckverlust muß so klein als möglich gehalten werden.

Die Kühlfläche pro m³ Austauscher bei verschiedenen Rippenrohren und Rippenteilungen zeigt Abb. 273, Tab. 25 gibt Daten ausgeführter Zwischenkühler.

Abb. 274 gibt noch einen Anhaltspunkt über die bei Zwischenkühlung von Luft verschiedener Feuchtigkeit ausgeschiedene Wassermenge.

b) Verschiedene Konstruktionsbeispiele von Wärmeaustauschern. Der Aufbau eines Wärmeaustauschers mit Kreuzstrom geht aus der Abb. 275 deutlich hervor. Dieser Wärmeaustauscher für die Marineversuchsanlage der Elliott Comp. arbeitet mit einem Wärmerückgewinnungsfaktor von 0,75, hat eine Fläche von etwa 0,28 m²/PS und ist von der Air Preheater Corporation gebaut. Drei solche Geräte sind parallel geschaltet, um die nötige Wärmeaustauschergröße zu ergeben. Die Luft geht durch den Rohrstrang, die Gase werden im Diagonalstrom dreimal über die Rohre geleitet. Die Rohre haben einen Innendurchmesser von 8 mm und sind in 8 einzelnen Sektionen mit 14 Reihen angeordnet. Die Wärmedehnungen werden in einer teleskopartigen Verbindung des äußeren Mantels aufgenommen.

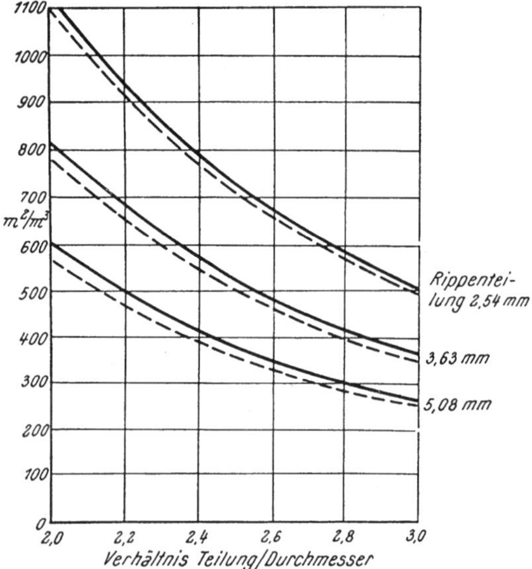

Abb. 273. Verhältnis von Fläche zu Volumen in Abhängigkeit vom Verhältnis Teilung zu Durchmesser bei Zwischenkühlern mit Rippenrohren

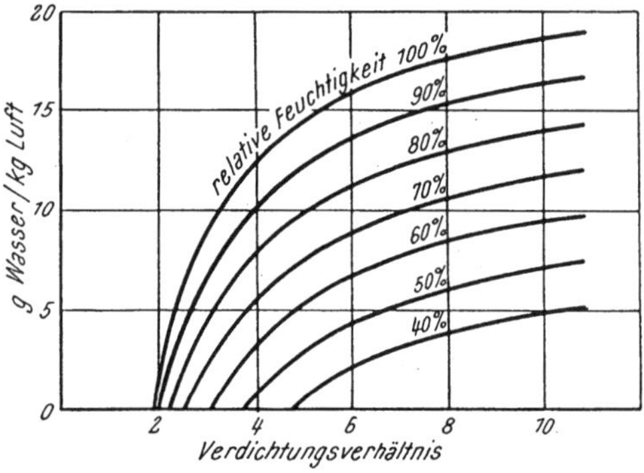

Abb. 274. Ausgeschiedene Wassermenge in Zwischenkühlern bei 26,6° C Lufteintrittstemperatur in den Verdichter und 37,7° C nach dem Zwischenkühler

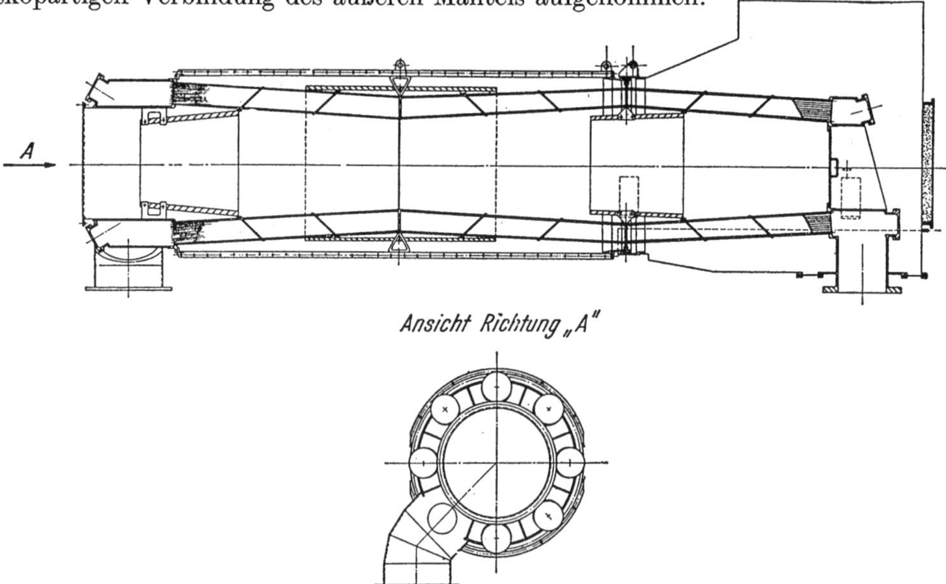

Abb. 275. Schnitt durch den Wärmeaustauscher der Marineversuchsturbine von Elliott mit 2500 PS $t_4' = 450°$ C, $t_6 = 228°$ C

Im Gegensatz dazu hat der Wärmeaustauscher der Parsons-Versuchsanlage zur Platzersparnis eine Umlenkung. Gas und Luft werden U-förmig im Gegenstrom geführt, wobei entgegen der normalen Bauweise bei diesem Wärmeaustauscher das Gas in den

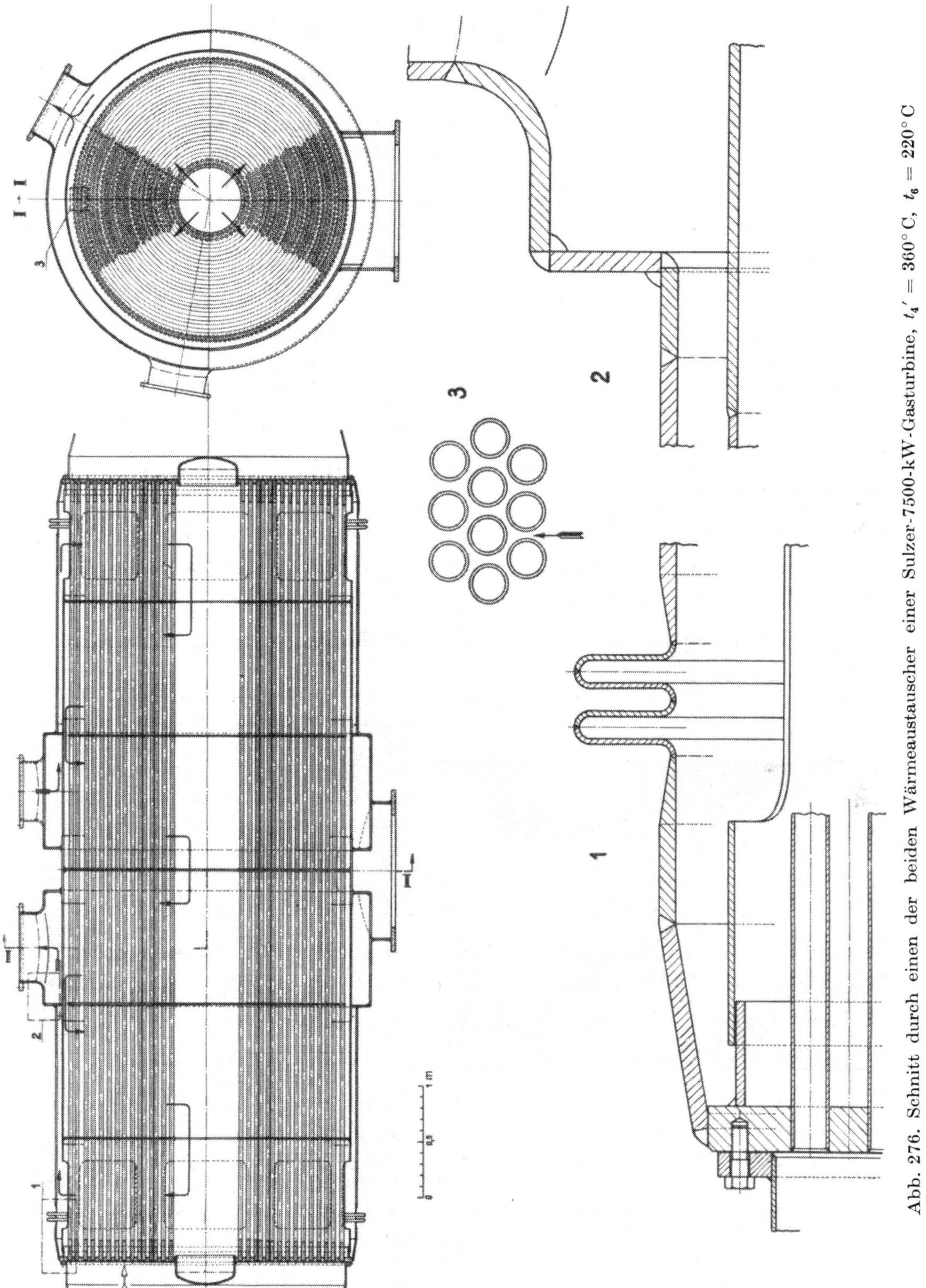

Abb. 276. Schnitt durch einen der beiden Wärmeaustauscher einer Sulzer-7500-kW-Gasturbine, $t_4' = 360^\circ$ C, $t_6 = 220^\circ$ C

Rohren und die Luft außerhalb strömen. Tab. 26 gibt die Hauptdaten. Es wurden bei seiner Auslegung natürlich alle Möglichkeiten sorgfältig abgewogen, doch entschloß man sich aus Gründen der leichten Reinigung zur genannten Bauweise. Durch Verschweißen der leicht aufgeweiteten Rohrenden mit den Endplatten konnte die notwendige enge Teilung erreicht werden, um das Wärmeaustauschervolumen klein zu halten und gute Wärmeübergänge bei tragbaren Druckverlusten zu bekommen. Kleinen Abmessungen kommt auch die U-Stromanordnung entgegen. Auf Grund dieser Konstruktionsmethoden konnte der Wärmeaustauscher in seinen Abmessungen den anderen Anlageteilen angepaßt werden. Um Differenzdehnungen zwischen Mantel und Rohrstrang auszugleichen, ist die eine Endplatte schwimmend ausgebildet und mittels eines Dehnstückes mit zwei Ausgleichsfalten gegen den Deckel abgestürzt. Damit wird ein Eindringen von Verbrennungsluft in den Gasstrom vermieden.

Tabelle 26. *Daten des Wärmeaustauschers der Parsons-Versuchsanlage*

Rohrdimensionen, Außendurchmesser × Wandstärke	mm	19 × 1,22
Rohrmaterial		SM-Stahl, nahtlos gez.
Zahl der Sektionen		2
Abstand der Endplatten	mm	3660
Heizfläche, auf Rohraußendurchmesser bezogen	m²	623
Heizfläche, auf Rohrinnendurchmesser bezogen	m²	542
Heizfläche, mittel	m²	582
Zahl der Rohre in der ersten Sektion		1247
Zahl der Rohre in der zweiten Sektion		1598
Rohrteilung	mm	Dreieck 22,2
Gehäuse- und Endplattenwerkstoff		C-Stahl
Wärmerückgewinnungsgrad η_R	%	75

Der Wärmeaustauscher kann auch speziell für Schiffsanlagen stehend angeordnet werden (zum Einbau im Schornstein) und entweder Kreuz- oder Gegenstrom haben. Die B.-T.-H.-Co. verwendet z. B. in ihrer Schiffsanlage einen stehenden Wärmeaustauscher mit Gegenstrom, Abb. 10, wobei die Luft in den Rohren und das Gas außerhalb strömt. Zum Ausgleich von Wärmedehnungen ist die obere Sammeltrommel federnd aufgehängt. Die beiden anderen Sammeltrommeln dienen zugleich als Brennkammergehäuse. Die Außenwände des Wärmeaustauschers sind mit großen Deckeln ausgestattet, damit man die Rohre gut reinigen kann. Die Rohre selbst haben unterschiedliche Länge, das längste ist 7315 mm lang, siehe auch Abb. 566a und b.

Abb. 277. Außenansicht eines der beiden Wärmeaustauscher einer 7500-kW-Gasturbine von Sulzer

Abb. 276 und 277 zeigen einen der beiden Wärmeaustauscher einer Sulzer-7500-kW-Gasturbine für ein belgisches Stahlwerk, s. S. 579.

Die beiden parallel geschalteten, unter der Anlage liegenden Wärmeaustauscher bestehen aus Rohrbündeln von 7 m Länge mit Rohren von 35 mm Außendurchmesser und 30 mm Innendurchmesser. Das Gas strömt durch das Innere der Rohre, während die unter 7 ata stehende Luft die Rohre von außen umgibt. Bei dieser Anordnung werden die Rohrböden unmittelbar durch die auf Zug beanspruchten Rohre getragen. Wie die Pfeile angeben, wird die Luft im radialen Zickzack-Strom so durch den Apparat geführt, daß im ganzen gesehen ein Gegenstrom zustande kommt. Die Ein- und Austritts-Ringkanäle sind nach der Mitte verlegt und bilden den Fixpunkt des ganzen Apparates, der sich von hier aus nach beiden Seiten frei dehnen kann. Im Außenmantel sind entsprechende Faltenbälge vorgesehen. Die Luft kommt mit etwa 150° C in den Wärmeaustauscher und verläßt

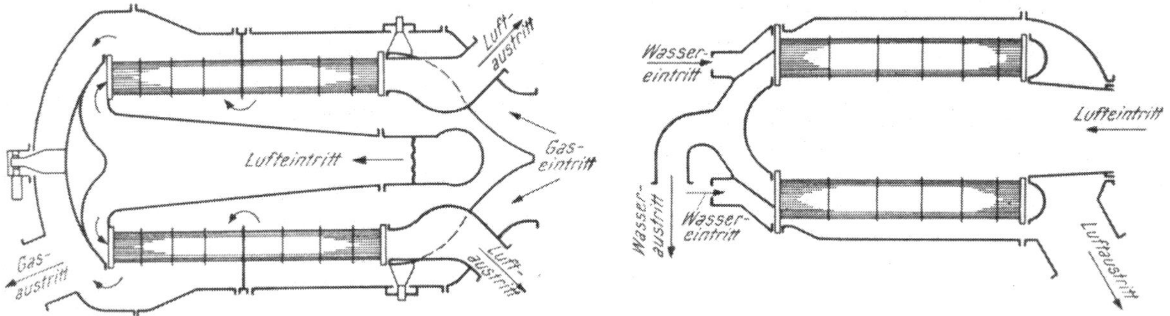

Abb. 278. Prinzipskizze des Wärmeaustauschers der Rolls-Royce-Marinegasturbine RM 60

Abb. 279. Prinzipskizze des Zwischenkühlers der Rolls-Royce-Marinegasturbine RM 60

ihn mit etwa 320° C. Die Gastemperatur am Eintritt beträgt 360° C, am Austritt 220° C. Die äußere Oberfläche der beiden Wärmeaustauscher beträgt $2 \times 2590 = 5180$ m².

Abb. 278 zeigt einen sehr effektvollen Wärmeaustauscher kleinen Volumens für die

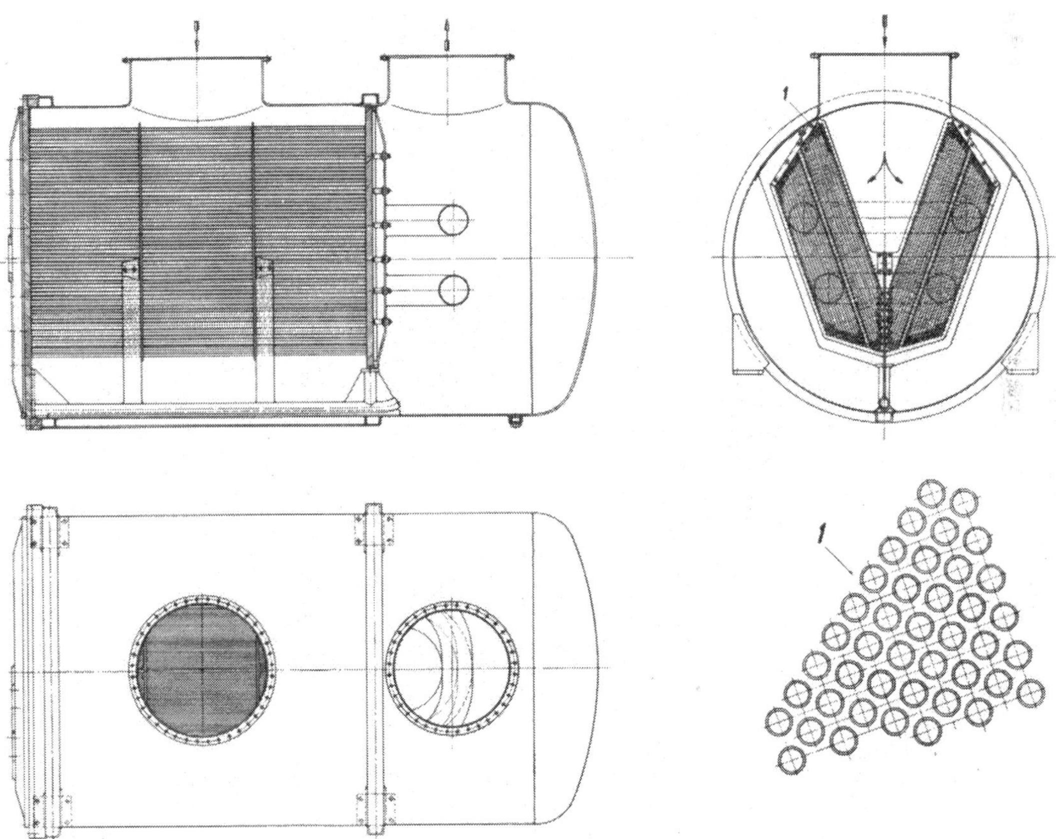

Abb. 280. Schnitt durch den Zwischenkühler einer Sulzer-7500-kW-Gasturbine

Schiffsgasturbine Rolls Royce RM 60. Er gibt ein η_R von 64 % bei einem Dauerlastdurchsatz von 6,34 kg/sek, bei einer Gaseintrittstemperatur von 560° C. Bei Vollast beträgt der Luft- bzw. Gasdruck 19 ata bzw. 3,87 ata. Der Zylinder aus rostfreiem Stahl enthält das Rohrbündel. Auch die Rohrböden bestehen aus rostfreiem Stahl. Die Durchbildung ist derart, daß sich das Rohrbündel frei dehnen kann. Die 4280 Rohre mit 6,35 mm Durchmesser aus Staybrite sind in die Böden eingewalzt und haben eine Länge von 1220 mm. Das ganze Rohrbündel hängt mit einer Dreipunktaufhängung im Außengehäuse, um radiale Dehnungen auszugleichen.

Das Gas strömt zweimal radial über das Rohrbündel, wodurch eine nur außerordentlich kleine Differenz der mittleren Rohrtemperatur zwischen äußeren und inneren Rohren auftritt. Dies ergibt eine gleichmäßige Verteilung der Beanspruchung in den Rohrböden.

Abb. 279 läßt die grundsätzliche Ausbildung des Zwischenkühlers der gleichen Gasturbine erkennen. Es ist ein Kreuzstromaustauscher, der für minimales Gewicht ausgelegt ist. 3102 Rohre mit 6,35 mm Außendurchmesser und 965 mm Länge sind in die Böden eingewalzt und gelötet. Das Rohrbündel kann sich frei dehnen und zur Reinigung leicht herausgezogen werden. Besondere Beachtung wurde der Wasser- und Luftverteilung geschenkt, um mechanische bzw. thermische Beanspruchungen auszuschalten.

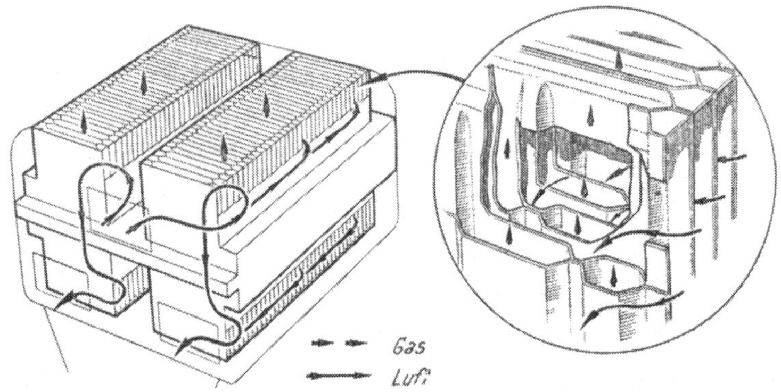

Abb. 281. Schema des Plattenwärmeaustauschers der English Electric Co. Ltd.

Abb. 280 zeigt die Ausbildung des Zwischenkühlers der Sulzer-7500-kW-Anlage. Das V-förmige Rohrbündel wird von der Luft quer durchströmt. Es besteht aus gerillten Rohren, deren Oberfläche etwa das Doppelte des glatten Rohres beträgt. Die V-Form des Bündels hat den Zweck, eine günstige Verteilung der Luft am Eintritt durch reichliche Querschnitte zu gewährleisten und doch ein Unterbringen des Bündels in der festigkeitstechnisch günstigen zylindrischen Form möglich zu machen. Die Oberfläche dieses Zwischenkühlers beträgt 970 m^2.

Abb. 281 bringt noch ein Beispiel eines Plattenwärmeaustauschers. Es ist ein Gegenstromaustauscher der English Electric Co. Ltd. Er ist aus 0,7 mm dickem rostfreiem Stahlblech mittels Punktschweißung aufgebaut. Die Platten haben 25,4 mm lange Mulden, 3,2 mm tief, eingepreßt. Sie weisen einen 3,18 mm breiten flachen Grund auf. An diesen Mulden werden je zwei Platten durch Punktschweißung zusammengeheftet. Zwischen jedem solchen Plattenpaar ist ein 1,02 mm breiter Spalt. 322 Platten formen eine 508 mm breite Gruppe, die oben und unten quer zum Gasstrom abgedichtet wird. Das Gas strömt von unten nach oben. Die Luft, die am oberen mittleren Einlaß einströmt, verteilt sich durch den zentralen und die äußeren Luftschächte in die Plattenzwischenräume und strömt im Gegenstrom nach unten und nach Sammlung durch die beiden Auslässe zu den Brennkammern. Der Rückgewinnungsgrad beträgt 60 %, der totale Druckverlust 4,7 % (Gas- und Luftseite). Die Abmessungen sind folgende: Länge 2387 mm, Breite 1778 mm, Höhe 1371 mm, Gewicht 5307 kg. Luftdurchsatz 19,3 kg/sek.

Da Wärmeaustauscher nach der normalen Rohrbauweise bei Wärmerückgewinnungsgraden über 75 % sehr umfangreich werden, versucht man durch kleine Rohrdurchmesser sowie verschiedene Maßnahmen zur Verbesserung des Wärmeüberganges dessen Dimensionen zu verkleinern [*181, 182, 184*].

7. Das Regenerativsystem

Ein Minimum an Größe für eine gegebene Durchsatzmenge und einen bestimmten Rückgewinnungsgrad erreicht man jedoch mit einem Wärmeaustauscher nach dem Regenerativsystem. Der Ljungström-Luftvorwärmer aus dem Dampfkesselbau ist ein typisches Beispiel für diese Bauart. Infolge der großen Druckdifferenz zwischen Verbrennungsluft und Abgas bei einer Gasturbinenanlage wird die Dichtungsfrage zum Hauptproblem. Dies und der Verzug infolge ungleichmäßiger Erwärmung bereiten die größten Konstruktionsschwierigkeiten.

Verkleinert man bei einem gegebenen Wärmeaustauscher den Rohrdurchmesser, dann erhöht sich die Rohrzahl, die Rohrlänge wird kleiner, und damit auch das relative Volumen. Treibt man dies bis zum Extrem, dann kommt man in den Bereich laminarer Strömung ($Re = 50$ bis 200). Bei einem Rohrdurchmesser von 0,5 mm z. B. kommt man auf etwa 60 mm Rohrlänge, braucht jedoch beinahe 200000

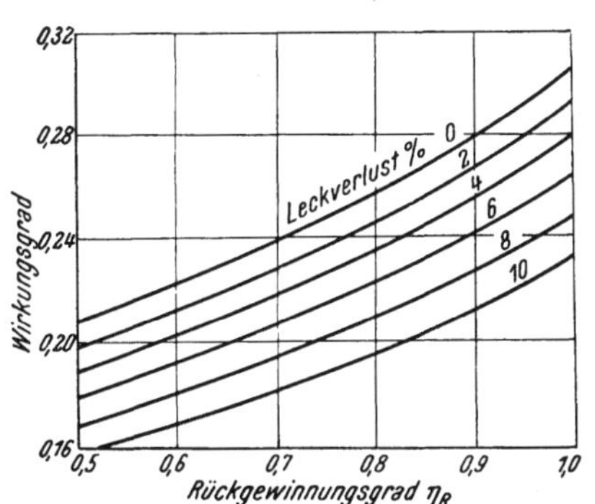

Abb. 282. Einfluß des Leckverlustes eines Regenerativwärmeaustauschers auf den Wirkungsgrad einer Gasturbine

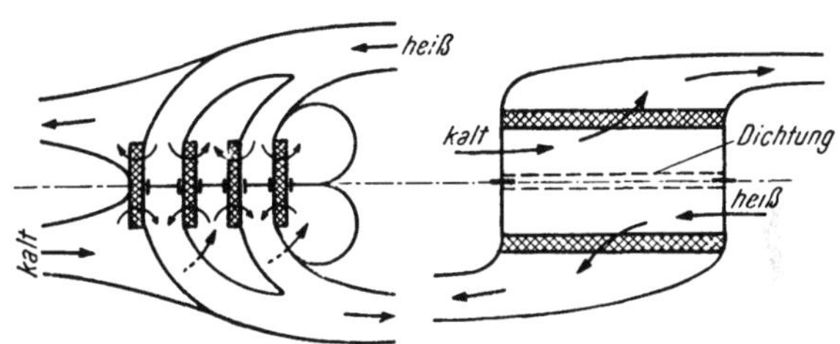

Abb. 283. Schema für Scheiben- und Trommelbauweise bei Regenerativwärmeaustauschern

Rohre für 1 kg/sek Durchsatz (Rückgewinnungsgrad 80 %). Dies ist praktisch bei einem normalen Rekuperativwärmeübertrager nicht durchführbar, jedoch mit einem Regenerativübertrager möglich.

Gegenüber dem im Kesselbau wohlbekannten Ljungström-Luvo liegen die Verhältnisse bei der Gasturbine ungleich schwieriger, da zwischen Luft und Abgas ein großer Druckunterschied herrscht, der bei ungenügender Abdichtung Leckverluste verursacht, die den Wirkungsgrad drücken, Abb. 282. Hingegen werden durch die kurzen Gaswege die Druckverluste trotz hoher Wärmerückgewinnungsgrade klein.

Eine mögliche Ausführungsform wäre z. B. eine rotierende Scheibe mit einer großen Anzahl feiner axialer Bohrungen. Luft strömt axial durch die obere Hälfte der Scheibe, Gas auch axial, aber entgegengesetzt, durch die untere Hälfte. Zwischen oberer und unterer Hälfte muß eine gute Abdichtung vorgesehen werden, ebenso wie am Umfang. Jeder Kanal der rotierenden Scheibe ist also abwechselnd mit heißen Gasen oder kalter Luft in Berührung. Infolge der entgegengesetzten Strömungsrichtung findet eine gewisse Selbstreinigung statt.

In einer solchen Scheibe geht die Wärmeübertragung folgendermaßen vor sich: tritt eine dieser axialen Bohrungen von der heißen in die kalte Zone ein, so wird ein Quantum Luft durchströmen, das schon nach einem kurzen Wegstück auf Bohrungstemperatur ist. Es wird daher beim weiteren Durchgang dieser Luftmenge keine Erwärmung mehr stattfinden. Bei weiterer Drehung der Scheibe wird der nächste Luftanteil zuerst den kühleren Bohrungsteil passieren und daher einen etwas längeren Weg bis zur vollständigen Aufwärmung brauchen. Dieser Prozeß setzt sich fort, während die Bohrung durch die kalte Zone rotiert, und die Drehzahl der Scheibe ist so abgestimmt, daß der letzte Rest der gespeicherten Wärme gerade verbraucht ist, wenn die Bohrung wieder in die heiße

Zone eintritt. Der letzte Luftteil wird daher die ganze Bohrungslänge brauchen, bis er vollständig aufgewärmt ist.

Während der Rotation der Scheibe entströmt die gesamte Luft mit gleicher Temperatur. Natürlich muß der Scheibenwerkstoff eine möglichst geringe Wärmeleitfähigkeit besitzen, um einen Temperaturausgleich zu vermeiden.

Ritz hat in Göttingen während der Kriegsjahre ausgedehnte Versuche an solchen Speicherübertragern durchgeführt.

Er fand aus Versuchen über Wärmeübergang und Druckverlust bei niederen Reynoldsschen Zahlen (50 bis 200), daß Kreuzstrom (Gewebe mit gekreuzten Fäden) dem Axialstrom (axiale Bohrungen oder Rohre) überlegen ist. Die Wärmeübergangskoeffi-

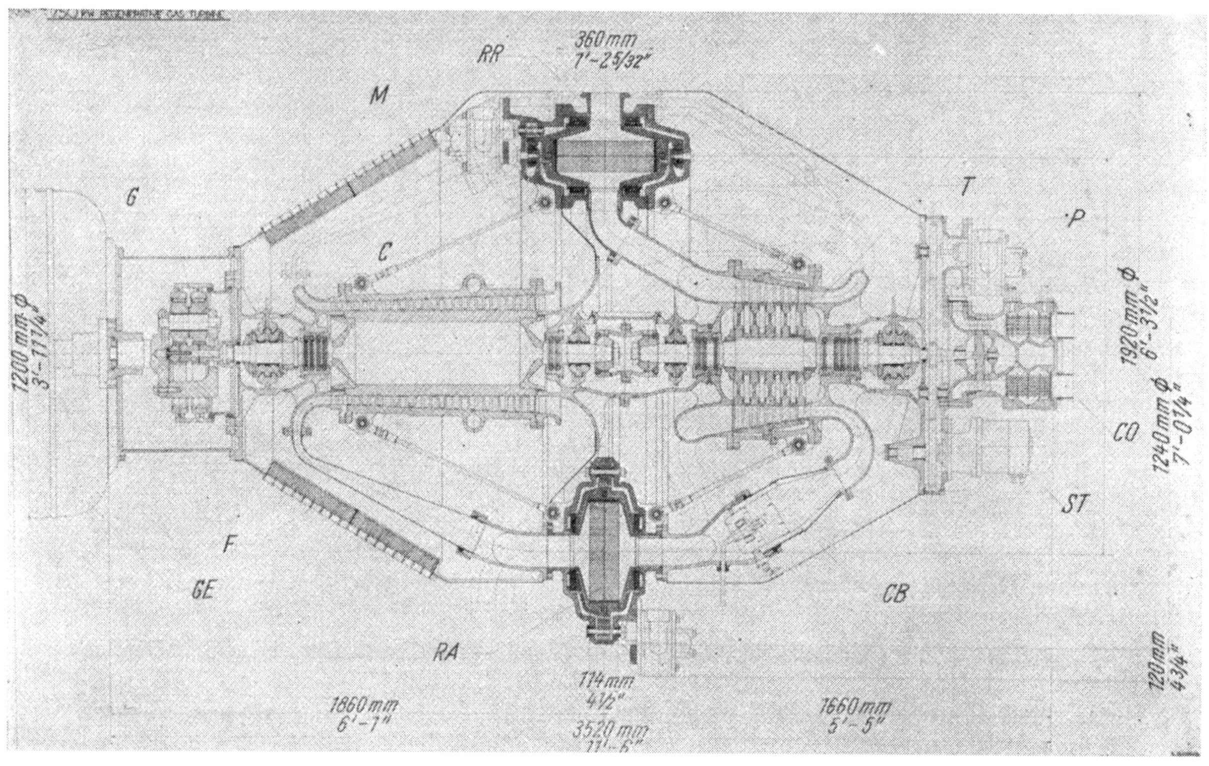

Abb. 284. Entwurf für eine 750-kW-Gasturbine mit Regenerativwärmeaustauscher; alternativ in Scheiben- und Trommelbauart

zienten bei diesen niedrigen Reynoldsschen Zahlen zeigen, daß Nu unabhängig von Re ist, an bestimmten Stellen (entsprechend verschiedenen L/d-Verhältnissen) aber ansteigt. Es scheint also, daß bei sehr kleinen Geschwindigkeiten und sehr dünnen Geweben aus Glas oder Quarzfäden (auch Drahtgewebe wurden versucht) trotz der niederen Reynoldsschen Zahlen eine örtliche Turbulenz hervorgerufen wird, die den Wärmeübergang verbessert, ohne den Druckverlust nennenswert zu erhöhen.

Zwei schematische Anordnungsskizzen eines Speicherübertragers zeigt Abb. 283, und zwar a) eine Scheibenbauweise mit axialer Durchströmung und b) eine Trommelbauweise mit radialer Durchströmung. Eine mögliche konstruktive Ausführung ist in Abb. 284 wiedergegeben. In der oberen Hälfte ist eine radial durchströmte Trommel, in der unteren Hälfte eine axial durchströmte Scheibe dargestellt. Abb. 285 zeigt diese Wärmeaustauscherbauarten im Detail.

Bei kleinen Durchsatzmengen zeigt die Scheibenbauweise Vorteile, bei größeren wird jedoch die Scheibenzahl zu groß und damit die Leitungsführung unangenehm.

Der Wärmeaustauscher würde dadurch sehr umfangreich werden und die Dichtungslänge beträchtlich. Es erscheint daher in diesem Falle die Trommelbauweise vorteilhafter.

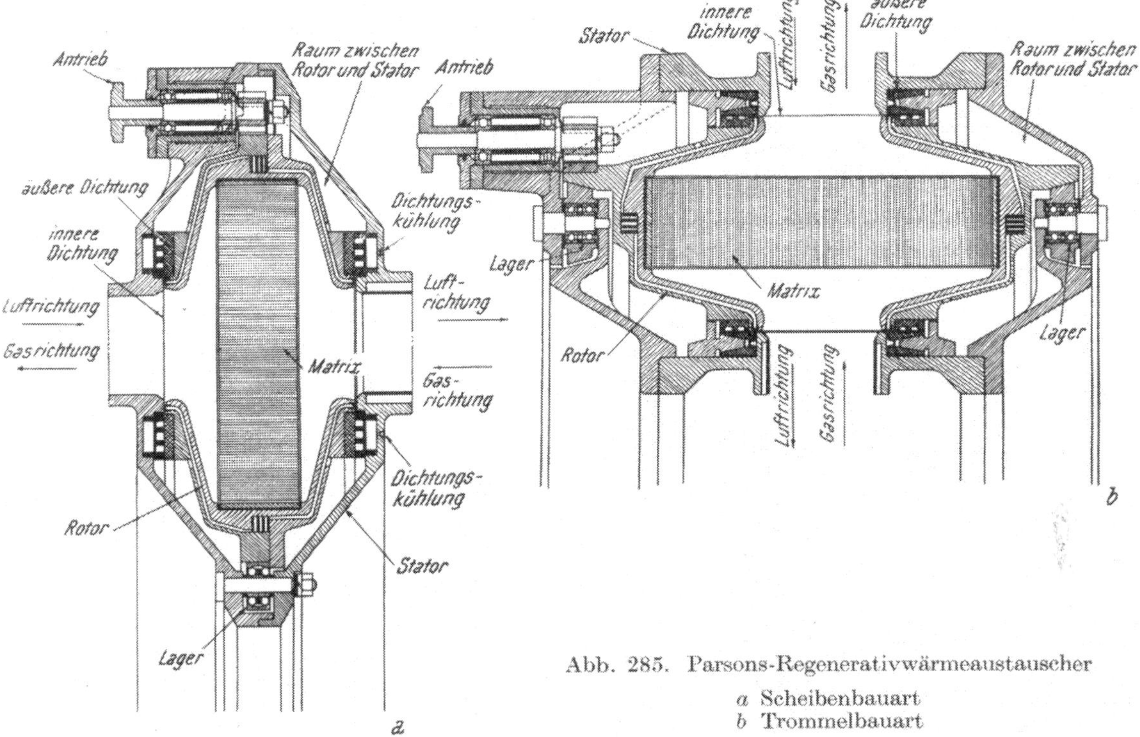

Abb. 285. Parsons-Regenerativwärmeaustauscher

a Scheibenbauart
b Trommelbauart

Keramische Werkstoffe für die Matrix zeigen verschiedene Vorteile:

1. Hohe spezifische Wärme (hohe Wärmekapazität bei kleinem Gewicht).

2. Die Wärmeleitfähigkeit ist von einer Größenordnung, daß zwar die nötige Wärmemenge in jede Bohrungswand eindringt, jedoch ein axialer Wärmefluß weitgehend vermieden wird.

3. Keramische Werkstoffe können durch Chemikalien oder hohe Erhitzung leicht gereinigt werden.

4. Sie können hohe Temperaturen aushalten und bei günstiger Wahl auch den Beanspruchungen durch wechselndes Erhitzen und Abkühlen widerstehen.

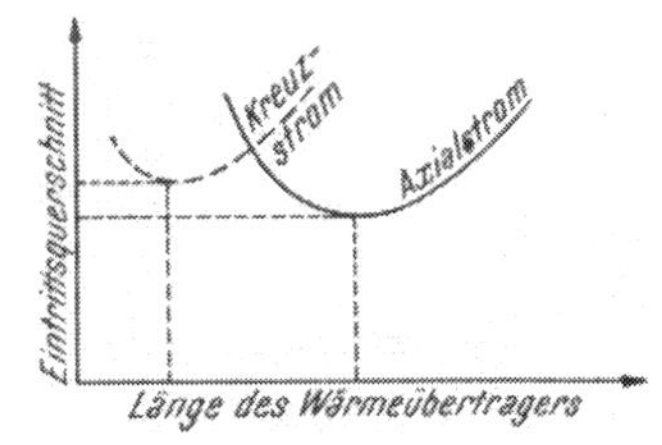

Eintrittsquerschnitt
Kreuzstrom
Axialstrom
Länge des Wärmeübertragers

Abb. 286. Einfluß von Kreuz- und Axialstrom auf die Baumaße von Regenerativwärmeaustauschern

Was das Verschmutzen betrifft, ist ein solcher Wärmeübertrager in seiner Übertragungskapazität durch Niederschlag nur wenig beeinträchtigt, zumal die wechselnde Strömungsrichtung an sich schon ein Verschmutzen hintanhält. Nach Versuchen von Ritz hat sehr minderwertiges Öl nach 200 Stunden bei 1000° K keinen Niederschlag ergeben. Leider liegen bis heute noch keine Versuchsergebnisse über Langzeitversuche mit solchen Wärmeübertragern vor, so daß ein endgültiges Urteil über das Verhalten derselben bei den verschiedenen Brennstoffen noch nicht gegeben werden kann.

Vom Standpunkt des Kreisprozeßwirkungsgrades aus gesehen ist der Druckverlust von gleicher Bedeutung wie der Rückgewinnungsgrad. Es gibt für jede Auslegung von Maschine und Wärmeübertrager ein Optimum. Mit Wärmeaustauscher-Eintrittsquerschnitt als Ordinate und Austauscherlänge als Abszisse zeigt eine Linie konstanten spezifischen Brennstoffverbrauches ein Minimum entsprechend definitiven Größen von Druckverlust und Rückgewinnungsgrad, Abb. 286. Rechts von diesem Punkt wird hoher Rückgewinnungsgrad durch hohe Druckverluste mehr als wettgemacht, während links davon geringer Druckverlust wieder niederen Rückgewinnungsgrad zur Folge hat.

Abb. 287. Federlabyrinthprinzip

Zwei Auslegungen sollen für eine bestimmte Maschine betrachtet werden, Abb. 286. Die starke Linie zeigt einen Speicherübertrager mit Axialstrom (Rohre oder axiale Bohrungen), die strichlierte Linie einen Austauscher mit Kreuzstrom über ein Gewebe mit gekreuzten Fäden. Es tritt nur eine geringe Differenz im Eintrittsquerschnitt auf. Der Axialstrom zeigt hier kleine Vorteile. Der Optimalpunkt für Kreuzstrom liegt wesentlich weiter links, was eine geringere Länge des Austauschers und damit geringeres Gewicht und Volumen zur Folge hat. Dies gilt für Reynoldssche Zahlen zwischen 50 und 200.

Ritz verwendete bei seinen Versuchen eine Dichtung nach dem Federlabyrinthprinzip mit gutem Erfolg. Weniger als 1% Leckverluste wurden bei Versuchen mit Verdichtungsverhältnissen bis 1:7 festgestellt. Abb. 287 zeigt die für die Trommelbauart verwendete Labyrinthtype. Die Schlitze wurden mit einer 0,5 mm starken Säge geschnitten. Zwischen den Schlitzen blieb 0,2 bis 0,3 mm Material stehen. Nach Ritz bildet ein Winkel von 40° zwischen Lippe und Körper ein Optimum [*188*].

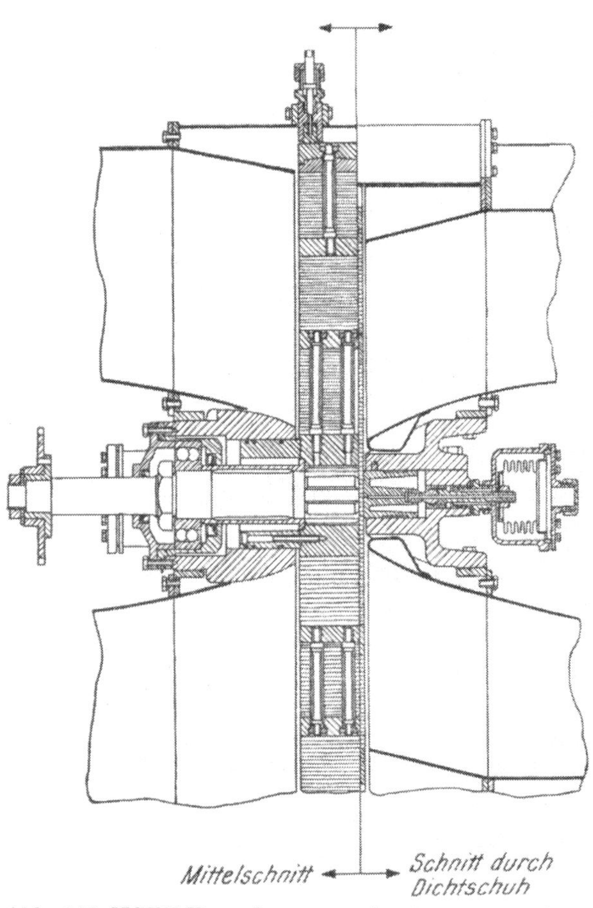

Abb. 288. NGTE-Versuchsregenerativwärmeaustauscher No. 3. Letzte Ausführung

Der große Vorteil des Speicherübertragers besteht also darin, daß alle Kanäle einer Sektion vom gleichen Gas mit gleichem Druck durchflossen werden. Die einzelnen Kanäle müssen daher untereinander nicht dicht sein und können so angeordnet werden, daß das nötige hohe Oberflächen-Volumen-Verhältnis entsteht. Infolgedessen geben gerade Gewebe, entweder aus Draht oder keramischem Werkstoff, so gute Resultate. Dazu kommt noch die leichte Herstellbarkeit einer solchen Matrix. Zu den Leckverlusten an den Dichtleisten kommen bei einem solchen Wärmeaustauscher allerdings auch noch die Leckverluste durch Mitnahme von Luft auf die Gasseite beim Durchgang des Rotors von der Luft- auf die Gasseite.

Bei Versuchen des NGTE[1] wurde die Matrix aus Blech hergestellt. Es wurde je eine Lage glatten und gewellten Bleches übereinandergewickelt, so daß lauter axiale Kanäle

[1] Siehe Fußnote S. 156.

von dreieckigem Querschnitt entstanden. Es wurden Rückgewinnungsgrade von 80 bis 85 % erreicht. Die Rotoren waren als Scheiben ausgebildet. Die Dichtungen glitten direkt am

Abb. 289. NGTE-Versuchsregenerativwärmeaustauscher No. 3 am Versuchsstand obere Gehäusehälfte und Gasleitungen demontiert

Rotor (glatte Dichtungsbacken), wobei mittels Entlastungseinrichtungen der Anpreßdruck dieser Dichtungen trotz wechselnder Druckverhältnisse und Wärmedehnungen in zu-

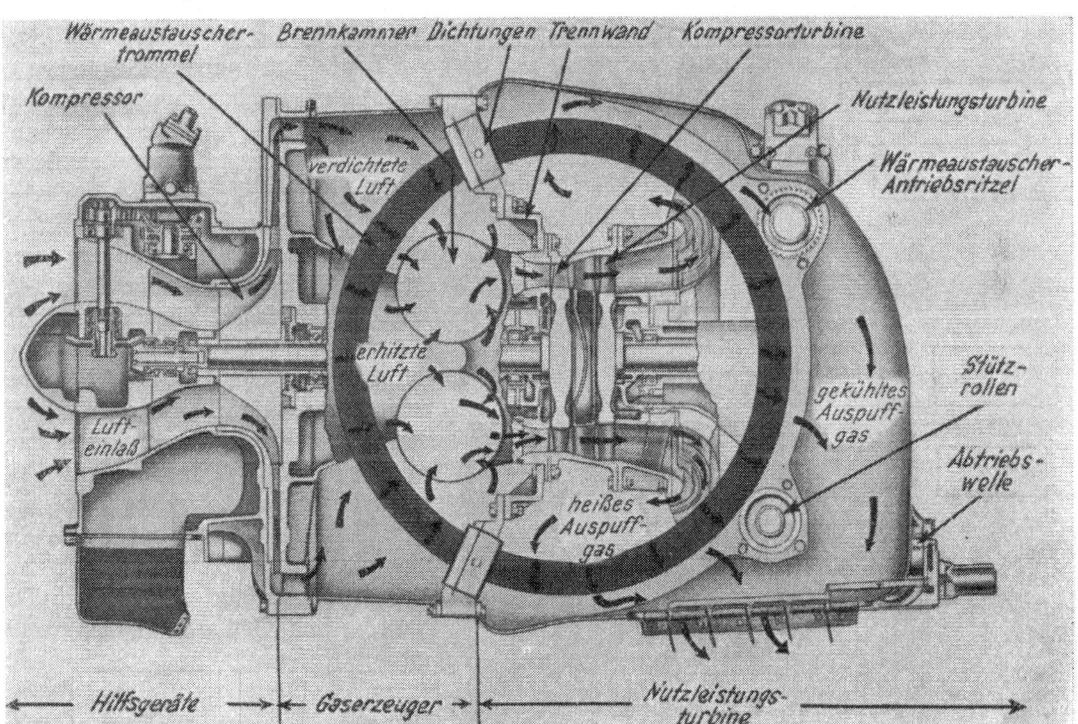

Abb. 290. Schnitt durch die General-Motors-GT-304-Whirlfire-Automobilgasturbine mit 200 PS und Regenerativwärmeaustauscher

lässigen Grenzen gehalten werden konnte [*187*]. Abb. 288 zeigt einen Schnitt durch die letzte Ausführung des Versuchsregenerators der NGTE, und Abb. 289 zeigt diesen Regenerativwärmeaustauscher mit abgenommener oberer Gehäusehälfte am Prüfstand.

Abb. 291. Der Ford-Regenerativwärmeaustauscher

Abb. 292. Einzelteile des Ford-Regenerativwärmeaustauschers

Abb. 293. Aufbau der Matrix des Ford-Regenerativwärmeaustauschers (vergrößert)

Entwicklungen bei C. A. Parsons in England auf dem gleichen Gebiet wurden von Kollegen von Ritz durchgeführt. Es ist darüber leider nur wenig veröffentlicht worden. Die in Abb. 284 und 285 gezeigten Konstruktionen sind Entwicklungen dieser Firma [*190*, *191*, *192a*].

Die ersten in mehr Details bekanntgewordenen Versuche wurden bei Ford in USA gemacht. Im Zuge der Entwicklung einer Fahrzeuggasturbine wurde ein Regenerativwärmeaustauscher entwickelt, der im grundsätzlichen Aufbau sehr ähnlich dem des NGTE ist und der sich zumindest im Versuchsbetrieb zu bewähren scheint. Weitere Regenerativwärmeaustauscher sind bei General Motors und Chrysler in Erprobung. Für die neueste General-Motors-Fahrzeugturbine wurde eine Trommelkonstruktion entwickelt, die sich ebenfalls bewähren dürfte, Abb. 290 [*362*].

Ford hat einen Regenerativwärmeaustauscher in Scheibenbauweise gewählt, da dieser am einfachsten hergestellt werden kann [*192*].

Abb. 291 zeigt diesen Wärmeaustauscher zusammengebaut und Abb. 292 die Einzelteile. Das Flächenverhältnis 2:1 für Gas zu Luftdurchtrittsfläche wurde deswegen gewählt, um mehr als 80 % Rückgewinnungsgrad im Leerlauf und weniger als 0,07 kg/cm² Druckverlust gasseitig bei Vollast zu erreichen. Die Rotordrehzahl beträgt dabei 20 U/min. Der Antrieb erfolgt über ein im Gehäuse gelagertes Ritzel auf den Zahnkranz außen am Rotor. Die Scheibe mit 560 mm Außendurchmesser entstand durch Aufwickeln eines gewellten und eines glatten Blechstreifens aus rostfreiem Material Nr. 430 auf die Nabe von 100 mm Durchmesser. Die Blechdicke beträgt 0,05 mm, die Streifenbreite 76 mm. Radiale Speichen, die zwischen Nabe, innerem und äußerem Ring eingezogen sind, halten den Rotor zusammen. Die Ringe selbst sind auf die Blechmatrix aufgeschrumpft. Die Seiten- und Umfangsdichtungen haben Druckausgleich. Leckluft an der Nabe wird durch Kolbenringe verhindert. Der Rotor läuft auf zwei Graphitar-Lagern, die in die Nabe eingeschrumpft sind und sich um die feststehende Welle drehen. Diese Welle

Abb. 294. Der Ford-Regenerativwärmeaustauscher am Prüfstand

trägt außen Links- und Rechtsgewinde für die Gehäuse der radialen Dichtungen und wird zur Einstellung der Axiallager benützt. Das ganze Rotorgewicht und der Schub wird über die Gehäuse der Radialdichtungen auf das Wärmeaustauschergehäuse übertragen.

Die Matrix selbst ist vergrößert in Abb. 293 dargestellt. Der durchschnittliche hydraulische Durchmesser beträgt 0,66 mm. Die spezifische Oberfläche ergibt sich zu 5280 m^2/m^3. Der komplette Rotor besteht aus 16 kg Blech mit einer Länge von 533 m und enthält etwa 250000 Kanäle.

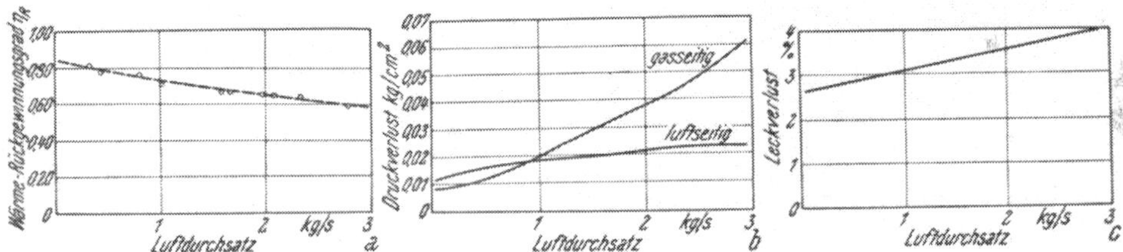

Abb. 295 *a*, *b*, *c*. Rückgewinnungsgrad, Druckverlust und Leckverlust des Ford-Regenerativwärmeaustauschers

Abb. 294 zeigt den Wärmeaustauscher-Versuchsstand von Ford. Der Rotor wird über eine flexible Welle von einem Elektromotor mit einem Getriebe mit variabler Drehzahl angetrieben. Das gesamte Antriebsaggregat hängt in zwei Lagern, wodurch das Antriebsdrehmoment direkt gemessen werden kann.

Der Verlauf des Wirkungsgrades, des gas- und luftseitigen Druckverlustes sowie des Leckverlustes ist aus Abb. 295 ersichtlich.

Die genaue Berechnung solcher Regenerativwärmeaustauscher ist ziemlich kompliziert, und es liegen vor allem heute noch wenig konkrete Daten ausgeführter betriebsreifer Wärmeaustauscher vor. Die letzte ziemlich ausführliche Berechnungsmethode, die sich auf praktische Resultate stützt, stammt von W. Wai Chao [*192*] und behandelt den Ford-Wärmeaustauscher. Es würde beim jetzigen Stand der Entwicklung zu weit gehen, im Rahmen dieses Buches die genaue einschlägige Theorie für solche Wärmeaustauscher darzustellen, und es sei daher auf das umfangreiche Schrifttum verwiesen [*186* bis *192a*].

VIII. Brennstoffe, Brennkammern und Brennstoffsysteme

A. Brennstoffe

Die hauptsächlich für die Gasturbine in Frage kommenden Brennstoffe sind:

Erdgas,	Heizöle,
Gichtgas,	Kohlenteeröl,
Benzin,	Kohle,
Petroleum,	Torf.
Dieselöl (Gasöl),	

Die heutigen industriellen Gasturbinen arbeiten mit Erdgas, Gichtgas, Diesel- oder Heizöl. Bei Stahlwerkinstallationen wird im Gemischtbetrieb Gichtgas und Heizöl verwendet. Kohle und Torfverbrennung befinden sich im Versuchsstadium. Lediglich eine geschlossene Turbine mit Kohlenfeuerung und eine offene Turbine mit Kohlenteeröl stehen derzeit im industriellen Einsatz.

Während die Verbrennung von Erdgas, Gichtgas oder leichten Destillaten keine Schwierigkeiten bereitet, bringen die Heizöle einige sehr unangenehme Eigenschaften mit.

Erdgas, das vor allem auch in Österreich vorkommt, setzt sich hauptsächlich aus paraffinischen Kohlenwasserstoffen zusammen, wobei Methan (CH_4) dominiert und kleinere Mengen von Äthan (C_2H_6), Propan (C_3H_8) und Butan (C_4H_{10}) enthalten sind. Die Verbrennung ist außerordentlich sauber und angenehm und der Betrieb damit billig und wirtschaftlich.

Von den flüssigen Treibstoffen werden die leichten Destillate hauptsächlich für Flugzeugtriebwerke und Fahrzeugturbinen sowie kleine Industrieturbinen verwendet, während die schweren Heizöle den großen Industrieanlangen vorbehalten sind.

Tabelle 27. *Eigenschaften einiger flüssiger Brennstoffe*

	Flug-benzin	Flug-petroleum	Gasöl	Heizöle		
Spezifisches Gewicht bei 15° C	0,71	0,79	0,85	0,93	0,95	0,97
Korrektur des spezifischen Gewichtes pro °C	0,00085	0,00073	0,000675	0,00064	0,00063	0,00063
Analyse:						
% C	84,5	85,9	86,0	86,0	85,7	85,4
% H	15,5	14,0	13,2	12,0	11,8	11,1
% S	weniger als 0,01	0,15	0,8	2,0	2,5	3,5
H/C-Verhältnis	0,183	0,173	0,153	0,14	0,138	0,13
Viskosität Centistokes bei 38° C	0,47	1,65	3,5	50	235	740
Viskosität Redwood I bei 38° C (100° F)	—	—	35	200	950	3000
Mittlere spezifische Wärme zwischen 0 und 100° C kcal/kg° C	0,53	0,50	0,48	0,46	0,455	0,45
Theoretische Verbrennungsluftmenge G_L/G_B	15,1	14,7	14,4	14,1	14,0	13,8
Oberer Heizwert kcal/kg	11,300	11,100	10,800	10,400	10,300	10,300
Unterer Heizwert kcal/kg	10,600	10,400	10,100	9,800	9,700	9,700

Tabelle 28. *Daten zweier Flugkraftstoffe*

Kraftstoff: Flugpetroleum (Kerosine) nach D.E.R.D. 2482

Spezifisches Gewicht bei 15,5° C	0,76 — 0,81
Destillation:	
Destillierte Menge bei 200° C	20 % min.
Siedeende	300° C max.
Rückstand	2 % max.
Destillationsverlust	$1^1/_2$ % max.
Kinematische Viskosität bei —18° C	6 Centistokes max.
Schwefelgehalt total	0,2 Gew. % max.
Flammpunkt	38° C min.
Gefrierpunkt (Beginn der Eiskristallbildung)	—40° C max.
Unterer Heizwert	10,100 kcal/kg

Kraftstoff: Flugturbinenkraftstoff (Wide-cut-Gasolin) nach D.E.R.D. 2486

Spezifisches Gewicht bei 15,5° C	0,739 min. 0,825 max.
Destillation:	
10 % verdampft bei	121,1° C
90 % verdampft bei	204,4° C
Siedeende	287,8° C
Rückstand	$1^1/_2$ % max.
Destillationsverlust	$1^1/_2$ % max.
Schwefelgehalt total	0,4 Gew. % max.
Dampfdruck nach Reid bei 37,8° C	0,211 kg/cm² max.
Gefrierpunkt (Beginn der Eiskristallbildung)	—60° C max.
Unterer Heizwert	10,200 kcal/kg

Speziell für Flugzeugtriebwerke muß der Brennstoff besondere Bedingungen erfüllen:
er muß unter allen Flugbedingungen leicht flüssig bleiben,
der Heizwert muß so hoch als möglich sein,
die Feuergefährlichkeit muß so klein als möglich sein.

Die Brennkammern müssen dabei so ausgelegt sein, daß hohe Intensität, hoher Wirkungsgrad, Stabilität unter allen Bedingungen und Zündung in allen Flugsituationen möglich ist.

Für Flugzeuge kommt also nur Benzin oder Petroleum in Frage, da die Viskosität von 15 Centistokes bei —40° C nicht überschritten werden darf, Abb. 296.

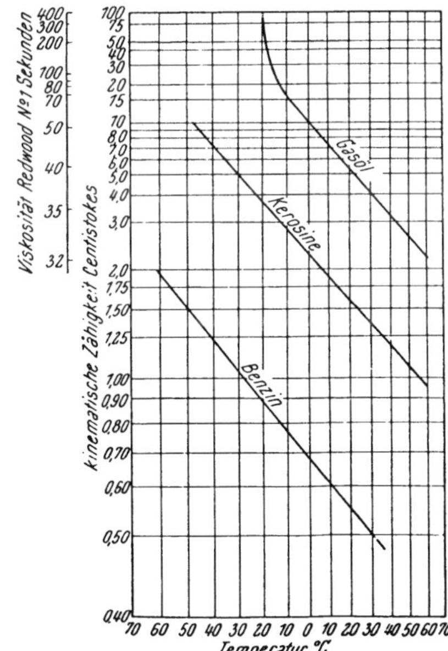

Abb. 296. Viskositäts-Temperatur-Diagramm für Flugkraftstoffe und Gasöl

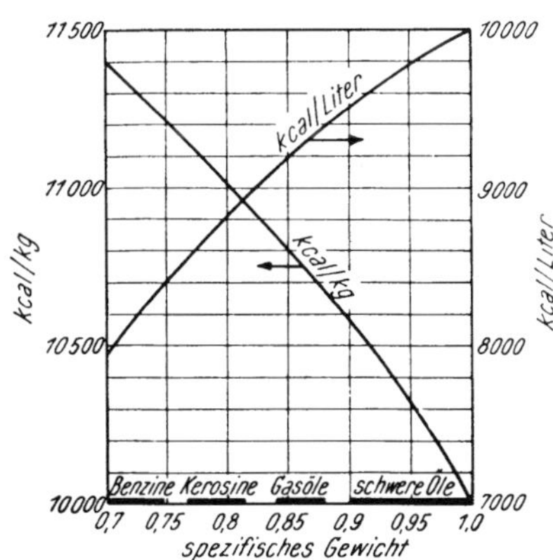

Abb. 297. Abhängigkeit des oberen Heizwertes vom spezifischen Gewicht

Die Anforderungen der verschiedenen Flugzeugklassen sind unterschiedlich. Bei Militärflugzeugen, die nur ein relativ kleines Volumen an Brennstoff fassen können, sollte der Brennstoff einen hohen Heizwert pro Liter haben. Zivilflugzeuge sind im Brennstoffgewicht beschränkt, und der Brennstoff muß daher einen hohen Heizwert pro kg haben. Die Abhängigkeit von spezifischem Gewicht und Heizwert ist aus Abb. 297 gut ersichtlich. Auch Tab. 27 gibt einige wertvolle Zahlen. Militärflugzeuge verwenden hauptsächlich sogenanntes Wide-cut-Gasolin, Zivilflugzeuge zum Teil Kerosine (Flugpetroleum), s. Tab. 28 und Abb. 296

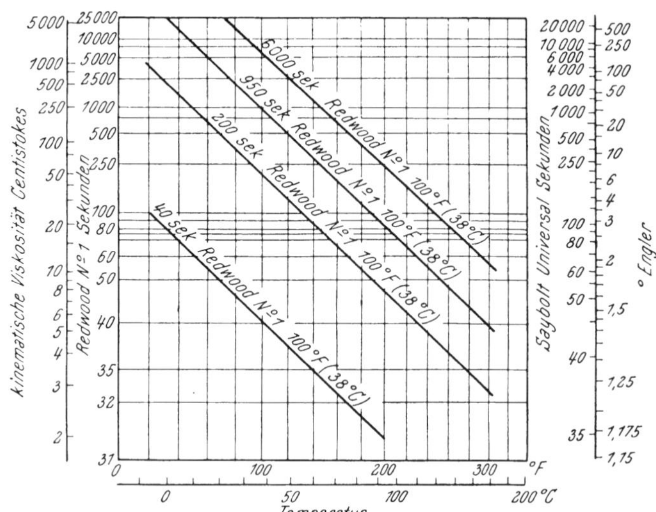

Abb. 298. Viskositäts-Temperatur-Diagramm für leichte, mittlere und schwere Heizöle

Die Verbrennung von Gasöl in Industrieturbinen bereitet keine Schwierigkeiten.

Schwere Heizöle, Abb. 298, bringen schon wegen ihrer Zähflüssigkeit eine grundsätzlich andere Ausbildung des Brennstoffsystems mit sich. Die Zähflüssigkeit ist hier der wichtigste Punkt der Analysendaten. Gewöhnlich wird auch noch der Wassergehalt und der Flammpunkt näher bestimmt [*195*, *202*, *198*, *225*].

Um nun so schwere Öle richtig fördern und filtern zu können, müssen genügend große Heizelemente und Filterflächen zur Verfügung stehen.

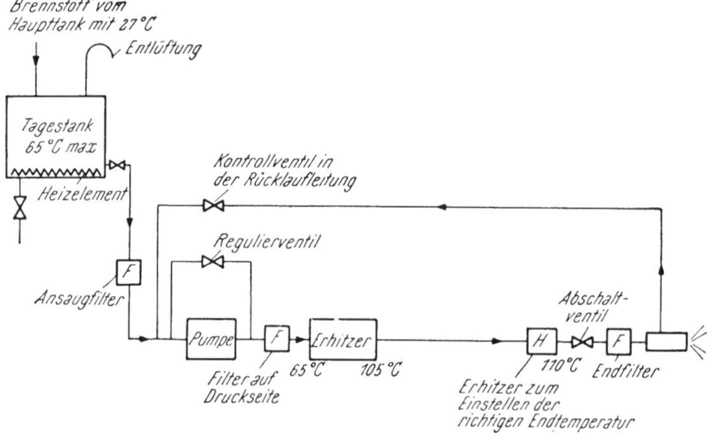

Abb. 299 *a*. Grundelemente eines Brennstoffsystems für schweres Heizöl

Die Elemente eines solchen Brennstoffsystems mit den erforderlichen Temperaturen sind aus Abb. 299a zu ersehen. Sie entsprechen einem Heizöl von 1500 Sekunden Redwood 1 bei 38° C.

Am unangenehmsten ist der auf den Turbinenschaufeln und im Wärmeaustauscher entstehende Niederschlag bei Verwendung von schweren Heizölen. Obwohl der Aschegehalt klein ist, führen diese Niederschläge doch zu einer Leistungsabnahme im Laufe der Zeit, und es muß daher die Turbine in entsprechenden Zeitabständen gewaschen werden, was mittels Spritzdüsen möglich ist. Die Wärmeaustauscher werden mittels Rußbläsern reingehalten.

Die meist im Heizöl vorhandenen Bestandteile sind Aluminium, Kalzium, Eisen, Nickel, Silizium, Natrium und Vanadium. Besonders Natrium und Vanadium geben zu Schaufelkorrosionen Anlaß •(Vanadiumpentoxyd). Bis 650° C treten kaum Schwierigkeiten in dieser Hinsicht auf. Man bleibt daher meist unterhalb dieses Bereiches. Die Art der Verbrennung spielt natürlich auch eine große Rolle. Neuerdings werden ausgedehnte Versuche mit Zusätzen gemacht (Additivs), Abb. 299b. Es würde im Rahmen dieses Buches aber zu weit führen, wenn alle diese Punkte näher erörtert würden, und es möge daher auf das einschlägige Schrifttum verwiesen werden [*34*, *203*, *204*, *207*, *208*, *210*].

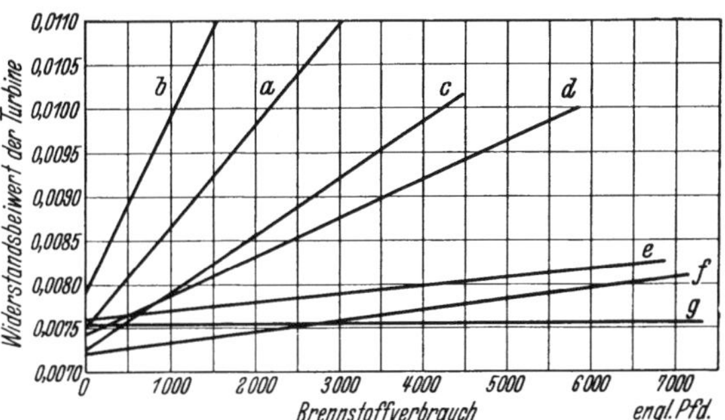

Abb. 299*b*. Einfluß verschiedener Brennstoffzusätze auf die Anlagerung von Ölasche, gemessen am Strömungswiderstand der Turbine

Brennstoffkenngrößen:
Spezifisches Gewicht 0,948 g/cm³; Zähigkeit 890 sek Redwood 1 bei 38° C entsprechend etwa 29° E; Aschegehalt 0,084%; Zusammensetzung der Asche: V_2O_5 62,3%; NiO 6,9%; Na_2O 24,7%; Fe_2O_3 2,2%; CaO 1,6%; $Al_2O_3 + PbO$ 2,2%

a reiner Brennstoff *b* mit CaO (0,55‰)
c mit P_2O_5 (0,09‰) *d* mit Al_2O_3 (0,34‰)
e mit MgO (0,4‰) *f* mit ZnO (0,81‰)
g mit SiO_2 (2‰)

Schwierigkeiten bereitet die Verbrennung fester Brennstoffe im offenen Kreislauf. Langjährige Versuche haben zwar bereits ermutigende Ergebnisse gebracht, aber es dürfte noch einige Zeit vergehen, ehe ein industrieller Einsatz möglich wird. Sehr großen Kummer bereitet die Entfernung der Schlacke und Asche. Best ausgeklügelte Abscheidesysteme haben aber auch bereits dazu geführt, die Schaufelerosionen stark herabzudrücken. Es wird in einem späteren Abschnitt darauf noch näher eingegangen (S. 405, 406).

Ein aussichtsreicher Weg ist hier vielleicht auch der abgasbeheizte Prozeß, der ebenfalls noch näher erläutert wird (S. 407) [*212*, *223*].

Am weitesten ist in dieser Hinsicht derzeit der geschlossene Prozeß vorangekommen. In Ravensburg läuft die erste geschlossene Gasturbine mit Kohlenfeuerung im industriellen Einsatz.

Ebenso wird Kohlenteeröl in einer Ruston-Turbine bereits industriell verwendet.

B. Die Brennkammer

1. Die Flugtriebwerk-Brennkammer

a) Arbeitsbedingungen. Die Flugtriebwerk-Brennkammer muß über einen sehr weiten Bereich arbeiten können. Es variiert sowohl Druck und Temperatur am Eintritt in sehr weiten Grenzen als auch die Durchsatzmenge von Luft und Brennstoff. Da nun sowohl die Fluggeschwindigkeit (Machzahl) als auch die Flughöhe ständig zunehmen, wird dieser Arbeitsbereich immer größer.

Druck und Temperatur in der Brennkammer hängen nicht nur von der Höhe und von der Flugmachzahl ab, sondern auch vom Einlaßkanal- und Kompressorwirkungsgrad sowie vom Verdichtungsverhältnis des Kompressors und von dessen Drehzahl. Das Diagramm Abb. 300 zeigt diese Zusammenhänge. Mit seiner Hilfe können sowohl Druck und Temperatur in der Brennkammer für alle Flugzustände als auch das Verhältnis des Druckverlustes in der Brennkammer bei einem beliebigen Flugzustand zum Druckverlust bei Standschub in Seehöhe ermittelt werden. Der strichlierte Linienzug gilt für Flug bei $Ma = 1$ in Seehöhe mit voller Drehzahl, wobei $p_2 = 10{,}54$ ata beträgt, gegenüber

7,03 ata bei Standschub. Die voll ausgezogene Linie gilt für Flug bei $Ma = 2$ in 18,3 km Höhe [*234*].

Abb. 301a zeigt den Brennkammerdruck bei maximaler Drehzahl in Abhängigkeit von der Flughöhe. Große Höhe setzt diesen Druck gewaltig herab, hohe Geschwindigkeit kann diesen Verlust teilweise wieder aufholen. In geringer Höhe kann hohe Fluggeschwindigkeit hingegen den Brennkammerdruck stark heraufsetzen, ein Umstand, der bei der Auslegung der Gehäuse beachtet werden muß.

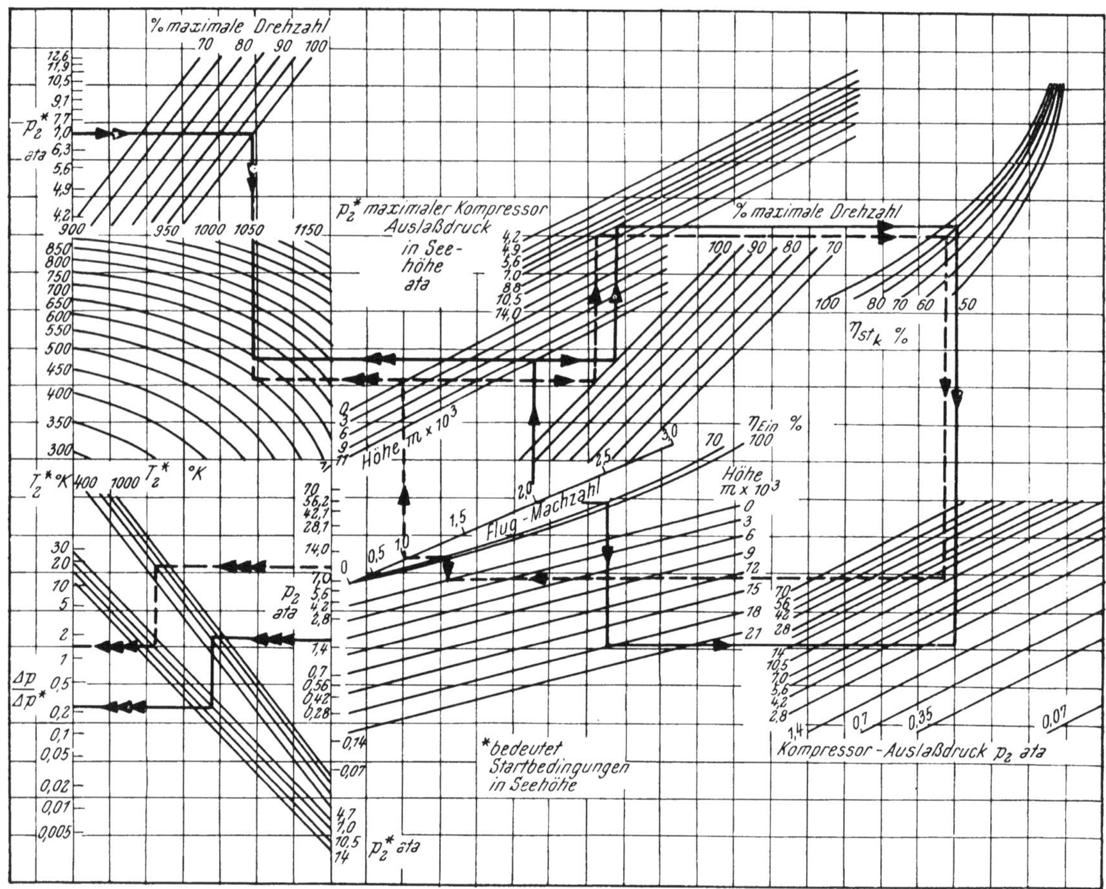

Abb. 300. Nomogramm zur Bestimmung von Druck, Temperatur und Druckverlust in Gasturbinenbrennkammern für Flugtriebwerke

Abb. 301b zeigt den Einfluß der Höhe und Flugmachzahl auf die Brennkammereintrittstemperatur. Hohe Geschwindigkeit in Bodennähe ergibt außerordentliche Steigerungen der Temperatur gegenüber Standschub, was wieder zu Schwierigkeiten in bezug auf Flammrohrkühlung und Brennkammerauslegung führt.

Die Forderung nach hohen Fluggeschwindigkeiten bringt natürlich mit sich, daß die Triebwerke möglichst kleinen Stirnwiderstand, also kleine Stirnfläche, haben sollen. Dies wieder führt zu einer beträchtlichen Steigerung der Geschwindigkeit in der Brennkammer.

b) Grundsätzliche Bauweisen. Man unterscheidet Einzelbrennkammern, Flammrohre in einem Ringraum (Cannular-System) und Ringbrennkammern [*227, 228, 229, 230, 231*].

Das am Anfang allgemein verwendete Einzelkammersystem steht noch immer bei der Mehrzahl der Triebwerke in Verwendung. Die am Beginn der Entwicklung verwendete Gegenstrombrennkammer wird wegen der daraus resultierenden großen Stirnfläche des Triebwerkes bei Flugzeugturbinen heute nicht mehr angewendet, Abb. 302. Industrielle und Kraftfahrzeugturbinen zeigen heute mehr denn je diese Bauart, weil dadurch der Brenner sehr gut zugänglich ist.

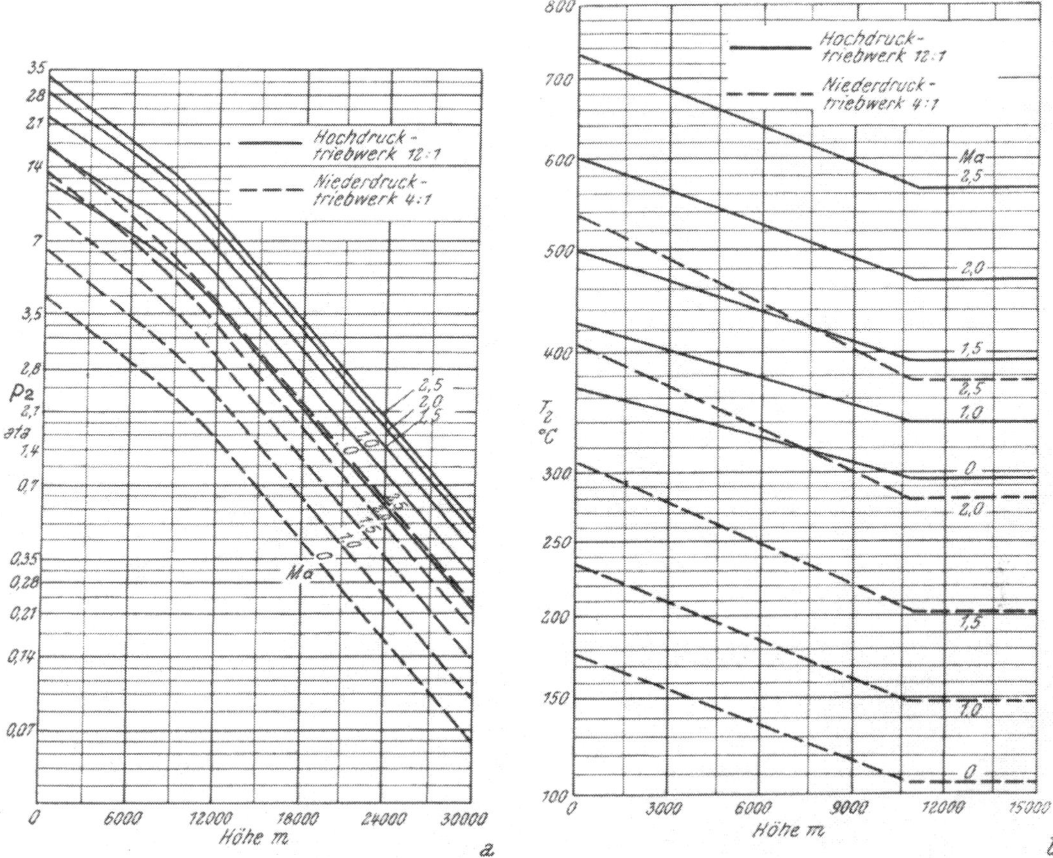

Abb. 301*a* und *b*. Brennkammereinlaßdruck und Brennkammereintrittstemperatur in Abhängigkeit von Flughöhe, Machzahl und Druckverhältnis

Für Flugzeugtriebwerke ist die Gleichstrombrennkammer mit Gleich- oder Gegenstromeinspritzung heute die Standardbauweise, wobei in der Mehrzahl der Fälle die Gleichstromeinspritzung ausgeführt wird.

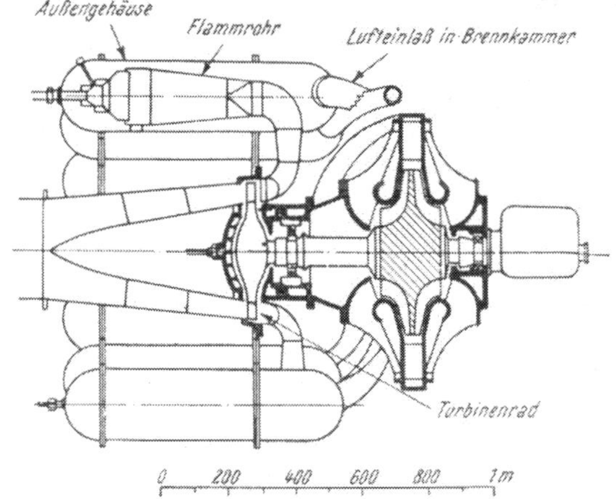

Abb. 302. Whittle-Triebwerk W1U

Abb. 303 zeigt eine typische Brennkammer der englischen Firma Joseph Lucas Ltd. Sie besteht im wesentlichen aus dem Flammrohr, in dem sich der Verbrennungs- und Mischvorgang abspielt. Speziell der Flammrohrkopf und die Wirbelschaufeln sind für die richtige Ausbildung der Strömung verantwortlich. Da der Luftüberschuß etwa viermal so groß ist, muß die Primärluft für stöchiometrische Verbrennung über die Wirbelschaufeln zugeführt werden. Die Wirbelschaufeln bewirken eine Drallströmung mit einem gegen den Brenner gerichteten Luftkern. Die Strömungsbilder bei Gleich- oder Gegenstromeinspritzung zeigt Abb. 304. Die Gegenstromeinspritzung bringt bessere Brennstoffvorwärmung und damit bessere Verdampfung, wodurch bei Flug in sehr großer Höhe ein besserer Brennkammerwirkungsgrad resultiert. Ein Nachteil ist die größere Gefahr der Überhitzung der Brenner und dadurch Verkoken der Kanäle derselben. Man muß daher die Brenner mit einem Luftmantel umgeben, der Kühlluft aus dem äußeren Ringraum entnimmt.

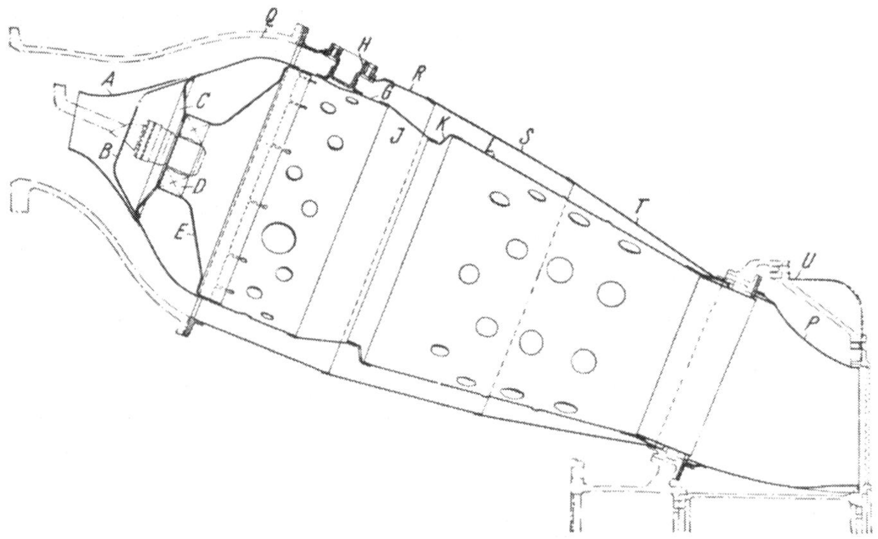

Abb. 303. Schnitt durch eine Lucas-Brennkammer des TL-Triebwerkes Rolls Royce „Derwent V“

A Mundstück
B Zumeßdüse
C Siebplatte
D Wirbelschaufeln
E Gelochter Brennkonus
G Zylinderteil des Flammrohres
H Aufhängung des Flammrohres
J Vordere konische Partie des Flammrohres
K Verbindungsring
L Rückwärtige konische Partie des Flammrohres
P Auslaßdüse
Q Expansionskammer
R Zylinderteil des Außengehäuses
S Vorderer konischer Teil des Außengehäuses
T Rückwärtiger konischer Teil des Außengehäuses
U Turbineneintrittsgehäuse

Die hauptsächlichsten Ansprüche, die an eine Brennkammer gestellt werden, sind:

a) Hoher Wirkungsgrad, da eine Verschlechterung desselben und eine daraus resultierende nennenswerte Erhöhung des Brennstoffverbrauches durch den ohnehin schon hohen spezifischen Verbrauch nicht toleriert werden kann.

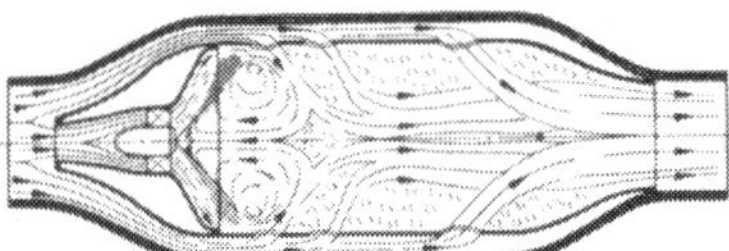

Abb. 304 *a*. Brennkammer mit Kraftstoffeinspritzung in Luftstromrichtung. Toroidische Zirkulation mit Rückströmungsbereich in der Brennkammerachse

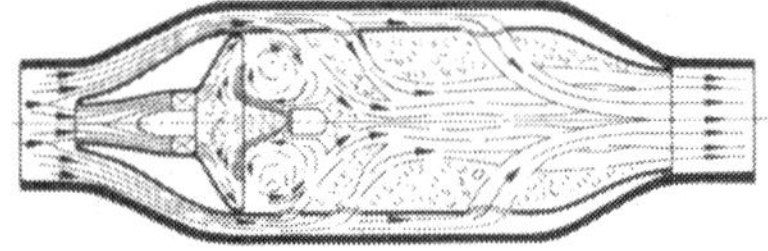

Abb. 304 *b*. Brennkammer mit Kraftstoffeinspritzung entgegen der Luftstromrichtung. Toroidische Zirkulation mit Rückströmungsbereich in der Brennkammerachse

b) Kleinstmöglicher Druckverlust, da dieser direkt den thermodynamischen Wirkungsgrad beeinträchtigt.

c) Sie muß über einen weiten Bereich des Luft-Brennstoff-Verhältnisses und der zugeführten Brennstoffmenge zuverlässig arbeiten. Der normale Bereich bewegt sich zwischen 60 und 120 Gewichtsteilen Luft pro Gewichtsteil Brennstoff, doch wird stabiles Verhalten bis zu einem Verhältnis von 300:1 gefordert, um ein Verlöschen der Flamme während des Fluges sicher zu verhindern. Das Verhältnis der zugeführten Brennstoffmenge unter den verschiedenen Bedingungen ist 1:10, wobei das Maximum Vollast in Seehöhe und das Minimum Reiseflug in großer Höhe entspricht.

d) Gleichmäßige Temperaturverteilung am Brennkammerauslaß, was einen hohen Grad von Durchwirbelung bedingt.

e) Gutes Startvermögen am Boden und in der Höhe.

f) Keine Rußbildung.

g) Freiheit von mechanischen Defekten und Zundern der Metallteile, zur Erreichung einer genügenden Lebensdauer.

h) Geringes Gewicht, kurze Baulänge, geringes Bauvolumen.

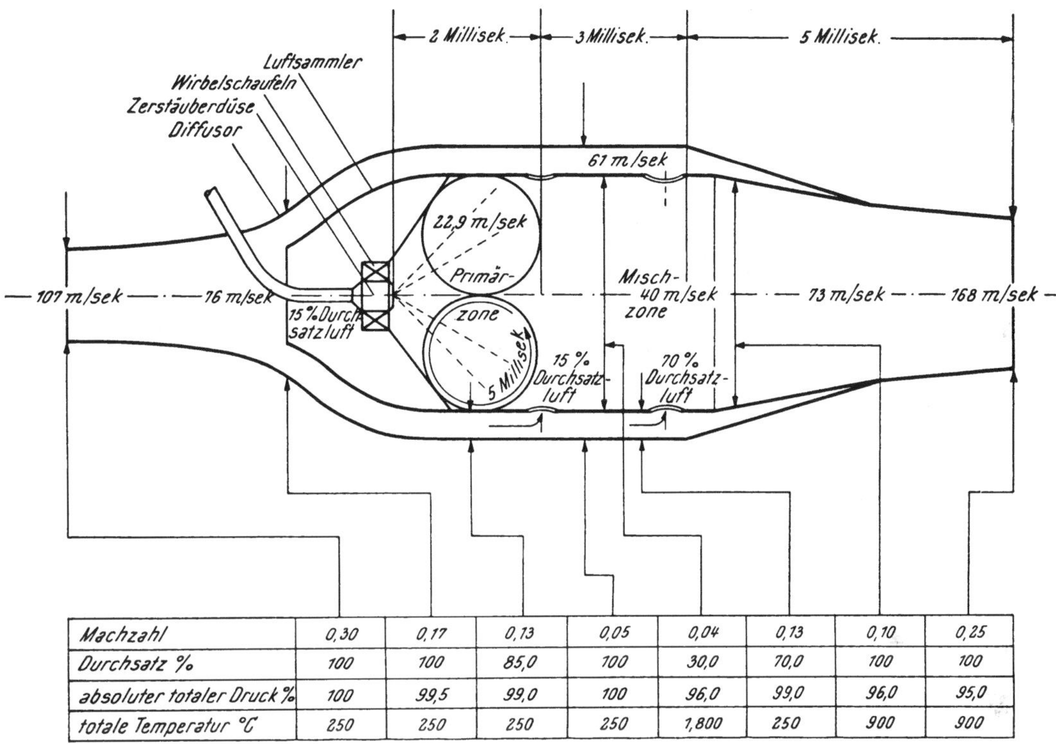

Machzahl	0,30	0,17	0,13	0,05	0,04	0,13	0,10	0,25
Durchsatz %	100	100	85,0	100	30,0	70,0	100	100
absoluter totaler Druck %	100	99,5	99,0	100	96,0	99,0	96,0	95,0
totale Temperatur °C	250	250	250	250	1,800	250	900	900

Abb. 305. Kennwerte einer modernen Flugtriebwerk-Brennkammer

Um bei den hohen Feuerraumbelastungen (70 bis 120×10^6 kcal/m³ h at) und hohen Geschwindigkeiten, die sich aus den beschränkten Platzverhältnissen ergeben, eine druckverlustarme, wirkungsvolle Brennkammer bei Auslaßtemperaturen von 800 bis 1000° C zu entwickeln, waren eine intensive Forschungstätigkeit sowie entsprechende Werkstoffe notwendig. Die in Abb. 303 gezeigte Lucas-Brennkammer des TL-Triebwerkes Rolls Royce Derwent V ist das Ergebnis dieser Forschung und wird als Standardausführung bei den heutigen Triebwerken angewendet. Diese Kammer hat einen Druckverlust von etwa 5 % und eine Auslaßgeschwindigkeit von ungefähr 200 m/sek. Bei Eintritt in die Brennkammer wird der Luftstrom geteilt. Annähernd 75 % fließen zwischen Flammrohr und Außenmantel als Sekundärluft, während die zur Verbrennung unmittelbar notwendige Primärluft durch das Mundstück *A* und die Zumeßdüse *B* einerseits über die Wirbelschaufeln *D* in die Brennzone gelangt und andererseits über die Siebplatte *C* und den gelochten Brennkonus *E* außen in den Brennraum eintritt. Die Wirbelschaufeln erzeugen den schon erwähnten Wirbel, in dessen Achse die Luft in Richtung Brenner fließt und so die Flamme dort gleichsam verankert, damit trotz der hohen Luftgeschwindigkeit diese nicht abreißt, wobei außerdem durch die turbulente Strömung eine rapide Verbrennung gesichert wird. Durch die Löcher im Flammrohr tritt die Sekundär- und Mischluft in die Mischzone ein.

Die Brenngase gelangen durch die Austrittsdüsen P zum Eintrittsleitrad der Turbine. Drei Stützen halten das Flammrohr in der richtigen Lage. Zwei davon sind als Verbindungen zu den übrigen Brennkammern ausgebildet, und zwar werden sowohl die Flammrohre als auch die Außenmäntel durch ineinanderliegende Rohrstutzen miteinander verbunden,

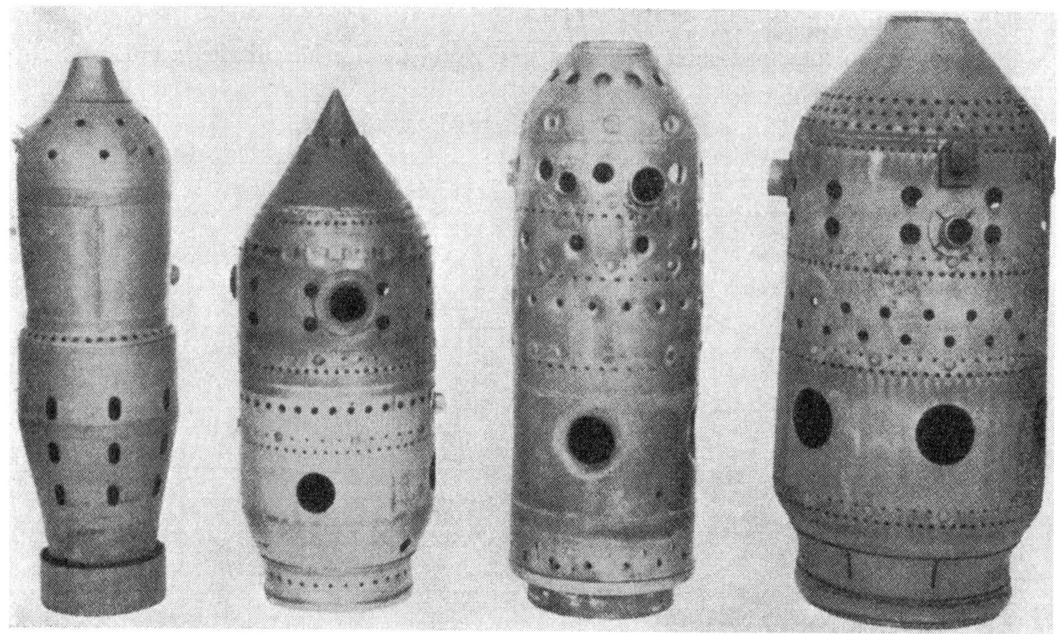

Abb. 306. Flammrohrbauarten moderner Flugtriebwerke für Zivilluftfahrt

einerseits zum Druckausgleich, andererseits um die Zündflamme beim Start überzuleiten, da nur in einer oder zwei Brennkammern gezündet wird. Unter welchen Bedingungen solche Kammern arbeiten, zeigt folgendes Beispiel: Das Turbinendüsentriebwerk Rolls Royce *Nene* hat neun solche Brennkammern, von denen jede 370 Liter Flugpetroleum pro Stunde verbraucht. Da dieser Brennstoff etwa 8250 kcal pro Liter enthält, werden in jeder Kammer pro Minute 51 000 kcal frei. Die Flammrohre werden daher aus einem hochhitze- und zunderbeständigen Stahl (Nimonic 75) gefertigt, während das kühlbleibende äußere Gehäuse aus Kohlenstoffstahl besteht.

Abb. 307. Ringförmige Brennkammer des Metropolitan-Vickers-TL-Triebwerkes F 2/4

Typische Werte für eine moderne Brennkammer zeigt Abb. 305. Typische Flammrohrbauarten sind in Abb. 306 zu sehen.

Die Ringbrennkammer ergibt natürlich bedeutend kleinere Stirnflächen und auch bessere Strömungsverhältnisse. Sie wird bei modernsten Triebwerken mehr und mehr angewendet. Abb. 307 zeigt eine ältere Entwicklung von Metropolitan Vickers für das Triebwerk F 2/4. Der in der Abbildung dargestellte Teil entspricht eigentlich dem Flammrohr der normalen Brennkammer. 20 Brenner ragen radial durch die in der Seitenansicht vorne sichtbaren Löcher und spritzen gegen die von rückwärts sichtbare Lochplatte. Durch die großen Durchbrüche tritt die Verdünnungsluft ein.

Die deutschen Triebwerke am Ende des zweiten Weltkrieges waren auch bereits mit solchen Brennkammern ausgerüstet, die sicher in Verbindung mit Axialkompressoren das Ideal darstellen. Allerdings erfordert ihre Entwicklung sehr leistungsfähige Prüfstände.

Eine sehr gute Zwischenlösung, die heute vielfach zur Anwendung kommt, ist die Ringbrennkammer mit Flammrohren (Cannular-System). Abb. 308 zeigt eine solche Brennkammer für das Triebwerk Pratt & Whitney J 57. Interessanterweise sitzen in jedem Flammrohr sechs Brenner, so daß jedes Flammrohr eine kleine Ringbrennkammer bildet.

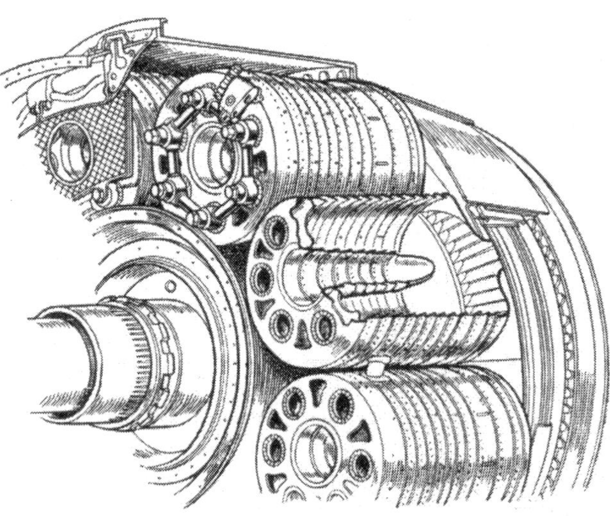

Abb. 308. Ringbrennkammer mit Flammrohren (Cannular-System) des Pratt & Whitney-J-57-TL-Triebwerkes

Eine Sonderstellung nehmen die Brennkammern von Armstrong Siddeley mit Brennstoffvergasung ein. Abb. 309 zeigt eine bereits etwas ältere Ausführung der Brennkammer für das Triebwerk Armstrong Siddeley Mamba. Der Brennstoff wird unter einem verhältnismäßig kleinen Druck von 25 kg/cm^2 durch die vier Düsen in vier Zuleitungsrohre gespritzt und gelangt zusammen mit der Primärluft in vier ähnlich einem Spazierstockgriff ausgebildete Rohre, in denen er während seines Durchganges verdampft wird. Aus diesen Rohren wird das Brennstoff-Dampf-Luftgemisch gegen die aus vier Schlitzen der Brennkammerstirnwand austretende Sekundärluft geblasen und verbrennt zusammen

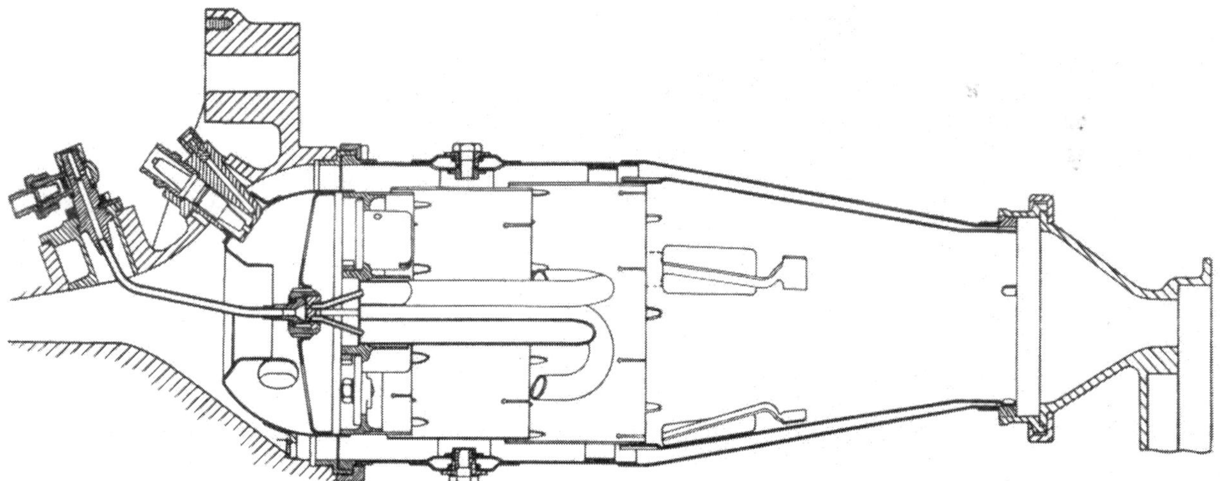

Abb. 309. Brennkammer mit Brennstoffvergasung (Propellerturbine Armstrong Siddeley Mamba)

mit dieser. Die vier Sekundärluftschlitze befinden sich in aus der Stirnwand hervorragenden Domen, die aus kleinen Löchern in der Stirnwand mit Luft angeblasen werden, um Ansatz von Ruß zu vermeiden. Die vier Verdampferrohre sind in einem zentralen Dom der Stirnwand so gelagert, daß ein kleiner Ringspalt zwischen Rohr und Dom bleibt, durch den ein Kühlluftfilm über die Verdampferrohre geblasen wird. Auch im Flammrohr sind Ringspalte zum Eintritt eines Kühlluftfilmes vorgesehen. Rückwärts im Flammrohr befinden sich die Eintrittsöffnungen für die Tertiärluft, die zur besseren Verteilung derselben mit Lenkblechen ausgestattet sind. Durch diese wird eine innige Vermischung der heißen Verbrennungsgase mit der Tertiärluft erreicht. Das Flammrohr wird mittels radialer Bolzen im Außengehäuse gehalten. Die Brennkammern sind durch Rohrstutzen zum Druckausgleich und zur Überleitung der Zündflamme verbunden. Nur zwei von den

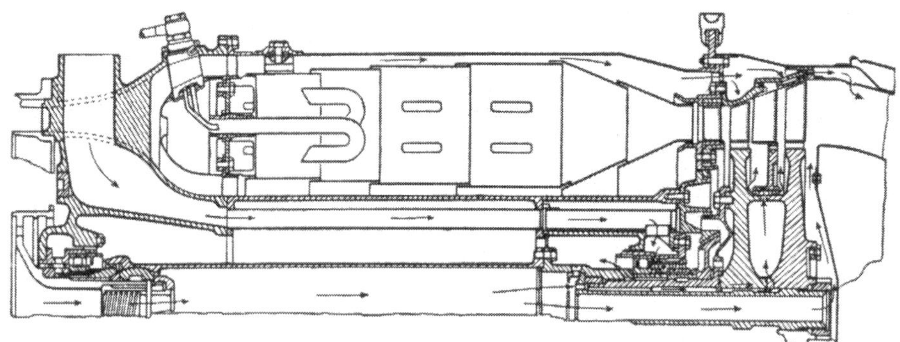

Abb. 310. Ringbrennkammer mit Brennstoffvergasung (Armstrong Siddeley Viper, früheres Baumuster)

sechs Kammern sind mit Zündeinrichtung versehen, jedoch befinden sich in den restlichen vier Kammern Startdüsen, deren Brennstoffstrahl beim Start über die Verbindungsleitungen gezündet wird. Die Startdüsen und Zündbrenner dienen zum Anwärmen der Vergaserrohre und werden, wenn eine Vergasung in diesen sicher stattfinden kann, abge-

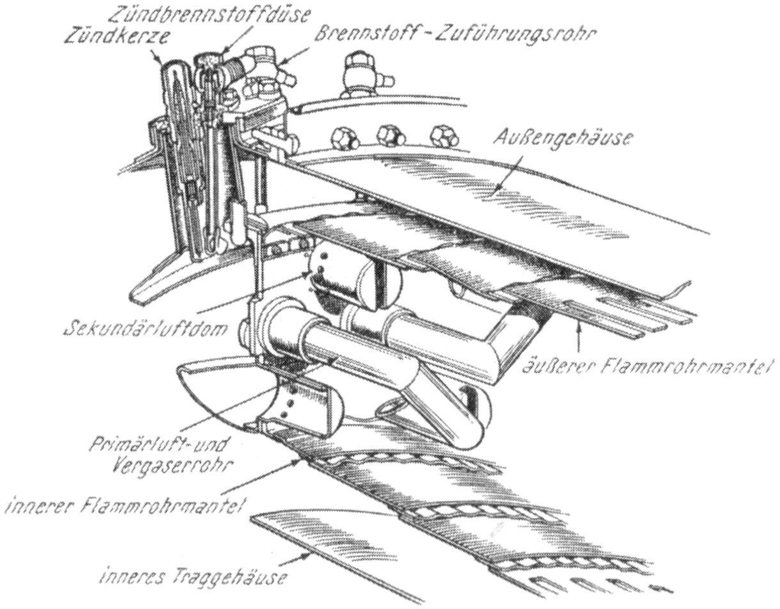

Abb. 311. Ringbrennkammer mit Brennstoffvergasung des TL-Triebwerkes YJ 65 Wright Sapphire

schaltet. Die Verdampferrohre und das Flammrohr sind aus Nimonic-75-Blech gefertigt, das äußere Gehäuse aus rostfreiem Stahl. Gleitende Verbindungen sind zur Aufnahme von Wärmedehnungen vorgesehen.

Die letzten Armstrong-Siddeley-Brennkammern sind bereits ringförmig. Abb. 310 zeigt die Ringbrennkammer des Triebwerkes A. S. Viper mit 725 kp Schub bei 13400 U/min. 24 Verdampferrohre und 24 Dome mit Sekundärluftschlitzen sind gleichmäßig in der Stirnwand eingebaut. Die Brennkammer besteht aus vier Sektionen innerer und äußerer Ringe sowie einer Stirn- und zwei Endsektionen, die teleskopartig ineinandergreifen und durch die entstehenden Spalte einen Kühlluftfilm zum Schutz der inneren Wandung entstehen lassen, ähnlich wie bei der Mamba-Brennkammer. Abb. 311 zeigt die Brennkammer des Triebwerkes A. S. Sapphire (als Type YJ 65 von Wright in Lizenz gebaut). Man kann hier sehr deutlich die Verdampferrohre und die Dome mit den Sekundärluftschlitzen ebenso wie die Gehäusesektionen mit den Kühlluftfilm-Ringschlitzen erkennen.

c) Stand der Entwicklung und Aussichten. Wie weit die Entwicklung heute gekommen ist, mag das Verhältnis von Länge der Brennkammer (Brenner bis Turbineneintritt) zum Durchmesser des Außengehäuses zeigen. Während früher eine Länge von 3- bis 4mal Außendurchmesser benötigt wurde, kommt man heute mit 2mal Durchmesser aus.

Man hat es also verstanden, durch günstige Durchwirbelung kurze Ausbrandlängen zu erreichen. Gleichzeitig sind die Druckverluste nicht angestiegen. Trotz der hohen Feuerraumbelastungen von 120×10^6 kcal/m³ h at und mehr sind die Druckverluste mit etwa maximal 5% gleichgeblieben. Die Entwicklung geht weiter in Richtung steigender Feuerraumbelastung, da der Durchsatz immer größer wird, ohne daß der Brennkammerdurchmesser wesentlich steigen könnte, weil gleichzeitig der Stirnwiderstand des Triebwerkes so klein wie möglich bleiben muß. Der einzige Ausweg ist hier die Ringbrennkammer, da mit ihr die zur Verfügung stehende Fläche 100%ig ausgenützt werden kann.

Der Wirkungsgrad bei Vollast ist immer sehr hoch und liegt bei 98 bis 99%. In sehr großen Höhen oder bei Teillast am Boden fällt er allerdings ab. Dies hängt mit der geringeren nötigen Brennstoffmenge, weniger guten Zerstäubung und mit den ärmeren Gemischen sowie der schlechteren Brennstoffverteilung und langsameren Vergasung zusammen. Hier kann durch die Ausbildung des Brenners und seine Anordnung viel erreicht werden. Duplex-Brenner sowie Gegenstrom-Einspritzung bringen wesentliche Verbesserungen [*194*, *230*]. Natürlich spielt auch der Brennstoff selbst eine große Rolle. Über Brennstoffzerstäubung und Zündung wird in einem späteren Abschnitt noch näheres gebracht werden (S. 343).

2. Brennkammern für industrielle, Lokomotiv- und Schiffsanlagen

Sofern diese Brennkammern mit Gasöl betrieben werden, gleichen sie im wesentlichen den Flugzeugbrennkammern. Das Bild ändert sich aber, wenn schwere Heizöle oder gar feste Brennstoffe zu verbrennen sind.

a) Die Verbrennung von schwerem Heizöl. Über das Heizöl und seine Aufbereitung wurde bereits gesprochen. Die Bauarten der Brenner (Zerstäuberdüsen) werden in einem späteren Abschnitt noch genauer behandelt (S. 346, 352), ebenso die der Zündbrenner.

Einige Worte sollen noch über das Beimischen von Additivs zum Heizöl gesagt werden. Versuche haben gezeigt, daß wasserlösliche Additivs mittels Hochdruckzahnradpumpen sehr wirkungsvoll zu Wasser-Öl-Emulsionen aufbereitet werden können. Diese Emulsionen sind sehr stabil, und man hat gefunden, daß auch die Zentrifugalkräfte in der Wirbelkammer des Brenners keine Agglomeration der Wassertröpfchen hervorrufen. Bei der Gasturbine des Tankers Auris wurde jedoch eine unerwartete Schwierigkeit beobachtet. Die Wassertröpfchen hielten sich im Öl trotz der Vorwärmtemperatur von 110° C infolge des Brennstoffdruckes von 21 ata. Nach dem Rücklaufventil war jedoch der Druck niedrig und das Wasser verdampfte, wodurch Kristalle des Additivs zurückblieben, die Brenner und Filter verstopften. Abhilfe schaffte eine Abkühlung des Rücklaufbrennstoffes auf 100° C.

Bei festen Additivs muß ein Kontakt derselben mit den Pumpen vermieden werden, und das System hat dann einen Aufbau nach Schema Abb. 312. Dieses System wurde ebenfalls im Tanker Auris erprobt. Das Additiv-Konzentrat wird mittels reinen Brennstoffes, der von einer kleinen Zumeßpumpe geliefert wird, in den Mixer befördert. Brenner mit reguliertem Rücklauf sollten bei solchen Additivs nicht verwendet werden, da der Rücklaufbrennstoff die Additivs wieder zurück zur Pumpe und zum Erhitzer befördern würde, wodurch eine Verstopfung desselben und große Pumpenabnützung eintreten würde. Man muß also in diesem Fall Duplex-Brenner oder Brenner mit Luftzerstäubung, die ebenfalls über einen weiten Bereich arbeiten können, einsetzen.

b) Ausbildung der Brennkammer. Der hauptsächliche Unterschied zwischen einem Flugtriebwerk und einer industriellen Gasturbine liegt in der Anzahl der Brennkammern [*205*].

Flugtriebwerke haben meist eine Anzahl von Brennkammern symmetrisch um die Triebwerkachse angeordnet. Die Schwierigkeiten bei diesem System bestehen darin, gleiche Auslaßverhältnisse der einzelnen Brennkammern zu erreichen. Die Zündung wird meist in zwei Kammern vorgenommen. Verbindungsrohre erlauben das Überschlagen der Zündflamme auf die anderen Kammern.

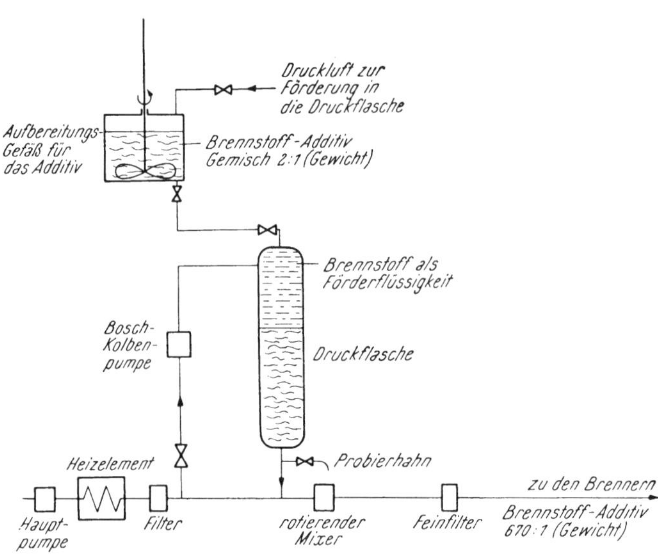

Abb. 312. Schema eines Brennstoffsystems für schweres Heizöl (1500 sek Redwood) mit Beimischung eines Additivs

In Amerika arbeiten auch die Industrieturbinen in der Mehrzahl nach dem Mehrkammersystem (General Electric und Westinghouse), und man erzielt gute Erfolge auch mit mittelschweren Heizölen.

In Europa hat sich im allgemeinen das Einkammersystem durchgesetzt. Selten noch werden zwei Brennkammern verwendet, da auch hierbei eine genaue Aufteilung von Luft und Brennstoff auf beide Kammern schwierig ist.

Der anzustrebende Leichtbau bei Industrieturbinen könnte eine Angleichung derselben an die Flugzeugturbine modernster Bauart insofern bringen, als bei beiden eine Ringbrennkammer verwendbar ist (s. die Entwicklung bei STAL, S. 626).

Das heute meist verwendete Einkammersystem vermeidet alle Schwierigkeiten der Aufteilung von Luft und Brennstoff ebenso wie alle Gefahren, die beim Verlöschen nur einer Kammer entstehen können (Explosion; Abhilfe nur durch rasch reagierende Flammenwächter, die im Falle des Verlöschens sofort den Brennstoff abstellen).

Flammenwächter sind natürlich auch bei einer einzigen Brennkammer notwendig, damit nicht unnötig Brennstoff in eine verloschene Kammer gepumpt wird.

Eine Kammer hat allerdings den Nachteil, daß die Sammlung der Luft nach dem Kompressor und die Einführung der heißen Gase in die Turbine nicht mehr so elegant und wirkungsvoll möglich ist, wie z. B. bei einer symmetrisch zur Maschinenachse liegenden Ringbrennkammer.

Die Luft- und Brennstoffverhältnisse bei einer einfachen Gasturbine liegen bei etwa 70, bei Turbinen mit Wärmeaustauscher bei etwa 110. Für beste Ausnutzung der Brennstoffenergie darf aber höchstens ein Mischungsverhältnis von etwa 30 (2mal stöchiometrisch) vorhanden sein, wobei 24 als ungefähres Optimum angesehen wird. Dies wird durch eine Teilung der Luftmenge in Primär- und Mischluft erreicht, wie dies schon bei der Flugtriebwerkbrennkammer gezeigt wurde. Während aber bei dieser die Primär- und die Mischzone ineinander übergehen, muß bei Brennkammern für schwere Heizöle darauf geachtet werden, daß diese beiden Zonen getrennt werden, da sonst starke Rauchentwicklung entsteht.

Die Brennkammern für schwere Heizöle sind für allerbesten Wirkungsgrad bei sehr kleinen Druckverlusten konstruiert. Dies ist wichtiger als spezifische Leistung. Dazu kommen noch Schwierigkeiten durch hohe Lufteintrittstemperaturen (Wärmeaustauscher).

Für die Auslegung einer solchen Brennkammer ist dem Konstrukteur meist ein bestimmter Platz und ein bestimmter zulässiger Druckverlust vorgeschrieben. Man muß daher die Zusammenhänge zwischen diesen einzelnen Größen kennen [*206*, *210*].

Die Größe der Brennkammer wird wesentlich beeinflußt von der Zeit, die notwendig ist, um die Brennstoffteilchen in der Flammenzone restlos zu verbrennen. Diese Zeit wird im wesentlichen von dem Grad der Zerstäubung, von der wirkungsvollen Vermischung von Luft und Brennstoff, von der Temperatur und von der Turbulenz (hauptsächlich ein

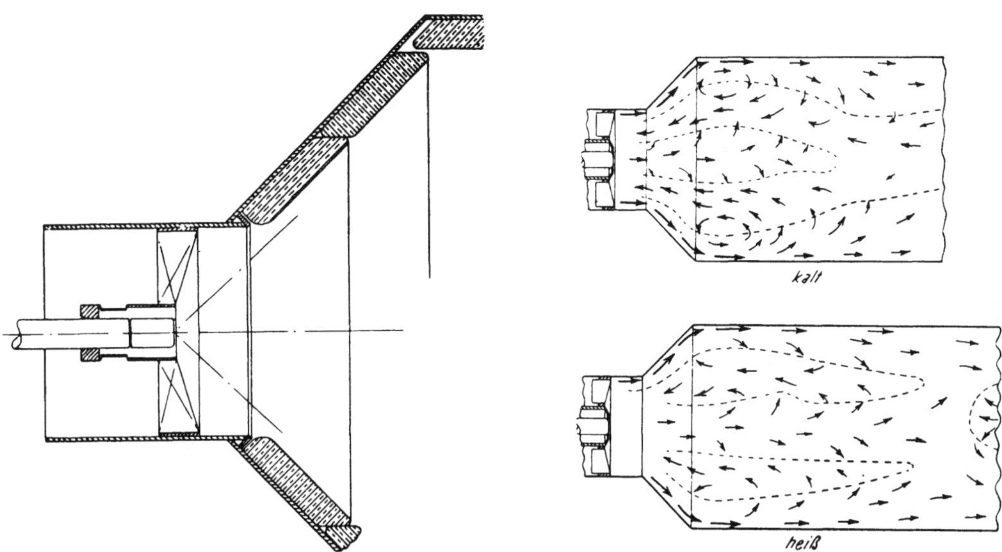

Abb. 313. Anordnung von Wirbelschaufeln rund um den Brenner

Abb. 314. Strömungsbild in der Primärzone, kalter und heißer Zustand

Faktor des Druckverlustes) beeinflußt. Diese Ausbrennzeit wird normalerweise durch die Brennraumbelastung der Primärzone ausgedrückt. Typische Brennraumbelastungen in Gasturbinenbrennkammern sind 8×10^6 kcal/m³ h at für Heizöle, 16×10^6 für Gasöl und 100×10^6 für Flugzeugbrennkammern, für die ein höherer Druckverlust für die Verbrennung zugelassen ist. Die niedrigen Werte bei Heizöl kommen von der längeren Ausbrennzeit der schweren Brennstoffanteile mit ihrem höheren Kohlenstoffgehalt. Im allgemeinen ist bei schwerem Heizöl die Brennraumbelastung halb so groß als bei Gasöl unter sonst gleichen Bedingungen.

Die Wirbelschaufeln zur Einführung der Primärluft müssen so ausgebildet sein, daß die notwendige Durchwirbelung des Brennstoff-Luftgemisches mit der Rückströmung im Wirbelkern entsteht. Es darf dabei aber kein Brennstoffteilchen die heiße Wand des Flammrohres berühren, da sonst die schweren Anteile kracken und Rußansatz bilden, der wieder zu ungleicher Erwärmung und Verbeulung der Flammrohrwand führt.

Wirbelschaufeln nach Abb. 313, die etwa 150 % der stöchiometrisch notwendigen Luftmenge durchlassen und die mit ihrem inneren Ring den Brenner umgeben und so einen Ringraum mit axialem Luftstrom um diesen schaffen, haben sich gut bewährt. Sie ergeben bei allen Lasten die richtige Turbulenz, ohne daß die Flamme die Wand berührt. Ist der Ringraum um den Brenner und damit die axial durchströmende Luftmenge zu klein, dann drückt der im Wirbelkern entstehende Rückstrom die Flamme zu sehr an den Brenner und an die Wirbelschaufeln, wodurch diese überhitzt werden. Bei richtiger Dimensionierung aber entsteht eine richtig ausgebildete Flamme in entsprechendem Abstand von Brenner und Wirbelschaufeln, die nicht bis in die Mischzone reicht. Abb. 314 zeigt das Strömungsbild in der Primärzone, kalt und warm. Die Stärke der Pfeile ist ein Maß für die relative Intensität der Strömung. Der hauptsächliche Unterschied bei arbeitender Brennkammer ist in der stärkeren Tiefenwirkung der axialen Luftströmung rund um den Brenner zu sehen.

In den Shell-Laboratorien wurde sehr viel Versuchsarbeit zur Ermittlung der Zusammenhänge zwischen den einzelnen Variablen, die man zur Konstruktion einer Brennkammer braucht, geleistet.

Folgende Benennungen werden verwendet

G_B Brennstoffmenge,
G_L Luftmenge,
T_e Temperatur der Luft am Eintritt in °K,
p_e Druck am Eintritt in ata,
F_w Querschnittsfläche der Wirbelschaufeln,
Δp_w Druckverlust an den Wirbelschaufeln,
V_{pr} Volumen der Primärzone,
I_{pr} Brennraumbelastung der Primärzone $\left(I_{pr} = \frac{G_B \cdot H_u}{p_e \cdot V_{pr}}\right)$.

Es wurde gefunden, daß bei konstanter Brennercharakteristik die Brennstoffmenge, die in einer gegebenen Brennkammer ohne sichtbare Rauchbildung verbrannt werden kann, direkt proportional der Luftmenge an den Wirbelschaufeln und der Lufteintrittstemperatur ist.

$$G_B \text{ proportional } \frac{G_L \cdot T_e}{F_w}, \text{ wenn } p_e \text{ und } V_{pr} \text{ konst.}$$

Wird die Luftmenge in einer gegebenen Brennkammer proportional mit dem Druck am Eintritt gesteigert, dann steigt die maximale Brennstoffmenge im gleichen Verhältnis, vorausgesetzt daß die Brennercharakteristik ungeändert bleibt und daß die Geschwindigkeit der axial um den Brenner strömenden Luft sich umgekehrt proportional dem Lufteintrittsdruck hoch 2,7 verhält.

G_B proportional p_e wenn G_L proportional p_e,
wenn T_e, F_w und V_{pr} konst.
und Axialgeschwindigkeit der um den
Brenner zuströmenden Luft proportional $p_e^{-2,7}$.

Prüfungen über das Verhalten von Brennkammern der gleichen Type haben gezeigt, daß die oberste Grenze für die zulässige Brennstoffmenge proportional zur Querschnittsfläche der Primärzone ist. Da diese Kammern in erster Annäherung geometrisch ähnlich sind, kann geschrieben werden

$$G_B \text{ proportional } V_{pr}^{\frac{2}{3}}, \text{ wenn } \frac{G_L}{F_w}, T_e \text{ und } p_e \text{ konst.}$$

Diese Resultate zusammengefaßt, ergibt sich für geometrisch ähnliche Brennkammern mit Wirbelschaufeln für die Primärluft

$$G_B \text{ proportional } \frac{G_L \cdot T_e \cdot V_{pr}^{\frac{2}{3}}}{F_w}. \tag{382}$$

Vorausgesetzt daß die Brennercharakteristik konstant bleibt und die Geschwindigkeit der axial um den Brenner strömenden Luft proportional $p_e^{-2,7}$ ist.

Für die Auslegung einer Brennkammer ist meist G_B, $\frac{\Delta p_w}{p_e}$, p_e und T_e gegeben und V_{pr} wird als Funktion dieser vier Variablen gesucht

$$\frac{\Delta p_w}{p_e} \text{ proportional } \left(\frac{G_L}{F_w p_e}\right)^2 \cdot T. \tag{383}$$

Eliminiert man $\frac{G_L}{F_w}$ zwischen (382) und (383), dann wird

$$V_{pr} \text{ proportional} \left(\frac{G_B}{p_e}\right)^{\frac{3}{2}} \cdot \left(\frac{T_e \cdot \Delta p_w}{p_e}\right)^{-\frac{3}{4}} . \qquad (384)$$

Die Brennraumbelastung kann ebenfalls durch diese vier Variablen ausgedrückt werden

$$I_{pr} \text{ proportional} \frac{G_B}{p_e V_{pr}} . \qquad (385)$$

Wird nun V_{pr} nach Gl. (384) in Gl. (385) eingesetzt, dann erhält man

$$I_{pr} \text{ proportional} \left(\frac{G_B}{p_e}\right)^{-\frac{1}{2}} \cdot \left(\frac{T_e \Delta p_w}{p_e}\right)^{\frac{3}{4}} . \qquad (386)$$

Diese Zusammenhänge stellen erste Näherungen dar, da der untersuchte T_e-, p_e-Bereich beschränkt war und der Einfluß von Veränderungen der Brennercharakteristik noch untersucht werden muß.

Man ersieht aus diesen Resultaten, daß eine große Kammer, die nach den Ergebnissen eines kleineren Prototyps konstruiert wird, nicht die größere Brennstoffmenge mit der gleichen Feuerraumbelastung bei gleichem Druckverlust (andere Faktoren ungeändert) verbrennen kann. Aus Gl. (384) erkennt man, daß für die vierfache Brennstoffmenge der Prototypkammer das achtfache Volumen für die Primärzone notwendig ist, was einer Verdoppelung der Abmessungen gleichkommt. Die Brennraumbelastung ist also nur halb so groß, was auch aus Gl. (386) hervorgeht.

Dieser Abfall in der Brennraumbelastung bei größeren Brennkammern kommt hauptsächlich von der steigenden Schwierigkeit, große Luft- und Ölmengen mittels einer einzigen Einblasestelle gut zu durchmischen. Ein weiterer Faktor ist der Rückgang der Zerstäubungsfeinheit mit wachsender Ölmenge, wenn nicht gleichzeitig auch der Brennstoffdruck erhöht wird. Infolge der durch die Pumpen gesetzten Grenze ist diese Drucksteigerung nicht immer möglich.

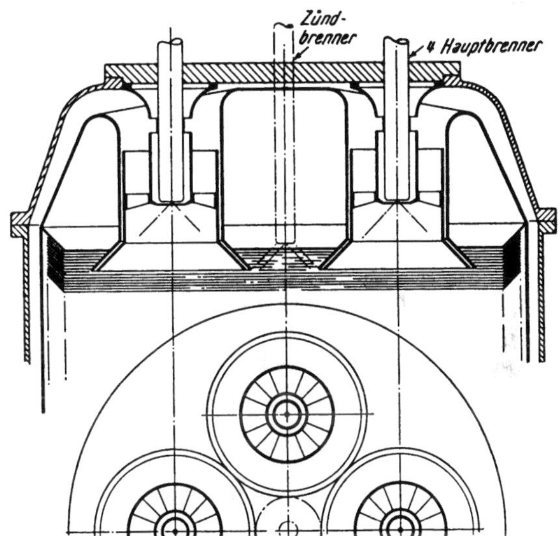

Abb. 315. Brennkammer mit Mehrfachbrennerkopf

Versuche mit Mehrfachbrennern in einem Wirbelschaufelkranz führten zu keinen besseren Resultaten. Erst die Brennkammer mit einem Mehrfachbrennerkopf, bei dem jeder Brenner seinen eigenen Wirbelschaufelkranz hat, hat Aussicht, auch bei großen Brennkammern hohe Feuerraumbelastungen zu bringen, Abb. 315.

Die Wandkühlung ist bei großen Brennkammern ebenfalls ein Problem. Flugzeugbrennkammern mit Durchmessern bis zu etwa 300 mm haben nur kurze Flammenlängen und damit sind die Probleme nicht so groß, da die Abgabe von Strahlungswärme an die Wand klein bleibt. Bei industriellen Brennkammern sind die Durchmesser der Primärzone 600 mm und größer, wozu noch die viel stärker strahlende Flamme bei Heizöl kommt. Damit wird die Wandkühlung zu einem großen Problem. Eine Ganzmetall-Brennkammer nach Art der Flugzeugbrennkammern, bei der das Flammrohr durch außen vorbeistreichende Luft gekühlt wird, ist unmöglich. Es würde dadurch zu wenig Druckenergie für den Mischprozeß zur Verfügung stehen.

c) Brennkammerausführungen für flüssige und gasförmige Brennstoffe. Es gibt nun die verschiedensten Lösungen für die im vorstehenden erläuterten Probleme [*197*].

BBC verwendet gegossene Flammrohre aus hochhitzebeständigem Material, die aus leicht auswechselbaren Teilstücken bestehen. Diese Stücke haben außen Rippen, wodurch eine gute Wärmeabfuhr erreicht wird, Abb. 316a, b, c. Luft tritt bei *1* in die Brennkammer und teilt sich im Kopf *2* in zwei Teilströme. Verbrennungsluft strömt über Wirbel-

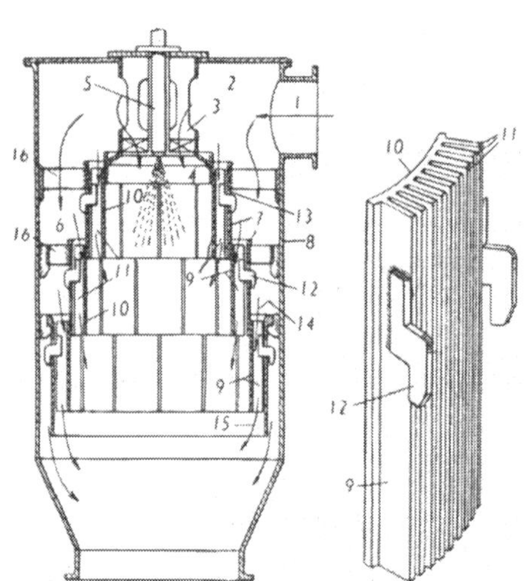

Abb. 316*a*. Schema der BBC-Brennkammer

Abb. 316*b*. Rippenelemente der BBC-Brennkammer

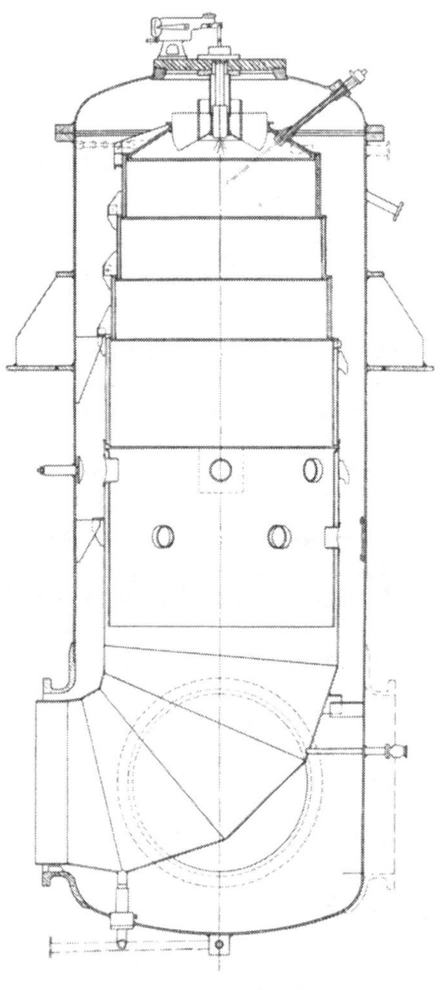

Abb. 316*c*. Schnitt durch eine BBC-Brennkammer

schaufeln *3* in die Brennzone *4*. Brennstoff wird im Brenner *5* zerstäubt. Der größere Teil der Luft strömt als Kühl- und Mischluft in den Raum *6* zwischen äußerer und innerer Wand *7* und *8*.

An der inneren Wand sind Rippenelemente *9* befestigt, die sich frei dehnen können und die leicht austauschbar sind. Diese Elemente bestehen aus Platten *10* (Strahlungsschilder), die die Brennzone umschließen und die mit zahlreichen Rippen *11* bestückt sind. Die Elemente *9* hängen mittels der Haken *12* in Schlitzen *13* der inneren Wand. Kühlluft tritt in die Zwischenräume *14* ein und verläßt diese nach ziemlicher Erwärmung bei *15*. Die Rippenelemente haben verschiedene Durchmesser und ragen teleskopartig ineinander. Die innere Wand besteht aus mehreren Blechzylindern, die mittels radialer Rippen *16* mit der Außenwand *8* verbunden sind.

Interessant ist auch der BBC-Wirbelschaufelring mit etwas schräg stehenden Wirbelschaufeln, Abb. 316c.

Eine von Shell entwickelte Ausführungsform zeigt eine ausgekleidete Primärzone, Abb. 317. Dies hat Vorteile, weil mit kleineren Luft-Brennstoffverhältnissen gefahren werden kann, wodurch eine heißere Wand in der Primärzone und dadurch weniger Gefahr von Rußbildung resultiert. Die Steine haben eine Länge von etwa 200 mm. Dieses Maß hat sich als günstig erwiesen, besonders in bezug auf thermische Schocks und deren Auswirkungen. Die Aufhängung der Steine ist insofern interessant, weil sie eine Differenzdehnung derselben und der Wand zuläßt, Abb. 318. Die Temperatur der Metallwand bleibt bei solchen Brennkammern bei etwa 600° C bei einer Lufteintrittstemperatur von 400° C.

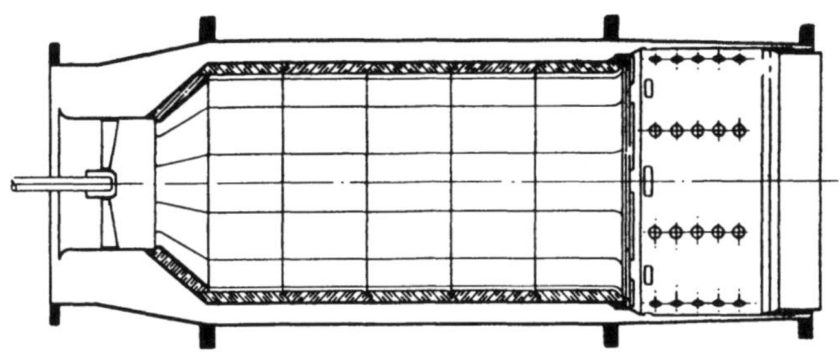

Abb. 317. Shell-Brennkammer mit ausgekleideter Primärzone

Eine weitere interessante Shell-Entwicklung stellt die Brennkammer mit Filmkühlung dar, Abb. 319. Das Flammrohr besteht hier aus einer großen Zahl von konischen Ringen, die durch eingepreßte Sicken im Abstand gehalten werden. Die dadurch entstehenden feinen Ringkanäle ergeben eine ausgezeichnete Kühlung. Außerdem ist der Aufbau sehr flexibel und dadurch weniger anfällig gegen Verwerfen bei ungleichmäßiger Erwärmung. Die abgebildete Brennkammer hat Umkehrstrom, wodurch der Brenner sehr gut zugänglich und der Aufbau der Maschine manchmal auch eleganter wird.

Diese oben gezeigte Bauart braucht eine Primärzone von etwas größerem Durchmesser als eine gleiche Brennkammer mit Auskleidung. Dies kommt daher, weil das effektive Volumen der Primärzone infolge des Kühlluftstromes verkleinert wird. Jedes Brennstoffteilchen, das in diese Zone relativ kühler Luft mit niedriger Turbulenz gelangt, kann nicht mehr vollständig verbrennen.

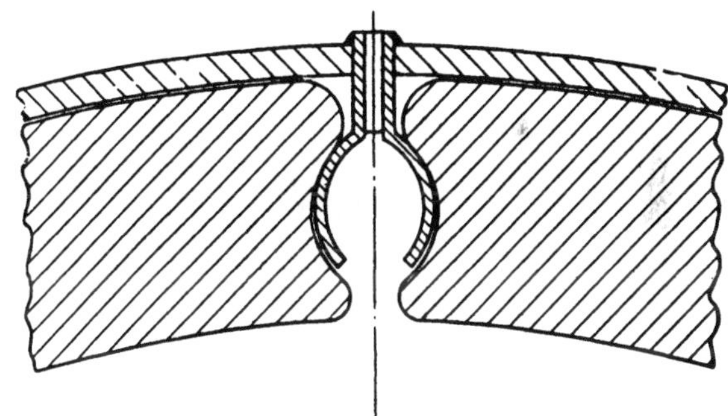

Abb. 318. Aufhängung der Auskleidung der Shell-Brennkammer nach Abb. 317

Die Kühlprobleme wachsen noch durch den gegenwärtigen Zug zu höheren Verdichtungsverhältnissen. Es wächst dadurch nämlich auch die Strahlung der Flamme. Mit zunehmendem Verdichtungsverhältnis wird allerdings auch die Wärmeabfuhr an die Kühlluft besser, und so kann es kommen, daß hochverdichtete Gasturbinen bei Vollast nicht so schwierige Betriebsbedingungen für die Brennkammer aufweisen wie bei Teillast, wo die Strahlung der Flamme noch immer groß ist, aber die Wärmeabfuhr an die Kühlluft schon merklich abgesunken ist.

Eine von diesen Standardbauweisen abweichende Konstruktion stellt die Winkelbrennkammer dar, die erstmals von der Elliott Comp. in ihrer Marineversuchsanlage angewendet wurde, Abb. 320. Sie arbeitet ohne Flammrohr und ergibt (allerdings mit Gasöl betrieben) eine Feuerraumbelastung von $22{,}5 \times 10^6$ kcal/m^3 h, wobei die Luft mit 6,5 ata und 340° C eintritt. Der Druckverlust beträgt dabei 0,6 %, ist also außerordentlich niedrig. Diese Brennkammer arbeitet bis zu 1/20-Last vollkommen sicher und ist äußerst unempfindlich gegen Veränderungen des Luft-Brennstoffverhältnisses.

Sie besteht, wie die Abbildung zeigt, aus einem rechtwinkeligen Rohrstück, bei dem der Zuführungsarm einen kleineren Durchmesser hat als der Auslaß. Das Rohrstück von größerem Durchmesser, das die eigentliche Brennkammer darstellt, ist auf der dem Auslaß gegenüberliegenden Seite durch einen Kopf, der den Zündkonus, die Brenner, den Zünder und ein Kontrollorgan enthält, abgeschlossen. Die Kammer enthält kein Flammrohr zur Trennung von Brenn- und Mischluft, sondern die ganze Luftmenge wird direkt zugeführt. Die Brenner sind normale Diesel-Einspritzdüsen, die bis zu 1/20-Last gleichen Zerstäubungsgrad ergeben, und werden von normalen Diesel-Einspritzpumpen beliefert. Die durch den Arm mit kleinerem Durchmesser eintretende Luft bildet entsprechend den Strömungsgesetzen in einer rechtwinkeligen Rohrbiegung ein Doppelwirbelsystem. Die zwei Wirbel liegen beidseits der Mittellinie der Zuführungsleitung und haben gegenläufige Drehrichtung. Im Betrieb sind die Wirbel, wenn man vom Auslaß her in die Kammer blickt, als zwei helle Flecke sichtbar. Durch Verkleinerung des Einlaßdurchmessers gegenüber dem Brennkammerdurchmesser werden diese Wirbel verstärkt. Obwohl das Durchmesserverhältnis noch nicht genau festliegt, haben Modellversuche gezeigt, daß sie bei einem Durchmesserverhältnis größer als 0,6 weniger stabil werden und die Tendenz zeigen, sich in einen zu vereinigen. Derselbe Effekt wird durch eine Exzentrizität des Einlasses hervorgerufen [*193*].

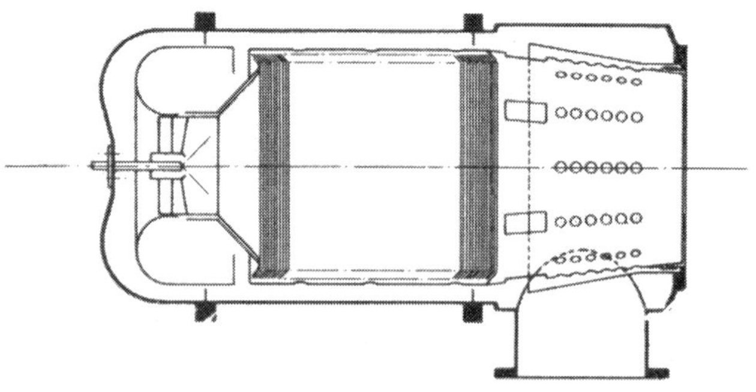

Abb. 319 *a*. Shell-Brennkammer mit Filmkühlung

Ein Anteil der zugeführten Luft strömt hinter den in den Einlaß vorragenden Zündkonus und gelangt durch Schlitze in den zylindrischen Kopf desselben, wo ein Teil von ihr einen Ringwirbel bildet, der eine fortlaufende Zündung des Brennstoffes gewährleistet. Der Strömungsmechanismus in diesem zylindrischen Teil ist ungefähr folgender: die Luft von den Schlitzen des Zündkonus richtet sich bei Auftreffen auf die Rückwand radial nach außen und bildet so einen Ringwirbel, dessen Drehrichtung einen stromaufwärtsgerichteten Fluß in seinem Zentrum bewirkt.

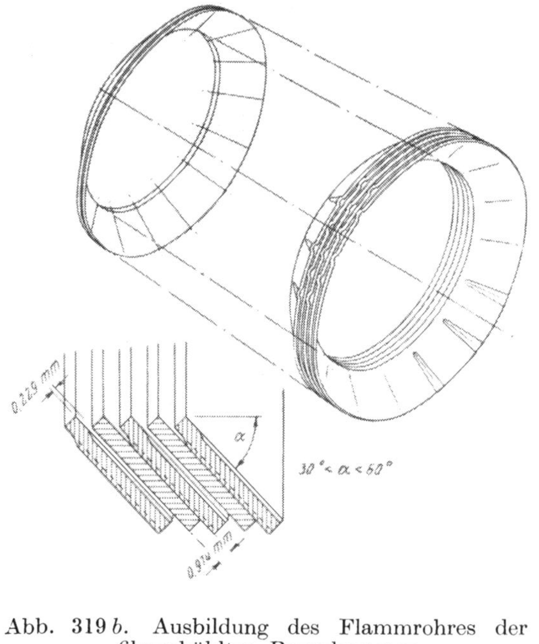

Abb. 319 *b*. Ausbildung des Flammrohres der filmgekühlten Brennkammer

Der Wirbelring nimmt eine fixe Lage zur Rückwand ein, Luft tritt ein und strömt aus ihm aus, ohne die Stabilität des Wirbelsystems als Ganzes zu stören. Die eintretende Luft nimmt einen Teil der Brennstofftröpfchen und vergasten Brennstoff auf, und dieser Brennstoff ergibt durch den Wirbelring eine ständig sich erhaltende Zündflamme, die die Zündung des Hauptbrennstoffstrahles, der mit dem restlichen Luftanteil aus dem Zündkonus austritt, einleitet. Bei kleinen Lasten wird diese Luftmenge schon genügen, den Brennstoff innerhalb des Zündkonus zu verbrennen, bei größeren Lasten jedoch dient diese Zone zur Verdampfung und Zündung des Brennstoffes. Durch den Zündkonus wird keine Rotation um die Achse der Brennkammer hervorgerufen, da jedesmal, wenn eine solche angeregt wurde, brennende Öltröpfchen gegen die Wand des Konus spritzten und unter Umständen Ansatz von Ölkohle verursachten.

Die Masse des entzündeten Brennstoffes strömt in das Zentrum der beiden Wirbel, die der Hauptluftstrahl hervorruft, und wird in diesen vollständig verbrannt. Die radiale Ausdehnung der Brennzone vom Wirbelzentrum aus hängt von der Luftmenge ab, die zur Verbrennung notwendig ist und damit von der Last. Bei kleinen Lasten sind nur zwei helle Punkte sichtbar, bei großen Lasten berühren sich die Brennzonen fast. Man nimmt an, daß der im Zentrum eines Wirbels verminderte statische Druck dieses radiale Nachaußenströmen während der Verbrennung hervorruft.

Bei allen Lasten konnte vollständige Verbrennung festgestellt werden, und die Versuche wurden bis zu $G_B/G_L = 0{,}025$ durchgeführt. Nur der innere Luftkern der Wirbel dient

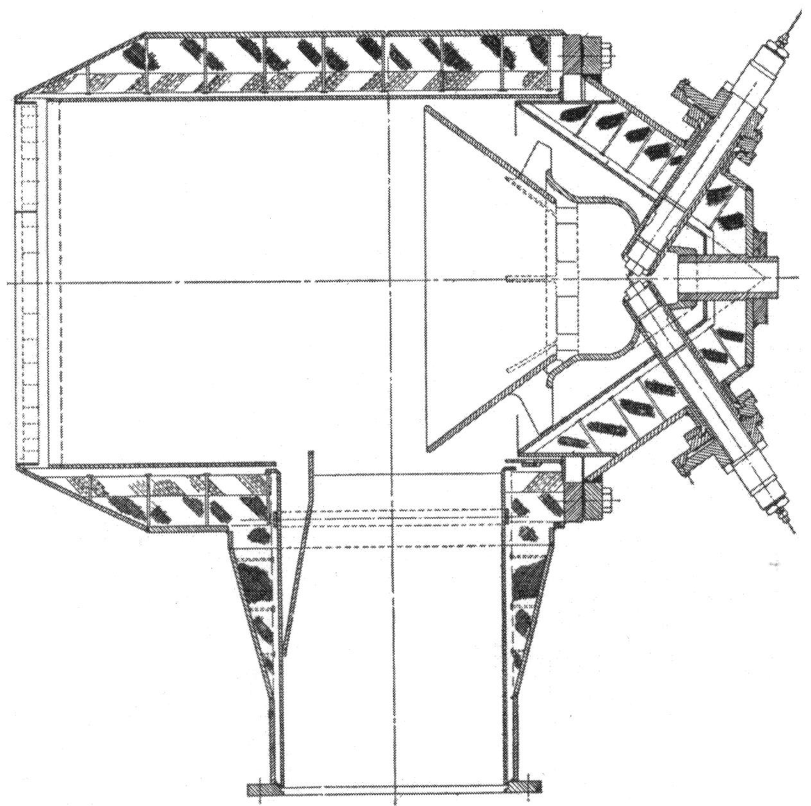

Abb. 320. Schnitt durch die Hochdruck-Winkelbrennkammer der Elliott Comp. $p_e = 6{,}5$ ata, $t_e = 340°$, $t_a = 650°$ C

zur Verbrennung, während die äußeren Luftanteile verhältnismäßig kühl bleiben und die Temperatur der Wand in zuträglichen Grenzen halten. In einigem Abstand von der Brennzone tritt Vermischung dieses Luftanteiles mit den Brenngasen durch die restliche Wirbelbewegung ein.

Im Kopf der Brennkammer befinden sich neben den Düsen noch ein Zündbrenner mit elektrischer Zündung, der mit einer Propangas-Luft-Mischung gespeist wird, und ein Flammenwächter, der bei Verlöschen der Flamme den Brennstoff bzw. das Zündgas abschaltet. Bei diesem Instrument wird die Leitfähigkeit einer Flamme ausgenützt, um einen Stromkreis zu schließen. Wenn die Flamme abreißt, wird dieser Stromkreis unterbrochen und die Brennstoffzufuhr sofort abgestellt.

Die innere Wand der Brennkammer, die nur den Zweck hat, ein Mitreißen von Isolationsteilen durch den Gasstrom zu verhindern, jedoch keinen Druck aufnimmt, ist aus Stahl Nr. 310 mit 25 % Chrom und 20 % Nickel hergestellt. Sie wird durch zwei Speichenringe gehalten, die eine radiale Ausdehnung unter Wärmeeinfluß ohne Änderung der zentralen Lage gestatten. Die Verkleidung wird nahe dem Einlaß axial gehalten und kann sich nach beiden Seiten frei dehnen. Flexible Dichtungen sind an beiden Enden vorgesehen, um ein Eindringen von Isolationspartikelchen in den Gasstrom zu verhindern.

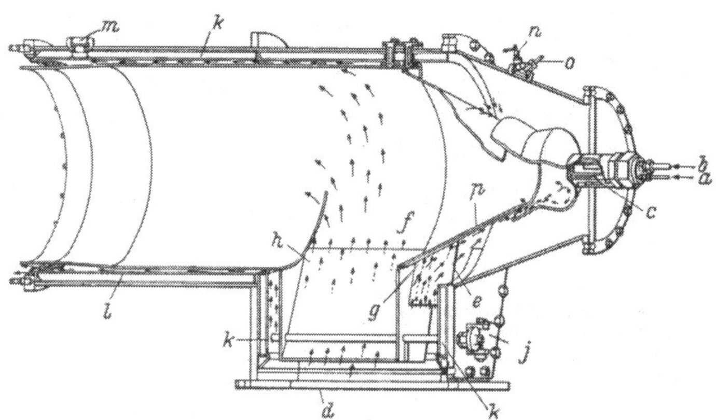

Abb. 321. Brennkammer der Mark-TA-Gasturbine von Ruston und Hornsby

a Brennstoffzuführung
b Spülluft
c Brenner
d Luftzuführung
e Primärluft
f Sekundärluft
g Leitblech für die Primärluft
h Verstellbares Leitblech für die Sekundärluft
j Regelung für die Sekundärluft
k Mantelgehäuse
l Kühlluft
m Sichtfenster
n Zündbrenner
o Brennstoffzufuhr zum Zündbrenner
p Brennkonus

Der Zündkonus ist aus Chromstahl mit einem Mindestchromgehalt von 28 % gegossen. Die Brennerhalter sind aus rostfreiem Stahl Nr. 302. Mit Ausnahme der Isolation zwischen äußerer und innerer Wand sind dies die einzigen Teile, die hohen Temperaturen ausgesetzt sind.

Die Isolation besteht aus zwei Lagen. Die innere Lage, die der höchsten Temperatur standhalten muß, besteht aus einer 38 mm dicken

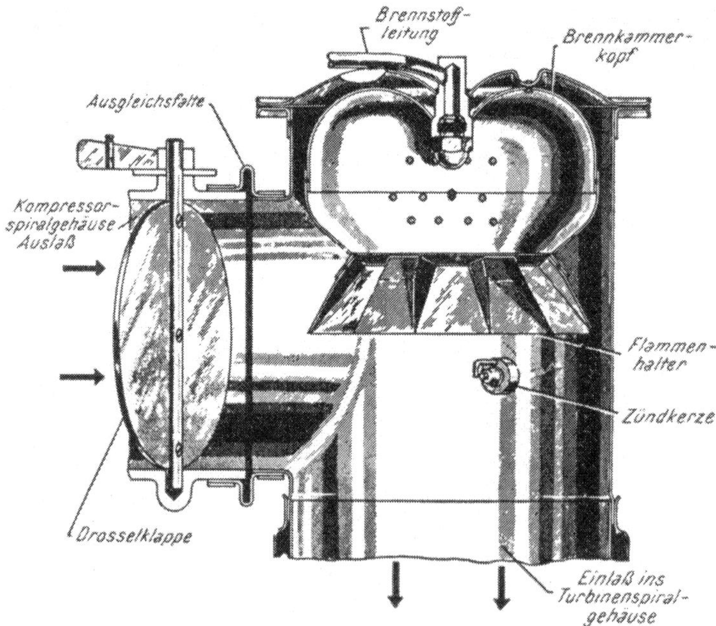

Abb. 322. Solar-Winkelbrennkammer

Schicht von Leichtziegeln, die äußere Lage aus Schlackenwolle. Die Außenwand besteht aus Kohlenstoffstahl und nimmt den Druck auf.

Der Brennkammerwirkungsgrad ist abhängig von der Last und beträgt im Durchschnitt etwa 98 %, Tab. 29.

Tabelle 29

Brennkammerwirkungsgrad der Elliott-Brennkammer bei verschiedenen Lasten

Zugeführte Brennstoffwärme kcal × 10^6	Brennkammerwirkungsgrad %
0,25	80
0,5	93
0,75	96
1,0	98
1,25	98,5
1,5	99
1,75	99,2
2,0	99,3

Eine ebenfalls bewährte neuere Winkel-Brennkammerkonstruktion stammt von Ruston & Hornsby, Abb. 321. Sie entspricht im wesentlichen im Aufbau der Elliott-Brennkammer, hat aber noch zusätzlich verstellbare Lenkbleche zur Regulierung des

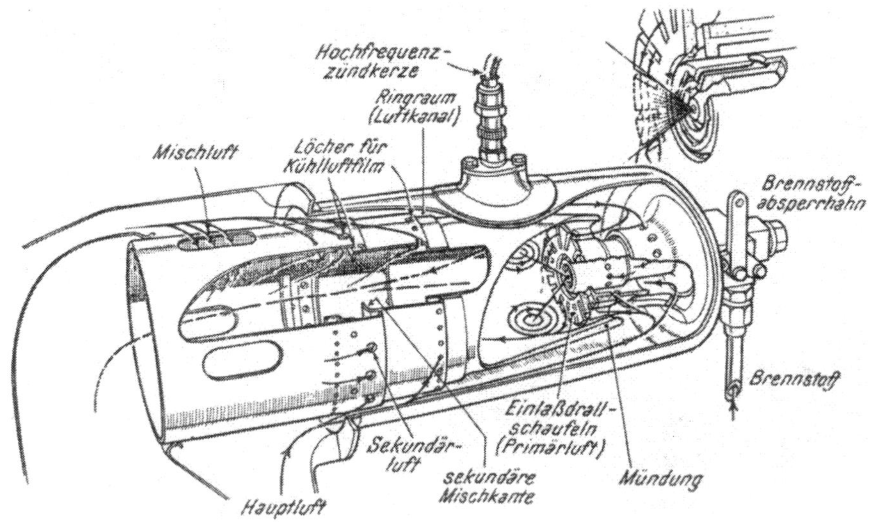

Abb. 323. Brennkammer der Rover-Turbine 1 S/60 mit besonders hoher Feuerraumbelastung

Sekundärluftstromes, der für eine kräftige Durchmischung und Wandkühlung sorgt. Die Primärluft wird schon im Einlaufstutzen abgezweigt.

Ebenso ist die Solar-Kleinturbine Mars 40/75 PS mit einer Winkelbrennkammer ausgerüstet, Abb. 322.

Eine Brennkammer der Firma Lucas mit besonders hoher Feuerraumbelastung für die Rover Kleinturbine 1 S/60 zeigt Abb. 323.

Bemerkenswert ist die Brennkammer der Budworth 45/60 PS Kleinturbine mit Brennstoffvergasung, Abb. 324. Es ist dies die einzige industrielle Gasturbine mit Brennstoffvergasung. Diese Ringbrennkammer arbeitet mit Gasöl oder Benzin und zeigt ausgezeichnetes Verhalten im Betrieb. Die erste Zündung erfolgt von Hand aus mittels einer Lunte.

General Electric arbeitet, wie schon eingangs erwähnt, mit Mehrfach-Brennkammern. Abb. 325 zeigt eine solche Brennkammer für eine General-Electric-Lokomotiv-Gasturbine von 4800 PS. Es ist eine Flammrohrkammer mit Filmkühlung. Die einzelnen Flammrohrsektionen greifen teleskopartig ineinander, wobei zwischen den Sektionen Ringspalte für Kühlluft entstehen. Interessant ist das Fehlen von Wirbelschaufeln. Die nötige Verwirbelung der Luft erfolgt durch die Löcher und Lenkbleche im Dom des Flammrohres. Diese Brennkammer arbeitet mit Luftzerstäuberdüsen, s. auch Abb. 347a und b, und ist für mittelschweres Heizöl ausgelegt.

d) Brennkammern für feste Brennstoffe und Kohlenteeröl. Im großen und ganzen weisen diese Brennkammern den gleichen Aufbau auf wie die für flüssige Brennstoffe. Die Brennstoffeinführung zeigt natürlich Unterschiede. Die Ascheabscheidung wirft

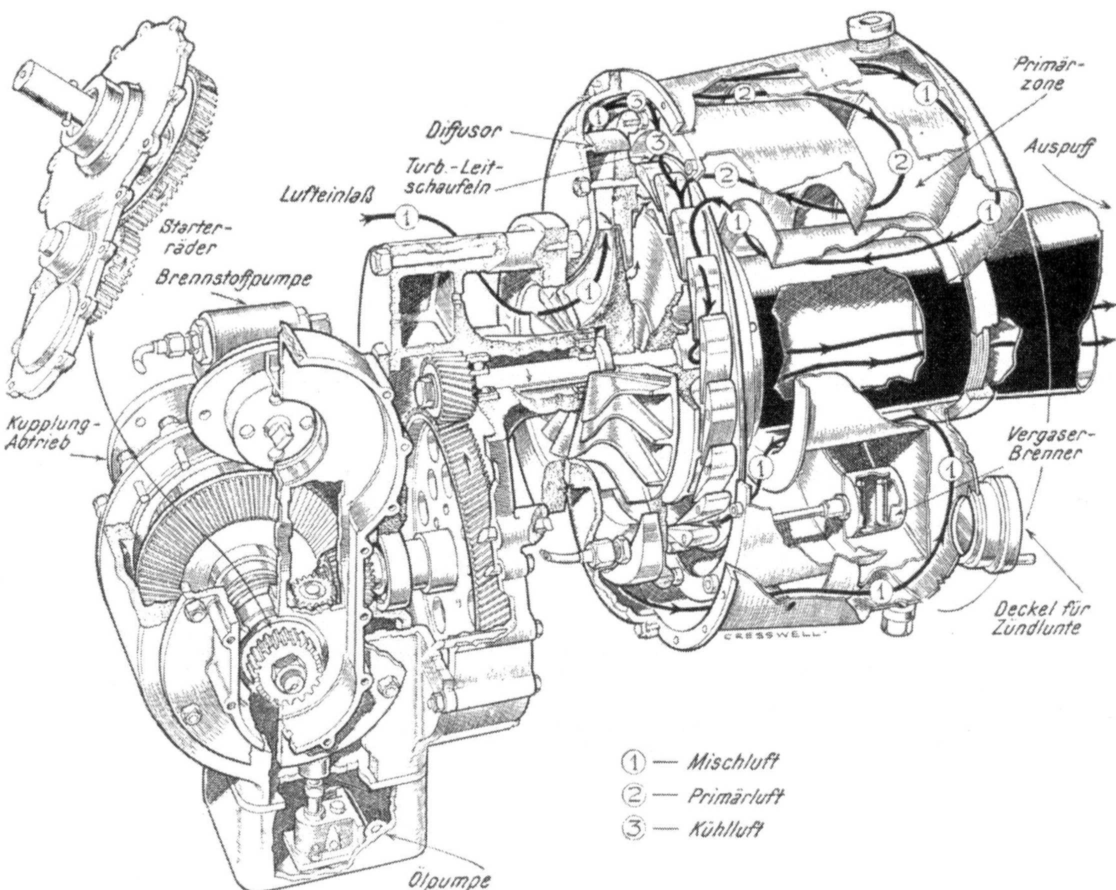

Abb. 324. Budworth-45/60-PS-Kleinturbine mit Ringbrennkammer mit Brennstoffvergasung

besondere Probleme auf und kann auf zweierlei Weise gelöst werden. Entweder wird die Asche in flüssiger Form an der Brennkammerwand gesammelt und von dort als flüssige Schlacke abgezogen oder sie wird in fester Form mit den Gasen abgeführt und in einer Abscheiderstufe abgezogen. In diesem Fall besteht das Problem darin, Ablagerungen an der Brennkammerwand zu vermeiden. Abgesehen von diesen Unterschieden in der Ascheentfernung unterscheidet man zwischen geraden Kammern und Wirbelkammern, ähnlich wie bei den Kammern für Leicht- und Schweröle. Bei den Schwerölen wurden die Versuche mit Wirbelkammern nicht erwähnt, da sie in der Praxis bisher keine Bedeutung erlangt haben. Hingegen befinden sich aber im Falle der Verbrennung fester Brennstoffe sämtliche Brennkammerbauarten im Versuchsstadium, und bei diesen Versuchen hat auch die Wirbelkammer gute Resultate ergeben, so daß sie in diesem Zusammenhang auch kurz erwähnt werden soll [*211*].

Vor den Brennkammern für feste Brennstoffe sei noch die von Ruston & Hornsby für Steinkohlenteeröl besprochen, Abb. 326. Es ist eine ausgekleidete Brennkammer mit einer speziell gegossenen Auskleidung, die bereits Rillen hat, die eine gewisse Differenzdehnung ermöglichen. Die intensive Strahlung der Teerölflamme macht diese Auskleidung notwendig. Bis auf die Auskleidung des Brennkammerkopfes folgt die Konstruktion jedoch den normalen Bauarten. Das verwendete Teeröl enthält nur Spuren von Vanadium und Natriumsulfat, und es konnte damit ein einwandfreier Betrieb erreicht werden. Der Brennstoff hat eine Viskosität von 1000 bis 1500 sek Redwood Nr. 1 bei 38° C und muß daher auf 93° C vorgewärmt werden, um eine gute Zerstäubung im Brenner sicherzustellen. Die Zerstäubung selbst geschieht mit Hilfe von Luft, s. dazu S. 350, Abb. 348.

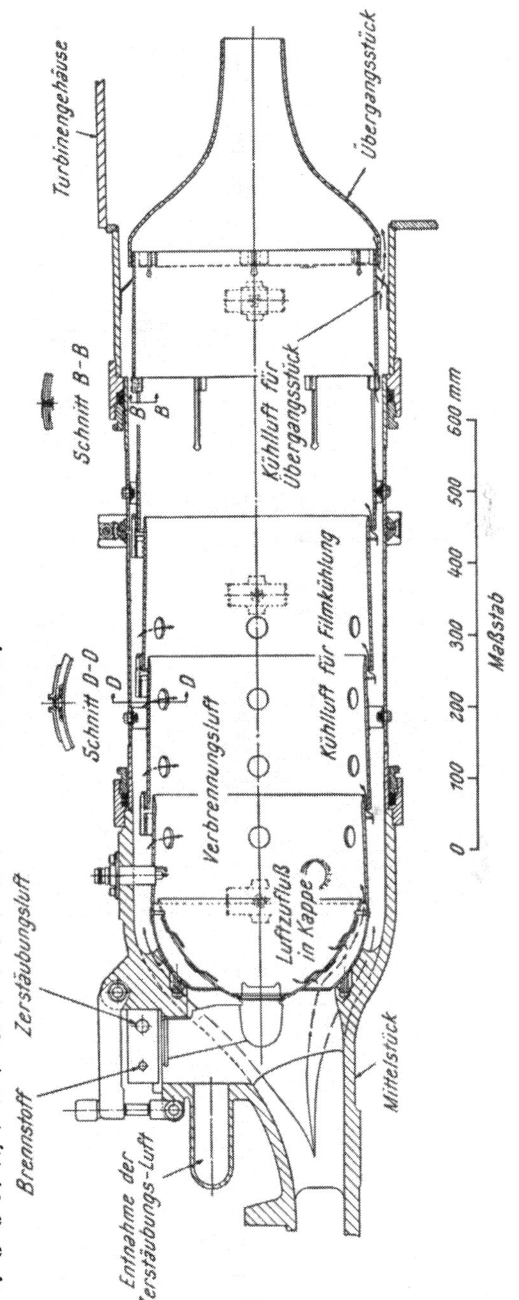

Abb. 325. General Electric-Brennkammer

Zahlreiche Versuche laufen in der ganzen Welt zur Erforschung von Brennkammerkonstruktionen für die Verbrennung von Staubkohle. Abb. 327 zeigt zwei Konstruktionen der Fuel Research Station in Greenwich. Die linke Kammer ist für Versuche bei atmosphärischem Druck, die rechte für erhöhte Betriebsdrücke. Bei beiden Kammern strömt die Primärluft vermischt mit Kohlenstaub durch einen Vieldüsenbrenner, Abb. 328, die Sekundärluft gelangt um den Brenner herum in den Brennraum, während durch einen äußeren Ringspalt Tertiärluft zuströmt. Der eigentliche Brennkammerkopf ist ausgekleidet. Die Ausführung für erhöhte Drücke weist bereits Leitschaufeln für die Tertiärluft auf, ebenso wie Lenkschaufeln für die Kühlluft, was erhebliche Verbesserungen der Verbrennung bringt. Die Auskleidung, die außen von Luft gekühlt ist, setzt sich in ein Flammrohr aus Stahl fort, das ebenfalls außen luftgekühlt ist und das an seinem Ende Öffnungen trägt, durch die die Kühlluft der Flamme zugeführt wird, was zur Vollständigkeit der Verbrennung und Begrenzung der Flammenlänge beitragen soll. Es wurden Brennkammerwirkungsgrade von 95 % erreicht, aber anfänglich zeigten sich starke Ascheablagerungen an den Brennkammerwänden. Vorwärmung der Luft auf 200° C brachte eine gewaltige Verbesserung in dieser Hinsicht. Ebenso trug dazu die bessere Luftführung, s. rechtes Bild, bei. Die Versuche wurden bis 350° C Lufttemperatur gefahren. Die rechte Ausführung ist für 11,3 kg Luft pro sek bei 4 atm gebaut. Die Gase nach der Kammer haben 700° C. Bei 200° C Lufteintrittstemperatur können 1090 kg Kohle pro Stunde und bei 350° C Lufteintrittstemperatur 570 kg Kohle pro Stunde verbrannt werden.

Von Parsons wurde eine ähnliche Brennkammer für die 500-PS-Versuchsanlage entwickelt, Abb. 329. Auch bei dieser Kammer wird Primärluft und Kohlenstaub durch einen Mehrfachbrenner zugeführt, in dessen Zentrum sich ein Ölbrenner zum Anfahren befindet. Sekundärluft wird über einen Drehschieber dem Ringspalt rund um den Brenner zugemessen. Die Kühlluft für das ausgekleidete Flammrohr wird den Brenngasen am Kammerende zugemischt.

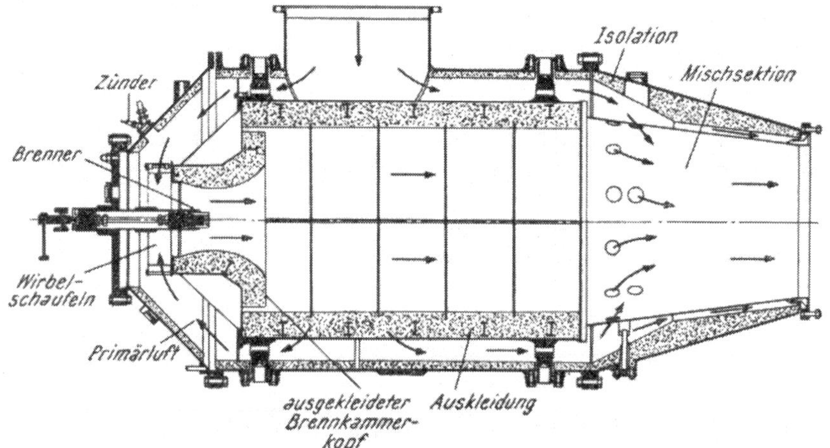

Abb. 326. Brennkammer für Steinkohlenteeröl von Ruston & Hornsby

Eine bedeutende Entwicklungsarbeit in dieser Hinsicht wurde auch vom Locomotive Development Committee, Bitumenous Coal Research Inc. in Amerika geleistet. Die dort entwickelte Ganzmetall-Brennkammer für Kohlenstaub in ihrer letzten Ausführung zeigt Abb. 330. Das filmgekühlte Flammrohr besteht aus einer Anzahl von Ringen, die im Durchmesser wachsen und die über radiale Bolzen flexibel aufgehängt sind. Dadurch treten keine Verbeulungen derselben auf. Die Weite der Ringspalte hat großen Einfluß auf die Verbrennung. 3-mm-Spalte haben gute Resultate gezeigt. Der Brennkammer-Wirkungsgrad beträgt im Mittel 95 % bei einer Feuerraumbelastung von 28×10^6 kcal/m^{3}h. 14×10^6 kcal/h werden von jeder Brennkammer abgegeben. Zwei solcher Brennkammern sind in der 4250-PS-Lokomotiv-Turbine dieser Forschungsstelle verwendet. Der ursprüngliche Vieldüsenbrenner wurde durch einen Ringbrenner, Abb. 331, ersetzt, in dessen Mitte sich ein Ölbrenner befindet, der lediglich zum Anfahren gebraucht wird. Um den Ölbrenner wird im ersten Ringraum Luft mit Drall zugeführt. Im äußeren Ringraum wird das Luft-Kohlenstaubgemisch mit entgegengesetztem Drall eingebracht. Um den Brenner herum strömt durch einen Ringspalt im Boden des Flammrohres die Sekundärluft zu. Weitere Angaben über diese Anlage sind im Abschnitt über Brennstoffsysteme, S. 401, zu finden [*196, 199, 200, 201, 214, 215, 216*].

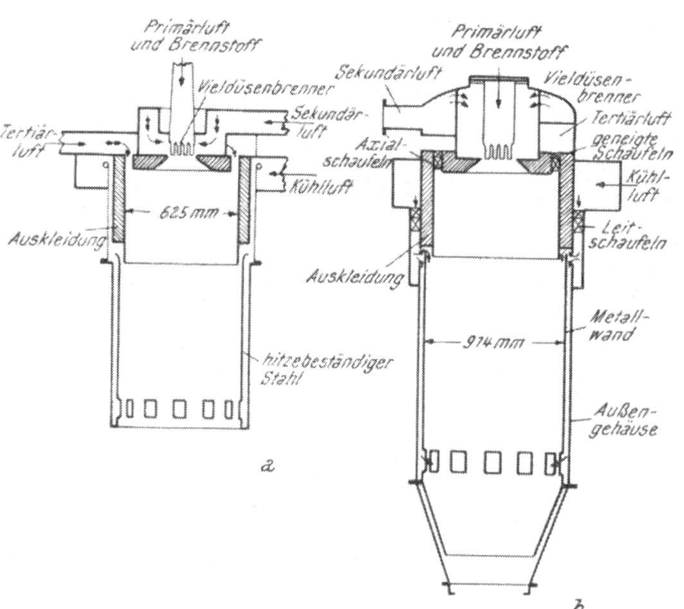

Abb. 327*a* und *b*. Staubkohle-Versuchsbrennkammern der Fuel Research Station in Greenwich
a Für Versuche bei atmosphärischem Druck
b Für erhöhten Betriebsdruck

Ein Beispiel einer Wirbelbrennkammer ist noch in Abb. 332 zu sehen. Es ist dies die von T. F. Hurley in der englischen Fuel Research Station gebaute Kammer für 227 kg/h Kohle bei atmosphärischem Druck. Der Aufbau geht aus der Abbildung deutlich hervor. Die Sekundärluft wird durch tangentiale Schlitze in der Auskleidung rund um die Kammer zugeführt. Die Kohlenstaubteilchen, die mit der Primärluft eingeblasen werden, rotieren unter dem Einfluß der Zentrifugalkraft, der gegen die nach innen zuströmende Luft wirkt, je nach Gewicht in verschiedenen Ringzonen bis zum Ausbrand. Die Verbrennung geht sehr schnell vor sich, da bei dieser Kammer durch die hervorragende Durchwirbelung der Gasmantel, der um jedes Kohleteilchen entsteht, sofort wieder weggespült wird [*221*, *222*].

Ähnliche Kammern wurden auch in Amerika versucht. Mit steigendem Wirkungsgrad wurde allerdings eine steigende Ascheanlagerung festgestellt.

Alle bisher besprochenen Kammern waren an spezielle Entstaubungsanlagen zur Reinigung der Gase vor Eintritt in die Turbine gebunden.

Es ist aber auch möglich, die Brennkammern so zu bauen, daß die Asche in Form von flüssiger Schlacke abgezogen werden kann.

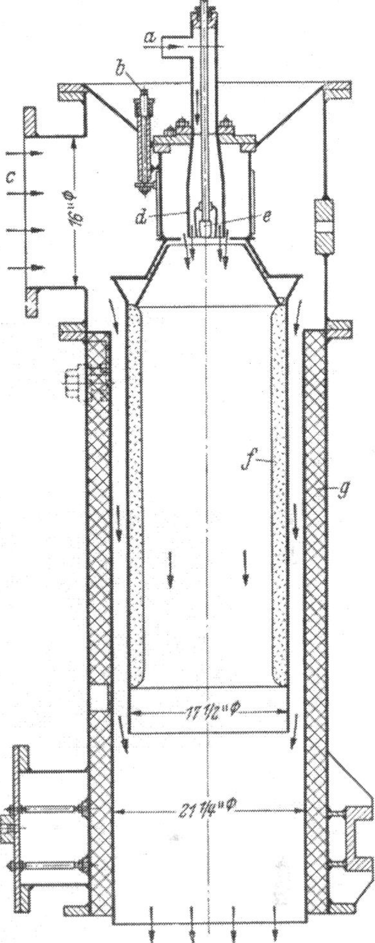

Abb. 329. Kohlenstaubbrennkammer für die 500-PS-Gasturbine von Parsons

a Kohlenstaub und Primärluft
b Zweitluftregulierung
c Einströmung für Zweit- und Kühlluft
d Mehrdüsenkohlenstaubbrenner
e Ölbrenner
f Feuerfeste Auskleidung
g Isolationsschicht

Abb. 328. Brennkammerkopf mit Vieldüsenbrenner und Zuführung von Sekundär- und Tertiärluft

Abb. 333 zeigt eine solche Kammer, die von der Fuel Research Station zusammen mit der British Coal Utilization Research Association (B.C.U.R.A.) entwickelt wurde. Es ist dies eine Zyklon-Type, die mit granulierter Kohle und nicht mit Kohlenstaub betrieben wird. Die Verbrennung geschieht zum Teil während des Durchganges durch die Zyklonkammer, zum Teil an den Wänden derselben. Die Schlacke fließt an der Wand entlang und kann am Boden der Kammer entfernt werden. Die in der Abbildung gezeigte Versuchskammer der B.C.U.R.A. arbeitet mit Atmosphärendruck und kann 315 kg Kohle pro Stunde verbrennen. Die meisten Versuche wurden mit Kohle mit 18 bis 25 % Aschengehalt und mit einem Heizwert von 5556 kcal/kg gefahren. Die Größe der Kohleteilchen betrug 1,6 mm oder kleiner. Der Brennkammerwirkungsgrad erreichte Werte von 98 %. 90 % der Asche werden in Form von Schlacke abgezogen. Die Gase gelangen aus der Zyklonkammer mit 2000° C in den Mischraum. Die Öffnung zum Schlackenabzug muß für besten Wirkungsgrad eine ganz bestimmte Form haben. Die im Bild gezeigte erwies sich als die beste.

Die Wände der Versuchszyklonkammer sind mit Wasser gekühlt. Sie werden durch eine Rohrschlange, die anfänglich mit einer dünnen Auskleidung versehen ist, gebildet.

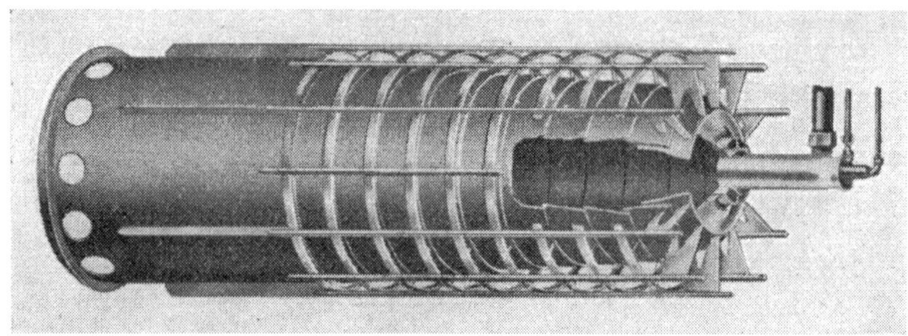

Abb. 330. Flammrohr der LDC-Brennkammer mit flexibler Aufhängung der einzelnen Ringe (s. S. 405)

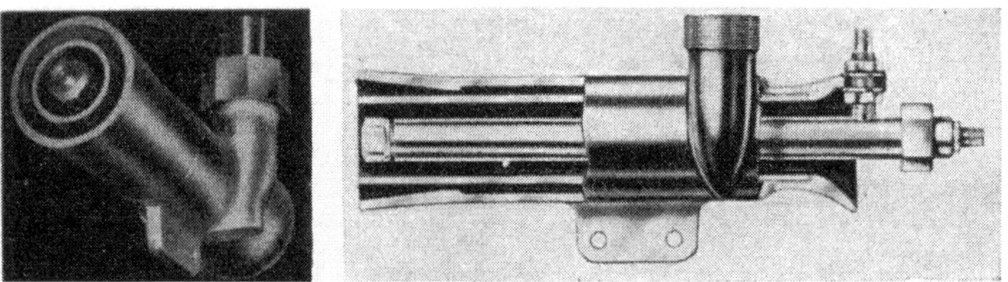

Abb. 331. LDC-Ringbrenner für Öl und Kohle

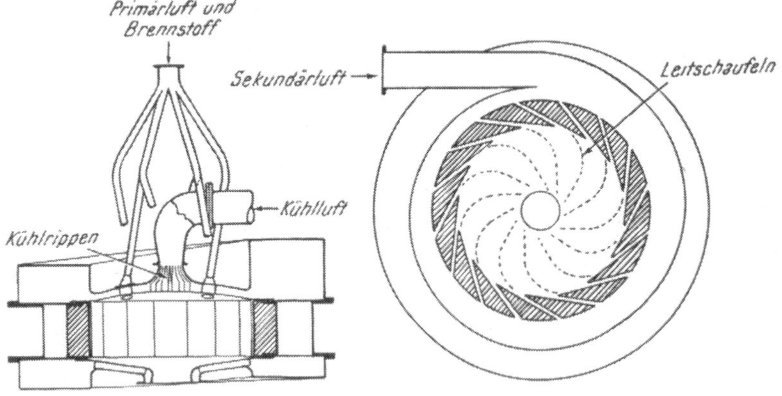

Abb. 332. Wirbelkammer von T. F. Hurley

Nach einigen Stunden Brennzeit hat sich statt dieser ein variabler Schlackenbelag gebildet, dessen Dicke vom Brennstoff, von der Brennstoffmenge, Schlackentemperatur, Luft-Brennstoffverhältnis usw. abhängt. Dadurch können bedeutend längere Laufzeiten erzielt werden als mit Auskleidungen, die unter diesen Bedingungen sehr rasch erodieren würden. Wie Versuche zeigten, gehen etwa 20 % der erzeugten Wärme ins Kühlwasser. Es ist daher klar, daß eine Gasturbinen-Zyklonkammer luftgekühlt sein muß. Eine solche Kammer steht bei der English Electric Comp. Ltd. für eine 2000-kW-Gasturbine in Entwicklung, Abb. 334a.

Sehr interessant ist in diesem Zusammenhang auch eine patentierte Zyklonkammer der Simmering-Graz-Pauker Aktiengesellschaft, Wien. Abb. 334b zeigt das Schema. Die Brennkammer ist als Schlacken-Schmelzkammerzyklon ausgebildet und betrieben. Die Kühlluft, die zur Kühlung der Brennkammerwand dient, wird zum Teil als Brennluft, zum Teil als Mischluft zur Herabsetzung der Temperatur der Verbrennungsgase auf ein für die Gasturbine zuträgliches Maß verwendet.

Durch die erfindungsgemäße Einrichtung wird der Vorteil erzielt, daß bei Erübrigung eines besonderen Wärmeaustauschers für die Verbrennungsluft der Schmelzkammerbetrieb unter gleichzeitiger Staubabscheidung durch die Zyklonwirkung sichergestellt ist, da durch die Luftkühlung bei der Ausbildung der Brennkammer als Schmelzkammer eine ausreichende, aber anderseits nicht zu starke, die Bildung des Schlackenfilms hindernde Kühlung erzielt wird. Die unmittelbare Zuführung der erhitzten Kühlluft als Sekundärluft zu den Brennern ist für den klaglosen Betrieb derselben vorteilhafter als deren Zuführung als Primärluft über die Kohlenmühle, da der Brennstoff in der Mühle wechselnde Strömungswiderstände ergibt und dadurch ein unregelmäßiges Brennen verursacht wird.

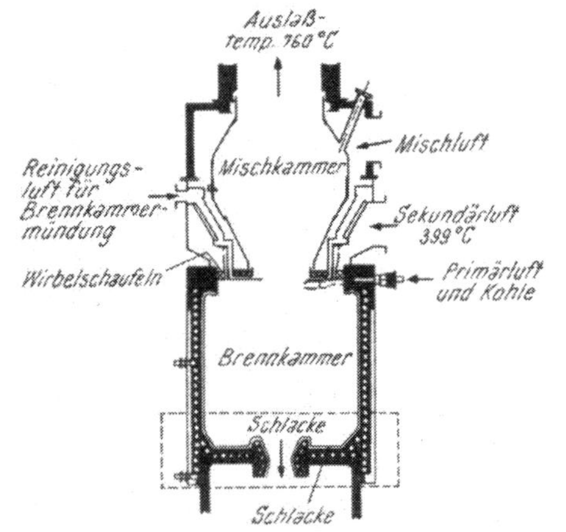

Abb. 333. Versuchszyklonbrennkammer der B.C.U.R.A. mit Aschenabzug in Form von flüssiger Schlacke

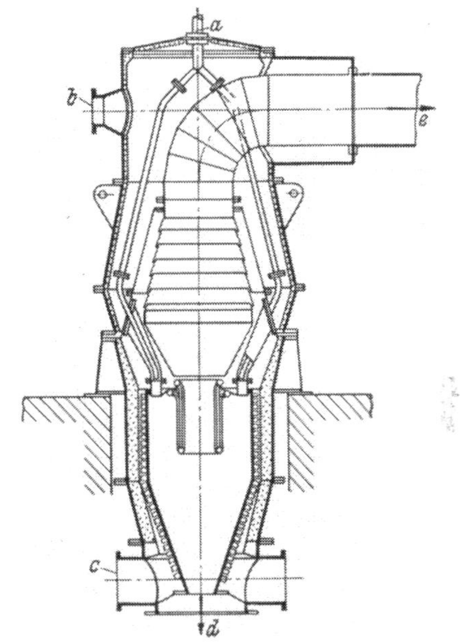

Abb. 334*a*. Wirbelbrennkammer für eine Kohlenstaub-Gasturbine der English Electric Comp. Ltd.

a Primärluft und Kohlenstaub
b Sekundärluft
c Kühlluft
d Aschenabzug
e Ausströmschacht des Verbrennungsgases

Die Gasturbinenanlage nach Abb. 334b besteht aus der Turbine *20*, die mit dem Kompressor *21* und dem Generator *22* auf einer gemeinsamen Welle sitzen kann. Von der Luftleitung *23* zweigt eine Leitung *23'* ab, die sich unmittelbar in die Kühlluftleitung *2* des Zyklons fortsetzt. Die komprimierte Luft aus Leitung *23* geht über den Wärmeaustauscher *24* und Leitung *23''* zur Kammer *25*, wo sie den Brenngasen zugemischt wird. Über Leitung *26* wird das Gas der Turbine *20* zugeführt. Die aus dem Kühlsystem *2* abgehende Luft wird zum Teil als Brennluft für die Brenner *7* benützt, zu welchem Zweck sie in den Taschen *15* gesammelt wird, zum Teil kann sie im Ringraum *25* den heißen Brenngasen beigemischt werden. Der Kohlenstaub wird über Leitung *16* zugeführt. Alle Wände von Zyklon *1* sowie vom Halsansatz *3* sind gekühlt. Die Kühlrohre sind außen mit Schamotte umkleidet und innen mit einer hochwärmefesten Auskleidung *6* versehen. Ein Blechmantel *13* bildet die Außenhülle.

Zum Abschluß sei noch eine Brennkammer für Torf gezeigt, Abb. 335. Sie wird von Ruston & Hornsby entwickelt. Wieder wird ein Mehrfachbrenner zur Einblasung des

Torfs mit der Primärluft verwendet. Ein Anfahrölbrenner sitzt im Zentrum desselben. Sekundärluft wird ebenfalls wieder rund um den Brenner und Tertiärluft rund um den Brennkammerkopf eingeblasen. Die Auskleidung besteht aus 114 mm dicken Silimanit-Steinen. Die Verbrennung des im Torf enthaltenen Kohlenstoffes (ungefähr 30 %) ist ein langsamer Vorgang. Die wichtigen Einflußgrößen sind: Teilchengröße, Temperatur und Fluglänge (Brennkammerlänge). Teilchen von etwa 1 bis 1,5 mm Durchmesser brauchen etwa 90 Millisekunden für komplette Verbrennung. Bei einer Gasgeschwindigkeit von ungefähr 15 m/sek ergibt dies rund 1,4 m Länge. Da bei der Ruston-Anlage nur 50 % der Teilchen diese Größe haben, wurde eine Brennkammerlänge von 2,75 m gewählt. Brennkammerwirkungsgrade von 95 % konnten erreicht werden. Am Ende der Kammer wird Mischluft durch Kanäle von 25 mm Durchmesser zugeführt. Die Feuerraumbelastung ist sehr gering und beträgt $0{,}21 \times 10^6$ kcal/m³ h atm. Bei Vollast ist das Verhältnis von Torf zu Primärluft im Mehrfachbrenner 0,478:1. Die Auslaßgeschwindigkeit am Brenner beträgt etwa 12 m/sek. Die Geschwindigkeit an der engsten Stelle der Venturidüse etwa 37 m/sek, um ein Zurückschlagen der Flamme zu vermeiden. Die Sekundärluft strömt

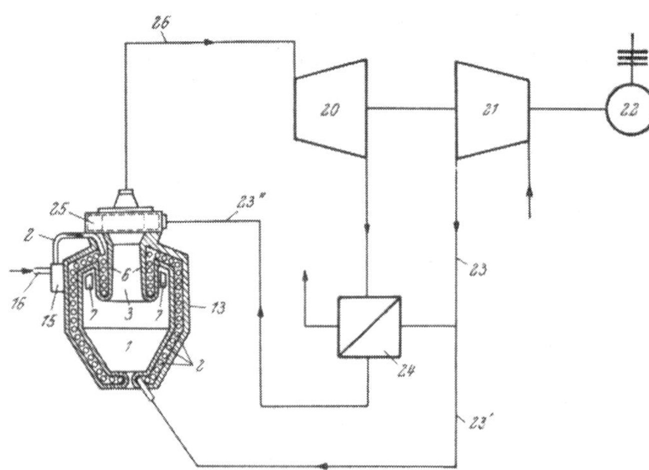

Abb. 334*b*. Patentzeichnung der Zyklonversuchsbrennkammer (Schlacken-Schmelzkammerzyklon) der Simmering-Graz-Pauker Aktiengesellschaft, Wien

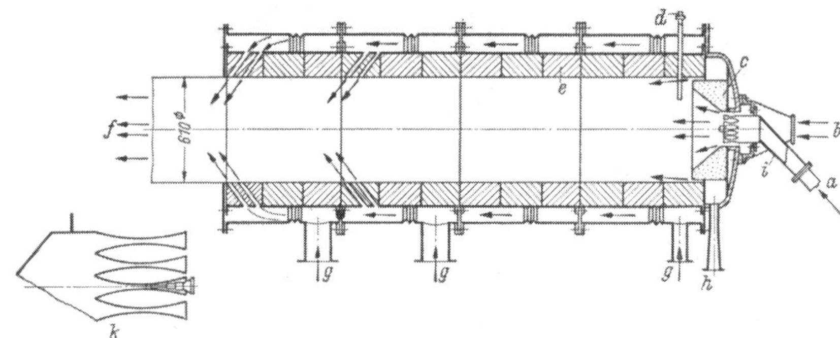

Abb. 335. Torfbrennkammer von Ruston & Hornsby

a Torfpulver-Luftgemisch
b Primärluft
c Betonauskleidung
d Zündbrenner
e Keramische Auskleidung (Silimanit)
f Gasaustritt
g Sekundärluft von 180° C
h Sekundärluft von 400° C
i Brenndüsengitter
k Schnitt durch das Brenndüsengitter mit Lage des Hilfsölbrenners

mit etwa 46 m/sek in die Kammer und löst so eine lokale Turbulenz mit der langsamer strömenden Primärluft aus. Höhere Luftgeschwindigkeit im Brenner ist bei trockenerem Torf oder bei größerer Mahlfeinheit zulässig.

Normalerweise ist die Brennluft (Primär, Sekundär und Tertiär) nicht mehr als 120 %

der stöchiometrischen Menge. Mit einem ziemlich trockenen Torf kann man jedoch bis etwa 240 % gehen, was bedeutet, daß Teillasten bis 20 % ohne Ölbrenner gefahren werden können, wie die Versuche zeigten [*213*].

Natürlich gibt es noch zahlreiche weitere interessante Versuche mit Brennkammern für die verschiedensten Brennstoffe, doch konnten im Rahmen dieses Buches nur einige wichtige Beispiele herausgegriffen werden.

C. Brennstoffzerstäubung

1. Die Zerstäubung von Benzin, Petroleum und Gasöl

a) Der einfache Wirbelbrenner (Simplex-Brenner). Diese Type ist besonders für kleine Industrieturbinen heute sehr verbreitet. Grundsätzlich besteht dieser Brenner aus einer Wirbelkammer, in die der Brennstoff durch tangentiale Löcher oder Schlitze gelangt und in der er einen Wirbel mit einem Hohlraum in der Mitte bildet. Aus dem Düsenmund tritt der Strahl in Form eines hohlen Konus aus. Würde das Verhältnis von Tangential- zu Axialgeschwindigkeit an allen Stellen der Mündung gleich sein, dann ergäbe sich ein zusammenhängender konischer Brennstoffilm. Da aber im Strahl die Drallgesetze herrschen, wonach die Tangentialgeschwindigkeit umgekehrt proportional dem Radius ist, sucht jedes Flüssigkeitspartikelchen seinen eigenen Weg zu nehmen und, dadurch löst sich der Strahl in ganz feine Tröpfchen auf. Abb. 336 zeigt ein Schnittbild eines Simplex-Brenners und die drei am häufigsten verwendeten Zerstäuberelemente.

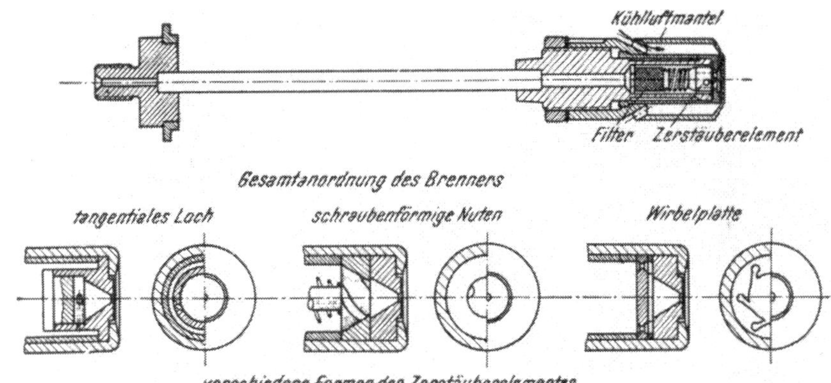

Abb. 336. Aufbau des einfachen Wirbelbrenners (Simplex-Brenner)

Ab einer gewissen Durchflußmenge bleibt die Strahlform unabhängig von Druck und Menge, so daß das System sich wie eine einfache Düse mit konstantem aber niedrigem Austrittskoeffizienten verhält. Der Brenner folgt daher einem quadratischen Gesetz zwischen Druck und Menge [*194*].

Ab Drücken von 1,5 atü ist der Strahl schon von der Mündung weg vollkommen zerstäubt. Wird der Strahl in ein Vakuum geblasen, behält er die theoretische Konusform bei. Wird der Strahl jedoch in Luft geblasen, dann beginnt er sich in einiger Entfernung von der Düse einzuschnüren. Diese Einschnürung und deren Beginn und Form hängt stark von der Umgebung des Strahles ab, von Lenkblechen, die sich dort befinden und anderem mehr. Sie beeinflussen jedoch nicht den Strahlwinkel beim Austritt, der eine Funktion der Brennercharakteristik und nicht des Luftdruckes der Umgebung ist.

Drei fundamentale Größen sind für den Strahlwinkel und den Austrittskoeffizienten maßgebend, nämlich F_3, die Gesamtfläche der Eintrittsschlitze, D_3, der Basisdurchmesser der Wirbelkammer und D_2 der Düsendurchmesser. Strahlwinkel und Austrittskoeffizient sind Funktionen von $F_3/D_2 \cdot D_3$. Sie sind unabhängig vom Druck, solange dieser für komplette Zerstäubung groß genug ist. Mit wachsendem Ausflußkoeffizienten wird der Strahlwinkel kleiner, wenn man diese beiden Größen über $F_3/D_2 \cdot D_3$ aufträgt.

D_3/D_2 sollte so klein als möglich sein. Es muß lediglich Raum für die Ausbildung des Wirbels sein. Normalerweise wird D_3/D_2 ungefähr 3 gemacht, es können aber noch kleinere Werte bei kleineren Durchflußmengen mit Vorteil angewandt werden.

Es würde zu weit gehen, näher auf das Verhalten solcher Düsen, auf die Tröpfchengröße, auf die Verteilung der einzelnen Tröpfchengrößen sowie auf die Messung der Größe und Verteilung derselben näher einzugehen. Es sei daher auf die einschlägige Literatur verwiesen [*194*].

Eine Flugzeuggasturbine arbeitet mit einem Brennstoff-Mengenverhältnis von 12:1 zwischen Startleistung in Seehöhe und Leerlauf in 13 km Höhe unter INA-Verhältnissen, entsprechend einem Brennerdruckverhältnis von 144:1. Dies erfordert einen sehr großen Druck am Boden, um in größerer Höhe noch genügende Zerstäubung zu bekommen. Wenn man nun bedenkt, daß einerseits immer größere Höhen gefordert werden, die Brennstoff-Mengenverhältnisse von 40:1 und korrespondierende Druckverhältnisse von 1600:1 notwendig machen, andererseits aber die Pumpe nicht zu sehr belastet werden soll, ist es klar, daß man versucht hat, Brenner zu bauen, die mit verhältnismäßig kleinen Druckunterschieden über einen großen Mengenbereich einen gut zerstäubten Strahl liefern können. Dies macht die Verwendung einer Düse, die das Äquivalent eines variablen Austrittskoeffizienten gibt, notwendig, um den Druck bei geringem Durchsatz hoch zu halten.

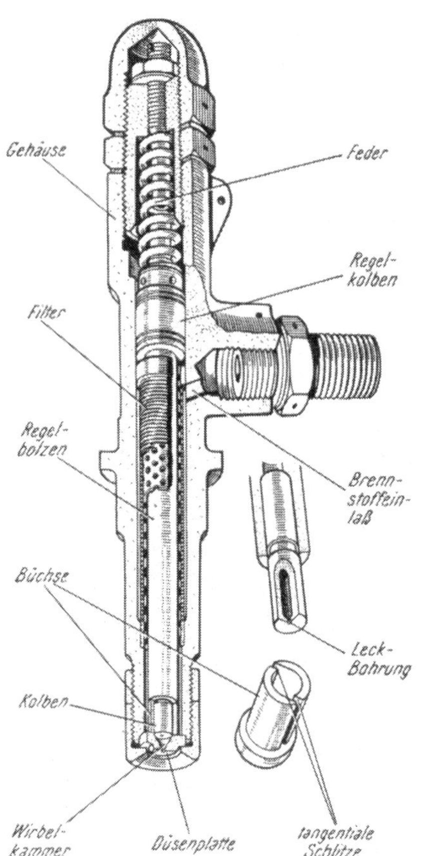

Abb. 337. Lubbock-Brenner

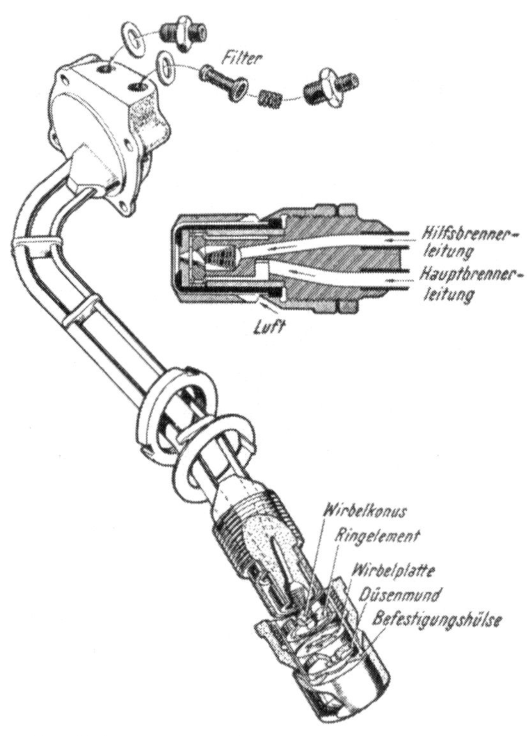

Abb. 338. Duplex-Brenner Nr. 1 der Firma Joseph Lucas

b) Der Lubbock-Brenner. Beim Lubbock-Brenner, Abb. 337, hat man dies durch eine Verstellung der Einlaßschlitze versucht, während die Düsenmündung gleich blieb. Die Schlitze wurden durch einen federbelasteten Kolben gesteuert, der auf den Brennstoffdruck ansprach. Er gab gute Resultate, war jedoch schwer zu fertigen und sehr empfindlich auf Schmutzpartikelchen im Brennstoff.

c) Der Duplex-Brenner. Die modernen Duplex-Brenner haben ihren Namen von den zwei Zerstäubersätzen, von denen einer für kleine Mengen und beide zusammen für große Mengen dienen, um das quadratische Druck-Mengenverhältnis zu umgehen. Der erste dieser Reihe war der Duplex 1 der Firma Joseph Lucas, England, Abb. 338. Er enthält zwei Sätze von Einlaßschlitzen, einen Satz mit kleinem Querschnitt für geringe Durchsatzmengen und einen mit größerer Durchtrittsfläche, der schrittweise mit steigendem Druck in Funktion tritt. Dieser zweite Satz wird mittels eines Verteilerventils geregelt. Dieses Ventil ist dann bei geeigneter Charakteristik zugleich auch Druckgeberventil. Eine ähnliche Lösung des Duplex-Brenners wird auch bei amerikanischen Triebwerken angewandt.

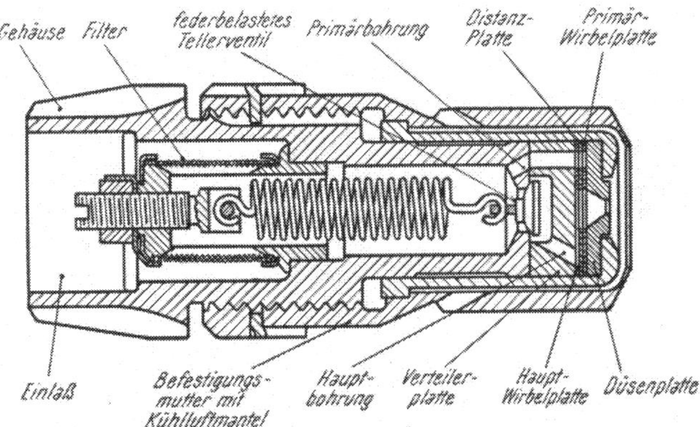

Abb. 339. Duplex-Brenner Nr. 2 der Firma Joseph Lucas

Der hauptsächlichste Nachteil dieses Duplex-Brenners ist der Stoßverlust am Eintritt in die Wirbelkammer, wenn die Hauptschlitze mit kleinerem Druck als die Hilfsbrennerschlitze beaufschlagt werden. Dadurch kommen beide Teilströme mit ungleichen Geschwindigkeiten in die Wirbelkammer und es entstehen Stoßverluste. Obwohl die Größe dieses Verlustes klein ist, gibt er doch Anlaß, daß die Brennercharakteristik negativ wird, d. h. daß, mit p als Eintrittsdruck an den Hauptschlitzen und G_B als Durchsatz durch diese, dp/dG_B unter gewissen Bedingungen negativ wird, besonders wenn die Druckdifferenz zwischen beiden Strömen groß wird, und damit der Geschwindigkeitsunterschied ein Maximum.

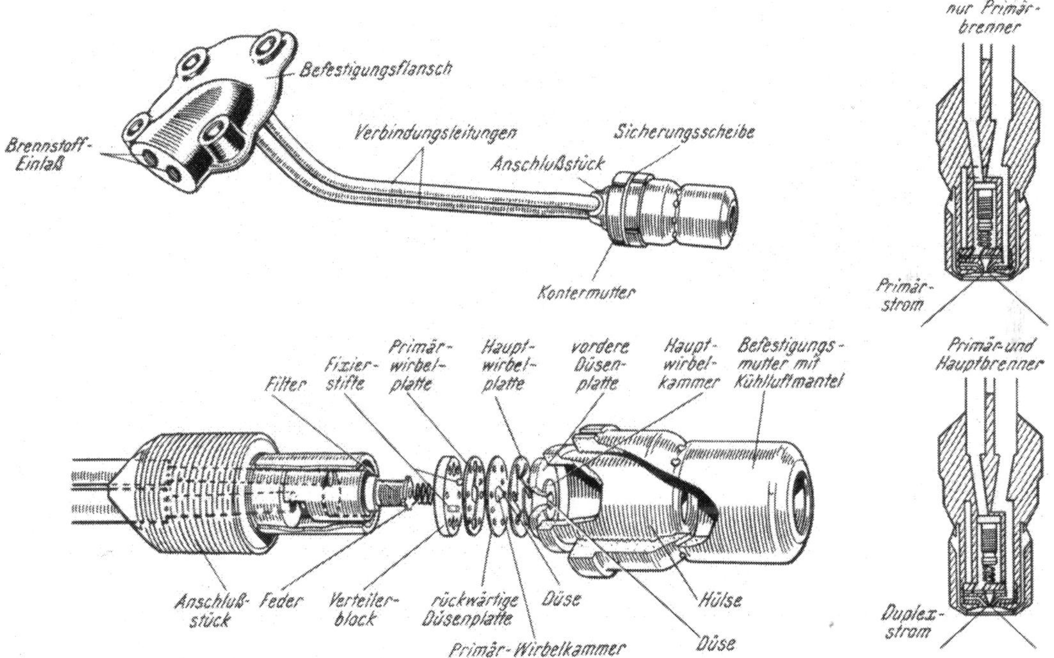

Abb. 340. Duplex-Brenner Nr. 3 der Firma Joseph Lucas

Unter diesen Umständen kann man einen Satz parallelgeschalteter Brenner nicht von einem Verteilerventil aus steuern, da das System unstabil wird und die Hauptschlitze nicht gleichmäßig beaufschlagt werden. Es muß daher entweder für jeden Brenner ein eigenes Verteilerventil genommen werden oder nach dem gemeinsamen Verteilerventil durch je eine Drosselstelle pro Brennerleitung ein positiver Wert von dp/dG_B erzeugt werden, der die nötige Stabilität gibt.

Der Duplex-2-Brenner von Joseph Lucas, Abb. 339, zeigt ein Druckgeberventil pro Brenner. Es führt also nur eine Leitung zum Brenner. Ab einem gewissen Druck gibt dieses Ventil den Zustrom zur Hauptwirbelplatte frei. Auch dieser Brenner hat eine gemeinsame Wirbelkammer für Hilfs- und Hauptbrennstoff.

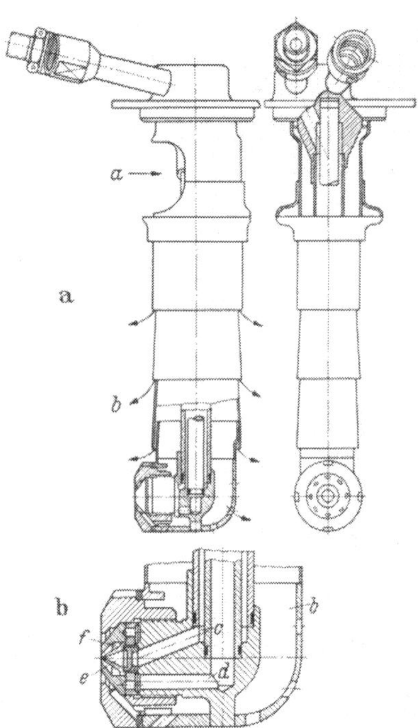

Abb. 341. Brenner für Gegenstromeinspritzung, Bauart Lucas Duplex Nr. 3

a Einspritzdüse
b Brennerkopf

a Luft vom Brennkammermantel
b Kühlluft
c Hilfskraftstoff
d Hauptkraftstoff
e Wirbelkammer für den Hilfskraftstoff
f Wirbelkammer für den Hauptkraftstoff

Die letzte Entwicklung ist der Duplex-3-Brenner, der getrennte Wirbelkammern für Haupt- und Hilfsbrennstoff aufweist, Abb. 340. Er hat wieder zwei Zuführungsleitungen und braucht daher ein Verteilerventil. Abb. 341 stellt einen Duplex-3-Brenner für Gegenstromeinspritzung dar.

d) Brenner mit Rücklauf. Diese Brennerart stellt eine vollkommen andere Lösung des Problems dar, eine möglichst gute Zerstäubung über einen möglichst großen Arbeitsbereich zu erzielen. Seine großen Vorzüge liegen bei kleinen Maschinendrehzahlen, also kleinen Lasten bzw. sehr großen Flughöhen, da mehr Brennstoff dem Brenner zugeführt werden kann, als für die Maschine gebraucht wird. Der Rest wird über ein Regelventil wieder zum Tank zurückgeleitet oder über eine separate Pumpe abermals der Brennerleitung zugeführt. Abb. 342 stellt den Dowty-Rücklaufbrenner für Gleichstromeinspritzung dar [*233*].

Grundsätzlich ist diese Type ein Simplex-Brenner mit einer Wirbelkammer, die über eine Anzahl tangentialer Bohrungen gespeist wird. Der Überschußbrennstoff wird durch einen Ringkanal an der Rückwand der Wirbelkammer durchgeführt. Der Strahl aus dieser Düse hat die normale konische Form, wobei der Konuswinkel mit dem Verhältnis $G_{B\,Vorlauf}$ zu $G_{B\,Vorlauf} - G_{B\,Rücklauf}$ variiert. Bei konstanter Brennstoffzufuhr würde also der Konuswinkel bei kleinster Einspritzmenge am größten sein.

Folgender wichtiger Punkt ist bei dieser Brennerdüse zu beachten. Im Zentrum des Wirbels, in der Wirbelkammer, bildet sich ein Hohlraum. Der Rücklaufbrennstoff muß nun so abgeleitet werden, daß sich dieser Hohlraum nicht in den Rücklaufkanal fortsetzt. Deshalb der Ringraum für die Brennstoffableitung beim Brenner nach Abb. 342.

Interessant ist auch, daß sich unter statischen Verhältnissen der Strahlwinkel ziemlich stark verändert, daß sich aber unter Brennkammerbedingungen, wo über den äußeren Brennermantel Kühlluft fließt, die Kohleansatz am Brennermund verhindert, der Strahlwinkel unter deren Einfluß nur wenig verändert, Abb. 343.

Einen Rücklaufbrenner für Gegenstromeinspritzung zeigt Abb. 344.

2. Brenner für schwere Heizöle

Da schwere Heizöle sehr zähflüssig sind, müssen sie im vorgewärmten Zustand zerstäubt werden, und es muß daher der Brenner so beschaffen sein, daß vor Inbetriebnahme der Turbine das Öl durch das ganze System einschließlich Brenner gepumpt werden kann,

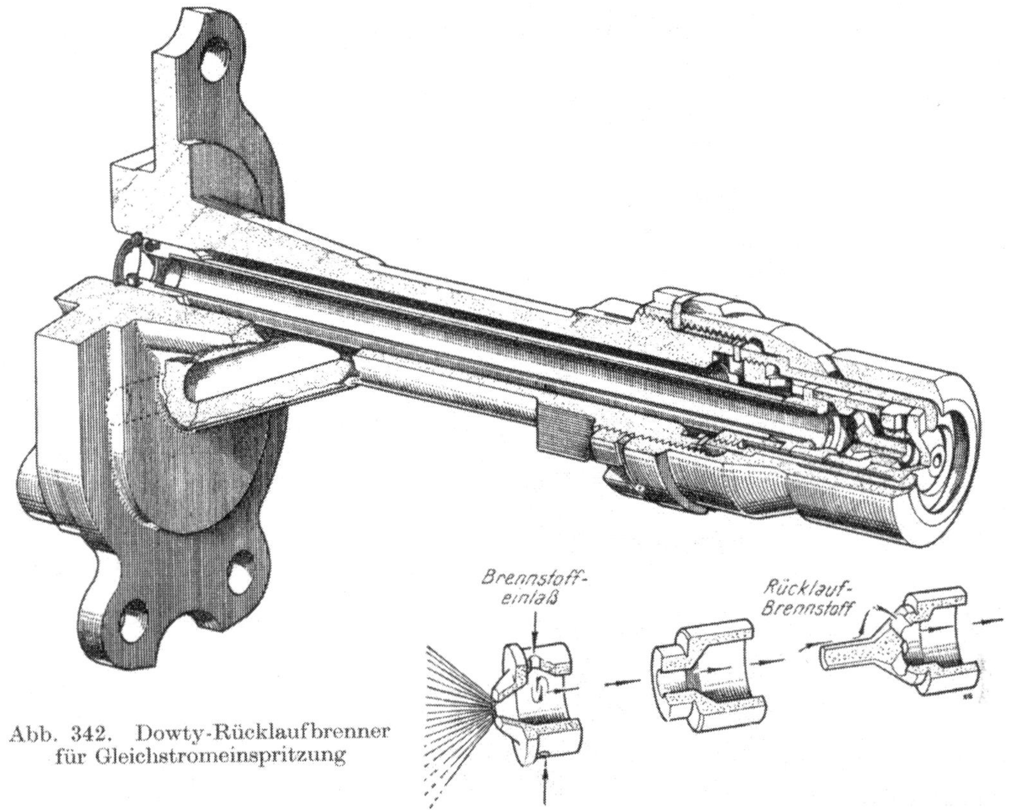

Abb. 342. Dowty-Rücklaufbrenner für Gleichstromeinspritzung

bis alles auf der für eine gute Zerstäubung richtigen Temperatur ist. Es wurden daher Brenner mit Rücklauf konstruiert, deren Düsenmund mittels einer Düsennadel abgeschlossen ist. Diese Düsennadel ist mit einem Steuerkolben verbunden und wird durch eine Feder in die Schließstellung gedrückt, Abb. 345. Dadurch kann vor der Zündung Öl unter niederem Druck durch den Brenner gepumpt werden, ohne daß es in die Brennkammer austritt. Wird der Brennstoffdruck auf das normale Arbeitsniveau gebracht, dann zieht der Steuerkolben die Nadel in die rückwärtige Position und der Brenner arbeitet in normaler Weise. Diese Düsennadel ist ebenso von Bedeutung, wenn die Anlage abgeschaltet wird. Es kann nämlich von der in der Brennkammer bzw. im Wärmeaustauscher gespeicherten Wärme im Brenner Ölkoks entstehen. Wenn aber nach dem Stillsetzen noch weiter Brennstoff unter niederem Druck durch den Brenner gepumpt werden kann, dann ist es möglich, den Brenner entsprechend zu kühlen [*224*].

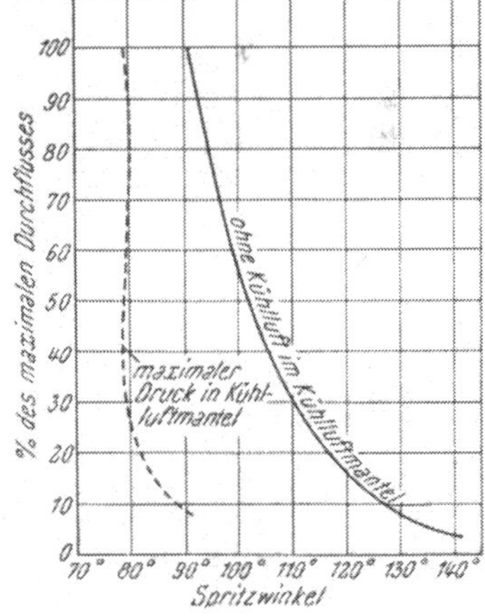

Abb. 343. Spritzwinkelcharakteristik eines Rücklaufbrenners

Obwohl der Rücklaufbrenner den Vorteil hat, bei konstantem Zulaufdruck einen weiten Arbeitsbereich nur durch Regelung des Rücklaufdruckes zu geben, hat er doch den Nachteil, daß der totale Brennstoffdurchsatz (Einspritz- plus Rücklaufmenge) steigt, wenn die Einspritzmenge fällt. Dies bedeutet, daß die Pumpe ungefähr die doppelte Vollast-Einspritzmenge abzugeben imstande sein muß. Dieses Verhältnis kann noch steigen, wenn bei Teillast auch die Maschinendrehzahl sinkt.

Diesem Übel kann man nur beikommen, wenn man davon abgeht, den Zulaufdruck konstant zu halten. Ein Regelsystem, bei dem Zulauf- und Rücklaufdruck geregelt wird, und zwar so, daß der Zulaufdruck um einen bestimmten Betrag den Rücklaufdruck übersteigt, ergibt ebenfalls einen weiten Arbeitsbereich, aber jetzt mit einer Pumpe, die nur wenig mehr Brennstoff liefern muß, als die Maschine bei Vollast verbraucht.

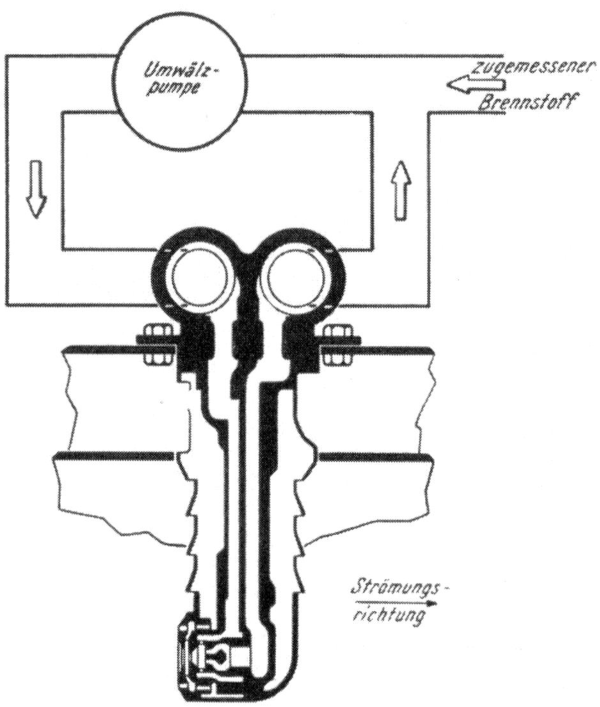

Abb. 344. Dowty-Rücklaufbrenner für Gegenstromeinspritzung

Eine andere Brennerausführung ist der Pillard-Brenner mit variablem Brennstoffeintrittsquerschnitt, Abb. 346. Er arbeitet mit konstantem Zulaufdruck. Die Einspritzmenge wird durch einen Kolben gesteuert, der je nach Last mehr oder weniger Löcher für den Eintritt des Brennstoffes in die Wirbelkammer des Brenners freigibt. Er besitzt ebenfalls eine Abschlußnadel für die Düsenöffnung, so daß vor und nach dem Lauf der Maschine Brennstoff durchgepumpt werden kann. Im Betrieb erfolgt kein Brennstoff-Rücklauf, und man braucht daher nur eine Pumpe mit einer der Vollast entsprechenden Liefermenge. Außerdem zeigt dieser Brenner bei richtiger Konstruktion eine geringere Veränderung des Spritzwinkels mit der Last als ein Rücklaufbrenner.

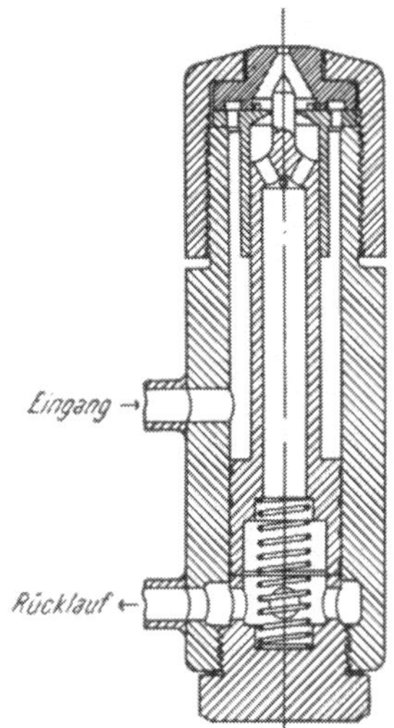

Abb. 345. Brenner für schweres Heizöl mit Düsennadel

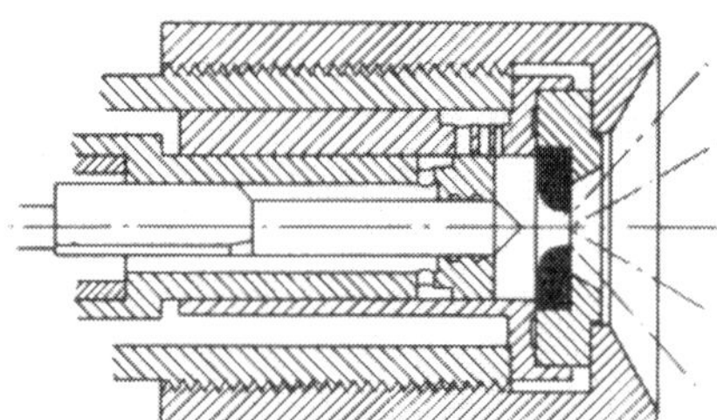

Abb. 346. Pillard-Brenner mit Düsenabschlußnadel

Vielfach werden auch Brenner verwendet, bei denen die Zerstäubung mit Luft geschieht. Dies hat den Vorteil, daß die Brennstoffpumpe nur einen Druck geben muß, der wenig

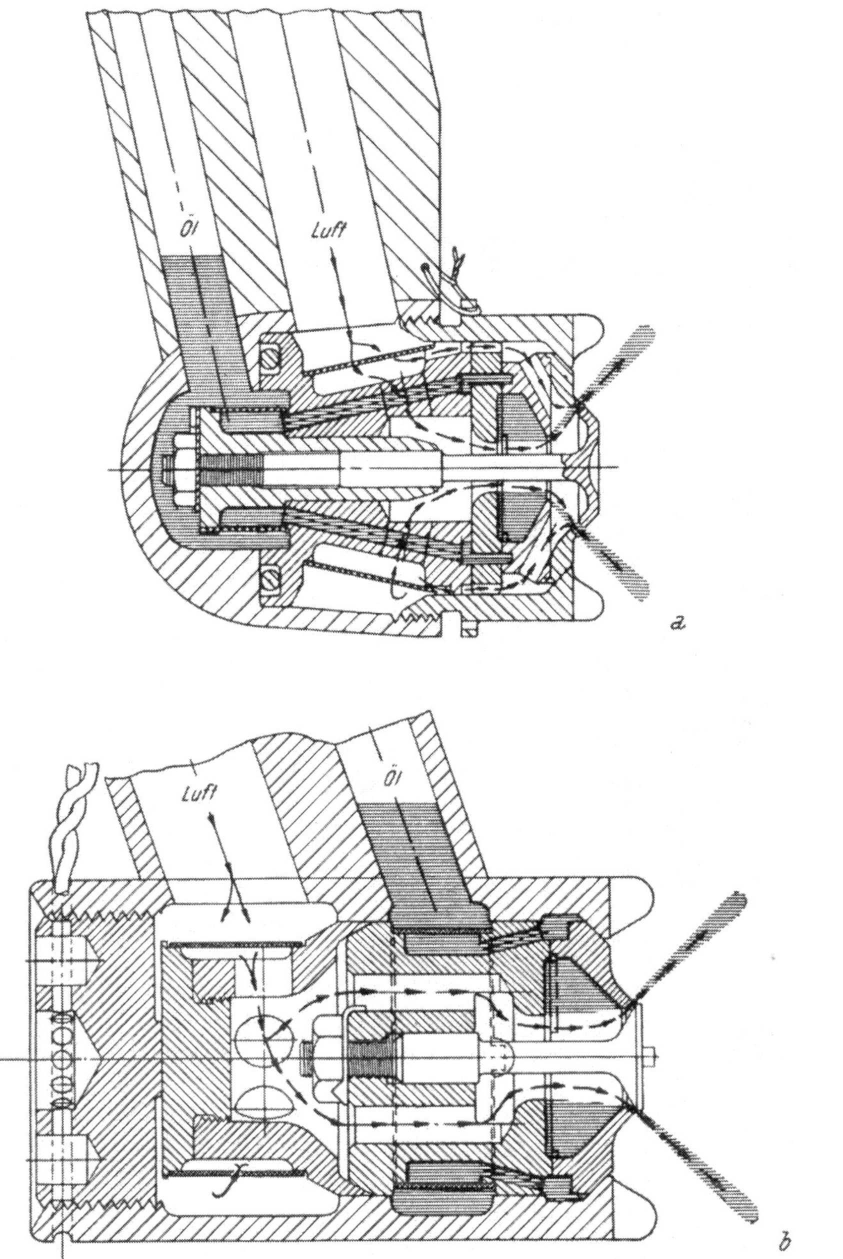

Abb. 347. General Electric-Brenner mit Luftzerstäubung
a Luftzufuhr innen und außen, *b* Luftzufuhr innen

Einige Daten für die Zerstäubungsluft

Turbinendrehzahl	Last kW	Luft-Brennstoff Gewichtsverhältnis	Druckverhältnis am Brenner	Temperatur °C
4615	0	0,60	1,3	121
6700	0	1,10	1,6	260
6700	1800	0,63	1,6	260
6700	3600	0,51	1,6	260

über dem Brennkammerdruck liegt, wodurch der Verschleiß der Pumpe und des Brenners wesentlich kleiner wird. Die weitaus größeren Brennstoffkanäle im Brenner neigen auch viel weniger zum Verstopfen. Ebenso sind diese Düsen weniger viskositätsempfindlich. Man braucht jedoch für die Zerstäubungsluft einen eigenen Luftkompressor, der den etwa zweifachen Systemdruck liefern muß. Abb. 347 zeigt zwei Ausführungen solcher Brenner von General Electric, wie sie z. B. in der Brennkammer nach Abb. 325 eingesetzt werden.

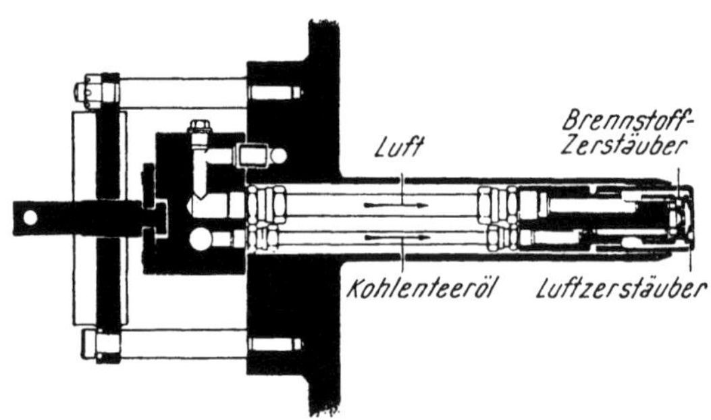

Abb. 348. Brenner mit Luftzerstäubung für Steinkohlenteeröl von Ruston & Hornsby

Abb. 348 zeigt den Brenner mit Luftzerstäubung für die Teerölbrennkammer von Ruston & Hornsby nach Abb. 326.

Für Stahlwerke ist es oft notwendig, mit Gichtgas und (oder) mit Öl zu fahren. Abb. 349 zeigt einen kombinierten Brenner für Gichtgas und Öl von BBC. Mit dem kombinierten Brenner kann bei Gichtgasmangel sofort Brennöl zugesetzt werden. Die Versuche und der industrielle Betrieb haben gezeigt, daß sowohl Gichtgas allein als auch ein Gemisch von Gichtgas und Brennöl oder Brennöl allein verbrannt werden können. Es ist ohne weiteres möglich, bei Vollast momentan von einem Brennstoff auf den anderen umzuschalten. Der Umschaltvorgang von Gichtgas auf Brennöl geht folgendermaßen vor sich:

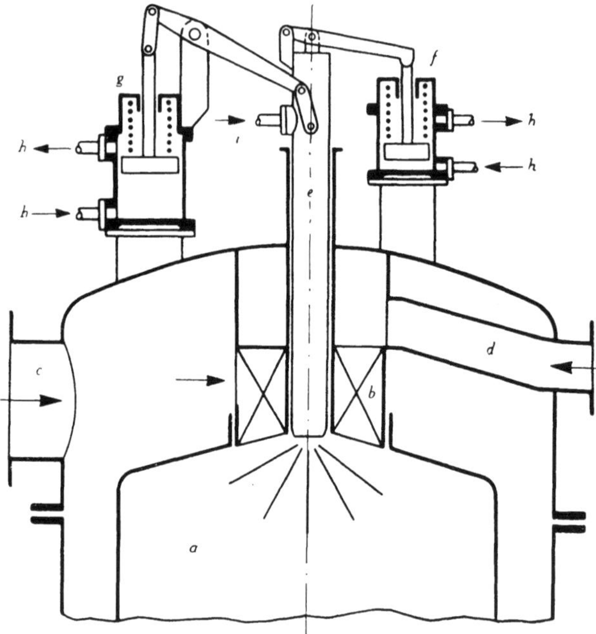

Abb. 349. Doppelbrenner für Erdgas und Brennöl

a Brennkammer
b Drallkörper
c Lufteintritt
d Gaseintritt
e Brennstoffdüse
f Druckölregelung der Brennstoffdüse
g Druckölregelung zum Einführen und Zurückziehen der Brennstoffdüse
h Ein- und Auslaß des Steueröls
i Brennstoffeinlaß

Bei Gasbetrieb ist die Brennstoffdüse zurückgezogen, um eine Überhitzung zu verhindern. Beim Übergang von reinem Gasbetrieb auf gemischte Erdgas-Brennöl-Feuerung wird zuerst durch den Steuerkolben *g* die Brennstoffdüse eingefahren und dann durch den Steuerkolben *f* die Brennstoffzufuhr zur Brennkammer geöffnet. Durch Erhöhen des Steueröldruckes vergrößert man die Brennstoffzufuhr

Bei Gichtgasmangel sinkt der Gichtgasdruck in der Gasleitung, wodurch beim Unterschreiten von etwa 25 mm WS ein Druckwächter einen Alarm auslöst, der den Maschinisten warnt. Dieser bringt von der Schalttafel aus mit Hilfe des öldruckgesteuerten Servomotors den Ölbrenner in die Betriebsstellung und schaltet sofort den Motor der Brennstoffpumpe ein. Durch ein Handrad in der Schalttafel kann er die Brennölzufuhr zur Brennkammer beliebig vergrößern. Da die Brennkammer in Betrieb ist, zündet das eingespritzte Brennöl sofort. Die Maschine kann auch bei sehr stark vermindertem Gichtgasanfall voll in Betrieb gehalten werden, da die Brennstoffzufuhr soweit vergrößert werden kann, daß sogar mit Brennöl allein Vollast gefahren werden kann. Durch die Erhöhung der Brennölmenge steigt die Temperatur der Gasturbine an.

Die Drehzahlregulierung und die Temperaturbegrenzung verkleinern nun die Gichtgasmenge automatisch. Sobald durch den sinkenden Gichtgasverbrauch der Druck in der Gichtgasleitung wieder ansteigt und das Warnsignal „Gichtgasmangel" wieder verschwindet, ist die Gefahr behoben. Der Maschinist hat in der Schalttafel auch noch ein Druckanzeigeinstrument für den Verlauf des Gichtgasdruckes in der Leitung. Steigt nun dieser Druck wieder an, so kann der Maschinist die Brennölmenge wieder verklei-

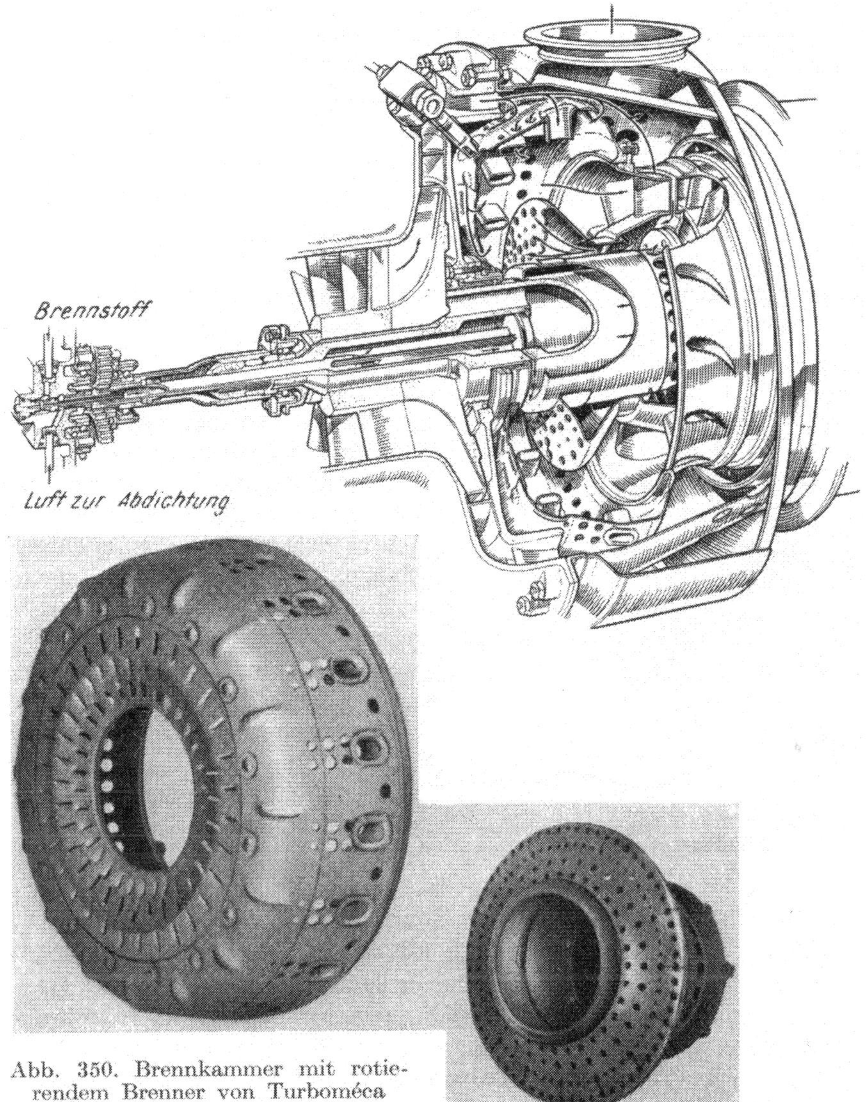

Abb. 350. Brennkammer mit rotierendem Brenner von Turboméca

nern. Sinkt der Gichtgasdruck bei Verkleinerung der Brennölmenge nicht unter den Normalwert, so kann die Brennölzufuhr schließlich ganz geschlossen, die Brennstoffpumpe wieder abgestellt und der Ölbrenner zurückgezogen werden.

Selbstverständlich kann dieser ganze Vorgang auch automatisiert werden, so daß ein Eingreifen des Maschinisten nicht erforderlich ist.

3. Brenner für feste Brennstoffe

Diese Brenner wurden bereits bei der Besprechung der Brennkammern für feste Brennstoffe beschrieben und gezeigt.

4. Sonderkonstruktionen

Eine Sonderstellung nehmen die Brennkammern mit Brennstoffvergasung ein. Bei diesen wird Brennstoff mit verhältnismäßig kleinem Druck in ein Vergasersystem eingeblasen, und erst der vergaste Brennstoff verbrennt. Dies ist natürlich nur bei leichten Destillaten möglich. Abbildungen wurden bereits bei Besprechung der entsprechenden Brennkammern gezeigt, Abb. 309, 310, 311.

Eine weitere Sonderkonstruktion ist der rotierende Brenner von Turboméca, Frankreich. In Abb. 350 ist eine Brennkammer mit rotierendem Brenner dargestellt. Die der Last entsprechende Brennstoffmenge wird hier in die Welle eingebracht und durch die Rotation derselben zerstäubt. Dieses System arbeitet über dem ganzen Lastbereich vorzüglich und zeichnet sich vor allem durch seine Einfachheit aus.

D. Zündeinrichtungen

In Flugzeugbrennkammern sind meist zwei Zündbrenner nach Abb. 351 eingebaut. Sie bestehen aus einer Hochspannungskerze und einem Brennstoffzerstäuber mit einem durch ein Solenoid betätigten Absperrventil. Beim Startvorgang werden sie automatisch nach Druck des Starterknopfes in Tätigkeit gesetzt. Normal genügt ein Zündbrenner, doch sind sicherheitshalber zwei angebracht. Von den beiden mit Zündern ausgerüsteten Brennkammern kann die Flamme über die Verbindungsleitungen zu den anderen Brennern gelangen. Die Zündbrenner ragen nicht in die Brennkammern hinein, um Überhitzung zu vermeiden, sondern liegen im Ringraum zwischen Flammrohr und Außenmantel und werden durch die Sekundärluft gekühlt.

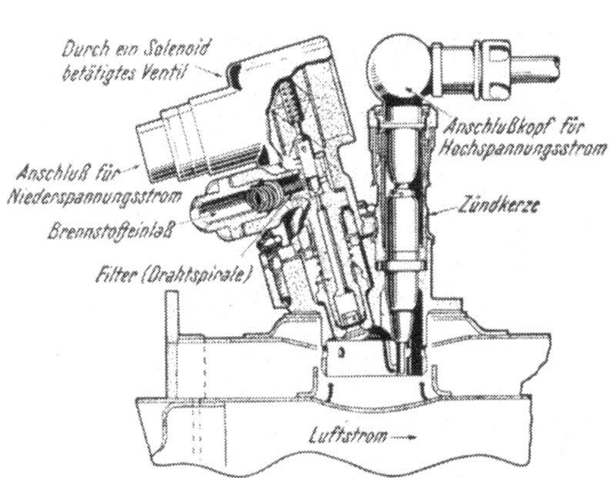

Abb. 351. Zündbrenner mit Solenoidventil und Zündkerze

Die gleiche Art von Zünder, wobei natürlich auch Typen existieren, bei denen Zündkerze und Zündbrenner in ein Gehäuse zusammengebaut sind (Lodge), kann auch für Brennkammern für Schweröl verwendet werden. Der Zündbrennstoff muß natürlich ein leichtes Destillat sein, das von einer eigenen Pumpe zugeführt wird, oder noch vorteilhafter Propangas. Abb. 352 zeigt einen solchen Zündbrenner.

Neuerdings sind die Hochenergie-Flächenentladungszünder in Gebrauch gekommen, die über ein Kondensatorsystem und eine Funkenstrecke arbeiten. Pro Sekunde erfolgt eine Entladung, die etwa 50 Mikrosekunden dauert, wobei ein Strom von etwa 1500 Ampere bei 2000 Volt mit einer Energie von 12 Joule entsteht. Diese Zünder haben den Vorteil, daß ein Rußniederschlag oder Brennstoffteilchen die Funktion eher verbessert als verschlechtert. Abb. 353 zeigt einen solchen Zünder mit Zündbrenner von Lodge. Der Zündbrennstoff ist auch hier ein leichtes Destillat.

Eine Neuentwicklung von Shell zusammen mit Lodge stellt der Hochenergie-Flächenentladungszünder mit Düsenabschluß für Schweröl dar, Abb. 354. Bei diesem Zündbrenner kann das Öl zuerst durchgepumpt werden, bis das ganze System richtig durchgewärmt ist. Dann wird ein Ventil in der Rückleitung geschlossen, über das Handrad die Düsenabschlußnadel zurückgezogen und der Zündstrom eingeschaltet. Natürlich kann dieser Vorgang auch automatisiert werden.

Das Napier-Plessey-System verwendet eine Kombination von Hochspannungs-Hochfrequenz-Funken, gefolgt von einem Strom hoher Intensität mit niederer Spannung in einer Serie von Hochfrequenz-Entladungen. Es beruht auf der Tatsache, daß der Hochspannungsfunke die Funkenstrecke ionisiert, wobei der Widerstand und damit die Voltzahl, die zur Veranlassung der Entladung gebraucht wird, herabgedrückt wird. Dieses System arbeitet mit jeder Type von Zündkerze, wobei es egal ist, ob diese rein oder schmutzig, naß oder trocken ist.

Abb. 355 zeigt das BBC-Zündsystem mit Glühdraht, wie es in der Gasturbinenlokomotive angewendet wird. Das Glühdrahtelement befindet sich in einem Silizium-Karbid-Rohr und kann aus- und eingefahren werden. Die Zündung erfolgt mit Dieselöl, und erst nach der Zündung wird auf Schweröl umgeschaltet. Bei den BBC-Lokomotiv-Gasturbinen wird dieser Zünder mit 42 Volt, 20 bis 24 Ampere, gespeist.

Ein chemischer Zünder wird von Allen in der 200-PS-Gasturbine angewendet, Abb. 356. Ein Stab mit einer funkensprühenden Masse wird entzündet und durch die Öffnung mit Hahn in die Brennkammer gesteckt und nach der Zündung wieder entfernt.

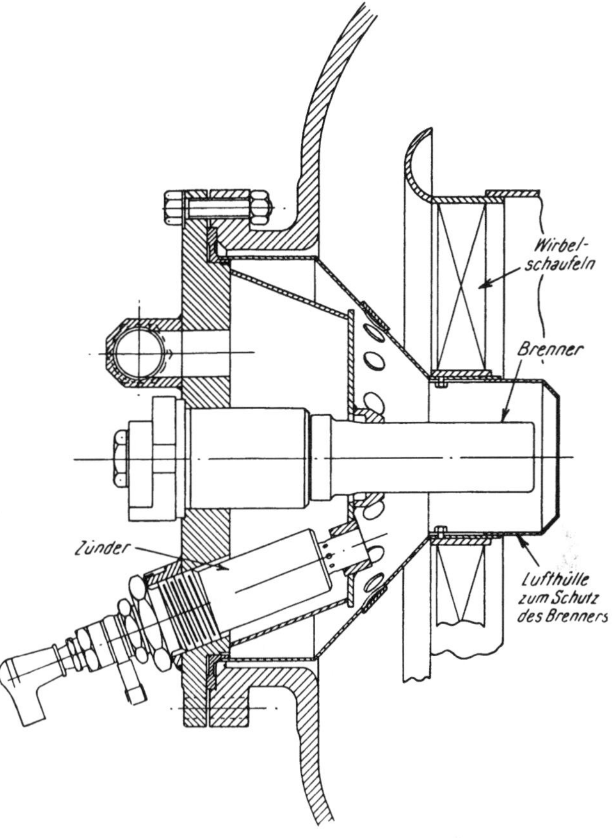

Abb. 352. Propanzündbrenner der English Electric Company

Eine weitere einfache und interessante Zünderausbildung ist der

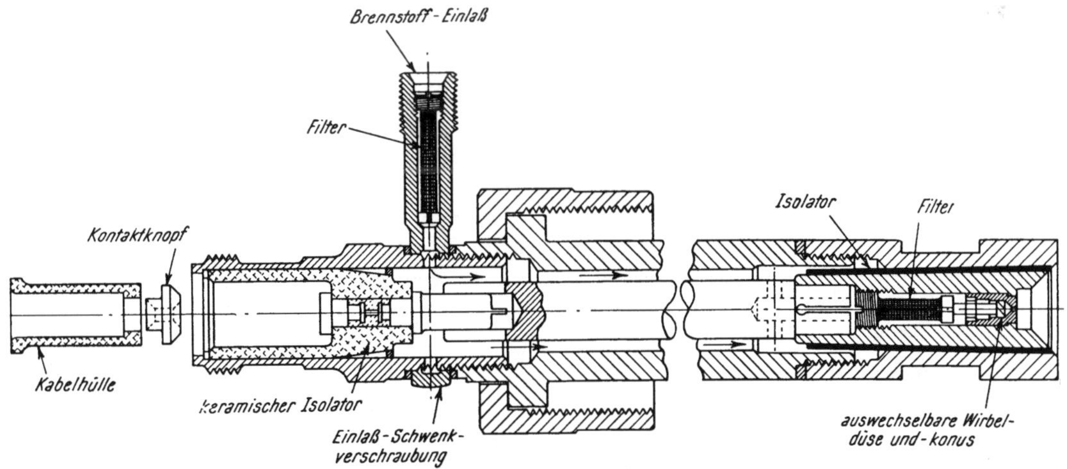

Abb. 353. Lodge-Hochleistungszündbrenner

Zünder mit Kartusche vom Preß- und Stanzwerk A. G. Eschen, Liechtenstein, Abb. 357. Die Kartusche wird in den Halter eingeschraubt und mittels eines 1,5-Volt-Stromes gezündet. Die Kosten einer solchen Kartusche sind etwa ö. S. 10,— [*209*].

E. Das Brennstoffsystem der Industrieturbine

Die verschiedensten Regelsysteme sind je nach der angewendeten Brennerart in Gebrauch. Abb. 358 zeigt das Regelsystem einer zweiwelligen BBC-Turbine mit durch Servo-Kolben gesteuerten Brennern mit Düsennadel [*220*].

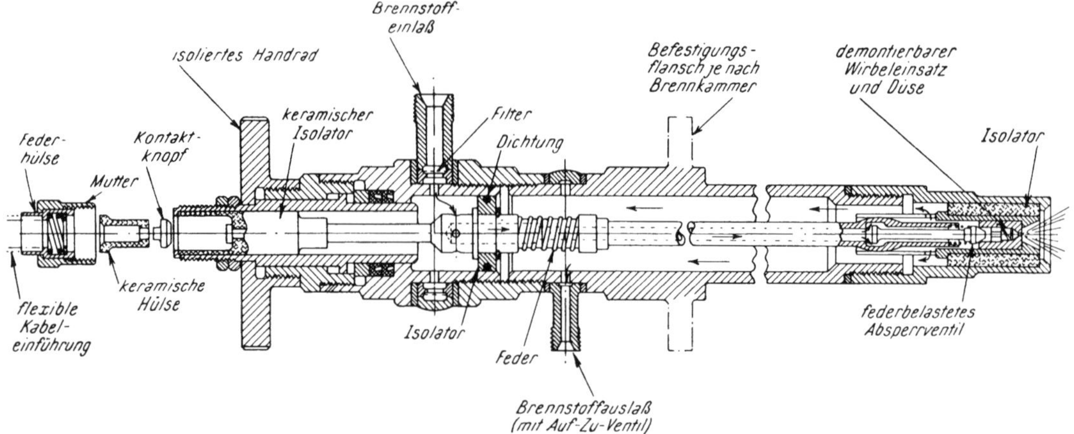

Abb. 354. Lodge-Hochleistungszündbrenner mit Brennstoffzirkulation

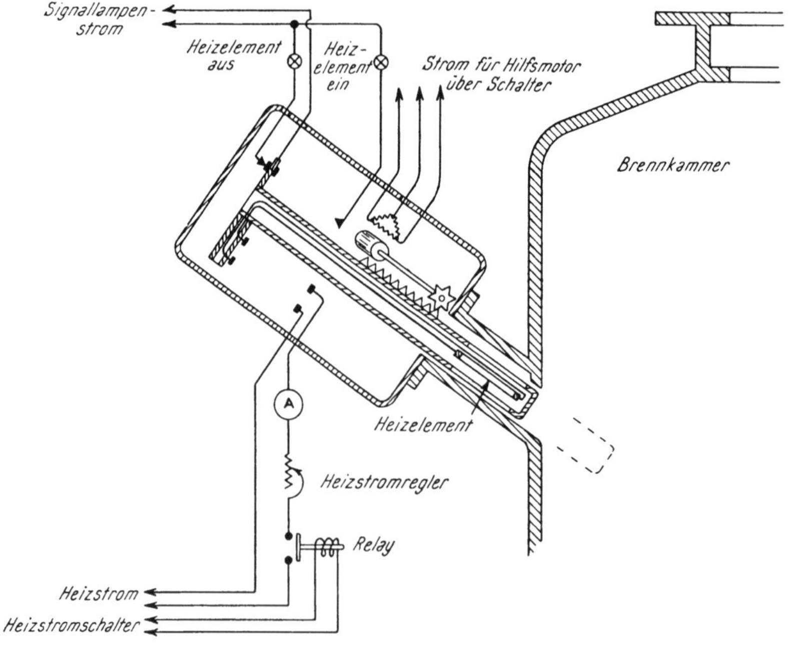

Abb. 355. BBC-Zündsystem mit Glühdraht für die BBC-Gasturbinenlokomotive

Zum Erzielen wirtschaftlicher Teillast-Wirkungsgrade bei Zweiwellen-Gleichdruck-Gasturbinen muß sowohl die in die Brennkammer der Hochdruckgruppe eingeführte Brennstoffmenge als auch die ihr angepaßte Zusatzluftmenge geregelt werden. Diese Zusatzluft wird von einem Verdichter der Niederdruck-Ladegruppe geliefert, dessen Drehzahl von der Leistung der Hochdruckgruppe abhängt. Für diese mit etwa 650° C arbeitende Hochdruckgruppe, die man mit dem Netzgenerator auf die Netzdrehzahl regelt, sieht man noch eine Temperatur-Begrenzungsregelung vor. Auch die Niederdruck-Ladegruppe enthält außer der Brennstoffmengenregelung und der Weitbereich-Drehzahlregelung noch eine ähnliche Temperatur-Begrenzungsregelung. Beim Auftreten einer Überdrehzahl in einer der Gruppen, einer Übertemperatur der Treibgase oder beim Ausfall des Kühlwassers wird die Brennstoffzufuhr ausgeschaltet, verdichtete Luft ausgeblasen und die Turbine stillgesetzt.

Die Hochdruck-Turbine *a* des Zweiwellensatzes treibt den Generator *b* an; die den Verdichter *d* antreibende Niederdruck-Turbine *c* dient als Ladegruppe. Ein Teil der im Niederdruckverdichter *d* verdichteten Luft gelangt über einen Zwischenkühler *e* zum Hochdruckverdichter *f* und über den Luftvorwärmer *g* in die Hochdruckbrennkammer *h*. Nach dem Entspannen in der Hochdruck-Turbine *a* wird das Arbeitsgas mit der Frischluft des Niederdruckverdichters *d*, die den gleichen Druck hat, gemischt und zum Verbrennen des Treibstoffes in die Niederdruckbrennkammer *i* gebracht. Nach dem Entspannen im Niederdruckteil treten die Arbeitsgase in den Luftvorwärmer *g* ein.

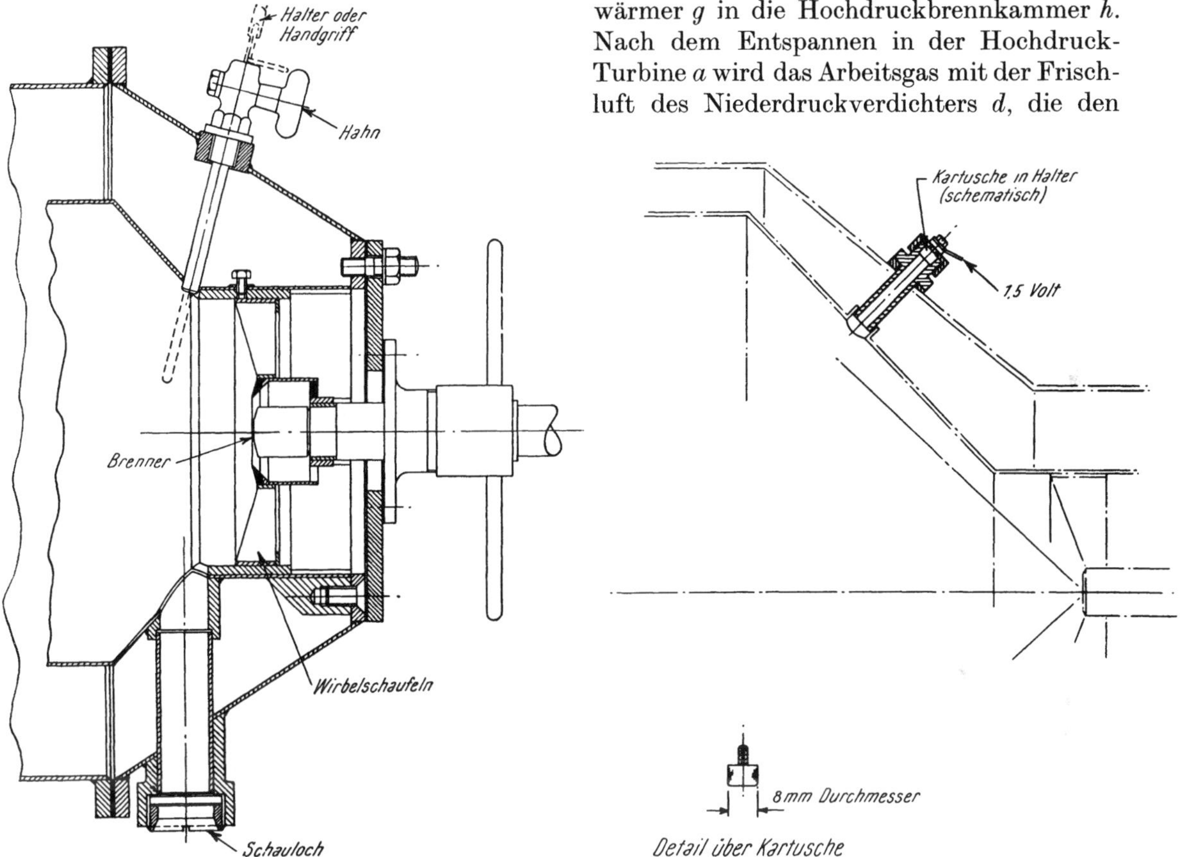

Abb. 356. W. H. Allen & Co.-Zündsystem

Abb. 357. Kartuschenzünder

Die Drehzahlregelung der gesamten Anlage geschieht mittels der beiden Drehzahlpendel *k*, die mit Hilfe der Ventile *l* die Drucköl-Abströmung steuern. Dieses von der Pumpe *m* gelieferte Öl regelt über die Stellmotoren n_1 und n_2 die Brennstoffzufuhr zu den Düsen. Die beiden Hochdruck- und Niederdruckgruppen sind durch die Kopplung *o* miteinander gekoppelt, so daß bei einem etwaigen Drehzahlabfall beide Gruppen gemeinsam wieder hochgesteuert werden.

Zur Temperaturüberwachung der aus den Brennkammern abströmenden Gase dienen die Temperaturregler *p*. Der Temperaturregler der Hochdruckstufe wirkt auf den Stellmotor n_1, der Regler der Niederdruckstufe auf ein Drosselventil *q* in der Bypass-Leitung.

Neu gegenüber den bekannten Gasturbinenreguliersystemen ist die Art der Brennstoffeinführung und die damit verbundene Regulierung des Brennstoffes bei den Oerlikon-

Gasturbinen. Sie beruht auf der Tatsache, daß es gelungen ist, auch ohne Hochdruckzerstäubung eine gute Verbrennung zu erzielen. Die Regulierung arbeitet mit Druckölsteuerung. Sie enthält zur Leistungsregelung in der Regel einen Präzisionsdrehzahlregulator pro Turbinenwelle, die nötigen Verstärkungs- und Übertragungsorgane mit einer vom Schaltpult aus bedienbaren Drehzahlverstellvorrichtung, ferner die Brennstoffregulierung, welche unter dem Einfluß der obgenannten Glieder die Brennstoffzufuhr an die Belastung anpaßt. Als Beispiel ist in Abb. 359 ein vereinfachtes Regulierschema einer kleinen auf ein Drehstromnetz arbeitenden Gasturbinenanlage dargestellt, welches besonders die Funktion der für die Oerlikon-Bauart charakteristischen Brennstoffregulierung erkennen läßt. Der Brennstoff wird zunächst durch die Pumpe *12* in einen Tank *10* gefördert, dessen Druck nur einige 100 mm Wassersäule über dem Druck liegt, der in der Brennkammer *3* herrscht. Ein mit einem Schwimmer betätigtes Überlaufventil hält das Brennölniveau im Tank *10* in konstanter Höhe, und zwar etwas tiefer als die Brennermündung. Zwischen Tank *10* und Brennkammer *3* liegt kein Regulierapparat. Der Brennstoff gelangt vielmehr unter der Wirkung des Luftdruckes, der über dem Brennölniveau im Tank *10* herrscht, in die Brennkammer *3*. Dieser Druck wird durch das Regulierventil *8* beeinflußt. Bei geschlossener Stellung des Ventils *8* herrscht über dem Brennöl der maximale Anlagedruck (Förderdruck des Kompressors *1*); bei ganz offener Stellung des Ventils *8* der kleinere Druck vor der Turbine *4*, der etwas niedriger ist als der Druck in der Brennkammer. In dieser Stellung kann somit kein Brennstoff gefördert werden. Der Regulierbereich liegt zwischen den beiden genannten Extremstellungen. Das Ventil *8* wird automatisch vom Fliehkraftregler *6* der Hochdruckturbine aus gesteuert. Diese Brennstoffregulierung hat sich sehr gut bewährt. Ihre Hauptvorteile sind: kleine Massen der regulierten Teile, große Brennstoffkanäle zwischen Tank *10* und Brennkammer *3* (Sicherheit gegen Verstopfen) sowie eine zusätzliche Sicherheit gegen Auslaufen von Brennstoff aus diesem Tank in die Brennkammer bei Stillstand der Anlage und gleichzeitigem Weiterlaufen der Brennstoffpumpe.

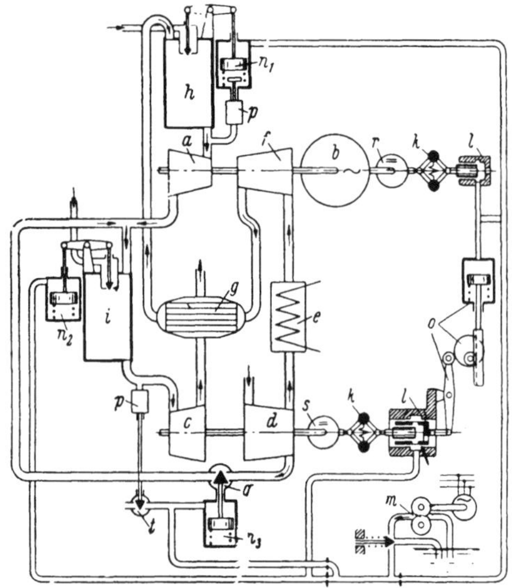

Abb. 358. Regelschema einer Zweiwellengasturbine mit offenem Kreislauf von BBC

a Hochdruckturbine
b Generator
c Niederdruckturbine
d Niederdruckverdichter
e Zwischenkühler
f Hochdruckverdichter
g Luftvorwärmer
h Hochdruckbrennkammer
i Niederdruckbrennkammer
k Drehzahlpendel
l Ventile
m Pumpe
n_1, n_2, n_3 Stellmotoren
o Kupplung
p Temperaturregler
q Drosselventil
r Erregermaschine
s Anwurfmotor
t Überströmventil

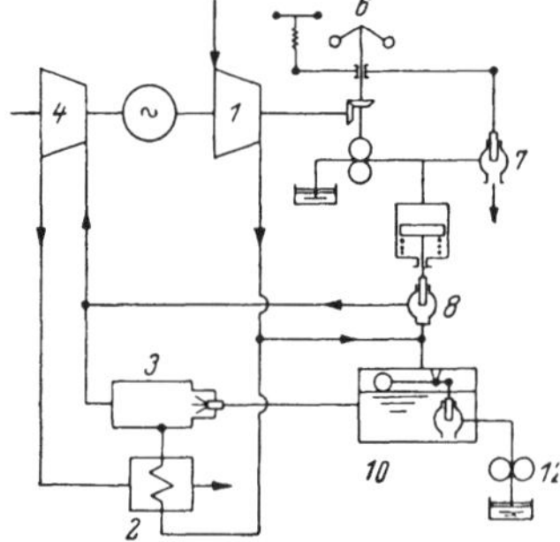

Abb. 359. Regulierschema der Oerlikon-Gasturbine

Weiterhin umfaßt das Reguliersystem Sicherheitsvorrichtungen gegen Überschreiten der Höchstdrehzahl und zur Überwachung der Axialverschiebung jeder Welle, zur Überwachung der Gastemperatur hinter jeder Brennkammer und des Schmieröldruckes, ferner eine Schnellschlußvorrichtung, welche beim Eingreifen einer der genannten Sicherheitseinrichtungen die Brennstoffzufuhr augenblicklich unterbricht und die Maschinenanlage innerhalb weniger Minuten stillsetzt. Bei Versagen des Öldruckes erfolgt zuerst Einschalten einer elektrisch getriebenen Reservepumpe sowie Betätigung eines Alarmsignals, und erst bei ausbleibendem Erfolg wird die Anlage stillgelegt. Die Schnellschlußvorrichtung kann auch von Hand durch einen an beliebigem Ort anzubringenden Druckknopf ausgelöst werden. Dazu kommen Einrichtungen zur Fernbetätigung der Zündapparatur und des Anlaßmotors und ferner eine Vorrichtung zum In- und Außerbetriebsetzen der Anlage mit Einhebelbedienung vom Schaltpult aus. Bei Kombination von Gasturbinen mit anderen Anlagen treten je nach Bedarf weitere Regelorgane hinzu.

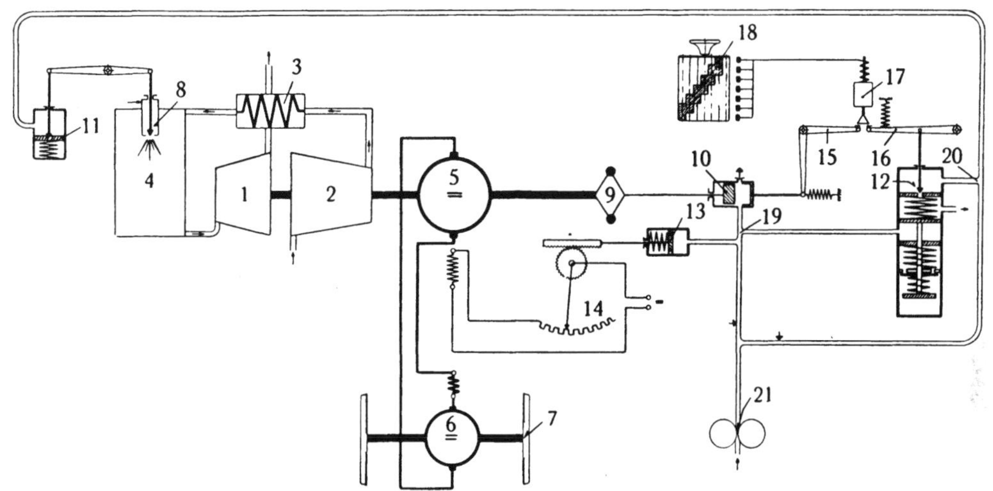

Abb. 360. Prinzipschema der Drucksteuerung für die Leistungsregelung der Gasturbinengruppe der BBC-Gasturbinenlokomotive für British Railways

1 Gasturbine
2 Verdichter
3 Luftvorwärmer
4 Brennkammer
5 Hauptgenerator
6 Triebmotoren
7 Triebradsätze
8 Brennstoffdüse
9 Geschwindigkeitsregler der Gasturbinengruppe
10 Regelbüchse des Drehzahlreglers
11 Brennstoff-Regelkolben
12 Steuerventil
13 Servomotor des Feldreglers
14 Servofeldregler für die Hauptgenerator-Fremderregungsregelung
15, *16* Steuerhebel
17 Elektropneumatische Ventile
18 Steuerkontroller
19 Drehzahl-Regelsystem
20 Brennstoff-Regelsystem
21 Steuerölpumpe

Das Regelschema der BBC-Gasturbinenlokomotive für British Railways zeigt Abb. 360. Die Gasturbinenanlage wird durch Speisung des als Reihenschlußmotor geschalteten Hauptgenerators vom Hilfsgenerator aus angelassen; sodann wird die Brennstoffpumpe in Betrieb gesetzt. Bei Erreichen der Zünddrehzahl (etwa ein Fünftel der Vollastdrehzahl) wird der Brennstoffdüse Dieselöl zugeführt und gezündet. Nach dem Zünden beschleunigt sich die Gasturbinengruppe mit eigener Kraft, und der Hilfsgenerator wird auf die Hilfsbetriebe geschaltet. Nach einigen Minuten wird auf vorgewärmtes Heizöl umgeschaltet.

Die Leistungsregelung der Gasturbinengruppe, also die Zugkraft-Geschwindigkeitsregelung der Lokomotive ist aus dem vereinfachten Schema der Steuerung, Abb. 360, ersichtlich. Der Steuerkontroller *18* hat 11 Regelstufen. Die Stufen 1 bis 9 dienen für die Leistungsregelung mit vollem Triebmotorenfeld, die Stufen 10 und 11 für die Regelung mit geschwächtem Triebmotorenfeld. Durch die Erregung von elektropneumatischen Ventilen *17* auf den ersten neun Kontrollerstufen werden über die Hebelsysteme *15* und *16* die Drehzahl der Gasturbinengruppe und die eingespritzte Brennstoffmenge geregelt. Das Hebelsystem *16* betätigt das Steuerventil *12*, welches den Druck im Steuerölsystem *20* beeinflußt und damit die Lage des Kolbens *11* und die Öffnung der Einspritzdüse *8* bestimmt. Gleichzeitig stellt das Hebelsystem *15* die Drehzahl der Gasturbinengruppe durch Verschieben der Muffe des Geschwindigkeitsreglers *10* ein. Die Druckölsteuerung ist mit der BBC-Servofeldreglersteuerung *13, 14* für die Regelung der Fremderregung des Hauptgenerators kombiniert. Im Fahrbetrieb dient dem Führer ein Kreuzzeiger-Instrument für die Kontrolle von Strom und Spannung des Hauptgenerators und für die Wahl des richtigen Zeitpunktes zur Feldschwächung der Triebmotoren. Zum Anzeigen der Fahrgeschwindigkeit ist eine elektrische Einrichtung mit Tachometerdynamo vorgesehen.

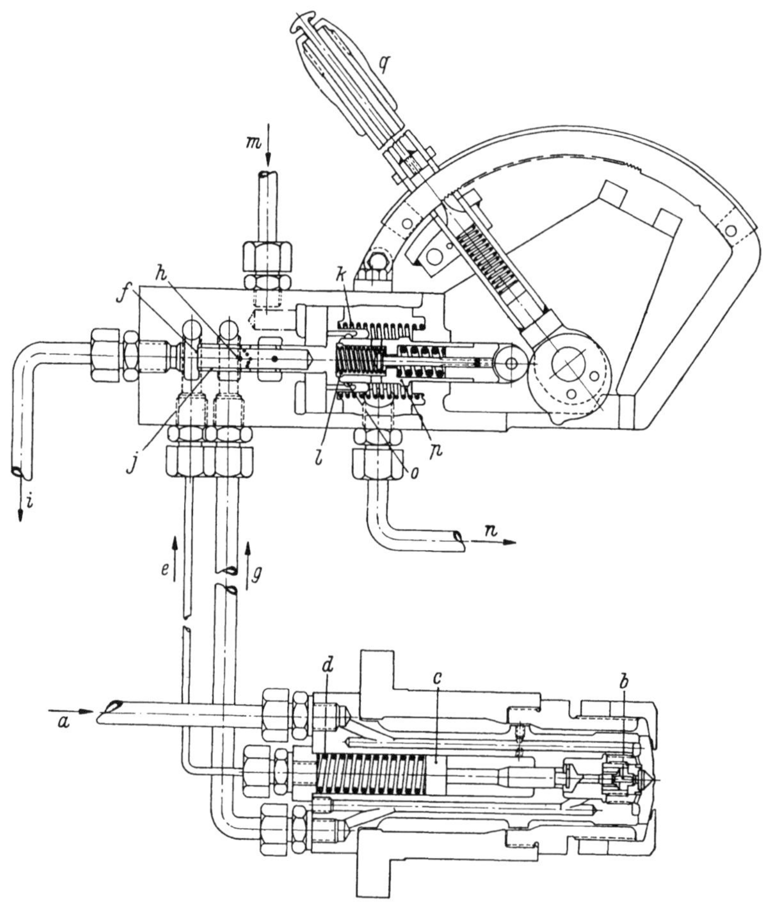

Abb. 361. Brennstoffregelung der PAMETRADA-Marinegasturbine in Stellung für Maximalleistung

a Brennstoffzuleitung von der Förderpumpe
b Nadelabschlußventil
c Stellkolben für Nadelabschlußventil
d Schließfeder
e Überströmleitung vom Stellkolben
f Steuerkante für Nadelabschlußventil
g Überströmleitung zum Regelventil
h Regelventilbohrungen
i Heizölabflußrohr zum Tank
j Ventilkolben
k Schließfeder
l Schließfeder
m Schmierölzufluß von den Turbinenlagern
n Schmierölabfluß
o Überströmkanal
p Stellstange
q Handhebel

Interessant ist auch die Steuerung der Marinegasturbine von PAMETRADA. Die Anlage wird mit schwerem Heizöl betrieben, und die Brenner mit reguliertem Rücklauf haben eine Düsennadel zum Abschluß der Düsenöffnung, wodurch das Heizöl vor dem Start bereits durch das ganze System gepumpt werden kann, um es anzuwärmen. Die Anordnung ist aus Abb. 361 zu ersehen. Der Brenner wird durch zwei Ventile geregelt. Das erste dient zur Betätigung der Düsennadel, und das zweite reguliert die Brennstoffmenge. Beide Ventilfunktionen werden durch den Kolben im Regelblock ausgeführt, welcher durch einen Hebel betätigt wird. Steht dieser in Stellung „Aus“, dann ist der

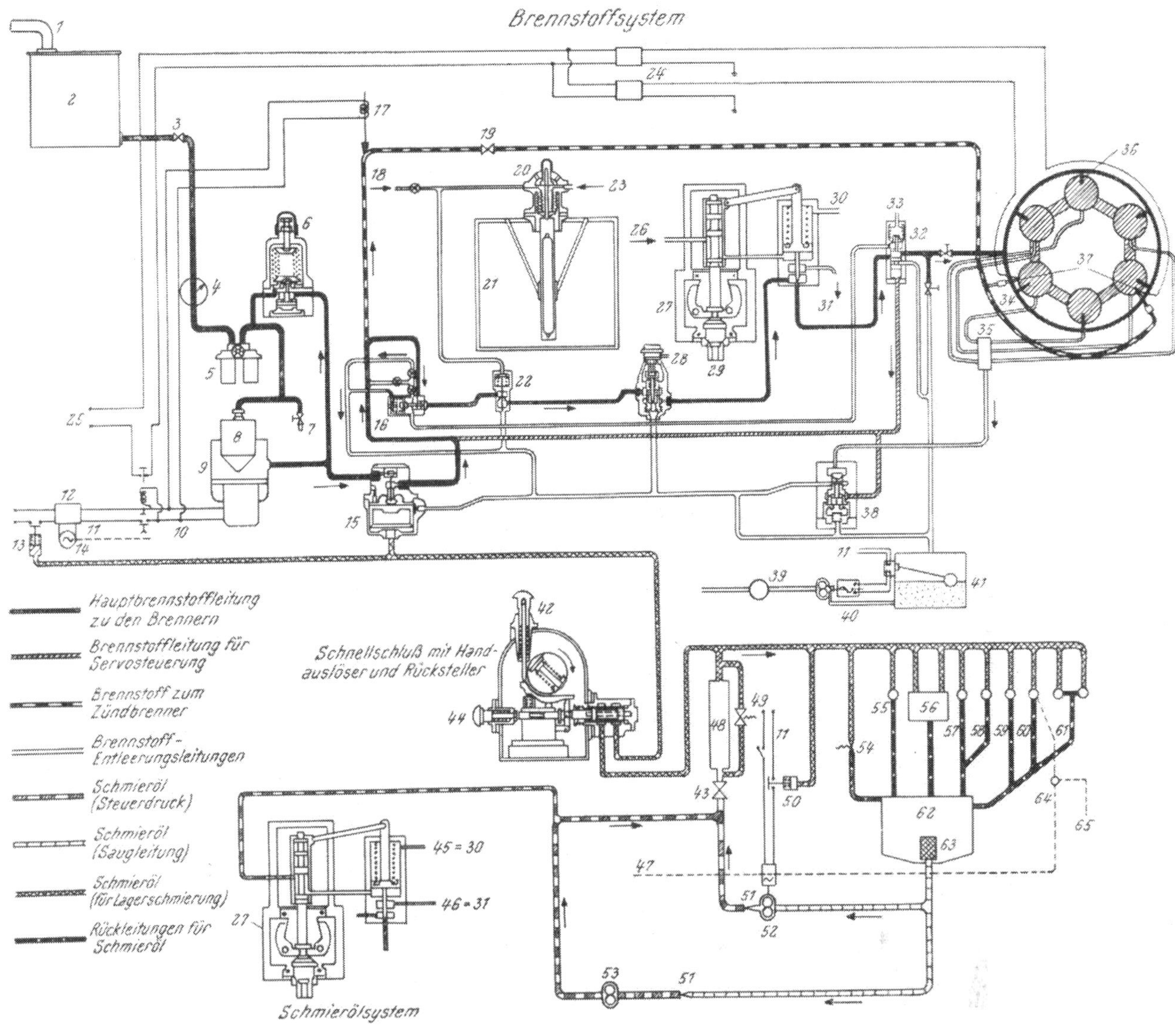

Abb. 362. Schema des Brennstoffsystems der Metropolitan-Vickers-2500-kW-Gasturbine

1 Entlüftung
2 Hauptbrennstofftank
3 Absperrventil
4 Durchflußmesser
5 Filter
6 Überdruckventil
7 Entleerungsventil
8 Towler-Brennstoffpumpe
9 Tank für Leck-Brennstoff
10 Verriegelung mit Hilfsölpumpenmotor
11 415 Volt, drei Phasen
12 Schütz
13 Druckschalter, schließt bei 0,35 atü
14 Startermotor
15 Druckwächter, schließt bei 0,14 atü
16 Starterschalter
17 Magnetventil
18 Luft vom Kompressorauslaß
19 Druckreduzierventil
20 Temperaturfühler
21 Abgasleitung
22 Temperaturabhängiges Regelventil
23 Luft vom Kompressor (aus einer Zwischenstufe)
24 Hochspannungsspulen
25 24 Volt Gleichstrom
26 Schmieröl
27 Regler für konstante Drehzahl
28 Handregelventil mit Fernbedienung
29 Antriebswelle
30 Öl-Leckleitung
31 Brennstoffableitung
32 Abschaltventil
33 Leckleitung für Brennstoff
34 Filter
35 Brennstoff-Leckleitungen
36 Brenner, 1,06 mm ⌀
37 Zwei Zünder
38 Brennkammer-Entleerventil
39 Rückleitung zum Tank
40 Pumpe für Leckbrennstoff
41 Tank für Leckbrennstoff
42 Handauslöser für Schnellschluß
43 Reduzierventil, bis 11,4 kg/cm²
44 Rücksteller
45 = *30*, *46* = *31*
47 Elektrische Verriegelung mit Starterkreis
48 Ölkühler
49 Überdruckventil, 1,4 bis 2,1 kg/cm²
50 Druckschalter wie *13*
51 Rückschlagventil
52 Hilfspumpe
53 Hauptölpumpe, direkt von der Turbine angetrieben
54 Überdruckventil, 0,7 atü
55 Generatorlager
56 Getriebe
57 Kompressordrucklager, niederdruckseitig
58 Kompressorlager, niederdruckseitig
59 Kompressorlager, hochdruckseitig
60 Turbinenlager, hochdruckseitig
61 Turbinenlager, niederdruckseitig
62 Hauptöltank
63 Siebfilter
64 Temperaturschalter, schaltet Hilfsölpumpe ein, wenn die Lagertemperatur 82° C übersteigt
65 Signallampe

Kanal, der den Federraum des Steuerkolbens mit der Atmosphäre verbindet, abgeschlossen und die Regelbohrungen für den Rücklaufbrennstoff sind voll offen. Dadurch schließt die Düsennadel ab, und Brennstoff kann durch das System zirkulieren, ohne am Brenner auszutreten. Die erste Bewegung des Regelhebels öffnet die Verbindungspforte

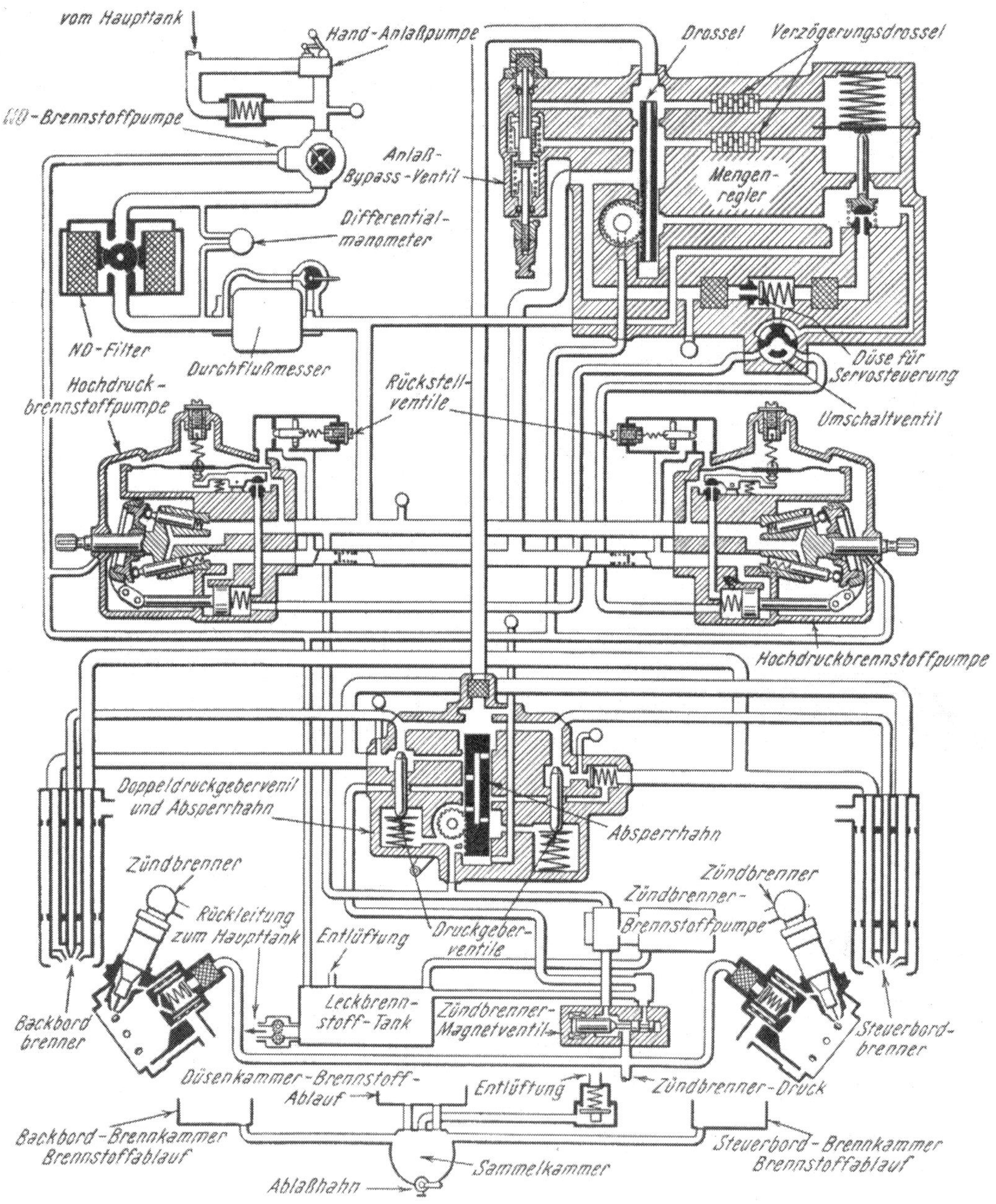

Abb. 363. Das Brennstoffsystem der Rolls-Royce-Marinegasturbine RM 60

vom Federraum des Nadelregelkolbens mit der Atmosphäre, wodurch der Brennstoffdruck die Nadel öffnen kann, und eine weitere Bewegung des Regelhebels verkleinert progressiv den Durchflußquerschnitt für den Rücklaufbrennstoff, bis bei Vollast kein Rücklaufbrennstoff mehr durch das Ventil kann [*219*].

Die Stellung des Regelkolbens ist vom richtigen Schmieröldruck abhängig. Der Regelkolben wird nämlich durch den Schmieröldruck gegen die Feder *k* an die Steuernocke des Regelhebels gedrückt. Fällt der Schmieröldruck unter ein bestimmtes Maß während des Laufes der Maschine, dann bewirken die Federn *k* und *l*, daß sich Betätigungsstange und Regelkolben voneinander entfernen und Kanal *o* freigegeben wird, wodurch das Schmieröl aus dem Regelblock abfließt. Dadurch wird der Schmieröldruck null, und die Feder *k* schließt das Regelventil, wodurch die Maschine stillgesetzt wird. Kanal *o* bleibt offen, bis der Regelhebel in die Stellung „Aus" gebracht wird, wodurch nach einem Abstellen der Maschine durch zu niederen Öldruck kein Ausfließen von Brennstoff bei einem Wiederanstieg des Öldruckes eintreten kann. Das Drucköl wird dem Schmierkreislauf entnommen. Eine Drosselstelle ist vor dem Regelblock eingeschaltet, und dadurch fällt der Öldruck für die Bewegung des Regelkolbens auch dann, wenn der Regelhebel zu schnell in Richtung Vollast bewegt wird. Auch dabei wird also der Brennstoff in derselben Weise wie vorher abgestellt und somit die Maschine gegen Überhitzen gesichert.

Ein Brennstoffsystem für eine Metropolitan-Vickers-Gasturbine von 2500 kW, die mit Dieselöl betrieben wird, zeigt Abb. 362. Aus dieser Abbildung sind die einzelnen Regelorgane und der Zusammenhang zwischen Schmier- und Brennstoffsystem sehr gut zu ersehen. Der Brennstoffdruck wird durch ein Druckregelventil auf 70 atü gehalten. Ein Abschaltventil, das durch den Schmieröldruck offen gehalten wird, schließt die Brennstoffzufuhr zur Maschine bei einem Abfall des Schmieröldruckes auf 0,14 atü.

Eine schon sehr nahe den Brennstoffsystemen für Flugtriebwerke liegende Anordnung zeigt Abb. 363. Es ist das Brennstoffsystem für die Marineturbine Rolls Royce RM 60. Es arbeitet mit einem Mengenregelgerät und Druckgeberventil, das den Brennstoff (Gasöl) auf die Brenner mit Dreifachdüse verteilt. Die Hochdruckpumpen werden durch ein Servosystem geregelt. Zum Stillsetzen dient ein Abschlußhahn, der gleichzeitig eine Verbindung mit dem Tank herstellt, um das System vom Druck zu entlasten. Für die Zündbrenner ist eine eigene Pumpe und ein mittels Solenoid betätigtes Ventil vorgesehen.

Ein sehr interessantes Regelschema weist auch das Brennstoffsystem der Turboméca-Kleinturbine Palouste, die zur Erzeugung von Druckluft dient, auf. Abb. 364 zeigt die schematische Anordnung. Ein Regler bemißt die Brennstoffmenge entsprechend der Drehzahl, und um während des Anlassens oder Beschleunigens eine Überhitzung der Turbine zu vermeiden, ist ein zusätzliches System vorgesehen, das das entsprechende Brennstoff-Luftverhältnis während dieser Perioden hält [*218*].

Der Brennstoff wird von einer Pumpe mit einer Fördermenge von 364 l/h über ein Filter angesaugt und mit 2 atü über ein angebautes Druckregelventil und einen Regelhahn zur Dosiernadel gefördert, die vom Drehzahlregler gesteuert wird.

Der Drehzahlregler wird vom Hilfsgeräteantrieb angetrieben. Ebenso seine Servo-Steuerölpumpe. Das Steueröl gelangt über Kanäle in der rotierenden Verteilerbüchse, die durch den von den Fliehgewichten beeinflußten Verteilerkolben gesteuert werden, zu den Regelorganen. Den Fliehkraftreglergewichten entgegen wirkt eine Feder, deren Spannung vom Regler-Kontrollhebel verändert werden kann.

Fällt die Turbinendrehzahl, dann wandert der Verteilerkolben nach rechts, und die Kanäle *a* und *d* werden verbunden. Der Zentrierkolben wandert nach links, und da das Öl zwischen diesem Kolben und dem der Dosiernadel nicht so schnell über Düse *e* entweichen kann, wandert die Dosiernadel nach rechts, wodurch die Brennstoffzufuhr und damit auch die Drehzahl steigt. Das durch den Dosiernadelkolben verdrängte Öl geht über Kanal *b* zum Tank zurück. Mit steigender Drehzahl bewegt sich der Verteilerkolben nach links, wodurch sich die Verbindung zwischen *a* und *d* schließt und der Weg von *a* nach *b* öffnet. Der Dosiernadelkolben wandert demnach nach links und vermindert die Brennstoffmenge und damit die Drehzahl. Das verdrängte Öl schiebt den Zentrierkolben nach rechts, und das aus diesem Zylinder verdrängte Öl entweicht bei *c*. Der Verteilerkolben wird eine Gleichgewichtslage erreichen, wie dargestellt, und der Zentrierkolben ist durch den Ölfluß durch die Düse *e* ebenfalls stabilisiert. Kanäle *b* und *d* sind geschlossen.

Ein zweites System regelt den Brennstoffzufluß beim Beschleunigen ohne Last, so daß die Turbine nicht überhitzt werden kann. Dies wird durch Begrenzung des Brennstoffdruckes erreicht. Die Brennstoffmenge ist also eine Funktion des Luftdruckes nach dem Kompressor.

Das Regelsystem besteht aus einem Gehäuse mit drei Kammern *2*, *3*, *4*, die jede durch eine Membrane in obere und untere Abteile *u*, *l* geteilt sind. In Kammer *3* ist die Membrane am profilierten Regelkolben *16* befestigt, der eine Bohrung *17* trägt. Dieser Regelkolben verhindert, daß der Brennstoff ungehindert von Leitung *6* zu Leitung *12* fließt. Die Bohrung *17* steht mit Kammer *3 u* in Verbindung, während Druck vom Kompressor die andere Seite der Membrane beaufschlagt. Eine einstellbare Nadeldüse verbindet diesen Kammerraum mit der Atmosphäre. Eine Leitung *9* verbindet den Brennstoffzufluß einerseits mit der Membrane der Kammer *5* über Kanal *8* und andererseits mit Kammer *2 l* über Kanal *11*. Eine von außen einstellbare Feder hält das Startventil *18* offen, das mit seiner Membrane fest verbunden ist. Der kurze Kolben *14* mit Bohrung *15* ist fest mit der Membrane der Kammer *2* verbunden. Abhängig von den extremen Stellungen dieses Kolbens kann Brennstoff durch die Kolben in Kammer *3 u* fließen oder es kann der Zufluß von Leitung *9* abgeschlossen und die Kammern *3 u* und *4 l* mit der Rückleitung zum Tank *19* verbunden werden.

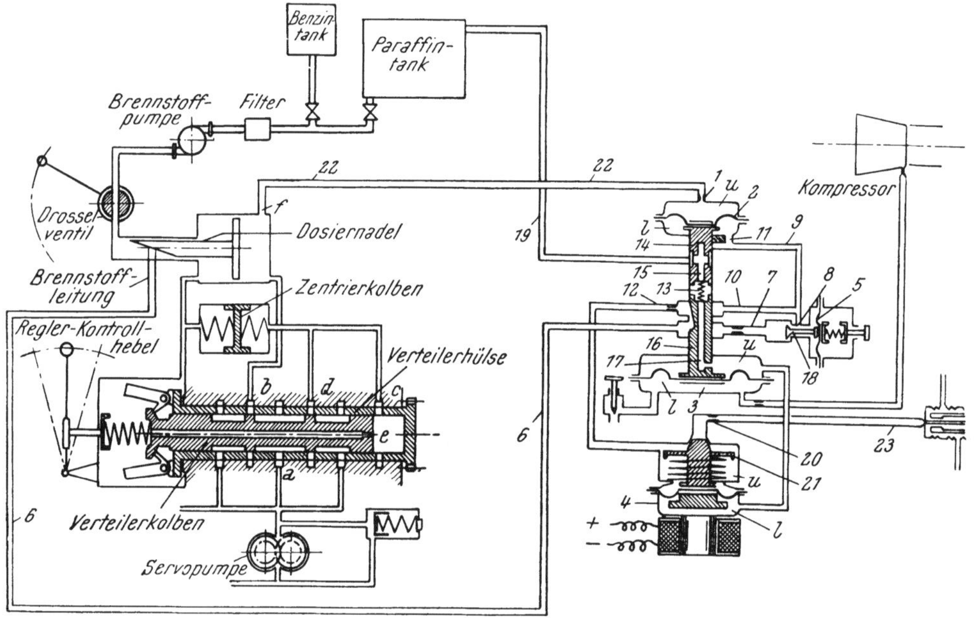

Abb. 364. Brennstoffsystem der Turboméca-Kleinturbine Palouste

Das Elektroventil besteht aus einem kleinen von einer Batterie gespeisten Solenoid und einem Gehäuse, in dem die Kammer *4* durch eine Membrane in zwei Abteile geteilt wird. Eine Brennstoffleitung *12* verbindet den Beschleunigungsreglerauslaß mit der oberen Kammer. Die untere Kammer steht mit *3 u* in Verbindung. Der Brennstoffauslaßkanal hat eine kalibrierte Düse *20*, über die Brennstoff durch die Leitung *23* in die Kompressorwelle gelangt. Die Membrane und das Ventil *21* sind fest verbunden, und die Feder trachtet das Ventil zu schließen. Eine Weicheisenscheibe ist auf der anderen Seite der Membrane befestigt. Da das Solenoid durch den gleichen Schalter, der die Zündspule einschaltet, unter Strom gesetzt wird, kann nur dann Brennstoff zur Turbine fließen, wenn eine Zündung möglich ist. Dieses System ist mit dem Drehzahlregler gekoppelt und durchläuft drei Phasen.

Beim Anlassen sind sowohl der Brennstoffdruck als auch der Luftdruck nach dem Kompressor Null. Die Membranen der Kammern *2* und *3* sind unter der Kraft der Feder *13* voll durchgebogen, und der Brennstoffregelkolben steht so, daß Brennstoff nur von *6* über den Ringraum und Leitung *7* zum Startventil *18* gelangen kann. Dieses Ventil ist durch eine Feder offen gehalten, und der Brennstoff kann über Kanäle *8* und *10* fließen und gelangt über den oberen Ringkanal in Leitung *12* und über das Solenoidventil zur Maschine. Ein Brennstofffluß in Kreis *9* wird durch den Kolben *14* verhindert, da Brennstoffdruck auf der Membrane lastet und diese voll nach oben drückt.

Während nun die Kompressordrehzahl und damit der Luftdruck steigt, wird die Membrane in Kammer *3* nach oben gedrückt. Damit öffnet der Regelkolben einen direkten Durchgang zwischen beiden Ringräumen und dem Solenoidventil. Da der Brennstoffdruck seinerseits ebenfalls ansteigt, schließt sich das Startventil, und der Brenn-

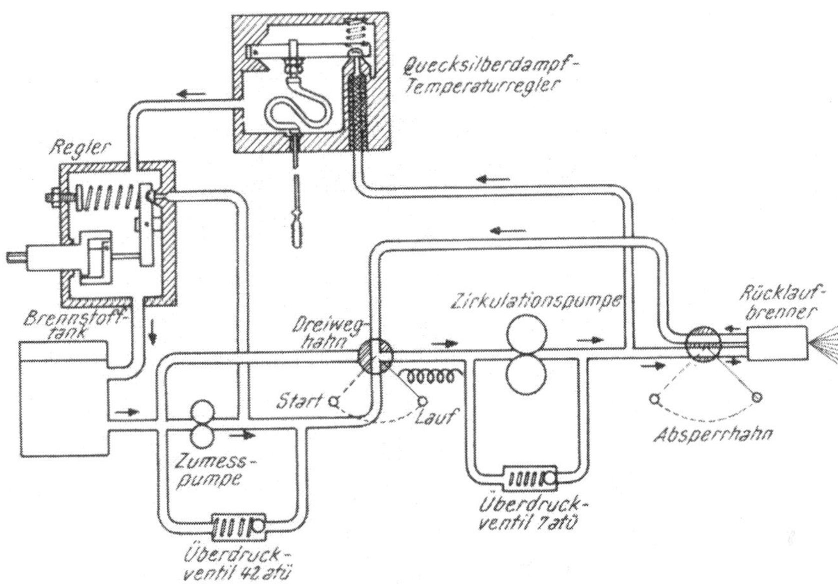

Abb. 365*a*. Brennstoffsystem der Rover-1S/60-Kleinturbine

stoff hat Zugang zu *2 l* über Kanäle *10*, *9* und *11*. Während dieser Übergangsphase wandert der Kolben *14* unter dem Einfluß der verringerten Federspannung nach unten, so daß Kanal *9* mit der Kolbenbohrung korrespondiert, und demzufolge wird die Membrane in Kammer *3* oben direkt vom Brennstoffdruck beaufschlagt, während unten der Kompressordruck wirkt. Damit wird der Brennstoff der Turbine so zugemessen, daß das erforderliche Brennstoff-Luftverhältnis eingehalten wird.

Bis zum Erreichen der geregelten Maschinendrehzahl wird der Fliehkraftreglerkreis durch den Verteilerkolben ausgeschaltet, der Zentrierkolben und der Kolben der Regelnadel bleiben in Mittelstellung. Dadurch läuft die Maschine nur unter Kontrolle des Regelkolbens des Luft-Brennstoffverhältnisreglers.

Mit Beginn der dritten Phase, wenn die Nenndrehzahl erreicht wird, neigt der Verteilerkolben dazu, aus der Mittellage zu wandern, so daß *a* mit *b* verbunden wird, wodurch Steueröldruck in Kammer *2 u* durch Kanal *f*, Leitung *22* und Düse *1* gelangt. Der Kolben *14* wandert daher weiter nach unten in seine andere Extremstellung, und Leitung *9* wird abgeschlossen und die Kammern *4 l* und *3 u* mit dem Tank verbunden. Der Regelkolben wandert dadurch in die Stellung „voll offen", und damit läuft die Maschine nur mit dem Drehzahlregler. Der Brennstoffdruck reicht nun aus, um das Solenoidventil offen zu halten, und es kann daher der Strom ausgeschaltet werden.

Normal ist der Drehzahlregler auf 25000 U/min eingestellt. Über dieser Drehzahl komprimiert eine Bewegung der Drossel die Feder des Reglers über ein entsprechendes, nicht gezeichnetes Gestänge.

Der rotierende Brenner dieser interessanten Turbine wurde bereits in Abb. 350 dargestellt.

Zum Abschluß sei noch das System der Rover-Kleinturbine 1S/60 gezeigt, Abb. 365a. Es ist ein System mit Rücklaufbrenner, das jeden destillierten Brennstoff ohne weitere Adjustierung verarbeiten kann. Das System besteht aus dem Brennstofftank, der Zumeß- und der Zirkulationspumpe, beide von der Turbine angetrieben, dem mechani-

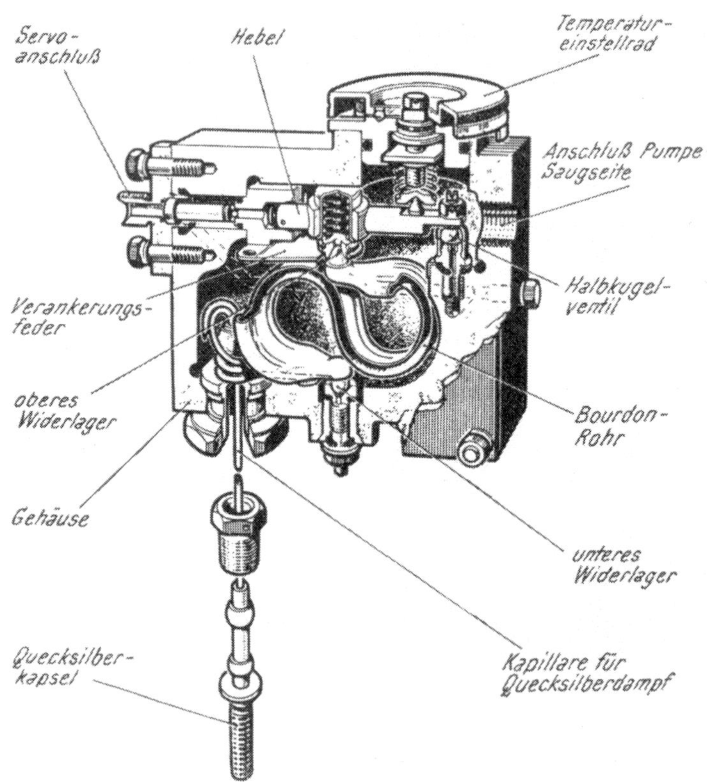

Abb. 365*b*. Quecksilberdampf-Temperaturregler des Brennstoffsystems der Rover-1S/60-Kleinturbine

schen Drehzahlregler, dem Temperaturregler, dem Rücklaufbrenner mit Absperrhahn, einem Dreiweg-Starthahn und zwei Maximaldruckventilen, wovon eines auf 7 atü und das andere auf 42 atü eingestellt ist [*217*].

Da die Maschine für Vollastbetrieb mit konstanter Drehzahl gedacht ist, gibt es kein Drosselventil. Lediglich der Drehzahl- und Temperaturregler entnehmen der Hauptbrennstoffleitung bei Überschreiten der Maximaldrehzahl oder der Auspufftemperatur entsprechend Brennstoff. Abgesehen vom Dreiweg-Starthahn besteht die einzige manuelle Kontrollstelle aus dem Abschalthahn, der mit dem Brenner zusammengebaut ist. Dieser Hahn schließt die Brennstoffzufuhr zum Brenner und verbindet Zufuhr- und Rücklaufleitung, so daß keine unzulänglichen Drucksteigerungen entstehen können. Für den Startvorgang ist es insofern angenehm, weil dadurch das System bis auf den Brenner selbst in Betrieb steht. Beim Anlassen wird der Abschalthahn voll geöffnet und der Dreiweghahn auf Stellung „Start" geschaltet, wodurch die Leitung für den Rücklaufbrennstoff abgesperrt und eine Bypass-Leitung um die Zumeßpumpe geöffnet wird. Dadurch wird der Brenner ein Simplex-Brenner, und die Zirkulationspumpe schickt die ganze Brennstoffmenge zum Brenner. Nach der Zündung durch die Hochspannungskerze beschleunigt die Maschine rasch auf die Nenndrehzahl. Der Brennstoffdruck kann 7 atü nicht übersteigen. Der Dreiweghahn wird durch eine Feder in die Normalstellung gezogen, wodurch das System in Betriebsstellung kommt. Die Zumeßpumpe liefert den Brennstoff, während die Zirkulationspumpe nur den Rücklaufbrennstoff umwälzt und die Zerstäubung verbessert. Der Drehzahlregler ist ein Fliehkraftregler, der ein Servoventil steuert. Das Temperatur-Kontrollgerät ist eine vereinfachte Konstruktion des von Lucas für Flugzeugturbinen verwendeten Gerätes. Ein S-förmiges Bourdonrohr wird mit Quecksilberdampf beauschlagt und betätigt über ein Hebelsystem ein Servoventil, Abb. 365b.

F. Das Brennstoffsystem der Flugzeugturbinen

1. Faktoren, die die Brennstoffmenge beeinflussen

Das normale Düsentriebwerk hat einen Brennstoffbedarf, der mit der Last längs einer Exponentialkurve variiert. Die wirkliche Brennstoffmenge ist infolge des Brennkammerwirkungsgrades größer als die der theoretisch zuzuführenden Wärmemenge Q_{zu} entsprechende, doch ist in Seehöhe bzw. geringen Höhen der Brennkammerwirkungsgrad gut (η_B 95 bis 99 %), so daß die Kurve für die zuzuführende Wärmemenge fast die gleiche Form wie die Brennstoffverbrauchskurve hat.

Bei kleinen Drehzahlen steigt Q_{zu} nur langsam mit zunehmender Drehzahl. Bei höherer Drehzahl wird die Kurve jedoch rasch steiler, und im Vollastbereich ergibt eine kleine Drehzahländerung einen großen Unterschied in Q_{zu}, Abb. 366.

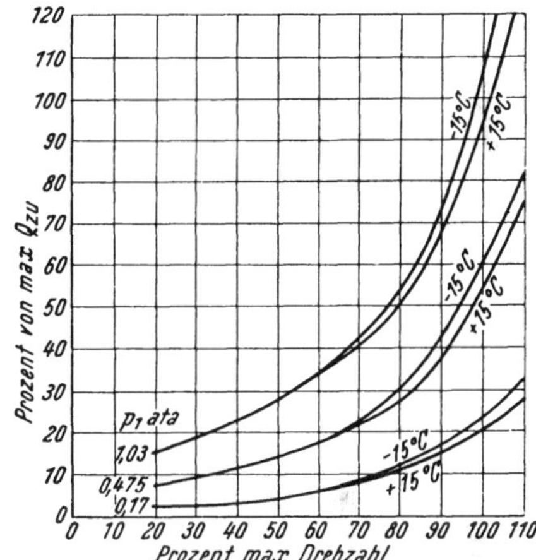

Abb. 366. Einfluß von T_1 und p_1 auf Q_{zu} bei verschiedenen Drehzahlen. Temperaturschwankung $\pm 15°$ C von den INA-Verhältnissen

Der Verlauf der Kurve ergibt sich in erster Linie aus der Leistung, die dem System abverlangt wird. Beim einfachen Düsentriebwerk wird diese in Form von Schub abgegeben. Eine Verkleinerung der Düsenfläche und eine Erhöhung der Gasgeschwindigkeit hat zur Folge, daß mehr Leistung pro kg Luftdurchsatz abgegeben wird, wodurch natürlich auch mehr Wärme bei einer gegebenen Drehzahl zugeführt werden muß. Bei der Propellerturbine hängt Q_{zu} von der Charakteristik und von der Leistungsaufnahme des Propellers ab. Eine Vergrößerung der Steigung wird daher bei der Propellerturbine den gleichen Effekt haben wie eine Verkleinerung des Düsenquerschnittes beim Düsentriebwerk.

Da Q_{zu} mit steigender Drehzahl rascher anwächst als der Luftdurchsatz, steigt die Temperatur in der Brennkammer, Turbine und Düse. Die obere Grenze der Temperatur ist durch die Werkstoffeigenschaften gegeben. Beim Düsentriebwerk kann man es so einrichten, daß die Grenzen für die Temperatur sowie für die mechanische Beanspruchung zusammenfallen, so daß eine Begrenzung des einen Faktors zugleich auch den anderen auf der sicheren Seite hält. Bei der Propellerturbine ist dies normalerweise nicht der Fall.

Mit steigender Höhe fällt Q_{zu} für eine gegebene Drehzahl linear mit der Dichte. Drehzahl und Höhe sind die beiden Hauptfaktoren, die Q_{zu} beeinflussen. Daneben haben aber auch noch Veränderungen des Einlaßdruckes infolge des Staues sowie Änderungen der Dichte infolge von Schwankungen der Einlaßtemperatur Rückwirkungen auf Q_{zu}. Der nötige Regelbereich ist außerordentlich groß und schwankt zwischen kleiner Leistung in großer Höhe in tropischem Klima und Vollast bei hoher Geschwindigkeit in Bodennähe an einem kalten Tag. Dieser Regelbereich wird durch die Forderung, in immer größeren Höhen zu fliegen, dauernd größer.

In dimensionsloser Schreibweise erhält man folgende Beziehung für Q_{zu} beim einfachen Düsentriebwerk

$$Q_{zu} = K \cdot p_1 \sqrt{T_1} \cdot f(n/\sqrt{T_1}) \tag{387}$$

p_1 ist der totale Druck am Einlaß, T_1 die totale Temperatur und n die Drehzahl. Q_{zu} ist, vorausgesetzt daß T_1 konstant bleibt, proportional p_1. T_1 ist aber normalerweise nicht konstant, sondern variiert einerseits mit der Höhe und andererseits mit der Jahreszeit.

Im allgemeinen werden die Verhältnisse am Normaltag (INA-Verhältnisse) zugrunde gelegt, doch darf man den Einfluß von T_1 nicht vernachlässigen, wenngleich er viel kleiner ist als der von p_1.

Dies geht aus der Tatsache hervor, daß Q_{zu} bei hohen Drehzahlen sehr rasch mit wachsender Drehzahl $f\,(n/\sqrt{T_1})$ ansteigt, und zwar angenähert proportional $(n/\sqrt{T_1})^n$, wobei n zwischen 3 und 4 liegt. Dadurch wird bei hohen Drehzahlen eine kleine Änderung von T_1 auch schon bedeutungsvoll. Der Einfluß von T_1 und p_1 auf Q_{zu} in Abhängigkeit von n geht aus Abb. 366 deutlich hervor. T_1 weicht in dieser Abbildung um $\pm$ 15° C von den Normaltagverhältnissen ab.

Die Fluggeschwindigkeit bewirkt eine Erhöhung von T_1 und p_1 über die normalen Luftverhältnisse T_0 und p_0 in der gegebenen Höhe. Man braucht jedoch darauf keine Rücksicht zu nehmen, wenn man den Regelmechanismus auf p_1 und T_1 am Einlaß und nicht auf p_0 und T_0 ansprechen läßt.

Um ein Brennstoffsystem auszulegen, muß man statt Q_{zu} den wirklichen Brennstoffverbrauch kennen. Dies führt zur Einführung des Brennkammerwirkungsgrades η_B, der das Verhältnis von verbrannter zu zugeführter Brennstoffmenge darstellt.

Wie schon gesagt, ist η_B bei modernen Triebwerken in Bodennähe und in niederen Höhen über dem ganzen Drehzahlenbereich hoch. In großen Höhen aber bei kleinen Drehzahlen kann der Brennkammerwirkungsgrad so niedere Werte annehmen, daß er von großem Einfluß wird.

Folgende Faktoren beeinflussen den Brennkammerwirkungsgrad:

a) der absolute Druck p_2 in der Brennkammer,
b) die totale Temperatur T_2 nach dem Verdichter,
c) die Wandtemperatur der Brennkammer,
d) die physikalischen und chemischen Eigenschaften des Brennstoffes,
e) der Zerstäubungsgrad,
f) die Turbulenz in der Brennkammer.

Im allgemeinen kann man bei höheren Drehzahlen auch in großen Höhen noch gute Werte von η_B erwarten, doch bei Teillast wird der Wirkungsgrad rasch schlechter, so daß der wirkliche Brennstoffverbrauch stark vom theoretischen abweicht [*194*].

2. Grundsätzliche Regelungsarten

Von einem geeigneten Regelsystem müssen grundsätzlich drei Bedingungen erfüllt werden:

a) Das System muß bei allen Drehzahlen und in allen Höhen stabil sein.

b) Eine ungefähr konstante Maschinendrehzahl muß bei einer bestimmten Gashebelstellung unabhängig von der Höhe und Fluggeschwindigkeit gehalten werden. Eine konstante Maschinendrehzahl gibt ein konstantes Verhältnis der augenblicklichen Last zur Vollast in jeder Höhe.

c) Eine festgesetzte Höchstdrehzahl, die unabhängig von Fluggeschwindigkeit und Höhe gehalten wird.

Diese Bedingungen können mit zwei grundlegenden Arten von Regelsystemen erfüllt werden. Erstens mittels eines Alldrehzahlreglers, bei dem der Pilot die Drehzahl wählt, die dann durch den Regler unter allen Bedingungen konstant gehalten wird, oder zweitens mittels eines Systems, bei dem die maximale Drehzahl mittels eines Reglers gehalten wird, während Teildrehzahlen durch ein Drosselventil in der Brennstoffleitung bestimmt werden, wobei dessen Zuströmdruck durch ein höhenabhängiges Reduzierventil variiert wird [*226*].

Eine von den Einlaßbedingungen unabhängige wirklich konstante Drehzahl kann nur mittels des Alldrehzahlreglers erreicht werden. Diese Regler waren bei den deutschen Triebwerken bereits in Verwendung, sie neigten aber leicht dazu, bei Lastvergrößerung kurzzeitig zu viel Brennstoff (Überhitzung) und bei Lastverkleinerung kurzzeitig zu wenig Brennstoff (Verlöschen des Brenners) zu geben. Besonders unangenehm ist bei den durch die hohen Temperaturen sowieso schon hochbelasteten Flugzeugtriebwerken die kurzzeitige Überhitzung, die stark die Lebensdauer der Maschine drückt. Moderne Systeme sind so aufgebaut, daß durch geeignete Zusatzeinrichtungen diese Nachteile vermieden werden, wobei zur Steuerung bereits die Elektronik herangezogen wird. Damit stehen Regelsysteme zur Verfügung, die auch den heute extremen Anforderungen an Flughöhe und Fluggeschwindigkeit noch gerecht werden, die allerdings auch bereits außerordentlich kompliziert sind [*235*].

Da die Alldrehzahlregler sehr kompliziert und schwer zu fertigen sind, ist man anfänglich auf das einfachere unter b) genannte System übergegangen. Damit bleibt die Maschinendrehzahl nicht ganz konstant, doch zeigt eine nähere Betrachtung, daß dies, bei nicht allzu großen Flughöhen, gar nicht unbedingt nötig ist.

Es ist wichtig, eine Einrichtung zu haben, die verhindert, daß eine bestimmte sichere Drehzahlgrenze nicht überschritten wird, und daran ist auch der Pilot interessiert, ansonsten ist für ihn aber die Fluggeschwindigkeit bzw. der Schub in einer gewissen Höhe von größerer Bedeutung als die Drehzahl an sich. Damit kann man das Problem auch etwas anders ausdrücken. Ein Absinken von T_1 z. B. ergibt ein Ansteigen des Schubes bei einer bestimmten Drehzahl, so daß für einen bestimmten Schub die Turbinendrehzahl herabgesetzt werden kann, oder einfacher ausgedrückt, über einen kleinen Drehzahlbereich ist der Schub proportional der zugeführten Wärmemenge und unabhängig von der Drehzahl. Infolgedessen haben Regelsysteme, die den Brennstoffzufluß in jeder Höhe festsetzen, ziemlich gute Resultate ergeben, vorausgesetzt, daß ein Höchstdrehzahlbegrenzer vorhanden ist.

Man machte daher die Maschinendrehzahl bei den meisten Triebwerken der vergangenen Jahre nur von der Gashebelstellung und von der Höhe abhängig und verzichtete auf Verfeinerungen durch Berücksichtigung von Temperatur usw. Allgemein gesprochen macht dies die Verwendung einer Zumeßdüse notwendig sowie die Aufrechterhaltung eines bestimmten Drucksprunges in derselben. Der Einfluß der Höhe kann dann entweder durch eine Variation des Düsenquerschnittes mit der Höhe oder durch eine Veränderung des Drucksprunges in der Düse berücksichtigt werden. Mittels des Gashebels kann entweder der Düsenquerschnitt oder der Drucksprung geregelt werden, wodurch vier Varianten möglich sind. Weiters kann die Zumeßdüse separat angeordnet werden oder die Brenner selbst wirken als Düse, womit die Zahl der Möglichkeiten auf acht steigt und damit das Problem auch wieder schwierig wird.

Im folgenden sollen jedoch nur Systeme und Geräte beschrieben werden, die im Gebrauch stehen. Grundsätzlich gibt es zwei Arten von Systemen:

Druckregelsysteme, bei denen die Brenner selbst als Zumeßdüsen arbeiten, und Mengenregelsysteme, bei denen eine getrennte Zumeßdüse angeordnet ist [*194*, *230*].

3. Das Druckregelsystem

Dieses System wurde anfänglich an fast allen englischen und amerikanischen Triebwerken angewandt. Bei ihm ist der Druck in der Brennstoffleitung eine Funktion der Höhe, und damit wird bei Vollast, also Höchstdrehzahl, das richtige Verhältnis von Brennstoffmenge und Höhe gehalten. Um Teillastdrehzahlen einzustellen ist ein Drosselventil zwischen Pumpe und Brennern eingeschaltet, mit dem der Ausflußkoeffizient des Brennersystems variiert wird. Das geforderte Verhältnis von Druck in der Brennstoffleitung und Höhe wird entweder mittels einer Pumpe mit fixer Fördermenge, die mit einem Reduzierventil zusammenarbeitet, das vom totalen Druck vor dem Kom-

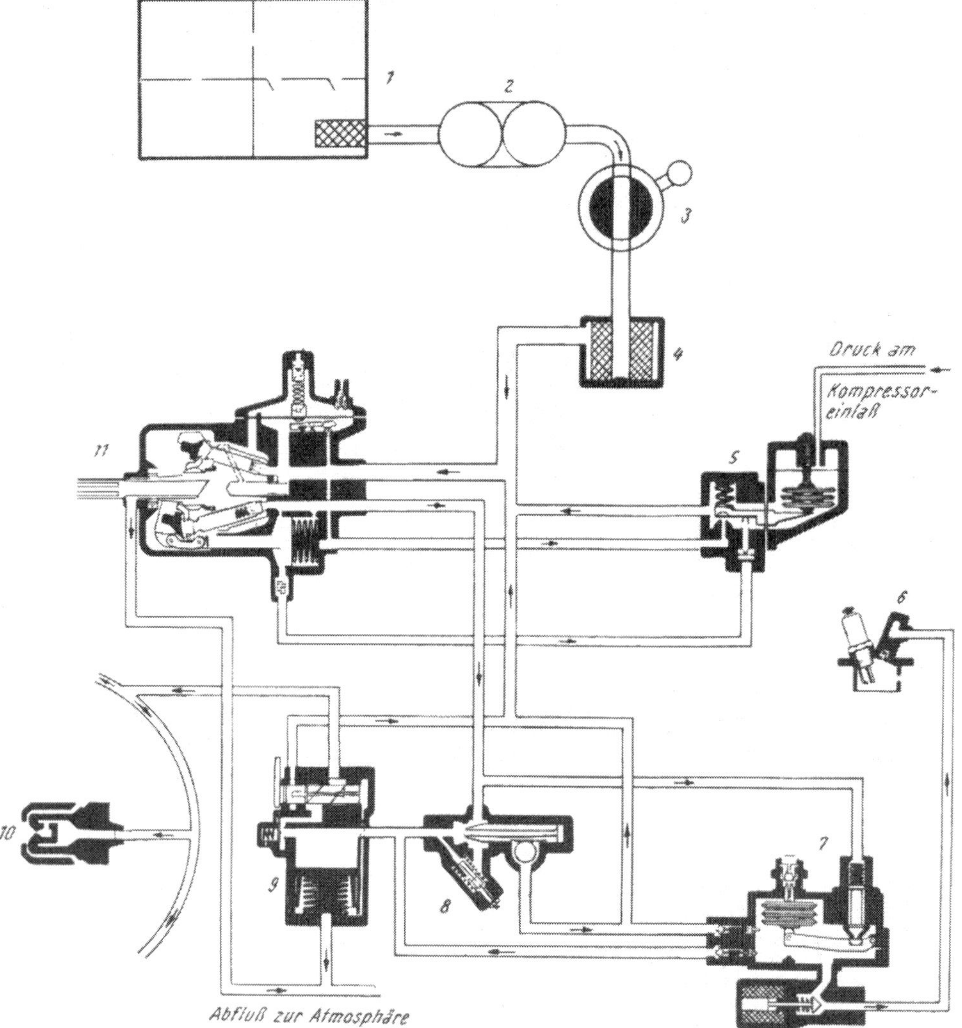

Abb. 367. Einfaches Druckregelsystem

1 Tank
2 Tankpumpe
3 Niederdruckabsperrhahn
4 Niederdruckfilter
5 Barometrischer Druckregler
6 Zündbrenner
7 Zündbrennerreduzier- und Brennermindestdruckventil
8 Drosselventil
9 Akkumulator mit Steuerventil und Hochdruckabsperrhahn
10 Simplex-Brenner
11 Brennstoffpumpe

pressor gesteuert wird, oder mittels einer Pumpe mit variabler Fördermenge, die von einem Gerät entsprechend geregelt wird, gehalten. Die erstere Einrichtung nennt man *Barostat,* während das Gerät zur Regelung einer Pumpe mit variabler Fördermenge *barometrischer Druckregler* heißt.

Regelsysteme mit Pumpen konstanter Fördermenge sind heute schon sehr selten. Der bei diesen Systemen angewandte Barostat besteht im wesentlichen aus einem Reduzierventil, das durch eine einstellbare Feder belastet wird. Der Federlast entgegen wirkt die Kraft einer Barometerkapsel, so daß das Ventil tatsächlich durch eine höhenabhängige Kraft belastet wird, wodurch der Druck in der Brennstoffleitung höhenabhängig gesteuert wird.

Die in der Mehrzahl verwendeten Regelsysteme, Abb. 367, arbeiten jedoch mit Pumpen mit variabler Fördermenge, und es sollen daher diese in der Folge näher beschrieben werden. Als spezifische Beispiele sind Geräte der englischen Firma Lucas herausgegriffen, die heute in den meisten Triebwerken eingebaut sind.

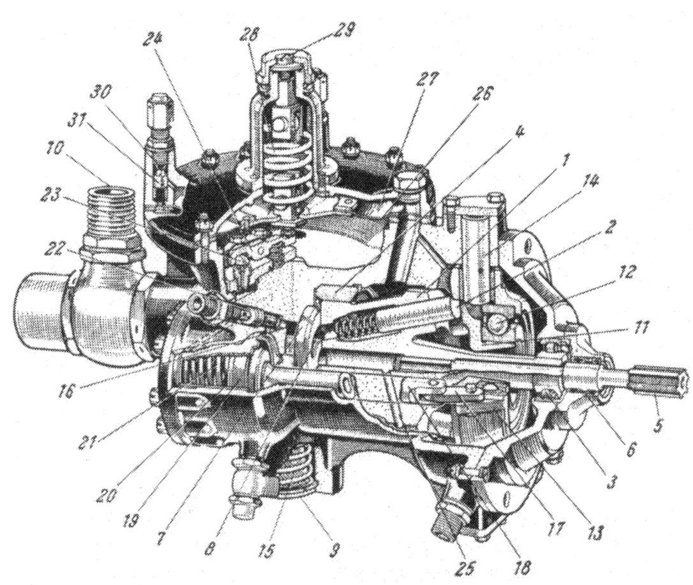

Abb. 368. Lucas-Brennstoffpumpe mit Servoregelung von Druck- und Drehzahlhöchstgrenze

1 Rotor
2 Kolben
3 Rollenlager
4 Bronzebüchse
5 Torsionswelle mit Keilverzahnung
6 Öldichtung
7 Einsatzplatte für Steuerung
8 Sichelförmige Schlitze
9 Pumpeneinlaß
10 Pumpenauslaß
11 Anlaufring für Kolben
12 Kugellager für Anlaufring
13 Stellring
14 Lagerbolzen für Verstellring
15 Filter
16 Kanal zum Pumpenauslaß
17 Lasche
18 Kolbenstange
19 Servokolben
20 Zylinder für Servokolben
21 Feder
22 Verstellbare Drosselstelle
23 Plattenventil
24 Hebel
25 Radiale Bohrungen
26 Membrane
27 Raum über Membrane
28 Feder für Drehzahlbegrenzung
29 Einstellschraube
30 Kugelventil
31 Kolben

a) Die Brennstoffpumpe. Die Pumpe arbeitet mit dem barometrischen Druckregler zusammen und wird durch einen Servomechanismus gesteuert, wobei noch eine Einrichtung zur Begrenzung der Höchstdrehzahl der Maschine vorgesehen ist. Von der Pumpe geht der Brennstoff über das Drosselventil, das durch den Gashebel des Piloten gesteuert wird, und über den Druckakkumulator mit Druckgeberventil und Hochdruckabsperrhahn zu den Einspritzdüsen (Brenner). Der Druckakkumulator wird beim Anlassen zur Aufspeicherung eines genügenden Brennstoffvolumens unter hinreichendem Druck gebraucht. Außerdem ist noch ein Zündbrenner-Reduzierventil kombiniert mit einem Brenner-Mindestdruckventil vorgesehen, das ein Verlöschen des Brenners infolge schlechter Zerstäubung durch zu niederen Druck vermeidet.

Die 7 Plunger der Pumpe, Abb. 368, gleiten in einem Rotor, der über eine genutete Torsionswelle von der Maschine angetrieben wird und in einer Bronzebüchse und in einem Rollenlager läuft. Die Achsen der Kolbenbohrungen sind Erzeugende eines Kegels, der seine Spitze gegen die Pumpenseite zu gerichtet hat. Die Plunger werden durch einen drehbaren Ring, der in einem großen Kugellager läuft, betätigt, wobei dessen Neigung durch Verstellung des in zwei zur Pumpenachse senkrechten Bolzen gelagerten Lagerhalteringes verändert wird. Eine Verstellung von 90° bis 81° zur Achse hat eine Vergrößerung des Kolbenhubes von 0 auf 10,5 mm zur Folge. Beim Saughub werden die Kolben durch eine Feder gegen den Ring gedrückt. Am inneren Stirnende ist der Rotor geschliffen, um mit der Ventilplatte einen druckdichten Sitz zu ergeben. Diese Platte hat zwei sichelförmige Schlitze, welche die Saug- bzw. Druckseite darstellen. Es kommt also pro Umdrehung jede Kolbenbohrung einmal mit der Saug- und einmal mit der Druckseite in Verbindung. Der Brennstoff wird vom Tank durch die Tankpumpe zum Einlaß der Brennstoffpumpe gefördert und gelangt durch das dort befindliche Sieb zur Saugseite der Ventilplatte und in den Zylinder, wenn der Plunger nach außen geht. Im weiteren Verlauf der Rotordrehung beginnt dieser Plunger wieder unter dem Einfluß des schrägstehenden Ringes nach innen zu gleiten, und der Brennstoff wird unter Druck durch die Auslaßöffnung der Ventilplatte gefördert.

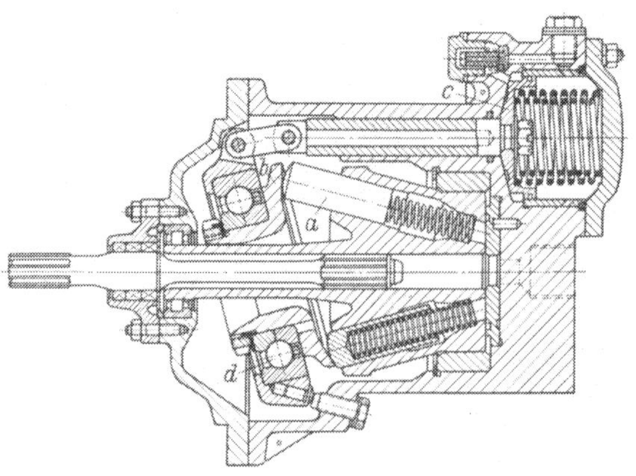

Abb. 369*a*. Erste Ausführung der Lucas-Brennstoffpumpe für Flugturbinen
a Pumpenstempel
b Schwenkbare Scheibe
c Servokolben
d Kugellager

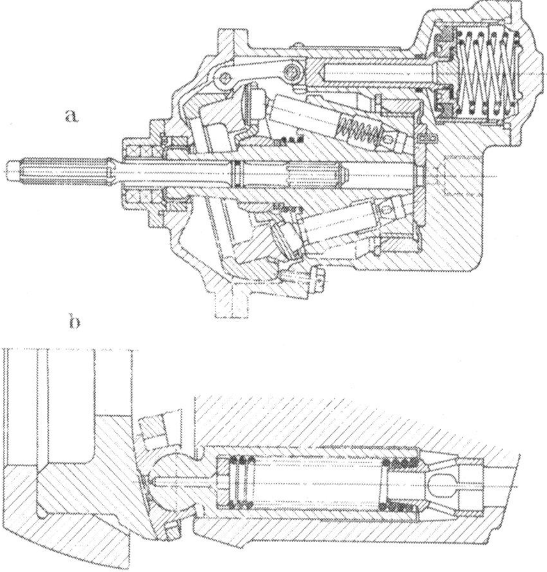

Abb. 369*b*. Neuere Ausführung der Lucas-Brennstoffpumpe für Flugturbinen
a Längsschnitt
b Pumpenstempel mit Gleitschuh

Parallel zur Rotorachse ist eine Bohrung im Gehäuse, in der der Druckregulierkolben arbeitet. Die Kolbenstange ist über eine Lasche mit dem Stellring verbunden, und eine Spiralfeder drückt den Kolben und damit den Stellring in die Lage für größten Kolbenhub und damit größte Fördermenge. Brennstoff unter Druck von der Auslaßseite der Pumpe wird vor den Kolben geleitet und wirkt gegen die Feder. Ebenso gelangt durch eine verstellbare Drosselstelle Brennstoff aus der Förderleitung in den Raum über dem Kolben, wo sich die Feder befindet. Von hier kann der Brennstoff über ein Plattenventil, das normalerweise durch einen federbelasteten Arm geschlossen gehalten wird, entweichen. Auf diese Weise sind die auf den Regulierkolben wirkenden Kräfte ausgeglichen, und er ist in Ruhe. Sollte aus irgendwelchen Gründen der Druck die Grenze, welche durch die Feder, die den Arm niederhält, festgesetzt ist, überschreiten, öffnet das Plattenventil und der Brennstofffluß ergibt infolge der Drosselstelle eine Unbalance der Kräfte, die auf den Verstellkolben wirken. Dadurch wandert der Kolben in eine neue Stellung, vermindert den Pumpenhub und damit die Fördermenge und den Druck. Mit dieser Einrichtung ist das System gegen gefährliche Überdrücke gesichert.

Ebenfalls in die Pumpe eingebaut ist ein Regelsystem, das die Fördermenge und damit die maximale Turbinendrehzahl über ein vorher eingestelltes Maß nicht hinausgehen läßt.

Im Rotor sind sieben radiale Bohrungen angebracht, die von einer mit dem Einlaß verbundenen Mittelbohrung ausgehen. Durch diese Bohrungen entsteht unter dem Einfluß der Zentrifugalkraft im Pumpengehäuse und im Raum oberhalb der Membrane *26* ein höherer Druck als auf der Einlaßseite. Diese Druckdifferenz wird ausgenützt, um die Membrane gegen die Kraft einer einstellbaren Zugfeder zu bewegen, so daß sie den Ventilbetätigungsarm drückt und das Plattenventil anhebt, was zu einer Fördermengenverminderung in der vorher beschriebenen Weise führt. Durch die Einstellbarkeit der Zugfeder kann die Höchstdrehzahl auf jeden Wert gebracht werden.

Zur Pumpenentlüftung ist noch ein eigenes Entlüftungsventil vorgesehen, durch das den Regelmechanismus behindernde Luftblasen abgelassen werden können.

Die in Abb. 368 gezeigte Pumpe stellt noch eine frühere Konstruktion dar. Bei dieser trat zuweilen Steckenbleiben der Kolben, Abnützung und hoher Verschleiß der Schrägscheiben und des Schrägscheibenkugellagers meist infolge von Wasser im Brennstoff (Flugpetroleum) auf. Auch die immer höheren Brennstoffdrücke bereiteten Sorge. Eine Beimischung von 1 % Schmieröl zum Brennstoff, Verstärkung des Kugellagers und genaueste Untersuchung desselben vor dem Einbau brachte teilweise Abhilfe bzw. zumindest weitgehende Verbesserung.

Die Entscheidung, neben Petroleum auch Benzin zu verwenden und der spätere Übergang auf den benzinähnlichen Standardbrennstoff Wide-cut-Gasolin änderte das Bild vollständig.

Eine weitere Verwendung von Kugellagern war unmöglich. Man ging daher zu einer nicht mehr drehbaren Schrägscheibe über, die wohl weiter schwenkbar ist und auf der die Gleitschuhe der Kolben laufen. Schrägscheiben und Gleitschuhe haben sphärische Form. Bei hohen Gleitgeschwindigkeiten entsteht durch den Mitchell-Effekt ein tragender Brennstoffkeil an den Gleitflächen. Bei kleinen Gleitgeschwindigkeiten wird die Bildung dieses Flüssigkeitsfilms durch Druckflüssigkeit aus dem Kolbenraum unterstützt, die durch kleine Bohrungen im Kolben auf die Gleitflächen gelangt.

Durch die geringe Viskosität von Benzin ist infolge der obendrein sehr hohen Drücke dieser Schmierfilm sehr dünn, und es muß daher an den Gleitflächen eine Oberflächengüte wie bei optischen Linsen erreicht werden. Außerdem werden bei dieser letzten Ausführung die Kolben zusätzlich zur Rückdruckfeder durch eine entsprechende Platte zwangsläufig zurückgezogen. Abb. 369 zeigt die einzelnen Entwicklungsstadien deutlich.

b) Der barometrische Druckregler. Im Gegensatz zu einer Pumpe mit konstanter Fördermenge, bei der der Barostat einen entsprechenden Teil der Fördermenge wieder zur Saugseite zurückleitet, regelt bei dieser Pumpe der barometrische Druckregler den Förderdruck entsprechend der Flughöhe in der Weise, daß er auf den Pumpenverstellkolben einwirkt. Das Gerät, Abb. 370a, besteht aus zwei durch eine Membrane getrennte Kammern. Ein an dieser Membrane befestigter zweiarmiger Hebel trägt an seinem einen Ende einen Halbkugelsitz für eine aus dem Raum über dem Verstellkolben mit Brennstoff versorgte Austrittsöffnung. Die Bewegungsmöglichkeit des Armes wird durch eine Anschlagschraube im Boden der einen Kammer begrenzt. Bewegt wird der Hebelarm durch Brennstoff unter Austrittsdruck aus dem Raum vor dem Verstellkolben der Pumpe. Der Druck wirkt gegen eine Gummimembrane und wird durch einen kleinen Kolben und eine Betätigungsstange auf den Arm übertragen, wobei zwischen Betätigungsstange und Arm eine Stellschraube zwischengeschaltet ist. Die Übertragungsteile sind in einer exzentrischen Hülse im Boden der Kammer gelagert, die durch Verdrehung eine Verstellung des wirksamen Hebelarmes erlaubt. Die Ventilkammer steht mit der

Pumpensaugseite in Verbindung. Die Schaltung geht aus der Schemazeichnung, Abb. 370b, hervor.

Sollte die Kraft, die der Förderdruck der Pumpe auf den Arm ausübt, die Federkraft übersteigen, dann wird der Hebel angehoben und der Halbkugelsitz gibt die Mündung frei, wodurch Brennstoff aus dem Raum über dem Kolben in die Ventilkammer eindringen kann, was die schon bekannte Hubverminderung und damit Druckreduktion zur Folge hat, bis der Pumpendruck gerade so viel Kraft auf den Arm ausübt, als der Federkraft entspricht. Gleichgewicht wird durch einen ständigen geringen Durchfluß durch den

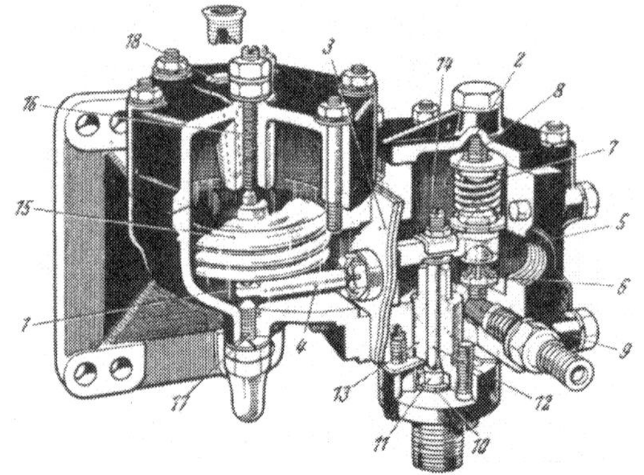

Abb. 370*a*. Barometrisches Druckregelgerät der Firma Joseph Lucas

1 Kammer für barometrische Druckdose
2 Ventilkammer
3 Ankerplatte
4 Zweiarmiger Hebel
5 Halbkugelsitz
6 Düse
7 Feder
8 Stellschraube
9 Filter
10 Membrane
11 Kolben
12 Betätigungsstange
13 Exzentrische Hülse
14 Stellschraube
15 Barometrische Druckdose
16 Ankerschraube (verstellbar)
17 Anschlagschraube
18 Verbindung mit der Atmosphäre

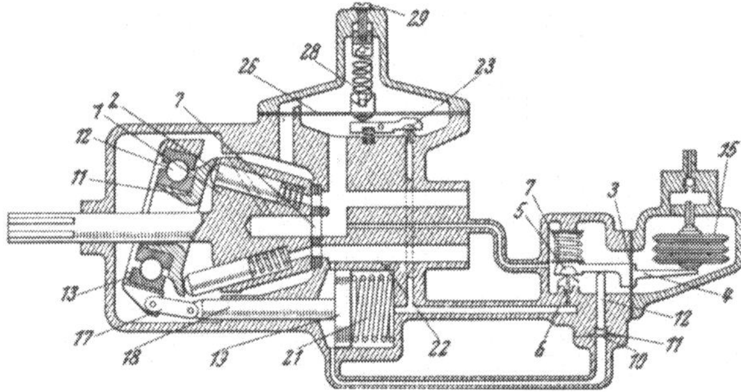

Abb. 370*b*. Zusammenschaltung von Pumpe und barometrischem Druckregelgerät. (Die Ziffern entsprechen den Bezeichnungen in den Abb. 368 und 370*a* von Pumpe und Regelgerät)

Halbkugelsitz gehalten. Ein Fallen des Förderdruckes bewirkt ein vollständiges Schließen des Sitzes und dadurch eine Vergrößerung des Pumpenhubes.

Die Barometerkapsel übt auf den Arm eine Kraft aus, die den Pumpendruck unterstützt, gegen die Federkraft den Arm anzuheben. Am Boden wird diese Kraft durch die Stellschraube, welche die Kapsel drückt, festgelegt. Mit steigender Höhe möchte sich die Kapsel dehnen, und damit wird deren Druck auf den Arm größer und in der Folge der zur Erzielung von Gleichgewicht mit der Federkraft nötige Pumpendruck kleiner. Damit stellt sich der Förderdruck und die Fördermenge entsprechend der Höhe automatisch ein.

Die Bewegung des Halbkugelventils beträgt nur etwa 0,025 mm, und damit ist auch die Längenänderung der Barometerkapsel außerordentlich gering, im Gegensatz zum

Barostaten, wo sie sich frei dehnen kann. Dadurch wird das Gerät zwar einfach und betriebssicher, doch ergibt sich ein linearer Zusammenhang zwischen totalem Druck p_1 und Brennstoffdruck, der beim Barostaten durch Verwendung geeigneter Federelemente theoretisch verändert werden kann. In der Praxis bleibt man aber auch beim Barostaten beim linearen Zusammenhang.

c) Das Verhältnis zwischen totalem Druck p_1 und Brennstoffdruck. Da das Verhältnis zwischen p_1 und Brennstoffmenge bei jeder Drehzahl durch die Maschinenkennlinie festliegt, ist bei einem linearen Zusammenhang von p_1 und Brennstoffdruck p_B das Verhältnis zwischen Brennstoffdruck und -menge festgelegt. Andererseits aber ist dieses Verhältnis eine Funktion der hydraulischen Charakteristiken von Brennern und dem übrigen Brennstoffsystem (Drosselventil und Rohrleitungen), und es folgt daher, daß

a) das Druck-Mengen-Verhältnis der Brenner und des Brennstoffsystems in gewissem Ausmaß geregelt werden muß;

b) von dem linearen Zusammenhang zwischen p_1 und Brennstoffdruck abgegangen werden muß, oder

c) ein Kompromiß angestrebt werden muß, das bei einem relativ simplen Brennstoffsystem eine ziemlich konstante Maschinendrehzahl bei wechselnder Höhe ergibt.

Am besten lassen sich diese Probleme an Hand eines Diagramms erklären, Abb. 371. Dieses zeigt mittels der Kurve OCA den Zusammenhang zwischen Brennstoffmenge G_B und totalem Druck p_1 vor dem Kompressor (bzw. Brennstoffdruck p_B, da linearer Zusammenhang) für ein Triebwerk, das mit konstanter Drehzahl läuft. Dieser Zusammenhang ist infolge zweier Einflüsse nicht linear, und zwar erstens infolge der mit wachsender Höhe abnehmenden Temperatur T_1 und zweitens infolge des sinkenden Brennkammerwirkungsgrades. Beide wirken in derselben Richtung, nämlich in einem relativen Anstieg der Brennstoffmenge in großen Höhen und bei niedrigen Drücken p_1. Bei Volldrehzahl ist der Rückgang des Brennkammerwirkungsgrades wie schon früher erwähnt, nur klein, und die Abweichung vom linearen Zusammenhang wird nur durch $\sqrt{T_1}$ bewirkt; bei kleinen Drehzahlen jedoch wirkt sich der Rückgang des Brennkammerwirkungsgrades stark aus.

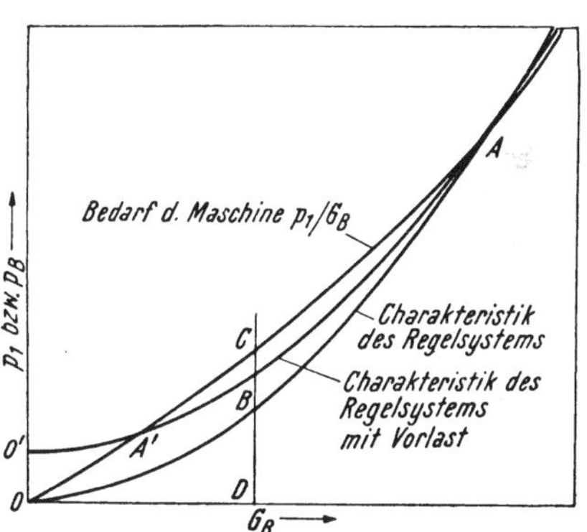

Abb. 371. Das Regelprinzip bei Druck- und Mengenregelsystemen

Die Ordinaten können anstatt des Wertes p_1 auch den Wert p_B geben, da beide durch den linearen Zusammenhang, den der barometrische Druckregler gibt, festgelegt sind. Verwendet man daher den Brennstoffdruck als Ordinate, dann gibt die gleiche Kurve den Zusammenhang zwischen p_B und G_B.

Ein Brennstoffsystem, bei dem alle Düsen konstanten Querschnitt haben, gibt einen quadratischen Zusammenhang zwischen p und G_B. Die geringe Korrektur, die infolge des Luftdruckes in der Brennkammer notwendig ist, ändert wenig an diesem Verhältnis. Die tatsächliche p_B/G_B-Kurve des Brennstoffsystems wird daher also eine Parabel OBA sein, die die Brennstoffsbedarfskurve des Triebwerkes OCA in Seehöhe bei A schneidet, bei größeren Höhen jedoch darunter liegt. Daraus folgt, daß die Maschine mit steigender Höhe mehr Brennstoff erhält, als sie benötigt und ihre Drehzahl daher steigt. Bei den meisten in Gebrauch stehenden Brennstoffsystemen wird dem durch eine Vorlast am Barostaten bzw. barometrischen Druckregler entgegengewirkt, so daß der Zusammenhang zwischen p_B und p_1, obgleich noch linear, von der Form $p_B = a + bp_1$ ist. Dies kommt einer neuen Parabel durch den falschen Ursprung O' gleich. Diese schneidet die Brennstoffbedarfskurve in zwei Punkten A und A', bei denen die korrekte Brennstoffmenge eingehalten wird, während zwischen diesen Punkten die Abweichung klein bleibt. Das heißt also, daß die Drehzahl mit wechselnder Höhe zwischen den Verbrauchspunkten A und A' ziemlich konstant bleibt. Übersteigt jedoch die Höhe den dem Punkt A' entsprechenden Wert, dann divergieren die beiden Kurven stark. Diese Kompromißlösung ist daher nur bis zu Höhen von etwa 12 km angebracht, darüber hinaus jedoch unverwendbar und es muß ein Weg gefunden werden, der eine größere Annäherung der beiden Kurven ergibt.

Dies kann erreicht werden, wenn man auf die Vorlast verzichtet, also $O' = O$ macht, dafür aber in die Brennstoffdruckleitung eine Drosselstelle einschaltet, deren Querschnitt eine Funktion des Brennstoffdruckes ist und die die Aufgabe hat, die Differenz im Druck zwischen der Brennstoffsbedarfkurve und der Parabel OBA zu geben. Es ist daher an jedem Punkt BD der Drucksprung in den Brennern und der Brennstoffleitung und BC der zusätzliche Drucksprung in der Drosselstelle mit veränderlichem Querschnitt. Diese Drosselstelle wird *Druckgeberventil* genannt.

Die vorstehenden Ausführungen gelten für eine bestimmte Maschinendrehzahl, z. B. Vollast. Ein ähnliches Verhalten gilt auch für kleinere Drehzahlen. Für diesen Fall kann Abb. 371 für kleinere Werte von G_B, die der kleineren Drehzahl entsprechen, umgezeichnet werden. Die kleineren Werte von G_B verlangen vergrößerten Widerstand in der Brennstoffleitung, der durch das teilweise geschlossene Drosselventil gegeben wird. Es treten die gleichen Probleme für die Übereinstimmung von Bedarf und Liefermenge wie bei Vollast auf, man wird jedoch bemerken, daß bei einer Übereinstimmung von Fördermenge und Brennstoffbedarf bei Vollast, bei Teillast dies nicht zutrifft, was zu einer Änderung der Drehzahl mit wechselnder Höhe bei Teillast führt.

d) Das Drosselventil. Zwischen Pumpe und Druckakkumulator sitzt das Drosselventil. Dieses hat einen axial beweglichen, konischen Kolben, der eine Regelung der Brennstoffmenge vom Gashebel in der Kabine aus erlaubt. Bewegt wird der Kolben durch ein Ritzel auf der Verstellhebelwelle, welches in eine in den Kolben eingeschnittene Zahnstangenverzahnung eingreift. Wenn das Drosselventil vollkommen geschlossen wird, schließt der Verstellkolben zwar ganz ab, doch die Maschine wird dadurch nicht abgestellt, da eine für Leerlauf genügende Brennstoffmenge über ein federbelastetes Ventil, das unter Brennstoffdruck geöffnet wird, zum Brenner fließen kann. Eine Stellschraube begrenzt den Ventilhub und dient zur Einstellung der Leerlaufdrehzahl.

e) Der Druckakkumulator. Zum vollständigen Abstellen der Maschine ist der Hochdruckabsperrhahn vorgesehen, welcher im Druckakkumulator eingebaut ist. Während des Laufes der Maschine bleibt dieser vollständig offen. Beim Anlassen ist die Maschinendrehzahl zur Erreichung eines gut zerstäubten und zündbaren Brennstoffstrahles zu gering. Daher wird durch den hydraulischen Akkumulator, Abb. 372, eine Verstärkung der Brennstoffmenge beim Anlassen hervorgerufen. Der Startermotor treibt beim Einschalten die Maschine mit etwa 1200 U/min, eine Drehzahl, bei der die Pumpe mit zirka 200 U/min läuft, entsprechend einer Fördermenge von 136 l/h. Diese Menge drückt den Kolben des Akkumulators gegen die Feder nach abwärts, bis der Druck einen Wert erreicht hat, der das Steuerventil gegen seine Feder öffnet. Im Moment, wo sich dieses öffnet, wirkt der Druck gegen die ganze Membranfläche, und es verharrt in geöffnetem Zustand, bis der Druck auf einen ganz kleinen Wert abfällt. Somit strömt eine für gute Zerstäubung ausreichende Brennstoffmenge unter genügendem Druck zu den Brennern, wo sie entzündet wird und eine rapide Beschleunigung des Triebwerkes zur Folge hat. Der Brennstofffluß geht dann normal durch den hydraulischen Akkumulator, das Steuerventil und den Hochdruckhahn zu den Brennern.

Wird die Maschine durch Schließen des Hochdruckhahnes abgestellt, entleert sich der Akkumulator bei Hochgang des unter Federdruck stehenden Kolbens über das Steuerventil und einen Schlitz im Wirbel in die Pumpensaugkammer. Gleichzeitig wird der Inhalt der Brennerzuführungsleitungen über eine Bohrung im Wirbel und im Gehäuse des Akkumulators über Bord geleitet. Damit hat der Kolben wieder seine Ausgangsstellung erreicht und das Steuerventil ist geschlossen.

f) Zündbrennerreduzierventil und Brennermindestdruckventil. Dieses Aggregat dient zur Lieferung von Brennstoff konstanten Druckes zu den Zündbrennern beim Start. Außerdem verhindert es ein Abfallen des Druckes in der Brennerzuleitung unter das sichere Minimum, unter dem ein Verlöschen der Brennkammer infolge schlechter Zerstäubung eintreten kann, siehe Abb. 367.

Verschiedene Modelle sind am Markt, wobei manchmal auch nur eine der beiden Funktionen vom Gerät erfüllt wird. Ein durch einen Faltenbalg belasteter Hebel drückt ein Halbkugelsitzventil auf eine Düse und kontrolliert so den Brennstoffdruck im Gehäuse.

Während des Starts wird das Solenoidventil geöffnet und der Brennstoffweg zu den Zündbrennern freigegeben. Bei Erreichen eines Brennstoffdruckes von etwa 2,5 atü in der Kammer hat der Faltenbalg genügend Kraft, um das Halbkugelventil zu schließen.

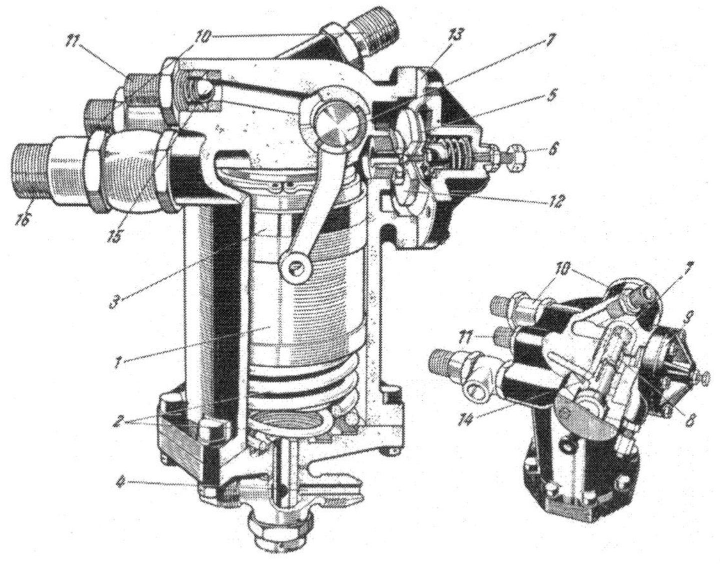

Abb. 372. Lucas-Druckakkumulator mit Hochdruckabsperrhahn

1 Kolben
2 Federn
3 Dichtring aus Buna
4 Abfluß für Leckkraftstoff
5 Steuerventil
6 Feder
7 Hochdruckabsperrhahn
8 Querbohrungen
9 Gehäuse für Druckgeberventil
10 Auslässe zur Brennerleitung
11 Verbindung zur Pumpensaugseite
12 Ventilplatte
13 Membrane
14 Schlitz im Rotor
15 Rückschlagventil
16 Zulauf von der Pumpe

Damit wird der Druck am Zündbrenner auf einem für gute Zerstäubung bei der Zündung richtigen Wert gehalten. Wäre der Faltenbalg mit der Atmosphäre in Verbindung, würde der Druck in der Kammer höhenabhängig werden. Er würde um etwa 0,7 atm bis 12 km Höhe fallen. Ein gasgefüllter oder evakuierter Faltenbalg hält jedoch einen konstanten Druck in der Kammer, abgesehen von ganz kleinen Abweichungen infolge Temperaturveränderungen.

Während des normalen Laufes ist das Solenoidventil geschlossen und sperrt die Verbindung zum Zündbrenner.

Da dieses Gerät an die Pumpendruckleitung angeschlossen ist, fällt der Zuleitungsdruck nicht unter 7 atü. Nach dem Drosselventil können jedoch Werte von 0,14 bis 0,2 atü auftreten, bei denen keine richtige Zerstäubung mehr möglich ist. Das Brennermindestdruckventil, das sich bei einer Druckdifferenz von 1,8 atü zu öffnen beginnt, spricht bei einem Abfall des Druckes am Brenner auf 0,7 atü an, und läßt Brennstoff von der Ventilkammer unter Umgehung der Drossel zum Brenner gelangen.

Ein Kugelventil am Faltenbalg verhindert ein Austreten von Brennstoff bei Beschädigung desselben. Er ist außerdem vor Überdruck durch ein Maximalventil geschützt, das ab 3,2 atü Brennstoff aus der Kammer auf die Niederdruckseite des Systems entweichen läßt.

g) Der Startvorgang. Der Startvorgang wird automatisch-elektrisch gesteuert und spielt sich folgendermaßen ab: Beim Drücken des Startknopfes wird der Stromkreis eines Solenoides des Zeitschalters geschlossen und eine Feder gespannt. Beim Loslassen des Starterknopfes beginnt das Uhrwerk des Zeitschalters unter der Spannung der Feder zu laufen und schaltet die weitere Folge der Startvorgänge. Zuerst wird der Startermotor eingeschaltet, wobei vorerst noch ein Widerstand zur Verminderung des Anfahrdrehmomentes vorgeschaltet ist. Damit beginnt der Startermotor langsam zu laufen und dreht über die einrückende Klauenkupplung Turbine und Kompressor mit. Gleichzeitig werden die Zündspulen, die mittels Unterbrechers einen ständigen Strom von Zündfunken an den Kerzen hervorrufen, eingeschaltet. Etwa nach drei Sekunden wird der Startknopfkreis unterbrochen, um eine neuerliche Betätigung vor Ablauf eines ganzen Startspiels zu verhindern. Einige Sekunden später wird der Widerstand zur Verminderung des Anfahrdrehmomentes ausgeschaltet und der Startermotor erhält vollen Strom. Der hydraulische Akkumulator spritzt über die Brenner ein, es wird gezündet, und das Triebwerk fährt schnell hoch, wobei bis zur Leerlaufdrehzahl der Startermotor mithilft. Nach etwa 30 Sekunden wird der Motor ausgeschaltet und alle übrigen Relais wieder in die Ausgangsstellung gebracht.

Die vorstehende Beschreibung bezog sich auf einen zweistufigen Startvorgang. Für manche Triebwerke ist es notwendig, eine dreistufige Schaltfolge vorzusehen (bei großen Triebwerken mit schweren Rotoren), wobei zwischen Lauf mit Anfahrwiderstand und Lauf mit vollem Strom eine Stufe mit vermindertem Widerstand eingeschaltet wird [*131*].

An Stelle des hydraulischen Akkumulators wird an einigen Maschinen beim Anlassen der Brennstoff nur einem Teil der Brenner zugeführt, wodurch ein gut zerstäubter Strahl bei diesen erreicht wird. Nachdem die Maschine nach dem Zünden auf Drehzahl kommt, öffnet ein Ventil unter dem erhöhten Brennstoffdruck die Zuleitung zu den übrigen Brennern, die damit ebenfalls zünden und in Aktion treten.

Bei Triebwerken mit Duplex-Brenner ist heute der hydraulische Akkumulator nicht mehr in Verwendung. Es gelingt mit Hilfe des Duplex-Brenners, der auch bei niederen Drehzahlen schon einen gut zerstäubten Brennstoffstrahl liefert und mit dem neuentwickelten Zündbrenner bzw. direkt mit den neuen Hochergiezündern das Triebwerk in Gang zu setzen.

Auch von der elektrischen Seite her hat man sich durch Entwicklung einer Kupplung zur Drehmomentbegrenzung den Zeitschalter erspart und gibt dem Motor gleich vollen Strom. Nach Erreichen einer gewissen Drehzahl (Leerlaufdrehzahl des Triebwerkes) schaltet sich dieser selbst ab. Neuerdings sind Luftturbinen bzw. Turbinen, die von chemischen Ladungen oder speziellen flüssigen Treibstoffen angetrieben werden, stark in den Vordergrund getreten.

4. Mengenregelsystem

a) Das einfache Mengenregelsystem. Das Druckregelsystem hat zwei hauptsächliche Nachteile. Erstens, daß die Brennstoffmenge von der Brennercharakteristik und vom Druck in der Brennkammer abhängig ist und zweitens, daß der Brennstoffdruck an der Pumpe unabhängig von der Maschinendrehzahl ist, so daß, außer bei Vollast, ein großer Teil dieses Druckes am Drosselventil verlorengeht. Dadurch wird die Pumpe überbeansprucht und ihre Lebensdauer verringert.

Beim Mengenregelsystem ist eine separate Regeldüse mit einem relativ kleinen Drucksprung in die Brennstoffleitung eingebaut, und dieser Drucksprung wird zur Regelung der Brennstoffmenge herangezogen.

Die erste Anwendung dieses Prinzips erfolgte im Ricardo-Mengenregelbarostaten. In ihm ist der Querschnitt der Regeldüse eine Funktion von p_1 und der Drucksprung, der mittels einer Feder ausgeglichen wird, regelt das Reduzierventil über ein geeignetes Servosystem. Der Pilot verändert mit dem Gashebel die Last der Feder, so daß bei Teillast ein kleiner Drucksprung und damit eine geringere Menge nötig ist, um das System im Gleichgewicht zu halten.

Eine Alternativausführung, welche im Verein mit einer Pumpe mit veränderlicher Fördermenge verwendet wird, zeigt Abb. 373. Bei diesem, von der Firma Lucas entwickelten Mengenregelgerät wird die Regeldüse vom Piloten verstellt und der Drucksprung in der Düse wird gegen p_1 im Gleichgewicht gehalten, so daß hier das Gegenstück zu der erstbesprochenen Anordnung vorliegt. Das Regelprinzip ist das gleiche wie beim barometrischen Druckregler. Der Drucksprung in der Düse und p_1 sind normalerweise im Gleichgewicht. Jede Unbalance betätigt das Regelventil des Pumpenservosystems.

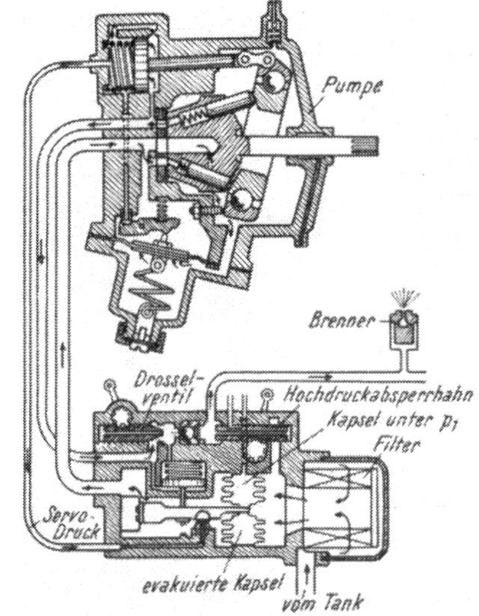

Abb. 373. Lucas-Mengenregelsystem

Dieses Verfahren hat natürlich die gleichen Nachteile in bezug auf gelieferte Brennstoffmenge und Brennstoffbedarf des Triebwerkes wie das Druckregelsystem mit Brennern mit unveränderlichem Querschnitt, und es muß daher die gleiche Kompromißlösung angestrebt werden, und in bezug auf die Höhe sind die gleichen Grenzen gesetzt. Es hat aber gegenüber dem Ricardo-System den Vorteil, daß der Drucksprung bei Leerlauf genau so hoch ist wie bei Vollast, wodurch größere Regelkräfte zur Verfügung stehen und bessere Stabilität im Leerlauf gewährleistet ist. Andererseits ist der Drucksprung in der Höhe relativ klein, wenn nicht ein hoher Wert am Boden gewählt wird.

Dieses System ist für Propellerturbinen bei Flughöhen bis 9000 m sehr gut brauchbar. Es wird hauptsächlich bei der Propellertubine Rolls Royce Dart angewendet. Abb. 374 zeigt sehr gut die Konstruktion dieses Gerätes.

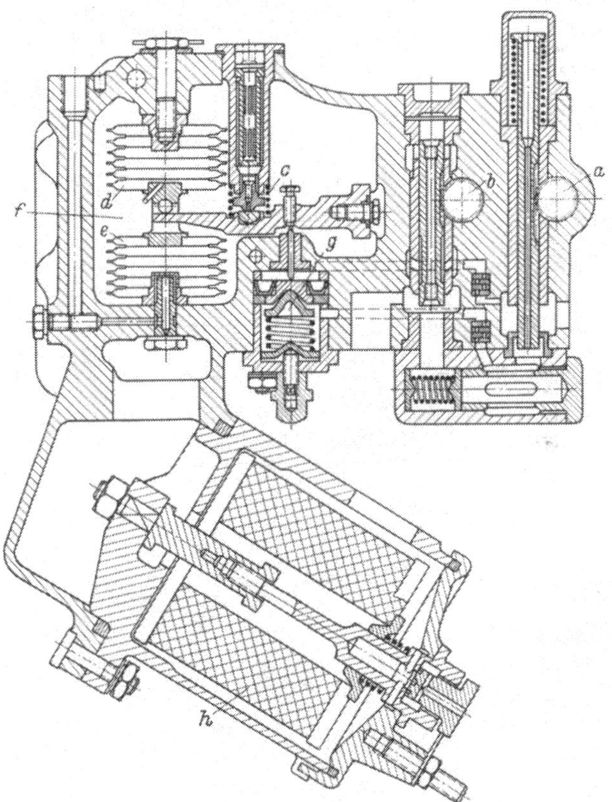

Abb. 374. Mengenregelgerät des Rolls-Royce-Dart-Triebwerks

a Drosselventil (manuell)
b Absperrventil (manuell)
c Servoventil (Halbkugelventil)
d Evakuierte Aneroiddosen
e Aneroiddosen mit Innendruck entsprechend dem Ansaugdruck des Kompressors
f Kraftstoff unter Ansaugdruck
g Druckgefällejustierung
h Niederdruckfilter

b) Mengenregelung mit korrekter Brennstoffdosierung über dem ganzen Regelbereich. Dieses Regelsystem wird durch die Druckcharakteristiken anderer Systemkomponenten nicht beeinträchtigt und kann Brennstoffmengen bis zu 4500 l/h bewältigen. Der Einsatzbereich geht bis zu Flughöhen von 18000 m.

Das Gerät besteht hauptsächlich aus einer handbetätigten Drossel mit einer Leerlauf-Bypass-Leitung, einer Düse mit automatisch veränderlichem Querschnitt, die mittels eines Servosystems die Brennstoffmenge im Verhältnis zu p_1 regelt und einem von der Druckdifferenz über das gesamte System betätigten Kolben, der das Pumpenservosystem beeinflußt, Abb. 375. Im Auslaß zu den Brennern ist noch ein Hochdruckabsperrhahn (nicht eingezeichnet) vorgesehen, der entweder manuell oder elektrisch betätigt werden

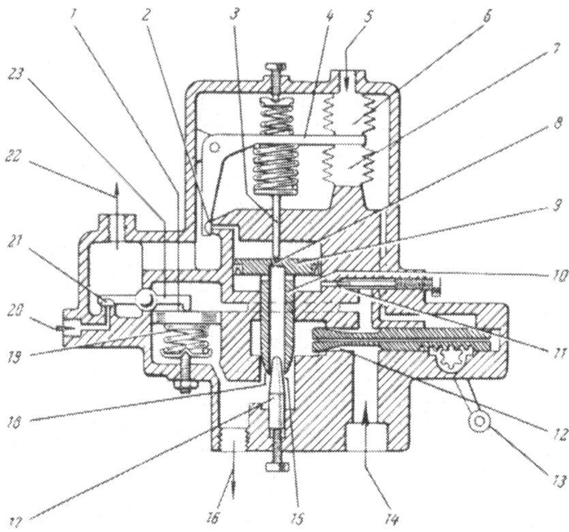

Abb. 375. Mengenregler mit korrekter Brennstoffdosierung über dem ganzen Regelbereich

1 Kolben unter Druckdifferenz über das ganze Gerät
2 Servoventil
3 Druckstange
4 Hebel
5 und *6* Faltenbalg unter p_1
7 Evakuierter Faltenbalg
8 Düsenbohrung
9 Servokolben
10 Hohler Plunger
11 Verstellbare Düse
12 Regelventilkolben
13 Hebel des Piloten
14 Einlaß von Pumpe
15 Leerlaufdüse
16 Auslaß zu den Brennern
17 Fix eingestellter Konus
18 Hauptzumeßdüse
19 Feder zur Festlegung des Drucksprungs
20 Anschluß für Pumpenservoleitung
21 Servoventil
22 Überlaufbrennstoff zur Pumpeneinlaßseite
23 Servoventilhebel

kann. Dieser Hahn öffnet im geschlossenen Zustand einen Verbindungskanal zur Niederdruckseite des Systems. Ebenso ist ein Niederdruckfilter im Gerät angebracht, das ebenfalls in der Schemazeichnung nicht angedeutet ist.

Bei allen Flugbedingungen und Brennstoffmengen wird ein konstanter Drucksprung über das Gerät aufrechterhalten. Dies geschieht durch den von der Druckdifferenz abhängigen Kolben, der an seiner Oberseite vom Einlaßdruck und an seiner Unterseite vom Auslaßdruck plus dem Druck einer Feder beaufschlagt wird. Die Federlast entspricht der verlangten Druckdifferenz. Dieser Kolben betätigt über einen Hebel das Regelventil für das Pumpenservosystem. Jede Abweichung von der gewollten Druckdifferenz ergibt eine Rückwirkung auf das Pumpenservosystem so lange, bis die richtige Druckdifferenz wieder erreicht ist.

Die Durchflußmenge wird in erster Linie durch den vom Piloten betätigten Drosselkolben und in zweiter Linie durch die automatische Regeldüse beeinflußt. Die Regeldüse wird durch eine hohle Regelnadel gesteuert, die durch einen Kolben verstellt wird. Eine Seite dieses Kolbens steht unter Pumpendruck, reduziert durch eine einstellbare Düse.

Eine fixe Brennstoffmenge gelangt über eine Düsenbohrung im Kolben zur Kolbenoberseite. Der Druck in der Kammer ober dem Kolben bzw. der Abfluß aus derselben wird über eine variable Düse geregelt. Die Stellung des diese Düse steuernden Hebel-

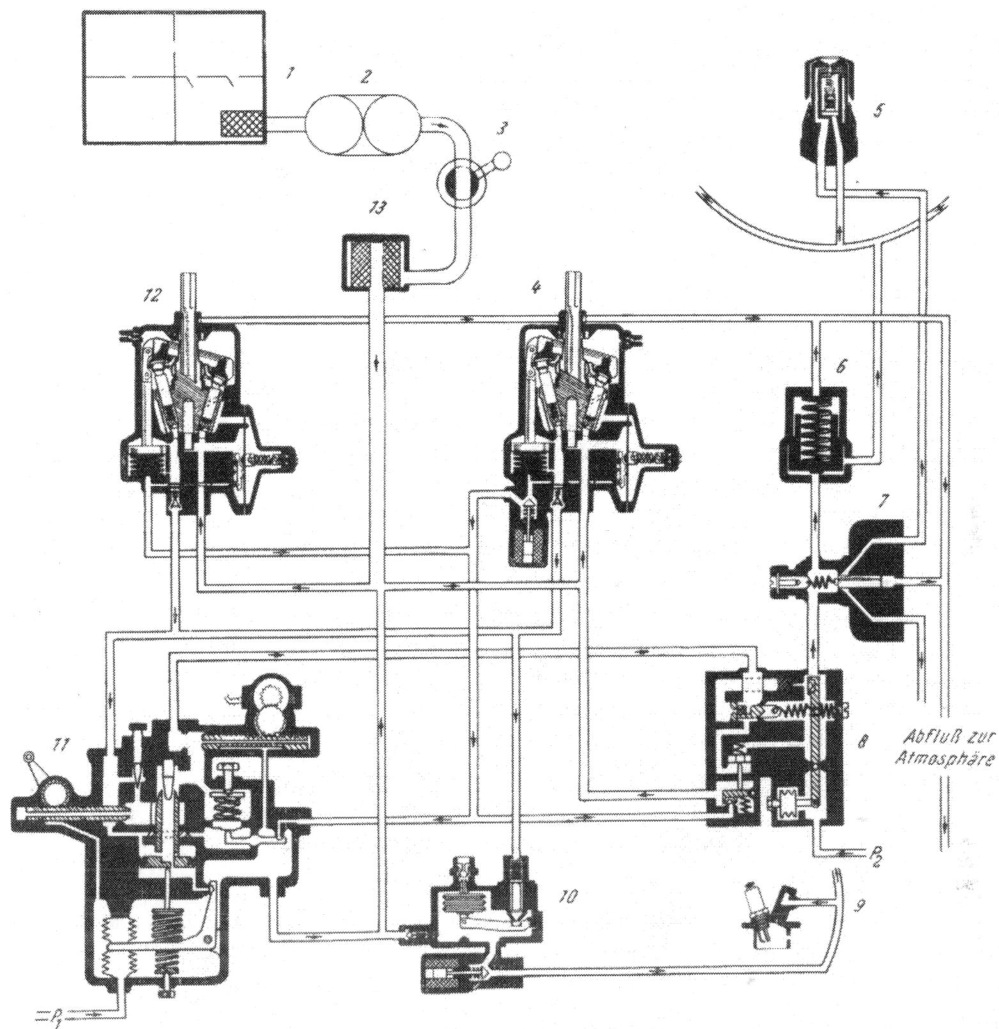

Abb. 376. Mengenregelsystem mit Doppelpumpe

1 Tank
2 Tankpumpe
3 Niederdruckabsperrhahn
4 Pumpe mit Magnetventil
5 Duplex-Nr. 3-Brenner
6 Automatisches Entleerventil
7 Brennstoffverteiler
8 Brennstoff-Luftverhältnis-Kontroller (Beschleunigungsregler)
9 Zündbrenner
10 Zündbrenner-Reduzierventil
11 Mengenregler mit korrekter Dosierung über dem ganzen Regelbereich
12 Pumpe ohne Magnetventil
13 Niederdruckfilter (normalerweise im Regelgerät mit eingebaut)

armes wird durch einen Faltenbalg unter p_1 und einen Federsatz, der durch den Kolben vorgespannt wird, bestimmt.

Für Leerlauf ist eine eigene Regeldüse vorgesehen, wobei die Düsennadel feststeht und die Düse (Bohrung in der großen Regeldüsennadel) höhenabhängig verstellt wird, womit auch die Leerlaufdrehzahl bei allen Betriebsverhältnissen konstant bleibt.

Wird die Drossel geöffnet, dann tritt ein Abfall der Druckdifferenz ein und der druckdifferenzabhängige Kolben steuert über das Pumpenservosystem die Pumpe auf größere Liefermenge.

Ein Anstieg von p_1 bringt ebenfalls eine Vergrößerung der Pumpenförderung. Ein steigendes p_1 verursacht eine Ausdehnung des Faltenbalges und damit eine Öffnung der variablen Düse der oberen Kolbenkammer. Dadurch wandert der Kolben mit der Regelnadel nach oben, und es wird mehr Düsenquerschnitt freigegeben. Dies hat ein Sinken der Druckdifferenz zur Folge, und der Druckdifferenzkolben steuert über das Pumpenservosystem die Pumpen auf größere Liefermenge, bis die gewünschte Druckdifferenz wiederhergestellt ist.

Im umgekehrten Fall treten die entgegengesetzten Vorgänge ein.

Eine Regelung mit diesem Mengenregler zeigt Abb. 376. Bemerkenswert bei diesem Schema ist das Zweipumpensystem. Solche Systeme haben eine Sicherheitseinrichtung, die im Falle des Versagens einer Pumpe oder des Servosystems bewirkt, daß die restliche Pumpe den Brennstoffbedarf des Triebwerkes deckt. Es muß daher jede Pumpe in der Lage sein, allein genügend Brennstoff für Vollast zu liefern.

Diese Sicherheitseinrichtung besteht aus einem Magnetventil, das an den Regelzylinder einer Pumpe angebaut ist und das es erlaubt, das Regelsystem dieser Pumpe vom Servoregelkreislauf zu trennen.

Ein Fehler im Servoregelkreislauf würde zur Folge haben, daß die Pumpen auf Nullhub geschaltet werden, was eine sofortige Drehzahlverminderung der Maschine bzw. ein völliges Stillsetzen derselben bewirken würde. Ein Schließen des Magnetventils stellt die mit diesem Ventil ausgestattete Pumpe wieder auf vollen Hub, und die Maschine läuft mit einer Pumpe weiter.

Es kann also bei einem Versagen der Pumpe ohne Magnetventil oder bei einem Fehler im Servoregelkreislauf durch Betätigung des Solenoidventils die restliche Pumpe ohne barometrische Höhenregelung den nötigen Brennstoff liefern. Umgekehrt wird bei Ausfall der Pumpe mit Magnetventil die andere die ganze Brennstoffmenge liefern. Die defekte Pumpe wird in jedem Falle auf Nullhub zurückgehen, wobei ein Rückschlagventil ein Entweichen von Brennstoff über die beschädigte Pumpe verhindert.

5. Sicherheitsregeleinrichtungen

Zusätzlich zum Hauptregelsystem, das vom Piloten gesteuert wird und das bei den heutigen Triebwerken eine der vorher beschriebenen Formen aufweist, sind gewisse Sicherheitseinrichtungen notwendig. Die hauptsächlichsten, die entweder im Gebrauch stehen oder versuchsweise erprobt wurden, sind:

a) Höchstdrehzahlkontroller,
b) Höchsttemperaturkontroller,
c) Pumpkontroller,
d) Brennstoff-Luftverhältnis-Kontroller.

Natürlich kann auch die eine oder andere Sicherheitseinrichtung vom Piloten gesteuert sein, wie z. B. im Falle eines Alldrehzahlreglers, der zugleich auch Höchstdrehzahlbegrenzer ist.

a) Höchstdrehzahlkontroller. Diese Einrichtung wurde im Zusammenhang mit der Beschreibung der Lucas-Pumpe mit variabler Fördermenge schon eingehend besprochen. Bei Brennstoffsystemen mit Pumpen mit konstanter Fördermenge ist ein eigener Fliehkraftregler als Höchstdrehzahlbegrenzer angeordnet, der ein Ventil in der Brennstoffleitung betätigt. Im Vergleich zum hydraulischen Regler der Lucas-Pumpe hat diese Anordnung den Nachteil, daß ein eigener Antrieb und eigene Leitungen gebraucht werden. Sie hat aber den Vorteil, unabhängig vom spezifischen Gewicht des Brennstoffes zu sein, was besonders dann angenehm ist, wenn ein und dieselbe Turbine mit verschiedenen Brennstoffen betrieben werden soll.

Auch für die Lucas-Pumpe wurde ein hydromechanischer Drehzahlregler entwickelt, der unabhängig vom spezifischen Gewicht des Brennstoffes arbeitet, Abb. 377. Ein durch Fliehgewicht belasteter Hebel hat die Tendenz, mit steigender Drehzahl eine Düse zu schließen. Entgegen der Fliehkraft wirkt der Differenzdruck des Brennstoffes auf eine Membrane. Das Gleichgewicht beider Kräfte bestimmt die Öffnung der Düse.

Dieser Düse vorgeschaltet ist eine variable Düse, die druckabhängig gesteuert wird und die das Ansprechen und die Empfindlichkeit des Reglers den Verhältnissen anpaßt.

Der drehzahlabhängige Reglerdruck kann nun beliebigen Regelgeräten zugeführt werden.

Interessant ist auch die Ausführung eines Drehzahlreglers mit einer schwenkbaren Federaufhängung, die mit dem Gashebel des Piloten gekoppelt ist, Abb. 378. Damit wird

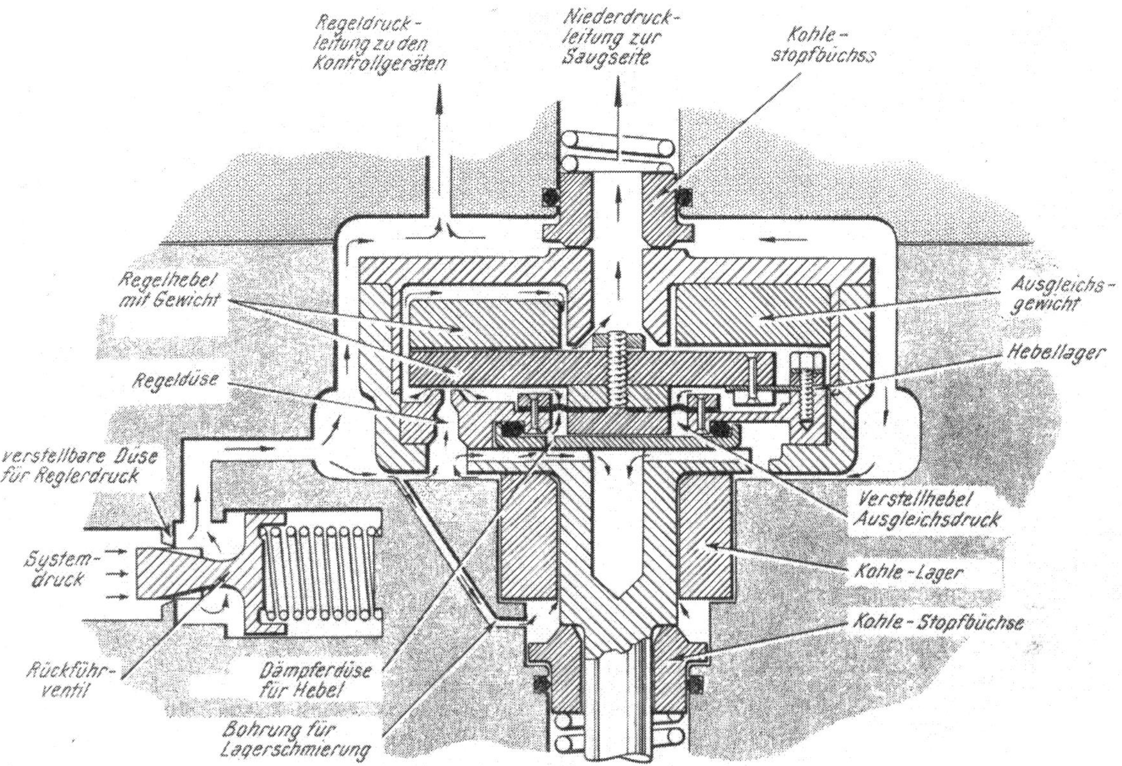

Abb. 377. Hydromechanischer Drehzahlregler der Firma Joseph Lucas, der unabhängig vom spezifischen Gewicht des Brennstoffes arbeitet

die Vorlast am Drehzahlregler veränderlich, und er arbeitet über den ganzen Bereich. Eine zusätzliche variable Düse, die druckabhängig arbeitet, ist auch hier vorgeschaltet. Die Drehzahl- und Druckfunktion kann dann bestimmten Regelgeräten zugeführt werden.

Dieser Regler ist allerdings nicht unabhängig vom spezifischen Gewicht des Brennstoffes, doch wird diese Anordnung später noch einmal im Zusammenhang mit dem proportionalen Mengenregler gezeigt (s. S. 389).

b) Höchsttemperaturkontroller. Während anfänglich Düsentriebwerke ohne diese Einrichtung genügend sicher arbeiteten — der Pilot hatte nur eine Temperaturanzeige für die Düsentemperatur —, wurde doch die Notwendigkeit für ein solches Gerät immer größer. Obwohl bei den Düsentriebwerken Temperatur und Drehzahl eng zusammenhängen, ist diese Einrichtung notwendig, um teils Variationen der Einlaßtemperatur zu kompensieren, teils bei abnormalen Arbeitsbedingungen, wie z. B. Defektwerden einer Brennkammer und damit Luftverlust und Überhitzung, einzuschreiten. Dazu kommt noch der ständige Anstieg der Leistung dieser Triebwerke und damit ein Absinken des Sicherheitsfaktors, woraus sich eine große Empfindlichkeit gegen Übertemperatur ergibt.

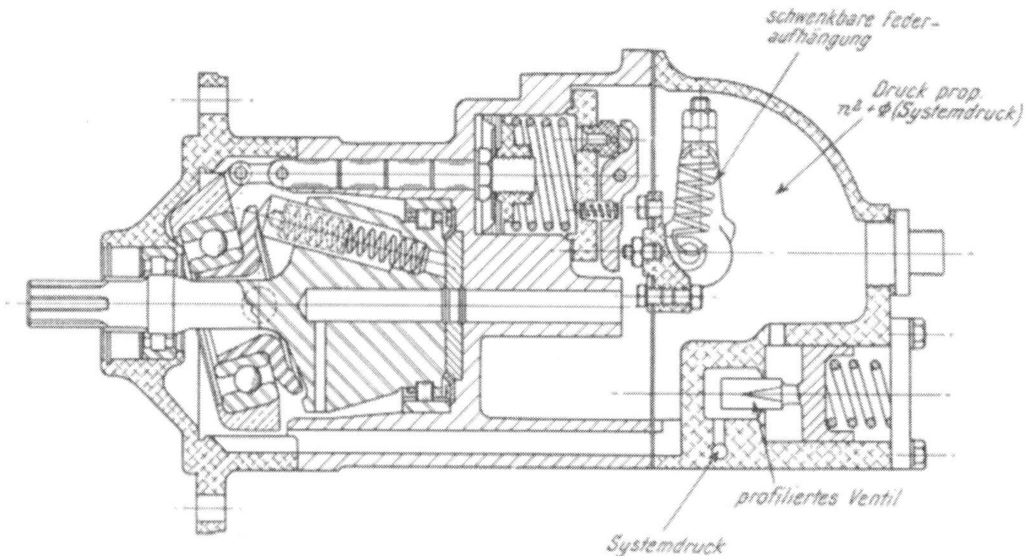

Abb. 378. Drehzahlregler mit verstellbarer Vorlast (Firma Joseph Lucas)

Bei Propellerturbinen oder Düsentriebwerken mit variablem Düsenquerschnitt, bei denen die dem System entnommene Leistung veränderlich ist und damit kein Zusammenhang zwischen Drehzahl und Temperatur besteht, wird eine solche Einrichtung zur unbedingten Notwendigkeit.

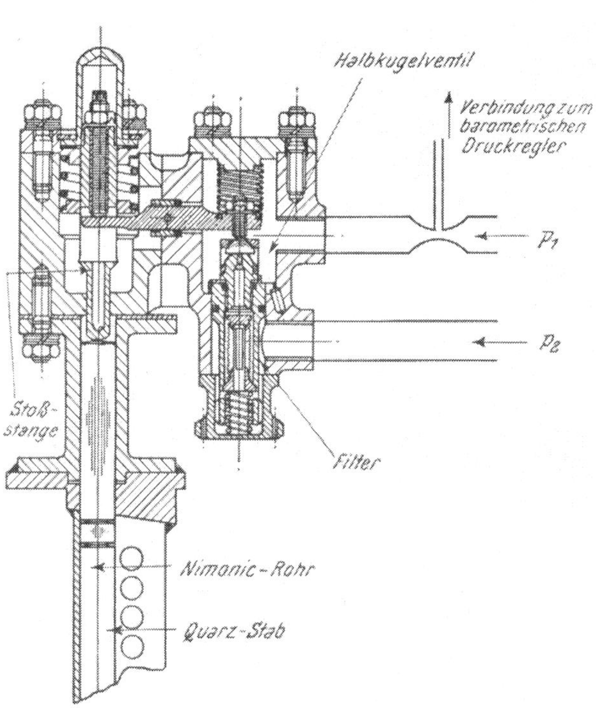

Abb. 379. Temperaturkontroller. Dehnstabtype

Die Lösung dieses Problems stellt allerdings keine leichte Aufgabe dar. Die meisten gegenwärtig im Versuchsstadium stehenden Einrichtungen basieren auf einer Messung der Düsentemperatur, obwohl diese niedriger ist als die der Brennkammern oder Schaufeln, der Teile also, die zuerst bei Übertemperatur schadhaft werden können. Die Hauptschwierigkeit besteht in der Konstruktion eines Temperaturanzeigeelementes, das die hohen Temperaturen von 750 bis 800° C und die hohen Gasgeschwindigkeiten von 300 m/sek aufwärts aushält und dabei gleichzeitig schnell reagiert. Ein zu langsames Ansprechen gäbe nicht genug Sicherheit und würde zu einem instabilen Verhalten des Kontrollers führen.

Drei Typen wurden im Laufe der Zeit erprobt: Die Dehnstabtype, die Quecksilbertype und die elektrische Type. Während die ersten beiden an kleinen Gasturbinen mit Erfolg verwendet werden, hat sich die elektrische Type bei Flugzeugturbinen generell eingeführt.

Die Dehnstabtype, Abb. 379, arbeitet mit einer Außenhülle aus metallischem Werkstoff bestimmter Dehnung, die einen Quarzstab umgibt, der einen relativ kleinen Dehnungskoeffizienten hat. Das Element ist in der Schubdüse radial angeordnet und spricht so auf die mittlere Temperatur an. Die relative Dehnung betätigt ein Ventil in einem pneumatischen Transmitter, der seinerseits ein Ventil im Pumpenservosystem kontrolliert. Dieses Instrument hat natürlich eine ziemliche Zeitkonstante und wird nur als Zusatzsicherheitsorgan benützt. Bei den heute üblichen hohen Gastemperaturen und -geschwindigkeiten ist es schwierig, die nötige mechanische Festigkeit zu erreichen.

Die Quecksilbertype wurde in ihrem Aufbau bereits in Abb. 365 b gezeigt.

Die elektrischen Typen werden von parallel geschalteten Thermoelementen gesteuert, die über einen Magnetverstärker einen Gleichstrom an einen Elektromagneten senden, der ein Pumpenservoventil steuert, Abb. 380. Da dieses Gerät dem barometrischen Druckregler ähnelt, hat man es elektrischer Druckregler genannt.

Wird es nur als Sicherheitsorgan benützt, muß auf die Stabilität geachtet werden, da ein Aufschwingen zur Abschaltung des Brennstoffes und zum Verlöschen der Flamme

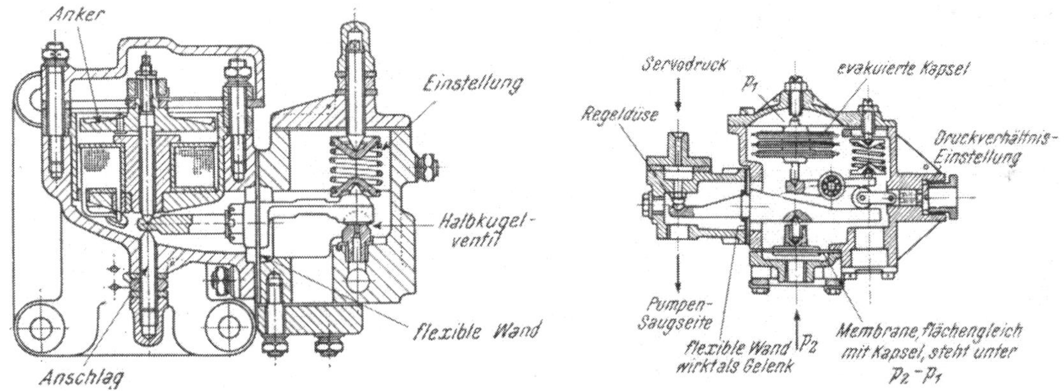

Abb. 380. Temperaturkontroller. Elektrische Type

Abb. 381. Pumpkontroller (Druckverhältnisregler)

führen kann. Wird es nur zum Justieren des Systems benützt, was meist der Fall ist, dann tritt diese Gefahr nicht ein.

Es besteht auch die Möglichkeit, den Impuls des Thermoelementes auf einen Elektromotor zu übertragen, der die Federvorlast am Drehzahlregler verstellt und damit den Regler den Verhältnissen anpaßt.

c) „Pump"-Kontroller. Von Zeit zu Zeit hat es Unannehmlichkeiten bei Düsentriebwerken gegeben, weil sie in extremen Höhen oder bei besonders kalter Witterung pumpten. Pumpen des Kompressors tritt im allgemeinen dann ein, wenn ein Grenzwert von $n/\sqrt{T_1}$ überschritten wird. Um hier Abhilfe zu schaffen, hat man ein Regelgerät entwickelt, das einen bestimmten Grenzwert von $n/\sqrt{T_1}$ nicht überschreiten läßt, wenn dieser vor dem höchsten Wert n erreicht wird, bei dem der normale Höchstdrehzahlbegrenzer in Funktion tritt.

Die erfolgreichste Ausführung beruht auf der Tatsache, daß das Verdichtungsverhältnis des Kompressors p_2/p_1 ebenfalls eine Funktion von $n/\sqrt{T_1}$ ist, so daß es nur notwendig ist, eine Einrichtung zu schaffen, mittels der die Brennstoffmenge bei einem gewissen Wert von p_2/p_1 begrenzt wird. Ein solches Gerät zeigt Abb. 381. Es besteht aus einer Membrane, die unter dem Einfluß von p_2-p_1 steht und über ein geeignetes Hebelsystem im Gleichgewicht mit einer luftleeren Kapsel ist, welche die gleiche wirksame Fläche hat und sich unter Einfluß von p_1 befindet. Dieses Regelsystem wirkt in der gleichen Weise wie der barometrische Druckregler auf das Pumpenservosystem ein.

Pumpkontroller werden nur zu Versuchszwecken verwendet, da der Konstrukteur immer trachtet, seine Maschine pumpfrei zu bekommen, was bisher auch in allen Fällen gelungen ist.

d) Brennstoff-Luft-Verhältnis-Kontroller. Bis zu einem gewissen Grad kann ein Höchsttemperaturbegrenzer als ein Brennstoff-Luft-Verhältnis-Kontroller angesprochen werden, da die Düsentemperatur proportional diesem Verhältnis ist. Aus verschiedenen anderen Gründen ist aber ein Höchsttemperaturkontroller nicht in der Lage, diese Funktion ganz zu erfüllen.

Hauptsächlich braucht man einen Brennstoff-Luft-Verhältnis-Kontroller, um Pumpen beim Beschleunigen infolge von Brennstoffüberschuß zu verhindern und um unter gleichen Bedingungen ein Verlöschen des Brenners infolge zu fetten Gemisches hintanzuhalten.

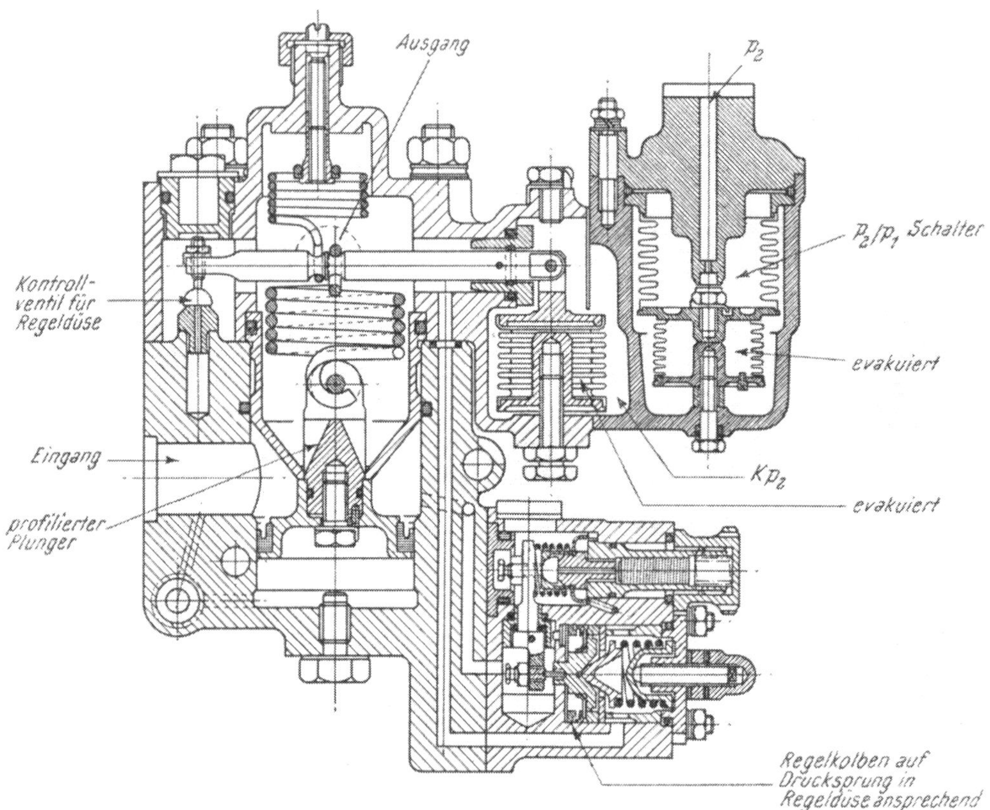

Abb. 382. Brennstoff-Luft-Verhältnis-Kontroller mit p_2/p_1-Schalter (Beschleunigungsregler)

In keinem der beiden Fälle, die hauptsächlich bei großer Höhe oder Beschleunigung aus Leerlauf auftreten, könnte ein Höchsttemperaturkontroller infolge seiner Trägheit das gewünschte Resultat ergeben.

Ein einfacher Brennstoff-Luft-Verhältnis-Kontroller wurde im Brennstoffsystem Abb. 376 bereits gezeigt. Bei ihm wird das Verhältnis des Druckes in der Brennstoffleitung zum Druckverhältnis am Kompressor geregelt und bei Verlassen des Gleichgewichtszustandes das Pumpenservosystem beeinflußt.

Eine moderne Ausführung zeigt Abb. 382. Ein profilierter Kolben wird durch ein Servosystem verstellt, das proportional p_2 beeinflußt wird. Damit wird auch der Brennstoffquerschnitt am profilierten Kolben eine Funktion von p_2. Der Drucksprung über den Brennstoffdurchtritt wird einem federbelasteten Kolben gleichgesetzt, der über ein Halbkugelventil auf das Pumpenservosystem einwirkt.

Bei modernen Triebwerken genügt es nicht, während des Beschleunigungsvorganges auf konstante Temperatur oder konstantes Brennstoff-Luft-Verhältnis zu regeln. Die Arbeitsbedingungen über einen Drehzahlbereich zwischen Leerlauf und Reiseleistung entsprechen ziemlich niederen Verbrennungstemperaturen, und ein Anstieg der Brennstoffmenge sowie der Verbrennungstemperatur auf den vom Brennstoff-Luft-Verhältnis-Kontroller zugelassenen Wert (der auf Vollastbedingungen eingestellt ist) würde unweigerlich zum Pumpen des Kompressors führen. Man muß daher das Brennstoff-Luft-Verhältnis als Funktion von $n\sqrt{T_1}$ bekommen. Für eine Turbine, die in einer gegebenen Atmosphäre arbeitet, kann dies durch entsprechende Profilierung des Kolbens erreicht werden.

Dies ist jedoch an Flugzeugtriebwerken unmöglich. Es muß daher das Brennstoff-Luftverhältnis als eine Funktion von p_2/p_1 reguliert werden. Daher muß der Faltenbalg, der auf p_2 anspricht, nicht direkt von p_2 gesteuert werden, sondern von einem Luftpotentiometersystem, dessen Entnahmepunkt p_2/p_1-abhängig ist. Eine ausführliche Erklärung wird noch im Zusammenhang mit dem proportionalen Mengenregelsystem gegeben.

6. Der Alldrehzahlregler

In diesem Zusammenhang sei noch kurz auf den Alldrehzahlregler des Jumo TL 109-004-Düsentriebwerkes eingegangen. Abb. 383 zeigt eine schematische Ansicht desselben. Der Pilot betätigt direkt die Drossel. Die Drosselstellung ergibt gleichzeitig

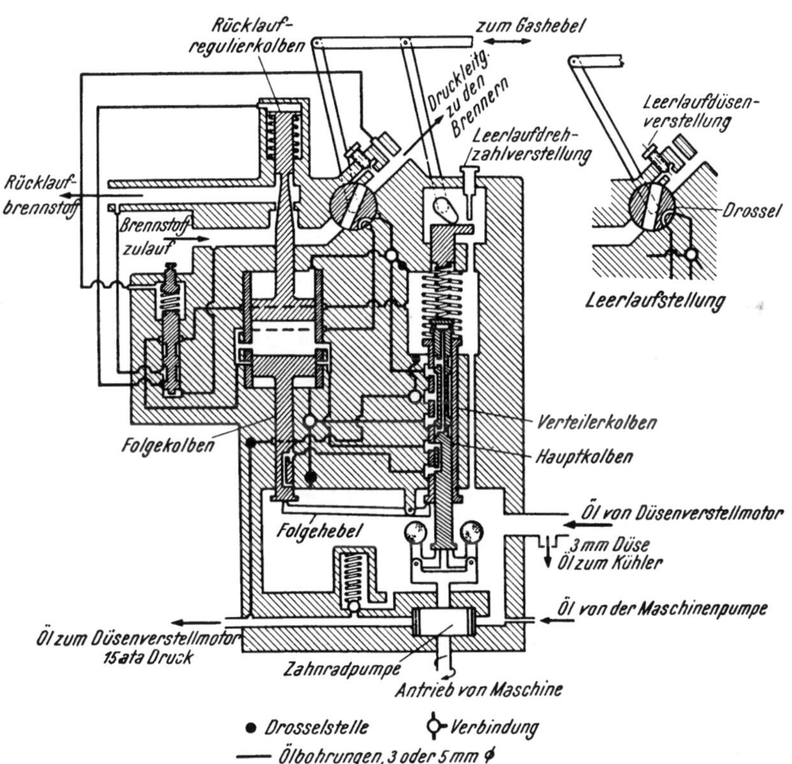

Abb. 383. Alldrehzahlregler der Strahlturbine Jumo TL 109-004

eine bestimmte Drehzahlstellung am Regler. Der Regler hält durch das Reduzierventil die Drehzahl konstant, indem eine entsprechende Menge Brennstoff aus der Druckleitung abgelassen wird. Das Verhältnis von Drosselstellung zu Drehzahl wird durch eine Nocke festgelegt. Dieses Verhältnis kann natürlich nur für eine Höhe korrekt sein. Das Druckregulierventil im Barostaten ist hier das Überlaufventil, praktisch ein Regelventil mit veränderlichem Querschnitt. Der Querschnitt wird durch den Drehzahlregler über ein Servosystem eingestellt und dadurch die Drehzahl bei allen Betriebszuständen konstant gehalten. Beim Alldrehzahlregler ist also nur die Drehzahl der bestimmende Faktor. Jede Schwankung derselben infolge einer Änderung der Einlaßverhältnisse wird durch den Regler über das Servosystem kompensiert, und zwar so, daß die gewählte Drehzahl unter allen Umständen gehalten wird. Mit Hilfe dieses Reglers wird also jederzeit das korrekte Verhältnis zwischen Brennstoffbedarf der Maschine und gelieferter Brennstoffmenge gewährleistet.

Das Regulierventil ist gedämpft, damit ein zu rasches Arbeiten und dadurch Flattern vermieden wird. Die Dämpfung darf aber auch nicht zu groß sein, damit nicht kurzzeitig zu hohe Drücke auftreten. Das Regulierventil hält unabhängig vom Betriebszustand einen konstanten Drucksprung an der Drossel. Dieser Drucksprung wird durch das Druckkontrollventil auf dem festgesetzten Wert gehalten.

Das Kanalsystem im Drosselsystem, im Regelventilkolben und im Druckkontrollventil ist genial ausgedacht.

Die Anordnung eines Ölpolsters zwischen dem Folgekolben und dem Regulierventilkolben, der bei einer plötzlichen Betätigung der Drossel und Festsetzung einer anderen Drehzahl sofort das Regulierventil in der richtigen Weise bewegt, ist eine wünschenswerte Einrichtung, vorausgesetzt, daß das Plus an Brennstoff beim Öffnen der Drossel nicht so groß ist, daß arges, wenn auch nur kurzzeitiges Überhitzen von Brennkammer und Turbinenteilen eintritt, so lange, bis sich das Servosystem auf die neue Laststellung eingespielt hat. Es war jedoch bei dieser Ausführung wichtiger, raschestes Reagieren der Maschine bei Drosseländerungen als lange Lebensdauer zu erreichen.

Die Reglerkonstruktion, bei der die Feder stillsteht und über ein Axialdrucklager den Reglerkolben belastet, ist eine gute Anordnung für diese Bauart, bei der Hysteresis vermieden werden muß.

Der Regler ist sehr kompliziert im Aufbau und schwer zu fertigen. Er war jedoch in Deutschland schon gut entwickelt. Normalerweise rotiert der Fliehkraftregler nicht in Servoflüssigkeit, wie im Schema gezeichnet, sondern ist gekapselt.

Alle Verstellschrauben sind von außen zugänglich. Es sind dies die Leerlaufdrehzahlverstellung, die Leerlaufdüsenverstellung und die Einstellung des Drucksprunges, der in der Drossel gehalten werden soll.

Dieser Jumo-Regler stellte eine sehr interessante Entwicklung dar. Das System ergibt, obwohl äußerst kompliziert, eine sehr genaue Regelung. Seine Nachteile liegen in der Gefahr der kurzzeitigen Überhitzung beim Gasgeben und in der kurzzeitigen Mindermenge an Brennstoff beim Gaswegnehmen, besonders in großer Höhe. Es ist schade, daß diese Entwicklung in Deutschland nicht weitergeführt werden konnte, man hat sich jedoch in Amerika entschlossen, die Entwicklung in dieser Richtung voranzutreiben.

7. Das Brennstoffsystem der Propellerturbine

Die Entwicklung der Propellerturbine brachte eine neue Variable in das Regelsystem. Beim einfachen Düsentriebwerk mit fixem Düsenquerschnitt stehen Brennstoffmenge und Drehzahl in einem festgesetzten Verhältnis, und es muß daher nur die Brennstoffmenge geregelt werden. Wird die Leistung durch einen Verstellpropeller übertragen, dann kann die Drehzahl der Maschine bei einer konstanten Brennstoffmenge durch Verstellen der Propellersteigung verändert werden und damit die Leistungsaufnahme der Luftschraube.

Diese neue Variable vermehrt die verschiedenen Möglichkeiten der Ausbildung des Regelsystems beträchtlich. Bei den meisten Propellertriebwerken wird jedoch das normale Regelsystem der Düsentriebwerke beibehalten und ein gewöhnliches Verstellgerät für den Propeller genommen. Dies hat den Vorteil, daß diese beiden Einrichtungen schon gut erprobt sind, so daß man nur eine geeignete Zusammenschaltung entwickeln mußte, um ein Einhebelregelsystem für den Piloten zu erhalten.

Bei der Propellerturbine Armstrong Siddeley *Mamba* wird z. B. ein normales Mengenregelsystem nach Abb. 373 verwendet. Die Brennstoffmenge muß jedoch in Abhängigkeit zur Drehzahl gebracht werden, da bei der Propellerturbine kein fixes Verhältnis zwischen diesen beiden besteht. Abb. 384 zeigt den Zusammenhang von Leistung und Drehzahl bei verschiedenen Brennstoffmengen für die Propellerturbine Mamba. Man sieht, daß, allgemein gesprochen, die abgegebene Leistung über einen kleinen Bereich unabhängig von der Drehzahl ist, daß aber dieser Eigenschaft definitive Grenzen gesetzt sind, da Überhitzen der Turbine sowie Pumpen des Kompressors unter allen Umständen vermieden werden muß. Abb. 384 zeigt diese Grenzen sowohl als auch Kurven für die aufgenommene Leistung des Propellers bei verschiedenen Steigungen. Man sieht, daß bei einem Abfall der Maschinendrehzahl von 15000 auf 8000 U/min die Propellersteigung, die mit Sicherheit benützt werden kann, von 23° auf 12° zurückgeht. Die Notwendigkeit, den Propeller bei Leerlauf auf 12° Steigung zu haben, bringt den hauptsächlichsten neuen Faktor in die Propellerregelung bei Gasturbinen [*385, 386*].

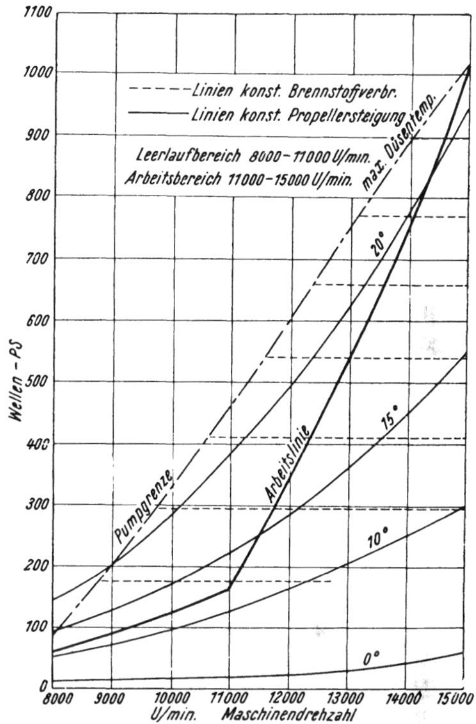

Abb. 384. Leistungskurven der Propellerturbine Armstrong Siddeley „Mamba“

Eine andere bedeutsame Tatsache ist der Umstand, daß der spezifische Brennstoffverbrauch für die gleiche Wellenleistung gleich bleibt, auch wenn die Drehzahl in geringen Grenzen geändert wird. Man kann also bei gleicher Wirtschaftlichkeit mit mehr als einem Drehzahl- und Düsentemperaturzustand für eine gegebene Leistung fahren. Diese Tatsache macht es möglich, für die Regelung einen geeigneten Zusammenhang zwischen Drehzahl und Brennstoffmenge zu wählen, ohne an Wirtschaftlichkeit einzubüßen, vorausgesetzt, daß die feststehenden Grenzen, Abb. 384, nicht überschritten werden.

Die Propellersteigung wird daher nur durch eine mechanische Verbindung von Regelgerät und Verstellgerät gewählt, und zwar so, daß die Maschine längs einer bestimmten Kurve, die annehmbare Werte von Drehzahl und Düsentemperatur für die verschiedenen Lastzustände zwischen minimaler Reiseleistung und Vollast gibt, arbeitet.

Diese feste Verbindung zwischen Drehzahl und Brennstoffmenge wird ein gutes Arbeiten der Maschine in allen Drehzahlbereichen geben, vorausgesetzt, daß stetige Verhältnisse vorherrschen. Eine gute Flugzeugturbine muß aber auch ein rapides Beschleunigen und Verzögern gewährleisten, unter welchen Bedingungen starke Abweichungen von der gewählten Arbeitslinie auftreten. Dies ist nicht schwer einzusehen, wenn man sich den Fall einer plötzlichen Beschleunigung vor Augen hält. Der Pilot stellt z. B. plötzlich den Gashebel von minimaler Reiseleistung auf Vollast und bewirkt damit zwei Dinge. Erstens erhöht er die Brennstoffmenge von Reiseleistung auf Vollast, während die Maschine mit konstanter Drehzahl läuft und zweitens wählt er eine hohe Drehzahl durch das Verstellgerät.

Ist die Brennstoffzunahme groß genug, dann wird die Maschine pumpen, doch dies kann leicht vermieden werden. Die Wahl einer höheren Drehzahl am Verstellgerät wird jedoch sofort eine Verringerung der Propellersteigung zur Folge haben und die Maschine würde schnell auf Drehzahl gehen, wobei der Propeller weniger Leistung aufnimmt. Dies würde zu einer Überschreitung der Höchstdrehzahlgrenze und damit zu einer Reduktion der Brennstoffmenge durch den Überdrehzahlkontroller führen, wodurch Vollleistung nicht erreicht werden würde. Es ist deshalb zwischen Drosselventil und Verstellgerät ein hydraulischer Verzögerungsmechanismus eingeschaltet, der ein Nachhinken der Verstellgerätstellung bewirkt, wenn der Pilot plötzlich mehr Gas gibt. Diese hydraulische Bremse ist ziemlich kompliziert, sie bewirkt aber, daß bei einer Beschleunigung die am Verstellgerät gewählte Drehzahl immer etwas geringer als die augenblickliche Maschinendrehzahl ist. Dadurch ist ein ständiges Steigen der Propellersteigung während der Beschleunigungsperiode sichergestellt, und die Verzögerung ist so abgestimmt, daß bei Erreichen der vollen Drehzahl der Propeller in der für Vollast richtigen Steigung steht.

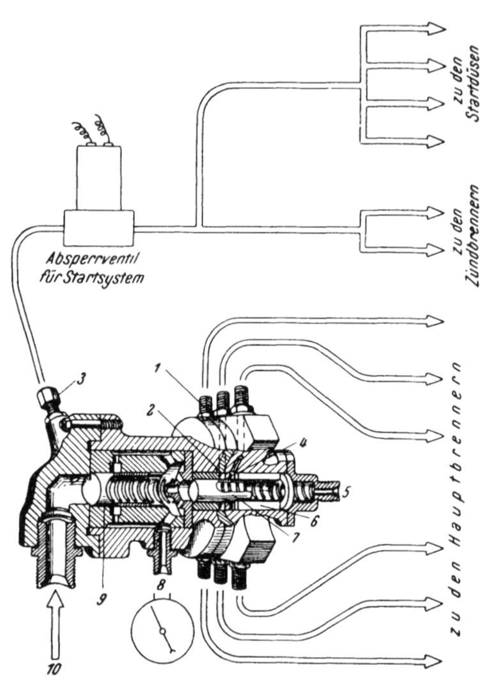

Abb. 385. Brennstoffverteiler mit Druckgeberventil

1 Anschlüsse für die Brennstoffleitungen zu den Brennern
2 6 radiale Kanäle
3 Anschluß für Startbrennstoff
4 Kolbenführungsschlitze
5 Abfluß ins Freie
6 Kolbenführungsschlitze
7 Verteilerkolben
8 Manometeranschluß
9 Druckgeberkolben
10 Brennstoffeinlaß

Die vorbesprochenen Einrichtungen sind zur Bedienung der Maschine unter allen möglichen Betriebsverhältnissen gut geeignet, solange die atmosphärische Temperatur nicht sehr von den Standardverhältnissen abweicht. Die Gasturbine ist nun aber sehr empfindlich auf Temperaturschwankungen, und ein Ansteigen der Einlaßtemperatur um 1° C bewirkt einen Abfall der Leistung um 3 bis 4 % und dieser Abfall bzw. Anstieg der Leistung bei Anstieg oder Abfall der Temperatur muß durch das Brennstoffsystem berücksichtigt werden, indem es mehr oder weniger Brennstoff gibt.

Diese Regelung wird indirekt mit Hilfe der Düsentemperatur durchgeführt. Wie schon vorher besprochen, wirkt ein Thermoelement auf einen elektrischen Druckregler, der den Temperatureinfluß korrigiert.

Armstrong Siddeley verwendet bei seinen Propellerturbinen ein Vergasungssystem in der Brennkammer. Es muß beim Anlassen daher zuerst Brennstoff zu den Zündbrennern und Startdüsen gelangen, um das Hauptbrennersystem auf die für Vergasung richtige Temperatur zu bringen. Mit steigender Drehzahl und damit wachsendem Brennstoffdruck muß dann die Zuleitung zu den Hauptbrennern geöffnet und die Startanlage abgeschaltet werden. Zu diesem Zweck kommt ein Brennstoffverteiler mit Druckgeberventil zu den besprochenen Organen hinzu, Abb. 385.

Das Druckgeberventil dient zur Aufrechterhaltung eines für das richtige Arbeiten der Servoeinrichtung genügenden Druckes (das Vergasersystem braucht nur geringen Einspritzdruck) und zur Korrektur zwischen Brennstoffliefermenge und Triebwerksbedarf, wie schon früher besprochen. Beim Start liefert der Verteiler erst Brennstoff zu den Startdüsen und zu den Zündbrennern, doch der ansteigende Druck öffnet allmählich das Druckgeberventil gegen die Federkraft, bis Brennstoff durch die vorgesehenen Kanäle zum Verteilerkolben gelangt. Bei genügendem Druck wird dieser Kolben gegen die Kraft seiner Feder zurückgedrückt und gibt die Kanäle zu den Brennern frei. Wenn die Verdampfung des Brennstoffes sicher arbeitet, wird die elektrische Zündung abgeschaltet und das durch ein Solenoid betätigte Absperrventil schließt die Brennstoffleitung zu den Startdüsen. Bei Stillsetzen des Triebwerkes verbindet der Verteilerkolben die Brennerleitungen mit der Atmosphäre.

Alle bisher beschriebenen Systeme und Einrichtungen waren Bauart Lucas. Man kann aber sagen, daß im Grunde alle Systeme diesen Richtlinien folgen. Der Zug geht heute wohl in Richtung der elektronischen Regelungen, und man kann erwarten, daß durch die moderne Transistortechnik auch bei den Brennstoffsystemen in naher Zukunft vollkommen neue Wege beschritten werden, die im Endeffekt zu wesentlich präziseren Systemen ohne viel Mechanik führen werden. Es ist ohne weiteres denkbar, daß über geeignete Transmitter alle Impulse in ein elektronisches Gerät geschickt werden, das sie in entsprechender Weise verarbeitet und das mittels eines Ausgangsimpulses in geeigneter Weise ein Ventil in der Brennstoffleitung den gegebenen Verhältnissen entsprechend reguliert. Damit würde das Hauptgewicht auf den elektrischen Teil fallen und der bisher so komplizierte hydromechanische Teil würde nahezu ganz wegfallen.

8. Das proportionale Mengenregelsystem

Die normalen Mengenregelsysteme haben verschiedene Nachteile. Einer besteht z. B. darin, daß das Zumessen des Brennstoffes in der Hochdruckleitung geschieht, während das Pumpenservoventil im Niederdruckbereich liegt. Es muß also der Drucksprung an der Zumeßdüse in geeigneter Weise vom Hochdruck- in den Niederdruckraum übertragen werden. Da nun die Brennstoffdrücke bis etwa 140 atü ansteigen können, ist dieses Problem schwierig zu lösen, da die Übertragung, um Hysterese auszuschalten, reibungsfrei sein muß. Der barometrische Druckregler mit seiner flexiblen Wand kann keinen zu hohen Drücken widerstehen. Der einfache Mengenregler mit Stoßstangenübertragung, Abb. 374, ist auch für sehr große Flughöhen nicht geeignet. Hebelübertragungen mit Gummidichtungen ergeben wieder Störungen bei sehr niedrigen Temperaturen. Eine weitere unangenehme Sache tritt bei sehr großen Triebwerken auf, da Drehzahl- und Temperaturberichtigungen durch zusätzliche Düsen in der Hauptleitung relativ große Düsenquerschnitte und damit große Regelkräfte benötigen.

Es wurde daher von Joseph Lucas Ltd. der proportionale Mengenregler, Abb. 386, entwickelt, bei dem, wie schon der Name sagt, eine bestimmte Teilmenge für Regelzwecke entnommen wird. Zwei Düsensysteme sind vorgesehen: das Primärsystem im Hauptkreislauf und das Sekundärsystem im Regelkreislauf. Eine Membrane, die auf jede Differenz der beiden Drucksprünge anspricht, regelt eine zusätzliche Düse im Regelkreislauf so, daß beide Drucksprünge gleich sind. Es wird auf diese Weise die Sekundärmenge ins Verhältnis zur Hauptmenge gesetzt. Da die Sekundärmenge nun relativ klein ist, können auch Zusatzregler leicht in diesen Kreislauf eingesetzt werden [*232*].

Ein modernes proportionales Mengenregelsystem veranschaulicht Abb. 387. Die Regelventile arbeiten bei diesem System meist kinetisch, also ähnlich dem Askania-Strahlrohrregler. Dies hat den Vorteil, daß Schmutzteilchen keinen so großen Einfluß haben wie beim Halbkugelventil.

Das System besteht aus einem Beschleunigungsregler, der einen profilierten Kolben in der Hauptbrennstoffleitung aufweist, wobei der Drucksprung über den Regelquerschnitt konstant gehalten wird, s. auch Abb. 382. Die Stellung des Kolbens wird durch den Kompressordruck bestimmt, da dieser in Kammer A wirkt und über den Faltenbalg auf den Hebel eine bestimmte Kraft ausübt. Das Gleichgewicht wird durch die Kraft der Feder B hergestellt. Ist eine Unbalance vorhanden, dann wird über das Servoventil C der Druck über dem Kolben verkleinert, und dieser wandert nach oben und vergrößert die Brennstoffmenge, bis die Federkraft im Gleichgewicht ist. Ein Anstieg des Kompressorauslaßdruckes hat also eine Steigerung der Brennstoffmenge zur Folge. Ein linearer Zusammenhang zwischen diesen beiden Größen genügt, wie schon früher erwähnt, nicht, und es ist daher noch ein Druckschalter eingebaut, der mit D bezeichnet ist und in Abhängigkeit vom Druckverhältnis arbeitet. Der Kompressorauslaßdruck wirkt gegen einen evakuierten Faltenbalg und einen zweiten Druck, wodurch eine vom Druckverhältnis abhängige Kraft die Faltenbälge bewegt und ein Ventil E

öffnet oder schließt. Man erkennt, daß in einer Stellung das Ventil E geschlossen ist. Wenn sich das Druckverhältnis ändert, öffnet sich E. Solange E geschlossen ist, herrscht p_2 am Faltenbalg des Beschleunigungsreglers. Öffnet sich E bei einer Änderung des Druckverhältnisses, dann wird auch der Druck am Faltenbalg des Beschleunigungsreglers absinken und weniger Brennstoff durch den Regulierspalt gehen. Dieser Zustand wird durch das Luftdüsensystem nach einiger Zeit wieder rückgeführt. Es wird daher bei einem plötzlichen Beschleunigungsvorgang der Brennstofffluß nur in den der Maschine zuträglichen Grenzen vergrößert.

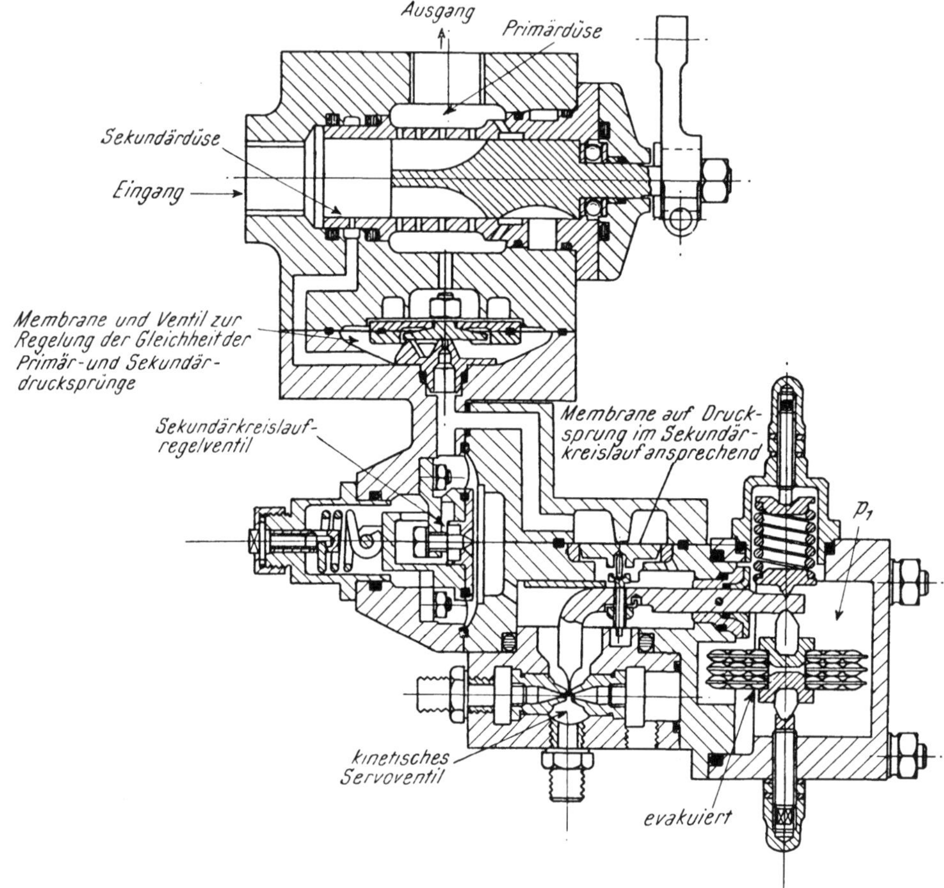

Abb. 386. Proportionaler Mengenregler der Firma Joseph Lucas

Nach dem Beschleunigungsregler folgt der proportionale Mengenregler. Das vom Piloten bestätigte Drosselventil besteht aus einer Hülse mit Bohrungen, die durch einen Drehschieber in entsprechender Weise freigelegt werden. Der Brennstoff geht nachher zu den Verteilerventilen und Brennern.

Das schon besprochene Membranventil regelt den Sekundärbrennstoff entsprechend der Hauptmenge. Diese Sekundärbrennstoffmenge wird dann einem Ventil zugeleitet, das aus einer Düse mit einer profilierten Nadel besteht. Bei geeigneter Profilierung kann man nun einen entsprechenden Zusammenhang zwischen Menge und Drucksprung in dieser Düse erreichen. Dieser Drucksprung ist eine Funktion der Sekundärbrennstoffmenge und daher auch eine Funktion der Hauptbrennstoffmenge. Der Drucksprung wird gegen die Kraft einer unter atmosphärischem Druck stehenden Kapsel im Gleichgewicht gehalten, und jede Unbalance zwischen atmosphärischem Druck an der Kapsel und Drucksprung an der Membrane betätigt ein kinetisches Servoventil und beeinflußt die Pumpenliefermenge. Mit anderen Worten: der atmosphärische Druck regelt das

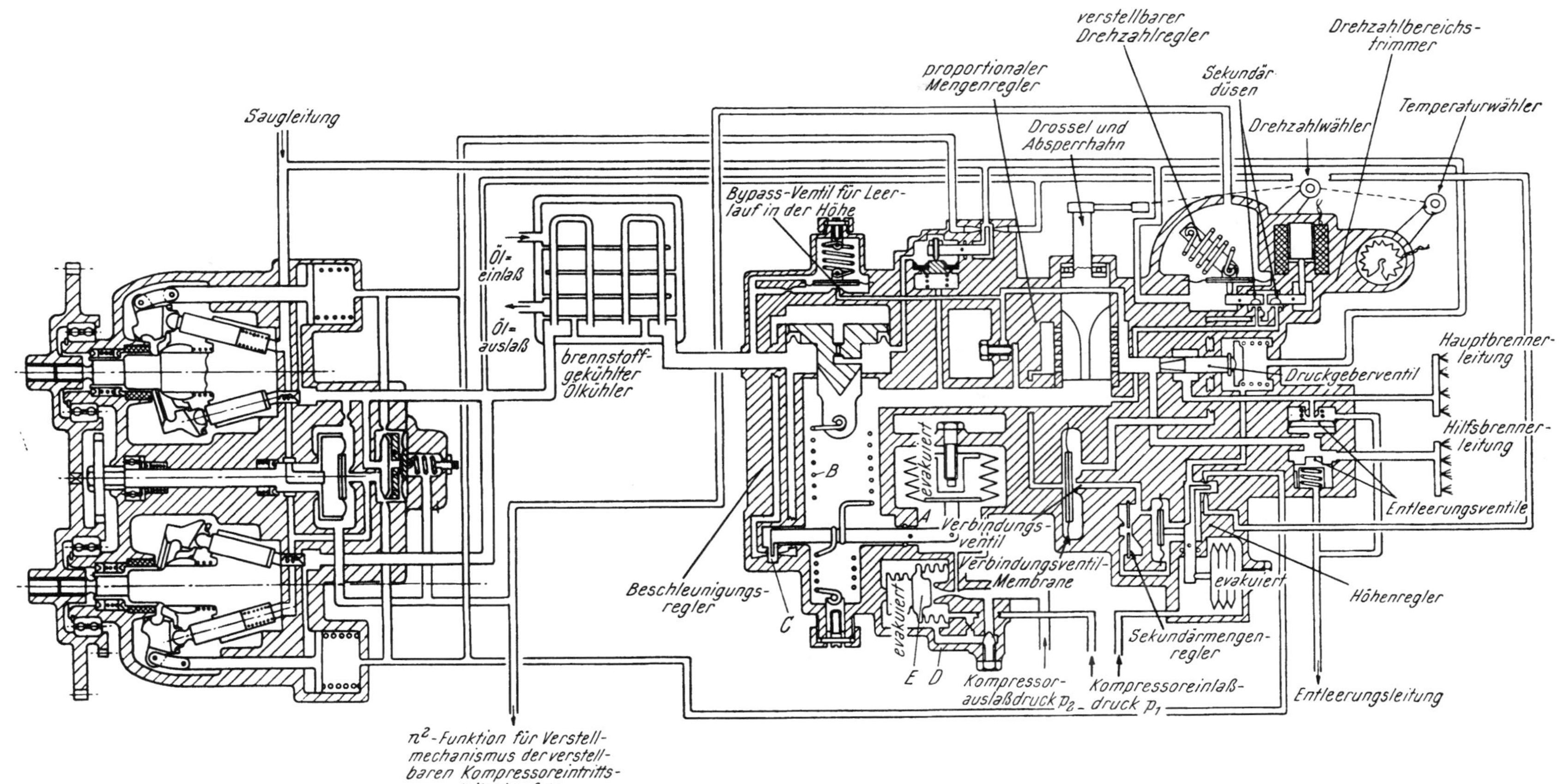

Abb. 387. Schema eines modernen proportionalen Mengenregelsystems mit Pumpengruppe, Beschleunigungsregler, Mengenregler und Drehzahlregler

Sekundärsystem und dieses das Pumpenservosystem und damit die Primärbrennstoffmenge.

Ein Regelsystem, bei dem der Pilot mittels des Regelhebels die Brennstoffmenge bestimmt, ist für ein modernes Triebwerk nicht mehr genügend. Man braucht irgendeine Form eines geschlossenen Regelkreises und einen Alldrehzahlregler, eventuell mit zusätzlicher Temperaturkontrolle. Dieser hat allerdings auch seine Schattenseiten, da man in großen Höhen keine kleinen Leerlaufdrehzahlen braucht. Es muß daher für große Höhen ein Funktionsglied eingebaut sein, das die Leerlaufdrehzahl in diesem Fall erhöht. Ferner muß in irgendeiner Form das Profil der Drossel verändert werden, so daß der Weg zwischen Leerlauf und Vollast nicht zu klein wird.

Man kann aber auch mit einem direkten Regelsystem arbeiten, wenn in ihm Möglichkeiten vorgesehen sind, die eine Anpassung an die verschiedenen Zustände herbeiführen.

Beim proportionalen Mengenregelsystem wurde dies dadurch erreicht, daß die Sekundärdüse, die parallel mit dem Hauptsystem arbeitet, und die den gleichen Drucksprung hat wie dieses, variabel gemacht wird. Die Düsenänderung geschieht durch zwei kleine Halbkugelventile, die im geschlossenen Regelkreis liegen. Eines ist im elektrischen Druckregler, der vom Temperaturfühler gesteuert wird, und das andere im Drehzahlregler, der mit dem schon erwähnten schwenkbaren Federwiderlager arbeitet. Damit wird die Funktion des proportionalen Mengenreglers an die jeweiligen Verhältnisse angepaßt. Der hydromechanische Regler der Brennstoffpumpe gibt einen Druck in der Regelleitung proportional dem Quadrat der Drehzahl, und dieser wirkt auf die Membrane, die durch die Feder mit schwenkbarem Widerlager belastet wird. Das Verschwenken des Widerlagers ändert die Federvorlast, und damit ist ein Drehzahlregler gegeben.

Das ganze System ist in einem Block zusammengebaut, wodurch Leitungen und undichte Stellen vermieden werden. Die moderne Tendenz geht überhaupt mehr und mehr zur Blockbauart über, wodurch eine Menge von unangenehmen Leitungen eingespart wird.

9. Das Dowty-Brennstoffsystem mit reguliertem Rücklaufbrennstoff

Nach einer langjährigen Entwicklungszeit, die natürlich eine ganze Anzahl von Stadien durchlief, hat die englische Firma Dowty nun ein Einkreissystem entwickelt, das auf engem Raum durch Verblocken der einzelnen Einheiten einen sehr kompakten Aufbau aufweist. Die anfänglich verwendeten Zweikreissysteme mit Zumeß- und Umwälzpumpe sind dadurch in den Hintergrund getreten [*233*].

Die Dowty-Pumpe arbeitet als Kolbenpumpe mit konstanter Fördermenge und ergibt mit der schon beschriebenen Dowty-Zerstäuberdüse mit regulierter Rücklaufmenge ein System mit sehr guter Zerstäubung über dem ganzen Bereich [*236*].

a) Das Dowty-System. Der Aufbau geht aus Abb. 388 deutlich hervor. Das System arbeitet mit der oben erwähnten Dowty-Düse und enthält folgende grundlegende Funktionen:

Hydraulischer Alldrehzahlregler, der über den gesamten Regelbereich arbeitet;

elektrische Drehzahltrimmung für Reiseleistung und Drehzahlsynchronisation der Maschinen;

Temperaturkontroller als Maximalbegrenzer und Bereichskontroller, Beschleunigungskontroller für alle Höhenbereiche;

automatische Begrenzung der Leerlaufdrehzahl auf ein sicheres Minimum für alle Höhenbreiche;

mechanischer Drehzahlbegrenzer für Notleistungsdrehzahl;

Vermeidung des Vereisens des Niederdruckfilters.

Der grundsätzliche hydraulische Kreislauf ist so konstruiert, daß er alle Funktionen erfüllt, wobei große Einfachheit und Unempfindlichkeit gegen Schmutz erreicht wurde.

Der Brennstoff wird von der Pumpe zu den Zerstäuberdüsen gefördert und der Rücklaufbrennstoff gelangt über ein servogesteuertes Drosselventil wieder zur Pumpeneinlaßseite zurück.

Das servogesteuerte Drosselventil ergibt folgende Funktionen:

Alldrehzahlregelung,

Beschleunigungsregelung,

Leerlaufdrehzahlkontrolle.

Die Anzahl der Servodüsen ist auf ein Minimum reduziert, so daß gegenseitige Beeinflussung möglichst klein gehalten wird.

Die Dowty-Zerstäuberdüse wurde bereits im Abschnitt über Zerstäuberdüsen (Brenner) beschrieben (S. 346).

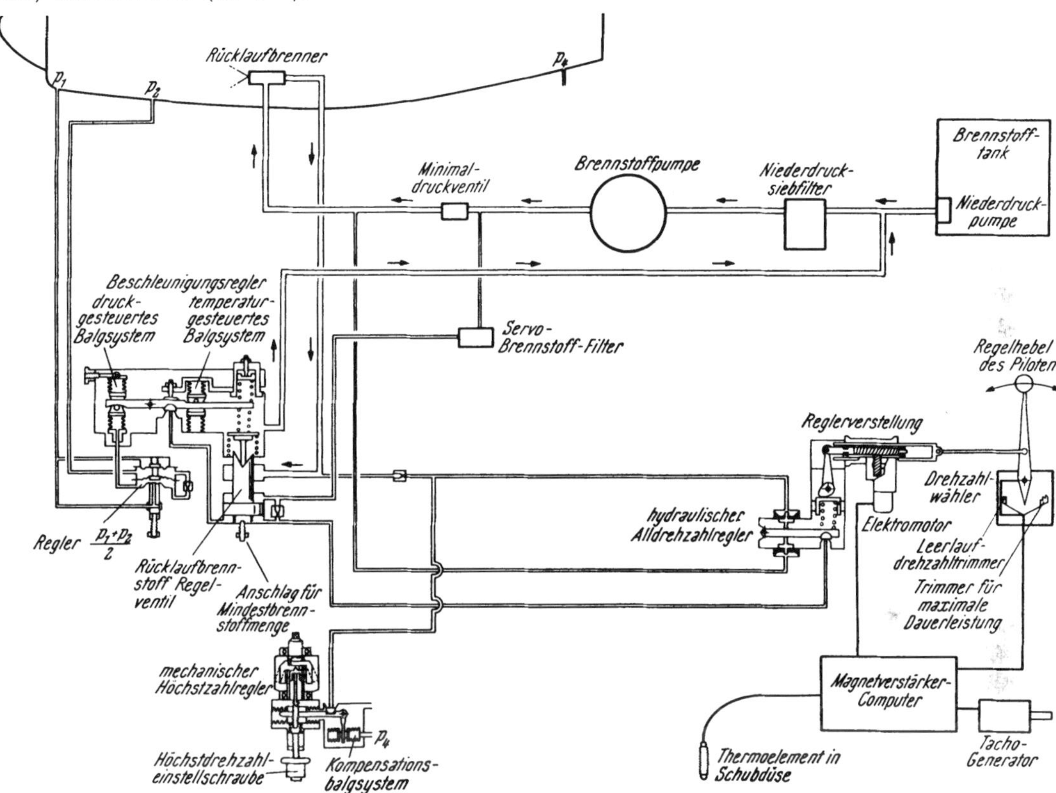

Abb. 388. Das Dowty-Brennstoffsystem

Die hydraulische Alldrehzahlregelung beruht auf der Tatsache, daß bei dem Rücklaufbrenner die Druckdifferenz zwischen Einlaß und Rücklauf für eine bestimmte Drehzahl unabhängig von der eingespritzten Brennstoffmenge, nahezu konstant bleibt.

Der Regler besteht aus einem Entlastungsventil, das den Kolben des servogesteuerten Drosselventils beeinflußt, einer von Hand in ihrer Vorspannung veränderlichen Feder, die das Entlastungsventil im Schließsinn beeinflußt und Druckkolben, die vom Druck vor und nach dem Brenner beaufschlagt werden und das Entlastungsventil im Öffnungssinn beeinflussen. Abb. 388 zeigt dies deutlich.

Das Luft-Brennstoffverhältnis wird durch Positionierung des servogesteuerten Drosselventils in Abhängigkeit vom Kompressorenddruck und -einlaßdruck geregelt. Dadurch wird Pumpen des Kompressors und zu hohe Temperatur über dem ganzen Drehzahl- und Höhenbereich vermieden. Die Drosselventilcharakteristik sowie die verschiedenen Korrekturkräfte aus Kompressoraustrittsdruck und Temperatur sind natürlich jeweils an die betreffende Maschinencharakteristik angepaßt.

Ein verstellbarer Anschlag für Leerlaufdrehzahl ist am servogesteuerten Drosselventil vorgesehen. Die Brennstoffmenge für Leerlauf am Boden stimmt mit der Leerlaufmenge für höhere Leerlaufdrehzahl in großen Höhen bei manchen Maschinen überein. Dann braucht man nur einen simplen verstellbaren Anschlag, wie in Abb. 388 gezeigt. Bei anderen Triebwerken wieder würde die Leerlaufdrehzahl am Boden dadurch zu hoch sein, und es muß der Anschlag über eine von p_1 oder einem elektrischen Signal von der Drehzahltrimmung beeinflußte Servoeinrichtung verstellt werden.

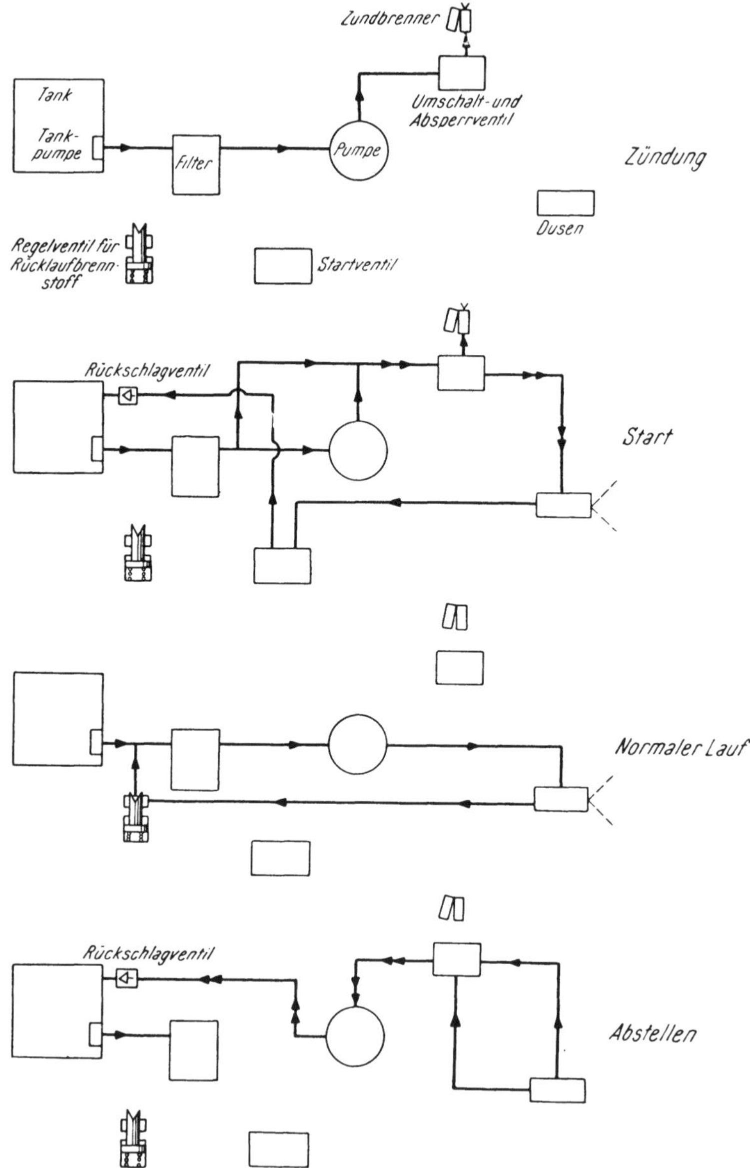

Abb. 389. Schematische Schaltung des Dowty-Systems bei Zündung, Start, Normallauf und Abstellen

Um die nötige Genauigkeit zu erreichen, ist eine elektrische Beeinflussung der Drehzahl über die oberen 20% des Bereiches vorgesehen. Gleichzeitig wirkt diese elektrische Beeinflussung auch als Temperaturkontroller. Ein normaler mechanischer Drehzahlregler ist auf eine Drehzahl über dem normalen Maximum eingestellt, um bei Ausfall der elektrischen Trimmung als Sicherheitsfaktor einzuspringen und um im Notfall eine Schubsteigerung zu erreichen, wobei die elektrische Kontrolle ausgeschaltet wird.

Das Brennstoffsystem enthält also einen hydraulischen Alldrehzahlregler als Kontroller der Drehzahl über dem ganzen Arbeitsbereich und eine elektrische Drehzahl- und Temperaturtrimmung, die den Alldrehzahlregler im oberen Drehzahlbereich entsprechend den Verhältnissen beeinflußt.

Die elektrische Trimmung besteht aus einem Drehzahlwähler, der mechanisch mit der Drossel verbunden ist, einem kleinen Wechselstrommotor mit Getriebe, der die Gestängelänge und damit die Federvorspannung des Drehzahlreglers beeinflußt, und einem Magnetverstärker als Geber für die elektrische Trimmung. Zwei Funktionen werden damit erreicht: erstens eine Konstanthaltung der Drehzahl und zweitens eine Begrenzung der maximalen Temperatur.

Die bei Brennstoffsystemen mit normalen Düsen in großer Flughöhe oft vorkommende Vereisung der Filter, die nur durch Wärmeaustauscher vermieden werden kann, kommt

Abb. 390. Ansicht des Dowty-Regelsystems

beim Dowty-System nicht vor, weil der warme Rücklaufbrennstoff vor dem Filter mit dem frischen Brennstoff aus dem Tank vermischt wird und dadurch immer eine genügend hohe Temperatur des Brennstoffes erhalten bleibt. Vor allem in großen Höhen wird der Anteil des Rücklaufbrennstoffes zum frischen Brennstoff größer und damit steigt die Temperatur eher, als daß sie fällt.

Zur Zündung ist ein eigener Zündbrenner mit Hochspannungszündkerze vorgesehen, dessen Flamme den Brennstoffstrahl des Hauptbrenners zündet. Die Startfolge ist automatisch. Beim Stillsetzen der Maschine wird die Förderrichtung der Pumpe umgekehrt, so daß alle Leitungen in den Haupttank entleert werden. Es werden dadurch Brennstoffverluste durch Entleeren des Systems über Bord vermieden. Beim Start hilft die Tankpumpe diese Leitungen wieder aufzufüllen. Es wird dadurch eine weitgehende Feuersicherheit und ein flammenloser Start erreicht. Abb. 389 zeigt schematisch die Schaltung des Systems bei Zündung, Start, Normallauf und Abstellen.

Die hervorstechenden Merkmale dieses Systems sind also zusammengefaßt:

Die Dowty-Brennstoffdüse zeigt bei einer gegebenen Zirkulationsmenge mit kleiner werdender Einspritzmenge eine Verbesserung der Zerstäubung, wodurch ein hoher Brennkammerwirkungsgrad über dem gesamten Höhenbereich erhalten bleibt.

Das System ist weniger anfällig gegen verschmutzten Brennstoff, da die Verteilerventile, Umschaltventile usw. entfallen und die Düsen verhältnismäßig großen Querschnitt aufweisen.

Besondere Brennstoffilterung ist nicht notwendig. Der Brennstoff für die Servosteuerung ist immer vorgewärmt und unter genügendem Druck. Nur die kleine Servomenge wird durch Feinfilter geschickt. Brennstoffvorwärmung ist nicht notwendig.

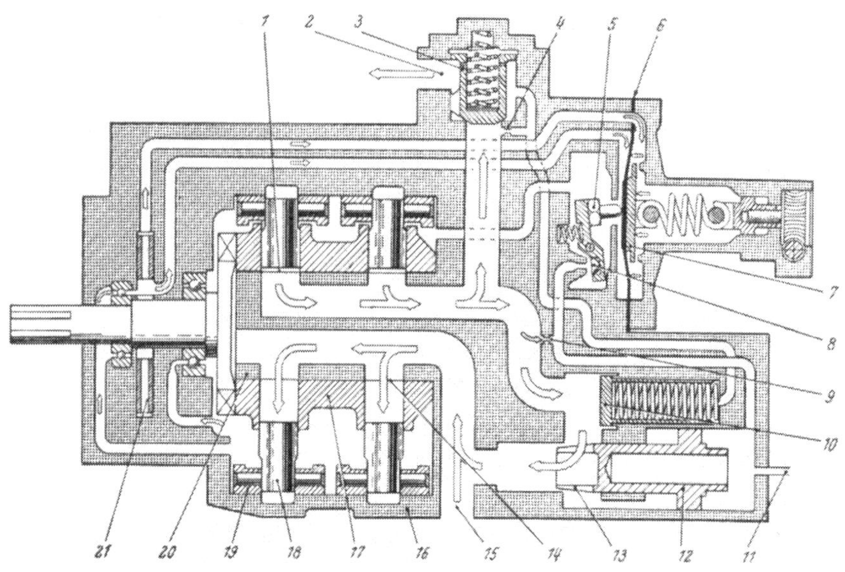

Abb. 391*a*. Prinzipbild der Dowty-Brennstoffpumpe

1 Auslaßpforte
2 Druckauslaß
3 Druckgeberventil, hält einen gewissen Mindestdruck zur Regulierung des Bypass-Ventils *12*
4 Düse
5 Betätigungshebel für Servoventil *8*
6 Membran vom Drehzahlregler
7 Membranteller
8 Servoventil vom Drehzahlregler (variable Düse)
9 Fixe Düse
10 Vorschaltventil zur Sicherung des richtigen Schließens des Bypass-Ventils beim Anlauf der Pumpe. Steht bei Normallauf offen
11 Verbindung zu anderen Servogeräten
12 Steuerkolben für Bypass
13 Bypass
14 Einlaßpforte
15 Pumpeneinlaß
16 Gehäuse mit Gleitringen
17 Rotor mit Zylinderbohrungen
18 Kolben
19 Gleitschuh
20 Stehender Schaft mit Steuerkanälen
21 Zentrifugalrad für Drehzahlregler

Die Charakteristik des Rücklaufbrenners ist so, daß der Brennstoffdruck in der Höhe gegenüber dem Druck am Boden relativ hoch bleibt und nicht wie bei anderen Düsen stark abfällt. Damit wird gute Zerstäubung bei allen Flughöhen und gutes Arbeiten der Kontrollorgane gewährleistet. Eine Gesamtansicht des kompletten Dowty-Regelsystems zeigt Abb. 390.

b) Die Dowty-Brennstoffpumpe. Auch die Dowty-Pumpe ist eine Kolbenpumpe. Zum Unterschied von der Lucas-Pumpe ist sie nach dem Radialkolbenprinzip mit fixem Hub durchgebildet. Eine Zylindertrommel rotiert um einen feststehenden Wellenstummel, der als Verteilerventil ausgebildet ist und Saug- und Druckseite trennt. Die Kolben sind mit Gleitschuhen versehen, die auf einer exzentrischen Gleitbahn auflaufen und unter Fliehkraftwirkung gegen diese gepreßt werden. Der Aufbau der Pumpe ist in Abb. 391a, b und c deutlich zu ersehen. Zum Ausgleich der auf den Kolben durch den

Gleitschuh ausgeübten Kippkräfte sind sinnreiche Ausgleichkanäle angeordnet, wie aus Abb. 391 c ersichtlich [*236*].

Die in der Abbildung gezeigte Pumpe kann für die verschiedensten Systeme verwendet werden. Sie stand bei den anfänglichen Dowty-Zweikreissystemen ebenfalls als

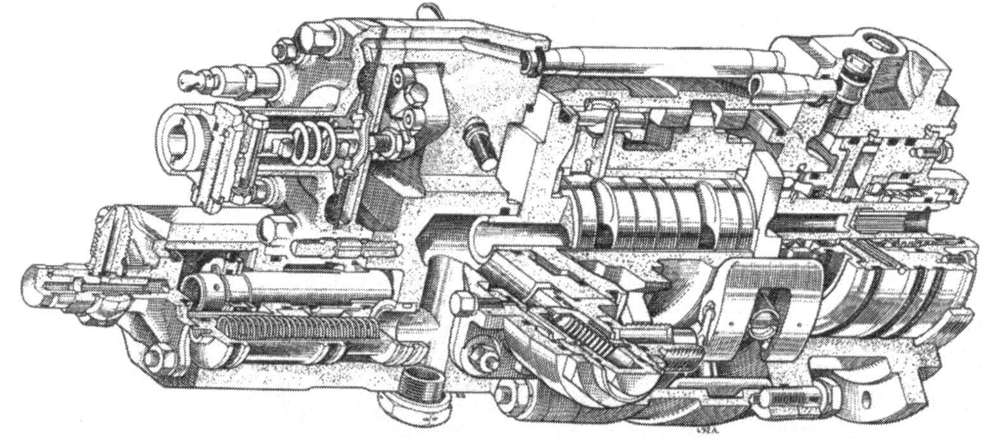

Abb. 391*b*. Schnitt durch eine Dowty-Brennstoffpumpe

Zumeßpumpe in Verwendung. Beim Einkreissystem wird eine Pumpe ohne Überdrehzahlregler eingebaut, da alle Regelfunktionen durch die separat eingebauten Organe übernommen werden.

Die in Abb. 391 a, b und c gezeigte Pumpe arbeitet mit zwei Reihen von Radialkolben und hat ein durch ein Servoventil gesteuertes Überströmventil. Das Servoventil wird über eine Membrane, die durch ein Zentrifugalpumpenrad druckbeaufschlagt wird, gesteuert. Dadurch tritt ab einer gewissen Drehzahl ein Abströmen des Brennstoffes auf die Niederdruckseite ein. Die Steuerseite des Überströmventils kann natürlich auch mit anderen Steuerorganen, wie barometrischen Höhenreglern und Beschleunigungsreglern, verbunden sein.

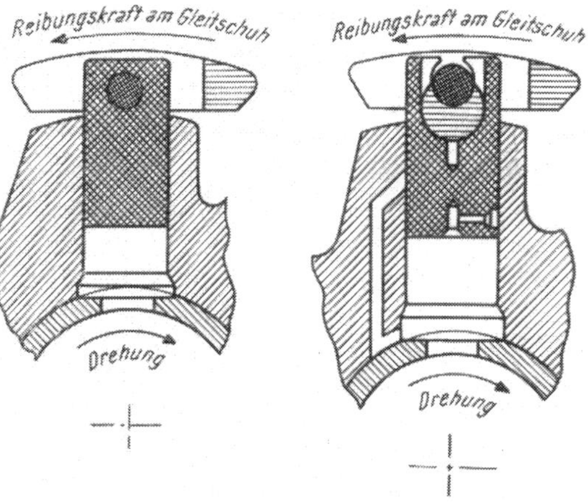

Abb. 391*c*. Detail der Kolbenentlastung

Abb. 391 d zeigt noch den Dowty-Universal-Höchstdrehzahlbegrenzer, der unabhängig von dem spezifischen Gewicht des Brennstoffes arbeitet. Wieder erzeugt ein Zentrifugalrad *A* einen Druck, der eine Membrane *B* beaufschlagt. Durch die Membrane wird bei Erreichen einer bestimmten Drehzahl ein Servoventil *C* über einen Hebelarm *D* betätigt. Die Einrichtung zur Kompensation des Unterschiedes in den spezifischen Gewichten der Brennstoffe beinhaltet ein Reduzierventil *E*, das Brennstoff von der Druckleitung *F* erhält und diesen mit konstantem Druck über Düsen *G* und *H* in die Leitung zwischen Zentrifugalrad und Membrane fördert. Eine dritte Düse *J* ist vor dem Verbindungsstück *K* angeordnet. Damit ist ein System gefunden, das eine bestimmte Brennstoffmenge als Funktion der Viskosität zumißt, so zwar, daß Brennstoffe mit kleiner Viskosität in größerer Menge fließen als solche mit größerer Viskosität. Der Druckanstieg, der während dem Durchfluß zwischen Verbindungsstück *K* und Zentrifugalrad durch die Düse *J* entsteht, wird bei Brennstoffen kleiner Viskosität größer sein und daher den geringeren statischen Druckanstieg im Zentrifugalrad kompensieren.

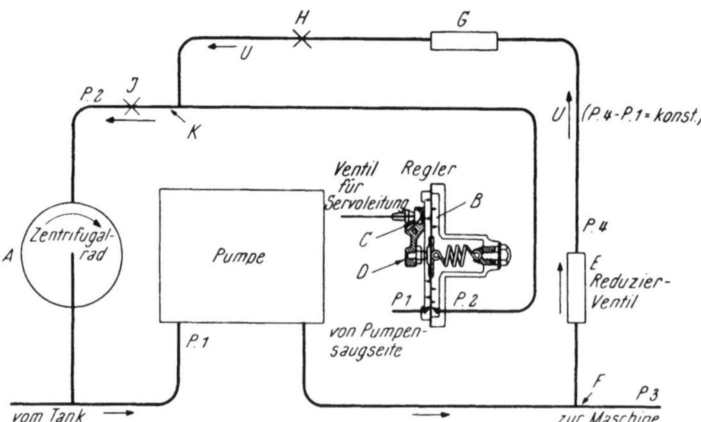

Abb. 391*d*. Dowty-Universal-Höchstdrehzahlregler. Arbeitet unabhängig vom spezifischen Gewicht des Brennstoffes

Brennstoffe mit größerer Viskosität werden infolge der kleineren Durchflußgeschwindigkeit einen kleineren Druckanstieg an Düse *J* und damit einen kleineren Kompensationseffekt erzeugen. Da aber in diesem Falle das Zentrifugalrad einen höheren statischen Druck liefert, bleibt der Druck an der Membrane der gleiche wie bei Brennstoffen mit geringer Viskosität.

10. Die Regelung des Überschalltriebwerkes

Das Überschalltriebwerk bringt wegen seines weitaus größeren Arbeitsbereiches zusätzliche Schwierigkeiten. Bei hohen Überschall-Machzahlen muß der Einlaßkanal variable Querschnitte aufweisen. Die Schubdüse muß ebenfalls verstellbar sein, um gute Wirkungsgrade mit verschieden starker Nachverbrennung zu erreichen. Die Verstellung muß außerdem so durchgebildet sein, daß bei höchster Fluggeschwindigkeit eine konvergent-divergente Form für größte Schubleistung eingestellt werden kann. Diverse Warmluft-Abzweigventile werden gebraucht, und zumindest die Eintrittsleitschaufeln am Kompressor, meistens aber mehrere Reihen Statorschaufeln müssen verstellbar sein, um Pumpen hintanzuhalten. Eine Veränderung auch nur einer dieser Variablen hat natürlich Rückwirkungen auf alle anderen. Das Problem wird noch erschwert durch den außerordentlich unterschiedlichen Brennstofffluß zwischen Höchstgeschwindigkeit in Bodennähe und Langsamflug in großer Höhe. Weiters bereiten die hohen Brennstofftemperaturen neue Probleme, da bei Überschallgeschwindigkeit die Luft selbst nicht mehr zur Öl-Kühlung usw. herangezogen werden kann, sondern der Brennstoff hierfür herhalten muß. Dies wieder macht es notwendig, das Brennstoffsystem so auszulegen, daß keine Dampfblasen entstehen können [*410*].

Auf jeden Fall muß die gesamte Regelung automatisch sein. Der Pilot muß also unbedingt eine Einhebelbedienung haben, da er seine ganze Aufmerksamkeit der Führung des Flugzeuges widmen muß. Eine schematische Darstellung der verschiedenen Kontrollstellen bei einem modernen Überschalltriebwerk gibt Abb. 392.

Am Einlaß ist ein verschiebbarer Konus *1* vorgesehen, der es erlaubt, die Lage der Schallwellen bei Überschallflug so einzustellen, daß jederzeit die nötige Durchsatzmenge mit bestem Wirkungsgrad zur Maschine gelangt. Auf der anderen Seite darf natürlich bei allen Flugzuständen nicht mehr Luft zum Kompressor gelangen als notwendig. Ein Zuviel muß abgeleitet werden; dies geschieht über regelbare Ablaßklappen. Weiters kann bei Überschallgeschwindigkeiten eine sehr unstabile Strömung bei wesentlich unter dem Auslegungsdurchsatz liegenden Durchströmmengen entstehen, und dieses Pulsieren kann nur durch sofortiges Öffnen dieser Ablaßklappen verhindert werden. Weiters bilden

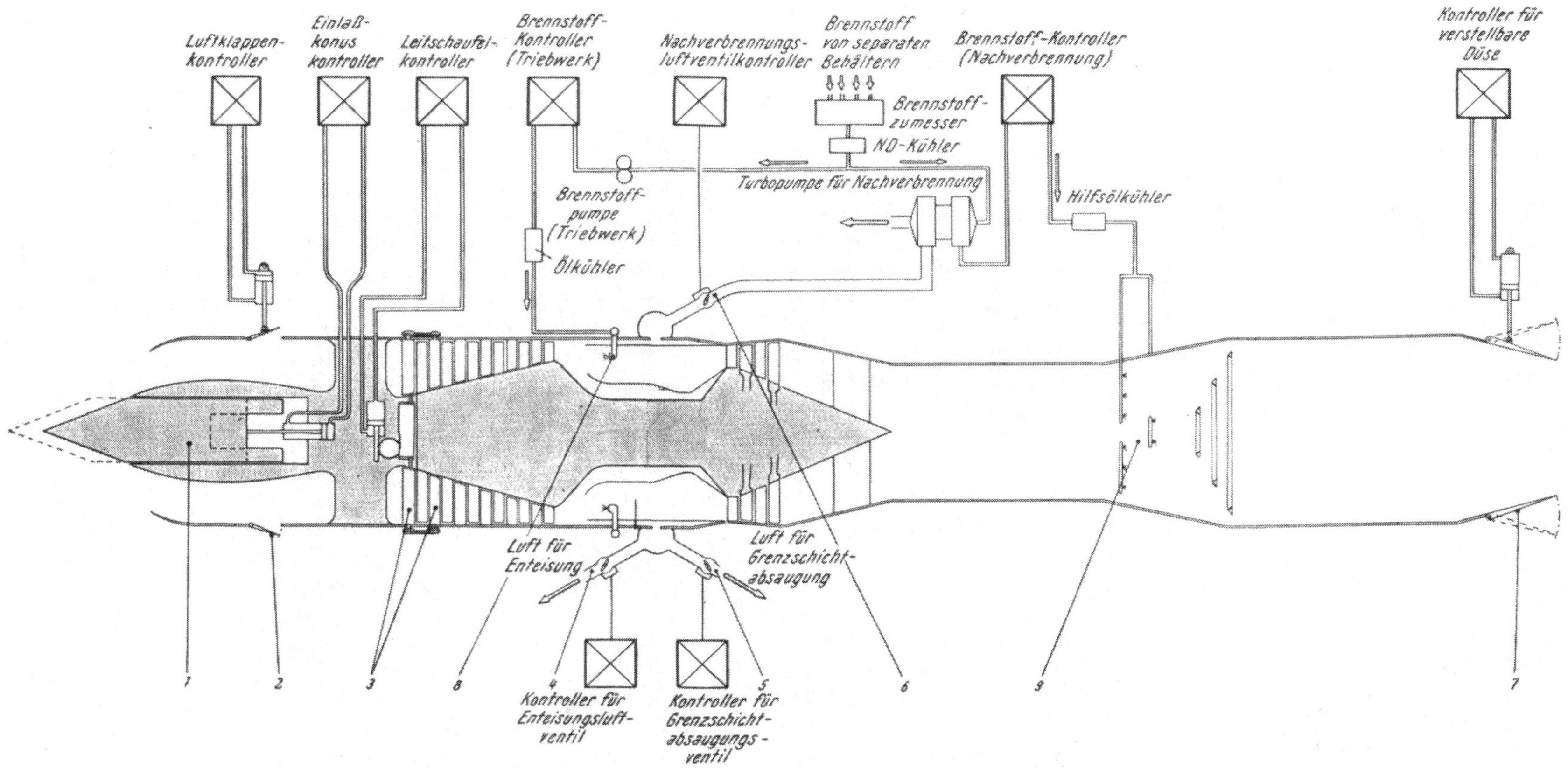

Abb. 392. Regelschema für Überschall-Triebwerke

1 Verstellbarer Konus
2 Luftklappen
3 Verstellbare Statorschaufeln
4, 5, 6 Kontrollventile für Enteisungsluft, Grenzschichtabsaugung und Antriebsluft für Turbine für Nachverbrennung
7 Verstellbare Düse
8 Hauptbrenner
9 Nachverbrennungsbrenner

diese einen zusätzlichen Einlaßquerschnitt, da beim Start eines Überschalltriebwerkes der normale Einlaß zu klein ist, um die volle Durchsatzmenge durchzulassen.

Die sehr unterschiedlichen Bedingungen bei Überschallflug machen eine Verstellung der Eintrittsleitschaufeln am Kompressor bzw. der Statorschaufeln der ersten Stufen notwendig. Während bei Triebwerken für Unterschallflug diese nur bei niederen Strömungsgeschwindigkeiten während des Anlassens verstellt werden, liegen die Verhältnisse bei Überschallflug anders.

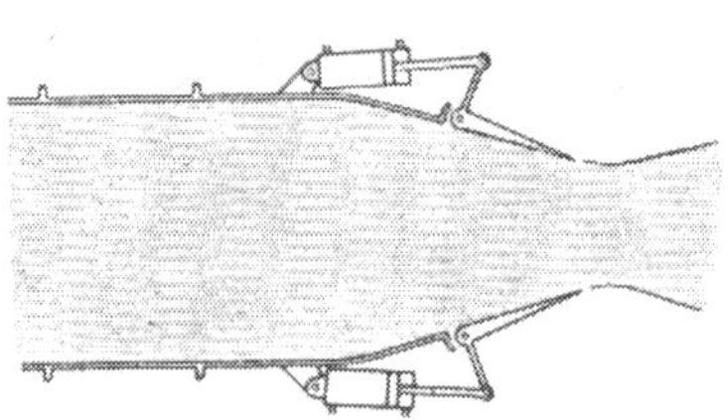

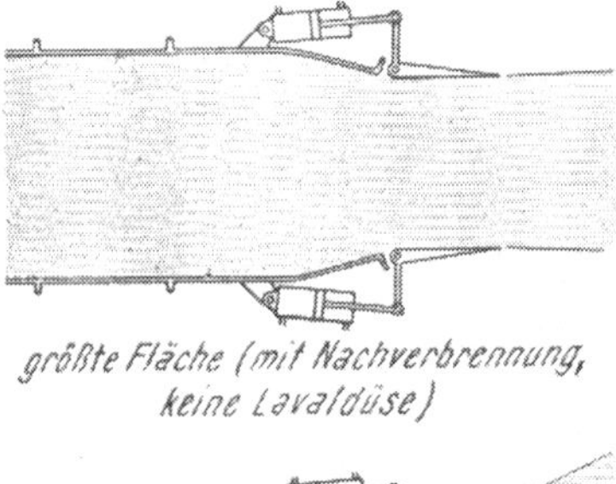

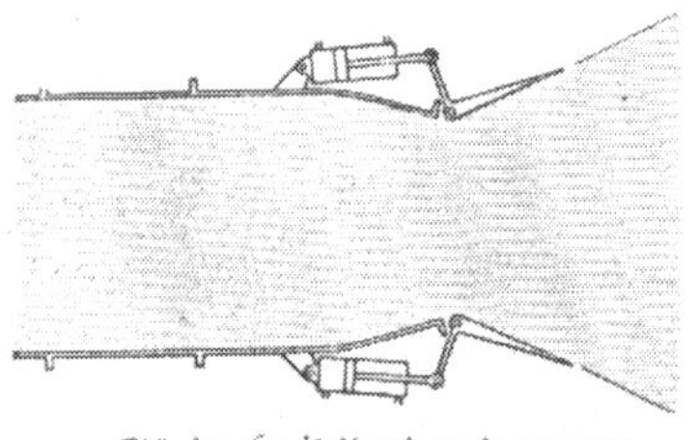

Abb. 393. Schema und Stellungen einer Verstelldüse

Das Verhalten des Kompressors hängt von der äquivalenten Drehzahl $n/\sqrt{T_1}$ ab. Das heißt, daß an einem heißen Tag diese bei gegebener Maschinendrehzahl niedriger liegt als an einem kalten Tag. Bei sehr hohen Überschallgeschwindigkeiten wird die Luft so heiß, daß die äquivalente Drehzahl auch bei Vollast unter der äquivalenten Drehzahl für Dauerlast liegt. Es kann also bei ungünstigen Umständen die äquivalente Drehzahl so niedere Werte erreichen, daß eine Schaufelverstellung notwendig ist. Daher müssen die Anstellwinkel derselben während des Fluges dauernd den Verhältnissen entsprechend eingestellt werden, s. *3* in Abb. 392. Die Positionen *4*, *5* und *6* bezeichnen Ventile, die die Zufuhr verdichteter Luft zur Enteisung, zur Grenzschichtbeeinflussung an den Klappen und für andere Grenzschichtabsaugungen sowie zum Antrieb der Turbine für die Nachverbrennungs-Brennstoffpumpe regeln.

Um die Düse an das steigende Volumen der Auspuffgase bei Nachverbrennung anzupassen, muß sie verstellbar sein, Abb. 392, *7*. Um vollen Schub bei voller Nachverbrennung zu erreichen, muß eine Anpassung an die hohen Expansionsverhältnisse bei Überschallflug möglich sein. Es muß also auch eine Düsenform mit konvergent-divergentem Verlauf einstellbar sein. Diese Düsen weisen zu diesem Zweck eine Anzahl verstellbarer, sich überdeckender Klappen auf, deren Anordnung und Stellung aus Abb. 393 hervorgeht.

Das Brennstoffsystem besteht aus zwei Teilsystemen. Eines für die Hauptbrennkammer und eines für die Nachverbrennung. Beste Zerstäubung und gleichmäßige Verteilung des Brennstoffes bei allen Flugzuständen muß unbedingt gefordert werden. Daß dies nicht ganz einfach ist, zeigt Abb. 394. Man kann ersehen, daß der Bereich 1 : 20 beträgt und daß viel mehr Brennstoff für die Nachverbrennung als für die Hauptbrennkammer gebraucht wird.

Für alle diese Bedingungen dürfte nach den bisherigen Erfahrungen der Brenner mit reguliertem Rücklauf der beste sein. Er ergibt, wie schon besprochen, immer eine gute Zerstäubung, und der über dem ganzen Bereich ziemlich hoch liegende Arbeitsdruck verhindert Dampfblasenbildung im Brennstoff.

Die Einhebelbedienung wird etwa so ausgelegt werden müssen, daß der Kontrollhebel während der ersten 15° seines Weges das Triebwerk von Stillstand auf Leerlauf bringt. Die nächsten 60° geben den normalen Arbeitsbereich bis Vollast. Von da ab wird über die folgenden 10° die Nachverbrennung eingeschaltet, und die Regelung derselben von Minimum bis Maximum geschieht über weitere 40°, wobei das Hauptsystem auf Vollast bleibt.

Das Regelsystem für den Hauptkreislauf selbst muß ein geschlossener Regelkreis sein, da sonst dieser weite Bereich nicht stabil gefahren werden kann. Selbstverständlich muß eine Beschleunigungskontrolle zur Vermeidung von Überhitzung vorgesehen sein und eine Sicherheitseinrichtung, die bei Gaswegnahme ein Verlöschen der Brenner vermeidet.

Das Nachverbrennungssystem kann einfacher gehalten sein. Da Nachverbrennung erst gebraucht wird, wenn die Maschine auf Höchstdrehzahl und Höchsttemperatur ist und da die Schubverstärkung hauptsächlich von der Temperatursteigerung in der Nachverbrennungsschubdüse und jene wieder vom Brennstoff-Luftverhältnis in dieser

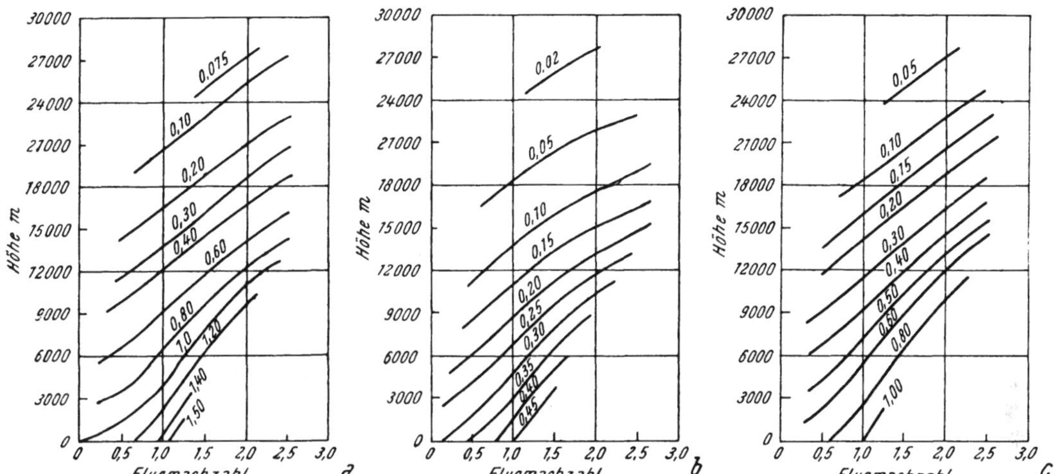

Abb. 394. Brennstoffverbrauch für maximalen Schub im Flug, verglichen mit maximalem Standschub in Seehöhe

a Brennkammer einschließlich Nachverbrennung
b In der Brennkammer verbrauchte Brennstoffmenge
c Im Nachverbrennungssystem verbrauchte Brennstoffmenge

abhängt, kann der Brennstoff im Verhältnis zum Kompressorauslaßdruck zugemessen werden. Ein einfaches Regelsystem ohne Rückführung ist hier also ausreichend. Gute Zerstäubung ist für guten Verbrennungswirkungsgrad wichtig, aber in bezug auf die Maschine ist dieser Punkt hier bei weitem nicht so kritisch wie beim Hauptsystem. Die Brenner können ziemlich einfach sein. Sie müssen jedoch festigkeitsmäßig dem mit hoher Geschwindigkeit strömenden Heißgas standhalten.

Am besten wird man wohl diese verschiedenen Regelstellen elektronisch aussteuern, da auf diese Weise eine Zusammenfassung der vielen Variablen in entsprechendem Verhältnis zueinander eher möglich erscheint [*399, 410, 235*].

G. Das Brennstoffsystem für feste Brennstoffe

1. Kohleverbrennung

Die wohl umfangreichste Forschung auf diesem Gebiet wurde und wird in Amerika vom Locomotive Development Committee, Bitumenous Coal Research Inc., Dunkirk, New York, gemacht. Die Arbeiten begannen 1945 und hatten bis 1957 schon sehr gute Resultate gebracht. In Kürze soll nun die erste Gasturbinenlokomotive mit Kohleverbrennung in Dienst gehen.

Es war ein langer und harter Weg, bis alle Probleme der Kohleaufbereitung, Vermahlung, Förderung, Verbrennung und Ascheabscheidung so weit gelöst waren.

Den anfänglich gedachten Aufbau einer Anlage sowie die Kohlepumpe und den Kohleregler zeigt Abb. 395a, b, c [*196, 199, 200, 201, 214, 215, 216*].

Kohle von normaler Stückgröße wurde aus dem Vorratsbunker mittels einer motorbetriebenen Kohlebeschickungsvorrichtung zu einer kleinen Schlagmühle gebracht. Die Beschickungsvorrichtung ist durch einen abgasbeheizten Mantel zur Kohletrocknung umgeben. In der Schlagmühle wurde die Kohle gemahlen und alle metallischen Fremdkörper mittels eines elektromagnetischen Abscheiders entfernt. Von der Hammermühle gelangte der Kohlenstaub über ein Sieb, das zu große Teilchen ausschied, in ein pneumatisches Fördersystem. Mittels Luft wurde der Kohlenstaub zu einem Abscheider geführt, der den größten Teil desselben in den Einlaß der Kohlepumpe leitete. Die Luft ging dann durch den Saugzug und einen zweiten Abscheider, der einen etwa noch verbliebenen Rest von Kohlenstaub entfernte, ins Freie.

Die erste Kohlepumpe, Abb. 395b, hatte zwei Schieberventile, und die Hubfolge wurde durch rotierende Nocken, die von einem kleinen Luftmotor angetrieben wurden,

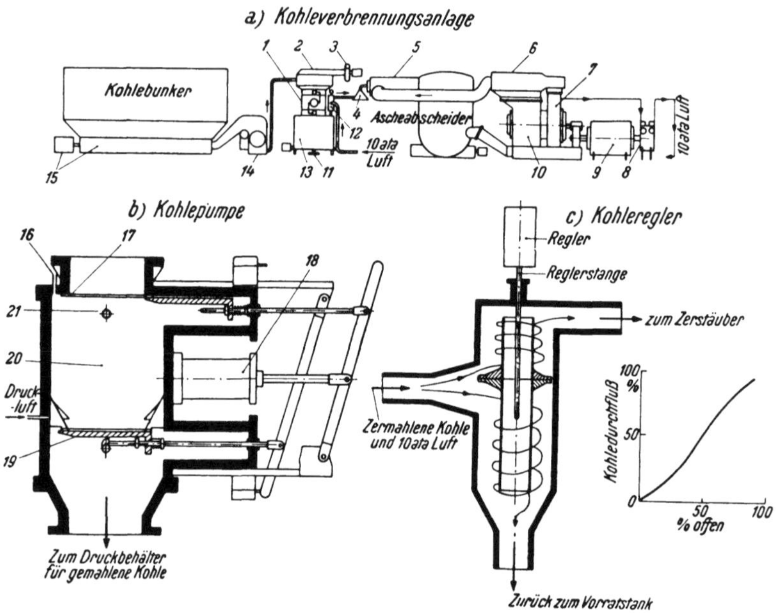

Abb. 395. Die erste Kohleverbrennungsanlage des Locomotive Development Committee
a Schema der Anlage, *b* Kohlepumpe, *c* Kohleregler

1 Kohlepumpe
2 Abscheider
3 Saugzugventilator
4 Zerstäuber
5 Brennkammer
6 Wärmeaustauscher
7 Kompressor
8 Hochdruckkompressor
9 Generator
10 Turbine
11 Pneumatische Waage
12 Kohleregler
13 Vorratstank für gemahlene Kohle
14 Schlagmühle
15 Stückkohleförderer
16 Entlüftung
17 Dichtung
18 Druckluftzylinder
19 Schieber, gesperrt
20 Druckkammer
21 Sperrnocke

gesteuert. Da die Betätigungskolben, Druck- und Lüftungsventile und der Steuermotor von Luft angetrieben wurden, brauchte das Aggregat keinen Strom, sondern nur kleine Mengen von Druckluft. Die Pumpe förderte die Staubkohle direkt in den Vorratstank, wo sie während des Laufes der Maschine unter einem Druck von 10 ata gehalten wurde. Die Kohlenstaubmenge im Vorratstank wurde mittels einer pneumatischen Waage ständig gewogen. Diese pneumatische Waage übermittelte dem Gewichtsanzeiger sowie dem Kohlezufuhrregler einen dem Gewicht proportionalen Druck. Fiel der Kontrolldruck unter 1,4 ata (250 kg Kohle im Tank), dann öffnete sich der Kohlezufuhrregler und ließ Luft zu den Druckluftschaltern, die den Saugzug, die Kohlepumpe und die Schlagmühle einschalteten, gelangen. Eine Blockierungseinrichtung sorgte dafür, daß die Stückkohlefördereinrichtung erst dann zu arbeiten begann, wenn das Luftfördersystem schon in Tätigkeit war und die Schlagmühle die nötige Drehzahl erreicht hatte. Ein Defekt an

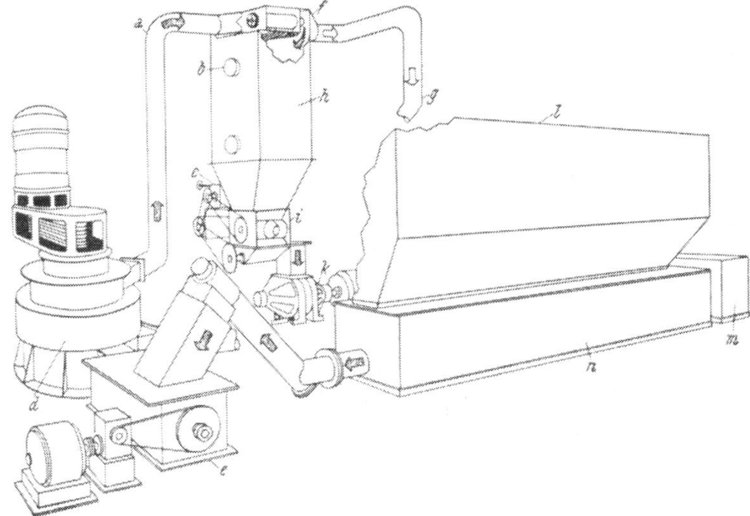

A Kohleaufbereitungsanlage

a Kohlenstaub-Luftgemisch
b Niveauregler
c Antrieb mit variabler Drehzahl
d Whiting-Schlagmühle
e Zubringer zur Schlagmühle
f Kohlenstaubabscheider
g Rückleitung
h Kohlenstaubbehälter
i Kohlenstaubförderer
k Kohlenstaubpumpe
l Kohlebunker
m Stokerantrieb
n Stoker

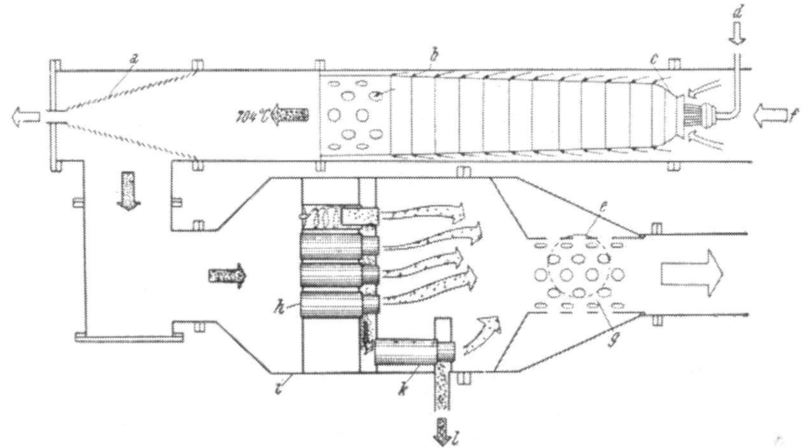

B Brennkammer und Ascheabscheider

a Jalousie-Abscheider
b Filmgekühltes Flammrohr
c Vieldüsenbrenner
d Kohlenstaub + Primärluft
e Luft von der Mischluftleitung
f Luft vom Kompressor
g Mischzone
h Primärfilterrohre
i Ascheabscheider
k Sekundärfilterrohre
l Aschenaustragung

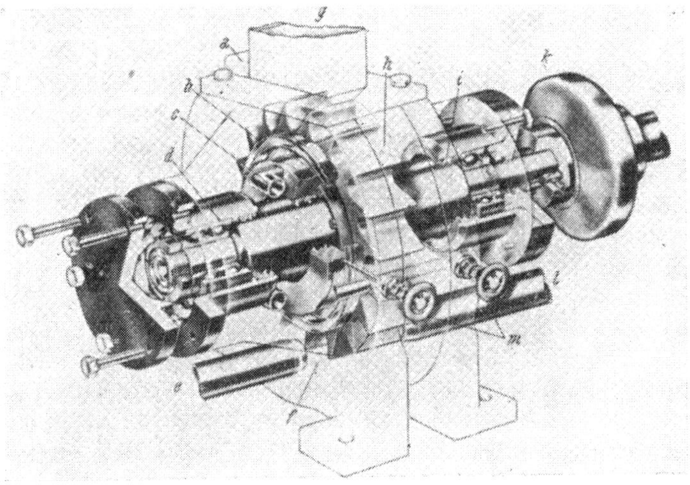

C Kohlepumpe

a Ableitung für Leckluft aus den Rotortaschen
b Dichtungsring
c Dichtungsringleckluft
d Drucklager
e Hochdruckluftleitung
f Kohleaufnahmepunkt
g Staubkohle unter Atmosphärendruck
h Tasche
i Lagerdichtung
k Kupplung
l Kohlenstaub-Luftleitung zur Brennkammer
m Druckregler für Dichtungsring

Abb. 396. Erste brauchbare Kohleverbrennungsanlage des Locomotive Development Committee für die Allis-Chalmers- und Elliott-Lokomotivturbinen
A Kohleaufbereitungsanlage, *B* Brennkammer und Ascheabscheider, *C* Kohlepumpe

dieser oder an der Luftförderanlage für Staubkohle setzte die Stückkohlefördereinrichtung zur Schlagmühle still. War der Staubkohlevorratstank wieder gefüllt, setzte der Kohlezufuhrregler über die Druckluftventile die Staubkohleaufbereitungsanlage still, und zwar so, daß zuerst die Stückkohlefördereinrichtung außer Tätigkeit trat und hernach erst die Schlagmühle, der Saugzug, sowie die Kohlepumpe abgeschaltet wurden.

Aus dem Staubkohlevorratstank wurde der Brennstoff mittels einer Förderschnecke, die mit konstanter Drehzahl lief, in eine weitere Luftfördereinrichtung gebracht. Luft mit 10 ata und konstanter Geschwindigkeit nahm den Kohlenstaub vom Austritt der Förderschnecke mit und brachte ihn zum Regler, Abb. 395c. Hier wurde je nach Stellung der Drossel die erforderliche Menge Kohlenstaub von der Luft abgeschieden und in den Vorratsbehälter zurückgebracht. Der Rest strömte mit der Förderluft zum Kohlezerstäuber und hernach zum Brenner. Ein konstanter Druck von 10 ata im Vorratsbehälter war für eine geregelte Staubkohleförderung unerläßlich. Der Verteiler war im wesentlichen ein verstellbarer Zyklonabscheider. Man konnte damit einen beinahe

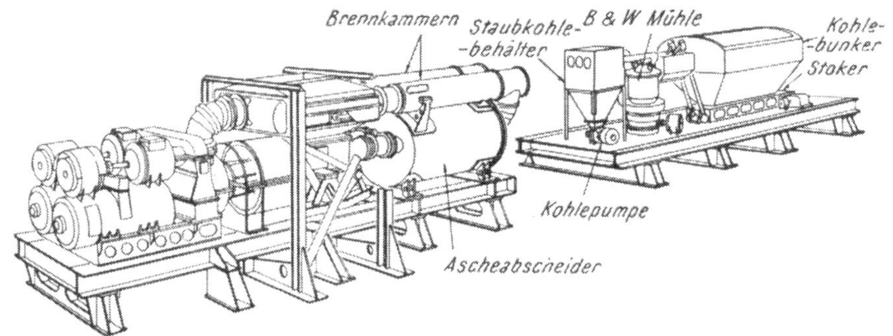

Abb. 397. Anordnung des Lokomotivaggregates am Prüfstand. Verbesserte Ausführung

linearen Zusammenhang zwischen Öffnungsstellung und Kohlefluß erreichen. Betätigt wurde der Regler durch einen Kolben, der seinen Impuls vom Steuerhebel der Gasturbine erhielt.

Der Kohlezerstäuber war als Düse ausgebildet, aus der die Staubkohleteilchen ausgeblasen wurden. Der Drucksprung von etwa 6 at sollte ein Zerplatzen der mit Druckluft vollgesogenen Kohleteilchen und damit ein feinstes Zerstäuben derselben hervorrufen.

Da die durch den Zerstäuber gehende Luftmenge mit der Last wechseln muß, die Luftförderanlage aber konstante Luftgeschwindigkeit braucht, wurde die Anordnung so getroffen, daß die Förderanlage mit der kleinsten vorkommenden Luftmenge arbeitete und bei steigender Last durch eine Zusatzleitung die nötige Luft eingeblasen wurde. Um die vergrößerte Luftmenge durchzubringen, war die Düsenöffnung verstellbar und wurde ebenfalls durch einen vom Steuerhebel der Maschine beeinflußten Kolben geregelt.

Die in Laboratoriumsversuchen gewonnenen Einzelerkenntnisse zeigten im Großversuch diverse Mängel. Vor allem das Zumessen und Feinzerstäuben der Kohle in der Düse bereitete viel Kopfzerbrechen. Auch für die Förderung der Kohle war noch nicht der richtige Weg gefunden. Die erste brauchbare Lösung in dieser Richtung brachte die rotierende Kohlepumpe zur Förderung des Kohlenstaubes und eine Schlagmühle zur Aufbereitung desselben, Abb. 396a und c. Die Ascheabscheidung hatte wohl Fortschritte gemacht, Abb. 396b, aber die Resultate waren noch keineswegs erfreulich. Die Turbinenschaufeln zeigten bereits nach kurzem Lauf bedeutende Erosionen.

Während die Kohleaufbereitung bei dieser neuen Anordnung so weit in Ordnung war, wurde die Trocknung weiter verbessert und eine neue B & W-Mühle in weiterer Folge eingebaut, Abb. 397. Der Kohleförderer, Abb. 396a, i, stellte die Drossel der Kohlenstaubgasturbine dar, und von seinem genauen und zuverlässigen Arbeiten hing der klaglose Betrieb in besonderem Maße ab. Der zuerst eingebaute „Rotolock"-Trommelförderer mit drehzahlregelbarem Antrieb ergab zwar eine gute Regelung, doch setzte sich an der Fördertrommel nach kurzer Zeit eine harte Kruste aus Kohlenstaub an, so daß sie

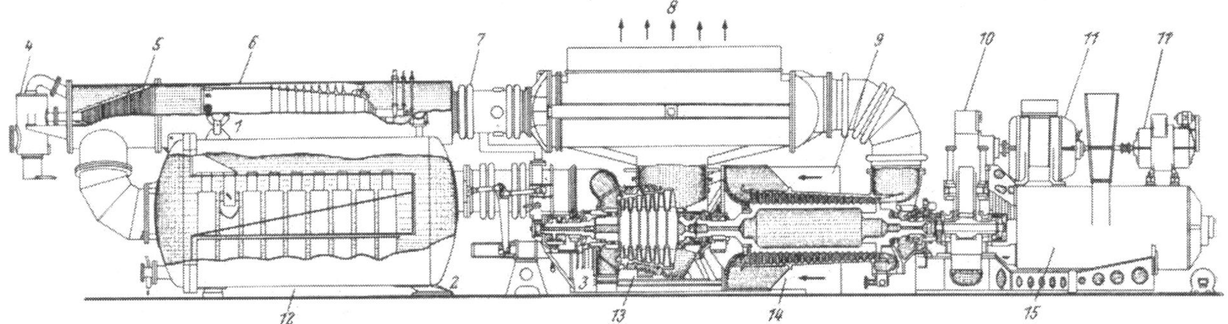

Abb. 398*a*. Schnitt durch die Allis-Chalmers-Turbine mit LDC-Brennkammer und Ascheabscheider mit Dunlab-Rohren

1, 2, 3 Fixpunkte der Brennkammer-, Ascheabscheider- und Turbinenbefestigung
4 Staubabscheider des Jalousie-Abscheiders
5 Jalousie-Abscheider
6 Brennkammer
7 Dehnfalten
8 Wärmeaustauscher
9 Lufteinlaß
10 Getriebe
11 Hilfsgeneratoren
12 Ascheabscheider
13 Turbine mit 6 Stufen, s. S. 263
14 Kompressor mit 21 Stufen, s. S. 263
15 Hauptgenerator

klemmte. Ein neuer Förderer mit zwei gegenläufigen Fördertrommeln aus Gummi ergab gute Resultate, doch wurde später die Kohlepumpe so ausgebildet, daß sie gleichzeitig auch als Zumeßorgan diente.

Die Kohlepumpe, Abb. 396c, arbeitete im Prinzip gut, doch nützte sich die Dichtung zwischen Rotor und Stator sehr rasch ab. Auch trat starker Verschleiß der Rotortaschen auf der Austrittsseite auf. Dem Verschleiß wurde durch enges Laufspiel und Hartmetallbelag begegnet. Als Dichtung wurde ein Nutring genommen, der im Rotor sitzt und dessen Dichtlippen in eine Ringnut des Stators eingreifen. Die Ringnut des Stators wird mit Öl, dessen Druck über dem Förderluftdruck liegt, beaufschlagt. Auf diese Weise wurde eine einwandfreie verschleißfeste Dichtung erreicht. Spätere Ausführungen der Pumpe weisen noch Detailverbesserungen auf. Die letzte Bauart ersetzt, wie schon gesagt, auch noch den Kohleförderer.

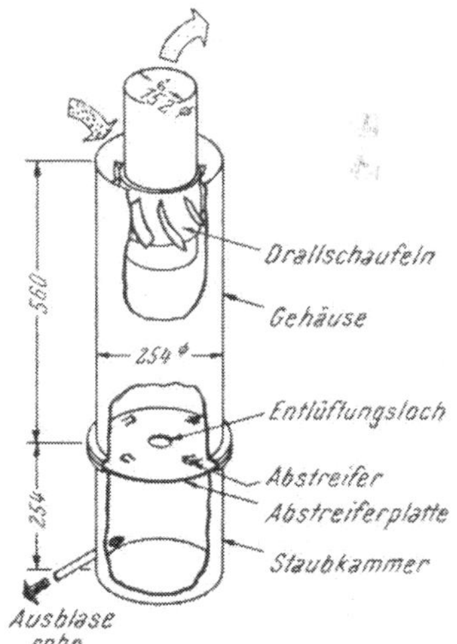

Abb. 398*b*. Dunlab-Abscheiderohr. Erste Ausführung

Ein hoher Brennkammerwirkungsgrad ist von größter Bedeutung, da sonst durch den hohen Kohlenstoffgehalt der Asche der Wärmeaustauscher gefährdet ist (Wärmeaustauscherbrand). Die ursprünglich in der Versuchsanlage eingebaute Brennkammer zeigte etliche Mängel. Das filmgekühlte Flammrohr bestand aus vielen Ringen, die im Durchmesser wuchsen. Der entsprechende Spalt zwischen den Ringen erlaubte den Durchtritt der Misch- und Kühlluft. Die einzelnen Ringe waren in der Außenhülle fest aufgehängt, was während des Betriebes infolge von Wärmespannungen zu Verbeulungen führte. Die neueste Ausführung zeigt daher eine flexible Ringaufhängung mittels radialer Bolzen, Abb. 330. Sie ergab sehr gute Resultate, Verbeulungen traten nicht mehr auf. Der ursprüngliche Vieldüsenbrenner wurde durch einen Ringbrenner, Abb. 331, ersetzt, in dessen Mitte sich ein Ölbrenner befindet. Der Ölbrenner wird lediglich zum Anfahren gebraucht.

Das Problem der Ascheabscheidung trat mit der Entwicklung der Dunlab-Rohre als Abscheidelement in ein entscheidendes Stadium. Abb. 398a zeigt die Lokomotivanlage mit dem ersten Abscheider mit Dunlab-Rohren, Abb. 398b. Abb. 399 zeigt die Ausführung 1955 mit verbesserten Dunlab-Rohren Mark III D, Abb. 400 [*214, 215, 216*].

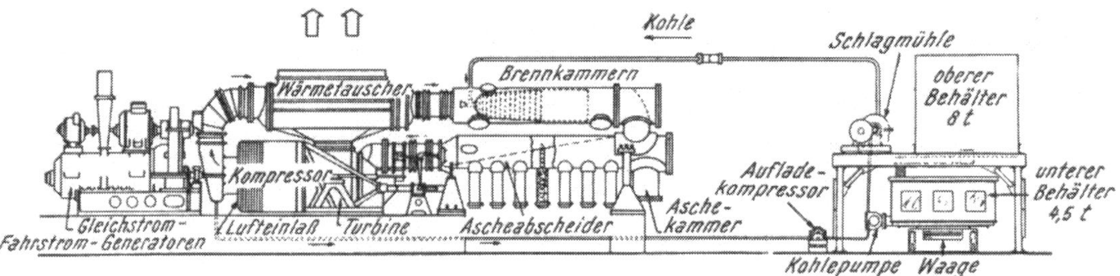

Abb. 399. LDC-ALCO-Lokomotiv-Gasturbine mit Kohlenstaubfeuerung. Ausführung des Systems im Jahr 1955. Ascheabscheider mit Dunlab-Rohren Mark III D

Bei dieser Turbine ist auch bereits ein ganz neues Aufbereitungssystem für Kohle zu sehen. Es war nämlich das erste Konzept, jede Kohle verwenden zu können, fallen gelassen worden, da es jederzeit möglich war, Kohle mit etwa 3 bis 4 mm Teilchengröße zu bekommen. Inzwischen war man auch mit einer neuen Methode zum Ziel gekommen, nämlich Kohlenstaub durch eine besondere Methode der Lufteinblasung wie eine Flüssigkeit zu fördern.

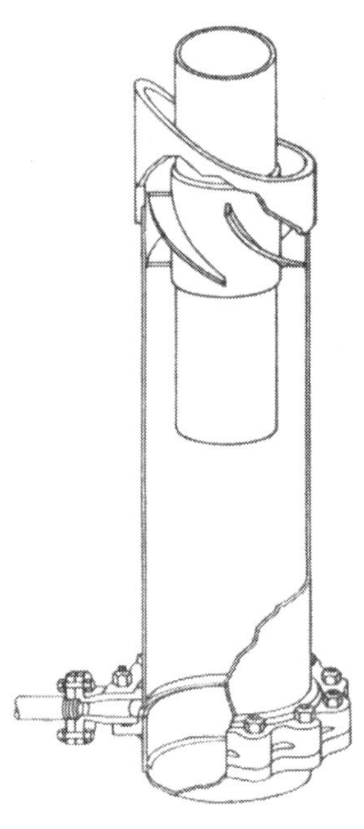

Abb. 400. Dunlab-Mark III D-Staubabscheiderohr

Diese ,,Verflüssigung" gelang dadurch, daß man erkannte, daß relativ grobe Kohle durch richtiges Einblasen und Zumischen von Luft Eigenschaften wie eine Flüssigkeit bekam. Man erreichte also ein freies Fließen der Kohle und konnte auf alle Förderschnecken verzichten. Das letzte Fördersystem hat also Kohletanks mit den entsprechenden Einrichtungen zur ,,Flüssigmachung" der Kohle, eine Kohlepumpe als Förder- und Regelorgan und eine Schlagmühle zur Feinzerkleinerung. Damit ist dieser anfänglich so komplizierte Teil der Anlage sehr einfach geworden [*214, 215, 216*].

Etliche tausend Stunden Laufzeit wurden bereits erreicht, wobei sich die Abnützung der Turbinenschaufeln in mäßigen Grenzen hielt. Die erzielte Turbinenleistung betrug dabei maximal 4400 PS, der Wirkungsgrad über 20 %.

Die letzten Dauerversuche wurden mit 3540 PS gefahren, bei einem wirtschaftlichen Wirkungsgrad von 20 %. Dies bedeutet bei $H_u = 7500$ Kcal/kg einen Kohleverbrauch von 1,5 t/h und würde nach amerikanischen Marktpreisen eine Kostenersparnis von 63,6 % gegenüber einer Diesellokomotive bringen.

Änliche Anordnungen der Kohleförderung und Aufbereitung zeigen auch die Versuchsanlagen von Parsons, Westinghouse und einigen anderen Firmen.

Brown Boveri hat ebenfalls langjährige Versuche mit Kohlefeuerung gemacht, doch ist darüber leider nichts im Detail bekannt geworden.

2. Torfverbrennung

Ruston & Hornsby hat sich intensiv mit der Verbrennung von Torf befaßt [*213*] Die Brennkammer dieser Turbine wurde bereits in Abb. 335 gezeigt. Ein Schema der Anlage gibt Abb. 401. Auch hierbei ist wieder die Verflüssigungstechnik mit Luft angewendet, ebenso wie eine rotierende Torfpumpe. Der Brennstoff wird über eine Venturidüse in die Brennstoffzuleitung zur Brennkammer eingebracht. Die Regelung erfolgte bei der Versuchsanlage durch ein handgesteuertes Ventil. Man erwartet, mit dieser Anlage auch Sägespäne, Abfallholz usw. verbrennen zu können. Man kann auf die weiteren Erfolge gespannt sein.

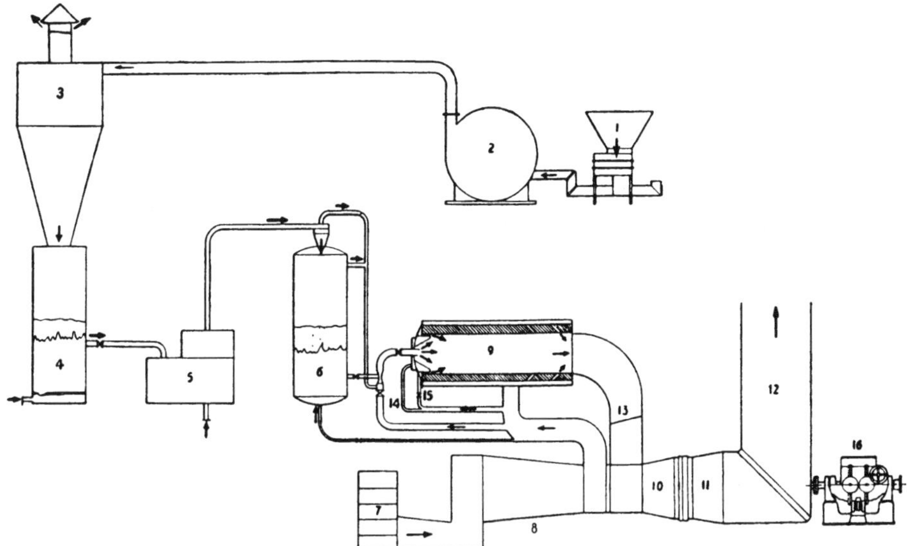

Abb. 401. Schema der Ruston & Hornsby-Gasturbine mit Torfverbrennung

1 Torf-Aufgabe
2 Torf-Mühle
3 Zyklon
4 Niederdruck-Torf-„Verflüssiger“, Luftdruck 150 mm WS
5 Torf-Pumpe
6 Hochdruck-Torf-„Verflüssiger“, 4 ata Druckluft
7 Luftfilter
8 Kompressor, 11800 U/min, $p_2/p_1 = 4$
9 Brennkammer, 4 ata, 727° C
10 Kompressorturbine
11 Nutzleistungsturbine 6000 U/min
12 Auspuff, 471° C, 1,06 ata
13 Aschesieb
14 Sekundärluft
15 Tertiärluft
16 Wasserbremse

3. Der abgasbeheizte Prozeß

Die Schwierigkeiten mit den Schaufelerosionen bei Verbrennung fester Brennstoffe werden beim abgasbeheizten Prozeß vollkommen vermieden. Man kann aus dem Schema, Abb. 402a, sehen, daß durch die Turbine *b* reine Luft geht. Die Erwärmung der Luft geht in einem Wärmeaustauscher *f* vor sich, der die Brennkammer einer normalen Anlage ersetzt. Die Brennkammer *g*, Abb. 402b, zur Beheizung des Wärmeaustauschers ist im Abgasstrom der Turbine gelegen. Donald L. Mordell hat an der McGill-University in Montreal ausgedehnte Versuche mit einer solchen Turbine gemacht [*223, 41*] und die in Abb. 402a eingetragenen Werte entsprechen dieser Anlage.

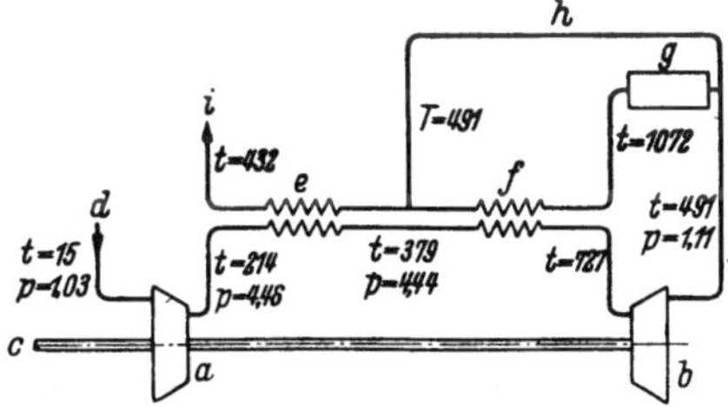

Abb. 402*a*. Schema der abgasbeheizten Gasturbine nach Donald L. Mordell, McGill-University, Montreal

Parsons plant eine Lokomotive mit einer kohlegefeuerten Gasturbine nach diesem Verfahren, wie noch später im Abschnitt über Gasturbinen-Lokomotiven näher gezeigt wird (S. 718).

Während des Krieges in Deutschland begonnene Versuche mit Großgeneratoren zur Vergasung der Kohle und Betrieb der Turbine mit Generatorgas haben zu keiner praktischen Anwendung geführt. Auch Brown Boveri soll sich mit derartigen Versuchen befaßt haben, doch ist darüber nichts Näheres bekannt geworden. Im allgemeinen sind

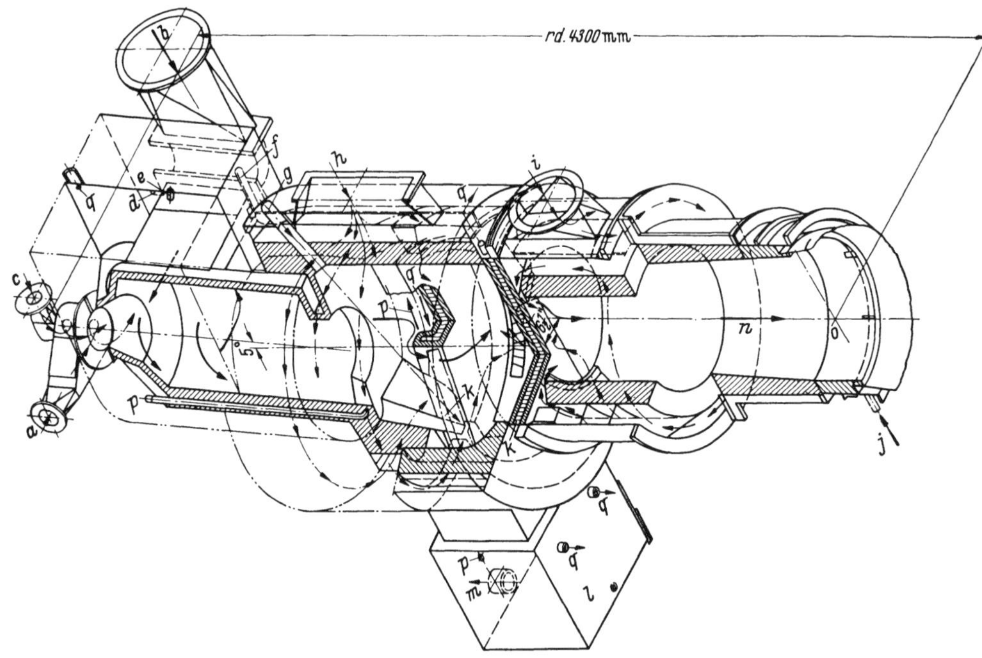

Abb. 402*b*. Schnitt durch die Kohlenbrennkammer von MORDELL

a Kohle mit Primärluft
b Sekundärluft
c Tertiärluft
d Öleinspritzdüse zum Vorwärmen der Brennkammer
e Zündvorrichtung
f Regelventil
g Sichtöffnung
h Erste Mischluftzufuhr
i Zweite Mischluftzufuhr
j Kühlluft (4 Stutzen)
k Wassergekühlte Prallwände
l Schlackenkasten
m Schlackenabfluß
n Austrittsstutzen des Verbrennungsgases
o Verbrennungsgasstrom von 4,5 kg/sek mit maximal 1130° C
p Kühlwassereinlässe
q Kühlwasserauslässe

solche Großgeneratoranlagen sehr kompliziert und dürften eine zusätzliche Quelle von Störungen bedeuten. Es scheint daher, daß der Weg der direkten Verbrennung unter Umständen im abgasbeheizten Prozeß der aussichtsreichere ist.

IX. Das Verhalten der verschiedenen Schaltungen

A. Einfluß von Wärmerückgewinn, Zwischenkühlung und Zwischenerhitzung

Um den Einfluß von Wärmerückgewinn sowie stufenweiser Verdichtung mit Zwischenkühlung oder stufenweiser Expansion mit Zwischenerhitzung bei verschiedenen Turbineneintrittstemperaturen und Druckverhältnissen den wirklichen Verhältnissen entsprechend vor Augen zu führen, wurden im folgenden die Anlagen $1-0-\eta_R$, $1-1-\eta_R$, $2-0-\eta_R$, $2-1-\eta_R$ mit aus der Praxis entnommenen Werten für die Verluste bei verschiedenen Eintrittstemperaturen und Druckverhältnissen durchgerechnet, wobei η_R jeweils mit 0, 0,5, 0,8 und 0,95 angesetzt ist. Der Verlauf der Kennwerte dieser Schaltungen ist in den Abb. 403, 404, 405, 406 wiedergegeben.

Die Wirkungsgrade und Verluste wurden wie folgt in Rechnung gesetzt:

Stufenwirkungsgrad von Verdichter und Turbine	η_{St}	$= 0{,}87$
Mechanischer Wirkungsgrad von Verdichter und Turbine	η_m	$= 0{,}98$
Brennkammerwirkungsgrad	η_B	$= 0{,}98$
Druckverlust in der Brennkammer	ε_B	$= 1{,}5\,\%$
Druckverlust im Zwischenkühler	ε_{ZW}	$= 2\,\%$
Druckverlust im Wärmeaustauscher und in den Rohrleitungen,		
luftseitig	ε_{RL}	$= 2\,\%$
gasseitig	ε_{RG}	$= 3{,}5\,\%$
Eintrittstemperatur der Luft in den Kompressor	t_1	$= 20°$ C
Eintrittsdruck der Luft	p_1	$= 1$ ata
Temperatur der Luft nach Zwischenkühler	t_2''	$= 30°$ C
Eintrittstemperatur der Verbrennungsgase in die Turbine	t_3	$= 650°$ C
		$= 750°$ C
		$= 850°$ C
Leistung für Hilfsmaschinen		2 % der Nutzleistung

Verluste durch Wärmeabstrahlung, durch Untersetzungsgetriebe sowie eine Veränderung des Brennkammerwirkungsgrades mit der Feuerraumbelastung wurden unberücksichtigt gelassen. Für alle Berechnungen ist ein angesaugtes Luftgewicht von 1 kg/sek angenommen.

Für den Wärmerückgewinnungsgrad $\eta_R = 0{,}95$ wurde ein Regenerativwärmeaustauscher vorausgesetzt und für diesen Fall ein luftseitiger Leckverlust von 3 % in Rechnung gesetzt. Die luft- und gasseitigen Druckverluste wurden gleich gelassen, also ebenfalls mit 2 bzw. 3,5 % angenommen.

Die oben angeführten Werte sind ausgeführten Anlagen entnommen und werden besonders bei ganz großen Ausführungen zum Teil noch unterboten. $\eta_{St} = 0{,}87$ gilt für Axialverdichter und stellt einen guten Wert für diese Maschinen dar. Zentrifugalverdichter dürften 0,83[1] erreichen, während Drehkolbenverdichter (Lysholm-Verdichter mit Schraubenkolben) zwischen diesen Größen liegen. Für die Turbine stellt $\eta_{St} = 0{,}87$ eine durchaus erreichbare Annahme dar. Ein η_t von etwa 0,89 bei $p_2/p_1 = 4$ wird von den meisten vielstufigen Maschinen erreicht. An Versuchsausführungen wurden bereits Stufenwirkungsgrade bei Turbinen von über 90 % gemessen, bei Kompressoren bis zu 90 %.

Bei der Anlage 1—0—η_R sind Schaltungen *1A* bis *1G*, Abb. 11, zugrunde gelegt, die alle am Auslegungspunkt gleichen Wirkungsgrad haben, nur bei Teillasten verschiedenes Verhalten zeigen, bei 2—0—η_R eine Schaltung nach *4D* bzw. *4F*, aber ohne Zwischenkühlung, bei 1—1—η_R Schaltungen nach *2A* bis *2G*, die auch am Auslegungspunkt dieselben Wirkungsgrade ergeben. Ein Unterschied entsteht wieder nur bei Teillasten. Für den Kreisprozeß 2—1—η_R ist eine Schaltung nach *4D* bzw. *4F* gewählt.

Die Aufteilung der Kompression beim Kreisprozeß 1—1—η_R erfolgte so, daß bei guter Leistungsausbeute ein hoher Wirkungsgrad erreicht wird. Bei allen Wärmerückgewinnungsgraden wurde das Druckverhältnis der Niederdruckstufe mit $\sqrt[2,5]{p_2/p_1}$ eingesetzt. Beim Prozeß mit Zwischenerhitzung wurde das Druckverhältnis der Hochdruckstufe der Turbine mit $\sqrt[3]{p_2/p_1}$ gewählt, wodurch ebenfalls bei allen Verhältnissen ein guter Mittelwert erzielt wird. Für die Schaltung mit Zwischenkühlung und Zwischenerhitzung ist das Druckverhältnis am Niederdruckkompressor mit $\sqrt[2,5]{p_2/p_1}$ angenommen, womit gleichfalls bei allen Wärmerückgewinnungsgraden gute Wirkungsgrade bei hoher Leistungsausbeute erreicht werden.

Alle dargestellten Kurven geben nur den Wirkungsgrad am Auslegungspunkt wieder, ohne Rücksicht auf das Teillastverhalten, auf das noch später näher eingegangen wird.

[1] Der Zentrifugalverdichter der Maschinenfabrik Oerlikon (MFO) erreicht η_{st} 88,2 % mit einer besonderen Bauart; s. S. 194.

1. Der einfache Kreisprozeß 1—0—η_R

Bei Betrachtung der Abb. 403 fällt vor allem der bedeutende Einfluß der Gaseintrittstemperatur in die Turbine auf. Jede Temperaturerhöhung bringt eine erhebliche Wirkungsgradsteigerung, aber auch eine Erhöhung des optimalen Verdichtungsverhältnisses für den Wirkungsgrad. Gleichzeitig steigt die spezifische Leistung stark an, wobei zu beachten ist, daß der Punkt der optimalen Leistung nicht mit dem Punkt des optimalen Wirkungsgrades zusammenfällt. Interessant ist auch, daß mit steigender Eintrittstemperatur in die Turbine der Wirkungsgradgewinn allmählich kleiner wird, während die spezifische Leistung gleichmäßig steigt. Außerdem wandert der Punkt des optimalen Wirkungsgrades viel schneller ins Gebiet der höheren Drücke als der Punkt der optimalen Leistung.

Gleichzeitig mit der Verbesserung des Wirkungsgrades und der spezifischen Leistung bringt eine Temperaturerhöhung einen starken Rückgang des spezifischen Luftverbrauches sowie eine Verbesserung des Leistungsverhältnisses.

Abb. 403 läßt ebenso deutlich erkennen, daß der Wärmerückgewinn ein Mittel darstellt, den Wirkungsgrad einer Gasturbine erheblich zu steigern, wobei gleichzeitig der Optimalpunkt für den Wirkungsgrad ins Gebiet der kleineren Drücke wandert, während der Punkt der optimalen Leistung seine Lage beibehält und nur die Größe der spezifischen Leistung wegen der höheren Druckverluste abnimmt und damit analog der Luftverbrauch steigt und das Leistungsverhältnis schlechter wird. Genau genommen wandert der Punkt der optimalen Leistung mit steigenden Verlusten auch ein wenig, jedoch ist diese Verschiebung so klein, daß sie in den Kurven kaum mehr in Erscheinung tritt.

Natürlich verkleinern die durch den Wärmerückgewinn steigenden Druckverluste auch den theoretisch möglichen Wirkungsgradgewinn. Es ist daher bei Anordnung eines Wärmeaustauschers ganz besonderes Augenmerk auf diese Verluste zu legen. Speziell die Druckverluste auf der Gasseite spielen hier eine bedeutende Rolle, da an dieser Stelle des Kreislaufes nahezu Atmosphärendruck herrscht. Die Forderung nach hohem Wirkungsgrad zwingt dazu, möglichst viel Wärme aus den Abgasen auf die komprimierte Luft vor Eintritt in die Brennkammer zu übertragen, also mit möglichst hohen Wärmerückgewinnungsfaktoren zu arbeiten. Andererseits ergeben sich daraus sehr große Wärmeaustauscherflächen, und man ist daher bestrebt, die Wärmeübergänge zu verbessern, um die Flächengröße in erträglichen Grenzen zu halten, was zu hohen Strömungsgeschwindigkeiten führt, die ihrerseits wieder große Druckverluste zur Folge haben. Welch große Rolle diese spielen, wurde schon in Abb. 27 gezeigt. Hier kann nur sorgfältigste Ausbildung der Wärmeaustauscher und Rohrleitungen zu einem befriedigenden Resultat führen. In der Praxis wird man auch kaum über einen Wärmerückgewinnungsgrad von 0,75 bis höchstens 0,85 bei stationären und Schiffsanlagen hinausgehen und bei Lokomotivtriebwerken nicht über 0,5 um den Wärmeaustauscher in dem gegebenen Raum unterbringen zu können, wobei besonders bei stationären Anlagen, um ein Optimum zu erreichen, die Gestehungs- und Wartungskosten ins rechte Verhältnis zum Wirkungsgradgewinn zu setzen sind, S. 280. Erst der Regenerativwärme austauscher mit seinen kleinen Abmessungen wird hier gänzlich andere Verhältnisse bringen und höchste Wärmerückgewinnungsgrade ermöglichen. Es ist dabei zu beachten, daß bei hohem Wärmerückgewinn bei der einfachen Anlage der Punkt des optimalen Wirkungsgrades schon in den Bereich kleiner spezifischer Leistungen rückt und daher eine solche Anlage infolge des größeren spezifischen Luftverbrauches größere Maschinen für eine bestimmte Leistung braucht. Es nimmt also nicht nur der Wärmeaustauscher einerseits wegen der größeren zu übertragenden Wärmemenge und andererseits wegen der größeren Querschnitte für den Durchgang der erforderlichen Luftmenge an Umfang zu, sondern auch die Maschinen werden bei hohem Wärmerückgewinn für eine bestimmte Leistung größer, als dies bei kleineren Wärmerückgewinnungsfaktoren der Fall ist. Bei der einfachen Anlage fällt bei $\eta_R = 0{,}5$ der Wirkungsgrad-Optimalpunkt mit dem

Punkt der besten spezifischen Leistung fast zusammen, so daß bei diesem Wärmerückgewinnungsgrad die kleinste Maschine für eine bestimmte Leistung gebaut werden kann. Für Spitzendeckungsmaschinen in Elektrizitätswerken scheint eine solche Anordnung vorteilhaft zu sein, wenn man nicht mit Rücksicht auf die Anschaffungskosten auf den Wärmeaustauscher ganz verzichtet, da der Wirkungsgrad für einen solchen Verwendungszweck von nicht so ausschlaggebender Bedeutung ist. Für Hauptantriebsmaschinen jedoch, bei denen der Brennstoffverbrauch entscheidend ist, wird man auf hohen Wärmerückgewinn kaum verzichten können, wird aber für diesen Fall meistens auf Verbundanordnungen mit Zwischenkühlung und Zwischenerhitzung übergehen.

2. Zwischenkühlung 1—1—η_R

Mit der einfachen Anlage kann man bei den heute für lange Lebensdauer angewendeten Temperaturen von etwa 650° C bis 750° C nur Höchstleistungen von etwa 18000 bis 20000 PS erreichen. Wenn größere Leistungsausbeute erzielt werden soll, stellt die Zwischenkühlung ein einfaches Mittel dar. Abb. 404 zeigt die Kennwerte einer solchen Anlage. Während der Wirkungsgrad bei kleinem Wärmerückgewinn um rund 10%, bei großem Rückgewinn ($\eta_R = 0{,}95$), jedoch nur um etwa 4% steigt, nimmt die spezifische Leistung um 27 bis 30% zu, während der spezifische Luftverbrauch um rund 23% fällt.

Mit Zwischenkühlung geht die Grenzleistung einer Anlage bei den heutigen Temperaturen auf etwa 24000 PS hinauf. Wie man aus Abb. 404 deutlich erkennt, ergibt Zwischenkühlung eine starke Verflachung der Wirkungsgradkurven, wodurch solche Anlagen höhere Druckverhältnisse brauchen. Da nun ein einfacher Kompressor nur bis zu einem Druckverhältnis von 6 noch günstig ausgelegt werden kann, darüber hinaus aber schon bei kleinen Drehzahlschwankungen zum Pumpen neigt, wird man bei Zwischenkühlung zu einer Verbundbauweise greifen, zumal bei einer Anordnung von Niederdruckkompressor und Hochdruckkompressor mit Zwischenkühlung auf einer Welle die Neigung zum Pumpen noch außerordentlich stark erhöht wird. Eine Trennung beider Stufen und Anordnung von zwei Wellen bzw. drei Wellen bei getrennter Nutzleistungsturbine führt auch bei hohem Verdichtungsverhältnis zu sehr stabilem Verhalten.

Die Zwischenkühlung stellt also ein sehr wirksames Mittel zur Erhöhung der Leistungsausbeute dar. Zweimalige Zwischenkühlung gibt eine weitere, jedoch kleinere Erhöhung von Wirkungsgrad und spezifischer Leistung. Mit zweimaliger Zwischenkühlung würde sich der Wirkungsgrad gegenüber der einfachen Anlage um etwa 14 % bei kleinem und um rund 5 % bei hohem Wärmerückgewinn ($\eta_R = 0{,}95$) erhöhen, während der spezifische Luftverbrauch um rund 30 % zurückginge.

3. Zwischenerhitzung 2—0—η_R

Ist Kühlwasser nicht vorhanden, dann kann man mit Zwischenerhitzung einen ähnlichen Effekt erzielen, Abb. 405. Während der Wirkungsgrad etwas hinter der zwischengekühlten Anlage zurückbleibt und auch nicht so flach verläuft, ist der Gewinn an spezifischer Leistung fast gleich.

Die angenommene Schaltung in Abb. 405 ist eine Verbundanordnung. Wählt man der einfacheren Anlage wegen eine Schaltung nach *4 B*, Abb. 11 (jedoch ohne Zwischenkühlung), dann wird zwar die Leistung kaum viel geändert, aber der Wirkungsgrad wird zumindest bei kleinem Wärmerückgewinn durch die zu späte Zwischenerhitzung kleiner als bei der einfachen Anlage und erreicht deren Wirkungsgrad erst bei hohem Wärmerückgewinn.

Im Interesse guten Wirkungsgrades wird man daher bei Zwischenerhitzung nach Möglichkeit zu einer Verbundanordnung greifen, da man nur mit einer solchen zu einer günstigen Aufteilung der Expansion kommen kann. Die mögliche Grenzleistung bei einer Anlage mit Zwischenerhitzung liegt auch bei rund 24000 PS bei den heute erreichbaren

Temperaturen. Sollte es in Zukunft möglich sein, auch bei Maschinen mit langer Lebensdauer hohe Temperaturen (vielleicht 850° C) anzuwenden, dann wird dies zu einer außerordentlich großen Steigerung von Wirkungsgrad und Leistungsausbeute führen, wie dies auch deutlich aus den Abbildungen hervorgeht.

4. Zwischenkühlung und Zwischenerhitzung 2—1—η_R

Die größten Leistungen und Wirkungsgrade erreicht man durch Anwendung von Zwischenkühlung und Zwischenerhitzung, Abb. 406. Man bemerkt den gewaltigen Anstieg der spezifischen Leistung sowie den äußerst niederen Luftverbrauch und das gute Leistungsverhältnis. Der Wirkungsgrad erreicht schon bei 650° C mit hohem Wärmerückgewinn Werte, die sich mit den besten Dampf- und Dieselanlagen messen können. In der Praxis werden solche Anlagen meist mit zweifacher Zwischenkühlung und einfacher Zwischenerhitzung mit Wärmerückgewinn ausgeführt, Abb. 8, und bis zu den größten Leistungen gebaut. Die Grenzleistung liegt bei etwa 40000 PS. Der Wärmeverbrauch solcher Anlagen liegt um etwa 1900 kcal/PSh und kann als ein sehr guter Wert bezeichnet werden. Wenn durch Verbesserung der Werkstoffe eine Steigerung der Eintrittstemperatur möglich wird, ist aus Abb. 406 leicht zu ersehen, daß mit der Gasturbine Wirkungsgrade erreichbar sind, die von keiner anderen Wärmekraftmaschine aufgewiesen werden können.

Während der Wirkungsgrad bei kleinem Wärmerückgewinn um rund 22 % steigt, bei großem um rund 10 bis 15 %, nimmt die spezifische Leistung um 80 % gegenüber der einfachen Anlage zu, während der Luftverbrauch um 40 % fällt. Durch diese außerordentliche Verkleinerung des Luftverbrauches, die bei zweimaliger Zwischenkühlung noch um einige Prozente besser wird, ist es möglich, derart große Einheitsleistungen zu verwirklichen, Einheitsleistungen, die mit steigender Temperatur noch bedeutend wachsen werden. Auch das stark verbesserte Leistungsverhältnis ist beachtenswert.

Verbundanlagen mit Zwischenkühlung und Zwischenerhitzung führen also zu relativ kleinen Maschinen für eine bestimmte Leistung und damit zu einer wesentlich besseren Beherrschung der thermischen Verhältnisse (Wärmedehnungen usw.).

5. Einfluß der Lufttemperatur vor dem Kompressor

Die Temperatur der angesaugten Luft hat einen großen Einfluß auf Leistung, Wirkungsgrad, Luftverbrauch, Leistungsverhältnis und Wärmeverbrauch, Abb. 407. Für ein Druckverhältnis von 6 ergeben sich bei einer einfachen Anlage ohne Wärmerückgewinn die dargestellten Verhältnisse. In Wirklichkeit wird das Druckverhältnis am Kompressor, s. Abb. 67a,

Tabelle 30

Abgabe zusätzlicher Heizleistung bei sinkender Außentemperatur bei der BBC-Gasturbinenlokomotive

Leistungsabgabe der Gasturbine PS	Außenlufttemperatur °C	Mögliche Leistungsabgabe des Hauptgenerators PS	Mögliche Leistungsabgabe des zusätzlichen Heizgenerators PS
1700	38	1500	0
2200	20	2000	0
2850	0	2100	500
3000	—20	2200	500

bei Ansaugtemperaturänderungen nicht erhalten bleiben, sondern mit sinkender Temperatur ansteigen und mit steigender Temperatur fallen, da die Förderhöhe bei Temperaturänderungen in gewissen Grenzen konstant bleibt. Außerdem ändert sich der Kompressorwirkungsgrad mit der Ansaugtemperatur. Es wird also in Wirklichkeit, gleiche Turbineneintrittstemperatur vorausgesetzt, die Änderung der Leistung etwas anders aussehen, aber unter allen Umständen bleibt eine starke Leistungszunahme mit sinkender Außentemperatur. Größere Schwankungen in der Ansaugtemperatur sind daher von Nachteil für die Gasturbine, da man eine Anlage immer für die höchste vorkommende Temperatur auslegen muß, weil eine Erhöhung der Gaseintrittstemperatur in die Turbine zum Ausgleich des Leistungsabfalles bei steigender Außentemperatur aus Materialrücksichten meist nicht in Frage kommt bzw. nur in kleinen Grenzen möglich ist. Es gibt allerdings in einem Elektrizitätswerk den Vorteil, daß im Winter eine größere Leistung zur Verfügung steht. Bei Lokomotiven wird diese Mehrleistung im Winter zur Zugheizung ausgenützt. Tab. 30 zeigt die Änderung der Leistungsabgabe mit der Ansaugtemperatur bei der ersten Gasturbinenlokomotive von BBC, s. S. 700.

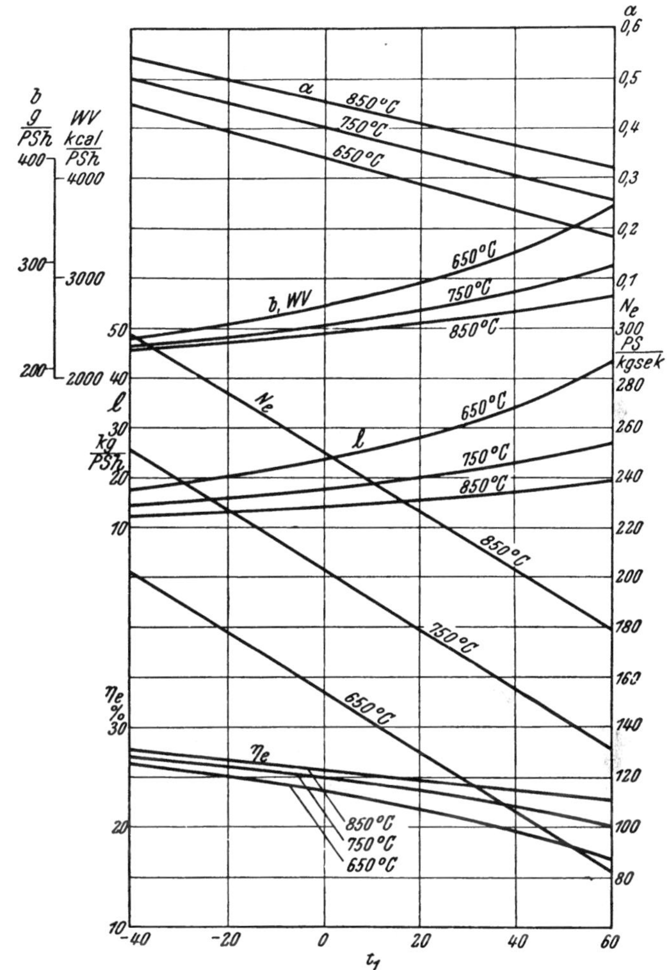

Abb. 407. Einfluß der Kompressoreintrittstemperatur bei einem Kreisprozeß 1—0—0,0. $p_2/p_1 = 6$, $\eta_{st} = 0{,}87$, s. S. 409

Das in Abb. 407 für die einfache Anlage gezeigte Verhalten tritt in ähnlicher Weise auch bei Anlagen mit Wärmerückgewinn und bei Anwendung von Zwischenkühlung und Zwischenerhitzung auf.

Ebenso großen Einfluß auf die Leistung hat eine verringerte Luftdichte in großen Höhen. Auch dadurch ergibt sich ein starker Leistungsabfall. Es tritt allerdings durch die stark verringerte Lufttemperatur in diesen Höhen gleichzeitig eine bedeutende Wirkungsgraderhöhung durch das Ansteigen des Verdichtungsverhältnisses, des Kompressorwirkungsgrades und das Absinken der vom Kompressor aufgenommenen Leistung auf. Dies wirkt sich bei Flugzeugtriebwerken in einem verringerten Brennstoffverbrauch aus, zumal der Flugzeugwiderstand durch die geringe Luftdichte in großen Höhen ebenfalls stark sinkt und damit der Leistungsabfall zum Teil wettgemacht wird.

Zusammenfassend ist bei Betrachtung der Abb. 403 bis 407 zu sagen, daß bei einem bestimmten Kreisprozeß eine Erhöhung der Gaseintrittstemperatur eine Verbesserung des Wirkungsgrades, des Leistungsverhältnisses und des spezifischen Luftverbrauches bringt, während das optimale Druckverhältnis ansteigt. Wärmerückgewinn setzt das optimale Druckverhältnis herab, unter einer gleichzeitigen Verbesserung des Wirkungsgrades. Der spezifische Luftverbrauch jedoch und die Leistungsausbeute werden schlechter, während das Leistungsverhältnis eine steigende Tendenz zeigt. Die Lage des Optimalpunktes der spezifischen Leistung wird durch den Wärmerückgewinn kaum verändert, die Größe derselben sinkt hingegen infolge der ansteigenden Druckverluste.

Zwischenkühlung und Zwischenerhitzung hat den gleichen Einfluß wie eine Steigerung der Turbineneintrittstemperatur, jedoch zeigen die Kennlinien eine auffallende Verflachung,

d. h. eine Variation des Druckverhältnisses bei einem Kreisprozeß mit Zwischenkühlung und Zwischenerhitzung zieht keine so große Wirkungsgradveränderung nach sich als bei einem Kreisprozeß ohne Zwischenkühlung und Zwischenerhitzung. Vom thermodynamischen Standpunkt aus gesehen ist die Auflösung in viele Stufen ideal. Weiter getrieben bis zum Extrem und mit verlustlosen Maschinen resultiert daraus ein Prozeß gleichwertig dem Carnotschen, Abb. 26.

Vom mechanischen und metallurgischen Standpunkt aus gesehen sind Turbinen mit kleineren Abmessungen und dadurch besserer Temperaturverteilung das Resultat. Jede Maßnahme, die zu kleinen Maschinen und damit kleineren und leichter zu beherrschenden Wärmedehnungen führt, ist ein weiterer Schritt zu größerer Zuverlässigkeit.

Man wird in der Praxis kaum über zweimal Zwischenkühlung und einmal Zwischenerhitzung hinausgehen, einerseits um die Anlage nicht zu vielteilig zu machen und die Regelung zu sehr zu erschweren, und anderseits um nicht zu große Störanfälligkeit zu bekommen.

B. Das Teillastverhalten der verschiedenen Schaltungen bei allgemeiner Betrachtung

Die bisherigen Erwägungen drehten sich ausschließlich um die Auswahl des geeigneten Kreisprozesses zur Erreichung einer festgesetzten Vollasteigenschaft. Es gibt nun für einen bestimmten Prozeßablauf eine Menge von Schaltungen, die alle den gleichen Vollastwirkungsgrad aufweisen, sofern nicht die Position des Punktes, an dem Zwischenkühlung oder Zwischenerhitzung erfolgt, geändert wird. Im Teillastgebiet jedoch werden diese Schaltungen große Unterschiede aufweisen. Es soll daher im folgenden aufgezeigt werden, welchen Einfluß die einzelnen möglichen Maschinengruppierungen auf das Verhalten bei Teillast ausüben.

Folgende allgemeine Bedingungen gelten für Teillast:

1. Die Anlage soll bei reduzierter Leistung einen guten Wirkungsgrad aufweisen.
2. Der Verdichter soll über dem normalen Arbeitsbereich stabil bleiben (d. h. er soll nicht pumpen).
3. Die Anlage soll besonders bei Verwendung zum Antrieb von Fahrzeugen oder Schiffen eine gute Manövrierfähigkeit aufweisen. Das heißt, sie soll eine gute Drehmomentcharakteristik und die Möglichkeit bieten, daß die Kompressoren mit ihren Turbinen leer laufen können, während die Antriebsturbine steht.

1. Faktoren, die den Teillastwirkungsgrad beeinflussen

Zunächst soll einmal der Einfluß der einzelnen Faktoren auf den Teillastwirkungsgrad allgemein betrachtet werden. Normalerweise wird bei Teillast eine Absenkung der Turbineneintrittstemperatur, der Turbinen- und Kompressordrehzahl, des Druckverhältnisses und der durchgesetzten Luftmenge auftreten. Auch wird eine geringfügige Veränderung der Einzelmaschinenwirkungsgrade eintreten, die aber normalerweise bis zu einer Drittellast einen vernachlässigbaren Einfluß auf den Gesamtwirkungsgrad ausüben. Die Gasturbine arbeitet also gewöhnlich bei Teillast nach einem ähnlichen Kreisprozeß wie bei Vollast, jedoch mit kleinerem Druckverhältnis und verringerter Turbineneintrittstemperatur. Die Reduktion der Leistung kann man daher auf zwei Faktoren zurückführen: 1. Der neue Kreislauf hat infolge des kleineren Druckverhältnisses und der niedrigeren Temperatur eine kleinere spezifische Leistung, und 2. die durchgesetzte Luftmenge ist kleiner.

Betrachtet man nun den Einfluß dieser Veränderungen auf den Wirkungsgrad, dann ist es klar, daß die Verringerung der Durchsatzmenge keinen Einfluß hat, mit Ausnahme der relativ größeren Verluste durch Lagerreibung usw. bei verringerter Leistung. Der Effekt, der durch eine Absenkung der Temperatur und des Druckes hervorgerufen wird, geht aus Abb. 408a deutlich hervor. Eine Senkung der Temperatur führt zu einer beträchtlichen Verkleinerung des Wirkungsgrades. Der Einfluß des Druckverhältnisses ist hingegen klein, ausgenommen im Gebiet kleiner Druckverhältnisse, wo der Wirkungsgrad rapid abfällt. Wird die Temperatur reduziert, dann wird der beste Wirkungsgrad bei einem verringerten Druckverhältnis erreicht. Diese Zusammenhänge sind im allgemeinen bei allen Schaltungen gleich.

Es ist also bei jeder Gasturbine zur Erreichung eines guten Teillastwirkungsgrades notwendig, die Senkung der Leistung hauptsächlich mittels einer Verkleinerung der

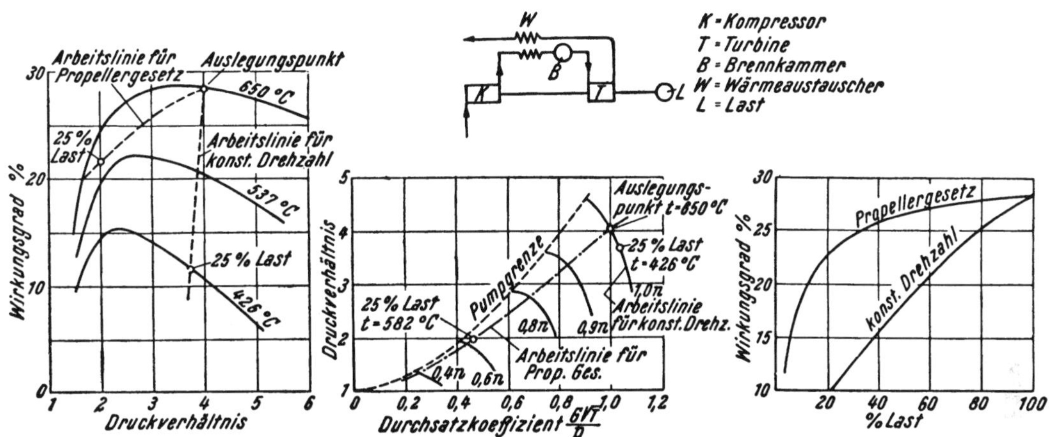

a Einfluß der Veränderung von Temperatur und Druckverhältnis auf den Wirkungsgrad
b Kompressorcharakteristik mit Arbeitslinien für konstante Drehzahl und Propellergesetz
c Wirkungsgradkurven bei Teillast für $n =$ konst. bzw. n proportional $\sqrt[3]{N}$

Abb. 408. Teillastverhalten einer 1—0—0,8-Anlage in Einwellenanordnung nach *1A*, Abb. 11 $p_2/p_1 = 4$, $t_3 = 650°$ C

Durchsatzmenge hervorzurufen und dabei die Temperatur so hoch als möglich zu belassen. Sollte ein Absinken der Temperatur eintreten, dann muß dies tunlichst mit einer Erniedrigung des Druckverhältnisses verbunden sein.

Beim geschlossenen Kreisprozeß kann eine Reduktion der Durchsatzmenge auf einfache Weise durch Abblasen von umlaufendem Medium durchgeführt werden und da die Temperaturen und Druckverhältnisse unverändert bleiben (lediglich der Druckpegel wird gesenkt), wird auch der Wirkungsgrad kaum beeinflußt. Beim offenen Kreislauf hängt der Durchsatz aber eng mit den Arbeitsverhältnissen der Turbine zusammen, wie noch später gezeigt wird und kann nicht unabhängig geregelt werden.

2. Einwellenanordnung

An einer Einwellenanordnung werden die vorher angestellten Erwägungen sofort klar. Zwei Fälle sollen betrachtet werden:

1. Konstante Drehzahl über dem ganzen Lastbereich.
2. Drehzahlverlauf nach dem Propellergesetz (Schiffsantrieb mit direktem Antrieb der Schraube), d. h. die Leistung ändert sich mit der dritten Potenz der Drehzahl.

Im ersteren Fall muß die Arbeitslinie einer Linie konstanter Drehzahl im Kompressorkennfeld folgen, Abb. 408b, wodurch die Durchsatzmenge hoch bleibt und eine Senkung der Last in der Hauptsache durch eine Senkung der Temperatur bewirkt werden muß. Infolgedessen tritt bei Teillasten ein rasches Absinken des Wirkungsgrades ein, Abb. 408c.

Im zweiten Fall wird bei verringerter Last auch die Drehzahl herabgesetzt, wodurch die Durchsatzmenge zurückgeht. Es wird also Teillast hauptsächlich mittels einer Verkleinerung des Durchsatzes erreicht und nur in geringem Maße durch eine Verringerung der Temperatur, wodurch sich ein viel besserer Teillastwirkungsgrad ergibt.

Da mit sinkender Temperatur das optimale Druckverhältnis zurückgeht, wird man bei Betrieb mit konstanter Drehzahl für ein kleineres Druckverhältnis bei Vollast auslegen, um im Teillastgebiet bessere Wirkungsgrade zu erreichen, während im zweiten Fall bei einer Erhöhung des Druckverhältnisses am Auslegungspunkt höhere Teillastwirkungsgrade resultieren. Man kann daher folgenden Grundsatz festlegen: in allen Fällen, wo das Druckverhältnis stark mit fallender Leistung sinkt (und die meisten Kreisläufe fallen in diese Kategorie), sollte man ein Auslegungsdruckverhältnis wählen, das viel höher liegt als das betreffende optimale Druckverhältnis für den Wirkungsgrad, vorausgesetzt, daß andere Erwägungen dies zulassen.

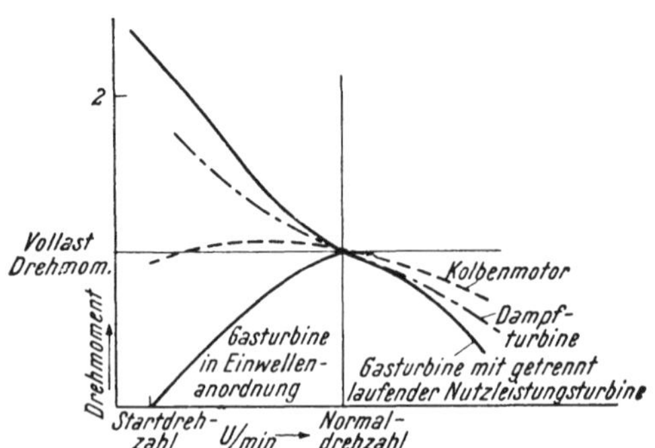

Abb. 409. Drehmomentverlauf verschiedener Maschinen

Die einfache Anlage in Einwellenanordnung hat aber nur ein sehr begrenztes Anwendungsgebiet. Für Stromerzeugung mit konstanter Drehzahl ist der Wirkungsgrad bei Teillasten so schlecht, daß man eine solche Anlage nur für Spitzendeckung oder Notstrombetrieb einsetzen wird. Für den Antrieb von Lokomotiven mit elektrischer Kraftübertragung gibt sie ganz gute Wirkungsgrade, da eine Drehzahlregelung möglich ist. Als Schiffsmaschine für direkten Propellerantrieb sind zwar die Teillastwirkungsgrade gut, aber die Turbinenarbeitslinie im Kompressorkennfeld liegt unterhalb 50 % Last sehr nahe der Pumpgrenze, so daß der Kompressor sorgfältig ausgelegt werden muß und nur niedere Druckverhältnisse angewendet werden können. Es kommt daher eine solche Anlage nur für Sonderzwecke und für kleine Leistungen in Frage.

Was die Manövrierfähigkeit betrifft, kann diese Anlage nur mit einem Getriebe und hydraulischen Kupplungen oder mit elektrischer Kraftübertragung bei stehendem Fahrzeug oder Schiff leerlaufen. Die Drehmoment-Drehzahlverhältnisse sind jedoch so, daß eine schnelle Beschleunigung von Leerlauf auf Vollast kaum erreicht werden kann, ohne daß Pumpen des Kompressors auftritt. Abb. 409 zeigt den Drehmomentverlauf über der Drehzahl für eine Einwellenanordnung und für eine Anlage mit getrennter Nutzleistungsturbine. Zum Vergleich ist auch die Drehmomentlinie eines Kolbenmotors (strichliert) und einer Dampfturbine (strichpunktiert) eingetragen.

3. Teillastverhalten einer Anlage mit getrennter Nutzleistungsturbine

Eine Verbesserung der Drehmomentcharakteristik und damit der Manövriereigenschaften kann also durch eine Trennung von Kompressor- und Nutzleistungsturbine erreicht werden. Das Drehmoment nimmt mit sinkender Drehzahl stark zu, wenn die Nutzleistungsturbine voll beaufschlagt wird. Der hauptsächliche Unterschied gegenüber der Einwellenanordnung liegt darin, daß die Drehzahl der Nutzleistungsturbine keinen Einfluß auf die Drehzahl des Kompressoraggregates ausübt. Der Wirkungsgrad der Nutzleistungsturbine hängt allerdings vom Verhältnis Umfangs- zu Gasgeschwindigkeit ab. Er sinkt mit sinkendem u/c-Verhältnis stark ab, wobei eine mehrstufige Reaktionsturbine einen flacheren Wirkungsgradverlauf über dem u/c-Verhältnis aufweist als eine einstufige Impulsturbine. Man hat es allerdings durch günstige Formgebung der Beschaufelung heute schon erreicht, daß diese Änderungen des Wirkungsgrades über einen großen u/c-Bereich sehr klein bleiben. Auf jeden Fall führt aber ein Vollastbetrieb mit sehr kleiner Drehzahl an der Nutzleistungsturbine zu schlechtem Wirkungsgrad. Abb. 410 zeigt für eine Anlage mit einer in Serie geschalteten Nutzleistungsturbine, *1 B*, Abb. 11, den Verlauf von Leistung, Drehmoment und spezifischem Brennstoffverbrauch bei verschiedenen Drehzahlen der Nutzleistungsturbine. Man sieht, daß z. B. bei Vollast eine Bremsung der Nutzleistungsturbine auf 0,7 ihrer Vollastdrehzahl einen 30 %igen Anstieg des Drehmomentes zur Folge hat, daß aber gleichzeitig der spezifische Brennstoffverbrauch um 6 % steigt.

Das Teillastverhalten solcher Anlagen hängt außerordentlich stark von der Art der Schaltung ab (Nutzleistungsturbine in Serie als Hochdruck- oder Niederdruckturbine, Nutzleistungsturbine parallel zur Kompressorturbine). Allgemein ist, wie bereits festgelegt, zur Erreichung eines guten Teillastwirkungsgrades eine möglichst große Reduktion der Durchsatzmenge und eine möglichst geringe Erniedrigung der Turbineneintrittstemperatur

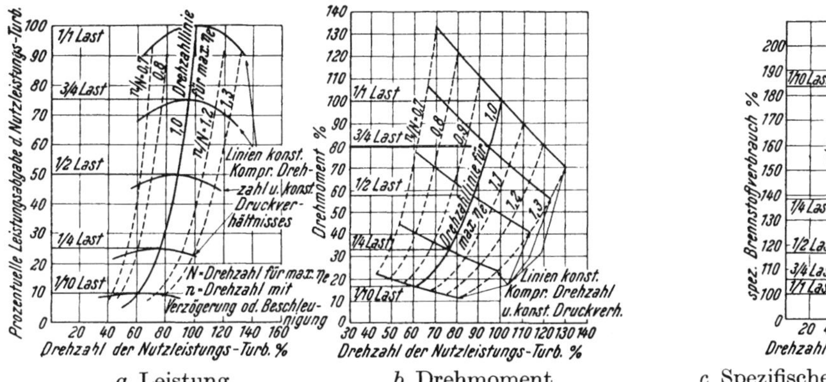

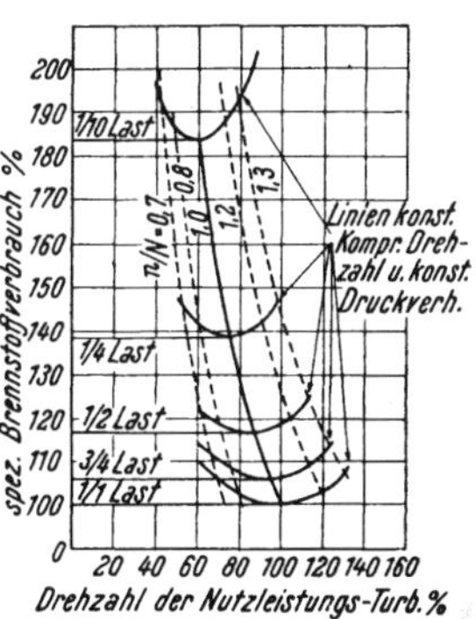

a Leistung *b* Drehmoment *c* Spezifischer Brennstoffverbrauch

Abb. 410. Teillastcharakteristik einer einfachen Anlage mit Zweiwellenanordnung *1B*, Abb. 11

notwendig. Der Durchsatz wird von der Turbine geregelt, die ähnlich wie eine Düse wirkt. Es kann gezeigt werden, daß die Durchsatzmenge durch eine Turbine

$$G \text{ prop.} \frac{p_3}{\sqrt{T_3}} \times f(\Pi) \tag{388}$$

ist, wobei p_3 .... Turbineneintrittsdruck,
T_3 .... Turbineneintrittstemperatur in °K
$f(\Pi)$.......... eine Funktion des Druckverhältnisses bedeutet.

Für Turbinen, in deren Schaufeln unter keinen Arbeitsverhältnissen Schallgeschwindigkeit auftritt, wodurch der Durchsatz ab diesem Punkt konstant bleiben würde, die also ohne Stau laufen, ist $f(\Pi)$ ungefähr gleich $\sqrt{1-\frac{1}{(\Pi)^2}}$, woraus folgt, daß das Druckverhältnis nur geringen Einfluß auf den Durchsatz hat, mit Ausnahme ganz kleiner Druckverhältnisse. Die Durchsatzmenge ist also ungefähr proportional dem Eintrittsdruck und wird in einigem Ausmaß noch von Änderungen der Eintrittstemperatur beeinflußt.

Für den Fall, daß eine Reihe von Turbinen in Serie arbeitet, ergibt die Anwendung obiger Regel für die Durchsatzmenge, daß bei einer Absenkung des Gesamtdruckverhältnisses das Druckverhältnis einer Turbine am Hochdruckende nicht so stark beeinflußt wird, während das Druckverhältnis einer Turbine am Niederdruckende sehr rasch abnimmt, Abb. 411.

Zwei verschiedene Schaltungsmöglichkeiten sollen nun betrachtet werden:

a) Der Kompressor wird von der Hochdruckturbine angetrieben. Die Niederdruckturbine arbeitet als Nutzleistungsturbine. Eine Reduktion des Druckverhältnisses ist hauptsächlich mit einer Reduktion der aufgenommenen Kompressorleistung und damit der Leistung der Kompressorturbine verknüpft. Da diese Turbine aber am Hochdruckende arbeitet, wird ihr Druckverhältnis nur wenig fallen, und die Reduktion ihrer Leistung muß hauptsächlich durch eine Senkung der Temperatur erreicht werden. Infolgedessen wird bei einer solchen Anordnung die Temperatur bei Teillasten stark zurückgehen.

b) Der Kompressor wird von einer Turbine, die am Niederdruckende der Expansion arbeitet, angetrieben. Eine Reduktion des Gesamtdruckverhältnisses wird in diesem

Falle eine starke Reduktion des Druckverhältnisses an der Kompressorturbine zur Folge haben. Die erforderliche Leistungsverminderung an dieser Turbine wird also hauptsächlich durch Sinken des Druckverhältnisses hervorgerufen werden, und dadurch wird ein wesentlich geringerer Abfall der Turbineneintrittstemperatur notwendig als bei Fall a. Das heißt, Fall a wird eine viel raschere Reduktion der Turbineneintrittstemperatur mit dem Gesamtdruckverhältnis geben wie Fall b. Aus dem Ausdruck für die Durchsatzmenge folgt, daß Fall b den viel stärkeren Abfall des Durchsatzes mit dem Gesamtdruckverhältnis geben wird. Daher liegt die Arbeitslinie für Fall b über der für Fall a, wie in Abb. 412 schematisch gezeigt ist.

Auch in einem anderen Punkt ergeben die beiden Schaltungen Unterschiede. Im Fall a wird die Nutzleistung mit sinkendem Druckverhältnis schneller abfallen als in Fall b, zum Teil durch das raschere Absinken der Turbineneintrittstemperatur, zum Teil weil die Nutzleistungsturbine, in diesem Fall die Niederdruckturbine, einen viel rascheren Rückgang ihres Druckverhältnisses aufweist als in Fall b. Dies wird nur teilweise durch den stärkeren Rückgang des Durchsatzes in Fall b wettgemacht. Es wird also bei einer bestimmten Last im Fall a ein höherer Druck vorherrschen als im Fall b, und die Betriebspunkte für diese Last werden, wie in Abb. 412 dargestellt, liegen.

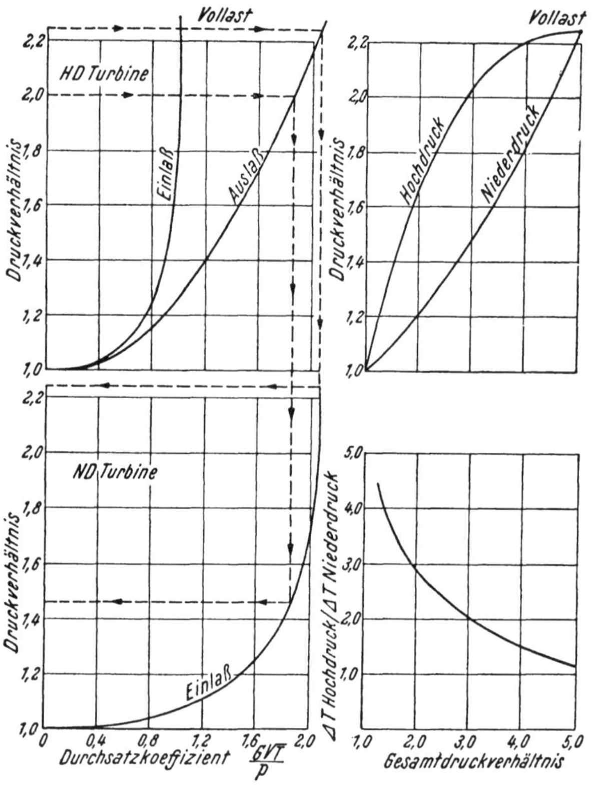

Abb. 411. Druckverhältnisse und Arbeitsverteilung bei zwei Turbinen in Serie
$\Pi = 5{,}0 = 2{,}24 \cdot 2{,}24$ bei Vollast
$\Pi = 2{,}9 = 2{,}0 \cdot 1{,}45$ bei Teillast

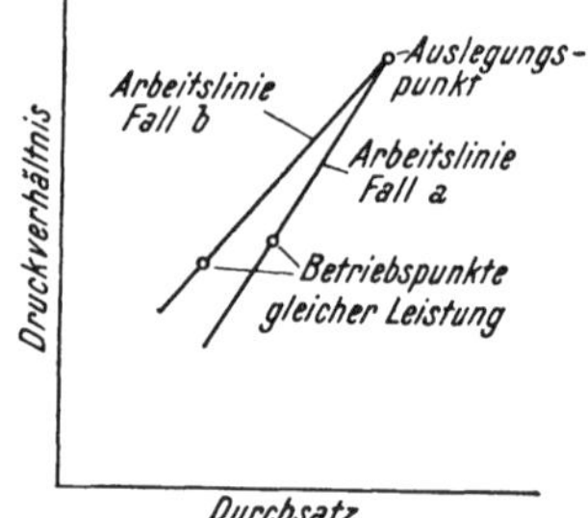

Abb. 412. Arbeitslinien für Antrieb des Kompressors von der HD-Turbine, Fall *a*, und von der ND-Turbine, Fall *b*

Daraus folgt, daß Fall b bei dieser Last den kleineren Durchsatz und daher zur Erreichung der gleichen Leistung wie bei Fall a die höhere Temperatur und damit den höheren Wirkungsgrad hat. Dieser letzte Schluß vernachlässigt allerdings die Differenz des Druckverhältnisses in den beiden Fällen, doch kann gezeigt werden, daß über dem größten Teil des Arbeitsbereiches der verschiedenen Schaltungen mit hohem Wärmerückgewinn dieser Unterschied die Wirkungsgraddifferenz noch erhöht.

Man kann daher folgende allgemeingültige Regel aufstellen, die für alle Schaltungen mit getrennter Nutzleistungsturbine gilt:

Ein je größerer Anteil der Verdichtungsarbeit von Turbinen am Niederdruckende der Expansion ausgeführt wird, um so besser wird der Teillastwirkungsgrad sein.

Aus diesen Erwägungen folgt also, daß die Arbeitslinie bei einer Anordnung mit parallelgeschalteter Nutzleistungsturbine *1 C*, Abb. 11, näher der Pumpgrenze liegt (infolge der höher liegenden Temperaturen) als bei einer Serienschaltung mit der Niederdruckturbine als Nutzleistungsturbine. Den besten Wirkungsgrad müßte demnach eine Serienschaltung mit der Niederdruckturbine als Kompressorturbine und der Hochdruckturbine als Nutzleistungsturbine haben. Dies trifft auch zu, jedoch liegt die Arbeitslinie so flach, daß eine solche Maschine bald die Pumpgrenze erreicht. Weniger zum Pumpen neigt die Parallelanordnung *1C*, Abb. 11, am wenigsten die Serienschaltung mit der Niederdruckturbine als Nutzleistungsturbine *1B*, Abb. 11.

Damit ergibt sich eine fundamentale Begrenzung für solche Schaltungen: *Jede Maßnahme, die den Teillastwirkungsgrad verbessert, schiebt die Arbeitslinie im Kompressor-*

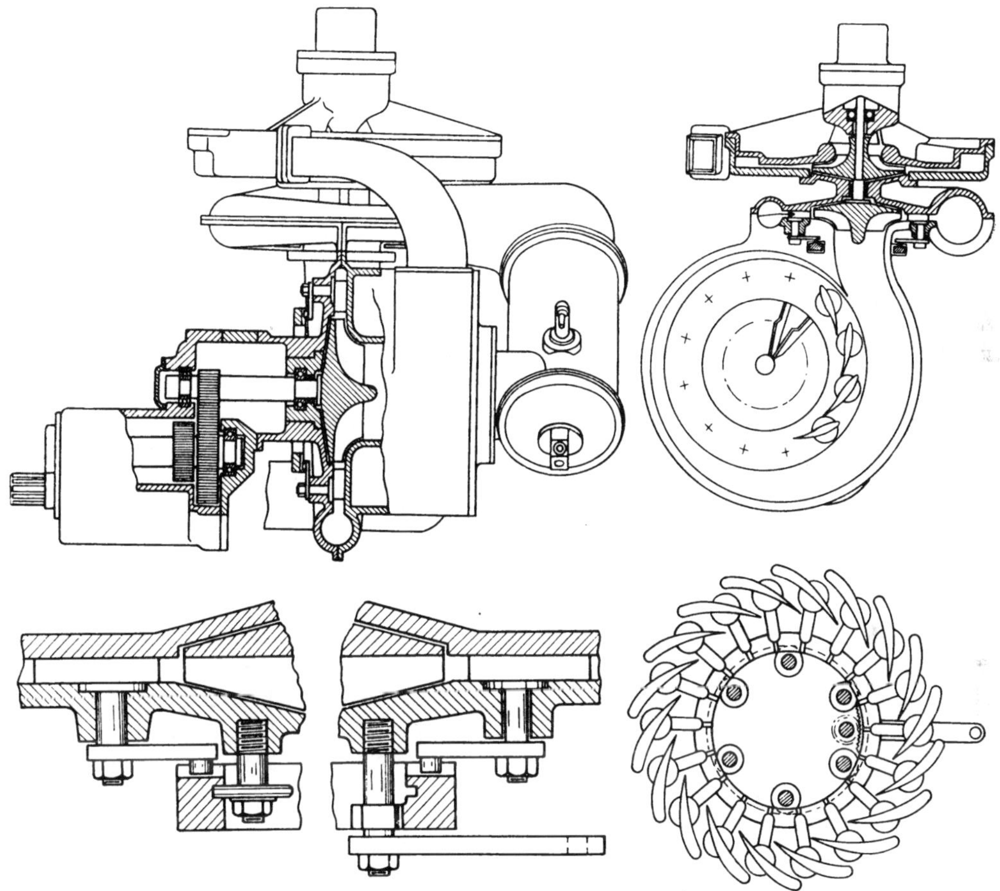

Abb. 413. Projekt einer Fahrzeugturbine von Centrax

kennfeld näher an die Pumpgrenze. Der maximale Teillastwirkungsgrad ist daher stark von der Lage derselben abhängig. Hier könnten nur Verdichter mit über dem ganzen Lastbereich stabilen Verhalten Abhilfe bringen. Solange aber Strömungsmaschinen in Verwendung stehen, wird diese Grenze bestehen bleiben.

Man hat allerdings bei Kleinturbinen, insbesondere für Fahrzeuge, die meist mit radialen Kompressoren und Turbinen arbeiten, die Möglichkeit, mittels verstellbarer Leitapparate am Kompressor und an den Turbinen, Abb. 254, eine Regelung der Durchsatzmenge bei annähernd gleicher Temperatur und konstantem Druckverhältnis über einen weiten Lastbereich zu erzielen. Ebenso kann man damit die Gefälleaufteilung auf Hochdruck- und Niederdruckturbine beeinflussen, ohne daß der Kompressor pumpt. Es muß allerdings bei seiner Auslegung auf ein möglichst flaches Kennfeld geachtet werden, wofür die Ausbildung des Diffusors stark verantwortlich ist. Um die bei variabler

Durchsatzmenge stark wechselnde Anströmgeschwindigkeit des Kompressorläufers und deren Auswirkung auf den Eintrittswinkel der Eintrittsleitschaufeln auszugleichen, scheint es auch angebracht zu sein, regelbare Drallschaufeln im Saugstutzen anzuordnen.

Bei Fahrzeugen erreicht man damit auch, daß die Drehzahl am Kompressoraggregat hoch bleibt und infolgedessen die Beschleunigungsfähigkeit stark zunimmt. Es scheint auch möglich, die Verstellung sämtlicher Leitapparate mechanisch mit der Drossel zu verbinden, so daß ein nicht allzu komplizierter Aufbau entsteht. Projekte von Centrax und Entwicklungen anderer Firmen zeigen, daß dieser Weg bei Kleinturbinen und vielleicht später auch bei größeren Einheiten gangbar ist, Abb. 413.

4. Verbundanordnungen

Aufteilung der Verdichtung auf mehrere Kompressoren in Serie, die unabhängig voneinander angetrieben werden, ermöglicht ein höheres Druckverhältnis und vermeidet bei geeigneter Schaltung die Einschränkung im Teillastverhalten infolge Pumpens der Kompressoren, wie vorhin beschrieben wurde. Die Anordnung einer getrennten Nutzleistungsturbine für Fahrzeug- oder Schiffsantrieb führt dann zu Dreiwellenanordnungen, Abb. 11. Damit wird die Zahl der möglichen Schaltungen außerordentlich groß.

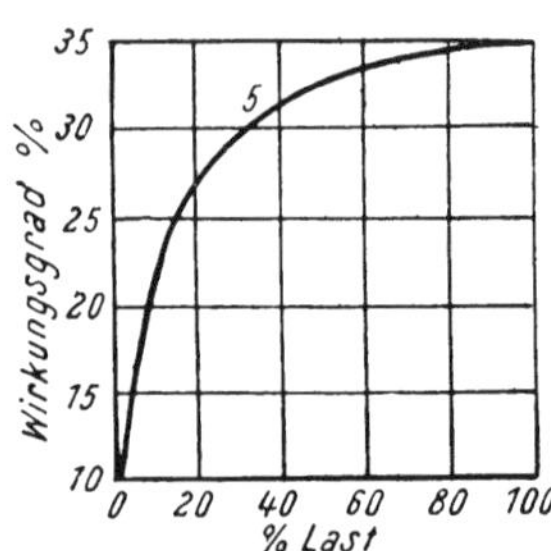

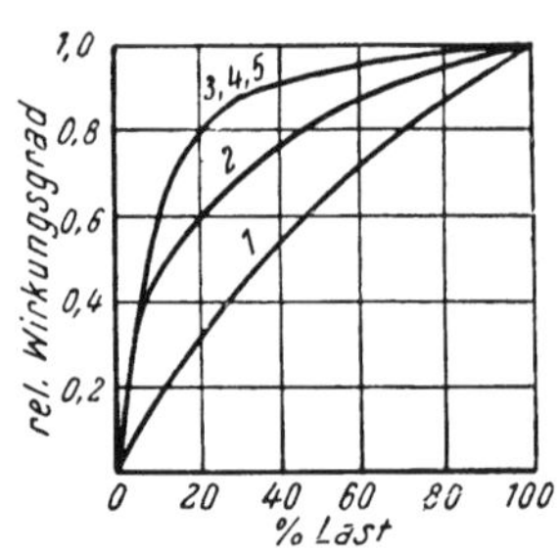

Abb. 414. Teillastverhalten verschiedener Schaltungen $t_3 = 650°$ C, $\eta_R = 0{,}8$

1 Einwellenanordnung mit konstanter Drehzahl nach *1A*, Abb. 11
2 Zweiwellenanordnung, Turbinen in Serie nach *1B*, Abb. 11
3 Einwellenanordnung, Propellergesetz nach *1A*, Abb. 11
4 Zweiwellenanordnung, Turbinen parallel nach *1C*, Abb. 11
5 Dreiwellenanordnung, zweimal Zwischenkühlung, einmal Zwischenerhitzung, HDT—MDK—HDK, NDT—NDK, NLT parallel HDT nach *5E*, Abb. 11

Ihre Vorzüge können ganz allgemein unter Beachtung der vorstehend entwickelten Grundsätze wieder abgeschätzt werden. Für hohen Teillastwirkungsgrad muß erstens ein großer Anteil der Verdichtungsarbeit vom Niederdruckende der Expansion ausgeführt werden und zweitens das Auslegungsdruckverhältnis höher liegen als das optimale für den Wirkungsgrad.

Die Verdichter sind bei einer solchen Anordnung viel leichter stabil zu bekommen als bei einer einstufigen. Eine Parallelverbundschaltung (HDK-HDT, NDK-NDT) ergibt die besten Resultate, da bei einer Reduktion der Last die Drehzahl des Hochdruckkompressors nur wenig fällt, während die des Niederdruckkompressors stark sinkt und daher Pumpen desselben kaum eintritt (nähere Erläuterung s. Abschn. „Axialverdichter", S. 147). Infolgedessen kann der Hochdruckkompressor auch für ein ziemlich großes Druckverhältnis ausgelegt werden. Der Niederdruckkompressor hingegen soll ein kleines Druckverhältnis haben, da gewöhnlich seine Arbeitslinie über der Linie, definiert durch Austrittsdruck $\times$ Durchsatzmenge, liegt und er daher bei kleinen Lasten zum Pumpen neigt. Diese Auslegung hängt allerdings schon sehr stark mit der Charakteristik des jeweils verwendeten Kompressors zusammen und damit, ob man besseren Wirkungsgrad im oberen oder unteren Lastbereich wünscht, wie noch später näher ausgeführt wird. Man kann daher keine allgemein gültige Regel aufstellen. Jedenfalls zeigen Parallelverbundanordnungen eine viel bessere Teillastcharakteristik als alle anderen. Kreuzverbundanordnungen führen bei Verwendung von Axialverdichtern zum Pumpen des Niederdruckkompressors und scheiden deshalb aus. Es lassen sich aber auch hier Schaltungen finden, die stabil bleiben, jedoch ist deren Teillastwirkungsgrad schlecht. Kompressoren nach der Verdrängerbauart, z. B. Lysholm-Schraubenkolbenverdichter, s. S. 197, ergeben sehr günstige Kreuzverbundanordnungen mit hohen Teillastwirkungsgraden. Da diese Betrachtungen aber ausschließlich auf Axialverdichtern basieren, die heute überwiegend verwendet werden (der Zentrifugalverdichter verhält sich ähnlich, er hat nur ein flacheres Kennfeld, ist also etwas günstiger) soll im folgenden nur auf Parallelverbundanordnungen eingegangen werden. Einen Vergleich der verschiedenen Schaltungen zeigt Abb. 414 [*36, 37, 47*].

C. Das Teillastverhalten der wichtigsten Schaltungen

Die größten Schwierigkeiten bei Teillast bereiten folgende Punkte:

1. Pumpen des Kompressors oder der Kompressoren.
2. Überhitzung einer oder der anderen Turbine.
3. Überdrehzahl des einen oder des anderen Rotors.

Pumpen bereitet aber von allen diesen Problemen das meiste Kopfzerbrechen und auch eine absolute Grenze für die kleinste noch mögliche Last. Es muß also unter allen Umständen vermieden werden. Jedoch auch Überhitzung und Überdrehzahl haben einen außerordentlich schädlichen Einfluß auf die Lebensdauer der Anlage (s. Abschn. „Werkstoffe", S. 444) und müssen sorgfältig hintangehalten werden.

Es soll daher von diesem Standpunkt aus näher auf die einzelnen Schaltungen eingegangen werden.

Für den Auslegungspunkt wurden folgende Werte angenommen: Turbineneintrittstemperatur 1050° K, Zwischenerhitzung, wenn ausgeführt, auf die gleiche Temperatur, Kompressoreintrittstemperatur 293° K, also $\theta = 3{,}58$, Temperatur nach Zwischenkühler 293° K, adiabatischer Kompressorwirkungsgrad 84 %, adiabatischer Turbinenwirkungsgrad 88 %, Wärmerückgewinnungsgrad 75 %, Druckverhältnis für einfache Anlagen 5, Druckverhältnis für Verbundanlagen 12. Bei Verbundanlagen wurde das Druckverhältnis am Niederdruckkompressor mit 4, am Hochdruckkompressor mit 3 gewählt, wenn nicht anders angegeben. Druckverluste sind in normalen Grenzen angesetzt.

1. Der Kompressor

Die einfachste Annäherung zur Festlegung des Verhaltens eines aerodynamischen Kompressors bei Teillasten ist folgende: Der Wirkungsgrad bleibt konstant, und die Temperaturdifferenz, die ein Maß für die aufgenommene Leistung pro Kilogramm Durchsatz in der Sekunde darstellt, verändert sich wie das Quadrat der Drehzahl. Das heißt, ΔT_k ist proportional n^2 oder der dimensionslose Faktor $\Delta T_k/T_1$ ist proportional $(n/\sqrt{T_1})^2$. ΔT_k ist die Temperaturdifferenz (Temperatursteigerung) im Kompressor, T_1 die Eintrittstemperatur und n die Drehzahl. Für normalen Gebrauch ist jedoch diese Näherung zu allgemein, und man muß für den Vergleich der Teillasteigenschaften der verschiedenen Schaltungen schon ein Kennfeld zur Hand haben. Für die folgenden Vergleiche wurde daher ein Kennfeld ähnlich dem in Abb. 73a dargestellten verwendet. Es ist ein Kennfeld für einen Kompressor mit einem Druckverhältnis von 4. Auf der Ordinate ist das Druckverhältnis aufgetragen, auf der Abszisse der relative Durchsatzkoeffizient[1] $(G\sqrt{T_1}/p_1)$: $(G\sqrt{T_1}/p_1)_0$. Linien für $n/\sqrt{T_1} =$ konst. und $\Delta T_k/T_1 =$ konst. sind eingezeichnet. G ist der Durchsatz in kg/sek, p_1 der Eintrittsdruck. Linien gleichen Wirkungsgrades, die mit $\Delta T_k/T_1$ in Zusammenhang stehen, sind strichliert eingetragen.

Dieses etwas zurechtgeschnittene Kennfeld stammt von einem Flugzeugkompressor. Ein Kompressor für Landanlagen, wo es auf das Gewicht nicht so sehr ankommt, könnte durch Hinzufügen weiterer Stufen eine Charakteristik bekommen, bei der die Zone mit nahezu konstantem Wirkungsgrad und mit ΔT_k proportional n^2 von der Nachbarschaft der Pumpgrenze bei relativen Drehzahlen unter 0,9 die sie in Abb. 73a einnimmt, ausgedehnt werden könnte, um den Auslegungspunkt mit einzuschließen, s. z. B. Abb. 130. Es kann daher die Charakteristik nach Abb. 73a für Landanlagen in eine sogenannte

[1] Index 0 kennzeichnet den Wert am Auslegungspunkt.

horizontale Charakteristik verwandelt werden, wie sie durch die Annäherung ΔT_k proportional n^2 bei konstantem Wirkungsgrad bereits gegeben wurde. Andererseits führen hochgezüchtete Flugzeugkompressoren mit hoher Belastung der einzelnen Stufen zur sog. *vertikalen Charakteristik.* Die Drehzahllinien sind dann nahezu vertikal, wenn Geschwindigkeiten nahe der Schallgeschwindigkeit in den Schaufelkanälen auftreten.

2. Die Turbine

Eine Turbinencharakteristik wird meist in einem Achsenkreuz mit dem Druckverhältnis als Ordinate und dem Ausdruck $G \cdot u/g \cdot F \cdot p_3$ als Abszisse aufgetragen. Linien für $\Delta T_t/T_3$ und $\Delta T_t/\Delta T_u$ (u ist Umfangsgeschwindigkeit am mittleren Schaufelradius) werden eingezeichnet. F ist der Durchtrittsquerschnitt der Eintrittsleitschaufeln, p_3 der totale Eintrittsdruck (statisch + dynamisch), T_3 die totale Eintrittstemperatur (statisch + dynamisch), ΔT_t die Turbinentemperaturdifferenz, ΔT_u die der Umfangsgeschwindigkeit u äquivalente Temperatur[1], Abb. 415.

Die Größe $\Delta T_t/\Delta T_u$, oder abgekürzt Δ, entspricht dem Geschwindigkeitsverhältnis u/c, s. S. 220. Ein konstantes Δ heißt, daß die Geschwindigkeitsdreiecke und damit die Anstellwinkel konstant bleiben.

Eine Turbine, die einen Kompressor treibt, wobei beide gleiches Durchsatzgewicht haben, arbeitet nahezu mit konstantem Δ. Da ΔT_k ungefähr proportional n^2, und infolgedessen ΔT_t proportional u^2, und weil ΔT_u proportional u^2, ist Δ konstant.

Für eine Nutzleistungsturbinendrehzahl nach dem Propellergesetz bei konstantem Δ muß der Durchsatz G proportional der Drehzahl n und somit der Umfangsgeschwindigkeit u sein, wenn die Leistung $G \cdot \Delta T_t$ proportional u^3 sein soll. Wenn G nicht so schnell wie u abnimmt, wird Δ mit sinkender Leistung fallen.

Für konstante Drehzahl bedeutet die Erhaltung eines konstanten Δ und eines konstanten u, daß die spezifische Leistung konstant bleiben muß. Ein Absinken der spezifischen Leistung bei Teillast bringt einen Abfall von Δ mit sich.

Treibt eine Nutzleistungsturbine direkt auf die Räder eines Fahrzeuges, dann wird beim Beschleunigen von einer kleinen Geschwindigkeit mit voller Drehzahl am Kompressoraggregat (also Vollast) das Δ um ein ziemliches Maß größer sein, als bei voller Drehzahl und Beaufschlagung der Nutzleistungsturbine. Die großen positiven Anstellwinkel, die in einem solchen Fall auftreten, werden einen schlechten Einfluß auf den Wirkungsgrad haben und somit die Leistung und das Drehmoment, das mit einem bestimmten Druck- und Temperaturniveau erreichbar wäre, herabmindern. Diese Veränderungen in einer unabhängig laufenden Nutzleistungsturbine beeinflussen aber, wie schon erwähnt, kaum den Gleichgewichtszustand in den anderen Anlageteilen, und man kann daher sagen, daß die für Fahrzeuge so wichtige Drehzahl-Drehmoment-Charakteristik einer Vortriebsturbine viel mehr eine Funktion der Auslegung derselben als der Position der Turbine im Gesamtsystem ist.

Wenn eine Turbine nahe ihren Auslegungsverhältnissen (Anstellwinkel am Auslegungspunkt arbeitet, dann kann die Turbinencharakteristik zu einer einzigen Kurve reduziert werden, die den entsprechenden Wert von Δ darstellt, und diese kann wie beim Kompressor als Funktion vom Druckverhältnis und vom Durchsatzkoeffizienten $G\sqrt{T_3}/p_3$, mit Werten für $\Delta T_t/T_3$, die auch als gesonderte Kurve aufgetragen werden können, gezeichnet werden, Abb. 416. Die Abbildung zeigt typische in dieser Form aufgetragene Kurven für ein-, zwei-, drei- und vielstufige Turbinen. Einige der Unterschiede in den Kurven werden durch die Wahl verschiedener Schaufelwinkel oder eines verschiedenen Δ infolge der veränderten Reaktion am Auslegungspunkt erreicht, aber es bleibt die Tendenz, mit steigender Stufenzahl immer näher an die Form der Ellipse heranzukommen, s. auch S. 244.

---

[1] $\Delta T_u = \dfrac{u^2}{2g J c_p}$, vgl. S. 76, Fußnote.

Man sieht, daß mit wachsender Stufenzahl der Durchsatzkoeffizient oder das *Schluckvermögen* abnimmt. Eine einstufige Turbine für ein Druckverhältnis von 5 zeigt bis zu einem Druckverhältnis von 2 ein konstantes Schluckvermögen, eine dreistufige bis zu einem solchen von 3. Mit wachsender Stufenzahl wird die Charakteristik immer mehr elliptisch. Die Kurve für eine vielstufige Turbine ist mit dem sogenannten *elliptischen Gesetz* in Einklang

$$\frac{G\sqrt{T_3}}{p_3} = k\sqrt{1-\left(\frac{p_4}{p_3}\right)^2}\,, \tag{389}$$

wobei p_4 der Austrittsdruck (statisch + dynamisch) ist und k eine Konstante.

Dieser Ausdruck oder ähnliche stehen schon lange im Dampfturbinenbau in Verwendung. Die Abhängigkeit von Schluckvermögen und Druckverhältnis ist jedoch bei der

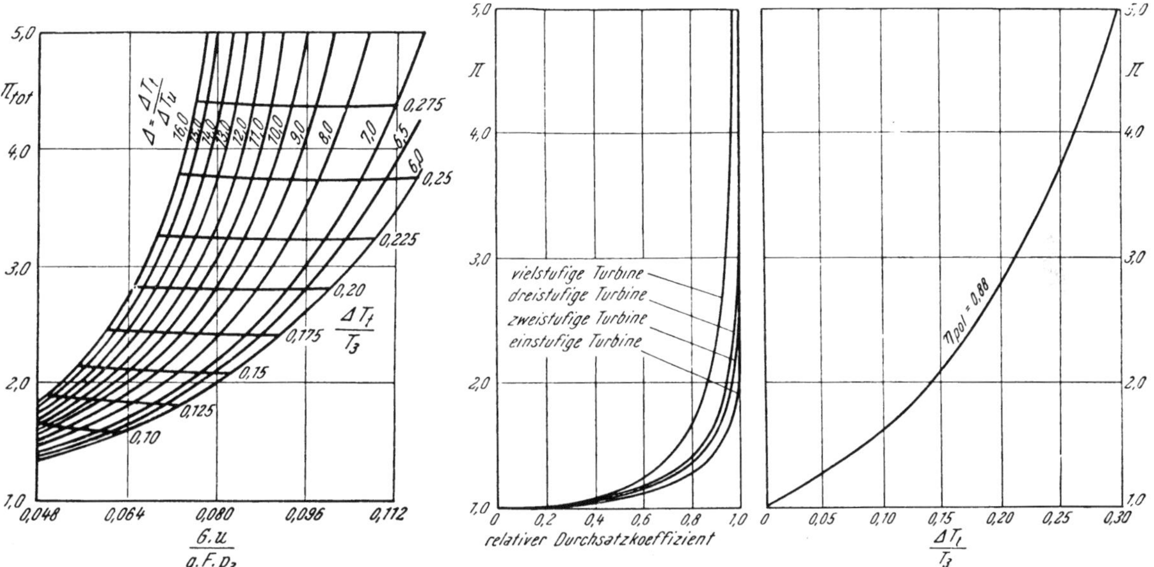

Abb. 415. Theoretisches Kennfeld einer dreistufigen Turbine

Abb. 416. Kennlinien für ein-, zwei-, drei- und vielstufige Turbinen, die nahe am Auslegungspunkt arbeiten

Gasturbine von noch größerer Bedeutung als bei der Dampfturbine, da diese auch bei Teillasten noch genügend hohe Druckverhältnisse hat, um wenig Veränderungen im Schluckvermögen zu erleiden, während eine Gasturbine z. B. am Niederdruckende bis zu Druckverhältnissen von nahezu 1 arbeiten muß. Die Veränderungen im Schluckvermögen und damit die Schwierigkeit des Zusammenarbeitens mit dem Kompressor werden daher sehr groß.

Das konstante Schluckvermögen, das einstufige Turbinen bei einem Druckverhältnis $\Pi \geqq 2$, mehrstufige Turbinen bei höheren Druckverhältnissen aufweisen, hängt mit dem Erreichen der Schallgeschwindigkeit in den Statorschaufeln zusammen. Unter diesen *Staubedingungen* ändert sich das Schluckvermögen kaum mehr bei einer Änderung des Anstellwinkels und daher des Δ, jedoch wird der Wirkungsgrad dadurch beeinflußt.

Für die anderen Anlageteile wurde ein konstanter Druckverlust bei Teillasten angenommen, ebenso ein konstanter Wärmerückgewinnungsgrad von 0,75, obwohl, vorausgesetzt daß die Strömung turbulent bleibt, dieser bei Teillasten leicht ansteigen wird.

3. Grundsätzliche Methoden zur Veränderung der Leistungsabgabe

Die Leistungsabgabe eines Kreisprozesses kann mittels einer Variation der Größen G, T_3, Π und p_1 verändert werden. Π = das Druckverhältnis und $\Pi \cdot p_1 = p_{max}$, der maximale Kreislaufdruck. Diese Variablen können nun nicht unabhängig voneinander ver-

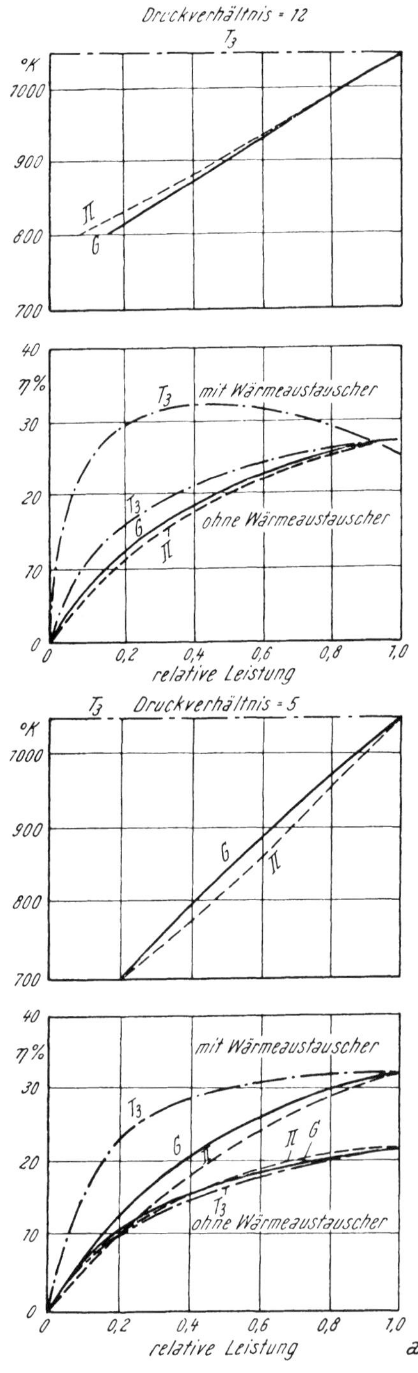

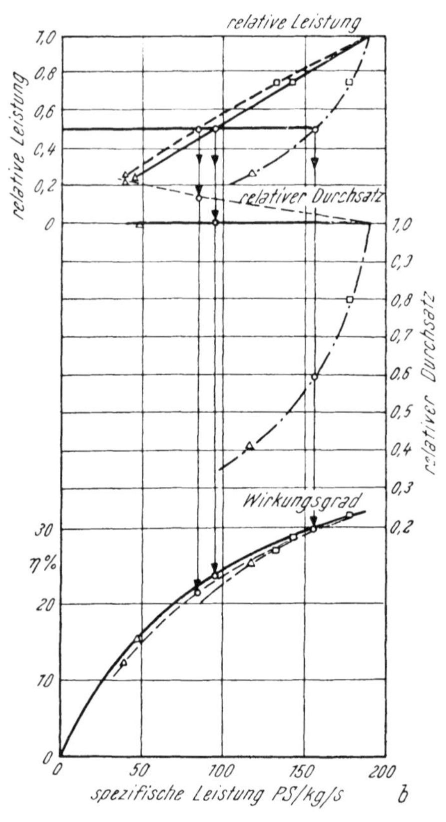

Abb. 417. Teillastverhalten einer offenen Gasturbine. Leistungsreduktion für $G =$ konst., $T_3 =$ konst. und $\Pi =$ konst.

a Mit und ohne Wärmeaustauscher. Druckverhältnis 12 (oben) und 5 (unten). $T_3 = 1050°$ K

G konst. Durchsatz
T_3 konst. Temperatur
Π konst. Druckverhältnis

b Mit Wärmeaustauscher $\eta_R = 0{,}75$. Druckverhältnis 5. $T_3 = 1050°$ K

——— konst. Durchsatz
—·— konst. Temperatur
– – – konst. Druckverhältnis

□ 75% Last ○ 50% Last △ 25% Last

ändert werden, da sie in Abhängigkeit zueinander stehen. Die Abhängigkeit in ihrer einfachsten Form ist durch den Ausdruck

$$\frac{G\sqrt{T_3}}{\Pi \cdot p_1} = f(\Pi)$$

gegeben.

Unter der Annahme, daß die Charakteristik einer vielstufigen Turbine diesem Ausdruck folgt, ist es möglich, zu schreiben

$$\frac{G\sqrt{T_3}}{\Pi \cdot p_1} = k_1 \sqrt{1 - \frac{1}{(\Pi)^2}}$$

oder

$$G = k_2 p_1 \sqrt{\frac{\Pi^2 - 1}{T_3}} \tag{390}$$

k_1 und k_2 sind Konstanten.

1. Geschlossener Kreislauf: T_3 und Π konst.

Wenn Π und T_3 konstant sind, dann ist die Durchsatzmenge proportional p_1, und der Wirkungsgrad und die spezifische Leistung bleiben unverändert. Der geschlossene Kreisprozeß, der nach diesem Prinzip arbeitet, ergibt daher theoretisch einen konstanten Wirkungsgrad bis zum kleinsten noch möglichen Wert von p_1, nämlich Atmosphärendruck.

2. Offener Kreislauf: $p_1 =$ konst.

Beim offenen Kreislauf ist bei allen Lasten p_1 gleich dem Atmosphärendruck. Es ist daher interessant, den verschiedenen Verlauf der Leistungs- und Wirkungsgradlinien bei T_3, Π bzw. $G =$ konst. zu betrachten.

a) $G =$ konst. Für konstantes G variiert die absolute Leistung wie die spezifische Leistung und Gl. (390) zeigt, daß T_3 proportional $(\Pi^2 - 1)$ ist. Man kann daher aus Kurven, ähnlich denen in Abb. 417, die Teillastwerte finden.

b) $\Pi =$ konst. Mit Π konstant und T_3 abfallend zeigen sowohl die spezifische Leistung als auch der Wirkungsgrad eine fallende Tendenz. Der Durchsatz jedoch ist proportional $T_3^{-\frac{1}{2}}$ und steigt somit. Der Abfall der absoluten Leistung ist daher weniger stark als der der spezifischen Leistung.

c) $T_3 =$ konst. Bei konstantem T_3 ändert sich G wie $\sqrt{\Pi^2 - 1}$ und fällt daher mit fallendem Π. Obwohl z. B. bei einem Auslegungsdruckverhältnis von 12 anfänglich bei fallendem Π die spezifische Leistung steigt, fällt die absolute Leistung kontinuierlich. Ohne einen Wärmeaustauscher fällt in diesem Falle auch der Wirkungsgrad ständig, während mit einem Wärmeaustauscher mit 75 % Rückgewinnungsgrad anfänglich ein Ansteigen desselben eintritt. Eine Maschine mit $T_3 = 1050°$ K und $\Pi = 5$ wird jedoch ihren optimalen Wirkungsgrad am Auslegungspunkt haben, vorausgesetzt, daß die Einzelmaschinenwirkungsgrade konstant bleiben.

Es zeigt sich, daß sowohl bei einem Druckverhältnis von 5 als auch 12 ohne Wärmeaustauscher die drei Methoden wenig Unterschied im Teillastwirkungsgrad aufweisen. Für das Druckverhältnis $\Pi = 12$ hat die Wirkungsgradkurve für $T_3 =$ konst. einige Vorteile gegenüber den anderen beiden, von denen die Kurve für $\Pi =$ konst. den kleinsten Wirkungsgrad aufweist. Das umgekehrte Verhältnis zeigt sich für die Maschine mit dem Druckverhältnis 5.

Mit Wärmeaustauscher kommt erst richtig der Vorteil der Erhaltung einer hohen Kreislauftemperatur heraus, auch beim niederen Druckverhältnis. Beim hohen Druckverhältnis bringt der Wärmeaustauscher keinen Vorteil bei $G =$ konst. oder $\Pi =$ konst.

Nach diesen prinzipiellen Betrachtungen, die aus Abb. 417 sehr deutlich hervorgehen, sollen nun die einzelnen Schaltungen und ihre Vor- und Nachteile näher erörtert werden[1].

[1] Die im folgenden angestellten Betrachtungen sowie die Abbildungen fußen auf [*14*].

4. Einfacher, offener Kreislauf

Beim einfachen, offenen Kreislauf gibt es vier Schaltungsmöglichkeiten:

1. Die kombinierte Anordnung, d.h. die Turbine treibt den Kompressor und gibt Nutzleistung ab, *1A*, Abb. 11.
2. Serienschaltung mit Nutzleistungsturbine als Niederdruckturbine, *1B*, Abb. 11.
3. Serienschaltung mit Nutzleistungsturbine als Hochdruckturbine.
4. Nutzleistungsturbine parallel mit der Kompressorturbine, *1C*, Abb. 11.

Davon ist Fall 1 die normale Einwellenanordnung, während die Fälle 2, 3 und 4 Zweiwellenanordnungen sind.

5. Einfache Anlage in Einwellenanordnung, Fall 1

Abb. 418a zeigt die Lage der Turbinenarbeitslinie im Kompressorkennfeld für konstante Eintrittstemperatur, konstante Drehzahl und für Drehzahl nach dem Propellergesetz. Die Arbeitslinien sind sowohl für eine vielstufige wie für eine dreistufige Turbine

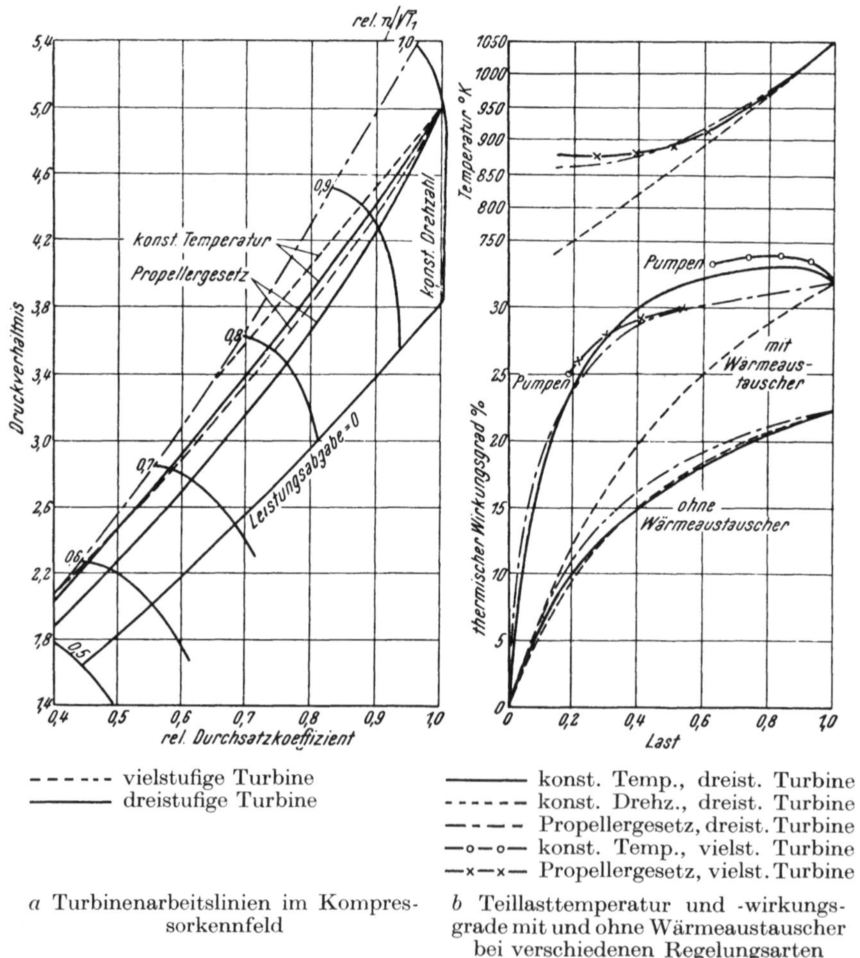

a Turbinenarbeitslinien im Kompressorkennfeld

b Teillasttemperatur und -wirkungsgrade mit und ohne Wärmeaustauscher bei verschiedenen Regelungsarten

Abb. 418. Teillastverhalten der einfachen Anlage in Einwellenanordnung, *1A*, Abb. 11

eingezeichnet. Bei einem gegebenen Druckverhältnis gibt die vielstufige Turbine eine Arbeitslinie für konstante Temperatur bei einem kleineren Durchsatz und dadurch näher der Pumpgrenze als die dreistufige Turbine. Dies ist eine Folge des kleineren

Schluckvermögens der vielstufigen Turbine bei einem bestimmten Druckverhältnis gegenüber der mit wenigen Stufen. Die Arbeitslinie für Propellergesetz wandert in der gleichen Richtung wie die Arbeitslinie für maximale Temperatur, wenn die Stufenzahl der Maschine geändert wird.

Mit beiden Maschinen ergibt eine Anlage mit Wärmeaustauscher bei konstanter Temperatur die besten Teillastwirkungsgrade, solange der Kompressor nicht pumpt. Antrieb eines Propellers ergibt nur ein klein wenig tiefere Wirkungsgrade, während konstante Drehzahl, z. B. Generatorantrieb, die schlechtesten Verhältnisse zeigt, Abb. 418b. Die Turbinentype hat nur kleinen Einfluß auf den Wirkungsgrad bei einer bestimmten Last. Die nur geringen Differenzen in der Temperatur für eine bestimmte Last bei Betrieb nach Propellergesetz und mit konstanter Drehzahl bedürfen aber einer gesonderten Erklärung. Dieser kleine Unterschied kommt daher, daß bei konstanter Drehzahl der Kompressorwirkungsgrad mit der Last fällt, während beim Propellergesetz ein Steigen desselben eintritt (bei der angenommenen Charakteristik nach Abb. 73a). Ein Absinken des Kompressorwirkungsgrades hat zur Folge, daß die Maschine für eine gegebene Last mit höherer Temperatur arbeitet, als notwendig wäre, wenn kein Wirkungsgradabfall einträte. Dies beeinflußt natürlich den Gesamtwirkungsgrad in schlechtem Sinne. Infolgedessen besteht trotz des verhältnismäßig kleinen Temperaturunterschiedes zwischen den beiden Arbeitsbedingungen ein großer Wirkungsgradunterschied. Das Abfallen des Kompressorwirkungsgrades bei konstanter Drehzahl tritt bei Kompressoren immer auf, während der Wirkungsgradanstieg bei Propellergesetz nicht notwendigerweise erfolgen muß. Ohne Wärmeaustauscher ergibt das Arbeiten mit konstanter Temperatur einen kleineren Teillastwirkungsgrad als die beiden anderen Methoden.

6. Turbinen in Serie (Zweiwellenanordnung), Fall 2 und 3

Eine Trennung von Kompressor- und Nutzleistungsturbine und Anordnung beider Turbinen in Serie beschneidet den Maschinen die Möglichkeit, fast über die ganze Kompressorcharakteristik zu arbeiten, beträchtlich. Das Arbeitsfeld wird auf eine verhältnismäßig kleine Zone beschränkt. Die Lage dieser Zone in der Charakteristik wird durch die Position der Nutzleistungsturbine bestimmt (Hochdruck- oder Niederdruckturbine).

In Abb. 419 sind die Arbeitslinien für Propellergesetz und konstante Drehzahl der Nutzleistungsturbine im gleichen Kompressorkennfeld wie vorher gezeigt. Linien für konstante Temperatur sind ebenfalls eingezeichnet, doch liegt diese Linie bei der Schaltung mit der Niederdruckturbine als Nutzleistungsturbine außerhalb des praktischen Arbeitsbereiches. Die Schaltung mit der Niederdruckturbine als Nutzleistungsturbine arbeitet weit ab von der Pumpgrenze, doch zeigt die Temperatur einen starken Abfall bei Teillast, während bei der Schaltung mit der Hochdruckturbine als Nutzleistungsturbine die Temperatur hoch bleibt und die Arbeitslinie gegen die Pumpgrenze läuft. Dies steht im Einklang mit den am Anfang gegebenen Erklärungen für das Verhalten von zwei Turbinen in Serie. Die Wirkungsgrade mit Wärmeaustauscher dieser beiden Schaltungen liegen über bzw. unter denen der Einwellenanordnung, wenn diese einen Schiffspropeller treibt. Der enge Arbeitsbereich beider Schaltungen wird durch die nahe aneinanderliegenden Arbeitslinien für Propellergesetz und konstante Drehzahl deutlich. Eine Änderung der Nutzleistungsturbinendrehzahl beeinflußt das Gleichgewicht des Kompressorsatzes nur dann, wenn sich das Schluckvermögen derselben verändert. Da sich dieses aber unter den gegebenen Verhältnissen nur wenig ändert, besonders wenn die Nutzleistungsturbine nahe dem oder im Staugebiet arbeitet, wird sich auch die Arbeitslinie nur unmerklich verschieben.

Die Arbeitslinien sind für eine dreistufige Turbine gezeichnet. Wie bei der Einwellenanordnung wird eine vielstufige Turbine die Arbeitslinie bei kleinen Kompressordrehzahlen ein wenig näher an die Pumpgrenze heranschieben. Da die Niederdruckturbine größere Änderungen im Druckverhältnis erfährt, wird eine veränderte Charakteristik derselben einen größeren Einfluß haben, als eine solche bei der Hochdruckturbine.

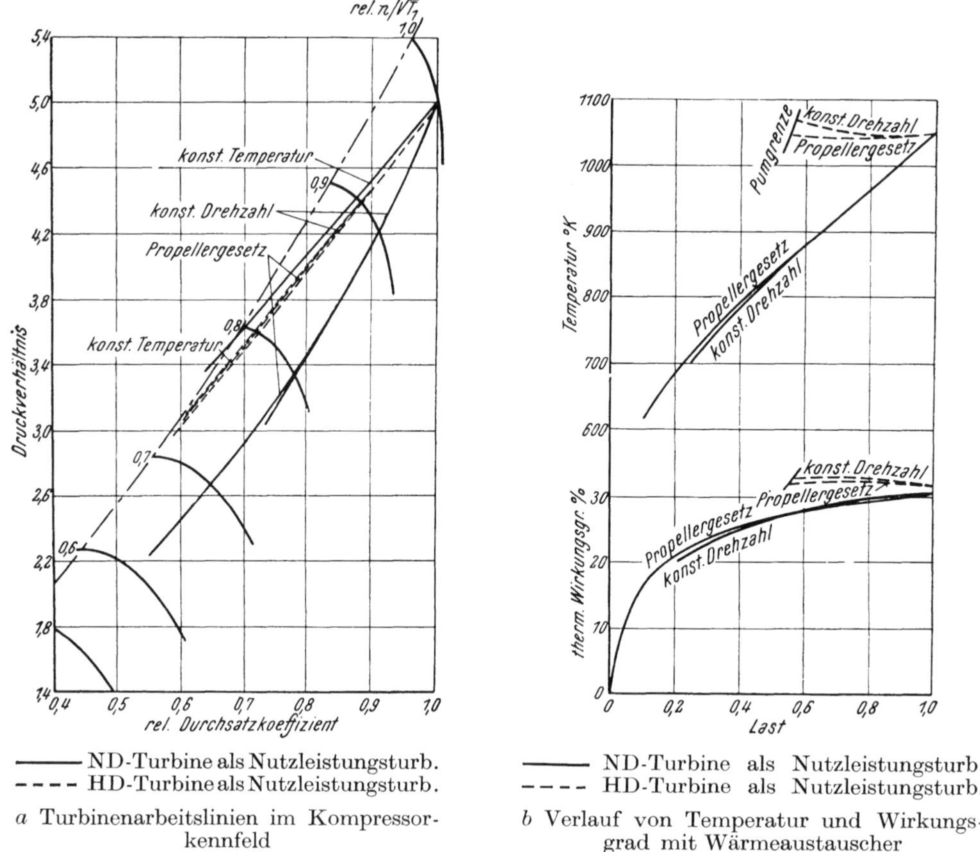

——— ND-Turbine als Nutzleistungsturb.
- - - - HD-Turbine als Nutzleistungsturb.

a Turbinenarbeitslinien im Kompressorkennfeld

——— ND-Turbine als Nutzleistungsturb.
- - - - HD-Turbine als Nutzleistungsturb.

b Verlauf von Temperatur und Wirkungsgrad mit Wärmeaustauscher

Abb. 419. Teillastverhalten einer einfachen Anlage in Serienschaltung (Zweiwellenanordnung)

Ein Abfall des Kompressorwirkungsgrades bei einem gegebenen Druckverhältnis, z. B. durch Verschmutzung der Beschaufelung, wird ebenfalls die Arbeitslinie näher an die Pumpgrenze heranschieben, vorausgesetzt daß keine Änderung der Turbinencharakteristik eintritt.

7. Das einfache Düsentriebwerk

Das einfache Düsentriebwerk ist eine Abart der Schaltung mit getrennter Nutzleistungsturbine in Serie mit der Hochdruckturbine als Kompressorturbine. Die Schubdüse ist hier die Nutzleistungsturbine. Die Lage der Turbinenarbeitslinie im Kompressorkennfeld entspricht daher auch dem obgenannten Schema. Mit steigender Fluggeschwindigkeit wandert die Turbinenarbeitslinie von der Pumpgrenze weg, Abb. 420. Mit einer verstellbaren Schubdüse ist es theoretisch möglich, über die ganze Kompressorcharakteristik zu arbeiten. Eine Abnahme des Düsenaustrittsquerschnittes bewirkt einen Anstieg der Temperatur und damit ein Wandern der Arbeitslinie in Richtung Pumpgrenze, ebenso wie eine Steigerung des Schubes.

Eine ähnliche Möglichkeit geben verstellbare Eintrittsleitschaufeln in der Nutzleistungsturbine beim Schaltschema mit der Niederdruckturbine als Nutzleistungsturbine. Diese Möglichkeit der Regelung trifft man bereits bei Fahrzeug- und Kleinturbinen an, und sie ist bei Radialturbinen auch ohne weiteres durchführbar. Mit dieser

Einrichtung könnte sowohl für Propellergesetz als auch für konstante Drehzahl mit konstanter Temperatur gefahren werden, was eine wesentliche Wirkungsgradsteigerung bei einer Maschine mit Wärmeaustauscher bei Teillast zur Folge hätte. General Electric verwendet diese Möglichkeit auch bei den Industrieturbinen, s. S. 620.

8. Zwischenerhitzung bei Serienschaltungen

Hohe spezifische Leistung ist sehr wünschenswert, da sie zu einer Reduktion des spezifischen Luftverbrauches und damit zu einer Verminderung der Maschinenabmessungen führt. Diese Steigerung der spezifischen Leistung kann bei den vorher besprochenen Serienschaltungen sehr einfach durch Zwischenerhitzung erreicht werden. Etwa 15% mehr Leistung kann man bekommen, wenn man bei einem Kreislauf mit einem Druckverhältnis von 5 nach der Hochdruckturbine wieder auf 1050° K erhitzt. Ohne Wärmeaustauscher wird allerdings ein tieferer Wirkungsgrad als bei der Anlage ohne Zwischenerhitzung herauskommen, da die Zwischenerhitzung in diesem Fall zu spät im Verlauf der Expansion angewendet wird, doch mit einem wirkungsvollen Wärmeaustauscher kann dieser Verlust noch in einen leichten Gewinn verwandelt werden. Es sollen daher nur die Anlagen mit Zwischenerhitzung und Wärmeaustausch betrachtet werden, wobei die Nutzleistungsturbine einmal als Hochdruck- und einmal als Niederdruckturbine läuft.

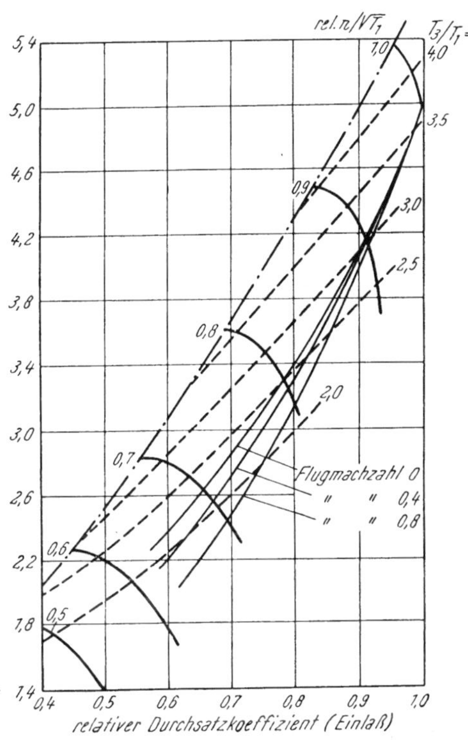

Abb. 420. Teillastverhalten eines einfachen Düsentriebwerkes mit nicht verstellbarer Düse

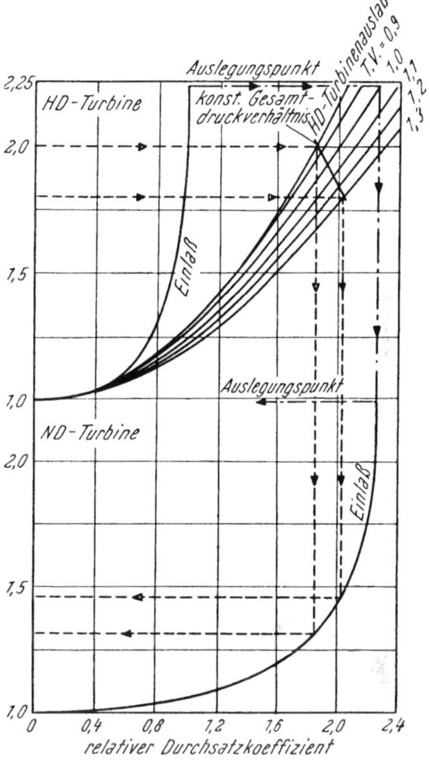

Abb. 421. Einfluß einer Veränderung des Verhältnisses der Einlaßtemperaturen der Hoch- und der Niederdruckturbine bei zwei Turbinen in Serie mit Zwischenerhitzung

$$T.V. = \frac{\text{HD-Turbinen-Einlaßtemperatur}}{\text{ND-Turbinen-Einlaßtemperatur}}$$

Wird der Kompressor von der Hochdruckturbine angetrieben, dann erfordert Zwischenerhitzung keine Änderung am Kompressoraggregat. Nur die Nutzleistungsturbine muß anders ausgelegt werden. Sie arbeitet zwar noch mit dem gleichen Druckverhältnis, wenn man vom geringen Druckabfall in der Brennkammer absieht, aber sie gibt eine größere Leistung infolge der höheren Eintrittstemperatur ab. Es müssen daher die Durchströmquerschnitte in dieser Turbine entsprechend der verringerten Gasdichte vergrößert werden.

Für den Gleichgewichtszustand der Maschine ist die Zwischenerhitzungstemperatur maßgebend, die als Variable zwischen den Grenzen höchste noch zulässige Temperatur

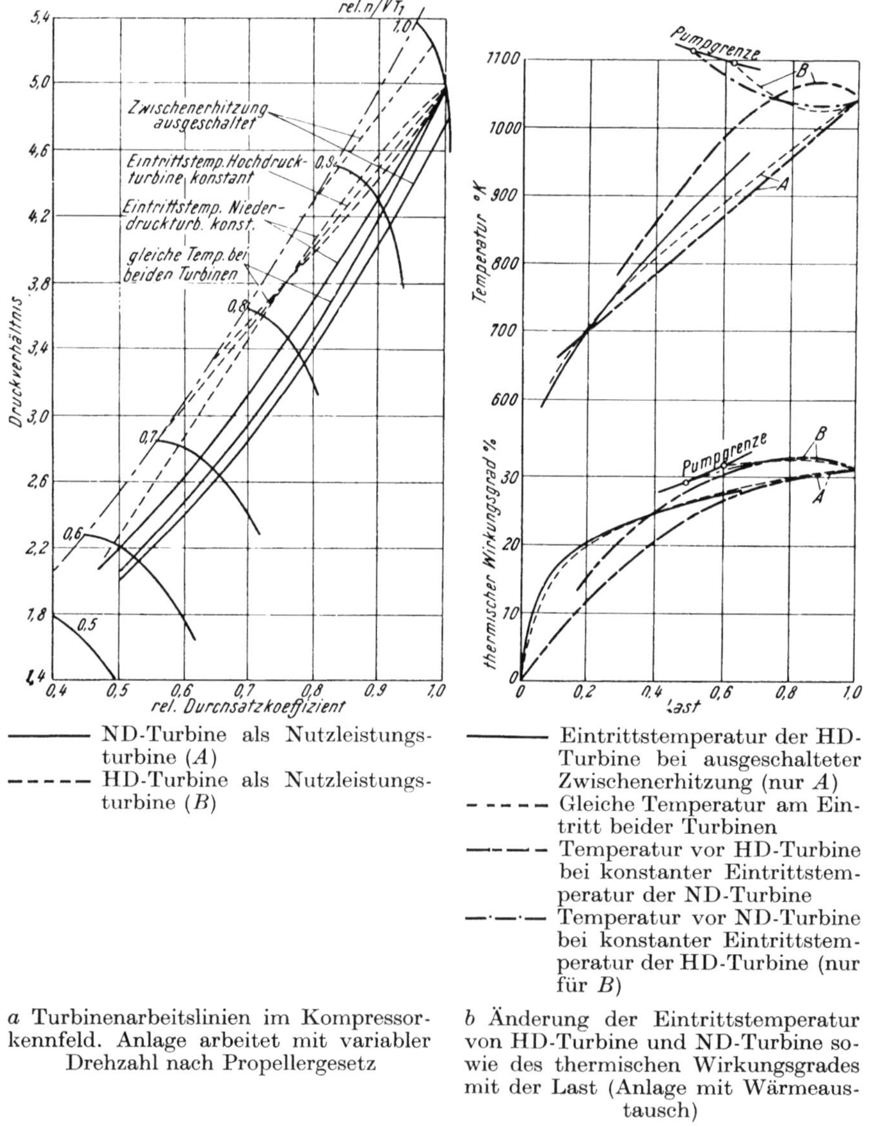

a Turbinenarbeitslinien im Kompressorkennfeld. Anlage arbeitet mit variabler Drehzahl nach Propellergesetz

b Änderung der Eintrittstemperatur von HD-Turbine und ND-Turbine sowie des thermischen Wirkungsgrades mit der Last (Anlage mit Wärmeaustausch)

Abb. 422. Teillastverhalten der einfachen Anlage in Serienschaltung mit Zwischenerhitzung (Zweiwellenanordnung)

einerseits und Temperatur ohne Zwischenerhitzung anderseits verändert werden kann. Wenn bei einem bestimmten Druckverhältnis am Kompressor das Verhältnis der Temperaturen am Eintritt der beiden Turbinen geändert wird, dann wird sich eine neue Aufteilung der Druckverhältnisse in den Turbinen einstellen, und zwar so, daß das Druckverhältnis der Hochdruckturbine steigt und das der Niederdruckturbine fällt, Abb. 421. Da ΔT_{HDT} für ein gegebenes Gesamtdruckverhältnis konstant ist, muß der Anstieg im Druckverhältnis derselben durch einen Abfall der Temperatur vor dieser wettgemacht werden, wobei Hand in Hand damit ein Anstieg des Durchsatzes geht, um das Schluckvermögen der Maschine zu befriedigen. Ein Ausschalten der Zwischenerhitzungsbrennkammer wird daher die Arbeitslinie von der Pumpgrenze wegschieben. Dies geht aus Abb. 422a hervor, in der die Arbeitslinie für Propellergesetz bei konstanter Zwischenerhitzungstemperatur, bei gleicher Temperatur am Eintritt beider Turbinen und bei ausgeschalteter Zwischenerhitzung zeigt. Da es sich ergeben hat, daß bei einem bestimmten Druckverhältnis die Temperaturen beider Turbinen mit fallendem Durchsatz steigen, die Zwischenerhitzungstemperatur mehr als die Temperatur vor der Hochdruckturbine, folgt, daß erstens die Leistungsabgabe auch sehr stark in dieser Richtung steigt und daß zweitens ein Arbeiten der Maschine mit 1050° K eine weitere Bewegung der Arbeitslinie zur Pumpgrenze zur Folge hat und die Zwischenerhitzung über das zulässige Maximum ansteigt. Die Veränderung der Temperaturen vor beiden Turbinen und die daraus resultierenden Wirkungsgradlinien sind in nebenstehender Abb. 422b als Funktion der Leistungsabgabe dargestellt. Gleiche Eintrittstemperaturen bei beiden Turbinen geben wesentlich bessere Wirkungsgrade als eine konstante Zwischenerhitzungstemperatur, was anzeigt, daß es, wie es auch immer der Fall ist, keinen Zweck hat, mit der Zwischenerhitzung höher zu gehen als mit der Haupttemperatur.

In ähnlicher Weise zeigt es sich, daß bei einer Anlage mit der Hochdruckturbine als Nutzleistungsturbine mit ausgeschalteter Zwischenerhitzung dennoch eine Erhöhung der Eintrittstemperatur der Hochdruckturbine notwendig ist, um ein gegebenes Druckverhältnis am Kompressor zu halten. Dies kann nur durch ein verstärktes Ansteigen der Temperatur an der Hochdruckturbine erreicht werden, wodurch die Arbeitslinie gegen die Pumpgrenze geschoben wird. Diese Eigenart ist gerade entgegengesetzt zu dem Verhalten einer Anlage mit der Niederdruckturbine als Nutzleistungsturbine und Zwischenerhitzung. Die Kurven sind wieder in Abb. 422 eingetragen.

Es gibt also nur einen Weg, um mit einer Anlage mit der Hochdruckturbine als Nutzleistungsturbine Pumpen zu vermeiden und der führt zu konstanter Zwischenerhitzungstemperatur. Die Turbineneintrittstemperaturen könnten beide über dem ganzen Drehzahlbereich nahe am Maximalpunkt oder etwas darunter sein, wenn ein Kompressor verwendet würde, der nicht am Anfang des Teillastgebietes einen Wirkungsgradanstieg ergibt. Um den Kompressor vor dem Pumpen zu bewahren, verdient eine Niederdruckturbine mit möglichst wenig Stufen den Vorzug vor einer vielstufigen Maschine, da (die Einlaßbedingungen für die Niederdruckturbine liegen ja fest) das größere Schluckvermögen der ersteren einen größeren Durchsatz am Kompressor bei einem gegebenen Druckverhältnis zuläßt. Andererseits würde für die Schaltung ohne Zwischenerhitzung bzw. mit Zwischenerhitzung und gleichen Turbineneintrittstemperaturen eine vielstufige Niederdruckturbine die Tendenz haben, Pumpen des Kompressors hintanzuhalten, aber sie würde dennoch nicht die Anlage vollständig vor der Gefahr des Pumpens bei Teillast bewahren.

9. Nutzleistungsturbine parallel mit Kompressorturbine, Fall 4

Mit der Nutzleistungsturbine parallel zur Kompressorturbine ist es unter Beibehaltung der Vorteile der getrennt laufenden Nutzleistungsturbine möglich, bei Teillasten Temperaturen zu erreichen, die in der Mitte der Temperaturen bei Serienschaltung mit Nutzleistungsturbine als Hochdruck- bzw. Niederdruckturbine liegen.

a) *Eine Brennkammer.* Wenn der Gasstrom erst nach der Brennkammer geteilt wird, so kann der Arbeitspunkt im Kompressorkennfeld bei einer bestimmten Last bei einer Änderung der Nutzleistungsturbinendrehzahl nur dann verschoben werden, wenn eine Differenz im Schluckvermögen der beiden Turbinen infolge des verschiedenen Wertes von Δ auftritt. Dies kommt jedoch nur bei kleinen Druckverhältnissen vor.

Die Kompressorturbine wird nahezu mit $\Delta =$ konst. arbeiten, wie schon früher erklärt wurde. Da sie auch das volle Druckverhältnis verarbeitet, ist es klar, daß ihre

Arbeitslinie ähnlich verläuft wie bei einer Einwellenanordnung mit $\Delta =$ konst. Dies ist eine Linie ungefähr parallel zur Pumpgrenze nahe bei der Linie für Propellergesetz, Abb. 418a. Die Teillastwirkungsgrade einer Anlage mit parallelgeschalteter Nutzleistungsturbine mit und ohne Wärmeaustausch liegen daher für alle Arbeitsbedingungen der Nutzleistungsturbine sehr ähnlich denen einer Einwellenanordnung mit und ohne Wärmeaustausch, die nach dem Propellergesetz arbeitet. Im Falle eines Wärmeaustauschers werden die Teillastwirkungsgrade besser sein als die einer Anlage mit Nutzleistungsturbine in Serie und Wärmeaustauscher.

b) *Zwei Brennkammern.* Bei Verwendung zweier Brennkammern (eine pro Turbine) erreicht man zwar keine größere Leistungsausbeute wie im Falle der Zwischenerhitzung bei Serienschaltung, doch erlaubt diese Anordnung eine geringe Variation der Arbeitslinien, wenn bei einem gegebenen Druckverhältnis die Temperatur der Kompressorturbine erhöht wird, erhöht sich auch der Durchsatz durch den Kompressor, obwohl der Prozentsatz des totalen Durchsatzes, der durch die Kompressorturbine geht, fällt. Wenn man ähnliche Vereinfachungen wie am Anfang dieses Abschnittes zuläßt, dann kann man zeigen, daß in erster Annäherung bei konstantem Druckverhältnis G proportional $T_3^{\frac{1}{2}}$, μ proportional T_3^{-1} und μG proportional $T_3^{-\frac{1}{2}}$ ist. G ist der totale Durchsatz, μG der Durchsatz durch die Kompressorturbine und T_3 die Temperatur am Einlaß der Kompressorturbine.

Die Temperatur der Nutzleistungsturbine fällt dabei aber rascher, als die Temperatur der Kompressorturbine steigt, mit dem Resultat, daß trotz des erhöhten Durchsatzes die Nutzleistung fällt. Ein Betrieb mit konstanter Temperatur auf der Kompressorturbine ergibt daher eine Arbeitslinie, die unter der für gleiche Eintrittstemperatur beider Turbinen liegt, während ein Betrieb mit konstanter Temperatur an der Nutzleistungsturbine eine Arbeitslinie näher der Pumpgrenze bewirkt. Mit einem Wärmeaustauscher von 75% jedoch ändert sich der Wirkungsgrad bei Teillast nur wenig bei einer Variation der Temperaturen zwischen diesen beiden Grenzwerten. Der theoretische Vorteil von zwei Brennkammern ist daher nur gering, doch im praktischen Betrieb ergibt sich ein Vorteil durch die bessere Regelbarkeit.

10. Verbundschaltungen

Bei Verbundschaltungen tritt die Schwierigkeit auf, zwei Verdichter in Serie bei allen Gleichgewichtszuständen frei vom Pumpen zu bekommen. Durch Abblasen könnte Pumpen vermieden werden, doch führt diese Methode zu großen Verlusten und kann nur kurzzeitig angewendet werden. Schaltungen jedoch, die diesen Nachteil vermeiden, sind zu bevorzugen.

Während bei einer theoretischen Betrachtung des Wirkungsgrades Zwischenkühlung und Zwischenerhitzung an jedem Punkt der Verdichtung und Expansion stattfinden können, an dem sie am wirkungsvollsten sind, trifft dies bei einer wirklichen Anlage nur für einen bestimmten Lastfall zu. Inwieweit eine Veränderung dieses Punktes den Teillastwirkungsgrad beeinflußt, wird noch ausführlich erörtert werden. Allgemein gesprochen ist auch bei diesen komplizierten Kreisprozessen die Erhaltung einer hohen Temperatur bei allen Lasten von Vorteil. Für Verbundmaschinen mit Zwischenkühlung und Zwischenerhitzung ist bei den angenommenen Werten bei einem Druckverhältnis von 12 ein guter Wirkungsgrad zu erreichen. Es wurde daher dieses Druckverhältnis für die weiteren Betrachtungen zugrunde gelegt.

Zwei Verdichter in Serie müssen nicht unbedingt Zwischenkühlung haben, ebenso zwei Turbinen in Serie nicht unbedingt Zwischenerhitzung. Also auch eine einfache Anlage kann in Verbundbauweise ausgeführt werden und wenn dabei die Hochdruckturbine den Hochdruckkompressor treibt, die Niederdruckturbine den Niederdruckkompressor, wird die Anlage sehr stabil, da mit fallender Last die Drehzahl des Niederdruckkompressors viel stärker fällt, als die des Hochdruckkompressors, was sich günstig auf das stabile Verhalten der Maschine bei Teillasten auswirkt (s. S. 813, Verbundkompressor).

Mit Zwischenkühlung neigt eine solche Kompressoranordnung leichter zum Pumpen als ohne, jedoch wird bei guter Auslegung ebenfalls ein einwandfreies Arbeiten erreicht.

Alle bisherigen Betrachtungen bezogen sich auf Parallel-Verbundschaltungen. Es ist nun leicht ersichtlich, daß eine Kreuzverbundschaltung schlecht ist. Dadurch nämlich, daß der Niederdruckkompressor an der Hochdruckturbine hängt, wird er bereits bei kleiner Lastsenkung pumpen, da seine Drehzahl hoch bleibt. Die einzige heute bekannte Kreuzverbundschaltung, die 2500-PS-Elliott-Lysholm-Anlage für Marinezwecke verwendet Lysholm-Schraubenkolbenverdichter, die immer stabil sind, und daher tritt bei dieser Anlage Pumpen nicht auf. Die Teillastwirkungsgrade dieser Maschine liegen hoch.

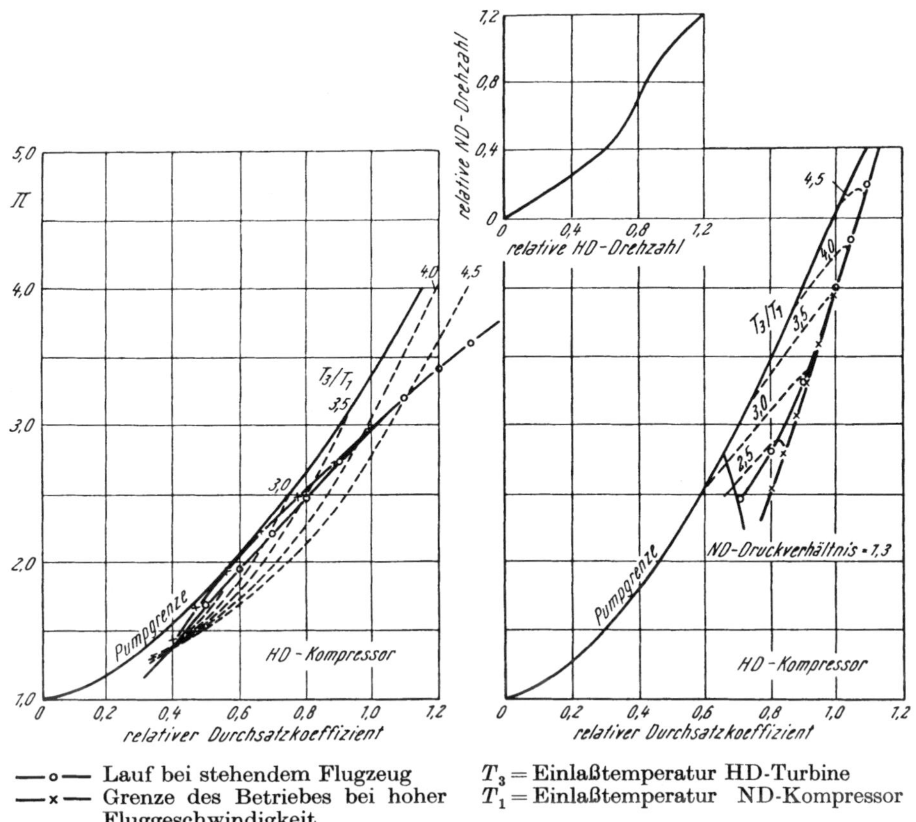

Abb. 423. Kompressorarbeitslinien (vereinfachte Charakteristiken) für ein Verbunddüsentriebwerk mit unverstellbarer Düse und einem Druckverhältnis von 12

Setzt man beide Kompressorstufen auf eine Welle, dann stehen sie in fester Drehzahlabhängigkeit, und damit ist es schwer, sie frei vom Pumpen zu bekommen, wenn das Gesamtdruckverhältnis gesenkt wird. Ohne Zwischenkühlung ist es ein einfacher Kompressor, und es ist bekannt, daß es außerordentlich schwierig ist, Axialverdichter mit hohem Druckverhältnis zu konstruieren. Zwischenkühlung erhöht diese Schwierigkeiten noch, da dann der Niederdruckkompressor noch früher zum Pumpen neigt. Wird vom Kompressor nur wenig Änderung der Drehzahl über dem Teillastbereich verlangt, also z. B. bei einem Hochdruckkompressor in einer Parallelverbundanordnung, dann kann dieser Kompressor mit Zwischenkühlung ausgerüstet werden, obwohl beide Stufen auf einer Welle sitzen. Allerdings wird die Zwischenkühlung zu spät einsetzen und keinen großen Nutzen haben.

11. Das Düsentriebwerk mit Verbundschaltung

Die Schaltung ist eigentlich ein normales Verbundtriebwerk, wobei statt der Nutzleistungsturbine in Serie hinter der Niederdruckturbine eine Schubdüse angeordnet ist. Stark vereinfachte Charakteristiken zeigt Abb. 423. Erstaunlicherweise ergeben mehr realistische Charakteristiken die nahezu gleichen Resultate. Die Arbeitslinie im Niederdruckkompressorkennfeld läuft bei Teillast anfänglich in Richtung Pumpgrenze und dann parallel zu dieser. Die Arbeitslinie im Hochdruckkompressorkennfeld hingegen läuft von der Pumpgrenze weg. In großen Höhen — diese Arbeitsbedingungen kommen einer Erhöhung des Druckverhältnisses gleich — ist das Umgekehrte der Fall. Reduziert man das Druckverhältnis am Niederdruckkompressor auf Kosten des Hochdruckkompressors, dann neigt der Niederdruckkompressor eher zum Pumpen, während die Arbeitslinie im Hochdruckkompressorkennfeld mehr parallel zur Pumpgrenze verläuft. Eine Erhöhung der Stufenzahl in der Turbine für den Niederdruckkompressor erhöht dessen Neigung zum Pumpen, während eine Verkleinerung des Schubdüsenaustrittsquerschnittes das Gegenteil bewirkt. Bei einem gegebenen Druckverhältnis am Niederdruckkompressor verursacht eine Erhöhung des Durchsatzes, die erstaunlicherweise das Resultat eines verkleinerten Düsenquerschnittes ist, eine Erhöhung der Temperatur in der Maschine, was eine starke Vergrößerung des Druckverhältnisses am Hochdruckkompressor zur Folge hat. Das Arbeitsfeld des Hochdruckkompressors schrumpft für die verschiedenen Flugzustände auf eine einzige Linie zusammen, wenn entweder die Niederdruckturbine oder die Schubdüse unter Staubedingungen (Auftreten von Schallgeschwindigkeit) arbeitet, während unter normalen Durchflußbedingungen das Arbeitsfeld auf ein schmales Gebiet des Durchsatzkoeffizienten beschränkt bleibt. Kleine Kraftabgabe bei hohen Fluggeschwindigkeiten (Sturzflug) hat zur Folge, daß die Arbeitslinie des Hochdruckkompressors ähnlich wie beim einfachen Düsentriebwerk von der Pumpgrenze wegwandert, während der Niederdruckkompressor mehr zum Pumpen neigt.

Das stabile Verhalten einer Verbundschaltung ist auch hier wieder darauf zurückzuführen, daß, sobald die Schubdüse mit Unterschall arbeitet, also kein Stau auftritt, die Niederdruckkompressordrehzahl viel rascher fällt als die des Hochdruckkompressors. Erst bei Leerlaufdrehzahlen tritt das Gegenteil ein. Bei Flugzeugkompressoren, bei denen infolge des steilen Kennfeldes ΔT_k nicht proportional n^2 fällt, sinkt die Niederdruckkompressordrehzahl selbst bei Staubedingungen an der Schubdüse noch viel rascher ab [*407*].

12. Zweifachverbundschaltungen

In der Folge soll nun eine Reihe von Schaltungen mit Hoch- und Niederdruckkompressor in Serie behandelt werden, die für praktische Fälle in Frage kommen. Die Kreuzverbundschaltungen scheiden aus, da sich die hier angestellten Erwägungen nur auf aerodynamische Maschinen beziehen, wie sie heute allgemein angewendet werden.

a) Schaltung mit der Hochdruckturbine als Nutzleistungsturbine. Die Mitteldruckturbine treibt den Hochdruckkompressor, die Niederdruckturbine den Niederdruckkompressor, also alle Turbinen in Serie.

Die Hochdrucknutzleistungsturbine nimmt den Kompressorturbinen den größten Teil des Druckgefälles und bewirkt so ein Ansteigen der Temperatur bei Teillasten, wie z. B. die einfache Schaltung mit der Hochdruckturbine als Nutzleistungsturbine zeigt, Abb. 419b.

b) Schaltung mit Kraftabnahme von der Hochdruckwelle bzw. mit getrennter Nutzleistungsturbine parallel zur Hochdruckturbine, *1E*, Abb. 11.

Diese beiden Schaltungen sind im Grunde genommen Schaltungen *1A* bzw. *1C*, Abb. 11, mit einem vorgesetzten Turbolader, der den Durchsatz für den Hochdruckteil mittels Veränderung des Eintrittsdruckes in denselben reguliert. Die Schaltung mit zur Hochdruckturbine paralleler Nutzleistungsturbine wird bei allen Leistungs-Drehzahlverhältnissen sich sehr ähnlich einer Schaltung mit Kraftabnahme von der Hochdruckturbine verhalten, bei der die Hochdruckturbine mit Δ = konst. arbeitet.

c) Schaltung mit der Mitteldruckturbine als Nutzleistungsturbine, *1D*, Abb. 11.

Die Kompressorturbinen sind durch die Nutzleistungsturbine getrennt. Dadurch neigt diese Serienschaltung weniger zum Pumpen als die mit der Hochdruckturbine als Nutzleistungsturbine. Sie ist annähernd eine aufgeladene einfache Anlage mit Serienschaltung und Niederdruckturbine als Nutzleistungsturbine, *1B*, Abb. 11.

d) Schaltung mit Kraftabnahme von der Niederdruckwelle bzw. mit getrennter Nutzleistungsturbine parallel zur Niederdruckturbine, *1F*, Abb. 11.

Die Kraftabnahme erfolgt an einem ziemlich tiefen Punkt des Expansionsgefälles. Die Temperaturen werden daher niedriger sein als bei Kraftabnahme von der Hochdruckwelle bzw. von einer parallelgeschalteten Hochdrucknutzleistungsturbine und damit die Teillastwirkungsgrade entsprechend niedriger.

e) Schaltung mit Turbinen in Serie, wobei die Hochdruckturbine den Hochdruckkompressor und die Mitteldruckturbine den Niederdruckkompressor treibt, während die Niederdruckturbine als getrennt laufende Nutzleistungsturbine arbeitet.

Diese Schaltung ist die kühlste von allen. Dadurch, daß die Nutzleistungsturbine die größten Druckveränderungen bei Teillast erfährt, weil sie am Niederdruckende sitzt, werden die Kompressorturbinen eine ziemlich ähnliche Drehzahlreduktion bei Teillast erfahren und dadurch, besonders aber bei Zwischenkühlung, wird Pumpen sehr leicht auftreten.

Die am meisten geeigneten Schaltungen scheinen daher die in Punkt b, c und d besprochenen zu sein, und diese sollen daher im Zusammenhang mit den möglichen Variationen durch Zwischenkühlung und Zwischenerhitzung im folgenden mit den bekannten Annahmen näher betrachtet werden. Der Zwischenkühler gibt bei allen Lasten eine konstante Eintrittstemperatur am Hochdruckkompressor. Es werden nur Schaltungen mit Wärmeaustausch untersucht.

13. Schaltung mit Kraftabnahme von der Hochdruckwelle bzw. mit parallel zur Hochdruckturbine geschalteter Nutzleistungsturbine. Zwischenkühlung und Wärmerückgewinn

Abb. 424a zeigt die Charakteristik der Schaltung mit Kraftabnahme von der Hochdruckwelle, doch wird die Maschine mit getrennter Nutzleistungsturbine parallel zur Hochdruckturbine, *2 E*, Abb. 11, sich ähnlich verhalten wie die erstgenannte Schaltung, wenn deren Hochdruckturbine mit Δ = konst. arbeitet, welche Linie daher auch in Abb. 424b eingezeichnet ist.

Wie man sieht, ist eine solche Schaltung für einen Drehzahlverlauf nach dem Propellergesetz vollkommen ungeeignet, da die Temperatur der Hochdruckturbine ansteigt, wenn die Leistungsabgabe vermindert wird. Selbst aber wenn dies zulässig wäre, kommt der Niederdruckkompressor schon zum Pumpen, bevor noch die Leistungsabgabe wesentlich zurückgegangen ist. Für konstante Drehzahl jedoch arbeitet der Hochdruckkompressor längs einer $n/\sqrt{T_1}$ = konst. Linie in Richtung von der Pumpgrenze, während die Arbeitslinie im Niederdruckkompressorkennfeld, die ein wenig auf der Seite hohen Durchsatzes liegt, eine Gerade bildet, längs der Durchsatz und Druckverhältnis proportional sind. Der Weg des Betriebspunktes des Hochdruckkompressors ist nicht groß, und die Temperatur fällt daher nur um wenig über 100° C zwischen 1/1 und 1/4 Last im gezeigten Beispiel, wodurch die Teillastwirkungsgradlinie ziemlich flach ist. Die Schaltung mit Nutzleistungsturbine parallel zur Hochdruckturbine, gekennzeichnet durch die Linien Δ = konst. hat jedoch noch einen etwas besseren Wirkungsgrad bei Teillasten und einen kleineren Temperaturabfall. Sie arbeitet daher auch näher der Pumpgrenze des Niederdruckkompressors als die Schaltung mit Kraftabnahme an der Hochdruckwelle bei konstanter Drehzahl, aber man kann trotzdem Pumpen vermeiden. Für Stromerzeugung scheint daher die Parallelschaltung besser zu sein, jedoch bietet die getrennt laufende Nutzleistungsturbine sehr große Regelungsschwierigkeiten bei einem Betrieb mit konstanter Drehzahl, so daß doch immer für diesen Verwendungszweck die Kraft an der Hochdruckwelle unter Inkauf-

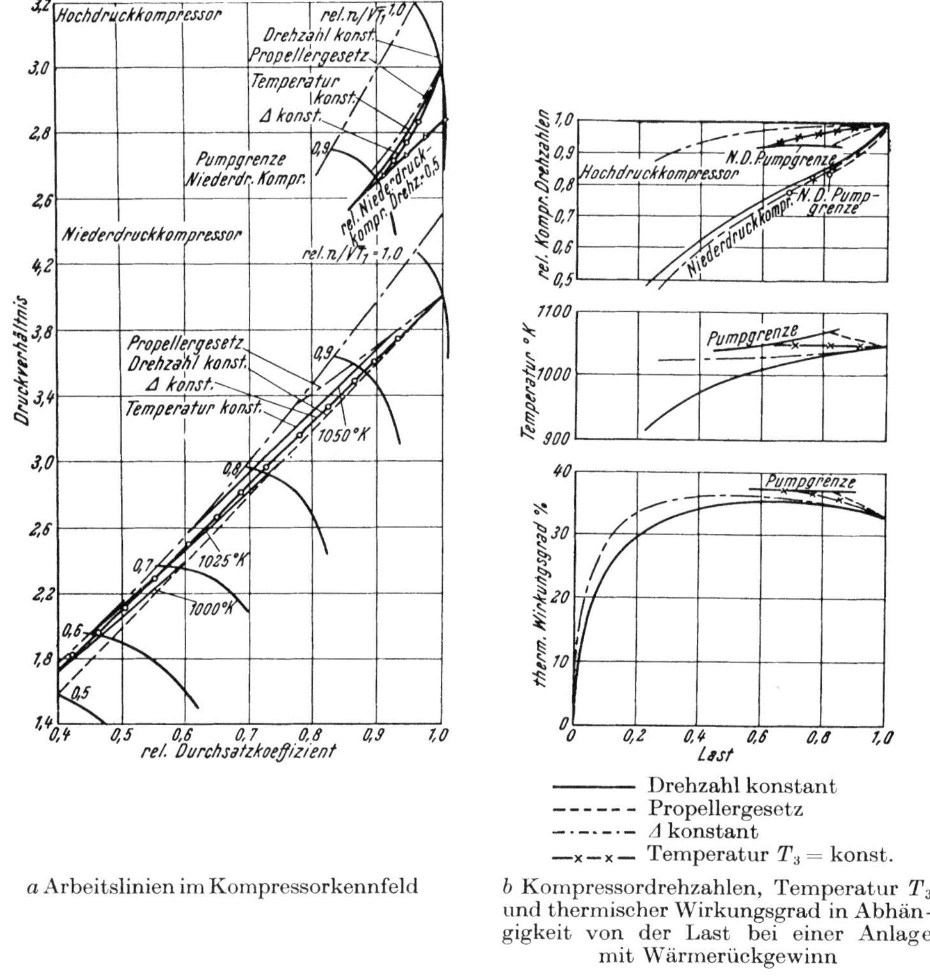

a Arbeitslinien im Kompressorkennfeld

b Kompressordrehzahlen, Temperatur T_3 und thermischer Wirkungsgrad in Abhängigkeit von der Last bei einer Anlage mit Wärmerückgewinn

Abb. 424. Teillastverhalten einer Verbundanlage mit Zwischenkühlung und Kraftabnahme von der Hochdruckwelle

nahme des etwas geringeren Teillastwirkungsgrades abgenommen wird. Für den Antrieb eines Schiffspropellers ist jedoch die Parallelschaltung der kombinierten überlegen, da jene selbst ohne Zwischenkühlung spätestens bei Halblast die Pumpgrenze am Niederdruckkompressor erreicht.

14. Einführung von Zwischenerhitzung

Bei diesem Schema ist eine Zwischenerhitzung nach der Hochdruckturbine nicht so günstig wie eine Zwischenerhitzung an einem höher gelegenen Punkt der Expansion, wie schon im Abschn. „Thermodynamik", S. 36 ff., erläutert wurde. Es ist aber nicht gebräuchlich. Da nämlich mit fallender Last die Niederdruckturbine viel rascher in der Leistungsabgabe fällt als die Hochdruckturbine, wird die Zwischenerhitzung immer weniger wirkungsvoll. Außerdem zeigt die Zwischenerhitzungstemperatur die Tendenz, die Kreislauftemperatur zu übersteigen, was ebenfalls eine schlechte Auswirkung hat, wie bereits gezeigt wurde. Abb. 425 veranschaulicht diese Eigenart und zeigt außerdem sehr deutlich, welch großen Einfluß die Charakteristik der einzelnen Maschinen auf die Temperaturverteilung der Gesamtmaschine haben. Abb. 425 a, b zeigt z. B., daß bei einer vielstufigen Niederdruckturbine die Unterschiede in den Temperaturen viel geringer

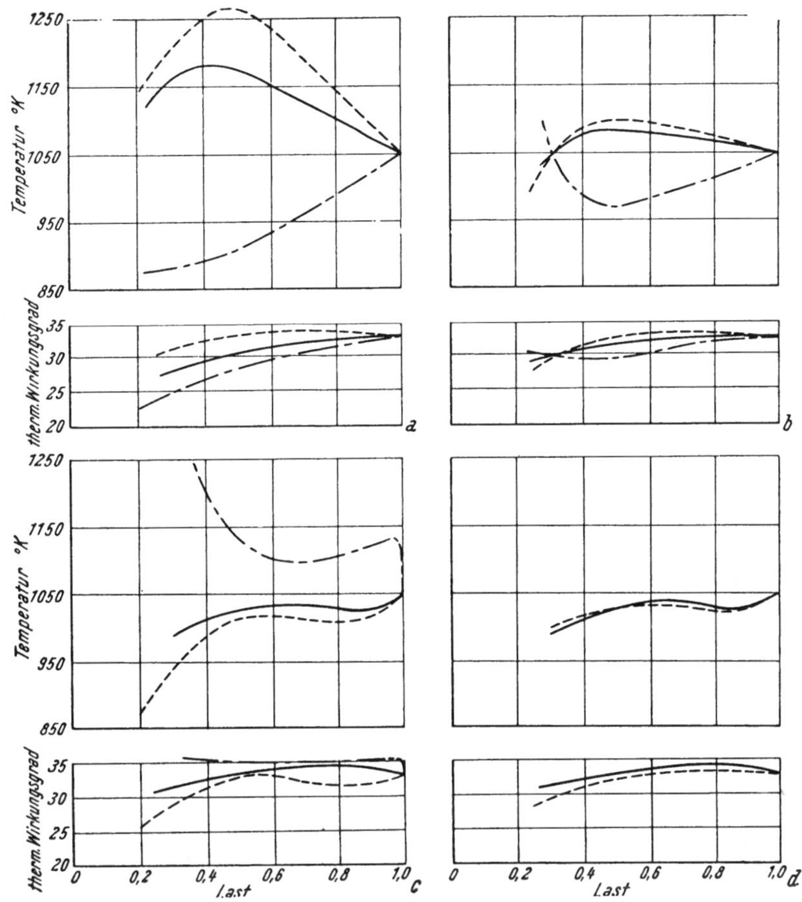

——— ND-Turbinentemperatur bei HD-Turbinentemperatur von 1050° K konst.
—·—·— HD-Turbinentemperatur bei ND-Turbinentemperatur von 1050° K konst.
– – – – Gleiche Temperatur vor Hoch- und Niederdruckturbinen

a HD-Kompressor und ND-Kompressor mit horizontaler Charakteristik, einstufige ND-Turbine
b HD-Kompressor und ND-Kompressor mit horizontaler Charakteristik, vielstufige ND-Turbine
c ND-Kompressor mit Charakteristik nach Abb. 73a, HD-Kompressor mit horizontaler Charakteristik, vielstufige ND-Turbine
d ND-Kompressor mit Charakteristik nach Abb. 73a, HD-Kompressor mit vertikaler Charakteristik, vielstufige ND-Turbine

Abb. 425. Einfluß der Charakteristik der einzelnen Maschinen auf Temperatur und Wirkungsgrad bei Teillast. Verbundanlage mit Zwischenkühlung, Zwischenerhitzung und Wärmerückgewinn, Kraftabnahme an der Hochdruckwelle

sind als bei einer einstufigen Niederdruckturbine. Mit beiden Turbinentypen jedoch übersteigt die Zwischenerhitzungstemperatur die Kreislauftemperatur, wenn eine der beiden konstant gehalten wird, und sie übersteigen beträchtlich die Höchsttemperatur, wenn sie gleich angenommen werden. Abb. 425c zeigt, daß mit einem Kompressor, dessen Wirkungsgrad bei Teillast anfänglich steigt (es ist die Charakteristik, die für die Beispiele zugrunde gelegt wurde), die Temperaturverteilung in umgekehrter Richtung erfolgt wie bei einem Kompressor mit nahezu konstantem Wirkungsgrad (horizontale Charakteristik). Die Verwendung eines Kompressors mit einer vertikalen Drehzahllinie als Hochdruckkompressor, Abb. 425d, statt einer horizontalen, beeinflußt die Temperaturverteilung nicht, wenn die Eintrittstemperatur in die Hochdruckturbine konstant gehalten wird, da dann der Hochdruckkompressor-Betriebspunkt für alle Lasten fixiert ist. Konstante Zwischenerhitzungstemperatur ist jedoch bei konstanter Drehzahl an der Hochdruckturbine und konstanter Zwischenkühlerauslaßtemperatur mit einer vertikalen Hochdruckkompressorcharakteristik unmöglich.

Wird die Hochdruckturbine geteilt und wird dazwischen das Gas neuerlich erhitzt, dann wird ein besserer Wirkungsgrad am Auslegungspunkt herauskommen. Bei Teillast

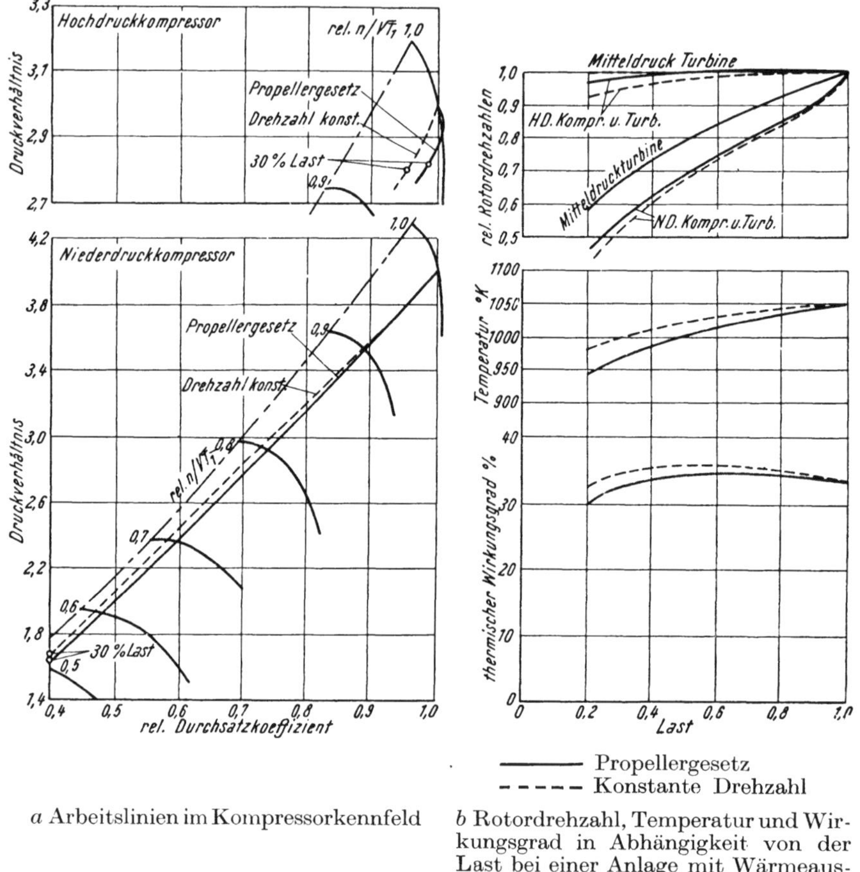

——— Propellergesetz
– – – – Konstante Drehzahl

a Arbeitslinien im Kompressorkennfeld

b Rotordrehzahl, Temperatur und Wirkungsgrad in Abhängigkeit von der Last bei einer Anlage mit Wärmeaustausch

Abb. 426. Teillastverhalten einer Verbundanlage in Dreiwellenanordnung mit Zwischenkühlung und mit Mitteldruckturbine als Nutzleistungsturbine nach *2D*, Abb. 11

werden beide Temperaturen am besten gleichgehalten, und sie werden dann in ganz ähnlicher Weise wie die Temperatur vor der Hochdruckturbine im Schaltschema ohne Zwischenerhitzung fallen.

15. Nutzleistungsturbine als Mitteldruckturbine

Diese Schaltung zeigt die gleichen Vor- und Nachteile wie die vorbesprochene mit parallel zur Hochdruckturbine liegender Nutzleistungsturbine. Sie arbeitet jedoch mit niedrigeren Temperaturen, da die Leistung an einem tieferen Punkt der Expansion abgenommen wird, und damit auch mit kleineren Teillastwirkungsgraden. Ein Wechsel der Arbeitsbedingungen von Propellergesetz zu konstanter Drehzahl zeigt nur eine geringe Verschiebung der Arbeitslinien in Richtung Pumpgrenze, Abb. 426a. Abb. 426b läßt erkennen, daß bei konstanter Drehzahl die Temperatur etwas höher ist als bei variabler Drehzahl nach dem Propellergesetz. Während die Drehzahl des Niederdruckkompressors auf die Hälfte des Vollastwertes fällt, sinkt die Hochdruckkompressordrehzahl nur wenig.

16. Der beste Punkt für die Zwischenerhitzung

Während beim Schema mit Kraftabnahme von der Hochdruckwelle die Zwischenerhitzung zu spät erfolgte, ist bei dieser Schaltung eine Zwischenerhitzung vor der Nutzleistungsturbine möglich. Sie könnte auch nach dieser oder vor und nach dieser stattfinden, wobei zweimal Zwischenerhitzung mehr eine Leistungs- als eine Wirkungsgradsteigerung bedeutet. Die Zwischenerhitzungsposition vor der Nutzleistungsturbine scheint jedoch mit Rücksicht auf das Verhalten bei Teillast die günstigste zu sein, *4D*, Abb. 11.

17. Lage des günstigsten Punktes für Zwischenkühlung

Wenn auch Zwischenkühlung und Zwischenerhitzung nicht so ausgelegt werden können, daß sich bei allen Lasten die besten Verhältnisse ergeben, so kann man die Teilung der Kompression doch so vornehmen, daß der thermische Wirkungsgrad über einen

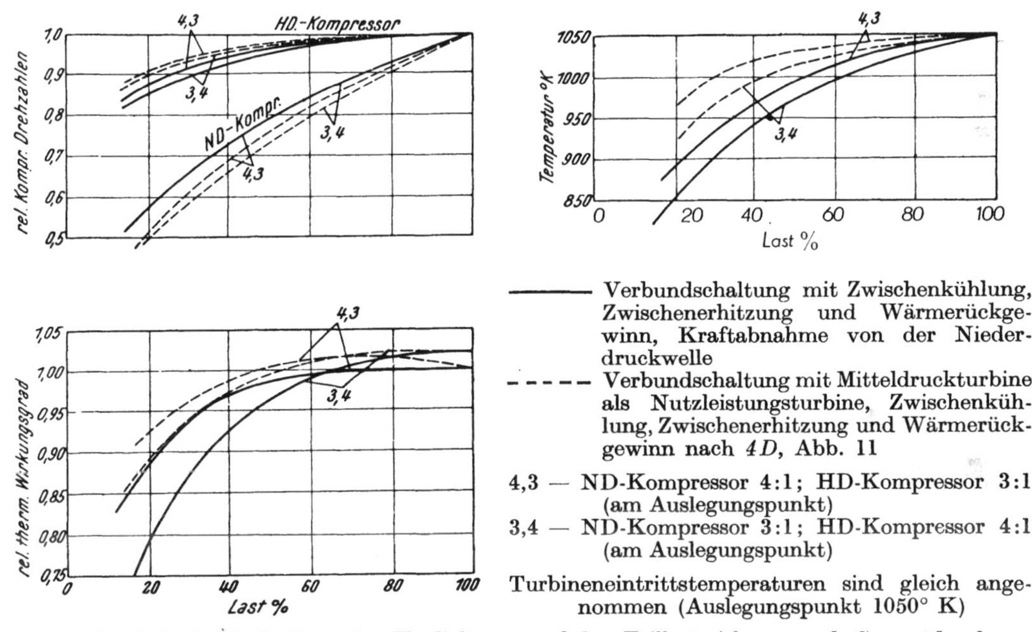

Abb. 427. Einfluß der Aufteilung der Verdichtung auf den Teillastwirkungsgrad. Gesamtdruckverhältnis 12, Drehzahl nach Propellergesetz veränderlich

gewissen Lastbereich hoch liegt. Abb. 427 zeigt für die Schaltungen mit Mitteldruckturbine als Nutzleistungsturbine und mit Kraftabnahme von der Niederdruckwelle mit Zwischenkühlung, Zwischenerhitzung und Wärmerückgewinn bei Betrieb mit variabler Drehzahl nach dem Propellergesetz, daß es besser ist, bei einem Gesamtdruckverhältnis von 12, am Niederdruckkompressor ein Druckverhältnis von 3 zu haben, wenn der Wirkungsgrad im höheren Lastbereich von Bedeutung ist, daß jedoch die umgekehrte Druckverhältnisaufteilung für guten Wirkungsgrad unter der halben Last den Vorzug verdient.

18. Schaltung mit Kraftabnahme von der Niederdruckwelle oder mit einer parallel zur Niederdruckturbine geschalteten Nutzleistungsturbine

Die Arbeitslinien für die Schaltung mit Kraftabnahme an der Niederdruckwelle zeigt Abb. 428. Linien konstanter Eintrittstemperatur in die Hochdruckturbine sind in der Niederdruckkompressor-Charakteristik eingetragen und zeigen, daß bei einem gegebenen

Druckverhältnis die Temperatur in Richtung der Pumpgrenze fällt. Ein Teillastbetrieb bei konstanter Drehzahl der Niederdruckturbine kann daher nur mit einem ziemlich raschen Abfall der Temperatur und einer Bewegung des Betriebspunktes in Richtung Pumpgrenze erfolgen. Abb. 429 zeigt die Wirkungsgrade mit und ohne Zwischenerhitzung. Die Arbeitslinien mit und ohne Zwischenerhitzung liegen beinahe gleich, wenn bei Zwischenerhitzung mit gleichen Turbineneintrittstemperaturen gearbeitet wird und man erkennt, daß beim gezeigten Beispiel Pumpen bei etwa Drittellast eintritt. Die Temperaturen bei Drittellast liegen dann etwa 200° C tiefer als am Auslegungspunkt, und der thermische Wirkungsgrad ist auf etwa 20 % gegenüber 34 % ohne und 36 % mit Zwischenerhitzung gefallen. Bei Betrieb eines Propellers tritt Pumpen nicht auf. Die Temperaturen

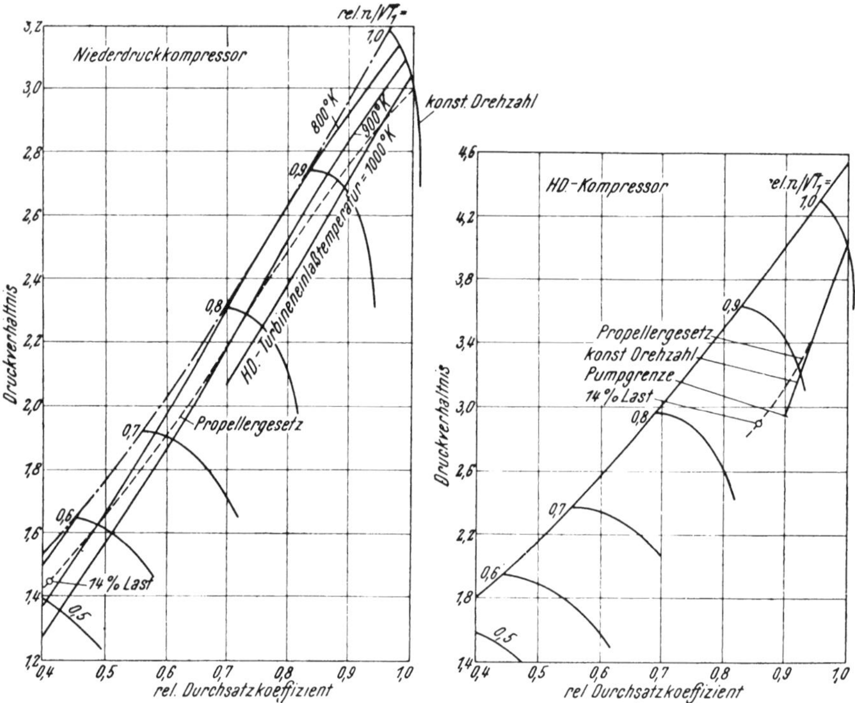

Abb. 428. Arbeitslinien im Kompressorkennfeld bei einer Verbundanlage mit Zwischenkühlung und Kraftabnahme an der Niederdruckwelle

fallen nicht so rasch wie bei konstanter Drehzahl, so daß bei Drittellast der Wirkungsgrad noch 30 % beträgt. Dies gilt für ein Druckverhältnis von 3 am Niederdruckkompressor und 4 am Hochdruckkompressor, bei welcher Auslegung im oberen Lastbereich gute Wirkungsgrade herauskommen. Im unteren Lastbereich sinken die Temperaturen bei dieser Schaltung so stark, daß sie wenig geeignet erscheint. Für den unteren Lastbereich sind die Schaltungen mit der Mitteldruckturbine als Nutzleistungsturbine oder mit parallel zur Hochdruckturbine liegender Nutzleistungsturbine vorzuziehen, da bei diesen die Temperaturen weniger stark mit der Last fallen.

Die Anordnung einer Nutzleistungsturbine parallel zur Niederdruckturbine, *2F*, Abb. 11, wird für alle Lastdrehzahlverhältnisse mit Bedingungen für die Verdichter arbeiten, die nahe denen für Propellergesetz bei der kombinierten Schaltung (Kraftabnahme von der Niederdruckwelle) liegen. Da unter diesen Verhältnissen der Durchsatz durch die Maschine ungefähr proportional der Niederdruckkompressordrehzahl ist, Abb. 428, bedeutet eine Variation der Drehzahl nach dem Propellergesetz bei Teillast annähernd einen Betrieb mit konstantem Δ in der kombinierten Schaltung mit Kraftabnahme von der Niederdruckwelle. Dies ist nicht der Fall bei der Schaltung mit Kraftabnahme von der

Hochdruckwelle, bei der die Hochdruckkompressordrehzahl rascher als der Durchsatz abnimmt, so daß Δ ansteigt, wenn die Last fällt, um das Propellergesetz zu erfüllen. Es folgt daher, daß beide Schematas, Kraftabnahme von der Niederdruckwelle und Nutzleistungsturbine parallel zu der Niederdruckturbine, den gleichen Wirkungsgrad bei Antrieb eines Propellers haben, bei Antrieb eines Generators jedoch die Parallelschaltung den besseren Wirkungsgrad bei einer bestimmten Last zeigt. Es bleibt aber die schon früher erwähnte Schwierigkeit, konstante Drehzahl mit einer unabhängig laufenden Turbine zu halten.

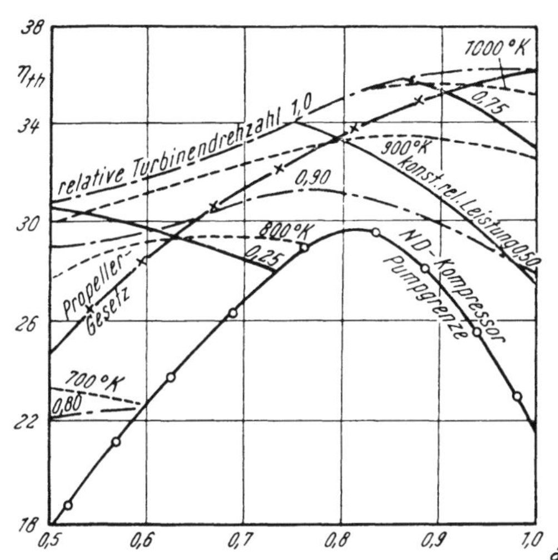

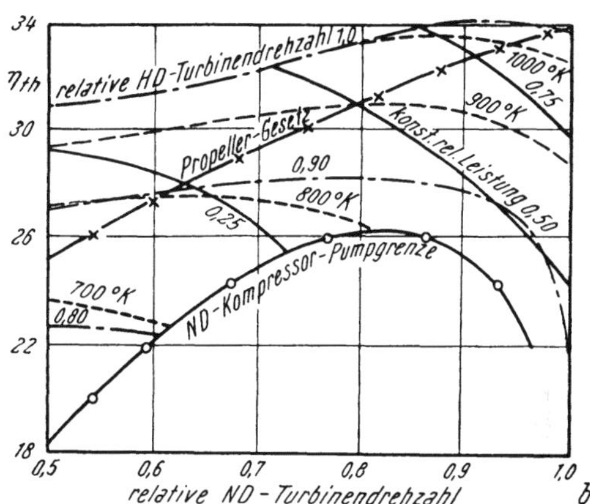

Abb. 429. Teillastverhalten einer Turbine mit Parallelverbundanordnung, Zwischenkühlung und Wärmeaustausch mit Kraftabnahme an der Niederdruckwelle

a Mit Zwischenerhitzung
b Ohne Zwischenerhitzung

19. Nutzleistungsturbine parallel mit der ganzen Expansion, Zwischenkühlung und Wärmerückgewinn

Man erreicht keinen Vorteil, wenn man den Gasstrom vor der Hochdruckturbine teilt und den einen Teilstrom in der Nutzleistungsturbine auf Atmosphärendruck expandiert, *2G*, Abb. 11. Die Teillastwirkungsgrade sind niedriger als bei Serienschaltungen mit der Mitteldruckturbine als Nutzleistungsturbine, und der Niederdruckkompressor neigt mehr zum Pumpen, besonders bei Zwischenkühlung. Genau wie bei der Parallelschaltung der einfachen Anlage ist die Verwendung getrennter Brennkammern von nicht großem Einfluß. Mit Wärmeaustausch ist es besser, die Nutzleistungs-Turbinentemperatur hoch zu halten, während die Temperaturen der Kompressorturbinen fallen, als umgekehrt.

Abgesehen von Erwägungen über Anlagekosten, Wartungskosten usw. sind nach den im vorstehenden angestellten Untersuchungen folgende Schaltungen vorteilhaft: braucht man den größtmöglichen Wirkungsgrad über einen möglichst großen Lastbereich, dann scheint die Anlage mit Kraftabnahme von der Hochdruckwelle bzw. mit zur Hochdruckturbine paralleler Nutzleistungsturbine mit Zwischenkühlung und Wärmeaustausch am besten geeignet zu sein. Während letztere für Schiffsantrieb und zum Antrieb eines Generators gleich gut ist, kann erstere nicht für den Betrieb eines Propellers eingesetzt werden. Für konstante Drehzahl gibt die letztere zwar einen besseren Wirkungsgrad als die erstere, doch kann eine getrennte Turbine nicht gut auf konstanter Drehzahl gehalten werden.

Braucht man im Interesse der Lebensdauer der Maschine niedrigere Temperaturen bei Teillast, dann kommen nacheinander die Schaltungen Mitteldruckturbine als Nutzleistungsturbine, Kraftabnahme von der Niederdruckwelle, parallele Niederdruckturbine als Nutzleistungsturbine, alle mit Zwischenkühlung und Wärmeaustausch, zum Einsatz.

Wenn Zwischenerhitzung angewendet wird, dann wird die Schaltung mit Mitteldruckturbine als Nutzleistungsturbine immer ein ernster Rivale der Schaltung mit paralleler Hochdruckturbine als Nutzleistungsturbine sein, da bei der ersteren die Zwischenerhitzung an einem günstigeren Punkt stattfinden kann. Schaltungen mit getrennter Nutzleistungsturbine können schneller beschleunigt und verzögert werden als kombinierte Schaltungen. Braucht man aber hohes Trägheitsmoment an der Nutzleistungswelle, dann ist für den Antrieb eines Propellers die Kraftabnahme von der Niederdruckwelle vorteilhafter, da die Schaltung mit Kraftabnahme von der Hochdruckwelle für diesen Zweck wenig geeignet ist, während für konstante Drehzahl die Dinge umgekehrt liegen.

Für Fahrzeugantrieb wird bei direkter Kraftübertragung mit Rücksicht auf Gewicht, Kosten und Wirkungsgrad eine einfache Anlage entweder mit paralleler Nutzleistungsturbine oder mit der Niederdruckturbine als Nutzleistungsturbine in Serie und Wärmeaustausch in Frage kommen. Die so wichtige Drehzahl-Drehmoment-Charakteristik hängt jedoch hauptsächlich von der Auslegung der Nutzleistungsturbine ab.

Flugzeugpropellerturbinen, die möglichst geringes Gewicht haben sollen, wird man mit einer Schaltung *1 A* bzw. *1 B*, Abb. 11, aber ohne Wärmeaustauscher, bauen, mit welchen Schaltungen auch die heutigen Triebwerke ausgeführt sind. Braucht man bessere Wirkungsgrade, dann wird man eine Verbundanordnung etwa mit Kraftabnahme von der Niederdruckwelle wählen, da bei Teillast die Temperaturen fallen und so eine gute Lebensdauer der Maschine erreicht wird.

Der vorstehende Abschnitt brachte nur in großen Zügen Aufschluß über die komplizierten Teillastfragen. Es wurden allgemeine Richtlinien gegeben, doch hängt bei jeder besonderen Auslegung das Verhalten der Maschine sehr von der Charakteristik der Einzelmaschinen ab, wie auch ausführlich gezeigt wurde. Immerhin ergibt sich aus den vorstehenden Ausführungen ein gutes Bild über das Teillastverhalten der einzelnen Schaltungen für die verschiedenen Anwendungsgebiete.

Kreisprozesse mit zweimaliger Zwischenkühlung wurden nicht gesondert behandelt, doch haben auch bei diesen die aufgestellten allgemeinen Richtlinien Gültigkeit. Im wesentlichen werden sich die einzelnen Schaltungen ähnlich denen mit einmaliger Zwischenkühlung verhalten, jedoch sind die Verhältnisse an den einzelnen Kompressorstufen noch schwieriger zu überblicken [*32, 49, 50, 51*].

X. Werkstoffe und Festigkeit

Wie sehr der Wirkungsgrad einer Gasturbine von der Temperatur der Verbrennungsgase abhängt, wurde in den vorhergehenden Kapiteln eingehend behandelt. Erst die in den letzten Jahren entwickelten neuen hochhitzebeständigen Werkstoffe haben den Bau wirtschaftlicher Gasturbinen ermöglicht und es hängt sehr von der weiteren Entwicklung auf dem Werkstoffsektor ab, wieweit eine Steigerung der heutigen Wirkungsgrade in den kommenden Jahren möglich ist.

Zur Zeit muß man bei Anlagen für Dauerbetrieb wohl 650° C so ziemlich als oberste Grenze der Gastemperatur ansehen, über 750° C wird man jedenfalls bei ungekühlten Maschinen nicht mehr hinausgehen. Bei Flugzeugtriebwerken, bei denen die Lebensdauer nur einige hundert Stunden betragen muß, ist man schon nahe an 900° C herangekommen, und mit gekühlten Turbinen auf über 1000° C. Gelingt es, bei Anlagen für Dauerbetrieb 850 bis 900° C anzuwenden, dann ist die Gasturbine allen anderen Wärmekraftmaschinen überlegen.

Der Wirkungsgrad ist also zum allergrößten Teil eine Werkstofffrage, und man kann annehmen, daß es in einigen Jahren möglich sein wird, Gasturbinen mit überlegenem Wirkungsgrad zu bauen. Man darf selbstverständlich auch die maschinenbaulichen, thermodynamischen und aerodynamischen Probleme nicht unterschätzen, doch ist und bleibt die Erreichung möglichst hoher Temperaturen das Hauptproblem.

A. Entwicklungsstand und Werkstoffeigenschaften

Es scheint daher angezeigt, näher auf den derzeitigen Entwicklungsstand der Werkstoffe einzugehen.

Fünf Hauptteile einer Gasturbine müssen unter hohen Temperaturen arbeiten. Diese sind:

1. Die Turbinenlaufschaufeln.
2. Die Turbinenscheiben bzw. der Rotor.
3. Die Leitschaufeln und da besonders die Eintrittsleitschaufeln.
4. Die Brennkammern und das Turbineneintrittsgehäuse bzw. Turbinengehäuse.
5. Der Wärmeaustauscher.

Jeder dieser Teile hat seine eigenen metallurgischen Probleme.

1. Laufschaufelwerkstoffe

Die größten werkstofftechnischen Schwierigkeiten bieten wohl die Laufschaufeln, da hier die unangenehmste Kombination von Temperatur und Beanspruchung vorkommt und außerdem noch mit großer Genauigkeit eine komplizierte Form eingehalten werden muß.

Die verschiedenen Bedingungen, die der Werkstoff erfüllen muß, seien daher im folgenden im Detail behandelt:

a) Mechanische Eigenschaften im kalten Zustand. Auch unter der Annahme, daß irgendein Material für die Schaufeln genommen werden kann, muß gefordert werden, daß seine mechanischen Eigenschaften derart sind, daß man daraus Schaufeln fertigen und ohne zu große Schwierigkeiten in den Läufer einbauen kann. Es muß auch imstande sein, die Beanspruchungen beim Anfahren aus dem kalten Zustand zu ertragen.

Wie in den meisten Fällen, so wird auch hier eine Kombination von Eigenschaften verlangt. Es ist klar, daß der Vorteil hoher Härte und Festigkeit durch die Notwendigkeit, die genaue Schaufelform im Schaft und am Fuß durch Schleifen zu erreichen, aufgehoben wird, bzw. wenn das Material sehr spröde ist, die Gefahr von Brüchen bei der Montage oder bei Auftreten von Stößen sehr vergrößert wird.

Bei den heutigen Konstruktionsforderungen ist es nicht zu schwer, einen Werkstoff mit hinreichenden Eigenschaften im kalten Zustand zu finden. Sobald aber die Arbeitstemperaturen beträchtlich ansteigen und Werkstoffe komplizierter Zusammensetzung oder gar nichtmetallische Baustoffe verwendet werden müssen, ist es notwendig, die möglicherweise auftretende außerordentliche Härte oder Brüchigkeit dieser Materialien im kalten Zustand ins Kalkül zu ziehen. Man muß auch beachten, daß ein Material trotz guter Eigenschaften im kalten Zustand vor der ersten Ingebrauchnahme unter der Einwirkung hoher Temperaturen Veränderungen durchmachen kann, die gefährliche Sprödigkeit und Zerbrechlichkeit im kalten Zustand hervorrufen, wenngleich die Lebensdauer im heißen Zustand davon nicht beeinträchtigt wird.

b) Kriechwiderstand. Es ist eine bekannte Tatsache, daß das Verhalten der Werkstoffe unter Zugbeanspruchung bei hohen Temperaturen sehr verschieden gegenüber dem kalten Zustand ist. Der Zeitfaktor ist bei den meisten Materialien bei hohen Temperaturen von allergrößter Bedeutung. Mit Ausnahme weniger Metalle, wie z. B. Blei oder Zinn, kann man annehmen, daß sich für die meisten metallischen Werkstoffe eine Beanspruchungsgrenze festsetzen läßt, unter welcher im kalten Zustand kein Bruch eintritt, wie lange auch immer die Belastung andauert.

Bei hohen Temperaturen ergibt sich ein völlig anderes Bild. Für jedes Material bzw. jede Legierung gibt es eine Temperatur, ab welcher es nicht möglich ist, mit Sicherheit zu behaupten, daß unter einer gewissen Last Bruch nicht auftritt, wenn diese genügend lange aufgebracht wird, da in diesem Bereiche eine dauernde Dehnung, das sogenannte *Kriechen*, auftritt. Der normale Zerreißversuch, selbst wenn er bei Betriebstemperatur vorgenommen wird, gibt keinen Aufschluß über die mögliche Dauerlast, unter welcher der Werkstoff im Betrieb nicht bricht.

Bei Betrachtung des Verhaltens eines Werkstoffes unter diesen sogenannten Kriechbedingungen — und unter diesen Bedingungen arbeiten die Schaufeln in Turbinen — ist es notwendig, sich in Erinnerung zu rufen, daß viele der Folgerungen, die sich bei nicht wärmebeanspruchten Konstruktionen aus einem normalen Zugversuch ableiten lassen, nicht aus einem einfachen Versuch bei hohen Temperaturen gewonnen werden können.

Bei der normalen Kriechkurve, Abb. 430a, wird die Dehnung über der Zeit aufgetragen. und die Kurve zeigt die progressive Dehnung eines Versuchsstückes unter einer gegebe-

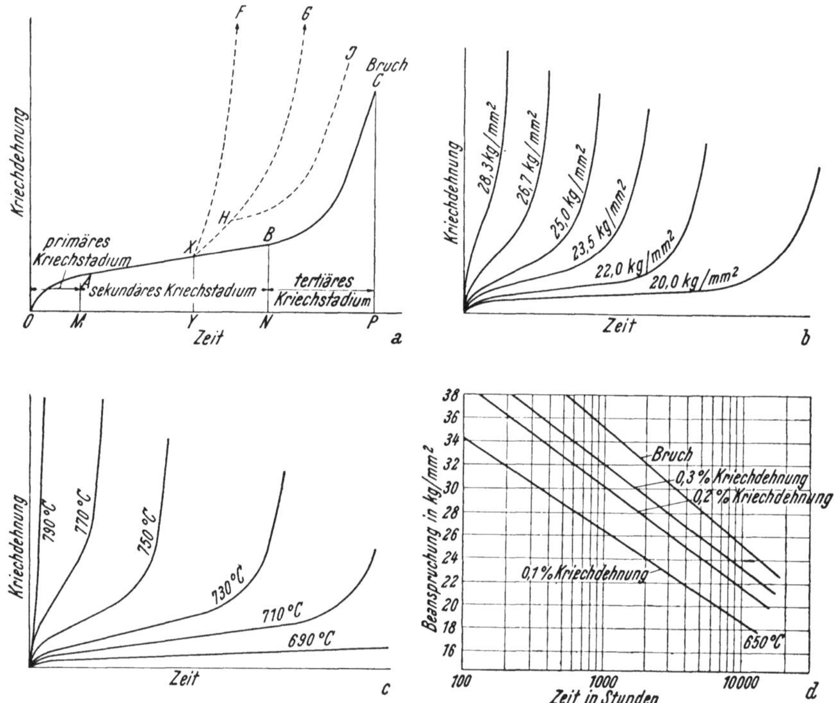

Abb. 430. Das Verhalten der Stähle bei hohen Temperaturen
a Zeit-Dehnungs-Diagramm (Kriechkurve). Einfluß plötzlicher Beanspruchungs- oder Temperaturänderungen
b Kriechkurven für ein Material unter veränderter Beanspruchung und gleicher Temperatur
c Kriechkurven für ein Material unter veränderten Temperaturen und gleicher Beanspruchung
d Konstruktionsdaten für Nimonic 80 bei 650° C

nen Last und Temperatur. Die auf der Ordinate aufgetragenen Dehnungswerte entsprechen solchen außerhalb des elastischen Bereiches und werden als *Kriechdehnung* bezeichnet. Das Zeit-Dehnungs-Diagramm entspricht also nicht dem Spannungs-Dehnungs-Diagramm eines normalen Zugversuches bei Raumtemperatur.

Die Kriechkurve zerfällt in drei Abschnitte:

1. *Das primäre Kriechstadium*, in dem eine relativ schnelle Dehnung, jedoch von abnehmender Größe, stattfindet.

2. *Das sekundäre Kriechstadium*, in dem Kriechen unter konstanter Geschwindigkeit vor sich geht, des öfteren minimale Kriechgeschwindigkeit genannt.

3. *Das tertiäre Kriechstadium*, in dem beschleunigtes Kriechen stattfindet und schließlich Bruch eintritt.

Obwohl verschiedene Theorien existieren, ist bisher eine exakte Deutung dieser drei Stadien und ihrer Auswirkung auf das Werkstoffgefüge noch nicht möglich gewesen. Es war daher anfangs eine der größten Schwierigkeiten für die Metallurgen, Werkstoffe zu entwickeln, die unter Kriechbedingungen zu arbeiten haben, ohne Genaueres über die Natur dieses Kriechens zu wissen. Wenn die laufenden Versuchsreihen Aufschluß über die Ursachen und Zusammenhänge dieses eigenartigen Verhaltens gebracht haben werden, dürfte die weitere Entwicklung hochhitzebeständiger Werkstoffe leichter sein. Die bisherigen Erfolge sind auf rein empirischem Wege zustande gekommen, einer sehr zeitraubenden Methode, bei der jeder kleine Schritt vorwärts erst nach vielen Fehlschlägen erfolgt.

Das primäre Stadium OA ist nur insofern für den Konstrukteur von Bedeutung, als es einen Teil der gesamten Dehnung, die in einer gewissen Zeit erfolgt, darstellt. Da die Spalte zwischen Schaufelspitze und Gehäuse so klein als möglich gehalten werden müssen, ist der Werkstoff mit der kleineren Dehnung AM der bessere.

Am wenigsten weiß man heute noch über das tertiäre Stadium, doch sind auch hier eingehende Forschungen im Laufen, und man kann annehmen, daß in der nächsten Zeit auch hierüber exakte Theorien verfügbar sein werden. Eine Deutung geht dahin, daß die beschleunigte Dehnung durch das Auftreten kleinster intergranularer Brüche hervorgerufen wird oder zumindest von solchen begleitet ist. Wie auch immer die wirklichen Vorgänge sein mögen, man wird auf alle Fälle bei unserem heutigen Wissen gut daran tun, Werkstoffe nur so lange im Betrieb zu verwenden bzw. die Beanspruchung bei der Konstruktion so zu legen, daß dieses Stadium nicht erreicht wird, daß also die Lebensdauer innerhalb der Zeit ON liegt. Daraus folgt, daß für den Konstrukteur der wichtigste Aufschluß, den die Kriechkurve gibt, die Zeit ON bis zum Punkt B ist, und dies sollte so genau als möglich für die gegebene Beanspruchung bekannt sein. Umgekehrt muß der Konstrukteur genau wissen, welche Lebensdauer (unter welchen Bedingungen) von der Maschine gefordert wird. Wichtig ist der Prozentsatz der Gesamtzeit, unter welchem die Maschine mit Vollast, also der größten Beanspruchung arbeitet, da dieser für die Lebensdauer maßgebend ist. Auf jeden Fall empfiehlt es sich, mit einem genügenden Sicherheitsfaktor zu rechnen [256].

Für manche Werkstoffe ist unter gewissen Beanspruchungen und Temperaturen der Punkt B der Kriechkurve nicht mit Sicherheit feststellbar, da sich die Neigung der Kurve ziemlich kontinuierlich ändert. Bei dem gegenwärtigen Stand unseres Wissens kann man in solchen Fällen lediglich mit einem genügenden Sicherheitsfaktor die Lebensdauer bis zu dem Punkt, wo beschleunigtes Kriechen einsetzt, festlegen.

Da die Lebensdauer niemals über die Strecke ON hinausgehen soll, taucht die Frage auf, welche Bedeutung dann einer Kenntnis von OB oder BC, der *Zeit bis zum Bruch* und der *Bruchdehnung*, zukommt. Die Frage ist insofern berechtigt, als die erstere häufig dazu benützt wurde, die Qualität verschiedener Werkstoffe zu vergleichen und die letztere als Maß für die Zähigkeit eines Werkstoffes genommen wurde. Es ist klar, daß man die Form des Kurventeiles BC kennen muß, um den Punkt B festzulegen. Der Versuch jedoch, irgendwelche Folgerungen aus den Werten OB und BC abzuleiten, dürfte auf eine gedankliche Verwechslung der Zeit-Dehnungs-Kurve für eine bestimmte Belastung unter einer bestimmten Temperatur und des Spannungs-Dehnungs-Diagrammes eines Zugversuches unter Raumtemperatur zurückzuführen sein. Lange Übung in der Anwendung der Aussagen des Spannungs-Dehnungs-Diagrammes in der Praxis hat es den Ingenieuren ermöglicht, die Qualität eines Materiales und seine Eignung für einen bestimmten Zweck aus der Kurve abzulesen. Diese Kurve ist aber nicht deshalb so nützlich, weil sie eine Kenntnis der Bruchlast gibt, sondern weil aus ihr die Eigenschaften des Werkstoffes bei kleineren Beanspruchungen ersichtlich sind.

Der bedeutendste Teil der Kriechkurve ist zweifellos durch die Strecke AB gegeben. Die Neigung dieses Kurvenabschnittes und seine Länge sind ein Zeichen der Qualität eines Materials und geben Aufschluß für seine Anwendung unter einer bestimmten Temperatur und Beanspruchung, wobei der beste Werkstoff derjenige ist, der eine gleichmäßig langsam fortschreitende Dehnung über eine lange Zeit aufweist. Doch auch dieser Teil der Kurve gibt keine Kenntnis über das Vermögen des Werkstoffes, anderen Beanspruchungen und Temperaturen standzuhalten, und gerade ein zufälliges Ansteigen dieser Werte bereitet dem Konstrukteur einige Schwierigkeit. Wie gering die Aussage nur einer Kriechkurve ist, geht aus der Betrachtung einer Schar solcher Kurven hervor, Abb. 430b. Die in der Abbildung gezeigte Kurvenschar erhält man durch Messung der Dehnung an Proben eines Werkstoffes bei verschiedener Belastung aber gleicher Temperatur. Ähnliche Kurven ergeben sich, wenn man die Temperatur bei konstanter Last variiert, Abb. 430c.

Man sieht, daß mit Abnahme der Belastung die primäre Kriechdehnung abnimmt. die sekundäre Kriechzone sich verlängert und die minimale Kriechgeschwindigkeit (die Neigung der Kurve in der sekundären Zone) sich verringert. Man erkennt auch, daß mit zunehmender Länge der sekundären Kriechzone die Längung in der tertiären Zone eine fallende Tendenz zeigt. Dies trifft für alle metallischen Werkstoffe unter Kriechbedingungen zu, indes ist die Last zur Erzeugung einer gegebenen Dehnung während des sekundären oder tertiären Stadiums von Werkstoff zu Werkstoff verschieden. Im ganzen gesehen fällt die Bruchdehnung nicht unter ein gewisses minimales für einen bestimmten Werkstoff charakteristisches Maß, wie weit auch immer das sekundäre Stadium durch Herabsetzen der Last ausgedehnt wird.

Eine Veränderung der Temperatur ruft den gleichen Effekt im Kurvenverlauf hervor. Man sieht, daß die Auswirkung einer relativ kleinen Temperatursteigerung beträchtlich ist, besonders wenn der Werkstoff sich der maximal zuträglichen Temperatur für eine gegebene Beanspruchung nähert.

Es ist nun klar ersichtlich, warum die Zeit bis zum Bruch an einer Kurve, ohne die Kenntnis des Verlaufes derselben bei anderen Beanspruchungen und Temperaturen. keinen exakten Aufschluß über das Verhalten unter anderen Verhältnissen gibt und warum der Vergleich zweier Werkstoffe auf der Basis Zeit bis Bruch unter einer Temperatur und Beanspruchung zu Trugschlüssen führen kann.

Abb. 430b und c zeigen auch, warum die Bruchdehnung einer einzigen Kurve nicht als Maß einer gewissen Zähigkeit im Betrieb genommen werden kann. Wird am Beginn des Einsatzes einer Schaufel, z. B. die Beanspruchung an irgendeiner Stelle derselben durch Bearbeitungsfehler oder schlechte Montage heraufgesetzt, so wird an dieser Stelle der Werkstoff nicht der Zeit-Dehnungs-Kurve für die errechnete Spannung folgen, sondern irgendeiner der oberen Kurven der Abb. 430b. Ähnlich wird sich eine stellenweise Überhitzung auswirken. Natürlich wird eine relativ starke lokale Dehnung ein Nachlassen der Spannung hervorrufen und zu einer Rückführung des Zeit-Dehnungs-Verhältnisses auf das der unteren Kurve Anlaß geben.

Nimmt man an, daß ein zufälliges Anwachsen der Beanspruchung oder Temperatur stattfindet, wenn die Schaufel eine Lebensdauer entsprechend Punkt X der Kriechkurve $OABC$, Abb. 430a, erreicht hat, dann wird das Zeit-Dehnungs-Verhältnis nicht mehr länger der Linie XBC folgen. Ist der Anstieg von Beanspruchung oder Temperatur beträchtlich, wird der Verlauf vielleicht entsprechend XF sein, ist er kleiner, wird etwa ein Verlauf entsprechend XG die Folge sein. Der exakte Verlauf hängt von der vorangegangenen Beanspruchung und anderen Faktoren ab. Es ist klar, daß die Längung bei Bruch größer sein wird als der ursprüngliche Wert BC, vielleicht sogar beträchtlich größer, wie schon in Abb. 430b und c gezeigt wurde. Wird z. B. bei Punkt H die vergrößerte Spannung oder Temperatur auf das ursprüngliche Maß zurückgeführt, dann wird ungefähr ein Verlauf entsprechend HJ resultieren.

Die vorausgegangenen Betrachtungen wurden durch Versuche mit Schaufeln aus einem Werkstoff, von dem behauptet wurde, er hätte geringe Zähigkeit, da er nach einem lange ausgedehnten Kriechversuch eine nur geringe Bruchdehnung im Vergleich zu anderen aufwies, erhärtet. Diese Schaufeln wurden nach einiger Betriebszeit einer stark gesteigerten Beanspruchung ausgesetzt. Sie brachen jedoch nicht, sondern wurden verbogen und verdreht und zeigten alles andere als das Verhalten eines Werkstoffes mit geringer Zähigkeit. Ein anderer Rotor mit Schaufeln aus dem gleichen Material wurde 30 Minuten lang mit Überdrehzahl gefahren. Die Schaufeln zeigten hernach beträchtliche

Dehnungen (einige bis zu 30 und 40 %) in der kritischen Zone nahe am Fuß. Es wurde jedoch kein Anzeichen von Bruch festgestellt. Infolge der außerordentlichen Längung streiften die Schaufelspitzen am Gehäuse an und wurden abgeschliffen, ohne den Außenring abzureiben.

Die Kurven der Abb. 430b und c entsprechen einem bestimmten Werkstoff. Sie können sehr verschieden für einen anderen aussehen, nicht nur im Verlauf einer einzelnen Kurve bei einer gegebenen Beanspruchung und Temperatur, sondern auch im Abstand derselben bei Variation von Beanspruchung oder Temperatur. Dies muß sowohl vom Konstrukteur als auch vom Metallurgen beachtet werden, denn es ist ein Anhaltspunkt dafür, daß es unmöglich ist, das Verhalten eines Werkstoffes bei einer gewissen Temperatur und Beanspruchung aus einem Versuch bei irgendeiner anderen Temperatur oder Beanspruchung zu erkennen. Die Prüfzeit kann nicht durch eine Steigerung der Beanspruchung oder Temperatur herabgesetzt werden, mit Ausnahme der unten erwähnten Bestimmung der DVM-Grenze.

Das heißt also, daß zwei Werkstoffe richtig nur dann verglichen werden können, wenn die Versuche bei der Betriebstemperatur durchgeführt werden. Es war auch eine weitverbreitete Ansicht, daß ein Material, das bei einer bestimmten Temperatur besser als ein anderes ist, auch bei einer anderen im allgemeinen niedrigeren Temperatur die günstigeren Festigkeitseigenschaften aufweist. Das ist häufig nicht der Fall, und es kommt vor, daß die Legierung, die bei z. B. 800° C die besten Werte zeigt, die relativ schlechtere bei 700 oder 650° C ist. Beide Werkstoffe weisen natürlich bei der niedrigeren Temperatur eine größere Belastbarkeit auf als bei der höheren. Aus diesem Grunde sind für Konstruktionszwecke oder zur Ermittlung der Qualität eines Materials Diagramme mit Kriechdaten bei verschiedenen Temperaturen und Beanspruchungen, sogenannte Konstruktionsdaten, notwendig, Abb. 430d.

Wie man leicht einsehen wird, ist die Erstellung solcher Tafelwerte eine sehr langdauernde Prozedur, während welcher eine große Anzahl von Kriechkurven für verschiedene Beanspruchungen und Temperaturen aufgenommen werden müssen. Während bei Flugzeugtriebwerken nur eine Vollastlebensdauer von etwa 300 Stunden, entsprechend einer Gesamtlebensdauer von etwa 1000 Stunden, gefordert wird, müssen Landanlagen eine Lebensdauer bis zu 100000 Stunden sicher erreichen können. Es ist allerdings zu überlegen, ob man nicht auch bei langlebigen Maschinen die Beschaufelung für eine kürzere Lebensdauer auslegt, damit in der Beanspruchung höher gehen kann, und dann lieber die Beschaufelung früher auswechselt. Man braucht also eine große Anzahl teurer und komplizierter Prüfmaschinen und den nötigen Stab von Spezialisten zu ihrer Bedienung. Dies ist ein nicht unerheblicher Anteil des Problems der Schaffung immer besserer hitzebeständiger Werkstoffe. Infolge dieser langen Zeit, die für einen vollständigen Kriechversuch notwendig ist, wurden eine Menge Vorschläge für Kurzzeitversuche gemacht. Nach DIN 50117 z. B. wird in einem Abkürzungsverfahren als Dauerstandfestigkeit die Beanspruchung ermittelt, die einer Dehngeschwindigkeit von 10×10^{-4} % je Stunde in der 25. bis 35. Versuchsstunde entspricht. Außerdem darf die bleidende Dehnung nach 45 Stunden 0,2 % nicht überschreiten. Solche Versuche sind für Metallurgen für den Vergleich von nur wenig unterschiedlichen Legierungen oder für die Ermittlung des Unterschiedes verschiedener Wärmebehandlungen bei einem bestimmten Material von Wert. Sie können nur mit Vorsicht angewandt werden. Für Konstruktionszwecke jedoch kann nur der Langzeitversuch über die wahre Dauerstandfestigkeit und die zu erwartende Dehnung Aufschluß geben, siehe auch DIN 50118 und 50119 [*259*].

c) Widerstand gegen Ermüdung bei hohen Temperaturen. Die Laufschaufeln sind nicht nur Zugbeanspruchungen ausgesetzt, sondern sie erleiden auch eine Biegebeanspruchung infolge der Gaskräfte, S. 491. Diese Biegebeanspruchungen können verschiedene Größe aufweisen, wenn die Laufschaufeln vorbeilaufen. Ein gutes Schaufelmaterial muß also einer zusammengesetzten Zug- und Dauerbiegewechselbeanspruchung gewachsen sein.

Die Möglichkeit eines Ermüdungsbruches beweist ebenfalls, daß es ratsam ist, die Lebensdauer einer Schaufel so festzulegen, daß sie keinesfalls das tertiäre Stadium erreicht, besonders deshalb, weil die Möglichkeit des Auftretens intergranularer Risse und damit Kerben besteht.

Die Notwendigkeit, Ermüdungen Widerstand zu leisten, hat die Frage des *Dämpfungsvermögens* eines Werkstoffes aufgeworfen und eine Zeitlang war man sehr bemüht, Baustoffe mit hohem eigenem Dämpfungsvermögen zu entwickeln. Es wurde jedoch herausgefunden, daß die Tannenbaumfußbefestigung ein solches Dämpfungsvermögen hat. daß dasjenige des Werkstoffes von untergeordneter Bedeutung ist. Wenn die Schaufeln aber am Kranz angeschweißt werden, liegen die Dinge grundsätzlich anders, da eine Schweißverbindung nur ein sehr geringes Dämpfungsvermögen besitzt.

Versuche an Schaufelwerkstoffen, die die nötigen guten Eigenschaften bei hohen Temperaturen aufweisen, haben ergeben, daß deren Dämpfungsvermögen sehr klein ist. Das muß bei Auslegung der Schaufelform und Befestigungsart beherzigt werden.

d) Widerstand gegen Oxydation und Korrosion. Da Turbinenschaufeln mit heißen Gasen in Berührung kommen, muß deren Werkstoff genügend Widerstand gegen den korrodierenden Angriff derselben bieten. Abgesehen von den Edelmetallen — diese könnten schwerlich für Turbinenteile verwendet werden —, besitzen alle hitzebeständigen Werkstoffe die Eigenschaft, einen Oxydfilm zum Schutz gegen Korrosion zu bilden. Zwei Metalle sind als Oxydbildner von größter Bedeutung: Chrom und Aluminium. Von diesen beiden hat wohl Chrom die meiste Anwendung bei der Entwicklung hitzebeständiger Werkstoffe gefunden. Wenn Chrom sich in dieser Hinsicht in günstigem Sinne auswirken soll, müssen mindestens 20 % davon in der Legierung vorhanden sein und der Oxydationswiderstand wächst mit zunehmendem Chromgehalt. Wenn viel mehr als 20 % Chrom vorhanden ist, steigen aber die Produktionsschwierigkeiten. Aluminium ist vielleicht ein noch besserer Oxydhautbildner, aber schon kleine Beimengungen ergeben ungeheure Schwierigkeiten beim Schmieden. Auch Nickel hat sich als sehr nützlich erwiesen. Bei den heute geforderten Laufschaufeltemperaturen von etwa 750° C bei Industrieturbinen oder weniger sind viele Werkstoffe greifbar, welche, im allgemeinen wegen ihres Chromgehaltes, genügenden Oxydationswiderstand besitzen. Wenn die Temperaturen höher gehen, wird dieses Problem neue Aufmerksamkeit erfordern.

Die Oxyde einiger Metalle sind flüchtig. Wenn das der Fall ist, werden Oxydfilme nur schwer gebildet und es entsteht ein Verlust dieses bestimmten Metalles an der Schaufeloberfläche, was zu Verletzungen und Unregelmäßigkeiten derselben und damit zu Kerbwirkungen führen kann.

Widerstand gegen bestimmte Arten von Korrosion ist von Bedeutung wegen der korrodierenden Wirkung der Verbrennungsgase einiger Brennstoffe[1]. In einigen Flugzeugtriebwerken z. B. wurde gefordert, daß auch die verbleiten Motorenkraftstoffe verwendet werden können und dies warf die Frage des Widerstandes des Schaufelwerkstoffes gegen den Angriff des Bleies auf. In diesem speziellen Fall haben sich Nickel-Chrom-Legierungen hervorragend bewährt. Sie wurden für einige Zeit als Schutzüberzug an den Ventilen von Kolbenflugmotoren verwendet [*258*].

e) Stabilität. Da eine Steigerung der Temperatur Strukturänderungen begünstigt, müssen Schaufelwerkstoffe so beschaffen sein, daß solche Veränderungen während der Zeit, in der die Schaufel diesen hohen Temperaturen ausgesetzt ist, kein gefährliches Ausmaß erreichen. Wie bekannt, erhalten die meisten für Schaufeln von Gasturbinen geeigneten Legierungen ihre Festigkeit unter hohen Temperaturen durch eine Wärmebehandlung, die zuerst den Zustand der festen Lösung und hernach die teilweise Ausscheidung eines oder mehrerer Lösungsbestandteile herbeiführt, ein Prozeß, der als

[1] Besonders die Vanadiumdämpfe der schweren Heizöle sind hier gefährlich, da Vanadiumpentoxyd bei Temperaturen oberhalb 650° C die Bildung der Schutzschicht verhindert.

Ausscheidungshärtung (*Seigerungshärtung*) [*237*] bezeichnet wird. Es darf daher bei einer solchen Legierung bei Betriebstemperatur keine weitere Veränderung stattfinden oder eine solche nur in sehr kleinem Maße weitergehen. Bei der Entwicklung einer neuen Legierung muß daher diese Möglichkeit durch Langzeitversuche geprüft und mittels physikalischer Methoden festgestellt werden, ob und mit welcher Geschwindigkeit eine solche Veränderung stattfindet. Es muß beachtet werden, daß Kriechdehnungen unter Umständen solche Strukturänderungen beschleunigen.

Bemerkenswert ist in diesem Zusammenhang auch, daß es Kriechkurven gibt, aus denen man annehmen müßte, daß eine Legierung für einige Zeit nach Aufbringung der Last unter Temperatur nicht kriecht. Es wurde in der Tat auch von *negativem Kriechen* berichtet, bei dem anfänglich eine Kontraktion stattfindet. Die Ursachen für ein solches Verhalten sind durch eine Fortdauer von Strukturänderungen zu erklären, die von einer Kontraktion begleitet sind. Die Dehnung infolge Kriechens wird dadurch verschleiert, wobei die Frage auftritt, ob es ratsam ist, eine Legierung in einem solch unstabilen Zustand anzuwenden. Der Vorteil läge wohl in einer verringerten Gesamtdehnung innerhalb einer gewissen Zeit.

f) Physikalische Eigenschaften. Die physikalischen Eigenschaften, wie z. B. Ausdehnungskoeffizient, spezifisches Gewicht usw. sind natürlich ebenfalls von Bedeutung. Ein niedriger Ausdehnungskoeffizient erlaubt die Anwendung kleiner Spalte und vermindert die Gefahr von Verzug, wenn Temperaturgefälle, wie z. B. beim Anlassen, auftreten [*33*, *284*]. Je niederer das spezifische Gewicht eines Werkstoffes ist, um so vorteilhafter ist es, da die Hauptbeanspruchung von der Zentrifugalkraft herrührt, s. S. 489.

g) Fertigung. Eine Gasturbinenschaufel hat heute eine komplizierte Form mit kleinen Radien an den Kanten, und die möglichst genaue Einhaltung dieser theoretischen Form ist von größter Bedeutung. Auch der Schaufelfuß muß mit engen Toleranzen gefertigt werden, damit er gut im entsprechenden Schlitz der Scheibe sitzt. Es muß daher jedes praktisch gut verwendbare Schaufelmaterial die Möglichkeit bieten, in die nötige Form gebracht zu werden.

α) Schmiedbarkeit. Die Forderung nach Schmiedbarkeit ist nicht leicht bei einem Material zu erreichen, von dem hohe Festigkeit bei hohen Temperaturen verlangt wird. Die Schmiedetemperaturen müssen daher höher als die Arbeitstemperaturen liegen, dürfen aber nicht zu nahe an den Schmelzpunkt herankommen. Das Problem wurde teilweise durch die Anwendung wärmebehandelbarer Legierungen gelöst, die zwar steif bei Schmiedetemperatur, doch weich genug sind, um mit Vorsicht geknetet zu werden. Nach dem Schmieden werden sie einer Wärmebehandlung unterzogen, welche im allgemeinen durch Ausscheidung eines bei Schmiedetemperatur in Lösung befindlichen Legierungsbestandteiles zu einer wesentlichen Steigerung der Festigkeit bei Arbeitstemperatur führt.

Es muß dabei beachtet werden, daß bei Forderung nach höheren Arbeitstemperaturen die Schwierigkeiten bei der Herstellung einer schmiedbaren Legierung stark anwachsen.

Die vorher erwähnte Wärmebehandlung solcher Stähle besteht aus Glühen bei Temperaturen um 1250° C, also im Gebiet der festen Lösung und nachfolgendem Abschrecken. Dadurch verbleibt der die Ausscheidungshärtung (Seigerungshärtung) bewirkende Zusatz in fester Lösung. Dieser Teil der Wärmebehandlung bezweckt eine vollkommene Rekristallisation. Die Härtung wird dann durch einen vielstündigen Alterungsprozeß bei niedrigerer Temperatur erzielt. Titan stellt ein sehr gebräuchliches Element für Ausscheidungshärtung dar. Natürlich muß der Alterungsprozeß bei einer höheren Temperatur stattfinden, als nachher die Arbeitstemperatur des Werkstoffes beträgt [*237*].

Bei dem englischen Stahl *R. ex 337 A* z. B., der 0,2 % C, 17 bis 18,5 % Ni, 13 bis 14,5 % Cr, 3,5 bis 4,5 % Cu, 3,5 bis 4,5 % Mo, 7 % Co, 0,5 bis 1,0 % Ti und 0,25 % Va enthält, sind im Fällprodukt Karbide der Zusammensetzung TiC, MoC und Cr_4C enthalten. Nach längerer Alterungszeit als 48 Stunden ist zu wenig Kohlenstoff vorhanden, um mit

Tabelle 31

Einfluß des C-Gehaltes auf die Zusammensetzung des Fällprodukte bei Ausscheidungshärtung

C-Gehalt %	Zusammensetzung des Fällproduktes			
	Mo %	Cr %	Ti %	Fe %
0,1	0,23	0,04	0,12	—
0,19	0,3	0,2	0,08	—
0,37	0,42	1,7	—	—
0,43	1,05	2,14	0,01	—

den Metallen Karbide zu ergeben, und es bildet sich eine intermetallische Verbindung, die Molybdän enthält. Interessant ist der Einfluß des Kohlenstoffgehaltes auf die Zusammensetzung des Fällproduktes, Tab. 31. Alle Stähle waren ähnlich dem *R. ex 337 A*, mit Ausnahme des variablen C-Gehaltes. Die Wärmebehandlung bestand aus vier Stunden Glühen bei 1250° C und 48 Stunden altern (Ausscheidungshärtung) bei 700° C. Der steigende C-Gehalt führt zu einer Verminderung von Titan und einem starken Anwachsen von Chrom und Molybdän im Fällprodukt. Wie Dauerstandversuche zeigen, sind Stähle mit C-Gehalten von 0,4 % unterlegen, und es scheint daher, daß Titan-Karbid gegenüber Chrom-Karbid als Fällprodukt den Vorzug verdient und daß der Kohlenstoff-, Molybdän- und Titangehalt so abgestimmt sein muß, daß Ausscheidung von Chromkarbiden vermieden wird [*238*]. Dies deckt sich auch mit amerikanischen Untersuchungen. Für Temperaturgebiete bis nahe 800° C ist Titan ein sehr gutes Element und diese Stähle weisen noch eine sehr gute Schmiedbarkeit auf. Für höhere Arbeitstemperatur stellt Molybdän ein geeignetes Element für Seigerungshärtung dar, doch die Steigerung der Arbeitstemperatur hat eine Verminderung der Schmiedbarkeit zur Folge.

β) Gießbarkeit. Gießbarkeit ist dann wichtig, wenn ein Werkstoff nicht geschmiedet werden kann, da er zu hart oder brüchig ist, um in festem Zustand bearbeitet zu werden. Die Entwicklung des Präzisionsgußverfahrens hat es ermöglicht, Gußstücke aus diesen Materialien herzustellen, die im gegossenen Zustand oder nur mit geringer Nacharbeit verwendet werden können. Bei diesem während des Krieges eingeführten Gießverfahren werden Wachsmodelle des zu gießenden Gegenstandes verwendet, die in geeigneten Kokillen hergestellt werden. Diese Wachsmodelle werden mit einem Mantel aus feinkörnigem feuerfestem Material umgeben (gewöhnlich durch Aufspritzen dieses in einem geeigneten Bindemittel aufgelösten Materials) und hernach in feuerfestes Material getaucht, um eine brauchbare Gießform zu bilden. Nach dem Trocknen derselben und dem Herausschmelzen des Wachses ist die Form gießfertig. Die Gußstücke werden im allgemeinen nur sandgestrahlt und sind von einer solchen Genauigkeit und Oberflächengüte, daß sie sofort oder mit nur geringer Bearbeitung eingebaut werken können, Abb. 431a und b [*34, 239, 240, 266*]. Zum Vergleich zeigt Abb. 431c eine geschmiedete Schaufel.

Die Struktur einer Legierung im gegossenen Zustand ist von großer Bedeutung. Diese beeinflußt nicht nur die Kriechfestigkeit (Standfestigkeit), sondern setzt bisweilen auch den Widerstand gegen Ermüdung unter wechselnder Beanspruchung herab, besonders bei dünnen, wechselnder Biegung ausgesetzten Schaufelquerschnitten. Gegossene Werkstoffe scheinen auch stoßempfindlicher zu sein, besonders wenn der Stoß in Richtung der Achse der Kristalle erfolgt.

Gußstücke streuen bekanntlich auch mehr in ihren Eigenschaften als Schmiedestücke, und es müssen daher genaue Kontrollen während des Herstellungsganges durchgeführt werden. Es ist angezeigt, mit genügenden Sicherheitsfaktoren zu rechnen.

γ) Bearbeitbarkeit. Leichte Bearbeitbarkeit ist zur Erreichung einer exakten Schaufelform sehr nützlich. Es ist auch vorteilhaft, wie es schon aus dem Dampfturbinenbau bekannt ist, von der Schaufeloberfläche so viel Material wegzuarbeiten, daß alle Stellen, die während des Schmiedens besonders stark verzerrt oder beim Guß verunreinigt oder

Abb. 431*a*. Verschiedene im Präzisionsgußverfahren gegossene Schaufeln (Werkbild der Edelstahlwerke, Gebr. Böhler & Co., A.G.)

bei der Wärmebehandlung angegriffen wurden, entfernt werden. Obwohl ein Material für die Bearbeitung nicht zu hart sein darf, kann umgekehrt zu große Weichheit wieder *Schmieren* und unsaubere Oberflächen zur Folge haben. Es muß daher für jeden Werkstoff, besonders für solche, die eine Wärmebehandlung brauchen, der beste Zustand für die Bearbeitung festgesetzt werden.

Legierungen, die ihre gute Festigkeit bei hohen Temperaturen ihrer komplizierten Zusammensetzung verdanken, sind meistens bei Raumtemperatur sehr hart und nur sehr schwer zu bearbeiten. Schleifen kann angewendet werden, doch stellt dies eine sehr teure Art der Formgebung dar.

δ) *Schweißbarkeit.* Wenn die Absicht besteht, die Schaufeln an den Rotor anzuschweißen, dann wird die Schweißbarkeit einer Legierung bedeutungsvoll. Hier kann der Einfluß von geringsten Mengen einiger Elemente entscheidend sein, doch ist es anderseits schwierig, ohne diese Elemente Werkstoffe mit guter Warmfestigkeit oder guter Bearbeitbarkeit zu erzeugen.

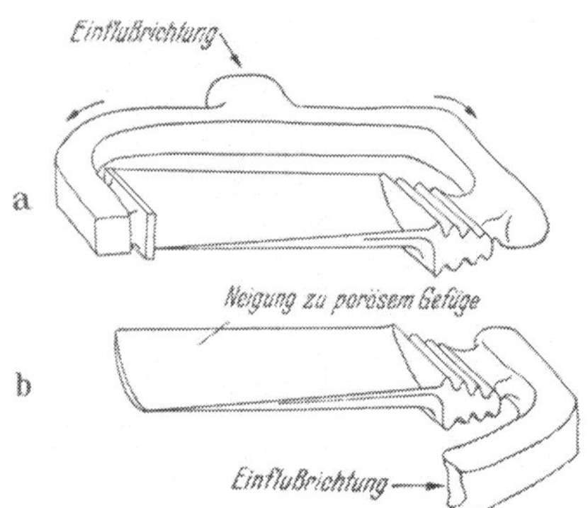

Abb. 431*b*. Anordnung der Eingüsse beim Präzisionsgießen von Turbinenschaufeln
a Zweckmäßige Anordnung
b Unzweckmäßige Anordnung

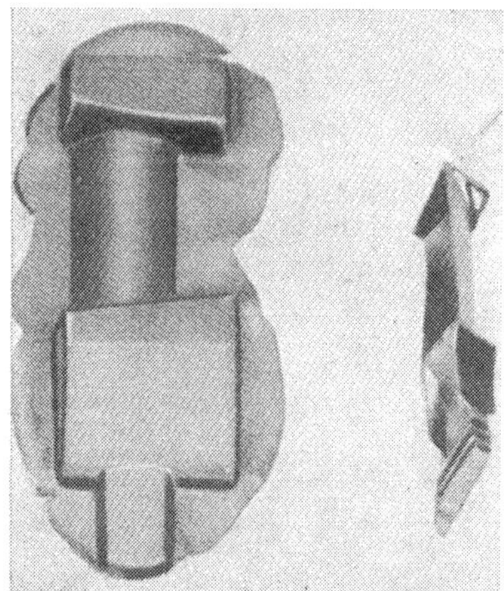

Abb. 431*c*. Geschmiedete und fertige Form einer Turbinen-Laufschaufel der Rolls-Royce-Dart-Propellerturbine

ε) *Wärmebehandlung.* Komplizierte Wärmebehandlungen fördern nicht die Leichtigkeit und Schnelligkeit der Fabrikation. Viele Werkstoffe erfordern wenigstens zwei Behandlungen: ein langes Glühen bei Temperaturen über 1000° C mit einer darauffolgenden mehrstündigen Erhitzung bei niedrigerer Temperatur. Die optimalen Bedingungen müssen notwendigerweise für jede Legierung festgesetzt werden. Dieser Gang der Wärmebehandlung muß dann sehr genau eingehalten werden. Versuche, bei der Wärmebehandlung Zeit zu sparen, oder zu schnelles bzw. zu langsames Abkühlen, können erheblichen Einfluß auf die Festigkeitseigenschaften bei hohen Temperaturen haben.

Wärmebehandlungen, die einen Glühprozeß bei hohen Temperaturen verlangen, sind natürlich teuer und brauchen eine sehr genaue Temperaturkontrolle, besonders wenn die Temperatur sehr nahe an den Schmelzpunkt eines Legierungsbestandteiles herankommt.

h) Verfügbarkeit der Legierungsbestandteile. Werkstoffe für hohe Temperaturen sind immer von sehr komplizierter Zusammensetzung, und viele von ihnen enthalten Elemente, die bisher noch nie in größerem Ausmaß für die gewöhnlichen Baustähle verwendet worden sind. Es muß daher bei der Auswahl einer Legierung die Sicherheit bestehen, daß alle Elemente in ausreichender Quantität vorhanden sind, was im Frieden leichter zu bewerkstelligen ist als in Kriegszeiten.

i) Gleichmäßigkeit der Qualitätseigenschaften bei Massenherstellung. Das Problem, ein geeignetes Schaufelmaterial herzustellen, kann nur als teilweise gelöst bezeichnet werden, solange diese Legierung nur im Laboratorium dargestellt werden kann. Nur dann, wenn es gelingt, auch bei Massenherstellung am fertigen Bauteil immer die gewünschten Eigenschaften zu haben, ist ein Werkstoff für Serienfertigung geeignet. Zur Lösung dieser Aufgabe hat man große metallurgische Schwierigkeiten überwinden müssen.

Gute Eigenschaften bei hohen Temperaturen und insbesondere niedere Kriechgeschwindigkeit sind äußerst empfindlich auf auch nur kleinste Veränderungen der Zusammensetzung, des Prozeßverfahrens und der Wärmebehandlung. Die Gegenwart oder Abwesenheit von nur 0,001% eines Legierungsbestandteiles, oder die Veränderung von 0,1% in der Menge eines anderen, kann aus einem vollkommen geeigneten Werkstoff einen ganz ungeeigneten machen.

Viele der Schaufelmaterialien haben eine komplizierte Zusammensetzung, und manchmal sind mehr als zehn Elemente in der Legierung vorhanden. Diese Legierungen sind aus einer Anzahl Zusatzlegierungen oder Gemengen zusammengesetzt, von denen jede Verunreinigungen mitbringen kann. Weitere Verunreinigungen können von der Ofen- oder Pfannenauskleidung, von der Ofenatmosphäre, in der der Schmelz- oder Gießprozeß stattfindet, und von den Desoxydationsmitteln, mit denen die Schmelze behandelt wird, herrühren. Es muß daher besonders auf diese Umstände geachtet werden, und obwohl schon von der Erschmelzung von Qualitätsstählen her bekannt, muß doch im Falle der temperaturfesten Baustoffe bei unserem heutigen Wissen ganz besondere Sorgfalt in dieser Hinsicht aufgewendet werden.

Ein Verfahren zur Verwertung der Abfälle muß ebenfalls entwickelt werden. Besonders bei solchen Stählen höchster Qualität für genau dimensionierte Teile kann der Abfall einen hohen Prozentsatz des Ingotgewichtes ausmachen. Anderseits kann dieser Abfall nur mit größter Vorsicht verwendet werden, und die Eigenschaften bei hoher Temperatur erleiden eine starke Beeinträchtigung, wenn der Abfall verunreinigt ist oder wenn der Schmelzprozeß bei Zusatz von Abfall nicht entsprechend abgewandelt wird.

Die meisten dieser Legierungen zeigen Erstarrungserscheinungen, die die Herstellung eines dichten lunkerfreien Ingots sehr erschweren. Ingotformen von spezieller Gestalt und Größe müssen daher verwendet werden.

Die außerordentlichen Schwierigkeiten bei der Warmarbeit an solchen hitzebeständigen Stählen wurden bereits erwähnt, und es können diese daher nur durch äußerst sorgfältiges Schmieden und Walzen auf den Querschnitt gebracht werden, der für das Schlagen im Gesenk oder die spangebende Bearbeitung einer Schaufel gebraucht wird. Das Auftreten eines auch nur kleinsten inneren Risses im Zagel oder der Stange macht die Eignung für Beanspruchung unter hoher Temperatur zunichte. Auch schon leichte Überhitzung kann fatal sein, während Schmieden bei zu niederer Temperatur die guten Eigenschaften einer Legierung verdirbt.

Ein anderes Problem war die Gewährleistung der geforderten Reinheit des fertigen Schaufelschmiedestückes. Die meisten der in Frage kommenden Legierungen enthalten Elemente wie Chrom, Niob, Aluminium, Titan usw., die sich gerne mit Sauerstoff oder Stickstoff verbinden und unlösliche Mischungen bilden, die, falls sie während des Gieß- und Erstarrungsvorganges nicht vollkommen entfernt werden, verteilt im ganzen Werkstoff auftreten.

Die Tatsache, daß derart viele Faktoren für die Herstellung eines geeigneten Schaufelwerkstoffes maßgebend sind, mag eine Erklärung dafür sein, daß man in den letzten Jahren oft von besonderen Werkstoffen gehört hat, aber diese niemals in genügender Menge erzeugen konnte. Die Herstellung der Legierungen, die in genügender Menge erhältlich sind, war nur durch eine genaueste Untersuchung der einzelnen Faktoren und deren Einfluß sowohl bei Laboratoriumsversuchen als auch während des eigentlichen Herstellungsprozesses im großen möglich. Dazu war die Aufnahme einer großen Anzahl von Kriechkurven, meistens über eine Zeit von 100 Stunden oder länger, notwendig, da die Veränderung einer Variablen nicht nur oft den Einfluß einer anderen verstärkt, sondern auch des öfteren eine Abwandlung der Wärmebehandlung notwendig macht, um optimale Eigenschaften zu erzielen.

Man kann aus dem Vorangegangenen ersehen, daß die Entwicklung eines geeigneten Schaufelmaterials ein sehr komplizierter Vorgang ist, der sorgfältigste Untersuchungen erfordert. Der Fortschritt ist daher nur langsam, wenn man sicher sein will, daß die metallurgischen Ergebnisse bei der Konstruktion mit Sicherheit angewendet werden können. Je größer aber die Sicherheit ist, mit der der Ingenieur seine nächsten Forderungen erfüllt bekommt, um so größer ist die Chance, daß er sein Ziel schnell und sicher erreicht.

2. Rotorwerkstoffe

Die Probleme, die bei der Entwicklung eines geeigneten Rotorwerkstoffes auftreten, sind ähnlich denen, die bei den Schaufelwerkstoffen zu meistern sind. Die Anforderungen sind allerdings etwas verschieden, und diese Materialien haben daher wieder ihre besonderen Schwierigkeiten.

Die Temperatur einer Turbinenscheibe ist in ihrem Zentrum niedriger als am Kranz, und die Kranztemperatur ist wieder niedriger als die Schaufeltemperatur. Das Resultat dieser radialen Temperaturdifferenzen sind Spannungen, die denen, die von der Rotation herrühren, überlagert sind. Die höchsten Beanspruchungen treten in Scheibenmitte auf, wodurch größte Aufmerksamkeit auf die mechanischen Eigenschaften des Werkstoffes, wie Streckgrenze, Zugfestigkeit usw., wie sie normalerweise bei Stählen, die bei Raumtemperatur arbeiten müssen, als Charakteristikum angesehen werden, gelenkt werden muß.

Die Beanspruchungen, die aus der ungleichen Temperaturverteilung erwachsen, hängen natürlich sehr von der Wärmeleitfähigkeit und vom Ausdehnungskoeffizienten des Materials ab, so daß diese beiden Eigenschaften von besonderer Bedeutung bei der Auswahl eines geeigneten Scheibenmaterials sind. Zunderfestigkeit ist bei einem Rotor wieder weniger wichtig wie bei anderen Gasturbinenteilen, aber diese Eigenschaft darf trotzdem nicht vollständig unbeachtet gelassen werden, da die Kranztemperatur 600° C leicht überschreiten kann, eine Temperatur, bei der Zundern schon in erheblichem Maße auftritt, ausgenommen bei Werkstoffen, die in die Klasse der hitzebeständigen Materialien fallen.

Beanspruchungen im heißen Kranz können eine Größe erreichen, bei der Kriechen auftritt, und man muß daher einen Werkstoff von genügender Warmfestigkeit bei Kranztemperatur wählen, so daß die Kriechgeschwindigkeit in zuträglichen Grenzen bleibt. Vibrationen können außerdem zu Wechselbeanspruchungen führen, wodurch die Wechselfestigkeit eines Scheibenmaterials ebenfalls von Bedeutung ist.

Legt man die Turbine so aus, daß die Rotortemperatur an keiner Stelle 550° C überschreitet, dann kann niedrig legierter Baustahl genommen werden, falls er die nötigen Eigenschaften hat, um den in Scheibenmitte und am Kranz auftretenden Beanspruchungen gerecht zu werden [*245*]. Mit steigender Gastemperatur jedoch können die Kranztemperaturen Werte erreichen, bei denen die auftretenden Beanspruchungen nur mehr mit Legierungen komplizierter Zusammensetzung und mit Eigenschaften ähnlich denen der Schaufelwerkstoffe beherrscht werden können.

Gasturbinenrotoren sind relativ groß und schwer und müssen daher aus Ingots von beachtlicher Größe hergestellt werden. Es sind auch Versuche gemacht worden, Rotoren zu gießen, doch ist über den Erfolg dieser Maßnahme nichts Näheres bekannt geworden. Die Schwierigkeit, gute, porenfreie Ingots herzustellen, wächst natürlich mit wachsender Ingotgröße, und ebenso wachsen die Schwierigkeiten beim Schmieden. Die Wärmebehandlung umfangreicher Schmiedestücke, besonders wenn große Abkühlungsgeschwindigkeiten gefordert werden, stellt ein schwieriges Problem dar, ebenso wie die zerstörungsfreie Werkstoffprüfung. Immerhin wurden bis heute schon gute Erfolge erzielt [*238*, *247*]. Sehr große Rotoren stellt man durch Verschweißen einzelner Scheiben her, wie schon im Abschnitt über den Aufbau der Turbine (S. 262) näher gezeigt wurde [*241*]. Auch Welle und Scheibe werden, besonders bei Flugzeugtriebwerken, durch Schweißung verbunden, wobei in diesem Falle elektrische Stumpfschweißung angewendet wird [*242*, *243*].

3. Die Eintrittsleitschaufeln und ihre Werkstoffe

Die normalen Beanspruchungen der Leitschaufeln sind gering, doch entstehen zusätzliche Spannungen durch Dehnungen unter Temperatureinfluß. Die dünnen Querschnitte dieser Schaufeln werden mit großer Schnelligkeit erwärmt bzw. abgekühlt, und da die Temperaturverteilung während dieser Vorgänge keineswegs gleichmäßig ist, können Spannungen auftreten, die zu Rissen und Verkrümmungen führen.

Die Arbeitstemperatur der Eintrittsleitschaufeln liegt höher als die der Laufschaufeln, und während die letzteren unter einer mittleren Temperatur arbeiten, können die ersteren, da sie besonders bei Flugzeugtriebwerken von einer Serie von Brennkammern beaufschlagt werden, zum Teil unter Übertemperatur stehen, wenn der Ausgleich unter den einzelnen Flammrohren nicht vollständig ist. Daher ist die Zunderbeständigkeit bei den Eintrittsleitschaufeln von besonderer Wichtigkeit, ebenso wie der Widerstand gegen Reißen und Verkrümmen unter plötzlichen und ungleichen Erhitzungen und Abkühlungen. Eintrittsleitschaufeln müssen keine hohen Beanspruchungen über eine lange Zeit aushalten, und daher sind die Anforderungen gegenüber einem Werkstoff für Laufschaufeln verschieden. Infolgedessen kann in diesem Falle die Möglichkeit, gegossene Schaufeln zu verwenden, in Erwägung gezogen werden, und es ist daher von Bedeutung, daß ein Werkstoff in den nötigen dünnen Querschnitten gegossen werden kann.

Für Konstruktionen, wo geschmiedete Werkstoffe angewendet werden, kann man die Leitschaufeln in Form von kaltgewalzten oder gezogenen Profilen herstellen, ein Vorgang, der besonders bei Massenproduktion billig ist.

4. Brennkammerwerkstoffe

Ein für Flammrohre geeigneter Werkstoff muß notwendigerweise hohe Zunderbeständigkeit besitzen. Die Flammrohre arbeiten nicht mit gleichmäßiger Temperaturverteilung, und auch bei den besten heutigen Auslegungen erreichen manche Zonen 850° C und die Lage dieser Zonen dürfte sich mit dem Luft-Brennstoffverhältnis ändern.

Durch diese ungleichen Wärmedehnungen entstehen Spannungen, die zu Verwerfungen und Brüchen führen. Ein brauchbarer Werkstoff muß daher bei höchsten Temperaturen eine hinreichende Festigkeit besitzen, um diesen Beanspruchungen standzuhalten. Auch besteht die Möglichkeit, daß durch Pulsationen des Luftstromes oder der Flamme Wechselbeanspruchungen auftreten, so daß auch eine genügende Wechselfestigkeit von einem guten Flammrohrwerkstoff gefordert werden muß.

Brennkammerteile fertigt man in der Regel aus Blech, um besonders bei Flugzeugtriebwerken das Gewicht niedrig zu halten. Ein geeigneter Werkstoff muß sich daher gut kalt- und warmwalzen lassen. Darüber hinaus muß das Blech eine gute Kaltverformbarkeit besitzen, da die Teile gebogen, gezogen oder gedrückt werden müssen. Ein Flammrohr wird aus den Einzelteilen durch Punkt- und Nahtschweißung zusammengefügt, so daß der Werkstoff auch für die Anwendung dieser automatischen Schweißverfahren geeignet sein muß [*244*].

5. Wärmeaustauscherwerkstoffe

Die Auswahl geeigneter Werkstoffe für den Wärmeaustauscher wird durch Überlegungen über das Verhalten bei den verschiedenen vorkommenden Beanspruchungen und Temperaturen, ebenso wie durch die Materialkosten, durch die Möglichkeit der Verbindung dieser Werkstoffe durch Schweißen und Löten usw. bestimmt.

Folgende Einflüsse sind von besonderer Wichtigkeit: Erosion und Verschmutzung, Korrosion und Beanspruchung durch Druck- und Temperaturdifferenzen.

Erosionen entstehen durch Schmutzteilchen im Luft- bzw. Gasstrom und führen mit der Zeit zu einer Verkleinerung der Wandstärken und damit zu einer Erhöhung der spezifischen Belastungen.

Verschmutzung hingegen wirkt sich nicht nur auf die Wärmeübertragung im negativen Sinn aus, sondern führt ebenfalls zu höheren Beanspruchungen durch höhere Wandtemperaturen.

Korrosionen entstehen durch den Sauerstoffgehalt der Arbeitsmedien und sie können durch Auswahl entsprechend rost- und zunderbeständiger Werkstoffe in zulässigen Grenzen gehalten werden. Auch hierdurch tritt mit der Zeit eine Verkleinerung der Wandstärken und damit höhere spezifische Belastung der Bauteile ein.

Zu diesen Einflüssen kommt noch die Beanspruchung durch Druck- und Temperaturdifferenzen bei verschiedenen Belastungen.

Alle diese auf den Wärmeaustauscher-Werkstoff einwirkenden Faktoren sind last- und zeitabhängig.

Die Werkstoffauswahl muß also so geschehen, daß unter Berücksichtigung aller dieser Einflüsse die größte Wirtschaftlichkeit der Gasturbine (und nicht nur des Wärmeaustauschers allein) erreicht wird. Damit spielen besonders der Faktor der Werkstoffkosten, das Herstellverfahren und die Möglichkeit der Wartung während des Betriebes eine große Rolle.

Es müssen also bei der Wahl geeigneter Werkstoffe alle diese Komponenten sorgfältig gegeneinander abgewogen werden [*192a*].

B. Die heute verfügbaren temperaturfesten Werkstoffe

1. Warmfeste Stähle und Legierungen

Im vorstehenden wurden die Forderungen besprochen, die der Gasturbineningenieur an den Metallurgen stellte und stellt. Im folgenden soll ein kurzer Überblick über die Entwicklungen in den einzelnen Ländern gegeben werden.

a) Österreich. Die altbekannte Firma Gebr. Böhler & Co., Aktiengesellschaft, hat eine ganze Serie von warmfesten Stählen für den Gasturbinenbau entwickelt, die sich wegen ihrer Güte weit über die Grenzen großer Beliebtheit erfreuen. Besonders die Gruppe der Turbotherm-Stähle ist für den Gasturbinenbauer interessant. Auch die Herstellung von Präzisionsgußstücken hat bei dieser Firma einen hohen Stand erreicht. Die Tab. 32, 33 und 34 geben Aufschluß über die wichtigsten Böhler-Stähle.

b) Deutschland. Eine gewaltige Entwicklungsarbeit auf dem Gebiete der warmfesten Stähle wurde in Deutschland vor und besonders während des Krieges geleistet, doch zwang die Knappheit an Legierungsbestandteilen zum Übergang auf immer niedriger legierte Werkstoffe.

Tabelle 32. *Chemische Zusammensetzung der wichtigsten warmfesten Böhler-Stähle*

Klasse	Stahltype	C	Cr	Ni	Co	W	Mo	Nb	V	Si
Ferrite	DMV 83	0,15	—	—	—	—	0,8	—	0,3	—
	DCMS	0,14	1,0	—	—	—	0,5	—	—	—
	DCSMV 7	0,1	1,8	—	—	—	0,3	—	0,3	1,1
	DCM 54	0,25	1,3	—	—	—	0,45	—	—	—
	DCMV 55	0,24	1,4	—	—	—	0,55	—	0,2	—
	Turbotherm 20 MVW	0,2	12,0	—	—	W	1,0	—	V	—
Austenite	Turbotherm 1613 Nb	0,1	16,0	13,0	—	—	—	Nb	—	—
	Turbotherm 1616 M	0,1	16,0	16,0	—	—	2,0	Nb	—	—
	Turbotherm 1613 MV	0,1	16,0	13,0	—	—	1,3	Nb	0,8	—
	Turbotherm 13 CO 10	0,4	13,0	13,0	10,0	2,5	2,0	3,0	—	—
	Turbotherm 20 CO 20	0,18	20,0	20,0	20,0	2,0	3,0	1,3	—	—
	Turbotherm 20 CO 45	0,4	20,0	20,0	42,0	4,7	4,0	3,0	—	—

Tabelle 33. *Mechanische und physikalische Eigenschaften der wichtigsten warmfesten Böhler-Stähle*

	Stahltype	DMV 83 vergütet	DCMS vergütet	DCSMV 7 vergütet	DCM 54 vergütet	DCMV 55 vergütet	Turbo-therm 20 MVW vergütet	Turbo-therm 1613 Nb abge-schreckt	Turbo-therm 1616 M abge-schreckt	Turbo-therm 1613 MV abge-schreckt und aussch.geh.	Turbo-therm 13 CO 10 abge-schreckt und aussch.geh.	Turbo-therm 20 CO 20 abge-schreckt und aussch.geh.	Turbo-therm 20 CO 45 abge-schreckt und aussch.geh.
Mechanische Eigenschaften	Streckgrenze kg/mm² min.	60	30	30	60	60	60	22	25	27	35	35	45
	Zugfestigkeit kg/mm²	70—85	45—60	50—65	80—95	80—95	75—90	55—70	55—70	55—75	65—80	75—90	85—100
	Dehnung $L = 5\,d$ % min.	14	22	25	15	14	12	35	35	30	16	25	15
	Einschnürung % min.	—	—	—	—	—	—	—	—	—	25	35	15
	Kerbschlagzähigkeit mkg/cm² (DVMR) min.	8	8	6	—	8	~5	15	15	10	3 (Quer-wert)	4	4
Physikalische Eigenschaften	Spezifisches Gewicht g/cm³	7,8	7,85	7,75	7,85	7,85	7,8	7,9	7,8	8,0	8,13	8,2	8,7
	E-Modul kg/mm² 20° C	21250	21000	21000	21000	21000	21000	20000	20000	20000	21100	21700	22000
	300° C	—	18500	19000	18500	18500	20500	—	—	—	19000	—	—
	500° C	—	16500	15500	16500	16500	18000	17000	17000	17000	17450	—	—
	800° C	—	—	—	—	—	—	—	—	—	15000	—	—
	Wärmeausdehnung in 10^{-6} m/m°C 20—100° C	12,0	11,1	12,5	11,1	11,1	9,5	15,5	15,5	15,7	15,8	—	12,8
	20—300° C	14,0	12,9	13,1	12,9	12,9	10,5	17,0	17,0	17,1	16,9	15,7	14,4
	20—500° C	14,0	13,9	13,7	13,9	13,9	11,5	18,0	18,0	17,5	17,6	16,3	14,9
	20—800° C	—	—	—	—	—	—	—	—	—	18,3	17,4	16,8

Tabelle 34. *Konstruktionsdaten der wichtigsten warmfesten Böhler-Stähle*

Stahltype	Temperatur °C	Beanspruchung in kg/mm² für Kriechdehnung von 1% in 1000 h	10000 h	100000 h	Bruch in 1000 h	10000 h	100000 h
DMV 83	500	28	21	14	30	23	15
	550	17	12	6	25	17	8
DCMS	450	24	22	19	34	30	25
	500	18	14	11	25	19,5	14
	550	12	6	3	16	9	4
DCSMV 7	500	—	15	10	—	21	11
	550	—	9	5	—	16	7
DCM 54	500	—	24	10	—	27	12,5
	550	—	7,5	2,5	—	10,5	4,5
DCMV 55	450	—	28	18	—	—	—
	500	—	26	16	—	33	20
	550	—	13	5	—	18	8
Turbotherm 20 MVW	500	20	15	10,5	29	23	13
	550	10	6,5	3	14	9,5	4,5
Turbotherm 1613 Nb	500	26	20	16	40	32	25
	550	20	14	10	31	22	15
	600	15	10	6	23	15	8
	650	11	7	4	16	10	5
	700	8	5	2,5	10	6	3,5
Turbotherm 1616 M	500	26	20	17	40	32	26
	550	22	15	11	32	23	16
	600	17	11	7	23,5	16	9
	650	13	8	5	16,5	12	6
	700	10	6	3,5	12	8	4,5
Turbotherm 1613 MV	500	—	—	18	—	—	28
	550	—	21	14	—	25	20
	600	—	17	10	—	21	14
	650	—	11	7	—	14	9
Turbotherm 13 CO 10	650	17,5	13	9	25	18	12,5
	700	12	10	6,5	19	11,5	8,5
	750	8	—	—	11,5	9	—
	800	5,5	—	—	9	—	—
Turbotherm 20 CO 20	600	20	15	—	25	20	—
	650	19	12	7,5	22	15	9
	700	12	9	6	16	11	7
	750	—	6	—	13	8,5	—
	800	—	3	—	11	6	—
Turbotherm 20 CO 45	650	—	18,5	—	33	25	20
	700	—	12	8	27	19	15
	750	—	9	7	20	14	10
	800	—	6	4,5	13	9	5

Die Hauptaufmerksamkeit wurde verbesserten austenitischen Stählen mit besonderen Wärmebehandlungen zugewendet. Während zu Kriegsbeginn Krupp-*Tinidur* für Laufschaufeln in Verwendung stand, mußte später auf *Chromadur* und noch später auf *Vanidur* übergegangen werden. Durch besondere Verfahren konnte die Vanadiumaufbringung vergrößert werden, und schon sehr früh war in Deutschland der günstige Einfluß von Stickstoff auf einzelne Stahllegierungen bekannt. Kobaltreiche Legierungen, wie DVL 42 und DVL 52, wurden zwar entwickelt, doch nicht zur Herstellung freigegeben. Die nur wenig legierten Stähle zwangen zur Anwendung von Kühlmethoden z. B. Hohlschaufeln, Abb. 227, und zahlreiche sehr interessante technische Lösungen wurden gefunden. Natürlich lagen trotzdem die Gastemperaturen niedriger als bei den heutigen englischen und amerikanischen Triebwerken. Die gute Kühlung von Schaufeln und Scheiben erlaubte die Anwendung ferritischer Stähle für die Turbinenscheiben. Es wurden Legierungen und Wärmebehandlungen gefunden, die ausgezeichnete Eigenschaften bei niedrig legierten Stählen unter Temperaturen bis 550° C bewirkten. Ein in den letzten Kriegsjahren entwickelter Titanstahl (C-Stahl mit Titanzusatz) zeigte hier besonders hohe Festigkeitswerte. Trotzdem war es nicht möglich, die heute gewohnte Lebensdauer bei den Düsentriebwerken zu erreichen, besonders zu Kriegsende, wo schon auf sehr niedrig legierte Stähle übergegangen werden mußte. Tab. 35 und 36 geben Aufschluß über die wichtigsten deutschen Stähle während des Krieges.

Sehr interessante und zum Teil erfolgreiche Versuche mit keramischen Schaufeln sowie Stahlschaufeln mit keramischem Überzug werden heute in England und Amerika fortgesetzt, doch sind bis jetzt nur wenige Resultate bzw. Berichte veröffentlicht worden. Die deutschen Stähle aus der letzten Zeit sind ähnlich den Böhler-Stählen [*264*, *265*].

c) England. Pionierarbeit in diesem Land wurde von W. H. Hatfield in den Brown-Firth-Versuchslaboratorien geleistet. Er wendete sich austenitischen Stählen mit besonde-

Tabelle 35. *Zusammensetzung einiger deutscher hitzebeständiger Gasturbinenstähle*

	C	Si	Mn	Ni	Cr	Mo	Ta	W	Ti	Al	V	Nb	Co
V2A Krupp	0,1	0,6	0,35	8,5	18	—	—	—	—	—	—	—	—
FKDM 10	0,2	0,3	0,35	—	2,8	0,4	—	0,4	—	—	0,8	—	—
Tinidur	0,15	0,5	0,8	30	15	—	—	—	1,7	0,2	—	—	—
Chromadur	0,1	0,7	18	—	12	—	—	—	—	—	0,7	0,2	—
Vanidur	0,1	0,4	0,2	10,5	17,5	—	—	—	0,6	—	1	—	—
DVL 42	0,08	0,6	0,8	32	15	5	—	5	0,2	—	—	—	24
DVL 52	0,08	0,6	0,8	32	15	5	4,5	5	—	—	—	—	24

Tabelle 36. *Dauerstandfestigkeitswerte verschiedener deutscher Stähle*

	DVM-Grenze kg/mm²					Dauerstandfestigkeit bei 1 % Dehnung in 2000 h, kg/mm²		
	500° C	550° C	600° C	650° C	700° C	600° C	650° C	700° C
V 2 AED Krupp	—	17	14	—	—	—	—	—
Cr-Ni-W-Nb-Stahl ATS, Deutsche Edelstahlwerke	25	22,5	18	12,5	5	—	—	—
Cr-Ni-W-Nb-Stahl ATS, Deutsche Edelstahlwerke	14	13	12	10	7,5	—	—	—
SAS-8, Böhler	30	22,5	16	11,5	8	—	—	—
Cr-Ni-Ti-Stahl, P 193, Krupp	—	—	22	17	10	—	—	—
Cr-Mo-Si-V-Stahl BVT, Bochumer Verein	40	26	15	—	—	—	—	—
DVL 42	—	—	—	—	—	45	29	14
Krupp Tinidur	—	—	—	—	—	41	28	15,5

rer Wärmebehandlung zu. Die ersten Legierungen enthielten 8% Nickel, 18% Chrom, 1% Titan und 1,5% Aluminium. Ein ähnlicher Stahl, bekannt unter dem Namen *Stayblade*, wurde bei den ersten Düsentriebwerken als Schaufel- und Scheibenwerkstoff verwendet. Weitere Versuche führten zur Herstellung des austenitischen Stahles *R ex 78* von schon sehr komplizierter Zusammensetzung [*238*]. Dieser Stahl war nach einer besonderen Wärmebehandlung jedem anderen 1939 bekannten Stahl überlegen und als Schaufelmaterial verwendet, mit einer Scheibe aus *Stayblade*, führte er zum erfolgreichen Lauf eines der ersten Düsentriebwerke. Doch reichten die Eigenschaften dieses Stahles auch noch nicht aus, um den gestellten Anforderungen gerecht zu werden.

Zu dieser Zeit begann sich die Mond Nickel Comp. mit der Entwicklung eines Stahles zu befassen, der bei 750° C noch genügend Festigkeit aufweisen sollte. Basierend auf der bekannten 80/20 Nickel-Chrom-Legierung wurde ein Stahl entwickelt (Nimonic 75), der nach einer geeigneten Wärmebehandlung bei 750° C die nötigen Festigkeitseigenschaften aufwies [*248*, *269*].

Zu dieser Zeit jedoch hatte sich das Hauptinteresse etwas niedrigeren Temperaturen zugewendet, und *Nimonic 75* war bei z. B. 650° C lange nicht so vorteilhaft als bei 750° C. Dies zeigt deutlich die Notwendigkeit, daß der Metallurge genau die Anforderungen

Tabelle 37. *Chemische Zusammensetzung der Stähle der Firma Firth Vickers Stainless Steel, Ltd.*

Type	Chemische Zusammensetzung									
	C	Si	Mn	Cr	Ni	Mo	Co	Nb	Cu	Ti
326	0,25	0,8	3,0	17,0	18,5	2,5	7,0	1,75	—	—
337	0,21	0,8	0,8	17,0	17,5	2,5	7,0	—	2,5	0,75
F.C.B. (T)	0,12	0,6	1,5	17,5	11,0	—	—	1,2	—	—
467[1]	—	—	—	—	—	—	—	—	—	—
448[2]	—	—	—	—	—	—	—	—	—	—

[1] Zusammensetzung nicht veröffentlicht. Austenit. Enthält so wenig als möglich Sparstoffe.
[2] Ferritischer Stahl mit 10 bis 12% Cr.

Tabelle 38. *Mechanische und physikalische Eigenschaften der Firth-Vickers-Stähle*

	Stahltype	326	337	F.C.B. (T)	467	448
Mechanische Eigenschaften	0,1% Dehngrenze kg/mm²	37,8	35,3	20,9	38,8	86,5
	Zugfestigkeit kg/mm²	70,5	70,0	64,3	69,6	110,25
	Dehnung %	35	37,5	58,5	39,5	18
	Einschnürung %	49	43	65,5	46	46,5
Physikalische Eigenschaften	Spezifisches Gewicht g/cm³	8,0	8,0	7,9	7,93	7,76
	E-Modul kg/mm² 20° C	20950	19850	20600	20150	23000
	300° C	—	17800	—	17700	20300
	500° C	17340	16220	16220	16050	18100
	700° C	15748	14650	14400	14500	—
	800° C	—	13860	—	13700	—
	Wärmeausdehnung in 10^{-6} m/m° C					
	20—100° C	15,0	15,0	16,0	17,5	10,0
	20—300° C	16,0	16,0	18,0	18,0	11,0
	20—500° C	16,0	16,0	18,0	18,5	12,0
	20—700° C	17,0	17,0	19,0	19,1	12,0

Tabelle 39. *Konstruktionsdaten der Firth-Vickers-Stähle*

Stahltype	Temperatur °C	Beanspruchung in kg/mm² für Kriechdehnung von												Beanspruchung in kg/mm² für			
		0,1 % in				0,2 % in				0,5 % in				Bruch in			
		300 h	1000 h	5000 h	100000 h	300 h	1000 h	5000 h	10000 h	300 h	1000 h	5000 h	10000 h	300 h	1000 h	5000 h	10000 h
326	650	15,75	14,17	10,23	8,66	18,9	17,3	12,6	11,0	21,26	19,68	15,75	13,38	25,2–29,9	22,0–26,75	18,1–20,45	> 14,96
	700	10,23	7,87	5,51	4,72	13,38	10,23	7,08	5,82	16,53	13,38	10,23	8,66	17,3–20,45	14,17–18,1	—	—
337	650	20,45	18,1	14,17	12,6	21,26	19,68	15,75	14,17					30,7	28,4	> 20,45	> 18,9
	700	14,96	12,6	10,23	9,45	17,3	14,17	11,8	11,0					26,0	21,26	17,3	15,75
	750	11,8	10,23	8,66	8,19	14,17	12,6	11,0	10,55					18,9	16,53	13,38	12,6
F.C.B. (T)	600	18,9	14,96	12,6	11,0	20,45	16,53	12,6	11,8	23,6	18,9	14,17	12,6	28,35–29,90	22,0–23,6	15,75–17,3	> 14,17
	650	11,0	7,87	4,72	3,15	12,6	10,23	4,72	3,93	14,17	11,8	6,3	4,72	15,75–17,3	12,6–14,17	7,87–9,45	6,3
467	700					17,3	15,75	—	—	18,9	19,68	—	—	25,2	21,26	—	—
448	550					33,0	27,6	22,0	—	39,35	36,2	28,35	—	44,1	40,95	—	—
	600					22,0	15,75	11,0	—	26,75	23,6	14,17	—	28,35	26,75	—	—
	650					13,38	11,0	—	—	16,53	12,6	—	—	21,26	> 15,75	—	—

Tabelle 40. *Chemische Zusammensetzung der Stähle der Firma William Jessop & Sons, Ltd.*

Klasse	Type	Chemische Zusammensetzung										
		C	Mn	Si	Ni	Cr	Mo	W	V	Nb	Ti	Co
Austenitisch	G 18 B	0,4	0,8	1,0	13,0	13,0	2,0	2,5	—	3,0	—	10,0
	G 19	0,4	0,8	1,0	13,0	19,0	1,8	2,5	—	3,0	—	10,0
	G 21	0,4	0,9	1,3	13,0	13,0	—	2,5	—	1,0	—	—
	G 32	0,3	0,8	0,3	12,0	19,0	2,0	—	2,8	1,2	—	45,0
	G 34[1]	—	—	—	—	—	—	—	—	—	—	—
	G 39[2]	—	—	—	—	—	—	—	—	—	—	—
	G 56[3]	—	—	—	—	—	—	—	—	—	—	—
	R 20	0,15	0,8	0,3	14,0	19,0	—	—	—	1,7	—	—
	R 22	0,22	0,7	1,0	11,5	22,5	—	2,7	—	—	—	—
Ferritisch	H 27	0,4	0,6	0,3	—	3,0	0,9	—	0,2	—	—	—
	H 40	0,23	0,3	0,45	0,3	2,7	0,5	0,5	0,75	—	—	—
	H 46	0,15	0,57	0,40	—	11,5	0,45	—	0,30	0,25	—	—

[1] G 34 hat eine chemische Zusammensetzung ähnlich G 32.

[2] G 39 ist eine austenitische Gußlegierung auf Nickelbasis. Sie wird ohne Wärmebehandlung im gegossenen Zustand verwendet.

[3] G 56 ist eine austenitische Legierung mit guter Standfestigkeit bis 700° C. Auch die Zerreißfestigkeit und 0,1% Dehngrenze bei Raumtemperatur liegt sehr hoch. Das Material enthält bei einem niederen C-Gehalt 13% Cr, 23% Ni mit Zusätzen.

kennen muß, die der Ingenieur an den Werkstoff stellt und besonders auch die Arbeitstemperatur, unter welcher dieser eingesetzt wird. Doch die Entwicklungszeit war nicht verloren, da *Nimonic 75* sich als das beste Material für Brennkammern erwies. *Nimonic 75* erhält seine Kriechfestigkeit durch eine Wärmebehandlung, bestehend aus Glühen im Gebiet der festen Lösung und anschließender Alterung mit einer Ausscheidung von Titankarbiden. Die Entwicklung zeigte, daß Titan bei einem niedrigen C-Gehalt im Verein mit einer geeigneten Wärmebehandlung den Nickel-Chrom-Legierungen eine beachtliche Verbesserung der Festigkeit bei 650 und 750° C brachte. Auch Aluminium erwies sich nützlich. Es kostete viele Mühe, die optimalen Titan- und Aluminiumgehalte herauszufinden, um beste Eigenschaften bei hohen Temperaturen unter gleichzeitiger ausreichender Schmiedbarkeit zu erreichen. Die optimale Temperatur und Zeitdauer für den Glüh- und Härteprozeß mußte ebenfalls ermittelt werden.

Die endgültige Legierung zeigte nach einem Glühprozeß von acht Stunden unter 1080° C, Kühlen mit Luft und Wiedererhitzen für 16 Stunden mit 700° C und neuerlichem Kühlen Kriecheigenschaften, die besser waren als die jedes anderen Werkstoffes. Der neue Werkstoff hieß *Nimonic 80* und ist seit 1942 das Standardschaufelmaterial in allen britischen Gasturbinen, wobei weitere Verbesserungen in der letzten Zeit zu den Werkstoffen *Nimonic 80A* [*248*], *Nimonic 90, 95, 100* und *105* führten.

Die höheren Rotordrehzahlen und Gastemperaturen, die durch *Nimonic 80* ermöglicht wurden, zwangen zu verbesserten Scheibenwerkstoffeigenschaften, besonders am Kranz. Hier verdienen vor allem die Arbeiten von D. A. Oliver, Versuchsabteilung der Firma

Tabelle 41. *Mechanische und physikalische Eigenschaften der wichtigsten Stähle der Firma William Jessop & Sons, Ltd.*

	Stahltype	G 18 B	G 19	G 21	G 32	G 34	G 39	G 56	R 20	R 22	H 27	H 40	H 46
Mechanische Eigenschaften	0,1 % Dehngrenze kg/mm²	25,2	34,6	27,2	70,8	40,9	—	68,2	21,2	30,9	82,6	86,6	81,9
	Zugfestigkeit kg/mm² ..	72,6	85,0	74,8	103,9	63,0	51,5	108,0	60,6	74,8	85,8	100,8	102,4
	Dehnung % $L = 4\sqrt{F}$ ..	40	40	47	8	2,5	5	26	52	41,5	25,6	20	20
	Einschnürung %	51	45	55	10	2,5	—	27,5	60,5	50	65,4	63	57
Physikalische Eigenschaften	Spezifisches Gewicht g/cm³	8,13	8,07	8,03	8,26	8,19	8,50	—	7,92	7,9	7,83	7,83	7,75
	E-Modul kg/mm² 20° C	21140	20960	20600	22750	22500	—	20000	19700	20000	21250	21520	22205
	300° C	19100	18740	18260	21200	20600	—	17700	17160	17850	17950	19900	20400
	500° C	17460	17120	16530	19640	19050	—	16300	14800	16280	15270	18180	18220
	700° C	15700	15530	14800	17820	17500	—	14570	11970	14800	8980	14800	14900
	900° C	14900	13950	—	—	14800	—	—	—	—	—	—	—
	Wärmeausdehnung in 10^{-6} m/m°C 20—100° C	15,6	15,6	16,8	14,8	13,3	12,9	17,0	17,0	15,0	12,5	12,0	9,3
	20—300° C	16,5	15,8	17,9	15,4	13,9	13,2	17,3	17,4	16,0	13,2	12,7	11,3
	20—500° C	17,1	16,3	18,7	16,0	14,7	13,7	17,6	17,9	16,0	13,8	13,4	12,0
	20—700° C	17,7	17,8	19,1	16,9	15,6	14,7	18,1	18,8	17,0	14,2	13,9	12,1
	20—900° C	18,3	18,1	19,6	18,0	16,4	15,5	19,9	—	18,0	—	—	—

William Jessop & Sons, Sheffield, Beachtung [*247, 249, 250*]. Statt der ferritischen Stähle wandte man sich austenitischen Werkstoffen zu, und intensive Entwicklung führte zu der Stahltype *G 18 B,* die nach einem Glühprozeß bei 1300° C und Schmieden bei 650 bis 800° C die geforderten Eigenschaften aufwies. Diese Legierung wurde seit 1942 fast ausschließlich für die Scheiben der englischen Flugzeuggasturbinen verwendet und weitere Versuche führten 1947 zum Stahl *G 32.*

Fortgesetzte Forschungsarbeiten am Stahl *R ex 78* hatten eine verbesserte Legierung *R. ex 337 A* ergeben, die sehr gut als Rotorwerkstoff geeignet war [*238*].

Eine Reihe von Stählen kam für die Leitschaufeln zur Anwendung. Bei den ersten Düsentriebwerken war *Stayblade* das bevorzugte Material. Später verwendete man gewalzte oder gegossene Schaufeln aus *Nimonic 75,* gewalzte Schaufeln aus *G 18 B* und gegossene aus *Vitallium* und *H. R. Crown Max.* Wo die Bedingungen besonders hart sind, baut man Leitschaufeln aus *Nimonic 80, 80 A, 90* oder besonderen Gußwerkstoffen ein.

Flammrohre wurden anfangs aus austenitischen Stählen gefertigt, da diese in Form von Blech zu haben waren. Später wurde für kurze Zeit *Inconel,* eine Legierung auf Nickelbasis, enthaltend Chrom und Eisen, verwendet. Als die Legierung *Nimonic 75* verfügbar wurde, zeigten anfängliche Versuche deren besondere Eignung für diese Bauteile. Dazu kam noch die Möglichkeit, diesen Werkstoff zu dünnen Blechen mit guter Oberfläche zu verarbeiten und diese hernach gut formen und schweißen zu können, so daß dieser Werkstoff heute das Standardmaterial bei allen englischen Gasturbinenbrennkammern darstellt.

Die Tab. 37 bis 50 geben Aufschluß über die verschiedenen heute bekannten englischen Gasturbinenstähle [*255, 263*].

Tabelle 42. *Mechanische Eigenschaften geschmiedeter Rotoren aus G 18 B und R 20*

Rotor	Stahl	Prüfrichtung	0,1 %Prüflast kg/mm²	Reißlast kg/mm²	Dehnung %	Einschnürung %
1	G 18 B	längs	28,66	66,77	45	50
		tangential	26,46	62,99	33	31
		radial	—	67,4	31	31
2	G 18 B	längs	29,61	69,29	41	47
		tangential	27,14	57,95	19	18
		radial	—	62,05	17	—
3	G 18 B	tangential	26,77	58,58	16	15
		radial	—	62,52	20	18
4	R 20	längs	20,94	55,43	54	60
		tangential	20	53,54	41	39
		radial	—	56,85	43	35

Tabelle 43

Werte für die Größe einer wechselnden Last, die der Stahl G 18 B bei 40 × 10⁶ Lastwechsel in 300 Stunden ohne Bruch bei den angegebenen Temperaturen aushält

Temperatur ° C	Dauerwechselfestigkeit (Mittellast Null) kg/mm²	Dauerwechselfestigkeit (Zugbeanspruchung als Mittellast) kg/mm²
600	± 28,35	31,5 ± 13,39
650	± 23,62	22,05 ± 15,75
700	± 20,47	18,9 ± 13,23
750	± 15,75	14,17 ± 13,7
800	± 13,39	9,45 ± 8,97

Tabelle 44. *Konstruktionsdaten der wichtigsten Stähle der Firma William Jessop & Sons, Ltd.*

Stahltype	Temperatur °C	Beanspruchung in kg/mm² für Kriechdehnung von 0,1 % in 300 h	0,1 % in 1000 h	0,1 % in 3000 h	0,1 % in 10000 h	0,5 % in 300 h	0,5 % in 1000 h	0,5 % in 3000 h	0,5 % in 10000 h	1,0 % in 300 h	1,0 % in 1000 h	1,0 % in 3000 h	1,0 % in 10000 h	Beanspruchung in kg/mm² für Bruch in 300 h	Bruch in 1000 h	Bruch in 3000 h	Bruch in 10000 h
G 18 B	650	12,75	10,5	8,8	—	21,0	18,9	12,6	11,4	24,5	22,0	18,9	15,4	27,0	24,0	21,2	18,9
	750	6,61	5,9	5,3	—	11,0	9,7	8,6	7,5	12,6	10,5	8,9	8,0	15,7	13,2	11,2	9,4
	850	—	—	—	—	4,7	—	—	—	5,6	4,2	—	—	6,7	5,6	4,7	3,9
	950	—	—	—	—	1,9	1,26	0,7	—	2,2	1,7	1,1	—	2,6	1,9	1,6	—
G 19 gegossen	750	—	—	—	—	6,6	5,9	—	—	11,3	7,7	—	—	14,3	12,6	11,0	9,4
	850	—	—	—	—	4,7	3,3	—	—	7,2	4,7	—	—	7,7	6,6	5,8	4,8
	950	—	—	—	—	3,1	2,3	—	—	3,7	3,1	—	—	4,4	3,4	2,8	2,2
G 21	650	—	—	—	—	16,5	13,0	—	—	18,9	15,4	12,7	10,8	22,0	19,0	16,5	13,8
	700	—	—	—	—	8,5	5,9	—	—	10,8	8,1	—	—	15,1	12,6	11,0	8,9
G 32	750	17,5	15,4	13,2	9,7	24,0	21,2	18,1	14,2	24,5	22,0	18,9	14,6	26,0	23,5	19,6	15,7
	850	10,5	8,2	—	—	12,2	9,1	—	—	12,9	9,7	6,1	—	13,3	10,5	9,1	—
	900	5,5	3,3	—	—	8,8	—	—	—	8,9	6,3	—	—	9,0	7,2	—	—
G 34	750	8,0	—	—	—	14,9	12,6	—	—	18,9	16,5	—	—	24,6	22,0	19,6	—
	850	5,2	—	—	—	8,9	7,5	—	—	10,2	8,5	—	—	13,0	11,2	10,2	—
	900	4,8	—	—	—	6,3	5,3	—	—	7,2	6,1	—	—	9,0	7,2	—	—
G 39 gegossen	750	—	—	—	—	5,8	4,4	—	—	7,5	6,0	—	—	13,8	12,0	10,7	—
	850	—	—	—	—	3,0	—	—	—	4,9	4,3	—	—	8,2	7,1	6,1	—
	950	—	—	—	—	2,5	2,3	—	—	3,0	2,8	—	—	4,6	3,9	3,5	—
G 56	650	—	—	—	—	—	—	—	—	—	—	—	—	28,3	23,6	—	—
	750	—	—	—	—	—	—	—	—	—	—	—	—	10,2	7,5	5,5	—
R 20	650	8,6	4,72	—	—	12,6	10,08	6,3	—	14,17	11,9	8,6	—	18,1	14,4	11,9	9,6
	800	—	—	—	—	—	—	—	—	—	—	—	—	4,8	4,0	3,4	—
	950	—	—	—	—	—	—	—	—	—	—	—	—	1,4	1,1	—	—
R 22 gegossen	650	—	—	—	—	—	—	—	—	—	—	—	—	23,5	22,0	—	—
	800	—	—	—	—	5,2	4,4	—	—	6,9	4,9	—	—	7,4	6,3	—	—
	950	—	—	—	—	2,3	1,9	—	—	2,5	2,0	—	—	2,5	1,8	—	—
H 27	450	33,0	—	—	—	48,0	44,1	—	—	52,7	48,8	—	—	63,0	58,2	52,0	—
	550	—	—	—	—	15,7	10,2	—	—	19,5	11,0	—	—	23,5	18,1	14,2	11,3
	600	—	—	—	—	6,0	—	—	—	9,5	5,8	—	—	12,1	9,1	7,0	5,5
H 40	550	21,2	15,8	12,2	—	37,0	33,0	28,3	21,3	38,5	34,0	29,6	23,4	42,5	34,6	29,0	24,4
	600	10,8	7,5	4,7	2,5	19,7	15,1	11,2	7,8	24,4	18,7	14,5	10,6	25,2	20,2	15,7	12,6
	650	3,3	1,6	—	—	9,9	6,3	4,0	—	12,9	9,1	5,7	—	14,2	9,4	6,6	—
H 46	550	22,8	20,7	19,2	—	32,2	30,7	28,0	—	35,2	33,0	31,2	—	39,0	35,5	34,0	29,0
	600	12,6	10,2	—	—	21,5	18,9	15,8	11,3	26,0	22,0	17,4	12,7	31,0	27,3	19,0	13,0
	650	7,5	5,6	—	—	15,7	12,6	8,8	—	17,5	14,9	9,8	—	18,9	15,6	11,0	—

Tabelle 45. *Die Stähle der Mond Nickel Comp. Ltd.*

	Gruppe 1 Schmiedelegierungen mit geprüftem Zeitstandverhalten		Gruppe 2 Schmiedelegierungen ohne geprüftes Zeitstandverhalten		Gruppe 3 Gußlegierungen
Legierungstype	Bezeichnung	Britische Norm	Bezeichnung	Britische Norm	Bezeichnung
80 Ni, 20 Cr, Ti, C	—	—	Nimonic 75	D.T.D. 703	Nimocast 75
37 Ni, 18 Cr, 2 Si, Rest Fe	—	—	Nimonic DS	—	—
80 Ni, 20 Cr, Ti, Al	Nimonic 80 Nimonic 80 A	D.T.D. 725 D.T.D. 736	Nimonic C	—	Nimocast 80
62 Ni, 20 Cr, 18 Co, Ti, Al	Nimonic 90 Nimonic 95	D.T.D. 747 —	Nimonic B —	— —	Nimocast 90 —
60 Ni, 10 Cr, 20 Co, 5 Mo, Ti, Al	Nimonic 100	—	—	—	—

Tabelle 46. *Zusammensetzung der Stähle der Mond Nickel Comp. Ltd.*

Werkstoff	C	Ti	Cr	Al	Mo	Si	Mn	Fe	Co	Cu	Ni
Nimonic DS	0,15 max.	—	17–19	—	—	2,0–2,5	0,9–1,3	Rest	—	0,25 max.	36–39
Nimonic 75	0,08–0,15	0,2–0,6	18–21	—	—	1,0 max.	1,0 max.	5,0 max.	—	0,5 max.	Rest
Nimonic 80	0,1 max.	1,8–2,7	18–21	0,5–1,8	—	1,0 max.	1,0 max.	5,0 max.	2,0 max.	—	Rest
Nimonic 80A	0,1 max.	1,8–2,7	18–21	0,5–1,8	—	1,0 max.	1,0 max.	5,0 max.	2,0 max.	—	Rest
Nimonic 90	0,1 max.	1,8–3,0	18–21	0,8–2,0	—	1,5 max.	1,0 max.	5,0 max.	15–21	—	Rest
Nimonic 95	0,15 max.	2,3–3,5	18–21	1,4–2,5	—	1,0 max.	1,0 max.	5,0 max.	15–21	0,5 max.	Rest
Nimonic 100	0,3 max.	1,0–2,0	10–12	4,0–6,0	4,5–5,5	0,5 max.	—	2,0 max.	18–22	—	Rest

Tabelle 47. *Physikalische und mechanische Eigenschaften der Stähle der Mond Nickel Comp. Ltd.*

	Stahltype	Nimonic DS	Nimonic 75	Nimonic 80 A	Nimonic 90	Nimonic 95	Nimonic 100	Nimonic 105
Mech. Eigensch.	0,1 % Dehngrenze kg/mm²	—	35	61	79	82	83	79
	Zugfestigkeit kg/mm²	74	82	109	126	129	128	105
	Dehnung $L\% = 4\sqrt{F}$	38	44	39	33	25	18	9,6
	Einschnürung %	50	62	38	42	24	16	7,5
Physikalische Eigenschaften	Spezifisches Gewicht g/cm³	7,97	8,35	8,2—8,25	8,27	8,11	8,04	8,0
	E-Modul kg/mm² × 10³ 20° C	19,0	19,0	19,0	19,7	21,8	21,8	21,6
	300° C	—	16,9	16,2	20,4	20,4	21,1	—
	500° C	—	18,3	16,9	19,0	19,0	20,4	—
	700° C	—	11,2	15,5	15,5	17,6	19,0	17,4
	900° C	—	7,7	9,8	13,4	12,7	14,8	—
	Wärmeausdehnung in 10^{-6} m/m °C 20—100° C	14,2	12,2	11,9	11,9	12,8	12,4	11,9
	20—300° C	16,1	13,4	13,0	12,7	13,8	13,6	13,3
	20—500° C	16,9	14,1	13,7	13,7	14,5	14,3	14,0
	20—700° C	17,7	15,4	14,5	15,0	15,3	15,0	—
	20—900° C	19,3	16,0	15,8	17,0	17,7	16,8	—

Tabelle 48a. *Konstruktionsdaten der Stähle der Mond Nickel Comp. Ltd.*

	Temperatur	Beanspruchung in kg/mm² für Kriechdehnung von 0,1 % in						0,2 % in					
		100 h	300 h	1000 h	3000 h	10000 h	30000 h	100 h	300 h	1000 h	3000 h	10000 h	30000 h
Nimonic 80	650	31,5	25,0	(17,8)[1]	—	—	—	38,0	31,2	23,8	(17,0)	—	—
	700	19,2	14,2	9,3	6,3	—	—	23,6	18,6	13,4	9,3	6,3	—
	750	11,0	7,2	(4,9)	—	—	—	15,0	11,0	7,4	(5,2)	—	—
Nimonic 80A	650	45,7	39,5	33,1	27,1	—	—	(52,0)	45,7	39,1	32,9	26,1	—
	700	30,9	25,2	18,9	13,1	6,9	—	36,5	30,9	24,7	19,1	12,9	(7,2)
	750	21,9	17,3	12,3	8,5	(5,2)	—	25,5	20,6	15,4	10,9	6,8	—
	815	12,6	9,4	6,0	3,6	(2,5)	—	14,0	10,9	7,4	4,4	(2,7	—
Nimonic 90	650	45,2	40,5	35,3	30,6	(25,2)	—	50,9	46,1	41,1	36,5	(31,5)	—
	700	33,2	28,3	23,2	(18,3)	—	—	38,4	33,4	27,9	22,8	(17,3)	—
	750	23,6	18,9	14,0	9,9	(6,6)	—	27,4	22,7	17,8	13,2	8,5	—
	815	12,1	8,7	5,8	3,9	(2,8)	—	14,5	11,0	7,9	(5,7)	—	—
	870	7,4	5,0	3,0	2,2	(1,6)	—	8,5	6,1	3,8	2,5	(1,7)	—
Nimonic 95	750	30,5	25,7	20,3	15,3	—	—	34,2	28,8	23,2	17,8	(12,0)	—
	815	17,5	14,0	10,2	6,8	—	—	(19,5)	15,7	11,8	8,0	(4,1)	—
	870	11,0	8,0	—	—	—	—	12,4	9,3	(6,0)	—	—	—
Nimonic 100	750	34,0	29,0	23,3	18,4	—	—	38,0	33,4	28,2	23,6	(18,9)	—
	815	21,1	16,7	12,1	8,7	—	—	23,9	19,8	15,1	11,7	(8,4)	—
	870	11,7	8,8	5,8	3,2	—	—	14,8	11,0	7,9	5,0	(2,8)	—
	940	5,0	3,2	2,2	(1,3)	—	—	6,3	4,9	3,2	1,9	—	—
	980	—	—	—	—	—	—	—	—	(2,8)	—	—	—

	Temperatur	Beanspruchung in kg/mm² für Kriechdehnung von 0,5 % in						Bruch in					
		100 h	300 h	1000 h	3000 h	10000 h	30000 h	100 h	300 h	1000 h	3000 h	10000 h	30000 h
Nimonic 80	650	(43,5)	36,5	29,0	22,0	—	—	—	39,8	32,4	25,5	(18,0)	—
	700	27,6	22,5	17,3	12,4	—	—	(30,9)	26,1	20,9	16,2	(11,0)	—
	750	(17,6)	14,0	9,9	6,9	—	—	—	(16,4)	12,6	9,1	6,3	—
Nimonic 80A	650	—	(49,3)	42,2	35,6	28,3	21,7	—	(49,6)	42,5	35,9	28,7	(22,0)
	700	—	34,2	28,2	22,7	16,7	11,2	(41,3)	35,7	29,4	23,6	17,3	11,5
	750	(27,4)	22,5	17,2	12,3	7,9	(4,7)	(28,2)	23,3	18,1	13,4	8,7	(5,5)
	815	15,1	11,8	8,2	5,3	(2,8)	—	15,7	12,4	8,8	5,7	(3,1)	(1,9)
Nimonic 90	650	(53,8)	49,5	44,3	39,4	34,2	27,6	(55,9)	(52,3)	46,8	41,3	35,4	28,6
	700	43,2	37,6	31,7	26,0	20,0	(15,4)	46,6	40,6	34,0	27,9	21,1	(17,3)
	750	30,6	26,0	20,9	16,4	11,3	(7,2)	34,3	29,3	23,9	18,9	13,7	(9,4)
	815	17,2	13,4	9,4	6,3	3,9	—	19,8	16,1	12,0	8,7	5,4	(3,1)
	870	9,8	7,4	4,7	3,2	1,9	—	11,0	8,7	6,1	4,3	2,5	—
Nimonic 95	750	36,1	30,6	24,4	18,9	12,8	—	36,5	31,0	24,9	19,4	13,2	—
	815	(21,7)	17,6	13,4	9,3	(5,0)	—	22,7	18,6	14,2	10,1	5,7	—
	870	13,9	10,6	7,1	—	—	—	15,0	11,7	8,0	—	—	—
Nimonic 100	750	—	—	—	—	—	—	39,7	35,4	30,7	26,3	(21,6)	—
	815	27,1	23,0	18,6	14,5	(9,9)	—	27,7	23,9	19,8	16,1	(11,8)	—
	870	16,2	13,1	9,8	6,8	(4,1)	—	19,5	16,1	12,1	8,7	(5,5)	—
	940	7,6	6,0	4,3	3,0	(1,9)	—	11,2	8,5	5,7	3,6	(2,2)	—
	980	—	—	—	—	—	—	6,6	4,4	2,1	—	—	—

[1] Werte in Klammern sind extrapoliert.

Tabelle 48b. *Vergleichende Richtwerte für das Zeitstandverhalten verschiedener Nimonic-Legierungen*

		Nimonic 80 A	Nimonic 90			Nimonic 95		Nimonic 100	Nimonic 105			
Temperatur	° C ± 2,5	750	750	815	870[1]	870[1]	940[1]	940[1]	750	815	870	940
Belastung	kg/mm²	26,8	29,9	19,7	14,2	14,2	11.0	11,0	39	30	19	11
Min. Kriechgeschwindigkeit nicht mehr als	%/h	0,01	0,01	0,01	—	0,01	—	—	—	—	—	—
Beginn des ternären Kriechens nach nicht weniger als	h	50	50	50	—	—	—	—	—	—	—	—
Bruchzeit nach nicht weniger als	h	75	75	75	30	100	15	30	400	150	150	50

[1] Diese Prüfungen sind in den britischen D.T.D.-Normen nicht enthalten.

d) Amerika. Auch in Amerika wurden, wie in den anderen Ländern, außerordentliche Anstrengungen zur Schaffung neuer hitzebeständiger Gasturbinenstähle gemacht. Die anfänglichen Entwicklungen konzentrierten sich auf ein Schaufelmaterial für die Turbolader der amerikanischen Flugmotoren. Die Möglichkeit, solche kleine Schaufeln im Präzisionsgußverfahren in Massen herzustellen, lenkte zuerst die Aufmerksamkeit auf *Vitallium*, einer Legierung, die zur Herstellung kleiner Spezialgußstücke nach dem obenerwähnten Verfahren verwendet wurde. *Vitallium* zeigte gute Eigenschaften als Schaufelmaterial.

Als 1941 die Ergebnisse der Versuche mit den Whittle-Triebwerken an Amerika bekanntgegeben wurden, führte dies zu einer beträchtlichen Ausdehnung der Materialforschung, und die große Anzahl der zur Verfügung stehenden Laboratorien mit der notwendigen Ausrüstung ergab eine beachtliche Zahl von Werkstofftypen. Dies steht im Gegensatz zu England, wo nach einer anfänglichen Forschung auf breiter Grundlage alle Kräfte auf die Entwicklung weniger Legierungen konzentriert wurden, um diese zur Produktionsreife zu bringen.

Tabelle 48c. *Konstruktionsdaten von Nimonic 75, 1 h bei 1050° C geglüht, Luftabkühlung*

Temperatur	Beanspruchung in kg/mm² für											
	0,1% bleibende Dehnung in				0,2% bleibende Dehnung in				0,5% bleibende Dehnung in			
° C	100 h	300 h	1000 h	3000 h	100 h	300 h	1000 h	3000 h	100 h	300 h	1000 h	3000 h
600	10,2	8,7	7,2	6,0	11,7	9,9	8,5	7,4	(13,4)	11,8	10,1	8,7
650	7,1	5,7	4,3	(3,0)	8,0	6,8	5,5	(4,3)	9,3	8,0	6,8	5,7
700	4,4	3,6	2,8	2,4	5,4	4,4	3,5	(2,8)	(6,3)	5,2	4,3	3,5
750	3,3	2,5	1,9	1,1	3,8	3,2	2,4	(1,7)	4,4	3,8	3,2	2,5
800	—	—	—	—	1,9	1,3	—	—	2,7	2,1	1,4	—

Temperatur	Beanspruchung in kg/mm² für											
	1,0% bleibende Dehnung in				2,0% bleibende Dehnung in				3,0% bleibende Dehnung in			
° C	100 h	300 h	1000 h	3000 h	100 h	300 h	1000 h	3000 h	100 h	300 h	1000 h	3000 h
600	—	(13,5)	11,7	(10,2)	—	15,0	13,2	11,7	—	15,8	14,0	12,4
650	—	9,0	7,7	(6,6)	—	(9,8)	8,5	7,4	—	—	9,1	—
700	—	6,0	4,9	4,1	—	—	5,5	(4,7)	—	—	(5,8)	—
750	(4,9)	4,3	(3,5)	—	—	(4,7)	(3,9)	—	—	—	(4,4)	—
800	3,2	2,5	1,7	—	3,8	3,0	2,2	(1,4)	4,3	3,3	2,5	1,6

Die Werte beziehen sich auf warmgewalzte Stangen von 28,7 mm ⌀. Extrapolierte Werte in Klammern.

Tabelle 49. *Verdrehwechselfestigkeit der verschiedenen Nimonic-Stähle*

Legierung	Temperatur in °C	Spannung in kg/mm²	Lastwechsel	Versuchszeit in h
Nimonic 75	20	0 ± 26,5	10 × 10⁶	~ 65
	750	0 ± 18,9	10 × 10⁶	~ 300
Nimonic 90	750 815 870	0 ± 42,5 0 ± 32,3 0 ± 22,0	15 × 10⁶	~ 100
	750 815 870	0 ± 39,4 0 ± 27,9 0 ± 19,2	45 × 10⁶	~ 300
	750 815 870	0 ± 35,9 0 ± 23,6 0 ± 16,0[1]	150 × 10⁶	~ 1000
Nimonic 95	750 815 870	0 ± 43,9 0 ± 35,3 0 ± 29,9	15 × 10⁶	~ 100
	750 815 870	0 ± 41,3 0 ± 32,1 0 ± 26,5	45 × 10⁶	~ 300
Nimonic 100	750 815 870 940 980	0 ± 47,2 0 ± 40,2 0 ± 33,9 0 ± 22,4 0 ± 17,1	15 × 10⁶	~ 100
	750 815 870 940 980	0 ± 44,1 0 ± 37,8 0 ± 30,7 0 ± 18,1 0 ± 15,1	45 × 10⁶	~ 300
Nimonic 105	750 870	0 ± 42,5 0 ± 29,0	15 × 10⁶	~ 100

[1] Extrapoliert.

Infolge der drängenden Zeit neigten die Amerikaner anfangs zur Verwendung des Faktors *Zeit bis Bruch* bei ihren Entwicklungen und das ursprüngliche Interesse für Turboladerschaufeln führte zur Anwendung von 815° C als Versuchstemperatur. Es wurde jedoch bald erkannt, daß die Schaufeltemperatur in den Düsentriebwerken zu dieser Zeit selten über 650° C hinausging. Später verlegte man sich dann auch auf die Aufnahme von Kriechkurven unter Betriebstemperatur.

Ausgedehnte Forschungsprogramme ergaben eine große Zahl verschiedener Legierungen. Diese Typenreihe umfaßt austenitische Chrom-Nickel-Stähle, verbessert durch Zusätze von Molybdän, Wolfram, Niobium, Titan, Mangan usw., einige mit niederem, die anderen mit hohem C-Gehalt, Nickel-Kobalt-Chrom-Eisen-Legierungen mit den verschiedensten Beimengungen, Nickel-Molybdän-Legierungen, härtbare (Seigerungshärtung) Nickel-Chrom-Kobalt-Eisen- und Nickel-Chrom-Eisen-Legierungen nicht unähnlich *Nimonic 80*, Legierungen auf Kobaltbasis wie *Vitallium* und die *Stellite* [*254*] und Legierungen auf Chrombasis, enthaltend Eisen und Molybdän [*251*]. Obwohl eine Menge von Daten bisher bekanntgegeben worden sind, ist die Zahl der Legierungen, die tatsächlich bei Maschinen angewendet wurden, ziemlich klein.

Tabelle 50. *Dauerwechselfestigkeit unter Zug-Druck-Belastung von Nimonic 80 A und 90*

Legierung	Temperatur in °C	Spannung in kg/mm²		Lastwechsel	Versuchszeit in h
Nimonic 80 A	600	0 ± 33,4	45,0 ± 22,5	12 × 10^6	~ 100
	700	0 ± 29,3	26,0 ± 26,0		
			37,2 ± 18,7		
			45,7 ± 17,2		
			44,3 ± 10,0		
	750	0 ± 25,7	19,7 ± 19,7		
			25,8 ± 12,9		
			27,6 ± 10,4		
			29,3 ± 7,4		
	800	0 ± 23,9			
	600	0 ± 33,1	25,2 ± 25,2	36 × 10^6	~ 300
			43,5 ± 21,7		
	700	0 ± 28,0	21,4 ± 21,4		
			32,9 ± 16,5		
			37,6 ± 14,0		
			37,5 ± 9,3		
	750	0 ± 23,3	15,1 ± 15,1		
			20,9 ± 10,6		
			22,8 ± 8,7		
			23,9 ± 6,0		
	800	0 ± 19,7			
	600		24,4 ± 24,4	120 × 10^6	~ 1000
		0 ± 26,6	16,5 ± 16,5		
			28,0 ± 14,0		
			29,1 ± 10,9		
			29,9 ± 7,6		
	750	0 ± 20,6	10,2 ± 10,2		
			15,7 ± 7,9		
			17,6 ± 6,6		
			18,3 ± 4,6		
	800	0 ± 15,7			
Nimonic 90	870	0 ± 18,4	6,9 ± 6,9	12 × 10^6	~ 100
			8,7 ± 4,3		
	600	0 ± 40,9	28,8 ± 28,8	36 × 10^6	~ 300
			50,1 ± 25,0		
	700	0 ± 30,2			
	750	0 ± 26,3			
	815	0 ± 19,2			
	870	0 ± 15,1	4,9 ± 4,9		
			6,5 ± 3,2		
	600		28,3 ± 28,3	120 × 10^6	~ 1000
			47,2 ± 23,6		
	700	0 ± 28,3			
	750	0 ± 24,1			
	815	0 ± 16,7			
	870	0 ± 11,3	2,7 ± 2,7		
			4,2 ± 2,1		

Tabelle 51. *Zusammensetzung hitzebeständiger amerikanischer Werkstoffe*

Werkstoff	Hersteller	Chemische Zusammensetzung									
		C	Mn	Si	Cr	Ni	Co	Mo	W	Nb	andere Elemente
Austenitische Chrom-Nickel-Stähle											
19—9 W—Mo	Universal-Cyclops Steel Corp.	0,11	0,6	0,42	18,87	8,63		0,4	1,36	0,28	Ti 0,45
19—9 DL		0,26	0,52	0,57	18,95	9,05		1,22	1,19	0,29	Ti 0,21
4274	Crucible Steel Co.	1,06	0,51	0,36	12,66	13,09		0,5	2,41		
4275		0,98	4,47	0,71	18,2	4,43		3,33			
4275—3		0,47	4,11	0,63	17,92	4,64		1,13	2,02		Ti 1,47
4275—4		0,44	4,44	0,5	18,32	4,58		2,89	2,73		Ti 1,47
4277		1,16	12,52	0,44	19,75			2,02	1,87		
Nickel-Chrom-Eisen-Legierungen											
ATV—3	The Midvale Co.	0,35	1,36	1,17	14,91	27,4			4		
Gamma Columbium	Universal-Cyclops Steel Corp.	0,4	0,54	0,62	15,22	24,6		4,14		2,2	
Timken 16—25—6	Timken Roller Bearing Co.	0,08	1,35	0,69	16,72	25,23		6,25			
Refractaloy—B	Westinghouse Electric Corp.	0,07	2		24,4	30		8			
Refractaloy—A		0,07	0,6	0,3	20,1	49,5		14,4			
S—495	Allegheny Ludlum Steel Corp.	0,41	0,68	0,34	13,92	19,71		4,28	3,87	4,2	
Nickel-Chrom-Kobalt-Eisen-Legierungen											
N—153 niedrig C-haltig	Union Carbide and Carbon Co.	0,08			15	15	13	3	2	1	N_2 0,15
N—153	Universal-Cyclops Steel Corp.	0,38	1,78	0,52	16,2	14,98	12,82	3,01	2,19	1,06	N_2 0,07
N—154 niedrig C-haltig	Union Carbide and Carbon Co.	0,06			15	24	20	3	2	1	N_2 0,13
N—154	Universal-Cyclops Steel Corp.	0,32	1,58	0,65	16,17	23,95	20,95	3,06	2,2	1,03	N_2 0,07
N—155 niedrig C-haltig	Union Carbide and Carbon Co.	0,14	1,48	0,52	21,3	20	20	30,6	2,2	1,1	N_2 0,14
N—155 niedrig C-haltig Bor—legiert		0,12			21,5	19,5	19,5	3,1	2		B_2 0,12, B 0,38
N—155 (Multimet)	Universal-Cyclops Steel Corp.	0,32	1,54	0,59	21,08	20,8	20,54	3	2,18	0,98	N_2 0,11
N—156		0,33	1,48	0,57	15,66	33,23	23,69	3,02	2,1	1,03	N_2 0,04
8658—1	Battelle Memorial Inst.	0,35	2,1	1,65	19,1	15,1	19,9	2,8		0,72	Ta 0,53
8658—2		0,35	2,1	1,64	18,7	15,1	19,7	2,7		1,25	Ta 0,91
8659		0,39	2,15	1,79	17,6	25	19,7	3,7		1,53	Ta 0,98
Ticonium (gegossen)	Allegheny Ludlum Steel Corp.	0,18	0,7	0,37	27,46	31,42	32,46	5,29			Fe 1,56
Timken X	Timken Roller Bearing Co.	0,13	1,44	0,75	16,8	28,62	30,68	10,5			N_2 0,1
Refractaloy M—284	Westinghouse Electric Corp.	0,11	1,97	0,25	20,3	20,1	30,2	8,3	3,8		Fe 15,3
S—497	Allegheny Ludlum Steel Corp.	0,42	0,47	0,61	13,68	19,5	19	3,84	4,28	4,41	
S—590		0,47	0,35	0,82	19,4	19,07	19,26	4,03	4	3,87	
S—816		0,36	0,72	0,19	18,4	20,23	45,63	4,23	3,72	3,04	Fe 3,48
S—816 (gegossen)		0,51	0,54	0,26	18,23	19,7	44,35	2,97	4,01	3,2	

Fortsetzung auf S. 472

Fortsetzung der Tabelle 51

Werkstoff	Hersteller	Chemische Zusammensetzung									
		C	Mn	Si	Cr	Ni	Co	Mo	W	Nb	andere Elemente
Legierungen auf Nickelbasis											
72 (gegossen)	Stoody Co.	0,1	1,58	0,56	5,7	52,1	4,22	17,25	6,15		Fe 12
Hastelloy B	Haynes Stellite Co.	0,05	0,59	0,19		65,1		28,63			Fe 4,71
1320 (gegossen) ..	Battelle Memorial Inst.	0,13	0,75	1		55	5	15	5		Ti 1,65
Nickel-Chrom- und Nickel-Chrom-Kobalt-Legierungen (Ausscheidungshärtung durch Titan und Aluminium)											
Alterungshärtbares Inconel (W) ...	International Nickel Co.	0,05			14	75					Al 0,6 Ti 2,5
K—42—B (Type 5)	Westinghouse Electric Corp.	0,06	0,7	0,34	18	42	22				Al 0,59 Ti 2,56
Refractaloy 26 ..	Westinghouse Electric Corp.	0,03	0,7	0,65	17,9	37	20	3,03			Fe 13 Al 0,25 Ti 2,99
Kobalt-Chrom-Legierungen											
Co—Cr	Crucible Steel Co.	0,46	1,09	0,46	30,04		67,31				
Vitallium (gegossen)	Haynes Stellite Co.	0,2			27,51		Rest	5,63			
61 (gegossen)	Haynes Stellite Co.	0,43	0,28	0,57	24,21		Rest		5,38		
Kobalt-Chrom-Nickel-Legierungen											
422—19 (gegossen)	Haynes Stellite Co.	0,4	0,3	0,51	24,75	15,92	Rest	6,08			
6059 (gegossen) ..	Haynes Stellite Co.	0,46			26,17	32	32	6,4			
X—41 (gegossen) .	General Electric Co.	0,5	0,5	0,5	25	8,2	Rest		7,5		CrB_2 1,75
X—40 (gegossen) .	Haynes Stellite Co.	0,48	0,64	0,72	25,12	9,69	55,23		7,23		Fe 0,55
X—50 (gegossen) .	Haynes Stellite Co.	0,76	0,58	0,52	22,57	20,05	40,7		12,17		

Für einige Zeit wurde die Nickel-Molybdän-Legierung *Hastelloy B* für Rotorschaufeln bevorzugt verwendet. Gleichbleibendes Interesse bestand jedoch weiter für die Gußlegierung *Vitallium* und, obwohl einige Fehlschläge aufgetreten sind, werden diese Legierungen weiter verwendet. Bei anderen Konstruktionen wurde wieder die wärmebehandelbare Nickel-Chrom-Kobalt-Eisen-Legierung *K-42-B* vorgesehen, während in einigen Fällen gute Resultate mit stark verbesserten austenitischen Stählen erzielt wurden.

Für Scheiben und Rotoren steht die *Timken Alloy* genannte Legierung in ausgedehntem Maße in Verwendung. Sie enthält 25% Nickel, 16% Chrom und 6% Molybdän [*252*]. 19/9 DL mit 19% Chrom, 9% Nickel, 1% Molybdän und 1% Wolfram sowie Zugaben von Niob und Titan wurde in einer Maschine mit Erfolg angewendet [*241, 253*].

Die Eintrittsleitschaufeln bestanden anfänglich aus *Vitallium*, später aber aus einer 25-20-Chrom-Nickel-Eisen-Legierung, während für Brennkammern die Nickel-Chrom-Eisen-Legierung *Inconel* sich als sehr günstig erwies [*254*]. Austenitische Stähle der 18-8-Type kamen für andere Blechteile zur Anwendung. Die Tab. 51 bis 60 enthalten alle wichtigen amerikanischen Stähle und deren Eigenschaften.

Tabelle 52. *Wärmebehandlung der amerikanischen hitzebeständigen Stähle der Tab. 51*

Werkstoff	Zustand[1]	Wärmebehandlung	
		Vorglühen	Glühen und Kühlmittel[2]
Austenitische Chrom-Nickel-Stähle			
19—9 W—Mo	4	—	—
19—9 DL	2	—	1240° C — 30 min — Öl
	11	—	—
4274	2	—	1200° C — 30 min — Öl
4275	2	—	1200° C — 30 min — Öl
4275—3	3	—	1230° C — 1 h — Wasser
4275—4	3	—	1230° C — 1 h — Wasser
4277	2	—	1200° C — 30 min — Öl
Nickel-Chrom-Eisen-Legierungen			
ATV—3	3	—	1230° C — 1 h — Wasser
Gamma Columbium	1	1/2 h bei 850° C	1230° C — 45 min — Luft
	2	1/2 h bei 850° C	1230° C — 45 min — Öl
Timken 16—25—6	1	1/2 h bei 850° C	1060° C — 45 min — Luft
	3	1/2 h bei 850° C	1060° C — 45 min — Wasser
Refractaloy B	2	—	1250° C — 30 min — Öl
Refractaloy A	2	—	1230° C — 30 min — Öl
S—495	3	—	1230° C — 2 h — Wasser
Nickel-Chrom-Kobalt-Eisen-Legierungen			
N—153 niedrig C-haltig	3	—	1200° C — 1 h — Wasser
	11	—	—
N—153	2	1/2 h bei 850° C	1200° C — 30 min — Öl
N—154 niedrig C-haltig	3	—	1200° C — 1 h — Wasser
	11	—	—
N—154	3	—	1200° C — 1 h — Wasser
N—155 niedrig C-haltig	3	—	1200° C — 1 h — Wasser
	11	—	—
N—155 Multimet	2	1/2 h bei 850° C	1200° C — 30 min — Öl
	3		1200° C — 1 h — Wasser
N—156	2	1/2 h bei 850° C	1200° C — 30 min — Öl
8658—1	2	—	1230° C — 30 min — Öl
8658—2	2	—	1230° C — 30 min — Öl
8659	2	—	1230° C — 30 min — Öl
Ticonium (gegossen)	10	—	—
Timken X	3	—	1230° C — 1 h — Wasser
Refractaloy M—284	2	—	1290° C — 4 h — Öl
S—497	3	—	1230° C — 2 h — Wasser
S—590	3	—	1260° C — 1 h — Wasser
S—816 (gegossen)	10	—	—
S—816 (geschmiedet)	3	—	1260° C — 1 h — Wasser
Legierungen auf Nickelbasis			
72 (gegossen)	10	—	—
Hastelloy B	11 C	—	—
1320 (gegossen)	10	—	—

Fortsetzung auf S. 474

Fortsetzung der Tabelle 52

Werkstoff	Zustand[1]	Wärmebehandlung	
		Vorglühen	Glühen und Kühlmittel[2]
Nickel-Chrom- und Nickel-Chrom-Kobalt-Legierungen (Ausscheidungshärtung durch Titan und Aluminium)			
Alterungshärtbares Inconel (W)	3	—	1180° C — 1 h — Wasser
K—42—B (Type 5)	2	—	1150° C — 1 h — Öl
Refractaloy 26	2 B	—	1150° C — 1 h — Öl
Kobalt-Chrom-Legierungen			
Co—Cr	1	—	620° C — 1 h — Luft
Vitallium (gegossen)	10	—	—
61 (gegossen)	10	—	—
Kobalt-Chrom-Nickel-Legierungen			
422—19 (gegossen)	10 und 10 A	—	—
6059 (gegossen)	10 und 10 A	—	—
X—41 (gegossen)	10	—	—
X—40 (gegossen)	10 und 10 A	—	—
X—50 (gegossen)	10	—	—

[1] 1 = luftgekühlt und gealtert;
2 = abgeschreckt in Öl und gealtert;
2 B = gealtert 20 h bei 815° C, luftgekühlt, dann 20 h bei 735° C;
3 = abgeschreckt in Wasser und gealtert;
4 = kaltgewalzt und gealtert;
10 = gegossen und gealtert;
10 A = gegossen und gealtert 50 h bei 735° C;
11 = warmgewalzt und gealtert;
11 C = gealtert 24 h bei 1040° C, luftgekühlt.

[2] Alterung der Versuchsstücke:

Für Versuch bei 735° C:

Legierungen gealtert 50 h bei 735° C mit Ausnahme von S—495, das 50 h bei 760° C gealtert wurde.

Einige Legierungen wurden 50 h bei 815° C gealtert, wie in den Prüftabellen angegeben.

Für Versuche bei 815° C:

Legierungen gealtert 50 h bei 815° C mit Ausnahme von Refractaloy M—284, das 240 h bei 815° C gealtert wurde. Einige Legierungen wurden 50 h bei 735° C gealtert, wie in den Prüftabellen angegeben.

Für Versuch bei 870° C:

Legierungen gealtert 50 h bei 870° C, mit Ausnahme von Refractaloy M—284, das 240 h bei 815° C gealtert wurde.

Tabelle 53

Spezifisches Gewicht, Ausdehnungskoeffizient und Charpy-Kerbschlagprüfung von gegossenen und gewalzten hitzebeständigen amerikanischen Stählen

Werkstoff	Spezifisches Gewicht g/cm³	Ausdehnungskoeffizient m/m °C × 10⁻⁶						Kerbschlagzähigkeit mkg			
								Raumtemp.		800° C	
		20—300	20—400	20—500	20—650	20—800	20—900	Charpy-Kerbe	V-Kerbe	Charpy-Kerbe	V-Kerbe
Austenitische Chrom-Nickel-Stähle											
19—9 DL	7,932	15	15,5	15,85	16,15	16,35	—	3,7	—	5,3	—
Nickel-Chrom-Eisen-Legierungen											
Gamma Columbium	8,063	—	—	—	—	—	—	2	3,2	2,8	5,7
Timken 16—25—6	8,058	15	15	15,15	15,4	15,7	—	1,76	2	3,7	6,8
S—495	8,26	13,6	14	14,25	14,5	15	15,2	0,7	0,95	1,76	2,6
Nickel-Chrom-Kobalt-Eisen-Legierungen											
N—153	8,145	14,9	15	15,4	15,6	15,8	—	1,5	—	3,2	—
N—155 niedrig C-haltig	8,198	14,1	14,4	14,74	15,2	15,8	16	1,5[1]	—	2,8[1]	—
								1,2[2]	—	3,7[2]	—
N—155	8,269	12,9	13,44	13,7	13,9	14,6	—	1,2	—	2,2	—
Refractaloy M—284	8,530	12,45	12,9	13,35	13,6	14,5	14,7	—	3,7	—	—
S—497	8,569	12,8	13	13,36	13,76	14,24	—	0,95	—	1,9	—
S—590	8,312	13,7	13,65	13,8	13,94	14,5	14,9	0,46	0,68	1,5	2,7
S—816	8,587	16	15,7	15,8	15,85	15,9	16	1,2	2,45	3,4	7,35
Nickel-Chrom- und Nickel-Chrom-Kobalt-Legierungen (Ausscheidungshärtung durch Titan und Aluminium)											
Refractaloy 26	—	—	—	—	—	—	—	1,76	3,4	3	6,8
Kobalt-Chrom-Legierungen											
Vitallium (gegossen)	8,298	12,7	12,9	13,3	13,6	14,1	—	—	0,38	—	1,5
61 (gegossen)	8,538	12,4	12,9	13,3	13,7	15	—	—	0,32	—	1,35
Kobalt-Chrom-Nickel-Legierungen											
422—19 (gegossen)	8,313	12,5	12,7	12,8	13,1	13,6	13,8	—	0,2	—	0,49
6059 (gegossen)	8,207	12,2	12,6	13	13,4	14	14,3	—	0,31	—	0,49
X—40 (gegossen)	8,607	12,1	12,6	13,2	13,7	14	14,3	—	0,31	—	0,68
X—50 (gegossen)	8,855	—	—	—	—	—	—	—	0,32	—	0,42

[1] Geschmiedet und gealtert.

[2] In Wasser abgeschreckt und gealtert.

Tabelle 54. *Beanspruchung bis Bruch bei 820° C für verschiedene amerikanische Stähle*

Werkstoff	Zustand[2]	Beanspruchung in kg/mm²				Dehnung in % bei Bruch in			
		für Bruch in 10 h	für Bruch in 100 h	für Bruch in 500 h	für Bruch in 1000 h	10 h	100 h	500 h	1000 h
Austenitische Chrom-Nickel-Stähle									
19—9 W—Mo	4	11,5	7,7	—	—	50	—	—	—
19—9 DL	2	12,3	9,3	7,7	7	—	6	6	6
4274	2	14,7	11	7	—	3,5	2	—	—
4275	2	15,5	11,2	—	—	32	34	—	—
4275—3	3	8,8	—	—	—	60	—	—	—
4275—4	3	9,5	—	—	—	60	—	—	—
4277	2	9,3	—	—	—	38	28	—	—
Nickel-Chrom-Eisen-Legierungen									
ATV—3	3	12	7,4	—	—	1	1	—	—
Gamma Columbium	2	15,8	11,7	8,8	7,7	29	20	14	11
Timken 16—25—6	1	13,3	9	6,9	—	78	82	40	—
Refractaloy B	2	13,7	9,1	6,95	6,2	28	17	9	—
Refractaloy A	2	<14	—	—	—	8	—	—	—
S—495	3	15,8	12,6	10,7	9,8	35	26	22	21
Nickel-Chrom-Kobalt-Eisen-Legierungen									
N—153 niedrig C-haltig	11	—	11,5	8,7	—	—	15	4	—
N—153	2	—	13,7	10	8,2	—	25	13	—
N—154 niedrig C-haltig	11	—	12,3	10	9,1	—	22	8	6
N—154	3	—	14	11,5	10,5	—	16	9	6
N—155 niedrig C-haltig	11	—	14	10	8,8	—	12	7	5
N—155	3	19,6	15	12,3	11,5	28	14	9	7
N—156	2	15,5	11,1	8,8	—	—	3	—	—
8658—1	2	14,4	11,5	8,8	—	—	17	10	—
8658—2	2	14,4	10,5	8,2	7,5	46	40	18	—
8659	2	14,7	11,5	9,5	—	29	16	—	—
Ticonium (gegossen)	10	—	14	12,2	10,5	—	11	14	15
Timken X	3	17	12	—	—	—	—	—	—
Refractaloy M—284	2	17,3	13,3	11,2	10,5	17	20	13	12
S—497	3	—	12,6	10,6	10	—	21	14	10
S—590	3 und 3A	19,3[3]	14,5	11,5	11	11 (3)[1] 20 (3A)	10 (3)[1] 23 (3, 3A)	10 (3)[1] 24 (3, 3A)	10 (3)[1] 25 (3A)
S—816 (geschmiedet)	3 und 3A	24	17,5	14	12,5	11	8	5,5	—

Fortsetzung auf S. 477

Fortsetzung der Tabelle 54

Werkstoff	Zustand[2]	Beanspruchung in kg/mm² für Bruch in 10 h	für Bruch in 100 h	für Bruch in 500 h	für Bruch in 1000 h	Dehnung in % bei Bruch in 10 h	100 h	500 h	1000 h
Legierungen auf Nickelbasis									
72 (gegossen)	10	—	<10,5[3]	—	—	18	18	—	—
Hastelloy B	11 C	17,5	12	—	—	—	59	—	—
1320 (gegossen)	10	—	11,5	8[3]	—	—	15	—	—
Nickel-Chrom- und Nickel-Chrom-Kobalt-Legierungen (Ausscheidungshärtung durch Titan und Aluminium)									
Inconel (W)	3	14,7	9,1	—	—	1,3	2,5	—	—
K—42—B (Type 5)	2	—	16,5	11,5	—	—	3	3	—
Refractaloy 26	2 B	28	20	14,7	12,6	20	20	22	—
Kobalt-Chrom-Legierungen									
Co—Cr	1	14,7	7,7	5[3]	—	10	21	—	—
Vitallium (gegossen)	10	—	17	12	10,5	—	11	8	7
61 (gegossen)	10	—	20	17,5	16,5	8	5	4	3
Kobalt-Chrom-Nickel-Legierungen									
422—19 (gegossen)[1]	10 A	—	21	18	16,5	12	9	8	7
6059 (gegossen)	10 und 10 A	17,5	17	14,7	14	10	15	16	12
X—41 (gegossen)[1]	10	—	21	19	17,5	—	25	18	13
X—40 (gegossen)[1]	10	25	20	18,5	18,2	—	26	12	—
X—50 (gegossen)[1]	10	—	20,7	17	15,5	—	15	6	5

[1] 6-mm-Durchmesser-Proben.

[2] 1 = luftgekühlt und gealtert; 2 = abgeschreckt in Öl und gealtert; 2 B = 20 h bei 820° C gealtert, luftgekühlt und 20 h bei 735° C; 3 = abgeschreckt in Wasser und gealtert; 3 A = abgeschreckt in Wasser und gealtert bei 735° C; 4 = kaltgewalzt und gealtert; 10 = gegossen und gealtert; 10 A = gegossen und gealtert bei 735° C; 11 = warmgewalzt und gealtert; 11 C = 24 h geglüht bei 1040° C, luftgekühlt.

[3] Geschätzt.

Tabelle 55. *Beanspruchung bis Bruch bei 870° C für verschiedene amerikanische Stähle*

Werkstoff	Zustand[2]	Beanspruchung in kg/mm² für Bruch in				Dehnung[3] in % bei Bruch in			
		10 h	100 h	500 h	1000 h	10 h	100 h	500 h	1000 h
Vitallium (gegossen)[1]	10	—	13,4	11,3	10,2	—	22	10	5
422—19 (gegossen)[1]	10	18,6	14	11,3	10,6	16	10,5	6,7	5
Gamma Columbium	2	10,2	7,6	6,1	5,6	—	24	10	—
S—495	3	—	9,4	7,2	6,5	—	20	8	—
S—497	3	10,5	8,2	6,6	6	23	13	6	3
X—41 (gegossen)[1]	10	—	13,7	12,7	12,3	—	4	—	—
61 (gegossen)[1]	10	—	11,3	9,2	8,6	—	6	—	—
Refractaloy M—284	2	—	8,6	7	6,3	—	16	7,8	6
6059 (gegossen)[1]	10	—	11,6	9,2	8,6	—	24	18	25,5
X—40 (gegossen)[1]	10	—	14,8	13,4	12,7	—	25	16	12,5
X—50 (gegossen)[1]	10	—	14	12,4	11,4	—	21	15	12,5
S—590	3	12,7	8,8	7	6,3	33	27	23	21
S—816	3	14,8	9,8	7,7	6,7	17	14	13	12,5

[1] 6-mm-Durchmesser-Proben.

[2] 2 = abgeschreckt in Öl und gealtert; 3 = abgeschreckt in Wasser und gealtert; 10 = gegossen und gealtert.

[3] Geschätzt.

Tabelle 56. *Beanspruchung bis Bruch bei 1100° C für verschiedene amerikanische Stähle*

Werkstoff	Zustand[2]	Beanspruchung in kg/mm² für Bruch in			
		1 h	3 h	10 h	100 h
Vitallium (gegossen)	10 A	5,6	—	3	—
422—19 (gegossen)	10 A	—	5,6	3,9	2,1[3]
61 (gegossen)	10 A	5,6	—	—	—
6059 (gegossen)	10 A	5,6	3,9	—	—
X—40 (gegossen)	10 A	7	5,6	4,4	2,8
Co-Cr-Basis (9 W)[1]	10 A	7	—	—	—
Co-Cr-Basis (9 Mo)[1]	10 A	7	5,6	—	—
Co-Cr-Ni-Basis (5 Mo, 5 W)[1]	10 A	7	5,6	4,8	3,5

[1] 6-mm-Durchmesser-Proben, Zusammensetzung untenstehend.

[2] 10 A = gegossen und gealtert 50 h bei 735° C.

[3] Geschätzt.

	C	Mn	Si	Cr	Ni	Co	Mo	W
Co-Cr-Basis (9 W)	0,44	0,72	0,68	22,47	3,18	Rest	—	8,75
Co-Cr-Basis (9 Mo)	0,42	0,68	0,68	22,73	2,88	Rest	9,22	—
Co-Cr-Ni-Basis (5 Mo, 5 W)	0,44	0,76	0,71	22,6	18,23	Rest	5,18	5,09

Tabelle 57. *Konstruktionsdaten hitzebeständiger amerikanischer Stähle*

Werkstoff	Zustand	Prüf-temperatur °C	Beanspruchung in kg/mm² für angegebene Dehnung											
			10 h				100 h				1000 h			
			1%	0,5%	0,2%	0,1%	1%	0,5%	0,2%	0,1%	1%	0,5%	0,2%	0,1%
19—9 DL	geschmiedet und gealtert	735	17,5	14,9	11,5	—	13,6	10,8	8	—	8,5	—	—	—
19—9 DL	wärmebehandelt und gealtert	735	—	14,5	12,1	10,8	11,7	10,8	9,6	—	—	9,6[1]	8,4	—
S—497	,, ,, ,,	735	20,5	19,4	14,9	10	17,3	16,1	11,3	—	14,2	12,7[1]	—	—
S—495	,, ,, ,,	820	13,3	12,3[1]	10,8	9	11,5	10,7	8,9	7,3	9,2	8	7,1	5,85
n. C. N—155	,, ,, ,,	820	—	—	—	—	10,4	9,5	7,5	5,15	7,75	7,2	5,8	—
S—497	,, ,, ,,	820	—	11,8	10,4	—	10,9	10,1	8,4	6,2	9,7	8,4	6,75	—
S—590	,, ,, ,,	820	15,8	14,9	11,4	8,95	13,2	12,2	9,3	7,3	9,85	9,2	7,5	5,65
S—816	,, ,, ,,	820	19,2	17,8	14,8	10,6	15,6	13,9	10,6	7	11,8[1]	9,85	6,35	—
S—816 (gegossen)	,, ,, ,,	820	—	—	16,9	—	20,4	16,9	—	—	15,6	15,2	—	—
Vitallium (gegossen)	gealtert	820	18	14,8	11,5	—	12,5	10,6	7,5	4,2	8[1]	6,3	—	—
422—19 (gegossen)	gealtert, 13 mm Durchmesser-Probe	820	18,3	14,65	10,2	7,2	13,8	10,1	7,25	—	—	8	—	—
422—19	gealtert, 6 mm Durchmesser-Probe	820	17,8	15	—	—	14,5	—	—	—	—	—	—	—
X—40 (gegossen)	gealtert	820	16,8	14,1	12,4	9,5	—	11,8	10	7,5	—	—	7,9	—
S—590	wärmebehandelt und gealtert	870	8,5	8,0	—	—	7,4	7	6,3	—	—	5,9	5,2	4,5
S—816	,, ,, ,,	870	11,7	10	9,3	6,3	8,3	7,9	6,1	4,1	—	—	4	—
422—19 (gegossen)	gealtert	870	14	—	8,7	6,15	11,7	8,9	6,9	—	9,3	7,6[1]	—	—
X—40 (gegossen)	,,	870	13,4	—	10,1	8,4	11,6	—	8,8	5,35	11,3[2]	—	6,9	—

[1] Geschätzt.

[2] Beanspruchung für 2 % Dehnung.

Tabelle 58. *Kriechdehnungswerte hitzebeständiger amerikanischer Stähle bei 735° C*

Werkstoff	Zustand[1]	Beanspruchung kg/mm²	Dauer h	Dehnung bei Aufbringung der Last %	Kriechdehnung % pro h nach				Totale Dehnung % nach			
					500 h	1000 h	1500 h	2000 h	500 h	1000 h	1500 h	2000 h
Austenitische Chrom-Nickel-Stähle												
19—9 DL	2	8,4	2206	0,086	0,00004	0,00004	0,000035	0,00004	0,182	0,199	0,219	0,24
	3	10,5	2517	0,116	0,000148	0,000178	0,000266	0,00051[2]	0,241	0,323	0,424	0,59[2]
	3	8,4	3292	0,066	0,000076	0,000085	0,000104	0,000106[3]	0,16	0,197	0,24	0,281[3]
19—9 DL (gegossen)	10	10,5	2040	0,079	0,000302	0,000262	0,000257	0,000247	0,42	0,563	0,685	0,81
	2	10,5	1488	0,069	0,000104	0,000114	[4]	—	0,205	0,254	—	—
	2	8,4	2014	0,065	0,000038	0,000024	0,000015	0,000015	0,131	0,146	0,156	0,166
Nickel-Chrom-Eisen-Legierungen												
S—495	3	14	694	0,085	0,0009225[5]	0,002[7]	—	—	0,515	0,766[6]	—	—
	3	10,5	2014	0,071	0,000101	0,000101	0,000075	0,000064	0,201	0,252	0,297	0,333
S—495 (gegossen)	3	10,5	2016	0,138	0,000088	0,000058	0,000036	0,00003	0,3	0,328	0,352	0,369
	3	8,4	2016	0,08	0,000046	0,00002	0,000017	0,000015	0,17	0,186	0,196	0,204
Nickel-Chrom-Kobalt-Eisen-Legierungen												
N—155 niedrig C-haltig	3	10,5	2040	0,093	0,000224	0,00007	0,000026	0,000026	0,492	0,562	0,594	0,617
N—155 hoch C-haltig	3	10,5	2016	0,073	0,000116	0,000079	0,000053	0,000038	0,254	0,298	0,327	0,351
Refractaloy M—284	2	10,5	2066	0,078	0,00012	0,000052	0,000023	0,000018	0,36	0,401	0,417	0,428
S—497	3	10,5	2015	0,064	0,000149	0,000064	0,000064	0,000064	0,264	0,317	0,351	0,386
S—590	3	14	2135	0,134	0,000162	0,000124	0,000105	0,00009	0,552	0,628	0,678	0,745
	3	10,5	2227	0,083	0,000075	0,000042	0,000022	0,000018	0,242	0,272	0,28	0,29
S—816	3	14	2111	0,091	0,00007	0,000062	0,000049	0,00004	0,2	0,23	0,259	0,285
	3	10,5	1511	0,073	0,0004	0,000042	0,000022		0,14	0,145	0,166	

Nickel-Chrom-Kobalt-Legierungen (Ausscheidungshärtung durch Titan und Aluminium)													
Refractaloy 26	2	14	1488	0,093	0,00003	keine	keine	—	0,1	1	0,1	—
	2	10,5	1512	0,062	-0,00003[7]	-0,00001	-0,00001	—	0,06	0,050	0,045	—
Kobalt-Chrom-Legierungen													
Vitallium (gegossen)[9] ...	10[8]	10,5	1800	0,066	0,00056	0,00044	0,000345	0,00032[10]	0,495	0,742	0,94	1,04[10]
	10[8]	10,5	2280	0,092	0,000714	0,00044	0,000382	0,0003	0,553	0,834	1,035	1,2
61 (gegossen)	10	17,5	612	0,126	0,00048	[11]	—	—	0,73	[11]		—
	10	14	1300	0,068	0,00036	0,00042	0,00063[12]	—	0,292	0,518	0,712[12]	—
	10	10,5	1560	0,05	0,00025	0,00016	0,00014	—	0,234	0,31	0,379	—
Kobalt-Chrom-Nickel-Legierungen													
422—19 (gegossen)	10[8]	10,5	2160	0,062	0,000184	0,000119	0,000073	0,000062	0,267	0,353	0,408	0,438
	10[8,13]	10,5	2016	0,058	0,00021	0,0001	0,00002	0,00002	0,19	0,245	0,255	0,272
6059 (gegossen)	10	17,5	775	0,125	0,0065	[14]	—	—	—	—	—	—
	10	14	1536	0,07	0,00045	0,00047	0,00047	—	0,446	0,69	0,95	—
	10	10,5	1656	0,076	0,00044	0,00008	0,00008	0,00008[9]	0,405	0,479	0,519	0,533[9]
X—40 (gegossen)	10	10,5	1728	0,97	0,000042	0,000069	0,000069	0,000069[16]	0,115	0,16	0,2	0,215[16]
	10[8]	10,5	2016	0,064	0,00027	0,00013	0,000045	0,000045	0,324	0,395	0,428	0,455
X—50 (gegossen)	10	10,5	2063	0,062	0,00008	0,000065	0,000065	0,00006	0,182	0,23	0,259	0,29[15]
	10[8]	10,5	2135	0,066	0,000165	0,000092	0,000087	0,000065	0,215	0,271	0,315	0,348

[1] 2 = abgeschreckt in Öl und gealtert;
3 = abgeschreckt in Wasser und gealtert;
10 = gegossen und gealtert bei Versuchstemperatur.

Details für Zustand s. Tab. 52.

[2] Gebrochen nach 2517 h.
[3] Kriechdehnung nach 2500 h 0,000084 % pro h, totale Dehnung 0,32 %; 3000 h 0,000109 % pro h, totale Dehnung 0,362 %.
[4] Gebrochen nach 1488 h.
[5] Minimale Dehnung 0,000585 % pro h nach 100 bis 300 h.
[6] Nach Beendigung nach 694 h.
[7] Probestück zieht sich zusammen.
[8] Gealtert bei 820° C.
[9] 6-mm-Durchmesser-Probe.
[10] Nach 1800 h.
[11] Gebrochen nach 612 h, 0,8 % Dehnung.
[12] Daten für 1300 h, gebrochen nach Überhitzung auf 900° C.
[13] Wiederholungsversuch.
[14] Gebrochen nach 775 h, Deformation 7 % geschätzt.
[15] Nach 1656 h. Versuch beendet.
[16] Nach 1728 h. Versuch beendet.

Tabelle 59. *Kriechdehnungswerte hitzebeständiger amerikanischer Stähle bei 820° C*

Werkstoff	Zustand[1]	Beanspruchung kg/mm²	Dauer h	Dehnung bei Aufbringung der Last %	Kriechdehnung % pro h nach				Totale Dehnung % nach			
					500 h	1000 h	1500 h	2000 h	500 h	1000 h	1500 h	2000 h
Austenitische Chrom-Nickel-Stähle												
19—9 DL	2	4,6	284	0,035	0,00163[2]				0,372			
	2	3,5	1584	0,031	0,00008	0,000038	0,000038		0,047	0,069	0,088	
Nickel-Chrom--Eisen-Legierungen												
Timken 16—25—6	1	4,2	1989	0,021	0,00025	0,00022	0,00024	0,00027	0,379	0,491	0,618	0,74
S—495	3	7	2280	0,052	0,00012	0,000175	0,00019	0,0004	0,157	0,227	0,319	0,472
	3	5,6	1999	0,041	0,000025	0,000012	0,00001	0,000004	0,101	0,108	0,112	0,115
Nickel-Chrom-Kobalt-Eisen-Legierungen												
N—155 niedrig C-haltig	3	7	1590	0,054	0,0002	0,00025	0,00062	—	0,308	0,415	0,607	—
	3	5,6	2848	0,074	0,000095	0,000045	0,000038	0,000042[3]	0,235	0,27	0,291	0,319[3]
N—155	2	7	2160	0,043	0,00009	0,00009	0,00009	0,00017	0,149	0,193	0,241	0,315
Refractaloy M—284	2	7	2188	0,056	0,000004	0,000004	0,000008	0,000006	0,101	0,104	0,111	0,115
S—497	3	7	2000	0,043	0,00052	0,000054	0,000062	0,000062	0,204	0,24	0,267	0,298
S—590	3	7	2035	0,065	0,00008	0,000067	0,000062	0,000062	0,186	0,223	0,252	0,28
	3 A	7	2015	0,049	0,000067	0,000052	0,000052	0,000052	0,134	0,162	0,188	0,214
S—816	3	7	2011	0,05	0,000153	0,000149	0,000146	0,00014	0,151	0,222	0,299	0,371
S—816	3 A	7	2253	0,047	0,000137	0,000095	0,000072	0,000065	0,16	0,212	0,262	0,292
Nickel-Chrom-Kobalt-Legierungen (Ausscheidungshärtung durch Titan und Aluminium)												
Refractaloy 26	2	8,4	1080	0,053	0,00026[4]	0,0009	0,0013[5]		0,12	0,4	0,506[5]	
	2	7	2383	0,056	0,000015	0,000015	0,00011	0,000135	0,076	0,082	0,098	0,167
	2[6]	7	1488	0,059	0,00015[7]	0,00033	0,00048		0,13	0,24	0,45	

Kobalt-Chrom-Legierungen												
Vitallium (gegossen)[8]	10	7	2024	0,056	0,000217	0,00036	0,000475	0,00041	0,237	0,375	0,632	0,842
	10	7	2124	0,086	0,000207	0,000655	0,00048	0,00063	0,333	0,569	0,868	1,144
	10	4,9	2002	0,036	0,0001	0,000205	0,00011	0,00009	0,127	0,208	0,296	0,344
61 (gegossen)	10	8,4	2780	0,08	0,000285	0,00011	0,000085	0,000035[9]	0,506	0,608	0,657	0,682[3]
	10	7	2109	0,061	0,0002	0,000105	0,00004	0,00002	0,27	0,338	0,371	0,385
Kobalt-Chrom-Nickel-Legierungen												
422—19 (gegossen)	10	8,4	1997	0,069	0,00021	0,000068	0,000035	0,000035	0,43	0,487	0,507	0,523
	10	7	2350	0,055	0,00012	0,000045	0,00003	0,000018[10]	0,31	0,348	0,367	0,37[10]
6059 (gegossen)	10	8,4	1778	0,078	0,00019	0,00018	0,00008	0,00008[11]	0,305	0,5	0,575	0,6[11]
X—40 (gegossen)	10	8,4	1728	0,074	0,000037	0,000021	0,000021	0,000012	0,241	0,25	0,255	0,255
X—40 (gegossen)	10A	8,4	2424	0,047	0,00009	0,000062	0,000062	0,000062[12]	0,149	0,184	0,216	0,249[12]
X—50 (gegossen)	10A	8,4	2400	0,049	0,00021	0,00021	0,00021	0,00005[14]	0,249	0,34	0,6[13]	0,69[14]

1 Details für Zustand s. Tab. 52. 1 = luftgekühlt aus dem Zustand der festen Lösung; 2 = abgeschreckt in Öl und gealtert; 3 = abgeschreckt in Wasser und gealtert; 3A = abgeschreckt in Wasser und gealtert bei 735° C; 10 = gegossen und gealtert bei Prüftemperatur; 10A = gegossen und gealtert bei 735° C.

2 Mindestdehnung 0,00082% pro h.

3 Nach 2848 h 0,000052% pro h, totale Deformation 0,372%.

4 Mindestdehnung 0,00004% pro h bis 334 h.

5 Nach 1088 h.

6 Wiederholungsversuch.

7 Mindestdehnung 0,00002% pro h bis 190 h.

8 6-mm-Durchmesser-Probe.

9 Nach 2500 h 0,000023% pro h; 0,69% Deformation. Nach 2780 h 0,000023% pro h; 0,7% Deformation.

10 Nach 2350 h 0,000018% pro h, 0,378%.

11 Nach 1778 h.

12 Nach 2424 h 0,000062% pro h, 0,258%.

13 40° C höhere Temperatur verursachte vergrößerte Dehnung.

14 Nach 2400 h.

Tabelle 60. *Kriechdehnungswerte hitzebeständiger amerikanischer Stähle bei 880° C*

Werkstoff	Zustand[1]	Beanspruchung kg/mm²	Dauer h	Dehnung bei Aufbringung der Last %	Kriechdehnung % pro h nach				Totale Dehnung % nach			
					500 h	1000 h	1500 h	2000 h	500 h	1000 h	1500 h	2000 h
Nickel-Chrom-Eisen-Legierungen												
S—495	3	4,6	959	0,042	0,000496	0,00136[2]	—	—	0,312	0,682[2]	—	—
	3	3,5	2015	0,042	0,000035	0,000037	0,000064	0,000064	0,082	0,107	0,131	0,165
Nickel-Chrom-Kobalt-Eisen-Legierungen und Kobalt-Chrom-Legierungen												
Refractaloy M—284	2	6,3	1500	0,054	0,000133	0,000246	0,000262	—	0,178	0,255	0,39	—
	2	5,6	1413	0,091	0,000014	0,000009	0,000005	—	0,145	0,15	0,15	—
	2	4,9	2069	0,036	0,000017	0,000025	0,00004	0,00004	0,11	0,122	0,143	0,161
S—497	3	4,6	382	0,027	0,0027[3]	—	—	—	0,695[3]	—	—	—
	3	3,5	2014	0,026	0,000025	0,000007	0,000021	0,000021	0,079	0,087	0,142	0,153
S—590	3	4,9	2166	0,033	0,000063	0,000047	0,000061	0,000061	0,104	0,13	0,171	0,201
	3	3,9	2162	0,022	0,000016	0,000008	0,00001	0,00001[4]	0,06	0,066	0,07	0,075[4]
S—816	3	6,3	502	0,042	0,00375[5]	—	—	—	1,183	—	—	—
	3	3,9	2012	0,022	0,000062	0,000045	0,00002	0,00002	0,148	0,194	0,204	0,217
Vitallium (gegossen)	10	7	1850	0,12	0,00033	0,00013	0,00013	0,00013[7]	0,79	0,9	0,98	1,035[7]
	10	4,9	2184	0,089	0,000125	0,000044	0,000044	0,000044	0,258	0,308	0,33	0,353
	10	3,9	1488	0,063	0,000036	0,000031	0,000031	—	0,122	0,13	0,163	—
	10	3,9	1843	0,032	0,000008	—	—	—	0,137	0,138	0,138	0,14
	10[6]	3,9	2278	0,031	0,000002	—	—	—	0,14	0,135	0,125	0,137
61 (gegossen)	10	6,3	2448	0,045	0,00022	0,00015	0,0001	0,00011[8]	0,306	0,388	0,415	0,5[8]
	10	4,9	1536	0,024	0,00005	0,000036	0,000036	—	0,173	0,193	0,207	—
	10	3,9	2184	0,035	0,000045	0,000025	0,000025	0,000025[9]	0,105	0,127	0,152	0,164[9]

Kobalt-Chrom-Nickel-Legierungen

422—19 (gegossen)	10	8,4	2035	0,08	0,00027	0,00023	0,00011	0,00028	0,7	0,815	0,88	0,98
	10	7,7	2250	0,051	0,000085	0,00002	0,00002	0,00002	0,284	0,301	0,313	0,325
	10	6,3	2207	0,044	0,000065	0,000015	0,000015	0,00001	0,23	0,249	0,256	0,26
6059 (gegossen)	10	7,7	1968	0,077	0,0006	0,00082	0,0014	—	0,671	1,04	1,493	2
	10	7,7	2059	0,06	0,00036	0,00031	0,00026	0,00025	0,627	0,784	0,922	1,05
	10	6,3	2070	0,05	0,00002	0,000013	0,00001	0,00001	0,143	0,153	0,162	0,165
	10	4,9	2187	0,045	0,00005	0,00003	0,00002	0,00001	0,141	0,158	0,169	0,171
X—40 (gegossen)	10[6]	12,3	2599[10]	0,156	0,00065	0,00048	0,0007	0,00178	1,4	1,67	1,95	2,58[10]
X—40 (gegossen)	10	7,7	2016	0,085	0,00012	0,00003	0,000025	0,000025	0,182	0,208	0,22	0,24
	10	6,3	1872	0,037	0,0001	0,00006	0,00005	0,00005	0,165	0,195	0,218	0,243
X—40 (gegossen)	10 A	7,7	2448	0,067	0,00015	0,00013	0,00013	0,00013[11]	0,177	0,258	0,31	0,381[11]
X—50 (gegossen)	10	8,4	2217	0,072	0,000365	0,000165	0,00016	0,000125	0,722	0,854	0,935	1,015
	10	6,3	2040	0,048	0,00015	0,00007	0,000035	0,000032	0,335	0,383	0,407	0,425

[1] Details für Zustand s. Tab. 52. 2 = abgeschreckt in Öl und gealtert; 3 = abgeschreckt in Wasser und gealtert; 10 = gegossen und gealtert bei Prüftemperatur; 10 A = gegossen und gealtert bei 735° C.

[2] Nach 959 h, Versuch unterbrochen.

[3] Nach 382 h, Versuch unterbrochen.

[4] Nach Abschluß nach 2162 h.

[5] Minimale Dehnung 0,00155% pro h, nach 75 bis 150 h. Versuch nach 502 h unterbrochen.

[6] 6-mm-Durchmesser-Probe.

[7] Nach 1850 h, Versuch unterbrochen.

[8] Dehnung 0,00012% pro h, Deformation 0,553% nach 2448 h.

[9] Nach 2184 h, Versuch unterbrochen.

[10] Nach 2599 h gebrochen, 7% Dehnung, 7,3% Einschnürung.

[11] Dehnung 0,00013% pro h, Deformation 0,462%, wenn nach 2448 h unterbrochen.

2. Leichtmetalle

Neben der Entwicklung dieser Qualitätsstähle wurden auch große Fortschritte auf dem Gebiete der Leichtmetallegierungen erzielt. Die Probleme, die durch die großen Laufräder der Zentrifugalkompressoren in den Whittle-Triebwerken aufgeworfen wurden, waren groß. Schon die Herstellung der umfangreichen Schmiedestücke bereitete ziemlich großes Kopfzerbrechen, und die richtige Wärmebehandlung derselben konnte erst nach eingehenden Versuchen herausgefunden werden. Die anfänglich verwendete Legierung *RR 56* wurde bald durch die Legierung *RR 59* verdrängt, die bessere Schmiedbarkeit aufwies. Die hauptsächlichsten Legierungsbestandteile sind: Kupfer 2,2%, Magnesium 1,5%, Nickel 1,2%, Eisen 1%, Silizium 0,9%, Titan 0,05%.

Erst in letzterer Zeit wurde dieser Werkstoff durch die Legierung *RR 58* von ziemlich ähnlicher Zusammensetzung, doch mit nur 0,2% Silizium, verdrängt. Diese Abänderung führte zu einer Verbesserung der mechanischen Eigenschaften, besonders bei Temperaturen bis zu 300° C. Die Werkstoffanalyse lautet: Cu 2,5%, Ni 1,2%, Mg 1,5%, Ti 0,1%, Fe 1%, Si 0,2%, Al Rest.

Die Laufräder wurden als Gesenkschmiedestücke hergestellt, und zwar aus gegossenen Ingots. Die gekrümmten Vorsatzschaufeln sind mittels Spezialmaschinen warm gebogen.

Die notwendigen ausgezeichneten mechanischen Eigenschaften werden durch einen Glühprozeß mit anschließender Seigerungshärtung erzielt. Abgeschreckt wird das Stück in kochendem Wasser, wobei ein Strahl kalten Wassers in das zentrale Loch geleitet wird, um die Spannungen, die infolge der stark unterschiedlichen Abkühlungsgeschwindigkeit der massiven Nabe auftreten, auf ein Minimum herabzudrücken [*255*].

Viele neue Prüfmethoden wurden ebenfalls entwickelt, um die Fertigung so sicher wie möglich durchzuführen.

Auch die verschiedenen Magnesium- und Zirkoniumlegierungen für Gehäuse verdienen in diesem Zusammenhang Erwähnung.

Die immer weiter gesteigerten Geschwindigkeiten, besonders aber der Überschallflug, geben jedoch so große Beanspruchungen der Bauteile festigkeits- und temperaturmäßig, daß sich in der letzten Zeit ein Werkstoff mit Stahleigenschaften, aber mit niederem Gewicht, in den Vordergrund geschoben hat, nämlich Titan.

3. Titanwerkstoffe

Für hochbeanspruchte Kompressorscheiben, Gehäuse usw. existieren heute schon eine ganze Reihe von Titanlegierungen mit ausgezeichneten Zeitstandfestigkeiten bis 500° C, hoher Zerreißfestigkeit und geringer Wärmedehnung. Diese Titanstähle haben neben ihren stahlähnlichen Festigkeitswerten nur ein spezifisches Gewicht von rund 4,4 g/cm^3. Damit ist es möglich, für die Luftfahrt außerordentlich leichte Triebwerke zu schaffen. Ein Nachteil dieser Stähle ist allerdings heute noch ihr hoher Preis.

4. Sinterwerkstoffe

Die Pulvermetallurgie hat in den letzten Jahren neue Legierungen geschaffen, die sich durch hohe Warmfestigkeit bei gleichzeitiger hoher Kerbzähigkeit auszeichnen. Für den Gasturbinenbau sind es besonders Titankarbide mit Legierungszusätzen aus Nickel und Kobalt, die in den USA unter dem Namen Kentanium bekannt wurden [*34*]. Gegenüber Wolframkarbiden besitzen sie den Vorteil eines nur etwa halb so großen spezifischen Gewichtes (5,6 bis 6,5 g/cm^3). Das Kentanium ist bis zu höchsten Temperaturen gut zunderbeständig. Seine hohe Kerbzähigkeit erhält es durch die metallischen Komponenten Nickel und Kobalt, die auch die Zugfestigkeit in günstigem Sinn beeinflussen. Die neuesten Kentanium-Legierungen sollen zwischen 870 und 980° C Temperatur mehr als die doppelte Zugfestigkeit der besten vollmetallischen Spitzenlegierungen (wie Nimonic) haben. Auch die Schwingungsfestigkeit von Kentanium ist ausgezeichnet.

Die mit $100 \cdot 10^6$ Lastwechseln ermittelte Zeitfestigkeit liegt bei Raumtemperatur bei der halben Zugfestigkeit oder rund bei 35 kg/mm². Die Anwendbarkeit der neuen Werk-

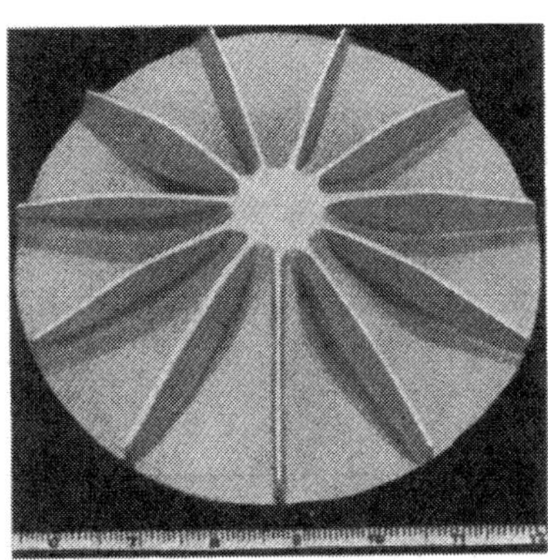

Abb. 432*a*. Kompressor- und Turbinenlaufrad aus Kentanium, voll gesintert. Betriebsdrehzahl 30000 U/min. Betriebstemperatur der Turbine etwa 1000° C. Herstelltoleranz ½ bis 1 % für alle Abmessungen

stoffe ist allerdings vorerst auf Teile begrenzt, deren Abmessungen die eines Würfels von 10 Zoll Kantenlänge nicht überschreiten. Abb. 432a zeigt je ein Beispiel für komplett gesinterte Kompressor- und Turbinenlaufräder aus Kentanium.

Auch in Österreich wurden erfolgreiche Entwicklungen in dieser Richtung vom Metallwerk Plansee bekannt. Die unter dem Namen WZ-Legierungen auf den Markt gebrachten Sinterwerkstoffe dieser Firma auf Titan-Karbidbasis mit Nickel-Chrom- bzw.

Abb. 432*b*. Läufer und Schaufeln, im Sinterpreßverfahren hergestellt (Werkbild Metallwerk Plansee)

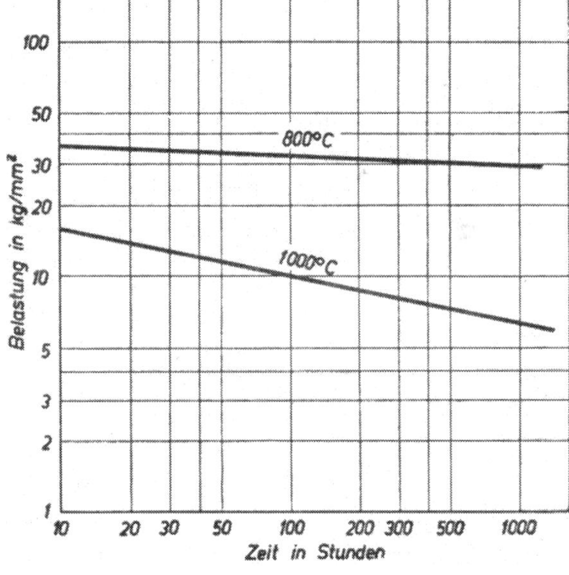

Abb. 433. Zeitstandfestigkeit von WZ 12c bei 800 und 1000° C

Nickel-Chrom-Kobalt-Legierungen als Binder weisen eine außerordentliche Zeitstandfestigkeit und genügende Zähigkeit auf. Das spezifische Gewicht dieser Legierungen liegt zwischen 6 und 7 g/cm³. Abb. 432 b zeigt verschiedene aus WZ-Legierungen hergestellte Gasturbinenteile und Abb. 433 die Zeitstandfestigkeit von WZ 12c bei 800 und 1000° C. Es scheint, daß die Pulvermetallurgie eine gewichtige Rolle in der Entwicklung der Hochtemperatur-Gasturbine spielen wird [*267*].

5. Keramische Werkstoffe

Zur Steigerung der Frischgastemperatur hat man sich oft von der Anwendung keramischer Schaufeln viel versprochen. Praktische Versuche sind bisher stets an der Sprödigkeit dieser Werkstoffe gescheitert. Dennoch unternimmt die PAMETRADA neuerdings wieder Versuche mit keramischen Leitschaufeln, die eine Frischgastemperatur von 1200° C aushalten sollen [*34*, *261*, *262*]. In Abb. 434 ist ein Versuchsdüsensegment mit diesen keramischen Schaufeln wiedergegeben.

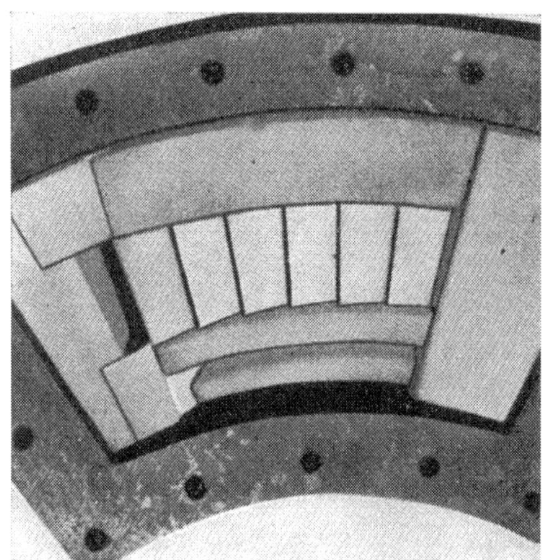

Abb. 434. Keramisches Versuchsdüsensegment von PAMETRADA

Auch keramische Schutzüberzüge auf Stählen haben große Fortschritte gemacht. So wurde z. B. von der Solar Aircraft Co. in USA der keramische Überzug Solaramic für hoch- und niedriglegierte Stähle entwickelt, der sich für stark wärmebeanspruchte Teile, wie z. B. Flammrohre, sehr gut bewährt.

Im übrigen hat man auch durch aluminisieren sehr gute Erfolge bei niedriglegierten Stählen in bezug auf Zunderfestigkeit erreicht, eine Entwicklung, die während des Krieges in Deutschland begonnen wurde.

C. Festigkeit

1. Allgemeines

Neben der Auswahl des geeigneten Werkstoffes ist die Ermittlung der auftretenden Spannungen in den Bauteilen von Gasturbinenanlagen für die Beurteilung der Konstruktion wesentlich. Die zulässige Spannung ist von der Betriebstemperatur des Teiles und von der gewünschten Lebensdauer der Turbine abhängig. Eine Betriebszeit von weniger als 10000 Stunden bei Höchsttemperatur wird allgemein als kurze Lebensdauer bezeichnet. Als wirtschaftlicher Maximalwert gelten 100000 Stunden, wobei auch Anwendungsgebiet und Belastungsfaktor in Betracht gezogen werden.

Gewöhnlich werden die Teile einer Gasturbine für die gleiche Lebensdauer entworfen. Da sie aber bei verschiedenen Betriebstemperaturen arbeiten, ist die Auswahl des Werkstoffes am besten bei einer Auftragung der Zeitdehngrenzen in Abhängigkeit von der Temperatur, s. z. B. Abb. 433, möglich.

2. Schaufelbeanspruchungen

Für Gasturbinen sind die umlaufenden Teile und von diesen speziell die Schaufeln von Turbine und Verdichter kritische Teile. Dies ist noch mehr bei Luftfahrttriebwerken mit ihren hohen Drehzahlen zur Erzielung hoher Leistungskonzentrationen der Fall. Man verwendet hier Umfangsgeschwindigkeiten von 380 bis 400 m/sek (bei Industrieturbinen bis etwa 250 m/sek) am Kopf von Turbinenschaufeln. Sieht man von unerwünschten Schaufelschwingungen ab, so sind die Dauerstandbelastungen der Schaufeln bereits so hoch, daß der Schaufelentwurf von der festigkeitsmäßig konstruktiven Seite außerordentlich sorgfältig durchgeführt werden muß. Diese Belastungen setzen sich aus Gasbiegekräften und Fliehkräften zusammen, wenn man von inneren Wärmespannungen absieht, wie dies Abb. 435a schematisch auf der linken Seite zeigt.

Die Gaskräfte können in Axial- und Tangential-Komponenten zerlegt werden. Sie rufen Biegespannungen in der Schaufel hervor, die im Schaufelfuß ein Maximum erreichen. Diese Spannungen können durch eine leichte Neigung der Schaufelachse in Drehrichtung durch das dann entstehende Fliehkraftbiegemoment für eine Betriebsbelastung und Drehzahl ausgeglichen werden — für andere Belastungen tritt damit eine Verminderung der Biegebelastung ein —, ein Mittel zur Verminderung der Schaufelfußbeanspruchung, dessen man sich stets bedient. Es bleibt dann im großen und ganzen nur die Fliehkraftbeanspruchung allein übrig, die in jedem Schaufelquerschnitt nur von dem Teil der Schaufelmasse herrührt, der über diesem Querschnitt liegt und somit im Schaufelfußquerschnitt am größten ist und am Schaufelkopf verschwindet. Zur Verringerung der Fliehkraftspannungen ist es daher im Turbinen- und Verdichterbau üblich, durch Querschnittsverjüngung vom Fuß zum Schaufelkopf die Schaufelmasse zu verringern.

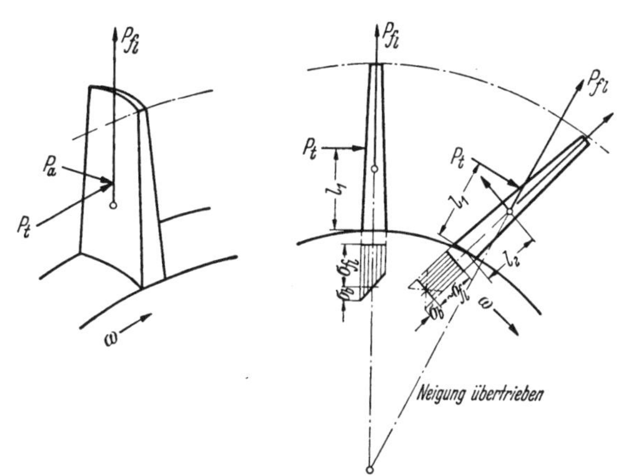

Abb. 435*a*. Kräfte an der Turbinenschaufel

a) Fliehkraftspannung. Die im Schaufelfußprofil infolge der Zentrifugalkraft entstehende Zugspannung wird berechnet zu

$$\sigma_f = 1{,}78 \cdot \gamma \cdot k_v \cdot F_{RING} \cdot \left(\frac{n}{1000}\right)^2 \text{kg/cm}^2 . \tag{391}$$

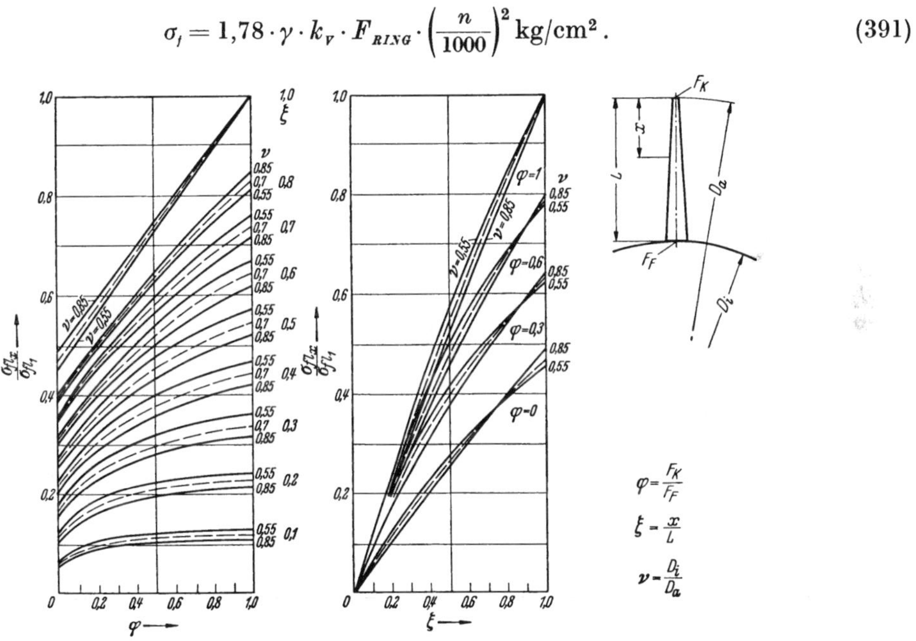

Abb. 435*b*. Fliehkraftbeanspruchung von Turbinenschaufeln in Abhängigkeit von Verjüngung, Höhenlage und Nabenverhältnis

Hierbei bedeuten

γ = spezifisches Gewicht des Werkstoffes kg/cm³,

$k_v = \frac{\sigma_{fv}}{\sigma_{f1}}$ Verjüngungsfaktor,

$F_{RING} = D_m \cdot \pi \cdot b$, Kreisringströmungsquerschnitt cm²,

n = Drehzahl U/min.

Der Verjüngungsfaktor ist ein Maß für die Verminderung der Fliehkraftspannung der Schaufel, wenn die Querschnitte nach außen abnehmen. Die Fliehkraftbeanspruchung

σ_{fx} in irgendeinem Querschnitt einer verjüngten Schaufel ist ins Verhältnis gesetzt zur Fliehkraftbeanspruchung σ_{f1} im Schaufelfuß einer unverjüngten Schaufel, entsprechend $\varphi = \frac{F_K}{F_F} = 1$ und $\xi = \frac{x}{l} = \frac{x}{b} = 1$, Abb. 435b. Bei einer Verjüngung $\varphi = \frac{F_K}{F_F} = 0{,}3$ sinkt die Schaufelbeanspruchung σ_{fx} auf etwas über $0{,}6\,\sigma_{f1}$ ab, in der Schaufelmitte ($x/b = 0{,}5$), die für die höchste zulässige Gastemperatur von Einfluß ist, wird die Spannung dadurch etwa von $0{,}55\ \sigma_{f1}$ auf $0{,}4\ \sigma_{f1}$ ermäßigt.

Man kann Gl. (391) auch so schreiben, daß das Verhältnis Kopfquerschnitt/Fußquerschnitt F_K/F_F direkt ersichtlich wird:

$$\sigma_f = 815 \cdot \left(1 + \frac{F_K}{F_F}\right) \cdot \frac{1}{\frac{D_m}{b}} \cdot \left(\frac{u_m}{100}\right)^2. \qquad (391\,\text{a})$$

Hierbei wurde das spezifische Gewicht des Werkstoffes mit $\gamma = 8{,}0$ g/cm³ eingesetzt.

Wie diese Verhältnisse im besonderen auf die zulässigen Gastemperaturen wirken, zeigt Abb. 435c. Im rechten Diagramm sind für einen praktischen Schaufelentwurf die Fliehkraftspannungen für die unverjüngte Schaufel und zwei verjüngte Schaufeln $\frac{F_K}{F_F} = 0{,}3$ und 0 aufgetragen. Je nach der gewählten Verjüngung treten am Fuß Fliehkraftspannungen zwischen 10 und 25 kg/mm² auf, in der Schaufelmitte liegen die Beanspruchungen zwischen 6 und 14 kg/mm², am Schaufelkopf sind sie null. Für den gewählten Schaufelwerkstoff ergeben sich unter Annahme einer zulässigen Zeitdehngrenze bei diesen Fliehkraftbeanspruchungen zulässige Schaufeltemperaturen über der radialen Schaufellänge, die im Diagramm links durch drei stark ausgezogene Kurven wiedergegeben sind. An den Turbinenschaufeln könnte damit im Grenzfall die radiale Temperaturverteilung im Gasstrom diesen Kurven entsprechen. Die tatsächliche radiale Temperaturverteilung weicht praktisch von diesem idealen Grenzfall mehr oder minder ab. Sie besitzt im ungünstigen Fall eine stark parabolische Form großer Temperaturungleichförmigkeit, während die gestrichelt eingezeichnete Kurve der Gastemperatur vor dem Turbinenrad bereits die anzustrebende gute Temperaturverteilung wiedergibt. Danach ist die zulässige Schaufeltemperatur in etwa 60% Schaufelhöhe maßgebend für die zulässige Gastemperatur, während die zulässigen Beanspruchungen der Schaufel in den übrigen Querschnitten nicht ausgenützt sind. Der Gastemperatur vor Turbinenlaufrad entspricht vor Turbinenleitrad eine im vorliegenden Fall etwa um 150° C höhere Gastemperatur mit ähnlicher radialer Verteilung, der wieder eine mittlere zulässige Gastemperatur von vielleicht 800° C entsprechen kann. Diese mittlere Gastemperatur ist einer Schaufelverjüngung von 0,3 zugeordnet. Die unverjüngte Schaufel hätte entsprechend diesen Ausführungen eine Verminderung der mittleren Gastemperatur auf etwa 760° C gleicher Gastemperaturverteilung zur Folge. Umgekehrt würde für den Grenzfall $\frac{F_K}{F_F} = 0$ sich eine Erhöhung auf 830° C ergeben. Aus den Ausführungen geht mittelbar der große Einfluß der radialen Temperaturverteilung im Gasstrom an sich auf die zulässige mittlere Gastemperatur hervor. Bei einer abweichenden parabolischen Temperaturverteilung mit einem größeren Ungleichförmigkeitsgrad sinkt bei gleichen Schaufelabmessungen und gleichem Werkstoff die mittlere zulässige Gastemperatur stark ab.

Bei der Festlegung der zulässigen Schaufelfußbeanspruchungen wird auch die Art der Fußbefestigung der Turbinen- und Verdichterschaufeln im Läufer eine ausschlaggebende Rolle spielen. Üblicherweise werden bei Gasturbinen-Luftfahrttriebwerken der bekannte Tannenbaumfuß, der Lavalfuß, der Hammerkopffuß und ähnliches verwendet. Die durch die hohe Spitzengeschwindigkeiten im Schaufelfuß auftretenden Spannungen verlangen eine sehr sorgfältige Gestaltung dieser Schaufelpartie, damit die Spannungserhöhungen an Querschnittsübergängen klein gehalten werden, die sich bei dynamischen Beanspruchungen in einer starken Verminderung der Gestaltfestigkeit äußern und schon bei kleinen, an sich zulässig erscheinenden Schaufelschwingungsamplituden zum Bruch der Schaufel führen können.

Abb. 435d zeigt aus einer Versuchsreihe über Schaufelfußbefestigungen [*166*] die spannungsoptische Untersuchung eines einzelnen Zahnpaares eines Tannenbaumfußes. Die Spannungserhöhung in der Kerbe ist ein Mehrfaches der mittleren Zugbelastung. Um sie auf diese mittlere Zugbelastung zu senken, müßte, wie das praktisch gemacht wird, die Zahl der Zahnpaare entsprechend erhöht werden. Es besteht aber andererseits auch die Möglichkeit, durch Änderung des Hohlkehlenradius und ähnlichen Maßnahmen diese Spannungserhöhungen wesentlich abzubauen, so daß man mit einem oder zwei Zahnpaaren (Doppelhammerkopffuß) auskommen kann, ohne an irgendeiner Stelle die mittlere Zugbelastung wesentlich zu überschreiten.

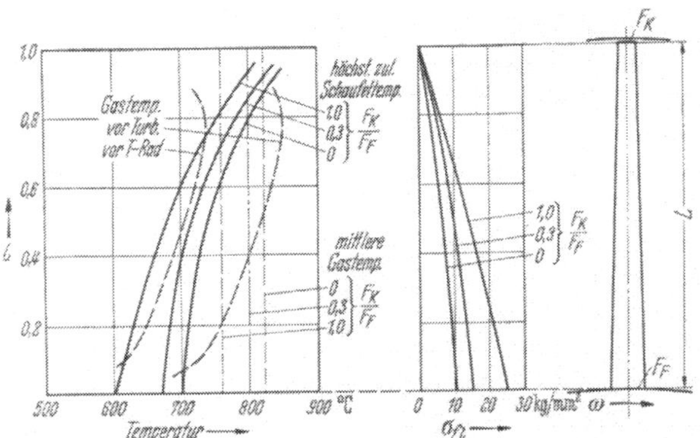

Abb. 435*c*. Temperaturen und Beanspruchungen von Turbinenschaufeln

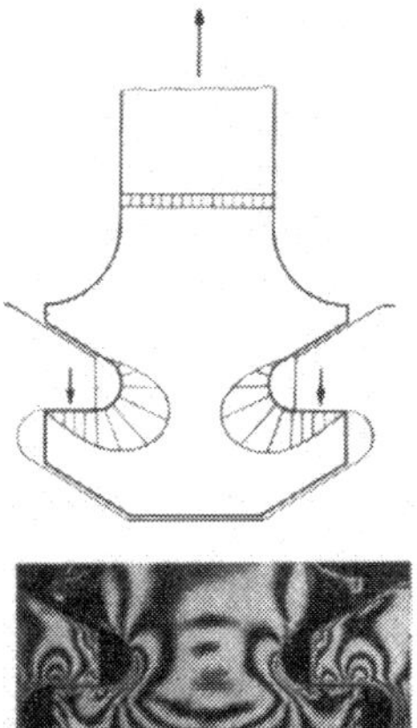

Abb. 435*d*. Hammerkopffuß

Abb. 435e zeigt eine ähnliche Untersuchung eines Lavalfußes für eine Vollschaufel. Auch hier ist am Schaufelübergang eine beachtliche Spannungserhöhung vorhanden, die diese Schaufelbefestigung ungünstiger als den Tannenbaumfuß erscheinen läßt.

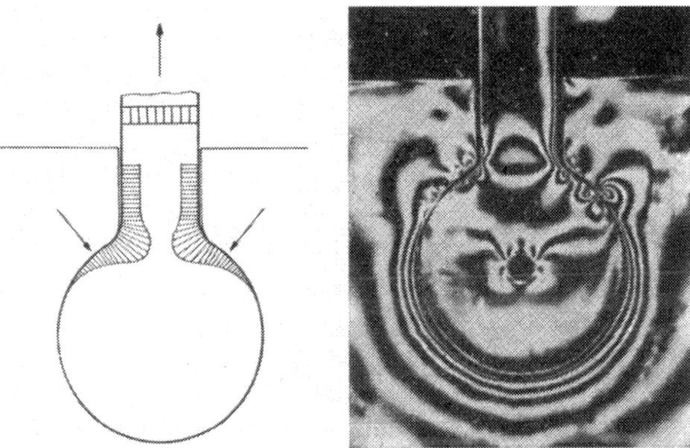

Abb. 435*e*. Lavalfuß

Demgegenüber zeigen Lavalfüße an Hohlschaufeln — eine Schaufelbefestigung, die z. B. für die Turbinenhohlschaufel am ATAR 101 (s. S. 829) verwendet wird und bei der das Schaufelblech am Fuß um einen zylindrischen Bolzen gewölbt und außen verschweißt ist, weit günstigere Spannungsverhältnisse als der Lavalfuß der Vollschaufel.

b) Biegespannung. Das Gas bewirkt, wenn es durch das Schaufelrad strömt, Änderungen des Druckes und der tangentialen (und fallweise der axialen) Geschwindigkeiten. Diese Änderungen ergeben Gaskräfte, welche die Schaufeln auf Biegung beanspruchen. Die Größen der resultierenden axialen und tangentialen Kräfte, die auf eine Schaufel wirken, sind aus den bekannten Strömungsbedingungen zu ermitteln. Sodann können ihre Biegemomente um den Schaufelfuß und somit die Biegespannungen der Schaufel bestimmt werden.

Die in Umfangsrichtung auf die Schaufel wirkende Kraft ist

$$dP_t = \frac{2\pi\, r\, dr}{z}\,(\gamma_1 \cdot c_{1m} \cdot c_{1u} - \gamma_2 \cdot c_{2m} \cdot c_{2u})\,\frac{1}{g} \tag{392}$$

und für $\gamma_1 = \gamma_2 = \frac{1}{v}$ und $c_{1_m} = c_{2_m} = c_m$

$$dP_t = \frac{2\pi\, r\, dr \cdot c_m \cdot \Delta c_u}{z \cdot v \cdot g} \tag{392a}$$

wobei z die Schaufelzahl ist.

Die zufolge der Druckdifferenz über das Schaufelrad wirkende Axialkraft beträgt

$$dP_a = \frac{2\pi\, r\, dr}{z} \left[p_1 - p_2 + (\gamma_1 c_{1_m}{}^2 - \gamma_2 c_{2_m}{}^2) \frac{1}{g} \right] \tag{393}$$

und für $\gamma_1 = \gamma_2$ und $c_{1_m} = c_{2_m}$

$$dP_a = \frac{2\pi\, r\, dr}{z} \Delta p\,. \tag{393a}$$

Kennt man diese Kräfte z. B. aus dem Schaufelentwurf, so kann das tangentiale und axiale Biegemoment bestimmt werden.

Das tangentiale Biegemoment errechnet sich aus:

$$dM_t = dP_t\,(r - r_i) = \frac{2\pi\, r_m \cdot c_m \cdot \Delta c_{u\,m}}{z \cdot v \cdot g} (r - r_i)\, dr\,.$$

Hierbei bedeutet r_m den mittleren Schaufelradius und $\Delta c_{u\,m}$ die Differenz der Umfangskomponenten. Die Integration zwischen $r = r_i$ und $r = r_a$ ergibt

$$M_t = \frac{\pi \cdot r_m \cdot c_m \cdot b^2 \cdot \Delta c_{u\,m}}{z \cdot v \cdot g} \tag{394}$$

mit der Schaufelhöhe $b = r_a - r_i$.

In ähnlicher Weise folgt für

$$dM_a = dP_a\,(r - r_i) = \frac{2\pi\, \Delta p}{z} (r - r_i)\, r\, dr$$

und nach Integration zwischen $r = r_i$ und $r = r_a$

$$M_a = \frac{\pi \cdot b^2 \cdot \Delta p}{3z} (2r_a - r_i)\,. \tag{395}$$

Wenn die tangentialen und axialen Momente bekannt sind, können die Spannungen aus den gegebenen Querschnittsabmessungen bestimmt werden. Die höchste Spannung wird an der Eintrittskante der Schaufel, der Austrittskante oder am Schaufelrücken auftreten. An jeder dieser drei Stellen ist daher die Beanspruchung zu kontrollieren. Dazu ist es notwendig, die Momente auf die Hauptträgheitsachsen des Profiles zu übertragen. Die Spannungen, die durch diese resultierenden Momente entstehen, können dann addiert werden, wobei die Vorzeichen der Spannungen zu beachten sind. Mit den Bezeichnungen der Abb. 436a wird

$$M_{I-I} = M_t \cos\alpha - M_a \sin\alpha$$

$$M_{II-II} = M_a \cos\alpha + M_t \sin\alpha\,. \tag{396}$$

Die Biegespannung im Punkt S wird dann

$$\sigma_b = \frac{s_I}{J_I} M_{I-I} + \frac{s_{II}}{J_{II}} M_{II-II}\,. \tag{397}$$

Um die Hauptachsen des Profilquerschnittes zu finden, ist es notwendig, die Trägheitsmomente über drei Achsen, die durch den Schwerpunkt des Schaufelquerschnittes gehen, zu bestimmen. Angenommen seien zwei Achsen *1—1* und *2—2* unter rechtem Winkel und die dritte *3—3* unter 45°. Dann ist der Winkel φ zwischen der Achse *1—1* und der Achse *I—I* des kleinsten Trägheitsmomentes J_I gegeben durch

$$\operatorname{tg} 2\varphi = \frac{2J_3 - (J_1 + J_2)}{J_2 - J_1}. \tag{398}$$

Wenn φ positiv ist, liegt die Hauptachse *I—I* in den Quadranten, die *3—3* nicht enthalten, Abb. 436b.

Es ist dann

$$J_{II} + J_I = J_1 + J_2$$

$$J_{II} - J_I = (J_2 - J_1) \frac{1}{\cos 2\varphi}. \tag{399}$$

Bei Verdichterschaufelprofilen ist es nur ein kleiner Fehler, wenn die Hauptachse *I—I* parallel zur Profilsehne angenommen wird, Abb. 436a. Für verschiedene oft verwendete Verdichterprofile wurden die Ergebnisse tabelliert [*87*].

Während oben die Bestimmung der Spannungen für ein gegebenes Schaufelblatt beschrieben wurde, ist es meistens üblich, die Schaufelsehnenlänge L entsprechend einer

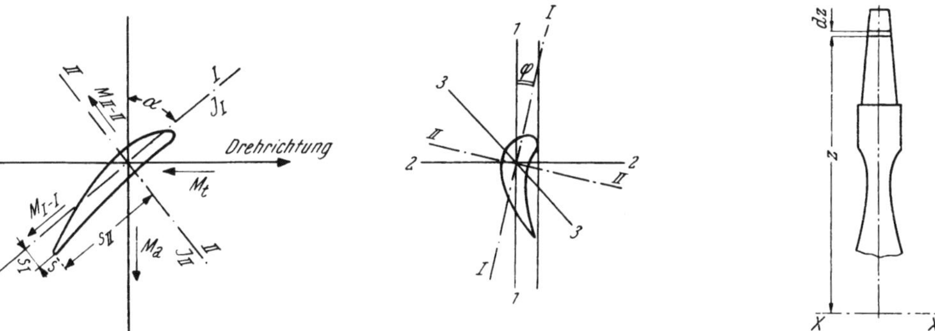

Abb. 436*a*. Bezeichnungen bei Biegebeanspruchung

Abb. 436*b*. Bestimmung der Trägheitshauptachsen

Abb. 436*c*. Verdichterschaufel

gegebenen Gasbiegespannung auszuwählen. Man bestimmt die Spannungen für ein Fußprofil mit z. B. $L = 25$ mm Sehnenlänge. Beträgt dann die berechnete maximale Gasbiegespannung σ_b und die gewünschte σ_b', so muß die Sehne im Verhältnis $\sqrt{\frac{\sigma_b}{\sigma_b'}}$ geändert werden. Das Verhältnis t/L wird dabei konstant gehalten. Die Fliehkraftspannungen bleiben durch die Änderung des Maßstabes der Schaufelquerschnitte unverändert.

Für die Auswahl der zulässigen Gasbiegespannungen können gegenwärtig noch keine Regeln angegeben werden. Besonders bei Verdichterschaufeln ist dieses Problem eng mit der Schwingungsbeanspruchung der Schaufel verknüpft.

c) Torsionsspannung. Rotierende Schaufeln von Turbomaschinen mit axialer Durchströmung unterliegen infolge der Fliehkrafteinwirkung auch einem Moment um ihre radiale Längsachse Z, welches die Schaufeln auf Torsion beansprucht [*272*]. Diese Verdrehung ergibt sich aus der Tatsache, daß die Hauptträgheitsachsen *I—I* ($J_I = J_{min}$) und *II—II* ($J_{II} = J_{max}$) der einzelnen Profilschnitte nicht mit der Richtung der Drehachse *X—X* bzw. der auf *X — X* senkrecht stehenden Achse *Y — Y* zusammenfallen.

Zur Bestimmung des Drehmomentes M soll ein Massenteilchen $\Delta m = df \cdot dz \cdot \varrho$ mit seiner Teilfliehkraft $\Delta C = df \cdot dz \cdot \varrho \cdot r \cdot \omega^2$ betrachtet werden, Abb. 436c und 436d. ΔD ist nach Abb. 436e die Drehkraft des Massenteilchens Δm am Hebelarm x, die das Teildrehmoment $\Delta M = \Delta D \cdot x$ um die Achse *Z—Z* hervorruft. Mit $\Delta D = \Delta C \cdot y/r$ erhält man

$$M = \varrho \cdot \omega^2 \cdot \int df \cdot x \cdot y \cdot dz.$$

Mit dem Integral $\int df \cdot x \cdot y$ als Deviationsmoment J_{xy} eines Profilschnittes wird das verdrehende Moment

$$M = \varrho \cdot \omega^2 \cdot \int J_{xy} \cdot dz \text{ kgcm}$$

Da von einem Schaufelprofil meistens wohl die Hauptträgheitsmomente J_I und J_{II}, bezogen auf die Profilhauptachsen $I—I$ und $II—II$ bekannt sind, nicht aber das Deviationsmoment J_{xy}, welches auf die Konstruktionsachsen $X—X$ und $Y—Y$ bezogen ist, so soll J_{xy} durch J_I und J_{II} ausgedrückt werden.

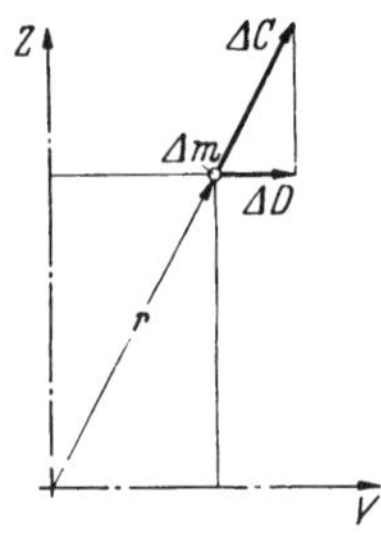

Abb. 436*d*. Darstellung der Wirkung von Teilfliehkraft und Drehkraft an der Schaufel

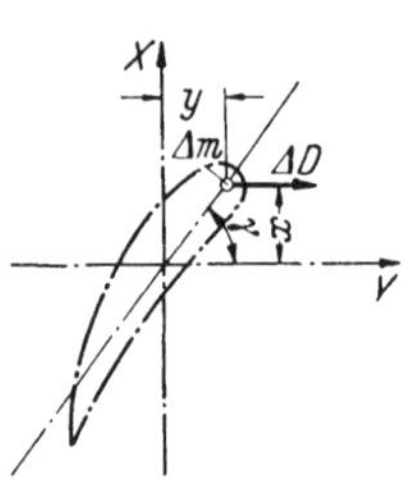

Abb. 436*e*. Darstellung der Drehkraft am Schaufelprofil

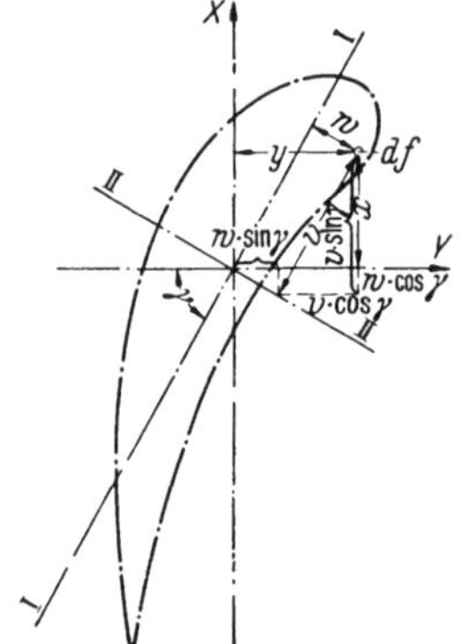

Abb. 436*f*. Übergang vom Deviationsmoment auf die Hauptträgheitsmomente I_I und I_{II} in den Profilhauptachsen $I—I$ und $II—II$

Nach Abb. 436f ist für das Flächenelement df, bezogen auf die Achsen $I—I$ und $II—II$

$$dJ_I = df \cdot w^2$$
$$dJ_{II} = df \cdot v^2$$
$$dJ_{I,II} = df \cdot w \cdot v.$$

Bezogen auf die Achsen $X—X$ und $Y—Y$ erhält man:

$$dJ_{xy} = df \cdot x \cdot y.$$

Nach Abb. 436f ist weiters

$$x = v \cdot \sin\gamma — w \cdot \cos\gamma \quad \text{und} \quad y = v \cdot \cos\gamma + w \cdot \sin\gamma\,;$$

$$x \cdot y = v^2 \cdot \sin\gamma \cdot \cos\gamma + w \cdot v \cdot \sin^2\gamma — w \cdot v \cdot \cos^2\gamma — w^2 \cdot \sin\gamma \cdot \cos\gamma =$$
$$= (v^2 — w^2) \cdot \frac{\sin 2\gamma}{2} — w \cdot v \cdot \cos 2\gamma\,.$$

Damit wird:

$$d\,J_{xy} = df \cdot (v^2 — w^2) \cdot \frac{\sin 2\gamma}{2} — df \cdot w \cdot v \cdot \cos 2\gamma\,;$$

$$J_{xy} = \frac{\sin 2\gamma}{2} \cdot (J_{II} — J_I) — J_{I,II} \cdot \cos 2\gamma\,.$$

$J_{I,II}$ wird aber als Deviationsmoment, bezogen auf die Profilhauptachsen, gleich 0. Damit erhält man

$$J_{xy} = \frac{\sin 2\gamma}{2} \cdot (J_{II} — J_I)\,.$$

Somit lautet die endgültige Gleichung für das Moment

$$M = \varrho \cdot \frac{\omega^2}{2} \cdot \int \sin 2\gamma \cdot (J_{II} — J_I) \cdot dz \text{ kgcm}\,.$$

Besonders zu bemerken ist, daß das Drehmoment vom Schaufelradius unabhängig ist. Das verdrehende Moment ist stets derart gerichtet, daß die Schaufel im Fall $\gamma \neq 0$ mit ihrer großen Trägheitsachse II—II eine zur Drehachse X—X parallele Lage anstrebt.

Nach den vorstehenden Überlegungen sollen drei verschiedene Querschnittsformen (Rechteck, Ellipse und ein schwach gewölbtes Verdichterprofil nach Abb. 436g) betrachtet werden, um die Größe der möglichen Momente und der dadurch bedingten Torsionsspannungen zu bestimmen.

Drehmoment. Die Gleichung für das verdrehende Moment lautet allgemein nach Einführung der Werte für die Trägheitsmomente:

$$M = \varrho \cdot \frac{\omega^2}{2} \cdot \int \sin 2\gamma \cdot b^4 \cdot m \cdot dz \text{ kgcm}.$$

Darin bedeuten

b die maximale Querschnittsdicke in cm,

h die maximale Querschnittshöhe in cm,

m eine dimensionslose Kennziffer als Funktion von h/b nach Abb. 436h links.

Torsionsbeanspruchung. Durch das verdrehende Moment M werden in der Schaufel Scherspannungen τ von der Größe

$$\tau = \frac{M}{W} \text{ kg/cm}^2$$

hervorgerufen.

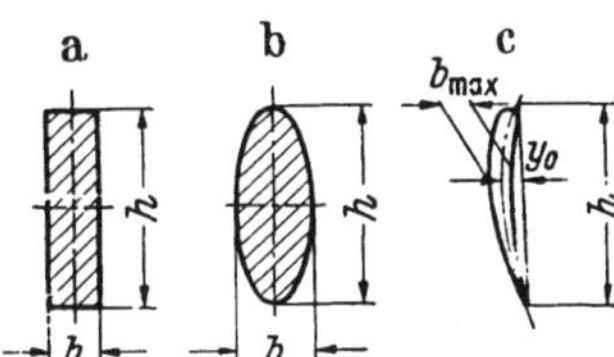

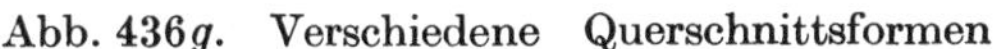

Abb. 436*g*. Verschiedene Querschnittsformen

a Rechteck
b Ellipse
c Verdichterprofil mit $y_0/h \equiv f/L = 0{,}05$, Lage von y_0 und $b_{max} \equiv d$ bei 0,4 h von der Profilnase, vgl. Abb. 83*b*

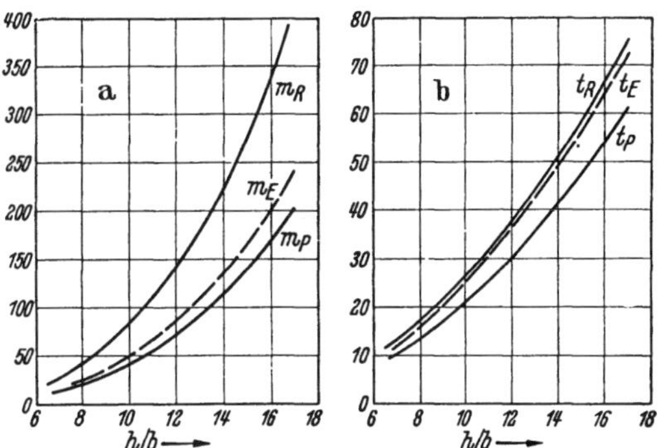

Abb. 436*h*. Kennziffern m und t in Abhängigkeit von h/b

a Kennziffer m für das Moment
b Kennziffer t für die Torsionsspannung. Index R für das Rechteck, E für die Ellipse (Kurven strichliert), P für das Verdichterprofil

Nach Einführung der entsprechenden Widerstandsmomente W errechnet sich die Scherspannung zu:

$$\tau = \varrho \cdot \frac{\omega^2}{2} \cdot \int \sin 2\gamma \cdot b \cdot t \cdot dz \text{ kg/cm}^2.$$

Darin bedeutet

t eine dimensionslose Kennziffer als Funktion von h/b nach Abb. 436h rechts.

Verdrehungsversuche an nur schwach verwundenen Verdichterschaufeln ergaben, daß der Drillungswiderstand der einzelnen Profilschnitte mit guter Annäherung derart bestimmt werden kann, daß man diese durch Ellipsen ersetzt. Dabei entspricht die größte bzw. kleinste Ellipsenachse der Profillänge bzw. der maximalen Dicke. Auf Grund dieser Tatsachen wurde auch hier zur Berechnung der Torsionsspannung im Verdichterprofil das Widerstandsmoment einer Ellipse angenommen. Dabei bleibt aber zu bedenken, daß sich bei stark verwundenen Schaufeln im Torsionsfall auch Längsspannungen ausbilden, welche die Spannungsberechnung oft erheblich erschweren können.

Aus den in Abb. 436h wiedergegebenen Kurvenscharen erkennt man: Das durch Rotation auftretende Moment um die Schaufellängsachse ist von der Querschnittsform stark abhängig (Verhältnis Rechteck zu Verdichterprofil etwa 2:1), während sich die Torsionsspannungen nur unwesentlich mit den hier untersuchten Querschnittsformen ändern.

Beispiel. An einer unverwundenen zylindrischen Verdichterschaufel von 180 mm Länge, die mit einer Winkelgeschwindigkeit von $\omega = 800$ sek^{-1} rotiert, treten bei einem Anstellwinkel $\gamma = 55°$, einem Verhältnis $h/b = 11$ und $b_{max} = 5$ mm $= d = 0{,}091\ L$ in der Schaufelwurzel folgende Scherspannungen auf:

$\tau = 548$ kg/cm² bei einer Stahlschaufel (spezifisches Gewicht 7,85 kg/dm³)
$\tau = 195$ kg/cm² bei einer Leichtmetallschaufel (spezifisches Gewicht 2,8 kg/dm³).

Aus diesem Beispiel erkennt man, daß es ratsam ist, bei langen und durch Fliehkraft und Gaslast schon hoch beanspruchten Schaufeln auch die durch Rotation auftretende Scherspannung zu berücksichtigen.

Ebenso sollte man auch den Schaufelfuß, der in gleicher Weise einer zusätzlichen Torsionsspannung unterliegt, überprüfen.

3. Schaufelschwingungen

Verdichter- und Turbinenschaufeln ohne Deckbänder schwingen in ähnlicher Weise wie Kragträger mit Gleichlast. Die Bestimmung der Schwingungsfrequenz dieser Schaufeln ist nicht besonders einfach. Es ist daher für Entwurfszwecke wünschenswert, Näherungsgleichungen mit annehmbarer Genauigkeit anzuwenden.

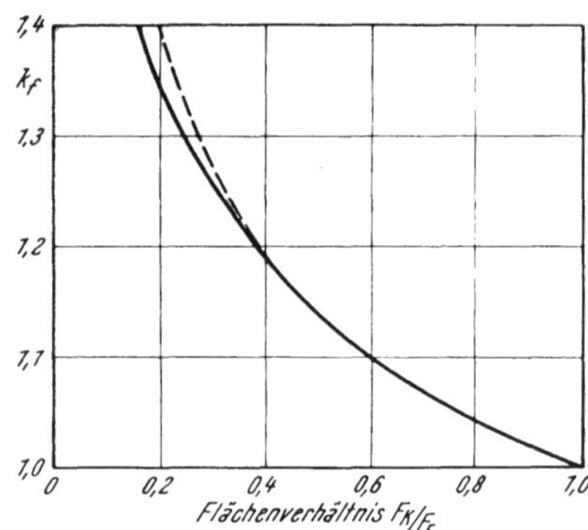

Abb. 437a. Einfluß der Verjüngung auf die Eigenfrequenz der Schaufel

——— Lineare Verjüngung $V = (F_K + F_F) \cdot b/_2$
– – – – Konische Verjüngung $V = (F_K + F_K + \sqrt{F_F \cdot F_F}) \cdot b/_3$

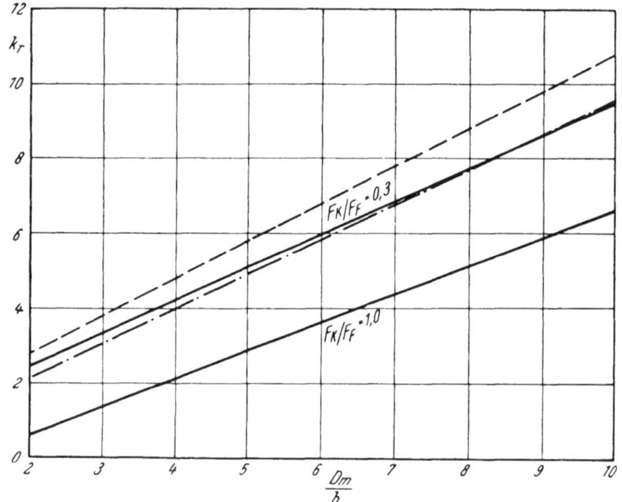

Abb. 437b. Abhängigkeit des Rotationsbeiwertes k_r vom Verhältnis mittlerer Durchmesser/Schaufelhöhe D_m/b

– – · – – Keilförmig endende Schaufel
—·—·— Nach Smith & Brown [144]

Außerdem ist darauf zu achten, daß die Frequenzen der verschiedenen periodischen Erreger, wie Leitschaufeln, Brennkammern, Zahneingriff bei Getrieben usw., nicht mit den Eigenschwingungszahlen erster und höherer Ordnung der Schaufeln zusammenfallen. Dies ist besonders bei vielstufigen Axialverdichtern nicht leicht.

a) Biegungsschwingungen. Die Frequenz der Grundeigenschwingung einer Schaufel folgt aus der Gleichung

$$f_s = 17{,}5 \cdot k_f \cdot \frac{i}{b^2} \cdot \sqrt{\frac{E}{\gamma}}\ . \tag{400}$$

Hierbei bedeuten

f_s stehende Eigenfrequenz der Schaufel 1/sek,
k_f Frequenzkorrekturfaktor,
i kleinster Trägheitsradius des Fußprofiles cm,
b Schaufelhöhe cm,
E Elastizitätsmodul bei Schaufeltemperatur kg/cm²,
γ spezifisches Gewicht des Werkstoffes kg/cm³.

Für einen Frequenzkorrekturfaktor $k_f = 1$ ist die Formel identisch mit der für die Frequenz eines mit Gleichlast belasteten Kragträgers von gleichwertigen Eigenschaften (vgl. Hütte I, 28. Aufl., S. 604).

Der Frequenzkorrekturfaktor k_f hängt von der Schaufelverjüngung, den geometrischen Bedingungen, der Art der Schaufelbefestigung und der Anwendung von Deckbändern oder Bindedrähten ab. Davon kann nur der Einfluß der Schaufelverjüngung durch die Theorie einigermaßen erfaßt werden. Er wird analytisch bestimmt, indem man die Änderungen der Querschnitte und Trägheitsmomente entlang der Schaufelhöhe untersucht. Für Turbinenschaufeln normaler Ausbildung kann k_f aus Abb. 437a, die aus Versuchen ermittelte Durchschnittswerte angibt, bestimmt werden.

Die Laufschaufeln werden in gewissem Maße durch die Fliehkraft versteift. Es wird dann die Lauffrequenz wie folgt bestimmt:

$$f_r = \sqrt{f_s^2 + k_r \left(\frac{n}{60}\right)^2} \tag{401}$$

wobei f_r Lauffrequenz bei der Drehzahl n 1/sek,
k_r Rotationsbeiwert,
n Drehzahl U/min bedeuten.

Der Rotationsbeiwert ist abhängig von der Art der Schaufelfußbefestigung, der geometrischen Form und des Schaufelhöhenverhältnisses D_m/b. Der Einfluß der Rotation ist gewöhnlich klein und kann für den praktischen Gebrauch nach den Angaben in Abb. 437b abgeschätzt werden.

Ein neuer Beschaufelungsentwurf für eine Industrieturbine stützt sich nach [*149*] auf die Forderung, daß die Frequenz entsprechend der Eigenbiegeschwingung erster Ordnung über dem Vierfachen der maximalen Turbinendrehzahl liegt, Abb. 437c. Die vierte Ordnung der Erregerfrequenz bei der Nenndrehzahl von 3600 U/min liegt bei $\frac{3600}{60} \cdot 4 = 240$ 1/sek, was kleiner ist als die kleinste Frequenz von etwa 270 1/sek, die der ersten Ordnung der Schaufelschwingung entspricht. Bei einer Turbinendrehzahl von $n = 4000$ U/min wäre Resonanz möglich. Der leichte Einfluß der Drehzahl auf die Schaufelfrequenz ist aus der oberen strichlierten Linie in Abb. 437c ebenfalls ersichtlich.

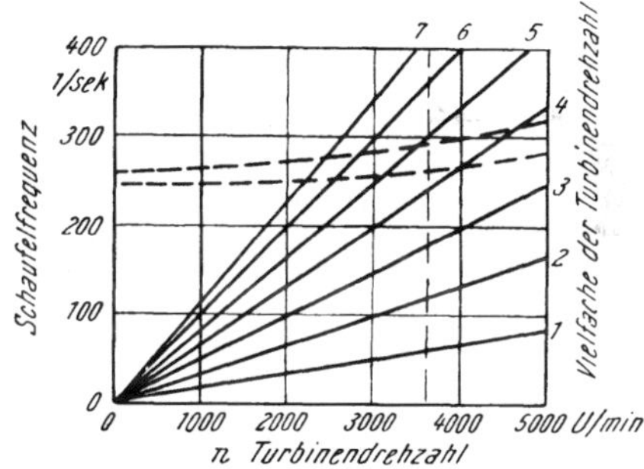

Abb. 437c. Schaufelfrequenzdiagramm einer Turbine mit einer Nenndrehzahl von 3600 U/min

b) Drehschwingungen. Zur Beurteilung des Schwingungsverhaltens einer Schaufel genügt es vielfach nicht, nur die Eigenfrequenzen der Biegeschwingungen um die beiden Trägheitshauptachsen zu kennen. Um jede Möglichkeit einer Resonanzgefährdung auszuschließen, ist auch die Kenntnis der Dreheigenfrequenzen erforderlich, da diese mit ihren oft recht hohen Tönen in Resonanz mit der Düsen- bzw. Leitschaufelzahl kommen können [*273*, *285*].

Berechnung der Torsions-Eigenfrequenz. Die Dreheigenfrequenz zylindrischer Stäbe ist:

$$f_D = \frac{m}{4 \cdot l} \sqrt{\frac{J_t}{J_p}} \sqrt{\frac{G}{\varrho}} \text{ Hz}.$$

Darin bedeuten:

m Beiwert,
l Stablänge cm,
J_t Drillungswiderstand cm^4,
J_p Polares Trägheitsmoment cm^4,
G Gleitmodul kg/cm^2,
$\varrho = \frac{\gamma}{g}$ Dichte kg sek^2/cm^4. $\left(\sqrt{\frac{G}{\varrho}} = 3{,}16 \cdot 10^5 \text{ cm/sek für Stahl}\right)$.

Der Beiwert m gibt die Schwingungsform wieder;

$m = 1$ entspricht $^1/_4$ Wellenlänge, $m = 3$ entspricht $^3/_4$ Wellenlänge: einseitig eingespannt, Abb. 438a
$m = 2$ entspricht $^1/_2$ Wellenlänge, $m = 4$ entspricht 1 Wellenlänge: beidseitig eingespannt, Abb. 438b

Für den Stab mit Kreisquerschnitt nimmt die Gleichung infolge $J_p = J_t$ die bekannte Form an:

$$f_{DKreis} = \frac{m}{4l}\sqrt{\frac{G}{\varrho}} \text{ Hz}.$$

Für alle nicht kreisförmigen Querschnitte ist $J_p \neq J_t$, so daß die Berechnung der Dreheigenfrequenzen von Schaufeln auf die Bestimmung des Drillungswiderstandes hinausläuft. Dieser läßt sich aber für Schaufelprofile rechnerisch nicht exakt angeben.

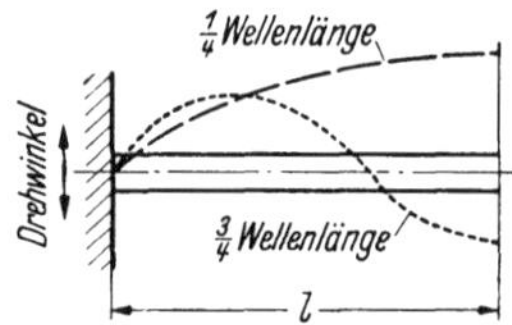

Abb. 438*a*. Einseitig eingespannte Schaufel

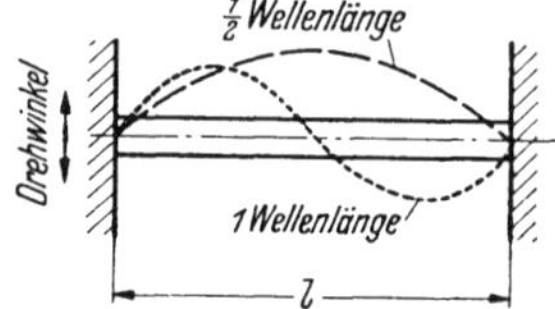

Abb. 438*b*. Beidseitig eingespannte Schaufel

Es wurden daher Verdrehversuche an zylindrischen Turbinen- und Axialkompressorschaufeln vorgenommen und Drehschwingungsmessungen an zylindrischen und konischen Schaufeln durchgeführt. Einen Anhalt über die Abmaße der untersuchten Profilformen gibt Tab. 61 mit der axialen Schaufelbreite, der größten Schaufeldicke sowie der Schaufelform. Die Versuche zeigten, daß in der von DE SAINT-VENANT angegebenen Näherungsformel zur Bestimmung des Drillungswiderstandes (Hütte I, S. 402) $J_t = \frac{F^4}{J_p} \cdot \frac{1}{40}$ der Faktor $^1/_{40}$ für Schaufelprofile durch $^1/_{33}$ ersetzt werden muß. Der Faktor $^1/_{40}$ stimmt angenähert für den Kreis- und den Ellipsenquerschnitt; der genaue Wert ist hier $^1/_{39,5}$. Bekanntlich trifft die von DE SAINT-VENANT aufgestellte Näherungsformel nur für bestimmte Querschnittformen zu (gedrungene Querschnitte), so daß von einer Übertragung der hier gefundenen Ergebnisse auf andere Querschnitte ohne vorherige Versuche abgeraten wird. Somit erhält man folgende Näherungsformel zur Bestimmung des Drillungswiderstandes von Schaufelprofilen:

$$J_t = \frac{F^4}{33 \cdot J_p}.$$

Darin bedeuten:

F den Querschnitt cm^2,
J_p das polare Trägheitsmoment cm^4.

Tabelle 61. *Dreh-Eigenfrequenzen verschiedener Schaufeln*

Schaufelform	Querschnitts-verlauf	ax. Schaufelbreite/Dicke e/d mm/mm	Gemessene Frequenz Hz	Errechnete Frequenz Hz	
				exakt	nach der angegebenen Näherungsformel
Gleichdruck	zylindrisch	20/6,1	3378	3410	—
Gleichdruck	zylindrisch	30/9,4	4710	4800	—
Verwunden	konisch	38,6/9,8 Fuß 32,7/7,1 Kopf	1485	1490	1480
Verwunden	konisch	37,9/6,5 Fuß 30,3/3,5 Kopf	1160	1125	1122
Verwunden	konisch	30/10,5 Fuß 27,8/3,3 Kopf	979	995	987

Für zylindrische Schaufeln (Stahlschaufeln) nimmt damit die Bestimmungsgleichung zur Berechnung der Dreheigenfrequenzen folgende Form an:

$$f_{D\,zyl} = 1{,}375 \cdot 10^4 \cdot m \frac{F^2}{l \cdot J_p}\ \text{Hz}\,.$$

Die Eigenfrequenzen konischer Schaufeln werden nach Bestimmung der Verläufe von J_t und J_p mittels verschiedener Berechnungsverfahren (HOLZER, RAYLEIGH-RITZ oder WITTMEYER [*273*]) ermittelt, auf die in diesem Rahmen nicht näher eingegangen werden kann.

Zum Schluß sei noch eine Näherungsformel zur Berechnung der Grunddreheigenfrequenzen einseitig eingespannter, leicht konischer Stahlschaufeln angegeben, die sich in vielen Fällen gut bewährt hat.

Man ermittelt die F- und J_p-Werte in der Entfernung $0{,}33 \cdot l$ vom Fuß ($F_{0{,}33\,F}$ und $J_{p\,0{,}33\,F}$) und den J_p-Wert in der Entfernung $0{,}33 \cdot l$ vom Schaufelkopf ($J_{p\,0{,}33\,K}$) und benutzt folgende Näherungsformel:

$$f_{D\,kon} = 1{,}375 \cdot 10^4 \frac{F^2_{0{,}33F}}{l} \sqrt{\frac{1}{J_{p\,0{,}33\,F} \cdot J_{p\,0{,}33\,K}}}\ \text{Hz}\,.$$

In Tab. 61 sind für verschiedene Schaufeln die Rechnungs- und Meßwerte der Grunddreheigenfrequenzen zusammengestellt. Bei dem Vergleich der Ergebnisse ist zu berücksichtigen, daß die Meßgenauigkeit $\pm 3\%$ betrug.

Bei Schaufeln mit Deckband kann die Vernietung einen leicht erhöhenden Einfluß auf die Dreheigenfrequenz (im Vergleich zur freien Schaufel) haben. Erfahrungsgemäß ist dieser Einfluß aber sehr gering und kann mit steigender Betriebszeit infolge Nachlassens der Nietwirkung so stark abnehmen, daß man ihn nicht in Rechnung setzen wird.

Auch der Schaufelsitz kann die Dreheigenfrequenz beeinflussen. Dabei ist aber zu berücksichtigen, daß ein Nachlassen der Einspannwirkung am Fuß einen frequenzerhöhenden Einfluß besitzt.

Resonanzmöglichkeiten. Um im Betrieb eine Gefährdung der Schaufeln durch Resonanzschwingungen zu vermeiden, muß man sich noch über die möglichen Erregerfrequenzen klar werden. Diese werden für Schaufeldrehschwingungen meistens aus der Düsen- bzw. Leitschaufelzahl resultieren. Dabei ist zu bedenken, daß neben der einfachen Erregung (Eigenfrequenz $= 1 \times$ Erregerfrequenz) die Dreheigenfrequenz auch durch eine doppelte Erregerfrequenz (Eigenfrequenz $= 2 \times$ Erregerfrequenz) unter Umständen sehr stark erregt werden kann. In diesem Fall sind bei genügend großem Verdrehwinkel der Schaufel die erregenden Kräfte sowohl bei positivem als auch bei negativem Ausschlag wirksam.

Bei kleineren Verdrehwinkeln kann allerdings eine doppelt wirkende Erregung unterbleiben, doch werden auch dann noch die mit doppelter Frequenz vorhandenen Kräfte die Eigenfrequenz der Schaufeln anregen können, da sie bei negativem Ausschlag nicht unbedingt dämpfend wirken müssen.

4. Scheibenbeanspruchungen

Je nach der Betriebstemperatur und den Konstruktionsdaten des Werkstoffes (s. S. 458) werden die Laufschaufeln der Turbine von Vollscheiben, gebohrten Scheiben oder Vollrotoren getragen. Die theoretischen Grundlagen für die Berechnung der in den rotierenden Scheiben auftretenden Spannungen wurden in der Literatur bereits eingehend behandelt [4, 270, 271].

a) Radial- und Tangentialspannungen. Die Spannungen werden gewöhnlich in Radial- und Tangentialspannungen zerlegt, wobei im Mittelpunkt der Vollscheibe $\sigma_r = \sigma_t$ ist. Ein Bild für den ungefähren Verlauf dieser Spannungen bei voll- und zentraldurchbohrten Scheiben gleicher Dicke gibt Abb. 439a (Hütte I, S. 954). Man sieht, daß die Beanspruchung am Innenrand der gebohrten Scheibe größer ist als im Mittelpunkt der Vollscheibe. Diese örtliche Spannungskonzentration wird im Betrieb durch plastische Verformung abgebaut. Bei der genauen Ausmittlung der elastischen Spannungen werden diese gewöhnlich detailliert für die Schaufeltragelemente berechnet. Für Vergleichszwecke genügt jedoch die Bestimmung einer mittleren Tangentialspannung entlang eines Radialschnittes der Scheibe, Abb. 439b. Diese Näherung stützt sich auf die Annahme, daß die gesamte Fliehkraft von Schaufelkranz und Scheibe vom Scheibenquerschnitt gleichmäßig getragen wird.

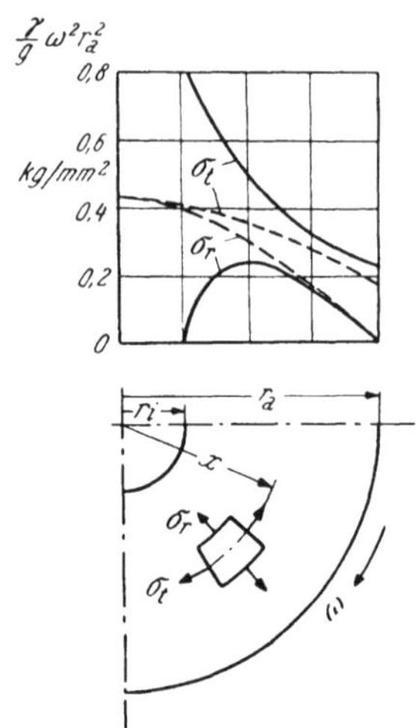

Abb. 439*a*. Tangential- und Radialspannungen in einer umlaufenden Scheibe gleicher Dicke (Dicke $h \ll r_a$) ohne Kranzlast

——— Gebohrte Scheibe $\left(r_i = \frac{r_a}{4}\right)$

– – – – Vollscheibe $(r_i = 0)$

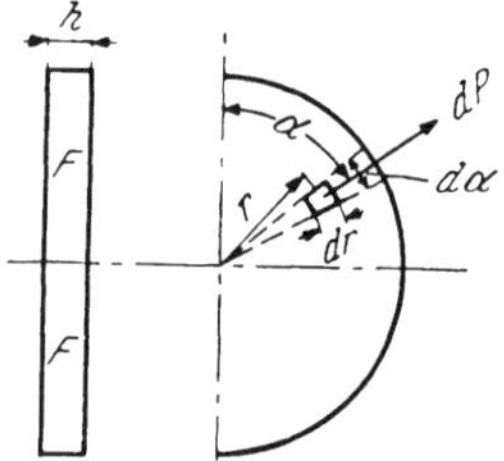

Abb. 439*b*. Bestimmung der mittleren Tangentialspannung einer Scheibe gleicher Dicke

Die Fliehkraft, die auf den Scheibenschnitt a—a zufolge der rotierenden Masse dm wirkt, ist

$$dP_t = dP \sin\alpha = (dm\, r\, \omega^2) \sin\alpha = dm\, r\, (2\pi n)^2 \sin\alpha$$

$$dP_t = (2\pi n)^2 \frac{\gamma}{g} h \sin\alpha\, d\alpha\, r^2\, dr$$

$$P_{tm} = (2\pi n)^2 \frac{\gamma}{g} h \int\limits_0^r \int\limits_0^\pi \sin\alpha\, d\alpha\, r^2\, dr = (2\pi n)^2 \frac{\gamma}{g} h \frac{2r^3}{3}.$$

Die Tangentialspannung beträgt dann

$$\sigma_{t_m} = \frac{P_{tm}}{2F} = \frac{(2\pi n)^2 \frac{\gamma}{g} h \frac{2r^3}{3}}{2F} = (2\pi n)^2 \frac{\gamma}{g} \left(\frac{J}{F}\right),$$

wobei das Trägheitsmoment $J = \frac{h \cdot r^3}{3}$ beträgt.

$$\sigma_{t_m} = 11{,}2\,\gamma \left(\frac{J}{F}\right)\left(\frac{n}{1000}\right)^2.$$

Hinzu kommt noch die mittlere Tangentialspannung infolge der Kranzlast $\frac{P_k}{2\pi r \cdot h} \sin\alpha$ mit

$$\sigma_{t_m} = \frac{\int\limits_0^\pi \frac{P_k}{2\pi r \cdot h} \sin\alpha\, r\, d\alpha\, h}{2F} = \frac{P_k}{2\pi \cdot F}.$$

Die gesamte Tangentialspannung folgt nun aus der Gleichung

$$\sigma_{t_m} = 11{,}2\,\gamma \left(\frac{J}{F}\right)\left(\frac{n}{1000}\right)^2 + \frac{P_k}{2\pi F}\ \mathrm{kg/cm^2}. \qquad (402)$$

Hierbei bedeuten

γ spezifisches Gewicht des Scheibenwerkstoffes kg/cm³,
J Flächenträgheitsmoment des halben Scheibenquerschnittes, bezogen auf die Drehachse cm⁴,
F Fläche des halben Scheibenquerschnittes cm²,
n Drehzahl 1/min,
P_k Gesamtfliehkraft bei Drehzahl n zufolge der Kranzlast (z. B. z Schaufeln $\times P_1$ Einzelschaufelfliehkraft) kg.

Beim Entwurf von Scheiben für Industriegasturbinen mit hohen Temperaturen werden die aus Gl. (402) für die Nenndrehzahl ermittelten Spannungen mit 50% der Bruchspannung des Werkstoffes begrenzt. Die Bruchspannung wird in Übereinstimmung mit der Betriebstemperatur und Lebensdauer aus den Werkstoffdaten entnommen. Soll die Scheibe bei niedrigeren Temperaturen arbeiten, dann ist die Bruchspannung des Materials relativ unwichtig. Statt dessen wird die mittlere Tangentialspannung für eine Drehzahl von 120% der Nenndrehzahl bestimmt und mit der halben Streckgrenze des Werkstoffes bei der gewünschten Betriebstemperatur begrenzt.

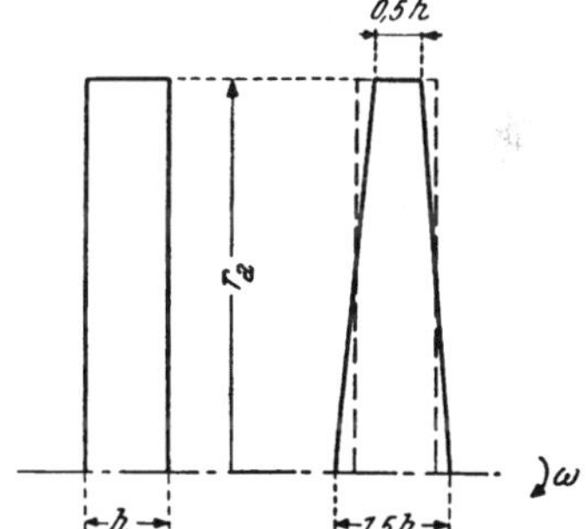

Abb. 439c. Scheibe gleicher Dicke und konische Scheibe

Die Scheibenbeanspruchungen können herabgesetzt werden, wenn die Scheibe profiliert wird. Hierbei werden die örtlichen elastischen Spannungen berechnet und die Scheibe in einer Form ausgeführt, daß eine konstante Spannungsverteilung ermöglicht wird (Scheibe gleicher Festigkeit). Der Einfluß der Profilierung kann ebenfalls nach Gl. (402) abgeschätzt werden. Der Faktor $\left(\frac{J}{F}\right)$ gibt hierfür ein gutes Bild. Da sich die Fläche proportional dem Radius, das Trägheitsmoment jedoch mit der dritten Potenz des Halbmessers ändert, bewirkt eine Materialwegnahme an den äußeren Radien eine größere Reduktion des Trägheitsmomentes als der Fläche. Eine Verstärkung an der Nabe vergrößert umgekehrt die Fläche verhältnismäßig mehr als das Trägheitsmoment.

Abb. 439c zeigt vergleichsweise den Einfluß der Querschnittsveränderung von einem Rechteck (Scheibe gleicher Dicke) auf ein flächengleiches Trapez. Die mittlere Tangentialspannung sinkt hierbei von 100% auf etwa 78%.

b) Verfahren von Keller-Salzmann. Bei diesem Verfahren wird die rotierende Scheibe in konische Teilscheiben zerlegt, Abb. 439d, Bild *b* und *c*. Vorteilhafterweise vermeidet man dabei, Dickensprünge in jene Teile der zu berechnenden Scheibe hineinzubringen, die von vornherein keine derartigen Diskontinuitäten aufweisen [*274*]. Die Kontur der zu berechnenden Scheibe wird also durch ein aus geraden Strecken gebildetes Vieleck ohne Sprünge ersetzt. Es gelingt dadurch, die wahre Scheibenkontur durch relativ wenige Teilscheiben mit sehr guter Genauigkeit anzunähern. Dementsprechend enthalten auch die berechneten Spannungskurven keine Sprungstellen, weshalb sie die gesuchten Spannungen trotz geringer Anzahl der Teilscheiben mit hoher Genauigkeit wiedergeben.

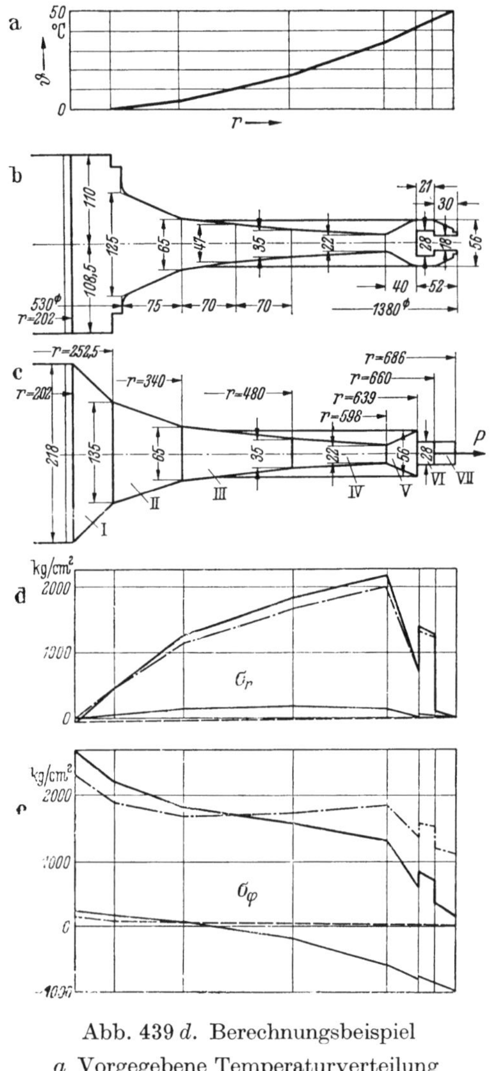

Abb. 439 *d*. Berechnungsbeispiel

a Vorgegebene Temperaturverteilung
b Zu berechnende Scheibe
c Aufteilung in konische Teilscheiben
d Radialspannungen
e Tangentialspannungen

-·-·-·- Spannungen durch die Zentrifugalkräfte allein
——— Spannungen durch die Temperaturdehnungen allein
- - - - - Spannungen durch den Schrumpfsitz allein
——— Gesamtspannungen (Summe der drei vorgenannten Spannungsanteile)

Die Erfüllung der Randbedingungen am inneren und äußeren Scheibenrand wird bei dem Verfahren von Keller-Salzmann dadurch erleichtert, daß man einer Lösung, die die Fliehkräfte der Teilscheiben berücksichtigt und die Randbedingung am inneren Rand erfüllt, eine weitere Lösung superponieren kann, bei der die Fliehkräfte nicht mehr berücksichtigt werden und die es gestattet, auf einfachem Wege die Randbedingung am Außenrand zu erfüllen. Man geht dazu so vor, daß man zunächst mit einer beliebig vorgegebenen Tangentialspannung am Innenrand und der gegebenen Radialspannung an dieser Stelle unter Berücksichtigung der Fliehkräfte von innen nach außen rechnet. Bei einer weiteren Lösung wird am Innenrand die Radialspannung zu Null und eine Tangentialspannung vom Einheitswert 1000 kg/cm² angenommen. Man rechnet wieder von innen nach außen, jedoch ohne Berücksichtigung der Fliehkräfte. Superponiert man diese zweite Lösung nach Multiplikation mit einem zunächst unbekannten Faktor der ersten Lösung, so kann durch geeignete Wahl dieses Faktors, der sich aus einer einfachen linearen Gleichung berechnet, die Randbedingung am Außenrand erfüllt werden. Beim Donath-Verfahren [*270*] kann man das oben erwähnte Probieren durch eine solche Superposition nicht ersetzen, da die Berechnung der Teillösung ohne Fliehkrafteinflüsse im Donath-Diagramm undurchführbar ist. Die Superposition ist jedoch bei dem Verfahren von Grammel [*275, 271*] möglich, wodurch es dem Verfahren von Donath merklich überlegen wird. Hinzu kommt noch, daß man das Donath-Verfahren nur anwenden kann, wenn man ein Donath-Diagramm besitzt, während man bei dem Verfahren von Grammel kein derartiges Diagramm, sondern nur die normalen Rechen- und Zeichen-

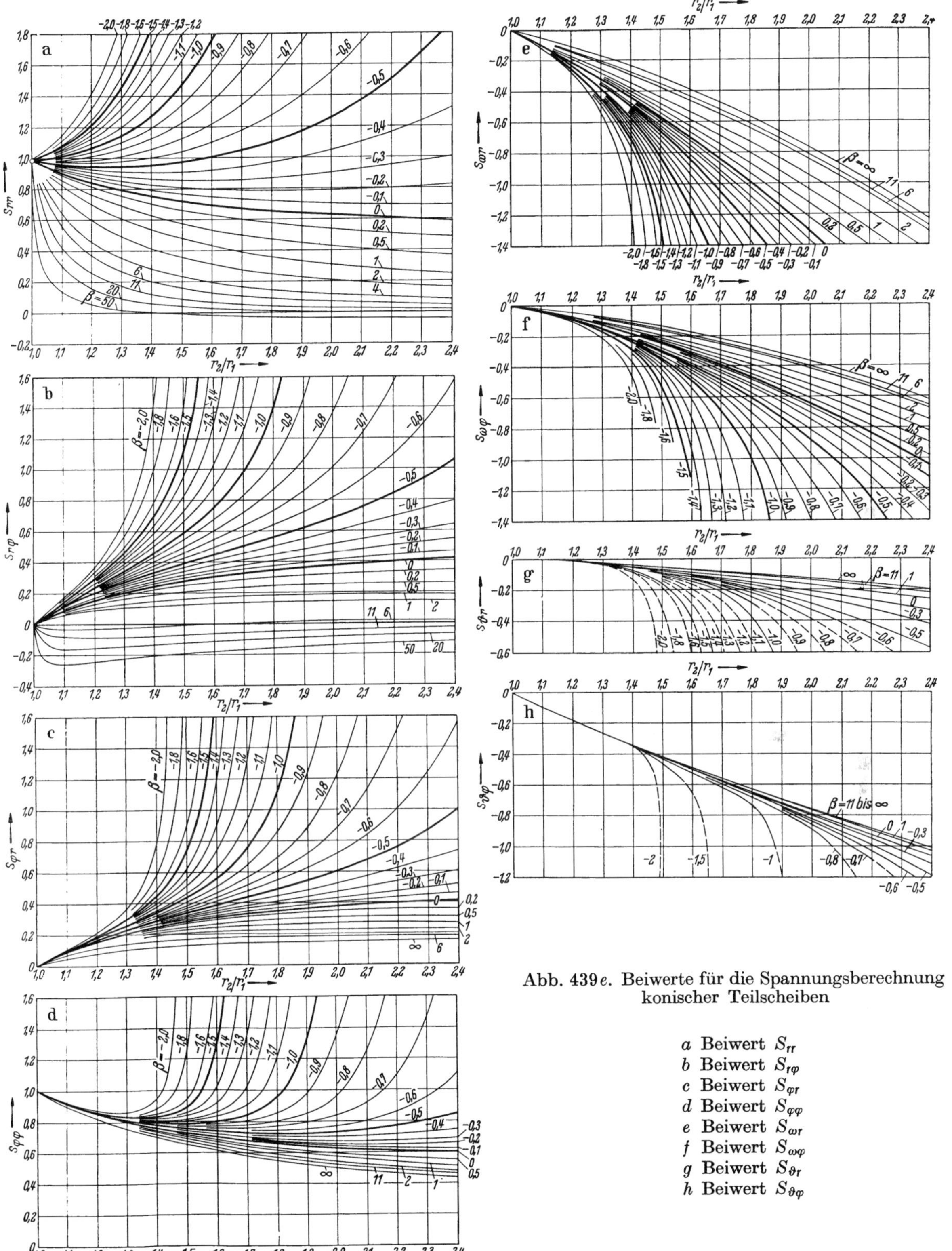

Abb. 439e. Beiwerte für die Spannungsberechnung konischer Teilscheiben

a Beiwert S_{rr}
b Beiwert $S_{r\varphi}$
c Beiwert $S_{\varphi r}$
d Beiwert $S_{\varphi\varphi}$
e Beiwert $S_{\omega r}$
f Beiwert $S_{\omega\varphi}$
g Beiwert $S_{\vartheta r}$
h Beiwert $S_{\vartheta\varphi}$

hilfsmittel benötigt. Das Grammel-Verfahren hat jedoch in der von MALKIN [*271*] angegebenen Form den Nachteil, daß die Rechnung vom Außenrand der Scheibe ausgehend vorgeschlagen wird. Man muß dann von den bei kleinen Abszissenwerten $1/r^2$ gegebenen Spannungswerten zu größeren Werten von $1/r^2$ extrapolieren, was erfahrungsgemäß zu erheblichen Rechenungenauigkeiten führt, da die durch Extrapolation zu überbrückende Strecke wegen der quadratischen Abszissenskala in der Regel groß ist. Man erkennt hier den Vorteil des von KELLER eingeschlagenen Weges, die Rechnung am Innenrand der Scheibe zu beginnen. Beim Verfahren von GRAMMEL führt die Anwendung des Rechnungsganges vom Innenrand zum Außenrand der Scheibe zu einem Ersatz der Extrapolation durch eine Interpolation, was die Rechengenauigkeit ausschlaggebend verbessert. Dabei hat das Verfahren von GRAMMEL gegenüber jenem von KELLER den Vorteil, daß man keine vorbereiteten Kurvenblätter benötigt, jedoch den Nachteil, daß es nur Teilscheiben gleicher Dicke beherrscht.

Für das Verfahren von KELLER haben SALZMANN und KISSEL [*276*] einen neuen Satz von Kurvenblättern für die Berechnung konischer Teilscheiben ausgearbeitet, Abb. 439e. Der Parameter dieser Kurvenblätter ist $\beta = \left(\frac{h_2}{h_1} - 1\right) \Big/ \left(\frac{r_2}{r_1} - 1\right)$. Die Teilscheibe gleicher Dicke $h_1 = h_2$ ist hierin mit $\beta = 0$ ohne weiteres enthalten. Auch Teilscheiben mit $\beta < 1$ sind in den Kurvenblättern berücksichtigt. Diese Scheiben haben mit zunehmendem Radius zunehmende Dicke. Als Bezugsradius wird der innere Begrenzungsradius der Teilscheibe r_1 verwendet.

Die Spannungen am Außenrand r_2 einer Teilscheibe erhält man damit aus

$$\sigma_{r\,2} = s_{\omega r}\,\mu\,\omega^2\,r_1^{\,2} + s_{\vartheta r}\,E\,\alpha\,\frac{\vartheta_2 - \vartheta_1}{r_2/r_1 - 1} + s_{rr}\,\sigma_{r\,1} + s_{\varphi r}\,\sigma_{\varphi 1} \tag{403}$$

$$\sigma_{\varphi\,2} = s_{\omega\varphi}\,\mu\,\omega^2\,r_1^{\,2} + s_{\vartheta\varphi}\,E\,\alpha\,\frac{\vartheta_2 - \vartheta_1}{r_2/r_1 - 1} + s_{r\varphi}\,\sigma_{r\,1} + s_{\varphi\varphi}\,\sigma_{\varphi 1}\,. \tag{404}$$

Hierbei sind, um den Übergang zur Originalarbeit zu erleichtern, die Formelzeichen von SALZMANN beibehalten:

σ_r Radialspannung,
σ_φ Tangentialspannung,
μ Dichte des Scheibenwerkstoffes,
ω Winkelgeschwindigkeit,
E Elastizitätsmodul,
α linearer Ausdehnungskoeffizient,
ϑ Temperatur.

Die verschiedenen s sind die Beiwerte, die für das Radienverhältnis r_2/r_1 und den Wert β der jeweiligen Teilscheibe aus Abb. 439e entnommen werden. Der Übergang von einer Teilscheibe (Zeichen $^-$) zur nächsten (Zeichen $^+$) geschieht in bekannter Weise:

$$\sigma_r^{\,+} = q_{rr}\,\sigma_r^{\,-} - \frac{P}{2\pi\,r\,h^+} \tag{405}$$

$$\sigma_\varphi^{\,+} = q_{r\varphi}\,\sigma_r^{\,-} + q_{\varphi\varphi}\,\sigma_\varphi^{\,-} - \nu\,\frac{P}{2\pi\,r\,h^+} - E\,\alpha^+\,(\vartheta^+ - \vartheta^-)\,. \tag{406}$$

Hierbei ist P die an der Trennfläche zweier aufeinanderfolgender Teilscheiben eingeleitete äußere Kraft und $\nu = 0{,}3$ ist der Reziprokwert der Poissonschen Zahl und

$$q_{rr} = \frac{h^-}{h^+}\,;\; q_{r\varphi} = \nu\left(\frac{h^-}{h^+} - \frac{E^+}{E^-}\right);\; q_{\varphi\varphi} = \frac{E^+}{E^-}\,. \tag{407}$$

Im Regelfall ist — wie erwähnt — am Übergang kein Dickensprung vorhanden. Die Spannungen bleiben dann ungeändert. Für ungebohrte Scheiben ist eine kleine Zusatzrechnung erforderlich [*276*].

Obige Gleichungen enthalten die in [*276*] angegebenen Erweiterungen des Verfahrens auf die Berechnung von Temperaturspannungen, Berücksichtigung von Änderungen des Elastizitätsmoduls, der Dichte des Scheibenmaterials von einer Teilscheibe zur anderen und die Einleitung äußerer Kräfte an der Trennfläche zweier aufeinanderfolgender Teilscheiben. Es wurde angenommen, daß die Temperaturverteilung in jeder Teilscheibe als linear angesehen werden kann. Hiermit gestattet das Verfahren die Berücksichtigung aller wesentlichen Zusatzeinflüsse in dem normalen Rechnungsgang.

c) Wärmespannungen. In den Laufradscheiben von Gasturbinen treten Wärmespannungen auf und erhöhen dort — wie beispielsweise Abb. 439f zeigt — die Tangential- und Radialspannungen beträchtlich. Hier ist es vorteilhaft, Werkstoffe mit möglichst geringen Wärmedehnzahlen (also keine Austenite) zu verwenden.

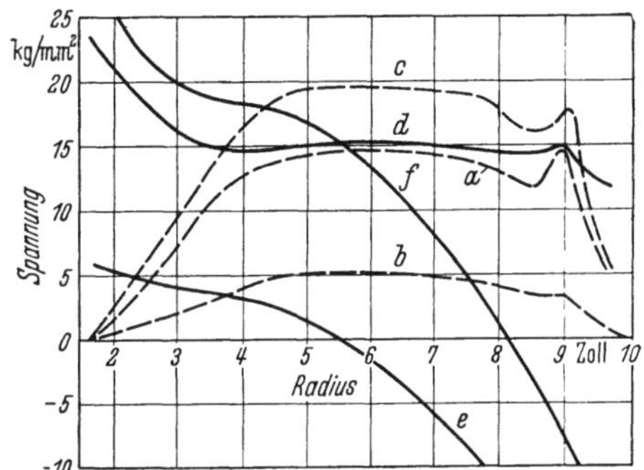

Abb. 439*f*. Spannungsverteilung in einem Gasturbinenlaufrad

a Fliehkraftradialspannung
b Wärmeradialspannung
c Resultierende Radialspannung
d Fliehkrafttangentialspannung
e Wärmetangentialspannung
f Resultierende Tangentialspannung

Bei Industrieturbinen mit konstanter Last und seltenem Anfahren und Abstellen sind diese Einflüsse weniger von Bedeutung. Wenn die Maschine jedoch rasch angefahren werden soll oder starken Lastschwankungen unterliegt (Flugturbinen) können die Spannungen zufolge thermischer Gradienten beachtliche Werte erreichen. Diese auftretenden Wechselspannungen führen zu Ermüdungsbrüchen, wenn bei der Konstruktion dem Abbau der Wärmespannungen zuwenig Aufmerksamkeit geschenkt wurde. Künstliche Bauteilkühlung darf nur insoweit angewendet werden, als die natürliche Temperaturverteilung nicht grundlegend gestört wird [*283*, *284*].

5. Spannungen in Radialrädern

Die Formgebung der Radscheiben im Hinblick auf die Beanspruchung durch Fliehkräfte schließt sich im ersten Entwurf an die Scheibe gleicher Festigkeit an, so daß also die Scheibenbreite vom Umfang nach der Nabe hin wächst. Das halboffene Laufrad,

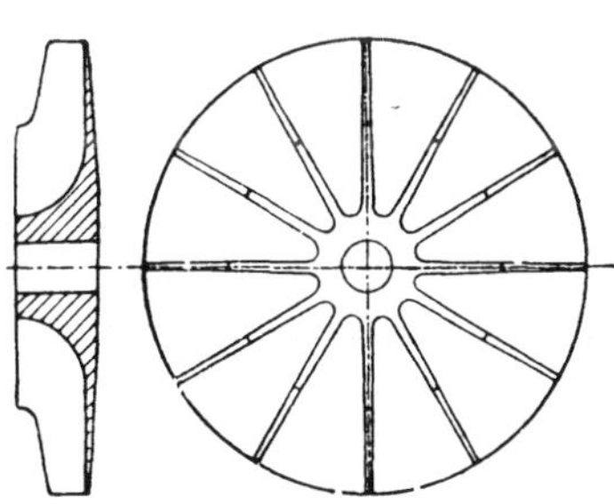

Abb. 440*a*. Halboffenes Laufrad

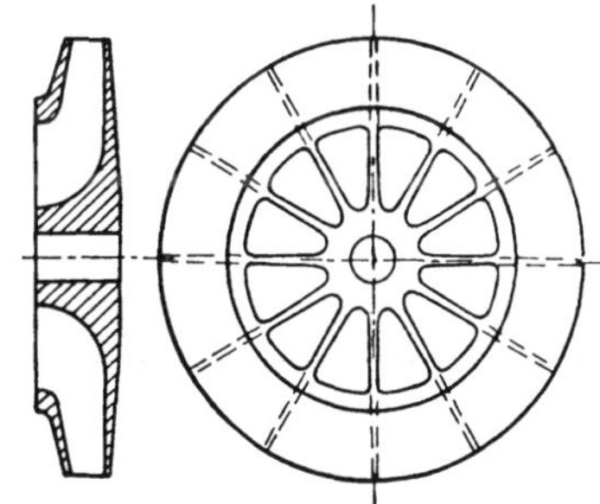

Abb. 440*b*. Geschlossenes Laufrad

Abb. 440a, besteht aus einer Scheibe, die auf einer Seite mit den radial stehenden Schaufeln besetzt ist. Diese Bauart befriedigt strömungstechnisch nicht immer und man geht dann dazu über, das Laufrad beiderseits mit Radwänden entsprechend Abb. 440b zu versehen, wobei man jedoch die unsichere Nietverbindung zwischen der Scheibe und den Schaufeln gerne vermeidet. Dieses geschlossene Rad bietet naturgemäß besondere Berechnungsschwierigkeiten.

Die Berechnung der halboffenen Räder wird, wie K. J. Müller zeigt [*281*], meist so vorgenommen, daß man die übliche Scheibenberechnung beibehält und die Fliehkraft der Schaufeln dadurch berücksichtigt, daß man die Scheibe zusätzlich mit der Masse der Schaufeln belegt oder daß man das spezifische Gewicht des Scheibenbaustoffes entsprechend abändert. Die Unsymmetrie des einflutigen Rades wird hierbei nicht berücksichtigt. In Anlehnung an ein Verfahren zur Berechnung gerippter Kreisplatten [*277*] ist es jedoch möglich, den unsymmetrischen Aufbau des Laufrades zu berücksichtigen und damit eine zuverlässige Berechnung durchzuführen.

Danach denkt man sich zunächst die Schaufeln von der Scheibe losgelöst und betrachtet die Verformung von Scheibe und Schaufelstern unter Einfluß der Fliehkräfte getrennt für sich. Um den Zusammenhang wiederherzustellen, müssen an den Trennstellen statisch unbestimmte Kräfte so angebracht werden, daß an jedem Punkt der Trennfuge gleiche Verformungen von Scheibe und Schaufeln herrschen. Diese Kräfte zwischen Scheibe und Schaufeln greifen an der Scheibe entlang von Halbmessern an. Dadurch wird der rotationssymmetrische Belastungs- und Verzerrungszustand der Scheibe gestört und die Rechnungen entsprechend verwickelt. Da die Zahl der Schaufeln der Laufräder aber wohl immer hinreichend groß ist, darf man die Linienlasten durch eine von innen nach außen kontinuierlich über die Scheibe verteilte Flächenlast ersetzen und stellt dadurch die Rotationssymmetrie des Belastungszustandes wieder her. Die von den Schaufeln auf die Scheibe übertragenen Kräfte haben eine überwiegende Komponente in der Scheibenebene, da die Scheibe Verzerrungen in ihrer Ebene wesentlich größeren Widerstand entgegensetzt als Verbiegungen senkrecht dazu. Übertragungskräfte normal zur Scheibenfläche sollen daher vernachlässigt werden.

Der Verlauf der statisch unbestimmten Kräfte ist von vornherein nicht bekannt und muß als willkürliche Funktionenreihe mit offenen Freiwerten angenommen werden. Am einfachsten setzt man sie in Form einer Potenzreihe an, deren Koeffizienten so bestimmt werden müssen, daß die Verträglichkeitsbedingungen, welche der Zusammenhang zwischen Scheibe und Schaufeln fordert, entlang der ganzen Trennfuge erfüllt werden. Streng kann dies nur dann erreicht werden, wenn in dem Reihenansatz unendlich viele Glieder berücksichtigt werden. Dies ist praktisch nicht durchführbar. Eine gute Näherung erhält man jedoch, wenn man beide Seiten der Verträglichkeitsbedingungen nach Orthogonalfunktionen entwickelt und die Koeffizienten von Funktionen derselben Ordnung vergleicht. Dadurch gewinnt man ein Gleichungssystem, aus dem sich die gesuchten Freiwerte bestimmen lassen. Zur näheren Erläuterung der Rechenverfahren sei auf die Originalarbeiten verwiesen [*278*, *279*, *281*].

Als Beispiel zeigt Abb. 440d die berechnete dimensionslos aufgetragene Spannungsverteilung eines sechzehnschaufeligen Laufrades mit den Abmessungen nach Abb. 440c. Die Scheibendicke des Rades hat den Verlauf $h = 0{,}13 \cdot \frac{1}{x^2}$. Weicht die geometrische Form eines zu berechnenden Laufrades von der Form Abb. 440c nicht allzusehr ab, so kann man die Spannungsverteilung mit Hilfe der Darstellung Abb. 440d rasch abschätzen. Ergibt dieser Überschlag hohe Beanspruchungen, so muß die endgültige Laufradform durch eine genaue Festigkeitsrechnung überprüft werden.

Die geschlossenen Laufräder werden meist so ausgeführt, daß Laufradscheibe, Schaufeln und Deckscheibe durch Nietung miteinander verbunden werden, wobei die Nietzapfen vielfach aus den Schaufeln herausgearbeitet werden, s. Abb. 168a. Diese Bauart ist jedoch höchsten Beanspruchungen wegen der gefährlichen Spannungsspitzen, die an den Nietlöchern entstehen, nicht gewachsen. Man vermeidet die unsichere Nietverbindung, indem man Scheiben und Schaufeln aus einem Stück fräst und eine Teilung in einer etwa in der Mitte der Schaufelaustrittsbreite gelegenen, zur Drehachse normalen Ebene vornimmt, oder aber indem man das ganze Laufrad einteilig durch Ausfräsen aus dem Vollen herstellt, was bei rein radialer Beschaufelung verhältnismäßig einfach durchführbar ist. Auch gegossene und geschmiedete Ausführungen sind denkbar.

Die Spannungsverteilung in genieteten und in einteilig hergestellten Rädern wird sich im wesentlichen nur durch die an den Nietlöchern auftretenden Spannungsspitzen voneinander unterscheiden. Eine genaue Berechnung solcher Räder bietet so erhebliche Schwierigkeiten, daß man für praktische Zwecke wohl immer auf Abschätzungen angewiesen sein wird. Ist die Deckscheibe des Laufrades konisch, so kann man sich beispielsweise das Rad durch einen Schnitt nahe der vollen Scheibenwand in zwei Teile zerlegt denken und die Deckscheibe samt dem Schaufelstern, dessen Schaufeln nun sehr hoch sind, als anisotrope Kegelschale berechnen. Liegen die so ermittelten Beanspruchungen innerhalb der zugelassenen Grenzen, so darf man sicher sein, daß auch im vollständigen Laufrad keine höheren Spannungen auftreten, denn durch das Wiederanfügen der Scheibe wird ja eine wesentliche Versteifung erzielt.

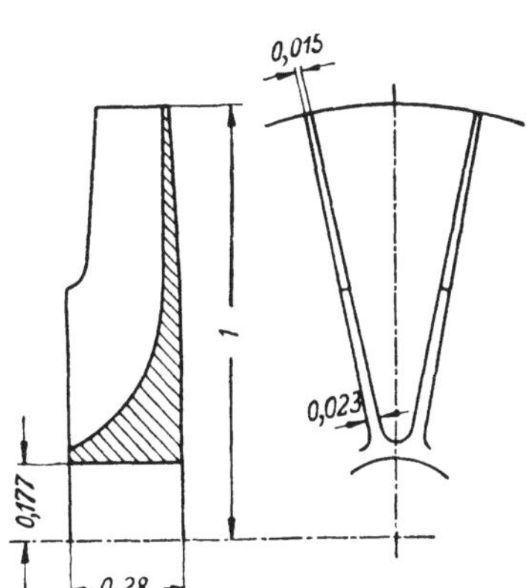

Abb. 440 c. Abmessungen eines halboffenen Laufrades

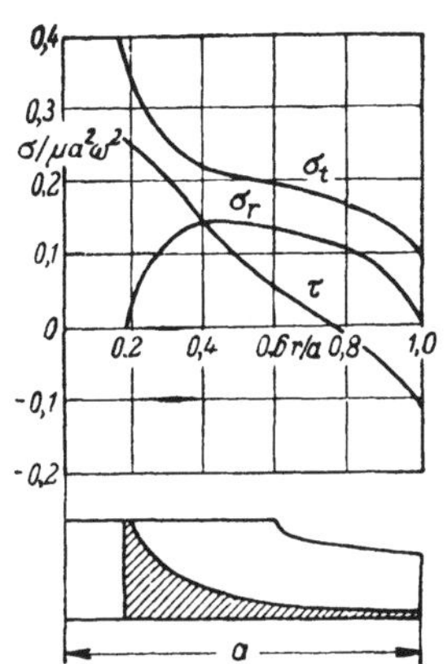

Abb. 440 d. Spannungsverteilung in einem halboffenen Laufrad mit 16 Schaufeln

$\mu = \frac{\gamma}{g}$ spezifische Masse

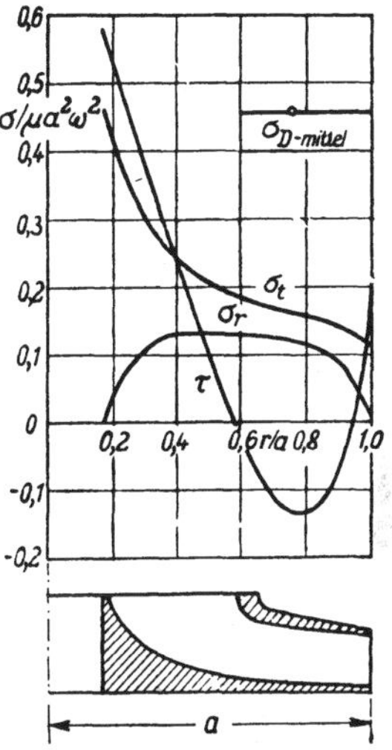

Abb. 440 e. Spannungsverteilung in einem geschlossenen Laufrad mit 16 Schaufeln

$\mu = \frac{\gamma}{g}$ spezifische Masse

Günstigere Voraussetzungen für die Berechnung liegen bei Laufrädern vor, deren Deckscheibe eben ist bzw. näherungsweise als eben betrachtet werden kann, so daß kein Bestreben zum Umstülpen eintritt, oder deren Deckscheibe geringe radiale Erstreckung hat. Man kann dann das vorhin besprochene Verfahren entsprechend erweitern [*281*]. Zu diesem Zweck löst man die Verbindung zwischen den Schaufeln und der Radscheibe einerseits und zwischen den Schaufeln und der Deckscheibe andererseits und untersucht diese Teile getrennt unter dem Einfluß der auf sie wirkenden Belastungen. Die Klaffung zwischen der Radscheibe und den Schaufeln wird durch kontinuierlich verteilte Kräfte zum Schließen gebracht, genau so wie das bei der Berechnung des halboffenen Rades erfolgt. Um den Rechenumfang in mäßigen Grenzen zu halten, wird der Zusammenhang der Schaufeln mit der Deckscheibe nicht durch Kräfte, die sich über die Trennfuge verteilen, hergestellt, sondern nur durch Einzelkräfte, die im Schwerpunkt des Deckscheibenquerschnittes angreifen.

Versieht man z. B. das halboffene Laufrad nach Abb. 440c mit einer Deckscheibe, so treten die in Abb. 440e eingetragenen Spannungen auf. Der Vergleich mit Abb. 440d zeigt die größere Beanspruchung des geschlossenen, einteilig hergestellten Rades gegenüber dem sonst gleichgeformten halboffenen.

Wird das Rad genietet, so treten an den Nietlöchern Spannungsspitzen in der Größenordnung

$$\sigma_{max} = 3\sigma_r - \sigma_t \text{ bzw. } 3\sigma_t - \sigma_r$$

entsprechend den Überlegungen von Stodola auf [4]. Sie sind selbst im günstigsten Fall doppelt so groß wie die Grundspannungen in der Scheibe. Die Nietverbindung ist für höchste Umfangsgeschwindigkeiten daher ungeeignet. Es kommen dann nur einteilig hergestellte oder sogfältig hartgelötete bzw. geschweißte Konstruktionen in Frage.

Eine Methode zur Bestimmung der Spannungen in geschlossenen Laufrädern mit rückwärts gekrümmten Schaufeln wurde von Glessner [280] angegeben.

XI. Der geschlossene und der halbgeschlossene Kreisprozeß

A. Der geschlossene Kreisprozeß

Da die Grenzleistung des offenen Gasturbinenverfahrens bei den heute möglichen Temperaturen gegenüber einer modernen Dampfanlage zurückbleibt, wurde von Escher Wyss, Schweiz, der geschlossene Kreislauf entwickelt.

Das Prinzip der aerodynamischen Wärmekraftmaschine mit hoher Kreislaufdichte weist einen aussichtsreichen Weg, durch Einführung von erhitzter, verdichteter Luft als Arbeitsmittel und Verwendung von Turbomaschinen, die in vergrößerter Dichte arbeiten, die einzelnen thermodynamischen, maschinenbaulichen und betriebstechnischen Vorteile der bisher gebräuchlichen kalorischen Maschinen zu vereinen.

Vorangestellt seien die wichtigsten Richtlinien, die für die Entwicklung der aerodynamischen Wärmekraftmaschine maßgebend waren:

1. Die Kraftanlage soll sich in erster Linie für verhältnismäßig große Leistung und Dauerbetrieb, wie sie im thermischen Kraftwerksbau oder im Schiffsbetrieb gefordert werden, eignen.

2. Es sollen nicht nur flüssige und gasförmige Brennstoffe, sondern vor allem Kohle verfeuert werden können.

3. Die Energieerzeugung soll in raschlaufenden Turbomaschinen ohne periodische Vorgänge und damit verbundene Betätigungen von Ventilen, Kolben, intermittierenden Zündungen und Verpuffungen usw. erfolgen.

4. Der thermische Wirkungsgrad soll demjenigen moderner Dampfkraft- und auch solchen Verfahren, die mit zwei Stoffen arbeiten, bei Normallast- wie auch bei Teillastbetrieb mindestens ebenbürtig sein.

5. Die Vorteile der neuen thermischen Kraftanlage gegenüber den in der Technik gebräuchlichen sollen nicht durch Komplikationen erkauft werden. Der Betrieb soll nicht heikel, sondern übersichtlich und einfach, gefahrlos und billig sein.

Die rasche Entwicklung der offenen Gasturbinenverfahren und die Aussicht, schon in nächster Zukunft mit wesentlich höheren Temperaturen arbeiten zu können, läßt aber auch beim offenen Prozeß hohe Grenzleistungen und hohe Wirkungsgrade erwarten. Da beim offenen Prozeß auch der Vorkühler als Verlustfaktor wegfällt und die Brennkammer viel weniger Druckverlust hat als der Lufterhitzer bei der geschlossenen Anlage, so ist eine sehr ernste Konkurrenz entstanden. Das geschlossene Verfahren bietet allerdings den Vorteil, im Wärmeaustauscher einen wesentlich höheren Rückgewinnungsgrad zu erreichen, wodurch die anderweitigen größeren Verluste wieder ausgeglichen werden. Die geschlossene Anlage wird umfangreicher und teurer werden als die offene, jedoch bei sehr großen Einheitsleistungen dürfte eine Verschiebung zugunsten der geschlossenen Anlage eintreten. Ein nicht zu überbietender Vorteil der geschlossenen Anlage ist das unabhängig vom verwendeten Brennstoff immer reine Arbeitsmittel, wodurch keine Verschmutzung der Schaufeln der Turbomaschinen und der Wärmeaustauscherflächen eintreten kann, während der Übergang zu schweren Ölen oder Kohle beim offenen Prozeß große Schwierigkeiten durch Ruß, unverbrannten Brennstoff und Asche erwarten läßt, die nur mit umfangreichen Reinigungsanlagen zu lösen sein werden. Allerdings tritt auch beim Lufterhitzer der geschlossenen Anlage dieses Problem auf, ist dort aber leichter zu lösen, da aus dem Kesselbau genügend Erfahrungen vorliegen.

Man kann also folgendes festlegen: die geschlossene Anlage wird bei großen Kraftwerken wegen der stark steigerbaren Grenzleistungen sehr vorteilhaft sein, wobei noch die Möglichkeit, so ziemlich jeden Brennstoff verdauen zu können, sehr ins Gewicht fällt. Bei Schiffsanlagen hat der geschlossene Kreisprozeß den Vorteil, daß Schornsteine und Luftansaugöffnungen klein sind (ungefähr gleich einer Dampfanlage), da nur die Verbrennungsluft für den Lufterhitzer und dessen Abgase zu bewältigen sind (nur wenig Luftüberschuß), während bei der offenen Anlage das große Luftvolumen für die Anlage selbst angesaugt und ausgeblasen werden muß (hoher Luftüberschuß) und dazu noch möglichst kein Druckverlust auftreten darf, da ein solcher direkt in den Wirkungsgrad und die spezifische Leistung eingeht. Die geschlossene Anlage zeigt außerdem ein vorzügliches Teillastverhalten.

Es wird also in der nächsten Zukunft jedes Verfahren sein spezielles Anwendungsgebiet haben.

Bei Atomkraftwerken hat der geschlossene Prozeß unzweifelhaft Vorteile, da er bei Anwendung gasgekühlter Reaktoren und Helium als Kühlgas einen direkten Kreislauf ohne Zwischenübertrager zwischen Reaktor und Turbine erlaubt. Der Reaktor tritt also an die Stelle des Lufterhitzers, s. S. 551.

Ebenso ergeben Heizkraftwerke mit geschlossenen Turbinen große Vorteile, wie noch später gezeigt wird.

1. Dampf-, Gas- und aerodynamische Turbine

Daß der Wasserdampf auch vom thermodynamischen Standpunkt aus nicht in jeder Beziehung der idealste Energieträger ist, zeigt sich schon daraus, daß die Annäherung an den Carnot-Prozeß oder einen gleichwertigen mit Dampf schwieriger ist als mit einem gas- oder luftförmigen Arbeitsmittel.

Beim Dampf ist das zu verarbeitende Volumen in den ersten Turbinenstufen unvorteilhaft klein, was zu den bekannten kleinen Schaufelhöhen oder Teilbeaufschlagungen führt. Infolge des großen Druckverhältnisses wird anderseits das Endvolumen in der letzten Turbinenstufe sehr groß. Dies beschränkt die Grenzleistung von Dampfturbinen.

Bei den Gaskreisläufen sind die in der Turbine verarbeiteten Druckgefälle und damit auch die Wärmegefälle bedeutend kleiner, wodurch die Gasturbinen viel weniger Stufen aufweisen. Das Anfangsvolumen ist größer als bei der Dampfturbine, so daß weit vorteilhaftere Schaufellängen und damit Beaufschlagungsverhältnisse schon in den ersten Stufen möglich sind. Die letzten Stufen haben nur ein wenig größeres Volumen zu verarbeiten, was zu weitgehend gleichbleibenden Schaufelhöhen über alle Stufen führt.

Beim offenen Gasprozeß wird jedoch infolge der kleinen Absolutdrücke am Austritt (ungefähr 1 kg/cm^2) die Grenzleistung des Rades bald erreicht, während der geschlossene Prozeß durch hohe Kreislaufdichten ein Mittel zur starken Vergrößerung der Grenzleistung mit Maschinen geringer Abmessungen bietet.

Interessant ist auch noch der Einfluß der Temperatursteigerung auf die Wärmeausbeute. Bekanntlich bringt auch eine weitgetriebene Überhitzung des Dampfes nur noch eine mäßige Steigerung des Wirkungsgrades. Eine Temperaturerhöhung um 100° C bewirkt hier nur eine Wirkungsgradzunahme von 1,7% absolut. Die thermischen Wirkungsgrade der idealen Gasprozesse liegen bei gleicher Temperatur höher als beim Dampf. Vor allem ist aber die Zunahme bei einer Steigerung der Temperatur viel ausgesprochener, etwa dreimal größer. Jede zukünftige metallurgische Verbesserung von Baustoffen wird also in diesem Verfahren viel augenfälliger in Erscheinung treten und besser ausgenützt werden können.

Charakteristisch für den Luftprozeß ist die Unabhängigkeit seines thermischen Wirkungsgrades von den Absolutdrücken. Im Gegensatz zum Dampf muß also nie zu hohen Drücken übergegangen werden, um die Wärmeausbeute des Prozesses zu verbessern. Die Wahl des Druckniveaus ist lediglich bedingt durch bauliche Gesichtspunkte für Maschinen und Apparate. Es zeigt sich, daß für größte Einheitsleistungen Höchstdrücke von 30 bis 40 kg/cm^2 günstige Werte darstellen, die einerseits schon zu kleinen Maschinen und Apparaten führen, anderseits aber alle Unannehmlichkeiten der modernen hohen Dampfdrücke vermeiden.

Der wirkliche Kreislauf kann nun mehr oder weniger dem Doppelisothermenprozeß angenähert werden, und zwar durch eine Erhöhung der Stufenzahl bei Verdichtung und Expansion. Mit der Zahl der Stufen hebt sich der Wirkungsgrad, und zwar zuerst rasch, bei weiterer Vermehrung aber immer langsamer. Bei größerer Stufenzahl werden jedoch die unvermeidlichen Verluste in den Maschinen und zusätzlichen Leitungen auch größer, so daß im Endresultat eine große Stufenzahl praktisch keinen Gewinn mehr bringt. Es ergibt sich daraus, daß man mit schon ein bis zwei Zwischenkühlungen bei der Verdichtung und direkter Expansion oder gegebenenfalls einer Zwischenerhitzung an das wirtschaftliche Optimum herankommt. Damit werden die Anlagen auch einfach im Aufbau.

Die verschiedenen Lasten werden beim geschlossenen Kreisprozeß durch Änderung der Kreislaufdichte gefahren, wodurch der innere Wirkungsgrad des Kreisprozesses immer derselbe bleibt, da sich der Betriebspunkt der Maschinen nicht ändert. Infolge der kleineren Absolutdrücke und damit kleineren Beanspruchung der Anlageteile bei Teillastbetrieb besteht die Möglichkeit, die Erhitzung in diesem Falle etwas zu erhöhen. Durch diese Maßnahme können gegebenenfalls die prozentual vergrößerten Nebenverluste der Anlage (Hilfsantriebe, Lagerreibung usw.) kompensiert werden, so daß der Anlagewirkungsgrad bis zu sehr kleiner Teillast herab nur wenig fällt.

Eine Überlastung der Anlage kann durch gesteigerte Kreislaufdichte mittels Einlaß von Druckluft erreicht werden. Sollten in diesem Falle die Beanspruchungen durch den erhöhten Innendruck bei der im Normalbetrieb vorgesehenen Höchsttemperatur zu groß werden, so kann diese für den Überlastbetrieb entsprechend etwas gesenkt werden. Das erhöht die zulässige Dauerstandfestigkeit der Baustoffe. Für den Überlastbetrieb kann eine geringe Wirkungsgradeinbuße in Kauf genommen werden. Diese Überlegungen zeigen bereits eine große Variationsmöglichkeit, so daß ein Anlagetyp je nach der Druckhöhe, mit der er betrieben wird, für weite Leistungsbereiche Verwendung finden kann.

Da bei offenen Gasturbinen keine wesentliche Drucksteigerung möglich ist, sind diese nur durch Temperaturerhöhung mäßig überlastbar.

Nimmt man eine geschlossene Anlage, die bei einem gewissen Normaldruck eine gewisse Normallast verträgt, so kann mit dieser Anlage je nach der zulässigen Erhöhung der Kreislaufdichte ein gewisser Leistungsbereich überdeckt werden. Die Abweichungen vom Normaldruck richten sich einmal nach den zulässigen Beanspruchungen bei Erhöhung der Kreislaufdichte, dann aber auch nach der Wirksamkeit der Wärmeübertragungsapparate. Beim Betrieb über dem Normaldruck sind vor allem die Wärmeaustauscher überlastet und geben größere Verluste. Beim Gebrauch der Anlage unter dem Normaldruck sind die Apparate reichlich bemessen, und die Verluste sinken unter das Normalmaß. Durch die Aufstellung zweckmäßiger Normaltypen braucht man nicht wie beim Dampfturbinenbau mit den verschiedensten Drücken und Temperaturen und einer unübersehbaren Zahl von Maschinenvarianten zu rechnen.

2. Einfluß der Kreislaufdichte auf die Abmessungen

Es wird folgendes vorausgesetzt:

a) Die Kreiselmaschinen sind geometrisch ähnlich gebaut (gleiche Stufenzahl, Schaufelwinkel usw.).

b) Die Temperaturen an den einzelnen Stellen des Kreislaufes werden als gleichbleibend angenommen. Ebenso sind die Geschwindigkeiten an den entsprechenden Stellen gleich groß.

c) Der Einfluß der Reynoldsschen Zahl *Re* auf die Druckverhältnisse von Turbine und Verdichter wird vernachlässigt.

Es seien also mit Druckpegel $p_0 = 1$ ata Verdichter, Lufterhitzer, Turbine und Wärmeaustauscher entworfen. Dann werde der Druckpegel erhöht, beispielsweise auf $p^* = 9$ ata. Da Verdichter und Turbine bei gleichen Ein- und Austrittstemperaturen und gleichen Geschwindigkeiten Luftgewichte verarbeiten, die wie $D^2\, p$ wachsen, so muß

$$D^{*2}\, p^* = D_0^2\, p_0$$

oder

$$\frac{D^*}{D_0} = \sqrt{\frac{1}{\Pi}} \tag{408}$$

sein, sofern gleiche Leistung gefordert wird. Hierbei bedeuten D^* und D_0 die Durchmesser. In den folgenden Betrachtungen sei ein Druckverhältnis $\Pi = p^*/p_0 = 9$ angenommen.

Da die Umfangsgeschwindigkeiten der drehenden Teile gleich bleiben, ergibt sich eine höhere Drehzahl

$$n^* = n_0 \frac{D_0}{D^*} = n_0 \sqrt{\Pi}\,. \tag{409}$$

Für $\Pi = 9$ ist $n^* = 3 n_0$. Die Durchmesser der Zu- und Ableitungen und die Länge des arbeitenden Teils der Maschinen werden auf den Bruchteil $1/\sqrt{\Pi} = 1/3$ herabgesetzt. Die Wanddicken der Rohre sollten der höheren Drücke wegen bei gleicher Beanspruchung des Baustoffes Π-fach größer sein, da die Durchmesser aber auf $1/\sqrt{\Pi}$ abnehmen, bleibt eine Vergrößerung der Wanddicke auf das $\sqrt{\Pi}$-fache, die Gewichte der Rohre bleiben somit je Längeneinheit gleich. Die Flanschhöhen werden $\sqrt{\Pi}$-mal größer, die Flanschdicken sind unverändert, das Gewicht ist somit gleich. Bei Böden bleibt die Dicke unverändert, das Gewicht wird Π-mal kleiner. Das Drehmoment der Maschine sinkt auf den $\sqrt{\Pi}$-ten Teil, der Wellendurchmesser könnte daher also auf $1/\sqrt[6]{\Pi} = 0{,}70$ verringert werden. Das Läufergewicht würde bei völliger Ähnlichkeit auf $(1/\sqrt{\Pi})^3 = 1/27$ verringert, allerdings dürfte wegen des nur auf $1/\sqrt{\Pi}$ verringerten Drehmomentes das wahre Läufergewicht etwas höher liegen.

Die Fliehkraftbeanspruchungen sind bei geometrisch ähnlichen Körpern bei gleicher Umfangsgeschwindigkeit gleich, die Biegespannungen der Schaufeln sind aber Π-mal höher, da bei strenger Ähnlichkeit einem auf $1/\sqrt{\Pi}$ verringerten Biegemoment ein auf $(1/\sqrt{\Pi})^3$ verkleinertes Widerstandsmoment gegenübersteht. Wenn also die Biegespannungen gegenüber den Fliehkraftspannungen beachtlich sind, wird man den Schaufelfuß verstärken müssen.

Die Gehäusewandstärken müssen wieder mit $\sqrt{\Pi}$ vergrößert werden. Da aber die Gehäuselängen kleiner sind, wird das Gewicht auf etwa $1/\sqrt{\Pi}$ herabgesetzt. Da die kritischen Drehzahlen ähnlicher Läufer wie $\sqrt{\Pi}$ anwachsen, ist das Verhältnis der wirklichen Drehzahl zur kritischen nach Gl. (409) wieder dasselbe. Natürlich wird man mit Rücksicht auf Schaufelbeanspruchungen, Stopfbüchsen usw. von der strengen Ähnlichkeit in manchen Einzelheiten abweichen müssen, die Tatsache aber, daß Gehäusedurchmesser und Längen auf Bruchteile ihrer Werte bei offenem Kreislauf verringert werden können, ist eine elementare Folgerung, die für den Bau von Hochleistungsturbinen von entscheidender Bedeutung ist. Im gleichen Maße nämlich wie sich bei einer bestehenden offenen Anlage die Abmessungen bei gleicher Leistung verringern, ist es andererseits möglich, die Grenzleistung bei gegebenen Abmessungen beträchtlich zu vergrößern. Durchgerechnete Beispiele zeigen, daß Anlagen mit Nutzleistungen von 50000 kW bei 3000 U/min einflutig noch sicher gebaut werden können. Da für zweiflutige Anordnungen unüberwindliche Schwierigkeiten keineswegs zu erwarten sind, kann gesagt werden, daß Heißluftwärmekraftmaschinen mit geschlossenem Kreislauf grundsätzlich auch bei höchsten Leistungen im Rahmen der üblichen Abmessungen bleiben werden.

3. Einfluß der Kreislaufdichte auf den Wirkungsgrad

Die Wirkungsgrade der Kreiselmaschinen erfahren fast immer eine Erhöhung bei Vergrößerung der Reynoldsschen Kennzahl. In unserem Fall wächst diese trotz Verkleinerung der Maschinen. Da die kinematische Zähigkeit $\nu = \eta/\varrho$ bei gleichen Temperaturen (die dynamische Zähigkeit η ist praktisch nur von der Temperatur abhängig) umgekehrt wie die Dichte ϱ, hier also umgekehrt wie die Drücke p verläuft, folgt, s. S. 97:

$$Re^* = \frac{w^* D^*}{\nu^*} = \frac{w_0 D_0 \frac{1}{\sqrt{\Pi}}}{\nu_0 \frac{1}{\Pi}} = \frac{w_0 D_0}{\nu_0} \sqrt{\Pi}\,, \tag{410}$$

wenn w^* und w_0 die Geschwindigkeiten sind. In diesem Beispiel wäre also die Reynoldssche Kennzahl Re^* dreimal größer als Re_0.

Natürlich hat die Reynoldssche Kennzahl nur Einfluß auf den inneren Wirkungsgrad η_i, der die Lagerreibung nicht enthält. Dieser ist nun das Ergebnis sehr zahlreicher Verlustquellen. Es wäre hoffnungslos, diese allgemein zu zergliedern, doch hat sich in der Praxis folgendes Verfahren für Abschätzungen bewährt: ein Teil der inneren Verluste $(1-a)$ wird als *unaufwertbar* bezeichnet, d. h. von der Reynoldsschen Kennzahl unabhängig. Solche Verluste sind etwa: kinetische Austrittsverluste, Verluste durch gröbere Rauhigkeiten, Fehler in der Zirkulationsverteilung (induzierte Verluste), Strömungskurzschlüsse usw. Der Rest a ist *aufwertbar*. Im Bereich der Reynoldsschen Kennzahl mittelgroßer Turbomaschinen verlaufen diese durch Oberflächenreibung bedingten Verluste etwa wie die Beiwerte der turbulenten Platten- und Scheibenwiderstände, d. h. wie $1/\sqrt[5]{Re}$.

Mithin folgt für die inneren Wirkungsgrade:

$$\frac{1-\eta_i^*}{1-\eta_{i0}} = (1-a) + \frac{a}{\sqrt[10]{\Pi}}\,. \tag{411}$$

Je mehr es gelingt, die Turbomaschinen zu vervollkommnen, um so größer wird der Anteil a der aufwertbaren Verluste sein.

Nimmt man z. B. $\eta_{i0} = 0{,}86$, $a = 0{,}7$, $\Pi = 9$, so folgt $\eta_i^* = 0{,}88$. Da der Gesamtwirkungsgrad der Anlage wie bekannt stark von den Maschinenwirkungsgraden abhängt, ist ein solcher Gewinn natürlich sehr erwünscht. Es versteht sich, daß die Spiele entsprechend den verkleinerten Abmessungen auch kleiner gewählt werden müssen. Die Lagerreibung geht infolge des kleineren Läufergewichtes trotz größerer Umfangsgeschwindigkeit zurück.

4. Einfluß der Kreislaufdichte auf den Wärmeaustauscher

Von besonderer Wichtigkeit ist der Einfluß des Druckes auf die Abmessungen des Wärmeaustauschers. Hier ist auf beiden Seiten Gas, so daß durch die Druckerhöhung beide Wärmeübergangszahlen wachsen. Die metallische Leitfähigkeit wird natürlich nicht geändert. Gleichzeitig wächst mit der Dichte der Druckabfall im Wärmeaustauscher.

Für die Betrachtung dieser Frage ist es wichtig, daran zu erinnern, daß Wärmeübergang und Reibung im Rohr bei Gasen aufs engste zusammenhängen, indem derselbe turbulente Mechanismus sowohl Impuls als auch Energie (Wärme) transportiert. Da man sich, wie Versuche zeigen, noch ganz im Gültigkeitsbereich des Blasiusschen Gesetzes befindet, ist es gegeben, dieses und das daraus folgende Wärmeübertragungsgesetz heranzuziehen.

Es gilt für den Druckabfall, wie Gl. (334) zeigt,

$$\Delta p = \frac{k_1}{Re^{0,25}} \frac{l}{D} \frac{\gamma}{2g} w^2 \tag{412}$$

worin k_1 ein Festwert, l die Länge, D der Durchmesser, γ das spezifische Gewicht, g die Erdbeschleunigung und w die Strömungsgeschwindigkeit sind. Mit der aus der Analogie folgenden Beziehung zwischen Wandschubspannung τ und Wärmedurchgang folgt die Wärmeübergangszahl

$$\alpha = k_2 \frac{\gamma w c_p}{Re^{0,25}} . \tag{413}$$

Hierin bedeutet k_2 einen Festwert und c_p die spezifische Wärme bei gleichbleibendem Druck. Die Werte beziehen sich auf den Zustand im mittleren Teil des Austauschers.

Im vorliegenden Fall zeigt sich ein besonders einfaches Ergebnis, wenn man versucht, die Reynoldssche Kennzahl durch Verkleinern des Rohrdurchmessers gleich groß zu lassen. Dazu wäre nötig, den Durchmesser der Rohre auf dem Π-ten Teil zu verringern. Dieser würde allerdings so klein, daß nur ein Betrieb mit reiner Luft in Frage kommt. Innenverbrennung ist daher ausgeschlossen. Bei gleicher Strömungsgeschwindigkeit w ist dann α dem spezifischen Gewicht γ, also auch dem Druck, verhältnisgleich. Die gesamte Heizfläche geht somit auf den Π-ten Teil zurück. Man erhält nun einfach den gleichen Bruchteil $\varepsilon = \Delta p/p$ des vorhandenen Druckes p als Druckabfall Δp, wenn man l/D unverändert läßt, also auch die Rohrlänge auf den Π-ten Teil verringert. Es sind Π-mal mehr Rohre nötig, um die Querschnittsfläche auf $1/\Pi$ zu verringern. Die Fläche der Rohrböden wird aber gleichfalls kleiner, da die Rohrzahl je Flächeneinheit mit Π^2 wächst. Der Durchmesser des Austauschers geht also auf $1/\sqrt{\Pi}$ zurück. Die Wanddicke der Rohre muß gleichbleiben, da der Druckunterschied zwischen innen und außen auf das Π-fache wächst. Das bedingt etwas mehr Platzbedarf. Immerhin ist auch so der Unterschied der Abmessungen verblüffend. Dieses Ergebnis ist ebensosehr die Folge der Druckerhöhung als auch der Verwendung kleiner Rohrdurchmesser. Das Rohrgewicht beträgt entsprechend der Flächenverkleinerung den Π-ten Teil. Natürlich wird man nicht von vornherein auf so starke Verkleinerung drängen. Mit Rücksicht auf die Anwendungen im Fahrzeugbau wird man aber derartig kleine Rohrdurchmesser im Auge behalten.

Bleiben die Rohrdurchmesser gleich groß, so werden die Abmessungen nicht so gering. Immerhin ist der Vorteil des höheren Druckpegels noch sehr beträchtlich. Denkt man sich die Veränderung des Wärmeaustauschers so vorgenommen, daß die Rohrdurchmesser gleichbleiben, $D^* = D_0$, verlangt man ferner den gleichen verhältnismäßigen Druckabfall $\varepsilon = \Delta p/p$ und denselben Temperaturunterschied ΔT, so ergeben sich die Abmessungen, bzw. Rohrzahlen x aus folgenden Beziehungen:

1. Gleiches durchströmendes Gewicht.

Bei gleichbleibendem Rohrdurchmesser ist das Durchflußgewicht der Geschwindigkeit w, der Rohrzahl x und dem spezifischen Gewicht γ, also dem Druck p, verhältnisgleich. Man erhält also die Bedingung

$$w^* x^* p^* = w_0 x_0 p_0$$

oder

$$\frac{w^* x^*}{w_0 x_0} = \frac{p_0}{p^*} = \frac{1}{\Pi} . \tag{414a}$$

2. Gleicher verhältnismäßiger Druckabfall $\varepsilon = \Delta p/p$. Die Reynoldssche Kennzahl $Re = wD\varrho/\eta$ ist in unserem Falle der Geschwindigkeit w und dem Druck p verhältnisgleich. Aus Gl. (412) erhält man den verhältnismäßigen Druckabfall

$$\varepsilon = \frac{\Delta p}{p} = \frac{k_1}{\left(\frac{w D \varrho}{\eta}\right)^{0,25}} \frac{l}{D} \frac{\gamma}{2g} \frac{w^2}{p} \sim p^{-0,25} w^{1,75} l .$$

Die Bedingung für gleiches Verhältnis ε lautet darum

$$p^{*-0,25} \cdot w^{*1,75} \cdot l^* = p_0^{-0,25} \cdot w_0^{1,75} \cdot l_0$$

oder

$$\left(\frac{w^*}{w_0}\right)^{1,75} \frac{l^*}{l_0} = \Pi^{0,25}. \tag{414b}$$

3. Gleicher Temperaturunterschied ΔT bei gleicher Wärmeübertragung.

Aus der Bedingung $\alpha^* F^* = \alpha_0 F_0$, wobei F^* und F_0 die Flächen des Wärmeaustauschers bedeuten, und aus Gl. (413) erhält man

$$p^{*\,0,75} \cdot w^{*\,0,75}\, l^*\, x^* = p_0^{\,0,75} \cdot w_0^{\,0,75}\, l_0\, x_0$$

oder

$$\left(\frac{w^*}{w_0}\right)^{0,75} \frac{l^*}{l_0}\,\frac{x^*}{x_0} = \left(\frac{p_0}{p^*}\right)^{0,75} = \frac{1}{\Pi^{0,75}}. \tag{414c}$$

Aus Gl. (414b) und (414c) folgt

$$\frac{w^*}{w_0} \cdot \frac{x_0}{x^*} = \Pi$$

und aus Gl. (414a)

$$w_0 = w^* \quad x^* = \frac{x_0}{\Pi}. \tag{414d}$$

Die Zahl x^* der Rohre wird also stark verringert, hingegen müssen sie nach Gl. (414b) länger sein

$$\frac{l^*}{l_0} = \Pi^{0,25}.$$

Für $\Pi = 9$ würde $l^* = 1{,}73 \cdot l_0$ sein.

Da die Wanddicken theoretisch auf das Π-fache zunehmen müßten, würde sich ein Gewichtsverhältnis $\Pi^{0,25}$ ergeben. Tatsächlich ist es natürlich ganz ausgeschlossen, bei der offenen Anlage den Austauscher mit den entsprechend dünnen Wänden zu bauen. Die bei den käuflichen Rohren vorhandenen Wanddicken genügen ohne weiteres auch für den höheren Druck, so daß auch bei dieser Art Anpassung an den höheren Druck sich ein beträchtlicher Gewichtsgewinn ergibt.

5. Einfluß der Kreislaufdichte auf den Lufterhitzer

Der Lufterhitzer kommt bei der geschlossenen Anlage neu hinzu und tritt an Stelle der Brennkammer der offenen Anlage. Verbrennungsseitig herrscht also der gleichbleibende Atmosphärendruck, es sei denn, daß man den Feuerraum durch eine Aufladegruppe, bestehend aus Verdichter und Abgasturbine, in ähnlicher Weise unter Druck setzt wie beim Veloxkessel, was zwar zu einer Verkleinerung des Lufterhitzers führt, gleichzeitig aber die Anlage vielteiliger und komplizierter macht. Die Luftrohre umkleiden den Feuerraum und empfangen Wärme durch Strahlung und durch Grenzschichtwärmeübergang. Eine Vergrößerung des Innendruckes hat insofern eine günstige Folge, als dadurch die Wärmeübergangszahl steigt und die mittlere Rohrtemperatur sinkt. Insbesondere bei Strahlung heißer Flammen sind die Wärmeübergangszahlen feuerseitig sehr groß. Es ist deshalb sehr nützlich, daß die Wärmeübergangszahlen für das Rohrinnere bei gleicher Geschwindigkeit wie $\Pi^{0,75}$ steigen. Im Grenzfall einseitig unendlich hoher Wärmeübergangszahl ergeben sich dieselben Gesetze für die Verkleinerung der Abmessungen wie beim Wärmeaustauscher, ein Fall, der näherungsweise auch für die Zwischenkühler des Verdichters zutrifft, wo auf der Wasserseite viel größere Wärmeübergangszahlen vorhanden sind als auf der Luftseite. Im übrigen sind aber die Wärmeübertragungsvorgänge im Lufterhitzer so verwickelt, daß man mit einfachen Ähnlichkeitsbetrachtungen kaum weiterkommt. Eine eingehende Durchrechnung von Lufterhitzern sehr verschiedener Leistungsfähigkeit auf Grund der im bisherigen Versuchsbetrieb ermittelten Zahlen zeigt aber deutlich, daß es durch Verwendung eines höheren Druckpegels tatsächlich gelingt, die Abmessungen von Dampferzeugern für gleiche Leistungen zu unterschreiten.

Eine wichtige Aufgabe ist es, den Wärmeinhalt der aus dem Erhitzer tretenden Gase, die wegen der hohen Eintrittstemperatur der vom Austauscher kommenden Luft noch ziemlich heiß sind, auszunützen. Dies kann durch einen Luftvorwärmer geschehen, der nun beiderseits mit ungefähr atmosphärischem Druck arbeitet, durch die Druckerhöhung im geschlossenen Kreislauf also nicht berührt wird, wodurch dessen Größe beträchtlich wird. Im Falle der Aufladung des Feuerraumes und Entspannung der Feuergase durch eine besondere Turbine würde der Vorwärmer natürlich kleiner. Grundsätzlich möglich wäre die Ausnutzung der Feuergaswärme bis auf die Temperatur des Taupunktes. Diese beträgt bei dem hier stets kleinen Luftüberschuß rund 40 bis 50° C. Das bedingt einen Verlust von wenigen Prozenten der Brennstoffwärme, so daß der Wirkungsgrad im wesentlichen durch unvollkommene Verbrennung, durch Abstrahlung und die Hilfsmaschinen gegeben ist. Die Abstrahlungsverluste sind bei den gegenüber Dampfanlagen wesentlich höheren Temperaturen sehr zu beachten. Glücklicherweise ergibt nun die Anwendung höherer Druckpegel eine solche Verkleinerung der Oberfläche, daß die Abstrahlung auf ein erträgliches Maß verringert wird.

6. Regelung der Leistung durch Veränderung der Kreislaufdichte

Eine der schwierigsten Aufgaben bei der Entwicklung einer neuen Kraftmaschine ist die Einhaltung guter Teillastwirkungsgrade. Dies ist bei den bisher gebauten einfachen offenen Kreisläufen dadurch erschwert, daß schon mäßige Veränderungen in den Einzelwirkungsgraden von Verdichter oder Turbine oder eine kleine Herabsetzung der Temperatur den Gesamtwirkungsgrad stark vermindern. Der geschlossene Kreislauf erlaubt nun in einfachster Weise eine Regelung durch Veränderung des Druckpegels und damit Verringerung des umlaufenden Luftgewichtes. Dabei werden die Temperaturen an keiner Stelle geändert, alle Geschwindigkeiten bleiben, die Betriebspunkte auf den Kennlinien liegen fest, da auch an den Winkelverhältnissen in Leit- und Laufrädern nichts geändert wird. So ist eine Regelung möglich, bei der auch kleine Lasten mit wenig verändertem Wirkungsgrad abgegeben werden. Bei ganz kleinen Lasten überwiegen natürlich die Lagerverluste und die Hilfsmaschinenleistungen verhältnismäßig stark. Immerhin zeigen die bisher gebauten Turbinen, daß der Anlagewirkungsgrad bei Teillasten noch sehr befriedigende Werte aufweist.

Die Regelung durch Veränderung des Druckpegels und damit des umlaufenden Luftgewichtes allein kommt vor allem bei verhältnismäßig langfristigen Laständerungen in Frage. Für kurzzeitige Laststöße muß die Druckregelung mit Temperatur- bzw. Drosselregelung verbunden werden.

7. Verwendung gasförmiger und fester Brennstoffe

Gasförmige Brennstoffe erfordern bei offenen Gasturbinenanlagen mit Innenverbrennung vor ihrer Verdichtung Kühlung und gegebenenfalls Reinigung. Bei geschlossenen Anlagen mit Außenfeuerung ist eine Abkühlung nicht notwendig. Ein besonderer Gasverdichter fällt weg und die Empfindlichkeit gegen feste Beimengen ist bedeutend kleiner. Viel schwieriger ist bei innengefeuerten Gasturbinen die Verwendung fester Brennstoffe, also im wesentlichen Kohlenstaub. Hier muß der Verunreinigung und Abnutzung von Turbine und Wärmeaustauscher begegnet werden. Die Kohlenstaub-Außenfeuerung bietet zwar gegenüber der Ölfeuerung neue Aufgaben, ist aber grundsätzlich durch die Erfahrungen an Dampfkesselanlagen vorgezeichnet und viel leichter zu verwirklichen.

8. Der Wirkungsgrad des geschlossenen Kreislaufes

Unter Berücksichtigung der Veränderlichkeit von c_p und mit allgemeinen Annahmen über die Druckverluste ε und die Temperaturverluste ΔT, die im Bereich der technischen Ausführungsmöglichkeiten liegen, ergeben sich die wirklichen thermischen Wirkungsgrade eines Kreislaufes mit zweimaliger Zwischenkühlung im Verdichter und unmittelbarer Ausdehnung ohne Zwischenerhitzung in der Turbine für verschiedene Druckverhältnisse p_2/p_1 gemäß Abb. 441. Bei diesen von Escher Wyss aufgestellten Kurven sind gute innere

Maschinenwirkungsgrade $\eta_{t_{ad}} = 88\%$, $\eta_{k_{ad}} = 85\%$ je Stufengruppe vorausgesetzt. Die Werte der Abb. 441 enthalten noch nicht die Verluste durch Abstrahlung, Lagerreibung, Abgase des Lufterhitzers und die Hilfsantriebsleistungen. Sie lassen aber bereits erkennen, daß die Brennstoffausbeute einer solchen Anlage höher als diejenige von Dampfkraftanlagen liegen kann und vor allem bei größeren Leistungen, wo die Nebenverluste verhältnismäßig klein sind, den Werten des Dieselmotors nahekommt.

Es ist interessant abzuschätzen, was unter Annahme von Entwurfsangaben, die im Bereiche des in naher Zukunft Möglichen liegen dürften, unter Berücksichtigung aller

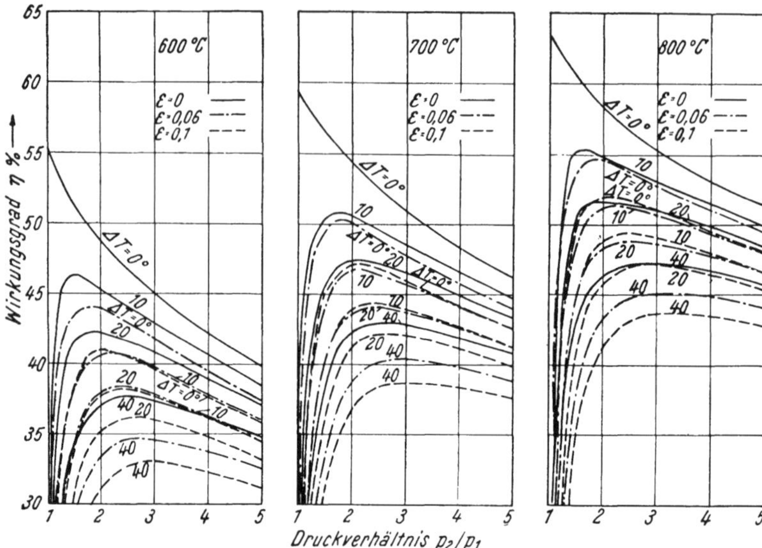

Abb. 441. Wirkungsgrade von Heißluftturbinenanlagen unter Einschluß der Verluste durch Temperatur- und Druckdifferenzen in Leitungen und im Wärmeaustauscher

maschinen- und werkstofftechnisch noch zu erwartenden Verbesserungen an Brennstoffverbrauch bei größeren Anlagen von 10000 kW oder darüber praktisch etwa erreicht werden könnte. Einem solchen Projekt liegen die in Tab. 62 angegebenen Zahlen zugrunde.

Der thermische Wirkungsgrad einer solchen Gesamtanlage (Verhältnis der Kupplungsleistung zur Brennstoffwärme) ergibt sich zu $\eta = 41{,}6\%$. Einmalige Zwischenerhitzung bewirkt unter Berücksichtigung des höheren Druckverlustes im Lufterhitzer eine Wirkungsgraderhöhung auf $\eta = 46{,}2\%$. Dies würde einem Wärmeverbrauch von 1860 kcal pro kWh entsprechen.

Tabelle 62. *Bei weiterer Entwicklung zu erwartende Betriebswerte von Anlagen nach dem geschlossenen Kreisprozeß mit einer Leistung von 10000 kW und darüber*

Lufttemperatur vor Turbine	750° C
Adiabatischer Stufenwirkungsgrad η_{St} der Turbine	92%
Adiabatischer Stufenwirkungsgrad η_{St} des Verdichters	89%
Eintrittstemperatur in Verdichter	20° C
Verdichter mit zweimaliger Zwischenkühlung	
Mechanischer Wirkungsgrad von Turbine und Verdichter η_m	98,5%
Druckverhältnis p_2/p_1	3,5
Temperaturunterschied ΔT im Wärmeaustauscher	20° C
Druckverlust ε	0,06
Luftüberschußzahl λ der Verbrennung	1,2
Abgastemperatur	120° C
Strahlungsverluste, bezogen auf die Brennstoffwärme	3,5%
Hilfsantriebe, bezogen auf die Kupplungsleistung	6%

9. Ausbildung der Anlage

a) Maschinen. Da das spezifische Volumen infolge des erhöhten Druckes des geschlossenen Kreislaufes stark verringert ist, sind die Maschinen im Vergleich zum offenen Verfahren erstaunlich klein. Die geringe Stufenzahl ist auch hier wie beim offenen Verfahren anzutreffen.

Es sind keinerlei Regelorgane vor der Turbine notwendig, so daß sich eine sehr günstige Form des Einlaufgehäuses ergibt. Die Maschine kann gleichsam in die Leitung eingebaut werden. Besonderes Augenmerk ist auf die Ein- und Auslaßverluste zu legen, da diese infolge der kleinen Druckverhältnisse eine relativ große Rolle spielen. Das Arbeitsmittel kann beispielsweise ohne Verwendung von Ringkanälen und daher mit minimalem Druckverlust in einem krümmerartigen Zulauf zum ersten Laufrad geleitet werden. Der Austritt kann symmetrisch gehalten sein, wobei es die Platzverhältnisse infolge der kleinen Abmessungen der Turbine gestatten, einen Großteil der Austrittsenergie nutzbringend zurückzugewinnen.

Die kleinen Turbinen erlauben auch die Verwendung von Doppelgehäusen. Zwischen dünnem Innenmantel und Außengehäuse befindet sich Isoliermaterial. Das Innengehäuse dient lediglich zur Führung der Strömung, das kalte Außengehäuse übernimmt den Druck. Die gesamte Leitapparatur ist in das Innengehäuse eingehängt. Auf diese Weise ist das Außengehäuse auch bei hohen Eintrittstemperaturen höchstens der Austrittstemperatur der letzten Stufe (etwa 500° C) ausgesetzt.

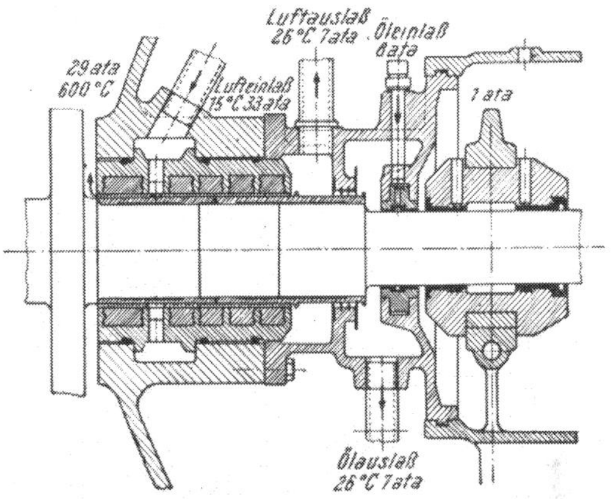

Abb. 442. Kombiniertes Labyrinth für die Turbine eines geschlossenen Kreislaufes

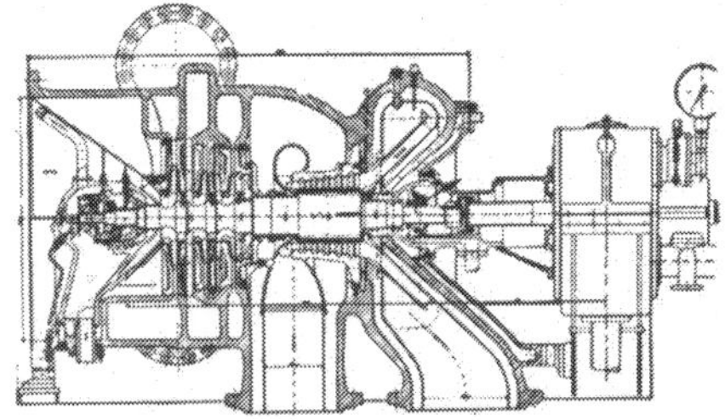

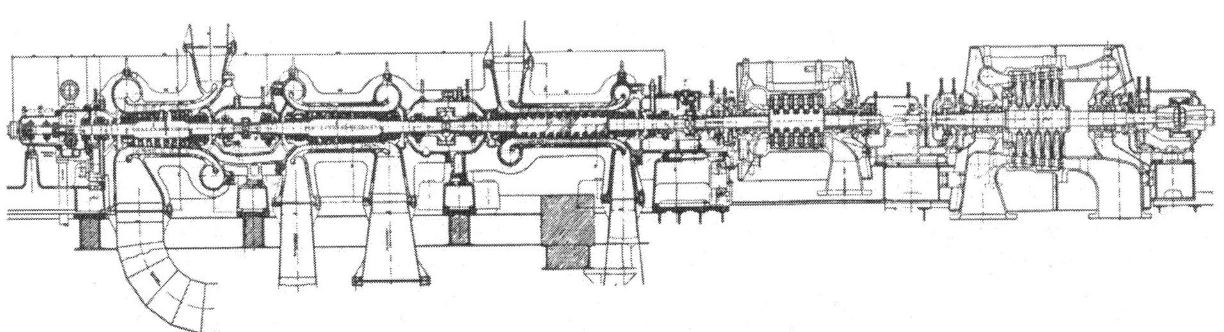

Abb. 443. Maßstäblicher Vergleich zwischen einer modernen 2000 kW-TUCO-Gruppe und der ersten Versuchsmaschine gleicher Leistung, s. auch Abb. 466 und Abb. 456a, b

Obschon die Turbineneintrittstemperatur bedeutend höher ist, muß also für das Gehäuse kein hochhitzebeständiges Material vorgesehen werden, lediglich für die kleinen Innenteile. Alle diese Verhältnisse liegen bei den großen Maschinen, die sich zwangsläufig bei offenen Kreisläufen mit geringer Dichte ergeben, bedeutend ungünstiger.

Ähnliche Konstruktionsgrundsätze, diktiert durch die neuesten Erkenntnisse auf strömungstechnischem Gebiet, gelten auch für die Verdichter und organisch angebauten Zwischenkühler.

Die anfangs immer verwendeten Axialverdichter sind neuerdings für Leistungen bis etwa 12 MW dem Radialverdichter gewichen. Erst bei ganz großen Leistungen kommt dann der Axialverdichter zur Anwendung.

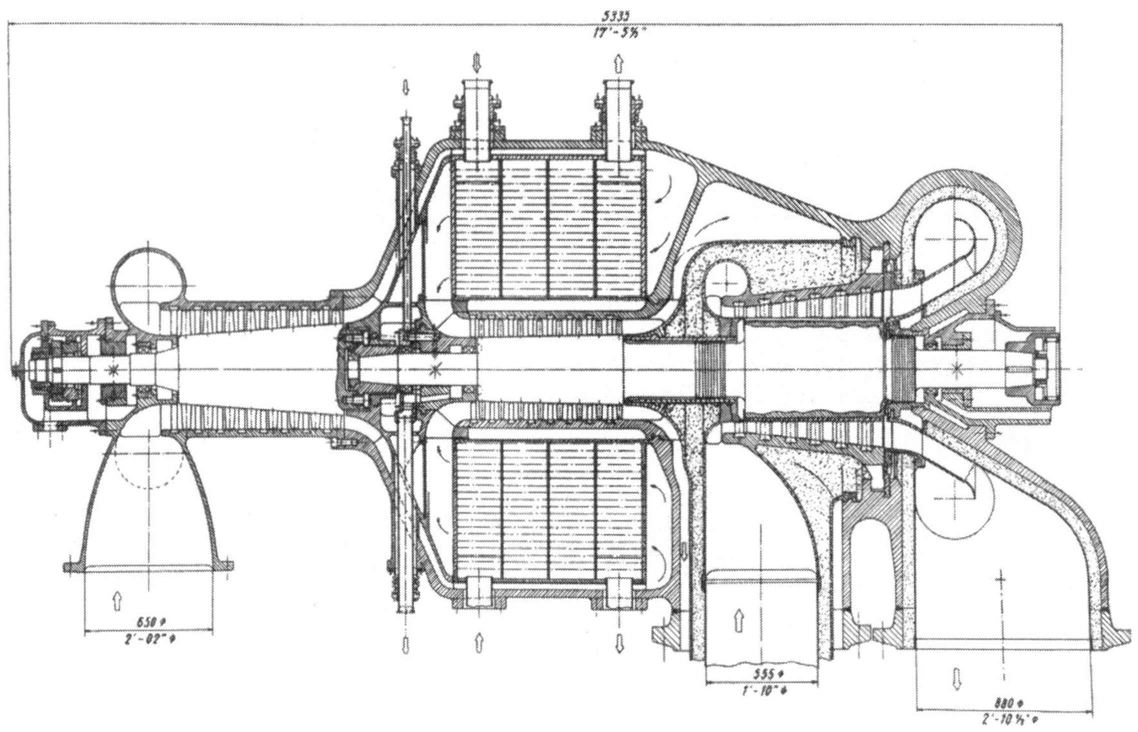

Abb. 444. TUCO-Gruppe für Leistungen von 15 bis 20 MW

Im Laufe der Entwicklung hat sich auch herausgestellt, daß Zwischenerhitzung in der Praxis nicht den theoretisch erwarteten Erfolg bringt und man hat daher darauf verzichtet, wodurch die Maschinen wesentlich einfacher werden.

Da Turbinen und Kompressoren bei allen Lasten am gleichen Auslegungspunkt arbeiten, kann eine sehr wirkungsvolle Beschaufelung nur für diesen Zustand entworfen werden, wodurch Stufenwirkungsgrade von mehr als 90% möglich sind. Infolge des erhöhten Druckes wird die Reynoldssche Zahl der Beschaufelung beträchtlich höher, so daß die perzentuellen Reibungsverluste klein werden. Dies gilt allerdings nur für glatte und reine Schaufeloberflächen, wie sie beim geschlossenen Prozeß immer vorhanden sind.

Bei der anfänglich verwendeten aufgelösten Aufstellung der Maschinen bereitete besonders das Hochdruck-Labyrinth Kopfzerbrechen, da bei den hohen Kreislaufdrücken besonders hohe Anforderungen an dieses gestellt werden mußten. Um diesen gerecht zu werden, wurden kombinierte Labyrinthe mit Flüssigkeitsdichtung konstruiert. Abb. 442 stellt eine in der Versuchsanlage von Escher Wyss verwendete Form von Labyrinthdichtung dar, die sich sehr gut bewährt hat. Dichtungsluft aus dem Kreislauf wird den Labyrinthkammern zugeführt. Der Druck dieser Luft ist bei allen Lasten etwas höher als der Druck in den Labyrinthkammern. Dadurch ist es unmöglich, daß heiße Luft aus

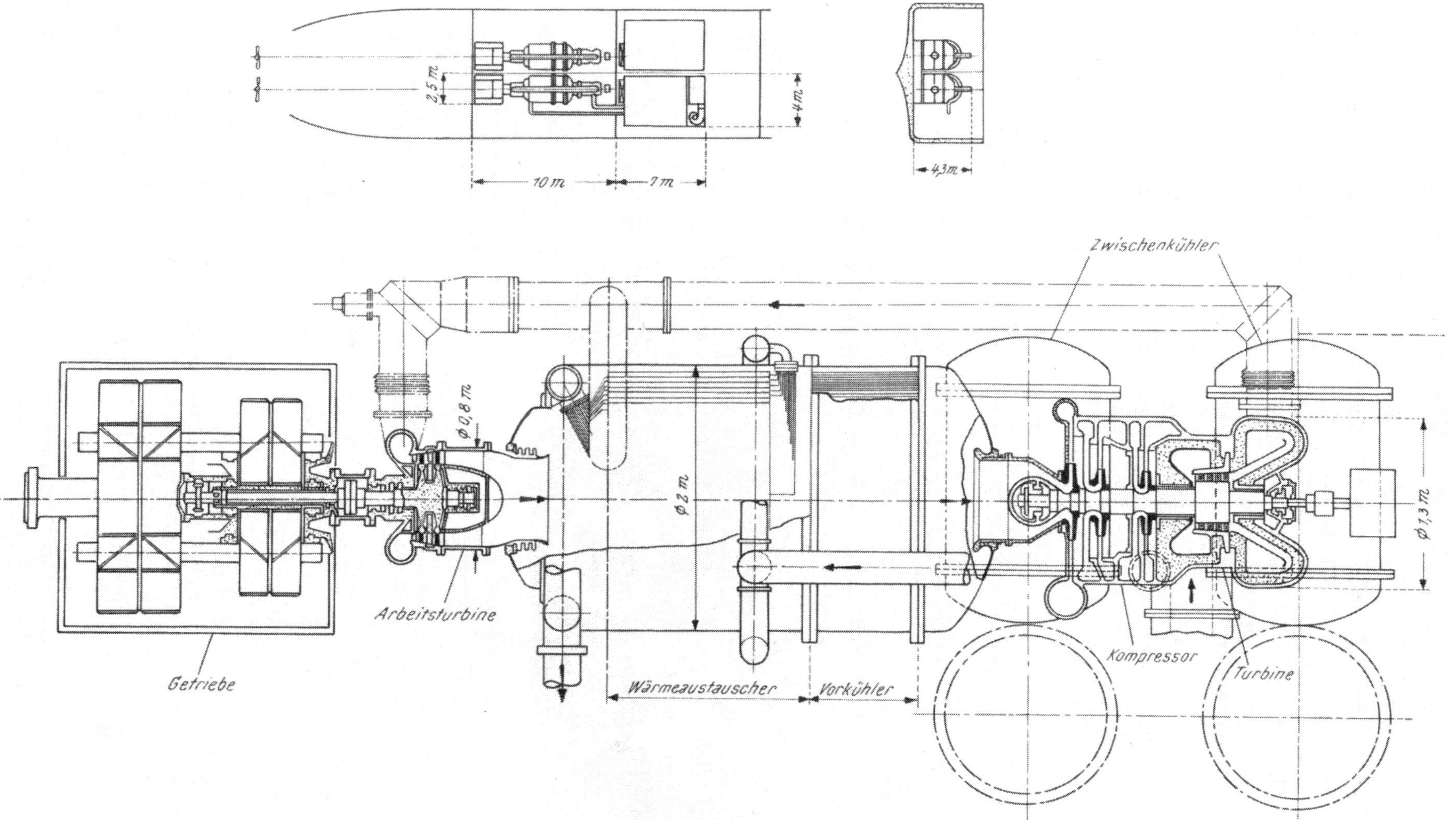

Abb. 445. Maschinen- und Apparategruppe einer Schiffsanlage für hohen Teillastwirkungsgrad. Anlageleistung 10000 bis 12000 PS, s. S. 535

der Turbine entweicht. Die aus dem Labyrinth austretende niedergespannte Luft wird gesammelt und dem Kreislauf am entsprechenden Punkt wieder zugeführt. Außerhalb dieses luftgedichteten Labyrinths ist ein Ring angeordnet, durch den Öl unter hohem Druck der Welle zugeführt wird, wodurch jedes Entweichen der Luft ins Freie verhindert wird. Das aus diesem Ölring entweichende Öl wird einem Tank zugeführt, der unter einem dem Labyrinthraum entsprechenden Druck steht. Der Öldichtungsring kann auch mit dem Lager selbst kombiniert werden.

Im Zuge der Entwicklung ist es gelungen, für den Maschinensatz die sogenannte TUCO-Bauart zu finden, bei der Kompressor und Turbine auf einer nur zweifach gelagerten Welle so angeordnet sind, daß eine Hochdruckstopfbüchse nicht notwendig ist. Bis etwa 12 MW kommt ein dreistufiger Radialverdichter mit Zwischenkühlung zur Anwendung, wodurch sich ein besonders gedrängter Aufbau ergibt. Abb. 443 zeigt einen Vergleich des Maschinensatzes der Versuchsanlage mit demselben Satz in TUCO-Bauweise. Der konstruktive Aufbau einer solchen TUCO-Gruppe geht gut aus dieser Abbildung hervor. Für größere Leistungen wird zum Axialkompressor zweistufig mit Zwischenkühlung gegriffen, wobei der Zwischenkühler rund um den Hochdruckkompressor angeordnet wird, Abb. 444. Für Schiffsmaschinen kann durch Zusammenbau der TUCO-Gruppe mit dem Wärmeaustauscher, Vorkühler und Nutzleistungsturbine eine sehr kompakte Einheit zusammengestellt werden, Abb. 445.

b) Heißluftrohrleitungen. Da mit hohen Temperaturen gearbeitet wird, ist den Abstrahlungsverlusten vor allem bei kleineren Leistungen der Anlage besondere Beachtung zu schenken. Für die Rohrleitungen, die die hocherhitzten Gase unter Überdruck führen, hat sich eine besondere Bauart bewährt, Abb. 446. Sie besteht aus einem dünnwandigen Innenrohr, das gegen Hitze beständig ist und dem lediglich die Gasführung zukommt. Es ist durch entsprechende Bohrungen gegen den Wärmeschutzraumdruck entlastet. Nach außen schließt sich der Wärmeschutzraum an. Dieser wird von einem dickwandigeren Rohr aus Normalbaustoff umschlossen, das den Druck des Arbeitsmittels leicht aufnimmt, da es durch die Wärmedämmung geschützt und nicht mehr heiß ist. Es ist natürlich dafür gesorgt, daß kein Wärmedichtungsstoff ins Führungsrohr gelangen kann. Mit dieser Bauart wird bedeutend an hochwertigem und teurem Stahl gespart.

Abb. 446. Heißluftrohrleitung für AK-Anlage von Escher Wyss

c) Wärmeaustauscher. Die Wärmeübertragungskoeffizienten sind auf beiden Seiten der Wärmeübertragungsflächen infolge der hohen Drücke sehr groß. Dies ergibt infolge der kleinen spezifischen Volumina eine beträchtliche Größen- und Gewichtsverminderung. Außerdem kann man kleine Rohrdurchmesser oder andere feine Austauschelemente anwenden, da das Arbeitsmittel immer rein ist.

In Tab. 63a sind als Beispiel Wärmeaustauscher für Anlagen für 12000 kW Nutzleistung behandelt, und zwar sowohl für den offenen wie für den geschlossenen Kreislauf. Alle ausschlaggebenden Daten sind für beide Fälle dieselben: gleiche auszutauschende Wärmemenge, gleiche Temperaturdifferenz im Wärmeaustauscher zwischen abzukühlendem und aufzuheizendem Strom, gleiche prozentuale Druckverluste, gleiche Druckverhältnisse p_2/p_1, so daß die Wirkungsgrade der beiden Kreisläufe an und für sich gleich sind. Der offene Kreislauf soll zwischen 1 und 4 ata, der geschlossene Kreislauf zwischen 7 und 28 ata arbeiten. Es sind Röhrengegenstromapparate angenommen.

Tabelle 63a. *Größenvergleich für Wärmeaustauscher bei offenem und geschlossenem Kreisprozeß*
Für die geschlossene Anlage werden die Rohrbündel bei der gesteigerten Kreislaufdichte in Volumen und Gewicht 16mal kleiner. An dieser Wirkung sind die gesteigerte Dichte und die Tatsache, daß bei sauberer Luft statt Verbrennungsgas kleinere Rohrdurchmesser mit gleicher Betriebssicherheit anwendbar sind, in annähernd gleichem Maße beteiligt. So wird eine Regeneration durch Wärmeaustausch erst praktisch realisierbar. Beispiel für 12000 kW. In beiden Fällen gleiche Berechnungsgrundlagen, wie: gleiche Temperaturdifferenz, gleicher Druckverlust, gleiche zu übertragende Wärmemenge, gleiches Verdichtungsverhältnis $p_2/p_1 = 4$

Kreisprozeß und Arbeitsdruck	Rohrgewicht kg/kW	Rohr-oberfläche m^2/1000 kW	Rohrabmessungen und Teilung mm	Rohrbündel-volumen m^3/1000 kW
Offener Kreisprozeß Arbeitsdruck 4/1 kg/cm²	17,5	2250	19/17 ⌀, 32 △	43
	11	2100	12/10 ⌀, 20 △	26,5
Geschlossener Kreisprozeß Arbeitsdruck 28/7 kg/cm²	2,6	460	12/10 ⌀, 20 △	5,1
	1,1	400	6/5 ⌀, 10 △	2,7

Bei gleichen Rohrabmessungen ist die notwendige Oberfläche für den offenen Kreislauf mehr als viermal größer als für den geschlossenen. Auch bei den Rohrgewichten und dem Bündelvolumen bestehen ähnliche Unterschiede. Die starke Verkleinerung des Wärmeaustauschers beim geschlossenen Kreislauf hat zwei Gründe: einmal werden infolge des kleineren spezifischen Volumens die Abmessungen kleiner, dann aber nochmals infolge des bedeutend erhöhten Wärmeüberganges. Der Wärmeübergang im Luftstrom wächst mit $\alpha = \text{konst.}\ (w \cdot p)^{0,75}$. Es ist also gleichgültig, ob man die Geschwindigkeit oder den Druck entsprechend erhöht, da α nur vom Produkt $w \cdot p$ abhängig ist.

Welche Fortschritte durch die Erhöhung der Gasgeschwindigkeit in dieser Richtung bei den Dampferzeugern gemacht wurden, beweist die erfolgreiche Einführung des Velox-Prinzipes. In analoger Weise bringt die Einführung des erhöhten Druckes im Gasturbinenkreislauf die gewünschte Reduktion der Abmessungen. In Tab. 63a sind die zwei mittleren Apparate mit gleichen, schon bereits kleinen Rohrdurchmessern angegeben. Vom betriebstechnischen Standpunkt aus ist aber kaum anzunehmen, daß solche kleine Rohrdimensionen bei Verbrennungsturbinen zuverlässig angewendet werden können. Die Verschmutzungsgefahr durch die Rauchgase dürfte zu größeren Rohrabmessungen zwingen, was zu noch größeren Hauptabmessungen des ersten Wärmeaustauschers führt.

Im Gegensatz zum offenen Gasturbinenverfahren besteht beim geschlossenen Kreislauf keinerlei Gefahr der Verschmutzung, da die Feuergase nicht in den Kreislauf selbst kommen. Es ist daher nur hier grundsätzlich möglich, zu beliebig kleinen Rohrabmessungen überzugehen. Die Verkleinerung der Rohrabmessungen bringt, wie der letzte Wärmeaustauscher zeigt, nochmals eine erhebliche Reduktion der Abmessungen und des Materialaufwandes.

In Tab. 63b sind die Größen der Wärmeaustauscher für eine Anlage von 12000 kW angegeben. Dabei wurde bei stets gleichbleibender Dichte des Kreislaufes mit Arbeitsdrücken $p_2 = 28$, $p_1 = 7$ kg/cm² lediglich der Rohrdurchmesser variiert. Rohrbündelvolumen und Rohrgewicht der Apparate nehmen beim Übergang auf kleine Dimensionen ganz erheblich ab, obschon die notwendige Wärmeübertragungsoberfläche naturgemäß nicht stark abnimmt. Die letztere Abnahme ist lediglich dadurch bedingt, daß bei kleinen Rohrdurchmessern die Wärmeübergangszahlen bei sonst gleichen Verhältnissen besser sind als bei großen.

Die Bedingungen für den Bau eines guten Wärmeaustauschers von kleinen Abmessungen sind zweifellos beim geschlossenen Kreislauf günstiger als beim offenen, wo die Verbrennungsgase durch den Austauscher gehen und dieser einseitig unter Atmosphärendruck steht. Abgesehen von den hohen Schaufelwirkungsgraden in den Maschinen ist die Verwirklichung hoher Wärmerückgewinnungsfaktoren einer der Hauptgründe für den guten Wirkungsgrad des geschlossenen Verfahrens auch bei mäßigen Temperaturen.

Tabelle 63b. *Verkleinerung des Wärmeaustauschers bei kleinem Rohrdurchmesser*
Entsteht außer durch besseren Wärmeübergang durch die größere Rohroberfläche, die sich pro Kubikmeter unterbringen läßt. Die Gewichtsreduktion entsteht durch kleinere Wandstärken bei gleichem Innendruck, wobei es möglich wird, das Gewicht auf unter 1 kg/kW zu senken

Rohrabmessungen und Rohrteilung, mm	Rohrgewicht kg/kW	Rohroberfläche m^2/1000 kW	Rohrbündelvolumen m^3/1000 kW
19/17 ⌀, 32 △	3,9	500	8,6
12/10 ⌀, 20 △	2,6	460	5,1
9/8 ⌀, 15 △	1,8	450	3,6
6/5 ⌀, 10 △	1,1	400	2,7
2,4/2 ⌀, 3,9 △	0,55	350	0,8

In der Praxis werden Wärmedurchgangskoeffizienten von 150 bis 250 kcal/m² h °C, abhängig vom zulässigen Druckabfall, erreicht. Diese Werte stellen ein Vielfaches des möglichen Durchgangskoeffizienten bei einer offenen Anlage dar. Man kann auch bei einer offenen Anlage mit dem Rückgewinnungsgrad nicht zu hoch gehen, da sonst der Wärmeaustauscher schwer und umfangreich werden würde, wie schon in Abschnitt VII, S. 280, Abb. 258, gezeigt wurde. Beim geschlossenen Verfahren sind Heizflächen von 0,2 bis 0,4 m²/PS ausreichend (abhängig vom Druck) bei einem Anlagenwirkungsgrad von 33 %. Der Wärmerückgewinnungsfaktor beträgt hierbei 90%. Gleichzeitig kann man das Gewicht der Heizflächen auf unter 1,36 kg/PS herunterbringen.

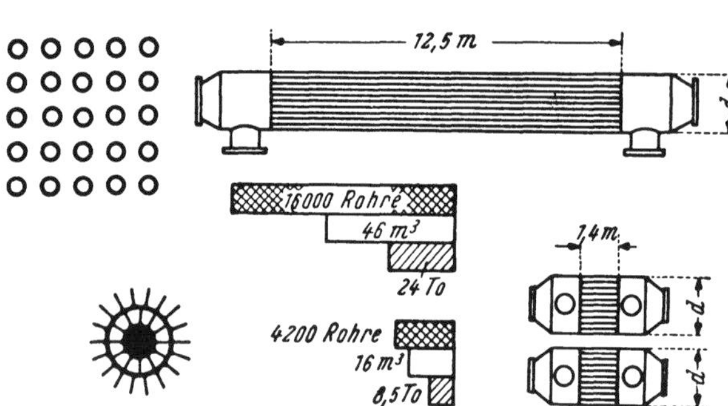

Abb. 447. Wärmeaustauscher mit glatten (oben) und berippten (unten) Rohren. Rippenrohre ergeben eine starke Verkürzung des Wärmeaustauschers

Grundsätzlich ist jede Art von Austauschfläche (Platten, Rohre) und Stromführung anwendbar. Da man jedoch mit Druck arbeitet, ist die Verwendung des Rohres, das sich auch billig herstellen läßt, als Übertragungselement gegeben. Die Erkenntnisse über die Zusammenhänge zwischen Druckabfall und Wärmeübertragung, wie sie durch die moderne Strömungstechnik der letzten Jahre geklärt wurde, bilden die Grundlage von Bau und Berechnung. Durch passende Wahl der Geschwindigkeiten auf Hoch- und Niederdruckseite läßt sich bei sonst gegebenen Verhältnissen (Temperaturdifferenz, Druckabfall) mit einem Minimum von Baustoff auskommen.

Bei einem Rohrbündelaustauscher, der nach dem reinen Gegenstromprinzip arbeitet und bei einem Minimum von Druckverlust ein Maximum an Wärme überträgt, strömt die Hochdruckluft im Inneren der Rohre, der äußere Mantel hat nur den niederen Druck aufzunehmen. Selbstverständlich kann der Apparat mit jeder beliebigen Orientierung, je nach dem vorhandenen Raum, angeordnet werden oder in einen oder mehrere Teile aufgeteilt sein. Die Verwendung von normalen Rohren kleinen Durchmessers ermöglicht eine Normalisierung aller Wärmeaustauscher für die verschiedenen Leistungsgrößen und eine weitgehende Serienfabrikation. Es werden Rohre von nur 4 bis 6 mm Durchmesser eingebaut. Diese werden durch spezielle Distanzhalter mit kleinem Strömungswiderstand in der richtigen Lage zueinander gehalten. Eine große Anzahl solcher kleiner Rohre ist zu einem Rohrbündel zusammengefaßt, welches seinerseits in ein größeres Sammelrohr mündet, das in die Rohrböden eingewalzt ist. Jedes dieser Rohrbündel kann leicht ausgetauscht werden. Da sich die Temperaturen nur in der Gegend von 450° C bewegen, können Rohre aus gewöhnlichem Material verwendet werden. Die Niederdruckluft strömt aus dem Wärmeaustauscher in den wasserdurchflossenen Vorkühler, welcher vorteilhafterweise direkt mit dem Wärmeaustauscher vereinigt wird, um Überströmverluste zu vermeiden. Auch Turbine und Wärmeaustauscher können zu einem Aggregat vereinigt werden, um auch an dieser Stelle Verluste zu sparen. Der zylindrische Wärmeaustauscher wird dabei direkt an die Niederdruckturbine angeflanscht, so daß keinerlei Umlenkung entsteht, s. Abb. 445.

Weitere gewaltige Verbesserungen der Wärmetauscher wurden durch Rippenrohre erreicht. Diese sind wegen der reinen Kreislaufluft möglich und ergeben nochmals eine starke Verkleinerung der Wärmetauscherabmessungen, Abb. 447. Abb. 448 zeigt noch die Ausbildung der Rippenrohre und Abb. 449 den Aufbau eines modernen Wärmeaustauschers für geschlossene Anlagen.

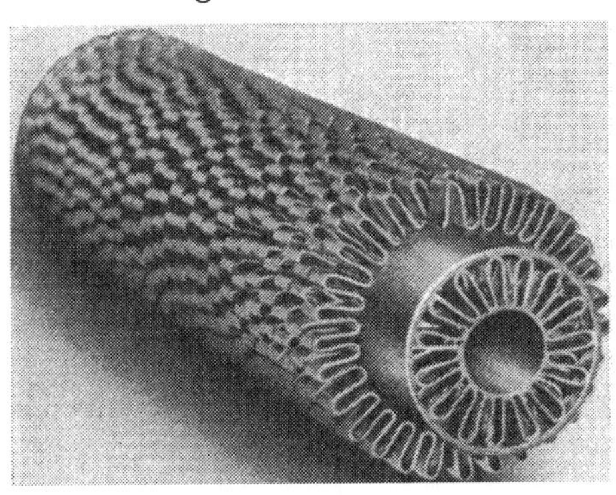

Abb. 448. Beidseitig beripptes Rohr für Wärmeaustauscher (HD-Seite innen, ND-Seite außen)

Abb. 449. Wärmeaustauscher mit Wellbandrippenrohren nach Abb. 448 für die Anlage Ravensburg

d) Lufterhitzer. Der Lufterhitzer spielt im geschlossenen Kreisprozeß dieselbe Rolle wie der Dampfkessel bei den Dampfanlagen. Die Brennstoffwärme wird durch Oberflächen hindurch an das Treibmittel indirekt übertragen, und die Rauchgase werden vollständig von den Maschinen ferngehalten. Wie ein Blick auf das Entropiediagramm zeigt, hat man es aber insofern mit besonderen Verhältnissen zu tun, als das Arbeitsmittel bereits in stark durch den Wärmeaustauscher vorgewärmtem Zustand (300 bis 400° C) im Lufterhitzer ankommt. Im Gegensatz zum Dampfkessel findet hier aber keine Aggregatänderung (Verdampfung) bei der Wärmezufuhr statt. Die Luft ist lediglich, je nach der beabsichtigten Höchsttemperatur, um den Betrag, der ungefähr dem Temperaturgefälle in der Turbine entspricht, weiter zu erhitzen. Verdampfungs- und Sammelräume, wie Trommeln bei den Dampfkesseln usw., können daher wegfallen. Da die Luft unter Druck steht, ist die Verwendung von Rohren als Erhitzerelemente am zweckmäßigsten. Die Heizfläche wird, je nach Brennstoffart und Feuerraumtemperatur, in einen Strahlungs- und einen Berührungsteil aufgelöst.

Durch den Fortfall von Speisewasser als Arbeitsmittel kann der Lufterhitzer im Gegensatz zum Dampfkessel grundsätzlich auch ohne Gebäude im Freien aufgestellt werden, da keine Einfrierungsgefahr besteht.

Weil ein gasförmiges Medium durch Rauchgase aufzuheizen ist, hat man vorerst mit höheren Rohrwandtemperaturen zu rechnen als beim Dampfbetrieb, wo infolge der hohen Wärmeübergangszahlen auf der Wasser- und Dampfseite die Rohrwandtemperaturen nicht weit über den Dampftemperaturen liegen.

Die Arbeitsdrücke, bei denen der geschlossene Kreislauf arbeitet, haben die gleiche Wirkung. Wie beim Wärmeaustauscher kann die Wärmeübergangszahl im Rohrinnern derart groß gehalten sein, daß die Rohrwandtemperatur sehr stark nach der kalten Seite geschoben wird und in Gebieten liegt, denen heute marktgängige, legierte Stähle ohne weiteres ausgesetzt werden können.

Könnte man die Strömungsgeschwindigkeiten im Rohrinnern beliebig hoch steigern, so wäre grundsätzlich eine beliebige Herabsetzung der Rohrwandtemperatur bis an die Temperatur des Luftstromes im Rohrinnern denkbar. Der Geschwindigkeitssteigerung steht aber die Forderung möglichst kleinen Druckverlustes entgegen. Man wird also die Geschwindigkeit in den einzelnen Erhitzerpartien nur so weit steigern, als dies zur Erreichung der zulässigen Rohrwandtemperaturen notwendig ist. Diese Erkenntnis führt zweckmäßig zu abgestuften Rohrdurchmessern je nach den Temperaturgebieten, Abb. 450.

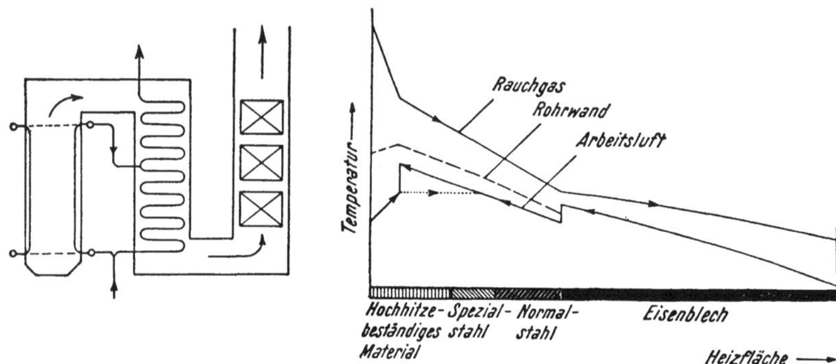

Abb. 450. Kreislauflufterhitzer. Beispiel einer Schaltung des Luftkreislaufes, durch die das Gebiet der Spezialbaustoffe für hohe Temperaturen auf einen geringen Teil der Heizfläche beschränkt wird

Eine eingehende Durchrechnung all dieser Probleme hat zu einer Reihe grundlegender Schaltungen des aufzuheizenden Arbeitsmittels gegenüber der Rauchgasführung geführt, die es ermöglichen, bei einem Minimum an Druckverlust ohne besondere Vorkehrungen für alle Brennstoffe bei Verwendung von festen, flüssigen und gasförmigen Brennstoffen Lufthöchsttemperaturen zu erreichen, die weit über denjenigen der heute und in Zukunft vorgesehenen Dampftemperaturen liegen. Da die Lufterhitzerabgase noch verhältnismäßig hohe Temperaturen besitzen, kann ihre Abwärme vorteilhaft zur Vorwärmung der Verbrennungsluft Verwendung finden. Die vorgewärmte Verbrennungsluft bewirkt vor allem bei Verwendung von festen Brennstoffen (Kohle) eine Erhöhung der Feuerraumtemperatur. Für den Betrieb mit Kohlenstaub ist beispielsweise diese Vorwärmung der Sekundärluft sehr erwünscht, weil sie es gestattet, durch Verkürzung der Brennzeit den Brennraum zu verkleinern. Andererseits werden durch erhöhte Feuerraumtemperaturen die Rohre stärker beansprucht. Ein einfaches Mittel zur Ausgleichung dieser Verhältnisse bildet die Rückführung der Rauchgase in den Verbrennungsraum, durch die praktisch jede gewünschte Feuerraumtemperatur eingehalten werden kann.

Ein Überblick über die Verhältnisse, wie sie in rauchgasbeheizten Lufterhitzerrohren etwa auftreten, wird durch folgendes Beispiel gewonnen. Nimmt man z. B. 1400° C Feuerraumtemperatur und 350° C Lufttemperatur im Rohr an, dann ist bei 670° C zulässiger Rohrwandtemperatur bei 5 ata Arbeitsdruck wegen mangelnder Dichte eine fünfmal größere Geschwindigkeit notwendig als bei 25 ata Arbeitsdruck, die zu einem 25mal größeren Druckverlust $\varepsilon = \Delta p/p$ pro Meter führen würde. Gegenüber 25 ata bringt ein Übergang zu 50 ata eine weitere Senkung der Geschwindigkeit auf die Hälfte des Wertes bei 25 ata und des Druckverlustes auf ein Viertel. Bei gleichem zulässigen Wert des Druckverlustes hingegen würde bei 5 ata die nichtbeherrschbare Rohrwandtemperatur von 1070° C auftreten, während bei 50 ata nur 570° C gegenüber 670° C bei 25 ata herrschen würden. Wie man sieht, bringt die gesteigerte Kreislaufdichte erst die Möglichkeit, bei praktisch zulässigen Gasgeschwindigkeiten die Rohrtemperatur auf Werte herunter zu drücken, die technisch beherrschbar sind.

Wie erwähnt, kann zudem durch geeignete Schaltung im Gegenstrom, Parallelstrom und Kreuzstrom in den einzelnen Erhitzerpartien die Wandtemperatur weiter gesenkt werden. Von den vielen in dieser Richtung bestehenden Möglichkeiten zeigt Abb. 450 eine Lösung. Der zu erhitzende Gasstrom wird beim Eintritt in zwei Parallelströme aufgeteilt, wobei der eine, der hauptsächlich der Strahlung ausgesetzt ist, im Gleichstrom, der andere, durch Berührung beheizte Teil im Gegenstrom zu den Rauchgasen fließt. Dies bringt eine Erniedrigung der Rohrwandtemperatur in den heißesten Partien. Gleichzeitig wird durch Teilung der Gesamtmenge in zwei oder mehrere Parallelströme der Gesamtdruckverlust erheblich vermindert. Die beiden Teilströme münden in ein gemeinsames Sammelrohr. Gegebenenfalls kann auch im Strahlungszweig die Temperatur nicht bis zum Höchstwert getrieben werden, sondern vorher mit dem Berührungsteil wieder vereinigt werden, so daß die Enderhitzung in den vor Strahlung geschützten Rohren vor sich gehen kann.

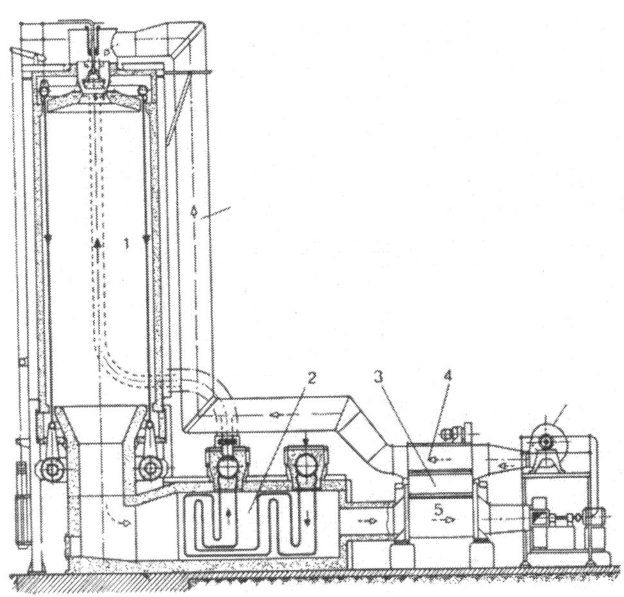

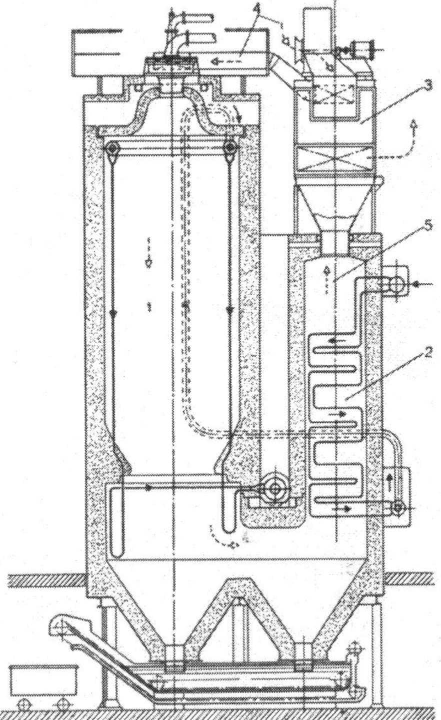

Abb. 451. Beispiel eines Lufterhitzers, links mit Ölfeuerung, rechts mit Kohlenstaubfeuerung

1 Brennkammer
2 Vorerhitzer
3 Brennluftvorwärmer
4 Brennluft
5 Rauchgas

Aus dem Verlauf der Rauchgas- und Lufttemperaturen, Abb. 450, ist ersichtlich, daß nur kleine Teilpartien des Lufterhitzers aus hochwertigen Materialien gebaut sein müssen. Man darf nicht übersehen, daß bei den hier in Betracht kommenden Arbeitsdrücken die Wandbeanspruchungen auch bei dünnwandigen Rohren erstaunlich klein sind (1 bis 3 kg/mm^2). Diese Werte liegen noch beträchtlich unter den heutigen Dauerstandfestigkeitswerten feuerfester Stähle in den betreffenden Temperaturgebieten.

Der Aufbau des Lufterhitzers ist abhängig vom Brennstoff, der zur Anwendung kommt. Kohlegefeuerte Lufterhitzer sind sehr ähnlich modernen Dampfkesseln. Ölgefeuerte Lufterhitzer können kompakter gebaut werden, und außerdem besteht noch die Möglichkeit, durch Aufladung mittels einer Gasturbine und eines Kompressors infolge der verbesserten Wärmeübergänge die Heizflächen sehr zu verkleinern [*286*].

Abb. 451 zeigt einen Vergleich zwischen einem Lufterhitzer mit Ölfeuerung und einem solchen mit Kohlenstaubfeuerung. Wie klein ein ölgefeuerter Lufterhitzer werden kann, ist deutlich in Abb. 452 zu sehen, die einen Lufterhitzer für eine 10000-PS-Schiffsanlage zeigt.

Daten über Lufterhitzer mit Kohlenstaubfeuerung liegt durch die Inbetriebnahme der Anlage Ravensburg und durch Versuche von John Brown & Co., Ltd., in England (Lizenznehmer von Escher Wyss) heute reichlich vor und man kann aus Abb. 453a sehr

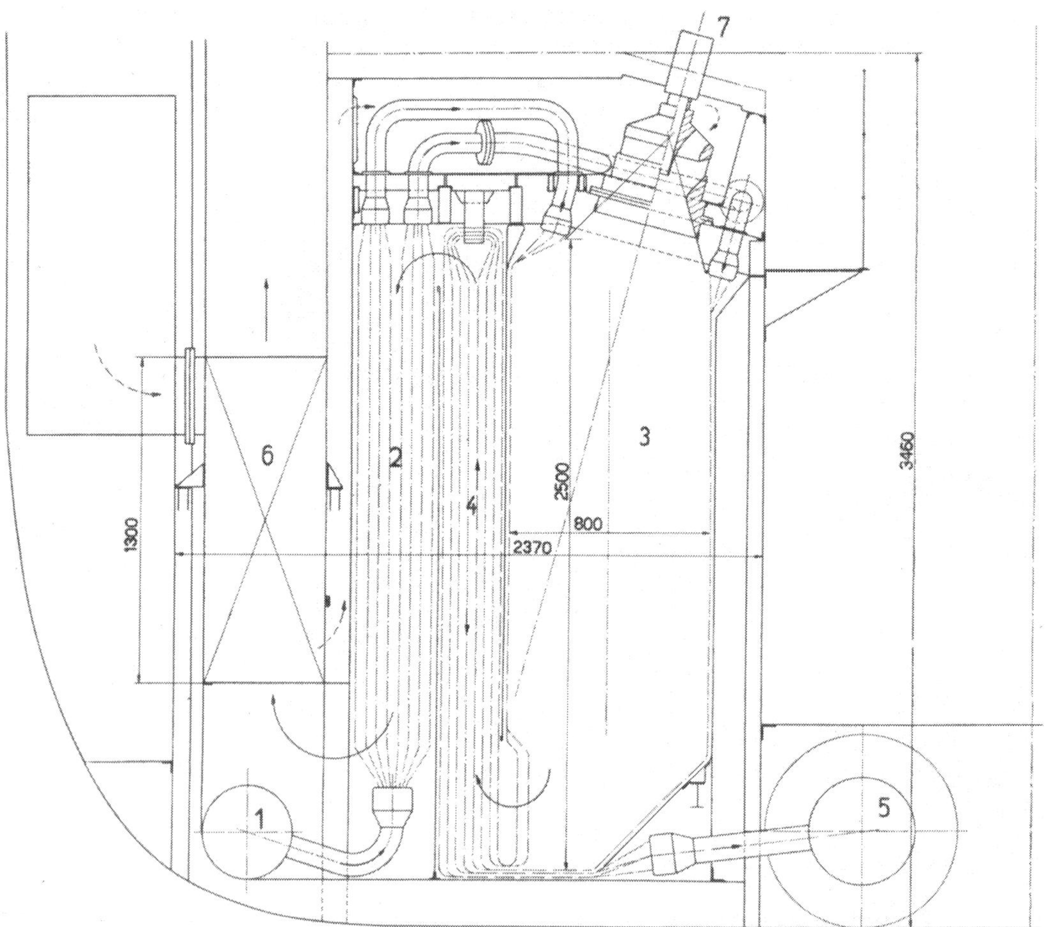

Abb. 452. Querschnitt durch einen Lufterhitzer, aus in Schiffslängsrichtung aneinandergereihten Elementen bestehend, für leichte Demontage und ohne „Kessel"-Trommel gebaut

1 Lufteintritt
2 Vorerhitzer
3 Strahlungskammer
4 Nacherhitzer
5 Luftaustritt (Doppelwandsammler)
6 Brennluftvorwärmer
7 Brenner

——→ Rauchgas - - - -→ Brennluft

Anlageleistung 10000 bis 12000 PS

gut sehen, welche Fortschritte zu erwarten sind. Abb. 454 zeigt den kohlenstaubgefeuerten Lufterhitzer der Firma John Brown.

e) Regelung. Im Gegensatz zum Regelverfahren bei Dampf- oder Gasturbinen bietet der geschlossene Druckkreislauf als einziger die Möglichkeit einer nahezu verlustlosen Anpassung der verschiedenen Belastungen bei gleichbleibender Drehzahl. Dies gilt stetig und stufenlos für alle Zwischenwerte der Belastung.

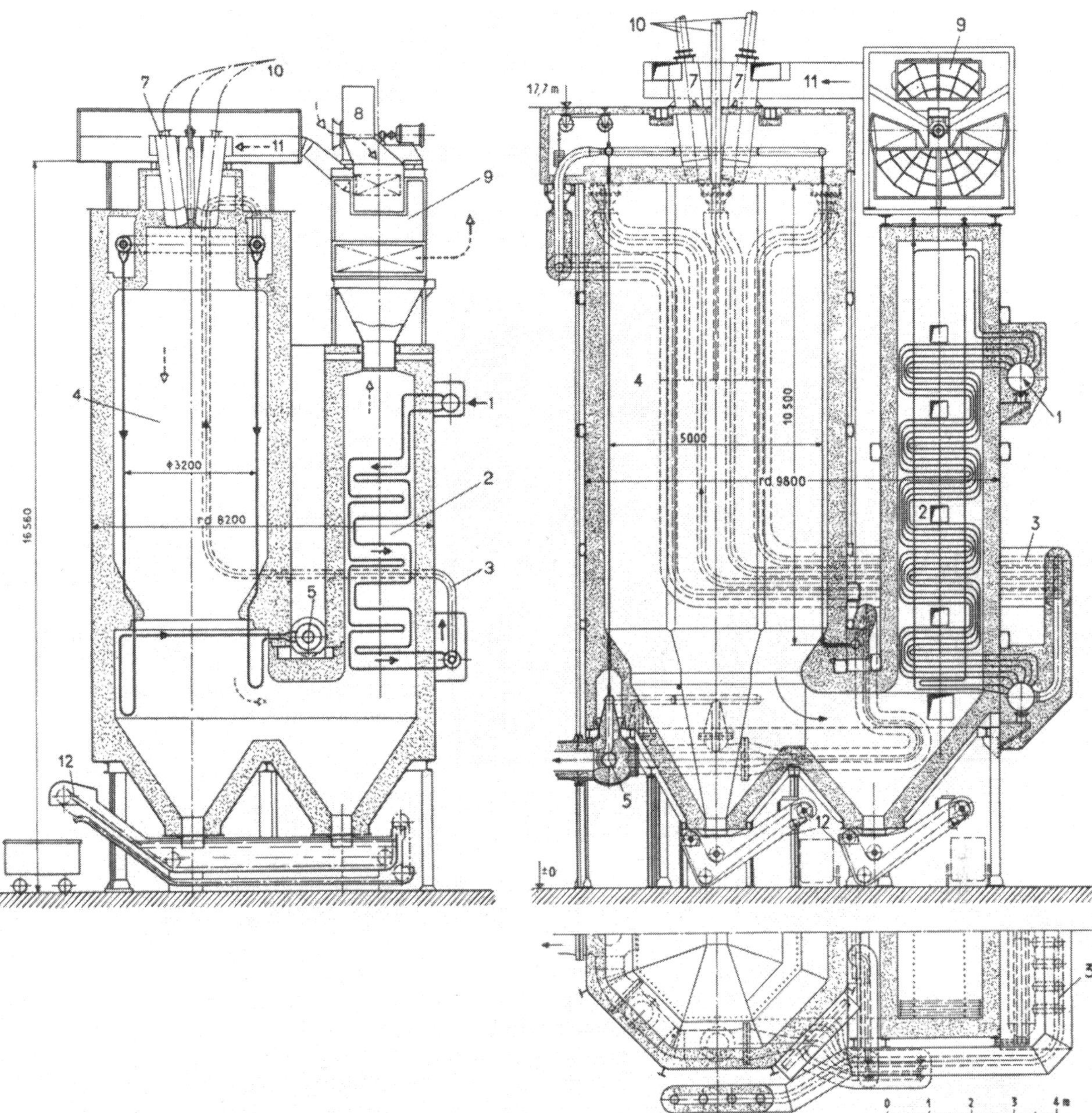

Abb. 453*a*. Bild links zeigt einen Schnitt durch den Lufterhitzer der Anlage Ravensburg von 2000 kW mit Kohlenstaubfeuerung; Bild rechts zeigt einen Schnitt durch den Lufterhitzer der Anlage Coburg von 6600 kW mit Kohlenstaubfeuerung (beide Bilder im gleichen Maßstab)

1 Hochdruckluft-Eintritt (aus Wärmeaustauscher)
2 Konvektionsteil
3 Verbindungsleitung vom Konvektionsteil zum Strahlungsteil
4 Brennkammer (Strahlungsteil)
5 Sammler für die austretende Kreislaufluft
7 Wirbelbrenner für Kohlenstaub
8 Gebläse für Verbrennungsluft
9 Ljungström-Luftvorwärmer
10 Zufuhrleitung für Primärluft und Kohlenstaub zu 7
11 Zufuhrleitung für Sekundärluft
12 Naßentschlacker

Bei Dampfturbinen wird die Leistung der Turbine durch Veränderung des Wärmegefälles (Drosselregelung) oder der Durchflußmenge (Düsenregelung) durch wechselnden Beaufschlagungsgrad verändert. Bei offenen Gleichdruckgasturbinen kann die Anpassung nur durch Veränderung der Brennstoffzufuhr und durch passende Änderung der Drehzahl der Turbine erfolgen. Diese Vorgänge sind grundsätzlich immer mit Wirkungsgradeinbuße verbunden.

Bei der Regelung der geschlossenen Kraftanlage durch veränderte Kreislaufdichte sind alle diese Nachteile überraschend einfach behoben. Zudem sind die Maschinen selbst mit keinerlei Regulierorganen, Ventilen, Absperrorganen usw. versehen, was mit Rücksicht auf die Betriebssicherheit und die einfache Bauweise sehr von Vorteil ist.

Abb. 453*b*. Ausschnitt aus dem Strahlungsteil des Lufterhitzers der Anlage Ravensburg während der Montage. Hinten Rohrbündel des Konvektionsteiles

Abb. 455 zeigt das Schema einer selbsttätigen Leistungsregelung durch Änderung der Kreislaufdichte. Die Regelorgane werden beispielsweise beeinflußt durch ein Fliehkraftpendel *5*, welches den Eintritt von Arbeitsmittel aus einem Hochdruckspeicher *8* und den Austritt von Arbeitsmittel aus dem Kreislauf in einen Niederdruckspeicher *9* beherrscht. Parallel zum Auslaßventil oder auch diesem zeitlich voreilend, kann ein Nebenschlußventil *10* geöffnet werden, welches Arbeitsmittel ohne Leistungsabgabe unmittelbar vom Hochdruckteil zum Niederdruckteil der Anlage strömen läßt.

Der Regelvorgang spielt sich beispielsweise folgendermaßen ab: Bei steigender Last sinkt die Drehzahl, die Abwärtsbewegung des Pendels *5* öffnet die Einlaßseite V_H von Ventil *7*. Es gelangt Arbeitsmittel aus dem Hochdruckspeicher *8* in den Kreislauf, und die Leistungsabgabe der Anlage steigt. Eine eindeutige Zuordnung von Last und Drehzahl wird hier durch passende Einwirkung des Kreislaufdruckes auf das Regelorgan *6* erzielt.

Bei Entlastung der Anlage wird umgekehrt der Auslaß V_N geöffnet, was Arbeitsmittel aus dem Kreislauf in den Niederdruckbehälter *9* ausströmen läßt. Bei zweckmäßiger Lage der Anzapfstellen tritt eine zusätzliche regelnde Wirkung auf, die eine besonders rasche Leistungsänderung erlaubt. Dazu muß die Arbeitsmittelzufuhr bzw. -entnahme auf der Hochdruckseite des Kreislaufes, also zwischen Austritt des Verdichters und Eintritt des Wärmeaustauschers erfolgen, was aus der folgenden Überlegung verständlich wird.

Der größte Teil der im Kreislauf enthaltenen Arbeitsmittelmenge befindet sich in den Wärmeaustauschapparaten: Wärmeaustauscher, Erhitzer, Vorkühler, und zwar zum einen Teil unter dem Verdichtungsenddruck p_H (Hochdruckteil), zum anderen Teil unter dem Saugdruck p_N (Niederdruckteil). Bei Belastung muß nun das in den Kreislauf einzulassende Arbeitsmittel im gleichen Verhältnis wie das bereits vorhandene dem Hochdruckteil und dem Niederdruckteil zugeführt werden. Wird alles Arbeitsmittel in den Hochdruckteil eingelassen, so muß ein entsprechender Teil davon im Kreislauf unter Entspannung in der Turbine auf die Niederdruckseite übergehen, wobei zusätzlich Energie frei wird und die abgegebene Leistung sich erhöht. Praktisch verläuft der Vorgang so, daß bei Beginn des Einlaßvorganges im ersten Augenblick nur der Hochdruck p_H ansteigt, so daß sich das Druckverhältnis p_H/p_N erhöht. Damit steigt die durch die Turbine strömende

Arbeitsmittelmenge, während der Verdichter weniger fördert. Es ergibt sich ein Leistungsüberschuß der Turbine.

Umgekehrt hat bei einer Entlastung der Anlage ein hochdruckseitiger Auslaß von Arbeitsmittel ein sofortiges Sinken des Hochdruckes p_H und damit auch des Druckverhältnisses p_H/p_N zur Folge, weil p_N vorerst noch unbeeinflußt bleibt. Die Turbine läßt weniger Arbeitsmittel durchtreten, leistet also weniger, während der Verdichter mehr fördert. Die Nutzleistungsabgabe vermindert sich also sofort stark. Nach den durchgeführten Berechnungen ist beispielsweise bei raschem Arbeitsmittelauslaß der Übergang von Vollast auf Leistungsabgabe Null schon vollzogen, wenn kaum 20% des Arbeitsmittelinhaltes des Kreislaufes ausgelassen wurden.

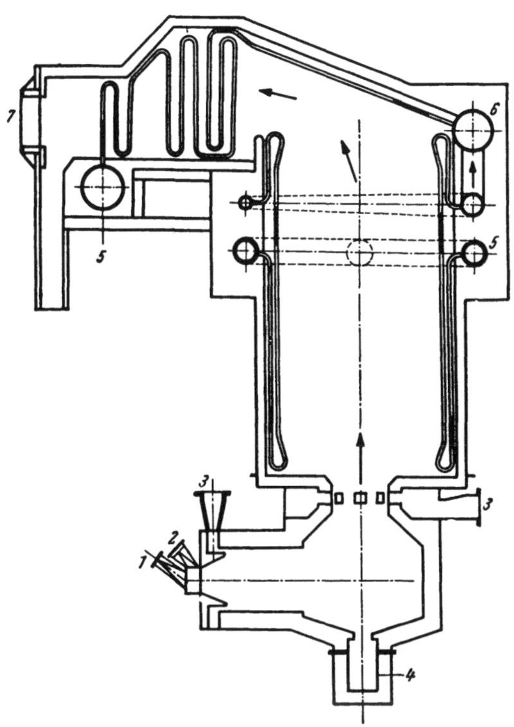

Abb. 454. Lufterhitzer für Kohlenstaubfeuerung von John Brown & Co., Ltd. Er besitzt eine runde Strahlungskammer mit gleichmäßiger Bestrahlung der Rohre

1 Primärluft und Brennstoffeintritt
2 Sekundärlufteintritt
3 Rückführgaseintritt
4 Aschenentleerungstrichter
5 Einlaßsammelbehälter
6 Auslaßsammelbehälter
7 Gasaustritt

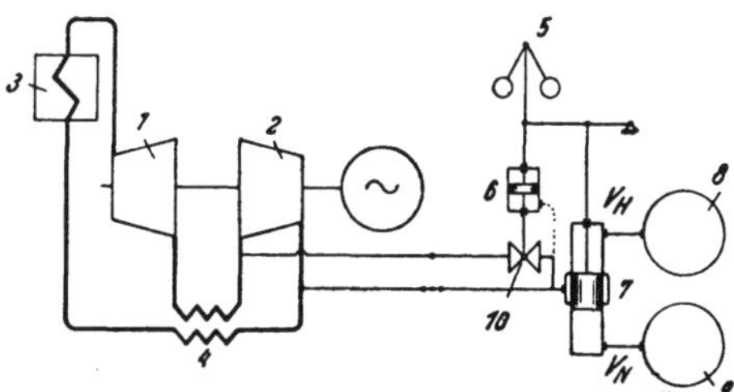

Abb. 455. Schema der Regulierung eines geschlossenen Kreislaufes. Die Zuordnung von Belastung und Kreislaufdichte im Beharrungszustand geschieht durch eine Druckrückführung *6* für den Hauptregler *5*, der hier als Drehzahlpendel angenommen ist. Diese Regler steuern das Wechselventil *7*, wodurch der Luftkreislauf aus dem Hochdruckspeicher *8* aufgeladen oder zum Niederdruckspeicher *9* entladen wird. Kleine periodische Schwankungen können durch vorübergehende Öffnung des Nebenschlußventils *10* des Kompressors *2* geregelt werden. Die Regulierung arbeitet als abgetrenntes Aggregat ohne Zwischenschaltung von Organen in den Luftkreislauf der Maschinen und wird nur von kalter Luft durchströmt

1 Turbine
2 Kompressor
3 Lufterhitzer
4 Wärmeaustauscher
5 Drehzahlpendel
6 Druckrückführung
7 Wechselventil mit Anschlüssen V_H und V_N
8 HD-Speicher
9 ND-Speicher
10 Nebenschlußventil

Unter den möglichen hochdruckseitigen Ein- und Auslaßstellen besitzt der Bereich zwischen Austritt des Verdichters und Eintritt des Wärmeaustauschers gewisse Vorzüge. Das auszulassende Arbeitsmittel hat hier die Verdichtungsendtemperatur, das Auslaßventil arbeitet also unter niedriger Temperatur. Ferner ist es nicht erforderlich, das einzulassende Arbeitsmittel besonders vorzuwärmen. Die Wärmekapazität des Wärmeaustauschers genügt, um auch die nun vergrößerte Durchtrittsmenge hinreichend aufzuwärmen. Eine Trägheit in der Feuerungsnachregelung im Erhitzer ist von geringem Einfluß, da einerseits die Erhitzerrohre infolge ihrer Wärmekapazität bei geringer Temperatursenkung für kurze Zeit die erforderliche Wärmemenge abgeben können und anderseits im ersten Moment des Einlaßvorganges dieses bereits erhitzte, vor dem eingelassenen Arbeitsmittel hergeschobene Arbeitsmittel in die Turbine gelangt.

Eine Regelung der Feuerung ist in einfacher Weise durchzuführen, da infolge der Speicherfähigkeit der Wärmeaustauschapparate keine hohen Anforderungen bezüglich rascher Wirkungsweise gestellt werden. Auch sind vorübergehende Temperaturabsenkungen unbedenklich. Die geforderte Leistung kann trotzdem bei etwas höherer Kreislaufdichte erreicht werden, die von der Regelung selbsttätig eingestellt wird. Zum Ausgleich einer Temperaturerniedrigung um z. B. 50° C genügt schon eine vorübergehende Druckerhöhung um 15 %. Zusätzliche Speicher, wie sie z. B. bei Wasserrohrkesseln ohne Speichervolumen notwendig sind, braucht man deshalb nicht.

Abb. 456*a*. Ansicht der Escher-Wyss-Versuchsanlage mit geschlossenem Kreislauf

Versuche, die mit einer nach den beschriebenen Grundsätzen aufgebauten Regelung an der Versuchsanlage durchgeführt wurden, bestätigen vollauf die erwartete Wirkungsweise. Es zeigt sich, daß die Drehzahl nach dem Abschalten nach Ansteigen wieder zurückgeht, also Leistungsgleichgewicht erreicht wird, lange bevor der Kreislauf sich voll entleert hat, wobei das Druckverhältnis vorübergehend stark zurückgeht. Die Drehzahlschwankungen klingen schon nach etwa 2 Sekunden ab, während die Entleerung des Kreislaufes erst nach mehr als einer Minute abgeschlossen ist.

Abb. 456*b*. Verdichtergruppe der Escher-Wyss-Versuchsanlage

Bei kurzzeitigen periodischen Schwankungen von geringem Ausschlag ist es vorteilhafter, die rasche Leistungsänderung durch Wirkung eines Nebenschlußventiles *10* herbeizuführen als durch Laden und Entladen der Regulierspeicher die Kreislaufdichte zu verändern. Die Abgrenzung der beiden Reguliermethoden läßt sich durch Einstellung der Regulierung herbeiführen.

Die gesamten Regelorgane für die Änderung der Aufladung lassen sich in einem geschlossenen separaten Regelblock außerhalb des eigentlichen Arbeitsmittelkreislaufes aufstellen. Sie werden nur von kalter Luft bestrichen und sind entsprechend unempfindlich.

f) Versuchsanlage. Escher Wyss, Zürich, hat eine Versuchsausführung einer aerodynamischen Wärmekraftanlage mit geschlossenem Kreislauf mit einer Leistung von 2000 kW entwickelt und gebaut, an der planmäßige Untersuchungen durchgeführt wurden, Abb. 456a, b. Obwohl die Anlage bereits in industriell verwendbarer Form zur Stromerzeugung entworfen wurde, ist darauf geachtet worden, die einzelnen Maschinen und Apparate weit getrennt und ohne Rücksicht auf Raumersparnis zweckmäßig zum Einbau von Meßeinrichtungen aufzustellen. Auf diese Weise ist das Studium des Kreislaufes möglich gewesen, und das Arbeiten sämtlicher Einzelteile der Anlage konnte im Betrieb zahlenmäßig verfolgt werden.

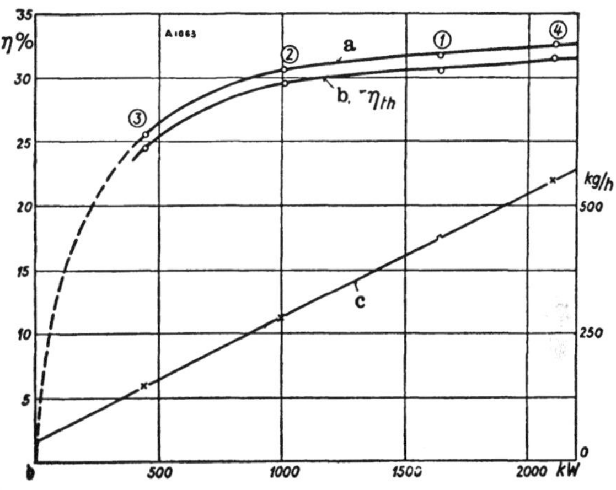

Abb. 457. In offiziellen Leistungsversuchen ermittelter thermischer Wirkungsgrad der Escher-Wyss-Versuchsanlage von 2000 kW, s. Tab. 64

a Ohne Hilfsmaschinen
b Mit Hilfsmaschinen
c Brennstoffverbrauch (kg/h)

Für die Einzelteile wurden weitgehend bewährte Bauarten genommen, um so wenig als möglich Betriebsstörungen zu haben. Die Arbeitsluft wurde durch eine Ölfeuerung erhitzt und ohne Zwischenüberhitzung nacheinander in einer Hochdruck- und einer Niederdruckturbine entspannt. Die erstere trieb den zwischengekühlten Verdichter, Abb. 456b, mit 8000 U/min, die letztere unmittelbar einen Stromerzeuger mit 3000 U/min an. Es wurde mit ihr in vielhundertstündigem Betrieb bei Temperaturen bis 700°C, die über den im Dampfturbinenbau üblichen liegen, ohne Störung gearbeitet. Das Schaltschema dieser Anlage wurde schon in Abb. 17 gezeigt. Leistungen und Wirkungsgrade gehen aus Tab. 64 hervor [*287*]. Die Teillastwirkungsgrade sind aus Abb. 457 gut zu ersehen.

10. Die Anwendung des geschlossenen Kreisprozesses

Die Anwendungsmöglichkeiten sind natürlich sehr groß. In erster Linie wird man diese Verfahren wohl bei Kraftanlagen großer Leistung anwenden, aber auch Projekte für Schiffsanlagen und Hüttenwerke zeigen günstige Ergebnisse [*286, 288, 289, 290, 291, 292, 294*]. Die erste industrielle AK-Anlage war die 12500-kW-Anlage für die St.-Denis-Kraftstation in Paris, Abb. 458. Die Luft wird in vier Stufen durch die Kompressoren *8, 9* und *10* auf 52,7 ata verdichtet, Abb. 459, und durch die Zwischenkühler *16, 17, 18* heruntergekühlt. Die hochverdichtete Luft geht über den Wärmeaustauscher, wo sie auf 380° C erhitzt wird, in den ölbeheizten Lufterhitzer *1* und wird dort in einer großen Anzahl dünner Rohre auf die Eintrittstemperatur von 650° C gebracht. In der Hochdruckturbine *6* erfolgt die erste Expansion, hernach eine neuerliche Zwischenerhitzung im Lufterhitzer *1* auf 650° C und sodann in der Niederdruckturbine *7* die Expansion auf 4,7 ata und 410° C. Anschließend durchläuft die Luft den Wärmeaustauscher, wo sie die Restwärme abgibt, und wird vor Eintritt in den Kompressor im Vorkühler *15* auf 26° C

Tabelle 64. *Versuchsergebnisse mit der 2000-kW-Versuchsanlage von Escher Wyss*

Versuch	Nr.	3	2	1	4
Dauer	min	30	45	45	55
Barometerstand	mm Hg	734	734	734	731
Nutzleistungen:					
Umdrehungen des Generators	U/min	2850	2850	2850	2850
Umdrehungen des Kompressors	U/min	7600	7600	7600	7600
Klemmenleistung	kW	418	967	1591	2044
Verlustleistung des Generators	kW	28	38	53	67
Kupplungsleistung	kW	446	1005	1644	2111
Hilfsmaschinenleistungen:					
Brennstoffpumpe	kW	6,7	7,6	9,5	11,2
Saugzug	kW	4,8	10,2	17,2	23,7
Ventilator für Verbrennungsluft	kW	0,5	0,9	2	3,6
Ventilator für Rückführung der Verbrennungsgase in den Feuerraum	kW	0,3	0,4	0,9	2
Totale Leistung der Erhitzerhilfsmaschinen	kW	12,3	19,1	29,6	40,5
Kühlwasserpumpe	kW	3,8	3,8	3,8	3,8
Regelungsluftpumpe	kW	1,8	8,3	19,7	30,8
Totale Leistung der Hilfsgeräte	kW	17,9	31,2	53,1	75,1
Nettoleistung an den Klemmen	kW	400,1	935,8	1537,9	1968,9
Brennstoffverbrauch	kg/h	148	279	441	548
Unterer Heizwert	kcal/kg	10160	10160	10160	10160
Spezifischer Brennstoffverbrauch:					
Bezogen auf Klemmenleistung ohne Hilfsgeräte	kg/kWh	0,354	0,288	0,277	0,268
Bezogen auf Klemmenleistung mit Hilfsgeräten	kg/kWh	0,371	0,298	0,287	0,278
Bezogen auf Kupplungsleistung	kg/kWh	0,332	0,278	0,268	0,260
Wirkungsgrad an der Kupplung:					
Ohne Hilfsgeräte	%	25,5	30,5	31,6	32,6
Mit Hilfsgeräten	%	24,4	29,5	30,5	31,5
Wirkungsgrad an den Klemmen:					
Ohne Hilfsgeräte	%	23,9	29,4	30,6	31,6
Mit Hilfsgeräten	%	22,8	28,4	29,5	30,5
Lufterhitzer:					
Lufttemperatur am Austritt	°C	704	696	693	689
Verbrennungsluft: Ansaugtemperatur	°C	52	52	49	52
Verbrennungsluft: Eintritt Feuerraum	°C	549	550	551	555
Verbrennungsluft: Menge	kg/h	2616	4275	6760	8610
Verbrennungsgas: Austritt Luftvorwärmer	°C	163	173	166	185
Verbrennungsgas: Menge im Kamin	kg/h	3000	4355	7250	9110
Verbrennungsgas: Orsat Analyse am Austritt CO_2	%	12,2	14,5	14,2	12,6
Verbrennungsgas: Orsat Analyse am Austritt CO	%	0	0	0	0
Theoretischer Luftverbrauch	kg/kg	14,3	14,3	14,3	14,3
Luftüberschußfaktor	—	1,23	1,07	1,07	1,1

Fortsetzung der Tabelle 64

Turbine:					
Gewicht der Kreislaufluft	kg/sek	4,75	9,65	15,38	19,4
Druck: Hochdruckturbine, Eintritt ...	kg/cm² abs	5,89	11,84	18,83	24,12
Temperatur: Hochdruckturbine, Eintritt	°C	698	693	691	687
Druck: Niederdruckturbine, Austritt ..	kg/cm² abs	1,65	3,35	5,31	6,75
Temperatur: Niederdruckturbine, Austritt	°C	452	449	447	443
Druckverhältnis	—	3,57	3,53	3,55	3,57
Effektives Wärmegefälle	kcal/kg	65,2	64,7	64,6	64,4
Adiabatisches Wärmegefälle	kcal/kg	71,9	71,6	71,3	71,3
Innerer Turbinenwirkungsgrad	%	90,7	90,4	90,5	90,3
Kompressor:					
Druck: Niederdruckkompressor, Eintritt	kg/cm² abs	1,56	3,22	5,1	6,47
Temperatur: Niederdruckkompressor, Eintritt	°C	13,3	14,2	15,5	16,4
Druck: Hochdruckkompressor, Austritt	kg/cm² abs	6,03	12,19	19,19	24,38
Temperatur: Hochdruckkompressor, Austritt	°C	56,7	56,4	57,5	58,3
Duckverhältnis	—	3,87	3,79	3,76	3,77
Innerer isothermischer Wirkungsgrad ..	%	76,6	76,8	76,9	76,6

gekühlt. Die Hochdruckturbine treibt drei Kompressoren und gibt keine Nutzleistung ab. Die Niederdruckturbine treibt den Niederdruckverdichter und gibt Nutzleistung an den Generator *12*. Bei dieser Anlage wird der Lufterhitzerfeuerraum auf etwa 2,8 ata aufgeladen, um die Wärmeübergänge zu erhöhen und die Größe herabzusetzen. Infolge

Abb. 458. 12500-kW-Heißluftturbinenanlage mit geschlossenem Kreislauf in der Zentrale St. Denis bei Paris. Diese Anlage war die erste ihrer Art und ist noch nicht in TUCO-Bauweise erstellt

mangelnder Erfahrung war dieser Lufterhitzer noch als reiner Konvektionskessel gebaut und mußte, um die Heizflächen klein zu halten, aufgeladen werden. Bei modernen Anlagen erhält der Lufterhitzer einen Strahlungsteil und braucht daher nicht mehr aufgeladen zu werden. Zu diesem Zwecke wird die Verbrennungsluft in einem Kompressor *2* auf etwa 3 ata verdichtet und geht über den Luftvorwärmer *4* zum Lufterhitzer *1*.

Die Verbrennungsgase des Lufterhitzers *1* werden in zwei Teile geteilt. Ein Teil treibt eine Turbine *22* zum Antrieb des Kompressors *2* und geht hernach über den Luftvorwärmer *4* ins Freie. Der andere Teil wird über ein Gebläse *3*, das ebenfalls von der Turbine *22* angetrieben wird, wieder in den Lufterhitzer geleitet, um die Verbrennungsgase ohne ein unnötig großes Quantum Luft auf die erforderliche Temperatur zu kühlen.

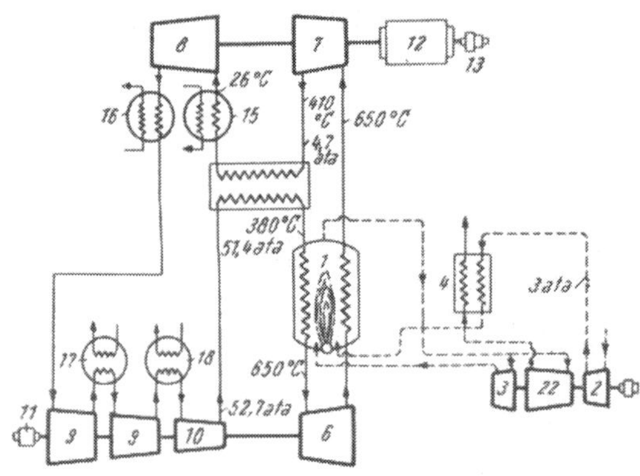

Abb. 459. Schema der St.-Denis-Kraftstation

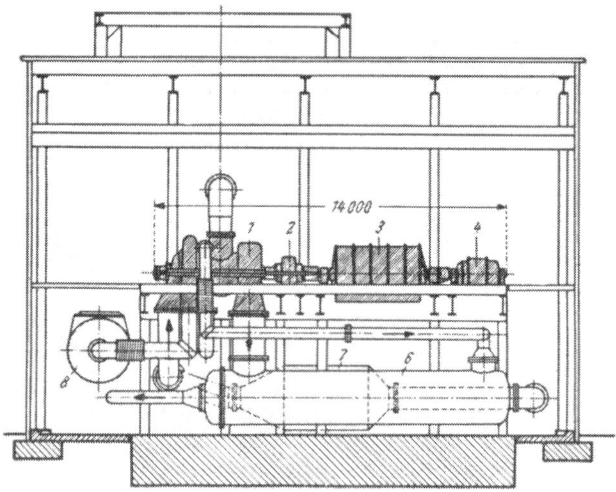

Abb. 460. Modernes AK-Kraftwerk von 12000 kW in TUCO-Bauweise

1 Kompressorturbine
2 Getriebe
3 Generator
4 Anwurfmotor
5 Lufterhitzer (verdeckt)
6 Wärmeaustauscher
7 Vorkühler
8 Zwischenkühler

Für Industrieanlagen könnte die Wärme aus den Vor- und Zwischenkühlern zu Heizzwecken, s. S. 551, verwendet und damit noch etwa 25 % der Brennstoffwärme nutzbar gemacht werden, ohne das Arbeiten der Anlage zu stören. Der Wirkungsgrad der vorbeschriebenen Anlage, gemessen am Generator, ist 32 %.

Heute würde man diese Anlage in TUCO-Bauweise erstellen und unter Fortfall von Zwischenerhitzung und Aufladung des Lufterhitzers mit wesentlich kleinerem Bauvolumen durchkommen, Abb. 460.

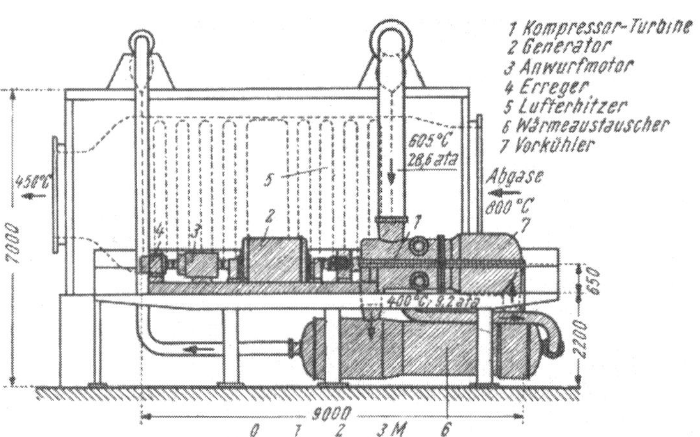

Abb. 461. Beispiel einer Anlage zur Ausnützung der Abwärme heißer Gase. Der Lufterhitzer ist ein einfacher Röhrenwärmeaustauscher

Für chemische Anlagen ist der geschlossene Kreisprozeß ebenfalls sehr interessant. Ein einfacher Röhrenwärmeaustauscher anstatt des Lufterhitzers kann bei vielen Prozessen die frei werdende Wärme auf die Arbeitsluft einer AK-Anlage übertragen, Abb. 461. Diese Anlage leistet 2000 kW. Die heißen Gase werden von 800° C auf 450° C abgekühlt und dann wieder im chemischen Prozeß verwendet.

Die Heißluftturbine ist auch sehr gut für den Antrieb von Schiffen geeignet, da sie neben dem Vorteil kleiner Rauchgas- und Frischluftleitungen auch die Annehmlichkeit bietet, ihre Charakteristik den Bedürfnissen entsprechend abändern zu können. So läßt sich für Marineanlagen bester Teillastwirkungsgrad und für Handelsschiffe eine flache Verbrauchskurve ohne weiteres verwirklichen, Abb. 462. Weiters ist für Schiffe auch

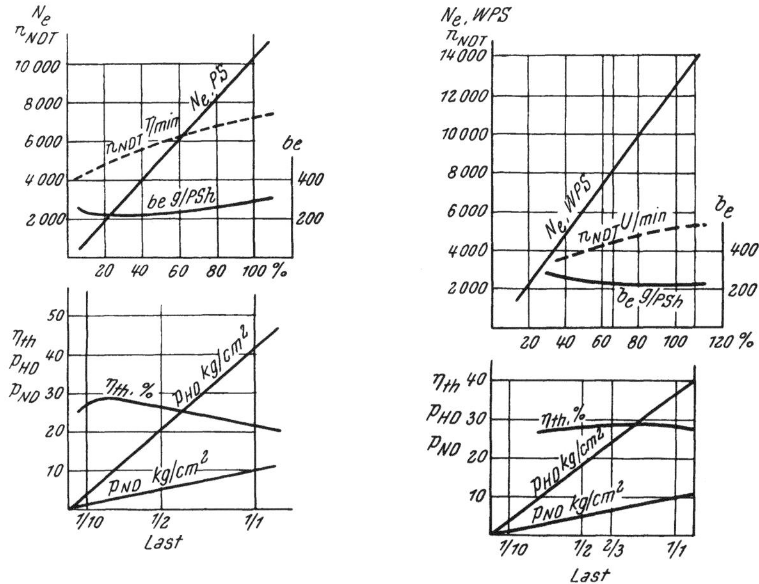

Abb. 462. Linkes Bild: Leistungsdaten einer Luftturbine für ein Kriegsschiff
Rechtes Bild: Leistungsdaten einer Luftturbine für ein Handelsschiff

N_e	Wellenleistung in WPS
P_{HD}, P_{ND}	Kreislaufdrücke in kg/cm²
b_e	Brennstoffverbrauch in g/PSh (Öl, Heizwert 10000 kcal/kg)
η_{th}	Thermischer Wirkungsgrad, bezogen auf den Brennstoffverbrauch und die Wellenleistung
n_{NDT}	Drehzahl der Arbeitsturbine

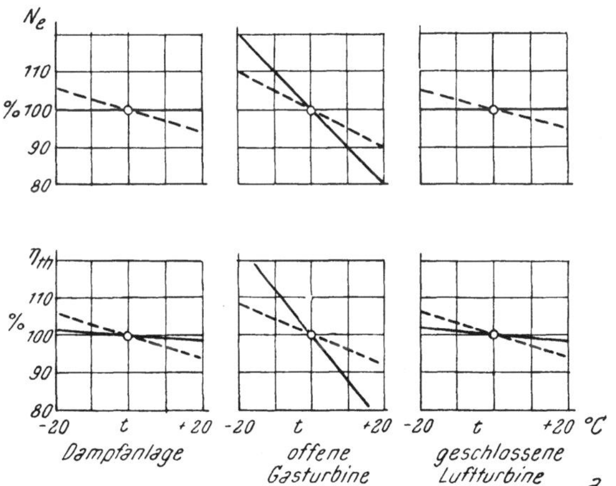

Abb. 463*a*. Einfluß der Abweichung in der Lufttemperatur —— und Kühlwassertemperatur – – – auf Leistung und Wirkungsgrad von Wärmekraftanlagen. Die Ähnlichkeit von Dampfanlage und Heißluftturbinenanlage ist deutlich zu erkennen

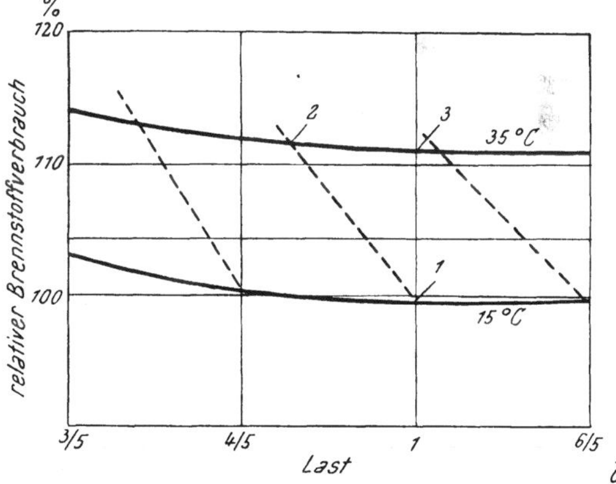

Abb. 463*b*. Einfluß der Kühlwassertemperatur. Durch den Anstieg der Kühlwassertemperatur erfolgt für alle Gas- und Luftturbinen eine Einbuße in Leistung und Wirkungsgrad (von *1* auf *2*). Die geschlossene Luftturbine kann jedoch die volle Leistung wieder erreichen durch Erhöhung des Druckes von p auf z. B. 1,2 p (Punkt *3*). Gestrichelte Linien sind solche konstanten Druckes

von Bedeutung, daß eine Dampferzeugung ohne Beeinflussung der Gasturbine selbst möglich ist [*294*]. Eine Schiffsmaschine für 10000 bis 12000 PS mit hohem Teillastwirkungsgrad wurde schon in Abb. 445 gezeigt, ebenso ein Lufterhitzer für Schiffe in Abb. 452.

Sehr angenehm ist auch die relative Unempfindlichkeit der geschlossenen Turbine gegen Schwankungen der Luft- bzw. Kühlwassertemperatur, Abb. 463a. Der Einfluß der Kühlwassertemperatur kann dabei sogar mittels einer Erhöhung des Druckes ausgeschaltet werden, Abb. 463b.

Abb. 464. Ansicht der Anlage Ravensburg. Links das Turbinenhaus, in der Mitte freistehend der Lufterhitzer

Die erste Industrieanlage mit Kohlenstaubfeuerung steht im Escher-Wyss-Werk Ravensburg. Diese 1956 in Betrieb genommene 2000-kW-Anlage, Abb. 464, arbeitet hervorragend und ist außerdem auch erstmalig mit einer Heißwassererzeugung für die Werkheizung gekoppelt. Das Schaltschema geht aus Abb. 465 hervor. Der Aufbau des Wärmetauschers wurde schon in Abb. 448 und 449 gezeigt, der Lufterhitzer in Abb. 453a und die TUCO-Gruppe in Abb. 443. Die geöffnete TUCO-Gruppe ist in Abb. 466 dargestellt.

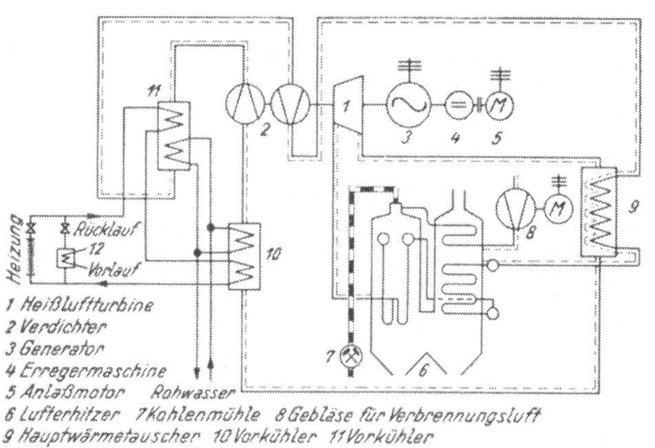

Abb. 465. Schaltschema der Anlage Ravensburg mit Kohlenverbrennung und Abwärmeausnützung in einer Hallenheizung (Aufladeverdichter nicht eingetragen)

Diese Anlage bringt also gleich etliche Neuerungen: Kohlenstaubfeuerung, Wärmeaustauscher mit Rippenrohren, TUCO-Gruppe und Kombination von Stromerzeugung und Heizwärmelieferung. Sie arbeitet mit 660° C Turbineneintrittstemperatur bei 27 ata. Der Kompressoreintrittsdruck beträgt 7,25 ata bei 20° C.

Bei der Planung dieser Turbine mußte berücksichtigt werden, daß neben der Energieerzeugung auch Abwärme für eine Heizung geliefert werden muß. Es mußte daher die Wirtschaftlichkeit der geplanten Anlage im Hinblick auf den fehlenden Wärmeverbrauch im Sommer besonders untersucht werden. Die Berechnungen der Firma ergaben, daß eine Dampfturbine der geforderten Leistung bei Vollast im Sommer einen Wärmewirkungsgrad von 22 % an den Klemmen des Generators liefern kann, der aber im Winter bei Gegendruckbetrieb wegen des Heizdampfbedarfes auf 19 % absinkt. Eine Gasturbine mit geschlossenem Kreisprozeß ergibt dagegen nach Untersuchungen der Firma einen Wirkungsgrad von 26%, ganz gleichgültig, ob die Heizung Wärme verbraucht oder nicht. Es muß lediglich während der kältesten Zeit (etwa 4 bis 6 Wochen im Jahre) ein Absinken des Wärmewirkungsgrades der Gasturbine hingenommen werden, weil dann zur Deckung des Heizwärmebedarfes die tiefste Temperatur des Kreisprozesses etwas erhöht werden muß. Der Energieverbrauch schwankt während eines Tages etwa im Verhältnis 1:6. Es muß daher eine Maschine angewendet werden, die ein möglichst gutes Teillastverhältnis besitzt. Dies ist beim geschlossenen Kreisprozeß der Fall, bei dem die Wirkungsgradkurve wegen Veränderlichkeit des allgemeinen Druckpegels bis herab zu etwa 40 % der Vollast sehr flach verläuft. Erst bei Absinken der Leistung unter diese Grenze fällt auch hier der Wirkungsgrad stärker ab. Man rechnet angesichts einer noch zu erwartenden Erhöhung des mittleren Energieverbrauches im vorliegenden Falle mit einem Mittelwert des Wärmewirkungsgrades der Gasturbine von 22 %.

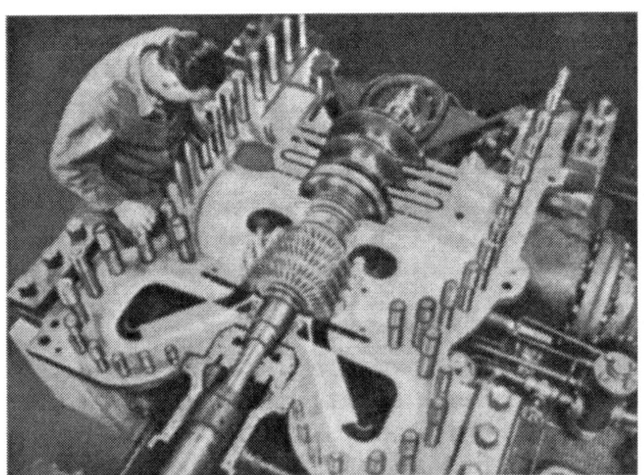

Abb. 466. TUCO-Gruppe der Anlage Ravensburg mit abgenommener oberer Gehäusehälfte. Leistung 2000 kW, vorn fünfstufige Heißluftturbine für 650 bis 700° C, dahinter, auf gleicher Welle, dreistufiger Radialkompressor zur Luftverdichtung von 8 auf 32 kg/cm²

Die Ausnützung der Abwärme für Heizzwecke aus dem Zwischenkühler und aus dem Vorkühler erhöht den Wärmewirkungsgrad der gesamten Anlage auf 56 %. Bei einem einfachen offenen Kreisprozeß würde sich hier vielleicht ein Wert von 70 % erreichen lassen, wenn auch der Wärmewirkungsgrad des eigentlichen Gasturbinenprozesses geringer ist als beim geschlossenen Kreisprozeß. Da aber die Verwendung fester Brennstoffe bindend vorgeschrieben war, wurde im Hinblick auf Schwierigkeiten durch Flugasche und wegen des guten Teillastverhältnisses eine Gasturbine mit geschlossenem Kreisprozeß gewählt [*295*].

Die Ausnutzung der Abwärme für die Werkheizung geht auf folgende Weise vor sich: Der Rücklauf aus der Heizung mit 45° C strömt zuerst durch den Zwischenkühler, Abb. 465, dann durch den Vorkühler und tritt hier mit 75° C aus. Im Sommer wird die nicht benötigte Heizung durch einen eigenen Rückkühler kurz geschlossen, welcher die Rücklauftemperatur von 45° C herstellt. Vorkühler und Zwischenkühler besitzen gerippte Kupferrohre, bei denen das Kühlwasser im Inneren der Rohre strömt. Beide Kühler haben getrennte Kühlelemente, von denen die einen als Tiefkühlstufe mit kaltem Rohwasser und die anderen als höhere Kühlstufe mit Rücklaufwasser aus der Heizung bespült werden. Aus dem Schaltschema der Abb. 465 ist zu erkennen, daß die beiden Rohwasserkreisläufe in den zwei Kühlern parallel, die Heizwasserkreisläufe dagegen hintereinander geschaltet sind.

Der mit Kohlenstaub gefeuerte Lufterhitzer stellt eine bemerkenswerte Erstausführung dar. Abb. 453a zeigt einen Schnitt des im Freien aufgestellten Apparates.

Beim Entwurf hat man dem Umstand Rechnung getragen, daß es sich um eine Erstausführung handelt, und daß das Verfeuern von Kohlenstaub für so kleine Leistungen ungewöhnlich ist. Dementsprechend wählte man eine sehr niedrige Brennkammerbelastung von nur rund 150000 kcal/m³h, ordnete die drei Brenner *7*, Abb. 453a, mit leicht gegen die Vertikale geneigter Achse an, so daß sich eine große Ausbrandlänge ergibt, und sah einen zusätzlichen Ölbrenner vor, der zum Anfahren und bei Belastungen unter etwa 350 kW zur Erzeugung einer Stützflamme dient. Der Betrieb hat gezeigt, daß der Brennraum wesentlich höher belastet werden kann. Der Lufterhitzer der Heißluftturbinenanlage von 6600 kW für die Stadtwerke Coburg ist, wie Abb. 453b zeigt, nur wenig größer als derjenige der Ravensburger Anlage. Die Flamme durchsetzt die Brennkammer *4*, Abb. 453a, von oben nach unten. Eine Einschnürung im unteren Teil hält sie in der Mitte des Rohrkranzes. Die auf 900 bis 950° C abgekühlten Rauchgase gelangen nach zweimaliger Umlenkung um 90° in den Konvektionsteil *2*, durchstreichen diesen von unten nach oben, treten dann mit etwa 480° C in den Ljungström-Luftvorwärmer *9* ein, um schließlich mit 150 bis 160° C über einen Staubabscheider vom Saugzugebläse abgesogen und dem Hochkamin zugeführt zu werden. Bei der Umlenkung vom Strahlungsteil *4* zum Konvektionsteil *2* wird der Hauptteil der Asche ausgeschleudert. Diese gelangt durch zwei Trichter auf den Naßentschlacker *12*, der auch die im Staubabscheider anfallende Asche aufnimmt.

Die Kreislaufluft tritt am oberen Ende des Konvektionsteils bei *1* mit etwa 400° C ein und gelangt im Kreuz-Gegenstrom zu den Rauchgasen durch die Rohrbündel nach unten, wo sie mit rund 470° C von einem Sammler aufgenommen wird. Von diesem führen sechs außerhalb liegende Rohre *3* nach dem im oberen Teil des Strahlungserhitzers liegenden, gegen die Brennkammer *4* isolierten Ringsammler, der aus sechs Elementen besteht, so daß sich die Wärmedehnungen frei auswirken können. Vom Ringsammler führen Rohre von 32 mm Außendurchmesser und 2,5 mm Wandstärke die Luft nach unten. Kurz über der Einschnürung werden je zwei Rohre zu einem von 44 mm Außendurchmesser und je 3 mm Wandstärke zusammengefaßt. Diese laufen weiter nach unten bis nahe zum unteren Ende des Strahlungsteiles, biegen dort um 180° um, führen in einem äußeren Rohrkranz wieder nach oben bis dicht unter die Einschnürung, wo sich wieder zwei Rohre zu einem von 70 mm Außendurchmesser und 4 mm Wandstärke vereinigen. Diese größeren Rohre, in denen die Luft 660° C aufweist, treten nun durch die Wand nach außen in seitlich angebrachte Endsammler *5*. Die Rohre des Strahlungsteiles von 32, 44 und 70 mm Außendurchmesser bestehen aus austenitischem Stahl, alle übrigen aus ferritischem. Bei Vollast nimmt die Kreislaufluft 30 % der insgesamt zugeführten Wärme im Konvektionsteil und 70 % im Strahlungsteil auf. Bei Teillast ist der Anteil des Strahlungsteils noch größer.

Von den beiden Schläger-Kohlenmühlen ist die eine für einen Durchsatz von 0,8 t/h, die andere für einen solchen von 0,4 t/h ausgelegt. Diese Aufteilung erlaubt eine gute Anpassung an wechselnde, namentlich auch kleinere Belastungen. Die Mühlen erhalten auf 430° C vorgewärmte Primärluft, die sich mit dem Kohlenstaub mischt, ihn trocknet und den Brennern zuführt.

11. Die Entwicklung des kohlenstaubgefeuerten Lufterhitzers[1]

a) Auslegung der Anlage Ravensburg. Aus der gesamten, je Zeiteinheit in die Brennkammer nach Abb. 467a und b eingeführten Wärmemenge Q_{ges}, die sich aus der wirklich je Zeiteinheit verbrannten Brennstoffmenge und aus dem fühlbaren Wärmestrom der Erst-, Zweit- und Drittluft zusammensetzt, vgl. Abb. 453a, erhält man mit dem Brennkammerdurchmesser (Rohrteilkreisdurchmesser) $D = 3{,}2$ m bei maximaler Dauerlast eine Querschnittsbelastung von 1,10 Gcal/m²h und mit der bestrahlten Rohrlänge L bis zur Einschnürung von $L = 7{,}5$ m eine Brennkammerbelastung von 0,147 Gcal/m³h.

Beim Auslegen des Lufterhitzers war eine Reihe verschiedener Bedingungen zu erfüllen, die ein sicheres Arbeiten auch bei Teillast gewährleisten sollten. An sich sind diese Bedingungen aus der Dampfkesselpraxis her bekannt und erprobt. Leider lassen sie sich aber im Lufterhitzerbau nicht unbedingt erfüllen, was sich zum Teil durch das Arbeitsmittel, zum Teil auch aus dem Heißluftturbinen-Kreislauf selbst ergibt. Ein einwandfreies Abbrennen der Kohlenstaubflamme setzt eine bestimmte Mindesttemperatur in der Flamme voraus, was gleichbedeutend mit einer Mindestvolumbelastung ist. Dies bedeutet aber gleichzeitig eine starke Einstrahlung an die Wände. Nun kann man zwar in einem *Dampferzeuger* auf der Wasserseite eine Wärmeübergangszahl von etwa

[1] Dieser Abschnitt ist einer Arbeit von Prof. Dr.-Ing. K. Bammert entnommen [*305a*].

10000 kcal/m²h° C ohne weiteres erreichen; bei einer Einstrahlung von z. B. 10^5 kcal/m²h sind dann etwa 10° Temperaturunterschied zwischen dem in den Rohren strömenden, als Kühlmittel wirkenden Medium (Wasser-Dampf) und der Rohrwand zu erwarten. Bei dem *Lufterhitzer* einer Heißluftturbine kommt man aber höchstens auf Wärmeübergangszahlen von 1000 kcal/m²h° C, da nicht nur der Wärmeübergang der strömenden Kreislaufluft im Vergleich zum Wärmeübergang des verdampfenden Wassers an sich schlecht ist, sondern darüber hinaus auch — bei dem hohen Anteil, den die Verdichtungsarbeit an der Gesamtarbeit der Luftturbine bzw. allgemein der Gasturbine hat — der Druckabfall und damit die Geschwindigkeiten im Lufterhitzer klein bleiben müssen.

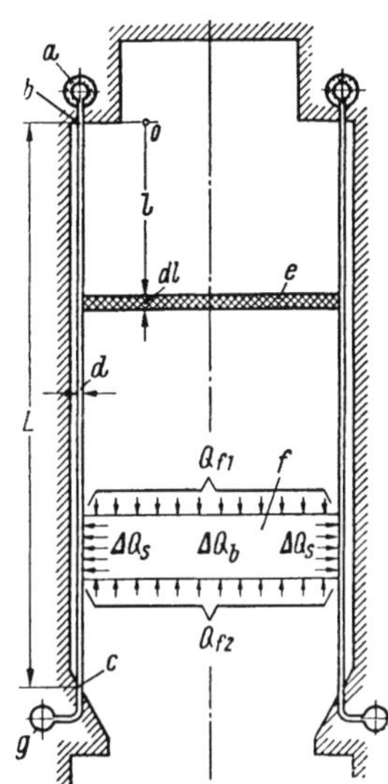

Abb. 467*a*. Längsschnitt durch den zylindrischen Strahlungsteil

a Ringsammler
b Eintritt der Kreislaufluft in den Strahlungsteil
c Austritt der Kreislaufluft aus dem Strahlungsteil
d Rohraußendurchmesser
e Rauchgasscheibe von der Dicke *dl*
f Rauchgaszone
g Austrittssammler
l Einstrahllänge
L Gesamte Einstrahllänge
Q_{f1}, Q_{f2} Fühlbarer Wärmestrom der Rauchgase beim Eintritt bzw. beim Austritt von *f*
ΔQ_s Eingestrahlter Wärmestrom
ΔQ_b Aus dem Brennstoff freigewordener Wärmestrom

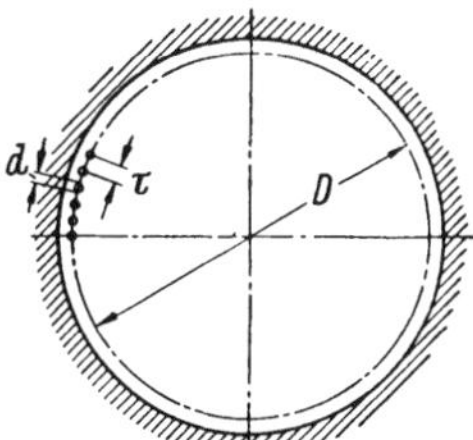

Abb. 467*b*. Querschnitt durch den zylindrischen Strahlungsteil

d Außendurchmesser der Heizrohre
τ Rohrteilung
D Durchmesser des Rohrkorbes (Teilkreisdurchmesser)

Abb. 467*a* und *b*. Schema der Brennkammer von Abb. 453a (linkes Bild)

Natürlich hat man auch im Überhitzer von Dampferzeugern ähnlich niedrige Wärmeübergangszahlen, jedoch ist man nicht gezwungen, diesen Teil in den Bereich der heißesten Zone der Brennkammer zu legen.

Bei der erwähnten Einstrahlung von 10^5 kcal/m²h ergibt sich im Bereich der größten Wärmeeinstrahlung der Flamme ein Temperatursprung zwischen der Luft und der äußeren Rohrwand von über 100°; im Bereich der höchsten Kreislauflufttemperaturen, d. h. unterhalb der Flamme, sinkt dieser Wert auf etwa 50 bis 70° ab. Eine Einstrahlungswärme von 10^5 kcal/m²h ist aber bei einer Kohlenstaubfeuerung ein Wert, der sich an der heißesten Stelle der Rohre bereits nicht mehr einhalten läßt, wenn man die für das sichere Brennen der Flamme nötige Volumbelastung nicht unterschreiten will. Andererseits gelangt die Kreislaufluft bereits mit 400° C in den Lufterhitzer. Da man diese „kalte“ Luft zunächst — zur endgültigen Abkühlung der Rauchgase vor deren Eintritt in den Luftvorwärmer — durch den Konvektionsteil leiten muß, beträgt ihre Temperatur an den kritischen Stellen im Strahlungsteil bereits mindestens 550° C, wie später noch gezeigt wird. Um allzu hohe Rohrwandtemperaturen zu vermeiden, muß man daher den Lufterhitzer mit einer möglichst kleinen Volumbelastung ausführen. Damit verbieten sich aber hochbelastete Feuerungen, wie etwa Schmelzkammerfeuerungen, von selbst.

Die Auslegung der Brennkammer für den Ravensburger Lufterhitzer bereitete ziemliche Schwierigkeiten. Zwar ließ sich der gesamte im Strahlungsteil an die Rohre übertragene Wärmestrom Q_s, der infolge der Verluste nach außen hin etwas kleiner als der in der Brennkammer abgestrahlte Wärmestrom Q'_s ist, und damit der Mittelwert der Heizflächenbelastung nach einem der im Dampfkesselbau üblichen Verfahren mit genügender Genauigkeit ermitteln.

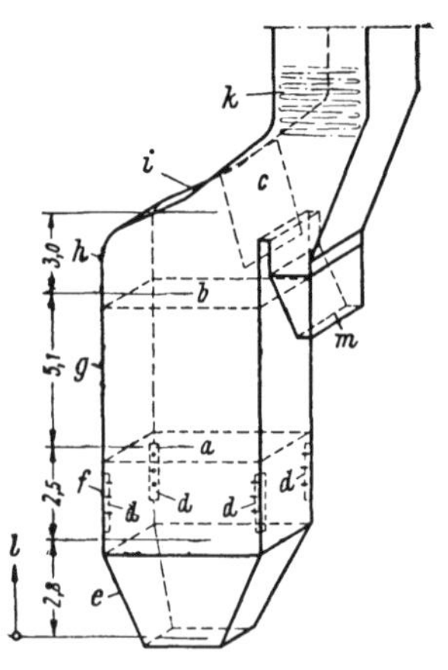

Abb. 467 *c*. Brennkammer eines Schmelztrichterkessels. Maße in m

a, *b*, *c* Meßebenen
d Eckenbrenner
e Trichter
f Brennzone
g Schacht
h Austrittszone
i Übergang zum Konvektionsteil
k Konvektionsteil
l Einstrahlhöhe
m Aschentrichter

Der gesamte im Strahlungsteil übertragene Wärmestrom Q' läßt sich z. B. nach dem STEFAN-BOLTZMANNschen Gesetz oder nach dem die einzelnen Einflußgrößen besser erfassenden Verfahren von W. J. WOHLENBERG berechnen [*305b*]. Danach ist $Q'_s = \mu Q_{ges}$ mit μ als dem abgestrahlten Teil des insgesamt der Brennkammer zugeführten Wärmestroms Q_{ges}. In diesem Fall ergab sich μ zu 0,536. Die Rauchgastemperatur t_a am Ende der Brennkammer folgt aus $t_a = (Q_{ges} - Q'_s) \,/\, V_a\, c_{pm}$, wenn V_a das Rauchgasvolum je Zeiteinheit und c_{pm} die mittlere spezifische Wärme der Volumeinheit bei konstantem Druck p bedeuten. Diese Temperatur t_a muß unter dem Aschenerweichungspunkt liegen und soll nur so hoch sein, daß in den nachgeschalteten Berührungsheizflächen auf hochwertige Werkstoffe verzichtet werden kann.

Es lagen jedoch kaum Erfahrungen über die Verteilung dieser Einstrahlung über die Höhe der Brennkammer vor. Gerade diese Kenntnis war aber für das Bestimmen der voraussichtlichen Rohrwandtemperaturen nötig. Eine Fehlabschätzung in dieser Hinsicht hätte unter Umständen zu verhängnisvollen Folgen führen können, da man ohnehin mit Temperaturen arbeiten mußte, die für die damals erhältlichen normalen austenitischen Werkstoffe die Grenze sowohl in bezug auf Zunderbeständigkeit wie auch auf Zeitstandfestigkeit darstellten.

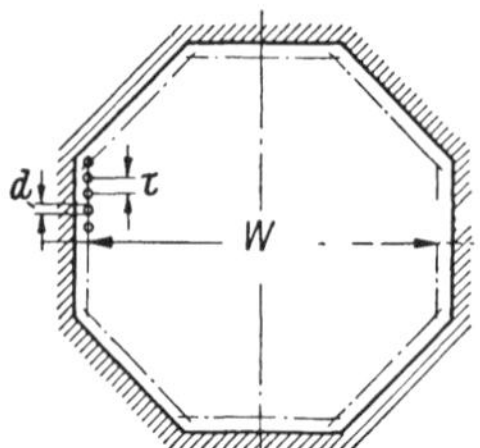

Abb. 467 *d*. Querschnitt durch eine achteckige Brennkammer

d Außendurchmesser der Heizrohre
τ Rohrteilung
W Lichte Weite des Rohrkorbes

G. NOETZLIN [*305c*] hatte zwar die Abstrahlung der Flamme in einem kohlenstaubgefeuerten Dampfkessel gemessen, doch lagen diesen Messungen andere Gegebenheiten zugrunde, als sie in Ravensburg zu erwarten waren, nämlich eine Brennkammer mit rechteckigem Grundriß und Eckenfeuerung nach Abb. 467c. Von der Anwendung einer rechteckigen Kammer für den Lufterhitzer wurde aber abgesehen, weil die Belastung der Rohre in der Mitte der Rechteckseiten höher gewesen wäre als die der Eckrohre. Um eine gleichmäßige Endtemperatur zu erzielen, hätte man die Luftdurchsätze in den Rohren entsprechend abstimmen müssen. Abgesehen von dem baulichen Aufwand und der Umständlichkeit einer solchen Maßnahme wäre die Berechnung der wirklichen Belastung und damit des richtigen Luftdurchsatzes unsicher gewesen. Dazu hätte diese Art der Luftzuteilung nur vorgenommen werden dürfen, ohne den Gesamtwiderstand zu erhöhen, was praktisch schwer zu verwirklichen war. Eine gleichmäßige Endtemperatur der Kreislaufluft erwies sich aber als wichtig, da man mit Rücksicht auf die Dauerstandfestigkeit des Werkstoffes eine vorgegebene Höchsttemperatur am Rohrende nicht überschreiten durfte. Kältere Luft aus minderbelasteten Rohren hätte die vor der Turbine auftretende Mischtemperatur und damit den Wirkungsgrad der Anlage herabgesetzt. Diese Überlegungen führten zu einem Rohrkorbgrundriß, der entweder einem Kreis nach Abb. 467b oder einem regelmäßigen Vieleck nach Abb. 467d entsprach. Die lichte Weite des Rohrkorbes sei je nach der Ausführung mit D (beim Kreisgrundriß) oder mit W (beim Vieleckgrundriß) bezeichnet.

Auch eine Eckenfeuerung kam für die Brennkammer nicht in Frage. Dennoch mußte man für den geplanten Lufterhitzer auf die Messungen von G. NOETZLIN zurückgreifen, da andere Werte nicht zur Verfügung standen. In den Meßebenen a, b und c der in Abb. 467c dargestellten Brennkammer hatte G. NOETZLIN den in die einzelnen Zonen eingebrachten fühlbaren Wärmestrom, die dort je Zeiteinheit freigewordene Brennstoffenergie und den fortgeführten fühlbaren Wärmestrom gemessen. Der sich daraus ergebende Überschuß an freigewordenem Wärmestrom entsprach dem in dieser Zone abgestrahlten Wärmestrom. Die so aus der Wärmebilanz der Flamme bestimmte abgestrahlte Wärmestromdichte q_a (auf die äußere Rohroberfläche bezogen) wurde in Abhängigkeit von der Einstrahllänge l aufgetragen.

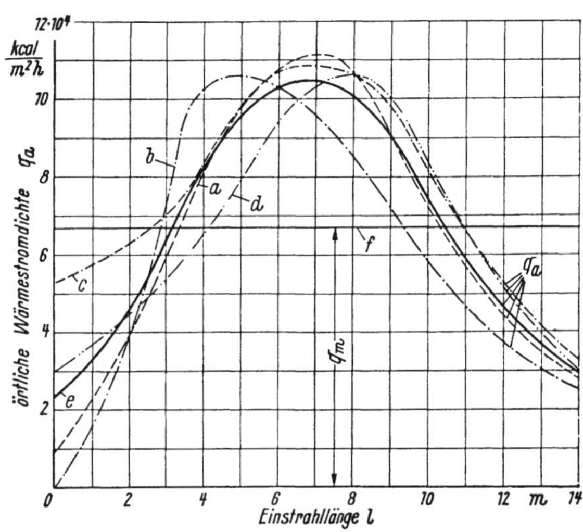

Abb. 467e. Verlauf der örtlichen Wärmestromdichte q_a auf Grund der Flammenabstrahlung über der Einstrahllänge l

a Eßkohle
b Gasflammkohle
c Magerkohle
d Magerkohle grober Ausmahlung
e Aus *a* bis *d* gemittelter Verlauf
f Lage des Mittelwerts q_m von *e*

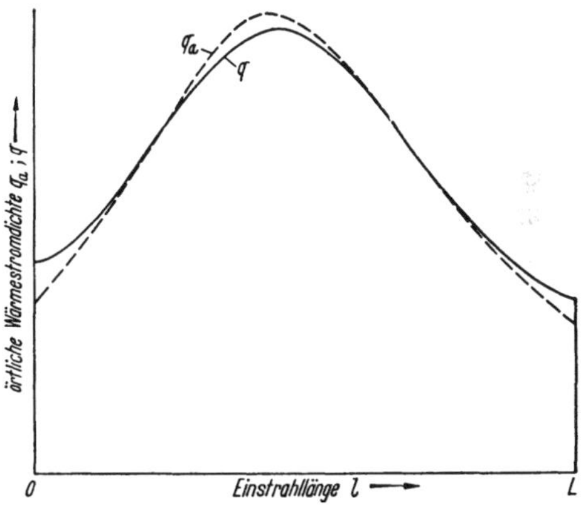

Abb. 467f. Verlauf der örtlichen Wärmestromdichte q_a und q der Abstrahlung bzw. der Einstrahlung in Lufterhitzern über der Einstrahllänge l

L Gesamte Einstrahllänge

Abb. 467e zeigt die Verteilung von q_a über der Einstrahllänge l für verschiedene Kohlensorten. Da der Lufterhitzer möglichst viele Kohlensorten gut verarbeiten sollte, wurde den weiteren Berechnungen die aus den Kurven a bis d gemittelte Kurve e zugrundegelegt. Die Waagrechte f stellt den Mittelwert q_m von q_a nach Kurve e über die gesamte Strahlraumlänge L dar, wie er sich aus dem gesamten in der Brennkammer übertragenen Wärmestrom Q_s nach der Beziehung

$$q_m = Q_s/F \tag{415}$$

mit F als der bestrahlten Oberfläche ergibt. G. NOETZLIN verwendete als Bezugsfläche F die gesamte in den Strahlungsteil eingebaute Rohroberfläche; im folgenden sei statt dessen stets die gekühlte Fläche (Rohrkorboberfläche $F = \pi D L$) benutzt.

Bei dem Brennraum nach Abb. 467c bewirkt der vor der Flamme liegende Trichter eine bestimmte Abkühlung, die in einem Lufterhitzer nicht zu erwarten war. In diesem hat ferner nur der von der Kreislaufluft wirklich aufgenommene Wärmestrom

$$Q_s = x\,Q'_s \tag{415a}$$

mit x als einem Faktor Bedeutung, der etwas kleiner als eins ist und den Abstrahlungsverlust nach außen berücksichtigt. Aus diesen Gründen wurde die Kurve e von Abb. 467e entsprechend abgeändert. Da nach Abb. 467a die zwischen den Einstrahllängen l und $l+dl$ liegenden Rohrelemente ihren Wärmestrom nicht nur aus der Rauchgasscheibe e, sondern auch aus darüber und darunter liegenden Schichten empfangen, berechnete man diese neue Abstrahlungskurve nach der Annahme, daß sich die Abstrahlung einer Scheibe von der Dicke dl jeweils auf eine Zone von der Höhe $s=2$ m gleichmäßig verteile. Auf diese Weise entstand ein Verlauf der örtlichen Abstrahlungs-Wärmestromdichte q_a gemäß Abb. 467f.

Aus dem Verlauf von q_a über der Einstrahllänge erhält man die Wärmestromdichte q für die örtliche Einstrahlung auf die Rohre nach der Beziehung

$$q=\frac{1}{s}\int_{l-\frac{1}{2}s}^{l+\frac{1}{2}s} q_a ds \tag{415 b}$$

die ebenfalls in Abb. 467f dargestellt ist. Man erkennt, daß sich die beiden Kurven für q_a und q nur verhältnismäßig wenig voneinander unterscheiden.

Mit Rücksicht auf die Wärmebilanz muß der Maßstab für q so gewählt werden, daß die Beziehung

$$q_m=\frac{1}{L}\int_{l=0}^{l=L} q\, d\, l \tag{415 c}$$

gilt, in der die mittlere Einstrahlungs-Wärmestromdichte q_m mit Hilfe von Gl. (415) gewonnen wird. Der so ermittelte Verlauf von q geht aus Abb. 467g hervor.

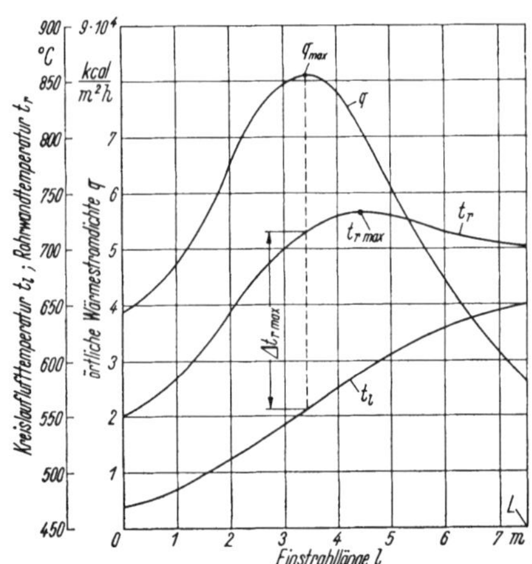

Abb. 467*g*. Auslegungsdaten für den Strahlungsteil des Lufterhitzers der Anlage Ravensburg

q Örtliche Wärmestromdichte der Einstrahlung
q_{max} Größtwert von q
$t_{r\,max}$ Größtwert von t_r
L Gesamte Einstrahllänge
$\Delta t_{r\,max}$ Größter Unterschied zwischen t_r und t_l

Unter der Rohrwandtemperatur t_r wird die größte Temperatur am Rohrumfang verstanden, die im betrachteten Rohrquerschnitt an der der Flamme zugekehrten Rohrseite auftritt

Aus dem bis zur Einstrahllänge l eingestrahlten Wärmestrom Q_l gemäß

$$Q_l=\frac{F}{L}\int_0^l q\, d\, l \tag{416}$$

ergibt sich die Temperatur t_l der Kreislaufluft an der Stelle l zu

$$t_l=t_0+\frac{Q_l}{c^*_{pml}\, G} \tag{416 a}$$

wenn t_0 die Lufttemperatur am Eintritt in den Strahlungsteil, G den Massendurchsatz der Kreislaufluft und c^*_{pml} die mittlere, auf die Masseneinheit bezogene spezifische Wärme der Luft bei konstantem Druck bedeuten. Der Verlauf von t_l über l nach Gl. (416 a) für den Strahlungsteil des Lufterhitzers geht ebenfalls aus Abb. 467g hervor.

Mit Hilfe der Wärmeübergangszahl α auf der Innenseite der Rohre, der Wärmeleitzahl λ des austenitischen Rohrwerkstoffs von der Dicke δ und mit Rücksicht auf die Tatsache, daß ein Teil der von der stärker beheizten Feuerraumseite des Rohres aufgenommenen Wärme durch Leitung oder Strahlung an die schwächer beheizte Rückseite übertragen und erst dort von der Kreislaufluft aufgenommen wird, kann man nach dem von F. Salzmann [*305 d*] angegebenen Verfahren die Rohrwandtemperaturen berechnen. Da sich die Temperatur über den Umfang eines Rohres ändert, wurde in Abb. 467g nur die vom Standpunkt der Werkstoffauswahl bedeutsame Rohrwandtemperatur t_r, die an der der Feuerraumseite am nächsten gelegenen Rohrstelle auftritt, über der Einstrahllänge l aufgetragen. Der Vergleich der Kurven für q und t_r zeigt, daß der Höchstwert

q_{max} der Einstrahlungs-Wärmestromdichte nicht mit der höchsten Rohrwandtemperatur $t_{r\,max}$ zusammenfallen muß. Die maximale Übertemperatur $\Delta t_{r\,max}$ der Rohrwand gegenüber der Kreislaufluft tritt an der Stelle der höchsten Einstrahlung auf.

Der Wirkungsgrad des Lufterhitzers wurde zu rund 86% errechnet und entspricht dem Wirkungsgrad eines Dampfkessels gleicher Wärmeleistung ($\approx$ 10 t Dampf je h) und gleicher Abgastemperatur ($\approx$ 150° C).

b) Messungen. Die Unsicherheit beim Berechnen der Rohrwandtemperaturen im Strahlungsteil war der wesentliche Grund für den Entschluß, gleich nach der Inbetriebnahme des Lufterhitzers damit zu beginnen, die tatsächlich auftretenden Rohrwandtemperaturen bzw. die wirkliche Einstrahlungsverteilung zu messen. Dies geschah zur Beurteilung, ob ein sicherer Betrieb des Ravensburger Lufterhitzers auf lange Sicht gewährleistet war, und aus dem Verlangen, für weitere Auslegungen bessere Unterlagen zu erhalten. Da aber ein im normalen Kraftwerksbetrieb befindlicher Lufterhitzer für Messungen nur bedingt zur Verfügung stehen kann, schloß sich ein Benutzen von Meßelementen, die ein häufiges Stillegen erfordert hätten, von selbst aus. Es kam allein eine Meßeinrichtung in Betracht, die auch eine längere Kesselreise mit Erfolg überstand. Damit fielen jedoch alle Verfahren aus, die eine unmittelbare Bestimmung der Rohrwandtemperatur auf einfache Art ermöglicht hätten.

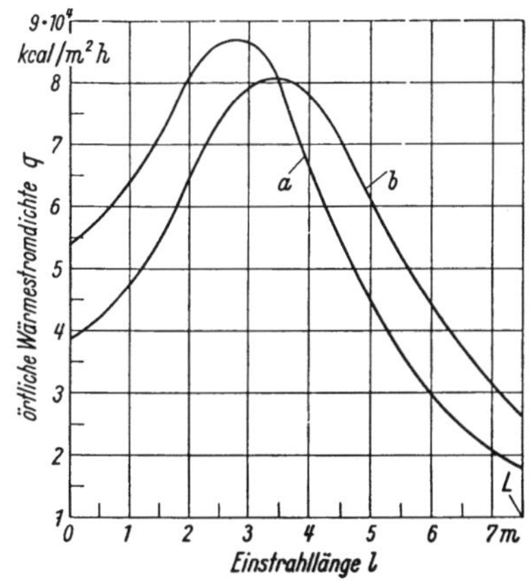

Abb. 467*h*. Verlauf der örtlichen Wärmestromdichte q der Einstrahlung über der Einstrahllänge l

a Messung
b Auslegung

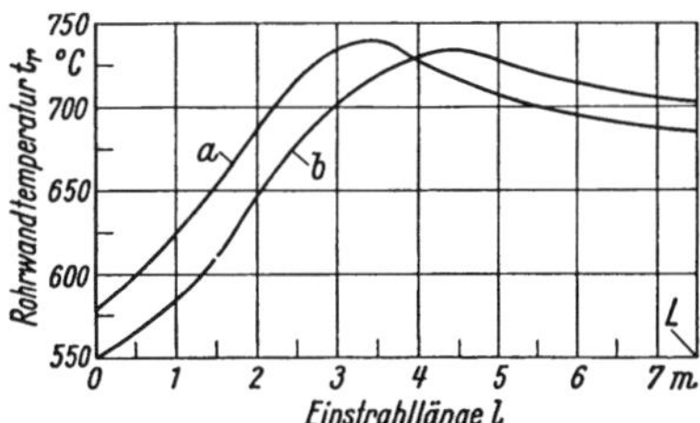

Abb. 467*i*. Verlauf der Rohrwandtemperatur t_r über der Einstrahllänge l

a Messung
b Auslegung

Unter diesen Umständen lag es nahe, das bereits von G. NOETZLIN [*305c*] benutzte Verfahren zum Ermitteln der Abstrahlung der Flamme auch hier heranzuziehen. Dabei denkt man sich den Feuerraum durch Schnitte senkrecht zu seiner Achse in Scheiben aufgeteilt. In eine solche Scheibe, wie sie in Abb. 467a mit *f* bezeichnet ist, tritt mit den Rauchgasen der fühlbare Wärmestrom Q_{f1} ein, während die austretenden Gase den fühlbaren Wärmestrom Q_{f2} enthalten. Wird aus dem Brennstoff der Wärmestrom ΔQ_b innerhalb der betrachteten Scheibe frei, so gilt für den aus ihr abgestrahlten Wärmestrom ΔQ_s die Beziehung

$$\Delta Q_s = Q_{f1} + \Delta Q_b - Q_{f2} \tag{417}$$

Zum Ermitteln von Q_{f2} mußten die Rauchgastemperaturen t_a und die axiale Geschwindigkeit w_{ax} der Gase an der betrachteten Stelle bekannt sein. Die hierzu nötigen Messungen bereiteten keine Schwierigkeiten. Aus ihnen ergab sich der fühlbare Wärmestrom Q_f im jeweiligen Meßquerschnitt zu

$$Q_f = \int\limits_{F^*} \varrho_a c^*_{pma} t_a w_{ax} dF^* \tag{417a}$$

mit c^*_{pma} als der mittleren spezifischen Wärme und ϱ_a als der Dichte der Rauchgase sowie mit F^* als der Querschnittsfläche der Brennkammer.

Die jeweils je Zeiteinheit freigewordene Verbrennungswärme erhält man aus der im betrachteten Abschnitt je Zeiteinheit verbrannten Brennstoffmasse oder aus dem dort

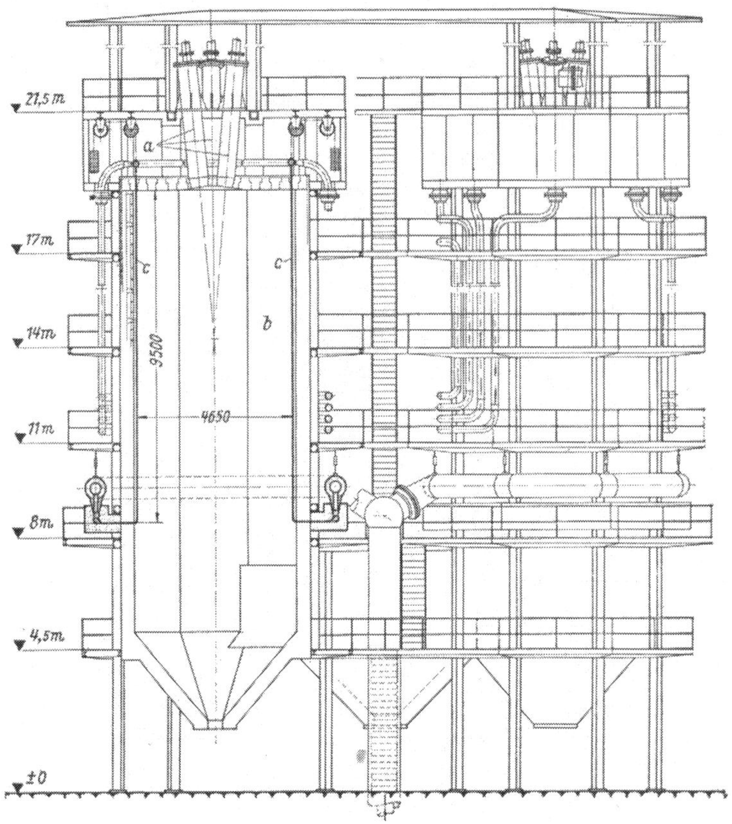

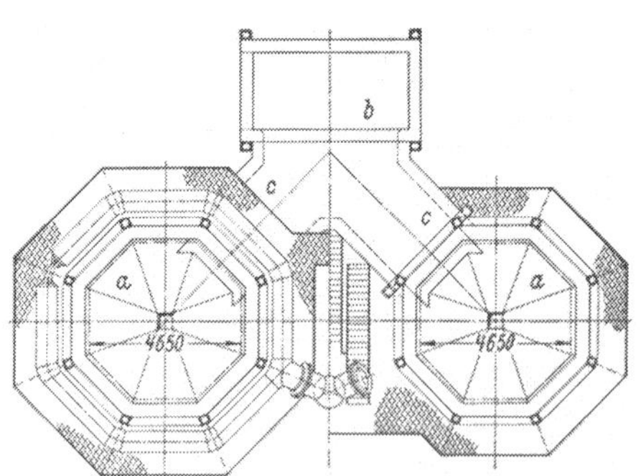

Querschnitt um $^1/_3$ verkleinert
a Achteckige Brennkammern, *b* Konvektionsteil, *c* Rauchgaskanal

Abb. 468*a*. Schnitte durch den kohlenstaubgefeuerten Lufterhitzer der Heißluftturbinenanlage Oberhausen für eine maximale Dauerleistung von 13,75 MW. Maße in mm

verbrauchten Luftsauerstoffdurchsatz. Leider stellte sich bereits bei den Vorversuchen heraus, daß es nicht gelingen würde, den in den Rauchgasen noch vorhandenen Sauerstoffgehalt bzw. ihren CO_2- und CO-Gehalt im Feuerraum mit der nötigen Genauigkeit zu messen, weil die schlechte Stabilität der Flamme zu großen Schwankungen führt, für die die zum Bilden der Differenz zweier verhältnismäßig großer Beträge erforderliche Genauigkeit nicht ausreichte.

Daraufhin wurde versucht, nach dem Vorbild von G. NOETZLIN den jeweiligen Brennstoffumsatz mit Hilfe einer Formel nach W. GUMZ [*305e*] zu berechnen. Es stellte sich jedoch heraus, daß auch dieser Weg bei den in Ravensburg verwendeten Drallbrennern offensichtlich nicht zu quantitativ richtigen Ergebnissen führte. Denn wenn die so errechneten Rohrwandtemperaturen richtig gewesen wären, hätte der verwendete Werkstoff nach den inzwischen gefahrenen Betriebsstunden zerstört sein müssen, was jedoch keineswegs der Fall war.

Man suchte daher nach einer Anordnung, die es gestattete, die Rohrwand- und die Kreislauflufttemperatur wenigstens mit Hilfe eines Analogieansatzes zu bestimmen. Dazu wurden Temperaturfühler an jeweils mehreren übereinandergelegenen Stellen der zum Messen ausgewählten Rohre des Lufterhitzers eingebaut.

Diese Temperaturfühler waren so ausgebildet, daß mit ihnen die Rohrwandtemperatur t_r und die Kreislauflufttemperatur t_l gemessen werden konnte. Allerdings waren infolge verschiedener Einflüsse die gemessenen Temperaturen nicht die an diesen Stellen wirklich vorherrschenden.

Diese Anordnung bietet jedoch die Möglichkeit, relative Messungen vorzunehmen. Bringt man längs eines Rohres mehrere gleiche Meßstellen dieser Art an, so müssen — da sich die Wärmeübergangs- und die Strahlungszahlen im Temperaturbereich des Strahlungsteils nicht allzusehr ändern — die an den verschiedenen Stellen gemessenen Temperaturunterschiede $t_r—t_l$ der jeweiligen Einstrahlung proportional sein. Für die örtliche Einstrahlungs-Wärmestromdichte q gilt daher

$$q = C\,(t_r—t_l) \tag{417b}$$

mit C als einem zwar zunächst noch unbekannten, aber für alle Meßstellen gleichen Faktor. Andererseits beträgt der gesamte, in einem Feuerraum von der Länge L und dem Umfang U übertragene Wärmestrom

$$Q_s = \int_{l=0}^{l=L} U q\, d\,l = C U \int_{l=0}^{l=L} (t_r—t_l)\, d\,l \tag{417c}$$

Liegen genügend viele Einzelmessungen von $t_r—t_l$ vor, so kann man daraus das Integral in Gl. (417c) berechnen. Aus anderen Messungen (Abgastemperatur vor dem Konvektionsteil, Temperaturzunahme der Kreislaufluft) ergibt sich Q_s, so daß man nunmehr die Konstante C und damit den Verlauf von q über die Einstrahllänge ermitteln kann. Abb. 467h zeigt das Ergebnis dieser Meßauswertung für q als Kurve a im Vergleich zu dem bei der Auslegung zugrunde gelegten Verlauf nach Kurve b. Aus Abb. 467i gehen die mit Hilfe des Verlaufs von q gemäß Abb. 467h berechneten Rohrwandtemperaturen hervor.

Es zeigte sich, daß man aus den Messungen auf eine gegenüber der Auslegung um etwa 5° erhöhte Maximaltemperatur $t_{r\,max}$ der Rohrwand schließen muß. Angesichts der Unsicherheit der ursprünglich hergeleiteten Einstrahlungskurve nach Abb. 467g ist dies ein sehr befriedigendes Ergebnis. Hierbei gilt es zu bedenken, daß der Verlauf der Einstrahlungskurve von der Kohlensorte, der Mahlfeinheit, der Luftvorwärmung, der Brennerkonstruktion u. a. m. abhängt. Wäre man zu einem ungünstigeren Ergebnis gekommen, so hätte man z. B. durch Ändern des Brenners versuchen müssen, die Flamme im gewünschten Sinne zu beeinflussen.

c) Betriebserfahrungen. In den rund 15000 h, die die Anlage Ravensburg bis Mitte 1958 in Betrieb war, hat der Lufterhitzer den gestellten Anforderungen im wesentlichen entsprochen. Insbesondere gab der Rohrkorb des Strahlungsteils keinen Anlaß zu Beanstandungen. Eine meßbare Aufweitung der Rohre trat bisher nicht ein; ebensowenig zeigte sich eine Werkstoffabtragung durch Verzundern. Daraus darf man schließen, daß die zulässigen Rohrwandtemperaturen im Betrieb auch örtlich nicht überschritten worden sind. Die im Feuerraum gelegenen Schweißnähte, deren Herstellung anfänglich einige Schwierigkeiten bereitete, befinden sich noch in tadellosem Zustand. Im Schnellschlußfall nehmen die Rohre zwar für einige Minuten die Temperatur des umgebenden Mauerwerks

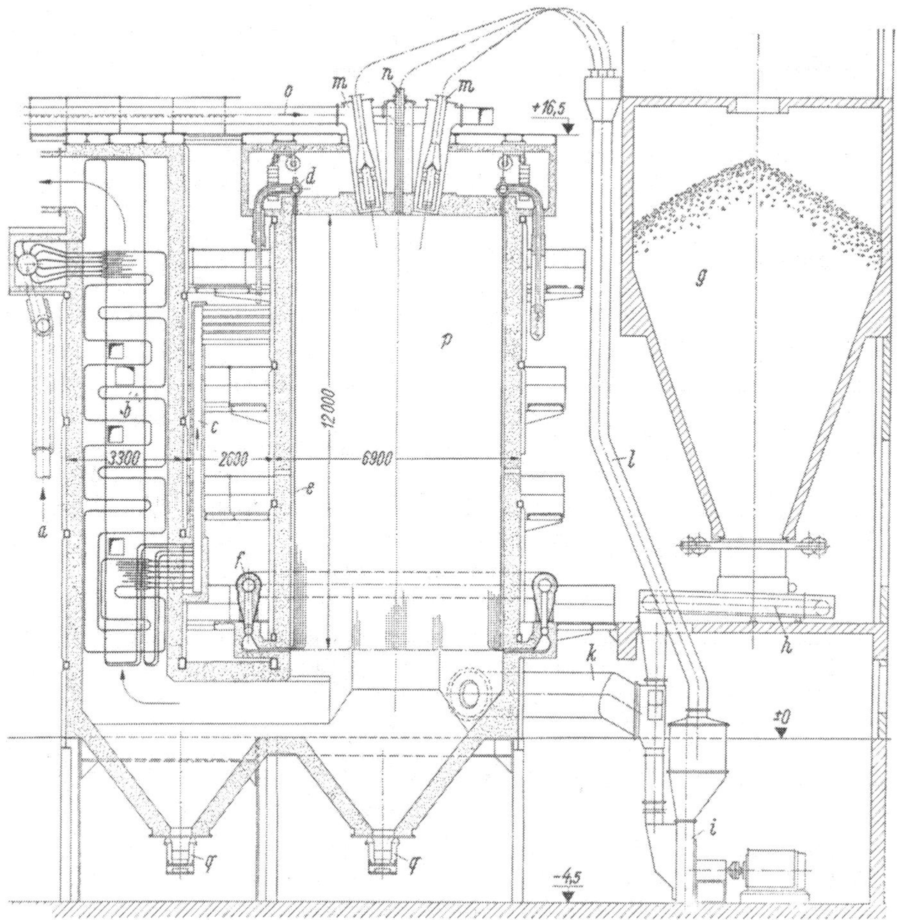

Abb. 468*b*. Schnitt durch den braunkohlenstaubgefeuerten Lufterhitzer der Heißluftturbinenanlage Moskau für eine maximale Dauerleistung von 12,0 MW

Maße in mm

a Kreislauflufteintritt aus dem Wärmeüberträger in den Lufterhitzer
b Konvektionsteil
c Verbindungsleitung vom Konvektionsteil zum Strahlungsteil
d Brennkammer-Eintrittssammler
e Brennkammer-Rohrregister
f Austrittssammler (zur Turbine)
g Rohkohlenbunker
h Zuteiler
i Kohlenmühle
k Rauchgasabsaugeleitung
l Kohlenstaubleitung
m Kohlenstaubbrenner
n Ölbrenner
o Zweitluftleitung
p Achteckige Brennkammer
q Entascher

(etwa 1000° C) an. Die Rohre sind dann aber drucklos und somit mechanisch kaum beansprucht. Daher bleibt die Beanspruchung durch diese Störungen und folglich die Gesamtzeit, in der der Werkstoff dieser unzulässig hohen Temperatur unterliegt, zu klein, um merkliche Schädigungen herbeizuführen.

Die auftretende Verschmutzung der Rohre durch Verbrennungsrückstände erwies sich als ziemlich bedeutungslos. Es bildet sich lediglich ein loser Aschebelag, der mittels Rußblasens praktisch völlig verschwindet. Dieses unerwartet günstige Verhalten dürfte auf der kleinen Belastung der Brennkammer beruhen [*305f*]. Auch im Konvektionsteil fanden keine nennenswerten Verschmutzungen statt, so daß dieser in der gesamten bisherigen Betriebszeit nur wenige Male mit Druckluft ausgeblasen wurde.

Infolge eines längeren Fahrens mit falsch eingestellten Brennern zeigten sich nach etwa einjähriger Betriebszeit Schäden an der Hängedecke. Nach dem Instandsetzen der Decke und dem Beseitigen der Störungsursache ergaben gelegentliche Revisionen keine weiteren Deckenschäden. An der gesamten übrigen Ausmauerung wurde von Anfang an bis jetzt kein Schaden festgestellt.

Die selbsttätige Regelung des Lufterhitzers arbeitet zuverlässig. Die Temperatur der Kreislaufluft bleibt zwischen 655 und 665° C praktisch konstant, gleichgültig, ob mit Vollast oder z. B. mit Viertellast gefahren wird. Lediglich im Falle einer spontanen Lastsenkung um etwa 0,8 bis 1 MW (also um rund 50% der Normallast) steigt die Austrittstemperatur für einige Minuten auf etwa 675° C an.

d) Auslegung von Lufterhitzern für größere Anlagen. Beim Auslegen von Lufterhitzern für größere Anlagen stellte sich bald eine sehr bemerkenswerte Eigenschaft heraus. Während bei einer ähnlichen Vergrößerung der Brennkammer der Rauminhalt mit der dritten Potenz wächst, nimmt die Oberfläche und damit die ausnutzbare Kühlfläche nur mit der zweiten Potenz zu. Dies bedeutet, daß man entweder bei gleicher Volumbelastung eine erhöhte Heizflächenbeanspruchung oder bei gleicher Heizflächeneinstrahlung eine kleinere Volumbelastung in Kauf nehmen muß. Da aber die Volumbelastung nicht beliebig vermindert und die Heizflächenbeanspruchung — wegen der Rohrwandtemperatur — nicht willkürlich gesteigert werden darf, ist hier sehr bald eine Grenze gesetzt. Bei größeren Lufterhitzern sieht man sich daher gezwungen, zwei oder mehr Feuerräume anzuordnen.

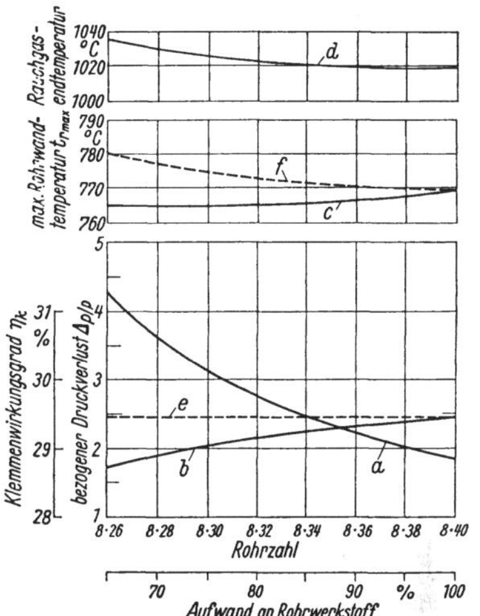

Abb. 469*a*. Festlegung der optimalen Rohrzahl für eine achteckige Brennkammer bei erhöhtem Druckverlust.

Fest vorgegebene Werte: Umsatz an Brennstoffwärme 20,35 Gcal/h, Rohrlänge 9,5 m, äußerer Rohrdurchmesser 32 mm, Rohrwanddicke 2,75 mm; Ausgangswerte: Rohrzahl 8×40, bezogener Druckverlust $\Delta p/p = 1{,}8$ %

a Verlauf des bezogenen Druckverlustes
b Verlauf des Klemmenwirkungsgrades
c Verlauf der maximalen Rohrwandtemperatur
d Verlauf der Rauchgasendtemperatur
(*a*–*d*: bei einer Kreislauf-luft-Endtemperatur von 700° C)
e Verlauf des als konstant angenommenen Klemmenwirkungsgrades
f Verlauf der maximalen Rohrwandtemperatur bei konstantem Klemmenwirkungsgrad
p Statischer Druck am Kreislaufluft-Eintritt
Δp Druckverlust der Kreislaufluft im Strahlungsteil

Die Grenze für die Einkammerausführung hängt von der Art des Brennstoffs ab; sie scheint für *Steinkohle* bei etwa 25 Gcal/h an freizumachender Brennstoffwärme zu liegen. Abb. 453a, rechtes Bild, zeigt einen kohlenstaubgefeuerten Lufterhitzer, der an diese Grenze heranreicht. Er wurde noch mit einer Brennkammer ausgestattet. Hingegen stellt Abb. 468a einen Lufterhitzer für Kohlenstaubfeuerung dar, der den genannten Grenzwert wesentlich überschreitet und daher *zwei* Brennräume enthält. Bei *Braunkohle* mit ihrer niedrigeren Flammentemperatur dürfte man auch Lufterhitzer für etwa die doppelte Brennstoffwärme-Entbindung noch mit einem Feuerraum ausrüsten können. Aus diesem Grunde hat man den in Abb. 468b wiedergegebenen Lufterhitzer, der mit Braunkohle beschickt wird und den erwähnten Grenzwert ebenfalls überschreitet, mit nur *einer* Brennkammer ausgeführt [*305g*].

Tab. 64a enthält einige Hauptdaten der in Abb. 453a, 468a und 468b gezeigten Lufterhitzer. Man sieht, daß die Querschnitts- und Volumbelastungen dieser Anlagen nur unwesentlich voneinander abweichen. Die Übertemperaturen der Rohrwand gegenüber der Kreislaufluft betragen an der Stelle der stärksten Einstrahlung etwa 150°, am Ende des Strahlungsteiles rund 50°. Die höchsten Wandtemperaturen erreichen damit Werte, denen noch gewöhnliche dünnwandige Rohre aus austenitischem Werkstoff standhalten. Von dickwandigen Rohren, wie sie bei Überhitzern von Dampferzeugern nötig sind, kann man bei Lufterhitzern absehen, da die Heißluftturbine mit mäßigen Drücken arbeitet.

Tabelle 64 a. *Hauptdaten des Strahlungsteils kohlenstaubgefeuerter Lufterhitzer*

Anlage	Ravensburg (in Betrieb) 2000 kW	Coburg (in Montage) 6600 kW	Oberhausen (in Konstruktion) 13 750 kW	Moskau (im Bau) 12 000 kW
Lufterhitzer nach	Abb. 453a	Abb. 453a	Abb. 468a	Abb. 468b
Brennstoff	Steinkohle	Steinkohle	Steinkohle	Braunkohle
Brennkammerzahl	1	1	2	1
Rohrzahl	136	320	2× 240	320
Rohrabmessungen[1] ... mm	32× 2,5	32× 3,25	32× 2,75	40× 4,0
Lichte Weite D bzw. W des Rohrkorbs .. m	3,2	5,0	2× 4,65	5,8
Länge L der bestrahlten Rohre ... m	7,5	10,5	9,5	12,0
Eingeführter Brennstoffwärmestrom . Gcal/h	7,71	23,0	2× 20,35 = 40,7	36,1
Querschnittsbelastung ... Gcal/m²h	1,10	1,28	1,30	1,497
Volumbelastung ... Gcal/m³h	0,147	0,112	0,137	0,125
Eintritts-Kreislauflufttemperatur ... °C	470	517	521	515
Austritts-Kreislauflufttemperatur ... °C	660	680	710	680
Bezogener Druckverlust $\Delta p/p$[2] ... %	1,37	3,17	3,21	2,0
Höchste Rohrwandtemperatur $t_{r\,max}$ ... °C	733	736	774	750
Übertemperatur $\Delta t_{r\,max}$ ...	157	138	156	140

[1] Die erste Angabe bezieht sich auf den äußeren Rohrdurchmesser, die zweite auf die Wanddicke.
[2] Es bedeuten Δp den gesamten Druckverlust des Strahlungsteils zwischen den Sammlern von a bis g nach Abb. 467a und p den Druck der Kreislaufluft im Eintrittssammler.

Die Kosten des Lufterhitzers werden wesentlich durch den Preis der austenitischen Werkstoffe beeinflußt, die für den Strahlungsteil nötig sind. Die Größe der Strahlungsheizfläche und damit die Menge des zu verwendenden Werkstoffes hängt weitgehend von der zugelassenen Einstrahlung ab. Diese kann man erhöhen, indem man 1. größere Druckverluste zuläßt, 2. einen Werkstoff wählt, der einen Übergang zu höheren Grenztemperaturen ermöglicht, 3. die Rohre auf der Innenseite berippt oder 4. aus verschiedenen Teilen zusammengesetzte Rohre verwendet.

Der *erste* Weg geht auf Kosten des Wirkungsgrades der Gesamtanlage. Läßt man einen größeren Druckverlust zu, so erzielt man größere Wärmeübergangszahlen und damit kleinere Heizflächen. Die dadurch gleichzeitig eintretende Verschlechterung des Gesamtwirkungsgrades der Anlage kann man rückgängig machen, indem man die Endtemperatur der Kreislaufluft erhöht (1% Druckverlust kann mit 7° Temperaturerhöhung wettgemacht werden). Um den Werkstoff dadurch nicht zu gefährden, muß man die Einstrahlung wieder verkleinern, die ursprüngliche Einsparung also zum Teil aufheben.

Einen erhöhten Druckverlust kann man durch Vermindern der Rohrzahl, durch Verkleinern des Rohrdurchmessers d oder durch Vergrößern der wirksamen Brennkammerlänge L erreichen. Da aber die Übertemperatur t_r—t_l der Rohrwand in recht unübersichtlicher Weise vom Teilungsverhältnis τ/d (mit τ als der Rohrteilung, vgl. Abb. 467b und d), dem Rohrdurchmesser d, dem Längen-Durchmesser-Verhältnis L/D des Rohrkorbes und von der Belastung der Brennkammer abhängt, läßt sich das Optimum jeweils nur im Einzelfall feststellen.

Die Ergebnisse einer solchen Rechnung sind in Abb. 469a wiedergegeben. Es wurde für einen bestimmten Fall die Abhängigkeit des bezogenen Druckverlustes, Kurve a, des Klemmenwirkungsgrades der Gesamtanlage, Kurve b, der maximalen Rohrwandtemperatur, Kurve c, und der Rauchgasendtemperatur im Strahlungsteil, Kurve d, von der Anzahl der eingebauten Rohre berechnet. Diesen Kurven a bis d liegen eine Endtemperatur der Kreislaufluft von 700° C und ein zunächst als zulässig erachteter bezogener Druckverlust von 1,8% zugrunde (Aufwand an Rohrwerkstoff = 100%). Mit einer Verminderung des Werkstoffaufwandes für den Rohrkorb steigen der Druckverlust der Keislaufluft und die Rauchgasendtemperatur an, Kurven *a* und *d*, bzw. fallen der Klemmenwirkungsgrad und die maximale Rohrwandtemperatur ab, Kurven *b* und *c*. Soll der Klemmenwirkungsgrad unverändert bleiben, Kurve *e*, so kann der Unterschied zwischen dem vorhandenen Druckverlust nach Kurve *a* und dem als zulässig angenommenen Druckverlust von 1,8% durch Erhöhen der Kreislaufluft-Endtemperatur (gleich der Turbineneintrittstemperatur) ausgeglichen werden, was dann zu einer maximalen Rohrwandtemperatur entsprechend Kurve *f* führt. Hiernach wäre es möglich gewesen, da ein Werkstoff zur Verfügung stand, der etwa 800° C für 100000 h bei 1% Dehnung aushält, mit ungefähr 8 × 22 Rohren auszukommen. Um aber einerseits die Rauchgas-Endtemperatur im Strahlungsteil, die praktisch gleich der Rauchgas-Eintrittstemperatur im Konvektionsteil ist, in erträglichen Grenzen zu halten und andererseits noch die Möglichkeit zu haben, mit noch höheren Kreislauflufttemperaturen fahren zu können, legte man den achteckigen Rohrkorb mit 8 × 30 Rohren aus. Dieser Auslegung entspricht der Lufterhitzer von Abb. 468 a, dessen Hauptdaten in Tab. 64 a eingetragen sind. So gelang es, gegenüber der ursprünglichen Auslegung etwa 25% des hochwertigen Werkstoffes einzusparen.

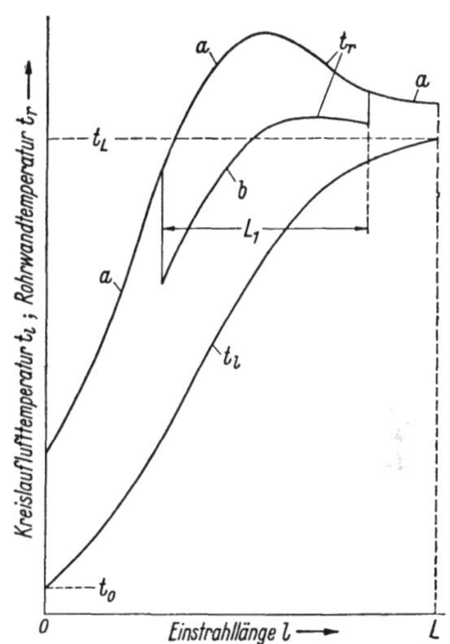

Abb. 469 *b*. Verlauf der Kreislaufluft- und der Rohrwandtemperatur im Strahlungsteil über der Einstrahllänge *l*

t_l, t_0, t_L Kreislauflufttemperatur im Abstand *l* vom Eintritt, am Eintritt *O* bzw. am Austritt *L* der Brennkammer
t_r Rohrwandtemperatur
L Gesamte Einstrahllänge
a Verlauf von t_r bei glattem Rohr von über die Länge konstantem Querschnitt
b Verlauf von t_r bei einem auf der Länge L_1 innenverrippten Rohr bzw. einem eingezogenen Glattrohr

Der *zweite* Weg erscheint aussichtsreich, hängt aber von der Werkstoffentwicklung ab. Man muß nur beachten, daß bei den Übertemperaturen $\Delta t_{r_{max}}$ nach Tab. 64 a eine um 10° höhere maximale Rohrwandtemperatur $t_{r_{max}}$ eine Erhöhung der zulässigen Einstrahlung um 8 bis 10% und eine Verminderung der Heizfläche um den gleichen Betrag bedingt. Der Einsatz noch warmfesterer Werkstoffe ist nur dann tragbar, wenn die Zunahme des Preises je Gewichtseinheit zumindest den Gewinn durch die erzielte Gewichteinsparung nicht übersteigt.

Der *dritte* Weg besteht in der Vergrößerung der inneren Rohroberfläche. Verdoppelt man durch Verrippen die innere Rohroberfläche, so sinkt bei gleichbleibender Luftgeschwindigkeit die maximale Übertemperatur $\Delta t_{r_{max}}$ der Rohrwand auf nahezu die Hälfte; allerdings geschieht dies wiederum auf Kosten des Druckverlustes. Durch Herabsetzen der Luftgeschwindigkeit läßt sich der Druckverlust jedoch entsprechend herabsetzen. Dabei bleibt immer noch ein Temperaturgewinn. Andererseits liegen die Kosten für innenverrippte Rohre merklich höher als für Glattrohre, besonders wenn darauf geachtet wird, daß die Festigkeit durch Ziehriefen, Kerben usw. nicht leidet.

Der *vierte* Weg besteht darin, nur die am stärksten beanspruchten Rohrteile durch eines der drei vorher besprochenen Mittel vor zu hohen Temperaturen zu schützen. Ein Zwischenstück von der Länge L_1, das innenverrippt oder von kleinerem Innenquerschnitt als das übrige Rohr ist, kann zu einem Temperaturabfall führen, wie ihn Abb. 469b schematisch zeigt. Danach entspricht die Kurve für t_l dem bekannten Anstieg der Kreislauflufttemperatur, Kurve *a* dem Verlauf der Wandtemperatur t_r eines Glattrohrs von über seine gesamte Einstrahlungslänge *L* konstantem Durchmesser und Kurve *b* dem Verlauf der Wandtemperatur t_r eines eingesetzten Zwischenstücks, das innenberippt oder mit kleinerem Durchmesser ausgeführt ist. Man erkennt, daß auf diese Weise der Höchstwert von t_r erheblich herabgesetzt wird.

Auch ohne eine Vergrößerung der Einstrahlung und damit eine Verminderung der

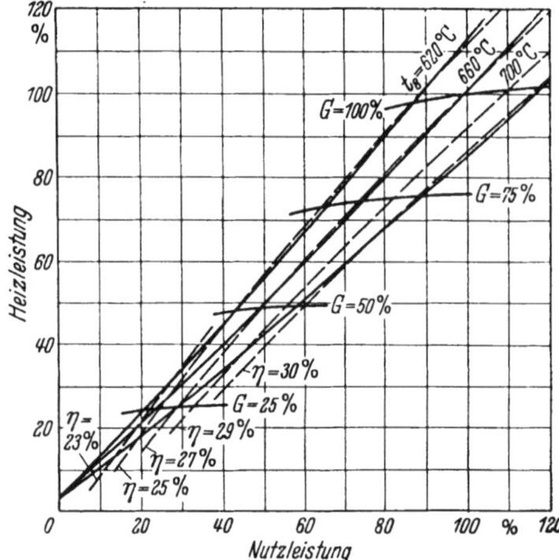

Abb. 470*a*. Nutzleistungs-Heizleistungs-Diagramm für veränderliche Turbineneintrittstemperatur. Kühlwasser-Eintrittstemperatur 40° C; Temperatursteigerung des Kühlwassers 50° C; Turbineneintrittstemperatur t_8; Durchsatz G

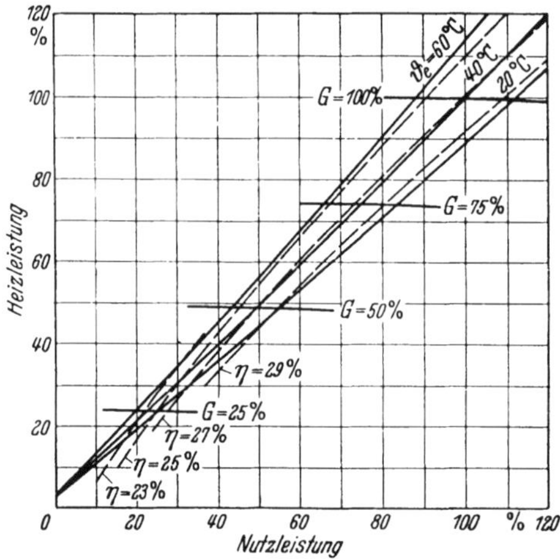

Abb. 470*b*. Nutzleistungs-Heizleistungs-Diagramm für veränderliche Kühlwasser-Eintrittstemperatur. Kühlwasser-Eintrittstemperatur ϑ_e; Temperatursteigerung des Kühlwassers 50° C; Turbineneintrittstemperatur 660° C; Durchsatz G

Heizfläche können die Kosten des Lufterhitzers gesenkt werden, wenn es gelingt, zu kleineren räumlichen Abmessungen der Brennkammer zu kommen. Wege dazu scheinen sich in der Verbrennung von Kohlenstaub in Wirbelbett- und Schwebefeuerungen anzubahnen.

Nach den vorstehenden Ausführungen gibt es verschiedene Möglichkeiten, die Lufterhitzer für das Verfeuern fester Brennstoffe im Hinblick auf Ersparnisse an Bauaufwand weiter zu entwickeln. Um Rückschläge zu vermeiden, wird man eine solche Weiterentwicklung nur langsam betreiben, wie dies im Dampfkesselbau stets der Fall war.

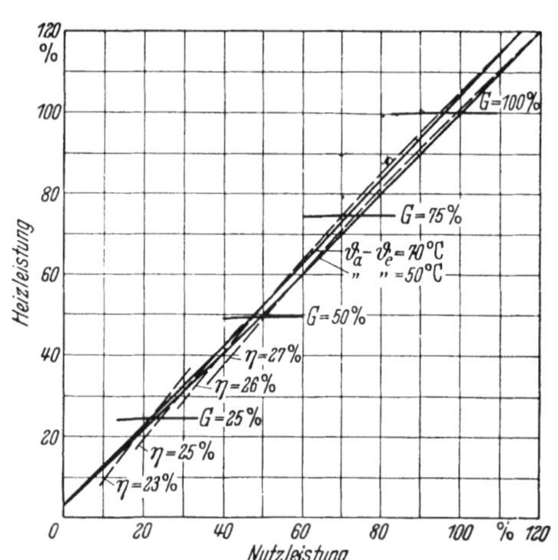

Abb. 470*c*. Nutzleistungs-Heizleistungs-Diagramm für veränderliche Temperatursteigerung. Kühlwasser-Eintrittstemperatur 40° C; Temperatursteigerung des Kühlwassers ϑ_a—ϑ_e; Turbineneintrittstemperatur 660° C; Durchsatz G

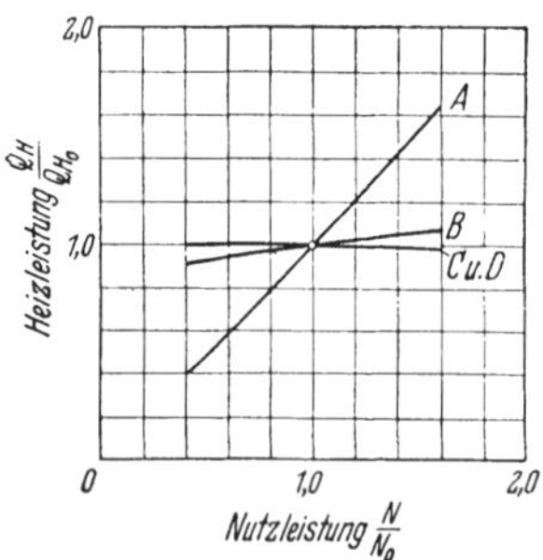

Abb. 470*d*. Verschiebung des Arbeitspunktes im Heizleistungs-Nutzleistungs-Diagramm. Verlauf des Arbeitspunktes bei Änderung: *A* des Durchsatzes, *B* der Turbineneintrittstemperatur, *C* der Kühlwasser-Eintrittstemperatur, *D* der Temperatursteigerung des Kühlwassers

12. Der geschlossene Kreisprozeß mit Abwärmeverwertung

Um abschließend noch zu klären, wieweit die Forderungen an Nutzleistung und Heizwärme unabhängig voneinander erfüllt werden können, seien die Abb. 470a, b, c, d nach Untersuchungen von Bammert wiedergegeben [*293*, *296*, *297*].

In ihnen wurde die Heizleistung über der Nutzleistung aufgetragen. Es wurden in Abb. 470a Kurven gleicher Turbineneintrittstemperatur unter Konstanthaltung der Kühlwasser-Eintrittstemperatur und der Temperatursteigerung des Kühlwassers gezeichnet. Diese Kurven geben den Bereich an, in welchem Heizwärme und Nutzleistung unabhängig voneinander geändert werden können. Ferner sind in das Diagramm Linien eingetragen, die angeben, welcher Durchsatz jeweils erforderlich ist und welcher Nutzleistungswirkungsgrad dabei erreicht wird. In Abb. 470b ist statt der Turbineneintrittstemperatur die Kühlwasser-Eintrittstemperatur variiert worden. Das Diagramm zeigt, welche Veränderung von Heizleistung zu Nutzleistung durch verschiedene Rücklauftemperaturen herbeigeführt werden kann. In gleicher Weise wie Abb. 470a und 470b ist das Diagramm Abb. 470c aufgebaut, nur daß hier die Temperatursteigerung geändert wurde. Bemerkenswert hierbei ist, daß eine Änderung der Temperatursteigerung das Verhältnis Heiz- zu Nutzleistung kaum beeinflußt. Abb. 470d deutet nochmals an, wie sich der Arbeitspunkt im Heizleistungs-Nutzleistungs-Diagramm bei Änderung eines der vier Parameter verschiebt.

13. Die geschlossene Gasturbine im Atomkraftwerk

Leistungsreaktoren als Wärmequellen für Wärmekraftmaschinen sollten wie die Dampfkessel oder Gaserhitzer mit möglichst hohen Temperaturen arbeiten können, um ökonomisch elektrische Energie zu erzeugen oder Kraftmaschinen anzutreiben. Dazu sind große physikalische und vor allem neue technologische Probleme zu bewältigen.

Durch das Fachschrifttum und durch Vorträge [*298* bis *305*] sind in letzter Zeit eine Reihe von Vorschlägen für den Vorstoß zu höheren Betriebstemperaturen der Atomreaktoren bekannt geworden. Auf einige dieser Vorschläge, die in erster Linie vom Standpunkt des Maschineningenieurs und Kraftwerkbauers aus besonders interessant sind, wird im folgenden hingewiesen und die grundsätzlichen Fragen und Schwierigkeiten der praktischen Realisierung behandelt. Die Konstruktionsmöglichkeiten lassen sich heute besser überblicken, nachdem durch den Betrieb von Versuchsreaktoren, vor allem in Amerika und England, während der letzten zehn Jahre und der gleichzeitigen technologischen Entwicklung in der Atomindustrie die Voraussetzungen für industrielle Kraftreaktoren geschaffen worden sind.

Die im Innern eines Atomreaktors durch Kernspaltung entstehende Wärme kann durch Flüssigkeiten oder Gase abgeführt werden. Die Gaskühlung von Reaktoren wird zur Zeit wieder vermehrt in Betracht gezogen, weil Aussicht besteht, mit diesem Verfahren auf konstruktiv einfache Weise höhere Betriebstemperaturen zu erreichen.

Mit den erhitzten aus dem Reaktor austretenden Gasen kann wie in einem Abhitzekessel Dampf erzeugt werden, oder das Gas kann direkt als Treibmittel oder indirekt als Heizmittel für einen Gasturbinenprozeß verwendet werden.

Die Verwendung von Gasen als Wärmeträger in Reaktoren ist an und für sich nicht neu. Schon die ersten Reaktoren der Vereinigten Staaten von Amerika aus den Jahren um 1942, bei denen die erzeugte Wärme als lästiges Nebenprodukt betrachtet wurde, kühlte man mit Luft (Chicago Piles CP-1 und CP-2, X-10 Oak Ridge-Pile und Brookhaven). Auch das erste große Atomkraftwerk der Welt von 100000 kW elektrischer Leistung, die englische Anlage von Calder Hall in Cumberland, arbeitet mit auf 7 at komprimierter Kohlensäure als Wärmeträger. Das Gas wird in dieser Anlage jedoch lediglich auf 350° C erhitzt und in einem Wärmeaustauscher zur Erzeugung von Niedertemperaturdampf verwendet, was durch die Art der Brennstoffelemente bedingt ist (natürliches Uran mit Aluminiumhüllen).

Die ersten französischen Versuchsreaktoren sind ebenfalls mit Gasen gekühlt (Saclay,

10 at Kohlensäure; Marcoule G-1 Luft von Atmosphärendruck, G-2 15 at Kohlensäure).

Das metallische Uran und übrigens auch das Plutonium haben die unangenehme Eigenschaft, bei Temperaturen von ungefähr 660° C einen Kristallgitter-Umwandlungspunkt zu besitzen, der zu Deformationen der Uranstäbe führt. Die Entwicklung der Hochtemperatur-Reaktoren ist daher darauf ausgerichtet, das Uran in einer Form oder in Kombination mit anderen Stoffen zu verwenden, die bei erhöhten Temperaturen keine Phasenänderungen erleiden.

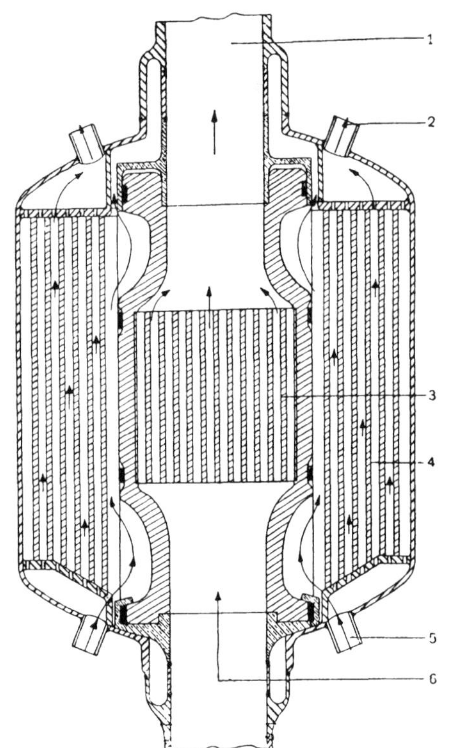

Abb. 471. Erster Liquid-Metal-Fuel-Reactor des Brookhaven National Laboratory

1 Austrittsrohr für die Uran-Wismut-Schmelze
2 Austritt der Breeder-Schmelze, bestehend aus Thorium-Wismut
3 Kern (Uran-Wismut, Graphit)
4 Breedermantel (Thorium-Wismut, Graphitstäbe)
5 Eintrittsrohr für die Thorium-Wismut-Schmelze
6 Eintritt der Uran-Wismut-Schmelze

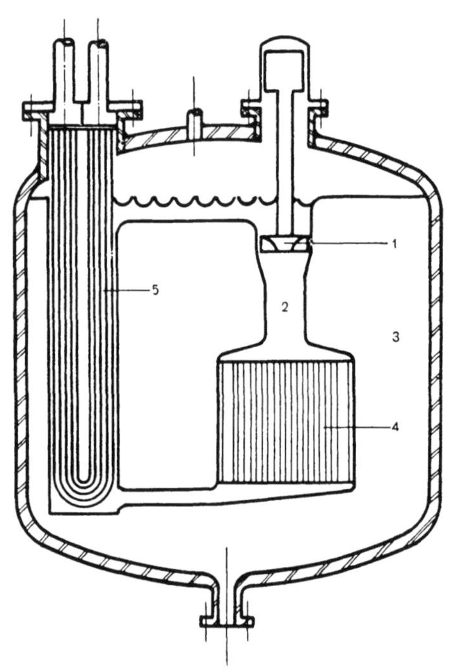

Abb. 472. Liquid-Metal-Fuel-Reactor nach L. D. Stroughton und T. V. Sheehan, Brookhaven National Laboratory [*305*]

1 Umwälzpumpe
2 Uran-Wismut-Schmelze
3 Graphit-Reflektor
4 Uran-Wismut + Graphit
5 Wärmeaustauscher

Im Brookhaven National Laboratory (USA) ist man daran, den sogenannten Liquid-Metal-Fuel-Reactor (LMFR) zu entwickeln, Abb. 471. Bei diesem zirkuliert der Brennstoff in Form von flüssigem Uran-Wismut durch den Moderator. Auf diese Weise dürfte Dampf von 480° C erzeugbar sein. Nach Stroughton und Sheehan [*305*] wird die Kombination einer geschlossenen Gasturbine mit einem etwas abgeänderten LMFR besonders attraktiv, Abb. 472, da dies die Konstruktion einer Atomkraftanlage von über 30 % Wirkungsgrad erlaubt, sobald es gelungen ist, Legierungen herzustellen, die bei etwa 750° C gegen das geschmolzene Uran-Wismut beständig sind.

Auch der SRE (Sodium Reactor Experiment) der North American Aviation, Inc., Abb. 473, stellt einen Vorstoß zu höheren Temperaturen dar. Die Wärme wird aus dem Reaktorkern durch flüssiges Natrium abgeführt, das bis auf 515° C erhitzt wird, mit dem — nach Zwischenschaltung eines Natrium-Hilfskreislaufes aus Sicherheitsgründen — Dampf von 450° C und 40 at für eine Dampfturbine von 7500 kW erzeugt wird. Der Reaktor benötigt schwach angereichertes Uran (2,8 % U-235).

Die andere Entwicklungsrichtung verwendet das Uran nicht in geschmolzener Form, sondern als chemische Verbindung. F. DANIELS schlägt Uran-Karbid, Abb. 474, vor. Andere Autoren [*305*] haben das Uranoxyd, Urannitrid und das Uransilicid vorgeschlagen. Diese Verbindungen sind bis ungefähr 2000° C stabil, so daß sie als Brennstoffelemente bis zu höchsten Temperaturen im Gegensatz zu Uranmetall verwendbar sind. Für die Konstruktion von Brennstoffelementen werden Kombinationen zu diesen Substanzen mit Keramik einschließlich Magnesium- und Berylliumoxyd verwendet, Abb. 475. Speziell günstig ist die Verbindung SiC-Si, die einen Absorptionsquerschnitt für thermische Neutronen von nur 0,1 barn (Aluminium: 0,2 barn) und bei 1000° C eine höhere Wärmeleitfähigkeit als rostfreier Stahl aufweist [*305*].

Als Wärmeträger für Hochtemperatur-Reaktoren mit Keramik-Brennstoffelementen eignen sich vor allem Gase. Denn Wasser kommt wegen der hohen Dampfdrücke nicht in Betracht, und die flüssigen Metalle (z. B. Natrium, Natrium-Kalium, Lithium) stellen sehr hohe Anforderungen an die Korrosionsbeständigkeit der Baumaterialien.

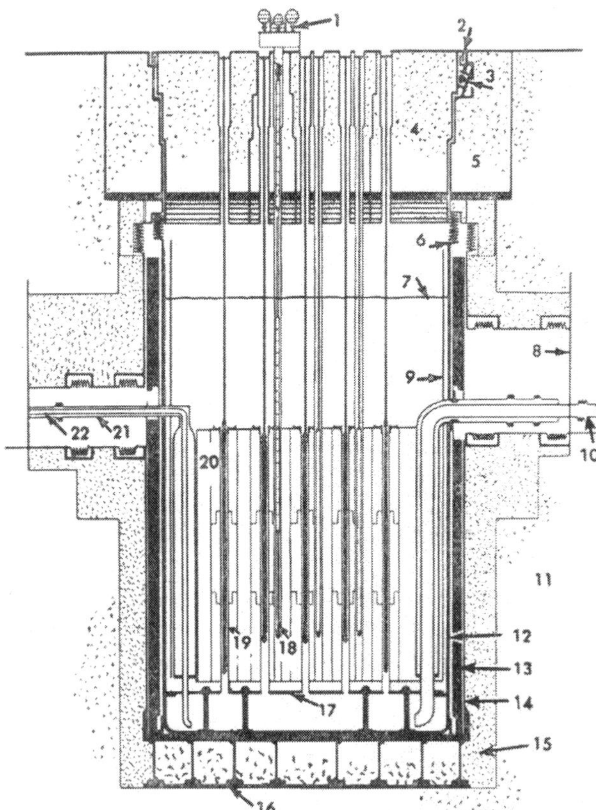

Abb. 473. Sodium-Reactor-Experiment (SRE) der North American Aviation, Inc. Wärmeträger flüssiges Natrium

1 Antrieb für Kontrollelemente
2 Dichtung
3 Wälzlager
4 Drehbarer Schild
5 Ringschild
6 Bälge
7 Natriumniveau
8 Diaphragma
9 Innere Verkleidung
10 Hauptleitung für die Natriumzufuhr
11 Biologischer Schild
12 Tank des Reaktorkerns
13 Thermischer Schild
14 Äußerer Tank
15 Thermische Isolierung
16 Tragplatten
17 Gitterplatte
18 Kontrollelemente
19 Brennstoffelemente
20 Moderatorelemente
21 Schutzrohr
22 Hilfsleitung für Na-Zufuhr

Abb. 474. Urankarbid-Brennstoffpatrone nach F. DANIELS für hohe Temperaturen (bis über 1000° C). Der eigentliche Brennstoff besteht aus zylindrischen Urankarbid-Klötzchen. Diese sind mit Graphit umkleidet, um die Spaltprodukte möglichst zurückzuhalten. Die ganze Patrone, also Urankarbid und Graphit, wird in die Kanäle des Graphitmoderators eingebettet. Das Arbeitsgas (Helium, Stickstoff) durchströmt den Moderatorblock in parallelen Kanälen. Das Kennzeichen dieses Vorschlages ist, daß sich keine Neutronen absorbierenden Metalle im Reaktor befinden, sondern lediglich Urankarbid, Graphit und Keramik, alles Stoffe, die höchste Temperaturen zulassen. Länge der Patronen etwa 75 mm

Wenn Gase bei verhältnismäßig niedrigen Drücken als Wärmeträger verwendet werden, führt dies zu großen Umwälzleistungen und großen Wärmeaustauschflächen.

Die Erhöhung des Gasdruckes ändert diese Verhältnisse in vorteilhafter Weise, Abb. 476. Erstens nimmt bei allen Gasen der Wärmeübergang bei Druckerhöhung stark zu, und das Verhältnis von Umwälz- zu Wärmeleistung wird günstiger. Bei sonst gleichen Verhältnissen wächst die Wärmeübergangszahl mit dem Druck p etwa nach $p^{0,8}$. So ist beispielsweise bei 50 at Druck der Wärmeübergang etwa 25mal größer als bei Atmosphärendruck. Die Berechnungen von gasdurchflossenen modernen Reaktoren zeigen, daß auch bei kleinen relativen Druckverlusten und dementsprechenden kleinen Umwälzleistungen von nur wenigen Prozenten der Anlageleistung keine Schwierigkeit besteht, die Wärme abzuführen.

Abb. 475. USA-Keramik-Brennstoffelement, bestehend aus Uranverbindung mit Keramik-Umkleidung nach J. R. Johnson [305]

Man kann grundsätzlich die aus dem Reaktor abgeführte Wärme über einen Wärmeaustauscher an das Arbeitsmedium einer Turbinenanlage, sei es eine Dampf- oder eine Gasturbine, abgeben oder das im Reaktor unter Druck stehende Gas direkt in eine geschlossene Gasturbinenanlage führen. Diese direkte Verwendung dürfte an und für sich die einfachste mögliche Atomkraftanlage darstellen. Sie wird zur Zeit sowohl vom

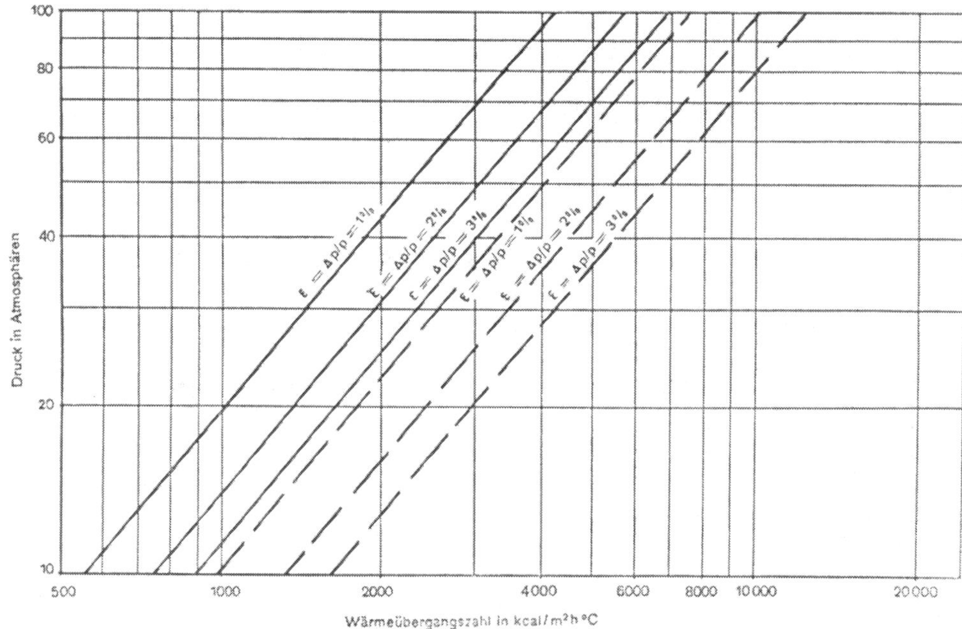

Abb. 476. Abhängigkeit der Wärmeübergangszahlen vom Gasdruck (Rohrströmung in 25-mm-Rohr, 2,5 m lang, 535° C). — Luft, --- Helium

physikalischen als auch vom konstruktiven Standpunkt aus intensiv studiert. Die Technologie der benötigten Brennstoffelemente ist in den letzten Jahren so weit fortgeschritten, daß eine baldige Realisierung möglich erscheint. So sind beispielsweise Detailstudien für Schiffsantriebe und stationäre Zentralen im Gange [*299*, *304*].

Schon zu Beginn der Entwicklung des geschlossenen Kreislaufverfahrens nach Ackeret und Keller wurde 1945 von Escher Wyss darauf hingewiesen, daß dieses Gasturbinensystem in Verbindung mit Reaktoren eine erstrebenswerte Lösung zur Nutzbarmachung der Kernenergie in Turbinenanlagen sein dürfte. Im Laufe jener früheren Untersuchungen wurden die Vor- und Nachteile verschiedener Gasarten behandelt und darauf hingewiesen, daß vor allem Helium, Stickstoff, Kohlensäure oder Mischungen solcher Gase als Wärmeträger und Treibmittel vorteilhaft sind. Kohlensäure reagiert bei Temperaturen von etwa 800° C mit dem Moderator-Graphit unter Bildung von Kohlenmonoxyd und dürfte deshalb nicht in Betracht kommen. Der Einfluß verschiedener Gase auf die Wärmeübertragungsflächen und die Maschinenabmessungen ist in Tab. 65 dargestellt.

Tabelle 65

Vergleiche von verschiedenen für den AK-Prozeß geeigneten Gasen nach Ackeret und Keller [*305*]

Gas	Luft	$He + CO_2$	$He + CO_2$	He	H_2	
Molekulargewicht	29	8	6	4	2	
Spezifische Wärme kcal/kg° C	0,26	0,755	0,90	1,25	3,5	
Viskositätsverhältnis (T = konst.)	1	1	1	1	0,5	
Machzahl	1	2,1	2,4	3	3,9	
Adiabatisches Druckverhältnis für Temperaturverhältnis	4	2,92	2,71	2,52	3,65	
Volumen % CO_2 (1,45)	—	10	5	—	—	
Stufenzahl (Verhältnis)	1	2,8	3,5	4,8	13,5	konstante Umfangs-geschwindigkeit
Umfangsgeschwindigkeit	1	1,75	1,9	2,2	3,7	konstante Stufenzahl
Durchmesser (Verhältnis)	1	0,76	0,73	0,68	0,52	
Drehzahl pro Minute	1	2,30	2,6	3,3	7,1	
Wärmeaustauscher						
Wärmeaustauschkoeffizient	1	1,86	2,12	2,56	4,35	
Rohrzahl	1	0,66	0,62	0,56	0,27	(Verhältnis)
Rohrlänge	1	0,82	0,76	0,70	0,85	
Rohroberfläche (Gewicht)	1	0,54	0,47	0,30	0,23	
Lufterhitzer						
Wärmeaustauschkoeffizient	1	1,6	1,7	2,0	4,0	(an einer Seite)
Rohrzahl	1	0,78	0,75	0,68	0,30	
Rohrlänge	1	0,82	0,79	0,74	0,85	
Rohroberfläche (Gewicht)	1	0,64	0,59	0,50	0,25	(Verhältnis)

Die Maschinen sind für gleiche Nennleistung, maximalen Druck, Temperaturen und Geschwindigkeitsdreiecke angenommen. (ε = konst., T = konst., p = konst.)

Helium ist in vielen Beziehungen ein ideales Medium, weil die Wärmeübergangszahlen gegenüber anderen Gasen wesentlich höher sind und eine gegenüber Luft oder Stickstoff dreimal höhere Schallgeschwindigkeit eine vorteilhafte Auslegung für Turbomaschinen gestattet. Auch reiner Stickstoff ist als Arbeitsmittel geeignet.

Die Studien für die Verwendung des geschlossenen Kreislaufes sind in den letzten Jahren von Escher Wyss in Zusammenarbeit mit der ATC (American Turbine Corporation, New York) intensiviert worden. Ein vor kurzem veröffentlichter Bericht der ATC (ATC Reprint Classification Subject Category Physics Number ATC 54—12) behandelt eine Studie für eine 60000-kW-Heliumanlage, Abb. 477. Beachtlich sind die infolge des erhöhten Druckniveaus kleinen Maschinenabmessungen (größter Turbinendurchmesser 1,4 m).

Beim einfach geschlossenen Kreislauf muß die Aktivierung des Wärmeträgers untersucht werden. Diese Aktivierung hat im wesentlichen drei Ursachen:

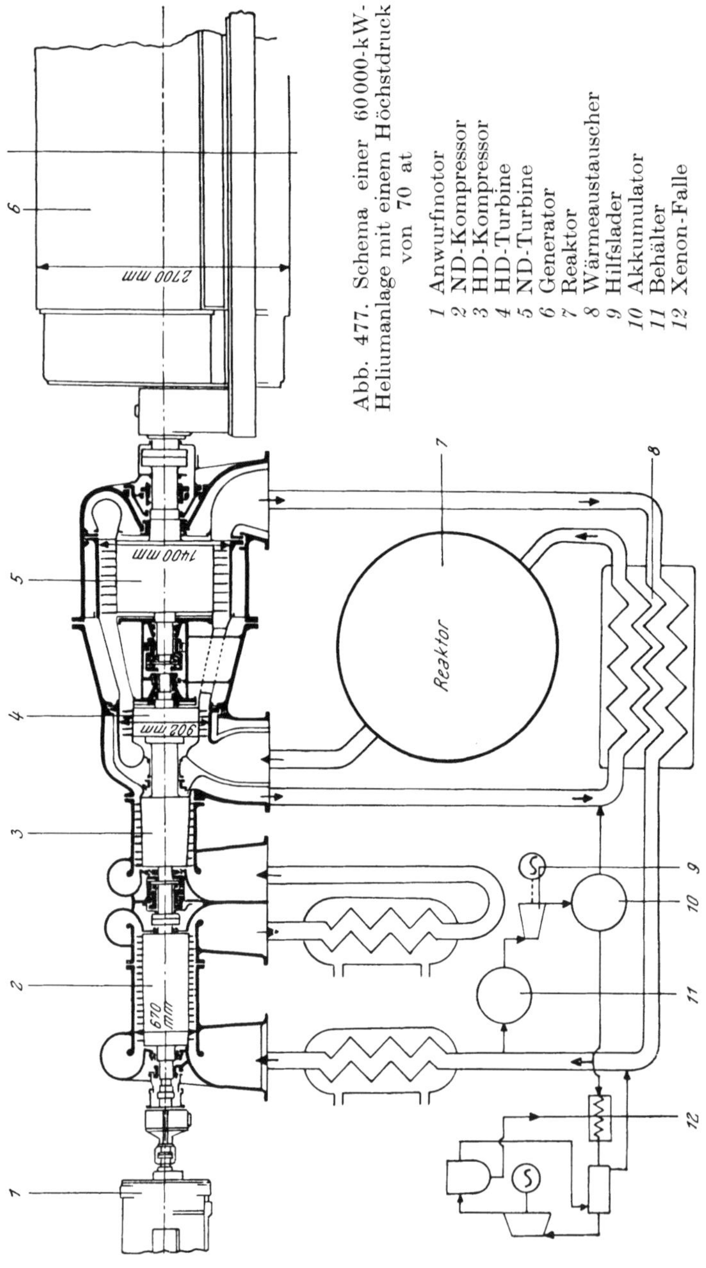

Abb. 477. Schema einer 60000-kW-Heliumanlage mit einem Höchstdruck von 70 at

1 Anwurfmotor
2 ND-Kompressor
3 HD-Kompressor
4 HD-Turbine
5 ND-Turbine
6 Generator
7 Reaktor
8 Wärmeaustauscher
9 Hilfslader
10 Akkumulator
11 Behälter
12 Xenon-Falle

1. Durch die Keramikbrennstoffelemente diffundiert ein Teil der gasförmigen radioaktiven Spaltstoffe in den Wärmeträger.

2. Infolge des Neutronenbeschusses bilden sich aus gewissen Wärmeträgergasen radioaktive Elemente. Beispiele: Helium: Wird nicht aktiviert. Stickstoff (falls rein): Durch eine (n, p)-Reaktion bildet sich ein leicht radioaktives Kohlenstoffisotop (langlebiger β-Strahler). Luft: Diese enthält Argon, welches in ein stark radioaktives Isotop übergeführt wird.

3. Durch die Aktivierung von Verunreinigungen.

Das Hauptproblem liegt in der Diffusion der gasförmigen Spaltprodukte durch die Keramikelemente ins Gas. Diese kann durch die Umkleidung der Brennstoffelemente mit einer Metallhülle stark verringert werden (mindestens um einen Faktor 100). Doch hat dies eine Verschlechterung der Neutronenökonomie zur Folge. Wesentlich günstiger ist die Entfernung dieser Spaltprodukte in einem Bypass. Die Möglichkeiten der Entfernung von schädlichen Spaltprodukten sind beim Gas besonders einfach. Mit der Entfernung der Spaltprodukte beseitigt man nicht nur die unerwünschte Radioaktivität des Wärmeträgers, sondern man erreicht dadurch ein großes „Burnup", d. h. die Brennstoffelemente können sehr lange im Reaktor verbleiben, bis eine Regeneration, d. h. Abtrennung der Spaltprodukte, denn diese verhindern, nach Erreichen einer gewissen Konzentration, die Kettenreaktion, nötig wird, was die Wirtschaftlichkeit ganz wesentlich erhöht.

In neuer Zeit sind Vorschläge für gasdurchströmte Reaktoren bekannt geworden, die mit hohen Drücken von 35 at arbeiten und in denen Uranoxyd-Brennstoffelemente, die mit Stahl umhüllt sind, verwendet werden. Es besteht bereits eine Auswahl von verschiedenen Bauformen, die den Betrieb von Gasturbinen mit 600° C und mehr erlauben. Die gewählten Formen bieten für das durchströmende Gas eine große Oberfläche, so

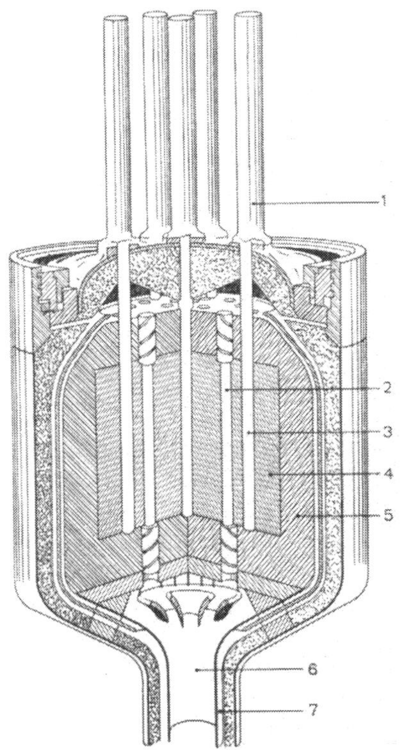

Abb. 478. Schnitt durch einen 45-MW-(Wärme-)Gas-Cycle-Reaktor nach Ford Instrument Comp. (USA). Durchmesser etwa 2,5 m

1 Reguliermechanismus für die Kontrollstäbe
2 Brennstoffelemente
3 Kontroll- und Regulierstab
4 Moderator (Graphit)
5 Reflektor (Graphit)
6 Austrittsrohr für das erhitzte Gas
7 Eintrittsöffnung für das kalte Gas

Abb. 479. Modell einer geschlossenen Gasturbinenanlage mit einem Reaktor, der als Wärmeträger Gas verwendet (Projekt American Turbine Corp. — Escher Wyss — Ford Instrument Comp.)

1 Reaktorkern
2 Biologischer Schild
3 Mechanismus für die Kontrollstäbe
4 Entfernbarer Deckel der Abschirmung
5 Reguliersystem
6 Rekuperator (Wärmeaustauscher)
7 Vorkühler
8 Kompressorzwischenkühler
9 Kompressor und Turbine
10 Leitung vom Reaktor zur Turbine
11 Reduktionsgetriebe
12 Leitung vom Wärmeaustauscher zum Reaktor
13 Generator

daß moderne Druckgasreaktoren kleine Abmessungen haben. Die jetzt in den USA auf dem Markt erscheinenden Brennstoffelemente arbeiten mit leicht angereichertem Uran (maximal 10 % U-235).

Abb. 478 zeigt einen Schnitt durch den 45-MW-(Wärme-) Reaktor der Ford Instrument Comp. (USA). In ihm soll reiner Stickstoff unter 35 at Druck auf 700° C erhitzt werden. Er kann als Wärmequelle für eine Gasturbinenanlage von 15 MW (Klemmenleistung) verwendet werden. Der Außendurchmesser des Druckgefäßes beträgt nur etwa 2,5 m. Das Druckgefäß, der eigentliche Reaktor, muß nach außen noch durch Beton abgeschirmt werden, Abb. 479.

Es wird oft darauf hingewiesen, daß die Verwendung von Gasen als Wärmeträger in Reaktoren auch vom Standpunkt der Betriebssicherheit erwünscht ist. Mit der Wahl passender neutraler Gase fallen einmal die meisten Korrosionsprobleme weg und die Gefahr von Explosionen wird verringert. Dies sind nicht zuletzt die Gründe, warum in Europa der Kühlung mit Gasen mehr Interesse geschenkt wurde, als dies bisher bei der amerikanischen Entwicklung der Fall war. Die dortigen Diskussionen und Veröffentlichungen aus neuester Zeit zeigen aber, daß das Gas als Wärmeträger beim Vorstoß zu höheren Betriebstemperaturen wieder ins Blickfeld für Projektanlagen gerückt ist. Stickstoff, Helium und Kohlendioxyd werden als besonders aussichtsreich betrachtet, wenn sie unter erhöhtem Druck verwendet werden können.

Stickstoff als Wärmeträger und Treibmittel im geschlossenen Arbeitsverfahren hat den Vorteil, daß praktisch die gleichen Maschinen wie bei Betrieb mit Luft Verwendung finden können, was die direkte Übertragung der bisherigen Erfahrungen mit geschlossenen Gasturbinen auf die Atomtechnik erlaubt.

Helium als sehr leichtes Gas führt vorerst zu einer Erhöhung der Stufenzahlen in Kompressoren und Turbinen, s. Tab. 65. Dies kann aber weitgehend kompensiert werden durch die Wahl kleinerer Druckverhältnisse. Der Umstand, daß die Schallgeschwindigkeit in diesem Gas viel höher — etwa dreimal — als diejenige von Luft oder Stickstoff ist, verschiebt für den Maschinenentwurf die Begrenzung der Umfangsgeschwindigkeiten infolge Machzahl-Begrenzung wesentlich nach oben. Die zulässigen erhöhten Umfangsgeschwindigkeiten führen zu einer Verringerung der Stufenzahl. Die Berücksichtigung dieser beiden Leitgedanken ermöglicht die Auslegung von Turbomaschinen für den Heliumbetrieb innerhalb der Grenzen bisheriger Gasturbinen. Der erhöhte Druckpegel bei Verwendung des geschlossenen Kreislaufes führt auch in diesem Fall zu vorteilhaft kleinen Maschinenabmessungen. Wie Tab. 65 zeigt, liegen die Verhältnisse für die Ausgestaltung wirksamer und doch kleiner Wärmeaustauscher beim Betrieb mit Helium günstig. Eine Reduktion dieser Anlageteile im Vergleich zu denjenigen mit Luft oder Stickstoff bei sonst gleichen Verhältnissen, ist erheblich. Die Flächen können im Verhältnis von 2,56 verringert werden. Ein Überblick über die realisierbaren Baumöglichkeiten von Heliumanlagen ist in der unter *[286]* aufgeführten Arbeit enthalten.

Die vorstehenden Hinweise und der kurze Überblick über die derzeit im Gang befindlichen Arbeiten zur Realisierung von Hochtemperatur-Reaktoren zeigen, daß das Ziel des Ingenieurs, Wärme auf erhöhtem Temperaturniveau aus Reaktoren zu gewinnen, nicht leicht zu erreichen ist. Viele Verfahren, wie sie lediglich zum Kühlen der bisherigen Versuchsreaktoren verwendet wurden, können nicht direkt übertragen werden, weil die physikalisch-chemischen Eigenschaften der Wärmeträger (flüssige Metalle, Heißwasser, Sattdampf) keine für moderne Turbinenanlagen benötigte Temperaturen des Wärmeträgers von über 500° C erlauben. Daß dies mit Gasen unter Überdruck, die ja keine Aggregatzustandsänderung bei der Wärmeaufnahme durchmachen, leichter möglich ist, ist einer der Hauptgründe für die Wiederaufnahme der Forschungs- und Entwicklungsarbeiten auf dem Gebiete gasgekühlter Kernreaktoren. Solche dürften sich auch für mittlere und kleine Anlageleistungen bis herunter zu wenigen tausend kW bauen lassen.

Die erfolgreiche Entwicklung von Uranium-Brennstoffelementen, vor allem in Form von hitzebeständigen stahlumhüllten Formen oder in Keramik-Kombinationen, wie sie jetzt vielerorts im Gange ist, bildet die Grundlage, um Kernreaktoren als neueste technische Wärmequelle für erhöhte Temperaturen zu schaffen.

B. Der halbgeschlossene Kreisprozeß

Dieser Prozeß wurde in den vergangenen Jahren sowohl von Westinghouse als auch von Sulzer in Versuchsanlagen studiert, und von Sulzer wurde sogar ein Kraftwerk nach diesem System errichtet.

Solange in der Anlage Brennstoffe mit sauberer Verbrennung angewendet werden, funktionieren diese Verfahren. Besonders der Westinghouse-Kreislauf ist sehr schmutzanfällig, da die Gase der Aufladegruppe auch durch den Kompressor gehen. Der Versuchsanlage war auch kein Erfolg beschieden. Die Schaltung wurde bereits in Abb. 20 gezeigt.

1. Die Sulzer-Versuchsanlage

Die Sulzer-Versuchsanlage leistet 7500 PS und war mit Rücksicht auf eine Verwendung als Schiffsmaschine ausgelegt.

Der Vorteil des halbgeschlossenen Verfahrens liegt in den kleinen Ansaug- und Auspuffmengen. Das Schema der Sulzer-Versuchsanlage geht aus Abb. 480 hervor.

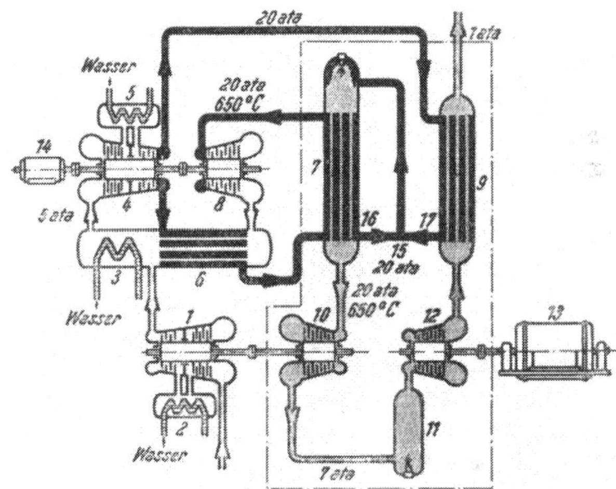

Abb. 480. Kreislaufschema der 7500-PS-Anlage von Sulzer mit halbgeschlossenem Kreislauf

1 Niederdruckkompressor (zweistufig)
2 Zwischenkühler des Niederdruckkompressors
3 Vorkühler
4 Hochdruckkompressor (zweistufig)
5 Zwischenkühler des Hochdruckkompressors
6 Wärmeaustauscher des geschlossenen Kreislaufes
7 Hauptbrennkammer mit Lufterhitzer
8 Kreislaufluftturbine
9 Wärmeaustauscher
10 Hochdruckturbine
11 Zwischenerhitzungsbrennkammer
12 Niederdruckturbine
13 Generator
14 Anwurfmotor
15 Verbindungsleitung
16, *17* Regelventile

Verbrennungsgase befinden sich innerhalb der strichpunktierten Fläche und sind durch graue Farbe gekennzeichnet. Der geschlossene Hochdruckkreislauf ist schwarz angelegt

Diese Schaltung kann natürlich abgewandelt werden, um verschiedenen Sonderforderungen gerecht zu werden, sie besteht im wesentlichen aus einem geschlossenen und einem offenen Kreislauf. Der Vorteil ist die kleine Luftmenge, die aus der Atmosphäre angesaugt werden muß, und die nur kleinen Gasvolumina, die im Niederdruckteil verarbeitet werden. Der geschlossene Kreislauf ist in der Abbildung schwarz angelegt, Verbrennungsgase befinden sich in den Anlageteilen innerhalb der mit Strich-Punkt-Linien umrandeten Fläche. Die Apparate, die mit ihnen in Berührung kommen, sind grau gefärbt. Der Kühlwasserbedarf einer solchen Anlage ist weniger als ein Viertel von dem einer Dampfanlage gleicher Leistung [*44*].

Ein Niederdruckkompressor *1* saugt die Luft aus der Umgebung an und verdichtet diese in zwei hintereinandergeschalteten Axialmaschinen mit einer Zwischenkühlung *2* auf 5 ata. Die Luft geht hernach durch den Kühler *3*, der gleichzeitig der Vorkühler für den geschlossenen Kreislauf ist, zum Hochdruckkompressor *4*, wo sie in weiteren zwei hintereinandergeschalteten Axialverdichtern mit einer Zwischenkühlung *5* auf 20 ata gebracht wird. Die aus dem Hochdruckkompressor *4* austretende Luft wird in zwei Teile geteilt. Ein Teil fließt durch den Wärmeaustauscher *6*, wird dort erwärmt und strömt zum Lufterhitzer *7*, wo die Luft auf die Turbineneintrittstemperatur von

650° C erhitzt wird. Die heiße Luft gelangt sodann mit etwa 20 ata zur Hochdruckkreislaufturbine *8*, die den Hochdruckkompressor *4* treibt. Nach Durchgang durch die Turbine ist die Luft auf etwa 5 ata entspannt, strömt durch den Wärmeaustauscher *6*, wo sie ihre Restwärme abgibt und mischt sich hernach mit der frischangesaugten Luft aus dem Kompressor *1*, wird im Kühler *3* auf 20 bis 25° C gekühlt (abhängig von der Kühlwassertemperatur) und gelangt wieder in den Hochdruckkompressor *4*. Der zweite Teil der Luft aus dem Hochdruckkompressor *4* fließt zum Wärmeaustauscher *9*, wird dort erwärmt und zur Hauptbrennkammer mit ihrem Lufterhitzer *7* geleitet. Etwa 50 % der vom Brennöl abgegebenen Wärme wird den Brenngasen durch den Erhitzer entzogen. Nach dem Erhitzer strömen die Gase mit etwa 20 ata und 650° C zur Hochdruckturbine *10*, werden dort auf ungefähr 6,8 ata entspannt, anschließend in der Zwischenerhitzungsbrennkammer *11* auf eine Temperatur gebracht, die für die Schaufeln der Niederdruckturbine *12* zuträglich ist und hernach in der Turbine *12* entspannt. Die Auspuffgase gehen mit wenig über dem atmosphärischen liegenden Druck in den Wärmeaustauscher *9* und dann ins Freie. Das Volumen der Auspuffgase dieses Kreislaufes ist natürlich viel kleiner als beim offenen Prozeß mit derselben Leistung.

Beide Kreisläufe sind mittels einer Leitung *15*, die die beiden Ventile *16* und *17* enthält, verbunden. Mittels dieser Ventile kann der Luftzufluß von den beiden Wärmeaustauschern *6* und *9* zur Brennkammer *7* geregelt werden und somit unter allen Lastbedingungen der beste Wirkungsgrad gehalten werden. Das Luftmengenverhältnis der beiden Turbinen *8* und *10* ist ungefähr 55 zu 45 %.

Man erwartete einen thermodynamischen Wirkungsgrad von 35 %, entsprechend einem Brennstoffverbrauch von 180 g/PS h, von dieser Anlage. Für diesen Verbrauch wurde angenommen, daß die maximale Schaufeltemperatur 680° C nicht überschreitet. Ähnliche Wirkungsgrade können natürlich auch mit offenen Anlagen erreicht werden, doch auch nur mit komplizierten Schaltungen. Die Sulzer-Schaltung hat den Vorteil, daß der Niederdruckteil der Anlage ein viel kleineres Volumen verarbeiten muß, als dies bei einer offenen Anlage der Fall ist, und dadurch braucht man nur Leitungen kleinen Querschnittes und die Wärmeaustauscher erhalten erträgliche Abmessungen. Außerdem sind die Druckverluste im Niederdruckteil von kleinerem Einfluß auf den Gesamtwirkungsgrad, da nur ein Teil des gesamten Luftvolumens dort durchströmt. Infolgedessen müssen nicht nur kleinere Luftmengen angesaugt und ausgeblasen werden, sondern es können auch höhere Geschwindigkeiten in den Leitungen zugelassen werden. Dies ist sehr bebedeutungsvoll im Hinblick auf den einzigen Niederdruckwärmeaustauscher in der Anlage, nämlich den mit *9* im Schema, Abb. 480, bezeichneten. Der Wärmeaustauscher *6* hingegen arbeitet mit hohem Druck auf beiden Seiten der Rohre, so daß hohe Wärmedurchgangszahlen erreicht werden und trotz Übertragung großer Wärmemengen der Wärmeaustauscher in den Abmessungen klein bleibt. Damit wird der Wirkungsgrad der Gesamtanlage heraufgesetzt. Besonders beachtet muß aber werden, daß im Lufterhitzer *7* auf beiden Rohrseiten gleicher Druck herrscht, nämlich der maximale Druck der Anlage, wodurch außerordentlich gute Wärmedurchgangszahlen und damit kleine Abmessungen einerseits und anderseits kleine Druckbeanspruchungen der Rohre erreicht werden, was hier besonders bedeutungsvoll ist, da in diesen die höchste Temperatur in der ganzen Anlage herrscht. Dies ist ein besonderer Vorteil dieser Schaltung im Vergleich zum geschlossenen Kreisprozeß, bei dem im Lufterhitzer die Rohre Druckbeanspruchungen aushalten müssen. Außerdem hat der Lufterhitzer beim Sulzer-Verfahren sehr kleine Abmessungen.

Besonders für Marine- aber auch für Landanlagen ist es von Vorteil, daß dieser Prozeß beinahe unbeeinflußt ist von der Ansauglufttemperatur. Wirkungsgrad und Leistung werden allerdings durch die Kühlwassertemperatur verändert, aber dieser Temperaturbereich ist relativ klein, so daß man sagen kann, daß die Änderung von Wirkungsgrad und Leistung durch die klimatischen Verhältnisse fast bedeutungslos ist.

Tabelle 66. *Einbaugewichte und Daten einer Schiffsanlage nach dem Sulzer-Verfahren*

Maschinentype / Übertragung der Leistung	Halbgeschlossene Anlage nach Sulzer	
	Getriebe und Verstell-propeller	Elektrischer Antrieb
	1	2
Anzahl der Maschinen	2	2
Höchster Arbeitsdruck	20 ata	20 ata
Maximale Temperatur	680° C	680° C
Schraubendrehzahl	110 U/min	110 U/min
Type der Hilfsmaschinen	Elektrisch	Elektrisch
Brennstoffverbrauch in Tonnen pro Tag (13000 PS)		
Hauptmaschinen	59[1]	62[2]
Hilfsmaschinen (Kraftverbrauch auf See 600 kW)	3,7	3,7
Totaler Brennstoffverbrauch auf See	62,7	65,7
Schmierölverbrauch pro Tag		
Haupt- und Hilfsmaschinen etwa	73 l	73 l
Der Ölverbrauch ist hauptsächlich für Hilfsmaschinen		
Gewichte:		
Turbinen mit Rohrleitungen, Brennkammern, Zwischenkühler und Wärmeaustauscher	230 t	230 t
Grundplatten für Turbinen und Kompressoren	40 t	40 t
Zweistufiges Reduktionsgetriebe	100 t	—
2 Sätze für elektrischen Antrieb, komplett	—	203 t
4 Hilfsgeneratorsätze von 600 kW, komplett	64 t	64 t
Hilfsmaschinen: 2 elektrische Kühlwasserpumpen, Fördermenge je 270 t/h; 2 Schmierölpumpen von je 54 t/h Fördermenge; 2 Reglerpumpen von je 18 t/h Fördermenge; 1 Satz Filter für Öl und Brennstoff; 1 elektrischer Kompressor für Startluft der Hilfsgeneratorsätze mit einer Förderleistung von 1 m³/min; 1 elektrische Ballastpumpe, 250 t/h; Verschiedene weitere Pumpen für Wasser, Öl und Brennstoff; 1 Kühlschrank, 1,25 kW; 1 Hilfskessel (6600 kg/h); Kondensator; Verdampfer; Destillierapparat	75 t	75 t
Sonstiges Installationsmaterial, wie Rohre, Ventile, Werkzeuge, Fußböden, Stiegen, Tanks, einschließlich Gewicht von Wasser, Öl und Brennstoff in Rohrleitungen	190 t	190 t
Propellerwellen und Schrauben, etwa	240 t	150 t[3]
Gesamtgewicht	939 t	952 t

[1] $5^1/_2$ % Getriebeverlust und Verluste durch Verstellpropeller.
[2] 10 % Verluste durch elektrischen Antrieb.
[3] Antriebsmotoren so weit als möglich rückwärts.

Das Starten der Anlage wird durch einen Motor *14* an der Hochdruckgruppe bewerkstelligt. Nachdem diese Gruppe in Rotation versetzt ist, wird in der Brennkammer gezündet und die ganzen Maschinen und Apparate angewärmt. Für normalen Einsatz erwartete man, daß nach etwa 90 Minuten die Maschine voll belastet werden kann.

Die Leistungsabgabe wird durch Verändern der Drehzahl der beiden Kompressorgruppen und der zugeführten Brennstoffmenge geregelt, und zwar so, daß hauptsächlich der Druck bei Teillast herabgesetzt wird, während die Temperatur nur wenig vom Maximalwert abweicht. Da der Enddruck das Produkt der Verdichtungsverhältnisse von Niederdruck- und Hochdruckkompressor darstellt, kann eine große Druck- und damit Laständerung schon mit geringer Drehzahl- und Temperaturänderung der beiden Kompressorsätze erreicht werden.

Eine Studie für eine Schiffsanlage nach dem Sulzer-Verfahren ist in Tab. 66 enthalten.

Das Verschmutzungs- und Korrosionsproblem bei Verwendung schwerer Öle bereitet bei diesen Schaltungen außerordentliche Schwierigkeiten. Besonders gefährdet sind die Hauptbrennkammer mit Lufterhitzer und die Turbinen. Man hoffte allerdings durch Additivs dieser Schwierigkeiten Herr zu werden. Leider hat sich diese Hoffnung nicht erfüllt.

2. 20000-kW-Anlage

Ende März 1947 wurde von den Nordostschweizerischen Kraftwerken A. G. eine Anlage von 20000 kW für die elektrische Zentrale Weinfelden bestellt. Die Anlage arbeitete ebenfalls nach dem von Gebrüder Sulzer entwickelten und patentierten Kreislauf, Abb. 481.

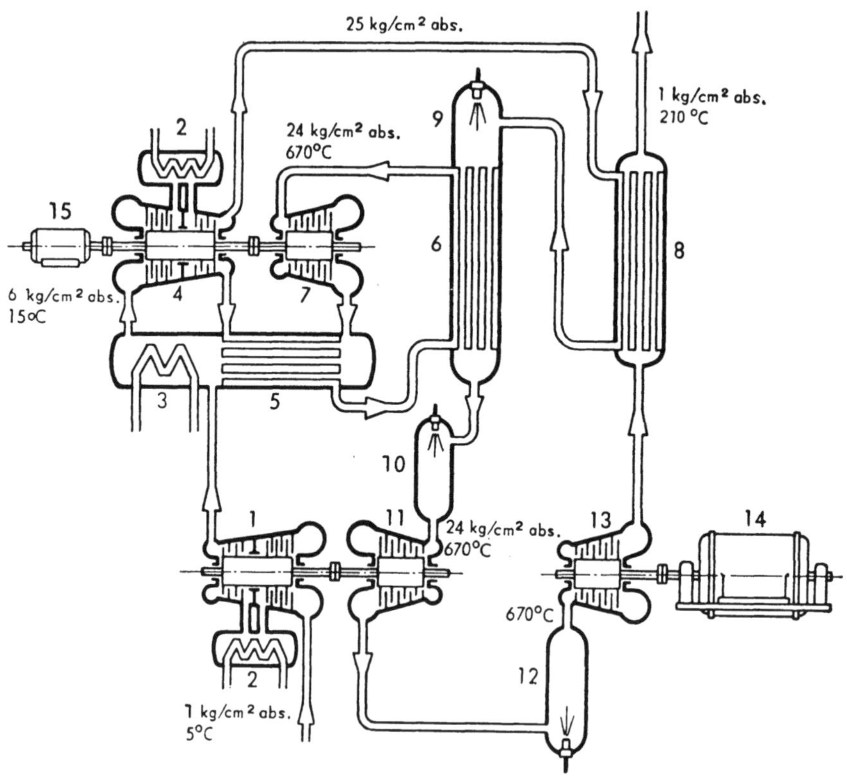

Abb. 481. Arbeitsschema der Kraftanlage Weinfelden.

1 Niederdruckverdichter
2 Zwischenkühler
3 Rückkühler
4 Hochdruckverdichter
5 Wärmeaustauscher (Luft)
6 Lufterhitzer
7 Luftturbine
8 Wärmeaustauscher (Gas)
9 Hauptbrennkammer
10 Sekundärbrennkammer
11 Ladeturbine
12 Zwischenbrennkammer
13 Nutzleistungsturbine
14 Generator
15 Anwurfmotor

Besonders bei großen Leistungen sind die Vorteile der Sulzer-Schaltung augenfällig, bei der nur weniger als die Hälfte der Gas- und Luftmengen des Hochdruckteiles im Niederdruckteil verarbeitet werden. Bei der 20000-kW-Anlage wurde bei einer maximalen Gastemperatur von 650° C ein Wirkungsgrad von wesentlich über 30 % erwartet. Der zur Verfeuerung gelangende Brennstoff war schweres Heizöl.

Abb. 482 zeigt ein Modell der Anlage und vermittelt einen Begriff ihrer Abmessungen. Insbesondere ist auch ersichtlich, daß drei Maschinengruppen zur Aufstellung kamen, nämlich:

1. Die Speisegruppe, umfassend zweigehäusigen Frischluftverdichter mit Hochdruckgasturbine (vorne links).

2. Die Kreislaufgruppe, umfassend zweigehäusigen Hochdruckverdichter mit Kreislaufturbine und Anwurfmotor (vorne rechts).

3. Die Nutzleistungsgruppe, umfassend zweigehäusige Gasturbine und Generator (hinten rechts).

Hinten links sind außerdem die Oberteile der beiden Brennkammern sichtbar. Alle Kühler und Wärmeaustauscher, mit Ausnahme der Abgaswärmeaustauscher, sind im Untergeschoß angeordnet. Letztere sind vertikal aufgestellt und bilden die Unterteile der Abgaskamine. Die Anordnung der Verbindungsleitungen war in Wirklichkeit von der gezeigten etwas abweichend.

Abb. 482. Modell der Kraftstation Weinfelden der Nordostschweizerischen Kraftwerke A. G. Die Anlage hat eine Leistung von 20000 kW und arbeitet nach dem Sulzer-Verfahren

Es sind im Betriebe eine Reihe von Problemen aufgetreten, die zum Teil mit dem besonderen Verfahren keinen unmittelbaren Zusammenhang hatten, teilweise aber auch spezifisch aus der gewählten Schaltung entstanden sind. Nicht durch das Verfahren bedingt waren Vibrationen der Verdichterschaufelungen und der Rotoren, die während langer Zeit immer wieder zu Betriebsstörungen geführt hatten. Es erwies sich als sehr schwierig, die Verdichterleitschaufelungen so auszubilden, daß alle Resonanzen vermieden wurden. Die Laufstörungen der Rotoren beruhten einerseits auf der Entlastung einzelner Traglager (durch Wärmedehnungen), die zu der als „oil whip“ bekannten Erscheinung führte; andererseits lag zunächst noch wenig Erfahrung über das betriebliche Verhalten von Rotoren aus austenitischem Werkstoff vor. Beachtet man nicht besondere Vorsichtsmaßregeln, so können diese sich leicht verkrümmen und vibrieren dann beim Durchgang durch die kritische Drehzahl.

Wie alle anderen großen Pionieranlagen hat auch diejenige in *Weinfelden* ihre Nennleistung erst im Laufe der Zeit nach mehreren Änderungen erreicht. Hauptsächlich lag dies an einer großen Anzahl schwer auffindbarer und behebbarer Undichtheiten, zu großen Spielen in den Turbinen und daran, daß es nicht gelang, die Temperatur vor der Ladeturbine *11*, Abb. 481, auf den Sollwert zu bringen, ohne daß die Brennkammer *9* Schaden nahm. Erst nach Beifügung der Brennkammer *10*, die ursprünglich nicht vorhanden war, konnte die Nennleistung erreicht werden. Der thermische Wirkungsgrad betrug dabei 32,5 %, gemessen an den Generatorklemmen, wohl der höchste bis heute von einer industriellen Gasturbine erreichte Wert.

Als eigentliches Fundamentalproblem der Anlage erwies sich jedoch die Bekämpfung der Verschmutzungen und Korrosionen durch die Asche und den Schwefel des Brennstoffes. Bei seiner Erzeugung hat das Verbrennungsgas einen Druck von etwa 25 ata und eine Temperatur von etwas über 1000° C. Da zudem die Brennstoffasche bis 60 % Vanadium enthielt, entstand eine Konzentration von V_2O_5, die sehr rasch fortschreitende

Verschmutzungen und Korrosionen zur Folge hatte. Zur Zeit der Projektierung der Anlage lagen über diesen Problemkomplex noch keine Beobachtungen vor, die derartige Auswirkungen hätten vermuten lassen können. Nach außerordentlich umfangreichen Untersuchungen fand die Firma einen Weg, durch Beifügen von Kaolin zum Brennstoff nach besonderem Verfahren diese Schwierigkeit zu eliminieren, wobei die Verteuerung des Brennstoffes nur etwa 3% beträgt. So hat die Anlage im Winter 1953/54 etwa 26 Millionen kWh mit sehr vanadiumhaltigem Schweröl bei gutem Wirkungsgrad erzeugt. Leider traten dabei aber gewisse Sekundärschwierigkeiten auf, da ja bei der Konstruktion und Werkstoffwahl der Kaolinbetrieb nicht vorausgesehen worden war. Außerdem blieb immer noch das Problem der Schwefelangriffe übrig. Bei dem hohen Druck in der Brennkammer verbrennt der Schwefel großteils zu SO_3. Die Wandungen der innen isolierten Gasleitungen bleiben aber kühl, so daß stellenweise selbst im vollen Betriebe die Möglichkeit der Schwefelsäurekondensation gegeben ist. Die so entstandenen Leitungsrisse hatten mehrere Betriebsunterbrechungen zur Folge.

Aus diesen Gründen läßt die Betriebssicherheit der Anlage immer noch zu wünschen übrig. Da erkannt worden ist, daß eine voll befriedigende Lösung der noch bleibenden brennstoffbedingten Probleme an der bestehenden Gasturbine mit wirtschaftlichen Mitteln kaum möglich ist, entschloß man sich zu einem grundsätzlichen Umbau der ganzen Kraftanlage mittels offener Gasturbinen unter Verwertung der gemachten Erfahrungen.

XII. Die Gasturbine für Energieerzeugung, Industrie und Hüttenwesen

Seit dem Erscheinen der ersten Auflage dieses Buches hat sich die Anzahl der zur Verfügung stehenden Typen von Industriegasturbinen der verschiedenen Hersteller in der Welt gewaltig gesteigert, und es ist derzeit eine beträchtliche Anzahl von Gasturbinen mit Leistungen bis zu 40000 kW im Betrieb bzw. im Bau.

Die augenblicklich größte in Betrieb stehende Turbine wurde von BBC für das Kraftwerk Beznau erstmals und in der Folge für weitere Installationen geliefert, es ist die 27000-kW-Zweiwellen-Maschine. Die größte im Bau befindliche Gasturbine entstammt einem Projekt von STAL und wird 40000 kW leisten.

Zahlreiche Gasturbinentypen stehen ab Leistungen von 500 PS bis zu den vorher genannten Großmaschinen zur Verfügung. Dazu kommt noch eine stattliche Anzahl von Kleinturbinen von 50 bis 500 PS.

Brown Boveri ist auf dem Kontinent der derzeit größte Gasturbinenhersteller, und es war auch diese Firma, die auf diesem Gebiet Pionierleistungen vollbracht hat.

Verhältnismäßig spät hat Amerika mit dem Bau von Gasturbinen begonnen. Man hat sich dort von Anfang an bewußt auf die Leistungsklassen bis 5000 kW konzentriert und diese Maschinen auf Serie gelegt. Einfacher Aufbau und Leichtbauweise kennzeichnen diese heute wirklich durchgereiften amerikanischen Turbinen. Erst in der letzten Zeit hat man sich auf Leistungen bis etwa 20000 kW vorgewagt, wobei auch diese großen Turbinen wieder einfache und robuste Konstruktion aufweisen und in Leichtbauweise ausgeführt sind.

Im Gegensatz dazu sind die Turbinen von BBC verhältnismäßig schwer gebaut, also mehr nach der klassischen Turbinenschule, weisen aber auf der anderen Seite eine ungeheure Robustheit und Zuverlässigkeit auf.

Daß es aber auch bei Leichtbau möglich ist, langlebige zuverlässige Maschinen zu bauen, beweisen die amerikanischen Typen und neuere kontinentale Bauarten.

Welcher Weg der richtige ist, kann beim augenblicklichen Stand der Dinge noch nicht definitiv gesagt werden, doch scheint es, daß das neue Konzept der Wärmekraftmaschine auch eine Loslösung von der klassischen Turbinenbauweise bringen sollte, wodurch vor allem auch eine Gewichtsersparnis und eine schnellere Anlaufzeit sowie geringere Verzugsgefahr der Rotoren resultiert. Der Zug zur Hochtemperaturturbine dürfte automatisch zur flexiblen Leichtbauweise führen, da eine gute Beherrschung höchster Temperaturen nur mehr mit wenig zum Verzug neigenden ungeteilten Gehäusen leichter Bauart möglich sein wird. Es kommt also damit nach Ansicht des Verfassers eine Annäherung der stationären Gasturbinen an die Flugzeugturbine. Ansätze dazu sind bei kleineren Maschinen neuerer Konstruktion bereits zu merken, wie z. B. ungeteilte Gehäuse aus Blech, Rotor in zwei Lagern usw. Heute jedenfalls stehen beide Bauarten noch nebeneinander, und beide scheinen sich bestens zu bewähren.

Viele der in der ersten Auflage dieses Buches beschriebenen Prototypen sind es geblieben, und manche Firmen haben die Entwicklung eingestellt. Dafür sind zahlreiche neue Typen von bekannten Firmen zur Serienreife entwickelt worden, und es ist im Rahmen eines Buches kaum noch möglich, sämtliche Maschinen einzeln zu besprechen. Die Gesamtzahl der bis heute gebauten stationären Gasturbinen beträgt einige Hundert, und es können daher nur die wichtigsten Konstruktionen näher beschrieben werden. Zu diesen reinen Gasturbinen kommen noch weit über hundert Velox-Kessel mit Turbogebläsen.

Große Fortschritte hat in den letzten Jahren der Freikolbentreibgaserzeuger mit Gasturbine gemacht, und es muß daher auch ihm der gebührende Platz eingeräumt werden, da bereits zahlreiche Anlagen in Betrieb stehen [*127*, *129*, *131*, *132*, *133*, *134*, *138*, *139*].

Mehr und mehr Interesse bringt man der Kombination von Gas- und Dampfturbine für Großanlagen höchsten Wirkungsgrades entgegen, und es wird auch darauf noch näher einzugehen sein.

Im großen und ganzen kann man sagen, daß viele Schwierigkeiten schon überwunden sind, daß aber noch viele einer Lösung harren. Immerhin hat sich die Gasturbine auf bestimmten Gebieten heute bereits eine absolute Vorrangstellung gesichert und gewinnt für neue Anwendungsfälle immer weiter Boden [*306*, *307*, *308*, *310*, *311*, *325*, *326*].

Wohl die älteste Anwendung hat die Gasturbine außer zur Aufladung von Diesel- oder Ottomotoren beim Velox-Verfahren von Brown Boveri gefunden, das aus der Beschäftigung mit der Holzwarth-Verpuffungsturbine hervorgegangen ist.

1. Die Gasturbine und das Velox-Prinzip

Beim Velox-Prinzip handelt es sich um ein Aufladeverfahren. Wie bei den aufgeladenen Brennkraftmaschinen wird der Brennstoff und die Brennluft durch einen Verdichter unter erhöhtem Druck angeliefert, so daß der Brennraum der Maschine oder Einrichtung größere Mengen davon aufnehmen kann als bei Einführung unter Atmosphärendruck. Gegenüber der reinen Aufladung der Brennkraftmaschinen unterscheidet sich das Velox-Prinzip dadurch, daß hier der Lader nicht nur die von der Apparatur aufnehmbare Brennstoff- und Luftmenge durch Dichteerhöhung zu vergrößern hat, sondern darüber hinaus noch ein zusätzliches Druckgefälle erzeugen muß, um dem wärmeentwickelnden und wärmeabgebenden Medium besonders hohe Strömungsgeschwindigkeiten zu erteilen, so daß die Reaktionsgeschwindigkeit im Brennraum und die Wärmeabgabe an den Wärmeaustauscherflächen ein Vielfaches der bisher gewohnten Werte erreicht.

Wie beim reinen Aufladeverfahren wird der Verdichter auch bei Velox-Anlagen durch eine Gasturbine angetrieben. Während aber dort die Gasturbine auf jeden Fall die Antriebsleistung des Laders vollständig aufbringen muß, kann bei diesen nötigenfalls ein Bruchteil der Antriebsleistung durch den zum Anlassen oder Regeln der Anlage ohnehin erforderlichen Hilfsmotor übernommen werden. Leistet die Gasturbine umgekehrt mehr als der Verdichter braucht, so wird diese Mehrleistung über den Anlaßmotor, der dann als Generator arbeitet, als Nutzleistung an das Netz abgegeben.

Zum Verständnis des Velox-Prinzipes und seines grundlegenden Einflusses auf die Bau- und Betriebsweise der Einrichtungen, die sich seiner bedienen, sei noch folgendes angeführt:

Die Abmessungen einer Velox-Anlage werden um so kleiner, je höher der Ladedruck ist und je größer die Geschwindigkeiten sind, womit der Wärmeträger und das zu erwärmende Medium die Apparatur durchströmen. Theoretisch wären beliebig hohe Aufladedrücke und sehr hohe Geschwindigkeiten denkbar. Praktisch werden sie nach oben durch zwei Umstände begrenzt: Erstens durch den Strömungswiderstand, der bekanntlich mit dem Quadrate der Geschwindigkeit wächst, also rasch zunimmt, und zweitens durch die Temperatur, die an den Schaufeln der Gasturbine zugelassen werden darf. Diese Temperatur bestimmt nämlich auch den Höchstdruck, der wirtschaftlich, d. h. ohne wesentliche Zusatzleistung durch den gasgetriebenen Verdichter aufgebracht werden kann. Die heute verfügbaren Baustoffe lassen Höchsttemperaturen von etwa 600 bis 650° C zu, der entsprechende höchste Verdichterdruck ist etwa 4,0 kg/cm² abs. Meist bleibt man aber etwas darunter, z. B. auf 2,6 bis 3,4 kg/cm² abs, wobei es genügt, wenn der Überdruck vor der Gasturbine nur etwa drei Viertel des Verdichterüberdruckes beträgt. Das setzt allerdings voraus, daß die Wirkungsgrade von Verdichter und Gasturbine gut sind, weshalb man für Velox-Ladegruppen stets vielstufige Axialverdichter und vielstufige Gasturbinen verwendet. Mit dem Druckabfall von etwa ein Viertel Verdichterüberdruck oder 4000 bis 6000 mm WS lassen sich in strömungstechnisch gut ausgebildeten Kanälen schon recht hohe Geschwindigkeiten erreichen und $w\gamma$-Werte der Berechnung und Bemessung der Anlage zugrunde legen, die die bisher üblichen weit übertreffen.

Unter dem $w\gamma$-Wert versteht man das Produkt aus der Strömungsgeschwindigkeit und Dichte des Heizgases. Er ist bekanntlich für die Größe und Betriebsverhältnisse jedes Wärmeaustauschers von ausschlaggebender Bedeutung. So sind beispielsweise die Strömungsquerschnitte gleich $G/w\gamma$, die Strömungswiderstände ein gewisses Vielfaches von $(w\gamma)^2/\gamma_m$ und die Heizflächen eine Funktion von $(w\gamma)^n$, worin G das in der Sekunde den Heizkanal durchsetzende Gasgewicht, γ_m das mittlere spezifische Gewicht des Wärmeträgers und n eine Konstante in der Größenordnung von etwa 0,79 bedeutet. Beim Velox-Dampferzeuger beläuft sich beispielsweise $w\gamma$ im Verdampferteil auf etwa 100 kg/m² sek bei atmosphärisch gefeuerten Kesseln dagegen im gleichen Bereich nur auf rund 2. Somit werden die lichten Heizgasquerschnitte im Verdampferteil beim erstgenannten Dampferzeuger etwa 50-, die Verdampferheizflächen etwa 22mal kleiner als beim nicht aufgeladenen Kessel, der Strömungswiderstand hingegen wächst auf $50^2/3$ oder ungefähr das 800fache, wenn der Aufladedruck z. B. 3 kg/cm² beträgt und die nicht ganz zutreffende Annahme gemacht wird, daß das l/d-Verhältnis (Strombahnlänge zum hydraulischen Durchmesser) bei beiden Dampferzeugern gleich ist.

Daß mit der genannten Verkleinerung der Heizgaszüge und Heizflächen eine beträchtliche Verminderung der Abmessungen der gesamten Anlage einhergeht oder, mit anderen Worten, die spezifische Leistung des Apparates außerordentlich erhöht wird, leuchtet ohne weiteres ein. Daß aber der zur Überwindung der Strömungswiderstände erforderliche Energieaufwand von oft mehreren tausend Kilowatt ohne Wirkungsgradverschlechterung und ohne Energiezufuhr von außen aufgebracht werden kann, bedarf der Erklärung.

Diese Energie wird von der Gasturbine geliefert, in der die auf Ladedruck verdichteten Heizgase entspannt werden. Dank ihrer hohen Temperatur und unter Voraussetzung eines genügenden Wirkungsgrades der Gruppe kann ein Teil des im Verdichter erzeugten Druckgefälles der Gase zur Überwindung der Widerstände verbraucht werden. Mit dem übrigen Teil des Druckgefälles wird in der Turbine die zum Antrieb des Verdichters benötigte Leistung aufgebracht. Thermische Verluste entstehen dabei praktisch keine, denn die den Abgasen entnommene und in der Turbine in mechanische Arbeit umgesetzte Energie kehrt beinahe unvermindert als Energiezuwachs der verdichteten Luft in den Kreislauf zurück, während die durch Reibung an den Heizflächen verbrauchte Arbeit als Wärme in den Gasen wieder erscheint.

Auch auf die Größe der Brennkammern oder Reaktionsräume nach dem Velox-Prinzip arbeitender Anlagen hat die Druckerhöhung wesentlichen Einfluß. Es zeigte sich, daß die Feuerraumbelastbarkeit nicht nur dem absoluten Aufladedruck proportional ist, sondern wesentlich darüber ansteigen kann. Bei Ölfeuerungen könnte dieser Anstieg mit der feineren Zerstäubung des Öles beim Auftreffen auf die dichtere Luft, also mit einer

Erhöhung der Oberflächenreaktion erklärt werden. Der überproportionale Anstieg macht sich aber auch bei Gasfeuerungen, Kohlenstaubfeuerungen und den meisten heute unter Druck vorgenommenen Reaktions- und Absorptionsvorgängen bemerkbar. Von Einfluß ist jedenfalls die sehr heftige Verwirbelung, die das Brennstoff-Luftgemisch erfährt, wenn schon im Brenner ein Teil des verfügbaren Druckgefälles verbraucht wird. Wenn heute für Öle und reiche Gase 6 bis 8 Millionen kcal, für arme Gase, wie Hochofengas, 4 bis 6 Millionen kcal Wärmeumsatz je Stunde und Kubikmeter Kammerinhalt gebräuchlich sind, so steht noch keineswegs fest, daß damit auch schon die oberste Grenze erreicht ist. Vergleichshalber sei angeführt, daß man demgegenüber bei atmosphärisch betriebenen Brennkammern mit Öl- oder Gasfeuerung selten über 600000 kcal/m^3 h geht und die Brennkammerbelastung z. B. von Winderhitzerbrennkammern zwischen 300000 und 550000 kcal/m^{3}h gelegen ist.

Wenn die Velox-Anlage wegen der größeren Anzahl von Einzelteilen im allgemeinen komplizierter ist als eine gewöhnliche, atmosphärisch gefeuerte Anlage, deren ganze maschinelle Ausrüstung nur in Ventilatoren zur Erhöhung des Zuges bestehen, so trifft ein solcher Einwand hinsichtlich des Verhaltens im Betriebe nicht zu. Die Ladegruppe ist eine sehr anspruchslose und zuverlässige Maschine, die fast keiner Wartung bedarf. Das haben die weit über 100 Maschinen dieser Art mit insgesamt über 200000-kW-Leistung und zum Teil bereits über 100000 Betriebsstunden genügend erwiesen.

Das gleiche gilt für die gesamte Regelung, die, einmal richtig eingestellt, fast jeden Regelungseingriff von Hand unnötig macht. Die Anpassung der Anlagen an Belastungsänderungen folgt unmittelbar. Ein Hauptcharakteristikum der Velox-Anlagen ist bekanntlich das Gleichbleiben des hohen Wirkungsgrades über weite Belastungsbereiche.

a) Der Velox-Dampferzeuger. Am meisten ist das Velox-Prinzip bisher zur Dampferzeugung angewandt worden. Der Velox-Dampferzeuger ist bereits durch so zahlreiche Veröffentlichungen bekannt, daß es nicht nötig ist, hier näher auf seine Bau- und Betriebsweise einzugehen. Erwähnt sei nur, daß der erste Velox-Kessel in einem Hüttenwerk steht (Mondeville, Frankreich) und nun seit über 20 Jahren Dienst tut, während welcher Zeit er weit über 100000 Stunden im Betrieb stand. Auch die größten bisher gebauten Velox-Dampferzeuger von je 100 t/h befinden sich in einem Hüttenwerk und werden mit Hochofengas betrieben. Prinzipielle Änderungen hat der mit Hochofengas betriebene Kessel seit seiner ersten Ausführung nicht erfahren. Es galt von Anfang an als Regel, großrohrige Verdampferelemente zu verwenden, die sich gasseitig leicht reinigen lassen. Beim ersten Velox war der Brenner noch unten und der Überhitzer liegend angeordnet. Später wählte man dagegen für Hochofengaskessel die gleiche Anordnung wie bei den Ölkesseln. Der Brenner wurde oben angebracht und der Überhitzer aufrecht gestellt. Neuerdings werden die Verdampferelemente als sogenannte Einrohrelemente ausgeführt, d. h. man verlegt in jedes Verdampferrohr nur ein Heizrohr, während früher jedes Verdampferrohr mehrere enthielt. Vereinfacht wurden auch die Zulaufrohre für das Umwälzwasser, die nun innerhalb der Brennkammer an die untere Wasserkammer angeschlossen sind, also keine Stopfbüchsen an der Durchdringungsstelle durch den Brennkammermantel mehr benötigen.

Für Leistungen über 50 t/h kommt mit Vorteil eine Bauweise in Betracht, wie sie in erster Linie für Schiffsantriebe entwickelt wurde. Sie zeichnet sich durch geringe Bauhöhe und niedriges Gewicht aus und eignet sich besonders auch für sehr hohe Dampfdrücke, da die Verdampferheizflächen nur aus Rohren von verhältnismäßig kleinem Durchmesser bestehen und die großen Stahlgußkörper ganz wegfallen. Selbst bei einem Kessel für 145 t/h Dampfleistung und 130 kg/cm^2 Druck werden die Abmessungen außerordentlich klein. Ihrer bescheidenen Abmessungen und ihres maschinenartigen Charakters wegen kann auch die größte Velox-Kesseleinheit im Maschinenraum unmittelbar neben der Dampfturbine aufgestellt werden.

Für den Betrieb mit hochwertigen Gasen, wie Koksofengas oder Erdgas, erhält der Dampferzeuger ungefähr dieselben Abmessungen wie für den Betrieb mit Öl. Auch die

Ladegruppe ist in ihrer Größe und Anordnung die gleiche, dagegen erhält sie noch ein zusätzliches Gebläse für das Gas. Das Gasgebläse kann aber auch durch einen besonderen Motor angetrieben werden.

Für Hochofengas werden die gasseitigen Kesselteile etwas größer als beim Ölkessel, entsprechend der geringeren Wärmetönung des Hochofengas-Luftgemisches und der niedrigen Verbrennungstemperatur. Die Ladegruppe enthält zwei Verdichter gleicher Größe, einen für die Brennluft und einen für das Hochofengas. Man macht die Gasturbine zweiflutig, um den Achsschub auszugleichen, nachdem dies durch die Verdichter nicht mehr möglich ist, da diese ihre Schübe unter sich ausgleichen. Als Bodenfläche, einschließlich genügenden freien Raumes in der Umgebung von Kessel und Ladegruppe, können je nach Leistung etwa 1 bis 2 m^2/t Dampf angegeben werden. Die Bauhöhe des Velox-Kessels ist stets bedeutend geringer als der bestehende Abstand zwischen Kellerboden und Kran in gewöhnlichen Dampf- oder Windzentralen.

Der Wirkungsgrad eines mit Hochofengas betriebenen Velox-Kessels erreicht etwa 90 %, bei Betrieb mit hochwertigen Gasen oder Öl liegt er etwa 2 bis 3 % höher. Bemerkenswert ist bekanntlich die geringe Änderung des Wirkungsgrades zwischen Drittellast und Überlast.

Ein besonderer Vorteil des Velox-Kessels ist seine große Betriebsbereitschaft, d. h. die Möglichkeit, den Dampferzeuger jederzeit innerhalb weniger Minuten anzulassen und, wenn nicht gebraucht, abstellen zu können.

Zum Betriebe solcher Kessel mit Hochofengas verwendet man stets gereinigtes und trockenes Gas. Zur Verhütung von Wasserausscheidungen im Verdichter wird es etwas vorgewärmt. Mit einem Reinheitsgrad ähnlich wie man ihn für Gasmaschinen verlangt, d. h. etwa 15 bis 20 mg/m^3, kann der Betrieb einige tausend Stunden aufrechterhalten werden, bis sich die Notwendigkeit einer Reinigung ankündigt. Sie wird am langsamen Anstieg der Gastemperatur vor der Turbine oder an Änderungen der Überhitzungstemperatur erkannt. Wegen der geringen Abmessungen der der Verschmutzung ausgesetzten Teile ist die zur Reinigung erforderliche Zeit besonders im Gegensatz zu gewöhnlichen Hochofengaskesseln sehr gering. Außerdem kann mit der Reinigung schon etwa zwei Stunden nach dem Abstellen begonnen und der Dampferzeuger nachher in ein paar Minuten vom kalten Zustand wieder auf volle Leistung gebracht werden.

Auch reine Überhitzer lassen sich nach dem Velox-Prinzip bauen und betreiben. Solche getrennt gefeuerte Überhitzer werden Bedeutung erlangen, wo immer es sich darum handelt, große Dampfmengen, z. B. in chemischen Betrieben, zu überhitzen oder in großen Dampfzentralen den in gewöhnlichen Kesseln erzeugten Dampf zur Erhöhung der Wirtschaftlichkeit auf sehr hohe Überhitzungstemperatur zu bringen.

b) Winderhitzer. Man unterscheidet zwei Arten von Winderhitzern: die Cowper-Apparate oder Regeneratoren, große, mit Formsteinen gefüllte Wärmespeicher, die abwechselnd aufgeheizt und durch Wärmeabgabe an den Wind entladen werden und Stahlwinderhitzer oder Rekuperatoren, mit kontinuierlich arbeitenden, auf einer Seite vom Heizgas, auf der anderen Seite vom Wind bestrichenen metallenen Heizflächen. Beide Arten lassen sich nach dem Velox-Prinzip bauen und betreiben. Für Windtemperaturen unter 800° C verdient heute der Stahlwinderhitzer besondere Beachtung. Verschiedene Schaltungen mit Gasturbine wurden vorgeschlagen, doch konnten bisher die Cowper-Apparate nicht verdrängt werden.

c) Weitere Anwendungsfälle des Velox-Prinzips. Es gibt heute eine Reihe von Verfahren der chemischen oder metallurgischen Industrien, die unter erhöhtem Druck durchgeführt werden und dabei Abgase liefern, die sich wegen des erhöhten Druckes zum Antrieb einer Gasturbine eignen. Nach dem Velox-Prinzip arbeitend kann man ein Verfahren dann bezeichnen, wenn der zur Druckerzeugung benützte Verdichter von einer Gasturbine angetrieben wird und die Menge und Temperatur dieser Treibgase zum Antrieb eines Verdichters ganz oder nahezu ausreichen. In vielen Fällen wird die Durchführung des Prozesses unter erhöhtem Druck bei Deckung des Verdichtungsaufwandes durch die Gasturbine überhaupt erst möglich oder wirtschaftlich. Es gibt aber auch Fälle, wo nicht nur die Verdichtungsarbeit durch die Energie der Abgase gerade gedeckt wird, sondern darüber hinaus noch ein Leistungsüberschuß auftritt, der zur Erzeugung von elektrischer Energie benützt werden kann.

Ein treffendes Beispiel dieser Art sind die Gasturbinenanlagen, die bereits in großer Zahl für die Ölraffination nach dem Houdry-Verfahren ausgeführt wurden. Bei diesem Crackverfahren verdampft man die Rohöle und leitet ihre Dämpfe über Katalysatoren, wo sie sich, je nach Temperatur und Dauer der Einwirkung, in verschiedene Bestandteile spalten, dabei aber die Katalysatoren durch Teer- und Koksniederschläge allmählich verunreinigen. Durch Ausbrennen lassen sich die Katalysatoren regenerieren, so daß sie wieder brauchbar werden. Früher erfolgte diese Arbeit bei Atmosphärendruck, wobei man mit einem Ventilator Luft durch sie hindurchblies. Dies erforderte längere Zeit, während der die Apparatur still lag. Mit Hilfe der Unterdrucksetzung der Kammern gelang es, die Verbrennung der Teer- und Koksrückstände außerordentlich zu beschleunigen, womit sich die Leistungsfähigkeit der Anlage bedeutend erhöhte und gleichzeitig die früher lästigen Teer- und Koksrückstände zu einem wertvollen Brennstoff wurden. Mit ihm werden nun die im Prozeß entwickelten Abgase erhitzt und sind dank ihres erhöhten Druckes zum Antrieb einer Gasturbine verwendbar. Die von der Gasturbine erhaltene Leistung ist sogar wesentlich größer als der Verdichtungsaufwand, so daß ein Überschuß zum Antrieb eines Stromerzeugers übrigbleibt, der die für den Prozeß notwendige elektrische Energie unentgeltlich liefert, während ein Velox-Kessel für die Dampfbedürfnisse des Prozesses sorgt. Die Gasturbine der ersten Houdry-Anlage gibt eine Leistung von 5300 kW, der Kompressor nimmt eine solche von 4400 kW auf und 900 kW werden in elektrische Energie umgesetzt. Sie läuft seit mehr als 18 Jahren in der Anlage Markus Hook der Sun Oil Co., Philadelphia, in Tag- und Nachtbetrieb.

Wie eingangs schon erwähnt, könnte der Ladedruck theoretisch beliebig hoch gehalten werden, praktisch ergibt sich jedoch dafür ein bestimmter Höchstwert, falls verlangt wird, daß die Unterdrucksetzung möglichst kostenlos, also ohne Zusatzleistung von außen, geschehen soll, was eine mindestens dem Verdichtungsaufwand entsprechende Leistung der Gasturbine voraussetzt. Hierzu ist nötig, daß einerseits die Abgasmenge, die in der Gasturbine Arbeit leistet, ungefähr der Fördermenge des Verdichters entspricht, andererseits aber auch die Gasturbine und der Verdichter unter den günstigsten Verhältnissen arbeiten. Solche liegen vor, wenn die Treibgastemperatur eine dem Verdichtungsverhältnis entsprechende Höhe hat. Da aber mit der Treibgastemperatur nicht über die für das Schaufelmaterial zulässige Grenze von etwa 600 bis 650° C gegangen werden kann, ergibt sich, wie bereits erwähnt, auch für den Ladedruck ein gewisser oberer Grenzwert, der bei etwa 4 bis 4,5 kg/cm^2 abs liegt. Mit diesem Ladedruck werden die heute bestehenden Houdry-Anlagen betrieben. Ihre größte Fördermenge beläuft sich auf 70000 m^3/h, die über die Verdichtungsarbeit hinaus gelieferte Überschußleistung beträgt bis zu 1200 kW.

2. Die erste selbständige Gasturbinenanlage für Stromerzeugung

Aus dieser Beschäftigung mit den Velox-Anlagen entstand 1939 bei BBC die erste selbständige Gasturbinenanlage für Stromerzeugung. Sie besteht aus Verdichter, Brennkammer und Turbine, ist also nach dem einfachsten Prinzip gebaut und steht in der Notstromzentrale in einem bombensicheren Stollen der Stadt Neuchâtel. Die schematische Anordnung wurde schon in Abb. 4 gezeigt. Der Verdichter komprimiert die Luft auf 3 bis 4 ata. Die Trommel wird durch Schrumpfen und Schweißen auf den Achsstummeln befestigt. Die Form des Ausströmkanals ermöglicht, wie Modellversuche zeigten, die Rückwandlung von kinetischer Energie in Druck. In der Brennkammer wird der Luft beim Eintritt durch Leitschaufeln eine mäßige Drehbewegung erteilt. Die Konstruktion einer solchen Brennkammer wurde schon auf S. 330 beschrieben. Die Turbine ist mit vielstufiger Überdruckschaufelung versehen. Der Läufer wurde schon in Abb. 242 gezeigt und näher beschrieben. Der Unterschied der Axialschübe von Turbine und Gebläse wird durch ein gemeinsames Klotzlager aufgenommen. Bei einer Gesamtlänge des Gehäuses zwischen den Außenkanten der Lager von über 2 m ist bei 550° C Anfangstemperatur des Gases die Gesamtdehnung begreiflicherweise erheblich, der Unterschied in der Dehnung des Gehäuses und der Welle, wohl als Folge der isolierenden Luftschichten, jedoch geringfügig. Die Dichtungsringe der Stopfbüchsen bestehen aus dünnen Eisenblechen, die in Nuten eingestemmt werden.

Es ist interessant, die Meßergebnisse der unter Leitung von STODOLA am 7. Juli 1939 in den Werkstätten von BBC stattgefundenen Versuche näher zu betrachten. Tab. 67 und 68 geben verschiedene Versuchsdaten.

Tabelle 67. *Versuchsergebnisse*

Pos.	Versuch Nr.		I	II	III
	Versuchsbelastung		Leer- lauf	rund 4000 kW	rund 3000 kW
1	Datum des Versuches		7. 7. 1939	7. 7. 1939	7. 7. 1939
2	Dauer des Versuches	min.	15	60	30
	Brennstoffmessungen				
3	Art des Heizöles			Gasöl	
4	Gehalt an Feuchtigkeit	%		0	
5	Gehalt an Asche	%		0	
6	Elementaranalyse C	%		86,8	
	,, H	%		12,45	
	,, S	%		0,66	
7	Unterer Heizwert	Cal/kg		10143	
8	Oberer Heizwert	Cal/kg		10846	
9	Spezifisches Gewicht bei 20° C	kg/l		0,851	
10	Spezifisches Gewicht bei 25° C	kg/l		0,848	
11	Spezifisches Gewicht bei 30° C	kg/l		0,845	
12	Brennstoffverbrauch der Gasturbine, berichtigt	kg/h	822	1967,5	1654,9

Tabelle 68. *Elektrische Messungen*

Versuch Nr.			II	III
Versuchsdauer			von 10^{10} bis 11^{10}	von 11^{25} bis 11^{55}
Erreger-Strom		A	130,8	108,4
Spannung		V	102,7	84,9
Leistung		kW	13,4	9,2
Generatorspannung	Phase T—S	V	6611	6724
	R—S	V	6580	6716
	R—T	V	6616	6691
	Mittel	V	6602	6710
Strom	R	A	363	270
	S	A	343	256
	T	A	349	261
	Mittel	A	352	262
cos φ			0,998	0,999
Leistung aus Wattmeterablesung		kW	4015	3041
		kWh	4015	1521
Energieabgabe aus Zählerablesung		kW	4021	3057
		kWh	4021	1529

Tabelle 69

Versuch Nr.		II	III
1. Brennstoffverbrauch	kg/h	1967,5	1654,9
2. Temperatur vor Gasturbine	°C	552	492
3. Nutzleistung an den Klemmen	kW	4021	3057
4. Nutzleistung an der Kupplung	kW	4184,3	3193,8
5. Gasölverbrauch pro kWh Klemmenleistung	kg	0,489	0,541
6. Unterer Heizwert des Brennstoffes	kcal/kg	10143	10143
7. Brennstoffwärme kcal pro kWh Klemmenleistung	Q	4960	5500
8. Wirkungsgrad der Anlage $\frac{860}{Q}$ auf Klemmenleistung bezogen	%	17,38	15,67
9. Wirkungsgrad der Anlage auf Kupplungsleistung bezogen	%	18,04	16,37
Bei den der Gewährleistung zugrunde liegenden Daten: Lufttemperatur 20° C, Drehzahl 3000 U/min, ermitteln sich hieraus:			
10. Leistung an den Klemmen	kW	4000	3026
11. Leistung an der Kupplung	kW	4163	3162
12. Temperatur vor Gasturbine	°C	537	477
13. Thermischer Wirkungsgrad auf Klemmenleistung bezogen	%	17,38	15,67
14. Thermischer Wirkungsgrad auf Kupplungsleistung bezogen	%	18,04	16,37
15. Brennstoffverbrauch auf $H_u = 10000$ bezogen	kg/kWh	0,496	0,549
16. Gewährleisteter Brennstoffverbrauch auf $H_u = 10000$ bezogen	kg/kWh	0,528	0,573

Um den Verdichtungsgrad der während der Versuche Nr. II bzw. Nr. III herrschenden Lufttemperatur von 25,3 bzw. 26,0° C anzupassen, wurde die Drehzahl auf 3020 bzw. 3030 U/min eingestellt. Es gelten sodann die Beobachtungswerte der Tab. 69.

Abb. 483. BBC-Gasturbinenanlage von 4000 kW für die Notstromzentrale der Stadt Neuchâtel

Nachdem durch diese Zahlenergebnisse die Überlegenheit der Anlage gegenüber den Gewährleistungen festgestellt ist, ist es noch von Interesse, an Hand der Druck- und Temperaturbeobachtungen eine Zergliederung des Gesamtergebnisses vorzunehmen. Die hauptsächlichsten Ziffern sind in Tab. 70 vereinigt. Um die mittlere Eintrittstemperatur

Tabelle 70. *Drücke, Temperaturen, Luft- und Gasmengen*

Versuch Nr.			I	II	III
Kompressor:					
Absoluter Druck vor Kompressor	P_{1k}	kg/m²	9882,7	9882,7	9882,3
Absoluter Druck nach Kompressor	P_{2k}	kg/m²	37770	43370	42370
Temperatur vor Kompressor	t_{1k}	°C	23,2	25,3	26
Temperatur nach Kompressor	t_{2k}	°C	181	202,8	200,8
Brennkammer:					
Brennstoffmenge (Heizwert 10143 kcal/kg)	G_B	kg/h	822	1967,5	1654,9
Brennstofftemperatur	t_B	°C	24	24	25
Gasturbine:					
ΔP_{Kamin} gerechnet	ΔP_{Kamin}	mm WS	22	28	26
Absoluter Druck vor Turbine	P_{1t}	kg/m²	37120	42720	41700
Absoluter Druck nach Turbine (Baro + + gerechneter Kaminverlust)	P_{2t}	kg/m²	9992	9998	9996
Temperatur vor Turbine (Schalttafelinstrument)	t_{1t}	°C	374	575	532
Temperatur nach Turbine (Mittelwert von allen Meßstellen)	t_{2t}	°C	163	278	253
Stromerzeuger:					
Klemmenleistung	L_{Kl}	kW	0	4021	3057
Verluste	L_V	kW	—	161,3	136,8
Kupplungsleistung	L_K	kW	—	4184,3	3193,8
Luftmenge aus Kompressor:					
Drehzahl	n	U/min	3020	3020	3030
Luftvolumen (aus Volumen-Drehzahlkurve Kompressor)	V	m³/h	198000	198000	199000
Spezifisches Gewicht vor Kompressor ($\gamma_1 = P_{1k} R T_{1k}$)	γ_1	kg/m³	1,138	1,131	1,127
Luftgewicht $G_L = \gamma_1 V$	G_L	kg/h	225800	224000	224000
Gasgewicht $G_G = G_L + G_B$	G_G	kg/h	226622	225967,5	225654,9
Temperatur vor Gasturbine aus Brennstoffmenge gerechnet:					
Durch Luft zugeführt (aus H—T-Tafel)	H_1	kcal/Mol.	3160	3300	3275
Durch Brennstoff zugeführt $H_2 = \frac{G_B H_u}{G_G} m$ ($m_G = 29$)	H_2	kcal/Mol.	1067	2560	2158
Total zugeführt $H_{tot} = H_1 + H_2$	H_{tot}	kcal/Mol.	4227	5860	5433
Temperatur vor Turbine	t_{1T}	°C	331	552	492
Gasgewicht aus Durchflußformel:					
$G_G = 155{,}5 \frac{P_{1t}}{\sqrt{T_{1t}}} \sqrt{1 - \left(\frac{P_{2t}}{P_{1t}}\right)^2}$	G_G	kg/h	226000	224800	227700
Luftgewicht $G_L = G_G - G_B$	G_L	kg/h	225178	222832,5	225045,1

Fortsetzung der Tabelle 70

Versuch Nr.			I	II	III
Kompressorleistung:					
Druckverhältnis	P_2/P_1		3,82	4,38	4,28
Adiabatisches Gefälle	H_{ad}	m	14100	16000	15750
Adiabatische Leistung	L_{ad}	kW	8650	9710	9660
Adiabatisches Temperaturgefälle Δt_{ad}	Δt_{ad}	° C	136,5	154	152
Gemessenes Temperaturgefälle	Δt_{ad}	° C	158	177,8	174,8
Wirkungsgrad aus Temperatur $\eta_{ad} = \frac{\Delta t_{ad}}{\Delta t_{gem}} \cdot 100$	$\eta_{ad\ Temp}$	%	86,4	86,6	86,9
Kupplungswirkungsgrad rund η_{ad}— 2 %	$\eta_{ad\ Leist}$	%	84,4	84,6	84,9
Kupplungsleistung	L_{Kk}	kW	10250	11480	11380
Gasturbinenleistung:					
Druckverhältnis	P_1/P_2		3,715	4,27	4,17
Adiabatisches Gefälle	H_{ad}	m	19500	29050	26580
Adiabatische Leistung	L_{ad}	kW	12000	17725	16460
Kupplungsleistung $L_{Kt} = L_{Kk} + L_{K\ Gen}$	L_{Kt}	kW	10250	15664,3	14573,8
Wirkungsgrad aus Leistung $\eta_{ad} = \frac{L_{Kt}}{L_{ad}} \cdot 100$	η_{ad}	%	85,4	88,4	88,4
Totaler Wirkungsgrad Kompressor-Turbine: $\eta_{tot} = \eta_{ad\ k}\,\eta_{ad\ t}$	η_{tot}	%	72,1	74,8	75

der Rauchgase genauer errechnen zu können als aus den örtlichen Angaben der Thermoelemente, wurde in einem Vorversuch die Abgasmenge durch eine Normdüse am Ende der Auspuffleitung gemessen. Daraus ergibt sich nach Abzug des Brennstoffgewichtes die vom Gebläse angesaugte Luftmenge, und es konnte eine Volumendrehzahlkurve des Gebläses aufgestellt werden. Für die Gasturbine benützte man die angenäherte Anschlußformel Gl. (389), deren Festwert aus dem Düsenmeßversuch bestimmt wurde. Aus der Gleichung, daß der Heizwert zur Erwärmung der Luftmenge zwischen Austritt am Gebläse und Eintritt in die Turbine (mit Vernachlässigung der Strahlungsverluste) dient, kann die Eintrittstemperatur bestimmt werden. Als Lagerreibung, Stopfbüchsenverlust und Wärmeverlust an die Umgebung wurden 2 % abgezogen. Der Kaminverlust mußte infolge von Fehlanschluß der Meßvorrichtung rechnerisch bestimmt werden. Bei etwa 15 m Auspufflänge von 1880 mm Durchmesser, 9 m Kaminlänge mit 2200 mm Durchmesser und 15 m Höhendifferenz mit drei in den Ecken die Umlenkung bewirkenden Schaufelsystemen ergab sich, nach Abzug der Saugwirkung, ein Widerstand von 28 mm WS. Diese genauere Ausrechnung erfolgte, weil am Orte der Aufstellung nahezu dieselben Verhältnisse vorliegen, so daß eine Umrechnung wegen der Gewährleistungen entbehrt werden konnte.

Bei Änderung der Belastung folgt die Brennstoffzufuhr unmittelbar der Einwirkung des Reglers und erlaubt Variationen von Vollast bis auf Leerlauf und umgekehrt. Die Geschwindigkeitsänderung wurde bei den Versuchen am Ziffernblatt des Tachometers unmittelbar abgelesen. Die Ergebnisse sind die folgenden.

Entlastung von Vollast auf Leerlauf:
- Vorübergehende Drehzahlzunahme .... 5,8 % in 22,5 Sekunden
- Dauernde Drehzahlzunahme .... 2,5 % in 1 Minute 48 Sekunden

Belastung von Leerlauf auf Vollast:
- Vorübergehende Drehzahlabnahme .... 5,0 % in 33 Sekunden
- Dauernde Drehzahlabnahme .... 2,65 % in 1 Minute 45 Sekunden

Die Verbrennung bleibt hierbei vollkommen ohne sichtbare Rauchbildung am Kamin.

Die Ergebnisse, die diese einfachste Anlage zeigte, waren sehr ermutigend. Zweifellos hätte man durch einen Wärmeaustauscher den Wirkungsgrad erhöhen können, doch war ein solcher zusätzlicher Aufwand für diesen Zweck nicht notwendig.

Die Anlaßzeit von Stillstand bis Vollast beträgt etwa fünf Minuten. Der Anlaßmotor bringt das Aggregat auf 25 bis 30 % der Normaldrehzahl. Bei dieser Drehzahl wird das Gasöl in der Brennkammer durch einen Zündstab gezündet, und nach drei Minuten ist die Maschine auf voller Drehzahl und kann sofort belastet werden. Ein Regler hält die Drehzahl bei allen Lasten konstant. Abb. 483 zeigt eine Ansicht der Anlage.

3. Die erste 10000-kW-Anlage

Das Jahr 1946 kann man wieder als Markstein in der Entwicklung der Gasturbine bezeichnen. In diesem Jahre wurde die erste 10000-kW-Gasturbine der Welt bei BBC in Betrieb gesetzt. Die Anlage, für eine Zentrale in Südosteuropa bestimmt, wurde schematisch in Abb. 7 gezeigt. Ihre Kennzeichen, die sie von den Vorgängern unterscheiden, sind die zweistufige Kompression mit Zwischenkühlung und die zweistufige Expansion mit Zwischenerhitzung, zwei Maßnahmen, die den Wirkungsgrad und die Leistung erhöhen und damit den Preis pro installiertem Kilowatt senken. Auf einen Wärmeaustauscher zur Gewinnung der Abgaswärme wurde verzichtet, da die Anlage zum Betrieb bei Spitzenlast bestimmt ist und niedere Investitionskosten wichtiger waren als hoher Wirkungsgrad.

Bei den Werkversuchen zeigte sich, daß die garantierte Leistung von 10000 kW um volle 2000 kW überschritten worden ist, Tab. 71. Berücksichtigt man, daß bei der provisorischen Aufstellung im Werk zuwenig Raum für Ansaug- und Abgaskanäle genügenden Querschnittes zur Verfügung stand — die Druckabfälle betrugen 167 und 662 kg/m² statt 100 und 150 kg/m² am Aufstellungsort —, so kann man eine Klemmenleistung von 12385 kW bei 13,4° C Ansaugtemperatur und von 12020 kW bei 20° C errechnen. Diese letzte Zahl wird als korrigierte Leistung bezeichnet. Die Anlage ist also eine 12000-kW-Anlage bei 20° C Lufttemperatur.

Tabelle 71. *Ergebnisse von BBC-Werkversuchen an der 10000-kW-Gasturbinenanlage gemäß Abb. 7*

Klemmenleistung, gemessen . . . . kW	0	3177	6067	8610	11677
Lufttemperatur . . . . °C	13,3	12,8	13,2	13,5	13,4
Thermischer Wirkungsgrad, auf Klemmen bezogen, gemessen . . . . %	—	10,64	16,87	20,66	22,24
Klemmenleistung, korrigiert[1] . . . . kW	—	3400	6298	8842	12020
Thermischer Wirkungsgrad, korrigiert[1] . . . . %	—	11,71	17,82	21,62	23,27
Drehzahl, Hochdruck . . . . U/min	3860	3965	4145	4212	3997
Drehzahl, Niederdruck . . . . U/min	3016	3009	3020	3015	3001
Zugeführte Brennstoffwärme					
Hochdruckbrennkammer . . . . 10^6 kcal/h	17,63	22,98	28,18	31,41	31,42
Niederdruckbrennkammer . . . . 10^6 kcal/h	2,54	2,70	2,80	4,45	13,73
Total . . . . 10^6 kcal/h	20,17	25,68	30,98	35,86	45,15
Luftmenge . . . . 10^3 kg/h	329,04	329,8	330,5	333,6	328,74
Temperatur vor Hochdruckturbine . . . . °C	382	460	531	572	566
Temperatur vor Niederdruckturbine . . . . . . °C	285	352	413	463	573
Temperatur am Kamin . . . . °C	130	167	203	231	296

[1] Korrigiert auf Ansaugwiderstand von 100 kg/m² und Kaminwiderstand von 150 kg/m² und auf Lufttemperatur von 20° C.

Der Klemmenwirkungsgrad bei Vollast wurde zu 22,24 % gemessen. Bei normalem Kaminwiderstand und 20° C Luft wird er 23,27 % sein, der Kupplungswirkungsgrad 23,72 %. Garantiert waren 21,6 %.

Die Temperatur vor der Hochdruckturbine beträgt 566° C, vor der Niederdruckturbine 573° C. Sie liegt unterhalb der zulässigen Grenze von 600° C und bietet volle Gewähr für die Dauerhaftigkeit der Maschine. Es ist beabsichtigt, die Hochdruckturbine mit etwas höherer, die Niederdruckturbine mit etwas tieferer Temperatur zu fahren. Die Messung der Temperaturen vor der Turbine ist schwierig, denn die Temperaturen sind längs der Schaufeln inhomogen. Man umgibt z. B. den heißeren Gaskern mit einem kälteren Gasmantel, der durch die Doppelwände der Rohrleitungen geführt wird und die Schaufelwurzeln der ersten Expansionsstufen bespült. Die angegebenen Temperaturen sind aus der zugeführten Brennstoffmenge unter Vernachlässigung des Ausfalles durch Strahlung und Unverbranntem errechnet. Sie sind höchstmögliche Werte der mittleren Gastemperatur und geben den strengsten Maßstab für die Beurteilung der Wirkungsgrade. Die durch Thermoelemente gemessenen Temperaturen sind einige Grade tiefer.

Der Luftdurchsatz beträgt bei Vollast 26,5 kg/kWh. Bei der einstufigen Anlage von 4000 kW waren es 55,7 kg/kWh. Daraus ersieht man, daß schon die Niederdruckgruppe und erst recht die Hochdruckgruppe viel kleiner ist als bei einer einstufigen Maschine gleicher Leistung. Bei 10000 kW ist tatsächlich eine zweistufige Gruppe billiger als eine einstufige, deren Drehzahl wegen des großen Durchsatzes unterhalb 3000 U/min liegen müßte.

Es ist von Interesse, die thermodynamischen Wirkungsgrade der Kompressoren und Turbinen aus den gemessenen Daten auszurechnen. Das Wirkungsgradprodukt von Turbine und Kompressor kann angenähert bestimmt werden, dagegen ist die Aufteilung auf die beiden Maschinen unsicher. Das Wirkungsgradprodukt ist bei Vollast für die Hochdruckgruppe 79,2 %, für die Niederdruckgruppe 75,4 %. Dies entspricht mittleren Wirkungsgraden von Turbine und Verdichter von 89 und 86,9 %.

Es trifft sich, daß die Niederdruckgruppe vorteilhafterweise mit 3000 U/min laufen kann, wodurch sich die Möglichkeit ergibt, den Generator direkt zu kuppeln. Die Niederdruckturbine erfordert daher einen großen Anteil am Druckgefälle. Man sieht dies auf dem Entropiediagramm Abb. 484a. Bei gegebener Temperatur vor der Turbine ergibt sich eine verhältnismäßig tiefe Abgastemperatur, was vorteilhaft ist, wenn keine Abwärme rückgewonnen wird. BBC hat über die beste Verteilung der Kompressions- und Expansionsgefälle mehrstufiger Gasturbinen umfangreiche Studien gemacht. Diese zeigen, daß es bei zweistufiger Kompression und Expansion mit weitgehender Wärmerückgewinnung im Wärmeaustauscher günstiger ist, die Nutzleistung nicht an der Niederdruckwelle, sondern an der Hochdruckwelle abzunehmen. Durch Kupplung des Generators mit der Niederdruckgruppe bleibt deren Drehzahl bei allen Belastungen gleich. Damit bleibt auch die Luftmenge konstant und man arbeitet bei kleinen Lasten mit zu tiefen Temperaturen, Abb. 484b, Kurve *3*, *4*, verzichtet also wissentlich auf gute Teillastwirkungsgrade. Kurve *1* zeigt den Verlauf des Wirkungsgrades in Funktion der Belastung. Die Kurve ist für eine Spitzenmaschine, die bei ihrem Einsatz auch gut belastet wird, durchaus annehmbar.

Bei anderen, mit Wärmeaustauschern ausgestatteten Maschinen ist es zweckmäßiger, den Generator von der Hochdruckwelle antreiben zu lassen, um nicht nur bei Vollast, sondern auch bei Teillast gute Wirkungsgrade zu erhalten. Abb. 484b, Kurve *2*, zeigt auf Grund der gemessenen Kompressions- und Expansionswirkungsgrade zu erwartenden thermischen Wirkungsgrade der Anlage mit Wärmeaustauscher.

Man regelt die Turbine mit Hilfe der in die beiden Brennkammern eingespritzten Brennstoffmengen, Abb. 484b, Kurve *5*, *6*. Bei voller Last betragen die zugeführten Wärmemengen $31{,}4 \cdot 10^6$ kcal/h in der Hochdruckbrennkammer und $13{,}7 \cdot 10^6$ kcal/h in der Niederdruckbrennkammer bzw. bei 20° C Ansaugtemperatur 30,95 und $13{,}5 \cdot 10^6$ kcal/h. Bei abnehmender Last wird zunächst nur die Niederdruckbrennkammer entlastet. Dementsprechend nimmt die Temperatur vor der Niederdruckturbine ab, während sie vor der Hochdruckturbine erhalten bleibt, Kurve *3*, *4*. Nähert sich bei weiter abnehmender Last die Flamme in der zweiten Brennkammer der tiefsten stabilen Grenze, so beginnt der Brenner der ersten Kammer zu regeln. Von nun an nimmt auch die Temperatur vor der Hochdruckturbine ab.

Auf der Hochdruckwelle muß stets Gleichgewicht zwischen der erzeugten Turbinenleistung und der verbrauchten Verdichterleistung herrschen. Diese Gleichheit stellt sich ganz von selber ein. Ein Leistungsüberschuß läßt die Drehzahl etwas steigen, womit der Verdichterbedarf stark zunimmt und der Überschuß verschwindet. Umgekehrt bewirkt ein Leistungsmangel eine geringe Drehzahlsenkung. Bei Vollast findet die Hochdruckwelle bei 4000 U/min ihr Gleichgewicht. Mit abnehmender Last senkt sich zunächst die Temperatur und damit der Druck vor der Niederdruckturbine, was das Gefälle der Hochdruckturbine vergrößert. Dies läßt die Drehzahl auf 4200 U/min steigen.

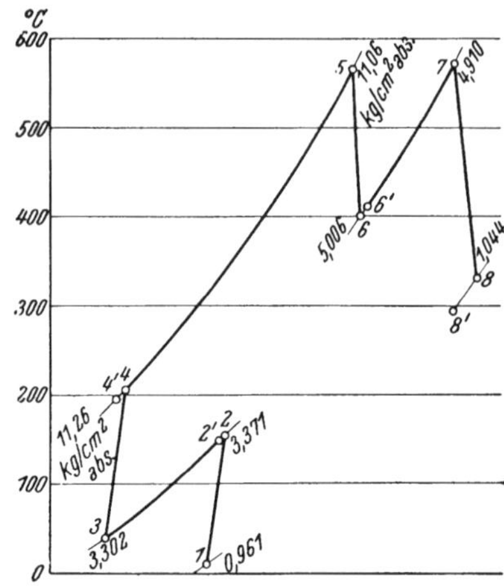

a Temperatur-Entropiediagramm

1—*2* = 1. Kompressionsstufe
3—*4* = 2. Kompressionsstufe
5—*6* = 1. Expansionsstufe
7—*8* = 2. Expansionsstufe
2, *4*, *6*, *8* sind die ohne Wärmestrahlung aus den Leistungen errechneten Endzustände von Kompression und Expansion. *2'*, *4'*, *6'*, *8'* sind die gemessenen Endzustände. Daß der Punkt *6'* höher liegt als *6*, ist eine Anomalie, die auf eine unrichtige Erfassung der mittleren Gastemperatur am Turbinenaustritt deutet

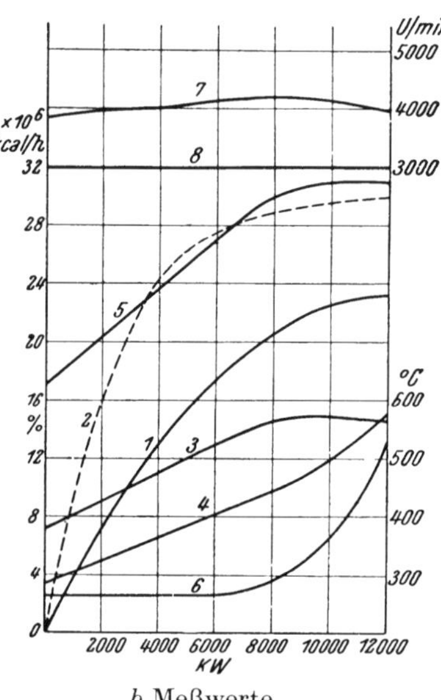

b Meßwerte

1 Wirkungsgrad ohne Wärmeaustauscher
2 Wirkungsgrad mit Wärmeaustauscher
3 Temperatur vor Hochdruckturbine
4 Temperatur vor Niederdruckturbine
5 Als Brennstoff zugeführte Wärme in Funktion der Belastung bei 20° C Ansaugtemperatur in Hochdruckbrennkammer
6 Zugeführte Wärme in Niederdruckbrennkammer
7 Drehzahl der Hochdruckwelle
8 Drehzahl der Niederdruckwelle

Abb. 484. Meßwerte der ersten 10000-kW-Gasturbine der Welt

Sobald auch die Hochdruckbrennkammer entlastet wird, sinkt die Drehzahl wieder, um bei Leerlauf 3860 zu erreichen, Kurve *7*, *8*. Die Regelung der Anlage ist ähnlich wie die in der Abb. 497, S. 589, gezeigte.

Die Anlage wird am Aufstellungsort mit Erdgas betrieben. Zu den Werkversuchen wurde flüssiger Brennstoff (Heizöl II) verwendet, wobei der Brennstoff mit etwa 35 kg/cm² effektivem Druck durch Brennstoffzerstäuberdüsen in die Brennkammern eingespritzt wurde. Das Erdgas wird am Aufstellungsort mit einem Druck von 5 kg/cm² angeliefert und, soweit für die erste Brennkammer benötigt, in einem besonderen Verdichter auf einen Druck von 12 kg/cm² gebracht.

Der Bedarf an Kühlwasser ist gering. Im ganzen sind bei Kühlturmbetrieb etwa 300 m³ in der Stunde im Umlauf. Ein kleiner Bruchteil davon ist nötig, um die Verdunstungsverluste auszugleichen. Eine Dampfturbinenanlage würde bei gleichen Verhältnissen etwa 2500 m³ oder etwa achteinhalbmal mehr Wasser brauchen.

Die Bedienung dieser Gasturbine ist äußerst einfach. Sie kann fast restlos von der Schalttafel aus in Betrieb gesetzt und überwacht werden. Die Inbetriebsetzung dieser Anlage geht folgendermaßen vor sich: zuerst werden die Pumpen für Kühlwasser, Schmieröl und Heizöl durch Druckknöpfe in der Schalttafel eingeschaltet. Dann werden die beiden Zündstäbe in die Brennkammern eingeschoben und unter Spannung gesetzt. Nun können die beiden Turbinengruppen durch Einschalten ihrer Anwurfmotoren angefahren werden. Nach etwa 30 Sekunden haben die Motoren die Gruppen soweit beschleunigt, daß die Brennstoffzufuhr zu der Hochdruckbrennkammer geöffnet werden kann. Der Brennstoff wird damit in die Brennkammer eingespritzt und entzündet sich am glühenden Zündstab. Etwas später kann auch die Niederdruckbrennkammer gezündet werden. Die Anwurfmotoren unterstützen die Gasturbinen in der Beschleunigung noch bis zum Erreichen ihrer synchronen Drehzahl von 1500 U/min, dann werden sie durch Rückwattrelais automatisch elektrisch abgeschaltet, bleiben aber mechanisch gekuppelt, da sie für die höchstvorkommende Drehzahl gebaut sind. Während des Hochfahrens der Verbrennungsturbine wird die in die Brennkammer einzuspritzende Brennstoffmenge durch Anfahrventile in der Schalttafel von Hand reguliert. Mit dem Ansteigen der Kompressordrehzahlen kann die Brennstoffmenge langsam vergrößert werden. Die Normaldrehzahl der Niederdruckgruppe von 3000 U/min wird nach etwa fünf Minuten erreicht. Damit tritt der Drehzahlregler in Funktion. Er reguliert nun die den Brennkammern zugeführte Brennstoffmenge selbständig so, daß die Drehzahl des Generators konstant bleibt. Die handbetätigten Anfahrventile können damit außer Funktion gesetzt werden.

Nach dem Erreichen der Normaldrehzahl kann die Verbrennungsturbine sofort mit dem Netz parallel geschaltet und belastet werden. Der ganze Anlaßvorgang dauert bei kalter Maschine vom Momente des Einschaltens der Anwurfmotoren bis zur vollen Belastung nur etwa acht Minuten. Zum Abstellen der ganzen Anlage muß nur ein einziger Druckknopf betätigt werden. Damit werden automatisch die Brennstoffdüsen geschlossen und die Brennstoffpumpe abgestellt.

Die Regulierung dieser zweistufigen Gasturbine arbeitet sehr rasch und mit großer Genauigkeit. Bei konstanter Belastung bleibt auch die Turbinendrehzahl konstant. Nach plötzlichem Entlasten des Generators z. B. steigt die Drehzahl vorübergehend um etwa 8 % an und erreicht ihren neuen Beharrungswert nach 35 Sekunden.

4. Das thermische Kraftwerk Beznau mit 40 MW

a) Aufbau der Anlage. Die erste Großanlage der Welt wurde in Beznau, Schweiz, aufgestellt und dient zur Deckung der Wintermangelenergie. Die Gesamtleistung ist auf zwei Einheiten mit 13000 und 27000 kW aufgeteilt. Beide Maschinen sind zweiwellig und entsprechen dem Schema Abb. 8. Die Verdoppelung der Leistung beim großen Satz wurde durch zweiflutige Ausbildung von Niederdruckturbine und Niederdruckkompressor erzielt. Die Maschine ist die größte bisher gebaute Gasturbine mit offenem Kreislauf. Der Hochdrucksatz der großen Maschine treibt den Generator direkt, bei der kleinen Maschine ist ein Getriebe zwischengeschaltet. Während die 13000-kW-Gruppe im Januar 1948 im Betrieb kam, wurde die 27000-kW-Maschine im Januar 1949 dem Betrieb übergeben. Der Wasserverbrauch der Anlage beträgt nur ein Sechstel einer gleichartigen Dampfanlage. Der Plan der Anlage geht aus Abb. 485 hervor.

Die Gesamtanordnung ist so getroffen, daß die Maschinen mit Hoch- und Niederdruckbrennkammer im Maschinenraum untergebracht sind. Die Luftkühler werden im Kellergeschoß, die Wärmeaustauscher (fünf für den 13000-kW-Satz, zehn für den 27000-kW-Satz) in einem seitlichen Anbau an den Maschinenraum aufgestellt. An einem Ende des Gebäudes sind im Freien die sechs Brennstoffbehälter mit einem Fassungsraum von 30000 m³ untergebracht. Diese Heizölmenge reicht für 3000 Stunden Vollast, also für mehr als einen Winter. Da der Stockpunkt des Öles bei etwas über 0° C liegt, ist eine Dampfvorwärmung vorgesehen, um den Brennstoff auf einer Temperatur zu halten, bei der er eine Zähigkeit von 25° Engler hat, um ihn in die Tagestanks umpumpen zu können. In den Tanks für täglichen Gebrauch (zwei von je 15 m³ Inhalt) wird

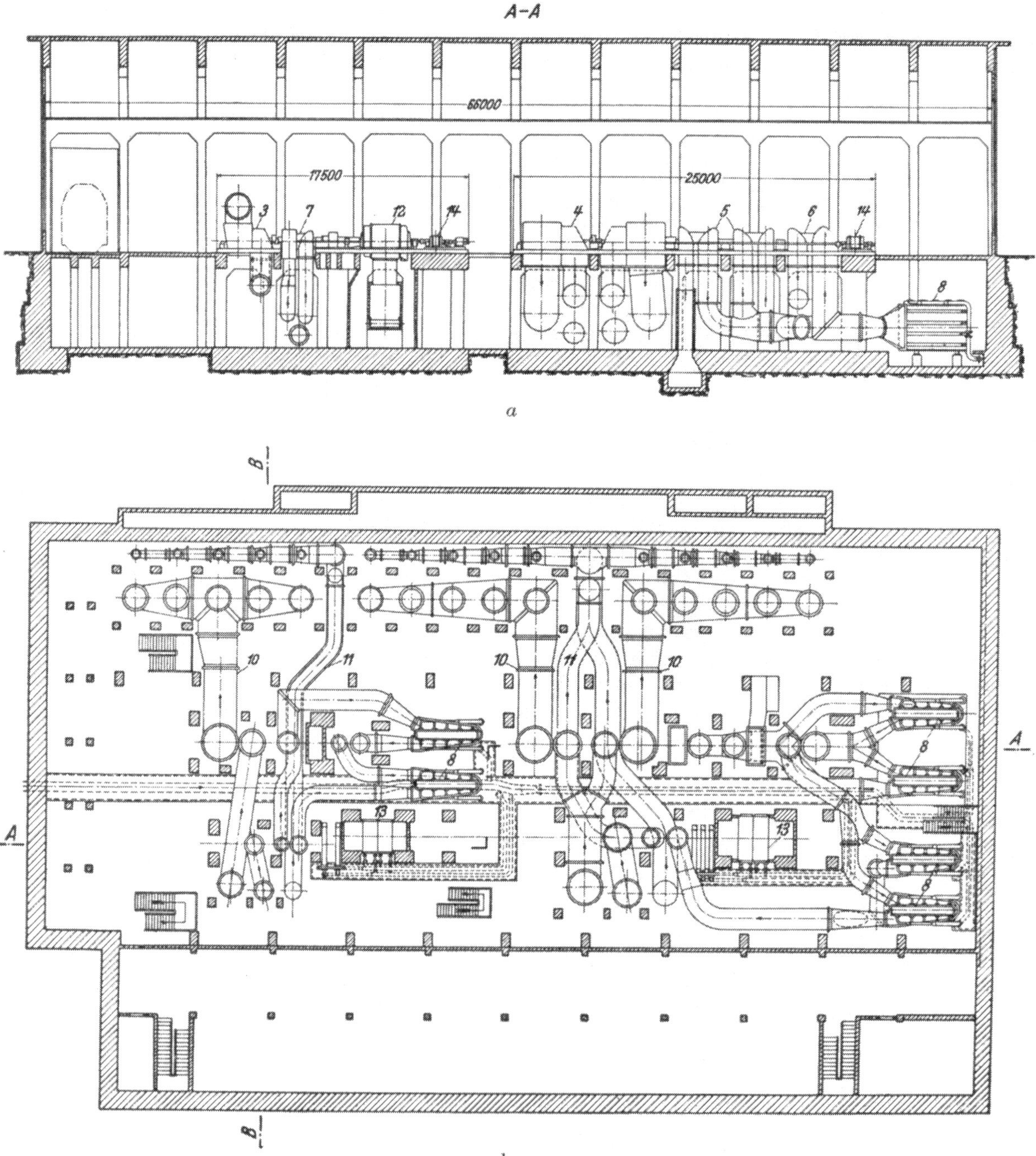

das Öl vor dem Anlassen durch Dampf auf eine Temperatur entsprechend 2° Engler gebracht. Nach dem Anlassen werden die Abgase zur Aufheizung der Tanks benützt.

Durch die niedere Lufttemperatur erreicht der 13000-kW-Satz einen Wirkungsgrad von 30,1 %, der 29000-kW-Satz einen solchen von 28 %. Der Kühlwasserbedarf beträgt

600 m³ für die kleine und das Doppelte für die große Maschine. Eine automatische Durchdreheinrichtung sorgt dafür, daß nach dem Abstellen die Maschinen einige Stunden langsam gedreht werden, um Verzug der Läufer hintanzuhalten.

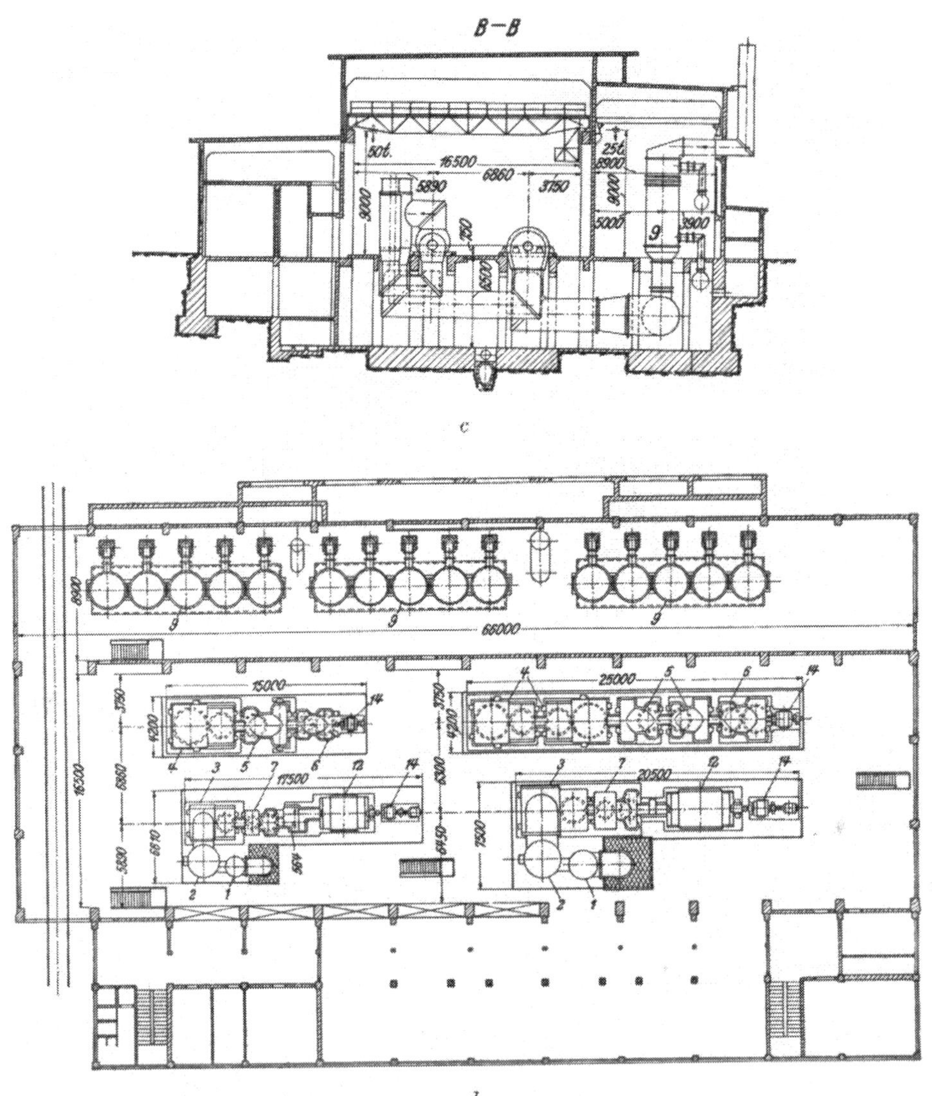

Abb. 485*a*, *b*, *c*, *d*. Kraftwerk Beznau. 40000-kW-Gasturbinenanlage, bestehend aus den Einheiten von 13000 und 27000 kW mit Generatoren. Für 16000 und 33000 kVA, 8000 V, 50 Hertz, 3000 U/min

1 HD-Brennkammer
2 ND-Brennkammer
3 HD-Gasturbine
4 ND-Gasturbine
5 ND-Luftverdichter
6 MD-Luftverdichter
7 HD-Luftverdichter
8 Zwischenkühler
9 Luftvorwärmer
10 Gasleitung zu *9*
11 Luftleitung zu *9*
12 Dreiphasengenerator
13 Luftkühler zu *12*
14 Anwurfmotor

Beide Maschinen können von Stand in 15 Minuten auf Synchronlauf gebracht und mit 2000 kW/min langsam belastet werden.

Abb. 486 zeigt noch eine Innenaufnahme des Kraftwerkes.

Zur Zeit der Bestellung der Turbinen für Beznau im Juni 1946 durch die Nordostschweizerischen Kraftwerke, die NOK, hatte BBC eine Maschine für 10 MW für eine Anlage in Lima, Peru, in Bau. Bei Verwendung dieser Konstruktion bei Betrieb im

Abb. 486. Innenansicht des Kraftwerkes Beznau. Im Vordergrund die 13-MW- und im Hintergrund die 27-MW-Einheit

Klima von Beznau und während der Wintermonate, mit einer mittleren Luft- und Kühlwassertemperatur von je 5° C, gibt diese gleiche Maschine eine Nutzleistung von 13 MW. Da alle Zeichnungen und Modelle für diese Einheit zur Verfügung standen, war es möglich, diese für die denkbar kürzeste Lieferfrist in Arbeit zu nehmen, und so beschloß die NOK, als erste Einheit für Beznau diese 13-MW-Gruppe zu wählen. BBC übernahm die Verpflichtung, sie im Dezember 1947, also knapp 18 Monate nach Auftragserteilung, betriebsbereit zur Verfügung zu stellen. Die zweite Gruppe mit 27 MW kam, wie schon erwähnt, ein Jahr später, im Januar 1949, in Betrieb.

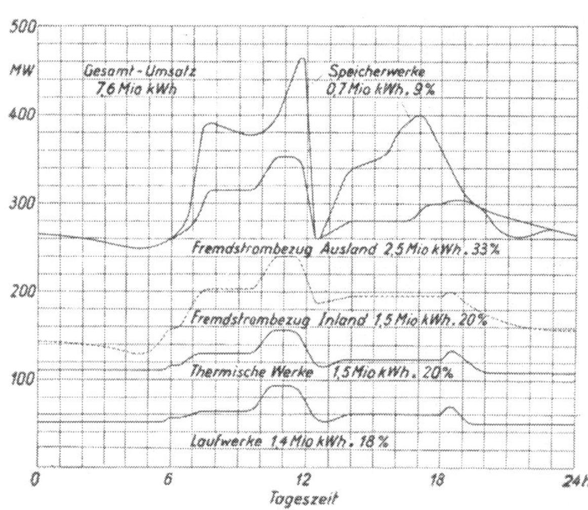

Abb. 487. Tagesdiagramm der Gesamtbelastung der NOK von Dienstag, dem 5. Januar 1954

b) Betriebserfahrungen in Beznau, Störungen und ihre Behebung. Zur Zeit der Bestellung der Anlage Beznau waren bei BBC 9 Gasturbinen für die Elektrizitätsversorgung bestellt. Von diesen neun war damals eine einzige in Betrieb, die 4-MW-Gruppe der Stadt Neuchâtel, und diese ist lediglich eine Notstromanlage und hatte damals vielleicht knapp 1000 Betriebsstunden. Eine 10-MW-Gruppe war kurz vor der Bestellung von Beznau fertiggebaut und mit dieser waren eine Reihe von bemerkenswerten Versuchen im Werk in Baden durchgeführt worden. Aber ausgedehnte Betriebserfahrungen mit Gasturbinen für die in Frage kommende Betriebstemperatur von 600° C oder mehr lagen nicht vor. Wohl wußte man, daß die ungefähr 40 Houdry-Gruppen sich seit vielen Jahren ausgezeichnet bewährten, aber da diese mit Gastemperaturen von nur ungefähr 510° C laufen, waren diese Erfahrungen nur von relativer Bedeutung. Es war deshalb zu erwarten, daß die erste Gasturbinenanlage dieser Leistungsklasse und für Betrieb mit schwerem Heizöl verschiedene Probleme mit sich bringen würde, die zuerst gelöst werden mußten, bevor ein zuverlässiger industrieller Betrieb möglich war [*313*, *314*, *318*, *330*].

Es seien nun die vorgekommenen Störungen, ihre Ursachen und die vorgenommenen Verbesserungen genannt:

α) Schon nach ungefähr 300 Betriebsstunden mit der 13-MW-Gruppe brachen drei Schaufeln in der dritten Laufreihe der HD-Turbine. Die Untersuchung ergab als Ursache des Bruches interkristalline Risse im Schaufelfuß, die von einer Kerbe ausgingen. Über derartige Kerbwirkungen wußte man zur Zeit wenig, und die Konstruktion der Schaufeln war analog der bei Dampfturbinen üblichen und gleich wie die für die vorher genannten Houdry-Gruppen verwendete. Die Steigerung der Temperatur auf 600° C erwies sich aber als zu hoch für die Verwendung dieser gleichen Schaufelkonstruktion.

Warum brachen die Schaufeln der dritten Reihe und nicht, wie zu vermuten gewesen wäre, die der ersten?

Die Stirnfläche des Läufers wird auf der Eintrittsseite mit Luft von etwa 320° C gekühlt und dadurch tritt die Zone der höchsten Temperatur von nur 520° C nicht, wie zu erwarten wäre, bei der ersten Schaufelreihe auf, sondern bei der dritten. Seither werden auf Grund dieser Erfahrungen die Schaufeln mit bedeutend stärkeren Füßen gebaut und auch in anderen Einzelheiten wurde die Konstruktion verbessert. Diese Korrektur hat sich bewährt.

β) Nach einer Laufzeit von ungefähr 2400 Stunden begann der Läufer der ND-Gasturbine der 13-MW-Gruppe plötzlich heftig zu vibrieren. Es wurde ein Riß im Grund der Schaufelnut entdeckt und wiederum in der dritten Reihe. Weitere Untersuchungen ergaben auch hier, daß die Kerbwirkung die Ursache des Risses war. Auch diese Konstruktion wurde verbessert, und durch die Vergrößerung der Rundungen in der Schaufelnut sind die Spannungen vermindert, und gleichzeitig ist auch die Legierung verbessert worden.

γ) Zu Ende des Winters 1948/49, dem zweiten Winterbetrieb mit Beznau, hatte man Schwierigkeiten mit unerwartet starker Verschmutzung der MD- und HD-Verdichter. Einer ähnlichen Art lästiger Verschmutzung war man bis dahin mit Axialgebläsen nirgendwo begegnet, und ihre Entstehung in Beznau ist auf besonders eigentümliche Umstände zurückzuführen. Kommt der Wind aus dem Westen, so weht er über den die Zentrale umgebenden Wald und über das Dach vom Kraftwerk und schließlich über die auf der Leeseite liegenden Kamine. Durch diese Luftströmung bildet sich dann auf der Kaminseite eine Luftwalze, die einen Teil der Abgase aus den Kaminen nach unten treibt, wo sie vom ND-Gebläse angesaugt werden. In der Nähe der Zentrale ist ferner eine Zementfabrik, weshalb die Luft auch geringe Mengen von Zementstaub enthält.

Im ersten Verdichter setzte sich nur ein unbedeutender Belag fest, im MD- und HD-Verdichter aber eine derartig starke Ablagerung, daß sie nur mechanisch entfernt werden konnte. Was waren das für Ablagerungen? Bei hoher Luftfeuchtigkeit wird in den Zwischenkühlern der Taupunkt überschritten, und es bildet sich Kondensat im Kühler. Der Brennstoff enthält ungefähr 3 % Schwefel, der verbrennt zu SO_2 und SO_3 und diese Gase bilden mit dem Kondensat schweflige Säure und Schwefelsäure. Diese Säuren greifen die Kupferlamellen der Kühler an und bilden Kupfersulphat, das wasserlöslich ist. Es wird mit dem Kondensat in die nächste Verdichterstufe getragen, wo das Wasser verdampft, und die mitgeführten Bestandteile setzen sich als harte Kruste auf den Schaufeln nieder. Diese Störungen wurden damit behoben, daß Wasserabscheider in die Kühler eingebaut wurden, die das Kondensat vor dem Austritt in die nächstfolgende Verdichterstufe abführen.

δ) Auch ein Brand in einem der Vorwärmer der 27-MW-Gruppe gehört zu den Kinderkrankheiten der Anlage. Nach einem mißglückten Anlassen der Gruppe bei sehr warmer Außenluft und warmem Kühlwasser kam der Rußbelag im Vorwärmer mit unverbranntem Öl in Berührung und fing Feuer. Der Brand wurde erst zwei Stunden nach dem Abstellen der Gruppe entdeckt und zerstörte drei von den zehn Luftvorwärmern schwer. Diese Erfahrung führte dann dazu, Rußbläser in die Vorwärmer einzubauen, die den Rußbelag verhindern. Diese Rußbläser werden mit Druckluft aus dem HD-Verdichter mit einem Druck von ungefähr 8 atü betrieben und reinigen die Vorwärmer bei Dauerbetrieb ungefähr alle 36 Stunden einmal, bei kurzzeitiger Belastung unmittelbar vor dem Abstellen.

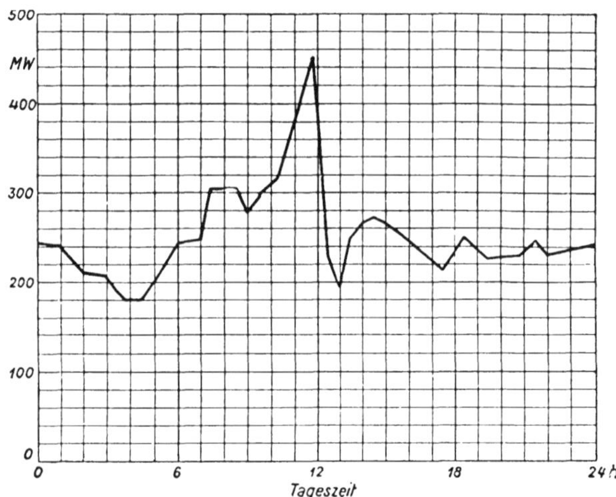

Abb. 488. Tagesdiagramm der Gesamtbelastung der NOK von Mittwoch, dem 18. August 1954

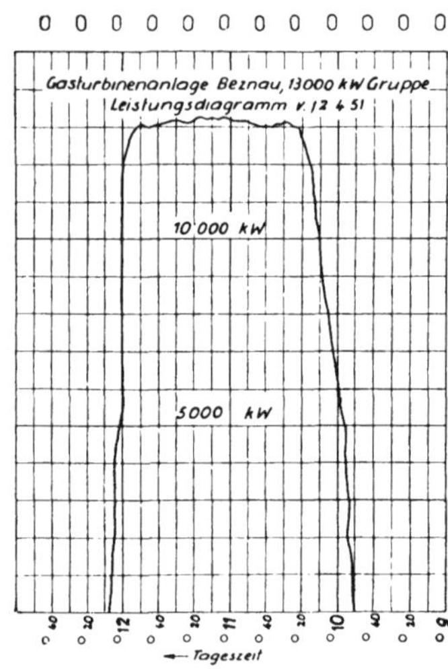

Abb. 489. Belastungsdiagramm der 13-MW-Gruppe Beznau vom 12. April 1951

ε) Der Betrieb mit schwerem Heizöl erfordert die periodische Waschung der Gasturbine zur Entfernung der Schlacke auf den Schaufeln. Eine derartige Waschung wird nach ungefähr 300 bis 400 Betriebsstunden notwendig. Zu diesem Zwecke sind Spritzdüsen auf der Gaseintrittsseite in die Turbine eingebaut, die die Waschung der Schaufeln aller Stufen ermöglichen. Mit der Waschung kann begonnen werden, wenn die Turbine sich auf ungefähr 100° C abgekühlt hat. Je nach der zur Verfügung stehenden Zeit kann die Abkühlung entweder sich selbst überlassen oder künstlich beschleunigt werden. Die natürliche Abkühlung auf 100° C erfolgt in ungefähr 30 Stunden nach dem Abstellen der Maschine. Durch Drehen von Gasturbine und Verdichter mit dem Anwurfmotor kann diese Zeit verkürzt werden. Während des Waschens werden die Turbinen ebenfalls mit dem Anwurfmotor gedreht. Zuerst wird Dampf, den in Beznau der Elektrokessel liefert, in die Turbine gegeben, um die Schlacke zu lösen. Daraufhin wird Druckwasser durch die Düsen gespritzt, das die Schlacke wegwäscht. Die eigentliche Waschung wird in zwei Stunden gemacht.

c) Der industrielle Betrieb in Beznau. Je nachdem der vorangegangene Herbst reich oder arm an Niederschlägen gewesen ist, ist der Leistungsanteil des thermischen Kraftwerkes Beznau kleiner oder größer. So war beispielsweise während der Winter 1950/51, 1952/53 und 1954/55 wenig Energie zu liefern, dagegen 1953/54 bzw. in der ersten Hälfte des Winters 1956 sehr viel.

Es war ursprünglich die Absicht der NOK, die Anlage — wenn überhaupt — nur im Winter zu betreiben, aber es ist seit dem Herbst 1950 bis zu dem so überaus regenreichen Sommer 1955 kein einziger Monat verstrichen, ohne daß Energie von Beznau geliefert worden wäre. Die NOK hat nämlich nach einiger Betriebserfahrung festgestellt, daß diese Gruppen sehr leicht und schnell in Betrieb gesetzt und belastet werden können und sich deshalb auch für kurzzeitigen Betrieb eignen, vgl. Abb. 492a.

Abb. 487 zeigt das Tagesdiagramm der NOK am Dienstag, dem 5. Januar 1954, also an einem Werktag im Winter. Die Wasserführung der Flüsse war klein, und die Laufwerke konnten deshalb nur 18 % des Konsums decken. Die thermischen Kraftwerke allein lieferten 20%. Weitere 20% wurden von anderen Netzen des Inlandes bezogen, und der Energiebezug aus dem Auslande betrug sogar 33 %. Die Spitzen, d. h. ungefähr 9 %, wurden von den Speicherwerken gedeckt.

Abb. 488 zeigt das Tagesdiagramm vom Mittwoch, dem 18. August 1954, also von einem Werktag im Sommer. Auch in diesem Diagramm fällt wiederum die Spitze zwischen 10 und 12 Uhr auf, und sie hat auch die gleiche Höhe wie im Winterdiagramm. Es ist das die sogenannte „Kochspitze". Der Konsum von Haushalt und Gewerbe ist in der Schweiz bedeutend. Er beträgt ungefähr 33 % des Ganzen. Im Sommerdiagramm erscheint diese Kochspitze ausgeprägter, weil die übrigen Belastungen kleiner sind.

Tabelle 72

Hauptdaten der Gasturbinengruppen für das Kraftwerk Beznau der Nordostschweizerischen Kraftwerke

	Einheit	Kleine Gruppe	Große Gruppe
Klemmenleistung	kW	13000	27000
Luftansaugtemperatur	°C	5	5
Kühlwassertemperatur	°C	5	5
Temperatur vor Hochdruck-Gasturbine	°C	650	650
Temperatur vor Niederdruck-Gasturbine	°C	600	600
Druckverhältnisse der Niederdruckgruppe		3,8	3,9
Enddruckverhältnis		8,8	8,1
Luftmenge	kg/sek	90	180
Abgastemperatur nach Luftvorwärmer	°C	180	180
Wirkungsgrad der Luftvorwärmer	%	80	80
Drehzahl der Hochdruckgruppe	U/min	4750/3000	3000
Drehzahl der Niederdruckgruppe	U/min	1600 bis 3000	1600 bis 3000
Nennleistung der Anwurfmotoren	kW	740	1500
Kühlwassermenge	m^3/h	600	1200

Diese Kochspitze dauert täglich ungefähr zwei Stunden, d. h. mit einer jährlichen Betriebsdauer von ungefähr 600 Stunden wird diese wenigstens teilweise von Beznau gedeckt.

Abb. 489 zeigt ein Belastungsdiagramm der 13-MW-Gruppe Beznau vom 12. April 1951. Die Belastung begann 9.50 Uhr, erreichte Vollast um 10.10 Uhr, und um 11.55 Uhr wurde die Gruppe entlastet und 12.08 Uhr abgestellt.

Die NOK hat am Anfang mit einer Jahresbenützungsdauer von ungefähr 1000 Stunden im Mittel und mit einer Energielieferung von jährlich 40 Mill. kWh gerechnet. Es ist interessant, heute festzustellen, daß die bisherige Betriebszeit von acht Jahren diese Voraussetzungen von damals sehr zutreffend bestätigt. Die bisher größte Jahreslieferung betrug 95 Mill. kWh in 2400 h, und zwar im Jahre 1953/54.

Die große Maschine hatte am 31. Dezember 1956 insgesamt 12743 Betriebsstunden hinter sich, wurde bis zu diesem Zeitpunkt 700mal angelassen und erzeugte 267236 MWh. Die Betriebsstundenzahl der kleinen Maschine bis zu diesem Datum betrug 15129, 835 Anläufe fanden statt, und insgesamt wurden 161500 MWh erzeugt.

Beide Maschinen waren ursprünglich für eine Gaseintrittstemperatur von 600° C gebaut. Nach 6000 Stunden Betrieb wurde die 13000-kW-Gruppe für 650° C umgebaut und ist seither mit dieser Temperatur störungsfrei gelaufen. Auf Grund dieser guten Erfahrungen ist die 27000-kW-Gruppe im Sommer 1953 ebenfalls für 650° C umgebaut worden. Tab. 72 gibt noch einige technische Daten beider Gruppen.

5. Weitere bemerkenswerte Gasturbinenanlagen von BBC

a) Pertigalete. Schon im Jahre 1945 (Juli) erhielt BBC den Auftrag für zwei Gasturbineneinheiten von je 1650 kW für eine neu aufzustellende Zementfabrik für Pertigalete bei Barcelona in Venezuela. Diese Anlage ist bedeutungsvoll, weil die hier gemachten Betriebserfahrungen mit insgesamt vier Einheiten die Betriebssicherheit und Zuverlässigkeit der Gasturbine eindrucksvoll beweisen.

Die Gesellschaft bestellte die zwei ersten Einheiten mit der Absicht, die eine zu betreiben und die andere als Reserve zu haben. Die Inbetriebsetzung der beiden Gruppen erfolgte im Oktober bzw. November 1949, und kaum ein Jahr nach Eröffnung des Betriebes beschloß die Gesellschaft, die Zementproduktion zu verdreifachen und bestellte im September 1950 eine dritte Gasturbineneinheit, eine 5-MW-Gruppe, die allein groß genug ist, um den Kraftbedarf der vergrößerten Fabrik zu decken. Die Vergrößerung der Fabrik war aber fertig, bevor die dritte Gruppe angeliefert werden konnte, und die Betriebsleitung faßte den kühnen Beschluß, mit den beiden ersten Einheiten allein den Betrieb zu führen, d. h. bis die dritte Gruppe zur Verfügung war. In der Tat haben die beiden Gruppen allein ohne eine Störung den Betrieb der Fabrik bis zur Inbetriebsetzung der dritten Gruppe ermöglicht. Das ist um so bemerkenswerter, als die Anlage weder eine weitere Generatorgruppe noch einen Netzanschluß hat. Schließlich wurde im Juli 1952 eine zweite 5-MW-Einheit bestellt, die seit Januar 1955 in Betrieb steht.

Abb. 490. Die 5400-kW-Gasturbinenanlage Dudelange (Luxemburg), die seit April 1951 im industriellen Betrieb steht

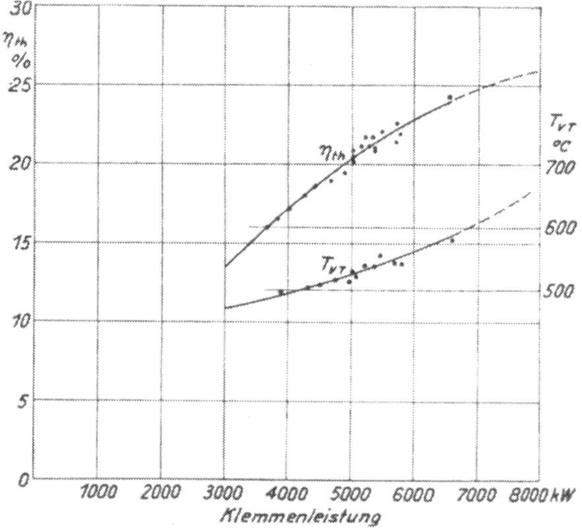

Abb. 491. Thermischer Wirkungsgrad und Gaseintrittstemperaturkurven in Funktion der Klemmenleistung der 5400-kW-Gasturbinenanlage Dudelange

Die beiden ersten Gruppen werden mit Öl gefeuert, die Gruppen III und IV aber mit Erdgas, das beim ersten Ausbau der Anlage noch nicht zur Verfügung stand. Nr. I und II haben Wärmeaustauscher und arbeiten mit einem Vollastwirkungsgrad von 21 %; Nr. III und IV haben keine Wärmerückgewinnung und deshalb einen niedrigen thermischen Wirkungsgrad, d. h. 18 %. Der Preis des Erdgases ist, bezogen auf die Wärmeeinheit, nur ein Drittel des Ölpreises, weshalb auf Wärmerückgewinnung für die beiden 5-MW-Gruppen verzichtet wurde. Seitdem die beiden 5-MW-Gruppen zur Verfügung stehen, dienen die beiden ersten Gruppen als Reservemaschinen.

Besonders erwähnenswert ist die Tatsache, daß seit der Inbetriebsetzung dieser Anlage im ganzen nur drei Störungen eingetreten sind, die es notwendig machten, die

Gruppe abzustellen. Dem Betriebsprotokoll der Gruppe III in Pertigalete sind folgende interessante Daten entnommen:

Inbetriebsetzung am 14. März 1953. Bis zum 15. Januar 1955, also in der Zeit von 22 Monaten bzw. während total 15850 Stunden, lief die Einheit während 15290 Stunden, d. h. während 96 % der Gesamtzeit.

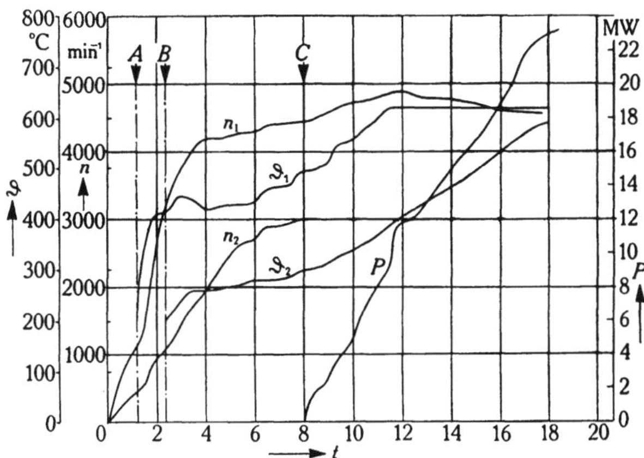

Abb. 492 *a*. Anfahrdiagramm der 25-MW-Gasturbinengruppe I im Kraftwerk „Luigi Orlando“, Livorno, Italien

t Zeit in min
n_1 Drehzahl der Hochdruckturbine in U/min
n_2 Drehzahl der Niederdruckturbine in U/min
ϑ_1 Gastemperatur vor der Hochdruckturbine in °C
ϑ_2 Gastemperatur vor der Niederdruckturbine in °C
P Generatorklemmenleistung in MW
A Hochdruck-Brennkammer gezündet
B Niederdruck-Brennkammer gezündet
C Generator auf das Netz geschaltet

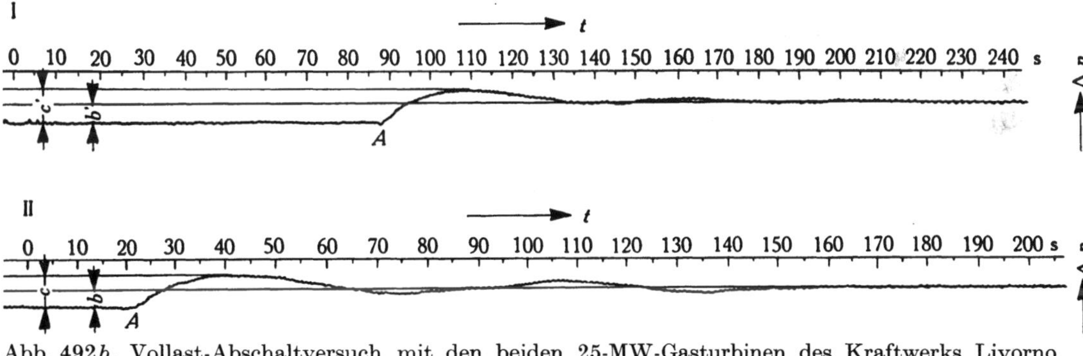

Abb. 492 *b*. Vollast-Abschaltversuch mit den beiden 25-MW-Gasturbinen des Kraftwerks Livorno

I Erste Maschinengruppe
II Zweite Maschinengruppe
A Öffnung des Generatorschalters
n Nenndrehzahl bei Vollast
Δn Drehzahländerung
Zeit in sek

$b = b'$ = Bleibende Ungleichförmigkeit des Fliehkraftreglers =
$$= \frac{\Delta n_{bleibend}}{n} \cdot 100\,\% = 4{,}5\,\%$$
$c = c'$ = Vorübergehende maximale Drehzahlabweichung =
$$= \frac{\Delta n_{vorübergehend}}{n} \cdot 100\,\%$$
$c = 8\,\%$
$c' = 7{,}8\,\%$

Die Maschine I hatte bis zum 31. Dezember 1956 in 29630 Betriebsstunden 34202 MWh und die Maschine II in 29282 Betriebsstunden nahezu 33000 MWh elektrische Energie erzeugt. Die Maschine III hat bis zum gleichen Datum in 23668 Betriebsstunden rund 86100 MWh und die Gasturbogruppe IV in 10900 Stunden 41300 MWh abgegeben.

Interessant ist auch der geringe Schmierölverbrauch von Gasturbinenanlagen. Bei den obenerwähnten Turbinen ist das Schmieröl nach rund 30 000 Betriebsstunden noch ganz einwandfrei und braucht auch in absehbarer Zeit nicht ersetzt zu werden.

b) Dudelange. Die Luxemburgischen Stahlwerke ARBED bestellten 1947 eine Gasturbinengruppe für 5400 kW für ihre Anlage in Dudelange. Sie wird mit Hochofengas gefeuert und treibt ihren Verdichter direkt, während der 42-Hz-Generator sowie auch der Verdichter für das Gichtgas über ein Getriebe gekuppelt sind. Sowohl die Luft wie auch das Gas werden in besonderen Vorwärmern aufgewärmt und dann in die Brennkammer geleitet. Da das Gichtgas einen Heizwert von nur ungefähr 950 kcal/m³ hat, ist die Leistung des Gasverdichters relativ groß. Er benötigt ungefähr 1700 kW bei Vollast. Falls das Gas ausfällt, kann die Gruppe mit Öl gefeuert werden, wofür der Brenner ausgewechselt werden muß, was ungefähr in zwei Stunden gemacht wird. Der Luftverdichter kann auch für das Stahlwerk direkt verwendet werden, und zwar entweder für den Hochofen bei einem Druck von 2,2 ata oder für die Bessemeranlage mit 3 ata, je nach Bedarf.

Abb. 493. Gasturbinenzentrale Luigi Orlando in Livorno der Società Elettrica Selt-Valdarno, Florenz, Italien

Bei neueren Anlagen ist kein Auswechseln des Brenners mehr notwendig, sondern es werden zwei Brenner, einer für Öl und der zweite für Gichtgas, vorgesehen, s. Abschnitt „Brennstoffe, Brennkammern und Brennstoffsysteme der Gasturbine", C 2, Abb. 349, S. 350.

Die Anlage Abb. 490 ist seit April 1951 in Betrieb und hatte Ende Dezember 1955 etwas mehr als 29 000 Betriebsstunden mit einer mittleren Leistung von 5350 kW, also praktisch Vollast. Die Aufzeichnungen der Abnahmeversuche in Funktion der Klemmenleistung ist in Abb. 491 gezeigt. Der garantierte Vollastwirkungsgrad ist 21,5 % und, wie das Diagramm zeigt, wurde dieser schon erreicht bei einer Temperatur von nur 550° C, während die Gruppe bei der Solltemperatur von 600° C die Maximalleistung von 6800 kW geben kann, bei einem thermischen Wirkungsgrad von 24 %, was bei $\cos \varphi = 1$ möglich ist.

c) Vermilion. Eine weitere Gasturbinenanlage in Übersee ist die 6-MW-Gruppe Vermilion, Abb. 8, Eigentum der Canadian Utilities in Edmonton, die einen großen Teil der Provinz Alberta versorgt. Es ist eine Spitzen- und Reservekraftanlage, die sich vorzüglich bewährt. In der kurzen Zeit seit ihrer Inbetriebsetzung im Oktober 1954 bis zum Februar 1957 ist sie während 12 410 Stunden gelaufen und hat dabei 67 000 MWh erzeugt. Die mittlere Belastung betrug also 5400 kW. Die Maschine ist in diesem Zeitraum 839mal angelaufen. Die Zeit für die Inbetriebsetzung und volle Belastung ist normalerweise 10 bis 12 Minuten; diese kann aber, wenn nötig, in 8 Minuten erfolgen. Die Turbine wird mit Erdgas gefeuert, und die Gruppe gibt bei einer Lufttemperatur von —20° C eine Klemmenleistung von 7500 kW. Diese Temperatur ist die mittlere

Wintertemperatur in Vermilion. Die gleiche Gesellschaft hat eine ähnliche Einheit für die Leistung von 10 MW bestellt.

d) Gasturbinenzentrale Luigi Orlando in Livorno der Società Elettrica Selt-Valdarno, Florenz, Italien. Diese Gesellschaft hat im Jahre 1954 zwei Gasturbinen von je 25 MW

Abb. 494. Gasturbinenanlage Santa Cruz, Algerien, aufgenommen auf dem Prüfstand der BBC-Werke. Vorne ist das Luftansaugrohr mit Meßdüse im Einlauf, links dahinter die Brennkammer, dahinter von links nach rechts sind der Abgaskamin, die Turbine, der Kompressor, der Generator, der Anwurfmotor und die Erregermaschine sichtbar

Klemmenleistung zur Spitzendeckung bestellt. Die erste Maschine wurde Ende August 1955 fertiggestellt, im Herstellerwerk nicht erprobt, in einzelnen Teilen nach Livorno geschickt und dort zusammengebaut. Mit dem Einsatz zusätzlichen Montagepersonals konnte die Maschine dreieinhalb Monate später in Betrieb gesetzt werden. Der erste

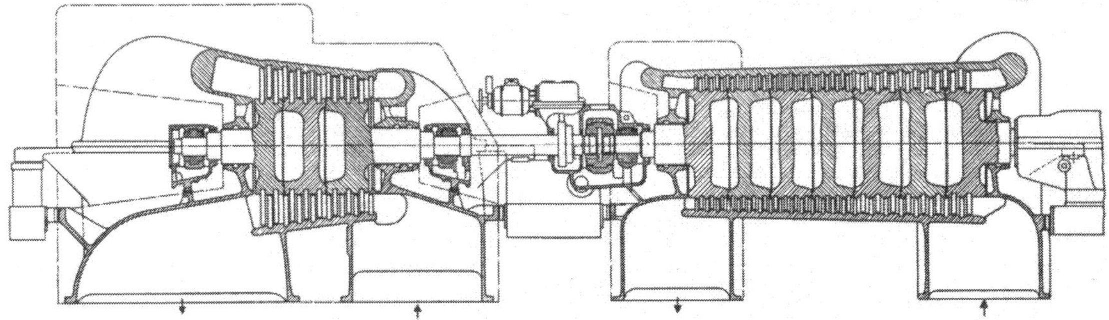

Abb. 495. Schnitt durch eine Gasturbinengruppe von BBC. Der Doppelmantel am Eintritt in die Gasturbine und die Diffusoren am Austritt von Turbine und Kompressor sind nicht eingezeichnet

Probelauf fand am 15. Dezember 1955 statt und kurz darauf auch die Fertigmontage der Gruppe II. Die Maschine I erzeugte bis Ende des Jahres 1956 in 2650 Betriebsstunden 57500 MWh und die Maschine II in zusammen 1700 Betriebsstunden 34500 MWh. Die Abnahmeversuche der Maschine I erfolgten im August 1956, diejenigen der Maschine II Anfang Oktober 1956. Der thermische Klemmenwirkungsgrad beträgt rund 25%. Die garantierte Leistung konnte spielend erreicht werden. Abb. 492a zeigt den Anlauf der Gruppe I. Die Maschinen werden gewöhnlich in 18 bis 20 Minuten auf Vollast gebracht.

Aus Abb. 492b ersieht man den Verlauf der Drehzahländerung bei einer Vollastabschaltung.

Abb. 493 zeigt links die Schalttafel, dann die Brennkammern, die Hochdruck- und die Niederdruckgruppe.

Dieser Maschinentyp ist für Spitzen- und Notstromzentralen sehr interessant. Rascher Anlauf, verhältnismäßig große Einheitsleistung und wenig Bedienungspersonal sind die bevorzugten Eigenschaften dieser Bauform. Es sind zusammen 22 derartige Maschinen in Betrieb oder im Bau.

Der prinzipielle Aufbau ist bereits in Abb. 7 gezeigt worden. Im Gegensatz zur großen Maschine von Beznau sind diese Turbinen jetzt einflutig gebaut [*328*].

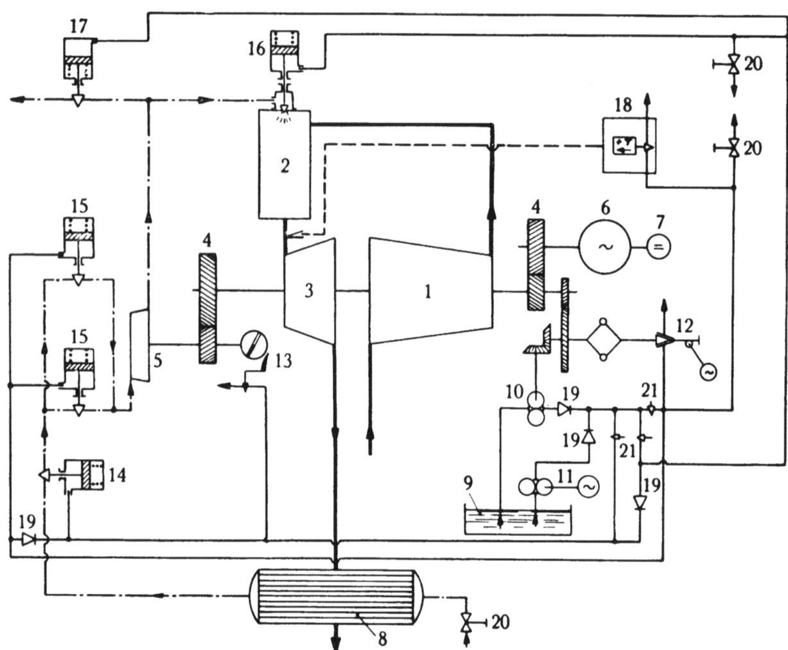

Abb. 496. Regelschema der 4000-kW-Gasturbinenanlage Tembi, Iran

1 Luftverdichter
2 Brennkammer
3 Gasturbine
4 Getriebe
5 Erdgas-Entspannungsturbine
6 Generator
7 Erregermaschine
8 Erdgasvorwärmer
9 Schmierölbehälter
10 Schmier- und Steuerölpumpe
11 Hilfs-Schmierölpumpe für den Start
12 Fliehkraftregler
13 Sicherheitsregler (Schnellschluß)
14 Hauptabschließung
15 Düsenventile für die Erdgas-Expansionsturbine
16 Brennstoff-Regelventil
17 Gas-Bypassventil für den Start
18 Temperaturregler
19 Rückschlagventil
20 Handregelventil
21 Drosselblenden

e) Die nächste Entwicklungsstufe. Im Jahre 1953 nahm BBC die erste Bestellung für eine Gasturbine für 750° C Gaseintrittstemperatur und 6000 kW Klemmenleistung für die Electricité de France entgegen. Diese Anlage, Abb. 494, stellt eine Neukonstruktion dar und ist der Prototyp für die nächste Stufe der Entwicklung. Vor der Aufstellung an Ort und Stelle wurde die Maschine im Brown-Boveri-Versuchsraum gründlich geprüft und nach den ersten Versuchen sowie den Abnahmeprüfungen während zweier Wochen im industriellen Betrieb erprobt. Während dieser Zeit lief die Gruppe jeden Tag um 7 Uhr an und erzeugte bis 17 Uhr die in der Firma nötige elektrische Fabrikenergie. Die Garantiewerte wurden leicht erreicht. Da diese Maschine eine reine Spitzen- und Notstromanlage ist, also größere Wartezeiten hat, dient der Generator während des Stillstandes der Turbine als Phasenschieber. Um andererseits jederzeit rasch mit

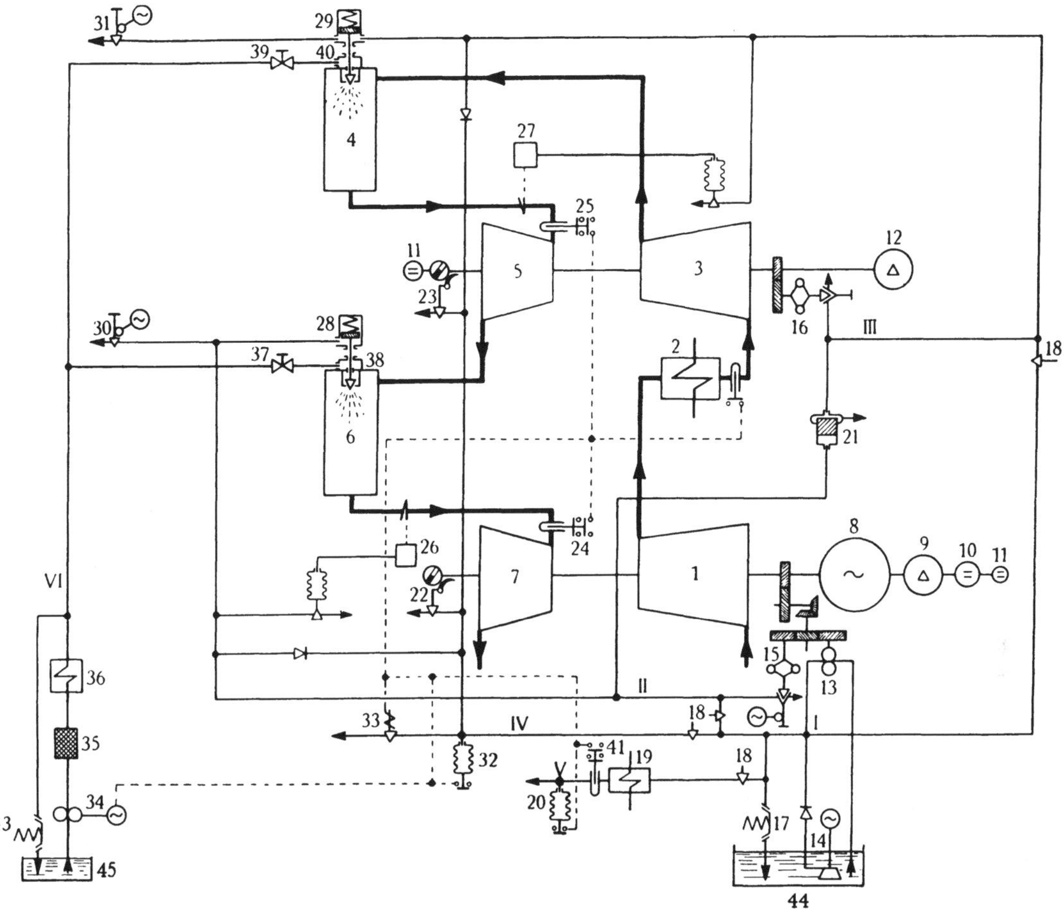

Abb. 497. Schema der Drucköl-Steuerung einer 2stufigen 25-MW-Gasturbine ohne Luftvorwärmer vom Typ Livorno

1 Niederdruck-Axialverdichter
2 Zwischenkühler
3 Hochdruck-Axialverdichter
4 Hochdruck-Brennkammer
5 Hochdruck-Gasturbine
6 Niederdruck-Brennkammer
7 Niederdruck-Gasturbine
8 Generator
9 Niederdruck-Anwurfmotor
10 Erreger-Maschine
11 Hilfserreger
12 Hochdruck-Anwurfmotor
13 Hauptschmier- und Steuerölpumpe
14 Motorangetriebene Hilfsölpumpe zum Start
15 Hauptfliehkraftregler
16 Grenzdrehzahlregler der Hochdruck-Gruppe
17 Druckhalteventil
18 Einstellbare Drosselblenden
19 Schmierölkühler
20 Druckwächter im Schmierölkreislauf
21 Druckwandler, Verbindungsorgan zwischen Regelkreis *II* und *III*
22 Sicherheitsregler der Niederdruck-Gruppe
23 Sicherheitsregler der Hochdruck-Gruppe
24, *25* Sicherheitsthermostaten
26, *27* Regelthermoelemente mit Verstärker und Ölrelais
28 Servomotor zur Brennstoffdüse *38*
29 Servomotor zur Brennstoffdüse *40*
30 Anfahrventil für den Regelkreis *II*
31 Anfahrventil für den Regelkreis *III*
32 Druckwächter im Sicherheitsölsystem *IV*
33 Magnetventil im Sicherheitsölsystem *IV*, wird bei einer Störung geöffnet
34 Brennstoffpumpe mit Motor
35 Brennstoff-Filter
36 Brennstoff-Vorwärmer
37 Handabsperrventil vor der Niederdruck-Brennkammer *6*
38 Brennstoffdüse der Niederdruck-Brennkammer *6*
39 Handabsperrventil vor der Hochdruck-Brennkammer *4*
40 Brennstoffdüse der Hochdruck-Brennkammer *4*
41 Sicherheitsthermostat im Schmierölsystem
42 Sicherheitsthermostat nach Zwischenkühler
43 Druckhalteventil im Brennstoffsystem
44 Schmierölbehälter
45 Brennstoffbehälter

I Druckölsystem der Steuerölpumpe
II Hauptregelkreis
III Von *II* gesteuerter Regelkreis der Hochdruck-Gruppe
IV Sicherheitsölsystem
V Schmierölsystem
VI Brennstoffsystem

Tabelle 73. *Übersicht über die in Betrieb stehenden*

Diese Tabelle enthält die wichtigsten technischen Daten der in Betrieb stehenden Gasturbinenanlagen
sondern die gemessenen

Tab. 74 (S. 594) gibt die entsprechenden Zahlen der in Betrieb stehenden oder im Bau befindlichen
für Hüttenwerke, wofür Gichtgas

Ort der Aufstellung	Land	Bestellungs-eingang	Gruppe betriebsbereit	Klemmen-leistung kW	Thermischer Klemmen-wirkungs-grad %	Drehzahl von Turbine und Generator U/min	Luft-ansaug-tempe-ratur °C	Kühl-wasser-tempe-ratur °C
Neuenburg	Schweiz	Mai 1938	März 1940	4021	17,38	3020/3020	25,35	20
Chimbote	Peru	Januar 1945	August 1949	4225	19,5	3605/3605	20	—
Tembi (I)	Iran	Dezember 1945	August 1955	4420		3800/1500	21	—
Tembi (II)	Iran	Dezember 1945	April 1956	4420		3800/1500	21	—
Perti-galete (I)	Venezuela	August 1945	November 1949	1650	21	5350/1800	35	27
Perti-galete (II)	Venezuela	August 1945	Oktober 1949	1650	21	5350/1800	35	27
Perti-galete (III)	Venezuela	Oktober 1950	Januar 1953	5440	17,75	3600/3600	26,4	—
Perti-galete (IV)	Venezuela	Juli 1952	April 1955	5440	17,70	3600/3600	26,4	—
Vermilion	Kanada	August 1952	Oktober 1954	8000	21	3600/3600	—3	—
Dhahran (I)	Saudi-Arabien	Juli 1951	Mai 1954					
Dhahran (II)	Saudi-Arabien	Juli 1951	April 1954					
Dhahran (III)	Saudi-Arabien	Juli 1951	Dezember 1954	6131	18,67	3630/3630	26,2	—
Dhahran (IV)	Saudi-Arabien	Juli 1951	November 1955					
Dhahran (V)	Saudi-Arabien	November 1952	Dezember 1956					
Jeddah (I)	Saudi-Arabien	Oktober 1953	Juni 1955					
Jeddah (II)	Saudi-Arabien	Oktober 1953	Juni 1956	5000	17	3600/3600	49	—
Jeddah (III)	Saudi-Arabien	Oktober 1953	Dezember 1956					
Santa Cruz (I)	Algerien	Juli 1955	Sommer 1957	11511	20,04	3000/3000	22,5	—
Santa Cruz (II)	Algerien	Juli 1955	Sommer 1957					

Brown-Boveri-Gasturbinen mit Gaseintrittstemperaturen bis 650° C (Stand 1957)

mit Temperaturen am Turbineneintritt bis 650° C. Soweit vorhanden, wurden nicht die garantierten, Werte eingetragen

Anlagen mit einer Gaseintrittstemperatur von 750° C; dabei handelt es sich überwiegend um Maschinen der Hauptbrennstoff ist

Gastemperatur vor der Turbine °C	Gastemperatur im Kamin °C	Gesamtes Druckverhältnis	Luftmenge kg/s	Ausnützungsgrad des Luftvorwärmers %	Kühlwasserbedarf m³/h	Brennstoffverbrauch im Leerlauf % des Vollastverbrauches	Brennstoff	Bemerkung
552	313	4,39	64	—		41,8	leichtes Heizöl	
554	314	4,5	57	—	—	41,7	leichtes Heizöl	
600	350	≈ 4,4		—	—		Erdgas	Luftmenge und Brennstoffverbrauch wurden nicht gemessen
600	350	≈ 4,4		—	—		Erdgas	
590	210	3,0	28	78			Bunkeröl C Erdgas	
590	210	3,0	28	78			Bunkeröl C Erdgas	
616	327	5,47		—	—		Erdgas	Luftmenge wurde nicht gemessen
616	327	5,47		—	—		Erdgas	
585	300	≈ 6,0	86	—	—	42	Erdgas	
642	329	≈ 5,0	83	—	—	45	Erdgas Rohöl	Kein Kühlwasser vorhanden, nur eine Maschine gemessen
650	330	5,0	77	—	—	45	Heizöl	Kein Kühlwasser vorhanden
625	309	5,5	147	—	—	43	Bunkeröl C	Es wurde nur eine Gruppe gemessen

Fortsetzung der Tabelle 73

Ort der Aufstellung	Land	Bestellungs-eingang	Gruppe betriebsbereit	Klemmen-leistung kW	Thermischer Klemmen-wirkungs-grad %	Drehzahl von Tur-bine und Generator U/min	Luft-ansaug-tempe-ratur ° C	Kühl-wasser-tempe-ratur ° C
Mexiko (I) fahrbar	Mexiko	Mai 1954	Oktober 1955	6120	18,97	3623/3623	27	—
Mexiko (II) fahrbar	Mexiko	Mai 1954	Januar 1956	6331	19,3	3609/3609	28	—
Mexiko (III) fahrbar	Mexiko	März 1955	Dezember 1956	6200	19,1	3600/3600	25	—
Alexandrien	Ägypten	September 1945	Juli 1950	1200	22,9	6650/1500	25	—
Baracaldo	Spanien	November 1945	November 1952	—	Gichtgas-menge = 1,85 Nm^3/sek	5700	20	
Dudelange	Luxem-burg	Februar 1948	Mai 1951	5431	21,5	3070/2560	20	—
Lima	Peru	Februar 1945	November 1949	10300	24,85	4635/3000/2863	24,6	18
Beznau (I)	Schweiz	Juni 1946	Januar 1948	12990	30,1	4750/3000/2630	14,7	5,6
Beznau (II)	Schweiz	Juni 1946	Januar 1949	29200	28	3000/2850	14,8	17,3
Filaret	Rumänien	Februar 1944	Januar 1951	12567	23,96	3997/3000	13,4	20,5
Livorno (I)	Italien	Januar 1954	Dezember 1955	25020 (Livorno I, II, Rom)	25,5	4570/3000	11	10
Livorno (II)	Italien	Dezember 1954	August 1956					
Rom	Italien	Januar 1955	Februar 1957					

der Gasturbine in Betrieb gehen zu können, ist zwischen Generator und Gasturbinengruppe eine im Betrieb ein- und ausrückbare Kupplung eingebaut, die die Gasturbine bei voller Drehzahl abkuppeln kann. Soll die Gasturbine wieder in Betrieb gesetzt werden, so läßt man sie einfach an- und hochfahren. Sobald sie die Nenndrehzahl erreicht, kann man sie mit dem bis dahin als Phasenschieber laufenden Generator kuppeln und dann belasten. Bei dieser ersten Anlage mit einer Gastemperatur von 750° C wird als Brennstoff Dieselöl benützt. Für später sind bei dieser Temperatur auch Versuche mit Heizöl vorgesehen. Dies erfordert aber eine besondere Behandlung des Heizöls, weil bei so hohen Temperaturen mit einem bedeutenden Angriff der Turbinenschaufeln durch Brennstoffasche gerechnet werden muß.

Die Maschine wurde am 10. August 1956 in der Zentrale St. Dizier in Betrieb genommen. Anfangs traten größere Vibrationen an einem Lagerbock auf ($\approx 40\mu$ einfache

Gastemperatur vor der Turbine °C	Gastemperatur im Kamin °C	Gesamtes Druckverhältnis	Luftmenge kg/s	Ausnützungsgrad des Luftvorwärmers %	Kühlwasserbedarf m³/h	Brennstoffverbrauch im Leerlauf % des Vollastverbrauches	Brennstoff	Bemerkung
632	338	4,48	80	—	—	44	Bunkeröl C	Zum Anfahren wird Dieselöl verwendet
640	340	4,56	80	—	—	41,5	Bunkeröl C	
620		4,64	80	—	—		Bunkeröl C	
600	209	3,0	19,5	80	—	58	Bunkeröl C	
650	220	3,50	44,5	75	20		Gichtgas, Dieselöl	Diese Maschine treibt keinen Generator an; abgegebene Nutzluftmenge 750 m³/min bei 3,03 kg/cm² für das Stahlwerk
575	180	3,9	75,5	78	—	68	Gichtgas, Heizöl	
596/592	199	8,88	75		600	25	leichtes Heizöl	
649/533	195	8,8	90	77,5	600	≈ 24	Bunkeröl C	
650/600	190	≈ 10	180	77,5	1200	≈ 24	Bunkeröl C	
564/563	296	11,75	91,2	—	270	44,8	Erdgas	
608/608	317	17,2	164,6	—	≈ 900	47	Bunkeröl C	Alle drei Maschinen sind gleich (die Meßergebnisse stammen von Livorno)

Amplitude), die aber durch entsprechendes Nachbalancieren des Turbinenrotors behoben werden konnten (nach dem Balancieren $\approx 3\mu$). Die Electricité de France hat mit dieser Maschine interessante Abschalt- und Regelversuche angestellt, die zeigten, daß die Regeleinrichtung stabil ist und nur eine sehr geringe Ungleichförmigkeit hat. Bei einer Überlastabschaltung (7850 kW) wurde festgestellt, daß die vorübergehende Ungleichförmigkeit Δn nur 1,5% über der bleibenden liegt. Dieser Prototyp ist der Vorläufer von etwa einem Dutzend weiterer Gasturbinen, die hauptsächlich in Hüttenwerken zur Erzeugung elektrischer Energie und Druckluft dienen werden, Tab. 74.

Der konstruktive Aufbau einer einfachen BBC-Turbine geht aus Abb. 495 hervor. Abb. 496 zeigt das Schema der Regelung. Ein Schema einer Zweiwellenmaschine vom Typ Livorno ist in Abb. 497 zu sehen, und die Tab. 73 und 74 geben interessante Daten ausgeführter BBC-Turbinen [*47*, *313*, *314*].

Tabelle 74. *Brown-Boveri-Gasturbinen für 750° C Gastemperatur am Turbineneintritt (Stand 1957)*

Kunde	Ort	Klemmen-leistung kW	Thermischer Klemmen-wirkungsgrad %	Umgebungsluft-temperatur °C	Druckverhältnis des Verdichters	Drehzahl von Turbine und Generator U/min	Brennstoff	Fördervolumen V, Absoluter Enddruck p, Drehzahl n und Kupplungsleistung P des Verdichters	Derzeitiger Zustand
Electricité de France	St. Dizier, Frankreich	5 800	19,6	20	5,5	4750/3000	Dieselöl		Seit Aug. 1956 in Betrieb
Nieder-rheinische Hütte	Duisburg, Deutschland	5 600	25,3	15	5,0	4750/3000	Gichtgas und Dieselöl	$V = 50\,000$ Nm³/h $p = 2{,}2$ kg/cm² $n = 5250$ U/min $P = 1600$ kW	im Bau
Minière et Métallurgique de Rodange	Rodange, Luxemburg	6 950	25,3	15	5,0	4230/3000	Gichtgas und Dieselöl	$V = 48\,000$ Nm³/h $p = 3{,}5$ kg/cm² $n = 7800$ U/min $P = 2600$ kW	im Bau
Société des Hauts Fourneaux de la Chiers-Longwy	Longwy, Frankreich	6 950	25,3	15	5,0	4230/3000	Gichtgas und Dieselöl	$V = 48\,000$ Nm³/h $p = 3{,}5$ kg/cm² $n = 7800$ U/min $P = 2600$ kW	im Bau
Hüttenwerk Haspe AG.	Hagen-Haspe, Deutschland	13 500	26,3	15	5,0	3000	Gichtgas und Dieselöl	$V = 154\,000$ Nm³/h $p = 2$ kg/cm² $n = 3060$ U/min $P = 4300$ kW	im Bau
Österreichische Alpine Montan-Gesellschaft	Hüttenwerk Donawitz Österreich	13 500	26,3	15	5,0	3000	Gichtgas und Dieselöl	$V = 175\,000$ Nm³/h $p = 2{,}2$ kg/cm² $n = 3000$ U/min $P = 5700$ kW	im Bau
Société Métallurgique de Knutange	Knutange, Frankreich	13 500	26,3	15	5,0	3000	Gichtgas und Dieselöl	$V = 100\,000$ Nm³/h $p = 2{,}455$ kg/cm² $n = 5850$ U/min $P = 3600$ kW	im Bau
Union Sidérurgique du Nord de la France	Denain, Frankreich	13 500	26,3	15	5,0	3000	Gichtgas und Dieselöl	$V = 115\,000$ Nm³/h $p = 2{,}64$ kg/cm² $n = 5380$ U/min $P = 4600$ kW	im Bau
Hüttenwerke Rheinhausen AG.	Rheinhausen, Deutschland	13 500	26,3	15	5,0	3000	Gichtgas		im Bau
Dortmund-Hörder Hüttenunion AG.	Dortmund, Deutschland	—	25	15	4,3	3580	Gichtgas und Dieselöl	$V = 150\,000$ Nm³/h $p = 2{,}3$ kg/cm² $n = 3580$ U/min $P = 5100$ kW	im Bau
Dortmund-Hörder Hüttenunion AG.	Hörde (I), Deutschland	—	25	15	4,8	3850	Gichtgas und Dieselöl	$V = 150\,000$ Nm³/h $p = 2{,}6$ kg/cm² $n = 3850$ U/min $P = 5900$ kW	im Bau

Fortsetzung der Tabelle 74

Kunde	Ort	Klemmen-leistung kW	Thermischer Klemmen-wirkungsgrad %	Umgebungsluft-temperatur °C	Druckverhältnis des Verdichters	Drehzahl von Turbine und Generator U/min	Brennstoff	Fördervolumen V, Absoluter Enddruck p, Drehzahl n und Kupplungsleistung P des Verdichters	Derzeitiger Zustand
Dortmund-Hörder Hütten-union AG.	Hörde (II), Deutschland	—	25	15	4,8	3850	Gichtgas und Dieselöl	$V = 150000$ Nm³/h $p = 2{,}6$ kg/cm² $n = 3850$ U/min $P = 5900$ kW	im Bau
Aciéries de Rombas	Rombas, Frankreich	13 500	26,3	15	5,0	3000	Gichtgas und Dieselöl	$V = 100000$ Nm³/h $p = 2{,}455$ kg/cm² $n = 5850$ U/min $P = 3430$ kW	im Bau
Union de Consomma-teurs de Produits Mé-tallurgiques et Indus-triels	Hagon-dange, Frankreich	6 950	25,3	15	5,0	4230/3000	Gichtgas und Dieselöl	Mit Windgebläse	im Bau

6. Die Versuchsanlage der Maschinenfabrik Oerlikon (MFO)

Diese Anlage wurde durch die erstmalige Anwendung eines Radialkompressors mit ganz neuer Bauart, der ganz besonders hohe Wirkungsgrade ergibt, charakterisiert (s. Abschn. „Radialkompressoren", S. 193).

Die Anlage von 1000 kW wurde aus versuchstechnischen Gründen mit einer größeren Anzahl von Teilen ausgestattet, als dies sonst für eine Anlage von so kleiner Leistung

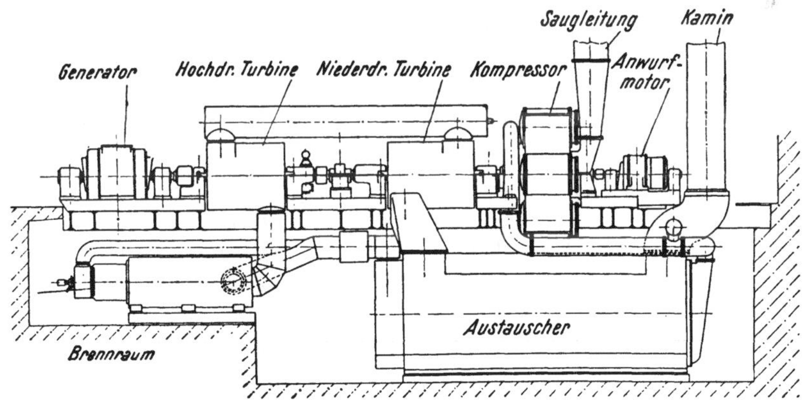

Abb. 498*a*. Schema der Oerlikon-Gasturbinenversuchsanlage

üblich ist. Die Versuchsanlage besaß daher einen Wärmeaustauscher sowie Kompressor mit Zwischenkühlung. Ferner war die Turbine in zwei Teilturbinen aufgespalten, um Zwischenerhitzung erproben zu können.

Die rechte Hälfte der Anlage, Abb. 498a und 498b, enthält den dreistufigen Radialkompressor mit Zwischenkühlung, der mit 4500 U/min von der Niederdruckturbine angetrieben wird. Links ist die Hochdruckturbine, die den Generator mit 3000 U/min treibt, angeordnet. Unterhalb der Kompressorengruppe befindet sich der Wärmeaustauscher und unter der Nutzleistungsturbine die Brennkammer. Der Kompressor wurde schon im Abschn. „Radialkompressoren" näher erläutert (S. 194). Beide Turbinen arbeiten mit hohem Reaktionsgrad (45 und 65 %) und die Schaufeln haben nur minimale Umlenkung. Die Brennstoffzuführung arbeitet mit Niederdruck (s. Abschn. „Brennstoffregelung", S. 356) und hat sich gut bewährt.

Die Brennkammer und der Wärmeaustauscher sind zum Teil ebenfalls nach neuartigen Gesichtspunkten entworfen worden. Der Wärmeaustauscher besteht aus gewöhnlichen, nahtlosen, in die Endböden eingewalzten Rohren. Die Druckluft tritt an einem Ende in den Austauscher ein, durchströmt das Innere der Rohre und verläßt den Apparat am entgegengesetzten Ende. Der ganze Wärmeaustauscher ist in zwei Pakete unterteilt, die parallel oder in Serie geschaltet werden können. Die Gase durchströmen den Austauscher zwischen den Rohren in mehrfachem Kreuzstrom. Besondere Lenkbleche, die auf Grund von Modellversuchen angeordnet wurden, tragen zu dem verhältnismäßig kleinen Druckverlust

Abb. 498*b*. Oerlikon-1000-kW-Gasturbinenversuchsanlage

bei, der z. B. auf der Gasseite weniger als 1 % der im Kompressor erreichten Druckerhöhung ausmacht. Im Wärmeaustauscher wird die Druckluft um etwas mehr als 200° C aufgeheizt. Der Wärmerückgewinnungsgrad liegt zwischen 75 und 80 %. Die Brennkammer setzt sich aus einem Stahlgußzylinder und einem verschalten Längszylinder aus Blech zusammen. Der Stahlgußteil umschließt den eigentlichen Flammenraum, der verschalte Teil den Führungs- und Mischraum der Gase. Die Öffnung rechts, Abb. 498a, stellt den Eintritt der nicht an der Verbrennung teilnehmenden, den Gasen nachträglich zugemischten Überschußluft dar. Die Brennluft tritt am linken Ende durch einen Krümmer ein, der Brennstoff durch eine kleine Stahlrohrleitung. Neben dem Brennlufteintritt befindet sich ein Rohr, das die Zündeinrichtung enthält.

Die Verwendung der Abgase als Brennluft im Dampfkessel der Fabrik erlaubt dort je nach der Temperatur der Abgase eine Kohlenersparnis von 5 bis 10 %. Es wurden Dauerversuche mit Brennlufttemperaturen von 100 bis 200° C durchgeführt, die voll befriedigten. Dieses Verfahren eröffnet interessante Möglichkeiten für eine wirtschaftliche Betriebsführung von Heizkraftwerken. Dies geht unter anderem aus einem Vergleich der kWh-Preise verschiedener Gasturbinenanlagen hervor, Abb. 16.

Inzwischen wurde von Oerlikon das Kraftwerk Bône der Electricité et Gaz d'Algérie mit einer Gasturbine erweitert, deren Abgase dem Dampfkessel zugeführt werden. Diese Anlage wird noch später unter Kombination von Gas- und Dampfturbine näher besprochen (S. 649).

7. Offene Gasturbinen der Firma Gebrüder Sulzer

Sulzer hat nun auch die offene Gasturbine einfacherer Schaltung unter bewußtem Verzicht auf höchsten thermischen Wirkungsgrad entwickelt.

Die Erfahrungen mit der Anlage Weinfelden hätten zwar keineswegs zu diesem Schritt genötigt, denn es sind Schaltungen und Bauformen des halbgeschlossenen Verfahrens denkbar, bei denen die dort aufgetretenen Schwierigkeiten vermieden werden. Vor allem sind es aber die Fortschritte des Dieselmotorenbaues, an dessen Entwicklung die Firma hervorragenden Anteil hat, die zu einer Neuorientierung der Gasturbinenentwicklung führten. Neuere Sulzer-Dieselmotortypen erlauben nicht nur (wie auch die Motoren anderer Hersteller) die Verbrennung von Schwerölen — die höheren Unterhaltskosten gleichen die Verminderung der Brennstoffkosten nicht annähernd aus —, sondern sie sind zugleich

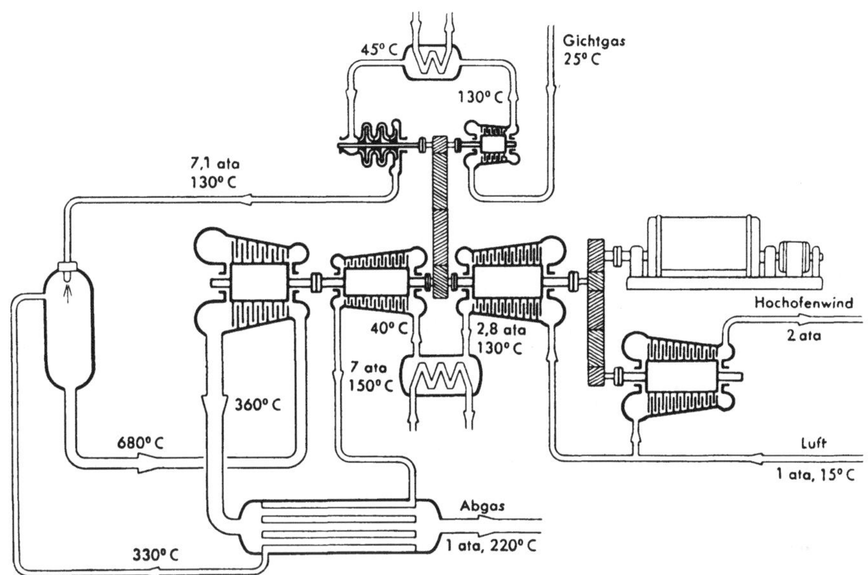

Abb. 499*a*. 7500-kW-Sulzer-Gasturbine zur Erzeugung von elektrischer Energie und Hochofenwind

auch leichter und kompakter als ältere Typen. Die Entwicklung der Aufladung hat zu weiteren Fortschritten in dieser Richtung geführt. Daher vertritt die Firma die Ansicht, die Gasturbine werde gegenwärtig nur dort zweckmäßig eingesetzt, wo die Brennstoffwirtschaftlichkeit nicht in erster Linie maßgebend ist oder der Dieselmotor aus anderen Gründen ausscheidet. Dies führt naturgemäß zu einfacherer Schaltung [*44*].

Es wurde eine standardisierte Typenreihe dieser Maschinen entwickelt für alle Leistungen zwischen etwa 1500 und 15000 kW. Diese Gasturbinen können entweder mit flüssigen oder mit gasförmigen Brennstoffen betrieben werden; ein Anwendungsbeispiel der zweitgenannten Art sind die beiden 7500-kW-Maschinen, für die Usines Métallurgiques du Hainaut in Belgien. Eine dieser Einheiten dient der gleichzeitigen Erzeugung von elektrischer Energie und Hochofenwind, die andere nur zur Stromerzeugung. Die erstere ist seit September 1955, die letztere seit März 1956 in Betrieb.

Diese einwelligen Gasturbinenanlagen bestehen in ihrer einfachsten Form aus Verdichter, Brennkammer und Turbine. Eine solche Ausführung verkörpert die fundamentale Einfachheit des Gasturbinenprozesses, hat aber den Nachteil eines bescheidenen Wirkungsgrades, da die Abgase mit noch hoher Temperatur entweichen. Eine bedeutende Verbesserung des Prozesses kann durch die Verwendung von Wärmeaustauschern oder Rekuperatoren, welche einen Teil der in den Abgasen enthaltenen Wärme an die Verbrennungsluft übertragen, erzielt werden. Zudem ist es möglich, die Verdichtung in zwei Stufen aufzuteilen, wobei die Luft durch einen eingeschalteten Zwischenkühler rückgekühlt wird. Diese letztere Maßnahme beeinflußt vor allem den spezifischen Luftverbrauch der Gasturbinenanlage, d. h. den Luftdurchsatz pro kW abgegebene Leistung, und ergibt dadurch für eine gegebene Leistung kleinere Maschinen. Es wird jedoch der bedeutende Vorteil der Gasturbine, praktisch ohne Kühlwasser auszukommen, dadurch preisgegeben. Der Wirkungsgrad wird durch die Zwischenkühlung nur unwesentlich verbessert. Er kann auch ohne Zwischenkühlung durch eine Verbesserung der inneren Wirkungsgrade von Kompressor und Turbine erhöht werden, auf welchem Gebiete bei Sulzer in letzter Zeit dank ausgedehnter Untersuchungen im aerodynamischen Laboratorium besondere Erfolge zu verzeichnen waren.

Abb. 499 *b*. Die 7500-kW-Sulzer-Gasturbine nach Schema Abb. 499*a* am Prüfstand mit abgehobenen oberen Gehäusehälften

Falls als Brennstoff ein Gas mit niederem Heizwert, wie z. B. Gichtgas, verwendet wird, ist die zu verdichtende und in die Brennkammer zu fördernde Menge entsprechend groß. An Stelle der bei flüssigen Brennstoffen verwendeten kleinen Pumpen mit Elektromotorantrieb werden hier Verdichter des gleichen Typs wie die Luftverdichter verwendet, welche über ein Getriebe von der Welle direkt angetrieben werden. Die Verdichtung des Gases kann auch wieder in ein oder zwei Stufen analog der Luftverdichtung ausgeführt werden. In Abb. 499a ist ein solcher Gasturbinen-Prozeß schematisch dargestellt, während Abb. 499b eine Ansicht der Anlage mit abgehobenen Gehäuseoberteilen zeigt. Mit einer solchen Gruppe kann zugleich elektrische Energie und Hochofenwind erzeugt werden. Für die Regulierung hat Sulzer ein eigenes patentiertes Verfahren entwickelt. Wie bekannt, ist der Luftbedarf eines Hochofens starken Schwankungen unterworfen, und zwar sowohl bezüglich der Menge wie auch des Druckes, so daß auch die vom Windverdichter benötigte Antriebsleistung stark veränderlich ist. Gerade aber das Teillastverhalten der einfachen einwelligen Gasturbinenanlage ist ihr schwacher Punkt, indem bei abnehmendem Leistungsbedarf die Eintrittstemperatur in die Turbine herabgesetzt werden muß und dadurch der thermische Wirkungsgrad der Anlage stark sinkt. Andererseits zeigt auch der Hochofenverdichter bei den bisher üblichen Regulierverfahren einen bei kleineren zu fördernden Luftmengen abfallenden Wirkungsgrad. Diesen beiden Tatsachen Rechnung tragend, wird beim Sulzer-Verfahren der Windverdichter für die normalerweise auftretenden Winddaten, d. h. mittlere Werte für Menge und Druck, ausgelegt, und die antreibende Gasturbine gibt einen Teil ihrer Leistung auf den Verdichter, den Rest auf den Generator ab. Wird nun eine größere Windmenge benötigt, so wird diese dem Gasturbinenprozeß nach dem Niederdruck-Luftverdichter entnommen, was praktisch verlustlos geschehen kann, da einerseits die abgezweigte Luftmenge relativ klein ist und andererseits der Druck an der Abzweigstelle nur leicht höher als der vom Hochofen verlangte ist. Wegen der kleineren der Turbine zur Verfügung stehenden Brennluftmenge wird die Leistungsabgabe etwas verringert, so daß entsprechend auch die Stromproduktion etwas abnimmt. Für den gegenteiligen Fall, d. h. wenn die vom Hochofen geförderte Windmenge kleiner wird, dient eine mit dem Windverdichter direkt gekuppelte Rekuperationsturbine der Entspannung eines Teils der Luft, wodurch die aufgenommene Leistung verringert wird. Die Anlage kann dementsprechend während dieser Zeit mehr elektrische Leistung erzeugen. Die wesentliche Tatsache ist nun aber, daß über den ganzen oben beschriebenen Regulierbereich die Gasturbinenleistung praktisch konstant bleibt. Deshalb liegt der Hauptvorteil dieser Regulierung, abgesehen von der sehr guten Anpassungsfähigkeit der geförderten Windmenge, im über einem weiten Bereich praktisch konstant bleibenden Wirkungsgrad der Winderzeugung. In Abb. 500 ist eine Druckvolumenkurve des Hochofens mit parabolischem Verlauf angenommen. Der Wirkungsgradverlauf längs dieser Kurve ist für drei verschiedene Verfahren aufgezeichnet, nämlich:

1. Mit dem Regulierverfahren einer kombinierten Gasturbinen-Verdichteranlage nach Abb. 499a, η_1,

2. mit einem für den Maximalpunkt ausgelegten Verdichter mit Regulierung durch Rekuperationsturbine allein, η_2,

3. mit einem Verdichter ähnlich Variante 2, aber mit Saugdrosselung an Stelle der Rekuperationsturbine, η_3.

Der Gewinn bei Teillast ist aus dieser Darstellung klar ersichtlich.

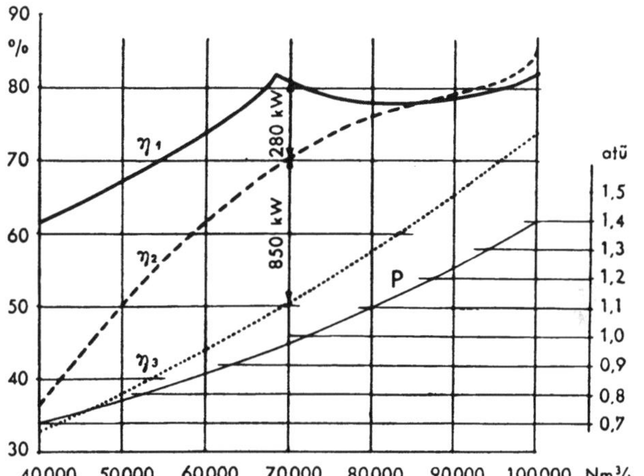

Abb. 500. Adiabatische Wirkungsgrade der Winderzeugung längs der Druck-Volumen-Kurve P

Da der Wirkungsgrad der Gasturbine bei Teillast stark abfällt, vermindert sich der Verbrauch an Gichtgas nur wenig und erreicht bei Leerlauf immer noch 60 bis 65 % der Vollastmenge. Anders ausgedrückt heißt dies, daß die Gasturbine keine Leistung mehr abgeben kann, falls die zur Verfügung stehende Gichtgasmenge unter diesen Wert herabsinkt. Um den Betrieb dennoch aufrechterhalten zu können, ist die Brennkammer zusätzlich mit einem Ölbrenner versehen, dank welchem eine dem Ausfall an Gichtgas entsprechende Ölmenge verbrannt werden kann.

Die beiden Anlagen geben einen thermischen Wirkungsgrad von etwa 24 % und haben dank der geschickten Gruppierung ihrer Elemente einen kleinen Raumbedarf.

Der Aufbau einer Sulzer-Gasturbinenanlage für Stromerzeugung geht sehr gut aus der Dispositionszeichnung, Abb. 501, hervor. Kompressoren und Turbinen nach Bauart Sulzer wurden schon in den Abb. 133 und 244 gezeigt.

Die weitere Entwicklung der Sulzer-Gasturbine ist vor allem durch eine Verbesserung des Turbinenwirkungsgrades gekennzeichnet, womit Prozeßvereinfachungen ohne Einbuße an thermischem Wirkungsgrad möglich werden. So wird vor allem die Zwischenkühlung in Zukunft in der Regel wegfallen. Die Luftdurchsatzmengen und somit die Rotordurchmesser werden damit allerdings größer, doch sind jetzt die Stahlwerke in der Lage, die entsprechenden Schmiedestücke zu liefern. Noch bei den oben beschriebenen gichtgasgefeuerten Anlagen war die Wahl der Prozeßdaten und die Auslegung der Turbinenschaufelung maßgebend durch die aus schmiedetechnischen Gründen gegebene höchstzulässige Turbinenrotorgröße bestimmt. Der Wegfall der Zwischenkühlung ist schon deshalb in vielen Fällen sehr erwünscht, weil dann kein Kühlwasser benötigt wird. Selbst dort, wo Wasser an sich zur Verfügung steht, bringt der Wegfall des Kühlers eine betriebliche Vereinfachung und eine Verkleinerung der Unterhaltskosten.

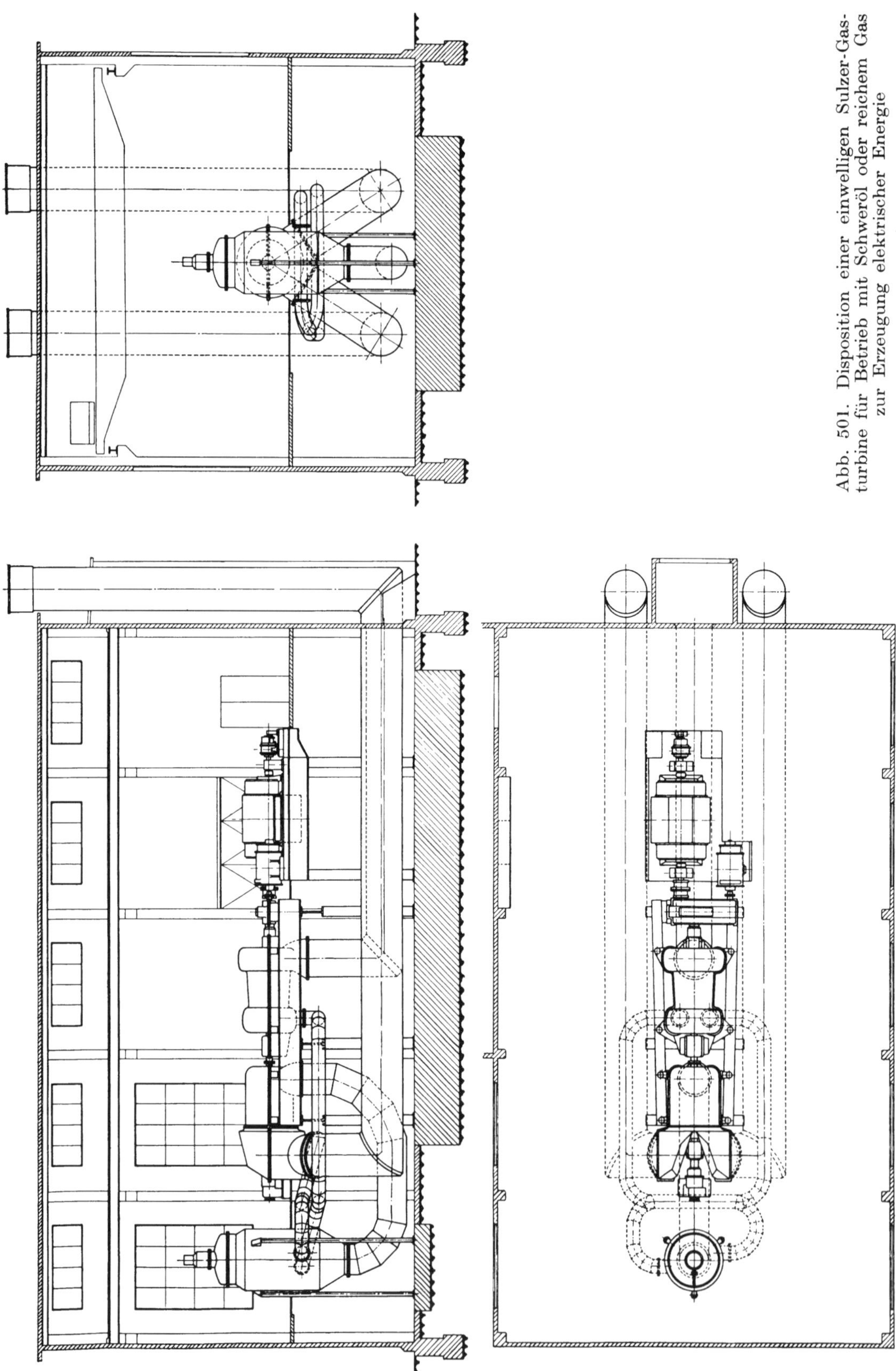

Abb. 501. Disposition einer einwelligen Sulzer-Gasturbine für Betrieb mit Schweröl oder reichem Gas zur Erzeugung elektrischer Energie

8. Parsons-Gasturbinen

Parsons & Co. haben eine 500-PS-Anlage für Versuchszwecke gebaut und seit Dezember 1945 im Betrieb [*369*]. Die Anlage ist nach der einfachsten Schaltung gebaut und arbeitet mit 75 % Wärmerückgewinn. Abb. 502 zeigt den Maschinensatz geöffnet. Turbine

Abb. 502. 500-PS-Versuchsgasturbine von Parsons & Co.

Abb. 503. Kohlenstaubfeuerungsversuche bei Parsons & Co.

1 Kohlenstaubförderbunker
2 Filterhaus
3 Luftvorwärmer
4 Brennkammer
5 Kohlenstaubförderpumpe
6 Kohlenstaubmeßbunker
7 Turbomaschinenanlage
8 Gasreiniger

und Kompressor sitzen auf einer Welle, Turbinenauslaß und Kompressoreinlaß zueinander gekehrt. Ein Michell-Lager auf der Turbineneinlaßseite nimmt den Restschub auf. Die

Gehäuse von Kompressor und Turbine sind am Ein- bzw. Auslaßende fix mit der Grundplatte verbunden und können sich von diesem Festpunkt weg frei dehnen. Der Wärmeaustauscher wurde schon im betreffenden Abschnitt näher erläutert (S. 304.) Die Brennkammer arbeitet mit einer Feuerraumbelastung von $1{,}7 \cdot 10^6$ kcal/m³h at und liegt vor der Maschine (in Abb. 502 vorn nicht mehr ganz sichtbar). Hinter der Maschine ist der Wärmeaustauscher untergebracht. Der Kompressor hat 25 Stufen und läuft mit 6000 U/min. Der Aufbau entspricht dem in Abb. 131 gezeigten Verdichter, nur kommen Gleitlager zur Verwendung. Ab der fünften Stufe ist das Gehäuse mit einem Wassermantel versehen, um eine leichte Kühlwirkung zu erzielen. Der Wirkungsgrad beträgt

Tabelle 75. *Turbine der British Thomson Houston Co. von 2500 kW mit und ohne Wärmeaustauscher. Klammerwerte gelten für Wärmeaustausch. Drehzahl 5250/1500 U/min. Turbineneintrittstemperatur 650° C. Umgebungsdruck 1 ata. Brennstoff: Öl mit $H_u = 10\,000$ kcal/kg*

Umgebungstemperatur °C	4,4	15,6	26,7	37,8	48,9
Klemmenleistung kW	2925 (2730)	2600 (2440)	2300 (2140)	2035 (1870)	1800
Wärmeverbrauch total 10^6 kcal/h	13,2 (9,37)	12,3 (8,8)	11,4 (8,2)	10,67(7,63)	9,96
Brennstoffverbrauch total kg/h	1320 (937)	1230 (880)	1140 (820)	1067 (763)	996
Spezifischer Wärmeverbrauch kcal/kWh	4510 (3440)	4730 (3610)	4960 (3820)	5240 (4070)	5540
Spezifischer Brennstoffverbrauch g/kWh	451 (344)	473 (361)	496 (382)	524 (407)	554
Wirkungsgrad %	19,1 (25,0)	18,2 (23,8)	17,3 (22,5)	16,4 (21,1)	15,5

Leerlauf:
Wärmeverbrauch total $4{,}4 \times 10^6$ kcal/h
Brennstoffverbrauch total 440 kg/h

Tabelle 76. *Turbine der British Thomson Houston Co. von 4000 kW mit und ohne Wärmeaustauscher. Klammerwerte gelten für Wärmeaustausch. Drehzahl 4200/1500 U/min. Turbineneintrittstemperatur 649° C. Umgebungsdruck 1 ata. Brennstoff: Öl mit $H_u = 10\,000$ kcal/kg*

Umgebungstemperatur °C	4,4	15,6	26,7	37,8	48,9
Klemmenleistung kW	4600 (4300)	4100 (3850)	3625 (3375)	3210 (2950)	2840
Wärmeverbrauch total 10^6 kcal/h	20,5 (14,65)	19,2 (13,8)	17,8 (12,8)	16,63 (11,92)	15,3
Brennstoffverbrauch total kg/h	2050 (1465)	1920 (1380)	1780 (1280)	1665 (1192)	1530
Spezifischer Wärmeverbrauch kcal/kWh	4460 (3420)	4680 (3580)	4920 (3780)	5190 (4040)	5480
Spezifischer Brennstoffverbrauch g/kWh	446 (342)	468 (358)	492 (378)	519 (404)	548
Wirkungsgrad %	19,3 (25,2)	18,4 (24,0)	17,5 (22,7)	16,6 (21,3)	15,7

Leerlauf:
Wärmeverbrauch total $6{,}8 \times 10^6$ kcal/h
Brennstoffverbrauch total 680 kg/h

Tabelle 77. *Turbine der British Thomson Houston Co. von 6500 kW mit und ohne Wärmeaustauscher. Klammerwerte gelten für Wärmeaustausch. Drehzahl 3600/1000 U/min. Turbineneintrittstemperatur 649° C. Umgebungsdruck 1 ata. Brennstoff: Öl mit $H_u = 10\,000$ kcal/kg*

Umgebungstemperatur °C	4,4	15,6	26,7	37,8	48,9
Klemmenleistung kW	7550 (7000)	6730 (6250)	5970 (5500)	5280 (4800)	4660
Wärmeverbrauch total 10^6 kcal/h	32,8 (23,8)	30,5 (22,1)	28,4 (20,5)	26,4 (19,0)	24,6
Brennstoffverbrauch total kg/h	3280 (2380)	3050 (2210)	2840 (2050)	2640 (1900)	2460
Spezifischer Wärmeverbrauch kcal/kWh	4330 (3400)	4520 (3530)	4750 (3710)	5000 (3960)	5270
Spezifischer Brennstoffverbrauch g/kWh	433 (340)	452 (353)	475 (371)	500 (396)	527
Wirkungsgrad %	19,8 (25,4)	19,0 (24,4)	18,1 (23,1)	17,2 (21,7)	16,3

Leerlauf:
Wärmeverbrauch total $10{,}9 \times 10^6$ kcal/h
Brennstoffverbrauch total 1090 kg/h

Tabelle 78. *Daten der Turbine der British Thomson Houston Co. von 2500 kW für Nairobi*

Allgemeines	
Luftzustand	16° C, 0,8437 ata
Kreislauf	Einwellig, offen, mit Wärmeaustausch
Drehzahl (Turbosatz)	3500 U/min
Garantierter Brennstoffverbrauch	426 g/PSh
Wirkungsgrad	20,3 %
Druckverhältnis	4,5:1
Durchsatz	31,8 kg/sek
Turbineneintrittstemperatur	650° C
Unterer Heizwert des Brennstoffes	10150 kcal/kg
Kompressor	
Type	Radial
Stufenzahl	4
Druckverhältnis	4,5:1
Drehzahl	3500 U/min
Umfangsgeschwindigkeit	259 m/sek
Druck nach Kompressor	3,726 ata
Temperatur nach Kompressor	205° C
Turbine	
Type	Axial
Stufenzahl	9
Eintrittstemperatur	650° C
Drehzahl	3500 U/min
Eintrittsdruck	3,586 ata
Wärmeaustauscher	
Type	Luft im Rohr, Kreuzstrom
Rohrzahl	4350
Rohrdurchmesser	27 mm
Fläche	1719 m^2
Rückgewinnungsgrad	65 %
Gaseintrittstemperatur	400° C
Gaseintrittsdruck	0,858
Gasaustrittstemperatur	275° C
Luftaustrittstemperatur	330° C
Luftaustrittsdruck	3,656 ata
Brennkammer	
Type	Umkehrstrom
Anzahl	1
Brennraumbelastung der Primärzone	16×10^6 kcal/m^3 h

gekühlt 82,75, ungekühlt 81,4 %. Der Kompressor arbeitet mit 50 % Reaktion am Schaufelfuß und hat verwundene Schaufeln. Die fünfstufige Turbine ist ebenfalls mit 50 % Reaktion ausgelegt und entspricht im Aufbau der in Abb. 241 gezeigten Maschine. Auch sie ist mit Gleitlagern ausgeführt. Die Turbineneintrittstemperatur beträgt 550° C. Versuche mit schweren Ölen ergaben Rückstände an den Turbinenschaufeln [*306*, *309*, *203*].

Mit dieser Anlage sind auch Versuche mit Kohlenstaub im Gang, Abb. 503.

Über weitere Parsons-Gasturbinen ist leider bisher nicht allzuviel bekannt geworden. Zwei große Turbinen für Elektrizitätserzeugung sowie eine Turbine zur Lieferung von Druckluft befinden sich in Betrieb.

Die eine, eine 15000-kW-Gasturbine für das Dunston A Kraftwerk Newcastle upon Tyne wurde im November 1955 kommissioniert. Die Maschine hat sehr komplizierten Aufbau. Es ist eine Dreiwellenmaschine mit Zwischenkühlung, Zwischenerhitzung und Wärmeaustausch. Die Verdichtung ist dreistufig mit Zwischenkühlung. Die Gaseintrittstemperatur beträgt 650° C, der Wärmerückgewinnungsgrad 75 %.

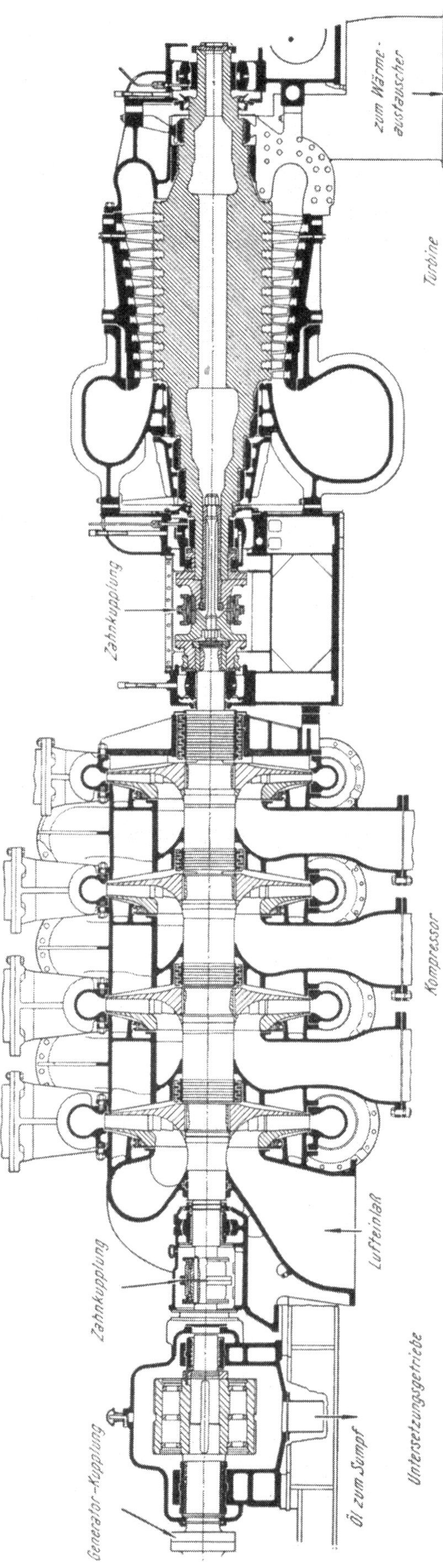

Abb. 504. Längsschnitt durch eine 2500-kW-Gasturbine der British Thomson Houston Co., Ltd.

Die siebenstufige Hochdruckturbine treibt den dreizehnstufigen axialen Hochdruckkompressor und den Generator mit 3000 U/min. Die Niederdruckturbine besteht aus zwei parallelen Turbinen. Eine treibt den zehnstufigen Mitteldruckkompressor und die andere den achtstufigen Niederdruckkompressor. Beide laufen mit 2900 U/min. Der Durchsatz beträgt 105 kg/sek, das Druckverhältnis 8:1. Der Brennstoff ist destilliertes Öl.

Die andere, eine 10000-kW-Maschine, wurde im März 1956 im National Gas Turbine Establishment (NGTE) für die Stromerzeugung in Betrieb genommen. Auch diese Maschine weist komplizierten Aufbau und lange Leitungen auf. Es ist eine Zweiwellenmaschine mit Zwischenkühlung und Wärmeaustausch. Die dreistufige Niederdruckturbine treibt den elfstufigen axialen Niederdruckkompressor (Antriebsleistung 13360 PS) mit 2800 U/min. Die fünfstufige Hochdruckturbine treibt den dreizehnstufigen axialen Hochdruckkompressor (Antriebsleistung 11160 PS) und den Generator mit 3000 U/min. Der Durchsatz beträgt 95 kg/sek, das Druckverhältnis am Niederdruckkompressor 2,57, am Hochdruckkompressor 5,5. Der Zwischenkühler drückt die Temperatur von 119 auf 32° C. Nach dem Hochdruckkompressor beträgt die Temperatur wieder 119° C und diese wird im Wärmeaustauscher auf 308° C hinaufgesetzt. Die Turbineneintrittstemperatur ist mit 650° C angegeben. Ein Abwärmekessel ist für die Heizung des NGTE nachgeschaltet.

Ebenfalls im NGTE steht eine Gasturbine von 9470 PS bei 4600 U/min. Bei einem Durchsatz von 1940 m^3/min liefert sie 552 m^3/min Luft mit 3,05 atü bei 191° C in ein Leitungssystem. Diese Luft wird in den Forschungslaboratorien für Versuchszwecke gebraucht.

Der Beginn einer Serie ist eine Maschine von 2500 kW in verhältnismäßig leichter Bauweise, über die aber bisher nichts Näheres bekannt ist.

9. Gasturbinen der British Thomson Houston Co., Ltd.

Die British Thomson Houston Co., Ltd. begann schon 1933 mit dem Studium der Gasturbine und hatte ab 1937 mit Whittle die Entwicklung der Flugzeugturbine betrieben. So war z. B. das erste Düsentriebwerk, das in England 1941 flog, von der British Thomson Houston Co. zusammen mit Whittle gebaut.

1951 wurde die Gasturbine für den Shell-Tanker Auris kommissioniert und war somit die erste Gasturbine für ein Handelsschiff.

Heute werden drei Standardgasturbinen mit einer Leistung von 2500, 4000 und 6500 kW mit und ohne Wärmeaustauscher angeboten. Die Tab. 75, 76 und 77 geben Daten dieser Turbinen wieder.

Zwei Turbinen mit je einer Leistung von 2500 kW für ein Kraftwerk in Nairobi, Kenya, sind bereits in Betrieb. Interessant ist, daß diese Turbinen mit vierstufigen Zentrifugalkompressoren System Oerlikon ausgestattet sind.

Der Aufbau dieser Turbinen ist in konventioneller schwerer Art. Die Brennkammer ist eine seitlich stehende Umkehrstrombauart mit ausgekleideter Primärzone. Sie entstand unter Mitwirkung von Shell (s. dazu auch Abschn. „Brennkammern für schwere Heizöle", S. 331). Der Brennstoff ist Kesselheizöl mit 500 sek Redwood Nr. 1. Allerdings ist das Öl in Nairobi sehr arm an Vanadium, so daß keine Übelstände aufgetreten sind. Beide Turbinen sind mit Wärmeaustausch ausgestattet. Eine Turbine läuft seit September 1954, die zweite seit Mitte 1955. Nähere Daten sind aus Tab. 78 zu entnehmen, während Abb. 504 einen Schnitt zeigt.

Über Schiffsturbinen der British Thomson Houston Co. wird noch näher im entsprechenden Abschnitt berichtet werden (s. S. 680 bis 687).

10. Metropolitan-Vickers-Gasturbinen

Metropolitan Vickers war ab 1938 am Flugzeugturbinensektor tätig und es entstanden im Zuge dieser Entwicklung einige bemerkenswerte Baumuster. Später wurde jedoch der Bau von Flugzeugturbinen ganz aufgegeben. Auf der Basis dieser Turbinen

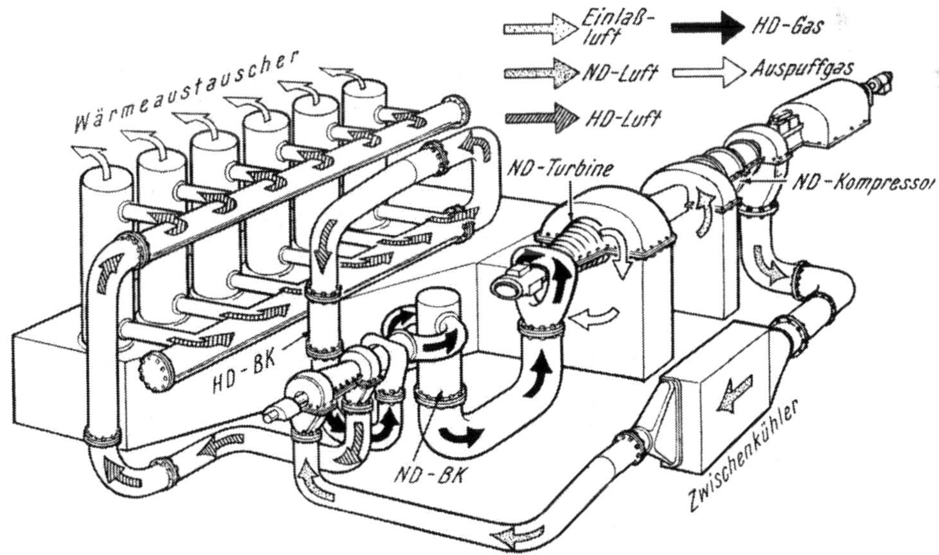

Abb. 505. Schema der 15000-kW-Anlage von Metropolitan Vickers

entstanden ab 1947 einige Leichtbaugasturbinen für schnelle Marineboote, die noch später besprochen werden (s. S. 688 bis 692), und gleichzeitig wurde eine Reihe von Industrieturbinen und eine Lokomotivturbine entwickelt [*323*].

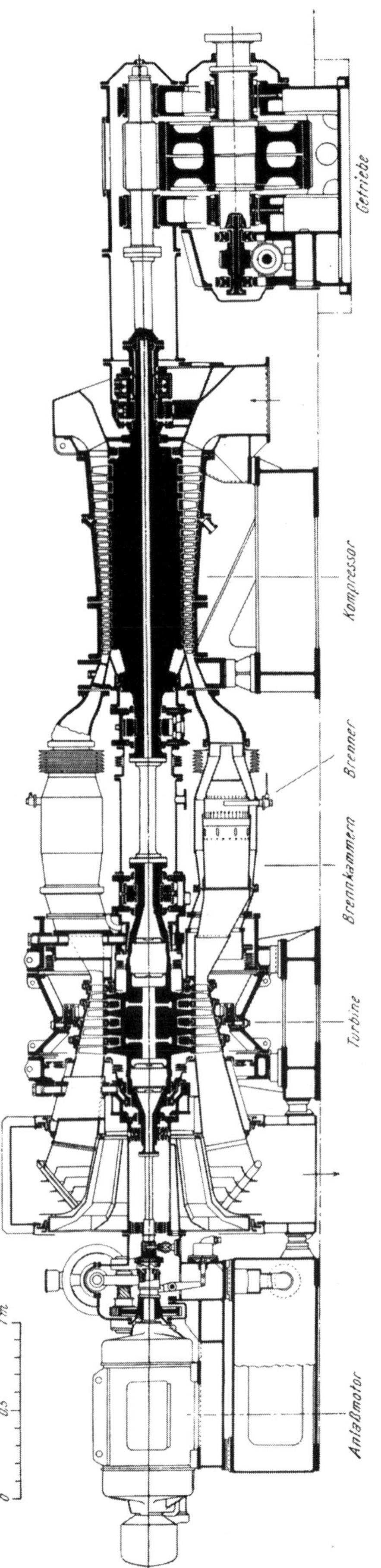

Abb. 506. Längsschnitt durch eine 2500-kW-Gasturbine von Metropolitan Vickers

Neben der Serie einfacher einwelliger Industrieturbinen entstand auf Grund einer Bestellung der British Electricity Authority im Jahre 1947 eine 15000-kW-Maschine. Diese Turbine wurde in der Trafford-Kraftstation in der Nähe von Manchester aufgestellt und 1952 in Betrieb genommen.

Die Anlage ist zweiwellig mit Zwischenkühlung, Zwischenerhitzung und Wärmeaustausch. Bei 15° C und 1 ata Ansaugzustand, 650° C Eintrittstemperatur und 104,3 kg/sek Durchsatz gibt diese Turbine 15000 kW an den Klemmen und hat einen Wirkungsgrad von 28%, bezogen auf Klemmenleistung. Das Schema der Anlage geht aus Abb. 505 hervor.

Die Niederdruckwelle läuft mit 3000 U/min konstant, da sie den Generator treibt. Laständerungen beeinflussen die Drehzahl des Hochdrucksatzes, der bei Vollast seine maximale Drehzahl mit 5500 U/min erreicht. Das Anlassen geschieht mit einem 400-PS-Elektromotor, der die Hochdruckwelle auf 3000 U/min bringt und dann abgekuppelt wird.

Die Ansaugluft wird über ein elektrostatisches Filter geleitet, dessen Druckverlust 6,35 mm WS beträgt. Das Druckverhältnis liegt bei 10:1. Die Lufttemperatur nach dem Hochdruckkompressor erreicht 167° C.

Der Wärmeaustauscher besteht aus sechs Gegenstromelementen mit je einer Höhe von 7442 mm, einem Durchmesser von 1524 mm und einem Gewicht von 12 t. Die Entfernung zwischen den Rohrböden beträgt 6400 mm, die Rohrzahl 2005. Alle 12030 Rohre von 25,4 mm Außendurchmesser und 1,63 mm Wanddicke bilden eine Heizfläche von 6141 m². Die Gaseintrittstemperatur wird mit 400° C, die Gasaustrittstemperatur mit 234° C, der Austrittsdruck mit 1,035 ata angegeben. Der Gasaustritt erfolgt über einen 76 m hohen Kamin. Der Wärmerückgewinnungsgrad beträgt 73,5%.

Der totale Wasserverbrauch der Anlage beläuft sich auf 84 l/kWh einschließlich Generator-Luftkühler. Im einzelnen verbrauchen die Zwischenkühlung 18000 l/min und die Ölkühler sowie der Generator-Luftkühler 2700 l/min.

Die Hochdruckgruppe besteht aus einem fünfzehnstufigen Axialkompressor und einer zweistufigen Axialturbine. Die Statorschaufeln der Turbine sind aus Nimonic 75, die Rotorschaufeln mit axialem Tannenbaumfuß aus Nimonic 80 A gefertigt. Für das Gehäuse und die Leitradscheiben wurde FCB(T)-Stahl, s. Tab. 39, verwendet.

Die Niederdruckgruppe umfaßt einen vierzehnstufigen Axialkompressor und eine sechsstufige Turbine. Auch bei der Niederdruckturbine sitzen die Schaufeln in axialen Tannenbaumbefestigungen. Für die Laufschaufeln der ersten Stufe wurde Nimonic 80A, für die der zweiten und dritten Stufe FCB(T) und für die der restlichen Stufen ein 0,5%-Mo-Stahl verwendet. Bei den Statorschaufeln und Leitradscheiben wurde für die ersten drei Stufen FCB(T) und für die weiteren drei Stufen ein 0,5%-Mo-Stahl genommen. Beide Gehäusehälften sind aus FCB(T). Trotz der relativ langen Schaufeln sind keine Versteifungsdrähte vorhanden.

Die Hochdruckbrennkammer besteht aus einem Stahlmantel mit 1066 mm Durchmesser mit einem Flammrohr aus austenitischem Immaculate-5-Stahlblech. Der Brennstoff wird im Gleichstrom aus vier Hauptbrennern eingespritzt. Ein fünfter Hilfsbrenner kann die Brennstoffmenge für Leerlauf geben.

Die Niederdruckbrennkammer ist eine Art Winkelbrennkammer mit Lenkblechen in den beiden Gaszuführungen. Dadurch entsteht eine gute Durchwirbelung, und die Flamme wird von der Wand abgehalten. Im Brennkammerkopf ist ein Konus aus Immaculate 5 angebracht, der auch den einzigen Brenner in seiner Spitze trägt. Der Brenner ist eine Kombination von Haupt- und Zündbrenner. Beide Brennkammern zusammen verbrauchen bei Vollast 1,27 kg/sek Gasöl.

Beide Rotoren werden nach dem Abschalten der Turbine einige Stunden durchgedreht, der Niederdruckrotor durch einen eigenen Motor mit 2 U/min und der Hochdruckrotor durch den Anlaßmotor mit höherer Drehzahl.

Eine Metropolitan-Vickers-Standardtype ist die vom Metropolitan Water Board für die Wasserpumpstation in Ashford Common, Middlesex, bestellte 2500-kW-Turbine, Abb. 506. Es ist eine Einwellenmaschine mit einem fünfzehnstufigen Axialkompressor, sechs Brennkammern und einer vierstufigen Axialturbine. Die Grundkonzeption erinnert eher an ein Flugtriebwerk, doch ist die Bauweise wesentlich schwerer. Immerhin liegt diese Konstruktion etwa in der Mitte zwischen schwerer Bauart und extremer Leichtbauweise. (Siehe dazu auch den Schnitt durch die Lokomotivturbine dieser Firma, Abb. 584.) Bei 7000 U/min Maximal-Drehzahl beträgt der Durchsatz 27,5 kg/sek und das Druckverhältnis 5,38 : 1. Das Kompressorgehäuse besteht aus Kohlenstoffstahl und ist in der horizontalen Ebene geteilt. Die Statorschaufeln aus rostfreiem Stahl sitzen in Umfangsrillen. Ebenso sind die Laufschaufeln aus rostfreiem Stahl in gezahnten Umfangsrillen des aus einem Schmiedestück aus hochfestem Stahl bestehenden Rotors befestigt. Zuganker in der horizontalen Ebene verbinden Kompressor- und Turbinengehäuse. Die Brennkammern entsprechen im Aufbau denen von Flugtriebwerken. Die Brennstoffeinspritzung (Dieselöl) erfolgt im Gegenstrom. Das Brennstoffsystem wurde bereits in Abb. 362 gezeigt. Die vierstufige Turbine besteht aus einem geteilten äußeren Gehäuse aus Kohlenstoffstahl, in dem der geteilte innere Zylinder aus austenitischem Stahl so aufgehängt ist, daß er sich axial und radial frei dehnen kann. Die Eintrittstemperatur beträgt 700° C. Die Statorscheiben sind geteilt. Als Material für die Eintrittsleitschaufeln kommt Nimonic 80A, für die Statorschaufeln der zweiten Stufe austenitischer FDP-Stahl, für die der restlichen Stufen Mo-Va-Stahl zur Anwendung. Der Rotor besteht aus zusammengeschweißten Schmiedestücken aus austenitischem Stahl. An den Enden werden die Lagerstummel angeflanscht. Die Laufschaufeln sitzen in axialen Tannenbaumnuten. Die Schaufeln der ersten beiden Stufen bestehen aus Nimonic 80 A, die der beiden letzten aus Mo-Va-Stahl. Das Hochdrucklabyrinth erhält Sperrluft aus dem Kompressorauslaß, das Niederdrucklabyrinth aus der dritten Stufe.

Als Brennstoff kommt Dieselöl mit 10300 kcal/kg zur Anwendung. Der Wirkungsgrad ist mit 16,75% angegeben. Die Maschine wird nach dem Abstellen zwei Stunden lang langsam durchgedreht.

1949 wurde eine zweite solche Maschine für die Shell Petroleum Co., Ltd., Venezuela, in Auftrag genommen. Diese Maschine läuft seit 1955 und hatte bis Dezember 1956 5200 Stunden gearbeitet. Der Brennstoff ist Erdgas mit 12500 kcal/kg. Bei einem t_3 von 640° C und bei 30° C und 755 mm Hg-Säule Ansaugzustand leistet die Maschine bei 7000 U/min 1750 kW. Der Durchsatz beträgt dabei 25,7 kg/sek, das Druckverhältnis 5:1. Die Austrittstemperatur nach dem Kompressor ist mit 244° C, der Austrittsdruck mit 5,062 ata, der Eintrittsdruck in die Turbine mit 4,81 ata, die Austrittstemperatur aus der Turbine mit 384° C angegeben. Der thermische Wirkungsgrad beträgt dabei 15%. Die Brennkammern sind etwas anders ausgebildet, wie Abb. 507 zeigt. Eine weitere

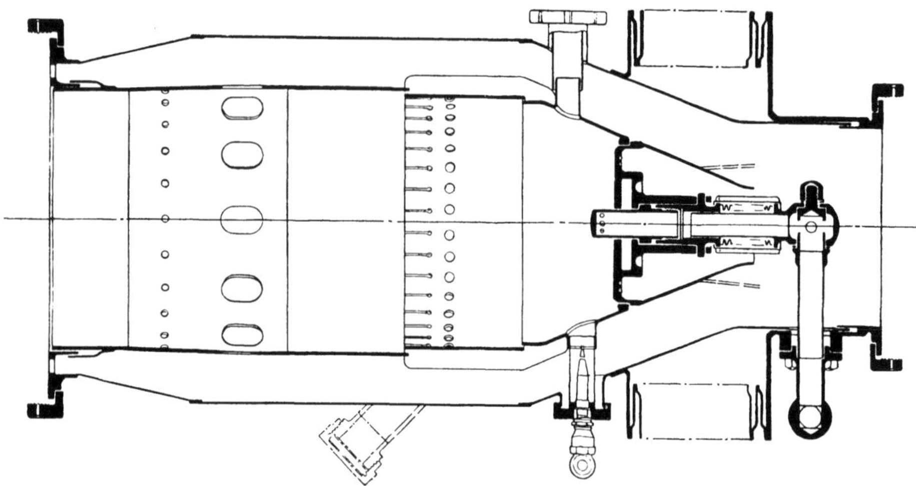

Abb. 507. Brennkammer für Erdgas für die 1750-kW-Gasturbine von Metropolitan Vickers

Differenz gegen die erste Maschine zeigt sich im Turbinenrotor, der aus einem einzigen Schmiedestück aus ferritischem Mo-Va-Stahl besteht, an den die Schaftenden angeflanscht sind.

1956 hat nun Metropolitan Vickers von Shell einen Auftrag auf eine 4500-kW-Turbine für Erdgas erhalten. Diese Maschine wird mit 4300 U/min laufen, und bei 27° C Ansaug- und 700° C Maximaltemperatur 4500 kW bei 55,5 kg/sek Durchsatz und 5,25 Druckverhältnis geben. Der Kompressor hat 18, die Turbine 5 Stufen. Es sind wieder sechs Brennkammern vorgesehen.

Diese Turbine hat grundsätzlich den gleichen Aufbau wie die 2500-kW-Turbine. Sie wird allerdings auf einem geschweißten Tragrahmen montiert, so daß sie nicht so sehr von exakten Fundamenten abhängig ist. Dadurch war es auch möglich, das Turbinengehäuse wesentlich leichter und einfacher zu bauen, da das rückwärtige Turbinenlager jetzt am Rahmen sitzt. Auch das Kompressorgehäuse wurde vereinfacht.

11. Die Ruston & Hornsby-TA-Gasturbine

Die Entwicklungsarbeiten zu dieser sehr interessanten und erfolgreichen Serienturbine begannen bereits 1946 und der erste Prototyp, bekannt unter der Bezeichnung 3CT, lief 1949. Diese erste Turbine ist noch immer im Werk in Betrieb und hat viele tausend Stunden Laufzeit ohne mechanische Schwierigkeiten hinter sich. Sie diente in den letzten Jahren hauptsächlich zum Studium der Verbrennung schwerer Öle. Abb. 508 zeigt ein Schnittbild derselben.

Aus ihr entstand dann die Serientype TA mit 1000 kW Leistung ohne und 750 kW mit Wärmeaustauscher. Diese Maschine ist bisher sehr erfolgreich gewesen, wofür die bis Oktober 1958 bestellten 86 Einheiten zeugen. Sie ist eine ausgesprochene Leichtbautype, die schon mit Rücksicht darauf entworfen wurde, daß man sie plötzlich und wiederholt starten und belasten kann, ohne daß mechanische Schäden entstehen. Es ist auch nicht notwendig, nach dem Abstellen die Rotoren durchzudrehen.

Mittels bestens durchdachter Kühlmethoden war es möglich, trotz langer Lebensdauer mit einem Minimum an teuren Hochtemperatur-Werkstoffen auszukommen.

Die vorherrschenden Drücke und Temperaturen gehen aus Tab. 79 hervor. Abb. 509 zeigt einen Schnitt durch die Turbine [*312*, *319*, *320*, *333*].

Tabelle 79. *Drücke und Temperaturen im Kreislauf der Ruston & Hornsby-Gasturbine Type TA*

Position im Kreislauf	Ohne Wärmeaustausch		Mit Wärmeaustausch	
	°C	ata	°C	ata
Kompressoreinlaß	15	1,033	15	1,033
Kompressorauslaß	177	4,0	162	3,6
Brennkammereinlaß	177	3,93	410	3,50
HD-Turbine Einlaß	727	3,87	727	3,445
ND-Turbine Einlaß	556	1,69	577	1,617
ND-Turbine Auslaß	457	1,04	510	1,082
Einlaß zum Kamin	457	1,033	262	1,033

Alle heißen Teile sind in Doppelwandbauweise ausgeführt. Die Materialstärken aller dieser Bauteile sind so gering als möglich gehalten. Sorgfältig wurde darauf geachtet, daß sich alle heißen Teile frei dehnen können, ohne ihre Konzentrizität zu verlieren. Die gesamte Maschine ist so auf einen Rahmen montiert, daß je ein Fixpunkt am Ge-

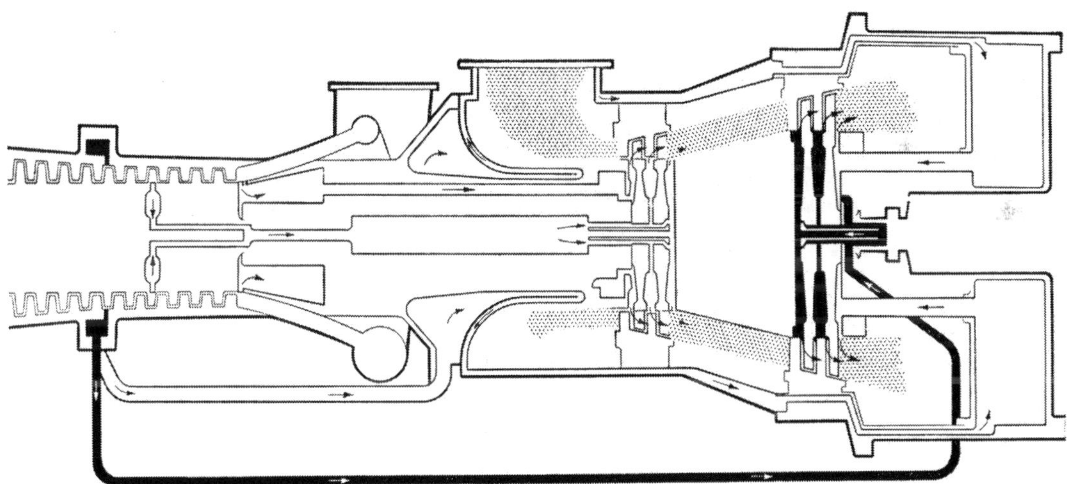

Abb. 510*a*. Kühlluftführung in der Ruston & Hornsby-Gasturbine Type TA

triebe und nahe dem Turbineneinlaß sitzt. Am Kompressoreinlaßende ist eine flexible Stütze, die sämtliche Dehnungen vom Fixpunkt nahe dem Turbineneinlaß nach links übernimmt, angebracht. Dehnungen der Hochdruckturbine nach rechts, sowie Dehnungen der Niederdruckturbine werden durch eine gleitende Verbindung am Anschluß des Ringkanals zur Niederdruckturbine aufgenommen. Infolge der flexiblen Lagerung am Tragrahmen haben auch Verwindungen desselben keinen Einfluß auf die Lagerung von Kompressor und Turbine.

Im Gegensatz zu den zwei Brennkammern des Prototyps hat die Serienturbine nur eine seitlich dem Kompressor liegende Brennkammer in Winkelbauart, s. auch Abb. 321.

Der dreizehnstufige Kompressor in Scheibenbauweise mit einem Druckverhältnis von 4:1, dessen Rotor durch einen zentralen Bolzen gespannt wird, läuft mit 11500 U/min und hat einen Durchsatz von 10,5 kg/sek. Sein Kennfeld wurde bereits in Abb. 130 gezeigt. Er wird von der zweistufigen Kompressorturbine angetrieben, deren Einlaßtemperatur 727° C beträgt. Die ebenfalls zweistufige Nutzleistungsturbine läuft mit 6000 U/min. Alle Rotor- und Statorschaufeln sind aus Nimonic 80A gefertigt, mit Ausnahme der ersten Laufstufe, deren Schaufeln aus Nimonic 90 bestehen. Der Baustoff für die Turbinenscheiben ist ferritischer Stahl.

Abb. 510 *b*. Ansicht des ND-Turbinengehäuses der Ruston & Hornsby-Gasturbine Type TA

Die Kühlluftführung ist in Abb. 510 a schematisch gezeigt. Sehr interessant ist der Aufbau des Turbinenstators, Abb. 510 b. Gerade dieser Bauteil hat die größten Temperaturschwankungen auszuhalten, muß dabei aber absolut konzentrisch mit dem Rotor bleiben. Auch hier kam wieder eine Doppelwandkonstruktion zur Anwendung. Ein äußerer gekühlter Zylinder, der in zwei unter 90° liegenden Ebenen axial geteilt ist, also aus vier Segmenten besteht, trägt über dünne radiale Rippen die zwölf Segmente mit den Leitschaufeln. Diese Leitschaufelsegmente sind an den Rippen mit je zwei Stiften befestigt. Bei kalter Turbine ist zwischen diesen Leitschaufelsegmenten ein Zwischenraum von je 1,57 mm. Bei heißer Turbine liegen sie praktisch aneinander. Der Laufspalt an den Schaufeln beträgt bei heißer Maschine 0,78 mm, ohne daß beim Start oder plötzlichen Lastwechsel ein Anlaufen zu befürchten wäre.

Im Falle von Übertemperatur, Absinken des Schmieröldruckes oder Überdrehzahl wird die Turbine automatisch stillgesetzt. Sie kann innerhalb drei Minuten voll belastet werden. Bei einer plötzlichen Lastzunahme entsprechend 25% der Vollast entsteht eine vorübergehende Drehzahländerung von 5% und eine bleibende von 1%. Bei einer gleichen plötzlichen Lastsenkung beträgt die vorübergehende Drehzahländerung 3% und die bleibende 1%.

Während die Turbine ohne Wärmeaustauscher 1300 PS dauernd und 1430 PS maximal abgibt (Seehöhe und 15° C), ergibt sich unter wechselnden Einlaßbedingungen eine Dauerleistung entsprechend Abb. 511 a. Der Brennstoffverbrauch ist für Dauerleistung

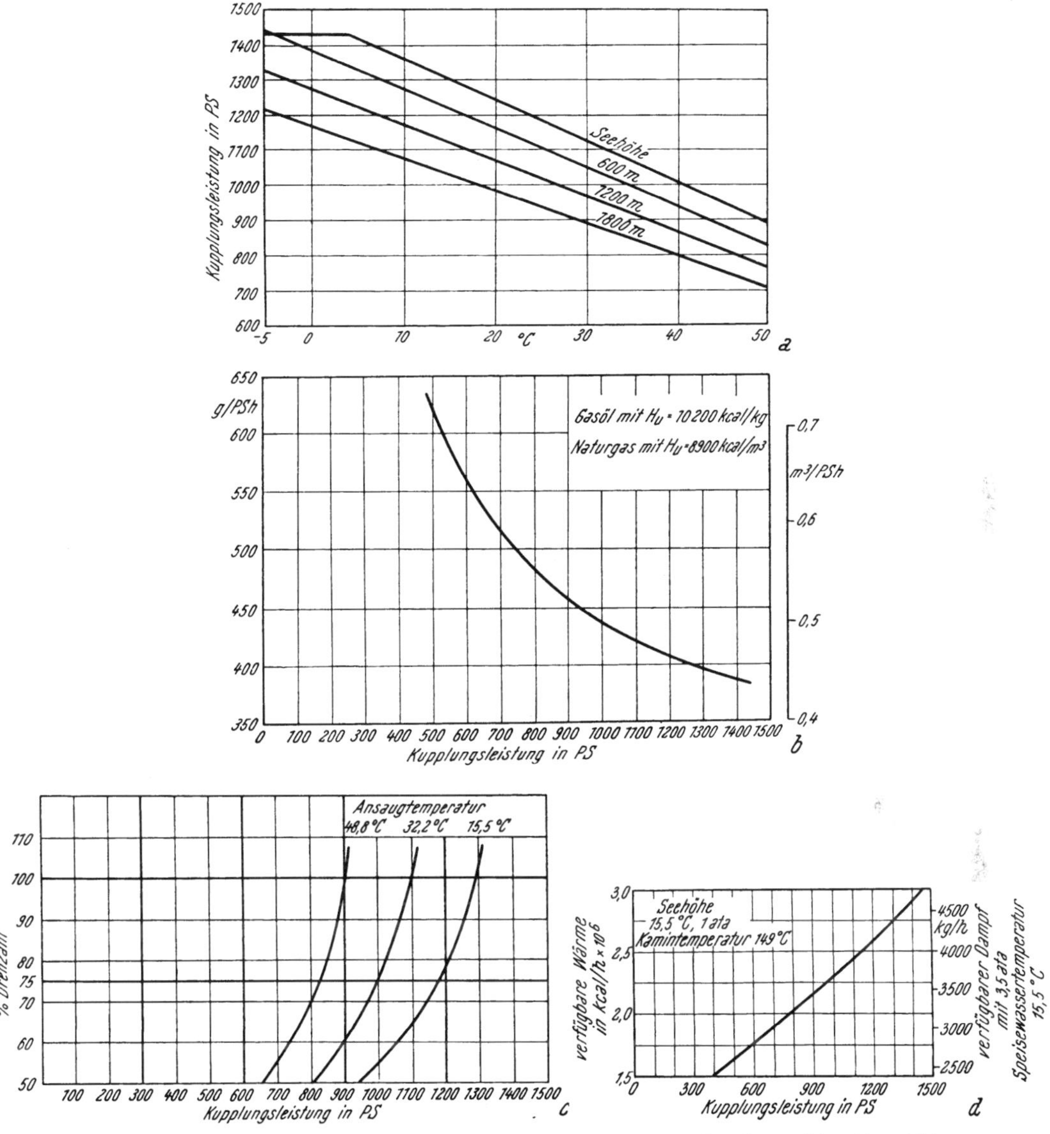

Abb. 511. Verschiedene Betriebsdaten der Ruston & Hornsby-Gasturbine Type TA

a Abhängigkeit der Leistung von Höhe und Ansaugtemperatur
b Spezifischer Brennstoffverbrauch bei 15°C und 1 ata
c Abhängigkeit der Leistung von Drehzahl und Ansaugtemperatur
d Zusammenhang zwischen Leistung und verfügbarer Wärme

bei 15° C in Seehöhe in Abb. 511 b aufgetragen. Der Zusammenhang zwischen Ansaugtemperatur, Drehzahl und Leistung ist aus Abb. 511 c ersichtlich.

Werden die Turbinenabgase in einem Dampfkessel ausgenützt, dann kann entsprechend Abb. 511 d zusätzlich Dampf erzeugt werden. Der Gesamtwirkungsgrad einer solchen Anlage beträgt etwa 70%, während mit einem Zusatzbrenner am Kessel sogar 79% erreichbar sind [*315*].

Abb. 512 zeigt eine Kraftstation mit Ruston-Turbinen, die mit Gas als Brennstoff arbeiten. Die TA-Turbine wird normal für Dieselöl bzw. Gas geliefert. Versuche mit Kesselheizöl sind seit längerer Zeit im Gange. Eine Installation läuft mit Kohlenteeröl, s. Abb. 326.

Abb. 512. Kraftstation mit 4 Ruston & Hornsby-Gasturbinen in Carabobo, Venezuela

Die Abmessungen der Turbine ohne Wärmeaustauscher betragen komplett mit Rahmen, Brennkammer, Ein- und Auslaßstutzen: Länge 4724 mm, Breite 2134 mm, Höhe 1980 mm. Das Gewicht beläuft sich auf 5510 kg betriebsfertig, jedoch ohne Luftfilter, Abgasleitung und Steuerpult.

12. English-Electric-Gasturbinen

Eine weitere außerordentlich interessante Serienturbine ist die 3000-PS-EM-27-P-Gasturbine von English Electric mit und ohne Wärmeaustauscher. Auch diese Turbine stellt eine typische Leichtbauweise dar. Abb. 513 zeigt die Turbine ohne Wärmeaustauscher und Abb. 514 mit Wärmeaustauscher. Ein Schnitt durch die Turbine ohne Wärmeaustauscher ist in Abb. 515 zu sehen, ebenso wie ein Schema der Luftkühlung.

Trotz leichter Bauweise ist die Maschine für lange Lebensdauer berechnet. Als erste sind die Laufschaufeln der ersten Stufe nach 40000 Stunden Vollast auszutauschen. Die Lebensdauer schwankt natürlich stark mit der Last. So ist z. B. eine Stunde Vollast gleichbedeutend in der Beanspruchung mit einer halben Stunde 105% Last oder zwei Stunden 95% Last.

Die wichtigsten Daten beider Standardmaschinen sind in Tab. 80 enthalten. Der Einfluß von Seehöhe und Temperatur sowie der spezifische Brennstoffverbrauch sind in den Diagrammen Abb. 516 aufgetragen. Die Turbine ist für Gasöl bzw. Naturgas gebaut. Die Leistungsdaten sind unter Berücksichtigung von 50 mm WS Druckverlust am Saug- und Abgasstutzen angegeben. Dies genügt für Ansaugfilter und normale Abgasführung. Sollten aus irgendwelchen Gründen höhere Druckverluste entstehen, dann entsprechen je 25 mm WS am Abgasstutzen 12 PS und am Ansaugstutzen 20 PS. Dies ist äquivalent 50 und 80 PS pro 1% Druckverlust. Der spezifische Brennstoffverbrauch steigt pro 1% Druckverlust um 2% an.

Tabelle 80. *Leistung, Abmessungen und Gewicht der EM-27-P-Gasturbine*

Umgebungszustand 15° C, 1 ata	Ohne Wärmeaustauscher		Mit Wärmeaustauscher	
	Garantiert	Versuchsstand Messung	Garantiert	Versuchsstand Messung
Leistung:				
Leistung an der Kupplung .... PS	2950	3100	2750	2900
Klemmenleistung .... kW	2050	2160	1910	2010
Überlast .... PS	—	3230	—	2960
Kompressordrehzahl .... U/min	8300	8285	8250	8235
Nutzleistungsturbinen — Drehzahl .. U/min	7000	7000	7000	7000
Thermischer Wirkungsgrad an der Kupplung .... %	18,45	18,7	23,85	24,3
Thermischer Wirkungsgrad an den Klemmen .... %	17,2	—	22,23	—
Temperatur maximal .... ° C	777	777	777	777
Überlasttemperatur .... ° C	—	797	—	797
Druckverhältnis	4,8		4,8	
Durchsatz .... kg/sek	19,5		19,26	
Wärmeaustauscher-Druckverlust total .. %	—		4,7	
Rückgewinnungsgrad .... %	—		60	
Abmessungen:				
Länge (Einlaß bis Kupplung) .... mm	3962		3657	
Länge über alles .... mm	4267		4724	
Breite .... mm	2209		2285	
Höhe .... mm	3504		3200	
Gewicht:				
Wärmeaustauscher .... kg	—		5300	
Maschine ohne Rahmen .... kg	9060		13700	
Maschine mit Rahmen und Öl .... kg	10900		15300	

Das sehr effektvolle Kühlsystem, s. Kühlluftführungsschema Abb. 515b, macht es möglich, weitgehend ferritische Baustoffe zu wählen. Das Turbineneinlaßgehäuse ist aus 18/8-Stahl mit einer inneren Blechhülle aus Nimonic 75. Diese Doppelwandkonstruktion ist bei allen heißen Teilen angewendet. Isolationsmaterial verhindert eine Wärmestrahlung auf die Außenwand, und außerdem wird der Zwischenraum mit Kühlluft gespült.

Die Kühlluft, die dem Kompressor an verschiedenen Stellen entnommen wird, macht bei der Turbine mit Wärmeaustauscher insgesamt 0,9 kg/sek aus. Die Entnahmestellen sind:

Kompressor 3. Stufe	15,1%
Kompressor 6. Stufe	8,1%
Rückseite Radialrad	0,3%
Druckkammer rund um Kompressorgehäuse .	76,5%

Wie durch diese gute Kühlung die Bauteiltemperatur beeinflußt wird, zeigt gut Abb. 517. Ein Großteil der Kühlluft wird dem Prozeß an verschiedenen Stellen wieder zugeführt.

Sämtliche Außengehäuse sind ungeteilt, womit eine außerordentliche Sicherheit gegen Verzug gewährleistet ist. Infolge der kurzen Baulänge ergeben diese Gehäuse einen starren Tragkörper, der in drei Punkten flexibel auf dem Rahmen gelagert ist. Dieser Tragkörper ist so stabil, daß er ohne weiteres auch den Wärmeaustauscher tragen kann, Abb. 514. Besondere Fundamente sind bei dieser Turbine nicht notwendig. Die Antriebswelle ist ebenfalls flexibel ausgebildet und läßt Mittenabweichungen bis zu 6 mm zwischen Nutzleistungsturbinenwelle und angetriebener Maschine zu. Alle Teile sind lehrenhaltig und austauschbar gefertigt. Die ungeteilten Traggehäuse machen den Austausch z. B. der Lager sehr leicht, da diese in Zentrierungen dieser Gehäuse sitzen. Es ist also nicht notwendig, beim Einbau neuer Lager diese erst auszurichten, wie bei einer in der Mittelebene geteilten Maschine.

Abb. 513. 3000 PS-EM-27-P-Gasturbine ohne Wärmeaustauscher von English Electric

Die Anlaßzeit beträgt 5 Minuten bis Volllast. Ein Durchdrehen der Rotoren nach dem Abstellen ist nicht notwendig. Der Startermotor ist ein Hydraulikmotor. Es muß also von irgendeiner Kraftquelle eine hydraulische Pumpe zum Anlassen der Turbine angetrieben werden. Diese Pumpe ist für normale Installationen zugleich auch die Schmierölpumpe, die bereits vor dem Start und einige Zeit nach dem Abstellen laufen muß. Der Gesamtkraftbedarf dieses Aggregates ist 55 PS. Der maximale Kraftbedarf zum Anlassen allein beträgt 35 PS. Während des normalen Laufes der Maschine wird die Schmierölversorgung von einer vom Kompressor angetriebenen Pumpe besorgt.

Der Kompressor besteht aus sechs Axial- und einer Radialstufe. 70% der Verdichtungsarbeit wird im Axialteil und 30% im Radialrad geleistet. Nach dem Radialrad folgt ein sechzehnschaufeliger Radialdiffusor und anschließend an eine 90° Umlenkung 16 Diffusoren mit rechteckigem Querschnitt, die die Luft in die Druckkammer rund um den

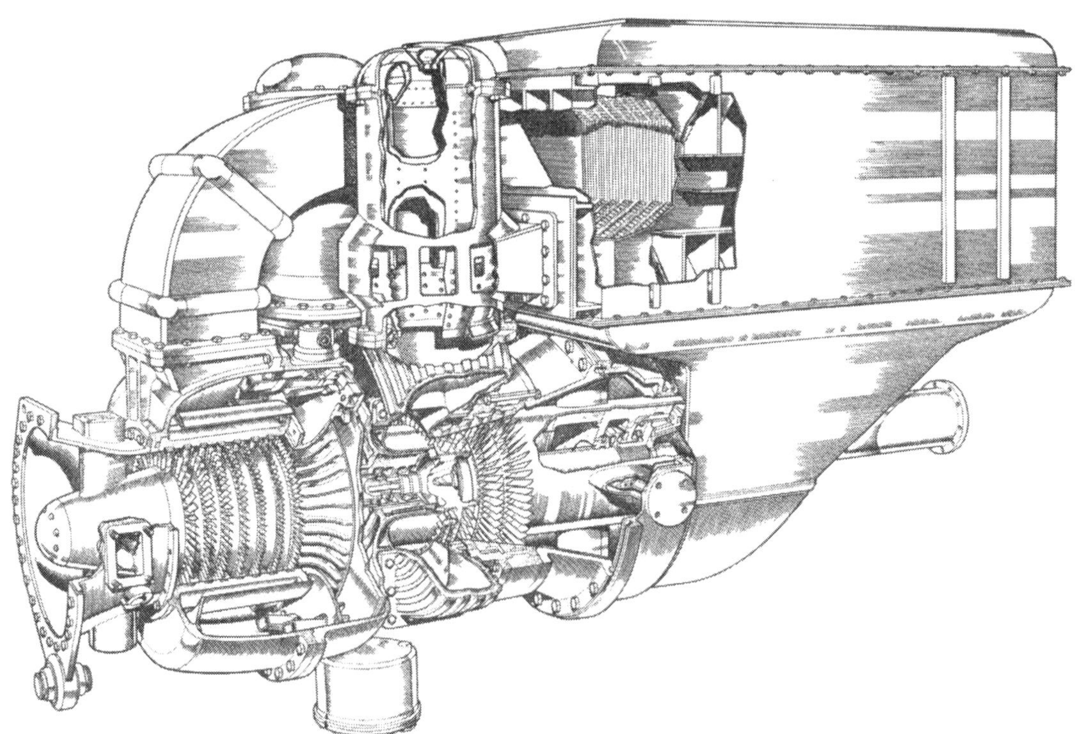

Abb. 514. EM-27-P-Gasturbine mit Platten-Wärmeaustauscher

Kompressor leiten. Von hier wird sie über eine rechteckige Leitung zum Wärmeaustauscher, oder, bei der einfachen Maschine, über eine Doppelleitung zu den zwei Brennkammern geführt.

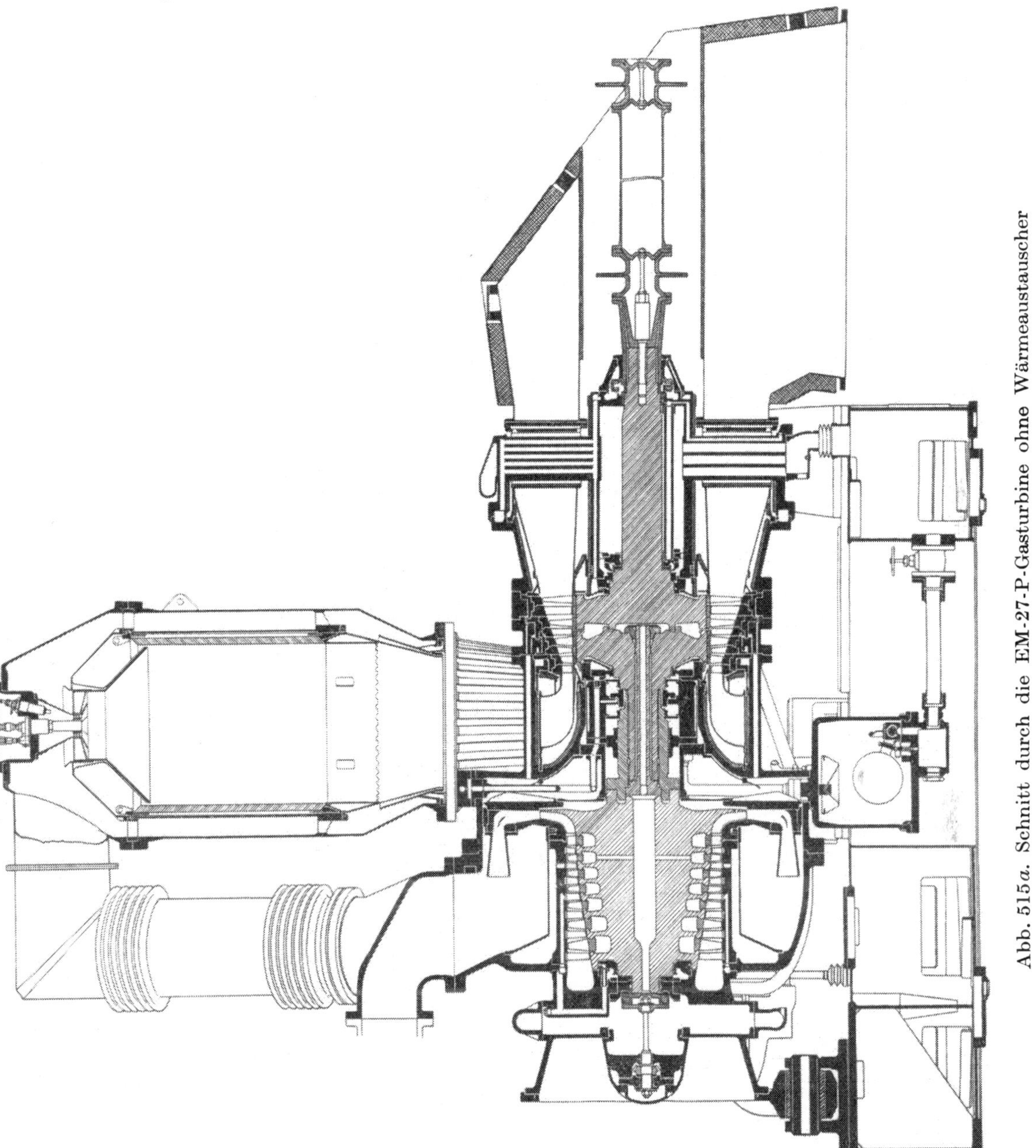

Abb. 515*a*. Schnitt durch die EM-27-P-Gasturbine ohne Wärmeaustauscher

Die Brennkammern sind nach einer Shell-Entwicklung, s. Abb. 319, mit filmgekühltem Flammrohr ausgestattet.

Die heißen Gase werden über Einlaßstutzen aus 18/8-Stahl zum Turbineneintrittsgehäuse gebracht. Diese Einlaßstutzen haben aufgeschweißte Kühlkanäle. Die Kühlluft aus diesen wird am Brennkammerflansch in einer Ringnut gesammelt und dem Gasstrom beigemischt.

Die beiden Turbinen sind, aerodynamisch gesehen, als eine ausgelegt. Die Reaktion beträgt 50% in $^1/_3$ Schaufelhöhe. Die Statorschaufeln haben konstanten Querschnitt.

Eine hohe Geschwindigkeit c_{2u} am Kompressorturbinenaustritt ist durch Rotation der Nutzleistungsturbine im Gegensinn möglich. Die Kompressorturbine verbraucht etwa 62% des Gesamtgefälles, wodurch das Arbeitsverhältnis $\alpha = 0{,}38$ wird. Die Kompressor-

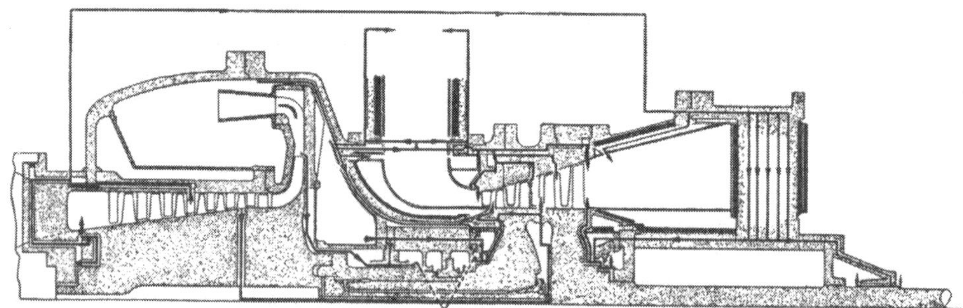

Abb. 515*b*. Kühlluftführung in der EM-27-P-Gasturbine

turbine hat einen gekühlten Scheibenkranz. Die Kühlluftführung erfolgt am Grund der axialen Tannenbaumnuten. Durch diese Maßnahme ist die Kranztemperatur bemerkenswert niedrig, s. Abb. 517.

Die Rotoren sind aus Mo-Va-Stahl, die Leitschaufelträger aus 18/8-Stahl gefertigt.

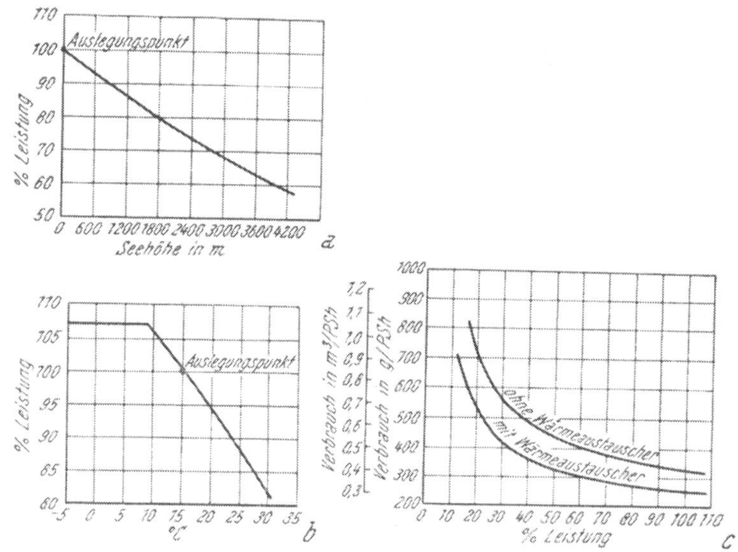

Abb. 516. Verschiedene Betriebsdaten der EM-27-P-Gasturbine

a Einfluß der Ortshöhe
b Einfluß der Ansaugtemperatur
c Zusammenhang zwischen Leistung und Brennstoffverbrauch bei einer konstanten Drehzahl der Nutzleistungsturbine von 7000 U/min
Brennstoff: Gasöl mit $H_u = 10\,300$ kcal/kg
Naturgas mit $H_u = 7960$ kcal/m³

Alle Schaufeln werden aus Nimonic-Material hergestellt. Sämtliche Laufschaufeln sitzen in axialen Tannenbaumnuten.

Der Wärmeaustauscher in Plattenbauart stellt eine sehr interessante Konstruktion dar. Er wurde bereits in Abb. 281 gezeigt und an dieser Stelle auch näher beschrieben.

Das Brennstoffsystem arbeitet mit je einem Simplex-Brenner pro Brennkammer und einem automatischen Regler. Zur Zündung sind Propanzündbrenner vorgesehen.

Entsprechende Sicherheitseinrichtungen sind im Brennstoff- und Schmiersystem eingebaut [*317*].

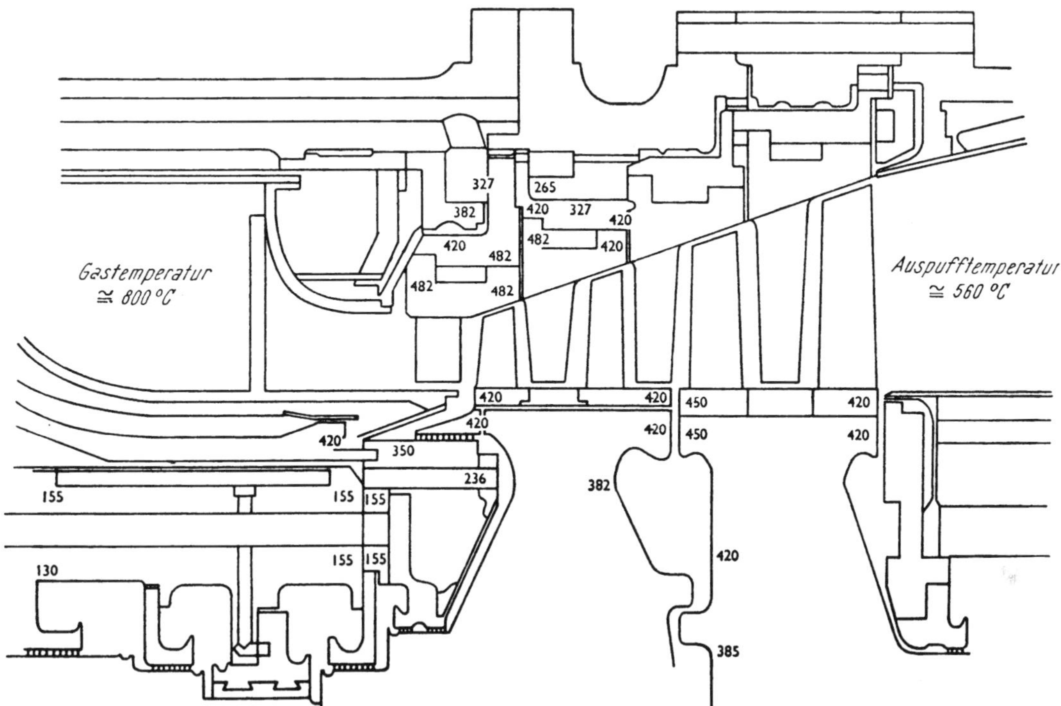

Abb. 517. Herabsetzung der Bauteiltemperaturen durch Luftkühlung bei der EM-27-P-Gasturbine

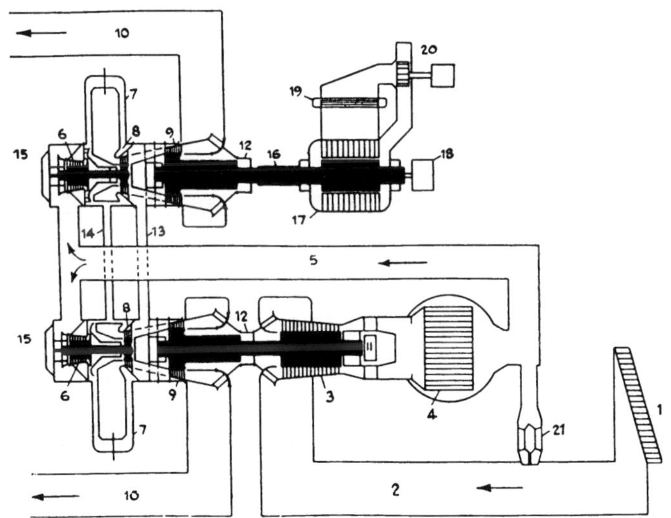

Abb. 518. Schaltschema der 20000-kW-Gasturbine von English Electric

1 Lufteinlaß
2 Einlaßkanal
3 ND-Kompressor
4 Zwischenkühler
5 ND-Luftleitung
6 HD-Kompressoren
7 Brennkammern
8 HD-Turbinen
9 ND-Turbinen
10 Abgasleitung
11 Hydr. Durchdrehantrieb
12 Drucklager
13 ND-Ausgleichsleitung
14 HD-Ausgleichsleitung
15 Hochdruckseitige Getriebe für Hilfsantriebe
16 Antriebswelle
17 Generator
18 Durchdrehantrieb
19 Generatorkühler
20 Generatorlüfter
21 ND-Abblaseventil

Zwei 20000-kW-Gruppen mit einer sehr interessanten Verbundschaltung wurden 1957 für das Royal Aircraft Establishment geliefert.

Diese Verbundschaltung, Abb. 518, beinhaltet zwei Hochdrucksätze, die aerodynamisch sowie grundsätzlich der EM-27-P-Turbine ähnlich sind, jedoch nur eine Brennkammer haben. Jede dieser Hochdruckgruppen speist eine Niederdruckturbine. Eine davon treibt den Niederdruckkompressor für beide Hochdrucksätze und eine den Generator. Zwischenkühlung ist vorgesehen. Der Niederdruckkompressor hat 13 Stufen und läuft mit 2700 U/min. Bei 15° C Ansaugtemperatur beträgt der Durchsatz 130 kg/sek. Die Hochdruckkompressoren haben sechs Axial- und eine Radialstufe und laufen mit 8250 U/min maximal. Das Kompressionsverhältnis beträgt 17:1. Die Brennkammern sind mit filmgekühltem Flammrohr ausgerüstet und haben je vier Brenner mit Luftzerstäubung. Die Zerstäubungsluft (0,9 kg/sek) wird dem Hochdruckkompressor entnommen und in einem Drehflügelgebläse 2:1 verdichtet. Zur Zündung ist ein Propanzündbrenner vorgesehen. Die maximale Eintrittstemperatur beträgt 790° C. Als Brennstoff kommt Leichtöl zur Anwendung. Die Hochdruckturbinen haben zwei, die Niederdruckturbinen sechs Stufen. Beide sind für Lauf mit variabler Drehzahl vorgesehen. Die Niederdruck-Nutzleistungsturbine für den Generator läuft mit 3000 U/min.

Die Hilfsmaschinen werden von den Hochdruckgruppen angetrieben. Vier Schmierölpumpen sind vorgesehen, und diese können als Motor laufend die Gruppen starten und nach dem Abstellen durchdrehen.

13. General-Electric-Gasturbinen

Während in Europa BBC der derzeit größte Gasturbinenerzeuger ist, beansprucht General Electric in Amerika diese Vorherrschaft.

Bis Ende 1958 waren 185 General-Electric-Gasturbinen verkauft. Die Laufstunden bis Ende 1957 betragen total etwa 2500000.

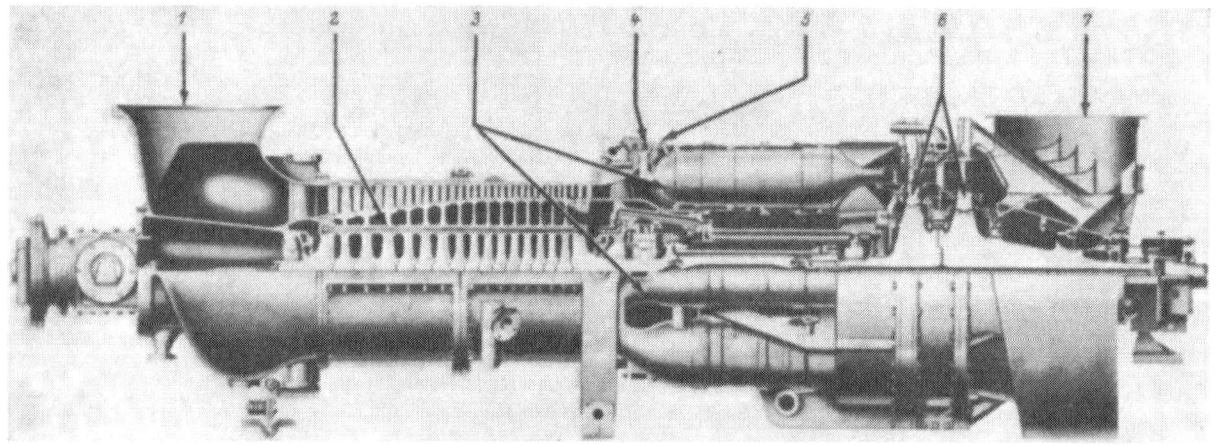

Abb. 519. Schnitt durch die einwellige Turbine von General Electric mit einer Leistung von 5000 kW

1 Lufteinlaß
2 15-stufiger Axialkompressor
3 Brennkammern
4 Brenner
5 Zündbrenner
6 Zweistufige Turbine
7 Austrittsstutzen

General Electric hat sich von Anfang an auf wenige Typen beschränkt. Die meisten gelieferten Maschinen haben eine Leistung von 3500 bis 5000 kW. Diese Turbinengröße wird als einfache Einwellenmaschine, als Zweiwellenmaschine mit getrennter Nutzleistungsturbine und als Zweiwellenmaschine mit getrennter Nutzleistungsturbine und Wärmeaustauscher gebaut. Einige Verbundturbinen von 5000 kW mit Zwischenkühlung und Wärmeaustausch wurden ebenfalls geliefert. Bewußt hat man sich auf nur wenige Leistungsklassen konzentriert und durch Standardisierung der Teile eine Serienfertigung aufgezogen.

Die größte Zahl von General-Electric-Turbinen ist in der Ölindustrie in Erdgas-Pipeline-Pumpstationen eingesetzt, dann folgen bereits die Lokomotivturbinen und knapp dahinter die Turbinen für Stromerzeugung.

Abb. 520. Zweiwellenmaschine von General Electric mit 7000 PS. Beachte die verstellbaren Leitschaufeln vor der Nutzleistungsturbine

1 Lufteinlaß
2 14-stufiger Axialkompressor
3 Brenner
4 Brennkammer
5 Kompressorturbine
6 Nutzleistungsturbine

Abb. 521. Zweiwellenmaschine von General Electric mit Wärmeaustausch mit einer Leistung von 6700 PS

1 Lufteinlaß
2 14-stufiger Axialkompressor
3 Brenner
4 Brennkammer
5 Kompressorturbine
6 Nutzleistungsturbine
7 Luftleitung zum Wärmeaustauscher
8 Warmluft vom Wärmeaustauscher
9 Abgaskanal zum Wärmeaustauscher

Die ersten General-Electric-Turbinen kamen 1949 in Betrieb, und zwar eine Lokomotivturbine und eine stationäre Turbine, beides einfache Einwellenmaschinen.

Da sich General Electric vor der Entwicklung stationärer Gasturbinen mit Flugtriebwerken befaßte, zeigen die verschiedenen Turbinentypen viele Merkmale der Flugturbinen, Abb. 519, 520, 521 [*336*, *324*, *334*, *327*].

Die Kompressoren in Scheibenbauweise haben bei der Einwellenmaschine 15 und bei der Zweiwellenmaschine 14 Stufen. Mit 15 Stufen beträgt das Druckverhältnis 6,5:1 bei 6900 U/min, der Durchsatz 44 kg/sek. Mit 14 Stufen wird ein Druckverhältnis von etwa 5,85:1 erreicht.

Typisch bei den General-Electric-Turbinen ist die Verwendung von Mehrfachbrennkammern rund um die Turbinenwelle, wie bei den Flugzeugturbinen, und einer nur zweistufigen Impulsturbine. Dadurch wird die Temperatur an den Laufschaufeln der ersten Stufe bedeutend herabgemindert. General Electric arbeitet mit Eintrittstemperaturen von etwa 790° C normal und läßt bei Überlast noch 820° C zu. Die Eintrittsleitschaufeln der Turbinen sind durchbohrt und luftgekühlt. Bei den Zweiwellenmaschinen kommen für die Nutzleistungsturbinenstufe drehbare Eintrittsleitschaufeln zur Anwendung, wodurch besonders gute Teillastwirkungsgrade erreicht werden.

Abb. 522. Turbinengehäusehälfte von General Electric mit wassergekühltem Mantel, luftgekühlten Eintrittsleitschaufeln und verstellbarem Leitapparat für die Nutzleistungsturbine

Gegenwärtig ist die einfache Maschine, Abb. 519, mit 5000 kW Leistung (ausgeführter Leistungsbereich 4800 bis 7500 PS) bei einem Wirkungsgrad von 20% an der Turbinenwelle begrenzt. Die einfache Zweiwellenmaschine mit Nutzleistungsturbine ohne Wärmeaustausch, Abb. 520, ist mit einer Leistung von 7000 PS (5150 kW) bei einem Wirkungsgrad von 20% angegeben, ausgeführt wurde sie mit Leistungen von 6000 bis 7850 PS. Die Zweiwellenmaschine mit Wärmeaustausch, Abb. 521, erreicht 6700 PS (4930 kW) und 26,5% Wirkungsgrad. Der ausgeführte Leistungsbereich geht hier von 5000 bis 7600 PS. Der Rückgewinnungsgrad des Rohrwärmeaustauschers beträgt 80%, der Druckverlust gas- und luftseitig 5%. Die 5000-kW-Verbundmaschine mit Zwischenkühlung und Wärmeaustausch erreichte einen Wirkungsgrad von 28% an den Klemmen. Die obigen Werte gelten bei 26° C Lufteintrittstemperatur und 1 ata. Bei sinkender Lufttemperatur steigt die Leistung natürlich noch bedeutend an.

Die Zahl der Brennkammern bei allen diesen Typen beträgt 6. Als Brennstoff kommt Gas oder Leichtöl in Frage. Etliche Turbinen laufen versuchsweise auch auf Bunker C, das allerdings durch Additivs speziell präpariert ist. Bisher wurden keine großen Erfolge in bezug auf Brennkammer-Lebensdauer erreicht, s. auch Abb. 325. Bei der Type mit Wärmeaustausch beträgt die Eintrittstemperatur in die Brennkammer 427° C und die Temperatursteigerung in derselben 350° C. Die Feuerraumbelastung wird damit $6{,}2 \times 10^6$ kcal/m³h at.

Die Turbine ist in ihren sämtlichen Bauteilen ausgiebig luftgekühlt. Bei den Zweiwellenmaschinen weist das Turbinenaußengehäuse noch zusätzlich Wasserkühlung auf. Abb. 522 zeigt eine Turbinengehäusehälfte einer Zweiwellenmaschine. Man erkennt gut die luftgekühlten Eintrittsleitschaufeln und die verstellbaren Leitschaufeln der Nutzleistungsturbinenstufe.

Die Laufradscheiben sind bei General Electric aus zwei verschiedenen Materialien zusammengesetzt. Der Kranz besteht aus austenitischem Stahl und ist mit der Scheibe aus ferritischem Stahl verschweißt.

Das Maschinengewicht beträgt im Durchschnitt etwa 30000 kg. Die Anlaufzeit auf Vollast ist 15 Minuten. Der Anlaßmotor hat eine Leistung von 250 PS. Die Länge der einfachen Maschine einschließlich der vom Kompressor angetriebenen Hilfsgeräte bis zum Kupplungsflansch an der Turbinenwelle beträgt 7,3 m. Die entsprechende Länge der Zweiwellenmaschine liegt bei 10,3 m.

Neuerdings wurde eine Turbine ähnlicher Bauart mit 16500 kW und eine weitere mit 21800 kW ins Programm aufgenommen. Abb. 523 zeigt einen Schnitt durch die 16500-kW-Einheit. Sie läuft mit 3600 U/min und erreicht einen Wirkungsgrad von 22,5%.

Der 15stufige Kompressor hat einen Durchsatz von 117 kg/sec bei 1 ata und 26° C Ansaugzustand und ergibt ein Druckverhältnis von 6:1. Im großen und ganzen ist bei der großen Maschine jedoch derselbe Grundaufbau wie bei der kleineren Type festzustellen. Der einzige Unterschied liegt bei der Brennkammer, die bei dieser Maschine nicht aus sechs Einzelkammern, sondern aus 16 Flammrohren in einem Ringraum (cannular system) besteht.

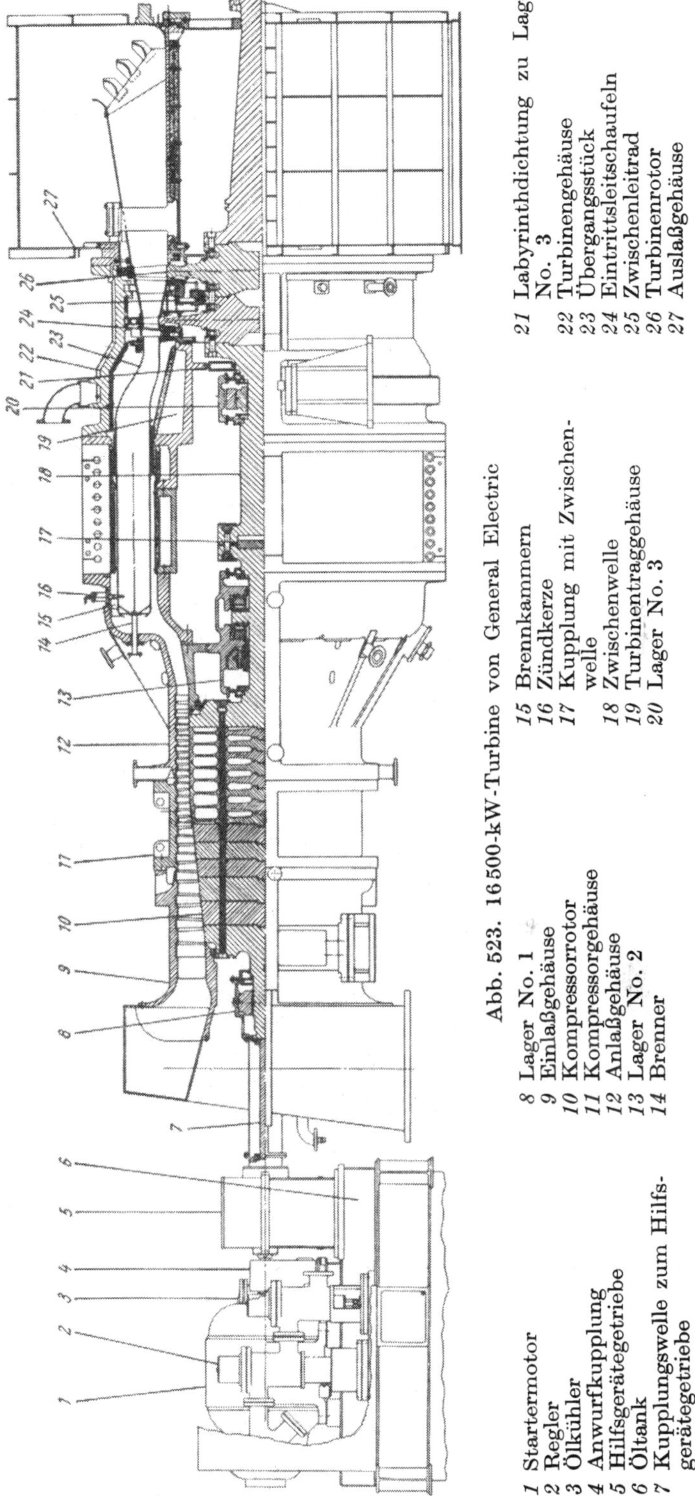

Abb. 523. 16500-kW-Turbine von General Electric

1 Startermotor
2 Regler
3 Ölkühler
4 Anwurfkupplung
5 Hilfsgerätegetriebe
6 Öltank
7 Kupplungswelle zum Hilfsgerätegetriebe
8 Lager No. 1
9 Einlaßgehäuse
10 Kompressorrotor
11 Kompressorgehäuse
12 Anlaßgehäuse
13 Lager No. 2
14 Brenner
15 Brennkammern
16 Zündkerze
17 Kupplung mit Zwischenwelle
18 Zwischenwelle
19 Turbinentraggehäuse
20 Lager No. 3
21 Labyrinthdichtung zu Lager No. 3
22 Turbinengehäuse
23 Übergangsstück
24 Eintrittsleitschaufeln
25 Zwischenleitrad
26 Turbinenrotor
27 Auslaßgehäuse

Die zweistufige Turbine weist dieselben konstruktiven Gesichtspunkte auf wie die der kleineren Maschine. Auch hier ist wieder ausgiebig von der Luftkühlung Gebrauch gemacht. Durch geschickte Aufteilung des inneren Turbinengehäuses in Segmente und Befestigung derselben an austenitischen segmentförmigen Halterungen, die sehr rasch die Temperatur des Gasstromes annehmen, war es möglich, die Durchmesseränderungen des luftgekühlten Außengehäuses entsprechend zu kompensieren, so daß die Laufspalte in der Turbine über dem ganzen Lastbereich annähernd gleichbleiben.

Die Leistung zum Anlassen beträgt 550 PS. Die Höchstdrehzahl des Anlaßmotors liegt bei 1800 U/min. Auch diese Turbinentype ist wenige Minuten nach dem Anlassen voll belastbar. Neuerdings wird diese Type auch mit Wärmeaustausch und einer Leistung von 16000 kW geliefert.

Eine weitere neue Type ist eine Einwellen-Maschine mit einer Leistung von 10700 bis 14200 PS, die sich grundsätzlich in der Bauweise von den bisherigen GEC-Turbinen dadurch unterscheidet, daß die Brennkammern rund um den Kompressor liegen und der relativ kurze Läufer nun in zwei Lagern ruht. Die bereits erwähnte große Turbine mit 21800 kW weist auch diese Bauart auf.

Die General-Electric-Turbinen sind ebenfalls typische Vertreter der Leichtbaurichtung, obwohl man sagen kann, daß diesbezüglich sicher noch nicht das Letzte herausgeholt worden ist. General Electric ist außerdem ein eifriger Verfechter des Gas-Dampf-Verfahrens, wie noch in einem späteren Abschnitt besprochen werden wird (S. 653).

14. Westinghouse-Gasturbinen

Der zweite große Gasturbinenfabrikant in Amerika ist Westinghouse. Obwohl diese Firma schon 1943 mit der Entwicklung von Gasturbinen begann, laufen Bestellungen erst richtig seit 1954. 1949 wurde die erste Westinghouse-Turbine in einer Gas-Pipeline-Pumpstation aufgestellt und war damit die erste dieser Art. Es war eine 1800-PS-Turbine, die im grundsätzlichen Aufbau etwa der Metropolitan-Vickers-Bauart gleichkommt. Dieselbe Turbinenart wurde auch in der 4000-PS-Versuchslokomotive von Westinghouse in Form von zwei Aggregaten eingebaut. Diese Konstruktion hat aber heute nur noch historische Bedeutung. Die eigentliche Baureihe von Westinghouse begann mit der 5000-kW(7000-PS)-Einheit. Heute stehen Typen mit 3000 bis 22500 PS zur Verfügung. Eine Maschine mit 20000 PS in Verbundanordnung mit Zwischenkühlung und Wärmeaustausch wurde wohl gebaut, doch ist darüber nichts Näheres bekannt geworden [*335*, *337*].

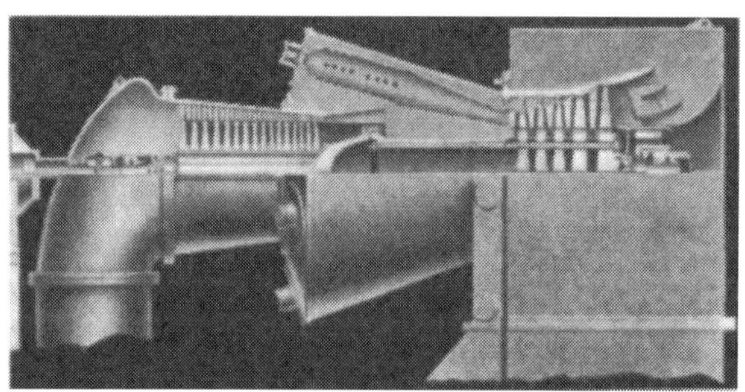

Abb. 524. 7000-PS-Turbine von Westinghouse

Sämtliche neueren Westinghouse-Turbinen weisen die gleichen Merkmale auf. Hervorstechend ist die Lagerung des Rotors in nur zwei Lagern, wovon eines vor dem Kompressor und eines nach der Turbine sitzt. Weiters sind immer sechs Flammrohre in einer rund um den Kompressorauslaß angeordneten Ringkammer schräg nach innen gelagert, wodurch die Baulänge kurz und eine gute Zugänglichkeit der Flammrohre erreicht wird.

Kompressor und Turbine sind in Scheibenbauart ausgeführt. Die Kompressorscheiben sitzen auf einer soliden Welle und sind auf ihr verspannt, während die Turbinenscheiben mittels einer Hirth-Verzahnung zentriert und mittels Zugbolzen zusammengespannt werden. Bei der 5000-kW(7000-PS)-Einheit sind 16 Kompressorstufen und 5 Turbinenstufen, bei der 3000-PS-Einheit 14 Kompressorstufen und 4 Turbinenstufen vorgesehen. Eine Ausnahme bildet die 5000-PS-Einheit mit Wärmeaustausch und getrennter Nutzleistungsturbine, bei der der Kompressor 11 Stufen hat und in Scheibenbauweise ausgeführt ist. Sonst folgt auch diese Maschine der Westinghouse-Praxis. Diese Bauart ergibt besondere Einfachheit bei gleichzeitig guter Zugänglichkeit aller Anlagenteile, sämtliche Hochdrucklabyrinthe entfallen. Das ganze Maschinengehäuse ist horizontal geteilt, und es ist möglich, die obere Gehäusehälfte als Ganzes abzuheben. Die Lager hingegen sind jederzeit von außen zugänglich. Flammrohre und Brenner sind einzeln leicht abmontierbar. Die Flammrohre sind untereinander zum Druckausgleich verbunden.

Die Turbine ist ausgiebig luftgekühlt, und das Außengehäuse wird außerdem noch von den Abgasen umspült, so daß keinerlei Temperaturgefälle in ihm auftreten können. Die Anlaßzeit beträgt 8 Minuten.

Ein Schnitt durch die 7000-PS-Einheit ist in Abb. 524 zu sehen, während die 5000-PS-Maschine mit getrennter Nutzleistungsturbine und Wärmeaustausch in Abb. 525 dargestellt ist. Tab. 81 gibt Aufschluß über die wichtigsten technischen Daten.

Das Bauprogramm von Westinghouse umfaßt derzeit fünf Haupttypen, nämlich W-31 mit 3250 PS, W52 mit 5000 PS, W-81 mit 5000 kW (7000 PS), W-121 mit 8500 kW

Abb. 525. 5000-PS-Zweiwellenmaschine mit getrennter Nutzleistungsturbine und Wärmeaustausch von Westinghouse

(12000 PS) und W-201 mit 22500 PS, eine Maschine, die hauptsächlich für Stahlwerke gedacht ist und 213000 m³/h Luft liefert. Der Aufbau dieser Maschinen entspricht Abb. 524.

Westinghouse verwendet einen Plattenwärmeaustauscher. In diesem Zusammenhang ist ein Gewichtsvergleich mit General Electric interessant. Die General-Electric-Zweiwellenturbine mit Wärmeaustausch war ursprünglich auch für 5000 PS angegeben und wurde erst später in der Leistung hinaufgesetzt. Während das Gewicht der Westinghouse-Turbine mit Wärmeaustauscher 98000 kg beträgt, wovon auf den Wärmeaustauscher allein 68000 kg entfallen, wiegt die General-Electric-Turbine 147000 kg, wovon auf den Wärmeaustauscher 113000 kg entfallen. Der General-Electric-Wärmeaustauscher hat einen Rückgewinnungsgrad von 80%, ist aber als Röhrenwärmeaustauscher gebaut, während Westinghouse eine Plattenbauart mit 75% Rückgewinnungsgrad vorsieht. Der Gewichtsunterschied von 4000 kg bei der eigentlichen Gasturbine geht wohl auf Konto der leichteren Zweilagerbauart bei Westinghouse.

Die Maschinen werden für Naturgas, Leichtöl und Schweröl angeboten. Es erscheint allerdings zweifelhaft, ob mit ein und demselben Brennkammersystem alle Brennstoffe wirtschaftlich verbrannt werden können. In den USA ist jedoch Schweröl von nicht so großer Bedeutung, da fast alle Gasturbinen mit Naturgas laufen. Kontinentale Praxis zeigt bei Maschinen mit langer Lebensdauer bei Verwendung von Bunker-C-Öl nur eine

Tabelle 81. *Technische Daten der Westinghouse-Gasturbinen*

Leistung bei 26° C und 1 ata .... PS	3000	5000 (3500 kW)	7000 (5000 kW)
Durchsatz .... kg/sek	22,7	44,5	52
Druckverhältnis	5:1	4:1	6:1
Wärmeaustauscher	ohne	mit	ohne
Rückgewinnungsgrad .... %	—	75	—
Eintrittstemperatur .... ° C	760	732	732
Kompressorturbinendrehzahl .... U/min	8500	?	?
Nutzleistungsturbinendrehzahl .... U/min	—	6000	—
Brennkammeranzahl	6	6	6
Hauptabmessungen			
Länge .... mm	3660[1]	8100[2]	8230[3]
Breite .... mm	1830[1]	8400[2]	2540[3]
Höhe .... mm	1980[1]	6700[2]	2800[3]
Gewicht .... kg	8400	98000	24000
Gewicht des Wärmeaustauschers allein .... kg	—	68000	—
Stufenzahl des Kompressors....................	14	11	16
Stufenzahl der Kompressorturbine	4	2	5
Stufenzahl der Nutzleistungsturbine		1	—
Thermischer Wirkungsgrad bei Gasöl .... %	18,3	23,8	19,7

[1] Nur Gasturbine allein.
[2] Mit Wärmeaustauscher und Hilfsaggregaten.
[3] Gasturbine mit Hilfsaggregaten.

Brennkammer-Maximaltemperatur von 650° C. Es muß deshalb ein Betrieb mit Bunker-C-Öl bei den amerikanischen Turbinen angezweifelt werden. Eine Verwendung dieser schweren Öle wird wohl möglich sein, doch müssen diese zweifellos entsprechend aufbereitet werden. Trotzdem dürfte die Lebensdauer von Brennkammer und Turbine gering sein. Leider ist über entsprechende Langzeitversuche noch zu wenig bekannt geworden.

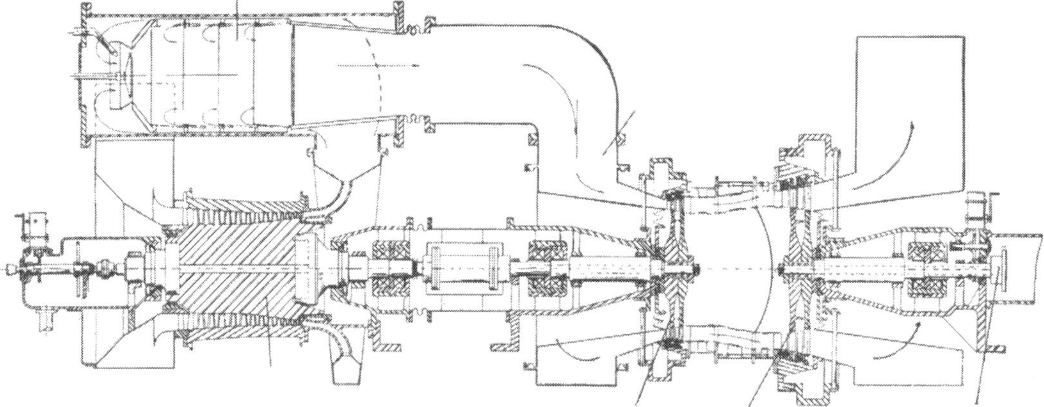

Abb. 526. Schnittzeichnung der 5500-kW-Clark-Turbine in Zweiwellenanordnung

Viele gleich nach dem Krieg von verschiedenen amerikanischen Firmen entwickelte Gasturbinen sind wieder verschwunden. Neben diesen beiden großen Herstellern hat sich nur noch die Firma Clark bis heute gehalten, die eine 5500-kW-Gasturbine für fahrbare Kraftstationen und stationäre Zwecke herstellt, Abb. 526. Die Maschine weist relativ einfache Konstruktion auf und zeigt im Gegensatz zu den besprochenen amerikanischen Gasturbinen nur eine Brennkammer. Bei dieser Turbine wird bei Verwendung schwerer Öle die Temperatur auf 621° C gesenkt, wodurch auch die Leistung auf 3200 kW fällt.

Interessant ist die Abstützung der heißen Turbinenlager über acht Speichen, die im gekühlten Außengehäuse sitzen. Die Speichendurchgänge durch den Gasraum sind luftgekühlt.

Drei Duplex-Brenner sind in der Brennkammer vorgesehen. Jeder einzelne kann während des Betriebes der Anlage entfernt werden.

15. Gasturbinen der Firma STAL (Svenska Turbinfabriks-Aktiebolaget Ljungström)

Neben einer fahrbaren Kraftstation von 2400 kW mit konventionellem Aufbau wurde von STAL eine 9000-kW-Gasturbine von sehr originellem Aufbau entwickelt. Es ist eine Parallelverbundmaschine, bei der nach Art der Flugtriebwerke der Hochdruck-

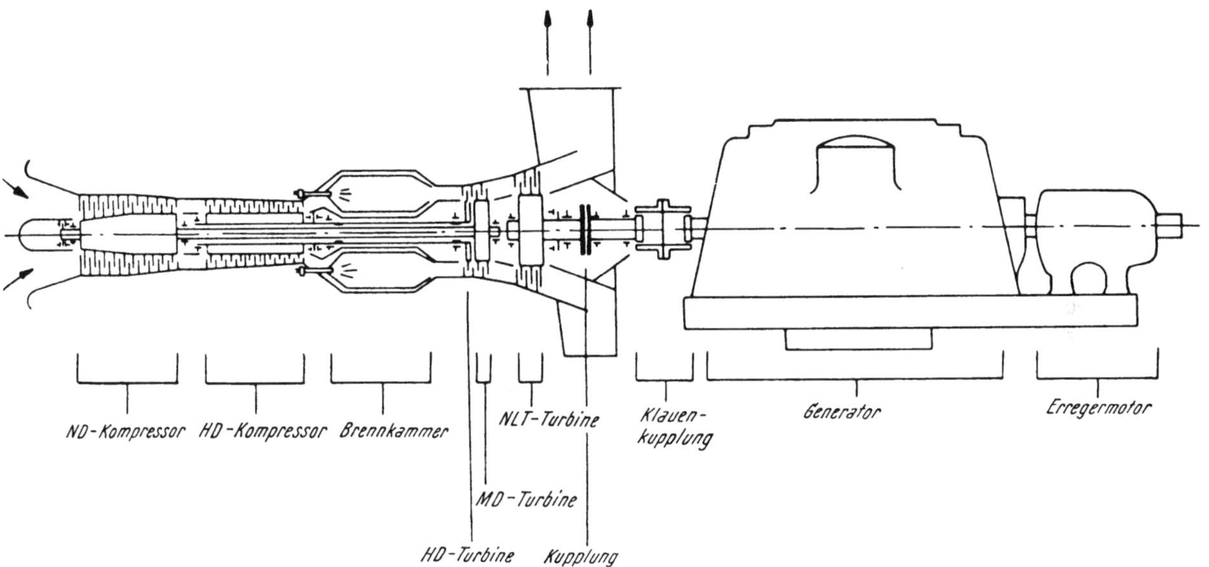

Abb. 527*a*. Schema der 9000-kW-STAL-Turbine

und der Niederdruckteil koaxial liegen. Die Nutzleistungsturbine läuft getrennt, Abb. 527a. Dadurch wird diese Turbine sehr kompakt und leicht.

Hoch- und Niederdruckkompressor haben je 10 Stufen. Der Hochdruckkompressor wird durch die einstufige Hochdruckturbine und der Niederdruckkompressor durch die zweistufige Mitteldruckturbine angetrieben. Die dreistufige Niederdruckturbine läuft als getrennte Nutzleistungsturbine. Die wichtigsten technischen Daten sind in Tab. 82 enthalten.

Tabelle 82. *Technische Daten der STAL-Turbine von 9000 kW*

Leistung bei 15° C und 760 mm Hg	9000 kW
Wärmeverbrauch	3500 kcal/kWh
Wirkungsgrad an den Generatorklemmen	
$^1/_1$ Last	24,5 %
$^1/_2$ Last	19,5 %
$^1/_4$ Last	13,5 %
Maximallast (niedere Ansaugtemperatur)	12000 kW
Durchsatz	78 kg/sek
Drehzahl der Nutzleistungsturbine und des Generators	
50 Perioden	3000 U/min
60 Perioden	3600 U/min
Brennstoff	Gasöl oder Gas

Das Gewicht der Turbine beträgt 26 t, wovon auf die Nutzleistungsturbine 15 t entfallen. Der zugehörige Generator wiegt 42 t. Die Gesamtlänge mit Generator kommt auf 13 m, mit Starteinrichtung dazu auf 17 m. Das Gewicht der pneumatischen Anlaßeinrichtung beträgt 2 t. Die Breite ist 4,8 m und die Höhe über Flur 2,8 m, unter Flur 2,2 m.

Die oben erwähnte pneumatische Anlaßeinrichtung besteht aus einem auf Schienen laufenden Luftinjektor, der vor dem Einlaß sitzt. Er wird mittels eines pneumatischen Zylinders an den Einlaß herangeschoben und sodann wird Preßluft aus einem pneumati-

Abb. 527 *b*. Schnitt durch die 9000-kW-STAL-Turbine in Verbundbauweise und mit getrennter Nutzleistungsturbine

schen Akkumulator in die Maschine geblasen. Die Anlaßzeit bis Vollast beträgt 5 Minuten. Der Luftspeicher wird durch einen eigenen Kompressor aufgeladen und reicht für vier Anlaßvorgänge.

Die Ringbrennkammer enthält sieben Flammrohre aus hochhitzebeständigem Stahl, deren Brennzone ausgekleidet ist. Das Brennstoffsystem arbeitet mit Brennern mit reguliertem Rücklauf. Die Regelung ist elektrohydraulisch und ebenso wie der Anlaßvorgang vollautomatisch.

Die Kompressorläufer sind in Scheiben-Trommelbauart ausgeführt und mittels Spannbolzen zusammengehalten. Alle Turbinenbauteile sind ausgiebig luftgekühlt. Nähere Einzelheiten über Druckverhältnis, Eintrittstemperatur usw. sind bis jetzt nicht bekannt. Der konstruktive Aufbau der Turbine geht ziemlich klar aus Abb. 527b hervor.

Derzeit ist bei STAL die größte Gasturbine der Welt mit einer Leistung von 40 MW im Bau. Diese Turbine wurde von den schwedischen Kraftwerken als Überlast- und Spitzendeckungsmaschine bestellt. Sie ist mit hohem Verdichtungsverhältnis ausgelegt und erhält Zwischenkühlung zwischen Hoch- und Niederdruckkompressor. Wärmeaustausch ist nicht vorgesehen (Spitzendeckung). Der Wirkungsgrad bei Verwendung von schwerem Heizöl ist mit 26,9% berechnet. Das Anlassen dieser Turbine geschieht wieder mittels komprimierter Luft. Anlaßzeit 10 Minuten. Das Verdichtungsverhältnis soll 13:1 sein, die Eintrittstemperatur 700° C. Die Anlage ist 1959 in Betrieb gekommen. Nähere Daten werden vorläufig noch zurückgehalten.

16. Weitere Industrie-Gasturbinen

Natürlich gibt es auch in den anderen Ländern Gasturbinen-Entwicklungen, so in Frankreich von Rateau, dessen neueste Industrieturbine von 6000 kW Leistung im Aufbau etwa der Metropolitan-Vickers-Bauart entspricht, mit dem Unterschied, daß die

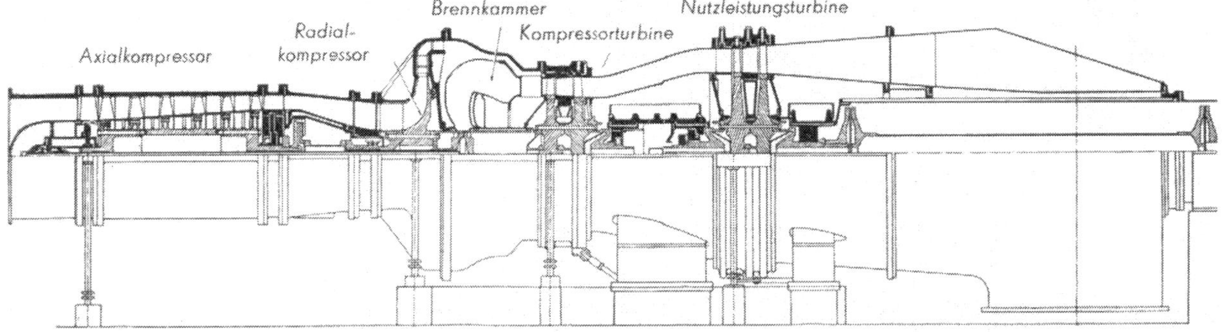

Abb. 528. Schnitt durch die 6000-kW-Gasturbine von Creuzot

Turbine geteilt ist und der zweistufige Hochdruckteil den Kompressor und der zweistufige Niederdruckteil den Generator treibt. Vier ausgekleidete Brennkammern sind rund um die Welle angeordnet [*325*].

Eine weitere bemerkenswerte französische Turbine ist die von Creuzot mit 6000 kW, Abb. 528. Diese Anlage entstand in Zusammenarbeit mit Société Turboméca, was auch aus der Schnittzeichung deutlich ersichtlich ist. Der Hochdruckteil entspricht in seiner Konstruktion den Turboméca-Flugtriebwerken. Er besteht aus einem Radialkompressor,

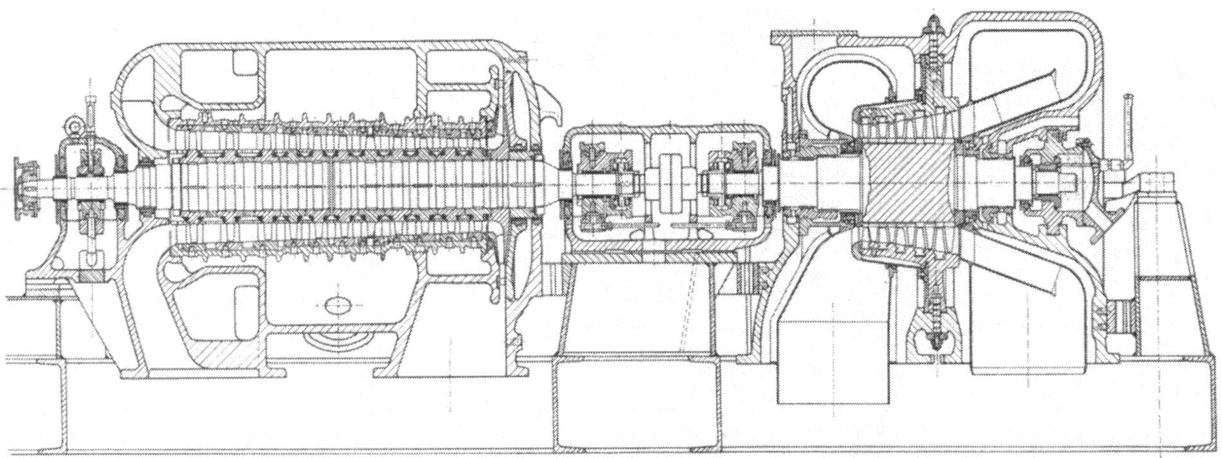

Abb. 529. Schnitt durch die SGP-Gasturbine T 28, $p_2/p_1 = 4{,}2$, $t_{3max} = 720°$ C

Ringbrennkammer mit Brennstoffeinspritzung durch einen rotierenden Brenner und Brennstoffzufuhr durch die hohle Welle, s. auch Abb. 350, S. 351.

Angeflanscht an diesen Hochdruckteil ist der Niederdruck-Axialkompressor. Dieser läuft in Gleitlagern, während der Hochdruckteil in Wälzlagern ruht. Die zweistufige Nutzleistungsturbine ist wieder gleitgelagert. Der Durchsatz beträgt 60 kg/sek, die Verdichtung des Axialkompressors ist mit 2,5 angegeben, die des Hochdruckkompressors mit 1,8, woraus sich ein Gesamtdruckverhältnis von 4,5 ergibt. Die maximale Eintrittstemperatur beträgt 700° C. Bei 15° C Lufteintrittstemperatur wird ein $\eta_{therm} = 17\,\%$ erwartet. Das Gewicht der Turbine beträgt 23 t oder 3 kg/PS. Die Länge ist mit 9590,

Tabelle 83. *Zusammenstellung der japanischen Gasturbinen*

Nr.		1	2	3	4	5	6	7	8	9	10
Hersteller		Fuji-Elektrizitätswerke	Hitachi-Werke	Ishikawajima-Shibaura-Turbinenwerke A. G.		Ishikawajima-Schwerindustrie	Kawasaki-Schiffswerft	Mitsubishi-Schiffswerft	Mitsubishi-Nippon-Schwerindustrie	Mitsui-Schiffswerft	Mitsui-Schiffswerft
Standort		Hokkaido-Kraftwerke	Sukegawa	Tokyo Transporttechnisches Versuchsinstitut	Maruzen-Ölfabrik Shimotsu	Tokyo	Kobe	Übungsschiff Hokuto-Maru	Yokohama	Tama	Tamano
Kreislauf und Schaltung nach Abb. 11		geschlossen[2]	offen *1 B*[6]	offen *1 A* aber ohne W T	offen [7]	offen *1 B*	offen *1 B*	offen *1 B*	offen *1 D*	offen *1 B/2 B*	geschlossen[2]
Verwendungszweck		Generator-Antrieb	Generator-Antrieb	Generator-Antrieb	Generator-Antrieb	Schiff	Versuch	Schiff	Generator-Antrieb	Generator-Antrieb	Schiff
Leistung	PS	2860	1750	2000	2000	500	500	500	2500	2210	10000[4]
Druckverhältnis		3,9	4,25	3	4,5	3,5	4	3,5	10	5,1	3,75
Gastemperatur am Turbineneintritt	°C	660	700	650	650	650	650	650	700	650	725[4]
Luftdurchsatz	kg/s	23	13,15	20	25,65	6,3	6,77	5	12	18,5	94
Gesamter thermischer Wirkungsgrad	%	27	24,75	—	22,9	16	16,4	15	31	22,5	27[4]
Gesamtgewicht	kg	65000[1]	30000	8500	100000	16120	17500	17000	35000	75000	160000
Anlaßverfahren		Elektromotor	Elektromotor	Elektromotor	Elektromotor	Elektromotor	Elektromotor	Elektromotor	Elektromotor	Elektromotor	Gasturbine
Verdichter	Anzahl und Art	1, radial[3]	1, axial	1, axial	2, axial	1, axial	1, axial	1, axial	2, axial	2, axial	1, radial
	Drehzahl U/min	13000	7000	5500	4500 bzw. 5538	9000	12000	10000	8500 bzw. 17000	6000 beide	8500
	Stufenzahl	3	14	22	10 bzw. 8	16	14	20	5[5] bzw. 11	8 bzw. 13	3
	Druck am Austritt ata	28,5	4,4	3,0	2,61 bzw. 4,65	3,62	4,05	3,5	3,33 bzw. 10	2,15 bzw. 5,25	64

Zwischenkühler	Anzahl	1	kein	kein	kein	kein	kein	kein	1, Feinrohr	1, Rohr	1, Rippenrohr
	Gütegrad des Kühlers %	85							77	82	—
Brennkammern	Anzahl und Art Kraftstoff	1, Lufterhitzer Öl	8, gerade zylindrisch Schweröl B	2, gerade Schweröl	1, gerade zylindrisch Schweröl C	1, Krümmung Schweröl B	1, gerade zylindrisch Schweröl A, B	1, gerade Schweröl	1, L-Form Dieselöl	2, gerade zylindrisch Schweröl C	8, Erhitzer Dieselöl
Anzahl der Zwischenerhitzer		kein	kein	kein	kein	kein	kein	kein	1	2	kein
Kompressor Turbinen	Anzahl und Art	1, axial	1, axial	1, axial	1, axial Reaktion	1, axial	1, axial	1, axial	2, axial	1, axial	1, axial
	Drehzahl U/min	13000	7000	5500	4500	9000	12000	10000	8500 bzw. 17000	6000	8500
	Stufenzahl	5	2	4	3	2	2	5	4	5	4
Leistungs-Turbinen	Anzahl und Art		1, axial		1, axial Reaktion	1, axial	1, axial	1, axial	1, axial	1, axial	1, axial
	Drehzahl U/min		7600		5538	4850	7600	5000	8000	7100	7750
	Stufenzahl		1		3	2	1	3	4	1	3
Wärmeaustauscher und Wärmerückgewinn		Feinrohr	Platten	kein	Rohr und Platten	Gegenstrom Feinrohr	Rohr	Rohr und Platten	Platten	Rohr	Rippenrohr
	%	89,5	70		65	60	60	55	83	75	92[4]

[1] Ausschließlich Lufterhitzer.
[2] Lizenz Escher Wyss, Zürich.
[3] Lieferung Escher Wyss, Zürich.
[4] Marschleistung 10000 PS.
[5] Mit einer Radialstufe zusätzlich.
[6] Jedoch treibt die NDT den Kompressor und die HDT gibt die Nutzleistung ab.
[7] Zweiwellenschaltung mit Kraftabnahme von der Hochdruckwelle mit WT.

der Durchmesser mit 1900 mm angegeben. Der Durchmesser des Radialrades beträgt 1220 mm [*325*].

In Italien baut Fiat die Westinghouse-Turbinen in Lizenz; Holland hat eigene Entwicklungen, in Deutschland befassen sich die Firmen Henschel, AEG, MAN und Siemens-Schuckert mit Gasturbinenentwicklungen. Während Henschel verschiedene Typen mit Leistungen von 100 bis 1500 PS erprobt, baut AEG eine Gasturbinenanlage zum Antrieb eines Hochofengebläses. Die Turbine läuft mit Gichtgas, die Windleistung beträgt im Hauptbetriebspunkt rund 150000 Nm^3/h bei 2,5 ata. Der größte Förderdruck liegt bei 2,8 ata mit einer Fördermenge von 14100 Nm^3/h. Die größte Windmenge beträgt 160000 Nm^3/h bei 2,3 ata. Die Turbineneintrittstemperatur liegt bei 715° C, der Eintrittsdruck bei 3,5 ata. Die Anlage ist mit einem Wärmeaustauscher ausgerüstet [*337a*].

MAN hat eine Versuchsturbine mit 1450 PS am Prüfstand, bei der der Generator von einer unabhängigen Nutzleistungsturbine angetrieben wird. Die Eintrittstemperatur beträgt 750° C. Der Gaserzeugersatz läuft mit 8500 U/min, die Nutzleistungsturbine mit 7000 U/min. Ein Wärmeaustauscher mit $\eta_R = 80\,\%$ ist nachgeschaltet.

Eine weitere Anlage ähnlichen Aufbaues mit 5000 kW Leistung für Gichtgasbetrieb steht ebenfalls in Erprobung [*337a*].

Siemens-Schuckert hat eine Turbine von 3000 kW für schweres Heizöl gebaut. Der Aufbau entspricht der MAN-Bauweise. Die Eintrittstemperatur beträgt 625° C, der Wärmeaustauscher arbeitet mit $\eta_R = 80\,\%$. Der thermische Wirkungsgrad im Bestpunkt beträgt etwa 26 % [*337a*]. Auch in Österreich befaßt man sich ernstlich mit der Gasturbine, und zwar die Simmering-Graz-Pauker Aktiengesellschaft (SGP). Abb. 529 zeigt einen Schnitt durch die Gasturbine Type T 28 dieser Firma. Beachtenswert sind der Axialkompressor mit abschließender Radialstufe und die Turbine mit Doppelgehäuse und wärmeelastischer Ausbildung [*168*].

Bemerkenswerte Entwicklungsfreudigkeit zeigt auch Japan. Die Gasturbinenentwicklung in Japan begann während des Krieges. Die erste Gasturbine für Krafterzeugung lief 1949 in den Ishikawajima-Shibaura-Turbinenwerken unter der Leitung des Transporttechnischen Versuchsinstitutes.

1952 schlossen drei Firmen, nämlich Mitsui-Schiffswerft, Mitsubishi-Schiffswerft und Fuji-Elektrizitätswerke Lizenzverträge mit Escher Wyss (geschlossener Kreisprozeß) ab. Ferner haben viele Firmen nach eigenen Entwürfen Versuchsanlagen mit offenem Kreislauf in Arbeit.

Tab. 83 zeigt die Angaben der in Japan befindlichen Gasturbinenanlagen. Mindestens drei davon sind praktisch in Betrieb.

In der Universität Kyoto läuft seit 1950 ein Versuch mit einer Freikolben-Gasturbinenanlage. Der Freikolbengaserzeuger entstand durch Umwandlung eines Junkers-Freikolbenverdichters. Bohrung: Motorzylinder 115 mm, Kompressorzylinder 300 mm, Rückwurfzylinder 300 mm; Hub: 206 mm, Hübe/min: 1070; Gasdruck: 4,13 atü; Gastemperatur 440° C; Gasleistung: 98,5 PS. Thermischer Wirkungsgrad bezogen auf Gasleistung: 38 % (bei Dreiviertellast).

17. Die Gasturbine im Hütten- und Stahlwerk

Zur Winderzeugung im Hüttenwerk sowie zur Abwärmeverwertung im Stahlwerk läßt sich die Gasturbine besonders vorteilhaft anwenden und die vielen für diesen Zweck bereits aufgestellten Gasturbinenanlagen legen davon Zeugnis ab. Der Leistungsbereich der Hochofen- und Stahlwerksgebläse liegt zwischen 2000 und 10000 kW, also in dem für die Gasturbine günstigsten Gebiet. Der Wind wird entweder von einem eigenen Verdichter geliefert oder an entsprechender Stelle am Gasturbinenkompressor abgenommen. Da der Druck, der für die Gasturbine am günstigtsen ist, höher liegt als der erforderliche Winddruck, verarbeiten die Hochdruckstufen des Verdichters nur die Verbrennungsluft für die Gasturbine. Meist dient Hochofengas als Brennstoff. Ein eigener Verdichter bringt das Gas auf den nötigen Druck. Im Wärmeaustauscher wird es vorgewärmt. Diese Anlagen brauchen kein Kühlwasser und können auf kleinstem Raum zusammengebaut werden.

Es gibt viele mögliche Schaltungen, die beim Ersatz des einfachen Gasmotors durch eine Gasturbine beginnen, Abb. 530a.

An Stelle des einfachen Ersatzes des Gasmotors können in den Hochofenanlagen zwei weitere spezifische Eigenschaften der Gasturbinenanlagen verwertet werden, nämlich der große Luftüberschuß in ihren Verbrennungsgasen (daher der geringe CO_2-Gehalt ihrer Abgase) sowie die Möglichkeit, als Arbeitsmittel statt Luft auch ein anderes Gas, z. B. das brennbare Hochofengas, zu verwenden.

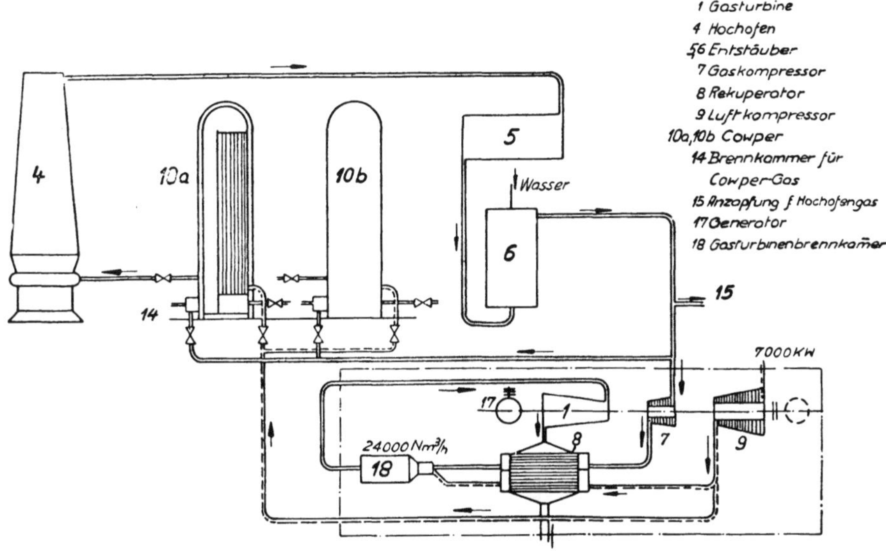

Abb. 530*a*. Schaltung einer Hochofen-Gasturbine konventioneller Art

Eine Ausnützung des hohen Luftüberschusses könnte z. B. dadurch stattfinden, daß man die Abgase der Gasturbine als Brennluft in den Cowper schickt, wie dies schon von anderer Seite (Schweizerisches Patent 243688, Escher Wyss A. G.) vorgeschlagen wurde.

Speziell interessant ist die Möglichkeit, mit Hilfe der Gasturbine den Hochofenkreislauf zu vereinfachen und z. B. die Cowper zu vermeiden.

Abb. 530b zeigt eine solche Schaltung: Die Gasturbinenabgase geben ihre Abwärme an den Wind des Hochofens ab. Der intermittierend arbeitende Cowper ist also durch den Dauerstrom-Wärmeaustauscher der Gasturbinenanlage ersetzt. Um die Eintrittstemperatur in die Gasturbine nicht zu hoch wählen zu müssen, wird eine Zwischenüberhitzung vorgesehen.

Auf diese Weise würden der Hochofenkreislauf vereinfacht und die intermittierenden Teile, das heißt Gasmotor und Cowper, eliminiert.

Ein Vorschlag von BBC ist in Abb. 530c gezeigt. Es ist die Anwendung des Velox-Verfahrens für die Winderhitzung. Eine besonders vorteilhafte Anordnung ergibt sich, wenn man die Winderzeugung und -erhitzung mit der Treibgaserzeugung einer Gasturbinenanlage kuppelt, indem man Wind und Brennluft im gleichen Gebläse auf den verlangten Betriebsdruck verdichtet und Treibgase sowie Wind durch die Verbrennungsprodukte ein und derselben Brennkammer erhitzt. Diese Verkupplung schafft auch die denkbar günstigsten Verhältnisse für die Gasturbine. Da der Verdichter nun neben der Brenn- und Kühlluft der Gasturbine noch den Wind zu fördern hat, erhöht sich seine Förderleistung und damit sein Wirkungsgrad. Da der Wind aber andererseits nur einen Bruchteil dieser Fördermenge darstellt, beeinträchtigen etwaige Mengen- und Druckänderungen des Windes, wie sie beim Hochofenbetrieb vorkommen, die Betriebsverhältnisse des Verdichters nur wenig, so daß man auch für den Wind ein Axialgebläse verwenden kann. Derartige Gebläse liegen in ihrem Wirkungsgrad wesentlich günstiger, in ihrem Verhalten bei Teillast aber ungünstiger als die bisher für die Winderzeugung fast ausschließlich verwendeten Zentrifugalgebläse.

Die Vereinigung bzw. Hintereinanderschaltung von Winderhitzung und Treibgaserwärmung macht im weiteren einen Teil der bei der Gasturbine mit Gleichdruckverbrennung erforderlichen großen Kühlluftmenge unnötig, da die Brenngase nur durch

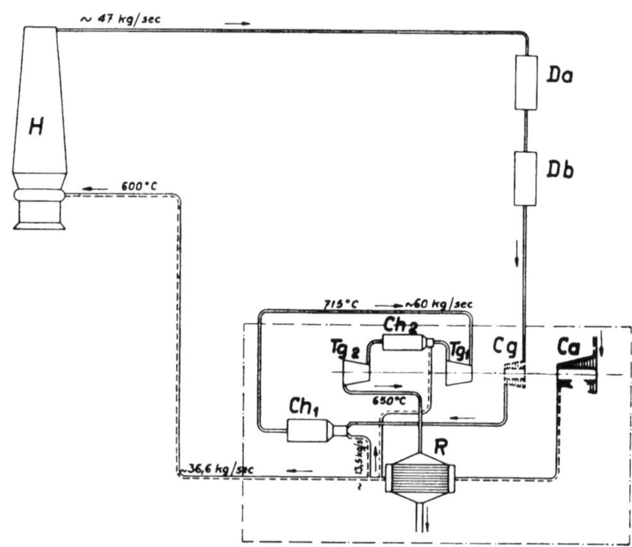

Abb. 530*b*. Schaltung einer Hochofen-Gasturbine unter Vermeidung der Cowper

Ca	Luftkompressor	*Cg*	Gaskompressor	Ch_1	Hauptbrennkammer
Ch_2	Zwischenbrennkammer	*Da*, *Db*	Entstauber	*H*	Hochofen
R	Rekuperator	Tg_1	Hochdruckgasturbine	Tg_2	Niederdruckgasturbine

den Wind gekühlt werden. Es tritt ferner der Abgasverlust nur einmal auf und an einer viel kleineren Abgasmenge, als wenn Treibgas und Wind durch zwei getrennte Heizgasströme zu erhitzen sind.

Ebenso wie beim reinen Velox-Winderhitzer befindet sich die Gasturbine zwischen der ersten und zweiten Stufe der Winderhitzung. Sie ist hier aber nicht nur Hilfs-, sondern Hauptmaschine. Meist macht man den Treibgasdruck höher als den Winddruck, und zwar verhalten sich Treibgas- und Winddruck ungefähr zueinander wie 1,5:1. Ein ähnliches Verhältnis liegt für die Brenn- und Kühlluftmenge zur Windmenge vor. Der Wind wird also einer Zwischenstufe des gemeinsamen Gebläses entnommen.

Wie beim reinen Velox-Winderhitzer wird auch hier die erste Stufe der Winderhitzung durch die Abgase aus der Gasturbine bestritten. Eine gleiche Vorwärmung erfährt die Brennluft. Am zweckmäßigsten werden zwei Vorwärmer, einer für den Wind und einer für die Brennluft, vorgesehen, die man mit je der Hälfte der Abgase beschickt. Die vorgewärmte Brennluft geht von da zur Brennkammer, der vorgewärmte Wind zum eigentlichen Winderhitzer, der mit den Brenngasen aus der Brennkammer geheizt wird. Eine Rückführung von Abgasen zur Erniedrigung der Brenngastemperatur ist in diesem Falle nicht nötig, denn es steht hierfür Kühlluft zur Verfügung, die den Brenngasen zwischen

Brennraum und Winderhitzereintritt beigemischt wird. Meist überschreiten die Temperaturen der Heizgase am Ende des Winderhitzers den für ihre Verarbeitung in der Gasturbine zulässigen Höchstwert, weshalb man nochmals Kühlluft beimischt. Der Brennstoff sowie die Kühl- oder Mischluft, die den Heizgasen vor und hinter der zweiten Stufe des Winderhitzers beigegeben werden, unterstehen der Kontrolle durch Regelapparate. Mit ihnen läßt sich sowohl die Windtemperatur als auch die Heizgas- und Treibgastemperatur automatisch auf der verlangten Höhe halten.

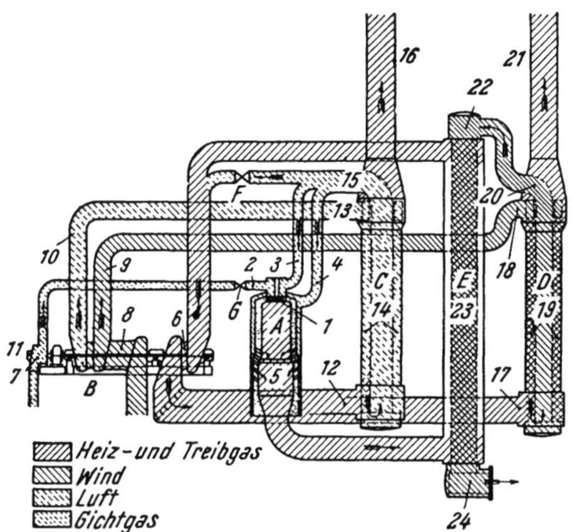

Abb. 530*c*. Anordnungsschema einer Windanlage mit Velox-Winderhitzer
Gasturbine zum Antrieb des Windgebläses, das mit dem Luftverdichter der Gasturbine vereinigt ist. Gemeinsame Brennkammer für Gasturbine und Winderhitzung

A Brennkammer
1 Brenner
2 Gas
3 Brennluft
4 Mischluft für *A*
5 Mischraum

B Gasturbinenverdichtergruppe
6 Gasturbine
7 Gasverdichter
8 Luftverdichter
9 Wind
10 Brenn- und Mischluft
11 Anlaßmotor

C Vorwärmer der Brenn- und Mischluft
12 Eintritt der Abgase aus der Gasturbine
13 Lufteintritt
14 Rohrbündel
15 Luftaustritt
16 Kamin

D Vorwärmer des Windes (I. Stufe d. Winderhitzung)
17 Eintritt der Abgase aus der Gasturbine
18 Kaltwindeintritt
19 Rohrbündel
20 Windaustritt
21 Kamin

E Eigentlicher Winderhitzer (II. Stufe d. Winderhitzung)
22 Eintritt des vorgewärmten Windes
23 Rohrbündel
24 Heißwindaustritt

F Regelventil für Mischluft zur Regelung der Treibgastemperatur

G Regelventil für Gas zur Regelung der Heizgastemperatur

Bei allen diesen Schaltungen, bei denen die bewährten Cowper-Apparate ausgeschaltet werden, kann der Wärmeverbrauch solcher Anlagen gegenüber der üblichen Anordnung von getrennten Windmaschinen und Winderhitzern auf etwa 80% gesenkt werden. Es bleibt nun die Frage, warum diese interessanten Vorschläge, die immerhin zum Teil schon zwanzig Jahre alt sind, noch zu keiner Verwirklichung geführt haben. Der Hauptgrund dürfte wohl darin zu suchen sein, daß diese Verbesserung eine vollständige und unlösbare Verbindung der Winderzeugung und der Winderhitzung zu einem Kreislauf bedingt. Dadurch wird die Anlage besonders störanfällig, indem durch den Ausfall eines Elementes die ganze Windversorgung ausfällt. Die Zurückhaltung der Hochofenleute gegenüber solchen Lösungen ist daher in dem Sinn zu interpretieren, daß sie nicht gewillt sind, auf Kosten der Betriebssicherheit eine Verbesserung des Wärmeverbrauches zu erkaufen. Weitere Vorschläge zur Verbesserung des Wärmeverbrauches der Winderzeugung haben daher dieser Tatsache Rechnung zu tragen und jede unlösbare Verbindung zwischen dem Winderzeuger und dem Winderhitzer zu vermeiden sowie auch diese Elemente nach Möglichkeit in ihrer bewährten Ausführungsform zu belassen.

Es bleibt daher als aussichtsreichste Möglichkeit die Verwendung der Turbinenabgase im Winderhitzer. Damit ist eine wirtschaftliche Lösung gegeben, die auch bei einer Störung noch funktionsfähig ist, da sowohl die Gasturbine für sich allein als auch der Winderhitzer in der alten Form weiterbetrieben werden kann [*42*, *46*, *329*, *331*].

Die Gasturbine läßt sich auch in verschiedene Prozesse einbauen, wie wir dies z. B. beim Hochofen gesehen haben. Eine ähnliche Anpassung an bestehende Anlagen kann man bei vielen Wärmeerzeugungsanlagen finden, wo sich die Gasturbine mit der Abwärmeverwertung kombinieren läßt. Es sind dabei zwei verschiedene Arten von Wärmekombinationen denkbar.

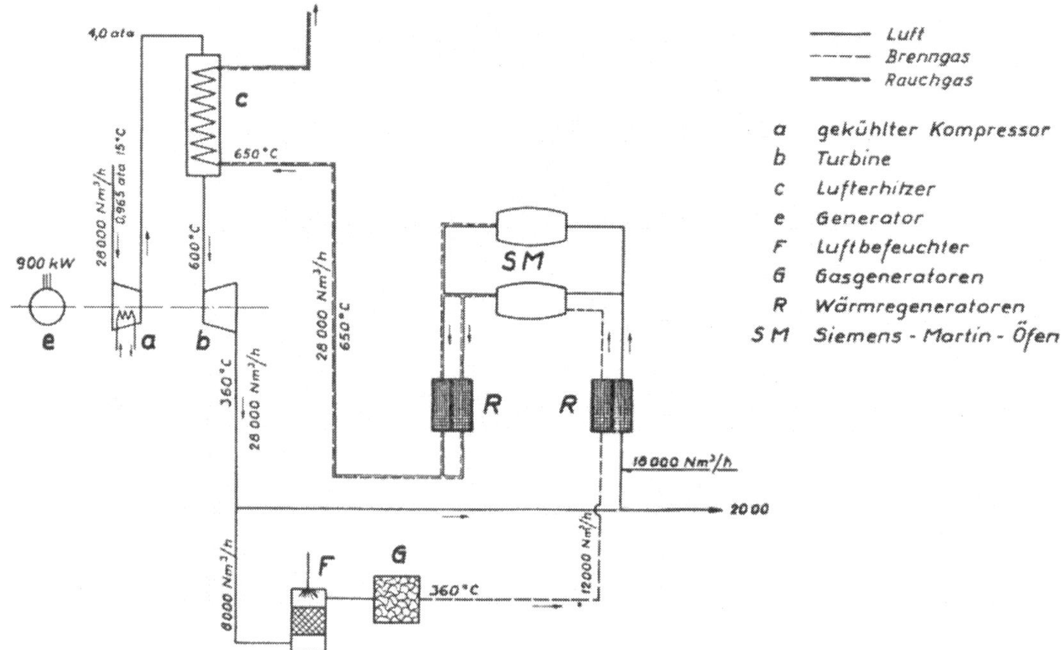

Abb. 531. Einbau einer Luftturbinenanlage in einem Stahlwerk

Entweder kann die Gasturbine anfallende Wärme eines Fremdprozesses übernehmen und für die Leistungserzeugung verwerten oder sie kann ihre eigene Abwärme an einen Fremdprozeß abgeben; schließlich ist die Verwirklichung beider Maßnahmen an der gleichen Anlage denkbar.

Die Ausnützung der Abgaswärme zur Leistungserzeugung in der Industrie ist in allen Fällen interessant, wo dieselbe mit über 600° C frei oder einer unedlen, das heißt tieftemperaturigen Wärmeabgabe zugeführt wird; letztere kann gerade so gut von den Abgasen der Gasturbine übernommen werden. Solche Abgase kommen in vielen Industrieprozessen, z. B. in der Glasindustrie, Zementindustrie usw., vor.

Als Beispiel sei in Abb. 531 ein von österreichischer Seite erfolgter Vorschlag erwähnt. In dieser Abbildung sei beispielsweise ein Satz von SM-Öfen dargestellt, welche mit 12000 Nm³ Brenngas und 18000 Nm³ Brennluft betrieben werden. Das Brenngas werde einem Gasgenerator entnommen, der seinerseits wieder etwa 8000 Nm³ Brennluft benötigt. Aus dem SM-Ofen treten 28000 Nm³/h Verbrennungsgase mit einer Temperatur von 650° C aus. Diese heizen in einem Lufterhitzer *c* die 28000 Nm³/h Druckluft einer Gasturbinenanlage auf, welche in der Gasturbine *b* etwa 900 kW Arbeit leistet; die Abluft der Luftturbine dient als Brennluft im Gasgenerator, in den SM-Öfen und ein geringer Teil (2000 Nm³) an anderer Stelle. Die Lösung mit Luftturbine ist selbstverständlich stets wirtschaftlich gegenüber dem Fall, wo die Abgase des Ofens mit 650° C in den Kamin entlassen werden. Ist sie aber auch wirtschaftlich gegenüber dem Fall bestmöglicher Abwärmeausnützung, das heißt dem Fall der reinen Brennluftvorwärmung durch die austretenden Verbrennungsgase? Man kann an praktischen Beispielen zeigen, daß in diesem Fall die Luftturbine wirtschaftlich ist, sobald das Verhältnis des Preises der Kohlekalorie zum Preise der Stromkalorie kleiner als 30% ist.

Bei thermisch erzeugtem Strom ist dieses Verhältnis stets kleiner als 30%, da es stets kleiner als der thermische Wirkungsgrad sein muß, mit dem der Strom erzeugt ist; denn es müssen noch die Verzinsung, Abschreibung sowie die Betriebskosten der Stromerzeugung berücksichtigt werden. Es dürfte hier das Preisverhältnis

$$\frac{\text{Kohlekalorie}}{\text{Stromkalorie}}$$

etwa bei 15% liegen. In diesem Falle ist die Luftturbinenanlage die wirtschaftlichste Art der Abwärmeausnützung.

Ebenso bedeutungsvoll wie die Ausnützung der Abfallwärme durch die Gasturbine ist der umgekehrte Fall, nämlich *die Ausnützung der Gasturbinenabwärme in Fremdprozessen.*

18. Kombination von Gasturbine und Dampferzeugung Die kombinierte Gas-Dampfturbine

Die Wichtigkeit einer derartigen Wärmeausnützung der Gasturbinenabgase geht daraus hervor, daß infolge des großen bei der Gasturbine zu verarbeitenden Luftüberschusses in 150° C warmen Abgasen noch ungefähr die halbe Brennstoffwärme des Prozesses stecken kann. Um diese ganze Abwärme nutzbringend zu verwenden, kann man dieselbe zwecks Dampferzeugung in einen Abhitzekessel schicken. Es wird in diesem Zusammenhang speziell auf die Arbeiten von F. PAUKER, Wien, hingewiesen, der seit 1943 richtunggebend auf diesem Gebiet arbeitet, wofür das Grundpatent, Österr. Pat. Nr. 172202, und zwölf Patente in verschiedenen Staaten sowie schwebende Anmeldungen Zeugnis ablegen.

Daß diese Überlegungen richtig waren, beweist das in den letzten Jahren ständig steigende Interesse vieler großer Gasturbinenerzeuger an kombinierten Prozessen. Über dieses Gebiet wurden auch von KARRER (Oerlikon) sowie General Electric etliche grundlegende Arbeiten veröffentlicht [*42*, *319d*].

Wohl die einfachste Methode ist die Benützung der Gasturbinenabgase zur Erzeugung von Prozeßdampf, wie es in bereits bestehenden Anlagen schon durchgeführt wurde. Es sind damit Gesamtwirkungsgrade bis 70% erreichbar. Durch den noch immer sehr hohen Sauerstoffgehalt der Turbinenabgase ist auch eine Zuheizung im Abhitzekessel möglich, wodurch erstens beide Anlagen getrennt arbeiten können und bei Zusammenschaltung sich der Wirkungsgrad noch weiter hebt, und zwar bis etwa 80%. Bei einer solchen Kombination erhält man also zusätzlich zum Prozeßdampf nahezu kostenlos noch elektrische Energie.

Noch interessanter ist natürlich die Kombination beider Prozesse bei Grundlast-Kraftwerken, wodurch sich der Wirkungsgrad derselben stark verbessern läßt, ohne daß man auf besonders extreme Auslegungen beider Prozesse gehen muß. Gerade auf diesem Gebiet hat F. PAUKER grundlegende Überlegungen angestellt [*38*, *45*].

a) Das Pauker-Verfahren. In Abb. 532 ist ein t, s-Diagramm wiedergegeben, in welchem die Überlagerung eines Gasturbinenprozesses über einen Dampfprozeß dargestellt ist. Die geschlossenen Linienzüge zeigen darin die typischen Temperaturverhältnisse, wie sie bei optimal ausgelegter Gasturbine auftreten. Bei der Darstellung wurden die Entropiemaßstäbe und Nullpunkte so gewählt, daß über den Abszissen der maßgebenden Punkte jene Temperaturdifferenzen in Erscheinung treten, wie sie praktisch erreicht werden können.

Wesentlich war in diesem Zusammenhang nun die Erkenntnis, daß eine besondere Verbesserung dann erzielt werden kann, wenn die Kombination nicht dem Zufall überlassen wird, sondern die Koppelung zwei thermodynamisch gleichwertige Elemente im Sinne eines Zweistoffverfahrens verbindet, das heißt, daß die Temperatur- und Druckbereiche beider Prozesse aufeinander abgestimmt werden müssen.

Bei diesen Überlegungen ist im Auge zu behalten, daß derzeit wohl ausreichend technische Mittel zur Verfügung stehen, den Wirkungsgrad des Dampfteiles zu heben, nicht aber den des Gasteiles, solange nicht das Problem der Hochverdichtung bei gleichzeitiger entscheidender Hinaufsetzung der Beaufschlagungstemperatur über das derzeit erreichte Ausmaß oder die Durchführung isothermer Expansion möglich ist, so daß unter Voraussetzung der Anwendung bekannter Mittel primär die Verbesserung des Dampfteiles anzustreben ist.

Diesem Bestreben stand die Tatsache gegenüber, daß die relativ großen Abgasmengen nicht immer in einem für die optimale Ausgestaltung des Dampfprozesses ausreichenden Temperaturbereich anfielen. Im Sinne der obgenannten Auslegungsprinzipien war es daher erforderlich, den Gastemperaturbereich dem Dampfteil anzupassen.

Hierzu standen mehrere Wege zur Verfügung, deren Wirksamkeit nun an Hand von Formeln erörtert werden soll.

In den folgenden Formeln bedeuten

B die Brennstoffmenge in kcal pro Zeiteinheit,

N die Leistung in kcal pro Zeiteinheit,

η die thermischen Wirkungsgrade,

wobei die beigefügten Indices die Zugehörigkeit, und zwar

1, 1a, 1b usw. zum Gasprozeß,

2, 2a, 2b usw. zum Dampfprozeß anzeigen.

$$\eta_{Ges} = \frac{\Sigma N}{B_1} \qquad \eta_{Ges} = \frac{N_1 + N_2 + \ldots}{B_1}$$

$$N_2 = (B_1 - N_1)\,\eta_2 \qquad \eta_1 = \frac{N_1}{B_1}$$

$$\eta_{Ges} = \frac{N_1 + (B_1 - N_1)\,\eta_2}{B_1} = \frac{N_1}{B_1} + \frac{B_1\,\eta_2}{B_1} - \frac{N_1\,\eta_2}{B_1} = \eta_1 + \eta_2 - \eta_1\,\eta_2$$

$$\eta_{Ges} = \eta_1\,(1 - \eta_2) + \eta_2 \text{ oder } \eta_1 + (1 - \eta_1)\,\eta_2 \,. \tag{418}$$

Da in obigen Formeln im Ausdruck B_1—N_1 implicite Anfangs- und Endtemperaturen des Gasprozesses enthalten sind, mit steigender Endtemperatur aber auch η_2 steigt, so kann bei einfacher Abgasausnützung durch Abstimmung von B_1 und N_1 (letzteres durch die Wahl des Verdichtungsverhältnisses und da $N_1/B_1 = \eta_1$ ist) durch Verschlechterung des Wirkungsgrades des Gasteiles ein Optimum für η_{ges} erreicht werden, was ja auch daraus verständlich wird, daß dadurch der Ausdruck $(1-\eta_1) \cdot \eta_2$ vergrößert wird.

In Abb. 532 zeigen nun die gestrichelten Linienzüge die Verhältnisse, wie sie bei ungünstiger Auslegung des Gasteiles hinsichtlich seines Druckverhältnisses auftreten würden. Es ist ersichtlich, daß im ersten Fall, nämlich bei optimal ausgelegter Gasturbine, nur ein Dampfteil mit einem Druck von etwa 10 ata und 400° C Überhitzung verwirklicht werden kann, während im zweiten Fall der Dampfteil mit etwa 50 ata und 480° C Überhitzung ausgebildet werden könnte. Durch die bedeutende Verbesserung des Teilwirkungsgrades des Dampfteiles bei gleichzeitiger Vergrößerung der ihm zukommenden Wärmemenge wird die relativ geringe Verschlechterung des Wirkungsgrades des Gasteiles bei weitem aufgehoben und es bleibt als Resultat eine entscheidende Verbesserung des Gesamtwirkungsgrades der Kombination.

Die Schwierigkeit beim Gas-Dampf-Verfahren besteht darin, Wärmeaustauscher mit gutem Wirkungsgrad zu bauen, da das zweite Medium (Wasser) im Verlaufe seiner Zustandsänderung einen weiten Bereich der spezifischen Wärme durchläuft (Flüssigkeitserwärmung — Verdampfung — Überhitzung), während im zugeordneten Bereich der erste Stoff (Gas) eine fast unveränderliche spezifische Wärme aufweist. Dies führt meist zu einem bedeutenden Temperaturüberschuß des aus dem Wärmeaustauscher austretenden Gases über die eintretende Flüssigkeit. Am besten lassen sich diese Verhältnisse im t, Q-Koordinatensystem veranschaulichen, Abb. 533a.

Am wirkungsvollsten erfolgt die Nutzbarmachung der Gasabwärme so, daß der Zustandspunkt des Wärmeaustauscher-Dampfaustrittes durch Wahl entsprechend hoher Dampfdrücke und (oder) -temperaturen tunlichst in die Nähe der eine Ideallage der Gaskurve darstellenden Anfangstangente an die Flüssigkeits-Grenzkurve im t, Q-Diagramm verlegt ist, während gleichzeitig das Druck- und Temperaturverhältnis der Gasturbine nur mit Rücksicht auf den Gesamtwirkungsgrad der Anlage gewählt wird. Gegebenenfalls kann zur Unterstützung aller dieser Prinzipien eine Zwischenüberhitzung bei der Gasturbine angewendet oder vor Eintritt in den Wärmeaustauscher eine Zusatzheizung vorgesehen werden.

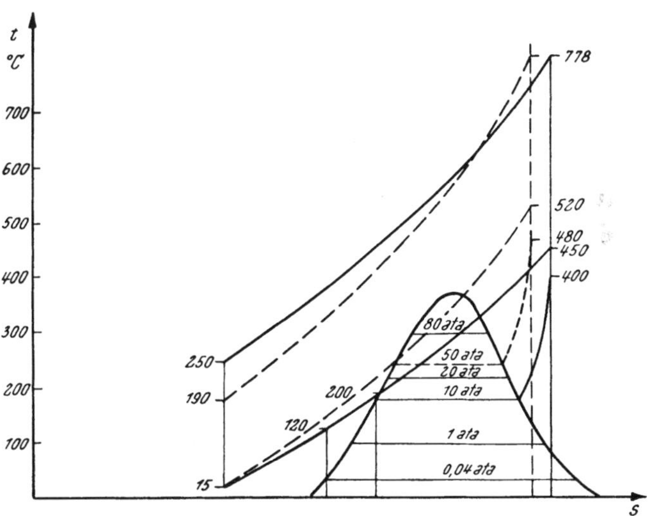

Abb. 532. Einfluß der Auslegung des Gasteiles auf den Dampfteil

Um möglichst geringe Temperaturdifferenzen zu erreichen, könnte man auch mit Teilbeaufschlagung der einzelnen Zonen des Wärmeaustauschers arbeiten, wodurch der Linienzug der Gasgeraden geknickt wird und sich besser der Dampfkurve anschmiegt.

In Abb. 533a sind über einem t, Q-Diagramm für Wasserdampf verschiedene Möglichkeiten für einen Wärmeaustausch Gas-Wasser (Dampf) eingezeichnet, während Abb. 533b verschiedene Gasgerade im t, Q-Diagramm zeigt. Die spezifische Wärme wurde in diesem Diagramm mit $c_p = 0{,}25 =$ konst. angenommen. Für genaue Berechnungen müßte mit den jeweiligen spezifischen Wärmen der Abgase, wie sie z. B. aus Tafel 1 im Anhang des Buches gewonnen werden können, die entsprechenden Gaskurven konstruiert werden.

Es ist zweckmäßig, die Darstellung des Wärmeaustausches auf 1 kg des zweiten Stoffes (Wasser bzw. Wasserdampf) zu beziehen, da dann für verschiedene Fälle nur der relative, also auf 1 kg Dampf bezogene Gasdurchsatz zu untersuchen bzw. zu variieren ist und außerdem für den Dampf das in Tabellen- oder Kurvenform bereits vorliegende t, i-Diagramm unmittelbar verwendet werden kann. Da es sich nämlich um isobare Zustandsänderungen handelt, ist die 1 kg des zweiten Stoffes zugeführte Wärmemenge Q mit der Zunahme seiner Enthalpie i identisch.

Wie die in Abb. 533a dargestellte Isobarenschar für Wasser im t, i-Diagramm zeigt, weicht der Temperaturverlauf über dem Wärmeinhalt für eine Isobare in seiner Gesamtheit umsomehr von einer Geraden ab, je niedriger der Druck und die Endtemperatur (Überhitzungstemperatur) des Dampfes sind, da dann bei unterkritischen Drücken das abszissenparallele, dem Naßdampfgebiet entsprechende, Kurvenstück immer mehr ins Gewicht fällt. Alle Isobaren münden in die linke Flüssigkeitsgrenzkurve, wenn man von der praktisch vernachlässigbar kleinen Abhängigkeit des Flüssigkeitswärmeinhaltes vom Druck absieht.

In Abb. 533a ist nun die Wasser-Wasserdampf-Isobare für den Druck p_I (hier z. B. $p_I = 100$ at) dick herausgezeichnet. Die Kurve der mit 1 kg Wasser im Wärmeaustausch stehenden Gasmenge ist, solange sich diese Menge nicht ändert, gemäß der praktischen Konstanz der spezifischen Wärme des Gases eine Gerade, deren Winkel zur Temperaturachse ein Maß für den auf 1 kg Wasserdampf bezogenen Gasdurchsatz bildet. Dieser Durchsatz ist verhältnisgleich dem Tangens des genannten Winkels. Je steiler also die Gasgerade liegt, desto kleiner ist der Gasdurchsatz. Die Wasser-Wasserdampfkurve

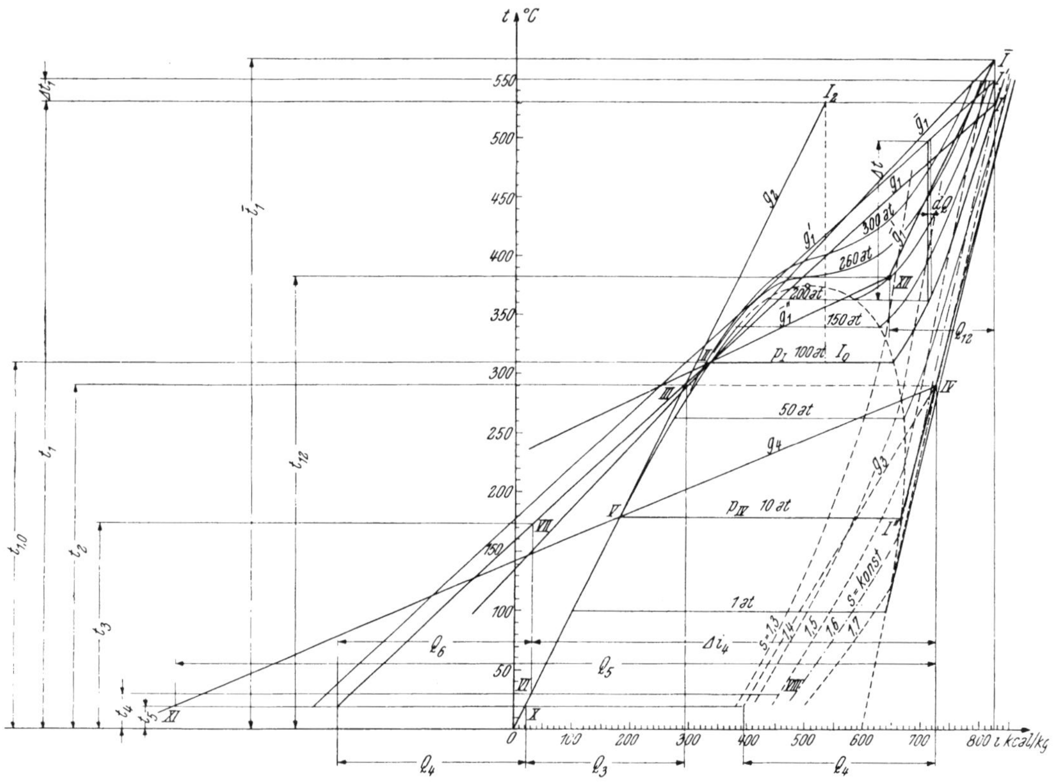

Abb. 533a. Das t, Q-Diagramm

p_I = konst. wird während des Wärmeaustausches von links nach rechts im Sinne steigender Temperatur, die entsprechende Gasgerade von rechts nach links im Sinne fallender Temperatur durchlaufen, wobei (Gegenstrom vorausgesetzt) die einander entsprechenden Punkte beider Kurven jeweils auf der gleichen Ordinate liegen. Dies ergibt sich unter der Annahme eines verlustlosen Wärmeaustauschers daraus, daß die abgegebenen und aufgenommenen Wärmemengen nicht nur für den gesamten Wärmeaustausch, sondern auch für jeden Teil desselben (Differential dQ in Abb. 533a) einander gleich sein müssen. Demnach stellen die Ordinatendifferenzen Δt senkrecht übereinander liegender Punkte von Gas- und Dampfkurve die Temperaturdifferenz zwischen beiden Stoffen in der betreffenden Phase des Wärmeaustausches dar. Daher darf sich die Gasgerade der Dampfkurve zwar von oben her beliebig nähern (genügend großes Wärmeübertragungsvermögen der Wärmeaustauschflächen vorausgesetzt), sie jedoch nirgends schneiden, da dies eine grundsätzlich unmögliche Umkehr des Temperaturgefälles bedeuten würde.

Hinsichtlich des Wirkungsgrades des Wärmeaustausches allein wäre es, wie aus Abb. 533a hervorgeht, ein idealer Grenzfall, wenn die Gasgerade die Lage der Anfangstangente g_2 (im Punkte des Speisewassereintrittes VI) an die Flüssigkeitskurve einnehmen würde. In diesem Falle hätte das Gas beim Austritt aus dem ideal vorausgesetzten Wärmeaustauscher die gleiche Temperatur t_{4b} wie das eintretende Wasser, die Gaswärme wäre also fast 100 %ig ausgenützt. Die entsprechende Gasdurchsatzmenge G_2 kg/kg Dampf wäre ein Minimum. Dieser Fall kommt jedoch praktisch im allgemeinen nicht in Frage, da dann für eine gegebene Gaseintrittstemperatur t_1 (gleich der Austrittstemperatur aus der Gasturbine) der entsprechende Punkt I_2 der Gasgeraden g_2 in einem bedeutenden Temperaturabstand über dem Punkt I_0 der Dampfkurve liegen würde, d. h. der Dampf würde nur die dem Druck p_1 entsprechende Verdampfungstemperatur $t_{1,0}$ erreichen und den Wärmeaustauscher mit einem bedeutenden Nässegrad verlassen. Da nach den derzeitigen Bauerfahrungen nur eine ganz bestimmte Dampfnässe am Ende der Expansionslinie zulässig ist, ergibt sich bei feststehendem Wirkungsgrad der Dampfturbine automatisch aus dem Endpunkt der Expansionslinie und der Anfangstemperatur der Anfangsdruck.

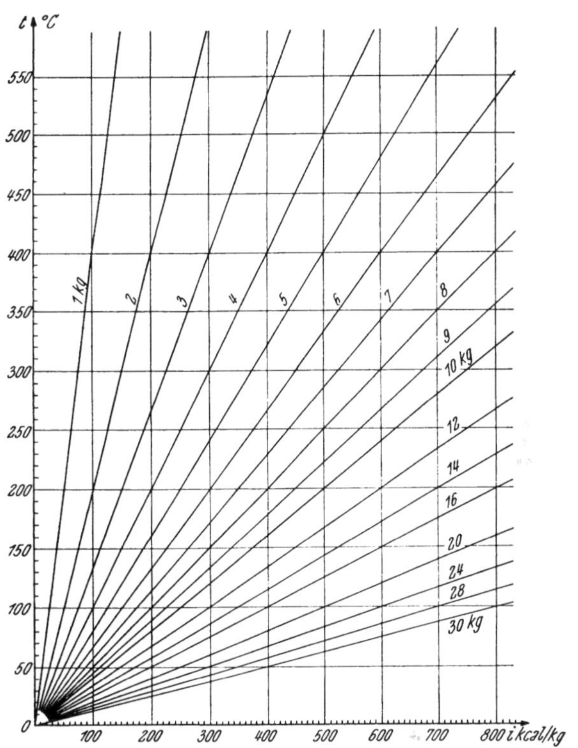

Abb. 533 *b*. Die Neigung der Gasgeraden im t, Q-Diagramm $c_p = 0{,}25 =$ konst.

Eine zweite Grenzlage der Gasgeraden ist durch den Linienzug g_1 gegeben, dem der Gasdurchsatz G_1 kg/kg Dampf $> G_2$ entspricht. Diese ergibt sich durch Gleichsetzen der Dampfendtemperatur t_1 und der Eintrittstemperatur des Gases in den Wärmeaustauscher (Punkt I für Gas- und Dampfkurve gemeinsam, also Temperaturdifferenz gleich Null) und Berührung der Flüssigkeitsdampfkurve durch die Gerade g_1 in einem zweiten Punkt, normalerweise im Verdampfungspunkt II. Damit wird die bei gegebener Temperatur t_1 größtmögliche Dampfüberhitzung, also der bestmögliche thermische Wirkungsgrad des Dampfprozesses erzielt, während gleichzeitig durch die Berührung im Punkte II alle Temperaturdifferenzen Gas-Dampf auf dem unter dieser Bedingung ohne Umkehr des Temperaturgefälles noch möglichen Kleinstwert gehalten werden. Es würde jedoch das Gas beim Austritt aus dem Wärmeaustauscher (Punkt VII) die bedeutend über der Speisewasser-Eintrittstemperatur t_4 liegende Temperatur t_3 aufweisen und damit die beträchtliche Wärmemenge Q_6 (bezogen auf die Frischlufttemperatur t_5) abführen. Wird diese Abwärme nicht anderweitig nutzbar gemacht, so ist durch diese einen guten thermischen Wirkungsgrad des Dampfprozesses ergebende Auslegung des Wärmeaustausches der Wirkungsgrad des letzteren gedrückt worden.

Zweckmäßig wird nun der optimale Gesamtwirkungsgrad der Anlage durch eine Lage $\overline{g_1}$ der Gasgeraden zwischen den beiden Grenzlagen g_2 und g_1 erzielt, die graphisch oder rechnerisch zu ermitteln ist, aber auf jeden Fall sich dem Verdampfungspunkt II bzw. dem entsprechenden Tangentenberührungspunkt im kritischen Gebiet tunlichst weit nähert (ihn im Idealfall berührt), da jede überflüssige Vergrößerung des Temperaturabstandes zwischen der Gasgeraden und dem Punkt II der Flüssigkeits-Dampfkurve den Wirkungsgrad des Wärmeaustausches nur vermindert (die Gasaustrittstemperatur t_3 und damit die Abwärmemenge erhöht), ohne hinsichtlich der Wirkungsgrade des Gas- bzw. Dampfprozesses Vorteile zu bringen.

Je kleiner der Winkel zwischen den beiden Grenzlagen g_1 und g_2 der Gasgeraden ist, desto weniger weicht die zwischen g_1 und g_2 verlaufende optimale Gerade $\overline{g_1}$ von diesen Grenzlagen ab, d. h. desto besser ist die gleichzeitige Annäherung an den idealen Wärmeaustausch (Gerade g_2) und besten Wirkungsgrad des Dampfprozesses (Gerade g_1), desto besser somit auch der Gesamtwirkungsgrad. Am besten wird diese Annäherung der Grenzlagen durch Druck- und (oder) Temperatursteigerung des Dampfes erreicht, wobei allerdings immer auf die Dampfnässe am Ende der Expansionslinie zu achten ist, da dann, wie aus Abb. 533a hervorgeht (besonders deutlich wird dies im überkritischen Gebiet), die Dampfkurve gestreckter verläuft, also die durch den Endpunkt der Überhitzung I an sie gelegte Tangente g_1 weniger von der Tangente g_2 an die Flüssigkeitskurve abweicht. Die bei gegebener Gasturbineneintrittstemperatur für den Eintritt in den Wärmeaustauscher erforderliche Gastemperatur (Gasturbinenaustrittstemperatur) wird hiebei durch passende Festlegung des Druckverhältnisses der Gasturbine sowie fallweise durch Zwischenerhitzung erzielt. Die Wahl des Druckverhältnisses der Gasturbine geschieht dabei nur mit Rücksicht auf den Gesamtwirkungsgrad. Vorteilhafterweise wird man dieses kleiner als das optimale wählen. Die gleichen Verhältnisse treten auch bei Anwendung von Zwischenüberhitzung in der Gasturbine auf. Schließlich sei noch auf die Möglichkeit hingewiesen, die Ausbeute des Wärmeaustausches dadurch zu verbessern, daß die Abgase durch eine Zusatzheizung auf entsprechende Temperatur gebracht werden (also in die Nähe von Punkt I_2 im t, Q-Diagramm).

Wie aus Abb. 533a hervorgeht, ist jedoch bei gleichbleibendem Gasdurchsatz das Temperaturgefälle Gas-Dampf in einem Teil des Naßdampf- und Überhitzungsgebietes bedeutend. Da die entsprechende Entropiezunahme des Systems Gas-Dampf nach dem zweiten Hauptsatz den Gesamtwirkungsgrad der Anlage verschlechtert, wird durch passende Änderung des Gasdurchsatzes während des Wärmeaustausches die Gerade $\overline{g_1}$ durch den z. B. im Punkt XII geknickten Linienzug $\overline{g'_1}$-$\overline{g''_1}$ ersetzt, wodurch die Temperaturdifferenzen dieses Gebietes vermindert werden. Es wird beispielsweise die zur Dampfüberhitzung nötige Wärmemenge Q_{12} durch eine entsprechend der tunlichst großen Steilheit der Gasgeraden $\overline{g'_1}$ möglichst geringe Gasdurchsatzmenge $\overline{G'_1}$ zugeführt, die mit der Temperatur $\overline{t_1}$ (Punkt $\overline{I}$) aus der Gasturbine in den Wärmeaustauscher eintritt und sich in Punkt XII bis auf die Temperatur t_{12} abgekühlt hat. In diesem Punkt wird eine zusätzliche Gasmenge mit der Eintrittstemperatur t_{12} in dem Wärmeaustauscher eingeführt, die so bemessen ist, daß die dem nunmehrigen Gesamtdurchsatz $\overline{G''_1} > \overline{G'_1}$ entsprechende Gasgerade $\overline{g''_1}$ die Dampfkurve im Punkt II (nahezu) berührt. Dadurch, daß die in Punkt XII eintretende zusätzliche Gasmenge das Temperaturgefälle $\overline{t_1} - t_{12}$ noch in der bzw. einer Gasturbine abarbeiten kann, ergibt sich der durch diese Maßnahme erzielbare Leistungsgewinn. Der anfängliche, der Geraden $\overline{g'_1}$ entsprechende Gasdurchsatz $\overline{G'_1}$ mit der Eintrittstemperatur $\overline{t_1}$ kann der Gasturbine durch eine Anzapfung an passender Stelle entnommen werden.

Analog der stufenweisen Gaszufuhr kann der Gasaustritt aus dem Wärmeaustauscher in verschiedenen Temperaturstufen erfolgen, um einen an passender Stelle geknickten Linienzug von Gasgeraden und damit eine bessere Anschmiegung an die Flüssigkeits-Dampfkurve zu erhalten. Abb. 533a zeigt dies beispielsweise für einen im Überhitzungs- und Verdampfungsgebiet der Geraden g_1 entsprechenden Gasdurchsatz G_1. Wird im Schnittpunkt III der Geraden g_1 und g_2 dem Wärmeaustauscher durch eine Anzapfung eine solche Gasmenge G_3 kg/kg Dampf mit der hier herrschenden Temperatur t_2 entnommen, daß der im Wärmeaustauscher verbleibende restliche Gasdurchsatz der Geraden g_2 entspricht, so wird die in dieser restlichen Durchsatzmenge G_2 enthaltene Wärme zur Aufheizung des zu verdampfenden Wassers restlos ausgenützt, während die in der abgezweigten Gasmenge G_3 enthaltene Wärme mit der beträchtlichen, nahe der Verdampfungstemperatur liegenden Temperatur t_2 (hier $t_2 = 291^\circ$ C) zur Verfügung steht, um in einem sekundären Wärmeaustauscher für andere Zwecke nutzbar gemacht zu werden.

Es könnte z. B. Dampf vom Druck p_{IV} (10 at) erzeugt und im Grenzfall auf die Temperatur t_2 (Punkt *IV*) überhitzt werden, um dann von der passenden Stufe an zur Mitbeaufschlagung der vom primären Dampf gespeisten Turbine oder zum Antrieb einer eigenen Turbine herangezogen zu werden. Gemäß Abb. 533a ist zur Erzeugung von 1 kg des Sekundärdampfes im hier angenommenen Grenzfall (Überhitzungstemperatur gleich Gaseintrittstemperatur t_2) ein der Gasgeraden g_4 (entspricht der Geraden g_1 des Primärdampfprozesses) zugeordneter Gasdurchsatz G_4 erforderlich. Da aber aus der Abzweigung nur der der Geraden g_3 zugeordnete Gasdurchsatz $G_3 < G_4$ zur Verfügung steht (die Steigung von g_3 ergibt sich aus der der abgezweigten Gasmenge entsprechenden Differenz-Wärmemenge Q_4), ergibt sich die erzeugbare Sekundärdampfmenge durch Reduktion im Verhältnis der Wärmemengen Q_4/Q_5, d. h. auf jedes kg Primärdampf entfällt $\frac{Q_4}{Q_5} = \frac{G_3}{G_4}$ kg Sekundärdampf.

Eine weitere Anwendung der in einem sekundären Wärmeaustauscher anfallenden Abgaswärme, insbesondere der durch Gasabzweigung aus dem primären Wärmeaustauscher gewonnen Wärme höheren Temperaturniveaus, besteht in einer damit erzielten Zwischenüberhitzung des Primärdampfes. So kann z. B., wie Abb. 533a unter der vereinfachenden Annahme idealer Wärmeaustauscher zeigt, der vom Frischdampfzustand (Punkt *I*, Temperatur t_1, Druck p_I) längs der Adiabate $s_1 = \text{konst.}$ bis zum Sattdampfpunkt I'' in der Turbine expandierte Primärdampf auf die Temperatur t_2 des abgezweigten Gasdurchsatzes G_2 zwischenüberhitzt werden, womit bekanntlich eine bedeutende Verbesserung des thermischen Dampfprozeß-Wirkungsgrades nebst einer Schonung der Niederdruckstufen der Dampfturbine erzielt wird. Da für diese Überhitzung nur ein Teil der der Abzweiggasgeraden g_3 entsprechenden Wärmemenge Q_4 erforderlich ist, kann die Restwärme für andere Zwecke ausgenützt werden.

Es kann auch ein Teil der im primären Wärmeaustauscher nicht ausnützbaren Wärmemenge (für Gasgerade g_1 mit Durchsatz G_1 die Wärmemenge Q_6) dazu verwendet werden, um die verdichtete Luft der Gasturbine vor der Brennkammer vorzuwärmen, womit bei gleichbleibender Gasturbinenleistung eine entsprechende Brennstoffmenge eingespart wird. So hat z. B. die verdichtete Luft bei einer Verdichtereintrittstemperatur $t_5 = 20°$ C und einem Druckverhältnis von 2 nach der adiabatischen Verdichtung eine Temperatur von 84° C, die mittels der Abgasmenge G_1 (Gasgerade g_1) in einem nachgeschalteten Wärmeaustauscher auf $t_3 = 173°$ C erhöht werden kann. Damit sind von der Abwärmemenge Q_6 nunmehr $(173 - 84)/(173 - 20) = 58{,}2\,\%$ ausgenützt. Der gleiche Effekt kann auch statt mit der Gesamtmenge G_1 mit der in Punkt *III*, Abb. 533a, bei $t_2 = 291°$ C abgezweigten Teilgasmenge G_3 erzielt werden. Da das Gastemperaturverhältnis in beiden Fällen praktisch gleich dem Mengenverhältnis ist, d. h. $G_3/G_1 = (t_2 - t_5)/(t_3 - t_5)$, wird auch hier eine Frischluftvorwärmung von 84° auf 173° C erzielt. Demnach ist also für die Frischluftvorwärmung die Beaufschlagung eines sekundären Wärmeaustauschers mit der den primären Wärmeaustauscher beim Speisewassereintritt verlassenden Gesamtgasmenge, z. B. G_1, der Beaufschlagung mit einer vorher abgezweigten Teilgasmenge höherer Temperatur G_3 praktisch gleichwertig, während für die Heranziehung zur Zwischenüberhitzung des Primärdampfes und (oder) zur Erzeugung von Sekundärdampf die letztgenannte Maßnahme infolge des höheren Temperaturniveaus vorteilhafter ist.

Natürlich ließe sich eine noch bessere Anschmiegung des Linienzuges der Gasgeraden an die Verdampfungskurve durch weitere Knickstellen erreichen. Eine solche Maßnahme hätte jedoch zur Folge, daß verschiedene Gasturbinen mit entsprechenden Durchsatzmengen und Eintrittstemperaturen ihre Abgase an den entsprechenden Punkten in den Wärmeaustauscher liefern müßten. Solche Prozesse haben jedoch nur noch theoretisches Interesse, da der kleine noch erzielbare Gewinn in keinem Verhältnis zum Aufwand steht. In der Praxis wird man daher trachten, die Verhältnisse auf der Gas- und Dampfseite möglichst so zu legen, daß man tunlichst mit einer einzigen Gasgeraden durchkommt und allenfalls noch mittels eines Luftvorwärmers für die Gasturbine die Restwärme ausnützt.

Wie bereits erwähnt, wurde bei den vorstehenden Erläuterungen die vereinfachende Annahme getroffen, daß der bzw. die Wärmeaustauscher ein beliebig hohes Wärmeübertragungsvermögen haben und damit beliebig kleine Temperaturdifferenzen erreicht werden können. Da natürlich in Wirklichkeit eine gewisse Mindesttemperaturdifferenz, z. B. Δt_1 in Abb. 533a, eingehalten werden muß, ist dies durch entsprechende Verschiebung der Gasgeraden von g_1 nach g'_1 zu berücksichtigen.

Die vorhin angeführte Gl. (418) kann auch nachfolgend umgebaut werden:

$$\eta_{Ges} = \frac{N_1 + N_2}{\Sigma B_1} \qquad N_2 = (\Sigma B_1 - N_1)\,\eta_2 \qquad \Sigma B_1 = \frac{N_1}{N_2} + \frac{1}{\eta_2}$$

$$\eta_{Ges} = \frac{\frac{N_1}{N_2} + 1}{\frac{N_1}{N_2} + \frac{1}{\eta_2}}\,. \tag{419}$$

Daraus geht hervor, daß unabhängig vom Wirkungsgrad des Gasteiles vor allem das Leistungsverhältnis Gas-Dampf für die Kombination von Einfluß ist. Wenn also auch theoretisch die isotherme Expansion der Gasturbine für diese selbst eine Verschlechterung des Wirkungsgrades mit sich bringt, so gewinnt andererseits das Leistungsverhältnis Gas-Dampf, und zwar unabhängig von der Art und Menge von ΣB_1 im Sinne obiger Formel, die Bedeutung einer Verbesserung. Es ist also die Möglichkeit gegeben, dem Gasturbinenprozeß eine annähernd isotherme Expansionslinie zu geben, indem dieser mit ein- oder mehrfacher Zwischenverbrennung ausgerüstet wird [*45*]. Für die vorliegende Betrachtung sei bei dem Fall einfacher Zwischenverbrennung verblieben. Die einschlägigen Formeln hierzu lauten:

$$\eta_{Ges} = \frac{N_1 + N_2 \ldots}{B_1 + B_{1a}} \qquad N_2 = (B_1 + B_{1a} - N_1)\,\eta_2 = (B_1 - N_1 + B_{1a})\,\eta_2$$

$$\eta_{Ges} = \frac{N_1 + (B_1 + B_{1a} - N_1)\,\eta_2}{B_1 + B_{1a}}$$

$$\eta_{Ges} = \frac{N_1}{B_1 + B_{1a}} + \left(1 - \frac{N_1}{B_1 + B_{1a}}\right)\eta_2\,. \tag{420}$$

Es sei gleich hier auf die Tatsache hingewiesen, daß der Ausdruck für den Prozeß mit Zuheizung für alle Anordnungen eines zusätzlichen B gleichbleibt, das heißt, daß, gleichgültig, ob die Zuheizung im Expansionsteil der Gasturbine erfolgt oder an irgendeiner Stelle des nachgeschalteten Kessels, die Grundformel unverändert bleibt. Es ist also auch richtig, die Formel in nachfolgender Weise anzuschreiben:

$$\eta_{Ges} = \frac{N_1}{B_1 + B_2} + \left(1 + \frac{N_1}{B_1 + B_2}\right)\eta_2\,. \tag{421}$$

Daraus geht hervor, daß in allen wie immer gearteten Fällen formelmäßig sich die Führung des Prozesses so darstellt, als wenn die gesamte Wärme nur dem Gasteil allein zugeführt worden wäre. Anders ausgedrückt kann jeder Prozeß mit ein oder mehreren Heizstellen durch einen Idealprozeß ersetzt werden, bei welchem die Zuführung der Wärme nur beim Gasturbinenteil allein erfolgt. Ein Analogieschluß läßt sich für den Dampfteil machen, für den es theoretisch bedeutungslos wird, ob eine Zuheizung irgendwo im Kessel erfolgt, oder nur die Überhitzungszone der Zuheizung unterworfen wird, wenn nur die Abgase den Restprozeß durchlaufen und die Endgastemperaturen in gleicher Höhe gehalten werden. Um eine Festlegung für die im Einzelfall zu treffenden Maßnahmen zu finden, läßt sich obige Formel nochmals umformen, wobei für die Zuheizung unter dem Kessel sich der Ausdruck (422) ergibt, während sich für die Zuheizung unter der Gasturbine der bereits bekannte Ausdruck (423) wiederfindet.

Zuheizung unter dem Kessel:

$$\eta_{Ges} = \eta_1 \left(\frac{1 - \eta_2}{1 + \frac{B_2}{B_1}} \right) + \eta_2 . \tag{422}$$

Zuheizung bei der Gasturbine:

$$\eta_{Ges} = \frac{N_1}{B_1 + B_{1a}} + \left(1 - \frac{N_1}{B_1 + B_{1a}}\right) \eta_2 ; \quad \frac{N_1}{B_1 + B_{1a}} = \eta_1 ; \quad \eta_{Ges} = \eta_1 + (1 - \eta_1)\, \eta_2 . \tag{423}$$

Aus Gl. (422) für die Zuheizung unter dem Kessel geht hervor, daß, je größer B_2 wird, um so entscheidender der Wirkungsgrad des Dampfteiles in Erscheinung tritt, gleichzeitig auch der Beitrag des Gasteiles sich verkleinert. Dies wird für die Größenordnung von B_2 und für die Stelle seiner Anordnung von entscheidender Bedeutung sein. Da gleichzeitig $N_1 + N_2$ einen Höchstwert erreichen soll, ist die jeweilige Lösung der Aufgabe an die Hand gegeben, wenn auch über die erreichbaren Endgastemperaturen in den verschiedenen Fällen bestimmte Aussagen gemacht werden können.

Es wurde schon gezeigt, daß grundlegende Erkenntnisse hierzu aus dem t, Q-Diagramm gezogen werden können, welche sich mit Hinblick auf die aufgezeigten Temperaturdifferenzen auch auf die konstruktiven Maßnahmen erstrecken. Da jedoch die Anhebung des Wirkungsgrades des Dampfteiles nicht allein durch Erhöhung der Beaufschlagungstemperatur des Kessels erreicht wird, sondern, wie früher angeführt, auch durch Carnotisierung, das heißt durch Zwischenüberhitzung und Anzapfvorwärmung, wobei mit Verwendung der Anzapfvorwärmung eine Hinaufsetzung der Speisewassertemperatur und damit der endgültig erreichbaren Kamintemperatur verbunden ist, so ist zu untersuchen, wie sich die Anhebung der Kamintemperatur einerseits, andererseits die Carnotisierung des Dampfprozesses wirkungsgradmäßig für den Gesamtprozeß auswirkt. Da die Hebung und Senkung der Kamintemperatur nur die Dampfseite betrifft, so beschränkt sich die erforderliche Betrachtung auf den Dampfprozeß allein.

Kritische Untersuchungen über die durch Anzapfspeisewasservorwärmungen erzielbaren Verbesserungen hinsichtlich des thermischen Wirkungsgrades des Dampfprozesses zeigen, daß im theoretischen Fall unendlich vieler Anzapfstufen bei einer Rückgewinnung von 250 kcal/kg gegenüber einer Dampfanlage ohne Vorwärmung etwa 15% an Wärmeverbrauch der Gesamtanlage erspart werden können. Da bei kombinierten Anlagen angenommen werden muß, daß die Kamintemperaturen nicht unter 120° C bis 140° C gesenkt werden können, bleibt die Möglichkeit erhalten, eine Anzapfvorwärmung von 50 bis 75 kcal/kg durchzuführen. Dies würde eine Verbesserung gegenüber einer ohne Anzapfvorwärmung arbeitenden Dampfanlage von 5 bis 7% erbringen. Bezüglich der Kamintemperaturen würde das bedeuten, daß in einem Falle 270° C, im anderen Falle 120 bis 140° C erreicht werden. Durch die geringen Anzapfvorwärmungen gingen also etwa 10% an Verbesserung verloren, jedoch können durch bessere Ausnützung der Gase und durch Ermöglichung niedriger Kamintemperaturen je nach Maß der Zuheizung unter dem Kessel (λ) etwa folgende Verbesserungen erzielt werden.

$$1700^\circ\,\mathrm{C}\,(\lambda \cong 1{,}1) \begin{matrix} 140^\circ\,\mathrm{C} + 7\% \\ 120^\circ\,\mathrm{C} + 9\% \end{matrix} \quad \Bigg| \quad 1200^\circ\,\mathrm{C}\,(\lambda \cong 3) \begin{matrix} 140^\circ\,\mathrm{C} + 11{,}25\% \\ 120^\circ\,\mathrm{C} + 11{,}40\% \end{matrix} .$$

Aus dieser Aufstellung ist ersichtlich, daß die Anwendung des Regenerativverfahrens beim Dampfteil anderen Auslegungen nur bedingt überlegen ist und für seine Anwendung nicht nur Fragen des Gesamtwirkungsgrades, sondern andere, hauptsächlich kostenmäßige Momente eine Rolle spielen werden. Jedenfalls ergibt sich die Lehre, daß es bei Anwendung hochgetriebener Regenerativvorwärmung notwendig ist, mit hohen Temperaturen unter dem Kessel zu arbeiten, also mit kleinen λ-Werten, um die Kaminverluste entsprechend zu verringern. Andererseits kann ohne Regenerativverfahren bzw. beschränkter Anwendung desselben mit mäßiger Zuheizung unter dem Kessel gefahren werden, was neben der Vereinfachung der Anlage auch eine Verbilligung mit Rücksicht auf Material und Bauweise des Kessels bringt.

Entscheidend bleibt letzten Endes die Kostenfrage, da auch andererseits im Falle der Anwendung niederer Beaufschlagungs- und Kamintemperaturen das Abmaß der Kesselheizfläche und die Durchsatzgewichte durch die Dampfturbine besonders im Niederdruckteil ansteigen und damit eine Verteuerung bringen. In besonderer Abhängigkeit steht die Auslegung von der Größenordnung einer Kraftanlage, da bei Niederdruckzylindern über gewisse Grenzwerte nicht hinausgegangen werden kann. Dasselbe gilt auch für die Kessel- und Ecoflächen.

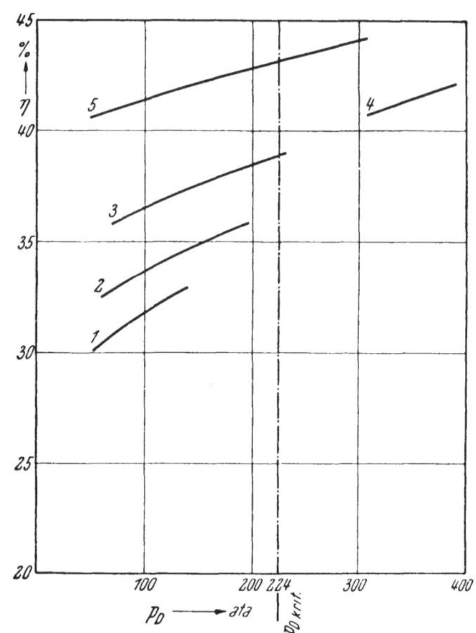

Abb. 534. Höchstwerte von Kupplungswirkungsgraden in Dampfzentralen

Kurve *1* Dampfanlagen ohne Zwischenüberhitzung 510° C, 50000 bis 75000 kW

Kurve *2* Dampfanlagen mit Zwischenüberhitzung 525/510° C, 50000 bis 75000 kW

Kurve *3* Dampfanlagen mit Zwischenüberhitzung 600/600° C, 140000 bis 200000 kW

Kurve *4* Dampfanlagen mit zwei Zwischenüberhitzungen 650/566/566° C, > 200000 kW

Kurve *5* Dampf-Gas-Anlagen mit je einer Zwischenüberhitzung, Dampf 600/600, Gas 725/725° C, 150000 kW

Eine entscheidende Verbesserung kann nur in Zusammenhang mit der Verwirklichung einer isothermen Führung der Gasturbine oder mit entscheidender Hebung der Beaufschlagungstemperatur derselben erwartet werden.

Abb. 534 zeigt sehr deutlich die Wirkungsgrade, die man heute mit Dampfkraftwerken und kombinierten Anlagen erreichen kann. Bekanntlich besteht derzeit die Tendenz, mit den Dampfdrücken auf überkritische Werte zu gehen. Beispielsweise werden von Westinghouse 275000 kW mit etwa 350 ata, 650/566/566° C Dampftemperatur erzeugt (zwei Zwischenüberhitzungen), und es wird ein Wirkungsgrad an der Kupplung von annähernd 42% erwartet. Durch eine Gasturbinenkombination kann dieser Wert bei tieferen Dampfdrücken, kleineren und einfacheren Kesseln, erreicht werden. Es kann nämlich mit kombinierten Anlagen die Wirkungsgradkurve *5* in Abb. 534 erreicht werden, das heißt es sind damit die bis heute wohl höchstmöglichen Wirkungsgrade erreichbar, und zwar ohne Zuhilfenahme von Spezialmaschinen und ohne Annahme unmöglicher Grundwerte.

b) Das Oerlikon-Verfahren. Aus den mannigfachen Anwendungsmöglichkeiten der Gasturbine sei eine Kombination herausgegriffen, der die Maschinenfabrik Oerlikon besondere Aufmerksamkeit zugewendet hat. Sie betrifft die Benützung der Turbinenabgase als Brennluft für Feuerungen [*40*, *42*].

Diese Form der Abwärmeverwertung ist besonders vorteilhaft, da sie die ganze im Abgas enthaltene Wärme ausnützt, während die Verwertung über einen zusätzlichen Wärmeaustauscher mit unvermeidlichen Verlusten verbunden ist.

Die gesamte der Gasturbine zugeführte Wärmeenergie spaltet sich auf in mechanische Nutzleistung und Abgaswärme. Da die letztere an der Wärmezufuhr zur angeschlossenen Feuerungsanlage teilnimmt und dort einen Teil der Verbrennungswärme ersetzt, kann der entsprechende Anteil am Brennstoffverbrauch der Gasturbine zum Brennstoffaufwand der Feuerung geschlagen werden. Nur der Rest des von der Gasturbine verarbeiteten Brennstoffes ist der Erzeugung der Turbinenleistung anzurechnen. Der Wirkungsgrad der Erzeugung mechanischer (oder elektrischer) Energie in der kombinierten Anlage kann daher definiert werden als das Verhältnis der mechanischen Nutzleistung zum Mehrwärmeaufwand der kombinierten Anlage gegenüber einer reinen Feuerungsanlage mit gleicher Heizleistung oder in anderer Schreibweise:

$$\eta = 860 \frac{N}{Q_{tot} - Q_F} \tag{424}$$

wo N Nutzleistung der Gasturbine in kW,
Q_{tot} gesamte von außen zugeführte Wärme in kcal/h,
Q_F zugeführte Wärme für selbständige Feuerungsanlage gleicher Heizleistung in kcal/h,
860 Umrechnungsfaktor zwischen kW und kcal/h.

Dieser Wirkungsgrad ist fast immer besser als derjenige einer selbständigen Wärmekraftanlage. Er liegt, je nach den Verhältnissen, zwischen 40% und 80%, in einzelnen Fällen noch höher.

Im Gegensatz zu den selbständigen Gasturbinenanlagen bringt hier die Kompressorkühlung keinen Wirkungsgradgewinn, es sei denn, auch die Kühlwasserwärme könnte nützlich verwertet werden.

An diesen Überlegungen ändert sich auch dann nichts, wenn die komprimierte Luft ihre Wärme nicht in einer separaten Brennkammer, sondern über einen Wärmeaustauscher aus der angeschlossenen Feuerungsanlage erhält.

Bei der heutigen allgemeinen Energieknappheit liegt es im Interesse einer rationellen Ausnützung der Brennstoffe, möglichst bei jeder größeren Feuerungsanlage nicht nur Wärme, sondern gleichzeitig so viel von der hochwertigeren Energieform der mechanischen oder elektrischen Arbeit zu erzeugen, als mit gutem Wirkungsgrad möglich ist. Kostenberechnungen zeigen, daß dieses allgemeine volkswirtschaftliche Interesse sich mit den Einzelinteressen des Energieverbrauchers und des Produzenten deckt.

Häufig wird die von der Gasturbine zu speisende Feuerung einer Dampfanlage angehören. Der Gesamteffekt ist dann ähnlich wie bei Ergänzung einer Dampfheizanlage durch eine Gegendruckdampfturbine oder einer Dampfturbinen-Kondensationsanlage niedrigen oder mittleren Druckes durch eine Hochdruckstufe.

Bei dieser Kombination sind zwei Hauptvarianten möglich:

a) *Die Dampf-Gas-Anlage.* Der Aufbau des Gasturbinenteils ist der gleiche wie bei selbständigen Anlagen. Diese Variante hat den Vorteil größerer Einfachheit. Der Anschluß an schon vorhandene Kesselanlagen ist mit geringfügigen Änderungen möglich. Während der Kessel mit Kohle gefeuert werden kann, verlangt der Betrieb der Gasturbine vorläufig flüssigen oder gasförmigen Brennstoff.

b) *Die Dampf-Luft-Anlage.* Im Luftkreislauf der Turbinenanlage selbst findet keine Verbrennung statt; auch die Turbine wird somit von reiner Luft durchströmt. Die komprimierte Luft bezieht ihre Wärme in einem Lufterhitzer aus den Feuergasen des Dampfkessels. Der Lufterhitzer kann in den Kessel eingebaut oder außerhalb desselben angeordnet sein. Sowohl die Dampferzeugung als auch die Lufterhitzung kann mit festem Brennstoff erfolgen.

Das Dampf-Gas- und das Dampf-Luft-Prinzip eröffnen, je nach Art der Dampfanlage, die folgenden Möglichkeiten:

1. Dampfheizanlagen können durch eine besonders wirtschaftliche Quelle mechanischer oder elektrischer Energie ergänzt werden.

2. Bei Kondensationsturbinenanlagen kann durch Zuschaltung einer Gasturbine gleichzeitig eine Erhöhung der Leistung und eine Erhöhung des Gesamtwirkungsgrades erreicht werden.

3. Bei Kombination mit Gegendruckanlagen kann die Gasturbine je nach den Verhältnissen eine Zusatzleistung bis zu der Größenordnung der Dampfturbinenleistung mit vorzüglichem Wirkungsgrad erzeugen.

4. Bei Entnahme-Kondensationsanlagen bestehen die gleichen Möglichkeiten wie bei reinen Kondensationsanlagen. Wenn jedoch mehr auf eine Verbesserung des Brennstoffverbrauches als auf eine Leistungserhöhung Wert gelegt wird, dann kann der Kondensationsteil durch eine Gasturbinenanlage ersetzt werden, welche mit mehrfachem Wirkungsgrad die gleiche Leistung erzeugt, so daß auch der Gesamtwirkungsgrad der Anlage ganz bedeutend gehoben wird.

Beispiele für Kombinationen mit Dampfanlagen

Beispiel 1. Abb. 535 zeigt die Schaltung eines kleinen Gegendruck-Dampfheizkraftwerkes nach seinem Ausbau auf ungefähr doppelte Leistung. Die vorhandene Dampfanlage umfaßt einen Kessel mit Verdampfer *c*, Überhitzer *d* und Speisewasservorwärmer *e* und liefert pro Stunde 18 t Dampf von 340° C und 45 ata und ferner eine 1200-kW-Turbine *g*, in welcher der Dampf auf 6 ata entspannt wird, um anschließend bei diesem Druck in einem industriellen Wärmeverbraucher *h* zu kondensieren und hierauf durch eine nichteingezeichnete Speisepumpe in den Kessel zurückgefördert zu werden.

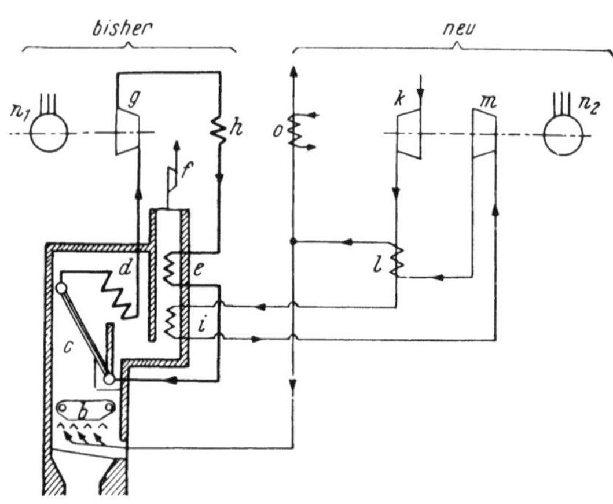

Abb. 535. Dampf-Luft-Anlage kleiner Leistung mit Gegendruckdampfturbine und Niederdruckluftturbine

b	Wanderrost	*i*	Lufterhitzer
c	Verdampfer	*k*	Kompressor
d	Überhitzer	*l*	Rekuperator
e	Economiser	*m*	Luftturbine
f	Saugzuggebläse	*n*	Generatoren
g	Dampfturbine	*o*	Zweiter Wärmeverbraucher
h	Hauptwärmeverbraucher		

Diese Anlage arbeitet recht wirtschaftlich, doch besteht ein Bedarf nach weiterer elektrischer Energie bei gleichbleibendem Heizwärmeanfall. Dampfseitig ist diese mit gutem Wirkungsgrad nicht mehr erhältlich. Der Anschluß einer einfachen Gasturbinengruppe hingegen erlaubt, weitere 1000 kW zu liefern, bei einem Brennstoffmehrverbrauch, der einem Wirkungsgrad von rund 50% für die Erzeugung dieser zusätzlichen Leistung entspricht.

Da Unabhängigkeit vom Heizölpreis erwünscht und da genügend Platz für den Anbau eines Lufterhitzers an den Kesseln vorhanden ist, wird die Dampf-Luft-Schaltung gewählt. Der Rekuperator *l* kann in manchen Fällen, besonders bei Kohlenstaubfeuerung, wegfallen. Hier ist er aus mehreren Gründen nötig. Erstens ist der Luftdurchsatz einer Niederdruckgasanlage der gegebenen Leistung so groß, daß nur die Hälfte der Abluft vom Kessel aufgenommen wird. Es ist daher von Vorteil, den Rest mit möglichst niedriger Temperatur austreten zu lassen. Zweitens ist eine Senkung der Lufttemperatur zwischen Turbinenaustritt (etwa 400° C) und Eintritt in die Kesselfeuerung nötig. Da noch Wärmebedarf bei niedriger Temperatur zur Erzeugung von 50 m³ Warmwasser pro Stunde vorhanden ist, kann auch ein guter Teil der Wärme der überschüssigen Turbinenabluft im Wärmeaustauscher *o* ausgenützt werden.

Beispiel 2. Die Anlage nach Abb. 536 dient ebenfalls schon heute als Kraft- und Heizzentrale. Die Nutzleistung wird geliefert von einer Gegendruckturbine *e* für 2000 kW, welche 28,6 t Dampf pro Stunde auf 4,5 ata expandiert und mit 250° C an die Heizstelle *h* weitergibt, überdies von einer Kondensationsturbine *f* zu 1000 kW, deren kalter Abdampf im Betrag von 5,4 t/h im Vakuum des Kondensators *i* in Wasser übergeführt wird. Diese Kombination ist äquivalent mit einer Anzapfdampfturbine. Die Leistung der Kondensationsturbine wird mit einem Wärmewirkungsgrad von 15% erzeugt, wobei der reine Maschinenwirkungsgrad dieser Turbine selbstverständlich viel höher liegt.

Die rechte Seite der Abb. 536 zeigt die Anlage nach dem Ersatz des wenig wirtschaftlichen Kondensationsteils durch eine Gasturbinenanlage gleicher Leistung, angeschlossen

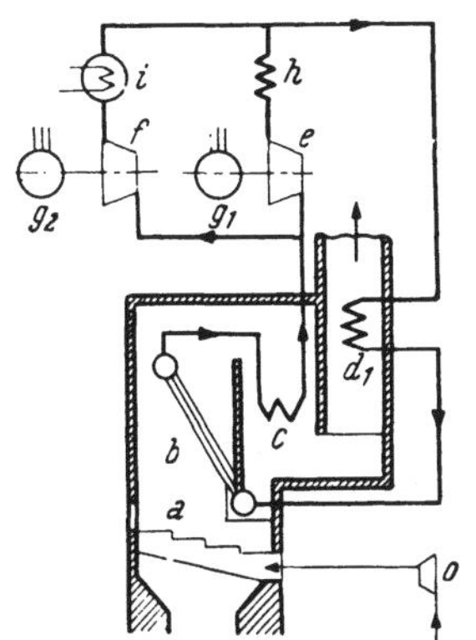

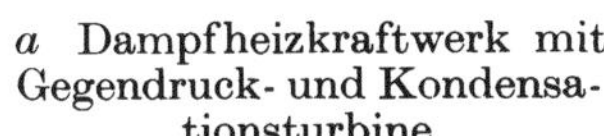
a Dampfheizkraftwerk mit Gegendruck- und Kondensationsturbine

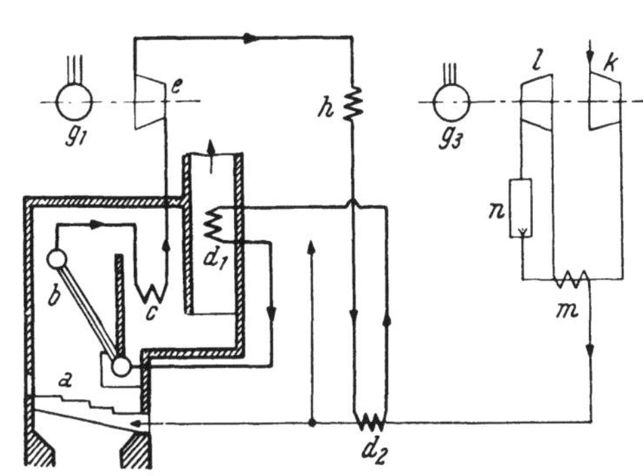

b Anlage nach *a*, umgebaut zur Dampf-Gas-Anlage

Abb. 536. Umbau eines Heizkraftwerkes zur Dampf-Gas-Anlage

a	Feuerraum	*e*	Gegendruckdampfturbine	*k*	Kompressor
b	Verdampfer	*f*	Kondensationsdampfturbine	*l*	Gasturbine
c	Überhitzer	*g*	Generatoren	*m*	Rekuperator
d_1	Speisewasservorwärmer	*h*	Wärmeverbraucher	*n*	Brennkammer
d_2	Speisewasservorwärmer	*i*	Kondensator	*o*	Ventilator

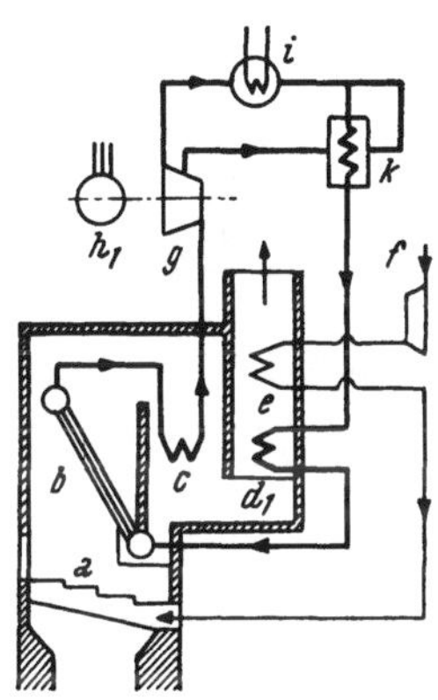

a Anlage mit Kondensationsdampfturbine von 20000 kW

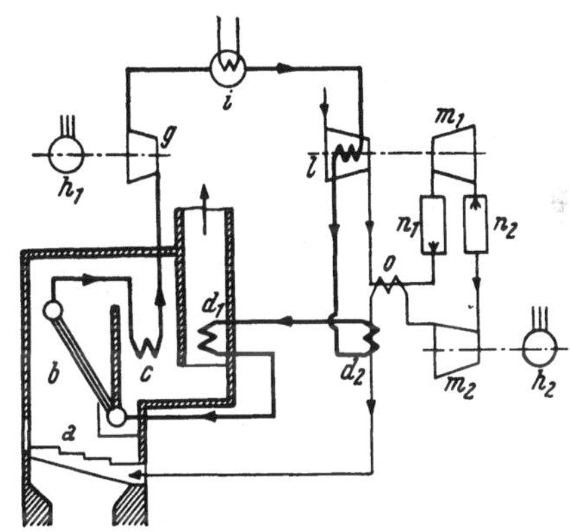

b Dampf-Gas-Anlage, entstanden durch Anbau einer zweistufigen 6000-kW-Gasturbinengruppe an die 20000-kW-Dampfanlage nach *a*

Abb. 537. Umbau eines 20000-kW-Dampfkraftwerkes zur Dampf-Gas-Anlage

a	Feuerraum	*g*	Dampfturbine	m_1	HD-Gasturbine
b	Verdampfer	*h*	Generatoren	m_2	ND-Gasturbine
c	Überhitzer	*i*	Kondensator	n_1	HD-Brennkammer
d	Speisewasservorwärmer	*k*	Anzapfdampfvorwärmer	n_2	ND-Brennkammer
e	Luftvorwärmer	*l*	Kompressor, gekühlt	*o*	Rekuperator
f	Ventilator				

in Dampf-Gas-Schaltung. Der Mehraufwand an Verbrennungswärme gegenüber der Gegendruckdampfanlage mit abgeschalteter Kondensationsturbine ist so gering, daß er mit einem Wirkungsgrad von 80% in die 1000-kW-Gasturbinenleistung übergeht. Selbst bei einer Vergrößerung der Gasturbine auf 2000 kW, welche einen beträchtlichen Überschuß an Turbinengas über den Bedarf des Kessels zur Folge hätte, würde der Wirkungsgrad noch 50% erreichen, also mehr als den dreifachen Wert der stillgelegten Kondensationsturbine.

Auch diese Anlage weist einen Rekupator auf, bei sonst einfachem Aufbau. Ein Zusatz-Speisewasservorwärmer d_2 wird durch das Turbinenabgas geheizt und senkt dessen Eintrittstemperatur in die Feuerung. Im Falle vergrößerter Gasturbinenleistung senkt er gleichzeitig die Verlustwärme im abzublasenden Gasüberschuß.

Abb. 538. Modell der kombinierten Gasturbinenanlage Bône

Der für eine Dampferzeugung von 35 t/h bemessene Kessel ist nur noch mit 29 t/h ausgenützt und weist somit eine Reserve von 6 t/h auf, welche einerseits zur ausnahmsweisen Leistungserzeugung in der stillgelegten Kondensationsturbine zur Verfügung steht, andererseits eine spätere Erhöhung der Heizleistung um etwa 20% und eine entsprechende Vergrößerung der Gegendruckturbine erlaubt.

Beispiel 3. Als letztes Beispiel sei eine Anlage nach Abb. 537 betrachtet. Diese zeigt ein reines Elektrizitätswerk mit Antrieb durch eine Kondensationsdampfturbine von 20000 kW, vor und nach dem Ausbau zur Dampf-Gas-Anlage, welcher eine Leistungserhöhung auf 26000 kW und gleichzeitig eine Erhöhung der Wirtschaftlichkeit bringt.

Hier sind entsprechend der größeren Gasturbinenleistung von 6000 kW und zur Vermeidung zu großen Abgasüberschusses alle diejenigen Maßnahmen angewendet, die auch bei den selbständigen Gasturbinenanlagen zur Erhöhung des Wirkungsgrades getroffen werden, nämlich Ausführung mit zwei Maschinengruppen, mit Kompressorkühlung (l), Zwischenerhitzung (n_2) und Rekuperation (o). Die Kühlung des Kompressors erfolgt durch das Speisewasser, das hier seine erste Vorwärmung erhält. Im Vorwärmer

d_2 wird es durch das den Rekuperator verlassende Turbinenabgas weiter erwärmt und durchfließt zuletzt wie bei der ursprünglichen Anlage den Kesseleconomiser d_1. Der Anzapfvorwärmer k und der Luftvorwärmer e der bisherigen Anlage fallen weg.

Der Brennstoffverbrauch pro Kilowattstunde der erweiterten Anlage beläuft sich auf 87% desjenigen der bisherigen Anlage. Eine spätere Vergrößerung des Werkes durch Anfügen von einer oder zwei weiteren gleichen Gasturbinengruppen ist möglich und führt zu einer erneuten Reduktion des spezifischen Brennstoffverbrauches.

c) Die Oerlikon-Gasturbinenanlage von 730 kW für das Kraftwerk Bône. Eine Gasturbinenanlage mit Ausnützung der Abgase in einem Dampfkessel hat Oerlikon für das Kraftwerk Bône der Companie d'Electricité et Gaz d'Algérie in Algier, welche die Zentrale

Abb. 539. MFO-Gasturbine Bône auf dem Versuchsstand

Bône II betreibt, geliefert. Es ist dies ein Kraftwerk mit zwei 25000-kW-Turbogruppen. Die zugehörigen Dampfkessel werden mit dickflüssigem Heizöl schwer geheizt, dessen Zähigkeit bei 500° E/20° C (3500 sek Redw. I) liegt. Um das Brennöl dünnflüssig zu machen, muß es mit Dampf vorgewärmt werden, der in besonderen Kesseln erzeugt wird. Diese Kessel sind es, die mit einer 730-kW-Gasturbine eine Gas-Dampf-Kombination bilden. Abb 538. Die Gasturbine selbst ist in Abb. 539 auf dem Versuchsstand gezeigt.

Abb. 540 zeigt die ganze Anlage schematisch. Die im Filter f gereinigte Außenluft wird im Kompressor k auf 4 at komprimiert, im Wärmeaustauscher r vorgewärmt, in der Brennkammer b mit Bunkeröl teilweise verbrannt und gelangt in die Gasturbine t zur Arbeitsleistung. Die Abgase aus der Gasturbine können nun:

1. im selbständigen Betrieb durch den Wärmeaustauscher in den Kamin und ins Freie gelangen, oder

2. in zwei parallele Abhitzekessel c von maximal je 3,75 t/h Dampfproduktion geschickt werden. Die gesamte Abgaswärme der Gasturbine vermag jedoch insgesamt nur etwa die Hälfte der maximalen Dampfmenge der beiden Kessel zu erzeugen.

3. Sobald mehr Dampf benötigt wird, als durch den Betrieb 2 erzeugt wird, treten Ölbrenner a in Funktion, welche auch Bunker-C-Öl verwenden und für welche die Abgase gleichzeitig als Brennluft dienen.

Die ganze Anlage arbeitet weitgehend automatisch. Die Turbogruppe hat eine Drehzahl von 5250 U/min, während der Generator von 915 kVA und dessen Erreger über ein Getriebe angekuppelt sind und nur eine Drehzahl von 1500 U/min aufweisen. Weil die Gasturbine als Brennstoff Bunker-C-Öl verwendet, muß damit gerechnet werden, daß sich auf den Turbinenschaufeln Brennstoffrückstände ablagern. Die Gasturbine ist darum mit einer besonderen Waschvorrichtung ausgerüstet, durch welche die Schaufelung von Zeit zu Zeit von Ablagerungen gereinigt werden kann. Eine weitere Vorsichtsmaßnahme gegen eine solche Verkrustung der Schaufeln besteht darin, daß die Gastemperatur am Turbineneintritt auf 600° C begrenzt ist. Die Maschinenfabrik Oerlikon hatte bereits mit ihrer eigenen Gasturbinen-Versuchsanlage von 1000 kW Nennleistung einen Dauerbetrieb von 1000 Stunden mit Bunker-C-Öl durchgeführt und auf diese Weise wertvolle Betriebserfahrungen mit diesem Brennstoff gesammelt, wie übrigens in weiteren Dauer-

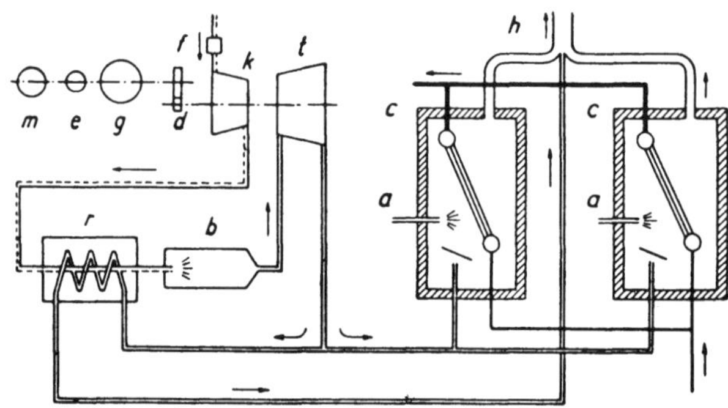

Abb. 540. Prinzipschema der MFO-Gasturbinenanlage 730 kW der Zentrale Bône II

f	Luftfilter	*k*	Radialkompressor	*t*	Gasturbine
d	Getriebe	*g*	Dreiphasengenerator	*e*	Erreger
m	Anwurfmotor	*b*	Brennkammer	*r*	Wärmeaustauscher
c	Heizkessel	*a*	Ölbrenner der Heizkessel	*h*	Kamin

versuchen mit verschiedenen anderen Brennstoffen zusammen über 7000 Betriebsstunden. Die Oerlikon-Brennkammer arbeitet mit Niederdruckeinspritzung und bedarf daher keines hochwertigen Brennöles [*42*].

d) Das η, μ-Diagramm. Der Zweitprozeß kann also ein chemischer Prozeß, ein Heizprozeß, ein Heizkraftwerk, z. B. eine Gegendruckanlage, oder ein reiner Kraftprozeß, das heißt eine Kondensationsanlage sein. Um nun alle Zusammenhänge leicht übersehen zu können, wurde von KARRER das η, μ-Diagramm entworfen [*42*].

Betrachtet man z. B. Gegendruck- und Heizkraftwerke, dann ergibt sich folgendes:

Im Gegensatz zur reinen Leistungserzeugungsanlage wird bei solchen Anlagen noch Nutzwärme abgegeben. Nehmen wir an, das Heizkraftwerk spalte jede Kalorie zugeführter Brennstoffwärme in Leistung, Nutzwärme und Verluste auf, entsprechend der Gleichung:

$$1 = n + q + v, \tag{425}$$

wobei n, q, v die Größen der Leistung N, der Nutzwärme Q und der Verlustenergien V, je pro kcal zugeführter Brennstoffwärme Q_b bedeuten mögen. Der Wirkungsgrad einer solchen Wärme- und Leistungserzeugungsanlage ist nicht eindeutig gegeben; man könnte ihn definieren als $1 - v =$ Summe aller Nutzenergien. Dieser Wirkungsgrad sagt nun aber nichts aus über die Güte der Leistungserzeugung. Diese kann man am besten beurteilen, wenn man die kombinierte Anlage β mit einer leistungslosen Grundanlage α vergleicht, welche die gleiche Nutzwärme abgibt wie die betrachtete kombinierte Anlage.

Diese Grundanlage sei gegeben durch:

$$1 = q_\alpha + v_\alpha, \tag{426}$$

wobei die Nutzwärme für beide Anlagen vorgegeben sei, nämlich:

$$Q = q_\alpha \cdot Q_{b_\alpha} = q_\beta \cdot Q_{b_\beta}.$$

Der als „Differenzwirkungsgrad" der Leistungserzeugung definierte Wirkungsgrad beträgt alsdann:

$$\eta_{\alpha\beta} = \frac{N}{Q_{b_\beta} - Q_{b_\alpha}}, \tag{427}$$

das heißt, er bedeutet das Verhältnis der erzeugten Nutzleistung zur Differenz der Brennstoffwärmemengen, welche zur Erzeugung dieser Nutzleistung beim Übergang von der Grundanlage α auf die betrachtete Anlage β nötig ist. Dieser Wirkungsgrad ist meist höher als der einer selbständigen Anlage.

Nun hätte man natürlich gerne einen hohen Differenzwirkungsgrad und gleichzeitig auch möglichst viel anfallende Leistung zu diesem hohen Wirkungsgrad. Setzt man als Maß für die Leistungsmenge das Verhältnis

$$\mu_{\alpha,\beta} = \frac{N_\beta}{Q_{b_\alpha}} \tag{428}$$

ein, so erhält man mittels einfacher mathematischer Ableitungen das Gesetz:

$$\frac{1}{\eta_{\alpha,\beta}} + \frac{1}{\mu_{\alpha,\beta}} = \frac{1}{n_\beta}, \tag{429}$$

das heißt, um gleichzeitig eine hohe Mengenziffer bei hohem Leistungswirkungsgrad zu erzeugen, muß man den Prozentsatz des Leistungsanteils n_β erhöhen.

Abb. 541 zeigt das η, μ-Diagramm mit den n-Hyperbeln, den q-Geraden und den Kurven konstanter spezifischer Verluste v.

Punkt A stellt beispielsweise einen Dampfkessel mit 86% Wirkungsgrad dar. Durch Übergang auf eine Gegendruckdampfturbine gelangt man zum Punkt B.

Wollte man nun die Leistung derselben einfach durch Erhöhung der Brennstoffmenge und Erzeugung von proportional mehr Gas und Dampf vergrößern und den bei gegebenem Nutzwärmebedarf überflüssigen Abdampf verpuffen lassen, so würde man die Leistung proportional der Brennstoffmengen erhöhen und sich also auf einer Kurve $n = \text{konst.}$ rasch nach unten bewegen.

Die Leistungserhöhung durch Entnahmekondensationsturbinen BC führt bereits auf etwas günstigere Verhältnisse, da die Leistung mehr als proportional mit der Brennstoffwärme zunimmt und daher die spezifische Nutzleistung n ansteigt. Der Sinn der Zuschaltung einer Gasturbine zum Heizkraftwerk, z. B. zur Gegendruckdampfanlage, beruht nun gerade auf der Erhöhung des Leistungsanteils an der gesamten Brennstoffwärme. Mit Hilfe der Gasturbine kann man sich auf Kurven bewegen, welche bedeutend weiter rechts liegen als $n = \text{konst.}$, so daß man mit Wirkungsgraden von über 50% die Gegendruckleistung verdoppeln kann z. B. Kurve BEF.

Für einen solchen Fall der Abwärmeverwertung in Heizkesseln hat Oerlikon die 730-kW-Anlage der Zentrale Bône der Electricité et Gaz d'Algérie geliefert, die in Abb. 538 im Modell zu sehen ist. Die Anlage ist für schweres Bunkeröl („C-Grade") gebaut und läuft seit einiger Zeit mit diesem äußerst viskosen Brennstoff. Ihre Kombination mit zwei Dampfkesseln von je 3,6 t/h Dampferzeugung gestattet eine Ausnützung der Abgase in Form von Kesselbrennluft. Der Dampf wird für die Vorwärmung des Bunkeröls verwendet. Das Bunkeröl ist gleichzeitig der Brennstoff von Kesseln, welche zwei 25000-kW-Dampfturbinengruppen betreiben, wie auch der Brennstoff der Gasturbinenanlage und der mit dieser verbundenen Heizkessel. Es geht hieraus hervor, wie wichtig es ist, daß Gasturbinen gleich schlechte Brennstoffe verfeuern können, wie klassische Feuerungen, denn nur auf diese Weise wird ihre Kombination mit solchen wirtschaftlich interessant. Die Gasturbine Bône wurde im vorstehenden schon beschrieben.

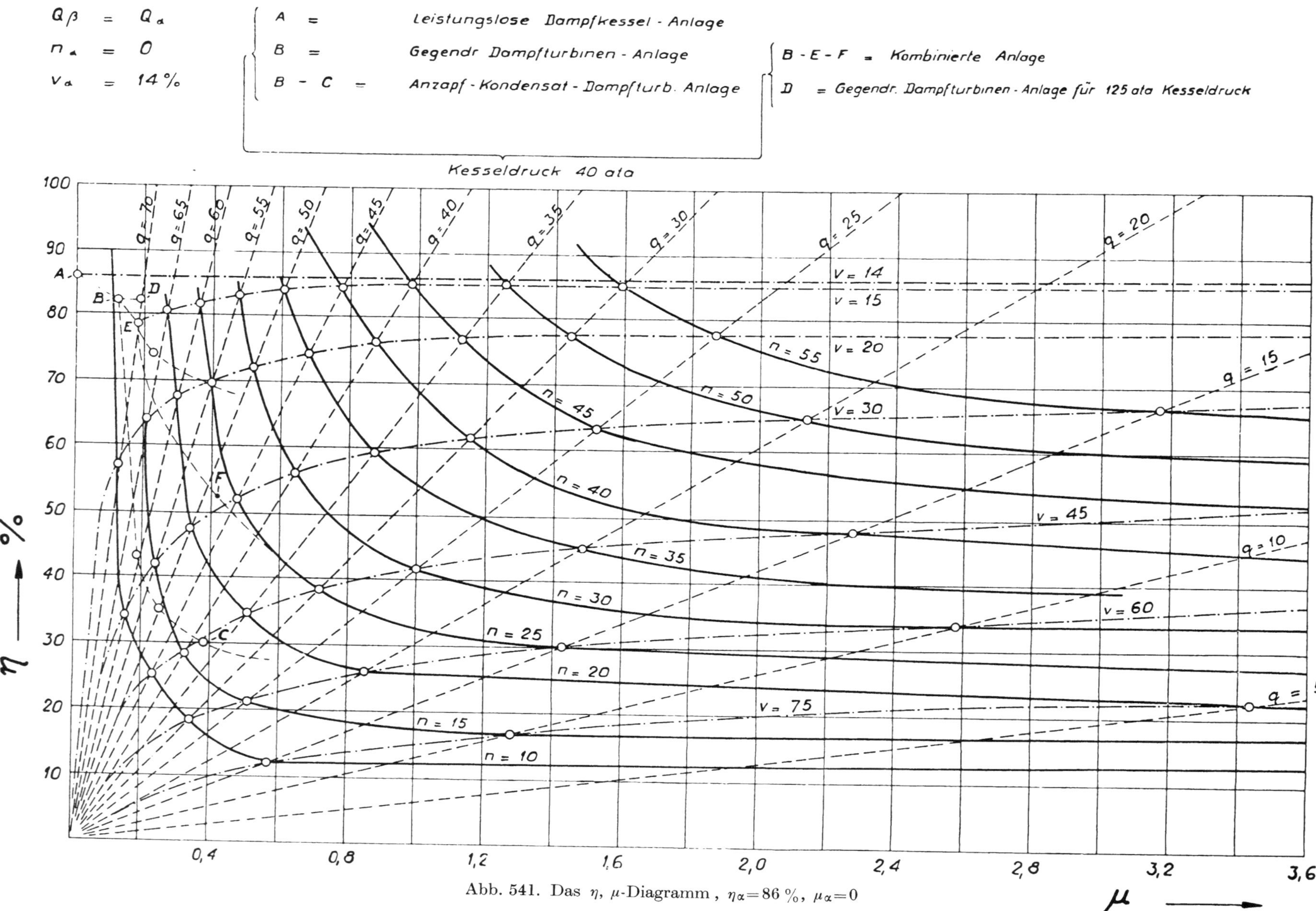

Abb. 541. Das η, μ-Diagramm, $\eta_\alpha = 86\,\%$, $\mu_\alpha = 0$

Interessant sind solche Kombinationen vor allem bei Gegendruckdampfanlagen, bei denen die durch den Dampfbedarf gegebene Leistung kleiner ist als der Leistungsbedarf. In diesem Falle wird heute eine Kondensationsturbine angehängt. Wird statt dieser eine Gasturbine zugeschaltet, so wird die fehlende Zusatzleistung zu mehrfach höherem Wirkungsgrade geliefert, als dies die Kondensationsdampfturbine tun könnte, was leicht aus Abb. 541 ersichtlich ist, vgl. Kurve n = konst. durch B mit Kurve BEF.

In Verbindung mit Kondensationsanlagen sind diese Kombinationen besonders hervorstechend, s. Abb. 534 und System Pauker [*43*].

e) Gasturbinenanlage kombiniert mit druckgefeuertem Kessel. Dieses neueste Verfahren wird eingehend von General Electric studiert. Die Idee selbst ist bereits sehr alt und in mehr als 100 BBC-Velox-Kesseln verwirklicht.

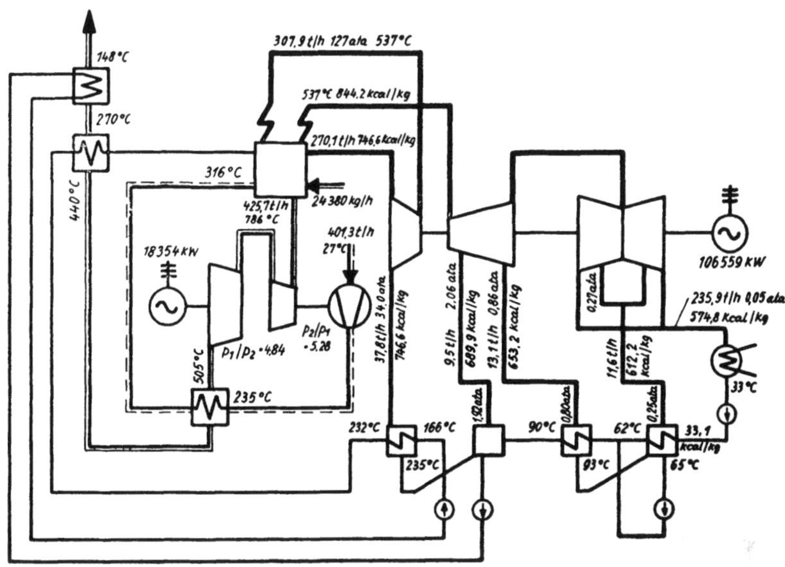

Abb. 542. Schaltschema einer kombinierten Gas-Dampfturbinenanlage mit druckgefeuertem Kessel, mit Luftvorwärmer vom Austauschgrad 70%

Bei diesen arbeitet die Gasturbine jedoch mit sehr niedrigen Temperaturen. Geht man nun zu heute üblichen hohen Gastemperaturen über, dann wird es möglich, von der Turbine zusätzlich Leistung zu bekommen. Es bliebe also die außerordentliche Reduktion der Kesselabmessungen kombiniert mit einem bedeutenden Wirkungsgradgewinn sowie mit einem Leistungsgewinn bei einer solchen modernen kombinierten Anlage.

Die Gasturbine selbst kann natürlich in allen Varianten von der einfachsten Schaltung bis zur zwischengekühlten und zwischenerhitzten Maschine gebaut werden. Erwartungsgemäß steigt der Gesamtwirkungsgrad solcher Anlagen mit dem Wirkungsgrad der Gasturbine. Eine Studie von Rohsenow und Bradley [*319a*] zeigt, daß solche Anlagen Wirkungsgrade von 40 bis 45% erreichen können.

Eine Studie einer solchen Anlage mit Gasturbine mit Zwischenkühlung und Zwischenerhitzung sowie Wärmeaustausch und einem Dampfzustand von 117 atü, 538° C und Zwischenerhitzung auf 538° C von Roe und Cummings [*319b*] zeigt einen Wärmeverbrauch der Anlage von 2110 kcal/kWh. Diese Schaltung hatte eine Nettoleistung von 50000 kW, wobei die Gasturbine 10000 kW lieferte. Dies entspricht einem thermischen Wirkungsgrad von 40,5% an den Klemmen. Eine andere Studie von Martyn und Baron [*319c*] über eine gleiche Anlage zeigt, daß bei einem Dampfzustand von 140 atü, 566/538° C, ein Wirkungsgrad von 41,6% erreicht wird, was überkritischen Anlagen gleichkommt.

Im allgemeinen kann man sagen, daß, abhängig vom Gasturbinenkreislauf und vom Dampfzustand, der Leistungsanteil der Gasturbine etwa 10 bis 20% ausmacht. Es würde also eine 150000-kW-Anlage eine Gasturbine von etwa 22000 kW benötigen.

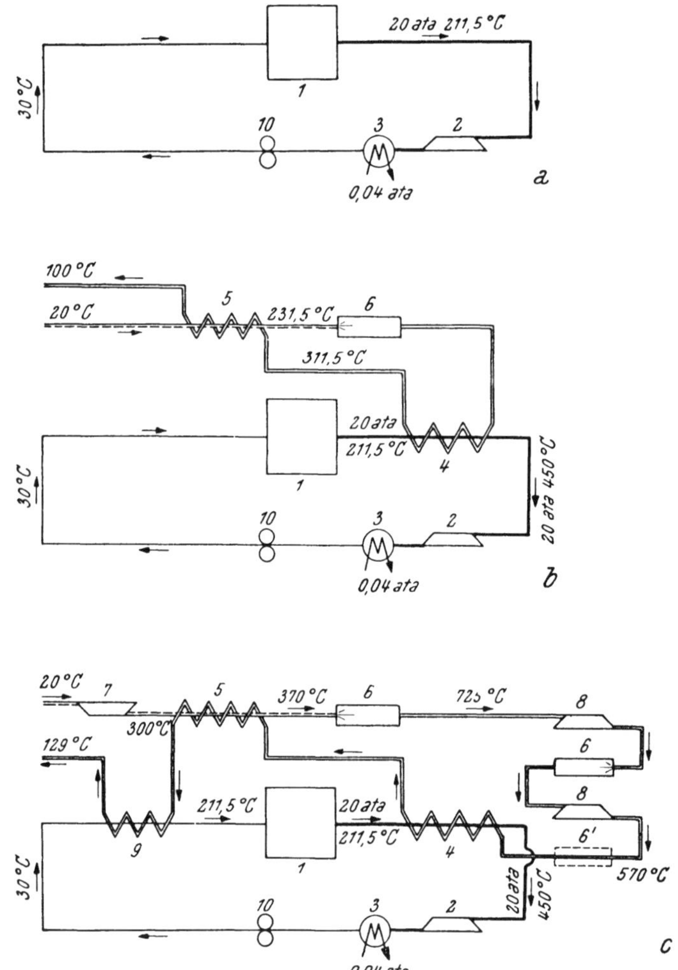

Abb. 543 *a, b, c*. Schema von Atomanlagen ohne und mit Gasturbinenergänzung

Kreislauf *a*: Einfache Reaktoranlage

Kreislauf *b*: Reaktoranlage mit Überhitzung des Dampfes durch Verbrennungsgase einer Brennkammer

Kreislauf *c*: Reaktoranlage kombiniert mit Gasturbinenanlage; Überhitzung des Dampfes und Vorwärmung des Speisewassers durch Abgase der Gasturbinenanlage

1 Reaktoranlage samt Wärmeaustauscher
2 Dampfturbine
3 Kondensator
4 Überhitzer
5 Brennluftvorwärmer
6 Brennkammer
7 Kompressor
8 Gasturbine
9 Speisewasservorwärmer
10 Speisewasserpumpe

Der Gewinn gegenüber einer reinen Dampfanlage macht etwa 5%. Die verlorene Wärme aus der Gasturbine muß natürlich in einem Wärmeaustauscher und (oder) einem Eco so gut als möglich ausgenützt werden. Ein Schaltungsbeispiel ist in Abb. 542 zu sehen.

Infolge der neueren amerikanischen Forschungen über Kohlefeuerung bei Gasturbinen dürfte es möglich sein, auch in mit Gasturbine kombiniertem druckgefeuertem Kessel Staubkohle zu verbrennen. Ebenso scheint das Problem der Gasreinigung nach den neuesten Versuchsergebnissen schon weitgehend gelöst zu sein.

Neben all diesen Kombinationen gibt es natürlich noch zahlreiche weitere Vorschläge, wie z. B. das Verfahren von Mercier in Frankreich und viele andere. Es sei aber diesbezüglich auf das Schrifttum verwiesen.

f) Atomkraftwerke. Die Gasturbine allein sowohl als auch die Kombination ist bei Kernkraftwerken ebenfalls sehr interessant. Die Gasturbine allein wird vor allem bei luftgekühlten Reaktoren zur Anwendung kommen, allerdings eher in der geschlossenen Form. Bei wassergekühlten Reaktoren tritt die Kombination wieder in den Vordergrund [*42*].

Beim augenblicklichen Stand der wassergekühlten Atomreaktoren, Schaltung Abb. 543 a, ist mit einer Temperatur der anfallenden Wärme von nur 200 bis 350° C zu rechnen. Diese Temperatur genügt, um die Wärme in relativ einfachen Dampfprozessen zu relativ bescheidenen Wirkungsgraden in Leistung umzuwandeln. Dagegen ist diese Temperatur zu tief, um damit eine Gasturbine betreiben zu können.

Das tiefe Temperaturniveau kann künstlich, mit Hilfe einer klassischen Verbrennung, auf höhere Werte gehoben werden, um den Dampf zu überhitzen, Abb. 543 b. Dabei ist allerdings in Kauf zu nehmen, daß neben dem Atombrennstoff noch Heizöl oder Kohle verbraucht wird. Dafür wird der Wirkungsgrad der Leistungserzeugung und auch der Betrag der Leistung höher ausfallen.

Schließlich kann der Verbrennungskreislauf noch aufgeladen werden, indem ein Kompressor-Gasturbinen-Aggregat in denselben eingelegt wird, Abb. 543c. Die Abgase der Gasturbine, eventuell nach nochmaliger Verbrennung, dienen alsdann beispielsweise der Überhitzung des Dampfes; sie können auch noch zur Speisewasservorwärmung benützt werden.

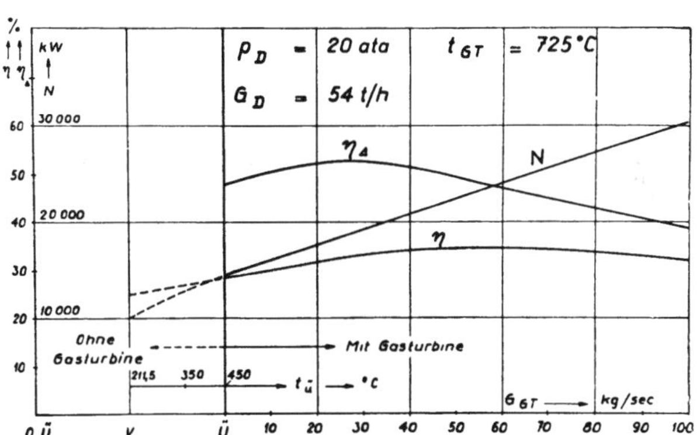

Abb. 543*d*. Leistung und Wirkungsgrad von Atomanlagen ohne und mit Gasturbinenergänzung

Abb. 543 d zeigt die mit den verschiedenen Verfahren erreichbaren Wirkungsgrade: Mit dem einfachen Dampfprozeß ergibt sich beispielsweise ein thermischer Wirkungsgrad von 24 % bei 20 ata/211° C Dampfdaten und einer Dampfmenge von 54 t/h. Bei Überhitzung auf 450° C würden beispielsweise etwa 28 bis 30 % erreicht.

Beträgt die Leistung des nicht überhitzten Dampfes 10000 kW, so kann dieselbe bei Überhitzung auf etwa 14000 kW gesteigert werden. Durch Zuschaltung einer Gasturbine kann die Leistung theoretisch beliebig weiter gesteigert werden, während der Wirkungsgrad η, bezogen auf die Gesamtleistung, bis zu einer gewissen Größe der Gasturbinenleistung ansteigt. Bei etwa 22000 kW wird das Maximum des Wirkungsgrades erreicht ($\eta > 30$ %).

Sofern man sich also entschließen kann, die vom Reaktor anfallende tieftemperaturige Wärme mit Hilfe von Zusatzbrennstoff aufzuwerten, ist die Kombination mit einer Gasturbine interessant. Für die Länder wie Österreich und die Schweiz, die sowohl den Brennstoff der Atomanlage als auch die klassischen Brennstoffe einführen müssen, stellt sich somit die Frage, ob es nicht interessant wäre, ihre Reaktorkraftwerke durch Zusatzbrennstoffe in der skizzierten Weise aufzuwerten und damit Leistungen und Wirkungsgrade zu steigern.

Später, wenn einmal die Reaktorwärme zu höheren Temperaturen anfällt, wird die Gasturbine auch als selbständige Wärmekraftanlage in die Atomkraftwerke einziehen können, wie schon im Abschnitt über die geschlossene Gasturbine, S. 551, gezeigt wurde.

19. Gasturbinenanlagen mit Freikolbengaserzeugern

Zur Zeit sind Freikolben-Anlagen mit einer Gesamtleistung von über 300000 PS in Betrieb oder im Bau, davon etwa ein Drittel als Schiffsanlagen, während die übrigen Generatoren in elektrischen Zentralen, auf Pumpstationen oder Lokomotiven installiert sind oder dafür gebaut werden [*127*, *129*, *131*, *132*, *133*, *135*].

Hier sollen vorerst die stationären Anlagen beschrieben werden.

Die bisher größte elektrische Zentrale mit Freikolben steht seit dem Jahr 1955 in Cherbourg in Betrieb, Abb. 544. Sie besteht aus acht GS-34-Generatoren, die zusammen eine Turbine von 8500 PS Wellenleistung treiben. Die im Auftrag der Electricité de France ursprünglich zur Spitzendeckung gelieferte Gruppe wurde bis jetzt mit Dieselöl betrieben, doch erfolgt gegenwärtig der Umbau auf Schwerölbetrieb. Diese Anlage ermöglicht es auf eindrucksvolle Weise, die Betriebssicherheit solcher Gruppen unter Beweis zu stellen, indem bei Vollast einer der Gaserzeuger stillgesetzt werden kann, während die anderen Gaserzeuger die volle Leistung übernehmen. An dem stillgesetzten Gaserzeuger können dann demonstrationshalber die Kolben aus- und wiedereingebaut werden, was nicht mehr als 40 Minuten benötigt. Nach Wiederanlassen wird der Gaserzeuger auf die Sammelleitung geschaltet, und die Leistung verteilt sich wieder gleichmäßig auf alle acht Gaserzeuger [*131*].

Abb. 544. Freikolben-Gasturbinen-Zentrale Cherbourg mit acht Freikolbengaserzeugern und einer Leistung von 8500 PS

Die Ergebnisse der offiziellen Abnahmeversuche sind in Abb. 545 a und b dargestellt, und zwar sind die erzielbaren Leistungen sowie die jeweiligen Betriebscharakteristiken für Betrieb mit 5, 6, 7 oder 8 Gaserzeugern getrennt angeführt. Bei Vollast wurde ein Verbrauch von 245,8 g/kWh gemessen mit einem Dieselöl, dessen Heizwert nach Messungen des „Conservatoire des Arts et Métiers“ 10060 kcal/kg betrug. Diesem Verbrauch entspricht ein Klemmenwirkungsgrad von 34,78 %.

Die größte im Bau befindliche Anlage besteht aus sechs Gruppen zu je acht GS-34-Freikolbengaserzeugern mit einer Gesamtleistung von 36000 kW. Sie ist für eine Zentrale in Singapore bestimmt.

Eine Verschmutzungsgefahr der Turbine scheint, wie die bisherigen Erfahrungen gezeigt haben, wahrscheinlich dank der Gastemperatur von weniger als 450° C, nicht zu bestehen. Eine Anzahl von Freikolben-Anlagen hat schon über 10000 Stunden mit Mittelöl gearbeitet, ohne daß die Turbine je gereinigt wurde und ohne daß eine Veränderung ihrer Betriebscharakteristiken hätte festgestellt werden können. Bei Turbinen, die man zur Kontrolle nach vielen tausend Betriebsstunden geöffnet hatte, waren die Schaufelungen in einwandfreiem Zustand vorgefunden worden.

Abb. 546 zeigt eine Pumpanlage, die in Suresnes, einem Vorort von Paris, im Jahre 1955 dem Betrieb übergeben wurde. Die Turbine von 1000 PS läuft mit 11000 U/min und treibt über ein Getriebe eine Zentrifugalpumpe, welche bei 1000 U/min und 8,4 atü Gegendruck 2500 m³/h Wasser fördert. Obwohl die Anlage mitten in einem dichtbewohnten Viertel steht, sind keine Beschwerden wegen Lärm oder Schwingungserscheinungen erhoben worden. Eine weitere Anlage, bei der 15 GS-34-Generatoren über eine gemeinsame Sammelleitung verschiedene Turbokompressoren antreiben, ist zur Zeit für ein Unternehmen der chemischen Industrie im Bau.

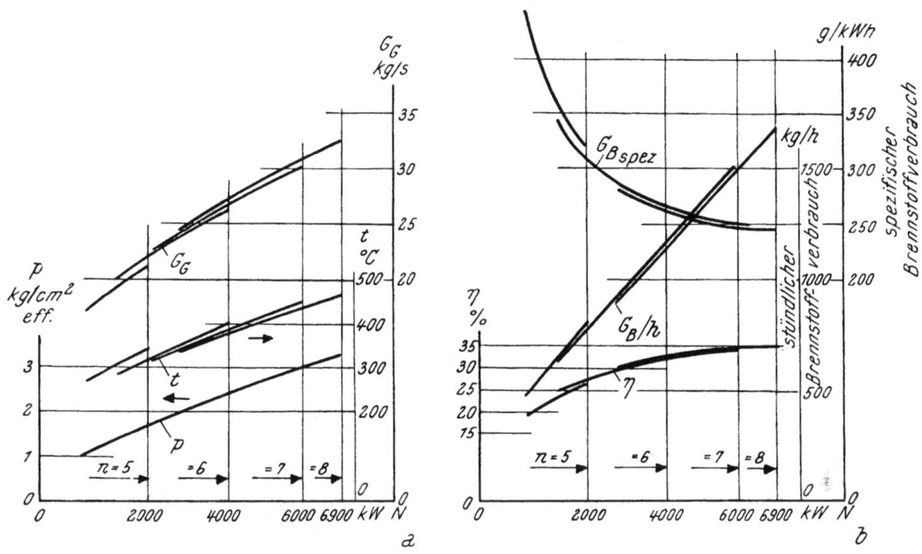

Abb. 545*a* und *b*. Ergebnisse der Abnahmeversuche der Anlage Cherbourg

Alle französischen Freikolbengaserzeuger wurden von der Société Industrielle Générale de Mécanique Appliquée (SIGMA) in Venissieux nach den Plänen der SEME gebaut. Seit dem Jahr 1956 ist der Bau dieser Gaserzeuger aber auch in anderen Ländern von bedeutenden Firmen aufgenommen worden, s. S. 209.

In Deutschland z. B. hat die Demag/Modag eine Anlage zur Stromerzeugung in einer Papierfabrik sowie eine Anlage für Schiffsantrieb fertiggestellt.

Bei der erwähnten Industrieanlage war die Aufgabe gestellt, die Energieerzeugung einer vorhandenen Dampfkraftzentrale zu vergrößern im Hinblick darauf, daß der Bedarf des Werkes an elektrischer Energie stark anwuchs und von der Dampfkraftzentrale und der vorhandenen Wasserkraftanlage nicht mehr gedeckt werden konnte. Die Überlegungen führten dazu, an Stelle eines notwendig werdenden Generatorsatzes mit Kondensations-Dampfturbine nunmehr eine Gasturbinenanlage einzubauen. Die Anlage besteht aus zwei Freikolbengaserzeugern (Fabrikat Demag/Modag Darmstadt) und einer Gasturbine (Fabrikat Hamburger Turbinenfabrik Nürnberg), die über ein Umlaufgetriebe (System Stoeckicht der Hüttenwerke Sonthofen) einen Drehstromgenerator antreibt. An Stelle einer Vergrößerung der Kesselanlage mit Dampfturbinensatz, Kondensator und umfangreichen Rohrleitungseinrichtungen treten die beiden Gaserzeuger mit dem Gasturbinensatz. Ein dritter Gaserzeuger kann später zusätzlich installiert werden, wenn der Wunsch besteht, zur Erzielung höchster Benutzungsdauer der Anlage jederzeit zwecks Revision oder Instandhaltungsarbeiten einen der Gaserzeuger abzuschalten und trotzdem das Turboaggregat mit voller Leistung weiter in Betrieb zu halten.

Als Betriebsstoff dient Braunkohlenschwelteer. Die Hauptdaten sind, s. Abb. 245:

Generatorleistung	2000 kVA
Turbinenleistung an der Getriebeabtriebswelle	1900 PS
Turbinendrehzahl	8000 U/min
Getriebedrehzahlen	8000/1500 U/min
Generatordrehzahl	1500 U/min
Gasdruck am Turbineneintritt	max. 4 ata
Gastemperatur am Turbineneintritt	440 ° C
Gasdruck am Turbinenaustritt	1,02 ata
Gastemperatur am Turbinenaustritt	etwa 250 ° C
Gasdurchsatz	etwa 7,9 kg/sek

Die Turbine ist als sechsstufige Überdruckturbine gebaut. Die Betriebsdrehzahl liegt im unterkritischen Gebiet. Da keine außergewöhnlich hohen Gastemperaturen auftreten, werden keine besonderen Maßnahmen für Schaufel- oder Läuferkühlung

Abb. 546. 1000-PS-Pumpanlage mit Freikolbengaserzeuger und Gasturbine in Suresnes

benötigt, und es ist dementsprechend ein ungewöhnlich hohes Maß an Betriebssicherheit gegeben. Die z. B. aus den Abb. 244a und 529 bekannte wärmeelastische Aufhängung des Leitschaufelträgers im Turbinengehäuse und seine Zentrierung mittels Radialbolzen wurde auch hier bei der Gasturbine angewandt, um ihr ein höchstens Maß an Unempfindlichkeit gegen Temperaturveränderungen zu geben. Laufschaufeln und Leitschaufeln sind nach neuesten strömungstechnischen Erkenntnissen ausgeführt. Der eingebaute Trommelläufer ist aus einem Stück geschmiedet. Zur Regelung dient ein Fliehkraftregler. Er steuert ölhydraulisch die Brennstoffzufuhr zu den Treibgaserzeugern und außerdem im Schwachlastgebiet zusätzlich ein Bypassventil für teilweises Abblasen von Treibgas, s. Abb. 198.

Die reinen Brennstoffkosten dürften bei etwa 4 Pfennig je kWh liegen gegenüber Brennstoffkosten in der Größenordnung von etwa 5 bis 8 Pfennig pro kWh bei einer Dampfanlage. Der Kühlwasserverbrauch beträgt nur ein Viertel des Verbrauches, den eine Dampfanlage hat. Die aus der Turbine austretenden Abgase bestehen zu etwa 80 % aus Luft, und können als hochvorgewärmte Verbrennungsluft — ohne daß zusätzlicher Aufheiz-Aufwand entsteht — einer Dampfkesselanlage zugeführt werden, so daß sich der Wirkungsgrad der Gesamtanlage wesentlich verbessert.

Es ist also auch bei solchen Anlagen eine Kombination mit Dampfanlagen möglich, wobei manchmal auch noch die Kühlwasserwärme nutzbringend verwertet werden kann.

Als erste Anlage dieser Art hat Anfang Februar 1959 die von der Simmering-Graz-Pauker Aktiengesellschaft entworfene und ausgeführte Verbund-Freikolben-Gasturbinenanlage bei der Faserplattenfabrik Adolf Funder jun. in St. Veit a. d. Glan, Österreich, den Betrieb aufgenommen. Die Gruppe besteht aus drei Freikolbengaserzeugern Type GS 34, der Gasturbine mit Getriebe und Generator und dem Dampfkessel. Infolge der Ausnützung der Wärmeenergie der Turbinenabgase in der Kesselfeuerung wird mit dieser Verbundanordnung ein thermischer Wirkungsgrad von $\eta \doteq 60\,\%$ erreicht. Dieser Wert nähert sich dem einer Gegendruckdampfanlage. Die Stromausbeute der Verbundgasturbinenanlage übertrifft jedoch jene einer entsprechenden Gegendruckdampfanlage beträchtlich. Ein weiterer Vorteil ist der, daß die Anlage auch dann die volle elektrische Energie liefern kann, wenn die Fabrik keinen oder nur wenig Dampf braucht. Der Klemmenwirkungsgrad ohne Zusatzdampferzeugung beträgt etwa 32 % [*168*].

Selbstverständlich sind auch in überseeischen Ländern Lizenzen genommen worden, und es ist zu erwarten, daß in den nächsten Jahren noch zahlreiche weitere Anlagen mit Freikolbengaserzeugern entstehen werden.

20. Die industrielle Kleinturbine

In der Leistungsklasse bis 500 PS besteht heute auch bereits eine Reihe von bemerkenswerten Turbinenmustern. Diese kleinen Turbinen werden als Notstromaggregate,

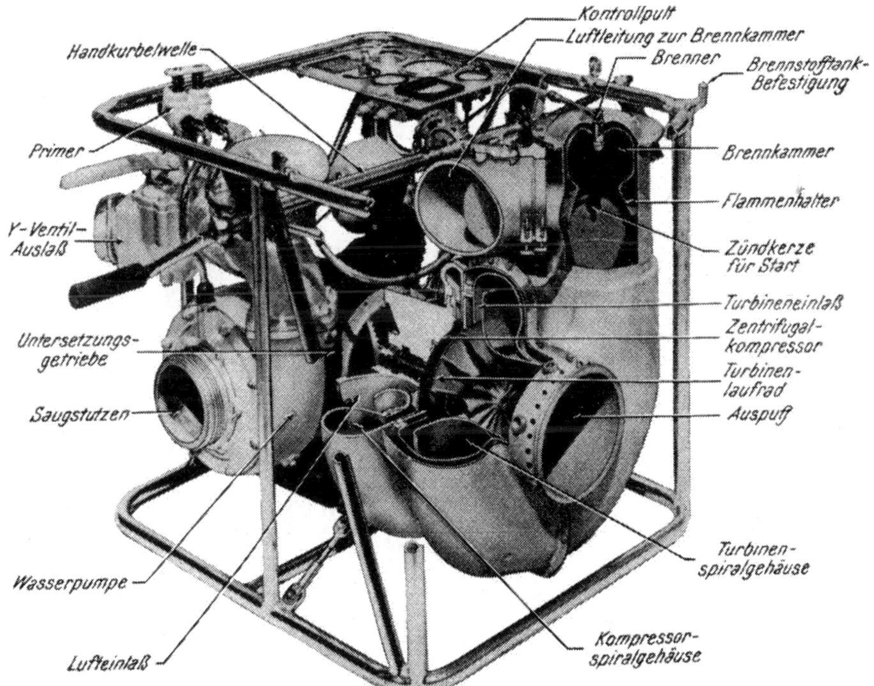

Abb. 547. Solar-Gasturbine T-45 „Mars" mit 40/75 PS

als Pumpenantriebsmaschinen, Preßluftaggregate usw. mehr und mehr in der Industrie sowie auch in der Luftfahrt verwendet [*39*, *316*, *321*].

Eine durch ihre Einfachheit bestechende Kleinturbine ist die Maschine von Budworth Ltd., Abb. 324. Sie arbeitet mit einer Eintrittstemperatur von 850° C. Die Drehzahl beträgt 48000 U/min. Radialkompressor- und Radialturbinenlaufrad sitzen Rücken an Rücken auf einer Kragwelle. Das Kompressorlaufrad mit 14 Schaufeln ist aus Hiduminium-

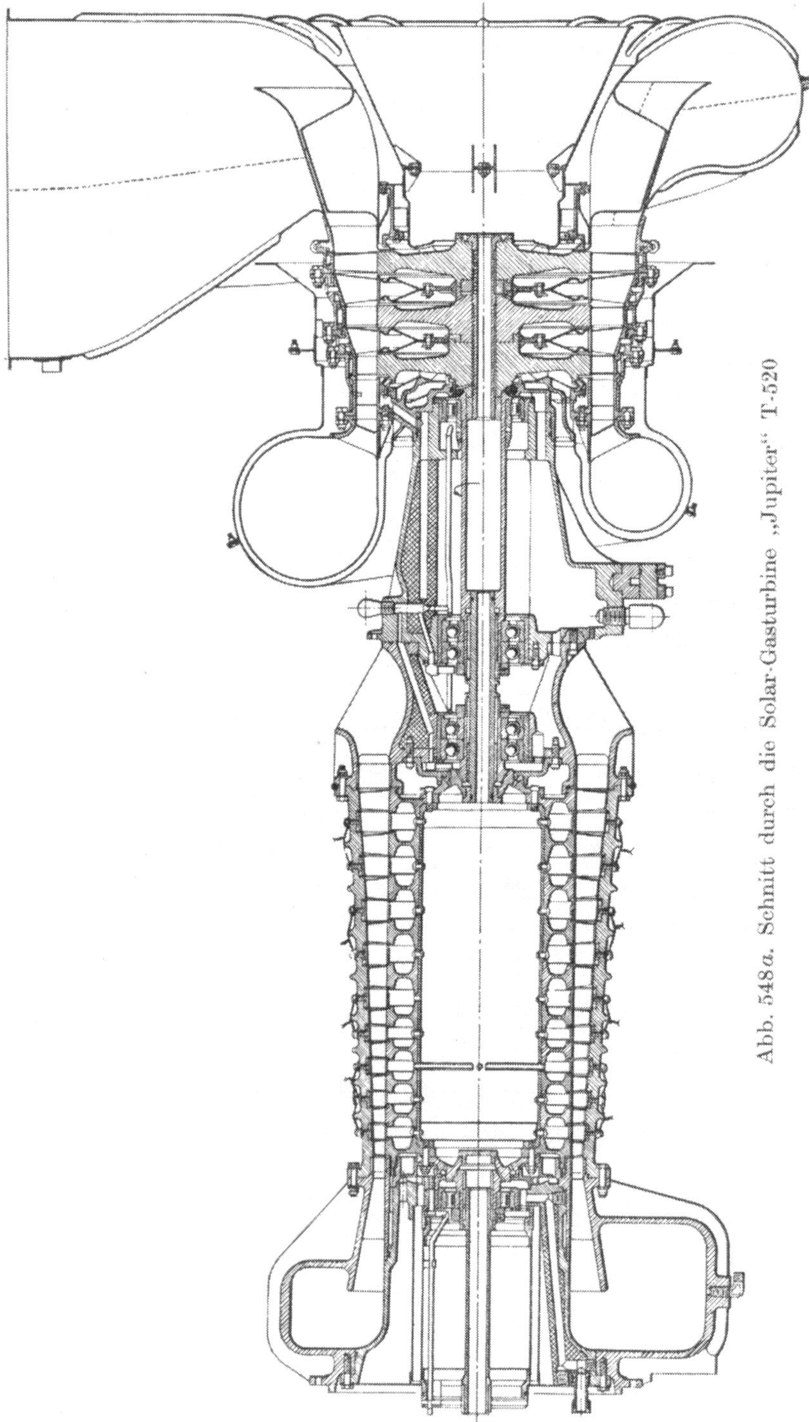

Abb. 548a. Schnitt durch die Solar-Gasturbine „Jupiter" T-520

RR-58-Aluminiumlegierung geschmiedet und ergibt ein Druckverhältnis von 2,8 bei einem Durchsatz von 0,68 kg/sek. Das zwölfschaufelige Turbinenlaufrad ist aus einem Nimonic-80-A-Schmiedestück gefräst. Der Brennstoffverbrauch beträgt 680 bis 720 g/PSh.

Die interessante Vergaserbrennkammer wurde bereits beschrieben. Die Turbine wird mittels einer 1:60 übersetzten Handkurbel angeworfen. Die erste Zündung geschieht

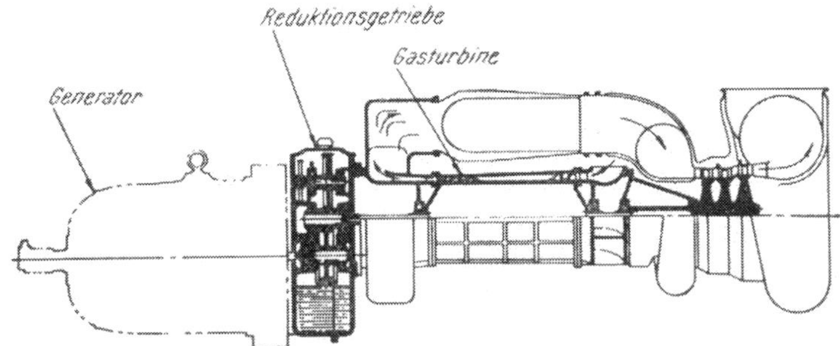

Abb. 548 *b*. Schema der Solar-Gasturbine T-520 für konstante Drehzahl

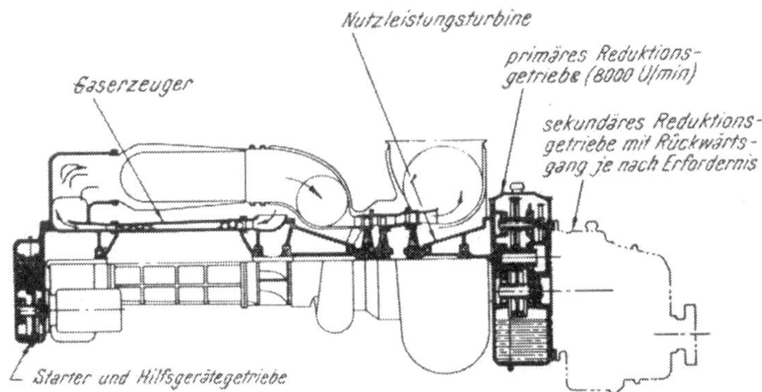

Abb. 548 *c*. Schema der Solar-Gasturbine T-522 mit variabler NLT-Drehzahl

Abb. 549. AiResearch GTP 70-10-Turbine

mit einer Lunte von Hand aus. Diese Lunte wird durch den rechts im Bild sichtbaren Deckel eingeführt. Die Maschine braucht also keinerlei elektrische Anlage. Das Gewicht der Turbine mit Getriebe beträgt etwa 30 kg. Sie dient zum Antrieb von Notstromaggregaten, Feuerlöschpumpen usw.

Das Gegenstück hierzu ist die amerikanische Solar-T-45-Turbine, Abb. 547. Wieder sitzen beide Laufräder Rücken an Rücken auf einer Kragwelle. Der Kompressorwirkungsgrad beträgt 74,5 %, der Turbinenwirkungsgrad 78 % und der Brennkammerwirkungs-

Abb. 550. AiResearch GTCP 85-4-Turbine

grad 95 %. Das Druckverhältnis ist 2,44. Ursprünglich war die Turbine für 46,8 PS bei 616° C Gastemperatur und 27° C Lufteintrittstemperatur bei einem Durchsatz von 1,06 kg/sek ausgelegt. Der spezifische Brennstoffverbrauch betrug dabei 1000 g/PSh.

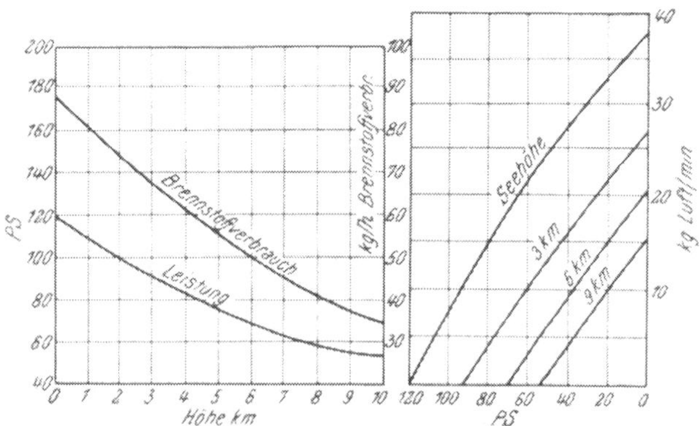

Abb. 551. Leistungsdiagramme der AiResearch GTCP 85-4-Turbine

Bei 690° C ergeben sich 57 PS bei 950 g/PSh. Die letzte Ausführung gibt bei 705° C und 40300 U/min 74 PS ab. Die Maschine wurde ursprünglich für die amerikanische Marine zum Antrieb von Feuerlöschpumpen entwickelt, steht aber heute bereits in der Industrie und auch in der Luftfahrt für die verschiedensten Zwecke in Verwendung. Die Brennkammer ist als Einzelbrennkammer in Winkelform ausgebildet, Abb. 322. Der

Brennstoff wird von einer zentralen Düse eingespritzt. Zur Zündung beim Start, der ebenfalls über eine 1:81 übersetzte Handkurbel geschieht, ist eine Zündkerze vorgesehen. Eine Drosselklappe im Luftstutzen erleichtert das Zünden beim Anlassen. Abb. 547

Abb. 552. Boeing 502-10 C-Gasturbine

zeigt das Feuerlöschpumpenaggregat. Die Turbine mit Untersetzungsgetriebe wiegt etwa 45 kg. Sie kann entweder mit Gas oder mit jedem destillierten Brennstoff, wie z. B. Petroleum, Dieselöl oder Benzin, betrieben werden. Eine Überholung muß alle 750 Stunden erfolgen und besteht im wesentlichen aus dem Austausch der Brennkammerblechteile und vorsichtshalber der beiden Hauptlager.

Das komplette Feuerlöschpumpenaggregat laut Abbildung wiegt 79 kg. Die Dimensionen sind 685 × 610 × 635 mm.

Eine weitere Solar-Entwicklung ist die 500-PS-Turbine T-520 und T-522. T-520 ist eine Einwellenmaschine, Abb. 548a, b, und T-522 eine Zweiwellenmaschine, Abb. 548c. Der zehnstufige Axialkompressor liefert 4 kg/sek Luft bei einem Druckverhältnis von 4,75 und 20000 U/min. T-520 hat eine dreistufige Axialturbine, T-522 eine zweistufige Axialturbine für den Kompressorantrieb und eine getrennt laufende einstufige Nutzleistungsturbine. Das Gewicht beträgt bei T-520 388 kg bei T-522 428 kg. Als Brennkammer ist eine einzelne Flammrohrbrennkammer normaler Bauart vorgesehen, und es kann mit Dieselöl, Petroleum oder Benzin gefahren werden. Die Turbineneintrittstemperatur beträgt 795° C und der Brennstoffverbrauch 206 kg/h. Länge: T-520 1500 mm, T-522 1510 mm. Länge mit Getriebe: T-520 1960 mm, T-522 2315 mm. Breite: 800 mm, Höhe: 995 mm.

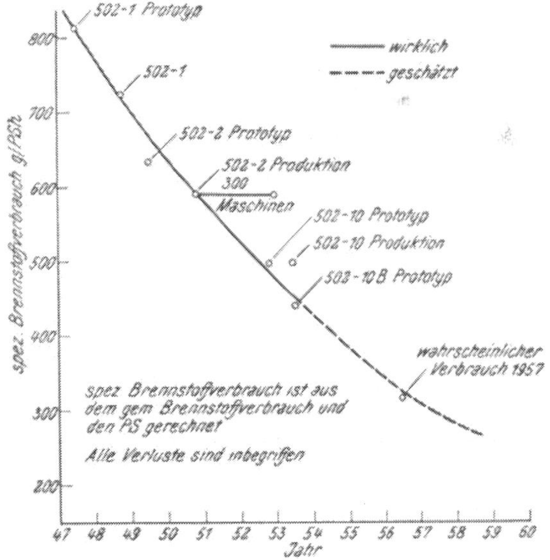

Abb. 553. Brennstoffverbrauch der Boeing-Kleinturbinen (Werksangabe aus dem Jahr 1954)

Große Erfahrungen auf dem Gebiet der Kleinturbinen dürfte auch die AiResearch Manufacturing Comp. haben, deren Chefingenieur W. van der Nüll ist. Als bekannter Vertreter der Radialmaschinen hat er seine langjährigen Erfahrungen auf diesem Gebiet bei den AiResearch-Turbinen angewandt. Diese werden in der Luftfahrt als Strom- und Preßlufterzeuger verwendet. Die letzten Modelle sind die Typen GTP 70-10, Abb. 549, und GTCP 85-4, Abb. 550. Die Turbine GTP 70-10 ist eine Maschine mit konstanter Drehzahl zum Antrieb von Flugzeuggeneratoren. Sie läuft vollautomatisch, und der Kontrollmechanismus hält die Drehzahl unabhängig von der Last innerhalb 0,25 % konstant. Das Anlassen geschieht mittels einer automatischen Einrichtung durch einfache Betätigung eines Druckknopfes. Der Aufbau der Turbine ist kompakt, und die gesamte Außenhülle ist luftgekühlt. Die Flammrohrbrennkammer arbeitet mit Gegenstrom. Nach Lösen des Halteringes kann das Flammrohr und der Brenner abgenommen werden. Der Kompressor ist ein zweistufiger Radialverdichter, die Turbine eine einstufige Radialmaschine. Das Gewicht des kompletten Aggregates beträgt 79 kg, die Abmessungen

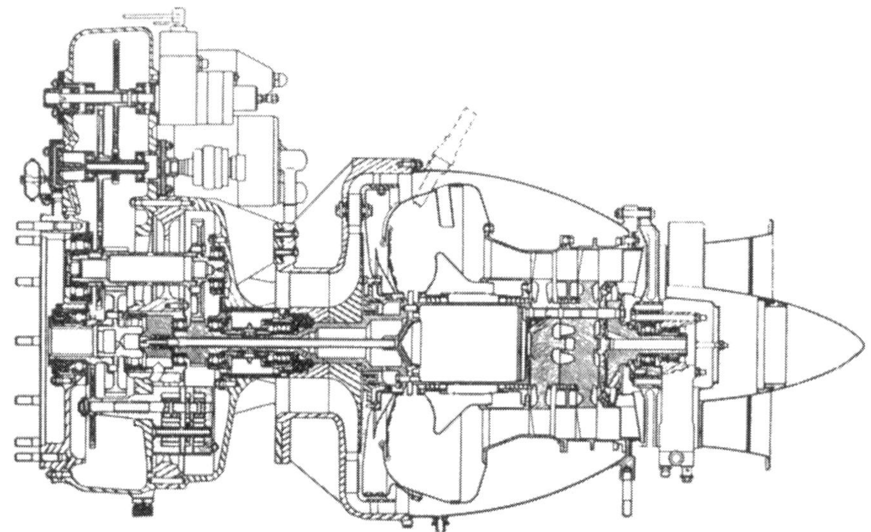

Abb. 554. Turboméca Artouste 1

750 mm Breite, 455 mm Höhe und 900 mm Länge. Die Leistung beträgt 100 PS in Seehöhe (Standardtag), 82 PS in 3000 m, 68 PS in 6000 m und 52 PS in 9000 m Höhe (alle Angaben für Standardtag). Brennstoffverbrauch: 54,3 l/h in Seehöhe, 40,8 l/h in 3000 m, 31,6 l/h in 6000 m und 21,7 l/h in 9000 m Höhe. Drehzahl der Antriebswelle 6000 U/min, Lufteinlaßtemperatur von —54 bis +54° C (Arbeitsbereich). Rechts an der Maschine ist der Ölkühler ersichtlich, der mittels eines Luftstromes aus einem Gebläse am Getriebekasten, der Lufteinlaß ist neben dem Haupteinlaß sichtbar, beliefert wird. Dieses Gebläse erzeugt auch die Kühlluft für den Generator. Der Zuleitungsluftstutzen dafür zeigt nach vorne.

Die Type GTCP 85-4 ist eine Turbine, die sowohl Wellenleistung als auch Preßluft abgeben kann. Der Grundaufbau ist gleich wie bei GTP 70-10. Das Gewicht beträgt 97,5 kg. Die Abmessungen sind 645 mm Breite, 735 mm Höhe und 1020 mm Länge. Die Leistung beträgt entweder 120 PS Wellenleistung (Standardtag, Seehöhe) oder 15 PS Wellenleistung und 34 kg Luft/min mit 3,51 ata und 199° C als typische kombinierte Leistung. Leistung und Brennstoffverbrauch sind aus Abb. 551 ersichtlich. Alle weiteren Angaben entsprechen der Type GTP 70-10.

Neuerdings wurde eine 30-PS-Gasturbine GTP 30-1 herausgebracht, die einen einstufigen Radialkompressor und eine einstufige Radialturbine aufweist, die Rücken an

Rücken sitzen und eine Umkehrstrombrennkammer, die wie bei den größeren Typen ausgeführt ist. Drehzahl 52800 U/min, $t_3 = 793°$ C, Drehzahl der Abtriebswelle 8000 U/min. Der Brennstoffverbrauch bei Vollast am Boden beträgt 18,4 kg/h, das Gewicht etwa 18 kg.

Eine sehr bekannte Kleinturbine ist die Boeing-Turbine 502. Das letzte Modell, 502-10 C, zeigt Abb. 552. Es ist eine Zweiwellenmaschine mit einem einstufigen Radialverdichter, zwei Flammrohrbrennkammern und zwei einstufigen axialen Turbinen. Die Dauerleistung beträgt 240 PS bei 840° C Eintrittstemperatur. Spezifischer Verbrauch 440 g/PSh, Verdichtung 4,25, Durchsatz 1,8 kg/sek, Gewicht 111 kg, Kompressordrehzahl 37500 U/min, Kompressorwirkungsgrad 77 %, Nutzleistungsturbinendrehzahl 24000 U/min, Länge 1000 mm, Breite 585 mm, Höhe 580 mm. Wie fortgesetzte Entwicklung den Brennstoffverbrauch senken kann, zeigt das Beispiel von Boeing, Abb. 553, siehe auch Kraftfahrzeugturbinen, S. 746.

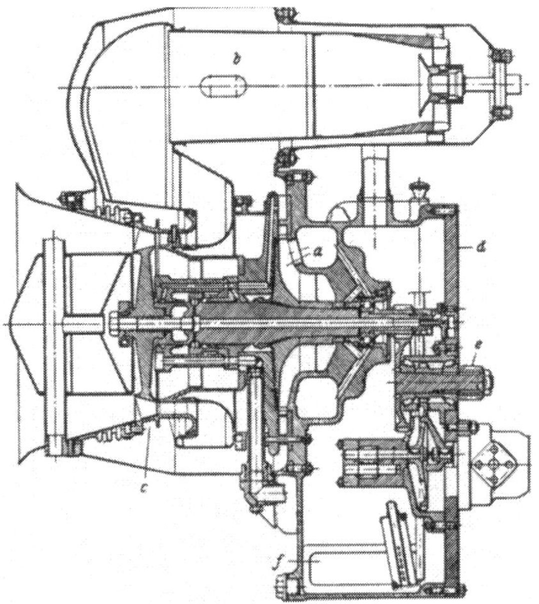

Abb. 555*b*. Schnitt durch die 60-PS-Industriegasturbine von Rover

a Einstufiger Radialkompressor
b Brennkammer
c Einstufige Axialturbine
d Montageplatte für Hilfsantriebe
e Antriebszahnrad für die Nutzleistung
f Ölsumpf

Abb. 555*a*. Rover-Turbine I S/60

Sehr interessante Kleinturbinen werden von Turboméca in Frankreich und in Lizenz von Lycoming in Amerika und Blackburn in England erzeugt. Es gibt die verschiedensten Typen. Für die Industrie interessant sind die Modelle für Abgabe von Preßluft und Wellenleistung. Abb. 554 zeigt die Turbine Artouste 1 mit 280 PS bei einem Brennstoffverbrauch von 127 kg/h. Die maximale Dauerleistung beträgt 250 PS bei 118 kg/h, das Druckverhältnis 3,7, der Luftdurchsatz 2,15 kg/sek, die Drehzahl 35000 U/min, das Gewicht 98 kg, Länge 930 mm, Breite 530 mm, Höhe 590 mm. Bemerkenswert ist die Ausbildung der Brennkammer mit einem rotierenden Brenner und die von Luft durchflossenen Turbineneintrittsleitschaufeln, siehe auch Abb. 350, S. 351 [*332*].

Die Blackburn-Artouste-Turbine leistet 350 PS maximal bei einem spezifischen Verbrauch von 404 g/PSh und hat eine maximale Dauerleistung von 300 PS bei 420 g/PSh als spezifischem Verbrauch. Der Luftdurchsatz beträgt 2,13 kg/sek, die Verdichtung 4,19, das Gewicht 126 kg, Länge 1005 mm, Breite 490 mm, Höhe 470 mm.

Das Typenprogramm von Blackburn & General Aircraft Ltd., Lizenz Turboméca, ist sehr geschickt aus den einzelnen Baugruppen aufgebaut, wobei sich verschiedene Gruppen bei verschiedenen Typen immer wieder vorfinden.

Gebaut werden die Typen Palas 600, Palouste 500, Artouste 510, Artouste 500, Artouste 600, Turmo 500 und Turmo 600 sowie A. 129.

Allen Typen außer A. 129 gemeinsam ist das Hilfsgerätegetriebe. Kompressorlaufrad und Brennkammer sind bei allen Modellen gleich. Eintrittsleitapparat und Turbine erste Stufe variieren. Palas 600, Artouste 600, Turmo 600 und A. 129 sind gleich, während alle Typen der Baureihe 500 ebenfalls die gleiche erste Stufe verwenden. Die zweite Turbinenstufe, soweit vorhanden, ist wieder bei Artouste 510, Palouste 500 und Artouste 500 gleich; ebenso ist die NLT-Stufe bei Turmo 500 dieser zweiten Stufe gleich. Artouste 600, Turmo 600 und A. 129 gleichen sich ebenfalls in der zweiten Turbinenstufe. Es wird nur eine Type von Reduktionsgetriebe verwendet, wobei die Typen Artouste 500 und 600 dieses vorne angeflanscht haben und die Typen Turmo 500 und 600 sowie A. 129 mit getrennter NLT das Getriebe rückwärts angesetzt haben.

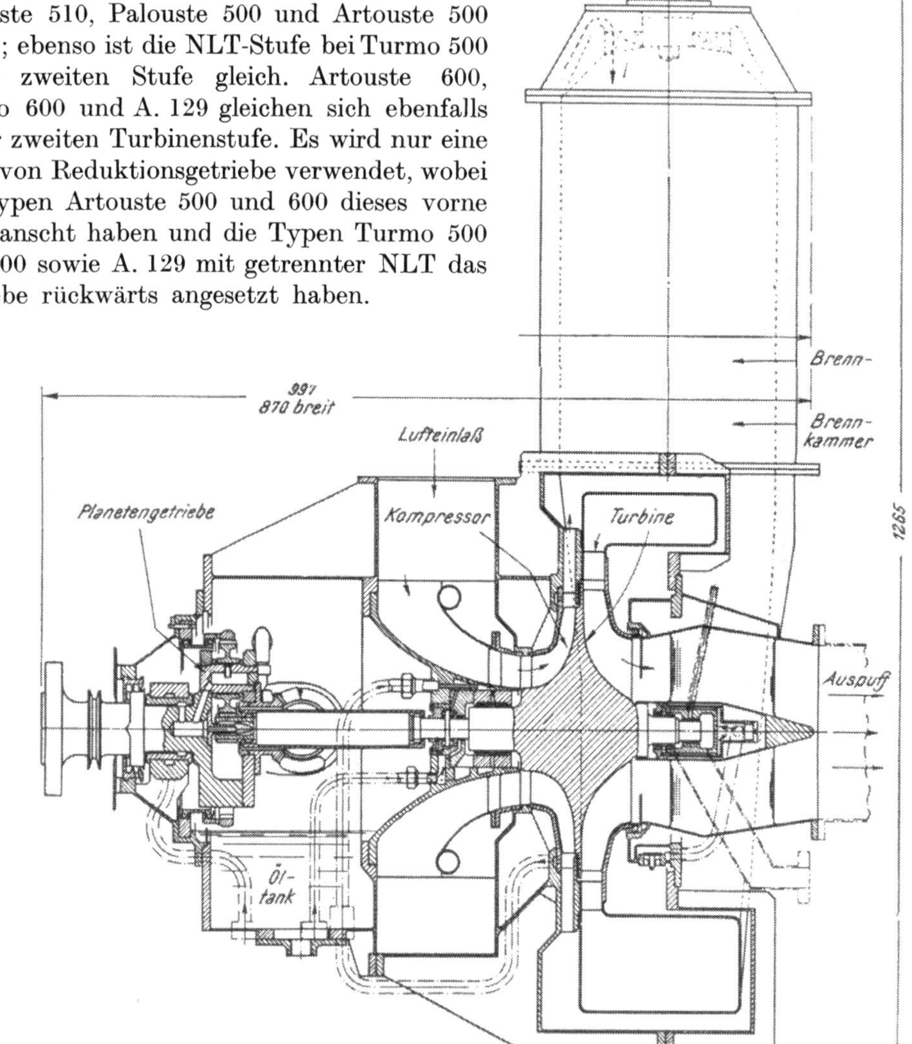

Abb. 556. Schnitt durch die Allen-200-PS-Turbine

Palouste 500 ist ein Aggregat zur Lieferung von verdichteter Luft. Artouste 510 liefert verdichtete Luft und Wellenleistung. Palas 600 ist ein TL-Triebwerk, Artouste 500 und 600 liefern Wellenleistung, Turmo 500 und 600 sowie A. 129 ebenfalls, jedoch über eine getrennte Nutzleistungsturbine.

Die Type A. 129 stellt die letzte Entwicklung dar. Während die Typen Artouste 600 und Turmo 600 etwa 400 bis 410 PS abgeben, liefert das A. 129 700 PS.

Erreicht wurde diese Leistungssteigerung durch Vorschaltung eines zweistufigen Axialverdichters einer Artouste 600 Turbine wodurch das Verdichtungsverhältnis auf 5,71:1 anstieg. Drehzahl 33100 U/min, Durchsatz 4,53 kg/sek, $t_{3_{max}}$ 787° C, thermischer Wirkungsgrad 18%, Auspufftemperatur 480° C. Die Nutzleistungsturbine ist eine einstufige Axialturbine, die mit 27000 U/min läuft und über ein Turmo-Untersetzungsgetriebe mit Untersetzungsverhältnis 9:1 die Leistung abgibt. Alle übrigen Merkmale entsprechen der Turboméca-Bauweise.

Eine weitere sehr bekannte Kleinturbine ist die Rover 1 S/60, Abb. 555a und b. Die Maschine leistet 60 PS bei 15° C Lufttemperatur. Die Drehzahl beträgt dabei 46000 U/min, der spezifische Verbrauch 660 g/PSh, der Durchsatz 0,614 kg/sek, das Druckverhältnis 2,9, die Einlaßtemperatur 790° C, die Auspufftemperatur 600° C, das Gewicht 52,6 kg der Wirkungsgrad 9,5 %, das Leistungsgewicht 0,879 kg/PS.

Der Radialverdichter hat ein Laufrad mit 17 Schaufeln, der Diffusor 9 Schaufeln. Der Turbineneintrittsleitapparat besteht aus 21 Schaufeln, das einstufige Axialrad mit seinen 31 Schaufeln ist aus dem Vollen herausgefräst. Die Brennkammer mit sehr hoher Feuerraumbelastung wurde bereits in Abb. 323 gezeigt. Als Brennstoff kann jede destillierte Sorte verwendet werden, ebenso wie auch Gas. Die ganze Außenhaut der Turbine ist luftgekühlt. Das Anlassen geschieht mittels einer 1:100 übersetzten Handkurbel. Die Zündung beim Start geschieht elektrisch. Die Turbine dient zum Antrieb von Feuerlöschpumpen oder Generatoren.

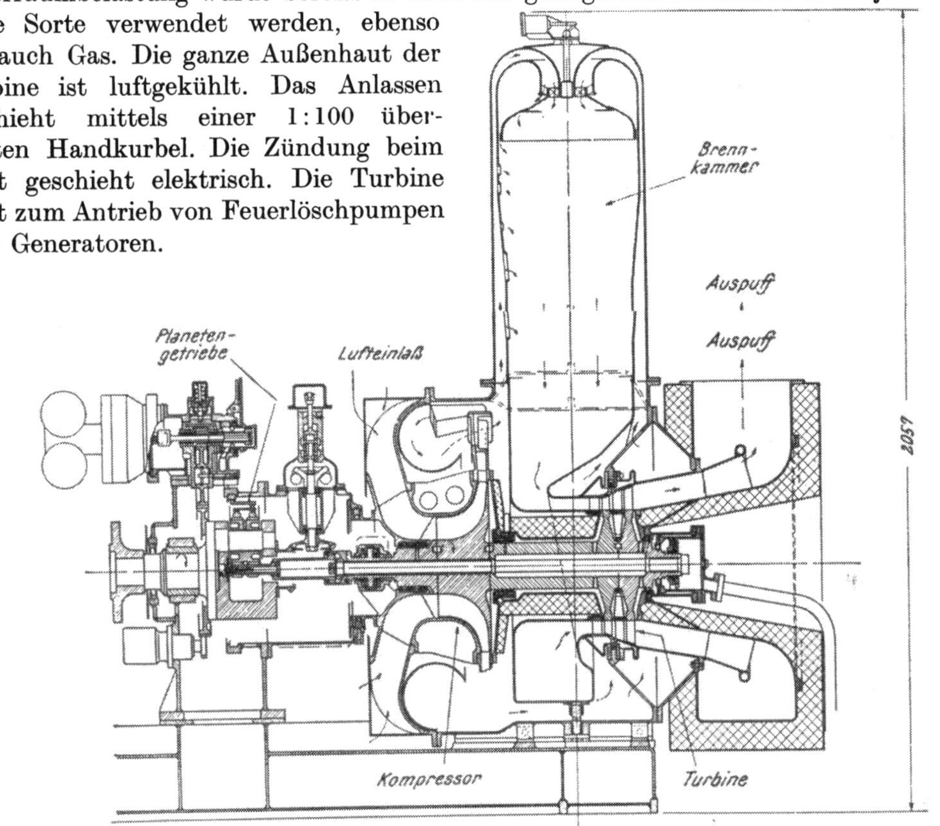

Abb. 557. Schnitt durch die Allen-350-kW-Turbine

Allen, Sons & Comp. Ltd. baut ebenfalls zwei Kleinturbinen. Die 200-PS-Type ist in Abb. 556 und die 350-kW-Type in Abb. 557 ersichtlich.

Die kleinere Maschine weist einen Rotor aus einem Stück auf, dessen eine Seite als Radialverdichter und dessen andere Seite als Radialturbine ausgebildet ist. Die große Maschine hat einen Radialverdichter und eine zweistufige Axialturbine. Beide haben eine Einzelbrennkammer mit Umkehrstrom und eine luftgekühlte Außenhaut.

Die kleinere Maschine leistet bei 15° C Lufttemperatur und 750° C Turbineneintrittstemperatur 200 PS bei 23000 U/min (Drehzahl an der Kupplung 3000 U/min). Das Druckverhältnis beträgt dabei 2,4, der Durchsatz 2,3 kg/sek, der spezifische Verbrauch 725 g/PSh, der Wirkungsgrad 8,75 %. Bei 800° C gibt die Maschine an der Kupplung 212 PS ab und weitere höhere Leistungen sind zu erwarten. Die Radialturbine erreicht einen Wirkungsgrad von 86 %. Durch Verwendung einer Scheibe für Radialverdichter und Radialturbine ist die Kühlung derselben so gut, daß ein ferritischer Stahl (Vickers Rex 448) genommen werden konnte. Die auf den Verdichter übertragene Wärme drückt dessen Wirkungsgrad um 1 %.

Der Brenner ist eine Shell-Type mit reguliertem Rücklauf, der mit einem konstanten Druck von 28 atü arbeitet. Der Drehzahlregler hält die Drehzahl innerhalb 4 % (Leerlauf

Abb. 558*a*. 250-PS-Kleinturbine der Standard Motor Comp., Ltd. Ansicht von vorne seitlich

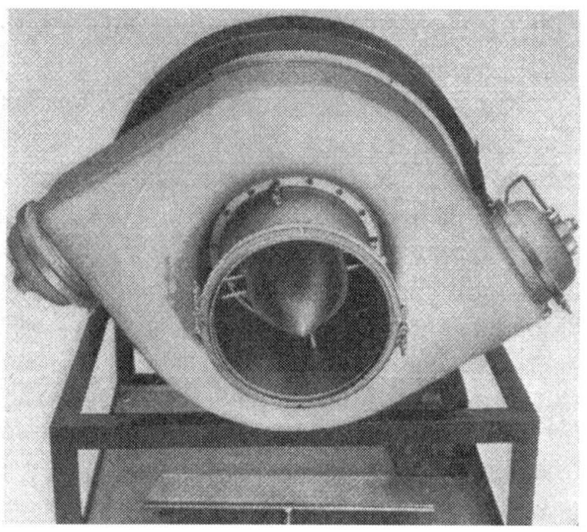

Abb. 558*b*. 250-PS-Kleinturbine der Standard Motor Comp., Ltd. Ansicht von rückwärts

bis Vollast) konstant. Die nötigen Sicherheitsvorkehrungen gegen Durchgehen sind vorgesehen. Ein Rotax-Kartuschen-Starter bewirkt einen schnellen zuverlässigen Start. Die Zündung erfolgt über einen Hochfrequenzzünder. In drei Sekunden ist die Maschine auf 9000 U/min, von wo sie unter Kontrolle des Reglers selbst hochläuft.

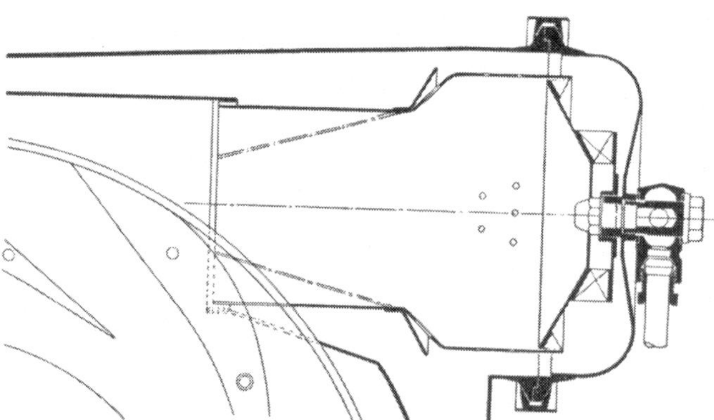

Abb. 559. Schnitt durch eine der beiden Brennkammern der 250-PS-Kleinturbine der Standard Motor Comp., Ltd.

Die größere Maschine läuft mit einer Drehzahl von 15000 U/min. Das Getriebe untersetzt 1:10. Die Verdichtung beträgt 2,7. Weitere Maschinendaten sind nicht bekannt. Der Start geht wie bei der kleinen Maschine vor sich. Die Turbinenschaufeln sind aus Nimonic 90 gefertigt.

Eine weitere interessante Kleinturbine wird von Standard Motor Co., Ltd., gefertigt Abb. 558 a, b. Es ist eine 250-PS-Maschine, die später auch noch durch eine 350-PS-Ausgabe ergänzt werden soll. Weiters befindet sich eine Turbine mit getrennter Nutzleistungsstufe auf dem Reißbrett.

Es ist dies eine sehr billige und einfache Turbine, und ihr Preis soll weit unter dem der vergleichbaren Dieselmotoren liegen.

Die Konstruktion geht deutlich aus Abb. 256b, S. 277, hervor [*176*]. Die Hilfsgeräte am Getriebe sind Normalteile aus dem Standard-Motorfahrzeug-Programm.

Die Vollastlebensdauer ist mit 5000 Stunden bemessen. Die Eintrittstemperatur beträgt 777° C, die Vollastdrehzahl 24000 U/min. Bei 15° C Lufttemperatur und 760 mm Quecksilbersäule beträgt dabei der spezifische Brennstoffverbrauch 582 g/PSh. Bei einem Brennstoff mit 10 000 kcal/kg entspricht dies 11 % Wirkungsgrad. Der Durchsatz ist mit 2,36 kg/sek (3,31 kg/sek für die 350-PS-Version) angegeben, das Druckverhältnis mit 3,0.

Das Gewicht der Standardausführung mit Luftfilter beträgt 159 kg (173 kg bei 350 PS), während die Dimensionen bei 770 mm Breite, 635 mm Höhe und 730 mm Länge liegen. Das Leistungsgewicht dieser Kleinturbine beträgt also nur 0,635 kg/PS.

Abb. 560. Ruston & Hornsby-430-PS-Kleingasturbine Type TE

Interessant ist die Auslegung der Hauptwelle mit einer kritischen Drehzahl von etwa 4000 U/min, also unter der Leerlaufdrehzahl. Der Kompressorläufer ist aus RR 58 geschmiedet, während das Turbinenlaufrad in der Serie aus einem ferritischen Stahl bestehen wird (etwa Firth Derihon 535), da die Radeintrittstemperatur nur 627° C beträgt. Das Turbinenlaufrad wird durch Leckluft von der Kompressorhochdruckseite gekühlt. Ebenso erhält das doppelte Wellenlabyrinth Sperrluft über Bohrungen im Kompressorlaufrad. Sechs Bolzen halten beide Laufräder mit der Nabe der Welle verspannt. Diese Bolzen sind Paßbolzen und übertragen daher auch das Drehmoment.

Turbineneinlaß- und Kompressor-Diffusorschaufeln, 14 und 7 an der Zahl, sind aus Präzisionsgußstücken gefertigt und einzeln am Gehäuse befestigt und verstiftet. Das Turbineneinlaß- sowie das um dieses herumliegende Kompressoraustrittsgehäuse sind aus Blech gefertigt. Zwei Brennkammern sind vorgesehen. Zu diesem Zweck müssen beide Einspritzdüsen auf einem eigenen Prüfstand genau abgestimmt werden, damit beide Brennkammern gleiche Eintrittstemperatur ergeben. Derzeit wird eine Ringbrennkammer studiert. Die Brennkammerabmessungen sind sehr gering, Abb. 559, trotzdem wird ein Brennkammerwirkungsgrad von 99 % bei einem Druckabfall von 4 % erreicht. Simplex-Brenner sind vorgesehen [*322*].

Vor kurzer Zeit wurde eine sehr bemerkenswerte Kleinturbine von der Firma Ruston & Hornsby Ltd. auf den Markt gebracht, es ist dies die TE-Type mit 430 PS, Abb. 560 und 561 a, b.

Der Aufbau der Turbine geht aus den Schnittzeichnungen deutlich hervor. Der Rotor läuft auf nur zwei Lagern. Eine Umkehrstrombrennkammer kommt zur Anwendung. Die Rotordrehzahl von 19250 U/min wird im Getriebe auf 1200 oder 1500 U/min herabgesetzt. Die Eintrittstemperatur in die dreistufige Axialturbine beträgt 800° C, das Druckverhältnis des Radialverdichters 3,5:1, der Durchsatz 3,86 kg/sek. Als Brennstoff kommt Dieselöl oder Gas zur Anwendung. Der Wirkungsgrad erreicht 12 %. Die Hauptabmessungen von 2820 mm Länge (Kupplung bis Auslaßende), 1473 mm Breite einschließlich Ölkühler und 1828 mm Höhe bis Brennkammerkopf sind relativ gering.

Aus dem Gesamtgewicht von 1570 kg mit Rahmen und Getriebe errechnet sich ein Leistungsgewicht von 3,9 kg/PS.

Das ausgedehnte Kühlluftsystem geht deutlich aus Abb. 561 b hervor. Dadurch war es möglich, eine Vollastlebensdauer von 25000 Stunden zu erreichen.

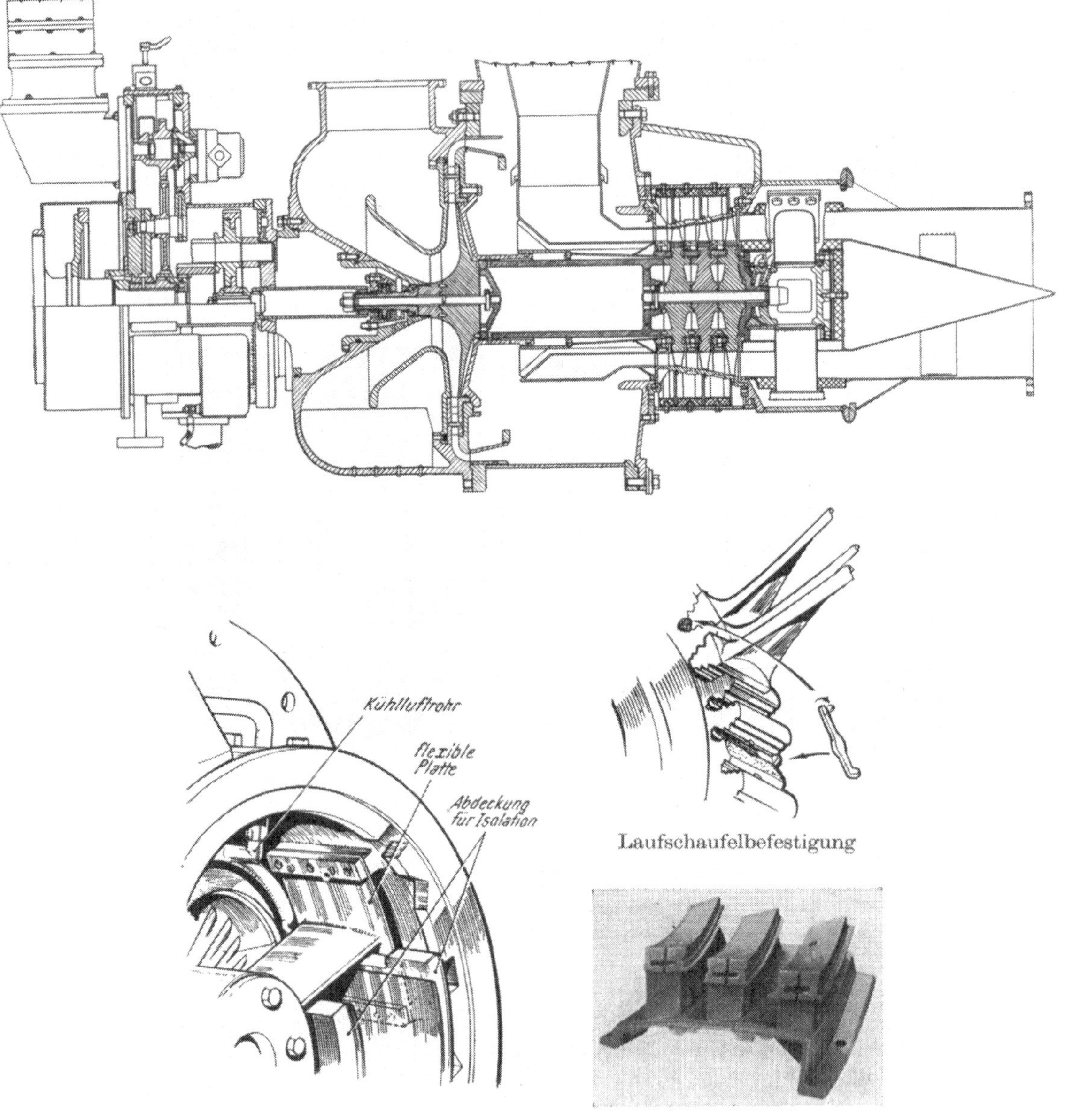

Aufhängung des rückwärtigen Lagers — Statorsegment

Abb. 561*a*. Schnitt durch die Ruston & Hornsby-430-PS-Kleingasturbine Type TE und technische Details

Die 4 Gehäuseteile (Getriebe, Kompressoreinlaßgehäuse, äußeres Turbineneinlaßgehäuse und Turbinengehäuse) sind fest zusammengeflanscht und bilden den Haupttragkörper. Von diesen vier Gehäusen ist lediglich das Turbinengehäuse geteilt. Die Aufhängung am Rahmen hat am Getriebe den Fixpunkt und am Turbineneinlaßgehäuseflansch zwei flexible Tragestützen zum Ausgleich von Längendehnungen, während sie in Querrichtung steif sind.

Der Rahmen ist zugleich Ölbehälter. Lufteinlaß- sowie Turbineneinlaßgehäuse können in verschiedene Winkelstellungen verdreht werden. Das eigentliche Kompressorgehäuse, Kompressorrückwand, Heißgaseinlaßgehäuse zur Turbine und die Leiträder sind im Außengehäuse kinematisch aufgehängt und können sich frei dehnen. Das innere Kompressorgehäuse, die Rückwand und das Heißgaseinlaßgehäuse aus Nimonic-75-Blech sind ungeteilt ausgeführt. Die Laufradschaufeln sind aus Nimonic 90 gefräßt und sitzen in axialen Tannenbaumnuten. Während die Laufschaufeln verwunden sind, haben die Leitschaufeln konstantes Profil ohne Verwindung. Der Leitschaufelwerkstoff ist gezogenes Nimonic-75-Profil.

Der Aufbau des Turbinengehäuses ist konstruktiv am interessantesten. Es besteht aus dem geteilten eigentlichen Gehäuse, das aber nur den Gasdruck aushalten muß. Der Haupttragkörper ist ungeteilt und besteht aus einer Schweißkonstruktion, die sich aus der Abschlußplatte des Turbineneinlaßgehäuses (Außengehäuse), aus drei Armen und dem ungeteilten Tragring des rückwärtigen Lagers zusammensetzt. Der Stator selbst baut sich aus 8 Segmenten auf, die alle drei Reihen Leitschaufeln enthalten und in den beiden Flanschringen des Tragkörpers kinematisch eingehängt sind. Man kann also nach Abnahme des geteilten Turbinengehäuses sofort die Statorsegmente entfernen und dadurch die Laufschaufelung untersuchen, ohne sonst irgendeinen Teil der Maschine demontieren zu müssen.

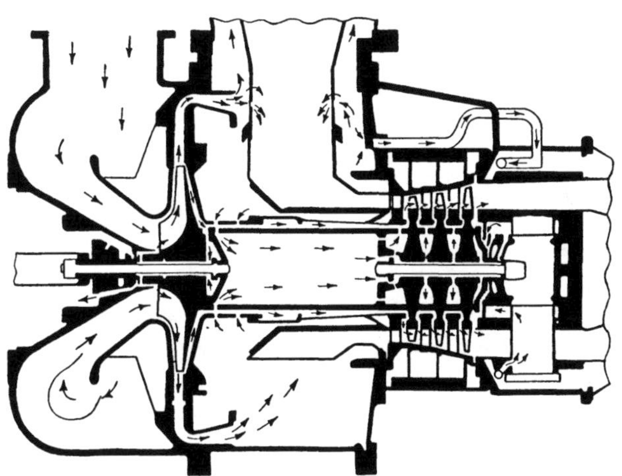

Abb. 561 *b*. Kühlluftführung in der Ruston & Hornsby-TE-Turbine

Eine weitere Kleinturbine wurde inzwischen von BMW herausgebracht. Ihr Aufbau ist ähnlich der Budworth-Turbine, bzw. der Solar oder AiResearch GTP 30-1-Maschine, also Radialkompressor und Radialturbine Rücken an Rücken auf einer Kragwelle, doch reicht bei BMW die Brennkammer zwischen die beiden Scheiben hinein (die Scheiben sitzen in geringem Abstand zueinander) und der Brennstoff wird von einem rotierenden Brenner, der zwischen den Scheiben eingeflanscht ist, eingespritzt. Die Brennkammer erstreckt sich aber radial. Leistung 50 PS, Drehzahl 45000 U/min (3000 bis 11000 U/min je nach Wahl am Getriebestummel), Kraftstoffverbrauch bei Vollast 30 kg/h, Gewicht etwa 65 kg.

Eine weitere Kleingasturbine für eine tragbare Feuerlöschpumpe wurde von der Klöckner-Humboldt-Deutz A. G. entwickelt. Sie leistet 80 PS bei einem Gewicht von 38 kg. Dazu kommt noch das Getriebe mit Regler, Öl- und Kraftstoffpumpe und Anlaßkurbel mit einem Gewicht von 28 kg. Die Turbine weist ebenfalls eine rein radiale Bauart auf, wobei Verdichter und Turbinenlaufrad Rücken an Rücken sitzen. Die Anbringung der Brennkammer ähnelt der AiResearch-Bauweise. Bei einer Drehzahl von 50000 U/min beträgt das Verdichtungsverhältnis 2,7 und die Eintrittstemperatur 780° C. Interessant ist die Herstellung des Turbinenlaufrades, des Eintrittsleitringes mit Gehäuse und des Dralleinsatzes in der Brennkammer im Genauguẞverfahren, wodurch diese Teile nur sehr wenig Bearbeitung brauchen [*337a*].

Damit sind mit kurzen Worten die wichtigsten Kleinturbinen dargestellt worden. Selbstverständlich konnten nur die markantesten Merkmale beschrieben werden. Näheres ist den entsprechenden Schrifttumsstellen zu entnehmen.

Generell kann man sagen, daß sich bei den Kleinturbinen der Leichtbau durchgesetzt hat. Leider ist der Wirkungsgrad dieser Maschinen noch so klein, daß sie nur dort erfolgreich eingesetzt werden konnten, wo dieser Nachteil keine Rolle spielt. Es bleibt jedoch abzuwarten, ob nicht der auf dem Kraftfahrzeugsektor mit Erfolg entwickelte Regenerativ-Wärmeaustauscher auch bei der industriellen Kleinturbine zu einer wesentlichen Verbesserung des Wirkungsgrades beitragen wird. Ebenso interessant wird natürlich auch der Freikolbengaserzeuger mit Turbine auf dem Sektor kleiner Leistungen sein.

XIII. Die Gasturbine zum Antrieb von Schiffen

1. Allgemeines

Die Kolbendampfmaschine, der Dieselmotor und die Dampfturbine haben sich in den letzten Jahrzehnten mit ihren Vorzügen und Nachteilen das weitschichtige Gebiet der Schiffsantriebe geteilt. In neuester Zeit wird der Verbrennungsturbine besondere Aufmerksamkeit gewidmet, da ihre Einfachheit im Aufbau und Betrieb alle anderen Arbeitsmaschinen übertrifft.

Bei der Anwendung der Verbrennungsturbine für Schiffsantriebe sind einige in diesem Zusammenhange stets auftretende Aufgaben zu lösen. Es betrifft dies vor allem die Drehzahlregulierung und die Notwendigkeit der Umsteuerung. Bei der einfachsten Anordnung, bestehend aus Verdichter, Turbine, Brennkammer und Luftvorwärmer, kann die Drehzahl bis auf 30 bis 40 % der normalen Drehzahl herunterreguliert werden, jedoch läßt sich die Drehrichtung der Propellerwelle für Rückwärtsfahrt nicht ohne besondere Einrichtungen umkehren. Eine solche Möglichkeit der Geschwindigkeitsregelung und des Umsteuerns bietet sich im Verstellpropeller. Bei gleichbleibender Drehzahl der Antriebsmaschine kann durch Verändern des Anstellwinkels der Propellerflügel jede Geschwindigkeit zwischen volle Fahrt voraus und volle Fahrt rückwärts eingestellt werden. Dieses Maschinenelement ist von der Kaplanturbine übernommen worden, wo Ausführungen mit Durchmessern bis 8 m und Leistungen bis 80000 PS vorliegen, die sich unter allen Betriebsverhältnissen bestens bewährt haben. Für den Schiffsantrieb sind solche Propeller allerdings erst in ungefähr 50 Schiffen eingebaut worden, mit Leistungen bis 3500 WPS und Durchmessern bis zu 4,5 m. Auch in dieser Form hat sich der Verstellpropeller nach anfänglichen Schwierigkeiten selbst in harten Wintern mit außergewöhnlichem Eisgang bestens bewährt, so daß seiner Anwendung auch in Verbindung mit Gasturbinen nichts im Wege steht.

Will man den Verstellpropeller nicht anwenden, so muß man die Schiffswelle durch eine besondere Nutzleistungsturbine mit eingebauter Rückwärtsstufe antreiben, das heißt eine ähnliche Anordnung wählen, wie sie aus der Dampfturbinenpraxis für Schiffe allgemein bekannt ist. Die Gasturbine der Ladegruppe hat bei einer solchen Anordnung nur die Verdichterleistung aufzubringen. Verglichen mit einer Dampfturbinenanlage tritt die Brennkammer mit der Ladegruppe an die Stelle des Dampfkessels, in dem sie das für die Beaufschlagung der Antriebsturbine notwendige Treibgas liefert.

Man befaßt sich auch eingehend mit dem Studium von Umkehrgetrieben, um die Rückwärtsturbine bei nichtverstellbaren Schiffsschrauben zu sparen. Das Problem könnte z. B. mit einer zweistufigen Anlage mit einer Mitteldruckturbine als Nutzleistungsturbine und zweimal Zwischenerhitzung gelöst werden. Die Nutzleistungsturbine treibt über ein Untersetzungsgetriebe die Propellerwelle. Die Mittel- und die Niederdruckturbine sind gleichachsig angeordnet und in der Drehrichtung verschieden. Eine elektrische Kupplung trennt die beiden Wellen. Mittels eines Ventils kann der Gasstrom über die Mitteldruckturbine hinweg direkt in die Niederdruckturbine (Kompressorturbine) geleitet werden. Dadurch läuft die Nutzleistungsturbine leer und der Propeller kann über die elektrische Kupplung auf die entgegengesetzt laufende Niederdruckturbine geschaltet werden, die nun Nutzleistung abgibt, da sie das ganze Gefälle zur Verfügung hat. Auch andere mechanische Umkehrgetriebe sind denkbar und werden studiert. Die seinerzeitige Dreiwellenversuchsanlage von 750 PS der Firma De Laval arbeitet ungefähr nach dem vorstehend beschriebenen Schema.

Die einfachste Lösung bleibt aber immer noch der Verstellpropeller.

Untersucht man die Verbrennungsturbine auf ihre Eignung für den Schiffsantrieb, so muß grundsätzlich zwischen Kriegs- und Handelsmarine unterschieden werden. Bei Kriegsschiffen sind der notwendige Maschinenraum, das Einheitsgewicht der Antriebsanlage und die einfache Betriebsführung von ausschlaggebender Bedeutung. Der Gefechtswert eines Schiffes wird von diesem letzten Faktor weitestgehend beeinflußt, da bei komplizierten Anlagen die Einwirkungen des Kampfes auf den einzelnen zu fehlerhafter Bedienung führen können. Die Handgriffe müssen aus diesem Grunde so eingeübt werden, daß sie rein mechanisch, ohne irgendwelche Überlegungen ausgeführt werden. Eine einfache Anlage erleichtert diese Aufgabe und gestattet, Ersatzmannschaften in kurzer Zeit mit ihren Pflichten vertraut zu machen. Der Wirkungsgrad der Antriebsmaschinen ist nur bei Marschfahrt von Bedeutung, weil dadurch der Aktionsradius des Schiffes beeinflußt wird.

Bei Fracht- und Passagierschiffen ist dagegen die aus dem Unterschied von Betriebseinnahmen und -ausgaben errechnete Wirtschaftlichkeit maßgebend. Kleines Gewicht und geringer Raumbedarf wirken in günstigem Sinne auf die Einnahmen, während die Betriebskosten vorwiegend durch die Ausgaben für den Brennstoff bestimmt werden. Daneben sind Wartung und Unterhalt von wesentlichem Einfluß auf die endgültige Betriebsrechnung.

Man wird daher bei kleineren Schiffen der Kriegsmarine für die Marschfahrt Dieselmotoren verwenden und nur für volle Fahrt die Verbrennungsturbine in Betrieb nehmen. Auf diese Weise wird bei Marschfahrt ein niedriger Brennstoffverbrauch erzielt, während die Gasturbine als ausgesprochene Spitzenmaschine bei geringstem Gewicht für volle Fahrt einen günstigen Brennstoffverbrauch von etwa 400 g/WPSh ergibt. Für eine Anlage von 10000 WPS wiegt die Verbrennungsturbine einschließlich Zahnradgetriebe und Propellerdrucklager 4 bis 8 kg/WPS, so daß gegenüber anderen Antrieben beträchtliche Gewichtsersparnisse zu erzielen sind. Vergleichsweise sei erwähnt, daß die Hauptantriebsanlagen neuzeitlicher Zerstörer 12 bis 15 kg/WPS wiegen, während bei Torpedobooten mit 8 bis 11 kg/WPS gerechnet werden muß.

Für größere Schiffseinheiten kämen mehrstufige Anlagen in Betracht, die mit hohem Wärmerückgewinn Wirkungsgrade erreichen lassen, die sie modernen Dampfanlagen zumindest ebenbürtig machen. Was Gewicht und Platzbedarf betrifft, sind solche Anlagen überlegen. Um bei Marschfahrt geringen Brennstoffverbrauch zu erreichen, müßten mehrere solche Anlagen eingebaut werden und nur so viele in Verwendung stehen, daß sie mit Vollast laufen können. Schon mit zwei Maschinensätzen müßte sich auf diese Weise ein günstiges Verhältnis ergeben, da mit halber bis dreiviertel Last der Wirkungsgrad einer mehrstufigen Anlage noch sehr hoch liegt.

Für Handelsschiffe sind die Aussichten der Gasturbine sehr günstig, da der verfügbare Raum Anordnungen mit Luftvorwärmern mehrstufiger Verdichtung und Verbrennung erlaubt. Die Betriebsleistung stimmt meistens mit der Konstruktionsleistung überein, so daß der Betriebspunkt in der Nähe des besten Wirkungsgrades liegt. Für die Anwendung der Gasturbine auf Handelsschiffen ist, wie schon erwähnt, ihre Wirtschaftlichkeit von größter Wichtigkeit. Die bisher in der Hauptsache eingebauten Schiffsantriebe weisen folgende annähernde Brennstoffverbrauchszahlen auf, wobei die Dieselanlagen ein Treiböl verwenden, das im Durchschnitt zweimal soviel kostet wie das Heizöl für Dampf- und Gasturbinenanlagen.

Kolbendampfmaschinen	370 bis 420 g/WPSh
Dampfturbinenanlagen	275 bis 350 g/WPSh
Dieselmotoren	165 bis 180 g/WPSh

Diese Angaben beziehen sich auf die Leistungen an der Propellerwelle einschließlich der betriebsnotwendigen Hilfsmaschinen und unter Voraussetzung eines flüssigen Brennstoffes mit einem unteren Heizwert von 10000 kcal/kg. Vergleichsweise ergeben Verbrennungsturbinen mit zweistufiger Verdichtung und Verbrennung ohne Wärmeaustausch Verbrauchszahlen von 280 bis 320 g/WPSh, so daß ein Wettbewerb mit Dampfturbinen möglich ist. Aber auch mit Dieselmotoren kann ein wirtschaftlicher Vergleich erreicht werden, wenn der vorerwähnte Preisunterschied zwischen Diesel- und Bunkeröl die verschieden hohen Wirkungsgrade ausgleicht. Neueste Dieselmotoren können allerdings auch bereits schweres Heizöl verbrennen, wodurch sich der Vergleich wieder verschlechtert.

Die Nutzleistung der Gasturbine wird mechanisch oder elektrisch auf die Propellerwelle übertragen. Bei mechanischem Antrieb wird man mit Vorteil den Verstellpropeller verwenden. Bei festen Propellern treibt eine besondere Nutzleistungsturbine mit eingebauter Rückwärtsstufe über ein Zahnradgetriebe die Propellerwelle an. Die elektrische Leistungsübertragung setzt im Umsteuerpunkt bei ungefähr 40% der Drehzahl ein Moment voraus, das von der Verbrennungsturbine einfachster Anordnung nicht erzeugt werden kann. Der Stromerzeuger muß deshalb durch eine besondere Nutzleistungsturbine angetrieben werden. Da das Umsteuern elektrisch erfolgt, ist die Rückwärtsstufe überflüssig. Die Manöver lassen sich bei beiden Antriebsarten rasch und leicht durchführen.

Welche Vorteile die Verwendung von Verbrennungsturbinen für Schiffsantriebe an Gewicht und an Raumbedarf bieten, zeigen Tab. 4 und Abb. 562.

In Tab. 4 ist ein aufschlußreicher Vergleich zwischen den Maschinengewichten verschiedener Antriebsarten zusammengestellt. Der Verbrennungsturbine liegt eine Anlage mit zweistufiger Verdichtung und Verbrennung ohne Wärmerückgewinn zugrunde. Es ist ersichtlich, daß mit dieser Lösung gegenüber allen anderen Antriebsarten beachtliche Gewichtseinsparungen zu erzielen sind, unter Wahrung der für Handelsschiffe üblichen Konstruktionsgrundsätze. Bei gewissen Schiffstypen ist der Raumbedarf wichtiger als eine ausgesprochen leichte Antriebsanlage. Daß aber auch in dieser Beziehung die Verbrennungsturbine Vorteile bietet, wird an Hand der Einbaustudie von BBC, Abb. 562, nachgewiesen. Für den Entwurf wurde das Schiff ,,Pretoria" der Deutschen Afrikalinie benutzt. Der Raumgewinn ist um so bemerkenswerter, da die zum Vergleich herangezogene Turbinenanlage mit Hochdruckdampf von 80 kg/cm^2 eff und 480° C arbeitet und ebenfalls eine gedrängte Anordnung ergibt. Der Brennstoffverbrauch von 290 g/WPSh entspricht einem thermischen Wirkungsgrad von 21,8% und hält dem Vergleich mit einer wirtschaftlich arbeitenden Dampfturbinenanlage stand.

Durch Anbau eines Wärmeaustauschers lassen sich diese Verbrauchswerte noch wesentlich verbessern, wie aus einer weiteren Studie von BBC über eine 6000-WPS-Anlage für ein Frachtschiff hervorgeht. Es handelt sich um eine Anlage mit zwei Turbinen und zweistufiger Verdichtung mit Zwischenkühlung, aber mit nur einer Brennkammer. Die eine Turbine treibt die Verdichter an, die andere ist die Nutzleistungsturbine, die gleichzeitig die Rückwärtsturbine enthält. Mit dem verhältnismäßig kleinen Wärmeaustauscher von 1450 m^2 Austauschfläche, entsprechend 0,25 m^2/PS, wird ein Ölverbrauch von 260 g/WPSh erzielt.

Wird der Bunkerölpreis mit etwa zwei Drittel des Dieselölpreises angenommen, so ergeben sich für diese Gasturbine die gleichen Betriebsstoffkosten wie für eine gute Dieselanlage. An Platzbedarf und Gewicht ist die Gasturbinenanlage günstiger als die Dieselmaschine. Das gleiche ist von den Anschaffungs- und Unterhaltungskosten zu erwarten. Das billige Bunkeröl genügt nach den heutigen Erfahrungen für Gasturbinen vollkommen und braucht nicht durch Gas- oder Dieselöl ersetzt zu werden. Das Gewicht solcher Gasturbinenanlagen beträgt, je nach dem verlangten thermischen Wirkungsgrad, 14 bis 25 kg/WPS, wobei auch hier wieder durch Leichtbauweise einiges zu holen ist.

Wie schon in einem früheren Abschnitt erwähnt (S. 519), ergeben sich bei Anlagen nach dem geschlossenen Verfahren gute Einbauverhältnisse, wie verschiedene Studien von Escher Wyss zeigen. Besonders wichtig ist aber der gute Teillastwirkungsgrad solcher Anlagen und die mögliche Überlastbarkeit (S. 535).

Die ersten Schiffsgasturbinen wurden 1944 in Amerika in Betrieb genommen. Die eine Anlage mit 3500 PS war von Allis Chalmers gebaut und lediglich für Versuche mit hohen Temperaturen bestimmt. Sie lief nur auf dem Versuchsstand. Die zweite Anlage hat eine Leistung von 2500 PS, ist von der Elliott Comp. erbaut und ebenfalls als Versuchsanlage am Prüfstand in Verwendung gewesen [*338*, *339*, *340*, *341*, *342*].

Der bedeutendste Versuch wurde während der letzten sieben Jahre in England durchgeführt. Der Shell-Tanker „Auris" war mit einer BTH-Gasturbine ausgerüstet worden und mit dieser zur vollsten Zufriedenheit im regelmäßigen Verkehr gestanden. Derzeit wird eine neue stärkere Gasturbine eingebaut [*344*].

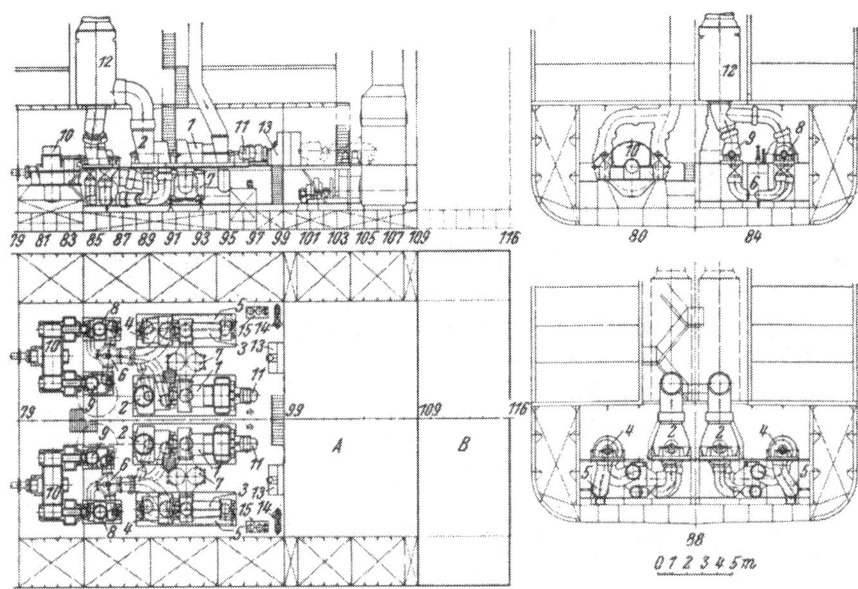

Abb. 562. Schnelldampfer mit Gasturbinenantrieb 2×7100 WPS, 125 U/min

A Hilfsmaschinen, *B* Raumgewinn

1 ND-Kompressor	*7* Luftkühler	*11* Anwurfmotor
2 ND-Turbine	*8* Nutzleistungsturbine mit eingebauter Rückwärtsstufe	*12* Abwärmekessel
3 HD-Kompressor	*9* Nutzleistungsturbine	*13* Schalt- und Steuerpult
4 HD-Turbine	*10* Zahnradgetriebe	*14* Brennstoffpumpe
5 HD-Brennkammer		*15* Brennstoffvorwärmer
6 ND-Brennkammer		

Weitere Versuche mit schnellen Booten der Kriegsmarine laufen seit 1947 in England.

Vor kurzem wurden in Amerika zwei Liberty-Schiffe mit Gasturbinen ausgerüstet. Eines mit einer Turbine und GS-34-Freikolbengaserzeugern und eines mit einer General-Electric-Gasturbine [*347*].

In Frankreich wurden 21 Minenräumboote mit je zwei GS-34-Freikolbengaserzeugern mit Turbine ausgerüstet, ebenso Küstenfahrzeuge, und zwei große Schiffe sind derzeit im Umbau begriffen.

Auch in Deutschland ist eine Freikolbenanlage der Demag-Modag, Lizenz SEME-SIGMA, für Schiffsantrieb gebaut worden [*133*].

2. Die Allis-Chalmers-Versuchsanlage

Hauptsächlich um hochhitzebeständige Werkstoffe im regelrechten Betrieb zu erproben, bestellte das Bureau of Ships, U. S. Navy, 1940 bei Allis Chalmers eine 3500-PS-Versuchsanlage für einen Betrieb mit Temperaturen bis 820° C. 1944 wurde diese Anlage in der Versuchsstation in Annapolis aufgestellt und Versuche bis zur vollen Temperatur damit gefahren.

Die Anordnung der Maschinen war so getroffen, daß eine leichte Zugänglichkeit bei den Versuchen gewahrt blieb, aber trotzdem die Anlage alle Bedingungen für eine Schiffsmaschine erfüllte. Man wählte daher eine Parallelschaltung von zwei Turbinen, eine für den Kompressor, die andere als unabhängig laufende Nutzleistungsturbine zum Antrieb der Leistungsbremse. Für einen Schiffseinbau könnte diese Turbine über eine elektrische oder mechanische Kraftübertragung die Schraube oder direkt über ein Untersetzungsgetriebe einen Verstellpropeller antreiben. Abb. 563 zeigt die Anlage am Versuchsstand. Es ist natürlich klar, daß für einen wirklichen Bordeinbau eine wesentlich gedrängtere Anordnung gewählt werden muß. Hier jedoch war in erster Linie die leichte Zugänglichkeit bei den Versuchen maßgebend.

Abb. 563. Allis-Chalmers-Marine-Versuchsanlage mit 3500 PS

Der zwanzigstufige Kompressor hatte einen Wirkungsgrad von 85 % und entsprach im Aufbau im wesentlichen dem in Abb. 131 gezeigten Axialverdichter. Der Wärmeaustauscher arbeitete nach dem Gegenstromprinzip, wobei die heißen Gase in den Rohren und die Luft außen flossen. Diese Bauweise wurde wegen der leichteren Reinigungsmöglichkeit gewählt. Er hatte eine Heizfläche von 230 m², einen Wärmerückgewinnungsgrad von 60 % und zeichnete sich durch sehr niedrigen Druckverlust aus. Die Brennkammer hatte konventionelle Bauart. Beide Turbinen waren fünfstufig und liefen mit 5200 U/min. Kompressor und Turbine waren mit Gleitlagern mit Druckschmierung ausgerüstet. Das Öl wurde dauernd gekühlt und gereinigt. Die Turbinen waren mit Sicherheitseinrichtungen gegen Überdrehzahl und Übertemperatur ausgestattet, die den Brennstoff abschalteten und gleichzeitig ein Druckentlastungsventil vor den Brennkammern öffneten.

Die Anlage konnte mit weniger als 100 PS gestartet werden.

3. Die Elliott-Lysholm-Anlage von 2500 PS

Die Konstruktion dieser ersten in den USA erfolgreich gelaufenen Gasturbine war so ausgelegt, daß die Lebensdauer der Maschine bei 650° C Gastemperatur 100000 Stunden betrug.

Tabelle 84. *Versuchsdaten der Elliott-Marine-Versuchsanlage von 2500 PS. Versuchslauf Nr. 9 am 28. Dezember 1944*

Versuch Nr.		9 A	9 B	9 C	9 D
Luftdruck	kg/cm²	1,0112	1,011	1,0107	1,0112
Einlaßdruck ND-Kompressor	kg/cm²	1,04	0,997	0,987	0,976
Auslaßdruck ND-Kompressor	kg/cm²	2,059	2,37	—	2,493
Einlaßdruck HD-Kompressor	kg/cm²	2,055	2,368	—	2,472
Auslaßdruck HD-Kompressor	kg/cm²	2,859	3,82	4,9	5,875
Einlaßdruck HD-Brennkammer	kg/cm²	2,82	3,76	4,82	5,78
Einlaßdruck HD-Turbine	kg/cm²	2,805	3,74	4,795	5,74
Auslaßdruck HD-Turbine	kg/cm²	1,778	2,22	2,75	3,288
Einlaßdruck ND-Turbine	kg/cm²	1,767	2,205	2,735	3,268
Auslaßdruck ND-Turbine	kg/cm²	1,012	1,016	1,02	1,024
Auslaßdruck Wärmeaustauscher	kg/cm²	1,011	1,013	1,015	1,016
Einlaßtemperatur ND-Kompressor	°C	25,3	26	26,6	22,4
Auslaßtemperatur ND-Kompressor	°C	111,7	132	142,2	141
Einlaßtemperatur HD-Kompressor	°C	17,5	19,6	25	29,5
Auslaßtemperatur HD-Kompressor	°C	62	80	107,7	140,6
Auslaßtemperatur Wärmeaustauscher luftseitig	°C	469	426	390,5	387
Einlaßtemperatur Wärmeaustauscher gasseitig	°C	558	518	474	459
Auslaßtemperatur Wärmeaustauscher gasseitig	°C	187	194,5	209,5	233
Einlaßtemperatur HD-Turbine	°C	695	680	673	677
Einlaßtemperatur ND-Turbine	°C	671	666	656	673
Drehzahl der HD-Turbine	U/min	1865	2465	3120	3720
Drehzahl der ND-Turbine	U/min	1660	1972	2403	3012
Brennstoffgewicht	kg/h	171,4	270,8	387	505
Luftdurchsatzgewicht	kg/sek	5,96	8,165	10,58	12,74
Leistung an der Kupplung	PS	598	1123	1780	2367

Die Anlage arbeitete nach dem Kreuzverbundsystem. Es ist dies die bisher einzige Turbine mit dieser Schaltung, Abb. 564. Sie bestand aus einem Niederdruckkompressor *A*, der von einer unabhängig laufenden Hochdruckturbine *F* angetrieben wurde und aus einem Hochdruckkompressor *C*, der mit der Niederdruckturbine *H* gekuppelt war, die gleichzeitig auch die Nutzleistung über Kupplung *J* abgab. Nach dem Niederdruckkompressor wurde die Luft im Zwischenkühler *B* rückgekühlt, im Hochdruckkompressor weiter verdichtet, im Wärmeaustauscher *D* erwärmt, in der Hochdruckbrennkammer *E* erhitzt und zur Hochdruckturbine geleitet. Die Auspuffgase derselben wurden in der Niederdruckbrennkammer *G* wieder erhitzt und gingen durch die Niederdruckturbine *H* und den Wärmeaustauscher ins Freie.

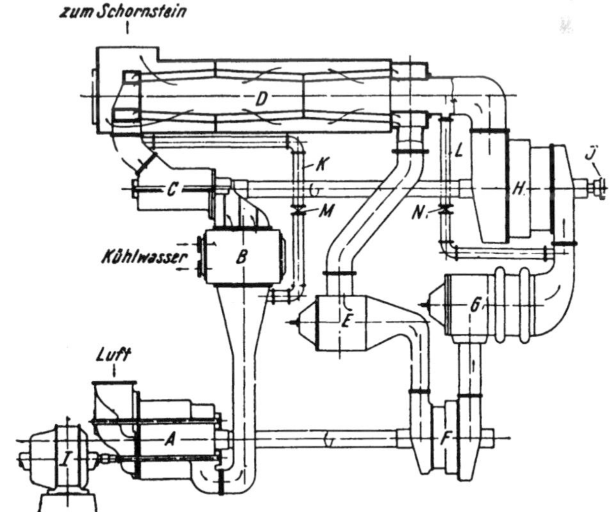

Abb. 564. Schematische Anordnung der Elliott-2500-PS-Versuchsgasturbine

Ein Anlaßmotor *I* war mittels einer Überholkupplung mit dem Niederdruckkompressor verbunden. Umgehungsleitungen *K* und *L* mit den Ventilen *M* und *N* wurden zur Isolation von Hochdruckturbine und Niederdruckkompressor beim Anlaßvorgang benützt.

Turbinen und Kompressoren waren für einen Vollastwirkungsgrad von 87,5 bzw. 82,5 % ausgelegt. Der höchste Druck war mit 6,5 ata festgesetzt und die Temperatur am Turbineneintritt mit 650° C. Der Wärmeaustauscher hatte einen Rückgewinnungsgrad von 75 %. Kompressor, Wärmeaustauscher und Brennkammer wurden schon in den Abb. 180, 275, 320 näher gezeigt und in den betreffenden Kapiteln eingehend beschrieben. Die stabile Charakteristik des Lysholm-Schraubenkolbenverdichters, Tab. 15, machte es möglich, die Kreuzverbundanordnung zu wählen. Mit dieser Anordnung wurde nahezu ein Temperatur-Konstant-Betrieb ermöglicht. Die Luftmenge ist dabei proportional der Drehzahl. Die Wahl der Hochdruckturbine als freilaufende Maschine wurde deshalb getroffen, weil ihr Druckverhältnis über einen weiten Bereich des Durchsatzgewichtes konstant bleibt, insofern als sowohl der Auspuffdruck als auch der Einlaßdruck proportional der Durchsatzmenge sind. Dies ist nicht der Fall bei der Niederdruckturbine, da ihr Auspuffdruck konstant ist. Bei Axialverdichtern zwingt allerdings der begrenzte stabile Bereich zu einer Schaltung nach dem Parallelverbundsystem, Abb. 8, bei dem der Hochdrucksatz die Kraft abgibt.

Tabelle 85. *Versuchsdaten der Elliott-Marine-Versuchsanlage von 2500 PS. Versuchslauf Nr. 16 am 30. Januar 1945*

Versuch Nr.		16 A	16 B	16 C	16 D
Luftdruck	kg/cm²	1	1	1	1
Einlaßdruck ND-Kompressor	kg/cm²	0,993	0,984	0,974	0,96
Auslaßdruck ND-Kompressor	kg/cm²	1,948	2,363	2,42	2,435
Einlaßdruck HD-Kompressor	kg/cm²	1,925	2,328	2,362	2,362
Auslaßdruck HD-Kompressor	kg/cm²	2,746	3,872	4,825	5,8
Einlaßdruck HD-Brennkammer	kg/cm²	2,695	3,804	4,75	5,71
Einlaßdruck HD-Turbine	kg/cm²	2,67	3,77	4,71	5,66
Auslaßdruck HD-Turbine	kg/cm²	1,712	2,24	2,715	3,21
Einlaßdruck ND-Turbine	kg/cm²	1,705	2,2205	2,695	3,19
Auslaßdruck ND-Turbine	kg/cm²	1,003	1,006	1,009	1,012
Auslaßdruck Wärmeaustauscher	kg/cm²	1,001	1,002	1,003	1,006
Einlaßtemperatur ND-Kompressor	°C	25,2	25,3	25,25	24,7
Auslaßtemperatur ND-Kompressor	°C	106	131,5	138	143,5
Einlaßtemperatur HD-Kompressor	°C	12,5	18,1	23,6	26,4
Auslaßtemperatur HD-Kompressor	°C	57,5	80,3	108,8	139
Auslaßtemperatur Wärmeaustauscher luftseitig	°C	462	430	392	378
Einlaßtemperatur Wärmeaustauscher gasseitig	°C	550,5	522	471,1	449,5
Auslaßtemperatur Wärmeaustauscher gasseitig	°C	183	198,5	212	228
Einlaßtemperatur HD-Turbine	°C	673	692	669	688
Einlaßtemperatur ND-Turbine	°C	662	679	654	662
Drehzahl der HD-Turbine	U/min	1804	2496	3111	3770
Drehzahl der ND-Turbine	U/min	1662	1993	2460	2986
Brennstoffgewicht	kg/h	169,5	284,5	385	487
Luftdurchsatzgewicht	kg/sek	5,75	8,27	10,52	12,75
Leistung an der Kupplung	PS	501	1164	1697	2178

Da die Anlage hauptsächlich mit konstanter Temperatur arbeitete, wurden Laständerungen durch vorübergehende Temperaturänderungen hauptsächlich in der Hochdruckbrennkammer erzielt. Wenn bei irgendeiner Last die abgegebene Leistung beispielsweise erhöht werden sollte, wurde der Brennstoffzufluß zur Hochdruckbrennkammer vergrößert. Dies ergab ein momentanes Ansteigen der Temperatur, abhängig von der Vergrößerung der Brennstoffmenge, im allgemeinen aber um weniger als 50° C. Dadurch beschleunigte die Hochdruckturbine und der Niederdruckkompressor lieferte mehr Luft,

Tabelle 86. *Korrigierte Versuchsdaten der Elliott-Marine-Versuchsanlage von 2500 PS*

Versuch Nr.	9 A	9 B	9 C	9 D	16 A	16 B	16 C	16 D
Gemessene Bremsleistung .... PS	598	1123	1780	2367	501	1164	1697	2178
Gemessener Brennstoffverbrauch..... kg/h	171,4	270,8	387	505	169,5	284,5	385	487
Gemessener spezifischer Brennstoffverbrauch .... g/PSh	287	241	217	213	338	245	227	224
Leistungskorrekturen								
Einlaßtemperatur 21,1° C .... %	1,93	1,56	1,61	0,44	1,99	1,52	1,33	1,15
Einlaßleitung + Filter .... %	1,57	1,81	2,8	3,93	1,84	2,35	3,34	5,08
Auslaßleitung (Schornstein) ...... %	0,22	0,25	0,48	0,6	0,22	0,25	0,41	0,65
Hochdruckbrennkammer .... %	0	0	0	0	1,05	0,59	0,49	0,47
Zwischenkühler, luftseitig .... %	0	0	0	0	2,26	1,93	2,57	2,86
Total .... %	+3,72	+3,62	+4,89	+4,97	+7,36	+6,64	+8,14	+10,21
Korrigierte Bruttoleistung .... PS	620	1163	1867	2484	547,5	1240	1834	2400
Wirkungsgradkorrekturen								
Einlaßtemperatur 21,1° C .... %	—1,86	—1,48	—1,51	—0,41	—1,93	—1,44	—1,25	—1,07
Einlaßleitung + Filter .... %	1,51	—1,71	—2,62	—3,67	—1,78	—2,23	—3,14	—4,76
Auslaßleitung (Schornstein) ...... %	—0,18	—0,2	—0,38	—0,47	—0,18	—0,20	—0,32	—0,52
Hochdruckbrennkammer .... %	0	0	0	0	—1,02	—0,56	—0,46	—0,44
Zwischenkühler, luftseitig .... %	0	0	0	0	—2,19	—1,83	—2,43	—2,69
Total .... %	—3,55	—3,39	—4,51	—4,55	—7,1	—6,26	—7,6	—9,48
Korrigierter spezifischer Brennstoffverbrauch, brutto .... g/PSh	276	233	208	203,5	310	230	210,5	204
Korrigierter Bruttobrennstoffverbrauch kg/h	171,3	271,2	389	506	169,6	285,2	386	490
Leistung für Hilfsgeräte:								
Einspritzpumpen .... PS	4,46	4,86	5,78	7,5	4,36	4,66	5,37	6,39
Kühlluft .... PS	36,2	43,8	52,3	57,1	36,2	43,8	52,3	57,1
Ölpumpen .... PS	8,32	8,32	8,32	8,32	8,32	8,32	8,32	8,32
Wasserpumpen .... PS	0,51	0,51	0,51	0,51	0,51	0,51	0,51	0,51
Gesamtleistung .... PS	49,49	57,49	66,91	73,43	49,39	57,29	66,5	72,32
Korrigierte Nettoleistung .... PS	570,51	1105,51	1800,09	2410,57	497,61	1182,71	1767,5	2327,68
Korrigierter spezifischer Brennstoffverbrauch .... g/PSh	298	245	216	210	341	241	331	211
Thermischer Wirkungsgrad .... %	20,41	25,04	28,11	29,22	17,62	25,38	27,7	29,43

was zu einer vergrößerten Leistungsabgabe einerseits und zu einer Rückführung der Temperatur anderseits führte. Ein neuer Gleichgewichtszustand wurde also in wenigen Sekunden erreicht. Es war natürlich während dieser Beschleunigungsperiode auch nötig, die Brennstoffmenge zur Niederdruckbrennkammer zu ändern. Die Beschleunigung von ganz kleiner Last auf Vollast konnte in 15 Sekunden durchgeführt werden.

Die Anlage wurde mit einem 50-PS-Elektromotor bei kurzgeschlossener Hochdruckturbine und Niederdruckkompressor angelassen. Elektromotor und Umgehungsventile wurden elektrisch von der Hauptschalttafel aus gesteuert. Alle Hilfsgeräte waren ebenfalls elektrisch angetrieben. Diverse Sicherungen waren vorgesehen [*340*].

Diese Anlage hat viele hundert Stunden Versuchslauf hinter sich und gute Resultate ergeben. Tab. 84 und 85 geben Versuchsablesungen wieder. Der Versuch Nr. 16, Tab. 85, unterscheidet sich von Versuch Nr. 9 durch größere Ansaugverluste im Filter und durch größere Verluste am Hochdruckbrennkammereintritt. Ebenso sind Differenzen durch Fehler am Zwischenkühler entstanden. Die Versuche wurden auf 21° C Einlaßtemperatur, ohne Ansaug- und Auspuffverluste, und mit Verlustwerten des Versuches Nr. 9 umgerechnet. Ebenso wurden die Hilfsgeräte berücksichtigt. Tab. 86 zeigt die Ergebnisse. Mit den veranschlagten Turbinenwirkungsgraden sollte der Gesamtwirkungsgrad der Anlage 31,5 % sein. Es wurden aber nur etwas über 29 % erreicht, da die Turbinenbeschaufelung infolge mangelnder Erfahrungswerte schlecht ausgelegt war und daher der Turbinenwirkungsgrad nur etwa 85 % erreichte. Auch bei den Kompressoren traten noch diverse Mängel und Verluste auf. Die Firma Elliott hat inzwischen den Bau von Gasturbinen aufgegeben.

4. Gasturbinen für Handelsschiffe

a) Das erste Handelsschiff mit Gasturbine. Einer der interessantesten Versuche in der Schiffsbauindustrie kam zum Abschluß, als kürzlich das Motorschiff „Auris“ nach fünf Jahren Betriebszeit zur Überholung in die Werft Birkenhead einlief. Das Motorschiff „Auris“ ist nämlich teilweise mit Gasturbinen angetrieben worden. Es handelt sich hier um das erste Schiff der Handelsmarine mit Gasturbinenantrieb. Es verdrängt 12250 BRT und gehört zur Shell-Tankerflotte. Ursprünglich bestand der Antrieb aus dieselgetriebenen Generatoren, die den Strom für die elektrischen Antriebsmotoren lieferten.

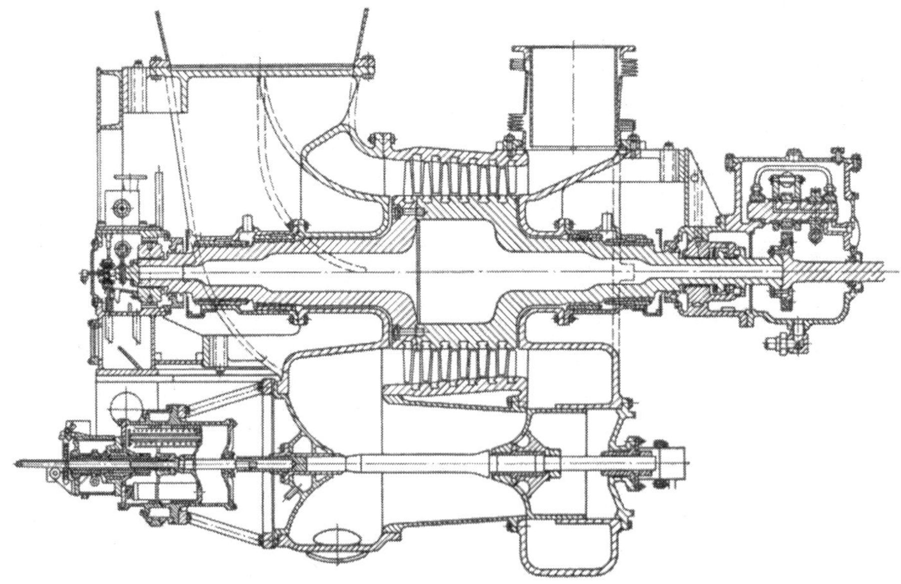

Abb. 565. Längsschnitt durch die Nutzleistungsturbine der BTH-Gasturbine für den Tanker „Auris“

Es waren vier Diesel von je 1105 PS vorhanden. Im Jahre 1951 wurde ein Steuerbord-Diesel durch eine von British Thomson Houston für diesen Zweck gebaute Gasturbinen-Generatoranlage ersetzt. Seither lief die Turbine während 19000 Stunden unter Vollast. Es mußten im Grunde genommen nur unwesentliche Kinderkrankheiten ausgemerzt werden. Im allgemeinen hat das Verhalten der Gasturbine den Schiffsingenieuren großen Eindruck gemacht [*344*].

Shell war entschlossen, die Verwendung der Gasturbine im Schiffsbau weiter zu erproben. Es wurde vorerst beabsichtigt, die bei der „Auris" gesammelten Erfahrungen in einem neuen 18000-t-Tanker auszuwerten. Dieses Schiff sollte durch zwei verhältnismäßig große Gasturbinen wiederum mittels Elektrizität angetrieben werden. Ein elektrischer Antrieb besitzt nämlich den großen Vorteil, daß sich ein Rückwärtsmanöver rasch und leicht bewerkstelligen läßt. Die Gasturbine bringt in dieser Hinsicht einige Probleme mit sich. Verstellbare Schiffsschrauben wären eine Lösung, hingegen sind die Sachverständigen der Ansicht, daß dies vorläufig nur bei kleinen Schiffen denkbar ist.

Abb. 566 *a*. Rohrbündel des Wärmeaustauschers der BTH-Gasturbine für den Tanker „Auris"

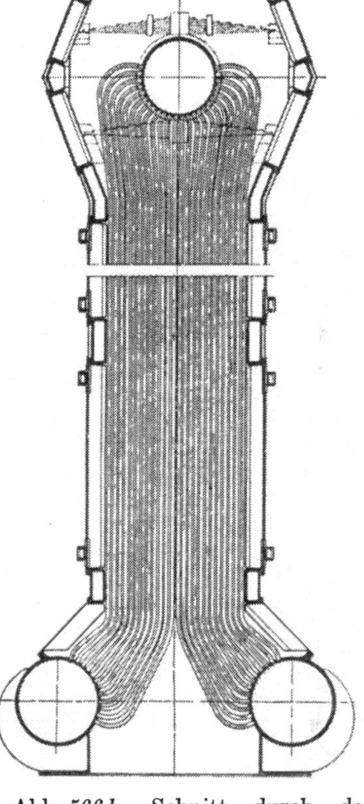

Abb. 566 *b*. Schnitt durch den Wärmeaustauscher der BTH-Gasturbine für den Tanker „Auris"

Zwei Tatsachen bewogen die Shell-Leute, ihre Absichten zu ändern. Einmal erwies sich die Pionierturbine in der „Auris" als derart zuverlässig, daß nach ihrer Ansicht die Notwendigkeit für zwei Antriebsturbinen — aus Sicherheitsgründen — wegfiel. Im weiteren war von einem Marineinstitut ein Getriebe mit hydraulischer Reversierung entwickelt worden. Damit fiel auch die Notwendigkeit für elektrischen Antrieb weg. Aus diesen Gründen wurde der geplante 18000-t-Tanker nicht in Auftrag gegeben. An seiner Stelle gelangte wiederum die „Auris" für die Weiterführung der Versuche zur Verwendung. Da die „Auris" ungefähr die Hälfte an Antriebskraft des geplanten 18000-t-Schiffes benötigt, kann die von BTH vorgesehene gekuppelte Anlage in einfacher Ausführung trotzdem verwendet werden.

Die „Auris" befindet sich deshalb zurzeit in den Werften der Cammel Laird in Birkenhead, wo die ganze Antriebsmaschinerie entfernt wird. Die neue Gasturbine von 5500 WPS wird gemeinsam von Cammel Laird und British Thomson Houston gebaut. Die Arbeiten sind bereits im fortgeschritteneren Stadium, und die Turbine wird später noch etwas näher beschrieben [*348*].

Wenden wir uns nochmals der ersten Gasturbinenanlage zu. Deren Gestaltung war durch die Notwendigkeit, ungefähr gleiche Größe und Leistung wie die Dieselanlagen aufzuweisen, stark beeinflußt und behindert worden. Obwohl von einfacher Bauart, mutet die Konstruktion und Auslegung etwas ungewöhnlich an. Der thermische Wirkungsgrad betrug aus den beschriebenen Gründen nur ungefähr zwanzig Prozent. Der damit verbundene verhältnismäßig hohe Brennstoffverbrauch war jedoch in diesem besonderen Falle unwesentlich, da es in erster Linie darum ging, unter Beweis zu stellen, daß eine mit Bunkeröl betriebene Gasturbinenanlage seetüchtig ist und absolut zuverlässig arbeitet. Dies ist gelungen.

Abb. 10 zeigt eine schematische Skizze der Anlage, in der alle Teile in der richtigen Lage gezeichnet sind. Infolge der geringen Durchsatzmenge hat man auf Zwischenkühlung verzichtet und es wurde nur ein einfacher Axialkompressor genommen.

Die Luft wird durch den Ansaugstutzen *1* eingesaugt und im Kompressor *2* verdichtet. Durch die Leitung *3* mit einem Diffusor *4* am Ende gelangt sie in die Einlaßtrommel *5* des Wärmeaustauschers und durch dessen Rohre *6* in die beiden seitlich gelegenen Auslaßtrommeln *7*. Die Brennkammern *8* sind gleich in diese eingebaut. Die heißen Gase strömen durch kurze Leitungen *9* zur Hochdruckturbine *10*, die den Kompressor treibt und von dort zur Niederdruckturbine *11*, die Leistung an den Generator *12* abgibt. Nach der Niederdruckturbine gehen die Gase durch den Wärmeaustauscher ins Freie. Sie fließen im Gegenstrom außerhalb der Rohre *6* durch diesen.

Zum Anlassen ist ein Elektromotor *14* vorgesehen. Um Pumpen beim Anlassen zu vermeiden, ist ein Abblaseventil *15* an einer mittleren Stufe des Kompressors angebaut. Ein Überströmventil *17* an der Niederdruckturbine verhindert Überdrehzahl des Generators bei plötzlichen Entlastungen.

Die einzelnen Teile der Anlage sind auf einem Stahlrahmen montiert, der genügend Steifigkeit besitzt, so daß die Maschine als Ganzes eingebaut werden kann.

Man kann drei Hauptgruppen unterscheiden:

1. Niederdruckturbine mit Generator. Dieses Aggregat ist auf der Basis des Rahmens montiert und enthält noch den Luftkühler für den Generator sowie einen Öltank und einige Hilfsgeräte. Abb. 565 zeigt einen Schnitt durch die Turbine.

2. Hochdruckturbine mit Kompressor. Diese Gruppe mit dem Anlaßmotor wird durch einen aus Stahlblech geschweißten Rahmen, der mit der Grundplatte verschraubt ist, getragen. Dadurch kommt die Hochdruckturbine über der Niederdruckturbine zu liegen und der Kompressor über dem Generator.

3. Wärmeaustauscher mit Brennkammern. Diese beiden bilden ein Gerät, das am Auspuff der Niederdruckturbine montiert ist und so von der Grundplatte getragen wird.

Alle Teile, die im Betrieb sehr heiß werden, liegen nahe beisammen, wodurch die Differenzdehnungen sehr klein sind. Wo es möglich war, hat man die Teile so angeordnet, daß sie sich frei dehnen können. Leitungen sind mit Dehnfalten und Haltebolzen ausgestattet, so daß trotz der Dehnmöglichkeit keine Kräfte auf die Maschinen kommen.

Der Wärmeaustauscher hat an allen vier Seiten große Türen, damit die Rohre zur Reinigung leicht zugänglich sind. Abb. 566a zeigt das Rohrbündel, Abb. 566b einen Schnitt durch den Wärmeaustauscher.

Auslegungsdaten:

Luftzustand vor dem Kompressor	20° C, 1 ata
Druckverhältnis des Kompressors	4,2
Turbineneinlaßtemperatur	650° C
Effektive Nutzleistung	1200 PS
Spezifischer Brennstoffverbrauch	317 g/PSh
Unterer Heizwert des Brennstoffes	10000 kcal/kg
Wärmerückgewinnungsgrad	50 bis 55 %
Drehzahl der Hochdruckturbine	5750 U/min
Drehzahl der Niederdruckturbine	3000 U/min

Verwendete Werkstoffe:

Kompressor:

Einlaßgehäuse	Gußeisen
Kompressorgehäuse	rostfreier Stahl
Rotor	rostfreier Stahl FG mit niederem C-Gehalt
Wellenstummel	rostfreier Stahl FCI
Beschaufelung	Staybrite FDP

Hochdruckturbine:

Gehäuse	Staybrite FCB
Rotorscheiben Stufe 1 bis 4	Rex. 326 F.
Stufe 5 bis 7	Staybrite FCB
Wellenstummel	Staybrite FCB
Beschaufelung	Rex. 337 A (später Nimonic 80 A)

Niederdruckturbine:

In Übereinstimmung mit der Dampfturbinenpraxis bei hohen Temperaturen

Wärmeaustauscher:

Trommeln und Rohre	Kohlenstoffstahl

Brennkammern:

Innere Teile	Immaculate 5
Mischkammern	Staybrite FDP
Teile mit niederer Temperatur	Kohlenstoffstahl
Turbineneinlaßleitung	Staybrite FCB

Der Kompressor hat 24 Stufen und bei einer Drehzahl von 5750 U/min ein Druckverhältnis von 4,2:1 und einen Durchsatz von 11,3 kg/sek. Unglücklicherweise stimmen Hoch- und Niederdruckturbine nicht genau in ihren Charakteristiken überein, so daß weder der Kompressor noch die Hochdruckturbine im günstigsten Bereich ihres Kennfeldes arbeiten. Diese Schwierigkeiten, die jedem Gasturbinenkonstrukteur geläufig sind, können nur durch eine Änderung der Beschaufelung der Niederdruckturbine behoben werden.

Um das Anlassen zu erleichtern und Pumpen des Kompressors bei kleinen Drehzahlen zu vermeiden, ist ein Abblaseventil zwischen der achten und neunten Stufe vorgesehen. Das Laufschaufelspiel wurde, um ein Anstreifen auf jeden Fall zu vermeiden, mit 0.89 mm festgesetzt. Am Prüfstand zeigte dieser Kompressor einen Spitzenwirkungsgrad von 89 % zwischen 4700 und 5800 U/min und überschritt 88 % zwischen 4200 und 6100 U/min. Diese Ziffern beziehen sich auf den statischen Druck im Ein- und Auslaß und vernachlässigen Lager- und Labyrinthverluste.

Vom Kompressor wird die Luft nach oben in den Gegenstrom-Wärmeaustauscher, der aus Kohlenstoffstahl gefertigt ist, geleitet, Abb. 10, S. 11. Die Luft fließt innerhalb der Rohre. Dadurch braucht das Gehäuse keinen hohen Drücken widerstehen, kann leicht gebaut sein und eine den Einbauverhältnissen entsprechende Form haben. Außerdem kann der gasseitige Durchflußwiderstand klein gehalten werden (der gasseitige Durchflußquerschnitt beträgt 70 % des Gesamtquerschnittes). Um eventuellen Rußansatz außen an den Rohren entfernen zu können, sind große Türen an allen vier Seiten des Gehäuses angeordnet.

Shell-Brennkammern sind in den unteren Sammeltrommeln eingebaut und haben eine Brennzone mit keramischer Auskleidung und Brenner mit reguliertem Rücklauf. Die Flammrohre bestehen aus Nimonic 75. Das äußere Gehäuse und alle anderen gut gekühlten Teile sind aus Kohlenstoffstahl gefertigt. Von der Brennkammer gelangen die Gase durch zwei kurze Leitungen aus Staybrite FCB zur Hochdruckturbine.

Diese hat sieben Stufen, die nach den Gesetzen der wirbelfreien Drallströmung ausgelegt sind. Sie läuft wie der Kompressor mit 5750 U/min. Die Turbine kann für lange Zeit

Temperaturen von 650° C aushalten. Das Spitzenspiel der Schaufeln beträgt im kalten Zustand 1,78 mm.

Die Niederdruckturbine ist ebenfalls nach der Theorie der wirbelfreien Drallströmung ausgelegt und läuft mit 3000 U/min. Die maximale Einlaßtemperatur liegt bei 480° C.

Die Niederdruckturbine kann mittels eines Überströmventils, das die Hochdruckturbine direkt mit dem Wärmeaustauscher verbindet, ausgeschaltet werden. Dieses Ventil wird beim Anlassen sowie bei einer plötzlichen Lastreduktion betätigt. Es wird von einem E-Motor gesteuert, doch ist auch eine zusätzliche Handbetätigung vorgesehen.

Der Anlaßmotor, ein 50-PS-Elektromotor, wirkt auf das Hochdruckaggregat. Die Anlaßzeit vom Stillstand bis Vollast beträgt weniger als 10 Minuten.

Abb. 567 zeigt das Aggregat am Prüfstand.

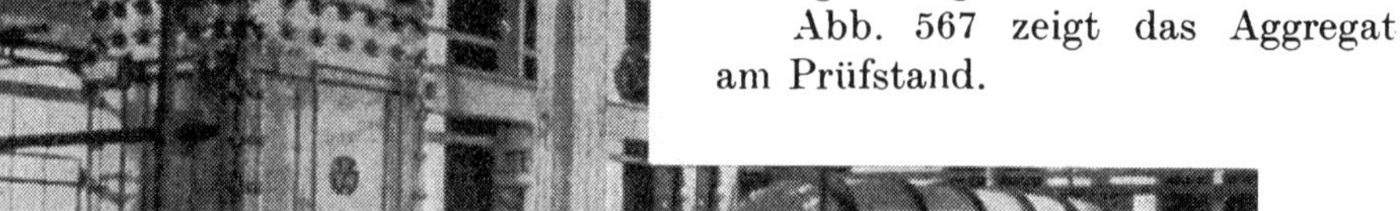

Abb. 567. „Auris"-Gasturbine am Prüfstand

Am 1. Januar 1951 begannen die Dauerversuche und dauerten bis 9. Februar. Während dieser Periode lief das Aggregat 528 Stunden, davon 193 mit Dieselöl und 335 Stunden mit Bunkeröl von 60° E bei 38° C.

Nach 670 Stunden Prüflauf wurde ein 100-Stunden-Dauerlauf mit Gasöl und ein 270-Stunden-Lauf mit Bunkeröl angeschlossen, davon 220 Stunden mit Vollast. Dies entspricht einer Fahrt der „Auris" zwischen England und Venezuela. Während dieser Dauerversuche wurde die rechnerische Volleistung überschritten. Tab. 87 gibt Meßwerte aus diesen Versuchen.

Der Wirkungsgrad ist mit einem unteren Heizwert von 10170 kcal/kg für Gasöl bzw. mit 9800 kcal/kg für Bunkeröl von 62° E bei 38° C errechnet und auf die Generatorklemmen bezogen. Daher sind die elektrischen Verluste des Generators inbegriffen (Wirkungsgrad 95 %). Der Brennstoffverbrauch bei Nullast beträgt 45,3 kg/h bei 1500 U/min an der Niederdruckturbine bzw. 90.6 kg/h bei 3000 U/min.

Das Gewicht der Anlage beträgt etwa 45 t und muß als ziemlich groß bezeichnet werden. Der Aufbau mit Hoch- und Niederdrucksatz übereinander ergab sich aus der Notwendigkeit, die Turbine an Stelle des einen Dieselmotors in das Schiff einzubauen, wie schon vorher erwähnt.

Mit Beginn 1952 stand das Schiff in regelmäßigem Verkehr. Es war anfänglich keine nennenswerte Reparatur notwendig, außer Waschen des Kompressors und Reinigen des Wärmeaustauschers. Während die Überholung der Diesel im Hafen etwa 3 Wochen dauerte, brauchte die Gasturbine nur 3 Tage. Der Schmierölverbrauch war denkbar gering. Nach 10000 Stunden war das Öl noch praktisch neu. Eine Ölfüllung beträgt 4500 l. Davon mußten 782 l ergänzt werden. Anfangs waren allerdings 320 l durch Undichtheiten und Anstände mit einem Turbinenlager verlorengegangen. Diese Lagerschwierigkeiten entstanden durch den Bruch eines Bolzens am waagrechten Turbinengehäuseflansch und den dadurch bedingten Austritt heißer Gase zum Lagerdeckel. Dieser verzog sich und bewirkte so Ölverlust. Das Reißen der Gehäusebolzen war auf Gehäuseverzug zurückzuführen. Der Aufbau der Turbine entsprach nämlich noch dem von Dampfturbinen, und es war daher keine genügende Luftkühlung heißer Teile vorgesehen. Deshalb mußte die Turbine auch 12 Stunden nach dem Stillsetzen durchgedreht werden und der Schmierölfluß durch 24 Stunden aufrechtgehalten werden.

Tabelle 87. *Versuchsdaten der British-Thomson-Houston-Gasturbine*

	4. Januar 1951. Vollast, Gasöl		25. Januar 1951. Maximallast, Bunkeröl
	Versuchswerte	korrigiert auf Auslegungswerte	Versuchswerte
Kompressoreinlaß:			
Temperatur ° C	6	20	4
Druck ata	0,962	0,996	0,965
Kompressorauslaß:			
Temperatur ° C	160	182	167
Druck ata	3,83	3,97	4,11
Brennkammereinlaß:			
Temperatur ° C	252	278	260
Druck ata	3,79	3,92	4,04
Hochdruckturbineneinlaß:			
Temperatur abgelesen ° C	558,5	601	585
Temperatur gerechnet ° C	556	598	589
Druck ata	3,68	3,82	3,94
Niederdruckturbineneinlaß:			
Temperatur ° C	412	447	438
Druck ata	1,536	1,593	1,60
Wirkungsgrade:			
Kompressor %	87,0		86,3
Hochdruckturbine %	85,2		84,3
Niederdruckturbine %	88,4		89,5
Wärmeaustauscher:			
Gaseintrittstemperatur ° C	344	375	361
Gasaustrittstemperatur ° C	250	276	258
Druckverlust at	0,309	0,338	0,382
Hochdruckturbinendrehzahl U/min	5850	5996	6000
Niederdruckturbinendrehzahl U/min	2800	2870	2940
Druckverhältnis	3,98	3,98	4,24
Durchsatz kg/sek	12,5	12,65	13,05
Brennstoffverbrauch kg/h	351	372	419
Leistung am Generator kW	875	930	1022
Spezifischer Brennstoffverbrauch g/kWh	401	401	411
Wirkungsgrad %	21,1	21,1	21,4

Der Niederdruck-Turbinenrotor rieb auch ein paarmal im Labyrinth an, ein Defekt, der ebenfalls auf ungenügende Beachtung der Differenzdehnungen zurückgeführt werden muß.

Im großen und ganzen jedoch hat sich diese Turbine sehr gut bewährt. Im März 1952 überquerte das Schiff nur mit Gasturbinenkraft allein den Atlantik, eine historische Tat. Es wurde Heizöl mit 50° E bei 38° C verbrannt. Bei der Inspektion zeigten sich Ablagerungen und Korrosionen an den Leit- und Laufschaufeln der Hochdruckturbine. Es mußte daher auf ein Marine-Dieselöl übergegangen werden bei einer gleichzeitigen Senkung der Temperatur auf 593° C, bis im Sommer 1953 die ersten vier Stufen Leit- und Laufschaufeln erneuert werden konnten. Dies war nach etwa 10000 Stunden Laufzeit.

Laboratoriumsversuche haben ergeben, daß Hochnickel-Chromlegierungen dem Korrosionsangriff durch Ascheablagerungen (Vanadium-Pentoxyd) besser widerstehen. Aus diesem Grunde wählte man für die beiden ersten Stufen Leit- und Laufschaufeln aus Nimonic 80 A. Die dritte und vierte Stufe wurde mit Schaufeln aus FCB(T) ausgestattet.

Diese neue Beschaufelung wurde nach 9000 Stunden Betriebszeit kontrolliert und in einwandfreiem Zustand befunden. Nimonic 80 A ist deshalb auch für die neue 5500-PS-Turbine vorgeschrieben worden.

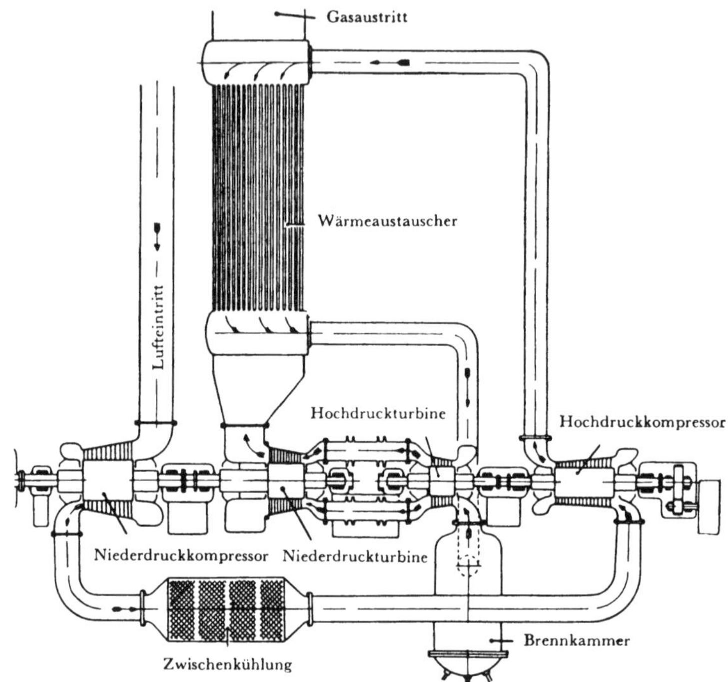

Abb. 568. Schema der neuen 5500-PS-Gasturbine für den Tanker „Auris"

Gegen Ende der Betriebszeit in der „Auris" wurden Ablagerungen durch chemische Beimischungen zum Schweröl größtenteils vermieden. Als bester Inhibitor erwies sich Kaolin, also Porzellanerde, das einen hohen Gehalt an Aluminiumsilikat aufweist.

Auch im Verbrennungssystem zeigte sich die überlegene Warmfestigkeit und der bessere Korrosionswiderstand der Nimonic-Legierungen. Die Anlage weist zwei Brennkammern auf, bei denen die Verbrennungszonen mit feuerfesten Steinen ausgekleidet sind. Die Mischzone hingegen weist eine Metallwandung auf. Bei einer Brennkammer wurden diese Blechteile aus dem austenitischen Stahlblech Immaculate 5 bei der anderen aus Nimonic-75-Blech hergestellt. Schon im Probelauf, nach einigen hundert Stunden, waren die Teile aus Immaculate 5 beschädigt, und man ersetzte sie durch Nimonic 75. Trotzdem das ganze Verbrennungssystem allen erdenklichen Versuchen und Erprobungen ausgesetzt war, ist man mit den Nimonic 75-Teilen zufrieden. Die Mischzonenpartien wurden nach 17500 Stunden ersetzt.

Angesichts dieser Leistung nehmen die Shell-Leute an, daß beim Nimonic-75-Flammrohr der neuen 5500-PS-Turbine eine absolut betriebssichere Lebensdauer von 5000 Stunden, vermutlich viel mehr, erwartet werden darf. Dies würde schlimmstenfalls eine Auswechslung nach einem Jahr bedeuten, was als durchaus tragbar erachtet wird.

Die Konstruktion der neuen 5500-PS-Turbine ist aus Abb. 568 ersichtlich. Es handelt sich um eine Verbundanlage mit Zwischenkühlung und Wärmeaustauscher. Der Antrieb erfolgt vom Niederdruckrotor aus. Die Brennkammer ist vertikal angeordnet, wodurch auch die Beschädigungsgefahr in der Turbine durch losbrechende Teile der feuerfesten Brennzonenauskleidung wesentlich vermindert wird. Der thermische Wirkungsgrad auf der Antriebswelle dürfte bei Vollast mit 650° C Einlaßtemperatur zwischen 27 % und 28 % liegen. Die Abwärme wird in einem über dem Wärmeaustauscher liegenden Dampfkessel weiter ausgenützt und soll stündlich ungefähr 2250 kg Dampf von 3,5 atü erzeugen. Da die Gasturbine ausschließlich Bunkeröl verbrennen wird, sind Nimonic-Legierungen für die Brennkammerteile, für das Turbinen-Einlaßgehäuse und für die ersten beiden Stufen der Hochdruckturbine gewählt worden[1].

Die Zukunft der Gasturbine in der Handelsmarine beruht auf der Möglichkeit der Verbrennung von Schweröl während längerer Zeitdauer. Destillate, wie sie z. B. von Dieselmotoren verbrannt werden, kosten ungefähr 50 % mehr als Bunkeröl. Das bedeutet, daß ein Dieselmotor infolge seines höheren thermischen Wirkungsgrades bei Verbrennung eines Destillates ungefähr gleich viel Betriebskosten aufweist wie eine Gasturbine, die mit Schweröl betrieben wird, aber einen geringeren thermischen Wirkungsgrad besitzt. Dies war übrigens eine der Hauptstreitfragen, als man zuerst an die Verwendung der Gasturbine im Schiffsbau dachte. Die Sachlage hat sich seither etwas geändert, denn es laufen heute auch zahlreiche Dieselmotoren mit Schwerölverbrennung.

Abgesehen von den Brennstoffkosten müssen aber auch andere Faktoren in Betracht gezogen werden. Zum Beispiel wird die Rentabilitätsberechnung einer Reederei auch den Unterhaltskosten und vor allem der Frequenz der Überholungen einer Antriebsmaschinerie größte Aufmerksamkeit schenken. Zudem haben Ausmaß und Gewicht der Antriebsmaschinen einen fühlbaren Einfluß auf die Schiffskonstruktionen und den Laderaum. Die Vorzüge der Gasturbine liegen vor allem in ihrem grundsätzlich sehr einfachen Aufbau. Es ist durchaus im Bereich der Möglichkeit, daß Gasturbinen gebaut werden können, die erst nach längeren Zeitperioden verhältnismäßig unbedeutende Überholungsarbeiten notwendig machen. Dies erlaubt natürlich auch längere Einsatzzeit für das Schiff. Im übrigen können beim Wegfallen ständiger Unterhaltsarbeiten die Antriebsmaschinen auch im Hafen für Umschlag- und Ladearbeiten eingesetzt werden. Die heute benötigten Hilfsmaschinerien sind nämlich ein wesentlicher Unkostenfaktor. Es werden auch noch weitere Argumente ins Feld geführt. Ohne hier näher darauf einzugehen, darf hingegen festgestellt werden, daß eine Gasturbine bei Verbrennung von Bunkeröl und bei einem thermischen Wirkungsgrad zwischen 25 und 30 % gewisse Vorteile zu bieten scheint.

b) Weitere Gasturbinen-Handelsschiffe. Neben dem Umbau der „Auris“ in England ist nun in Amerika ein Forschungsprogramm zur Untersuchung der Eignung der Gasturbine für Handelsschiffe im Gange.

Vier Liberty-Schiffe werden zu diesem Zweck eingesetzt. Eines mit einer Dampfturbinenanlage von 5975 PS, eines mit zwei Dieselmotoren von je 3125 PS, was einer Leistung an der Propellerwelle von 5625 PS entspricht, eines mit sechs Freikolbengaserzeugern GS 34, in Lizenz von General Motors gebaut, mit zwei 3000-PS-Turbinen von Alsthom, Frankreich, und eines mit einer General-Electric-Turbine mit Wärmeaustausch mit einer Leistung von 6411 WPS bei 20° C, 760 mm Hg-Säule und 755° C.

Die Freikolbengaserzeugeranlage hat Turbinen mit Rückwärtsstufen, die General-Electric-Turbine treibt einen Verstellpropeller.

Die Freikolbenanlage zeigte am Versuchsstand einen spezifischen Verbrauch von 195 g/PSh bei 6000 PS und man kann annehmen, daß für das Schiff ein spezifischer Gesamtverbrauch von 217 g/PSh erwartet werden kann.

Später soll die Zwischenverbrennung vor der Turbine eingeführt werden, wodurch zusätzlich zur Zwischenbrennkammer eine 8000-PS-Turbine mit Verstellpropeller not-

[1] The Auris Gas-Turbine Project, ASME Paper 58-GTP-12.

wendig wird. Man erwartet damit einen Verbrauch von 199 g/PSh bei 5000 PS und 222 bis 226 g/PSh bei 7700 PS.

Die General-Electric-Turbine wurde bereits unter Industrieturbinen näher gezeigt, Abb. 521. Der Schiffseinbau enthält auch einen Abhitzekessel für Dampferzeugung. Die Turbine ist für eine maximale Eintrittstemperatur von 788° C und eine maximale Austrittstemperatur von 510° C ausgelegt. Auch bei 7500 PS wird noch nicht das Drehzahllimit von 6900 U/min am Kompressor erreicht. Die größte Leistung während der Versuchsläufe wurde mit 7871 PS gemessen. Auf einer Fahrt von New York nach Southampton war die Durchschnittsleistung 7263 PS bei einem Verbrauch von 204 g/PSh.

In Frankreich laufen neben zahlreichen Schiffen der französischen Kriegsmarine zwei Küstenfahrschiffe der Reederei Worms, mit je zwei GS-34-Generatoren ausgerüstet, seit mehr als zwei Jahren im ständigen Dienst zwischen Bordeaux und Hamburg. Sie sind bereits weit mehr als 10 000 Stunden in Betrieb gestanden.

Bei allen bisher in Frankreich erstellten Schiffsanlagen erfolgt die Rückwärtsfahrt mittels einer im gleichen Gehäuse wie die Vorwärtsturbine eingebauten Rückwärtsstufe, wobei das Gas über ein Dreiwegventil bei Stillstand beide Turbinen, bei Vorwärtsfahrt nur die Vorwärtsturbine und bei Rückwärtsfahrt nur die Rückwärtsturbine speist. Durch besondere Maßnahmen war es möglich, die Reibungs- und Ventilationsverluste der in atmosphärischer Luft drehenden Rückwärtsturbine auf 1,5 bis 2 % der Leistung zu vermindern. Als Brennstoff wird für die Handelsschiffe Schweröl verwendet.

Weiters befaßt sich Rateau in Frankreich ernstlich mit Schiffsgasturbinen.

Bemerkenswert sind auch die Studien von Escher Wyss für Schiffsturbinen nach dem geschlossenen Verfahren (s. Abschn. XI, A, 9, S. 519).

Auch in Deutschland ist inzwischen auf dem Hecktrawler „Sagitta“ eine Schiffsanlage der Modag mit 2 Freikolbengaserzeugern GS 34 in Dienst gestellt worden [*133*].

5. Gasturbinen für Schiffe der Kriegsmarine

Weit längere Zeit und auch intensiver als für Handelsschiffe wurde zumindest anfänglich die Gasturbine für die Kriegsmarine studiert [*345*].

a) Das erste Boot mit Gasturbinenantrieb. Metropolitan Vickers stattete das Dreischrauben-Motorkanonenboot M.G.B. 2009 der englischen Marine, mit dem seit 1947 eingehende Probefahrten durchgeführt wurden, mit einer Gasturbine aus. Der mittlere der drei Packard-Diesel von 1250 PS wurde durch die Gasturbine von 2500 PS ersetzt. Marsch- und Rückwärtsfahrt besorgten die beiden Diesel, während bei voller Fahrt die Gasturbine zusätzlich noch ihre Kraft auf die mittlere Schraube über ein Reduktionsgetriebe mit 1100 U/min abgab.

Die Gasturbinenanlage bestand aus einem Gaserzeugersatz, der durch Kompressor, Hilfsgeräte, Brennkammer und Turbine zum Antrieb des Kompressors gebildet wurde, und einer Nutzleistungsturbine. Die Nutzleistungsturbine, die über ein Untersetzungsgetriebe auf die Propellerwelle arbeitete, lief unabhängig vom Gaserzeugersatz. Einen Längsschnitt durch die Anlage zeigt Abb. 569. Das Gewicht der kompletten Gasturbine betrug 1970 kg und das Getriebe mit Drucklager wog 1180 kg, zusammen 3150 kg oder 1,27 kg/WPS.

Der Gaserzeugersatz war bis auf kleine Abänderungen identisch mit einem der Düsentriebwerke, die Metropolitan Vickers während des Krieges entwickelt hatte. Der Kompressor war eine neunstufige Axialmaschine mit Leichtmetallgehäuse und -schaufeln. An den Rotor war ein konisches Verlängerungsstück angeschraubt, mit dem die Turbinenscheibe verflanscht war. Der ganze Rotor war in zwei Kugellagern gelagert, wobei die Turbinenscheibe frei auskragte. Die Lager wurden mit Ölnebel geschmiert. Das Öl wurde durch eine kleine Pumpe zugemessen und nachher ins Freie ausgestoßen, da die Mengen sehr klein waren. Außerdem wurden die Lager mit vom Kompressor abgezapfter Luft gekühlt.

Die Hilfsgeräte, wie Brennstoffpumpe, Drehzahlregler, Drehzahlmesser, elektrischer Startermotor und Ölpumpe, waren am Kompressorgehäuse montiert und wurden über Kegelräder angetrieben. Die Brennkammer war ringförmig ausgebildet, s. auch Abb. 307. Der Brennstoff — gewöhnliches Gasöl — wurde durch 20 Düsen gegen den Luftstrom eingeblasen. Die Brennkammer war aus Blech aus rostfreiem Stahl „Immaculate 5" gefertigt, der ausgezeichnete Hitzebeständigkeit und einen dem Leichtmetall ähnlichen Ausdehnungskoeffizienten hat. Der Kompressor wurde von einer zweistufigen Turbine angetrieben, deren Scheibe aus Molybdän-Vanadin-Stahl geschmiedet und mit Schaufeln aus Nimonic 80 bestückt war. Die Turbinenscheibe war auf beiden Seiten mit Luft vom Kompressorauslaß gekühlt.

Die Nutzleistungsturbine hat vier Stufen mit Lauf- und Leitschaufeln aus Molybdän-Vanadin-Stahl. Die Trommel wurde über zwei tiefgezogene Endscheiben von der Welle getragen, wobei die vordere über zwei Scheiben, die eine Art Scheibenfeder bildeten,

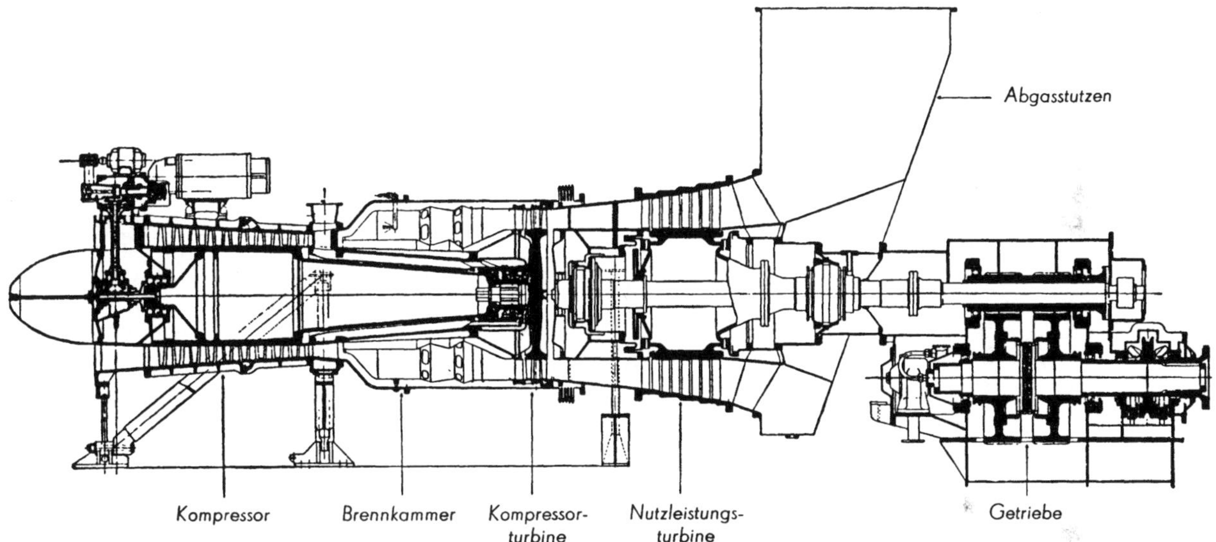

Abb. 569. Schnitt durch die MV-Schiffsgasturbine von 2500 PS, $p_2/p_1=3{,}5$, $t_{3max}=750°$ C

mit der Welle verbunden war, um Wärmedehnungsdifferenzen zwischen Welle und Trommel in axialer Richtung auszugleichen. Die Welle wurde von zwei Kugellagern getragen, die durch Ölnebel geschmiert und von Luft gekühlt wurden, ähnlich wie die Lager des Gaserzeugersatzes. Die Auspuffgase strömten über das aus Blech gefertigte Auslaßgehäuse senkrecht nach oben ab.

Die Nutzleistungsturbine gab ihre Leistung über ein einstufiges Getriebe mit Doppelschraubenrädern an die Propellerwelle ab. Das Doppelritzel war hohl ausgebildet, wurde über eine Torsionswelle angetrieben und lief in Rollenlagern. Um bei nichtlaufender Nutzleistungsturbine (Antrieb des Bootes nur durch die beiden Diesel über die Seitenschrauben) ein freies Rotieren der Propellerwelle zu ermöglichen, ohne daß die Nutzleistungsturbine angetrieben werden mußte, war eine selbsttätige Kupplung eingebaut. Die großen Zahnräder bildeten nicht ein Stück, sondern waren zwei getrennte Scheiben, die sich in axialer Richtung auf der Welle leicht verschieben konnten. Die Spiralverzahnung der beiden Räder war gegenläufig ausgebildet. Erfolgte der Antrieb von der Nutzleistungsturbine, dann bewirkte die axiale Kraftkomponente, daß beide Räder zueinander geschoben wurden und über Zahnkupplungen die Propellerwelle mitnahmen. Erfolgte der Antrieb vom Propeller aus, dann wurden die Räder durch die Axialkomponente auseinandergeschoben und die Zahnkupplung kam außer Eingriff. Es war eine Einrichtung vorgesehen, die bei Rückwärtsfahrt durch die beiden Diesel ein Einrücken der Kupplung verhinderte.

Eine Umlaufschmierung mit Ölkühlung versorgte den gesamten Getriebemechanismus. Der Kühler konnte durch eine mittels Thermostat geschaltete Überlaufleitung umgangen werden, um zu vermeiden, daß die Öltemperatur unter ein gewisses Maß sank. Ein auf den Schmieröldruck ansprechender Mechanismus wirkte auf das Brennstoffsystem ein und schaltete die Brennstoffzufuhr zur Gasturbine ab, wenn der Schmieröldruck unter ein zulässiges Maß sank. Dieser Mechanismus gab erst dann den Brennstoffzufluß frei, wenn die automatische Kupplung zum Eingriff bei Einleitung des Drehmomentes der Nutzleistungsturbine bereit war, damit ein unnötiges Überdrehen der Turbine und wieder Abschalten vermieden wurde. Wenn das Getriebe von der Propellerwelle angetrieben wurde, lieferte die Ölpumpe genügend Druck, um das Starten der Gasturbine zu ermöglichen. Bei Probeläufen auf dem Versuchsstand oder im Dock mußte mit einer Handpumpe der nötige Öldruck erzeugt werden, damit das Brennstoffventil den Zufluß zur Brennkammer frei gab.

Die Leistungsabgabe wurde nur durch die Brennstoffzufuhr geregelt. Beim Start wurde der Rotor des Gaserzeugers durch einen 24-Volt-Startermotor auf 800 bis 1000 U/min

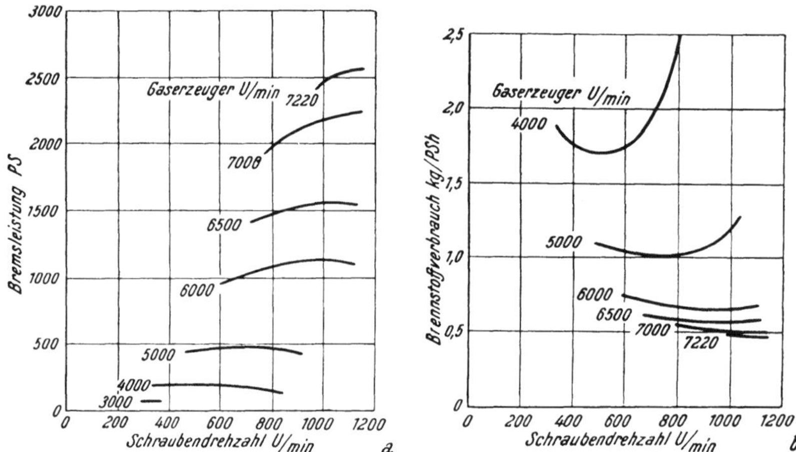

Abb. 570. Bremsleistung und Schraubendrehzahl (*a*) und spezifischer Brennstoffverbrauch und Schraubendrehzahl (*b*) für Drehzahlen des Gaserzeugersatzes zwischen 3000 und 7220 U/min

gebracht. Bei dieser Drehzahl wurde in der Brennkammer über Zündbrenner der Hauptbrennstoffstrahl gezündet. Die Kompressorturbine unterstützte von diesem Moment an den Startermotor, der aber noch mithalf, da bei dieser Drehzahl die Turbine noch nicht imstande war, den Kompressor allein zu treiben. Erst bei 2000 U/min konnte das Aggregat allein laufen und der Startermotor wurde abgeschaltet. Von dieser Drehzahl wurde die Maschine nun unter Kontrolle eines servogesteuerten Startventiles auf 3000 U/min, der Leerlaufdrehzahl, hochgefahren, von wo ab sie sofort auf volle Drehzahl beschleunigt werden konnte. Das automatische Startventil verhinderte ein zu rasches Beschleunigen auf Leerlaufdrehzahl, um Pumpen des Kompressors und damit Aussetzen des Triebwerkes zu verhindern. Die Zeit vom Stillstand bis zum Erreichen der Leerlaufdrehzahl betrug 45 Sekunden.

Das Hauptregelventil besteht aus einer konischen Nadel, die in einer Düse bewegt wurde. Die Bewegung der Nadel war servogesteuert und ergab die größtmögliche sichere Beschleunigung des Triebwerkes ohne Pumpen des Kompressors. Dieses Ventil wurde von der Schalttafel aus betätigt. Die maximale Drehzahl des Gaserzeugersatzes wurde durch einen Drehzahlregler kontrolliert, der bei Überdrehzahl den Brennstoffzufluß drosselte.

Die Nutzleistungsturbinendrehzahl wurde normalerweise durch das Gleichgewicht zwischen abgegebener und vom Propeller aufgenommener Leistung kontrolliert. Sollte die maximale Drehzahl 3600 U/min um 10 % überschreiten, dann schaltete ein Sicherheitsregler den Gaserzeugersatz ab.

Während des Stillstandes der Gasturbine bei langen Marschfahrten mußten die Rotoren durchgedreht werden, um eine Beschädigung der Kugel- und Rollenlager infolge der Stöße der Dieselmotoren zu vermeiden. Die laufende Propellerwelle nahm infolge der Ölhaftung die Zahnräder mit, die über die Ritzel die Nutzleistungsturbine langsam durchdrehten. Der unabhängig laufende Gaserzeugersatz wurde von einem 1/16-PS-Motor über ein Doppelschneckengetriebe langsam gedreht.

Vor dem Einbau wurden ausgedehnte Prüfstandversuche gefahren, die zur vollsten Zufriedenheit ausfielen. Die Maschine lief sehr ruhig und vollkommen vibrationsfrei, da die Rotoren sorgfältig dynamisch ausgewuchtet waren. Da Gaserzeugersatz und Nutzleistungsturbine nicht mechanisch gekuppelt waren, konnte die letztere sich immer der Leistungsdrehzahlcharakteristik der augenblicklichen Last anpassen. Während der Prüfstandversuche wurde eine Reihe von Nutzleistungsturbinendrehzahlen für verschiedene gemessene Gaserzeugerdrehzahlen, also für verschiedene Gas-PS-Werte, aufgenommen, Abb. 570. Eine Ansicht der eingebauten Turbine zeigt Abb. 571.

Abb. 571. Ansichten der im M.G.B. 2009 eingebauten M.V.-Turbine von 2500 PS

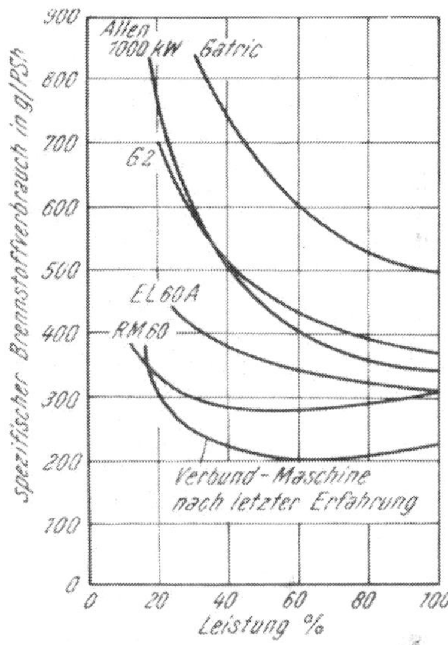

Abb. 572. Brennstoffverbrauch verschiedener Marinegasturbinen aus Versuchsläufen mit Gasöl von $H_u = 10300$ kcal/kg

Während der ersten Versuchsfahrten zeigten sich Mängel infolge der schlechten Temperaturverteilung am Brennkammerauslaß. Dies hatte Verbeulungen der Brennkammer und Überhitzung der ersten Stufen der Turbine zur Folge. Zu dieser Zeit hatte jedoch Metropolitan Vickers eine filmgekühlte Brennkammer entwickelt, nach deren Einbau keine weiteren Mängel mehr aufgetreten sind. Allerdings konnte eine ganz gleichmäßige Temperaturverteilung nicht erreicht werden; die Unterschiede betrugen jedoch nur 50° C.

Die Versuche liefen durch vier Jahre und waren bemerkenswert günstig. Folgende Punkte verdienen festgehalten zu werden:

α) Der Betrieb einer einfachen Gasturbine bereitet keine unüberwindbaren Schwierigkeiten in schnellen Küstenwachschiffen.

β) Es kam zu Salzablagerungen an den Kompressorschaufeln, die zur Folge hatten, daß nach 120 Stunden Betriebszeit der Kompressorwirkungsgrad auf 94 % und die Leistung auf 86 % der Auslegungshöhe gefallen waren. Durch Einspritzen von destilliertem Wasser konnten die Salzanlagerungen ausgewaschen werden. Man brachte daher am Kompressoreinlaß einen Ring mit 5 Düsen an, durch die alle 12 Stunden 45 l Wasser mit 9 l/min eingespritzt wurden. Damit konnte der Effekt der Salzanlagerungen an den Kompressorschaufeln beseitigt werden.

γ) Zwei Lagerschäden traten gegen Ende der Versuche auf, und es begann zweifelhaft zu werden, ob Wälzlager für diese Art von Gasturbinen geeignet sind. In beiden Fällen konnte die Ursache für die Schäden nicht festgestellt werden.

δ) Der Lärmpegel war anfangs sehr groß. Im Maschinenraum 117 Dezibels, auf der Brücke 102 Dezibels. Den Hauptanteil daran hatte der Kompressor. Entsprechende Isolation und Schalldämpfer brachten jedoch eine bedeutende Reduktion.

ε) Zur Kühlung des Maschinenraumes wurde die Turbine mit einer 50 mm dicken Asbestisolierung versehen und darüber im Abstand eine Leichtmetallhülle gebaut, durch die mittels eines Auspuffejektors Luft gesaugt wurde. Diese Kühlmethode erwies sich als sehr effektvoll.

ζ) Die anfangs verwendete Kompressorbeschaufelung aus RR 56 zeigte nach den ersten 50 Stunden Korrosionen. Daher wurde eine Beschaufelung aus RR 57 eingebaut, mit der sich keinerlei Anstände mehr ergaben. Es wäre möglich, daß Korrosionen trotzdem noch entstanden wären, wenn der Waschprozeß nicht durchgeführt worden wäre.

η) Verluste durch Leerlauf. Anfänglich war die Turbine mit einer automatischen Kupplung für die Propellerwelle versehen, um Leerlaufverluste bei Fahrt mit den Dieselmaschinen allein zu vermeiden. Diese Kupplung zeigt sich bei den Versuchen als unnötig, da der Verlust bei Betrieb mit den zwei Dieselmotoren nur 1,3 % betrug.

Versuche mit Heizöl am Prüfstand ergaben nach 200 Stunden einen noch guten Maschinenzustand. Es konnte allerdings nur noch ein kurzer Versuchslauf zur See durchgeführt werden. Man kann jedoch annehmen, daß für beschränkte Zeit bei Turbinen mit 750° C Eintrittstemperatur ein Betrieb mit leichtem Heizöl möglich ist.

Die „Gatric"-Turbinen waren für eine Lebensdauer von 300 Stunden ausgelegt. Zwei der Maschinen hatten am Schluß der Versuche 600 Stunden erreicht. Die Lebensdauer gilt natürlich nur für wenige Teile. Erneuert man diese, dann kann die Maschine selbstverständlich weiter verwendet werden.

b) Die G-2-Turbine. Für weitere Versuche mit schnellen Booten wurde 1948 bei Metropolitan Vickers vier verbesserte Gasturbinen bestellt. Je zwei wurden zusammen mit zwei Dieselmotoren in die Versuchsboote eingebaut. Die Leistung dieser Turbinen betrug 4500 PS bei 15° C. Die konstruktive Grundlage bildete das damals verbesserte (s. S 784) Metropolitan-Vickers-Düsentriebwerk. Der Brennstoffverbrauch war bereits wesentlich besser als bei den „Gatric"-Turbinen, Abb. 572. Ein Schnitt durch die Turbine, Abb. 573, zeigt deutlich den Aufbau. Ein einstufiges Stirnradgetriebe ohne Kupplung treibt die Propellerwelle. Es sind ebenfalls wieder Wälzlager vorgesehen. Zum Anlassen sitzt oben am Kompressoreinlaß ein Taumelscheiben-Luftmotor.

Die Anlaßzeit beträgt 30 Sekunden bei Leerlauf. Vollast wird automatisch gesteuert in weiteren 12 Sekunden erreicht.

Anfangs traten große Schwierigkeiten mit Schwingungsbrüchen von Kompressorschaufeln auf, doch konnten diese gemeistert werden.

Lagerschäden traten bei einem Boot infolge von Schwingungen des Bootskörpers auf. Ein Übergang auf normale Ölschmierung anstatt der Ölnebelschmierung mit Luft und Beschränkungen der Bootsgeschwindigkeit zur Vermeidung der Schwingungen haben weitere Schäden vermieden. Beim zweiten Boot sind keine Lagerschwierigkeiten aufgetreten.

Das tägliche Waschen des Kompressors erwies sich auch hier wieder als erfolgreich.

Vor dem Abstellen nach einem Vollastlauf wurde die Turbine 5 bis 15 Minuten mit 4750 U/min betrieben, um die Temperatur der Lager auf 90° C zu bringen. Mehrmals wurden die Turbinen aber auch sofort abgeschaltet, ohne daß Schäden aufgetreten wären.

Die am Turbineneintritt vorgesehenen Thermoelemente erwiesen sich als nicht ganz zuverlässig und sollen bei späteren Ausführungen durch solche am Austritt ersetzt werden.

Die G-2-Turbinen sind bereits wesentlich leistungsfähiger und dabei auch noch leichter als die „Gatric"-Turbinen, s. Tab. 88.

Weitere Verbesserungen können natürlich bei Anwendung der letzten Erfahrungen mit Flugturbinen (Verbundkompressor und verbesserte Maschinenwirkungsgrade) erreicht werden, Abb. 572.

c) Die einfache Gasturbine als Zusatzmaschine für volle Fahrt bei Kriegsschiffen. Da diese Schiffe sehr selten volle Fahrt laufen, ist es besser, statt einer schweren großen Maschinenanlage für lange Lebensdauer, die nur selten ausgenützt wird, eine entsprechende Anlage für Marschfahrt und eine leichte kräftige Gasturbine für volle Fahrt einzubauen. Dies bringt vor allem Platz- und Gewichtsersparnis. Diese Gasturbinen müssen sehr kompakt und leicht gebaut sein und ihre Leistung mit vernünftigem Wirkungsgrad abgeben. Die Lebensdauer kann kurz sein. Somit können diese Turbinen direkt von der Flugturbine abgeleitet werden, wie dies mehr und mehr geschieht.

Wesentlich schwieriger ist schon die Entwicklung von Hauptmaschinen, doch hat die Gasturbine auch sicher hier ein weites Feld.

d) Die Gasturbine als Hauptmaschine. Zwei Turbinen wurden zu diesem Zweck entwickelt, die E. L. 60 A von English Electric und die R. M. 60 von Rolls-Royce.

α) Die E.-L.-60-A-Turbine. Diese bereits 1946 begonnene Turbine wurde nicht vor 1951 für Prüfstandsversuche fertig. Die Konstruktion fußte auf Dampfturbinenpraxis und war entsprechend schwer. Der Kreislauf zeigt Parallelschaltung der Kompressor- und der Nutzleistungsturbine mit getrennten Brennkammern. Es ist dies die bisher einzige Turbine mit dieser Schaltungsanordnung. Eintrittstemperatur 704° C, Wärmeaustauscherrückgewinnungsgrad 75%. Trotz der schweren Bauweise konnte diese 6500-PS-Turbine in 5 Minuten auf Selbstfahrdrehzahl und in weiteren 15 Minuten auf Vollast gebracht

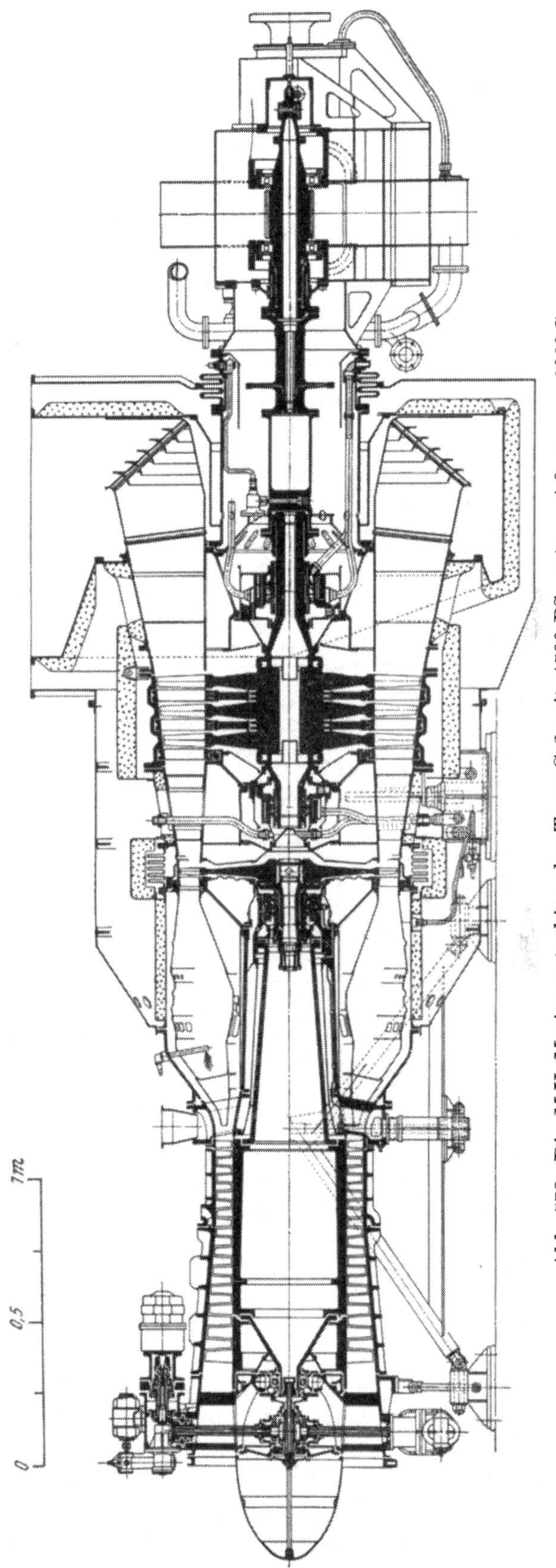

Abb. 573. Die M.V.-Marinegasturbine der Type G-2 mit 4500 PS, $p_2/p_1 = 4,0$, $t_{3\,max} = 800°$ C

Tabelle 88. *Technische Daten englischer Schiffsturbinen für die Kriegsmarine*

Triebwerk		Gatric	G 2	E. L. 60 A	R. M. 60	T 8	Artouste 1	1000 kW G. T. A.	Emergency G. T. A.
Herstellerfirma		Metropolitan Vickers Electrical Co., Ltd.		English Electric Co., Ltd.	Rolls-Royce Ltd.	Rover Motor Co., Ltd.	Turboméca Blackburn and General Aircraft Ltd.	W. H. Allen Sons and Co., Ltd.	W. H. Allen Sons and Co., Ltd.
Maximale Leistung bei einer Lufttemperatur am Einlaß von 15° C .... PS		2500	4500	6500	5400	200	276	1512	200
Bestimmungszweck		Leistungssteigerung	Leistungssteigerung	Grundlast-Anlage	Grundlast-Anlage	Schiffs-Antrieb	Hilfsmasch.-Antrieb	Grundlast Generator-Antrieb	Notstrom Generator-Antrieb
Frischgastemperatur am Eintritt in die Turbine bei Maximalleistung .... °C		750	800	704	827	847	800	650	750
Gesamtdruckverhältnis der Verdichtung		3,5	4,0	4,02	18,5	4,0	3,7	4,25	2,65
Luftdurchsatz bei Maximalleistung ...... kg/s		21,5	29,8	58,0	29,3	1,59	2,15	16,85	2,58
Thermischer Wirkungsgrad η_{therm} bei Maximalleistung .... %		12,8	17,2	20,4	20,4	12,5	13,75	19,75	12,9
Thermischer Wirkungsgrad η_{therm} bei 50 % der Höchstleistung .... %		9,5	13,4	17,75	22,6	9,2	9,8	15,6	7,5
Leistungsgewicht einschließlich Untersetzunsgetriebe, bezogen auf Maximalleistung .... kg/PS		1,25	1,045	12,35 ohne Fundament	2,4	1,01	0,354	4,76	1,36
Lebensdauer der heißen Teile (bezogen auf Dauerstandsversuche) .... h		300	1000	10 000	1000	800	500	50 000	1000
Verdichter	Anzahl und Art der Verdichter	1 axial	1 axial	1 axial	1 Niederdruck axial Hochdruck 2 Stufen radial	1 radial	1 radial	1 axial	1 radial
	Stufenzahl	9	11	15	11 bzw. 2	1	1	13	1

Turbine	Anzahl und Art der Turbinen	2 axial	2 axial	2 axial	3 axial	2 axial	1 axial	2 axial	1 radial
	Stufenzahl[1]	2 bzw. 4	1 bzw. 3	6 bzw. 6	1 bzw. 2 bzw. 2	1 bzw. 1	2	2 bzw. 1	1
	Drehzahl[1] U/min	7250 bzw. 3600	7830 bzw. 5200	4000 bzw. 5600	15 000 11 000 7180	40 000 bzw. 35 000	35 000	8000 bzw. 6750	23 500
Anzahl der Zwischenkühler und Gütegrad des Kühlers		kein	kein	kein	3, 2 für Niederdruck, 86 % für Niederdruck, 64 % für Hochdruck	kein	kein	kein	kein
Wärmeaustauscher und Wärmerückgewinn		kein	kein	75 %	48 % bei Volleistung und geöffnetem Bypass	kein	kein	70 %	kein
Anzahl und Art der Brennkammern		1 Ringbrennkammer	1 Ringbrennkammer	6 Einzelbrennkammern	2 Einzelbrennkammern	1 Einzelbrennkammer	1 Ringbrennkammer	8 Einzelbrennkammern	1 Einzelbrennkammer
Schema des Kreislaufes nach Abb. 11		*1 B* (ohne Wärmeaustausch)	*1 B* (ohne Wärmeaustausch)	*1 C*	*3 D*	*1 B* (ohne Wärmeaustausch)	*1 A* (ohne Wärmeaustausch)	*1 B*	*1 A* (ohne Wärmeaustausch)

[1] Die erste **Zahl** bezieht sich auf die Stufenzahl bzw. Drehzahl der Verdichterturbine, die letzte **Zahl** bezieht sich auf die Stufenzahl bzw. Drehzahl der Arbeitsturbine.

In Spalte 4 bezieht sich die 1. Zahl auf die Hochdruckturbine, die 2. Zahl auf die Arbeitsturbine und die 3. Zahl auf die Niederdruckturbine.

werden (Anlassermotorleistung 250 PS). Dabei war sicher die sehr gute Turbinenkühlung maßgebend beteiligt, Abb. 225.

Da infolge der großen Verzögerungen beim Bau dieser Turbine inzwischen die viel modernere R.-M.-60-Turbine von Rolls-Royce fertig geworden war, wurden die Versuche mit der E. L. 60 A 1952 eingestellt.

Immerhin zeigte der Kompressor einen sehr guten Wirkungsgrad (über 85% bei Druckverhältnissen von 1,5 bis 4,2), und die Turbinenkühlung war sehr gut durchdacht und wirkungsvoll. Die Brennkammern wiesen die filmgekühlte Shellbauweise auf und waren die ersten dieser Art, Abb. 319. Da pro Turbine mehr Brennkammern vorgesehen waren, war es schwierig, gleichmäßige Temperaturverteilung vor den Turbinen besonders bei kleinen Lasten zu bekommen. Die Brennkammern selbst arbeiteten sonst während der ganzen Versuchsdauer störungsfrei.

Der Brennstoffverbrauch geht aus Abb. 572 hervor, nähere technische Daten aus Tab. 88.

β) Die R.-M.-60-Turbine. Nach anfänglichen Untersuchungen über die Eignung von Gasturbinen für Kanonenboote bekam Rolls-Royce 1946 den Auftrag, eine entsprechende Turbine zu bauen. Diese Turbine mit der Bezeichnung R. M. 60 wurde in zwei Exemplaren für die britische Marine und in zwei weiteren Exemplaren für die amerikanische Marine, die sie als Antriebsmaschinen für Begleitschiffe verwenden will, gebaut. Alle technischen Daten sind aus Tab. 88 und Abb. 574a zu entnehmen. Die Brennkammer dieser Turbine ist in Abb. 574b gezeigt. Es ist eine Lucas-Konstruktion und entspricht im wesentlichen den Flugzeugturbinen-Brennkammern dieser Firma. Das Brennstoffsystem wurde bereits im entsprechenden Abschnitt beschrieben (S. 360, Abb. 363). Der Aufbau der Turbine sowie ihrer Bauteile ist stark vom Flugzeugtriebwerkbau beeinflußt [*343*].

Die Gasturbine hat ein Leistungsgewicht von 2,4 kg/PS, mit welchem man bei 50% Leistungsvergrößerung eine 50%ige Gewichtsersparnis und eine 25%ige Raumersparnis gegenüber den zuvor auf den englischen Kanonenbooten eingebauten Dampfturbinenanlagen erreichen konnte. Wie man sieht, handelt es sich um ein verhältnismäßig kompliziertes Verbundtriebwerk mit halb axialer, halb radialer Verdichtung und mehrfacher Zwischenkühlung. Diese Bauweise hat man gewählt, um eine möglichst flache Verbrauchscharakteristik in einem möglichst großen Leistungsbereich zu erhalten, Abb. 572. Die Maschinenanlage ist in mehrere mechanisch unabhängig laufende Einheiten aufgeteilt, bei deren Anordnung auch der Deformation des Schiffskörpers Rechnung getragen wurde. Die vordere Einheit besteht aus dem Niederdruck-Axialkompressor, der von der Niederdruck-Gasturbine angetrieben wird. Die hintere Einheit, deren Achse um 9 Grad gegen die vordere geneigt ist, besteht wiederum aus zwei unabhängigen Rotoren, die koaxial angeordnet sind. Die einkränzige Hochdruckturbine treibt einen zweistufigen Hochdruck-Radialkompressor, die davorliegende zweistufige Mitteldruckturbine treibt durch die hohle Welle des Kompressoraggregates das Propellergetriebe. Das Getriebe ist zweistufig und in Leichtbauweise mit drei Zwischenwellen ausgeführt. Die Anlage wird mit einem Verstellpropeller ausgerüstet, so daß ein Umsteuern der Gasturbine oder des Getriebes entbehrlich ist. Die Turbinenradscheiben sind mittels Hirth-Verzahnung miteinander verbunden. Die Wellen laufen in Wälzlagern. Für die Beschaufelung der Hochdruckturbine wurde Nimonic 90, für die der Mitteldruckturbine Nimonic 80 verwendet. Die Laufräder des Radialkompressors und der Rotor des Axialkompressors sind aus rostfreiem Stahl hergestellt. Trotz der hohen Frischgastemperatur von 827° C und des hohen Druckverhältnisses wird bei der Maximalleistung von 5400 PS nur ein Kraftstoffverbrauch von 0,3 kg pro PSh erreicht. Dieser spezifische Verbrauch bleibt jedoch bis zu einer Leistung von 2000 PS herab nahezu unverändert.

1951 begannen die Versuche am Prüfstand, die zwei Jahre dauerten und 1100 Stunden Versuchslauf brachten. Die erreichten Verbräuche gehen aus Abb. 572 hervor.

Der Anlaßmotor hat eine Leistung von 40 PS. Leerlaufdrehzahl wird in 30 Sekunden und Vollast in weiteren 45 Sekunden erreicht. Für den Schiffseinbau wurde diese Zeit auf 60 Sekunden gesetzt, um Pumpen des Kompressors infolge der während des Betriebes absinkenden Kompressorwirkungsgrade hintanzuhalten.

Im Versuchsbetrieb traten diverse Schäden an den Wälzlagern auf, und es scheint dies ein Hinweis dafür zu sein, daß diese für Hauptmaschinen auf Schiffen nicht ganz geeignet sind.

Immerhin zeigen diese verschiedenen Turbinen, daß gute Ansätze zur Lösung der Frage der Schiffsgasturbinen vorhanden sind. Wie weit man bei Verwertung der letzten Erfahrungen mit Flugtriebwerken mit einer vollentwickelten Verbundmaschine ohne Zwischenkühlung und ohne Wärmeaustausch im Verbrauch heute herabkommen könnte, zeigt die in Abb. 572 eingetragene Kurve. Das Gewicht einer solchen Turbine müßte etwa dem der G-2-Turbine gleichkommen. Der Aufbau wäre ähnlich dem der STAL-9000-kW-Turbine, Abb. 527a.

e) Freikolbengaserzeuger mit Turbine. Für Handelsschiffe sind diese schon mit Erfolg eingesetzt, ebenso sind 21 Minenräumboote der französischen Kriegsmarine mit je zwei Gaserzeugern ausgerüstet, die über zwei Turbinen und Getriebe die beiden Schraubenwellen antreiben.

Im Bau befinden sich überdies zwei Doppelwellen-Schiffe der französischen Kriegsmarine mit je 16 000 PS. Jede Schraube wird von einer aus acht Gaserzeugern und Turbinen bestehenden Maschinengruppe angetrieben.

f) Kleinturbinen zum Antrieb von Booten. Sowohl die Automobilturbine von Rover (s. Abschn. „Kraftfahrzeuggasturbinen", S. 734) als auch die Turboméca Artouste Gasturbine und in Amerika die Boeing Turbine (Abschn. „Kleinturbine", S. 663) wurden zum Antrieb von kleinen Booten versucht und damit eine Menge von Erfahrungen gesammelt [*346*].

g) Hilfsmaschinen auf Schiffen. Man unterscheidet zwischen dauernd laufenden Hilfsantrieben, bei denen es auf lange Lebensdauer und niederen Brennstoffverbrauch ankommt und zwischen Hilfsantrieben, die nur sehr selten gebraucht werden. Für diese Kategorie können Antriebsmaschinen mit kurzer Lebensdauer und hohem Verbrauch akzeptiert werden, wenn sie nur leicht, kompakt und einfach sind.

In die erste Gruppe fallen die Schiffsgeneratoren für die Stromversorgung. Bisher wurden diese von Dampfturbinen angetrieben. Da nun sowohl eine Beschädigung des Kessels als auch eine solche der Dampfleitungen einen Ausfall verursacht, waren noch Reservegeneratoren mit Dieselantrieb vorgesehen. Die Dieselmaschine ist aber schwer, besonders bei Leistungen über 350 kW, und braucht eine ziemliche Wartungszeit, um immer voll einsatzbereit zu sein. Ferner können Diesel nicht für lange Zeit im Leerlauf laufen, was aber unter bestimmten Bedingungen nötig ist. Hier ist die Gasturbine sowohl an Gewicht als auch an Einfachheit und Wartung überlegen, und außerdem kann sie unbeschränkte Zeit mit Leerlaufleistung laufen.

Gegenüber der Dampfturbine ist also die Gasturbine leichter und viel kompakter, von einem Dampferzeuger unabhängig und schneller startbereit.

Gegenüber dem Dieselmotor ist ebenfalls ein Vorteil in bezug auf Gewicht und Platzbedarf (besonders bei größeren Leistungen) gegeben, außerdem braucht die Gasturbine weniger Wartung, weniger Schmieröl und kann unbeschränkt lange im Leerlauf laufen.

a) Die Allen-1000-kW-Turbine. W. H. Allen, Sons & Co., Ltd., bekam im April 1948 von der englischen Admiralität den Auftrag, einen Turbogenerator von 1000 kW zu entwickeln. Die Spezifikation verlangte eine Leistung von 1000 kW mit 20 % Überlast für 20 Minuten, wobei ein Verlust in der Ansaugeleitung von 0,04 kg/cm² und in der Abgasleitung von 0,028 kg/cm² eingerechnet sein mußte. Die Leistung sollte auch unter tropischen Temperaturbedingungen von 38° C abgegeben werden können.

In Zusammenarbeit mit Bristol Aeroplane Co., Ltd., entstand aus den Erfahrungen mit der Theseus-Propellerturbine, die damals von Bristol entwickelt worden war, dieser 1000-kW-Satz, dessen Konstruktion aus den Schnittbildern der Abb. 575a, b deutlich hervorgeht. Technische Daten sind aus Tab. 88 und Abb. 572 zu ersehen. Die verschiedenen Drücke und Temperaturen im Kreislauf sind folgende:

Kompressor-Einlaß	0,99 ata, 15° C
Kompressor-Auslaß	4,2 ata, 191,5° C
Turbineneinlaß (Kompressorturbine)	3,99 ata, 560° C
Nutzleistungsturbine-Einlaß	1,576 ata, 490° C
Nutzleistungsturbine-Auslaß	1,1 ata, 429° C

Bei den Prüfläufen wurde ein Kompressorwirkungsgrad von 86 % und ein Kompressorturbinen-Wirkungsgrad von 85 % bei Vollast und 86 % bei kleinen Lasten und ein Brennkammerwirkungsgrad von etwas über 98 % gemessen.

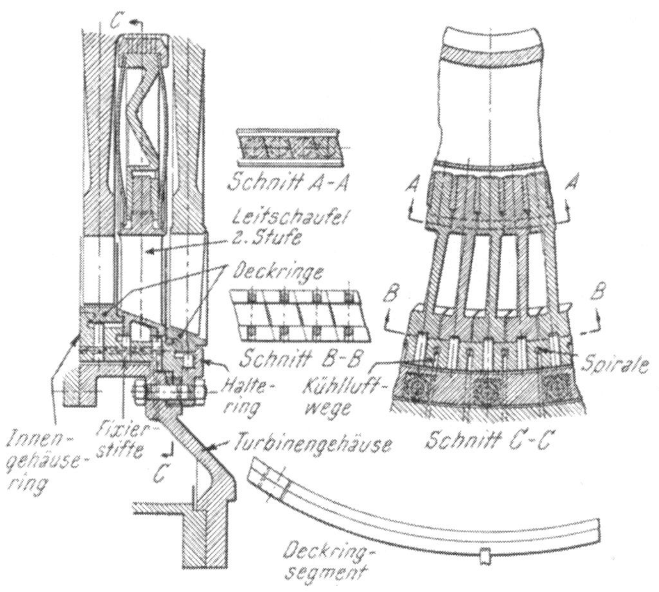

Abb. 575*b*. Turbinendetails der Allen-1000-kW-Turbine

Es stellten sich Schwierigkeiten durch Undichtwerden des Wärmeaustauschers ein. Nach Verbesserung desselben wurde die Turbine am Prüfstand der Admiralität im NGTE aufgebaut und dort weitergeprüft.

Die Maschine ist eine ausgesprochen leichte Bauart. Die getrennte Nutzleistungsturbine wurde deswegen gewählt, um bei sehr plötzlichem Lastwechsel nicht in die Pumpzone zu kommen. Zur Verbesserung der Regelung der getrennten Nutzleistungsturbine wurde auf deren Welle ein Schwungrad angebracht. Plötzliche Laständerungen von 75% konnten anstandslos bewältigt und mit einigen Änderungen sollten 100% erreicht werden.

Interessant ist der Aufbau der Turbine. Die Laufschaufeln bestehen aus Nimonic 80 A, die Leitschaufeln aus Nimonic 80, im Wachsausschmelzverfahren gegossen. Die Laufschaufeln sind in axialen Tannenbaumnuten in den Scheiben aus G 18 B befestigt. Die Eintrittsleitschaufeln sind in Gruppen zu Segmenten zusammengenietet, um gut montierbare Einheiten zu schaffen. Die Leitschaufeln der zweiten Stufe sitzen in Rillen außen im

Gehäuseinnenring und sind durch zwei Stifte am Umfang gesichert. Innen haben die Schaufeln einen zylindrischen Fortsatz, der in einer radialen Bohrung der Leitradscheibe sitzt. Dadurch können sich die Leitschaufeln radial nach innen und die Leiträder nach außen frei dehnen, ohne exzentrisch zu werden. Das Leitrad ist durch zwei Wärmeschilder gegen Strahlungshitze geschützt.

Das Turbinengehäuse besteht aus einem äußeren und einem inneren Teil. Der Innengehäusering aus hitzebeständigem Material ist im Hauptgehäuse mittels radialer Keile gelagert, so daß er sich radial frei dehnen kann. In ihm sitzen wieder frei beweglich die Leitschaufeln und die Anlaufringe der Laufstufen. Diese bestehen aus Segmenten aus H. R. Crown Max Stahl und sind so in Umfangsrillen aufgehängt, daß sie sich wieder frei dehnen können. Damit bleibt das Laufspiel der Schaufeln bei allen Lasten konstant und man kann die Turbine schnell starten und abstellen. Alle diese Teile sind luftgekühlt.

β) Allen-200-PS- und 350-kW-Turbinen. Für den zeitweiligen Einsatz bei Notstromaggregaten wurden die bereits unter Kleinturbinen besprochenen Allen-Turbinen von 200 PS und 350 kW entwickelt, Abb. 556 und 557.

Natürlich kommen für diese Zwecke auch alle anderen einfachen und leichten Turbinen aller Leistungsklassen in Frage.

6. Ausblick

Wie man aus diesen Darstellungen ersehen kann, hat die Gasturbine sowohl für Handels- als auch Kriegsmarine schon einige Bedeutung erlangt bzw. sich in vielen Fällen gut bewährt, sowohl als reine Gasturbine als auch als Freikolbengaserzeuger mit Gasturbine. Man kann annehmen, daß unter Ausnützung der verhältnismäßig günstigen Versuchsresultate und unter Verwertung der letzten Erfahrungen heute bereits geeignete Gasturbinen mit bestem Wirkungsgrad gebaut werden können, und man muß daher erwarten, daß in den nächsten Jahren etliche Neukonstruktionen in Erscheinung treten werden. Die Entwicklung wird allerdings nicht so stürmisch sein wie auf dem Flugzeugsektor.

Völlig neue Gesichtspunkte ergeben sich für den Einsatz der Gasturbine mit Atomreaktoren. Gasgekühlte Reaktoren können bekanntlich mit höheren Temperaturen als flüssigkeitsgekühlte Reaktoren arbeiten. Es kann also die Gasturbine im Zusammenhang mit dem gasgekühlten Reaktor wirtschaftlicher gebaut werden als eine Dampfturbine mit einem flüssigkeitsgekühlten Reaktor.

Der Betrieb von Kraftanlagen mit Atomreaktoren ist besonders für Schiffe interessant, da das Gewicht des mitzunehmenden Kernspaltstoffes gegenüber dem Brennstoffgewicht der anderen Maschinenarten praktisch wegfällt; die Nutzladefähigkeit des Schiffes und damit seine Wirtschaftlichkeit wird entsprechend erhöht.

Es bestehen bereits detaillierte Pläne für die Verwendung der Kernenergie zum Antrieb von Gasturbinen. Von britischer Seite wurde ein 15000-WPS-Projekt einer geschlossenen Gasturbine vorgelegt; der Reaktor ist natriumgekühlt und gibt über einen aus Sicherheitsgründen zwischengeschalteten Natriumkreislauf seine Wärme an das Arbeitsmittel der Turbine ab. Ebenso liegen bereits diverse Projekte mit gasgekühlten Reaktoren und geschlossenen Kreisläufen von Escher Wyss und deren Lizenznehmern vor [*299, 304*].

Für Unterwasserfahrzeuge ist ferner die Tatsache, daß bei dem Betrieb einer Kernenergieanlage weder Sauerstoff zugeführt werden muß noch Abgase entstehen, von besonderer Bedeutung. Ein mit einer Kernenergie-Gasturbinenanlage ausgerüstetes Unterseeboot kann daher sehr lange Strecken mit Unterwasserfahrt zurücklegen. Der Einbau einer besonderen Unterwasseranlage wie bisher (Überwasserfahrt: Dieselmotor; Unterwasserfahrt: Elektromotor, aus Batterie gespeist) entfällt.

XIV. Gasturbinenlokomotiven und fahrbare Kraftstationen

Auch auf diesem Gebiete hat Brown Boveri Pionierarbeit geleistet. Schon 1941 konnte diese Firma die erste Gasturbinenlokomotive in Betrieb nehmen.

1. Die erste Gasturbinenlokomotive

Nachdem am 20. Mai 1941 mit bestem Erfolg die offiziellen Prüfstandversuche an der thermischen Gruppe abgeschlossen waren, ist am 1. September 1941 die Montage der Lokomotive, Abb. 576, beendet worden, und noch am selben Tage wurden die ersten Fahrten ohne Zwischenfall ausgeführt. Am 5. September 1941 wurde die offizielle Probefahrt durchgeführt. In der Folge wurde eine Reihe von offiziellen Versuchs- und Meßfahrten programmäßig und ohne Störungen ausgeführt, wobei die Lokomotive bis Ende 1942 rund 2000 km zurücklegte, die Pflichtenheftsbedingungen erfüllte und den Beweis der Betriebsfähigkeit erbrachte.

Bei dieser ersten Gasturbinenlokomotive wird die Leistung auf die vier Triebachsen elektrisch übertragen. Die elektrische Übertragung hat eine ganze Reihe Vorteile. Zunächst erlaubt sie in einfachster Weise den Einzelantrieb der Achsen. Da bei der Gasturbinenlokomotive das Gewicht je PS kleiner ist als bei Dampf- und Diesellokomotiven, besteht in den meisten Fällen das Bedürfnis, möglichst viele Achsen anzutreiben, ein Bedürfnis, dem der elektrische Einzelachsantrieb wie kein anderer entgegenkommt. Ein weiterer wichtiger Vorteil besteht darin, daß die elektrische Übertragung die Drehzahl der Turbine vollkommen unabhängig macht von der wechselnden Fahrgeschwindigkeit der Lokomotive. Sie erlaubt der Turbine die jeweils gebrauchte Leistung immer mit der Drehzahl zu erzeugen, bei der sie den günstigsten Wirkungsgrad hat. Außerdem löst die elektrische Übertragung zwanglos die Aufgabe, die Last während der Fahrt zu- und abzuschalten. Die Verbrennungsturbine hat ja mit der Verbrennungskolbenmaschine die Eigenschaft gemeinsam, daß sie ohne Last angelassen werden muß.

Abb. 576. Die erste Gasturbinenlokomotive der Welt. Sie wurde von Brown Boveri & Cie. erbaut

Bei der Entscheidung über die Übertragungsart spielte natürlich auch die Erwägung eine Rolle, daß die elektrische Kraftübertragung mit Gleichstrom, die hundertfach schon für dieselelektrische Fahrzeuge ausgeführt wurde, samt ihrem Regelverfahren übernommen werden konnte, und daß die Unterhaltung elektrischer Maschinen und Geräte der Bahnverwaltung geläufig war.

Die Beurteilung der Wirtschaftlichkeit einer Antriebsart im Bahnbetrieb kann man bekanntlich nicht auf den thermischen Wirkungsgrad oder die Brennstoffkosten allein aufbauen. Maßgebend dafür sind vielmehr neben den Kapital- und Personalkosten noch die Unterhaltskosten. Beim Vergleich der Gasturbinenanlage mit der Diesel- und Dampflokomotive gleicher Leistung ergibt sich hierfür folgendes Bild: Die Brennstoffkosten sind bei Gasturbinenanlagen eher höher als für Diesellokomotiven, fallen aber bei beiden viel weniger ins Gewicht als bei Dampflokomotiven. Die Kapitalkosten je PS stellen sich beim Gasturbinenantrieb etwas höher als bei Dampflokomotiven, sind aber geringer als für die neuesten dieselelektrischen Lokomotiven. Die Personalkosten sind für die Gasturbinen- und Diesellokomotive gleich und, weil beide die Einmannbedienung ermöglichen, bedeutend kleiner als bei Dampflokomotiven. Die Unterhaltskosten der Gasturbinenlokomotive sind kleiner als die der Dampflokomotive und wesentlich kleiner als die der dieselelektrischen Lokomotive, da die Gasturbine äußerst einfach in ihrem Aufbau ist. Da sich überdies der mit Gleichstrom niedriger Spannung betriebene elektrische Teil der Lokomotive bezüglich seines Unterhalts ebensogut, wenn nicht besser verhält als bei Betrieb mit Wechselstrom, so ergibt sich, daß die gesamten Unterhaltskosten bei Gasturbinenantrieb zwischen denen für Dampflokomotiven und elektrischen Lokomotiven liegen und kleiner sind als für dieselelektrische Lokomotiven.

Die Lokomotive wurde für die nachstehenden Betriebsverhältnisse entworfen:

Zugsförderungsnennleistung (Aufnahmeleistung der Generatorgruppe) 2000 PS bei 4800/750 U/min
Zugkraft am Radumfang
während der Anfahrt .... 13000 kg von 0 bis 26 km/h
während einer Stunde .... 7600 kg bei 50 km/h
dauernd .... 4840 kg bei 78 km/h
bei gleichzeitiger Abgabe von 200 kW Heizleistung.

Die Lokomotive soll mit einem Anhängegewicht von 200 t, vom Stillstand aus, auf den verschiedenen Steigungen wie folgt beschleunigt werden können:

auf $0^0/_{00}$ innerhalb 150 Sekunden auf 90 km/h
auf $12^0/_{00}$ innerhalb 150 Sekunden auf 60 km/h
auf $18^0/_{00}$ innerhalb 100 Sekunden auf 40 km/h
auf $27^0/_{00}$ innerhalb 100 Sekunden auf 30 km/h

Die Höchstgeschwindigkeit der Lokomotive beträgt 110 km/h.

Die Höchstgewichte sind wie folgt festgesetzt:

Mechanischer Teil, einschließlich Bremsausrüstung und einem Brennstoffbehälter, ohne Motorkompressor	etwa 37,35 t
Thermische Anlage, einschließlich Hilfsrahmen mit einem damit zusammengebauten Brennstoffbehälter sowie Schmierölkühler und Behälter	etwa 24,85 t
Elektrische Ausrüstung, einschließlich Anlaßbatterie und Motorkompressor	etwa 25,50 t
Heizölvorrat	etwa 3,50 t
SBB-Ausrüstung, einschließlich Schmieröl, Sand und Personal	etwa 0,80 t
Dienstgewicht	etwa 92,00 t
Adhäsionsgewicht	etwa 64,00 t

Das Gewicht je eingebaute PS beträgt (92000 kg/2200 PS =) 42 kg.

Eine dieselelektrische Lokomotive für dieselben Betriebsverhältnisse würde zum Vergleich 95 t wiegen.

Die zur Prüfung des mechanischen und elektrischen Teiles der Lokomotive auf dem Prüfstand und auf der Strecke vorgenommenen Versuche betrafen hauptsächlich die Messungen des Heizölverbrauches, der Temperatur und des thermischen Wirkungsgrades bei Dauer- und Stundenlauf sowie die Aufnahme der Arbeitskennlinien der gesamten Anlage.

Auf dem Prüfstand wurden die nachstehend für die Belastung 1/1 und 0 angegebenen Werte erhalten:

Belastung:		1/1	0
Drehzahl, Generatorgruppe	U/min	830	530
Drehzahl, Luftverdichter und Gasturbine	U/min	5257	3345
Luftverdichter:			
Temperatur vor Luftverdichter	°C	18,5	18,5
Druck vor Luftverdichter-Barometerstand	ata	0,98	0,98
Druck nach Luftverdichter	ata	4,094	2,017
Angesaugtes Luftgewicht	kg/h	107723	60715
Verdichter, Leistungsbedarf	kW	5677,6	1508,4
Luftvorwärmer:			
Temperatur der Luft vor Luftvorwärmer	°C	201,5	96,4
Temperatur der Luft nach Luftvorwärmer	°C	283,9	150,0
Temperatur der Abgase vor Luftvorwärmer	°C	366,5	259,5
Temperatur der Abgase nach Luftvorwärmer	°C	279,1	201,0
Gasturbine:			
Temperatur vor Gasturbine (Schalttafelinstrument)	°C	587	290
Druck vor Gasturbine	ata	3,96	1,965
Druck nach Gasturbine	ata	1,0395	0,9906
Kupplungsleistung	kW	7367	1544
Heizölverbrauch und Nutzleistung:			
Heizölgewicht (unterer Heizwert 9885 kcal/kg)	kg/h	892,4	203,4
Nutzleistung an Kupplung	kW	1689,4	35,6
Getriebeverluste	kW	37,4	28,38
Leistung an Generatorkupplung	kW	1652	7,22
Thermischer Wirkungsgrad bezogen auf die Leistung, gemessen an Kupplung Generator/Getriebe	%	16,07	0

Der thermische Wirkungsgrad (das heißt die thermische Energie, die im Brennstoff eingeführt wird, bezogen auf die Nutzleistung an der Generatorkupplung) ist in Abb. 577 graphisch dargestellt. Bei etwa 550° C vor der Turbine ergibt sich bei Dreiviertellast ein bester Wirkungsgrad von 17,74%. Der Höchstwert wurde absichtlich ins Gebiet der Teillasten verlegt, entsprechend der wesentlich unterhalb der Vollast liegenden mittleren Belastung der Lokomotive.

Der Brennstoffverbrauch der Gasturbine ist höher als der des Dieselmotors. Trotzdem ist sie wirtschaftlich; denn einerseits ist der Brennstoff viel billiger als beim Dieselmotor, weil billiges Heizöl an Stelle des Dieselöls verwendet werden darf, anderseits ist der Schmierölverbrauch bedeutend geringer. Während dieser beim Dieselmotor 10 bis 30% der Brennölkosten beträgt, ist er bei der Gasturbinenlokomotive so gering, daß er wirtschaftlich nicht ins Gewicht fällt. Der Schmierölverbrauch der Gasturbinenanlage beträgt weniger als 0,05 g/PSh.

Beispielsweise ist bei einem Heizölpreis von 60% des Dieselölpreises und bei Schmierölkosten des Dieselmotors von ungefähr 20% der Brennölkosten eine Gasturbinenanlage von 19% Wirkungsgrad einem Dieselmotor von 38% hinsichtlich der Brennstoff- und Schmierölkosten äquivalent. Zugunsten der Gasturbine sprechen die größere Einbauleistung und die geringeren Unterhaltskosten.

Ein weiterer Vorteil der Gasturbine liegt darin, daß bei sinkender Außentemperatur die Leistung und der thermische Wirkungsgrad größer werden. Bei einer Ansaugtemperatur von —10° C gegenüber +20° C steigt die Leistung um ungefähr 40% und der thermische Wirkungsgrad um ungefähr 20%. Die überschüssige Leistung kann auf einen Heizgenerator übertragen werden. Die Überschußleistung der Gasturbine steigt mit sinkender Außentemperatur im gleichen Maße wie die notwendige Heizleistung. Dort, wo eine elektrische Zugsheizung vorhanden ist, kann die elektrische Heizenergie direkt verwertet werden, bei Dampfheizung kann man diese Energie zweckmäßig in einem

Elektrokessel in Dampf umsetzen und so die Wagen mit Dampf heizen, Tab. 30. Eine Verwertung der Mehrleistung zum Antrieb der Lokomotive kommt meist nicht in Betracht, weil es sich nicht lohnt, den Generator und die Achsmotoren für die verhältnismäßig kurze Zeit entsprechend größer auszulegen.

Der Brennstoffverbrauch der Gruppe bei Teillast kann nieder gehalten werden, wenn man die Drehzahl der Gasturbine mit der Last sinken läßt. Bei der ausgeführten Lokomotive wird die Drehzahl bei Leerlauf auf etwa 60% gesenkt. Bei einer neuen Lokomotive kann durch entsprechende Mittel die Drehzahl auf etwa 40% gesenkt werden. Macht man das, so beträgt der Leerlaufbrennstoffverbrauch noch etwa 16,5% des Vollastverbrauches.

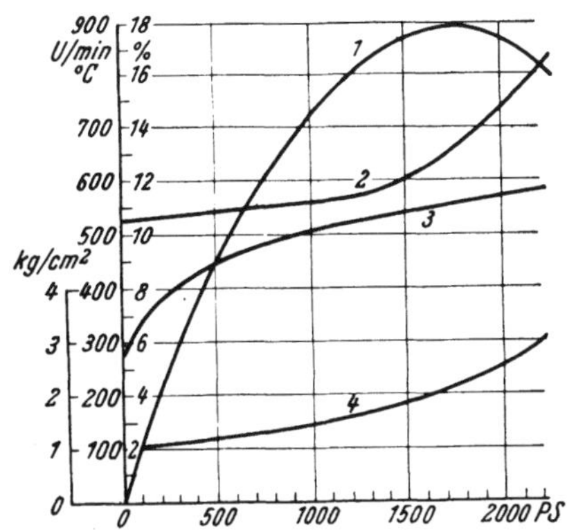

Abszisse: Generatorkupplungsleistung in PS

Ordinate: *1* Thermischer Wirkungsgrad an der Generatorkupplung %
2 Drehzahl des Generators U/min
3 Gastemperatur vor Turbine °C
4 Luftdruck nach Gebläse atü

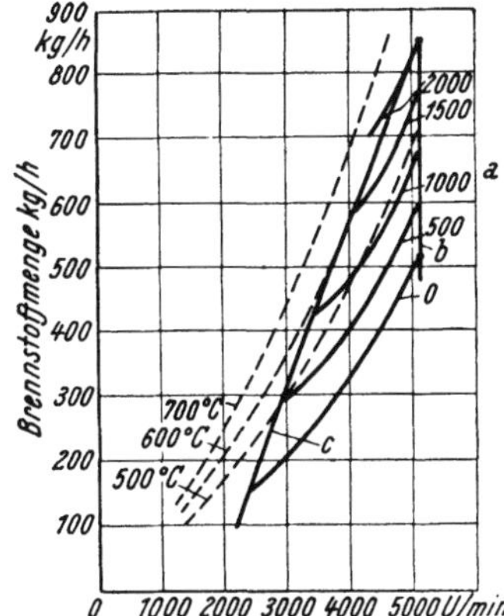

Brennstoffmenge in Abhängigkeit der Drehzahl, der Last und der Temperatur vor Gasturbine
Kurven *a* Leistung in PS
Kurve *b* Verhältnisse bei konstanter Drehzahl bei allen Belastungen
Kurve *c* Verhältnisse bei mit der Last variabler Drehzahl
Man sieht, daß der Brennstoffverbrauch bei einer gegebenen Belastung bei kleiner Drehzahl viel niedriger ist als bei großer Drehzahl; so beträgt er z. B. bei Leerlauf und voller Drehzahl etwa 500 kg/h, bei Leerlauf und halber Drehzahl dagegen nur noch 150 kg/h

Abb. 577. Kennlinien der 2200-PS-BBC-Gasturbinenlokomotive

Bei Belastung auf Vollast muß die Gruppe von 40 auf 100% Drehzahl beschleunigt werden, ehe die Vollast abgegeben werden kann. Durch einen am Kontroller angebrachten Drehzahlverstellhebel kann der Führer die Drehzahl unabhängig von der Belastung verändern. Dadurch kann man, kurz bevor eine höhere Last abgegeben werden muß, die Drehzahl hochstellen. Die höhere Last kann dann im erforderlichen Moment ohne Verzögerung eingestellt werden.

In diesem Zusammenhang seien an Hand der Abb. 577 die verschiedenen Reguliermöglichkeiten der Gasturbine erläutert. Es gibt zwei Grenzfälle der Regulierung, die angewendet werden:

a) Lastregulierung bei konstanter Drehzahl der Gruppe, vgl. Vertikale *b* durch den Abszissenpunkt $n = 100\%$ der Abb. 577 rechtes Bild.

Vorteil dieser Regulierung: Schlagartige Belastbarkeit von 0 bis 100%, da die Luftmenge bzw. die Drehzahl stets für alle Belastungen vorhanden ist.

Nachteil dieser Regulierung: Großer Brennstoffverbrauch bei kleinen Lasten.

b) Lastregulierung durch starke Senkung der Drehzahl bei Teillast, vgl. Kurve *c* der Abb. 577 rechtes Bild.

Vorteil: Kleiner Brennstoffverbrauch bei Teillast.

Nachteil: Bevor eine höhere Last abgegeben werden kann, muß die Drehzahl zuerst auf die der höheren Last zugeordnete beschleunigt werden, was eine bestimmte Zeit dauert. Die Belastungsgeschwindigkeit ist also kleiner als im Falle b.

Hat man bei der Lokomotive einen zusätzlichen Drehzahlverstellhebel, so kann man die Vorteile beider Regulierarten ausnützen, ohne daß die Nachteile ins Gewicht fallen.

Solange eine kleine Last verlangt wird, senkt man die Drehzahl möglichst tief, um mit kleinem Brennstoffverbrauch fahren zu können. Wird eine hohe Last gefordert, so stellt man, 20 bis 30 Sekunden bevor sie benötigt wird, die Drehzahl hoch. Sobald die Drehzahl den höheren Wert erreicht hat, kann die hohe Last sofort abgegeben werden. Diese Handhabung ist bei einer Lokomotive gut möglich, weil der Führer vorausdisponieren

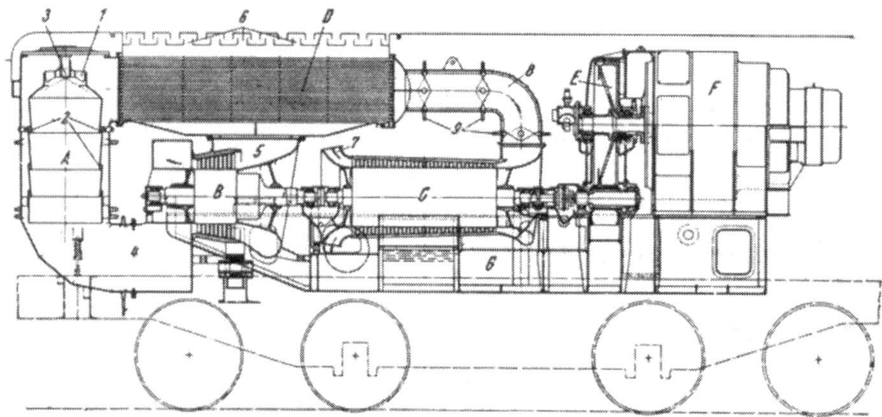

Abb. 578. Längsschnitt durch die Gasturbinengruppe der Lokomotive von Brown Boveri & Cie.

A Brennkammer, *B* Gasturbine, *C* Verdichter, *D* Vorwärmer, *E* Getriebe, *F* Generator, *G* Maschinen- oder Hilfsrahmen. — Die verdichtete und vorgewärmte Luft wird zum Teil als Brennluft durch den Drallkörper *1*, zum Teil als Kühlluft durch die Schlitze *2* und der Brennstoff durch die Einspritzdüse *3* in die Brennkammer eingeführt. Brenngas und Kühlluft mischen sich im Raum *4* und bilden das Treibgas. Die noch heißen Abgase gehen bei *5* in den Vorwärmer, den sie durch die Schlitze *6* im Dach des Lokomotivgehäuses verlassen. Der Lufteintritt erfolgt bei *7*; das Luftaustrittsrohr *8* ist mit mehreren Falten *9* versehen, um den verschiedenen Ausdehnungen von Gasturbinengruppe und Vorwärmer zu entsprechen

kann. Kurz vor der Abfahrt des Zuges, vor der Einfahrt in eine Steigung oder vor dem raschen Beschleunigen des Zuges nach einer Fahrt mit kleiner Geschwindigkeit wird die Drehzahl hochgestellt.

Die Gasturbine ist durch diese Einstellmöglichkeit elastisch und kann sich den schwersten Fahrbedingungen anpassen. Das Beschleunigungsvermögen ist sehr groß.

Die Lokomotive wurde während des normalen fahrplanmäßigen Dienstes mit schwerem Heizöl betrieben. Als Betriebsstoff können alle flüssigen Brennstoffe verwendet werden. Man wird vorwiegend schweres Heizöl verwenden, weil dieses in den meisten Gegenden der billigste Brennstoff ist. Es bietet aber auch keine Schwierigkeit, Pflanzen- oder Teeröl zu verbrennen.

Der Aufbau der Gasturbinenanlage geht aus Abb. 578 hervor. Das vielstufige Axialgebläse *C* saugt die Luft bei *7* an und verdichtet sie auf etwa 4 kg/cm^2 abs. Durch die Leitung *8*, die mit Dehnfalten *9* versehen ist (um den verschiedenen Wärmedehnungen der Gruppe Rechnung zu tragen), gelangt die Luft in den Luftvorwärmer *D*, einen Röhrenluftvorwärmer, dessen Rohre von der Luft durchströmt werden. Die Rohre werden durch die Abgase der Gasturbine erhitzt. Die Abgase strömen quer zu den Rohren. Vom Luftvorwärmer geht die Luft zur Brennkammer. Die notwendige Luft zur Verbrennung des

Brennstoffes, der bei *3* eingespritzt wird, tritt durch den Drallkörper *1* in die Brennkammer ein. Die übrige Luft, etwa 90%, dient zur Kühlung des inneren Brennkammermantels und wird durch die Schlitze *2* den Gasen beigemischt. Bei *4* ist Luft- und Brenngas gemischt. Dieses Gemisch — das eigentliche Treibmittel — geht zur Gasturbine *B* und tritt bei *5* in den Luftvorwärmer *D* ein. Durch die Schlitze *6* tritt das Treibmittel mit einer Temperatur von etwa 250° C ins Freie. Diese Anordnung der Luft- und Gasführung ergibt einen blockähnlichen Aufbau der Gruppe mit sehr kurzen Rohrleitungen.

Die an der Gasturbinenwelle vorhandene Nutzleistung wird über ein Zahnradgetriebe *E* auf die Generatorgruppe *F* übertragen. Die Läufer der Gasturbine und des Luftverdichters sind durch eine feste Kupplung miteinander verbunden, die die entgegengesetzten axialen Schübe ausgleicht. Das Wellenpaar wird durch ein Segmentdrucklager in seiner Lage gehalten. Die Generatorgruppe ist mit dem Zahnradgetriebe zu einer Einheit vereinigt und mit dem Luftverdichter durch eine nachgiebige Kupplung verbunden.

Die gedrängt angeordnete Gasturbinengenerator-Gruppe ist auf einem verwindungsfesten Hilfsrahmen *G* gelagert. Dieser Rahmen ist als geschweißter Kasten ausgeführt, in dem ein Heizölbehälter von 4200 l Inhalt und ein Schmierölbehälter von 1100 l Inhalt untergebracht sind. Der Hilfsrahmen ist in drei Punkten auf dem Lokomotivrahmen abgestützt. Zwei dieser Stützpunkte sind fest mit dem Lokomotivrahmen verschraubt, während der dritte mittlere Punkt als Kugelgelenk ausgebildet ist, das auf einem in der Lokomotivlängsachse gelegenen Zapfen ruht und Längsverschiebungen zuläßt, so daß alle Deformationen des Rahmens vom Hilfsrahmen ferngehalten werden.

Zur Inbetriebsetzung der Lokomotive dient ein Hilfsdieselmotor von 100 PS mit Generator, der aus einer Batterie angelassen wird. Diese Gruppe bringt die Turbinengruppe auf eine Drehzahl, bei der der Verdichter genügend Luft liefert, um das Öl zünden und verbrennen zu können, indem der Generator der Dieselgruppe den als Motor geschalteten Generator der Turbinengruppe speist. Nach etwa vier Minuten vom Anlassen des Hilfsgenerators aus gerechnet, währenddessen die Turbinengruppe eine Drehzahl von etwa 1500 U/min erreicht hat, kann man durch einen elektrisch geheizten Zündstab (s. S. 354) das Heizöl hinter dem Brenner zünden, worauf die Drehzahl der Turbinengruppe weiter steigt. Das Zünden der Flamme wird durch Meldelampen auf der Maschinenraumschalttafel und auf den Führerständen angezeigt. Vom Führerstand aus wird nun die elektrische Verbindung zwischen den beiden Generatoren getrennt. Man kann jetzt den Hilfsgenerator auf die Fahrmotoren schalten und so die Lokomotive ohne Benutzung der Turbinengruppe mit etwa 10 km/h an den Zug heranfahren. Inzwischen, nach weiteren vier Minuten, hat die Turbinengruppe ihre normale Leerlaufdrehzahl mit etwa 3000 U/min erreicht. Die Hilfsdieselgruppe wird abgestellt und der Zug ist fahrbereit.

Das Brennöl wird durch eine elektrisch angetriebene Brennstoffpumpe aus dem tiefliegenden Behälter unter etwa 20 atü Druck nach dem Brenner geführt. Eine ebenfalls elektrisch angetriebene Hilfspumpe liefert während des Anlaßvorganges Schmieröl und Steueröl. Nach dem Anlassen wird ihre Aufgabe von einer am Untersetzungsgetriebe der Turbinengruppe angebauten mechanisch angetriebenen Pumpe übernommen. Die Gasturbine wird mit Dieselöl angeworfen, da das schwere Heizöl vor der Zerstäubung in der Düse vorgewärmt werden muß, was mit den Abgasen der Gasturbine gemacht wird. Wenn das Heizöl die notwendige Vorwärmtemperatur von etwa 80 bis 100° C erreicht hat, wird auf dieses umgeschaltet. Der Verbrauch an Dieselöl ist gering. Er beträgt etwa 1% des Heizölverbrauches, wenn die Gruppe im Mittel fünfmal pro Tag angelassen wird und etwa zehn Stunden in Betrieb ist.

Die zur Steuerung und zum Schutz der Lokomotivausrüstung nötigen Einrichtungen gehören teils der Gasturbine, teils der rein elektrischen Ausrüstung an, darunter die bei Einmannbetrieb der Lokomotive geforderten betriebstechnischen Sicherheitseinrichtungen, wie zum Beispiel die Sicherheitssteuerung System BBC und die Zugsicherung der Signum A. G. Wallisellen.

Da der elektrische Teil der Lokomotive große Ähnlichkeit mit dem bekannter dieselelektrischer Lokomotiven aufweist, kann sich die Beschreibung im wesentlichen auf die wichtigsten Einrichtungen beschränken, die vorwiegend zur Turbinenanlage zu zählen sind.

Nachdem der Führer die Brennstoffmenge, das heißt die von der Gasturbinengruppe erzeugte Leistung mit der Fahrwalze eingestellt hat, erfolgt die Einregelung der einer bestimmten Brennstoffmenge zugeordneten Drehzahl selbsttätig durch Veränderung der Hauptgenerator-Fremderregung mit dem vom Drehzahlregler der Gasturbinengruppe gesteuerten Öldruckfeldregler. Alle Steuerkräfte und -bewegungen werden durch Drucköl übertragen, Abb. 579.

Ist die durch die eingespritzte Brennstoffmenge erzeugte Primärleistung größer als die von der Generatorgruppe aufgenommene Leistung, so steigt die Turbinendrehzahl. Der Öldruckfeldregler wird infolgedessen durch den Geschwindigkeitsregler veranlaßt, die Hauptgeneratorspannung bzw. die Fahrleistungsabgabe zu erhöhen. Ist umgekehrt

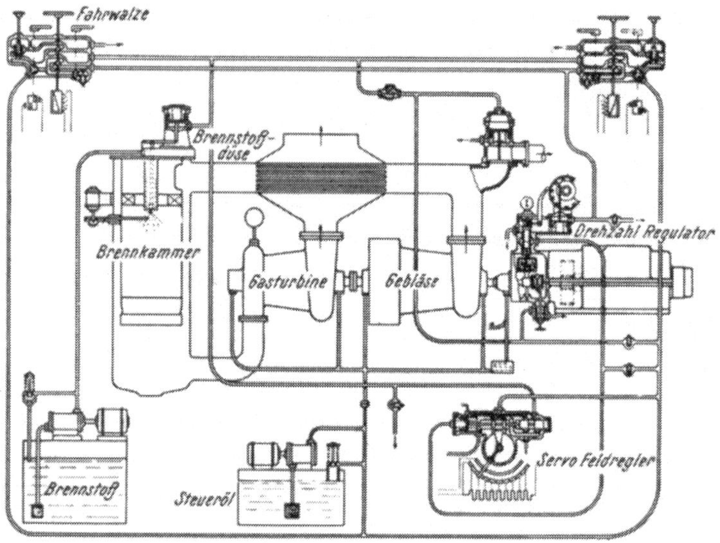

Abb. 579. Regelschema der Gasturbine der ersten Gasturbinenlokomotive

die von der Generatorgruppe abgegebene Leistung zu groß, so fällt die Turbinendrehzahl und der Geschwindigkeitsregler veranlaßt den Öldruckfeldregler, die Generatorspannung zu senken, das heißt die Gasturbinengruppe zu entlasten. Entsprechend ist der Verlauf der Regelvorgänge, wenn der Führer durch Betätigen der Fahrkurbel die Leistung ändert. Der Öldruckfeldregler kommt nur zur Ruhe, wenn die Gasturbinengruppe mit der von der Steuerwalze aus befohlenen Solldrehzahl läuft. Diese Drehzahl muß, damit bei allen Belastungszuständen die beste Wärmeausnützung erreicht wird, je nach der augenblicklichen Last verschieden sein. Die Zuordnung wird auf dem Prüfstand ermittel. Zu diesem Zweck weist der Drehzahlregler eine Einstellmöglichkeit auf (einstellbare Kurvenscheibe in Abhängigkeit von der Fahrwalzenstellung), mit der die Abschlußlage der Reglerhülse, von der die einzustellende Solldrehzahl abhängt, beliebig verändert werden kann. Bei Änderung der äußeren Bedingungen — wie Lufttemperatur, Barometerstand, Güte des Brennstoffes — kann die Zuordnung von Leistung und Drehzahl durch ein auf dem Führertisch angeordnetes Brennstoff-Zuordnungsventil geändert werden. Dieses Ventil wirkt als Drosselventil auf den Steuerölzufluß im Steuerölsystem der Brennstoffeinspritzung.

Es besteht die Möglichkeit, durch einen besonderen Hebel im Führerstand auch vorübergehend eine solche Änderung der Zuordnung von Drehzahl und Leistung vorzunehmen, wenn man beispielsweise bei einem kurzen Halt die Leerlaufdrehzahl hochhalten will, um beim Wiederanfahren die Beschleunigungszeit für die Turbinengruppe abzukürzen und rasch das höchste Anfahrmoment zu erreichen.

Man sieht hieraus, daß zwar normalerweise alle Vorgänge selbsttätig geschehen, daß aber Mittel für ein Eingreifen in den selbsttätigen Ablauf zur Verfügung stehen, wenn ein solches wünschenswert ist.

Eine Reihe von Sicherheitseinrichtungen schützt die Turbinengruppe. Die Meldelampen, die das Zünden des Brenners anzeigen und beim Erlöschen der Flamme ebenfalls erlöschen, wurde schon erwähnt. Steigt die Gastemperatur auf einen Wert, der den Schaufeln gefährlich wird, z. B. dadurch, daß der Führer zu rasch hochschaltet, während die Trägheit der rotierenden Massen eine genügend rasche Anpassung der Luftmenge an die vergrößerte Ölmenge verhindert, so leuchtet im Führerstand eine rote Warnlampe auf. Falls er dieses Zeichen übersieht und nicht sofort ein bis zwei Stufen zurückschaltet, wird nach einer weiteren geringen Temperatursteigerung die Brennstoffpumpe abgestellt. Wird durch einen Zufall die Leistungsentnahme durch die Fahrmotoren unterbrochen und kommt die Tätigkeit des Feldreglers und des Drehzahlreglers in diesem Ausnahmefall zu spät, um eine Überschreitung der Höchstdrehzahl um 10% zu verhindern, dann wird durch einen Sicherheitsregler die Luftmenge des Verdichters so verringert, daß durch Temperatursteigerung des Gases die Gruppe mit der vorerwähnten Einrichtung stillgesetzt wird. Erlöscht dagegen die Flamme in der Brennkammer durch einen Zufall, so wird durch einen Thermostaten der Zündstab wieder eingeschaltet und, falls die Wiederzündung nicht gelingt, nach fünf Sekunden die Brennstoffpumpe stillgesetzt. Außerdem ist noch ein Druckwächter vorhanden, der den Brennstoff abstellt, wenn der Schmieröldruck unter die zulässige Grenze sinkt.

Die von der Gasturbinengruppe gelieferte Leistung wird der Generatorgruppe, die aus dem Hauptgenerator, Heizgenerator und Hilfsgenerator besteht, über ein Reduktionsgetriebe zugeführt. Der Hauptgenerator, der Fremd-, Hauptschluß- und Gegenkompounderregung hat, speist die vier parallel geschalteten Triebmotoren über die zu ihrem Schutz dienenden Maximalstromrelais, ein elektropneumatisch betätigtes Motortrennschütz und einen Wendeschalter. Beim Anlassen der Gasturbine wird der als Anlaßmotor arbeitende Hauptgenerator hauptsächlich von der Reihenwicklung aus erregt.

Die SBB verwenden bekanntlich zum Heizen der Züge Wechselstrom von 100 Volt $16^2/_3$ Hz. Um daher die Wagen von der Gasturbinenlokomotive aus heizen zu können, mußte die Gasturbinengruppe mit einem Einphasenstrom-Heizgenerator, der vom Hilfsgenerator aus fremderregt wird, versehen werden. Normalerweise wird die Spannung bei einer Frequenz von 25 bis 54 Hz, entsprechend dem Betriebsdrehzahlbereich von 375 bis 812 U/min auf etwa 1000 Volt konstant gehalten. Mit einem Schalter im Führerstand kann bei abnormal großer Anhängelast die geregelte Spannung auf 800 Volt herabgesetzt werden.

Der Hilfsgenerator, der, nachdem die Turbinengruppe ihre Leerlaufdrehzahl erreicht hat, die Speisung der Hilfsbetriebe übernimmt, hat Nebenschlußerregung und wird mit Hilfe eines Schnellreglers auf 155 Volt konstante Spannung reguliert. Er dient zur Speisung der verschiedenen Hilfsbetriebe und zur Ladung der Anlaßbatterie. Die Batterie wird nach Außerbetriebsetzung der Lokomotive mit Hilfe eines im Maschinenraum befindlichen und in seine Nullstellung gebrachten Kombinationsschalters von den meisten Verbrauchsstellen abgeschaltet, bleibt jedoch dauernd mit einer nach Abstellen der Gasturbine angeschlossenen Wellendrehvorrichtung und den Notbeleuchtungslampen verbunden.

Das Abstellen der Gasturbinengruppe durch den Führer kann im Maschinenraum oder von den Führerständen aus erfolgen. Um nach dem Abstellen das Krummwerden der Welle infolge ungleicher Wärmeeinwirkung zu verhindern, ist eine Wellendrehvorrichtung vorhanden, die beim Abstellen der Gasturbinengruppe durch den Führer oder infolge des Ansprechens einer der Sicherheitseinrichtungen zum Schutz der Lokomotivausrüstung bzw. eines Sicherheitsorganes der Gasturbinengruppe selbsttätig eingeschaltet wird und die Welle während sechs Stunden alle 20 Minuten um 180° dreht, worauf dann die Vorrichtung ebenfalls selbsttätig ausgeschaltet wird.

2. Betriebserfahrungen mit der ersten Gasturbinenlokomotive

Nach Pflichtenheft ist die Lokomotive für den Betrieb der Brennkammer mit Dieselöl gebaut worden, da vor dem Weltkrieg der Preisunterschied zwischen Dieselöl und schwerem Heizöl in der Schweiz gering war, so daß auf die zusätzlichen Einrichtungen für die Verwendung von Heizöl verzichtet werden konnte. Für den Export der Gasturbinenlokomotive ist jedoch der Betrieb der Brennkammer mit Heizöl von ungleich größerem Interesse, weil in den Ländern mit Ölvorkommen oder Bahnanlagen in der Nähe der Küste schwere Heizöle viel billiger sind als Dieselöl. Da schweres Heizöl sehr dickflüssig ist (Viskosität bei 20° C: 0,5 bis 1,5° E für Dieselöl; 2 bis 30° E für Heizöl), muß es vorgewärmt werden, während Dieselöl bei allen in der Schweiz vorkommenden Außentemperaturen genügende Dünnflüssigkeit behält. Um den Beweis zu erbringen, daß schweres Heizöl ohne Schwierigkeiten verwendet werden kann, wurden die nötigen Vorwärmeeinrichtungen in die Lokomotive eingebaut. Damit eine gute Zirkulation des Heizöles im Leitungssystem gewährleistet ist, wird es im Brennstoffbehälter elektrisch auf mindestens 20° C vorgewärmt. Für die einwandfreie Zerstäubung des Heizöles ist eine weitere Erwärmung auf etwa 100° C erforderlich. Hierzu dient ein abgasbeheiztes Röhrensystem im Luftvorwärmer. Die Brennkammer wird mit Dieselöl in Betrieb gesetzt, nachher wird auf Heizöl umgestellt. Bei einer Meßfahrt Basel—Zürich—Chur am 16. Dezember 1942, unmittelbar nach Umbau der Lokomotive auf Heizölbetrieb, wurde größenordnungsmäßig der gleiche spezifische Brennstoffverbrauch festgestellt, wie bei Dieselölbetrieb der Brennkammer und der Beweis erbracht, daß schweres Heizöl bei allen Belastungen und Regelvorgängen ohne weiteres und rauchlos verbrannt werden kann.

Bei der vorerwähnten mit Dynamometerwagen ausgeführten Meßfahrt betrug der Brennstoffverbrauch, auf 10000 kcal/kg unteren Heizwert des Heizöles III bezogen, 19 g/Zug km/h für die Schnellzugsfahrt Basel—Zürich—Chur (488 t Anhängelast; 581 t totales Zugsgewicht) und 20 g/Zug km/h für die Schnellzugsfahrt Chur—Zürich—Basel (292 t Anhängelast; 385 t totales Zugsgewicht). Die während kurzer Zeit von der Gasturbinengruppe abgegebene Höchstleistung betrug 2800 PS. Kurzzeitig wurde mit einer Geschwindigkeit von 128 km/h gefahren (betriebsmäßige Höchstgeschwindigkeit der Lokomotive 110 km/h).

Von besonderem Interesse ist die Verwendung der Gasturbinengruppe für den Bremsbetrieb in Kombination mit der elektrischen Leistungsübertragung bei Fahrt des Zuges auf einem Gefälle. Bei sehr stark reduzierter bzw. ganz gelöschter Flamme in der Brennkammer tritt eine stark verminderte bzw. keine Volumsvergrößerung des Arbeitsmittels auf. Die Abgabeleistung der Gasturbine ist deshalb kleiner als die Aufnahmeleistung des Gebläses. Um die Gruppe auf Drehzahl zu halten, muß an der Gasturbinenwelle eine Fremdleistung eingeführt werden. Mit einer behelfsmäßig in die Lokomotive eingebauten Bremseinrichtung wurden auf der Strecke Münchenstein—Delsberg Versuche ausgeführt, die folgende Resultate ergeben haben: Mit verhältnismäßig sehr geringem Gewichtsaufwand kann auf gegebener Neigung eine Bremsleistung absorbiert werden, die der Fahrleistung bei Bergfahrt auf dieser Neigung entspricht. Unter der Voraussetzung, daß keine Gebläseluft abgelassen wird, kann bei minimaler Flamme in der Brennkammer vom Gebläse eine Verlustleistung von etwa 2200 PS bei 5200 U/min aufgenommen werden. Bei der erprobten Einrichtung arbeiten die in geeigneter Weise fremderregten Triebmotoren als Generatoren auf den Hauptgenerator, der als Serienmotor laufend die Gasturbinengruppe antreibt. Die Brennstoffzufuhr zur Brennkammer wird sehr stark gedrosselt, so daß der Hauptbetrag der Gebläseantriebsleistung nicht von der Gasturbine, sondern durch die kinetische Energie des auf dem Gefälle fahrenden Zuges geliefert wird.

Sorgfältig vorbereitete Versuche dienten zur Aufklärung des Verhaltens der Gasturbinenlokomotive in einem Tunnel. Es galt festzustellen, ob trotz der großen Ansaugluftmenge von ungefähr 26 m³/sek mit der Gasturbinenlokomotive in einem schlecht gelüfteten eingeleisigen Tunnel angehalten und wieder angefahren werden kann und ob der

Kohlenmonoxydgehalt der Abgase bei der Tunnelfahrt für das Zugspersonal und die Reisenden gesundheitsschädliche Auswirkungen haben könnte. Durch die Versuche wurde der Beweis erbracht, daß dies nicht der Fall ist. Der offizielle Versuchsbericht sagt folgendes aus: „... Die in einem Tunnel entstehenden Kohlenoxydkonzentrationen sind beim Befahren mit einer Gasturbinenlokomotive geringer als beim Dampfbetrieb bzw. der in einem Tunnel nach Durchfahren mit der Gasturbinenlokomotive vorhandene CO-Gehalt liegt auch in den ungünstigsten Fällen unter den beim Befahren mit der Dampflokomotive ermittelten Werten."

Der Verschiebedienst mit der Lokomotive, allein mit der Dieselgeneratorgruppe, die auf einen einzelnen Triebmotor arbeitet (ohne Verwendung der Gasturbinengruppe), hat sich im Betrieb als außerordentlich praktisch erwiesen. Mit diesem Verfahren kann auf der Ebene eine Beharrungsgeschwindigkeit bis zu 25 km/h erreicht werden.

Die Ergebnisse des fahrplanmäßigen Zugdienstes, bei dem bis 31. Mai 1948 175 000 km zurückgelegt wurden, sind sehr zufriedenstellend. Der Schmierölverbrauch der Gasturbinengruppe über eine Fahrstrecke von 50 000 km betrug etwa 30 l, wovon ein großer Teil bei Revisionsarbeiten am Rohrleitungssystem verlorenging.

Solange die Verbrennung in Ordnung war, gab der Luftvorwärmer zu keinen Anständen Anlaß. Dies war der Fall, bis die Lokomotive von den SBB den französischen Bahnen für den normalen fahrplanmäßigen Betrieb auf der Strecke Basel—Straßburg zur Verfügung gestellt wurde. Auf dieser Strecke wurde sie mit schwerem Marineheizöl betrieben.

Erfahrungsgemäß muß die Verbrennungsluftmenge (das heißt der Luftüberschuß) der Qualität des Öles angepaßt werden. Zu diesem Zweck kann durch Drosselklappen das Verhältnis der Verbrennungsluft zur Kühlluftmenge verändert werden. Durch einen Defekt der Regulierklappe für die Kühlluft konnte der für das schwere Heizöl erforderliche Luftüberschuß nicht eingestellt werden, da man, um die Lokomotive nicht außer Betrieb nehmen zu müssen, die für die Reparatur nötige Zeit nicht aufbringen wollte. Dies ergab eine Verschlechterung der Verbrennung, die eine Rußablagerung auf den Vorwärmerrohren zur Folge hatte.

Trotzdem diese Ablagerung keine meßbare Verschlechterung des Wärmeüberganges und nur eine belanglose Vergrößerung des Druckabfalles mit sich brachte, wurde der Vorwärmer von Zeit zu Zeit gereinigt. Am Vorabend einer solchen Reinigung entstand im Stillstand der Lokomotive ein Vorwärmerbrand, durch den ein Teil der Rohre des Luftvorwärmers zerstört wurde. Der Schaden konnte in kurzer Zeit behoben werden, so daß die Lokomotive bald wieder betriebsfähig war.

Auch hier bewiesen die Versuche, daß die gerechneten und die gemessenen Wärmeübergangszahlen gut miteinander übereinstimmen.

Verrostungen an den Rohren traten keine auf, trotz der Tatsache, daß die Gasturbinenlokomotive wochenlang bei schlechtem Wetter im Freien stand.

Auf Grund der gemachten Erfahrungen eignet sich die Gasturbinenlokomotive besonders für den Langstreckendienst in Ländern und Gegenden mit gemäßigtem oder kaltem Klima, wo billiges Heizöl zur Verfügung steht. Die Gasturbinenlokomotive hat ihre günstigen Eigenschaften bezüglich einfacher Bedienung und geringem Unterhalt bewiesen, so daß das Führerpersonal sich mit der neuen Lokomotive sehr rasch und gut vertraut gemacht hat. Kinderkrankheiten, die jeder neuen Errungenschaft anhaften, konnten in jedem Falle rasch und zweckmäßig behoben werden. Die heute vorliegenden Erfahrungen bieten eindeutige Anhaltspunkte, in welcher Richtung die Entwicklung fortzuführen ist.

3. Wirtschaftlichkeit der Gasturbinenlokomotiven

Es wurde oben erwähnt, daß Gasturbinenlokomotiven, am richtigen Ort eingesetzt, beträchtliche wirtschaftliche Vorteile gegenüber anderen Lokomotivgattungen aufweisen. Um dies zu ermitteln, wurden von BBC eingehende Wirtschaftlichkeitsstudien mit verschiedenen Zügen und Belastungen für Güter- und Schnellzugsverkehr und Streckenverhältnisse durchgeführt. Die folgende Zusammenstellung zeigt die Verhältnisse, wie sie für einen mit einer Gasturbinenlokomotive oder einer dieselelektrischen Lokomotive beförderten Schnellzug in USA erwartet werden dürfen.

Wirtschaftlichkeit einer Gasturbinenlokomotive im Vergleich mit einer dieselelektrischen Lokomotive gleicher Leistung für eine Jahresleistung von etwa 384000 km (Schnellzug in USA). Leistung der Lokomotiven 5000 PS an den Maschinenwellen, Gewicht des Zuges total etwa 1235 t.

	Gasturbinen-lokomotive 5000 PS etwa $	Dieselelektrische Lokomotive 5000 PS etwa $
Vorkriegspreis der Lokomotive bei Serienfabrikation	325000	425000
Minderkosten zugunsten der Gasturbinenlokomotive	100000	
Jahreskosten		
Fest:		
Verzinsung 4 %	13000	17000
Amortisation Gasturbinenlokomotive, 5 %	16250	—
Amortisation dieselelektrische Lokomotive, $6^2/_3$ %	—	28305
Betriebskosten		
Veränderlich:		
Unterhalt des elektrischen Teiles	7887	7887
Unterhalt des thermischen Teiles	14340	26529
Unterhalt des mechanischen Teiles	9825	13098
Brennstoff	79920	57687
Schmiermittel	2495	8410
Personal	16800	16800
Total der Jahreskosten	160481	175716

Jährliche Minderkosten zugunsten der Gasturbinenlokomotive: $ 15235 oder etwa 4,7 % der Anschaffungskosten der Gasturbinenlokomotiven.

Für die Amortisation ist die Lebensdauer der Gasturbinenlokomotive zu 20, diejenige der dieselelektrischen Lokomotive zu 15 Jahren angenommen.

Für die Unterhaltskosten sind der Berechnung die folgenden Beträge in Dollars pro Meile zugrunde gelegt:

	Gasturbinen-lokomotive $	Dieselelektrische Lokomotive $
Unterhalt des elektrischen Teiles	0,033	0,033
Unterhalt des thermischen Teiles	0,060	0,111
Unterhalt des mechanischen Teiles	0,0412	0,057
Brennstoffkosten pro Gallone	0,045	0,067
Schmiermittel für die Krafterzeugungsgruppe	0,5 % der Brennstoffkosten	0,0288 Gall. pro km
Schmiermittel für den mechanischen und elektrischen Teil der Lokomotive	2,58 % der Brennstoffkosten	5 % der Brennstoffkosten

In obiger Zusammenstellung verhalten sich die Kosten für den Brennstoff pro Kilogramm ungefähr wie 2:3.

In vielen Gegenden, z. B. im Westen der USA, ist das Verhältnis Dieselöl zu Heizöl eher aber 2:1. In diesem Falle ergibt sich ein jährlicher Minderkostenbetrag zugunsten der Gasturbinenlokomotive von etwa $ 36200.

Die dieser Wirtschaftlichkeitsberechnung zugrunde gelegten Gasturbinen sind für maximale Betriebstemperaturen von 600° C berechnet.

4. 2500-PS-Gasturbinenlokomotive von BBC

Im Jahre 1946 wurde von British Railways, Western Region, eine 2500-PS-Gasturbinenlokomotive bei BBC bestellt, und diese wurde im Mai 1950 in Dienst gestellt [*352*].

Der Aufbau ist grundsätzlich derselbe wie bei der ersten Gasturbinenlokomotive von BBC. Die Unterschiede gehen deutlich aus Tab. 89 hervor. Die Lokomotive selbst ist in Abb. 580 dargestellt. Tab. 90 gibt Meßwerte der Gasturbinengruppe wieder.

Die Gasturbinenanlage entspricht derjenigen der SBB-Lokomotive, ist aber unter Verwendung der Erfahrungen und konstruktiven Fortschritte für 2500 PS ausgelegt.

Tabelle 89

Konstruktionsdaten und Betriebsgrößen	Einheit	Gasturbinenlokomotive der	
		Schweiz. Bundesbahnen	British Railways
Spurweite	mm	1435	1435
Anfahrzugkraft am Radumfang	kg	14000 bis etwa 35 km/h	14300 bis etwa 34 km/h
Stundenzugkraft am Radumfang	kg	6400 bei 77 km/h	6600 bei 89 km/h
Höchstgeschwindigkeit	km/h	110	145
Dienstgewicht der Lokomotive nach Abwägung	kg	92400	121200
Gesamtinhalt der Brennstoffbehälter	kg	4800	4550
Adhäsionsgewicht im Dienstzustand	kg	64400	80800
Achsanordnung		(1 A) B_0 (A 1)	(AIA) (AIA)
Achsdruck der Triebachsen	kg	16100	20200
Achsdruck der Laufachsen	kg	14000	20200
Triebraddurchmesser	mm	1230	1232
Laufraddurchmesser	mm	930	978
Gesamtlänge über die Puffer gemessen	mm	17000	19200
Fester Radstand	mm	3400	3600
Anzahl Führerstände		2	2
Bremsen		Druckluft	Lokomotive: Druckluft Zug: Vakuum
Zugbeheizung		Durch besonderen durch die Gasturbine angetriebenen Generator	Durch ölgefeuerten Dampfkessel
Elektrische Übertragung:			
Anzahl Triebmotoren		4	4
Übersetzungsverhältnis		1:4,09	1:3,48
Kühlung der Triebmotoren		eigenventiliert	fremdventiliert
Dauerleistung der Triebmotoren	kW	264 bei 1560 U/min	392 bei 1550 U/min
Stundenleistung der Triebmotoren	kW	264 bei 1000 U/min	390 bei 1290 U/min
Drehzahl des Hauptgenerators bei Vollast	U/min	750	875
Dauerstrom des Hauptgenerators	A	1720	2340
Stundenstrom des Hauptgenerators	A	2340	2640
Maximale Spannung des Hauptgenerators	V	665	750
Gasturbine:			
Dauerleistung der Gasturbinengruppe an der Generatorkupplung gemessen	PS	2200	2500
Temperatur der Gase vor der Turbine	°C	600	600
Drehzahl bei Vollast	U/min	5200	5800
Druck der vom Gebläse gelieferten Luft	ata	4,1	3,7
Temperatur der Abgase etwa	°C	300	300

Die Anordnung der Gasturbinengruppe mit dem Wärmeaustauscher stellte bei dem außerordentlich engen englischen Lichtraumprofil recht schwierige Probleme für den Lokomotiventwurf.

Bei beiden Brown-Boveri-Gasturbinenlokomotiven wird die Arbeitsluft dem Gebläse ohne Zwischenschaltung eines Filters zugeführt. Die Erfahrung hat gezeigt, daß sich die unmittelbare Luftansaugung unter den vorhandenen Betriebsverhältnissen bewährt,

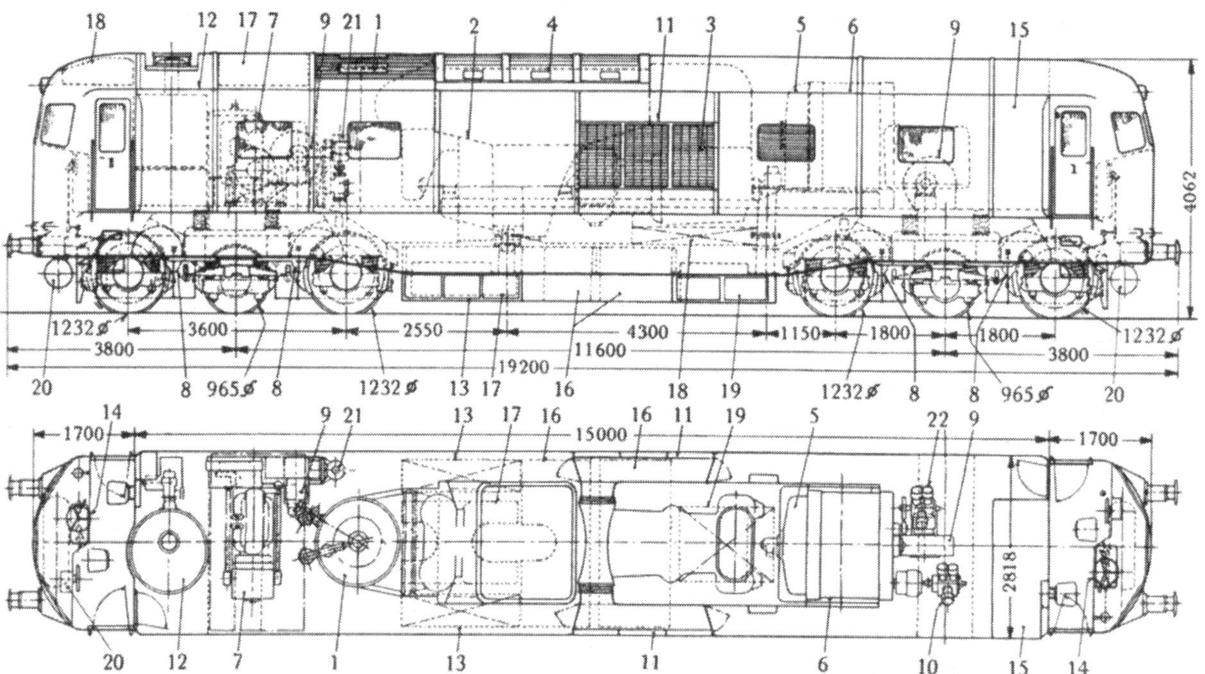

Abb. 580. BBC-Gasturbinen-Elektrolokomotive Typ (A1A) (A1A), Serie Nr. 18000 der British Railways, Western Region, Baujahr 1949

1 Brennkammer
2 Gasturbine
3 Gebläse
4 Luftvorwärmer (Wärmeaustauscher)
5 Untersetzungsgetriebe
6 Hauptgenerator
7 Diesel-Generatorgruppe für die Speisung der Hilfsbetriebe
8 Triebmotoren
9 Motorventilatoren für die Triebmotorenkühlung
10 Motor-Vakuum-Kompressorgruppe für die Bremseinrichtung
11 Schmierölkühler
12 Ölgefeuerter Dampfheizkessel für die Zugheizung
13 Alkalische Batterie zum Anlassen des Dieselmotors
14 Steuerapparatur auf dem Führertisch
15 Apparateraum (Starkstrom und Schwachstrom)
16 Heizölbehälter
17 Wasserbehälter für Heizkessel
18 Dieselölbehälter
(16–18: Gesamtgewicht der Vorräte = 7800 kg)
19 Schmierölbehälter
20 Druckluftbehälter für die Bremseinrichtung der Lokomotive
21 Motor-Dieselölpumpe
22 Mechanisch angetriebene Vakuum-Kompressorgruppe

wenn das Gebläse periodisch (nach einigen Wochen oder Monaten, je nach dem Verunreinigungsgrad der freien Luft) ausgewaschen wird. Der verhältnismäßig geringe Zeitaufwand für die Gebläsereinigung beträgt nur einen Bruchteil desjenigen für Unterhalt und Reinigung von Luftfiltern, deren Anordnung bei dem englischen Lichtraumprofil und der gewaltigen Luftmenge auf große Schwierigkeiten stößt. Trotz der Verwendung von verschiedenen schweren Heizölen sind bei beiden Gasturbinenlokomotiven die Gasturbinenschaufeln stets sauber geblieben. Vermutlich wirken sich die im Bahnbetrieb stark schwankenden Belastungen und die damit verbundenen großen Temperaturänderungen hindernd auf eine etwaige Belagbildung auf den Turbinenschaufeln aus (Abspringen des Belages). Der auf der englischen Gasturbinenlokomotive verwendete Brennstoff ist in

England unter der offiziellen Bezeichnung „Pool Heavy Fuel Oil“ bekannt. Dieser Brennstoff wurde während der Kohlenknappheit im Jahre 1946 zur Verwendung bei einer großen Anzahl auf Ölfeuerung umgebauter Dampflokomotiven vorgeschrieben, wo er mit einem Dampfstrahl erwärmt und zerstäubt werden muß. Es wird allgemein anerkannt, daß durch den Gebrauch von Brennstoff so großer Viskosität von Brown Boveri ein wichtiger Beitrag für die Verwendung der ölgefeuerten Gasturbinenlokomotive für Traktionszwecke geleistet worden ist.

Tabelle 90. *Während der Abnahmeversuche aufgenommene Meßwerte der Gasturbinengruppe für die British Railways sowie Kontrollmessung am Bestpunkt der Gruppe*

	Einheit	Kontrollmessung beim Auslegungspunkt	Abnahmeversuch
Datum des Versuches		7. 4. 49	9. 5. 49
Leistung an den Generatorklemmen	kW	1215	1724
Leistung an der Generatorkupplung	kW	1305	1850
Drehzahl der Gasturbine	U/min	4550	5800
Ansaugeluftdruck	ata	0,9815	0,9840
Ansaugetemperatur	°C	23	23
Enddruck der Luft	ata	2,76	3,72
Gastemperatur am Eintritt in die Turbine	°C	574	600
Menge der Ansaugeluft	kg/s	21,0	—
Ausnützungswirkungsgrad des Luftvorwärmers		0,43	—
Thermischer Wirkungsgrad an der Generatorkupplung	%	17,9	17,1
Auf Garantieverhältnisse umgerechnete Leistung an der Generatorkupplung	PS	1930	2730
Auf Garantieverhältnisse umgerechneter thermischer Wirkungsgrad an der Generatorkupplung	%	18,25	17,45

Bei kaltem Wetter muß das dickflüssige „Fuel Oil“ vor der Förderung im Rohrleitungssystem erwärmt werden. Das geschieht bei Inbetriebnahme der Lokomotive im Depot durch Dampf, der von einer stationären Dampfquelle in das Heizröhrensystem des Brennstoffbehälters geleitet wird. Während des Betriebes der Gasturbinengruppe wird der dickflüssige Brennstoff in seinem Behälter durch einen Teilstrom dauernd aufgewärmt, der durch ein Röhrensystem im Wärmeaustauscher zirkuliert. Das der Brennkammerdüse zugeführte „Fuel Oil“ wird in einem Röhrensystem des Wärmeaustauschers so hoch erwärmt, daß eine gute Zerstäubung sichergestellt ist. In Betrieb gesetzt wird die Brennkammer mit Dieselöl; nach einigen Minuten Betrieb schaltet man auf das vorgewärmte „Fuel Oil“ um.

Die Steuerungseinrichtung wurde bereits in Abb. 360 gezeigt und dort auch beschrieben.

Durch den sehr schlechten Brennstoff war im unteren Lastbereich die Verbrennung nicht ganz einwandfrei und es trat stärkere Rußbildung im Wärmeaustauscher auf, was einen Wärmeaustauscherbrand zur Folge hatte. Seit dem wird dieser regelmäßig gewaschen, wodurch keine Schwierigkeiten mehr entstanden. Die Verbrennung konnte später verbessert werden.

5. 4000-PS-Gasturbinenlokomotiv-Projekt von BBC

Inzwischen hat BBC eine größere Lokomotive mit einer Dauerleistung von 4000 PS an der Generatorkupplung studiert, Abb. 581. Alle acht in zwei vierachsige Drehgestelle eingebauten Achsen werden zur Leistungsübertragung herangezogen. Der Achsdruck beträgt 20 t. Die Lokomotive ist für folgende Zugkräfte und Geschwindigkeiten vorgesehen:

Zugkraft bei Anfahrt .... etwa 37000 kg
Zugkraft bei Stundenleistung .... 20400 kg
bei einer Geschwindigkeit von etwa 42,5 km/h
Zugkraft bei der Dauerleistung .... 16400 kg
bei einer Geschwindigkeit von etwa 53 km/h
Maximale Geschwindigkeit .... 120 km/h

Trotz der großen Leistung und den hohen Zugkräften, welche diese Lokomotive auch für gebirgige Strecken geeignet machen, wiegt dieselbe nur etwa 156 t oder etwa 39 kg/PS, bei einer Länge von nur 23 m.

Eine Versuchsgruppe von 4000 PS ist fertiggestellt worden und lief am Prüfstand. Turbine und Kompressor sind von normaler Bauart, aber ein zusätzliches Element, der Drucktauscher Komprex, ermöglicht mehr Leistung auf beschränktem Raum zu erzeugen.

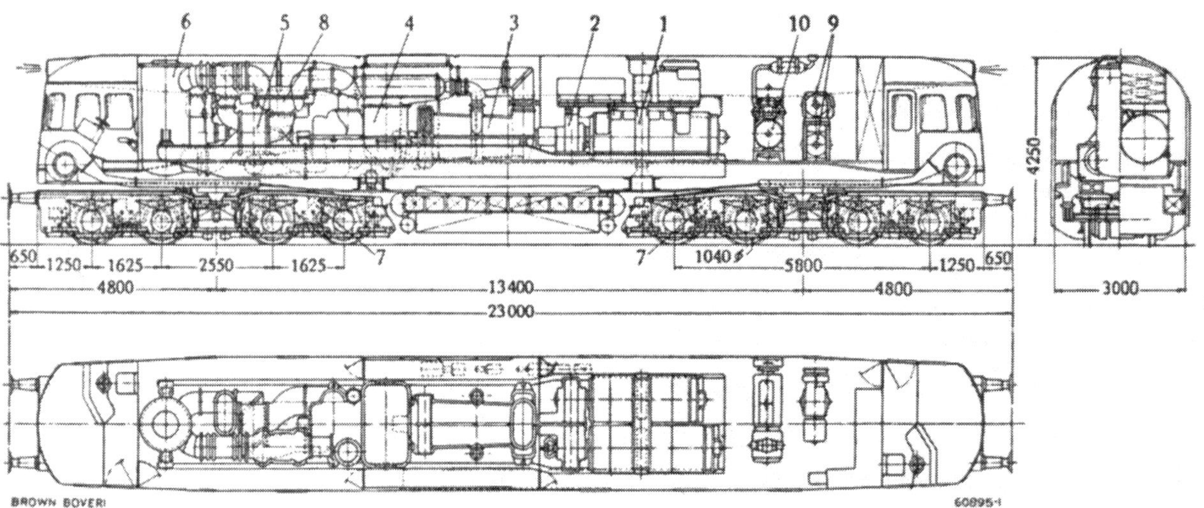

Abb. 581. 4000-PS-Gasturbinenlokomotive von BBC mit Drucktauscher

1 Generator
2 Untersetzungsgetriebe
3 Kompressor
4 Turbine
5 Drucktauscher
6 Brennkammer
7 Antriebsmotoren
8 Gebläse
9, *10* Hilfsmotoren

Diese Versuchsgruppe, Abb. 582, verwendet die gleiche Gasturbine und den gleichen Kompressor wie die 2500-PS-Anlage. Die Luft nach dem Kompressor jedoch geht zum Drucktauscher, wo ihr Druck von 4 ata auf mehr als 10 ata gebracht wird. Nach Verlassen desselben wird der Druck der Luft durch ein kleines Turbogebläse um ein geringes Maß erhöht, um Druckverluste im Drucktauscherkreislauf auszugleichen und den Ladungswechsel zu begünstigen.

Beinahe die ganze Luft geht zur Brennkammer, wo ihre Temperatur auf 800° C gebracht wird. Nach der Brennkammer teilt sich der heiße Gasstrom. Der Hauptteil fließt zum Drucktauscher, der die gleichen Volumina von Gas und Luft verarbeitet, so daß infolge des größeren Volumens der heißen Gase ein Teil derselben nicht durch den Drucktauscher gehen kann. Dieser zweite Teil der heißen Gase muß deshalb in einer Hilfsturbine verwendet werden, wobei aber vorerst deren Temperatur durch Kühlluft auf ein für die Turbine zuträgliches Maß gebracht werden muß. Diese Kühlluft wird direkt dem Hochdruckluftstrom vor der Brennkammer entnommen. Die Temperatur vor der Hilfsturbine wird so gewählt, daß deren Auspufftemperatur gleich ist der Temperatur des Hauptgasstromes nach dem Drucktauscher am Eintritt in die Hauptturbine.

Der Drucktauscher wirkt als eine zusätzliche Kompressionsstufe zwischen den Druckniveaus 4 und 10 ata, indem er einen „Kolben" von heißem Gas zur Verdichtung der relativ kalten Luftladung benützt. Er besteht aus einem rotierenden Zylinder mit axialen schraubenförmigen Zellen, die nacheinander Luftladungen aufnehmen. Wenn Luft von hoher Geschwindigkeit in eine Zelle eintritt, wird eine Druckwelle durch Schließen des anderen Endes erzeugt, die vom geschlossenen (rechten) zum offenen (linken) Ende wandert, das gerade dann geschlossen wird, wenn diese Welle es erreicht. Da in der Zelle ein niedrigerer Druck herrscht als in den Verbrennungsgasen, wird nach Weiterwandern des Rotors durch Öffnen des linken Endes und durch Einströmen von Verbrennungsgas eine weitere Druckwelle erzeugt, die von links nach rechts wandert. Erreicht diese Druckwelle die rechte Seite, dann öffnet diese und die verdichtete Luft wird ausgestoßen. Damit ist der Kompressionsvorgang beendet. Der Expansionsvorgang beginnt mit dem Abschluß des linken Endes, wodurch eine Expansionswelle infolge des Ausströmens der Luft am rechten Ende entsteht. Dieses Ende wird abgeschlossen, wenn es durch die Welle erreicht wird. Die Zelle rotiert nun weiter, und bei Öffnen des rechten Endes expandiert das Gas durch die Turbine. Eine zweite Expansionswelle wandert von rechts nach links, und wenn sie das linke Ende erreicht hat, öffnet dieses, Luft vom Kompressor strömt ein, und der Vorgang beginnt von neuem. Das Öffnen und Schließen der Zellen im rotierenden Rotor besorgen feststehende Ventilplatten.

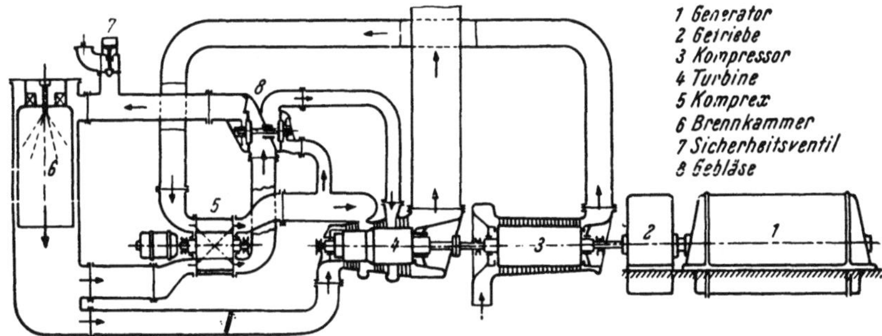

Abb. 582. Thermische Anlage der 4000-PS-BBC-Gasturbinenlokomotive

Der Komprex hat nur einen rotierenden Teil, den Rotor selbst, der durch einen Motor mit konstanter Drehzahl angetrieben wird. Bei einer Umfangsgeschwindigkeit von etwa 200 m/sek überstreichen die einzelnen Zellen die stationären Ventilplatten mit einer Frequenz von 3000 pro Sekunde, so daß der resultierende Gas- und Luftstrom praktisch kontinuierlich ist. Während jeder Umdrehung des Rotors enthält jede Zelle einmal Luft mit Kompressoraustrittstemperatur von etwa 200° C, Verbrennungsgas mit etwa 800° C und arbeitendes Medium unter mittlerer Temperatur. Der Wechsel zwischen Kompression und Expansion ist so schnell, daß die Wandtemperatur von einem Durchschnitt von 550° C um weniger als 2° C abweicht. Es wird angenommen, daß Temperaturänderungen des Rotors weniger als 0,1 mm in die Zellenwände eindringen.

Die Zellenwände sind schraubenförmig angeordnet, um eine Absonderung von schwerer kalter Luft und leichterem heißem Gas infolge der Zentrifugalkraft zu vermeiden. Ein- und Auslaßkanäle in den stationären Ventilplatten sind ebenfalls gekrümmt, um der Luft bzw. dem Gas die nötige Geschwindigkeit und Richtung in und aus dem Rotor zu geben, doch wird keine Energie abgegeben, weil Kompression und darauffolgende Expansion in einer und derselben individuellen Zelle stattfinden. Getrennte Expansions- und Kompressionswirkungsgrade können nicht gemessen werden, doch beträgt der totale Wirkungsgrad 69% [*355*, *356*].

Ein maximaler Leistungs- und Wirkungsgradgewinn kann mit dem Komprex gegenüber dem einfachen Kreislauf dort erzielt werden, wo kein oder nur ein kleiner Wärmeaustauscher möglich ist, also besonders bei Lokomotiven. Leider haben diese Versuche von BBC bis heute keine realisierbaren Ergebnisse geliefert.

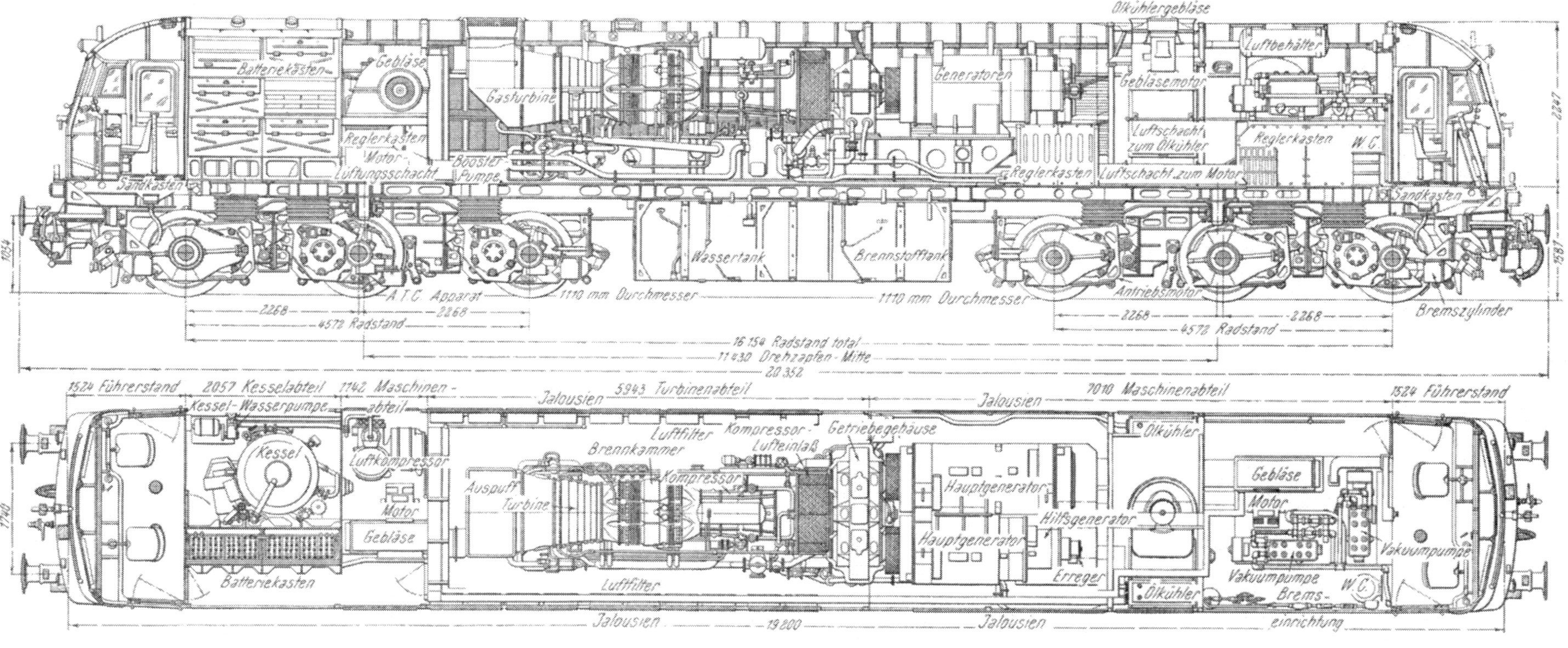

Abb. 583. Metropolitan-Vickers-Gasturbinenlokomotive mit einer Turbinenleistung von 3000 PS

6. Die Metropolitan-Vickers-Gasturbinenlokomotive für British Railways, Western Region

Diese einzige bisher im Dienst stehende englische Gasturbinenlokomotive wurde im Dezember 1951 geliefert. Die wichtigsten Daten der Lokomotive sind

Zwei dreiachsige Drehgestelle	
Dauerleistung der Turbine	3000 PS
Zahl der treibenden Achsen	6
Gewicht betriebsfertig	130 t
maximale Geschwindigkeit	145 km/h
maximale Zugkraft	27000 kg
Zugkraft dauernd	13500
Länge über Puffer	20,4 m
Breite	2,75 m
Höhe	3,91 m
Raddurchmesser	1117 mm
Brennstoff	Gasöl

Die Lokomotive sollte 18 Schnellzugwagen mit zusammen 650 t ziehen und dabei kurze Steigungen 1:36 und Steigungen von mehr als drei Kilometer Länge mit 1:42 nehmen können. Dies haben die Versuchsfahrten auch bestätigt.

Abb. 583 zeigt die Lokomotive selbst und Abb. 584 die Turbine im Schnitt. Die Turbine ist sehr ähnlich den Metropolitan-Vickers-Gasturbinen für stationäre Zwecke. Der 15stufige Axialkompressor hat ein Verdichtungsverhältnis von 5,25 bei einem Durchsatz von 22,6 kg/sek und läuft mit 7000 U/min. Zur Lagerung desselben sowie der fünfstufigen Turbine kommen Gleitlager zur Anwendung. Kompressor und Turbine sind durch ein rohrförmiges Zwischenstück miteinander verflanscht, um welches die sechs Brennkammern angeordnet sind. Die Einspritzdüsen sind Duplex-Brenner. Zwei der Brennkammern haben Zündbrenner. Alle sechs Brennkammern sind untereinander verbunden.

Nach Drücken des Startknopfes ist die Turbine in 65 Sekunden auf Leerlaufdrehzahl und kann nach 10 Minuten belastet werden.

Das gesamte Aggregat ist zusammen mit den Generatoren auf einer gemeinsamen Grundplatte montiert, die zugleich auch als Ölbehälter dient [*354*].

Die Lokomotive ergab denselben Brennstoffverbrauch wie die BBC-Lokomotive, nämlich 8,49 kg/Meile. Dadurch aber, daß sie nur Gasöl verbrennen konnte, waren die Brennstoffkosten höher, und so wurde nach 177 000 km Fahrt (1250 Stunden Einsatz) beschlossen, sie zum Umbau auf Heizölbetrieb ins Werk zurückzusenden.

7. Das Verhalten dieser drei europäischen Gasturbinenlokomotiven

Sowohl in der Schweiz als auch in England sind die Bedingungen für den Betrieb einer Gasturbinenlokomotive nicht gerade günstig.

Im ersten Fall stehen reichliche Wasserkräfte für die Elektrizitätserzeugung, im zweiten Fall bedeutende Kohlenvorkommen zur Verfügung; beide Länder sind gezwungen, alle flüssigen Brennstoffe aus Übersee einzuführen; überdies sind in beiden die Entfernungen verhältnismäßig klein und die Stationsaufenthalte ziemlich häufig. Für die Gasturbine sind dies keine günstigen Betriebsbedingungen, weil sich häufige Teillast- und Leerlaufperioden ungünstig auf den Brennstoffverbrauch auswirken. Keines der beiden Länder ergibt daher ein überzeugendes Bild der erreichbaren Verminderung der Brennstoffkosten im Vergleich zur Zugförderung mit landeseigener Energie. Auf Grund der bisherigen Erfahrungen eignet sich die Gasturbinenlokomotive besonders für Länder und Gegenden mit eigenem Ölvorkommen sowie mit gemäßigtem oder kaltem Klima, wo sie im Langstreckendienst mit voller Auslastung eingesetzt werden kann. In solchen Fällen wird die ölgefeuerte Gasturbinenlokomotive neben den erwähnten technischen Vorteilen im Vergleich mit allen anderen zur Zeit verfügbaren Lokomotivarten auch bedeutende Betriebskosten ersparen.

Der Schmierölverbrauch der Gasturbinengruppe ist praktisch gleich Null.

Das Geräuschproblem ist befriedigend gelöst. Das Geräusch ist etwa gleich laut wie bei gleich leistungsfähigen Diesellokomotiven oder schwächer.

Sorgfältige Versuche und Messungen haben gezeigt, daß die Tunnelfahrt mit Gasturbinenlokomotiven kein Problem darstellt und daß die entstehenden Kohlenoxydkonzentrationen geringer sind als beim Dampfbetrieb.

Der ungefähr zehnjährige Betrieb mit der Gasturbinenlokomotive der Schweizerischen Bundesbahnen hat ergeben, daß beim Turbinenaggregat kein Ersatz von lebenswichtigen Teilen nötig ist. Die elektrische Leistungsübertragung hat sich in jeder Beziehung glänzend bewährt.

Auf Grund der heute vorliegenden Erfahrungen darf erklärt werden, daß vom technischen Standpunkt aus die Gasturbine allen Anforderungen des Eisenbahnbetriebes sehr zufriedenstellend entspricht. Als Brown Boveri den Auftrag für die Gasturbinenlokomotive der British Railways erhielt, wurde die Leistung von 2500 PS als das Maximum betrachtet, das in eine Lokomotive eingebaut werden kann, ohne auf die große Betriebssicherheit und die lange Lebensdauer verzichten zu müssen, die im Bahnbetrieb erforderlich sind. Seither sind sowohl bezüglich des Materials wie auch in konstruktiver Hinsicht weitere Fortschritte erreicht worden. Heute ist man in der Lage, die gleiche Betriebssicherheit bei einer eingebauten Leistung von 4000 bis 5000 PS garantieren zu können. Man ist auch überzeugt, daß die große Zukunft der Gasturbinenlokomotive im Gebiet der großen Leistungen liegt und daß die Kosten für Gasturbinenlokomotiven geringer sein werden als für dieselelektrische Lokomotiven gleicher Leistung, wenn sich Gelegenheit bietet, eine gewisse Anzahl Maschinen des gleichen Typs zu bauen [*353*].

Für England besonders interessant ist die kohlegefeuerte Gasturbine. Ebenso ist für alle europäischen Länder wegen ihres niedrigen Brennstoffverbrauches die Gasturbinenlokomotive mit Freikolbengaserzeuger von Interesse. Außerdem sollte mehr denn je der direkte Antrieb wegen seines besseren Übertragungswirkungsgrades und wegen der geringeren Kosten beachtet werden.

8. Gasturbinenlokomotiven mit Kohlefeuerung von Parsons

Bei C. A. Parsons und Co., Ltd., ist eine auspuffgeheizte Gasturbine mit getrennter Nutzleistungsturbine mit Kohlefeuerung für eine Lokomotive in Entwicklung. Die Loko-

Abb. 585*a*. Gasturbinenlokomotive von Parsons mit Kohlefeuerung

1 Erwärmungsanlage (Brennkammer und Wärmeaustauscher)
2 Luftfilteranlage
3 Turbomaschinenanlage

motive selbst sowie die schematische Schaltung gehen aus Abb. 585a und b deutlich hervor. Die Leistung beträgt 1800 PS bei 15° C, der Wirkungsgrad 19%.

Die bei *a* angesaugte Luft wird in einem Filter *b* gereinigt, im Kompressor *c* verdichtet, im Wärmeaustauscher *d* erhitzt und nach Durchgang durch die Turbinen *e* und *f* in der Kohlebrennkammer *g* wieder aufgeheizt. Nach der Brennkammer geht sie durch den Ascheabscheider *h* und hernach durch den Wärmeaustauscher *d*. Über einen Heizkessel werden die Abgase dann bei *i* ins Freie geführt. Die Turbine selbst bekommt also immer reine Luft. Die Eintrittstemperatur in die Turbine beträgt 705° C, die Eintrittstemperatur in den Wärmeaustauscher 850° C.

Die Übertragung erfolgt mechanisch über ein zweistufiges Getriebe. Der Brennstoffverbrauch soll etwa halb so groß wie bei einer Dampflokomotive sein.

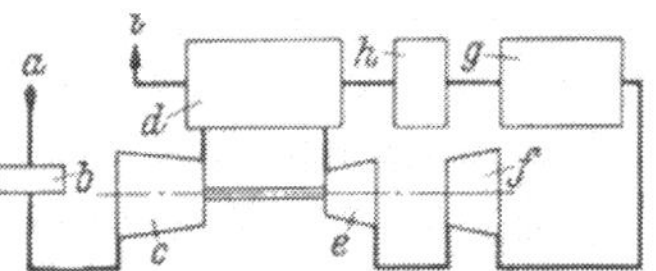

Abb. 585 *b*. Schema der Abgasbeheizten kohlegefeuerten Parsons-Lokomotiv-Gasturbine

9. Renault-Gasturbinenlokomotive mit SEME-SIGMA-Freikolbengaserzeuger

Auch zum Antrieb von Lokomotiven wurden Freikolbengaserzeugeranlagen bereits mit Erfolg eingesetzt.

Im Vergleich zur Dieseltraktion besitzt die Gaserzeugeranlage die Vorteile eines ge-

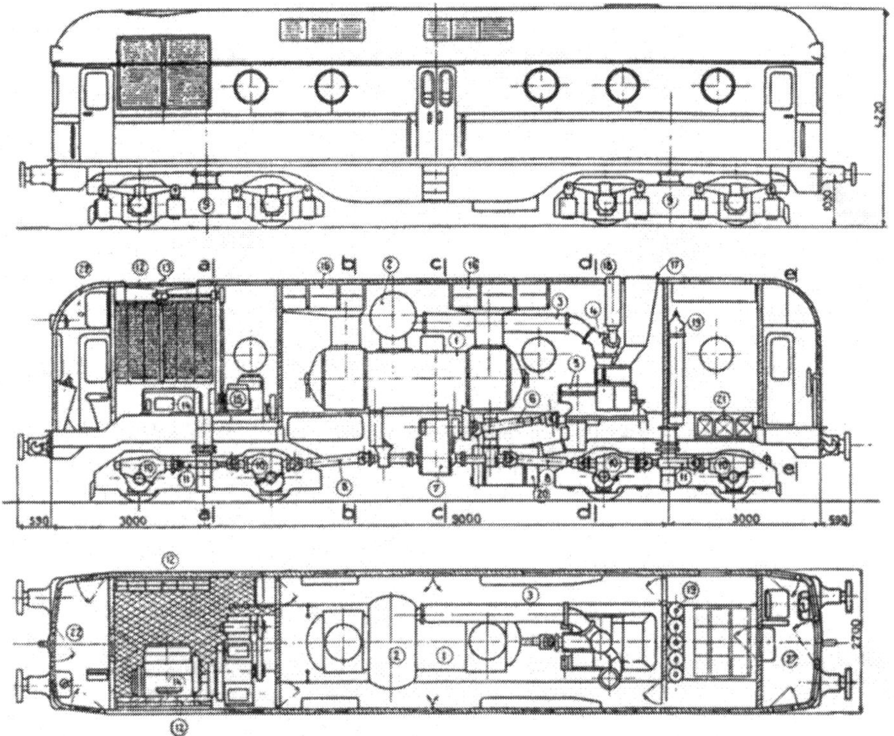

Abb. 586. Renault-Lokomotive mit Gaserzeugerantrieb (Dienstgewicht 53 t)

1 Gaserzeuger Type GS 34
2 Gassammler
3 Rohrleitung
4 Bypass
5 Gasturbine
6, 8, 11 Gelenkwellen
7 Getriebe
9 Drehgestell
10 Radantrieb
12 Kühler für Öl und Wasser
13 Ventilator
14 90-PS-Hilfsdieselmotor
15 Sonstige Hilfseinrichtungen (Ölpumpe, Wasserpumpe, Elektromotoren usw.)
16 Ansaugluftfilter
17 Abgasstutzen
18 Bypass-Abgasstutzen
19 Preßluftflaschen zum Starten des Gaserzeugers
20 Ölbehälter der Turbine
21 Batterie
22 Führerstand

ringeren Gewichtes, leichteren Anfahrens bei kaltem Wetter, geringer Vibrationen, kleinerer notwendiger Kühlerflächen und vereinfachter Kraftübertragung wegen des günstigen Drehmomentverhaltens der Turbine. Hierzu kommt die Möglichkeit der Verwendung von minderwertigeren Ölen, die für Dieselmotoren nicht mehr geeignet sind.

Gegenüber der reinen Gasturbinenanlage mit offenem Prozeß ist der Brennstoffverbrauch der Gaserzeugeranlage wesentlich geringer. Auch der empfindliche Leistungsverlust der Gasturbinenanlage bei hohen Lufteintrittstemperaturen tritt bei der Freikolbengaserzeugeranlage nicht so stark in Erscheinung.

Die erste Lokomotive mit Gaserzeugeranlage wurde in Frankreich von der Regie Nationale des Usines Renault konstruiert. Sie besitzt einen Freikolbengaserzeuger Type GS-34, der eine sechsstufige Rateau-Turbine speist, Abb. 586. Die Turbine hat ein Verhältnis von Anfahr- zu Vollastdrehmoment von 3,8:1 und eine Höchstdrehzahl von 12 000 U/min. Die Kraftübertragung erfolgt direkt über ein 6:1-Untersetzungsgetriebe mit zwei Geschwindigkeitsstufen jeweils auch mit Rückwärtsgang. Den beiden Stufen entsprechen Spitzenfahrgeschwindigkeiten von 67 km/h bzw. 118 km/h. Vom Getriebekasten aus werden die Laufräder über Gelenkwellen und Zahnradgetriebe angetrieben. Einen Überblick über das Leistungsdrehzahlverhalten und den Brennstoffverbrauch der Lokomotive gibt Abb. 587. Die Lokomotive steht seit 1953 in Betrieb und hat bisher auf den Bahnlinien der französischen Staatsbahnen in Nordfrankreich mehr als 200 000 km zurückgelegt. Als Brennstoff dient Öl mit einer Viskosität von 4,5° E bei 20° C bzw. 2° E bei 50° C.

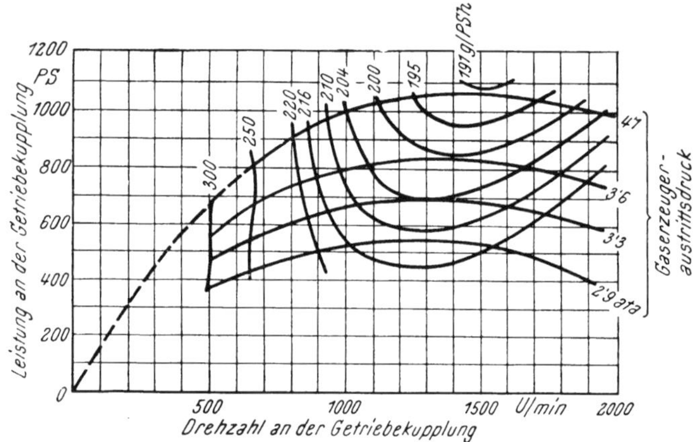

Abb. 587. Leistungsdrehzahlcharakteristik und Brennstoffverbrauch der Renault-Lokomotivanlage

Eine Luftturbine, die vom Freikolbengaserzeuger mit Luft versorgt wird, treibt das Kühlgebläse, einen Luftverdichter und einen 65-kW-Generator, der alle Hilfsaggregate elektrisch antreibt.

Derzeit ist eine 2000-PS-Lokomotive in Bau. Sie hat zwei GS-34-Gaserzeuger und zwei Turbinen, von denen jede ein dreiachsiges Drehgestell treibt. Der Antrieb ist wieder mechanisch über ein zweistufiges Getriebe.

Die Lokomotive kann bei kleiner Last auch mit nur einem Gaserzeuger laufen, wodurch sich die Teillastwirkungsgrade bedeutend verbessern.

Die Hilfsantriebe werden ebenfalls wieder durch eine Luftturbine betrieben.

Die Hauptdaten sind:

Länge	19,2 m
Breite	2,85 m
Höhe	4,2 m
Höchstgeschwindigkeit	
niederer Gang	57 km/h
hoher Gang	127 km/h
Gewicht	108 t

Die Erfahrungen mit diesen Lokomotiven sind bisher ausgezeichnet.

10. Weitere Lokomotiven mit Freikolbengaserzeuger

Die Firma Muntz in England plant ebenfalls eine solche Lokomotive mit acht CS-75-Gaserzeugern. Die Turbinenleistung soll 2400 PS betragen.

Götaverken in Schweden hat eine 1000-PS-Lokomotive mit einem Gegenkolben-Gaserzeuger gebaut. Seit Februar 1955 steht sie auf der Strecke zwischen Halmstad, südlich von Gothenburg und Nassjö in Betrieb. Nur einige kleinere Fehlerquellen mußten ausgemerzt werden.

Der Krafterzeuger ist ein Fünfzylinder-Gegenkolben-Dieselmotor mit nur einer Kurbelwelle. Der obere Arbeitskolben trägt oben den Spülpumpen-Kolben und wirkt über zwei an beiden Seiten des Spülkolbens angelenkte Schubstangen auf zwei Kurbeln der Kurbelwelle, so daß jeder Zylinder auf drei Kurbeln arbeitet. Der Arbeitszylinder hat 200 mm Bohrung, der Hub des unteren Arbeitskolbens ist 290,5 mm und der Hub des oberen Arbeits- und Spülkolbens 200 mm. Die volle Leistung wird bei etwa 720 U/min erreicht, wobei der Kraftgasdruck 4 km/cm^2 beträgt. Die Anlage leistet als Gaserzeuger 1300 PS, was 1000 PS an den Treibrädern bei 40 bis 70 km/h Fahrgeschwindigkeit entspricht. Bei 60 km/h verbraucht sie, bezogen auf die Treibräder, etwa 197 g/PSh Kraftstoff. Die Leerlaufdrehzahl des Gaserzeugers beträgt 200 bis 360 U/min. Die letztgenannte Leerlaufdrehzahl wird im Winter gebraucht, wenn der vom Gaserzeuger angetriebene 125-kVA-Wechselstromerzeuger seine volle Leistung für die elektrische Zugheizung abgeben muß. Zum Anlassen des Gaserzeugers dient Druckluft aus einem Vorratsbehälter, der von einem vom Gaserzeuger angetriebenen Luftverdichter aufgeladen wird. Bei erheblichem Druckabfall im Behälter während des Stillstands der Lokomotive kann der Druckluftvorrat mittels eines besonderen Verdichters ergänzt werden, der seinen Antrieb von einem Einzylinder-Ottomotor erhält.

Zwischen Gaserzeuger und Turbine ist ein Wechselventil vorgesehen, das im Leerlauf des Gaserzeugers dem Kraftgas den Weg über einen Schalldämpfer unmittelbar zur Abgasleitung öffnet. In der kombinierten Gleichdruck-Überdruck-Turbine entspannt sich das Gas, das mit 4 kg/cm^2 Druck und 500° C Temperatur eintritt, in sieben Stufen auf den Umgebungsdruck und 280° C. Bei 90 km/h Fahrgeschwindigkeit läuft die Turbine mit einer Drehzahl von 12 500 U/min, die dann im Untersetzungsgetriebe auf 367 U/min der Vorgelegewelle herabgesetzt wird. Bei 14 500 U/min sperrt ein Drehzahlregler die Gaszufuhr zur Turbine mittels des Wechselventils ab. Der Drehsinn der Vorgelegewelle und damit der Treibräder kann mittels zweier hydraulisch betätigter Reibungskupplungen im Untersetzungsgetriebe geändert werden. Das Öl für Schmier- und Regelungszwecke liefern zwei parallel geschaltete Ölpumpen, von denen eine vom Gaserzeuger und die andere vom Untersetzungsgetriebe angetrieben wird.

Weitere ähnliche Projekte befinden sich in mehreren Ländern in Durcharbeitung.

11. Amerikanische Gasturbinenlokomotiven

Wesentlich bessere Erfolge hat die Gasturbinenlokomotive in Amerika aufzuweisen, da dort lange Strecken befahren werden und große Leistungen gebraucht werden [*349*, *350*, *351*].

a) General-Electric-4500-PS-Lokomotive. Die erste Versuchsgasturbinen-Lokomotive von General Electric ging im November 1948 bei Union Pacific Railroad in Betrieb. Die Strecke der Union Pacific Railroad, die von Gasturbinenlokomotiven befahren wird, läuft zwischen Ogden und Cheyenne 482 Meilen lang mit Steigungen bis 1:125. Die Trasse verläuft in einer Höhe zwischen 1400 und 2700 m über dem Meere. Die Temperaturverhältnisse schwanken zwischen trockener Hitze im Sommer und bitterer Kälte im Winter. Auf dieser Strecke herrscht ein sehr dichter Lastenverkehr, und zwar 100 bis 150 Züge täglich in jeder Richtung.

Die Versuchslokomotive ergab so gute Resultate, daß die Union Pacific Railroad 1951 zehn weitere Lokomotiven bestellte und anfangs 1953 weitere 15 Stück. Während die erste Versuchslokomotive noch an jedem Ende einen Führerstand aufwies, haben die weiteren Lokomotiven nur mehr einen vorne. Ihr Gewicht von 250 t ist etwas größer als das der Versuchslokomotive. Ebenso wurden die Brennstofftanks vergrößert.

Bei den letzten 15 Stück sind außerdem noch seitliche Laufstege vorgesehen, wodurch der Lufteinlaß von der Seite nach oben aufs Dach verlegt werden mußte.

Abb. 588 zeigt den Aufbau der letzten Lokomotivausführung. Der Tank ist zugleich Rahmen. Dieser ruht auf vier zweiachsigen Drehgestellen. Jede Achse wird von einem 550-PS-900-Volt-Gleichstrommotor angetrieben. Der Tank hat Abteile für Heizöl, Dieselöl und Wasser. Das Heizöl für die Gasturbine wird mittels Dampf aus dem Zugheizungskessel auf 80° C gehalten.

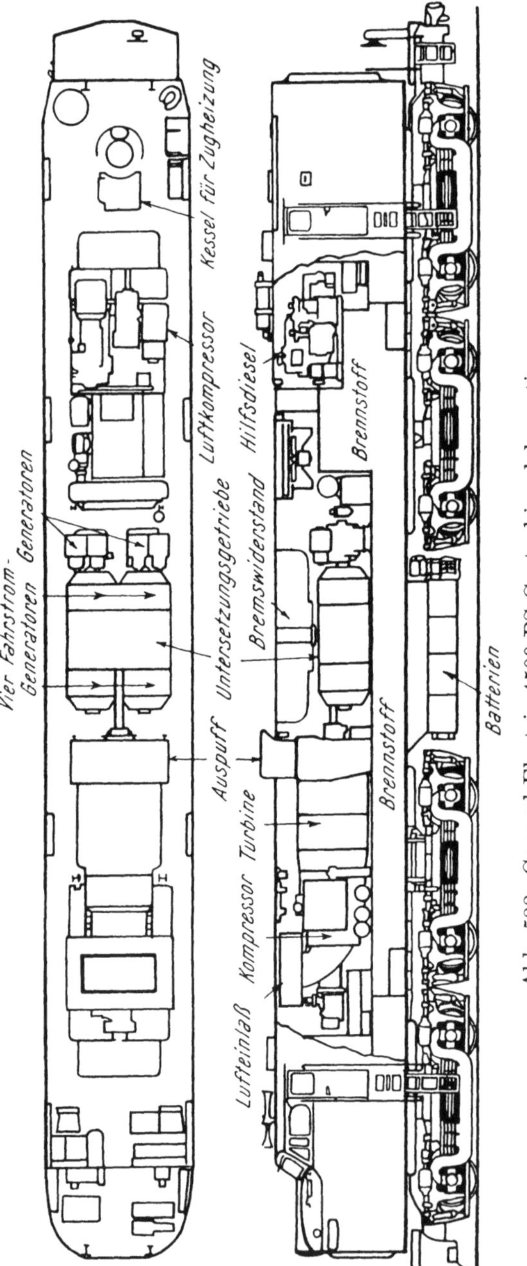

Abb. 588. General-Electric-4500-PS-Gasturbinenlokomotive

Die acht Triebmotoren werden von vier 1125-PS-900-Volt-Gleichstromgeneratoren gespeist, die von der Gasturbine über ein Reduktionsgetriebe mit 4,19:1 angetrieben werden. Ein Generator hat auch eine Motorwicklung und dient zum Anlassen der Turbine. Der Strom dazu wird vom Hilfsdiesel geliefert. Die zwei rückwärtigen Generatoren treiben mit ihren verlängerten Wellen zwei 150-kVA-3-Phasen-Generatoren, die den Strom für die Hilfsantriebe liefern.

Die Gasturbine entspricht der einfachen offenen Type von General Electric, Abb. 519. Es ist eine Einwellenmaschine mit 15 Kompressor- und zwei Turbinenstufen sowie sechs Brennkammern. Die Drehzahl beträgt 6900 U/min, die Leistung 4500 PS in 500 m Höhe bei 27° C Lufttemperatur und 704° C Gaseintrittstemperatur. Das Druckverhältnis ist etwa 5,4:1 und der Durchsatz 2265 m^3/min. Die Turbine allein hat eine Länge von etwa 6 m und ein Gewicht von 15 t, entsprechend etwa 3,4 kg/PS.

Die Turbine wird mit Heizöl betrieben, und nur zum Anfahren und kurz vor dem Abstellen wird auf Dieselöl umgeschaltet. Eine 16-Zylinder-Taumelscheibenpumpe bringt den Brennstoff auf etwa 28 atü. Die Einspritzung erfolgt mit Luft von etwa 11 atü, s. auch Abb. 325 und 347. Die Einblaseluft liefert ein Rotationskompressor, der sie seinerseits wieder dem Bremsluftsystem entnimmt.

Für Bergabfahrten wird über die Fahrmotoren gebremst, indem der Hilfsdiesel Strom in die Feldwicklungen schickt, so daß diese Motoren als Generatoren laufen. Dieser Strom wird in luftgekühlten Widerständen vernichtet. Es kann also auf langen Gefällestrecken die Gasturbine gänzlich stillgesetzt werden. Das Hilfsdieselaggregat besteht aus einem 250-PS-Diesel, der mit 2100 U/min läuft und direkt einen 150-kVA-Generator treibt.

Mit diesem Aggregat werden die Hilfsantriebe gespeist, und zusätzlich kann damit auch die Lokomotive verschoben werden. Dadurch wird die Gasturbine wirtschaftlicher, weil sie nicht im Leerlauf laufen muß.

Die anfänglichen Schwierigkeiten mit dem Heizöl infolge Korrosionen an den Laufschaufeln, insbesondere durch Einwirkung von Vanadium-Pentoxyd, sowie Schwierigkeiten mit den Brennkammern, konnten durch systematische Kleinarbeit überwunden werden. Dem Brennstoff wird Kalzium und Magnesium beigemischt, und heute wird bei 760° C für die erste Turbinenstufe eine Laufzeit von 8000 Stunden, für die zweite Stufe eine solche von 15000 Stunden und für die Brennkammer von 1000 Stunden garantiert. Die Temperaturen sollen in der nächsten Zeit noch hinaufgesetzt werden.

Im Vergleich zu den Diesellokomotiven der gleichen Gesellschaft schneidet die Gasturbinenlokomotive nahezu gleich ab. Dazu kommen die geringeren Überholkosten, die große Leistungsdichte und die kurzen Überholzeiten.

Diese außerordentlich guten Resultate mit diesen 25 Gasturbinenlokomotiven haben die Union Pacific Railroad veranlaßt, bei General Electric 15 weitere Lokomotiven sofort und später noch 30 mit einer Leistung von 7000 PS zu bestellen.

b) General-Electric-7000-PS-Gasturbinenlokomotive. Diese neue Lokomotive besteht aus zwei Wagen, Abb. 589. Der Brennstoff wird in einem separaten Tender hinter der Lokomotive mitgeführt. Das Gewicht ohne Brennstofftender beträgt 408 t und die Länge mit Tender 51,7 m. Eine vergleichbare Diesellokomotive mit vier Wagen und der gleichen Leistung würde 550 t wiegen und 77,7 m lang sein. Man sieht schon daraus die günstige Leistungskonzentration bei der Gasturbinenlokomotive.

Die Lokomotive hat zwölf angetriebene Achsen. Der Grund für den eigenen Brennstofftender ist darin zu suchen, daß man die Achsbelastung der Lokomotive konstant halten möchte.

Im vorderen Wagen befinden sich das Dieselaggregat, alle Hilfseinrichtungen und ganz vorne der Führerstand. Im zweiten Wagen ist die Gasturbine mit den Generatoren eingebaut.

Die Gasturbine ist so ausgelegt, daß sie in 2000 m Höhe (mittlere Höhe der Strecke) bei 27° C 8500 PS abgibt. Mit 82,5% Übertragungswirkungsgrad und bei Geschwindigkeiten von 28 bis 65 km/h entspricht dies 7000 PS an den Rädern. Bei 350 m Seehöhe würde die Turbine 10500 PS abgeben.

Die Turbine selbst ist wieder eine Einwellentype, weist jedoch einen gegenüber den normalen General-Electric-Typen verschiedenen Aufbau auf. Die Umkehrstrom-Brennkammern sind rund um den Kompressor angeordnet, wodurch sich eine Verkürzung der Baulänge sowie eine leichte Auswechselbarkeit der Brennkammerteile ergibt. Der so verkürzte Rotor ist in nur zwei Lagern gelagert. Der Kompressor hat 13, die Turbine zwei Stufen. Der Abtrieb erfolgt von der Kompressorseite. Nähere technische Details wurden bisher nicht bekanntgegeben.

Die zwei Generatoren werden über ein 4,11:1-Getriebe angetrieben. Die Einlaß- und Auslaßöffnungen für die Turbine befinden sich im Lokomotivdach. Luftfilter ist keines vorgesehen.

Zum Unterschied von den ersten Lokomotiven besitzt die neue keinen Dampferzeuger mehr. Die Erhitzung des Brennstoffes geschieht in den Füllstationen. Der Tender ist stark isoliert, so daß das Öl warm bleibt. Die letzte Erhitzung vor der Zerstäubung erfolgt elektrisch.

Der Dieselgenerator ist so groß ausgelegt, daß er Strom für alle Hilfsbetriebe und zum Verschieben ausreichend liefern kann, wodurch die Gasturbine nur mehr bei Überlandfahrt arbeiten muß. Dies trägt sehr zur Wirtschaftlichkeit bei. Der Diesel läuft infolgedessen in dieser Lokomotive immer.

Der Brennstoff ist wieder Bunker-C-Öl, speziell vorbereitet. Dies ist bei der Union Pacific Railroad deswegen leicht möglich, weil sich Ölquellen im Besitz dieser Gesellschaft befinden und weil nur zwei Füllstationen an der Strecke notwendig sind.

c) Verschublokomotive mit Boeing-Gasturbinen. Eine Verschublokomotive für die amerikanischen Streitkräfte wurde unter Verwendung von zwei Boeing-502-2-E-Gasturbinen (Vorläufer der 502-10 C, Abb. 552) von der Davenport-Besler Corp. gebaut und ist seit 1954 in Betrieb.

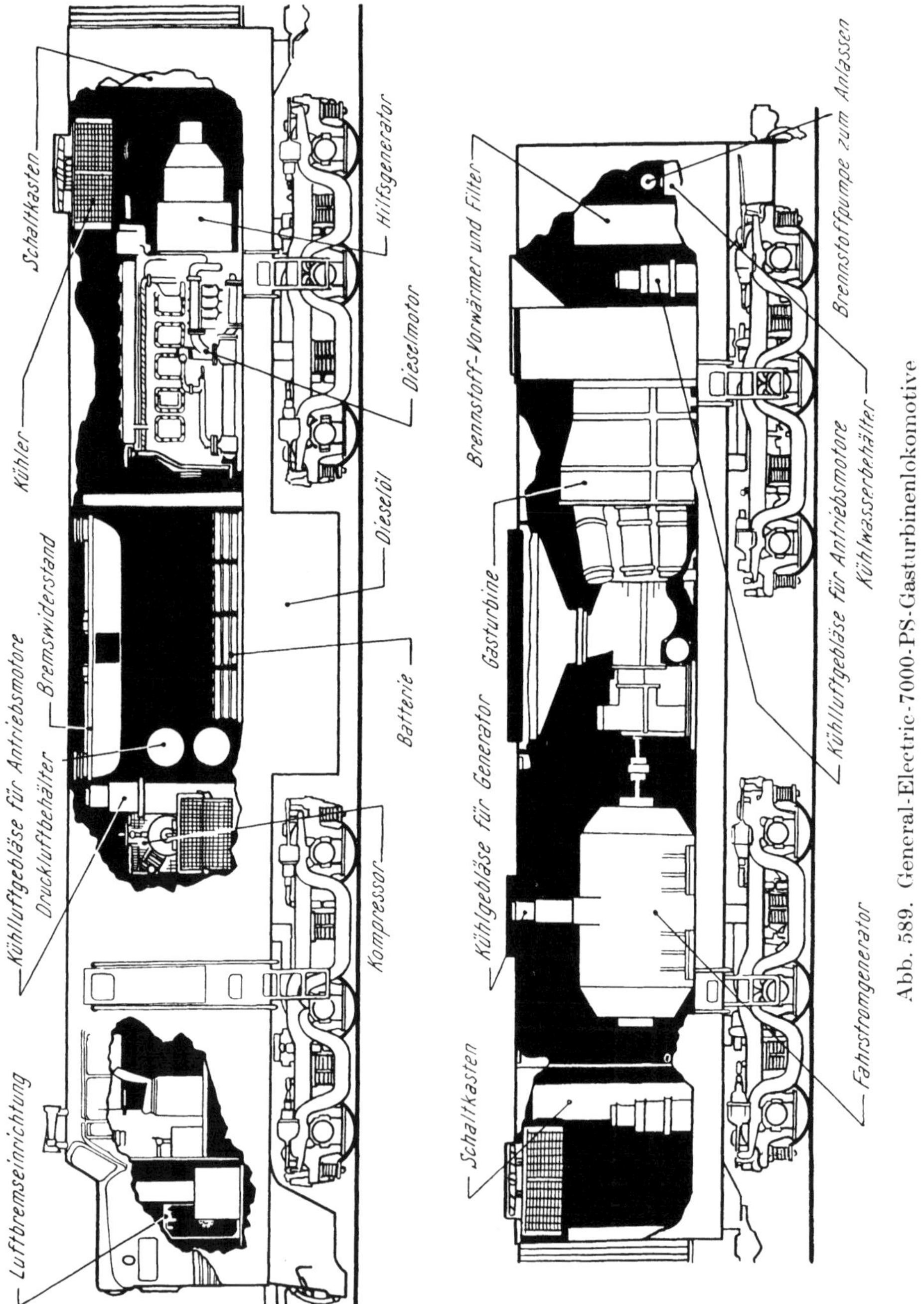

Abb. 589. General-Electric-7000-PS-Gasturbinenlokomotive

Die Lokomotive hat zwei angetriebene Achsen. Die Kraftübertragung erfolgt mechanisch und geht über ein Dreiganggetriebe.

Die Startzeit für diese Turbinen beträgt acht Sekunden, so daß sie auch bei kurzen Stillstandzeiten abgeschaltet werden können. Bei kleinen Lasten kann außerdem nur mit einer Turbine gefahren werden. Obwohl der spezifische Verbrauch dreimal so groß wie bei Dieselverschublokomotiven ist, kommt der wirkliche Verbrauch nur zweimal so hoch. Dies ist auf die Betriebsart (kein Leerlauf usw.) zurückzuführen.

Diese Lokomotive hat sich sonst bis auf einige mechanische Defekte gut bewährt.

d) Die kohlegefeuerte Gasturbinenlokomotive des Locomotive Development Committee. Wie schon erwähnt, laufen in Amerika eingehende Versuche mit einer Staubkohlenfeuerung für Gasturbinen, die vom Locomotive Development Committee of Bitumenous Coal Research Inc. durchgeführt werden (s. Abschn. VIII, „Brennstoffe, Brennkammer und Brennstoffsysteme der Gasturbine", Abs. G, S. 401). Die Lokomotive, die von der American Locomotive Comp. konstruiert wurde, wird mit einer Allis-Chalmers-4200-PS-Gasturbine ausgerüstet, Abb. 243. Die Lokomotive besteht aus zwei sechsachsigen Einheiten, Abb. 590. Ein Wagen trägt die Kohlenaufbereitungsanlage, der andere die Turbine und die elektrische Ausrüstung. Das Gewicht dieser Lokomotive beträgt 350 t, die Anfahrzugkraft 59000 kg.

Die Kohlenverbrennung wird eine wesentliche Betriebskostensenkung gegenüber den anderen Lokomotivarten bringen. Nach amerikanischen Berechnungen kommen die jährlichen Kosten pro Meile bei einer modernen Dampflokomotive von 6000 PS auf 1,22 Dollar, bei einer 4000-PS-Diesellokomotive auf 1,11 und bei einer 4000-PS-Gasturbinenlokomotive mit Kohlefeuerung auf 0,84 Dollar.

Abb. 590. Grundsätzliche Anordnung der Lokomotive. Sie besteht aus dem Brennstoffteil und dem Kraftmaschinenteil, die jeder für sich einen Wagen bilden

Die Allis-Chalmers-Anlage erreicht bei 704° C Eintrittstemperatur in die Turbine, 21° C Lufttemperatur vor dem Kompressor, 1:4,8 Druckverhältnis und 5700 U/min einen Wirkungsgrad von 24% an der Getriebekupplung. Der Wärmerückgewinnungsgrad beträgt 51%, $\eta_B = 96\%$, $\varepsilon_{RL} = 1{,}68\%$, $\varepsilon_{RG} = 3{,}3\%$, Druckverlust im Ascheabscheider und in der Brennkammer 4%.

Kompressor und Turbine sind fest miteinander gekuppelt, um die Schübe auszugleichen. Drei Lager und ein Drucklager sind vorgesehen. Da die beiden Wellen starr miteinander verbunden sind, darf eine Verwindung des Lokomotivrahmens sich nicht auf das Gasturbinenaggregat auswirken. Daher wird das Turbinengehäuse mit dem Lager Nr. 1 von einem steifen Rohrrahmen, der an das Kompressorgehäuse mit dem Lager Nr. 2 angeflanscht ist, getragen. Der Rohrrahmen ist ungefähr in Turbinenmitte auf dem Lokomotivrahmen links und rechts abgestützt, während der Kompressor mit seinem vorderen Ende längsverschieblich und drehbar in Maschinenmitte aufgehängt ist, wobei das Kompressorgehäuse als Träger wirkt. Damit ist eine Dreipunktaufhängung der Gasturbine gegeben. Der Generator mit dem Getriebe wird gesondert auf dem Lokomotivrahmen befestigt. Die Verbindung zwischen Kompressorwelle und Getriebe wird durch eine Torsionswelle mit Zahnkupplungen, die durch die hohle Ritzelwelle hindurchgeht, besorgt. Diese Antriebsart hat sich auf Schiffen sehr gut bewährt und gleicht allfällige Achsmittenverschiebungen aus. Turbinen und Labyrinthe wurden schon (S. 264) eingehend beschrieben. Der Kompressorrotor mit dem Achsstummel am Niederdruckende besteht aus einem Schmiedestück, ebenso der Achsstummel am Hochdruckende, der mit dem Rotor durch einen Schrumpfsitz und durch Bolzen verbunden ist. Die Beschaufelung wird in eingedrehten Rillen aufgenommen, Abb. 132. Das Kompressorgehäuse ist aus entsprechend geformten Teilen zusammengebaut und hat Rillen zur Aufnahme der Leitschaufeln eingedreht, Abb. 243a. Da das Gehäuse gleichzeitig als Träger wirkt, ist es mit zahlreichen Längsrippen versehen.

Alle Lager sind druckölgeschmiert. Die Hauptölpumpen werden vom Reduktionsgetriebe angetrieben, während eine mittels Elektromotor betätigte Hilfspumpe automatisch einspringt, wenn der Öldruck den zulässigen Wert unterschreitet. Dieser Elektromotor wird von der Lokomotivbatterie gespeist. Ein mit Ventilator versehener Ölkühler ist im Ölkreislauf eingeschaltet.

Ein Durchdrehmechanismus mit elektrischem Antrieb verhindert ein Verziehen des Läufers nach dem Abstellen der Maschine.

Das Anlassen geschieht mit zwei der vier Hauptgeneratoren, die als Motoren geschaltet von der Lokomotivbatterie gespeist werden und die Gasturbine auf die Anlaßdrehzahl von 1600 U/min bringen. Gegebenenfalls kann die nötige elektrische Energie auch von einem Generator, der von einem 200-PS-Dieselmotor getrieben wird, geliefert werden.

Die Möglichkeit, Kohle in der Gasturbine zu verbrennen, bringt große Vorteile. Eine solche Lokomotive übertrifft an Wirtschaftlichkeit alle anderen Gattungen. Dazu kommt noch das geringere Leistungsgewicht der Gasturbine und ihre geringen Wartungskosten sowie die Möglichkeit, große Leistungen auf kleinem Raum unterzubringen.

12. Fahrbare Kraftstationen

Bei diesen Kraftstationen, wie sie in neuester Zeit verwirklicht wurden, fallen die Vorteile der Gasturbine besonders ins Gewicht, während ihre Nachteile zurücktreten.

Diese Vorteile sind bekanntlich vor allem: große betriebliche Einfachheit, daher geringe Unterhaltskosten, rasche Startbereitschaft, hohe Leistungskonzentration, geringer oder völlig fehlender Wasserverbrauch.

Abb. 591 zeigt eine solche Anlage, wie sie von BBC gebaut wird.

Sie besteht aus einem „thermischen Wagen“ von 160 t Gewicht und einem „elektrischen Wagen“ von 78 t. Folgendes sind die wichtigsten Auslegungsdaten:

Klemmenleistung	6200 kW
Thermischer Klemmenwirkungsgrad	19,1 %
Luftansaugtemperatur	20° C
Gastemperatur Eintritt Turbine	650° C
Drehzahl	3600 U/min
Frequenz	60 Hz
Spannung an Generatorklemmen	6000 V

Der thermische Wagen enthält die Gasturbinengruppe mit dem ganzen Schmieröl-, Steueröl- und Brennstoffsystem (samt den Tanks), den Generatoren und dem zugleich als Anwurfmotor dienenden Erreger, sowie die Schalttafel für das Anlaßmanöver. Der elektrische Wagen enthält den Transformator, die Schaltanlage samt Einrichtungen zum Parallelschalten und Belasten des Generators, die Schalttafel, eine 24-Volt-150-Ah-Cadmium-Nickelbatterei zum Anlassen und eine 126-PS-Diesel-Stromerzeugungsgruppe zur Ladung der Batterie.

Beim Anlassen der Gasturbine wird Dieselöl verbrannt, wozu ein Dieselöltank von 2600 l vorgesehen ist. Durch das Abgas wird der im Austrittsstutzen der Turbine angeordnete Brennölvorwärmer beheizt. Hat das in diesem Vorwärmer zirkulierende Schweröl eine Temperatur erreicht, die seine Viskosität auf 2° E herabsetzt, so kann auf Schweröl umgeschaltet werden. Der Schweröltank enthält 7000 l und reicht somit für $2\frac{1}{2}$ h Vollast aus; weiteres Öl ist durch Tankwagen zuzuführen. Die gesamte Zeit vom Stillstand bis Vollast beträgt etwa 16 Minuten.

Bei den Abnahmeversuchen wurden folgende Werte gemessen (umgerechnet auf einen Außenluftzustand von 1 ata, 20° C):

Klemmenleistung (kW)	Thermischer Klemmenwirkungsgrad (%)
1600	8,27
3230	13,90
5120	17,60
6500	19,50

Die durch diese Meßwerte gegebene Kurve verläuft etwas oberhalb der garantierten Werte, was um so beachtlicher ist, als die höchste Gastemperatur nur zu 632° C ermittelt wurde. Es besteht also noch eine gewisse Reserve.

Das Hauptproblem besteht bei einer fahrbaren Gruppe darin, mit möglichst wenig Platz auszukommen. An sich wäre aus diesem Grund eine flugtriebwerkartige Anordnung naheliegend. Da aber sowohl die Betriebszeiten als die Anforderungen an die Verwendung geringgradiger Brennstoffe ganz andere sind als bei den Flugtriebwerken, behielt man die klassischen Elemente bei, ordnete sie aber räumlich sehr geschickt an, so daß gleichwohl

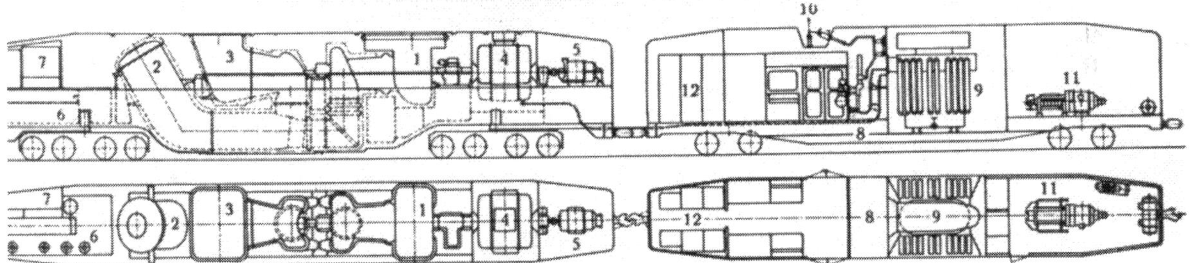

Abb. 591. Ansicht, Schnitt und Grundriß des fahrbaren 6200-kW-Gasturbinenkraftwerks von Brown Boveri & Cie., für die Comisión-Federal de Electricidad in Mexico

1 Luftverdichter
2 Brennkammer
3 Gasturbine
4 Generator
5 Erregermaschine, gleichzeitig Anfahrmotor
6 Brennstoffbehälter
7 Kontrolltafel für den Maschinensatz
8 Hochspannungs-Schaltanlage
9 Haupttransformator
10 Netzanschluß
11 Hilfs-Diesel-Aggregat
12 Akkumulatorenbatterie

Technische Daten: Maximalleistung: 6200 kW, thermischer Wirkungsgrad: 19,1%, Gastemperatur vor der Turbine bei Vollast: 650° C, Drehzahl: 3600 U/min, Frequenz: 60 Hz, Generatorleistung: 7750 kVA, Generatorspannung: 6,6 kV, Transformatorspannungen: 6,6, 13,8, 4,16, 2,4 kV, Leistung des Anwurfmotors: 220 kW bei 250 V Gleichspannung, Leistung des Hilfs-Diesel-Generators: 90 kW

ein sehr günstiger Platzbedarf erzielt wurde. Man beachte die Luftführung vom Verdichter durch einen äußeren Luftmantel zum oberen Ende der Brennkammer. Von dieser strömt das Heißgas durch die innere Leitung der Turbine, die andererseits ihre Kühlluft unmittelbar vom Verdichter aus erhält, zu. Man erkennt zugleich den für alle BBC-Turbinen typischen Doppelwand-Eintrittsstutzen, durch den die Luftkühlung bewerkstelligt wird. Die Brennkammer ist schräg gestellt, weil damit der Abstand der Drehgestelle vermindert werden kann. Diese Verkürzung des Fahrzeuges ist äußerst wertvoll, denn es kann so breiter gebaut werden, ohne in den Kurven das zugelassene Lichtraumprofil seitlich zu überschreiten.

Ähnliche fahrbare Kraftstationen wurden von Clark und Westinghouse in Amerika gebaut sowie von STAL in Schweden.

Die Clark-Anlage leistet 5500 kW und ist auf einem Wagen mit zwei dreiachsigen Drehgestellen montiert. Die Turbine entspricht der in Abb. 526 gezeigten Konstruktion.

Die Westinghouse-Kraftstation ist ebenfalls auf einem Wagen mit zwei dreiachsigen

Drehgestellen montiert und hat eine Leistung von 5000 kW. Die Turbine entspricht der in Abb. 524 gezeigten Type.

Die fahrbare Kraftzentrale von STAL leistet hingegen nur 2400 kW bei einem Wirkungsgrad von 20%. Sie ist mit einem Wärmeaustauscher mit 50 % Rückgewinnungsgrad ausgerüstet. Die maximale Turbineneintrittstemperatur beträgt 700° C. Die Einwellenturbine besteht aus Kompressor, sechs Einzelbrennkammern und der Turbine. Die gesamte Anlage ist ebenfalls wieder auf einem Wagen mit zwei dreiachsigen Drehgestellen untergebracht.

13. Aussichten der Gasturbinenlokomotive

Wie man aus dem Vorangegangenen ersehen kann, ist die Gasturbinenlokomotive heute dort bereits wirtschaftlich, wo sie entsprechend eingesetzt werden kann.

Wenn es gelingt, Gasturbinen mit hoher Eintrittstemperatur und Wärmeaustausch zuverlässig mit Bunkeröl zu betreiben, dann wird die Gasturbinenlokomotive auch in Europa interessant, vorausgesetzt, daß der Wärmeaustauscher an Volumen kleingehalten wird. Ansätze dazu wären der Plattenwärmeaustauscher und der Regenerativ-Wärmeaustauscher.

Grundsätzlich kann man wohl sagen, daß man auf alle Fälle in Zukunft mit wirtschaftlichen Gasturbinenlokomotiven auch für unsere Verhältnisse rechnen kann.

Ebenso ist für den Kontinent die kohlegefeuerte Gasturbinenlokomotive von großem Interesse und es gewinnen deshalb die derzeit laufenden Versuche große Bedeutung.

Die Gasturbinenlokomotive mit Freikolbengaserzeuger ist im Brennstoffverbrauch auf jeden Fall bereits dem Diesel gleich, doch kommen bei ihr gegenüber der eigentlichen Gasturbinenlokomotive wieder der höhere Schmierölverbrauch, höhere Wartungskosten, geringere Leistungskonzentration sowie der immer nötige Kühlwasserkreislauf als Gegenargumente. Jedenfalls sind aber mit diesen Lokomotiven schon sehr schöne Erfolge erzielt worden, und da neuerdings auch Heizöle in Freikolbengaserzeugern verwendet werden können, dürfte ein ziemlich billiger Betrieb möglich sein. Für kleinere und mittlere Leistungen werden diese Lokomotiven wahrscheinlich schon in nächster Zukunft bereits häufiger angewendet werden.

XV. Kraftfahrzeuggasturbinen

1. Grundsätzliches

Was vor kurzem noch Utopie schien, ist heute beinahe schon Wirklichkeit geworden. Auch der Kleinturbine wird überall große Aufmerksamkeit gewidmet und heute sind bereits viele Versuchsturbinen für Kraftfahrzeuge bekannt [*357*, *358*].

Da Turbine und Kompressor in einem solchen Triebwerk sehr klein werden, muß man mit größeren Verlusten rechnen und daher kleinere Wirkungsgrade in Kauf nehmen. Diese Verluste entstehen durch die relative Vergrößerung der Spiele zwischen Schaufelspitzen und Gehäuse und durch die relativ größeren Fehler an den Schaufelprofilen. Auch das aerodynamische Verhalten wird beeinflußt, da die Reibungsverluste im Gasstrom stärker ins Gewicht fallen. Der erstere Verlust ist nicht so arg, da z. B. der Spaltverlust an den Schaufelspitzen nur etwa 4 % der Leistung einer Turbine ausmacht, so daß eine 50 %ige Steigerung desselben den Wirkungsgrad nur um 2 % drückt. Der Einfluß der Reynoldsschen Zahl jedoch dürfte zu einer Verminderung des Kompressor- und Turbinenwirkungsgrades um 3 bis 4 % führen, was einer Wirkungsgradeinbuße der Maschine von 15 bis 20 % gegenüber einer gleich ausgelegten großen Gasturbine gleichkommt. Doch scheint auch das nicht katastrophal zu sein, und es bleibt abzuwarten, ob die fortschreitende Entwicklung nicht zu einer Revision dieser Ansicht führt.

Für geometrisch ähnliche aerodynamische Maschinen, wie Kompressoren und Turbinen, kann gezeigt werden, daß die aufgenommene bzw. abgegebene Leistung (ausgedrückt durch die Temperaturdifferenz) proportional ist dem Quadrat der Umfangsgeschwindigkeit. Da die Auslegung einer solchen Maschine hauptsächlich von verschiedenen Schaufelfaktoren abhängt, hat man wenig Spielraum zur Verfügung. Wenn man daher eine bestimmte Temperaturdifferenz (Druckverhältnis) in einer bestimmten Anzahl Stufen erreichen will, ist die Umfangsgeschwindigkeit zum größten Teil bereits festgelegt. Da eine kleine Gasturbine mit demselben Druckverhältnis wie eine große Maschine arbeiten muß, um gute Wirkungsgrade zu erreichen, ist es notwendig, mit der gleichen Umfangsgeschwindigkeit wie bei einer großen Gasturbine zu arbeiten. Da für ähnliche Maschinen die Abmessungen proportional der Quadratwurzel aus der Leistung sind, muß sich die Drehzahl umgekehrt proportional wie die Quadratwurzel aus der Leistung verhalten, um eine konstante Umfangsgeschwindigkeit zu erreichen. Das bedingt hohe Drehzahlen für kleine Maschinen geringer Leistung. Eine Gasturbine von 200 PS z. B. muß mit etwa 35000 bis 40000 U/min laufen.

Getriebe und Lager für 40000 U/min stehen nicht in allgemeiner Verwendung, und es fragt sich, ob es möglich ist, bei solchen Drehzahlen eine genügende Lebensdauer bei einer Kraftfahrzeugturbine zu erreichen. Dies scheint möglich, da Kraftfahrzeuge normalerweise nur mit einem Bruchteil der vollen Leistung laufen, so daß bei einer Maschine mit 40000 U/min bei Vollast die normale Fahrleistung bei 10000 bis 30000 U/min abgegeben werden kann. Turbinen für Flugzeuge mit bedeutend größeren Abmessungen laufen mit rund 16000 U/min für lange Zeit ohne Lagerschaden, Lader von Flugmotoren sogar mit 30000 U/min.

Ein schwieriges Kapitel ist das Getriebe. Besonders muß man hier auf kräftige Lagerung, steife Gehäuse und reichliche Schmierung achten. Ein einfaches einstufiges Stirnraduntersetzungsgetriebe dürfte die einfachste Lösung sein.

Die außerordentlich kleinen Abmessungen solcher Maschinen führen zu einer großen Zahl von Fertigungsproblemen. Vor allem dürfte die Herstellung der kleinen Schaufeln Schwierigkeiten bereiten, da man auch bei der kleinen Maschine verwundene Schaufeln von guter Oberflächengüte verwenden muß, um gute Wirkungsgrade zu erreichen. Um die Kosten zu drücken, muß eine Methode zur präzisen Massenherstellung solcher Schaufeln entweder durch spangebende Bearbeitung, durch Guß, durch Fertigung aus Blech oder mittels Sinterpreßverfahren gefunden werden. Auch die Befestigung der Schaufeln in der Scheibe ist ein schwieriges Problem. Der normale Tannenbaumfuß kommt bei diesen kleinen Dimensionen kaum mehr in Frage, und man wird daher zur Bearbeitung aus dem vollen oder zu einer Schweißkonstruktion schreiten müssen. Eine vielversprechende und originelle Methode dürfte der Guß der Scheibe mit den Schaufeln im Präzisionsgußverfahren sein, die auch bereits zu Versuchszwecken angewendet wird. Möglicherweise liefert die Pulvermetallurgie eine Lösung dieses Problems, Abb. 432b, wobei eine genaueste Einhaltung der verlangten Form und eine billige Massenherstellung zu erzielen wäre. Es bleibt allerdings abzuwarten, ob man bei Fahrzeugturbinen nicht allgemein auf Radialturbinen übergeht, die fertigungstechnisch einfacher sind.

Eine vollständig neue Methode für Axialräder wurde bei Ford entwickelt, die die Kosten eines Rotors von $ 4000 auf weniger als $ 100 drückt. Bei dieser Methode werden die z. B. im Präzisionsgußverfahren hergestellten Schaufeln mit Hilfe einer Lehrenrotorscheibe, die die Schaufelfüße aufnimmt in die richtige Lage gebracht und mit einer Zinklegierung (Kirksite) umgossen, sodaß ein fester Ring entsteht, an dessen innerem Rand die Tannenbaumfüße der Schaufeln nach Entfernung der Lehrenscheibe herausschauen. Dieser Ring wird in ein Gesenk gelegt und die Schaufelfüße werden entsprechend erhitzt. Ein ebenfalls erhitzter Rundstahlblock aus dem Scheibenwerkstoff, der genau innerhalb der Schaufelfüße Platz hat, wird eingelegt und unter dem Druck der Presse zur Scheibe geformt, wobei das Scheibenmaterial um die Schaufelfüße herumfließt. Dieser Vorgang dauert nur Sekundenbruchteile. Nachher wird die Bettungsmasse für die Schaufeln wieder entfernt und der geringe Rest von Überschußmaterial auf der Drehbank entfernt. Der Scheibenwerkstoff verbindet sich nicht mit den Schaufelfüßen, so daß Schaufeln auch ausgewechselt werden können. Das Spiel zwischen Scheibe und Schaufelfuß kann durch den Grad der Erhitzung vor dem Preßvorgang ebenfalls geregelt werden. Dieses Verfahren ist bereits produktionsreif und stellt einen gewaltigen Schritt nach vorne dar.

Der Brenner bietet ein weiteres schwieriges Problem. Man braucht sehr hohe Einspritzdrücke und infolge der kleinen Brennstoffmenge sind Düsenöffnungen von etwa 0,25 mm Durchmesser notwendig (Centrax-Turbine). Brenner mit reguliertem Rücklauf, die gute Verhältnisse bei Leerlauf ergeben und nur mäßige Drücke bei Düsendurchmessern von 0,25 bis 0,4 mm brauchen, scheinen eine Form der Lösung zu sein. Brennstoffvergasung wäre ebenfalls aussichtsreich, doch zwingt deren Anwendung zur Verwendung flüchtiger Kraftstoffe. Wirtschaftlicher wäre es, billiges Heizöl verbrennen zu können.

Die Lärmbekämpfung ist ein weiteres Problem, dem man aber durch niedrige Auspuffgeschwindigkeiten, dicke Verdichtergehäuse und schrägverzahnte Zahnräder in steifen Gehäusen beikommen kann.

Zum Anlassen wird wahrscheinlich allgemein ein elektrischer Starter zur Anwendung kommen. Bei einem Starterdefekt ist es allerdings schwierig, die Maschine zu starten, da die Räder von einer getrennt laufenden Nutzleistungsturbine angetrieben werden müssen. Eine mögliche Lösung für diesen Fall wäre eine lösbare Kupplung zwischen Nutzleistungs- und Kompressorturbine.

Für Kraftfahrzeugantrieb kommt nur eine Anlage mit getrennter Nutzleistungsturbine in Frage, da mit einer solchen Anordnung ein geradezu idealer Drehmomentverlauf erzielt wird. Kupplung oder Getriebe sind unnötig, da die Nutzleistungsturbine eine Art Drehmomentwandler darstellt. Bei gleichbleibender Treibgaslieferung vom Gaserzeugersatz stellt sich die Nutzleistungsturbinendrehzahl entsprechend der Last ein, Abb. 410. Wird bei Vollast die Nutzleistungsturbine bis auf Stillstand abgebremst, dann ergibt sie ein etwa dreimal größeres Drehmoment als bei voller Drehzahl. Für leichtere Fahrzeuge ist daher kein Getriebe und keine Kupplung notwendig. Bei schweren Fahrzeugen wird ein niederer Gang angebracht sein, um große Steigerungen überwinden zu können. Ein Rückwärtsgang muß auf jeden Fall angeordnet werden, oder ein Kupplungssystem, ähnlich dem bei den Schiffsturbinen beschriebenen, bietet eine mögliche Lösung für Rückwärtsfahrt.

Die Fertigungskosten dürften gleich oder eher noch kleiner sein als die eines gleich starken Kolbenmotors, Massenproduktion vorausgesetzt, da das Materialgewicht nur etwa die Hälfte des Kolbenmotors beträgt und teure Werkstoffe nur in geringem Maße notwendig sind.

2. Aufbau einer Fahrzeugturbine nach den letzten Erfahrungen

Als Kompressor wird heute durchweg der Radialverdichter angewendet. Er erlaubt bei einfachem Aufbau einstufig Verdichtungsverhältnisse bis etwa 4 bei noch erträglichem Wirkungsgrad.

Bei Verkleinerung einer Strömungsmaschine wirkt sich die ebenfalls kleiner werdende Reynoldssche Zahl vermindernd auf dem Wirkungsgrad aus. Dadurch sinkt mit kleiner werdender Leistung der Wirkungsgrad einer Gasturbine. Natürlich bringt die laufende Strömungsforschung immer weitere Verbesserungen, und es wurden bereits Wirkungsgrade bis 82 % bei sehr kleinen Radialverdichtern gemessen.

Um höhere Verdichtungsverhältnisse zu erreichen, werden auch zweistufige Radiallader bei Kleinturbinen angewendet. Wird jedoch hoher Wärmerückgewinn vorgesehen, dann kommt man ohne weiteres mit einem Verdichtungsverhältnis von 3 bis 4 durch, so daß nur einstufige Verdichter benötigt werden.

Bei den neuesten Kleinturbinen tritt die Radialturbine immer mehr in den Vordergrund. Ihre Wirkungsgrade liegen ebenfalls etwa zwischen 78 und 82 %, und man darf auch hier in Zukunft Verbesserungen erwarten. Der Grund für das rasche Vordringen dieser Bauart bei Kleinturbinen ist darin gelegen, daß radiale Turbinen bei niederen spezifischen Drehzahlen besser geeignet sind als axiale und daß ihr Aufbau wesentlich einfacher ist. Weiter kann bei der radialen Bauart leicht ein verstellbarer Leitapparat angewendet werden, wodurch sich bei Teillasten große Vorteile ergeben, wie schon im entsprechenden Kapitel dargelegt wurde, s. dazu auch Abb. 413.

Unangenehm sind die etwa sechsfach größeren Luftansaug- und Abgasquerschnitte bei der Gasturbine. Doch zeigen die letzten Ausführungen von Versuchsfahrzeugen, daß alle diese Probleme gelöst werden können.

Zur Annäherung an die ideale Fahrhyperbel wird man zumindest bei Personenkraftwagen mit zwei Vorwärts- und einem Rückwärtsgang auskommen. Für normalen Betrieb wird dabei immer mit dem großen Gang gefahren. Lediglich für höchste Beschleunigung oder extreme Steigungen ist der niedrige Gang erforderlich. Die Getriebe müssen unter Last geschaltet werden können, um ein Durchgehen der Nutzleistungsturbine während des Schaltens zu vermeiden.

Ein Problem beim Betrieb mit Gasturbine bildet das Bremsen. Ein Kolbenmotor ergibt bei Gaswegnahme eine Verzögerung des Fahrzeuges; nicht so die Turbine. In der Ebene verhält sich daher ein Gasturbinenfahrzeug so wie eines mit Verbrennungsmotor und Freilauf. Im Gebirge ist jedoch dieses Fortfallen der Bremswirkung unangenehm. Dies durch überdimensionierte Bremsen auszugleichen, scheint nicht der richtige Weg. Ebenso die bei den ersten Versuchen angewendete Methode, mit dem Rückwärtsgang bergab zu fahren. Erstens muß vor dem Einschalten des Rückwärtsganges die Nutzleistungsturbine bis zum Stillstand gebremst werden, und zweitens kostet das Bergabfahren Brennstoff, weil durch Gasgeben gebremst wird.

Wesentlich interessanter ist hier ein Projekt der englischen Firma Rover. Bei dieser Turbine ist die Nutzleistungsturbine und der Gaserzeugersatz über ein Getriebe und eine Überholkupplung verbunden. Gaserzeugersatz und Nutzleistungsturbine laufen mit entgegengesetzter Drehrichtung , um die Kreiselmomente bei rasch laufenden Wellen auszugleichen. Bei Vorwärtsfahrt hat der Gaserzeugerteil (Kompressor) immer eine höhere Drehzahl als die Nutzleistungsturbine, und damit ist diese vollkommen frei. Treiben jedoch bei Gaswegnahme oder Bergabfahrt die Hinterräder, dann wird über die Überholkupplung der Gaserzeugersatz mitgenommen, und der Kompressor verbraucht Leistung, wodurch eine deutliche Bremswirkung entsteht. Das Getriebe dieser Automobilgasturbine ist ein unter Last schaltbares Planetengetriebe.

Die Gasturbine zeigt weiter die Eigenschaft, ihre Kennwerte mit der Ansaugtemperatur stark zu verändern, Abb. 407. Hingegen wird bei Gebirgsfahrten die dünnere Luft durch die sinkende Temperatur teilweise ausgeglichen, so daß der Leistungsabfall nicht so ausgeprägt ist wie beim Kolbenmotor.

Das Starten ist bei jeder Temperatur ohne Schwierigkeiten möglich. Ein Warmlaufenlassen ist unnötig, man kann daher gleich nach dem Starten losfahren. Die Gasturbine braucht fast kein Schmieröl, und außerdem verschmutzt dieses kaum, weil es nicht mit Verbrennungsrückständen in Berührung kommt.

Kühlwasser ist nicht notwendig, wodurch sämtliche Schwierigkeiten in der kalten Jahreszeit wegfallen.

Anfänglich hat die Ableitung der heißen Auspuffgase Schwierigkeiten bereitet, da keine Wärmeaustauscher angewendet wurden. Wird jedoch die Turbine mit einem wirkungsvollen Wärmeaustauscher versehen, dann verlassen die Abgase das Triebwerk ziemlich kühl, wodurch deren Ableitung wesentlich vereinfacht wird. Es muß jedoch der entsprechende Querschnitt vorgesehen sein, um die Druckverluste so klein als möglich zu halten.

Die Dämpfung der hochfrequenten Ansauggeräusche ist möglich, wie Versuche gezeigt haben. Die Auspuffgeräusche werden durch den Wärmeaustauscher sehr stark herabgemindert. Der Chryslerwagen zum Beispiel ist so leise, daß er im Verkehr gar nicht auffällt. Man hört lediglich ein ganz leises Singen des Kompressors.

Ebenso bereiten heute die rasch laufenden Wellen und Lagerungen sowie die Getriebe keine besonderen Schwierigkeiten mehr.

Im Leistungsgewicht ist die Gasturbine dem Kolbenmotor klar überlegen. Während Dieselmotoren etwa 4 bis 6 kg/PS und Ottomotoren 2 bis 3,5 kg/PS aufweisen, liegt die Gasturbine bei etwa 0,5 bis 1,5 kg/PS. Im Raumbedarf ist sie selbst mit Wärmeaustauscher günstiger als der Kolbenmotor.

Die ersten ausgeführten Versuchsturbinen zeigten noch einen ziemlich hohen Brennstoffverbrauch. In erster Linie ist das darauf zurückzuführen, daß sie ohne Wärmeaustauscher liefen. Auch die Einzelmaschinenwirkungsgrade dieser kleinen Verdichter und Turbinen waren noch nicht ganz auf der Höhe. Fortgesetzte aerodynamische Verbesserungen werden diese Wirkungsgrade im Laufe der Zeit heben. Wie sehr fortgesetzte Entwicklung den Verbrauch einer einfachen Gasturbine ohne Wärmeaustauscher verbessern kann, zeigt das Beispiel von Boeing, Abb. 553. Während 1947 der erste Prototyp 502-1 noch 810 g/PSh aufwies, zeigte die letzte Ausführung 502-10 B 1953 440 g/PSh, und Boeing hofft, 315 g/PSh zu erreichen. Der Wärmeaustauscher wird natürlich an zukünftigen Verbesserungen des Verbrauches den größten Anteil aufweisen. Während heutige Versuchsturbinen ohne Wärmeaustauscher noch etwa den doppelten Verbrauch gegenüber dem Kolbenmotor aufweisen, zeigt die Chryslerturbine mit Regenerativ-Wärmeaustauscher zumindest bei hohen Lasten bereits den gleichen Verbrauch wie der Kolbenmotor. Die Anwendung radialer Maschinen mit verstellbaren Leitapparaten sowie weitere Entwicklungen auf strömungstechnischem Gebiet und beim Regenerativ-Wärmeaustauscher werden es ermöglichen, in allen Lastbereichen niedrigere Verbrauchsziffern als beim Kolbenmotor zu erreichen.

Sehr günstiges Verhalten und vor allem günstigen Verbrauch zeigt auch der Freikolbengaserzeuger, und die jüngsten Versuche mit diesen Antrieben sind sehr vielversprechend.

Die Gasturbine mit ihren wenigen bewegten Teilen stellt in bezug auf Wartung keine großen Ansprüche. Sobald jedoch Gasturbinenfahrzeuge auf den Markt kommen werden, wird die Einführung eines Kundendienst-Systems mit Austauschteilen notwendig sein, da eine Reparatur von Kompressor oder Turbine in einer normalen Reparaturwerkstätte kaum durchgeführt werden kann [*360, 361, 363, 364, 365, 366, 372, 373, 374, 375*].

3. Ausgeführte Automobilgasturbinen

a) Die Centrax-Fahrzeugturbine. Eine der ersten Turbinen für Kraftfahrzeuge war die 160-PS-Maschine der Firma Centrax Power Units, Ltd., England, Abb. 592 und 593. Die Maschine hatte einen achtstufigen Axialkompressor mit einer abschließenden Zentrifugalstufe, der mit 43000 U/min von einer zweistufigen Turbine mit etwa 250 mm Durchmesser angetrieben wurde. Eine einstufige Nutzleistungsturbine lief getrennt und gab über ein Untersetzungsgetriebe ihre Kraft auf die Räder ab. Die Länge des Triebwerkes betrug 1500 mm vom vorne angebrachten Startermotor bis Getriebeende. Der größte Durchmesser war 430 mm, das Gewicht 160 kg.

Abb. 592. Centrax-Fahrzeugturbine

Vor dem Kompressoreinlaß saß eine Gruppe von Luftfiltern mit einer Oberfläche von 0,13 m². Die Kompressorturbine hatte eine Scheibe aus Jessops-G.-18-B-Stahl, die mit zwei Reihen von je 87 Schaufeln aus Nimonic 80 bestückt war. Die Nutzleistungsturbine hatte 76 Schaufeln aus demselben Werkstoff. Das Reduktionsgetriebe am Ende des Triebwerkes untersetzte im Verhältnis 7:1.

Der Brennstoff gelangte mit 27 atü zu den Brennern mit einer Düsenöffnung von 0,25 mm Durchmesser. Flugpetroleum wurde als Brennstoff verwendet. Ein Brennstoffverbrauch von 320 bis 380 g/PSh bei 800° C wurde angegeben. Ein Wärmeaustauscher kam nicht zur Anwendung.

Mit einem Druckverhältnis von 5,93:1, 1,02 kg/sek Luftdurchsatz, 827° C Eintrittstemperatur in die Turbine, Kompressorwirkungsgrad von 77 %, Turbinenwirkungsgrad von 85 % (beide), Brennkammerwirkungsgrad von 98 %, Eintrittsdruckverlust von 70 mm WS, Brennkammerdruckverlust von 4500 mm WS und Auspuffleitungsverlust von 60 % der kinetischen Energie der aus der Turbine austretenden Gase ergaben sich folgende Wirkungsgrade und folgender Brennstoffverbrauch über dem Leistungsbereich:

Leistung PS	Wirkungsgrad %	Brennstoffverbrauch kg/h
10	5	10
20	8	14,5
40	11	22
60	13	29
80	15	35
100	16,5	40
120	17,5	45
140	18	49
160	19	52,5

Wenn man diese Werte mit Fahrleistungskurven eines mittleren Wagens in Einklang bringt, ergibt sich ein Brennstoffverbrauch von etwa 22 l auf 100 km bei einer Geschwindigkeit von 65 km/h. Da die Leistungscharakteristik einer Turbine besser für die Erfordernisse eines Kraftfahrzeuges paßt, ist sie bei Teillasten wirtschaftlicher als ein Kolbenmotor, obwohl dieser bei Vollast in dieser Hinsicht überlegen ist. Mit einem speziell auf Turbinenantrieb zugeschnittenen Wagen dürfte im Endeffekt ein Brennstoffverbrauch von etwa 18,5 l pro 100 km mit dieser Turbine erreichbar sein.

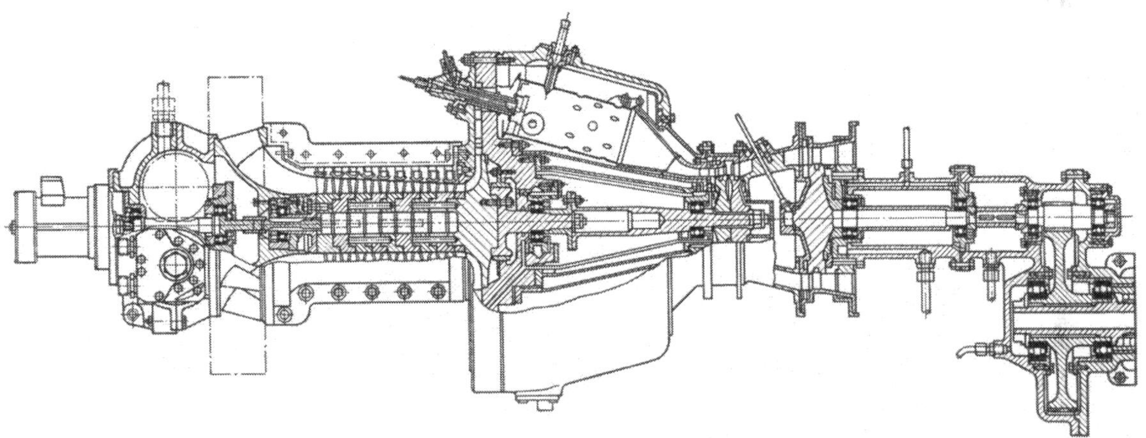

Abb. 593. Schnitt durch die erste Centrax-Fahrzeugturbine

Wieweit die oben angeführten errechneten Wirkungsgrade wirklich erreicht wurden, ist nicht bekannt. In einem Kraftfahrzeug kam diese Turbine nicht zur Erprobung. Ihre Konstruktion ist auch viel zu teuer und kompliziert gewesen.

Heute arbeitet Centrax an einem neuen Projekt mit Leitschaufelregelung, s. Abb. 413 und Beschreibung S. 419.

b) Die Rover-Fahrzeugturbinen. Rover war sicher eine der ersten Firmen, die sich mit Fahrzeugturbinen befaßte. Die erste Versuchsturbine von 100 PS wurde jedoch nach langen Probeläufen zugunsten einer stärkeren Type zurückgestellt. Sicher hat sie aber die Grundlage zur Kleinturbine 1-S/60, Abb. 555, und zur neuesten Kraftfahrzeugturbine Type 2-S/100 abgegeben.

Diese kleine Turbine, deren Nutzleistungsturbine einen Durchmesser von nur 127 mm hatte, drehte 55000 U/min normal und wurde bei den Versuchen bis 70000 U/min überdreht. Interessant ist, daß schon damals Rover die Turbinenscheibe mit den Schaufeln

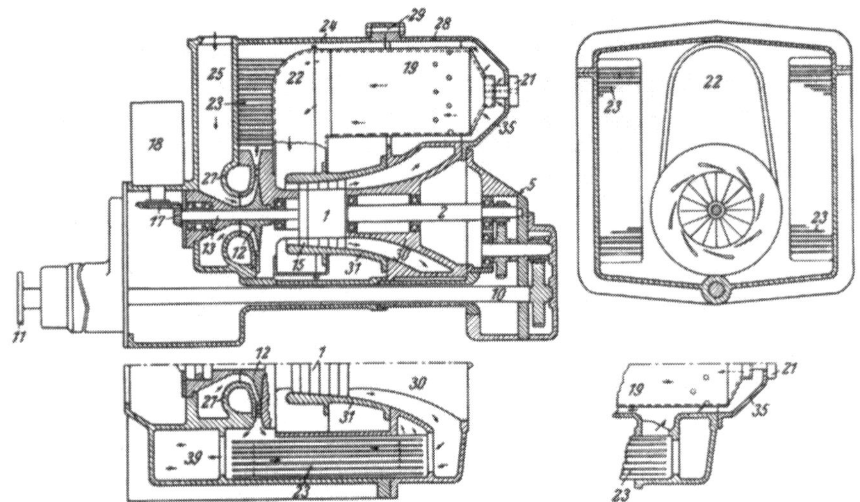

Abb. 594. Erste Rover-Kraftfahrzeugturbine mit 100 PS (Patentzeichnung)

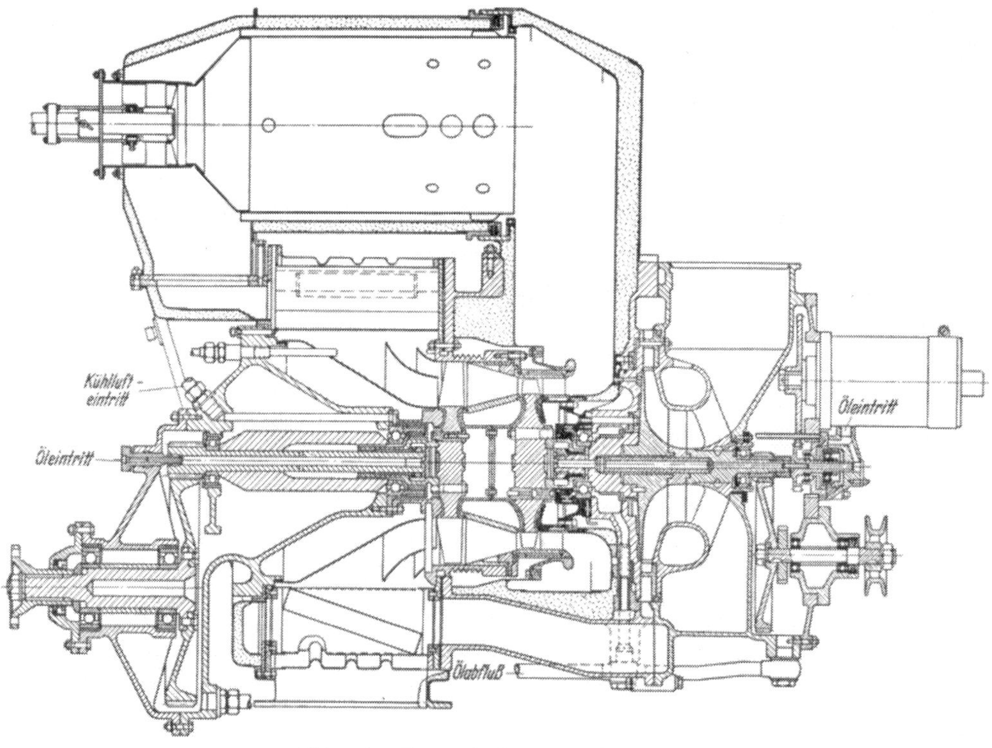

Abb. 595. Rover-Fahrzeugturbine T 8

aus einem Stück fertigte. Das Triebwerk war auch bereits mit einem Wärmeaustauscher ausgestattet. Eine Einzelbrennkammer kam zur Anwendung.

Die Details gehen gut aus den Patentzeichnungen hervor, Abb. 594.

Die ganze Maschine ist in einem Gehäuse untergebracht. Wärmeaustauscher und Brennkammer sind geschickt um die Maschinen gruppiert. Der einstufige Radiallader mit seiner einstufigen Turbine sowie die mehrstufige Nutzleistungsturbine sitzen hintereinander. Alle Kanäle und Leitungen sind ins Gehäuse eingegossen. Im rückwärtigen Gehäuseteil *24* befindet sich der Lufteinlaß *25*, durch den die Luft zum Kompressor *12* gelangt, der über die Welle *13* von der Turbine *15* angetrieben wird. Ein Startermotor *18* ist über

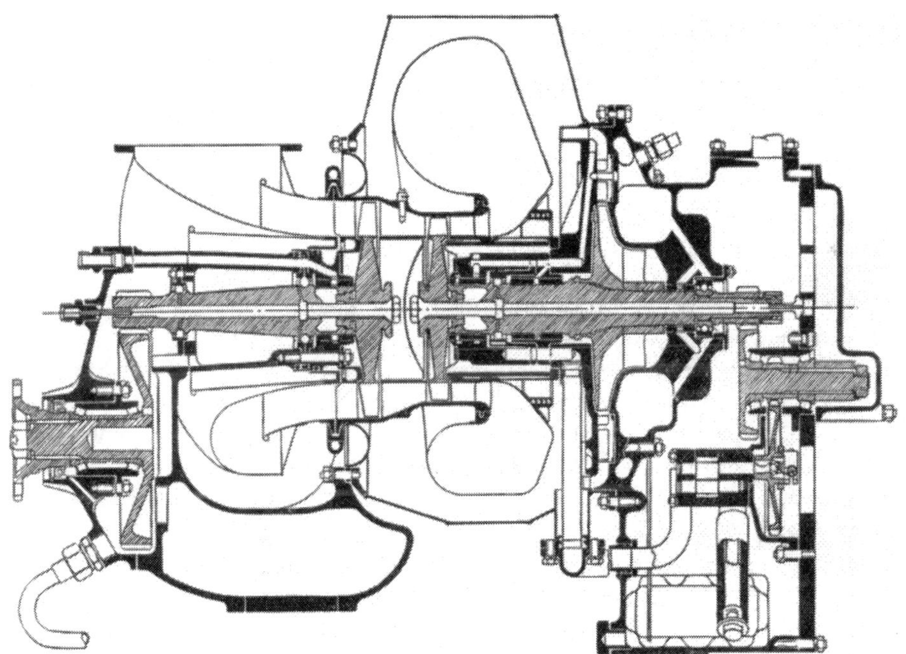

Abb. 596. Ansicht und Schnitt der Rover-Fahrzeugturbine 2 S/100

Kegelräder mit der Kompressorwelle verbunden. Nach dem Kompressor strömt die Luft über die zwei Wärmeaustauscherelemente *23* zu einer Brennkammer, die aus einem zylindrischen Teil *19*, einem Brenner *21* und einem Kanal *22* zur Turbine besteht. Das Gas nach den zwei Turbinen geht über den Wärmeaustauscher und durch Kanäle *39* ins Freie. Die Nutzleistungsturbine *1* auf der Welle *2* treibt über Zahnräder die Antriebswelle *10*, die unter den Turbinen hindurch nach rückwärts läuft. Das rückwärtige Gehäuse *24* mit dem Lufteinlaß trägt auch gleich das Kompressorgehäuse *27*, während das vordere Gehäuseteil

28 mit Schrauben *29* mit dem rückwärtigen verbunden ist und den Lagerträger *30* für die Turbinen enthält. Das Turbinengehäuse *31* ist an diesen angeflanscht.

Die Gasturbine wiegt 215 kg, 90 kg leichter als eine entsprechende Kolbenmaschine, und paßt genau in das Sechszylinderchassis dieser Firma. Die übrigen Abmessungen dieses Triebwerkes sind: 920 mm Länge, 460 mm Breite, 510 mm Höhe. Von der Leerlaufdrehzahl von 6000 U/min (Kompressorsatz) beschleunigt die Maschine in wenigen Sekunden auf 55000 U/min.

Wie schon gesagt, wurde diese Turbine zugunsten der stärkeren Type T 8, Abb. 595, zurückgestellt.

Auch die neuere Type, deren Daten aus Tab. 91 hervorgehen, zeigte wieder die Zusammenfassung aller Teile zu einer einheitlichen, leicht einbaubaren Maschine. Der Wärmeaustauscher sollte, wie in der Zeichnung dargestellt, um den Turbinenauslaß herum angeordnet werden, war dann aber bei den Probefahrten weggelassen worden. Diese Turbine war es auch, mit der Rover die ersten Weltrekorde für Gasturbinenfahrzeuge aufstellte.

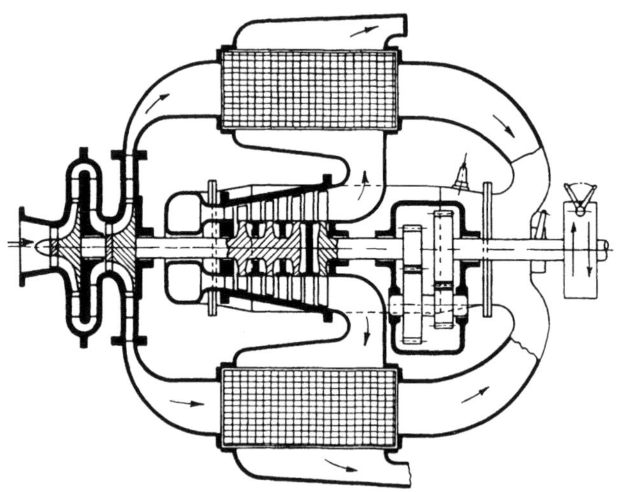
Abb. 597 *a*. Schema der 120-PS-Austin-Fahrzeugturbine

Die Turbine wurde mittels eines 12-Volt-Elektromotors angelassen. Bei 3000 U/min am Kompressor erfolgte die Zündung, wobei aber der Anlasser das Aggregat noch bis zur Selbstfahrdrehzahl von 10000 U/min begleitete. Das Fahrzeug ließ sich in etwa 14 Sekunden aus dem Stillstand auf 100 km/h beschleunigen. Die Luftzuführung zur im Heck angeordneten Turbine erfolgte durch seitlich liegende Schlitze. Die Abgase wurden nach oben ausgeblasen.

Im Herbst 1956 überraschte Rover bei der Londoner Automobilausstellung mit einem neuen Gasturbinenwagentyp, mit der Bezeichnung T 3. Es war ein zweisitziger Salon mit einer Plastikkarosserie und Vierradantrieb. Die Turbine Type 2 S/100 hat ähnlichen Aufbau wie die Type T 8, ist aber direkt von der Industriekleinturbine 1 S/60, Abb. 555, abgeleitet. Nähere Daten gehen wieder aus Tab. 91 hervor. Erstmals ist diese Turbine auch im Wagen mit Wärmeaustauscher ausgerüstet. Es soll eine besondere Bauart eines Plattenwärmeaustauschers sein. Er steht oben auf der Maschine, die Brennkammer ist seitlich etwas schräg angebracht.

Abb. 596 zeigt einen Schnitt durch eine ältere Ausführung, die noch ohne Wärmeaustauscher lief. Die konstruktiven Details sind aber dieselben.

Dieser Wagen zeigt eine Beschleunigungszeit von 10,5 Sekunden auf 100 km/h bei stehendem Start. Der Brennstoffverbrauch ist noch hoch, doch ist man sehr zuversichtlich, ihn weiter zu senken.

Wie bei allen anderen Roverturbinen, so sind auch bei dieser die Turbinenräder aus dem vollen gearbeitet.

c) Die Austin-Turbine. Austin befaßte sich seit 1949 mit der Konstruktion von Automobilgasturbinen, und seit 1954 laufen Straßenversuche mit einem Sheerline-Salon. Der Aufbau der 120-PS-Austin-Turbine, Abb. 597 a und b, muß noch eher als kompliziert bezeichnet werden. Auf der anderen Seite stellt sie einen ersten Versuch dar, und die weitere Entwicklung wird sicher noch zu anderen Bauformen führen [*367*].

Immerhin ist es heute schon möglich, auch höhere Druckverhältnisse als 4 einstufig zu erzielen und dabei noch höhere Wirkungsgrade zu erreichen. Der Austin-Kompressor

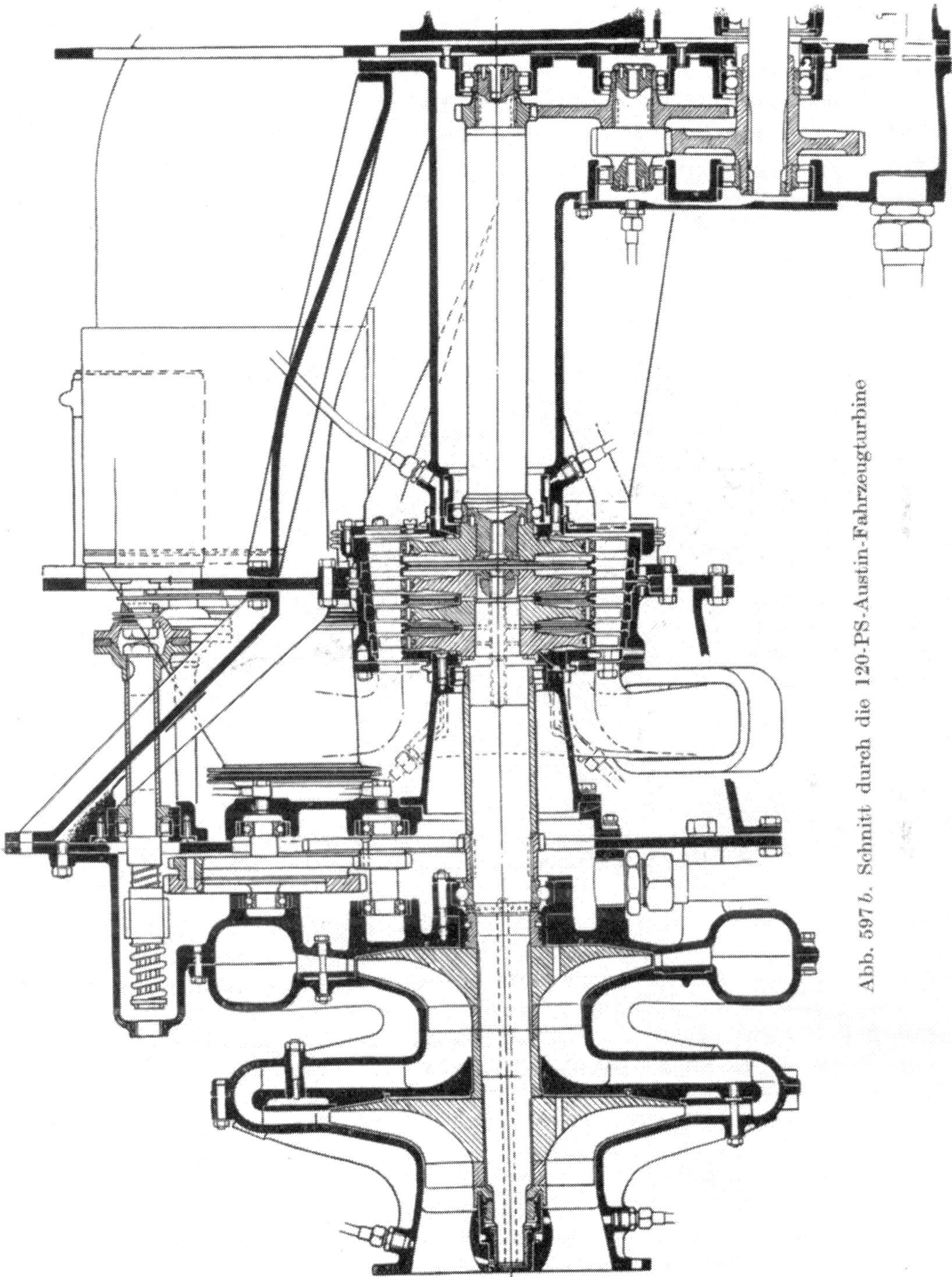

Abb. 597 *b*. Schnitt durch die 120-PS-Austin-Fahrzeugturbine

hat einen Wirkungsgrad von 75 %. Infolge der mehrstufigen Turbine konnte das gleiche Laufschaufelprofil für alle Stufen genommen werden. Auch die Befestigung der Leitschaufeln mittels einfacher Bolzen war wegen der geringen Belastung infolge der hohen Stufenzahl möglich. Das Schaufelmaterial ist Nimonic-Stahl. Ebenso sind die Scheiben der Kompressorturbine aus Nimonic-Stahl (Nimonic 90 für die erste Scheibe und 80 A für die beiden anderen). Die Statorschaufeln sind ebenfalls im Profil gleich und unverwunden und aus Jessops R 22 im Präzisionsgußverfahren hergestellt.

Der Wärmeaustauscher besteht aus zwei Einheiten von Kreuzstromelementen in Plattenbauart. Der Rückgewinnungsgrad ist etwa 0,65 und damit für besten Brennstoffverbrauch zu niedrig.

Eine Lucas-Brennkammer ist vorgesehen. Die technischen Daten gehen aus Tab. 91 hervor. Es ist sicher, daß auch Austin den Gasturbinenantrieb weiter entwickelt.

d) Die Parsons-Panzerturbine. Das erste Panzerfahrzeug mit Gasturbinenantrieb wurde in England vorgeführt. Die von Parsons & Co. entwickelte Gasturbine von 1000 PS Leistung ist im Heck des Gleiskettenfahrzeuges eingebaut, das eine Geschwindigkeit von 29 km/h erreicht. Der Lufteintritt zum einstufigen Radialkompressor mit einem

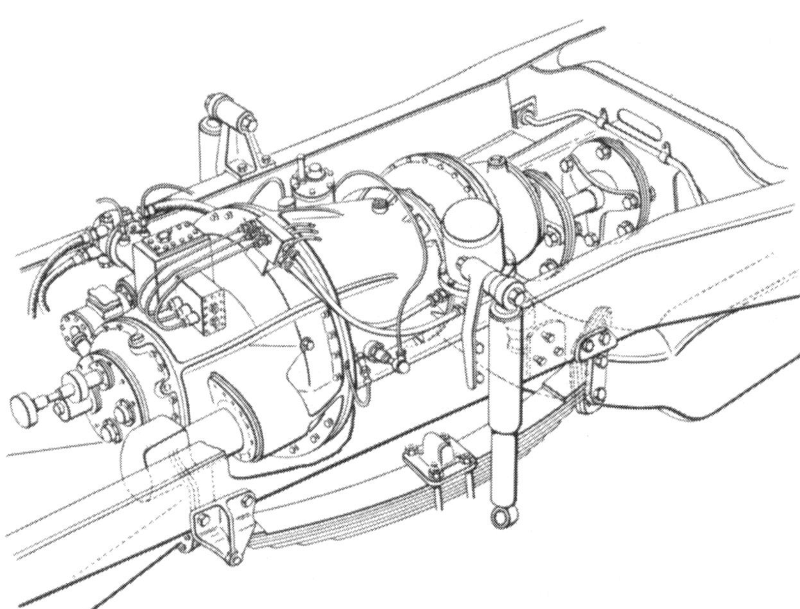

Abb. 598. Laffly-Gasturbine im Lastwagen-Fahrgestell

Druckverhältnis von 4 befindet sich im Heck des Fahrzeuges; der Verdichter, dem eine Zwillingsbrennkammer nachgeschaltet ist, wird von einer einstufigen Axialturbine mit einer Drehzahl von 17500 U/min angetrieben, wobei die maximale Frischgastemperatur 800° C beträgt. Hinter dem Gaserzeuger befindet sich eine mechanisch davon unabhängige, zweistufige Arbeitsturbine mit einer Höchstdrehzahl von 9850 U/min. In einem anschließenden Untersetzungsgetriebe wird die Drehzahl der Arbeitsturbine von 9850 auf 2800 U/min reduziert. Der höchste thermische (wirtschaftliche) Wirkungsgrad liegt bei etwa 16 %.

Interessant ist eine Kupplung, die zwischen den beiden Turbinen angebracht ist und die die Aufgabe hat, die zwei Gasturbinenwellen auf Wunsch des Fahrers zusammenzukuppeln. Dadurch wird die Maschine zeitweise eine Einwellenmaschine und die Arbeitsturbine vor einem Überdrehen während des Gangwechsels geschützt. Ebenso kann dadurch der Kompressor zur Bremsung des Fahrzeuges herangezogen werden. Es ist wohl die erste Anordnung, bei der der Gaserzeuger unmittelbar zum Bremsen eines Fahrzeuges verwendet wird. Grundsätzlich ist die Bremsleistung des Gaserzeugers größer als die erreichbare Nutzleistung bei gleicher Drehzahl des Gaserzeugers, wobei selbstverständlich das Bremsmoment durch Kraftstoffzufuhr vermindert und somit geregelt werden kann. Allerdings fällt das Bremsmoment mit abnehmender Drehzahl des Gaserzeugers sehr schnell ab, und zwar mindestens mit dem Quadrat der Drehzahl. Ein zweistufiger Axial-Luftverdichter dient zur Kühlung der Turbine und des Getriebeöls. Zur Schalldämpfung sind mehrere Plattendämpfer vor dem Zyklon-Luftreiniger angebracht. Bei dieser Anlage ist ein Regenerativ-Wärmeaustauscher vorgesehen, der noch in der Entwicklung ist.

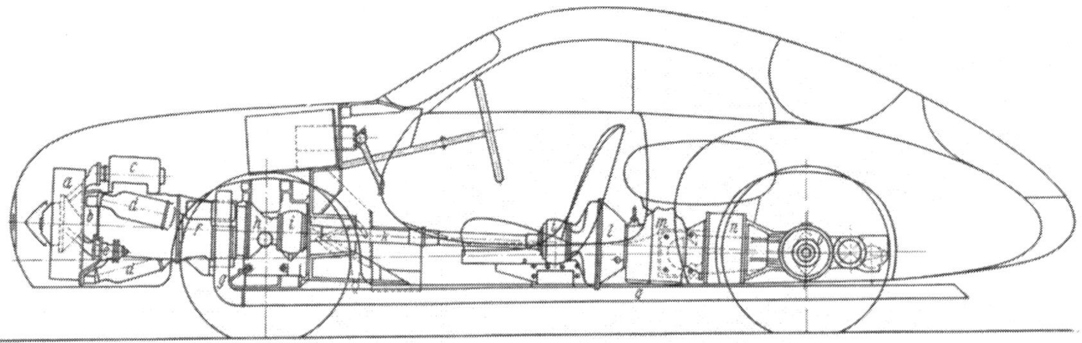

Abb. 599. Französischer Gasturbinenwagen Grégoire-Hotchkiss

a Lufteinlaß
b Radialverdichter
c Anlasser-Lichtmaschine
d Brennkammern
e Kraftstoffpumpe
f Turbinen
g Auspuffleitung
h Untersetzungsgetriebe
i Kardanische Kupplungen
k Kardanwelle
l Reibungskupplung
m Elektromagnetisches Schaltgetriebe (Cotal)
n Elektromagnetische Bremse (Telma)
o Hinterachse

e) Französische Gasturbinenfahrzeuge. Neben Turboméca, die mit Renault zusammen Versuche durchführen (es kommt dafür vorläufig die Type Turmo I mit 270 PS zur Verwendung, deren Gaserzeugerteil der Type Artouste, Abb. 554, entspricht), wurde schon 1951 am Pariser Salon ein Kraftwagen der Firma Laffly mit Gasturbine gezeigt, Abb. 598, deren technische Daten aus Tab. 91 ersichtlich sind. Leider hat man über diese Entwicklung nichts mehr gehört. Am Pariser Salon 1952 stellte Gregoire-Hotchkiss einen Personenkraftwagen mit einer Socema-Gasturbine aus, Abb. 599, deren technische Daten ebenfalls wieder in Tab. 91 wiedergegeben sind. Zum Ausgleich der mangelnden Motoreigenbremsung war noch eine elektromechanische Telma-Bremse vorgesehen. Auch über diese Entwicklung ist nichts mehr weiter bekannt geworden.

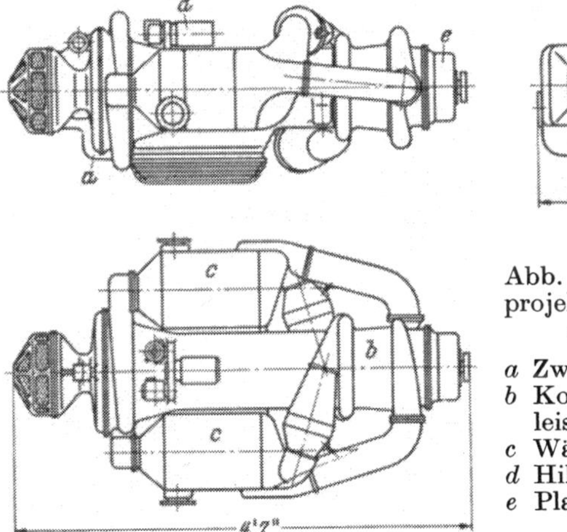

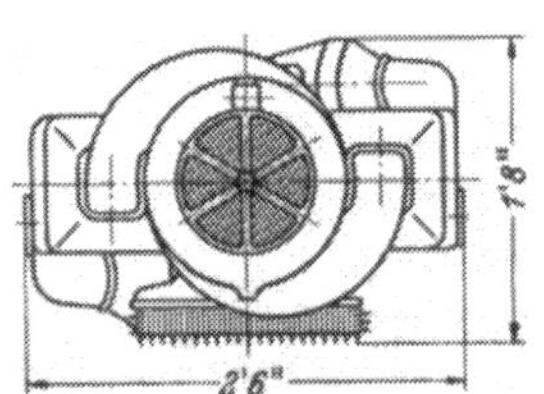

Abb. 600. Gasturbinenprojekt der CETA für einen Autobus

a Zweistufiger Verdichter
b Kompressor- und Nutzleistungsturbine
c Wärmeaustauscher
d Hilfsgeräte
e Planetengetriebe

f) Ein spanisches Projekt. Die in Spanien entworfene CETA-Turbine zeigt Abb. 600. Sie enthält einen zweistufigen Radialverdichter, zwei Wärmeaustauscher und zwei Brennkammern. Sie stellt somit ein Projekt dar, das bezüglich des Kraftstoffverbrauches zweifellos sehr günstig liegen würde. Die gegenseitige Anordnung der einzelnen Baugruppen ist übersichtlich und wohl durchdacht, so daß die Gasturbine eine kompakte Einheit bildet. Der Einbau dieser Gasturbine war im Heck eines Omnibusses gedacht. Luftansaugöffnung und Abgasaustritt sollten sich auf dem Wagendach befinden. Auch hierüber hat man nichts mehr gehört.

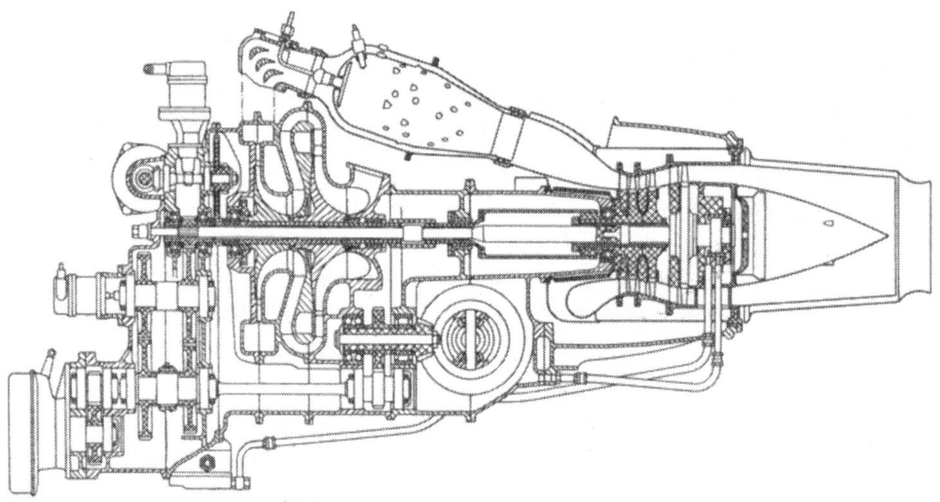

Abb. 601*a* und *b*. Ansicht und Schnitt der Fiat-Fahrzeugturbine

g) Der Fiat-Gasturbinenwagen. Auch Fiat befaßt sich seit 1948 mit der Fahrzeugturbine. Die erste Maschine, die anfangs 200, später aber 290 PS leistete, ist in Abb. 601a, b gezeigt. Die technischen Daten sind in Tab. 91 enthalten. Der Aufbau dieser Erstlingsturbine ist auch wieder kompliziert und teuer, doch sind damit sicher sehr viele Erfahrungen gesammelt worden, die bei den nächsten Versuchstypen verwertet werden können. Sehr interessant ist die eigenartige Anordnung von drei Brennkammern, wobei es zweifelhaft ist, ob diese so gleichmäßig arbeiten, wie dies wünschenswert ist. Sicherer und billigerer ist zweifellos eine Brennkammer. Auch der Aufbau der Turbine ist wegen der Stufenzahl und wegen der mit Tannenbaumfuß eingesetzten Schaufeln als aufwendig zu bezeichnen [*370*].

Am weitesten fortgeschritten sind heute die großen amerikanischen Konzerne mit der Kraftfahrzeugturbine.

h) Versuche mit der Boeing-Kleinturbine. Die Boeing-Turbine 502-2, deren innerer Aufbau aus Abb. 602 deutlich hervorgeht, und deren letzte Form bereits in Abb. 552 gezeigt wurde, hat ausgedehnte Fahrten mit einem 31-t-Sattelschlepper absolviert. Diese Type hatte noch eine Leistung von 175 PS und war in diesem schweren Fahrzeug statt des normal verwendeten Dieselmotors von 180 PS eingebaut und wog nur 44 % desselben. Dieses schwere, normal mit 12 Gängen ausgestattete Fahrzeug zeigte mit Gasturbine und sieben Gängen ein ausgezeichnetes Verhalten. Lediglich der Brennstoffverbrauch war anfangs 250 l/100 km statt der erwarteten 190 l/100 km. Die Differenz entstand durch hohen Verlust in der ungünstig verlegten Auspuffleitung. Boeing hofft mit der Gasturbine auf 130 l/100 km zu kommen. Der Diesel verbraucht normal 95 l/100 km. Als Brennstoff kommt Dieselöl und auch leichtes Heizöl zur Anwendung. Später hofft man auch auf billigere Brennstoffe übergehen zu können. Das Fahren mit dem Gasturbinenlastwagen ist sehr angenehm und vollkommen vibrationslos. Auch die Geräuschbelästigung ist geringer als beim Diesel. Boeing ist der Ansicht, daß der Gasturbinenlastwagen in bezug auf Geräuschentwicklung PKW-Standard erreichen kann.

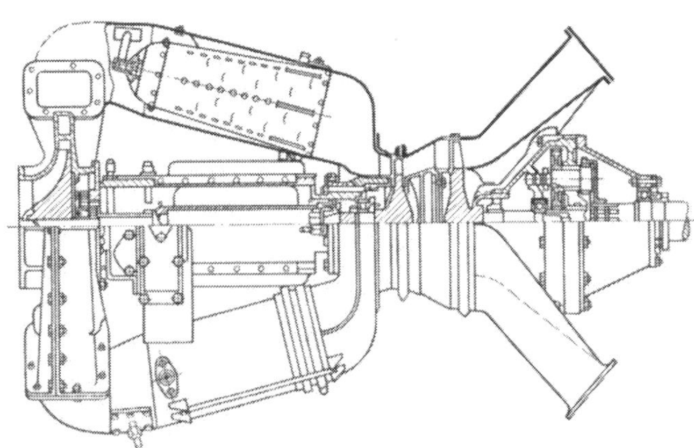

Abb. 602. 175-PS-Boeing-Gasturbine 502-2

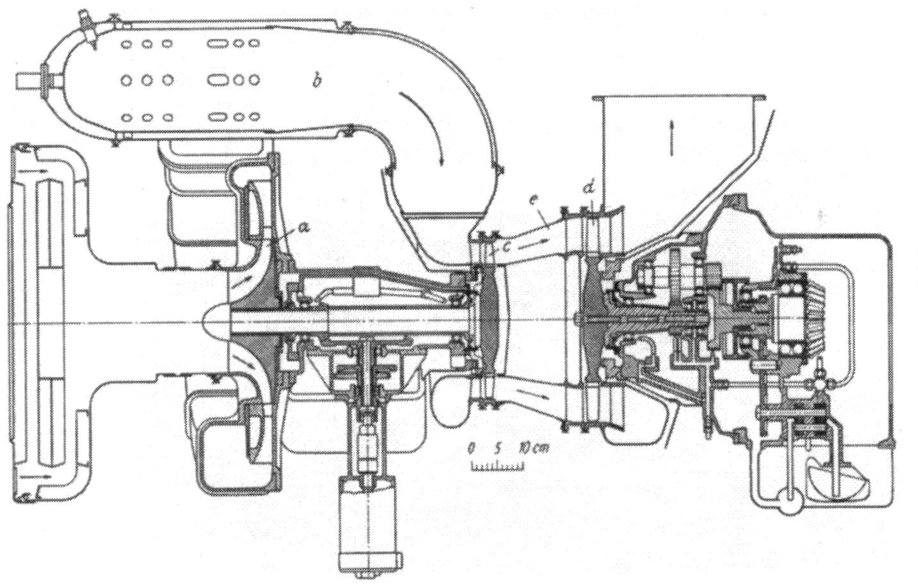

Abb. 603. General-Motors-Fahrzeugturbine GT 300

a Kompressor
b Brennkammer
c Kompressorturbine
d Nutzleistungsturbine
e Verbindungsstück

i) Die Ford-Turbine. Ford entwickelte seit längerer Zeit eine Automobilgasturbine mit Regenerativ-Wärmeaustauscher. Der Wärmeaustauscher wurde bereits eingehend beschrieben und gezeigt, s. Abb. 291 bis 295. Obwohl bereits Straßenversuche im Gange sind, hat man noch keine näheren Daten über diese sicherlich interessante Turbine erfahren können.

Bekannt ist lediglich, daß das Gaserzeugeraggregat aus einer Radialkompressorstufe (Druckverhältnis etwa 1:4) und einer Radialturbinenstufe besteht. Die Radialturbine ist mit Leitschaufelregelung ausgestattet, wodurch sich gute Teillastwirkungsgrade und ausgezeichnetes Beschleunigungsvermögen ergeben müßten. Die Nutzleistungsturbine ist eine einstufige Radialturbine. Die veröffentlichten Wirkungsgrade des Kompressors von 80 %, der Turbine von 85 %, sowie der Wärmeaustauscher-Rückgewinnungsgrad

Abb. 604*a*. Gasturbinenautobus von General Motors

a Brennkammer
b Verdichter
c Kompressor- und Walzleistungsturbine
d Abgasstutzen
e Getriebe

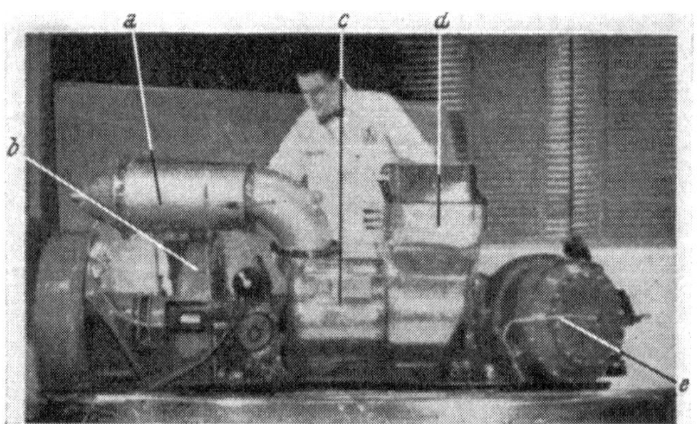

Abb. 604*b*. Das eingebaute GT 300-Aggregat

von etwa 80 %, s. Abb. 295, sind schon sehr gut. Im Zusammenhang mit der Eintrittstemperatur von 815° C und dem Druckverhältnis von 4 sind thermische Wirkungsgrade von 25 bis 30 % zu erwarten.

Ford hat inzwischen eine 300-PS-Turbine mit außerordentlich interessantem Aufbau bekanntgegeben, die unter allen Betriebsbedingungen einen niedrigeren Brennstoffverbrauch aufweist als ein normaler Ottomotor. Der Vollastverbrauch stimmt mit der letzten Turbine von GM überein, aber im Teillastgebiet ist die neue Fordturbine weit überlegen.

Das Geheimnis ist eine zweistufige Bauart gemäß Schaltung *4 D*, Abb. 11, mit einem

Verdichtungsverhältnis von 16. Es ist ein großer Schritt vorwärts, daß es Ford gelungen ist, mit zwei einzelnen Radialstufen bei gutem Wirkungsgrad ein Verdichtungsverhältnis von 16 zu erreichen. Der verhältnismäßig große ND-Radialkompressor mit seiner einstufigen Radialturbine rotiert mit 46500 U/min bei Vollast. Die Luft erwärmt sich dabei auf 232° C, wenn man 38° C am Eintritt annimmt. Hernach geht die Luft durch einen Luft-Luft-Zwischenkühler, in dem sie auf 104° C heruntergekühlt wird. Das Kühlgebläse wird dabei vom ND-Satz mit 19000 U/min angetrieben.

Das Hochdruckaggregat, das aus einer Radialverdichterstufe mit einer Radialturbinenstufe Rücken an Rücken besteht, rotiert mit 91500 U/min und ergibt ein Druckverhältnis von etwa 4. Die Luft kommt aus dem HD-Kompressor mit etwa 330° C, geht von hier durch den Plattenaustauscher, der aus zwei seitlich links und rechts liegenden Teilen besteht und wird in diesen auf 538° C Temperatur gebracht. In der Hochdruckbrennkammer wird dann die Endtemperatur von 926° C erreicht. Die ND-Brennkammer

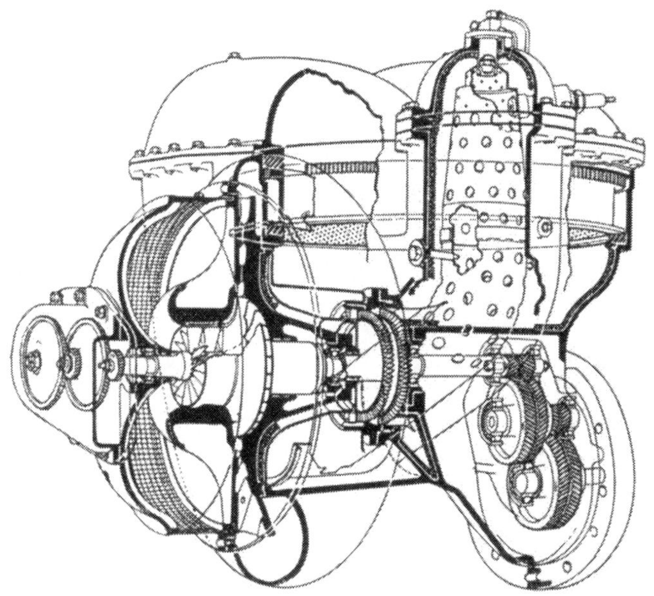

Abb. 605*a*. Die Chrysler-Fahrzeugturbine im Schnitt

erhitzt das Gas ebenfalls wieder auf 926° C. Nach der ND-Brennkammer geht die Luft durch die einstufige axiale Mitteldruck-Nutzleistungsturbine und anschließend durch die einstufige ND-Turbine und durch den Wärmeaustauscher ins Freie. Die Temperatur nach dem Wärmeaustauscher beträgt 393° C.

Während der Brennstoffverbrauch der Ford- und der GM-Turbine bei Vollast etwa 249 g/PSh beträgt, steigt bei der GM-Turbine der Halblastverbrauch auf 340 g/PSh, während bei der Ford-Turbine dieser auf 217 g/PSh fällt. Bei $^1/_4$ Last ist die GM-Turbine auf 453 g/PSh und die Ford-Turbine auf 263 g/PSh.

Die Ford-Turbine weist allerdings durch den gewählten Kreislauf einige zusätzliche komplizierte Bauteile auf wie Zwischenkühler mit Gebläse und Hochdrucksatz. Die Anordnung ist jedoch sehr gut ausgedacht und die Maschine ist sehr kompakt. Das Hauptaggregat bildet der Niederdrucksatz mit anschließender Mitteldruck-Nutzleistungsturbine und Getriebe und den seitlich liegenden Plattenwärmeaustauschern. Darüber liegt vorne der Zwischenkühler mit Gebläse, dessen Welle senkrecht steht und über Kegelräder vom ND-Satz angetrieben wird. Ebenfalls über dem ND-Satz liegt der HD-Satz und hinten anschließend HD- und ND-Brennkammer.

j) General-Motors-Entwicklungen. General Motors befaßt sich ebenfalls schon lange mit der Fahrzeuggasturbine. Während das erste Baumuster GT 300 mit 325 PS in einem Autobus erprobt wurde, kam das abgewandelte Baumuster GT 302 im Firebird-I-Rennwagen zum Einbau [*361*].

Der Unterschied zwischen beiden Turbinen bestand nur in der Anordnung des Getriebes und in der Brennkammerzahl. Die Type GT 300 hatte eine Brennkammer, GT 302 jedoch zwei. Scheinbar war auch der Durchsatz verschieden, da das letztgenannte Muster 375 PS abgab. Nähere Daten finden sich in Tab. 91.

Der Aufbau dieser Erstlingsturbine von General Motors, die noch ohne Wärmeaustauscher arbeitete und daher im Wirkungsgrad schlecht war, geht aus Abb. 603 deutlich hervor. Abb. 604 zeigt den Autobus.

Abb. 605*b*. Die Chrysler-Fahrzeugturbine. Ansicht von vorne

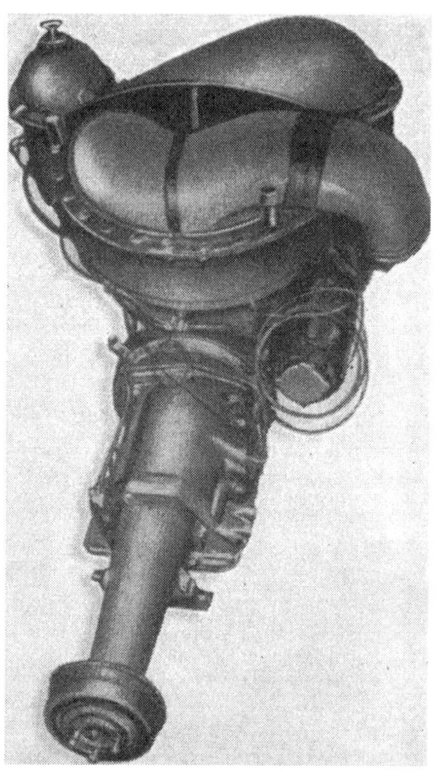

Abb. 605*c*. Die Chrysler-Fahrzeugturbine. Ansicht von rückwärts

Diese Versuche ergaben bereits Aufschluß über das außerordentlich gute Fahrverhalten der Gasturbine, und so wurde eine Folgetype GT 304, Abb. 290, mit 200 PS entwickelt und im Firebird II eingebaut. Dieser Wagen ist ein Personenwagen, der mehr oder weniger als Zukunftswagen zu werten ist [*362*].

Diese Turbine hat bereits einen Regenerativ-Wärmeaustauscher, der aus zwei rotierenden Trommeln besteht, die seitlich an die Maschine angebaut sind. Der Gaserzeuger weist wieder einen einstufigen Radialverdichter und eine einstufige Axialturbine auf. Auch die Nutzleistungsturbine ist einstufig. Die Brennkammern sind quer zur Maschine angeordnet, und zwar je zwei auf jeder Seite innerhalb des Wärmeaustauschers. Daß diese vier Brennkammern ideal sind, muß angezweifelt werden. Der Aufbau der Maschine ist sehr kompakt, aber infolge der zwei Wärmeaustauscher und vier Brennkammern auch teuer und etwas wenig zugänglich.

Trotz des Regenerativ-Wärmeaustauschers ist der Brennstoffverbrauch noch etwas hoch gewesen. Es wäre möglich, daß durch die Aufteilung des Wärmeaustauschers auf zwei Elemente die Leckverluste zu groß wurden. Möglicherweise waren auch die Kompressor- und Turbinenwirkungsgrade noch nicht ganz auf der Höhe.

Inzwischen kam der Firebird III mit der Gasturbine GT 305 zur Erprobung. Bei dieser Turbine, die grundsätzlich den gleichen Aufbau wie GT 304 zeigt, konnte der Brennstoffverbrauch bedeutend verbessert werden. Die Zahl der Brennkammern wurde auf zwei reduziert. Die Einzelmaschinenwirkungsgrade sowie der Regenerativwärmeaustauscher konnten stark verbessert werden. Technische Daten gehen aus Tabelle 91 hervor.

k) Die Chrysler-Fahrzeugturbine. Die sicher am weitesten fortgeschrittene Turbine ist heute die der Chrysler Motor Corp. Sie ist einfach und kompakt im Aufbau und weist ein Minimum an Teilen auf. Man kann die Anordnung der einzelnen Bauelemente gut in Abb. 605a erkennen. Die glatte und klare äußere Linie bringt Abb. 605b und c zum Ausdruck. Eine Blechverkleidung über dem Wärmeaustauscher- und Brennkammerdeckel mit einer Kühllufthutze bringt bei der letzten Ausführung eine noch glattere Linie in der äußeren Form dieser schönen Turbine. Tab. 91 gibt weitere technische Daten [*368, 369*].

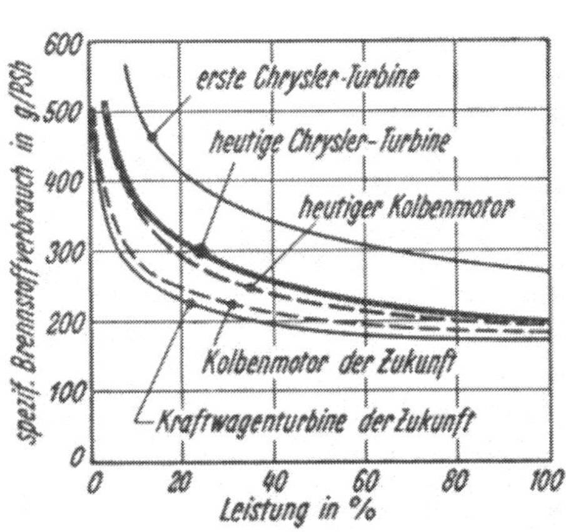

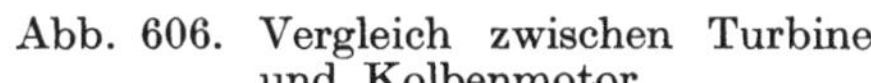

Abb. 606. Vergleich zwischen Turbine und Kolbenmotor

Abb. 607. Die Chrysler-Fahrzeugturbine, eingebaut in einem Plymouth

Wie man in Abb. 605a deutlich sieht, liegt oben die Scheibe des rotierenden Wärmeaustauschers von 458 mm Durchmesser und 76 mm Höhe mit senkrechter Achse; sie wird am außenliegenden Zahnkranz durch ein Ritzel langsam angetrieben. Der thermische Ausnutzungsgrad beträgt 83 % bei Vollast und 87 % bei Viertellast; neuere Ausführungen sollen um 3 % höhere Werte aufweisen. Die radial angesaugte Luft wird durch ein Radialrad verdichtet (Druckverhältnis 4,25 bei einer Drehzahl von 51000 U/min und einem adiabatischen Wirkungsgrad von 78 %), tritt dann aus dem Spiralgehäuse von oben durch einen Teil des Wärmeaustauschers in die seitlich senkrechte Gegenstrom-Brennkammer ein und verläßt nach Durchlaufen der beiden Turbinen und des anderen Wärmeaustauscherteiles (von unten nach oben) durch die Auspuffleitung das Gerät. Die Brennkammer üblicher Bauart enthält einen Brenner und eine Zündkerze.

Ungewöhnlich ist die Bauart des Verdichters. Das Radialrad mit vollständiger Deckscheibe ist aus Aluminium gegossen. Vor ihm liegen zwei axiale Schaufelreihen als Drallerzeuger, die lose auf der Welle in Keilnuten geführt sind, aber außen durch einen Stahl-Deckring gehalten werden, der seinerseits auf der Deckscheibe des Radialrades aufgeschrumpft ist.

Ebenfalls ungewöhnlich ist die Bauart der Turbine. Um die Kosten zu senken, werden alle 53 Schaufeln zusammen als Ring gegossen, so daß außer der Entfernung der Steigeransätze keine mechanische Bearbeitung notwendig ist. Dieser Ring wird dann auf eine Scheibe aus niedriglegiertem Stahl aufgeschweißt, überdreht und ausgewuchtet. Da mit großen Stückzahlen gerechnet wurde, sind möglichst leicht beschaffbare Werkstoffe vorgesehen, und man glaubt auf Grund von Versuchen, daß Werkstoffe mit geringem Gehalt an Nickel und ohne jeglichen Zusatz von Kobalt vollauf genügen werden.

Tabelle 91. *Daten der bisher bekannten Fahrzeuggasturbinen*

Hersteller-Firma	Type	Leistung PS	Bauart[1]	Temperatur °C	spezifischer Verbrauch g/PSh	Druck-verhältnis	Durchsatz kg/sek	Gewicht kg	Drehzahl Gaserzeuger-satz U/min	Drehzahl Nutzleistungs-turbine U/min	Wärmeaus-tauscher	Länge Breite Höhe mm
Austin		120	2R—3A, 1A	800		4,0	1,36		22000	23000	Kreuzstrom Platten $\eta_R = 0{,}65$	
Boeing	502—10	240	1R—1A, 1A	815	475	4,5	1,5	127	36000	24000	nein	950
Centrax	1. Versuchs-turbine	160	8A 1R—2A, 1A	827	317	5,93	0,98	113	43000	35000	nein	1500 × 450 ⌀
Centrax	Neues Projekt		1R—1R, 1R verstellb. Leitap.								ja Regenerativ	
CETA		170	2R—1A, 1A	800	313	4,35	1,45	120	29000	24700	ja 50 %	1397 759 508
Chrysler		120	1R—1A, 1A	900	195	4,25			50000		ja Regenerativ	810 840 710
Fiat	8001	290	2R—2A, 1A	800	396	7		260[2]	30500	29000	nein	
Ford	702	160	1R—1R, 1R verstellb. Leitap.	815		4					ja Regenerativ	
Ford	704	300	*4D*, Abb. 11	926	250 1/1 Last 217 1/2 Last 263 1/4 Last	16	1,22	295	46500 ND 91500 HD	36000	Kreuzstrom-platten	965 736 711
Ford	519	50	Freikolbengas-erzeuger mit Radialturbine	520	204 g/Gas PS	4,2		510	2400 Hübe/min	43000		1730[3] — 1020
General Motors	GT 300 GT 302	325 370	1R—1A, 1A	816		3,5		350[2]	26000	12000	nein	1700

General Motors	GT 304	200	1 R—1 A, 1 A	900	348			385	35000	28000	ja Reg. 80 %	
General Motors	GT 305	225	1 R—1 A, 1 A	900	248				33000	24000	ja Regenerativ	
General Motors	GMR 4—4	250 Gas-PS	Doppelfreikolben-gaserzeuger mit 5stufiger Turbine	~480	204 g/Gas PS 292 g/PS[2]				2400 Hübe/min			1020[3] 865 456
Laffly		180—200	2R—1A, 1A	800	408			104	30000	24000	nein	
Parsons		1000	1R—1A, 2A	800	$\eta = 16\,\%$	4			17500	9850	später ja Regenerativ	
Rover	1. Versuchs-turbine	100	1R—1A, 1A	800				215[2]	55000		ja Rohr	920 460 510
Rover	T 8	200	1R—1A, 1A	800	545	3,5		220	40000	30000	nein	
Rover	2S/100	110	1R—1A, 1A	830	19,7 l/100 km	~3,85	0,91	193[2]	52000	33000	ja Platten	1100 730 660
Socema	Cematurbo	100	1R—1A, 2A		450	3,5		120	45000	25000	später ja	1000 × 500 ⌀
Blackburn-Turboméca	Turmo	295—335	1R—1A, 1A	820	417	4,19	2,13	127	35000	27000	nein	1170 432 532

[1] 1R—1A, 2A heißt: Gaserzeugersatz besteht aus einstufigem Radialverdichter und einstufiger Axial-Kompressorturbine, Nutzleistungsturbine getrennt 2stufig axial.
[2] Einschließlich Getriebe und Differential.
[3] Gaserzeuger mit Hilfsgeräten ohne Turbine.

Die Verdichterwelle ist vorn in einem Rollenlager und hinten an der auskragenden Turbine in einem Kugellager gehalten; ihre kritische Drehzahl wurde zu 77000 U/min berechnet. Vorn erfolgt der Antrieb der Hilfsgeräte über ein zweistufiges Schrägzahn-Getriebe 8,3:1.

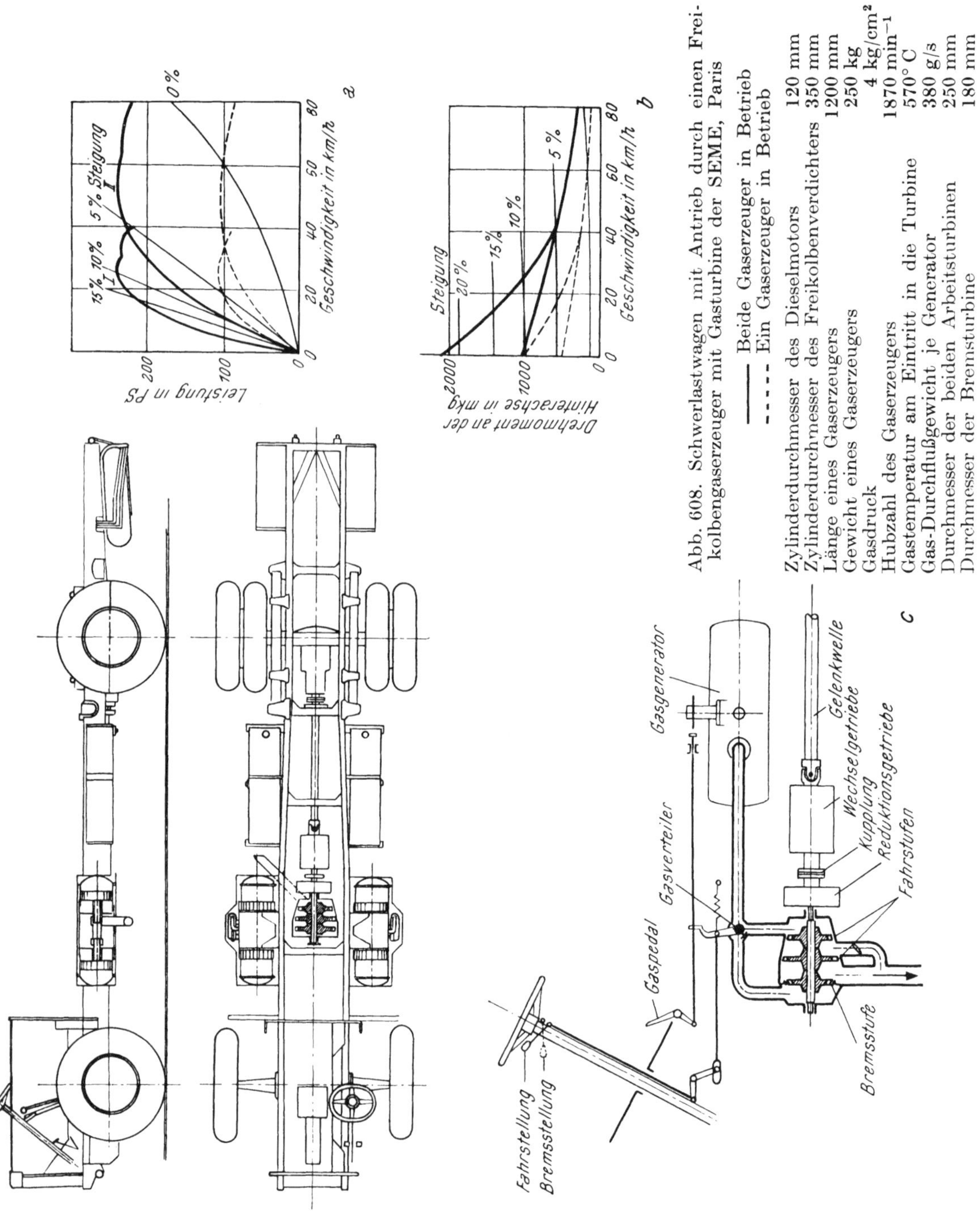

Abb. 608. Schwerlastwagen mit Antrieb durch einen Freikolbengaserzeuger mit Gasturbine der SEME, Paris

——— Beide Gaserzeuger in Betrieb
- - - - Ein Gaserzeuger in Betrieb

Zylinderdurchmesser des Dieselmotors	120 mm
Zylinderdurchmesser des Freikolbenverdichters	350 mm
Länge eines Gaserzeugers	1200 mm
Gewicht eines Gaserzeugers	250 kg
Gasdruck	4 kg/cm²
Hubzahl des Gaserzeugers	1870 min⁻¹
Gastemperatur am Eintritt in die Turbine	570° C
Gas-Durchflußgewicht je Generator	380 g/s
Durchmesser der beiden Arbeitsturbinen	250 mm
Durchmesser der Bremsturbine	180 mm

Die freie Arbeitsturbinenwelle ist einmal in einem Kugellager und hinten vor und hinter dem Abtriebsritzel in zwei Rollenlagern gelagert. Der Abtrieb erfolgt über ein zweistufiges Stirnradgetriebe 12,5:1 mit Pfeilverzahnung. Die abgegebene Leistung beträgt maximal 120 PS.

Der spezifische Brennstoffverbrauch beläuft sich bei Vollast auf 195 g/PSh und gleicht dem eines Kolbenmotors. Wie die Abb. 606 zeigt, liegt er bei Teillast etwas über dem des Kolbenmotors. Man will aber den spezifischen Vollastverbrauch bei der Turbine auf etwa 172 g/PSh erniedrigen.

Wie man aus diesem Diagramm ersieht, ist diese Turbine tatsächlich heute am weitesten entwickelt, und es ist anzunehmen, daß auch das letzte Problem, nämlich die billige Serienherstellung, in Kürze gelöst werden kann.

Die Abb. 607 zeigt, wie schön diese Turbine im Motorraum des Plymouth Platz hat.

Aus der Beschreibung dieser vielen Versuchsturbinen kann man ersehen, daß hart an der Verwirklichung der Fahrzeugturbine gearbeitet wird, und besonders Abb. 606 läßt erkennen, daß mit ihr in Zukunft ein außerordentlich billiger Betrieb erwartet werden darf.

l) Der Freikolbengaserzeuger im Kraftfahrzeug. Alle diesbezüglichen Arbeiten gehen auf SEME-SIGMA-Entwicklungen zurück. Sowohl diese Firma selbst als auch General Motors in Lizenz arbeiten daran [*359*].

Neuerdings ist auch bei Ford ein intensives Entwicklungsprogramm in dieser Richtung im Gang [*371*].

Mit dem Freikolbengaserzeuger läßt sich die schwierige Entwicklung eines Wärmeaustauschers vermeiden. Die Kraftstoffverbrauchszahlen sind günstig, der Gesamtaufbau einfach, während die Drehmomentcharakteristik gleich ist wie bei der reinen Gasturbine mit getrennter Nutzleistungsturbine. Während dort allerdings z. B. mittels einer Überholkupplung zwischen Nutzleistungsturbine und Gaserzeugersatz eine Bremswirkung bei Gaswegnahme zu erreichen ist, kann beim Freikolbengaserzeuger eine solche Methode nicht gewählt werden.

Abb. 609. Zwillingsgenerator GMR 4-4 „Hyprex" des General-Motors-Versuchsfahrzeuges XP-500

Es bleibt aber nach Ansicht des Verfassers eine bisher noch nicht beschrittene Möglichkeit. Nimmt man nämlich eine Radialturbine, allenfalls mit verstellbarem Eintrittsleitapparat, dann kann man damit erstens die Rückwärtsfahrt (allerdings mit schlechtem Wirkungsgrad, was aber wegen der Seltenheit nichts ausmacht) und zweitens die Motorbremsung lösen. Trennt man nämlich die Radialturbine vom Gaserzeuger mittels eines Klappenventils und verbindet ihren Einlaß mit der Atmosphäre, dann läuft sie als Verdichter und gibt eine gute Bremswirkung. Dieser Bremseffekt ist noch mittels der Eintrittsleitschaufeln regelbar. Braucht man ganz besondere Bremswirkung bei steilen Talfahrten, dann kann man die Turbineneintrittsleitschaufeln auf Rückwärts stellen und durch Gasgeben die Bremsung regulieren, was allerdings Brennstoff kostet. Es müßte aber schon genügen, wenn man ein Zweiganggetriebe anordnet und im kleinen Gang die Radialturbine als Kompressor laufend, wie oben beschrieben, benützt.

Ein Projekt der SEME für einen durch Freikolbengasturbine angetriebenen Lastwagen mit einer Nutzlast von 10 bis 12 t und einem Gesamtgewicht von 18 t ist in Abb. 608 dargestellt. Die effektive Wellenleistung von 240 PS wird in diesem Fall von zwei Freikolbengaserzeugern geliefert.

Bei Fahrgeschwindigkeiten unter 65 km/h arbeiten beide Stufen der zweistufigen Fahrturbine, während bei großen Geschwindigkeiten ein Abblaseventil hinter der ersten Turbinenstufe geöffnet und damit die zweite Turbinenstufe außer Tätigkeit gesetzt wird. Unter der Annahme, daß ein Zweiganggetriebe vorgesehen wird, zeigt Abb. 608a die bei den verschiedenen Fahrgeschwindigkeiten verfügbaren Leistungen, wenn ein bzw. beide Gaserzeuger arbeiten (gestrichelte bzw. ausgezogene Kurven). Der spezifische Kraftstoffverbrauch beträgt für Leistungen zwischen 100 und 200 PS etwa 230 g/PSh und für Leistungen unter 100 PS etwa 250 g/PSh.

Abb. 608b zeigt die verfügbaren Drehmomente an der Turbinenwelle in Abhängigkeit von der Fahrgeschwindigkeit im ersten und zweiten Gang (*I*, *II*) mit einem und mit beiden Gaserzeugern und die bei verschiedenen Steigungen noch verfügbaren Momente.

Da die Reibungsverluste in der Turbine gering sind, würde beim Umschalten vom 1. auf den 2. Gang im Augenblick des Auskuppelns bei weggenommenem Gas die Verzögerung der Turbine von maximal 30000 U/min auf etwa die Hälfte mehr als eine Minute dauern. Aus diesem Grunde ist eine Bremsmöglichkeit in der Turbine vorgesehen, Abb. 608c. Die Bremswirkung wird dadurch erzielt, daß der Gasstrom bei Bremsstellung auf ein zusätzliches Turbinenrad mit umgekehrter Beschaufelung umgeschaltet wird. Zugleich kann diese Einrichtung als sehr wirksame Zusatzbremse in langen Gefällen dienen. Beim Betrieb mit zwei Gaserzeugern kann man damit auf einem Gefälle von 14 % anhalten, ohne die normalen Bremsen zu betätigen, und bei einer Gefällstrecke von 20 % läßt sich die Fahrgeschwindigkeit auf 40 km/h verringern. Man könnte also fast sämtliche Hangstrecken ohne die übliche Bremsbedienung befahren. Der 1. Gang ist praktisch nur für lange Steigungen erforderlich; normalerweise wird im direkten Gang angefahren. Man könnte auch auf eine Kupplung verzichten, müßte dann aber ein unter Last schaltbares Getriebe verwenden.

Ein Versuchsfahrzeug mit einem Zwillingsgenerator befindet sich bei General Motors in Erprobung. Dieses Fahrzeug XP-500 ist ebenfalls im ganzen Aufbau ein Zukunftswagen. Der Gaserzeuger ist vorne eingebaut, die fünfstufige Axialturbine befindet sich rückwärts, die Auspuffgase des Gaserzeugers werden durch eine im linken Chassisträger verlegte Leitung zur Turbine geführt. Der Zwillingsgenerator, Abb. 609, mit seiner Steuerung wurde schon in Abb. 186 gezeigt und dort auch beschrieben (s. technische Daten Tab. 16 und 91).

Durch die Zwillingsanordnung wird ein etwas besserer Wirkungsgrad erreicht, indem gewisse Verluste, die vom Speichern der Spülluft herrühren, vermieden werden können. Während der Ausstoßperiode der Kompressoren des einen Gaserzeugers stehen die Spül- und Auslaßschlitze des anderen offen, so daß die Luft ungehindert durchströmen kann. Bei dieser Anordnung ist auch der Gasdurchsatz regelmäßiger, so daß Druckausgleichbehälter zwischen Gaserzeuger und Turbine nicht mehr notwendig sind.

Bei Ford läuft ein Traktor mit Freikolbengaserzeuger und Radialturbine. Der Gaserzeuger ist so ausgelegt, daß er bis zu 150 Gas-PS abgeben kann. Die Versuche laufen bis jetzt zufriedenstellend. Die Maschine läßt sich im Raum, der für den Motor vorgesehen war, sehr gut unterbringen. Technische Daten, soweit sie derzeit bekannt sind, gehen aus Tab. 16 und 91 hervor.

4. Ausblick

Dieser Überblick über die derzeitigen Fahrzeuggasturbinen zeigt, daß man nicht nur die reine Gasturbine intensiv studiert und auch bereits schöne Erfolge aufweisen kann, sondern daß auch der Freikolbengaserzeuger sehr genau unter die Lupe genommen wird.

Bis mehr Resultate zur Verfügung stehen, wird es interessant sein, beide Antriebsarten zu vergleichen. In bezug auf Gestehungskosten dürften beide Antriebsarten ziemlich gleich sein, in bezug auf Gewicht jedoch scheint der Freikolbengaserzeuger im Nachteil zu sein. Ebenso ist der immer notwendige Kühlwasserkreislauf ein Minuspunkt des Freikolbengaserzeugers.

Die Beschleunigungsfähigkeit ist augenblicklich noch beim Freikolbengaserzeuger besser, doch dürfte die Einführung verstellbarer Leitapparate bei der reinen Gasturbine diesen Vorteil wieder wettmachen.

Grundsätzlich scheint es, daß im Endeffekt die reine Gasturbine doch die Oberhand am Automobilsektor gewinnen wird. Im Aufbau ist sie jedenfalls einfacher.

XVI. Die Flugzeugturbine

Die immer weitere Steigerung der Fluggeschwindigkeiten und der Transportleistungen hat gerade auf diesem Gebiet der Gasturbine zu einer unglaublich schnellen Entwicklung verholfen.

So stehen heute in allen Leistungsklassen Triebwerke mit bereits recht beachtlich niederem Verbrauch zur Verfügung.

Drei Hauptformen haben sich für den Flugzeugantrieb herausgebildet:

Das Düsentriebwerk (TL — Turbine Luftstrahl),

die Propellerturbine (PTL — Propeller Turbine Luftstrahl),

das Zweikreisdüsentriebwerk (ZTL — Zweikreis Turbine Luftstrahl).

Das Düsentriebwerk, oft auch als Strahltriebwerk bezeichnet, kommt bei sehr hohen Fluggeschwindigkeiten, d. h. knapp unter Schall- bis mehrfache Schallgeschwindigkeit, die Propellerturbine für mittlere Geschwindigkeiten von 500 bis 700 km/h und das Zweikreisdüsentriebwerk, oftmals auch Zweikreisstrahltriebwerk oder Mantelstrahltriebwerk genannt, für den dazwischenliegenden Bereich zur Anwendung.

1. Die Theorie des Strahlantriebes

Zur Erklärung der Wirkungsweise des Strahlantriebes erscheint es angebracht, vorerst kurz auf die Theorie einzugehen. Ein Kompressor saugt Luft aus der Umgebung an und verdichtet sie, Abb. 173. In der anschließenden Brennkammer wird Energie mittels des Brennstoffes zugeführt. Eine Turbine entnimmt dem Gasstrom nur soviel Energie, als zum Antrieb des Kompressors notwendig ist, das restliche Wärmegefälle erteilt dem Gasstrom in der Düse eine hohe Geschwindigkeit. Die durchgesetzte Luftmasse in der Zeiteinheit, multipliziert mit der Differenz zwischen Austritts- und Eintrittsgeschwindigkeit, ergibt den Schub. Bei der Propellerturbine dagegen verarbeitet die Turbine fast das ganze Gefälle und gibt die Nutzleistung über ein Untersetzungsgetriebe an den Propeller ab. Nur ein kleiner Rest des Gefälles wird in einer Schubdüse ausgenützt. Eine kurze theoretische Betrachtung soll die Verhältnisse näher beleuchten.

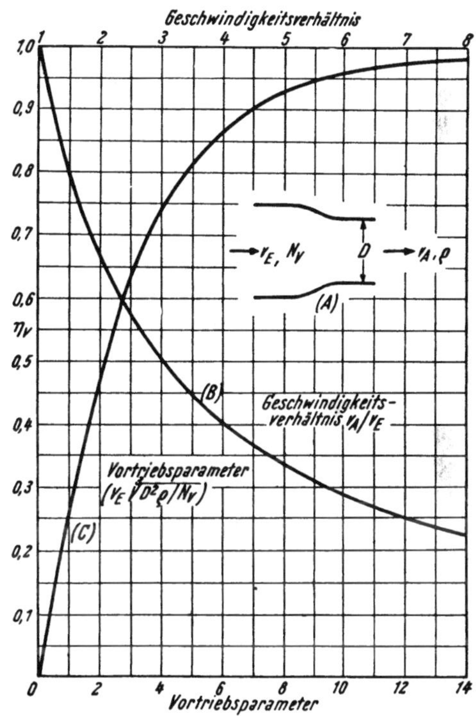

Abb. 610. Vortriebswirkungsgrad η_v in Abhängigkeit vom Geschwindigkeitsverhältnis v_D/v und in Abhängigkeit von Fluggeschwindigkeit v, Strahldurchmesser = Düsendurchmesser D, Dichte ϱ und Vortriebsleistung N_v
$v_E = v$, $v_A = v_D$

Aus der grundlegenden Gleichung $P = m \cdot b$, Kraft = Masse × Beschleunigung, läßt sich die Gleichung für den Schub ableiten. Nimmt man an, daß ein Körper mit der Geschwindigkeit v Luft aus der Umgebung aufnimmt, Abb. 610, der sodann mit irgendwelchen Mitteln Energie zugeführt wird, so daß die Austrittsgeschwindigkeit aus der Düse mit dem Durchmesser D v_D wird und die Dichte ϱ vorherrscht, so kann man aus dem vorgenannten Gesetz $P = m \cdot b$ durch Division der Masse durch die Zeit und Multiplikation der Beschleunigung mit der Zeit die Gleichung umwandeln in (s. S. 48)

$$S = \frac{G}{g} (v_D - v) \tag{430}$$

S = Schub in kp
G = Durchsatzgewicht in kg/sek,
g = Erdbeschleunigung in m/sek^2,
v_D = Austrittsgeschwindigkeit in m/sek,
v = Eintrittsgeschwindigkeit in m/sek = Fluggeschwindigkeit.

Durch Multiplikation mit der Fluggeschwindigkeit und Division durch 75 erhält man die Schub-Leistung N_s

$$N_s = \frac{S \cdot v}{75} = \frac{G}{75g} (v_D - v)\, v \,[\mathrm{PS}]\,. \tag{431}$$

Bei einer konstanten Düsenaustrittsgeschwindigkeit v_D ist der Schub also direkt abhängig von der Fluggeschwindigkeit. Bei der Fluggeschwindigkeit 0 ist er am größten, bei einer Fluggeschwindigkeit $v = v_D$ ist er 0. In Wirklichkeit wird der Schub bis zu einer Geschwindigkeit von etwa 500 km/h eine fallende Tendenz zeigen, hernach aber infolge der wirksamen Stauaufladung bei hohen Fluggeschwindigkeiten wieder ansteigen und bei 1000 bis 1100 km/h den Wert bei Fluggeschwindigkeit 0 wieder erreichen. Hernach wird er infolge von Druckwellen am Kompressoreinlaß (Schallgeschwindigkeit) und damit auftretender Verluste wieder fallen, sofern das Triebwerk nicht für Überschallflug ausgelegt ist.

Die Schub-Leistung hingegen ist bei stehendem Flugzeug 0 und bei $v = v_D$ ebenfalls 0. Sie erreicht ihr Maximum bei $v = v_D/2$, doch gilt dies auch nur theoretisch, in Wirklichkeit nimmt infolge der wachsenden Stauaufladung mit wachsender Geschwindigkeit die Schub-Leistung ständig zu.

Der spezifische Brennstoffverbrauch bezogen auf den Schub in Kilogramm Brennstoff pro Kilogramm Schub steigt daher mit wachsender Geschwindigkeit, aber er fällt, wenn man die Schub-Leistung als Bezugswert wählt (kg/PSh).

Der ideale Vortriebswirkungsgrad wird aus dem Verhältnis Schub-Leistung zu Vortriebsleistung gewonnen. Die Vortriebsleistung ist gleich der Differenz der kinetischen Energie zwischen aus- und eintretendem Luftstrahl

$$N_v = \frac{G}{g} \cdot \frac{v_D^2 - v^2}{2 \cdot 75} \,[\mathrm{PS}] \tag{432}$$

und weiter s. auch Gl. (82)

$$\eta_v = \frac{N_s}{N_v} = \frac{2(v_D - v)\, v}{v_D^2 - v^2} = \frac{2}{1 + v_D/v}\,. \tag{433}$$

Der Vortriebswirkungsgrad hängt also direkt vom Verhältnis Austrittsgeschwindigkeit aus der Düse zu Fluggeschwindigkeit ab, Kurve *B*, Abb. 610. Dies steht im Gegensatz zum Propellerantrieb, der bei 650 km/h einen Wirkungsgrad von 80 %, bei 800 km/h einen solchen von 70 % und bei 950 km/h von 60 % aufweist. Der Düsenantrieb wird also ab 800 km/h immer dem Propeller überlegen sein. Hohe Geschwindigkeiten sind daher doppelt vorteilhaft für das Düsentriebwerk, erstens wächst der Vortriebswirkungsgrad und zweitens das Druckverhältnis und damit der thermische Wirkungsgrad und die Schubkraft infolge der erhöhten Stauaufladung.

Um nun den Düsendurchmesser und die Dichte mit einzubeziehen, kann man folgende Gleichung für die durchgesetzte Luftmasse pro Sekunde anschreiben:

$$\frac{G}{g} = \frac{\pi}{4} D^2 v_D \varrho\,. \tag{434}$$

In die Gleichung für die Vortriebsleistung eingesetzt, ergibt sich

$$N_v = \frac{\pi}{4} D^2 v_D \varrho \frac{v_D^2 - v^2}{150} \tag{435}$$

oder

$$\frac{N_v}{D^2 \varrho v^2} = \frac{\pi}{600} \left(\frac{v_D^3}{v^3} - \frac{v_D}{v} \right). \tag{436}$$

Diese Gleichung stellt eine dimensionslose Beziehung zwischen Vortriebsleistung, Düsendurchmesser und Dichte zum Geschwindigkeitsverhältnis dar.

Durch Umstellung der Gleichung für den Vortriebswirkungsgrad erhält man

$$\frac{v_D}{v} = \frac{2 - \eta_v}{\eta_v}.$$

Dies in Gl. (436) eingesetzt, ergibt

$$\frac{N_v}{D^2 \varrho v^2} = \frac{\pi}{600} \left(\frac{8 - 12\eta_v + 4\eta_v^2}{\eta_v^2} \right)$$

oder durch Bildung des Reziprokwertes und Ziehen der dritten Wurzel

$$v \sqrt[3]{D^2 \varrho / N_v} = \frac{5{,}76\,\eta_v}{\sqrt[3]{8 - 12\eta_v + 4\eta_v^2}}, \tag{437}$$

eine Gleichung, die den maximal möglichen Vortriebswirkungsgrad für jedes gegebene System definiert. Dieser Vortriebsparameter ist in Kurve C, Abb. 610, dargestellt.

Zur näheren Erklärung seien einige Beispiele angeführt: Ein normaler Flugzeugpropeller von 3,5 m Durchmesser mit einer Leistungsaufnahme von 1200 PS in einer Höhe von 3 km treibt ein Flugzeug mit 450 km/h an

$$v \sqrt[3]{D^2 \varrho / N_v} = 125 \sqrt[3]{3{,}5^2 \cdot 0{,}0927/1200} = 12{,}2.$$

Der ideale Vortriebswirkungsgrad $\eta_v \doteq 97{,}5\,\%$ aus Abb. 610. Der wirkliche Propellerwirkungsgrad ist in diesem Falle, guten Einbau vorausgesetzt, etwa 82 %. Die Differenz entsteht durch Wirbel im Luftstrom nach dem Propeller, Interferenzwiderstände an der Propellernabe, ungleichmäßige Geschwindigkeitsverteilung im Luftstrom nach der Luftschraube und durch den Profilwiderstand der Blätter. Wenn man bei Steigflug zur Erreichung hoher Steigleistung die Maschine auf 250 km/h drosselt, geht der ideale Vortriebswirkungsgrad auf 90 % zurück und der wirkliche Wirkungsgrad auf etwa 70 %. Wenn dasselbe Flugzeug mit der gleichen Leistung in einer Höhe von 9000 m mit 150 km/h steigt, ist der ideale Vortriebswirkungsgrad nur mehr 67 % und der wirkliche viel tiefer, so daß der letztere Fall kaum mehr praktisch in Frage kommt.

Nimmt man nun ein Düsentriebwerk an, mit einem Düsendurchmesser von 310 mm, das ein Flugzeug mit 800 km/h in Seehöhe antreibt, wobei die Düsenaustrittstemperatur 550° C beträgt und die kinetische Energie, die dem Luftstrom erteilt wird, einer Vortriebsleistung von 5700 PS entspricht, dann ist

$$v \sqrt[3]{D^2 \varrho / N_v} = 222 \sqrt[3]{0{,}31^2 \cdot 0{,}04375/5700} = 2,$$

was einem idealen Vortriebswirkungsgrad von 50 % gleichkommt. Dabei ist $v_D/v = 3$ und $v_D = 666$ m/sek. Das Durchsatzgewicht beträgt bei dieser Annahme 21,6 kg/sek.

Dies entspricht den heutigen Verhältnissen bei Düsentriebwerken. Durch Verbesserungen im Kompressor- und Turbinenwirkungsgrad und durch aerodynamische Verbesserungen wird der Vortriebswirkungsgrad vielleicht 65 % erreichen, vorläufig bewegen sich die heutigen Triebwerke in der Gegend von 50 bis 60 %. Die Fluggeschwindigkeit ist jedenfalls der Hauptfaktor, der den Wirkungsgrad bestimmt.

2. Vergleich zwischen Strahltriebwerk, Propellerturbine und Kolbenmotor

Die Leistung eines Turbinendüsentriebwerkes wird immer durch den Schub in Kilopond ausgedrückt. Um den Schub eines solchen Triebwerkes mit den PS eines Kolbenmotors oder einer Propellerturbine vergleichen zu können, muß man folgende Beziehung anwenden:

$$\text{PS} = \frac{\text{Schub} \times \text{Geschwindigkeit}}{75 \times \text{Luftschraubenwirkungsgrad}} = \frac{S \cdot v}{75 \cdot \eta_L}. \tag{438}$$

Diese Beziehung führt zu dem Resultat, daß bei einem η_L von 85 % bei 460 km/h 1 kp Schub gleich 2 PS ist. Bei 920 km/h ist 1 kp Schub gleich 4 PS bei 85 % Luftschraubenwirkungsgrad, doch wird infolge von Druckwellen und Kompressibilitätserscheinungen an den Blattspitzen der Wirkungsgrad kaum größer als 65 % sein, so daß 1 kp Schub 5,25 PS gleichkommt.

Um die Vorteile des Düsenantriebes bei hohen Geschwindigkeiten näher zu beleuchten, sei folgendes Beispiel angeführt: Eine einsitzige Hochgeschwindigkeitsmaschine mit einem Kolbentriebwerk von 1000 PS erreicht 460 km/h in Seehöhe. Da bei dieser Geschwindigkeit 1 kp Schub gleich 2 PS ist, sind 500 kp Schub notwendig, bei einem Brennstoffverbrauch von 225 g/PSh oder 450 g/kp Schub in der Stunde. Ein Düsentriebwerk von 500 kp Schub würde dieses Flugzeug ebenfalls mit 460 km/h antreiben, jedoch würde sein Brennstoffverbrauch etwa 1100 g/kp Schub und Stunde sein, also mehr als das Doppelte. Nun soll dieses Flugzeug 920 km/h erreichen. Da die erforderliche Leistung mit der dritten Potenz wächst, wären jetzt 8000 PS notwendig, vorausgesetzt, daß der Luftschraubenwirkungsgrad 85 % bleibt. Da dieser aber auf etwa 65 % fällt, sind 10500 PS notwendig, und dieses Triebwerk würde daher zehnmal soviel wiegen wie die ursprüngliche 1000-PS-Maschine. Andererseits ist der nötige Schub nur viermal so groß, so daß das Düsentriebwerk nur viermal soviel wiegen würde wie das ursprüngliche Triebwerk mit 500 kp Schub. Kolbenmaschinen haben ein nahezu konstantes Leistungsgewicht (kg/PS), während Düsentriebwerke ein nahezu konstantes Gewicht pro Kilogramm Schub aufweisen. Vergleicht man jetzt den Brennstoffverbrauch, dann ergibt sich für die Kolbenmaschine bei 225 g/PSh ein Verbrauch von 2360 kg/h, um 2000 kp Schub zu erzeugen, so daß sein Verbrauch jetzt 1190 g/kp Schub und Stunde ist, während ein Düsentriebwerk bei dieser Geschwindigkeit einen spezifischen Brennstoffverbrauch von etwa 1200 g/kp Schub und Stunde aufweist. Es ist also nur mehr ein kleiner Unterschied im Brennstoffverbrauch, dem der enorme Vorteil des Düsentriebwerkes in bezug auf sein geringes Gewicht und seine Einfachheit gegenübersteht. Während das komplette Kolbentriebwerk mit Luftschraube und Kühler etwa 9000 kg wiegen dürfte (was für das angenommene Flugzeug völlig indiskutabel ist), kommt das Düsentriebwerk auf kaum mehr als 700 kg und könnte sehr gut in dieses Flugzeug eingebaut werden.

Daraus folgt, daß das einfache Düsentriebwerk ab etwa 800 km/h bedeutend besser für den Vortrieb von Flugzeugen geeignet ist als die Kolbenmaschine und dabei genau so wirtschaftlich arbeitet. Ein Vergleich zwischen den Wirkungsgraden eines Luftschrauben- und eines Düsenantriebes zeigt dies deutlich:

Fluggeschwindigkeit km/h	Propellerwirkungsgrad %	Düsenwirkungsgrad %
100	40	10
200	65	18
300	76	27
400	82	33
500	83	39
600	85	47
700	83	52
800	76	55
900	65	59
1000	50	64

Bei 500 km/h ist die Luftschraube doppelt so wirkungsvoll wie das Düsentriebwerk, und daher hat bei dieser Geschwindigkeit das Düsentriebwerk einen etwa zweimal so großen Brennstoffverbrauch. Ab etwa 900 km/h sind beide im Wirkungsgrad gleich, und da das Strahltriebwerk so viel leichter und einfacher ist, kann man deutlich ersehen, daß es unter solchen Verhältnissen viel vorteilhafter ist[1].

Im Grunde genommen besteht kein Unterschied zwischen den beiden Vortriebsarten. Der Propeller ergibt eine große Durchsatzmenge mit kleiner Geschwindigkeit, die Düse eine kleine Durchsatzmenge mit großer Geschwindigkeit. Da aber die kinetische Energie

---

[1] Siehe Fußnote S. 757.

in dem Luftstrom verloren ist und diese mit dem Quadrat der Geschwindigkeit zunimmt, ist es klar, daß die Düse den kleineren Wirkungsgrad bei kleinen Geschwindigkeiten hat. Die Situation ändert sich mit steigender Fluggeschwindigkeit, da die relative Austrittsgeschwindigkeit aus der Düse immer kleiner wird und damit die Verluste sinken.

In dem vorstehenden Vergleich sind Düse und Propeller bei 930 km/h gleich im Wirkungsgrad. Da aber der Propeller zusätzlich einen beträchtlichen Widerstand gibt, der vom nutzbaren Schub abgezogen werden muß, und außerdem noch Verluste durch den Propellerwind an Rumpf und Flügeln entstehen, wird in Wirklichkeit der Kreuzungspunkt der beiden Wirkungsgradlinien schon in der Gegend von 800 km/h liegen. Man wird daher für Geschwindigkeiten von 450 bis 700 km/h den Propeller verwenden, bei höheren Geschwindigkeiten aber das Turbinendüsentriebwerk.

Es besteht nun kein Hinderungsgrund, diesen Propeller ebenfalls durch eine Gasturbine anzutreiben. Verwertet man die Energie neben dem Kompressorantrieb auch zum Betrieb eines Propellers und läßt nur einen geringen Teil derselben für die Ausnützung in einer Schubdüse übrig, dann ergibt das eine Maschine, die sowohl in bezug auf ihr Gewicht als auch in bezug auf ihre Abmessungen dem Kolbenmotor überlegen ist und daher im eingebauten Zustand einen geringeren Widerstand ergibt.

Vergleicht man zwei Turbinentriebwerke, wobei die beiden nach der Kompressorturbine 1000 Gas-PS zur Verfügung haben, die einmal in einer Düse ausgenützt werden, das andere Mal zu 75 % in einer Turbine zum Antrieb eines Propellers und zu 25 % in einer Düse, so wird im zweiten Falle der erzeugte Schub stark vergrößert, ausgenommen bei Geschwindigkeiten über 850 km/h.

Fluggeschwindigkeit km/h	Schub-kp PTL	Schub-kp TL
0	760	284
100	670	263
200	600	250
300	560	240
400	517	236
500	480	232
600	413	232
700	350	233
800	295	236
900	222	240
1000	150	245

Man sieht also wieder, daß ab 800 km/h das einfache TL-Triebwerk den größeren Schub ergibt.

Ausgedrückt in Prozent des Brennstoffverbrauches eines TL-Triebwerkes ergibt sich folgendes Bild:

Fluggeschwindigkeit km/h	Brennstoffverbrauch TL	Brennstoffverbrauch PTL
160	100 %	25 %
320	100 %	33 %
480	100 %	42 %
640	100 %	62 %
800	100 %	100 %

Um dieselbe Last bei derselben Geschwindigkeit zu befördern, braucht die Propellerturbine bei 640 km/h also nur etwas mehr als die Hälfte des Brennstoffes eines Düsentriebwerkes, aber auch ein Kolbenmotor wäre wegen des größeren Widerstandes bei über 480 km/h der Propellerturbine unterlegen.

Der Brennstoffverbrauch eines bestimmten Triebwerkes ist nun nicht nur wegen der Brennstoffkosten von Bedeutung, sondern hauptsächlich wegen der möglichen Nutzlast, die über eine bestimmte Strecke befördert werden kann und die durch das mitzuführende Brennstoffgewicht stark beeinflußt wird. Die Nutzleistung hängt also vom Gesamtgewicht Maschine + Brennstoff ab. Welches Triebwerk nun bei einer gegebenen Reichweite und

Geschwindigkeit in einer gegebenen Höhe für ein Flugzeug am besten ist, muß eine genaue Durchrechnung ergeben. Der Brennstoffverbrauch hängt außerdem noch sehr stark vom Flugzeugwiderstand und von der Flughöhe ab. Besonders bei Flug in großer Höhe ergibt die verringerte Luftdichte einen stark verkleinerten Flugzeugwiderstand und damit einen stark verringerten Brennstoffverbrauch. Dazu kommt noch, daß der thermische Wirkungsgrad einer Gasturbine mit abnehmender Lufteintrittstemperatur beträchtlich zunimmt.

Sehr anschaulich zeigt dies Tab. 92. Für ein Landflugzeug für 30 Passagiere und deren Gepäck wird bei einer Reichweite von 1300 km in 3 km Höhe bei einer Geschwindigkeit von 320 und 480 km/h die mögliche Nutzlast bei verschiedenen Triebwerkarten dargestellt.

Tabelle 92. *Vergleich zwischen Kolbenmotor, PTL und TL für ein Passagierflugzeug*

	Totalgewicht	Flugzeug	Triebwerk	Brennstoff	Nutzlast
Kolbenmotor	100 %	47 %	15 %	9,4 %	28,6 %
PTL	100 %	47 %	6,2 %	12,2 %	34,6 %
320 km/h, 1300 km Reichweite, Höhe 3000 m					
Kolbenmotor	100 %	47 %	33 %	13,1 %	6,9 %
PTL	100 %	47 %	11,7 %	18,9 %	29,5 %
TL	100 %	47 %	5,5 %	32,1 %	15,4 %
480 km/h, 1300 km Reichweite, Höhe 3000 m					

Die Propellerturbine schneidet bei diesen Beispielen immer am besten ab. Das Düsentriebwerk hat bei 480 km/h nur die halbe mögliche Nutzlast gegenüber der Propellerturbine, da dieser Geschwindigkeitsbereich für diese Antriebsart schlecht ist. Trotzdem schneidet das Düsentriebwerk noch besser ab als der Kolbenmotor, der durch sein größeres Gewicht und seinen größeren Widerstand benachteiligt ist.

Das zweite Beispiel betrifft ein Transozeanflugzeug, das 4800 km in einer Höhe von 10500 m nonstopfliegen soll. Tab. 93 zeigt die Rechnungsergebnisse für eine Geschwindigkeit von 520 km/h.

Tabelle 93. *Vergleich zwischen Kolbenmotor und PTL für ein Transozeanflugzeug bei 520 km/h in 10,5 km Höhe*

	Totalgewicht	Flugzeug	Triebwerk	Brennstoff	Nutzlast
Kolbenmotor	100 %	47 %	21,5 %	28,2 %	3,3 %
PTL	100 %	47 %	10,8 %	22,7 %	19,5 %

Diese Geschwindigkeit ist noch zu langsam für ein Düsentriebwerk, aber viel zu groß für die Kolbenmaschine, wie die geringe Nutzlast zeigt. Die Propellerturbine ergibt eine ausgezeichnete Nutzlast, und das Flugzeug wäre daher sehr wirtschaftlich. Steigt die Geschwindigkeit, würde sich die Nutzlast verringern. Der Kolbenmotor könnte dann nicht mehr verwendet werden, die Propellerturbine wäre etwas weniger wirtschaftlich, aber das Düsentriebwerk würde besser werden. Tab. 94 zeigt die Verhältnisse für dasselbe Flugzeug bei 680 km/h.

Tabelle 94. *Vergleich zwischen PTL und TL für ein Transozeanflugzeug bei 680 km/h in 10,5 km Höhe*

	Totalgewicht	Flugzeug	Triebwerk	Brennstoff	Nutzlast
PTL	100 %	47 %	16,7 %	29,4 %	6,9 %
TL	100 %	47 %	5,3 %	42,5 %	5,2 %

Man sieht, daß jetzt schon Propellerturbinen oder Strahltriebwerke verwendet werden können, da deren Gewicht den höheren Brennstoffverbrauch ausgleicht, aber in jedem Falle hat sich die mögliche Nutzlast auf ein Drittel des Wertes bei der kleineren Geschwindigkeit verringert, so daß man für eine Reise in einem solchen Flugzeug mehr bezahlen muß.

Wenn noch größere Geschwindigkeiten geflogen werden sollen, muß auf zwei Dinge geachtet werden:

1. Es müssen Strahltriebwerke verwendet werden, und
2. das Flugzeug selbst muß aerodynamisch sehr gut durchgebildet sein und in größeren Höhen fliegen, etwa 13,5 km.

Man sieht also, daß für Großflugzeuge die Propellerturbine bei Geschwindigkeiten von 500 km/h eine ausgezeichnete Lösung ergibt, die ein billiges Reisen auf langen Strecken erlaubt.

Für hohe Geschwindigkeiten wird man Strahltriebwerke einsetzen, aber der Preis für einen solchen Flug wird höher sein[1].

Der Kolbenmotor wird in jedem Falle stark in den Hintergrund gedrängt, da seine Verluste infolge des größeren Stirnwiderstandes und wegen des Kühlerwiderstandes größer sind und außerdem sein Leistungsgewicht über dem der Propellerturbine liegt.

Für große Leistungen von über 3000 PS wird er schon so kompliziert, daß er mit einer Propellerturbine nicht mehr konkurrieren kann, die es ermöglicht, auch Leistungen von 10000 PS ohne weiteres und ohne größere Kompliziertheit zu erzeugen.

3. Die Möglichkeiten der Wirkungsgradverbesserung bei den Strahltriebwerken

Der Hauptvorteil des Strahlantriebes ist seine Einfachheit und sein leichtes Gewicht. Ein Nachteil ist der sehr geringe Wirkungsgrad, der aber nicht im thermischen Prozeß begründet ist, dessen Wirkungsgrad hoch ist bzw. hoch sein kann, sondern im geringen Vortriebswirkungsgrad. Da dieser vom Geschwindigkeitsverhältnis Fluggeschwindigkeit zu Düsenaustrittsgeschwindigkeit abhängt, kann er nur durch schnelleres Fliegen verbessert werden oder durch Herabsetzen der Düsenaustrittsgeschwindigkeit. Diese letztere Möglichkeit kann nur durch eine Verminderung des Druck- oder Temperaturverhältnisses erreicht werden, doch geht dann der thermische Wirkungsgrad schneller zurück als der Vortriebswirkungsgrad hinauf, so daß der Gesamtwirkungsgrad fällt. Der Düsenantrieb bleibt also nur den hohen Fluggeschwindigkeiten vorbehalten. Doch auch bei sehr hohen Fluggeschwindigkeiten muß eine Reduktion des Brennstoffverbrauches erreicht werden. Dies kann durch eine Vergrößerung des Druckverhältnisses geschehen. Da eine solche Maßnahme bei einem einfachen Kompressor zu einer sehr unelastischen Maschine mit beschränktem Arbeitsbereich führt, muß ein solches Triebwerk nach der Verbundbauweise ausgelegt werden. Wie schon im Abschn. „Axialverdichter" beschrieben (S. 150), werden zwei hintereinandergeschaltete Axialkompressoren, die auf konzentrischen Wellen sitzen, durch eine getrennte Hoch- und Niederdruckturbine angetrieben, wodurch sich eine sehr stabile Kompressorcharakteristik auch bei höchsten Verdichtungsverhältnissen ergibt. Ein solches nach modernsten Erkenntnissen gebautes Triebwerk würde bei einer Eintrittstemperatur von 800° C, einem Druckverhältnis von 15:1 in der Höhe und bei 800 km/h in 13 km Höhe einen Brennstoffverbrauch von etwa 317 g/PSh nicht übersteigen. Es würde ein Leistungsgewicht von etwa 0,135 kg/kp Schub (Seehöhe statisch) haben und einen Standschub von etwa 7500 kp/m^2 Stirnfläche. Diese hohe Flächenleistung ist natürlich nur mit einem Axialverdichter zu erreichen, welche Bauart sich auch endgültig im modernen Flugzeugtriebwerk durchgesetzt hat. Neben den Verbundtriebwerken hat sich auch die Verstellung der Eintrittsleitschaufeln des Kompressors bzw. die Verstellung mehrerer Stufen Leitschaufeln für Hochdrucktriebwerke eingeführt und es konnte auch mit dieser Methode ein voller Erfolg erzielt werden.

[1] Diese Situation ändert sich natürlich laufend, infolge der immer weiteren Verbesserung der TL-Triebwerke. Modernste TL-Triebwerke für die Verkehrsluftfahrt kommen bereits auf 0,7 kg/h/kp bei Standschub.

4. Kurzzeitige Schubverstärkung

Bei Flugzeugen mit Strahlantrieb findet man, daß zwar für Höchstgeschwindigkeit und Reiseflug genügend Schub vorhanden ist, nicht aber für eine kurze Startstrecke, wie dies bei Propellerflugzeugen der Fall ist. Dieser Nachteil entsteht durch die schlechte Umwandlung der kinetischen Energie im Gasstrom in Schub. Um nun diese schlechte Start- und Beschleunigungscharakteristik zu verbessern, kommen hauptsächlich zwei Methoden in Betracht [*383*, *394*, *395*, *402*]:

1. Wassereinspritzung,
2. Nachverbrennung.

Aus der Gleichung für die Austrittsgeschwindigkeit aus der Düse

$$v_D = K\sqrt{T_4}\sqrt{1-\left(\frac{p_1}{p_4}\right)^{\frac{\varkappa-1}{\varkappa}}} \tag{439}$$

K = Konstante,
T_4 = Temperatur vor der Düse,
p_1 = Umgebungsdruck,
p_4 = Druck in der Düse,

ergibt sich mit Gl. (430)

$$S = \frac{G}{g}\left[K\sqrt{T_4}\sqrt{1-\left(\frac{p_1}{p_4}\right)^{\frac{\varkappa-1}{\varkappa}}} - v\right]. \tag{440}$$

Daraus ersieht man, daß der Schub durch Vergrößerung der Faktoren G, T_4 oder p_4 verstärkt werden kann. Auf diese Faktoren wirken auch die zwei Methoden ein.

Wasser kann entweder in die Brennkammer oder in den Kompressoransaugstutzen eingespritzt werden. Bei Einspritzung in die Brennkammer entsteht Dampf, der zusätzlich zur durchgesetzten Luftmenge durch die Turbine geht, wodurch diese mehr Leistung abgibt. Da jedoch der Kompressor nicht mehr Leistung braucht, wird von der Turbine nur ein geringerer Gefälleanteil verarbeitet und es steht vor der Düse ein größerer Druck p_4 zur Verfügung, der eine größere Geschwindigkeit v_D und damit mehr Schub zur Folge hat. Außerdem ist auch G größer.

Mit Wassereinspritzung in den Kompressor, also mit *nasser Kompression*, wird der gleiche Effekt wie mit vielstufiger Zwischenkühlung erreicht. Die aufgenommene Kompressorleistung sinkt, die Turbine braucht weniger Gefälle und damit steigen der Druck vor der Düse und der Schub.

In Wirklichkeit wird ein Wasser-Methanol-Gemisch verwendet, wobei der Alkohol der Wärmeträger zur Verdampfung des Wassers ist. Da das normale Brennstoffsystem eines Strahltriebwerkes nicht den vermehrten Brennstoffdurchfluß bei Schubverstärkung verträgt — es muß ja Luft erhitzt und Wasser in Dampf verwandelt werden — ist der Wärmeträger notwendig.

Bei Brennkammereinspritzung beeinflußt ein 27%iges (Volumen) Methylalkohol-Wasser-Gemisch am wenigsten das normale Brennstoffsystem bei Übergang zu Schubverstärkung. Da Wassereinspritzung eine Verminderung der Temperatur in der Düse zur Folge hat, wenn deren Querschnitt nicht verändert wird, der volle Schub aber nur mit gleichbleibender Temperatur T_4 erreicht wird, muß eine verstellbare Düse für diesen Zweck vorgesehen werden.

Die Flüssigkeitsmenge (Brennstoff + Wasser + Alkohol) bei Schubverstärkung ist sehr groß, etwa fünfmal größer als bei Normalbetrieb. Es muß also pro Kilogramm Brennstoff etwa 5 kg Wasser-Alkohol-Gemisch eingespritzt werden.

Das Wasser-Alkohol-Gemisch wird aus den Tanks zu einer Pumpe gefördert, die von einer Luftturbine angetrieben wird. Die Luft wird dem Kompressor entnommen. Die Pumpe fördert das Gemisch in die Brennkammer. Die Tanks sind als Zusatztanks abwerfbar ausgebildet und werden nach dem Start abgeworfen. Wassereinspritzung hat den Vorteil, daß die normale Leistung des Triebwerkes durch die Zusatzeinrichtungen nicht beeinträchtigt wird. Sie eignet sich also besonders für Schubverstärkung beim Start. Ein Mitführen der großen Gemischmengen für eine Schubverstärkung während des Fluges kommt wohl kaum in Frage und wäre sehr unwirtschaftlich.

Für solche Zwecke ist die Nachverbrennung wieder besser geeignet. Wie aus Gl. (440) ersichtlich ist, ist der Schub direkt proportional der Quadratwurzel der Temperatur T_4 in der Düse. Da die Turbine selbst keine höhere Temperatur verträgt, kann dies nur durch Erhitzen der Gase nach der Turbine erreicht werden. Man nennt dies Nachverbrennung. Nachverbrennung bedeutet, thermodynamisch gesprochen, die Hinzufügung eines zusätzlichen Gleichdruckprozesses zum Hauptkreislauf.

Durch die Wärmezufuhr in der Düse sinkt der Druck, wodurch die Größe des Ausdruckes $\left[1-\left(\frac{p_1}{p_4}\right)^{\frac{\varkappa-1}{\varkappa}}\right]$ ebenfalls sinkt. Dadurch ist die Schubverstärkung nicht so groß. Die Größe der Druckveränderung ist eine Funktion der Geschwindigkeit der Gase, wenn die Wärme zugeführt wird, und des Verhältnisses der Temperaturen nach und vor der Wärmezufuhr. Bei hohen Gasgeschwindigkeiten kann jedoch bei Wärmezufuhr die Machzahl 1 erreicht werden, so daß jede weitere zusätzliche Erwärmung nur den Druck erhöht. Dies kann zu Stauungen in der Maschine mit anschließenden Überhitzungen der Turbine führen. Bei den heutigen Triebwerken liegt die Gasgeschwindigkeit nach der Turbine bei Machzahlen von 0,4 bis 0,6 bei Vollast. Man muß daher bei Nachverbrennung die Gasgeschwindigkeit in einem Diffusor auf Machzahlen von 0,2 bis 0,3 herabsetzen, wenn ein nur kleiner Druckverlust auftreten soll. Ebenso verlangt Nachverbrennung einen größeren Düsenquerschnitt, so daß auch in diesem Falle eine verstellbare Düse notwendig ist.

Bei höheren Geschwindigkeiten kann der Schub mit dieser Methode ungefähr verdoppelt werden. Da im Brenner der Triebwerkbrennstoff verbrannt wird, ist die Nachverbrennung gerade für kurzzeitige Leistungssteigerungen während des Fluges sehr gut geeignet. Der Brennstoffverbrauch steigt allerdings stark an und erreicht bei einer Schubvergrößerung von 40% (Seehöhe statisch) eine Erhöhung von mehr als 100%. Außerdem hat der Brenner einen schlechten Einfluß auf den Wirkungsgrad des Triebwerkes, auch wenn er nicht in Aktion ist, da er die Strömung in der Düse beeinflußt. Man hat bei modernen Konstruktionen allerdings diesen Verlust schon nahezu vermieden.

Jedenfalls stellen diese beiden Methoden ein sehr einfaches Mittel zur zeitweiligen Schubverstärkung dar.

5. Zweikreisstrahlantrieb

Wenn niedrigere Fluggeschwindigkeiten oder Flüge über große Entfernungen verlangt werden, muß eine Verbesserung des Gesamtwirkungsgrades erreicht werden, auch wenn eine Gewichts- und Stirnflächenvergrößerung damit verbunden ist. Der beste Weg hierfür ist der Zweikreisstrahlantrieb. Dieser stellt einen mehrstufigen Düsenpropeller dar, dessen Antriebsleistung aus dem Gefälle in der Schubdüse aufgebracht wird, wodurch sich die Gasgeschwindigkeit in der Düse verkleinert, und der seinerseits eine große Luftmasse mit verhältnismäßig kleiner Geschwindigkeit nach rückwärts ausstößt und so einerseits mehr Schub erzeugt und anderseits den Vortriebswirkungsgrad bei kleineren Fluggeschwindigkeiten durch die verkleinerte Geschwindigkeit in der Düse erhöht. Die Anordnung kann so getroffen werden, daß die Niederdruckkompressorstufen verlängerte Schaufeln bekommen und einen zusätzlichen Luftstrom durch die Düse schicken. Die Mehrleistung wird durch die Turbine aufgebracht, Abb. 611. Auch eine Verbundmaschine kann zu diesem Zweck verwendet werden, wenn einige oder alle Stufen des Niederdruckkompressors verlängerte Schaufeln bekommen. Eine solche Anordnung wird noch bessere Ergebnisse zeigen. Die Vorteile dieser Methode gehen klar aus den Diagram-

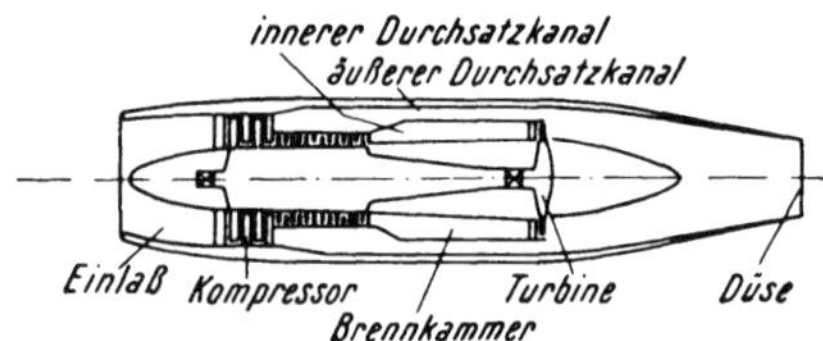

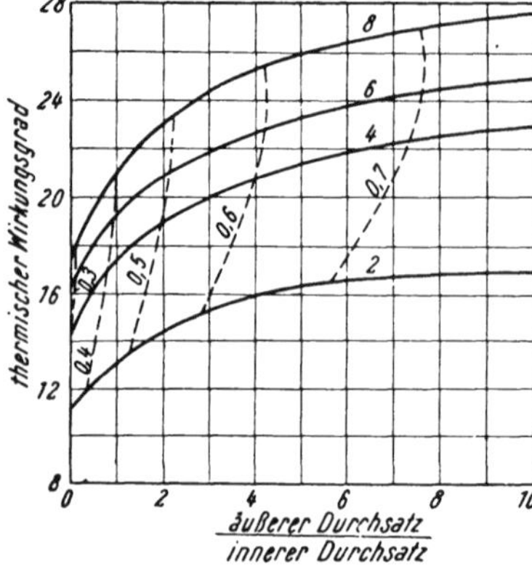

Annahmen: Turbineneintrittstemperatur 816° C, Fluggeschwindigkeit 800 km/h, Höhe 10500 m. Ausgezogene Kurven: Kompressordruckverhältnis; gestrichelte Kurven: Geschwindigkeitsverhältnis v/v_D

Annahmen: Höhe 10500 m, Druckverhältnis 6. Ziffern an Kurven: Verhältnis äußerer Durchsatz zu innerem Durchsatz

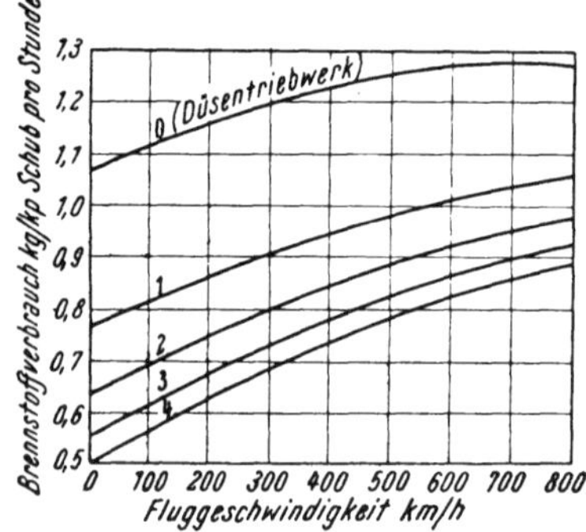

Annahmen: Höhe 10500 m, Druckverhältnis 5, $H_u = 10300$ kcal/kg. Ziffern an Kurven: Verhältnis äußerer Durchsatz zu innerem Durchsatz

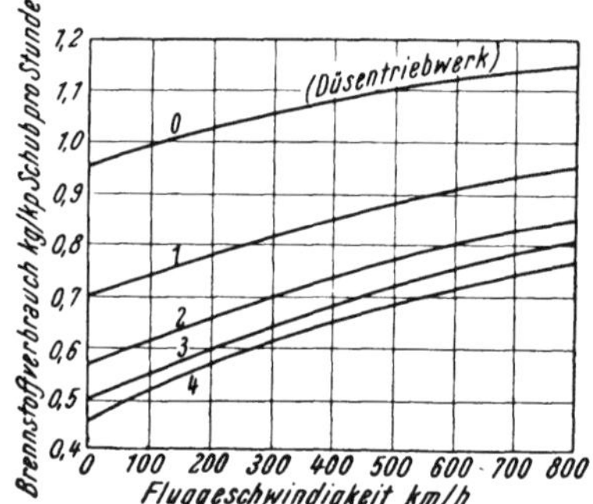

Annahmen: Höhe 10500 m, Druckverhältnis 6, $H_u = 10300$ kcal/kg. Ziffern an Kurven: Verhältnis äußerer Durchsatz zu innerem Durchsatz

Abb. 611. Wirkungsgrad, Schub und spezifischer Brennstoffverbrauch eines Zweikreisstrahlantriebes

men, Abb. 611, hervor. Es wird nicht nur der Wirkungsgrad beträchtlich erhöht, sondern vor allem auch der Schub bei niederen Geschwindigkeiten und beim Start, ohne daß die Einfachheit des Strahltriebwerkes aufgegeben wird. Die Diagramme der Abb. 611 basieren auf folgenden Annahmen:

Turbinenstufenwirkungsgrad	0,87
Kompressorstufenwirkungsgrad	0,87
Mechanischer Wirkungsgrad	0,98
ε_B	0,03
η_B	0,95
η_{Stau}	0,92
$\eta_{Düse}$	0,985
Turbineneintrittstemperatur	820° C
Auslegungshöhe	10500 m

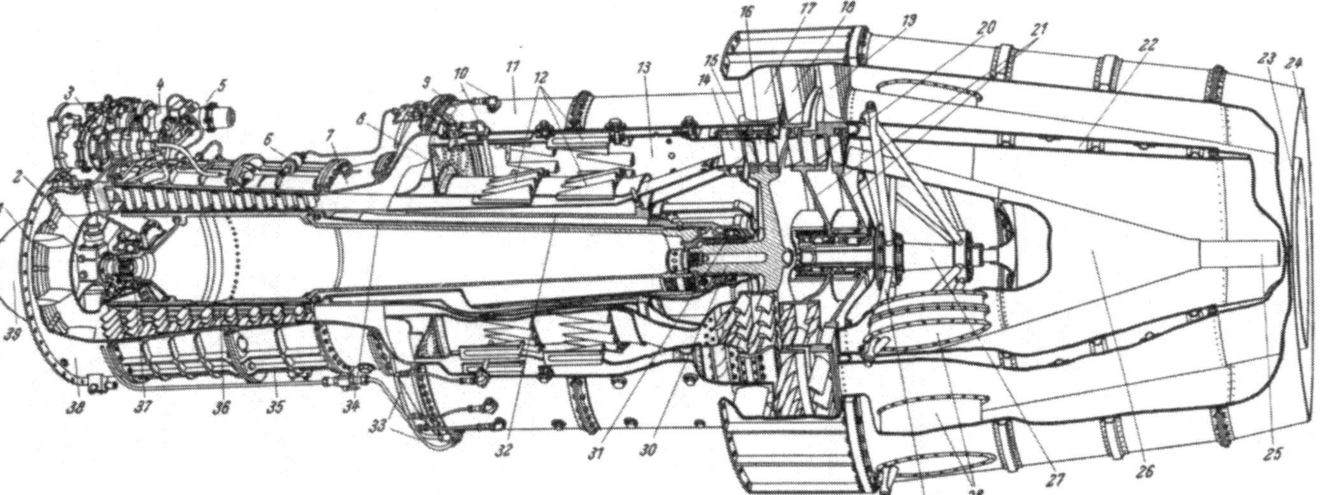

Abb. 612. Metropolitan-Vickers-F/3-Düsentriebwerk mit Düsengebläseschubverstärker

(Mit Erlaubnis von „Flight", London)

1 Schutzgitter
2 Vertikalwelle zum Hilfsgerätegetriebe
3 Brennstoffpumpe
4 Kupplung für Fernwelle am Flugzeughilfsgerätegetriebe
5 Drehzahlregler (Überdrehzahlsicherung)
6 Solenoidventil für Zündbrenner
7 Kompressorauslaß
8 Siebplatte zur Zumessung der Verbrennungsluft
9 Zündbrenner
10 Brenner
11 Brennkammergehäuse
12 Einlaßstutzen für die Mischluft
13 Brennkammer
14 Eintrittsleitschaufeln der Turbine
15 Zweistufige Kompressorturbine
16 Zwischenleitschaufeln
17 Eintrittsleitschaufeln für das Gebläse
18 Erste Gebläsestufe
19 Zweite Gebläsestufe
20 Vierstufige, gegenläufige Gebläseturbine
21 Scheiben der Gebläseturbine
22 Trennwand zwischen Gebläse- und Düsenstrahl
23 Schubdüse der Turbine
24 Schubdüse des Gebläses
25 Auslaß für Kühlluft der Gebläseturbine
26 Innerer Konus
27 Schaft der Gebläseturbine
28 Verkleidung der Tragarme des Gebläseturbinenschaftes
29 Tragarme der Gebläseturbine
30 Wellenstummel der Kompressorturbine
31 Rückwärtiges Rotorlager
32 Tragrohr für das rückwärtige Rotorlager
33 Brennstoffringleitung
34 Konisches Mittelstück des Rotors
35 Kompressorgehäuse
36 Kompressorrotor
37 Vorderes Lager (nimmt den Schub auf)
38 Lufteinlaßgehäuse
39 Klappe für Startermotor und Ölpumpe

Gerade mit einer solchen Anordnung kann bei Nachverbrennung ein wesentlicher Schubzuwachs erreicht werden. Diese Triebwerkform vereinigt die Vorteile des Propellers und der Düse, und man wird solche Triebwerke in Geschwindigkeitsbereichen verwenden, die für den Propeller noch zu hoch und für den reinen Strahlantrieb schon zu nieder sind.

Eine zweite Form eines solchen ZTL-Triebwerkes wurde von Metropolitan Vickers in England erprobt, Abb. 612. Bei diesem Triebwerk, das die Typenbezeichnung F. 3 trug, trieb eine vierstufige gegenläufige Turbine, die in den Gasstrom nach der Kompressorturbine eingeschaltet war, zwei Reihen von Gebläseschaufeln. Die Turbine hatte zwei Scheiben, die je zwei Schaufelreihen trugen. Reihe *1* und *3* der Turbine saßen auf der ersten Scheibe und trugen die erste Gebläseschaufelreihe. Die vierte Turbinenschaufelreihe saß auf der zweiten Scheibe und trug über Ringe die zweite Turbinenstufe und die zweite Gebläsestufe. Jede Scheibe wurde durch ein Lagerpaar getragen. Die Lager saßen auf einer gemeinsamen Achse, die von sechs Stützen getragen wurde, die gleichzeitig den Konus in der Düse und die äußeren Düsenmäntel hielten. Außerdem dienten diese Stützen zur Öl- und Kühlluftzuführung. Die Kühlluft wurde einer mittleren Kompressorstufe entnommen. Ein Teil der Luft wurde zusammen mit Öl in Form von Ölnebel zu den Lagern geleitet, der Rest strömte durch die hohle Achse zur Rückseite der Scheibe der Kompressorturbine und zur Vorderseite der ersten Scheibe der Gebläseturbine und kühlte diese. Das Schmieröl wurde nicht rückgeleitet, sondern der Ölnebel wurde ins Freie abgeblasen. Der Schmierölverbrauch des ganzen Triebwerkes betrug nicht ganz 2,5 Liter pro Stunde. Alle Lagerstellen wurden durch Ölnebel geschmiert; das Öl wurde durch Zumeßpumpen zugeteilt. Die ersten Versuchstriebwerke ergaben einen Brennstoffverbrauch von 0,65 kg/h/kp Schub bei einer Schubvergrößerung von 60 bis 70% bei Reiseflug. Die Gewichtsvermehrung betrug weniger als 40%. Bei Vollast machte der Schubverstärker 2500 U/min. Weitere Triebwerke dieser Firma zeigten noch bedeutend bessere Ergebnisse. Bei Verwendung einer verstellbaren Düse könnte der Vortriebswirkungsgrad einer Maschine mit Schubverstärker über einen weiten Bereich der Fluggeschwindigkeit hochgehalten werden.

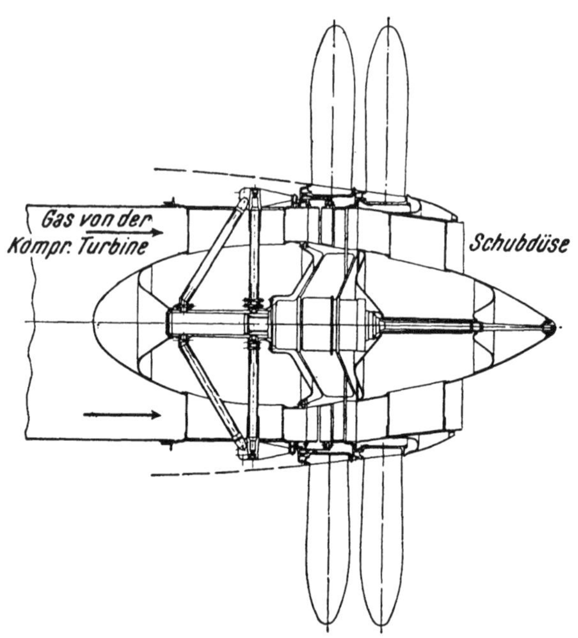

Abb. 613. Offener Gebläseschubverstärker von Metropolitan Vickers

Zusätzlich wurde von Metropolitan Vickers noch der offene Gebläseschubverstärker entwickelt, Abb. 613.

Dieses Triebwerk (F. 5) bestand aus einem normalen F.-2/4-Düsentriebwerk, an das der offene Gebläseschubverstärker angeschlossen wurde. In der mechanischen Auslegung war er gleich dem Düsengebläseschubverstärker. Die Turbine trug hier eine gegenläufige vielblättrige unverstellbare Luftschraube. Es war gedacht, daß der Schubverstärker hinter der Flügelhinterkante oder am Rumpfende angebracht wird.

Ausgelegt war er für 640 km/h in 6 km Höhe. Dabei betrug der Brennstoffverbrauch 0,872 kg/h/kp Schub, die Schubverstärkung war 1,48 gegenüber dem einfachen F.-2/4-Düsentriebwerk. Beim Start (120 km/h, Seehöhe) betrug das Verstärkungsverhältnis 1,43, bei Steigflug mit 320 km/h in 6 km Höhe 1,56 mit einem spezifischen Brennstoffverbrauch von 0,663 kg/h/kp. Dieser Verbesserung im Wirkungsgrad stand eine Gewichtsvermehrung von nur 30%, verglichen mit dem einfachen F.-2/4-Triebwerk, gegenüber. Der Propeller kann selbstverständlich auch für andere Verhältnisse ausgelegt werden. Bei mittleren

Abb. 614*a*. Zweikreisstrahltriebwerk Rolls-Royce „Conway“

Geschwindigkeiten gibt dieser offene Schubverstärker einen bedeutend besseren spezifischen Verbrauch als das reine Strahltriebwerk, im Vergleich zur Propellerturbine ist er einfacher und leichter und vermeidet das Propellergetriebe. Er gibt eine ähnliche Charakteristik wie eine Propellerturbine und kommt ihr am Auslegungspunkt fast gleich.

Ein modernes heute zur Verfügung stehendes Zweikreisstrahltriebwerk ist die von Rolls-Royce entwickelte Type Conway, Abb. 614a und b. Die Baumuster R Co 10 und

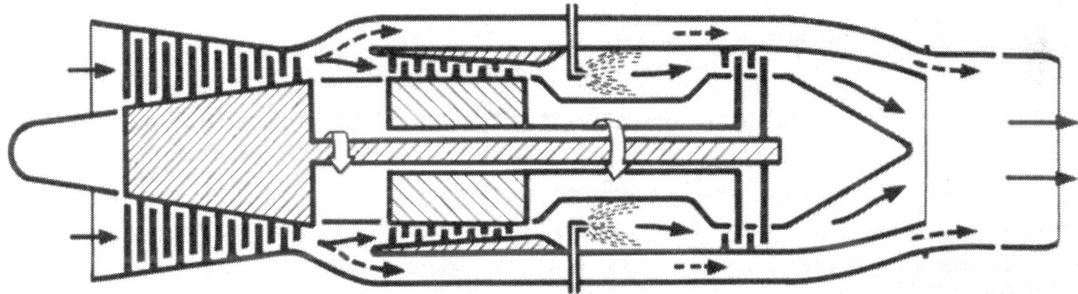

Abb. 614*b*. Schema des Zweikreisstrahltriebwerkes Rolls-Royce „Conway“

R Co 11 stehen derzeit in Entwicklung und weisen Schubwerte von 7500 bzw. 7850 kp auf. Das Triebwerk ist in Verbundbauweise ausgeführt. Der Niederdruckkompressor verarbeitet die Gesamtluftmenge, hernach wird der Luftstrom geteilt. Der innere Strom geht durch den Hochdruckkompressor, die Ringbrennkammer und Hochdruck- und Niederdruckturbine zur Schubdüse, wie bei einem normalen TL-Triebwerk in Verbundausführung. Der äußere Luftstrom geht über eine zur Schubdüse konzentrische Düse als relativ langsamer kühler Luftstrom. Verbrauchsdaten sowie andere technische Daten sind leider noch nicht bekannt. Die Abmessungen betragen: Länge 3380 mm, Durchmesser 1070 mm.

Weiterentwicklungen dieses Triebwerkes weisen Schubwerte von 8400 kp auf. Eine kleinere Type RB. 141 befindet sich ebenfalls im Versuchsstadium und gibt etwa 5500 bis 7300 kp Schub je nach Anwendungsfall. Es ist serienmäßig mit Schubumkehrdüse ausgerüstet.

In Amerika sind bei General Electric und bei Pratt & Whitney Zweikreisstrahltriebwerke in Entwicklung. Während General Electric das Triebwerk CJ-805 durch Hinzufügen einer unabhängigen Turbinenstufe nach der eigentlichen Kompressorturbine, die außen die Schaufeln des Düsengebläses trägt, in das ZTL CJ-805-21 umgebaut hat, hat Pratt & Whitney sein Triebwerk J 57 (zivile Version JT 3) durch entsprechende Ausbildung der ersten Niederdruckkompressorstufe in ein Zweikreistriebwerk JT 3 D verwandelt, Abb. 614c[1].

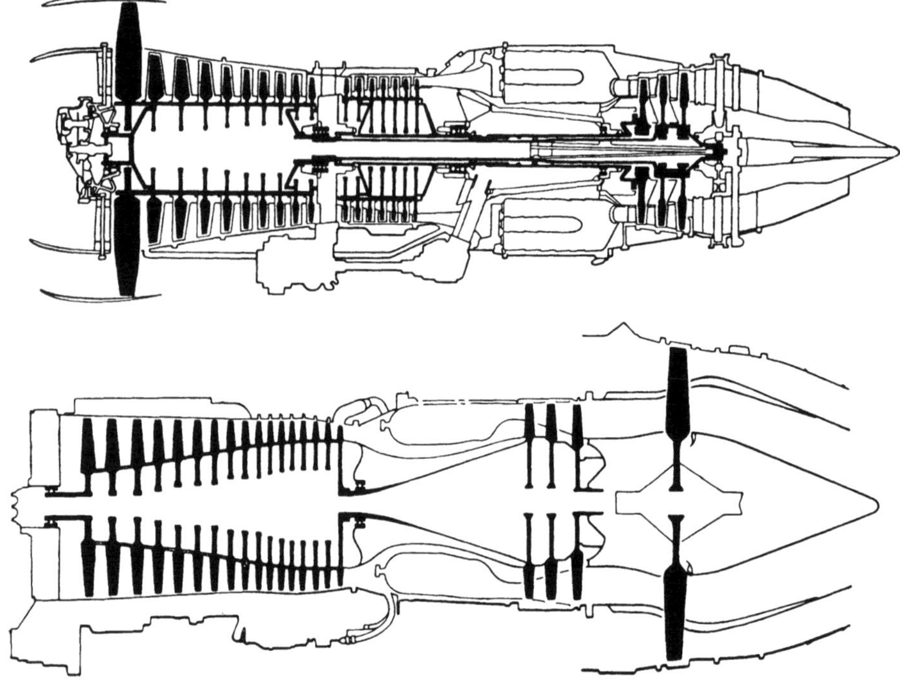

Abb. 614*c*. Schemata der ZTL-Triebwerke Pratt & Whitney JT 3 D (oben) und General Electric CJ 805-21 (unten)

Die Düsentriebwerke GE CJ-805 und Pratt & Whitney JT 3 (J 57) werden auf S. 833 noch näher beschrieben, ebenso wie die daraus abgeleiteten ZTL-Triebwerke.

Zum Vergleich einige wichtige Daten dieser Baumuster[2]:

	CJ-805-1	CJ-805-21	JT 3 C-6	JT 31
Durchmesser .... mm	825	1245 ?	1065	1470 ?
Länge .... mm	3350	4230 ?	4560	4950 ?
Gewicht .... kg	1290	1430	1840	2270 ?
Schub max. .... kp	4760	6450	5670	7600 ?
Brennstoffverbrauch .... kg/h/kp	0,74	0,67	0,81	0,685 ?
Lieferbar	1960	1961 ?	1958	1961 ?

6. Die Propellerturbine

Wenn es darauf ankommt, verhältnismäßig niedrige Geschwindigkeiten und sehr lange Strecken zu fliegen, wird man wohl auf den Propeller zurückkommen müssen. Moderne Propeller [*384*] haben auch bei höheren Geschwindigkeiten noch einen sehr

[1] Bei der endgültigen Ausführung sind die beiden ersten Stufen des Niederdruckkompressors verlängert, s. Abb. 661 b.

[2] Die Daten dieser Tabelle sind nicht endgültig. Siehe daher auch Tab. 97, S. 842ff.

guten Wirkungsgrad, und die neuesten Propellerturbinen sind den Kolbenmotoren bereits beträchtlich überlegen, wie schon früher näher ausgeführt wurde (allerdings nur, was die mögliche Zuladung betrifft). Im spezifischen Verbrauch liegt zumindest bei Teillast heute die Turbine noch höher.

Ein Vergleich soll dies näher beleuchten. Ein Kolbenmotor von 2000 PS in 6100 m Höhe, statisch, und eine Propellerturbine von 2000 PS in 6100 m Höhe, statisch, fliegen mit verschiedenen Geschwindigkeiten in ein und demselben viermotorigen Flugzeug. Es ergeben sich folgende Werte:

Fluggeschwindigkeit	Kolbenmotor		Propellerturbine	
km/h	PS insgesamt	PS nutzbar	PS insgesamt	PS nutzbar
160	2000	1400	2120	1400
320	2000	1400	2240	1750
480	2000	1250	2360	1900
640	2000	900	2480	1900
800	2000	250	2600	1800

Beim Kolbenmotor mit Propeller treten Verluste im Propeller, Verluste durch Stirnwiderstand und Kühlerverluste auf, die mit der Geschwindigkeit stark ansteigen. Die Propellerturbine hat die gleichen Propellerverluste, aber kleineren Stirnwiderstand und keine Kühlerverluste, außerdem steigt ihre Leistung mit steigender Geschwindigkeit durch die wachsende Stauaufladung vor dem Kompressor, wodurch sich ein sehr günstiges Bild ergibt und sie bei höheren Geschwindigkeiten dem Motor weit überlegen ist. Dadurch wird ihr höherer spezifischer Brennstoffverbrauch ausgeglichen, was sich in der günstigeren Zuladung des Flugzeuges auswirkt. Die neuesten Propellerturbinen haben den Verbrauch des Kolbenmotors am Boden bereits erreicht und liegen bei Reiseflug schon darunter.

7. Grundsätzliche Anordnungen von TL- und PTL-Triebwerken

a) TL-Triebwerke. Während in Deutschland mit Ausnahme von Heinkel-Hirth von Anfang an die axiale Bauart verfolgt wurde, waren die ersten englischen und amerikanischen Triebwerke mit Radialverdichtern ausgerüstet. Nur vereinzelte Stellen befaßten sich von Haus aus mit dem Axialverdichter [*377*, *378*, *379*, *380*, *381*, *382*, *396*, *397*, *398*].

Heute trifft man den Radialverdichter allerdings nur noch bei Kleintriebwerken und bei den noch in Verwendung stehenden ersten Baumustern [*412*].

Moderne TL-Triebwerke weisen grundsätzlich axiale Bauart auf. Zwei Richtungen werden verfolgt:

1. Einwellenmaschinen,
2. Zweiwellenverbundmaschinen.

Die Einwellenmaschine hat natürlich den einfacheren Aufbau, ist aber im Druckverhältnis nur bis zu einer gewissen Grenze zu treiben. Vor wenigen Jahren noch lag diese bei 5 bis 6, ist aber heute mit verstellbaren Eintrittsleitschaufeln bis auf etwa 8 bis 9 angestiegen. Mit verstellbaren Leitschaufeln auch in den ersten Kompressorstufen sind hingegen Druckverhältnisse bis etwa 12:1 bei noch guter Regelbarkeit möglich.

Damit ist die Einwellenmaschine bereits in den Bereich der Verbundtriebwerke vorgedrungen, deren Druckverhältnis heute bis etwa 13 bis 14 getrieben wurde.

Die Frage Verbund- oder Einwellentriebwerk dürfte hauptsächlich davon abhängen, ob bei gleichem Druckverhältnis die eine oder die andere Bauweise das kleinere Gewicht und die größere Einfachheit ergibt.

Als Brennkammer kommt bei modernen Triebwerken grundsätzlich nur noch die Ringbrennkammer zur Anwendung, entweder mit Einzelflammrohren (Cannular-System) oder die reine Ringbrennkammer. Lediglich einige ältere Baumuster weisen noch Einzelbrennkammern auf.

Die Turbine wird immer axial ausgeführt und ist bei kleineren Druckverhältnissen einstufig, bei größeren zwei- und sogar dreistufig. Die Schaufeln weisen neuerdings zum

Teil Deckbänder auf, die sich aus mit der Schaufel mitgeschmiedeten Einzelstücken zusammensetzen. Als Schaufelbefestigung hat sich der Tannenbaumfuß durchgesetzt. Die Eintrittstemperaturen sind ständig im Steigen begriffen, um höhere Leistungen zu bekommen, allerdings auf Kosten des Verbrauches (nur für Militärluftfahrt), und damit wird der gekühlten Turbine immer mehr Aufmerksamkeit geschenkt, eine Entwicklung, die in Deutschland während des Zweiten Weltkrieges schon sehr weit getrieben war. Um die Turbinenscheiben trotz der hohen Temperaturen aus ferritischen Werkstoffen herstellen zu können, die sich für diesen Zweck wesentlich besser eignen, wurde der Kühlung derselben größte Aufmerksamkeit geschenkt. Diesem Bestreben entgegen kamen die in letzter Zeit eingeführten verlängerten Schaufelfüße, die etwa 200° C niedrigere Kranztemperaturen gegenüber normalen Schaufeln brachten.

Die Regelsysteme sind durch die immer höher getriebenen Anforderungen an Flughöhe und Fluggeschwindigkeit auch immer komplizierter geworden, s. Abb. 387 und Abb. 392. Aus dem anfänglich sehr simplen System ist heute ein komplizierter Apparat mit vielen Regeldüsen und komplizierter Mechanik geworden, der natürlich sehr empfindlich und schmutzanfällig geworden ist. Die zukünftige Entwicklung wird sich hier zweifellos der elektronischen Steuerung zuwenden, bei der sämtliche Eingangsgrößen zu einer einzigen Stellgröße verarbeitet werden, die mittels einer Servo-Steuerung ein Regelorgan in der Brennstoffleitung entsprechend verstellt, wobei durch niedere Drucksprünge die Querschnitte hochgehalten werden können, um größte Sicherheit gegen Störungen durch Schmutzpartikelchen zu erzielen. Ein solches System würde mit kleinem mechanischem Aufwand arbeiten und dadurch wesentlich größere Zuverlässigkeit und infolge der Elektronik auch größere Genauigkeit bringen.

Während anfänglich die Triebwerkrotoren hauptsächlich in nur zwei Lagern liefen, wurde auch in dieser Beziehung der Aufbau immer komplizierter. Besonders die Verbundtriebwerke weisen bis zu acht Hauptlager auf, während die Einwellenmaschinen normalerweise mindestens drei haben. Die neuesten einwelligen TL-Baumuster zeigen allerdings wieder Rotoren, die in nur zwei Lagern sitzen, wodurch sich natürlich der Aufbau wesentlich vereinfacht und das Gewicht verringert.

Durch die heute übliche Anordnung der Hilfsgeräte außen am Triebwerk ergibt sich eine Fülle von Leitungen und Apparaten, die die Wartung des Triebwerkes erschweren und eine entsprechend glattflächige Bauweise verhindern. Ein zentraler Hilfsgeräteantrieb, der an geeigneter Stelle im Flugzeug untergebracht werden und bei mehrmotorigen Maschinen unter Umständen für sämtliche Triebwerke gemeinsam sein könnte, würde sicher hier klarere Verhältnisse schaffen.

In Europa wird Nachverbrennung nur vereinzelt angewendet, in Amerika hingegen fast bei allen Triebwerken.

Die neueste Entwicklung der Senkrechtstart-Flugzeuge zwingt zu besonders leichten und leistungsfähigen Triebwerken. Werte von 0,1 bis 0,15 kg Gewicht pro kp Schub sind bereits erreicht, während der Stirnflächenschub sich der Größenordnung von 9000 kg/m^2 nähert. Diese Extremwerte konnten durch die immer weitere Erforschung der Leichtbauweise und den steigenden Einsatz von Titan erreicht werden. Möglicherweise wird man sich in Zukunft eher kleineren Triebwerken zuwenden, die sehr einfach und leicht gebaut sind und die, mehrere Stück in einer Triebwerksgondel zusammengefaßt untergebracht werden, wobei ein gemeinsames Brennstoffsystem und ein gemeinsames Hilfsgerätegetriebe angewendet werden könnten. Damit sind Leistungen bis zu 15 kp Schub pro kg Triebwerk möglich [*404*].

b) PTL-Triebwerke. Auch bei den Propellertriebwerken sind die gleichen Entwicklungstendenzen wie bei den TL-Triebwerken festzustellen. Der grundlegende Unterschied besteht wohl darin, daß das PTL-Triebwerk nur im Unterschallgebiet angewendet werden kann, während das TL-Triebwerk auch noch bei sehr hoher Überschallgeschwindigkeit bei entsprechendem Aufbau, s. Abb. 392, eingesetzt werden kann. Beim TL-Triebwerk hängt die anzuwendende Verdichtung vom Bereich der Fluggeschwindigkeit ab. Je höher diese liegt, um so niedriger kann die Verdichtung sein. Dies hängt mit der Stauaufladung zusammen. Das PTL-Triebwerk hingegen kann nur mit sehr hoher Verdichtung und hoher Eintrittstemperatur einen maximalen thermischen Wirkungsgrad erreichen, Abb. 615. Sein Gesamtwirkungsgrad hängt in hohem Maße vom Propellerwirkungsgrad ab [*385*, *412*].

Moderne PTL-Triebwerke weisen daher sehr hohe Verdichtungsverhältnisse und Eintrittstemperaturen auf. Die Verbundbauweise scheint hier im Vordringen zu sein, obwohl natürlich auch die Einwellenmaschine mit verstellbaren Leitschaufeln in den

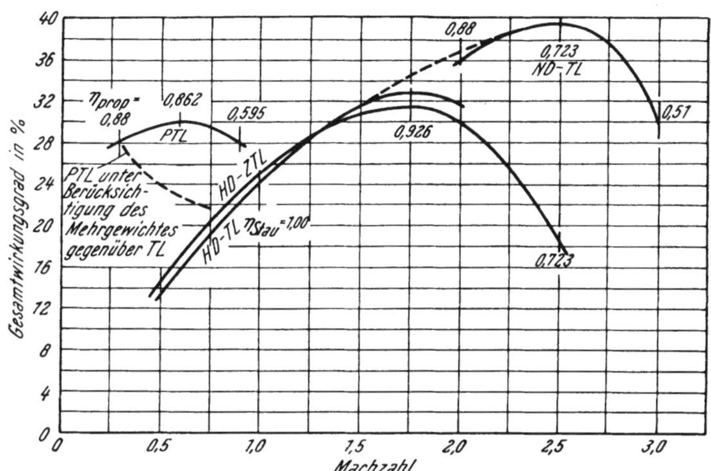

Abb. 615. Der Gesamtwirkungsgrad verschiedener Flugtriebwerke bei verschiedenen Machzahlen
HD-ZTL = Zweikreisstrahltriebwerk mit hohem Druckverhältnis
HD-TL = Strahltriebwerk mit hohem Druckverhältnis
ND-TL = Strahltriebwerk mit niederem Druckverhältnis
PTL = Propellerturbine

ersten Kompressorstufen aussichtsreich erscheint. Jedenfalls zeigen die neuesten Baumuster von Verbundtriebwerken bereits einen Verbrauch von 180 g/PSh bei Reiseleistung in großer Höhe.

Die grundsätzlichen Bauarten sind:

1. Einwellenmaschine mit direktem Antrieb des Propellers,
2. Maschinen mit Verbundkompressorsystem,
3. Antrieb des Propellers durch eine getrennte Nutzleistungsturbine.

Am häufigsten trifft man heute noch die Einwellenmaschine mit direktem Propellerantrieb. Der Kompressor kann dabei ein Radialverdichter, einstufig oder zweistufig, oder ein Axialverdichter sein. Neuere Triebwerke weisen mit Ausnahme von Kleinturbinen nur noch Axialverdichter auf.

Die Druckverhältnisse mit verstellbaren Eintrittsleitschaufeln liegen bei etwa 7 bis 9 und können durch Verstellen der ersten Leitschaufelstufen des Kompressors auch noch höher getrieben werden.

Beim Verbundkompressorsystem treibt die meist einstufige Hochdruckturbine den Hochdruckkompressor und die meist dreistufige Niederdruckturbine den Niederdruckkompressor und den Propeller. Die Verdichtungsverhältnisse liegen bei etwa 10 bis 14.

Die freilaufende Turbine wird als Propellertriebwerk von Bristol schon seit eh und je verfolgt. Das Triebwerk Proteus 755 dieser Firma ist die heutige Ausgabe einer langen Entwicklungsreihe. Neuerdings hat die Bauweise mit getrennter Nutzleistungsturbine speziell für Helikopterantriebe wieder stark an Boden gewonnen. Eine weitere Abart von Helikopterantrieb weist eine Propellerturbine zum Antrieb eines Kompressors auf, der Luft vermischt mit Turbinenabgasen zu kleinen Düsen an den Rotorspitzen schickt.

Bezüglich der Ausbildung von Turbine und Brennkammer gilt das schon bei den TL-Triebwerken Gesagte.

Das Brennstoffsystem ist an sich gleich wie beim TL-Triebwerk, es muß aber noch die Propellerverstellung entsprechend gekuppelt sein, damit der Pilot nur einen Regelhebel zu bedienen hat. Auch beim PTL-Triebwerk werden in Zukunft elektronische Regelgeräte die wünschenswerte Vereinfachung der heute bereits sehr komplizierten hydromechanischen Regelgeräte bringen. Es sind allerdings beim PTL-Triebwerk keine so extremen Anforderungen an Flughöhe und Geschwindigkeit gestellt wie beim TL-Triebwerk, wodurch sich die Regelsysteme etwas vereinfachen.

8. Das Kernenergie-Flugtriebwerk

a) Allgemeines. Nachdem viele Jahre lang nur in den USA an der Entwicklung des Kernflugtriebwerkes gearbeitet worden war, haben im vergangenen Jahr auch mehrere große Unternehmen der Flugtriebwerkindustrie in Großbritannien und Frankreich ihr Interesse an dieser Entwicklung bekundet und mit vorbereitenden Forschungsarbeiten begonnen [*409*, *411*].

Hieraus ist vielfach der Eindruck entstanden, daß das Kernflugtriebwerk verhältnismäßig bald ganz allgemein die heutigen Triebwerke ablösen werde. Dies steht jedoch keineswegs in Aussicht. Das schnell gewachsene Interesse für das mit Wärmeenergie aus dem Urankernzerfall gespeiste Flugtriebwerk dürfte eher darauf zurückgehen, daß hier ein technisches Problem vorliegt, an dessen Lösung mitzuarbeiten zu den Fundamentalaufgaben der Technik überhaupt gehört und dessen Bearbeitung der Schaffung von Kernenergieanlagen auch für ganz andere Zwecke weitgehend zugute kommen wird.

Die unmittelbare Verwendungsmöglichkeit von Kernflugtriebwerken ist in der näheren Zukunft nach dem heutigen Stande der Atomtechnik nur gering. Soweit sich übersehen läßt, werden in der nächsten Zeit Kerntriebwerkanlagen wegen ihres hohen Abschirmungsgewichtes nur für Flugzeuge ab etwa 100 t Fluggewicht in Betracht kommen. Das würde bedeuten, daß sie vorerst nur für Langstreckenverkehrsflugzeuge und -bomber geeignet wären. Es ist aber zu bedenken, daß ihre Erstellungs- und Betriebskosten wahrscheinlich noch für geraume Zeit sehr hoch sein werden und daß der Umgang mit ihnen in der Praxis sehr umständlich, wenn nicht sogar gefährlich sein dürfte. Gewiß, das Kernflugtriebwerk wird dem damit ausgerüsteten Flugzeug eine praktisch unbeschränkte Flugweite und Flugdauer verleihen. Aber dies ist nur in ganz wenigen Sonderfällen eine Notwendigkeit oder ein so großer Vorteil, daß es sich lohnt, Nachteile wirtschaftlicher oder betrieblicher Art in Kauf zu nehmen. Es gibt beispielsweise im Luftverkehr keine Strecke, die nicht von Verkehrsflugzeugen mit herkömmlichen Antrieben unter Mitnahme einer wirtschaftlich tragbaren Nutzlast beflogen werden kann. Das gleiche gilt auch auf der militärischen Seite für die großen Bombenflugzeuge. Zur Zeit sind wohl nur die Radarüberwachung aus der Luft, die weltweite Seeaufklärung und Sonderaufgaben im Seekrieg Gebiete, die das mit Kernenergie angetriebene Flugzeug unbegrenzter Flugdauer verlangen.

Trotzdem ist das Kernflugtriebwerk eine Ingenieuraufgabe allerersten Ranges, wenn man nicht nur an die allernächste Zukunft denkt. Neue Erkenntnisse und Verbesserungen, die im Laufe der ja eben erst begonnenen Entwicklung der Atomtechnik anfallen und wahrscheinlich das aufzuwendende Reaktorgewicht sowie die Kosten des Kernbrennstoffes und die Betriebsschwierigkeiten vermindern werden, können ihm eines Tages eine viel größere Bedeutung verleihen, als heute erkennbar ist.

b) Kernreaktoren für Flugtriebwerke. Ebenso wie es bei Verbrennungskraftmaschinen verschiedenartige Brennkammern und Brennstoffe gibt, so sind auch für Kernenergietriebwerke grundsätzlich verschiedene Arten von Kernreaktoren, die den wärmeerzeugenden Brennkammern entsprechen, und mehrere Arten von Kernbrennstoffen möglich;

mangelnde Erfahrungen und der Stand der Reaktortechnik schränken jedoch zur Zeit die Auswahl noch stark ein. Für Kernflugtriebwerke erscheint der auf der Grundlage „schneller", das heißt ungebremster Neutronen arbeitende Reaktor am vorteilhaftesten, der metallisches, mit dem spaltbaren Uran 235 oder mit Plutonium 239 stark angereichertes Uran als Brennstoff verwendet. Diese Reaktorbauart ergibt im Gegensatz zum „langsamen" Reaktor höhere Temperaturen und wegen des Fehlens eines Moderators kleine Abmessungen. Außerdem sind verhältnismäßig große Kühlkanäle bzw. -flächen möglich, was für die Wärmeabfuhr aus dem Reaktor von entscheidendem Vorteil ist. Mit den Eigenarten des Reaktors ist aber auch eine Reihe von Beschränkungen für die Art des eigentlichen Triebwerkes und die anwendbaren thermodynamischen Kreisprozesse gegeben.

Zur Zeit kommt der Schnellneutronenreaktor für Kernflugtriebwerke wohl noch nicht mit ausgesprochen hohen Arbeitstemperaturen in Betracht. In weiterer Zukunft verspricht er aber in einer Bauart mit homogenen, das heißt mit einem Moderator wie Graphit oder Beryllium gemischten Kernbrennstoffen gute Aussichten.

α) *Reaktortemperaturen.* Wie schon erwähnt, muß bei der atomaren „Verbrennung" der im thermodynamischen Kreisprozeß erforderliche Wärmeträger seine Wärme aus dem Kernbrennstoff aufnehmen. Dieser kann aber, wenn er auch praktisch beliebig große Wärmemengen abzugeben vermag, nicht auch beliebig hohe Temperaturen annehmen. Dies gilt zumindest für metallisches Uran und bedeutet gerade für das Kernflugtriebwerk, das leicht und klein sein soll, eines der Hauptprobleme.

Metallisches Uran schmilzt bei etwas über 1100° C und weist bereits bei 660° C einen Phasenwechsel auf, der gewisse metallurgische Schwierigkeiten mit sich bringt. Man wird daher im Betrieb auf höchstens etwa 1000° C Urantemperatur gehen können. Abgesehen davon setzt auch das als Wärmeträger notwendige Kühlmittel der im Reaktor zulässigen Temperatur eine Grenze. Wasser würde die Anwendung hoher Drücke und daher einen großen Gewichtsaufwand erfordern; Natrium, das am ehesten als Wärmeträger in Betracht kommt, siedet bei 880° C. Man darf deshalb als nutzbare Temperatur des Kühlmittels bei Reaktoren mit metallischem Uran etwa 700 bis 800° C ansetzen. Dies wäre an sich für das in einer Wärmekraftmaschine erforderliche Temperaturgefälle ausreichend, wenn der Wärmeträger unmittelbar der Kraftmaschine zugeführt werden könnte; leider ist das gerade beim Flugtriebwerk wegen der Radioaktivität des den Reaktor durchströmenden Kühlmittels und der dagegen notwendigen Abschirmung nicht möglich, so daß Wärmeaustauscher und mit ihnen auch ein Verlust an Temperaturgefälle in Kauf genommen werden müssen.

Höhere Reaktortemperaturen wären natürlich durchaus erwünscht. Sie dürften auch in Zukunft vielleicht mit UO_2 oder UC als Brennstoff erreicht werden, die erst bei über 2000° C schmelzen, oder mit einem homogenen, also mit einem Moderator vermischten flüssigen Kernbrennstoff. Solche Brennstoffe verlangen aber Behälter aus reinen Metallen, wie Zirkon, Vanadium, Niob, Tantal, Wolfram oder Molybdän, deren kernphysikalisches und metallurgisches Verhalten bei hohen Temperaturen noch nicht ganz erforscht ist.

β) *Wärmeträger.* Wenn man die Kühlung eines Kernreaktors mit Wasser aus der Betrachtung ausscheidet, worauf im folgenden noch einzugehen ist, bleiben nur folgende Möglichkeiten der Wärmeabfuhr:

Die Kühlung und Wärmebeförderung durch ein Gas ist bei Schnellneutronen-Reaktoren mit metallischem Uran deswegen unzweckmäßig, weil die Wärmeübertragung von der Brennstoffoberfläche auf das Gas schlecht ist und damit angesichts der begrenzten Brennstofftemperatur nur eine mäßig hohe Temperatur des Wärmeträgers erreicht werden kann. Diese Verhältnisse ließen sich nur durch einen großen Kühlmitteldurchsatz ausgleichen, was aber sehr große Brennstoffoberflächen und weite Kühlkanäle im Reaktor bedingen würde, der dann verhältnismäßig groß und mit seiner Abschirmung für Luftfahrzeuge viel zu schwer würde. Die Wärmeabfuhr mittels eines Gases könnte erst dann aussichtsreich werden, wenn die bereits erwähnten, mit homogenen Brennstoffen arbeitenden Hochtemperatur-Reaktoren zu verwirklichen sind, die eine große Kühlfläche bei kleinem Raumbedarf darbieten.

Für „schnelle" Reaktoren, wie sie zur Zeit für Kernflugtriebwerke hauptsächlich in Frage kommen, erscheinen flüssige Metalle als Kühlmittel und Wärmeträger als die beste Lösung. Sie haben ausgezeichnete Wärmeübergangseigenschaften, man kommt also mit verhältnismäßig kompakten Reaktoren aus. Am geeignetsten hat sich bisher Natrium erwiesen; seine Handhabung in einem geschlossenen Kreislauf mittels elektromagnetischer Pumpen macht bei Temperaturen bis 800° C keine unüberwindlichen Schwierigkeiten, obwohl dabei rotglühende Rohrleitungen, Pumpen und Wärmeaustauscher mit all ihren Unannehmlichkeiten nicht zu umgehen sind und auch die vollkommene Dichtigkeit der Kühlanlage kein sehr einfaches Problem darstellt. In dem amerikanischen U-Boot „Seawolf" ist bereits ein natriumgekühlter Reaktor in Erprobung. Verlockend wäre die Verwendung von Lithium als Kühlmittel, weil es im Reaktor keine radioaktiven Isotope bildet; bis jetzt fehlen aber noch genügend Erfahrungen in bezug auf seine Handhabung.

c) Ausnutzung der Reaktorwärme. Es bedeutet einen großen Unterschied, ob die in einem Kernreaktor gewonnene Wärme in ortsfesten und keiner Gewichtsgrenze unterliegenden Kraftanlagen in mechanische Energie umgewandelt werden soll oder in einem leichten Flugtriebwerk. Im letztgenannten Falle verbieten sich von vornherein aus Gewichtsgründen alle komplexen thermodynamischen Kreisprozesse, obwohl die Eigenart der Wärmegewinnung aus dem Kernzerfall diese geradezu herausfordert.

Die Verwendung von Dampfturbinen scheint auf den ersten Blick einen gangbaren Weg zu bieten. Wasser, das dabei als Kühlmittel und zur Dampferzeugung genommen werden müßte, ist ein gutes Wärmeübertragungsmittel und könnte im Reaktor gleichzeitig als Neutronenbremsstoff dienen. Außerdem sind die Verluste beim Dampftriebwerk nur sehr klein. Aber man müßte mit sehr hohen Drücken arbeiten, um die Turbinen klein zu halten, und einen geschlossenen Kreislauf anwenden, das heißt den Abdampf ebenfalls bei hohem Gegendruck kondensieren lassen, wenn der Kondensator eine erträgliche Größe haben sollte. Vor allem müßten der ganze Reaktor und die Rohrleitungen zu den Turbinen hochdruckfest ausgebildet sein, was sehr viel Gewicht beanspruchen würde. Für Flugtriebwerke scheidet die Dampfturbine also aus.

Viel besser stellt sich die Wärmeausnutzung in Gasturbinen dar. Diese lassen sich bei Kühlung des Reaktors mit flüssigem Metall über einen Wärmeaustauscher mit Heißluft betreiben. Hierbei sind allerdings, weil die Temperatur des Wärmeübertragungsmittels im geschlossenen Reaktorkühlkreislauf beschränkt ist, keine so hohen Betriebstemperaturen wie bei der Kohlenwasserstoffe verbrennenden Gasturbine erreichbar. Aus diesem Grunde scheiden nach dem heutigen Stande der Reaktortechnik Staustrahlrohre und sogar Luftschraubenturbinen als Kernflugtriebwerke aus. Die letztgenannten würden wegen des geringen Temperaturgefälles unter Umständen schwerer als der Reaktor.

Somit bleibt als der zur Zeit beste Weg für die Ausnutzung der Reaktorwärme in einem Flugtriebwerk die Strahlturbine, bei der die Brennkammern durch einen Wärmeaustauscher ersetzt sind. Wegen des im Vergleich zu herkömmlichen Strahlturbinen niedrigeren Temperaturgefälles muß der Luftdurchsatz höher als bei diesen sein.

Im Flugzeug wird ein einziger Reaktor mehrere Strahlturbinen mit Wärme versorgen, da das hohe Abschirmungsgewicht den Einbau mehrerer Reaktoren nicht gestattet, Abb. 616. Das bedeutet lange Rohrleitungen für den Wärmeträger und hohe Pumpleistungen.

In der Praxis wird es unmöglich sein, mit je einem Wärmeaustauscher für jedes Triebwerk auszukommen. Wenn beispielsweise als Wärmeträger Natrium dienen soll, was nach dem heutigen Stande der Technik wohl der Fall sein wird, so müßte man die Rohrleitungen gegen Strahlung abschirmen, weil dieses Metall beim Durchgang durch den Reaktor zunehmend radioaktiv wird. Es ist daher zweckmäßiger, einen primären Wärmeaustauscher vorzusehen, der dicht beim Reaktor noch innerhalb dessen Abschirmung liegt, und sekundäre Austauscher in den Triebwerken, Abb. 617. Der Wärmeträger in den sekundären Kreisläufen wird dann kaum mehr strahlungsaktiv. Diese schwere Anordnung wird sich einmal vermeiden lassen, wenn es gelingt, Lithium als Reaktorkühlmittel einzusetzen.

d) Strahlung und Abschirmung. Das schwierigste Problem, das jede Art von Kernflugtriebwerk stellt, bildet die Abschirmung des Reaktors gegen die von ihm ausgehende Strahlung und gegebenenfalls gegen das Austreten radioaktiver Partikel. Ein ausreichender Strahlungsschutz erfordert einen so hohen Gewichtsaufwand, daß die Verwendungsmöglichkeit des Kerntriebwerkes in Flugzeugen letzten Endes nur von dem Abschirmungsgewicht abhängt. Dieses selbst steigt je nach der Dicke der Schirmwände schneller oder langsamer mit den Reaktorabmessungen, weshalb es entscheidend darauf ankommt, kleine Reaktoren mit hoher Wärmebelastung zu schaffen.

Ein Kernreaktor erzeugt eine außerordentlich große Menge biologisch gefährlicher und auch für viele Werkstoffe schädlicher Strahlung, von der so gut wie nichts nach außen dringen darf. Davon sind Neutronen und Gammastrahlung am gefährlichsten und auch am schwierigsten unschädlich zu machen. Aus dem Kernzerfall im Reaktor entsteht eine Primärstrahlung, die zum großen Teil aus Neutronen und Gammastrahlung besteht. Zugleich wird aber beim Zerfall kurzlebiger Spaltprodukte und beim Neutroneneinfang durch den Brennstoff sowie durch Reaktorbaustoffe weitere Gammastrahlung frei. In der Abschirmung selbst, deren Aufgabe es ist, diese verschiedenartige Strahlung zu absorbieren, entsteht weiterhin eine Sekundärstrahlung, und zwar werden Neutronen aus der Gammastrahlen-Absorption und Gammastrahlen aus der Abbremsung der Reaktor-Neutronen frei.

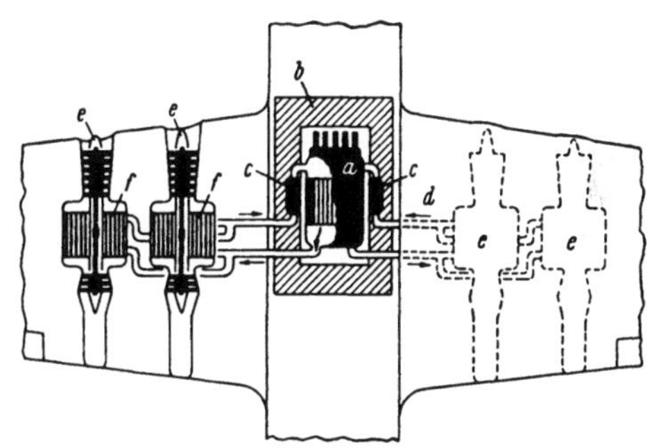

Abb. 616. Kernflugtriebwerksanlage mit 4 TL-Triebwerken. Vorschlag von Rolls-Royce

a Kernreaktor
b Abschirmung
c Natriumpumpen
d Natriumleitungen
e TL-Triebwerke
f Wärmeaustauscher

Diese Eigenart der Strahlungsentstehung mit einer in der Abschirmung zwar abklingenden, aber zugleich immer wieder neu entstehenden Gammastrahlung macht es notwendig, dem Aufbau der Abschirmung im Sinne höchster Wirksamkeit bei niedrigstem Gewicht Aufmerksamkeit zu schenken. Dicke Betonwände, wie sie bei ortsfesten Kernreaktoren üblich sind, scheiden wegen ihres hohen Gewichtes aus. Wahrscheinlich werden geschichtete Abschirmungen in Betracht kommen. Ein Vorschlag [*411*] sieht als innerste Schicht einen Bleimantel vor, dem Schichten aus Bor oder Lithium mit Zwischenlagen aus Eisenblech folgen, Abb. 617. Blei absorbiert am besten die Gammastrahlung und Bor oder Lithium die Neutronen. Der innerste Bleimantel wird heiß und muß gekühlt werden. Derartig geschichtete Schirmwände dürften am leichtesten ausfallen.

Der Entwurf einer Reaktorabschirmung ist eine komplexe Aufgabe, die sich genauer Berechnung entzieht. Die Strahlungsdurchlässigkeit bzw. die Wirksamkeit einer Abschirmung kann eigentlich nur aus dem Versuch sicher bestimmt werden.

Am schwierigsten wird das Problem der Reaktorabschirmung, wenn es sich um ein Verkehrsflugzeug handelt. Man kann zwar durch volle Abschirmung nur nach den Fluggast- und Besatzungsräumen hin Gewicht einsparen, hat aber dann keinen ausreichenden Strahlungsschutz am Boden, weil ein Uranreaktor auch noch nach Stillegung einen gewissen Leistungspegel behält und damit weiterstrahlt. Bei Kriegsflugzeugen jedoch wird man vielleicht von der Möglichkeit einer einseitigen oder teilweisen Abschirmung Gebrauch machen, zumal wenn man an nur einmaligen Einsatz von Besatzungen denkt. Für unbemannte Flugzeuge ließe sich vielleicht die Abschirmung ganz erübrigen, weil Werkstoffe und Geräte weitaus unempfindlicher gegen Kernstrahlung sind als Lebewesen.

e) Kerntriebwerke in Flugzeugen. Auf den ersten Blick mag es scheinen, als ob Kernflugtriebwerke wegen ihres hohen Gewichtes nur für verhältnismäßig langsame Flugzeuge in Frage kämen. Dies ist jedoch nur bedingt richtig, denn die aus einem Kernreaktor zu gewinnende Wärmemenge ist außerordentlich groß, so daß es bei entsprechender Auslegung eines Flugzeuges durchaus möglich ist, mit Kernflugtriebwerken auch hohe Überschallgeschwindigkeiten zu erreichen. Alle bisher bekanntgewordenen Projekte zielen daher auch auf sehr schnelle Flugzeugmuster, wenn auch auf solche mit ziemlich hohem Fluggewicht.

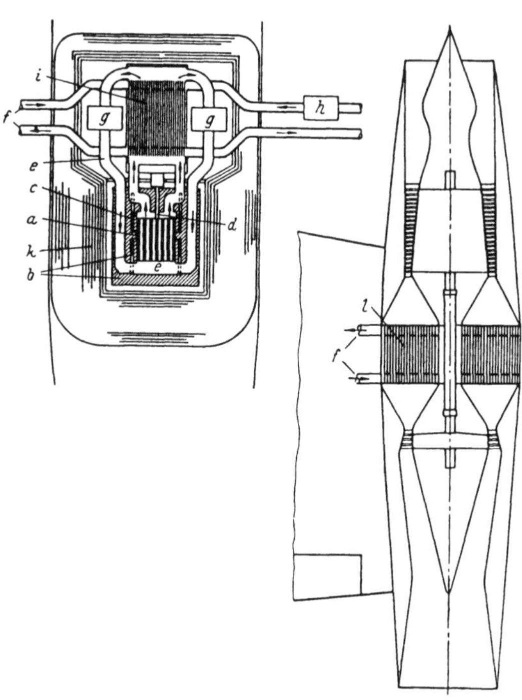

Abb. 617. Reaktor und TL-Triebwerk mit Primär- und Sekundärkühlkreislauf. Vorschlag von Hawker-Siddeley

a Brennstoffelement
b Bleiabschirmung
c Regelbarer Reflektor
d Sicherheitsstab
e Primärkühlmittel
f Sekundärkühlmittel
g Pumpe für Primärkühlmittel
h Pumpe für Sekundärkühlmittel
i Primärwärmeaustauscher
k Lamellenabschirmung aus Borstahl
l Sekundärwärmeaustauscher

Ein von der Hawker Siddeley Nucleonics Ltd. bekanntgewordener Flugzeugentwurf sieht einen Reaktor mit einem Kern von 51 cm Dmr., Natriumkühlung bei 750° C Auslaßtemperatur und eine Wärmeleistung von ungefähr 250 MW (340000 PS) vor. Damit ließe sich ein Flugzeug von vielleicht 70 bis 135 t Fluggewicht je nach Abschirmung und für etwa 4,5 t Nutzlast bauen, das in 20 km Höhe eine Geschwindigkeit entsprechend Machzahl 2,5 erreichen könnte. Hierbei ist vorausgesetzt, daß das Reaktorgewicht 13,6 bis 15,9 t beträgt und daß die Wärmeaustauscher in den Triebwerken zwischen Turbine und Verdichter etwa 1 kg je 1 kp Schub wiegen, das heißt wenigstens 12 t je Triebwerk.

An diesem Flugzeugentwurf fällt auf, daß der Reaktor keineswegs an einer ungewöhnlichen Stelle möglichst weit entfernt von Besatzungs- oder Fluggästeräumen angeordnet ist, wie das an Phantasieentwürfen gelegentlich zu sehen ist. Es ist nämlich praktisch unmöglich, eine so schwere Anlage, die einen so wesentlichen Teil des Fluggewichtes ausmacht, anderswo unterzubringen als im Schwerpunkt.

Flugzeuge mit Kerntriebwerken werfen eine Reihe baulicher und betrieblicher Probleme auf, von denen die wichtigsten hier kurz gestreift seien:

Wegen des gewichtsmäßig nicht in Erscheinung tretenden Brennstoffverbrauchs hat das Kerntriebflugzeug ein Landegewicht, das sich von dem Startgewicht nicht unterscheidet. Das bedeutet bei einem ohnehin sehr großen Flugzeug eine gewisse Erschwerung seiner Auslegung in bezug auf die Flächenbelastung, die nicht allzu hoch gewählt werden darf.

Kernflugtriebwerke werden, mindestens im ersten Stadium ihrer Entwicklung, ihren Marschschub nur an der oberen Grenze der Reaktor-Wärmebelastung erreichen können, wenn nicht ihr Gewicht unerträglich hoch werden soll. Es fehlt ihnen daher der für Start und Steigen notwendige Schubüberschuß. An diesem Mangel wird sich kaum sehr bald etwas ändern lassen. Voraussichtlich wird es deshalb erforderlich sein, zusätzliche Starttriebwerke vorzusehen oder den Schub der Kerntriebwerke vorübergehend durch besondere Mittel zu steigern. Man kann beispielsweise daran denken, die mit Reaktorwärme betriebenen Strahlturbinen zusätzlich mit Nachbrennern im Strahlrohr zu versehen. Die dafür erforderlichen chemischen Brennstoffe würden kaum sehr ins Gewicht fallen.

Ein Problem, das hiermit zusammenhängt und beachtet werden muß, ist das der Regelung von Kernflugtriebwerken, insbesondere der Fall des schnellen Beschleunigens im Notzustand. Ein Kernreaktor vergrößert die von ihm gelieferte Wärmemenge mit dem Neutronenfluß. Dieser läßt sich beim Schnellneutronen-Reaktor durch Ein- oder Ausschieben von Regel-Elementen aus B 10 oder Li 6 steuern, was aber eine gewisse Zeit erfordert; die erzeugte Wärme steigt bei plötzlicher Neutronenfreigabe erst langsam, dann aber sehr schnell, das heißt es ist eine gewisse Anfangsträgheit beim Beschleunigen vorhanden, die gegebenenfalls durch zusätzlichen Schub mit anderen Mitteln zu überwinden wäre.

Beim Außerbetriebsetzen des Reaktors nach der Landung durch Unterbrechung des Neutronenflusses hört die Wärmeerzeugung in einem Uranreaktor keineswegs ganz auf. Der Brennstoff enthält nach einiger Zeit radioaktive, also selbstspaltende Stoffe, die unabhängig von der primären Kernreaktion Wärme entstehen lassen. Nach dem Unterbrechen der Kettenreaktion sinkt die erzeugte Wärmeenergie zwar sofort auf etwa 4 %, beträgt aber nach 24 h noch fast 1 % der vollen Energie. Das bedeutet, daß die Wärmeabfuhr aus dem Reaktor zu einem Teil auch auf dem Boden nach einer Landung aufrechterhalten bleiben muß, was nur durch einen besonderen Kühlkreislauf erreichbar sein dürfte.

Das Weiterarbeiten des Reaktors nach der Kettenreaktions-Unterbrechung ist auch für den Fall von Bruchlandungen sehr unangenehm, weil es die Vergiftung der Bruchstellenumgebung mit radioaktiven Stoffen möglich macht. Für den Fall von Bruchlandungen muß überhaupt für die Bruchsicherheit des Reaktors Sorge getragen werden, weil die heißen Brennstoffelemente bei Berührung mit Luftsauerstoff brennen, was eine radioaktive Gaswolke mit unübersehbaren Folgen für eine weite Umgebung entstehen lassen würde.

Auch das Durchgehen des Reaktors im Betrieb darf unter keinen Umständen möglich sein. Brennstoff und Kühlmittel würden verdampfen und eine radioaktive Vergiftung größten Ausmaßes hervorrufen, die nicht nur die Flugzeuginsassen gefährden müßte.

Obwohl das Kernflugtriebwerk eine große Zahl höchstbeanspruchter Bauelemente, wie z. B. den Reaktor und die Wärmeaustauscher, enthält, sollte seine Lebensdauer möglichst höher sein als diejenige herkömmlicher Flugtriebwerke. Jede Instandsetzungsarbeit nämlich und selbst der Austausch von Brennstoffelementen bedeutet einen umständlichen Vorgang, weil Reststrahlung und Radioaktivität große Vorsichtsmaßnahmen notwendig machen.

f) Stand der Entwicklungsarbeit. Kennzeichnend für den heute erreichten Stand der Entwicklung von Kernflugtriebwerken ist, daß im Januar 1957 die erste jemals vollendete Anlage dieser Art bei der General Electric Co. ihren ersten Standlauf ausführte. Von hier bis zu einem betriebsfähigen und als erprobt geltenden Gerät ist aber noch ein weiter Weg zurückzulegen. Immerhin ist der erste Flug eines mit einer Kerntriebswerksanlage ausgerüsteten Flugzeuges bereits in der nächsten Zukunft zu erwarten. Abgesehen davon, ist der Stand der Entwicklung in den einzelnen Ländern, die sich mit dem Kernflugtriebwerk befassen, sehr verschieden.

α) *Amerika.* Die in den USA bereits 1946 aufgenommene Entwicklungsarbeit am Kernflugtriebwerk begann mit Studien durch die Fairchild Engine & Airplane Corp. auf Grund eines Vertrages mit der Army Air Force. Aber erst Anfang 1951, als dieser Vertrag ablief, gab die inzwischen geschaffene Atomic Energy Commission (AEC) bekannt, daß nunmehr die theoretische Gewißheit für die Entwicklungsmöglichkeit eines kernenergiegetriebenen Flugzeuges bestehe.

Die AEC leitet seither durch ihre Aircraft Reactors Branch die Forschungs- und Entwicklungsarbeiten. Diese werden zum großen Teil durch Privatunternehmen auf der Grundlage von Aufträgen der AEC und teilweise mit Hilfe von umfangreichen Versuchseinrichtungen durchgeführt, die mit staatlichen Mitteln geschaffen wurden. Die in Instituten und Forschungsanstalten betriebene Forschungsarbeit wird hauptsächlich an drei Stellen geleistet: Das Oak Ridge National Laboratory z. B. stellt Untersuchungen über Strahlung und Abschirmung von Reaktoren an und hat dazu eine Versuchsanlage errichtet, auf der die Strahlung eines in der Luft schwebenden Reaktors gemessen werden kann. Das Strahlungslaboratorium der University of California arbeitet theoretisch und praktisch auf dem Gebiete der Wärmeübertragung und der Werkstoffe. Das Wright Air Development Center in Dayton schließlich (U.S. Air Force) hat eine große Versuchsanlage mit einem 10-MW-Reaktor und einem Strahlungslaboratorium errichtet, die ausschließlich der Forschungsarbeit am Kernflugtriebwerk dient (Projekt WS-125 A).

Anfang 1957 arbeiteten für staatliche Auftraggeber folgende Triebwerkhersteller an der Entwicklung von Kerntriebwerken für Flugzeuge: die Curtiss-Wright Corp. betreibt ein besonderes Forschungs- und Entwicklungslaboratorium bei Quehanna im Staate Pennsylvania. Die General Electric Co. unterhält in Evendale bei Cincinnati ein eigenes Laboratorium für die Reaktorforschung und betreibt bei Arco im Staate Idaho eine staatliche Versuchsanstalt, die 1952 für 33 Mill. Dollar errichtet und seitdem beträchtlich erweitert wurde. Pratt & Whitney arbeitet für das Defense Department in dem Connecticut Aircraft Nuclear Engine Laboratory bei Middletown. Die Allison Division von General Motors betreibt Studien für die U.S. Navy über die Entwicklungsmöglichkeiten eines Kerntriebwerkes für Flugboote. Über die Art und die Ergebnisse dieser Arbeiten ist wenig bekannt. Lediglich von der General Electric weiß man, daß sie Studien über die Wärmeabfuhr aus einem Reaktor unternommen und an der Entwicklung eines Schnellneutronen-Reaktors mit UO_2 als Brennstoff und mit Luftkühlung (980° C höchste Betriebstemperatur) gearbeitet hat.

Hand in Hand gehen damit Studien und Entwicklungsarbeiten an geeigneten Flugzeugzellen. Hier sind Convair und Lockheed die Unternehmen, die in staatlichem Auftrag arbeiten. Beide haben sich bisher u. a. mit der Frage einer leichten Abschirmung befaßt, wobei Convair bereits Strahlungsmessungen an einem fliegenden Reaktor (eingebaut in eine B-36) vorgenommen hat. Auf eigene Rechnung befassen sich Boeing und Bell mit Studien über ein Kernenergie-Flugzeug.

Die Hauptschwierigkeiten bei allen diesen Arbeiten boten bisher die technologischen Probleme. Diese sind auch in erster Linie für die ungeheuren Kosten verantwortlich, mit denen das amerikanische Projekt für ein Kernflugtriebwerk verbunden ist. Bis das erste Flugzeug mit Kernenergieantrieb fliegt, werden nach Angaben der AEC etwa 500 bis 1000 Millionen Dollar aufgewendet worden sein!

β) England. Im Vergleich zu den in den USA erzielten Fortschritten stehen die anderen Länder der westlichen Welt erst in den Anfängen. In Großbritannien haben die beiden großen Triebwerkhersteller Rolls-Royce und Hawker Siddeley Forschungs- und Entwicklungsarbeiten an Kernflugtriebwerken aufgenommen, die aber über Studien an grundsätzlichen Problemen kaum hinausgediehen sein dürften. Sowohl die neu gegründete Hawker Siddeley Nuclear Power Co. als auch das Rolls-Royce Nuclear Research Laboratory betrachten den natriumgekühlten Schnellneutronen-Reaktor in Verbindung mit Heißluft-Strahlturbinen als die aussichtsreichste Bauart.

γ) Sowjetunion. Es ist mit Sicherheit anzunehmen, daß auch in der Sowjetunion an der Schaffung von Kernflugtriebwerken gearbeitet wird, und die weit fortgeschrittene kernphysikalische Forschung dieses Landes läßt eines Tages auch eine Lösung der gestellten Aufgabe erwarten. Es ist ein von G. L. Pokrowski stammendes Projekt bekannt, das ein Großraumflugzeug für hohe Überschallgeschwindigkeiten vorsieht.

Ganz ohne Zweifel werden die Großmächte auf die Dauer nicht die einzigen Länder bleiben, in denen Kerntriebwerke für Flugzeuge entwickelt werden. So schwierig und kost spielig die Vorarbeiten bisher waren, wie das bei jeder Pionierarbeit der Fall ist, so wird sich doch, wenn die Grundlagen erst einmal gelegt sind, auch für andere Länder, und eines

Tages vielleicht sogar für einzelne Unternehmen der Triebwerkindustrie, die Möglichkeit einer Mitarbeit bieten. Wie schon eingangs angedeutet, können technische Lösungen aus der Entwicklungsarbeit am Kernflugtriebwerk entscheidende Bedeutung für andere Kernenergieanlagen erlangen. Dies ist heute bereits der Fall für die Wärmeaustauscher und Flüssigkeitsmetallpumpen, deren ziemlich weit gediehene Betriebssicherheit und praktische Verwendbarkeit zum großen Teil den Bemühungen um das Kernflugtriebwerk zu verdanken sind. In Zukunft werden zweifellos noch viele weitere Erfahrungen und Fortschritte aus dem Sondergebiet Luftfahrt der allgemeinen Technik für die Ausnützung der Kernenergie zugute kommen.

9. Die ersten Entwicklungen

a) Deutschland. In Deutschland waren hauptsächlich Junkers, BMW und Heinkel-Hirth, aber auch Daimler-Benz mit der Entwicklung von Düsentriebwerken und Propellerturbinen beschäftigt [*397*, *398*].

α) Junkers. Die ersten Versuche wurden 1937 begonnen und 1939 war das Prototyp-Triebwerk TL 109-004 am Prüfstand. 1941 fanden mit der Type 109-004 A die ersten Flugversuche statt.

Das TL 109-004 hatte einen achtstufigen Axialkompressor, sechs Brennkammern mit Gegenstromeinspritzung und eine einstufige Turbine mit vollen Schaufeln. Der Schub betrug 840 kp.

Die Serientype war dann das Triebwerk 004 B, das bereits luftgekühlte Hohlschaufeln in der Turbine aufwies, Abb. 227. Bei einem Durchmesser von 760 mm und einer Länge von 3792 mm gab es bei einem Gewicht von 750 kg 900 kp Schub bei einem spezifischen Brennstoffverbrauch von 1,4 kg/h/kp.

Der Kompressor hatte nach wie vor acht Stufen, Abb. 137, und erreichte 85 % Wirkungsgrad, die Turbine kam auf 79 %. 7 % der komprimierten Luft dienten zur Kühlung der Leit- und Laufschaufeln.

Das Kompressorgehäuse war aus Leichtmetall gegossen und axial geteilt. Der Kompressorrotor wurde aus den einzelnen Scheiben zusammengesetzt, wobei eine an der anderen an Zentrierungen aufgeschrumpft war. An der ersten und letzten Scheibe waren Endstücke angebracht, die die Lagerung trugen. Ein langer Ankerbolzen ging durch den ganzen Rotor und spannte die einzelnen Teile zusammen. Das vordere Lager bestand aus drei Hochschulterkugellagern, deren Außengehäuse in einem Kugelstück saßen. Das rückwärtige Lager wurde durch ein einfaches Rollenlager gebildet. Die Laufschaufeln aus Leichtmetall saßen in schrägen Schwalbenschwanznuten und wurden durch Wurmschrauben gesichert, Abb. 138. Die Leitschaufeln waren zwischen Blechringen eingeschweißt, wobei je eine Hälfte eines Leitapparates in der entsprechenden Gehäusehälfte angeschraubt war. Die Eintrittsleitschaufeln sowie die ersten Zwischenleitschaufeln bestanden aus einem ziemlich dicken Tragflügelprofil aus Leichtmetall. Die Leitschaufeln der zweiten Stufe aus einem dünneren Profil, die übrigen aus gewölbten Blechstreifen.

Kühlluft aus der 4. und 5. Kompressorstufe wurde durch den Doppelmantel, der den Brennkammerraum umgab, geleitet. Der größte Teil davon wurde durch die Stützen für den inneren Konus der Schubdüse zur Turbinenscheibenrückseite geleitet, der Rest diente zur Kühlung des Düsenmantels. Luft nach der letzten Kompressorstufe wurde durch Kanäle in den Rippen des inneren Traggehäuses zur Turbinenscheibenvorderseite geführt. Diese Luft wurde nachher durch die Hohlschaufeln geblasen. Ein dritter Luftstrom wurde durch drei Kanäle im Mittelgehäuse zu den hohlen Eintrittsleitschaufeln gebracht und trat durch Schlitze an deren Hinterkante aus.

Die sechs Brennkammern waren rund um das Mittelgehäuse angeordnet. Drei davon hatten Zündkerzen. Verbindungsleitungen zwischen den Kammern waren vorgesehen. Jede Brennkammer enthielt eine Art Flammrohr in das die Primärluft über Wirbelschaufeln eintrat. Die Brennstoffdüse spritzte gegen den Luftstrom. Am Ende des Flammrohres traten die heißen Gase durch Mischschlitze aus und vermengten sich mit der außen herumgeführten Kühlluft. Der Baustoff für die Brennkammer war aluminisiertes Kohlenstoffstahlblech.

Die Turbinenscheibe trug 61 Hohlschaufeln aus Blech mit Kastenfuß. Der Fuß saß auf entsprechenden Klötzen an der Scheibe, mit denen er mittels eines Speziallötverfahrens verbunden war. Außerdem dienten noch 5-mm-Stifte zur Sicherung. Das Schaufelmaterial war ein hitzebeständiger Stahl mit 30 % Ni und 15 % Cr. Die Turbinenwelle wurde in zwei Wälzlagern aufgenommen und über eine Zahnkupplung mit der Kompressorwelle verbunden.

In der Schubdüse war ein verstellbarer innerer Konus angebracht, der durch einen Servomotor über Ritzel und Zahnstange, abhängig von der Gashebelstellung, axial verschoben wurde. Am Boden war dieser Konus bei 50 % der maximalen Drehzahl ganz vorne und zwischen 50 und 90 % Höchstdrehzahl ganz zurück (verkleinerte Austrittsfläche). Beim Start des Flugzeuges war der Konus nahe dem am weitesten rückwärts liegenden Punkt, im Flug bei über 10000 m Höhe und 650 km/h stand er noch weiter rückwärts, um Maximalschub zu ergeben.

Die Servomotorverstellung war noch mit einer Barometerkapsel verbunden, die mit ihrer Außenseite mit der Atmosphäre in Verbindung war, während ihr Inneres unter Einfluß des Staudruckes stand, so daß der Konus in Abhängigkeit von Höhe und Fluggeschwindigkeit verstellt wurde. Der rückwärtige Teil der Schubdüse war luftgekühlt.

Der Schmieröltank war rund um den Kompressoreintritt angeordnet. Zwei Druckpumpen versorgten das Triebwerk. Eine lieferte Öl zum Drehzahlregler, Ölservomotor und Kompressorvorderlager, die andere zum rückwärtigen Kompressorlager und zu den zwei Turbinenlagern. Rückförderpumpen brachten das Schmieröl über einen Kühler zum Tank zurück.

Als Startermotor war vor dem Kompressor ein Riedel-Zweizylinderzweitaktmotor angebracht, der entweder elektrisch von der Kabine aus angelassen werden konnte oder von Hand aus über ein Seil. Der Brennstoff für den Startermotor befand sich in einem Dreilitertank am Kompressoreinlaß.

Das Triebwerk selbst wurde mit Benzin angelassen, das sich in einem Tank am Kompressoreinlaß befand, während der normale Treibstoff Dieselöl mit einem spezifischen Gewicht von 0,815 bis 0,845 kg/l war.

Das Triebwerk besaß drei Aufhängepunkte: zwei über dem rückwärtigen Kompressorlager und einer rückwärts über der Brennkammer. Alle Leitungen und elektrischen Verbindungen waren an einem kleinen Anschlußbrett über dem Kompressorgehäuse zusammengeführt, so daß der Triebwerkeinbau vereinfacht wurde und eine gemeinsame Trennstelle im Flugzeug vorgesehen werden konnte.

Die Höchstdrehzahl der Maschine lag bei 8700 U/min. Eine spätere Type 004 C gab einen Schub von 1000 kp in Seehöhe bei einem Gewicht von 700 kg und die Type 004 D hatte weitere Verbesserungen.

Ein größeres Triebwerk, Type 012, stand in Entwicklung, wobei auch eine Propellerturbine 022 davon abgeleitet wurde (s. Tab. 95).

β) BMW. BMW begann die Arbeiten an seinem Triebwerk TL 109-003 im Jahre 1939. Es war für einen Schub von 950 kp ausgelegt. Die erste Versuchsmaschine lief 1940, aber sie ergab nur 450 kp Schub bei einem sehr hohen Verbrauch.

Im Laufe der Entwicklung erreichte die Produktionstype 003 A einen Schub von 800 kp bei einem Brennstoffverbrauch von 1,4 kg/h/kp und einem Gewicht von 608 kg (s. Tab. 95). Das BMW-Triebwerk zeichnete sich durch einen besonders kleinen Durchmesser von 712 mm aus. Die Drehzahl bei Vollast betrug 9500 U/min. Als Brennstoff wurde leichtes Dieselöl oder 87-Oktan-Kraftstoff verwendet.

Der Kompressor hatte sieben Stufen. Das Kompressorgehäuse war einteilig und aus Elektron gegossen. Sieben Statorringe mit Elektronschaufeln waren darin eingesetzt.

Der Rotor hatte Scheibenkonstruktion. Die Laufschaufeln aus Elektron waren in drei Scheiben aus Elektron und vier Scheiben aus einer Aluminiumlegierung eingesetzt, Abb. 138. Die Scheiben waren auf die konische Hohlwelle aufgepreßt, die vorne in einem dreireihigen Kugellager zur Schubaufnahme und rückwärts in einem einreihigen Rollenlager saß. Die Kompressorwelle wurde von der Turbinenwelle über eine Zahnkupplung angetrieben. Das Druckverhältnis betrug 3,1:1 bei einem Durchsatz von 19,3 kg/sek bei 9500 U/min.

Die ringförmige Brennkammer mit 16 eingesetzten Brennerköpfen enthielt 80 Luftschlitze zur Zuführung der Sekundär- und Mischluft (dazu Brennkammerausbildung des ATAR, Abb. 652). Der Werkstoff war wieder aluminisiertes Stahlblech.

Die einstufige Turbine hatte hohle Leit- und Laufschaufeln, die von Luft durchflossen waren, Abb. 227. Die Turbinenscheibe war an die Welle, die vorne in einem Kugellager zur Schubaufnahme und rückwärts in einem Rollenlager lief, angeflanscht.

Die Schubdüse enthielt einen verstellbaren inneren Konus mit vier Stellungen: Anlassen, Start, Hochgeschwindigkeitsflug und Reiseflug. Das Triebwerk konnte entweder mit einem elektrischen Startermotor oder mit einem Riedel-Zweizylinderzweitakter, der vor dem Kompressor saß, angelassen werden.

Das Brennstoffsystem arbeitete mit einer Junkers-Zahnradpumpe. Der Einspritzdruck betrug 100 atü. Eine barometrische Druckregelung und ein Junkers-Drehzahlregler waren vorgesehen.

Das Schmiersystem war ebenfalls nach dem Trockensumpfsystem durchgebildet. Alle Lager hatten Druckschmierung mit Sprühdüsen. Eine Druckpumpe und vier Rückförderpumpen besorgten den Ölumlauf. Der Öltank saß neben dem Tank für den Anlaßkraftstoff am Kompressoreinlaß. Ein Ölkühler war in den Kreislauf eingeschaltet.

Wie beim Junkers-Triebwerk wurden alle Anschlußleitungen zu einer gemeinsamen Trennstelle zusammengeführt. Das Triebwerk wurde an drei Punkten aufgehängt.

Weitere Entwicklungen waren die Typen 003 C und D sowie die größeren Triebwerke 018 und 028, wobei das 028 als Propellerturbine arbeiten sollte, Tab. 95.

γ) *Heinkel-Hirth.* Heinkel-Hirth begann bereits 1936 die Entwicklung von Turbinendüsentriebwerken. Das erste Versuchstriebwerk HeS 3 hatte einen einstufigen Radialkompressor und eine einstufige Radialturbine, wobei vor dem Kompressor noch ein einstufiger axialer Vorsatzläufer saß. Dieses Triebwerk war 1939 das erstemal in der Luft und so das erste Düsentriebwerk in der Welt, das geflogen ist. Es hatte eine Brennkammer mit Umkehrstrom, ähnlich wie die ersten Whittle-Triebwerke, während die nächste Versuchsmaschine HeS 8 bereits eine Gleichstrombrennkammer aufwies.

Die letzte Hirth-Type war das Triebwerk HeS 011 mit Diagonalverdichter, Abb. 142, und zweistufiger Turbine mit Hohlschaufeln sowie ringförmiger Brennkammer mit Mischfingern und 16 Brennern. Eine verstellbare Düse mit beweglichem Innenkonus mit zwei Stellungen — ganz drinnen für Leerlauf und ganz ausgeschoben für alle anderen Laufzustände — war vorgesehen. Der Rotor wurde aus seinen Einzelteilen zusammengeflanscht und lief in zwei Wälzlagern. Eines saß vor dem Kompressor, das andere hinter der Turbine.

Die Hilfsgeräte waren am Getriebe, vorne am Kompressor, angebracht. Dieses wurde über Kegelräder und über eine Vertikalwelle angetrieben. Als Schmierung war eine Trockensumpfumlaufschmierung vorgesehen.

Ein Projekt für eine Propellerturbine 021, die das Triebwerk 011 zur Grundlage hatte, lag ebenfalls vor.

Das Daimler-Benz-Triebwerk 007 mit der Bezeichnung ZTL (Zweikreisturbinenlader, zum Unterschied von TL: Turbinenlader) war ein Triebwerk mit Schubverstärker, bei dem der Kompressorstator gegenläufig rotierte und ein dreistufiges Gebläse des Schubverstärkers trug. Die Turbine wurde zu 30 % mit Kühlluft und zu 70 % mit heißen Gasen beaufschlagt. Die Kühlluft wurde dem Schubverstärker entnommen.

Diese Entwicklung ist jedoch später aufgegeben worden [*397*, *398*].

Tabelle 95. *Deutsche Flug-*

Marke	Type	Leistung bzw. Schub	Spezifischer Brennstoff-verbrauch	Tempe-ratur	Drehzahl	Gewicht	Länge
Junkers	TL 109004 A	840 kp	1,4 kg/h/kp	—	8700 U/min	848 kg	3820 mm
	TL 109004 B	900 kp	1,4 kg/h/kp	800° C	8700 U/min	750 kg	3820 mm
	TL 109004 H	1810 kp	1,2 kg/h/kp	—	—	1150 kg	4020 mm
	TL 109012	3000 kp	1,2 kg/h/kp	—	6000 U/min	2000 kg	4500 mm
	PTL 109022	6000 PS + Schub	—	—	—	—	~5200 mm
BMW	TL 109003 A	800 kp	1,4 kg/h/kp	770° C	9500 U/min	608 kg	3500 mm
	TL 109003 C	906 kp	1,27 kg/h/kp	—	—	—	—
	TL 109003 D	1100 kp	1,1 kg/h/kp	—	10000 U/min	650 kg	3150 mm
	TL 109018	3500 kp	1,1 kg/h/kp	800° C	5000 U/min	2500 kg	4020 mm
	PTL 109028	6900 PS + 1360 kp	—	—	—	3490 kg	5080 mm
Heinkel-Hirth	He. S. 3	500 kp	—	—	13000 U/min	360 kg	~1220 mm
	He. S. 8	680 kp	—	—	13500 U/min	380 kg	~1680 mm
	He. S. 011	1300 kp	1,31 kg/h/kp	—	11000 U/min	950 kg	4070 mm
	Propeller 021	2000 PS + 770 kp	—	—	—	—	—
Daimler-Benz	ZTL	2000 PS bei 900 km/h und 6000 m Höhe	0,81 kg/h/kp	—	12500 U/min	1300 kg	4650 mm

triebwerke 1936 bis 1945

Durchmesser	Kompressor	Brennkammer	Turbine	Bemerkungen
762 mm	8 Stufen axial 3,5:1	6 Brennkammern mit Gegenstromeinspritzung	einstufig, volle Schaufeln	Versuchsmaschine. Wurden nur wenige Stücke gemacht
762 mm	wie vorher 3,5:1	wie vorher	einstufig mit Hohlschaufeln	Verbesserte Produktionstype. Einige 1000 hergestellt
864 mm	11 Stufen axial 6,0:1	wie vorher	zweistufig mit luftgekühlten Hohlschaufeln	Gänzlich neu überholte Maschine. Wurde nie gebaut
1090 mm	11 Stufen axial	8 Brennkammern	zweistufig	Einige Teile waren hergestellt, doch nie zusammengebaut
1090 mm	wie vorher	wie vorher	wie vorher	Nur Entwurf. Propellerversion des 012
712 mm	7 Stufen axial 3,1:1	ringförmig Gleichstromeinspritzung	einstufig, hohle luftgek. Schaufeln	Produktionsmaschine
—	7 Stufen axial, Brown Boveri Kompressor	ringförmig	wie beim 003A	Versuchsmaschine. Nur eine gebaut
687 mm	11 Stufen axial 4,9:1	ringförmig	zweistufig axial, gekühlt	Projekt
1270 mm	12 Stufen axial 6,6:1	wie vorher	dreistufig, hohle luftgekühlte Schaufeln	Konstruktion und zum Teil hergestellt. Nie zusammengebaut
1270 mm	wie beim 018	wie beim 018	4 Stufen	Nur Konstruktion. Propellerversion des 018
965 mm	axialer Vorsatzläufer + Radiallader	ringförmig, Umkehrstrom	Radialturbine	Versuchsmaschine. Erstes Düsentriebwerk der Welt, das geflogen ist
763 mm	wie bei He. S. 3	ringförmig Gleichstrom	wie bei He. S. 3	Nur wenige gebaut. Auch mit Düsen-Gebläse-Schubverstärker (He. S. 10)
1080 mm	axialer Vorsatzläufer, 1 Diagonalstufe, 3 axiale Stufen	ringförmig, Gleichstrom	zweistufig axial luftgekühlte Hohlschaufeln	Zum Teil entwickelt, doch nicht serienreif
1080 mm	wie bei 011	wie bei 011	wie bei 011	Propellerversion des 011
840 mm	9 Stufen axial mit gegenläufigem Stator, der ein dreistufiges Gebläse für den Schubverstärkerantrieb 8:1	4 runde Brennkammern	einstufig, Gekühlt durch Teilbeaufschlagung mit Luft aus dem Schubverstärker	Versuchsmaschine gebaut. Wegen mechanischer Schwierigkeiten wurden Versuche gestoppt

b) England. Schon 1930 reichte Air Commodore FRANK WHITTLE sein erstes Patent über ein Düsentriebwerk ein. Rastlose Arbeit führte zu den ersten Versuchstriebwerken der Whittle-Bauweise mit doppelseitigem einstufigem Radiallader, Einzelbrennkammern

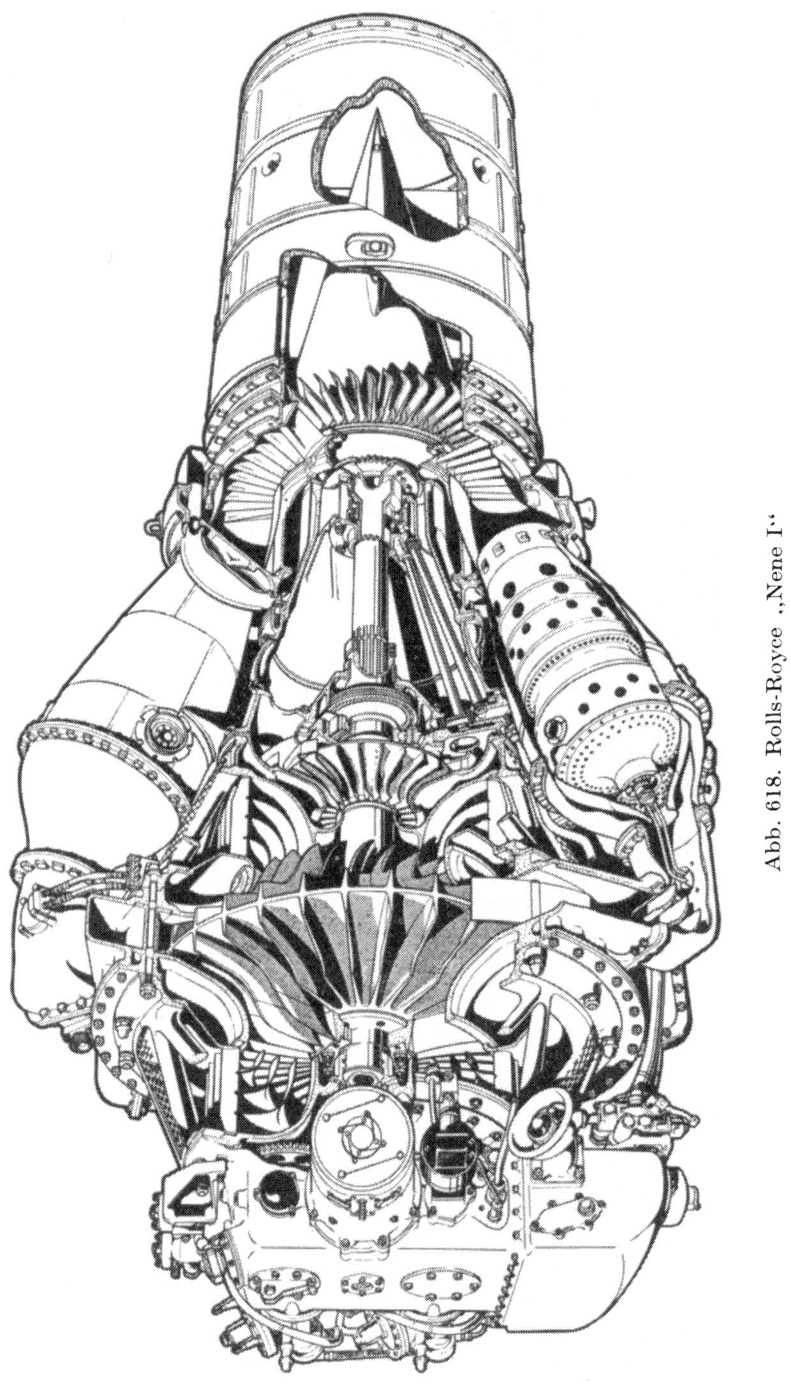

Abb. 618. Rolls-Royce „Nene I"

und einer einstufigen Axialturbine, Abb. 302. Diese ersten Triebwerke waren von Power Jets, Ltd., erbaut, später ging die Fertigung auf Rover und dann auf Rolls-Royce über. Rolls-Royce war anfangs, zusammen mit De Havilland, die Vertreterin der Whittle-Bauweise. De Havilland bevorzugte allerdings den einseitigen Radiallader. Neue Typen beider

Firmen haben jedoch bereits Axialkompressoren. Gleichzeitig mit der Whittle-Entwicklung wurde durch die Königliche Luftfahrtforschungsanstalt (heute NGTE) im Verein mit Metropolitan Vickers der Bau von Düsentriebwerken mit Axialkompressor vorangetrieben.

a) Rolls-Royce „Nene“. Nach den ersten Düsentriebwerken von Rolls-Royce: Welland, Derwent I, II, III, IV, entstand 1944 auf Grund einer Ausschreibung des Ministeriums für Flugzeugproduktion die Type „*Nene*“. Gefordert war ein Triebwerk mit mindestens 1800 kp Schub, bei höchstens 1400 mm Durchmesser und 1000 kg Gewicht. Das Triebwerk „*Nene*“ erfüllte mit 1259 mm Durchmesser, 2270 kp Schub und 750 kg Gewicht diese Bedingungen hervorragend.

Der Aufbau geht deutlich aus der Schnittzeichnung, Abb. 618, sowie aus der schematischen Zeichnung, Abb. 143, hervor. Vorne an der Maschine befindet sich das Apparategetriebe mit Ölsumpf und Ölpumpen, daran schließt der doppelseitige einstufige Radiallader an. Neun Brennkammern liefern heiße Gase zur einstufigen Turbine, nach der die Schubdüse folgt. Die Brennkammern sind rund um das Gehäuse für das mittlere und rückwärtige Lager angebracht. Der ganze Rotor läuft in drei Lagern. Der Kompressor sitzt vorne in einem Rollen- und rückwärts in einem Hochschulterkugellager zur Schubaufnahme. Am vorderen Ende wird direkt der Antrieb für das Apparategetriebe abgeleitet. Hinter dem Kompressorlaufrad sitzt auf derselben Welle ein Kühlluftventilator, der zur Kühlung des rückwärtigen und mittleren Lagers und der Turbinenscheibe dient. Die Turbinenwelle sitzt rückwärts in einem Rollenlager und ist unmittelbar hinter dem mittleren Lager an die Kompressorwelle gekuppelt. Die Kupplung besteht aus einem Kugelgelenk, um eine bessere Angleichung an eine etwaige Abweichung zu erzielen, und aus einer Zahn-Kupplung, die das Drehmoment überträgt, während die axialen Kräfte durch das Kugelgelenk übergeleitet werden.

Das Brennstoffsystem arbeitet mit Duplex-Brennern und wurde, ebenso wie der Aufbau der Brennkammer, schon eingehend im Abschn. „Das Brennstoffsystem der Flugzeugtriebwerke“ beschrieben (Abb. 303, S. 365 bis 380). Die Turbine ist einstufig gebaut. Die Gase strömen über das gegossene Eintrittsgehäuse, das 48 Leitschaufeln, die einzeln in Präzisionsgußverfahren hergestellt sind, enthält, zum Laufrad, dessen Scheibe aus Jessops-G.-18-B-Stahl besteht. Sie ist mit der Welle über einen Flansch, der zur Verminderung des Wärmedurchgangsquerschnittes von der Scheibe absteht, verbunden. Eine Kerbverzahnung entlastet die Bolzen von den Scherkräften. 54 Schaufeln aus Nimonic 80 sind mit Tannenbaumfuß in den Kranz der Scheibe eingesetzt. Das Laderrad ist aus einem Leichtmetallschmiedestück gearbeitet und trägt 28 radiale Schaufeln auf jeder Seite. Sein Durchmesser beträgt 725 mm. Die Eintrittsleitschaufeln mit etwa 450 mm Durchmesser sind an das Rad angeflanscht. Das Druckverhältnis beträgt ungefähr 4:1, das Durchsatzgewicht 41 kg/sek bei 12300 U/min in Seehöhe.

Tabelle 96. *Leistungsdaten des Düsentriebwerkes Rolls-Royce „Nene“*

Leistung	Drehzahl U/min	Geschwindigkeit km/h	Schub kp	
			Seehöhe	9000 Höhe
Maximalleistung	12300	0	2270	
		200	2155	960
		400	2060	920
		600	2000	945
		800	1985	980
		960	2040	1010
Reiseleistung	12000	0	2040	
		200	1900	880
		400	1820	840
		600	1785	860
		800	1780	905
		960	1790	935

Ein Naßsumpf-Umlaufschmiersystem dient zur Schmierung der drei Hauptlager und des Apparategetriebes. Sprühdüsen liefern Öl zu den Lagern und Rädern des Getriebes. Das Öl läuft von selbst wieder in den Sumpf zurück, ebenso vom vorderen Kompressorlager. Vom mittleren und rückwärtigen Lager wird das Öl von einer Rückförderpumpe zum Sumpf zurückgepumpt. Nähere Leistungsdaten gehen aus Tab. 96 hervor.

β) *Rolls-Royce „Derwent V“.* Dieses Triebwerk stellte eine Verkleinerung des Nene dar. Bei 1092 mm Durchmesser und 580 kg Gewicht gab es anfänglich einen Schub von 1640 kp. Folgetypen wiesen Schubwerte bis zu 1800 kp auf. Das Brennstoffsystem war von einfacher Bauart mit Simplex-Brennern und Brennstoffakkumulator für den Start, Abb. 367. Der Kompressor lieferte bei einem Druckverhältnis von 4:1 29 kg/sek Luft bei 14700 U/min in Seehöhe. Nahezu 10000 Stück dieses Triebwerkes wurden gebaut. Anfangs 1955 lief die Serie aus. Vom Nene lief am Schluß die Serie 103 mit 2450 kp Schub. Beide Triebwerke stehen in ausgedehnter Verwendung und haben sich bestens bewährt.

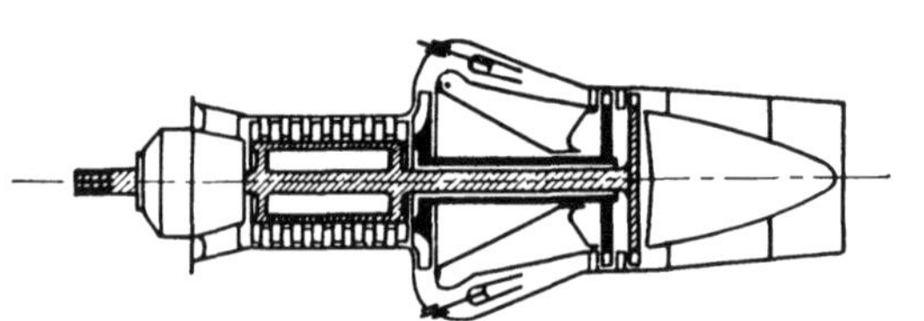

Abb. 619. Schema der Propellerturbine Rolls-Royce Clyde. Erstes Triebwerk in Verbundkompressoranordnung

Die ersten Propellerturbinenversuche hat Rolls-Royce ebenfalls mit der Type Dervent durchgeführt. Die nächste Versuchs-Propellerturbine war bereits ein Verbundtriebwerk mit dem Typennamen Clyde. Der schematische Aufbau geht aus Abb. 619 hervor. Die wohl in der ganzen Welt erfolgreichste Propellerturbine ist die Type Dart von Rolls-Royce, die später noch eingehend beschrieben wird.

γ) *De Havilland Goblin.* 1941 projektiert, flogen die ersten Triebwerke 1943. 1945 absolvierte dieses Triebwerk die offizielle Typenprüfung und bekam das Typenprüfungszertifikat Nr. 1 für Düsentriebwerke. Sein Aufbau ist ähnlich dem der Folgetype Ghost, Abb. 620. Dieses Triebwerk zählt mit zu den erfolgreichsten Typen der anfänglichen Entwicklung und wird heute nach wie vor gebaut. Es ist bekannt für seine lange Lebensdauer, hat es doch Prüfläufe bis zu einer Dauer von 1000 Stunden absolviert.

Ebenso wie die Rolls-Royce-Triebwerke *Derwent V* und *Nene* haben auch diese De-Havilland-Turbinendüsentriebwerke einen einstufigen Radiallader, Einzelbrennkammern und eine einstufige Turbine. De Havilland bevorzugt aber den einseitigen Lader, der zwar für die gleiche Durchsatzmenge im Durchmesser etwas größer ist als der doppelseitige, dafür aber den Flugstau direkt zur Druckerhöhung vor dem Kompressor ausnützen kann, während beim doppelseitigen Lader von Rolls-Royce durch den Stau eine Kammer aufgeladen werden muß, in die das Triebwerk eingebaut ist, wodurch eine Wirkungsgradeinbuße entsteht. Dafür hat das Triebwerk durch den kleineren Durchmesser einen geringeren Stirnwiderstand. Es haben also beide Bauarten ihr Für und Wider. Das Triebwerk hat einen Durchmesser von 1270 mm und eine Länge von 2553 mm. Sein Gewicht betrug anfangs 700 kg, der Schub 1360 kp bei 10200 U/min. Das Laderrad mit dem Vorsatzläufer ist ein Schmiedestück aus RR-59-Legierung mit 17 Schaufeln. Das Durchsatzgewicht betrug 27 kg/sek bei 10200 U/min bei einem Druckverhältnis von 3,6:1.

Heute gibt die letzte Ausführung bei einem Durchsatz von 28 kg/sek und einem Druckverhältnis von 3,7 bei 10750 U/min einen Schub von 1590 kp. Das Gewicht ist auf 739 kg gestiegen.

Kompressor und Turbinenlaufrad sind durch eine Hohlwelle miteinander verbunden, Abb. 174. Der ganze Läufer sitzt in zwei Wälzlagern. An die 16 Auslässe des Diffusors schließen 16 Brennkammern von bekannter Bauweise (Flammrohrbrennkammer der Firma Lucas) an, die in das gegossene Turbineneintrittsgehäuse mit einem eingesetzten Ring mit 77 Eintrittsleitschaufeln münden. Die Eintrittsleitschaufeln sind mit ihrem inneren Ring im Eintrittsgehäuse befestigt, der äußere Ring besteht nur aus Segmenten und kann radial gleiten, damit sich Wärmedehnungen ausgleichen können. Die Turbinenscheibe ist ein

Schmiedestück aus Jessops-G-18-B-Stahl mit 83 mit Tannenbaumfuß eingesetzten Schaufeln aus Nimonic 80. Beide Scheibenseiten sind luftgekühlt. Die Kühlluft wird vom Diffusor abgenommen und zur Kühlung um den Eintrittsstutzen geleitet und hernach mittels Rohrleitung zum rückwärtigen Lager geführt. Nach der Kühlung des Lagers strömt die Luft über die vordere Scheibenseite nach außen in den Gasstrom. Ein zweiter Kühlluftstrom gelangt über die Stützen des inneren Konus der Schubdüse zur Scheibenrückseite und nach außen in den Gasstrom. Die Turbineneintrittstemperatur beträgt 800° C. Das Brennstoffsystem dieses Triebwerkes arbeitet mit einer Dowty-Pumpe mit konstanter Fördermenge, wie schon im Abschn. „Das Brennstoffsystem der Flugzeugtriebwerke" beschrieben wurde (S. 396).

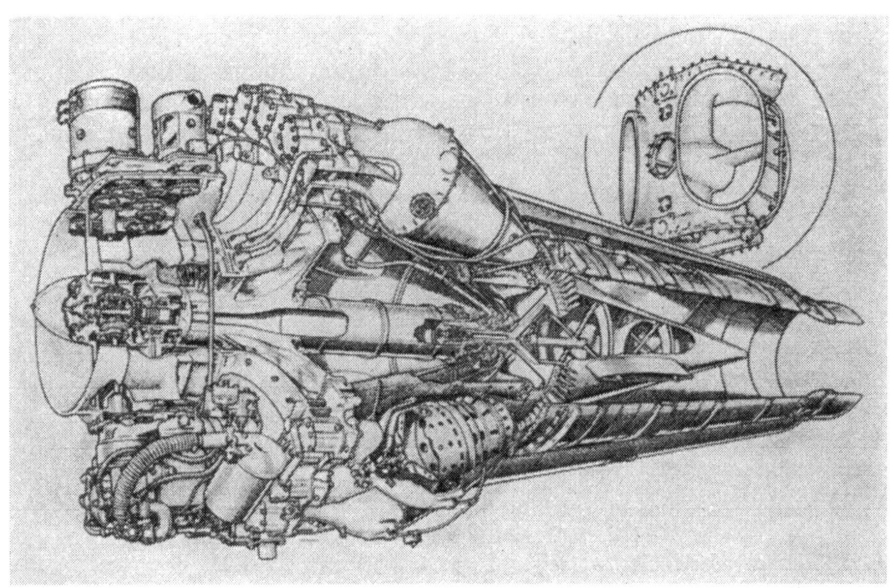

Abb. 620. De Havilland Ghost

Vorne am Kompressorgehäuse über und unter dem Einlaß sitzt das Hilfsgerätegetriebe, dessen Räder über Kegelräder und Vertikalwellen von der Hauptwelle her angetrieben werden. Mit dem unteren Getriebekasten ist der Ölsumpf verbunden. Eine Druckpumpe versorgt das Getriebe, während zwei Tecalemit-Zumeßpumpen die zwei Rotorlager mit einer genau bemessenen Ölmenge versehen. Das Öl vom Getriebe und vom vorderen Rotorlager gelangt durch sein eigenes Gewicht wieder in den Sumpf zurück, während das Öl für das rückwärtige Lager nach Schmierung desselben über Bord geleitet wird.

δ) *De Havilland Ghost.* Im prinzipiellen Aufbau ist dieses Triebwerk gleich wie das Goblin durchgebildet, Abb. 620. Das Laderrad hat 19 Schaufeln, das Verdichtungsverhältnis beträgt 4,3:1, der Durchsatz 38 kg/sek bei 10000 U/min in Seehöhe. Die 20 Diffusorauslässe speisen über gegabelte Zuführungsstücke 10 Brennkammern der Lucas-Bauart. Das gegossene Turbineneintrittsgehäuse enthält 84 Eintrittsleitschaufeln, die wie beim Goblin befestigt sind. Das Laufrad ist mit 97 Laufschaufeln bestückt. Beide Scheibenseiten sind wieder in gleicher Art luftgekühlt. Das Brennstoffsystem ist ähnlich dem des Rolls-Royce Nene mit 2 Pumpen ausgebildet. Es werden jedoch Simplex-Brenner verwendet. Das Schmiersystem ist gleich wie beim Goblin.

Diese für die ersten Baumuster geltenden Angaben sind beim neuesten Baumuster schon wesentlich überholt. Die maximale Drehzahl beträgt derzeit 10350 U/min und der Schub 2400 kp. Die mittlere Strahltemperatur wurde von 700 auf 760° C hinaufgesetzt. Das Laufrad der Turbine besteht aus Rex 448, die Schaufeln aus Nimonic 95. Das Brennstoffsystem arbeitet anstatt mit der früher verwendeten Doppelpumpe mit einer großen Pumpe der Lucas-D-Type und mit elektronischer Drehzahlregelung.

ε) *Metropolitan Vickers F. 2/4.* Die Firma Metropolitan Vickers begann 1938 mit der Entwicklung von Luftfahrtgasturbinen. In Zusammenarbeit mit der königlichen Luftfahrtforschungsanstalt entstanden die ersten Projekte für Propellerturbinen. Sämtliche Maschinen waren mit Axialkompressoren ausgestattet, um deren Entwicklung sich die königliche Luftfahrtforschungsanstalt im Verein mit Metropolitan Vickers äußerst verdient gemacht hat. 1940 wurde vom Ministerium für Flugzeugproduktion die Entwicklung eines Düsentriebwerkes gefordert. Nach den ersten Typen F. 2 mit neunstufigen Axialkompressoren und zweistufiger Turbine sowie ringförmiger Brennkammer entstand das Triebwerk F. 2/4 mit zehnstufigem Axialkompressor, ringförmiger Brennkammer und einstufiger Turbine. Der Startschub dieses Triebwerkes betrug 1600 kp und wurde bei späteren Folgetypen auf 1740 kp erhöht. Die Länge war 4040 mm, der Durchmesser 963 mm, das Gewicht 810 kg, die höchste Drehzahl 7700 U/min und der spezifische Brennstoffverbrauch 1,05 kg/h/kp Schub bei Startleistung und 1,0 kg/h/kp Schub bei Reiseleistung. Der Aufbau war gleich dem der Type F. 3, aber ohne Schubverstärker und mit einstufiger

Abb. 621. Armstrong-Siddeley Propellerturbine Python

Turbine, Abb. 612. Die technischen Details gehen sehr gut aus dieser Schnittzeichnung hervor. Spezifisch für alle Metropolitan-Vickers-Triebwerke ist die Lagerung des Rotors in nur zwei Wälzlagern. Die Lagerschmierung geschah durch ein Luft-Öl-Gemisch, welches nachher ins Freie ausgeblasen wurde.

Diese Triebwerke mit allen ihren Details dienten als Basis für die bereits früher beschriebenen Metropolitan-Vickers-Marinegasturbinen.

Das letzte Flugtriebwerk von Metropolitan Vickers bildete die Grundlage zu dem heute von Armstrong Siddeley gebauten Strahltriebwerk A. S. Sapphire. Metropolitan Vickers hat nämlich die gesamte Flugtriebwerkentwicklung aufgegeben. Die Erfahrungen wurden von Armstrong Siddeley übernommen, und die oben erwähnte Type ist heute eines der bekanntesten und besten Strahltriebwerke.

ζ) *Armstrong Siddeley Python.* Auch diese Firma hat bereits 1942 mit der Entwicklung von Flugtriebwerken begonnen. 1943 lief das erste Versuchsstrahltriebwerk Type ASX am Prüfstand. Schon dieses erste Triebwerk zeigte eine Brennkammer mit Brennstoffvergasung, eine Bauweise, die von dieser Firma entwickelt wurde und auch heute noch bei allen Armstrong-Siddeley-Triebwerken angewendet wird.

Eine Weiterentwicklung dieses Düsentriebwerkes war die Propellerturbine Python, Abb. 621. Bei dieser Maschine gelangte die Luft rückwärts am Kompressorgehäuse durch elf Zuführungskanäle zum Kompressorrotor. Während des Verdichtungsvorganges strömte sie in Flugrichtung durch den Kompressor und nachher durch Krümmer mit 180° Umlenkung zu den elf rund um den Kompressor angeordneten Brennkammern, die ihren Gasstrom zwischen den elf Lufteintritten hindurch zur zweistufigen Turbine schickten. Anschließend an die Turbine folgte die Düse.

Dieses Triebwerk wurde bis 1956 gebaut. Zur Zeit seiner Entwicklung war es das einzige PTL-Triebwerk mit zwei gegenläufigen Luftschrauben.

Der Kompressorrotor bestand aus einer zweiteiligen Trommel aus RR 56 Aluminiumlegierung, an die vorne und rückwärts stählerne Wellenstummel angeflanscht waren. Der erste Teil der Trommel trug fünf Reihen Niederdruckschaufeln, der zweite Teil neun Reihen Hochdruckschaufeln. Das Statorgehäuse aus Aluminiumlegierung war horizontal geteilt und enthielt 14 Reihen von Leitschaufeln. Anschließend an das Hochdruckende folgte ein radialer Diffusor (Umlenkung um 90°) und hernach elf Krümmer (weitere Umlenkung um 90°) zu den Brennkammern. Der vordere Wellenstummel saß in einem doppelten Kugellager und war mit dem Untersetzungsgetriebe für die gegenläufige Doppelluftschraube gekuppelt. Der rückwärtige Wellenstummel lief in einem Kugel- und einem Rollenlager und war mit der Turbinenscheibe verflanscht. Das Druckverhältnis am Kompressor betrug 5:1.

Die Scheibe der zweistufigen Turbine trug am gegabelten Kranz die zwei Laufschaufelreihen. Die Eintrittsleitschaufeln waren im Turbineneintrittsgehäuse montiert, während sich zwischen beiden Laufreihen ein geteiltes Leitrad befand.

Beide Rotorlager waren luftgekühlt, und zwar wurde die Kühlluft über den äußeren und unter den inneren Lagerring geblasen. Die Luft zum rückwärtigen Lager wurde aus der fünften Kompressorstufe über außenliegende Leitungen zugeführt, während das vordere Lager durch Bohrungen in der Kompressortrommel aus der siebenten Stufe mit Kühlluft beliefert wurde.

Eine Trockensumpfumlaufschmierung versorgte Lager und Getriebe mit Schmieröl. Die Hilfsgeräte waren rund um das Reduktionsgetriebe angeordnet und wurden von diesem aus angetrieben.

Die Brennkammern waren von Armstrong Siddeley entwickelt und arbeiteten mit Brennstoffvergasung. Die Flammrohre aus Nimonic 75 waren untereinander verbunden. Das Armstrong-Siddeley-Brennkammersystem hat sich bestens bewährt und eine gute und stabile Verbrennung auch in größten Höhen ergeben.

Der weit zurückliegende Lufteinlaß gab die Gewähr, daß der Flugstau gut ausgenützt werden konnte, da die Luft an dieser Stelle nicht mehr durch die schlechte Strömung an den Propellerflügelwurzeln gestört ist.

Das Anlassen geschah mittels eines Armstrong-Siddeley-Gasstarters. Zwei Zündbrenner waren vorgesehen. Zur Erleichterung des Startvorganges sah man in den Krümmern zu den Brennern Abblaseventile vor [*391*].

Folgende Daten wurden von Armstrong Siddeley angegeben:

	Drehzahl U/min	Fluggeschwindigkeit km/h	PS an der Propellerwelle	Schub kp	Brennstoffverbrauch l/h
Startleistung	8000	0	3720	522	1631
		320	4004	344	1691
		480	4349	267	1750
		640	4926	190	1823
		800	5596	127	1931
Maximale Steigleistung	7800	0	3193	480	1468
		320	3497	299	1518
		480	3852	222	1572
		640	4258	145	1641
		800	5018	77	1745
Maximale Reiseleistung	7600	0	2757	430	1318
		320	3000	258	1363
		480	3304	177	1400
		640	3731	100	1477
		800	4309	27	1550

	Lufteinlaß rund um das Triebwerk	Lufteinlaß an Flügelnase
Maximaler Durchmesser über Triebwerkverkleidung	1384 mm	1219 mm
Länge vom Anschlußflansch zur Mitte des rückwärtigen Propellers	2159 mm	2375 mm
Länge über alles	3454 mm	3454 mm
Trockengewicht, netto	1365 kg	1352 kg
Gewicht in eingebautem Zustand mit Propellern	1859 kg	1792 kg

η) *Armstrong Siddeley Mamba ASM.1.* Das PTL-Triebwerk Armstrong Siddeley Mamba war zur Zeit seiner Entwicklung sicher das modernste Propellertriebwerk der 1000-PS-Klasse. Es absolvierte am 21. Februar 1948 erfolgreich eine 150stündige Typenprüfung, bei welcher folgende Bedingungen zu erfüllen waren:

75 Stunden maximale Reiseleistung	14 000 U/min
45 Stunden mit Drehzahlen innerhalb des Reiseleistungsbereiches	
10 Stunden maximale Startleistung	15 000 U/min
10 Stunden maximale Steigleistung	14 500 U/min
10 Stunden minimale Leerlaufdrehzahl	

Dazu kommen noch 15 Minuten mit 3 % Überdrehzahl, das sind 15 450 U/min.

Während der Prüfung mußten 155 Beschleunigungen von Leerlauf- auf Volldrehzahl innerhalb 5 Sekunden gemacht werden und 100 Starts einschließlich Starts in kaltem und heißem Zustand.

Nachher erfolgte eine genaue Untersuchung aller Einzelteile auf Abnützung oder Beschädigungen. Das Triebwerk war in bester Verfassung. Manche Teile hatten bereits 170 Stunden, Kompressor und Turbine bereits 320 Stunden Lauf hinter sich.

Am 19. Juli 1948 begann ein 500-Stunden-Dauerlauf, der am 23. August beendet war. Innerhalb dieser Prüfung sah man 34 Phasen von 5 Stunden und 33 von 10 Stunden Dauer vor. Jede 5-Stunden-Periode bestand aus: Start, Leerlauf, Beschleunigung (18 Minuten), maximale Steigleistung (3 Minuten), maximale Reiseleistung (30 Minuten), 70 % Startleistung (60 Minuten), 65 % Startleistung (60 Minuten), 62 % Startleistung (60 Minuten), 60 % Startleistung (60 Minuten), 58 % Startleistung (60 Minuten), abschließend Beschleunigungen usw. (9 Minuten). Jede 10-Stunden-Periode schloß zwei solcher 5-Stunden-Abläufe ein. Über 70000 Instrumentenablesungen wurden während dieses 500-Stunden-Laufes gemacht, während dem die Turbine mit dem Kompressor etwa 370000000 Umdrehungen vollführte.

Technische Daten des Triebwerkes ASM.1 (Erstausführung).

Aufbau:

10stufiger Axialkompressor
2stufige Turbine

Abmessungen:

Länge (Rückseite Propellernabe bis rückwärtiger Flansch Turbinengehäuse)	1450 mm
Größter Durchmesser über Verkleidung	760 mm
Länge vom Auslaßkonus (Minimum)	305 mm
Düsendurchmesser	355 mm

Gewicht:

Trockengewicht netto	344 kg
Gewicht mit Luftschraube, Verkleidung usw.	480 kg
Gewicht der Düse pro Meter	11,7 kg

Aufhängung:

Die Maschine hat am Mittelgehäusegußstück sechs Augen für die Montage vorgesehen.

Brennstoff:

Turbinenflugkraftstoff DERD 2482 Nr. 1.

Maschinenleistung (Seehöhe):

	U/min	Fluggeschwindigkeit km/h	Wellen-PS	Schub-kp	Gesamt-PS	Brennstoff-Verbrauch l/h	Spezifischer Verbrauch kg/PSh
Maximale Startleistung ...	15000	0	1024	140	1142	463	0,324
Maximale Notleistung	15000	160	1045	113	1112	473	0,337
Maximale Steigleistung ...	14500	320	950	77	1041,5	430	0,330
Maximale Reiseleistung	14000	480	930	46,3	1012,5	406	0,320

Beachte: Um Schub in Wellen-PS umzuwandeln, ist folgende Formel zu verwenden:
$$\text{Umgerechnete Wellen-PS} = \frac{\text{Schub (kp)} \times \text{Fluggeschwindigkeit (km/h)}}{270}$$ außer unter statischen Bedingungen, wo 1,18 kp Schub 1 PS entspricht.

Aufbau des Triebwerkes ASM.1:

Die Propellerturbine besteht, von der Seite gesehen, aus folgenden Hauptteilen, Abb. 622. Vorne ist das Untersetzungsgetriebe mit der Propellerwelle angeordnet. Dahinter, rund um das Getriebegehäuse, befindet sich der ringförmige Lufteinlaß und anschließend der Kompressor. Auf diesem sind die Hilfsgeräte montiert. Nach dem Kompressor folgt das Diffusorgehäuse (Mittelgehäuse), an das die sechs Brennkammern, die rund um das Turbinenwellentragrohr angeordnet sind, anschließen. Die zweistufige Turbine mit ihrem Gehäuse folgt nach den Brennkammern. Die Abgase strömen durch die hinter der Turbine angebrachte Schubdüse ins Freie.

Die Konstruktion eines Untersetzungsgetriebes, das die Drehzahl einer Welle, die 1000 PS überträgt, von 15000 auf 1450 U/min herabsetzt, war damals keine leichte Aufgabe, die noch durch die beschränkten Platzverhältnisse erschwert wurde. Die Untersetzung von 0,097:1 wird mittels eines Planetengetriebes bewerkstelligt. Vom Kompressor wird über eine Torsionswelle ein schräg verzahntes Sonnenrad angetrieben, welches mit drei schräg verzahnten Satellitenrädern kämmt, die mit drei Stirnrädern je drei Planetenradpaare bilden, welche in einem Planetenradträger gelagert sind. Die kleineren Stirnräder kämmen mit den Innenzähnen eines feststehenden Kranzes. Dadurch rotiert der Planetenradträger gegen den Uhrzeigersinn (wenn man von rückwärts auf das Triebwerk blickt) und mit ihm die Luftschraubenwelle. Der Planetenradträger besteht aus zwei durch Stirnverzahnung auf Drehung verbundene Hälften, zwischen denen die Planetenradpaare mittels zweier Rollenlager und eines Hochschulterlagers zur Schubaufnahme gelagert sind. An der rückwärtigen Hälfte des Trägers sitzt ein Stirnrad zum Hilfsgeräteantrieb. Dieses Stirnrad kämmt mit einem Ritzel, welches mit einem Kegelrad ein Stück bildet. Eine nahezu senkrechte Welle, die durch eine der stromlinienförmigen Speichen des Lufteinlasses geht, treibt über ein weiteres Kegelradpaar das Hilfsgerätegetriebe.

Der feststehende Innenzahnkranz ist freischwimmend und wird durch acht Hebel am Mitdrehen gehindert. Diese Hebel wirken auf acht Druckkolben und bewirken einen dem durchgeleiteten Drehmoment entsprechenden Öldruck, der auf einem Manometer in der Kabine abgelesen werden kann. Mit Hilfe dieses Druckes kann jederzeit die Leistungsabgabe ermittelt werden.

Um bei einem Aussetzen des Triebwerkes eine Verstellung der Luftschraubenblätter auf Nullsteigung zu vermeiden (diese Stellung wird bei Stillsetzen des Triebwerkes automatisch durch das Verstellgerät gewählt), was durch den hohen Luftwiderstand zu Unfällen Anlaß geben könnte, ist ein Gegendrehmomentschalter angebracht, der eine Verstellung der Luftschraube in Segelstellung bewirkt. Bei Antrieb des Triebwerkes durch die Luftschraube (bei einem Motorschaden) während des Fluges entsteht ein Gegendrehmoment, daß eine Verdrehung des feststehenden Kranzes und damit der Hebel zur Folge hat. Einer der Hebel betätigt den Schalter, und dadurch werden über das Luftschraubenverstellgerät die Blätter auf hohe Steigung gestellt und können vom Piloten in Segelstellung gebracht werden, so daß keine Widerstandsvermehrung eintritt.

Die Luftschraubenwelle mit dem Planetenradträger ist im Getriebedeckel in einem großen Kugellager zur Schubaufnahme gelagert. Die Radial- und Kreiselkräfte werden durch dieses und ein rückwärts sitzendes Gleitlager aufgenommen.

Die Hilfsgeräte sind parallel zur Triebwerkmitte angeordnet und sitzen vorne und rückwärts am Hilfsgerätegetriebe, das mit dem Lufteintrittsgehäuse ein Stück bildet und dieses zur Hälfte umschließt. Die leicht geneigte Welle treibt über die Kegelräder vom

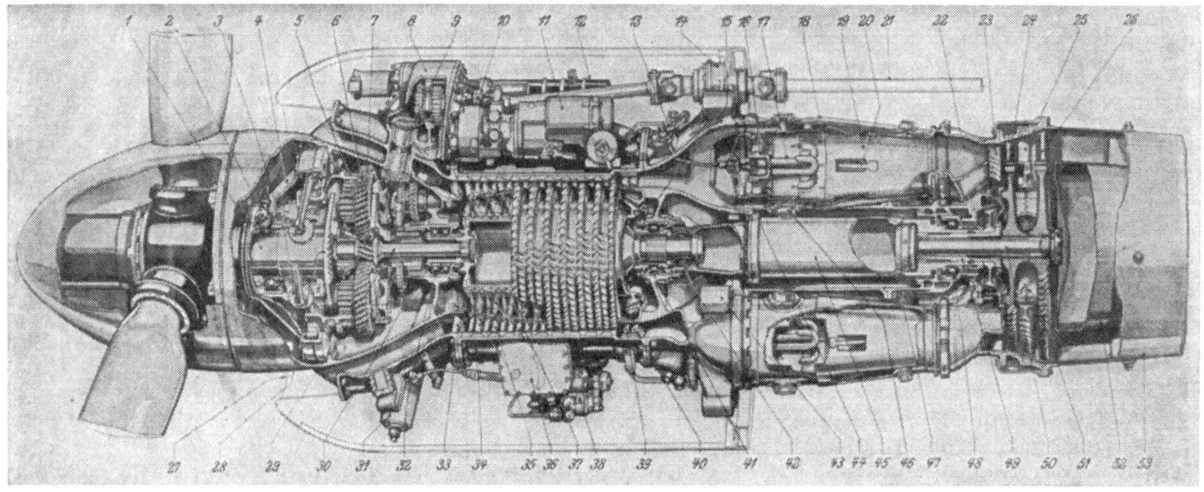

Abb. 622. Armstrong Siddeley „Mamba" Propellerturbine

(Mit Erlaubnis von „Flight", London)

1 Propellerwelle
2 Gegendrehmomentschalter
3 Drehmomentmesser-Kolben
4 Getriebedeckel
5 Feststehender Zahnkranz
6 Satellitenräder
7 Sonnenrad
8 Hilfsgerätegetriebe
9 Hilfsgerätegetriebe-Antriebswelle
10 Kupplung zur Fernwelle
11 Luftschraubenverstellgerät
12 Elektrischer Starter
13 Brennstoffleitung zum Brenner
14 Festlager von Fernwelle
15 Schubausgleichskolben
16 Sekundärluftschlitze
17 Verdampferrohre
18 Brennkammeraußenmantel
19 Flammrohr
20 Tertiärluftschlitz mit Lenkblech
21 Fernwelle zum Flugzeughilfsgerätegetriebe am Flügelholm
22 Turbineneintrittsgehäuse
23 Eintrittsleitschaufeln
24 Laufschaufeln der 1. Stufe
25 Zwischenleitrad
26 Laufschaufeln der 2. Stufe
27 Lufteintritt
28 Planetenradträger
29 Torsionswelle zum Getriebe
30 Zahnrad für Hilfsgerätegetriebe-Antrieb
31 Ölsumpf und Filter
32 Vorderes Kompressorlager
33 Eintrittsleitschaufeln
34 Kompressorgehäuse
35 Kompressorleitschaufeln
36 Beschleunigungsregler (Einhebelgerät)
37 Kompressorscheiben
38 Brennstoffregelorgane
39 Zehnte Leitschaufelreihe
40 Richtschaufeln
41 Mittellager
42 Sphärische Kupplung
43 Aufhängepunkt
44 Brenner
45 Turbinenhauptwelle
46 Verbindungsleitung der Brennkammern
47 Hauptwellengehäuse
48 Rückwärtiges Turbinenlager
49 Wellenstummel
50 Ankerbolzen
51 Hirthkupplung
52 Innerer Konus
53 Äußerer Konus

Luftschraubengetriebe her das Hilfsgerätegetriebe, wobei das obere Kegelrad direkt die Klauen für den Startermotor trägt. Eine Fernwelle für ein Flugzeughilfsgerätegetriebe ist vorgesehen und kann 50 PS übertragen. Die ganze Maschine kann um 180° gedreht werden, um die Fernwelle nach unten zu bringen, falls dies aus Einbaugründen erforderlich sein sollte, wenn ein anderes Einlaßgehäuse verwendet wird.

An das aus Elektron gegossene Einlaßgehäuse, in dem das Getriebe untergebracht ist, ist das Kompressorgehäuse angeflanscht. Für Enteisung kann Warmluft von der Turbine durch eine Leitung zum Lufteinlaß gebracht werden. Der zehnstufige Kompressor hat ein Verdichtungsverhältnis von 5:1 bei 15000 U/min und saugt 6,15 kg/sek Luft an. In einer Minute braucht dieses Triebwerk also eine Luftmenge, die schwerer ist als sein eigenes Gewicht.

Der Kompressorrotor besteht aus einer Trommel aus rostfreiem Stahl, auf die die Stahlscheiben aufgezogen sind, zwischen welchen die Laufschaufeln aus RR-57-Legierung eingenietet werden. Die Scheiben sind durch Klauen zur Durchleitung des Drehmomentes verbunden und tragen zwischen ihren Felgen Stahlringe, gegen welche die Statorschaufeln mit engem Spalt vorragen. Die Statorschaufeln sind in neun Reihen im geteilten Leichtmetallgehäuse angeordnet und in geteilten Ringen mittels Schwalbenschwanznut befestigt. Zwischen diesen Ringen sitzen die Dichtringe, gegen welche die Laufschaufeln mit engem Spalt laufen.

Vorne an der Trommel ist ein Wellenstummel mit zwei Hochschulterlagern angeflanscht, rückwärts ein solcher mit einem Rollenlager. Die Turbinenwelle ist mit dem Kompressor über eine sphärische Kupplung verbunden, um Lageveränderungen in kleinen Grenzen zu gestatten. Die Turbinenwelle ist rückwärts in einem Rollenlager aufgenommen. Auf dem rückwärtigen Trommelflansch sitzt auch der Schubausgleichskolben.

Der Kompressor erzeugt einen nach vorne gerichteten Schub von 1280 kg, die Turbine und das Reduktionsgetriebe einen nach rückwärts gerichteten Schub von 570 + 800 kg. Dadurch bleibt eine freie nach vorne gerichtete Schubkraft von 90 kg, die im vorderen doppelten Hochschulterlager des Kompressors aufgenommen wird.

Anschließend an den Kompressor folgen die sechs rund um das Wellengehäuse angeordneten Brennkammern. Diese sind von Armstrong Siddeley entwickelt und arbeiten mit Vergasung des Brennstoffes, Abb. 309. Verdampfung ergibt bessere Flammenverteilung als Einspritzung, bei der die Verteilung vom Einspritzdruck und von der Brennstoffmenge abhängt. Verdampfungsbrennkammern leiden nicht unter schlechtem Verbrennungswirkungsgrad bei Teillasten oder in großen Höhen. Die Armstrong-Siddeley-Kammer hat sich bestens bewährt und wurde schon im Abschn. „Das Brennstoffsystem der Flugzeugtriebwerke" eingehend beschrieben (S. 323).

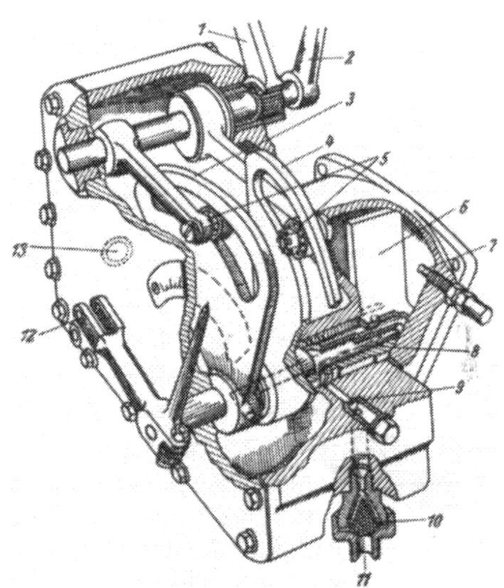

Abb. 623. Beschleunigungsregler (Einhebelverstellgerät)

1 Drehzahlhebel (Luftschraubenverstellgerät)
2 Brennstoffhebel (Drosselventil)
3 Brennstoffkurvenscheibe
4 Drehzahlkurvenscheibe
5 Schwinghebel
6 Servomotor-Drehkolben
7 Drehkolbenanschlag
8 Servomotorventil
9 Düse
10 Ölfilter
11 Ölzulauf
12 Antrieb vom Gashebel des Piloten
13 Ölablaß

Die zweistufige Turbine, Abb. 238, besteht aus zwei Scheiben aus Jessops-G-18-B-Stahl, in denen die je 115 Schaufeln aus Nimonic 80 mittels Tannenbaumfuß in schrägen Schlitzen befestigt sind. Eine genaue Beschreibung dieser Turbine wurde bereits im Abschn. „Die Turbine", S. 258, gegeben.

Die angesaugte Luft wird im Kompressor verdichtet und gelangt mit 230° C und einem Druck von 4,22 kg/cm^2 über einen Diffusor in das Eintrittsgehäuse zu den Brennkammern und in diese selbst. Ungefähr ein Fünftel der Luftmenge strömt in das Flammrohr in die eigentliche Brennzone, der Rest fließt zwischen Flammrohr und Außengehäuse. Das Gemisch verbrennt im Flammrohr mit einem Mischungsverhältnis von etwa 15:1 und einer Temperatur von ungefähr 2000° C. Nach der Mischung mit der Kühlluft beträgt das Mischungsverhältnis Luft zu Brennstoff etwa 55:1 bei 15000 U/min. Die Gase strömen nach der Brennkammer mit etwa 880° C und 4,03 kg/cm^2 in das Turbineneintrittsgehäuse und verlassen die zweistufige Turbine mit einem statischen Druck von 0,12 at unter Atmosphärendruck. Es muß daher durch den anschließenden Diffusor, der durch den inneren Konus und durch den Düsenmantel gebildet wird, der Druck durch Herabsetzung der Geschwindigkeit wieder rückgewonnen werden.

Die absolute Gasgeschwindigkeit am mittleren Radius der ersten Stufe beträgt 610 m/sek und die axiale Geschwindigkeit am Austritt in die Schubdüse 261 m/sek bei 15000 U/min. Die Turbine leistet 2700 PS, von denen 1650 PS zum Antrieb des Kompressors aufgehen und 1050 PS zum Vortrieb zur Verfügung stehen. Aus der Schubdüse treten die Gase mit etwa einem Viertel der Geschwindigkeit wie bei einem reinen Turbinendüsentriebwerk aus.

Das Brennstoffsystem wird durch folgende Apparate gebildet:

1. Eine elektrische Tankpumpe (gehört eigentlich zum Flugzeug).
2. Ein Niederdruckfilter.
3. Eine Brennstoffpumpe mit Höchstdrehzahl- und Höchstdruckbegrenzer.
4. Ein Drosselventil und barometrischer Druckregler.
5. Ein Beschleunigungsregler.
6. Ein Absperrventil.
7. Ein Brennstoffverteiler mit Druckgeberventil.
8. Sechs Brenner.
9. Zündsystem mit zwei Zündbrennern und vier Spritzdüsen und ein durch Solenoid betätigtes Absperrventil.

Niederdruckfilter, Drosselventil und barometrischer Druckregler sowie Absperrventil sind in einem Block vereinigt.

Die Brennstoffpumpe ist ein Fabrikat der Firma Lucas und arbeitet mit veränderlicher Fördermenge und automatischer Drehzahlbegrenzung, Abb. 368. Das Drosselventil, der Brennstoffverteiler, Abb. 385, und die übrigen Organe wurden schon eingehend im Abschn. „Das Brennstoffsystem der Flugzeugtriebwerke" beschrieben. Der Beschleunigungsregler, Abb. 623, arbeitet hydraulisch nach dem Servoprinzip.

Die Kurvenscheibe für das Luftschraubenverstellgerät wird durch den Drehkolben des Servomotors verstellt, dessen Steuerventil durch die entsprechend profilierte Welle der Brennstoffkurvenscheibe gebildet wird, die sich in der Hohlwelle der Luftschrauben-Drehzahlverstellkurve dreht. Dadurch wird die Öffnungsgeschwindigkeit der Luftschraubenverstellkurve im richtigen Verhältnis zur Brennstoffverstellung gehalten und dadurch Pumpen des Kompressors vermieden.

Neuere Typen dieser Propellerturbine haben statt des Drehkolbenservomotors im Beschleunigungsregler einen Längskolbenservomotor, der etliche Verbesserungen aufweist.

Die Weiterentwicklung dieses Triebwerkes war sehr erfolgreich. Die Type ASM.2 wurde nicht gebaut, aber die Type ASM.3. Durch Weglassen der letzten beiden Stufen und Hinzufügung von zwei Niederdruckstufen konnte im selben Gehäuse ein Verdichter mit einem um 26 % vergrößerten Durchsatz und einem um 1,5 % auf 85 % verbesserten Wirkungsgrad untergebracht werden. Dieser neue Kompressor mit einem Verdichtungsverhältnis von etwa 5,4:1 bildet die Grundlage der Type ASM.3 mit 1340 PS und 185 kp Schub, die auch sonst noch Detailverbesserungen enthält [*386*].

Auch ein Doppeltriebwerk, bei dem zwei solcher Turbinen über ein gemeinsames Getriebe eine gegenläufige Doppelluftschraube antreiben, wurde unter dem Typennamen ASMD entwickelt.

ϑ) *Napier Naiad.* Napier befaßt sich ebenfalls bereits seit dem Beginn der Entwicklung mit Flugturbinen. Das erste Versuchstriebwerk war das PTL-Triebwerk Naiad, Abb. 624. Es war für eine Leistung von 1520 PS ausgelegt und zeigte verschiedene interessante technische Details.

Bemerkenswert ist vor allem die Luftansaugung durch die hohle Propellernabe. Weiters ist interessant, daß ein Rohrtraggerüst zusammen mit dem Mittelträger, der auch das Kompressorauslaßgehäuse enthält, alle Kräfte aufnimmt. Kompressor- und

Turbinengehäuse waren also von allen Biegekräften entlastet. Weitere technische Details gehen gut aus Abb. 624 hervor [*387*, *388*].

Folgende technische Daten wurden bekanntgegeben:

	U/min	PS	Schub-kp	Gesamt-PS
Maximale Startleistung (INA-Bedingungen)	18250	1520	109,3	1612
Maximale Startleistung (tropische Verhältnisse) ..	18250	1210,5	92,5	1287,6
Maximale Reiseleistung	17000	991,5	82,5	1062,4
Länge von Luftschraubennabe bis Düsenende		2590 mm		
Größter Durchmesser		711 mm		
Gewicht		497 kg		
Drehsinn der Luftschraube		rechtsläufig		
Brennstoff		Flugpetroleum D.E.R.D. 2482		
Öl		Spec. 2472 B/O oder ähnliches		
Propeller		Bremsluftschraube mit Segelstellung und Verstellgerät		

Aus diesem Versuchsmuster wurde die heute sehr erfolgreiche Type Eland sowie die weiteren rückwärts noch näher beschriebenen Napier-Typen entwickelt.

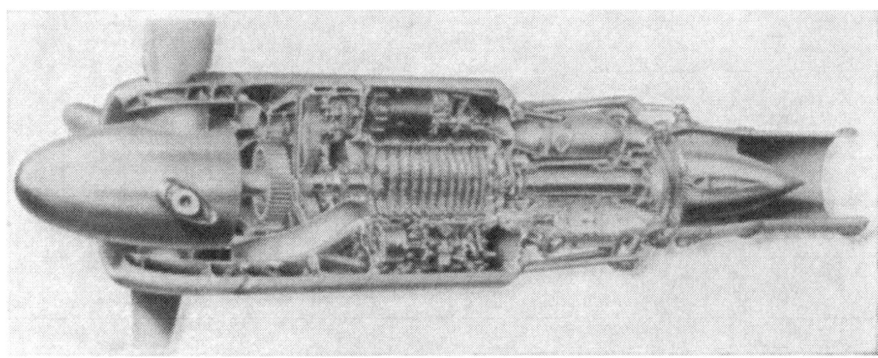

Abb. 624. Napier Propellerturbine „Naiad“

ι) *Bristol „Theseus“*. Die Propellerturbine Bristol *Theseus*, Abb. 625a, ist eine der ersten Propellerturbinen gewesen. 1942 projektiert, lief die erste Maschine 1945 und legte im Dezember 1946 als erste Propellerturbine die Typenprüfung von 127 Stunden Dauer ab. 1947 begann die Flugerprobung, und 1948 wurde eine 150-Stunden-Typenprüfung nach internationalen Regeln und ein 507-Stunden-Dauerlauf gefahren.

Die Bristol-Triebwerke sind Vertreter der Bauweise mit getrennt laufender Nutzleistungsturbine. Dadurch wird das Triebwerk nicht nur elastischer, sondern insbesondere das Anlassen wird wesentlich erleichtert, da nur das Kompressoraggregat, nicht aber Getriebe und Luftschraube durchgedreht werden müssen.

Bristol hat auch eingehend den Wärmeaustauscher studiert, und das Triebwerk *Theseus* war ursprünglich mit einem solchen ausgelegt. Im Verlauf der Versuche zeigte es sich jedoch, daß zwar der Brennstoffverbrauch herabgesetzt wurde, die Ersparnis aber gerade zum Transport des zusätzlichen Gewichtes reichte. Man hat daher später auf einen Einbau dieses Wärmeaustauschers verzichtet. Die Abb. 625a zeigt einen Schnitt durch das Triebwerk Th 21 mit Wärmeaustauscher. Der grundsätzliche Aufbau war jedoch bei beiden Ausführungen gleich, beim Th 11 wurde lediglich statt des Wärmeaustauschers eine Luftsammelkammer an das rückwärtige Schott angebaut, die den Luft strom aus den Zuleitungen in die Brennkammern umlenkte.

In Seehöhe statisch erzeugte das *Theseus* eine Startleistung von 2281 Gesamt-PS (2068 PS + 247,6 kp Schub). Die maximale Reiseleistung betrug 1698 Gesamt-PS (1551 PS + 171 kp Schub). Diese Daten wurden während des 500-Stunden-Laufes gemessen.

Das Gesamtgewicht der Maschine mit Hilfsgeräten betrug 844 kg, der spezifische Brennstoffverbrauch bei Startleistung (Seehöhe statisch) 385 g/PSh, bei Maximalleistung in 6 km Höhe bei 482 km/h 281 g/PSh. Mit Wärmeaustauscher erwartete man bei 482 km/h in 6 km Höhe 240 g/PSh. Das Gewicht mit Wärmeaustauscher beträgt 1048 kg. Mit steigender Geschwindigkeit steigt die Leistung infolge der Stauaufladung stark an und erreicht in Seehöhe bei 482 km/h 2730 Gesamt-PS.

Die Schnittzeichnung, Abb. 625c, läßt sehr gut den Weg der Luft durch das Triebwerk erkennen. Das Bild zeigt die Type Th 21 mit Wärmeaustauscher. Das Th 11 sah genau so aus, doch schloß die Schubdüse unmittelbar an die Turbine an, der Wärmeaustauscher war durch einen Sammelraum ersetzt. Die Luft strömte durch den Ansaugringkanal, der das Getriebe umschließt, zum kombinierten Axial + Radial-Verdichter. Neun Axialstufen und eine Hochdruckradialstufe waren vorgesehen. Nach dem Kompressor gelangte die Luft durch acht Leitungen zum Wärmeaustauscher bzw. zum Sammel-

Abb. 625*a*. Bristol Theseus Th 21-Propellerturbine

raum. Im Wärmeaustauscher strömte die Luft radial nach innen, wurde dort umgelenkt und gelangte radial nach außen zu den Auslaßkanälen und in der Folge in die acht Brennkammern. Von diesen führten Krümmer zum Turbineneintrittsgehäuse. Nach Durchgang durch die dreistufige Turbine gelangten die Gase über den Wärmeaustauscher zur Schubdüse.

Der Lufteinlaßkanal war ein Aluminiumgußstück und enthielt hohle Stege, die das Getriebegehäuse trugen. Die hohlen Stege dienten zur Durchführung der Antriebswellen für die Hilfsgeräte. Das Kompressorgehäuse war axial geteilt und doppelwandig ausgeführt, um die Kräfte ohne Deformation aufnehmen zu können. Die Leitschaufeln aus Aluminiumschmiedestücken saßen in Rillen im Gehäuse. Die Kompressor-Rotortrommel bestand aus drei zusammengeflanschten Aluminiumschmiedestücken und trug am vorderen Ende einen Stahlkonus mit dem Wellenstummel für das vordere Rollenlager, am rückwärtigen Ende ebenfalls einen Stahlkonus mit dem Wellenstummel für das rückwärtige Hochschulterlager und die dahintersitzende Scheibe der zweistufigen Kompressorturbine. Das Hochschulterlager war das Festlager und nahm den Restschub auf. Turbine und Kompressor waren zwar so ausgelegt, daß die Schübe ausgeglichen sind, doch verbleibt immer ein kleiner nach vorwärts oder rückwärts gerichteter Restschub. Jede der neun Laufschaufelreihen hatte je 69 Schaufeln, die in der Trommel mit Tannenbaumfuß in axialen, gezahnten Rillen saßen. Distanzstücke sorgten für den richtigen Abstand, Abb. 140. Rückwärts war das Radialrad mit 23 Schaufeln angeflanscht, das für besten Wirkungsgrad geschlossen ausgeführt war. Zur Erleichterung des Anlassens waren Abblaseventile am Kompressorgehäuse angebracht. Bei der maximalen Drehzahl von 8200 U/min betrug das Verdichtungsverhältnis 4,4:1 und der Durchsatz 13,6 kg/sek (Seehöhe statisch). Die zweistufige Turbine gab 3500 PS für den Antrieb des Kompressors ab.

Die Brennkammern waren ein Erzeugnis der Firma Lucas und entsprachen der normalen Bauart, Abb. 303. Das Brennstoffsystem arbeitete mit Brennstoffakkumulator und wurde schon früher eingehend beschrieben.

Die Scheibe der zweistufigen Kompressorturbine war aus Jessops-G-18-B-Stahl geschmiedet und trug 127 Schaufeln aus Nimonic 80 in jeder Reihe, die mit Tannenbaumfuß eingesetzt waren. Ein Firth-Vickers-Stayblade-Schmiedestück wurde für die freilaufende Propellerturbine verwendet und trug eine Reihe von Nimonic-80-Schaufeln. Die Leitschaufeln waren nach dem Präzisionsgußverfahren in kleinen Sektionen gegossen und in das Gehäuse eingesetzt. An die Scheibe der dritten Stufe war rückwärts ein Wellenstummel angeschmiedet, auf dem das rückwärtige Kugellager saß. Die Welle der Nutz-

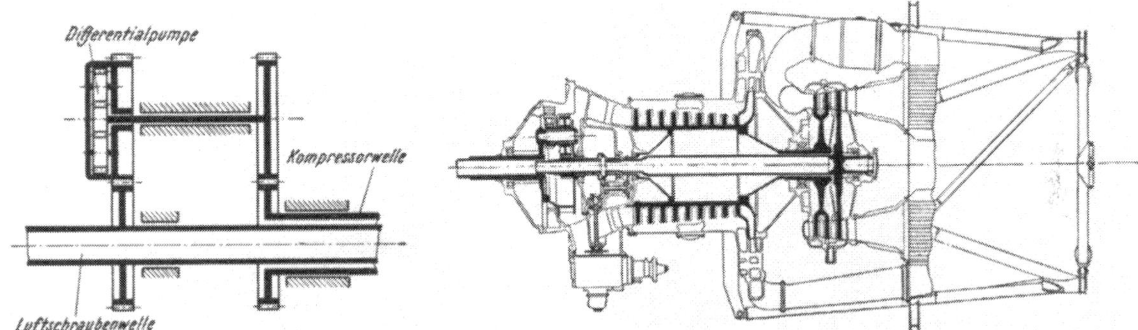

Abb. 625*b*. Schema der Differentialpumpe

Abb. 625*c*. Schnitt durch die Bristol-Propellerturbine Th 21

leistungsturbine war an die Vorderseite der Scheibe angeflanscht und ging durch die hohle Kompressorwelle vor zum Getriebe, mit dem sie durch eine Zahnkupplung verbunden war, Abb. 625c. Vorne saß die Welle der Nutzleistungsturbine in einem Rollenlager.

Das Getriebe enthielt ein Sonnenrad, das vier Planetenradpaare antrieb. Die kleineren Räder der Planetenradpaare kämmten mit einem innen verzahnten Ring, der sich gegen Ölkolben des Drehmomentmessers abstützte. Die Planetenradpaare saßen in einem an die Propellerwelle angeflanschten Stern. Die Propellerwelle lief vorne in einem großen Kugel- und rückwärts in einem Rollenlager. Das Untersetzungsverhältnis betrug 8,4:1, entsprechend 1070 U/min am Propeller bei 9000 U/min der Nutzleistungsturbine.

Das Schmiersystem enthielt eine Hauptpumpe, die Öl mit 35 atü zum Luftschraubenverstellgerät lieferte sowie zu einem Druckreduzierventil im Ölsumpf. Von diesem Ventil strömte Öl mit 5,6 atü zur Zumeßpumpe, die die einzelnen Lagerstellen versorgte. Eine zweite Leitung belieferte die Differentialpumpe und die Dynamometerpumpe, die den Öldruck auf 42 bis 56 atü hinaufsetzte, je nach der durchgeleiteten Leistung. Geeignete Luftabzweigungsleitungen vom Kompressor dienten zur Turbinen- und Lagerkühlung.

Obwohl keine mechanische Kupplung zwischen Kompressortubine und Nutzleistungsturbine bestand, war es im Interesse eines guten Wirkungsgrades notwendig, das Geschwindigkeitsverhältnis der beiden Turbinen konstant zu halten. Dies wurde durch eine geniale, von Bristol entwickelte Einrichtung, die Differentialpumpe, besorgt, die im Getriebegehäuse untergebracht war, s. schematische Zeichnung Abb. 625b. Das kleine mittlere Rad der Pumpe wurde über die beiden Zahnräder vom Kompressor her angetrieben. Das Pumpengehäuse war mit dem Zahnrad, das im gleichen Drehsinn von der Propellerwelle angetrieben wurde, fest verbunden. Sind die Zahnraddurchmesser dieser Zahnradpumpe so abgestimmt, daß sie beim Auslegungsdrehzahlverhältnis keine

Förderung ergeben, dann tritt bei jedem anderen Drehzahlverhältnis eine Ölförderung in der einen oder anderen Richtung auf. Dieses Öl wird zur Verstellung der Propellersteigung verwendet, so daß jederzeit die passende Drehzahl der Propellerturbine automatisch eingestellt wird und das richtige Drehzahlverhältnis immer gewahrt bleibt.

Der Durchmesser des *Theseus* betrug 1244 mm, die Länge bis zum Haupttragring hinter den Brennkammern 2133 mm, die Gesamtlänge 2570 mm. Vom Wellenstummel der Propellerturbine konnte der Abtrieb zu einem Flugzeughilfsgerätegetriebe abgenommen werden.

ϰ) Bristol „Proteus“. Die Folgetype war das Triebwerk Proteus, Abb. 626, das im Januar 1947 das erstemal erprobt wurde und eine Gesamtleistung von rund 3500 PS abgab. Auch bei dieser Propellerturbine wendete Bristol wieder die getrennt laufende Nutzleistungsturbine an. Es ist abermals ein Entwicklungsmuster und stellt den Vorläufer zum heutigen Proteus 755 dar. Viele technische Details sind bereits gleich mit dem heutigen Serienmuster. Es sei daher an dieser Stelle näher beschrieben. Der Aufbau hat sich gegenüber dem Theseus grundsätzlich geändert. Der kombinierte Axial-Radial-Verdichter

Abb. 626. Propellerturbine Bristol Proteus. Ausführung 1947

hat seinen Lufteinlaß rückwärts. Die acht Brennkammern sind rund um das Kompressorgehäuse angeordnet. Dieser Aufbau ergibt eine starke Reduktion der Triebwerkslänge [*392*].

Der Kompressor mit seinen zwölf axialen und einer radialen Stufe ergibt ein hohes Druckverhältnis, das für niederen Brennstoffverbrauch und hohe spezifische Leistung wichtig ist, Abb. 141.

Die Turbine besteht aus einem zweistufigen Hochdruckventil für den Kompressorantrieb und einer einstufigen Niederdruckturbine für den Propellerantrieb, deren Welle durch die hohle Kompressorwelle zum Reduktionsgetriebe vorgeht. Die Kompressorturbine läuft mit 10000 U/min, die Nutzleistungsturbine mit 10700 U/min. Zur Erhaltung eines konstanten Verhältnisses zwischen beiden Drehzahlen ist wieder eine Differentialpumpe in Verwendung.

Die Turbine ist am Haupttragring mittels eines Tragsternes aufgehängt, Abb. 627. An diesem Haupttragring ist auch ein Stahlzylinder angeflanscht, der den Kompressor vorne hält. Rückwärts hängt der Kompressor über Schwingen am Haupttragring; dadurch kann sich sowohl Kompressor als auch Turbine frei ausdehnen. Die zweistufige Hochdruckturbine ist mittels zweier Wälzlager im Tragstern gelagert und über eine Zahnkupplung mit dem Kompressor verbunden, wodurch gegenseitige Dehnungen ausgeglichen werden.

Die Turbine ist luftgekühlt. Die Kühlluftwege sind deutlich in Abb. 627 ersichtlich. Die Hochdruckkühlluft wird nach den zwölf Axialstufen des Kompressors entnommen und durch Arm *1* und *8* der Turbine zugeführt. Sie kühlt und dichtet das Hochdrucklabyrinth, die Vorder- und Rückseite der ersten Scheibe sowie das erste Zwischenlabyrinth und die Scheibenvorderseite der zweiten Stufe.

Ein zweiter Kühlluftstrom aus der siebenten Kompressorstufe gelangt über den Arm *5* und durch Nuten in der Welle (Spannhülse) zur Rückseite der zweiten Scheibe sowie durch das zweite Zwischenlabyrinth zur Vorderseite der dritten Scheibe.

Ein dritter Luftstrom aus der fünften Kompressorstufe wird über eine Rohrleitung zum rückwärtigen Lagergehäuse geleitet und fließt über die Rückseite der Nutzleistungsturbinenscheibe in den Abgasstrom.

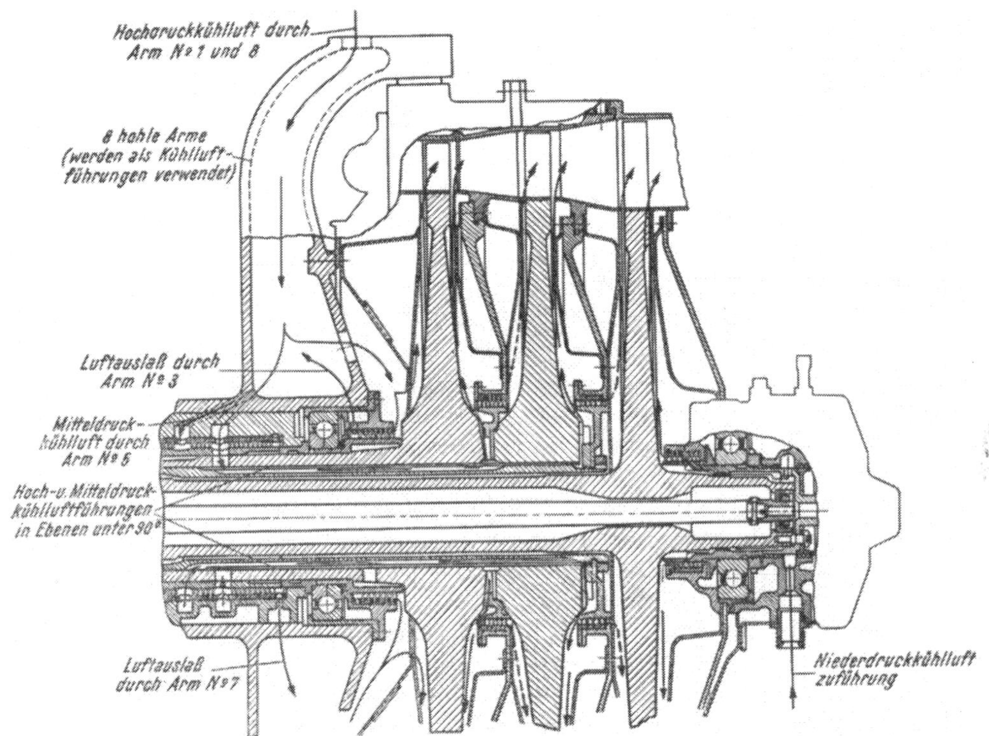

Abb. 627. Turbine des Propellertriebwerks Bristol Proteus. Ausführung 1947

Alle Kühlluftzuführungen sind so ausgelegt, daß die Kühlluft mit etwas höherem Druck an den Schaufelfüßen anlangt, als der Gasstrom an dieser Stelle hat, so daß die Kühlluft gleichzeitig ein Durchtreten heißer Gase verhindert.

Hauptdaten der Propellerturbine *Proteus* (Ausführung 1947):

Länge über alles (ohne Düse)	2880 mm
Größter Durchmesser	978 mm
Gewicht ohne Luftschraube	1315 kg
Brennstoff	D.E.R.D. 2482, Aviation Kerosene, spez. Gew. 0,81
Öl	Intava 7117, Type B
Propellerdrehsinn	gegen Uhrzeigersinn
Getriebeuntersetzungsverhältnis	0,09 oder 0,084:1
Mindestdrehzahl des Kompressors im Leerlauf	3500 U/min

		Seehöhe statisch	10,7 km Höhe 560 km/h
Propeller	PS	3200	1260
Schub	kp	363	254
Spezifischer Brennstoffverbrauch	g/PSh	312[1]	231[2]
Kompressordrehzahl	U/min	10000	10000
Propellerturbinendrehzahl	U/min	10700	10700

[1] Wellen-PS.

[2] Wellen-PS + Schub-PS.

Für die Großflugzeuge Bristol *Brazabon II* und *Saunders-Roe S. R. 45* waren gekuppelte Triebwerke vorgesehen. Zwei *Proteus* arbeiteten auf ein gemeinsames Getriebe. Von diesem ging dann der Antrieb zum Untersetzungs- und Umkehrgetriebe für die gegenläufige, achtblättrige Verstelluftschraube, Abb. 628. Beide Triebwerke lagen im Abstand von etwa 1060 mm Seite an Seite und waren an das Verbindungsgetriebe angeflanscht. Das Verbindungsgetriebe — ein dreiteiliges Aluminiumgußstück — enthielt die erste Untersetzungsstufe und die zahlreichen Hilfsgeräteantriebe. Je ein direkt von der Niederdruckturbine angetriebenes Ritzel mit Pfeilverzahnung kämmte mit einem Zwischenrad und dieses mit dem großen Abtriebsrad. Alle Getriebewellen liefen auf Kugel- oder Rollenlagern. Das Untersetzungsverhältnis betrug 3,2:1. Jede Niederdruckturbine war mit ihrem Ritzel über eine Klauenkupplung verbunden, die hydraulisch ausgerückt werden konnte, wenn während des Fluges eines der beiden Triebwerke ausfallen sollte. In den beiden Abtrieben von der Turbine waren auch Drehmomentmesser eingebaut, deren Wirkung auf der hydraulischen Messung der Lagerreaktion infolge der Zahndrücke beruhte.

Vorne am Getriebe saßen die beiden Anlaßmotoren, die über Kegel- und Stirnräder und eine Klauenkupplung die Kompressoraggregate antrieben.

Auf der Getriebeabtriebswelle saßen außer dem großen Zahnrad noch ein kleines Stirnrad und ein Kegelrad. Das Kegelrad kämmte mit einem Kegelrad einer schräg nach rückwärts aufwärts führenden Welle für den Antrieb des Flugzeughilfsgerätegetriebes. Diese Welle mündete in ein Verzweigungsgetriebe. Das Stirnrad trieb über einen Zahnradsatz die Haupt- und Drehmomentmesserölpumpen. Die Hauptölpumpe lieferte Schmierstoff zum Verbindungsgetriebe, Propellergetriebe und zum Luftschraubenverstellsystem. Zwei Rückförderpumpen brachten das Öl über einen Kühler zum Tank zurück. Andere Druck- und Rückförderpumpen wurden von der Kompressorturbine angetrieben. Diese belieferten die Hilfsgeräte am Kompressor und die Zumeßpumpe für die Wälzlager der Gasturbine mit Schmieröl. Dieser Ölkreislauf arbeitete mit einem gesonderten Tank. Um das Propellergetriebe möglichst nahe bei der Luftschraube zu haben, ging vom Verbindungsgetriebe eine Hohlwelle zum Propellergetriebe. Diese war an beiden Enden mit Universalgelenken versehen, um Verwindungen des Traggerüstes unschädlich zu machen. Auf der Abtriebswelle des Verbindungsgetriebes saß eine Parkbremse (eine ganz normale Innenbackenbremse), die elektrisch betätigt wurde. Sie diente bei stillstehendem Triebwerk zum Festhalten der Luftschraube.

Das Propellergetriebe war ein getrenntes Aggregat, das über Rohrstreben am Verbindungsgetriebe abgestützt war. Die Hilfsgeräte für die Luftschraubenverstellung waren rückwärts am Gehäuse angebracht. Antriebswelle und Propellerwellen lagen in einer Achse, um die herum fünf Zwischenwellen mit je drei Zahnrädern angeordnet waren. Der rückwärtige Trieb übernahm die Leistung von der Antriebswelle und verteilte sie auf die beiden konzentrischen Propellerwellen mittels der mittleren und vorderen Abtriebe unter gleichzeitiger Drehrichtungsumkehr, dadurch, daß der mittlere Trieb Außenverzahnung und der vordere Innenverzahnung hatte. Das Untersetzungsverhältnis betrug 3,7:1. Die Turbinen mit dem Verbindungsgetriebe und dem über Rohrstreben abgestützten Propellergetriebe bildeten ein steifes, einbaufertiges Aggregat von nahezu 7000 PS. Die Luftzuführung zu den rückwärts am Kompressorgehäuse liegenden Lufteinlässen geschah über Kanäle von der Flügelnase aus, wodurch der Flugstau voll ausgenützt wurde.

Die Versuche mit diesem Doppeltriebwerk wurden jedoch später aufgegeben.

c) Amerika. *a) General Electric.* Nach der Type I-16 nach der Whittle-Bauart, Abb. 302, wurde 1943 das Düsentriebwerk I-40 entworfen. Im Frühjahr 1944 lief das erste Modell mit vollem Schub. Im Sommer 1944 flog es das erstemal in einer Lockheed XP-80 A Shooting Star.

Das Triebwerk entsprach im prinzipiellen Aufbau den ersten Rolls-Royce-Triebwerken. Das doppelflutige Kompressorlaufrad hatte 31 Schaufeln auf jeder Seite. Es war in einem Kugel- und in einem Rollenlager gelagert und über eine Kupplungshülse mit Kerbverzahnung mit der Turbinenwelle verbunden. Das Druckverhältnis betrug 4,1:1, der Luftdurchsatz 36 kg/sek bei 11500 U/min. Die Turbinenwelle war mit der Scheibe der einstufigen Turbine durch elektrische Stumpfschweißung verbunden. Sie lief in zwei Wälzlagern, einem Rollenlager rückwärts vor der Scheibe und einem Kugellager vorne bei der Kupplung. Die Turbinenscheibe hatte an ihrer Vorderseite Gebläseschaufeln, die einen Kühlluftstrom von außen ansaugten und über die Scheibe bliesen. Die 54 Laufschaufeln aus hitzebeständigem Spezialstahl waren in Schwalbenschwanznuten im Kranz eingesetzt. Die 48 Eintrittsleitschaufeln waren gegossen und ins Turbineneintrittsgehäuse aus Stahlblech eingebaut.

Abb. 628. Bristol-Doppel-Proteus-Propellerturbinentriebwerk mit gegenläufiger Doppelluftschraube und einer Maximalleistung von knapp 7000 PS

Der aus Elektron gegossene Diffusor hatte 14 Auslässe mit Krümmern, die mit Umlenkschaufeln versehen waren. Diese Auslässe mündeten in 14 Brennkammern, die untereinander zum Druckausgleich und zur Weiterleitung der Zündflamme verbunden waren. Jede Brennkammer enthielt ein Flammrohr, das an seinem vorderen Ende die Einspritzdüse trug.

Die Schubdüse bestand aus einem äußeren und einem inneren Konus und war aus rostfreiem Stahlblech hergestellt. Der äußere Konus war mit einer Isolation umgeben.

Das Brennstoffsystem mit Simplex-Brennern wurde von einer Zahnradpumpe versorgt. Der maximale Einspritzdruck betrug 35 kg/cm^2. Ein Drehzahlregler sowie ein barometrischer Druckregler waren ins Brennstoffsystem eingeschaltet. Die Regelung geschah mit einem Drosselventil. Für den Start war eine elektrische Brennstoffpumpe sowie zwei Zündkerzen vorgesehen. Ein elektrischer Startermotor diente zum Anlassen.

Der Schmierkreislauf war als Trockensumpfumlaufsystem ausgebildet.

Eine neuere Type war das TG-180, Abb. 629, mit Axialkompressor und einem Schub von 1814 kp bei 7600 U/min in Seehöhe statisch. Mit Wasser-Alkohol-Einspritzung wurde ein Schub von 2270 kp erzielt.

Der elfstufige Axialkompressor mit einem Druckverhältnis von 4:1 hatte ein zweiteiliges Aluminiumgehäuse mit einer Reihe von Stahleintrittsleitschaufeln, elf Reihen von Leitschaufeln aus Stahl und eine Reihe von Austrittsrichtschaufeln. Der Rotor bestand aus zehn Aluminiumscheiben und einer Stahlscheibe, die auf eine Hohlwelle aufgeschrumpft waren. Jede Scheibe trug eine Reihe von Leitschaufeln aus Stahl. Der Kompressorrotor lief vorne in einem Rollenlager und rückwärts in einem Kugellager zur Schubaufnahme. Die Turbinenwelle saß mit Kerbverzahnung zur Drehmomentübertragung in der Kompressorhohlwelle. Ein durchgehender Ankerbolzen hielt die Turbinenwelle in der richtigen Lage und übertrug den Turbinenschub auf den Kompressorrotor. Die Turbinenwelle war mit der Scheibe verschweißt und saß in zwei Rollenlagern. Die Turbinenscheibe war auf beiden Seiten mit Luft aus der achten Kompressorstufe gekühlt. Die Laufschaufeln der einstufigen Turbine waren am Kranz angeschweißt. Die 64 Eintrittsleitschaufeln aus gezogenem Material wurden im Eintrittsgehäuse eingeschweißt.

Abb. 629. General-Electric-TL-Triebwerk TG 180

Acht Brennkammern waren vorgesehen. Das Brennstoffsystem arbeitete mit einer Pumpe mit verstellbarer Fördermenge und Duplex-Brennern.

Die Schubdüse bestand wieder aus einem äußeren und einem feststehenden inneren Konus. Der äußere Konus war isoliert.

Die Hilfsgeräte waren vorne am Kompressor gruppiert. Diese sowie das vordere Kompressorlager wurden von der Trockensumpfumlaufschmierung mit Öl versorgt, die drei rückwärtigen Lager wurden mit Luft aus der vierten Kompressorstufe gekühlt und durch Ölnebel geschmiert. Das Luft-Öl-Gemisch wurde hernach ins Freie geleitet.

Abb. 630. General-Electric-Propellerturbine TG 100

Die Reihenbautype J 35 (TG 180) wurde später durch die verbesserte Type J 47 (TG 190) mit 2710 kp Schub abgelöst, von der nicht weniger als etwa 36000 Stück gefertigt wurden. Die Produktion lief 1956 aus. Die Fertigung einer weiteren Fortentwicklung dieser Type (Type J 73 mit 4080 kp Schub bei gleichem Außendurchmesser) lief ebenfalls 1956 aus.

Die heutigen Serientypen werden noch später ausführlicher besprochen.

In diesen ersten Entwicklungsjahren hat General Electric auch eine wenig erfolgreiche Propellerturbine erprobt. Es war die Type TG 100, Abb. 630. Der 14stufige Axialkompressor hatte ein zweiteiliges Stahl- und Aluminiumgehäuse mit einer Reihe Stahleintrittsleitschaufeln, 14 Reihen Stahlleitschaufeln und einer Reihe Richtschaufeln aus Stahl. Der Rotor war in Scheibenkonstruktion ausgeführt. 14 Aluminium- und Stahlscheiben waren auf die hohle Welle aufgeschrumpft, jede Scheibe mit einer Reihe von Stahllaufschaufeln. Die Welle saß vorne und rückwärts in je einem Gleitlager. Das Druckverhältnis betrug 5,5:1. Neun Brennkammern mit Umkehrstrom waren vorgesehen, mit Flammrohren und Duplex-Brennern ausgerüstet. Die einstufige Turbine saß knapp hinter dem Kompressor, und ihre Welle war in der hohlen Kompressorwelle befestigt. Die Laufschaufeln waren ebenfalls wieder an dem Kranz der Scheibe angeschweißt.

Die Propellerwelle wurde durch ein Doppelplanetengetriebe mit einem Untersetzungsverhältnis von 11,35:1 angetrieben. Sie war in einem Hochschulterkugellager und einem Gleitlager gelagert.

Das Brennstoffsystem arbeitete mit einer Mehrkolbenpumpe mit veränderlicher Fördermenge, General-Electric-Brennstoffregler mit Höchstdrehzahlbegrenzer und barometrischer Druckkontrolle. Ein Temperaturkontrollgerät war ebenfalls eingeschaltet.

Das Schmiersystem war wieder als Trockensumpf-Umlaufsystem ausgebildet.

Ein elektrischer Starter und zwei Zündkerzen dienten zum Anlassen.

Der Triebwerkdurchmesser betrug 940 mm, die Länge 2870 mm, die Stirnfläche 0,69 m^2, das Gewicht 907 kg, entsprechend 0,37 kg/PS (Gesamt-PS = Wellen-PS + Schub-PS). Die Leistung wurde mit 2200 PS + 272 kp Schub bei 13000 U/min in Seehöhe statisch angegeben oder umgerechnet 2430 Gesamt-PS.

β) Westinghouse. Westinghouse begann seine Arbeiten 1942 mit den Triebwerken 19 XB 2 B und 19 B. Das erstere Triebwerk flog im Januar 1944. Es waren dies wohl die ersten Axialtriebwerke außerhalb Europas. Eine Weiterentwicklung, die Type J 34, ist noch im Gebrauch und bis jetzt die einzig wirklich erfolgreiche Type dieser Firma.

Das 19-X-B-2B-Triebwerk hatte einen zehnstufigen Axialkompressor mit zweiteiligem Aluminiumgehäuse, das eine Reihe von Aluminium-Eintrittsleitschaufeln, neun Reihen Leitschaufeln aus Stahl und zwei Reihen Austrittsrichtschaufeln aus Stahl trug. Der Rotor war vierteilig. Ein Aluminium-Schmiedestück mit sieben Reihen Stahllaufschaufeln und drei Stahlscheiben mit je einer Schaufelreihe waren miteinander verschraubt. Der Kompressor- und Turbinenrotor waren mittels Flansch verbunden. Vorne lief der Kompressorrotor in einem Gleitlager, das gleichzeitig den Axialschub aufnahm. Das Druckverhältnis war 3,8:1, der Durchsatz 13,5 kg/sek bei 17000 U/min in Seehöhe.

Die ringförmige Brennkammer enthielt ein ringförmiges doppeltkonisches Flammrohr mit 24 Brennern.

Die einstufige Turbine hatte ein Eintrittsgehäuse aus rostfreiem Stahlblech mit 44 aus Vitallium gegossenen Eintrittsleitschaufeln. Die Turbinenscheibe war mit 60 eingesetzten Schaufeln aus Nickelstahl bestückt und mit der hohlen Welle verschweißt.

Ein Trockensumpf-Umlaufschmiersystem mit einer Druck- und drei Saugpumpen war vorgesehen.

Das Triebwerk 19 B war bis auf den sechsstufigen Axialkompressor ähnlich dem 19 XB-2 B durchgebildet. Es gab 635 kp Schub bei 18000 U/min (Seehöhe statisch).

Zahlreiche weitere Projekte sowohl von Propellerturbinen als auch von Strahltriebwerken sind von den verschiedenen amerikanischen Triebwerkherstellern bekanntgeworden, doch konnte keines dieser Erstlingstriebwerke Serienreife erlangen. Über die letzten Entwicklungen wird noch später berichtet.

d) Frankreich. *α) SOCEMA.* Als erstes Projekt nahm die SOCEMA (Société de Construction et d'Etudes de Matériels d'Aviation) 1941 die Entwicklung einer Propellerturbine mit 3000 PS Maximalleistung auf. Dieses Baumuster mit der Bezeichnung TGA-IBIS war für ein Druckverhältnis von 3,6:1 bei einer maximalen Eintrittstemperatur von 600° C (550° C bei Reiseleistung) ausgelegt. Der Brennstoffverbrauch in Seehöhe sollte 354 g/PSh und in 10000 m Höhe bei 500 km/h 248 g/PSh betragen. Gewicht 2250 kg, größter Durchmesser 1140 mm.

Der Rotor des Triebwerkes war nur in zwei Hauptlagern gelagert. Der Kompressor hatte 15, die Turbine 4 Stufen.

Anfänglich war Brennstoffvergasung vorgesehen, doch zeigten sich in der Praxis große Schwierigkeiten, und es wurde daher auf ein Einspritzsystem übergegangen.

Das Kompressor- und Turbinengehäuse war in einer zweiteiligen Schale gelagert, die die Steifigkeit und Dichtheit des Triebwerkes gewährleistete.

1944 schritt diese Firma nach Studium erbeuteter Jumo 004 auch an die Konstruktion eines Strahltriebwerkes mit einem Schub von 1900 kp, einem Durchmesser von 990 mm, einem Gewicht von 1220 kg und einem spezifischen Verbrauch von 1,18 kg/h/kp. Es enthielt die Bezeichnung TGAR-1008.

Der Kompressor hatte acht Stufen mit 100 % Reaktion. Das Druckverhältnis betrug 3,7, das Δt pro Stufe 20° C. Der Kompressoraufbau entsprach der Junkers-Bauweise, Abb. 137. Kompressor und Turbine waren zweimal gelagert. Die einstufige Turbine besaß gekühlte Eintrittsleitschaufeln. Das Kühlsystem beruhte auf dem Schutz der Schaufel mittels einer Grenzschicht kalter Luft. Die Kühlluft wurde außen den Hohlschaufeln

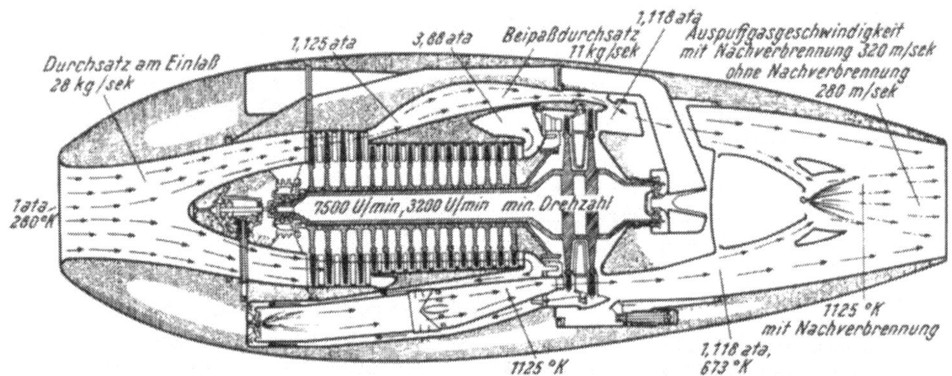

Abb. 631. Schnitt durch das ZTL-Triebwerk Rateau A-65

zugeführt, die eine Trennwand enthielten. Die Luft strömte von außen nach innen entlang der konkaven Schaufelseite und durch einen Durchbruch in der Trennwand entlang der konvexen Seite wieder nach außen. Nach der Profilnase waren an der konvexen Seite eine Reihe von Austrittsschlitzen entlang der Schaufel angeordnet, durch welche die Kühlluft austrat und eine Schutzschicht kalter Luft an der konvexen Schaufelseite bildete. Mit 1 % der Durchsatzmenge erreichte man eine gegenüber der Gastemperatur um 250° C niedrigere Schaufeltemperatur.

Nach anfänglichen Versuchen mit Brennstoffvergasung ging man auf ein neuartiges System einer Brennkammer mit Einspritzung über. Eine Ringkammer enthielt zwei konzentrische Reihen von Flammrohren verschiedenen Durchmessers. Diese Flammrohre waren an ihrem vorderen Ende rund und verformten sich gegen das rückwärtige Ende zu so, daß der Austrittsquerschnitt aller Rohre zusammen einen Kreisring bildete. Die äußeren Flammrohre waren größer im Durchmesser als die inneren. Wenn die äußeren Rohre mit höherer Temperatur als die inneren arbeiteten, dann blieben die Schaufelfüße der Laufschaufeln kühler und die thermische Beanspruchung von Schaufel und Scheibe wurde vermindert. Die inneren Flammrohre verarbeiteten 27 % der gesamten Durchsatzmenge und eine um 200° C niedrigere Temperatur der inneren Rohre bedeutete eine nur 50° C unter der maximalen Temperatur liegende Gastemperatur. Diese Temperaturdifferenz konnte entsprechend den Erfordernissen variiert werden, vorausgesetzt, daß die Brenner der äußeren und inneren Flammrohre unabhängig beliefert wurden. In sehr großen Höhen konnten nur die inneren Rohre allein arbeiten, und es wurde damit ein Verlöschen der

Flamme vermieden, während bei normalen Brennkammern unter solchen Flugbedingungen der Brennstoffzufluß stark gedrosselt werden muß. Ein Zünden der äußeren Flammrohre konnte jederzeit leicht erfolgen. Die Brennstoffregelung ergab, obwohl kompliziert, keine prinzipiellen Schwierigkeiten. Sie beruhte auf den Junkers-Prinzipien.

Neuere Muster des TGAR-1008 gaben 2200 kg Schub und waren mit einer ringförmigen Brennkammer ausgestattet. Ein Folgemuster mit einigen Verbesserungen ergab bereits 2500 kg Schub. Diese Entwicklungen wurden jedoch aufgegeben [*396*].

β) *Rateau A 65.* Auch die Firma Rateau hatte ein ZTL, A 65, in Entwicklung, Abb. 631. Der sechzehnstufige Axialkompressor hatte vier Niederdruck- und zwölf Hochdruckstufen. Ein Teil der Ansaugluftmenge wurde nach den vier Niederdruckstufen abgezweigt und nach der Turbine wieder in die Schubdüse eingeführt, und zwar vor dem Brenner für die Nachverbrennung. Das Triebwerk war also sowohl mit Schubverstärker als auch mit Nachverbrennung ausgerüstet.

Trotz der Anordnung der neun Brennkammern rund um den Kompressor war der Triebwerkaußendurchmesser nur 940 mm. Die sechzehn Kompressorlaufräder saßen auf einer Hohlwelle, die gleichzeitig auch die zwei Turbinenscheiben trug. Die Welle war vor dem Kompressor in einem Kugel- und einem Rollenlager, nach der zweistufigen Turbine in einem Rollenlager gelagert. Das Statorgehäuse aus Stahl war einteilig und enthielt die Leiträder von Kompressor und Turbine.

Die neun Brennkammern arbeiteten mit Umkehrstrom. Sie waren untereinander verbunden und in der üblichen Weise mit Flammrohren ausgestattet.

Anfängliche Materialschwierigkeiten bei den Turbinenschaufeln konnten allmählich beseitigt werden, und man hoffte im Laufe der Entwicklung 850° C bei einer Lebensdauer von 1000 Stunden zu erreichen.

Die Schubdüse bestand aus einem äußeren und einem fixen inneren Konus. Das Brennstoffsystem mit Simplex-Brennern arbeitete in der normalen Weise mit barometrischem Druckregler und Drehzahlregler. Eine A.M.PV 103 Vierkolbenpumpe lieferte den Brennstoff mit 40 kg/cm² maximalem Druck zu den Brennern. Der Pilot hatte nur das Drosselventil zu bedienen.

Eine Trockensumpf-Umlaufschmierung mit zwei Druck- und zwei Rückförderpumpen war vorgesehen.

1947 hatte man bis zu 6000 U/min und nahezu drei Viertel des maximalen Schubes erreicht. Die damals gemessenen und später erhofften Leistungsziffern waren folgende:

	1947	später
Maximale Drehzahl	7500 U/min	8000 U/min
Schub Seehöhe	800 kp	1400 kp
Schub Seehöhe mit Nachverbrennung	900 kp	1600 kp
Gewicht	1200 kp	1000 kp
Spezifischer Brennstoffverbrauch	1,05 kg/h/kp	0,85 kg/h/kp

Sonstige Daten des A 65:

Durchsatzmenge, gesamt	28 kg/sek
Abgezweigte Luftmenge	11 kg/sek
Druckverhältnis	3,88:1
Temperatur vor Turbine	850° C
Temperatur nach Turbine	600° C
Temperatur in der ersten Turbinenstufe	750° C
Temperatur in der zweiten Turbinenstufe	650° C
Maximale Beanspruchung der Schaufeln in der ersten Turbinenstufe	7,5 kg/mm²
Maximale Beanspruchung der Schaufeln in der zweiten Turbinenstufe	10 kg/mm²
Turbinendurchmesser	590 mm
Triebwerkdurchmesser	940 mm

Auch diese Entwicklung wurde später aufgegeben.

Ein Propellertriebwerk mit einer maximalen Startleistung von 1450 Wellen-PS gesamt stand bei SNECMA-Rateau in Entwicklung. Auch diese Versuche wurden später eingestellt.

Es scheint, daß sich sowohl SOCEMA als auch Rateau von der Flugtriebswerkentwicklung zurückgezogen haben.

γ) *SNECMA*. Diese Firma begann nach dem Krieg unter der technischen Leitung von Dr. OESTRICH, ehemals Direktor bei BMW, mit der Entwicklung von sehr erfolgreichen Strahltriebwerken.

Das erste Baumuster ATAR 101 B erreichte 2270 kg Schub und war im ganzen Aufbau stark an die letzten BMW-Triebwerke angelehnt. Die Brennkammer sowohl als auch die gekühlte Turbine entsprach ganz der BMW-Bauweise, s. Abb. 227.

Die Folgebaumuster haben einen sehr guten Entwicklungsstand erreicht und zählen heute zu den besten Triebwerken. Sie werden später noch genauer beschrieben (S. 829).

δ) *Turboméca*. Turboméca befaßte sich von Anfang an mit Kleintriebwerken von ganz eigenwilliger Konzeption. Die Ideen stammen von Generaldirektor SZYDLOWSKY. Sowohl PTL- als auch TL- und ZTL-Versionen wurden entwickelt. Der grundsätzliche Aufbau dieser Triebwerke ist aus dem Abschn. ,,Kleinturbinen" (Abb. 554, S. 664) bekannt.

Die beiden letztgenannten Firmen sind die derzeit einzigen größeren Triebwerkhersteller in Frankreich. Daneben bauen noch Dassault und Hispano-Suiza Flugtriebwerke zum Teil auch in Lizenz.

10. Moderne Flugturbinen

Die Beschreibung der wichtigsten repräsentativen Gasturbinen für Flugzeugantriebe möge die derzeitigen Bautendenzen aufzeigen.

Während vor einigen Jahren England noch absolut führend im Bau von Fluggasturbinen war, während des Zweiten Weltkrieges hatte Deutschland diese Rolle, hat sich heute dieses Bild bereits etwas geändert. Vor allem Amerika und Rußland können heute schon gleichwertige Triebwerke den englischen gegenüberstellen.

England verfügt wohl noch über die größte Zahl von fertig entwickelten Baumustern, die zum Teil in Amerika in Lizenz gebaut werden, doch machen die anderen Länder die größten Anstrengungen, hier nachzukommen [*414*, *415*].

Es zeichnen sich vor allem auch einige ganz spezifische Wege der Weiterentwicklung ab, und es möge hier neben den Beschreibungen vor allem Tab. 97 Aufschluß geben.

Die verschiedenen Triebwerke sollen nach Ländern geordnet gezeigt werden.

a) Deutschland. In Westdeutschland sind wohl bereits einige Entwicklungsteams wieder an der Arbeit, doch hat bisher lediglich die Ernst Heinkel A. G. in Stuttgart-Zuffenhausen, die bekanntlich das erste TL herausbrachte, das flog (He S 3 B), ein neues TL in Entwicklung. Diese Type He S 053 besitzt einen 11stufigen Axialkompressor mit verdrehbaren Eintrittsleitschaufeln, Ringbrennkammer mit 9 Flammrohren, zweistufige Turbine und Verstelldüse. Max. Durchmesser 1100 mm, Länge 4050 mm, Gewicht 1570 kg, Standschub 6500 kp bei 6000 U/min und einen spezifischen Verbrauch von 0,93 kg/h/kp bei einem Druckverhältnis von 7,4:1 und einem Durchsatz von 100 kg/sek.

In Ostdeutschland wurde das TL Pirna 614 entwickelt mit einem Standschub von 3150 kp. Es besitzt einen 12stufigen Axialverdichter und eine zweistufige Turbine. Die Brennkammer ist eine Ringtype. Der spezifische Verbrauch beträgt 0,85 kg/h/kp, der Durchsatz 50 kg/sek. Durchmesser max. 980 mm, Länge 4100 mm, Gewicht 1000 kg.

b) England. Armstrong Siddeley[1] hat vor allem mit der Fortentwicklung der Propellerturbine Mamba großen Erfolg gehabt, weist doch die letzte Type ASM. 8 fast die doppelte

[1] Neuerdings haben sich die englischen Firmen Armstrong Siddeley und Bristol zur Bristol Siddeley Engines Limited zusammengeschlossen.

Leistung wie das Baumuster ASM. 1 auf. Gleichlaufend ging die Entwicklung des Doppeltriebwerkes Double Mamba. Folgende Aufstellung soll die einzelnen Entwicklungsschritte aufzeigen:

Mamba

ASM. 1: 10 A-6 BK-2 T 1024 PS + 140 kp Restschub, Abb. 622

ASM. 2: Wurde nicht gebaut

ASM. 3: 10 A-6 BK-2 T 1340 PS + 185 kp Restschub. Kompressor neu konstruiert. Größerer Durchsatz, wurde in kleinen Stückzahlen produziert

ASM. 4: Wie ASM. 3, aber Ringbrennkammer, wurde nicht gebaut

ASM. 5: 10 A-O-3 T, 1500 PS + 135 kp Restschub, Entwicklungsmaschine für ASMD. 3

ASM. 6: 11 A-O-3 T, 1675 PS + 145 kp Restschub, wie ASM. 5, jedoch Kompressor mit zusätzlicher ND-Stufe. Entwicklungsmaschine für ASMD. 4, produziert für Marineflugzeug Seamew

ASM. 7: 12 A-O-2 + 2 T (zweistufige, freilaufende NLT), 2464 PS basierte auf ASM. 6, wurde aber nicht gebaut

ASM. 8: 11 A-O-3 T, 1977 PS, Schaufeln aus Nimonic 100, Entwicklungsmaschine für ASMD. 8

Double Mamba

ASMD. 1: Erstes Doppeltriebwerk, 2×ASM. 3, im Einsatz mit 2572 PS + 370 kp Restschub

ASMD. 3: Untersetzungsgetriebe wie ASMD. 1, 2 × ASM. 5, in Produktion und Einsatz mit 2780 PS + 370 kp Restschub

ASMD. 4: Erstes Doppeltriebwerk mit niedrigerer Propellerwellenmitte und Pfeilrädern im Getriebe. Nur Entwicklung

ASMD. 7: Wie ASMD. 4, aber mit ASM.-7-Turbinen, sollte 4461 PS leisten, wurde aber nicht gebaut

ASMD. 8: Wie ASMD. 4, aber mit ASM.-8-Turbinen, in Produktion mit 3650 PS + 322 kp Restschub

Die Konstruktionszeichnung Abb. 632a zeigt deutlich alle Merkmale des interessanten Triebwerkes ASMD. 8 mit ASM.-8-Turbinen.

Die Temperatur wurde so weit gesteigert, als dies mit Nimonic-100-Schaufeln möglich war. Die beiden ersten Stufen weisen dieses Schaufelmaterial auf, die dritte hat solche aus Nimonic 80 A. Stufe Nummer 2 und 3 weisen ein Deckband auf.

Der grundsätzliche Triebwerkaufbau ist geblieben. Bei Vergleich mit Abb. 622 fällt vor allem die Veränderung am Kompressor auf. Die Brennkammer ist als Ringbrennkammer ausgebildet, s. auch Abb. 310 und 311. Die Turbine des ASM. 1 wurde bereits in Abb. 238 im Schnitt gezeigt. Auch hier fällt die starke Veränderung auf.

Das Doppeltriebwerk ist für die Verwendung auf Flugzeugträgern als Maschine mit konstanter Drehzahl durchgebildet, wodurch Lastwechsel sehr rasch durchgeführt werden können. Jedes der beiden Triebwerke treibt unabhängig vom anderen eine Luftschraube. Für Reiseflug kann mit nur einem Triebwerk geflogen werden. Abb. 632 b zeigt ein einbaufertiges Triebwerk.

Die neueste Entwicklung von Armstrong Siddeley ist die Type P 181/182. Es ist dies eine Propellerturbine mit freilaufender Nutzleistungsturbine. P 182 ist ein PTL-Triebwerk, während P 181 für Helikopter-Antrieb dient. Auch dieses Triebwerk weist, wie alle Armstrong-Siddeley-Turbinen, Brennstoffvergasung auf. Technische Daten gehen aus Tab. 97 hervor.

Aus dem PTL-Triebwerk Mamba entstand das TL-Triebwerk Viper, von dem in Abb. 310 bereits die Brennkammer[1] gezeigt wurde. Abb. 633a, b zeigt wieder an Hand von Schnitten zwei Entwicklungsstufen.

Die erste Type hatte den Namen Adder und war direkt vom Mamba abgeleitet. Dieses

[1] Brennkammerausführung bei den ersten Baumustern.

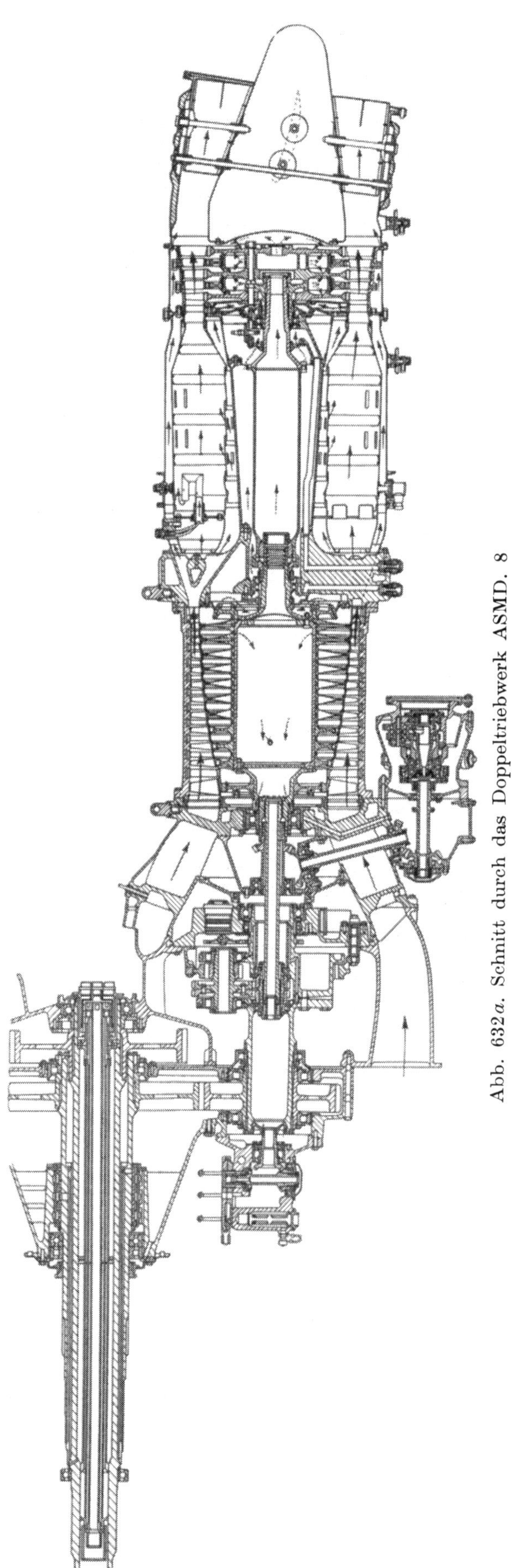

Abb. 632*a*. Schnitt durch das Doppeltriebwerk ASMD. 8

Triebwerk war für ferngelenkte Flugzeuge gedacht und nur für 50 Stunden Lebensdauer ausgelegt. Die nächsten Typen dieser Triebwerkserie waren bereits die Viper Baumuster A.S.V. 1 bis 6, ebenfalls Typen einfachster Bauweise mit kurzer Lebensdauer. Erst die Ausführung A.S.V. 7 war die erste langlebige Maschine. Daraus entstand dann das in Abb. 633 a gezeigte Baumuster A.S.V. 8 mit erhöhtem Schub durch Vergrößerung des Durchsatzes und langer Lebensdauer. A.S.V. 9 zeigt eine weitere Schuberhöhung durch Temperatursteigerung, wird aber nicht auf die extrem lange Lebensdauer der Type 8 kommen.

Zukünftig wird das Interesse bei den Mustern A.S.V. 10 und 11 liegen. Innerhalb der Dimensionen von A.S.V. 8 wurde ein ganz neues Triebwerk konstruiert, Abb. 633 b, das in seiner Konzeption eher vom größeren Sapphire abgeleitet ist. Der Kompressor weist die augenscheinlichste Änderung auf. Die Stufenbelastung wurde hinaufgesetzt. Das Durchmesserverhältnis am Eintritt wurde von 0,624 auf 0,525:1 bei gleichem Außendurchmesser geändert. Die Beschaufelung hat 50 % Reaktion. Die technischen Daten sind aus Tab. 97 zu ersehen.

Eine äußerst erfolgreiche Turbine ist die Type Sapphire. Ursprünglich von Metropolitan Vickers entworfen, wurde dieses Triebwerk von Armstrong Siddeley weiterentwickelt. Abb. 634 zeigt die drei hauptsächlichen Entwicklungsstufen im Schnitt. Der ursprüngliche Metropolitan-Vickers-Entwurf hatte den einfachsten Rotoraufbau mit nur zwei Lagern. Armstrong Siddeley ging dann aber auf eine Dreilagerausführung über und führte die Brennkammer mit Brennstoffvergasung ein. Die letzte Entwicklung ist die Serie-200-Type Sa. 7 mit vergrößertem Durchsatz bei gleichem Außendurchmesser [*400, 413*].

Sämtliche Sapphire-Typen weisen einfachen klaren Aufbau auf. Wo immer möglich, ist Blech als Konstruktionselement genommen worden. Interessant ist die Aufhängung der Turbinenscheiben beim Sa. 7. Die Schaufeln sind ohne Deckband ausgeführt. Technische Daten gehen aus Tab. 97 hervor. Für Brennkammerdetails s. Abb. 311. Dieses Triebwerk wird in Amerika von Wright unter der Typenbezeichnung J 65 in Lizenz gebaut.

Die Baumuster 8 und 9 sind in Entwicklung. Sie weisen weiter erhöhten Schub durch Steigerung der Eintrittstemperatur infolge luftgekühlter Hohlschaufeln auf.

Abb. 632*b*. Einbaufertiges Doppeltriebwerk Armstrong Siddeley Mamba

Auch eine Maschine für die Verkehrsluftfahrt aus der Serie 100 wurde entwickelt und soll sehr niederen Verbrauch aufweisen.

Die Firma Blackburn befaßt sich mit dem Lizenzbau der Turboméca-Triebwerke, die bereits unter Kleingasturbinen (Abb. 554, Details davon in Abb. 350 und 364) gezeigt wurden.

Bristol hat vor allem das Triebwerk Proteus weiterentwickelt. Das heutige Modell 755[1] stellt ein ausgereiftes Propellertriebwerk dar, Abb. 635. Der Kompressor wurde bereits in Abb. 141 gezeigt. Die Turbine ist jetzt vierstufig ausgeführt, wobei die ersten beiden den Kompressor treiben, während die letzten beiden zum Antrieb des Propellers dienen. Die ersten drei Stufen sind mit Deckband ausgeführt. Das Triebwerk ist gegenüber dem ersten

[1] Inzwischen wurde die Type 765 serienreif, die 4506 Gesamt-PS (4014 PS + 571 kp) bei 12000 U/min am Kompressor abgibt. Spezifischer Brennstoffverbrauch dabei 272g/PSh, Verbrauch bei Reiseflug 210 g/PSh.

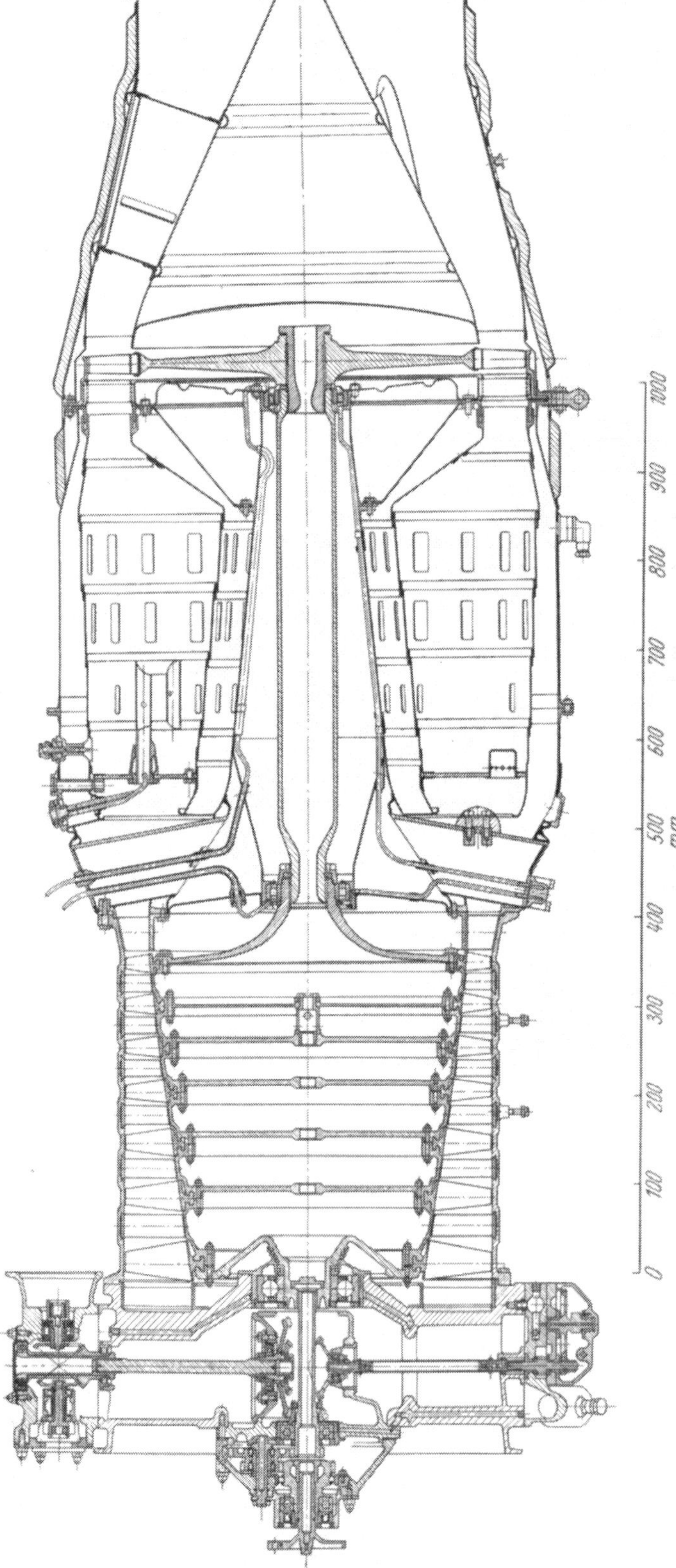

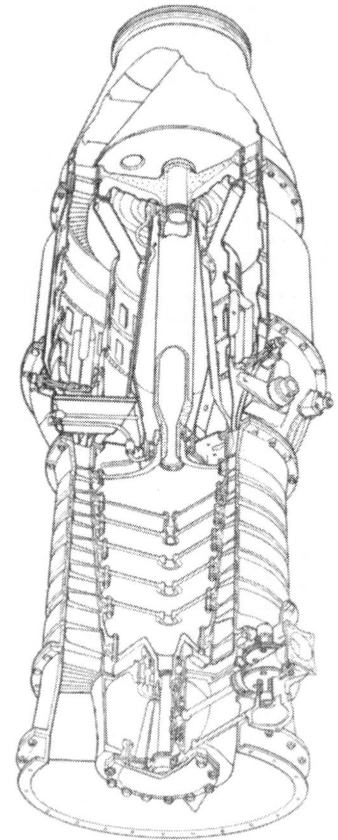

Abb. 633a. Technische und axonometrische Schnittzeichnung des Triebwerkes Armstrong Siddeley Viper A.S.V. 8

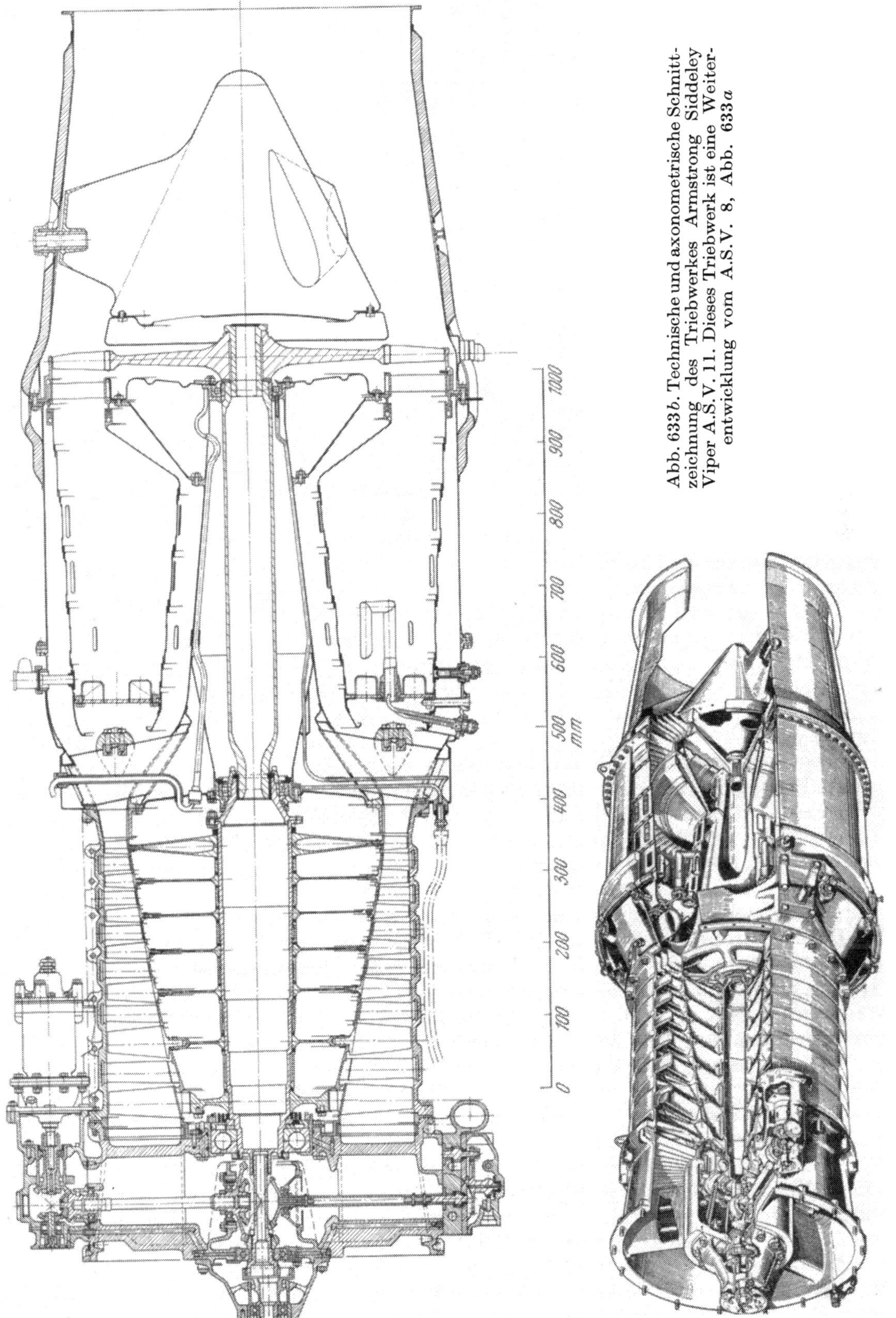

Abb. 633*b*. Technische und axonometrische Schnittzeichnung des Triebwerkes Armstrong Siddeley Viper A.S.V. 11. Dieses Triebwerk ist eine Weiterentwicklung vom A.S.V. 8, Abb. 633*a*

Modell Proteus, Abb. 626, bedeutend verfeinert. Die Zeit zwischen zwei Überholungen beträgt bei diesem Triebwerk bereits 2000 Stunden, und dies stellt einen absoluten Rekord in der Geschichte der Flugmotoren dar.

Eine ganz neue PTL-Generation beginnt mit dem Triebwerk Orion. Bristol selbst bezeichnet dieses mit „aufgeladene Propellerturbine". Die grundlegenden Gedanken, die zu dieser Konstruktion führten, waren folgende:

1. Es soll ein Kraftstoffverbrauch gleich dem der besten Verbundkolbentriebwerke erreicht werden. Dazu ist ein Druckverhältnis von mehr als 10:1 notwendig, was eine Parallelverbundbauweise erfordert.

2. Die Leistung soll mindestens 3500 PS in 9 km Höhe sein, mit dem kleinstmöglichen Leistungsgewicht. Dies entspricht mindestens 8000 PS in Seehöhe. Um nun Getriebe und Propeller so leicht als möglich zu halten, sollte die Leistung in Seehöhe auf 4000 bis 5000 PS beschränkt werden.

3. Die Maschine sollte auf allen Flugplätzen der Welt bei allen Temperaturen gleiche Leistung haben.

Um diese Punkte zu erfüllen, muß auf eine Parallel-Verbundanordnung zurückgegriffen werden, Abb. 637 b, Hochdruckkompressor, Brennkammer und Hochdruckturbine bilden ein unabhängig laufendes Aggregat. Der Hochdruckkompressor wird durch einen Niederdruckkompressor aufgeladen, der von einer dreistufigen Niederdruckturbine angetrieben wird. Der Propeller ist über ein Getriebe mit dem Niederdruckkompressor verbunden.

Die Turbine wird durch zwei Kontrollsysteme geregelt. Durch einen Brennstoffmengenregler, der Leistung und Drehzahl des Hochdrucksatzes reguliert, und durch ein Propellerverstellgerät, das die Propellersteigung und damit die Drehzahl des Niederdrucksatzes oder „Ladeaggregates" regelt.

Das Planetengetriebe ist mit einem Drehmomentmesser ausgestattet (das Drehmoment am Außenkranz wird über Öldruckkolben ausgeglichen), der das Drehmoment dadurch begrenzt, daß der Öldruck auf den Brennstoffdruck im Brenner einwirkt. Erreicht also das Drehmoment den Grenzwert, dann wird der Kraftstoffzulauf gedrosselt.

Dadurch wurde möglich, das erprobte Getriebe der bereits vollentwickelten Propellerturbine Bristol Proteus 755 zu nehmen, das für eine Untersetzung von 11,1:1 und 3650 PS ausgelegt ist. Das B.-E.-25-Triebwerk wurde für das gleiche Untersetzungsverhältnis ausgelegt. Prüfstandversuche mit dem Getriebe zeigten, daß es bis zu Leistungen von 4500 PS gute Resultate ergibt.

Der Hoch- und der Niederdruckkompressor ist ganz aus Stahl gefertigt, da sich bei den bisherigen Entwicklungen dies besser bewährt hat, besonders wenn Fremdkörper durch die Maschine gehen. Die Brennkammer ist in Ringbauweise mit eingesetzten Flammrohren (cannular combustion chamber), die vom Muster Proteus übernommen wurden, ausgeführt.

Der Kraftstoffverbrauch einer Propellerturbine hängt vom Druckverhältnis und von der Temperatur ab. Zu hohe Temperaturen setzen jedoch die Lebensdauer stark herab. Es wurde daher die Dauerleistungstemperatur des B. E. 25 mit 1000° K festgesetzt. Der Verbrauch bei 482 km/h und 7620 m Höhe ist aus Abb. 636 a ersichtlich. Man sieht, daß mit steigendem Druckverhältnis und steigender Temperatur der Verbrauch fällt, doch ergibt der bei einem Druckverhältnis von 10:1 und 1000° K erreichte spezifische Verbrauch von 168 g/PSh bereits eine Turbine, die die besten Kolbenmotoren schlägt. Wie aus Abb. 636 b ersichtlich ist, sind polytropische Wirkungsgrade von 90 % für Kompressor und Turbine erreicht.

Die Leistung bis zu großen Höhen ist konstant gehalten, Abb. 636 c. Die obere Kurve (10500 U/min am Niederdruckteil) gilt für Startleistung. Die Dauerleistung bei 8860 U/min am Niederdruckteil ergibt eine konstante Wellenleistung von 3380 PS bis zu einer Höhe von 5334 m. Die Gesamtleistung von 4150 PS ergibt sich aus Wellen-PS plus Schub-PS durch den Gasstrahl in der Düse. Die Turbine leistet also in 9144 m Höhe bei 580 km/h 3500 PS total bei einem Verbrauch von 181 g/PSh. Man beachte, daß die Eintrittstemperatur ab 5334 m mit 1000° K konstant bleibt. Unter dieser Höhe wird die Leistung durch

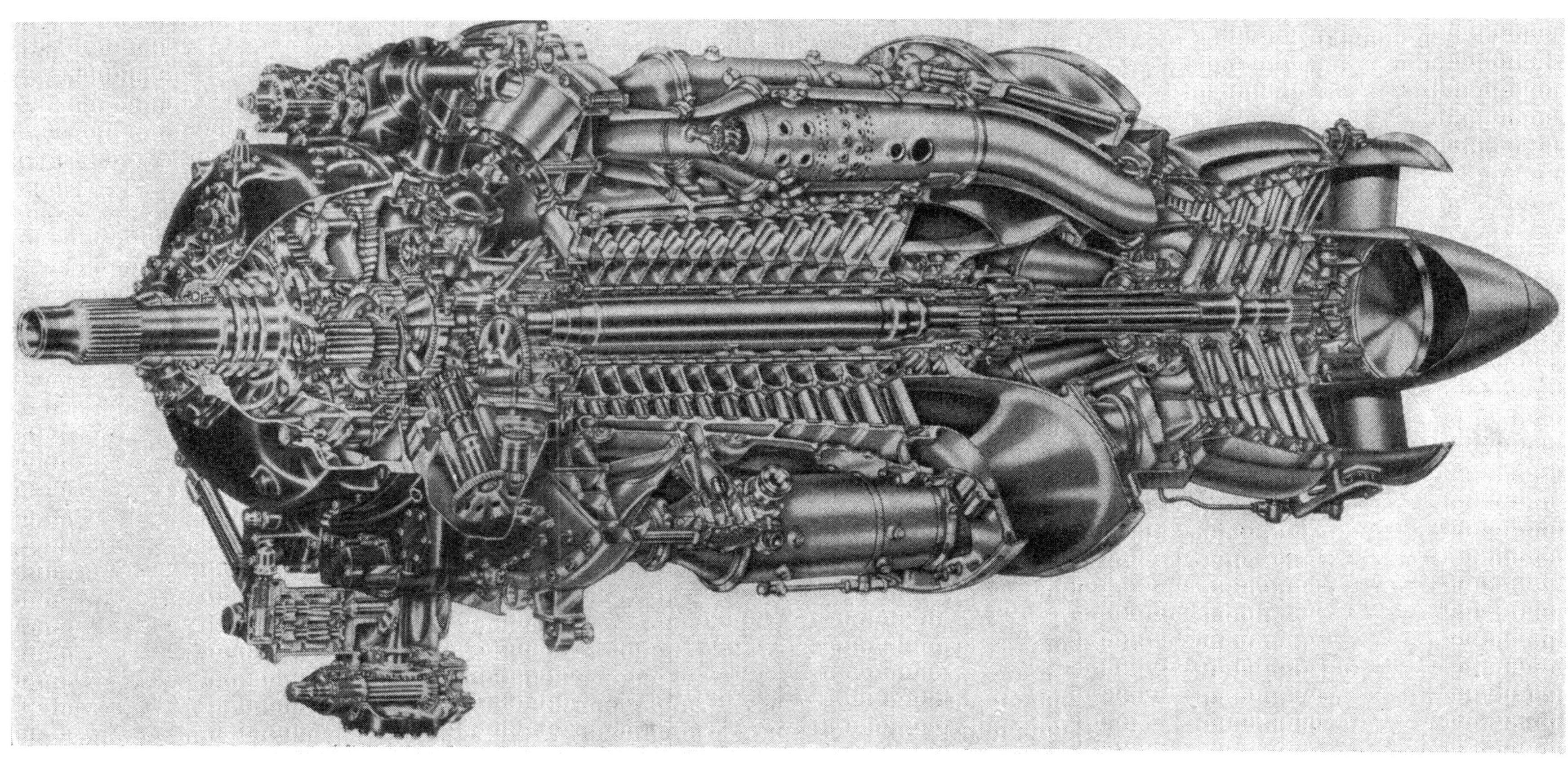

Abb. 635. Schnitt durch das Propellertriebwerk Bristol Proteus 755

den Drehmomentbegrenzer gedrosselt und die Eintrittstemperatur fällt. Ferner ist beachtenswert, daß das Triebwerk mit weniger als der halben Leistung bei 7900 U/min am Niederdruckteil in 9144 m Höhe nur 204 g/PSh braucht. Abb. 636d gibt einen Vergleich der Startleistung des B.E. 25 mit der Turbine Proteus 755 in verschiedenen Höhen und bei verschiedener Lufttemperatur.

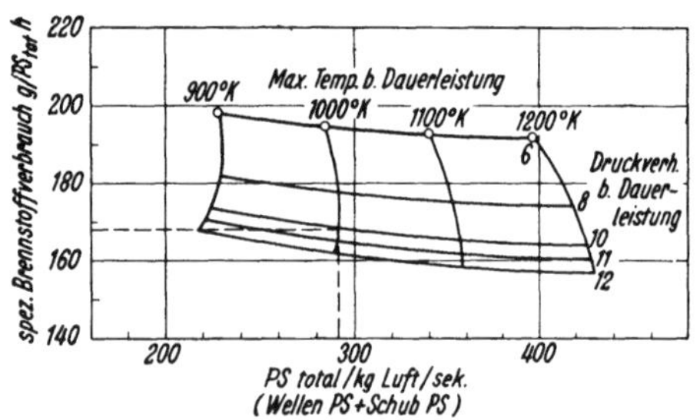

Abb. 636*a*. Propellerturbinen-Charakteristik. Höhe 7620 m, 482 km/h, Standardatmosphäre. Leistungsverteilung zu Turbine und Schubdüse ist so gewählt, daß ein maximaler Vortriebswirkungsgrad erreicht wird
Kompressor-Wirkungsgrad 0,90 polytropisch
Turbinen-Wirkungsgrad 0,90 polytropisch
Druckverluste 5%
Propellerwirkungsgrad 0,85
Getriebewirkungsgrad 0,98
Wirkungsgrad des Lufteinlasses 0,90

Abb. 637 zeigt das Triebwerk B.E. 25. Alle Hilfsgeräte sind rund um den Niederdruckkompressor angeordnet. Generell sind alle elektrischen Geräte oben, das Brennstoffregelsystem an der Seite und das Schmierölsystem unten angeordnet. Triebwerksgewicht mit Propeller 2250 kg. Der Einsatz von Titan wird später noch eine Gewichtsreduktion bringen. Das Triebwerk wiegt trocken 1450 kg, also rund 0,27 kg/PS.

Ein Vergleich zwischen B.E. 25 und Proteus 755 zeigt deutlich den Fortschritt, den das erstere Triebwerk bringt, Abb. 636e. Es soll als komplettes Triebwerk mit allen Hilfsgeräten und Verkleidung geliefert werden[1].

Interessant ist der Aufbau der Kompressoren. Die erste und letzte Scheibe ist konisch ausgebildet. Die Scheiben werden auf den Hohlwellen durch Ringmuttern mit bestimmten Drehmomenten gespannt. Mit wachsender Drehzahl ergibt diese Ausbildung eine steigende Spannkraft der Scheiben, so daß ein sehr steifer Rotor durch diese Konstruktion entsteht.

Bristol studiert bereits seit 1946 das Verbundtriebwerk. Eines der derzeit modernsten Strahltriebwerke ist wohl die Type Olympus, eine der letzten Ausführungen BOl. 6, ist in Abb. 638a gezeigt. Ein Schnitt durch die frühere Type BOl. 1 zeigt den inneren Aufbau, die Kühlluftwege sowie die Sperrluftführungen zu den Labyrinthdichtungen. Weiters sind die Öl-Zu- und Abführungen schematisch eingezeichnet, Abb. 638b.

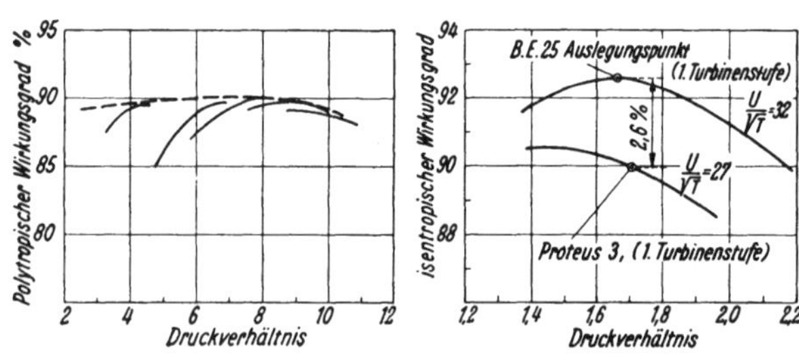

Abb. 636*b*. Kompressor- und Turbinen-Wirkungsgrade

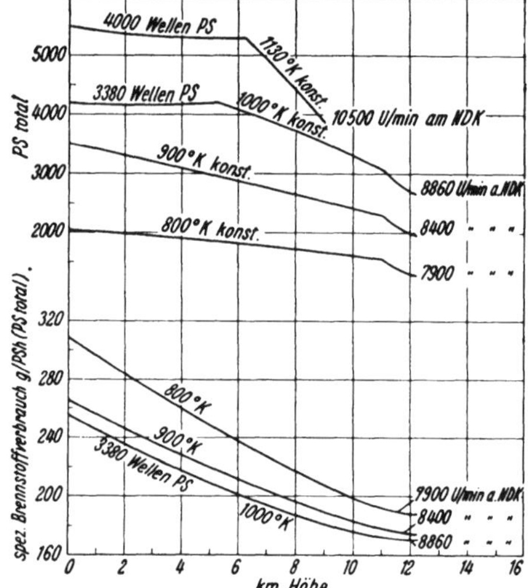

Abb. 636*c*. Leistung und Verbrauch. B.E. 25, Geschwindigkeit 580 km/h, kein Einlaßverlust

Der große Vorteil der Verbundanordnung ist darin gelegen, daß die Kompressoren immer mit der günstigsten Drehzahl laufen, s. auch Abb. 423. Es ist daher kaum eine Neigung zum Pumpen gegeben, und daher werden auch äußerst kurze Beschleunigungszeiten erreicht. Das Olympus-Strahltriebwerk beschleunigt in 3 bis 5 Sekunden von Leer-

[1] Die Entwicklung dieses Triebwerkes wurde inzwischen gestoppt.

lauf bis Vollast. Dabei ist das Drehzahlverhältnis 2:1 bei Leerlauf (NDK 2500 U/min, HDK 5000 U/min) und 1,3:1 bei Vollast (NDK 6500 U/min, HDK 8500 U/min). Ein weiterer Vorteil dieser Anwendung ist der über dem ganzen Lastbereich hochliegende Kompressor-Wirkungsgrad, s. auch Abb. 636 b, wodurch im Verein mit dem hohen Druckverhältnis auch die Verbrauchsziffern niedrig liegen.

Das Triebwerk ist für hohe Überschallgeschwindigkeiten und Flughöhen bis etwa 20 km ausgelegt.

Während die ersten Olympustypen, Baureihe 100, beginnend mit BOl.1, einen 7stufigen ND-Kompressor und einen 8stufigen HD-Kompressor aufwiesen, hat die Baureihe 200 (derzeitige Type BOl.7) einen 5stufigen NDK und einen 8stufigen HDK.

Eine kommerzielle Type wurde aus dieser Baureihe abgeleitet und wird von Wright Aeronautical Division, Curtis-Wright Corporation, unter Lizenz entwickelt.

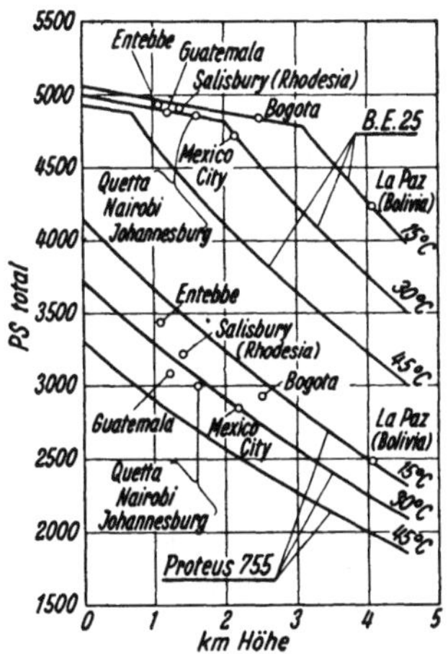

Abb. 636*d*. Einfluß von Höhe und Temperatur auf die Startleistung der Bristol-Triebwerke Proteus 755 und B.E. 25

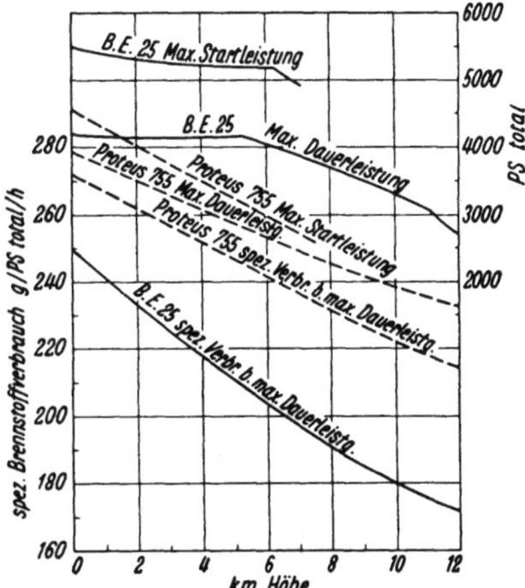

Abb. 636*e*. Vergleich zwischen B.E. 25 und Proteus 755, Geschwindigkeit 580 km/h, kein Einlaßverlust

Maximale Startleistung B.E. 25: 10500 U/min am NDK
4000 Wellen-PS oder 1130° K

Maximale Dauerleistung B.E. 25: 8860 U/min am NDK
3360 Wellen-PS oder 1000° K

Das Gesamt-Druckverhältnis bei dieser Type TJ 38 „Zephier" ist 10:1 (NDK 2,7:1 und HDK 3,7:1). Der Durchsatz beträgt 104 kg/sek, der Schub 5660 kp. Die Eintrittstemperatur ist dabei 727° C, der spezifische Verbrauch 0,718 kg/h/kp bei einer NDK-Drehzahl von 6375 unter Standardtag-Bedingungen. (Dies entspricht Startleistung bzw. maximaler Reiseleistung.)

Die Startleistung an einem heißen Tag (5 min. max.) beträgt ebenfalls 5660 kp bei 804° C Eintrittstemperatur, 0,742 kg/h/kp Verbrauch und 6600 U/min am NDK.

Die Reiseleistung in 11 km Höhe bei $Ma = 0{,}825$ beträgt 1360 kp bei 566° C Eintrittstemperatur, 0,880 kg/h/kp spezifischem Verbrauch und 5740 U/min am NDK.

Die maximale Reiseleistung in 11 km Höhe bei $Ma = 0{,}825$ ergibt sich zu 1630 kp bei 627° C Eintrittstemperatur, 0,901 kg/h/kp, Verbrauch, und 6140 U/min am NDK.

Bemerkenswert bei allen neuen Bristol-Triebwerken ist die Ausbildung der Flammrohre in der Ringbrennkammer. Diese Flammrohre tragen gleich je ein Segment der Eintrittsleitschaufeln. Diese sind aus Blech gefertigt und innen hohl, Abb. 639c. Diese Abbildung stellt eines der 8 Flammrohre des Triebwerkes Zephier dar. Die Flammrohre sind vorne am Brenner aufgehängt und können sich frei nach hinten dehnen. Die einzelnen Statorsegmente werden durch Schraubenbolzen an den im Bild sichtbaren Laschen verbunden. Eine sehr einfache Konstruktion, die ein rasches Auswechseln von Flammrohr und Stator gewährleistet. Auch das Schnittbild Abb. 639a des Triebwerkes Orpheus läßt diese Konstruktion erkennen.

Die letzte Bristol-Entwicklung ist das Triebwerk Orpheus. Die Entwicklung dieser Gasturbine war besonders rasch. Gegen Ende 1953 wurde beschlossen, ein solches Triebwerk zu bauen, am 17. Dezember 1954 lief die Maschine, und bis Mitte 1955 waren bereits 1500 Betriebsstunden am Prüffeld beendet.

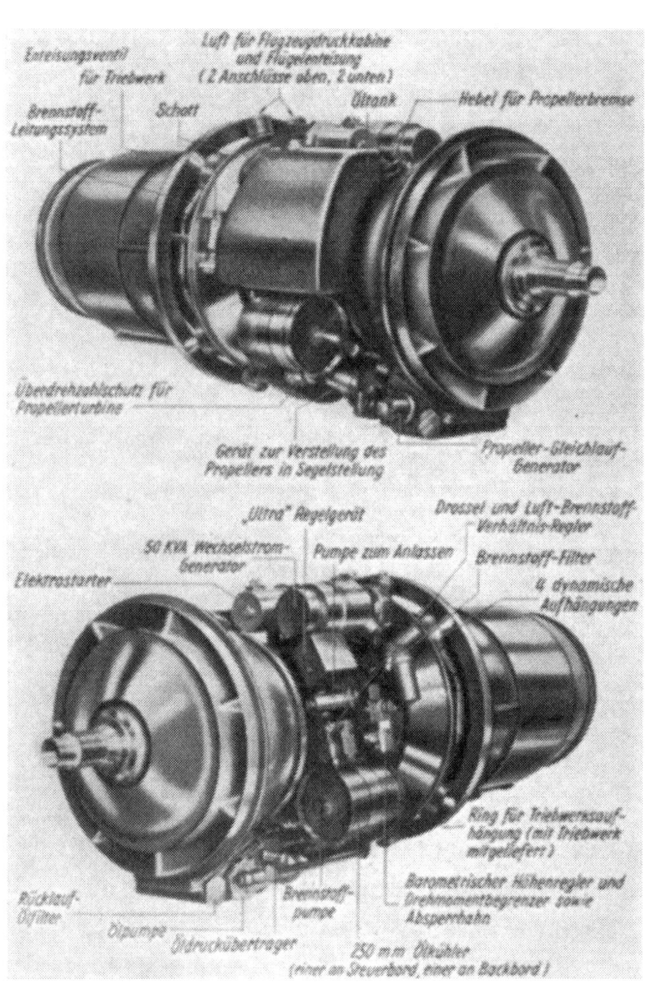

Abb. 637*a*. Ansicht der Propellerturbine Bristol Orion B.E. 25

Die grundlegenden Gedanken bei der Konstruktion waren: ein Triebwerk in der Leistungsklasse 1400/2300 kp Schub zu entwickeln, das die besten Verhältnisse in bezug auf Überholzeit, Wirkungsgrad, Wirtschaftlichkeit und Flexibilität ergibt, jedoch gegenüber den jetzigen Normen ein weitaus besseres Leistungsgewicht hat. Dies ist hervorragend gelungen, gibt doch die derzeitige Type BOr. 3 pro kg Gewicht 6 kp Schub.

Der Aufbau geht deutlich aus Abb. 639 a, b hervor. Die Konstruktion ist sehr simpel. Der Rotor läuft nur in zwei Lagern. Der siebenstufige Kompressor ist aerodynamisch ähnlich dem B.-E.-25-Orion-Kompressor. Die Stufenbelastung liegt hoch, was aber nicht heißt, daß nicht auch der Wirkungsgrad hoch liegt.

Die neuesten Typen BOr. 11 und BOr. 12 haben bei unverändertem Durchmesser einen Schub von 2600 bzw. 3100 kp, wobei die Ausführung BOr. 12 mit Nachverbrennung sogar auf 3630 kp kommt. Eine stürmische Entwicklung, wenn man bedenkt, daß 1955 mit 1500 kp begonnen wurde.

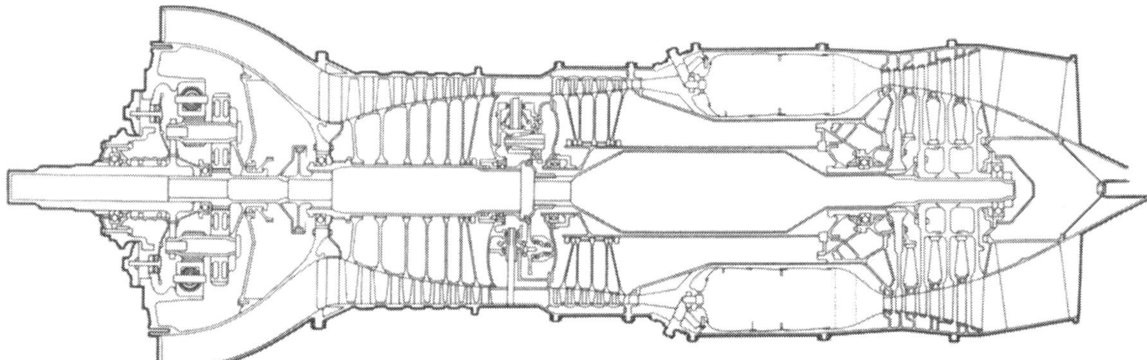

Abb. 637*b*. Schnitt durch das Propellertriebwerk Bristol Orion B.E. 25

Abb. 638*a*. Bristol-Olympus-Verbundtriebwerk BOl.7 mit 7700 kp Schub. Außendurchmesser am Einlaß 930 mm. Die Type BOl.7 R mit Nachverbrennung gibt 10 900 kp Schub. Die Type BOl.7 hat einen spezifischen Verbrauch von etwa 0,8 kg/h/kp und ein Gewicht von 1630 kg

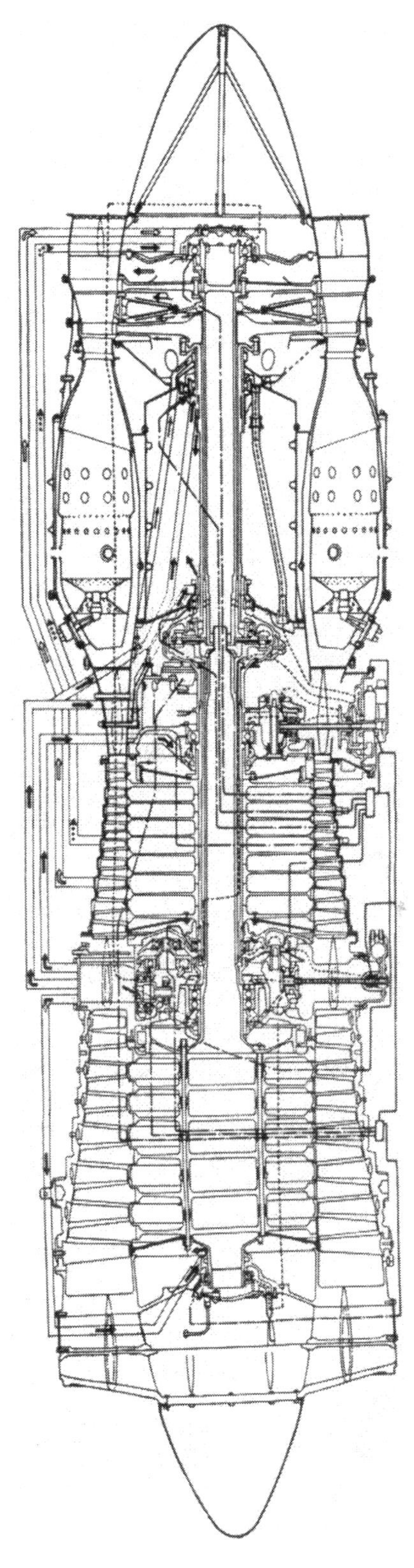

Abb. 638*b*. Schnitt durch eine frühere Olympustype BOl.1. Oben sind die Kühl- und Sperrluftführungen eingezeichnet und unten das Schmierschema. Die strichpunktierten Linien geben die Druckölleitungen und die strichlierten Linien die Ölrückleitungen an

Das Triebwerk ist lediglich mit den notwendigsten Hilfsgeräten ausgestattet, und diese sitzen auf der Unterseite. Es kann in wenigen Stunden komplett zerlegt werden, was zeigt, daß auf leichteste Arbeit bei Überholungen größter Wert gelegt wurde. Die erzielte Gewichtseinsparung wirkt sich natürlich auch direkt auf die Triebwerkkosten aus.

Also geringes Gewicht, geringe Kosten, hohes Leistungsgewicht und lange Intervalle zwischen den Überholungen sind die Hauptpunkte dieses Entwicklungsprogramms.

De Havilland erzeugt weiterhin die beiden Radialverdichtertriebwerke Goblin und Ghost, die bereits im vorhergehenden Unterabschnitt eingehend beschrieben wurden. Nähere technische Daten sind wieder aus Tab. 97 zu ersehen. Interessant ist die elektronische Drehzahlregelung beim letzten Ghost-Triebwerk. Die vom Piloten gewählte Drehzahl wird absolut konstant gehalten. Es ist also bei Steigflug kein Nachregeln mehr nötig. Beim normalen einfachen Druckregelsystem tritt bekanntlich bei wachsender Höhe ein Anstieg der Drehzahl und damit der Düsentemperatur ein. Dies wird nun durch diese elektronische Regelung vermieden.

Neben diesen in großer Zahl gebauten einfachen Triebwerken hat De Havilland ein Überschalltriebwerk entwickelt, das zu den heute stärksten Strahltriebwerken zählt.

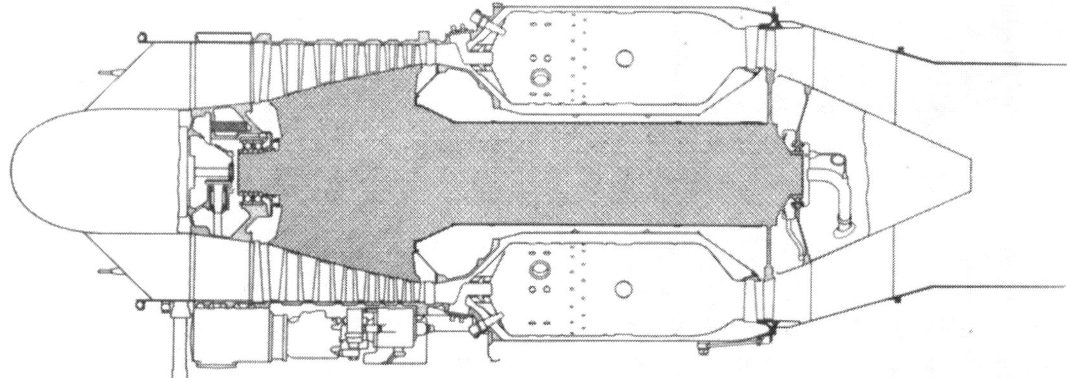

Abb. 639*a*. Schematischer Schnitt durch das TL-Triebwerk Bristol Orpheus

Diese neue Type Gyron DGy. 2, Abb. 640, hat einen sehr interessanten Aufbau. Die technischen Daten sind, soweit bekannt, wieder in Tab. 97 enthalten. Beachtlich bei dieser Triebwerksgröße ist der in zwei Lagern laufende Rotor. Der nur siebenstufige Kompressor hat verstellbare Eintrittsleitschaufeln. Infolge der hohen Fluggeschwindigkeit bis *Ma*-3 ist kein hohes Verdichtungsverhältnis notwendig, hingegen sind die Verstelleitschaufeln sehr wichtig. Eine außerordentliche Entwicklung ist auch die riesige Ringbrennkammer mit Gegenstromeinspritzung.

Das Brennstoffsystem sowie die Brenner wurden bereits in Abb. 387 sowie in Abb. 341 gezeigt und beschrieben.

Das Triebwerk kann auch mit Nachverbrennung und einer verstellbaren Düse nach Abb. 393 ausgerüstet werden, womit ein maximaler Schub von 11400 kp erreicht wird. Neuere Entwicklungen kommen aber bereits auf Schubwerte, die um 2500 kp höher liegen als die oben genannten [*401*, *402*, *410*].

Der Triebwerkaufbau geht in allen Einzelheiten aus der Schnittzeichnung hervor. Sowohl die Turbine als auch der Kompressor haben Scheiben-Trommel-Läufer. Interessant ist die Abstützung des Turbinenlagers. Die wärmeelastischen konischen inneren Tragwände des Lagergehäuses werden über Spannbolzen, die durch die hohlen luftgekühlten Eintrittsleitschaufeln gehen, mit dem Außengehäuse verbunden. Bei der Montage werden diese Spannbolzen, ähnlich wie bei einem Drahtspeichenrad, vorgespannt.

Die Laufschaufeln der Turbine sitzen mit Tannenbaumfüßen in den Scheiben. Die erste Laufstufe hat Nimonic-100-Schaufeln ohne Deckband, die zweite Stufe solche aus

Nimonic 90 mit Deckband, wobei jede Schaufel ihr Deckbandteilstück trägt. Die Statorschaufeln der zweiten Stufe sind außen und innen in Umfangsrichtung drehbar gelagert. Sie stehen nicht radial, sondern sind zum Radius schwach geneigt. Dadurch werden Dehnungen durch eine Verdrehung des inneren Labyrinthringes aufgenommen, ohne daß dieser exzentrisch wird. Außerdem rufen die Gaskräfte keine Biegespannungen in den Schaufeln hervor, sondern werden nur als Zugkräfte wirksam.

Abb. 639*b*. Ansicht des TL-Triebwerkes Bristol Orpheus

Die Kompressorschaufeln sind an den Scheiben mittels gehärteter Stifte so befestigt, daß sie um einen kleinen Winkelbetrag schwenken können. Dies dient zur Dämpfung der Schwingungen und zur Kompensation der Biegekräfte. Das Kompressoreinlaßgehäuse ist doppelwandig ausgeführt und enthält den Ölbehälter und Enteisungsluftkanäle. Auch die verstellbaren Eintrittsleitschaufeln sind ebenso wie die Startermotorabdeckung und die radialen Stützen des Eintrittsgehäuses von Warmluft für Enteisung durchströmt. Das Kompressor-Hochdrucklabyrinth läuft gegen einen Kohlering, der in einem federnd aufgehängten Gehäuse sitzt und sich erst während des Laufes radial ausrichtet. Dadurch sind sehr enge Laufspalte möglich.

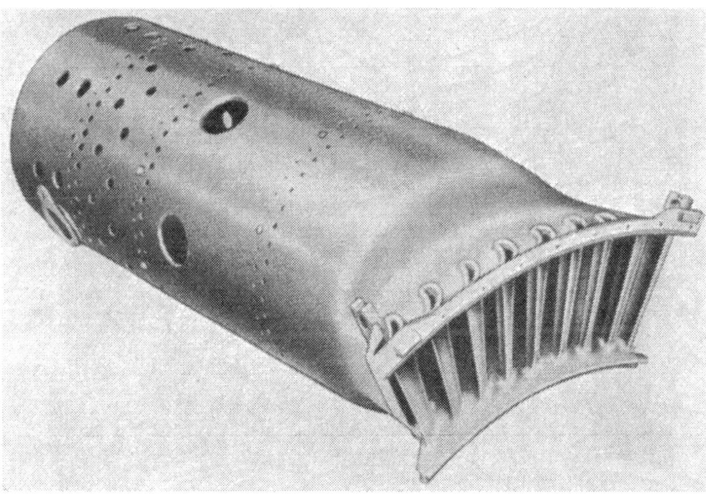

Abb. 639*c*. Neue Ausführung des Flammrohres der Bristol-Brennkammer mit Eintrittsleitschaufeln

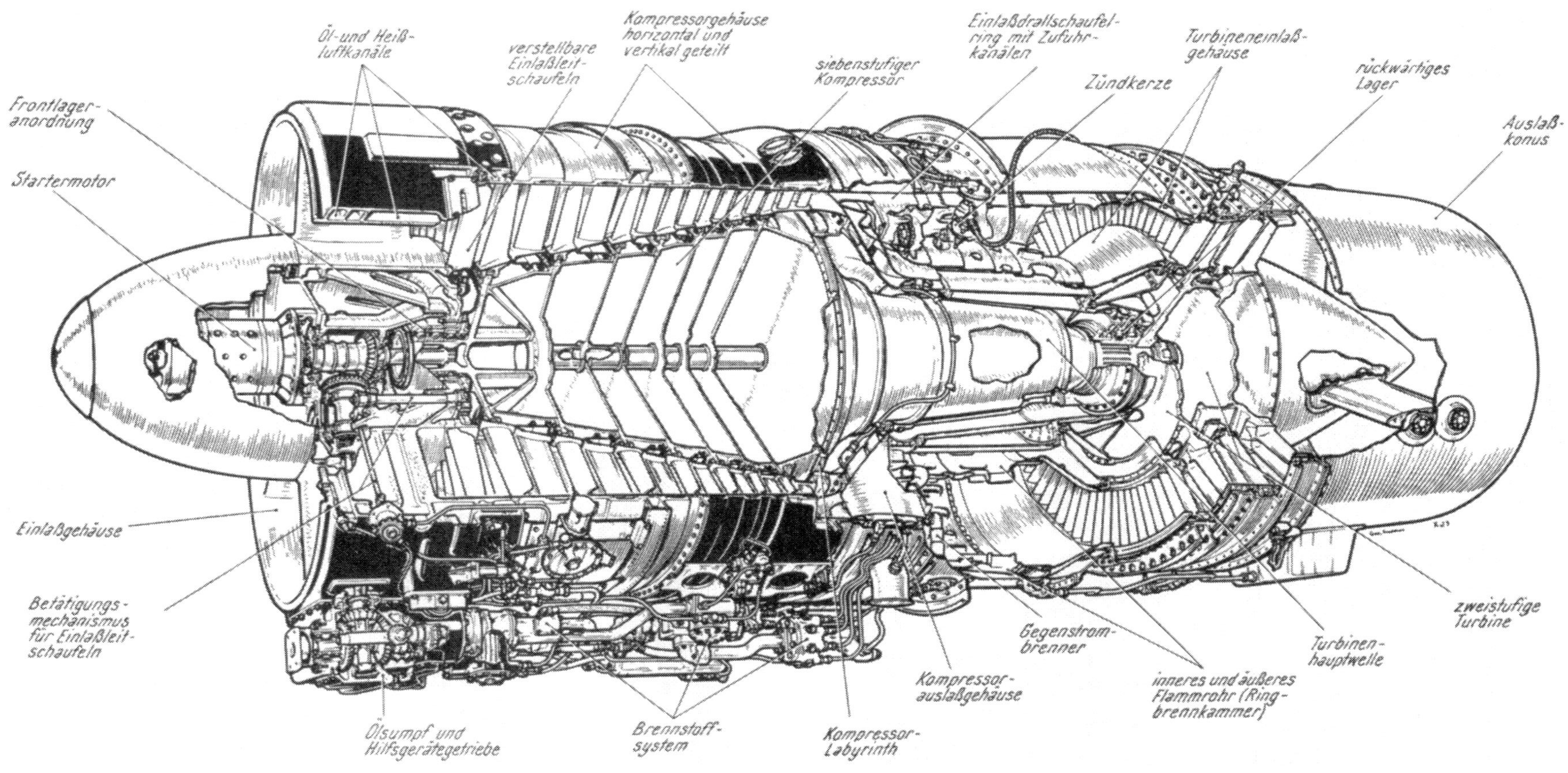

Abb. 640. De Havilland Gyron DGy. 2

Alle heißen Bauteile von Brennkammer und Turbine sind natürlich luftgekühlt.

Eine weitere De-Havilland-Neuentwicklung ist das TL-Gyron-Junior, eine Verkleinerung des Gyron, über das aber noch keine näheren technischen Daten bekannt sind[1].

Eine Serie hochinteressanter Flugtriebwerke wird von Napier hergestellt.

Napier ist Meister im Bau von Kompressoren mit hoher Stufenbelastung und hohem Druckverhältnis, deren Charakteristik so liegt, daß die Turbinenarbeitslinie in jedem Betriebszustand weit von der Pumpgrenze wegliegt. So kann das Propellertriebwerk Eland, Abb. 641, in drei Sekunden von Leerlauf auf Vollast beschleunigt werden, ein ungewöhnlich guter Wert für ein Einwellentriebwerk. Napier ist es bereits gelungen, Versuchskompressoren in Einwellenausführung mit Druckverhältnissen bis 15:1 zu bauen.

Gegenüber der Entwicklungstype Naiad ist der Kompressor freitragend ausgebildet, die Turbine jedoch wieder über ein Rohrgerüst mit dem Haupttragring verbunden.

Der zehnstufige Kompressor mit einem Verdichtungsverhältnis von 7:1 hat verstellbare Eintrittsleitschaufeln. Das Nabenverhältnis beträgt 0,7. Er läuft in zwei Lagern

Abb. 642. Helikopter-Triebwerk Napier NEl. 151. Gesamtleistung 3050 PS

und ist mit der Turbinenwelle über eine Kupplung verbunden. Der Aufbau geht gut aus Abb. 641 hervor. Die dreistufige Turbine zeigt Schaufeln mit verlängertem Fuß in den ersten zwei Stufen, um den Scheibenkranz kühl zu halten. Charakteristisch für Napier ist die Turbinenlagerung am Auslaßende. Man beachte den Schubausgleichskolben hinter dem rückwärtigen Lager. Das Expansionsverhältnis der Turbine beträgt 5,5:1. Die letzte Stufe ist so ausgelegt, daß keine Gaskomponente in Umfangsrichtung entsteht. Die Leitradscheiben sind über einige Schwinghebel mit den Leitschaufeln verbunden, so daß Wärmedehnungen sich nur als Verdrehung auswirken und keine Mittenverlagerung entsteht. Sämtliche Turbinenteile sind luftgekühlt.

Die letzten Baumuster haben bereits luftgekühlte Hohlschaufeln, und es sollen Eintrittstemperaturen von etwa 1400° K erreicht werden.

Die sechs Brennkammern mit Gegenstromeinspritzung sind eine Lucas-Napier-Bauart und so angebracht, daß sie jederzeit leicht demontiert werden können.

Das Einhebel-Regelsystem ist ebenfalls eine Napier-Entwicklung. Es ist von einfachem Aufbau. Die Brennstoffmengenregelung wird durch ein Bourdon-Rohr, das auf die Umgebungstemperatur anspricht und die innere Regelhülse verstellt, justiert, während ein Quecksilberdampf-Element die Düsentemperatur überwacht und begrenzt. Eine Serie von Nocken am Verbindungsgestänge erlaubt die notwendige Brennstoffzusatzmenge

---

[1] Inzwischen kam die Type Gyron Junior DGJ.10 heraus. Der Aufbau scheint ähnlich wie beim Gyron zu sein. Die Kompressor-Eintrittsleitschaufeln und die Leitschaufeln der ersten Stufe sind verstellbar. Durchmesser 820 mm, Länge ungefähr 1800 mm, maximaler Schub etwa 4500 kp bzw. 6300 kp mit Nachbrenner.

Eine weitere Neuentwicklung ist das Wellentriebwerk De Havilland Gnome mit 1000 PS, ein Lizenzbau der General-Electric-T-58-Turbine, s. S. 835.

Abb. 643*a*. Helikopter-Triebwerk Napier Gazelle, $p_2/p_1 = 6{,}37$

für rasches Beschleunigen, öffnet aber sofort eine Überströmleitung, wenn die zulässige Turbineneinlaßtemperatur überschritten wird. Die verstellbaren Eintrittsleitschaufeln werden durch einen der Drehzahl proportionalen Brennstoffdruck von der Pumpe her

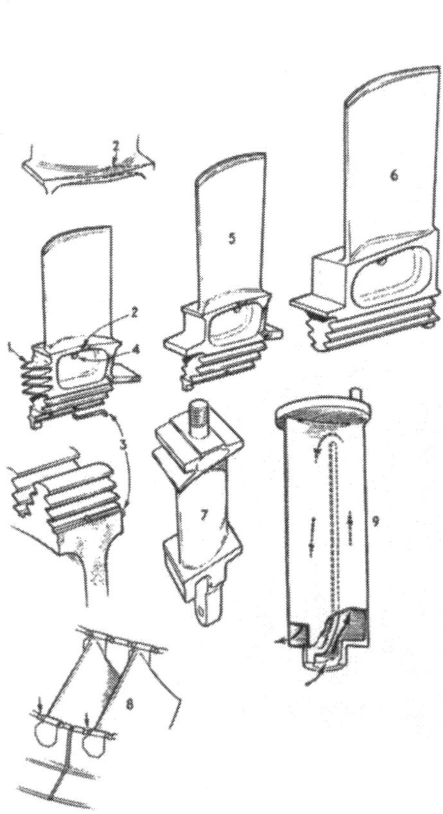

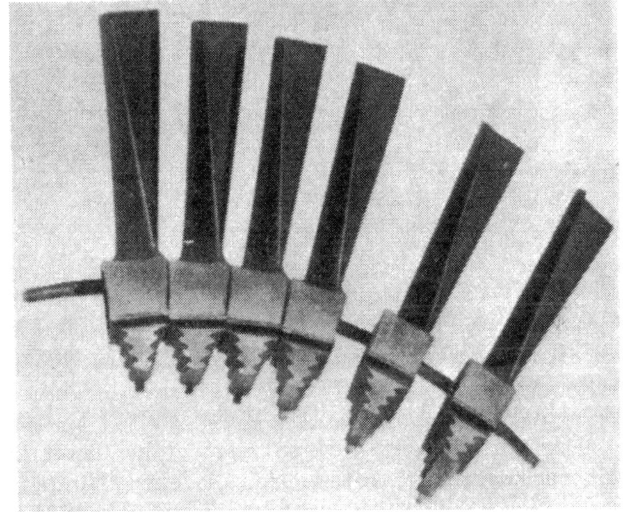

Abb. 643*b*. Konstruktionsdetails der Napier-Gazelle-Turbine. Vor allem die Beschaufelung (Zeichnungen links oben und Bild rechts unten) ist typisch für die moderne Konstruktionsrichtung. Zur Erhaltung enger Laufspiele ist das Turbinengehäuse besonders ausgebildet (Bild rechts oben)

1 Das Turbinenlabyrinth der ersten Stufe ist zur Förderung von Kühlluft ausgebildet
2 Besonders sorgfältig ausgebildetes Fußprofil, damit gute Kanalform entsteht
3 Nimonic-Draht zur Sicherung
4 Löcher für Nimonic-Draht zur Schwingungsdämpfung (s. auch Bild rechts unten)
5 2. Turbinenstufe
6 3. Turbinenstufe (Nutzleistungsturbine)
7 Turbinenleitschaufel
8 Eintrittsleitschaufelbefestigung
9 Kompressor-Eintrittsleitschaufel, verstellbar und beheizt

verstellt, s. Lucas-System, Abb. 377. Selbstverständlich ist ein barometrischer Druckregler ins System eingeschaltet, um Flughöhe und Geschwindigkeit entsprechend zu berücksichtigen. Das Pumpen-Servosystem wird noch vom Maschinendrehmoment beeinflußt, so daß bei zu großem Drehmoment der Hub der Pumpe verkleinert wird. Die Brennstoffpumpe selbst hat noch einen Überdrehzahlbegrenzer, System Lucas, s. Abb. 368 und Beschreibung S. 369.

Das Drehmoment wird mittels einer sinnreichen Konstruktion direkt am Getriebeaußenkranz des Planetengetriebes hydraulisch gemessen.

Dieses Triebwerk wird auch in einer Abart als Helikoptertriebwerk verwendet, Type NEl. 151. Bei dieser Maschine ist der Turbinenauslaß geteilt, und es wird über eine Flüssigkeitskupplung ein neunstufiger Kompressor angetrieben, Abb. 642. Für den Start des Helikopters wird dieser Kompressor eingeschaltet und liefert Luft zu Strahldüsen an der Hubschraube. Bei Normalflug ist der Zusatzkompressor ausgeschaltet und die ganze Leistung geht in die Propeller für den Vortrieb, die Hubschraube rotiert frei.

Ein ausgesprochenes Hubschraubertriebwerk ist die Type Napier Gazelle, Abb. 643 a, mit freilaufender Nutzleistungsturbine. Diese kleine Gasturbine mit hoher Leistungskonzentration kann in jeder Lage von waagrecht bis senkrecht arbeiten.

Im grundsätzlichen Aufbau zeigt diese Maschine wieder die gleichen Merkmale wie das PTL-Triebwerk Eland, mit Ausnahme der Brennkammer, die nun ein Ringsystem mit Flammrohren (6 Stück) bildet und dadurch ein tragendes Außengehäuse erhielt,

Abb. 644. Rolls-Royce Dart R. Da. 3-Propellerturbine

wodurch das Rohrtraggerüst entfallen konnte. Das Getriebe mit Drehmomentmessung zeigt wieder die gleichen Konstruktionsmerkmale wie das des Eland, ebenso der elfstufige Kompressor mit verstellbaren Eintrittsleitschaufeln. Auch die Brennstoffregelung ist von ähnlichem Aufbau. Technische Daten sind aus Tab. 97 ersichtlich.

Der Aufbau der Turbine zeigt einige bemerkenswerte Details. Die Laufschaufeln mit verlängertem Fuß sind mittels eines Nimonic-Drahtes zur Schwingungsdämpfung verbunden, Abb. 643b, mittels eines Nimonic-Drahtstückes gesichert und laufen ohne Deckband, da die Anlaufringe außen so konstruiert sind (Segmente mit nur drei Auflagen), daß bei richtiger Kühlluftbemessung außerordentlich kleine Laufspiele erzielt werden, Abb. 643b. Die Leitradscheiben sind wie beim Eland wieder über Schwinghebel aufgehängt.

Die verdrehbaren Eintrittsleitschaufeln des Kompressors sind aus Beryllium-Kupfer-Blech hergestellt, innen hohl, mit einem Draht als Trennwand, und von Luft vom Kompressoraustritt mit 200 bis 220° C zur Enteisung durchflossen, Abb. 643 b.

Ein enormes Turbinenbauprogramm wird von Rolls-Royce bewältigt. Diese Firma dürfte aber auch mit einer Gesamtbelegschaft von etwa 40000 der größte Flugturbinenhersteller in Europa sein.

Während die ersten Strahlturbinen mit Radialverdichter noch im Einsatz stehen und sogar die Type Nene noch erzeugt wird (Beschreibung s. S. 781), sind die neueren Rolls-Royce-Triebwerke alle in axialer Bauart ausgeführt, bis auf die Propellerturbine

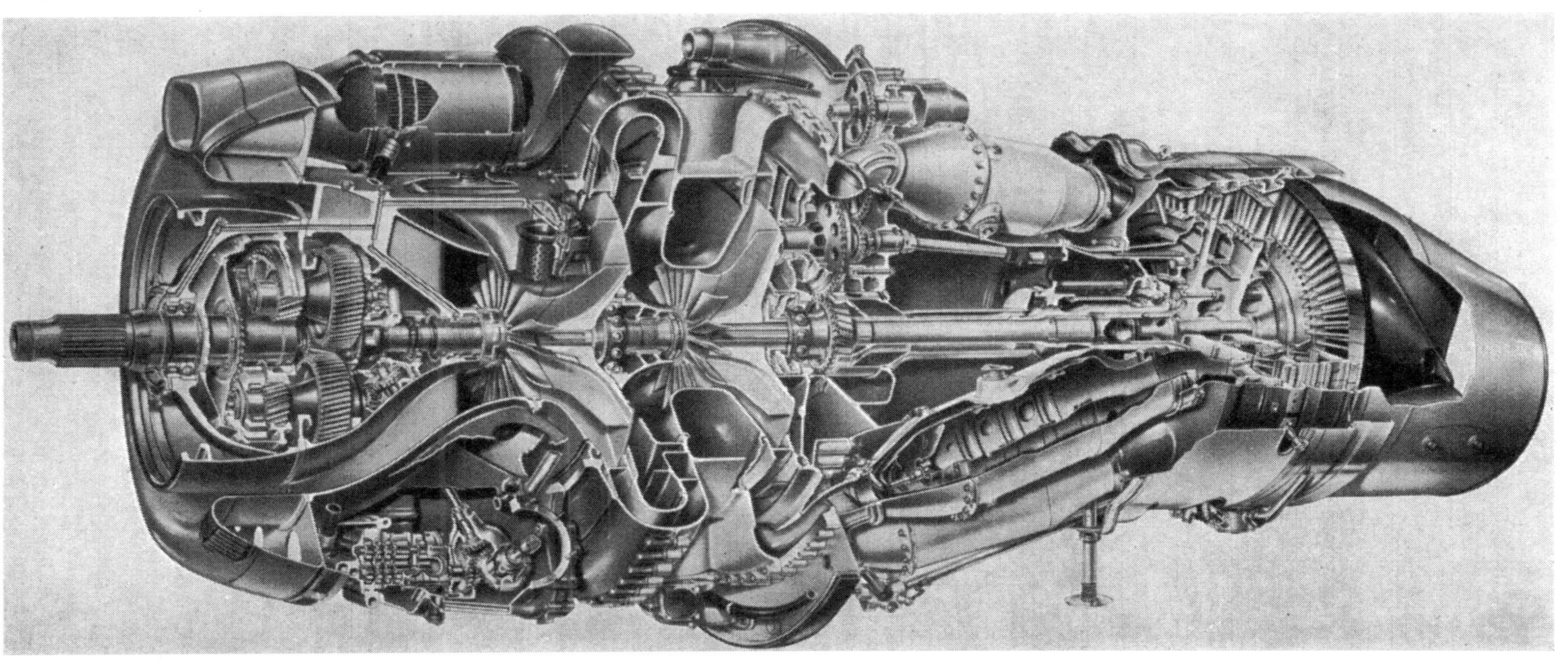

Abb. 645*a*. Schnitt durch die Propellerturbine Rolls-Royce Dart R. Da. 7 mit dreistufiger Turbine (Baureihe 520—529)

Dart mit zweistufigem Radialverdichter. Diese Propellerturbine ist die in der Zivilluftfahrt am weitesten verbreitete und bis heute die einzige, die seit Jahren im regulären Einsatz steht. Erst neuerdings kommen Bristol- und Napier-Turbinen sowie PTL-Triebwerke amerikanischen und russischen Ursprungs auch in der Zivilluftfahrt zum Einsatz.

Dieses Triebwerk von einfachem robustem Aufbau, Abb. 644 und 645, ist durch den zweistufigen Radialverdichter mit hohem Wirkungsgrad interessant. Die sieben Brennkammern liegen zur Längsachse geneigt, um eine bessere Gasströmung zu ergeben.

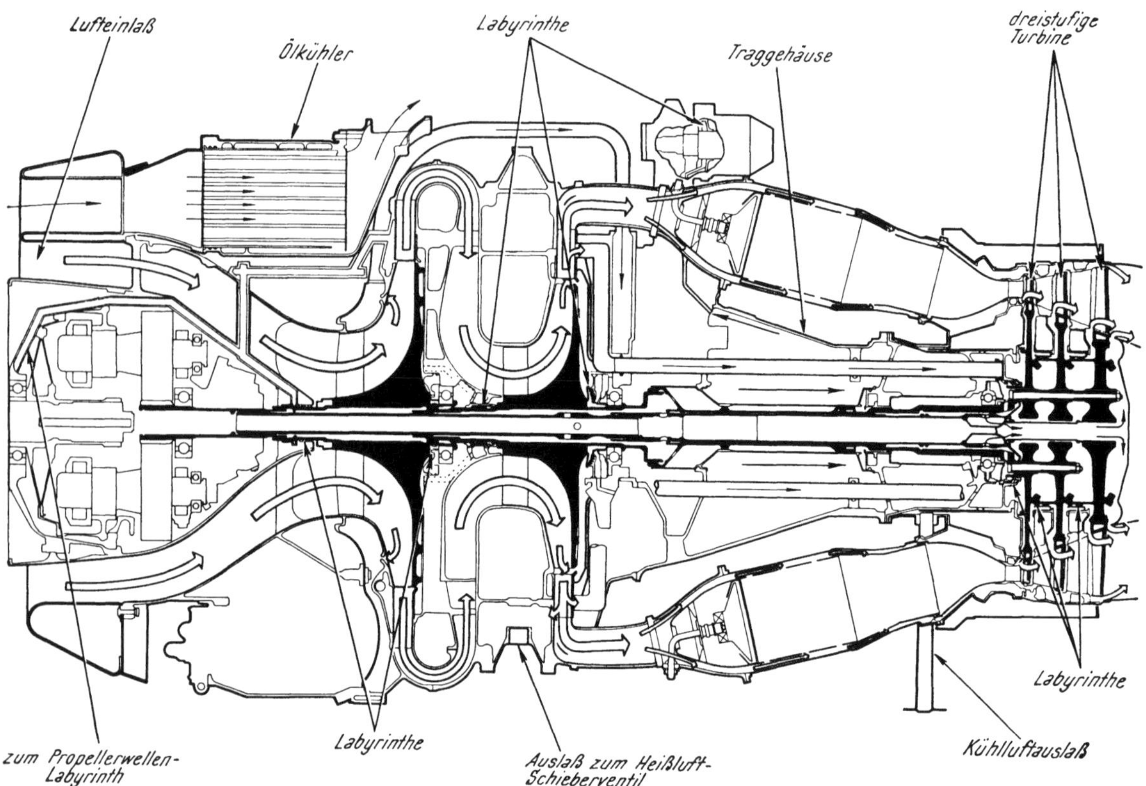

Abb. 645*b*. Schematische Schnittzeichnung der Propellerturbine Rolls-Royce R. Da. 7

Die Turbine weist Schaufelfüße mit verlängertem Fuß zur Kühlhaltung der Scheibe auf. Die Laufschaufeln tragen ein Deckband. Die Leitschaufeln sind hohl gegossen und luftgekühlt. Auf äußerst wirksame Abdichtung der Stufen untereinander wurde größter Wert gelegt, um den Turbinenwirkungsgrad hochzuhalten. Temperaturfühler sind in den Leitschaufeln eingebaut, um die Höchsttemperatur zu begrenzen. Die neuesten Typen weisen eine Turbine mit drei Stufen auf. Intensive Luftkühlung aller heißen Teile erlaubt die Anwendung sehr hoher Temperaturen trotz langer Lebensdauer [*389, 390, 419*].

Das Brennstoffsystem wurde bereits in Abb. 373 und 374 gezeigt und dort auch erklärt (S. 377).

Der Drehzahlbegrenzer der Pumpe ist auf 15100 U/min eingestellt, aber normalerweise wird die Höchstdrehzahl durch das Luftschraubenverstellgerät mit 14500 U/min begrenzt.

Zwei Bedienungshebel sind in der Kabine notwendig, der Gashebel und der Hochdruckabsperrhahn. Der Gashebel ist mit dem Luftschraubenverstellgerät gekuppelt, der Hochdruckabsperrhahn mit dem Mechanismus zur Verstellung der Luftschraubenblätter in Segelstellung. Verstellung der Luftschraubenblätter auf Gegensteigung zum Bremsen wird durch Führung des Gashebels in einer Kulisse erreicht. Segelstellung er-

Abb. 646a. Verbund-PTL-Triebwerk Rolls-Royce Tyne

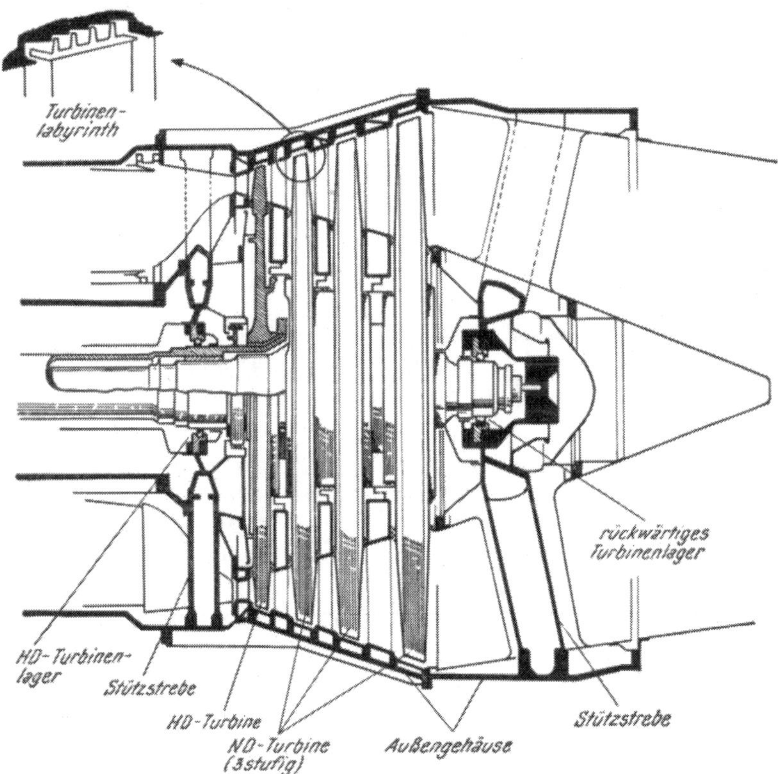

Abb. 646b. Lagerung und Ausbildung der Turbine des Rolls-Royce-Verbund-PTL-Triebwerkes Tyne

gibt sich bei Schließen des Hochdruckabsperrhahnes. Ein Druckknopf dient zur Rückstellung der Blätter auf kleine Steigung. Zum Anlassen ist ein Sicherheitsmechanismus vorgesehen, dessen Servosystem eine Betätigung des Startermotors erst gestattet, wenn die Blätter auf Nullsteigung stehen. Um eine Verstellung der Blätter auf Nullsteigung oder in Bremsstellung in der Luft zu vermeiden, ist eine Sicherungseinrichtung vorgesehen, die so lange eingeschaltet ist, bis das Gewicht des Flugzeuges auf dem Fahrgestell ruht.

Während die ersten Dart-Triebwerke für 1000 PS ausgelegt waren und bei Einsatzbeginn 1400 PS leisteten, wird die letzte Type in der Entwicklungsreihe 3200 PS hergeben, eine wirklich beachtliche Entwicklung. Diese Leistung ist durch vergrößerte Kompressorlaufräder und gekühlte Laufschaufeln in die Turbine möglich. Technische Details dieses interessanten Triebwerkes gehen gut aus Tab. 97 und Abb. 645 hervor [*419*].

Die Intervalle zwischen zwei Überholungen liegen beim Dart derzeit bei 1800 Stunden, ebenfalls ein phantastischer Wert. Die neueste PTL-Entwicklung von Rolls-Royce ist das Verbundtriebwerk Tyne, Abb. 646 a. Es ist als Hochdrucktriebwerk mit einem Verdichtungsverhältnis von 13 gebaut. Die einstufige Hochdruckturbine treibt einen

Abb. 647. Rolls-Royce Avon RA 29

neunstufigen Hochdruckkompressor, während die dreistufige Niederdruckturbine den sechsstufigen Niederdruckkompressor und den Propeller treibt.

Die Turbine ist mit äußerst steifer Lagerung versehen, um die Laufspiele so klein als möglich halten zu können. Lauf- und Leitstufen sind mit sorgfältig ausgebildeten Labyrinthen ausgestattet, Abb. 646 b.

Nähere technische Details über dieses Triebwerk wurden bisher noch nicht bekanntgegeben. Es sind alle Erfahrungen vom PTL-Triebwerk Dart verwertet, so daß Rolls-Royce heute schon sagt, daß dieses neue Triebwerk mindestens ebenso zuverlässig wie das Dart arbeitet [*420*].

Technische Daten sind, soweit bekannt, in Tab. 97 enthalten. Im Laufe der Entwicklung hofft man, bis zu Leistungen von etwa 10000 PS zu kommen.

Die Zweikreis-Strahlturbine Conway von Rolls-Royce wurde bereits in Abb. 614 gezeigt und, soweit Details bekannt, beschrieben, ebenso das Baumuster RB 141 [*422*].

Die TL-Triebwerke Rolls-Royce Avon zählen in der Militärluftfahrt zu den erfolgreichsten und gewinnen derzeit in der Zivilluftfahrt immer mehr an Boden [*418*].

Im Laufe der Entwicklung ging der Schub von anfänglich 2700 kp auf über 5000 kp hinauf, während das spezifische Gewicht von 0,40 auf 0,25 sank.

Am meisten verbreitet sind heute die Triebwerke der Serie 100. Inzwischen ist auch die Serie 200 zum Tragen gekommen, der alle neueren Avon-Typen angehören. Das letzte Baumuster der 200er Serie ist die Ziviltype RA 29, Abb. 647, bei der sowohl Kompressor als auch Turbine eine Stufe mehr bekommen haben. Die Militärtype RA 28 ist in Abb. 648a im Schnitt dargestellt, während die Type RA 29 in Abb. 648b gezeigt ist.

Allen Avon-Typen gemeinsam ist das Heißluft-Enteisungssystem für Einlaß und verstellbare Eintrittsleitschaufeln.

Die Turbinen haben wieder Deckband auf den Laufstufen. Weiters sind im Schnittbild die sorgfältig ausgebildeten Labyrinthe Bauart Rolls-Royce zu sehen.

Alle Avon-Triebwerke gehören der Dreilagerbauart an. Interessanterweise leitet Rolls-Royce bei diesem Triebwerk die Hilfsantriebe hinter dem Kompressor ab, während vorne nur der Anlasser sitzt. Der Kompressor zeigt verschiedene ungewöhnliche Details, wie z. B. die Lagerung der Statorschaufeln im Kompressorgehäuse und der Aufbau des Rotors aus Scheiben mit Haarnadelprofil an der Nabe, wodurch bei Dehnungen der Sitz der Vielkeilprofile nicht beeinträchtigt wird. Die Statorschaufeln sind in den ersten vier Stufen zu dritt, viert oder fünft innen in Segmenten verlötet, die ihrerseits wieder gegen Deckringe des Läufers mit engem Spalt eingepaßt sind. Die übrigen Statorschaufeln sitzen innen mit engem Spalt am Rotor.

Luftablaßventile blasen bei niederen Drehzahlen Überschußluft aus der siebenten Stufe ab. Die Ablaßventile werden ebenso wie die Eintritts-

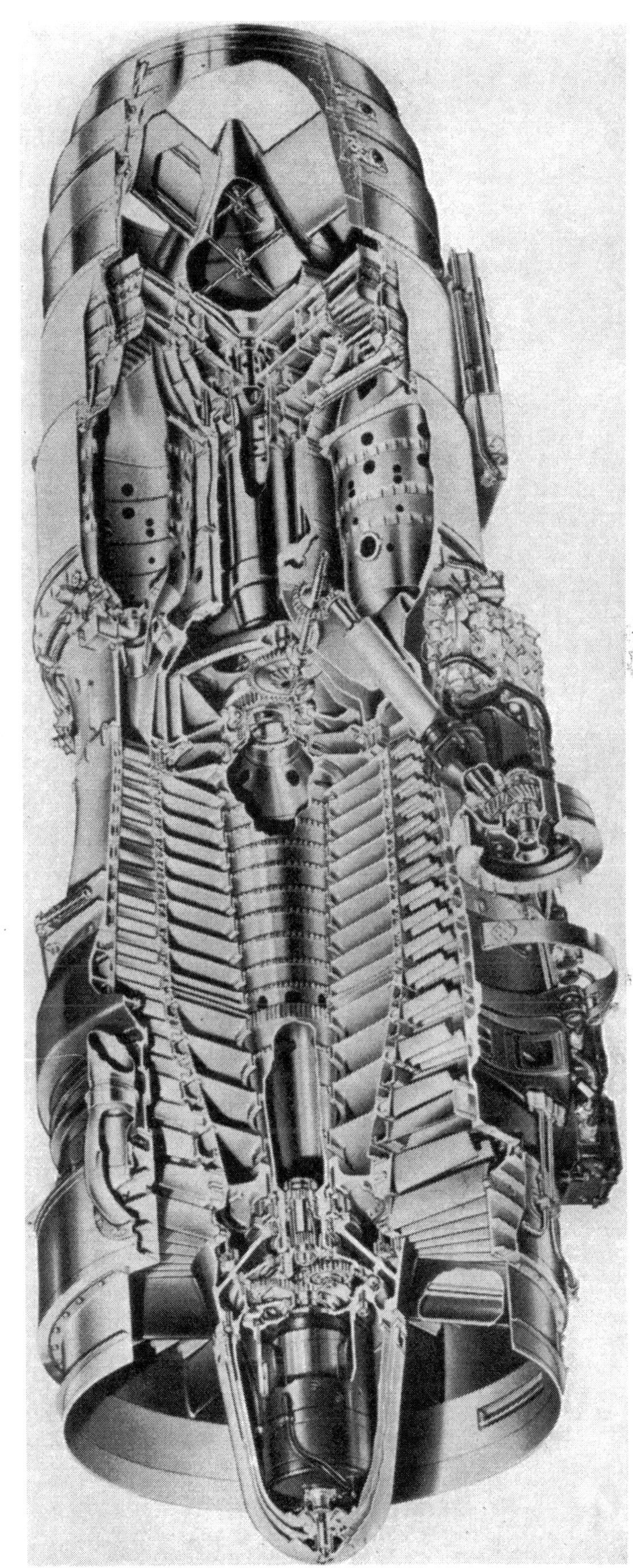

Abb. 648*a*. Schnitt durch das TL-Triebwerk Rolls-Royce RA 28

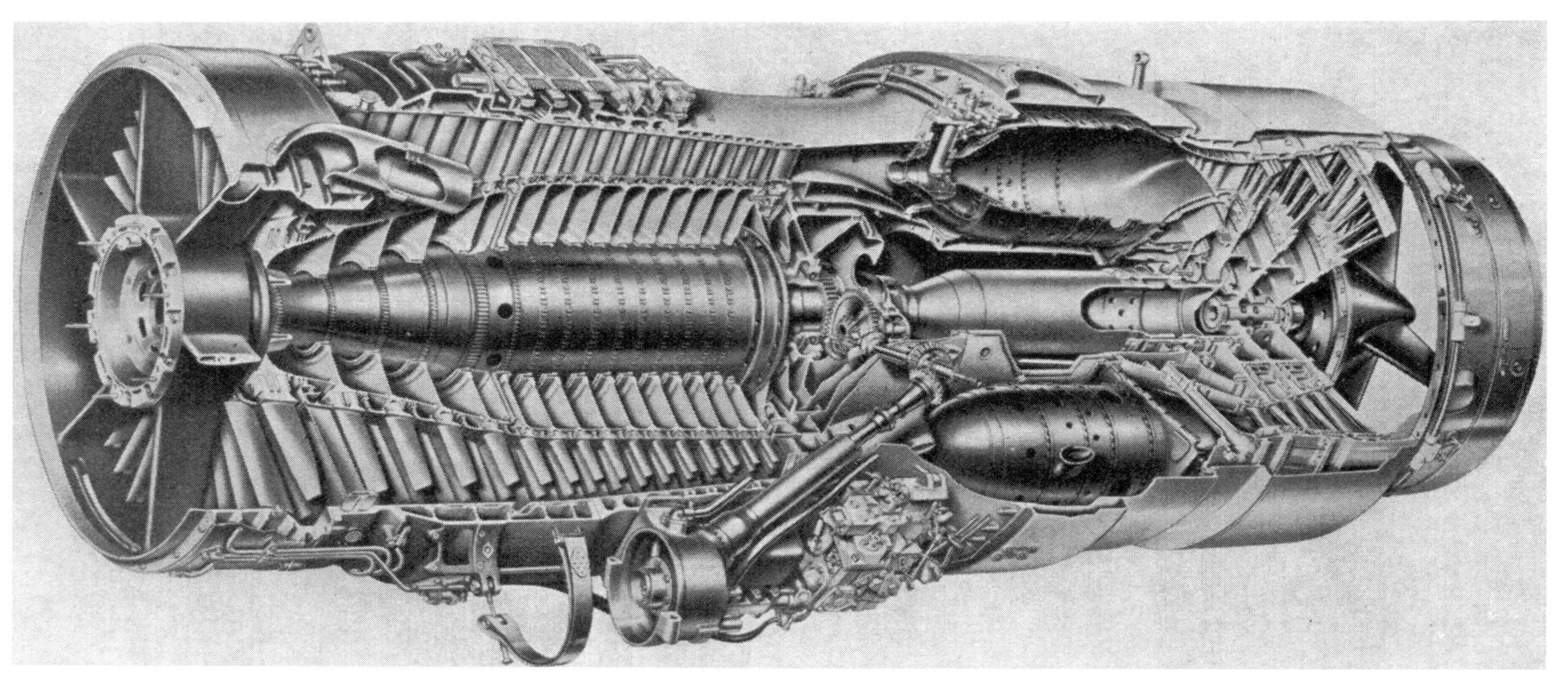

Abb. 648*b*. Schnitt durch das TL-Triebwerk Rolls-Royce RA 29

leitschaufeln durch Brennstoff unter Druck betätigt, und zwar sind beide so verschaltet, daß bei einer bestimmten Eintrittsleitschaufelstellung auch Servobrennstoff zu den Ablaßventilen gelangt und diese öffnet.

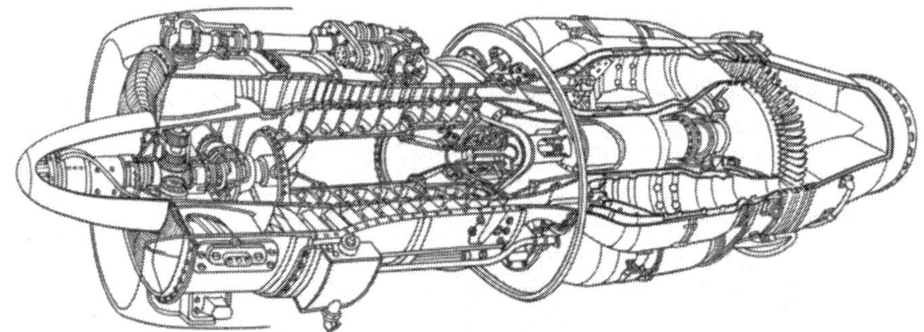

Abb. 649. TL-Triebwerk Orenda von Orenda Engines Ltd., Toronto

Abb. 650. Turboméca-TL-Triebwerk Gabizo mit 1100 kp Schub

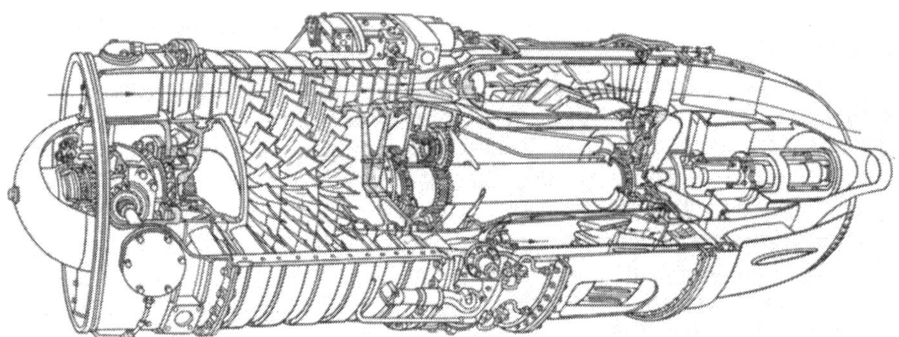

Abb. 651. Frühere Ausführung des TL-Triebwerkes SNECMA-ATAR

Interessant sind auch die Verbindungsstützen beim rückwärtigen Hauptlager, die das Innengehäuse mit Lagerträger mit dem Außenmantel verbinden und gleichzeitig hohl ausgebildet sind, um die Niederdruck-Kühl- und Sperrluft, die zwischen der fünften und sechsten Kompressorstufe entnommen wird und die in und um die Hauptwelle sowie um das Lagergehäuse fließt, nach außen in den Doppelmantel und hernach ins Freie zu leiten.

Die Kompressorschaufeln sitzen mittels einer Stiftbefestigung in den Scheiben und können sich um einen gewissen Winkelbetrag frei bewegen, um Biegekräfte und Schwingungsbrüche auszuschalten.

Die sonstigen technischen Details sind den Abb. 647 und 648a, b sowie Tab. 97 zu entnehmen. Die Zeit zwischen zwei Überholungen beträgt beim RA 29 auch bereits 1000 Stunden.

Weitere Rolls-Royce-Baumuster sind die kleinen TL-Triebwerke RB 108 und RB 145, die ein außerordentlich gutes Schub/Gewichts-Verhältnis haben. Das RB 108 weist einen Schub von etwa 900 kp und das RB 145 von etwa 1250 kp auf. Alle weiteren Details sind unbekannt.

Es scheint, daß die Turbinentriebwerke von Rolls-Royce dieselbe weltweite Verbreitung und Berühmtheit erlangen wie die einstigen Kolbentriebwerke Typ Merlin [*420*].

Immerhin zeigt diese Übersicht über die wichtigsten englischen Flugturbinen, daß auf diesem Gebiet dieses Land Außerordentliches leistet. Zahlreiche Neuentwicklungen sind auf den Prüfständen, über die natürlich noch keine technischen Daten vorliegen. Die einzelnen Entwicklungstendenzen sind jedoch gut zu ersehen.

Abb. 652. Zwischengehäuse mit Brennern des ATAR

c) Canada. Die einzige in Canada selbständig bauende Firma ist Orenda Engines Ltd. in Toronto.

Die Type Orenda, Tab. 97 und Abb. 649, ist ein Triebwerk von konventionellem Aufbau. Interessant ist lediglich die Ausbildung des Kompressorläufers mit der vorne und vor allem rückwärts weit auskragenden Trommel.

Eine Neuentwicklung ist das Verbundtriebwerk Iroquois, für Überschallflug, das zu den heute stärksten Triebwerken zählt. Technische Daten, soweit sie bereits bekannt sind, gehen aus Tab. 97 hervor. Interessant ist das ungeteilte Gehäuse für den Hochdruckkompressor und die ausgedehnte Verwendung von Titan.

d) Frankreich. Avions Marcel Dassault baut Armstrong Siddeley-Viper-Triebwerke in Lizenz. Die erste Neuentwicklung dieser Firma ist das Strahltriebwerk R. 7, das eigentlich ein vergrößertes A.S.V. 10 darstellt; die technischen Daten sind in Tab. 97 enthalten.

Hispano Suiza baut in Lizenz Rolls-Royce-Strahltriebwerke mit Radialverdichter. Die erste Neuentwicklung ist das Strahltriebwerk R. 804, dessen bisher bekannte technische Daten aus Tab. 97 zu ersehen sind.

Turboméca ist durch seine Kleinturbinen bekannt geworden, die alle Radialverdichter und rotierende Brenner aufweisen, Abb. 350 und Abb. 554. Es wird eine große Anzahl von verschiedenen Typen gebaut und entwickelt, wie Tab. 97 zeigt. Die letzte Entwicklungsstufe dieser Triebwerke weist vor dem Radialverdichter eine Axialstufe auf, wodurch höhere Verdichtungsverhältnisse möglich wurden. Abb. 650 zeigt das größte der Turboméca-TL-Triebwerke, nämlich die Type Gabizo. Die Wellentriebwerke Astazou und Bastan stellen ebenfalls die letzte Entwicklungsstufe der Klein-PTL-Triebwerke dar. Es wurde in ihnen die ganze langjährige Erfahrung verarbeitet.

Wohl die größte französische Triebwerkfirma ist SNECMA. Die ATAR-Baureihe zählt mit zu den besten heute erhältlichen Triebwerken. Der interessante Kompressoraufbau wurde schon in Abb. 139 gezeigt. Abb. 651 zeigt eine frühere Type des ATAR. Dieses Triebwerk ist eigentlich eine Weiterentwicklung der BMW-Strahlturbine aus der

Kriegszeit. So wurden anfänglich wegen des Fehlens hochwertiger Werkstoffe auch die Laufschaufeln für die Turbine wie bei BMW aus Blech ausgeführt, Abb. 227. Beim Übergang von der Type 101 A auf 101 B wurden die luftgekühlten Hohlschaufeln durch verwundene Vollschaufeln aus kriechfestem Chrom-Nickelstahl ersetzt.

Hinsichtlich der Grundkonzeption des Verdichters sind zwei Etappen zu unterscheiden: Siebenstufige Bauweise (bis zur Baureihe 101 D bzw. 101 F); achtstufige Bauweise (ab 101 E bzw. 101 G).

Die siebenstufige Bauweise kam schon beim Prototyp 101 V zur Anwendung, der mit einer Nenndrehzahl von 8050 U/min lief; sie endete mit der Baureihe 101 D (8300 U/min). Während dieser Etappe wurde der Luftdurchsatz um 16 % erhöht, das Verdichtungsverhältnis um 20 %.

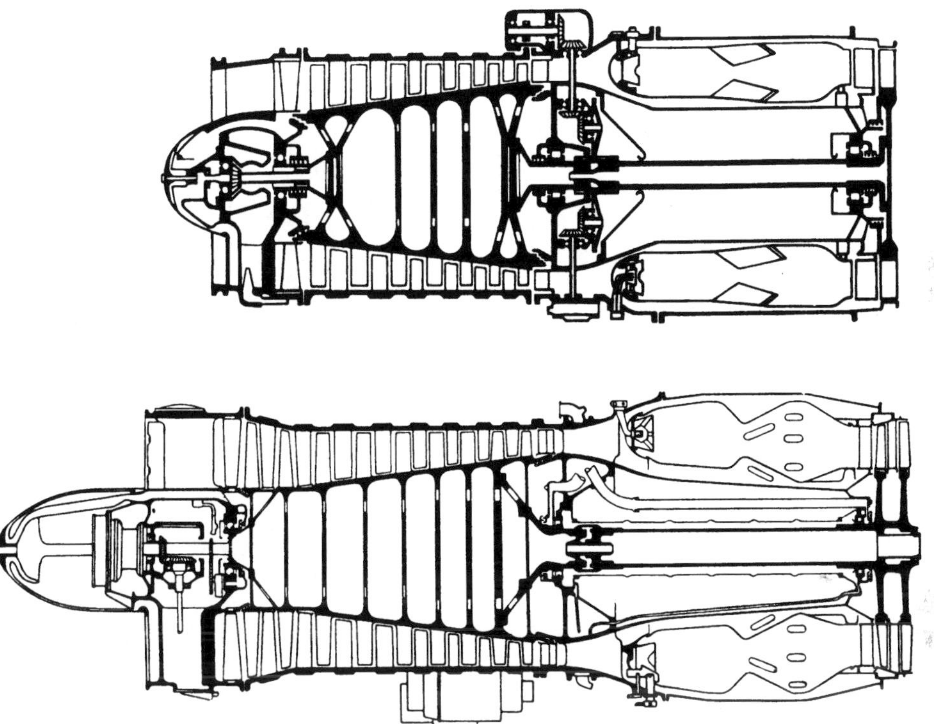

Abb. 653*b*. Vergleich der ersten Reihenbaustrahlturbine ATAR 101 A (oben) mit dem heutigen Reihenbaumuster ATAR 8/9

Die Verbesserungen erfolgten Schritt für Schritt. Schon bei der Baureihe 101 A kam ein neuer Eintrittsleitkranz zum Einbau, der zu einer besseren Auslastung der ersten Verdichterstufe führte. Auch wurde der Austrittsleitkranz des Verdichters geringfügig abgeändert. Erste Erhöhungen von Durchsatz und Verdichtungsverhältnis waren die Folge dieser Maßnahmen.

Eine weitere Steigerung des Druckverhältnisses und Luftdurchsatzes brachte die Vermehrung der Zahl der Leitschaufeln bei der Baureihe 101 B, und schließlich wurden — bei den Baureihen 101 C und 101 D — auch die Drehzahlen hinaufgesetzt und Änderungen am Einlaufgitter, verbunden mit einer vollständigen Neukonstruktion der letzten Verdichterstufe, vorgenommen.

Was die achtstufige Bauweise anlangt, so ermöglichte sie eine weitere Verbesserung von Durchsatz und Druckverhältnis um etwa 15 %. Vor den bisher verwendeten Verdichter wurde ein neuer Doppelring von Leit- und Laufschaufeln gesetzt; die Drehzahl wurde auf 8400 U/min erhöht.

Naturgemäß mußte die neue Stufe so berechnet werden, daß die Einlaufbedingungen der folgenden Stufen gewahrt blieben. Die Durchsatzerhöhung war also dem Verdichtungsverhältnis der Vorstufe anzupassen. Da sich die Strömungsgeschwindigkeiten kaum änderten und auch die thermische Belastung der Brennkammer annähernd gleichblieb, konnten alle übrigen Bauelemente des Triebwerks praktisch unverändert beibehalten werden.

Schließlich wurden bei der Baureihe E auch die bisher aus Blech geformten Leitschaufeln des Austrittskranzes durch geschmiedete Schaufeln ersetzt, die sich gegenüber Anstellwinkeländerungen weitaus weniger empfindlich erwiesen.

Die Brennkammer entspricht im wesentlichen auch der BMW-Bauart, es wurde später lediglich auf die inneren Sekundärluft-Mischflossen verzichtet und die Kegelmäntel um die Brenner durch neunarmige Sterne ersetzt, Abb. 652.

Alle ATAR-Triebwerke weisen eine verstellbare Schubdüse auf. Die Triebwerke bis Baureihe C erreichten die Querschnittsverstellung durch Längsverschieben des inneren Konus, wie dies bei den deutschen Triebwerken schon üblich war. Die neueren Baumuster weisen jedoch zwei bewegliche Klappen zur Querschnittsveränderung auf. Abb. 653a (s. Ausschlagtafel zwischen den S. 816 und 817) zeigt einen Schnitt durch das ATAR E, dessen neueste Version E 4 und E 5 einen Schub von 3700 kp aufweist.

Abb. 654*a*. Fiat-TL-Triebwerk 4002.01 mit einem Schub von 325 kp

Abb. 654*b*. Die Brennkammer des Fiat-TL-Triebwerks 4002.01. Die sehr gedrängte Bauart ist bemerkenswert

Die Type ATAR G hat Nachverbrennung und erreicht einen maximalen Schub von 4700 kp mit voller Nachverbrennung.

Das Schnittbild läßt sehr gut die Ausbildung der Brennkammer und der Turbine erkennen. Die Verkleidungskappe des Anlaßmotors sowie die hohlen Eintrittsleitschaufeln und die Verbindungsstege des Einlaßkanals sind zur Enteisung von Warmluft durchflossen.

Die Regelung arbeitet mit Einhebelbedienung. Der Regler hält die Drehzahl des Rotors und die Temperatur der austretenden Heißgase auf einem Nominalwert konstant, in Abhängigkeit von der normalen Belastung, jedoch unabhängig von Fluggeschwindigkeit, Flughöhe und Ansauglufttemperatur. Dieses System (Alldrehzahlregler Abb. 383) ermöglicht eine volle Ausnützung der Strahlturbine im gesamten Betriebsbereich.

Das Triebwerk ATAR 8 ist eine neuerliche Weiterentwicklung. Es hat sowohl am Kompressor als auch in der Turbine eine Stufe dazubekommen und ergibt bei nahezu gleichem Außendurchmesser einen wesentlich größeren Schub bei gleichzeitiger Senkung des Verbrauches, Abb. 653b. Die Type ATAR 9 hat Nachverbrennung und leistet maximal 6000 kp Schub [*416*, *423*]. Neuerdings wurde das Triebwerk Super ATAR für Überschallflug entwickelt, das in Ganzstahlbauweise für Geschwindigkeiten bis $Ma = 3$ geeignet ist. Der Kompressor hat verstellbare Eintrittsleitschaufeln und verstellbare Statorschaufeln in den ersten beiden Stufen. Das Triebwerk hat Nachverbrennung und eine konvergent-divergente Verstell-Schubdüse. Es ist für Flughöhen bis 25 km geeignet, hat einen Schub von etwa 10 t und ein spezifisches Gewicht von etwa 0,17 kg/kp.

e) Italien. In Italien befaßt sich Fiat mit dem Bau von Fluggasturbinen, und zwar werden die Triebwerke De Havilland Ghost und Allison J 35 in Lizenz gebaut. Daneben aber hat Fiat auch ein eigenes Triebwerk 4002.01 entwickelt, das eine radiale Bauart (Radialverdichter plus Axialturbine) mit einer bemerkenswerten Umkehrstrom-Brennkammer aufweist. Der Aufbau ist also ähnlich dem der ersten Whittle-Triebwerke (Abb. 302). Abb. 654 zeigt das Triebwerk und die eigenartige Ringbrennkammer mit der extrem kurzen Bauweise.

Eine weitere Fiat-Neuentwicklung ist das TL-Triebwerk 4032 in axialer Bauart mit neunstufigem Axialkompressor, Ringbrennkammer mit 10 Flammrohren und einstufiger Turbine. Größter Durchmesser 1007 mm, Länge 2550 mm, Gewicht 490 kg; der Schub beträgt 2700 kp bei 8200 U/min und einem Durchsatz von 50 kg/sek, Druckverhältnis 5,5:1, spezifischer Verbrauch 0,98 kg/h/kp.

Für den Staustrahlantrieb von Heliokoptern hat Fiat aus dem Triebwerk 4002 die Type 4700 entwickelt, bei der eine weitere Nutzleistungsturbine nach dem Gaserzeuger einen Zentrifugalverdichter antreibt. Das Triebwerk wird stehend eingebaut mit Ausgangkanal nach unten. Der Durchmesser beträgt 600 mm, die Höhe 1220 mm, das Gewicht 120 kg. Die maximale Leistung wird mit 530 Luft-PS bei 25000 U/min am Gaserzeugersatz angegeben. Die Luftmenge beträgt dabei 3,4 kg mit einem Druckverhältnis von 3:1.

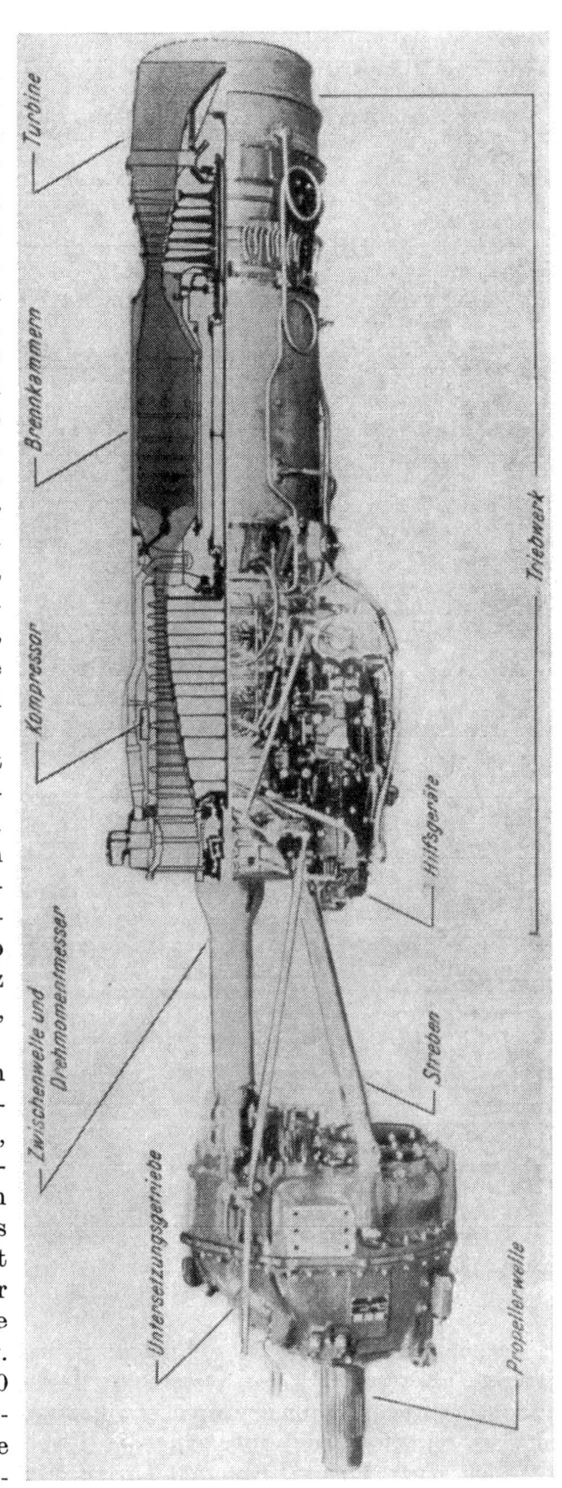

Abb. 655. Propellerturbine Allison 501-D 13

f) Amerika. Allison hat sich von Anfang an mit dem Bau von PTL-Triebwerken beschäftigt, und derzeit ist die militärische Version T 56 und die zivile Version 501-D 13 das Ergebnis dieser langjährigen Forschung. Abb. 655 zeigt die Type 501-D 13 teilweise im Schnitt. Auffallend ist das außerordentlich hohe Druckverhältnis am Kompressor sowie die hohe Turbineneintrittstemperatur. Das Getriebe sitzt vom Triebwerk getrennt

Abb. 656. Die beiden TL-Triebwerke Allison J 35 (rechts am Boden) und J 71 (am Kran). Das J 35 gibt 2540 kp Schub, das J 71 4630 kp

und enthält Abtriebe für verschiedene Hilfsgeräte. Ebenso ist eine Propellerbremse eingebaut. Interessant ist das System zur Meldung von negativem Drehmoment, wodurch ein Flugzeug vor zu großem Propellerwiderstand bei einem Maschinenschaden geschützt wird. Der schwimmende Außenring des Planetengetriebes mit Innenschrägverzahnung stützt sich gegen Federn. Entsteht ein zu großes negatives Drehmoment, dann bewegt sich dieser Ring gegen die Kraft der Federn nach vorne und gibt an den Propeller ein Signal, sich in Richtung Segelstellung zu bewegen. Hört das negative Moment auf, dann kehrt der Propeller sofort wieder in die Regelstellung zurück.

Sollte in diesem System ein Fehler eintreten, dann kommt bei weiterem Ansteigen des negativen Drehmoments eine Sicherheitskupplung zur Wirkung, die Getriebe und Gasturbine trennt.

Außerdem ist im Getriebe noch ein Mechanismus eingebaut, der den Propeller sofort in Segelstellung bringt, wenn beim Start des Flugzeuges die Maschine ausfällt.

Das Drehmoment selbst wird elektrisch an der Übertragungswelle gemessen und in der Führerkanzel auf einem in PS geeichten Instrument angezeigt.

Das Kompressorgehäuse besteht aus vier Teilen, die aus Stahl geschmiedet sind. Die Brennkammer ist ein Ringsystem mit sechs Flammrohren.

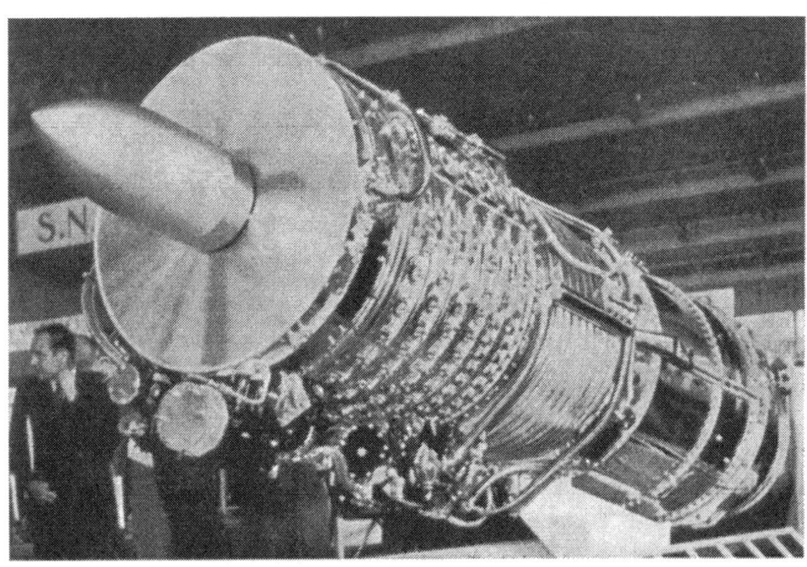

Abb. 657*a*. Strahltriebwerk CJ 805 von General Electric. Kompressor mit verstellbaren Statorschaufeln. Standschub 5000 kp bei einem Druckverhältnis von 12:1 und einem spezifischen Verbrauch von weniger als 0,8 kg/h/kp

Die Turbinenschaufeln der ersten drei Stufen sind aus GMR-235 in Präzisionsguß hergestellt. Dieses Material ist eine General-Motors-Entwicklung mit hervorragenden Hochtemperatureigenschaften bei nur kleinem Gehalt an kritischen Elementen. Die Schaufeln der vierten Stufe sind aus S-816 geschmiedet. Die Schaufeln haben Tannenbaumfüße, die mit leichtem Spiel im Kranz der Scheiben sitzen. Die Leitschaufeln sind ebenfalls aus GMR-235 gegossen und in innere und äußere Deckbänder eingeschweißt.

Das Brennstoffsystem arbeitet mit Einhebelbedienung und enthält ein elektronisch überwachtes Temperaturregelventil in der Brennstoffzuleitung.

Die spätere Type D 15 hat keine Einlaßleitschaufeln am Kompressor, sondern drei Überschallstufen statt der ersten drei Normalstufen. Die Turbine hat größere Durchschnittsquerschnitte und Deckbänder auf den ersten zwei Stufen [408].

Außer diesem Triebwerk ist noch ein Verbund-PTL-Triebwerk Type 550 mit über 5000 PS in Entwicklung. Es sind darüber noch keine näheren Details bekannt.

Allison erzeugt auch eine Reihe von TL-Triebwerken (s. Tab. 97). Derzeit ist die Type J 71 die am weitesten entwickelte. Abb. 656 zeigt die beiden Axialverdichtertypen J 35 und J 71. Obwohl im Durchmesser gleich gibt das J 71 wesentlich mehr Schub und hat einen Kompressor mit sehr hohem Verdichtungsverhältnis.

Natürlich sind noch weitere sehr fortgeschrittene Baumuster in Entwicklung, doch sind technische Details darüber noch nicht bekannt, bis auf eine interessante Neuentwicklung, das Triebwerk Allison Baby (250/T 63) mit 250 PS. Die Maschine hat einen

7stufigen Axialkompressor, gefolgt von einer Radialstufe. Von dieser wird die Luft über zwei seitliche Stutzen und Leitungen zur rückwärts liegenden Gegenstrombrennkammer, die in Maschinenmitte angebracht ist und die heißen Gase nach vorne zuerst durch die einstufige Kompressorturbine und dann durch die zweistufige Nutzleistungsturbine und dann durch den nach unten zeigenden Auslaßstutzen ins Freie schickt.

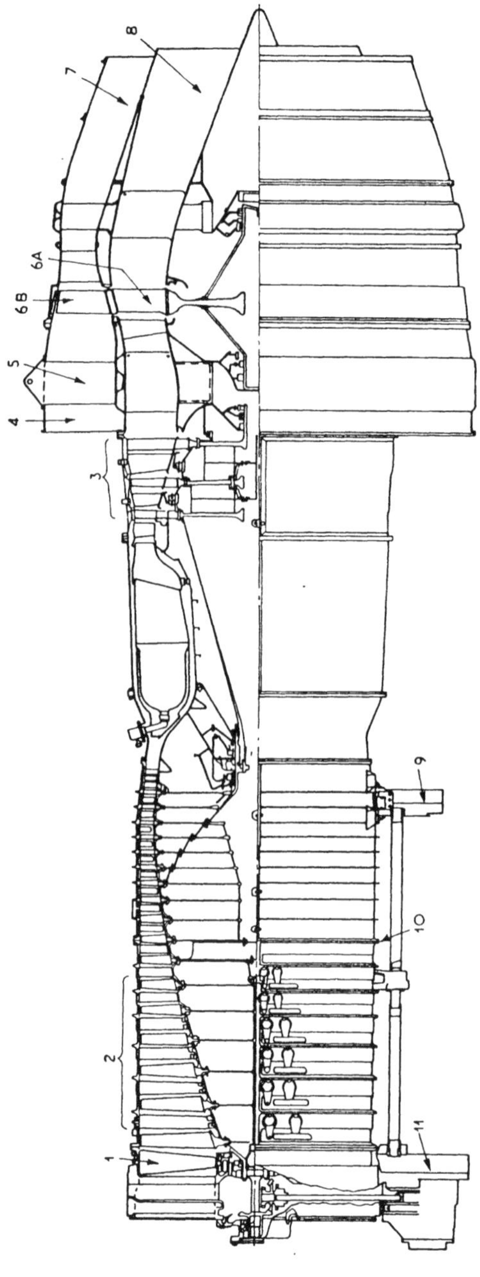

Die zwischen Kompressor und Kompressorturbine sitzende Nutzleistungsturbine treibt über eine Hohlwelle ein Ritzel, und dieses wieder kämmt mit den Getrieberädern des über der Maschine liegenden Reduktionsgetriebes.

Auf wirtschaftliche Herstellungsmethoden wurde größter Wert gelegt. So werden die Kompressorlaufräder und die Zentrifugalstufe nach einem Verfahren von Allison im Präzisionsguß einbaufertig hergestellt. Der Kompressor selbst kann nach Lösen von 3 Bolzen und einer Ölleitung abgenommen werden. Ebenso leicht ist die Brennkammer zu demontieren. Breite und Höhe der Maschine beträgt 400 bzw. 490 mm, Länge 990 mm mit Propellergetriebe. Das Gewicht beläuft sich auf 48 kg. Die volle Leistung von 250 PS wird bis zu 38° C Eintrittstemperatur abgegeben, wobei der Verbrauch 318 g/PSh bei 15° C und 331 g/PSh bei 38° C beträgt.

Continental entwickelt in Lizenz Turboméca-Triebwerke.

Fairchild baut einfache, billige Triebwerke für ferngelenkte Geschosse (Tab. 97).

Abb. 657*b*. General-Electric-ZTL-Triebwerk CJ 805—21 mit einem Standschub von 6800 kp. Durchsatz des TL-Triebwerks 72,5 kg/sek, Druckverhältnis 12:1; Durchsatz des Gebläserades 113 kg/sek, Druckverhältnis 1,6:1

1 Verdrehbare Eintrittsleitschaufeln
2 Verstellbare Statorschaufeln, Stufe 1 bis 6
3 Dreistufige Turbine für Kompressorantrieb
4 Gebläseeinlaß
5 Radiale Stützen
6A Gebläseturbine
6B Gebläsebeschaufelung (sitzt außen an der Turbine)
7 Gebläseauslaß
8 TL-Düsenauslaß
9 Rückwärtiges Hilfsgerätegetriebe
10 Flansch zwischen vorderem und rückwärtigem Kompressorteil (jeder in der Mitte geteilt)
11 Vorderes Hilfsgerätegetriebe

General Electric ist wohl in USA der größte Triebwerkhersteller. Das erste TL-Triebwerk war ein Rolls-Royce Welland, die erste Eigenkonstruktion das I-40 (Allison J 33).

Dann kam der Übergang auf Axialtriebwerke mit den Typen TG 180 (Allison J 35) und TG 190 (J 47). Später wurde dann das J 73 entwickelt, doch sind alle Typen derzeit ausgelaufen.

Ein weiteres Entwicklungsbaumuster ist das Modell J 77 mit etwa 11500 kp Schub, eine Einwellenmaschine, die im Zusammenhang mit dem Forschungsprogramm für neue Hochenergie-Brennstoffe und Kernenergie-Triebwerke steht.

Nach eingehendem Studium der zweiwelligen Verbundanordnung und der Einwellenbauweise mit verstellbaren Leitschaufeln hat sich General Electric für die Neuentwicklung von Triebwerken dieser letzteren Bauweise entschieden.

1953 lief das erste Versuchsmodell des J 79 am Prüfstand. Im gleichen Jahr begann auch die Endkonstruktion. Der Baustoff für das Triebwerk ist im großen und ganzen Stahl und Titan. Wo immer möglich, wurde Blech angewendet. Abb. 657a zeigt eine Ansicht des Triebwerkes, allerdings in der Zivilausführung CJ 805.

Der Kompressor hat ein äußerst kleines Nabenverhältnis, um größten Durchsatz zu erreichen. Die Einlaßgehäusestreben sowie die Eintrittsleitschaufeln sind warmluftbeheizt. Der Kompressor hat 17 Stufen und läuft vorne in einem Rollenlager und rückwärts in

Abb. 658*a*. Außenansicht der Helikopter-Turbine T 58 von General Electric. Kompressor mit verstellbaren Statorschaufeln. Leistung 1040 PS, Druckverhältnis 8,3:1, Durchsatz 5,6 kg/sek, Gewicht 148 kg mit Getriebe

einem Kugellager. Der Rotor ist aus dünnen Stahlscheiben, in denen die Schaufeln in Schwalbenschwanznuten sitzen, aufgebaut. Die Scheiben werden durch Zwischenringe im Abstand gehalten und durch Zuganker zusammengespannt. Die Statorbeschaufelung besteht aus Stahl. Das Kompressorgehäuse ist geteilt ausgeführt und besteht aus einem vorderen und einem rückwärtigen Teil. Als Werkstoff für den vorderen Teil wurde Magnesium genommen, während der rückwärtige Teil aus Stahl besteht.

Die Eintrittsleitschaufeln und die ersten sechs Reihen Statorschaufeln sind drehbar. Der Anstellwinkel wird über ein Hebelgestänge und einen Stellzylinder mit Brennstoff unter 210 atü verstellt.

Die Ringbrennkammer enthält 10 Flammrohre. Das Turbinengehäuse sowie verschiedene Innenteile sind aus präzis geschweißten Blechteilen aufgebaut. Das rückwärtige Lager sitzt hinter der dreistufigen Turbine.

Die Type J 79 hat einen Nachbrenner mit einer konvergent-divergenten Düse, die bei Überschalltriebwerken auch im Querschnitt durch Einblasen von Luft verändert werden kann.

Das Regelsystem arbeitet wiederum mechanisch mit elektrischer Trimmung und verstellt gleichzeitig auch die Statorschaufeln entsprechend den Verhältnissen. Überschalltriebwerke sind zusätzlich noch mit einem verstellbaren Eintrittskonus ausgestattet, der ebenfalls vom Regelsystem positioniert wird.

Die Zivilausführung CJ 805 hat den Düsenquerschnitt für besten Verbrauch ausgelegt.

Das Düsentriebwerk J 85 ist die Neuentwicklung eines Einwellentriebwerkes mit außerordentlich niederem spezifischem Gewicht. Der Axialkompressor hat wieder einige Stufen

1 Starterklaue
2 Wellendichtung für Hilfsgerätegetriebe auf Kohlebasis
3 Hilfsgerätegetriebe
4 Überhängende Scheibe der ersten Kompressorstufe
5 Kabel zum Startermotor
6 Luftleitung zum Ausgleichkolben
7 Scheibe der zweiten Kompressorstufe und vorderer Wellenstummel
8 Kompressorrotor aus einem Stück
9 Hydraulikzylinder zur Verstellung der Statorschaufeln. Druckmittel: Brennstoff
10 Mittleres Lager. Ist als Kugellager zur Aufnahme des Schubes ausgebildet (Lager Nr. 2)
11 Auslaßdiffusor
12 Luft aus der 6. Stufe für Kühlung der Nutzleistungsturbine
13 Ölleitung zum Lager Nr. 3 und zur Nutzleistungsturbine
14 Rückwärtiges Kompressorgehäuse
15 Deckplatten zur Kühlluftführung in der ersten Turbinenstufe
16 Turbinenwelle (Gaserzeugersatz)
17 Ankerbolzen
18 Durchtrittslöcher für Turbinenscheibenkühlluft
19 Bogenzahnkupplung (ähnlich der Hirth-Stirnzahnkupplung, jedoch mit Bogenzähnen)
20 Temperaturkühler für Nutzleistungsturbine
21 Schnellschluß (bei Überdrehzahl)
22 Entlüftung für Getriebe
23 Abtriebswelle
24 Ölpumpe für Getriebe
25 Zahnkupplung zum Getriebe
26 Getriebeflansch
27 Auspuffluft von Eintrittsleitschaufeln
28 Abtrieb für *30*
29 Löcher für Scheibenkühlluftdurchtritt
30 Biegsame Welle zum Nutzleistungsturbinenregler
31 Nutzleistungsturbinentachometer
32 Schaufeln zur Hintanhaltung von Wirbelbildung in der abgezapften Scheibenkühlluft
33 Brennstoffregelgerät
34 Kompressorschaufelbefestigung in Schwalbenschwanznuten
35 Steuerventil für Betätigungszylinder für Statorschaufeln
36 Brennstoffpumpe
37 Labyrinth für Druckausgleichkolben
38 Innere Lagerung für verstellbare Eintrittsleitschaufeln
39 Leitungen zum T_1-Temperaturfühler im Regelgerät
40 Hilfsgerätegetriebe
41 Kohledichtung (Wellendichtung) zwischen Kompressor und Hilfsgerätegetriebe
42 Rollenlager (Lager Nr. 1)

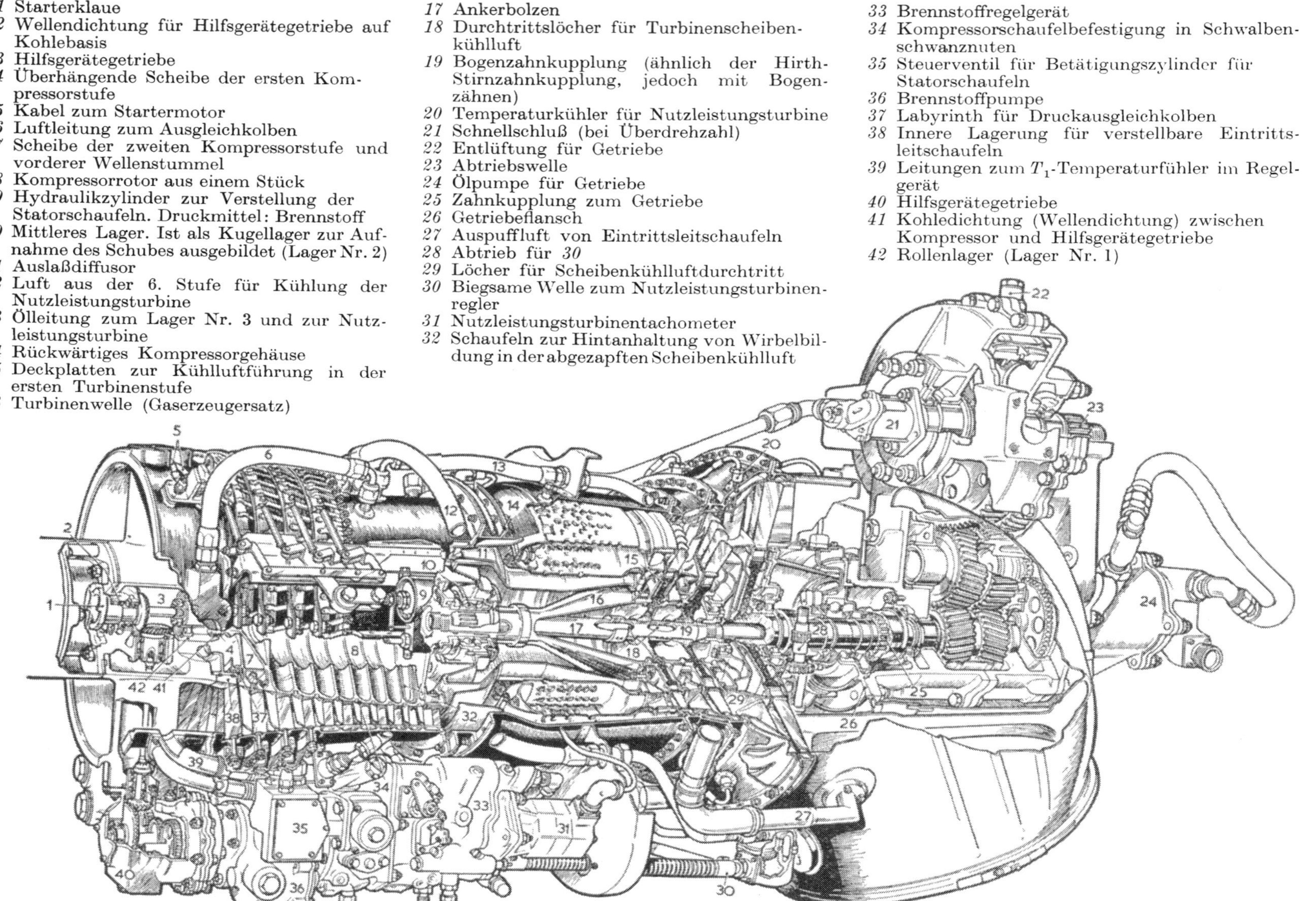

Abb. 658*b*. Schnitt durch das General-Electric-Wellentriebwerk T 58. Es wird von De Havilland in England unter Lizenz unter dem Namen Gnome gebaut

mit verstellbaren Statorschaufeln, die Brennkammer ist in Ringform ausgebildet mit 18 Brennern, die Turbine ist zweistufig, und der Nachbrenner hat Verstelldüse. Der Gesamtdurchmesser beträgt etwa 480 mm; die Länge etwa 2900 mm. Das Gewicht wird mit etwa 226 kg angegeben, der Standschub beträgt 860 kg ohne und 1180 kg mit Nachverbrennung.

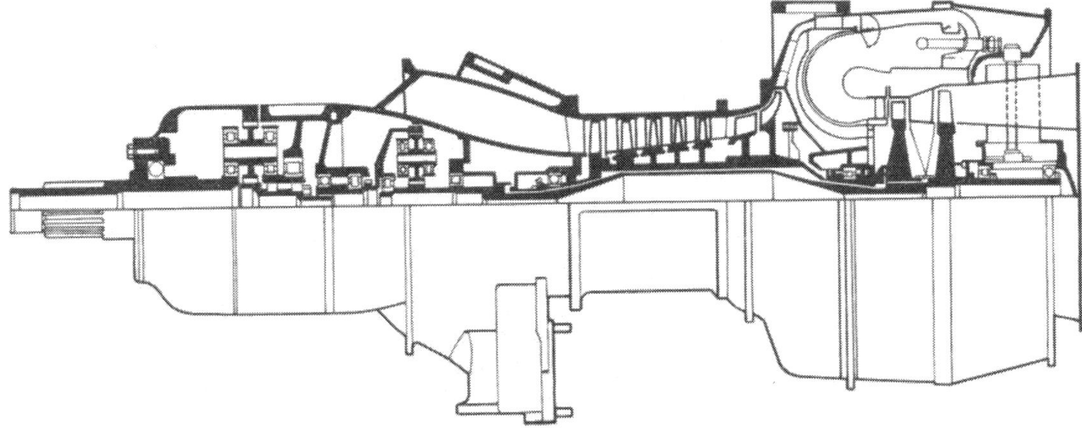

Abb. 659*a*. Schnitt durch die Lycoming-T 53-Propellerturbine

Abb. 659*b*. Lycoming-T 53-Helikopterturbine

Der spezifische Verbrauch liegt bei 1,0 kg/h/kp ohne und 1,9 kg/h/kp mit Nachverbrennung. Weiters sind auch ZTL-Triebwerke in Entwicklung, s. S. 764; einen Schnitt durch dieses Triebwerk zeigt Abb. 657b.

Das Helikopter-Triebwerk T 58 mit getrennt laufender Nutzleistungsturbine ist entsprechend der letzten General-Electric-Tendenz ebenfalls wieder mit verdrehbaren Statorschaufeln in den ersten vier Stufen ausgestattet. Die technischen Daten gehen aus Tab. 97 hervor. Abb. 658a zeigt eine Außenansicht, Abb. 658b einen Schnitt. Bemerkenswert ist das außerordentlich niedere spezifische Gewicht [*405, 406*]. Eine weitere Neuentwicklung ist das PTL-Triebwerk T 64, über das aber noch keine näheren Details bekannt sind.

General Electric arbeitet auch an Triebwerken für Flug-Machzahlen bis $Ma \doteq 3$, die bei Eintrittstemperaturen bis 1100° C mit Hochenergiebrennstoffen betrieben werden sollen. Weiters wird auch an Triebwerken für $Ma = 5$ bis 10 als Fortentwicklung dieses Programms

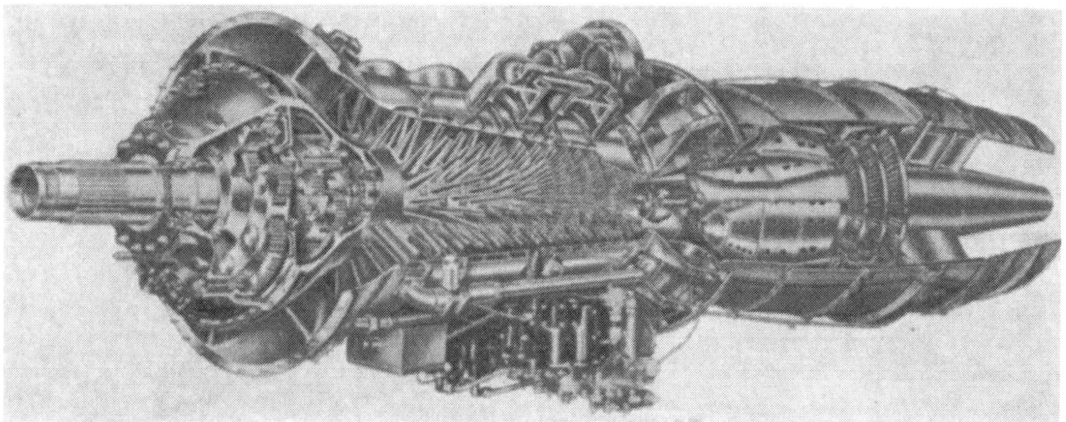

Abb. 660. Schnitt durch das PTL-Triebwerk Pratt & Whitney T 34

und nicht zuletzt an Kernenergie-Triebwerken mit offenem Kreislauf gearbeitet, während Pratt & Whitney den geschlossenen Kreislauf verfolgt.

Lycoming arbeitet unter der Leitung von Dr. Anselm Franz, ehemals Konstruktionschef bei Junkers, an Triebwerken für Propeller- bzw. Helikopterantrieb.

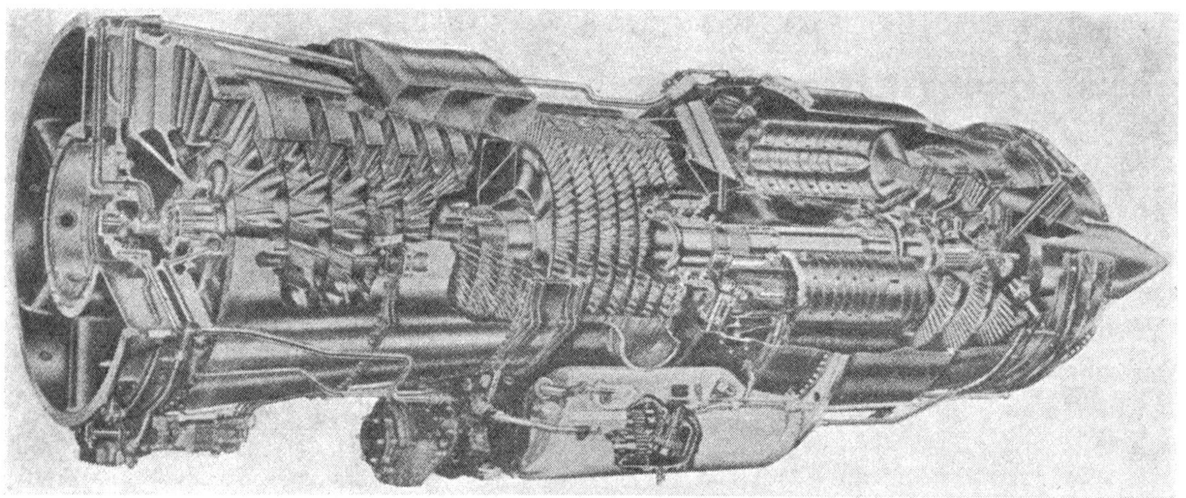

Abb. 661*a*. Pratt & Whitney-Verbund-TL-Triebwerk J 57 mit einem Standschub von 5440 kp (JT 3 C-7 ist die Bezeichnung dieses für die Zivilluftfahrt entwickelten Triebwerkes). Gewicht 1580 kg, Verdichtungsverhältnis 13:1, Durchsatz 80 kg/sek, spezifischer Verbrauch 0,785 kg/h/kp

Der interessante Aufbau dieser Triebwerke geht aus Abb. 659 hervor, die technischen Daten aus Tab. 97. Durch den eigenartigen Aufbau wurde eine besonders gute Zugänglichkeit von Turbine und Brennkammer erreicht. Die Brennkammer arbeitet mit Brennstoffvergasung [*403*].

Pratt & Whitney baute zuerst Rolls-Royce-Radialverdichtertriebwerke in Lizenz, begann dann aber mit einer Reihe von Verbundtriebwerkbaumustern eigener Konstruktion. Noch vor dieser neuen Baureihe kam die Propellerturbine T 34 heraus, die heute einen hohen Entwicklungsstandard mit 750 Stunden Überholintervall, das in Kürze auf 1000 hinaufgesetzt werden soll, erreicht hat. Schon 1945 begannen die Entwicklungsarbeiten

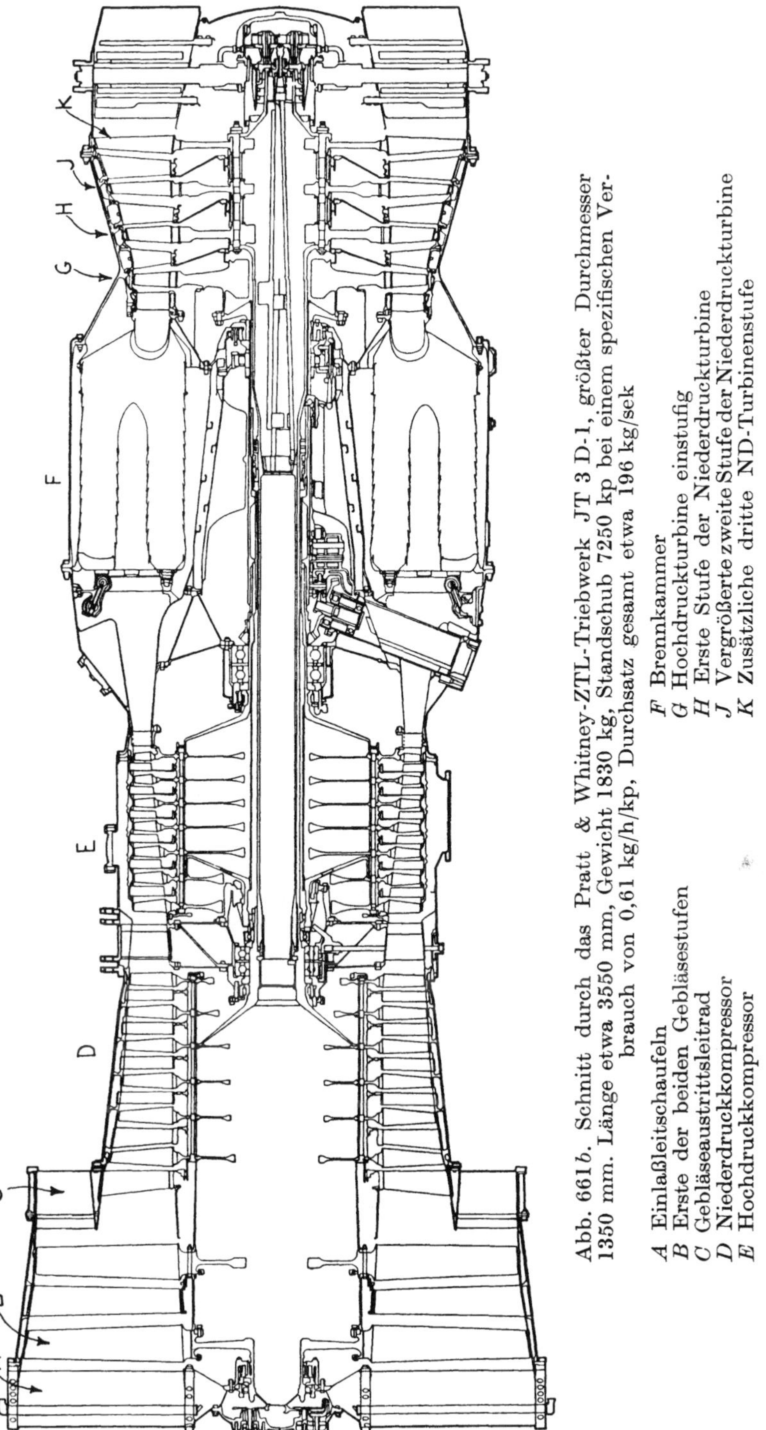

Abb. 661*b*. Schnitt durch das Pratt & Whitney-ZTL-Triebwerk JT 3 D-1, größter Durchmesser 1350 mm. Länge etwa 3550 mm, Gewicht 1830 kg, Standschub 7250 kp bei einem spezifischen Verbrauch von 0,61 kg/h/kp, Durchsatz gesamt etwa 196 kg/sek

A Einlaßleitschaufeln
B Erste der beiden Gebläsestufen
C Gebläseaustrittsleitrad
D Niederdruckkompressor
E Hochdruckkompressor
F Brennkammer
G Hochdruckturbine einstufig
H Erste Stufe der Niederdruckturbine
J Vergrößerte zweite Stufe der Niederdruckturbine
K Zusätzliche dritte ND-Turbinenstufe

zu diesem auffallend schlanken Einwellentriebwerk. Es zeigt alle Merkmale heutiger moderner Baumuster, wie Ringbrennkammer, Turbine mit Deckband und Warmluftenteisung, Abb. 660. Die meisten dieser PTL-Triebwerke haben eine Schubdüse mit verschiebbarem Innenkonus zur Querschnittsregulierung. Die Regelung arbeitet mit Einhebelbedienung. Große Abblaseventile sind am Kompressor vorgesehen.

Zwischen 1948 und 1950 entstand dann das Verbund-TL-Triebwerk J 57, Abb. 661a. 1952 kam die vergrößerte Version J 75 mit 7800 kp Schub heraus, das nur wenig größer als das J 57 ist und besseres Leistungsgewicht aufweist. Auf der anderen Seite der Leistungsskala steht das J 52, eine verkleinerte Ausgabe des J 57. Der Bau dieses Triebwerkes wurde kürzlich zurückgestellt.

Obwohl das J 57 nach heutigen Standards schwer und kompliziert ist[1], so ist es doch das heute am meisten verbreitete Triebwerk der amerikanischen Militärluftfahrt. Dazu hat vor allem seine außerordentliche Zuverlässigkeit verholfen. Das Triebwerk ist konservativ ausgelegt, jedoch ist Pratt & Whitney dafür bekannt, konservativ, aber zuverlässig

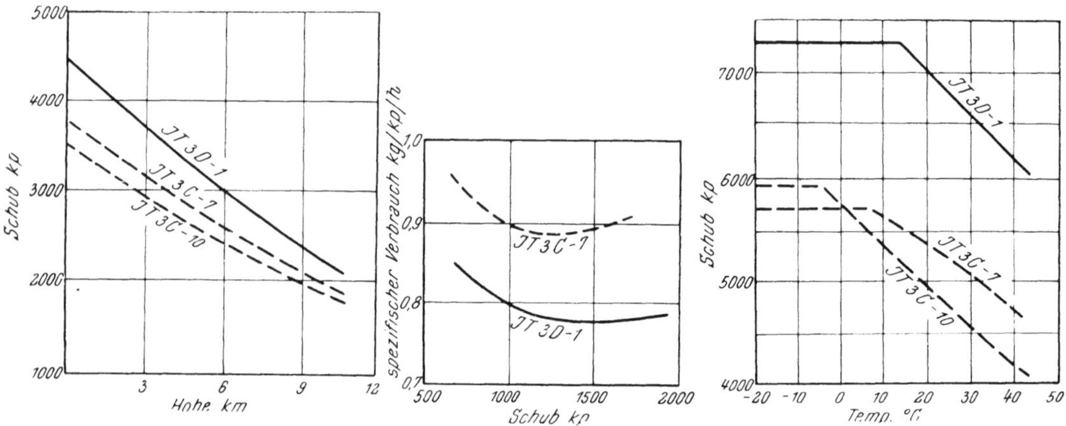

Abb. 661c. Vergleich der Pratt & Whitney-Triebwerke JT 3 C-7, JT 3 C-10 und JT 3 D-1
Links: Maximaler Schub im Steigflug bei 556 km/h, Standardtag
Mitte: Spezifischer Brennstoffverbrauch in 10,6 km Höhe bei $Ma = 0{,}82$ (875 km/h), Standardtag
Rechts: Startschub in Seehöhe bei verschiedenen Tagestemperaturen

zu bauen. Immerhin ist es bemerkenswert, daß dieses Triebwerk zur Zeit seiner Entstehung das einzige Verbundtriebwerk in der Welt war, ein damals kühner Entschluß. Die Entwicklung dieser Triebwerke hat dazu geführt, daß Pratt & Whitney gegenwärtig etwa drei Viertel der Aufträge für Triebwerke in Amerika innehat. Erst kürzlich erreichte die Arbeiter- und Angestelltenzahl 40000.

Interessant ist die Aufteilung der Kompressorarbeit auf Nieder- und Hochdruckkompressor so, daß für den Niederdruckkompressor eine zweistufige Turbine notwendig ist. Der Außendurchmesser des Niederdruckkompressors nimmt stark ab, so daß Platz für Hilfsgeräte entsteht, während der Hochdruckkompressor gleichen Durchmesser über seine Länge aufweist.

Die Brennkammer wurde schon in Abb. 308 gezeigt. Es ist eine Ringbrennkammer mit acht Flammrohren, wobei jedes Flammrohr seinerseits eine kleine Ringbrennkammer darstellt, in die der Brennstoff aus sechs Duplex-Brennern eingespritzt wird. Es sind also 48 Brenner vorhanden.

Die Triebwerke werden meist mit Nachbrennern verwendet, wobei neuerdings keine mechanischen Flammenhalter, sondern aerodynamische benützt werden. Es wird verdichtete Luft im Gegenstrom eingeblasen, und in der entstehenden ruhigen Zone kann der Nachverbrennungs-Brennstoff verbrannt werden. Bei Normallauf ohne Nachbrenner entsteht mit diesem System kaum ein Leistungsverlust.

---

[1] Inzwischen hat man aber durch Verwendung von Titan und Umkonstruktion verschiedener Teile bedeutende Gewichtserleichterungen erzielt. Die Type JT 3 C-7, Abb. 661a, ist bereits diese letzte Ausführung. Beim J 75 sind bereits alle diese Möglichkeiten ausgeschöpft. Eine noch neuere Type mit Wassereinspritzung ist das JT 3 C-10.

Das Intervall zwischen den Überholzeiten beträgt derzeit 1000 Stunden, die Ausfälle pro 1000 Stunden erreichen nur 0,28 %.

Das J 75 ist gleich erfolgreich. Es ist mit Nachbrenner und konvergent-divergenter Verstelldüse ausgerüstet und steht bis $Ma = 2{,}3$ im Einsatz.

In Entwicklung steht die Type J 58, ein Triebwerk mit besonders hohem Durchsatz, das für Machzahlen bis 3 geeignet ist. Der statische Schub soll über 10000 kp betragen.

Pratt & Whitney ist auch an der Entwicklung von Kernenergie-Triebwerken beteiligt, und zwar wird das geschlossene System verfolgt.

Das J 57 ist in einer zivilen Version als JT 3, das J 75 als JT 4 und das J 52 als JT 8 erhältlich. Mehr als 90 % der bestellten neuen amerikanischen Düsenverkehrsflugzeuge sind mit Pratt & Whitney-Triebwerken ausgestattet.

Ein großes Propellertriebwerk von 15000 bis 20000 PS, das T 57, steht ebenfalls in Entwicklung, ebenso ZTL-Triebwerke, s. S. 764. Abb. 661b zeigt einen Schnitt durch die endgültige Ausführung der Triebwerkes JT 3 D-1. Abb. 661c zeigt einige Diagramme.

Westinghouse ist ein anderer großer Triebwerkhersteller in USA, der sich seit 1942 mit Axialtriebwerken befaßt und außerhalb Europas wohl die ersten TL-Triebwerke axialer Bauart erstellte.

Der erfolgreichen Type J 34 folgte das J 46 mit Verstelldüse.

Die Hauptentwicklungsarbeit wird heute in die Type J 54 gesteckt, die unter Mitwirkung von Rolls-Royce-Ingenieuren entstand. Der Kompressor ist aerodynamisch ähnlich dem des Rolls-Royce-Avon-Serie-200. Es ist ein Triebwerk höchster Qualität, bei dessen Entwicklung keine Kosten gescheut wurden. 12 Monate nach Konstruktionsbeginn war das erste Triebwerk am Prüfstand. Technische Daten sind Tab. 97 zu entnehmen.

Eine Neuentwicklung ist die Type J 81, ein Derivat des Triebwerkes Rolls-Royce Soar mit außerordentlich niederem Leistungsgewicht.

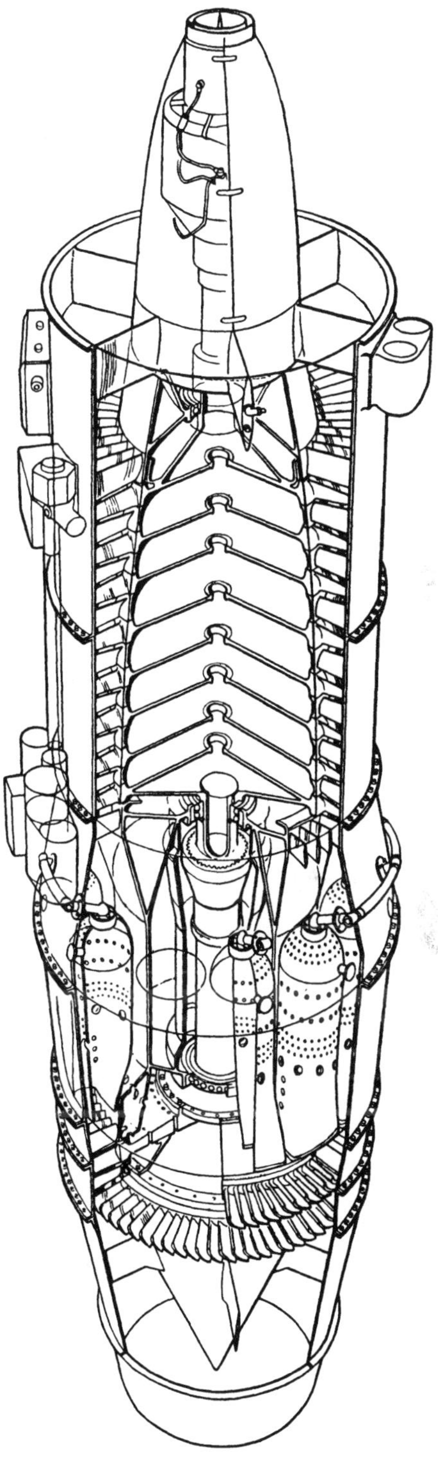

Wright baut in Amerika die Triebwerke Sapphire von Armstrong Siddeley und Zephier von Bristol in Lizenz. Eine PTL-Entwicklung auf der Olympus-Basis mit etwa 15000 PS wurde vorläufig aufgegeben. Gleichfalls wurde ein PTL-Triebwerk auf der Sapphire-Basis vorläufig zurückgestellt. ZTL-Triebwerke sowie Doppelantriebe mit TL- und Staustrahltriebwerken stehen in Entwicklung.

Abb. 662. Russisches TL-Triebwerk MIK-209 mit 8160 kp Schub

Tabelle 97. *Moderne Flugturbinen*

Hersteller Type	Art	Maschinenbeschreibung	Durchsatz kg/sek	Druckverhältnis	Temperatur °C	Drehzahl U/min	Standschub bzw. Bodenleistung, statisch: TL ZTL Standschub kp	PTL Leistung PS	PTL Restschub kp	PTL Leistung, gesamt PSg
England										
Armstrong Siddeley										
P 181	PTL	2A1R–○–2+1T	5,65	—	—	20000 14600	—	811	70	871
P 182	PTL	2A1R–○–2+1T	5,65	—	—	20000	—	1115	91	1193
Sapphire ASSa. 7	TL	13A–○–2T	70	8	—	8600	4990	—	—	—
Viper A.S.V. 8	TL	7A–○–1T	14,5	3,75	—	13800	795	—	—	—
Viper A.S.V. 10	TL	7A–○–1T	19	4	—	13400	907	—	—	—
Viper A.S.V. 11	TL	7A–○–1T	19	4	—	13400	1115	—	—	—
Mamba ASM. 5	PTL	10A–○–3T	8,2	5,4	—	15000	—	1500	135	1615
Mamba ASM. 8	PTL	11A–○–3T	9,55	—	—	15000	—	1977	—	—
DoubleMambaASMD.3	PTL	10A–○–3T	2mal 8,2	5,4	—	15000	—	2780	370	3093
DoubleMambaASMD.8	PTL	11A–○–3T	2mal 9,55	—	—	15000	—	3650	322	3923
Blackburn										
Palouste 500	LK	1R–○–2T	—	—	—	—	—	—	—	—
Palas 600	TL	1R–○–1T	3,25	4,12	—	—	177	—	—	—
Artouste 600	PTL	1R–○–2T	3,25	4,12	—	—	—	481	—	—
Turmo 600	PTL	1R–○–1+1T	3,25	4,12	—	—	—	456	—	—
Bristol										
Olympus 104	TL	7+8A–◎–1+1T	—	—	—	—	5900	—	—	—
Olympus BOl. 7	TL	5+7A–◎–1+1T	—	—	—	—	7700	—	—	—
Zephier	TL	5+7A–◎–1+1T	104	10	727	—	5660	—	—	—
Orpheus BOr. 3	TL	7A–◎–1T	38,2	4,4	—	10000	2270	—	—	—
Proteus 755	PTL	12A1R–8BK–2+2T	20	7,2	887	11600 NLT	—	3700	553	4177
Proteus 765	PTL	12A1R–8BK–2+2T	20,1	7,2	—	—	—	4015	572	4505
Proteus 770	PTL	12A1R–8BK–2+2T	20,1	7,2	—	—	—	4185	572	4675

A = Axialkompressor, die vorgesetzte Ziffer gibt die Stufenzahl, R = Radialverdichter, RD = Radialverdichter Einzelflammrohren (Cannularsystem), T = Turbine, die vorgesetzte Ziffer bedeutet die Stufenzahl; setzt sich haben ein + zwischen den Angaben, LK = Triebwerk zur Lieferung von verdichteter Luft.

Tabelle 97. *Moderne Flugturbinen*

Höhenleistung TL ZTL Schub kp	Höhenleistung PTL Leistung PSg	Länge mm	Durchmesser mm	Gewicht kg	Spezifischer Verbrauch bei Standschub bzw. Bodenleistung TL, ZTL kg/h/kp PTL g/PSgh	Spezifischer Verbrauch bei Höhenleistung TL, ZTL kg/h/kp PTL g/PSgh	Leistungsgewicht TL, ZTL kg/kp PTL kg/PSg	Stirnflächenleistung TL, ZTL kp/m² PTL PSg/m²	Bemerkungen
—	—	1540	695	250	304	—	0,286 kg/PSg	2300 PSg/m²	Helikoptertriebwerk Leistungsangabe bis 3350 m Höhe konstant. Maximale Leistung am Boden 1100 PS
—	680	1780	695	272	295	270	0,228 kg/PSg	3130 PSg/m²	Propellertriebwerk
—	—	2735	950	1375	0,885	—	0,276 kg/kp	7050 kp/m²	
—	—	1660	710	234	1,12	—	0,294 kg/kp	2010 kp/m²	
—	—	1727	710	260	1,01	—	0,287 kg/kp	2290 kp/m²	
—	—	1727	710	260	1,11	—	0,266 kg/kp	2820 kp/m²	
—	—	2240	838	370	320	—	0,23 kg/PSg	2940 PSg/m²	
—	—	—	—	—	—	—	—	—	
—	—	2500	Höhe 1120 Breite 1340	1098	339	—	0,36 kg/PSg	—	
—	—	2500	Höhe 1300 Breite 1470	1110	304	—	0,283 kg/PSg	—	
—	—	725	448	80	140 kg/h	—	—	—	Triebwerk liefert Druckluft: 1240 kg/sek mit 2,9 atü bei 15° C
—	—	640	432	67	1,2	—	0,38 kg/kp	1210 kp/m²	
—	—	1020	485	126	448	—	0,262 kg/PSg	4220 PSg/m²	
—	—	1170	485	127	471	—	0,279 kg/PSg	4000 PSg/m²	
—	—	4146	1015	1600	—	—	0,27 kg/kp	7400 kp/m²	Verbundtriebwerk
—	—	3850	1060	1630	~0,8	—	—	8600 kp/m²	Verbundtriebwerk; Schub mit Nachverbrennung 10900 kp
1360 11 km $Ma =$ 0,825	—	3850	1040	1630	0,718	0,88	0,288 kg/kp	6650 kp/m²	Verbundtriebwerk für Verkehrsflugzeuge
—	—	2290	823	372	1,06	—	0,165 kg/kp	4270 kp/m²	
—	2930 7,6 km 740 km/h	2870	1041	1300	270	200	0,311 kg/PSg	4920 PSg/m²	
—	—	2870	1019	1315	270	—	0,292 kg/PSg	5500 PSg/m²	
—	—	2870	1019	1315	255	—	0,282 kg/PSg	5700 PSg/m²	

mit doppelflutigem Laufrad, BK = Einzelbrennkammer, ○ = Ringbrennkammer, ◎ = Ringbrennkammer mit der Kompressor aus Axial- und Radialstufen zusammen, dann ist die Schreibweise: 7 A 1 R, Verbundtriebwerke

(Fortsetzung auf S. 844)

Tabelle 97. *Moderne Flugturbinen* (Fortsetzung)

Hersteller Type	Art	Maschinenbeschreibung	Durchsatz kg/sek	Druckverhältnis	Temperatur °C	Drehzahl U/min	Standschub bzw. Bodenleistung, statisch			
							TL ZTL	PTL		
							Standschub kp	Leistung PS	Restschub kp	Leistung, gesamt PSg
Orion BOr. 2	PTL	7 + 5A–◎ –1 + 3T	37,1	10	762	10000 NDT	—	4461	882	5221
De Havilland										
Goblin 35	TL	1R–16BK–1T	28,5	3,67	—	10750	1590	—	—	—
Ghost 105	TL	1R–10BK–1T	40	4,7	—	10350	2400	—	—	—
Gyron DGy. 2	TL	7A–○–2T	—	—	—	—	9100	—	—	—
Gyron Junior DGJ. 10R	TL	8A–○–2T	—	—	—	—	4530	—	—	—
Napier										
Eland NEl.1	PTL	10A–6BK–3T	14	7	—	12500	—	2725	—	3050
Eland NEl.6	PTL	10A–6BK–3T	14	7	—	12500	—	3200	—	3550
Eland NEl.4	PTL	10A–6BK–3T	14	7	—	12500	—	3820	—	4055
Eland NEl.5	PTL	10A–6BK–3T	14	7	—	12500	—	3820	—	4260
Gazelle N.Ga.2	PTL	11A–◎ –2 + 1T	7,25	6,37	—	20400	—	1670	—	—
Gazelle N.Ga.3	PTL	11A–◎ –2 + 1T	7,25	6,37	—	20400	—	1820	—	—
Gazelle N.Ga.4	PTL	11A–◎ –2 + 1T	7,25	6,37	—	20400	—	2020	—	—
Rolls-Royce										
Nene RN 6	TL	1RD–9BK–1T	43	4,5	850	12500	2450	—	—	—
Avon RA 21	TL	12A–8BK–2T	—	—	—	7900	3629	—	—	—
Avon RA 24	TL	15A–◎ –2T	—	—	—	—	5100	—	—	—
Avon RA 28	TL	15A–◎ –2T	72,5	8	—	8000	4535	—	—	—
Avon RA 29	TL	16A–◎ –3T	78,5	9,27	795	8000	4760	—	—	—

Tabelle 97. *Moderne Flugturbinen* (Fortsetzung)

Höhenleistung TL ZTL Schub kp	Höhenleistung PTL Leistung PSg	Länge mm	Durchmesser mm	Gewicht kg	Spezifischer Verbrauch bei Standschub bzw. Bodenleistung TL, ZTL kg/h/kp PTL g/PSgh	Spezifischer Verbrauch bei Höhenleistung TL, ZTL kg/h/kp PTL g/PSgh	Leistungsgewicht TL, ZTL kg/kp PTL kg/PSg	Stirnflächenleistung TL, ZTL kp/m² PTL PSg/m²	Bemerkungen
—	3345 11 km 650 km/h	2850	1060	1430	290	181	0,274 kg/PSg	5930 PSg/m²	Verbundtriebwerk; Entwicklung wurde eingestellt
485 12,2 km *Ma* = 0,98	—	2660	1250	726	1,14	1,33	0,456 kg/kp	1280 kp/m²	
870 12,2 km *Ma* = 0,8	—	3260	1340	975	1,19	1,23	0,406 kg/kp	1700 kp/m²	
—	—	3950	1260	1900	1,04	—	0,208 kg/kp	7200 kp/m²	11400 kp Schub mit Nachverbrennung
—	—	4820	820	—	—	—	—	8500 kp/m²	Mit Nachverbrennung Schub etwa 6500 kp
—	1950 9 km 650 km/h	3040	915	715	280	207	0,235 kg/PSg	4610 PSg/m²	
—	2160 9 km 650 km/h	3040	915	735	270	207	0,207 kg/PSg	5370 PSg/m²	
—	2420 9 km 650 km/h	3040	915	818	251	199	0,202 kg/PSg	6070 PSg/m²	
—	2690 9 km 650 km/h	3040	915	818	251	193	0,192 kg/PSg	6450 PSg/m²	
—	1440 2 km	1778	851	376	306	300	0,225 kg/PSg	2930 PSg/m²	Triebwerk mit getrennter NLT für Hubschrauber (kann in jeder Lage arbeiten)
—	1570 2 km	1778	851	392	301	294	0,215 kg/PSg	3200 PSg/m²	
—	1750 2 km	1778	851	408	288	283	0,202 kg/PSg	3550 PSg/m²	
—	—	2450	1250	735	1,06	—	0,30 kg/kp	1980 kp/m²	
—	—	3100	1072	1116	0,955	—	0,31 kg/kp	4000 kp/m²	
—	—	2870	1050	1305	—	—	0,255 kg/kp	5860 kp/m²	Auch mit Nachverbrennung
—	—	2870	1050	1305	0,86	—	0,29 kg/kp	5180 kp/m²	
—	—	3050	1050	1500	0,775	—	0,315 kg/kp	5450 kp/m²	Die letzte Type RA 29/3 gibt 5300 kp Standschub

(Fortsetzung auf S. 846)

Tabelle 97. *Moderne Flugturbinen* (Fortsetzung)

Hersteller Type	Art	Maschinenbeschreibung	Durchsatz kg/sek	Druckverhältnis	Temperatur °C	Drehzahl U/min	Standschub bzw. Bodenleistung, statisch			
							TL ZTL	PTL		
							Standschub kp	Leistung PS	Restschub kp	Leistung, gesamt PSg
RB 108	TL	5A − ○ − 1T	—	—	—	—	910	—	—	—
RB 145	TL	7A − ○ − 1T	—	—	—	—	1250	—	—	—
Dart 510	PTL	2R − 7BK − 2T	9,1	5,5	860	14500	—	1622	168	1763
Dart 526	PTL	2R − 7BK − 3T	10,0	5,75	890	15000	—	1936	229	2134
Dart 545	PTL	2R − 7BK − 3T	—	—	—	15000	—	3000	227	3196
Tyne I	PTL	6A + 9A − ◎ − 1 + 3T	20,8	13	—	15250	—	4562	580	5054
Tyne III	PTL	6A + 9A − ◎ − 1 + 3T	—	—	—	—	—	5373	510	5810
Conway RCO 10	ZTL	?A + ?A − ○ − ?T + ?T	—	—	—	—	7480	—	—	—
Conway RCO 11	ZTL	?A + ?A − ○ − ?T + ?T	—	—	—	—	7820	—	—	—
Canada										
Orenda 14	TL	10A − 6BK − 2T	59	6	—	7800	3400	—	—	—
Iroquois	TL	?A + ?A − ○ − 1T + 2T	152	8	—	—	10000	—	—	—
Frankreich										
Dassault R.7	TL	7A − ○ − 1T	24,9	3,8	—	11800	1360	—	—	—
Hispano Suiza R 804	TL	7A − ○ − 1T	26	4,8	—	12000	1500	—	—	—
SNECMA										
ATAR 101E	TL	8A − ○ − 1T	59	5,5	—	8400	3500	—	—	—
ATAR 8	TL	9A − ○ − 2T	68	6,9	—	8400	4400	—	—	—
SUPER ATAR	TL	5A − ○ − 2T	147	6	—	—	10000	—	—	—
Turboméca										
Marboré II	TL	1R − ○ − 1T	7,6	4	—	22600	400	—	—	—
Palas	TL	1R − ○ − 1T	3,09	4	—	34000	159	—	—	—
Arbizon	TL	1A 1R − ○ − 1T	—	—	—	34000	250	—	—	—
Gourdon	TL	1A 1R − ○ − 1T	—	—	—	—	656	—	—	—
Gabizo	TL	1A 1R − ○ − 1T	14,8	5,1	—	—	1100	—	—	—

Tabelle 97. *Moderne Flugturbinen* (Fortsetzung)

Höhenleistung		Länge mm	Durchmesser mm	Gewicht kg	Spezifischer Verbrauch bei		Leistungsgewicht	Stirnflächenleistung	Bemerkungen
TL ZTL	PTL				Standschub bzw. Bodenleistung	Höhenleistung			
Schub kp	Leistung PSg				TL, ZTL kg/h/kp PTL g/PSgh	TL, ZTL kg/h/kp PTL g/PSgh	TL, ZTL kg/kp PTL kg/PSg	TL, ZTL kp/m² PTL PSg/m²	
—	—	—	—	—	—	—	—	—	Entwicklung, besonders gutes spezifisches Gewicht
—	—	1650	510	—	—	—	—	—	Entwicklung, besonders gutes spezifisches Gewicht
—	998 6 km 555 km/h	2480	965	526	312	288	0,298 kg/PSg	2410 PSg/m²	
—	1343 6 km 555 km/h	2480	965	565	302	258	0,264 kg/PSg	2910 PSg/m²	
—	—	2480	965	~570	288	254	0,178 kg/PSg	4370 PSg/m²	Entwicklung
—	2730 7,6 km 700 km/h	2560	1030	940	226	184	0,186 kg/PSg	6000 PSg/m²	Verbundtriebwerk
—	—	2560	1030	—	217	176	—	6950 PSg/m²	Verbundtriebwerk Entwicklung
—	—	3360	1068	—	—	—	—	8300 kp/m²	Nähere Daten noch unbekannt
—	—	—	1068	—	—	—	—	8700 kp/m²	
—	—	3120	1090	1120	0,9	—	0,33 kg/kp	3620 kp/m²	
—	—	7600	1190	≃2270	—	—	0,227 kg/kp	9000 kp/m²	Verbundtriebwerk, Länge mit Nachverbrennung angegeben
—	—	1990	690	340	1,09	—	0,25 kg/kp	3630 kp/m²	1900 kp Schub mit Nachverbrennung
—	—	3700	690	305	1,068	—	0,203 kg/kp	4000 kp/m²	Länge mit Nachverbrennung angegeben, Schub damit 2020 kp
—	—	4495	920	880	1,04	—	0,25 kg/kp	5300 kp/m²	Mit Verstelldüse, Type 101G mit Nachverbrennung
—	—	4602	860	920	0,98	—	0,21 kg/kp	7600 kp/m²	Mit Verstelldüse, Type 9 mit Nachverbrennung
—	—	5300	940	1680	—	—	0,17 kg/kp	14500 kp/m²	Überschalltriebwerk mit Verstellschaufeln am Kompressoreintritt und an den ersten beiden Statorreihen. Alle Angaben mit Nachverbrennung
—	—	1060	567	133	1,08	—	0,33 kg/kp	1600 kp/m²	
—	—	1200	409	72	1,1	—	0,45 kg/kp	1210 kp/m²	
—	—	—	416	104	0,92	—	0,415 kg/kp	1840 kp/m²	
—	—	—	570	172	1,02	—	0,262 kg/kp	2570 kp/m²	
—	—	2180	670	254	1,04	—	0,23 kg/kp	3130 kp/m²	

(Fortsetzung auf S. 848)

Tabelle 97. *Moderne Flugturbinen* (Fortsetzung)

Hersteller Type	Art	Maschinenbeschreibung	Durchsatz kg/sek	Druckverhältnis	Temperatur °C	Drehzahl U/min	Standschub bzw. Bodenleistung, statisch: TL ZTL Standschub kp	PTL Leistung PS	PTL Restschub kp	PTL Leistung, gesamt PSg
Artouste III	PTL	1A1R–○–2T	4	5,1	—	34500	—	657	—	—
Turmo III	PTL	1A1R–○–2T + 1T	4,8	5,1	—	34500	—	760	—	—
Astazon	PTL	1A1R–○–?T	—	—	—	—	—	325	—	—
Bastan	PTL	1A1R–○–?T	—	—	—	33000	—	660	—	—
Soulor	ZTL	1A1R–○–1T	6,8	5,1	—	—	320	—	—	—
Palouste IV	LK	1R–○–2T	—	3,7	—	34000	1,14 kg/sek Luft mit 2,9 atü			
Autan	LK	1A1R–○–1T	—	5,1	—	—	1,36 kg/sek Luft mit 5,25 atü			—
Tramontane	LK	1R–○–2T	7,6	3,5	—	22600	2,5 kg/sek Luft mit 2,66 atü			—
Italien										
Fiat 4002.01	TL	1R–◎–1T	6,3	4	—	25000	325	—	—	—
Fiat 4032	TL	9A–◎–1T	50	5,5	—	8200	2700	—	—	—
Amerika										
Allison										
J 33-A-37	TL	1RD–14BK–1T	40,8	4,35	—	11750	2090	—	—	—
J 35-A-29	TL	11A–8BK–1T	43,2	5,5	—	7800	2540	—	—	—
J 71-A-11	TL	16A–◎–3T	72,6	8,3	—	6100	4630	—	—	—
501-D 13	PTL	14A–◎–4T	17,7	9,25	971	13820	—	3510	330	3810
250-B 2 (T 63-A-1)	PTL	7A1R–1BK–1T + 2T	—	—	—	—	—	250	—	—
Continental										
J 69-T-9	TL	1R–○–1T	7,55	4	—	22700	417	—	—	—
T 51	PTL	1R–○–1T	2	3,7	—	34000	—	284	18	295
Fairchild										
J 44-R-20	TL	1D–○–1T	11,3	2,5	—	15780	453	—	—	—
General Electric										
J 47-GE-23	TL	12A–8BK–1T	45,3	5,5	—	7950	2630	—	—	—
J 73-GE-3	TL	12A–◎–2T	70,3	7	—	8000	4080	—	—	—
J 79-GE-1	TL	17A–◎–3T	72,5	12	—	—	5000	—	—	—
J 85	TL	—	—	—	—	—	1130	—	—	—
CJ 805	TL	17A–○–3T	72,5	12	—	—	4760	—	—	—
CJ 805-21	ZTL	17A–○–3T + 1T	72,5	12	—	—	6800	—	—	—
T 58-GE-2	PTL	10A–○–2T + 1T	5,6	8,3	880	19500 NLT	—	1040	—	—

Tabelle 97. *Moderne Flugturbinen* (Fortsetzung)

Höhenleistung TL ZTL Schub kp	Höhenleistung PTL Leistung PSg	Länge mm	Durchmesser mm	Gewicht kg	Spezifischer Verbrauch bei Standschub bzw. Bodenleistung TL, ZTL kg/h/kp PTL g/PSgh	Spezifischer Verbrauch bei Höhenleistung TL, ZTL kg/h/kp PTL g/PSgh	Leistungsgewicht TL, ZTL kg/kp PTL kg/PSg	Stirnflächenleistung TL, ZTL kp/m² PTL PSg/m²	Bemerkungen
—	—	1730	450	151	331	—	0,23 kg/PSg	4100 PSg/m²	
—	—	1660	562	240	349	—	0,315 kg/PSg	3000 PSg/m²	
—	—	1750	460	111	325	—	0,342 kg/PSg	1950 PSg/m²	
—	—	1550	550	180	330	—	0,273 kg/PSg	2760 PSg/m²	
—	—	1490	460	140	0,8	—	0,438 kg/kp	1920 kp/m²	
—	—	1320	546	90	120 kg/h	—	—	—	
—	—	1240	445	100	182 kg/h	—	—	—	
—	—	1200	580	168	307 kg/h	—	—	—	
—	—	885	572	88	1,21	—	0,27 kg/kp	1270 kp/m²	
—	—	2550	1007	490	0,98	—	0,181 kg/kp	3410 kp/m²	
—	—	3950	1220	793	1,14	—	0,38 kg/kp	1780 kp/m²	Für ferngesteuerte Bomber
—	—	3700	940	1020	1,05	—	0,40 kg/kp	3650 kp/m²	
—	—	4360	940	1850	0,8	—	0,40 kg/kp	6700 kp/m²	Mit Verstelldüse
—	1939 7,6 km 670 km/h	3690	685	793	245	208	0,208 kg/PSg	10300 PSg/m²	
—	—	990	400 × 490	48	318	—	0,192 kg/PSg		
—	—	1310	568	140	1,13	—	0,335 kg/kp	1660 kp/m²	Lizenz Turboméca Marboré
—	—	1380	530	120	453	—	0,41 kg/PSg	1340 PSg/m²	Lizenz Turboméca Artouste I
—	—	2240	560	152	1,5	—	0,335 kg/kp	1840 kp/m²	Mit Diagonalverdichter
—	—	3650	1000	1200	0,98	—	0,456 kg/kp	3360 kp/m²	Produktion ausgelaufen
—	—	4550	940	1650	0,9	—	0,403 kg/kp	5900 kp/m²	Produktion ausgelaufen, mit Verstelldüse ausgerüstet
—	—	5200	825	1450	—	—	0,29 kg/kp	9400 kp/m²	7700 kg mit Nachverbrennung, Einlaßleitschaufeln und erste 6 Stufen Statorschaufeln verstellbar, Verstellbare Lavaldüse
—	—	—	—	95	—	—	0,085 kg/kp	—	Entwicklung, sehr niederes spezifisches Gewicht
—	—	3350	840	1220	> 0,8	—	0,256 kg/kp	8660 kp/m²	Ausführung gleich J 79, jedoch für Zivilluftfahrt
—	—	3650	1400	1700	> 0,7	—	0,25 kg/kp	4400 kp/m²	ZTL für Zivilluftfahrt
—	—	1500	406	147	300	—	0,141 kg/PSg	8000 PSg/m²	Helikopter-Turbine

(Fortsetzung auf S. 850)

Tabelle 97. *Moderne Flugturbinen* (Fortsetzung)

Hersteller Type	Art	Maschinenbeschreibung	Durchsatz kg/sek	Druckverhältnis	Temperatur °C	Drehzahl U/min	Standschub bzw. Bodenleistung, statisch: TL ZTL Standschub kp	PTL Leistung PS	PTL Restschub kp	PTL Leistung, gesamt PSg
T 64	PTL	—	—	11	—	—	—	2600	—	—
Lycoming										
T 53-L-3	PTL	5A1R–○–1T+1T	4,9	5,7	—	21500	—	970	51	1006
T 55-L-11	PTL	5A1R–○–2T+2T	—	—	—	—	—	2170	110	2260
Pratt & Whitney										
J 52-P-2 (JT8)	TL	9A+7A–◎–1T+2T	—	—	—	—	4530	—	—	—
JT3C-7 (J57)	TL	9A+7A–◎–1T+2T	82	13	—	8000 NDK	5450	—	—	—
JT3D-1	ZTL	8A+7A–○–1T+3T	196 gesamt	—	—	—	7250	—	—	—
JT4A-10 (J75)	TL	9A+7A–◎–1T+2T	118	12,5	—	—	7500	—	—	—
JT11 (YJ58)	TL	9A+○+2T	—	—	—	—	13600	—	—	—
JT12 (J60)	TL	?A+○+?T	—	—	—	—	1360	—	—	—
T 34	PTL	13A–◎–3T	30,5	6,7	—	11000	—	5600	558	6100
Westinghouse										
J 34-WE-46	TL	11A–○–2T	27	4,1	—	12500	1540	—	—	—
J 46-WE-8	TL	11A–○–2T	35,3	6	—	12500	2090	—	—	—
J 54-WE-2	TL	16A–○–2T	45,3	8	—	—	2950	—	—	—
J 81	TL	—	—	—	—	—	—	—	—	—
Wright										
J 65-W-6	TL	= Armstrong Siddeley Sapphire Lizenzbau				—	—	—	—	—
TJ-38	TL	= Bristol Zephier Lizenzbau				—	—	—	—	—
Westdeutschland										
Ernst Heinkel A.G.										
He S 053	TL	11A–○–2T	100	7,4	—	6000	6500	—	—	—
Ostdeutschland										
Pirna 014	TL	12A–○2T	50	—	—	—	3150	—	—	—
Sowjetunion										
M 45 B	TL	1RD–9BK–1T	50	4,5	—	12500	2700	—	—	—
M 012	TL	12A–◎–2T	60	4,5	777	6100	3000	—	—	—
MIK-209	TL	8A–◎–2T	126	6,8	—	6500	8160	—	—	—
M 022	PTL	14A–◎–3T	30	—	757	7650	—	5700	600	6230
NK-12	PTL	14A–◎–5T	62	9,5 Bo 13 Hö	657Bo 877Hö	8250	—	12000	1200	13090

Tabelle 97. *Moderne Flugturbinen* (Fortsetzung)

Höhenleistung TL ZTL Schub kp	Höhenleistung PTL Leistung PSg	Länge mm	Durchmesser mm	Gewicht kg	Spezifischer Verbrauch bei Standschub bzw. Bodenleistung TL, ZTL kg/h/kp PTL g/PSgh	Spezifischer Verbrauch bei Höhenleistung TL, ZTL kg/h/kp PTL g/PSgh	Leistungsgewicht TL, ZTL kg/kp PTL kg/PSg	Stirnflächenleistung TL, ZTL kp/m² PTL PSg/m²	Bemerkungen
—	—	—	—	318	—	—	0,122 kg/PSg	—	Für Helikopter- und Propellerantrieb, Entwicklung
—	—	1480	590	225	297	—	0,213 kg/PSg	3920 PSg/m²	Für Helikopter- und Propellerantrieb
—	—	1500	615	315	250	—	0,140 kg/PSg	7600 PSg/m²	Für Helikopter- und Propellerantrieb
—	—	3000	860	—	0,8	—	—	—	Entwicklung
—	—	3500	990	1580	0,785	—	0,29 kg/kp	7100 kp/m²	Verbundtriebwerk
—	—	3550	1350	1830	0,61	—	0,252 kg/kp	5000 kp/m²	ZTL für Zivilluftfahrt
—	—	3930	1120	1910	—	—	0,254 kg/kp	7600 kp/m²	Verbundtriebwerk, starke Verwendung von Titan
—	—	—	1270	2500	—	—	0,184 kg/kp	10700 kp/m²	Einwellentriebwerk Entwicklung
—	—	1880	555	195	0,928	—	~ 0,14 kg/kp	—	kleinstes P & W Triebwerk Turbofan (ZTL) dieses Musters ebenfalls in Entwicklung. 1800 kp Schub und 270 kg Gewicht
—	2468 7,6 km 650 km/h	4000	865	1200	298	278	0,197 kg/PSg	10350 PSg/m²	
—	—	2900	810	550	1,0	—	0,356 kg/kp	2950 kp/m²	
—	—	4620	815	945	0,96	—	0,45 kg/kp	4000 kp/m²	Triebwerk mit Nachverbrennung, 2730 kp mit Nachverbrennung und spezifischem Verbrauch von 2,1 kg/h/kp
—	—	4000	890	635	0,85	—	0,215 kg/kp	4760 kp/m²	Entwicklung
—	—	—	—	—	—	—	0,14 kg/kp	—	Entwicklung
—	—	—	—	—	—	—	—	—	
—	—	—	—	—	—	—	—	—	
—	—	4050	1100	1570	0,93	—	0,241 kg/kp	6800 kp/m²	
—	—	4100	980	1000	0,85	—	0,316 kg/kp	4140 kp/m²	
—	—	—	1290	900	1,09	—	0,333 kg/kp	2080 kp/m²	3150 kg Schub mit Wassereinspritzung
—	—	—	1170	—	1,06	—	—	2780 kp/m²	
—	—	5100	1370	2490	0,9	—	0,305 kg/kp	5500 kp/m²	Angaben unsicher
—	—	4500	1050	1400	245	—	—	—	
—	8000 11 km 900 km/h	6000	1150	2300	260	160	0,176 kg/PSg	12500 PSg/m²	Bo = Boden Hö = Höhe

g) Sowjetunion. Während anfangs die deutschen Junkers- und BMW-Triebwerke nachgebaut wurden, entstand später unter dem Einfluß deutscher Ingenieure von Junkers und BMW eine eigene russische Entwicklung. Auch der Nachbau der Rolls-Royce-Radialtriebwerke sowie deren Weiterentwicklung brachte viel Erfahrung und heute gehören die neueren Axialtriebwerke der UdSSR mit zu den besten und fortschrittlichsten in der Welt.

Während die TL-Type M 012 noch unter der Leitung deutscher Ingenieure entstand, ist das TL-Triebwerk MIK-209 eine rein russische Konstruktion und das einzige Triebwerk dieser Leistungsklasse im regulären Einsatz, Abb. 662. Spätere Ausführungen erreichen bereits Schubwerte von 9300 kp.

Die bekannteste Anwendung findet es im Düsenpassagierflugzeug Tu-104, das seit Juni 1955 im Einsatz steht und das derzeit zusammen mit der viermotorigen Tu-110 auf vielen russischen Flugstrecken in regelmäßigem Verkehr steht.

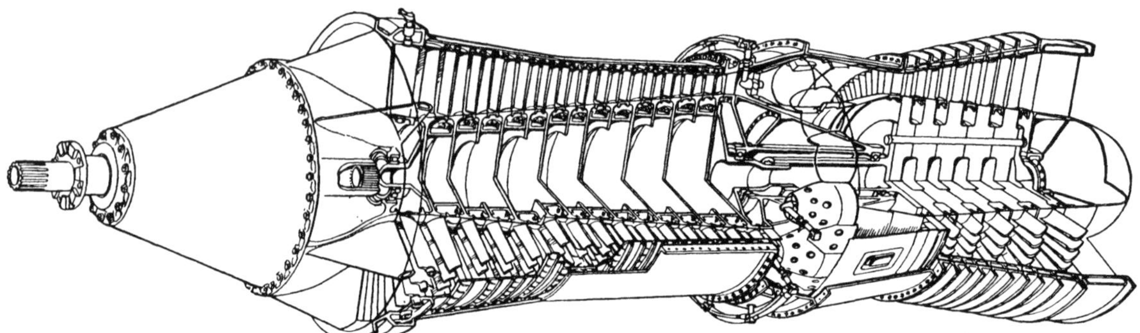

Abb. 663. Russisches PTL-Triebwerk, Type K, mit 12000 PS. Es stellt eine Entwicklung deutscher Ingenieure dar

Ein kleineres TL-Triebwerk mit etwa knapp 4000 kp Schub soll ebenfalls entwickelt sein und ein überlegenes Leistungsgewicht und eine hohe Stirnflächenleistung aufweisen.

Auch auf dem Gebiete der Propellertriebwerke sind sehr leistungsfähige Typen vorhanden, die auch teilweise wieder auf Entwicklungen deutscher Ingenieure zurückgehen. Die technischen Daten sind in Tab. 97 enthalten und zeigen, daß auch bei diesen Triebwerken Erstaunliches geleistet wurde. Besonders die Type K stellt ein Flugtriebwerk dar, das heute kaum ein Gegenstück hat, Abb. 663 [*421*].

Es scheinen inzwischen auch andere neuere Typen mit gegenläufiger Doppelluftschraube ebenso wie Triebwerke mit einfacher Luftschraube zu existieren. Leider sind über alle diese technisch interessanten und hochentwickelten Triebwerke keine näheren Details bekannt.

11. Zusammenfassung und Ausblick

Aus den gezeigten Beispielen sind die eingangs schon erwähnten Konstruktionstendenzen nochmals deutlich hervorgegangen.

Bei den militärischen Düsentriebwerken sind zwei große Gruppen zu unterscheiden:

1. Die Hochdrucktriebwerke, die bis etwa $Ma = 2$ verwendet werden.
2. Die Niederdrucktriebwerke zum Einsatz bis $Ma = 3$ und darüber.

Beiden Gruppen gemeinsam ist die immer weitere Steigerung der Eintrittstemperatur sowie der Leistung von Kompressor, Turbine und Brennkammer bei kleinstem Bauvolumen und höchstem Wirkungsgrad, um eine möglichst große Leistungsausbeute bei kleinster Stirnfläche und kleinstem Gewicht zu erreichen.

Die Strahlturbinen für die Verkehrsluftfahrt hingegen laufen kühler, d. h. also im optimalen Bereich, und ergeben neben ausgezeichneter spezifischer Leistung und spezifischem Gewicht vor allem niederen Verbrauch und lange Lebensdauer.

Auf der kommerziellen Seite beginnt sich neben dem TL- auch das ZTL-Triebwerk einzuführen, da dieses Triebwerk noch bedeutend wirtschaftlicher als das TL-Triebwerk ist, soweit der mittlere Geschwindigkeitsbereich in Frage kommt.

Große Fortschritte hat das PTL-Triebwerk gemacht. Die neuesten Baumuster sind im Verbrauch dem Kolbenmotor bereits überlegen und haben den Diesel-Verbundmotor (Napier-Nomad) erreicht. Hier haben neben besten Einzelmaschinenwirkungsgraden vor allem hohe Verdichtung und hohe Eintrittstemperatur zu diesen Fortschritten geführt. Die hohen Eintrittstemperaturen hingegen sind wieder das Ergebnis der erfolgreichen Entwicklungen am Werkstoffsektor sowie der Fortschritte der Luftkühlung. Man darf aber den Vergleich zum Kolbenmotor nicht allein von der Seite des spezifischen Verbrauches ziehen, sondern muß auch noch das Leistungsgewicht und die Stirnflächenleistung mit ins Kalkül ziehen.

Daß die dargelegten Ziffern sicher noch nicht das Ende der Entwicklung darstellen, wird klar, wenn man sich die Entwicklung der letzten 10 Jahre in Kurvenblättern zusammenstellt [*412*].

Ob die weitere Entwicklung zum Großtriebwerk oder zum Ersatz desselben durch Zusammenfassung mehrerer kleiner zu einem Triebsatz führen wird, ist mit Sicherheit noch nicht zu sagen. Soweit Überschallflugzeuge betroffen sind, dürfte eher eine Vielzahl kleiner Triebwerke günstiger sein. Wie schon früher erwähnt, könnten diese von einer gemeinsamen Zentrale aus geregelt werden, so daß die Hilfsgeräte am Triebwerk selbst wegfallen würden.

Konstruktiv dürften Triebwerke mittlerer Leistung relativ am kleinsten und leichtesten ausfallen, so daß damit auch die günstigsten Verhältnisse bezüglich widerstandsarmem Einbau in die Zelle erreicht werden könnten.

Wie weit hier durch die Anwendung der Kernenergie noch Veränderungen eintreten werden, kann derzeit noch nicht vorausgesagt werden.

Feststehend ist jedoch, daß die Fortschritte im Bau von Flugturbinen während der letzten Dekade enorm sind und daß diese Entwicklungen letzten Endes auch die Industrie- sowie die Fahrzeugturbine entsprechend beeinflussen werden.

Bei modernen Flugturbinen wird der Zug zu möglichst einfachem Aufbau deutlich. Man lagert die Rotoren möglichst nur in zwei Lagern, wendet Ringbrennkammern und hochbelastete Stufen in den Turbomaschinen an, um eine möglichst große Stirnflächenleistung bei möglichst geringem Gewicht zu erreichen. Daneben scheint aber auch im unteren Überschallbereich das Zweiwellentriebwerk an Boden zu gewinnen, da es durch hohes Verdichtungsverhältnis sehr gute Verbrauchsziffern erreicht. Das Gegenstück dazu ist das Einwellentriebwerk mit Hochdruckkompressor und verstellbaren Leitschaufeln in den ersten Stufen. Welche dieser Bauarten sich endgültig durchsetzen wird, kann nur die Zukunft lehren.

Literaturverzeichnis

Bücher sind durch ● gekennzeichnet

I. bis IV. Entwicklungsgeschichte, Arbeitsverfahren, Thermodynamik und Rechentafeln

● *1* Sawyer, R. T.: The Modern Gas Turbine. London: Sir Isaac Pitman & Sons, Ltd. 1947

● *2* Judge, A. W.: Modern Gas Turbines. London: Chapman and Hall, Ltd. 1947, 1950.

● *3* Smith, G. G.: Gas Turbines and Jet Propulsion. London: Flight Publishing Comp., Ltd. 1955.

● *4* Stodola, A.: Dampf- und Gasturbinen, 5. Aufl. Berlin: Springer. 1922.

● *5* Thomson, W. R.: The Fundamentals of Gas Turbine Technology. London: Power Jets Ltd. 1949.

● *6* Shepherd, D. G.: An Introduction to the Gas Turbine. London: Constable and Comp. 1949.

7 Fisher, F. K. und C. A. Meyer: The Combustion Gas Turbine. Westinghouse Engineer, Mai 1944.

● *8* Musil, A.: Gasturbinenkraftwerke. Wien: Springer. 1947.

● *9* Münzinger, F.: Dampfkraft, S. 40. Berlin: Springer. 1933.

10 — Z. VDI **82**, 99 (1938).

11 Merkel, F.: Z. VDI **72**, 109 (1928).

12 Meyer, A.: Die Gleichdruckgasturbine, ihre Geschichte, ihr heutiger Stand und ihre Aussichten für die nahe Zukunft. BBC-Mitteilungen, Juni 1939.

13 Kleinschmidt, R. V.: Value of Wet Compression in Gas Turbine Cycles. Mech. Eng. **69**, 115 (1947).

14 Mallison, D. H.: The Part Load Performance of Various Gas Turbine Engine Schemes. Proc. I. Mech. Eng. **159** (1948), W. E. P. No. 41.

15 Smith, A. G.: Heat Flow in the Gas Turbine. Proc. I. Mech. Eng. **159** (1948), W. E. P. No. 41.

16 Kämmerer, C.: Wirkungsgrade bei polytropischem Zustandsverlauf in Düsen und Strömungsmaschinen. M u W **4**, 70 (1949).

17 Lysholm, A. J. R.: A Contribution to the Solution of the Gas Turbine Problem. Proc. I. Mech. Eng. **157**, 498 (1947).

18 Brown, T. W. F.: Some Factors in the Use of High Temperatures in Gas Turbines. Proc. I. Mech. Eng. **162**, 167 (1950).

19 McCann, G. D. und H. E. Criner: Mechanical Problems Solved Electrically. Westinghouse Engineer, März 1946.

● *20* Lutz, O. und F. Wolf: i-s-Tafel für Luft und Verbrennungsgase. Berlin: Springer. 1938.

● *21* Keenan, J. und J. Kaye: Gas Tables. New York: John Wiley & Sons Inc. 1949.

22 Amorosi, A.: Gas Turbine Gas Charts. Research Memorandum No. 6–44, Research and Standards Branch, Bureau of Ships, Navy Department, Washington, D. C.

23 Schmidt, E.: Das Enthalpie-λ-Diagramm. Proc. I. Mech. Eng. **160** (1949), W. E. P. No. 44.

24 Gilchrist, J. M.: Chart for the Investigation of Thermodynamic Cycles in Internal Combustion Engines and Turbines. Proc. I. Mech. Eng. **159**, 335 (1948).

25 Kestin, J. und A. K. Oppenheim: The Calculation of Compressible Fluid Flow by the Use of a Generalised Entropy Chart. Proc. I. Mech. Eng. **159**, 313 (1948).

26 Finniecome, J. R.: New Temperature-Total Heat-Entropy Chart for Gases with Variable Specific Heats. Proc. I. Mech. Eng. **155**, 117 (1946).

● *27* Chambadal, P.: Les Diagrammes Enthalpie-Entropie. Paris: Dunod. 1953.

● *28* Kruschik, J.: Luft- und Gastafeln zur Berechnung von Gasturbinen und Verdichtern. Wien: Springer. 1953.

● *29* Hodge, J.: Gas Turbines—Cycles and Performance Estimation. London: Butterworths Scientific Publications. 1955.

● *30* Cohen, H. und G. F. C. Rogers: Gas Turbine Theory. London: Longmans, Green and Co. 1951.

● *31* Schnee, J. I.: Theorie der Gasturbinen. Berlin: Verlag Technik. 1952.

32 Baumann, H.: Die Bestimmung des günstigsten Temperaturverhältnisses für Kompressoren und Turbinen bei zweiwelligen Gasturbinenanlagen. BBC-Mitteilungen, Mai-Juni 1953.

33 Bestimmung der Temperaturverteilung in Gasturbinenrotoren und Zylindern mit dem elektrolytischen Trog. BBC-Mitteilungen, Mai-Juni 1953.
34 Thomas, H. J.: Die Gasturbine im Spiegel neuerer Veröffentlichungen. Konstruktion **7**, 101 (1955).
35 Gasparovic, N.: Druckverhältnisse und Wirtschaftlichkeit bei Gasturbinen. BWK **10**, 223 (1958).
36 Hausenblas, H.: Das Teillastverhalten von Wärmetauschern in Gasturbinenanlagen. MTZ **18**, 288 (1957).
37 Traupel, W.: Das Verhalten von Gasturbinen unter geänderten Betriebsbedingungen. MTZ **18**, 163 (1957).
38 Melan, H.: Zur Auslegung von Gasturbinen für den Gas-Dampf-Prozeß, System Franz Pauker, Wien. MTZ **18**, 175 (1957).
39 Hryniszak, W.: Die optimale Auslegung einfacher Gasturbinen, bestehend aus einem einfachen Zentrifugalverdichter und einer einstufigen Zentripetalturbine. MTZ **17**, 429 (1956).
40 Karrer, W.: Die Ausnützung der Abwärme von Gasturbinen in Dampfanlagen. MTZ **18**, 187 (1957).
41 Leist, K.: Die kohlegefeuerte Verbrennungskraftanlage als offene Luftturbine mit Abgasheizung. MTZ **16**, 166 (1955).
42 Karrer, W.: Die stationäre Gasturbinenanlage und ihre Anwendungsgebiete. M u W **12**, 33 (1957).
43 Gasparovic, N.: Verschiedene Möglichkeiten der Abwärmeausnützung von Gasturbinen in Dampfturbinen. M u W **11**, 213 (1956).
44 Traupel, W.: Die Entwicklung der Gasturbine in der Schweiz, 5. Weltkraftkonferenz, Wien 1956, Paper 203 G_3/9.
45 Pauker, F.: Neuere Vorschläge zu dem Gas-Dampf-Verfahren, 5. Weltkraftkonferenz, Wien 1956, Paper 28 G_1/6.
46 Baumann, H.: Die Gasturbine mit offenem Kreislauf im Zusammenhang mit der Winderhitzung in Hüttenwerken. BBC-Mitteilungen, März-April 1956.
47 Pfenninger, H.: Wirkungsweise und Aufbau der Brown-Boveri-Gasturbine. BBC-Mitteilungen, April-Mai 1957.
• *48* Graf, K.: Vergleich von Gleichdruck- und Verpuffungsgasturbinen. Forschungsbericht No. 546 des Wirtschafts- und Verkehrsministeriums Nordrhein-Westfalen. Opladen: Westdeutscher Verlag. 1958.
49 Hiebel, G.: Verbrennungsturbinenprozesse und ihre Optimalbedingungen. MTZ **13**, 263 (1952).
50 — Gleichdruck-Gasturbinen-Prozesse mit Zwischenüberhitzung und ihre Optimalbedingungen. Allg. Wärmetechnik **3**, 220 (1952).
51 — Leistungs- und wirkungsgradoptimale Stufenaufteilung bei zwischengekühlter Verdichtung von Gasturbinenanlagen. MTZ **14**, 351 (1953).

V. Der Verdichter

A. Allgemeines

• *52* Pfleiderer, C.: Strömungsmaschinen, 2. Aufl. Berlin-Göttingen-Heidelberg: Springer. 1957.
• *53* Eckert, B. und E. Schnell: Axial- und Radialkompressoren. Berlin-Göttingen-Heidelberg: Springer. 1953.
• *54* Weinig, F.: Die Strömung um die Schaufeln von Turbomaschinen. Leipzig: A. Barth. 1935.
• *55* Wislicenus, G. F.: Fluid Mechanics of Turbomachinery. New York-London: McGraw-Hill Book Comp. Inc. 1947.
• *56* Traupel, W.: Thermische Turbomaschinen, 1. Band. Berlin-Göttingen-Heidelberg: Springer. 1958.
• *57* Marcinowski, H.: Kennwerte für Strömungsmaschinen. VDI-Berichte, Bd. 3. Düsseldorf: VDI-Verlag. 1955.
58 Cordier, O.: Ähnlichkeitsbedingungen für Strömungsmaschinen. BWK **5**, 337 (1953).
59a Encke, W.: Wirkungsweise und betriebliches Verhalten der Kreiselverdichter. Stahl und Eisen **68**, 453 und 477 (1955).
59b Runte, W.: Antrieb und Regelung der Kreiselgebläse für Hochofen-Windverdichtung. Stahl und Eisen **68**, 461 (1955).
60 Dettmering, W.: Beitrag zur Anwendung der spezifischen Drehzahl im Strömungsmaschinenbau. MTZ **16**, 347 (1955).
• *61* Eck, B.: Ventilatoren, 2. Aufl. Berlin-Göttingen-Heidelberg: Springer. 1953.
62 Klingemann, G.: Verfahren zur Berechnung der theoretischen Kennlinien von Turbomaschinen. Ing.-Arch. **8**, 105 (1940).
63 Weinel, E.: Beiträge zur rationellen Hydrodynamik der Gitterströmung. Ing.-Arch. **5**, 91 (1934).
• *64* Schlichting, H.: Grenzschicht-Theorie. Karlsruhe: G. Braun. 1951.

B. Der Axialverdichter

65 Schlichting, H. und N. Scholz: Über die theoretische Berechnung der Strömungsverluste eines ebenen Schaufelgitters. Ing.-Arch. **19**, 42 (1951).

● *66* Schilhansl, M.: Näherungsweise Berechnung von Auftrieb und Druckverteilung in Flügelgittern. Jahrbuch 1927 der Wissenschaftlichen Gesellschaft für Luftfahrt, S. 151. München: Oldenbourg. 1928.

67 Ackeret, J.: Zum Entwurf dichtstehender Schaufelgitter. SBZ **60**, 120 (1942).

● *68* Schlichting, H.: Berechnung der reibungslosen inkompressiblen Strömung für ein vorgegebenes ebenes Schaufelgitter. VDI-Forschungsheft 447. Düsseldorf: VDI-Verlag. 1955.

69 Speidel, L.: Berechnung der Strömungsverluste von ungestaffelten ebenen Schaufelgittern. Ing.-Arch. **22**, 296 (1954).

70 — Einfluß der Oberflächenrauhigkeit auf die Strömungsverluste in ebenen Schaufelgittern. Forsch. Geb. Ingenieurwesen **20**, 129 (1954).

71 Hausenblas, H.: Versuche an Turbinenlaufschaufelgittern. Ing.-Arch. **19**, 75 (1951).

● *72* Sawyer, W. F.: Experimental Investigation of a Stationary Cascade of Aerodynamic Profiles. Mitteilungen des Institutes für Aerodynamik der ETH Zürich, Heft 17, 1949.

73 Fickert, K.: Versuche an Verzögerungsgittern mit großer Umlenkung. Forsch. Geb. Ingenieurwesen **16**, 141 (1949/50).

74 Erwin, J. B. und J. C. Emery: Effect of Tunnel Configuration and Testing Technique on Cascade Performance. NACA 1951. Report No. 1016.

● *74a* Schröder, H. J.: Entwicklung eines Näherungsverfahrens zur Berechnung von dreidimensionalen Gitterströmungen. Jahrbuch 1955 der Wissenschaftlichen Gesellschaft für Luftfahrt, S. 214. Braunschweig: Vieweg. 1956.

● *75* Horlock, J. H.: Axial Flow Compressors. London: Butterworths Scientific Publications. 1958.

76 Howell, A. R.: The Present Basis of Axial Flow Compressor Design. Part I. Cascade Theory and Performance. Aeronautical Research Council, Reports and Memoranda No. 2095, 1942.

77 Carter, A. D. S.: Fluid Flow through Cascades of Aerofoils. 6th International Congress for Applied Mechanics, Paris 1946.

78 Meienberg, H. und H. Stamm: Hochofengebläse radialer und axialer Bauart. EWC-Mitteilungen **1957**, Heft 3.

79 Prandtl, L. und A. Busemann: Näherungsverfahren zur zeichnerischen Ermittlung von ebenen Strömungen mit Überschallgeschwindigkeit. Stodola-Festschrift, S. 499. Zürich: Lehmann & Comp. 1929.

80 Strauss, E.: Schaufelgitter für Überschallgeschwindigkeit ohne Wellenwiderstand. Techn. Berichte **1944**, Nr. 10.

81 Kantrowitz, A. und P. Donaldson: Preliminary Investigation of Supersonic Diffusors. NACA ACR L 5D20 (1945).

82 Lukasiewicz, J.: Supersonic Diffusers. Aeronautical Research Council, Reports and Memoranda No. 2501.

83 Schnell, E.: Probleme des Überschallverdichters. MTZ **16**, 42 (1955).

84 Kantrowitz, A.: The Supersonic Axial-Flow Compressor. NACA Report No. 974 oder NACA ACR L 6D02 (1946).

85 Söhngen, H.: Strömung vor einem Überschall-Laufrad. Forschungsbericht No. 11 der DVL, 1955.

85a Bischoff, H.: Überschall-Axialverdichter. Luftfahrttechnik **5**, 114 (1959).

86 Petermann, H.: Über den Strömungsverlauf in Axialverdichtern mit konstanter Reaktion von 50%. Konstruktion **8**, 1 (1956).

87 Edmunds, S. und D. Bartlett: Section Data, Aerofoils. London: Power Jets Report No. 303.

88 Betz, A.: Axialkompressoren. Jahrbuch der deutschen Luftfahrtforschung 1938.

89 Keller, C.: Axialgebläse vom Standpunkt der Tragflügeltheorie. Dissertation an der ETH Zürich 1934.

90 Howell, A. R.: Design of Axial Compressors. Proc. I. Mech. Eng. **153** (1945), W. E. P. No. 12.

91 — Fluid Dynamics of Axial Compressors. Proc. I. Mech. Eng. **153** (1945), W. E. P. No. 12.

92 Merchant, W.: An Approximate Investigation of the Off-Design Performance of a Turbo-Compressor Stage. Proc. I. Mech. Eng. **161** (1949), W. E. P. No. 53.

93 Howell, A. R.: Overall and Stage Characteristics of Axial Flow Compressors. Proc. I. Mech. Eng. **163** (1950), W. E. P. No. 60.

● *94* Scholz, N.: Strömungsuntersuchungen an Schaufelgittern. VDI-Forschungsheft 442. Düsseldorf: VDI-Verlag. 1954.

● *95* Schlichting, H.: Ergebnisse und Probleme von Gitteruntersuchungen. VDI-Berichte, Bd. 3. Düsseldorf: VDI-Verlag. 1955.

96 Betz, A.: Diagramme zur Berechnung von Flügelreihen. Ing.-Arch. **2**, 359 (1931).

97 Focke, R. J.: Die theoretischen Grundlagen vielstufiger Axialkompressoren. Konstruktion **1**, 193, 243, 279 (1949); Nachtrag: Konstruktion **2**, 373 (1950).

98 Hausenblas, H.: Axialverdichterberechnung in Großbritannien und den USA. Konstruktion **5**, 173 (1953).

99 Ponomareff, A. I.: Principles of the Axialflow Compressor. Westinghouse Engineer, März 1947.

• *100* Ergebnisse der Aerodynamischen Versuchsanstalt Göttingen, I. bis IV. Lieferung. München: Oldenbourg. 1935.

• *101* NACA-Report No. 824, Washington 1945.

102 Stone, A.: Effects of Stage Characteristics and Matching on Axial-Flow-Compressor Performance. Trans. ASME **80**, 1273 (1958).

103 Traupel, W.: Die Berechnung der Potentialströmung durch Schaufelgitter. Sulzer Techn. Rdsch. **1945**, No. 1.

104 Carter, A. D. S.: Three-Dimensional-Flow Theories for Axial Compressors and Turbines. Proc. I. Mech. Eng. **159** (1948), W. E. P. No. 41.

• *105* Traupel, W.: Neue allgemeine Theorie der mehrstufigen axialen Turbomaschinen. Zürich: Lehmann & Comp. 1944.

106 Todd, K. W.: Some Developments in Instrumentation for Air-Flow Analysis. Proc. I. Mech. Eng. **161** (1949), W. E. P. No. 53.

107 Carter, A. D. S., S. J. Andrews und H. Shaw: Some Fluid Dynamic Research Techniques. Proc. I. Mech. Eng. **163** (1950), W. E. P. No. 60.

• *108* Speidel, L. und N. Scholz: Untersuchungen über die Strömungsverluste in ebenen Schaufelgittern. VDI-Forschungsheft 464. Düsseldorf: VDI-Verlag. 1956.

C. Der Radialverdichter

• *109* Kluge, F.: Kreiselgebläse und Kreiselverdichter radialer Bauart. Berlin-Göttingen-Heidelberg: Springer. 1953.

110 Stanitz, J. D.: Some Theoretical Aerodynamic Investigations of Impellers in Radial- and Mixed Flow Centrifugal Compressors. ASME-Paper No. 51-F.-13.

111 Nüll, W. v. d. und H. Pfau: Auslegung und Gestaltung der Flugmotorenlader. Z. VDI **85**, 763 (1941).

112 —— Ausführungsformen von Flugmotorenladern. Z. VDI **85**, 905 (1941).

113 Nüll, W. v. d.: Ladeeinrichtungen für Hochleistungsbrennkraftmaschinen. ATZ **41**, 282 (1938).

114 Pfau, H.: Die Leitschaufeln in ihrer Beziehung zu den Kennwerten von Flugmotorenladern. MTZ **3**, 390 (1941).

• *115* Nüll, W. v. d.: Kreiselrad-Arbeitsmaschinen, 2. Aufl. Leipzig und Berlin: Teubner. 1957.

• *116* Eck, B. und W. S. Kearton: Turbo-Gebläse und Turbo-Kompressoren. Berlin: Springer. 1929.

117 Meldahl, A.: Die Trennung der Rad- und Diffusorverluste bei Zentrifugalgebläsen. BBC-Mitteilungen, August-September 1941.

118 — Der Einfluß der Kompressibilität des Fördermittels auf die Eigenschaften eines Zentrifugalgebläses. BBC-Mitteilungen, August-September 1941.

119 Kearton, W. S.: Influence of the Number of Impeller Blades on the Pressure Generated in a Centrifugal Compressor and on its General Performance. Proc. I. Mech. Eng. **124**, 481 (1933).

120 — Recent Developments in Turbo-Blowers and Compressors. Proc. I. Mech. Eng. **132**, 467 (1936).

121 Speer, I. E.: Design and Development of a Broad-Range High-Efficiency Centrifugal Compressor for a Small Gas-Turbine-Compressor Unit. ASME-Paper No. 52-SA-14.

122 Kluge, F.: Die Konstruktion der Kreiselverdichter. Konstruktion **2**, 265 (1950).

123 Ceshire, L. J.: The Design and Development of Centrifugal Compressors for Aircraft Gas Turbines. Proc. I. Mech. Eng. **153** (1945), W. E. P. No. 12.

124 Hage, S. D.: Compressor Development for Small Gas Turbines. ASME-Paper No. 57-A-258

D. Verdrängungsverdichter

125 The Elliott-Lysholm Supercharger. Trans. Soc. Automotive Eng. 1943.

126 Eichelberg, G.: Freikolben-Generatoren. SBZ **66** (1948), No. 48/49.

127 Huber, R.: Über die Weiterentwicklung der Freikolben-Generatoren. SBZ **75**, 361 (1957).

128 Ehrat, A. J.: Free-Piston Gas Turbine Prime Movers. ASME-Paper No. 54-A-67.

129 McMullen, J. J. und R. P. Ramsey: The Free Piston Type of Gas Turbine Plant and Applications. Trans. ASME **76**, 15 (1954).

130 N. N.: Ford Studies Dynamics of Free Piston Gasifier. SAE-Journal, August 1956.

131 N. N.: Offizielle Abnahmeversuche der ersten Freikolben-Gasturbinen-Anlage von 6000 kW. 5. Weltkraftkonferenz, Wien 1956, Anhang zu Paper 246 G_1/25.

132 Hüttner, E.: Bauarten von Freikolbengaserzeugern. M u W **12**, 125 (1957).

133 MANGELSDORF, K.: Abnahmeversuche an Freikolbengaserzeugern. MTZ **19**, 393 (1958).

134 BUSCH, J.: Freikolbenturboanlagen für Schiffsantriebe. MTZ **18**, 331 (1957).

135 BOBROWSKY, A. R.: Analytical Methods for Performance Estimates. ASME-Paper No. 57-GTP-6.

136 JERICHA, H.: Über den Kreisprozeß des Freikolben-Gasgenerators. 5. Weltkraftkonferenz, Wien 1956, Paper No. 27 G_1/5.

137 ZINNER, K.: Die Gasturbine mit Kolbentreibgaserzeuger. MTZ **5**, 81 (1943).

138 HUBER, R.: Les Générateurs de Gaz à Pistons Libres, Conférence prononcée à la plénière. SIA. 20. November 1951.

139 LASLEY, R. A. und F. M. LEWIS: The Development of High-Output Free-Piston Gas Generators. Trans. ASME **76**, 453 (1954).

140 LONDON, A. L.: The Free-Piston-and-Turbine Compound Engine — A Cycle Analysis. Trans. ASME **77**, 197 (1955).

141 — The Supercharged-and-Intercooled Free-Piston-and-Turbine Compound Engine — A Cycle Analysis. Trans. ASME **78**, 1757 (1956).

VI. Die Turbine

A. Einleitung

● *142* FRIEDRICH, R.: Gasturbinen mit Gleichdruckverbrennung. Karlsruhe: G. Braun. 1949.

● *143* SORENSEN, H. A.: Gas Turbines. New York: Ronald Press Company. 1951.

● *144* ROXBEE COX, H.: Gas Turbine Principles and Practice. London: George Newnes Ltd. 1955.

B. Axialturbinen

145 ZWEIFEL, O.: Die Frage der optimalen Schaufelteilung bei Beschaufelungen von Turbomaschinen, insbesondere bei großer Umlenkung in den Schaufelreihen. BBC-Mitteilungen, Dezember 1945.

146 REEMAN, S.: The Turbine for the Simple Jet Propulsion Engine. Proc. I. Mech. Eng. **153** (1945), W. E. P. No. 12.

147 AINLEY, D. G.: Performance of Axial-flow Turbines. Proc. I. Mech. Eng. **159** (1948), W. E. P. No. 41.

148 SMITH, A. G. und R. D. PEARSON: The Cooled Gas Turbine. Proc. I. Mech. Eng. **163** (1950), W. E. P. No. 60.

149 EMMERT, H. D.: Current Design Practices for Gas Turbine Power Elements. ASME-Paper No. 48-A-69.

150 SMITH, A. G.: Heat Flow in the Gas Turbine. Proc. I. Mech. Eng. **159** (1948), W. E. P. No. 41.

151 BAMMERT, K.: Die Strömung in vielstufigen Axialturbinen und Axialverdichtern. GHH-Bericht, 15. Dezember 1953.

152 MEIER-TÖNDURY, E. J.: Neuere Fabrikationsmethoden und Befestigungsarten von Gasturbinenschaufeln. Schweiz. Arch. **12**, 65 (1949).

153 REEMAN, J., R. W. A. BUSWELL und D. G. AINLEY: An Experimental Aircooled Turbine. Proc. I. Mech. Eng. **167**, 341 (1953).

154 SCHMIDT, E.: Gasturbinen hoher Gastemperatur. Z. VDI **90**, 350 (1948); Technische Mitteilungen, Essen, **2**, 32 (1949).

155 FRIEDRICH, R.: Zur Flüssigkeitskühlung der Schaufeln von Gasturbinen. MTZ **18**, 367 (1957).

156 AINLEY, D. G., S. E. PETERSEN und R. A. JEFFS: Overall Performance Characteristics of a Four-Stage Reaction Turbine. Aeronautical Research Council, Reports and Memoranda No. 2416 (10.777), Technical Report London.

157 ESGAR, J. B., J. N. B. LIVINGOOD und R. O. HICKEL: Research on Application of Cooling to Gas Turbines. Trans. ASME **79**, 645 (1957).

158 AINLEY, D. G.: An Approximate Method for the Estimation of the Design Point Efficiency of Axial Flow Turbines. Aeronautical Research Council, C. P. No. 30 (12.884), Technical Report London, 1950.

159 SEIZER, O.: Beitrag zur Entwicklung und Herstellung von Schaufelsätzen für Gasturbinen. MTZ **16**, 52 (1955).

160 MARTIN, O.: Stufeneinteilung und Querschnittsrechnung der Überdruck-Dampfturbine. Arch. ges. Wärmetechnik **2**, 233 (1950).

161 ECKERT, E. und G. KORBACHER: Die Strömung durch Axialturbinen-Stufen von großer Schaufelhöhe. Forschungsbericht No. 1750 der DVL, 1943.

162 PETERMANN, H.: Strömungsverlauf und Schaufelkonstruktion mehrstufiger Axialturbinen mit 50% Reaktion. Konstruktion **8**, 253 (1956).

163 HAUSENBLAS, H.: Kennfelder des Turbinenteils von Gasturbinen. Konstruktion **8**, 262 (1956).

164 Mühlemann, E.: Zur Aufwertung des Wirkungsgrades von Überdruck-Wasserturbinen. SBZ **66**, 331 (1948).

165 Goldstein, A. W.: Analysis of Performance of Jet Engine from Characteristics of Components, Aerodynamic and Matching Characteristics of Turbine Component Determined with Cold Air. NACA Report No. 878.

166 Triebnigg, H.: Die konstruktive Entwicklung der Turbo- und Strahlantriebe. Konstruktion **7**, 1 (1955).

167 Müller, K.: Kühlung von Gasturbinenschaufeln. M u W **2**, 55 (1947).

168 Hüttner, E.: Gasturbinenentwicklung in Österreich. MTZ **20**, 215 (1959).

C. Radialturbinen

169 Nüll, W. v. d.: Single-Stage Radial Turbines for Gaseous Substances with High Rotative and Low Specific Speed. ASME-Paper No. 51-F-16.

170 Martinuzzi, P. F.: Multistage Radial Turbines. ASME-Paper No. 51-F-15.

171 Balje, O. E.: A Contribution to the Problem of Designing Radial Turbomachines. ASME-Paper No. 51-F-12.

172 Nüll, W. v. d.: The Radial Turbine. Technical Data Digest **12** (1947). Dayton, Ohio: Central Air Documents Office.

173 Balje, O. E.: Untersuchungen an Radialturbinen für nichtraumbeständiges Arbeitsmittel. Dissertation an der Technischen Hochschule München 1945.

174 Birmann, R.: The Elastic-Fluid Centripetal Turbine for High Specific Outputs. ASME-Paper No. 53-S-16.

175 Knörnschild, E.: The Radial Flow Turbine in Comparison to the Axial Turbine. Technical Report No. F-TR-1198-IA.

176 Hüttner, E.: Kleingasturbinen radialer Bauart. Österr. Ing. Z. **1**, 513 (1958).

VII. Der Wärmeaustauscher

177 Niehus, K.: Über die Berechnung von Wärmeaustauschern. BBC-Mitteilungen **1941**, No. 8/9.

178 Schmidt, E.: The Design of Contra-Flow Heat Exchangers. Proc. I. Mech. Eng. **160** (1949), W.E.P. No. 44.

179 Bowman, R. A., A. C. Mueller und W. M. Nagle: Mean Temperature Difference in Design. Trans. ASME **62**, 283 (1940).

180 Stevens, R. A., J. Fernandez und J. R. Woolf: Mean Temperature Difference in One, Two and Three-Pass Crossflow Heat Exchangers. Trans. ASME **79**, 287 (1957).

181 Fax, D. H. und R. R. Mills Jr.: Generalized Optimum Heat Exchanger Design. Trans. ASME **79**, 653 (1957).

182 Hryniszak, W.: Recuperative Heat Exchangers for Automotive Gas Turbines. Oil Engine and Gas Turbine, September 1958.

183 Kühl, H.: Einfluß der Auslegungsdaten und Betriebsbedingungen auf die Kenngrößen des Wärmeaustauschers für Gasturbinen mit ähnlichen wärmeübertragenden Elementen. MTZ **16**, 98 (1955).

• *184* Kays, W. M. und A. L. London: Compact Heat Exchangers. Palo Alto, California: National Press. 1955.

185 Linnecken, H.: Der Gütegrad von Wärmetauschern insbesondere für Gasturbinen und Gasverdichter. BWK **8**, 61, 203 (1956).

186 Iliffe, C. E.: Thermal Analysis of the Contra Flow Regenerative Heat Exchanger. Proc. I. Mech. Eng. **159**, 363 (1948).

187 Cox, M. und R. K. P. Stevens: The Regenerative Heat Exchanger for Gas Turbine Power Plant. Proc. I. Mech. Eng. **163** (1950), W. E. P. No. 60.

188 Kruschik, J.: Der Regenerativ-Wärmeübertrager. M u W **6**, 152 (1951).

189 Harper, D. P.: Seal Leakage in the Rotary Regenerator and its Effect on Rotary-Regenerator Design for Gas Turbines. Trans. ASME **79**, 233 (1957).

190 Some Types of Rotary Regenerative Heat Exchanger. Oil Engine and Gas Turbine, Januar 1953.

191 Hryniszak, W.: Entwurfsprobleme von regenerativen Luftvorwärmern für Gasturbinen. M u W **8**, 213, 247 (1953).

192 Chao Wai, W.: Research and Development of an Experimental Rotary Regenerator for Automotive Gas Turbines, 17. Annual Meeting of American Power Conference, 30. März bis 8. April 1955.

• *192a* Hryniszak, W.: Heat Exchangers. London: Butterworths Scientific Publications. 1958.

VIII. Brennstoffe, Brennkammern und Brennstoffsysteme

193 Mayers, M. A. und W. W. Carter: The Elbow Combustion Chamber. Trans. ASME **68**, 391 (1946).

194 Watson, E. A.: Fuel Systems for the Aero Gas Turbine. Proc. I. Mech. Eng. **159** (1949), No. 4.

195 Lloyd, P.: Combustion in the Gas Turbine. Proc. I. Mech. Eng. **153**, 462 (1945).

196 Yellott, J. I.: An Experimental Coal Burning Gas Turbine. Midwest Power Conference, März 1950.

197 Darling, R. F.: Combustion Chambers for Open Cycle Gas Turbines. Vortrag vor der North East Coast Institution of Engineers and Shipbuilders, Newcastle upon Tyne, November 1949.

198 Meyer, A.: Kann eine Verbrennungsturbine mit billigem Brennöl betrieben werden? BBC-Mitteilungen, Juli 1945.

199 Yellott, J. I., R. Broadley und C. F. Cottcamp: The Coal Burning Gas Turbine Locomotive. ASME-Paper No. 47-A-118.

200 Fisher, M. A. und E. F. Davis: Studies on Fly Ash Erosion. ASME-Paper No. 48-A-53.

201 Hazard, H. R. und F. D. Buckley: Experimental Combustion of Pulverized Coal at Atmospheric and Elevated Pressure. Trans. ASME **70**, 729 (1948).

202 Lloyd, P.: The Fuel Problem in Gas Turbines. Proc. I. Mech. Eng. **159** (1948), W. E. P. No. 41.

203 Hughes, D. F. und R. G. Voysey: Some Considerations Dealing with the Formation of Deposits in Gas Turbine. Plant, Journal of the Institute of Fuel, April 1949.

204 Lloyd, P. und R. P. Probert: The Problem of Burning Residual Oils in Gas Turbines. Proc. I. Mech. Eng. **163** (1950), W. E. P. No. 60.

205 Bowen, I. G. und W. Tipler: The Choice between Single and Multi-Combustion Systems for Gas Turbines, Vortrag vor der North East Coast Institution of Engineers and Shipbuilders, Newcastle upon Tyne, 14. Januar 1955.

206 Tipler, W.: Combustion Chambers and Control of the Temperature at which they Operate. Proceedings of the Joint Conference on Combustion, 1955. I. Mech. Eng.

207 Sulzer, P. T. und I. G. Bowen: Combustion of Residual Fuel in Gas Turbines. Proceedings of the Joint Conference on Combustion, 1955. I. Mech. Eng.

208 Buckland, B. O.: The Effect of Treated High-Vanadium Fuel on Gas Turbine Load, Efficiency, and Life. ASME-Paper No. 58-GTP-17.

209 The Shell Petroleum Comp., Ltd.: Igniters for Industrial Type Gas Turbine Technical Report No. I. C. T./36, August 1954.

210 Tipler, W.: The Combustion of Heavy Fuel Oil in Gas Turbines. The Shell Petroleum Co., Ltd., O. P. D. Dept. Ref. No. 267A-55.

211 Combustion Systems for Powdered Fuels. Oil Engine and Gas Turbine, Februar 1951.

212 The Exhaust Heated Cycle. Oil Engine and Gas Turbine, Juli 1954.

213 Peat Burning Gas Turbine. Engineering, April 1953.

214 Yellott, J. I., P. R. Broadley, W. M. Meyer und P. M. Rotzler: Development of Pressurizing Combustion and Ash Separation Equipment for a Direct-Fired Coal-Buming Gas Turbine Locomotive. ASME-Paper No. 54-A-201.

215 Summary of Operations of L. D. C. — Alco Coal-Burning Gas Turbine Project. Annual Report 1955. The Locomotive Development Committee. Bitumenous Coal Research Inc., Annual Report 1957.

216 Technical Supplement to 1955 Annual Report. The Locomotive Development Committee. Bitumenous Coal Research Inc., September 1955.

217 A Compact High Intensity Combustion System. Oil Engine and Gas Turbine, Januar 1955.

218 Range of Small Gas Turbines. Engineer, 19. Februar 1954.

219 Darling, R. F.: Fuel Systems and Controls for Marine Gas Turbine. Mech. Eng., 27. November 1953.

220 Regelung von Gasturbinen. Z. VDI **101** (1957), No. 7. Regelungstechnik 1955, No. 3.

221 B. C. U. R. A. Coal Burning Research. Oil Engine and Gas Turbine, September 1956.

222 British Coal Burning Combustion Chambers. Oil Engine and Gas Turbine, August 1954.

223 Mordell, D. L.: An Experimental Coal Burning Gas Turbine. Proc. I. Mech. Eng. **169**, 163 (1955).

224 Joyce, J. R.: Fuel Atomisers for the Gas Turbine. Shell Thornton Research Centre Report Misc. 396.

225 Havemann, H. A. und K. Mahadevan: Die Verwendung schwerer Brennstoffe in Gasturbinen. MTZ **18**, 81, 111 (1957).

• *226* Demtchenko, B.: Régulation Hydraulique d'Alimentation des Turbomachines. Paris: Publications Scientifiques et Techniques du Ministère de l'Air. 1953.

227 Lutz, O. und W. Alvermann: Probleme und bisherige Untersuchungen der Brennkammern für Strahltriebwerke. Forschungsbericht FBS 3/1954, Braunschweig, Februar 1954.

228 Seifferlein, T.: Die Verbrennung in Flugstrahltriebwerken. MTZ **19**, 259 (1958).
229 Lutz, O. und W. Alvermann: Entwicklungstendenzen bei Brennkammern für Strahltriebwerke. Luftfahrttechnik **1**, 58 (1955).
230 Watson, E. A.: Fuel Control and Burning in Aero-Gas-Turbine Engines. General Meeting of the I. Mech. Eng., 16. Dezember 1955.
231 Sharp, I. G.: Effects of Fuel Type on the Performance of Aero Gas Turbine Combustion Chambers and the Influence of Design Features. J. Roy. Aeronaut. Soc. **58**, 528 (1954).
232 Lawrence, O. N.: Fuel Systems for Gas Turbine Engines. J. Roy. Aeronaut. Soc. **59**, 727 (1955).
233 Carey, F. H.: The Development of the Spill Flow Burner and its Control System for Gas Turbine Engines. J. Roy. Aeronaut. Soc. **55**, 737 (1954).
234 Clarke, J. S.: A Review of Some Combustion Problems Associated with the Aero Gas Turbine. J. Roy. Aeronaut. Soc. **60**, 221 (1956).
235 Ledbetter, R. E.: J-47 Turbojet Engine Employs G. E. Integrated Electronic Control to Obtain Needed Accuracies and Coordination of Functions. SAE-Journal, April 1957.
236 Carey, F. H.: Development of the Dowty Fuel Pump. Shell Aviation News No. 186.

IX. Das Verhalten der verschiedenen Schaltungen (siehe I bis IV)

X. Werkstoffe und Festigkeit

A und B. Werkstoffe

237 Scott, H. und R. B. Gordon: Precipitation-Hardened Alloys for Gas Turbine Service. Trans. ASME **69**, 583 (1947).
238 Sykes, C.: Steels for Use at Elevated Temperatures. J. Iron and Steel Inst., London, Juli 1947.
239 Evans, H., P. S. Cotton und J. Texton: The Precision Casting of High Melting Point Alloys Containing Nickel. The Institute of British Foundry Man, 44. Jahresversammlung, Nottingham, 17. bis 20. Juli 1947.
240 Mass Production Precision Castings, Details of the Waste Wax Technique. Machinery **69**, 65 (1946).
241 Evans, C. T.: Materials for Power Gas Turbines. Trans. ASME **69**, 601 (1947).
242 Mochel, N. L.: Metallurgical Considerations of Gas Turbines. Trans. ASME **69**, 561 (1947).
243 Oliver, D. A. und G. T. Harris: Work on Flash Butt-welded Discs and Shafts. Iron and Steel, London, Juni 1946.
244 Precision Sheet-Metal Work in the Aircraft Gas Turbine. Aircraft Production, London, September-Oktober 1946.
245 Oliver, D. A. und G. T. Harris: Ferritic Discs for Gas Turbines. Metallurgia **34**, No. 204 (1946).
246 Harris, G. T.: A Small Scale Creep-Testing Unit. Metallurgia **34**, No. 201 (1946).
247 Oliver, D. A. und G. T. Harris: High Creep Strength Austenitic Gas Turbine Forgings. Trans. I. Marine Eng. **59**, No. 5 (1947).
248 The Nimonic Series of Alloys—Their Application to Gas Turbine Design. London: The Mond Nickel Comp., Ltd. 1948, 1951, 1958.
249 Oliver, D. A.: Special Steels and Alloys for Gas Turbines. Iron and Coal Traders Rev. **154**, No. 4136 (1947).
250 Oliver, D. A. und G. T. Harris: The Development of a High Creep Strength Austenitic Steel for Gas Turbines. J. West Scotland Iron and Steel Inst., London **54**, 97 (1946/47).
● 251 Symposium on Materials for Gas Turbines. Philadelphia: American Society for Testing Materials. 1946.
● 252 Digest of Steels for High Temperature Service. Canton, Ohio: The Timken Roller Bearing Comp. 1946.
● 253 Molybdenum, Steels-Iron-Alloys, 1948, herausgegeben von Climax Molybdenum Comp. of Europe Ltd., London.
254 Sweeny, O.: Haynes Alloys for High Temperature Service. Trans. ASME **69**, 569 (1947).
255 Cramford, C. A.: Nickel-Chromium Alloys for Gas Turbine Service. Trans. ASME **69**, 609 (1947).
256 Taylor, T. A.: Recent Development in Materials for Gas Turbines. Proc. I. Mech. Eng. **153** (1945), W.E.P. No. 12.
257 Smith, R. B.: Problems in the Mechanical Design of Gas Turbines. ASME, Annual Meeting, Dezember 1946.
258 Kind, C.: Versuchsanlage zur Erforschung von Verschlackungs- und Korrosionsvorgängen an Gasturbinenbaustoffen bei hohen Temperaturen. BBC-Mitteilungen, Mai-Juni 1953.
259 Zschokke, H.: Die Streuung bei Zeitstandversuchen an warmfesten Stählen. BBC-Mitteilungen, Mai-Juni 1953.

260 Sharp, W. H.: P & WA Makes J 57 Compressor of Titanium. SAE-Journal, April 1957.
261 Refractory Nozzle Blades for Gas Turbines. Gas and Oil Power, März 1957.
262 Development Work on Refractory Nozzle Blades. Oil Engine and Gas Turbine, April 1957.
● *263* High Temperature Steels and Alloys for Gas Turbines. Special Report No. 43. The Iron and Steel Institute, London 1952.
264 Wiegand, H.: Werkstoffe und Werkstoffanforderungen im Gasturbinenbau unter besonderer Berücksichtigung der Strahltriebwerke. Konstruktion **5**, 215 (1953).
265 Brandt, H. G.: Werkstoffe für Gasturbinen. MTZ **18**, 323 (1957).
266 Eisermann, F.: Die Erzeugung von gegossenen Schaufeln und Schaufelrädern mit dem Sulzer-Präzisionsgießverfahren. MTZ **16**, 319 (1955).
267 Pfaffinger, K.: Hartmetalle auf Titankarbidbasis für Hochtemperaturanwendungen. Planseebericht No. 1, Februar 1955.
268 Frey, D. N.: New Alloys for Automotive Turbines. SAE-Journal, Juli 1956.
269 Nixon, F.: Die Anwendung von Nimonic-Legierungen im Strahlturbinenbau. Luftfahrttechnik **4**, 206 (1958).

C. Festigkeit

● *270* Donath, M.: Die Berechnung rotierender Scheiben und Ringe, 2. Aufl. Berlin: Springer. 1929.
● *271* Malkin, I.: Festigkeitsberechnung rotierender Scheiben. Berlin: Springer. 1935.
272 Peters, G.: Durch Fliehkraft hervorgerufene Torsionsspannung in Axialschaufeln von Turbomaschinen. Konstruktion **5**, 419 (1953).
273 — Untersuchungen über das Drehschwingungsverhalten von Axialschaufeln. Konstruktion 8, 244 (1956).
274 Hausenblas, H.: Berechnung rotierender Scheiben. Konstruktion 8, 18 (1956).
275 Grammel, R.: Ein neues Verfahren zur Berechnung rotierender Scheiben. Dinglers polytechn. J. **1923**, 217.
276 Salzmann, F. und W. Kissel: Réseaux de courbes pour le calcul d'après le procédé de Keller. Bulletin Escher Wyss **1950/51**, 69.
● *277* Schilhansl, M.: Die mittragende Breite bei der Kreisplatte mit radialen Rippen. VDI-Forschungsheft 411. Düsseldorf: VDI-Verlag. 1953.
278 Reeman und Gray: The Calculation of Centrifugal Stresses in Unshrouded Impellers. Power Jets Report, London, 1946.
279 Meriam, J. L.: Stresses and Displacements in a Roating Conical Shell. ASME-Paper No. 43-A-53.
280 Glessner, J. W.: A Method for Analyzing the Stresses in Centrifugal Impellers. ASME-Paper No. 54-A-167.
281 Müller, K. J.: Die Festigkeit rein radial beschaufelter Kreiselverdichter-Laufräder. Österr. Ing.-Arch. **2**, 138 (1948).
282 Voysey, R. G.: Some Vibration Problems in Gas Turbine Engines. Proc. I. Mech. Eng. **153** (1945), W. E. P. No. 12.
283 Müller, K. J.: Die Temperaturverteilung in den Laufrädern von Turbomaschinen. Österr. Ing.-Arch. **2**, 177 (1948).
284 Schwez, I. T., W. I. Feodorow und N. N. Schelmenko: Untersuchung von Temperaturfeldern in Turbinenläufern bei nichtstationärem Wärmeaustausch. MTZ **19**, 228 (1958).
285 Kirchberg, G. und H. J. Thomas: Berechnung von Eigenfrequenzen der Schaufelpakete in Dampf- und Gasturbinen. Konstruktion **10**, 41 (1958).

XI. Der geschlossene und der halbgeschlossene Kreisprozeß

286 Keller, C.: The Escher Wyss AK Closed Cycle Turbine, Its Actual Development and Future Prospects. Trans. ASME **68**, 791 (1946).
287 Quiby, H.: Compte-rendu des essais de la turbine aérodynamique Escher Wyss AK. Revue Polytechnique Suisse **125**, No. 23, 24 (1945).
288 Keller, C. und W. Ruegg: Die aerodynamische Turbine im Hüttenwerk. SBZ **122**, No. 1 (1943).
289 Bucher, J.: Experimental Running of Open and Closed Cycle Gas Turbines. Inst. Eng. and Shipbuilders in Scotland Paper No. 1125, 24. Januar 1950, S. 275.
290 Kress, H.: Der gegenwärtige Entwicklungsstand der Gasturbine mit dem geschlossenen Kreislauf. MTZ **18**, 136 (1957).
291 Keller, C.: Operating Experience and Design Features of Closed-Cycle Gas-Turbine Power Plants. Trans. ASME **79**, 627 (1957).
292 Gaehler, W. und W. Spillmann: Gasturbinen mit geschlossenem Kreislauf. MTZ **18**, 184 (1957).
293 Bammert, K.: Vergleich von Dampf- und Heißluftturbinen in Heizkraftwerken kleiner und mittlerer Leistung. BWK 8, 323 (1956).

294 Keller, C. und W. Spillmann: Geschlossene Heißluftturbinenanlagen für den Schiffsantrieb. Schiff und Hafen **5**, No. 11 (1953).
295 Bammert, K., C. Keller und H. Kress: Heißluftturbinenanlage mit Kohlenstaubfeuerung für Stromerzeugung und Heizwärmelieferung. BWK **8**, 471 (1956).
296 Bammert, K.: Die Gasturbine im Heizkraftwerk. Praktische Energiekunde **1957**, No. 1/2.
297 — Das Verhalten einer geschlossenen Heißluftturbinenanlage als Heizkraftwerk bei veränderten Betriebsbedingungen. Konstruktion **8**, 443 (1956).
298 Ohlgren, H. A. und F. G. Hammit: Component Optimizations for Nuclear-Powered Closed-Cycle Gas Turbine Power Plants. ASME-Paper No. 57-A-259.
299 Nuclear Gas Turbine Marine Propulsion Unit. Oil Engine and Gas Turbine, April 1957.
300 Johnson, J. R.: High Temperature Gas Cycle Reactor Power Systems. ASME-Paper No. 57-A-274.
301 Lundgren, C. E.: Dampf- und Gasturbinen für Atomenergieanlagen. MTZ **19**, 323 (1958).
302 Bammert, K.: Gegenwärtige Entwicklung auf dem Gebiet der Atomkraftwerke mit gasgekühlten Reaktoren. MTZ **17**, 254 (1956).
303 — Beitrag zur Frage des optimalen Druckverhältnisses bei Anwendung verschiedener Arbeitsmittel in geschlossenen Gasturbinen. Atomkernenergie **10**, 377 (1957).
304 — Schiffsantrieb mit geschlossenen Gasturbinen und gasgekühlten Reaktoren. Atomkernenergie **10**, 380 (1957).
305 Keller, C. und W. Winkler: Entwicklungsrichtungen für Atomkraftanlagen mit höheren Betriebstemperaturen. Escher Wyss Mitteilungen **1956**, H. 2.
305a Bammert, K.: Zur Entwicklung des kohlenstaubgefeuerten Lufterhitzers. Z. VDI **100**, 841 (1958).
● *305b* Münzinger, F.: Dampfkraft, 3. Aufl., insbes. S. 121/124. Berlin-Göttingen-Heidelberg: Springer. 1949.
305c Noetzlin, G.: Temperatur- und Verbrennungsverlauf im Feuerraum eines Schmelztrichterkessels. Mitt. Ver. Großkesselbes. Nr. 22, 300 (1953).
305d Salzmann, F.: Eine Methode zur Berechnung der Temperaturverteilung in ungleichmäßig beheizten Rohren. Escher Wyss Mitteilungen Nr. 21/22, 22 (1948/49).
● *305e* Gumz, W.: Kurzes Handbuch der Brennstoff- und Feuerungstechnik, 2. Aufl., insbes. S. 306/311. Berlin-Göttingen-Heidelberg: Springer. 1953.
● *305f* Gumz, W., H. Kirsch und M. Th. Mackowsky: Schlackenkunde, insbes. S. 280/286. Berlin-Göttingen-Heidelberg: Springer. 1958.
305g Taygun, F.: Heißluft-Turbinenanlagen mit geschlossenem Kreislauf. SBZ **75**, 374 (1957).

XII. Die Gasturbine für Energieerzeugung, Industrie und Hüttenwesen

306 Bowden, A. T., J. L. Jefferson und W. P. Davey: Some Aspects of Industrial Gas Turbine Developments. I. Mech. Eng. Paper, 2. Februar 1948.
307 Gibb, C. und A. T. Bowden: The Gas Turbine with Special Reference to Industrial Applications. J. Soc. Arts **45**, 265 (1947).
308 Constant, H.: The Prospects of Land and Marine Gas Turbines. Proc. I. Mech. Eng. **159** (1948), W. E. P. No. 41.
309 Bowden, A. T. und J. L. Jefferson: The Design and Operation of the Parsons Experimental Gas Turbine. Proc. I. Mech. Eng. **160** (1949), No. 3.
310 Roxbee Cox, H.: Industrial Gas Turbines. Engineering, 19. Mai 1950.
311 Leist, K.: Ausführungsformen von Gasturbinen. Z. VDI **92**, 429, 644 (1950).
312 Development of Ruston Gas Turbine for Industrial Use. Engineering, 13. März 1953.
313 Wirkungsweise und Aufbau der BBC Gasturbinen. BBC-Mitteilungen, April-Mai 1957.
314 Die im Betrieb stehenden BBC Gasturbinen. BBC-Mitteilungen, April-Mai 1957.
315 A Generating Plant with Waste Heat Recovery. Oil Engine and Gas Turbine, August 1956.
316 Kruschik, J.: Der Entwicklungsstand der Kleingasturbinen für industrielle Zwecke. M u W **11**, 125 (1956).
317 Gas Turbines for Peak Loads. Engineering, September 1955.
318 Pfenninger, H.: Betriebserfahrungen mit BBC Gasturbinenanlagen. BBC-Mitteilungen, Mai-Juni 1953.
319 A Versatile Modern Gas Turbine in Production. Oil Engine and Gas Turbine, März 1953.
319a Rohsenow, W. M. und G. H. Bradley Jr.: Combined Steam- and Gas Turbine Processes. ASME-Paper No. 50-F-23.
319b Roe, R. C. und R. F. Cummings: Gas Turbine with Pressurized Boiler Gains 1000 BTU vs. Steam Alone. Electrical World, **134**, 20. November 1950.
319c Martyn, W. S. und S. Baron: Power Plant Layout, Mid-Hudson Section. ASME-Meeting, 21. April 1954.
319d Wilson, W. B. und A. A. Hafer: Combined Steam-Gas Turbine Plants. Seventeenth Annual Meeting of the American Power Conference, 30., 31. März und 1. April 1955.

320 FEILDEN, G. B. R., J. D. THORN und M. J. KEMPER: A Standard Gas Turbine to Burn a Variety of Fuels. Proc. Mech. Eng. **170**, 665 (1956).
321 The Small Gas Turbine: Problem and Promise. Gas and Oil Power, März 1957.
322 A New British Small Gas Turbine for Industrial Duty. Oil Engine and Gas Turbine, März 1957.
323 Design Features of a Modern British Medium-Powered Turbine. Oil Engine and Gas Turbine, März 1957.
324 Largest Single Shaft Gas Turbine. Oil Engine and Gas Turbine, Mai 1957.
325 CHAMBADAL, P.: Die Gasturbinen in den thermischen Kraftwerken Frankreichs. Techn. Rdsch., Bern, 27. Juni 1958.
326 BRUCE, D. F.: Gas Turbines for Process Applications. ASME-Paper No. 57-A-140.
327 JACOBS, D. L. E. und I. H. LANDES: Equipment for the Stationary Gas Turbine. ASME-Paper No. 57-A-142.
328 PFENNINGER, H.: Die Gasturbinenkraftwerke Livorno und Fiumicino in Italien. MTZ **18**, 189 (1957).
329 MELAN, H.: Neuere Probleme der Energieerzeugung in der Industrie. Österr. Ing. Z. **1**, 381 (1958).
330 KEREZ, E. A.: Die Gasturbine in der Elektrizitätsversorgung. M u W **11**, 345 (1956).
331 STYS, ST.: Gas Turbines for the Chemical Industry. ASME-Paper No. 57-GTP-9.
● *332* LEIST, K. und S. FÖRSTER: Die französische Kleingasturbine Artouste I, 1. Teil. Forschungsbericht No. 243 des Wirtschafts- und Verkehrsministeriums Nordrhein-Westfalen. Opladen: Westdeutscher Verlag. 1956.
333 FEILDEN, G. B. R. und T. P. LATIMER: Operating Experience with 750/1000 kW Gas Turbines. ASME-Paper No. 58-GTP-4.
334 DYGERT, C. R.: Economic Considerations in Applying Gas Turbines to Electric Utility and Industrial Applications. ASME-Paper No. 58-GTP-20.
335 STRONY, R. E.: A Model W-121 Gas Turbine for Power Generation and Mechanical Drive. ASME-Paper No. 58-GTP-1.
336 MCLEAN, H. D.: Operation Experience of General Electric Gas Turbines. ASME-Paper No. 58-GTP-18.
337 KRAPF, G. H. und J. O. STEPHENS: Gas Turbines for Blast-Furnace Blowing. ASME-Paper No. 58-GTP-14.
337a Gasturbinenanlagen. MTZ **20**, 195 (1959).

XIII. Die Gasturbine zum Antrieb von Schiffen

338 CROWE, T. A.: The Gas Turbine as Applied to Marine Propulsion. Oil Engine and Gas Turbine, Februar 1948.
339 SODERBERG, C. R. und R. B. SMITH: Die Gasturbine als Schiffsantriebsmöglichkeit. Motor Ship, 1944.
340 SODERBERG, C. R., R. B. SMITH und A. T. SCOTT: A Marine Gas Turbine Plant. Trans. Naval Architects and Marine Engineers **53**, 249 (1945).
341 BROWN, T. W. F.: British Marine Gas Turbines. 13. Parsons Memorial Lecture, Trans. North East Coast Institution of Engineers and Shipbuilders **65**, 117 (1948).
342 BROWN, T. W. F., S. S. COOK und F. W. GARDNER: Steam and Gas Turbines for Marine Propulsion. Proc. I. Mech. Eng. **157**, 175 (1947).
343 R. M. 60 Marine Gas Turbine. Engineer, 13. November 1953.
344 FORSLIN, B. E. G.: Main Propulsion Gas Turbine Set for the Oil Tanker Auris. Vortrag vor I. Mech. Eng., 27. November 1953.
345 TREWBY, G. F. A.: British Naval Gas Turbines. Trans. I. Marine Eng. **66**, 125 (1954).
346 PASMAN, J. S., C. L. MILLER und S. E. FISHER: Accelerated Life Tests of a Pair of Naval Gas Turbines. ASME-Paper No. 58-GTP-7.
347 VAN NEST, F. H.: The Control of a Marine Gas Turbine. ASME-Paper No. 58-GTP-10.
348 LAMB, J. und L. BIRTS: The Auris Gas Turbine Project. ASME-Paper No. 58-GTP-12.

XIV. Gasturbinenlokomotiven und fahrbare Kraftstationen

349 TUCKER, B.: Construction of Gas Turbine for Locomotive Power Plant. Vortrag vor Gas Turbine Power Division der American Society of Mechanical Engineers, Juni 1948.
350 RAY, J. L.: An Engineering Study of the Combustion Turbine Locomotive. Allis Chalmers Bulletin No. B-6066, 6. Sept. 1939, USA.
351 GIGER, W.: Gas Turbine Railway Vehicles. Vortrag vor ASME Railroad Division, Atlantic City, 3. Dezember 1947.
352 Die BBC Gasturbinenlokomotive der British Railways. BBC-Mitteilungen, Mai-Juni 1953.

353 Stockklausner, H.: Gasturbinenlokomotiven. Fehlschlag oder Erfolg. Motor und Gasturbine **4**, **13**, **36** und **65** (1958).
354 Dymond, A. W. J.: Gas Turbine Locomotives. M u W **11**, 289 (1956).
355 Burri, H. U.: Nonsteady Aerodynamics of the Comprex Supercharger. ASME-Paper No. 58-GTP-15.
356 Berchtold, M. und F. S. Gardiner: The Comprex. ASME-Paper No. 58-GTP-16.

XV. Kraftfahrzeuggasturbinen

357 Bright, R. H.: The Development of Gas Turbine Power Plants for Traction Purposes in Germany. Proc. I. Mech. Eng. **157**, 375 (1947).
358 Schwartz, L.: Gas Turbines, A Review of Problemes in their Application to Road Vehicles. Automobile Engineer, London, Januar 1950.
359 Underwood, A. F.: The GMR 4-4 "Hyprex" Engine—A Concept of the Free Piston Engine for Automotive Use. Vortrag bei SAE Summer Meeting, 3. bis 8. Juni 1956.
360 Richardson, R. A.: Introduction to the Gas Turbine Automotive Vehicles. Vortrag bei SAE Summer Meeting, 6. bis 11. Juni 1954.
361 Turunen, W. A.: Pinwheels or Pistons. Vortrag bei SAE Summer Meeting, 6. bis 11. Juni 1954.
362 Turunen, W. A. und J. S. Collman: The Regenerative Whirlfire Engine for Firebird II. Vortrag bei SAE Summer Meeting, 5. Juni 1956.
363 Kruschik, J.: Die Gasturbine als Fahrzeugantriebsquelle. MTZ **16**, 267 (1955).
364 Hausenblas, H.: Die Gasturbine im Kraftwagen. Konstruktion **5**, 158 (1953).
365 Eckert, B.: Entwicklungsstand und Aussichten der Gasturbine für den Kraftwagenantrieb. ATZ **57**, 78 (1955).
366 Hutchinson, D. W.: The Differential Gas Turbine. SAE Trans. 1956, SAE Journal, Juni 1956. S. 70.
367 Weaving, J. H.: The Austin Vehicle Gas Turbine. ASME-Paper No. 57-GTP-2.
368 Huebner, G. J.: The Automotive Gas Turbine—Today and Tomorrow. SAE-Paper, 8. Oktober 1956.
369 Mann, L. B. und A. H. Bell: Determination of Turbine Stage Performance for an Automotive Power Plant. ASME-Paper No. 57-GTP-10.
370 Carelli, A.: Development of Gas Turbines for Road Vehicles. ASME-Paper No. 57-GTP-3.
371 Noren, O. B.: A Free Piston Tractor Power Plant. SAE-Paper, 2. bis 7. Juni 1957.
372 Kruschik, J.: Die Fahrzeugturbine. ATZ **58**, 7 (1956).
● *373* Leist, K.: Kleingasturbinen, insbesondere zum Fahrzeugantrieb. Forschungsbericht No. 71 des Wirtschafts- und Verkehrsministeriums Nordrhein-Westfalen. Opladen: Westdeutscher Verlag. 1954.
● *374* Leist, K. und K. Graf: Straßenfahrzeuge mit Gasturbinenantrieb. Forschungsbericht No. 242 des Wirtschafts- und Verkehrsministeriums Nordrhein-Westfalen. Opladen: Westdeutscher Verlag. 1956.
● *375* — — Kleingasturbinen insbesondere zum Fahrzeugantrieb. Bericht No. 7, Deutsche Versuchsanstalt für Luftfahrt e. V. Opladen: Westdeutscher Verlag. 1956.

XVI. Die Flugzeugturbine

376 Jet Electrics. London: Rotax Limited. 1948 (Prospekt).
377 Hooker, S. G.: Gas Turbines for Aircraft Propulsion. Vortrag vor Royal Aeronautical Society, 11. November 1948.
378 Whittle, F.: Early History of the Whittle Engine. Proc. I. Mech. Eng. **153**, 419 (1946).
379 Todd, K. W. und D. M. Smith: The Development of an Axial Flow Gas Turbine for Jet Propulsion; und: Practical Aspects of Cascade Wind Tunnel Research. Proc. I. Mech. Eng. **157**, 47 (1947).
380 Green, F. M. und J. E. Wallington: Aircraft Propulsion. Proc. I. Mech. Eng. **156**, 176 (1947).
381 King, W. J. und W. R. Hawthorne: American Aircraft Propulsion Machinery. Proc. I. Mech. Eng. **157**, 197 (1947).
382 Constant, H.: Aeroplane Gas Turbines. Proc. I. Mech. Eng. **157**, 202 (1947).
383 Burgess N. und J. C. Buechel: Recent Design Refinements in Turbojet Engines. Vortrag vor Anglo American Aircraft Conference, Mai 1949.
384 Lovesey, A. C.: Modern Methods of Testing Aero-Engines and Power Plants. Vortrag vor Royal Aeronautical Society, London, Mai 1950.
385 Milner, H. L.: Recent Development of the Mechanism of the Hydraulic Variable-Pitch Aircraft Propeller. Proc. I. Mech. Eng. **163** (1950), W. E. P. No. 57.
386 Lindsey, W. H.: Development of the Mamba. Vortrag vor Royal Aeronautical Society, London, 25. November 1948.

387 Intake Report, Napier Research and Development Work on Ducted Spinners for Gas Turbines. Flight, 20. Mai 1948.

388 Napier Naiad. Flight, 12. August 1949.

389 DOREY, R. N.: Extended Life of Propeller Turbine Engines. SAE Preprint 456, 1950.

390 The Dart Turbine. Aeroplane, 9. September 1949.

391 Python. Flight, 11. August 1949.

392 Bristol Proteus. Flight, 18. August 1950.

393 Development of the Turboprop. Flight, 30. November 1950.

394 Tailpipe Reheat. Flight, 22. Dezember 1949.

395 WOLL, E.: Thrust Augmentation as Applied to the Turbojet Engine. Vortrag vor ASME Luftfahrttagung, Dayton, Ohio, September 1948.

396 DESTIVAL, P.: French Turbo-Propeller and Turbo-Reaction Engines. Vortrag vor Royal Aeronautical Society, 11. November 1948.

397 B. I. O. R. Reports on German Gas Turbines, H. M. Stationery Office, London, 1945.

398 Overall Report, No. 12 on German Gas Turbines, H. M. Stationery Office, London, 1945.

399 MOULT, E. S.: Power Plants for Supersonic Flight. De Havilland Gazette, No. 88, August 1955.

400 The New Sapphire Series. Aeroplane, 19. Oktober 1956.

401 The De Havilland Gyrons. Aeroplane, 2. August 1957: Flight, 2. August 1957; De Havilland Gazette, No. 100, August 1957.

402 EDWARDS, J. L.: The Development of Reheat. De Havilland Gazette, No. 85, Februar 1955.

403 SABOE, S.: Developing an Aircraft Gas Turbine. ASME-Paper No. 57-A-143.

404 WEIDHUNER, D.: The Gas Turbine for Vertical Raising Aircraft. ASME-Paper No. 57-A-226.

405 DAVIS, N. N.: T-58 in Flight. ASME-Paper No. 57-A-290.

406 HEGLAND, F. W.: Design Analysis of the General Electric T-58 Engine. ASME-Paper No. 58-GTP-21.

407 RAMBERG, E. M.: A Comparison of Power Extraction Methods for Two Spool Turbojet Engines. ASME-Paper No. 57-A-292.

408 MARKHAM, B. G.: Getting a Civil Turboprop into Service. ASME-Paper No. 57-A-132.

409 BAXTER, A. D.: Some Applications of Nuclear Power. De Havilland Gazette, No. 103, Februar 1958.

410 Controlling the Supersonic Turbojet. De Havilland Gazette, No. 99, Juni 1957.

411 SCHULTZ, R. W.: Entwicklungsarbeiten am Kernflugtriebwerk. Luftfahrttechnik **3**, 22 (1957).

412 GERSDORFF, K. VON: Stand der Triebwerksentwicklung. Luftfahrttechnik **4**, 185 (1958).

413 Armstrong Siddeley "Sapphire". Motor und Gasturbine **3**, 15 (1957).

414 Flugtriebwerke auf dem Luftfahrtsalon in Paris. Motor und Gasturbine **3**, 42 und 70 (1957).

415 Die Flugtriebwerke der Flugschau Farnborough 1957. Motor und Gasturbine **3**, 76 (1957).

416 ZUERL, W.: SNECMA "Atar". Motor und Gasturbine **4**, 59 (1958).

417 Allison's Baby. Flight, 19. September 1958.

418 Rolls Royce Avon. Flight, 16. Dezember 1955 und 11. Oktober 1957.

419 Dart up to Date. Flight, 28. Februar 1958.

420 LOMBARD, A. A.: Low-Consumption Turbine Engines. Vortrag vor Anglo-American Conference 1955.

421 BRANDNER, F.: Die Propellerturbinenentwicklung in der Sowjetunion. Vortrag an der ETH Zürich, 6. Februar 1957.

422 PEARSON, H. und R. M. FITZGERALD: Einige Betrachtungen über den Entwurf von Triebwerken für Kurz- und Mittelstrecken-Verkehrsflugzeuge. Luftfahrttechnik **5**, 106 (1959).

423 EICHHOLTZ, K.: Die Atar-Strahlturbinen der SNECMA. Luftfahrttechnik **4**, 315 (1958).

Firmenverzeichnis

[1] Jetzt in der Bristol-Siddeley Engines Ltd., London, zusammengeschlossen.

Lodge Plugs Ltd., Rugby, England (S. 353).
Joseph Lucas Ltd., Birmingham, England (S. 319, 345, 369, 371, 389).
Lycoming Division of Avco Manufacturing Corp., Stratford, Connecticut, USA (S. 665, 839).
MAN, Maschinenfabrik Augsburg-Nürnberg, AG., Werk Augsburg, Deutschland (S. 630).
Metallwerk Plansee G.m.b.H., Reutte, Tirol, Österreich (S. 487).
Metropolitan Vickers Electrical Co., Ltd., Manchester, England (S. 361, 605, 688, 717, 762, 784).
The Midvale Co., New York, N.Y., USA (S. 471).
MODAG, Motorenfabrik Darmstadt G.m.b.H., Darmstadt, Deutschland (S. 209, 688).
The Mond Nickel Comp., Ltd., London, England (S. 466).
Alan Muntz & Comp., Ltd., Hounslow, England (S. 205, 720).
D. Napier & Sons, Ltd., Acton, London, England (S. 790, 817).
National Free Piston Power Ltd., London, England (S. 209).
Maschinenfabrik Oerlikon, Zürich-Oerlikon, Schweiz (S. 193, 355, 595, 649).
Orenda Engines Ltd., Toronto, Canada (S. 828).
PAMETRADA, The Parsons and Marine Engineering Turbine Research and Development Association, Wallsend, England (S. 249, 261, 358, 488).
C. A. Parsons & Comp., Ltd., Newcastle upon Tyne, England (S. 108, 302, 312, 337, 601, 718, 738).
Pratt & Whitney Aircraft Co., East Hartford, Connecticut, USA (S. 323, 764, 838).
Press & Stanzwerk AG., Eschen, Liechtenstein (S. 353).
Société Rateau, La Courneuve (Seine), Frankreich (S. 627, 688, 801).
Rolls-Royce Ltd., Derby, England (S. 192, 305, 361, 696, 763, 781, 820).
Rover Gas Turbines Ltd., Solihull, England (S. 258, 335, 364, 667, 697, 733).
Ruston & Hornsby Ltd., Lincoln, England (S. 150, 261, 335, 336, 341, 350, 406, 608, 669).
SEME, Société d'Etudes Mécaniques et Energétiques, Rueil-Malmeison, Frankreich (S. 203, 656, 697, 719, 749).
SEP, Société d'Etudes et de Participations, Genf, Schweiz (S. 203).
SGP, Simmering-Graz-Pauker Aktiengesellschaft, Wien, Österreich (S. 256, 342, 630, 659).
Shell Petroleum Comp., London, England (S. 331, 341).
SIGMA, Société Industrielle Générale de Mécanique Appliquée, Lyon-Venissieux, Frankreich (S. 203, 719, 749).
Smiths Dock Co., Ltd., Middlesbrough, England (S. 209).
SNECMA, Société Nationale d'Etude et de Construction de Moteurs d'Aviation, Paris, Frankreich (S. 157, 802, 828).
SOCEMA, Société de Construction et d'Etudes de Matériels d'Aviation, Frankreich (S. 739, 799).
Solar Aircraft Comp., San Diego, California, USA (S. 256, 276, 335, 662).
SSW, Siemens-Schuckertwerke, Aktiengesellschaft, Mülheim, Deutschland (S. 256, 630).
STAL, Svenska Turbinfabriks-Aktiebolaget Ljungström, Finspong, Schweden (S. 625, 728).
Standard Motor Comp., Ltd., Coventry, England (S. 276, 668).
Gebr. Sulzer, Aktiengesellschaft, Winterthur, Schweiz (S. 22, 153, 265, 304, 559, 597).
Timken Roller Bearing Co., USA (S. 471).
Turboméca S. A., Bordes, Frankreich (S. 183, 352, 361, 665, 697, 802).
Union Carbide and Carbon Co., USA (S. 471).
Universal Cyclops Steel Corp., Bridgeville, Pennsylvania, USA (S. 471).
Westinghouse Electric International Company, New York, N.Y., USA (S. 5, 471, 622, 727, 799, 828, 841).

Namen- und Sachverzeichnis

Anhang

Rechentafeln

(in der Tasche)

Zeitfracht Medien GmbH
Ferdinand-Jühlke-Straße 7
99095 Erfurt, Deutschland
produktsicherheit@kolibri360.de